Corte aquí y guarde para consulta

ÁLGEBRA

Operaciones aritméticas

$$a(b + c) = ab + ac$$

$$\frac{a}{b} + \frac{c}{d} = \frac{ad + bc}{bd}$$

$$\frac{a + c}{b} = \frac{a}{b} + \frac{c}{b}$$

$$\frac{\dfrac{a}{b}}{\dfrac{c}{d}} = \frac{a}{b} \times \frac{d}{c} = \frac{ad}{bc}$$

Exponentes y radicales

$$x^m x^n = x^{m+n}$$

$$\frac{x^m}{x^n} = x^{m-n}$$

$$(x^m)^n = x^{mn}$$

$$x^{-n} = \frac{1}{x^n}$$

$$(xy)^n = x^n y^n$$

$$\left(\frac{x}{y}\right)^n = \frac{x^n}{y^n}$$

$$x^{1/n} = \sqrt[n]{x}$$

$$x^{m/n} = \sqrt[n]{x^m} = \left(\sqrt[n]{x}\right)^m$$

$$\sqrt[n]{xy} = \sqrt[n]{x}\, \sqrt[n]{y}$$

$$\sqrt[n]{\frac{x}{y}} = \frac{\sqrt[n]{x}}{\sqrt[n]{y}}$$

Factorización de polinomios especiales

$$x^2 - y^2 = (x + y)(x - y)$$
$$x^3 + y^3 = (x + y)(x^2 - xy + y^2)$$
$$x^3 - y^3 = (x - y)(x^2 + xy + y^2)$$

Teorema del binomio

$$(x + y)^2 = x^2 + 2xy + y^2 \qquad (x - y)^2 = x^2 - 2xy + y^2$$
$$(x + y)^3 = x^3 + 3x^2y + 3xy^2 + y^3$$
$$(x - y)^3 = x^3 - 3x^2y + 3xy^2 - y^3$$
$$(x + y)^n = x^n + nx^{n-1}y + \frac{n(n - 1)}{2}x^{n-2}y^2$$
$$+ \cdots + \binom{n}{k}x^{n-k}y^k + \cdots + nxy^{n-1} + y^n$$

donde $\dbinom{n}{k} = \dfrac{n(n - 1) \cdots (n - k + 1)}{1 \cdot 2 \cdot 3 \cdots \cdot k}$

Fórmula cuadrática

Si $ax^2 + bx + c = 0$, entonces $x = \dfrac{-b \pm \sqrt{b^2 - 4ac}}{2a}$.

Desigualdades y valor absoluto

Si $a < b$ y $b < c$, entonces $a < c$.

Si $a < b$, entonces $a + c < b + c$.

Si $a < b$ y $c > 0$, entonces $ca < cb$.

Si $a < b$ y $c < 0$, entonces $ca > cb$.

Si $a > 0$, entonces

$\quad |x| = a$ significa que $x = a$ o $x = -a$

$\quad |x| < a$ significa que $-a < x < a$

$\quad |x| > a$ significa que $x > a$ o $x < -a$

GEOMETRÍA

Fórmulas geométricas

Fórmulas para el área A, circunferencia C y volumen V:

Triángulo

$$A = \tfrac{1}{2}bh$$
$$= \tfrac{1}{2}ab \operatorname{sen} \theta$$

Círculo

$$A = \pi r^2$$
$$C = 2\pi r$$

Sector de círculo

$$A = \tfrac{1}{2}r^2\theta$$
$$s = r\theta \quad (\theta \text{ en radianes})$$

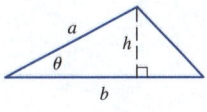
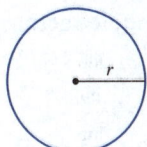
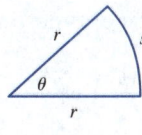

Esfera

$$V = \tfrac{4}{3}\pi r^3$$
$$A = 4\pi r^2$$

Cilindro

$$V = \pi r^2 h$$

Cono

$$V = \tfrac{1}{3}\pi r^2 h$$
$$A = \pi r\sqrt{r^2 + h^2}$$

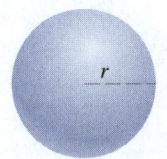
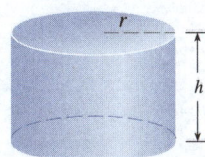
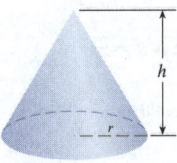

Fórmulas de distancia y punto medio

Distancia entre $P_1(x_1, y_1)$ y $P_2(x_2, y_2)$:

$$d = \sqrt{(x_2 - x_1)^2 + (y_2 - y_1)^2}$$

Punto medio de $\overline{P_1P_2}$: $\left(\dfrac{x_1 + x_2}{2}, \dfrac{y_1 + y_2}{2}\right)$

Rectas

Pendiente de la recta que pasa por $P_1(x_1, y_1)$ y $P_2(x_2, y_2)$:

$$m = \frac{y_2 - y_1}{x_2 - x_1}$$

Ecuación punto-pendiente de la recta que pasa por $P_1(x_1, y_1)$ con pendiente m:

$$y - y_1 = m(x - x_1)$$

Ecuación pendiente-intersección de la recta con pendiente m e intersección en $y = b$:

$$y = mx + b$$

Círculos

Ecuación del círculo con centro (h, k) y radio r:

$$(x - h)^2 + (y - k)^2 = r^2$$

TRIGONOMETRÍA

Medición de ángulos

π radianes $= 180°$

$1° = \dfrac{\pi}{180}$ rad $\qquad$ 1 rad $= \dfrac{180°}{\pi}$

$s = r\theta$

(θ en radianes)

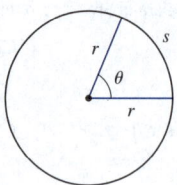

Trigonometría de ángulo recto

$\operatorname{sen}\theta = \dfrac{\text{op}}{\text{hip}}$ $\qquad$ $\csc\theta = \dfrac{\text{hip}}{\text{op}}$

$\cos\theta = \dfrac{\text{ady}}{\text{hip}}$ $\qquad$ $\sec\theta = \dfrac{\text{hip}}{\text{ady}}$

$\tan\theta = \dfrac{\text{op}}{\text{ady}}$ $\qquad$ $\cot\theta = \dfrac{\text{ady}}{\text{op}}$

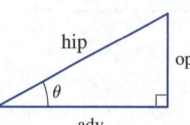

Funciones trigonométricas

$\operatorname{sen}\theta = \dfrac{y}{r}$ $\qquad$ $\csc\theta = \dfrac{r}{y}$

$\cos\theta = \dfrac{x}{r}$ $\qquad$ $\sec\theta = \dfrac{r}{x}$

$\tan\theta = \dfrac{y}{x}$ $\qquad$ $\cot\theta = \dfrac{x}{y}$

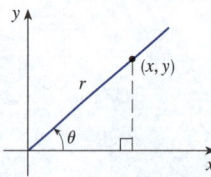

Gráficas de funciones trigonométricas

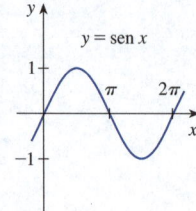
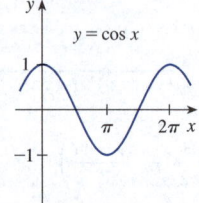
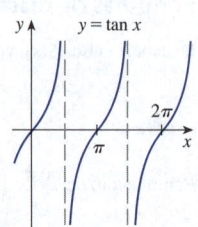

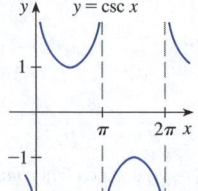
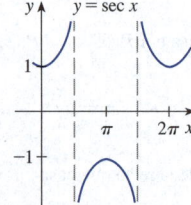
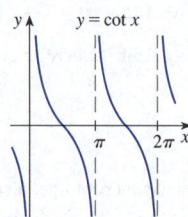

Funciones trigonométricas de ángulos importantes

θ	radianes	$\operatorname{sen}\theta$	$\cos\theta$	$\tan\theta$
$0°$	0	0	1	0
$30°$	$\pi/6$	$1/2$	$\sqrt{3}/2$	$\sqrt{3}/3$
$45°$	$\pi/4$	$\sqrt{2}/2$	$\sqrt{2}/2$	1
$60°$	$\pi/3$	$\sqrt{3}/2$	$1/2$	$\sqrt{3}$
$90°$	$\pi/2$	1	0	—

Identidades fundamentales

$\csc\theta = \dfrac{1}{\operatorname{sen}\theta}$ $\qquad$ $\sec\theta = \dfrac{1}{\cos\theta}$

$\tan\theta = \dfrac{\operatorname{sen}\theta}{\cos\theta}$ $\qquad$ $\cot\theta = \dfrac{\cos\theta}{\operatorname{sen}\theta}$

$\cot\theta = \dfrac{1}{\tan\theta}$ $\qquad$ $\operatorname{sen}^2\theta + \cos^2\theta = 1$

$1 + \tan^2\theta = \sec^2\theta$ $\qquad$ $1 + \cot^2\theta = \csc^2\theta$

$\operatorname{sen}(-\theta) = -\operatorname{sen}\theta$ $\qquad$ $\cos(-\theta) = \cos\theta$

$\tan(-\theta) = -\tan\theta$ $\qquad$ $\operatorname{sen}\left(\dfrac{\pi}{2} - \theta\right) = \cos\theta$

$\cos\left(\dfrac{\pi}{2} - \theta\right) = \operatorname{sen}\theta$ $\qquad$ $\tan\left(\dfrac{\pi}{2} - \theta\right) = \cot\theta$

Ley de los senos

$\dfrac{\operatorname{sen}A}{a} = \dfrac{\operatorname{sen}B}{b} = \dfrac{\operatorname{sen}C}{c}$

Ley de los cosenos

$a^2 = b^2 + c^2 - 2bc\cos A$

$b^2 = a^2 + c^2 - 2ac\cos B$

$c^2 = a^2 + b^2 - 2ab\cos C$

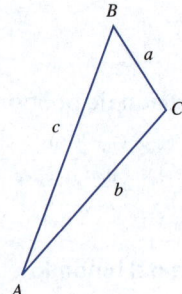

Fórmulas de adición y sustracción

$\operatorname{sen}(x + y) = \operatorname{sen}x\cos y + \cos x\operatorname{sen}y$

$\operatorname{sen}(x - y) = \operatorname{sen}x\cos y - \cos x\operatorname{sen}y$

$\cos(x + y) = \cos x\cos y - \operatorname{sen}x\operatorname{sen}y$

$\cos(x - y) = \cos x\cos y + \operatorname{sen}x\operatorname{sen}y$

$\tan(x + y) = \dfrac{\tan x + \tan y}{1 - \tan x\tan y}$

$\tan(x - y) = \dfrac{\tan x - \tan y}{1 + \tan x\tan y}$

Fórmulas del ángulo doble

$\operatorname{sen}2x = 2\operatorname{sen}x\cos x$

$\cos 2x = \cos^2 x - \operatorname{sen}^2 x = 2\cos^2 x - 1 = 1 - 2\operatorname{sen}^2 x$

$\tan 2x = \dfrac{2\tan x}{1 - \tan^2 x}$

Fórmulas del ángulo medio

$\operatorname{sen}^2 x = \dfrac{1 - \cos 2x}{2}$ $\qquad$ $\cos^2 x = \dfrac{1 + \cos 2x}{2}$

CÁLCULO
TRASCENDENTES TEMPRANAS

JAMES STEWART
McMASTER UNIVERSITY Y UNIVERSITY OF TORONTO

DANIEL CLEGG
PALOMAR COLLEGE

SALEEM WATSON
CALIFORNIA STATE UNIVERSITY, LONG BEACH

Traducción
Thomas W. Bartenbach • María del Pilar Carril Villarreal

Revisión técnica

Carlos Astengo Noguez
Tecnológico de Monterrey, Campus Monterrey

Roberto Armando Hernández Gómez
Universidad Politécnica Metropolitana de Hidalgo

Enrique Zamora Gallardo
Universidad Anáhuac México, Campus Norte

Benemérita Universidad Autónoma de Puebla
Mirna Cuautle Aguilar

Instituto Politécnico Nacional, ESIME Culhuacán
Bernardino Jesús Ramírez Sánchez

Tecnológico de Monterrey, Campus Ciudad de México
Marlene Aguilar Abalo
Gerardo Pioquinto Aguilar Sánchez
Jaime Castro Pérez
Linda Margarita Medina Herrera
Juan Manuel Eugenio Ramírez de Arellano
Niño Rincón

Tecnológico de Monterrey, Campus Estado de México
Ma. de Lourdes Quezada Batalla

Tecnológico de Monterrey, Campus Guadalajara
Abelardo Ernesto Damy Solís
María Guadalupe Lomelí Plascencia

Tecnológico de Monterrey, Campus Monterrey
Cynthia Concepción Castro Ling
Omar Olmos López
Efraín Soto Apolinar
Óscar Villarreal Reyes

Tecnológico de Monterrey, Campus Puebla
Abel Flores Amado
Gerardo Rocha Feregrino

Tecnológico de Monterrey, Campus Querétaro
María Rosa Guadalupe Hernández Mondragón

Tecnológico de Monterrey, Campus Santa Fe
María Elena García Cosío

Tecnológico de Monterrey, Campus Toluca
Claudia Camacho-Zuñiga

Tecnológico Nacional de México, Instituto Tecnológico de Querétaro
Francisco Javier Avilés Urbiola

Tecnológico de San Juan del Río, Querétaro
Jorge Alberto Callejas Ruiz

Universidad Anáhuac, Campus Querétaro
Aldo Andrés Díaz Jiménez

Universidad Autónoma de Guadalajara, Campus Ciudad Universitaria
José Iván Reyes Cabrera

Universidad Autónoma del Estado de México, Facultad de Ingeniería
David Gutiérrez Calzada

Universidad Autónoma del Estado de México, Facultad de Química
José Francisco Barrera Pichardo

Universidad de las Américas, Puebla
Luz María García Ávila

Universidad De La Salle Bajío
Edgar Alvarado Anell

Universidad Galileo, Guatemala
Alberth Estuardo Alvarado Ortiz

Universidad Iberoamericana León
Christhian Adonaí González Valdez

Universidad Nacional Autónoma de México, Facultad de Química
Susana Yalú Leticia Rubín Rivero

Universidad Panamericana, Campus Ciudad de México
Antonieta Martínez Velasco

Universidad Panamericana, Campus Guadalajara
Raquel Ruiz de Eguino Mendoza

Universidad Rafael Landívar, Facultad de Ingeniería, Campus Central, Guatemala
Gabriel Antonio Chavarria Matus

Universidad de San Carlos de Guatemala, Centro Universitario del Norte
Miguel Antonio Caal Ayala

❖ Cengage

Australia • Brasil • Canadá • México • Singapur • Reino Unido • Estados Unidos

Cengage

Cálculo. Trascendentes tempranas, **primera edición**
James Stewart, Daniel Clegg y
Saleem Watson

Director Higher Education Latinoamérica:
Renzo Casapía Valencia

Gerente editorial Latinoamérica:
Jesús Mares Chacón

Editora:
Karen Estrada Arriaga

Coordinador de manufactura:
Rafael Pérez González

Diseño de portada original:
Nadine Ballard

Adaptación de portada:
Eduardo Valdés Sandoval

Imagen de portada:
©WichitS/Shutterstock

Composición tipográfica:
Arturo Rocha Hernández

© D.R. 2021 por Cengage Learning Editores, S. A. de C. V.,
una Compañía de Cengage Learning, Inc.
Carretera México-Toluca núm. 5420, oficina 2301.
Col. El Yaqui. Del. Cuajimalpa. C.P. 05320.
Ciudad de México.
Cengage Learning® es una marca registrada
usada bajo permiso.

Traducido del libro:
Calculus: Early Transcendentals
Ninth Edition, Metric Version
James Stewart, Daniel Clegg and Saleem Watson
© 2021
ISBN: 978-0-357-11351-6

Datos para catalogación bibliográfica:
Stewart, James; Clegg,
Daniel y Watson, Saleem
Cálculo. Trascendentes tempranas
Primera edición
ISBN: 978-607-570-028-1

Visite nuestro sitio en:
http://latinoamerica.cengage.com

Impreso en Cosegraf: Marzo 2022
Progreso No. 10, Col. Centro
Ixtapaluca. Edo de México

Impreso en México
1 2 3 4 5 6 7 22 20 19 21

Contenido

16 Cálculo vectorial   1123

Apéndices   A1

Índice   A143

Prefacio

Un gran descubrimiento resuelve un gran problema, sin embargo, hay una pizca de descubrimiento implícito en la resolución de cualquier problema. El problema puede ser modesto; pero si desafía su curiosidad y pone en juego sus facultades inventivas, y si usted lo resuelve por sus propios medios, podrá experimentar la tensión y disfrutar del triunfo del descubrimiento.

GEORGE POLYA

El arte de enseñar, dijo Mark Van Doren, es el arte de ayudar al descubrimiento. Como en todas las ediciones anteriores, en esta primera edición en español que corresponde a la novena en inglés, continuamos con la tradición de escribir un libro con el cual se busca ayudar a los estudiantes a descubrir el cálculo, tanto por su eficacia práctica como por su sorprendente belleza. Como autores, intentamos transmitir al estudiante una noción de utilidad del cálculo e impulsar el desarrollo de la competencia técnica. Al mismo tiempo, nos esforzamos por dar cierta apreciación de la belleza intrínseca del tema. Newton experimentó indudablemente una sensación de triunfo cuando hizo sus grandes descubrimientos. Nosotros deseamos que los estudiantes compartan esa emoción.

En la obra se enfatiza la comprensión de conceptos. Casi todos los profesores de cálculo coinciden en que esta debería ser la meta principal de la enseñanza del cálculo; para implementar dicha meta, presentamos los temas fundamentales de manera gráfica, numérica, algebraica y verbal, enfatizando las relaciones entre estas diferentes representaciones. La visualización, la experimentación numérica y gráfica, así como las descripciones verbales facilitan, en gran medida, la comprensión de los conceptos. Además, la comprensión conceptual y la habilidad técnica van de la mano, pues cada una refuerza la otra.

Estamos muy conscientes de que la buena enseñanza adopta diferentes formas y que existen distintos métodos para enseñar y aprender cálculo; por este motivo, la exposición y los ejercicios están diseñados para adaptarse a diferentes estilos de enseñanza y aprendizaje. Las características (como proyectos, ejercicios ampliados, principios para la resolución de problemas y antecedentes históricos) aportan diversas mejoras a un núcleo central de conceptos y habilidades fundamentales. Nuestro objetivo es proporcionar a los profesores y a sus estudiantes las herramientas que necesitan para trazar su propio camino para descubrir el cálculo.

Versiones alternativas

La serie *Cálculo* de Stewart incluye otros libros de cálculo que podrían ser preferibles para algunos profesores. La mayoría de ellos también se presenta en versiones de una variable y varias variables.

- *Essential Calculus*, segunda edición, es un libro mucho más breve (840 páginas), que, sin embargo, contiene casi todos los temas de *Cálculo*, primera edición en español que corresponde a la novena en inglés. Su relativa brevedad se logra mediante una exposición más breve de algunos temas, pues algunas características se trasladaron al sitio web.

- *Essential Calculus: Early Transcendentals*, segunda edición, se asemeja a *Essential Calculus*, pero las funciones exponenciales, logarítmicas y trigonométricas inversas se cubren en el capítulo 3.

- *Calculus: Concepts and Contexts*, cuarta edición, enfatiza la comprensión conceptual con más fuerza todavía que este libro. La cobertura de temas no es enciclopédica y el material sobre funciones trascendentes y ecuaciones paramétricas se entreteje a lo largo del libro en lugar de tratarse en capítulos separados.

- *Brief Applied Calculus* está dirigido a estudiantes de administración, ciencias sociales y ciencias de la vida.

- *Biocalculus: Calculus for the Life Sciences* tiene el propósito de mostrar a los estudiantes de ciencias de la vida cómo se relaciona el cálculo con la biología.

- *Biocalculus: Calculus, Probability, and Statistics for the Life Sciences* abarca todo el contenido de *Biocalculus: Calculus for the Life Sciences*, así como tres capítulos adicionales que abordan probabilidad y estadística.

¿Qué hay de nuevo en esta edición?

En gran medida, la estructura general de la obra se mantiene igual pero se realizaron muchas mejoras con el objetivo de lograr que esta edición (primera edición en español que corresponde a la novena en inglés) sea aún más utilizable como herramienta de enseñanza para los profesores y como herramienta de aprendizaje para los estudiantes. Los cambios son el resultado de conversaciones con colegas y estudiantes, sugerencias de usuarios y revisores, conocimientos adquiridos de nuestras propias experiencias al impartir clases con el libro y de las copiosas notas que James Stewart nos confió acerca de los cambios que quería que consideráramos para la nueva edición. En todos los cambios, tanto pequeños como grandes, conservamos las características y el tono que han contribuido al éxito de este libro.

- Más de 20% de los ejercicios son nuevos:

Se añadieron ejercicios básicos, donde correspondía, en la parte inicial de los conjuntos de ejercicios. Estos ejercicios tienen la finalidad de aumentar la confianza de los estudiantes y reforzar la comprensión de los conceptos fundamentales de una sección (vea, por ejemplo, los ejercicios 7.3.1–4, 9.1.1–5, 11.4.3–6).

En algunos ejercicios nuevos se incluyen gráficas destinadas a ayudar a los estudiantes a comprender cómo una gráfica facilita la solución de un problema; estos ejercicios complementan los ejercicios subsiguientes en los cuales los estudiantes deben trazar su propia gráfica (vea los ejercicios 6.2.1–4, 10.4.43–46, así como 53–54, 15.5.1–2, 15.6.9–12, 16.7.15 y 24, 16.8.9 y 13).

Algunos ejercicios se estructuraron en dos etapas: en el inciso (a) se pide el planteamiento y en el inciso (b), la evaluación. Esto permite a los estudiantes verificar su respuesta al inciso (a) antes de completar el problema (vea los ejercicios 6.1.1–4, 6.3.3–4, 15.2.7–10).

Se añadieron algunos ejercicios difíciles y ampliados al final de conjuntos de ejercicios específicos (como los ejercicios 6.2.87, 9.3.56, 11.2.79–81 y 11.9.47).

Se añadieron títulos a ejercicios seleccionados cuando estos amplían un concepto analizado en la sección (vea, por ejemplo, los ejercicios 2.6.66, 10.1.55–57 y 15.2.80–81).

Algunos de nuestros ejercicios favoritos nuevos son 1.3.71, 3.4.99, 3.5.65, 4.5.55–58, 6.2.79, 6.5.18, 10.5.69, 15.1.38 y 15.4.3–4. Además, el ejercicio 14 de la sección "Problemas adicionales" que se presentan después del capítulo 6 y el ejercicio 4 de los "Problemas adicionales" que se incluyen después del capítulo 15 son interesantes y desafiantes.

- Se añadieron ejemplos nuevos y pasos adicionales a las resoluciones de algunos ejemplos existentes (vea los ejemplos 2.7.5, 6.3.5, 10.1.5, 14.8.1, 14.8.4 y 16.3.4).

- Se reestructuraron varias secciones y se agregaron nuevos subtítulos para centrar la organización en torno a conceptos clave (las secciones 2.3, 11.1, 11.2 y 14.2 son buenas muestras de esto).

- Se añadieron muchas gráficas e ilustraciones nuevas, y se actualizaron las existentes para ofrecer una visión gráfica adicional de los conceptos clave.

- Se agregaron algunos temas nuevos y se ampliaron otros (dentro de una sección o en ejercicios ampliados) a solicitud de los revisores (vea, como ejemplo, una subsección sobre torsión en la sección 13.3, cocientes de diferencias simétricas en el ejercicio 2.7.60 e integrales impropias de más de un tipo en los ejercicios 7.8.65–68).

- Se añadieron proyectos nuevos y se actualizaron algunos ya existentes (por ejemplo, vea el "Proyecto de descubrimiento" que sigue a la sección 12.2 y que se titula *La forma de una cadena suspendida*).

- Las derivadas de las funciones logarítmicas y las funciones trigonométricas inversas se abordan ahora en la sección 3.6, en la que se destaca el concepto de la derivada de una función inversa.

- Las series alternantes y la convergencia absoluta se tratan ahora en la sección 11.5.

- El capítulo sobre ecuaciones diferenciales de segundo orden, así como el apéndice asociado sobre números complejos, se trasladaron al sitio web.

Características

Cada característica está diseñada para complementar diversas prácticas de enseñanza y aprendizaje. A lo largo del libro se presentan antecedentes históricos, ejercicios ampliados, proyectos, principios para la resolución de problemas y muchas oportunidades de experimentar con los conceptos mediante el uso de la tecnología. Como autores somos conscientes de que rara vez hay suficiente tiempo en un semestre para utilizar todas estas características, pero su disponibilidad en el libro le proporciona al profesor la opción de asignar algunas y tal vez simplemente llamar la atención sobre otras para resaltar las ricas ideas del cálculo y su importancia crucial en la vida real.

Ejercicios conceptuales

La manera más importante de fomentar la comprensión conceptual es mediante los problemas que el profesor asigna. Para ello se incluyen varios tipos de problemas. Algunos conjuntos de ejercicios comienzan con peticiones de explicar el significado de los conceptos básicos de la sección (vea, por ejemplo, los primeros ejercicios de las secciones 2.2, 2.5, 11.2, 14.2 y 14.3), y la mayoría contiene ejercicios diseñados para reforzar la comprensión básica (como los ejercicios 2.5.3–10, 5.5.1–8, 6.1.1–4, 7.3.1–4, 9.1.1–5 y 11.4.3–6). Otros ejercicios ponen a prueba la comprensión conceptual por medio de gráficas o tablas (vea los ejercicios 2.7.17, 2.8.36–38, 2.8.47–52, 9.1.23–25, 10.1.30–33, 13.2.1–2, 13.3.37–43, 14.1.41–44, 14.3.2, 14.3.4–6, 14.6.1–2, 14.7.3–4, 15.1.6–8, 16.1.13–22, 16.2.19–20 y 16.3.1–2).

Varios ejercicios proporcionan una gráfica como apoyo visual (por ejemplo, los ejercicios 6.2.1–4, 10.4.43–46, 15.5.1–2, 15.6.9–12 y 16.7.24). En otro tipo de ejercicios se utilizan descripciones verbales para medir la comprensión de los conceptos (vea los ejercicios 2.5.12, 2.8.66, 4.3.79–80 y 7.8.79). Además, todas las secciones de repaso empiezan con las subsecciones "Verificación de conceptos" y "Preguntas de verdadero o falso".

En especial, se valoran los problemas que combinan y comparan los métodos gráficos, numéricos y algebraicos (vea los ejercicios 2.6.45–46, 3.7.29 y 9.4.4).

■ Conjuntos de ejercicios graduados

Cada conjunto de ejercicios está cuidadosamente graduado y avanza desde ejercicios conceptuales básicos hasta otros que contribuyen a desarrollar habilidades y ejercicios gráficos, para pasar después a ejercicios más desafiantes que a menudo amplían los conceptos de la sección, se basan en conceptos de secciones anteriores, o involucran aplicaciones o demostraciones.

■ Datos del mundo real

Los datos del mundo real ofrecen una forma tangible de introducir, motivar o ilustrar los conceptos de cálculo. Como resultado, muchos ejemplos y ejercicios abordan funciones definidas por datos numéricos o gráficas. Esos datos reales provienen de empresas y organismos gubernamentales, así como de investigaciones en Internet y bibliotecas. Vea, por ejemplo, la figura 1 de la sección 1.1 (sismógrafos del terremoto de Northridge), el ejercicio 2.8.36 (número de cirugías estéticas), el ejercicio 5.1.12 (velocidad del transbordador espacial *Endeavour*), el ejercicio 5.4.83 (consumo de energía en la región de Nueva Inglaterra), el ejemplo 3 de la sección 14.4 (índice de sensación térmica), la figura 1 de la sección 14.6 (mapa de contorno de temperatura), el ejemplo 9 de la sección 15.1 (precipitación de nieve en Colorado) y la figura 1 de la sección 16.1 (campos vectoriales de velocidad del viento en la bahía de San Francisco).

■ Proyectos

Una forma de motivar a los estudiantes y convertirlos en aprendices activos es ponerlos a trabajar (tal vez en grupos) en proyectos amplios que les den una sensación de logro sustancial al concluirlos. Hay tres tipos de proyectos en el texto.

Los *Proyectos de aplicación* contienen aplicaciones diseñadas para estimular la imaginación de los alumnos. En el proyecto que se presenta después de la sección 9.5 se pregunta si una pelota lanzada hacia arriba tarda más en alcanzar su altura máxima o en caer a su altura original (la respuesta podría sorprenderlo). En el proyecto que se incluye después de la sección 14.8 se aplican los multiplicadores de Lagrange para determinar las masas de las tres etapas de un cohete con el objetivo de reducir al mínimo la masa total y, al mismo tiempo, permitir que el cohete alcance la velocidad deseada.

Los *Proyectos de descubrimiento* anticipan los resultados que se analizarán más adelante o fomentan el descubrimiento por medio del reconocimiento de patrones (vea el proyecto que se presenta después de la sección 7.6, en el que se exploran patrones en integrales). Otros "Proyectos de descubrimiento" abordan aspectos de geometría: tetraedros (después de la sección 12.4), hiperesferas (luego de la sección 15.6), e intersecciones de tres cilindros (a continuación de la sección 15.7). Además, en el proyecto que se presenta después de la sección 12.2 se aplica la definición geométrica de derivada para encontrar una fórmula para la forma de una cadena suspendida. Algunos proyectos usan la tecnología de manera sustancial; en el que aparece luego de la sección 10.2 se muestra cómo utilizar las curvas de Bézier para diseñar formas que representan letras en una impresora láser.

En la sección *Proyecto de redacción* se pide a los estudiantes que comparen los métodos actuales con los de los fundadores del cálculo; por ejemplo, el método de Fermat para encontrar tangentes, después de la sección 2.7. Además, se sugieren algunas referencias.

■ Resolución de problemas

Los estudiantes suelen tener dificultades con problemas que no tienen un procedimiento bien definido para obtener la respuesta. Como estudiante de George Polya, James

Stewart tuvo la experiencia directa de trabajar con las fascinantes y perspicaces ideas de Polya acerca del proceso de resolución de problemas. En consecuencia, una versión modificada de la estrategia de cuatro etapas para la resolución de problemas propuesta por Polya se presenta después del capítulo 1 en la sección "Principios para la resolución de problemas". Estos principios se aplican, tanto explícita como implícitamente, a lo largo del libro. Los demás capítulos finalizan con la sección *Problemas adicionales*, que contiene ejemplos acerca de cómo abordar problemas de cálculo desafiantes. Al seleccionar los problemas para los "Problemas adicionales" se tuvo en cuenta el siguiente consejo de David Hilbert: "Un problema matemático debe ser difícil a fin de atraernos, pero no inaccesible como para invalidar nuestros esfuerzos". Hemos utilizado estos problemas con excelentes resultados en nuestras propias clases de cálculo; es muy grato ver cómo responden los estudiantes a un desafío. James Stewart dijo alguna vez: "Cuando planteo estos problemas desafiantes en tareas y exámenes, los califico de manera diferente... recompenso a los estudiantes de manera significativa por sus ideas para llegar a la solución y por reconocer cuáles principios de resolución de problemas son relevantes".

■ Tecnología

Al emplear tecnología, es particularmente importante entender con claridad los conceptos que subyacen en las imágenes en la pantalla o en los resultados de un cálculo. Cuando se usan de manera correcta, las calculadoras graficadoras y las computadoras son herramientas poderosas para descubrir y comprender esos conceptos. Este libro de texto puede usarse con o sin tecnología; se incluyen dos símbolos especiales para indicar con claridad cuándo se requiere el uso de alguna tecnología en específico. El icono ⌁ indica un ejercicio que exige el uso de un programa o una calculadora graficadora para trazar una gráfica. (Esto no quiere decir que la tecnología no sea útil en otros ejercicios). El símbolo T significa que se necesita un software o una calculadora graficadora para completar el ejercicio. Algunos sitios web de acceso libre como WolframAlpha.com o Symbolab.com suelen ser adecuados. Cuando se requieren todos los recursos de un sistema algebraico computacional, como Maple o Mathematica, se puntualiza en el ejercicio. Por supuesto, la tecnología no vuelve obsoletos al lápiz y al papel. Los cálculos y los bocetos a mano son a menudo preferibles a la tecnología para ilustrar y reforzar algunos conceptos. Tanto profesores como estudiantes deben desarrollar la habilidad de decidir cuándo es apropiado utilizar la tecnología y cuándo se obtiene más conocimiento al resolver un ejercicio a mano.

CENGAGE | WEBASSIGN

■ WebAssign: webassign.net

Esta edición está disponible en español en WebAssign, una solución en línea totalmente personalizable para las carreras STEM (*Science, Technology, Engineering and Mathematics*; ciencia, tecnología, ingeniería y matemáticas) de Cengage. WebAssign incluye tareas, videos, tutoriales. En esta herramienta, los profesores deciden a qué tipo de recursos pueden acceder los estudiantes, y cuándo, mientras trabajan en los proyectos. El motor de calificación patentado evalúa las respuestas de manera incomparable y brinda realimentación instantánea a los estudiantes así como análisis ingeniosos que enfatizan con exactitud los temas en los que presentan dificultades los estudiantes. Para más información, visite

latinoamerica.cengage.com/webassign

Ingresa al código QR y descubre más

Contenido

Exámenes de diagnóstico

El libro comienza con cuatro exámenes de diagnóstico: álgebra básica, geometría analítica, funciones y trigonometría.

Una mirada al cálculo

Una visión general de la materia que incluye una lista de preguntas para motivar el estudio del cálculo.

1 Funciones y modelos

Desde el principio se destacan varias representaciones de las funciones: verbal, numérica, visual y algebraica. Un análisis de los modelos matemáticos conduce a una revisión de las funciones estándar, entre ellas funciones exponenciales y logarítmicas, desde esos cuatro puntos de vista.

2 Límites y derivadas

El material sobre los límites está motivado por un estudio previo de la tangente y problemas de velocidad. Los límites se tratan desde los puntos de vista descriptivo, gráfico, numérico y algebraico. La sección 2.4, acerca de la definición precisa de un límite, es una sección opcional. Las secciones 2.7 y 2.8 abordan las derivadas (incluidas las derivadas para funciones definidas de manera gráfica y numérica) antes de explicar las reglas de la derivación en el capítulo 3. Aquí los ejemplos y ejercicios exploran el significado de las derivadas en diversos contextos. En la sección 2.8 se introducen las derivadas superiores.

3 Reglas de derivación

Todas las funciones básicas, incluidas las funciones exponenciales, logarítmicas y trigonométricas inversas, se derivan aquí. Los dos últimos tipos de funciones ahora se abordan en una sección enfocada en la derivación de funciones inversas. Cuando se calculan derivadas en situaciones aplicadas, se pide a los estudiantes que expliquen sus significados. El crecimiento y decaimiento exponenciales se explican en este capítulo.

4 Aplicaciones de la derivada

Las operaciones básicas relativas a las formas y valores extremos de las curvas se deducen del teorema del valor medio. La graficación con tecnología enfatiza la interacción entre el cálculo y las calculadoras, y el análisis de familias de curvas. Se presentan algunos problemas de optimización sustancial y, entre otras cosas, se explica por qué es necesario levantar la cabeza 42° para ver la parte superior de un arcoíris.

5 Integrales

El problema del área y el problema de la distancia sirven para motivar la integral definida, con la presentación de la notación sigma cuando es necesario (la cobertura completa de la notación sigma se presenta en el apéndice E). Se hace hincapié en la explicación de los significados de las integrales en varios contextos y en la estimación de sus valores a partir de gráficas y tablas.

6 Aplicaciones de la integral

En este capítulo se presentan las aplicaciones de la integral: área, volumen, trabajo, valor promedio, que pueden hacerse razonablemente sin técnicas especializadas de integración. Se enfatizan los métodos generales. El objetivo es que los estudiantes sean capaces de dividir una cantidad en partes pequeñas, estimar con sumas de Riemann y reconocer el límite como una integral.

7 Técnicas de integración

Se abordan todos los métodos estándar, pero, por supuesto, el verdadero reto consiste en reconocer qué técnica conviene más en una situación dada. En consecuencia, en la sección 7.5 se explica una estrategia para evaluar integrales. El uso de software matemático se analiza en la sección 7.6.

8 Aplicaciones adicionales de la integración

Este capítulo contiene las aplicaciones de la integración (longitud de arco y área de la superficie) para las que es útil disponer de todas las técnicas de integración, así como aplicaciones en biología, economía y física (energía hidrostática y centros de masa). También se incluye una sección sobre probabilidad. Hay muchas más aplicaciones aquí de las que pueden cubrirse en términos realistas en un curso dado. Los profesores pueden seleccionar aplicaciones adecuadas para sus estudiantes y que ellos mismos se entusiasmen.

9 Ecuaciones diferenciales

El modelado es el tema que unifica este tratamiento introductorio de las ecuaciones diferenciales. Los campos direccionales y el método de Euler se estudian antes de que las ecuaciones separables y lineales se resuelvan de forma explícita, de modo que los enfoques cualitativo, numérico y analítico reciban la misma consideración. Estos métodos se aplican a los modelos exponencial, logístico y de otros tipos para el crecimiento poblacional. Las primeras cuatro o cinco secciones de este capítulo sirven como una buena introducción a las ecuaciones diferenciales de primer orden. En la sección final, que es opcional, se ilustran los sistemas de ecuaciones diferenciales mediante modelos depredador-presa.

10 Ecuaciones paramétricas y coordenadas polares

En este capítulo se presentan las curvas paramétricas y polares y se les aplican los métodos del cálculo. Las curvas paramétricas son adecuadas para proyectos que requieren graficar con tecnología; las que se presentan aquí se relacionan con familias de curvas y curvas de Bézier. Un breve tratamiento de las secciones cónicas en coordenadas polares prepara el camino para las leyes de Kepler en el capítulo 13.

11 Sucesiones, series y series de potencias

Las pruebas de convergencia tienen justificaciones intuitivas (vea la sección 11.3), así como demostraciones formales. Las estimaciones numéricas de sumas de series se basan en la prueba que se haya usado para demostrar la convergencia. Se enfatizan la serie de Taylor y los polinomios, así como sus aplicaciones a la física.

12 Vectores y geometría del espacio

El material sobre geometría analítica tridimensional y vectores se cubre en este capítulo y en el siguiente. Aquí se abordan vectores, producto punto y producto cruz, rectas, planos y superficies.

13 Funciones vectoriales

En este capítulo se cubren las funciones con valor vectorial, sus derivadas e integrales, la longitud y curvatura de curvas en el espacio, y la velocidad y aceleración a lo largo de las curvas en el espacio, y finaliza con las leyes de Kepler.

14 Derivadas parciales

Las funciones de dos o más variables se estudian desde los puntos de vista verbal, numérico, visual y algebraico. En particular, las derivadas parciales se presentan examinando una columna específica de una tabla de valores del índice de sensación térmica (temperatura percibida del aire) como una función de la temperatura real y la humedad relativa.

15 Integrales múltiples

Se utilizan mapas de contorno y la regla del punto medio para estimar la precipitación promedio de nieve y la temperatura promedio de determinadas regiones. Las integrales dobles y triples se emplean para calcular volúmenes, áreas de superficies y (en proyectos) volúmenes de hiperesferas y volúmenes de intersecciones de tres cilindros. Se presentan coordenadas cilíndricas y esféricas en el contexto de evaluación de integrales triples. Se consideran varias aplicaciones, entre ellas, el cálculo de masa, carga y probabilidades.

16 Cálculo vectorial

Los campos vectoriales se presentan mediante imágenes de campos de velocidad que muestran patrones de viento de la bahía de San Francisco. Se destacan las semejanzas entre el teorema fundamental para integrales de línea, así como los teoremas de Green, de Stokes y de la divergencia.

Capítulo en línea

17 Ecuaciones diferenciales de segundo orden Dado que las ecuaciones diferenciales de primer orden se cubren en el capítulo 9, este **capítulo en línea** aborda las ecuaciones diferenciales lineales de segundo orden, su aplicación a resortes vibratorios y circuitos eléctricos y soluciones de series.

Recursos adicionales

Esta obra cuenta con varios recursos adicionales. Para mayor información, consulte a su representante local de Cengage.

Agradecimientos

Uno de los factores principales que influyó en la preparación de esta edición fue el consejo sólido y acertado de un gran número de revisores, todos ellos con amplia experiencia en la enseñanza del cálculo. Agradecemos enormemente sus sugerencias y el tiempo que dedicaron a comprender el método que se siguió en este libro. Hemos aprendido algo de cada uno de ellos.

■ Revisores de la novena edición en inglés

Malcolm Adams, *University of Georgia*
Ulrich Albrecht, *Auburn University*
Bonnie Amende, *Saint Martin's University*
Champike Attanayake, *Miami University Middletown*
Amy Austin, *Texas A&M University*
Elizabeth Bowman, *University of Alabama*
Joe Brandell, *West Bloomfield High School / Oakland University*
Lorraine Braselton, *Georgia Southern University*
Mark Brittenham, *University of Nebraska–Lincoln*
Michael Ching, *Amherst College*
Kwai-Lee Chui, *University of Florida*
Arman Darbinyan, *Vanderbilt University*
Roger Day, *Illinois State University*
Toka Diagana, *Howard University*
Karamatu Djima, *Amherst College*
Mark Dunster, *San Diego State University*
Eric Erdmann, *University of Minnesota–Duluth*
Debra Etheridge, *The University of North Carolina at Chapel Hill*
Jerome Giles, *San Diego State University*
Mark Grinshpon, *Georgia State University*
Katie Gurski, *Howard University*
John Hall, *Yale University*
David Hemmer, *University at Buffalo–SUNY, N. Campus*
Frederick Hoffman, *Florida Atlantic University*
Keith Howard, *Mercer University*
Iztok Hozo, *Indiana University Northwest*
Shu-Jen Huang, *University of Florida*
Matthew Isom, *Arizona State University–Polytechnic*
James Kimball, *University of Louisiana at Lafayette*
Thomas Kinzel, *Boise State University*
Anastasios Liakos, *United States Naval Academy*
Chris Lim, *Rutgers University–Camden*

Jia Liu, *University of West Florida*
Joseph Londino, *University of Memphis*
Colton Magnant, *Georgia Southern University*
Mark Marino, *University at Buffalo–SUNY, N. Campus*
Kodie Paul McNamara, *Georgetown University*
Mariana Montiel, *Georgia State University*
Russell Murray, *Saint Louis Community College*
Ashley Nicoloff, *Glendale Community College*
Daniella Nokolova-Popova, *Florida Atlantic University*
Giray Okten, *Florida State University–Tallahassee*
Aaron Peterson, *Northwestern University*
Alice Petillo, *Marymount University*
Mihaela Poplicher, *University of Cincinnati*
Cindy Pulley, *Illinois State University*
Russell Richins, *Thiel College*
Lorenzo Sadun, *University of Texas at Austin*
Michael Santilli, *Mesa Community College*
Christopher Shaw, *Columbia College*
Brian Shay, *Canyon Crest Academy*
Mike Shirazi, *Germanna Community College–Fredericksburg*
Pavel Sikorskii, *Michigan State University*
Mary Smeal, *University of Alabama*
Edwin Smith, *Jacksonville State University*
Sandra Spiroff, *University of Mississippi*
Stan Stascinsky, *Tarrant County College*
Jinyuan Tao, *Loyola University of Maryland*
Ilham Tayahi, *University of Memphis*
Michael Tom, *Louisiana State University–Baton Rouge*
Michael Westmoreland, *Denison University*
Scott Wilde, *Baylor University*
Larissa Wiliamson, *University of Florida*
Michael Yatauro, *Penn State Brandywine*
Gang Yu, *Kent State University*
Loris Zucca, *Lone Star College–Kingwood*

■ Revisores de esta edición en español

Andrés Antonio Abundis Serrano, *Tecnológico de Monterrey, Campus Toluca*

Manuel Jesús Aguilar Gómez, *Universidad Nacional Autónoma de México, Facultad de Química*

Vladimir Ángel Albíter Bernal, *Universidad Autónoma del Estado de México, Facultad de Ingeniería*

Guillermo Alcántara Jiménez, *Universidad Autónoma del Estado de México, Facultad de Economía*

Elizabeth Almazán Torres, *Universidad Autónoma del Estado de México, Facultad de Economía*

Andrés Álvarez Cid, *Universidad Nacional Autónoma de México, Facultad de Ingeniería*

Eduardo Ambriz Bustos, *Instituto Politécnico Nacional, ESIME Zacatenco*

Restituto Anaya Olvera, *Instituto Tecnológico de San Juan del Río*

Germán Ramón Arconada Rey, *Universidad Nacional Autónoma de México, Facultad de Ingeniería*

Edgar Eleazar Arcos Álvaro, *Universidad Nacional Autónoma de México, Facultad de Ciencias*

Areli Arcos Pichardo, *Tecnológico Nacional de México, Campus Querétaro*

María Soledad Arriaga, *Universidad Autónoma Metropolitana, Unidad Iztapalapa*

Sofía Magdalena Ávila Becerril, *Universidad Nacional Autónoma de México, Facultad de Ingeniería*

Ángel Balderas Puga, *Instituto Tecnológico de Querétaro*

Alejandra Maribel Barragán Martínez, *Universidad Anáhuac México, Facultad de Ingeniería; Universidad Nacional Autónoma de México, Facultad de Ingeniería*

Zeidy Margarita Barraza García, *Instituto Politécnico Nacional, CICATA*

Genoveva Barrera Godínez, *Instituto Politécnico Nacional, ESIME Zacatenco; Universidad Nacional Autónoma de México, Facultad de Economía*

Adela Becerra Chávez, *Universidad Politécnica de Querétaro*

Juana Guadalupe Bringas González, *Universidad Politécnica del Valle de Toluca*

Raime Alejandro Bustos Gardea, *Tecnológico de Monterrey, Campus Chihuahua*

Adriana Caballero Rosas, *Universidad Autónoma Metropolitana, Unidad Iztapalapa*

José Caballero Viñas, *Universidad Autónoma del Estado de México, Facultad de Ingeniería*

Araceli Consuelo Campero Carmona, *Universidad Autónoma del Estado de México, Facultad de Ingeniería*

Marisol Cano Cruz, *Universidad Anáhuac, Campus Querétaro*

Mauricio Cano Perdomo, *Universidad Autónoma del Estado de México, Facultad de Economía*

Luis Javier Carmona Lomeli, *Universidad Autónoma Metropolitana, Unidad Iztapalapa*

Elizenda Castañeda Martínez, *Universidad Autónoma del Estado de México*

Alejandro Castañeda-Miranda, *Universidad Tecnológica de Querétaro, Creativity & Innovation Center 4.0*

José David Castellanos Ramírez, *Universidad Panamericana*

Mitzi Castrejón Galván, *Universidad Nacional Autónoma de México, Facultad de Ingeniería*

Iván Dario Castrillón Serna, *Universidad Autónoma del Estado de México*

Salomón Cordero Sánchez, *Universidad Autónoma Metropolitana, Unidad Iztapalapa*

Paulo Sergio Cornejo Guerra, *Tecnológico Nacional de México, Campus Querétaro*

Francisco Javier Cortés González, *Instituto Politécnico Nacional, ESIME Zacatenco*

José Luis Cosme Álvarez, *Universidad Autónoma Metropolitana, Unidad Iztapalapa*

Sergio Carlos Crail Corzas, *Universidad Nacional Autónoma de México, Facultad de Ingeniería*

Rodolfo Cruz Arriaga, *Universidad Autónoma del Estado de México, Facultad de Química*

Marco Antonio Cruz de la Rosa, *Universidad Autónoma Metropolitana, Unidad Iztapalapa*

Edgar Cristian Díaz González, *Universidad Autónoma Metropolitana, Unidad Iztapalapa*

Brenda Santa Dublan Barragán, *Universidad Politécnica de Querétaro*

Isabel Cristina Elizondo Ordóñez, *Universidad de Monterrey*

María Elena Estevané Ortega, *Instituto Tecnológico de Chihuahua*

Rodolfo Fabián Estrada Guerrero, *Universidad Iberoamericana, Ciudad de México-Tijuana*

Hans Luis Fetter Nathansky, *Universidad Autónoma Metropolitana, Unidad Iztapalapa*

Anaid Gabriela Flores Huerta, *Universidad Autónoma Metropolitana, Unidad Iztapalapa*

José Luis García Arellano, *Instituto Tecnológico de Querétaro*

Luis García González, *Tecnológico Nacional de México, Campus Pachuca*

Mauricio García Martínez, *Universidad Autónoma del Estado de México*

Beatriz García Pastor, *Tecnológico Nacional de México, Campus San Juan del Río*

Guadalupe Gaytán Gómez, *Universidad Autónoma Metropolitana, Unidad Iztapalapa*

Ilán Abraham Goldfeder, *Universidad Autónoma Metropolitana, Unidad Iztapalapa*

Javier Gómez Méndez, *Universidad Nacional Autónoma de México, Facultad de Ingeniería*

Marco Antonio Gómez Ramírez, *Universidad Nacional Autónoma de México, Facultad de Ingeniería*

Jerónimo Gómez Rodríguez, *Tecnológico Nacional de México, Instituto Tecnológico de San Juan del Río*

Claudia Gómez Wulschner, *Instituto Tecnológico Autónomo de México*

Maricela González Leal, *Universidad Autónoma de Querétaro*

Cristian González Rios, *Tecnológico de Monterrey, Campus Toluca*

Juan Manuel Guadarrama Fonseca, *Universidad Autónoma del Estado de México*

Andrés Guerrero Elizondo, *Tecnológico de Monterrey, Campus Monterrey*

Alejandro Guillén Santiago, *Universidad Iberoamericana, Ciudad de México*

José Luis Gutiérrez Hernández, *Universidad Autónoma de Querétaro*

José Alberto Gutiérrez Palacios, *Universidad Autónoma del Estado de México, Facultad de Ingeniería*

Héctor Hugo Hernández Hernández, *Universidad Autónoma de Chihuahua, Facultad de Ingeniería*

María del Carmen Hernández Maldonado, *Universidad Autónoma del Estado de México, Facultad de Ingeniería*

Armando Herrera Barrera, *Universidad Autónoma del Estado de México, Facultad de Ingeniería*

Verónica Hidalgo Villafranco, *Universidad Autónoma del Estado de México, Facultad de Ingeniería*

María de los Ángeles Izquierdo Lara, *Universidad Politécnica del Valle de Toluca*

Pablo Juárez Montoya, *Universidad Nacional Autónoma de México, Facultad de Ingeniería*

Marcela Antonia Juárez Rios, *Tecnológico Nacional de México, Campus Querétaro*

Víctor Larios Osorio, *Universidad Autónoma de Querétaro*

Rocío Leonel Gómez, *Instituto de Educación Superior Rosario Castellanos, Cede GAM; Universidad Nacional Autónoma de México, Facultad de Ciencias*

Carlos Limón Ledesma, *Universidad Nacional Autónoma de México, Facultad de Ciencias*

Mónica López Coyote, *Universidad Nacional Autónoma de México, Facultad de Ingeniería*

Miguel Ángel López Mariño, *Tecnológico de Monterrey, Campus Chihuahua*

Fernando López Solís, *Universidad Autónoma del Estado de México, Facultad de Ingeniería*

Miguel Ángel Loredo Robledo, *Universidad Politécnica del Valle de Toluca*

Carlos Arturo Loredo Villalobos, *Universidad Autónoma Metropolitana, Unidad Iztapalapa*

Moisés Luna Benoso, *Universidad Nacional Autónoma de México, Facultad de Química*

Margarita Luna Camacho, *Universidad Nacional Autónoma de México, Facultad de Ingeniería*

Oscar Alberto Martínez Lobos, *Universidad de San Carlos de Guatemala, Facultad de Ingeniería*

Gisela Virginia Martínez López, *Universidad Politécnica de Querétaro*

Evelia Martínez Mejía, *Universidad Autónoma del Estado de México, Facultad de Economía*

Francisco Javier Mejía Salazar, *Universidad EIA, Sede Envigado, Colombia*

Silvia Mera Olguín, *Instituto Politécnico Nacional, UPIICSA*

Alan Joel Miralrio Pineda, *Tecnológico de Monterrey, Campus Toluca*

Roberto Carlos Mondragón Álvarez, *Tecnológico de Monterrey, Campus Toluca*

Ian Guillermo Monsivais Montoliu, *Universidad Nacional Autónoma de México, Facultad de Ingeniería*

Javier Mozqueda Lafarga, *Tecnológico Nacional de México, Campus Culiacán*

Adriana Nava Vega, *Universidad Autónoma de Baja California*

Carlos Alexander Núñez Martín, *Tecnológico Nacional de México, Instituto Tecnológico de Querétaro*

José Luis Núñez Mejía, *Universidad Autónoma del Estado de México, Facultad de Ingeniería*

Eder Yair Nolasco Terrón, *Universidad Autónoma del Estado de México, Facultad de Química*

Alejandro Ordaz Flores, *Universidad Iberoamericana*

María Guadalupe Ortega Barbosa, *Universidad Nacional Autónoma de México, Facultad de Ingeniería*

Gustavo Ortiz González, *Instituto Tecnológico de Querétaro*

Juan Carlos Pacheco Morales, *Instituto Politécnico Nacional, UPIICSA*

Maritza Peña Becerril, *Tecnológico de Monterrey, Campus Toluca*

María de los Ángeles Pérez Azcona, *Benemérita Universidad Autónoma de Puebla*

José Marcos Pérez Chanelo, *Universidad Tecnológica de Querétaro, División Industrial*

José Luis Pineda Flores, *Tecnológico de Monterrey, Campus Ciudad de México*

Martín Piña Hernández, *Universidad Tecnológica de Querétaro*

Sergio Piña Soto, *Universidad Autónoma del Estado de México, Facultad de Economía*

Renato Ponciano Sandoval, *Universidad de San Carlos de Guatemala, Facultad de Ingeniería*

Ignacio Portillo Castillo, *Universidad Autónoma de Chihuahua, Facultad de Ingeniería*

Francisco Ramírez Torres, *Instituto Politécnico Nacional, UPIICSA*

Minerva Robles-Agudo, *Universidad Tecnológica de Querétaro*

María del Carmen Rodríguez Cordova, *Universidad Autónoma del Estado de México, Facultad de Ingeniería*

Ruth Rodríguez Gallegos, *Tecnológico de Monterrey, Campus Monterrey*

Ericka Romero Albiter, *Universidad Autónoma del Estado de México*

Leomar Salazar Flores, *Universidad Autónoma del Estado de México, Facultad de Ciencias y Facultad de Economía*

Sofía Salinas Obregón, *Tecnológico de Monterrey, Campus Monterrey*

Francisco Javier Sánchez Bernabe, *Universidad Autónoma Metropolitana, Unidad Iztapalapa*

Cristina Segura Cabrera, *Universidad Tecnológica de Querétaro*

Saulo Servín Guzmán, *Tecnológico Nacional de México, Campus San Juan del Río*

Jorge Homero Sierra Cavazos, *Tecnológico de Monterrey, Campus Monterrey*

Francisco Leonel Silva González, *Universidad Nacional Autónoma de México, Facultad de Ingeniería*

Luis Humberto Soriano Sánchez, *Universidad Nacional Autónoma de México, Facultad de Ingeniería*

Fernando Tobias Romero, *Instituto Politécnico Nacional, Escuela Nacional de Ciencias Biológicas*

Ramón Torres Alonso, *Tecnológico Nacional de México, Campus Querétaro; Universidad Autónoma de Querétaro, Facultad de Ingeniería*

Roberto Torres Hernández, *Universidad Autónoma de Querétaro*

Merced Torres Sánchez, *Universidad Autónoma del Estado de México, Facultad de Ingeniería*

Eduardo Uresti Charre, *Tecnológico de Monterrey, Campus Monterrey*

José Alfredo Uribe Alcántara, *Universidad Autónoma Metropolitana, Unidad Iztapalapa*

Ernestina Imelda Vargas Gutiérrez, *Universidad Politécnica del Valle de Toluca*

Ariadna Velázquez Arriaga, *Universidad Tecnológica de México, Campus Toluca*

Martín Carlos Vera Estrada, *Universidad Autónoma del Estado de México, Unidad Académica Profesional Tianguistenco*

Edgar Villagrán Vargas, *Universidad Autónoma del Estado de México*

Luis Martín Yépez Barrientos, *Instituto Politécnico Nacional, ESIME Culhuacán*

Karen Altair Zurutuza Espinosa, *Universidad Tecnológica de Querétaro*

■ Revisores de ediciones anteriores en inglés

Jay Abramson, *Arizona State University*
B. D. Aggarwala, *University of Calgary*
John Alberghini, *Manchester Community College*
Michael Albert, *Carnegie-Mellon University*
Daniel Anderson, *University of Iowa*
Maria Andersen, *Muskegon Community College*
Eric Aurand, *Eastfield College*
Amy Austin, *Texas A&M University*
Donna J. Bailey, *Northeast Missouri State University*
Wayne Barber, *Chemeketa Community College*
Joy Becker, *University of Wisconsin–Stout*
Marilyn Belkin, *Villanova University*
Neil Berger, *University of Illinois, Chicago*
David Berman, *University of New Orleans*
Anthony J. Bevelacqua, *University of North Dakota*
Richard Biggs, *University of Western Ontario*
Robert Blumenthal, *Oglethorpe University*
Martina Bode, *Northwestern University*
Przemyslaw Bogacki, *Old Dominion University*
Barbara Bohannon, *Hofstra University*
Jay Bourland, *Colorado State University*
Adam Bowers, *University of California San Diego*
Philip L. Bowers, *Florida State University*
Amy Elizabeth Bowman, *University of Alabama in Huntsville*
Stephen W. Brady, *Wichita State University*
Michael Breen, *Tennessee Technological University*
Monica Brown, *University of Missouri–St. Louis*
Robert N. Bryan, *University of Western Ontario*
David Buchthal, *University of Akron*
Roxanne Byrne, *University of Colorado at Denver and Health Sciences Center*
Jenna Carpenter, *Louisiana Tech University*
Jorge Cassio, *Miami-Dade Community College*
Jack Ceder, *University of California, Santa Barbara*
Scott Chapman, *Trinity University*
Zhen-Qing Chen, *University of Washington–Seattle*
James Choike, *Oklahoma State University*
Neena Chopra, *The Pennsylvania State University*
Teri Christiansen, *University of Missouri–Columbia*
Barbara Cortzen, *DePaul University*
Carl Cowen, *Purdue University*
Philip S. Crooke, *Vanderbilt University*
Charles N. Curtis, *Missouri Southern State College*
Daniel Cyphert, *Armstrong State College*
Robert Dahlin
Bobby Dale Daniel, *Lamar University*
Jennifer Daniel, *Lamar University*
M. Hilary Davies, *University of Alaska Anchorage*
Gregory J. Davis, *University of Wisconsin–Green Bay*
Elias Deeba, *University of Houston–Downtown*
Daniel DiMaria, *Suffolk Community College*
Seymour Ditor, *University of Western Ontario*
Edward Dobson, *Mississippi State University*
Andras Domokos, *California State University, Sacramento*
Greg Dresden, *Washington and Lee University*
Daniel Drucker, *Wayne State University*
Kenn Dunn, *Dalhousie University*
Dennis Dunninger, *Michigan State University*

Bruce Edwards, *University of Florida*
David Ellis, *San Francisco State University*
John Ellison, *Grove City College*
Martin Erickson, *Truman State University*
Garret Etgen, *University of Houston*
Theodore G. Faticoni, *Fordham University*
Laurene V. Fausett, *Georgia Southern University*
Norman Feldman, *Sonoma State University*
Le Baron O. Ferguson, *University of California–Riverside*
Newman Fisher, *San Francisco State University*
Timothy Flaherty, *Carnegie Mellon University*
José D. Flores, *The University of South Dakota*
William Francis, *Michigan Technological University*
James T. Franklin, *Valencia Community College, East*
Stanley Friedlander, *Bronx Community College*
Patrick Gallagher, *Columbia University–New York*
Paul Garrett, *University of Minnesota–Minneapolis*
Frederick Gass, *Miami University of Ohio*
Lee Gibson, *University of Louisville*
Bruce Gilligan, *University of Regina*
Matthias K. Gobbert, *University of Maryland, Baltimore County*
Gerald Goff, *Oklahoma State University*
Isaac Goldbring, *University of Illinois at Chicago*
Jane Golden, *Hillsborough Community College*
Stuart Goldenberg, *California Polytechnic State University*
John A. Graham, *Buckingham Browne & Nichols School*
Richard Grassl, *University of New Mexico*
Michael Gregory, *University of North Dakota*
Charles Groetsch, *University of Cincinnati*
Semion Gutman, *University of Oklahoma*
Paul Triantafilos Hadavas, *Armstrong Atlantic State University*
Salim M. Haïdar, *Grand Valley State University*
D. W. Hall, *Michigan State University*
Robert L. Hall, *University of Wisconsin–Milwaukee*
Howard B. Hamilton, *California State University, Sacramento*
Darel Hardy, *Colorado State University*
Shari Harris, *John Wood Community College*
Gary W. Harrison, *College of Charleston*
Melvin Hausner, *New York University/Courant Institute*
Curtis Herink, *Mercer University*
Russell Herman, *University of North Carolina at Wilmington*
Allen Hesse, *Rochester Community College*
Diane Hoffoss, *University of San Diego*
Randall R. Holmes, *Auburn University*
Lorraine Hughes, *Mississippi State University*
James F. Hurley, *University of Connecticut*
Amer Iqbal, *University of Washington–Seattle*
Matthew A. Isom, *Arizona State University*
Jay Jahangiri, *Kent State University*
Gerald Janusz, *University of Illinois at Urbana-Champaign*
John H. Jenkins, *Embry-Riddle Aeronautical University, Prescott Campus*
Lea Jenkins, *Clemson University*
John Jernigan, *Community College of Philadelphia*
Clement Jeske, *University of Wisconsin, Platteville*
Carl Jockusch, *University of Illinois at Urbana-Champaign*
Jan E. H. Johansson, *University of Vermont*
Jerry Johnson, *Oklahoma State University*

Zsuzsanna M. Kadas, *St. Michael's College*
Brian Karasek, *South Mountain Community College*
Nets Katz, *Indiana University Bloomington*
Matt Kaufman
Matthias Kawski, *Arizona State University*
Frederick W. Keene, *Pasadena City College*
Robert L. Kelley, *University of Miami*
Akhtar Khan, *Rochester Institute of Technology*
Marianne Korten, *Kansas State University*
Virgil Kowalik, *Texas A&I University*
Jason Kozinski, *University of Florida*
Kevin Kreider, *University of Akron*
Leonard Krop, *DePaul University*
Carole Krueger, *The University of Texas at Arlington*
Mark Krusemeyer, *Carleton College*
Ken Kubota, *University of Kentucky*
John C. Lawlor, *University of Vermont*
Christopher C. Leary, *State University of New York at Geneseo*
David Leeming, *University of Victoria*
Sam Lesseig, *Northeast Missouri State University*
Phil Locke, *University of Maine*
Joyce Longman, *Villanova University*
Joan McCarter, *Arizona State University*
Phil McCartney, *Northern Kentucky University*
Igor Malyshev, *San Jose State University*
Larry Mansfield, *Queens College*
Mary Martin, *Colgate University*
Nathaniel F. G. Martin, *University of Virginia*
Gerald Y. Matsumoto, *American River College*
James McKinney, *California State Polytechnic University, Pomona*
Tom Metzger, *University of Pittsburgh*
Richard Millspaugh, *University of North Dakota*
John Mitchell, *Clark College*
Lon H. Mitchell, *Virginia Commonwealth University*
Michael Montaño, *Riverside Community College*
Teri Jo Murphy, *University of Oklahoma*
Martin Nakashima, *California State Polytechnic University, Pomona*
Ho Kuen Ng, *San Jose State University*
Richard Nowakowski, *Dalhousie University*
Hussain S. Nur, *California State University, Fresno*
Norma Ortiz-Robinson, *Virginia Commonwealth University*
Wayne N. Palmer, *Utica College*
Vincent Panico, *University of the Pacific*
F. J. Papp, *University of Michigan–Dearborn*
Donald Paul, *Tulsa Community College*
Mike Penna, *Indiana University–Purdue University Indianapolis*
Chad Pierson, *University of Minnesota, Duluth*
Mark Pinsky, *Northwestern University*
Lanita Presson, *University of Alabama in Huntsville*
Lothar Redlin, *The Pennsylvania State University*
Karin Reinhold, *State University of New York at Albany*
Thomas Riedel, *University of Louisville*

Joel W. Robbin, *University of Wisconsin–Madison*
Lila Roberts, *Georgia College and State University*
E. Arthur Robinson, Jr., *The George Washington University*
Richard Rockwell, *Pacific Union College*
Rob Root, *Lafayette College*
Richard Ruedemann, *Arizona State University*
David Ryeburn, *Simon Fraser University*
Richard St. Andre, *Central Michigan University*
Ricardo Salinas, *San Antonio College*
Robert Schmidt, *South Dakota State University*
Eric Schreiner, *Western Michigan University*
Christopher Schroeder, *Morehead State University*
Mihr J. Shah, *Kent State University–Trumbull*
Angela Sharp, *University of Minnesota, Duluth*
Patricia Shaw, *Mississippi State University*
Qin Sheng, *Baylor University*
Theodore Shifrin, *University of Georgia*
Wayne Skrapek, *University of Saskatchewan*
Larry Small, *Los Angeles Pierce College*
Teresa Morgan Smith, *Blinn College*
William Smith, *University of North Carolina*
Donald W. Solomon, *University of Wisconsin–Milwaukee*
Carl Spitznagel, *John Carroll University*
Edward Spitznagel, *Washington University*
Joseph Stampfli, *Indiana University*
Kristin Stoley, *Blinn College*
Mohammad Tabanjeh, *Virginia State University*
Capt. Koichi Takagi, *United States Naval Academy*
M. B. Tavakoli, *Chaffey College*
Lorna TenEyck, *Chemeketa Community College*
Magdalena Toda, *Texas Tech University*
Ruth Trygstad, *Salt Lake Community College*
Paul Xavier Uhlig, *St. Mary's University, San Antonio*
Stan Ver Nooy, *University of Oregon*
Andrei Verona, *California State University–Los Angeles*
Klaus Volpert, *Villanova University*
Rebecca Wahl, *Butler University*
Russell C. Walker, *Carnegie-Mellon University*
William L. Walton, *McCallie School*
Peiyong Wang, *Wayne State University*
Jack Weiner, *University of Guelph*
Alan Weinstein, *University of California, Berkeley*
Roger Werbylo, *Pima Community College*
Theodore W. Wilcox, *Rochester Institute of Technology*
Steven Willard, *University of Alberta*
David Williams, *Clayton State University*
Robert Wilson, *University of Wisconsin–Madison*
Jerome Wolbert, *University of Michigan–Ann Arbor*
Dennis H. Wortman, *University of Massachusetts, Boston*
Mary Wright, *Southern Illinois University–Carbondale*
Paul M. Wright, *Austin Community College*
Xian Wu, *University of South Carolina*
Zhuan Ye, *Northern Illinois University*

Agradecemos a todos los que contribuyeron a esta edición (son muchos), así como a quienes realizaron aportaciones en ediciones anteriores que se mantienen en esta nueva edición. Agradecemos a Marigold Ardren, David Behrman, George Bergman, R. B. Burckel, Bruce Colletti, John Dersch, Gove Effinger, Bill Emerson, Alfonso Gracia-Saz, Jeffery Hayen, Dan Kalman, Quyan Khan, John Khoury, Allan MacIsaac, Tami Martin, Monica Nitsche, Aaron Peterson, Lamia Raffo, Norton Starr, Jim Trefzger, Aaron Watson y Weihua Zeng por sus sugerencias; a Joseph Bennish, Craig Chamberlin, Kent Merryfield y Gina Sanders por las perspicaces conversaciones sobre cálculo; a Al Shenk y Dennis Zill por permitirnos utilizar ejercicios de sus libros de cálculo; a COMAP por la autorización para usar material para los proyectos; a David Bleecker, Victor Kaftal, Anthony Lam, Jamie Lawson, Ira Rosenholtz, Paul Sally, Lowell Smylie, Larry Wallen y Jonathan Watson por sus ideas de ejercicios; a Dan Drucker por el proyecto del *roller derby*; a Thomas Banchoff, Tom Farmer, Fred Gass, John Ramsay, Larry Riddle, Philip Straffin y Klaus Volpert por ideas de proyectos; a Josh Babbin, Scott Barnett y Gina Sanders por resolver los ejercicios nuevos y sugerir formas de mejorarlos; a Jeff Cole por supervisar todas las soluciones de los ejercicios y asegurarse de que fueran correctas; a Mary Johnson y Marv Riedesel por la precisión en la corrección de pruebas, y a Doug Shaw por comprobar la precisión. Además, agradecemos a Dan Anderson, Ed Barbeau, Fred Brauer, Andy Bulman-Fleming, Bob Burton, David Cusick, Tom DiCiccio, Garret Etgen, Chris Fisher, Barbara Frank, Leon Gerber, Stuart Goldenberg, Arnold Good, Gene Hecht, Harvey Keynes, E. L. Koh, Zdislav Kovarik, Kevin Kreider, Emile LeBlanc, David Leep, Gerald Leibowitz, Larry Peterson, Mary Pugh, Carl Riehm, John Ringland, Peter Rosenthal, Dusty Sabo, Dan Silver, Simon Smith, Alan Weinstein y Gail Wolkowicz.

Expresamos nuestro agradecimiento a Phyllis Panman por ayudarnos a preparar el manuscrito, resolver los ejercicios y sugerir otros nuevos, así como por la revisión crítica de todo el manuscrito.

Estamos profundamente agradecidos con nuestro amigo y colega Lothar Redlin, que comenzó a trabajar con nosotros en esta revisión poco antes de su prematura muerte en 2018. Sus profundos conocimientos en matemáticas, su pedagogía y sus habilidades para resolver problemas a la velocidad del rayo, fueron cualidades invaluables.

Agradecemos, en especial, a Kathi Townes de TECHarts, nuestro servicio de producción y edición de texto (tanto en esta como en las ediciones anteriores). Su extraordinaria habilidad para recordar todos los detalles del manuscrito según fuera necesario, su facilidad para manejar simultáneamente diferentes tareas de edición y su amplio conocimiento del libro fueron factores esenciales en su precisión y producción oportunas. También agradecemos a Lori Heckelman por la representación elegante y precisa de las nuevas ilustraciones.

En Cengage Learning agradecemos a Timothy Bailey, Teni Baroian, Diane Beasley, Carly Belcher, Vernon Boes, Laura Gallus, Stacy Green, Justin Karr, Mark Linton, Samantha Lugtu, Ashley Maynard, Irene Morris, Lynh Pham, Jennifer Risden, Tim Rogers, Mark Santee, Angela Sheehan y Tom Ziolkowski. Todos ellos realizaron un trabajo excepcional.

En las últimas tres décadas, este libro se benefició en gran medida de la asesoría y la orientación de algunos de los mejores editores de matemáticas: Ron Munro, Harry Campbell, Craig Barth, Jeremy Hayhurst, Gary Ostedt, Bob Pirtle, Richard Stratton, Liz Covello, Neha Taleja y ahora Gary Whalen. Todos ellos han contribuido significativamente al éxito de este libro. De manera prominente, el amplio conocimiento de Gary Whalen de los temas de actualidad en la enseñanza de las matemáticas y su continua investigación para crear mejores formas de usar la tecnología como instrumento de enseñanza y aprendizaje fueron recursos invaluables en la creación de esta edición.

JAMES STEWART

DANIEL CLEGG

SALEEM WATSON

Tributo a James Stewart

JAMES STEWART poseía un singular don para enseñar matemáticas. Los grandes salones donde impartía sus clases de cálculo siempre estaban repletos de estudiantes, a quienes mantenía entretenidos, interesados y a la expectativa mientras los guiaba para descubrir un nuevo concepto o la solución a un problema estimulante. Stewart presentaba el cálculo tal como lo veía: como un tema rico en conceptos intuitivos, problemas maravillosos, aplicaciones poderosas y una historia fascinante. Como testimonio de su éxito en la enseñanza y en sus conferencias, muchos de sus estudiantes se convirtieron en matemáticos, científicos e ingenieros, y no pocos de ellos son ahora profesores universitarios. Fueron sus estudiantes los primeros que le sugirieron escribir su propio libro de cálculo. A lo largo de los años, exalumnos, ya entonces científicos e ingenieros en activo, lo llamaban para analizar problemas matemáticos que enfrentaban en su trabajo; algunos de estos debates dieron por resultado ejercicios o proyectos nuevos para el libro.

Cada uno de nosotros conoció a James Stewart (o Jim, como le gustaba que lo llamáramos) en sus clases y conferencias, lo que dio origen a que nos invitara a ser sus coautores en libros de matemáticas. En los años que lo conocimos, fue a la vez nuestro maestro, mentor y amigo.

Jim tenía varios talentos especiales cuya combinación lo capacitaba de manera tal vez única para escribir un libro de cálculo tan bello como este, con una narrativa que habla a los estudiantes mientras combina los fundamentos del cálculo y los conceptos que surgen al abordarlos. Jim siempre escuchaba con atención a sus estudiantes para determinar precisamente dónde tenían dificultades con un concepto. Un aspecto crucial fue que a Jim realmente le gustaba trabajar mucho, un rasgo necesario para concluir la descomunal tarea de escribir un libro de cálculo. Como sus coautores, disfrutamos de su contagioso entusiasmo y optimismo, que hacía que el tiempo que pasábamos con él siempre fuera divertido y productivo, nunca estresante.

La mayoría estaría de acuerdo en que escribir un libro de cálculo es, por sí misma, una hazaña formidable para toda la vida, pero sorprendentemente, Jim tenía muchos otros intereses y logros: como músico profesional tocó el violín en las orquestas filarmónicas de Hamilton y McMaster durante muchos años, mantuvo una pasión duradera por la arquitectura, fue mecenas de las artes y se preocupó profundamente por muchas causas sociales y humanitarias. También fue viajero del mundo, coleccionista de arte ecléctico, e incluso cocinero *gourmet*.

James Stewart fue extraordinario como persona, matemático y profesor. Fue un honor y un privilegio para nosotros ser sus coautores y amigos.

DANIEL CLEGG

SALEEM WATSON

Acerca de los autores

Durante más de dos décadas, Daniel Clegg y Saleem Watson trabajaron con James Stewart en la creación de libros de texto de matemáticas. La estrecha relación de trabajo entre ellos fue particularmente productiva porque compartían un punto de vista común sobre la enseñanza de las matemáticas y acerca de cómo escribir sobre este tema. En 2014, durante una entrevista James Stewart hizo el siguiente comentario acerca de sus colaboraciones: "Descubrimos que podíamos pensar de la misma manera... coincidíamos en casi todo, lo cual es muy raro".

Daniel Clegg y Saleem Watson conocieron a James Stewart de diferentes maneras pero, en cada caso, su encuentro inicial resultó ser el principio de una larga asociación. Stewart descubrió el talento de Daniel para la enseñanza durante un encuentro informal en una conferencia de matemáticas y le pidió que revisara el manuscrito de una próxima edición de *Cálculo* y que escribiera el manual de soluciones de varias variables. Desde entonces, Daniel ha desempeñado un papel cada vez más importante en la realización de varias ediciones de los libros de cálculo de Stewart. Él y Stewart también fueron coautores de un libro de cálculo aplicado. Stewart conoció a Saleem cuando este era estudiante en su clase de matemáticas de posgrado. Posteriormente, Stewart tomó un año sabático para hacer investigación con Saleem en Penn State University, donde Saleem era profesor en ese momento. Stewart pidió a Saleem y a Lothar Redlin (también estudiante de Stewart) que colaboraran con él en la redacción de una serie de libros de texto de precálculo; sus muchos años de colaboración dieron por resultado varias ediciones de esos libros.

James Stewart fue profesor de matemáticas en la McMaster University y en la University of Toronto durante muchos años. James realizó estudios de posgrado en la Stanford University y en la University of Toronto, y posteriormente hizo investigaciones en la University of London. Su campo de investigación fue el análisis armónico y también estudió las conexiones entre las matemáticas y la música.

Daniel Clegg es profesor de matemáticas del Palomar College en el sur de California. Realizó estudios de licenciatura en la California State University, Fullerton y estudios de posgrado en la University of California, Los Angeles (UCLA). Daniel es un profesor consumado; ha dado clases de matemáticas desde que era estudiante de posgrado en UCLA.

Saleem Watson es profesor emérito de matemáticas en la California State University, Long Beach. Realizó estudios de licenciatura en la Andrews University en Michigan y estudios de posgrado en la Dalhousie University y en la McMaster University. Después de terminar una beca de investigación en la University of Warsaw, fue profesor durante varios años en la Penn State antes de incorporarse al departamento de matemáticas de la California State University, Long Beach.

Stewart y Clegg publicaron *Brief Applied Calculus*.

Stewart, Redlin y Watson publicaron *Precalculus: Mathematics for Calculus, College Algebra, Trigonometry, Algebra and Trigonometry* y (con Phyllis Panman) *College Algebra: Concepts and Contexts*.

Tecnología en esta edición

Los dispositivos para graficar y calcular son herramientas valiosas para aprender y explorar el cálculo, y algunos ya tienen un lugar bien establecido en la enseñanza de la materia. Las calculadoras graficadoras son útiles para trazar gráficas y realizar algunos cálculos numéricos, como la aproximación de soluciones de las ecuaciones o la evaluación numérica de las derivadas (capítulo 3) o integrales definidas (capítulo 5). Los paquetes de software matemático llamados sistemas algebraicos computacionales (SAC) son herramientas más potentes. A pesar del nombre, el álgebra representa solo un pequeño subconjunto de las capacidades de un SAC. En particular, un SAC puede hacer cálculos matemáticos de manera simbólica en lugar de solo numéricamente; es capaz de obtener soluciones de las ecuaciones y fórmulas exactas para las derivadas e integrales.

En la actualidad, hay una variedad amplia de herramientas de diversas capacidades. Entre ellas se encuentran recursos en línea (algunos de los cuales son gratuitos) y aplicaciones para teléfonos inteligentes y tabletas. Muchos de estos recursos incluyen al menos cierta funcionalidad de un SAC, por lo que algunos ejercicios que normalmente requerirían un SAC ahora pueden realizarse con estas herramientas alternativas.

En esta edición, en lugar de hacer referencia a un tipo específico de dispositivo (una calculadora graficadora, por ejemplo) o a un software (como un SAC), se indica la capacidad que se necesita para hacer un ejercicio.

 ### Icono de gráfica

La aparición de este icono al lado de un ejercicio indica que se espera que utilice un dispositivo o software para ayudarle a trazar la gráfica. En muchos casos, una calculadora graficadora es suficiente. Algunos sitios web, como Desmos.com, ofrecen una capacidad similar. Si la gráfica es tridimensional (vea los capítulos 12-16), WolframAlpha.com es un buen recurso. También hay muchas aplicaciones de software de gráficas para computadoras, teléfonos inteligentes y tabletas. Si se pide una gráfica en un ejercicio pero no aparece el icono de gráfica, entonces se espera que trace la gráfica a mano. En el capítulo 1 se revisan las gráficas de las funciones básicas y se explica cómo usar las transformaciones para graficar versiones modificadas de estas funciones básicas.

 ### Icono de tecnología

Este icono indica que se necesita software o un dispositivo con más capacidades que la mera elaboración de gráficas para realizar el ejercicio. Muchas calculadoras graficadoras y recursos de software proporcionan aproximaciones numéricas cuando es necesario. Para trabajar con matemáticas en términos simbólicos, son útiles los sitios web como WolframAlpha.com o Symbolab.com, así como calculadoras graficadoras más avanzadas, como la Texas Instrument TI-89 o la TI-Nspire CAS. Cuando es necesaria toda la potencia de un SAC, se indica en el ejercicio y es posible que se requiera acceso a paquetes de software como Mathematica, Maple, MATLAB o SageMath. Si un ejercicio no incluye el icono de tecnología, se espera que evalúe los límites, derivadas e integrales, o que resuelva las ecuaciones a mano, para llegar a respuestas exactas. Para estos ejercicios, no se necesita ninguna tecnología más allá de, quizá, una calculadora científica básica.

Al estudiante

Leer un libro de cálculo es diferente a leer una historia o un artículo periodístico. No se desanime si tiene que leer un pasaje más de una vez para comprenderlo. Debe tener papel, lápiz y calculadora a la mano para dibujar un diagrama o hacer un cálculo.

Algunos estudiantes primero tratan de resolver sus problemas de tarea y solo leen el texto si tienen dificultades con un ejercicio. Se sugiere un plan mucho mejor: leer y comprender una sección del texto antes de intentar resolver los ejercicios. En particular, debe leer las definiciones para conocer el significado exacto de los términos. Además, antes de leer cada ejemplo, se sugiere que no vea la solución y que trate de resolver el problema usted mismo.

Parte del objetivo de este curso es desarrollar el pensamiento lógico. Aprenda a escribir las soluciones de los ejercicios de forma conectada, paso a paso, con enunciados explicativos y no solo como una serie de ecuaciones o fórmulas desconectadas.

Las respuestas a los ejercicios de números impares se presentan al final del libro, en el apéndice H. En algunos ejercicios se pide una explicación, interpretación verbal o una descripción. En estos casos no existe una forma correcta única de expresar la respuesta, así que no se preocupe si no encuentra la respuesta definitiva. Además, a menudo hay varias formas de expresar una respuesta numérica o algebraica; por lo tanto, si su respuesta difiere de la que se proporciona, no suponga de inmediato que se equivocó. Por ejemplo, si la respuesta dada en la parte final del libro es $\sqrt{2} - 1$ y obtiene $1/(1 + \sqrt{2})$, usted está en lo correcto, y si racionaliza el denominador comprobará que las respuestas son equivalentes.

El icono ⊞ indica un ejercicio que definitivamente requiere una calculadora graficadora o una computadora con software de gráficas para trazar la gráfica. Sin embargo, eso no significa que no pueda utilizar estos dispositivos de gráficas para comprobar también su trabajo en los demás ejercicios. El símbolo ⊤ indica que se requiere asistencia tecnológica más allá de solo el trazado de gráficas para realizar el ejercicio (vea más detalles en la sección "Tecnología en esta edición").

También encontrará el símbolo ⊘, que advierte que tenga cuidado de no cometer un error. Este símbolo se coloca al margen en situaciones en las que muchos estudiantes tienden a caer en el mismo error.

Al terminar el curso, se recomienda que guarde este libro para consulta pues es probable que olvide algunos detalles específicos del cálculo, en cuyo caso el libro servirá como recordatorio útil cuando necesite usar cálculo en cursos posteriores. Además, como este libro contiene más material del que se puede abarcar en un solo curso, también puede servir como recurso valioso para un científico o ingeniero en activo.

El cálculo es un tema apasionante y es considerado uno de los mayores logros del intelecto humano. Esperamos que descubra que no solo es útil, sino que también es intrínsecamente hermoso.

Exámenes de diagnóstico

En cálculo, el éxito depende en gran medida del conocimiento de las matemáticas que preceden al cálculo: álgebra, geometría analítica, funciones y trigonometría. El objetivo de los siguientes exámenes es diagnosticar las áreas de oportunidad que podría tener en estas áreas. Después de resolver cada examen, puede comparar sus resultados con las respuestas que se proporcionan y, si es necesario, actualizar sus conocimientos consultando los materiales de repaso que se proporcionan.

A | Examen de diagnóstico: álgebra

1. Evalúe cada expresión sin usar calculadora.

(a) $(-3)^4$ (b) -3^4 (c) 3^{-4}

(d) $\dfrac{5^{23}}{5^{21}}$ (e) $\left(\dfrac{2}{3}\right)^{-2}$ (f) $16^{-3/4}$

2. Simplifique cada expresión. Escriba su respuesta sin exponentes negativos.

(a) $\sqrt{200} - \sqrt{32}$

(b) $(3a^3b^3)(4ab^2)^2$

(c) $\left(\dfrac{3x^{3/2}y^3}{x^2y^{-1/2}}\right)^{-2}$

3. Expanda y simplifique.

(a) $3(x + 6) + 4(2x - 5)$ (b) $(x + 3)(4x - 5)$

(c) $\left(\sqrt{a} + \sqrt{b}\right)\left(\sqrt{a} - \sqrt{b}\right)$ (d) $(2x + 3)^2$

(e) $(x + 2)^3$

4. Factorice cada expresión.

(a) $4x^2 - 25$ (b) $2x^2 + 5x - 12$

(c) $x^3 - 3x^2 - 4x + 12$ (d) $x^4 + 27x$

(e) $3x^{3/2} - 9x^{1/2} + 6x^{-1/2}$ (f) $x^3y - 4xy$

5. Simplifique la expresión racional.

(a) $\dfrac{x^2 + 3x + 2}{x^2 - x - 2}$ (b) $\dfrac{2x^2 - x - 1}{x^2 - 9} \cdot \dfrac{x + 3}{2x + 1}$

(c) $\dfrac{x^2}{x^2 - 4} - \dfrac{x + 1}{x + 2}$ (d) $\dfrac{\dfrac{y}{x} - \dfrac{x}{y}}{\dfrac{1}{y} - \dfrac{1}{x}}$

6. Racionalice la expresión y simplifique.

(a) $\dfrac{\sqrt{10}}{\sqrt{5} - 2}$

(b) $\dfrac{\sqrt{4 + h} - 2}{h}$

7. Reescriba y complete el cuadrado.

(a) $x^2 + x + 1$

(b) $2x^2 - 12x + 11$

8. Resuelva la ecuación. (Encuentre solo las soluciones reales).

(a) $x + 5 = 14 - \frac{1}{2}x$

(b) $\dfrac{2x}{x + 1} = \dfrac{2x - 1}{x}$

(c) $x^2 - x - 12 = 0$

(d) $2x^2 + 4x + 1 = 0$

(e) $x^4 - 3x^2 + 2 = 0$

(f) $3|x - 4| = 10$

(g) $2x(4 - x)^{-1/2} - 3\sqrt{4 - x} = 0$

9. Resuelva cada desigualdad. Escriba su respuesta usando notación de intervalos.

(a) $-4 < 5 - 3x \leq 17$

(b) $x^2 < 2x + 8$

(c) $x(x - 1)(x + 2) > 0$

(d) $|x - 4| < 3$

(e) $\dfrac{2x - 3}{x + 1} \leq 1$

10. Indique si cada ecuación es verdadera o falsa.

(a) $(p + q)^2 = p^2 + q^2$

(b) $\sqrt{ab} = \sqrt{a}\,\sqrt{b}$

(c) $\sqrt{a^2 + b^2} = a + b$

(d) $\dfrac{1 + TC}{C} = 1 + T$

(e) $\dfrac{1}{x - y} = \dfrac{1}{x} - \dfrac{1}{y}$

(f) $\dfrac{1/x}{a/x - b/x} = \dfrac{1}{a - b}$

RESPUESTAS DEL EXAMEN DE DIAGNÓSTICO A: ÁLGEBRA

1. (a) 81 (b) -81 (c) $\frac{1}{81}$

(d) 25 (e) $\frac{9}{4}$ (f) $\frac{1}{8}$

2. (a) $6\sqrt{2}$ (b) $48a^5b^7$ (c) $\dfrac{x}{9y^7}$

3. (a) $11x - 2$ (b) $4x^2 + 7x - 15$

(c) $a - b$ (d) $4x^2 + 12x + 9$

(e) $x^3 + 6x^2 + 12x + 8$

4. (a) $(2x - 5)(2x + 5)$ (b) $(2x - 3)(x + 4)$

(c) $(x - 3)(x - 2)(x + 2)$ (d) $x(x + 3)(x^2 - 3x + 9)$

(e) $3x^{-1/2}(x - 1)(x - 2)$ (f) $xy(x - 2)(x + 2)$

5. (a) $\dfrac{x + 2}{x - 2}$ (b) $\dfrac{x - 1}{x - 3}$

(c) $\dfrac{1}{x - 2}$ (d) $-(x + y)$

6. (a) $5\sqrt{2} + 2\sqrt{10}$ (b) $\dfrac{1}{\sqrt{4 + h} + 2}$

7. (a) $\left(x + \frac{1}{2}\right)^2 + \frac{3}{4}$ (b) $2(x - 3)^2 - 7$

8. (a) 6 (b) 1 (c) $-3, 4$

(d) $-1 \pm \frac{1}{2}\sqrt{2}$ (e) $\pm 1, \pm\sqrt{2}$ (f) $\frac{2}{3}, \frac{22}{3}$

(g) $\frac{12}{5}$

9. (a) $[-4, 3)$ (b) $(-2, 4)$

(c) $(-2, 0) \cup (1, \infty)$ (d) $(1, 7)$

(e) $(-1, 4]$

10. (a) Falsa (c) Falsa (d) Falsa

(b) Solo es verdadera si a y b son no negativos; de lo contrario es falsa si se consideran a y b cualesquiera números reales. (e) Falsa (f) Verdadera

Si tuvo dificultades al resolver estos problemas, puede consultar la sección "Review of Algebra" en el sitio web **StewartCalculus.com**.

B │ Examen de diagnóstico: geometría analítica

1. Encuentre una ecuación para la recta que pasa por el punto $(2, -5)$ y
   (a) tiene pendiente -3
   (b) es paralela al eje x
   (c) es paralela al eje y
   (d) es paralela a la recta $2x - 4y = 3$

2. Encuentre una ecuación para el círculo con centro en $(-1, 4)$ y que pasa por el punto $(3, -2)$.

3. Determine el centro y el radio del círculo con ecuación $x^2 + y^2 - 6x + 10y + 9 = 0$.

4. Sean $A(-7, 4)$ y $B(5, -12)$ puntos en el plano.
   (a) Determine la pendiente de la recta que contiene A y B.
   (b) Encuentre una ecuación de la recta que pasa por A y B. ¿Cuáles son las intersecciones?
   (c) Determine el punto medio del segmento AB.
   (d) Calcule la longitud del segmento AB.
   (e) Determine una ecuación de la bisectriz perpendicular de AB.
   (f) Encuentre una ecuación del círculo del cual AB es un diámetro.

5. Dibuje la región en el plano xy definida por la ecuación o las desigualdades.
   (a) $-1 \leq y \leq 3$ (b) $|x| < 4$ y $|y| < 2$
   (c) $y < 1 - \frac{1}{2}x$ (d) $y \geq x^2 - 1$
   (e) $x^2 + y^2 < 4$ (f) $9x^2 + 16y^2 = 144$

RESPUESTAS DEL EXAMEN DE DIAGNÓSTICO B: GEOMETRÍA ANALÍTICA

1. (a) $y = -3x + 1$ (b) $y = -5$
   (c) $x = 2$ (d) $y = \frac{1}{2}x - 6$

2. $(x + 1)^2 + (y - 4)^2 = 52$

3. Centro $(3, -5)$, radio 5

4. (a) $-\frac{4}{3}$
   (b) $4x + 3y + 16 = 0$; intersección en x -4, intersección en y $-\frac{16}{3}$
   (c) $(-1, -4)$
   (d) 20
   (e) $3x - 4y = 13$
   (f) $(x + 1)^2 + (y + 4)^2 = 100$

5.

(a)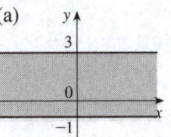

(b)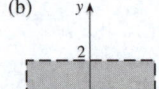

(c)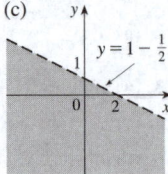

(d)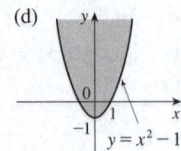

(e)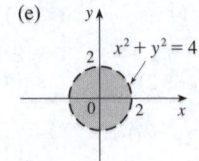

(f)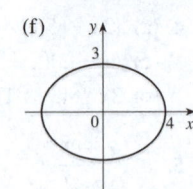

Si tuvo dificultades al resolver estos problemas, puede repasar la geometría analítica en los apéndices B y C de esta obra.

C | Examen de diagnóstico: funciones

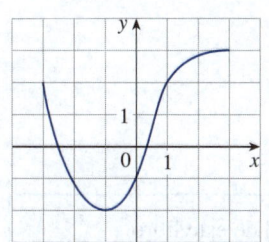

FIGURA PARA EL PROBLEMA 1

1. La gráfica de una función f se presenta a la izquierda.
   (a) Indique el valor de $f(-1)$.
   (b) Estime el valor de $f(2)$.
   (c) ¿Para qué valores de x es $f(x) = 2$?
   (d) Estime los valores de x tales que $f(x) = 0$.
   (e) Indique el dominio y el rango de f.

2. Si $f(x) = x^3$, evalúe el cociente de la diferencia $\dfrac{f(2 + h) - f(2)}{h}$ y simplifique su respuesta.

3. Encuentre el dominio de la función.

   (a) $f(x) = \dfrac{2x + 1}{x^2 + x - 2}$
   (b) $g(x) = \dfrac{\sqrt[3]{x}}{x^2 + 1}$
   (c) $h(x) = \sqrt{4 - x} + \sqrt{x^2 - 1}$

4. ¿Qué aspecto tiene cada una de las gráficas de las funciones a partir de la gráfica de f?

   (a) $y = -f(x)$
   (b) $y = 2f(x) - 1$
   (c) $y = f(x - 3) + 2$

5. Sin usar calculadora, haga un boceto de la gráfica.

   (a) $y = x^3$
   (b) $y = (x + 1)^3$
   (c) $y = (x - 2)^3 + 3$
   (d) $y = 4 - x^2$
   (e) $y = \sqrt{x}$
   (f) $y = 2\sqrt{x}$
   (g) $y = -2^x$
   (h) $y = 1 + x^{-1}$

6. Sea $f(x) = \begin{cases} 1 - x^2 & \text{si } x \leq 0 \\ 2x + 1 & \text{si } x > 0 \end{cases}$

   (a) Evalúe $f(-2)$ y $f(1)$.   (b) Dibuje la gráfica de f.

7. Si $f(x) = x^2 + 2x - 1$ y $g(x) = 2x - 3$, determine cada una de las siguientes funciones.

   (a) $f \circ g$
   (b) $g \circ f$
   (c) $g \circ g \circ g$

RESPUESTAS DEL EXAMEN DE DIAGNÓSTICO C: FUNCIONES

1. (a) -2 (b) 2.8
   (c) $-3, 1$ (d) $-2.5, 0.3$
   (e) $[-3, 3], [-2, 3]$

2. $12 + 6h + h^2$

3. (a) $(-\infty, -2) \cup (-2, 1) \cup (1, \infty)$
   (b) $(-\infty, \infty)$
   (c) $(-\infty, -1] \cup [1, 4]$

4. (a) Reflejo respecto al eje x.
   (b) Alargamiento vertical por un factor de 2, luego un desplazamiento de 1 unidad hacia abajo.
   (c) Desplazamiento de 3 unidades a la derecha y 2 unidades hacia arriba.

5. (a) 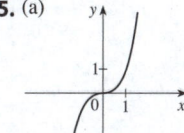   (b) 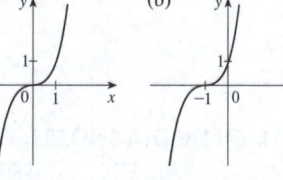   (c)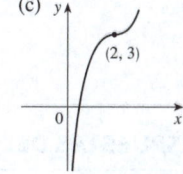

(d) 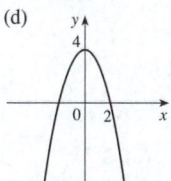   (e) 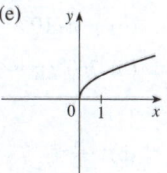   (f)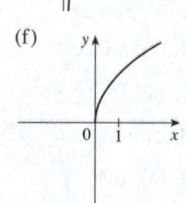

(g) 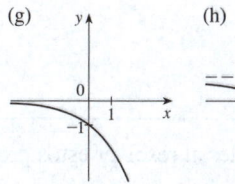   (h)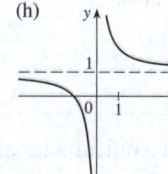

6. (a) $-3, 3$ (b)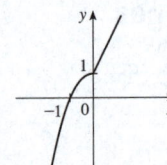

7. (a) $(f \circ g)(x) = 4x^2 - 8x + 2$
(b) $(g \circ f)(x) = 2x^2 + 4x - 5$
(c) $(g \circ g \circ g)(x) = 8x - 21$

Si tuvo dificultades al resolver estos problemas, puede consultar las secciones 1.1–1.3 de este libro.

D | Examen de diagnóstico: trigonometría

1. Convierta de grados a radianes.
(a) $300°$ (b) $-18°$

2. Convierta de radianes a grados.
(a) $5\pi/6$ (b) 2

3. Calcule la longitud de arco de un círculo con radio de 12 cm si el arco subtiende un ángulo central de $30°$.

4. Encuentre los valores exactos.
(a) $\tan(\pi/3)$ (b) $\operatorname{sen}(7\pi/6)$ (c) $\sec(5\pi/3)$

5. Exprese las longitudes a y b en la figura en términos de θ.

6. Si $\operatorname{sen} x = \frac{1}{3}$ y $\sec y = \frac{5}{4}$, donde x y y están entre 0 y $\pi/2$, evalúe $\operatorname{sen}(x + y)$.

7. Demuestre las identidades.
(a) $\tan\theta \operatorname{sen}\theta + \cos\theta = \sec\theta$ (b) $\dfrac{2\tan x}{1 + \tan^2 x} = \operatorname{sen} 2x$

8. Determine todos los valores de x tales que $\operatorname{sen} 2x = \operatorname{sen} x$ y $0 \le x \le 2\pi$.

9. Trace la gráfica de la función $y = 1 + \operatorname{sen} 2x$ sin usar calculadora.

FIGURA PARA EL PROBLEMA 5

RESPUESTAS DEL EXAMEN DE DIAGNÓSTICO D: TRIGONOMETRÍA

1. (a) $5\pi/3$ (b) $-\pi/10$

2. (a) $150°$ (b) $360°/\pi \approx 114.6°$

3. 2π cm

4. (a) $\sqrt{3}$ (b) $-\frac{1}{2}$ (c) 2

5. $a = 24\operatorname{sen}\theta, b = 24\cos\theta$

6. $\frac{1}{15}(4 + 6\sqrt{2})$

8. $0, \pi/3, \pi, 5\pi/3, 2\pi$

9.

Si tuvo dificultades al resolver estos problemas, puede consultar el apéndice D de este libro.

Al finalizar este curso, podrá determinar cuándo un piloto debe comenzar el descenso para lograr un aterrizaje suave, encontrar la longitud de la curva con que se diseñó el Gateway Arch en Saint Louis, calcular la fuerza en un bate de beisbol cuando golpea la pelota, predecir el tamaño de la población de especies competidoras de depredadores y presas, demostrar que las abejas forman las celdas de una colmena de manera que se utilice la menor cantidad de cera y estimar la cantidad de combustible necesaria para colocar un cohete en órbita.

Una mirada al cálculo

EL CÁLCULO ES FUNDAMENTALMENTE DIFERENTE de las matemáticas que ha estudiado con anterioridad: el cálculo es menos estático y más dinámico. Se ocupa del cambio y del movimiento; estudia cantidades que se aproximan a otras. Por ello, es útil tener una visión general del cálculo antes de empezar a estudiarlo. A continuación se presentan algunas de las ideas principales del cálculo y se muestra cómo se basa en el concepto de *límite*.

¿Qué es el cálculo?

El mundo que nos rodea cambia continuamente: las poblaciones aumentan, una taza de café se enfría, una piedra cae, las sustancias químicas reaccionan entre sí, los valores de las divisas fluctúan, y así sucesivamente. Resulta interesante el análisis de cantidades o procesos que se encuentran en constante cambio. Por ejemplo, si una piedra cae 10 pies cada segundo, se podría calcular con facilidad la rapidez con la que cae en cualquier momento, pero esto *no* es lo que sucede en realidad pues la piedra cae cada vez más rápido, su velocidad cambia a cada instante. Al estudiar cálculo, aprenderá a modelar (o describir) esos procesos que cambian al instante y cómo encontrar el efecto acumulativo de estos cambios.

El cálculo parte de los conocimientos de álgebra y geometría analítica, pero amplía y mejora esas ideas de manera espectacular. Sus usos se extienden a casi todos los campos de la actividad humana. A lo largo de este libro, encontrará numerosas aplicaciones del cálculo.

En esencia, el cálculo gira en torno a dos problemas fundamentales que se relacionan con las gráficas de las funciones: *el problema del área* y *el problema de la tangente*, y una relación inesperada entre ellos. Es útil resolver estos problemas porque el área debajo de la gráfica de una función y la tangente a la gráfica de una función tienen muchas interpretaciones importantes en diversos contextos.

El problema del área

Los orígenes del cálculo se remontan, por lo menos, a unos 2 500 años, con los griegos antiguos, que calcularon áreas mediante el "método exhaustivo". Los griegos sabían que para encontrar el área A de cualquier polígono debían dividirlo en triángulos, como se aprecia en la figura 1, y sumar las áreas de esos triángulos.

Un problema mucho más difícil es encontrar el área de una figura curvada. El método griego de agotamiento consistía en inscribir los polígonos en la figura, circunscribirlos alrededor de esta y, a continuación, aumentar el número de lados de los polígonos. En la figura 2 se ilustra este proceso para el caso especial de un círculo con polígonos regulares inscritos.

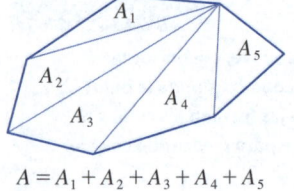

$$A = A_1 + A_2 + A_3 + A_4 + A_5$$

FIGURA 1

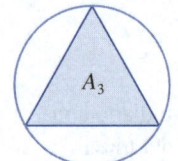 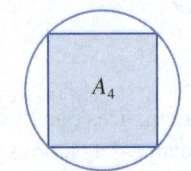 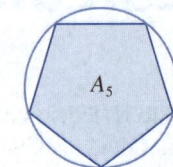 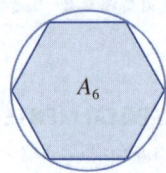 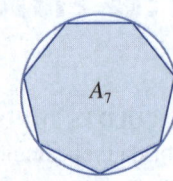 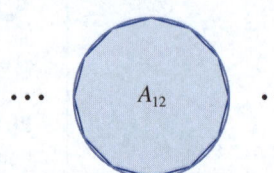

FIGURA 2

Sea A_n el área del polígono regular inscrito con n lados. A medida que n aumenta, parece que A_n se acerca cada vez más al área del círculo. Se dice que el área A del círculo es el *límite* de las áreas de los polígonos inscritos, y se escribe

$$A = \lim_{n \to \infty} A_n$$

Los griegos no utilizaron el concepto de límite de manera explícita. Sin embargo, por razonamiento indirecto, Eudoxo (siglo v a.C.), con el método exhaustivo, comprobó la conocida fórmula del área de un círculo: $A = \pi r^2$.

En el capítulo 5 se aplicará una idea similar para calcular las áreas de regiones del tipo que se muestra en la figura 3. Un área así se aproxima por medio de áreas de rectángulos, como se muestra en la figura 4. Si se aproxima el área A de la región debajo de la gráfica de f mediante n rectángulos $R_1, R_2, \ldots, R_n$, el área aproximada es

$$A_n = R_1 + R_2 + \cdots + R_n$$

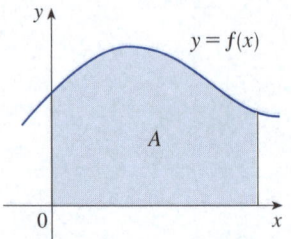

FIGURA 3

Área A de la región debajo de la gráfica de f.

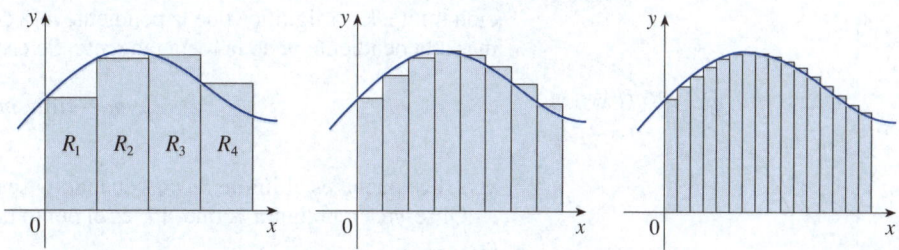

FIGURA 4   Aproximación del área A mediante rectángulos.

Ahora imagine que el número de rectángulos aumenta (al tiempo que el ancho de cada uno de ellos disminuye) y se calcula A como el límite de estas sumas de áreas de rectángulos:

$$A = \lim_{n \to \infty} A_n$$

En el capítulo 5 aprenderá a calcular estos límites.

El problema del área es el conflicto central en la rama del cálculo llamada *cálculo integral*; es importante debido a que el área debajo de la gráfica de una función tiene diferentes interpretaciones según la función que representa. De hecho, las técnicas que se desarrollarán para determinar áreas también permiten calcular el volumen de un sólido, la longitud de una curva, la fuerza del agua contra una presa, la masa y el centro de masa de una varilla, el trabajo realizado para bombear agua hacia fuera de un tanque y la cantidad de combustible necesaria para poner un cohete en órbita.

■ El problema de la tangente

Considere el problema de encontrar la ecuación de la recta tangente ℓ a una curva con ecuación $y = f(x)$ en un punto dado P (en el capítulo 2 se presentará una definición precisa de una recta tangente; por el momento, puede considerarla una recta que toca la curva en P y sigue la dirección de la curva en P, como en la figura 5). Dado que el punto P se ubica en la recta tangente, se puede encontrar la ecuación de ℓ si se conoce su pendiente m. El problema es que se necesitan dos puntos para calcular la pendiente y solo se conoce uno: P en ℓ. Para resolver el problema, primero se calcula una aproximación a m; para ello, se toma el punto cercano Q de la curva y se calcula la pendiente m_{PQ} de la recta secante PQ.

Ahora imagine que Q se mueve a lo largo de la curva hacia P, como en la figura 6. Se observa que la recta secante PQ gira y se acerca a la recta tangente ℓ como su posi-

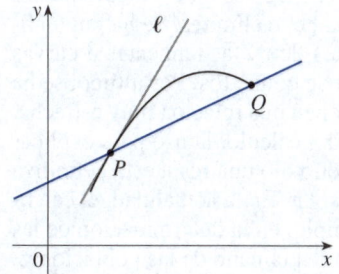

FIGURA 5
Recta tangente en P.

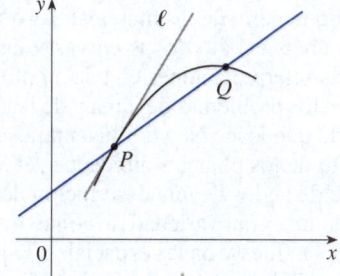

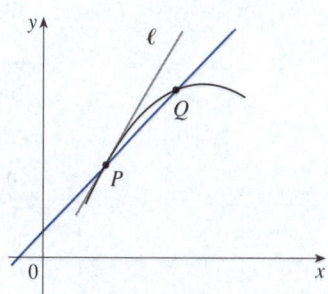

FIGURA 6   Las rectas secantes aproximan a la recta tangente cuando Q se acerca a P.

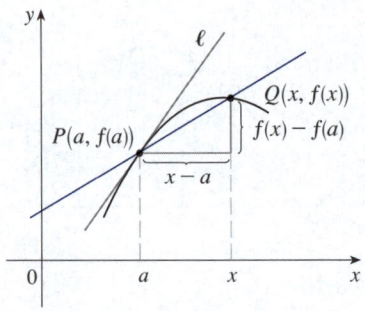

FIGURA 7
Recta secante PQ.

ción límite. Esto significa que la pendiente m_{PQ} de la recta secante se aproxima cada vez más a la pendiente m de la recta tangente. Se escribe

$$m = \lim_{Q \to P} m_{PQ}$$

y se dice que m es el límite de m_{PQ} cuando Q se aproxima a P en la curva.

Observe, en la figura 7, que si P es el punto $(a, f(a))$ y Q es el punto $(x, f(x))$, entonces

$$m_{PQ} = \frac{f(x) - f(a)}{x - a}$$

Como x se acerca a a cuando Q se aproxima a P, una expresión equivalente de la pendiente de la recta tangente es

$$m = \lim_{x \to a} \frac{f(x) - f(a)}{x - a}$$

En el capítulo 3 aprenderá las reglas para calcular estos límites.

El problema de la tangente dio origen a la rama del cálculo llamada *cálculo diferencial*; es importante porque la pendiente de una tangente a la gráfica de una función puede tener diferentes interpretaciones según el contexto. Por ejemplo, resolver el problema de la tangente permite calcular la velocidad instantánea de una piedra al caer, la razón de cambio de una reacción química o la dirección de las fuerzas que actúan sobre una cadena suspendida.

■ Relación entre los problemas del área y de la tangente

Los problemas del área y de la tangente parecen muy diferentes, pero, aunque resulte sorprendente, existe una relación muy estrecha entre ellos; de hecho, su relación es tan cercana que la solución de uno de ellos lleva a la solución del otro. La relación entre estos dos problemas se presenta en el capítulo 5; constituye el descubrimiento central en el cálculo y se le denomina, muy acertadamente, teorema fundamental del cálculo. Lo más importante quizá sea que el teorema fundamental simplifica enormemente la solución del problema del área y permite encontrar áreas sin tener que aproximar por medio de rectángulos y evaluar los límites asociados.

Se atribuye a Isaac Newton (1642–1727) y a Gottfried Leibniz (1646–1716) la invención del cálculo debido a que fueron los primeros en reconocer la importancia del teorema fundamental del cálculo y en utilizarlo como herramienta para resolver problemas del mundo real. Al estudiar cálculo, usted descubrirá estos impresionantes resultados por sí mismo.

■ Resumen

Se ha visto que el concepto de límite se presenta al intentar calcular el área de una región y la pendiente de la recta tangente a una curva. Esta idea básica de límite es la que distingue al cálculo de otras áreas de las matemáticas. De hecho, el cálculo podría definirse como la parte de las matemáticas que se ocupa de los límites. Se ha puntualizado que las áreas debajo de las curvas y las pendientes de rectas tangentes a curvas tienen muchas interpretaciones en una amplia variedad de contextos. Por último, se ha explicado que los problemas del área y de la tangente tienen una relación muy estrecha.

Después de que Isaac Newton inventara su versión del cálculo, la usó para explicar el movimiento de los planetas alrededor del Sol y con ello dio una respuesta definitiva a la búsqueda de siglos de una descripción del sistema solar. En la actualidad, el cálculo se aplica en una gran variedad de contextos, por ejemplo, en la determinación de las órbitas de los satélites y naves espaciales, la predicción del tamaño de las poblaciones, el pronóstico del clima, la medición de la frecuencia cardiaca y la eficiencia de un mercado económico.

Con el propósito de dar una idea de la eficacia y versatilidad del cálculo, esta sección concluye con una lista de algunas preguntas que podrá responder por medio del cálculo:

1. ¿Cómo se diseña una montaña rusa para garantizar un viaje seguro y sin percances?
   (Vea el "Proyecto de aplicación" después de la sección 3.1).

2. ¿A qué distancia de la pista de un aeropuerto debe un piloto iniciar el descenso?
   (Vea el "Proyecto de aplicación" después de la sección 3.4).

3. ¿Cómo se explica que el ángulo de elevación desde un observador hasta el punto más alto en un arcoíris siempre es de 42°?
   (Vea el "Proyecto de aplicación" después de la sección 4.1).

4. ¿Cómo se estima la cantidad de trabajo que se requirió para construir la gran pirámide de Keops en Egipto?
   (Vea el ejercicio 36 en la sección 6.4).

5. ¿A qué velocidad debe lanzarse un proyectil de modo que escape a la atracción gravitacional de la Tierra?
   (Vea el ejercicio 77 en la sección 7.8).

6. ¿Cómo se explican los cambios en el grosor del hielo de los océanos a través del tiempo y por qué las grietas en el hielo tienden a "sanar"?
   (Vea el ejercicio 56 en la sección 9.3).

7. ¿Una bola lanzada verticalmente hacia arriba tarda más en alcanzar su altura máxima o en caer a su posición original de lanzamiento?
   (Vea el "Proyecto de aplicación" después de la sección 9.5).

8. ¿Cómo se combinan curvas para diseñar las formas que representan letras en una impresora láser?
   (Vea el "Proyecto de aplicación" después de la sección 10.2).

9. ¿Cómo se explica que los planetas y satélites se desplazan en órbitas elípticas?
   (Vea el "Proyecto de aplicación" después de la sección 13.4).

10. ¿Cómo se distribuye el caudal de agua entre las diferentes turbinas de una central hidroeléctrica para maximizar la producción total de energía?
    (Vea el "Proyecto de aplicación" después de la sección 14.8).

La energía eléctrica producida por una turbina eólica se estima con una función matemática que incorpora varios factores. En el ejercicio 1.2.25 se explorará esta función y se determinará la producción de energía esperada de una turbina particular con diferente rapidez del viento.

1 Funciones y modelos

LOS OBJETOS FUNDAMENTALES del cálculo son las funciones. Este capítulo sirve como preparación para el cálculo, pues se abordan los principios básicos sobre las funciones, sus gráficas y las formas de transformarlas y combinarlas. Se destaca que una función puede representarse de diferentes maneras: mediante una ecuación, en una tabla, con una gráfica o con palabras. Se analizan los principales tipos de funciones en el cálculo y se describe su proceso de utilización como modelos matemáticos de los fenómenos de la vida real.

1.1 | Cuatro maneras de representar una función

■ Funciones

Las funciones aparecen siempre que una cantidad dependa de otra. Considere las cuatro situaciones siguientes.

A. El área A de un círculo depende del radio r del círculo. La regla que relaciona r con A está dada por la ecuación $A = \pi r^2$. A cada número positivo r se asocia un valor de A, por lo que se dice que A es una *función* de r.

B. La población humana del mundo P depende del tiempo t. En la tabla 1 se presentan estimaciones de la población mundial P en el tiempo t en algunos años. Por ejemplo,

$$P \approx 2\,560\,000\,000 \qquad \text{cuando } t = 1950$$

Para cada valor del tiempo t hay un valor correspondiente de P, y se dice que P es una función de t.

C. El costo C del envío de un sobre depende de su peso w. Aunque no hay una fórmula simple que relacione w con C, la oficina de correos tiene una regla para determinar C cuando se conoce w.

D. La aceleración vertical a del suelo que mide un sismógrafo durante un terremoto es una función del tiempo transcurrido t. En la figura 1 se muestra una gráfica generada por la actividad sísmica durante el terremoto de Northridge que sacudió Los Ángeles en 1994. Para un valor dado de t, la gráfica proporciona el valor correspondiente de a.

Tabla 1 **Población mundial.**

Año	Población (en millones)
1900	1 650
1910	1 750
1920	1 860
1930	2 070
1940	2 300
1950	2 560
1960	3 040
1970	3 710
1980	4 450
1990	5 280
2000	6 080
2010	6 870

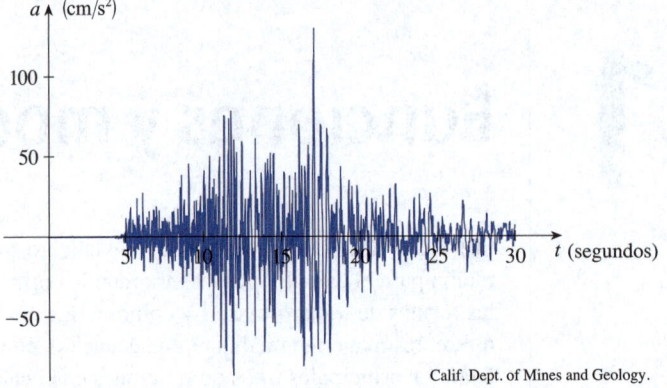

FIGURA 1
Aceleración vertical del suelo durante el terremoto de Northridge.

Calif. Dept. of Mines and Geology.

Cada uno de estos ejemplos describe una regla por la cual, dado un número (r en el ejemplo A), se asigna otro número (A). En cada caso se dice que el segundo número es una función del primero. Si f representa la regla que relaciona A con r en el ejemplo A, entonces se expresa en **notación de función** como $A = f(r)$.

> Una **función** f es una regla que asigna a cada elemento x de un conjunto D exactamente un elemento, llamado $f(x)$, de un conjunto E.

Por lo general, se consideran funciones para las cuales los conjuntos D y E son conjuntos de números reales. Al conjunto D se le denomina **dominio**[1] de la función. El número $f(x)$ es el **valor de f en x** y se lee "f de x". El **rango,**[2] **contradominio** o **codominio**, de f es el conjunto de todos los valores posibles de $f(x)$ a medida que x toma

---

[1] Nota del RT: El término *dominio* también se conoce como *preimagen*.
[2] Nota del RT: El término *rango* también se conoce como *imagen*.

FIGURA 2

Diagrama de una función *f* como una máquina.

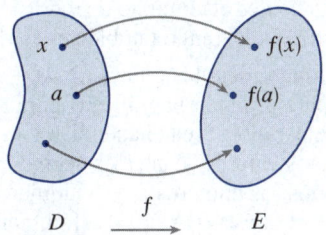

FIGURA 3

Diagrama de flechas de *f*.

valores a lo largo del dominio. Un símbolo que representa un número arbitrario en el *dominio* de una función *f* se denomina **variable independiente**. Un símbolo que representa un número en el *rango* de *f* se llama **variable dependiente**. En el ejemplo A, *r* es la variable independiente y *A* es la variable dependiente.

Es útil pensar en una función como una **máquina** (vea la figura 2). Si *x* está en el dominio de la función *f*, cuando *x* entra en la máquina se acepta como **entrada** y la máquina produce una **salida** *f*(*x*) según la regla de la función. Así, cabe pensar en el dominio como el conjunto de todas las entradas posibles y en el rango como el conjunto de todas las salidas posibles. Las funciones preprogramadas en una calculadora son buenos ejemplos de una función como una máquina. Por ejemplo, si se introduce un número y se pulsa la tecla para obtener un cuadrado, la calculadora muestra la salida, el cuadrado de la entrada.

Otra forma de describir una función es con un **diagrama de flechas** como el que se muestra en la figura 3. Cada flecha relaciona un elemento de *D* con un elemento de *E*. La flecha indica que *f*(*x*) se asocia a *x*, *f*(*a*) a *a* y así sucesivamente.

Tal vez el método más útil para visualizar una función sea su gráfica. Si *f* es una función con dominio *D*, entonces su **gráfica** es el conjunto de pares ordenados

$$\{(x, f(x)) \mid x \in D\}$$

(Observe que son pares de entrada y salida). En otras palabras, la gráfica de *f* consiste en todos los puntos (*x*, *y*) en el plano coordenado de manera que *y* = *f*(*x*) y *x* está en el dominio de *f*.

En la gráfica de una función *f* se presenta una imagen útil del comportamiento de la función. Dado que la coordenada *y* de cualquier punto (*x*, *y*) en la gráfica es *y* = *f*(*x*), el valor de *f*(*x*) se lee como la altura de la gráfica por encima del punto *x* (vea la figura 4). La gráfica de *f* también permite representar el dominio de *f* en el eje *x* y su rango en el eje *y*, como se muestra en la figura 5.

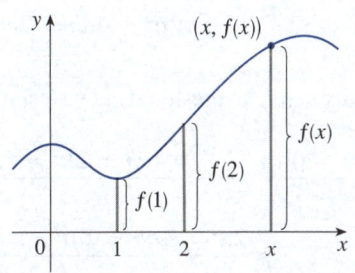

FIGURA 4

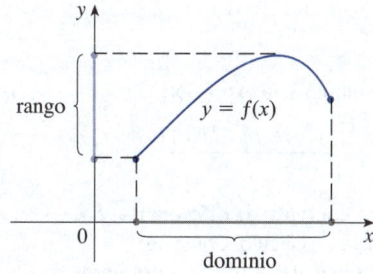

FIGURA 5

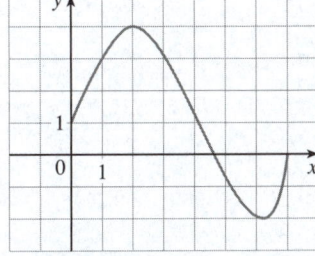

FIGURA 6

Para una revisión de la notación por intervalos, vea el apéndice A.

EJEMPLO 1 En la figura 6 se muestra la gráfica de una función *f*.

(a) Encuentre los valores de *f*(1) y *f*(5).

(b) ¿Cuál es el dominio y el rango de *f*?

SOLUCIÓN

(a) En la figura 6 se observa que el punto (1, 3) se encuentra en la gráfica de *f*, por lo que el valor de *f* en 1 es *f*(1) = 3. (En otras palabras, el punto en la gráfica por encima de *x* = 1 está 3 unidades por encima del eje *x*).

Cuando *x* = 5, la gráfica se encuentra alrededor de 0.7 unidades por debajo del eje *x*, así que se estima que *f*(5) ≈ −0.7.

(b) Advierta que *f*(*x*) se define cuando 0 ⩽ *x* ⩽ 7, por lo que el dominio de *f* es el intervalo cerrado [0, 7]. Observe que *f* toma todos los valores de −2 a 4, así que el rango de *f* es

$$\{y \mid -2 \leqslant y \leqslant 4\} = [-2, 4]$$

En cálculo, el método más común para definir una función es mediante una ecuación algebraica. Por ejemplo, la ecuación $y = 2x - 1$ define a y como una función de x, lo cual se expresa en notación de función como $f(x) = 2x - 1$.

EJEMPLO 2   Trace la gráfica y encuentre el dominio y rango de cada función.

(a) $f(x) = 2x - 1$ (b) $g(x) = x^2$

SOLUCIÓN

(a) La ecuación de la gráfica es $y = 2x - 1$, y se reconoce como la ecuación de una recta con pendiente 2 e intersección con el eje y en -1. (Recuerde la forma pendiente-intersección de la ecuación de una recta: $y = mx + b$. Vea el apéndice B). Esto permite trazar una parte de la gráfica de f en la figura 7. La expresión $2x - 1$ se define para todos los números reales, de modo que el dominio de f es el conjunto de todos los números reales, que se denota con $\mathbb{R}$. La gráfica muestra que el rango también es $\mathbb{R}$.

(b) Como $g(2) = 2^2 = 4$ y $g(-1) = (-1)^2 = 1$, se podría graficar los puntos $(2, 4)$ y $(-1, 1)$ junto con otros puntos de la gráfica y unirlos para producir la gráfica (figura 8). La ecuación de la gráfica es $y = x^2$, que representa una parábola (vea el apéndice C). El dominio de g es $\mathbb{R}$. El rango de g consiste en todos los valores de $g(x)$, es decir, todos los números de la forma x^2. Pero $x^2 \geq 0$ para todos los números x, y cualquier número positivo y es un cuadrado. Así, el rango de g es $\{y \mid y \geq 0\} = [0\ \infty)$. También se observa esto en la figura 8.

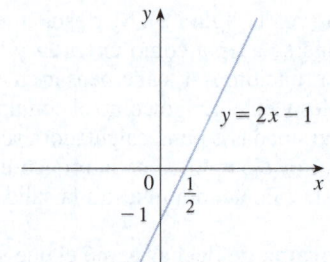

FIGURA 7

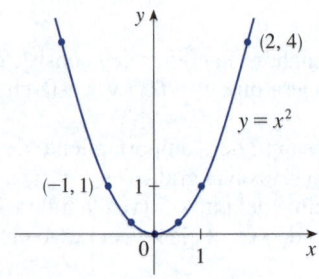

FIGURA 8

EJEMPLO 3   Si $f(x) = 2x^2 - 5x + 1$ y $h \neq 0$, evalúe $\dfrac{f(a + h) - f(a)}{h}$.

SOLUCIÓN   Primero, para evaluar $f(a + h)$, se reemplaza x por $a + h$ en la expresión para $f(x)$:

$$f(a + h) = 2(a + h)^2 - 5(a + h) + 1$$
$$= 2(a^2 + 2ah + h^2) - 5(a + h) + 1$$
$$= 2a^2 + 4ah + 2h^2 - 5a - 5h + 1$$

En el ejemplo 3, la expresión

$$\frac{f(a + h) - f(a)}{h}$$

se llama **cociente de diferencias**, y es frecuente en cálculo. Como se estudiará en el capítulo 2, representa la razón de cambio promedio de $f(x)$ entre $x = a$ y $x = a + h$.

Luego se sustituye en la expresión dada y se simplifica:

$$\frac{f(a + h) - f(a)}{h} = \frac{(2a^2 + 4ah + 2h^2 - 5a - 5h + 1) - (2a^2 - 5a + 1)}{h}$$

$$= \frac{2a^2 + 4ah + 2h^2 - 5a - 5h + 1 - 2a^2 + 5a - 1}{h}$$

$$= \frac{4ah + 2h^2 - 5h}{h} = 4a + 2h - 5$$

■ Representaciones de funciones

Se consideran cuatro formas de representar una función:

- verbal   (descripción en palabras)
- numérica   (tabla de valores)
- visual   (gráfica)
- algebraica   (fórmula explícita)

Si una sola función puede representarse de las cuatro maneras, a menudo es útil ir de una representación a otra para comprender mejor la función. (Un caso es el ejemplo 2, en el que se comenzó con fórmulas algebraicas para luego trazar gráficas). Sin embargo, ciertas funciones se describen de mejor forma con un método que con otro. Con base en esto, se reexaminarán las cuatro situaciones consideradas al principio de esta sección.

A. La representación más útil del área de un círculo como una función de su radio es, probablemente, la fórmula algebraica $A = \pi r^2$ o, en notación de función, $A(r) = \pi r^2$. También es posible compilar una tabla de valores o trazar una gráfica (media parábola). Dado que un círculo debe tener un radio positivo, el dominio es $\{r \mid r > 0\} = (0, \infty)$ y el rango también es $(0, \infty)$.

Tabla 2 Población mundial.

t (años desde 1900)	Población (millones)
0	1 650
10	1 750
20	1 860
30	2 070
40	2 300
50	2 560
60	3 040
70	3 710
80	4 450
90	5 280
100	6 080
110	6 870

B. Se describe la función en palabras: $P(t)$ es la población humana del mundo en el tiempo t. Ahora, se medirá t para que $t = 0$ corresponda al año 1900. En la tabla 2 se aprecia una representación adecuada de esta función. Si se grafican los pares ordenados en la tabla, se obtiene la llamada *gráfica de dispersión* que se muestra en la figura 9. También es una representación útil ya que permite disponer de todos los datos a la vez. ¿Qué tal una fórmula? Por supuesto, es imposible concebir una fórmula explícita que dé la población humana exacta $P(t)$ en cualquier momento t, pero es posible encontrar una expresión para una función que se *aproxime* a $P(t)$. De hecho, con los métodos que se explican en la sección 1.4 se consigue una aproximación para la población P:

$$P(t) \approx f(t) = (1.43653 \times 10^9) \cdot (1.01395)^t$$

En la figura 10 se muestra que es un "ajuste" razonablemente bueno. La función f se denomina *modelo matemático* de crecimiento demográfico. En otras palabras, es una función con una fórmula explícita que se aproxima al comportamiento de la función dada. Sin embargo, se verá que las ideas del cálculo pueden aplicarse a una tabla de valores; no es necesaria una fórmula explícita.

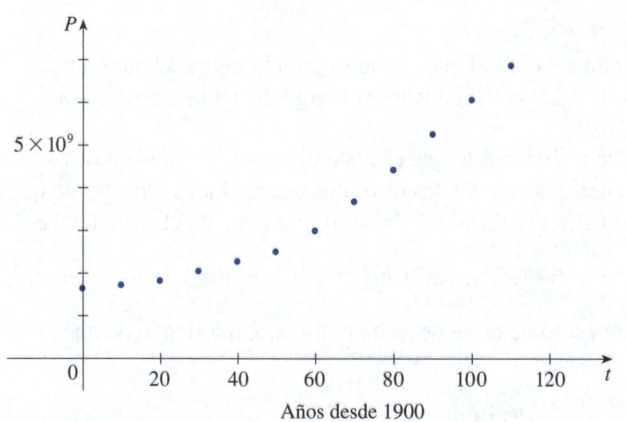

FIGURA 9

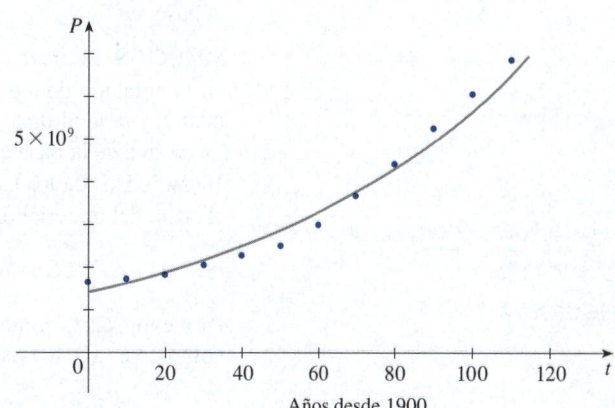

FIGURA 10

Una función definida por una tabla de valores se llama función *tabular*.

Tabla 3

w (gramos)	$C(w)$ (USD)
$0 < w \leqslant 25$	1.00
$25 < w \leqslant 50$	1.15
$50 < w \leqslant 75$	1.30
$75 < w \leqslant 100$	1.45
$100 < w \leqslant 125$	1.60
.	.
.	.
.	.

La función P es habitual en las funciones que se presentan cuando se aplica el cálculo a la vida real. Se empieza con una descripción verbal de una función. Luego es posible elaborar una tabla de valores de la función, quizás a partir de las lecturas de los instrumentos en un experimento científico. Aunque no se conozcan por completo los valores de la función, se verá a lo largo del libro que aún es posible realizar operaciones de cálculo en este tipo de funciones.

C. Una vez más, la función se describe con palabras: sea $C(w)$ el costo de enviar un sobre grande con un peso w. En 2019, el Servicio Postal estadounidense aplicaba la siguiente regla: el costo es de 1 dólar por hasta 25 g, más 15 centavos de dólar por cada gramo adicional (o menos) hasta los siguientes 25 g y así sucesivamente hasta 350 g. Una tabla de valores es la representación más conveniente para esta función (vea la tabla 3), aunque es posible elaborar una gráfica (vea el ejemplo 10).

D. La gráfica que se muestra en la figura 1 es la representación más natural de la función de aceleración vertical $a(t)$. Es cierto que se podría compilar una tabla de valores, e incluso es posible elaborar una fórmula aproximada. Pero todo lo que un geólogo necesita saber —amplitudes y patrones— se aprecia fácilmente en la gráfica. (Lo mismo sucede con los patrones de los electrocardiogramas de pacientes cardiacos y los polígrafos para la detección de mentiras).

En el siguiente ejemplo se grafica una función que se define verbalmente.

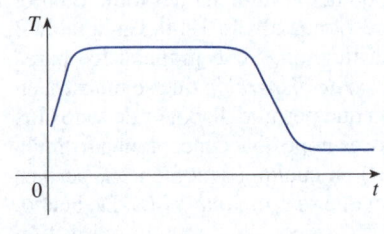

FIGURA 11

EJEMPLO 4 Al abrir un grifo de agua caliente, la temperatura T del agua depende de cuánto tiempo ha estado corriendo el agua. Trace una gráfica aproximada de T en función del tiempo t que transcurrió desde que se abrió el grifo.

SOLUCIÓN La temperatura inicial del agua corriente es cercana a la temperatura ambiente porque el agua estaba estancada en las tuberías. Cuando el agua del depósito de agua caliente comienza a fluir del grifo, T aumenta rápidamente. En la siguiente fase, T es constante a la temperatura del agua calentada en el tanque. Cuando el tanque se vacía, T disminuye a la temperatura del suministro de agua. Esto permite graficar de manera aproximada T como función de t, lo que se muestra en la figura 11. ∎

En el siguiente ejemplo se comienza con la descripción verbal de una función en una situación física para obtener una fórmula algebraica explícita. La habilidad de hacer esto es útil para resolver problemas de cálculo que pidan valores máximos o mínimos de alguna cantidad.

EJEMPLO 5 Un depósito rectangular de almacenamiento con la parte superior abierta tiene un volumen de 10 m³. La longitud de su base es el doble de su ancho. El material para la base cuesta $10 por metro cuadrado; el material para los lados cuesta $6 por metro cuadrado. Exprese el costo de los materiales como función del ancho de la base.

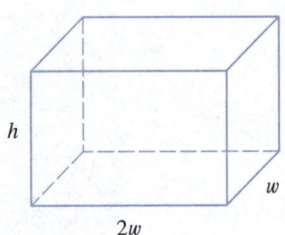

FIGURA 12

SOLUCIÓN Se traza un diagrama como el que se muestra en la figura 12 para introducir la notación de modo que w y $2w$ sean el ancho y el largo de la base, respectivamente, y h, la altura.

El área de la base es $(2w)w = 2w^2$, por lo que el costo del material para la base es $10(2w^2)$. Dos de los lados tienen el área wh y los otros dos tienen el área $2wh$, por lo que el costo del material para los lados es $6[2(wh) + 2(2wh)]$. Por lo tanto, el costo total es

$$C = 10(2w^2) + 6[2(wh) + 2(2wh)] = 20w^2 + 36wh$$

Para expresar C como función solo de w, se necesita eliminar h, partiendo de que el volumen es 10 m³. Así,

$$w(2w)h = 10$$

que da

$$h = \frac{10}{2w^2} = \frac{5}{w^2}$$

Al sustituir esto en la expresión para C, se tiene

$$C = 20w^2 + 36w\left(\frac{5}{w^2}\right) = 20w^2 + \frac{180}{w}$$

Por lo tanto, la ecuación

$$C(w) = 20w^2 + \frac{180}{w} \qquad w > 0$$

expresa C como una función de w. ∎

RP Al establecer funciones aplicadas como en el ejemplo 5, puede ser útil revisar los "Principios para la resolución de problemas" al final de este capítulo, en particular el *Paso 1: Comprenda el problema.*

En el siguiente ejemplo se encuentra el dominio de una función definida algebraicamente. Si una función está definida por una fórmula y el dominio no se indica explícitamente, se utiliza la siguiente **convención de dominio**: el dominio de la función es el conjunto de todos los números para los que la fórmula tiene sentido y da como resultado un número real.

EJEMPLO 6 Determine el dominio de cada función.

(a) $f(x) = \sqrt{x + 2}$ (b) $g(x) = \dfrac{1}{x^2 - x}$

SOLUCIÓN

(a) Como la raíz cuadrada de un número negativo no está definida (como un número real), el dominio de f consiste en todos los valores de x de manera que $x + 2 \geqslant 0$. Esto equivale a $x \geqslant -2$, por lo que el dominio es el intervalo $[-2, \infty)$.

(b) Dado que

$$g(x) = \frac{1}{x^2 - x} = \frac{1}{x(x - 1)}$$

y no se permite la división entre 0, se ve que $g(x)$ no está definida cuando $x = 0$ o $x = 1$. Así, el dominio de g es

$$\{x \mid x \neq 0, x \neq 1\}$$

que también puede escribirse en notación de intervalo como

$$(-\infty, 0) \cup (0, 1) \cup (1, \infty)$$ ∎

¿Qué reglas definen las funciones?

No todas las ecuaciones definen una función. La ecuación $y = x^2$ define y como una función de x porque la ecuación determina exactamente un valor de y para cada valor de x. Sin embargo, la ecuación $y^2 = x$ *no* define y como una función de x porque algunos valores de entrada de x corresponden a más de una salida de y; por ejemplo, para la entrada $x = 4$, la ecuación da las salidas $y = 2$ y $y = -2$.

De igual manera, no todas las tablas definen una función. En la tabla 3 se definió C como una función de w: cada peso w de un paquete corresponde exactamente a un costo de envío. Por otra parte, en la tabla 4 *no* se define y como función de x porque algunos valores de entrada de x en la tabla corresponden a más de una salida de y; por ejemplo, la entrada $x = 5$ da las salidas $y = 7$ y $y = 8$.

Tabla 4

x	2	4	5	5	6
y	3	6	7	8	9

¿Qué hay de las curvas dibujadas en el plano xy? ¿Cuáles curvas son gráficas de funciones? En la siguiente prueba se da una respuesta.

> **Prueba de la recta vertical** Una curva en el plano xy es la gráfica de una función de x si y solo si ninguna recta vertical cruza la curva más de una vez.

En la figura 13 se observa por qué la prueba de la recta vertical es verdadera. Si cada recta vertical $x = a$ cruza una curva solo una vez, en (a, b), entonces exactamente un valor de la función se define por $f(a) = b$. Pero si una recta $x = a$ cruza la curva dos veces, en (a, b) y (a, c), entonces la curva no puede representar una función porque una función no puede asignar dos valores diferentes a a.

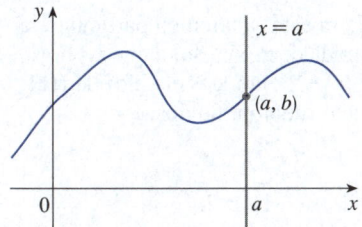

(a) Esta curva representa una función.

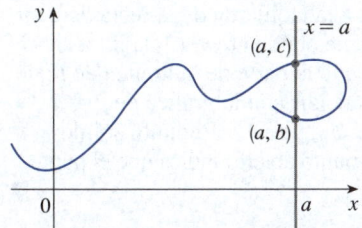

(b) Esta curva no representa una función.

FIGURA 13

Por ejemplo, la parábola $x = y^2 - 2$ de la figura 14(a) no es la gráfica de una función de x porque, como se ve, hay rectas verticales que cruzan la parábola dos veces. Sin embargo, la parábola contiene las gráficas de *dos* funciones de x. Observe que la ecuación $x = y^2 - 2$ implica $y^2 = x + 2$, por lo que $y = \pm\sqrt{x + 2}$. Por lo tanto, las mitades superior e inferior de la parábola son las gráficas de las funciones $f(x) = \sqrt{x + 2}$ [del ejemplo 6(a)] y $g(x) = -\sqrt{x + 2}$ [vea las figuras 14(b) y (c)].

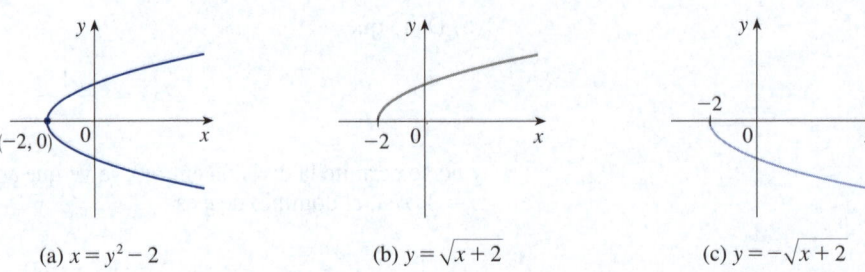

FIGURA 14   (a) $x = y^2 - 2$ (b) $y = \sqrt{x + 2}$ (c) $y = -\sqrt{x + 2}$

Se observa que, si se invierten los papeles de x y y, entonces la ecuación $x = h(y) = y^2 - 2$ *sí* define x como una función de y (con y como la variable independiente y x como la variable dependiente). La gráfica de la función h es la parábola de la figura 14(a).

■ Funciones definidas por partes

Las funciones de los cuatro ejemplos siguientes se definen por diferentes fórmulas en distintas partes de sus dominios. Estas funciones se denominan **funciones definidas por partes** o **funciones definidas a trozos.**

EJEMPLO 7   Una función f se define por

$$f(x) = \begin{cases} 1 - x & \text{si } x \leq -1 \\ x^2 & \text{si } x > -1 \end{cases}$$

Evalúe $f(-2)$, $f(-1)$ y $f(0)$, y trace la gráfica de f.

SOLUCIÓN   Recuerde que una función es una regla. Para esta función en particular, la regla es la siguiente: primero observe el valor de la entrada de x. Si resulta que $x \leq -1$, entonces el valor de $f(x)$ es $1 - x$. Por otro lado, si $x > -1$, entonces el valor de $f(x)$ es x^2. Observe que si bien se usan dos fórmulas, f es *una* función, no dos.

Como $-2 \leq -1$, se tiene $f(-2) = 1 - (-2) = 3$.

Como $-1 \leq -1$, se tiene $f(-1) = 1 - (-1) = 2$.

Como $0 > -1$, se tiene $f(0) = 0^2 = 0$.

¿Cómo se traza la gráfica de f? Observe que si $x \leq -1$, entonces $f(x) = 1 - x$, por lo que la parte de la gráfica de f que se encuentra a la izquierda de la recta vertical $x = -1$ debe coincidir con la recta $y = 1 - x$, que tiene pendiente -1 y la intersección en $y = 1$. Si $x > -1$, entonces $f(x) = x^2$, por lo que la parte de la gráfica de f que se encuentra a la derecha de la recta $x = -1$ debe coincidir con la gráfica de $y = x^2$, que es una parábola. Esto permite trazar la gráfica de la figura 15. El punto sólido indica que el punto $(-1, 2)$ se incluye en la gráfica; el punto abierto indica que el punto $(-1, 1)$ se excluye de la gráfica.

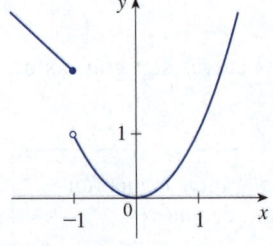

FIGURA 15

El siguiente ejemplo de una función definida por partes es la función valor absoluto. Recuerde que el **valor absoluto** de un número a, denotado por $|a|$, es la distancia de a a 0 en la recta real. Las distancias son siempre positivas o 0, por lo que

$$|a| \geq 0 \qquad \text{para todo número } a$$

Para un repaso más extenso de los valores absolutos, vea el apéndice A.

Por ejemplo,

$$|3| = 3 \quad |-3| = 3 \quad |0| = 0 \quad |\sqrt{2} - 1| = \sqrt{2} - 1 \quad |3 - \pi| = \pi - 3$$

En general, se tiene

$$\begin{array}{l} |a| = a \quad \text{si } a \geq 0 \\ |a| = -a \quad \text{si } a < 0 \end{array}$$

(Recuerde que, si a es negativo, entonces $-a$ es positivo).

EJEMPLO 8 Elabore la gráfica de la función valor absoluto $f(x) = |x|$.

SOLUCIÓN Del análisis anterior se sabe que

$$|x| = \begin{cases} x & \text{si } x \geq 0 \\ -x & \text{si } x < 0 \end{cases}$$

Con el mismo método que en el ejemplo 7, se observa que la gráfica de f coincide con la recta $y = x$ a la derecha del eje y y con la recta $y = -x$ a la izquierda del eje y (vea la figura 16). ∎

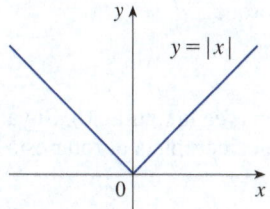

FIGURA 16

EJEMPLO 9 Encuentre una fórmula para la función f graficada en la figura 17.

SOLUCIÓN La recta que atraviesa $(0, 0)$ y $(1, 1)$ tiene pendiente $m = 1$ y una intersección con el eje y en $b = 0$, por lo que su ecuación es $y = x$. Por lo tanto, para la parte de la gráfica de f que une $(0, 0)$ a $(1, 1)$, se tiene

$$f(x) = x \qquad \text{si } 0 \leq x \leq 1$$

La recta que atraviesa $(1, 1)$ y $(2, 0)$ tiene una pendiente $m = -1$, así, su forma punto-pendiente es

$$y - 0 = (-1)(x - 2) \qquad \text{o} \qquad y = 2 - x$$

Se tiene entonces $\qquad f(x) = 2 - x \qquad \text{si } 1 < x \leq 2$

También se ve que la gráfica de f coincide con el eje x cuando $x > 2$. Al combinar esta información, se tiene la siguiente fórmula en tres partes para f:

$$f(x) = \begin{cases} x & \text{si } 0 \leq x \leq 1 \\ 2 - x & \text{si } 1 < x \leq 2 \\ 0 & \text{si } x > 2 \end{cases}$$ ∎

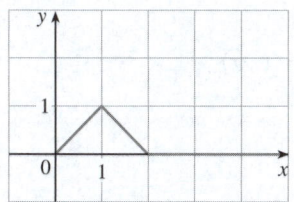

FIGURA 17

La forma punto-pendiente de la ecuación de una recta es
$y - y_1 = m(x - x_1)$ (vea el apéndice B).

EJEMPLO 10 En el ejemplo C al principio de esta sección, se consideró el costo $C(w)$ de enviar por correo un sobre grande con peso w. En efecto, es una función definida por partes porque, de la tabla 3, se tiene

$$C(w) = \begin{cases} 1.00 & \text{si } 0 < w \leq 25 \\ 1.15 & \text{si } 25 < w \leq 50 \\ 1.30 & \text{si } 50 < w \leq 75 \\ 1.45 & \text{si } 75 < w \leq 100 \\ \vdots \end{cases}$$

La gráfica se muestra en la figura 18. ∎

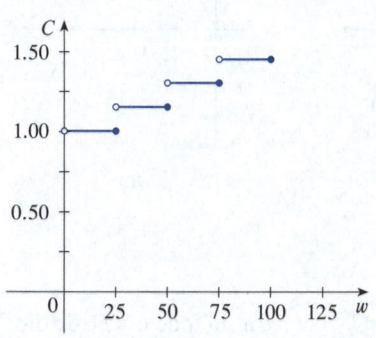

FIGURA 18

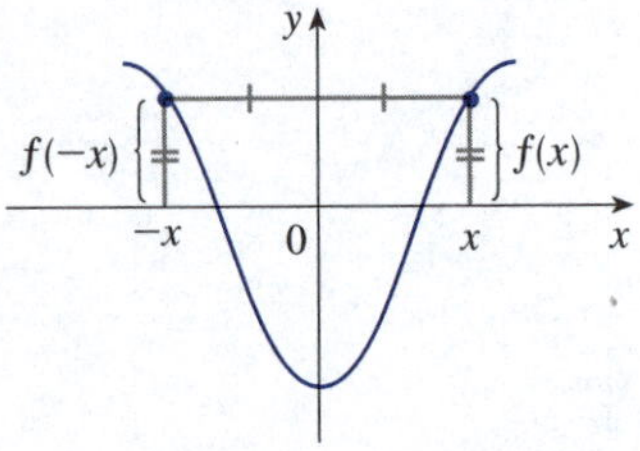

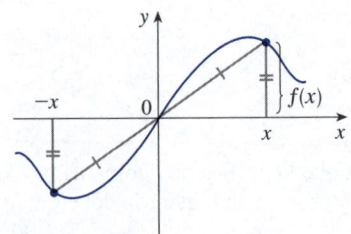

FIGURA 19
Una función par.

FIGURA 20
Una función impar.

En la figura 18 se aprecia por qué una función como la del ejemplo 10 se llama **función escalón** o **función escalonada**.

■ Funciones pares e impares

Si una función f satisface $f(-x) = f(x)$ para todo número x en su dominio, entonces f se llama **función par**. Por ejemplo, la función $f(x) = x^2$ es par porque

$$f(-x) = (-x)^2 = x^2 = f(x)$$

El significado geométrico de una función par es que su gráfica es simétrica respecto al eje y (vea la figura 19). Esto implica que si se grafica f cuando $x \geq 0$, se obtiene la gráfica completa simplemente al reflejar esta porción con respecto al eje y.

Si f satisface $f(-x) = -f(x)$ para todo número x en su dominio, entonces f se llama **función impar**. Por ejemplo, la función $f(x) = x^3$ es impar porque

$$f(-x) = (-x)^3 = -x^3 = -f(x)$$

La gráfica de una función impar es simétrica respecto al origen (vea la figura 20). Si ya se tiene la gráfica de f cuando $x \geq 0$, se puede obtener la gráfica completa al rotar esta porción $180°$ con respecto al origen.

EJEMPLO 11   Determine si cada una de las siguientes funciones es par, impar, o ninguna de las dos.

(a) $f(x) = x^5 + x$ (b) $g(x) = 1 - x^4$ (c) $h(x) = 2x - x^2$

SOLUCIÓN

(a)
$$f(-x) = (-x)^5 + (-x) = (-1)^5 x^5 + (-x)$$
$$= -x^5 - x = -(x^5 + x)$$
$$= -f(x)$$

Por lo tanto, f es una función impar.

(b)
$$g(-x) = 1 - (-x)^4 = 1 - x^4 = g(x)$$

De modo que g es par.

(c)
$$h(-x) = 2(-x) - (-x)^2 = -2x - x^2$$

Como $h(-x) \neq h(x)$ y $h(-x) \neq -h(x)$, se concluye que h no es par ni impar. ■

En la figura 21 se muestran las gráficas de las funciones del ejemplo 11. Observe que la gráfica de h no es simétrica con respecto al eje y ni con respecto al origen.

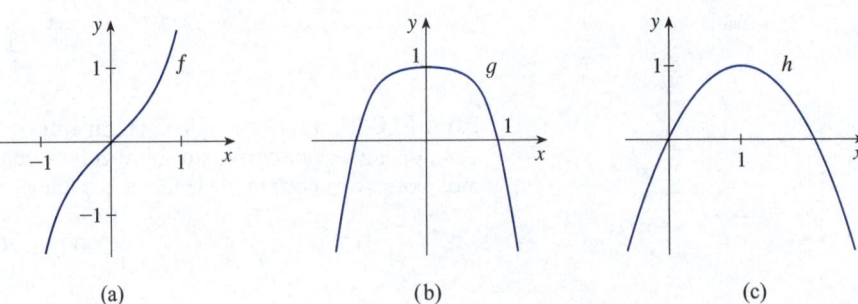

FIGURA 21   (a)   (b)   (c)

■ Funciones crecientes y decrecientes

La gráfica de la figura 22 sube de A a B, baja de B a C y vuelve a subir de C a D. Se dice que la función f es creciente en el intervalo $[a, b]$, es decreciente en $[b, c]$ y vuelve a crecer en $[c, d]$. Observe que si x_1 y x_2 son dos números cualquiera entre a y b con $x_1 < x_2$, entonces $f(x_1) < f(x_2)$. Se utiliza esta propiedad para definir una función creciente.

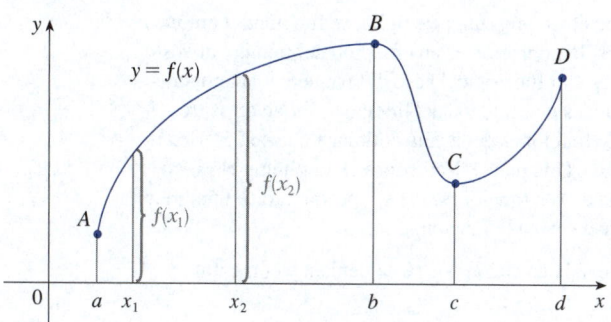

FIGURA 22

> Una función f se llama **creciente** sobre un intervalo I si
>
> $$f(x_1) < f(x_2) \qquad \text{siempre que } x_1 < x_2 \text{ en } I$$
>
> Se llama **decreciente** sobre I si
>
> $$f(x_1) > f(x_2) \qquad \text{siempre que } x_1 < x_2 \text{ en } I$$

En la definición de una función creciente es importante notar que la desigualdad $f(x_1) < f(x_2)$ debe satisfacer *todo* par de números x_1 y x_2 en I cuando $x_1 < x_2$.

A partir de la figura 23 se aprecia que la función $f(x) = x^2$ es decreciente sobre en el intervalo $(-\infty, 0]$ y creciente sobre en el intervalo $[0, \infty)$.

FIGURA 23

1.1 | Ejercicios

1. Si $f(x) = x + \sqrt{2 - x}$ y $g(u) = u + \sqrt{2 - u}$, ¿es verdad que $f = g$?

2. Si

$$f(x) = \frac{x^2 - x}{x - 1} \qquad y \qquad g(x) = x$$

¿es verdad que $f = g$?

3. Se da la gráfica de una función g.
   (a) Indique los valores de $g(-2)$, $g(0)$, $g(2)$ y $g(3)$.
   (b) ¿Para qué valor(es) de x es $g(x) = 3$?
   (c) ¿Para qué valor(es) de x es $g(x) \leqslant 3$?
   (d) Indique el dominio y rango de g.
   (e) ¿En qué intervalo(s) g es creciente?

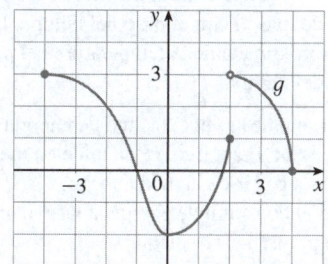

4. Se dan las gráficas de f y g.
   (a) Indique los valores de $f(-4)$ y $g(3)$.
   (b) ¿Cuál es más grande, $f(-3)$ o $g(-3)$?
   (c) ¿Para qué valores de x es $f(x) = g(x)$?
   (d) ¿En qué intervalo(s) es $f(x) \leqslant g(x)$?
   (e) Indique la solución de la ecuación $f(x) = -1$.
   (f) ¿En qué intervalo(s) g es decreciente?
   (g) Indique el dominio y rango de f.
   (h) Indique el dominio y rango de g.

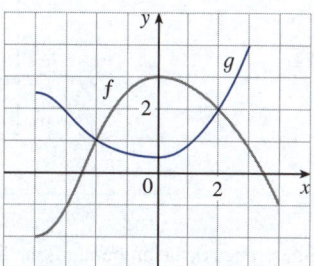

5. La figura 1 se registró con un instrumento operado por el California Departament of Mines and Geology en el Univer-

sity Hospital de la University of Southern California (USC)
en Los Ángeles. Con base en esa figura, estime el rango de la
función de aceleración vertical del suelo en la USC durante el
terremoto de Northridge.

6. En esta sección se presentan ejemplos de funciones comunes
y cotidianas: la población es una función del tiempo, el costo
del correo es una función del peso del paquete y la temperatura del agua es una función del tiempo. Indique otros tres
ejemplos de funciones de la vida cotidiana que se describan
verbalmente. ¿Qué puede decir sobre el dominio y el rango
de cada una de sus funciones? De ser posible, trace una gráfica aproximada de cada función.

7-14 Determine si la ecuación o la tabla definen y como una
función de x.

7. $3x - 5y = 7$ **8.** $3x^2 - 2y = 5$

9. $x^2 + (y - 3)^2 = 5$ **10.** $2xy + 5y^2 = 4$

11. $(y + 3)^3 + 1 = 2x$ **12.** $2x - |y| = 0$

13.

x Estatura (cm)	y Número de calzado
180	12
150	8
150	7
160	9
175	10

14.

x Año	y Colegiatura ($)
2016	10 900
2017	11 000
2018	11 200
2019	11 200
2020	11 300

15-18 Determine si la curva es la gráfica de una función de x. Si
lo es, establezca el dominio y el rango de la función.

15.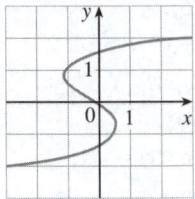

16.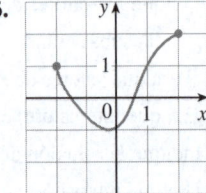

17.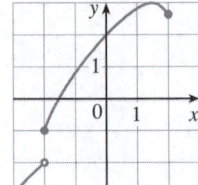

18.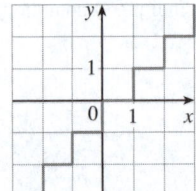

19. Se muestra una gráfica de la temperatura media global T
durante el siglo xx. Estime lo siguiente:
(a) La temperatura media mundial en 1950.
(b) El año en que la temperatura media fue de 14.2°C.

(c) Los años en que la temperatura fue la más baja y la más
alta.
(d) El rango de T.

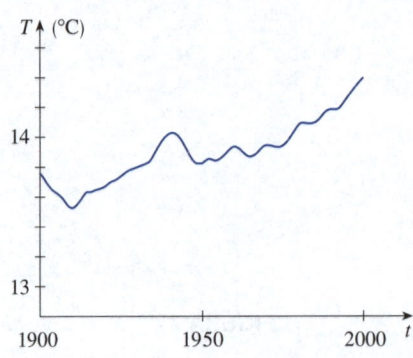

Fuente: Adaptado de *Globe and Mail* [Toronto], 5 de diciembre de 2009. Impreso.

20. Los árboles crecen más rápido y forman anillos más anchos en
los años cálidos, y crecen más lentamente y forman anillos más
delgados en los años fríos. En la figura se muestra el ancho de
los anillos de un pino siberiano de los años 1500 a 2000.
(a) ¿Cuál es el rango de la función del ancho de los anillos?
(b) ¿Qué puede interpretarse de la gráfica respecto a la
temperatura del planeta? ¿Refleja la gráfica las erupcio-
nes volcánicas de mediados del siglo xix?

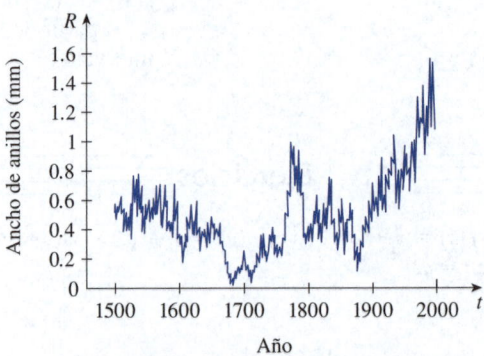

Fuente: Adaptado de G. Jacoby *et al.*, "Mongolian Tree Rings
and 20th-Century Warming", *Science* 273 (1996): 771-73.

21. Se ponen unos cubitos de hielo en un vaso, se llena con agua
fría y luego se deja sobre la mesa. Describa cómo cambia la
temperatura del agua a medida que pasa el tiempo. Luego
elabore una gráfica aproximada de la temperatura del agua
como función del tiempo transcurrido.

22. Se pone a hornear un pastel congelado durante una hora.
Luego se saca y se deja enfriar. Describa cómo cambia la
temperatura del pastel con el paso del tiempo. Luego trace
una gráfica aproximada de la temperatura del pastel como
una función del tiempo.

23. En la gráfica se muestra el consumo de energía de un día de
septiembre en San Francisco. (P se mide en megawatts; t se
mide en horas a partir de la medianoche).
(a) ¿Cuál fue el consumo de energía a las 6 a. m.?
¿A las 6 p. m.?

(b) ¿Cuándo fue más bajo el consumo de energía? ¿Cuándo fue más alto? ¿Estos tiempos parecen razonables?

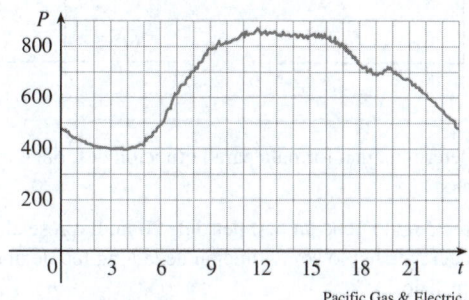

Pacific Gas & Electric.

24. Tres corredores compiten en una carrera de 100 metros. En la gráfica se muestra la distancia recorrida como función del tiempo por cada corredor. Describa con palabras lo que la gráfica informa sobre esta carrera. ¿Quién ganó la carrera? ¿Todos los corredores la terminaron?

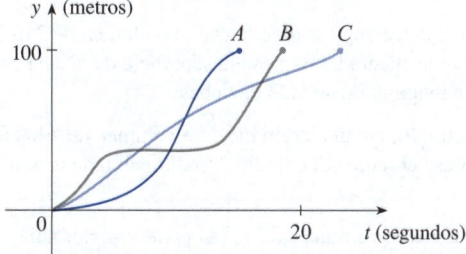

25. Elabore una gráfica aproximada de la temperatura exterior en función del tiempo durante un día habitual de primavera.

26. Elabore una gráfica aproximada del número de horas de luz del día como función de la época del año.

27. Trace una gráfica aproximada de la cantidad de una marca particular de café que vende una tienda como función del precio del café.

28. Elabore una gráfica aproximada del valor de mercado de un automóvil nuevo como función del tiempo en un periodo de 20 años. Suponga que el auto está bien cuidado.

29. El dueño de una casa corta el césped todos los miércoles por la tarde. Elabore una gráfica aproximada de la altura del césped en función del tiempo durante un periodo de cuatro semanas.

30. Un avión despega de un aeropuerto y aterriza una hora después en otro aeropuerto, a 650 kilómetros de distancia. Si t representa el tiempo en minutos desde que el avión ha salido del edificio de la terminal, sea $x(t)$ la distancia horizontal recorrida y $y(t)$ la altitud del avión.
(a) Trace una posible gráfica de $x(t)$.
(b) Elabore una posible gráfica de $y(t)$.
(c) Trace una posible gráfica de la velocidad de avance.
(d) Elabore una posible gráfica de la velocidad vertical.

31. Se registraron lecturas de temperatura T (en °C) cada dos horas desde la medianoche hasta las 2:00 p. m., en Atlanta en un día de junio. El tiempo t se midió en horas transcurridas desde la medianoche.

t	0	2	4	6	8	10	12	14
T	23	21	20	19	21	26	28	30

(a) Con las lecturas, elabore una gráfica aproximada de T como función de t.
(b) Utilice la gráfica para estimar la temperatura a las 9:00 a. m.

32. Unos investigadores midieron la concentración de alcohol en la sangre (CAS) de ocho hombres adultos después de un rápido consumo de 30 mL de etanol (correspondiente a dos bebidas alcohólicas estándar). En la tabla se presentan los datos obtenidos al promediar la CAS (en g/dL) de los ocho sujetos.
(a) Con las lecturas, elabore una gráfica de la CAS en función de t.
(b) Utilice la gráfica para describir cómo varía el efecto del alcohol con el tiempo.

t (horas)	CAS	t (horas)	CAS
0	0	1.75	0.022
0.2	0.025	2.0	0.018
0.5	0.041	2.25	0.015
0.75	0.040	2.5	0.012
1.0	0.033	3.0	0.007
1.25	0.029	3.5	0.003
1.5	0.024	4.0	0.001

Fuente: Adaptado de P. Wilkinson *et al.*, "Pharmacokinetics of Ethanol after Oral Administration in the Fasting State", *Journal of Pharmacokinetics and Biopharmaceutics* 5 (1977): 207-24.

33. Si $f(x) = 3x^2 - x + 2$, determine $f(2)$, $f(-2)$, $f(a)$, $f(-a)$, $f(a + 1)$, $2f(a)$, $f(2a)$, $f(a^2)$, $[f(a)]^2$ y $f(a + h)$.

34. Si $g(x) = \dfrac{x}{\sqrt{x + 1}}$ determine $g(0), g(3), 5g(a), \frac{1}{2}g(4a), g(a^2)$, $[g(a)]^2, g(a + h)$ y $g(x - a)$.

35-38 Evalúe el cociente de diferencias para la función dada. Simplifique su respuesta.

35. $f(x) = 4 + 3x - x^2$, $\dfrac{f(3 + h) - f(3)}{h}$

36. $f(x) = x^3$, $\dfrac{f(a + h) - f(a)}{h}$

37. $f(x) = \dfrac{1}{x}$, $\dfrac{f(x) - f(a)}{x - a}$

38. $f(x) = \sqrt{x + 2}$, $\dfrac{f(x) - f(1)}{x - 1}$

39-46 Determine el dominio de la función.

39. $f(x) = \dfrac{x + 4}{x^2 - 9}$

40. $f(x) = \dfrac{x^2 + 1}{x^2 + 4x - 21}$

41. $f(t) = \sqrt[3]{2t - 1}$

42. $g(t) = \sqrt{3 - t} - \sqrt{2 + t}$

43. $h(x) = \dfrac{1}{\sqrt[4]{x^2 - 5x}}$

44. $f(u) = \dfrac{u + 1}{1 + \dfrac{1}{u + 1}}$

45. $F(p) = \sqrt{2 - \sqrt{p}}$

46. $h(x) = \sqrt{x^2 - 4x - 5}$

47. Determine el dominio y rango, y trace la gráfica de la función $h(x) = \sqrt{4 - x^2}$.

48. Determine el dominio y rango, y trace la gráfica de la función

$$f(x) = \dfrac{x^2 - 4}{x - 2}$$

49-52 Evalúe $f(-3)$, $f(0)$ y $f(2)$ para la función definida por partes. Luego trace la gráfica de la función.

49. $f(x) = \begin{cases} x^2 + 2 & \text{si } x < 0 \\ x & \text{si } x \geq 0 \end{cases}$

50. $f(x) = \begin{cases} 5 & \text{si } x < 2 \\ \frac{1}{2}x - 3 & \text{si } x \geq 2 \end{cases}$

51. $f(x) = \begin{cases} x + 1 & \text{si } x \leq -1 \\ x^2 & \text{si } x > -1 \end{cases}$

52. $f(x) = \begin{cases} -1 & \text{si } x \leq 1 \\ 7 - 2x & \text{si } x > 1 \end{cases}$

53-58 Trace la gráfica de la función.

53. $f(x) = x + |x|$

54. $f(x) = |x + 2|$

55. $g(t) = |1 - 3t|$

56. $f(x) = \dfrac{|x|}{x}$

57. $f(x) = \begin{cases} |x| & \text{si } |x| \leq 1 \\ 1 & \text{si } |x| > 1 \end{cases}$

58. $g(x) = ||x| - 1|$

59-64 Determine una fórmula para la función cuya gráfica es la curva dada.

59. El segmento de recta que une los puntos $(1, -3)$ y $(5, 7)$.

60. El segmento de recta que une los puntos $(-5, 10)$ y $(7, -10)$.

61. La mitad inferior de la parábola $x + (y - 1)^2 = 0$.

62. La mitad superior de la circunferencia $x^2 + (y - 2)^2 = 4$.

63.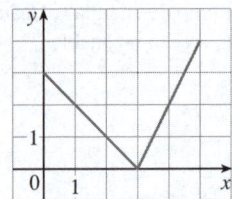

64.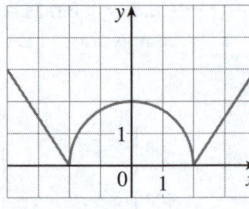

65-70 Determine una fórmula para la función descrita e indique su dominio.

65. Un rectángulo tiene un perímetro de 20 m. Exprese el área del rectángulo como función de la longitud de uno de sus lados.

66. Un rectángulo tiene un área de 16 m². Exprese el perímetro del rectángulo como función de la longitud de uno de sus lados.

67. Exprese el área de un triángulo equilátero como función de la longitud de un lado.

68. Una caja rectangular cerrada con un volumen de 0.25 m³ tiene una longitud dos veces mayor que su ancho. Exprese la altura de la caja como función del ancho.

69. Una caja rectangular abierta con un volumen de 2 m³ tiene una base cuadrada. Exprese la superficie de la caja en función de la longitud de un lado de la base.

70. Un cilindro circular recto tiene un volumen de 400 cm³. Exprese el radio del cilindro como función de la altura.

71. Se va a construir una caja con la parte superior abierta a partir de un cartón rectangular con dimensiones de 30 cm por 50 cm, recortando cuadrados iguales de lado x en cada esquina y luego doblando los lados como en la figura. Exprese el volumen V de la caja como una función de x.

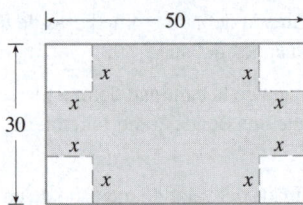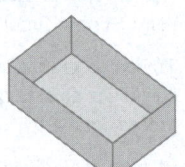

72. Una ventana normanda tiene la forma de un rectángulo coronado por un semicírculo. Si el perímetro de la ventana es de 10 m, exprese el área A de la ventana como función del ancho x de la ventana.

73. En un estado de EE.UU., la velocidad máxima permitida en las autopistas es de 100 km/h y la mínima, de 60 km/h. La multa por exceder estos límites es de $15 por cada kilómetro por hora por encima de la velocidad máxima o por debajo de la velocidad mínima. Exprese el monto de la multa F como una función de la velocidad de conducción x y grafique $F(x)$ para $0 \leq x \leq 150$.

74. Una compañía de electricidad cobra a sus clientes una tarifa básica de $10 al mes más 6 centavos por kilowatt-hora (kWh) por los primeros 1 200 kWh y 7 centavos por kWh por todo consumo superior a 1 200 kWh. Exprese el costo mensual E como una función de la cantidad x de electricidad consumida. Luego grafique la función E para $0 \leq x \leq 2 000$.

75. En un país, el impuesto sobre la renta se evalúa de la siguiente manera. No hay impuesto sobre la renta hasta $10 000. Todo ingreso superior a $10 000 se grava con una tasa de 10% hasta $20 000. Todo ingreso superior a $20 000 se grava con 15%.
(a) Trace la gráfica de la tasa fiscal R como función del ingreso I.
(b) ¿Qué impuesto corresponde a un ingreso de $14 000? ¿Y a uno de $26 000?
(c) Trace la gráfica del total del impuesto gravado T como función del ingreso I.

76. (a) Si el punto $(5, 3)$ está en la gráfica de una función par, ¿qué otro punto debe estar también en esa gráfica?
(b) Si el punto $(5, 3)$ está en la gráfica de una función impar, ¿qué otro punto debe estar también en esa gráfica?

77-78 Se muestran las gráficas de f y g. Determine si cada función es par, impar o ninguna de las dos. Explique su razonamiento.

77.

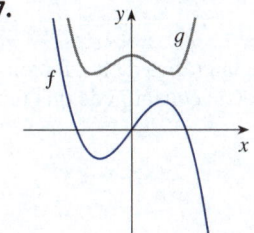

78.

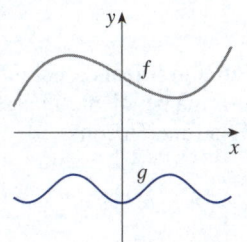

79-80 Dada la gráfica de una función definida para $x \geq 0$. Complete la gráfica para $x < 0$ de manera que se obtenga (a) una función par y (b) una función impar.

79.

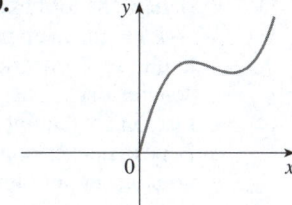

80.

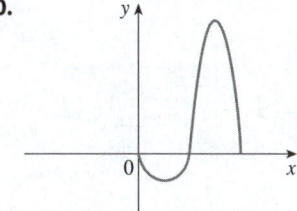

81-86 Determine si f es par, impar o ninguna de las dos. Puede utilizar una calculadora graficadora o una computadora para comprobar su respuesta visualmente.

81. $f(x) = \dfrac{x}{x^2 + 1}$

82. $f(x) = \dfrac{x^2}{x^4 + 1}$

83. $f(x) = \dfrac{x}{x + 1}$

84. $f(x) = x|x|$

85. $f(x) = 1 + 3x^2 - x^4$

86. $f(x) = 1 + 3x^3 - x^5$

87. Si f y g son funciones pares, ¿$f + g$ es par? Si f y g son funciones impares, ¿$f + g$ es impar? ¿Qué sucede si f es par y g es impar? Justifique sus respuestas.

88. Si f y g son funciones pares, ¿el producto fg es par? Si f y g son funciones impares, ¿fg es impar? ¿Qué sucede si f es par y g es impar? Justifique sus respuestas.

1.2 | Modelos matemáticos: catálogo de funciones esenciales

Un **modelo matemático** es una descripción matemática (a menudo por medio de una función o una ecuación) de un fenómeno de la vida real, como cantidad de habitantes, demanda de un producto, rapidez de caída de un objeto, concentración de un producto en una reacción química, esperanza de vida de una persona al nacer o costo de la reducción de emisiones. El propósito del modelo es entender el fenómeno y quizá predecir su comportamiento.

Ante un problema de la vida real, la primera tarea es formular el modelo matemático, identificar y nombrar las variables independientes y dependientes, y establecer suposiciones que simplifiquen el fenómeno lo suficiente para que sea matemáticamente manejable. Con conocimiento de la situación física y habilidades matemáticas se obtienen ecuaciones que relacionan las variables. En situaciones en las que no hayan leyes físicas que lo rigen es posible que se necesite recabar datos (ya sea de Internet o de una biblioteca, o con experimentos propios) y examinar los datos en forma de tabla para discernir patrones. A partir de esta representación numérica de una función se puede obtener una representación gráfica mediante el trazado de los datos. La gráfica puede incluso sugerir una fórmula algebraica adecuada en algunos casos.

La segunda etapa consiste en aplicar las matemáticas que se conocen (como el cálculo que se desarrollará a lo largo de este libro) al modelo que se formuló para obtener conclusiones. Luego, en la tercera etapa, se interpretan esas conclusiones como información del fenómeno original de la vida real para ofrecer explicaciones o predicciones. El paso final es comprobar las predicciones con nuevos datos reales. Si las predicciones no concuerdan bien con la realidad, hay que afinar el modelo o formular otro nuevo recomenzando el ciclo. En la figura 1 se ilustra el proceso de modelado matemático.

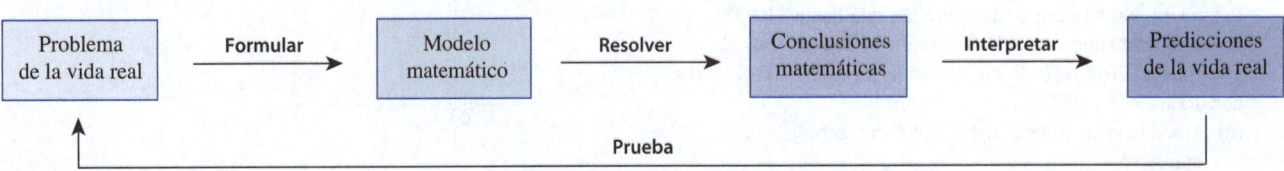

FIGURA 1
Proceso de modelado.

Un modelo matemático nunca es una representación completamente exacta de una situación física, es una *idealización*. Un buen modelo simplifica la realidad lo suficiente para permitir cálculos matemáticos, pero es lo bastante preciso para proporcionar conclusiones valiosas. Es importante tener en mente las limitaciones de un modelo.

Hay muchos tipos de funciones para modelar las relaciones observadas en la vida real. En adelante se analizan el comportamiento y las gráficas de algunas de estas funciones, y se dan ejemplos de situaciones modeladas de manera apropiada por dichas funciones.

■ Modelos lineales

Para un repaso de la geometría analítica de las rectas, vea el apéndice B.

Cuando se dice que y es una **función lineal** de x significa que la gráfica de la función es una recta, por lo que se usa la forma pendiente-intersección de la ecuación de una recta para escribir una fórmula para la función como

$$y = f(x) = mx + b$$

donde m es la pendiente de la recta y b es la intersección de la recta con el eje y.

Un rasgo característico de las funciones lineales es que cambian a una razón constante. Por ejemplo, en la figura 2 se presenta una gráfica de la función lineal $f(x) = 3x - 2$ y una tabla de valores de muestra. Observe que siempre que x aumenta 0.1, el valor de $f(x)$ aumenta 0.3. Por lo tanto, $f(x)$ aumenta tres veces más rápido que x. Esto significa que la pendiente de la gráfica de $y = 3x - 2$, a saber 3, se interpreta como la razón de cambio de y respecto a x.

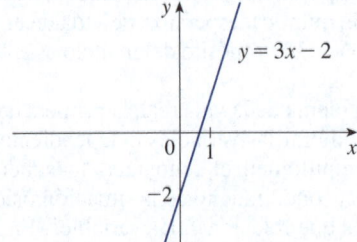

x	$f(x) = 3x - 2$
1.0	1.0
1.1	1.3
1.2	1.6
1.3	1.9
1.4	2.2
1.5	2.5

FIGURA 2

EJEMPLO 1

(a) A medida que asciende el aire seco, se expande y enfría. Si la temperatura del suelo es de 20 °C y la temperatura a una altura de 1 km es de 10 °C, exprese la temperatura T (en °C) como función de la altura h (en kilómetros), suponiendo que un modelo lineal es apropiado.

(b) Trace la gráfica de la función del inciso (a). ¿Qué representa la pendiente?

(c) ¿Cuál es la temperatura a una altura de 2.5 km?

SOLUCIÓN

(a) Como se supone que T es una función lineal de h, se puede escribir

$$T = mh + b$$

Se tiene que $T = 20$ cuando $h = 0$, así que

$$20 = m \cdot 0 + b = b$$

En otras palabras, la intersección con el eje y es $b = 20$.

También se tiene que $T = 10$ cuando $h = 1$, así que

$$10 = m \cdot 1 + 20$$

La pendiente de la recta es, por lo tanto, $m = 10 - 20 = -10$ y la función lineal requerida es

$$T = -10h + 20$$

(b) En la figura 3 se muestra la gráfica. La pendiente es $m = -10$ °C/km, y esto representa la razón de cambio de la temperatura con respecto a la altura.

(c) A una altura de $h = 2.5$ km, la temperatura es

$$T = -10(2.5) + 20 = -5 \text{ °C} \quad \blacksquare$$

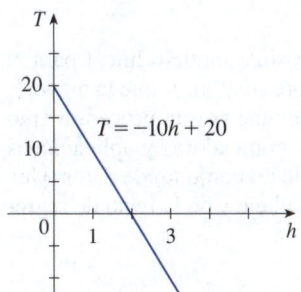

FIGURA 3

Si no hay ley o principios físicos que ayuden a formular un modelo, se elabora un **modelo empírico**, que se basa enteramente en los datos recopilados. Se busca una curva que "se ajuste" a los datos en el sentido de que capte la tendencia básica de los puntos.

EJEMPLO 2
En la tabla 1 se enumera el nivel medio de dióxido de carbono en la atmósfera medido en partes por millón en el Mauna Loa Observatory del año 1980 a 2016. Con los datos de la tabla 1 elabore un modelo para el nivel de dióxido de carbono.

SOLUCIÓN Con los datos de la tabla 1 se traza el diagrama de dispersión que se muestra en la figura 4, donde t representa el tiempo (en años) y C, el nivel de CO_2 (en partes por millón, ppm).

Tabla 1

Año	Nivel de CO_2 (en ppm)	Año	Nivel de CO_2 (en ppm)
1980	338.7	2000	369.4
1984	344.4	2004	377.5
1988	351.5	2008	385.6
1992	356.3	2012	393.8
1996	362.4	2016	404.2

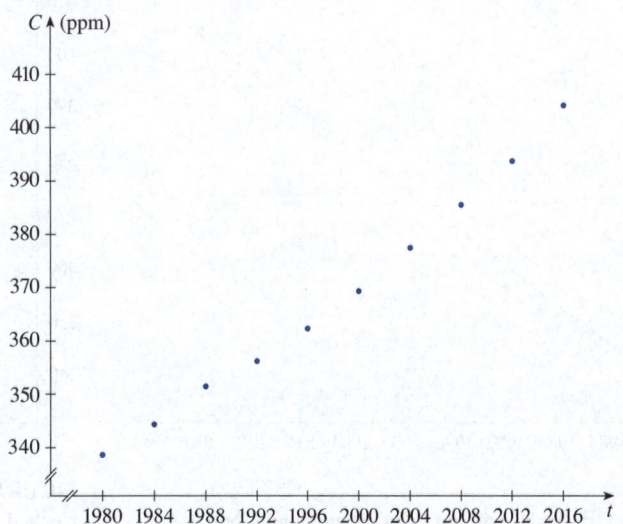

FIGURA 4
Diagrama de dispersión del nivel promedio de CO_2.

Observe que los puntos de los datos parecen estar cerca de una recta, por lo que es natural elegir un modelo lineal en este caso. Pero hay muchas rectas posibles que se aproximan a estos puntos; así que, ¿cuál se debe usar? Una posibilidad es la recta que pasa a través del primer y último punto de datos. La pendiente de esta recta es

$$\frac{404.2 - 338.7}{2016 - 1980} = \frac{65.5}{36} \approx 1.819$$

Se escribe su ecuación como

$$C - 338.7 = 1.819(t - 1980)$$

o

$$\boxed{1} \qquad C = 1.819t - 3\,262.92$$

La ecuación 1, que se presenta en la figura 5, da un posible modelo lineal para el nivel de dióxido de carbono. Observe que el modelo da valores más altos que la mayoría de los niveles reales de CO_2. Un mejor modelo lineal se obtiene por un procedimiento estadístico llamado *regresión lineal*. Muchas calculadoras graficadoras y aplicaciones computacionales pueden determinar la recta de regresión de un conjunto de datos. Una de estas calculadoras da la pendiente y la intersección con el eje y de la recta de regresión de los datos de la tabla 1 como

Una computadora o calculadora graficadora encuentra la recta de regresión por el **método de los mínimos cuadrados**, que consiste en minimizar la suma de los cuadrados de las distancias verticales entre los puntos de datos y la recta. En el ejercicio 14.7.61 se explican los detalles.

$$m = 1.78242 \qquad b = -3\,192.90$$

Así, el modelo de mínimos cuadrados para el nivel de CO_2 es

$$\boxed{2} \qquad C = 1.78242t - 3\,192.90$$

En la figura 6 se grafica la recta de regresión así como los datos. Al comparar con la figura 5, se ve que la recta de regresión se ajusta mejor.

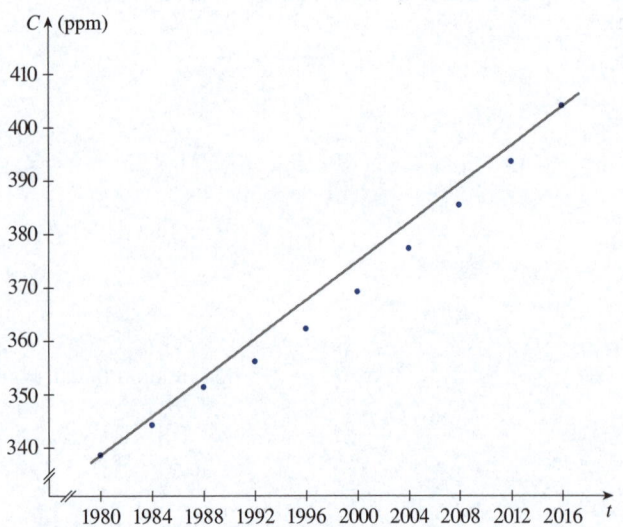

FIGURA 5
Modelo lineal a través del primero y del último puntos de datos.

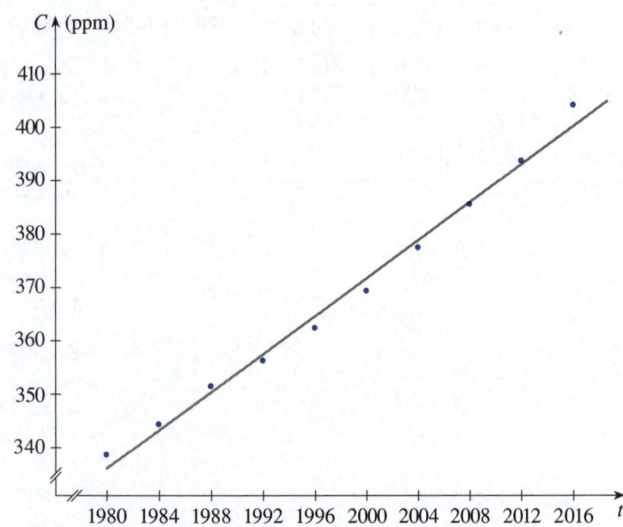

FIGURA 6
Recta de regresión.

EJEMPLO 3 Utilice el modelo lineal de la ecuación 2 para calcular el nivel promedio de CO_2 en 1987 y predecir el nivel para 2025. De acuerdo con este modelo, ¿cuándo superará el nivel de CO_2 las 440 partes por millón?

SOLUCIÓN A partir de la ecuación 2 con $t = 1987$, se estima que el nivel promedio de CO_2 en 1987 fue

$$C(1987) = 1.78242(1987) - 3\,192.90 \approx 348.77$$

Este es un ejemplo de *interpolación* porque se calcula un valor *entre* los valores observados. (De hecho, el Mauna Loa Observatory informó que el nivel medio de CO_2 en 1987 fue de 348.93 ppm, por lo que la estimación es muy precisa).

Con $t = 2025$, se obtiene

$$C(2025) = 1.78242(2025) - 3\,192.90 \approx 416.50$$

Así, se pronostica que el nivel medio de CO_2 en el año 2025 será de 416.5 ppm. Este es un ejemplo de *extrapolación* porque se predijo un valor *fuera* del marco temporal de las observaciones. En consecuencia, es mucho menos segura la exactitud de la predicción.

Con la ecuación 2, se ve que el nivel de CO_2 excede 440 ppm cuando

$$1.78242t - 3\,192.90 > 440$$

Se despeja esta desigualdad y se obtiene

$$t > \frac{3\,632.9}{1.78242} \approx 2038.18$$

Por lo tanto, se predice que el nivel de CO_2 superará 440 ppm para 2038. Esta predicción es arriesgada porque implica un tiempo muy alejado de las observaciones. De hecho, se ve en la figura 6 que la tendencia ha sido que los niveles de CO_2 aumenten más rápido en años recientes, por lo que el nivel podría superar 440 ppm mucho antes de 2038. ■

■ Polinomios

Una función P se llama **polinomio** o **función polinomial** si

$$P(x) = a_n x^n + a_{n-1} x^{n-1} + \cdots + a_2 x^2 + a_1 x + a_0$$

donde n es un número entero no negativo y los números $a_0, a_1, a_2, \ldots a_n$ son constantes, llamadas **coeficientes** del polinomio. El dominio de cualquier polinomio es $\mathbb{R} = (-\infty, \infty)$.

Si el **coeficiente principal** $a_n \neq 0$, entonces el **grado** del polinomio es n. Por ejemplo, la función

$$P(x) = 2x^6 - x^4 + \tfrac{2}{5}x^3 + \sqrt{2}$$

es un polinomio de grado 6.

Un polinomio de grado 1 es de la forma $P(x) = mx + b$ y es una función lineal. Un polinomio de grado 2 tiene la forma $P(x) = ax^2 + bx + c$, llamada **función cuadrática**. Su gráfica es siempre una parábola que se obtiene al desplazar la parábola $y = ax^2$, como se verá en la sección 1.3. La parábola se abre hacia arriba si $a > 0$ y hacia abajo si $a < 0$ (vea la figura 7).

Un polinomio de grado 3 es de la forma

$$P(x) = ax^3 + bx^2 + cx + d \qquad a \neq 0$$

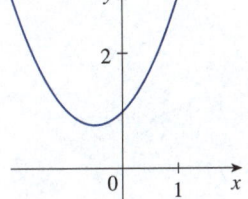

(a) $y = x^2 + x + 1$

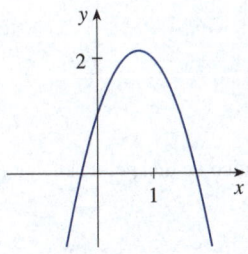

(b) $y = -2x^2 + 3x + 1$

FIGURA 7
Las gráficas de las funciones cuadráticas son parábolas.

y se denomina **función cúbica**. En la figura 8 se muestra la gráfica de una función cúbica en el inciso (a) y las gráficas de polinomios de grados 4 y 5 en los incisos (b) y (c). Más adelante se verá por qué las gráficas tienen estas formas.

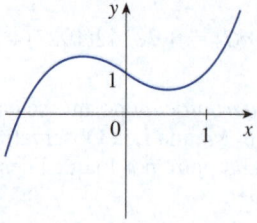 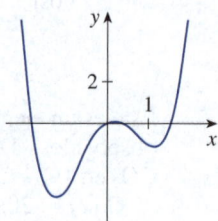 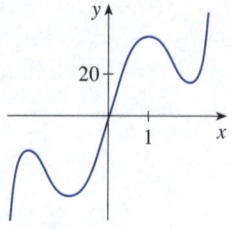

FIGURA 8   (a) $y = x^3 - x + 1$ (b) $y = x^4 - 3x^2 + x$ (c) $y = 3x^5 - 25x^3 + 60x$

Los polinomios suelen utilizarse para modelar diversas cantidades que aparecen en las ciencias naturales y sociales. Por ejemplo, en la sección 3.7 se explica por qué los economistas a menudo aplican un polinomio $P(x)$ para representar el costo de producción de x unidades de un producto básico. En el siguiente ejemplo se modela la caída de una pelota mediante una función cuadrática.

Tabla 2

Tiempo (segundos)	Altura (metros)
0	450
1	445
2	431
3	408
4	375
5	332
6	279
7	216
8	143
9	61

EJEMPLO 4   Una pelota cae desde la plataforma de observación de la CN Tower, a 450 m sobre el suelo. En la tabla 2 se registra la altura h de la pelota por encima del suelo en intervalos de 1 segundo. Encuentre un modelo para ajustar los datos y utilícelo para predecir el momento en el que la bola toca el suelo.

SOLUCIÓN   En la figura 9 se muestra la gráfica de dispersión de los datos y se advierte que un modelo lineal no es apropiado. Pero parece que los puntos de datos podrían ajustarse a una parábola, así que se intenta con un modelo cuadrático. Con una calculadora graficadora o un sistema de álgebra computarizado (que aplica el método de mínimos cuadrados) se obtiene el siguiente modelo cuadrático:

          $$h = 449.36 + 0.96t - 4.90t^2$$

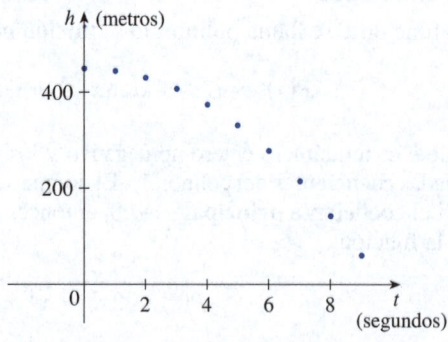

FIGURA 9
Diagrama de dispersión de una pelota en caída.

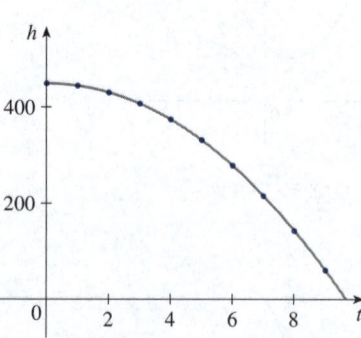

FIGURA 10
Modelo cuadrático de una pelota en caída.

En la figura 10 se traza la gráfica de la ecuación 3 junto con los puntos y se ve que el modelo cuadrático da un muy buen ajuste.

La pelota golpea el suelo cuando $h = 0$, así que se resuelve la ecuación cuadrática

$$-4.90t^2 + 0.96t + 449.36 = 0$$

La fórmula cuadrática da

$$t = \frac{-0.96 \pm \sqrt{(0.96)^2 - 4(-4.90)(449.36)}}{2(-4.90)}$$

La raíz positiva es $t \approx 9.67$, por lo que se predice que la pelota golpeará el suelo después de 9.7 segundos, aproximadamente. ■

■ Funciones potencia

Una función de la forma $f(x) = x^a$, donde a es una constante, se llama **función potencia** o **función potencial**. Se consideran varios casos.

(i) $a = n$, donde n es un entero positivo

En la figura 11 se muestran las gráficas de $f(x) = x^n$ para $n = 1, 2, 3, 4$ y 5 (funciones polinomiales con un solo término). Ya se conoce la forma de las gráficas de $y = x$ (una recta que atraviesa el origen con pendiente 1) y $y = x^2$ [una parábola; vea el ejemplo 1.1.2(b)].

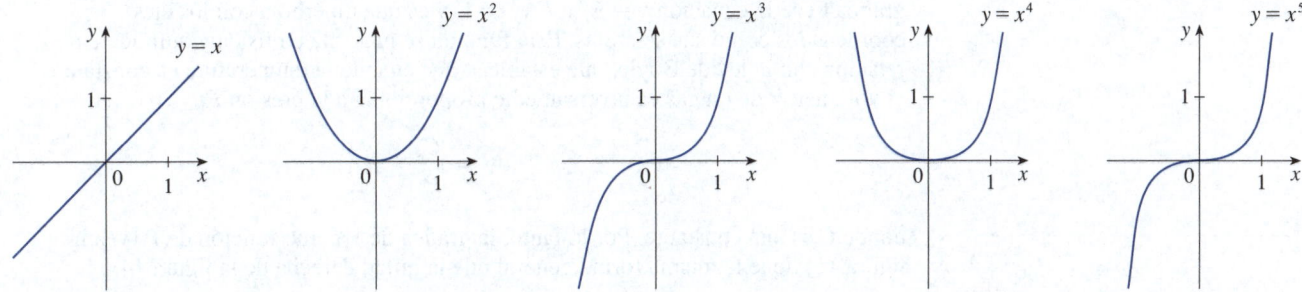

FIGURA 11 Gráficas de $f(x) = x^n$ para $n = 1, 2, 3, 4, 5$.

La forma general de la gráfica de $f(x) = x^n$ depende de que n sea par o impar. Si n es par, entonces $f(x) = x^n$ es una función par y su gráfica es similar a la parábola $y = x^2$. Si n es impar, entonces $f(x) = x^n$ es una función impar y su gráfica es similar a la de $y = x^3$. Sin embargo, observe en la figura 12 que, a medida que n aumenta, la gráfica de $y = x^n$ se aplana más cerca de 0 y se vuelve más pronunciada cuando $|x| \geq 1$. (Si x es pequeña, entonces x^2 es más pequeña, x^3 es aún más pequeña, x^4 es aún más pequeña, y así sucesivamente).

Una **familia de funciones** es un conjunto de funciones cuyas ecuaciones están relacionadas. En la figura 12 se ven dos familias de funciones potencia, una con potencias pares y otra con potencias impares.

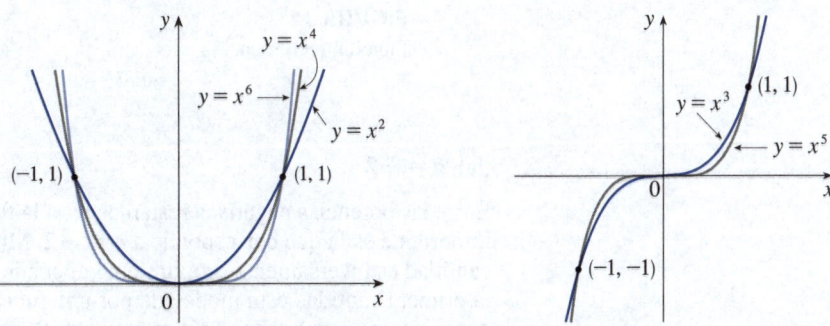

FIGURA 12

(ii) $a = 1/n$, donde n es un entero positivo

La función $f(x) = x^{1/n} = \sqrt[n]{x}$ es una **función raíz** o **función radical**. Para $n = 2$ es la función raíz cuadrada $f(x) = \sqrt{x}$, cuyo dominio es $[0, \infty)$ y cuya gráfica es la mitad superior de la parábola $x = y^2$ [vea la figura 13(a)]. Para otros valores pares de n, la gráfica de $y = \sqrt[n]{x}$ es similar a la de $y = \sqrt{x}$. Para $n = 3$ se tiene la función raíz cúbica $f(x) = \sqrt[3]{x}$, cuyo dominio es $\mathbb{R}$ (recuerde que cada número real tiene una raíz cúbica) y cuya gráfica se muestra en la figura 13(b). La gráfica de $y = \sqrt[n]{x}$ para n impar $(n > 3)$ es similar a la de $y = \sqrt[3]{x}$.

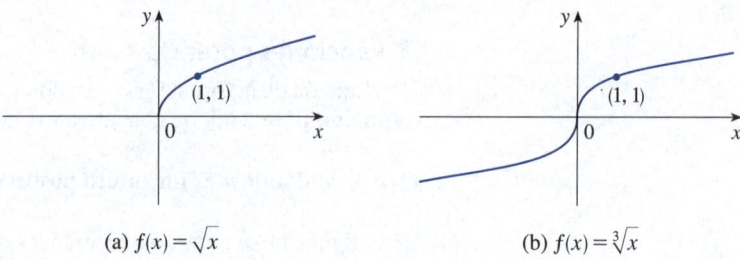

FIGURA 13
Gráficas de funciones raíz.

(a) $f(x) = \sqrt{x}$

(b) $f(x) = \sqrt[3]{x}$

(iii) $a = -1$

En la figura 14 se muestra la gráfica de la **función recíproca** $f(x) = x^{-1} = 1/x$. Su gráfica tiene la ecuación $y = 1/x$, o $xy = 1$, y es una hipérbola con los ejes coordenados como sus asíntotas. Esta función se presenta en física y química en relación con la ley de Boyle, que establece que cuando la temperatura es constante, el volumen V de un gas es inversamente proporcional a la presión P:

$$V = \frac{C}{P}$$

donde C es una constante. Por lo tanto, la gráfica de V como función de P (vea la figura 15) tiene la misma forma general que la mitad derecha de la figura 14.

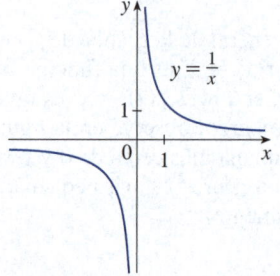

FIGURA 14
Función recíproca.

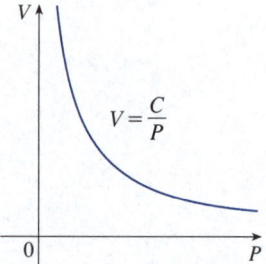

FIGURA 15
Volumen como función de la presión a temperatura constante.

(iv) $a = -2$

Entre las potencias negativas restantes para la función potencia $f(x) = x^a$, la más importante es la que corresponde a $a = -2$. Muchas leyes naturales señalan que una cantidad es inversamente proporcional al cuadrado de otra cantidad. En otras palabras, la primera cantidad está modelada por una función de la forma $f(x) = C/x^2$ y se conoce como una **ley cuadrática inversa**. Por ejemplo, la iluminación I de un objeto por una fuente de luz es inversamente proporcional al cuadrado de la distancia x de la fuente:

$$I = \frac{C}{x^2}$$

donde C es una constante. Así, la gráfica de I como función de x (vea la figura 17) tiene la misma forma general que la mitad derecha de la figura 16.

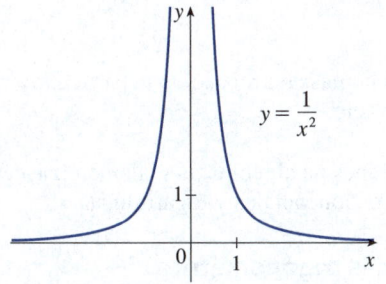

FIGURA 16
Recíproco de la función cuadrática.

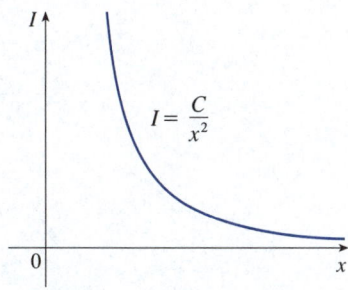

FIGURA 17
Iluminación de una fuente de luz como función de la distancia desde la fuente.

Las leyes cuadráticas inversas modelan la fuerza gravitatoria, la intensidad del sonido y la fuerza electrostática entre dos partículas cargadas. Vea, en el ejercicio 37, una razón geométrica de que las leyes cuadráticas inversas sean frecuentes en la naturaleza.

Con las funciones potencia también se modelan las relaciones entre especies y áreas (ejercicios 35-36) y el periodo de revolución de un planeta como función de su distancia del Sol (vea el ejercicio 34).

■ Funciones racionales

Una **función racional** f es un cociente de dos polinomios:

$$f(x) = \frac{P(x)}{Q(x)}$$

donde P y Q son polinomios. El dominio consiste en todos los valores de x tales que $Q(x) \neq 0$. Un ejemplo simple de una función racional es la función $f(x) = 1/x$, cuyo dominio es $\{x \mid x \neq 0\}$; esta es la función recíproca graficada en la figura 14. La función

$$f(x) = \frac{2x^4 - x^2 + 1}{x^2 - 4}$$

es una función racional con dominio $\{x \mid x \neq \pm 2\}$. En la figura 18 se muestra su gráfica.

■ Funciones algebraicas

Una función f se llama **función algebraica** si puede construirse mediante operaciones algebraicas (como suma, resta, multiplicación, división y raíces) a partir de polinomios. Toda función racional es automáticamente una función algebraica. Aquí se tienen dos ejemplos más:

$$f(x) = \sqrt{x^2 + 1} \qquad g(x) = \frac{x^4 - 16x^2}{x + \sqrt{x}} + (x - 2)\sqrt[3]{x + 1}$$

En el capítulo 4 se trazan diversas funciones algebraicas y se verá que sus gráficas toman muchas formas.

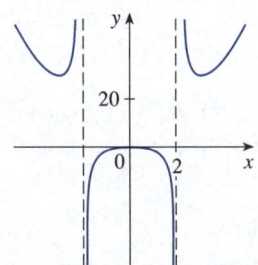

FIGURA 18
$$f(x) = \frac{2x^4 - x^2 + 1}{x^2 - 4}$$

Un ejemplo de una función algebraica se da en la teoría de la relatividad. La masa de una partícula con velocidad v es

$$m = f(v) = \frac{m_0}{\sqrt{1 - v^2/c^2}}$$

donde m_0 es la masa en reposo de la partícula y $c = 3.0 \times 10^5$ km/s es la velocidad de la luz en el vacío.

Las funciones no algebraicas se llaman **trascendentes**; incluyen las funciones trigonométricas, exponenciales y logarítmicas.

■ Funciones trigonométricas

Las páginas de referencia se encuentran en las partes inicial y final del libro.

La trigonometría y las funciones trigonométricas se presentan en la página de referencia 2 y en el apéndice D. En cálculo, la convención es que siempre se utilice la *medida del radián* (excepto cuando se indique lo contrario). Por ejemplo, cuando se utiliza la función $f(x) = \operatorname{sen} x$, se entiende que sen x significa el seno del ángulo cuya medida en radianes es x. Así, las gráficas de las funciones seno y coseno se muestran en la figura 19.

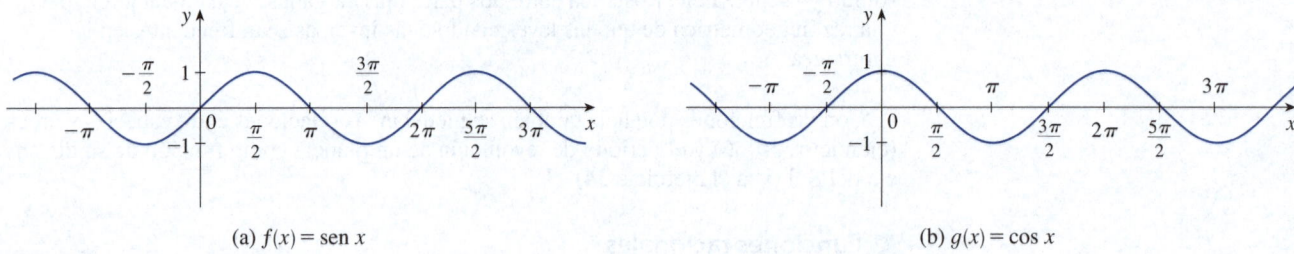

(a) $f(x) = \operatorname{sen} x$ (b) $g(x) = \cos x$

FIGURA 19

Observe que para las funciones seno y coseno el dominio es $(-\infty, \infty)$, y el rango es el intervalo cerrado $[-1, 1]$. Así, para todos los valores de x, se tiene que

$$-1 \leqslant \operatorname{sen} x \leqslant 1 \qquad -1 \leqslant \cos x \leqslant 1$$

o, en términos de valores absolutos,

$$|\operatorname{sen} x| \leqslant 1 \qquad |\cos x| \leqslant 1$$

Una propiedad importante de las funciones seno y coseno es que son funciones periódicas y tienen un periodo 2π. Esto significa que, para todos los valores de x,

$$\operatorname{sen}(x + 2\pi) = \operatorname{sen} x \qquad \cos(x + 2\pi) = \cos x$$

La naturaleza periódica de estas funciones las hace adecuadas para modelar fenómenos repetitivos, como mareas, resortes vibratorios y ondas sonoras. En el ejemplo 1.3.4 se observa que un modelo razonable para el número de horas de luz del día en Filadelfia t días después del 1 de enero se da por la función

$$L(t) = 12 + 2.8 \operatorname{sen}\left[\frac{2\pi}{365}(t - 80)\right]$$

EJEMPLO 5 Determine el dominio de la función $f(x) = \dfrac{1}{1 - 2\cos x}$.

SOLUCIÓN Esta función se define para todos los valores de x excepto aquellos que hacen el denominador 0. Pero

$$1 - 2\cos x = 0 \iff \cos x = \frac{1}{2} \iff x = \frac{\pi}{3} + 2n\pi \quad \text{o} \quad x = \frac{5\pi}{3} + 2n\pi$$

donde n es cualquier número entero (porque la función coseno tiene un periodo 2π). Así, el dominio de f es el conjunto de todos los números reales excepto los ya señalados. ∎

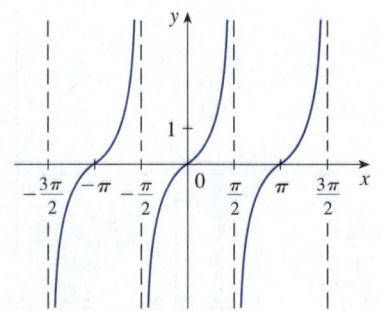

FIGURA 20
$y = \tan x$.

La función tangente se relaciona con las funciones seno y coseno por la ecuación

$$\tan x = \frac{\text{sen}\, x}{\cos x}$$

y su gráfica se muestra en la figura 20. No está definida cuando $\cos x = 0$, es decir, cuando $x = \pm\pi/2$, $\pm 3\pi/2$, ... Su rango es $(-\infty, \infty)$. Observe que la función tangente tiene el periodo π:

$$\tan(x + \pi) = \tan x \qquad \text{para todas las } x$$

Las tres funciones trigonométricas restantes (cosecante, secante y cotangente) son las recíprocas de las funciones seno, coseno y tangente, respectivamente. Sus gráficas se muestran en el apéndice D.

■ Funciones exponenciales

Las **funciones exponenciales** son las funciones de la forma $f(x) = b^x$, donde la base b es una constante positiva. En la figura 21 se presentan las gráficas de $y = 2^x$ y $y = (0.5)^x$. En ambos casos, el dominio es $(-\infty, \infty)$ y el rango es $(0, \infty)$.

Las funciones exponenciales se estudiarán a detalle en la sección 1.4, las cuales son útiles para modelar muchos fenómenos naturales, como cuando las poblaciones crecen (si $b > 1$) o disminuyen (si $b < 1$).

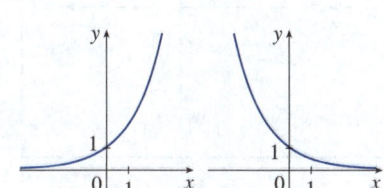

(a) $y = 2^x$ (b) $y = (0.5)^x$

FIGURA 21

■ Funciones logarítmicas

Las **funciones logarítmicas** $f(x) = \log_b x$, donde la base b es una constante positiva, son las funciones inversas de las funciones exponenciales (vea la sección 1.5). En la figura 22 se muestran las gráficas de cuatro funciones logarítmicas con varias bases. En cada caso, el dominio es $(0, \infty)$, el rango es $(-\infty, \infty)$ y la función aumenta lentamente cuando $x > 1$.

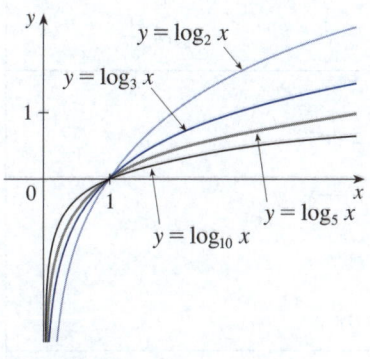

FIGURA 22

EJEMPLO 6 Clasifique las siguientes funciones con base en los tipos de funciones que se han analizado.

(a) $f(x) = 5^x$ (b) $g(x) = x^5$ (c) $h(x) = \dfrac{1 + x}{1 - \sqrt{x}}$ (d) $u(t) = 1 - t + 5t^4$

SOLUCIÓN

(a) $f(x) = 5^x$ es una función exponencial. (La variable x es el exponente).

(b) $g(x) = x^5$ es una función potencia. (La variable x es la base). También puede considerarse como un polinomio de grado 5.

(c) $h(x) = \dfrac{1 + x}{1 - \sqrt{x}}$ es una función algebraica. (No es una función racional porque el denominador no es un polinomio).

(d) $u(t) = 1 - t + 5t^4$ es un polinomio de grado 4. ∎

En la tabla 3 se resumen las gráficas de algunas familias de funciones esenciales que se utilizarán con frecuencia a lo largo del libro.

Tabla 3   Familias de funciones esenciales y sus gráficas.

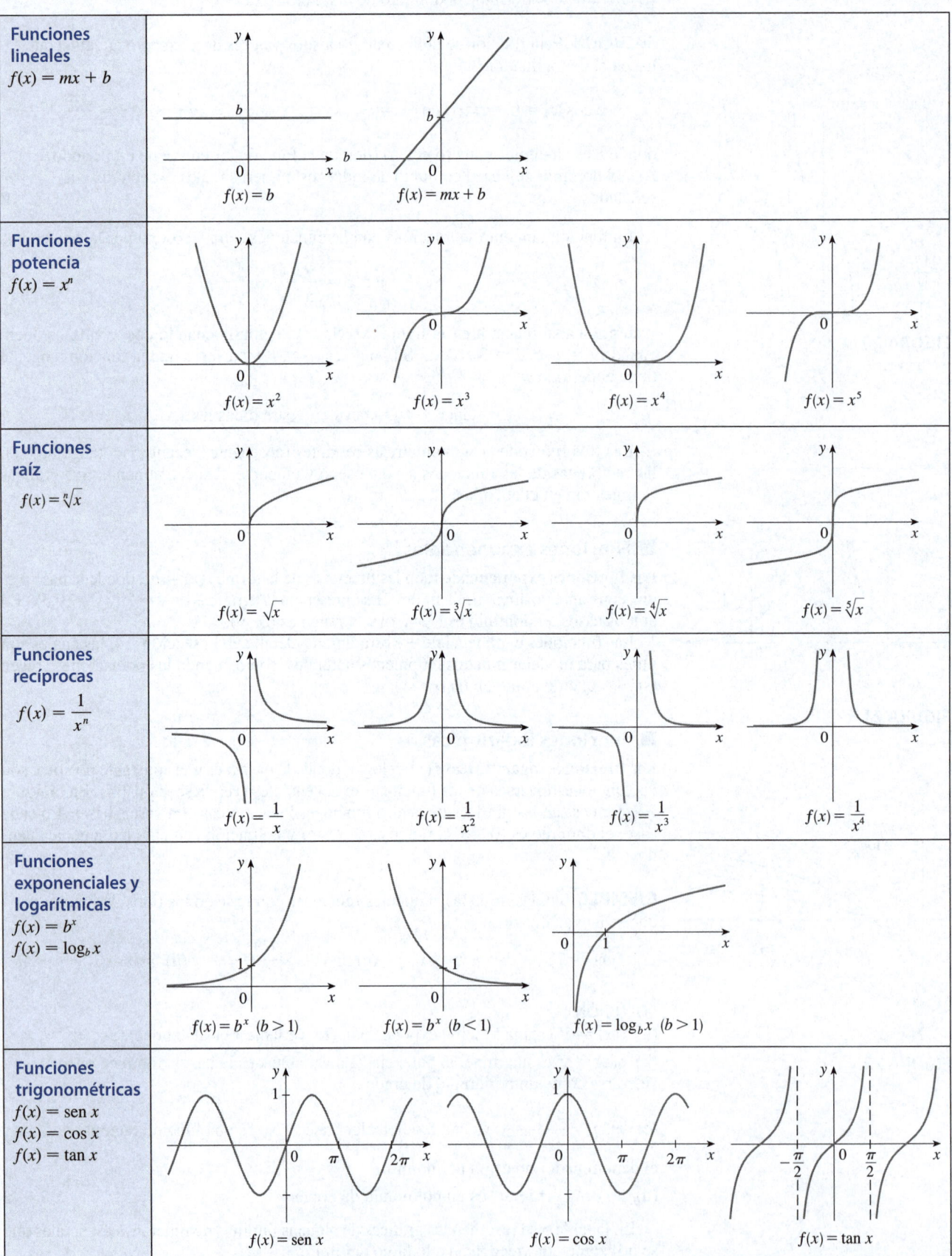

1.2 | Ejercicios

1-2 Clasifique las siguientes funciones como función potencia, función raíz, polinomio (indique su grado), función racional, función algebraica, función trigonométrica, función exponencial o función logarítmica.

1. (a) $f(x) = x^3 + 3x^2$ (b) $g(t) = \cos^2 t - \operatorname{sen} t$

   (c) $r(t) = t^{\sqrt{3}}$ (d) $v(t) = 8^t$

   (e) $y = \dfrac{\sqrt{x}}{x^2 + 1}$ (f) $g(u) = \log_{10} u$

2. (a) $f(t) = \dfrac{3t^2 + 2}{t}$ (b) $h(r) = 2.3^r$

   (c) $s(t) = \sqrt{t + 4}$ (d) $y = x^4 + 5$

   (e) $g(x) = \sqrt[3]{x}$ (f) $y = \dfrac{1}{x^2}$

3-4 Relacione cada ecuación con su gráfica. Explique sus respuestas. (No utilice computadora ni calculadora graficadora).

3. (a) $y = x^2$ (b) $y = x^5$ (c) $y = x^8$

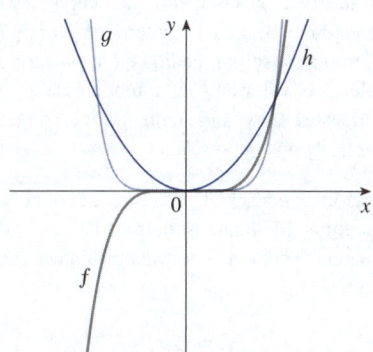

4. (a) $y = 3x$ (b) $y = 3^x$

   (c) $y = x^3$ (d) $y = \sqrt[3]{x}$

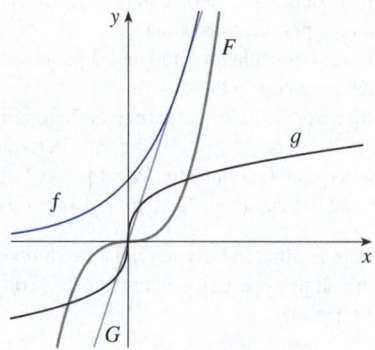

5-6 Determine el dominio de la función.

5. $f(x) = \dfrac{\cos x}{1 - \operatorname{sen} x}$ **6.** $g(x) = \dfrac{1}{1 - \tan x}$

7. (a) Encuentre una ecuación para la familia de funciones lineales con pendiente 2 y trace varios miembros de la familia.

   (b) Encuentre una ecuación para la familia de funciones lineales tal que $f(2) = 1$. Trace varios miembros de la familia.

   (c) ¿Qué función pertenece a ambas familias?

8. ¿Qué tienen en común todos los miembros de la familia de funciones lineales $f(x) = 1 + m(x + 3)$? Trace varios miembros de esta familia.

9. ¿Qué tienen en común todos los miembros de la familia de funciones lineales $f(x) = c - x$? Trace varios miembros de esta familia.

10. Trace varios miembros de la familia de polinomios $P(x) = x^3 - cx^2$. ¿Cómo cambia la gráfica cuando cambia c?

11-12 Encuentre una fórmula para la función cuadrática cuya gráfica se muestra.

11. 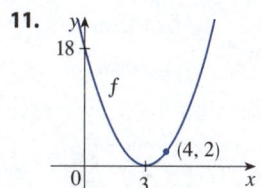   **12.**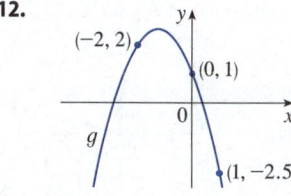

13. Encuentre una fórmula para una función cúbica f si $f(1) = 6$ y $f(-1) = f(0) = f(2) = 0$.

14. Estudios recientes indican que la temperatura media de la superficie de la Tierra ha aumentado constantemente. Algunos científicos modelaron la temperatura con la función lineal $T = 0.02t + 8.50$, donde T es la temperatura en °C y t representa los años desde 1900.

   (a) ¿Qué representan la pendiente y la intersección con el eje T?

   (b) Con la ecuación, estime la temperatura media de la superficie de la Tierra en 2100.

15. Si la dosis recomendada de un medicamento para un adulto es D (en mg), entonces, para determinar la dosis apropiada c para un niño de edad a, un farmacéutico usa la ecuación $c = 0.0417D(a + 1)$. Suponga que la dosis para un adulto es 200 mg.

   (a) Determine la pendiente de la gráfica de c. ¿Qué representa?

   (b) ¿Cuál es la dosis para un recién nacido?

16. El administrador de un mercado ambulante de fin de semana sabe por experiencia que si cobra x USD por un espacio de alquiler en el mercado, entonces el número y de espacios que se alquilan resulta de la ecuación $y = 200 - 4x$.

   (a) Trace una gráfica de esta función lineal. (Recuerde que el precio de alquiler por espacio y el número de espacios alquilados no pueden ser cantidades negativas).

   (b) ¿Qué representan la pendiente, la intersección con el eje y y la intersección con el eje x de la gráfica?

17. La relación entre las escalas de temperatura Fahrenheit (F) y Celsius (C) se deriva de la función lineal $F = \frac{9}{5}C + 32$.

   (a) Grafique esta función.

   (b) ¿Cuál es la pendiente de la gráfica y qué representa? ¿Cuál es la intersección con el eje F y qué representa?

18. Jade y su compañera de cuarto Jari se trasladan al trabajo cada mañana al oeste por la autopista I-10. Una mañana Jade se fue a trabajar a las 6:50 a. m., pero Jari se fue 10 minutos después. Ambas conducen a una velocidad constante. En la gráfica se muestra la distancia (en kilómetros) que recorrió cada una en la I-10 t minutos después de las 7:00 a. m.

   (a) Con la gráfica, determine qué conductora viaja más rápido.

   (b) Encuentre la velocidad (en km/h) a la que conduce cada una de ellas.

   (c) Encuentre las funciones lineales f y g que modelan las distancias recorridas por Jade y Jari como funciones de t (en minutos).

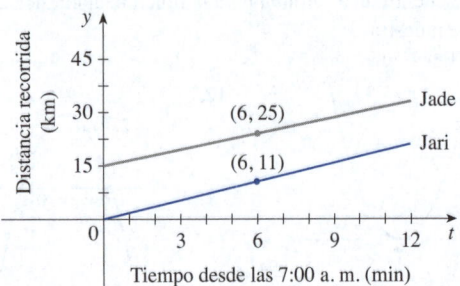

19. El gerente de una fábrica de muebles descubre que cuesta $2\,200 fabricar 100 sillas en un día y $4\,800 producir 300 sillas en un día.

   (a) Exprese el costo como función del número de sillas producidas; suponga que es lineal. Luego elabore la gráfica.

   (b) ¿Cuál es la pendiente de la gráfica y qué representa?

   (c) ¿Cuál es la intersección con el eje y de la gráfica y qué representa?

20. El costo mensual de conducir un auto depende del número de kilómetros recorridos. Lynn observó que en mayo le costó $380 conducir 770 km y en junio le costó $1\,290 conducir 1\,290 km.

   (a) Exprese el costo mensual C como función de la distancia recorrida d; suponga que una relación lineal da un modelo adecuado.

   (b) A partir del inciso (a), estime el costo de conducir 2\,400 km por mes.

   (c) Grafique la función lineal. ¿Qué representa la pendiente?

   (d) ¿Qué representa la intersección con el eje C?

   (e) ¿Por qué una función lineal ofrece un modelo adecuado en esta situación?

21. En la superficie del océano, la presión del agua es la misma que la presión del aire sobre el agua, 1.05 kg/cm^2. Debajo de la superficie, la presión del agua aumenta 0.3 kg/cm^2 cada 3 m de descenso.

   (a) Exprese la presión del agua como función de la profundidad debajo de la superficie del océano.

   (b) ¿A qué profundidad la presión es de 7 kg/cm^2?

22. La resistencia R de un cable de longitud fija se relaciona con su diámetro x por una ley cuadrática inversa, es decir, por una función de la forma $R(x) = kx^{-2}$.

   (a) Un cable de longitud fija y 0.005 metros de diámetro tiene una resistencia de 140 ohmios. Determine el valor de k.

   (b) Determine la resistencia de un cable del mismo material y longitud que el del inciso (a) pero con un diámetro de 0.008 metros.

23. La iluminación de un objeto por una fuente de luz se relaciona con la distancia de la fuente por una ley cuadrática inversa. Suponga que al anochecer usted lee un libro sentado en una habitación con una sola lámpara. La luz es demasiado tenue, así que acerca su sillón a mitad de camino a la lámpara. ¿Cuánto más brillante es la luz?

24. La presión P de una muestra de gas oxígeno que se comprime a una temperatura constante se relaciona con el volumen V del gas por una función recíproca de la forma $P = k/V$.

   (a) Una muestra de gas oxígeno que ocupa 0.671 m^3 ejerce una presión de 39 kPa a una temperatura de 293 K (temperatura absoluta medida en la escala Kelvin). Establezca el valor de k en el modelo dado.

   (b) Si la muestra se expande a un volumen de 0.916 m^3, encuentre la nueva presión.

25. La producción de energía de una turbina eólica depende de muchos factores. Mediante principios físicos se demuestra que la potencia P generada por una turbina eólica se modela por

$$P = kAv^3$$

donde v es la velocidad del viento, A es el área que abarcan las palas y k es una constante que depende de la densidad del aire, la eficiencia de la turbina y el diseño de las palas de la turbina eólica.

   (a) Si solo se duplica la velocidad del viento, ¿en qué factor aumenta la potencia de salida?

   (b) Si solo se duplica la longitud de las palas, ¿en qué factor aumenta la potencia de salida?

   (c) Para un aerogenerador en particular, la longitud de las palas es de 30 m y $k = 0.214 \text{ kg/m}^3$. Determine la potencia de salida (en watts, $W = m^2 \cdot kg/s^3$) cuando la velocidad del viento es de 10 m/s, 15 m/s y 25 m/s.

26. Los astrónomos infieren la salida radiante (flujo radiante emitido por unidad de superficie) de las estrellas con la ley de Stefan Boltzmann:

$$E(T) = (5.67 \times 10^{-8})T^4$$

donde E es la energía radiada por unidad de superficie medida en watts (W) y T es la temperatura absoluta medida en grados kelvin (K).
(a) Grafique la función E para las temperaturas T entre 100 K y 300 K.
(b) Con la gráfica, describa el cambio en la energía E conforme aumenta la temperatura T.

27-28 Por cada gráfica de dispersión, decida qué tipo de función elegiría como modelo para los datos. Explique sus elecciones.

27. (a)   (b)

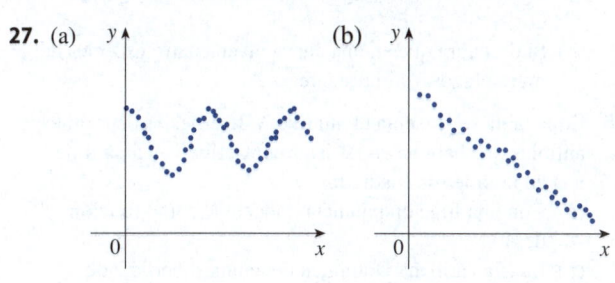

28. (a)   (b)

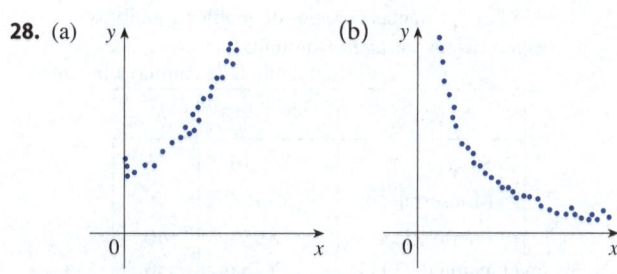

T **29.** En la tabla se presentan las tasas de úlceras pépticas (de por vida) en relación con diversos ingresos familiares (por cada 100 habitantes) según la National Health Interview Survey.
(a) Elabore una gráfica de dispersión de estos datos e indique si es adecuado un modelo lineal.
(b) Encuentre y grafique un modelo lineal con el primero y el último puntos de los datos.
(c) Encuentre y elabore una gráfica de la recta de regresión.
(d) Con base en el modelo lineal del inciso (c) calcule la tasa de úlceras en personas con un ingreso de $25 000.
(e) Según el modelo, ¿qué probabilidad hay de que alguien con un ingreso de $80 000 padezca una úlcera péptica?
(f) ¿Cree que sería razonable aplicar el modelo a alguien con un ingreso de $200 000?

Ingreso	Tasa de úlceras (por cada 100 habitantes)
$4 000	14.1
$6 000	13.0
$8 000	13.4
$12 000	12.5
$16 000	12.0
$20 000	12.4
$30 000	10.5
$45 000	9.4
$60 000	8.2

T **30.** Cuando las ratas de laboratorio se exponen a las fibras de asbesto, algunas desarrollan tumores pulmonares. En la tabla se enumeran los resultados de varios experimentos de diferentes científicos.
(a) Encuentre la recta de regresión de los datos.
(b) Elabore una gráfica de dispersión y trace la recta de regresión. ¿Dicha recta parece un modelo adecuado para los datos?
(c) ¿Qué representa la intersección en y de la recta de regresión?

Exposición al asbesto (fibras/mL)	Porcentaje de ratones que desarrollan tumores pulmonares	Exposición al asbesto (fibras/mL)	Porcentaje de ratones que desarrollan tumores pulmonares
50	2	1 600	42
400	6	1 800	37
500	5	2 000	38
900	10	3 000	50
1 100	26		

T **31.** Los antropólogos utilizan un modelo lineal que relaciona la longitud del fémur humano con la estatura. El modelo permite determinar la estatura de un individuo cuando solamente se encuentra un esqueleto parcial (con un fémur). Aquí se presenta el modelo al analizar los datos sobre la longitud y altura del fémur de los ocho hombres que aparecen en la tabla.
(a) Elabore una gráfica de dispersión de los datos.
(b) Encuentre y grafique la recta de regresión que modela los datos.
(c) Un antropólogo encuentra un fémur humano de 53 cm de longitud. ¿Qué estatura tenía la persona?

Longitud del fémur (cm)	Estatura (cm)	Longitud del fémur (cm)	Estatura (cm)
50.1	178.5	44.5	168.3
48.3	173.6	42.7	165.0
45.2	164.8	39.5	155.4
44.7	163.7	38.0	155.8

T **32.** En la tabla se presenta el promedio de los precios de la electricidad residencial en Estados Unidos desde el año 2000 hasta 2016, medidos en centavos por kilowatts-hora.
(a) Elabore una gráfica de dispersión. ¿Es apropiado un modelo lineal?
(b) Busque y grafique la recta de regresión.
(c) Con el modelo lineal del inciso (b), calcule el precio medio de venta al público de la electricidad en 2005 y 2017.

Años desde 2000	Centavos/ kWh	Años desde 2000	Centavos/ kWh
0	8.24	10	11.54
2	8.44	12	11.88
4	8.95	14	12.52
6	10.40	16	12.90
8	11.26		

Fuente: US Energy Information Administration.

T **33.** En la tabla se presenta el promedio mundial de consumo diario de petróleo desde el año 1985 hasta 2015 en miles de barriles por día.
(a) Trace un diagrama de dispersión y decida si es adecuado un modelo lineal.
(b) Busque y grafique la recta de regresión.
(c) Con el modelo lineal calcule el consumo de petróleo en 2002 y 2017.

Años desde 1985	Miles de barriles de petróleo por día
0	60 083
5	66 533
10	70 099
15	76 784
20	84 077
25	87 302
30	94 071

Fuente: US Energy Information Administration.

T **34.** En la tabla se presentan las distancias medias (promedio) d de los planetas desde el Sol (tomando como unidad de medida la distancia de la Tierra al Sol) y sus periodos T (tiempo de revolución en años).
(a) Ajuste un modelo de una función potencia a los datos.
(b) La tercera ley de Kepler sobre el movimiento planetario establece que "el cuadrado del periodo de revolución de un planeta es proporcional al cubo de su distancia media al Sol". ¿Su modelo corrobora la tercera ley de Kepler?

Planeta	d	T
Mercurio	0.387	0.241
Venus	0.723	0.615
Tierra	1.000	1.000
Marte	1.523	1.881
Júpiter	5.203	11.861
Saturno	9.541	29.457
Urano	19.190	84.008
Neptuno	30.086	164.784

35. Es razonable que cuanto mayor sea la superficie de una región, mayor sea el número de especies que habitan en ella. Muchos ecologistas modelan la relación especie-área con una función potencia. En particular, el número de especies S de murciélagos que viven en cuevas en el centro de México se relaciona con la superficie A de las cuevas mediante la ecuación $S = 0.7A^{0.3}$.
(a) La cueva llamada *Misión Imposible* cerca de Puebla, México, tiene una superficie de $A = 60$ m². ¿Cuántas especies de murciélagos esperaría encontrar en esa cueva?
(b) Si descubre que en una cueva viven cuatro especies de murciélagos, estime su área.

T **36.** En la tabla se presenta el número N de especies de reptiles y anfibios que habitan en las islas del Caribe y el área A de la isla en kilómetros cuadrados.
(a) Con una función potencia, modele N como función de A.
(b) La isla caribeña Dominica tiene una superficie de 753 km². ¿Cuántas especies de reptiles y anfibios esperaría encontrar en Dominica?

Isla	A	N
Saba	10	5
Monserrat	103	9
Puerto Rico	8 959	40
Jamaica	11 424	39
La Española	79 192	84
Cuba	114 524	76

37. Suponga que en un punto se origina una fuerza o energía y extiende su influencia por igual en todas direcciones, como la luz de una bombilla o la fuerza gravitacional de un planeta. Entonces, a una distancia r de la fuente, la intensidad I de la fuerza o energía es igual a la fuerza de la fuente S dividida entre el área de la superficie de una esfera de radio r. Demuestre que I obedece la ley cuadrática inversa $I = k/r^2$, donde k es una constante positiva.

1.3 | Funciones nuevas a partir de funciones previas

En esta sección se comienza con las funciones básicas presentadas en la sección 1.2 para obtener nuevas funciones mediante el desplazamiento, extensión y reflexión de sus gráficas. También se muestra cómo combinar pares de funciones mediante las operaciones aritméticas estándar y por composición.

■ Transformaciones de funciones

Al aplicar ciertas transformaciones a la gráfica de una función se pueden obtener las gráficas de algunas funciones relacionadas. Esto permite elaborar a mano las gráficas de muchas funciones de manera rápida. También permite escribir ecuaciones para las gráficas dadas.

Se consideran primero las **traslaciones** de las gráficas. Si c es un número positivo, entonces la gráfica de $y = f(x) + c$ es solo la gráfica de $y = f(x)$ desplazada hacia arriba una distancia de c unidades (porque cada coordenada y se incrementa por el mismo número c). De la misma manera, si $g(x) = f(x - c)$, donde $c > 0$, entonces el valor de g en x es el mismo que el valor de f en $x - c$ (c unidades a la izquierda de x). Por lo tanto, la gráfica de $y = f(x - c)$ es solo la gráfica de $y = f(x)$ desplazada c unidades hacia la derecha (vea la figura 1).

Desplazamientos verticales y horizontales Suponga que $c > 0$. Para obtener la gráfica de

$y = f(x) + c$, desplace la gráfica de $y = f(x)$ una distancia de c unidades
hacia arriba

$y = f(x) - c$, desplace la gráfica de $y = f(x)$ una distancia de c unidades
hacia abajo

$y = f(x - c)$, desplace la gráfica de $y = f(x)$ una distancia de c unidades
hacia la derecha

$y = f(x + c)$, desplace la gráfica de $y = f(x)$ una distancia de c unidades
hacia la izquierda

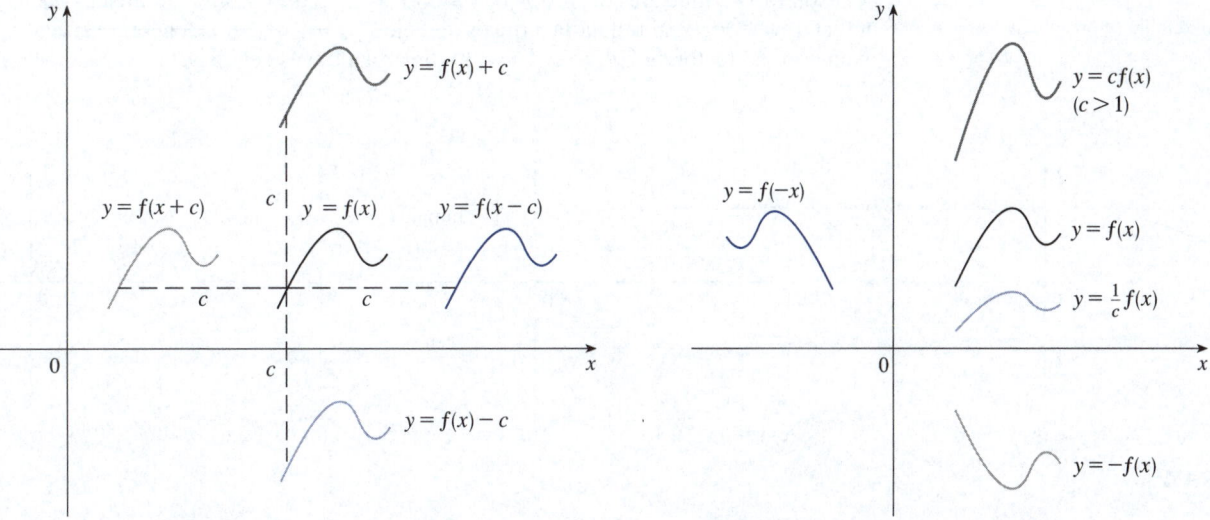

FIGURA 1 Desplazamiento de la gráfica de f.

FIGURA 2 Extensión y reflexión de la gráfica de f.

Ahora se consideran las transformaciones por **extensión** y **reflexión**. Si $c > 1$, entonces la gráfica de $y = cf(x)$ es la gráfica de $y = f(x)$ extendida por un factor de c en dirección vertical (porque cada coordenada y se multiplica por el mismo número c). La gráfica de $y = -f(x)$ es la gráfica de $y = f(x)$ reflejada sobre el eje x porque el punto (x, y) se reemplaza por el punto $(x, -y)$. (Vea la figura 2 y el siguiente cuadro, donde también se dan los resultados de otras transformaciones de extensión, compresión y reflexión).

Extensión y reflexión vertical y horizontal Suponga que $c > 1$. Para obtener la gráfica de

$y = cf(x)$, extienda la gráfica de $y = f(x)$ verticalmente por un factor de c

$y = (1/c)f(x)$, comprima la gráfica de $y = f(x)$ verticalmente por un factor de c

$y = f(cx)$, comprima la gráfica de $y = f(x)$ horizontalmente por un factor de c

$y = f(x/c)$, extienda la gráfica de $y = f(x)$ horizontalmente por un factor de c

$y = -f(x)$, refleje la gráfica de $y = f(x)$ a través del eje x

$y = f(-x)$, refleje la gráfica de $y = f(x)$ a través del eje y

En la figura 3 se ilustran estas transformaciones de extensión cuando se aplican a la función coseno con $c = 2$. Por ejemplo, para obtener la gráfica de $y = 2 \cos x$ se multiplica la coordenada y de cada punto de la gráfica de $y = \cos x$ por 2. Esto significa que la gráfica de $y = \cos x$ se extiende verticalmente un factor de 2.

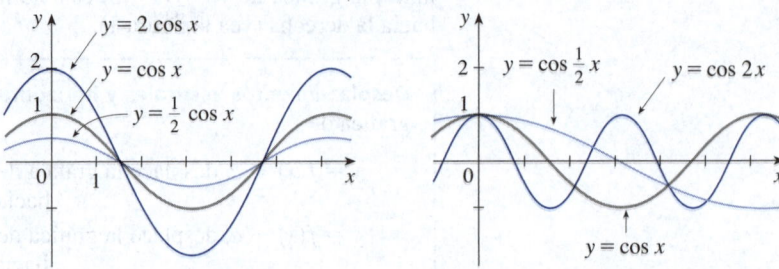

FIGURA 3

EJEMPLO 1 Con la gráfica de $y = \sqrt{x}$, utilice transformaciones para graficar $y = \sqrt{x} - 2$, $y = \sqrt{x - 2}$, $y = -\sqrt{x}$, $y = 2\sqrt{x}$, y $y = \sqrt{-x}$.

SOLUCIÓN En la figura 4(a) se muestra la gráfica de la función raíz cuadrada $y = \sqrt{x}$, obtenida de la figura 1.2.13(a). En las demás partes de la figura se traza $y = \sqrt{x} - 2$ al desplazarla 2 unidades hacia abajo, $y = \sqrt{x - 2}$, al desplazarla 2 unidades hacia la derecha, $y = -\sqrt{x}$ al reflejarla a través del eje x, $y = 2\sqrt{x}$ al extenderla verticalmente por un factor de 2 y $y = \sqrt{-x}$ al reflejarla a través del eje y.

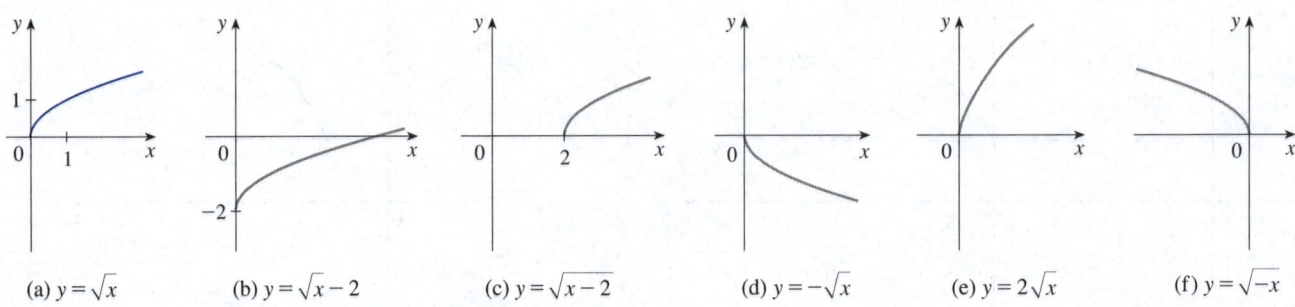

(a) $y = \sqrt{x}$　　(b) $y = \sqrt{x} - 2$　　(c) $y = \sqrt{x - 2}$　　(d) $y = -\sqrt{x}$　　(e) $y = 2\sqrt{x}$　　(f) $y = \sqrt{-x}$

FIGURA 4

EJEMPLO 2 Trace la gráfica de la función $f(x) = x^2 + 6x + 10$.

SOLUCIÓN Al completar el cuadrado, se escribe la ecuación de la gráfica como

$$y = x^2 + 6x + 10 = (x + 3)^2 + 1$$

Esto significa que se obtiene la gráfica deseada a partir de la parábola $y = x^2$ y al desplazarla 3 unidades a la izquierda y luego 1 unidad hacia arriba (vea la figura 5).

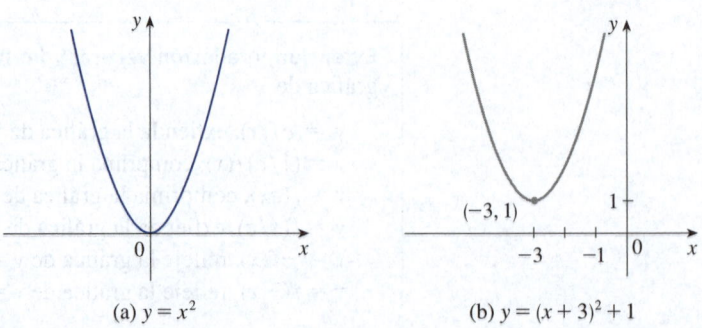

FIGURA 5　　(a) $y = x^2$　　(b) $y = (x + 3)^2 + 1$

EJEMPLO 3 Elabore la gráfica de cada función.

(a) $y = \operatorname{sen} 2x$ (b) $y = 1 - \operatorname{sen} x$

SOLUCIÓN

(a) Se obtiene la gráfica de $y = \operatorname{sen} 2x$ a partir de la de $y = \operatorname{sen} x$ al comprimirla horizontalmente por un factor de 2 (vea las figuras 6 y 7). Como el periodo de $y = \operatorname{sen} x$ es 2π, el periodo de $y = \operatorname{sen} 2x$ es $2\pi/2 = \pi$.

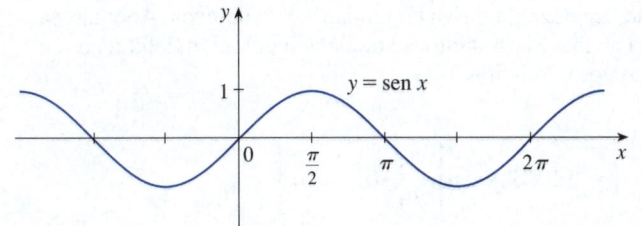

FIGURA 6

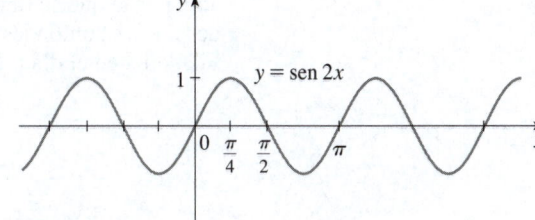

FIGURA 7

(b) Para obtener la gráfica de $y = 1 - \operatorname{sen} x$, se comienza de nuevo con $y = \operatorname{sen} x$. Se refleja a través del eje x para obtener la gráfica de $y = -\operatorname{sen} x$ y luego se desplaza una unidad hacia arriba para obtener $y = 1 - \operatorname{sen} x$ (vea la figura 8).

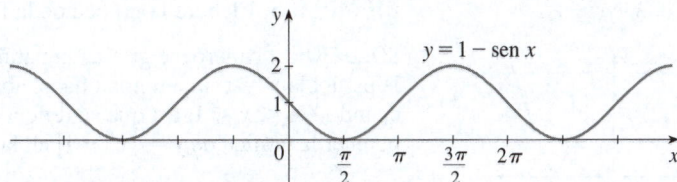

FIGURA 8

EJEMPLO 4 En la figura 9 se presentan gráficas del número de horas de luz al día como función de la época del año en varias latitudes. Como Filadelfia se encuentra en la latitud aproximada de 40° N, determine una función que modele la duración del día en Filadelfia.

FIGURA 9

Gráfica de la duración del día desde el 21 de marzo hasta el 21 de diciembre en varias latitudes.

Fuente: Adaptado de L. Harrison, *Daylight, Twilight, Darkness and Time* (New York: Silver, Burdett, 1935), 40.

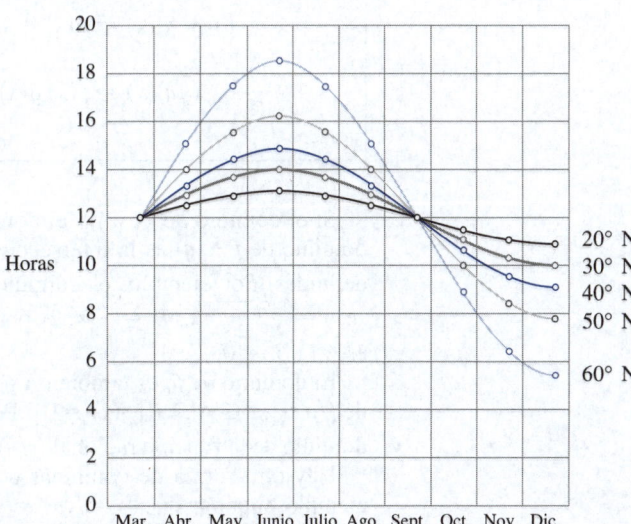

SOLUCIÓN Observe que cada curva se asemeja a una función seno desplazada y extendida. En la curva azul fuerte se ve que, en la latitud de Filadelfia, la luz del día dura unas 14.8 horas el 21 de junio y 9.2 horas el 21 de diciembre, por lo que la amplitud de la curva (el factor por el que hay que extender la curva seno verticalmente) es $\frac{1}{2}(14.8 - 9.2) = 2.8$.

¿Por qué factor se extiende la curva seno horizontalmente si se mide el tiempo t en días? Como hay 365 días en un año, el periodo del modelo debe ser 365. Pero el periodo de $y = \text{sen } t$ es 2π, de modo que el factor de extensión horizontal es $2\pi/365$.

También se observa que la curva comienza su ciclo el 21 de marzo, el día 80 del año, por lo que se tiene que desplazar la curva 80 unidades a la derecha. Además, se desplaza 12 unidades hacia arriba. Por lo tanto, se modela la duración del día en Filadelfia en el día t del año por la función

$$L(t) = 12 + 2.8 \text{ sen}\left[\frac{2\pi}{365}(t - 80)\right]$$

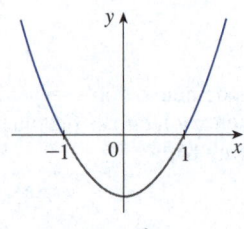

(a) $y = x^2 - 1$

Otra transformación de interés es tomar el *valor absoluto* de una función. Si $y = |f(x)|$, entonces, según la definición de valor absoluto, $y = f(x)$ cuando $f(x) \geq 0$ y $y = -f(x)$ cuando $f(x) < 0$. Esto dice cómo obtener la gráfica de $y = |f(x)|$ a partir de la gráfica de $y = f(x)$: la parte de la gráfica que se encuentra por encima del eje x sigue siendo la misma, y la parte que se encuentra por debajo del eje x se refleja a través del eje x.

EJEMPLO 5 Elabore la gráfica de la función $y = |x^2 - 1|$.

SOLUCIÓN Primero, se grafica la parábola $y = x^2 - 1$ en la figura 10(a) al desplazar la parábola $y = x^2$ una unidad hacia abajo. Se ve que la gráfica está debajo del eje x cuando $-1 < x < 1$, así que se refleja esa parte de la gráfica a través del eje x para obtener la gráfica de $y = |x^2 - 1|$ en la figura 10(b).

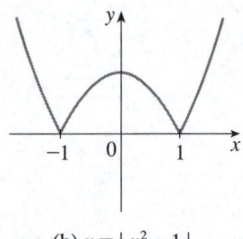

(b) $y = |x^2 - 1|$

FIGURA 10

■ Combinaciones de funciones

Dos funciones f y g se pueden combinar para formar nuevas funciones $f + g$, $f - g$, fg y f/g de manera similar a la suma, resta, multiplicación y división de números reales.

Definición Dadas dos funciones f y g, las funciones **suma**, **diferencia**, **producto** y **cociente** se definen por

$$(f + g)(x) = f(x) + g(x) \qquad (f - g)(x) = f(x) - g(x)$$

$$(fg)(x) = f(x)\, g(x) \qquad \left(\frac{f}{g}\right)(x) = \frac{f(x)}{g(x)}$$

Si el dominio de f es A y el dominio de g es B, entonces el dominio de $f + g$ (y el dominio de $f - g$) es la intersección $A \cap B$ porque tanto $f(x)$ como $g(x)$ deben estar definidas. Por ejemplo, el dominio de $f(x) = \sqrt{x}$ es $A = [0, \infty)$ y el dominio de $g(x) = \sqrt{2 - x}$ es $B = (-\infty, 2]$, por lo que el dominio de $(f + g)(x) = \sqrt{x} + \sqrt{2 - x}$ es $A \cap B = [0, 2]$.

El dominio de fg es también $A \cap B$. Como no es posible dividir entre 0, el dominio de f/g es $\{x \in A \cap B \mid g(x) \neq 0\}$. Por ejemplo, si $f(x) = x^2$ y $g(x) = x - 1$, entonces el dominio de la función racional $(f/g)(x) = x^2/(x - 1)$ es $\{x \mid x \neq 1\}$, o $(-\infty, 1) \cup (1, \infty)$.

Hay otra forma de combinar dos funciones para obtener una nueva función. Por ejemplo, suponga que $y = f(u) = \sqrt{u}$ y $u = g(x) = x^2 + 1$. Como y es una función de

u y u es a su vez una función de x, se comprende que y es, en última instancia, una función de x. Se calcula por sustitución:

$$y = f(u) = f(g(x)) = f(x^2 + 1) = \sqrt{x^2 + 1}$$

El procedimiento se llama *composición* porque la nueva función está *compuesta* por las dos funciones dadas f y g.

Por lo general, dadas dos funciones cualesquiera f y g, se empieza con un número x en el dominio de g y se calcula $g(x)$. Si este número $g(x)$ está en el dominio de f, entonces se puede calcular el valor de $f(g(x))$. Observe que la salida de una función se usa como entrada de la siguiente función. El resultado es una nueva función $h(x) = f(g(x))$ obtenida al sustituir g en f. Se llama *composición* (o *compuesta*) de f y g y se denota por $f \circ g$ ("f círculo g").

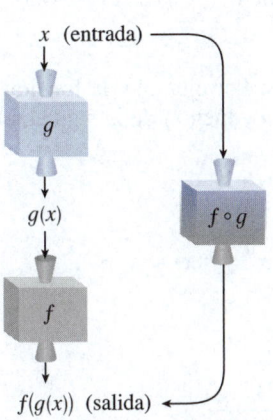

x (entrada)

g

$g(x)$

$f \circ g$

f

$f(g(x))$ (salida)

FIGURA 11
La máquina $f \circ g$ se compone por la máquina g (primero) y luego la máquina f.

> **Definición** Dadas dos funciones f y g, la **función compuesta** $f \circ g$ (también llamada **composición** de f y g) se define por
>
> $$(f \circ g)(x) = f(g(x))$$

El dominio de $f \circ g$ es el conjunto de todas las x en el dominio de g tal que $g(x)$ está en el dominio de f. En otras palabras, $(f \circ g)(x)$ está definida siempre que $g(x)$ y $f(g(x))$ lo estén. En la figura 11 se muestra $f \circ g$ en términos de máquinas.

EJEMPLO 6 Si $f(x) = x^2$ y $g(x) = x - 3$, determine las funciones compuestas $f \circ g$ y $g \circ f$.

SOLUCIÓN Se tiene

$$(f \circ g)(x) = f(g(x)) = f(x - 3) = (x - 3)^2$$
$$(g \circ f)(x) = g(f(x)) = g(x^2) = x^2 - 3 \qquad \blacksquare$$

⊘ **NOTA** Se aprecia en el ejemplo 6 que en general $f \circ g \neq g \circ f$. Recuerde, la notación $f \circ g$ significa que la función g se aplica primero y luego se aplica f. En el ejemplo 6, $f \circ g$ es la función que *primero* resta 3 y *luego* eleva al cuadrado; $g \circ f$ es la función que *primero* eleva al cuadrado y *luego* resta 3.

EJEMPLO 7 Si $f(x) = \sqrt{x}$ y $g(x) = \sqrt{2 - x}$, determine la función y su dominio.

(a) $f \circ g$ (b) $g \circ f$ (c) $f \circ f$ (d) $g \circ g$

SOLUCIÓN

(a) $\qquad (f \circ g)(x) = f(g(x)) = f(\sqrt{2 - x}) = \sqrt{\sqrt{2 - x}} = \sqrt[4]{2 - x}$

El dominio de $f \circ g$ es $\{x \mid 2 - x \geq 0\} = \{x \mid x \leq 2\} = (-\infty, 2]$.

(b) $\qquad (g \circ f)(x) = g(f(x)) = g(\sqrt{x}) = \sqrt{2 - \sqrt{x}}$

Para definir $\sqrt{x}$ se debe tener $x \geq 0$, mientras que, para definir $\sqrt{2 - \sqrt{x}}$ es necesario tener $2 - \sqrt{x} \geq 0$, es decir, $\sqrt{x} \leq 2$, o $x \leq 4$. Así, se tiene $0 \leq x \leq 4$, por lo que el dominio de $g \circ f$ es el intervalo cerrado $[0, 4]$.

Si $0 \leq a \leq b$, entonces $a^2 \leq b^2$.

(c) $\qquad (f \circ f)(x) = f(f(x)) = f(\sqrt{x}) = \sqrt{\sqrt{x}} = \sqrt[4]{x}$

El dominio de $f \circ f$ es $[0, \infty)$.

(d) $$(g \circ g)(x) = g(g(x)) = g(\sqrt{2 - x}\,) = \sqrt{2 - \sqrt{2 - x}}$$

Esta expresión está definida cuando tanto $2 - x \geq 0$ como $2 - \sqrt{2 - x} \geq 0$. La primera desigualdad significa $x \leq 2$, y la segunda equivale a $\sqrt{2 - x} \leq 2$, o $2 - x \leq 4$, o $x \geq -2$. Así $-2 \leq x \leq 2$, por lo que el dominio de $g \circ g$ es el intervalo cerrado $[-2, 2]$. ∎

Es posible tomar la composición de tres o más funciones. Por ejemplo, la función compuesta $f \circ g \circ h$ se encuentra al aplicar primero h, luego g y luego f de la siguiente manera:

$$(f \circ g \circ h)(x) = f(g(h(x)))$$

EJEMPLO 8 Determine $f \circ g \circ h$ si $f(x) = x/(x + 1)$, $g(x) = x^{10}$ y $h(x) = x + 3$.

SOLUCIÓN

$$(f \circ g \circ h)(x) = f(g(h(x))) = f(g(x + 3))$$

$$= f((x + 3)^{10}) = \frac{(x + 3)^{10}}{(x + 3)^{10} + 1}$$ ∎

Hasta ahora se ha usado la composición para construir funciones complicadas a partir de otras más simples. Pero en el cálculo a menudo es útil poder *descomponer* una función complicada en funciones más simples, como en el siguiente ejemplo.

EJEMPLO 9 Dada $F(x) = \cos^2(x + 9)$, encuentre las funciones f, g y h tales que $F = f \circ g \circ h$.

SOLUCIÓN Como $F(x) = [\cos(x + 9)]^2$, la fórmula para F dice: primero sume 9, luego tome el coseno del resultado y finalmente eleve al cuadrado. Así, se tienen

$$h(x) = x + 9 \qquad g(x) = \cos x \qquad f(x) = x^2$$

Luego $\quad (f \circ g \circ h)(x) = f(g(h(x))) = f(g(x + 9)) = f(\cos(x + 9))$
$$= [\cos(x + 9)]^2 = F(x)$$ ∎

1.3 | Ejercicios

1. Suponga que se da la gráfica de f. Escriba las ecuaciones de las gráficas que se obtienen de la gráfica de f como sigue.

(a) Desplace 3 unidades hacia arriba.

(b) Desplace 3 unidades hacia abajo.

(c) Desplace 3 unidades hacia la derecha.

(d) Desplace 3 unidades hacia la izquierda.

(e) Refleje a través del eje x.

(f) Refleje a través del eje y.

(g) Extienda verticalmente por un factor de 3.

(h) Comprima verticalmente por un factor de 3.

2. Explique cómo se obtiene cada gráfica a partir de la gráfica de $y = f(x)$.

(a) $y = f(x) + 8$ (b) $y = f(x + 8)$

(c) $y = 8f(x)$ (d) $y = f(8x)$

(e) $y = -f(x) - 1$ (f) $y = 8f\left(\frac{1}{8}x\right)$

3. Dada la gráfica de $y = f(x)$. Relacione cada ecuación con su gráfica y justifique sus elecciones.

(a) $y = f(x - 4)$ (b) $y = f(x) + 3$

(c) $y = \frac{1}{3}f(x)$ (d) $y = -f(x + 4)$

(e) $y = 2f(x + 6)$

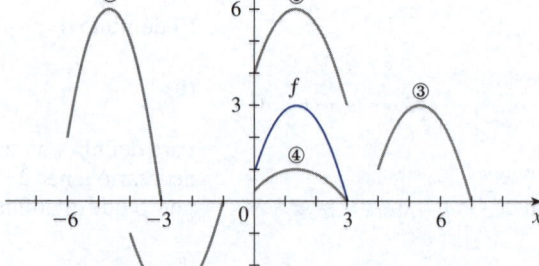

4. Utilice la gráfica dada de *f* para graficar las siguientes funciones.

(a) $y = f(x) - 3$

(b) $y = f(x + 1)$

(c) $y = \frac{1}{2} f(x)$

(d) $y = -f(x)$

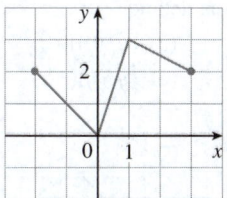

5. Utilice la gráfica dada de *f* para graficar las siguientes funciones.

(a) $y = f(2x)$

(b) $y = f\left(\frac{1}{2}x\right)$

(c) $y = f(-x)$

(d) $y = -f(-x)$

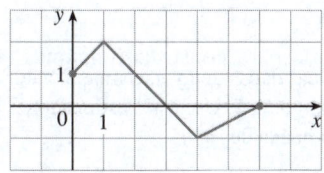

6-7 Dada la gráfica de $y = \sqrt{3x - x^2}$, use transformaciones para crear una función cuya gráfica sea como estas.

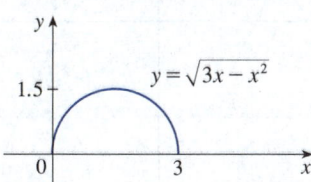

6.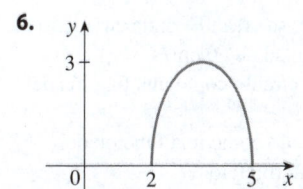

7.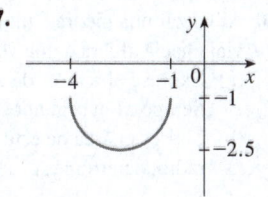

8. (a) ¿Cómo se relaciona la gráfica de $y = 1 + \sqrt{x}$ con la gráfica de $y = \sqrt{x}$? Con base en su respuesta y en la figura 4(a), elabore la gráfica de $y = 1 + \sqrt{x}$.

(b) ¿Cómo se relaciona la gráfica de $y = 5 \operatorname{sen} \pi x$ con la gráfica de $y = \operatorname{sen} x$? Con base en su respuesta y en la figura 6 elabore la gráfica de $y = 5 \operatorname{sen} \pi x$.

9-26 Grafique la función a mano, sin trazar puntos, sino a partir de la gráfica de una de las funciones estándares dadas en la tabla 1.2.3, y luego aplique las transformaciones apropiadas.

9. $y = 1 + x^2$

10. $y = (x + 1)^2$

11. $y = |x + 2|$

12. $y = 1 - x^3$

13. $y = \frac{1}{x} + 2$

14. $y = -\sqrt{x} - 1$

15. $y = \operatorname{sen} 4x$

16. $y = 1 + \frac{1}{x^2}$

17. $y = 2 + \sqrt{x + 1}$

18. $y = -(x - 1)^2 + 3$

19. $y = x^2 - 2x + 5$

20. $y = (x + 1)^3 + 2$

21. $y = 2 - |x|$

22. $y = 2 - 2 \cos x$

23. $y = 3 \operatorname{sen} \frac{1}{2} x + 1$

24. $y = \frac{1}{4} \tan\left(x - \frac{\pi}{4}\right)$

25. $y = |\cos \pi x|$

26. $y = |\sqrt{x} - 1|$

27. La ciudad de Nueva Orleans se sitúa en la latitud 30° N. Con base en la figura 9, encuentre una función que modele el número de horas de luz diurna en Nueva Orleans como una función de la época del año. Para comprobar la exactitud de su modelo, parta del hecho de que el 31 de marzo el Sol sale a las 5:51 a. m., y se pone a las 6:18 p. m.

28. Una estrella variable es aquella cuyo brillo aumenta y disminuye alternativamente. Para la estrella variable más visible, Delta Cephei, el tiempo entre los periodos de máximo brillo es de 5.4 días, el promedio de brillo (o magnitud) de la estrella es de 4.0, y su brillantez varía en una magnitud de ± 0.35. Encuentre una función que modele el brillo de Delta Cephei como función del tiempo.

29. Algunas de las mareas más altas del mundo ocurren en la bahía de Fundy, en la costa atlántica de Canadá. En el cabo Hopewell la profundidad del agua en la marea baja es de 2.0 m y en la marea alta es de 12.0 m. El periodo natural de oscilación es de alrededor de 12 horas, y en un día en particular se produjo la marea alta a las 6:45 a. m. Elabore una función que involucre la función coseno que modela la profundidad del agua *D*(*t*) (en metros) como función del tiempo *t* (en horas después de la medianoche) en ese día.

30. En un ciclo respiratorio normal, el volumen de aire que entra y sale de los pulmones es de 500 mL. Los volúmenes de reserva y de residuos de aire que permanecen en los pulmones ocupan 2 000 mL, y un solo ciclo respiratorio para un humano promedio dura 4 segundos. Encuentre un modelo para el volumen total de aire *V*(*t*) en los pulmones como función del tiempo.

31. (a) ¿Cómo se relaciona la gráfica de $y = f(|x|)$ con la gráfica de *f* ?

(b) Elabore la gráfica de $y = \operatorname{sen} |x|$.

(c) Elabore la gráfica de $y = \sqrt{|x|}$.

32. A partir de la gráfica de *f* trace la gráfica de $y = 1/f(x)$. ¿Qué características de *f* son las más importantes para trazar $y = 1/f(x)$? Explique cómo se usan.

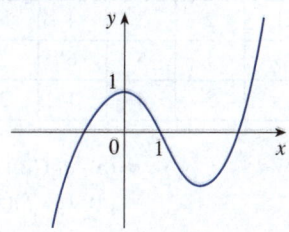

33-34 Encuentre (a) $f + g$, (b) $f - g$, (c) fg y (d) f/g, e indique sus dominios.

33. $f(x) = \sqrt{25 - x^2}$, $g(x) = \sqrt{x + 1}$

34. $f(x) = \dfrac{1}{x - 1}$, $g(x) = \dfrac{1}{x} - 2$

35-40 Encuentre las funciones (a) $f \circ g$, (b) $g \circ f$, (c) $f \circ f$ y (d) $g \circ g$, e indique sus dominios.

35. $f(x) = x^3 + 5$, $g(x) = \sqrt[3]{x}$

36. $f(x) = \dfrac{1}{x}$, $g(x) = 2x + 1$

37. $f(x) = \dfrac{1}{\sqrt{x}}$, $g(x) = x + 1$

38. $f(x) = \dfrac{x}{x + 1}$, $g(x) = 2x - 1$

39. $f(x) = \dfrac{2}{x}$, $g(x) = \operatorname{sen} x$

40. $f(x) = \sqrt{5 - x}$, $g(x) = \sqrt{x - 1}$

41-44 Encuentre $f \circ g \circ h$.

41. $f(x) = 3x - 2$, $g(x) = \operatorname{sen} x$, $h(x) = x^2$

42. $f(x) = |x - 4|$, $g(x) = 2^x$, $h(x) = \sqrt{x}$

43. $f(x) = \sqrt{x - 3}$, $g(x) = x^2$, $h(x) = x^3 + 2$

44. $f(x) = \tan x$, $g(x) = \dfrac{x}{x - 1}$, $h(x) = \sqrt[3]{x}$

45-50 Exprese la función en la forma $f \circ g$.

45. $F(x) = (2x + x^2)^4$ **46.** $F(x) = \cos^2 x$

47. $F(x) = \dfrac{\sqrt[3]{x}}{1 + \sqrt[3]{x}}$ **48.** $G(x) = \sqrt[3]{\dfrac{x}{1 + x}}$

49. $v(t) = \sec(t^2) \tan(t^2)$ **50.** $H(x) = \sqrt{1 + \sqrt{x}}$

51-54 Exprese la función en la forma $f \circ g \circ h$.

51. $R(x) = \sqrt{\sqrt{x} - 1}$ **52.** $H(x) = \sqrt[8]{2 + |x|}$

53. $S(t) = \operatorname{sen}^2(\cos t)$ **54.** $H(t) = \cos\left(\sqrt{\tan t} + 1\right)$

55-56 Utilice la tabla para evaluar cada expresión.

x	1	2	3	4	5	6
$f(x)$	3	1	5	6	2	4
$g(x)$	5	3	4	1	3	2

55. (a) $f(g(3))$ (b) $g(f(2))$
   (c) $(f \circ g)(5)$ (d) $(g \circ f)(5)$

56. (a) $g(g(g(2)))$ (b) $(f \circ f \circ f)(1)$
   (c) $(f \circ f \circ g)(1)$ (d) $(g \circ f \circ g)(3)$

57. Con las gráficas dadas de f y g, evalúe cada expresión o explique por qué no está definida.

   (a) $f(g(2))$ (b) $g(f(0))$ (c) $(f \circ g)(0)$
   (d) $(g \circ f)(6)$ (e) $(g \circ g)(-2)$ (f) $(f \circ f)(4)$

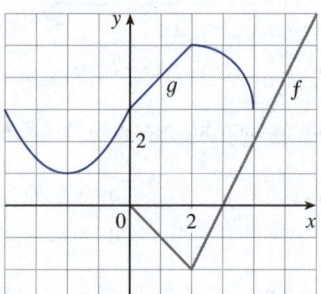

58. Con las gráficas dadas de f y g, estime el valor de $f(g(x))$ para $x = -5, -4, -3, \dots, 5$. Use estas estimaciones para trazar una gráfica aproximada de $f \circ g$.

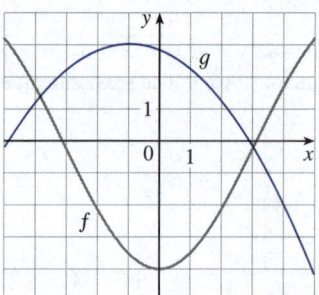

59. Al lanzar una piedra a un lago, se crea una onda circular que viaja hacia afuera a una velocidad de 60 cm/s.
   (a) Exprese el radio r de este círculo como una función del tiempo t (en segundos).
   (b) Si A es el área de este círculo como una función del radio, determine $A \circ r$ e interprételo.

60. Se infla un globo esférico cuyo radio aumenta a una razón de 2 cm/s.
   (a) Exprese el radio del globo como una función del tiempo t (en segundos).
   (b) Si V es el volumen del globo como función del radio, determine $V \circ r$ e interprételo.

61. Un barco avanza a una velocidad de 30 km/h paralelo a una línea costera. El barco está a 6 km de la costa y pasa por un faro al mediodía.
   (a) Exprese la distancia s entre el faro y el barco como función de d, la distancia que el barco recorrió desde el mediodía; es decir, determine f tal que $s = f(d)$.
   (b) Exprese d como función de t, el tiempo transcurrido desde el mediodía; es decir, determine g tal que $d = g(t)$.
   (c) Encuentre $f \circ g$. ¿Qué representa esta función?

62. Un avión vuela a una velocidad de 560 km/h a una altitud de dos kilómetros y pasa directamente sobre una estación de radar en el momento $t = 0$.

(a) Exprese la distancia horizontal d (en kilómetros) que el avión vuela como función de t.

(b) Exprese la distancia s entre el avión y la estación de radar como función de d.

(c) Utilice la composición para expresar s como función de t.

63. Función de Heaviside   La *función de Heaviside H* se define como

$$H(t) = \begin{cases} 0 & \text{si } t < 0 \\ 1 & \text{si } t \geq 0 \end{cases}$$

Esta función se utiliza en el estudio de circuitos eléctricos para representar la subida repentina de la corriente eléctrica, o voltaje, cuando se enciende un interruptor de forma instantánea.

(a) Trace la gráfica de la función de Heaviside.

(b) Elabore la gráfica del voltaje $V(t)$ en un circuito si el interruptor se enciende en un momento $t = 0$ y se aplican instantáneamente 120 voltios al circuito. Escriba una fórmula para $V(t)$ en términos de $H(t)$.

(c) Trace la gráfica del voltaje $V(t)$ en un circuito si el interruptor se enciende en un momento $t = 5$ segundos y se aplican 240 voltios instantáneamente al circuito. Escriba una fórmula para $V(t)$ en términos de $H(t)$. (Observe que empezar en $t = 5$ segundos corresponde a una traslación).

64. Función rampa   La función de Heaviside que se define en el ejercicio 63 también es útil para definir la *función rampa* $y = ctH(t)$, que representa un aumento gradual del voltaje o corriente en un circuito.

(a) Trace la gráfica de la función rampa $y = tH(t)$.

(b) Elabore la gráfica del voltaje $V(t)$ en un circuito si el interruptor se enciende en el momento $t = 0$ y el voltaje aumenta gradualmente a 120 voltios en un intervalo de 60 segundos. Escriba una fórmula para $V(t)$ en términos de $H(t)$ para $t \leq 60$.

(c) Trace la gráfica del voltaje $V(t)$ en un circuito si el interruptor se enciende en el momento $t = 7$ segundos y el voltaje se incrementa gradualmente a 100 voltios en un periodo de 25 segundos. Escriba una fórmula para $V(t)$ en términos de $H(t)$ para $t \leq 32$.

65. Sean f y g funciones lineales con ecuaciones $f(x) = m_1 x + b_1$ y $g(x) = m_2 x + b_2$. ¿Es $f \circ g$ también una función lineal? Si es así, ¿cuál es la pendiente de su gráfica?

66. Si usted invierte x USD a 4% de interés compuesto anualmente, entonces la cantidad $A(x)$ de la inversión después de un año es $A(x) = 1.04x$. Determine $A \circ A$, $A \circ A \circ A$ y $A \circ A \circ A \circ A$. ¿Qué representan estas composiciones? Encuentre una fórmula para la composición de n copias de A.

67. (a) Si $g(x) = 2x + 1$ y $h(x) = 4x^2 + 4x + 7$, determine una función f tal que $f \circ g = h$. (Piense en las operaciones que tendría que realizar en la fórmula para que g termine con la fórmula para h).

(b) Si $f(x) = 3x + 5$ y $h(x) = 3x^2 + 3x + 2$, encuentre una función g tal que $f \circ g = h$.

68. Si $f(x) = x + 4$ y $h(x) = 4x - 1$, encuentre una función g tal que $g \circ f = h$.

69. Suponga que g es una función par y sea $h = f \circ g$. ¿Es h siempre una función par?

70. Suponga que g es una función impar y que $h = f \circ g$. ¿Es h siempre una función impar? ¿Qué sucede si f es impar? ¿Y si f es par?

71. Sea $f(x)$ una función con dominio $\mathbb{R}$.

(a) Demuestre que $E(x) = f(x) + f(-x)$ es una función par.

(b) Demuestre que $O(x) = f(x) - f(-x)$ es una función impar.

(c) Demuestre que cada función $f(x)$ puede escribirse como una suma de una función par y una función impar.

(d) Exprese la función $f(x) = 2^x + (x - 3)^2$ como una suma de una función par y una función impar.

1.4 | Funciones exponenciales

La función $f(x) = 2^x$ se llama *función exponencial* porque la variable, x, es el exponente. No debe confundirse con la función potencia $g(x) = x^2$, en la que la variable es la base.

■ Funciones exponenciales y sus gráficas

Por lo general, una **función exponencial** es una función de la forma

$$f(x) = b^x$$

donde b es una constante positiva. Hay que recordar lo que esto significa.
Si $x = n$, un entero positivo, entonces

$$b^n = \underbrace{b \cdot b \cdot \cdots \cdot b}_{n \text{ factores}}$$

Para una revisión de otro enfoque de las funciones exponenciales y logarítmicas, con cálculo integral, vea el apéndice G.

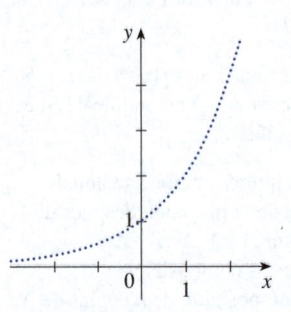

FIGURA 1
Representación de $y = 2^x$, x racional.

Si $x = 0$, entonces $b^0 = 1$, y si $x = -n$, donde n es un entero positivo, entonces

$$b^{-n} = \frac{1}{b^n}$$

Si x es un número racional, $x = p/q$, donde p y q son enteros y $q > 0$, entonces

$$b^x = b^{p/q} = \sqrt[q]{b^p} = \left(\sqrt[q]{b}\right)^p$$

Pero, ¿cuál es el significado de b^x si x es un número irracional? Por ejemplo, ¿qué significa $2^{\sqrt{3}}$ o 5^π?

Para responder esto, primero se ve la gráfica de la función $y = 2^x$, donde x es racional. En la figura 1 se muestra una representación de esta gráfica. Se quiere ampliar el dominio de $y = 2^x$ para incluir números tanto racionales como irracionales.

Hay huecos en la gráfica de la figura 1 que corresponden a valores irracionales de x; se deben rellenar al definir $f(x) = 2^x$, donde $x \in \mathbb{R}$, de modo que f sea una función creciente. En particular, como el número irracional $\sqrt{3}$ satisface

$$1.7 < \sqrt{3} < 1.8$$

se debe tener $\qquad\qquad 2^{1.7} < 2^{\sqrt{3}} < 2^{1.8}$

y se sabe lo que significan $2^{1.7}$ y $2^{1.8}$ porque 1.7 y 1.8 son números racionales. De igual manera, al usar mejores aproximaciones para $\sqrt{3}$, se mejoran las de $2^{\sqrt{3}}$:

$$1.73 < \sqrt{3} < 1.74 \qquad \Rightarrow \qquad 2^{1.73} < 2^{\sqrt{3}} < 2^{1.74}$$
$$1.732 < \sqrt{3} < 1.733 \qquad \Rightarrow \qquad 2^{1.732} < 2^{\sqrt{3}} < 2^{1.733}$$
$$1.7320 < \sqrt{3} < 1.7321 \qquad \Rightarrow \qquad 2^{1.7320} < 2^{\sqrt{3}} < 2^{1.7321}$$
$$1.73205 < \sqrt{3} < 1.73206 \qquad \Rightarrow \qquad 2^{1.73205} < 2^{\sqrt{3}} < 2^{1.73206}$$
$$\vdots \qquad\qquad\qquad \vdots \qquad\qquad\qquad \vdots \qquad\qquad \vdots$$

Una demostración de este hecho se da en J. Marsden y A. Weinstein, *Calculus Unlimited* (Menlo Park, California: Benjamin/Cummings, 1981).

Se puede demostrar que hay exactamente un número que es mayor que todos los números

$$2^{1.7}, 2^{1.73}, 2^{1.732}, 2^{1.7320}, 2^{1.73205}, \ldots$$

y menor que todos los números

$$2^{1.8}, 2^{1.74}, 2^{1.733}, 2^{1.7321}, 2^{1.73206}, \ldots$$

Se define a $2^{\sqrt{3}}$ como este número. Con el proceso de aproximación anterior es posible calcularlo correctamente con seis decimales de precisión:

$$2^{\sqrt{3}} \approx 3.321997$$

De manera similar, se define 2^x (o b^x, si $b > 0$), donde x es cualquier número irracional. En la figura 2 se muestra cómo se llenaron todos los huecos de la figura 1 para completar la gráfica de la función $f(x) = 2^x$, $x \in \mathbb{R}$.

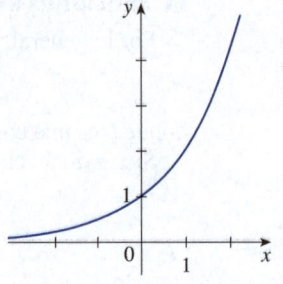

FIGURA 2
$y = 2^x$, x real.

Las gráficas de los miembros de la familia de funciones $y = b^x$ se muestran en la figura 3 con varios valores de la base b. Observe que todas estas gráficas pasan por el mismo punto $(0, 1)$ porque $b^0 = 1$ cuando $b \neq 0$. Observe también que a medida que crece la base b, la función exponencial crece más rápido (cuando $x > 0$).

Si $0 < b < 1$, entonces b^x se aproxima a 0 conforme x crece. Si $b > 1$, entonces b^x se acerca a 0 a medida que x disminuye a través de valores negativos. En ambos casos, el eje x es una asíntota horizontal. Estas cuestiones se tratan en la sección 2.6.

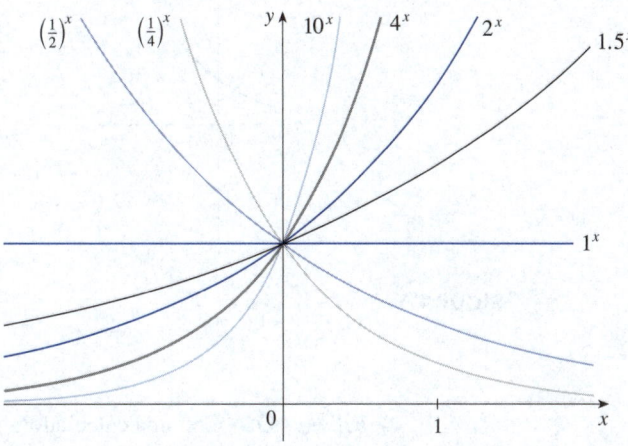

FIGURA 3

Se ve en la figura 3 que hay básicamente tres tipos de funciones exponenciales $y = b^x$. Si $0 < b < 1$, la función exponencial es decreciente; si $b = 1$, es una constante; y si $b > 1$, es creciente. Estos tres casos se ilustran en la figura 4. Observe que si $b \neq 1$, entonces la función exponencial $y = b^x$ tiene dominio $\mathbb{R}$ y rango $(0, \infty)$. Observe también que, como $(1/b)^x = 1/b^x = b^{-x}$, la gráfica de $y = (1/b)^x$ es solamente el reflejo de la gráfica de $y = b^x$ a través del eje y.

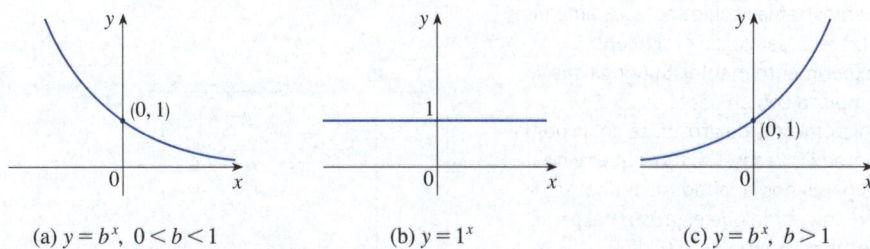

FIGURA 4

(a) $y = b^x,\ 0 < b < 1$ (b) $y = 1^x$ (c) $y = b^x,\ b > 1$

Una razón de la importancia de la función exponencial radica en las siguientes propiedades. Si x y y son números racionales, entonces estas leyes son bien conocidas del álgebra elemental. Se puede demostrar que siguen siendo verdaderas para números reales arbitrarios x y y.

www.StewartCalculus.com
Para revisar y practicar el uso de las leyes de los exponentes, haga clic en *Review of Algebra*.

Leyes de los exponentes Si a y b son números positivos, y x y y son cualquier número real, entonces

1. $b^{x+y} = b^x b^y$ **2.** $b^{x-y} = \dfrac{b^x}{b^y}$ **3.** $(b^x)^y = b^{xy}$ **4.** $(ab)^x = a^x b^x$

Para un repaso de la reflexión y el desplazamiento de gráficas, vea la sección 1.3.

EJEMPLO 1 Elabore la gráfica de la función $y = 3 - 2^x$ y determine su dominio y rango.

SOLUCIÓN Primero se refleja la gráfica de $y = 2^x$ [que se muestra en las figuras 2 y 5(a)] a través del eje x para obtener la gráfica de $y = -2^x$ en la figura 5(b). Luego la gráfica de $y = -2^x$ se desplaza 3 unidades hacia arriba para obtener la gráfica de $y = 3 - 2^x$ que se muestra en la figura 5(c). El dominio es $\mathbb{R}$ y el rango es $(-\infty, 3)$.

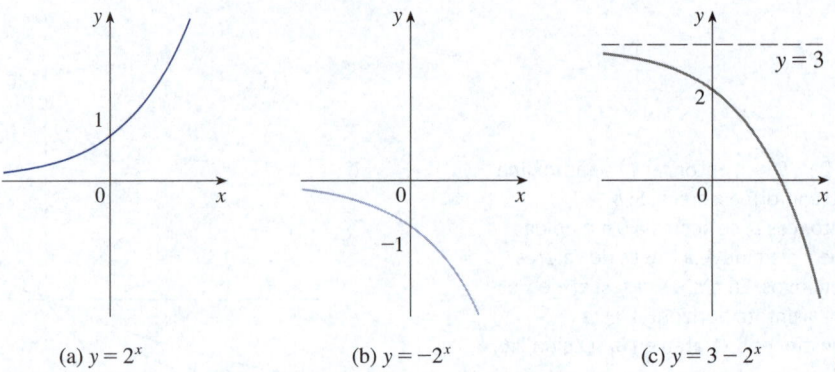

FIGURA 5   (a) $y = 2^x$ (b) $y = -2^x$ (c) $y = 3 - 2^x$

EJEMPLO 2   Con una calculadora graficadora o una computadora compare la función exponencial $f(x) = 2^x$ y la función potencia $g(x) = x^2$. ¿Qué función crece más rápido cuando x es grande?

SOLUCIÓN   En la figura 6 se presentan ambas funciones graficadas en el rectángulo $[-2, 6]$ por $[0, 40]$. Note que las gráficas se intersecan tres veces, pero para $x > 4$ la gráfica de $f(x) = 2^x$ se mantiene por encima de la gráfica de $g(x) = x^2$. En la figura 7 se ofrece una visión más global y muestra que para valores grandes de x, la función exponencial $f(x) = 2^x$ crece mucho más rápido que la función potencia $g(x) = x^2$.

En el ejemplo 2 se observa que $y = 2^x$ aumenta más rápido que $y = x^2$. Para demostrar la rapidez con que aumenta $f(x) = 2^x$ se realiza el siguiente experimento mental. Suponga que se empieza con un papel de 25 micrómetros de grosor, se dobla por la mitad 50 veces. Cada vez que se dobla el papel por la mitad, se duplica su grosor, por lo que el grosor del papel resultante sería de $2^{50}/2\,500$ centímetros. ¿Qué grosor cree usted que es eso? ¡Más de 17 millones de millas!

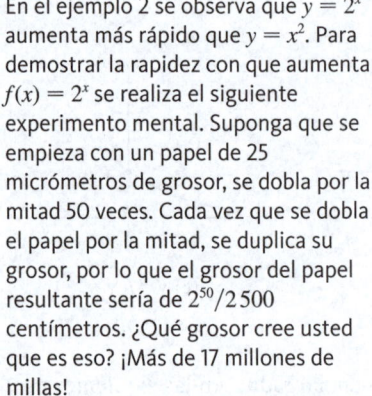

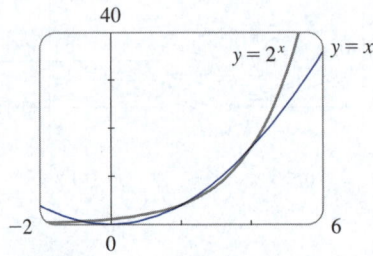

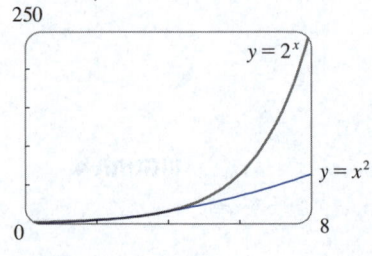

FIGURA 6   **FIGURA 7**

■ Aplicaciones de las funciones exponenciales

La función exponencial es muy frecuente en modelos matemáticos de la naturaleza y la sociedad. Aquí se indica brevemente cómo surge en la descripción del aumento de la población o la disminución de cargas virales. En los capítulos siguientes se analizarán con más detalle estas y otras aplicaciones.

Primero se considera una población de bacterias en un medio nutritivo homogéneo. Suponga que al muestrear la población a ciertos intervalos se determina que la población se duplica cada hora. Si el número de bacterias en el tiempo t es $p(t)$, donde t se mide en horas, y la población inicial es $p(0) = 1\,000$, entonces se tiene

$$p(1) = 2p(0) = 2 \times 1\,000$$

$$p(2) = 2p(1) = 2^2 \times 1\,000$$

$$p(3) = 2p(2) = 2^3 \times 1\,000$$

Con este patrón parece que, en general,

$$p(t) = 2^t \times 1\,000 = (1\,000)2^t$$

Tabla 1 Población mundial.

t (años desde 1900)	Población P (millones)
0	1 650
10	1 750
20	1 860
30	2 070
40	2 300
50	2 560
60	3 040
70	3 710
80	4 450
90	5 280
100	6 080
110	6 870

Esta función de la población es un múltiplo constante de la función exponencial $y = 2^t$, por lo que exhibe el rápido crecimiento que se observa en la figura 7. En condiciones ideales (espacio y nutrición ilimitados y ausencia de enfermedades) este crecimiento exponencial coincide con lo que realmente ocurre en la naturaleza.

EJEMPLO 3 En la tabla 1 se presentan los datos de la población del mundo en el siglo XX, y en la figura 8, el diagrama de dispersión correspondiente.

El patrón de los puntos de datos de la figura 8 sugiere un crecimiento exponencial, por lo que se utiliza una calculadora graficadora (o computadora) con capacidad de regresión exponencial para aplicar el método de los mínimos cuadrados y obtener el modelo exponencial

$$P(t) = (1.43653 \times 10^9) \cdot (1.01395)^t$$

donde $t = 0$ corresponde al año 1900. En la figura 9 se muestra la gráfica de esta función exponencial junto con los puntos de datos originales. Observe que la curva exponencial se ajusta razonablemente bien a los datos. El periodo de crecimiento demográfico relativamente lento se explica por las dos guerras mundiales y la Gran Depresión de la década de 1930.

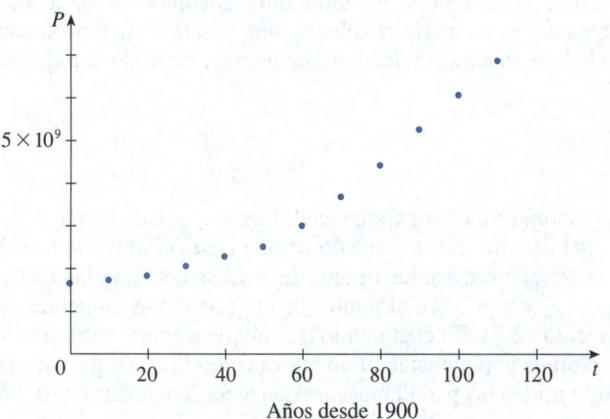

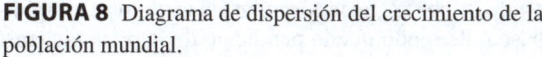

FIGURA 8 Diagrama de dispersión del crecimiento de la población mundial.

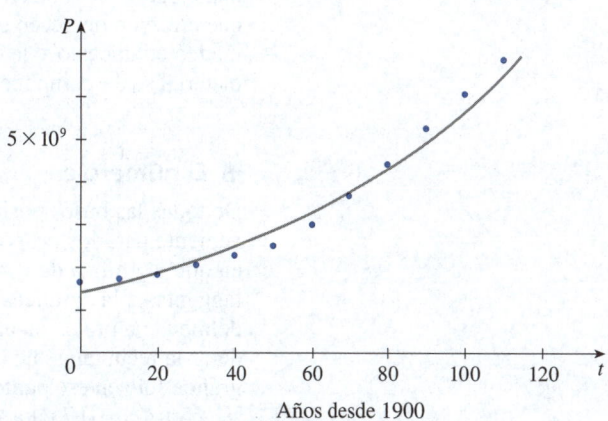

Años desde 1900

FIGURA 9 Modelo exponencial del crecimiento de la población mundial.

Tabla 2

t (días)	$V(t)$
1	76.0
4	53.0
8	18.0
11	9.4
15	5.2
22	3.6

EJEMPLO 4 En 1995 se publicó un artículo de investigación que detallaba el efecto del inhibidor de la proteasa ABT-538 sobre el virus de la inmunodeficiencia humana VIH-1.[3] En la tabla 2 se ven los valores de la carga viral plasmática $V(t)$ del paciente 303, medidos en copias de ARN por mL, t días después de que se iniciara el tratamiento con ABT-538. La gráfica de dispersión correspondiente se muestra en la figura 10.

El descenso tan drástico de la carga viral que se ve en la figura 10 recuerda las gráficas de la función exponencial $y = b^x$ de las figuras 3 y 4(a) cuando la base b es menor que 1. Así, se modela la función $V(t)$ por una función exponencial. Con una calculadora graficadora o una computadora que ajusta los datos de la tabla 2 con una función exponencial de la forma $y = a \cdot b^t$, se obtiene el modelo.

[3] D. Ho *et al.,* "Rapid Turnover of Plasma Virions and CD4 Lymphocytes in HIV-1 Infection", *Nature* 373 (1995): 123-26.

$$V = 96.39785 \cdot (0.818656)^t$$

En la figura 11 se grafica esta función exponencial con los puntos obtenidos de los datos y se observa que el modelo representa la carga viral razonablemente bien para el primer mes de tratamiento.

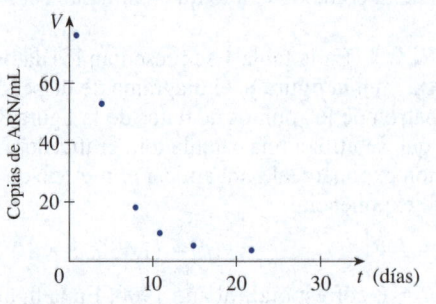

FIGURA 10
Carga de plasma viral en el paciente 303.

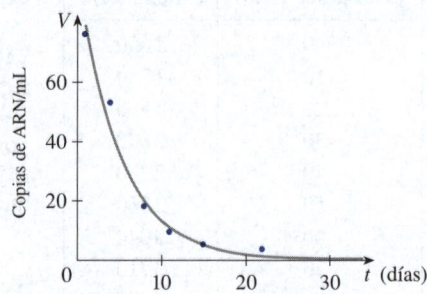

FIGURA 11
Modelo exponencial de la carga viral.   ■

En el ejemplo 3 se usa una función exponencial de la forma $y = a \cdot b^t$, $b > 1$, para modelar una población en crecimiento; y en el ejemplo 4, $y = a \cdot b^t$, $b < 1$, para modelar una carga viral decreciente. En la sección 3.8 se exploran otros ejemplos de cantidades que crecen o decrecen exponencialmente, como el valor de una cuenta de inversión con interés compuesto y la cantidad de material radiactivo que permanece a medida que el material se descompone.

■ El número *e*

De todas las bases posibles para una función exponencial, hay una que es la más conveniente para los propósitos del cálculo. En la elección de una base b influye la forma en que la gráfica de $y = b^x$ cruza el eje y. En las figuras 12 y 13 se aprecian las rectas tangentes a las gráficas de $y = 2^x$ y $y = 3^x$ en el punto (0, 1). (Las rectas tangentes se definen con precisión en la sección 2.7). En cuanto a lo que interesa ahora, cabe considerar la recta tangente a una gráfica exponencial en un punto como la recta que toca la gráfica solo en ese punto). Si se miden las pendientes de estas rectas tangentes en (0, 1), se ve que $m \approx 0.7$ para $y = 2^x$ y $m \approx 1.1$ para $y = 3^x$.

Resulta, como se verá en el capítulo 3, que algunas fórmulas de cálculo se simplifican en gran medida si se elige la base b de modo que la pendiente de la recta tangente a $y = b^x$ en (0, 1) sea *exactamente* 1 (vea la figura 14). De hecho, *sí* existe tal número y se denota con la letra e. (El matemático suizo Leonhard Euler eligió esta notación en 1727, probablemente porque es la primera letra de la palabra *exponencial*). En vista de

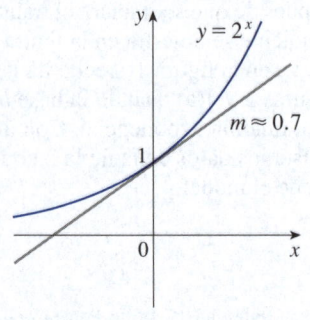

FIGURA 12

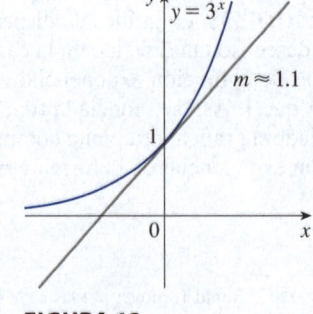

FIGURA 13

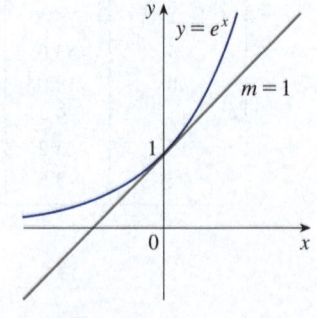

FIGURA 14

las figuras 12 y 13, no es sorprendente que el número e se encuentre entre 2 y 3 ni que la gráfica de $y = e^x$ se ubique entre las gráficas de $y = 2^x$ y $y = 3^x$ (vea la figura 15). En el capítulo 3 se verá que el valor de e, con cinco decimales de precisión, es

$$e \approx 2.71828$$

La función $f(x) = e^x$ se denomina **función exponencial natural**.

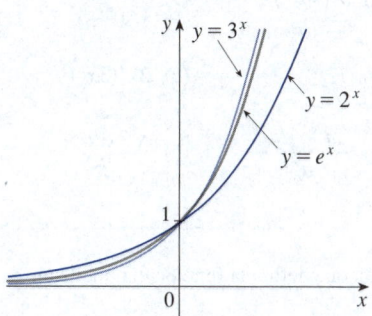

FIGURA 15
La gráfica de $y = e^x$ se ubica entre las gráficas de $y = 2^x$ y $y = 3^x$.

EJEMPLO 5 Grafique la función $y = \frac{1}{2}e^{-x} - 1$ e indique el dominio y rango.

SOLUCIÓN Se comienza con la gráfica de $y = e^x$ mostrada en las figuras 14 y 16(a) y se refleja a través del eje y para obtener la gráfica de $y = e^{-x}$ de la figura 16(b). (Observe que la recta tangente a la gráfica en la intersección en y tiene una pendiente -1). Luego se comprime la gráfica verticalmente por un factor de 2 para obtener la gráfica de $y = \frac{1}{2}e^{-x}$ de la figura 16(c). Finalmente, la gráfica se desplaza hacia abajo una unidad para obtener la gráfica deseada en la figura 16(d). El dominio es $\mathbb{R}$ y el rango es $(-1, \infty)$.

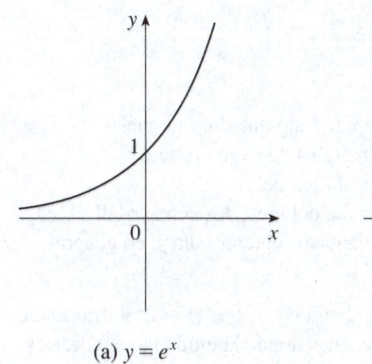

(a) $y = e^x$

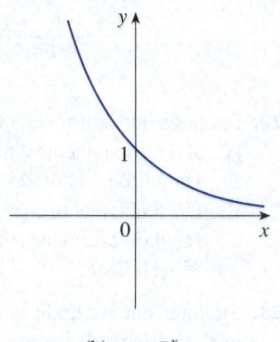
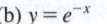

(b) $y = e^{-x}$

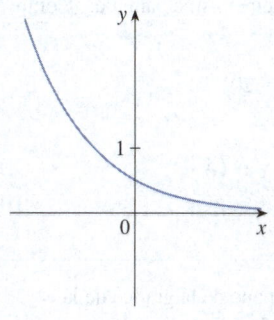

(c) $y = \frac{1}{2}e^{-x}$

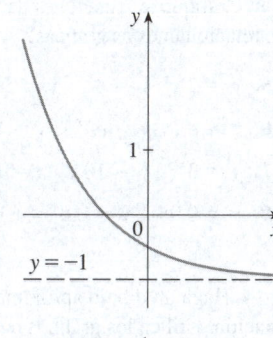

(d) $y = \frac{1}{2}e^{-x} - 1$

FIGURA 16

¿A qué distancia hacia la derecha tendría que ir para que la altura de la gráfica de $y = e^x$ exceda un millón? En el siguiente ejemplo se demuestra el rápido crecimiento de esta función con una respuesta que podría sorprenderle.

EJEMPLO 6 Con una calculadora graficadora o una computadora determine los valores de x para los cuales $e^x > 1\,000\,000$.

SOLUCIÓN En la figura 17 se grafica tanto la función $y = e^x$ como la recta horizontal $y = 1\,000\,000$. Estas curvas se intersecan cuando $x \approx 13.8$. Así, $e^x > 10^6$ cuando $x > 13.8$. Es quizá sorprendente que los valores de la función exponencial superaran un millón cuando x es solo 14.

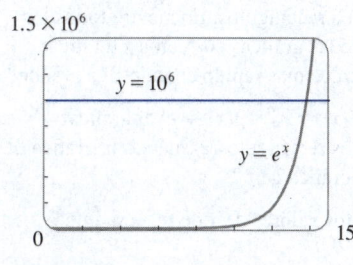

FIGURA 17

1.4 | Ejercicios

1-2 Mediante las leyes de los exponentes reescriba y simplifique cada expresión.

1. (a) $\dfrac{-2^6}{4^3}$ (b) $\dfrac{(-3)^6}{9^6}$ (c) $\dfrac{1}{\sqrt[4]{x^5}}$

 (d) $\dfrac{x^3 \cdot x^n}{x^{n+1}}$ (e) $b^3(3b^{-1})^{-2}$ (f) $\dfrac{2x^2y}{(3x^{-2}y)^2}$

2. (a) $\dfrac{\sqrt[3]{4}}{\sqrt[3]{108}}$ (b) $27^{2/3}$ (c) $2x^2(3x^5)^2$

 (d) $(2x^{-2})^{-3}x^{-3}$ (e) $\dfrac{3a^{3/2} \cdot a^{1/2}}{a^{-1}}$ (f) $\dfrac{\sqrt{a\sqrt{b}}}{\sqrt[3]{ab}}$

3. (a) Escriba una ecuación que defina la función exponencial con base $b > 0$.
 (b) ¿Cuál es el dominio de esta función?
 (c) Si $b \neq 1$, ¿cuál es el rango de esta función?
 (d) Trace la forma general de la gráfica de la función exponencial para cada uno de los siguientes casos.
  (i) $b > 1$
  (ii) $b = 1$
  (iii) $0 < b < 1$

4. (a) ¿Cómo se define el número e?
 (b) ¿Cuál es un valor aproximado para e?
 (c) ¿Cuál es la función exponencial natural?

5-8 Grafique las funciones dadas en una misma pantalla. ¿Cómo se relacionan estas gráficas?

5. $y = 2^x$, $y = e^x$, $y = 5^x$, $y = 20^x$

6. $y = e^x$, $y = e^{-x}$, $y = 8^x$, $y = 8^{-x}$

7. $y = 3^x$, $y = 10^x$, $y = \left(\tfrac{1}{3}\right)^x$, $y = \left(\tfrac{1}{10}\right)^x$

8. $y = 0.9^x$, $y = 0.6^x$, $y = 0.3^x$, $y = 0.1^x$

9-14 Haga un dibujo aproximado a mano de la gráfica de la función. Utilice los gráficos dados en las figuras 3 y 15, y, de ser necesario, las transformaciones de la sección 1.3.

9. $g(x) = 3^x + 1$ **10.** $h(x) = 2\left(\tfrac{1}{2}\right)^x - 3$

11. $y = -e^{-x}$ **12.** $y = 4^{x+2}$

13. $y = 1 - \tfrac{1}{2}e^{-x}$ **14.** $y = e^{|x|}$

15. A partir de la gráfica de $y = e^x$, escriba la ecuación de la gráfica que resulta de
 (a) desplazar 2 unidades hacia abajo.
 (b) desplazar 2 unidades hacia la derecha.
 (c) reflejar a través del eje x.
 (d) reflejar a través del eje y.
 (e) reflejar a través del eje x y luego del eje y.

16. A partir de la gráfica de $y = e^x$, encuentre la ecuación de la gráfica que resulta de
 (a) reflejar a través de la recta $y = 4$.
 (b) reflejar a través de la recta $y = 2$.

17-18 Encuentre el dominio de cada función.

17. (a) $f(x) = \dfrac{1 - e^{x^2}}{1 - e^{1-x^2}}$ (b) $f(x) = \dfrac{1 + x}{e^{\cos x}}$

18. (a) $g(t) = \sqrt{10^t - 100}$ (b) $g(t) = \operatorname{sen}(e^t - 1)$

19-20 Determine la función exponencial $f(x) = Cb^x$ cuya gráfica se da.

19.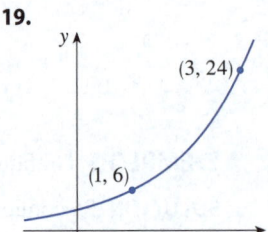

20.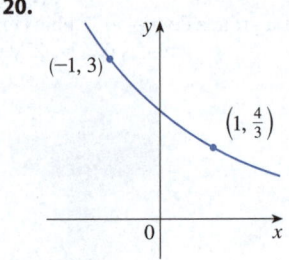

21. Si $f(x) = 5^x$, demuestre que

$$\frac{f(x + h) - f(x)}{h} = 5^x\left(\frac{5^h - 1}{h}\right)$$

22. Suponga que le ofrecen un trabajo que dura un mes. ¿Cuál de los siguientes métodos de pago prefiere?
 I. Un millón de dólares al final del mes.
 II. Un centavo el primer día del mes, dos centavos el segundo día, cuatro centavos el tercer día y, en general, 2^{n-1} el día n.

23. Suponga que las gráficas de $f(x) = x^2$ y $g(x) = 2^x$ se trazan en una cuadrícula de coordenadas donde la unidad de medida es 3 centímetros. Demuestre que, a una distancia de 1 m a la derecha del origen, la altura de la gráfica de f es de 15 m, pero la altura de la gráfica de g es de 419 km.

24. Compare las funciones $f(x) = x^5$ y $g(x) = 5^x$ al graficar ambas funciones en varios rectángulos. Encuentre todos los puntos de intersección de las gráficas correctos a un lugar decimal. ¿Qué función crece más rápido cuando x es grande?

25. Compare las funciones $f(x) = x^{10}$ y $g(x) = e^x$ al graficar ambas funciones en varios rectángulos. ¿Cuándo la gráfica de g finalmente supera a la gráfica de f?

26. Con una gráfica calcule los valores de x de manera que $e^x > 1\,000\,000\,000$.

T **27.** Un investigador determina el tiempo de duplicación de una población de la bacteria *Giardia lamblia*. Comienza un cultivo en una solución nutritiva y estima el recuento de la bacteria cada cuatro horas. Sus datos se muestran en la tabla.

Tiempo (horas)	0	4	8	12	16	20	24
Recuento de bacterias (CFU/mL)	37	47	63	78	105	130	173

(a) Trace un diagrama de dispersión de los datos.

(b) Con una calculadora o computadora determine una curva exponencial $f(t) = a \cdot b^t$ que modele la población bacteriana t horas más tarde.

(c) Grafique el modelo del inciso (b) junto con el diagrama de dispersión del inciso (a). Con la gráfica calcule en cuánto tiempo se duplicará el recuento bacteriano.

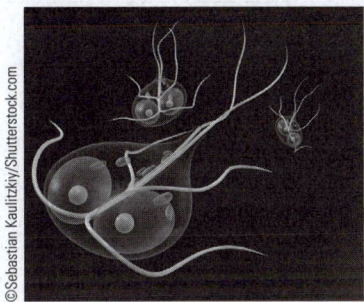

G. lamblia

T **28.** En la tabla se presenta la población de Estados Unidos, en millones, de los años 1900-2010. Con una calculadora graficadora (o computadora) con capacidad de regresión exponencial modele la población estadounidense desde 1900. Use el modelo para estimar la población en 1925 y predecir la población en el año 2020.

Año	Población
1900	76
1910	92
1920	106
1930	123
1940	131
1950	150
1960	179
1970	203
1980	227
1990	250
2000	281
2010	310

29. Un cultivo de bacterias comienza con 500 bacterias y duplica su tamaño cada media hora.

(a) ¿Cuántas bacterias hay después de 3 horas?

(b) ¿Cuántas bacterias hay después de t horas?

(c) ¿Cuántas bacterias hay después de 40 minutos?

(d) Grafique la función de población y estime el tiempo en que la población alcanzará 100 000.

30. En cierta región se introdujo una población de ardillas grises hace 18 años. Los biólogos observan que la población se duplica cada seis años, y ahora la población es de 600.

(a) ¿Cuál fue la población inicial de ardillas?

(b) ¿Cuál es la población de ardillas prevista t años después de la introducción?

(c) Estime la población de ardillas prevista para dentro de 10 años.

31. En el ejemplo 4, la carga viral V del paciente era de 76.0 copias de ARN por mL después de un día de tratamiento. Con la gráfica de V de la figura 11, calcule el tiempo adicional necesario para que la carga viral disminuya a la mitad de esa cantidad.

32. Después de que el alcohol se absorbe completamente en el cuerpo, se metaboliza. Suponga que después de consumir varias bebidas alcohólicas por la noche, su concentración de alcohol en sangre (CAS) a medianoche es de 0.14 g/dL. Después de una hora y media su CAS es la mitad de esta cantidad.

(a) Encuentre un modelo exponencial para su CAS t horas después de la medianoche.

(b) Grafique su CAS y utilice la gráfica para determinar el momento en que su CAS alcanzará el límite legal de 0.08 g/dL.

Fuente: Adaptado de P. Wilkinson *et al.*, "Pharmacokinetics of Ethanol after Oral Administration in the Fasting State", *Journal of Pharmacokinetics and Biopharmaceutics* 5 (1977): 207-24.

33. Si grafica la función

$$f(x) = \frac{1 - e^{1/x}}{1 + e^{1/x}}$$

verá que f parece una función impar. Demuéstrelo.

34. Grafique varios miembros de la familia de funciones

$$f(x) = \frac{1}{1 + ae^{bx}}$$

donde $a > 0$. ¿Cómo cambia la gráfica cuando cambia b? ¿Cómo cambia cuando cambia a?

35. Grafique varios miembros de la familia de funciones

$$f(x) = \frac{a}{2}\left(e^{x/a} + e^{-x/a}\right)$$

donde $a > 0$. ¿Cómo cambia la gráfica a medida que aumenta a?

1.5 | Funciones inversas y logaritmos

■ Funciones inversas

En la tabla 1 se presentan datos de un experimento en el que una bióloga inició un cultivo de bacterias con 100 bacterias en un medio nutritivo limitado; el tamaño de la población de bacterias se registró en intervalos de una hora. El número de bacterias N es una función del tiempo t: $N = f(t)$.

Sin embargo, suponga que la bióloga cambia su punto de vista y se interesa en el tiempo necesario para que la población alcance diversos niveles; en otras palabras, piensa en t como función de N. Esta función se llama *función inversa* de f, denotada por f^{-1}, y se lee "f inversa". Aquí $t = f^{-1}(N)$ es el tiempo requerido para que la población alcance N. Los valores de f^{-1} se encuentran al leer la tabla 1 de derecha a izquierda o al consultar la tabla 2. Por ejemplo, $f^{-1}(550) = 6$ porque $f(6) = 550$.

Tabla 1 *N como función de t.*

t (horas)	$N = f(t)$ = población en el momento t
0	100
1	168
2	259
3	358
4	445
5	509
6	550
7	573
8	586

Tabla 2 *t como función de N.*

N	$t = f^{-1}(N)$ = tiempo para llegar a N bacterias
100	0
168	1
259	2
358	3
445	4
509	5
550	6
573	7
586	8

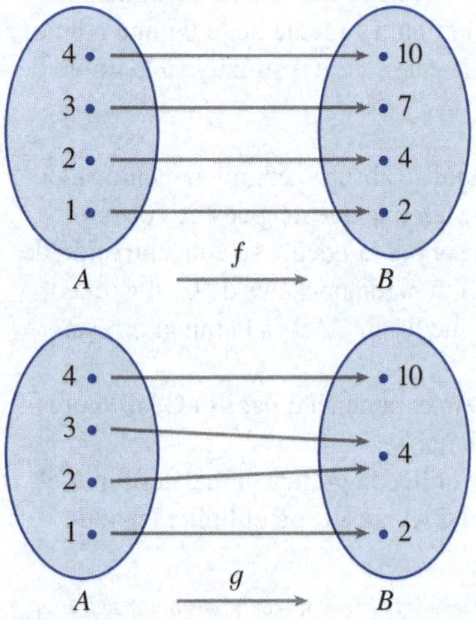

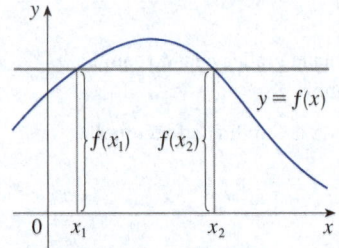

FIGURA 1

f es uno a uno; g no lo es.

No todas las funciones poseen inversas. Se comparan las funciones f y g cuyos diagramas de flechas se muestran en la figura 1. Observe que f nunca toma el mismo valor dos veces (dos entradas cualesquiera en A tienen salidas diferentes), mientras que g sí toma el mismo valor dos veces (tanto 2 como 3 tienen la misma salida, 4). En símbolos,

$$g(2) = g(3)$$

pero $\qquad f(x_1) \neq f(x_2) \qquad$ siempre que $x_1 \neq x_2$

Las funciones que comparten esta propiedad con f se llaman *funciones uno a uno*.

En el lenguaje de las entradas y salidas, la definición 1 dice que f es uno a uno si cada salida corresponde a una sola entrada.

> **1   Definición**   Una función f se llama **función uno a uno**, o **función inyectiva**, si nunca toma el mismo valor dos veces; es decir,
>
> $$f(x_1) \neq f(x_2) \qquad \text{siempre que } x_1 \neq x_2$$

Si una recta horizontal interseca la gráfica de f en más de un punto, entonces en la figura 2 se muestra que hay números x_1 y x_2 tales que $f(x_1) = f(x_2)$. Esto significa que f no es uno a uno.

Por lo tanto, se tiene el siguiente método geométrico para determinar si una función es uno a uno.

FIGURA 2

Esta función no es uno a uno porque $f(x_1) = f(x_2)$.

> **Prueba de la recta horizontal**   Una función es uno a uno si y solo si ninguna recta horizontal interseca su gráfica más de una vez.

EJEMPLO 1 ¿Es la función $f(x) = x^3$ uno a uno?

SOLUCIÓN 1 Si $x_1 \neq x_2$, entonces $x_1^3 \neq x_2^3$ (dos números diferentes no pueden tener el mismo cubo). Por lo tanto, según la definición 1, $f(x) = x^3$ es uno a uno.

SOLUCIÓN 2 En la figura 3 se muestra que ninguna recta horizontal interseca la gráfica de $f(x) = x^3$ más de una vez. Por lo tanto, por la prueba de la recta horizontal, f es uno a uno.

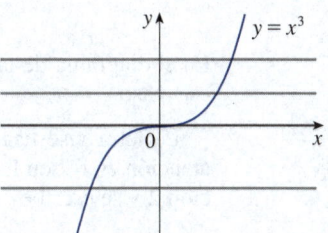

FIGURA 3

$f(x) = x^3$ es uno a uno.

EJEMPLO 2 ¿La función $g(x) = x^2$ es uno a uno?

SOLUCIÓN 1 Esta función no es uno a uno porque, por ejemplo,

$$g(1) = 1 = g(-1)$$

y por ende 1 y -1 tienen la misma salida.

SOLUCIÓN 2 En la figura 4 se muestra que hay rectas horizontales que intersecan la gráfica de g más de una vez. Por lo tanto, según la prueba de la recta horizontal, g no es uno a uno.

Las funciones uno a uno son importantes porque son, precisamente, las funciones que poseen funciones inversas según la siguiente definición.

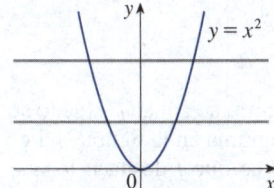

FIGURA 4

$g(x) = x^2$ no es uno a uno.

> **2** **Definición** Sea f una función uno a uno con dominio A y rango B. Entonces su **función inversa** f^{-1} tiene dominio B y rango A y se define por
>
> $$f^{-1}(y) = x \iff f(x) = y$$
>
> para cualquier y en B.

Esta definición dice que, si f se mapea de x a y, entonces f^{-1} mapea y de regreso a x. (Si f no fuera uno a uno, entonces f^{-1} no se definiría de manera única). En el diagrama de flechas de la figura 5 se indica que f^{-1} invierte el efecto de f. Observe que

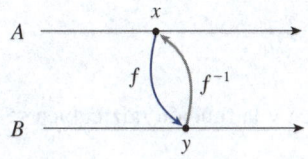

FIGURA 5

$$\text{dominio de } f^{-1} = \text{rango de } f$$
$$\text{rango de } f^{-1} = \text{dominio de } f$$

Por ejemplo, la función inversa de $f(x) = x^3$ es $f^{-1}(x) = x^{1/3}$ porque si $y = x^3$, entonces

$$f^{-1}(y) = f^{-1}(x^3) = (x^3)^{1/3} = x$$

⊘ **PRECAUCIÓN** No confunda el -1 en f^{-1} con un exponente. Así

El recíproco $1/f(x)$ podría escribirse como $[f(x)]^{-1}$.

$$f^{-1}(x) \quad no \text{ significa} \quad \frac{1}{f(x)}$$

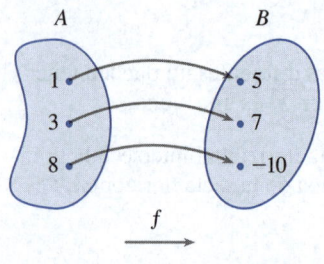

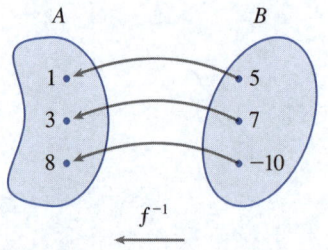

FIGURA 6

La función inversa invierte entradas y salidas.

EJEMPLO 3 Si f es una función uno a uno y $f(1) = 5$, $f(3) = 7$ y $f(8) = -10$, encuentre $f^{-1}(7)$, $f^{-1}(5)$ y $f^{-1}(-10)$.

SOLUCIÓN De la definición de f^{-1} se tiene

$$f^{-1}(7) = 3 \qquad \text{porque} \qquad f(3) = 7$$
$$f^{-1}(5) = 1 \qquad \text{porque} \qquad f(1) = 5$$
$$f^{-1}(-10) = 8 \qquad \text{porque} \qquad f(8) = -10$$

En el diagrama de la figura 6 se muestra con claridad que f^{-1} invierte el efecto de f en este caso. ∎

La letra x se usa tradicionalmente como variable independiente, así que al poner atención en f^{-1} en lugar de f, normalmente se invierten los papeles de x y y en la definición 2 y se escribe

$$\boxed{3} \qquad \boxed{f^{-1}(x) = y \iff f(y) = x}$$

Al sustituir y en la definición 2 y x en (3), se obtienen las siguientes **ecuaciones de cancelación**:

$$\boxed{4} \qquad \boxed{\begin{aligned} f^{-1}(f(x)) &= x \qquad \text{para toda } x \text{ en } A \\ f(f^{-1}(x)) &= x \qquad \text{para toda } x \text{ en } B \end{aligned}}$$

La primera ecuación de cancelación dice que, si se empieza con x, se aplica f y luego se aplica f^{-1}, se llega de nuevo a x, donde se empieza (vea el diagrama en la figura 7). Por lo tanto, f^{-1} deshace lo que f hace. La segunda ecuación dice que f deshace lo que f^{-1} hace.

FIGURA 7

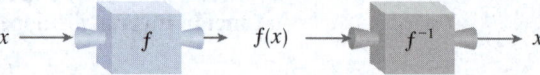

Por ejemplo, si $f(x) = x^3$, entonces $f^{-1}(x) = x^{1/3}$ y así las ecuaciones de cancelación se convierten en

$$f^{-1}(f(x)) = (x^3)^{1/3} = x$$

$$f(f^{-1}(x)) = (x^{1/3})^3 = x$$

Estas ecuaciones simplemente dicen que la función cúbica y la función raíz cúbica se cancelan entre sí cuando se aplican en secuencia.

A continuación se presenta cómo calcular funciones inversas. Si se tiene una función $y = f(x)$ y es posible despejar x en esta ecuación en términos de y, entonces de acuerdo con la definición 2 se tiene $x = f^{-1}(y)$. Si se llama a la variable independiente x, entonces se intercambia x y y, llegando a la ecuación $y = f^{-1}(x)$.

---

⑤ Cómo encontrar la función inversa de una función uno a uno f

PASO 1 Escriba $y = f(x)$.

PASO 2 Resuelva esta ecuación para x en términos de y (si es posible).

PASO 3 Para expresar f^{-1} como función de x, intercambie x y y. La ecuación que resulta es $y = f^{-1}(x)$.

EJEMPLO 4 Encuentre la función inversa de $f(x) = x^3 + 2$.

SOLUCIÓN De acuerdo con (5) primero se escribe

$$y = x^3 + 2$$

Luego se despeja x en esta ecuación:

$$x^3 = y - 2$$

$$x = \sqrt[3]{y - 2}$$

En el ejemplo 4, observe que f^{-1} invierte el efecto de f. La función f es la regla "Eleve al cubo y luego sume 2"; f^{-1} es la regla "Reste 2, luego tome la raíz cúbica".

Finalmente se intercambia x y y:

$$y = \sqrt[3]{x - 2}$$

Por lo tanto, la función inversa es $f^{-1}(x) = \sqrt[3]{x - 2}$. ∎

El principio de intercambiar x y y para encontrar la función inversa también da el método para obtener la gráfica de f^{-1} a partir de la gráfica de f. Como $f(a) = b$ si y solo si $f^{-1}(b) = a$, el punto (a, b) está en la gráfica de f si y solo si el punto (b, a) está en la gráfica de f^{-1}. Pero se obtiene el punto (b, a) de (a, b) al reflejar a través de la recta $y = x$ (vea la figura 8).

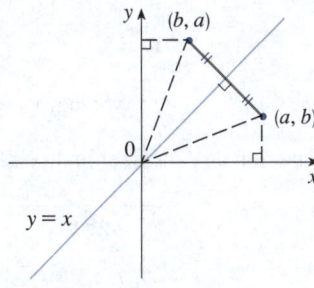

FIGURA 8

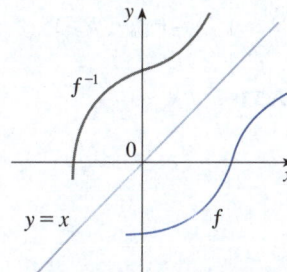

FIGURA 9

Por lo tanto, como se ilustra en la figura 9:

La gráfica de f^{-1} se obtiene al reflejar la gráfica de f a través de la recta $y = x$.

EJEMPLO 5 Trace las gráficas de $f(x) = \sqrt{-1 - x}$ y su función inversa con los mismos ejes coordenados.

SOLUCIÓN Primero se traza la curva $y = \sqrt{-1 - x}$ (la mitad superior de la parábola $y^2 = -1 - x$, o $x = -y^2 - 1$) y luego se refleja a través de la recta $y = x$ para obtener la gráfica de f^{-1} (vea la figura 10). Como comprobación de la gráfica, observe que la expresión para f^{-1} es $f^{-1}(x) = -x^2 - 1$, $x \geq 0$. Así, la gráfica de f^{-1} es la mitad derecha de la parábola $y = -x^2 - 1$ y esto parece razonable según la figura 10. ∎

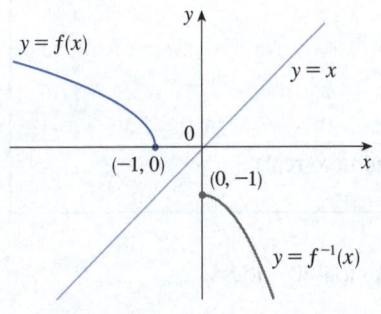

FIGURA 10

■ Funciones logarítmicas

Si $b > 0$ y $b \neq 1$, la función exponencial $f(x) = b^x$ es creciente o decreciente, y por lo tanto, es uno a uno según la prueba de la recta horizontal. Por lo tanto, tiene una función inversa f^{-1}, que se llama **función logarítmica con base b** y se denota $\log_b$. Si se utiliza la formulación de una función inversa dada por (3),

$$f^{-1}(x) = y \quad \Longleftrightarrow \quad f(y) = x$$

entonces se tiene

$$\boxed{6} \qquad \boxed{\log_b x = y \qquad \Longleftrightarrow \qquad b^y = x}$$

Así, si $x > 0$, entonces $\log_b x$ es el exponente al que debe elevarse la base b para obtener x. Por ejemplo, $\log_{10} 0.001 = -3$ porque $10^{-3} = 0.001$.

Las ecuaciones de cancelación (4), cuando se aplican a las funciones $f(x) = b^x$ y $f^{-1}(x) = \log_b x$, se convierten en

$$\boxed{7} \qquad \boxed{\begin{array}{l} \log_b(b^x) = x \quad \text{para toda} \quad x \in \mathbb{R} \\[6pt] b^{\log_b x} = x \quad \text{para toda} \quad x > 0 \end{array}}$$

La función logarítmica $\log_b$ tiene dominio $(0, \infty)$ y rango $\mathbb{R}$. Su gráfica es el reflejo de la gráfica de $y = b^x$ a través de la recta $y = x$.

En la figura 11 se muestra el caso en el que $b > 1$. (Las funciones logarítmicas más importantes tienen como base $b > 1$). El hecho de que $y = b^x$ sea una función que crece muy rápido cuando $x > 0$ se refleja en que $y = \log_b x$ es una función que aumenta muy lentamente cuando $x > 1$.

En la figura 12 se ven las gráficas de $y = \log_b x$ con varios valores de la base $b > 1$. Como $\log_b 1 = 0$, las gráficas de todas las funciones logarítmicas pasan por el punto $(1, 0)$.

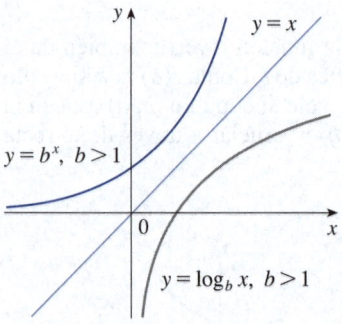

FIGURA 11

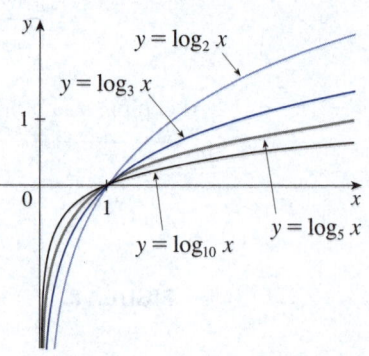

FIGURA 12

Las siguientes propiedades de las funciones logarítmicas se derivan de las propiedades correspondientes de las funciones exponenciales dadas en la sección 1.4.

Leyes de los logaritmos Si x y y son números positivos, entonces

1. $\log_b(xy) = \log_b x + \log_b y$

2. $\log_b\left(\dfrac{x}{y}\right) = \log_b x - \log_b y$

3. $\log_b(x^r) = r \log_b x$ (donde r es cualquier número real)

EJEMPLO 6 Con las leyes de los logaritmos evalúe $\log_2 80 - \log_2 5$.

SOLUCIÓN Con la ley 2, se tiene

$$\log_2 80 - \log_2 5 = \log_2\left(\frac{80}{5}\right) = \log_2 16 = 4$$

porque $2^4 = 16$. ∎

Notación para logaritmos
La mayoría de los libros de texto de cálculo y ciencias, así como las calculadoras, usan la notación $\ln x$ para el logaritmo natural y $\log x$ para el "logaritmo común", $\log_{10} x$. Sin embargo, en la bibliografía matemática y científica más avanzada y en los lenguajes informáticos, la notación $\log x$ suele denotar el logaritmo natural.

■ Logaritmos naturales

De todas las posibles bases b para los logaritmos, se verá en el capítulo 3 que la elección más conveniente de una base es el número e, que se definió en la sección 1.4. El logaritmo con base e se llama **logaritmo natural** y tiene una notación especial:

$$\log_e x = \ln x$$

Si se establece $b = e$ y se reemplaza $\log_e$ con "ln" en (6) y (7), entonces las propiedades definitorias de la función logaritmo natural se convierten en

$$\boxed{8} \quad \ln x = y \iff e^y = x$$

$$\boxed{9} \quad \begin{aligned} \ln(e^x) &= x & x \in \mathbb{R} \\ e^{\ln x} &= x & x > 0 \end{aligned}$$

En particular, si se establece $x = 1$, se obtiene

$$\ln e = 1$$

Al combinar la propiedad 9 con la ley 3, se escribe

$$x^r = e^{\ln(x^r)} = e^{r \ln x} \qquad x > 0$$

Así, una potencia de x se expresa en una forma exponencial equivalente; se verá la utilidad de esto en los siguientes capítulos.

$$\boxed{10} \quad x^r = e^{r \ln x}$$

EJEMPLO 7 Determine x si $\ln x = 5$.

SOLUCIÓN 1 De (8) se ve que

$$\ln x = 5 \qquad \text{significa} \qquad e^5 = x$$

Por lo tanto, $x = e^5$.

(Si se le dificulta trabajar con la notación "ln", simplemente reemplácela por $\log_e$. Entonces la ecuación se convierte en $\log_e x = 5$; así, por la definición de logaritmo, $e^5 = x$).

SOLUCIÓN 2 Empiece con la ecuación

$$\ln x = 5$$

y aplique la función exponencial a ambos lados de la ecuación:

$$e^{\ln x} = e^5$$

Pero la segunda ecuación de cancelación en (9) dice que $e^{\ln x} = x$. Por lo tanto, $x = e^5$. ■

EJEMPLO 8 Resuelva la ecuación $e^{5-3x} = 10$.

SOLUCIÓN Se toman logaritmos naturales de ambos lados de la ecuación y se usa (9):

$$\ln(e^{5-3x}) = \ln 10$$
$$5 - 3x = \ln 10$$
$$3x = 5 - \ln 10$$
$$x = \tfrac{1}{3}(5 - \ln 10)$$

Con una calculadora se puede aproximar la solución: con cuatro puntos decimales, $x \approx 0.8991$. ∎

Las leyes de los logaritmos permiten expandir los logaritmos de productos y cocientes como sumas y diferencias de logaritmos. Estas mismas leyes también hacen posible combinar las sumas y diferencias de los logaritmos en una expresión logarítmica única. Estos procesos se ilustran en los ejemplos 9 y 10.

EJEMPLO 9 Con las leyes de los logaritmos expanda $\ln \dfrac{x^2\sqrt{x^2 + 2}}{3x + 1}$.

SOLUCIÓN Con las leyes 1, 2 y 3 de los logaritmos, se tiene

$$\ln \frac{x^2\sqrt{x^2 + 2}}{3x + 1} = \ln x^2 + \ln \sqrt{x^2 + 2} - \ln(3x + 1)$$
$$= 2 \ln x + \tfrac{1}{2}\ln(x^2 + 2) - \ln(3x + 1)$$ ∎

EJEMPLO 10 Exprese $\ln a + \tfrac{1}{2}\ln b$ como un solo logaritmo.

SOLUCIÓN Con las leyes 3 y 1 de los logaritmos, se tiene

$$\ln a + \tfrac{1}{2}\ln b = \ln a + \ln b^{1/2}$$
$$= \ln a + \ln \sqrt{b}$$
$$= \ln\left(a\sqrt{b}\,\right)$$ ∎

La siguiente fórmula muestra que los logaritmos con cualquier base pueden expresarse en términos del logaritmo natural.

---

11 **Fórmula para el cambio de base** Para cualquier número positivo b ($b \neq 1$), se tiene

$$\log_b x = \frac{\ln x}{\ln b}$$

DEMOSTRACIÓN   Sea $y = \log_b x$. Entonces, de (6), se tiene $b^y = x$. Al tomar los logaritmos naturales de ambos lados de esta ecuación, se obtiene $y \ln b = \ln x$. Por lo tanto,

$$y = \frac{\ln x}{\ln b}$$ ∎

La fórmula 11 permite el uso de una calculadora para obtener un logaritmo con cualquier base (como se muestra en el siguiente ejemplo). De igual manera, con la fórmula 11 es posible graficar cualquier función logarítmica en una calculadora o computadora (vea los ejercicios 49 y 50).

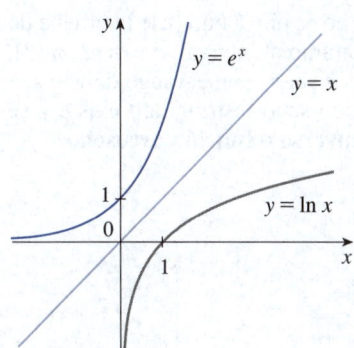

FIGURA 13

La gráfica de $y = \ln x$ es el reflejo de la gráfica de $y = e^x$ a través de la recta $y = x$.

EJEMPLO 11   Evalúe $\log_8 5$ correcto a seis decimales de precisión.

SOLUCIÓN   La fórmula 11 da

$$\log_8 5 = \frac{\ln 5}{\ln 8} \approx 0.773976$$

■ Gráfica y crecimiento del logaritmo natural

En la figura 13 se muestran las gráficas de la función exponencial $y = e^x$ y su función inversa, la función logaritmo natural. En común con todas las demás funciones logarítmicas con base mayor que 1, el logaritmo natural es una función creciente definida en $(0, \infty)$, y el eje y es una asíntota vertical. (Esto significa que los valores de $\ln x$ serán números negativos muy grandes a medida que x se aproxima a 0).

EJEMPLO 12   Trace la gráfica de la función $y = \ln(x - 2) - 1$.

SOLUCIÓN   Se empieza con la gráfica de $y = \ln x$ como se muestra en la figura 13. Con las transformaciones de la sección 1.3, se desplaza 2 unidades a la derecha para obtener la gráfica de $y = \ln(x - 2)$ y luego se desplaza 1 unidad hacia abajo para obtener la gráfica de $y = \ln(x - 2) - 1$ (vea la figura 14).

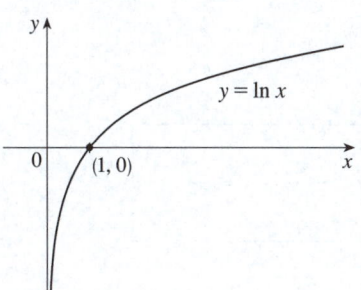
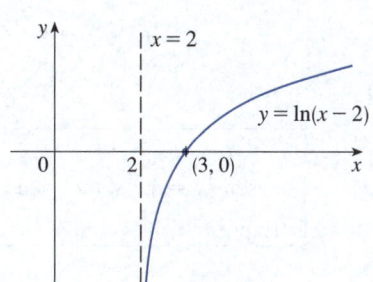
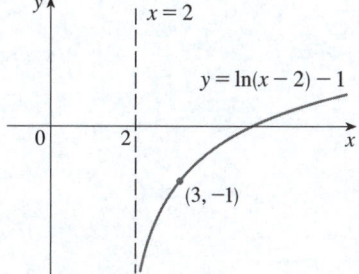

FIGURA 14

Aunque $\ln x$ es una función creciente, crece *muy* lentamente cuando $x > 1$. De hecho, $\ln x$ crece más lentamente que cualquier potencia positiva de x. Para ilustrar este hecho, se grafica $y = \ln x$ y $y = x^{1/2} = \sqrt{x}$ en las figuras 15 y 16. Se observa que las gráficas crecen inicialmente a tasas comparables, pero a la larga la función raíz supera por mucho al logaritmo.

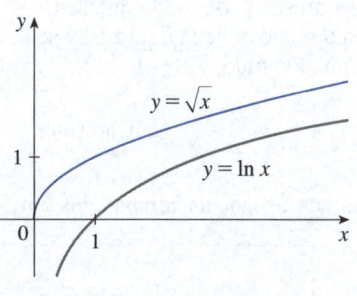
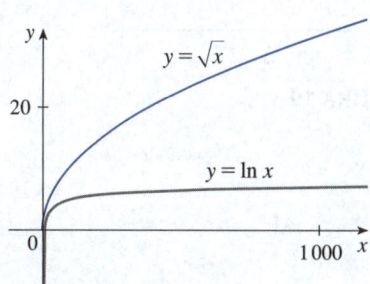

FIGURA 15   **FIGURA 16**

■ Funciones trigonométricas inversas

Cuando se buscan las funciones trigonométricas inversas, se tiene una ligera dificultad: como las funciones trigonométricas no son uno a uno, no tienen funciones inversas. La dificultad se supera al restringir los dominios de estas funciones para que sean uno a uno.

En la figura 17 se aprecia que la función $y = \operatorname{sen} x$ no es uno a uno (use la prueba de la recta horizontal). Sin embargo, si se restringe el dominio al intervalo $[-\pi/2, \pi/2]$, entonces la función es uno a uno y se obtienen todos los valores en el rango de $y = \operatorname{sen} x$ (vea la figura 18). La función inversa de esta función seno restringida f existe y se conoce como sen^{-1} o arcsen. Se llama **función seno inverso** o **función arcoseno**.

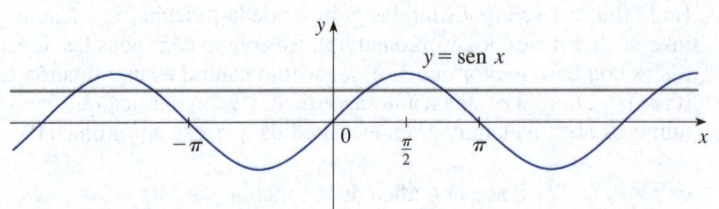

FIGURA 17

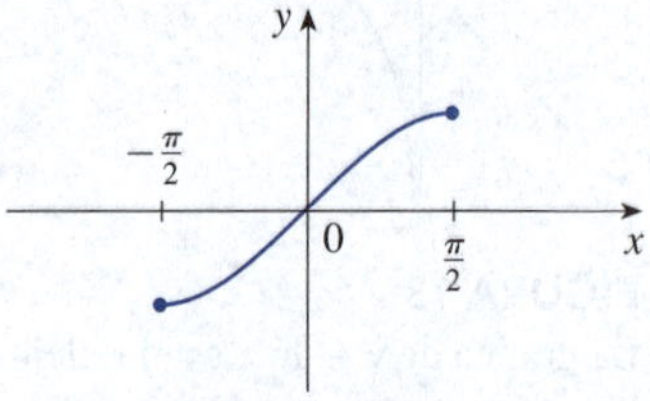

FIGURA 18
$y = \operatorname{sen} x,\ -\frac{\pi}{2} \leqslant x \leqslant \frac{\pi}{2}.$

Como la definición de una función inversa dice que

$$f^{-1}(x) = y \iff f(y) = x$$

se tiene

$$\operatorname{sen}^{-1} x = y \iff \operatorname{sen} y = x \quad \text{y} \quad -\frac{\pi}{2} \leqslant y \leqslant \frac{\pi}{2}$$

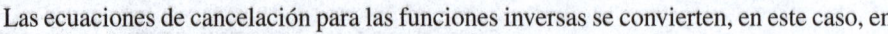

$\oslash \quad \operatorname{sen}^{-1} x \neq \dfrac{1}{\operatorname{sen} x}$

Entonces, si $-1 \leqslant x \leqslant 1$, $\operatorname{sen}^{-1} x$ es el número entre $-\pi/2$ y $\pi/2$ cuyo seno es x.

EJEMPLO 13 Evalúe (a) $\operatorname{sen}^{-1}\left(\frac{1}{2}\right)$ y (b) $\tan\left(\operatorname{arcsen} \frac{1}{3}\right)$.

SOLUCIÓN
(a) Se tiene

$$\operatorname{sen}^{-1}\left(\tfrac{1}{2}\right) = \frac{\pi}{6}$$

porque $\operatorname{sen}(\pi/6) = \frac{1}{2}$ y $\pi/6$ se encuentra entre $-\pi/2$ y $\pi/2$.

(b) Sea $\theta = \operatorname{arcsen} \frac{1}{3}$, de modo que $\operatorname{sen} \theta = \frac{1}{3}$. Entonces se traza un triángulo rectángulo con ángulo θ como el de la figura 19 y se deduce del teorema de Pitágoras que el tercer lado tiene una longitud $\sqrt{9-1} = 2\sqrt{2}$. Esto permite leer a partir del triángulo que

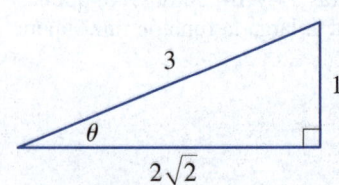

FIGURA 19

$$\tan\left(\operatorname{arcsen}\tfrac{1}{3}\right) = \tan u = \frac{1}{2\sqrt{2}} \quad \blacksquare$$

Las ecuaciones de cancelación para las funciones inversas se convierten, en este caso, en

$$\operatorname{sen}^{-1}(\operatorname{sen} x) = x \quad \text{para} -\frac{\pi}{2} \leqslant x \leqslant \frac{\pi}{2}$$

$$\operatorname{sen}(\operatorname{sen}^{-1} x) = x \quad \text{para} -1 \leqslant x \leqslant 1$$

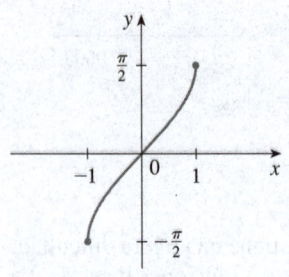

FIGURA 20
$y = \operatorname{sen}^{-1} x = \operatorname{arcsen} x.$

La función seno inverso, sen^{-1}, tiene dominio $[-1, 1]$ y rango $[-\pi/2, \pi/2]$, y su gráfica, que se muestra en la figura 20, se obtiene a partir de la función seno restringida (figura 18) por reflejo a través de la recta $y = x$.

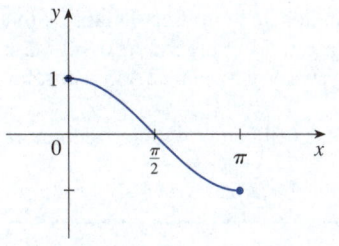

FIGURA 21
$y = \cos x, 0 \leqslant x \leqslant \pi$.

La **función coseno inverso** se maneja de igual manera. La función coseno restringida $f(x) = \cos x$, $0 \leqslant x \leqslant \pi$, es uno a uno (vea la figura 21) y, por lo tanto, tiene una función inversa denotada por $\cos^{-1}$ o arccos.

$$\cos^{-1}x = y \iff \cos y = x \quad \text{y} \quad 0 \leqslant y \leqslant \pi$$

Las ecuaciones de cancelación son

$$\cos^{-1}(\cos x) = x \quad \text{para } 0 \leqslant x \leqslant \pi$$
$$\cos(\cos^{-1}x) = x \quad \text{para } -1 \leqslant x \leqslant 1$$

La función coseno inverso, $\cos^{-1}$, tiene el dominio $[-1, 1]$ y el rango $[0, \pi]$. Su gráfica se muestra en la figura 22.

La función tangente se convierte en uno a uno al restringirla al intervalo $(-\pi/2, \pi/2)$. Así, la **función tangente inversa** se define como la inversa de la función $f(x) = \tan x$, $-\pi/2 < x < \pi/2$ (vea la figura 23). Se denota por $\tan^{-1}$ o arctan.

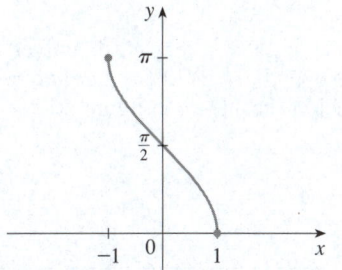

FIGURA 22
$y = \cos^{-1}x = \arccos x$.

$$\tan^{-1}x = y \iff \tan y = x \quad \text{y} \quad -\frac{\pi}{2} < y < \frac{\pi}{2}$$

EJEMPLO 14 Simplifique la expresión $\cos(\tan^{-1}x)$.

SOLUCIÓN 1 Sea $y = \tan^{-1}x$. Entonces $\tan y = x$ y $-\pi/2 < y < \pi/2$. Hay que encontrar $\cos y$ pero, como se conoce $\tan y$, es más fácil encontrar primero $\sec y$:

$$\sec^2 y = 1 + \tan^2 y = 1 + x^2$$
$$\sec y = \sqrt{1 + x^2} \qquad \text{(puesto que } \sec y > 0 \text{ para } -\pi/2 < y < \pi/2)$$

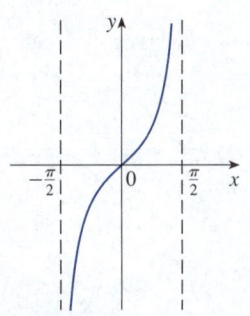

FIGURA 23
$y = \tan x, -\frac{\pi}{2} < x < \frac{\pi}{2}$.

Así, $$\cos(\tan^{-1}x) = \cos y = \frac{1}{\sec y} = \frac{1}{\sqrt{1 + x^2}}$$

SOLUCIÓN 2 En lugar de utilizar identidades trigonométricas como en la solución 1, quizá sea más fácil usar un diagrama. Si $y = \tan^{-1}x$, entonces $\tan y = x$, y se puede leer a partir de la figura 24 (que ilustra el caso $y > 0$) que

$$\cos(\tan^{-1}x) = \cos y = \frac{1}{\sqrt{1 + x^2}}$$ ■

La función tangente inversa, $\tan^{-1} = \arctan$, tiene el dominio $\mathbb{R}$ y el rango $(-\pi/2, \pi/2)$. En la figura 25 se muestra su gráfica.

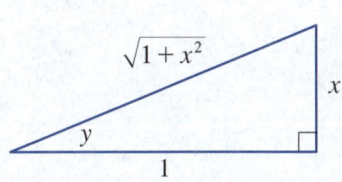

FIGURA 24

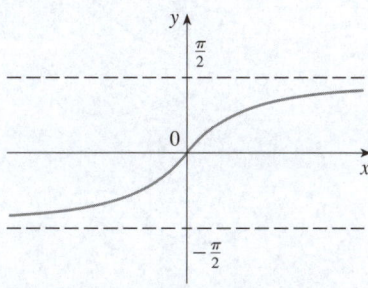

FIGURA 25
$y = \tan^{-1}x = \arctan x$.

Se sabe que las rectas $x = \pm\pi/2$ son asíntotas verticales de la gráfica de tan. Como la gráfica de $\tan^{-1}$ se obtiene al reflejar la gráfica de la función tangente restringida a través de la recta $y = x$, se deduce que las rectas $y = \pi/2$ y $y = -\pi/2$ son asíntotas horizontales de la gráfica de $\tan^{-1}$.

Las funciones trigonométricas inversas restantes no se utilizan con tanta frecuencia y se resumen aquí.

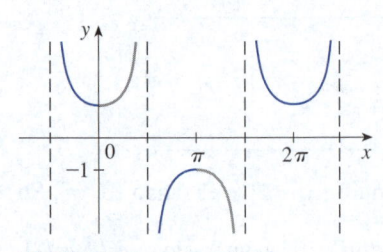

FIGURA 26
$y = \sec x$.

$$\boxed{12}\quad \begin{aligned} y &= \csc^{-1}x \ (|x| \geq 1) &\Longleftrightarrow\quad \csc y = x &\quad\text{y}\quad y \in (0, \pi/2] \cup (\pi, 3\pi/2] \\ y &= \sec^{-1}x \ (|x| \geq 1) &\Longleftrightarrow\quad \sec y = x &\quad\text{y}\quad y \in [0, \pi/2) \cup [\pi, 3\pi/2) \\ y &= \cot^{-1}x \ (x \in \mathbb{R}) &\Longleftrightarrow\quad \cot y = x &\quad\text{y}\quad y \in (0, \pi) \end{aligned}$$

La elección de intervalos para y en las definiciones de $\csc^{-1}$ y $\sec^{-1}$ no está universalmente acordada. Por ejemplo, algunos autores usan $y \in [0, \pi/2) \cup (\pi/2, \pi]$ en la definición de $\sec^{-1}$. [Se aprecia en la gráfica de la función secante de la figura 26 que tanto esta elección como la de (12) funcionan].

1.5 | Ejercicios

1. (a) ¿Qué es una función uno a uno?
(b) ¿Cómo se puede saber por la gráfica de una función que es uno a uno?

2. (a) Suponga que f es una función uno a uno con dominio A y rango B. ¿Cómo se define la función inversa f^{-1}? ¿Cuál es el dominio de f^{-1}? ¿Cuál es el rango de f^{-1}?
(b) Si le dan una fórmula para f, ¿cómo encuentra una fórmula para f^{-1}?
(c) Si le dan la gráfica de f, ¿cómo encuentra la gráfica de f^{-1}?

3-16 Una función se define por una tabla de valores, una gráfica, una fórmula o una descripción verbal. Determine si es uno a uno.

3.
x	1	2	3	4	5	6
$f(x)$	1.5	2.0	3.6	5.3	2.8	2.0

4.
x	1	2	3	4	5	6
$f(x)$	1.0	1.9	2.8	3.5	3.1	2.9

5.

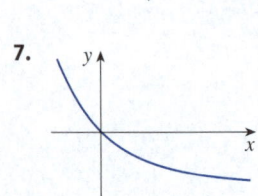

6.

7.

8.

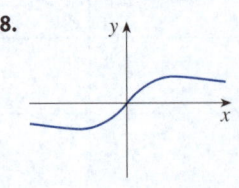

9. $f(x) = 2x - 3$

10. $f(x) = x^4 - 16$

11. $r(t) = t^3 + 4$

12. $g(x) = \sqrt[3]{x}$

13. $g(x) = 1 - \operatorname{sen}x$

14. $f(x) = x^4 - 1, \quad 0 \leq x \leq 10$

15. $f(t)$ es la altura de un balón de fútbol t segundos después de patearlo.

16. $f(t)$ es su estatura a la edad t.

17. Suponga que f es una función uno a uno.
(a) Si $f(6) = 17$, ¿qué es $f^{-1}(17)$?
(b) Si $f^{-1}(3) = 2$, ¿qué es $f(2)$?

18. Si $f(x) = x^5 + x^3 + x$, determine $f^{-1}(3)$ y $f(f^{-1}(2))$.

19. Si $g(x) = 3 + x + e^x$, encuentre $g^{-1}(4)$.

20. Dada la gráfica de f.
(a) ¿Por qué es f uno a uno?
(b) ¿Cuáles son el dominio y el rango de f^{-1}?
(c) ¿Cuál es el valor de $f^{-1}(2)$?
(d) Calcule el valor de $f^{-1}(0)$.

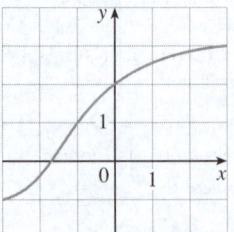

21. En la fórmula $C = \frac{5}{9}(F - 32)$, donde $F \geq -459.67$, se expresa la temperatura C como función de la temperatura F en grados Fahrenheit. Encuentre una fórmula para la función inversa e interprétela. ¿Cuál es el dominio de la función inversa?

22. En la teoría de relatividad, la masa de una partícula con rapidez v es

$$m = f(v) = \frac{m_0}{\sqrt{1 - v^2/c^2}}$$

donde m_0 es la masa en reposo de la partícula y c es la velocidad de la luz en el vacío. Encuentre la función inversa de f y explique su significado.

23-30 Determine una fórmula para la inversa de la función.

23. $f(x) = 1 - x^2, \quad x \geqslant 0$

24. $g(x) = x^2 - 2x, \quad x \geqslant 1$

25. $g(x) = 2 + \sqrt{x + 1}$

26. $h(x) = \dfrac{6 - 3x}{5x + 7}$

27. $y = e^{1-x}$

28. $y = 3 \ln(x - 2)$

29. $y = \left(2 + \sqrt[3]{x}\right)^5$

30. $y = \dfrac{1 - e^{-x}}{1 + e^{-x}}$

 31-32 Encuentre una fórmula explícita para f^{-1} y con ella grafique f^{-1}, f y la recta $y = x$ en la misma pantalla. Para comprobar su trabajo, observe si las gráficas de f y f^{-1} son reflexiones a través de dicha recta.

31. $f(x) = \sqrt{4x + 3}$

32. $f(x) = 1 + e^{-x}$

33-34 Dada la gráfica de f trace la gráfica de f^{-1}.

33.

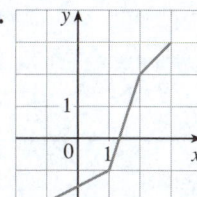

34.

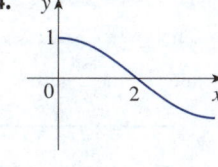

35. Sea $f(x) = \sqrt{1 - x^2}, \ 0 \leqslant x \leqslant 1$.
(a) Determine f^{-1}. ¿Cómo se relaciona con f?
(b) Identifique la gráfica de f y explique su respuesta al inciso (a).

36. Sea $g(x) = \sqrt[3]{1 - x^3}$.
(a) Busque g^{-1}. ¿Cómo se relaciona con g?
(b) Grafique g. ¿Cómo explica su respuesta al inciso (a)?

37. (a) ¿Cómo se define la función logarítmica $y = \log_b x$?
(b) ¿Cuál es el dominio de esta función?
(c) ¿Cuál es el rango de esta función?
(d) Trace la forma general de la gráfica de la función $y = \log_b x$ si $b > 1$.

38. (a) ¿Qué es el logaritmo natural?
(b) ¿Qué es el logaritmo común?
(c) Elabore las gráficas de la función logaritmo natural y la función exponencial natural en un mismo plano.

39-42 Encuentre el valor exacto de cada expresión.

39. (a) $\log_3 81$ (b) $\log_3\left(\frac{1}{81}\right)$ (c) $\log_9 3$

40. (a) $\ln \dfrac{1}{e^2}$ (b) $\ln \sqrt{e}$ (c) $\ln\left(\ln e^{e^{50}}\right)$

41. (a) $\log_2 30 - \log_2 15$
(b) $\log_3 10 - \log_3 5 - \log_3 18$
(c) $2 \log_5 100 - 4 \log_5 50$

42. (a) $e^{3 \ln 2}$ (b) $e^{-2 \ln 5}$ (c) $e^{\ln(\ln e^3)}$

43-44 Con las leyes de los logaritmos expanda cada expresión.

43. (a) $\log_{10}(x^2 y^3 z)$ (b) $\ln\left(\dfrac{x^4}{\sqrt{x^2 - 4}}\right)$

44. (a) $\ln \sqrt{\dfrac{3x}{x - 3}}$ (b) $\log_2\left[(x^3 + 1)\sqrt[3]{(x - 3)^2}\right]$

45-46 Exprese como un solo logaritmo.

45. (a) $\log_{10} 20 - \frac{1}{3} \log_{10} 1000$ (b) $\ln a - 2 \ln b + 3 \ln c$

46. (a) $3 \ln(x - 2) - \ln(x^2 - 5x + 6) + 2 \ln(x - 3)$
(b) $c \log_a x - d \log_a y + \log_a z$

47-48 Con la fórmula 11 evalúe cada logaritmo con seis decimales de precisión.

47. (a) $\log_5 10$ (b) $\log_{15} 12$

48. (a) $\log_3 12$ (b) $\log_{12} 6$

49-50 Con la fórmula 11 grafique las funciones dadas en una misma ventana. ¿Cómo se relacionan estas gráficas?

49. $y = \log_{1.5} x, \quad y = \ln x, \quad y = \log_{10} x, \quad y = \log_{50} x$

50. $y = \ln x, \quad y = \log_8 x, \quad y = e^x, \quad y = 8^x$

51. Suponga que la gráfica de $y = \log_2 x$ se elabora en una cuadrícula de coordenadas donde la unidad de medida es un centímetro. ¿Cuántos kilómetros a la derecha del origen hay que desplazarse antes de que la altura de la curva llegue a 25 cm?

52. Compare las funciones $f(x) = x^{0.1}$ con $g(x) = \ln x$ al graficarlas en varios rectángulos. ¿Cuándo la gráfica de f finalmente supera a la gráfica de g?

53-54 Trace a mano la gráfica de cada función. Utilice las gráficas de las figuras 12 y 13 y, si es necesario, las transformaciones de la sección 1.3.

53. (a) $y = \log_{10}(x + 5)$ (b) $y = -\ln x$

54. (a) $y = \ln(-x)$ (b) $y = \ln|x|$

55-56
(a) ¿Cuáles son el dominio y el rango de f?
(b) ¿Cuál es la intersección con el eje x de la gráfica de f?
(c) Elabore la gráfica de f.

55. $f(x) = \ln x + 2$ **56.** $f(x) = \ln(x - 1) - 1$

57-60 Despeje x en todas las ecuaciones. Indique tanto un valor exacto como una aproximación con tres decimales de precisión.

57. (a) $\ln(4x + 2) = 3$ (b) $e^{2x-3} = 12$

58. (a) $\log_2(x^2 - x - 1) = 2$ (b) $1 + e^{4x+1} = 20$

59. (a) $\ln x + \ln(x - 1) = 0$ (b) $5^{1-2x} = 9$

60. (a) $\ln(\ln x) = 0$ (b) $\dfrac{60}{1 + e^{-x}} = 4$

61-62 Despeje x de todas las desigualdades.

61. (a) $\ln x < 0$ (b) $e^x > 5$

62. (a) $1 < e^{3x-1} < 2$ (b) $1 - 2\ln x < 3$

63. (a) Encuentre el dominio de $f(x) = \ln(e^x - 3)$.
(b) Determine f^{-1} y su dominio.

64. (a) ¿Cuáles son los valores de $e^{\ln 300}$ y $\ln(e^{300})$?
(b) Con su calculadora evalúe $e^{\ln 300}$ y $\ln(e^{300})$. ¿Qué observa? ¿Puede explicar por qué la calculadora tiene problemas?

T **65.** Grafique la función $f(x) = \sqrt{x^3 + x^2 + x + 1}$ y explique por qué es uno a uno. Luego, con un sistema de álgebra computarizada, encuentre una expresión explícita para $f^{-1}(x)$. [Su sistema algebraico computacional (SAC) producirá tres posibles expresiones. Explique por qué dos de ellas son irrelevantes en este contexto].

T **66.** (a) Si $g(x) = x^6 + x^4$, $x \geq 0$; con un SAC determine una expresión para $g^{-1}(x)$.
(b) Use la expresión obtenida en (a) para graficar $y = g(x)$, $y = x$ y $y = g^{-1}(x)$ en la misma pantalla.

67. Si una población de bacterias comienza con 100 bacterias y se duplica cada tres horas, entonces el número de bacterias después de t horas es $n = f(t) = 100 \cdot 2^{t/3}$.
(a) Encuentre la inversa de esta función y explique su significado.
(b) ¿Cuándo alcanzará la población 50 000 individuos?

68. El National Ignition Facility en el Lawrence Livermore National Laboratory mantiene la mayor instalación de láser del mundo. Los láseres, que se utilizan para iniciar una reacción de fusión nuclear, se alimentan de un banco de capacitores que almacena un total de 400 megajulios de energía. Cuando los láseres se disparan, los capacitores se descargan completamente y luego de inmediato comienzan a recargarse.

La carga Q de los capacitores t segundos después de la descarga se da como

$$Q(t) = Q_0(1 - e^{-t/a})$$

(La capacidad máxima de carga es Q_0 y t se mide en segundos).
(a) Encuentre una fórmula para la inversa de esta función y explique su significado.
(b) ¿Cuánto tiempo se tardan en recargar los capacitores a 90% de su capacidad si $a = 50$?

69-74 Determine el valor exacto de cada expresión.

69. (a) $\cos^{-1}(-1)$ (b) $\operatorname{sen}^{-1}(0.5)$

70. (a) $\tan^{-1}\sqrt{3}$ (b) $\arctan(-1)$

71. (a) $\csc^{-1}\sqrt{2}$ (b) $\arcsen 1$

72. (a) $\operatorname{sen}^{-1}\left(-1/\sqrt{2}\right)$ (b) $\cos^{-1}\left(\sqrt{3}/2\right)$

73. (a) $\cot^{-1}\left(-\sqrt{3}\right)$ (b) $\sec^{-1} 2$

74. (a) $\arcsen(\operatorname{sen}(5\pi/4))$ (b) $\cos\left(2\operatorname{sen}^{-1}\left(\tfrac{5}{13}\right)\right)$

75. Demuestre que $\cos(\operatorname{sen}^{-1} x) = \sqrt{1 - x^2}$.

76-78 Simplifique la expresión.

76. $\tan(\operatorname{sen}^{-1}x)$ **77.** $\operatorname{sen}(\tan^{-1}x)$ **78.** $\operatorname{sen}(2\arccos x)$

79-80 Grafique las funciones dadas en la misma pantalla. ¿Cómo se relacionan estas gráficas?

79. $y = \operatorname{sen} x$, $-\pi/2 \leq x \leq \pi/2$; $y = \operatorname{sen}^{-1}x$; $y = x$

80. $y = \tan x$, $-\pi/2 < x < \pi/2$; $y = \tan^{-1}x$; $y = x$

81. Encuentre el dominio y rango de la función

$$g(x) = \operatorname{sen}^{-1}(3x + 1)$$

82. (a) Grafique la función de $f(x) = \operatorname{sen}(\operatorname{sen}^{-1}x)$ y explique la apariencia de la gráfica.
(b) Grafique la función $g(x) = \operatorname{sen}^{-1}(\operatorname{sen} x)$. ¿Cómo explica la apariencia de esta gráfica?

83. (a) Si se desplaza una curva hacia la izquierda, ¿qué pasa con su reflejo a través de la recta $y = x$? En vista de este principio geométrico, encuentre una expresión para la inversa de $g(x) = f(x + c)$, donde f es una función uno a uno.
(b) Determine una expresión para la inversa de $h(x) = f(cx)$, donde $c \neq 0$.

1 REPASO

VERIFICACIÓN DE CONCEPTOS

Las respuestas de la sección "Verificación de conceptos" están disponibles en StewartCalculus.com

1. (a) ¿Qué es una función? ¿Qué es su dominio y su rango?

(b) ¿Qué es la gráfica de una función?

(c) ¿Cómo se puede saber si una curva dada es la gráfica de una función?

2. Analice cuatro formas de representar una función. Ilustre su análisis con ejemplos.

3. (a) ¿Qué es una función par? ¿Cómo se puede saber si una función es par a partir de su gráfica? Dé tres ejemplos de una función par.

(b) ¿Qué es una función impar? ¿Cómo se puede saber si una función es impar a partir de su gráfica? Dé tres ejemplos de una función impar.

4. ¿Qué es una función creciente?

5. ¿Qué es un modelo matemático?

6. Dé un ejemplo de cada tipo de función.

(a) Función lineal (b) Función potencia

(c) Función exponencial (d) Función cuadrática

(e) Polinomial de grado 5 (f) Función racional

7. Trace a mano, en los mismos ejes, las gráficas de las siguientes funciones.

(a) $f(x) = x$ (b) $g(x) = x^2$

(c) $h(x) = x^3$ (d) $j(x) = x^4$

8. Trace a mano una gráfica aproximada de cada función.

(a) $y = \operatorname{sen} x$ (b) $y = \tan x$ (c) $y = e^x$

(d) $y = \ln x$ (e) $y = 1/x$ (f) $y = |x|$

(g) $y = \sqrt{x}$ (h) $y = \tan^{-1} x$

9. Suponga que f tiene el dominio A y el rango B.

(a) ¿Cuál es el dominio de $f + g$?

(b) ¿Cuál es el dominio de fg?

(c) ¿Cuál es el dominio de f/g?

10. ¿Cómo se define la función compuesta $f \circ g$? ¿Cuál es su dominio?

11. Dada la gráfica de f, escriba una ecuación para cada gráfica que se obtenga de la gráfica de f como sigue.

(a) Desplace 2 unidades hacia arriba.

(b) Desplace 2 unidades hacia abajo.

(c) Desplace 2 unidades hacia la derecha.

(d) Desplace 2 unidades hacia la izquierda.

(e) Refleje a través del eje x.

(f) Refleje a través del eje y.

(g) Extienda verticalmente por un factor de 2.

(h) Comprima verticalmente por un factor de 2.

(i) Extienda horizontalmente por un factor de 2.

(j) Comprima horizontalmente por un factor de 2.

12. (a) ¿Qué es una función uno a uno? ¿Cómo se puede saber si una función es uno a uno a partir de su gráfica?

(b) Si f es una función uno a uno, ¿cómo se define su función inversa f^{-1}? ¿Cómo se obtiene la gráfica de f^{-1} a partir de la gráfica de f?

13. (a) ¿Cómo se define la función seno inverso $f(x) = \operatorname{sen}^{-1} x$? ¿Cuáles son su dominio y rango?

(b) ¿Cómo se define la función coseno inverso $f(x) = \cos^{-1} x$? ¿Cuáles son su dominio y rango?

(c) ¿Cómo se define la función tangente inversa $f(x) = \tan^{-1} x$? ¿Cuáles son su dominio y rango?

PREGUNTAS DE VERDADERO O FALSO

Determine si el enunciado es verdadero o falso. Si es verdadero, explique por qué. Si es falso, explique por qué o dé un ejemplo que lo refute.

1. Si f es una función, entonces $f(s + t) = f(s) + f(t)$.

2. Si $f(s) = f(t)$, entonces $s = t$.

3. Si f es una función, entonces $f(3x) = 3f(x)$.

4. Si la función f tiene una inversa y $f(2) = 3$, entonces $f^{-1}(3) = 2$.

5. Una recta vertical interseca la gráfica de una función a lo sumo una vez.

6. Si f y g son funciones, entonces $f \circ g = g \circ f$.

7. Si f es uno a uno, entonces $f^{-1}(x) = \dfrac{1}{f(x)}$.

8. Siempre se puede dividir entre e^x.

9. Si $0 < a < b$, entonces $\ln a < \ln b$.

10. Si $x > 0$, entonces $(\ln x)^6 = 6 \ln x$.

11. Si $x > 0$ y $a > 1$, entonces $\dfrac{\ln x}{\ln a} = \ln \dfrac{x}{a}$.

12. $\tan^{-1}(-1) = 3\pi/4$

13. $\tan^{-1} x = \dfrac{\operatorname{sen}^{-1} x}{\cos^{-1} x}$

14. Si x es cualquier número real, entonces $\sqrt{x^2} = x$.

EJERCICIOS

1. Sea f la función cuya gráfica se da.

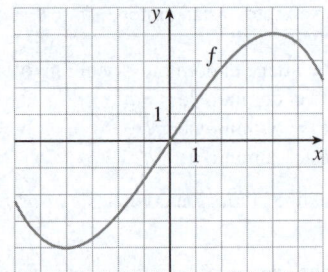

(a) Estime el valor de $f(2)$.
(b) Estime los valores de x tales que $f(x) = 3$.
(c) Indique el dominio de f.
(d) Indique el rango de f.
(e) ¿En qué intervalo f es creciente?
(f) ¿Es f uno a uno? Explique.
(g) ¿Es f par, impar o ninguno de los dos? Explique.

2. Se da la gráfica de g.

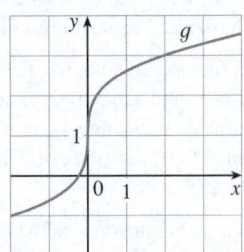

(a) Indique el valor de $g(2)$.
(b) ¿Por qué g es uno a uno?
(c) Estime el valor de $g^{-1}(2)$.
(d) Calcule el dominio de g^{-1}.
(e) Elabore la gráfica de g^{-1}.

3. Si $f(x) = x^2 - 2x + 3$, evalúe el cociente de diferencias

$$\frac{f(a + h) - f(a)}{h}$$

4. Trace una gráfica aproximada del rendimiento de un cultivo como función de la cantidad de fertilizante utilizado.

5-8 Determine el dominio y rango de la función. Escriba su respuesta en notación de intervalos.

5. $f(x) = 2/(3x - 1)$ **6.** $g(x) = \sqrt{16 - x^4}$

7. $h(x) = \ln(x + 6)$ **8.** $F(t) = 3 + \cos 2t$

9. Dada la gráfica de f, describa cómo se pueden obtener las gráficas de las siguientes funciones a partir de la gráfica de f.

(a) $y = f(x) + 5$ (b) $y = f(x + 5)$
(c) $y = 1 + 2f(x)$ (d) $y = f(x - 2) - 2$
(e) $y = -f(x)$ (f) $y = f^{-1}(x)$

10. Dada la gráfica de f, elabore las gráficas de las siguientes funciones.

(a) $y = f(x - 8)$ (b) $y = -f(x)$
(c) $y = 2 - f(x)$ (d) $y = \frac{1}{2}f(x) - 1$
(e) $y = f^{-1}(x)$ (f) $y = f^{-1}(x + 3)$

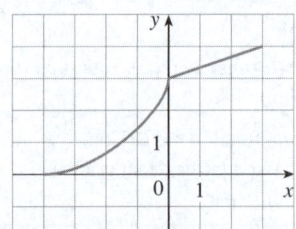

11-18 Utilice transformaciones para trazar la gráfica de la función.

11. $f(x) = x^3 + 2$ **12.** $f(x) = (x - 3)^2$

13. $y = \sqrt{x + 2}$ **14.** $y = \ln(x + 5)$

15. $g(x) = 1 + \cos 2x$ **16.** $h(x) = -e^x + 2$

17. $s(x) = 1 + 0.5^x$ **18.** $f(x) = \begin{cases} -x & \text{si } x < 0 \\ e^x - 1 & \text{si } x \geq 0 \end{cases}$

19. Determine si f es par, impar o ninguno de los dos.
(a) $f(x) = 2x^5 - 3x^2 + 2$ (b) $f(x) = x^3 - x^7$
(c) $f(x) = e^{-x^2}$ (d) $f(x) = 1 + \text{sen } x$
(e) $f(x) = 1 - \cos 2x$ (f) $f(x) = (x + 1)^2$

20. Encuentre una expresión para la función cuya gráfica consiste en el segmento de recta desde el punto $(-2, 2)$ hasta el punto $(-1, 0)$ junto con la mitad superior de la circunferencia con centro en el origen y radio 1.

21. Si $f(x) = \ln x$ y $g(x) = x^2 - 9$, encuentre las funciones (a) $f \circ g$, (b) $g \circ f$, (c) $f \circ f$, (d) $g \circ g$, así como sus dominios.

22. Exprese la función $F(x) = 1/\sqrt{x + \sqrt{x}}$ como una composición de tres funciones.

23. La esperanza de vida mejoró drásticamente en décadas recientes. En la tabla se presenta la esperanza de vida al nacer (en años) de los hombres nacidos en Estados Unidos. Con una gráfica de dispersión elija un tipo de modelo apropiado. Use su modelo para pronosticar la esperanza de vida de un hombre nacido en el año 2030.

Año de nacimiento	Esperanza de vida	Año de nacimiento	Esperanza de vida
1900	48.3	1960	66.6
1910	51.1	1970	67.1
1920	55.2	1980	70.0
1930	57.4	1990	71.8
1940	62.5	2000	73.0
1950	65.6	2010	76.2

24. Un fabricante de electrodomésticos descubre que cuesta $9 000 producir 1 000 tostadoras a la semana y $12 000 producir 1 500 tostadoras por semana.
   (a) Exprese el costo como función del número de tostadoras producidas, asumiendo que es lineal. Luego elabore la gráfica.
   (b) ¿Cuál es la pendiente de la gráfica y qué representa?
   (c) ¿Cuál es la intersección con el eje y de la gráfica y qué representa?

25. Si $f(x) = 2x + 4^x$, encuentre $f^{-1}(6)$.

26. Determine la función inversa de $f(x) = \dfrac{2x + 3}{1 - 5x}$.

27. Mediante las leyes de los logaritmos expanda cada expresión.

   (a) $\ln x\sqrt{x + 1}$ (b) $\log_2 \sqrt{\dfrac{x^2 + 1}{x - 1}}$

28. Exprese como un solo logaritmo.

   (a) $\frac{1}{2}\ln x - 2\ln(x^2 + 1)$
   (b) $\ln(x - 3) + \ln(x + 3) - 2\ln(x^2 - 9)$

29-30 Determine el valor exacto de cada expresión.

29. (a) $e^{2\ln 5}$ (b) $\log_6 4 + \log_6 54$ (c) $\tan\!\left(\arcsen \frac{4}{5}\right)$

30. (a) $\ln \dfrac{1}{e^3}$ (b) $\operatorname{sen}(\tan^{-1} 1)$ (c) $10^{-3\log 4}$

31-36 Despeje x en la ecuación. Indique tanto un valor exacto como una aproximación de hasta tres decimales de precisión.

31. $e^{2x} = 3$ **32.** $\ln x^2 = 5$

33. $e^{e^x} = 10$ **34.** $\cos^{-1}x = 2$

35. $\tan^{-1}(3x^2) = \dfrac{\pi}{4}$ **36.** $\ln x - 1 = \ln(5 + x) - 4$

---

37. La carga viral de un paciente con VIH es de 52.0 copias de ARN por mL antes de que empiece el tratamiento. Ocho días después, la carga viral es la mitad de la cantidad inicial.
   (a) Encuentre la carga viral después de 24 días.
   (b) Determine la carga viral $V(t)$ que permanece después de t días.
   (c) Encuentre una fórmula para la inversa de la función V y explique su significado.
   (d) ¿Después de cuántos días se reducirá la carga viral a 2.0 copias de ARN por mL?

38. La población de una determinada especie en un ambiente limitado con una población inicial de 100 y una capacidad de carga de 1 000 es

$$P(t) = \frac{100\,000}{100 + 900e^{-t}}$$

donde t se mide en años.

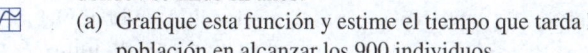

   (a) Grafique esta función y estime el tiempo que tarda la población en alcanzar los 900 individuos.
   (b) Determine la inversa de esta función y explique su significado.
   (c) Con la función inversa encuentre el tiempo necesario para que la población alcance 900 individuos. Compare con el resultado del inciso (a).

Principios para la resolución de problemas

No hay reglas rígidas y rápidas que aseguren el éxito en la resolución de problemas. Sin embargo, es posible delinear algunos pasos generales en el proceso y establecer los principios que pueden ser útiles en la solución. Estos pasos y principios son solo el sentido común aplicado de manera explícita. Dichos pasos se adaptaron del libro *How To Solve It* de George Polya.

1 COMPRENDA EL PROBLEMA

El primer paso es leer el problema y asegurarse de que lo entiende con claridad. Formúlese las siguientes preguntas:

¿Cuál es la incógnita?

¿Cuáles son las cantidades dadas?

¿Cuáles son las condiciones dadas?

Para muchos problemas es útil

trazar un diagrama

e identificar las cantidades dadas y requeridas en el diagrama.
Por lo general, se necesita

introducir una notación adecuada.

Al elegir símbolos para las cantidades desconocidas se suelen utilizar letras como a, b, c, m, n, x y y, pero, en algunos casos, es útil seleccionar las iniciales como símbolos ilustrativos; por ejemplo, V para volumen o t para tiempo.

2 PIENSE EN UN PLAN

Establezca una relación entre la información dada y la desconocida que le permita calcular las incógnitas. A menudo ayuda preguntarse de manera explícita: "¿Cómo puedo relacionar lo dado con la incógnita?". Si no identifica una conexión de inmediato, las siguientes ideas pueden ayudarle a diseñar un plan.

Intente reconocer algo conocido Relacione la situación dada con sus conocimientos previos. Observe lo desconocido y trate de recordar un problema más familiar que contenga una incógnita similar.

Procure identificar patrones Algunos problemas se resuelven al identificar algún tipo de patrón. El patrón puede ser geométrico, numérico o algebraico. Si logra ver la regularidad o la repetición en un problema, es posible que se pueda discernir el patrón continuo y luego demostrarlo.

Utilice analogías Trate de pensar en un problema análogo, es decir, semejante, un problema relacionado pero más fácil que el problema original. Si puede resolver el problema similar, más sencillo, entonces puede tener las claves necesarias para resolver el problema original, más difícil. Por ejemplo, si un problema implica cantidades muy grandes, primero puede intentar resolver un problema semejante con cantidades más pequeñas. O si el problema implica geometría tridimensional, puede buscar un problema similar en la geometría bidimensional. O si el problema inicial es de carácter general, puede intentar primero un caso particular.

Introduzca algo adicional A veces puede ser necesario incluir algo nuevo —un apoyo— para relacionar lo dado con la incógnita. Por ejemplo, en un problema en el que un diagrama resulta útil, el auxiliar podría ser el trazo de una nueva recta en un diagrama. En un problema más algebraico, podría ser un dato desconocido nuevo que se relacione con la incógnita original.

Considere casos En ocasiones es necesario dividir un problema en varios casos y dar un argumento diferente en cada uno. Por ejemplo, a menudo se tiene que utilizar esta estrategia para tratar con valores absolutos.

Trabaje hacia atrás A veces es útil imaginar que el problema está resuelto y trabajar hacia atrás, paso a paso, hasta llegar a los datos proporcionados. Entonces puede revertir sus pasos y construir una solución al problema original. Este procedimiento es común en la resolución de ecuaciones. Por ejemplo, en la resolución de la ecuación $3x - 5 = 7$, se supone que x es un número que satisface $3x - 5 = 7$ y funciona hacia atrás. Se suma 5 a cada lado de la ecuación y luego se divide cada lado entre 3 para obtener $x = 4$. Como cada uno de estos pasos puede revertirse, se ha resuelto el problema.

Establezca metas parciales En un problema complejo suele ser útil establecer metas parciales (en las que solo se cumple una parte de la situación deseada). Si primero se pueden alcanzar estas submetas, entonces sirven como punto de partida para alcanzar el objetivo final.

Razonamiento indirecto A veces es apropiado abordar un problema de manera indirecta. Con una prueba por reducción al absurdo para demostrar que P implica Q, se asume que P es verdadero y Q es falso, y se trata de analizar por qué esto no es posible. De alguna manera se tiene que usar esta información y llegar a una contradicción con lo que se sabe absolutamente que es verdadero.

Inducción matemática Para comprobar afirmaciones que implican un número entero n positivo, suele ser útil el siguiente principio.

Principio de inducción matemática Sea S_n un enunciado sobre el entero positivo n. Suponga que

1. S_1 es verdadero.

2. S_{k+1} es verdadero siempre que S_k es verdadero.

Luego S_n es verdadero para todos los enteros positivos n.

Esto es razonable porque, como S_1 es verdadero, se deduce de la condición 2 (con $k = 1$) que S_2 es verdadero. Luego, con la condición 2 y $k = 2$, se tiene que S_3 es verdadero. De nuevo, con la condición 2, esta vez con $k = 3$, se tiene que S_4 es verdadero. Este procedimiento puede seguir de manera indefinida.

3 EJECUTE EL PLAN

En el paso 2 se ideó un plan. Para llevarlo a cabo es necesario demostrar cada etapa y escribir los detalles que demuestren que cada etapa es correcta.

4 REVISE LA SOLUCIÓN

Tras completar la solución, es conveniente revisar si hubo errores en ella y si hay una manera más fácil de resolver el problema. Otra razón para revisar la solución es que se conoce mejor el método de solución y esto puede ser útil para resolver un problema futuro. Descartes dijo: "Todo problema que resolví se convirtió en una regla que sirvió después para resolver otros problemas".

Estos principios para la resolución de problemas se ilustran en los siguientes ejemplos. Antes de ver las soluciones, intente resolver estos problemas por sí mismo y consulte los "Principios para la resolución de problemas" de ser necesario. Puede ser útil consultar esta sección de vez en cuando mientras resuelve los ejercicios de los capítulos restantes de este libro.

EJEMPLO 1 Exprese la hipotenusa h de un triángulo rectángulo con área de 25 m^2 como función de su perímetro P.

RP Comprenda el problema.

SOLUCIÓN Primero se clasifica la información según la incógnita y los datos:

$$\textit{Incógnita}: \text{hipotenusa } h$$

$$\textit{Cantidades dadas}: \text{perímetro } P, \text{ área 25 m}^2$$

Es útil trazar un diagrama, como se muestra en la figura 1.

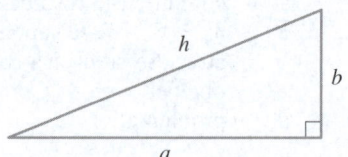

FIGURA 1

A fin de relacionar las cantidades dadas con la incógnita, se introducen dos variables adicionales a y b, que son las longitudes de los otros dos lados del triángulo. Esto hace posible expresar la condición dada, que es que el triángulo es recto, según el teorema de Pitágoras:

$$h^2 = a^2 + b^2$$

Las otras conexiones entre las variables provienen de la escritura de expresiones para el área y el perímetro:

$$25 = \tfrac{1}{2}ab \qquad P = a + b + h$$

Como se dio P, note que ahora se tienen tres ecuaciones en las tres incógnitas a, b y h:

$\boxed{1}$	$h^2 = a^2 + b^2$
$\boxed{2}$	$25 = \tfrac{1}{2}ab$
$\boxed{3}$	$P = a + b + h$

Aunque se tiene el número correcto de ecuaciones, no son fáciles de resolver de forma directa; pero si se aplica la estrategia de resolución de problemas de relacionar algo conocido, entonces es posible resolver estas ecuaciones con un método más sencillo. Mire los lados derechos de las ecuaciones 1, 2 y 3. ¿Estas expresiones le recuerdan algo conocido? Observe que contienen los ingredientes de una fórmula conocida:

$$(a + b)^2 = a^2 + 2ab + b^2$$

Con esta idea, se expresa $(a + b)^2$ de dos maneras. De las ecuaciones 1 y 2 se tiene

$$(a + b)^2 = (a^2 + b^2) + 2ab = h^2 + 4(25) = h^2 + 100$$

De la ecuación 3 se tiene

$$(a + b)^2 = (P - h)^2 = P^2 - 2Ph + h^2$$

Por lo tanto, $$h^2 + 100 = P^2 - 2Ph + h^2$$

$$2Ph = P^2 - 100$$

$$h = \frac{P^2 - 100}{2P}$$

Esta es la expresión requerida para h como función de P. ∎

Como se ilustra en el siguiente ejemplo, a menudo es necesario utilizar el principio para la resolución de problemas de *considerar casos* cuando se trata de valores absolutos.

EJEMPLO 2 Resuelva la desigualdad $|x - 3| + |x + 2| < 11$.

SOLUCIÓN Recuerde la definición de valor absoluto:

$$|x| = \begin{cases} x & \text{si } x \geq 0 \\ -x & \text{si } x < 0 \end{cases}$$

Se sigue que

$$|x - 3| = \begin{cases} x - 3 & \text{si } x - 3 \geq 0 \\ -(x - 3) & \text{si } x - 3 < 0 \end{cases}$$

$$= \begin{cases} x - 3 & \text{si } x \geq 3 \\ -x + 3 & \text{si } x < 3 \end{cases}$$

De igual manera,

$$|x + 2| = \begin{cases} x + 2 & \text{si } x + 2 \geq 0 \\ -(x + 2) & \text{si } x + 2 < 0 \end{cases}$$

$$= \begin{cases} x + 2 & \text{si } x \geq -2 \\ -x - 2 & \text{si } x < -2 \end{cases}$$

RP Considere casos.

Estas expresiones muestran que se deben considerar tres casos:

$$x < -2 \qquad -2 \leq x < 3 \qquad x \geq 3$$

CASO I Si $x < -2$, se tiene

$$|x - 3| + |x + 2| < 11$$
$$-x + 3 - x - 2 < 11$$
$$-2x < 10$$
$$x > -5$$

CASO II Si $-2 \leq x < 3$, la desigualdad se vuelve

$$-x + 3 + x + 2 < 11$$
$$5 < 11 \qquad \text{(siempre verdadero)}$$

CASO III Si $x \geq 3$, la desigualdad se vuelve

$$x - 3 + x + 2 < 11$$
$$2x < 12$$
$$x < 6$$

Al combinar los casos I, II y III, se ve que la desigualdad se satisface cuando $-5 < x < 6$. Así, la solución es el intervalo $(-5, 6)$. ∎

En el siguiente ejemplo, se discierne primero la respuesta al ver casos especiales y reconocer un patrón. Luego se demuestra la conjetura por inducción matemática.

Mediante el principio de inducción matemática, se siguen tres pasos:

Paso 1: Demuestre que S_n es verdadero cuando $n = 1$.

Paso 2: Suponga que S_n es verdadero cuando $n = k$ y deduzca que S_n es verdadero cuando $n = k + 1$.

Paso 3: Concluya que S_n es verdadero para toda n conforme al principio de inducción matemática.

EJEMPLO 3 Si $f_0(x) = x/(x + 1)$ y $f_{n+1} = f_0 \circ f_n$ para $n = 0, 1, 2,...,$ encuentre una fórmula para $f_n(x)$.

RP Analogía: intente un problema semejante más sencillo.

SOLUCIÓN Se empieza por encontrar fórmulas de $f_n(x)$ para los casos especiales $n = 1, 2$ y 3.

$$f_1(x) = (f_0 \circ f_0)(x) = f_0(f_0(x)) = f_0\left(\frac{x}{x + 1}\right)$$

$$= \frac{\dfrac{x}{x + 1}}{\dfrac{x}{x + 1} + 1} = \frac{\dfrac{x}{x + 1}}{\dfrac{2x + 1}{x + 1}} = \frac{x}{2x + 1}$$

$$f_2(x) = (f_0 \circ f_1)(x) = f_0(f_1(x)) = f_0\left(\frac{x}{2x + 1}\right)$$

$$= \frac{\dfrac{x}{2x + 1}}{\dfrac{x}{2x + 1} + 1} = \frac{\dfrac{x}{2x + 1}}{\dfrac{3x + 1}{2x + 1}} = \frac{x}{3x + 1}$$

$$f_3(x) = (f_0 \circ f_2)(x) = f_0(f_2(x)) = f_0\left(\frac{x}{3x + 1}\right)$$

RP Busque un patrón.

$$= \frac{\dfrac{x}{3x + 1}}{\dfrac{x}{3x + 1} + 1} = \frac{\dfrac{x}{3x + 1}}{\dfrac{4x + 1}{3x + 1}} = \frac{x}{4x + 1}$$

Se advierte un patrón: el coeficiente de x en el denominador de $f_n(x)$ es $n + 1$ en los tres casos calculados. Así, se supone que, en general,

$$\boxed{4} \qquad f_n(x) = \frac{x}{(n + 1)x + 1}$$

Para demostrarlo, se recurre al principio de inducción matemática. Al verificar que (4) es cierto para $n = 1$. Suponga que es verdadero para $n = k$, es decir,

$$f_k(x) = \frac{x}{(k + 1)x + 1}$$

Entonces, $\qquad f_{k+1}(x) = (f_0 \circ f_k)(x) = f_0(f_k(x)) = f_0\left(\frac{x}{(k + 1)x + 1}\right)$

$$= \frac{\dfrac{x}{(k + 1)x + 1}}{\dfrac{x}{(k + 1)x + 1} + 1} = \frac{\dfrac{x}{(k + 1)x + 1}}{\dfrac{(k + 2)x + 1}{(k + 1)x + 1}} = \frac{x}{(k + 2)x + 1}$$

Esta expresión muestra que (4) es verdadera para $n = k + 1$. Por lo tanto, por inducción matemática, es verdadera para todos los enteros positivos n. ∎

1. Uno de los lados de un triángulo rectángulo tiene una longitud de 4 cm. Exprese la longitud de la altura perpendicular a la hipotenusa como función de la longitud de la hipotenusa.

2. La altura perpendicular a la hipotenusa de un triángulo rectángulo es de 12 cm. Exprese la longitud de la hipotenusa como función del perímetro.

3. Resuelva la ecuación $\left| 4x - |x + 1| \right| = 3$.

4. Resuelva la desigualdad $|x - 1| - |x - 3| \geq 5$.

5. Elabore la gráfica de la función $f(x) = \left| x^2 - 4|x| + 3 \right|$.

6. Trace la gráfica de la función $g(x) = \left| x^2 - 1 \right| - \left| x^2 - 4 \right|$.

7. Grafique la ecuación $x + |x| = y + |y|$.

8. Trace la región en el plano que consiste en todos los puntos (x, y) tal que

$$|x - y| + |x| - |y| \leq 2$$

9. La notación máx$\{a, b, \ldots\}$ significa el mayor de los números $a, b, \ldots$. Elabore la gráfica de cada función.
   (a) $f(x) = \text{máx}\{x, 1/x\}$
   (b) $f(x) = \text{máx}\{\text{sen}\, x, \cos x\}$
   (c) $f(x) = \text{máx}\{x^2, 2 + x, 2 - x\}$

10. Trace la región en el plano definido por cada una de las siguientes ecuaciones o desigualdades.
    (a) máx$\{x, 2y\} = 1$
    (b) $-1 \leq \text{máx}\{x, 2y\} \leq 1$
    (c) máx$\{x, y^2\} = 1$

11. Demuestre que si $x > 0$ y $x \neq 1$, entonces

$$\frac{1}{\log_2 x} + \frac{1}{\log_3 x} + \frac{1}{\log_5 x} = \frac{1}{\log_{30} x}$$

12. Encuentre el número de soluciones de la ecuación $\text{sen}\, x = \dfrac{x}{100}$.

13. Determine el valor exacto de

$$\text{sen}\frac{\pi}{100} + \text{sen}\frac{2\pi}{100} + \text{sen}\frac{3\pi}{100} + \cdots + \text{sen}\frac{200\pi}{100}$$

14. (a) Muestre que la función $f(x) = \ln\left(x + \sqrt{x^2 + 1}\right)$ es una función impar.
    (b) Encuentre la función inversa de f.

15. Resuelva la desigualdad $\ln(x^2 - 2x - 2) \leq 0$.

16. Mediante razonamiento indirecto demuestre que $\log_2 5$ es un número irracional.

17. Una conductora emprende un viaje. Durante la primera mitad de la distancia conduce con un ritmo tranquilo de 50 km/h; la segunda mitad conduce a 100 km/h. ¿Cuál es su velocidad media en este viaje?

18. ¿Es cierto que $f \circ (g + h) = f \circ g + f \circ h$?

19. Demuestre que si n es un entero positivo, entonces $7^n - 1$ es divisible entre 6.

20. Demuestre que $1 + 3 + 5 + \cdots + (2n - 1) = n^2$.

21. Si $f_0(x) = x^2$ y $f_{n+1}(x) = f_0(f_n(x))$ para $n = 0, 1, 2, \ldots$, encuentre una fórmula para $f_n(x)$.

22. (a) Si $f_0(x) = \dfrac{1}{2 - x}$ y $f_{n+1} = f_0 \circ f_n$ para $n = 0, 1, 2, \ldots$, encuentre una expresión para $f_n(x)$ y demuéstrelo mediante inducción matemática.

(b) Grafique f_0, f_1, f_2, f_3 en la misma pantalla y describa el efecto de la composición repetida.

Se sabe que cuando se deja caer un objeto desde cierta altura, cae cada vez más rápido. Galileo descubrió que la distancia recorrida por el objeto al caer es proporcional al cuadrado del tiempo transcurrido. El cálculo permite conocer la rapidez precisa del objeto en cualquier instante. En el ejercicio 2.7.11 se le pedirá que determine la rapidez a la que un clavadista de altura se sumerge en el océano.

2 | Límites y derivadas

EN "UNA MIRADA AL CÁLCULO" (que se presenta antes del capítulo 1) se estudió que la noción de un límite está presente en las diversas ramas del cálculo. Por lo tanto, es apropiado comenzar el estudio del cálculo con los límites y sus propiedades. El tipo de límite empleado para encontrar rectas tangentes y velocidades da lugar a la idea central del cálculo diferencial: la derivada.

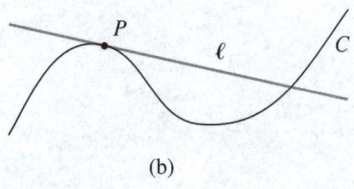

(a)

(b)

FIGURA 1

2.1 | Problemas de tangente y velocidad

En esta sección se estudia cómo surgen los límites al intentar encontrar la recta tangente a una curva o la velocidad de un objeto.

■ El problema de la tangente

La palabra *tangente* se deriva de la palabra latina *tangens*, que significa "tocar". Se puede concebir una tangente a una curva como una línea recta que toca la curva y sigue la misma dirección que la curva en el punto de contacto. ¿Cómo precisar esta idea?

Para un círculo es posible simplemente seguir la idea de Euclides y definir una tangente como una recta ℓ que interseca el círculo una vez y solo una vez, como en la figura 1(a). Para curvas más complejas esta definición no es adecuada. En la figura l(b) se muestra una recta ℓ que parece una tangente a la curva C en el punto P pero que interseca a C dos veces.

Para ser específicos, se verá el problema de tratar de encontrar una recta tangente ℓ a la parábola $y = x^2$ en el siguiente ejemplo.

EJEMPLO 1 Encuentre la ecuación de la recta tangente a la parábola $y = x^2$ en el punto $P(1, 1)$.

SOLUCIÓN Es posible encontrar la ecuación de la recta tangente ℓ al conocer su pendiente m. La dificultad es que solo se conoce un punto, P, sobre ℓ, mientras que se necesitan dos puntos para calcular la pendiente. Sin embargo, observe que se puede calcular una aproximación a m al seleccionar un punto cercano $Q(x, x^2)$ en la parábola (como en la figura 2) y calcular la pendiente m_{PQ} de la recta secante PQ. (Una **recta secante**, de la palabra latina *secans*, que significa "cortar", es una línea recta que corta [interseca] una curva más de una vez).

Se elige $x \neq 1$ de modo que $Q \neq P$. Entonces

$$m_{PQ} = \frac{x^2 - 1}{x - 1}$$

Por ejemplo, para el punto $Q(1.5, 2.25)$ se tiene

$$m_{PQ} = \frac{2.25 - 1}{1.5 - 1} = \frac{1.25}{0.5} = 2.5$$

En las tablas al margen se muestran los valores de m_{PQ} para varios valores de x cercanos a 1. Cuanto más se acerque Q a P, más se aproxima x a 1 y, según las tablas, más se acerca m_{PQ} a 2. Esto sugiere que la pendiente de la recta tangente ℓ debe ser $m = 2$.

Se dice que la pendiente de la recta tangente es el *límite* de las pendientes de las rectas secantes, lo cual se expresa simbólicamente al escribir

$$\lim_{Q \to P} m_{PQ} = m \qquad \text{y} \qquad \lim_{x \to 1} \frac{x^2 - 1}{x - 1} = 2$$

Suponiendo que la pendiente de la recta tangente es en efecto 2, para escribir la ecuación de la recta tangente que pasa por $(1, 1)$ se usa la forma punto-pendiente de la ecuación de una recta [$y - y_1 = m(x - x_1)$, vea el apéndice B] como

$$y - 1 = 2(x - 1) \qquad \text{o} \qquad y = 2x - 1 \qquad ■$$

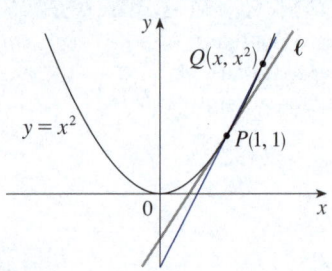

FIGURA 2

x	m_{PQ}
2	3
1.5	2.5
1.1	2.1
1.01	2.01
1.001	2.001

x	m_{PQ}
0	1
0.5	1.5
0.9	1.9
0.99	1.99
0.999	1.999

En la figura 3 se ilustra el proceso al límite que se presenta en el ejemplo 1. Cuando Q se aproxima a P a lo largo de la parábola, las rectas secantes correspondientes giran alrededor de P y se aproximan a la recta tangente ℓ.

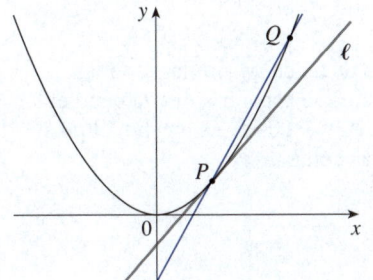

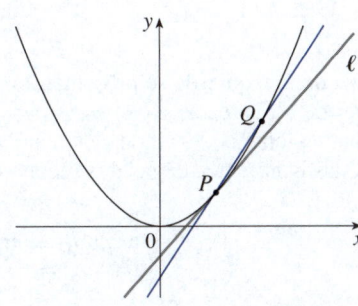

Q se aproxima a P desde la derecha

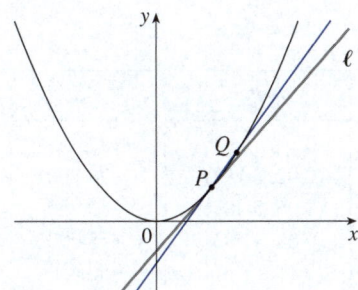

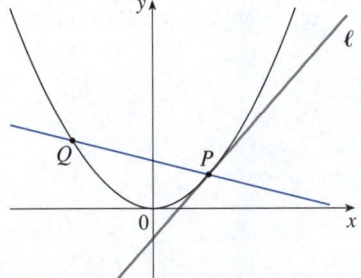

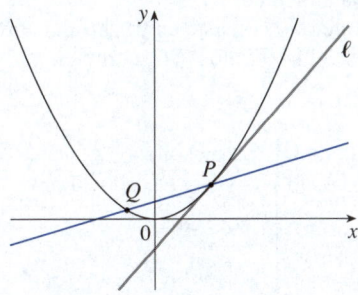

Q se aproxima a P desde la izquierda

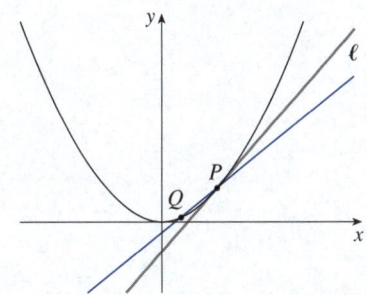

FIGURA 3

Muchas funciones que aparecen en las ciencias no están descritas por ecuaciones explícitas, sino que están definidas por datos experimentales. En el siguiente ejemplo se ve cómo estimar la pendiente de la recta tangente a la gráfica de una de estas funciones.

EJEMPLO 2 Un láser de pulso almacena la carga en un capacitor y la libera repentinamente cuando el láser se dispara. Los datos de la tabla describen la carga Q restante en el capacitor (medido en culombios o *coulombs*) en el tiempo t (medido en segundos después de que se dispara el láser). Con estos datos elabore la gráfica de esta función y calcule la pendiente de la recta tangente en el punto donde $t = 0.04$. (*Nota*: La pendiente de la recta tangente representa la corriente eléctrica que fluye del capacitor al láser [medida en amperios]).

SOLUCIÓN En la figura 4 se graficaron los datos proporcionados y con ellos se trazó una curva que se aproxima a la gráfica de la función.

t	Q
0	10
0.02	8.187
0.04	6.703
0.06	5.488
0.08	4.493
0.1	3.676

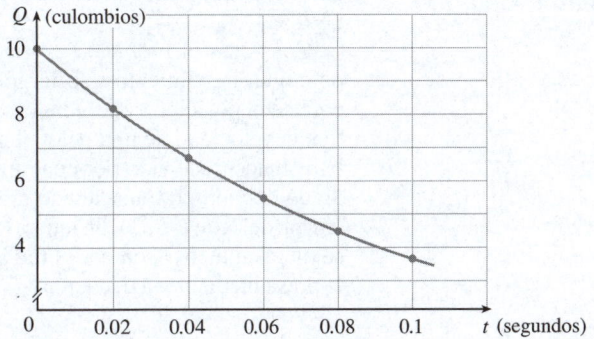

FIGURA 4

Dados los puntos $P(0.04, 6.703)$ y $R(0, 10)$ en la gráfica, se aprecia que la pendiente de la recta secante PR es

$$m_{PR} = \frac{10 - 6.703}{0 - 0.04} = -82.425$$

R	m_{PR}
$(0, 10)$	-82.425
$(0.02, 8.187)$	-74.200
$(0.06, 5.488)$	-60.750
$(0.08, 4.493)$	-55.250
$(0.1, 3.676)$	-50.450

En la tabla de la izquierda se presentan los resultados de cálculos similares de las pendientes de otras rectas secantes. A partir de esta tabla se esperaría que la pendiente de la recta tangente en $t = 0.04$ se situara entre -74.20 y -60.75. De hecho, el promedio de las pendientes de las dos rectas secantes más cercanas es

$$\tfrac{1}{2}(-74.20 - 60.75) = -67.475$$

Así, con este método, se estima que la pendiente de la recta tangente es de -67.5 aproximadamente.

Otro método consiste en trazar una aproximación a la recta tangente en P y medir los lados del triángulo ABC, como en la figura 5.

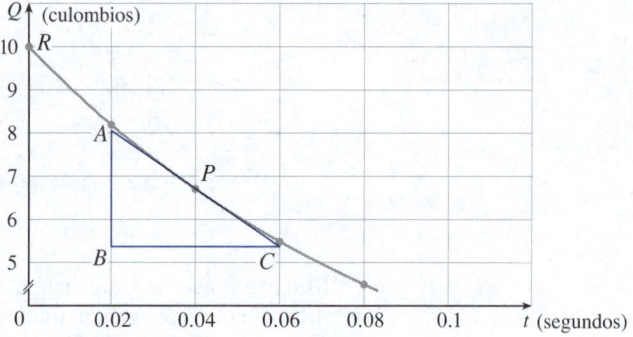

FIGURA 5

El significado físico de la respuesta del ejemplo 2 es que la corriente eléctrica que fluye del capacitor al láser después de 0.04 segundos es de alrededor de -65 amperios.

Esto da la siguiente estimación de la pendiente de la recta tangente

$$-\frac{|AB|}{|BC|} \approx -\frac{8.0 - 5.4}{0.06 - 0.02} = -65.0$$

∎

■ El problema de la velocidad

Si se observa el velocímetro de un vehículo al conducir en el tráfico de la ciudad se ve que la rapidez no permanece igual durante mucho tiempo; es decir, la velocidad del auto no es constante. Se parte de la suposición de que, al mirar el velocímetro, el auto tiene una velocidad definida en cada instante, pero ¿cómo se define la velocidad "instantánea"?

Considere el *problema de la velocidad*: encontrar la velocidad instantánea de un objeto en movimiento a lo largo de un camino recto en un momento específico si se conoce la posición del objeto en cualquier momento. En el siguiente ejemplo se investiga la velocidad de una pelota en descenso. Hace cuatro siglos, Galileo descubrió que la distancia recorrida por cualquier cuerpo que cae libremente es proporcional al cuadrado del tiempo transcurrido mientras cae (este modelo de caída libre ignora la resistencia del aire). Si la distancia de caída después de t segundos se indica por $s(t)$ y se mide en metros, entonces (en la superficie de la Tierra) la observación de Galileo se expresa mediante la ecuación

$$s(t) = 4.9t^2$$

Torre CN, Toronto

EJEMPLO 3 Suponga que se deja caer una pelota desde la plataforma de observación superior de la Torre CN, en Toronto, a 450 m del suelo. Encuentre la velocidad de la pelota después de 5 segundos.

SOLUCIÓN La dificultad de encontrar la velocidad instantánea a 5 segundos es que se trata de un solo instante de tiempo ($t = 5$), por lo que no hay ningún intervalo de tiempo. Sin embargo, es posible aproximar la cantidad deseada si se calcula la velocidad promedio en el breve intervalo de una décima de segundo desde $t = 5$ hasta $t = 5.1$:

$$\text{velocidad promedio} = \frac{\text{cambio de posición}}{\text{tiempo transcurrido}}$$

$$= \frac{s(5.1) - s(5)}{0.1}$$

$$= \frac{4.9(5.1)^2 - 4.9(5)^2}{0.1} = 49.49 \text{ m/s}$$

En la siguiente tabla se muestran los resultados de cálculos similares de la velocidad promedio en periodos cada vez más breves.

Intervalo de tiempo	Velocidad promedio (m/s)
$5 \leqslant t \leqslant 5.1$	49.49
$5 \leqslant t \leqslant 5.05$	49.245
$5 \leqslant t \leqslant 5.01$	49.049
$5 \leqslant t \leqslant 5.001$	49.0049

Da la impresión de que, a medida que se acorta el periodo, la velocidad promedio se acerca a 49 m/s. La **velocidad instantánea** cuando $t = 5$ se define como el *valor límite* de estas velocidades promedio en periodos cada vez más cortos que comienzan en $t = 5$. Así, la velocidad (instantánea) después de 5 segundos es 49 m/s. ∎

Tal vez le parezca que los cálculos para resolver el problema son muy similares a los utilizados antes en esta sección para encontrar las tangentes. De hecho, hay una conexión estrecha entre el problema de las tangentes y el de la velocidad. Si se traza la gráfica de la función de distancia de la pelota (como en la figura 6) y se consideran los puntos $P(5, 4.9(5)^2)$ y $Q(5 + h, 4.9(5 + h)^2)$ sobre la gráfica, entonces la pendiente de la recta secante PQ es

$$m_{PQ} = \frac{4.9(5 + h)^2 - 4.9(5)^2}{(5 + h) - 5}$$

que es la misma que la velocidad promedio en el intervalo $[5, 5 + h]$. Por lo tanto, la velocidad en el tiempo $t = 5$ (el límite de estas velocidades promedio cuando h se aproxima a 0) debe ser igual a la pendiente de la recta tangente en P (el límite de las pendientes de las rectas secantes).

En los ejemplos 1 y 3 es claro que, para resolver problemas de tangentes y velocidad, debe ser capaz de calcular límites. Después de estudiar los métodos para calcular límites en las cinco secciones siguientes, se retomarán problemas de tangentes y velocidades, en la sección 2.7.

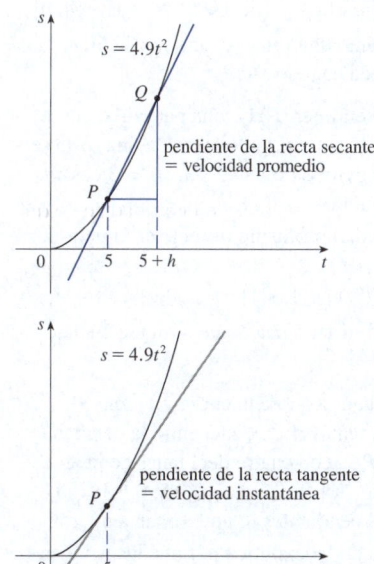

FIGURA 6

2.1 | Ejercicios

1. Un tanque contiene 1 000 litros de agua, que se drenan del fondo del tanque en media hora. Los valores de la tabla muestran el volumen V de agua que queda en el tanque (en litros) después de t minutos.

t (min)	5	10	15	20	25	30
V(L)	694	444	250	111	28	0

   (a) Si P es el punto (15, 250) en la gráfica de V, encuentre las pendientes de las rectas secantes PQ cuando Q es el punto de la gráfica con $t = 5, 10, 20, 25$ y 30.
   (b) Determine la pendiente de la recta tangente en P promediando las pendientes de dos rectas secantes.
   (c) Con una gráfica de V calcule la pendiente de la recta de la tangente en P. (Esta pendiente representa la velocidad a la que el agua fluye del tanque después de 15 minutos).

2. Una estudiante compró un reloj inteligente que registra el número de pasos que da a lo largo del día. En la tabla se muestra el número de pasos registrados t minutos después de las 3:00 p. m. del primer día que utilizó el reloj.

t (min)	0	10	20	30	40
Pasos	3 438	4 559	5 622	6 536	7 398

   (a) Encuentre las pendientes de las rectas secantes correspondientes a los intervalos dados de t. ¿Qué representan estas pendientes?
   (i) [0, 40]   (ii) [10, 20]   (iii) [20, 30]
   (b) Estime el ritmo de caminata de la estudiante, en pasos por minuto, a las 3:20 p. m. promediando las pendientes de dos rectas secantes.

3. El punto $P(2, -1)$ se encuentra en la curva $y = 1/(1 - x)$.
   (a) Si Q es el punto $(x, 1/(1 - x))$, encuentre la pendiente de la recta secante PQ (con seis decimales de precisión) de los siguientes valores de x:
   (i) 1.5   (ii) 1.9   (iii) 1.99   (iv) 1.999
   (v) 2.5   (vi) 2.1   (vii) 2.01   (viii) 2.001
   (b) Con los resultados del inciso (a) determine el valor de la pendiente de la recta tangente a la curva en $P(2, -1)$.
   (c) Con la pendiente del inciso (b) encuentre una ecuación de la recta tangente a la curva en $P(2, -1)$.

4. El punto $P(0.5, 0)$ se ubica sobre la curva $y = \cos \pi x$.
   (a) Si Q es el punto $(x, \cos \pi x)$, encuentre la pendiente de la recta secante PQ (con seis decimales de precisión) de los siguientes valores de x:
   (i) 0   (ii) 0.4   (iii) 0.49
   (iv) 0.499   (v) 1   (vi) 0.6
   (vii) 0.51   (viii) 0.501
   (b) Con los resultados del inciso (a) determine el valor de la pendiente de la recta tangente a la curva en $P(0.5, 0)$.

   (c) Con la pendiente del inciso (b) encuentre una ecuación de la recta tangente a la curva en $P(0.5, 0)$.
   (d) Trace la curva, dos de las rectas secantes y la recta tangente.

5. El andén de un puente se encuentra a 80 metros sobre el río. Si una piedra cae por uno de sus lados, la altura, en metros, de la piedra sobre la superficie del agua después de t segundos se da por $y = 80 - 4.9t^2$.
   (a) Encuentre la velocidad promedio de la piedra en el periodo que comienza cuando $t = 4$ y que dura
   (i) 0.1 segundos   (ii) 0.05 segundos   (iii) 0.01 segundos
   (b) Estime la velocidad instantánea de la piedra después de 4 segundos.

6. Si en el planeta Marte se lanza una piedra hacia arriba con una velocidad promedio de 10 m/s, su altura (y) en metros t segundos después está dada por
   $y = 10t - 1.86t^2$.
   (a) Encuentre la velocidad promedio a lo largo de los intervalos dados.
   (i) [1, 2]   (ii) [1, 1.5]   (iii) [1, 1.1]
   (iv) [1, 1.01]   (v) [1, 1.001]
   (b) Estime la velocidad instantánea cuando $t = 1$.

7. En la tabla se muestra la posición de un motociclista después de acelerar desde un punto en reposo.

t (segundos)	0	1	2	3	4	5	6
s (metros)	0	1.5	6.3	14.2	24.1	38.0	53.9

   (a) Encuentre la velocidad promedio de cada periodo:
   (i) [2, 4]   (ii) [3, 4]   (iii) [4, 5]   (iv) [4, 6]
   (b) Utilice la gráfica como una función de t para estimar la velocidad instantánea cuando $t = 3$.

8. El desplazamiento (en centímetros) de una partícula que se mueve hacia adelante y hacia atrás a lo largo de una recta se da por la ecuación de movimiento $s = 2\,\text{sen}\,\pi t + 3\cos \pi t$, donde t se mide en segundos.
   (a) Determine la velocidad promedio durante cada periodo:
   (i) [1, 2]   (ii) [1, 1.1]
   (iii) [1, 1.01]   (iv) [1, 1.001]
   (b) Estime la velocidad instantánea de la partícula cuando $t = 1$.

9. El punto $P(1, 0)$ se encuentra sobre la curva $y = \text{sen}(10\pi/x)$.
   (a) Si Q es el punto $(x, \text{sen}(10\pi/x))$, encuentre la pendiente de la recta secante PQ (con cuatro decimales de precisión) para $x = 2, 1.5, 1.4, 1.3, 1.2, 1.1, 0.5, 0.6, 0.7, 0.8$ y 0.9. ¿Parece que las pendientes se aproximan a un límite?
   (b) Con la gráfica de la curva explique por qué las pendientes de las rectas secantes del inciso (a) no están cerca de la pendiente de la recta tangente en P.
   (c) Elija las rectas secantes apropiadas para estimar la pendiente de la recta tangente en P.

2.2 | Límite de una función

Después de estudiar en la sección anterior cómo surgen los límites cuando se desea encontrar la tangente a una curva o la velocidad de un objeto, ahora se analizarán, de manera general, los límites y los métodos numéricos y gráficos para calcularlos.

■ Métodos numéricos y gráficos para el cálculo de límites

A continuación se estudiará el comportamiento de la función f definida por $f(x) = (x - 1)/(x^2 - 1)$ para valores de x cercanos a 1. En la siguiente tabla se dan valores de $f(x)$ de valores de x cercanos a 1 pero no iguales a 1.

$x < 1$	$f(x)$	$x > 1$	$f(x)$
0.5	0.666667	1.5	0.400000
0.9	0.526316	1.1	0.476190
0.99	0.502513	1.01	0.497512
0.999	0.500250	1.001	0.499750
0.9999	0.500025	1.0001	0.499975

| 1 | 0.5 | 1 | 0.5 |

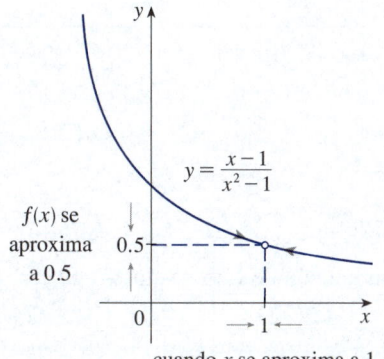

$$y = \frac{x - 1}{x^2 - 1}$$

$f(x)$ se aproxima a 0.5

0.5

0 → 1 ←

cuando x se aproxima a 1

FIGURA 1

En la tabla y en la gráfica de f que se presentan en la figura 1 se ve que cuanto más se acerca x a 1 (de cualquier lado de 1) más se aproxima $f(x)$ a 0.5. De hecho, parece que es posible acercar los valores de $f(x)$ tanto como se desee a 0.5 al tomar un valor de x lo suficientemente cerca de 1. Esto se expresa como sigue: "el límite de la función $f(x) = (x - 1)/(x^2 - 1)$ cuando x se aproxima a 1 es igual a 0.5". La notación es

$$\lim_{x \to 1} \frac{x - 1}{x^2 - 1} = 0.5$$

En general, se emplea la siguiente definición.

---

1 Definición intuitiva de límite Suponga que $f(x)$ se define cuando x está cerca del número a. (Esto significa que f se define en algún intervalo abierto que contiene a a, excepto posiblemente en el mismo valor de a). Entonces se escribe

$$\lim_{x \to a} f(x) = L$$

y se dice "el límite de $f(x)$, cuando x se aproxima a a, es igual a L"

si se puede hacer que los valores de $f(x)$ estén arbitrariamente cercanos a L (tan cerca de L como se desee) de tal forma que x se acerque lo suficiente a a (por cualquier lado de a) pero no iguales a a.

A grandes rasgos, esto significa que los valores de $f(x)$ se aproximan a L a medida que x se aproxima a a. En otras palabras, los valores de $f(x)$ tienden a acercarse cada vez más al número L a medida que x se acerca cada vez más al número a (desde cualquier lado de a) pero $x \neq a$. (En la sección 2.4 se da una definición más precisa).

Otra notación de

$$\lim_{x \to a} f(x) = L$$

es $f(x) \to L$ cuando $x \to a$

que suele leerse "$f(x)$ se acerca a L cuando x se aproxima a a".

Observe la frase "pero x no es igual a a" en la definición anterior de límite. Esto significa que al encontrar el límite de $f(x)$ cuando x se aproxima a a, nunca se considera que $x = a$. De hecho, ni siquiera es necesario definir $f(x)$ cuando $x = a$. Lo único que importa es cómo se define f *cerca de a*.

En la figura 2 se presentan las gráficas de tres funciones. Observe que en el inciso (b) $f(a)$ no está definida y en el inciso (c) $f(a) \neq L$. Pero en cada caso, independientemente de lo que ocurra en a, es cierto que $\lim_{x \to a} f(x) = L$.*

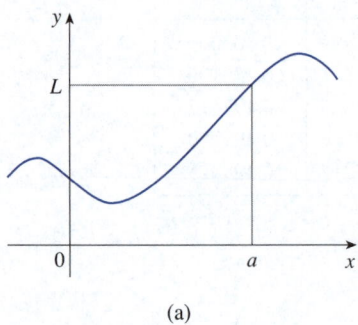

(a)

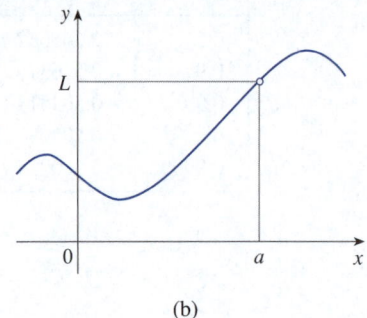

(b)

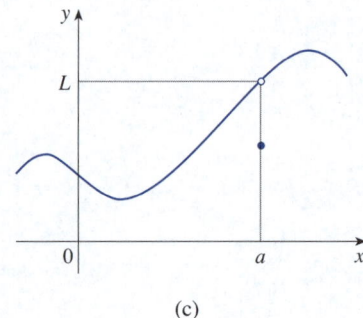

(c)

FIGURA 2 $\lim_{x \to a} f(x) = L$ en los tres casos.

EJEMPLO 1 Estime el valor de $\lim_{t \to 0} \dfrac{\sqrt{t^2 + 9} - 3}{t^2}$.

SOLUCIÓN En la tabla se enlistan los valores de la función de varios valores de t cercanos a 0.

t	$\dfrac{\sqrt{t^2 + 9} - 3}{t^2}$
± 1.0	0.162277...
± 0.5	0.165525...
± 0.1	0.166620...
± 0.05	0.166655...
± 0.01	0.166666...

Cuando t se aproxima a 0, los valores de la función parecen aproximarse a 0.1666666... y por lo tanto se supone que

$$\lim_{t \to 0} \frac{\sqrt{t^2 + 9} - 3}{t^2} = \frac{1}{6}$$ ∎

En el ejemplo 1, ¿qué habría pasado si se toman valores aún más pequeños de t? En la tabla al margen se presentan los resultados de una calculadora; puede observar un comportamiento extraño en los resultados.

Si se realizan estos cálculos en nuestra propia calculadora quizá se obtengan otros valores, pero a la larga se llega al valor 0 si se hace t suficientemente pequeño. ¿Significa esto

t	$\dfrac{\sqrt{t^2 + 9} - 3}{t^2}$
± 0.001	0.166667
± 0.0001	0.166670
± 0.00001	0.167000
± 0.0000001	0.000000

* Nota del editor: En las fórmulas, las tendencias de los límites deben colocarse debajo de la abrevitura "lím"; sin embargo, para mejorar la legibilidad de las fórmulas, las tendencias se colocarán junto a la abreviación "lím" en el texto corrido de la obra.

que la respuesta es realmente 0 en lugar de $\frac{1}{6}$? ¡No! El valor del límite es $\frac{1}{6}$, como se muestra en la siguiente sección. El problema es que la calculadora mostró resultados erróneos porque $\sqrt{t^2 + 9}$ es muy cercano a 3 cuando t es un valor pequeño. (De hecho, cuando t es suficientemente pequeño, el valor de la calculadora de $\sqrt{t^2 + 9}$ es 3.000... con tantos dígitos como la calculadora sea capaz de mostrar).

Algo similar sucede cuando se grafica la función

www.StewartCalculus.com
Para más información acerca de los motivos por los cuales, en ocasiones, las calculadoras dan valores falsos revise *Lies My Calculator and Computer Told Me*. En particular, vea la sección *The Perils of Substraction*.

$$f(t) = \frac{\sqrt{t^2 + 9} - 3}{t^2}$$

del ejemplo 1 en una calculadora graficadora o en una computadora. Los incisos (a) y (b) de la figura 3 son gráficas muy precisas de f, y si se traza a lo largo de la curva se calcula fácilmente que el límite es de aproximadamente $\frac{1}{6}$. Pero si se acerca demasiado, como en los incisos (c) y (d), se obtienen gráficas inexactas, de nuevo debido a errores de redondeo en los cálculos.

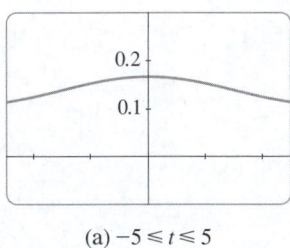

(a) $-5 \leqslant t \leqslant 5$

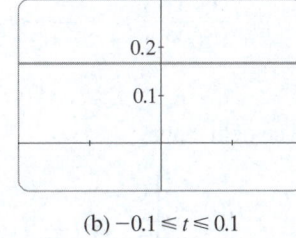

(b) $-0.1 \leqslant t \leqslant 0.1$

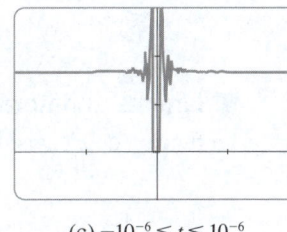

(c) $-10^{-6} \leqslant t \leqslant 10^{-6}$

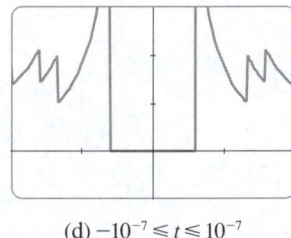

(d) $-10^{-7} \leqslant t \leqslant 10^{-7}$

FIGURA 3

EJEMPLO 2 Determine el valor de $\displaystyle\lim_{x \to 0} \frac{\operatorname{sen} x}{x}$.

x	$\dfrac{\operatorname{sen} x}{x}$
± 1.0	0.84147098
± 0.5	0.95885108
± 0.4	0.97354586
± 0.3	0.98506736
± 0.2	0.99334665
± 0.1	0.99833417
± 0.05	0.99958339
± 0.01	0.99998333
± 0.005	0.99999583
± 0.001	0.99999983

SOLUCIÓN La función $f(x) = (\operatorname{sen} x)/x$ no está definida cuando $x = 0$. Con una calculadora (y sin olvidar que, si $x \in \mathbb{R}$, sen x significa el seno del ángulo x medido en radianes) se elabora una tabla de valores con ocho decimales de precisión. A partir de la tabla de la izquierda y de la gráfica de la figura 4 se establece que

$$\lim_{x \to 0} \frac{\operatorname{sen} x}{x} = 1$$

Esta suposición es correcta, como se demostrará en el capítulo 3 utilizando un argumento geométrico.

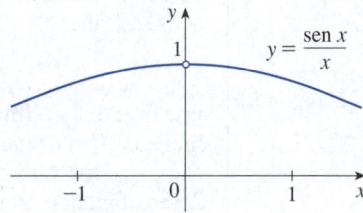

FIGURA 4

EJEMPLO 3 Encuentre $\lim\limits_{x \to 0} \left(x^3 + \dfrac{\cos 5x}{10000} \right)$.

SOLUCIÓN Como antes, se elabora una tabla de valores. Con base en la primera tabla, parece que el límite podría ser cero.

x	$x^3 + \dfrac{\cos 5x}{10\,000}$
1	1.000028
0.5	0.124920
0.1	0.001088
0.05	0.000222
0.01	0.000101

x	$x^3 + \dfrac{\cos 5x}{10\,000}$
0.005	0.00010009
0.001	0.00010000

Sin embargo, si se continúa con valores más pequeños de x, en la segunda tabla se sugiere que es más probable que el límite sea 0.0001. En la sección 2.5 se podrá mostrar que $\lim_{x \to 0} \cos 5x = 1$ y de esto se deduce que

$$\lim_{x \to 0} \left(x^3 + \frac{\cos 5x}{10\,000} \right) = \frac{1}{10\,000} = 0.0001 \qquad \blacksquare$$

■ Límites unilaterales

La función de Heaviside, H, se define por

$$H(t) = \begin{cases} 0 & \text{si } t < 0 \\ 1 & \text{si } t \geq 0 \end{cases}$$

(Esta función recibe su nombre del ingeniero eléctrico Oliver Heaviside [1850-1925], y es útil para describir una corriente eléctrica que cambia en el tiempo $t = 0$). En la figura 5 se presenta su gráfica.

No existe un número al que se aproxime $H(t)$ cuando t se aproxima a 0, así que $\lim H(t)$ no existe. Sin embargo, cuando t se aproxima a 0 por la izquierda, $H(t)$ se aproxima a 0. Cuando t se aproxima a 0 por la derecha, $H(t)$ se aproxima a 1. Esta situación se indica simbólicamente como sigue:

$$\lim_{t \to 0^-} H(t) = 0 \qquad \text{y} \qquad \lim_{t \to 0^+} H(t) = 1$$

y se les denomina *límites unilaterales*. La notación $t \to 0^-$ indica que solo se consideran los valores de t menores que 0. De la misma manera, $t \to 0^+$ indica que solo se consideran los valores de t mayores que 0.

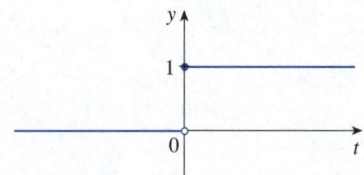

FIGURA 5
Función, de Heaviside.

---

2 **Definición intuitiva de límites unilaterales** Se escribe

$$\lim_{x \to a^-} f(x) = L$$

y se dice que el **límite por la izquierda** de $f(x)$ cuando x se aproxima a a [o el límite de $f(x)$ cuando x se aproxima a a *por la izquierda*] es igual a L si se puede hacer que los valores de $f(x)$ estén arbitrariamente cercanos a L, tanto como se desee, tomando un valor de x suficientemente cercano a a pero *menor que a*.

Se escribe

$$\lim_{x \to a^+} f(x) = L$$

y se dice que el **límite por la derecha** de $f(x)$ cuando x se aproxima a a [o el límite de $f(x)$ cuando x se aproxima a a *por la derecha*] es igual a L si se puede hacer que los valores de $f(x)$ estén arbitrariamente cercanos a L, tanto como se desee, tomando un valor de x suficientemente cercano a a pero *mayor que a*.

Por ejemplo, la notación $x \to 5^-$ significa que únicamente se considera $x < 5$, y $x \to 5^+$ significa que solo se considera $x > 5$. En la figura 6 se ilustra la definición 2.

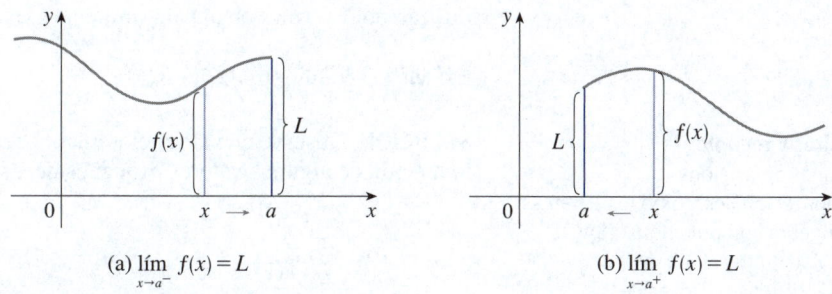

(a) $\lim\limits_{x \to a^-} f(x) = L$ (b) $\lim\limits_{x \to a^+} f(x) = L$

FIGURA 6

Observe que la definición 2 difiere de la definición 1 solo en que se requiere que x sea menor (o mayor) que a. Al comparar estas definiciones, se ve que satisface lo siguiente.

3 $\lim\limits_{x \to a} f(x) = L$ si y solo si $\lim\limits_{x \to a^-} f(x) = L$ y $\lim\limits_{x \to a^+} f(x) = L$

EJEMPLO 4 En la figura 7 se muestra la gráfica de la función g.

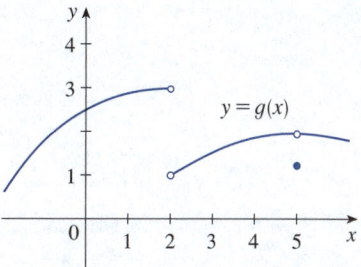

FIGURA 7

Con la gráfica indique los siguientes valores (si existen):

(a) $\lim\limits_{x \to 2^-} g(x)$ (b) $\lim\limits_{x \to 2^+} g(x)$ (c) $\lim\limits_{x \to 2} g(x)$

(d) $\lim\limits_{x \to 5^-} g(x)$ (e) $\lim\limits_{x \to 5^+} g(x)$ (f) $\lim\limits_{x \to 5} g(x)$

SOLUCIÓN Al ver la gráfica se aprecia que los valores de $g(x)$ se aproximan a 3 cuando x se aproxima a 2 por la izquierda, pero se aproximan a 1 cuando x se aproxima a 2 por la derecha. Por lo tanto,

(a) $\lim\limits_{x \to 2^-} g(x) = 3$ y   (b) $\lim\limits_{x \to 2^+} g(x) = 1$

(c) Como los límites por la izquierda y por la derecha son diferentes, a partir de la definición (3) se concluye que $\lim_{x \to 2} g(x)$ no existe.

La gráfica también muestra que

(d) $\lim\limits_{x \to 5^-} g(x) = 2$ y   (e) $\lim\limits_{x \to 5^+} g(x) = 2$

(f) Esta vez los límites por la izquierda y por la derecha son iguales y de este modo, por la definición (3), se tiene

$$\lim\limits_{x \to 5} g(x) = 2$$

A pesar de esto, observe que $g(5) \neq 2$. ∎

¿Cuándo deja de existir un límite?

Se vio antes que un límite no existe en un número a si los límites por la izquierda y por la derecha no son iguales (como en el ejemplo 4). En los dos ejemplos siguientes se ilustran otras formas en que un límite no existe.

EJEMPLO 5 Investigue $\lim\limits_{x\to 0} \operatorname{sen}\dfrac{\pi}{x}$.

SOLUCIÓN Observe que la función $f(x) = \operatorname{sen}(\pi/x)$ no está definida en 0. Al evaluar la función de algunos valores pequeños de x se obtiene

$$f(1) = \operatorname{sen}\pi = 0 \qquad\qquad f\left(\tfrac{1}{2}\right) = \operatorname{sen}2\pi = 0$$

$$f\left(\tfrac{1}{3}\right) = \operatorname{sen}3\pi = 0 \qquad\qquad f\left(\tfrac{1}{4}\right) = \operatorname{sen}4\pi = 0$$

$$f(0.1) = \operatorname{sen}10\pi = 0 \qquad\qquad f(0.01) = \operatorname{sen}100\pi = 0$$

Del mismo modo, $f(0.001) = f(0.0001) = 0$. Con esta información parecería razonable inferir que el límite es 0, pero esta vez la suposición es errónea. Observe que, aunque $f(1/n) = \operatorname{sen}n\pi = 0$ con cualquier entero n, también es cierto que $f(x) = 1$ con otros valores infinitos de x (como $2/5$ o $2/101$) que se aproximen a 0. Puede observarse esto en la gráfica de f de la figura 8.

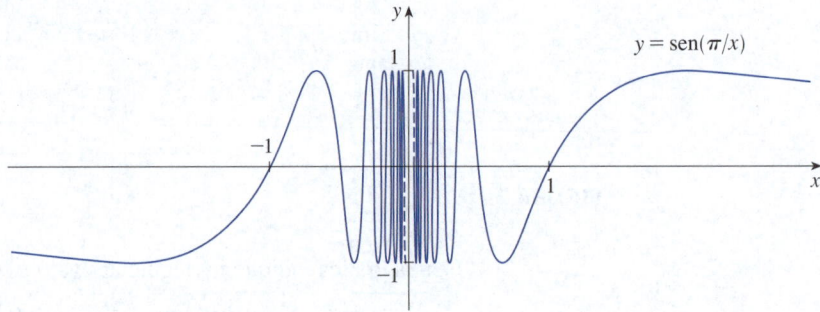

FIGURA 8

Las líneas punteadas cerca del eje y indican que los valores de $\operatorname{sen}(\pi/x)$ oscilan entre 1 y -1 con frecuencia infinita cuando x se aproxima a 0.

Como los valores de $f(x)$ no se aproximan a un número fijo cuando x se aproxima a 0,

$$\lim_{x\to 0} \operatorname{sen}\frac{\pi}{x} \text{ no existe}$$

En los ejemplos 3 y 5 se ilustran algunas dificultades que se presentan al evaluar el valor de un límite. Es fácil estimar un valor erróneo si se usan valores inadecuados de x, pero es difícil saber cuándo dejar de calcular valores. Y, como muestra el análisis del ejemplo 1, a veces las calculadoras y las computadoras dan valores erróneos. Sin embargo, en la próxima sección se estudian métodos infalibles para calcular límites.

Otra forma en que no existe el límite en un número a es cuando los valores de la función crecen de forma arbitraria (en valor absoluto) cuando x se aproxima a a.

EJEMPLO 6   Encuentre $\lim\limits_{x\to 0}\dfrac{1}{x^2}$ si existe.

SOLUCIÓN   A medida que x se acerca a 0, x^2 también se acerca a 0, y $1/x^2$ aumenta mucho (vea la tabla siguiente). De hecho, de la gráfica de la función $f(x) = 1/x^2$ que se muestra en la figura 9 se desprende que los valores de $f(x)$ pueden aumentar arbitrariamente al tomar valores de x suficientemente cercanos a 0. Por lo tanto, los valores de $f(x)$ no se aproximan a un número, por lo que $\lim(1/x^2)$ no existe.

x	$\dfrac{1}{x^2}$
± 1	1
± 0.5	4
± 0.2	25
± 0.1	100
± 0.05	400
± 0.01	10 000
± 0.001	1 000 000

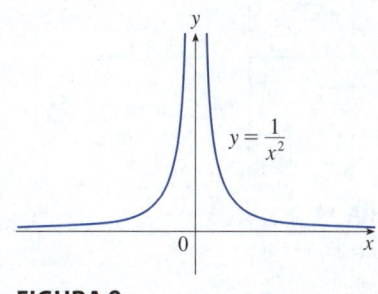

FIGURA 9 ■

■ Límites infinitos y asíntotas verticales

Para indicar el tipo de comportamiento del ejemplo 6 se usa la notación

$$\lim_{x\to 0}\frac{1}{x^2} = \infty$$

⊘ Esto no significa que ∞ se considere como un número. Tampoco significa que el límite exista. Simplemente expresa la forma particular en que el límite no existe: $1/x^2$ puede crecer tanto como se desee al tomar un valor de x suficientemente cercano a 0.

En general, se escribe de forma simbólica

$$\lim_{x\to a} f(x) = \infty$$

para indicar que los valores de $f(x)$ tienden a ser cada vez más grandes (o a "crecer sin límite") a medida que x se acerca cada vez más a a.

---

4 **Definición intuitiva de límite infinito**   Sea f una función definida en ambos lados de a, excepto posiblemente en a mismo. Entonces

$$\lim_{x\to a} f(x) = \infty$$

significa que los valores de $f(x)$ pueden hacerse arbitrariamente grandes (tanto como se desee) tomando un valor de x suficientemente cercano a a, pero no iguales a a.

Otra notación de $\lim_{x\to a} f(x) = \infty$ es

$$f(x) \to \infty \qquad \text{cuando} \qquad x \to a$$

De nuevo, el símbolo ∞ no es un número, pero la expresión $\lim f(x) = \infty$ suele leerse como

"el límite de $f(x)$, cuando x se aproxima a a, es infinito"

o   "$f(x)$ se vuelve infinito cuando x se aproxima a a"

o   "$f(x)$ se incrementa sin límite cuando x se aproxima a a"

Esta definición se ilustra gráficamente en la figura 10.

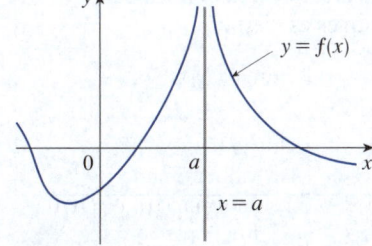

FIGURA 10
$\lim\limits_{x\to a} f(x) = \infty$

Cuando se dice que un número es "negativo grande", significa que es negativo pero su magnitud (valor absoluto) es grande.

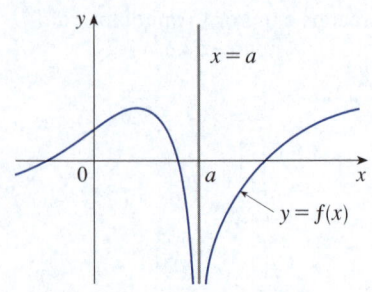

FIGURA 11
$\lim\limits_{x \to a} f(x) = -\infty$

En la definición 5 se describe un tipo de límite semejante para las funciones que se convierten en valores negativos grandes a medida que x se acerca a a, y se ilustra en la figura 11.

5 **Definición** Sea f una función definida en ambos lados de a, excepto posiblemente en a mismo. Entonces

$$\lim\limits_{x \to a} f(x) = -\infty$$

significa que los valores de $f(x)$ pueden ser negativos arbitrariamente grandes si se toma un valor de x suficientemente cercano a a, pero no iguales a a.

El símbolo $\lim\limits_{x \to a} f(x) = -\infty$ se lee "el límite de $f(x)$, cuando x se aproxima a a, es infinito negativo" o "$f(x)$ decrece sin límite cuando x se aproxima a a". Como ejemplo se tiene

$$\lim\limits_{x \to 0} \left(-\frac{1}{x^2} \right) = -\infty$$

Caben definiciones similares para los límites infinitos unilaterales

$$\lim\limits_{x \to a^-} f(x) = \infty \qquad\qquad \lim\limits_{x \to a^+} f(x) = \infty$$

$$\lim\limits_{x \to a^-} f(x) = -\infty \qquad\qquad \lim\limits_{x \to a^+} f(x) = -\infty$$

sin olvidar que $x \to a^-$ significa que solo se consideran valores de x menores que a, y del mismo modo que $x \to a^+$ significa que solo se considera $x > a$. En la figura 12 se ilustran estos cuatro casos.

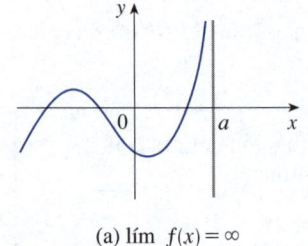

(a) $\lim\limits_{x \to a^-} f(x) = \infty$

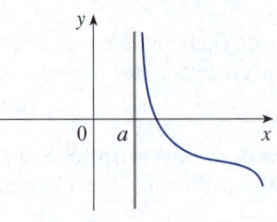

(b) $\lim\limits_{x \to a^+} f(x) = \infty$

(c) $\lim\limits_{x \to a^-} f(x) = -\infty$

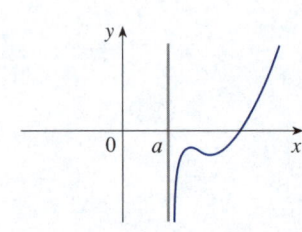

(d) $\lim\limits_{x \to a^+} f(x) = -\infty$

FIGURA 12

6 **Definición** La recta vertical $x = a$ se llama **asíntota vertical** de la curva $y = f(x)$ si al menos una de las siguientes afirmaciones es cierta:

$$\lim\limits_{x \to a} f(x) = \infty \qquad\qquad \lim\limits_{x \to a^-} f(x) = \infty \qquad\qquad \lim\limits_{x \to a^+} f(x) = \infty$$

$$\lim\limits_{x \to a} f(x) = -\infty \qquad\qquad \lim\limits_{x \to a^-} f(x) = -\infty \qquad\qquad \lim\limits_{x \to a^+} f(x) = -\infty$$

Por ejemplo, el eje y es una asíntota vertical de la curva $y = 1/x^2$ porque $\lim\limits_{x \to 0} (1/x^2) = \infty$. En la figura 12, la recta $x = a$ es una asíntota vertical en cada uno de los cuatro casos que se muestran. En general, para elaborar gráficas, resulta útil conocer las asíntotas verticales.

EJEMPLO 7 ¿Tiene la curva $y = \dfrac{2x}{x-3}$ una asíntota vertical?

SOLUCIÓN Hay una asíntota vertical potencial donde el denominador es 0, es decir, en $x = 3$, así que en ese punto se buscan los límites unilaterales.

Si x es un valor cercano a 3 pero mayor que 3, entonces el denominador $x - 3$ es un número positivo pequeño y $2x$ es cercano a 6. Así, el cociente $2x/(x - 3)$ es un número *positivo* grande. [Por ejemplo, si $x = 3.01$, entonces $2x/(x - 3) = 6.02/0.01 = 602$]. Así, intuitivamente, se observa que

$$\lim_{x \to 3^+} \frac{2x}{x-3} = \infty$$

De la misma manera, si x es un valor cercano a 3 pero menor que 3, entonces $x - 3$ es un número negativo pequeño mientras que $2x$ es un número positivo (cercano a 6). De este modo, $2x/(x - 3)$ es un número *negativo* numéricamente grande. Así,

$$\lim_{x \to 3^-} \frac{2x}{x-3} = -\infty$$

En la figura 13 se muestra la gráfica de la curva $y = 2x/(x - 3)$. De acuerdo con la definición 6, la recta $x = 3$ es una asíntota vertical. ■

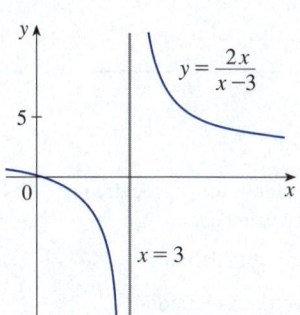

FIGURA 13

NOTA No existen los límites de los ejemplos 6 y 7, pero en el ejemplo 6 se puede escribir $\lim_{x \to 0} (1/x^2) = \infty$ porque $f(x) \to \infty$ cuando x se aproxima a 0 por la izquierda o por la derecha. En el ejemplo 7, $f(x) \to \infty$ cuando x se aproxima a 3 por la derecha pero $f(x) \to -\infty$ cuando x se aproxima a 3 por la izquierda, por lo que simplemente se dice que $\lim f(x)$ no existe.

EJEMPLO 8 Encuentre las asíntotas verticales de $f(x) = \tan x$.

SOLUCIÓN Dado que

$$\tan x = \frac{\operatorname{sen} x}{\cos x}$$

hay asíntotas verticales potenciales donde $\cos x = 0$. De hecho, como $\cos x \to 0^+$ cuando $x \to (\pi/2)^-$ y $\cos x \to 0^-$ cuando $x \to (\pi/2)^+$ mientras que $\operatorname{sen} x$ es positivo (cerca de 1) cuando x está cerca de $\pi/2$, se tiene

$$\lim_{x \to (\pi/2)^-} \tan x = \infty \qquad \text{y} \qquad \lim_{x \to (\pi/2)^+} \tan x = -\infty$$

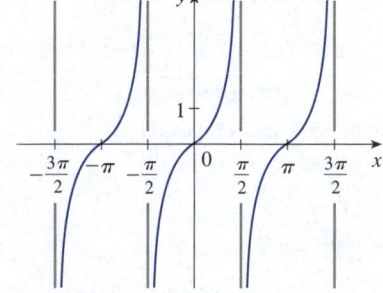

FIGURA 14
$y = \tan x$

Esto muestra que la recta $x = \pi/2$ es una asíntota vertical. Un razonamiento semejante revela que todas las rectas $x = \pi/2 + n\pi$, donde n es cualquier valor entero, son asíntotas verticales de $f(x) = \tan x$. Esto se confirma en la gráfica de la figura 14. ■

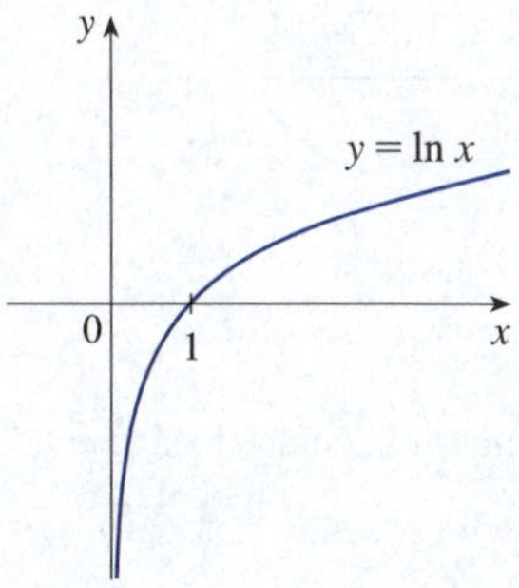

Otro ejemplo de una función cuya gráfica tiene una asíntota vertical es la función logaritmo natural $y = \ln x$. En la figura 15 se observa que

$$\boxed{\lim_{x \to 0^+} \ln x = -\infty}$$

y así la recta $x = 0$ (el eje y) es una asíntota vertical. De hecho, esto también es cierto para $y = \log_b x$ siempre que $b > 1$ (vea las figuras 1.5.11 y 1.5.12).

FIGURA 15
El eje y es una asíntota vertical de la función logaritmo natural.

2.2 | Ejercicios

1. Explique con sus propias palabras lo que significa la ecuación

$$\lim_{x \to 2} f(x) = 5$$

¿Es posible que esta afirmación sea cierta a pesar de que $f(2) = 3$? ¿Por qué?

2. Explique lo que significa decir que

$$\lim_{x \to 1^-} f(x) = 3 \qquad y \qquad \lim_{x \to 1^+} f(x) = 7$$

En esta situación, ¿es posible que exista $\lim_{x \to 1} f(x)$? ¿Por qué?

3. Explique el significado de lo siguiente.

(a) $\displaystyle\lim_{x \to -3} f(x) = \infty$ (b) $\displaystyle\lim_{x \to 4^+} f(x) = -\infty$

4. Con la gráfica de f indique el valor de cada cantidad, si existe. Si no existe, explique por qué.

(a) $\displaystyle\lim_{x \to 2^-} f(x)$ (b) $\displaystyle\lim_{x \to 2^+} f(x)$ (c) $\displaystyle\lim_{x \to 2} f(x)$

(d) $f(2)$ (e) $\displaystyle\lim_{x \to 4} f(x)$ (f) $f(4)$

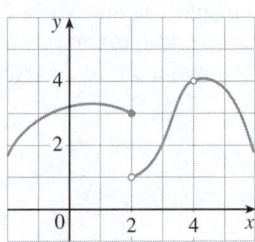

5. Para la función f cuya gráfica se da, indique el valor de cada cantidad, si existe. Si no existe, explique por qué.

(a) $\displaystyle\lim_{x \to 1} f(x)$ (b) $\displaystyle\lim_{x \to 3^-} f(x)$ (c) $\displaystyle\lim_{x \to 3^+} f(x)$

(d) $\displaystyle\lim_{x \to 3} f(x)$ (e) $f(3)$

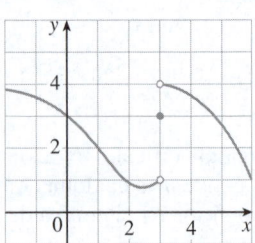

6. Para la función h cuya gráfica se da, indique el valor de cada cantidad, si existe. Si no existe, explique por qué.

(a) $\displaystyle\lim_{x \to -3^-} h(x)$ (b) $\displaystyle\lim_{x \to -3^+} h(x)$ (c) $\displaystyle\lim_{x \to -3} h(x)$

(d) $h(-3)$ (e) $\displaystyle\lim_{x \to 0^-} h(x)$ (f) $\displaystyle\lim_{x \to 0^+} h(x)$

(g) $\displaystyle\lim_{x \to 0} h(x)$ (h) $h(0)$ (i) $\displaystyle\lim_{x \to 2} h(x)$

(j) $h(2)$ (k) $\displaystyle\lim_{x \to 5^+} h(x)$ (l) $\displaystyle\lim_{x \to 5^-} h(x)$

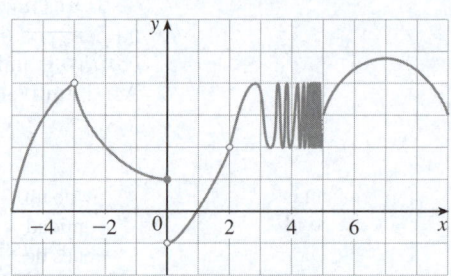

7. Para la función g cuya gráfica se muestra, encuentre un número a que satisfaga la descripción dada.

(a) $\displaystyle\lim_{x \to a} g(x)$ no existe, pero $g(a)$ está definido.

(b) $\displaystyle\lim_{x \to a} g(x)$ existe, pero $g(a)$ no está definido.

(c) $\displaystyle\lim_{x \to a^-} g(x)$ y $\displaystyle\lim_{x \to a^+} g(x)$ existen, pero $\displaystyle\lim_{x \to a} g(x)$ no existe

(d) $\displaystyle\lim_{x \to a^+} g(x) = g(a)$ pero $\displaystyle\lim_{x \to a^-} g(x) \neq g(a)$.

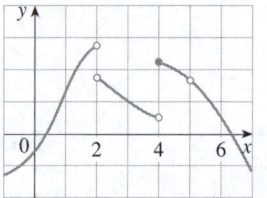

8. Para la función A cuya gráfica se muestra, indique lo siguiente.

(a) $\displaystyle\lim_{x \to -3} A(x)$ (b) $\displaystyle\lim_{x \to 2^-} A(x)$

(c) $\displaystyle\lim_{x \to 2^+} A(x)$ (d) $\displaystyle\lim_{x \to -1} A(x)$

(e) Las ecuaciones de las asíntotas verticales

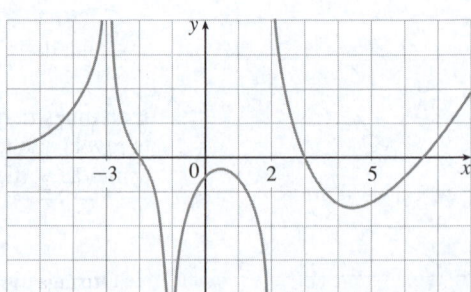

9. Para la función f cuya gráfica se muestra, indique lo siguiente.

(a) $\displaystyle\lim_{x \to -7} f(x)$ (b) $\displaystyle\lim_{x \to -3} f(x)$ (c) $\displaystyle\lim_{x \to 0} f(x)$

(d) $\displaystyle\lim_{x \to 6^-} f(x)$ (e) $\displaystyle\lim_{x \to 6^+} f(x)$

(f) Las ecuaciones de las asíntotas verticales

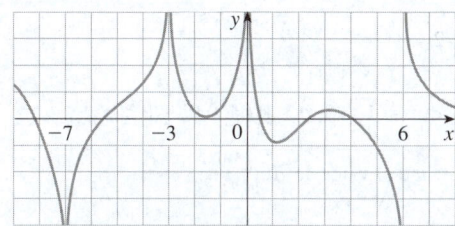

10. Un paciente recibe una inyección de 150 mg de un medicamento cada 4 horas. En la gráfica se ve la cantidad $f(t)$ del medicamento en la corriente sanguínea después de t horas. Busque

$$\lim_{t \to 12^-} f(t) \qquad y \qquad \lim_{t \to 12^+} f(t)$$

y explique el significado de estos límites unilaterales.

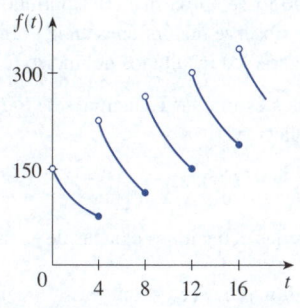

11-12 Elabore la gráfica y con ella determine los valores de a para los que existe $\lim_{x \to a} f(x)$.

11. $f(x) = \begin{cases} e^x & \text{si } x \leqslant 0 \\ x - 1 & \text{si } 0 < x < 1 \\ \ln x & \text{si } x \geqslant 1 \end{cases}$

12. $f(x) = \begin{cases} \sqrt[3]{x} & \text{si } x \leqslant -1 \\ x & \text{si } -1 < x \leqslant 2 \\ (x - 1)^2 & \text{si } x > 2 \end{cases}$

13-14 Con la gráfica de la función f indique el valor de cada límite, si existe. Si no existe, explique por qué.

(a) $\lim_{x \to 0^-} f(x)$ (b) $\lim_{x \to 0^+} f(x)$ (c) $\lim_{x \to 0} f(x)$

13. $f(x) = x\sqrt{1 + x^{-2}}$ **14.** $f(x) = \dfrac{e^{1/x} - 2}{e^{1/x} + 1}$

15-18 Elabore la gráfica de una función f que satisfaga todas las condiciones especificadas.

15. $\lim_{x \to 1^-} f(x) = 3$, $\lim_{x \to 1^+} f(x) = 0$, $f(1) = 2$

16. $\lim_{x \to 0} f(x) = 4$, $\lim_{x \to 8^-} f(x) = 1$, $\lim_{x \to 8^+} f(x) = -3$,
$f(0) = 6$, $f(8) = -1$

17. $\lim_{x \to -1^-} f(x) = 0$, $\lim_{x \to -1^+} f(x) = 1$, $\lim_{x \to 2} f(x) = 3$,
$f(-1) = 2$, $f(2) = 1$

18. $\lim_{x \to -3^-} f(x) = 3$, $\lim_{x \to -3^+} f(x) = 2$, $\lim_{x \to 3^-} f(x) = -1$,
$\lim_{x \to 3^+} f(x) = 2$, $f(-3) = 2$, $f(3) = 0$

19-22 Determine el valor del límite (si existe) evaluando la función en los números indicados (con seis decimales de precisión).

19. $\lim_{x \to 3} \dfrac{x^2 - 3x}{x^2 - 9}$,
$x = 3.1, 3.05, 3.01, 3.001, 3.0001,$
$2.9, 2.95, 2.99, 2.999, 2.9999$

20. $\lim_{x \to -3} \dfrac{x^2 - 3x}{x^2 - 9}$,
$x = -2.5, -2.9, -2.95, -2.99, -2.999, -2.9999,$
$-3.5, -3.1, -3.05, -3.01, -3.001, -3.0001$

21. $\lim_{t \to 0} \dfrac{e^{5t} - 1}{t}$, $t = \pm 0.5, \pm 0.1, \pm 0.01, \pm 0.001, \pm 0.0001$

22. $\lim_{h \to 0} \dfrac{(2 + h)^5 - 32}{h}$,
$h = \pm 0.5, \pm 0.1, \pm 0.01, \pm 0.001, \pm 0.0001$

23-28 Con una tabla de valores estime el valor del límite. Si tiene un dispositivo graficador, utilícelo para confirmar su resultado en forma gráfica.

23. $\lim_{x \to 4} \dfrac{\ln x - \ln 4}{x - 4}$ **24.** $\lim_{p \to -1} \dfrac{1 + p^9}{1 + p^{15}}$

25. $\lim_{\theta \to 0} \dfrac{\operatorname{sen} 3\theta}{\tan 2\theta}$ **26.** $\lim_{t \to 0} \dfrac{5^t - 1}{t}$

27. $\lim_{x \to 0^+} x^x$ **28.** $\lim_{x \to 0^+} x^2 \ln x$

29-40 Determine el límite infinito.

29. $\lim_{x \to 5^+} \dfrac{x + 1}{x - 5}$ **30.** $\lim_{x \to 5^-} \dfrac{x + 1}{x - 5}$

31. $\lim_{x \to 2} \dfrac{x^2}{(x - 2)^2}$ **32.** $\lim_{x \to 3^-} \dfrac{\sqrt{x}}{(x - 3)^5}$

33. $\lim_{x \to 1^+} \ln(\sqrt{x} - 1)$ **34.** $\lim_{x \to 0^+} \ln(\operatorname{sen} x)$

35. $\lim_{x \to (\pi/2)^+} \dfrac{1}{x} \sec x$ **36.** $\lim_{x \to \pi^-} x \cot x$

37. $\lim_{x \to 1} \dfrac{x^2 + 2x}{x^2 - 2x + 1}$ **38.** $\lim_{x \to 3^-} \dfrac{x^2 + 4x}{x^2 - 2x - 3}$

39. $\lim_{x \to 0} (\ln x^2 - x^{-2})$ **40.** $\lim_{x \to 0^+} \left(\dfrac{1}{x} - \ln x \right)$

41. Determine la asíntota vertical de la función

$$f(x) = \frac{x - 1}{2x + 4}$$

42. (a) Busque las asíntotas verticales de la función

$$y = \frac{x^2 + 1}{3x - 2x^2}$$

(b) Grafique la función para confirmar su respuesta al inciso (a).

43. Determine $\lim\limits_{x \to 1^-} \dfrac{1}{x^3 - 1}$ y $\lim\limits_{x \to 1^+} \dfrac{1}{x^3 - 1}$

(a) con la evaluación de $f(x) = 1/(x^3 - 1)$ para valores de x que se aproximan a 1 por la izquierda y por la derecha,

(b) con un razonamiento como el del ejemplo 7 y

(c) a partir de una gráfica de f.

44. (a) Al graficar la función

$$f(x) = \frac{\cos 2x - \cos x}{x^2}$$

y hacer un acercamiento al punto donde la gráfica cruza el eje y, estime el valor de $\lim_{x \to 0} f(x)$.

(b) Revise su respuesta en el inciso (a) evaluando $f(x)$ para valores de x que se aproximen a 0.

45. (a) Estime el valor del límite $\lim_{x \to 0} (1 + x)^{1/x}$ con cinco decimales de precisión. ¿Le resulta conocido este número?

(b) Ilustre el inciso (a) graficando la función $y = (1 + x)^{1/x}$.

46. (a) Grafique la función $f(x) = e^x + \ln|x - 4|$ para $0 \leqslant x \leqslant 5$. ¿Le parece que la gráfica es una representación adecuada de f?

(b) ¿Cómo se podría obtener una gráfica que represente mejor a f?

47. (a) Evalúe la función $f(x) = x^2 - (2^x/1\,000)$ para $x = 1, 0.8, 0.6, 0.4, 0.2, 0.1$ y 0.05, y estime un valor de

$$\lim_{x \to 0} \left(x^2 - \frac{2^x}{1\,000} \right)$$

(b) Evalúe $f(x)$ para $x = 0.04, 0.02, 0.01, 0.005, 0.003$ y 0.001. Conjeture de nuevo.

48. (a) Evalúe la función

$$h(x) = \frac{\tan x - x}{x^3}$$

para $x = 1, 0.5, 0.1, 0.05. 0.01$ y 0.005.

(b) Estime el valor de $\lim\limits_{x \to 0} \dfrac{\tan x - x}{x^3}$.

(c) Evalúe $h(x)$ para los valores sucesivamente más pequeños de x hasta llegar al final a un valor de 0 para $h(x)$. ¿Confía todavía en que su estimación del inciso (b) es correcta? Explique por qué finalmente obtuvo un valor de 0. (En la sección 4.4 se explicará otro método para evaluar este límite).

(d) Grafique la función h en el rectángulo de visión $[-1, 1]$ por $[0, 1]$. Luego haga un acercamiento hacia el punto donde la gráfica cruza el eje y para estimar el límite de $h(x)$ cuando x se aproxima a 0. Continúe el acercamiento hasta que observe distorsiones en la gráfica de h. Compare con los resultados del inciso (c).

49. Con una gráfica estime las ecuaciones de todas las asíntotas verticales de la curva

$$y = \tan(2 \operatorname{sen} x) \qquad -\pi \leqslant x \leqslant \pi$$

Luego busque las ecuaciones exactas de estas asíntotas.

50. Considere la función $f(x) = \tan \dfrac{1}{x}$.

(a) Muestre que $f(x) = 0$ para $x = \dfrac{1}{\pi}, \dfrac{1}{2\pi}, \dfrac{1}{3\pi}, \ldots$

(b) Muestre que $f(x) = 1$ para $x = \dfrac{4}{\pi}, \dfrac{4}{5\pi}, \dfrac{4}{9\pi}, \ldots$

(c) ¿Qué puede concluir sobre $\lim\limits_{x \to 0^+} \tan \dfrac{1}{x}$?

51. En la teoría de relatividad, la masa de una partícula en reposo con la velocidad v es

$$m = \frac{m_0}{\sqrt{1 - v^2/c^2}}$$

donde m_0 es la masa de la partícula en reposo y c es la rapidez de la luz. ¿Qué pasa conforme $v \to c^-$?

2.3 | Cálculo de límites usando las leyes de los límites

■ Propiedades de los límites

En la sección 2.2 se estimaron valores de límites con calculadoras y gráficas, pero se vio que tales métodos no siempre conducen a las respuestas correctas. En esta sección se estudian las siguientes propiedades de los límites, llamadas *leyes de los límites*, para calcularlos.

Leyes de los límites Suponga que c es una constante y existen los límites

$$\lim_{x \to a} f(x) \qquad y \qquad \lim_{x \to a} g(x)$$

Entonces,

1. $\lim_{x \to a} [f(x) + g(x)] = \lim_{x \to a} f(x) + \lim_{x \to a} g(x)$

2. $\lim_{x \to a} [f(x) - g(x)] = \lim_{x \to a} f(x) - \lim_{x \to a} g(x)$

3. $\lim_{x \to a} [cf(x)] = c \lim_{x \to a} f(x)$

4. $\lim_{x \to a} [f(x) g(x)] = \lim_{x \to a} f(x) \cdot \lim_{x \to a} g(x)$

5. $\displaystyle \lim_{x \to a} \frac{f(x)}{g(x)} = \frac{\displaystyle\lim_{x \to a} f(x)}{\displaystyle\lim_{x \to a} g(x)} \quad$ si $\displaystyle \lim_{x \to a} g(x) \neq 0$

Estas cinco leyes se expresan verbalmente como sigue:

Ley de la suma

1. El límite de una suma es la suma de los límites.

Ley de la diferencia

2. El límite de una diferencia es la diferencia de los límites.

Ley del múltiplo constante

3. El límite de una constante multiplicada por una función es la constante multiplicada por el límite de la función.

Ley del producto

4. El límite de un producto es el producto de los límites.

Ley del cociente

5. El límite de un cociente es el cociente de los límites (siempre que el denominador no sea 0).

Es fácil creer que estas propiedades son ciertas. Por ejemplo, si $f(x)$ está cerca de L y $g(x)$ está cerca de M, es razonable concluir que $f(x) + g(x)$ está cerca de $L + M$. Esto da una base intuitiva para creer que la ley 1 es verdadera. En la sección 2.4 se brinda la definición precisa de un límite con la cual se demuestra esta ley. En el apéndice F se demuestran las leyes restantes.

EJEMPLO 1 Con base en las leyes de los límites y las gráficas de f y g de la figura 1, evalúe los siguientes límites, si existen.

(a) $\displaystyle \lim_{x \to -2} [f(x) + 5g(x)]$ (b) $\displaystyle \lim_{x \to 1} [f(x)g(x)]$ (c) $\displaystyle \lim_{x \to 2} \frac{f(x)}{g(x)}$

SOLUCIÓN

(a) En las gráficas de f y g se ve que

$$\lim_{x \to -2} f(x) = 1 \qquad y \qquad \lim_{x \to -2} g(x) = -1$$

Por lo tanto, se tiene

$$\lim_{x \to -2} [f(x) + 5g(x)] = \lim_{x \to -2} f(x) + \lim_{x \to -2} [5g(x)] \qquad \text{(por la ley 1 de los límites)}$$

$$= \lim_{x \to -2} f(x) + 5 \lim_{x \to -2} g(x) \qquad \text{(por la ley 3 de los límites)}$$

$$= 1 + 5(-1) = -4$$

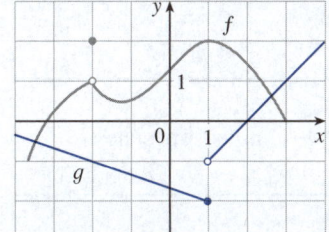

FIGURA 1

(b) Se observa que $\lim_{x \to 1} f(x) = 2$. Pero $\lim_{x \to 1} g(x)$ no existe porque los límites por la izquierda y por la derecha son diferentes:

$$\lim_{x \to 1^-} g(x) = -2 \qquad \lim_{x \to 1^+} g(x) = -1$$

Por lo tanto, no se puede usar la ley 4 para el límite deseado, pero sí se utiliza esa ley para los límites unilaterales:

$$\lim_{x \to 1^-} [f(x) g(x)] = \lim_{x \to 1^-} f(x) \cdot \lim_{x \to 1^-} g(x) = 2 \cdot (-2) = -4$$

$$\lim_{x \to 1^+} [f(x) g(x)] = \lim_{x \to 1^+} f(x) \cdot \lim_{x \to 1^+} g(x) = 2 \cdot (-1) = -2$$

Los límites derecho e izquierdo no son iguales, por lo que $\lim_{x \to 1}[f(x)\, g(x)]$ no existe.

(c) La gráfica muestra que

$$\lim_{x \to 2} f(x) \approx 1.4 \qquad y \qquad \lim_{x \to 2} g(x) = 0$$

Como el límite del denominador es 0, no se puede usar la ley 5. El límite dado no existe porque el denominador se aproxima a 0 mientras que el numerador se aproxima a un número distinto de cero. ■

Si se utiliza la ley del producto repetidamente con $g(x) = f(x)$ se obtiene la siguiente ley.

Ley de la potencia

6. $\lim_{x \to a} [f(x)]^n = \left[\lim_{x \to a} f(x) \right]^n$ donde n es un entero positivo

Una propiedad similar, que se le pide que demuestre en el ejercicio 2.5.69, es válida para las raíces:

Ley de la raíz

7. $\lim_{x \to a} \sqrt[n]{f(x)} = \sqrt[n]{\lim_{x \to a} f(x)}$ donde n es un entero positivo

$\left[\text{Si } n \text{ es par, se asume que } \lim_{x \to a} f(x) > 0 \right].$

Al aplicar estas siete leyes de los límites se necesitan dos límites especiales:

8. $\lim_{x \to a} c = c$

9. $\lim_{x \to a} x = a$

Estos límites son evidentes desde un punto de vista intuitivo (enúncielos en palabras o elabore gráficas de $y = c$ y $y = x$), pero en los ejercicios 2.4.23-24 se piden demostraciones basadas en la definición precisa.

Si ahora se coloca $f(x) = x$ en la ley 6 y se aplica la ley 9, se obtiene un límite especial que resulta útil para las funciones potencia o funciones potenciales.

10. $\lim_{x \to a} x^n = a^n$ donde n es un entero positivo

Si se coloca $f(x) = x$ en la ley 7 y se aplica la ley 9, se obtiene un límite especial semejante para las raíces. (La demostración de las raíces cuadradas, se presenta en el ejercicio 2.4.37).

---

11. $\displaystyle\lim_{x \to a} \sqrt[n]{x} = \sqrt[n]{a}$ donde n es un entero positivo

(Si n es par, se supone que $a > 0$).

EJEMPLO 2   Evalúe los siguientes límites y justifique cada paso.

(a) $\displaystyle\lim_{x \to 5} (2x^2 - 3x + 4)$
  (b) $\displaystyle\lim_{x \to -2} \frac{x^3 + 2x^2 - 1}{5 - 3x}$

SOLUCIÓN

(a)
$$\lim_{x \to 5} (2x^2 - 3x + 4) = \lim_{x \to 5}(2x^2) - \lim_{x \to 5}(3x) + \lim_{x \to 5} 4 \quad \text{(por las leyes 2 y 1)}$$

$$= 2\lim_{x \to 5} x^2 - 3\lim_{x \to 5} x + \lim_{x \to 5} 4 \quad \text{(por la ley 3)}$$

$$= 2(5^2) - 3(5) + 4 \quad \text{(por las leyes 10, 9 y 8)}$$

$$= 39$$

(b) Se comienza con la ley 5, pero su uso sólo se justifica plenamente en la etapa final, cuando se ve que existen los límites del numerador y del denominador, y que el límite del denominador no es 0.

$$\lim_{x \to -2} \frac{x^3 + 2x^2 - 1}{5 - 3x} = \frac{\displaystyle\lim_{x \to -2}(x^3 + 2x^2 - 1)}{\displaystyle\lim_{x \to -2}(5 - 3x)} \quad \text{(por la ley 5)}$$

$$= \frac{\displaystyle\lim_{x \to -2} x^3 + 2\lim_{x \to -2} x^2 - \lim_{x \to -2} 1}{\displaystyle\lim_{x \to -2} 5 - 3\lim_{x \to -2} x} \quad \text{(por las leyes 1, 2 y 3)}$$

$$= \frac{(-2)^3 + 2(-2)^2 - 1}{5 - 3(-2)} \quad \text{(por las leyes 10, 9 y 8)}$$

$$= -\frac{1}{11}$$

■ **Evaluación de límites por sustitución directa**

En el ejemplo 2(a) se determinó que $\lim_{x \to 5} f(x) = 39$, donde $f(x) = 2x^2 - 3x + 4$. Observe que $f(5) = 39$; en otras palabras, se obtuvo el resultado correcto tan solo al sustituir 5 por x. Del mismo modo, la sustitución directa proporciona la respuesta correcta en el inciso (b). Las funciones del ejemplo 2 son una función polinómica y una función racional, respectivamente, y el uso similar de las leyes de los límites demuestra que la sustitución directa siempre funciona en tales funciones (vea los ejercicios 59 y 60). Esto se indica de la siguiente manera.

Propiedad de sustitución directa Si f es un polinomio o una función racional y a está en el dominio de f, entonces

$$\lim_{x \to a} f(x) = f(a)$$

Las funciones que tienen la propiedad de sustitución directa se denominan *continuas en a* y se estudiarán en la sección 2.5. Sin embargo, no todos los límites se evalúan primero por sustitución directa, como se muestra en los siguientes ejemplos.

EJEMPLO 3   Busque $\lim\limits_{x \to 1} \dfrac{x^2 - 1}{x - 1}$.

SOLUCIÓN   Sea $f(x) = (x^2 - 1)/(x - 1)$. No es posible encontrar el límite al sustituir $x = 1$ porque $f(1)$ no está definido. Tampoco se puede aplicar la ley del cociente porque el límite del denominador es 0. En cambio, es necesario aplicar un poco de álgebra elemental. Se factoriza el numerador como una diferencia de cuadrados:

$$\frac{x^2 - 1}{x - 1} = \frac{(x - 1)(x + 1)}{x - 1}$$

El numerador y el denominador tienen un factor común de $x - 1$. Cuando se toma el límite cuando x se aproxima a 1, se tiene $x \neq 1$ y, por lo tanto, $x - 1 \neq 0$. Por lo que se puede cancelar el factor común, $x - 1$, y luego calcular el límite por sustitución directa de esta forma:

$$\lim_{x \to 1} \frac{x^2 - 1}{x - 1} = \lim_{x \to 1} \frac{(x - 1)(x + 1)}{x - 1}$$

$$= \lim_{x \to 1} (x + 1) = 1 + 1 = 2$$

El límite en este ejemplo surgió en el ejemplo 2.1.1 al encontrar la tangente a la parábola $y = x^2$ en el punto (1, 1).   ∎

> Observe que en el ejemplo 3 no se tiene un límite infinito aunque el denominador se aproxime a 0 cuando $x \to 1$. Cuando el numerador y el denominador se aproximan a 0, el límite puede ser infinito o puede ser algún valor finito.

NOTA   En el ejemplo 3 fue posible calcular el límite al sustituir la función dada $f(x) = (x^2 - 1)/(x - 1)$ por una función más simple, $g(x) = x + 1$, que tiene el mismo límite. Esto es válido porque $f(x) = g(x)$ excepto cuando $x = 1$, y al calcular un límite cuando x se aproxima a 1 no se considera lo que sucede cuando x es exactamente *igual* a 1. En general, se tiene el siguiente hecho útil.

Si $f(x) = g(x)$ cuando $x \neq a$, entonces $\lim\limits_{x \to a} f(x) = \lim\limits_{x \to a} g(x)$ siempre que el límite existe.

EJEMPLO 4   Encuentre $\lim\limits_{x \to 1} g(x)$, donde

$$g(x) = \begin{cases} x + 1 & \text{si } x \neq 1 \\ \pi & \text{si } x = 1 \end{cases}$$

SOLUCIÓN   Aquí g está definida en $x = 1$ y $g(1) = \pi$, pero el valor de un límite cuando x se *aproxima* a 1 no depende del valor de la función *en* 1. Como $g(x) = x + 1$ para $x \neq 1$, se tiene

$$\lim_{x \to 1} g(x) = \lim_{x \to 1} (x + 1) = 2$$ ∎

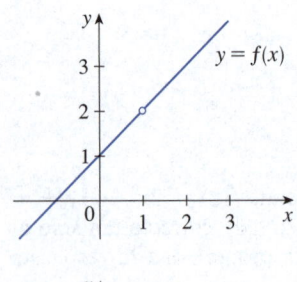

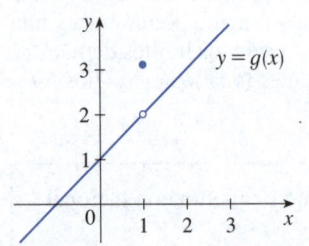

FIGURA 2
Gráficas de las funciones f (del ejemplo 3) y g (del ejemplo 4).

Observe que los valores de las funciones en los ejemplos 3 y 4 son idénticos excepto cuando $x = 1$ (vea la figura 2), así que tienen el mismo límite cuando x se aproxima a 1.

EJEMPLO 5 Evalúe $\lim\limits_{h \to 0} \dfrac{(3 + h)^2 - 9}{h}$.

SOLUCIÓN Si se define

$$F(h) = \frac{(3 + h)^2 - 9}{h}$$

entonces, como en el ejemplo 3, no se puede calcular $\lim_{h \to 0} F(h)$ dejando que $h = 0$ porque $F(0)$ queda indefinido. Pero si se simplifica $F(h)$ algebraicamente, se encuentra que

$$F(h) = \frac{(9 + 6h + h^2) - 9}{h} = \frac{6h + h^2}{h}$$

$$= \frac{h(6 + h)}{h} = 6 + h$$

(Recuerde que solo se considera $h \neq 0$ cuando se deja que h se aproxime a 0). Así,

$$\lim_{h \to 0} \frac{(3 + h)^2 - 9}{h} = \lim_{h \to 0} (6 + h) = 6$$

■

EJEMPLO 6 Encuentre $\lim\limits_{t \to 0} \dfrac{\sqrt{t^2 + 9} - 3}{t^2}$.

SOLUCIÓN No se puede aplicar la ley del cociente de inmediato porque el límite del denominador es 0. Aquí el álgebra básica consiste en racionalizar el numerador:

$$\lim_{t \to 0} \frac{\sqrt{t^2 + 9} - 3}{t^2} = \lim_{t \to 0} \frac{\sqrt{t^2 + 9} - 3}{t^2} \cdot \frac{\sqrt{t^2 + 9} + 3}{\sqrt{t^2 + 9} + 3}$$

$$= \lim_{t \to 0} \frac{(t^2 + 9) - 9}{t^2 \left(\sqrt{t^2 + 9} + 3 \right)}$$

$$= \lim_{t \to 0} \frac{t^2}{t^2 \left(\sqrt{t^2 + 9} + 3 \right)}$$

$$= \lim_{t \to 0} \frac{1}{\sqrt{t^2 + 9} + 3}$$

$$= \frac{1}{\sqrt{\lim\limits_{t \to 0} (t^2 + 9)} + 3}$$ (Aquí se usan varias propiedades de los límites: 5, 1, 7, 8 y 10).

$$= \frac{1}{3 + 3} = \frac{1}{6}$$

Este cálculo confirma la suposición del ejemplo 2.2.1.

■

■ Uso de límites unilaterales

Algunos límites se calculan mejor si se encuentran primero los límites por la izquierda y por la derecha. El siguiente teorema es un recordatorio de lo que se vio en la sección 2.2. Dice que un límite bilateral existe, si y solo si, ambos límites unilaterales existen y son iguales.

---

1 **Teorema**　$\lim\limits_{x \to a} f(x) = L$　si y solo si　$\lim\limits_{x \to a^-} f(x) = L = \lim\limits_{x \to a^+} f(x)$

Cuando se calculan límites unilaterales se parte del hecho de que las leyes de los límites también se aplican a límites unilaterales.

EJEMPLO 7　Demuestre que $\lim\limits_{x \to 0} |x| = 0$.

SOLUCIÓN　Recuerde que

$$|x| = \begin{cases} x & \text{si } x \geq 0 \\ -x & \text{si } x < 0 \end{cases}$$

Como $|x| = x$ cuando $x > 0$, se tiene

$$\lim\limits_{x \to 0^+} |x| = \lim\limits_{x \to 0^+} x = 0$$

Cuando $x < 0$ se tiene $|x| = -x$, y así que

$$\lim\limits_{x \to 0^-} |x| = \lim\limits_{x \to 0^-} (-x) = 0$$

Por lo tanto, según el teorema 1,

$$\lim\limits_{x \to 0} |x| = 0$$
　■

El resultado del ejemplo 7 parece verosímil a partir de la figura 3.

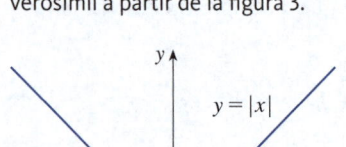

$y = |x|$

FIGURA 3

EJEMPLO 8　Demuestre que $\lim\limits_{x \to 0} \dfrac{|x|}{x}$ no existe.

SOLUCIÓN　Al considerar que $|x| = x$ cuando $x > 0$ y que $|x| = -x$ cuando $x < 0$, se tiene

$$\lim\limits_{x \to 0^+} \frac{|x|}{x} = \lim\limits_{x \to 0^+} \frac{x}{x} = \lim\limits_{x \to 0^+} 1 = 1$$

$$\lim\limits_{x \to 0^-} \frac{|x|}{x} = \lim\limits_{x \to 0^-} \frac{-x}{x} = \lim\limits_{x \to 0^-} (-1) = -1$$

Como los límites por la derecha y por la izquierda son diferentes, se deduce del teorema 1 que $\lim_{x \to 0} |x|/x$ no existe. La gráfica de la función $f(x) = |x|/x$ se muestra en la figura 4 y presenta los límites unilaterales que se encontraron.　■

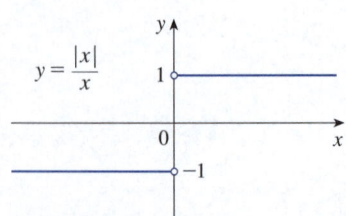

$y = \dfrac{|x|}{x}$

FIGURA 4

EJEMPLO 9　Si

$$f(x) = \begin{cases} \sqrt{x-4} & \text{si } x > 4 \\ 8 - 2x & \text{si } x < 4 \end{cases}$$

determine si existe $\lim_{x \to 4} f(x)$.

En el ejemplo 2.4.4 se demuestra que $\lim_{x\to 0^+} \sqrt{x} = 0$.

SOLUCIÓN Como $f(x) = \sqrt{x-4}$ para $x > 4$, se tiene

$$\lim_{x\to 4^+} f(x) = \lim_{x\to 4^+} \sqrt{x-4} = \sqrt{4-4} = 0$$

Ya que $f(x) = 8 - 2x$ para $x < 4$, se tiene

$$\lim_{x\to 4^-} f(x) = \lim_{x\to 4^-} (8-2x) = 8 - 2\cdot 4 = 0$$

Los límites por la izquierda y por la derecha son iguales. Por ende, el límite existe y

$$\lim_{x\to 4} f(x) = 0$$

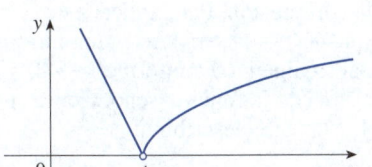

FIGURA 5

En la figura 5 se muestra la gráfica de f. ∎

Otras notaciones de $[\![x]\!]$ son $[x]$ y $\lfloor x \rfloor$. La función de parte entera a veces se llama *función piso* o *suelo*.

EJEMPLO 10 La **función de parte entera** se define por $[\![x]\!] =$ el mayor entero que es menor o igual a x. (Por ejemplo, $[\![4]\!] = 4$, $[\![4.8]\!] = 4$, $[\![\pi]\!] = 3$, $[\![\sqrt{2}]\!] = 1$, $[\![-\tfrac{1}{2}]\!] = -1$). Demuestre que $\lim_{x\to 3} [\![x]\!]$ no existe.

SOLUCIÓN La gráfica de la función de parte entera se muestra en la figura 6. Como $[\![x]\!] = 3$ cuando $3 \le x < 4$, se tiene

$$\lim_{x\to 3^+} [\![x]\!] = \lim_{x\to 3^+} 3 = 3$$

Ya que $[\![x]\!] = 2$ cuando $2 \le x < 3$, se tiene

$$\lim_{x\to 3^-} [\![x]\!] = \lim_{x\to 3^-} 2 = 2$$

Debido a que estos límites unilaterales no son iguales, $\lim_{x\to 3} [\![x]\!]$ no existe según el teorema 1. ∎

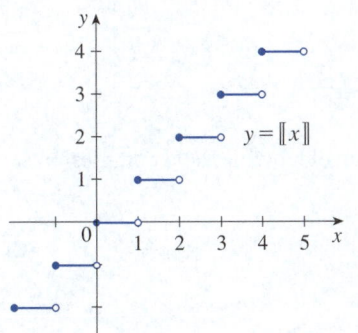

FIGURA 6
Función de parte entera.

Teorema de la compresión

Los dos teoremas siguientes describen cómo se relacionan los límites de las funciones cuando los valores de una función son mayores (o iguales) que los de otra. En el apéndice F se presentan las demostraciones correspondientes.

> **2** **Teorema** Si $f(x) \le g(x)$ cuando x está cerca de a (excepto, posiblemente, en a) y ambos límites de f y g existen cuando x se aproxima a a, entonces
>
> $$\lim_{x\to a} f(x) \le \lim_{x\to a} g(x)$$

> **3** **Teorema de la compresión** Si $f(x) \le g(x) \le h(x)$ cuando x está cerca de a (excepto, posiblemente, en a) y
>
> $$\lim_{x\to a} f(x) = \lim_{x\to a} h(x) = L$$
>
> entonces $\qquad\qquad \lim_{x\to a} g(x) = L$

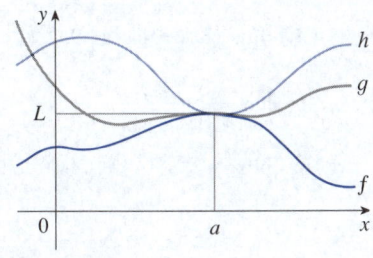

FIGURA 7

En la figura 7 se ilustra el teorema de la compresión, que a veces se llama teorema del emparedado, del sándwich o del apretón. Establece que si se comprime $g(x)$ entre $f(x)$ y $h(x)$ cerca de a, y si f y h tienen el mismo límite L en a, entonces es forzoso que g tenga el mismo límite L en a.

EJEMPLO 11 Demuestre que $\lim_{x \to 0} x^2 \operatorname{sen} \dfrac{1}{x} = 0.$

🖉 **SOLUCIÓN** En primer lugar, observe que **no se puede** reescribir el límite como el producto de los límites $\lim_{x \to 0} x^2$ y $\lim_{x \to 0} \operatorname{sen}(1/x)$ porque $\lim_{x \to 0} \operatorname{sen}(1/x)$ no existe (vea el ejemplo 2.2.5).

Sí se puede calcular el límite con el teorema de la compresión. Para aplicar este teorema se necesita encontrar una función f menor que $g(x) = x^2 \operatorname{sen}(1/x)$ y una función h mayor que g tal que, tanto $f(x)$ como $h(x)$, se aproximen a 0 conforme $x \to 0$. Para ello se parte de los conocimientos adquiridos acerca de la función seno. Como el seno de cualquier número se encuentra entre -1 y 1, es posible escribir

$$\boxed{4} \qquad\qquad -1 \leq \operatorname{sen}\dfrac{1}{x} \leq 1$$

Cualquier desigualdad permanece verdadera cuando se multiplica por un número positivo. Se sabe que $x^2 \geq 0$ para toda x y así, al multiplicar cada lado de las desigualdades en (4) por x^2 se obtiene

$$-x^2 \leq x^2 \operatorname{sen}\dfrac{1}{x} \leq x^2$$

tal como se ilustra en la figura 8. Se sabe que

$$\lim_{x \to 0} x^2 = 0 \qquad \text{y} \qquad \lim_{x \to 0} (-x^2) = 0$$

Al tomar $f(x) = -x^2$, $g(x) = x^2 \operatorname{sen}(1/x)$ y $h(x) = x^2$ en el teorema de la compresión se obtiene

$$\lim_{x \to 0} x^2 \operatorname{sen}\dfrac{1}{x} = 0 \qquad\qquad ∎$$

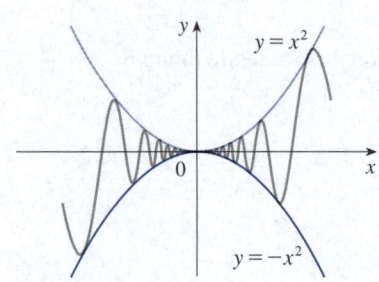

FIGURA 8
$y = x^2 \operatorname{sen}(1/x)$

2.3 | Ejercicios

1. Dado que

$$\lim_{x \to 2} f(x) = 4 \qquad \lim_{x \to 2} g(x) = -2 \qquad \lim_{x \to 2} h(x) = 0$$

determine los límites que existen. Si el límite no existe, explique por qué.

(a) $\displaystyle \lim_{x \to 2} [f(x) + 5g(x)]$ 　　 (b) $\displaystyle \lim_{x \to 2} [g(x)]^3$

(c) $\displaystyle \lim_{x \to 2} \sqrt{f(x)}$ 　　 (d) $\displaystyle \lim_{x \to 2} \dfrac{3f(x)}{g(x)}$

(e) $\displaystyle \lim_{x \to 2} \dfrac{g(x)}{h(x)}$ 　　 (f) $\displaystyle \lim_{x \to 2} \dfrac{g(x)h(x)}{f(x)}$

2. Se dan las gráficas de f y g. A partir de ellas evalúe cada límite, si existe. Si el límite no existe, explique por qué.

(a) $\displaystyle \lim_{x \to 2} [f(x) + g(x)]$ 　　 (b) $\displaystyle \lim_{x \to 0} [f(x) - g(x)]$

(c) $\displaystyle \lim_{x \to -1} [f(x)g(x)]$ 　　 (d) $\displaystyle \lim_{x \to 3} \dfrac{f(x)}{g(x)}$

(e) $\displaystyle \lim_{x \to 2} [x^2 f(x)]$ 　　 (f) $f(-1) + \displaystyle \lim_{x \to -1} g(x)$

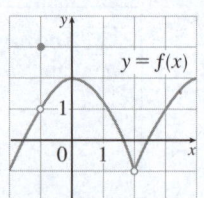

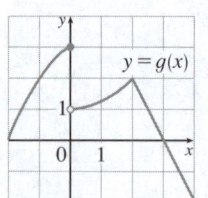

3-9 Evalúe el límite y justifique cada paso indicando la(s) ley(es) de límites apropiada(s).

3. $\displaystyle \lim_{x \to 5} (4x^2 - 5x)$ 　　 **4.** $\displaystyle \lim_{x \to -3} (2x^3 + 6x^2 - 9)$

5. $\displaystyle \lim_{v \to 2} (v^2 + 2v)(2v^3 - 5)$ 　　 **6.** $\displaystyle \lim_{t \to 7} \dfrac{3t^2 + 1}{t^2 - 5t + 2}$

7. $\displaystyle \lim_{u \to -2} \sqrt{9 - u^3 + 2u^2}$ 　　 **8.** $\displaystyle \lim_{x \to 3} \sqrt[3]{x + 5}\,(2x^2 - 3x)$

9. $\displaystyle \lim_{t \to -1} \left(\dfrac{2t^5 - t^4}{5t^2 + 4} \right)^3$

10. (a) ¿Cuál es el error en la siguiente ecuación?

$$\frac{x^2 + x - 6}{x - 2} = x + 3$$

(b) Con base en el inciso (a), explique por qué la ecuación

$$\lim_{x \to 2} \frac{x^2 + x - 6}{x - 2} = \lim_{x \to 2} (x + 3)$$

es correcta.

11-34 Evalúe el límite, si es que existe.

11. $\displaystyle\lim_{x \to -2} (3x - 7)$

12. $\displaystyle\lim_{x \to 6} \left(8 - \tfrac{1}{2} x\right)$

13. $\displaystyle\lim_{t \to 4} \frac{t^2 - 2t - 8}{t - 4}$

14. $\displaystyle\lim_{x \to -3} \frac{x^2 + 3x}{x^2 - x - 12}$

15. $\displaystyle\lim_{x \to 2} \frac{x^2 + 5x + 4}{x - 2}$

16. $\displaystyle\lim_{x \to 4} \frac{x^2 + 3x}{x^2 - x - 12}$

17. $\displaystyle\lim_{x \to -2} \frac{x^2 - x - 6}{3x^2 + 5x - 2}$

18. $\displaystyle\lim_{x \to -5} \frac{2x^2 + 9x - 5}{x^2 - 25}$

19. $\displaystyle\lim_{t \to 3} \frac{t^3 - 27}{t^2 - 9}$

20. $\displaystyle\lim_{u \to -1} \frac{u + 1}{u^3 + 1}$

21. $\displaystyle\lim_{h \to 0} \frac{(h - 3)^2 - 9}{h}$

22. $\displaystyle\lim_{x \to 9} \frac{9 - x}{3 - \sqrt{x}}$

23. $\displaystyle\lim_{h \to 0} \frac{\sqrt{9 + h} - 3}{h}$

24. $\displaystyle\lim_{x \to 2} \frac{2 - x}{\sqrt{x + 2} - 2}$

25. $\displaystyle\lim_{x \to 3} \frac{\dfrac{1}{x} - \dfrac{1}{3}}{x - 3}$

26. $\displaystyle\lim_{h \to 0} \frac{(-2 + h)^{-1} + 2^{-1}}{h}$

27. $\displaystyle\lim_{t \to 0} \frac{\sqrt{1 + t} - \sqrt{1 - t}}{t}$

28. $\displaystyle\lim_{t \to 0} \left(\frac{1}{t} - \frac{1}{t^2 + t}\right)$

29. $\displaystyle\lim_{x \to 16} \frac{4 - \sqrt{x}}{16x - x^2}$

30. $\displaystyle\lim_{x \to 2} \frac{x^2 - 4x + 4}{x^4 - 3x^2 - 4}$

31. $\displaystyle\lim_{t \to 0} \left(\frac{1}{t\sqrt{1 + t}} - \frac{1}{t}\right)$

32. $\displaystyle\lim_{x \to -4} \frac{\sqrt{x^2 + 9} - 5}{x + 4}$

33. $\displaystyle\lim_{h \to 0} \frac{(x + h)^3 - x^3}{h}$

34. $\displaystyle\lim_{h \to 0} \frac{\dfrac{1}{(x + h)^2} - \dfrac{1}{x^2}}{h}$

35. (a) Calcule el valor de

$$\lim_{x \to 0} \frac{x}{\sqrt{1 + 3x} - 1}$$

al graficar la función $f(x) = x/\left(\sqrt{1 + 3x} - 1\right)$.

(b) Elabore una tabla de valores de $f(x)$ para x cerca de 0 y estime el valor del límite.

(c) Con base en las leyes de los límites, demuestre que su estimación es correcta.

36. (a) Utilice una gráfica de

$$f(x) = \frac{\sqrt{3 + x} - \sqrt{3}}{x}$$

para estimar el valor de $\lim_{x \to 0} f(x)$ con dos decimales de precisión.

(b) Calcule, con una tabla de valores de $f(x)$, el límite con cuatro decimales de precisión.

(c) Con base en las leyes de los límites, determine el valor exacto del límite.

37. Utilice el teorema de la compresión para demostrar que

$$\lim_{x \to 0} x^2 \cos 20\pi x = 0$$

Ilustre esto con gráficas de las funciones $f(x) = -x^2$, $g(x) = x^2 \cos 20\,\pi x$ y $h(x) = x^2$ en la misma pantalla.

38. Con el teorema de la compresión demuestre que

$$\lim_{x \to 0} \sqrt{x^3 + x^2}\, \operatorname{sen} \frac{\pi}{x} = 0$$

Ilustre esto con gráficas de las funciones f, g y h (en la notación del teorema de la compresión) en la misma pantalla.

39. Si $4x - 9 \le f(x) \le x^2 - 4x + 7$ para $x \ge 0$, encuentre $\lim_{x \to 4} f(x)$.

40. Si $2x \le g(x) \le x^4 - x^2 + 2$ para toda x, evalúe $\lim_{x \to 1} g(x)$.

41. Demuestre que $\displaystyle\lim_{x \to 0} x^4 \cos \frac{2}{x} = 0$.

42. Demuestre que $\displaystyle\lim_{x \to 0^+} \sqrt{x}\, e^{\operatorname{sen}(\pi/x)} = 0$.

43-48 Halle el límite, si existe. Si el límite no existe, explique por qué.

43. $\displaystyle\lim_{x \to -4} \left(|x + 4| - 2x\right)$

44. $\displaystyle\lim_{x \to -4} \frac{|x + 4|}{2x + 8}$

45. $\displaystyle\lim_{x \to 0.5^-} \frac{2x - 1}{|2x^3 - x^2|}$

46. $\displaystyle\lim_{x \to -2} \frac{2 - |x|}{2 + x}$

47. $\displaystyle\lim_{x \to 0^-} \left(\frac{1}{x} - \frac{1}{|x|}\right)$

48. $\displaystyle\lim_{x \to 0^+} \left(\frac{1}{x} - \frac{1}{|x|}\right)$

49. Función signo La *función signo* (o signum), denotada por sgn, se define por

$$\operatorname{sgn} x = \begin{cases} -1 & \text{si } x < 0 \\ 0 & \text{si } x = 0 \\ 1 & \text{si } x > 0 \end{cases}$$

(a) Trace la gráfica de esta función.

(b) Encuentre cada uno de los siguientes límites o explique por qué no existe.

(i) $\displaystyle\lim_{x \to 0^+} \operatorname{sgn} x$

(ii) $\displaystyle\lim_{x \to 0^-} \operatorname{sgn} x$

(iii) $\displaystyle\lim_{x \to 0} \operatorname{sgn} x$

(iv) $\displaystyle\lim_{x \to 0} |\operatorname{sgn} x|$

50. Sea $g(x) = \operatorname{sgn}(\operatorname{sen} x)$.

(a) Encuentre cada uno de los siguientes límites o explique por qué no existe.

   (i) $\lim\limits_{x \to 0^+} g(x)$ (ii) $\lim\limits_{x \to 0^-} g(x)$ (iii) $\lim\limits_{x \to 0} g(x)$

   (iv) $\lim\limits_{x \to \pi^+} g(x)$ (v) $\lim\limits_{x \to \pi^-} g(x)$ (vi) $\lim\limits_{x \to \pi} g(x)$

(b) ¿Para qué valores de a no existe $\lim\limits_{x \to a} g(x)$?

(c) Trace una gráfica de g.

51. Sea $g(x) = \dfrac{x^2 + x - 6}{|x - 2|}$.

(a) Determine

   (i) $\lim\limits_{x \to 2^+} g(x)$ (ii) $\lim\limits_{x \to 2^-} g(x)$

(b) ¿Existe $\lim\limits_{x \to 2} g(x)$?

(c) Trace la gráfica de g.

52. Sea

$$f(x) = \begin{cases} x^2 + 1 & \text{si } x < 1 \\ (x - 2)^2 & \text{si } x \geq 1 \end{cases}$$

(a) Halle $\lim\limits_{x \to 1^-} f(x)$ y $\lim\limits_{x \to 1^+} f(x)$.

(b) ¿Existe $\lim\limits_{x \to 1} f(x)$?

(c) Trace la gráfica de f.

53. Sea

$$B(t) = \begin{cases} 4 - \frac{1}{2}t & \text{si } t < 2 \\ \sqrt{t + c} & \text{si } t \geq 2 \end{cases}$$

Busque el valor de c tal que exista $\lim\limits_{t \to 2} B(t)$.

54. Sea

$$g(x) = \begin{cases} x & \text{si } x < 1 \\ 3 & \text{si } x = 1 \\ 2 - x^2 & \text{si } 1 < x \leq 2 \\ x - 3 & \text{si } x > 2 \end{cases}$$

(a) Evalúe cada uno de los siguientes límites, si existen.

   (i) $\lim\limits_{x \to 1^-} g(x)$ (ii) $\lim\limits_{x \to 1} g(x)$ (iii) $g(1)$

   (iv) $\lim\limits_{x \to 2^-} g(x)$ (v) $\lim\limits_{x \to 2^+} g(x)$ (vi) $\lim\limits_{x \to 2} g(x)$

(b) Trace la gráfica de g.

55. (a) Si el símbolo $[\![\ ]\!]$ denota la función de parte entera como se define en el ejemplo 10, evalúe

   (i) $\lim\limits_{x \to -2^+} [\![x]\!]$ (ii) $\lim\limits_{x \to -2} [\![x]\!]$ (iii) $\lim\limits_{x \to -2.4} [\![x]\!]$

(b) Si n es un entero, evalúe

   (i) $\lim\limits_{x \to n^-} [\![x]\!]$ (ii) $\lim\limits_{x \to n^+} [\![x]\!]$

(c) ¿Para qué valores de a existe $\lim\limits_{x \to a} [\![x]\!]$?

56. Sea $f(x) = [\![\cos x]\!]$, $-\pi \leq x \leq \pi$.

(a) Trace la gráfica de f.

(b) Evalúe cada límite, si existe.

   (i) $\lim\limits_{x \to 0} f(x)$ (ii) $\lim\limits_{x \to (\pi/2)^-} f(x)$

   (iii) $\lim\limits_{x \to (\pi/2)^+} f(x)$ (iv) $\lim\limits_{x \to \pi/2} f(x)$

(c) ¿Para qué valores de a existe $\lim\limits_{x \to a} f(x)$?

57. Si $f(x) = [\![x]\!] + [\![-x]\!]$, demuestre que $\lim\limits_{x \to 2} f(x)$ existe pero no es igual a $f(2)$.

58. En la teoría de la relatividad, la fórmula de contracción de Lorentz

$$L = L_0 \sqrt{1 - v^2/c^2}$$

expresa la longitud L de un objeto como función de su velocidad v respecto a un observador, donde L_0 es la longitud del objeto en reposo y c es la rapidez de la luz. Determine $\lim\limits_{v \to c^-} L$ e interprete el resultado. ¿Por qué se necesita un límite por la izquierda?

59. Si p es un polinomio, demuestre que $\lim\limits_{x \to a} p(x) = p(a)$.

60. Si r es una función racional, utilice el ejercicio 59 para demostrar que $\lim\limits_{x \to a} r(x) = r(a)$ para todo número a en el dominio de r.

61. Si $\lim\limits_{x \to 1} \dfrac{f(x) - 8}{x - 1} = 10$, encuentre $\lim\limits_{x \to 1} f(x)$.

62. Si $\lim\limits_{x \to 0} \dfrac{f(x)}{x^2} = 5$, halle los siguientes límites.

(a) $\lim\limits_{x \to 0} f(x)$ (b) $\lim\limits_{x \to 0} \dfrac{f(x)}{x}$

63. Si

$$f(x) = \begin{cases} x^2 & \text{si } x \text{ es racional} \\ 0 & \text{si } x \text{ es irracional} \end{cases}$$

demuestre que $\lim\limits_{x \to 0} f(x) = 0$.

64. Demuestre por medio de un ejemplo que $\lim\limits_{x \to a} [f(x) + g(x)]$ existe aunque no exista $\lim\limits_{x \to a} f(x)$ ni $\lim\limits_{x \to a} g(x)$.

65. Demuestre por medio de un ejemplo que $\lim\limits_{x \to a} [f(x)\, g(x)]$ existe aunque no exista $\lim\limits_{x \to a} f(x)$ ni $\lim\limits_{x \to a} g(x)$.

66. Evalúe $\lim\limits_{x \to 2} \dfrac{\sqrt{6 - x} - 2}{\sqrt{3 - x} - 1}$.

67. ¿Hay un número a tal que

$$\lim\limits_{x \to -2} \dfrac{3x^2 + ax + a + 3}{x^2 + x - 2}$$

exista? De ser así, encuentre el valor de a y el valor del límite.

68. En la figura se muestra un círculo fijo C_1 con ecuación $(x - 1)^2 + y^2 = 1$ y un círculo que se contrae C_2 con radio r y centro en el origen. P es el punto $(0, r)$, Q es el punto superior de intersección de los dos círculos y R es el punto de intersección de la recta PQ y el eje x. ¿Qué pasa con R conforme se contrae C_2, es decir, conforme $r \to 0^+$?

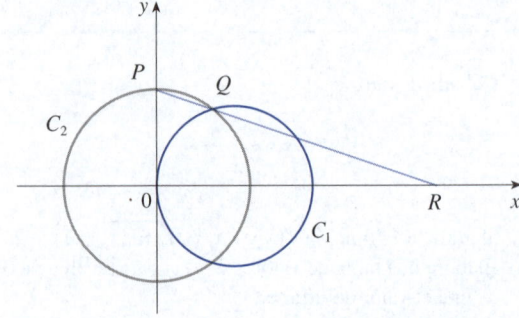

2.4 | Definición precisa de límite

La definición intuitiva de límite de la sección 2.2 es inadecuada para algunos fines porque frases como "x está cerca de 2" y "$f(x)$ se acerca cada vez más a L" son vagas. Para demostrar de forma concluyente que

$$\lim_{x \to 0}\left(x^3 + \frac{\cos 5x}{10\,000}\right) = 0.0001 \qquad \text{o} \qquad \lim_{x \to 0}\frac{\operatorname{sen} x}{x} = 1$$

hay que precisar la definición de límite.

■ Definición precisa de un límite

Para procurar la definición precisa de un límite, considere la función

$$f(x) = \begin{cases} 2x - 1 & \text{si } x \neq 3 \\ 6 & \text{si } x = 3 \end{cases}$$

Intuitivamente, queda claro que cuando x se aproxima a 3 pero $x \neq 3$, entonces $f(x)$ está cerca de 5, y así $\lim_{x \to 3} f(x) = 5$.

Para saber con más detalle cómo varía $f(x)$ cuando x está cerca de 3, se formula la siguiente pregunta:

¿Qué tan cerca de 3 tiene que estar x para que $f(x)$ difiera de 5 en menos de 0.1?

La distancia de x a 3 es $|x - 3|$ y la distancia de $f(x)$ a 5 es $|f(x) - 5|$, por lo que el problema es encontrar un número δ (letra griega delta) tal que

$$|f(x) - 5| < 0.1 \qquad \text{si} \qquad |x - 3| < \delta \quad \text{pero } x \neq 3$$

Si $|x - 3| > 0$, entonces $x \neq 3$, por lo que una formulación equivalente del problema es encontrar un número δ tal que

$$|f(x) - 5| < 0.1 \qquad \text{si} \qquad 0 < |x - 3| < \delta$$

Observe que si $0 < |x - 3| < (0.1)/2 = 0.05$, entonces

$$|f(x) - 5| = |(2x - 1) - 5| = |2x - 6| = 2|x - 3| < 2(0.05) = 0.1$$

es decir, $\qquad |f(x) - 5| < 0.1 \qquad \text{si} \qquad 0 < |x - 3| < 0.05$

Así, una respuesta al problema estaría dada por $\delta = 0.05$; es decir, si x está a una distancia de 0.05 de 3, entonces $f(x)$ estará a una distancia de 0.1 de 5.

Si se cambia el número 0.1 en el problema por el número más pequeño 0.01, entonces, con el mismo método, se ve que $f(x)$ diferirá de 5 por menos de 0.01, siempre que x se diferencie de 3 por menos de $(0.01)/2 = 0.005$:

$$|f(x) - 5| < 0.01 \qquad \text{si} \qquad 0 < |x - 3| < 0.005$$

De igual manera,

$$|f(x) - 5| < 0.001 \qquad \text{si} \qquad 0 < |x - 3| < 0.0005$$

Los números 0.1, 0.01 y 0.001 que se consideraron son *tolerancias de error* que se pueden permitir. Para que 5 sea el límite preciso de $f(x)$ cuando x se aproxima a 3, no solo se debe ser capaz de llevar la diferencia entre $f(x)$ y 5 por debajo de cada uno de estos tres números; se debe ser capaz de llevarla por debajo de *cualquier* número positivo; y, con el mismo razonamiento, esto es posible. Si se escribe ε (letra griega épsilon) para un número positivo arbitrario, entonces se observa como antes que

$$\boxed{1} \qquad |f(x) - 5| < \varepsilon \qquad \text{si} \qquad 0 < |x - 3| < \delta = \frac{\varepsilon}{2}$$

Esta es una forma precisa de decir que $f(x)$ está cerca de 5 cuando x está cerca de 3 porque (1) dice que es posible hacer que los valores de $f(x)$ estén dentro de una distancia arbitraria ε de 5 al restringir los valores de x para que estén dentro de una distancia $\varepsilon/2$ de 3 (pero $x \neq 3$).

Observe que (1) puede reescribirse como sigue:

$$\text{si} \quad 3 - \delta < x < 3 + \delta \qquad (x \neq 3) \qquad \text{entonces} \qquad 5 - \varepsilon < f(x) < 5 + \varepsilon$$

y esto se ilustra en la figura 1. Al tomar los valores de x ($\neq 3$) para ubicarlos en el intervalo $(3 - \delta, 3 + \delta)$ es posible lograr que los valores de $f(x)$ se encuentren en el intervalo $(5 - \varepsilon, 5 + \varepsilon)$.

Con (1) como modelo se puede dar una definición precisa de límite.

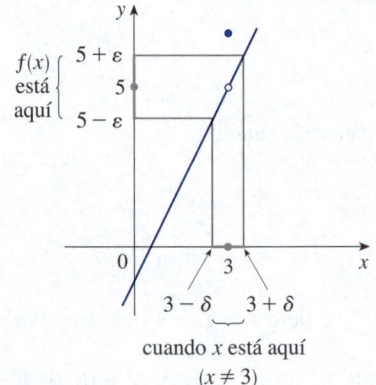

$f(x)$ está aquí

cuando x está aquí
$(x \neq 3)$

FIGURA 1

Es tradición usar las letras griegas ε y δ en la definición precisa de límite.

$\boxed{2}$ **Definición precisa de límite** Sea f una función definida en algún intervalo abierto que contiene el número a, excepto posiblemente en a misma. Entonces se dice que el **límite de $f(x)$ cuando x se aproxima a a es L**, y se escribe

$$\lim_{x \to a} f(x) = L$$

si, para todo número $\varepsilon > 0$ hay un número $\delta > 0$ tal que

$$\text{si} \quad 0 < |x - a| < \delta \qquad \text{entonces} \qquad |f(x) - L| < \varepsilon$$

Como $|x - a|$ es la distancia de x a a y $|f(x) - L|$ es la distancia de $f(x)$ a L, y como ε puede ser arbitrariamente pequeña, la definición de límite se expresa en palabras como sigue:

$\lim_{x \to a} f(x) = L$ significa que la distancia entre $f(x)$ y L puede hacerse arbitrariamente pequeña al requerir que la distancia de x a a sea suficientemente pequeña (pero no igual a 0).

O, de otra manera,

$\lim_{x \to a} f(x) = L$ significa que los valores de $f(x)$ pueden hacerse tan cercanos a L como se desee al requerir que x esté lo suficientemente cerca de a (pero no iguales a a).

También se puede reformular la definición 2 en términos de intervalos al observar que la desigualdad $|x - a| < \delta$ es equivalente a $-\delta < x - a < \delta$ que, a su vez, puede escribirse como $a - \delta < x < a + \delta$. También $0 < |x - a|$ es cierto si y solo si $x - a \neq 0$, es decir, $x \neq a$. De igual manera, la desigualdad $|f(x) - L| < \varepsilon$ es equivalente a las desigualdades $L - \varepsilon < f(x) < L + \varepsilon$. Por lo tanto, en términos de intervalos, la definición 2 puede establecerse como sigue:

$\lim_{x \to a} f(x) = L$ significa que para toda $\varepsilon > 0$ (no importa cuán pequeña sea ε) se puede encontrar $\delta > 0$ tal que si x se encuentra en el intervalo abierto $(a - \delta, a + \delta)$ y $x \neq a$, entonces $f(x)$ se encuentra en el intervalo abierto $(L - \varepsilon, L + \varepsilon)$.

Esta afirmación se interpreta geométricamente representando una función mediante un diagrama de flechas como en la figura 2, donde f identifica un subconjunto de $\mathbb{R}$ sobre otro subconjunto de $\mathbb{R}$.

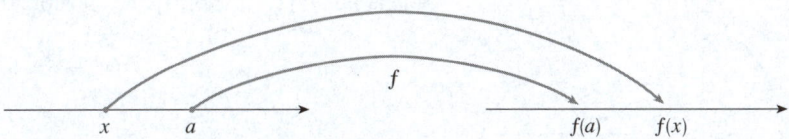

FIGURA 2

La definición de límite afirma que si se da cualquier pequeño intervalo $(L - \varepsilon, L + \varepsilon)$ alrededor de L, entonces es posible encontrar un intervalo $(a - \delta, a + \delta)$ alrededor de a tal que f identifique todos los puntos en $(a - \delta, a + \delta)$ (excepto posiblemente a) en el intervalo $(L - \varepsilon, L + \varepsilon)$ (vea la figura 3).

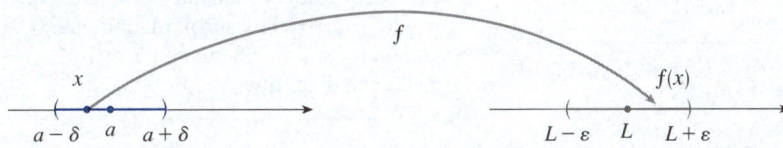

FIGURA 3

Otra interpretación geométrica de los límites se da en términos de la gráfica de una función. Si se da $\varepsilon > 0$, entonces se trazan las rectas horizontales $y = L + \varepsilon$ y $y = L - \varepsilon$, y la gráfica de f (vea la figura 4). Si $\lim_{x \to a} f(x) = L$, entonces se puede encontrar un número $\delta > 0$ tal que si se restringe x para que se encuentre en el intervalo $(a - \delta, a + \delta)$ y se toma $x \neq a$, entonces la curva $y = f(x)$ está entre las rectas $y = L - \varepsilon$ y $y = L + \varepsilon$ (vea la figura 5). Se aprecia que si se encuentra tal δ, entonces cualquier otro δ más pequeño también funcionará.

Es importante darse cuenta de que el proceso de las figuras 4 y 5 debe funcionar con *todo* número positivo ε, no importa cuán pequeño se elija. En la figura 6 se observa que si se elige un ε más pequeño, entonces quizá se necesite un δ más pequeño.

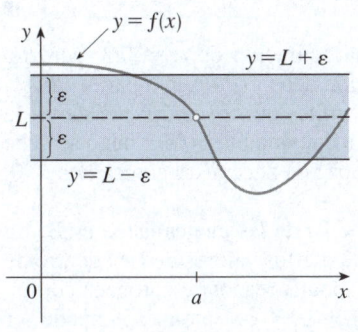

FIGURA 4

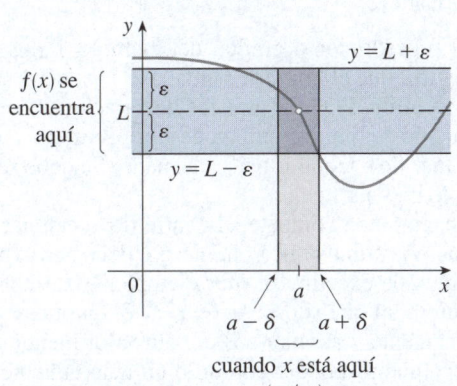

FIGURA 5

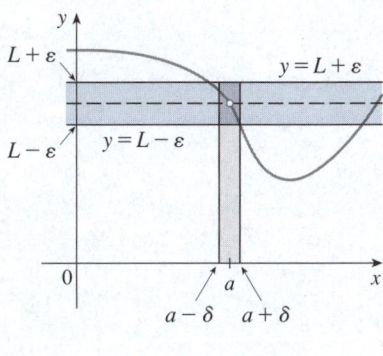

FIGURA 6

EJEMPLO 1 Como $f(x) = x^3 - 5x + 6$ es un polinomio, por la propiedad de sustitución directa se sabe que $\lim_{x \to 1} f(x) = f(1) = 1^3 - 5(1) + 6 = 2$. Con una gráfica encuentre un número δ tal que si x está dentro de δ de 1, entonces y está dentro de 0.2 de 2, es decir,

$$\text{si} \quad |x - 1| < \delta \quad \text{entonces} \quad |(x^3 - 5x + 6) - 2| < 0.2$$

En otras palabras, encuentre un número δ que corresponda a $\varepsilon = 0.2$ en la definición de límite para la función $f(x) = x^3 - 5x + 6$ con $a = 1$ y $L = 2$.

SOLUCIÓN En la figura 7 se muestra una gráfica de f; lo que interesa es la región cercana al punto $(1, 2)$. Note que es posible reescribir la desigualdad

$$|(x^3 - 5x + 6) - 2| < 0.2$$

como

$$-0.2 < (x^3 - 5x + 6) - 2 < 0.2$$

o, de manera equivalente, $1.8 < x^3 - 5x + 6 < 2.2$

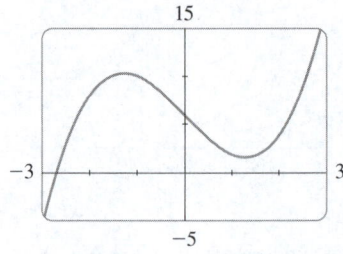

FIGURA 7

Así, se necesita determinar los valores de x para los cuales la curva $y = x^3 - 5x + 6$ se encuentra entre las rectas horizontales $y = 1.8$ y $y = 2.2$. Por lo tanto, se grafican las curvas $y = x^3 - 5x + 6$, $y = 1.8$ y $y = 2.2$ cerca del punto $(1, 2)$ de la figura 8. Se calcula que la coordenada x del punto de intersección de la recta $y = 2.2$ y la curva $y = x^3 - 5x + 6$ es aproximadamente 0.911. De igual manera, $y = x^3 - 5x + 6$ interseca la recta $y = 1.8$ cuando $x \approx 1.124$. Así, redondeando hacia 1 para mayor seguridad, cabe decir que

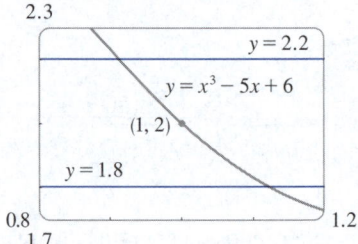

FIGURA 8

si $0.92 < x < 1.12$ entonces $1.8 < x^3 - 5x + 6 < 2.2$

Este intervalo $(0.92, 1.12)$ no es simétrico alrededor de $x = 1$. La distancia de $x = 1$ al punto final izquierdo es de $1 - 0.92 = 0.08$ y la distancia al punto final derecho es 0.12. Se puede elegir que δ sea el más pequeño de estos números, es decir, $\delta = 0.08$. Entonces se reescriben las desigualdades en términos de distancias así:

si $|x - 1| < 0.08$ entonces $|(x^3 - 5x + 6) - 2| < 0.2$

Esto solo indica que, al mantener x dentro unidades de 0.08 de 1, es posible mantener $f(x)$ dentro de 0.2 unidades de 2.

Aunque se eligió $\delta = 0.08$, cualquier valor positivo menor de δ también habría funcionado. ∎

El procedimiento gráfico del ejemplo 1 ilustra la definición de $\varepsilon = 0.2$, pero no *demuestra* que el límite sea igual a 2. Una demostración debe incluir un δ para *cada* ε.

Con el fin de demostrar las declaraciones sobre límites quizá sea útil pensar en la definición de límite como un desafío. Primero lo retan con un número ε. Luego se debe ser capaz de encontrar un δ adecuado. Se debe ser capaz de hacer esto con cada $\varepsilon > 0$, no solo un ε particular.

Imagine una competencia entre dos personas, A y B, de las cuales usted es B. La persona A estipula que el número L debe aproximarse por los valores de $f(x)$ dentro de un grado de exactitud ε (por ejemplo, 0.01). La persona B responde entonces con un número δ tal que si $0 < |x - a| < \delta$, entonces $|f(x) - L| < \varepsilon$. Entonces A puede ser más exigente y desafiar a B con un valor menor de ε (por ejemplo, 0.0001). De nuevo, B tiene que responder con un δ correspondiente. Por lo general, cuanto menor sea el valor de ε, menor debe ser el valor correspondiente de δ. Si B siempre gana, sin importar lo pequeño que A haga ε, entonces $\lim_{x \to a} f(x) = L$.

EJEMPLO 2 Demuestre que $\lim_{x \to 3} (4x - 5) = 7$.

SOLUCIÓN

1. *Análisis preliminar del problema (suponer un valor para δ).* Sea ε un número positivo dado. Se desea encontrar un número δ tal que

si $0 < |x - 3| < \delta$ entonces $|(4x - 5) - 7| < \varepsilon$

Cauchy y los límites

Después de la invención del cálculo, en el siglo XVII, siguió un periodo de libre desarrollo del tema en el siglo XVIII. Matemáticos como los hermanos Bernoulli y Euler estaban ansiosos por explotar la potencia del cálculo y exploraron audazmente las consecuencias de esta nueva y maravillosa teoría matemática sin preocuparse demasiado de que sus demostraciones fuesen del todo correctas.

Al contrario, el siglo XIX fue la era del rigor en las matemáticas. Surgió una corriente que deseaba volver a los fundamentos para proporcionar definiciones cuidadosas y demostraciones rigurosas. A la cabeza de este movimiento estaba el matemático francés Augustin-Louis Cauchy (1789-1857), quien comenzó como ingeniero militar antes de convertirse en profesor de matemáticas en París. Cauchy tomó la idea de Newton de un límite, que el matemático francés Jean d'Alembert mantuvo viva en el siglo XVIII, y la hizo más precisa. Su definición de límite es la siguiente: "Cuando los valores sucesivos atribuidos a una variable se aproximan indefinidamente a un valor fijo para terminar difiriendo de él tan poco como se desee, este último se llama *límite* de todos los demás". Pero cuando Cauchy utilizaba esta definición en ejemplos y demostraciones, a menudo empleaba desigualdades delta-épsilon similares a las de esta sección. Una demostración de Cauchy habitual empieza así: "Designe con δ y ε dos números muy pequeños; ...". Utilizó ε por la correspondencia entre épsilon y la palabra francesa *erreur* y δ porque delta corresponde a *différence*. Más tarde, el matemático alemán Karl Weierstrass (1815-1897) estableció la definición de límite exactamente como en la definición 2 de este libro.

Pero $|(4x - 5) - 7| = |4x - 12| = |4(x - 3)| = 4|x - 3|$. Por lo tanto, se desea δ tal que

$$\text{si} \qquad 0 < |x - 3| < \delta \qquad \text{entonces} \qquad 4|x - 3| < \varepsilon$$

es decir, $\qquad$ si $\qquad 0 < |x - 3| < \delta \qquad$ entonces $\qquad |x - 3| < \dfrac{\varepsilon}{4}$

Esto sugiere que se debe elegir $\delta = \varepsilon/4$.

2. *Demostración (mostrar que este valor δ funciona).* Dado $\varepsilon > 0$, se elige $\delta = \varepsilon/4$. Si $0 < |x - 3| < \delta$, entonces

$$|(4x - 5) - 7| = |4x - 12| = 4|x - 3| < 4\delta = 4\left(\frac{\varepsilon}{4}\right) = \varepsilon$$

Así, $\qquad$ si $\qquad 0 < |x - 3| < \delta \qquad$ entonces $\qquad |(4x - 5) - 7| < \varepsilon$

Por lo tanto, según la definición de límite,

$$\lim_{x \to 3} (4x - 5) = 7$$

Este ejemplo se ilustra en la figura 9.

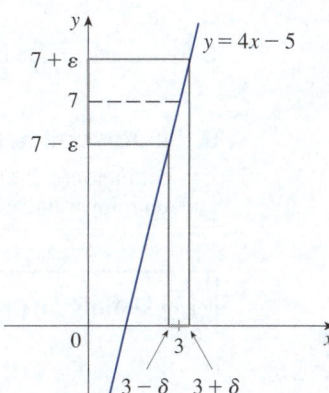

FIGURA 9

Observe que en la solución del ejemplo 2 hubo dos etapas: suponer y demostrar. Se aplicó un análisis preliminar que permitió suponer un valor para δ. Pero luego en la segunda etapa hubo que volver y demostrar de manera cuidadosa y lógica que se había hecho una suposición correcta. Este procedimiento es habitual en gran parte de las matemáticas. A veces es necesario hacer primero una suposición razonable sobre la respuesta a un problema y luego demostrar que la suposición es correcta.

EJEMPLO 3 Demuestre que $\lim\limits_{x \to 3} x^2 = 9$.

SOLUCIÓN

1. *Suponer un valor para δ.* Sea $\varepsilon > 0$. Se debe buscar un número $\delta > 0$ tal que

$$\text{si} \qquad 0 < |x - 3| < \delta \qquad \text{entonces} \qquad |x^2 - 9| < \varepsilon$$

Para relacionar $|x^2 - 9|$ con $|x - 3|$ se escribe $|x^2 - 9| = |(x + 3)(x - 3)|$. Luego se desea

$$\text{si} \qquad 0 < |x - 3| < \delta \qquad \text{entonces} \qquad |x + 3||x - 3| < \varepsilon$$

Observe que si se puede encontrar una constante positiva C tal que $|x + 3| < C$, entonces

$$|x + 3||x - 3| < C|x - 3|$$

y es posible hacer $C|x - 3| < \varepsilon$ al tomar $|x - 3| < \varepsilon/C$, por lo que se podría elegir $\delta = \varepsilon/C$.

Es posible encontrar tal número C si se restringe x para que se encuentre en algún intervalo centrado en 3. De hecho, como solo interesan valores de x que estén cerca de 3, es razonable asumir que x está dentro de una distancia 1 de 3, es decir, $|x - 3| < 1$. Entonces $2 < x < 4$, así que $5 < x + 3 < 7$. Así, se tiene $|x + 3| < 7$, y por lo tanto $C = 7$ es una elección adecuada para la constante.

Pero ahora hay dos restricciones sobre $|x - 3|$, a saber:

$$|x - 3| < 1 \qquad \text{y} \qquad |x - 3| < \frac{\varepsilon}{C} = \frac{\varepsilon}{7}$$

Para garantizar que ambas desigualdades se satisfacen, se toma δ como el más pequeño de los dos números 1 y $\varepsilon/7$. La notación para esto es $\delta = \text{mín}\{1, \varepsilon/7\}$.

2. *Demostrar que este valor δ funciona.* Dado que $\varepsilon > 0$, sea $\delta = \text{mín}\{1, \varepsilon/7\}$. Si $0 < |x - 3| < \delta$, entonces $|x - 3| < 1 \Rightarrow 2 < x < 4 \Rightarrow |x + 3| < 7$ (como en el inciso 1). También se tiene $|x - 3| < \varepsilon/7$, por lo que

$$|x^2 - 9| = |x + 3||x - 3| < 7 \cdot \frac{\varepsilon}{7} = \varepsilon$$

Esto demuestra que $\lim_{x \to 3} x^2 = 9$.   ∎

■ Límites unilaterales

Las definiciones intuitivas de los límites unilaterales que se dieron en la sección 2.2 pueden reformularse con precisión de la siguiente manera.

---

3 **Definición precisa del límite por la izquierda**

$$\lim_{x \to a^-} f(x) = L$$

si, para todo número $\varepsilon > 0$ hay un número $\delta > 0$ tal que

$$\text{si} \qquad a - \delta < x < a \qquad \text{entonces} \qquad |f(x) - L| < \varepsilon$$

---

4 **Definición precisa del límite por la derecha**

$$\lim_{x \to a^+} f(x) = L$$

si, para todo número $\varepsilon > 0$ hay un número $\delta > 0$ tal que

$$\text{si} \qquad a < x < a + \delta \qquad \text{entonces} \qquad |f(x) - L| < \varepsilon$$

Observe que la definición 3 es la misma que la definición 2 excepto que x está restringida a estar en la mitad *izquierda* $(a - \delta, a)$ del intervalo $(a - \delta, a + \delta)$. En la definición 4, x está restringida a estar en la mitad *derecha* $(a, a + \delta)$ del intervalo $(a - \delta, a + \delta)$.

EJEMPLO 4 Con la definición 4 demuestre que $\lim\limits_{x \to 0^+} \sqrt{x} = 0$.

SOLUCIÓN

1. *Suponer un valor para* δ. Sea ε un número positivo dado. Aquí $a = 0$ y $L = 0$, por lo que se desea encontrar un número δ tal que

$$\text{si} \quad 0 < x < \delta \quad \text{entonces} \quad |\sqrt{x} - 0| < \varepsilon$$

es decir, $\quad\quad\quad\quad$ si $\quad 0 < x < \delta \quad$ entonces $\sqrt{x} < \varepsilon$

o, al elevar al cuadrado ambos lados de la desigualdad $\sqrt{x} < \varepsilon$, se obtiene

$$\text{si} \quad 0 < x < \delta \quad \text{entonces} \quad x < \varepsilon^2$$

Esto sugiere que se podría elegir $\delta = \varepsilon^2$.

2. *Demostrar que este valor* δ *funciona.* Dado $\varepsilon > 0$, sea $\delta = \varepsilon^2$. Si $0 < x < \delta$, entonces

$$\sqrt{x} < \sqrt{\delta} = \sqrt{\varepsilon^2} = \varepsilon$$

por lo que $\quad\quad\quad\quad\quad\quad\quad |\sqrt{x} - 0| < \varepsilon$

De acuerdo con la definición 4, esto demuestra que $\lim_{x \to 0^+} \sqrt{x} = 0$. ■

■ Las leyes de los límites

Como muestran los ejemplos anteriores, no siempre es fácil demostrar que las declaraciones de límites son verdaderas con la definición ε, δ. De hecho, si se hubiera dado una función más complicada, como $f(x) = (6x^2 - 8x + 9)/(2x^2 - 1)$, una demostración requeriría una gran cantidad de ingenio. Afortunadamente esto es innecesario porque las leyes de los límites establecidas en la sección 2.3 pueden demostrarse con la definición 2, y entonces es posible encontrar los límites de las funciones complejas rigurosamente a partir de las leyes de los límites sin recurrir de forma directa a la definición.

Por ejemplo, se demuestra la ley de la suma: si existen tanto $\lim_{x \to a} f(x) = L$ como $\lim_{x \to a} g(x) = M$, entonces

$$\lim_{x \to a} [f(x) + g(x)] = L + M$$

Las leyes restantes se demuestran en los ejercicios y en el apéndice F.

DEMOSTRACIÓN DE LA LEY DE LA SUMA Sea $\varepsilon > 0$. Se debe encontrar $\delta > 0$ tal que

$$\text{si} \quad 0 < |x - a| < \delta \quad \text{entonces} \quad |f(x) + g(x) - (L + M)| < \varepsilon$$

Con la desigualdad del triángulo se escribe

Desigualdad del triángulo:

$$|a + b| \le |a| + |b|$$

(Vea el apéndice A).

$$\boxed{5} \quad |f(x) + g(x) - (L + M)| = |(f(x) - L) + (g(x) - M)|$$
$$\le |f(x) - L| + |g(x) - M|$$

Se hace que $|f(x) + g(x) - (L + M)|$ sea menos que ε al procurar que cada uno de los términos $|f(x) - L|$ y $|g(x) - M|$ sea menor que $\varepsilon/2$.

Dado que $\varepsilon/2 > 0$ y $\lim_{x \to a} f(x) = L$, existe un número $\delta_1 > 0$ tal que

$$\text{si} \quad 0 < |x - a| < \delta_1 \quad \text{entonces} \quad |f(x) - L| < \frac{\varepsilon}{2}$$

Del mismo modo, como $\lim_{x \to a} g(x) = M$, existe un número $\delta_2 > 0$ tal que

$$\text{si} \quad 0 < |x - a| < \delta_2 \quad \text{entonces} \quad |g(x) - M| < \frac{\varepsilon}{2}$$

Sea $\delta = \text{mín}\{\delta_1, \delta_2\}$, el menor de los números δ_1 y δ_2. Observe que

si $\quad 0 < |x - a| < \delta \quad$ entonces $\quad 0 < |x - a| < \delta_1 \quad$ y $\quad 0 < |x - a| < \delta_2$

y por ende $\qquad\qquad |f(x) - L| < \dfrac{\varepsilon}{2} \quad$ y $\quad |g(x) - M| < \dfrac{\varepsilon}{2}$

Por lo tanto, conforme a (5),

$$|f(x) + g(x) - (L + M)| \le |f(x) - L| + |g(x) - M|$$

$$< \frac{\varepsilon}{2} + \frac{\varepsilon}{2} = \varepsilon$$

En resumen,

si $\quad 0 < |x - a| < \delta \quad$ entonces $\quad |f(x) + g(x) - (L + M)| < \varepsilon$

De este modo, de acuerdo con la definición de límite,

$$\lim_{x \to a} [f(x) + g(x)] = L + M$$

■

■ Límites infinitos

Los límites infinitos también se pueden definir de una manera precisa. Lo siguiente es una versión precisa de la definición 2.2.4.

> **6** **Definición precisa de un límite infinito** Sea f una función definida en algún intervalo abierto que contiene el número a, excepto posiblemente en a mismo. Entonces
>
> $$\lim_{x \to a} f(x) = \infty$$
>
> significa que para cada número positivo M hay un número positivo δ tal que
>
> si $\quad 0 < |x - a| < \delta \quad$ entonces $\quad f(x) > M$

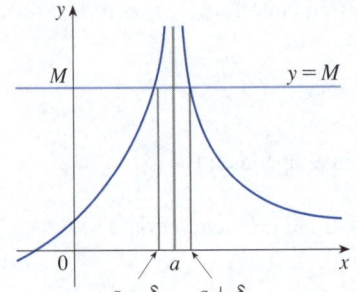

FIGURA 10

Esto dice que los valores de $f(x)$ se pueden hacer arbitrariamente grandes (más grandes que cualquier número M dado) al requerir que x esté suficientemente cerca de a (dentro de una distancia δ, donde δ depende de M, pero con $x \ne a$). En la figura 10 se muestra una ilustración geométrica.

Dada cualquier recta horizontal $y = M$ se puede encontrar un número $\delta > 0$ tal que si se restringe x para que se encuentre en el intervalo $(a - \delta, a + \delta)$ pero $x \ne a$, entonces la curva $y = f(x)$ se encuentra por encima de la recta $y = M$. Se observa que si se elige una M más grande, entonces se puede requerir un valor δ más pequeño.

EJEMPLO 5 Con base en la definición 6, demuestre que $\displaystyle\lim_{x \to 0} \dfrac{1}{x^2} = \infty$.

SOLUCIÓN Sea M un número positivo. Se desea encontrar un número δ tal que

si $\quad 0 < |x| < \delta \quad$ entonces $\quad 1/x^2 > M$

Pero $\quad \dfrac{1}{x^2} > M \quad \Longleftrightarrow \quad x^2 < \dfrac{1}{M} \quad \Longleftrightarrow \quad \sqrt{x^2} < \sqrt{\dfrac{1}{M}} \quad \Longleftrightarrow \quad |x| < \dfrac{1}{\sqrt{M}}$

De este modo, si se elige $\delta = 1/\sqrt{M}$ y $0 < |x| < \delta = 1/\sqrt{M}$, entonces $1/x^2 > M$. Esto demuestra que $1/x^2 \to \infty$ conforme $x \to 0$. ■

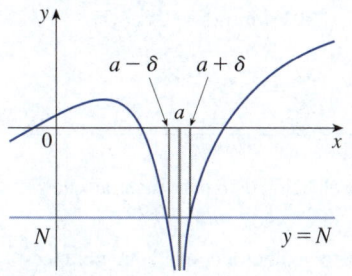

FIGURA 11

De la misma manera, lo que sigue es una versión precisa de la definición 2.2.5. Se ilustra en la figura 11.

> **7 Definición** Sea f una función definida en algún intervalo abierto que contiene el número a, excepto posiblemente en a mismo. Entonces
>
> $$\lim_{x \to a} f(x) = -\infty$$
>
> significa que para cada número negativo N hay un número positivo δ tal que
>
> si $\quad 0 < |x - a| < \delta \quad$ entonces $\quad f(x) < N$

2.4 | Ejercicios

1. Con la gráfica f dada encuentre un número δ tal que

si $\quad |x - 1| < \delta \quad$ entonces $\quad |f(x) - 1| < 0.2$

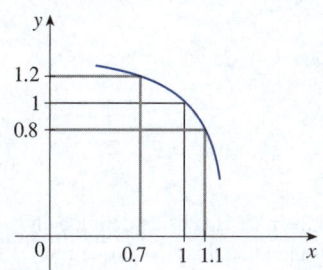

2. Con la gráfica f dada encuentre un número δ tal que

si $\quad 0 < |x - 3| < d \quad$ entonces $\quad |f(x) - 2| < 0.5$

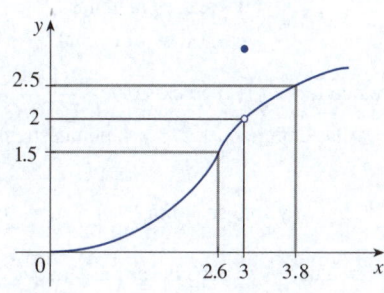

3. Con la gráfica dada de $f(x) = \sqrt{x}$ encuentre un número δ tal que

si $\quad |x - 4| < \delta \quad$ entonces $\quad |\sqrt{x} - 2| < 0.4$

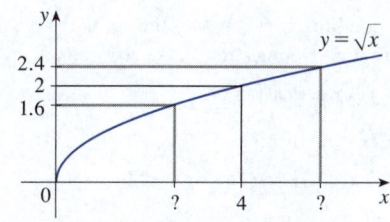

4. Con la gráfica dada de $f(x) = x^2$ encuentre un número δ tal que

si $\quad |x - 1| < \delta \quad$ entonces $\quad |x^2 - 1| < \frac{1}{2}$

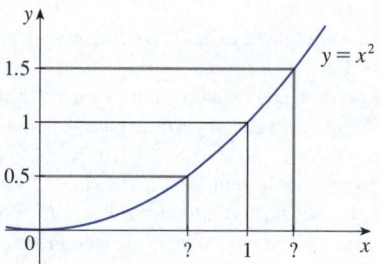

5. Con una gráfica encuentre un número δ tal que

si $\quad |x - 2| < \delta \quad$ entonces $\quad |\sqrt{x^2 + 5} - 3| < 0.3$

6. Encuentre con una gráfica un número δ tal que

si $\quad \left| x - \dfrac{\pi}{6} \right| < \delta \quad$ entonces $\quad \left| \cos^2 x - \dfrac{3}{4} \right| < 0.1$

7. Para el límite

$$\lim_{x \to 2} (x^3 - 3x + 4) = 6$$

utilice la definición 2 con valores de δ que correspondan a $\varepsilon = 0.2$ y $\varepsilon = 0.1$.

8. Para el límite

$$\lim_{x \to 0} \frac{e^{2x} - 1}{x} = 2$$

utilice la definición 2 con valores de δ que correspondan a $\varepsilon = 0.5$ y $\varepsilon = 0.1$.

9. (a) Con una gráfica encuentre un número δ tal que

si $\quad 2 < x < 2 + \delta \quad$ entonces $\quad \dfrac{1}{\ln(x - 1)} > 100$

(b) ¿Qué límite sugiere el inciso (a) como verdadero?

10. Como $\lim_{x \to \pi} \csc^2 x = \infty$, utilice la definición 6 con valores de δ que correspondan a (a) $M = 500$ y (b) $M = 1\,000$.

11. Un operador debe fabricar un disco circular de metal con un área de $1\,000$ cm^2.
   (a) ¿Qué radio produce tal disco?
   (b) Si se permite al operador una tolerancia de error de ± 5 cm^2 en el área del disco, ¿cuán cerca del radio ideal en el inciso (a) debe el operador controlar el radio?
   (c) En términos de la definición ε, δ de $\lim_{x \to a} f(x) = L$, ¿qué es x? ¿Qué es $f(x)$? ¿Qué es a? ¿Qué es L? ¿Qué valor de ε está dado? ¿Cuál es el valor correspondiente de δ?

12. Los hornos de confección de cristales se utilizan en la investigación para determinar la mejor manera de fabricar cristales para componentes electrónicos. Para el crecimiento adecuado de un cristal, la temperatura debe controlarse con precisión ajustando la potencia de entrada. Suponga que la relación está dada por

$$T(w) = 0.1w^2 + 2.155w + 20$$

donde T es la temperatura en grados Celsius y w es la entrada de energía en watts.
   (a) ¿Cuánta energía se necesita para mantener la temperatura a 200 °C?
   (b) Si se permite que la temperatura varíe de 200 °C a ± 1 °C, ¿qué rango de watts se permite para la potencia de entrada?
   (c) En términos de la definición ε, δ de $\lim_{x \to a} f(x) = L$, ¿qué es x? ¿Qué es $f(x)$? ¿Qué es a? ¿Qué es L? ¿Qué valor de ε está dado? ¿Cuál es el valor correspondiente de δ?

13. (a) Busque un número δ tal que si $|x - 2| < \delta$, entonces $|4x - 8| < \varepsilon$, donde $\varepsilon = 0.1$.
   (b) Repita el inciso (a) con $\varepsilon = 0.01$.

14. Dado que $\lim_{x \to 2}(5x - 7) = 3$, utilice la definición 2 con valores de δ que correspondan a $\varepsilon = 0.1$, $\varepsilon = 0.05$ y $\varepsilon = 0.01$.

15-18 Demuestre la declaración con la definición ε, δ de un límite e ilustre con un diagrama, como en la figura 9.

15. $\lim_{x \to 4} \left(\frac{1}{2}x - 1\right) = 1$ **16.** $\lim_{x \to 2} (2 - 3x) = -4$

17. $\lim_{x \to -2} (-2x + 1) = 5$ **18.** $\lim_{x \to 1} (2x - 5) = -3$

19-32 Demuestre la declaración con la definición ε, δ de un límite.

19. $\lim_{x \to 9} \left(1 - \frac{1}{3}x\right) = -2$ **20.** $\lim_{x \to 5} \left(\frac{3}{2}x - \frac{1}{2}\right) = 7$

21. $\lim_{x \to 4} \dfrac{x^2 - 2x - 8}{x - 4} = 6$ **22.** $\lim_{x \to -1.5} \dfrac{9 - 4x^2}{3 + 2x} = 6$

23. $\lim_{x \to a} x = a$ **24.** $\lim_{x \to a} c = c$

25. $\lim_{x \to 0} x^2 = 0$ **26.** $\lim_{x \to 0} x^3 = 0$

27. $\lim_{x \to 0} |x| = 0$ **28.** $\lim_{x \to -6^+} \sqrt[8]{6 + x} = 0$

29. $\lim_{x \to 2} (x^2 - 4x + 5) = 1$ **30.** $\lim_{x \to 2} (x^2 + 2x - 7) = 1$

31. $\lim_{x \to -2} (x^2 - 1) = 3$ **32.** $\lim_{x \to 2} x^3 = 8$

33. Verifique que otra posible elección de δ para mostrar que $\lim_{x \to 3} x^2 = 9$ en el ejemplo 3 es $\delta = \min\{2, \varepsilon/8\}$.

34. Verifique, con un argumento geométrico, que la mayor elección posible de δ para mostrar que $\lim_{x \to 3} x^2 = 9$ es $\delta = \sqrt{9 + \varepsilon} - 3$.

35. (a) Para el límite $\lim_{x \to 1}(x^3 + x + 1) = 3$, utilice una gráfica para encontrar un valor de δ que corresponda a $\varepsilon = 0.4$.
   (b) Al resolver la ecuación cúbica $x^3 + x + 1 = 3 + \varepsilon$, encuentre el mayor valor posible de δ que funcione con cualquier $\varepsilon > 0$ dado.
   (c) Responda con $\varepsilon = 0.4$ el inciso (b) y compárelo con su respuesta al inciso (a).

36. Demuestre que $\lim_{x \to 2} \dfrac{1}{x} = \dfrac{1}{2}$.

37. Demuestre que $\lim_{x \to a} \sqrt{x} = \sqrt{a}$ si $a > 0$.

$$\left[Sugerencia: \text{Use } \left| \sqrt{x} - \sqrt{a} \right| = \frac{|x - a|}{\sqrt{x} + \sqrt{a}} \right].$$

38. Si H es la función de Heaviside definida en la sección 2.2, demuestre usando la definición 2, que $\lim_{t \to 0} H(t)$ no existe. [*Sugerencia*: Use una demostración indirecta como la siguiente. Suponga que el límite es L. Tome $\varepsilon = \frac{1}{2}$ en la definición de límite y trate de llegar a una contradicción].

39. Si la función f se define por

$$f(x) = \begin{cases} 0 & \text{si } x \text{ es racional} \\ 1 & \text{si } x \text{ es irracional} \end{cases}$$

demuestre que $\lim_{x \to 0} f(x)$ no existe.

40. Al comparar las definiciones 2, 3 y 4, demuestre el teorema 2.3.1:

$$\lim_{x \to a} f(x) = L \quad \text{si y solo si} \quad \lim_{x \to a^-} f(x) = L = \lim_{x \to a^+} f(x)$$

41. ¿Qué tan cerca de -3 se debe llevar a x para que

$$\frac{1}{(x + 3)^4} > 10\,000?$$

42. Con la definición 6 demuestre que $\lim_{x \to -3} \dfrac{1}{(x + 3)^4} = \infty$.

43. Demuestre que $\lim_{x \to 0^+} \ln x = -\infty$.

44. Suponga que $\lim_{x \to a} f(x) = \infty$ y $\lim_{x \to a} g(x) = c$, donde c es un número real. Demuestre cada declaración.
   (a) $\lim_{x \to a} [f(x) + g(x)] = \infty$
   (b) $\lim_{x \to a} [f(x)g(x)] = \infty$ si $c > 0$
   (c) $\lim_{x \to a} [f(x)g(x)] = -\infty$ si $c < 0$

2.5 | Continuidad

■ Continuidad de una función

Se observó en la sección 2.3 que, a menudo, el límite de una función cuando x se aproxima a a se encuentra tan solo al calcular el valor de la función en a. Las funciones con esta propiedad se denominan *continuas en a*. Se verá que la definición matemática de continuidad corresponde estrechamente con el significado de la palabra *continuidad* en el lenguaje cotidiano. (Un proceso continuo es un proceso sin interrupción).

> **1 Definición** Una función f es **continua en un número** a si
> $$\lim_{x \to a} f(x) = f(a)$$

Como se ilustra en la figura 1, si f es continua, entonces los puntos $(x, f(x))$ en la gráfica de f se aproximan al punto $(a, f(a))$ en la gráfica. Por lo tanto, no existen brechas en la curva.

Observe que la definición 1 requiere implícitamente tres cosas si f es continua en a:

1. $f(a)$ está definida (es decir, a está en el dominio de f)

2. $\lim_{x \to a} f(x)$ existe

3. $\lim_{x \to a} f(x) = f(a)$

La definición indica que f es continua en a si $f(x)$ se aproxima a $f(a)$ cuando x se aproxima a a. Así, una función continua f tiene la propiedad de que un pequeño cambio en x produce solo un pequeño cambio en $f(x)$. De hecho, el cambio en $f(x)$ se mantiene tan pequeño como se desee al mantener el cambio en x lo suficientemente pequeño.

Si f se define cerca de a (en otras palabras, f se define en un intervalo abierto que contiene a, excepto quizás en a), se dice que f es **discontinua en a** (o que f tiene una **discontinuidad** en a) si f no es continua en a.

Los fenómenos físicos suelen ser continuos. Por ejemplo, el desplazamiento o la velocidad de un vehículo en movimiento varía continuamente con el tiempo, al igual que la estatura de una persona. Sin embargo, se presentan discontinuidades en situaciones como las corrientes eléctricas. [La función de Heaviside, que se presentó en la sección 2.2, es discontinua en 0 porque $\lim_{t \to 0} H(t)$ no existe].

Geométricamente, se puede pensar en una función que sea continua en cada número en un intervalo como función cuya gráfica no tenga interrupciones: la gráfica puede trazarse sin quitar el bolígrafo del papel.

EJEMPLO 1 En la figura 2 se muestra la gráfica de una función f. ¿En qué valores f es discontinua? ¿Por qué?

SOLUCIÓN Parece que hay una discontinuidad cuando $a = 1$ porque la gráfica tiene una ruptura allí. La razón formal de que f sea discontinua en 1 es que $f(1)$ no está definida.

La gráfica también tiene una ruptura cuando $a = 3$, pero la razón de la discontinuidad es diferente. Aquí $f(3)$ está definida, pero $\lim_{x \to 3} f(x)$ no existe (porque los límites por la izquierda y por la derecha son diferentes). Así, f es discontinua en 3.

¿Y qué hay de $a = 5$? Aquí $f(5)$ está definida y $\lim_{x \to 5} f(x)$ existe (porque los límites por la izquierda y por la derecha son los mismos). Pero

$$\lim_{x \to 5} f(x) \neq f(5)$$

Por ende, f es discontinua en 5.   ■

Ahora se verá cómo detectar discontinuidades cuando una función está definida por una fórmula.

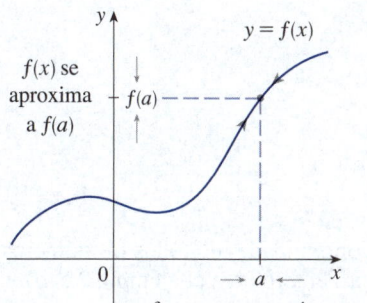

FIGURA 1

conforme x se aproxima a a

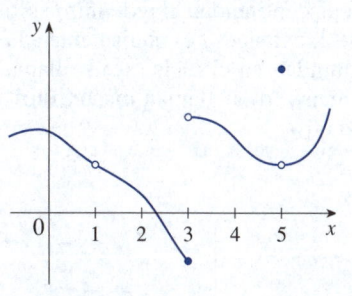

FIGURA 2

EJEMPLO 2 ¿Dónde están las discontinuidades en las siguientes funciones?

(a) $f(x) = \dfrac{x^2 - x - 2}{x - 2}$

(b) $f(x) = \begin{cases} \dfrac{x^2 - x - 2}{x - 2} & \text{si } x \neq 2 \\[3mm] 1 & \text{si } x = 2 \end{cases}$

(c) $f(x) = \begin{cases} \dfrac{1}{x^2} & \text{si } x \neq 0 \\[3mm] 1 & \text{si } x = 0 \end{cases}$

(d) $f(x) = [\![x]\!]$

SOLUCIÓN

(a) Observe que $f(2)$ no está definida, así que f es discontinua en 2. Después se verá por qué f es continua en todos los demás números.

(b) Aquí $f(2) = 1$ está definida y

$$\lim_{x \to 2} f(x) = \lim_{x \to 2} \frac{x^2 - x - 2}{x - 2} = \lim_{x \to 2} \frac{(x-2)(x+1)}{x - 2} = \lim_{x \to 2} (x + 1) = 3$$

existe. Pero

$$\lim_{x \to 2} f(x) \neq f(2)$$

por lo que f no es continua en 2.

(c) Aquí $f(0) = 1$ está definida pero

$$\lim_{x \to 0} f(x) = \lim_{x \to 0} \frac{1}{x^2}$$

no existe (vea el ejemplo 2.2.6). Así, f es discontinua en 0.

(d) La función de parte entera $f(x) = [\![x]\!]$ tiene discontinuidades en todos los números enteros porque $\lim_{x \to n} [\![x]\!]$ no existe si n es un número entero (vea el ejemplo 2.3.10 y el ejercicio 2.3.55). ∎

En la figura 3 se ven las gráficas de las funciones del ejemplo 2. En ningún caso la gráfica puede trazarse sin levantar el bolígrafo del papel porque se produce un agujero, una ruptura o un salto en la gráfica. El tipo de discontinuidad ilustrada en los incisos (a) y (b) se llama **removible** porque se podría eliminar la discontinuidad al redefinir f solo en el número 2. [Si se redefine f para que sea 3 en $x = 2$, entonces f es equivalente a la función $g(x) = x + 1$, que es continua]. La discontinuidad en el inciso (c) se llama **discontinuidad infinita**. Las discontinuidades en el inciso (d) se llaman **discontinuidades de salto** porque la función "salta" de un valor a otro.

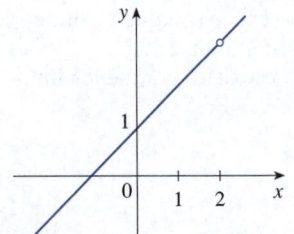

(a) Discontinuidad removible.

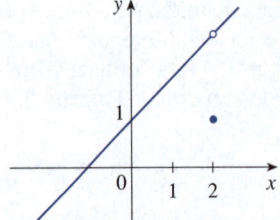

(b) Discontinuidad removible

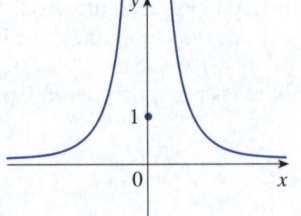

(c) Discontinuidad infinita.

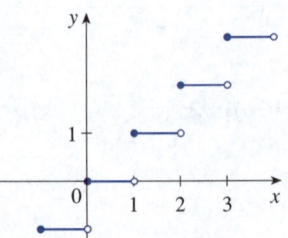

(d) Discontinuidades de salto.

FIGURA 3
Gráficas de las funciones en el ejemplo 2.

2 **Definición**   Una función f es **continua por la derecha en un número** a si
$$\lim_{x \to a^+} f(x) = f(a)$$
y f es **continua por la izquierda en** a si
$$\lim_{x \to a^-} f(x) = f(a)$$

EJEMPLO 3   En cada entero n, la función $f(x) = [\![x]\!]$ [vea la figura 3(d)] es continua por la derecha pero discontinua por la izquierda porque
$$\lim_{x \to n^+} f(x) = \lim_{x \to n^+} [\![x]\!] = n = f(n)$$
pero
$$\lim_{x \to n^-} f(x) = \lim_{x \to n^-} [\![x]\!] = n - 1 \neq f(n)$$ ∎

3 **Definición**   Una función f es **continua en un intervalo** si es continua en cada número en el intervalo. (Si f está definida solo en un lado de un punto frontera, punto final o punto extremo del intervalo se entiende que es *continua* en el punto frontera, lo que significa que es *continua por la derecha* o *continua por la izquierda*).

EJEMPLO 4   Demuestre que la función $f(x) = 1 - \sqrt{1 - x^2}$ es continua en el intervalo $[-1, 1]$.

SOLUCIÓN   Si $-1 < a < 1$, entonces, a partir de las leyes de los límites de la sección 2.3, se tiene

$$\lim_{x \to a} f(x) = \lim_{x \to a} \left(1 - \sqrt{1 - x^2}\right)$$
$$= 1 - \lim_{x \to a} \sqrt{1 - x^2} \qquad \text{(conforme a las leyes 2 y 8)}$$
$$= 1 - \sqrt{\lim_{x \to a}(1 - x^2)} \qquad \text{(conforme a 7)}$$
$$= 1 - \sqrt{1 - a^2} \qquad \text{(conforme a 2, 8 y 10)}$$
$$= f(a)$$

Por lo tanto, con base en la definición l, f es continua en a si $-1 < a < 1$. Cálculos semejantes muestran que

$$\lim_{x \to -1^+} f(x) = 1 = f(-1) \qquad \text{y} \qquad \lim_{x \to 1^-} f(x) = 1 = f(1)$$

por lo que f es continua por la derecha en -1 y continua por la izquierda en 1. Por lo tanto, de acuerdo con la definición 3, f es continua en $[-1, 1]$.

En la figura 4 se presenta la gráfica de f. Es la mitad inferior de la circunferencia

$$x^2 + (y - 1)^2 = 1$$ ∎

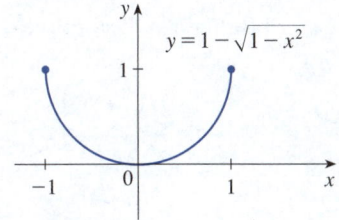

FIGURA 4

■ Propiedades de las funciones continuas

En lugar de utilizar siempre las definiciones 1, 2 y 3 para verificar la continuidad de una función como se hizo en el ejemplo 4, a menudo conviene utilizar el siguiente teorema, que muestra cómo elaborar funciones continuas complicadas a partir de otras sencillas.

> **4** **Teorema**   Si f y g son continuas en a y c es una constante, entonces las siguientes funciones también son continuas en a:
>
> **1.** $f + g$ **2.** $f - g$ **3.** cf
>
> **4.** fg **5.** $\dfrac{f}{g}$ si $g(a) \neq 0$

DEMOSTRACIÓN   Cada una de las cinco partes de este teorema resultan de la ley de los límites correspondiente que se presenta en la sección 2.3. Por ejemplo, se demostró el inciso 1. Como f y g son continuas en a, se tiene que

$$\lim_{x \to a} f(x) = f(a) \qquad \text{y} \qquad \lim_{x \to a} g(x) = g(a)$$

Por lo tanto,

$$\lim_{x \to a} (f + g)(x) = \lim_{x \to a} [f(x) + g(x)]$$

$$= \lim_{x \to a} f(x) + \lim_{x \to a} g(x) \quad \text{(por la ley 1)}$$

$$= f(a) + g(a)$$

$$= (f + g)(a)$$

Esto demuestra que $f + g$ es continua en a.   ■

A partir del teorema 4 y de la definición 3 se deduce que si f y g son continuas en un intervalo, entonces también lo son las funciones $f + g$, $f - g$, cf, fg y (si g nunca es 0) f/g. El siguiente teorema se presentó en la sección 2.3 como la propiedad de sustitución directa.

> **5** **Teorema**
> (a) Cualquier polinomio es continuo en todas partes; es decir, es continuo en $\mathbb{R} = (-\infty, \infty)$.
> (b) Cualquier función racional es continua donde sea que esté definida; es decir, es continua en su dominio.

DEMOSTRACIÓN

(a) Un polinomio es una función de la forma

$$P(x) = c_n x^n + c_{n-1} x^{n-1} + \cdots + c_1 x + c_0$$

donde $c_0, c_1, \ldots, c_n$ son constantes. Se sabe que

$$\lim_{x \to a} c_0 = c_0 \quad \text{(conforme a la ley 8)}$$

y $\lim\limits_{x \to a} x^m = a^m \qquad m = 1, 2, \ldots, n$ (conforme a 10)

Esta ecuación es precisamente la declaración de que la función $f(x) = x^m$ es una función continua. Por tanto, según el inciso 3 del teorema 4, la función $g(x) = cx^m$ es continua. Como P es una suma de funciones de esta forma y una función constante, del inciso 1 del teorema 4 resulta que P es continuo.

(b) Una función racional es una función de la forma

$$f(x) = \frac{P(x)}{Q(x)}$$

donde P y Q son polinomios. El dominio de f es $D = \{x \in \mathbb{R} \mid Q(x) \neq 0\}$. Se sabe del inciso (a) que P y Q son continuos en todas partes. Por lo tanto, según el inciso 5 del teorema 4, f es continua en cualquier número en D. ∎

Como ilustración del teorema 5, observe que el volumen de una esfera varía continuamente con su radio porque la fórmula $V(r) = \frac{4}{3}\pi r^3$ muestra que V es una función polinómica de r. De la misma manera, si se lanza verticalmente una pelota con una velocidad inicial de 15 m/s, entonces la altura h de la pelota en metros t segundos después está dada por la fórmula $h = 15t - 4.9t^2$. De nuevo, esta es una función polinómica, por lo que la altura es una función continua del tiempo transcurrido, como se esperaría.

Saber qué funciones son continuas permite evaluar algunos límites rápidamente, como muestra el siguiente ejemplo. Compárelo con el ejemplo 2.3.2(b).

EJEMPLO 5 Estime $\displaystyle\lim_{x \to -2} \frac{x^3 + 2x^2 - 1}{5 - 3x}$.

SOLUCIÓN La función

$$f(x) = \frac{x^3 + 2x^2 - 1}{5 - 3x}$$

es racional, así que según el teorema 5 es continua en su dominio, que es $\left\{ x \mid x \neq \frac{5}{3} \right\}$. Por lo tanto,

$$\lim_{x \to -2} \frac{x^3 + 2x^2 - 1}{5 - 3x} = \lim_{x \to -2} f(x) = f(-2)$$

$$= \frac{(-2)^3 + 2(-2)^2 - 1}{5 - 3(-2)} = -\frac{1}{11} \qquad ∎$$

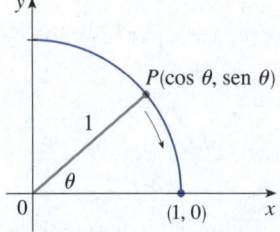

$P(\cos \theta, \operatorname{sen} \theta)$

$(1, 0)$

FIGURA 5

Otra manera de establecer los límites en (6) es utilizar el teorema de la compresión con la desigualdad $\operatorname{sen} \theta < \theta$ (para $\theta > 0$), que se demuestra en la sección 3.3.

Resulta que la mayoría de las funciones conocidas son continuas en cada uno de sus dominios. Por ejemplo, la ley 11 de los límites en la sección 2.3 es exactamente la declaración de que las funciones raíz o funciones radical son continuas.

Por la apariencia de las gráficas de las funciones seno y coseno (figura 1.2.19), sin duda se supondría que son continuas. Se sabe, por las definiciones de seno y coseno, que las coordenadas del punto P de la figura 5 son $(\cos \theta, \operatorname{sen} \theta)$. Conforme $\theta \to 0$, se ve que P se aproxima al punto $(1, 0)$ y por lo tanto $\cos \theta \to 1$ y $\operatorname{sen} \theta \to 0$. Así,

6 $$\lim_{\theta \to 0} \cos \theta = 1 \qquad \lim_{\theta \to 0} \operatorname{sen} \theta = 0$$

Como $\cos 0 = 1$ y $\operatorname{sen} 0 = 0$, las ecuaciones en (6) afirman que las funciones coseno y seno son continuas en 0. Las fórmulas de adición del coseno y del seno sirven entonces para deducir que estas funciones son continuas en todas partes (vea los ejercicios 66 y 67).

Se infiere del inciso 5 del teorema 4 que

$$\tan x = \frac{\operatorname{sen} x}{\cos x}$$

es continua excepto cuando $\cos x = 0$. Esto sucede cuando x es un número entero impar múltiplo de $\pi/2$, por lo que $y = \tan x$ tiene infinitas discontinuidades cuando $x = \pm\pi/2$, $\pm 3\pi/2$, $\pm 5\pi/2$, etc. (vea la figura 6).

La función inversa de cualquier función continua uno a uno también es continua (esto

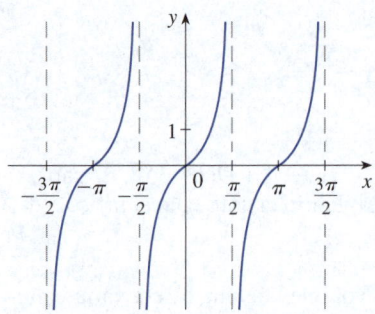

FIGURA 6
$y = \tan x$

Para una revisión de las funciones trigonométricas inversas, vea la sección 1.5.

se demuestra en el apéndice F, pero la intuición geométrica lo hace parecer razonable: la gráfica de f^{-1} se obtiene al reflejar la gráfica de f alrededor de la recta $y = x$. Así, si la gráfica de f no tiene ruptura, tampoco la tiene la de f^{-1}). De este modo, las funciones trigonométricas inversas son continuas.

En la sección 1.4 se definió la función exponencial $y = b^x$ para rellenar los huecos de la gráfica de $y = b^x$ donde x es racional. En otras palabras, la misma definición de $y = b^x$ hace que sea una función continua en $\mathbb{R}$. Por lo tanto, su función inversa $y = \log_b x$ es continua en $(0, \infty)$.

> **7** **Teorema** Los siguientes tipos de funciones son continuas en cada valor en su dominio:
>
> - polinomios
> - funciones racionales
> - funciones raíz
> - funciones trigonométricas
> - funciones trigonométricas inversas
> - funciones exponenciales
> - funciones logarítmicas

EJEMPLO 6 ¿Dónde es continua la función $f(x) = \dfrac{\ln x + \tan^{-1} x}{x^2 - 1}$?

SOLUCIÓN Se sabe por el teorema 7 que la función $y = \ln x$ es continua para $x > 0$ y que $y = \tan^{-1} x$ es continua en $\mathbb{R}$. Así, por el inciso 1 del teorema 4, $y = \ln x + \tan^{-1} x$ es continua en $(0, \infty)$. El denominador, $y = x^2 - 1$, es un polinomio, por lo que es continuo en todas partes. Por lo tanto, según el inciso 5 del teorema 4, f es continua en todos los números positivos x, excepto donde $x^2 - 1 = 0 \iff x = \pm 1$. Por lo tanto, f es continua en los intervalos $(0, 1)$ y $(1, \infty)$. ∎

EJEMPLO 7 Evalúe $\displaystyle\lim_{x \to \pi} \frac{\operatorname{sen} x}{2 + \cos x}$.

SOLUCIÓN El teorema 7 dice que $y = \operatorname{sen} x$ es continuo. La función en el denominador, $y = 2 + \cos x$, es la suma de dos funciones continuas y por lo tanto es continua. Observe que esta función nunca es 0 porque $\cos x \geq -1$ para toda x y, por lo tanto, $2 + \cos x > 0$ en todas partes. Así, el cociente

$$f(x) = \frac{\operatorname{sen} x}{2 + \cos x}$$

es continua en todas partes. De ahí que, por la definición de una función continua,

$$\lim_{x \to \pi} \frac{\operatorname{sen} x}{2 + \cos x} = \lim_{x \to \pi} f(x) = f(\pi) = \frac{\operatorname{sen} \pi}{2 + \cos \pi} = \frac{0}{2 - 1} = 0 \quad ∎$$

Otra forma de combinar las funciones continuas f y g para obtener una nueva función continua es formar la función compuesta $f \circ g$. Esto es consecuencia del siguiente teorema.

Este teorema sostiene que un símbolo de límite se puede mover a través de un símbolo de función si la función es continua y el límite existe. En otras palabras, se puede invertir el orden de estos dos símbolos.

> **8** **Teorema** Si f es continua en b y $\displaystyle\lim_{x \to a} g(x) = b$, entonces $\displaystyle\lim_{x \to a} f(g(x)) = f(b)$. En otras palabras,
>
> $$\lim_{x \to a} f(g(x)) = f\left(\lim_{x \to a} g(x) \right)$$

Intuitivamente, el teorema 8 es razonable porque si x está cerca de a, entonces $g(x)$ está cerca de b, y como f es continua en b, si $g(x)$ está cerca de b, entonces $f(g(x))$ está cerca de $f(b)$. En el apéndice F se demuestra el teorema 8.

EJEMPLO 8 Evalúe $\displaystyle\lim_{x\to 1} \operatorname{arcsen}\left(\frac{1-\sqrt{x}}{1-x}\right)$.

SOLUCIÓN Como arcsen es una función continua, se puede aplicar el teorema 8:

$$\lim_{x\to 1} \operatorname{arcsen}\left(\frac{1-\sqrt{x}}{1-x}\right) = \operatorname{arcsen}\left(\lim_{x\to 1} \frac{1-\sqrt{x}}{1-x}\right)$$

$$= \operatorname{arcsen}\left(\lim_{x\to 1} \frac{1-\sqrt{x}}{\left(1-\sqrt{x}\right)\left(1+\sqrt{x}\right)}\right)$$

$$= \operatorname{arcsen}\left(\lim_{x\to 1} \frac{1}{1+\sqrt{x}}\right)$$

$$= \operatorname{arcsen}\frac{1}{2} = \frac{\pi}{6} \qquad \blacksquare$$

Se aplicará ahora el teorema 8 en el caso especial donde $f(x) = \sqrt[n]{x}$, con n como entero positivo. Luego

$$f(g(x)) = \sqrt[n]{g(x)}$$

y $$f\left(\lim_{x\to a} g(x)\right) = \sqrt[n]{\lim_{x\to a} g(x)}$$

Si se colocan estas expresiones en el teorema 8 se obtiene

$$\lim_{x\to a} \sqrt[n]{g(x)} = \sqrt[n]{\lim_{x\to a} g(x)}$$

y así se demuestra la ley de los límites. (Se asume que las raíces existen).

---

9 Teorema Si g es continua en a y f es continua en $g(a)$, entonces la función compuesta $f \circ g$ dada por $(f \circ g)(x) = f(g(x))$ es continua en a.

Este teorema suele expresarse de manera informal como sigue: "una función continua de una función continua es una función continua".

DEMOSTRACIÓN Como g es continua en a, se tiene

$$\lim_{x\to a} g(x) = g(a)$$

Como f es continua en $b = g(a)$, se puede aplicar el teorema 8 para obtener

$$\lim_{x\to a} f(g(x)) = f(g(a))$$

que es precisamente la declaración de que la función $h(x) = f(g(x))$ es continua en a; es decir, $f \circ g$ es continua en a. $\qquad \blacksquare$

EJEMPLO 9 ¿En dónde son continuas las siguientes funciones?

(a) $h(x) = \text{sen}(x^2)$ (b) $F(x) = \ln(1 + \cos x)$

SOLUCIÓN

(a) Se tiene $h(x) = f(g(x))$, donde

$$g(x) = x^2 \quad \text{y} \quad f(x) = \text{sen } x$$

Se sabe que g es continua en $\mathbb{R}$ ya que es un polinomio, y f también es continua en todas partes. Así, $h = f \circ g$ es continua en $\mathbb{R}$ según el teorema 9.

(b) Por el teorema 7 se sabe que $f(x) = \ln x$ es continua y $g(x) = 1 + \cos x$ es continua (porque tanto $y = 1$ como $y = \cos x$ son continuas). Por lo tanto, según el teorema 9, $F(x) = f(g(x))$ es continua donde sea que esté definida. La expresión $\ln(1 + \cos x)$ está definida cuando $1 + \cos x > 0$, así que está indefinida cuando $\cos x = -1$, y esto sucede cuando $x = \pm\pi, \pm3\pi\ldots$. Entonces, F tiene discontinuidades cuando x es un múltiplo impar de π y es continua en los intervalos entre estos valores (vea la figura 7). ∎

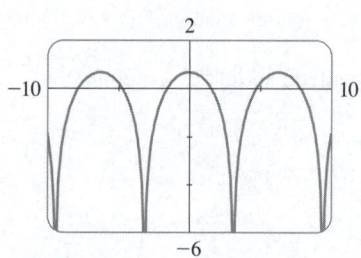

FIGURA 7
$y = \ln(1 + \cos x)$

■ Teorema del valor intermedio

Una propiedad importante de las funciones continuas se expresa en el siguiente teorema, cuya demostración se encuentra en textos de cálculo más avanzados.

> **10** **Teorema del valor intermedio** Suponga que f es continua en el intervalo cerrado $[a, b]$ y sea N cualquier número entre $f(a)$ y $f(b)$, donde $f(a) \neq f(b)$. Entonces existe un número c en (a, b) tal que $f(c) = N$.

El teorema del valor intermedio establece que una función continua asume cada valor intermedio entre los valores de la función $f(a)$ y $f(b)$, lo cual se ilustra en la figura 8. Observe que el valor N se puede tomar una vez [como en el inciso (a)] o más de una vez [como en el inciso (b)].

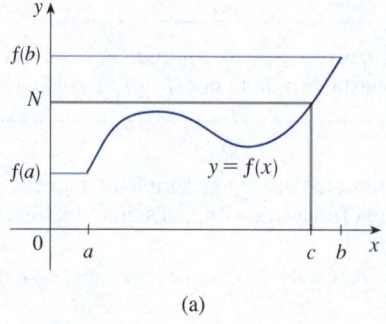

(a)

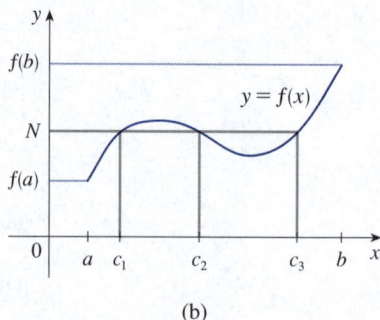

(b)

FIGURA 8

FIGURA 9

Si se piensa en una función continua como una función cuya gráfica no tiene huecos ni rupturas, entonces es fácil creer que el teorema del valor intermedio es cierto; en términos geométricos afirma que si cualquier recta horizontal $y = N$ se da entre $y = f(a)$ y $y = f(b)$ como en la figura 9, entonces la gráfica de f no puede estar por encima de la recta sino que debe intersecar $y = N$ en algún lugar.

Es importante que la función f en el teorema 10 sea continua. En general, el teorema del valor intermedio no es válido para funciones discontinuas (vea el ejercicio 52).

Una aplicación del teorema del valor intermedio es localizar soluciones de ecuaciones, como en el siguiente ejemplo.

EJEMPLO 10 Demuestre que hay una solución de la ecuación

$$4x^3 - 6x^2 + 3x - 2 = 0$$

entre 1 y 2.

SOLUCIÓN Sea $f(x) = 4x^3 - 6x^2 + 3x - 2$. Se busca una solución de la ecuación dada, es decir, un número c entre 1 y 2 tal que $f(c) = 0$. Por lo tanto, se toma $a = 1$, $b = 2$ y $N = 0$ en el teorema 10. Se tiene

$$f(1) = 4 - 6 + 3 - 2 = -1 < 0$$

y
$$f(2) = 32 - 24 + 6 - 2 = 12 > 0$$

Así, $f(1) < 0 < f(2)$; es decir, $N = 0$ es un número entre $f(1)$ y $f(2)$. La función f es continua porque es un polinomio, por lo que en el teorema del valor intermedio se sostiene que hay un número c entre 1 y 2 tal que $f(c) = 0$. En otras palabras, la ecuación $4x^3 - 6x^2 + 3x - 2 = 0$ tiene al menos una solución c en el intervalo $(1, 2)$.

De hecho, se puede localizar una solución con mayor precisión al aplicar de nuevo el teorema del valor intermedio. Debido a que

$$f(1.2) = -0.128 < 0 \qquad y \qquad f(1.3) = 0.548 > 0$$

debe encontrarse una solución entre 1.2 y 1.3. Una calculadora da, por prueba y error,

$$f(1.22) = -0.007008 < 0 \qquad y \qquad f(1.23) = 0.056068 > 0$$

así que hay una solución en el intervalo $(1.22, 1.23)$. ■

Se puede utilizar una calculadora graficadora o una computadora para ilustrar el uso del teorema del valor intermedio en el ejemplo 10. En la figura 10 se presenta la gráfica de f en el rectángulo de visión $[-1, 3]$ por $[-3, 3]$, y se aprecia que la gráfica cruza el eje x entre 1 y 2. En la figura 11 se ve el resultado del acercamiento al rectángulo de visión $[1.2, 1.3]$ por $[-0.2, 0.2]$.

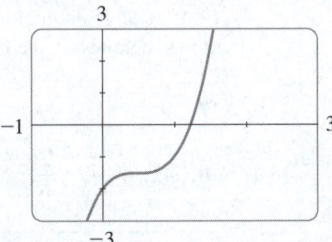

FIGURA 10

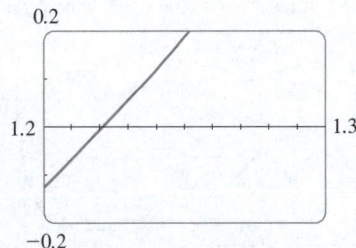

FIGURA 11

De hecho, el teorema del valor intermedio desempeña un papel importante en el funcionamiento de estos dispositivos gráficos. Una computadora calcula un número finito de puntos en la gráfica y enciende los pixeles que contienen estos puntos calculados. Asume que la función es continua y toma todos los valores intermedios entre dos puntos consecutivos; la computadora, por tanto, "conecta los puntos" activando los pixeles intermedios.

2.5 | Ejercicios

1. Escriba una ecuación que exprese que una función f es continua en el número 4.

2. Si f es continua en $(-\infty, \infty)$, ¿qué se puede decir sobre su gráfica?

3. (a) A partir de la gráfica dada de f, indique los números en los que f es discontinua y explique por qué.
   (b) En cada valor indicado en el inciso (a), determine si f es continua por la derecha, por la izquierda, o ninguna de las dos.

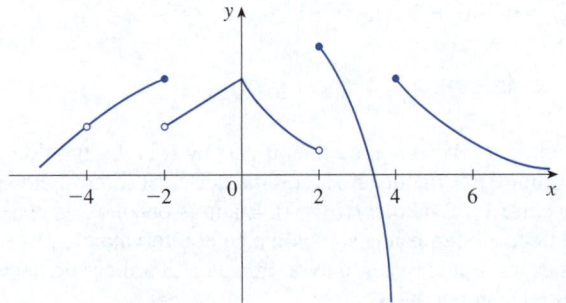

4. A partir de la gráfica dada de g, indique los números en los que g es discontinua y explique por qué.

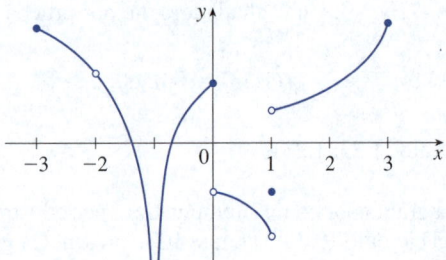

5-6 Se da la gráfica de una función f.
(a) ¿En qué valores a no existe $\lim_{x \to a} f(x)$?
(b) ¿En qué valores a no es continua f?
(c) ¿En qué valores a existe $\lim_{x \to a} f(x)$ pero f no es continua en a?

5.

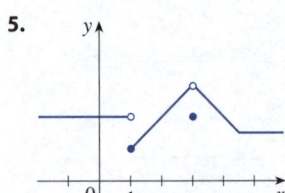

6.

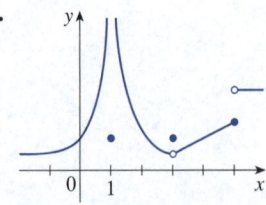

7-10 Trace la gráfica de una función f definida en $\mathbb{R}$ y que es continua excepto por las discontinuidades indicadas.

7. Discontinuidad removible en -2, discontinuidad infinita en 2.

8. Discontinuidad de salto en -3, discontinuidad removible en 4.

9. Discontinuidades en 0 y 3, pero continua por la derecha en 0 y por la izquierda en 3.

10. Continua solo por la izquierda en -1, no continua por la izquierda o por la derecha en 3.

11. El peaje T por conducir en un determinado tramo de una autopista es \$5 excepto durante las horas pico (entre las 7 y las 10 a. m. y entre las 4 y las 7 p. m.), en las que el peaje es \$7.
(a) Elabore una gráfica de T como función del tiempo t, medido en horas después de medianoche.
(b) Analice las discontinuidades de esta función y su significado para quien transite por esta carretera.

12. Explique por qué cada función es continua o discontinua.
(a) La temperatura en un lugar específico como una función del tiempo.
(b) La temperatura en una hora específica como una función de la distancia directamente al oeste de la ciudad de Nueva York.
(c) La altitud sobre el nivel del mar como una función de la distancia en dirección oeste de la ciudad de Nueva York.
(d) El costo de un viaje en taxi como una función de la distancia recorrida.
(e) La corriente en el circuito de luces en una habitación como una función del tiempo.

13-16 Con la definición de continuidad y las propiedades de los límites muestre que la función es continua en el número dado a.

13. $f(x) = 3x^2 + (x + 2)^5, \quad a = -1$

14. $g(t) = \dfrac{t^2 + 5t}{2t + 1}, \quad a = 2$

15. $p(v) = 2\sqrt{3v^2 + 1}, \quad a = 1$

16. $f(r) = \sqrt[3]{4r^2 - 2r + 7}, \quad a = -2$

17-18 Con la definición de continuidad y las propiedades de los límites demuestre que la función es continua en el intervalo dado.

17. $f(x) = x + \sqrt{x - 4}, \quad [4, \infty)$

18. $g(x) = \dfrac{x - 1}{3x + 6}, \quad (-\infty, -2)$

19-24 Explique por qué la función es discontinua en el valor dado a. Trace la gráfica de la función.

19. $f(x) = \dfrac{1}{x + 2}$ \hspace{2cm} $a = -2$

20. $f(x) = \begin{cases} \dfrac{1}{x + 2} & \text{si } x \neq -2 \\ 1 & \text{si } x = -2 \end{cases}$ \hspace{1cm} $a = -2$

21. $f(x) = \begin{cases} x + 3 & \text{si } x \leq -1 \\ 2^x & \text{si } x > -1 \end{cases}$ $\quad a = -1$

22. $f(x) = \begin{cases} \dfrac{x^2 - x}{x^2 - 1} & \text{si } x \neq 1 \\ 1 & \text{si } x = 1 \end{cases}$ $\quad a = 1$

23. $f(x) = \begin{cases} \cos x & \text{si } x < 0 \\ 0 & \text{si } x = 0 \\ 1 - x^2 & \text{si } x > 0 \end{cases}$ $\quad a = 0$

24. $f(x) = \begin{cases} \dfrac{2x^2 - 5x - 3}{x - 3} & \text{si } x \neq 3 \\ 6 & \text{si } x = 3 \end{cases}$ $\quad a = 3$

25-26
(a) Demuestre que f tiene una discontinuidad removible en $x = 3$.
(b) Redefina $f(3)$ de forma que f sea continua en $x = 3$ (y por ende se "retire" la discontinuidad).

25. $f(x) = \dfrac{x - 3}{x^2 - 9}$ **26.** $f(x) = \dfrac{x^2 - 7x + 12}{x - 3}$

27-34 Explique, con los teoremas 4, 5, 7 y 9, por qué la función es continua en todo número de su dominio. Indique el dominio.

27. $f(x) = \dfrac{x^2}{\sqrt{x^4 + 2}}$ **28.** $g(v) = \dfrac{3v - 1}{v^2 + 2v - 15}$

29. $h(t) = \dfrac{\cos(t^2)}{1 - e^t}$

30. $B(u) = \sqrt{3u - 2} + \sqrt[3]{2u - 3}$

31. $L(v) = v \ln(1 - v^2)$ **32.** $f(t) = e^{-t^2} \ln(1 + t^2)$

33. $M(x) = \sqrt{1 + \dfrac{1}{x}}$ **34.** $g(t) = \cos^{-1}(e^t - 1)$

35-38 Utilice la continuidad para evaluar el límite.

35. $\lim\limits_{x \to 2} x\sqrt{20 - x^2}$ **36.** $\lim\limits_{\theta \to \pi/2} \text{sen}(\tan(\cos \theta))$

37. $\lim\limits_{x \to 1} \ln\left(\dfrac{5 - x^2}{1 + x}\right)$ **38.** $\lim\limits_{x \to 4} 3^{\sqrt{x^2 - 2x - 4}}$

39-40 Localice las discontinuidades de la función e ilústrelas con gráficas.

39. $f(x) = \dfrac{1}{\sqrt{1 - \text{sen } x}}$ **40.** $y = \arctan \dfrac{1}{x}$

41-42 Demuestre que f es continua en $(-\infty, \infty)$.

41. $f(x) = \begin{cases} 1 - x^2 & \text{si } x \leq 1 \\ \ln x & \text{si } x > 1 \end{cases}$

42. $f(x) = \begin{cases} \text{sen } x & \text{si } x < \pi/4 \\ \cos x & \text{si } x \geq \pi/4 \end{cases}$

43-45 Encuentre los valores en los que f es discontinua. ¿En cuál de estos valores es f continua de la derecha, de la izquierda, o ninguna de las dos? Trace la gráfica de f.

43. $f(x) = \begin{cases} x^2 & \text{si } x < -1 \\ x & \text{si } -1 \leq x < 1 \\ 1/x & \text{si } x \geq 1 \end{cases}$

44. $f(x) = \begin{cases} 2^x & \text{si } x \leq 1 \\ 3 - x & \text{si } 1 < x \leq 4 \\ \sqrt{x} & \text{si } x > 4 \end{cases}$

45. $f(x) = \begin{cases} x + 2 & \text{si } x < 0 \\ e^x & \text{si } 0 \leq x \leq 1 \\ 2 - x & \text{si } x > 1 \end{cases}$

46. La fuerza gravitacional ejercida por el planeta Tierra sobre una masa unitaria a una distancia r del centro del planeta es

$$F(r) = \begin{cases} \dfrac{GMr}{R^3} & \text{si } r < R \\ \dfrac{GM}{r^2} & \text{si } r \geq R \end{cases}$$

donde M es la masa de la Tierra, R es su radio y G es la constante gravitacional. ¿Es F una función continua de r?

47. ¿Para qué valor de la constante c es continua la función f en $(-\infty, \infty)$?

$$f(x) = \begin{cases} cx^2 + 2x & \text{si } x < 2 \\ x^3 - cx & \text{si } x \geq 2 \end{cases}$$

48. Busque los valores de a y b que hacen que f sea continua en todas partes.

$$f(x) = \begin{cases} \dfrac{x^2 - 4}{x - 2} & \text{si } x < 2 \\ ax^2 - bx + 3 & \text{si } 2 \leq x < 3 \\ 2x - a + b & \text{si } x \geq 3 \end{cases}$$

49. Suponga que f y g son funciones continuas tales que $g(2) = 6$ y $\lim\limits_{x \to 2}[3f(x) + f(x)g(x)] = 36$. Halle $f(2)$.

50. Sea $f(x) = 1/x$ y $g(x) = 1/x^2$.
(a) Determine $(f \circ g)(x)$.
(b) ¿Es $f \circ g$ continua en todas partes? Explique.

51. ¿Cuál de las siguientes funciones f tiene una discontinuidad removible en a? Si la discontinuidad es removible, halle una función g que concuerde con f para $x \neq a$ y sea continua en a.

(a) $f(x) = \dfrac{x^4 - 1}{x - 1}, \quad a = 1$

(b) $f(x) = \dfrac{x^3 - x^2 - 2x}{x - 2}, \quad a = 2$

(c) $f(x) = [\![\operatorname{sen} x]\!], \quad a = \pi$

52. Suponga que una función f es continua en $[0, 1]$ excepto en 0.25 y que $f(0) = 1$ y $f(1) = 3$. Sea $N = 2$. Trace dos posibles gráficas de f: una que muestre que f tal vez no satisface la conclusión del teorema del valor intermedio y otra que muestre que f todavía podría satisfacer la conclusión del teorema del valor intermedio (aunque no satisfaga la hipótesis).

53. Si $f(x) = x^2 + 10 \operatorname{sen} x$, muestre que hay un número c tal que $f(c) = 1\,000$.

54. Suponga que f es continua en $[1, 5]$ y las únicas soluciones de la ecuación $f(x) = 6$ son $x = 1$ y $x = 4$. Si $f(2) = 8$, explique por qué $f(3) > 6$.

55-58 Con el teorema del valor intermedio muestre que hay una solución de la ecuación dada en el intervalo especificado.

55. $-x^3 + 4x + 1 = 0, \quad (-1, 0)$

56. $\ln x = x - \sqrt{x}, \quad (2, 3)$

57. $e^x = 3 - 2x, \quad (0, 1)$ **58.** $\operatorname{sen} x = x^2 - x, \quad (1, 2)$

59-60

(a) Demuestre que la ecuación tiene al menos una solución real.

(b) Con una calculadora encuentre un intervalo de longitud 0.01 que contenga una solución.

59. $\cos x = x^3$ **60.** $\ln x = 3 - 2x$

61-62

(a) Demuestre que la ecuación tiene al menos una solución real.

(b) Determine la solución correcta con tres decimales de precisión, mediante una gráfica.

61. $100e^{-x/100} = 0.01x^2$ **62.** $\arctan x = 1 - x$

63-64 Demuestre, sin graficar, que la gráfica de la función tiene al menos dos intersecciones x en el intervalo especificado.

63. $y = \operatorname{sen} x^3, \quad (1, 2)$ **64.** $y = x^2 - 3 + 1/x, \quad (0, 2)$

---

65. Demuestre que f es continua en a si y solo si

$$\lim_{h \to 0} f(a + h) = f(a)$$

66. Para demostrar que el seno es continuo se necesita mostrar que $\lim_{x \to a} \operatorname{sen} x = \operatorname{sen} a$ por cada número real a. Según el ejercicio 65, una declaración equivalente es que

$$\lim_{h \to 0} \operatorname{sen}(a + h) = \operatorname{sen} a$$

Muestre, con (6), que esto es cierto.

67. Demuestre que el coseno es una función continua.

68. (a) Demuestre el teorema 4, inciso 3.
(b) Demuestre el teorema 4, inciso 5.

69. Con el teorema 8 demuestre las leyes 6 y 7 de los límites de la sección 2.3.

70. ¿Existe un número que sea exactamente 1 unidad mayor que su cubo?

71. ¿Para qué valor de x es f continua?

$$f(x) = \begin{cases} 0 & \text{si } x \text{ es racional} \\ 1 & \text{si } x \text{ es irracional} \end{cases}$$

72. ¿Para qué valores de x es g continua?

$$g(x) = \begin{cases} 0 & \text{si } x \text{ es racional} \\ x & \text{si } x \text{ es irracional} \end{cases}$$

73. Demuestre que la función

$$f(x) = \begin{cases} x^4 \operatorname{sen}(1/x) & \text{si } x \neq 0 \\ 0 & \text{si } x = 0 \end{cases}$$

es continua en $(-\infty, \infty)$.

74. Si a y b son números positivos, demuestre que la ecuación

$$\frac{a}{x^3 + 2x^2 - 1} + \frac{b}{x^3 + x - 2} = 0$$

tiene al menos una solución en el intervalo $(-1, 1)$.

75. Una mujer sale de su casa a las 7:00 a. m. y toma su camino habitual a la cima de una montaña, para llegar a las 7:00 p. m. A la mañana siguiente, comienza a las 7:00 a. m. en la cima y toma el mismo camino de regreso, y llega a su casa a las 7:00 p. m. Con el teorema del valor intermedio demuestre que hay un punto en el camino que la mujer cruzará exactamente a la misma hora del día en ambos días.

76. Valor absoluto y continuidad

(a) Demuestre que la función valor absoluto $F(x) = |x|$ es continua en todas partes.

(b) Demuestre que si f es una función continua en un intervalo, entonces lo es también $|f|$.

(c) ¿Es también cierto lo contrario de la declaración del inciso (b)? En otras palabras, si $|f|$ es continua, ¿se deduce que f es continua? Si es así, demuéstrelo. Si no, encuentre un contraejemplo.

2.6 | Límites al infinito; asíntotas horizontales

En las secciones 2.2 y 2.4 se estudiaron los límites infinitos y las asíntotas verticales de una curva $y = f(x)$. Allí x se aproximaba a un número y el resultado fue que los valores de y se hicieron arbitrariamente grandes (positivos o negativos). En esta sección x aumenta arbitrariamente (positiva o negativamente) y se observa qué ocurre con y.

■ Límites al infinito y asíntotas horizontales

Se comienza por analizar el comportamiento de la función f definida por

$$f(x) = \frac{x^2 - 1}{x^2 + 1}$$

mientras aumenta x. La tabla de la izquierda contiene valores de esta función con seis decimales de precisión, y la gráfica de f en la figura 1 se elaboró con computadora.

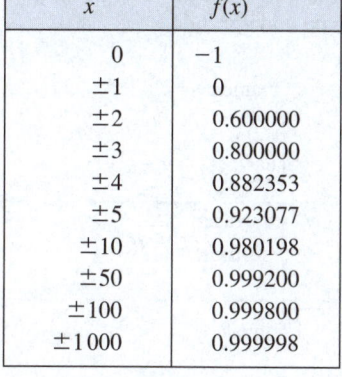

x	$f(x)$
0	-1
± 1	0
± 2	0.600000
± 3	0.800000
± 4	0.882353
± 5	0.923077
± 10	0.980198
± 50	0.999200
± 100	0.999800
± 1000	0.999998

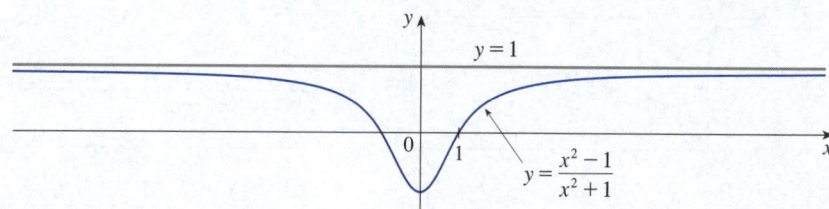

FIGURA 1

Se ve que a medida que x aumenta, los valores de $f(x)$ se acercan cada vez más a 1. (La gráfica de f se aproxima a la recta horizontal $y = 1$ mientras se observa hacia la derecha). De hecho, parece posible que los valores de $f(x)$ se acerquen tanto como se desee a 1 si se toma una x lo suficientemente grande. Esta situación se expresa simbólicamente al escribir

$$\lim_{x \to \infty} \frac{x^2 - 1}{x^2 + 1} = 1$$

Por lo general, se utiliza la notación

$$\lim_{x \to \infty} f(x) = L$$

para indicar que los valores de $f(x)$ se aproximan a L cuando x se hace cada vez más grande.

---

1   Definición intuitiva de límite al infinito   Sea f una función definida en algún intervalo (a, ∞). Entonces

$$\lim_{x \to \infty} f(x) = L$$

significa que los valores de $f(x)$ estén arbitrariamente cercanos a L al hacer que x sea lo suficientemente grande.

Otra notación para $\lim_{x \to \infty} f(x) = L$ es

$$f(x) \to L \quad \text{cuando} \quad x \to \infty$$

El símbolo ∞ no representa un número. Sin embargo, la expresión $\lim\limits_{x \to \infty} f(x) = L$ suele leerse

"el límite de $f(x)$, cuando x se aproxima a infinito, es L"

o   "el límite de $f(x)$, cuando x se vuelve infinito, es L"

o   "el límite de $f(x)$, cuando x se incrementa sin límite, es L"

El significado de tales frases proviene de la definición 1. Al final de esta sección se brinda una definición más precisa, similar a la definición de ε, δ de la sección 2.4.

En la figura 2 se presentan ilustraciones geométricas de la definición 1. Observe que hay muchas maneras de que la gráfica de f se aproxime a la recta $y = L$ (que se llama *asíntota horizontal*) cuando se ve el extremo derecho de cada gráfica.

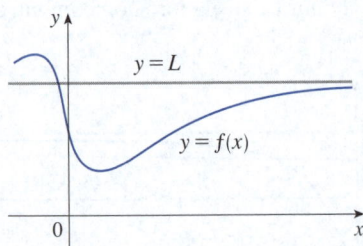 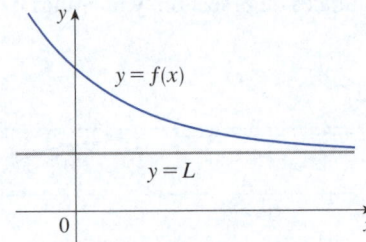 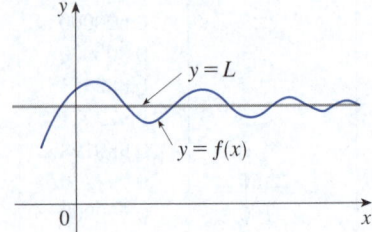

FIGURA 2 Ejemplos que ilustran $\lim\limits_{x \to \infty} f(x) = L$.

De regreso a la figura 1, se ve que con valores negativos grandes de x, los valores de $f(x)$ son cercanos a 1. Si x disminuye por los valores negativos sin límite, es posible que $f(x)$ se acerque a 1 tanto como se quiera. Esto se expresa al escribir

$$\lim\limits_{x \to -\infty} \frac{x^2 - 1}{x^2 + 1} = 1$$

Esta es la definición general.

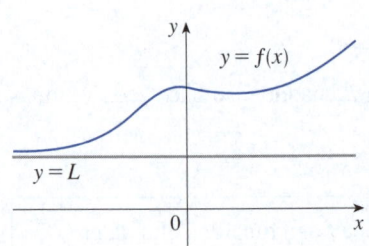

> **2** **Definición** Sea f una función definida en algún intervalo $(-\infty, a)$. Entonces
> $$\lim\limits_{x \to -\infty} f(x) = L$$
> significa que los valores de $f(x)$ estén arbitrariamente cercanos a L al requerir que x sea un valor negativo suficientemente grande.

De nuevo, el símbolo $-\infty$ no representa un número, pero la expresión $\lim\limits_{x \to -\infty} f(x) = L$ a menudo se lee

"el límite de $f(x)$, cuando x se aproxima a infinito negativo, es L".

En la figura 3 se ilustra la definición 2. Observe que la gráfica se aproxima a la recta $y = L$ cuando se ve el extremo izquierdo de cada gráfica.

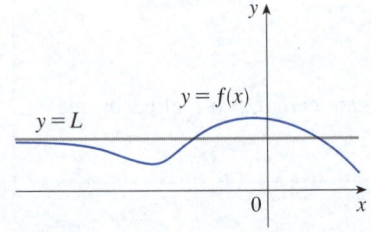

FIGURA 3
Ejemplos que ilustran $\lim\limits_{x \to -\infty} f(x) = L$.

> **3** **Definición** La recta $y = L$ se llama **asíntota horizontal** de la curva $y = f(x)$ si
> $$\lim\limits_{x \to \infty} f(x) = L \qquad \text{o} \qquad \lim\limits_{x \to -\infty} f(x) = L$$

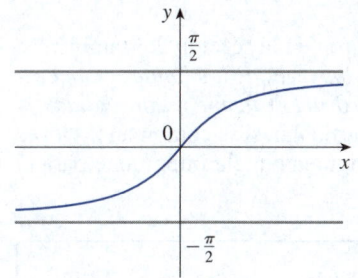

FIGURA 4
$y = \tan^{-1}x$

Por ejemplo, la curva ilustrada en la figura 1 tiene la recta $y = 1$ como asíntota horizontal porque

$$\lim_{x \to \infty} \frac{x^2 - 1}{x^2 + 1} = 1$$

Un ejemplo de curva con dos asíntotas horizontales es $y = \tan^{-1}x$ (vea la figura 4). De hecho,

$$\boxed{4} \qquad \lim_{x \to -\infty} \tan^{-1}x = -\frac{\pi}{2} \qquad \lim_{x \to \infty} \tan^{-1}x = \frac{\pi}{2}$$

por lo que ambas rectas $y = -\pi/2$ y $y = \pi/2$ son asíntotas horizontales (esto resulta del hecho de que las rectas $x = \pm\pi/2$ son asíntotas verticales de la gráfica de la función tangente).

EJEMPLO 1 Encuentre los límites infinitos, límites al infinito y asíntotas para la función f cuya gráfica se muestra en la figura 5.

SOLUCIÓN Se ve que los valores de $f(x)$ aumentan conforme $x \to -1$ por ambos lados, así que

$$\lim_{x \to -1} f(x) = \infty$$

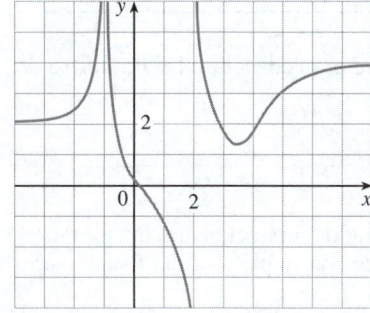

FIGURA 5

Observe que $f(x)$ se convierte en un valor grande negativo cuando x se aproxima a 2 por la izquierda, pero es positivo cuando x se aproxima a 2 por la derecha. Así,

$$\lim_{x \to 2^-} f(x) = -\infty \qquad \text{y} \qquad \lim_{x \to 2^+} f(x) = \infty$$

Por lo tanto, las dos rectas $x = -1$ y $x = 2$ son asíntotas verticales.

A medida que x crece, parece que $f(x)$ se aproxima a 4. Pero a medida que x disminuye por valores negativos, $f(x)$ se aproxima a 2. De modo que

$$\lim_{x \to \infty} f(x) = 4 \qquad \text{y} \qquad \lim_{x \to -\infty} f(x) = 2$$

Esto significa que tanto $y = 4$ como $y = 2$ son asíntotas horizontales. ∎

EJEMPLO 2 Halle $\lim_{x \to \infty} \dfrac{1}{x}$ y $\lim_{x \to -\infty} \dfrac{1}{x}$.

SOLUCIÓN Observe que cuando x es grande, $1/x$ es pequeño. Por ejemplo,

$$\frac{1}{100} = 0.01 \qquad \frac{1}{10\,000} = 0.0001 \qquad \frac{1}{1\,000\,000} = 0.000001$$

De hecho, al tomar x lo suficientemente grande, se puede acercar $1/x$ a 0 tanto como se desee. Por lo tanto, de acuerdo con la definición 1, se tiene

$$\lim_{x \to \infty} \frac{1}{x} = 0$$

Un razonamiento semejante muestra que cuando x es negativo y grande, $1/x$ es negativo y pequeño, así que también se tiene

$$\lim_{x \to -\infty} \frac{1}{x} = 0$$

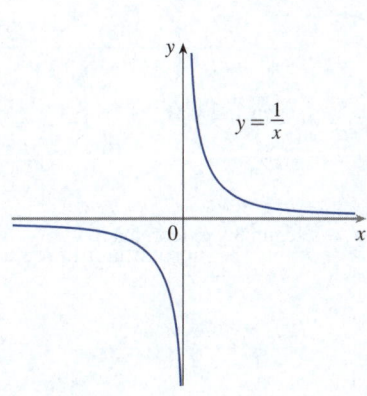

FIGURA 6
$\lim_{x \to \infty} \dfrac{1}{x} = 0$, $\lim_{x \to -\infty} \dfrac{1}{x} = 0$

Se concluye que la recta $y = 0$ (el eje x) es una asíntota horizontal de la curva $y = 1/x$. (Esta es una hipérbola; vea la figura 6). ∎

■ Evaluación de límites al infinito

La mayoría de las leyes de los límites que se presentaron en la sección 2.3 también se aplica a los límites al infinito. Puede demostrarse que *las leyes de los límites enumeradas en la sección 2.3 (con excepción de las leyes 10 y 11) también son válidas si "$x \to a$" se sustituye por "$x \to \infty$" o "$x \to -\infty$".* En particular, si se combinan las leyes 6 y 7 con los resultados del ejemplo 2 se obtiene la siguiente regla importante para el cálculo de límites.

> **⑤ Teorema** Si $r > 0$ es un número racional, entonces
> $$\lim_{x \to \infty} \frac{1}{x^r} = 0$$
> Si $r > 0$ es un número racional tal que x^r está definido para toda x, entonces
> $$\lim_{x \to -\infty} \frac{1}{x^r} = 0$$

EJEMPLO 3 Evalúe el siguiente límite e indique qué propiedades de los límites se utilizan en cada etapa.

$$\lim_{x \to \infty} \frac{3x^2 - x - 2}{5x^2 + 4x + 1}$$

SOLUCIÓN A medida que x aumenta, tanto el numerador como el denominador también lo hacen, por lo que no es evidente lo que sucede con su proporción. Es necesario un poco de álgebra básica.

Para evaluar el límite al infinito de cualquier función racional primero se divide tanto el numerador como el denominador entre la mayor potencia de x que hay en el denominador. (Puede asumirse que $x \neq 0$, pues solo interesan los valores grandes de x). En este caso la potencia más alta de x en el denominador es x^2, por lo que se tiene

$$\lim_{x \to \infty} \frac{3x^2 - x - 2}{5x^2 + 4x + 1} = \lim_{x \to \infty} \frac{\dfrac{3x^2 - x - 2}{x^2}}{\dfrac{5x^2 + 4x + 1}{x^2}} = \lim_{x \to \infty} \frac{3 - \dfrac{1}{x} - \dfrac{2}{x^2}}{5 + \dfrac{4}{x} + \dfrac{1}{x^2}}$$

$$= \frac{\lim\limits_{x \to \infty} \left(3 - \dfrac{1}{x} - \dfrac{2}{x^2} \right)}{\lim\limits_{x \to \infty} \left(5 + \dfrac{4}{x} + \dfrac{1}{x^2} \right)} \qquad \text{(según la ley 5 de los límites)}$$

$$= \frac{\lim\limits_{x \to \infty} 3 - \lim\limits_{x \to \infty} \dfrac{1}{x} - 2 \lim\limits_{x \to \infty} \dfrac{1}{x^2}}{\lim\limits_{x \to \infty} 5 + 4 \lim\limits_{x \to \infty} \dfrac{1}{x} + \lim\limits_{x \to \infty} \dfrac{1}{x^2}} \qquad \text{(según 1, 2 y 3)}$$

$$= \frac{3 - 0 - 0}{5 + 0 + 0} \qquad \text{(según 8 y el teorema 5)}$$

$$= \frac{3}{5}$$

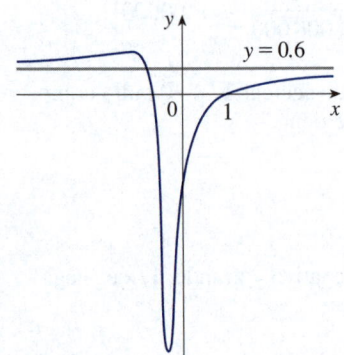

FIGURA 7
$$y = \frac{3x^2 - x - 2}{5x^2 + 4x + 1}$$

Un cálculo similar muestra que el límite conforme $x \to -\infty$ es también $\frac{3}{5}$. En la figura 7 se ilustran los resultados de estos cálculos: se ve que la gráfica de la función racional dada se aproxima a la asíntota horizontal $y = \frac{3}{5} = 0.6$. ■

EJEMPLO 4 Determine las asíntotas horizontales de la gráfica de la función

$$f(x) = \frac{\sqrt{2x^2 + 1}}{3x - 5}$$

SOLUCIÓN Al dividir tanto el numerador como el denominador entre x (que es la potencia más alta de x en el denominador) y con las propiedades de los límites, se tiene

$$\lim_{x \to \infty} \frac{\sqrt{2x^2 + 1}}{3x - 5} = \lim_{x \to \infty} \frac{\dfrac{\sqrt{2x^2 + 1}}{x}}{\dfrac{3x - 5}{x}} = \lim_{x \to \infty} \frac{\sqrt{\dfrac{2x^2 + 1}{x^2}}}{\dfrac{3x - 5}{x}} \quad \left(\text{pues } \sqrt{x^2} = x \text{ cuando } x > 0\right)$$

$$= \frac{\lim_{x \to \infty} \sqrt{2 + \dfrac{1}{x^2}}}{\lim_{x \to \infty} \left(3 - \dfrac{5}{x}\right)} = \frac{\sqrt{\lim_{x \to \infty} 2 + \lim_{x \to \infty} \dfrac{1}{x^2}}}{\lim_{x \to \infty} 3 - 5 \lim_{x \to \infty} \dfrac{1}{x}} = \frac{\sqrt{2 + 0}}{3 - 5 \cdot 0} = \frac{\sqrt{2}}{3}$$

Por lo tanto, la recta $y = \sqrt{2}/3$ es una asíntota horizontal de la gráfica de f.

Al calcular el límite conforme $x \to -\infty$ se debe recordar que cuando $x < 0$ se tiene $\sqrt{x^2} = |x| = -x$. Así, al dividir el numerador entre x, cuando $x < 0$ se obtiene

$$\frac{\sqrt{2x^2 + 1}}{x} = \frac{\sqrt{2x^2 + 1}}{-\sqrt{x^2}} = -\sqrt{\frac{2x^2 + 1}{x^2}} = -\sqrt{2 + \frac{1}{x^2}}$$

Por lo tanto

$$\lim_{x \to -\infty} \frac{\sqrt{2x^2 + 1}}{3x - 5} = \lim_{x \to -\infty} \frac{-\sqrt{2 + \dfrac{1}{x^2}}}{3 - \dfrac{5}{x}} = \frac{-\sqrt{2 + \lim_{x \to -\infty} \dfrac{1}{x^2}}}{3 - 5 \lim_{x \to -\infty} \dfrac{1}{x}} = -\frac{\sqrt{2}}{3}$$

De este modo, la recta $y = -\sqrt{2}/3$ también es una asíntota horizontal. Vea la figura 8.

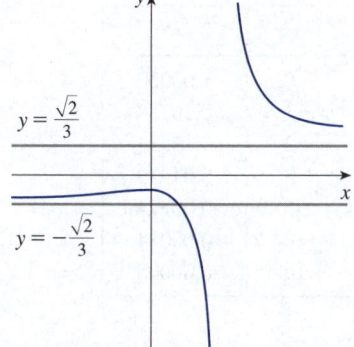

FIGURA 8

$$y = \frac{\sqrt{2x^2 + 1}}{3x - 5}$$

EJEMPLO 5 Calcule $\lim_{x \to \infty} \left(\sqrt{x^2 + 1} - x\right)$.

SOLUCIÓN Debido a que tanto $\sqrt{x^2 + 1}$ como x son grandes cuando x es grande, es difícil ver qué sucede con su diferencia, por lo que se reescribe la función mediante álgebra. Primero se multiplica el numerador y el denominador por el radical conjugado:

$$\lim_{x \to \infty} \left(\sqrt{x^2 + 1} - x\right) = \lim_{x \to \infty} \left(\sqrt{x^2 + 1} - x\right) \cdot \frac{\sqrt{x^2 + 1} + x}{\sqrt{x^2 + 1} + x}$$

$$= \lim_{x \to \infty} \frac{(x^2 + 1) - x^2}{\sqrt{x^2 + 1} + x} = \lim_{x \to \infty} \frac{1}{\sqrt{x^2 + 1} + x}$$

Observe que el denominador de esta última expresión $\left(\sqrt{x^2 + 1} + x\right)$ se vuelve tan grande como $x \to \infty$ (es más grande que x). Por ende,

$$\lim_{x \to \infty} \left(\sqrt{x^2 + 1} - x\right) = \lim_{x \to \infty} \frac{1}{\sqrt{x^2 + 1} + x} = 0$$

En la figura 9 se ilustra este resultado.

Se puede pensar que la función dada tiene un denominador igual a 1.

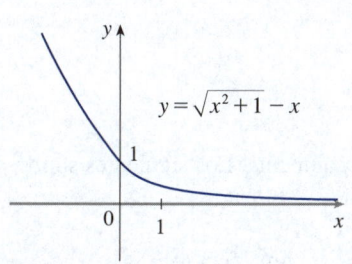

$y = \sqrt{x^2 + 1} - x$

FIGURA 9

EJEMPLO 6 Evalúe $\lim\limits_{x \to 2^+} \arctan\left(\dfrac{1}{x-2}\right)$.

SOLUCIÓN Si $t = 1/(x-2)$, se sabe que $t \to \infty$ a medida que $x \to 2^+$. Por lo tanto, según la segunda ecuación en (4), se tiene

$$\lim\limits_{x \to 2^+} \arctan\left(\dfrac{1}{x-2}\right) = \lim\limits_{t \to \infty} \arctan t = \dfrac{\pi}{2} \qquad\blacksquare$$

La gráfica de la función exponencial natural $y = e^x$ tiene la recta $y = 0$ (el eje x) como asíntota horizontal. (Lo mismo ocurre con cualquier función exponencial con base $b > 1$). De hecho, en la gráfica de la figura 10 y en la tabla de valores correspondiente se ve que

$\boxed{6}$
$$\boxed{\lim\limits_{x \to -\infty} e^x = 0}$$

Observe que los valores de e^x se aproximan a 0 muy rápido.

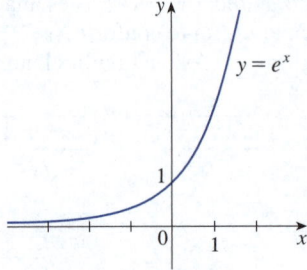

x	e^x
0	1.00000
-1	0.36788
-2	0.13534
-3	0.04979
-5	0.00674
-8	0.00034
-10	0.00005

FIGURA 10

EJEMPLO 7 Evalúe $\lim\limits_{x \to 0^-} e^{1/x}$.

SOLUCIÓN Si $t = 1/x$, se sabe que $t \to -\infty$ conforme $x \to 0^-$. Por lo tanto, según la ecuación (6),

$$\lim\limits_{x \to 0^-} e^{1/x} = \lim\limits_{t \to -\infty} e^t = 0$$

(Vea el ejercicio 81). $\qquad\blacksquare$

EJEMPLO 8 Evalúe $\lim\limits_{x \to \infty} \operatorname{sen} x$.

SOLUCIÓN A medida que x aumenta, los valores de sen x oscilan entre 1 y -1 con frecuencia infinita y, por lo tanto, no se aproximan a ningún número definido. Por lo tanto, $\lim_{x \to \infty} \operatorname{sen} x$ no existe. $\qquad\blacksquare$

■ **Límites infinitos al infinito**

Con la notación

$$\lim\limits_{x \to \infty} f(x) = \infty$$

se indica que los valores de $f(x)$ aumentan conforme x aumenta. Los siguientes símbolos tienen significados semejantes:

$$\lim\limits_{x \to -\infty} f(x) = \infty \qquad \lim\limits_{x \to \infty} f(x) = -\infty \qquad \lim\limits_{x \to -\infty} f(x) = -\infty$$

RP La estrategia para la resolución de problemas para los ejemplos 6 y 7 es *Introduzca algo adicional* (vea "Principios para la resolución de problemas", que se presenta después del capítulo 1). Aquí lo *adicional*, es la ayuda auxiliar al introducir una nueva variable t.

EJEMPLO 9 Encuentre $\lim\limits_{x\to\infty} x^3$ y $\lim\limits_{x\to-\infty} x^3$.

SOLUCIÓN Cuando x aumenta, también lo hace x^3. Por ejemplo,

$$10^3 = 1\,000 \qquad 100^3 = 1\,000\,000 \qquad 1\,000^3 = 1\,000\,000\,000$$

De hecho, se puede aumentar x^3 tanto como se desee al requerir que x sea lo suficientemente grande. Por lo tanto, se puede escribir

$$\lim\limits_{x\to\infty} x^3 = \infty$$

De igual manera, cuando x es un valor negativo grande, también lo es x^3. Por lo tanto,

$$\lim\limits_{x\to-\infty} x^3 = -\infty$$

Estos límites también se ven en la gráfica de $y = x^3$ de la figura 11. ∎

Al ver la figura 10 se aprecia que

$$\lim\limits_{x\to\infty} e^x = \infty$$

pero, como se muestra en la figura 12, $y = e^x$ aumenta conforme $x \to \infty$ a una velocidad mucho mayor que $y = x^3$.

EJEMPLO 10 Determine $\lim\limits_{x\to\infty} (x^2 - x)$.

SOLUCIÓN La ley 2 de los límites indica que el límite de una diferencia es la diferencia de los límites, siempre que estos límites existan. Aquí no es útil la ley 2 porque

$$\lim\limits_{x\to\infty} x^2 = \infty \qquad y \qquad \lim\limits_{x\to\infty} x = \infty$$

⊘ Por lo general, las leyes de los límites no se aplican a límites infinitos porque ∞ no es un número ($\infty - \infty$ no se puede definir). Sin embargo, *sí se puede* escribir

$$\lim\limits_{x\to\infty} (x^2 - x) = \lim\limits_{x\to\infty} x(x - 1) = \infty$$

porque tanto x como $x - 1$ aumentan arbitrariamente y también su producto. ∎

EJEMPLO 11 Determine $\lim\limits_{x\to\infty} \dfrac{x^2 + x}{3 - x}$.

SOLUCIÓN Como en el ejemplo 3, se divide el numerador y el denominador entre la potencia más alta de x en el denominador, que es simplemente x:

$$\lim\limits_{x\to\infty} \frac{x^2 + x}{3 - x} = \lim\limits_{x\to\infty} \frac{x + 1}{\dfrac{3}{x} - 1} = -\infty$$

porque $x + 1 \to \infty$ y $3/x - 1 \to 0 - 1 = -1$ conforme $x \to \infty$. ∎

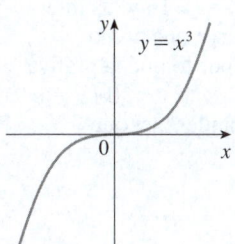

FIGURA 11
$\lim\limits_{x\to\infty} x^3 = \infty$, $\lim\limits_{x\to-\infty} x^3 = -\infty$

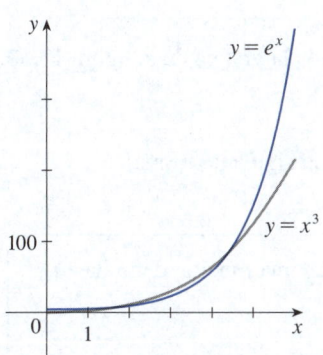

FIGURA 12
e^x es mucho más grande que x^3
cuando x es grande.

En el siguiente ejemplo se muestra que con límites infinitos al infinito, junto con intersecciones, es posible darse una idea aproximada de la gráfica de un polinomio sin tener que trazar un gran número de puntos.

EJEMPLO 12 Trace la gráfica de $y = (x - 2)^4(x + 1)^3(x - 1)$ determinando sus intersecciones y sus límites conforme $x \rightarrow \infty$ y $x \rightarrow -\infty$.

SOLUCIÓN La intersección con el eje y es $f(0) = (-2)^4(1)^3(-1) = -16$ y las intersecciones con el eje x ocurren cuando $y = 0$: $x = 2, -1, 1$. Observe que como $(x - 2)^4$ nunca es negativo, la función no cambia de signo en 2, por lo que la gráfica no cruza el eje x en 2. La gráfica cruza el eje en -1 y 1.

Cuando x es un valor grande positivo, los tres factores son grandes, así que

$$\lim_{x \to \infty} (x - 2)^4(x + 1)^3(x - 1) = \infty$$

Cuando x es un valor grande y negativo, el primer factor es grande y positivo, y el segundo y tercer factores son ambos grandes negativos, así que

$$\lim_{x \to -\infty} (x - 2)^4(x + 1)^3(x - 1) = \infty$$

Al combinar esta información, se aprecia a grandes rasgos la gráfica de la figura 13. ∎

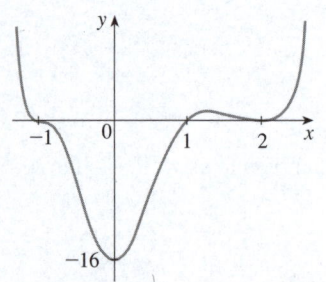

FIGURA 13
$y = (x - 2)^4(x + 1)^3(x - 1)$

■ **Definiciones precisas**

La definición 1 se puede enunciar de manera precisa de la siguiente forma.

---

7 **Definición precisa de un límite al infinito** Sea f una función definida en algún intervalo (a, ∞). Entonces

$$\lim_{x \to \infty} f(x) = L$$

significa que para cada $\varepsilon > 0$ hay un número N correspondiente tal que

$$\text{si} \quad x > N \quad \text{entonces} \quad |f(x) - L| < \varepsilon$$

Esto indica que los valores de $f(x)$ pueden estar arbitrariamente cercanos a L (dentro de una distancia ε, donde ε es cualquier número positivo) al requerir que x sea lo suficientemente grande (más grande que N, donde N depende de ε). Gráficamente, indica que al mantener x lo suficientemente grande (más grande que algún número N) es posible hacer que la gráfica de f se ubique entre las rectas horizontales dadas $y = L - \varepsilon$ y $y = L + \varepsilon$, como en la figura 14. Esto debe ser cierto no importa qué tan pequeño sea el valor de ε.

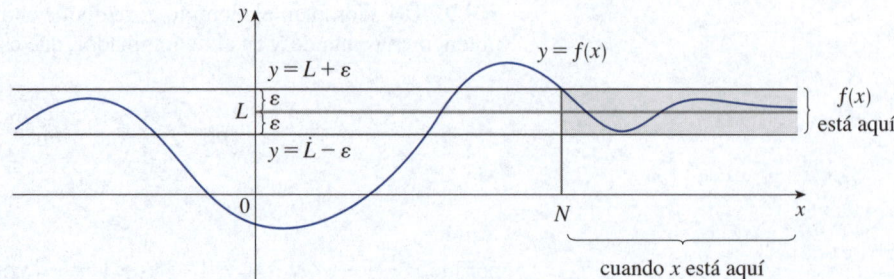

FIGURA 14

$\lim_{x \to \infty} f(x) = L$

En la figura 15 se muestra que si se elige un valor menor de ε, entonces tal vez se requiera un valor mayor de N.

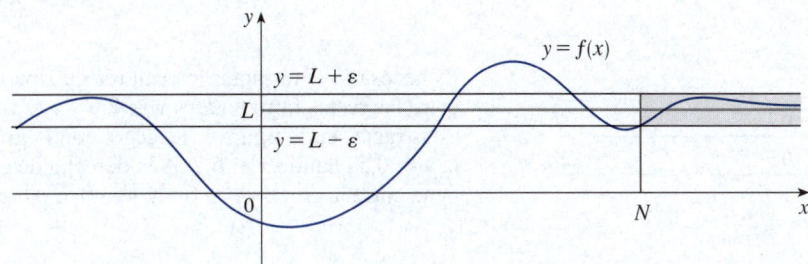

FIGURA 15
$$\lim_{x \to \infty} f(x) = L$$

De igual manera, una versión precisa de la definición 2 proviene de la definición 8, que se ilustra en la figura 16.

> **8 Definición** Sea f una función definida en algún intervalo $(-\infty, a)$. Entonces
>
> $$\lim_{x \to -\infty} f(x) = L$$
>
> significa que para cada $\varepsilon > 0$ hay un número N correspondiente tal que
>
> $$\text{si} \quad x < N \quad \text{entonces} \quad |f(x) - L| < \varepsilon$$

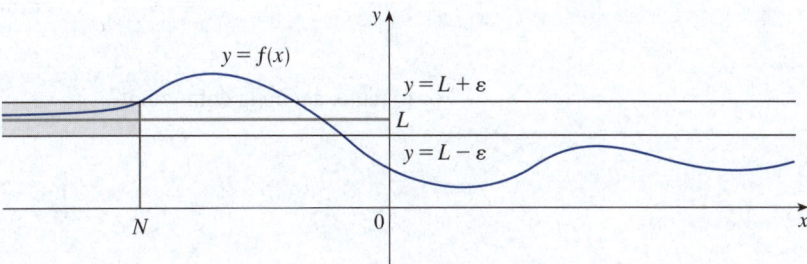

FIGURA 16
$$\lim_{x \to -\infty} f(x) = L$$

En el ejemplo 3 se calculó que

$$\lim_{x \to \infty} \frac{3x^2 - x - 2}{5x^2 + 4x + 1} = \frac{3}{5}$$

En el siguiente ejemplo se usa una calculadora (o computadora) para relacionar este enunciado con la definición $L = \frac{3}{5} = 0.6$ y $\varepsilon = 0.1$.

EJEMPLO 13 Encuentre, con una gráfica, un número N tal que

$$\text{si} \quad x > N \quad \text{entonces} \quad \left| \frac{3x^2 - x - 2}{5x^2 + 4x + 1} - 0.6 \right| < 0.1$$

SOLUCIÓN Se reescribe la desigualdad dada como

$$0.5 < \frac{3x^2 - x - 2}{5x^2 + 4x + 1} < 0.7$$

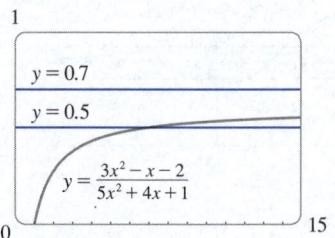

FIGURA 17

Es necesario determinar los valores de x para los cuales la curva dada se encuentre entre las rectas horizontales $y = 0.5$ y $y = 0.7$. De modo que se grafican la curva y estas rectas en la figura 17. Luego, con la gráfica, se calcula que la curva cruza la recta $y = 0.5$ cuando $x \approx 6.7$. A la derecha de este número parece que la curva se mantiene entre las rectas $y = 0.5$ y $y = 0.7$. Al redondear puede afirmarse que

$$\text{si} \quad x > 7 \quad \text{entonces} \quad \left| \frac{3x^2 - x - 2}{5x^2 + 4x + 1} - 0.6 \right| < 0.1$$

En otras palabras, para $\varepsilon = 0.1$ se puede elegir $N = 7$ (o cualquier número mayor) en la definición 7. ∎

EJEMPLO 14 Demuestre con la definición 7 que $\displaystyle\lim_{x \to \infty} \frac{1}{x} = 0$.

SOLUCIÓN Dado $\varepsilon > 0$, se desea encontrar N tal que

$$\text{si} \quad x > N \quad \text{entonces} \quad \left| \frac{1}{x} - 0 \right| < \varepsilon$$

Al calcular el límite se puede suponer que $x > 0$. Entonces $1/x < \varepsilon \iff x > 1/\varepsilon$. Se elige $N = 1/\varepsilon$. Así,

$$\text{si} \quad x > N = \frac{1}{\varepsilon} \quad \text{entonces} \quad \left| \frac{1}{x} - 0 \right| = \frac{1}{x} < \varepsilon$$

Por lo tanto, según la definición 7,

$$\lim_{x \to \infty} \frac{1}{x} = 0$$

En la figura 18 se ilustra la demostración con algunos valores de ε y los valores correspondientes de N.

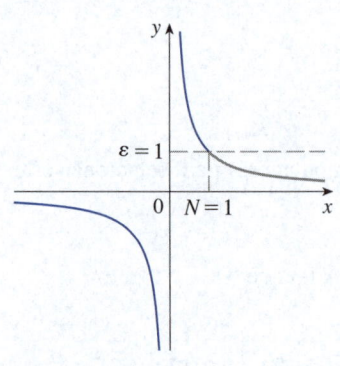
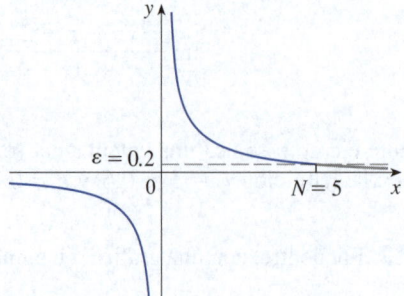
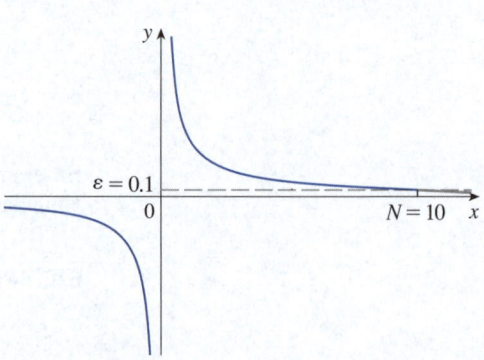

FIGURA 18 ∎

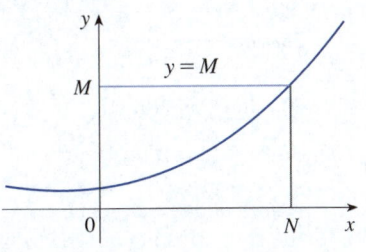

FIGURA 19

$$\lim_{x \to \infty} f(x) = \infty$$

Por último, se observa que un límite infinito al infinito se define de la siguiente manera. En la figura 19 se presenta la ilustración geométrica.

---

9 **Definición precisa de un límite infinito al infinito** Sea *f* una función definida en algún intervalo (a, ∞). Entonces

$$\lim_{x \to \infty} f(x) = \infty$$

significa que para cada número positivo *M* hay un número positivo *N* correspondiente tal que

$$\text{si} \quad x > N \quad \text{entonces} \quad f(x) > M$$

Son válidas las definiciones semejantes cuando se sustituye el símbolo ∞ por $-\infty$ (vea el ejercicio 80).

2.6 | Ejercicios

1. Explique con sus propias palabras el significado de los siguientes puntos.

(a) $\lim\limits_{x \to \infty} f(x) = 5$ (b) $\lim\limits_{x \to -\infty} f(x) = 3$

2. (a) ¿Puede la gráfica de $y = f(x)$ cruzar una asíntota vertical? ¿Puede cruzar una asíntota horizontal? Ilústrelo mediante gráficas.

(b) ¿Cuántas asíntotas horizontales puede tener la gráfica de $y = f(x)$? Ilustre las posibilidades con gráficas.

3. Para la función *f* cuya gráfica se da, indique lo siguiente.

(a) $\lim\limits_{x \to \infty} f(x)$ (b) $\lim\limits_{x \to -\infty} f(x)$

(c) $\lim\limits_{x \to 1} f(x)$ (d) $\lim\limits_{x \to 3} f(x)$

(e) Las ecuaciones de las asíntotas.

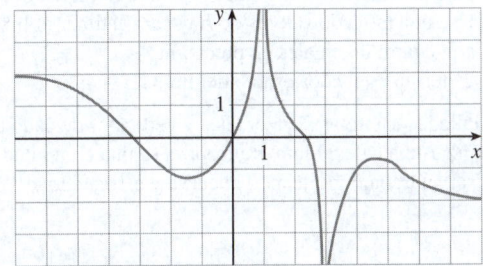

4. Para la función *g* cuya gráfica se da, indique lo siguiente.

(a) $\lim\limits_{x \to \infty} g(x)$ (b) $\lim\limits_{x \to -\infty} g(x)$

(c) $\lim\limits_{x \to 0} g(x)$ (d) $\lim\limits_{x \to 2^-} g(x)$

(e) $\lim\limits_{x \to 2^+} g(x)$ (f) Las ecuaciones de las asíntotas.

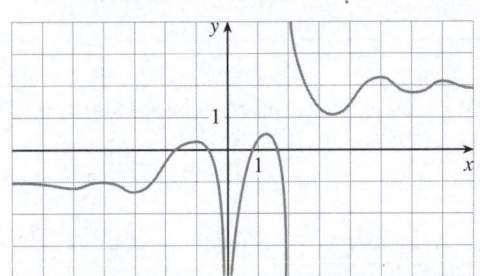

5-10 Trace la gráfica de un ejemplo de una función *f* que satisfaga todas las condiciones dadas.

5. $f(2) = 4, \quad f(-2) = -4, \quad \lim\limits_{x \to -\infty} f(x) = 0, \quad \lim\limits_{x \to \infty} f(x) = 2$

6. $f(0) = 0, \quad \lim\limits_{x \to 1^-} f(x) = \infty, \quad \lim\limits_{x \to 1^+} f(x) = -\infty,$

$\lim\limits_{x \to -\infty} f(x) = -2, \quad \lim\limits_{x \to \infty} f(x) = -2$

7. $\lim\limits_{x \to 0} f(x) = \infty, \quad \lim\limits_{x \to 3^-} f(x) = -\infty, \quad \lim\limits_{x \to 3^+} f(x) = \infty,$

$\lim\limits_{x \to -\infty} f(x) = 1, \quad \lim\limits_{x \to \infty} f(x) = -1$

8. $\lim\limits_{x \to -\infty} f(x) = -\infty, \quad \lim\limits_{x \to -2^-} f(x) = \infty, \quad \lim\limits_{x \to -2^+} f(x) = -\infty,$

$\lim\limits_{x \to 2} f(x) = \infty, \quad \lim\limits_{x \to \infty} f(x) = \infty$

9. $f(0) = 0, \quad \lim\limits_{x \to 1} f(x) = -\infty, \quad \lim\limits_{x \to \infty} f(x) = -\infty, \quad f$ es impar

10. $\lim\limits_{x \to -\infty} f(x) = -1, \quad \lim\limits_{x \to 0^-} f(x) = \infty, \quad \lim\limits_{x \to 0^+} f(x) = -\infty,$

$\lim\limits_{x \to 3^-} f(x) = 1, \quad f(3) = 4, \quad \lim\limits_{x \to 3^+} f(x) = 4, \quad \lim\limits_{x \to \infty} f(x) = 1$

11. Estime el valor del límite

$$\lim_{x \to \infty} \frac{x^2}{2^x}$$

evaluando la función $f(x) = x^2/2^x$ para $x = 0, 1, 2, 3, 4, 5, 6,$ $7, 8, 9, 10, 20, 50$ y 100. Después, ilustre su estimación con una gráfica de f.

12. (a) Utilice la gráfica de

$$f(x) = \left(1 - \frac{2}{x}\right)^x$$

para estimar el valor de $\lim_{x \to \infty} f(x)$ con dos decimales de precisión.
(b) Calcule, con una tabla de valores de $f(x)$, el límite con cuatro decimales de precisión.

13-14 Evalúe el límite y justifique cada paso indicando las propiedades adecuadas de los límites.

13. $\lim_{x \to \infty} \dfrac{2x^2 - 7}{5x^2 + x - 3}$ **14.** $\lim_{x \to \infty} \sqrt{\dfrac{9x^3 + 8x - 4}{3 - 5x + x^3}}$

15-42 Determine el límite o muestre que no existe.

15. $\lim_{x \to \infty} \dfrac{4x + 3}{5x - 1}$ **16.** $\lim_{x \to \infty} \dfrac{-2}{3x + 7}$

17. $\lim_{t \to -\infty} \dfrac{3t^2 + t}{t^3 - 4t + 1}$ **18.** $\lim_{t \to -\infty} \dfrac{6t^2 + t - 5}{9 - 2t^2}$

19. $\lim_{r \to \infty} \dfrac{r - r^3}{2 - r^2 + 3r^3}$ **20.** $\lim_{x \to \infty} \dfrac{3x^3 - 8x + 2}{4x^3 - 5x^2 - 2}$

21. $\lim_{x \to \infty} \dfrac{4 - \sqrt{x}}{2 + \sqrt{x}}$ **22.** $\lim_{u \to -\infty} \dfrac{(u^2 + 1)(2u^2 - 1)}{(u^2 + 2)^2}$

23. $\lim_{x \to \infty} \dfrac{\sqrt{x + 3x^2}}{4x - 1}$ **24.** $\lim_{t \to \infty} \dfrac{t + 3}{\sqrt{2t^2 - 1}}$

25. $\lim_{x \to \infty} \dfrac{\sqrt{1 + 4x^6}}{2 - x^3}$ **26.** $\lim_{x \to -\infty} \dfrac{\sqrt{1 + 4x^6}}{2 - x^3}$

27. $\lim_{x \to -\infty} \dfrac{2x^5 - x}{x^4 + 3}$ **28.** $\lim_{q \to \infty} \dfrac{q^3 + 6q - 4}{4q^2 - 3q + 3}$

29. $\lim_{t \to \infty} \left(\sqrt{25t^2 + 2} - 5t\right)$ **30.** $\lim_{x \to -\infty} \left(\sqrt{4x^2 + 3x} + 2x\right)$

31. $\lim_{x \to \infty} \left(\sqrt{x^2 + ax} - \sqrt{x^2 + bx}\right)$

32. $\lim_{x \to \infty} \left(x - \sqrt{x}\right)$

33. $\lim_{x \to -\infty} (x^2 + 2x^7)$ **34.** $\lim_{x \to \infty} (e^{-x} + 2\cos 3x)$

35. $\lim_{x \to \infty} (e^{-2x} \cos x)$ **36.** $\lim_{x \to \infty} \dfrac{\text{sen}^2 x}{x^2 + 1}$

37. $\lim_{x \to \infty} \dfrac{1 - e^x}{1 + 2e^x}$ **38.** $\lim_{x \to \infty} \dfrac{e^{3x} - e^{-3x}}{e^{3x} + e^{-3x}}$

39. $\lim_{x \to (\pi/2)^+} e^{\sec x}$ **40.** $\lim_{x \to 0^+} \tan^{-1}(\ln x)$

41. $\lim_{x \to \infty} [\ln(1 + x^2) - \ln(1 + x)]$

42. $\lim_{x \to \infty} [\ln(2 + x) - \ln(1 + x)]$

43. (a) Para $f(x) = \dfrac{x}{\ln x}$ halle cada uno de los siguientes límites.

(i) $\lim_{x \to 0^+} f(x)$ (ii) $\lim_{x \to 1^-} f(x)$ (iii) $\lim_{x \to 1^+} f(x)$

(b) Calcule, con una tabla de valores, $\lim_{x \to \infty} f(x)$.
(c) Con los datos de los incisos (a) y (b) trace una gráfica aproximada de f.

44. (a) Para $f(x) = \dfrac{2}{x} - \dfrac{1}{\ln x}$, determine cada uno de los siguientes límites.

(i) $\lim_{x \to \infty} f(x)$ (ii) $\lim_{x \to 0^+} f(x)$

(iii) $\lim_{x \to 1^-} f(x)$ (iv) $\lim_{x \to 1^+} f(x)$

(b) Con los datos del inciso (a) trace una gráfica aproximada de f.

45. (a) Calcule el valor de

$$\lim_{x \to -\infty} \left(\sqrt{x^2 + x + 1} + x\right)$$

graficando la función $f(x) = \sqrt{x^2 + x + 1} + x$.
(b) Utilice una tabla de valores de $f(x)$ para estimar el valor del límite.
(c) Demuestre que su estimación es correcta.

46. (a) Utilice una gráfica de

$$f(x) = \sqrt{3x^2 + 8x + 6} - \sqrt{3x^2 + 3x + 1}$$

para estimar el valor de $\lim_{x \to \infty} f(x)$ con un decimal.
(b) Use una tabla de valores de $f(x)$ para estimar el límite con cuatro decimales de precisión.
(c) Determine el valor exacto del límite.

47-52 Halle las asíntotas horizontales y verticales de cada curva. Puede utilizar una calculadora graficadora (o una computadora) para revisar su trabajo graficando la curva y estimando las asíntotas.

47. $y = \dfrac{5 + 4x}{x + 3}$ **48.** $y = \dfrac{2x^2 + 1}{3x^2 + 2x - 1}$

49. $y = \dfrac{2x^2 + x - 1}{x^2 + x - 2}$ **50.** $y = \dfrac{1 + x^4}{x^2 - x^4}$

51. $y = \dfrac{x^3 - x}{x^2 - 6x + 5}$ **52.** $y = \dfrac{2e^x}{e^x - 5}$

53. Estime la asíntota horizontal de la función

$$f(x) = \frac{3x^3 + 500x^2}{x^3 + 500x^2 + 100x + 2000}$$

graficando f para $-10 \leqslant x \leqslant 10$. Luego calcule la ecuación de la asíntota evaluando el límite. ¿Cómo explica la discrepancia?

54. (a) Grafique la función

$$f(x) = \frac{\sqrt{2x^2 + 1}}{3x - 5}$$

¿Cuántas asíntotas horizontales y verticales se observan? Utilice la gráfica para estimar los valores de los límites

$$\lim_{x \to \infty} \frac{\sqrt{2x^2 + 1}}{3x - 5} \quad \text{y} \quad \lim_{x \to -\infty} \frac{\sqrt{2x^2 + 1}}{3x - 5}$$

(b) Al calcular valores de $f(x)$, estime los valores de los límites en el inciso (a).

(c) Calcule los valores exactos de los límites en el inciso (a). ¿Obtuvo el mismo valor o diferentes valores para estos dos límites? [Con base en su respuesta al inciso (a), es posible que tenga que revisar sus cálculos para el segundo límite].

55. Sean P y Q polinomios. Determine

$$\lim_{x \to \infty} \frac{P(x)}{Q(x)}$$

si el grado de P es (a) menor que el grado de Q y (b) mayor que el grado de Q.

56. Trace una gráfica aproximada de la curva $y = x^n$ (n es un entero) para los siguientes cinco casos:

    (i) $n = 0$ (ii) $n > 0$, n impar
    (iii) $n > 0$, n par   (iv) $n < 0$, n impar
    (v) $n < 0$, n par

Luego utilice las gráficas para encontrar los siguientes límites.

(a) $\lim\limits_{x \to 0^+} x^n$ (b) $\lim\limits_{x \to 0^-} x^n$

(c) $\lim\limits_{x \to \infty} x^n$ (d) $\lim\limits_{x \to -\infty} x^n$

57. Halle una fórmula para una función f que satisfaga las siguientes condiciones:

$$\lim_{x \to \pm\infty} f(x) = 0, \quad \lim_{x \to 0} f(x) = -\infty, \quad f(2) = 0,$$

$$\lim_{x \to 3^-} f(x) = \infty, \quad \lim_{x \to 3^+} f(x) = -\infty$$

58. Encuentre una fórmula para una función f que tenga asíntotas verticales $x = 1$ y $x = 3$, y asíntota horizontal $y = 1$.

59. Una función f es una relación de funciones cuadráticas y tiene una asíntota vertical $x = 4$ y solo una intersección en $x = 1$. Se sabe que f tiene una discontinuidad removible en $x = -1$ y $\lim_{x \to -1} f(x) = 2$. Evalúe

(a) $f(0)$ (b) $\lim\limits_{x \to \infty} f(x)$

60-64 Encuentre los límites conforme $x \to \infty$ y $x \to -\infty$. Con esta información, junto con las intersecciones, elabore una gráfica aproximada como en el ejemplo 12.

60. $y = 2x^3 - x^4$ **61.** $y = x^4 - x^6$

62. $y = x^3(x + 2)^2(x - 1)$

63. $y = (3 - x)(1 + x)^2(1 - x)^4$

64. $y = x^2(x^2 - 1)^2(x + 2)$

---

65. (a) Con el teorema de la compresión evalúe $\lim\limits_{x \to \infty} \dfrac{\text{sen } x}{x}$.

    (b) Grafique $f(x) = (\text{sen } x)/x$. ¿Cuántas veces cruza la gráfica la asíntota?

66. Comportamiento final de una función Con el término *comportamiento final de una función* se hace referencia al comportamiento de sus valores conforme $x \to \infty$ y $x \to -\infty$.

(a) Describa y compare el comportamiento final de las funciones

$$P(x) = 3x^5 - 5x^3 + 2x \qquad Q(x) = 3x^5$$

graficando ambas funciones en los rectángulos de visión $[-2, 2]$ por $[-2, 2]$ y $[-10, 10]$ por $[-10000, 10000]$.

(b) Se dice que dos funciones tienen el *mismo comportamiento final* si su proporción se aproxima a 1 cuando $x \to \infty$. Demuestre que P y Q tienen el mismo comportamiento final.

67. Encuentre $\lim_{x \to \infty} f(x)$ si, para toda $x > 1$,

$$\frac{10e^x - 21}{2e^x} < f(x) < \frac{5\sqrt{x}}{\sqrt{x - 1}}$$

68. (a) Un tanque contiene 5000 L de agua pura. Se bombea salmuera, que contiene 30 g de sal por litro de agua, en el tanque a una velocidad de 25 L/min. Demuestre que la concentración de sal después de t minutos (en gramos por litro) es

$$C(t) = \frac{30t}{200 + t}$$

(b) ¿Qué pasa con la concentración conforme $t \to \infty$?

69. En el capítulo 9 se podrá mostrar, con ciertas suposiciones, que la velocidad $v(t)$ de una gota de lluvia que cae en el tiempo t es

$$v(t) = v*(1 - e^{-gt/v*})$$

donde g es la aceleración debido a la gravedad y $v*$ es la *velocidad terminal* de la gota de lluvia.

(a) Encuentre $\lim_{t \to \infty} v(t)$.

(b) Grafique $v(t)$ si $v* = 1$ m/s y $g = 9.8$ m/s^2. ¿Cuánto tiempo tarda la velocidad de la gota de lluvia en alcanzar 99% de su velocidad terminal?

70. (a) Al graficar $y = e^{-x/10}$ y $y = 0.1$ en una misma pantalla, descubra qué tan grande necesita ser x para que $e^{-x/10} < 0.1$.

(b) ¿Se puede resolver el inciso (a) sin utilizar una gráfica?

71. Con una gráfica, encuentre un número N tal que

$$\text{si} \quad x > N \quad \text{entonces} \quad \left| \frac{3x^2 + 1}{2x^2 + x + 1} - 1.5 \right| < 0.05$$

72. Para el límite

$$\lim_{x \to \infty} \frac{1 - 3x}{\sqrt{x^2 + 1}} = -3$$

utilice la definición 7 con valores de N que correspondan a $\varepsilon = 0.1$ y $\varepsilon = 0.05$.

73. Para el límite

$$\lim_{x \to -\infty} \frac{1 - 3x}{\sqrt{x^2 + 1}} = 3$$

utilice la definición 8 con valores de N que correspondan a $\varepsilon = 0.1$ y $\varepsilon = 0.05$.

74. Para el límite

$$\lim_{x \to \infty} \sqrt{x \ln x} = \infty$$

utilice la definición 9 con valores de N que correspondan a $M = 100$.

75. (a) ¿Qué tan grande se tiene que tomar x para que $1/x^2 < 0.0001$?

(b) Al tomar $r = 2$ en el teorema 5, se tiene el enunciado

$$\lim_{x \to \infty} \frac{1}{x^2} = 0$$

Demuestre esto en forma directa con la definición 7.

76. (a) ¿Qué tan grande se tiene que tomar x para que $1/\sqrt{x} < 0.0001$?

(b) Al tomar $r = \frac{1}{2}$ en el teorema 5, se tiene el enunciado

$$\lim_{x \to \infty} \frac{1}{\sqrt{x}} = 0$$

Demuestre esto en forma directa con la definición 7.

77. Con la definición 8 demuestre que $\lim\limits_{x \to -\infty} \dfrac{1}{x} = 0$.

78. Demuestre, con la definición 9, que $\lim\limits_{x \to \infty} x^3 = \infty$.

79. Con la definición 9 demuestre que $\lim\limits_{x \to \infty} e^x = \infty$.

80. Formule una definición precisa de

$$\lim_{x \to -\infty} f(x) = -\infty$$

Después utilice esa definición para demostrar que

$$\lim_{x \to -\infty} (1 + x^3) = -\infty$$

81. (a) Demuestre que

$$\lim_{x \to \infty} f(x) = \lim_{t \to 0^+} f(1/t)$$

y

$$\lim_{x \to -\infty} f(x) = \lim_{t \to 0^-} f(1/t)$$

suponiendo que estos límites existen.

(b) Con el inciso (a) y el ejercicio 65 encuentre

$$\lim_{x \to 0^+} x \operatorname{sen} \frac{1}{x}$$

2.7 | Derivadas y razones de cambio

Ahora que se definieron los límites y se estudiaron las técnicas para calcularlos, se examinan de nuevo los problemas de encontrar rectas tangentes y velocidades de la sección 2.1. El tipo especial de límite que se produce en ambos problemas se llama *derivada*, y se verá que puede interpretarse como una razón de cambio en cualquiera de las ciencias naturales o sociales, o en ingeniería.

■ Tangentes

Si una curva C tiene la ecuación $y = f(x)$ y se desea encontrar la recta tangente a C en el punto $P(a, f(a))$, entonces se considera (como en la sección 2.1) un punto cercano $Q(x, f(x))$, donde $x \neq a$, y se calcula la pendiente de la recta secante PQ:

$$m_{PQ} = \frac{f(x) - f(a)}{x - a}$$

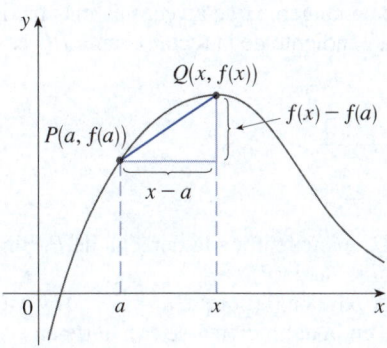

Luego, Q se aproxima a P a lo largo de la curva C y x a a. Si m_{PQ} se aproxima a un número m, entonces se define la *recta tangente* ℓ para que sea la recta que atraviesa P con pendiente m. (Esto equivale a decir que la tangente es la posición límite de la secante PQ cuando Q se aproxima a P. Vea la figura 1).

---

1 Definición La **recta tangente** a la curva $y = f(x)$ en el punto $P(a, f(a))$ es la recta a través de P con pendiente

$$m = \lim_{x \to a} \frac{f(x) - f(a)}{x - a}$$

siempre que este límite exista.

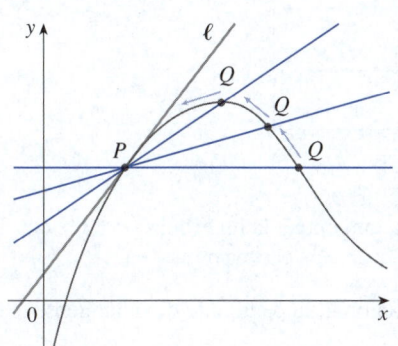

En el primer ejemplo se confirmó la suposición que se hizo en el ejemplo 2.1.1.

EJEMPLO 1 Halle una ecuación de la recta tangente a la parábola $y = x^2$ en el punto $P(1, 1)$.

SOLUCIÓN Aquí se tiene $a = 1$ y $f(x) = x^2$, así que la pendiente es

$$m = \lim_{x \to 1} \frac{f(x) - f(1)}{x - 1} = \lim_{x \to 1} \frac{x^2 - 1}{x - 1}$$

$$= \lim_{x \to 1} \frac{(x - 1)(x + 1)}{x - 1}$$

$$= \lim_{x \to 1} (x + 1) = 1 + 1 = 2$$

FIGURA 1

Forma punto-pendiente para una recta que atraviesa el punto (x_1, y_1) con pendiente m:
$$y - y_1 = m(x - x_1)$$

Con la forma punto-pendiente de la ecuación de una recta se ve que una ecuación de la tangente en $(1, 1)$ es

$$y - 1 = 2(x - 1) \qquad \text{o} \qquad y = 2x - 1 \qquad \blacksquare$$

A veces, la pendiente de la recta tangente a una curva en un punto se denomina **pendiente de la curva** en el punto. La idea es que, desde una cercanía suficiente al punto, la curva se ve casi como una recta. En la figura 2 se ilustra este procedimiento para la curva $y = x^2$ en el ejemplo 1. Cuanto más cerca, más se parece la parábola a una recta. En otras palabras, la curva se vuelve casi indistinguible de su recta tangente.

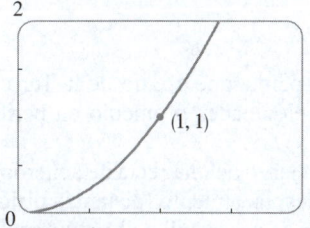
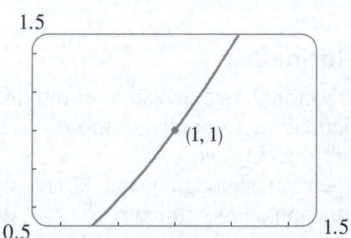
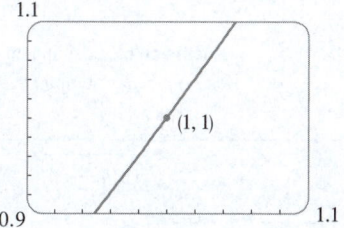

FIGURA 2
Acercamiento al punto $(1, 1)$ de la parábola $y = x^2$.

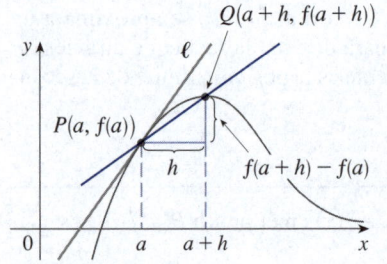

FIGURA 3

Hay otra expresión para la pendiente de una recta tangente que a veces es más fácil de usar. Si $h = x - a$, entonces $x = a + h$ y así la pendiente de la recta secante PQ es

$$m_{PQ} = \frac{f(a + h) - f(a)}{h}$$

(Vea la figura 3 donde se ilustra el caso $h > 0$ y Q se encuentra a la derecha de P. Sin embargo, si ocurriera que $h < 0$, Q estaría a la izquierda de P).

Observe que cuando x se aproxima a a, h se aproxima a 0 (porque $h = x - a$) y así la expresión para la pendiente de la recta tangente en la definición 1 se convierte en

$$\boxed{2} \qquad m = \lim_{h \to 0} \frac{f(a + h) - f(a)}{h}$$

EJEMPLO 2 Determine una ecuación de la recta tangente a la hipérbola $y = 3/x$ en el punto $(3, 1)$.

SOLUCIÓN Sea $f(x) = 3/x$. Luego, según la ecuación 2, la pendiente de la tangente en $(3, 1)$ es

$$m = \lim_{h \to 0} \frac{f(3 + h) - f(3)}{h}$$

$$= \lim_{h \to 0} \frac{\dfrac{3}{3 + h} - 1}{h} = \lim_{h \to 0} \frac{\dfrac{3 - (3 + h)}{3 + h}}{h}$$

$$= \lim_{h \to 0} \frac{-h}{h(3 + h)} = \lim_{h \to 0} -\frac{1}{3 + h} = -\frac{1}{3}$$

Por lo tanto, una ecuación de la tangente en el punto $(3, 1)$ es

$$y - 1 = -\tfrac{1}{3}(x - 3)$$

que se simplifica a $\qquad x + 3y - 6 = 0$

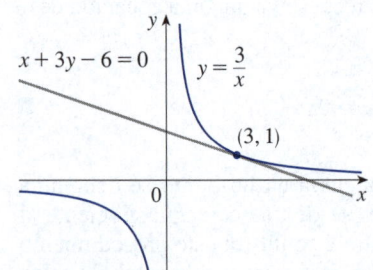

FIGURA 4

En la figura 4 se muestran la hipérbola y su tangente. ■

■ Velocidades

En la sección 2.1 se investigó el movimiento de una pelota que cae desde la Torre CN y se definió su velocidad como el valor límite de velocidades promedio en periodos cada vez más breves.

En general, suponga que un objeto se desplaza a lo largo de una recta de acuerdo con una ecuación de movimiento $s = f(t)$, donde s es el desplazamiento (distancia dirigida) del objeto desde el origen en el tiempo t. La función f que describe el movimiento se llama **función de posición** del objeto. En el intervalo de $t = a$ a $t = a + h$, el cambio de posición es $f(a + h) - f(a)$ (vea la figura 5).

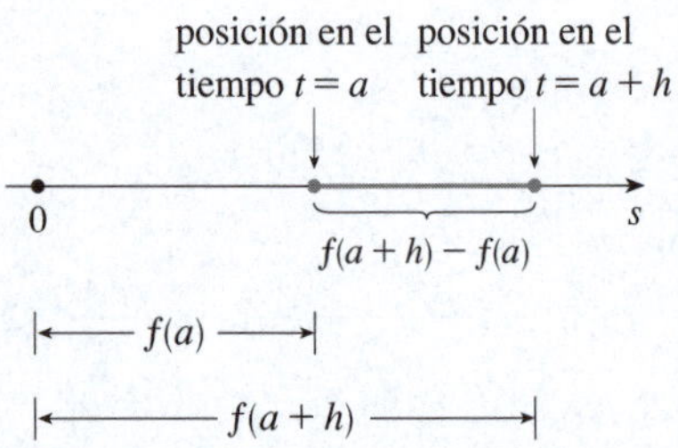

FIGURA 5

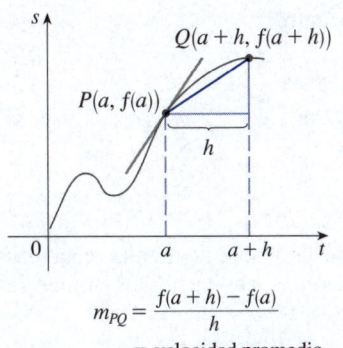

$$m_{PQ} = \frac{f(a+h) - f(a)}{h}$$
$$= \text{velocidad promedio}$$

FIGURA 6

La velocidad promedio en este intervalo es

$$\text{velocidad promedio} = \frac{\text{desplazamiento}}{\text{tiempo}} = \frac{f(a+h) - f(a)}{h}$$

que es lo mismo que la pendiente de la recta secante PQ en la figura 6.

Ahora suponga que se calculan las velocidades promedio en intervalos cada vez más cortos $[a, a + h]$. En otras palabras, h se aproxima a 0. Como en el ejemplo de la pelota que cae, se define que la **velocidad** (o **velocidad instantánea**) $v(a)$ en el tiempo $t = a$ sea el límite de estas velocidades promedio.

> **3 Definición** La **velocidad instantánea** de un objeto con la función de posición $f(t)$ en el tiempo $t = a$ es
>
> $$v(a) = \lim_{h \to 0} \frac{f(a+h) - f(a)}{h}$$
>
> siempre que este límite exista.

Esto significa que la velocidad en el tiempo $t = a$ es igual a la pendiente de la recta tangente en P (compare la ecuación 2 y la expresión en la definición 3).

Ahora que se sabe cómo calcular los límites, reconsidere el problema de la caída de la pelota del ejemplo 2.1.3.

EJEMPLO 3 Suponga que se deja caer una pelota desde la plataforma de observación superior de la Torre CN, a 450 m del suelo.
(a) ¿Cuál es la velocidad de la pelota después de 5 segundos?
(b) ¿A qué velocidad viaja la pelota cuando toca el suelo?

Recuerde de la sección 2.1: la distancia (en metros) de la caída después de t segundos es $4.9t^2$.

SOLUCIÓN Como se solicitan dos velocidades, conviene comenzar por la velocidad en un tiempo general $t = a$. Con la ecuación de movimiento $s = f(t) = 4.9t^2$, se tiene

$$v(a) = \lim_{h \to 0} \frac{f(a+h) - f(a)}{h} = \lim_{h \to 0} \frac{4.9(a+h)^2 - 4.9a^2}{h}$$

$$= \lim_{h \to 0} \frac{4.9(a^2 + 2ah + h^2 - a^2)}{h} = \lim_{h \to 0} \frac{4.9(2ah + h^2)}{h}$$

$$= \lim_{h \to 0} \frac{4.9h(2a + h)}{h} = \lim_{h \to 0} 4.9(2a + h) = 9.8a$$

(a) La velocidad después de 5 segundos es $v(5) = (9.8)(5) = 49$ m/s.
(b) Como la plataforma de observación está a 450 m sobre el suelo, la pelota tocará el suelo en el tiempo t cuando $s(t) = 450$, es decir,

$$4.9t^2 = 450$$

Esto da

$$t^2 = \frac{450}{4.9} \quad \text{y} \quad t = \sqrt{\frac{450}{4.9}} \approx 9.6 \text{ s}$$

La velocidad de la pelota al golpear el suelo es, por lo tanto,

$$v\left(\sqrt{\frac{450}{4.9}}\right) = 9.8\sqrt{\frac{450}{4.9}} \approx 94 \text{ m/s}$$

■ Derivadas

Se vio que aparece el mismo tipo de límite al encontrar la pendiente de una recta tangente (ecuación 2) o la velocidad de un objeto (definición 3). De hecho, los límites de la forma

$$\lim_{h \to 0} \frac{f(a+h) - f(a)}{h}$$

surgen cada vez que se calcula una razón de cambio en cualquiera de las ciencias o ingenierías, como una velocidad de reacción en la química o un costo marginal en la economía. Debido a que este tipo de límite se produce tan ampliamente, se le da un nombre y una notación especial.

> **4** **Definición** La **derivada de una función** f **en un número** a, denotada por $f'(a)$, es
>
> $$f'(a) = \lim_{h \to 0} \frac{f(a+h) - f(a)}{h}$$
>
> si existe este límite.

$f'(a)$ se lee "f prima de a".

Si se escribe $x = a + h$, entonces se tiene $h = x - a$ y h se aproxima a 0 si y solo si x se aproxima a a. Por lo tanto, una forma equivalente de enunciar la definición de la derivada, como se vio en la búsqueda de las rectas tangentes (vea la definición 1), es

> **5**
>
> $$f'(a) = \lim_{x \to a} \frac{f(x) - f(a)}{x - a}$$

EJEMPLO 4 Con la definición 4 encuentre la derivada de la función $f(x) = x^2 - 8x + 9$ en los números (a) 2 y (b) a.

SOLUCIÓN

Las definiciones 4 y 5 son equivalentes, por lo que ambas se pueden utilizar para calcular la derivada. En la práctica, la definición 4 a menudo permite cálculos más sencillos.

(a) De la definición 4 se tiene

$$f'(2) = \lim_{h \to 0} \frac{f(2+h) - f(2)}{h}$$

$$= \lim_{h \to 0} \frac{(2+h)^2 - 8(2+h) + 9 - (-3)}{h}$$

$$= \lim_{h \to 0} \frac{4 + 4h + h^2 - 16 - 8h + 9 + 3}{h}$$

$$= \lim_{h \to 0} \frac{h^2 - 4h}{h} = \lim_{h \to 0} \frac{h(h-4)}{h} = \lim_{h \to 0} (h-4) = -4$$

(b) $$f'(a) = \lim_{h \to 0} \frac{f(a+h) - f(a)}{h}$$

$$= \lim_{h \to 0} \frac{[(a+h)^2 - 8(a+h) + 9] - [a^2 - 8a + 9]}{h}$$

$$= \lim_{h \to 0} \frac{a^2 + 2ah + h^2 - 8a - 8h + 9 - a^2 + 8a - 9}{h}$$

$$= \lim_{h \to 0} \frac{2ah + h^2 - 8h}{h} = \lim_{h \to 0} (2a + h - 8) = 2a - 8$$

Como demostración del trabajo en el inciso (a), observe que si $a = 2$, entonces $f'(2) = 2(2) - 8 = -4$. ∎

EJEMPLO 5 Con la ecuación 5 encuentre la derivada de la función $f(x) = 1/\sqrt{x}$ en el número a ($a > 0$).

SOLUCIÓN De la ecuación 5 se obtiene

$$f'(a) = \lim_{x \to a} \frac{f(x) - f(a)}{x - a}$$

$$= \lim_{x \to a} \frac{\dfrac{1}{\sqrt{x}} - \dfrac{1}{\sqrt{a}}}{x - a} = \lim_{x \to a} \frac{\dfrac{1}{\sqrt{x}} - \dfrac{1}{\sqrt{a}}}{x - a} \cdot \frac{\sqrt{x}\,\sqrt{a}}{\sqrt{x}\,\sqrt{a}}$$

$$= \lim_{x \to a} \frac{\sqrt{a} - \sqrt{x}}{\sqrt{ax}\,(x - a)} = \lim_{x \to a} \frac{\sqrt{a} - \sqrt{x}}{\sqrt{ax}\,(x - a)} \cdot \frac{\sqrt{a} + \sqrt{x}}{\sqrt{a} + \sqrt{x}}$$

$$= \lim_{x \to a} \frac{-(x - a)}{\sqrt{ax}\,(x - a)(\sqrt{a} + \sqrt{x})} = \lim_{x \to a} \frac{-1}{\sqrt{ax}\,(\sqrt{a} + \sqrt{x})}$$

$$= \frac{-1}{\sqrt{a^2}\,(\sqrt{a} + \sqrt{a})} = \frac{-1}{a \cdot 2\sqrt{a}} = -\frac{1}{2a^{3/2}}$$

Se puede verificar que el uso de la definición 4 da el mismo resultado. ∎

Se definió que la tangente a la curva $y = f(x)$ en el punto $P(a, f(a))$ para que fuese la recta que pasa por P y tuviera la pendiente m dada por la ecuación 1 o la 2. Debido a que, por la definición 4 (y la ecuación 5), esta es la misma que la derivada $f'(a)$, se puede decir ahora lo siguiente.

> La tangente a $y = f(x)$ en $(a, f(a))$ es la recta que atraviesa $(a, f(a))$ cuya pendiente es igual a $f'(a)$, la derivada de f en a.

Si se usa la forma punto-pendiente de la ecuación de una recta se puede escribir una ecuación de la tangente a la curva $y = f(x)$ en el punto $(a, f(a))$:

$$y - f(a) = f'(a)(x - a)$$

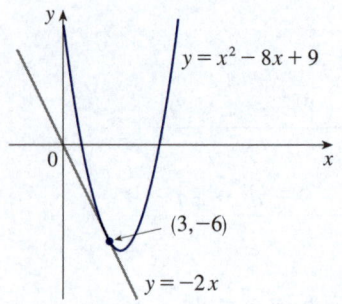

FIGURA 7

EJEMPLO 6 Encuentre una ecuación de la recta tangente a la parábola $y = x^2 - 8x + 9$ en el punto $(3, -6)$.

SOLUCIÓN Del ejemplo 4(b) se sabe que la derivada de $f(x) = x^2 - 8x + 9$ en el número a es $f'(a) = 2a - 8$. Por lo tanto, la pendiente de la recta tangente en $(3, -6)$ es $f'(3) = 2(3) - 8 = -2$. Así, una ecuación de la tangente, que se muestra en la figura 7, es

$$y - (-6) = (-2)(x - 3) \qquad \text{o} \qquad y = -2x \qquad \blacksquare$$

■ Razones de cambio

Suponga que y es una cantidad que depende de otra cantidad x. Así, y es una función de x y se escribe $y = f(x)$. Si x cambia de x_1 a x_2, entonces el cambio en x (también llamado **incremento** de x) es

$$\Delta x = x_2 - x_1$$

y el cambio correspondiente en y es

$$\Delta y = f(x_2) - f(x_1)$$

El cociente de diferencias

$$\frac{\Delta y}{\Delta x} = \frac{f(x_2) - f(x_1)}{x_2 - x_1}$$

se llama **razón de cambio promedio de y con respecto a x** sobre el intervalo $[x_1, x_2]$, y puede interpretarse como la pendiente de la recta secante PQ en la figura 8.

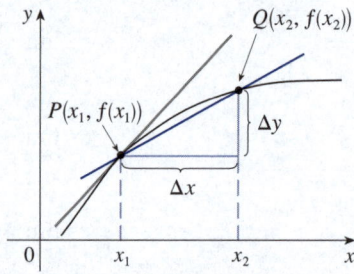

razón de cambio promedio $= m_{PQ}$

FIGURA 8   razón de cambio instantánea $=$ pendiente de la tangente en P

Por analogía con la velocidad, se considera la razón de cambio promedio en intervalos cada vez más pequeños cuando x_2 se aproxima a x_1 y, por lo tanto, Δx se aproxima a 0. El límite de estas razones de cambio promedio se denomina **razón de cambio (instantánea) de y con respecto a x** en $x = x_1$, que (como en el caso de la velocidad) se interpreta como la pendiente de la tangente a la curva $y = f(x)$ en $P(x_1, f(x_1))$:

$$\boxed{6} \qquad \text{razón de cambio instantánea} = \lim_{\Delta x \to 0} \frac{\Delta y}{\Delta x} = \lim_{x_2 \to x_1} \frac{f(x_2) - f(x_1)}{x_2 - x_1}$$

Se reconoce que este límite es la derivada $f'(x_1)$.

Se sabe que una interpretación de la derivada $f'(a)$ es como la pendiente de la recta tangente a la curva $y = f(x)$ cuando $x = a$. Ahora hay una segunda interpretación:

La derivada $f'(a)$ es la razón de cambio instantánea de $y = f(x)$ respecto a x cuando $x = a$.

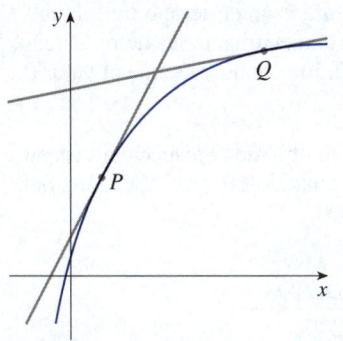

FIGURA 9
Los valores *y* cambian rápidamente
en *P* y lentamente en *Q*.

La relación con la primera interpretación es que si se traza la curva $y = f(x)$, entonces la razón de cambio instantánea es la pendiente de la tangente a esta curva en el punto donde $x = a$. Esto significa que cuando la derivada es grande (y, por ende, la curva es pronunciada, como en el punto *P* de la figura 9), los valores de *y* cambian rápidamente. Cuando la derivada es pequeña, la curva está relativamente plana (como en el punto *Q*) y los valores de *y* cambian lentamente.

En particular, si $s = f(t)$ es la función de posición de una partícula que se mueve a lo largo de una recta, entonces $f'(a)$ es la razón de cambio del desplazamiento *s* respecto al tiempo *t*. En otras palabras, $f'(a)$ *es la velocidad de la partícula en el tiempo* $t = a$. La **rapidez** de la partícula es el valor absoluto de la velocidad, es decir, $|f'(a)|$.

En el siguiente ejemplo se analiza el significado de la derivada de una función que se define verbalmente.

EJEMPLO 7 Un fabricante produce bultos de una tela con un ancho fijo. El costo de producir *x* metros de esta tela es $C = f(x)$ dólares.
(a) ¿Cuál es el significado de la derivada $f'(x)$? ¿Cuáles son sus unidades?
(b) En términos prácticos, ¿qué significa decir que $f'(1\,000) = 9$?
(c) ¿Cuál valor es mayor: $f'(50)$ o $f'(500)$? ¿Y $f'(5\,000)$?

SOLUCIÓN
(a) La derivada $f'(x)$ es la razón de cambio instantánea *C* respecto a *x*; es decir, $f'(x)$ significa la razón de cambio del costo de producción respecto al número de metros producidos. (Los economistas llaman *costo marginal* a esta razón de cambio. Esta idea se analiza con más detalle en las secciones 3.7 y 4.7).
Ya que

$$f'(x) = \lim_{\Delta x \to 0} \frac{\Delta C}{\Delta x}$$

las unidades para $f'(x)$ son las mismas que las unidades para el cociente de diferencias $\Delta C/\Delta x$. Como ΔC se mide en dólares y Δx en metros, se deduce que las unidades para $f'(x)$ son USD por metro.

(b) El enunciado $f'(1\,000) = 9$ significa que, después de fabricarse $1\,000$ metros de tela, la razón a la que el costo de producción aumenta es \$9/metro. (Cuando $x = 1\,000$, *C* se incrementa 9 veces más rápido que *x*).
Como $\Delta x = 1$ es pequeño comparado con $x = 1\,000$, se podría usar la aproximación

Aquí se asume que la función de costo
tiene un buen comportamiento; en
otras palabras, $C(x)$ no oscila
rápidamente cerca de $x = 1\,000$.

$$f'(1\,000) \approx \frac{\Delta C}{\Delta x} = \frac{\Delta C}{1} = \Delta C$$

para decir que el costo de producción del 1000-ésimo metro (o del 1001) es aproximadamente \$9.

(c) La razón de aumento del costo de producción (por metro) es probablemente menor cuando $x = 500$ que cuando $x = 50$ (el costo de fabricación del metro 500 es menor que el costo del metro 50) debido a las economías de escala. (El fabricante aprovecha con más eficiencia el costo fijo de producción). Así,

$$f'(50) > f'(500)$$

Pero a medida que la producción se expande, la operación de gran escala resultante podría perder eficiencia y generar costos de horas extras. Por lo tanto, es posible que a la larga aumente la razón de aumento de los costos. De este modo, puede suceder que

$$f'(5\,000) > f'(500) \qquad ■$$

En el siguiente ejemplo se estima la razón de cambio de la deuda nacional de Estados Unidos con respecto al tiempo. Aquí la función está definida no por una fórmula sino por una tabla de valores.

t	$D(t)$
2000	5662.2
2004	7596.1
2008	10699.8
2012	16432.7
2016	19976.8

Fuente: US Dept. of the Treasury.

EJEMPLO 8   Sea $D(t)$ la deuda nacional de Estados Unidos en el tiempo t. En la tabla al margen se dan valores aproximados de esta función con estimaciones de fin de año, en miles de millones de USD, de los años 2000 a 2016. Interprete y estime el valor de $D'(2008)$.

SOLUCIÓN   La derivada $D'(2008)$ significa la razón de cambio de D respecto a t cuando $t = 2008$, es decir, la razón de aumento de la deuda nacional de EE.UU. en el año 2008.
Según la ecuación 5,

$$D'(2008) = \lim_{t \to 2008} \frac{D(t) - D(2008)}{t - 2008}$$

Una forma de estimar este valor es comparar las razones de cambio promedio en diferentes intervalos mediante el cálculo de cocientes de diferencias, como se presenta en la siguiente tabla.

t	Intervalo de tiempo	Razón de cambio promedio $= \dfrac{D(t) - D(2008)}{t - 2008}$
2000	[2000, 2008]	629.7
2004	[2004, 2008]	775.93
2012	[2008, 2012]	1433.23
2016	[2008, 2016]	1159.63

Una nota sobre unidades

Las unidades de la razón de cambio promedio $\Delta D/\Delta t$ son las unidades de ΔD divididas entre las unidades de Δt, a saber, miles de millones de USD al año. La razón de cambio instantánea es el límite de las razones de cambio promedio, por lo que se mide en las mismas unidades: miles de millones de USD por año.

En esta tabla se ve que $D'(2008)$ se encuentra entre 775.93 y 1433.23 mil millones de USD por año. [Aquí se hace la suposición razonable de que la deuda no fluctuó de manera drástica entre 2004 y 2012]. Una buena estimación de la razón de aumento de la deuda nacional de Estados Unidos en 2008 sería el promedio de estas dos cifras, a saber,

$$D'(2008) \approx 1105 \text{ mil millones de USD al año}$$

Otro método sería trazar la función de la deuda y estimar la pendiente de la recta tangente cuando $t = 2008$.   ∎

En los ejemplos 3, 7 y 8 se apreciaron tres casos específicos de razones de cambio: la velocidad de un objeto es la razón de cambio de desplazamiento con respecto al tiempo; el costo marginal es la razón de cambio del costo de producción con respecto al número de artículos producidos; y la razón de cambio de la deuda con respecto al tiempo es de interés en la economía. Aquí hay una pequeña muestra de otras razones de cambio: en la física, la razón de cambio del trabajo con respecto al tiempo se llama *potencia*. Los químicos que estudian una reacción química se interesan en la razón de cambio en la concentración de un reactivo con respecto al tiempo (llamado *velocidad de reacción*). A un biólogo le interesa la razón de cambio de la población de una colonia de bacterias con respecto al tiempo. De hecho, el cálculo de las razones de cambio es importante en todas las ciencias naturales, en la ingeniería, e incluso en las ciencias sociales. Se darán más ejemplos en la sección 3.7.
Todas estas razones de cambio son derivadas y, por lo tanto, pueden interpretarse como pendientes de tangentes. Esto da un significado añadido a la solución del problema de las tangentes. Siempre que se resuelve un problema que implica rectas tangentes, no solo se resuelve un problema de geometría, sino también, implícitamente, una gran variedad de problemas que involucran tasas de cambio en la ciencia y la ingeniería.

2.7 | Ejercicios

1. Una curva tiene la ecuación $y = f(x)$.

(a) Escriba una expresión para la pendiente de la recta secante a través de los puntos $P(3, f(3))$ y $Q(x, f(x))$.

(b) Escriba una expresión para la pendiente de la recta tangente en P.

2. Grafique la curva $y = e^x$ en los rectángulos de visión $[-1, 1]$ por $[0, 2]$, $[-0.5, 0.5]$ por $[0.5, 1.5]$ y $[-0.1, 0.1]$ por $[0.9, 1.1]$. ¿Qué observa en la curva al acercarse al punto $(0, 1)$?

3. (a) Halle la pendiente de la recta tangente a la parábola $y = x^2 + 3x$ en el punto $(-1, -2)$
   (i) con la definición 1   (ii) con la ecuación 2

(b) Determine una ecuación de la recta tangente en el inciso (a).

(c) Grafique la parábola y la recta tangente. Como revisión de su trabajo, acérquese hacia el punto $(-1, -2)$ hasta que no se distingan la parábola y la tangente.

4. (a) Halle la pendiente de la recta tangente a la curva $y = x^3 + 1$ en el punto $(1, 2)$
   (i) con la definición 1,   (ii) con la ecuación 2

(b) Determine una ecuación de la recta tangente en el inciso (a).

(c) Grafique la curva y la tangente en rectángulos de visión sucesivamente más pequeños centrados en $(1, 2)$ hasta que la curva y la recta parezcan coincidir.

5-8 Halle una ecuación de la recta tangente a la curva en el punto dado.

5. $y = 2x^2 - 5x + 1$, $(3, 4)$

6. $y = x^2 - 2x^3$, $(1, -1)$

7. $y = \dfrac{x + 2}{x - 3}$, $(2, -4)$ **8.** $y = \sqrt{1 - 3x}$, $(-1, 2)$

9. (a) Encuentre la pendiente de la tangente a la curva $y = 3 + 4x^2 - 2x^3$ en el punto donde $x = a$.

(b) Halle ecuaciones de las rectas tangentes en los puntos $(1, 5)$ y $(2, 3)$.

(c) Grafique la curva y ambas tangentes en una misma pantalla.

10. (a) Encuentre la pendiente de la tangente a la curva $y = 2\sqrt{x}$ en el punto donde $x = a$.

(b) Halle ecuaciones de las rectas tangentes en los puntos $(1, 2)$ y $(9, 6)$.

(c) Grafique la curva y ambas tangentes en una misma pantalla.

11. Un clavadista de altura se lanza desde una altura de 30 m sobre la superficie del agua. La distancia a la que él cae en t segundos se da por la función $d(t) = 4.9t^2$ m.

(a) ¿Después de cuántos segundos llegará al agua?

(b) ¿Con qué velocidad llegará al agua?

12. Si se lanza una roca hacia arriba en el planeta Marte con una velocidad de 10 m/s, su altura (en metros) después de t segundos se da por $H = 10t - 1.86t^2$.

(a) Halle la velocidad de la roca después de un segundo.

(b) Determine la velocidad de la roca cuando $t = a$.

(c) ¿Cuándo tocará la roca el suelo?

(d) ¿Con qué velocidad tocará la roca el suelo?

13. El desplazamiento (en metros) de una partícula en una recta se da por la ecuación de movimiento $s = 1/t^2$, donde t se mide en segundos. Determine la velocidad de la partícula en los tiempos $t = a$, $t = 1$, $t = 2$ y $t = 3$.

14. El desplazamiento (en metros) de una partícula moviéndose en una recta se da por $s = \frac{1}{2}t^2 - 6t + 23$, donde t se mide en segundos.

(a) Encuentre la velocidad promedio a lo largo de cada intervalo:
   (i) $[4, 8]$ (ii) $[6, 8]$
   (iii) $[8, 10]$ (iv) $[8, 12]$

(b) Halle la velocidad instantánea cuando $t = 8$.

(c) Elabore la gráfica de s como función de t y trace las rectas secantes cuyas pendientes son las velocidades promedio en el inciso (a). Luego trace la recta tangente cuya pendiente es la velocidad instantánea en el inciso (b).

15. (a) Una partícula empieza moviéndose hacia la derecha a lo largo de una recta horizontal; la gráfica de esta función de posición se muestra en la figura. ¿Cuándo se mueve la partícula a la derecha? ¿Cuándo a la izquierda? ¿Cuándo se detiene?

(b) Trace una gráfica de la función de velocidad.

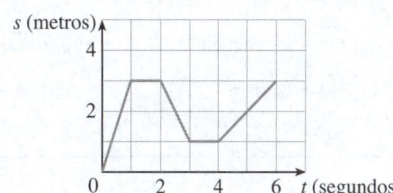

16. Se muestran gráficas de las funciones de posición de dos atletas, A y B, que corren una carrera de 100 metros y terminan empatados.

(a) Describa y compare cómo los atletas corren la carrera.

(b) ¿En qué momento es mayor la distancia entre los corredores?

(c) ¿En qué momento tienen la misma velocidad?

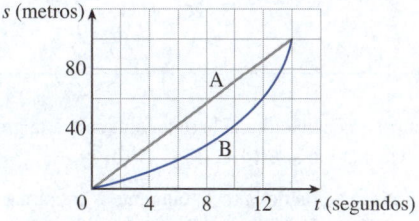

17. Para la función g, cuya gráfica se da, coloque los siguientes números en orden creciente y explique su razonamiento.

$$0 \qquad g'(-2) \qquad g'(0) \qquad g'(2) \qquad g'(4)$$

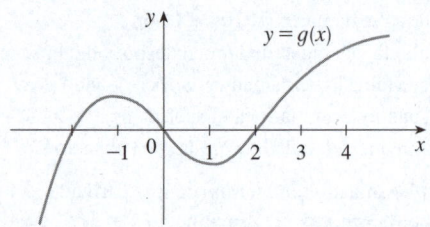

18. Se muestra la gráfica de una función f.

(a) Determine la razón de cambio promedio de f en el intervalo $[20, 60]$.

(b) Identifique un intervalo en el que la razón de cambio promedio de f sea 0.

(c) Calcule

$$\frac{f(40) - f(10)}{40 - 10}$$

¿Qué representa este valor geométricamente?

(d) Estime el valor de $f'(50)$.

(e) ¿Es $f'(10) > f'(30)$?

(f) ¿Es $f'(60) > \dfrac{f(80) - f(40)}{80 - 40}$? Explique.

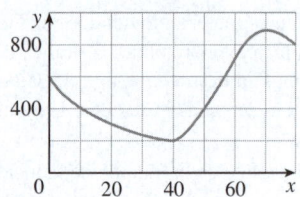

19-20 Con la definición 4 encuentre $f'(a)$ en el número dado a.

19. $f(x) = \sqrt{4x + 1}, \quad a = 6$

20. $f(x) = 5x^4, \quad a = -1$

21-22 Con la ecuación 5 encuentre $f'(a)$ en el número dado a.

21. $f(x) = \dfrac{x^2}{x + 6}, \quad a = 3$ **22.** $f(x) = \dfrac{1}{\sqrt{2x + 2}}, \quad a = 1$

23-26 Determine $f'(a)$.

23. $f(x) = 2x^2 - 5x + 3$ **24.** $f(t) = t^3 - 3t$

25. $f(t) = \dfrac{1}{t^2 + 1}$ **26.** $f(x) = \dfrac{x}{1 - 4x}$

27. Encuentre una ecuación de la recta tangente a la gráfica de $y = B(x)$ en $x = 6$ si $B(6) = 0$ y $B'(6) = -\frac{1}{2}$.

28. Halle una ecuación de la recta tangente a la gráfica de $y = g(x)$ en $x = 5$ si $g(5) = -3$ y $g'(5) = 4$.

29. Si $f(x) = 3x^2 - x^3$, encuentre $f'(1)$ y utilícelo para determinar una ecuación de la recta tangente a la curva $y = 3x^2 - x^3$ en el punto $(1, 2)$.

30. Si $g(x) = x^4 - 2$, encuentre $g'(1)$ y utilícelo para determinar una ecuación de la recta tangente a la curva $y = x^4 - 2$ en el punto $(1, -1)$.

31. (a) Si $F(x) = 5x/(1 + x^2)$, halle $F'(2)$ y utilícelo para encontrar una ecuación de la recta tangente a la curva $y = 5x/(1 + x^2)$ en el punto $(2, 2)$.

    (b) Ilustre el inciso (a) con una gráfica de la curva y la recta tangente en la misma pantalla.

32. (a) Si $G(x) = 4x^2 - x^3$, encuentre $G'(a)$ y utilícelo para determinar ecuaciones de las rectas tangentes a la curva $y = 4x^2 - x^3$ en los puntos $(2, 8)$ y $(3, 9)$.

    (b) Ilustre el inciso (a) con una gráfica de la curva y las rectas tangentes en la misma pantalla.

33. Si una ecuación de la tangente a la curva $y = f(x)$ en el punto donde $a = 2$ es $y = 4x - 5$, halle $f(2)$ y $f'(2)$.

34. Si la recta tangente a $y = f(x)$ en $(4, 3)$ pasa a través del punto $(0, 2)$, encuentre $f(4)$ y $f'(4)$.

35-36 Una partícula se mueve a lo largo de una recta con la ecuación de movimiento $s = f(t)$, donde s se mide en metros y t en segundos. Encuentre la velocidad y la rapidez cuando $t = 4$.

35. $f(t) = 80t - 6t^2$ **36.** $f(t) = 10 + \dfrac{45}{t + 1}$

37. Una lata de refresco caliente se coloca en un refrigerador frío. Trace la gráfica de la temperatura de la gaseosa como función del tiempo. ¿La razón de cambio de la temperatura inicial es mayor o menor que la razón de cambio en una hora?

38. Un pavo asado se saca de un horno cuando su temperatura alcanza 85 °C y se coloca en una mesa en una habitación donde la temperatura es de 24 °C. En la gráfica se muestra cómo la temperatura del pavo disminuye y finalmente se aproxima a la temperatura ambiente. Mida la pendiente de la tangente y estime la razón de cambio de la temperatura después de una hora.

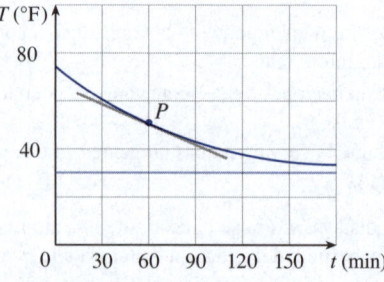

39. Elabore la gráfica de una función f para la cual $f(0) = 0$, $f'(0) = 3$, $f'(1) = 0$ y $f'(2) = -1$.

40. Trace la gráfica de una función g para la cual

$$g(0) = g(2) = g(4) = 0, g'(1) = g'(3) = 0,$$
$$g'(0) = g'(4) = 1, g'(2) = -1, \lim_{x \to \infty} g(x) = \infty,$$
$$\text{y } \lim_{x \to -\infty} g(x) = -\infty.$$

41. Trace la gráfica de una función g que es continua en su dominio $(-5, 5)$ y donde $g(0) = 1, g'(0) = 1, g'(-2) = 0,$ $\lim_{x \to -5^+} g(x) = \infty$ y $\lim_{x \to 5^-} g(x) = 3$.

42. Trace la gráfica de una función f donde el dominio es $(-2, 2), f'(0) = -2, \lim_{x \to 2^-} f(x) = \infty, f$ es continua en todos los números de su dominio excepto ± 1 y f es impar.

43-48 Cada límite representa la derivada de alguna función f en algún número a. Indique tal f y a en cada caso.

43. $\lim\limits_{h \to 0} \dfrac{\sqrt{9 + h} - 3}{h}$

44. $\lim\limits_{h \to 0} \dfrac{e^{-2+h} - e^{-2}}{h}$

45. $\lim\limits_{x \to 2} \dfrac{x^6 - 64}{x - 2}$

46. $\lim\limits_{x \to 1/4} \dfrac{\dfrac{1}{x} - 4}{x - \frac{1}{4}}$

47. $\lim\limits_{h \to 0} \dfrac{\tan\left(\dfrac{\pi}{4} + h\right) - 1}{h}$

48. $\lim\limits_{\theta \to \pi/6} \dfrac{\operatorname{sen}\theta - \frac{1}{2}}{\theta - \dfrac{\pi}{6}}$

49. El costo (en USD) de producir x unidades de un determinado producto básico es $C(x) = 5\,000 + 10x + 0.05x^2$.
   (a) Determine la razón de cambio promedio de C con respecto a x cuando cambia el nivel de producción.

       (i) de $x = 100$ a $x = 105$
       (ii) de $x = 100$ a $x = 101$

   (b) Encuentre la razón de cambio instantánea de C con respecto a x cuando $x = 100$. (Esto se llama *costo marginal*. Su importancia se explicará en la sección 3.7).

50. Sea $H(t)$ el costo diario (en USD) para calentar un edificio de oficinas cuando la temperatura exterior es de t grados Celsius.
   (a) ¿Cuál es el significado de $H'(14)$? ¿Cuáles son sus unidades?
   (b) ¿Esperaría que $H'(14)$ fuera positivo o negativo? Explique.

51. El costo de producir x kilogramos de oro de una nueva mina de oro es $C = f(x)$ USD.
   (a) ¿Cuál es el significado de la derivada $f'(x)$? ¿Cuáles son sus unidades?
   (b) ¿Qué significa el enunciado $f'(22) = 17$?
   (c) ¿Cree que los valores de $f'(x)$ aumentarán o disminuirán en el corto plazo? ¿Y en el largo plazo? Explique.

52. La cantidad (en kilogramos) de un café molido gourmet que una empresa cafetalera vende a un precio de p USD por kilo es $Q = f(p)$.
   (a) ¿Cuál es el significado de la derivada $f'(8)$? ¿Cuáles son sus unidades?
   (b) ¿Es $f'(8)$ positivo o negativo? Explique.

53. La cantidad de oxígeno que puede disolverse en el agua depende de la temperatura del agua. (Así, la contaminación térmica influye en el contenido de oxígeno del agua). En la gráfica se muestra cómo varía la solubilidad de oxígeno S como una función de la temperatura del agua T.
   (a) ¿Cuál es el significado de la derivada $S(T)$? ¿Cuáles son sus unidades?
   (b) Estime el valor de $S'(16)$ e interprételo.

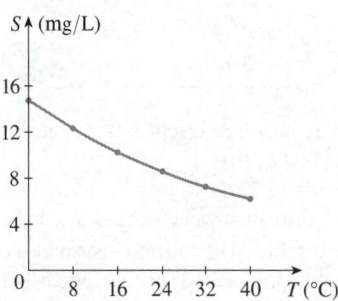

Fuente: C. Kupchella *et al., Environmental Science: Living Within the System of Nature*, 2.ª ed. (Boston: Allyn y Bacon, 1989).

54. En la gráfica se muestra la influencia de la temperatura T en la rapidez máxima S a la que puede nadar de forma constante el salmón Coho.
   (a) ¿Cuál es el significado de la derivada $S'(T)$? ¿Cuáles son sus unidades?
   (b) Estime los valores de $S'(15)$ y $S'(25)$ e interprételos.

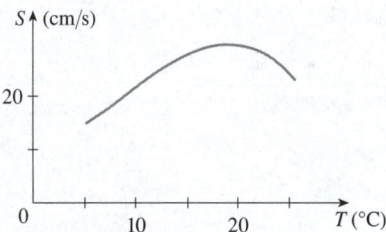

55. Investigadores midieron la concentración promedio de alcohol en la sangre $C(t)$ de ocho hombres una hora después de consumir 30 mL de etanol (correspondiente a dos bebidas alcohólicas).

t (horas)	1.0	1.5	2.0	2.5	3.0
$C(t)(g/\text{dL})$	0.033	0.024	0.018	0.012	0.007

   (a) Encuentre la razón de cambio promedio de C con respecto a t a través de cada intervalo

       (i) $[1.0, 2.0]$ (ii) $[1.5, 2.0]$
       (iii) $[2.0, 2.5]$ (iv) $[2.0, 3.0]$

   En cada caso, incluya las unidades.
   (b) Estime la razón de cambio instantánea en $t = 2$ e interprete su resultado. ¿Cuáles son las unidades?

Fuente: Adaptado de P. Wilkinson *et al.*, "Pharmacokinetics of Ethanol after Oral Administration in the Fasting State", *Journal of Pharmacokinetics and Biopharmaceutics* 5 (1977): 207-24.

56. En la tabla se da el número N de locales de una cadena popular de cafeterías. (Se dan los números de locales a partir del 1 de octubre).

Año	N
2008	16 680
2010	16 858
2012	18 066
2014	21 366
2016	25 085

(a) Encuentre la tasa de crecimiento promedio
  (i) de 2008 a 2010
  (ii) de 2010 a 2012
  En cada caso, incluya las unidades. ¿Qué puede concluir?

(b) Estime la tasa de crecimiento instantánea en 2010 tomando el promedio de dos razones de cambio promedio. ¿Cuáles son sus unidades?

(c) Estime la tasa de crecimiento instantánea en 2010 midiendo la pendiente de una tangente.

57-58 Determine si $f'(0)$ existe.

57. $f(x) = \begin{cases} x\,\mathrm{sen}\,\dfrac{1}{x} & \text{si } x \neq 0 \\ 0 & \text{si } x = 0 \end{cases}$

58. $f(x) = \begin{cases} x^2\,\mathrm{sen}\,\dfrac{1}{x} & \text{si } x \neq 0 \\ 0 & \text{si } x = 0 \end{cases}$

59. (a) Grafique la función $f(x) = \mathrm{sen}\,x - \frac{1}{1000}\,\mathrm{sen}(1\,000\,x)$ en el rectángulo de visión $[-2\pi, 2\pi]$ por $[-4, 4]$. ¿Qué pendiente parece tener la gráfica en el origen?

(b) Acérquese a la ventana de visualización $[-0.4, 0.4]$ por $[-0.25, 0.25]$ y estime el valor de $f'(0)$. ¿Esto concuerda con su respuesta del inciso (a)?

(c) Ahora acérquese a la ventana de visión $[-0.008, 0.008]$ por $[-0.005, 0.005]$. ¿Desea revisar su estimación para $f'(0)$?

60. **Cocientes de diferencias simétricas** En el ejemplo 8 se aproximó una razón de cambio instantánea promediando dos razones de cambio promedio. Otro método consiste en utilizar una sola razón de cambio promedio a lo largo de un intervalo *centrado* en el valor deseado. Se define el *cociente de diferencias simétricas* de una función f en $x = a$ en el intervalo $[a - d, a + d]$ como

$$\frac{f(a + d) - f(a - d)}{(a + d) - (a - d)} = \frac{f(a + d) - f(a - d)}{2d}$$

(a) Calcule el cociente de diferencias simétricas para la función D en el ejemplo 8 en el intervalo $[2004, 2012]$ y verifique que su resultado concuerde con la estimación para $D'(2008)$ calculada en el ejemplo.

(b) Demuestre que el cociente de diferencias simétricas de una función f en $x = a$ equivale a promediar las razones de cambio promedio de f en los intervalos $[a - d, a]$ y $[a, a + d]$.

(c) Use un cociente de diferencias simétricas para estimar $f'(1)$ para $f(x) = x^3 - 2x^2 + 2$ con $d = 0.4$. Trace una gráfica de f junto con las rectas secantes correspondientes a razones de cambio promedio en los intervalos $[1 - d, 1]$, $[1, 1 + d]$ y $[1 - d, 1 + d]$. ¿Cuál de estas secantes parece tener la pendiente más cercana a la de la recta tangente en $x = 1$?

PROYECTO DE REDACCIÓN │ PRIMEROS MÉTODOS PARA BUSCAR TANGENTES

La primera persona que formuló explícitamente las ideas de límites y derivadas fue sir Isaac Newton en la década de 1660. Pero Newton reconoció que "si he visto más lejos que otros hombres, es porque me he parado sobre los hombros de gigantes". Dos de esos gigantes eran Pierre Fermat (1601-1665) y el mentor de Newton en Cambridge, Isaac Barrow (1630-1677). Newton conoció los métodos que estos hombres usaron para encontrar rectas tangentes, los cuales desempeñaron un papel en la eventual formulación de cálculo de Newton.

Aprenda sobre estos métodos en Internet o en las referencias que aparecen aquí. Escriba un ensayo comparando los métodos de Fermat o Barrow con los métodos modernos. En particular, utilice el método de la sección 2.7 para encontrar una ecuación de la recta tangente a la curva $y = x^3 + 2x$ en el punto $(1, 3)$ y muestre cómo Fermat o Barrow resolvieron el mismo problema. Aunque use derivadas y ellos no lo hayan hecho, señale las similitudes entre los métodos.

1. C. H. Edwards, *The Historical Development of the Calculus* (New York: Springer-Verlag, 1979), pp. 124, 132.

2. Howard Eves, *An Introduction to the History of Mathematics,* 6.ª ed. (New York: Saunders, 1990), pp. 391, 395.

3. Morris Kline, *Mathematical Thought from Ancient to Modern Times* (New York: Oxford University Press, 1972), pp. 344, 346.

4. Uta Merzbach y Carl Boyer, *A History of Mathematics,* 3.ª ed. (Hoboken, New Jersey: Wiley, 2011), pp. 323, 356.

2.8 | La derivada como una función

■ La función derivada

En la sección anterior se consideró la derivada de la función f en un número fijo a.

$$\boxed{1} \qquad f'(a) = \lim_{h \to 0} \frac{f(a + h) - f(a)}{h}$$

Ahora se cambia el punto de vista y varía el número a. Si se reemplaza a en la ecuación 1 por una variable x se obtiene

$$\boxed{2} \qquad \boxed{f'(x) = \lim_{h \to 0} \frac{f(x + h) - f(x)}{h}}$$

Dado cualquier número x para el que exista este límite, se asigna a x el valor $f'(x)$. Así, f' se puede considerar una nueva función, llamada **derivada de** f y definida por la ecuación 2. Se sabe que el valor de f' en x, $f'(x)$, puede interpretarse geométricamente como la pendiente de la recta tangente a la gráfica de f en el punto $(x, f(x))$.

La función f' se llama derivada de f porque se "deriva" de f por la operación de límite en la ecuación 2. El dominio de f' es el conjunto $\{x \mid f'(x) \text{ existe}\}$ y puede ser más pequeño que el dominio de f.

EJEMPLO 1 La gráfica de una función f se da en la figura 1. Con base en ella, trace la gráfica de la derivada f'.

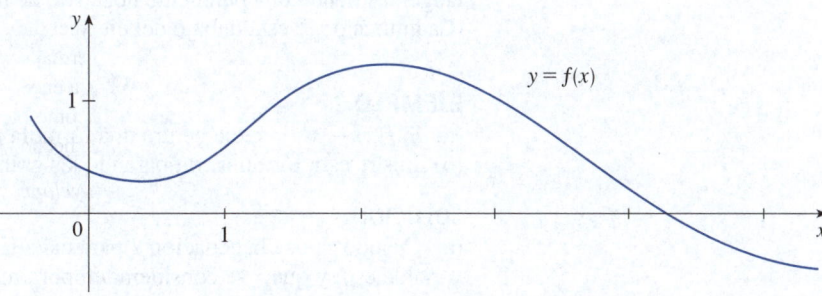

FIGURA 1

SOLUCIÓN El valor de la derivada en cualquier valor de x se calcula al trazar la tangente en el punto $(x, f(x))$ y estimar su pendiente. Por ejemplo, para $x = 3$ se traza una tangente en P en la figura 2 y se estima que su pendiente es aproximadamente $-\frac{2}{3}$. (Se trazó un triángulo para ayudar a estimar la pendiente). Así, $f'(3) \approx -\frac{2}{3} \approx -0.67$, y esto permite marcar el punto $P'(3, -0.67)$ en la gráfica de f' directamente debajo de P. (La pendiente de la gráfica de f se vuelve el valor y en la gráfica de f').

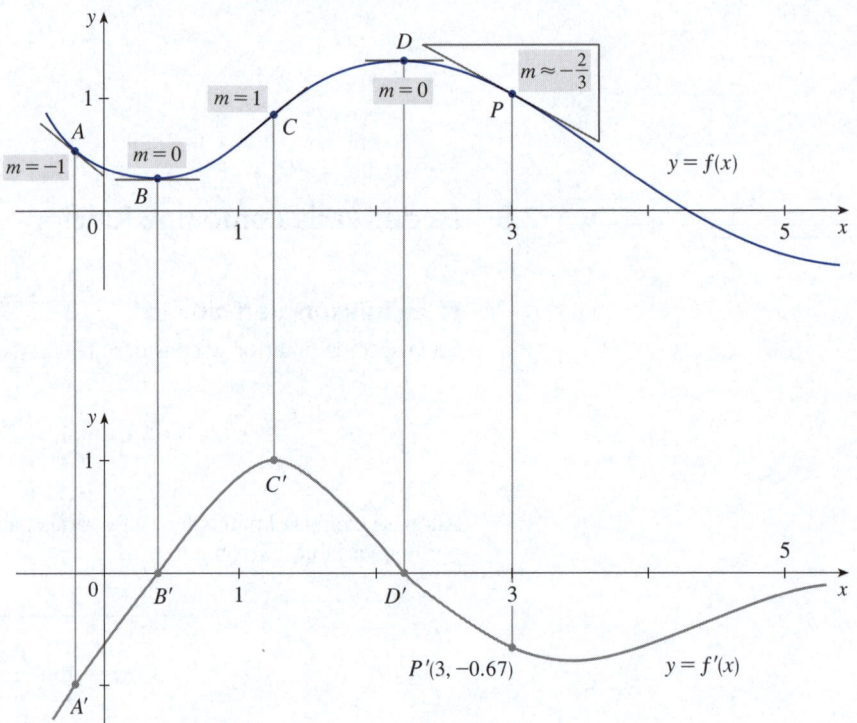

FIGURA 2

La pendiente de la tangente trazada en A parece de aproximadamente -1, por lo que se marca el punto A' con un valor y de -1 en la gráfica de f' (directamente debajo de A). Las tangentes en B y D son horizontales, de modo que la derivada es 0 allí y la gráfica de f' cruza el eje x (donde $y = 0$) en los puntos B' y D', directamente debajo de B y D. Entre B y D, la gráfica de f es más pronunciada en C y la recta tangente allí parece tener una pendiente 1, por lo que el mayor valor de $f'(x)$ entre B' y D' es 1 (en C').

Observe que entre B y D las tangentes tienen pendiente positiva, así que $f'(x)$ es positiva allí. (La gráfica de f' está encima del eje x). Pero a la derecha de D, las tangentes tienen una pendiente negativa, de modo que $f'(x)$ es negativa allí. (La gráfica de f' está debajo del eje x). ∎

EJEMPLO 2

(a) Si $f(x) = x^3 - x$, encuentre una fórmula para $f'(x)$.
(b) Ilustre esta fórmula comparando las gráficas de f y f'.

SOLUCIÓN

(a) Cuando se usa la ecuación 2 para calcular una derivada, se debe recordar que la variable es h y que x se considera temporalmente una constante durante el cálculo del límite.

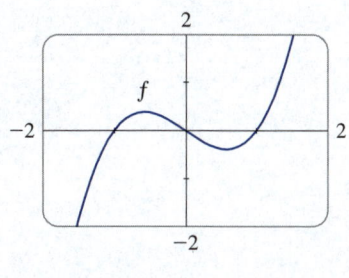

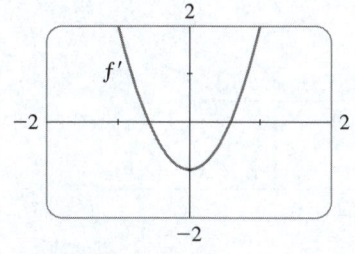

FIGURA 3

$$f'(x) = \lim_{h \to 0} \frac{f(x + h) - f(x)}{h} = \lim_{h \to 0} \frac{[(x + h)^3 - (x + h)] - [x^3 - x]}{h}$$

$$= \lim_{h \to 0} \frac{x^3 + 3x^2h + 3xh^2 + h^3 - x - h - x^3 + x}{h}$$

$$= \lim_{h \to 0} \frac{3x^2h + 3xh^2 + h^3 - h}{h}$$

$$= \lim_{h \to 0} (3x^2 + 3xh + h^2 - 1) = 3x^2 - 1$$

(b) Se usa una calculadora para graficar f y f' en la figura 3. Observe que $f'(x) = 0$ cuando f tiene tangentes horizontales y $f'(x)$ es positiva cuando las tangentes tienen una pendiente positiva. De modo que estas gráficas sirven para demostrar el resultado en el inciso (a). ∎

EJEMPLO 3   Si $f(x) = \sqrt{x}$, encuentre la derivada de f. Indique el dominio de f'.

SOLUCIÓN

$$f'(x) = \lim_{h \to 0} \frac{f(x + h) - f(x)}{h} = \lim_{h \to 0} \frac{\sqrt{x + h} - \sqrt{x}}{h}$$

$$= \lim_{h \to 0} \left(\frac{\sqrt{x + h} - \sqrt{x}}{h} \cdot \frac{\sqrt{x + h} + \sqrt{x}}{\sqrt{x + h} + \sqrt{x}} \right) \quad \text{(Racionalice el numerador)}$$

$$= \lim_{h \to 0} \frac{(x + h) - x}{h(\sqrt{x + h} + \sqrt{x})} = \lim_{h \to 0} \frac{h}{h(\sqrt{x + h} + \sqrt{x})}$$

$$= \lim_{h \to 0} \frac{1}{\sqrt{x + h} + \sqrt{x}} = \frac{1}{\sqrt{x} + \sqrt{x}} = \frac{1}{2\sqrt{x}}$$

Se observa que $f'(x)$ existe si $x > 0$, por lo que el dominio de f' es $(0, \infty)$. Esto es ligeramente más pequeño que el dominio de f, que es $[0, \infty)$. ∎

Se demuestra que el resultado del ejemplo 3 es razonable al ver las gráficas de f y f' en la figura 4. Cuando x está cerca de 0, $\sqrt{x}$ también está cerca de 0, así que $f'(x) = 1/(2\sqrt{x})$ es muy grande y esto corresponde a las rectas tangentes inclinadas cerca de $(0, 0)$ en la figura 4(a) y los valores grandes de $f'(x)$ justo a la derecha de 0 en la figura 4(b). Cuando x es grande, $f'(x)$ es muy pequeña, y esto corresponde a las rectas tangentes más planas en el extremo derecho de la gráfica de f y la asíntota horizontal de la gráfica de f'.

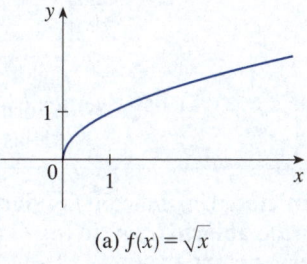

(a) $f(x) = \sqrt{x}$

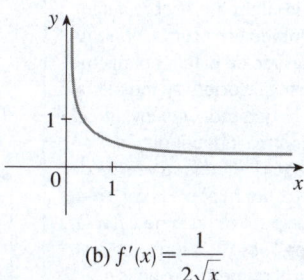

(b) $f'(x) = \dfrac{1}{2\sqrt{x}}$

FIGURA 4

EJEMPLO 4 Determine f' si $f(x) = \dfrac{1-x}{2+x}$.

SOLUCIÓN

$$f'(x) = \lim_{h \to 0} \frac{f(x+h) - f(x)}{h}$$

$$= \lim_{h \to 0} \frac{\dfrac{1-(x+h)}{2+(x+h)} - \dfrac{1-x}{2+x}}{h}$$

$$= \lim_{h \to 0} \frac{(1-x-h)(2+x) - (1-x)(2+x+h)}{h(2+x+h)(2+x)}$$

$$= \lim_{h \to 0} \frac{(2-x-2h-x^2-xh) - (2-x+h-x^2-xh)}{h(2+x+h)(2+x)}$$

$$= \lim_{h \to 0} \frac{-3h}{h(2+x+h)(2+x)}$$

$$= \lim_{h \to 0} \frac{-3}{(2+x+h)(2+x)} = -\frac{3}{(2+x)^2} \qquad \blacksquare$$

$$\frac{\dfrac{a}{b} - \dfrac{c}{d}}{e} = \frac{ad - bc}{bd} \cdot \frac{1}{e}$$

Leibniz

Gottfried Wilhelm Leibniz nació en Leipzig en 1646 y estudió derecho, teología, filosofía y matemáticas en la universidad de esa ciudad, donde se graduó con el grado de bachiller a la edad de 17 años. Después de obtener su doctorado en derecho a los 20 años, Leibniz entró al servicio diplomático y pasó la mayoría de su vida viajando a las capitales de Europa en misiones políticas. En particular, trabajó para prevenir una amenaza militar francesa contra Alemania e intentó reconciliar las iglesias católica y protestante.

Su estudio riguroso de las matemáticas no comenzó sino hasta 1672, mientras estaba en una misión diplomática en París. Allí construyó una máquina de calcular y conoció a científicos, como Huygens, que dirigieron su atención a los avances más recientes en matemáticas y ciencia. Leibniz procuró desarrollar una lógica simbólica y un sistema de notación que simplificara el razonamiento lógico. En particular, la versión de cálculo que publicó en 1684 estableció la notación y las reglas para encontrar derivadas que se usan en la actualidad.

Por desgracia, en la década de 1690 surgió una terrible disputa de prioridades entre los seguidores de Newton y los de Leibniz sobre quién había inventado el cálculo. Leibniz fue incluso acusado de plagio por miembros de la Royal Society en Inglaterra. La verdad es que cada uno inventó el cálculo de forma independiente. Newton llegó primero a su versión del cálculo pero, por miedo a la controversia, no la publicó de inmediato. Así, el escrito de 1684 de Leibniz sobre el cálculo fue el primero en publicarse.

■ **Otras notaciones**

Si se utiliza la notación tradicional $y = f(x)$ para indicar que la variable independiente es x y la variable dependiente es y, entonces algunas notaciones alternativas comunes para la derivada son las siguientes:

$$f'(x) = y' = \frac{dy}{dx} = \frac{df}{dx} = \frac{d}{dx} f(x) = Df(x) = D_x f(x)$$

Los símbolos D y d/dx se denominan **operadores de derivación** porque indican la operación de **derivación,** que es el proceso de cálculo de una derivada.

El símbolo dy/dx, que introdujo Leibniz, no debe considerarse una razón (por el momento); es simplemente un sinónimo de $f'(x)$. No obstante, es una notación muy útil y sugerente, en especial cuando se utiliza junto con la notación de incremento. Respecto a la ecuación 2.7.6, se puede reescribir la definición de derivada en la notación de Leibniz en la forma

$$\frac{dy}{dx} = \lim_{\Delta x \to 0} \frac{\Delta y}{\Delta x}$$

Si se desea indicar el valor de una derivada dy/dx en notación de Leibniz en un número específico a, se usa

$$\frac{dy}{dx}\bigg|_{x=a} \qquad \text{o} \qquad \frac{dy}{dx}\bigg]_{x=a}$$

que equivale a $f'(a)$. La barra vertical significa "evaluar en".

> **3** **Definición** Una función f es **derivable** en a si $f'(a)$ existe. Es **derivable en un intervalo abierto** (a, b) [o (a, ∞) o $(-\infty, a)$ o $(-\infty, \infty)$] si es derivable en cada valor en el intervalo.

EJEMPLO 5 ¿Dónde es derivable la función $f(x) = |x|$?

SOLUCIÓN Si $x > 0$, entonces $|x| = x$, y se puede elegir h lo suficientemente peque-
ño para que $x + h > 0$ y por ende $|x + h| = x + h$. En consecuencia, para $x > 0$, se
tiene

$$f'(x) = \lim_{h \to 0} \frac{|x + h| - |x|}{h} = \lim_{h \to 0} \frac{(x + h) - x}{h}$$

$$= \lim_{h \to 0} \frac{h}{h} = \lim_{h \to 0} 1 = 1$$

y así f es derivable para cualquier $x > 0$.

De igual manera, para $x < 0$ se tiene $|x| = -x$ y h se puede elegir lo suficiente-
mente pequeño para que $x + h < 0$ y así $|x + h| = -(x + h)$. Por ende, para $x < 0$,

$$f'(x) = \lim_{h \to 0} \frac{|x + h| - |x|}{h} = \lim_{h \to 0} \frac{-(x + h) - (-x)}{h}$$

$$= \lim_{h \to 0} \frac{-h}{h} = \lim_{h \to 0} (-1) = -1$$

y así f es derivable para cualquier $x < 0$.

Para $x = 0$ se debe investigar

$$f'(0) = \lim_{h \to 0} \frac{f(0 + h) - f(0)}{h}$$

$$= \lim_{h \to 0} \frac{|0 + h| - |0|}{h} = \lim_{h \to 0} \frac{|h|}{h} \quad \text{(si existe)}$$

Ahora se calculan los límites por la izquierda y por la derecha por separado:

$$\lim_{h \to 0^+} \frac{|h|}{h} = \lim_{h \to 0^+} \frac{h}{h} = \lim_{h \to 0^+} 1 = 1$$

y

$$\lim_{h \to 0^-} \frac{|h|}{h} = \lim_{h \to 0^-} \frac{-h}{h} = \lim_{h \to 0^-} (-1) = -1$$

Como estos límites son diferentes, $f'(0)$ no existe. Así, f es derivable en todas las x
excepto 0.

Una fórmula para f' se da por

$$f'(x) = \begin{cases} 1 & \text{si } x > 0 \\ -1 & \text{si } x < 0 \end{cases}$$

y su gráfica se muestra en la figura 5(b). El hecho de que $f'(0)$ no existe se refleja
geométricamente en el hecho de que la curva $y = |x|$ no tiene una recta tangente en
$(0, 0)$. [Vea la figura 5(a)]. ∎

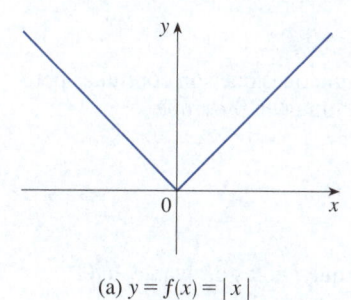

(a) $y = f(x) = |x|$

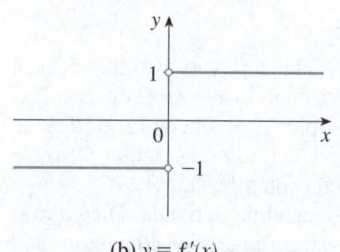

(b) $y = f'(x)$

FIGURA 5

Tanto la continuidad como la derivabilidad son propiedades deseables que una función ha de tener. El siguiente teorema muestra cómo se relacionan estas propiedades.

> **4** **Teorema** Si f es derivable en a, entonces f es continua en a.

DEMOSTRACIÓN Para demostrar que f es continua en a, se debe mostrar que $\lim_{x \to a} f(x) = f(a)$. Se hace demostrando que la diferencia $f(x) - f(a)$ se aproxima a 0. La información dada es que f es derivable en a, es decir,

$$f'(a) = \lim_{x \to a} \frac{f(x) - f(a)}{x - a}$$

RP Un aspecto importante de la resolución de problemas es encontrar una relación entre lo dado y lo desconocido. Vea el paso 2 (*Piense en un plan*) en "Principios para la resolución de problemas" que se presenta después del capítulo 1.

que existe (vea la ecuación 2.7.5). Para relacionar lo dado con lo desconocido, se divide y multiplica $f(x) - f(a)$ por $x - a$ (lo que se hace cuando $x \neq a$):

$$f(x) - f(a) = \frac{f(x) - f(a)}{x - a} (x - a)$$

Así, con la ley 4, se escribe

$$\lim_{x \to a} [f(x) - f(a)] = \lim_{x \to a} \frac{f(x) - f(a)}{x - a} (x - a)$$

$$= \lim_{x \to a} \frac{f(x) - f(a)}{x - a} \cdot \lim_{x \to a} (x - a)$$

$$= f'(a) \cdot 0 = 0$$

Para usar lo que se acaba de demostrar, se empieza con $f(x)$ y se suma y resta $f(a)$:

$$\lim_{x \to a} f(x) = \lim_{x \to a} [f(a) + (f(x) - f(a))]$$

$$= \lim_{x \to a} f(a) + \lim_{x \to a} [f(x) - f(a)]$$

$$= f(a) + 0 = f(a)$$

Por lo tanto, f es continua en a. ∎

⊘ **NOTA** El inverso del teorema 4 es falso; es decir, hay funciones que son continuas pero no derivables. Por ejemplo, la función $f(x) = |x|$ es continua en 0 porque

$$\lim_{x \to 0} f(x) = \lim_{x \to 0} |x| = 0 = f(0)$$

(Vea el ejemplo 2.3.7). Pero en el ejemplo 5 se mostró que f no es derivable en 0.

¿Cómo puede una función no ser derivable?

Se vio que la función $y = |x|$ en el ejemplo 5 no es derivable en 0, y en la figura 5(a) se mostró que su gráfica cambia de dirección abruptamente cuando $x = 0$. En general, si la gráfica de una función f tiene una "esquina" o un "pico", entonces la gráfica de f no tiene tangente en este punto y f no es derivable allí. [Al tratar de calcular $f'(a)$, se encuentra que los límites por la izquierda y por la derecha son diferentes].

El teorema 4 da otra forma para que una función no tenga una derivada. Dice que si f no es continua en a, entonces f no es derivable en a. Así, en cualquier discontinuidad (por ejemplo, una discontinuidad de salto), f no es derivable.

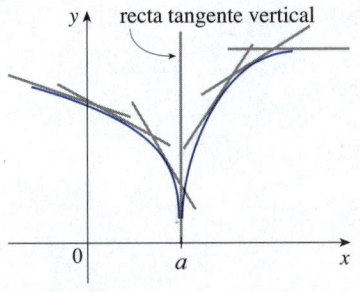

FIGURA 6

Una tercera posibilidad es que la curva tenga una **recta tangente vertical** cuando $x = a$; es decir, f es continua en a y

$$\lim_{x \to a} \left| f'(x) \right| = \infty$$

Esto significa que las rectas tangentes se hacen cada vez más pronunciadas conforme $x \to a$. En las figuras 6 y 7(c) se muestran dos formas en que esto sucede. En la figura 7 se ilustran las tres posibilidades que se examinaron.

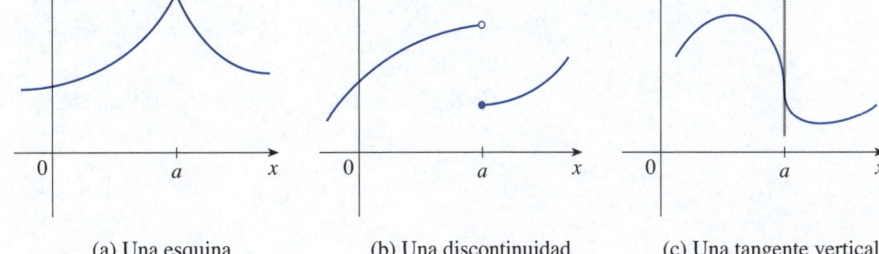

FIGURA 7
Tres formas de que f no sea
derivable en a.

(a) Una esquina   (b) Una discontinuidad   (c) Una tangente vertical

Una calculadora graficadora o una computadora proporcionan otra forma de ver la derivabilidad. Si f es derivable en a, entonces cuando se hace un acercamiento al punto $(a, f(a))$, la gráfica se endereza y luce cada vez más como una recta (vea la figura 8; en la figura 2.7.2 se presenta un ejemplo específico de esto). Pero no importa cuánto se acerque a un punto como los de las figuras 6 y 7(a), no es posible eliminar el punto agudo o la esquina (vea la figura 9).

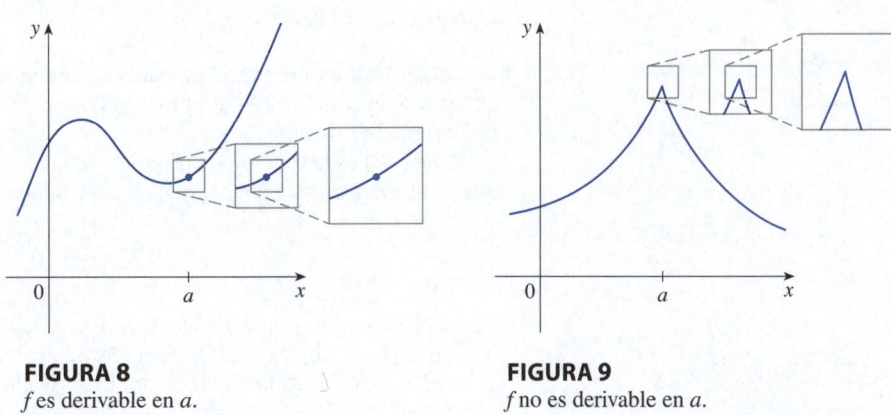

FIGURA 8
f es derivable en a.

FIGURA 9
f no es derivable en a.

■ Derivadas superiores

Si f es una función derivable, entonces su derivada f' también es una función, por lo que f' puede tener una derivada propia, denotada por $(f')' = f''$. Esta nueva función f'' se llama **segunda derivada** de f porque es la derivada de la derivada de f. Con base en la notación de Leibniz, la segunda derivada de $y = f(x)$ se escribe como

$$\underbrace{\frac{d}{dx}}_{\substack{\text{derivada} \\ \text{de}}} \underbrace{\left(\frac{dy}{dx} \right)}_{\substack{\text{primera} \\ \text{derivada}}} = \underbrace{\frac{d^2y}{dx^2}}_{\substack{\text{segunda} \\ \text{derivada}}}$$

EJEMPLO 6 Si $f(x) = x^3 - x$, determine e interprete $f''(x)$.

SOLUCIÓN En el ejemplo 2 se encontró que la primera derivada es $f'(x) = 3x^2 - 1$. De modo que la segunda derivada es

$$
\begin{aligned}
f''(x) = (f')'(x) &= \lim_{h \to 0} \frac{f'(x+h) - f'(x)}{h} \\
&= \lim_{h \to 0} \frac{[3(x+h)^2 - 1] - [3x^2 - 1]}{h} \\
&= \lim_{h \to 0} \frac{3x^2 + 6xh + 3h^2 - 1 - 3x^2 + 1}{h} \\
&= \lim_{h \to 0} (6x + 3h) = 6x
\end{aligned}
$$

En la figura 10 se muestran las gráficas de f, f' y f''.

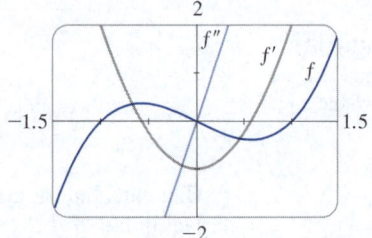

FIGURA 10

Se puede interpretar $f''(x)$ como la pendiente de la curva $y = f'(x)$ en el punto $(x, f'(x))$. En otras palabras, es la razón de cambio de la pendiente de la curva original $y = f(x)$.

En la figura 10 se observa que $f''(x)$ es negativa cuando $y = f'(x)$ tiene pendiente negativa, y positiva cuando $y = f'(x)$ tiene pendiente positiva. Así, las gráficas sirven para demostrar los cálculos. ∎

En general, una segunda derivada se puede interpretar como la razón de cambio de una razón de cambio. El ejemplo más conocido de esto es la *aceleración*, que se define de la siguiente manera.

Si $s = s(t)$ es la función de posición de un objeto que se mueve en línea recta, se sabe que su primera derivada representa la velocidad $v(t)$ del objeto como función del tiempo:

$$
v(t) = s'(t) = \frac{ds}{dt}
$$

La razón de cambio instantánea de la velocidad respecto al tiempo se denomina **aceleración** $a(t)$ del objeto. Así, la función de aceleración es la derivada de la función de velocidad y, por lo tanto, es la segunda derivada de la función de posición:

$$
a(t) = v'(t) = s''(t)
$$

o, en notación de Leibniz,

$$
a = \frac{dv}{dt} = \frac{d^2 s}{dt^2}
$$

La aceleración es el cambio de velocidad que se siente al acelerar o desacelerar en un automóvil.

La **tercera derivada** f''' es la derivada de la segunda derivada: $f''' = (f'')'$. De este modo, $f'''(x)$ se puede interpretar como la pendiente de la curva $y = f''(x)$ o como la razón de cambio de $f''(x)$. Si $y = f(x)$, entonces se tienen otras notaciones para la tercera derivada

$$
y''' = f'''(x) = \frac{d}{dx}\left(\frac{d^2 y}{dx^2}\right) = \frac{d^3 y}{dx^3}
$$

La tercera derivada también se puede interpretar físicamente en el caso donde la función es la función de posición $s = s(t)$ de un objeto que se mueve a lo largo de una línea recta. Dado que $s''' = (s'')' = a'$, la tercera derivada de la función de posición es la derivada de la función de aceleración y se llama **tirón** o **empujón** (*jerk*):

$$j = \frac{da}{dt} = \frac{d^3s}{dt^3}$$

Por lo tanto, el tirón j es la razón de cambio de la aceleración. Se llama así porque un gran tirón significa un cambio repentino en la aceleración, lo que causa un movimiento brusco.

El proceso de derivación puede continuar. Es común denotar la cuarta derivada f'''' por $f^{(4)}$. En general, la enésima derivada de f se denota por $f^{(n)}$ y se obtiene de f al derivar n veces. Si $y = f(x)$, se escribe

$$y^{(n)} = f^{(n)}(x) = \frac{d^n y}{dx^n}$$

EJEMPLO 7 Si $f(x) = x^3 - x$, encuentre $f'''(x)$ y $f^{(4)}(x)$.

SOLUCIÓN En el ejemplo 6 se encontró que $f''(x) = 6x$. La gráfica de la segunda derivada tiene la ecuación $y = 6x$ y, por lo tanto, es una recta con pendiente 6. Dado que la derivada $f'''(x)$ es la pendiente de $f''(x)$, se tiene

$$f'''(x) = 6$$

para todos los valores de x. De este modo, f''' es una función constante y su gráfica es una recta horizontal. Por lo tanto, para todos los valores de x,

$$f^{(4)}(x) = 0 \qquad \blacksquare$$

Se vio que una aplicación de las segundas y terceras derivadas se encuentra en el análisis del movimiento de los objetos con la aceleración y el tirón. En la sección 4.3, se investigará otra aplicación de las segundas derivadas, donde se muestra que conocer f'' brinda información sobre la forma de la gráfica de f. En el capítulo 11 se verá que las derivadas segundas y superiores permiten representar funciones como sumas de series infinitas.

2.8 | Ejercicios

1-2 Con base en la gráfica dada, estime el valor de cada derivada. Luego, trace la gráfica de f'.

1. (a) $f'(0)$ (b) $f'(1)$ (c) $f'(2)$ (d) $f'(3)$
   (e) $f'(4)$ (f) $f'(5)$ (g) $f'(6)$ (h) $f'(7)$

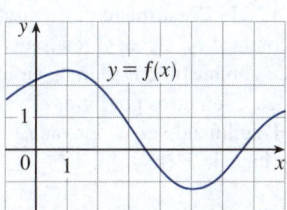

2. (a) $f'(-3)$ (b) $f'(-2)$ (c) $f'(-1)$
   (d) $f'(0)$ (e) $f'(1)$ (f) $f'(2)$
   (g) $f'(3)$

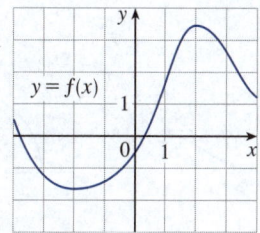

3. Relacione la gráfica de cada función en (a)-(d) con la gráfica de su derivada en I-IV. Argumente las razones de su elección.

(a)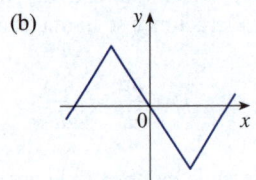

(b)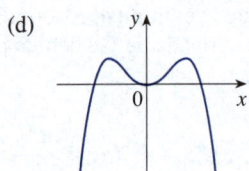

(c)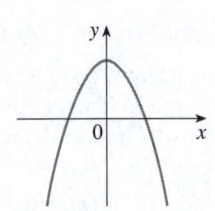

(d)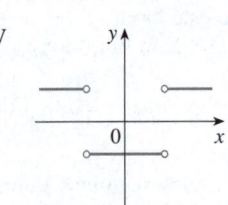

I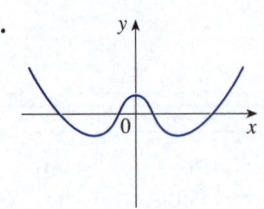

II

III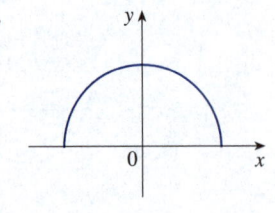

IV

4-11 Trace o copie la gráfica dada de la función f. (Suponga que los ejes tienen las mismas escalas). Después, use el método del ejemplo 1 para trazar la gráfica de f' debajo de ella.

4.

5.

6.

7.

8.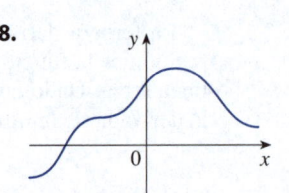

9.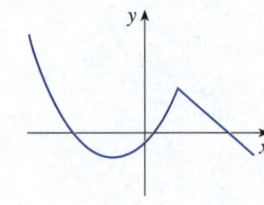

10.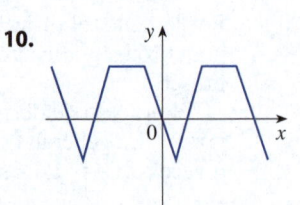

11.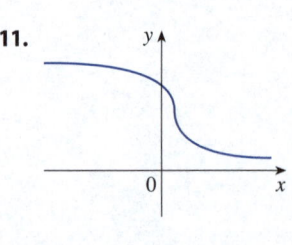

12. Se muestra la gráfica de la función de la población $P(t)$ para células de levadura en un cultivo de laboratorio. Con base en el método del ejemplo 1, grafique la derivada $P'(t)$. ¿Qué indica la gráfica de P' sobre la población de levadura?

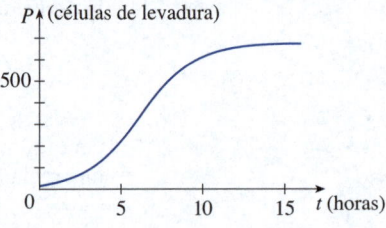

13. Se enchufa una batería recargable en un cargador. En la gráfica se muestra $C(t)$, el porcentaje de capacidad completa que alcanza la batería como una función del tiempo t transcurrido (en horas).
(a) ¿Qué significa la derivada $C'(t)$?
(b) Elabore la gráfica de $C'(t)$. ¿Qué puede deducir a partir de la gráfica?

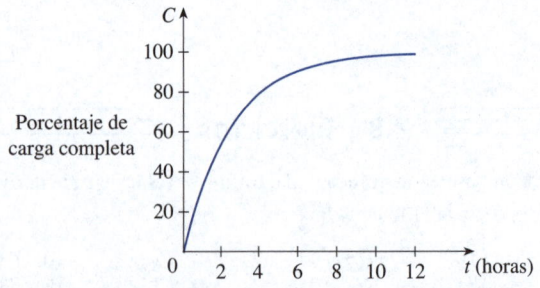

14. En la gráfica (del US Department of Energy) se muestra que la rapidez de conducción afecta el rendimiento de gasolina. La eficiencia de combustible F se mide en litros por 100 km y la rapidez v, en kilómetros por hora.
(a) ¿Cuál es el significado de la derivada $F'(v)$?
(b) Trace la gráfica de $F'(v)$.

(c) ¿A qué rapidez debe conducir para ahorrar gasolina?

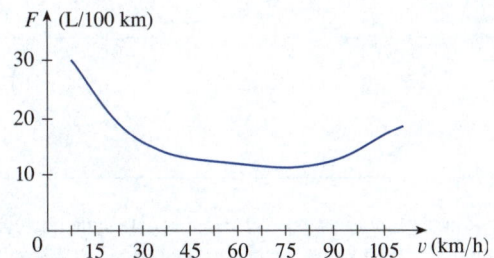

15. En la gráfica se ve que la temperatura media del agua de la superficie f del Lago Michigan varía en el transcurso de un año (donde t se mide en meses cuando $t = 0$ corresponde al 1 de enero). El promedio se calculó a partir de datos obtenidos de un periodo de 20 años que termina en 2011. Trace la gráfica de la función derivada de f'. ¿Cuándo es $f'(t)$ más grande?

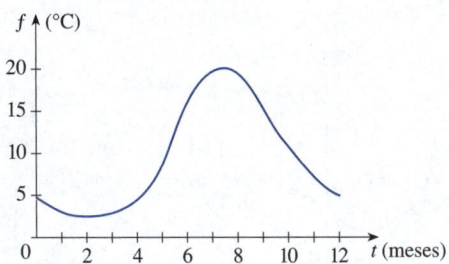

16-18 Elabore un boceto cuidadoso de la gráfica de f y, debajo de ella, trace la gráfica de f' de la misma manera que en los ejercicios 4-11. ¿Se puede suponer una fórmula para $f'(x)$ a partir de su gráfica?

16. $f(x) = \operatorname{sen} x$ **17.** $f(x) = e^x$ **18.** $f(x) = \ln x$

19. Sea $f(x) = x^2$.

(a) Estime los valores de $f'(0)$, $f'\left(\frac{1}{2}\right)$, $f'(1)$ y $f'(2)$ mediante un acercamiento en la gráfica de f.

(b) Mediante simetría, deduzca los valores de $f'\left(-\frac{1}{2}\right)$, $f'(-1)$, y $f'(-2)$.

(c) Con base en los resultados de los incisos (a) y (b), suponga una fórmula para $f'(x)$.

(d) Utilice la definición de la derivada para demostrar que su suposición en el inciso (c) es correcta.

20. Sea $f(x) = x^3$.

(a) Estime los valores de $f'(0)$, $f'\left(\frac{1}{2}\right)$, $f'(1)$, $f'(2)$ y $f'(3)$ acercándose en la gráfica de f.

(b) Mediante simetría, deduzca los valores de $f'\left(-\frac{1}{2}\right)$, $f'(-1)$, $f'(-2)$ y $f'(-3)$.

(c) Utilice los valores de los incisos (a) y (b) para graficar f'.

(d) Suponga una fórmula para $f'(x)$.

(e) Utilice la definición de la derivada para demostrar que su suposición en el inciso (d) es correcta.

21-32 Encuentre la derivada de la función a partir de la definición de derivada. Indique el dominio de la función y el dominio de su derivada.

21. $f(x) = 3x - 8$

22. $f(x) = mx + b$

23. $f(t) = 2.5t^2 + 6t$

24. $f(x) = 4 + 8x - 5x^2$

25. $A(p) = 4p^3 + 3p$

26. $F(t) = t^3 - 5t + 1$

27. $f(x) = \dfrac{1}{x^2 - 4}$

28. $F(v) = \dfrac{v}{v + 2}$

29. $g(u) = \dfrac{u + 1}{4u - 1}$

30. $f(x) = x^4$

31. $f(x) = \dfrac{1}{\sqrt{1 + x}}$

32. $g(x) = \dfrac{1}{1 + \sqrt{x}}$

33. (a) Trace la gráfica de $f(x) = 1 + \sqrt{x + 3}$ empezando con la gráfica de $y = \sqrt{x}$ y las transformaciones de la sección 1.3.

(b) Utilice la gráfica del inciso (a) para trazar la gráfica de f'.

(c) Utilice la definición de la derivada para encontrar $f'(x)$. ¿Cuáles son los dominios de f y f'?

(d) Grafique f' y compare con su trazo en el inciso (b).

34. (a) Si $f(x) = x + 1/x$, encuentre $f'(x)$.

(b) Demuestre que su respuesta al inciso (a) es razonable al compararla con las gráficas de f y f'.

35. (a) Si $f(x) = x^4 + 2x$, determine $f'(x)$.

(b) Demuestre que su respuesta al inciso (a) es razonable al compararla con las gráficas de f y f'.

36. En la tabla se da el número $N(t)$, medido en miles, de procedimientos de cirugía estética mínimamente invasiva realizados en Estados Unidos durante varios años t.

t	$N(t)$(miles)
2000	5 500
2002	4 897
2004	7 470
2006	9 138
2008	10 897
2010	11 561
2012	13 035
2014	13 945

Fuente: American Society of Plastic Surgeons.

(a) ¿Cuál es el significado de $N'(t)$? ¿Cuáles son sus unidades?

(b) Elabore una tabla con valores estimados para $N'(t)$.

(c) Grafique N y N'.

(d) ¿Cómo sería posible obtener valores más precisos para $N'(t)$?

37. En la tabla se da la altura, conforme pasa el tiempo, de un pino común cultivado para madera en una plantación controlada.

Edad del árbol (años)	14	21	28	35	42	49
Altura (metros)	12	16	19	22	24	25

Fuente: Arkansas Forestry Commission.

Si $H(t)$ es la altura del árbol después de t años, elabore una tabla de valores estimados para H' y trace su gráfica.

38. La temperatura del agua afecta la tasa de crecimiento de la trucha de arroyo. En la tabla se ve la cantidad de peso ganado por esas truchas después de 24 días en varias temperaturas de agua.

Temperatura (°C)	15.5	17.7	20.0	22.4	24.4
Peso ganado (g)	37.2	31.0	19.8	9.7	-9.8

Si $W(x)$ es la ganancia de peso en una temperatura x, elabore una tabla de valores estimados para W' y trace su gráfica. ¿Cuáles son las unidades para $W'(x)$?

Fuente: Adaptado de J. Chadwick Jr., "Temperature Effects on Growth and Stress Physiology of Brook Trout: Implications for Climate Change Impacts on an Iconic Cold-Water Fish", *Masters Theses*. Paper 897. 2012. scholarworks. umass.edu/theses/897.

39. Sea P el porcentaje de energía eléctrica que se produce por paneles solares en una ciudad t años después del 1 de enero de 2020.

(a) ¿Qué representa dP/dt en este contexto?

(b) Interprete el enunciado.

$$\left.\frac{dP}{dt}\right|_{t=2} = 3.5$$

40. Suponga que N es el número de personas en Estados Unidos que viajan en auto a otro estado para vacacionar en un año en el que el precio promedio de la gasolina es de p USD por litro. ¿Espera que dN/dp sea positivo o negativo? Explique.

41-44 Se da la gráfica de f. Indique, con argumentos, cuáles son los valores en que f *no* es derivable.

41.
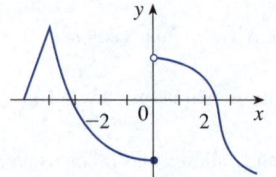

42.
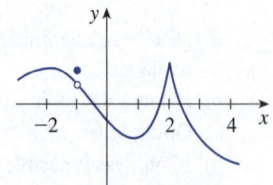

43.
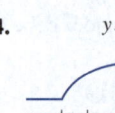

44.
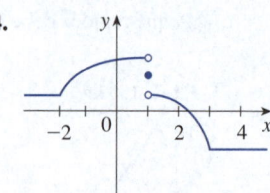

45. Grafique la función $f(x) = x + \sqrt{|x|}$. Haga un acercamiento al punto $(-1, 0)$ y otro hacia el origen. ¿Qué es diferente en el comportamiento de f en la proximidad de ambos puntos? ¿Qué concluye sobre la derivabilidad de f?

46. Haga un acercamiento a los puntos $(1, 0)$, $(0, 1)$ y $(-1, 0)$ en la gráfica de la función $g(x) = (x^2 - 1)^{2/3}$. ¿Qué observa? Considere lo que ve en términos de la derivabilidad de g.

47-48 Se muestran las gráficas de una función f y su derivada f'. ¿Es más grande $f'(-1)$ o $f''(1)$?

47.
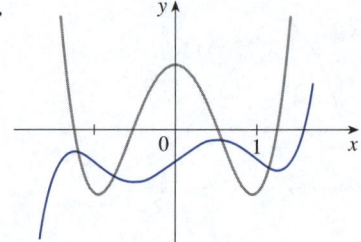

48.
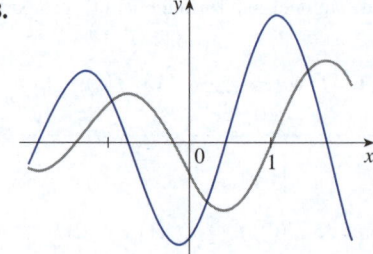

49. En la figura se muestran las gráficas de f, f' y f''. Identifique cada curva y explique sus respuestas.

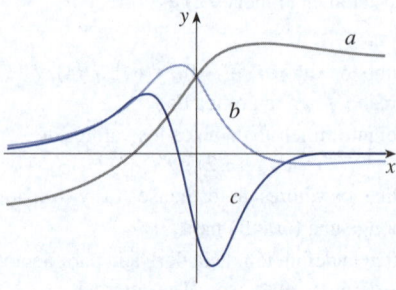

50. En la figura se presentan las gráficas de f, f', f'' y f'''. Identifique cada curva y explique sus respuestas.

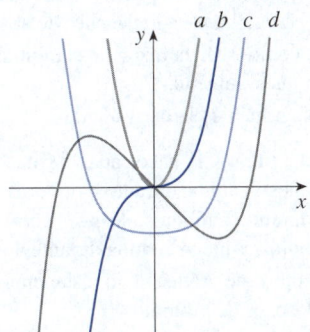

51. En la figura se muestran las gráficas de tres funciones. Una es la función de posición de un automóvil, otra es la velocidad del auto y otra es su aceleración. Identifique cada curva y explique sus respuestas.

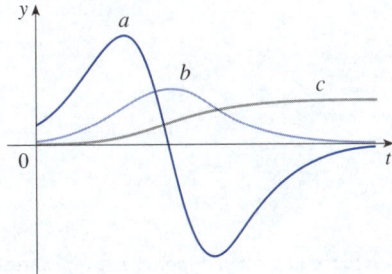

52. En la figura se presentan las gráficas de cuatro funciones. Una es la función de posición de un auto, otra es su velocidad, otra es su aceleración y una más es su tirón. Identifique cada curva y explique sus respuestas.

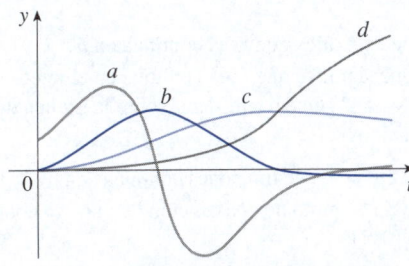

53-54 Con base en la definición de una derivada, encuentre $f'(x)$ y $f''(x)$. Luego grafique f, f' y f'' en una misma pantalla y demuestre si sus respuestas son razonables.

53. $f(x) = 3x^2 + 2x + 1$ **54.** $f(x) = x^3 - 3x$

55. Si $f(x) = 2x^2 - x^3$, encuentre $f'(x)$, $f''(x)$, $f'''(x)$ y $f^{(4)}(x)$. Grafique f, f', f'' y f''' en una misma pantalla. ¿Son las gráficas consistentes con las interpretaciones geométricas de estas derivadas?

56. (a) Se muestra la gráfica de una función de posición de un auto, donde s se mide en metros y t, en segundos. En ella grafique la velocidad y aceleración del vehículo. ¿Cuál es la aceleración a $t = 10$ segundos?

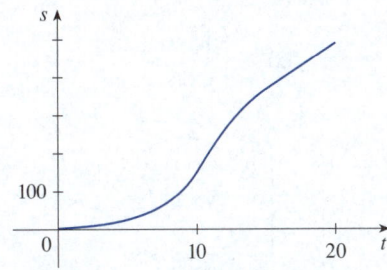

(b) Con base en la curva de aceleración del inciso (a), estime el tirón en $t = 10$ segundos. ¿Cuáles son las unidades para el tirón?

57. Sea $f(x) = \sqrt[3]{x}$.
(a) Si $a \neq 0$, utilice la ecuación 2.7.5 para encontrar $f'(a)$.
(b) Demuestre que $f'(0)$ no existe.
(c) Demuestre que $y = \sqrt[3]{x}$ tiene una recta tangente vertical en $(0, 0)$. (Recuerde la forma de la gráfica de f. Vea la figura 1.2.13).

58. (a) Si $g(x) = x^{2/3}$, demuestre que $g'(0)$ no existe.
(b) Si $a \neq 0$, encuentre $g'(a)$.
(c) Demuestre que $y = x^{2/3}$ tiene una recta tangente vertical en $(0, 0)$.
(d) Ilustre el inciso (c) graficando $y = x^{2/3}$.

59. Demuestre que la función de parte entera $f(x) = |x - 6|$ no es derivable en 6. Determine una fórmula para f' y elabore su gráfica.

60. ¿En qué valores la función $f(x) = [\![x]\!]$ no es derivable? Encuentre una fórmula para f' y trace su gráfica.

61. (a) Trace la gráfica de la función $f(x) = x|x|$.
(b) ¿En qué valores de x es f derivable?
(c) Halle una fórmula para f'.

62. (a) Trace la gráfica de la función $g(x) = x + |x|$.
(b) ¿En qué valores de x es g derivable?
(c) Determine una fórmula para g'.

63. Derivadas de funciones pares e impares Recuerde que una función f se llama *par* si $f(-x) = f(x)$ para toda x en su dominio e *impar* si $f(-x) = -f(x)$ para todas estas x. Demuestre cada uno de los siguientes enunciados.
(a) La derivada de una función par es una función impar.
(b) La derivada de una función impar es una función par.

64-65 Derivadas izquierdas y derechas Las derivadas *izquierdas* y *derechas* de f en a están definidas por

$$f'_-(a) = \lim_{h \to 0^-} \frac{f(a + h) - f(a)}{h}$$

y
$$f'_+(a) = \lim_{h \to 0^+} \frac{f(a + h) - f(a)}{h}$$

si estos límites existen. Entonces $f'(a)$ existe si y solo si estas derivadas unilaterales existen y son iguales.

64. Encuentre $f'_-(0)$ y $f'_+(0)$ para la función dada f. ¿Es f derivable en 0?

(a)
$$f(x) = \begin{cases} 0 & \text{si } x \le 0 \\ x & \text{si } x > 0 \end{cases}$$

(b)
$$f(x) = \begin{cases} 0 & \text{si } x \le 0 \\ x^2 & \text{si } x > 0 \end{cases}$$

65. Sea
$$f(x) = \begin{cases} 0 & \text{si } x \le 0 \\ 5 - x & \text{si } 0 < x < 4 \\ \dfrac{1}{5 - x} & \text{si } x \ge 4 \end{cases}$$

(a) Encuentre $f'_-(4)$ y $f'_+(4)$.
(b) Elabore la gráfica de f.
(c) ¿Dónde es f discontinua?
(d) ¿Dónde es f no derivable?

66. Cuando se abre una llave de agua caliente, la temperatura T del agua depende del tiempo que lleva funcionando. En el ejemplo 1.1.4 se mostró una posible gráfica de T como función del tiempo que ha pasado después de abrir la llave.
(a) Describa cómo varía la razón de cambio de T respecto a t a medida que t aumenta.
(b) Trace una gráfica de la derivada de T.

67. Nick empieza a trotar y lo hace cada vez más rápido durante 3 minutos, y luego camina durante 5 minutos. Se detiene en una esquina durante 2 minutos, después corre muy rápido durante 5 minutos, y luego camina durante 4 minutos.
(a) Trace una posible gráfica de la distancia s que Nick recorre después de t minutos.
(b) Trace una gráfica de ds/dt.

68. Sea ℓ la recta tangente a la parábola $y = x^2$ en el punto $(1, 1)$. El *ángulo de inclinación* de ℓ es el ángulo ϕ que ℓ forma con la dirección positiva del eje x. Calcule ϕ al grado más cercano.

2   REPASO

VERIFICACIÓN DE CONCEPTOS

Las respuestas de la sección "Verificación de conceptos" están disponibles en StewartCalculus.com

1. Explique lo que significa cada uno de los siguientes puntos e ilustre con un boceto.

(a) $\lim\limits_{x \to a} f(x) = L$ (b) $\lim\limits_{x \to a^+} f(x) = L$ (c) $\lim\limits_{x \to a^-} f(x) = L$

(d) $\lim\limits_{x \to a} f(x) = \infty$ (e) $\lim\limits_{x \to \infty} f(x) = L$

2. Describa varias formas en las que un límite puede dejar de existir. Ilustre con bocetos.

3. Enuncie las siguientes leyes de los límites.
(a) Ley de la suma
(b) Ley de la diferencia
(c) Ley del múltiplo constante
(d) Ley del producto
(e) Ley del cociente
(f) Ley de la potencia
(g) Ley de la raíz

4. ¿Qué dice el teorema de la compresión?

5. (a) ¿Qué significa decir que la recta $x = a$ es una asíntota vertical de la curva $y = f(x)$? Trace curvas para ilustrar las diversas posibilidades.
(b) ¿Qué significa decir que la recta $y = L$ es una asíntota horizontal de la curva $y = f(x)$? Trace curvas para ilustrar las diversas posibilidades.

6. ¿Cuáles de las siguientes curvas tienen asíntotas verticales? ¿Cuáles tienen asíntotas horizontales?

(a) $y = x^4$ (b) $y = \operatorname{sen} x$ (c) $y = \tan x$

(d) $y = \tan^{-1} x$ (e) $y = e^x$ (f) $y = \ln x$

(g) $y = 1/x$ (h) $y = \sqrt{x}$

7. (a) ¿Qué significa que f sea continua en a?
(b) ¿Qué significa que f sea continua en el intervalo $(-\infty, \infty)$? ¿Qué puede decir sobre la gráfica de tal función?

8. (a) Dé ejemplos de funciones continuas en $[-1, 1]$.
(b) Dé un ejemplo de una función que no sea continua en $[0, 1]$.

9. ¿Qué dice el teorema del valor intermedio?

10. Escriba una expresión para la pendiente de la recta tangente a la curva $y = f(x)$ en el punto $(a, f(a))$.

11. Suponga que un objeto se mueve a lo largo de una recta con la posición $f(t)$ en el tiempo t. Escriba una expresión para la velocidad instantánea del objeto en el tiempo $t = a$. ¿Cómo puede interpretar esta velocidad en términos de la gráfica de f?

12. Si $y = f(x)$ y x cambia de x_1 a x_2, escriba expresiones para lo siguiente.

   (a) La razón de cambio promedio de y respecto a x a lo largo del intervalo $[x_1, x_2]$.

   (b) La razón de cambio instantánea de y respecto a x en $x = x_1$.

13. Defina la derivada $f'(a)$. Analice dos formas de interpretar este número.

14. Defina la segunda derivada de f. Si $f(t)$ es la función de posición de una partícula, ¿cómo se puede interpretar la segunda derivada?

15. (a) ¿Qué significa que f sea derivable en a?

   (b) ¿Cuál es la relación entre la derivabilidad y la continuidad de una función?

   (c) Trace la gráfica de una función que es continua pero no derivable en $a = 2$.

16. Describa varias formas en que una función puede no ser derivable. Ilustre con bocetos.

PREGUNTAS DE VERDADERO O FALSO

Determine si el enunciado es verdadero o falso. Si es verdadero, explique por qué. Si es falso, explique por qué o dé un ejemplo que lo refute.

1. $\lim\limits_{x \to 4} \left(\dfrac{2x}{x-4} - \dfrac{8}{x-4} \right) = \lim\limits_{x \to 4} \dfrac{2x}{x-4} - \lim\limits_{x \to 4} \dfrac{8}{x-4}$

2. $\lim\limits_{x \to 1} \dfrac{x^2 + 6x - 7}{x^2 + 5x - 6} = \dfrac{\lim\limits_{x \to 1}(x^2 + 6x - 7)}{\lim\limits_{x \to 1}(x^2 + 5x - 6)}$

3. $\lim\limits_{x \to 1} \dfrac{x-3}{x^2 + 2x - 4} = \dfrac{\lim\limits_{x \to 1}(x-3)}{\lim\limits_{x \to 1}(x^2 + 2x - 4)}$

4. $\dfrac{x^2 - 9}{x - 3} = x + 3$

5. $\lim\limits_{x \to 3} \dfrac{x^2 - 9}{x - 3} = \lim\limits_{x \to 3}(x + 3)$

6. Si $\lim\limits_{x \to 5} f(x) = 2$ y $\lim\limits_{x \to 5} g(x) = 0$, entonces $\lim\limits_{x \to 5}[f(x)/g(x)]$ no existe.

7. Si $\lim\limits_{x \to 5} f(x) = 0$ y $\lim\limits_{x \to 5} g(x) = 0$, entonces $\lim\limits_{x \to 5}[f(x)/g(x)]$ no existe.

8. Si no existen $\lim\limits_{x \to a} f(x)$ ni $\lim\limits_{x \to a} g(x)$, entonces $\lim\limits_{x \to a}[f(x) + g(x)]$ no existe.

9. Si $\lim\limits_{x \to a} f(x)$ existe pero $\lim\limits_{x \to a} g(x)$ no existe, entonces $\lim\limits_{x \to a}[f(x) + g(x)]$ no existe.

10. Si p es un polinomio, entonces $\lim\limits_{x \to b} p(x) = p(b)$.

11. Si $\lim\limits_{x \to 0} f(x) = \infty$ y $\lim\limits_{x \to 0} g(x) = \infty$, entonces $\lim\limits_{x \to 0}[f(x) - g(x)] = 0$.

12. Una función puede tener dos asíntotas horizontales diferentes.

13. Si f tiene el dominio $[0, \infty)$ y no tiene asíntota horizontal, entonces $\lim\limits_{x \to \infty} f(x) = \infty$ o $\lim\limits_{x \to \infty} f(x) = -\infty$.

14. Si la recta $x = 1$ es una asíntota vertical de $y = f(x)$, entonces f no está definido en 1.

15. Si $f(1) > 0$ y $f(3) < 0$, entonces existe un número c entre 1 y 3 tal que $f(c) = 0$.

16. Si f es continua en 5 y $f(5) = 2$ y $f(4) = 3$, entonces $\lim\limits_{x \to 2} f(4x^2 - 11) = 2$.

17. Si f es continua en $[-1, 1]$ y $f(-1) = 4$ y $f(1) = 3$, entonces existe un número r tal que $|r| < 1$ y $f(r) = \pi$.

18. Sea f una función tal que $\lim\limits_{x \to 0} f(x) = 6$. Entonces existe un número positivo δ tal que si $0 < |x| < \delta$, entonces $|f(x) - 6| < 1$.

19. Si $f(x) > 1$ para toda x y $\lim\limits_{x \to 0} f(x)$ existe, entonces $\lim\limits_{x \to 0} f(x) > 1$.

20. Si f es continua en a, entonces f es derivable en a.

21. Si $f'(r)$ existe, entonces $\lim\limits_{x \to r} f(x) = f(r)$.

22. $\dfrac{d^2 y}{dx^2} = \left(\dfrac{dy}{dx} \right)^2$

23. La ecuación $x^{10} - 10x^2 + 5 = 0$ tiene una solución en el intervalo $(0, 2)$.

24. Si f es continua en a, lo es también $|f|$.

25. Si $|f|$ es continua en a, lo es también f.

26. Si f es derivable en a, lo es también $|f|$.

EJERCICIOS

1. Se da la gráfica de f.

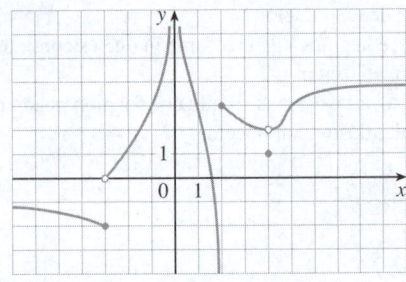

(a) Encuentre cada límite, o explique por qué no existe.

    (i) $\lim\limits_{x \to 2^+} f(x)$ (ii) $\lim\limits_{x \to -3^+} f(x)$ (iii) $\lim\limits_{x \to -3} f(x)$

    (iv) $\lim\limits_{x \to 4} f(x)$ (v) $\lim\limits_{x \to 0} f(x)$ (vi) $\lim\limits_{x \to 2^-} f(x)$

    (vii) $\lim\limits_{x \to \infty} f(x)$ (viii) $\lim\limits_{x \to -\infty} f(x)$

(b) Determine las ecuaciones de las asíntotas horizontales.

(c) Determine las ecuaciones de las asíntotas verticales.

(d) ¿En qué números es f discontinua? Explique.

2. Trace la gráfica de una función f que satisfaga todas las siguientes condiciones:

$$\lim_{x \to -\infty} f(x) = -2, \quad \lim_{x \to \infty} f(x) = 0, \quad \lim_{x \to -3} f(x) = \infty,$$

$$\lim_{x \to 3^-} f(x) = -\infty, \quad \lim_{x \to 3^+} f(x) = 2,$$

f es continua por la derecha en 3.

3-20 Halle el límite.

3. $\lim\limits_{x \to 0} \cos(x^3 + 3x)$

4. $\lim\limits_{x \to 3} \dfrac{x^2 - 9}{x^2 + 2x - 3}$

5. $\lim\limits_{x \to -3} \dfrac{x^2 - 9}{x^2 + 2x - 3}$

6. $\lim\limits_{x \to 1^+} \dfrac{x^2 - 9}{x^2 + 2x - 3}$

7. $\lim\limits_{h \to 0} \dfrac{(h - 1)^3 + 1}{h}$

8. $\lim\limits_{t \to 2} \dfrac{t^2 - 4}{t^3 - 8}$

9. $\lim\limits_{r \to 9} \dfrac{\sqrt{r}}{(r - 9)^4}$

10. $\lim\limits_{v \to 4^+} \dfrac{4 - v}{|4 - v|}$

11. $\lim\limits_{r \to -1} \dfrac{r^2 - 3r - 4}{4r^2 + r - 3}$

12. $\lim\limits_{t \to 5} \dfrac{3 - \sqrt{t + 4}}{t - 5}$

13. $\lim\limits_{x \to \infty} \dfrac{\sqrt{x^2 - 9}}{2x - 6}$

14. $\lim\limits_{x \to -\infty} \dfrac{\sqrt{x^2 - 9}}{2x - 6}$

15. $\lim\limits_{x \to \pi^-} \ln(\operatorname{sen} x)$

16. $\lim\limits_{x \to -\infty} \dfrac{1 - 2x^2 - x^4}{5 + x - 3x^4}$

17. $\lim\limits_{x \to \infty} \left(\sqrt{x^2 + 4x + 1} - x \right)$

18. $\lim\limits_{x \to \infty} e^{x - x^2}$

19. $\lim\limits_{x \to 0^+} \tan^{-1}(1/x)$

20. $\lim\limits_{x \to 1} \left(\dfrac{1}{x - 1} + \dfrac{1}{x^2 - 3x + 2} \right)$

21-22 Mediante gráficas, descubra las asíntotas de la curva. Luego demuestre lo que descubrió.

21. $y = \dfrac{\cos^2 x}{x^2}$

22. $y = \sqrt{x^2 + x + 1} - \sqrt{x^2 - x}$

23. Si $2x - 1 \leqslant f(x) \leqslant x^2$ para $0 < x < 3$, encuentre $\lim\limits_{x \to 1} f(x)$.

24. Demuestre que $\lim\limits_{x \to 0} x^2 \cos(1/x^2) = 0$.

25-28 Demuestre los enunciados con la definición precisa de un límite.

25. $\lim\limits_{x \to 2} (14 - 5x) = 4$

26. $\lim\limits_{x \to 0} \sqrt[3]{x} = 0$

27. $\lim\limits_{x \to 2} (x^2 - 3x) = -2$

28. $\lim\limits_{x \to 4^+} \dfrac{2}{\sqrt{x - 4}} = \infty$

29. Sea

$$f(x) = \begin{cases} \sqrt{-x} & \text{si } x < 0 \\ 3 - x & \text{si } 0 \leqslant x < 3 \\ (x - 3)^2 & \text{si } x > 3 \end{cases}$$

(a) Evalúe cada límite, si existe.

    (i) $\lim\limits_{x \to 0^+} f(x)$ (ii) $\lim\limits_{x \to 0^-} f(x)$ (iii) $\lim\limits_{x \to 0} f(x)$

    (iv) $\lim\limits_{x \to 3^-} f(x)$ (v) $\lim\limits_{x \to 3^+} f(x)$ (vi) $\lim\limits_{x \to 3} f(x)$

(b) ¿En qué valores es f discontinua?

(c) Trace la gráfica de f.

30. Sea

$$g(x) = \begin{cases} 2x - x^2 & \text{si } 0 \leqslant x \leqslant 2 \\ 2 - x & \text{si } 2 < x \leqslant 3 \\ x - 4 & \text{si } 3 < x < 4 \\ \pi & \text{si } x \geqslant 4 \end{cases}$$

(a) Para cada uno de los números 2, 3 y 4, determine si g es continua por la izquierda, continua por la derecha o continua en el número.

(b) Trace la gráfica de g.

31-32 Demuestre que la función es continua en su dominio. Indique el dominio.

31. $h(x) = x e^{\operatorname{sen} x}$

32. $g(x) = \dfrac{\sqrt{x^2 - 9}}{x^2 - 2}$

33-34 Con el teorema del valor intermedio demuestre que hay una solución de la ecuación en el intervalo dado.

33. $x^5 - x^3 + 3x - 5 = 0$, $(1, 2)$

34. $\cos \sqrt{x} = e^x - 2$, $(0, 1)$

35. (a) Encuentre la pendiente de la recta tangente a la curva $y = 9 - 2x^2$ en el punto $(2, 1)$.

(b) Halle una ecuación de esta recta tangente.

36. Determine ecuaciones de las rectas tangentes a la curva

$$y = \frac{2}{1 - 3x}$$

en los puntos con coordenadas $x = 0$ y -1.

37. El desplazamiento (en metros) de un objeto que se mueve en una recta se da por $s = 1 + 2t + \frac{1}{4}t^2$, donde t se mide en segundos.

(a) Encuentre la velocidad promedio en cada periodo.

(i) $[1, 3]$ (ii) $[1, 2]$ (iii) $[1, 1.5]$ (iv) $[1, 1.1]$

(b) Encuentre la velocidad instantánea cuando $t = 1$.

38. Según la ley de Boyle, si la temperatura de un gas confinado se mantiene fija, entonces el producto de la presión P y el volumen V es una constante. Suponga que, para un determinado gas, $PV = 4000$, donde P se mide en pascales y V se mide en litros.

(a) Encuentre la razón de cambio promedio de P a medida que V aumenta de 3 L a 4 L.

(b) Exprese V como función de P y muestre que la razón de cambio instantánea de V respecto a P es inversamente proporcional al cuadrado de P.

39. (a) Con la definición de una derivada halle $f'(2)$, donde $f(x) = x^3 - 2x$.

(b) Encuentre una ecuación de la recta tangente a la curva $y = x^3 - 2x$ en el punto $(2, 4)$.

 (c) Ilustre el inciso (b) graficando la curva y la recta tangente en la misma pantalla.

40. Determine una función f y un número a tal que

$$\lim_{h \to 0} \frac{(2 + h)^6 - 64}{h} = f'(a)$$

41. El costo total de pagar un préstamo estudiantil con una tasa de interés de $r\%$ por año es $C = f(r)$.

(a) ¿Cuál es el significado de la derivada $f'(r)$? ¿Cuáles son sus unidades?

(b) ¿Qué significa el enunciado $f'(10) = 1200$?

(c) ¿Es $f'(r)$ siempre positiva o cambia de signo?

42-44 Trace o copie la gráfica de la función. Luego dibuje una gráfica de su derivada directamente debajo.

42.

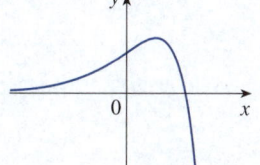

43.

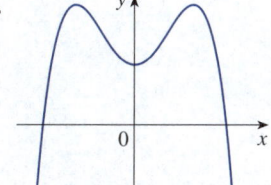

44.

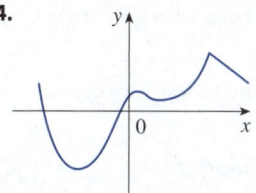

45-46 Encuentre la derivada de f con la definición de una derivada. ¿Cuál es el dominio de f'?

45. $f(x) = \dfrac{2}{x^2}$ **46.** $f(t) = \dfrac{1}{\sqrt{t + 1}}$

47. (a) Si $f(x) = \sqrt{3 - 5x}$, utilice la definición de una derivada para encontrar $f'(x)$.

(b) Determine los dominios de f y f'.

(c) Grafique f y f' en una misma ventana. Compare las gráficas para ver si su respuesta al inciso (a) es razonable.

48. (a) Encuentre las asíntotas de la gráfica de

$$f(x) = \frac{4 - x}{3 + x}$$

y utilícelas para trazar la gráfica.

(b) Utilice su gráfica del inciso (a) para trazar la gráfica de f'.

(c) Use la definición de una derivada para encontrar $f'(x)$.

(d) Grafique f' y compárela con su boceto del inciso (b).

49. Se muestra la gráfica de f. Indique, con las debidas razones, los números en los que f no es derivable.

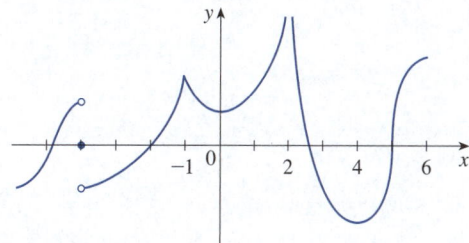

50. En la figura se ven las gráficas de f, f' y f''. Identifique cada curva y explique sus elecciones.

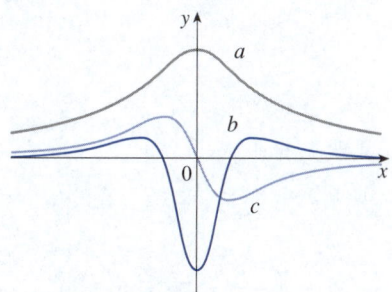

51. Trace la gráfica de una función *f* que satisfaga todas las siguientes condiciones:

El dominio de *f* es todos los números reales excepto 0,
$$\lim_{x \to 0^-} f(x) = 1, \quad \lim_{x \to 0^+} f(x) = 0,$$
$f'(x) > 0$ para toda *x* en el dominio de *f*,
$$\lim_{x \to -\infty} f'(x) = 0, \quad \lim_{x \to \infty} f'(x) = 1$$

52. Sea $P(t)$ el porcentaje de estadounidenses menores de 18 años en el momento *t*. En la tabla se dan valores de esta función en los años de censo desde 1950 hasta 2010.

t	$P(t)$	*t*	$P(t)$
1950	31.1	1990	25.7
1960	35.7	2000	25.7
1970	34.0	2010	24.0
1980	28.0		

(a) ¿Cuál es el significado de $P'(t)$? ¿Cuáles son sus unidades?

(b) Elabore una tabla de valores estimados para $P'(t)$.

(c) Grafique *P* y P'.

(d) ¿Cómo sería posible obtener valores más precisos para $P'(t)$?

53. Sea $B(t)$ el número de billetes de 20 USD en circulación en el momento *t*. En la tabla se dan los valores de esta función desde el año 1995 hasta 2015, al 31 de diciembre, en miles de millones. Interprete y estime el valor de $B'(2010)$.

t	1995	2000	2005	2010	2015
$B(t)$	4.21	4.93	5.77	6.53	8.57

54. La *tasa total de fecundidad* en el tiempo *t*, denotada por $F(t)$, es una estimación del número medio de hijos nacidos de cada mujer (se supone que las tasas de natalidad actuales se mantienen constantes). La gráfica de la tasa total de fecundidad en Estados Unidos muestra las fluctuaciones desde 1940 hasta 2010.

(a) Estime los valores de $F'(1950)$, $F'(1965)$ y $F'(1987)$.

(b) ¿Cuáles son los significados de estas derivadas?

(c) ¿Puede sugerir las razones de los valores de estas derivadas?

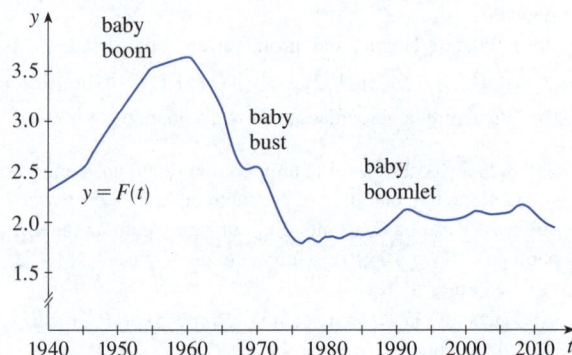

55. Suponga que $|f(x)| \le g(x)$ para toda *x*, donde $\lim_{x \to a} g(x) = 0$. Determine $\lim_{x \to a} f(x)$.

56. Sea $f(x) = [\![x]\!] + [\![-x]\!]$.

(a) ¿Para qué valores de *a* existe $\lim_{x \to a} f(x)$?

(b) ¿En qué valores es *f* discontinua?

Problemas adicionales

En los "Principios para la resolución de problemas" que siguen al capítulo 1 se consideró la estrategia de resolución de problemas *Introduzca algo adicional*. En el siguiente ejemplo se muestra que este principio es a veces útil al evaluar límites. La idea es cambiar la variable —introducir una nueva variable relacionada con la variable original— de manera que el problema sea más sencillo. Más adelante, en la sección 5.5, se aplicará de modo más extenso esta idea general.

EJEMPLO Evalúe $\lim\limits_{x \to 0} \dfrac{\sqrt[3]{1 + cx} - 1}{x}$, donde c es una constante.

SOLUCIÓN Tal como está, este límite parece un desafío. En la sección 2.3 se evaluaron los límites en los que tanto el numerador como el denominador se aproximan a 0. Allí la estrategia fue realizar algún tipo de manipulación algebraica que condujera a una cancelación simplificada, pero aquí no está claro qué tipo de recurso algebraico es necesario.

Así, se presenta una nueva variable t por medio de la ecuación

$$t = \sqrt[3]{1 + cx}$$

También se necesita expresar x en términos de t, así que se resuelve esta ecuación:

$$t^3 = 1 + cx \qquad x = \frac{t^3 - 1}{c} \quad (\text{si } c \neq 0)$$

Observe que $x \to 0$ es equivalente a $t \to 1$. Esto permite convertir el límite dado a un límite que involucre la variable t:

$$\lim_{x \to 0} \frac{\sqrt[3]{1 + cx} - 1}{x} = \lim_{t \to 1} \frac{t - 1}{(t^3 - 1)/c}$$

$$= \lim_{t \to 1} \frac{c(t - 1)}{t^3 - 1}$$

El cambio de variable permitió reemplazar un límite relativamente complicado por uno más simple de un tipo que se ha visto antes. Al factorizar el denominador como una diferencia de cubos se obtiene

$$\lim_{t \to 1} \frac{c(t - 1)}{t^3 - 1} = \lim_{t \to 1} \frac{c(t - 1)}{(t - 1)(t^2 + t + 1)}$$

$$= \lim_{t \to 1} \frac{c}{t^2 + t + 1} = \frac{c}{3}$$

Al hacer el cambio de variable se tuvo que descartar el caso $c = 0$. Pero si $c = 0$, la función es 0 para toda x diferente de 0 y, por lo tanto, su límite es 0. En consecuencia, en todos los casos, el límite es $c/3$. ∎

El objetivo de los siguientes problemas es poner a prueba y desafiar su capacidad para la resolución de problemas. Algunos de ellos requieren una cantidad considerable de tiempo para reflexionar, así que no se desanime si no puede resolverlos de inmediato. Si tiene dificultades, tal vez resulte útil consultar el análisis de los "Principios para la resolución de problemas" que sigue al capítulo 1.

Problemas

1. Evalúe $\lim\limits_{x \to 1} \dfrac{\sqrt[3]{x} - 1}{\sqrt{x} - 1}$.

2. Encuentre a y b tales que $\lim\limits_{x \to 0} \dfrac{\sqrt{ax + b} - 2}{x} = 1$.

3. Evalúe $\lim\limits_{x \to 0} \dfrac{|2x - 1| - |2x + 1|}{x}$.

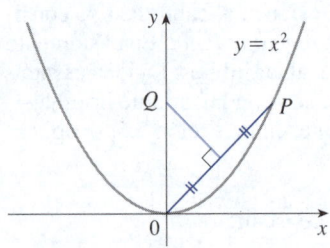

FIGURA PARA EL PROBLEMA 4

4. En la figura se muestra un punto P en la parábola $y = x^2$ y el punto Q donde la bisectriz perpendicular de $0P$ interseca el eje y. Cuando P se aproxima al origen a lo largo de la parábola, ¿qué pasa con Q? ¿Tiene una posición límite? Si es así, encuéntrela.

5. Evalúe los siguientes límites, si existen, donde $[\![x]\!]$ denota la función de parte entera.

(a) $\lim\limits_{x \to 0} \dfrac{[\![x]\!]}{x}$

(b) $\lim\limits_{x \to 0} x \, [\![1/x]\!]$

6. Trace la región en el plano definido por cada una de las siguientes ecuaciones.

(a) $[\![x]\!]^2 + [\![y]\!]^2 = 1$

(b) $[\![x]\!]^2 - [\![y]\!]^2 = 3$

(c) $[\![x + y]\!]^2 = 1$

(d) $[\![x]\!] + [\![y]\!] = 1$

7. Sea $f(x) = x/[\![x]\!]$.

(a) Encuentre el dominio y rango de f.

(b) Evalúe $\lim\limits_{x \to \infty} f(x)$.

8. Un **punto fijo** de una función f es un número c en su dominio tal que $f(c) = c$. (La función no mueve a c; se mantiene fija).

(a) Trace la gráfica de una función continua con dominio $[0, 1]$ cuyo rango también se encuentra en $[0, 1]$. Localice un punto fijo de f.

(b) Intente trazar la gráfica de una función continua con dominio $[0, 1]$ y rango en $[0, 1]$ que *no* tenga un punto fijo. ¿Cuál es el obstáculo?

(c) Utilice el teorema del valor intermedio para demostrar que cualquier función continua con dominio $[0, 1]$ y rango en $[0, 1]$ debe tener un punto fijo.

9. Si $\lim\limits_{x \to a} [f(x) + g(x)] = 2$ y $\lim\limits_{x \to a} [f(x) - g(x)] = 1$, determine $\lim\limits_{x \to a} [f(x)g(x)]$.

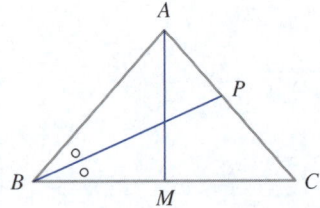

FIGURA PARA EL PROBLEMA 10

10. (a) En la figura se muestra un triángulo isósceles ABC con $\angle B = \angle C$. La bisectriz del ángulo B interseca el lado AC en el punto P. Suponga que la base BC permanece fija pero la altitud $|AM|$ del triángulo se aproxima a 0, por lo que A se aproxima al punto medio M de BC. ¿Qué le pasa a P durante este proceso? ¿Tiene una posición límite? Si es así, encuéntrela.

(b) Intente dibujar el camino trazado por P durante este proceso. Luego encuentre una ecuación de esta curva y use esta ecuación para trazar la curva.

11. (a) Si se empieza desde la latitud $0°$ y se procede en dirección oeste, $T(x)$ puede denotar la temperatura en el punto x en cualquier momento. Si se asume que T es una función continua de x, demuestre que en cualquier momento fijo hay al menos dos puntos diametralmente opuestos en el ecuador que tienen exactamente la misma temperatura.

(b) ¿El resultado en el inciso (a) se mantiene para los puntos que se encuentran en cualquier círculo de la superficie de la Tierra?

(c) ¿Se mantiene el resultado en el inciso (a) para la presión barométrica y para la altitud sobre el nivel del mar?

12. Si f es una función derivable y $g(x) = x f(x)$, utilice la definición de una derivada para demostrar que $g'(x) = x f'(x) + f(x)$.

13. Suponga que f es una función que satisface la ecuación

$$f(x + y) = f(x) + f(y) + x^2 y + x y^2$$

para todos los números reales x y y. Suponga también que

$$\lim\limits_{x \to 0} \frac{f(x)}{x} = 1$$

(a) Determine $f(0)$.

(b) Determine $f'(0)$.

(c) Determine $f'(x)$.

14. Suponga que f es una función con la propiedad de que $|f(x)| \leqslant x^2$ para toda x. Demuestre que $f(0) = 0$. Luego demuestre que $f'(0) = 0$.

En el proyecto que se presenta después de la sección 3.4 se calculará la distancia medida desde la pista a un aeropuerto a la que un piloto debe iniciar el descenso para un aterrizaje suave.

3 Reglas de derivación

HASTA AQUÍ SE HA ESTUDIADO CÓMO INTERPRETAR las derivadas en términos de pendientes y razones de cambio. A partir de la definición de derivada se han calculado las derivadas de funciones definidas por fórmulas; sin embargo, sería tedioso recurrir siempre a la definición, por lo que en este capítulo se aplican reglas para encontrar derivadas sin utilizar la definición directamente. Estas reglas de derivación permiten calcular con relativa facilidad derivadas de polinomios, funciones racionales, algebraicas, exponenciales, logarítmicas, trigonométricas y trigonométricas inversas. A continuación se utilizan estas reglas para resolver problemas relacionados con razones de cambio y aproximación de funciones.

3.1 | Derivadas de polinomios y funciones exponenciales

En esta sección se derivan funciones constantes, funciones potencia o funciones potenciales, polinomios y funciones exponenciales.

■ Funciones constantes

En primer lugar, se presenta la función más sencilla de todas: la función constante $f(x) = c$. La gráfica de esta función es la recta horizontal $y = c$, con pendiente 0, por lo que se debe tener $f'(x) = 0$ (vea la figura 1). También es fácil hacer una demostración formal a partir de la definición de derivada:

$$f'(x) = \lim_{h \to 0} \frac{f(x + h) - f(x)}{h} = \lim_{h \to 0} \frac{c - c}{h} = \lim_{h \to 0} 0 = 0$$

En notación de Leibniz, esta regla se escribe de la siguiente manera.

Derivada de una función constante

$$\frac{d}{dx}(c) = 0$$

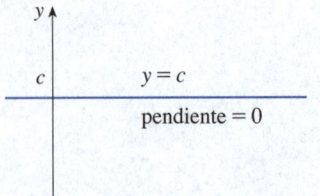

FIGURA 1
La gráfica de $f(x) = c$ es la recta
$y = c$, así que $f'(x) = 0$.

■ Funciones potencia

A continuación se abordarán las funciones $f(x) = x^n$, donde n es un entero positivo. Si $n = 1$, la gráfica de $f(x) = x$ es la recta $y = x$, que tiene una pendiente 1 (vea la figura 2). De este modo,

1
$$\frac{d}{dx}(x) = 1$$

(También se puede verificar la ecuación 1 a partir de la definición de derivada). Ya se investigaron los casos $n = 2$ y $n = 3$. De hecho, en la sección 2.8 (ejercicios 19 y 20) se encontró que

2
$$\frac{d}{dx}(x^2) = 2x \qquad \frac{d}{dx}(x^3) = 3x^2$$

Para $n = 4$ se calcula que la derivada de $f(x) = x^4$ es:

$$f'(x) = \lim_{h \to 0} \frac{f(x + h) - f(x)}{h} = \lim_{h \to 0} \frac{(x + h)^4 - x^4}{h}$$

$$= \lim_{h \to 0} \frac{x^4 + 4x^3h + 6x^2h^2 + 4xh^3 + h^4 - x^4}{h}$$

$$= \lim_{h \to 0} \frac{4x^3h + 6x^2h^2 + 4xh^3 + h^4}{h}$$

$$= \lim_{h \to 0} (4x^3 + 6x^2h + 4xh^2 + h^3) = 4x^3$$

Así,

3
$$\frac{d}{dx}(x^4) = 4x^3$$

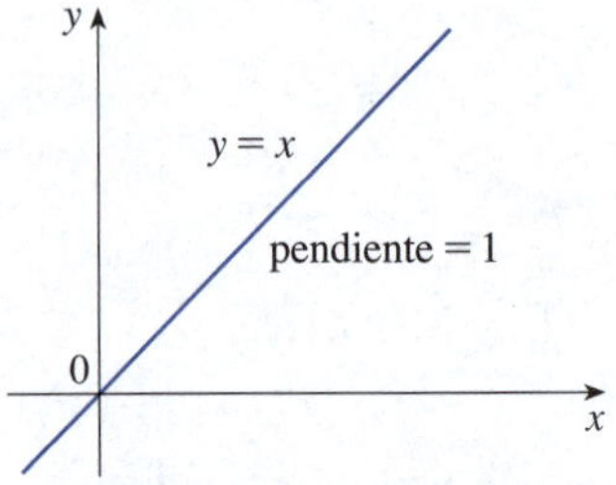

FIGURA 2
La gráfica de $f(x) = x$ es la recta
$y = x$, así que $f'(x) = 1$.

Al comparar las ecuaciones en (1), (2) y (3) se aprecia un patrón. Parece una suposición razonable que, cuando n es un entero positivo, $(d/dx)(x^n) = nx^{n-1}$. Esto resulta cierto. Se demuestra de dos maneras; en la segunda demostración se utiliza el teorema del binomio.

Regla de la potencia Si n es un entero positivo, entonces

$$\frac{d}{dx}(x^n) = nx^{n-1}$$

PRIMERA DEMOSTRACIÓN La fórmula

$$x^n - a^n = (x - a)(x^{n-1} + x^{n-2}a + \cdots + xa^{n-2} + a^{n-1})$$

se verifica simplemente multiplicando el lado derecho (o sumando el segundo factor como una serie geométrica). Si $f(x) = x^n$, se puede usar la ecuación 2.7.5 para $f'(a)$ y la ecuación de arriba para escribir

$$f'(a) = \lim_{x \to a} \frac{f(x) - f(a)}{x - a} = \lim_{x \to a} \frac{x^n - a^n}{x - a}$$

$$= \lim_{x \to a} (x^{n-1} + x^{n-2}a + \cdots + xa^{n-2} + a^{n-1})$$

$$= a^{n-1} + a^{n-2}a + \cdots + aa^{n-2} + a^{n-1}$$

$$= na^{n-1}$$

SEGUNDA DEMOSTRACIÓN

$$f'(x) = \lim_{h \to 0} \frac{f(x + h) - f(x)}{h} = \lim_{h \to 0} \frac{(x + h)^n - x^n}{h}$$

Para una revisión del teorema del binomio, vea la página de referencia 1.

Al hallar la derivada de x^4 se tuvo que expandir $(x + h)^4$. Aquí es necesario expandir $(x + h)^n$, lo que se logra con el teorema del binomio:

$$f'(x) = \lim_{h \to 0} \frac{\left[x^n + nx^{n-1}h + \frac{n(n-1)}{2}x^{n-2}h^2 + \cdots + nxh^{n-1} + h^n \right] - x^n}{h}$$

$$= \lim_{h \to 0} \frac{nx^{n-1}h + \frac{n(n-1)}{2}x^{n-2}h^2 + \cdots + nxh^{n-1} + h^n}{h}$$

$$= \lim_{h \to 0} \left[nx^{n-1} + \frac{n(n-1)}{2}x^{n-2}h + \cdots + nxh^{n-2} + h^{n-1} \right]$$

$$= nx^{n-1}$$

porque el factor de todos los términos, excepto el primero, es h y por lo tanto tienden a 0. ∎

En el ejemplo 1 se ilustra la regla de la potencia con varias notaciones.

EJEMPLO 1

(a) Si $f(x) = x^6$, entonces $f'(x) = 6x^5$ (b) Si $y = x^{1000}$, entonces $y' = 1000x^{999}$

(c) Si $y = t^4$, entonces $\dfrac{dy}{dt} = 4t^3$ (d) $\dfrac{d}{dr}(r^3) = 3r^2$ ■

¿Qué sucede con las funciones potencia con exponentes enteros negativos? En el ejercicio 69 se le pide que verifique a partir de la definición de derivada que

$$\frac{d}{dx}\left(\frac{1}{x}\right) = -\frac{1}{x^2}$$

Esta ecuación se reescribe como

$$\frac{d}{dx}(x^{-1}) = (-1)x^{-2}$$

y así la regla de la potencia es verdadera cuando $n = -1$. De hecho, en la siguiente sección se mostrará [ejercicio 3.2.66(c)] que es válida para todos los enteros negativos.

¿Qué ocurre si el exponente es una fracción? En el ejemplo 2.8.3 se encontró que

$$\frac{d}{dx}\sqrt{x} = \frac{1}{2\sqrt{x}}$$

que se puede escribir como $\dfrac{d}{dx}(x^{1/2}) = \frac{1}{2}x^{-1/2}$

Esto demuestra que la regla de la potencia es verdadera incluso cuando el exponente es $\frac{1}{2}$. De hecho, en la sección 3.6 se verá que es cierto para todos los exponentes reales n.

> **Regla de la potencia (versión general)** Si n es cualquier número real, entonces
>
> $$\frac{d}{dx}(x^n) = nx^{n-1}$$

EJEMPLO 2 Derive:

(a) $f(x) = \dfrac{1}{x^2}$ (b) $y = \sqrt[3]{x^2}$

SOLUCIÓN En cada caso se reescribe la función como una potencia de x.

(a) Puesto que $f(x) = x^{-2}$, se aplica la regla de la potencia con $n = -2$:

$$f'(x) = \frac{d}{dx}(x^{-2}) = -2x^{-2-1} = -2x^{-3} = -\frac{2}{x^3}$$

(b)

$$\frac{dy}{dx} = \frac{d}{dx}\left(\sqrt[3]{x^2}\right) = \frac{d}{dx}(x^{2/3}) = \tfrac{2}{3}x^{(2/3)-1} = \tfrac{2}{3}x^{-1/3} \qquad ■$$

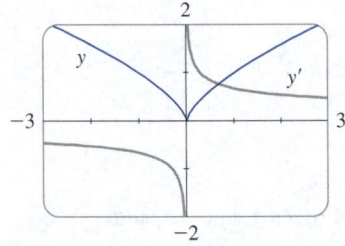

FIGURA 3
$y = \sqrt[3]{x^2}$

En la figura 3 se muestra la función y del ejemplo 2(b) y su derivada y'. Observe que y no es derivable en 0 (y' no está definida allí) y que la función y crece cuando y' es positiva y decrece cuando y' es negativa. En el capítulo 4 se demostrará que, en general, *una función es creciente cuando su derivada es positiva y es decreciente cuando su derivada es negativa*.

La regla de la potencia permite encontrar rectas tangentes sin recurrir a la definición de derivada; también sirve para encontrar *rectas normales*. La **recta normal** a una curva C en un punto P es la recta que pasa por P y que es perpendicular a la recta tangente en P. (En el estudio de la óptica, la ley de reflexión implica el ángulo entre un rayo de luz y la recta normal a una lente).

EJEMPLO 3 Determine ecuaciones de la recta tangente y de la recta normal a la curva $y = x\sqrt{x}$ en el punto $(1, 1)$. Ilústrelo con una gráfica de la curva y de estas rectas.

SOLUCIÓN La derivada de $f(x) = x\sqrt{x} = xx^{1/2} = x^{3/2}$ es

$$f'(x) = \tfrac{3}{2}x^{(3/2)-1} = \tfrac{3}{2}x^{1/2} = \tfrac{3}{2}\sqrt{x}$$

De este modo, la pendiente de la recta tangente en $(1, 1)$ es $f'(1) = \tfrac{3}{2}$. Por lo tanto, una ecuación de la recta tangente es

$$y - 1 = \tfrac{3}{2}(x - 1) \qquad \text{o} \qquad y = \tfrac{3}{2}x - \tfrac{1}{2}$$

La recta normal es perpendicular a la recta tangente, por lo que su pendiente es el recíproco negativo de $\tfrac{3}{2}$, es decir, $-\tfrac{2}{3}$. Por lo tanto, una ecuación de la recta normal es

$$y - 1 = -\tfrac{2}{3}(x - 1) \qquad \text{o} \qquad y = -\tfrac{2}{3}x + \tfrac{5}{3}$$

En la figura 4 se grafica la curva con sus rectas tangente y normal. ∎

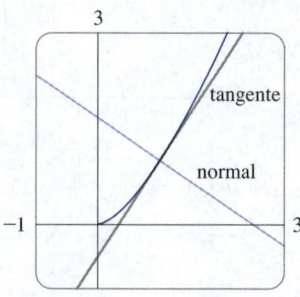

FIGURA 4
$y = x\sqrt{x}$

■ Nuevas derivadas a partir de las anteriores

Cuando se forman nuevas funciones a partir de funciones anteriores por adición, sustracción o multiplicación por una constante, sus derivadas se calculan en términos de derivadas de las funciones anteriores. En particular, la siguiente fórmula dice que *la derivada de una constante multiplicada por una función es la constante multiplicada por la derivada de la función.*

Interpretación geométrica de la regla del múltiplo constante

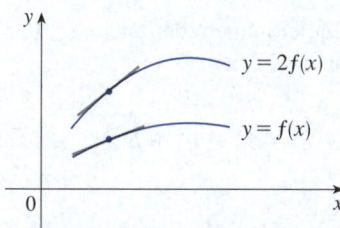

Al multiplicar por $c = 2$ se extiende la gráfica verticalmente por un factor de 2. Todos los ascensos se duplicaron pero los descensos permanecen igual. Así, las pendientes también se duplican.

> **Regla del múltiplo constante** Si c es una constante y f es una función derivable, entonces
> $$\frac{d}{dx}[cf(x)] = c\frac{d}{dx}f(x)$$

DEMOSTRACIÓN Sea $g(x) = cf(x)$. Entonces

$$g'(x) = \lim_{h\to 0}\frac{g(x+h)-g(x)}{h} = \lim_{h\to 0}\frac{cf(x+h)-cf(x)}{h}$$

$$= \lim_{h\to 0}c\left[\frac{f(x+h)-f(x)}{h}\right]$$

$$= c\lim_{h\to 0}\frac{f(x+h)-f(x)}{h} \quad \text{(según la ley 3 de los límites)}$$

$$= cf'(x) \qquad ∎$$

EJEMPLO 4

(a) $\dfrac{d}{dx}(3x^4) = 3\dfrac{d}{dx}(x^4) = 3(4x^3) = 12x^3$

(b) $\dfrac{d}{dx}(-x) = \dfrac{d}{dx}[(-1)x] = (-1)\dfrac{d}{dx}(x) = -1(1) = -1$ ∎

La siguiente regla indica que *la derivada de una suma (o diferencia) de funciones es la suma (o diferencia) de las derivadas*.

Con notación primada, las reglas de la suma y de la diferencia se escriben como sigue:

$$(f + g)' = f' + g'$$

$$(f - g)' = f' - g'$$

Reglas de la suma y de la diferencia Si tanto f como g son derivables, entonces

$$\frac{d}{dx}[f(x) + g(x)] = \frac{d}{dx}f(x) + \frac{d}{dx}g(x)$$

$$\frac{d}{dx}[f(x) - g(x)] = \frac{d}{dx}f(x) - \frac{d}{dx}g(x)$$

DEMOSTRACIÓN Para demostrar la regla de la suma, sea $F(x) = f(x) + g(x)$. Entonces

$$F'(x) = \lim_{h \to 0} \frac{F(x + h) - F(x)}{h}$$

$$= \lim_{h \to 0} \frac{[f(x + h) + g(x + h)] - [f(x) + g(x)]}{h}$$

$$= \lim_{h \to 0} \left[\frac{f(x + h) - f(x)}{h} + \frac{g(x + h) - g(x)}{h} \right]$$

$$= \lim_{h \to 0} \frac{f(x + h) - f(x)}{h} + \lim_{h \to 0} \frac{g(x + h) - g(x)}{h} \quad \text{(según la ley 1 de los límites)}$$

$$= f'(x) + g'(x)$$

Para demostrar la regla de la diferencia, se escribe $f - g$ como $f + (-1)g$ y se aplica la regla de la suma y la regla del múltiplo constante. ∎

La regla de la suma se extiende a la adición de cualquier número de funciones. Por ejemplo, si se emplea este teorema dos veces se obtiene

$$(f + g + h)' = [(f + g) + h]' = (f + g)' + h' = f' + g' + h'$$

La regla del múltiplo constante, la regla de la suma y la regla de la diferencia pueden combinarse con la regla de la potencia para derivar cualquier polinomio, como demuestran los siguientes tres ejemplos.

EJEMPLO 5

$$\frac{d}{dx}(x^8 + 12x^5 - 4x^4 + 10x^3 - 6x + 5)$$

$$= \frac{d}{dx}(x^8) + 12\frac{d}{dx}(x^5) - 4\frac{d}{dx}(x^4) + 10\frac{d}{dx}(x^3) - 6\frac{d}{dx}(x) + \frac{d}{dx}(5)$$

$$= 8x^7 + 12(5x^4) - 4(4x^3) + 10(3x^2) - 6(1) + 0$$

$$= 8x^7 + 60x^4 - 16x^3 + 30x^2 - 6$$

∎

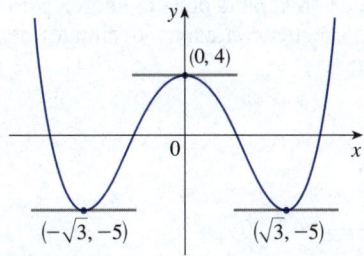

FIGURA 5
La curva $y = x^4 - 6x^2 + 4$ y sus tangentes horizontales.

EJEMPLO 6 Halle los puntos en la curva $y = x^4 - 6x^2 + 4$, donde la recta tangente es horizontal.

SOLUCIÓN Las rectas tangentes horizontales son aquellas cuya derivada es cero. Se tiene

$$\frac{dy}{dx} = \frac{d}{dx}(x^4) - 6\frac{d}{dx}(x^2) + \frac{d}{dx}(4)$$

$$= 4x^3 - 12x + 0 = 4x(x^2 - 3)$$

De este modo, $dy/dx = 0$ si $x = 0$ o $x^2 - 3 = 0$, es decir, $x = \pm\sqrt{3}$. Así, la curva dada tiene tangentes horizontales cuando $x = 0$, $\sqrt{3}$ y $-\sqrt{3}$. Los puntos correspondientes son $(0, 4)$, $(\sqrt{3}, -5)$ y $(-\sqrt{3}, -5)$. (Vea la figura 5). ∎

EJEMPLO 7 La ecuación de movimiento de una partícula es $s = 2t^3 - 5t^2 + 3t + 4$, donde s se mide en centímetros y t, en segundos. Encuentre la aceleración como función del tiempo. ¿Cuál es la aceleración después de 2 segundos?

SOLUCIÓN La velocidad y la aceleración son

$$v(t) = \frac{ds}{dt} = 6t^2 - 10t + 3$$

$$a(t) = \frac{dv}{dt} = 12t - 10$$

La aceleración después de 2 segundos es $a(2) = 14 \text{ cm/s}^2$. ∎

■ Funciones exponenciales

Se intenta calcular la derivada de la función exponencial $f(x) = b^x$ con la definición de la derivada:

$$f'(x) = \lim_{h \to 0} \frac{f(x + h) - f(x)}{h} = \lim_{h \to 0} \frac{b^{x+h} - b^x}{h}$$

$$= \lim_{h \to 0} \frac{b^x b^h - b^x}{h} = \lim_{h \to 0} \frac{b^x(b^h - 1)}{h}$$

El factor b^x no depende de h, así que es posible colocarlo frente al límite:

$$f'(x) = b^x \lim_{h \to 0} \frac{b^h - 1}{h}$$

Observe que el límite es el valor de la derivada de f en 0, es decir,

$$\lim_{h \to 0} \frac{b^h - 1}{h} = f'(0)$$

Por lo tanto, se ha demostrado que si la función exponencial $f(x) = b^x$ es derivable en 0, entonces es derivable en todas partes y

$$\boxed{4} \qquad\qquad f'(x) = f'(0)\, b^x$$

Esta ecuación dice que *la razón de cambio de cualquier función exponencial es proporcional a la función misma*. (La pendiente es proporcional a la altura).

h	$\dfrac{2^h - 1}{h}$	$\dfrac{3^h - 1}{h}$
0.1	0.71773	1.16123
0.01	0.69556	1.10467
0.001	0.69339	1.09922
0.0001	0.69317	1.09867
0.00001	0.69315	1.09862

La evidencia numérica de la existencia de $f'(0)$ se da en la tabla de la izquierda para los casos $b = 2$ y $b = 3$. (Los valores se declaran correctos con cuatro decimales de precisión). Se puede demostrar que los límites existen y

$$\text{para } b = 2, \quad f'(0) = \lim_{h \to 0} \frac{2^h - 1}{h} \approx 0.693$$

$$\text{para } b = 3, \quad f'(0) = \lim_{h \to 0} \frac{3^h - 1}{h} \approx 1.099$$

Por lo tanto, se tiene, según la ecuación 4,

$$\boxed{5} \qquad \frac{d}{dx}(2^x) \approx (0.693)2^x \qquad \frac{d}{dx}(3^x) \approx (1.099)3^x$$

De todas las opciones posibles para la base b en la ecuación 4, la fórmula de derivación más sencilla ocurre cuando $f'(0) = 1$. En vista de las estimaciones de $f'(0)$ para $b = 2$ y $b = 3$, parece razonable que haya un número b entre 2 y 3 para el cual $f'(0) = 1$. Es tradicional denotar este valor con la letra e. (De hecho, así se presentó e en la sección 1.4). Por lo tanto, se llega a la siguiente definición.

En el ejercicio 1 se verá que e se encuentra entre 2.7 y 2.8. Más tarde se podrá mostrar que su valor es, con cinco decimales de precisión,

$$e \approx 2.71828$$

Definición del número e

e es el número tal que $\displaystyle\lim_{h \to 0} \frac{e^h - 1}{h} = 1$

Geométricamente, esto significa que de todas las funciones exponenciales $y = b^x$ posibles, la función $f(x) = e^x$ es aquella cuya recta tangente en $(0, 1)$ tiene una pendiente $f'(0)$ que es exactamente 1 (vea las figuras 6 y 7).

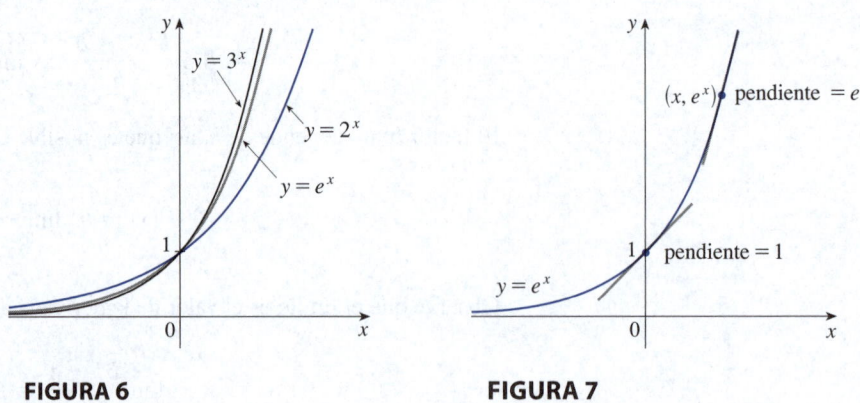

FIGURA 6   **FIGURA 7**

Si se pone $b = e$ y, por lo tanto, $f'(0) = 1$ en la ecuación 4, se convierte en la siguiente fórmula de derivación importante.

Derivada de la función exponencial natural

$$\frac{d}{dx}(e^x) = e^x$$

Así, la función exponencial $f(x) = e^x$ tiene la propiedad de ser su propia derivada. El significado geométrico de este hecho es que la pendiente de una recta tangente a la curva $y = e^x$ en un punto (x, e^x) es igual a la coordenada y del punto (vea la figura 7).

EJEMPLO 8 Si $f(x) = e^x - x$, encuentre f' y f''. Compare las gráficas de f y f'.

SOLUCIÓN Con la regla de la diferencia se tiene

$$f'(x) = \frac{d}{dx}(e^x - x) = \frac{d}{dx}(e^x) - \frac{d}{dx}(x) = e^x - 1$$

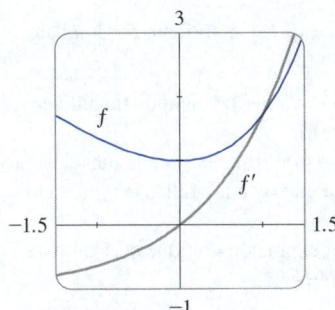

FIGURA 8

En la sección 2.8 se definió la segunda derivada como la derivada de f', de modo que

$$f''(x) = \frac{d}{dx}(e^x - 1) = \frac{d}{dx}(e^x) - \frac{d}{dx}(1) = e^x$$

En la figura 8 se grafican la función f y su derivada f'. Observe que f tiene una tangente horizontal cuando $x = 0$; esto corresponde al hecho de que $f'(0) = 0$. Observe también que, para $x > 0$, $f'(x)$ es positiva y f es creciente. Cuando $x < 0$, $f'(x)$ es negativa y f es decreciente. ■

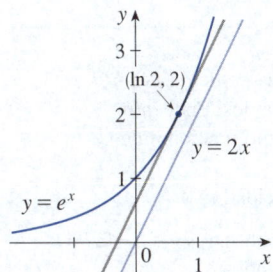

FIGURA 9

EJEMPLO 9 ¿En qué punto de la curva $y = e^x$ es paralela la recta tangente a la recta $y = 2x$?

SOLUCIÓN Como $y = e^x$, se tiene $y' = e^x$. Sea a la coordenada x del punto en cuestión. Entonces la pendiente de la recta tangente en ese punto es e^a. Esta recta tangente será paralela a la recta $y = 2x$ si tiene la misma pendiente, es decir, 2. Al igualar las pendientes se obtiene

$$e^a = 2 \qquad a = \ln 2$$

Por lo tanto, el punto requerido es $(a, e^a) = (\ln 2, 2)$. (Vea la figura 9). ■

3.1 | Ejercicios

1. (a) ¿Cómo se define el número e?
(b) Estime con una calculadora los valores de los límites

$$\lim_{h \to 0} \frac{2.7^h - 1}{h} \quad \text{y} \quad \lim_{h \to 0} \frac{2.8^h - 1}{h}$$

hasta con dos decimales de precisión. ¿Qué se puede concluir acerca del valor de e?

2. (a) Dibuje a mano alzada la gráfica de la función $f(x) = e^x$, con especial atención en el cruce de la gráfica con el eje y. ¿Cuál es la pendiente de la recta tangente en este punto?
(b) ¿Qué tipos de funciones son $f(x) = e^x$ y $g(x) = x^e$? Compare las fórmulas de derivación de f y g.
(c) ¿Cuál de las dos funciones del inciso (b) crece más rápido cuando x es grande?

3-34 Derive la función.

3. $g(x) = 4x + 7$

4. $g(t) = 5t + 4t^2$

5. $f(x) = x^{75} - x + 3$

6. $g(x) = \frac{7}{4}x^2 - 3x + 12$

7. $f(t) = -2e^t$

8. $F(t) = t^3 + e^3$

9. $W(v) = 1.8v^{-3}$

10. $r(z) = z^{-5} - z^{1/2}$

11. $f(x) = x^{3/2} + x^{-3}$

12. $V(t) = t^{-3/5} + t^4$

13. $s(t) = \frac{1}{t} + \frac{1}{t^2}$

14. $r(t) = \frac{a}{t^2} + \frac{b}{t^4}$

15. $y = 2x + \sqrt{x}$

16. $h(w) = \sqrt{2}\,w - \sqrt{2}$

17. $g(x) = \dfrac{1}{\sqrt{x}} + \sqrt[4]{x}$

18. $W(t) = \sqrt{t} - 2e^t$

19. $f(x) = x^3(x + 3)$

20. $F(t) = (2t - 3)^2$

21. $y = 3e^x + \dfrac{4}{\sqrt[3]{x}}$

22. $S(R) = 4\pi R^2$

23. $f(x) = \dfrac{3x^2 + x^3}{x}$

24. $y = \dfrac{\sqrt{x} + x}{x^2}$

25. $G(r) = \dfrac{3r^{3/2} + r^{5/2}}{r}$

26. $G(t) = \sqrt{5t} + \dfrac{\sqrt{7}}{t}$

27. $j(x) = x^{2.4} + e^{2.4}$

28. $k(r) = e^r + r^e$

29. $F(z) = \dfrac{A + Bz + Cz^2}{z^2}$

30. $G(q) = (1 + q^{-1})^2$

31. $D(t) = \dfrac{1 + 16t^2}{(4t)^3}$

32. $f(v) = \dfrac{\sqrt[3]{v} - 2ve^v}{v}$

33. $P(w) = \dfrac{2w^2 - w + 4}{\sqrt{w}}$

34. $y = e^{x+1} + 1$

35-36 Encuentre dy/dx y dy/dt.

35. $y = tx^2 + t^3x$

36. $y = \dfrac{t}{x^2} + \dfrac{x}{t}$

37-40 Determine una ecuación de la recta tangente a la curva del punto dado.

37. $y = 2x^3 - x^2 + 2$, $(1, 3)$

38. $y = 2e^x + x$, $(0, 2)$

39. $y = x + \dfrac{2}{x}$, $(2, 3)$

40. $y = \sqrt[4]{x} - x$, $(1, 0)$

41-42 Halle ecuaciones de la recta tangente y recta normal a la curva en el punto dado.

41. $y = x^4 + 2e^x$, $(0, 2)$

42. $y = x^{3/2}$, $(1, 1)$

43-44 Encuentre una ecuación de la recta tangente a la curva en el punto dado. Ilústrelo graficando la curva y la recta tangente en la misma gráfica.

43. $y = 3x^2 - x^3$, $(1, 2)$

44. $y = x - \sqrt{x}$, $(1, 0)$

45-46 Determine $f'(x)$. Compare las gráficas de f y f' y con ellas explique por qué su respuesta es razonable.

45. $f(x) = x^4 - 2x^3 + x^2$

46. $f(x) = x^5 - 2x^3 + x - 1$

47. (a) Grafique la función
$$f(x) = x^4 - 3x^3 - 6x^2 + 7x + 30$$
en el rectángulo de visión $[-3, 5]$ por $[-10, 50]$.
(b) Con la gráfica del inciso (a) estime pendientes y trace a mano alzada un boceto aproximado de la gráfica de f' (vea el ejemplo 2.8.1).
(c) Calcule $f'(x)$ y con esta expresión grafique f'. Compare con su boceto del inciso (b).

48. (a) Grafique la función $g(x) = e^x - 3x^2$ en el rectángulo de visión $[-1, 4]$ por $[-8, 8]$.
(b) Con la gráfica del inciso (a) estime las pendientes y haga un dibujo aproximado a mano de la gráfica de g' (vea el ejemplo 2.8.1).
(c) Calcule $g'(x)$ y con esta expresión grafique g'. Compare con su dibujo del inciso (b).

49-50 Determine la primera y segunda derivadas de la función.

49. $f(x) = 0.001x^5 - 0.02x^3$ **50.** $G(r) = \sqrt{r} + \sqrt[3]{r}$

51-52 Halle la primera y segunda derivadas de la función. Verifique que sus respuestas sean razonables comparando las gráficas de f, f' y f''.

51. $f(x) = 2x - 5x^{3/4}$ **52.** $f(x) = e^x - x^3$

---

53 La ecuación de movimiento de una partícula es $s = t^3 - 3t$, donde s está en metros y t en segundos. Encuentre
(a) la velocidad y aceleración como funciones de t,
(b) la aceleración después de 2 s y
(c) la aceleración cuando la velocidad es 0.

54. La ecuación de movimiento de una partícula es $s = t^4 - 2t^3 + t^2 - t$, donde s está en metros y t en segundos.
(a) Determine la velocidad y aceleración como funciones de t.
(b) Halle la aceleración después de 1 s.
(c) Grafique las funciones de posición, velocidad y aceleración en la misma pantalla.

55. Los biólogos han propuesto un polinomio cúbico para modelar la longitud L de los peces de roca de Alaska a la edad A:
$$L = 0.0390A^3 - 0.945A^2 + 10.03A + 3.07$$
donde L se mide en centímetros y A en años. Calcule
$$\left. \dfrac{dL}{dA} \right|_{A=12}$$
e interprete su respuesta.

56. Se modela la cantidad de especies de árboles S en un área A dada de una reserva forestal por la función potencia
$$S(A) = 0.882A^{0.842}$$
donde A se mide en metros cuadrados. Halle $S'(100)$ e interprete su respuesta.

57. La ley de Boyle establece que cuando una muestra de gas se comprime a una temperatura constante, la presión P del gas es inversamente proporcional al volumen V del gas.
  (a) Suponga que la presión de una muestra de aire que ocupa 0.106 m^3 a 25 °C es 50 kPa. Escriba V como función de P.
  (b) Calcule dV/dP cuando $P = 50 \text{ kPa}$. ¿Qué significa la derivada? ¿Cuáles son sus unidades?

58. Los neumáticos de los automóviles deben inflarse correctamente porque el exceso o la falta de inflado puede causar un desgaste prematuro de la banda de rodamiento. En la tabla se muestra la vida útil L (en miles de kilómetros) de un determinado tipo de neumático a diversas presiones P (en kPa).

P	179	193	214	242	262	290	311
L	80	106	126	130	119	113	95

  (a) Con una calculadora o computadora modele la vida útil del neumático como una función cuadrática de la presión.
  (b) Use el modelo para estimar dL/dP cuando $P = 200$ y cuando $P = 300$. ¿Qué significa la derivada? ¿Cuáles son las unidades? ¿Cuál es la importancia de los signos de las derivadas?

59. Encuentre los puntos en la curva $y = x^3 + 3x^2 - 9x + 10$ donde la tangente es horizontal.

60. ¿Para qué valor de x tiene la gráfica de $f(x) = e^x - 2x$ una tangente horizontal?

61. Demuestre que la curva $y = 2e^x + 3x + 5x^3$ no tiene recta tangente con pendiente 2.

62. Encuentre una ecuación de la recta que sea a la vez tangente a la curva $y = x^4 + 1$ y paralela a la recta $32x - y = 15$.

63. Determine ecuaciones para dos rectas que sean tanto tangentes a la curva $y = x^3 - 3x^2 + 3x - 3$ como paralelas a la recta $3x - y = 15$.

64. ¿En qué punto de la curva $y = 1 + 2e^x - 3x$ es la recta tangente paralela a la recta $3x - y = 5$? Ilústrelo graficando la curva y ambas rectas.

65. Determine una ecuación de la recta normal a la curva $y = \sqrt{x}$ que es paralela a la recta $2x + y = 1$.

66. ¿Dónde la recta normal a la parábola $y = x^2 - 1$ en el punto $(-1, 0)$ interseca a la parábola una segunda vez? Ilústrelo con un boceto.

67. Trace un diagrama para mostrar que hay dos rectas tangentes a la parábola $y = x^2$ que pasan a través del punto $(0, -4)$. Encuentre las coordenadas de los puntos donde estas rectas tangentes intersecan la parábola.

68. (a) Halle ecuaciones de rectas en el punto $(2, -3)$ que sean tangentes a la parábola $y = x^2 + x$.
  (b) Demuestre que no hay ninguna recta a través del punto $(2, 7)$ que sea tangente a la parábola. Luego trace un diagrama para ver por qué.

69. Con la definición de derivada demuestre que si $f(x) = 1/x$, entonces $f'(x) = -1/x^2$. (Esto demuestra la regla de la potencia para el caso $n = -1$).

70. Encuentre la enésima derivada de cada función calculando las primeras derivadas y observando el patrón que se produce.
  (a) $f(x) = x^n$ (b) $f(x) = 1/x$

71. Encuentre un polinomio P de segundo grado tal que $P(2) = 5$, $P'(2) = 3$ y $P''(2) = 2$.

72. La ecuación $y'' + y' - 2y = x^2$ se denomina **ecuación diferencial** porque implica una función desconocida y y sus derivadas y' y y''. Encuentre constantes A, B y C tales que la función $y = Ax^2 + Bx + C$ satisfaga esta ecuación. (Las ecuaciones diferenciales se estudiarán a detalle en el capítulo 9).

73. Determine una función cúbica $y = ax^3 + bx^2 + cx + d$ cuya gráfica tenga tangentes horizontales en los puntos $(-2, 6)$ y $(2, 0)$.

74. Halle una parábola con la ecuación $y = ax^2 + bx + c$ que tenga pendiente 4 en $x = 1$, pendiente -8 en $x = -1$ y que pase a través del punto $(2, 15)$.

75. Sea
$$f(x) = \begin{cases} x^2 + 1 & \text{si } x < 1 \\ x + 1 & \text{si } x \geq 1 \end{cases}$$
¿Es f derivable en 1? Trace las gráficas de f y f'.

76. ¿En qué números es derivable la siguiente función g?
$$g(x) = \begin{cases} 2x & \text{si } x \leq 0 \\ 2x - x^2 & \text{si } 0 < x < 2 \\ 2 - x & \text{si } x \geq 2 \end{cases}$$
Dé una fórmula para g' y trace las gráficas de g y g'.

77. (a) ¿Para qué valores de x es derivable la función $f(x) = |x^2 - 9|$? Encuentre una fórmula para f'.
  (b) Elabore las gráficas de f y f'.

78. ¿Dónde es derivable la función $h(x) = |x - 1| + |x + 2|$? Dé una fórmula para h' y trace las gráficas de h y h'.

79. Determine la parábola con ecuación $y = ax^2 + bx$ cuya recta tangente en $(1, 1)$ tenga la ecuación $y = 3x - 2$.

80. Suponga que la curva $y = x^4 + ax^3 + bx^2 + cx + d$ tiene una recta tangente cuando $x = 0$ con ecuación $y = 2x + 1$ y una recta tangente cuando $x = 1$ con ecuación $y = 2 - 3x$. Determine los valores de a, b, c y d.

81. ¿Para qué valores de a y b es la recta $2x + y = b$ tangente a la parábola $y = ax^2$ cuando $x = 2$?

82. Encuentre el valor de c tal que la recta $y = \frac{3}{2}x + 6$ sea tangente a la curva $y = c\sqrt{x}$.

83. ¿Cuál es el valor de c tal que la recta $y = 2x + 3$ sea tangente a la parábola $y = cx^2$?

84. La gráfica de cualquier función cuadrática $f(x) = ax^2 + bx + c$ es una parábola. Demuestre que el promedio de las pendientes de las rectas tangentes a la parábola en los puntos frontera de cualquier intervalo $[p, q]$ es igual a la pendiente de la recta tangente en el punto medio del intervalo.

85. Sea

$$f(x) = \begin{cases} x^2 & \text{si } x \le 2 \\ mx + b & \text{si } x > 2 \end{cases}$$

Encuentre los valores de m y b que hacen f derivable en cualquier parte.

86. Determine números a y b tales que la función dada g sea derivable en 1.

$$g(x) = \begin{cases} ax^3 - 3x & \text{si } x \le 1 \\ bx^2 + 2 & \text{si } x > 1 \end{cases}$$

87. Evalúe $\lim\limits_{x \to 1} \dfrac{x^{1\,000} - 1}{x - 1}$.

88. Se traza una recta tangente a la hipérbola $xy = c$ en un punto P como se muestra en la figura.
(a) Demuestre que el punto medio del corte de segmento de recta desde esta recta tangente por los ejes coordenados es P.

(b) Demuestre que el triángulo formado por la recta tangente y los ejes coordenados siempre tiene la misma área, sin importar la ubicación de P en la hipérbola.

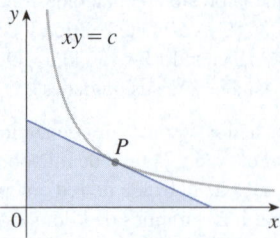

89. Elabore un diagrama que muestre dos rectas perpendiculares que intersecan en el eje y y que son ambas tangentes a la parábola $y = x^2$. ¿Dónde intersecan estas rectas?

90. Trace las parábolas $y = x^2$ y $y = x^2 - 2x + 2$. ¿Piensa que hay una recta que sea tangente a ambas curvas? Si es así, encuentre su ecuación. Si no, ¿por qué no?

91. Si $c > \frac{1}{2}$, ¿cuántas rectas a través del punto $(0, c)$ son rectas normales a la parábola $y = x^2$? ¿Y si $c \le \frac{1}{2}$?

PROYECTO DE APLICACIÓN | CONSTRUCCIÓN DE UNA MONTAÑA RUSA MEJORADA

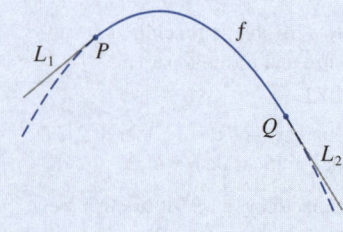

Suponga que se le pide diseñar el primer ascenso y descenso para una montaña rusa nueva. Al estudiar las fotografías de sus montañas rusas favoritas, decide que la pendiente de la subida sea 0.8 y la de la bajada -1.6. Decide conectar estos dos segmentos rectos $y = L_1(x)$ y $y = L_2(x)$ con un segmento de una parábola $y = f(x) = ax^2 + bx + c$, donde x y $f(x)$ se miden en metros. Para que el carril sea suave no puede haber cambios bruscos de dirección, por lo que busca que los segmentos lineales L_1 y L_2 sean tangentes a la parábola en los puntos de transición P y Q (vea la figura). Para simplificar las ecuaciones, decide colocar el origen en P.

1. (a) Suponga que la distancia horizontal entre P y Q es de 30 m. Escriba ecuaciones en a, b y c que aseguren que el carril sea suave en los puntos de transición.
(b) Despeje a, b y c en las ecuaciones del inciso (a) para encontrar una fórmula para $f(x)$.
(c) Trace L_1, f y L_2 para verificar gráficamente que las transiciones sean suaves.
(d) Determine la diferencia de elevación entre P y Q.

2. La solución en el problema 1 puede *parecer* suave pero quizá no *se sienta* así porque la función definida por partes o a trozos [consistente en $L_1(x)$ para $x < 0$, $f(x)$ para $0 \le x \le 30$ y $L_2(x)$ para $x > 30$] no tiene una segunda derivada continua. Así que decide mejorar el diseño con una función cuadrática $q(x) = ax^2 + bx + c$ solo en el intervalo $3 \le x \le 27$ y conectar las funciones lineales por medio de dos funciones cúbicas:

$$g(x) = kx^3 + lx^2 + mx + n \qquad 0 \le x < 3$$

$$h(x) = px^3 + qx^2 + rx + s \qquad 27 < x \le 30$$

(a) Escriba un sistema de ecuaciones en 11 incógnitas que asegure que las funciones y sus dos primeras derivadas coincidan en los puntos de transición.
(b) Resuelva el sistema de ecuaciones del inciso (a) para encontrar expresiones de $q(x)$, $g(x)$ y $h(x)$.
(c) Trace L_1, g, q, h y L_2 y compárelos con el boceto del problema 1(c).

3.2 | Reglas del producto y del cociente

Las fórmulas de esta sección permiten derivar las funciones nuevas que se generan de las antiguas mediante la multiplicación o la división.

■ Regla del producto

A partir de la analogía con las reglas de la suma y de la diferencia, se puede suponer, como hizo Leibniz hace tres siglos, que la derivada de un producto es el producto de las derivadas. Sin embargo, se ve que esta suposición es errónea mediante un ejemplo particular. Sea $f(x) = x$ y $g(x) = x^2$. Entonces la regla de la potencia da $f'(x) = 1$ y $g'(x) = 2x$. Pero $(fg)(x) = x^3$, así que $(fg)'(x) = 3x^2$. Por lo tanto, $(fg)' \neq f' \, g'$. La fórmula correcta fue descubierta por Leibniz (poco después de su suposición inicial incorrecta) y se llama *regla del producto*.

Antes de empezar con la regla del producto, se verá cómo es posible descubrirla. Se empieza por suponer que $u = f(x)$ y $v = g(x)$ son funciones derivables positivas. Luego se interpreta el producto uv como el área de un rectángulo (vea la figura 1). Si x cambia en una cantidad Δx, entonces los cambios correspondientes en u y v son

$$\Delta u = f(x + \Delta x) - f(x) \qquad \Delta v = g(x + \Delta x) - g(x)$$

y el nuevo valor del producto, $(u + \Delta u)(v + \Delta v)$, se interpreta como el área del rectángulo grande en la figura 1 (siempre que Δu y Δv resulten positivos).

El cambio en el área del rectángulo es

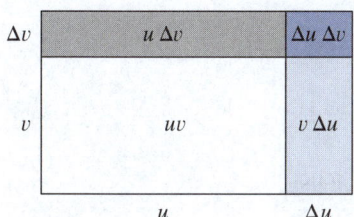

FIGURA 1
Geometría de la regla del producto.

1 $$\Delta(uv) = (u + \Delta u)(v + \Delta v) - uv = u\,\Delta v + v\,\Delta u + \Delta u\,\Delta v$$

$$= \text{la suma de la tres áreas sombreadas}$$

Si se divide entre Δx se obtiene

$$\frac{\Delta(uv)}{\Delta x} = u\,\frac{\Delta v}{\Delta x} + v\,\frac{\Delta u}{\Delta x} + \Delta u\,\frac{\Delta v}{\Delta x}$$

Recuerde que en la notación de Leibniz la definición de una derivada se escribe como

$$\frac{dy}{dx} = \lim_{\Delta x \to 0} \frac{\Delta y}{\Delta x}$$

Si ahora $\Delta x \to 0$, se obtiene la derivada de uv:

$$\frac{d}{dx}(uv) = \lim_{\Delta x \to 0} \frac{\Delta(uv)}{\Delta x} = \lim_{\Delta x \to 0} \left(u\,\frac{\Delta v}{\Delta x} + v\,\frac{\Delta u}{\Delta x} + \Delta u\,\frac{\Delta v}{\Delta x} \right)$$

$$= u \lim_{\Delta x \to 0} \frac{\Delta v}{\Delta x} + v \lim_{\Delta x \to 0} \frac{\Delta u}{\Delta x} + \left(\lim_{\Delta x \to 0} \Delta u \right)\left(\lim_{\Delta x \to 0} \frac{\Delta v}{\Delta x} \right)$$

$$= u\,\frac{dv}{dx} + v\,\frac{du}{dx} + 0 \cdot \frac{dv}{dx}$$

2 $$\frac{d}{dx}(uv) = u\,\frac{dv}{dx} + v\,\frac{du}{dx}$$

(Observe que $\Delta u \to 0$ como $\Delta x \to 0$, ya que f es derivable y por lo tanto continua).

Aunque se empezó por suponer (para la interpretación geométrica) que todas las cantidades son positivas, se aprecia que la ecuación 1 es siempre verdadera. (El álgebra es válida si u, v, Δu y Δv son positivas o negativas). Así, se demostró la ecuación 2, conocida como regla del producto, para todas las funciones derivables u y v.

En notación primada, la regla del producto se escribe como

$$(fg)' = fg' + gf'$$

Regla del producto   Si tanto f como g son derivables, entonces

$$\frac{d}{dx}\big[f(x)g(x)\big] = f(x)\,\frac{d}{dx}\big[g(x)\big] + g(x)\,\frac{d}{dx}\big[f(x)\big]$$

En palabras, la regla del producto dice que *la derivada de un producto de dos funciones es la primera función multiplicada por la derivada de la segunda función más la segunda función multiplicada por la derivada de la primera función.*

EJEMPLO 1

(a) Si $f(x) = xe^x$, encuentre $f'(x)$.

(b) Determine la enésima derivada, $f^{(n)}(x)$.

SOLUCIÓN

(a) Según la regla del producto, se tiene

$$f'(x) = \frac{d}{dx}(xe^x)$$

$$= x\frac{d}{dx}(e^x) + e^x\frac{d}{dx}(x)$$

$$= xe^x + e^x \cdot 1 = (x+1)e^x$$

En la figura 2 se muestran las gráficas de la función f del ejemplo 1 y su derivada f'. Observe que $f'(x)$ es positiva cuando f crece y negativa cuando f decrece.

(b) Con la regla del producto una segunda vez, se obtiene

$$f''(x) = \frac{d}{dx}[(x+1)e^x]$$

$$= (x+1)\frac{d}{dx}(e^x) + e^x\frac{d}{dx}(x+1)$$

$$= (x+1)e^x + e^x \cdot 1 = (x+2)e^x$$

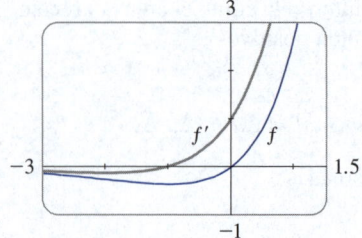

FIGURA 2

Otras aplicaciones de la regla del producto dan

$$f'''(x) = (x+3)e^x \qquad f^{(4)}(x) = (x+4)e^x$$

De hecho, cada derivación sucesiva añade otro término e^x, por lo que

$$f^{(n)}(x) = (x+n)e^x \qquad\blacksquare$$

En el ejemplo 2, a y b son constantes. En matemáticas es frecuente utilizar las primeras letras del alfabeto para representar constantes y las últimas letras del alfabeto para representar variables.

EJEMPLO 2 Derive la función $f(t) = \sqrt{t}\,(a+bt)$.

SOLUCIÓN 1 Con la regla del producto se tiene

$$f'(t) = \sqrt{t}\,\frac{d}{dt}(a+bt) + (a+bt)\frac{d}{dt}(\sqrt{t}\,)$$

$$= \sqrt{t}\cdot b + (a+bt)\cdot \tfrac{1}{2}t^{-1/2}$$

$$= b\sqrt{t} + \frac{a+bt}{2\sqrt{t}} = \frac{a+3bt}{2\sqrt{t}}$$

SOLUCIÓN 2 Si primero se aplican las leyes de exponentes para reescribir $f(t)$, entonces se procede directamente sin usar la regla del producto.

$$f(t) = a\sqrt{t} + bt\sqrt{t} = at^{1/2} + bt^{3/2}$$

$$f'(t) = \tfrac{1}{2}at^{-1/2} + \tfrac{3}{2}bt^{1/2}$$

que equivale a la respuesta de la solución 1. $\qquad\blacksquare$

En el ejemplo 2 se muestra que a veces es más fácil simplificar un producto de funciones antes de derivarlo que utilizar la regla del producto. Sin embargo, en el ejemplo 1, la regla del producto es el único método posible.

EJEMPLO 3 Si $f(x) = \sqrt{x}\, g(x)$, donde $g(4) = 2$ y $g'(4) = 3$, halle $f'(4)$.

SOLUCIÓN Se aplica la regla del producto y se obtiene

$$f'(x) = \frac{d}{dx}\left[\sqrt{x}\, g(x)\right] = \sqrt{x}\,\frac{d}{dx}[g(x)] + g(x)\frac{d}{dx}\left[\sqrt{x}\right]$$

$$= \sqrt{x}\, g'(x) + g(x)\cdot\tfrac{1}{2}x^{-1/2}$$

$$= \sqrt{x}\, g'(x) + \frac{g(x)}{2\sqrt{x}}$$

De modo que $\quad f'(4) = \sqrt{4}\, g'(4) + \dfrac{g(4)}{2\sqrt{4}} = 2\cdot 3 + \dfrac{2}{2\cdot 2} = 6.5 \qquad$ ■

Regla del cociente

Se encuentra una regla para derivar el cociente de dos funciones derivables $u = f(x)$ y $v = g(x)$ de la misma manera que se hace con la regla del producto. Si x, u, y v cambian por cantidades Δx, Δu y Δv respectivamente, entonces el cambio que corresponde al cociente u/v es

$$\Delta\left(\frac{u}{v}\right) = \frac{u + \Delta u}{v + \Delta v} - \frac{u}{v} = \frac{(u + \Delta u)v - u(v + \Delta v)}{v(v + \Delta v)}$$

$$= \frac{v\Delta u - u\,\Delta v}{v(v + \Delta v)}$$

de modo que $\quad \dfrac{d}{dx}\left(\dfrac{u}{v}\right) = \lim\limits_{\Delta x\to 0}\dfrac{\Delta(u/v)}{\Delta x} = \lim\limits_{\Delta x\to 0}\dfrac{v\,\dfrac{\Delta u}{\Delta x} - u\,\dfrac{\Delta v}{\Delta x}}{v(v + \Delta v)}$

Conforme $\Delta x \to 0$, también $\Delta v \to 0$, porque $v = g(x)$ es derivable y por tanto continua. Por eso, con las leyes de los límites se obtiene

$$\frac{d}{dx}\left(\frac{u}{v}\right) = \frac{v\,\lim\limits_{\Delta x\to 0}\dfrac{\Delta u}{\Delta x} - u\,\lim\limits_{\Delta x\to 0}\dfrac{\Delta v}{\Delta x}}{v\,\lim\limits_{\Delta x\to 0}(v + \Delta v)} = \frac{v\,\dfrac{du}{dx} - u\,\dfrac{dv}{dx}}{v^2}$$

En notación primada, la regla del cociente se escribe como

$$\left(\frac{f}{g}\right)' = \frac{gf' - fg'}{g^2}$$

Regla del cociente Si f y g son derivables, entonces

$$\frac{d}{dx}\left[\frac{f(x)}{g(x)}\right] = \frac{g(x)\dfrac{d}{dx}[f(x)] - f(x)\dfrac{d}{dx}[g(x)]}{[g(x)]^2}$$

Es decir, la regla del cociente establece que la *derivada de un cociente es el denominador multiplicado por la derivada del numerador menos el numerador multiplicado por la derivada del denominador, todo dividido entre el cuadrado del denominador*.

La regla del cociente y las demás fórmulas de derivación permiten calcular la derivada de cualquier función racional, como se ilustra en el siguiente ejemplo.

En la figura 3 se presenta la gráfica de la función del ejemplo 4 y su derivada. Observe que cuando y crece rápidamente (cerca de $-\sqrt[3]{6} \approx -1.8$), y' es un valor grande. Y cuando y crece lentamente, y' está cerca de 0.

EJEMPLO 4 Sea $y = \dfrac{x^2 + x - 2}{x^3 + 6}$. Entonces

$$y' = \frac{(x^3 + 6)\dfrac{d}{dx}(x^2 + x - 2) - (x^2 + x - 2)\dfrac{d}{dx}(x^3 + 6)}{(x^3 + 6)^2}$$

$$= \frac{(x^3 + 6)(2x + 1) - (x^2 + x - 2)(3x^2)}{(x^3 + 6)^2}$$

$$= \frac{(2x^4 + x^3 + 12x + 6) - (3x^4 + 3x^3 - 6x^2)}{(x^3 + 6)^2}$$

$$= \frac{-x^4 - 2x^3 + 6x^2 + 12x + 6}{(x^3 + 6)^2}$$ ∎

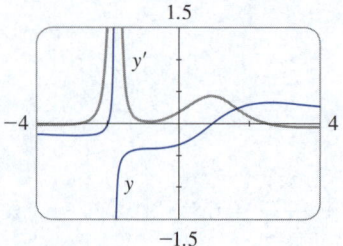

FIGURA 3

EJEMPLO 5 Determine una ecuación de la recta tangente a la curva $y = e^x/(1 + x^2)$ en el punto $\left(1, \frac{1}{2}e\right)$.

SOLUCIÓN Conforme a la regla del cociente, se tiene

$$\frac{dy}{dx} = \frac{(1 + x^2)\dfrac{d}{dx}(e^x) - e^x \dfrac{d}{dx}(1 + x^2)}{(1 + x^2)^2}$$

$$= \frac{(1 + x^2)e^x - e^x(2x)}{(1 + x^2)^2} = \frac{e^x(1 - 2x + x^2)}{(1 + x^2)^2}$$

$$= \frac{e^x(1 - x)^2}{(1 + x^2)^2}$$

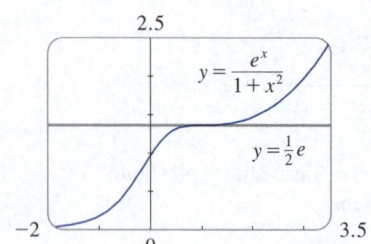

FIGURA 4

Así, la pendiente de la recta tangente en $\left(1, \frac{1}{2}e\right)$ es

$$\left.\frac{dy}{dx}\right|_{x=1} = 0$$

Esto significa que la recta tangente en $\left(1, \frac{1}{2}e\right)$ es horizontal y su ecuación es $y = \frac{1}{2}e$ (vea la figura 4). ∎

NOTA No use la regla del cociente *siempre* que vea un cociente. A veces es más fácil reescribir un cociente primero para ponerlo en una forma más simple con el propósito de derivarlo. Por ejemplo, aunque es posible derivar la función

$$F(x) = \frac{3x^2 + 2\sqrt{x}}{x}$$

con la regla del cociente, es mucho más fácil realizar primero la división y escribir la función como

$$F(x) = 3x + 2x^{-1/2}$$

antes de derivar.

Las fórmulas de derivación presentadas hasta ahora se resumen de la siguiente manera.

Tabla de fórmulas de derivación

$$\frac{d}{dx}(c) = 0 \qquad \frac{d}{dx}(x^n) = nx^{n-1} \qquad \frac{d}{dx}(e^x) = e^x$$

$$(cf)' = cf' \qquad (f + g)' = f' + g' \qquad (f - g)' = f' - g'$$

$$(fg)' = fg' + gf' \qquad \left(\frac{f}{g}\right)' = \frac{gf' - fg'}{g^2}$$

3.2 | Ejercicios

1. Encuentre la derivada de $f(x) = (1 + 2x^2)(x - x^2)$ de dos maneras: con la regla del producto y realizando primero la multiplicación. ¿Concuerdan sus respuestas?

2. Determine la derivada de la función

$$F(x) = \frac{x^4 - 5x^3 + \sqrt{x}}{x^2}$$

de dos formas: con la regla del cociente y simplificando primero. Demuestre que sus respuestas son equivalentes. ¿Qué método prefiere?

3-30 Derive.

3. $y = (4x^2 + 3)(2x + 5)$

4. $y = (10x^2 + 7x - 2)(2 - x^2)$

5. $y = x^3 e^x$

6. $y = (e^x + 2)(2e^x - 1)$

7. $f(x) = (3x^2 - 5x)e^x$

8. $g(x) = (x + 2\sqrt{x})e^x$

9. $y = \dfrac{x}{e^x}$

10. $y = \dfrac{e^x}{1 - e^x}$

11. $g(t) = \dfrac{3 - 2t}{5t + 1}$

12. $G(u) = \dfrac{6u^4 - 5u}{u + 1}$

13. $f(t) = \dfrac{5t}{t^3 - t - 1}$

14. $F(x) = \dfrac{1}{2x^3 - 6x^2 + 5}$

15. $y = \dfrac{s - \sqrt{s}}{s^2}$

16. $y = \dfrac{\sqrt{x}}{\sqrt{x} + 1}$

17. $J(u) = \left(\dfrac{1}{u} + \dfrac{1}{u^2}\right)\left(u + \dfrac{1}{u}\right)$

18. $h(w) = (w^2 + 3w)(w^{-1} - w^{-4})$

19. $H(u) = (u - \sqrt{u})(u + \sqrt{u})$.

20. $f(z) = (1 - e^z)(z + e^z)$

21. $V(t) = (t + 2e^t)\sqrt{t}$

22. $W(t) = e^t(1 + te^t)$

23. $y = e^p(p + p\sqrt{p})$

24. $h(r) = \dfrac{ae^r}{b + e^r}$

25. $f(t) = \dfrac{\sqrt[3]{t}}{t - 3}$

26. $y = (z^2 + e^z)\sqrt{z}$

27. $f(x) = \dfrac{x^2 e^x}{x^2 + e^x}$

28. $F(t) = \dfrac{At}{Bt^2 + Ct^3}$

29. $f(x) = \dfrac{x}{x + \dfrac{c}{x}}$

30. $f(x) = \dfrac{ax + b}{cx + d}$

31-34 Halle $f'(x)$ y $f''(x)$.

31. $f(x) = x^2 e^x$

32. $f(x) = \sqrt{x}\,e^x$

33. $f(x) = \dfrac{x}{x^2 - 1}$

34. $f(x) = \dfrac{x}{1 + \sqrt{x}}$

35-36 Determine una ecuación de la recta tangente a la curva dada en el punto especificado.

35. $y = \dfrac{x^2}{1 + x}$, $\left(1, \frac{1}{2}\right)$

36. $y = \dfrac{1 + x}{1 + e^x}$, $\left(0, \frac{1}{2}\right)$

37-38 Encuentre ecuaciones de las rectas tangente y normal a la curva dada en el punto especificado.

37. $y = \dfrac{3x}{1 + 5x^2}$, $\left(1, \frac{1}{2}\right)$

38. $y = x + xe^x$, $(0, 0)$

39. (a) La curva $y = 1/(1 + x^2)$ se llama **bruja de Maria Agnesi**. Halle una ecuación de la recta tangente a esta curva en el punto $\left(-1, \frac{1}{2}\right)$.

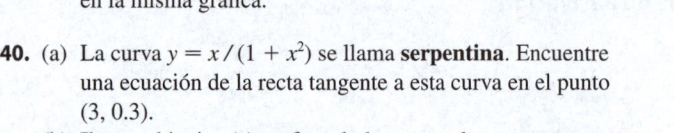

(b) Ilustre el inciso (a) graficando la curva y la recta tangente en la misma gráfica.

40. (a) La curva $y = x/(1 + x^2)$ se llama **serpentina**. Encuentre una ecuación de la recta tangente a esta curva en el punto $(3, 0.3)$.

(b) Ilustre el inciso (a) graficando la curva y la recta tangente en la misma gráfica.

41. (a) Si $f(x) = (x^3 - x)e^x$, determine $f'(x)$.

(b) Compruebe que su respuesta al inciso (a) sea razonable comparando los gráficos de f y f'.

42. (a) Si $f(x) = (x^2 - 1)/(x^2 + 1)$, busque $f'(x)$ y $f''(x)$.

(b) Compruebe que sus respuestas al inciso (a) sean razonables comparando los gráficos de f, f' y f''.

43. Si $f(x) = x^2/(1 + x)$, halle $f''(1)$.

44. Si $g(x) = x/e^x$, encuentre $g^{(n)}(x)$.

45. Suponga que $f(5) = 1$, $f'(5) = 6$, $g(5) = -3$ y $g'(5) = 2$. Determine los siguientes valores.

(a) $(fg)'(5)$ (b) $(f/g)'(5)$ (c) $(g/f)'(5)$

46. Suponga que $f(4) = 2$, $g(4) = 5$, $f'(4) = 6$ y $g'(4) = -3$. Halle $h'(4)$.

(a) $h(x) = 3f(x) + 8g(x)$ (b) $h(x) = f(x)g(x)$

(c) $h(x) = \dfrac{f(x)}{g(x)}$ (d) $h(x) = \dfrac{g(x)}{f(x) + g(x)}$

47. Si $f(x) = e^x g(x)$, donde $g(0) = 2$ y $g'(0) = 5$, encuentre $f'(0)$.

48. Si $h(2) = 4$ y $h'(2) = -3$, busque

$$\frac{d}{dx}\left(\frac{h(x)}{x}\right)\bigg|_{x=2}$$

49. Si $g(x) = xf(x)$, donde $f(3) = 4$ y $f'(3) = -2$, encuentre una ecuación de la recta tangente a la gráfica de g en el punto donde $x = 3$.

50. Si $f(2) = 10$ y $f'(x) = x^2 f(x)$ para toda x, halle $f''(2)$.

51. Si f y g son las funciones cuyas gráficas se muestran, sea $u(x) = f(x)g(x)$ y $v(x) = f(x)/g(x)$.

(a) Halle $u'(1)$.   (b) Busque $v'(4)$.

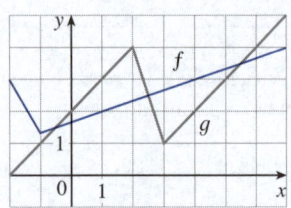

52. Sea $P(x) = F(x)G(x)$ y $Q(x) = F(x)/G(x)$, donde F y G son las funciones cuyas gráficas se muestran.

(a) Halle $P'(2)$.   (b) Busque $Q'(7)$.

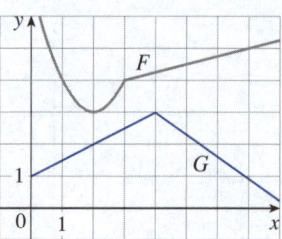

53. Si g es una función derivable, encuentre una expresión para la derivada de cada una de las siguientes funciones.

(a) $y = xg(x)$ (b) $y = \dfrac{x}{g(x)}$

(c) $y = \dfrac{g(x)}{x}$

54. Si f es una función derivable, halle una expresión para la derivada de cada una de las siguientes funciones.

(a) $y = x^2 f(x)$ (b) $y = \dfrac{f(x)}{x^2}$

(c) $y = \dfrac{x^2}{f(x)}$ (d) $y = \dfrac{1 + xf(x)}{\sqrt{x}}$

55. ¿Cuántas rectas tangentes a la curva $y = x/(x + 1)$ pasan por el punto $(1, 2)$? ¿En qué puntos estas rectas tangentes tocan la curva?

56. Determine ecuaciones de las rectas tangentes a la curva

$$y = \frac{x - 1}{x + 1}$$

que sean paralelas a la recta $x - 2y = 2$.

57. Halle $R'(0)$, donde

$$R(x) = \frac{x - 3x^3 + 5x^5}{1 + 3x^3 + 6x^6 + 9x^9}$$

Sugerencia: En lugar de buscar primero $R'(x)$, sea $f(x)$ el numerador y $g(x)$ el denominador de $R(x)$, y calcule $R'(0)$ a partir de $f(0)$, $f'(0)$, $g(0)$ y $g'(0)$.

58. Con el método del ejercicio 57 calcule $Q'(0)$, donde

$$Q(x) = \frac{1 + x + x^2 + xe^x}{1 - x + x^2 - xe^x}$$

59. En este ejercicio se estima la razón de aumento de los ingresos personales totales en Boulder, Colorado. En 2015, la población de esta ciudad era de 107 350 habitantes y aumentaba aproximadamente 1 960 personas por año. El ingreso anual promedio era de $60 220 per cápita, y este promedio aumentaba alrededor de $2250 por año (un poco más que el promedio aproximado de $1810 anuales en EE.UU.). Con la regla del producto y estas cifras, estime la razón de aumento en el ingreso personal total en Boulder en el año 2015. Explique el significado de cada término de la regla del producto.

60. Un fabricante produce rollos de tela con un ancho fijo. La cantidad q de esta tela (medida en metros) que se vende es una función del precio de venta p (en USD por metro), por lo que se escribe $q = f(p)$. Entonces, el total de ingresos obtenidos con el precio de venta p es $R(p) = pf(p)$.
   (a) ¿Qué significa que $f(20) = 10000$ y $f'(20) = -350$?
   (b) Con base en los valores del inciso (a), encuentre $R'(20)$ e interprete su respuesta.

61. La ecuación de Michaelis-Menten para la enzima quimotripsina es

$$v = \frac{0.14[S]}{0.015 + [S]}$$

donde v es la tasa de una reacción enzimática y [S] es la concentración de un sustrato S. Calcule $dv/d[S]$ e interprételo.

62. La *biomasa* $B(t)$ de una población de peces es la masa total de los miembros de la población en el tiempo t. Es el producto del número de individuos $N(t)$ de la población y la masa media $M(t)$ de un pez en el tiempo t. En el caso de las olominas, la reproducción se produce de forma continua. Suponga que en el tiempo $t = 4$ semanas la población es de 820 olominas y crece a un ritmo de 50 por semana, mientras que la masa media es de 1.2 g y crece a un ritmo de 0.14 g/semana. ¿A qué ritmo aumenta la biomasa cuando $t = 4$?

63. Regla del producto ampliada La regla del producto puede extenderse al producto de tres funciones.
   (a) Utilice la regla del producto dos veces para demostrar que si f, g y h son derivables, entonces $(fgh)' = f'gh + fg'h + fgh'$.
   (b) A partir de $f = g = h$ del inciso (a), demuestre que

   $$\frac{d}{dx}[f(x)]^3 = 3[f(x)]^2 f'(x)$$

   (c) Utilice el inciso (b) para derivar $y = e^{3x}$.

64. (a) Si $F(x) = f(x)g(x)$, donde f y g tienen derivadas de cualquier orden, muestre que $F'' = f''g + 2f'g' + fg''$.
   (b) Halle fórmulas similares para F''' y $F^{(4)}$.
   (c) Suponga una fórmula para $F^{(n)}$.

65. Encuentre expresiones para las primeras cinco derivadas de $f(x) = x^2 e^x$. ¿Ve un patrón en estas expresiones? Suponga una fórmula para $f^{(n)}(x)$ y demuéstrela mediante inducción matemática.

66. Regla recíproca Si g es derivable, la *regla recíproca* dice que

$$\frac{d}{dx}\left[\frac{1}{g(x)}\right] = -\frac{g'(x)}{[g(x)]^2}$$

   (a) Use la regla del cociente para demostrar la regla recíproca.
   (b) Use la regla recíproca para derivar la función en el ejercicio 14.
   (c) Con la regla recíproca verifique que la regla de la potencia es válida para enteros negativos, es decir,

   $$\frac{d}{dx}(x^{-n}) = -nx^{-n-1}$$

   para todos los enteros positivos n.

3.3 | Derivadas de funciones trigonométricas

Para mayor referencia, vea el resumen de las funciones trigonométricas en el apéndice D.

Antes de comenzar esta sección tal vez necesite revisar las funciones trigonométricas. En particular, es importante recordar que cuando se habla de la función f definida para todos los números reales x por

$$f(x) = \operatorname{sen} x$$

se entiende que sen x significa el seno del ángulo cuya medida en *radianes* es x. Una convención similar es válida para las otras funciones trigonométricas cos, tan, csc, sec y cot. Recuerde, de la sección 2.5, que todas las funciones trigonométricas son continuas en cada número en sus dominios.

■ Derivadas de funciones trigonométricas

Si se traza la gráfica de la función $f(x) = \operatorname{sen} x$ y se interpreta $f'(x)$ como la pendiente de la tangente a la curva senoidal para dibujar la gráfica de f' (vea el ejercicio 2.8.16), entonces parece que la gráfica de f' puede ser la misma que la del coseno (vea la figura 1).

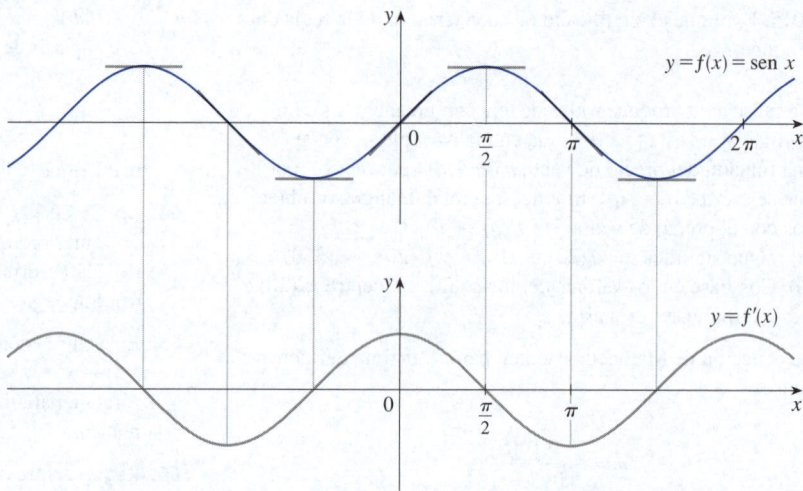

FIGURA 1

Se va a tratar de confirmar la suposición de que si $f(x) = \operatorname{sen} x$, entonces $f'(x) = \cos x$. De la definición de una derivada se tiene

$$f'(x) = \lim_{h \to 0} \frac{f(x + h) - f(x)}{h}$$

$$= \lim_{h \to 0} \frac{\operatorname{sen}(x + h) - \operatorname{sen} x}{h}$$

$$= \lim_{h \to 0} \frac{\operatorname{sen} x \cos h + \cos x \operatorname{sen} h - \operatorname{sen} x}{h} \qquad \text{(con la fórmula de adición para el seno; vea el apéndice D)}$$

$$= \lim_{h \to 0} \left[\frac{\operatorname{sen} x \cos h - \operatorname{sen} x}{h} + \frac{\cos x \operatorname{sen} h}{h} \right]$$

$$= \lim_{h \to 0} \left[\operatorname{sen} x \left(\frac{\cos h - 1}{h} \right) + \cos x \left(\frac{\operatorname{sen} h}{h} \right) \right]$$

$$\boxed{1} \qquad = \lim_{h \to 0} \operatorname{sen} x \cdot \lim_{h \to 0} \frac{\cos h - 1}{h} + \lim_{h \to 0} \cos x \cdot \lim_{h \to 0} \frac{\operatorname{sen} h}{h}$$

Dos de estos cuatro límites son fáciles de evaluar. Como se consideró que x es una constante cuando se calcula un límite cuando $h \to 0$, se tiene

$$\lim_{h \to 0} \operatorname{sen} x = \operatorname{sen} x \qquad \text{y} \qquad \lim_{h \to 0} \cos x = \cos x$$

Más adelante en esta sección se demostrará que

$$\lim_{h \to 0} \frac{\operatorname{sen} h}{h} = 1 \qquad \text{y} \qquad \lim_{h \to 0} \frac{\cos h - 1}{h} = 0$$

Al poner estos límites en (1) se obtiene

$$f'(x) = \lim_{h \to 0} \operatorname{sen} x \cdot \lim_{h \to 0} \frac{\cos h - 1}{h} + \lim_{h \to 0} \cos x \cdot \lim_{h \to 0} \frac{\operatorname{sen} h}{h}$$

$$= (\operatorname{sen} x) \cdot 0 + (\cos x) \cdot 1 = \cos x$$

Así, se demostró la fórmula para la derivada de la función seno:

2

$$\frac{d}{dx}(\operatorname{sen} x) = \cos x$$

EJEMPLO 1   Derive $y = x^2 \operatorname{sen} x$.

SOLUCIÓN   Con la regla del producto y la fórmula 2 se tiene

$$\frac{dy}{dx} = x^2 \frac{d}{dx}(\operatorname{sen} x) + \operatorname{sen} x \frac{d}{dx}(x^2)$$

$$= x^2 \cos x + 2x \operatorname{sen} x \qquad\blacksquare$$

En la figura 2 se muestra la gráfica de la función del ejemplo 1 y su derivada. Observe que $y' = 0$ siempre que y tenga una tangente horizontal.

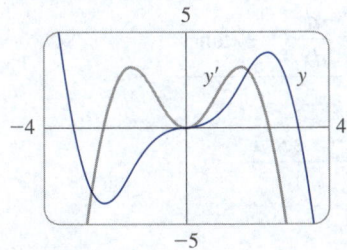

FIGURA 2

Mediante los mismos métodos que en la demostración de la fórmula 2 se puede probar (vea el ejercicio 26) que

3

$$\frac{d}{dx}(\cos x) = -\operatorname{sen} x$$

La función tangente también se deriva con la definición de derivada, pero es más fácil utilizar la regla del cociente junto con las fórmulas 2 y 3:

$$\frac{d}{dx}(\tan x) = \frac{d}{dx}\left(\frac{\operatorname{sen} x}{\cos x}\right)$$

$$= \frac{\cos x \dfrac{d}{dx}(\operatorname{sen} x) - \operatorname{sen} x \dfrac{d}{dx}(\cos x)}{\cos^2 x}$$

$$= \frac{\cos x \cdot \cos x - \operatorname{sen} x(-\operatorname{sen} x)}{\cos^2 x}$$

$$= \frac{\cos^2 x + \operatorname{sen}^2 x}{\cos^2 x}$$

$$= \frac{1}{\cos^2 x} = \sec^2 x \qquad (\cos^2 x + \operatorname{sen}^2 x = 1)$$

4

$$\frac{d}{dx}(\tan x) = \sec^2 x$$

Las derivadas de las funciones trigonométricas restantes, csc, sec y cot, también se encuentran fácilmente con la regla del cociente (vea los ejercicios 23 a 25). En la siguiente tabla se recopilan todas las fórmulas de derivación de las funciones trigonométricas. Recuerde que solo son válidas cuando x se mide en radianes.

Derivadas de funciones trigonométricas

$$\frac{d}{dx}(\operatorname{sen} x) = \cos x \qquad\qquad \frac{d}{dx}(\csc x) = -\csc x \cot x$$

$$\frac{d}{dx}(\cos x) = -\operatorname{sen} x \qquad\qquad \frac{d}{dx}(\sec x) = \sec x \tan x$$

$$\frac{d}{dx}(\tan x) = \sec^2 x \qquad\qquad \frac{d}{dx}(\cot x) = -\csc^2 x$$

Al memorizar esta tabla, es útil notar que los signos de menos van con las derivadas de las "cofunciones", es decir, coseno, cosecante y cotangente.

EJEMPLO 2   Derive $f(x) = \dfrac{\sec x}{1 + \tan x}$. ¿Para qué valores de x tiene la gráfica de f una tangente horizontal?

SOLUCIÓN   La regla del cociente da

$$f'(x) = \frac{(1 + \tan x)\dfrac{d}{dx}(\sec x) - \sec x \dfrac{d}{dx}(1 + \tan x)}{(1 + \tan x)^2}$$

$$= \frac{(1 + \tan x)\sec x \tan x - \sec x \cdot \sec^2 x}{(1 + \tan x)^2}$$

$$= \frac{\sec x \,(\tan x + \tan^2 x - \sec^2 x)}{(1 + \tan x)^2}$$

$$= \frac{\sec x \,(\tan x - 1)}{(1 + \tan x)^2} \qquad (\sec^2 x = \tan^2 x + 1)$$

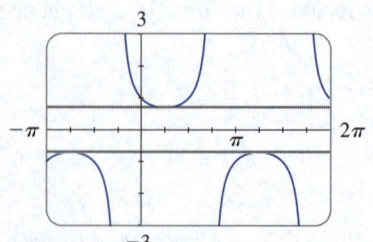

FIGURA 3
Las tangentes horizontales en el ejemplo 2.

Como $\sec x$ nunca es 0, se ve que $f'(x) = 0$ cuando $\tan x = 1$, y esto ocurre cuando $x = \pi/4 + n\pi$, donde n es un entero (vea la figura 3). ∎

Las funciones trigonométricas se utilizan a menudo para modelar fenómenos de la vida real. En particular, vibraciones, ondas, movimientos elásticos y otras magnitudes que varían de manera periódica se describen mediante funciones trigonométricas. En el siguiente ejemplo se analiza un caso de movimiento armónico simple.

EJEMPLO 3   Un objeto sujeto al extremo de un resorte vertical se estira 4 cm más allá de su posición de reposo y se suelta en el tiempo $t = 0$ (vea la figura 4 y observe que la dirección descendente es positiva). Su posición en el tiempo t es

$$s = f(t) = 4 \cos t$$

Encuentre la velocidad y la aceleración en el tiempo t y úselas para analizar el movimiento del objeto.

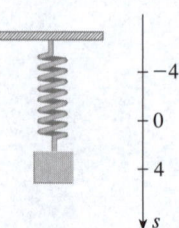

FIGURA 4

SOLUCIÓN   La velocidad y aceleración son

$$v = \frac{ds}{dt} = \frac{d}{dt}(4 \cos t) = 4\frac{d}{dt}(\cos t) = -4 \operatorname{sen} t$$

$$a = \frac{dv}{dt} = \frac{d}{dt}(-4 \operatorname{sen} t) = -4\frac{d}{dt}(\operatorname{sen} t) = -4 \cos t$$

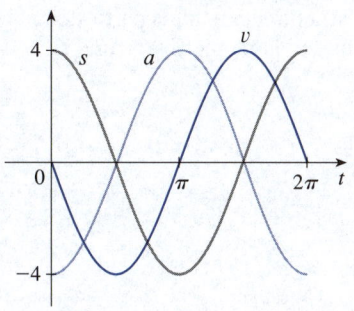

FIGURA 5

El objeto oscila desde el punto más bajo ($s = 4$ cm) hasta el punto más alto ($s = -4$ cm). El periodo de oscilación es 2π, el periodo de cos t.

La rapidez es $|v| = 4|\text{sen } t|$, que es la máxima cuando $|\text{sen } t| = 1$, es decir, cuando cos $t = 0$. Así, el objeto se mueve más rápido cuando pasa por su posición de equilibrio ($s = 0$). Su rapidez es 0 cuando sen $t = 0$, es decir, en los puntos más altos y más bajos.

La aceleración $a = -4$ cos $t = 0$ cuando $s = 0$. Tiene la máxima magnitud en los puntos más altos y más bajos. Vea las gráficas de la figura 5. ■

EJEMPLO 4 Encuentre la 27.ª derivada de cos x.

SOLUCIÓN Las primeras derivadas de $f(x) = \cos x$ son las siguientes:

$$f'(x) = -\text{sen } x$$

$$f''(x) = -\cos x$$

$$f'''(x) = \text{sen } x$$

$$f^{(4)}(x) = \cos x$$

$$f^{(5)}(x) = -\text{sen } x$$

RP Busque un patrón.

Se observa que las sucesivas derivadas se producen en un ciclo de longitud 4 y, en particular, $f^{(n)}(x) = \cos x$ siempre que n es un múltiplo de 4. Por lo tanto,

$$f^{(24)}(x) = \cos x$$

y, al derivar tres veces más, se tiene

$$f^{(27)}(x) = \text{sen } x$$

■

■ Dos límites trigonométricos especiales

Para probar la fórmula de la derivada del seno se usan dos límites especiales, que ahora se demuestran.

5

$$\lim_{\theta \to 0} \frac{\text{sen } \theta}{\theta} = 1$$

DEMOSTRACIÓN Suponga primero que θ se encuentra entre 0 y $\pi/2$. En la figura 6(a) se muestra un sector de un círculo con centro O, ángulo central θ y radio 1. BC se traza perpendicularmente a OA. Por la definición de la medida del radián se tiene el arco $AB = \theta$. También $|BC| = |OB|\text{sen } \theta = \text{sen } \theta$. En el diagrama se ve que

$$|BC| < |AB| < \text{arc } AB$$

Por lo tanto $\text{sen } \theta < \theta$ así que $\dfrac{\text{sen } \theta}{\theta} < 1$

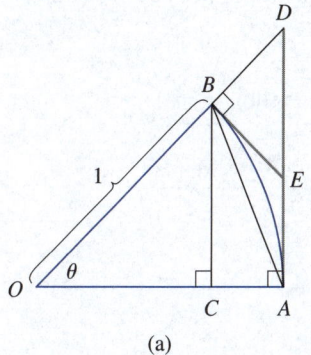

(a)

Sea que las rectas tangentes en A y B intersequen E. En la figura 6(b) se observa que la circunferencia de un círculo es más pequeña que la longitud de un polígono circunscrito, y así el arco $AB < |AE| + |EB|$. De este modo

$$\theta = \text{arc } AB < |AE| + |EB|$$
$$< |AE| + |ED|$$
$$= |AD| = |OA| \tan \theta$$
$$= \tan \theta$$

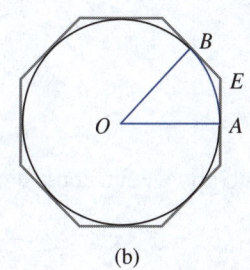

(b)

FIGURA 6

(En el apéndice F, la desigualdad $\theta \leqslant \tan \theta$ se demuestra directamente a partir de la definición de la longitud de un arco sin recurrir a la intuición geométrica, como se hizo aquí). Por lo tanto, se tiene

$$\theta < \frac{\operatorname{sen} \theta}{\cos \theta}$$

así que

$$\cos \theta < \frac{\operatorname{sen} \theta}{\theta} < 1$$

Se sabe que $\lim_{\theta \to 0} 1 = 1$ y $\lim_{\theta \to 0} \cos \theta = 1$, así que según el teorema de la compresión se tiene

$$\lim_{\theta \to 0^+} \frac{\operatorname{sen} \theta}{\theta} = 1 \qquad (0 < \theta < \pi/2)$$

Sin embargo, la función $(\operatorname{sen} \theta)/\theta$ es una función par, así que sus límites derecho e izquierdo deben ser iguales. Por lo tanto, se tiene

$$\lim_{\theta \to 0} \frac{\operatorname{sen} \theta}{\theta} = 1$$

y así se comprueba la ecuación 5. ∎

El primer límite especial que se consideró se refiere a la función seno. El siguiente límite especial se refiere al coseno.

$$\boxed{6} \qquad \boxed{\lim_{\theta \to 0} \frac{\cos \theta - 1}{\theta} = 0}$$

DEMOSTRACIÓN Se multiplica el numerador y el denominador por $\cos \theta + 1$ para poner la función en una forma en la que puedan usarse los límites que se conocen.

$$\lim_{\theta \to 0} \frac{\cos \theta - 1}{\theta} = \lim_{\theta \to 0} \left(\frac{\cos \theta - 1}{\theta} \cdot \frac{\cos \theta + 1}{\cos \theta + 1} \right) = \lim_{\theta \to 0} \frac{\cos^2 \theta - 1}{\theta \, (\cos \theta + 1)}$$

$$= \lim_{\theta \to 0} \frac{-\operatorname{sen}^2 \theta}{\theta \, (\cos \theta + 1)} = -\lim_{\theta \to 0} \left(\frac{\operatorname{sen} \theta}{\theta} \cdot \frac{\operatorname{sen} \theta}{\cos \theta + 1} \right)$$

$$= -\lim_{\theta \to 0} \frac{\operatorname{sen} \theta}{\theta} \cdot \lim_{\theta \to 0} \frac{\operatorname{sen} \theta}{\cos \theta + 1}$$

$$= -1 \cdot \left(\frac{0}{1 + 1} \right) = 0 \qquad \text{(según la ecuación 5)}$$

∎

EJEMPLO 5 Encuentre $\lim_{x \to 0} \dfrac{\operatorname{sen} 7x}{4x}$.

SOLUCIÓN Con el fin de aplicar la ecuación 5, primero se reescribe la función multiplicándola y dividiéndola entre 7:

$$\frac{\operatorname{sen} 7x}{4x} = \frac{7}{4} \left(\frac{\operatorname{sen} 7x}{7x} \right)$$

Observe que $\operatorname{sen} 7x \neq 7 \operatorname{sen} x$.

Si $\theta = 7x$, luego $\theta \to 0$ conforme $x \to 0$, entonces según la ecuación 5 se tiene

$$\lim_{x \to 0} \frac{\operatorname{sen} 7x}{4x} = \frac{7}{4} \lim_{x \to 0} \left(\frac{\operatorname{sen} 7x}{7x} \right)$$

$$= \frac{7}{4} \lim_{\theta \to 0} \frac{\operatorname{sen} \theta}{\theta} = \frac{7}{4} \cdot 1 = \frac{7}{4}$$

EJEMPLO 6 Calcule $\lim\limits_{x \to 0} x \cot x$.

SOLUCIÓN Aquí se divide el numerador y denominador entre x:

$$\lim_{x \to 0} x \cot x = \lim_{x \to 0} \frac{x \cos x}{\operatorname{sen} x}$$

$$= \lim_{x \to 0} \frac{\cos x}{\dfrac{\operatorname{sen} x}{x}} = \frac{\lim\limits_{x \to 0} \cos x}{\lim\limits_{x \to 0} \dfrac{\operatorname{sen} x}{x}}$$

$$= \frac{\cos 0}{1} \qquad \text{(según la continuidad del coseno y la ecuación 5)}$$

$$= 1$$

EJEMPLO 7 Halle $\lim\limits_{\theta \to 0} \dfrac{\cos \theta - 1}{\operatorname{sen} \theta}$.

SOLUCIÓN Con el fin de utilizar las ecuaciones 5 y 6 se divide el numerador y el denominador entre θ:

$$\lim_{\theta \to 0} \frac{\cos \theta - 1}{\operatorname{sen} \theta} = \lim_{\theta \to 0} \frac{\dfrac{\cos \theta - 1}{\theta}}{\dfrac{\operatorname{sen} \theta}{\theta}}$$

$$= \frac{\lim\limits_{\theta \to 0} \dfrac{\cos \theta - 1}{\theta}}{\lim\limits_{\theta \to 0} \dfrac{\operatorname{sen} \theta}{\theta}} = \frac{0}{1} = 0$$

3.3 | Ejercicios

1-22 Derive.

1. $f(x) = 3 \operatorname{sen} x - 2 \cos x$

2. $f(x) = \tan x - 4 \operatorname{sen} x$

3. $y = x^2 + \cot x$

4. $y = 2 \sec x - \csc x$

5. $h(\theta) = \theta^2 \operatorname{sen} \theta$

6. $g(x) = 3x + x^2 \cos x$

7. $y = \sec \theta \tan \theta$

8. $y = \operatorname{sen} \theta \cos \theta$

9. $f(\theta) = (\theta - \cos \theta) \operatorname{sen} \theta$

10. $g(\theta) = e^{\theta}(\tan \theta - \theta)$

11. $H(t) = \cos^2 t$

12. $f(x) = e^x \operatorname{sen} x + \cos x$

13. $f(\theta) = \dfrac{\operatorname{sen} \theta}{1 + \cos \theta}$

14. $y = \dfrac{\cos x}{1 - \operatorname{sen} x}$

15. $y = \dfrac{x}{2 - \tan x}$

16. $f(t) = \dfrac{\cot t}{e^t}$

17. $f(w) = \dfrac{1 + \sec w}{1 - \sec w}$

18. $y = \dfrac{\operatorname{sen} t}{1 + \tan t}$

19. $y = \dfrac{t \operatorname{sen} t}{1 + t}$

20. $g(z) = \dfrac{z}{\sec z + \tan z}$

21. $f(\theta) = \theta \cos \theta \operatorname{sen} \theta$

22. $f(t) = t e^t \cot t$

23. Demuestre que $\dfrac{d}{dx}(\csc x) = -\csc x \cot x$.

24. Demuestre que $\dfrac{d}{dx}(\sec x) = \sec x \tan x$.

25. Demuestre que $\dfrac{d}{dx}(\cot x) = -\csc^2 x$.

26. Con la definición de derivada, demuestre que si $f(x) = \cos x$, entonces $f'(x) = -\mathrm{sen}\, x$.

27-30 Halle una ecuación de la recta tangente a la curva en el punto dado.

27. $y = \mathrm{sen}\, x + \cos x,\quad (0, 1)$

28. $y = x + \mathrm{sen}\, x,\quad (\pi, \pi)$

29. $y = e^x \cos x + \mathrm{sen}\, x,\quad (0, 1)$

30. $y = \dfrac{1 + \mathrm{sen}\, x}{\cos x},\quad (\pi, -1)$

31. (a) Encuentre una ecuación de la recta tangente a la curva $y = 2x \,\mathrm{sen}\, x$ en el punto $(\pi/2, \pi)$.
(b) Ilustre el inciso (a) graficando la curva y la recta tangente en la misma gráfica.

32. (a) Determine una ecuación de la recta tangente a la curva $y = 3x + 6 \cos x$ en el punto $(\pi/3, \pi + 3)$.
(b) Ilustre el inciso (a) graficando la curva y la recta tangente en la misma gráfica.

33. (a) Si $f(x) = \sec x - x$, halle $f'(x)$.
(b) Revise si su respuesta al inciso (a) es razonable graficando tanto f como f' para $|x| < \pi/2$.

34. (a) Si $f(x) = e^x \cos x$, encuentre $f'(x)$ y $f''(x)$.
(b) Revise si su respuesta al inciso (a) es razonable graficando f, f' y f''.

35. Si $g(\theta) = \dfrac{\mathrm{sen}\, \theta}{\theta}$, determine $g'(\theta)$ y $g''(\theta)$.

36. Si $f(t) = \sec t$, encuentre $f''(\pi/4)$.

37. (a) Utilice la regla del cociente para derivar la función
$$f(x) = \frac{\tan x - 1}{\sec x}$$
(b) Simplifique la expresión para $f(x)$ escribiéndola en términos de $\mathrm{sen}\, x$ y $\cos x$, y luego halle $f'(x)$.
(c) Demuestre que sus respuestas a los incisos (a) y (b) son equivalentes.

38. Suponga que $f(\pi/3) = 4$ y $f'(\pi/3) = -2$, y sea $g(x) = f(x) \,\mathrm{sen}\, x$ y $h(x) = (\cos x)/f(x)$. Encuentre
(a) $g'(\pi/3)$ (b) $h'(\pi/3)$

39-40 ¿Para qué valores de x tiene la gráfica de f una tangente horizontal?

39. $f(x) = x + 2 \,\mathrm{sen}\, x$ **40.** $f(x) = e^x \cos x$

41. Una masa en un resorte vibra horizontalmente en una superficie lisa y plana (vea la figura). Su ecuación de movimiento es $x(t) = 8 \,\mathrm{sen}\, t$, donde t está en segundos y x en centímetros.
(a) Determine la velocidad y aceleración en el tiempo t.
(b) Encuentre la posición, velocidad y aceleración de la masa en el tiempo $t = 2\pi/3$. ¿En qué dirección se está moviendo en ese momento?

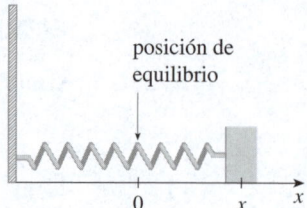
posición de equilibrio

42. Se cuelga una banda elástica en un gancho y una masa en el extremo inferior de la banda. Cuando la masa se tira hacia abajo y luego se suelta, vibra verticalmente. La ecuación de movimiento es $s = 2 \cos t + 3 \,\mathrm{sen}\, t$, $t \geqslant 0$, donde s se mide en centímetros y t, en segundos (considere que la dirección positiva es hacia abajo).
(a) Determine la velocidad y aceleración en el tiempo t.
(b) Grafique las funciones de velocidad y aceleración.
(c) ¿Cuándo pasa la masa a través de la posición de equilibrio por primera vez?
(d) ¿A qué distancia de su posición de equilibrio se desplaza la masa?
(e) ¿Cuándo es mayor la rapidez?

43. Una escalera de 6 m de largo descansa contra una pared. Sea θ el ángulo entre la parte superior de la escalera y la pared y sea x la distancia desde la parte inferior de la escalera hasta la pared. Si la parte inferior de la escalera resbala lejos del muro, ¿qué tan rápido cambia x respecto a θ cuando $\theta = \pi/3$?

44. Un objeto con masa m es arrastrado a lo largo de un plano horizontal por una fuerza que actúa a lo largo de una cuerda atada al objeto. Si la cuerda forma un ángulo θ con el plano, entonces la magnitud de la fuerza es
$$F = \frac{\mu m g}{\mu \,\mathrm{sen}\, \theta + \cos \theta}$$
donde μ es una constante llamada *coeficiente de fricción*.
(a) Halle la razón de cambio de F respecto a θ.
(b) ¿Cuándo es esta razón de cambio igual a 0?
(c) Si $m = 20$ kg y $\mu = 0.6$, trace la gráfica de F como función de θ y utilícelo para localizar el valor de θ para el que $dF/d\theta = 0$. ¿Es el valor congruente con su respuesta al inciso (b)?

45-60 Determine el límite.

45. $\displaystyle \lim_{x \to 0} \frac{\mathrm{sen}\, 5x}{3x}$

46. $\displaystyle \lim_{x \to 0} \frac{\mathrm{sen}\, x}{\mathrm{sen}\, \pi x}$

47. $\displaystyle \lim_{t \to 0} \frac{\mathrm{sen}\, 3t}{\mathrm{sen}\, t}$

48. $\displaystyle \lim_{x \to 0} \frac{\mathrm{sen}^2\, 3x}{x}$

49. $\displaystyle\lim_{x\to 0} \frac{\text{sen } x - \text{sen } x \cos x}{x^2}$

50. $\displaystyle\lim_{x\to 0} \frac{1 - \sec x}{2x}$

51. $\displaystyle\lim_{x\to 0} \frac{\tan 2x}{x}$

52. $\displaystyle\lim_{\theta\to 0} \frac{\text{sen } \theta}{\tan 7\theta}$

53. $\displaystyle\lim_{x\to 0} \frac{\text{sen } 3x}{5x^3 - 4x}$

54. $\displaystyle\lim_{x\to 0} \frac{\text{sen } 3x \,\text{sen } 5x}{x^2}$

55. $\displaystyle\lim_{\theta\to 0} \frac{\text{sen } \theta}{\theta + \tan \theta}$

56. $\displaystyle\lim_{x\to 0} \csc x \,\text{sen}(\text{sen } x)$

57. $\displaystyle\lim_{\theta\to 0} \frac{\cos \theta - 1}{2\theta^2}$

58. $\displaystyle\lim_{x\to 0} \frac{\text{sen}(x^2)}{x}$

59. $\displaystyle\lim_{x\to \pi/4} \frac{1 - \tan x}{\text{sen } x - \cos x}$

60. $\displaystyle\lim_{x\to 1} \frac{\text{sen}(x - 1)}{x^2 + x - 2}$

61-62 Encuentre la derivada dada buscando las primeras derivadas y observando el patrón que se presenta.

61. $\dfrac{d^{99}}{dx^{99}} (\text{sen } x)$

62. $\dfrac{d^{35}}{dx^{35}} (x \,\text{sen } x)$

---

63. Halle las constantes A y B tales que la función $y = A \,\text{sen } x + B \cos x$ satisface con la ecuación diferencial $y'' + y' - 2y = \text{sen } x$.

64. (a) Evalúe $\displaystyle\lim_{x\to\infty} x \,\text{sen}\frac{1}{x}$.

(b) Evalúe $\displaystyle\lim_{x\to 0} x \,\text{sen}\frac{1}{x}$.

 (c) Ilustre los incisos (a) y (b) graficando $y = x \,\text{sen}(1/x)$.

65. Derive cada identidad trigonométrica para obtener una identidad nueva (o conocida).

(a) $\tan x = \dfrac{\text{sen } x}{\cos x}$

(b) $\sec x = \dfrac{1}{\cos x}$

(c) $\text{sen } x + \cos x = \dfrac{1 + \cot x}{\csc x}$

66. Un semicírculo con diámetro PQ se asienta sobre un triángulo isósceles PQR para conformar una región con forma de cono de helado bidimensional, como se muestra en la figura. Si $A(\theta)$ es el área del semicírculo y $B(\theta)$ es el área del triángulo, encuentre

$$\lim_{\theta\to 0^+} \frac{A(\theta)}{B(\theta)}$$

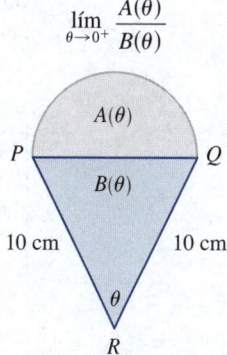

67. En la figura se muestra un arco circular de longitud s y una cuerda de longitud d, ambos subordinados a un ángulo central θ. Encuentre

$$\lim_{\theta\to 0^+} \frac{s}{d}$$

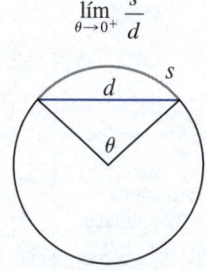

68. Sea $f(x) = \dfrac{x}{\sqrt{1 - \cos 2x}}$.

(a) Grafique f. ¿Qué tipo de discontinuidad parece haber en 0?

(b) Calcule los límites izquierdo y derecho de f en 0. ¿Confirman estos valores su respuesta al inciso (a)?

3.4 | Regla de la cadena

Suponga que requiere derivar la función

$$F(x) = \sqrt{x^2 + 1}$$

Las fórmulas de derivación que se estudiaron en las secciones anteriores de este capítulo no permiten calcular $F'(x)$.

Observe que F es una función compuesta. De hecho, si $y = f(u) = \sqrt{u}$ y $u = g(x) = x^2 + 1$, entonces se escribe $y = F(x) = f(g(x))$, es decir, $F = f \circ g$. Se sabe cómo derivar tanto f como g, por lo que sería útil tener una regla para encontrar la derivada de $F = f \circ g$ en términos de las derivadas de f y g.

Para un resumen de las funciones compuestas, vea la sección 1.3.

■ Regla de la cadena

Resulta que la derivada de la función compuesta $f \circ g$ es el producto de las derivadas de f y g. Este hecho es una de las reglas de derivación más importantes y se llama *regla de la cadena*. Parece verosímil si se interpretan las derivadas como razones de cambio. Considere du/dx la razón de cambio de u respecto a x, dy/du la razón de cambio de y respecto a u, y dy/dx la razón de cambio de y respecto a x. Si u cambia el doble de rápido que x y y cambia tres veces más rápido que u, entonces parece razonable que y cambie seis veces más rápido que x, por lo que se espera que dy/dx sea el producto de dy/du y du/dx.

Regla de la cadena Si g es derivable en x y f es derivable en $g(x)$, entonces la función compuesta $F = f \circ g$ definida por $F(x) = f(g(x))$ es derivable en x y F' viene dada por el producto

$$\boxed{1} \qquad F'(x) = f'(g(x)) \cdot g'(x)$$

En notación de Leibniz, si tanto $y = f(u)$ como $u = g(x)$ son funciones derivables, entonces

$$\boxed{2} \qquad \frac{dy}{dx} = \frac{dy}{du}\frac{du}{dx}$$

Es fácil recordar la fórmula 2 porque si se piensa en dy/du y du/dx como cocientes, entonces se puede cancelar du; sin embargo, du no está definida y du/dx no debe considerarse un cociente real.

COMENTARIOS SOBRE LA DEMOSTRACIÓN DE LA REGLA DE LA CADENA Sea Δu el cambio en u correspondiente a un cambio de Δx en x, es decir,

$$\Delta u = g(x + \Delta x) - g(x)$$

El cambio correspondiente en y es entonces

$$\Delta y = f(u + \Delta u) - f(u)$$

Es tentador escribir

$$\frac{dy}{dx} = \lim_{\Delta x \to 0} \frac{\Delta y}{\Delta x}$$

$$\boxed{3} \qquad = \lim_{\Delta x \to 0} \frac{\Delta y}{\Delta u} \cdot \frac{\Delta u}{\Delta x}$$

$$= \lim_{\Delta x \to 0} \frac{\Delta y}{\Delta u} \cdot \lim_{\Delta x \to 0} \frac{\Delta u}{\Delta x}$$

$$= \lim_{\Delta u \to 0} \frac{\Delta y}{\Delta u} \cdot \lim_{\Delta x \to 0} \frac{\Delta u}{\Delta x} \qquad \text{(Observe que } \Delta u \to 0 \text{ conforme}$$
$$\Delta x \to 0 \text{ porque } g \text{ es continua).}$$

$$= \frac{dy}{du}\frac{du}{dx}$$

El único defecto de este razonamiento es que en (3) sucedería que $\Delta u = 0$ (incluso cuando $\Delta x \neq 0$) y, por supuesto, no es posible dividir entre 0. Sin embargo, este razonamiento al menos *sugiere* que la regla de la cadena es verdadera. Al final de esta sección, se presenta una demostración completa de la regla de la cadena. ■

James Gregory

La primera persona en formular la regla de la cadena fue el matemático escocés James Gregory (1638-1675), que también diseñó el primer telescopio reflector práctico. Gregory descubrió las ideas básicas del cálculo más o menos al mismo tiempo que Newton. Él se convirtió en el primer profesor de matemáticas en la Universidad de St. Andrews y más tarde ocupó el mismo puesto en la Universidad de Edimburgo. Pero un año después de aceptar ese puesto, murió a la edad de 36 años.

EJEMPLO 1 Encuentre $F'(x)$ si $F(x) = \sqrt{x^2 + 1}$.

SOLUCIÓN 1 (con la fórmula 1): Al inicio de esta sección se expresó F como $F(x) = (f \circ g)(x) = f(g(x))$, donde $f(u) = \sqrt{u}$ y $g(x) = x^2 + 1$. Puesto que

$$f'(u) = \tfrac{1}{2} u^{-1/2} = \frac{1}{2\sqrt{u}} \quad \text{y} \quad g'(x) = 2x$$

se tiene
$$F'(x) = f'(g(x)) \cdot g'(x)$$

$$= \frac{1}{2\sqrt{x^2 + 1}} \cdot 2x = \frac{x}{\sqrt{x^2 + 1}}$$

SOLUCIÓN 2 (con la fórmula 2): Si $u = x^2 + 1$ y $y = \sqrt{u}$, entonces

$$F'(x) = \frac{dy}{du}\frac{du}{dx} = \frac{1}{2\sqrt{u}}(2x) = \frac{1}{2\sqrt{x^2 + 1}}(2x) = \frac{x}{\sqrt{x^2 + 1}}$$

Al utilizar la fórmula 2 se debe tener presente que dy/dx se refiere a la derivada de y cuando se considera en función de x (la derivada de y respecto a x), mientras que dy/du se refiere a la derivada de y cuando se considera en función de u (la derivada de y respecto a u). Un caso es el ejemplo 1, y puede considerarse que y es una función de $x \left(y = \sqrt{x^2 + 1} \right)$ y también una función de $u \left(y = \sqrt{u} \right)$. Observe que

$$\frac{dy}{dx} = F'(x) = \frac{x}{\sqrt{x^2 + 1}} \quad \text{mientras que} \quad \frac{dy}{du} = f'(u) = \frac{1}{2\sqrt{u}}$$

NOTA Al usar la regla de la cadena se trabaja desde el exterior hacia el interior. La fórmula 1 dice que *se deriva la función externa f [en la función interna g(x)] y luego se multiplica por la derivada de la función interna.*

$$\frac{d}{dx} \underbrace{f}_{\substack{\text{función} \\ \text{exterior}}} \underbrace{(g(x))}_{\substack{\text{evaluada} \\ \text{en la función} \\ \text{interior}}} = \underbrace{f'}_{\substack{\text{derivada de} \\ \text{la función} \\ \text{exterior}}} \underbrace{(g(x))}_{\substack{\text{evaluada} \\ \text{en la función} \\ \text{interior}}} \cdot \underbrace{g'(x)}_{\substack{\text{derivada de} \\ \text{función} \\ \text{interior}}}$$

EJEMPLO 2 Derive (a) $y = \operatorname{sen}(x^2)$ y (b) $y = \operatorname{sen}^2 x$.

SOLUCIÓN

(a) Si $y = \operatorname{sen}(x^2)$, entonces la función exterior es la función seno y la función interior es la función cuadrática, así que la regla de la cadena da

$$\frac{dy}{dx} = \frac{d}{dx} \underbrace{\operatorname{sen}}_{\substack{\text{función} \\ \text{exterior}}} \underbrace{(x^2)}_{\substack{\text{evaluada} \\ \text{en la función} \\ \text{interior}}} = \underbrace{\cos}_{\substack{\text{derivada de} \\ \text{la función} \\ \text{exterior}}} \underbrace{(x^2)}_{\substack{\text{evaluada} \\ \text{en la función} \\ \text{interior}}} \cdot \underbrace{2x}_{\substack{\text{derivada de} \\ \text{la función} \\ \text{interior}}}$$

$$= 2x \cos(x^2)$$

(b) Observe que $\operatorname{sen}^2 x = (\operatorname{sen} x)^2$. Aquí la función exterior es la función cuadrática y la función interior es la función seno. Así,

$$\frac{dy}{dx} = \frac{d}{dx} \underbrace{(\operatorname{sen} x)^2}_{\substack{\text{función} \\ \text{interior}}} = \underbrace{2}_{\substack{\text{derivada de} \\ \text{la función} \\ \text{exterior}}} \cdot \underbrace{(\operatorname{sen} x)}_{\substack{\text{evaluada en} \\ \text{la función} \\ \text{interior}}} \cdot \underbrace{\cos x}_{\substack{\text{derivada de} \\ \text{la función} \\ \text{interior}}}$$

Para más información, vea la página de referencia 2 o el apéndice D.

La respuesta se puede dejar como $2 \operatorname{sen} x \cos x$ o escribirse como $\operatorname{sen} 2x$ (según una identidad trigonométrica conocida como fórmula del ángulo doble).

En el ejemplo 2(a) se combinó la regla de la cadena con la regla de derivación de la función seno. En general, si $y = \text{sen } u$, donde u es una función derivable de x, entonces, por la regla de la cadena,

$$\frac{dy}{dx} = \frac{dy}{du}\frac{du}{dx} = \cos u \frac{du}{dx}$$

De modo que

$$\frac{d}{dx}(\text{sen } u) = \cos u \frac{du}{dx}$$

De igual manera, todas las fórmulas para derivar las funciones trigonométricas pueden combinarse con la regla de la cadena.

Ahora se aborda el caso especial de la regla de la cadena donde la función externa f es una función potencia. Si $y = [g(x)]^n$, entonces se puede escribir $y = f(u) = u^n$, donde $u = g(x)$. Con la regla de la cadena y luego la regla de la potencia se obtiene

$$\frac{dy}{dx} = \frac{dy}{du}\frac{du}{dx} = nu^{n-1}\frac{du}{dx} = n[g(x)]^{n-1}g'(x)$$

---

4 **La regla de la potencia combinada con la regla de la cadena** Si n es cualquier número real y $u = g(x)$ es derivable, entonces

$$\frac{d}{dx}(u^n) = nu^{n-1}\frac{du}{dx}$$

O, de otro modo,

$$\frac{d}{dx}[g(x)]^n = n[g(x)]^{n-1} \cdot g'(x)$$

Observe que la derivada que se encontró en el ejemplo 1 se puede calcular tomando $n = \frac{1}{2}$ en la regla 4.

EJEMPLO 3 Derive $y = (x^3 - 1)^{100}$.

SOLUCIÓN Al tomar $u = g(x) = x^3 - 1$ y $n = 100$ en (4) se tiene

$$\frac{dy}{dx} = \frac{d}{dx}(x^3 - 1)^{100} = 100(x^3 - 1)^{99}\frac{d}{dx}(x^3 - 1)$$

$$= 100(x^3 - 1)^{99} \cdot 3x^2 = 300x^2(x^3 - 1)^{99} \qquad \blacksquare$$

EJEMPLO 4 Encuentre $f'(x)$ si $f(x) = \dfrac{1}{\sqrt[3]{x^2 + x + 1}}$.

SOLUCIÓN Primero reescriba f: $f(x) = (x^2 + x + 1)^{-1/3}$

De este modo,

$$f'(x) = -\tfrac{1}{3}(x^2 + x + 1)^{-4/3}\frac{d}{dx}(x^2 + x + 1)$$

$$= -\tfrac{1}{3}(x^2 + x + 1)^{-4/3}(2x + 1) \qquad \blacksquare$$

EJEMPLO 5 Halle la derivada de la función

$$g(t) = \left(\frac{t-2}{2t+1} \right)^9$$

SOLUCIÓN Al combinar la regla de la potencia, la regla de la cadena y la regla del cociente se obtiene

$$g'(t) = 9\left(\frac{t-2}{2t+1} \right)^8 \frac{d}{dt}\left(\frac{t-2}{2t+1} \right)$$

$$= 9\left(\frac{t-2}{2t+1} \right)^8 \frac{(2t+1)\cdot 1 - 2(t-2)}{(2t+1)^2} = \frac{45(t-2)^8}{(2t+1)^{10}}$$ ∎

EJEMPLO 6 Derive $y = (2x+1)^5(x^3 - x + 1)^4$.

SOLUCIÓN En este ejemplo debe emplearse la regla del producto antes que la regla de la cadena:

$$\frac{dy}{dx} = (2x+1)^5 \frac{d}{dx}(x^3 - x + 1)^4 + (x^3 - x + 1)^4 \frac{d}{dx}(2x+1)^5$$

$$= (2x+1)^5 \cdot 4(x^3 - x + 1)^3 \frac{d}{dx}(x^3 - x + 1)$$

$$+ (x^3 - x + 1)^4 \cdot 5(2x+1)^4 \frac{d}{dx}(2x+1)$$

$$= 4(2x+1)^5(x^3 - x + 1)^3(3x^2 - 1) + 5(x^3 - x + 1)^4(2x+1)^4 \cdot 2$$

Al observar que cada término tiene el factor común $2(2x+1)^4(x^3 - x + 1)^3$, se puede factorizar y escribir la respuesta como

$$\frac{dy}{dx} = 2(2x+1)^4(x^3 - x + 1)^3(17x^3 + 6x^2 - 9x + 3)$$ ∎

En la figura 1 se muestran las gráficas de las funciones y y y' del ejemplo 6. Observe que y' es grande cuando y aumenta rápidamente y $y' = 0$ cuando y tiene una tangente horizontal. Así, la respuesta parece razonable.

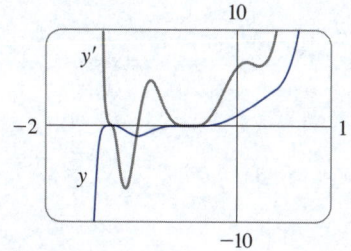

FIGURA 1

EJEMPLO 7 Derive $y = e^{\operatorname{sen} x}$.

SOLUCIÓN Aquí la función interna es $g(x) = \operatorname{sen} x$ y la función externa es la función exponencial $f(x) = e^x$. Así, por la regla de la cadena,

$$\frac{dy}{dx} = \frac{d}{dx}(e^{\operatorname{sen} x}) = e^{\operatorname{sen} x}\frac{d}{dx}(\operatorname{sen} x) = e^{\operatorname{sen} x}\cos x$$ ∎

En términos más generales, la regla de la cadena da

$$\frac{d}{dx}(e^u) = e^u \frac{du}{dx}$$

La razón del nombre "regla de la cadena" es clara al hacer una cadena más larga añadiendo otro eslabón. Suponga que $y = f(u)$, $u = g(x)$ y $x = h(t)$, donde f, g y h son funciones derivables. Entonces, para calcular la derivada de y respecto a t, se usa la regla de la cadena dos veces:

$$\frac{dy}{dt} = \frac{dy}{dx}\frac{dx}{dt} = \frac{dy}{du}\frac{du}{dx}\frac{dx}{dt}$$

EJEMPLO 8 Si $f(x) = \text{sen}(\cos(\tan x))$, entonces

$$f'(x) = \cos(\cos(\tan x)) \frac{d}{dx} \cos(\tan x)$$

$$= \cos(\cos(\tan x)) \left[-\text{sen}(\tan x) \right] \frac{d}{dx} (\tan x)$$

$$= -\cos(\cos(\tan x)) \, \text{sen}(\tan x) \, \sec^2 x$$

Observe que se usó la regla de la cadena dos veces. ∎

EJEMPLO 9 Derive $y = e^{\sec 3\theta}$.

SOLUCIÓN La función externa es la función exponencial, la función media es la función secante y la función interna es la función triplicadora. Así, se tiene

$$\frac{dy}{d\theta} = e^{\sec 3\theta} \frac{d}{d\theta} (\sec 3\theta)$$

$$= e^{\sec 3\theta} \sec 3\theta \tan 3\theta \frac{d}{d\theta} (3\theta)$$

$$= 3 e^{\sec 3\theta} \sec 3\theta \tan 3\theta$$

∎

■ Derivadas de funciones exponenciales generales

Se puede usar la regla de la cadena para derivar una función exponencial con cualquier base $b > 0$. Recuerde, de la ecuación 1.5.10, que es posible escribir

$$b^x = e^{(\ln b)x}$$

y entonces la regla de la cadena da

$$\frac{d}{dx} (b^x) = \frac{d}{dx} (e^{(\ln b)x}) = e^{(\ln b)x} \frac{d}{dx} [(\ln b)x]$$

$$= e^{(\ln b)x} (\ln b) = b^x \ln b$$

porque $\ln b$ es una constante. De esta manera se tiene la fórmula

No confunda la fórmula 5 (donde x es el *exponente*) con la regla de la potencia (donde x es la *base*):

$$\frac{d}{dx} (x^n) = n x^{n-1}$$

5

$$\boxed{\frac{d}{dx} (b^x) = b^x \ln b}$$

EJEMPLO 10 Halle la derivada de cada una de las funciones.

(a) $g(x) = 2^x$ (b) $h(x) = 5^{x^2}$

SOLUCIÓN

(a) Se utiliza la fórmula 5 con $b = 2$:

$$g'(x) = \frac{d}{dx} (2^x) = 2^x \ln 2$$

Esto es congruente con la estimación

$$\frac{d}{dx} (2^x) \approx (0.693) 2^x$$

que se dio en la sección 3.1 porque $\ln 2 \approx 0.693147$.

(b) La función externa es una función exponencial y la función interna es la función cuadrática, por lo que se usa la fórmula 5 y la regla de la cadena para obtener

$$h'(x) = \frac{d}{dx}\left(5^{x^2}\right) = 5^{x^2}\ln 5 \cdot \frac{d}{dx}\left(x^2\right) = 2x \cdot 5^{x^2}\ln 5 \qquad \blacksquare$$

■ Cómo demostrar la regla de la cadena

Recuerde que si $y = f(x)$ y x cambia de a a $a + \Delta x$, se define el incremento de y como

$$\Delta y = f(a + \Delta x) - f(a)$$

De acuerdo con la definición de derivada, se tiene

$$\lim_{\Delta x \to 0} \frac{\Delta y}{\Delta x} = f'(a)$$

De este modo, si se denota con ε la diferencia entre $\Delta y/\Delta x$ y $f'(a)$, se obtiene

$$\lim_{\Delta x \to 0} \varepsilon = \lim_{\Delta x \to 0}\left(\frac{\Delta y}{\Delta x} - f'(a)\right) = f'(a) - f'(a) = 0$$

Pero $\qquad \varepsilon = \dfrac{\Delta y}{\Delta x} - f'(a) \quad \Rightarrow \quad \Delta y = f'(a)\,\Delta x + \varepsilon\,\Delta x$

Si se define que ε sea 0 cuando $\Delta x = 0$, entonces ε se convierte en una función continua de Δx. Así, para una función derivable f se escribe

$$\boxed{6} \qquad \Delta y = f'(a)\,\Delta x + \varepsilon\,\Delta x \qquad \text{donde} \quad \varepsilon \to 0 \ \text{conforme} \ \Delta x \to 0$$

y ε es una función continua de Δx. Esta propiedad de funciones derivables es lo que permite demostrar la regla de la cadena.

DEMOSTRACIÓN DE LA REGLA DE LA CADENA Suponga que $u = g(x)$ es derivable en a y $y = f(u)$ es derivable en $b = g(a)$. Si Δx es un incremento en x y Δu y Δy son los incrementos correspondientes en u y y, entonces se usa la ecuación 6 para escribir

$$\boxed{7} \qquad \Delta u = g'(a)\,\Delta x + \varepsilon_1\,\Delta x = [g'(a) + \varepsilon_1]\,\Delta x$$

donde $\varepsilon_1 \to 0$ conforme $\Delta x \to 0$. En forma similar,

$$\boxed{8} \qquad \Delta y = f'(b)\,\Delta u + \varepsilon_2\,\Delta u = [f'(b) + \varepsilon_2]\,\Delta u$$

donde $\varepsilon_2 \to 0$ conforme $\Delta u \to 0$. Si ahora se sustituye la expresión para Δu de la ecuación 7 en la ecuación 8 se obtiene

$$\Delta y = [f'(b) + \varepsilon_2][g'(a) + \varepsilon_1]\,\Delta x$$

de modo que $\qquad \dfrac{\Delta y}{\Delta x} = [f'(b) + \varepsilon_2][g'(a) + \varepsilon_1]$

A medida que $\Delta x \to 0$, la ecuación 7 muestra que $\Delta u \to 0$. Al tomar el límite conforme $\Delta x \to 0$ se obtiene

$$\frac{dy}{dx} = \lim_{\Delta x \to 0} \frac{\Delta y}{\Delta x} = \lim_{\Delta x \to 0} [f'(b) + \varepsilon_2][g'(a) + \varepsilon_1]$$

$$= f'(b)\,g'(a) = f'(g(a))\,g'(a)$$

Esto demuestra la regla de la cadena. $\qquad\qquad\qquad\qquad\qquad\qquad\qquad\qquad \blacksquare$

3.4 | Ejercicios

1-6 Escriba la función compuesta en la forma $f(g(x))$. [Identifique la función interior $u = g(x)$ y la función exterior $y = f(u)$]. Luego halle la derivada dy/dx.

1. $y = (5 - x^4)^3$

2. $y = \sqrt{x^3 + 2}$

3. $y = \text{sen}(\cos x)$

4. $y = \tan(x^2)$

5. $y = e^{\sqrt{x}}$

6. $y = \sqrt[3]{e^x + 1}$

7-52 Calcule la derivada de la función.

7. $f(x) = (2x^3 - 5x^2 + 4)^5$

8. $f(x) = (x^5 + 3x^2 - x)^{50}$

9. $f(x) = \sqrt{5x + 1}$

10. $f(x) = \dfrac{1}{\sqrt[3]{x^2 - 1}}$

11. $g(t) = \dfrac{1}{(2t + 1)^2}$

12. $F(t) = \left(\dfrac{1}{2t + 1}\right)^4$

13. $f(\theta) = \cos(\theta^2)$

14. $g(\theta) = \cos^2\theta$

15. $g(x) = e^{x^2 - x}$

16. $y = 5^{\sqrt{x}}$

17. $y = x^2 e^{-3x}$

18. $f(t) = t \,\text{sen}\,\pi t$

19. $f(t) = e^{at}\,\text{sen}\,bt$

20. $A(r) = \sqrt{r} \cdot e^{r^2 + 1}$

21. $F(x) = (4x + 5)^3 (x^2 - 2x + 5)^4$

22. $G(z) = (1 - 4z)^2 \sqrt{z^2 + 1}$

23. $y = \sqrt{\dfrac{x}{x + 1}}$

24. $y = \left(x + \dfrac{1}{x}\right)^5$

25. $y = e^{\tan\theta}$

26. $f(t) = 2^{t^3}$

27. $g(u) = \left(\dfrac{u^3 - 1}{u^3 + 1}\right)^8$

28. $s(t) = \sqrt{\dfrac{1 + \text{sen}\,t}{1 + \cos t}}$

29. $r(t) = 10^{2\sqrt{t}}$

30. $f(z) = e^{z/(z-1)}$

31. $H(r) = \dfrac{(r^2 - 1)^3}{(2r + 1)^5}$

32. $J(\theta) = \tan^2(n\theta)$

33. $F(t) = e^{t\,\text{sen}\,2t}$

34. $F(t) = \dfrac{t^2}{\sqrt{t^3 + 1}}$

35. $G(x) = 4^{C/x}$

36. $U(y) = \left(\dfrac{y^4 + 1}{y^2 + 1}\right)^5$

37. $f(x) = \text{sen}\,x \cos(1 - x^2)$

38. $g(x) = e^{-x}\cos(x^2)$

39. $F(t) = \tan\sqrt{1 + t^2}$

40. $G(z) = (1 + \cos^2 z)^3$

41. $y = \text{sen}^2(x^2 + 1)$

42. $y = e^{\text{sen}\,2x} + \text{sen}(e^{2x})$

43. $g(x) = \text{sen}\left(\dfrac{e^x}{1 + e^x}\right)$

44. $f(t) = e^{1/t}\sqrt{t^2 - 1}$

45. $f(t) = \tan(\sec(\cos t))$

46. $y = \sqrt{x + \sqrt{x + \sqrt{x}}}$

47. $f(x) = e^{\text{sen}^2(x^2)}$

48. $y = 2^{3^{4^x}}$

49. $y = (3^{\cos(x^2)} - 1)^4$

50. $y = \text{sen}(\theta + \tan(\theta + \cos\theta))$

51. $y = \cos\sqrt{\text{sen}(\tan\pi x)}$

52. $y = \text{sen}^3(\cos(x^2))$

53-56 Encuentre y' y y''.

53. $y = \cos(\text{sen}\,3\theta)$

54. $y = \left(1 + \sqrt{x}\right)^3$

55. $y = \sqrt{\cos x}$

56. $y = e^{e^x}$

57-60 Determine una ecuación de la recta tangente a la curva en el punto dado.

57. $y = 2^x$, $(0, 1)$

58. $y = \sqrt{1 + x^3}$, $(2, 3)$

59. $y = \text{sen}(\text{sen}\,x)$, $(\pi, 0)$

60. $y = xe^{-x^2}$, $(0, 0)$

61. (a) Halle una ecuación de la recta tangente a la curva $y = 2/(1 + e^{-x})$ en el punto $(0, 1)$.

(b) Ilustre el inciso (a) graficando la curva y la recta tangente en la misma gráfica.

62. (a) La curva $y = |x|/\sqrt{2 - x^2}$ se llama *curva de nariz de bala*. Encuentre una ecuación de la recta tangente a esta curva en el punto $(1, 1)$.

(b) Ilustre el inciso (a) graficando la curva y la recta tangente en la misma gráfica.

63. (a) Si $f(x) = x\sqrt{2 - x^2}$, encuentre $f'(x)$.

(b) Compruebe que su respuesta al inciso (a) sea razonable comparando las gráficas de f y f'.

64. La función $f(x) = \text{sen}(x + \text{sen}\,2x)$, $0 \le x \le \pi$, se presenta en aplicaciones para la síntesis de frecuencia modulada (FM).

(a) Utilice una gráfica de f producida por una calculadora o computadora para hacer un dibujo aproximado de la gráfica de f'.

(b) Calcule $f'(x)$ y use esta expresión con una calculadora o computadora para graficar f'. Compárelo con su dibujo del inciso (a).

65. Determine todos los puntos en la gráfica de la función $f(x) = 2\,\text{sen}\,x + \text{sen}^2 x$ donde la recta tangente sea horizontal.

66. ¿En qué punto de la curva $y = \sqrt{1 + 2x}$ es la recta tangente perpendicular a la recta $6x + 2y = 1$?

67. Si $F(x) = f(g(x))$, donde $f(-2) = 8, f'(-2) = 4, f'(5) = 3$, $g(5) = -2$ y $g'(5) = 6$, halle $F'(5)$.

68. Si $h(x) = \sqrt{4 + 3f(x)}$ donde $f(1) = 7$ y $f'(1) = 4$, encuentre $h'(1)$.

69. Se da una tabla de valores para f, g, f' y g'.

x	$f(x)$	$g(x)$	$f'(x)$	$g'(x)$
1	3	2	4	6
2	1	8	5	7
3	7	2	7	9

(a) Si $h(x) = f(g(x))$, halle $h'(1)$.

(b) Si $H(x) = g(f(x))$, halle $H'(1)$.

70. Sean f y g las funciones del ejercicio 69.

(a) Si $F(x) = f(f(x))$, halle $F'(2)$.

(b) Si $G(x) = g(g(x))$, halle $G'(3)$.

71. Si f y g son las funciones cuyas gráficas se muestran, sean $u(x) = f(g(x))$, $v(x) = g(f(x))$ y $w(x) = g(g(x))$. Encuentre cada derivada, si existe. Si no existe, explique por qué.

(a) $u'(1)$ (b) $v'(1)$ (c) $w'(1)$

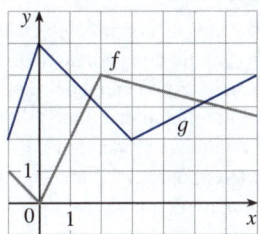

72. Si f es la función cuya gráfica se muestra, sean $h(x) = f(f(x))$ y $g(x) = f(x^2)$. Utilice la gráfica de f para estimar el valor de cada derivada.

(a) $h'(2)$ (b) $g'(2)$

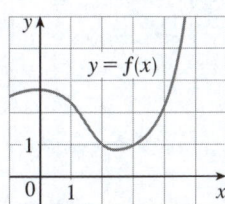

73. Si $g(x) = \sqrt{f(x)}$ donde se muestra la gráfica de f, evalúe $g'(3)$.

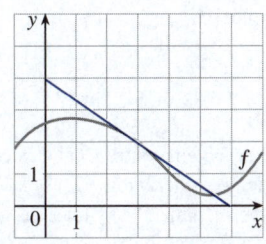

74. Suponga que f es derivable en $\mathbb{R}$ y α es un número real. Sean $F(x) = f(x^\alpha)$ y $G(x) = [f(x)]^\alpha$. Determine expresiones para (a) $F'(x)$ y (b) $G'(x)$.

75. Suponga que f es derivable en $\mathbb{R}$. Sean $F(x) = f(e^x)$ y $G(x) = e^{f(x)}$. Encuentre expresiones para (a) $F'(x)$ y (b) $G'(x)$.

76. Sean $g(x) = e^{cx} + f(x)$ y $h(x) = e^{kx}f(x)$, donde $f(0) = 3$, $f'(0) = 5$ y $f''(0) = -2$.

(a) Encuentre $g'(0)$ y $g''(0)$ en términos de c.

(b) En términos de k, halle una ecuación de la recta tangente a la gráfica de h en el punto donde $x = 0$.

77. Sea $r(x) = f(g(h(x)))$, donde $h(1) = 2$, $g(2) = 3$, $h'(1) = 4$, $g'(2) = 5$ y $f'(3) = 6$. Determine $r'(1)$.

78. Si g es una función dos veces derivable y $f(x) = xg(x^2)$, encuentre f'' en términos de g, g' y g''.

79. Si $F(x) = f(3f(4f(x)))$, donde $f(0) = 0$ y $f'(0) = 2$, halle $F'(0)$.

80. Si $F(x) = f(xf(xf(x)))$, donde $f(1) = 2$, $f(2) = 3$, $f'(1) = 4$, $f'(2) = 5$ y $f'(3) = 6$, busque $F'(1)$.

81. Demuestre que la función $y = e^{2x}(A \cos 3x + B \operatorname{sen} 3x)$ satisface la ecuación diferencial $y'' - 4y' + 13y = 0$.

82. ¿Para qué valores de r satisface la función $y = e^{rx}$ con la ecuación diferencial $y'' - 4y' + y = 0$?

83. Determine la derivada 50 de $y = \cos 2x$.

84. Encuentre la derivada 1 000 de $f(x) = xe^{-x}$.

85. El desplazamiento de una partícula en una cuerda vibrante se da por la ecuación

$$s(t) = 10 + \tfrac{1}{4} \operatorname{sen}(10\pi t)$$

donde s se mide en centímetros y t en segundos. Encuentre la velocidad de la partícula después de t segundos.

86. Si la ecuación de movimiento de una partícula está dada por $s = A \cos(\omega t + \delta)$, se dice que la partícula se somete a un *movimiento armónico simple*.

(a) Determine la velocidad de la partícula en el tiempo t.

(b) ¿Cuándo es la velocidad 0?

87. Una variable Cefeida es una estrella cuyo brillo aumenta y disminuye alternativamente. La estrella de este tipo que se puede ver con mayor facilidad es Delta Cephei, cuyo intervalo de tiempo de máximo brillo es de 5.4 días. El brillo medio de esta estrella es de 4.0 y su brillo cambia por ±0.35. Con base en estos datos, el brillo de Delta Cephei en el tiempo t, donde t se mide en días, se ha modelado por la función

$$B(t) = 4.0 + 0.35 \operatorname{sen}\left(\frac{2\pi t}{5.4}\right)$$

(a) Determine la razón de cambio del brillo después de t días.

(b) Encuentre, con dos decimales de precisión, la razón de aumento luego de un día.

88. En el ejemplo 1.3.4 se llegó a un modelo para la duración de la luz de día (en horas) en Filadelfia en el día t del año:

$$L(t) = 12 + 2.8\,\text{sen}\left[\frac{2\pi}{365}(t - 80)\right]$$

Use este modelo para comparar cómo aumenta el número de horas de luz del día en Filadelfia el 21 de marzo ($t = 80$) y el 21 de mayo ($t = 141$).

89. El movimiento de un resorte que está sujeto a una fuerza de fricción o a una fuerza de amortiguación (como un amortiguador en un auto) suele estar modelado por el producto de una función exponencial y una función seno o coseno. Suponga que la ecuación de movimiento de un punto de dicho resorte es

$$s(t) = 2e^{-1.5t}\,\text{sen}\,2\pi t$$

donde s se mide en centímetros y t en segundos. Determine la velocidad después de t segundos y grafique las funciones tanto de posición como de velocidad para $0 \leqslant t \leqslant 2$.

90. En ciertas circunstancias, un rumor se propaga de acuerdo con la ecuación

$$p(t) = \frac{1}{1 + ae^{-kt}}$$

donde $p(t)$ es la proporción de la población que ha oído el rumor en el tiempo t y a y k son constantes positivas. [En la sección 9.4 se verá que esta ecuación es razonable para $p(t)$].
(a) Halle $\lim_{t \to \infty} p(t)$ e interprete su respuesta.
(b) Encuentre la rapidez de propagación del rumor.
(c) Grafique p para el caso $a = 10$, $k = 0.5$ con t medida en horas. Use la gráfica para estimar cuánto tiempo tardará 80% de la población en oír el rumor.

91. Se midió la concentración de alcohol en sangre (CAS) promedio de ocho sujetos masculinos después de consumir 15 mL de etanol (correspondiente a una bebida alcohólica). Los datos resultantes se modelaron por la función de concentración

$$C(t) = 0.00225te^{-0.0467t}$$

donde t se mide en minutos después del consumo y C se mide en g/dL.
(a) ¿Qué tan rápido aumentó la CAS después de 10 minutos?
(b) ¿Qué tan rápido disminuyó media hora más tarde?

Fuente: Adaptado de P. Wilkinson *et al.*, "Pharmacokinetics of Ethanol after Oral Administration in the Fasting State", *Journal of Pharmacokinetics and Biopharmaceutics* 5 (1977), 207-24.

92. Se bombea aire en un globo meteorológico esférico. En cualquier tiempo t, el volumen del globo es $V(t)$ y su radio es $r(t)$.
(a) ¿Qué representan las derivadas dV/dr y dV/dt?
(b) Exprese dV/dt en términos de dr/dt.

93. Una partícula se mueve a lo largo de una línea recta con desplazamiento $s(t)$, velocidad $v(t)$ y aceleración $a(t)$. Demuestre que

$$a(t) = v(t)\frac{dv}{ds}$$

Explique la diferencia entre los significados de las derivadas dv/dt y dv/ds.

94. En la tabla se indica la población de Estados Unidos de los años 1790 a 1860.

Año	Población	Año	Población
1790	3 929 000	1830	12 861 000
1800	5 308 000	1840	17 063 000
1810	7 240 000	1850	23 192 000
1820	9 639 000	1860	31 443 000

(a) Ajuste una función exponencial a los datos. Grafique los puntos de datos y el modelo exponencial. ¿Qué tan bueno es el ajuste?
(b) Estime las razones de crecimiento en 1800 y 1850 promediando pendientes y rectas secantes.
(c) Utilice el modelo exponencial del inciso (a) para estimar las tasas de crecimiento en 1800 y 1850. Compare estas estimaciones con las del inciso (b).
(d) Use el modelo exponencial para pronosticar la población en 1870. Compare con la población real de 38 558 000. ¿Puede explicar la discrepancia?

95. Con la regla de la cadena demuestre lo siguiente.
(a) La derivada de una función par es una función impar.
(b) La derivada de una función impar es una función par.

96. Con la regla de la cadena y la regla del producto haga una demostración alternativa de la regla del cociente.
[*Sugerencia*: Escriba $f(x)/g(x) = f(x)[g(x)]^{-1}$].

97. Con la regla de la cadena demuestre que si θ se mide en grados, entonces

$$\frac{d}{d\theta}(\text{sen}\,\theta) = \frac{\pi}{180}\cos\theta$$

(Esto da una razón para la convención de que la medida del radián siempre se utiliza cuando se trata de funciones trigonométricas en el cálculo: las fórmulas de derivación no serían tan sencillas si se usara la medida de grados).

98. (a) Escriba $|x| = \sqrt{x^2}$ y utilice la regla de la cadena para demostrar que

$$\frac{d}{dx}|x| = \frac{x}{|x|}$$

(b) Si $f(x) = |\text{sen}\,x|$, encuentre $f'(x)$ y trace las gráficas de f y f'. ¿Dónde no es derivable f?
(c) Si $g(x) = \text{sen}\,|x|$, halle $g'(x)$ y trace las gráficas de g y g'. ¿Dónde no es derivable g?

99. Sea c la intersección en x de la recta tangente a la curva $y = b^x$ ($b > 0$, $b \neq 1$) en el punto (a, b^a). Demuestre que la distancia entre los puntos $(a, 0)$ y $(c, 0)$ es la misma para todos los valores de a.

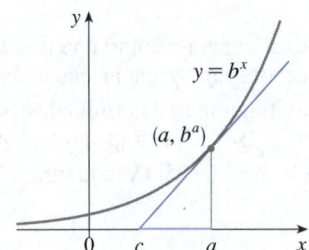

100. En cada curva exponencial $y = b^x$ ($b > 0$, $b \neq 1$) hay exactamente un punto (x_0, y_0) en el que la recta tangente a la curva pasa por el origen. Demuestre que en todos los casos $y_0 = e$. [*Sugerencia*: Tal vez desee usar la fórmula 1.5.10].

101. Si $F = f \circ g \circ h$, donde f, g y h son funciones derivable, utilice la regla de la cadena para demostrar que

$$F'(x) = f'(g(h(x)) \cdot g'(h(x)) \cdot h'(x)$$

102. Si $F = f \circ g$, donde f y g son funciones doblemente derivables, utilice la regla de la cadena y la regla del producto para mostrar que la segunda derivada de F se da por

$$F''(x) = f''(g(x)) \cdot [g'(x)]^2 + f'(g(x)) \cdot g''(x)$$

PROYECTO DE APLICACIÓN | ¿DÓNDE DEBE UN PILOTO INICIAR EL DESCENSO?

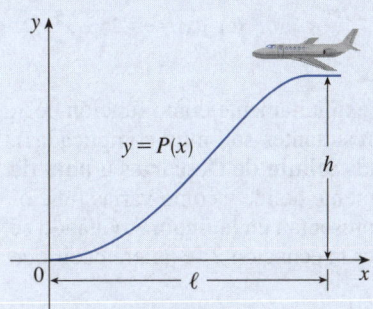

En la figura se muestra una trayectoria de vuelo de aproximación para el aterrizaje de una aeronave que satisface las siguientes condiciones:

(i) La altitud de navegación es h cuando el descenso comienza a una distancia horizontal ℓ desde el punto de aterrizaje en el origen.

(ii) El piloto debe mantener una velocidad horizontal constante v durante todo el descenso.

(iii) El valor absoluto de la aceleración vertical no debe exceder una constante k (que es mucho menor que la aceleración debida a la gravedad).

1. Encuentre un polinomio cúbico $P(x) = ax^3 + bx^2 + cx + d$ que satisfaga la condición (i) imponiendo condiciones adecuadas a $P(x)$ y $P'(x)$ al inicio del descenso y en el aterrizaje.

2. Utilice las condiciones (ii) y (iii) para demostrar que

$$\frac{6hv^2}{\ell^2} \leq k$$

3. Suponga que una aerolínea decide no permitir que la aceleración vertical de un avión exceda $k = 1\,385$ km/h². Si la altitud de crucero de un avión es de $11\,000$ m y la rapidez es de 480 km/h, ¿a qué distancia del aeropuerto debe el piloto iniciar el descenso?

4. Grafique la ruta de aproximación si se satisfacen las condiciones establecidas en el problema 3.

3.5 | Derivación implícita

■ Funciones definidas implícitamente

Las funciones que se han presentado hasta ahora pueden describirse expresando una variable en términos de otra variable; por ejemplo,

$$y = \sqrt{x^3 + 1} \qquad \text{o} \qquad y = x \,\text{sen}\, x$$

o bien, en general, $y = f(x)$. Sin embargo, algunas funciones se definen implícitamente por una relación entre x y y, como

$$\boxed{1} \qquad\qquad x^2 + y^2 = 25$$

o

$$\boxed{2} \qquad\qquad x^3 + y^3 = 6xy$$

En algunos casos es posible resolver tal ecuación para y como una función explícita (o varias funciones) de x. Por ejemplo, si se despeja y en la ecuación 1 se obtiene $y = \pm\sqrt{25 - x^2}$, de modo que dos de las funciones determinadas por la ecuación implícita 1 son $f(x) = \sqrt{25 - x^2}$ y $g(x) = -\sqrt{25 - x^2}$. Las gráficas de f y g son los semicírculos superior e inferior del círculo $x^2 + y^2 = 25$. (Vea la figura 1).

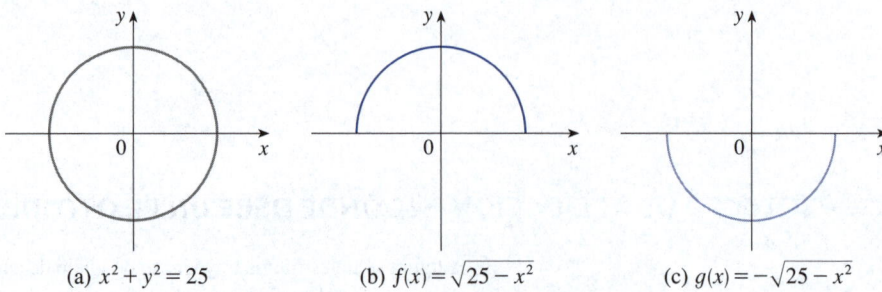

FIGURA 1   (a) $x^2 + y^2 = 25$ (b) $f(x) = \sqrt{25 - x^2}$ (c) $g(x) = -\sqrt{25 - x^2}$

No es fácil despejar y, a mano, en la ecuación 2 explícitamente como función de x. (Aún con ayuda de la tecnología, las expresiones resultantes son muy complicadas). Sin embargo, (2) es la ecuación de una curva llamada **folium de Descartes** u **hoja de Descartes** que se muestra en la figura 2 e implícitamente define y como varias funciones de x. Las gráficas de tres de estas funciones se presentan en la figura 3. Cuando se dice que f es una función definida implícitamente por la ecuación 2 se quiere decir que la ecuación

$$x^3 + [f(x)]^3 = 6xf(x)$$

es cierta para todos los valores de x en el dominio de f.

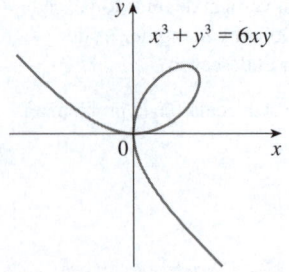

FIGURA 2 Folium de Descartes.

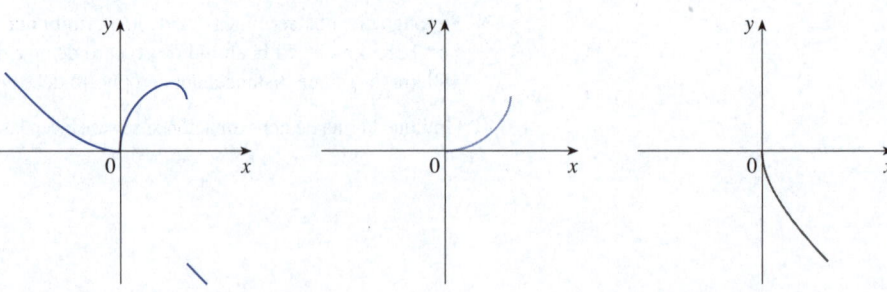

FIGURA 3   Gráficas de las tres funciones definidas implícitamente por el folium de Descartes.

■ Derivación implícita

Afortunadamente, no es necesario despejar y en una ecuación en términos de x para encontrar la derivada de y. En cambio, se aplica el método de **derivación implícita**. Este consiste en derivar ambos lados de la ecuación respecto a x y luego despejar dy/dx en la ecuación resultante. En los ejemplos y ejercicios de esta sección siempre se supone que la ecuación dada determina y implícitamente como función derivable con respecto a x, de manera que puede aplicarse el método de derivación implícita.

EJEMPLO 1

Si $x^2 + y^2 = 25$, encuentre $\dfrac{dy}{dx}$. Luego halle una ecuación de la tangente al círculo

$x^2 + y^2 = 25$ en el punto $(3, 4)$.

SOLUCIÓN 1

Derive ambos lados de la ecuación $x^2 + y^2 = 25$:

$$\frac{d}{dx}(x^2 + y^2) = \frac{d}{dx}(25)$$

$$\frac{d}{dx}(x^2) + \frac{d}{dx}(y^2) = 0$$

Recuerde que y es una función de x y utilice la regla de la cadena para obtener

$$\frac{d}{dx}(y^2) = \frac{d}{dy}(y^2)\frac{dy}{dx} = 2y\frac{dy}{dx}$$

Y por lo tanto $\qquad\qquad 2x + 2y\dfrac{dy}{dx} = 0$

Ahora se despeja dy/dx en esta ecuación:

$$\frac{dy}{dx} = -\frac{x}{y}$$

En el punto $(3, 4)$ se tiene $x = 3$ y $y = 4$, así que

$$\frac{dy}{dx} = -\frac{3}{4}$$

Entonces, una ecuación de la tangente al círculo en $(3, 4)$ es

$$y - 4 = -\tfrac{3}{4}(x - 3) \quad \text{o} \quad 3x + 4y = 25$$

SOLUCIÓN 2

Al despejar y en la ecuación $x^2 + y^2 = 25$ se obtiene $y = \pm\sqrt{25 - x^2}$. El punto $(3, 4)$ se ubica en el semicírculo superior $y = \sqrt{25 - x^2}$ y así se considera la función $f(x) = \sqrt{25 - x^2}$. Se deriva f con la regla de la cadena y se tiene

$$f'(x) = \tfrac{1}{2}(25 - x^2)^{-1/2}\frac{d}{dx}(25 - x^2)$$

$$= \tfrac{1}{2}(25 - x^2)^{-1/2}(-2x) = -\frac{x}{\sqrt{25 - x^2}}$$

En el ejemplo 1 se ilustra que, incluso cuando es posible despejar y explícitamente en una ecuación en términos de x, puede ser más fácil utilizar la derivación implícita.

En el punto $(3, 4)$ se tiene

$$f'(3) = -\frac{3}{\sqrt{25 - 3^2}} = -\frac{3}{4}$$

y, como en la solución 1, una ecuación de la tangente es $3x + 4y = 25$. ∎

NOTA 1 La expresión $dy/dx = -x/y$ en la solución 1 da la derivada en términos tanto de x como de y. Es correcta sin importar qué función y esté determinada por la ecuación dada. Por ejemplo, para $y = f(x) = \sqrt{25 - x^2}$ se tiene

$$\frac{dy}{dx} = -\frac{x}{y} = -\frac{x}{\sqrt{25 - x^2}}$$

mientras que para $y = g(x) = -\sqrt{25 - x^2}$ se tiene

$$\frac{dy}{dx} = -\frac{x}{y} = -\frac{x}{-\sqrt{25 - x^2}} = \frac{x}{\sqrt{25 - x^2}}$$

EJEMPLO 2
(a) Encuentre y' si $x^3 + y^3 = 6xy$.
(b) Halle la tangente al folium de Descartes $x^3 + y^3 = 6xy$ en el punto (3, 3).
(c) ¿En qué punto del primer cuadrante es horizontal la recta tangente?

SOLUCIÓN
(a) Al derivar ambos lados de $x^3 + y^3 = 6xy$ respecto a x, considerando y como función de x y con la regla de la cadena en el término y^3 y la regla del producto en el término $6xy$, se obtiene

Se puede utilizar cualquiera de las notaciones dy/dx o y' para la derivada de y respecto a x.

$$3x^2 + 3y^2y' = 6xy' + 6y$$

o

$$x^2 + y^2y' = 2xy' + 2y$$

Ahora se despeja y':

$$y^2y' - 2xy' = 2y - x^2$$

$$(y^2 - 2x)y' = 2y - x^2$$

$$y' = \frac{2y - x^2}{y^2 - 2x}$$

(b) Cuando $x = y = 3$,

$$y' = \frac{2 \cdot 3 - 3^2}{3^2 - 2 \cdot 3} = -1$$

al ver la figura 4 se confirma que es un valor razonable para la pendiente en (3, 3). Así, una ecuación de la tangente al folium en (3, 3) es

$$y - 3 = -1(x - 3) \qquad \text{o} \qquad x + y = 6$$

(c) La recta tangente es horizontal si $y' = 0$. Con la expresión para y' del inciso (a) se ve que $y' = 0$ cuando $2y - x^2 = 0$ (siempre que $y^2 - 2x \neq 0$). Al sustituir $y = \frac{1}{2}x^2$ en la ecuación de la curva se obtiene

$$x^3 + \left(\tfrac{1}{2}x^2\right)^3 = 6x\left(\tfrac{1}{2}x^2\right)$$

que se simplifica a $x^6 = 16x^3$. Como $x \neq 0$ en el primer cuadrante, se tiene $x^3 = 16$. Si $x = 16^{1/3} = 2^{4/3}$, entonces $y = \frac{1}{2}(2^{8/3}) = 2^{5/3}$. De esta manera la tangente es horizontal en $(2^{4/3}, 2^{5/3})$ lo que es aproximadamente (2.5198, 3.1748). En la figura 5 se observa que la respuesta es razonable. ∎

NOTA 2 Hay una fórmula para las tres soluciones de una ecuación cúbica que es como la fórmula cuadrática pero mucho más complicada. Si se usa esta fórmula (o una computadora) para despejar y en la ecuación $x^3 + y^3 = 6xy$ en términos de x se obtienen tres funciones determinadas por las ecuaciones:

$$y = f(x) = \sqrt[3]{-\tfrac{1}{2}x^3 + \sqrt{\tfrac{1}{4}x^6 - 8x^3}} + \sqrt[3]{-\tfrac{1}{2}x^3 - \sqrt{\tfrac{1}{4}x^6 - 8x^3}}$$

y

$$y = \tfrac{1}{2}\left[-f(x) \pm \sqrt{-3}\left(\sqrt[3]{-\tfrac{1}{2}x^3 + \sqrt{\tfrac{1}{4}x^6 - 8x^3}} - \sqrt[3]{-\tfrac{1}{2}x^3 - \sqrt{\tfrac{1}{4}x^6 - 8x^3}}\right)\right]$$

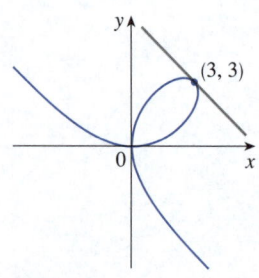

FIGURA 4

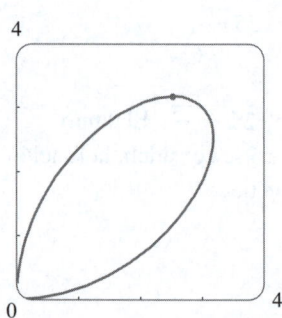

FIGURA 5

(Estas son las tres funciones cuyas gráficas se muestran en la figura 3). Se puede observar que el método de derivación implícita ahorra una enorme cantidad de trabajo en casos como este. Además, la derivación implícita es igual de conveniente para ecuaciones como

$$y^5 + 3x^2y^2 + 5x^4 = 12$$

para la cual es *imposible* encontrar una expresión para y en términos de x.

EJEMPLO 3 Halle y' si $\operatorname{sen}(x + y) = y^2 \cos x$.

SOLUCIÓN Al derivar implícitamente respecto a x y recordar que y es una función de x se obtiene

$$\cos(x + y) \cdot (1 + y') = y^2(-\operatorname{sen} x) + (\cos x)(2yy')$$

(Note que se usó la regla de la cadena en el lado izquierdo y la regla del producto y la regla de la cadena en el lado derecho). Si se agrupan los términos que involucran a y' se obtiene

$$\cos(x + y) + y^2 \operatorname{sen} x = (2y \cos x)y' - \cos(x + y) \cdot y'$$

De modo que

$$y' = \frac{y^2 \operatorname{sen} x + \cos(x + y)}{2y \cos x - \cos(x + y)}$$

En la figura 6, que se trazó con computadora, se muestra parte de la curva $\operatorname{sen}(x + y) = y^2 \cos x$. Para comprobar nuestro cálculo, observe que $y' = -1$ cuando $x = y = 0$ y parece en la gráfica que la pendiente es aproximadamente -1 en el origen. ∎

En las figuras 7, 8 y 9 se ven otras tres curvas producidas por computadora. En los ejercicios 45-46 tendrá la oportunidad de crear y revisar curvas inusuales de esta naturaleza.

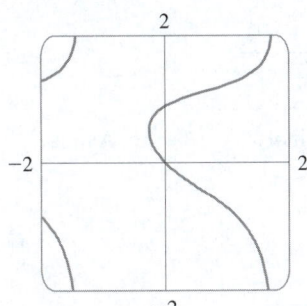

FIGURA 6

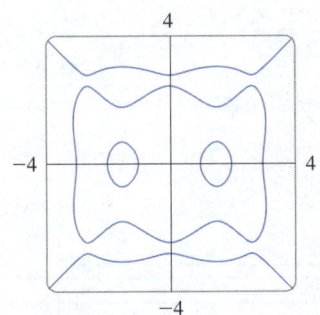

FIGURA 7
$$(x^2 - 1)(x^2 - 4)(x^2 - 9)$$
$$= y^2(y^2 - 4)(y^2 - 9)$$

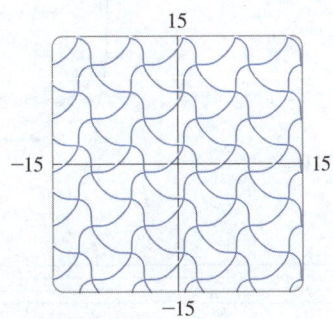

FIGURA 8
$$\cos(x - \operatorname{sen} y) = \operatorname{sen}(y - \operatorname{sen} x)$$

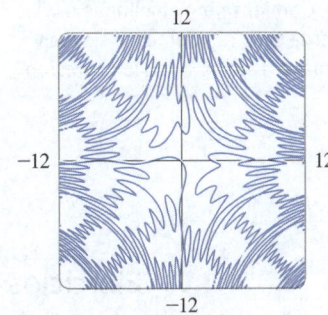

FIGURA 9
$$\operatorname{sen}(xy) = \operatorname{sen} x + \operatorname{sen} y$$

■ Segundas derivadas de funciones implícitas

En el siguiente ejemplo se muestra cómo encontrar la segunda derivada de una función definida implícitamente.

EJEMPLO 4 Halle y'' si $x^4 + y^4 = 16$.

SOLUCIÓN Al derivar la ecuación implícitamente respecto a x se obtiene

$$4x^3 + 4y^3y' = 0$$

Al despejar y' da

3

$$y' = -\frac{x^3}{y^3}$$

Para encontrar y'' se deriva esta expresión para y' con la regla del cociente sin olvidar que y es una función de x:

$$y'' = \frac{d}{dx}\left(-\frac{x^3}{y^3}\right) = -\frac{y^3\,(d/dx)(x^3) - x^3\,(d/dx)(y^3)}{(y^3)^2}$$

$$= -\frac{y^3 \cdot 3x^2 - x^3(3y^2 y')}{y^6}$$

Si ahora se sustituye la ecuación 3 en esta expresión se obtiene

$$y'' = -\frac{3x^2 y^3 - 3x^3 y^2\left(-\dfrac{x^3}{y^3}\right)}{y^6}$$

$$= -\frac{3(x^2 y^4 + x^6)}{y^7} = -\frac{3x^2(y^4 + x^4)}{y^7}$$

Pero los valores de x y y deben satisfacer la ecuación original $x^4 + y^4 = 16$. Así, la respuesta se simplifica a

$$y'' = -\frac{3x^2(16)}{y^7} = -48\,\frac{x^2}{y^7}$$

En la figura 10 se muestra la gráfica de la curva $x^4 + y^4 = 16$ del ejemplo 4. Observe que es una versión alargada y aplanada del círculo $x^2 + y^2 = 4$. Por esta razón, a veces se le llama *círculo gordo*. Comienza muy inclinado a la izquierda pero rápidamente se vuelve muy plano. Esto se ve en la expresión

$$y' = -\frac{x^3}{y^3} = -\left(\frac{x}{y}\right)^3$$

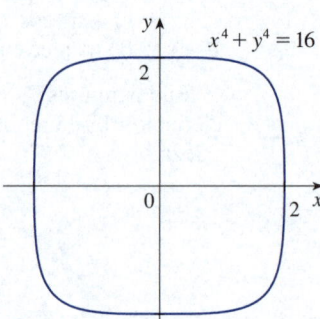

FIGURA 10

3.5 | Ejercicios

1-4

(a) Encuentre y' mediante derivación implícita.

(b) Despeje y de manera explícita y derive para obtener y' en términos de x.

(c) Revise que las soluciones a los incisos (a) y (b) sean congruentes sustituyendo la expresión para y en su respuesta al inciso (a).

1. $5x^2 - y^3 = 7$ **2.** $6x^4 + y^5 = 2x$

3. $\sqrt{x} + \sqrt{y} = 1$ **4.** $\dfrac{2}{x} - \dfrac{1}{y} = 4$

5-22 Encuentre dy/dx mediante derivación implícita.

5. $x^2 - 4xy + y^2 = 4$ **6.** $2x^2 + xy - y^2 = 2$

7. $x^4 + x^2 y^2 + y^3 = 5$ **8.** $x^3 - xy^2 + y^3 = 1$

9. $\dfrac{x^2}{x+y} = y^2 + 1$ **10.** $xe^y = x - y$

11. $\operatorname{sen} x + \cos y = 2x - 3y$ **12.** $e^x \operatorname{sen} y = x + y$

13. $\operatorname{sen}(x + y) = \cos x + \cos y$ **14.** $\tan(x - y) = 2xy^3 + 1$

15. $y \cos x = x^2 + y^2$ **16.** $\operatorname{sen}(xy) = \cos(x + y)$

17. $2xe^y + ye^x = 3$ **18.** $\operatorname{sen} x \cos y = x^2 - 5y$

19. $\sqrt{x + y} = x^4 + y^4$ **20.** $xy = \sqrt{x^2 + y^2}$

21. $e^{x/y} = x - y$ **22.** $\cos(x^2 + y^2) = xe^y$

---

23. Si $f(x) + x^2[f(x)]^3 = 10$ y $f(1) = 2$, hallar $f'(1)$.

24. Si $g(x) + x \operatorname{sen} g(x) = x^2$, hallar $g'(0)$.

25-26 Considere y como la variable independiente y x como la variable dependiente, y utilice la derivación implícita para encontrar dx/dy.

25. $x^4 y^2 - x^3 y + 2xy^3 = 0$ **26.** $y \sec x = x \tan y$

27-36 Utilice la derivación implícita para determinar una ecuación de la recta tangente a la curva en el punto dado.

27. $ye^{\text{sen}x} = x \cos y$, $(0, 0)$

28. $\tan(x + y) + \sec(x - y) = 2$, $(\pi/8, \pi/8)$

29. $x^{2/3} + y^{2/3} = 4$, $\left(-3\sqrt{3}, 1\right)$ (astroide)

30. $y^2(6 - x) = x^3$, $\left(2, \sqrt{2}\right)$ (cisoide de Diocles)

31. $x^2 - xy - y^2 = 1$, $(2, 1)$ (hipérbola)

32. $x^2 + 2xy + 4y^2 = 12$, $(2, 1)$ (elipse)

33. $x^2 + y^2 = (2x^2 + 2y^2 - x)^2$, $\left(0, \frac{1}{2}\right)$ (cardioide)

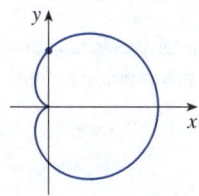

34. $x^2 y^2 = (y + 1)^2(4 - y^2)$, $\left(2\sqrt{3}, 1\right)$ (concoide de Nicómedes)

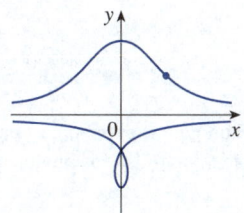

35. $2(x^2 + y^2)^2 = 25(x^2 - y^2)$, $(3, 1)$ (lemniscata)

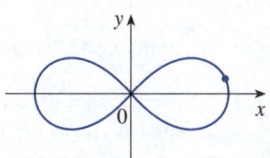

36. $y^2(y^2 - 4) = x^2(x^2 - 5)$, $(0, -2)$ (curva del diablo)

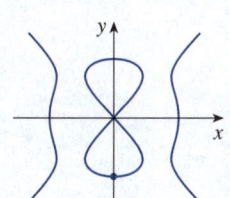

37. (a) La curva con ecuación $y^2 = 5x^4 - x^2$ se llama **campila de Eudoxo**. Halle una ecuación de la recta tangente a esta curva en el punto $(1, 2)$.

(b) Ilustre el inciso (a) graficando la curva y la recta tangente en una misma gráfica (si es posible, grafique la curva implícitamente definida o grafique las partes superior e inferior por separado).

38. (a) La curva con ecuación $y^2 = x^3 + 3x^2$ se llama **cúbica de Tschirnhausen**. Encuentre una ecuación de la tangente a esta curva en el punto $(1, -2)$.

(b) ¿En qué puntos de esta curva hay tangentes horizontales?

(c) Ilustre los incisos (a) y (b) graficando la curva y las rectas tangentes en una misma pantalla.

39-42 Determine y'' mediante derivación implícita. Simplifique donde sea posible.

39. $x^2 + 4y^2 = 4$ **40.** $x^2 + xy + y^2 = 3$

41. $\text{sen}\, y + \cos x = 1$ **42.** $x^3 - y^3 = 7$

43. Si $xy + e^y = e$, halle el valor de y'' en el punto donde $x = 0$.

44. Si $x^2 + xy + y^3 = 1$, halle el valor de y''' en el punto donde $x = 1$.

45. Se pueden trazar formas excéntricas con un software que grafique curvas definidas implícitamente.

(a) Grafique la curva de la ecuación

$$y(y^2 - 1)(y - 2) = x(x - 1)(x - 2)$$

¿En cuántos puntos de esta curva hay tangentes horizontales? Estime las coordenadas x de estos puntos.

(b) Encuentre ecuaciones de las rectas tangentes en los puntos $(0, 1)$ y $(0, 2)$.

(c) Halle las coordenadas x exactas de los puntos en el inciso (a).

(d) Cree curvas aún más extravagantes modificando la ecuación del inciso (a).

46. (a) La curva con ecuación

$$2y^3 + y^2 - y^5 = x^4 - 2x^3 + x^2$$

se compara con un vagón para niños. Grafique esta curva y descubra por qué.

(b) ¿En cuántos puntos de esta curva hay rectas tangentes horizontales? Encuentre las coordenadas x de esos puntos.

47. Encuentre los puntos en la lemniscata del ejercicio 35 donde la tangente es horizontal.

48. Demuestre por derivación implícita que la recta tangente a la elipse

$$\frac{x^2}{a^2} - \frac{y^2}{b^2} = 1$$

en el punto (x_0, y_0) tiene la ecuación

$$\frac{x_0 x}{a^2} + \frac{y_0 y}{b^2} = 1$$

49. Halle una ecuación de la recta tangente a la hipérbola

$$\frac{x^2}{a^2} - \frac{y^2}{b^2} = 1$$

en el punto (x_0, y_0).

50. Demuestre que la suma de las intersecciones x y y de cualquier recta tangente a la curva $\sqrt{x} + \sqrt{y} = \sqrt{c}$ es igual a c.

51. Demuestre, mediante derivación implícita, que cualquier recta tangente en un punto P a un círculo con centro O es perpendicular al radio OP.

52. La regla de la potencia se demuestra mediante derivación implícita para el caso en que n es un número racional, $n = p/q$, y $y = f(x) = x^n$ es supuesto de antemano como una función derivable. Si $y = x^{p/q}$, entonces $y^q = x^p$. Utilice derivación implícita para demostrar que

$$y' = \frac{p}{q} x^{(p/q)-1}$$

53-56 Trayectorias ortogonales Dos curvas son *ortogonales* si sus rectas tangentes son perpendiculares en cada punto de intersección. Demuestre que las familias de curvas dadas son *trayectorias ortogonales* entre sí; es decir, cada curva de una familia es ortogonal a cada curva de la otra familia. Trace ambas familias de curvas en los mismos ejes.

53. $x^2 + y^2 = r^2$, $ax + by = 0$

54. $x^2 + y^2 = ax$, $x^2 + y^2 = by$

55. $y = cx^2$, $x^2 + 2y^2 = k$

56. $y = ax^3$, $x^2 + 3y^2 = b$

57. Demuestre que la elipse $x^2/a^2 + y^2/b^2 = 1$ y la hipérbola $x^2/A^2 - y^2/B^2 = 1$ son trayectorias ortogonales si $A^2 < a^2$ y $a^2 - b^2 = A^2 + B^2$ (por lo que la elipse y la hipérbola tienen los mismos focos).

58. Encuentre el valor del número a tal que las familias de las curvas $y = (x + c)^{-1}$ y $y = a(x + k)^{1/3}$ sean trayectorias ortogonales.

59. La *ecuación de Van der Waals* para n moles de un gas es

$$\left(P + \frac{n^2 a}{V^2} \right)(V - nb) = nRT$$

donde P es la presión, V es el volumen y T es la temperatura del gas. La constante R es la constante de los gases universales y a y b son constantes positivas que son características de un gas en particular.

(a) Si T permanece constante, encuentre dV/dP mediante derivación implícita.

(b) Halle la razón de cambio del volumen respecto a la presión de 1 mol de dióxido de carbono a un volumen de $V = 10$ L y una presión $P = 2.5$ atm. Utilice $a = 3.592$ L²-atm/mol² y $b = 0.04267$ L/mol.

60. (a) Utilice derivación implícita para encontrar y' si

$$x^2 + xy + y^2 + 1 = 0$$

(b) Trace la curva del inciso (a). ¿Qué observa? Demuestre que su observación es correcta.

(c) Con base en el inciso (b), ¿qué puede decir sobre la expresión para y' que encontró en el inciso (a)?

61. La ecuación $x^2 - xy + y^2 = 3$ representa una "elipse rotada", es decir, una elipse cuyos ejes no son paralelos a los ejes coordenados. Encuentre los puntos en los que la elipse cruza el eje x y demuestre que las rectas tangentes en estos puntos son paralelas.

62. (a) ¿Dónde interseca la recta normal a la elipse $x^2 - xy + y^2 = 3$ en el punto $(-1, 1)$ a la elipse por segunda vez?

(b) Ilustre el inciso (a) graficando la elipse y la recta normal.

63. Halle todos los puntos en la curva $x^2 y^2 + xy = 2$ donde la pendiente de la recta tangente es -1.

64. Halle ecuaciones de las rectas tangentes a la elipse $x^2 - 4y^2 = 36$ que pasen por el punto $(12, 3)$.

65. Mediante derivación implícita encuentre dy/dx para la ecuación

$$\frac{x}{y} = y^2 + 1 \qquad y \neq 0$$

y para la equivalente

$$x = y^3 + y \qquad y \neq 0$$

Demuestre que, aunque las expresiones para dy/dx parecen diferentes, coinciden en todos los puntos que satisfacen la ecuación dada.

66. La *función de Bessel* de orden 0, $y = J(x)$, satisface la ecuación diferencial $xy'' + y' + xy = 0$ para todos los valores de x y su valor en 0 es $J(0) = 1$.

(a) Halle $J'(0)$.

(b) Utilice derivación implícita para encontrar $J''(0)$.

67. En la figura se muestra una lámpara situada tres unidades a la derecha del eje y y una sombra creada por la región elíptica $x^2 + 4y^2 \leq 5$. Si el punto $(-5, 0)$ está en el borde de la sombra, ¿a qué distancia del eje x se ubica la lámpara?

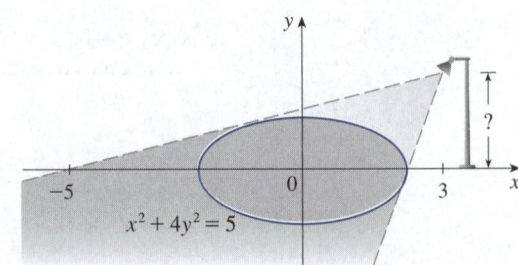

PROYECTO DE DESCUBRIMIENTO ⊞ FAMILIAS DE CURVAS IMPLÍCITAS

En este proyecto explorará las formas cambiantes de las curvas implícitamente definidas a medida que varían las constantes de una familia, y determinará qué características son comunes a todos los miembros de la familia.

1. Considere la familia de curvas

$$y^2 - 2x^2(x + 8) = c[(y + 1)^2(y + 9) - x^2]$$

(a) Al graficar las curvas con $c = 0$ y $c = 2$, determine cuántos puntos de intersección hay (puede ser necesario hacer un acercamiento para encontrarlos todos).

(b) Ahora agregue las curvas con $c = 5$ y $c = 10$ a las gráficas del inciso (a). ¿Qué nota? ¿Qué hay de otros valores de c?

2. (a) Grafique varios miembros de la familia de curvas

$$x^2 + y^2 + cx^2y^2 = 1$$

Describa cómo cambia la gráfica conforme varía el valor de c.

(b) ¿Qué le pasa a la curva cuando $c = -1$? Describa lo que aparece en la pantalla. ¿Puede demostrarlo algebraicamente?

(c) Encuentre y' por derivación implícita. Para el caso $c = -1$, ¿su expresión para y' es congruente con lo que descubrió en el inciso (b)?

3.6 | Derivadas de funciones logarítmicas y trigonométricas inversas

En esta sección se utilizan derivaciones implícitas para encontrar derivadas de funciones logarítmicas y de funciones trigonométricas inversas.

■ Derivadas de funciones logarítmicas

En el apéndice F se demuestra que si f es una función derivable uno a uno, entonces su función inversa f^{-1} también es derivable, excepto cuando sus tangentes son verticales. Esto es verosímil porque, geométricamente, se puede pensar en una función derivable como una cuya gráfica no tiene esquinas ni cúspides. La gráfica de f^{-1} se obtiene al reflejar la gráfica de f sobre la recta $y = x$, por lo que la gráfica de f^{-1} tampoco tiene esquinas ni cúspides. (Observe que si f tiene una tangente horizontal en un punto, entonces f^{-1} tiene una tangente vertical en el punto reflejado correspondiente y, por lo tanto, f^{-1} no se puede derivar allí).

Como la función logarítmica $y = \log_b x$ es la inversa de la función exponencial $y = b^x$, que se sabe que es derivable por la sección 3.1, se deduce que la función logarítmica también es derivable. A continuación se expone y se demuestra la fórmula de la derivada de una función logarítmica.

1

$$\frac{d}{dx}(\log_b x) = \frac{1}{x \ln b}$$

DEMOSTRACIÓN Sea $y = \log_b x$. Entonces

$$b^y = x$$

La fórmula 3.4.5 indica que

$$\frac{d}{dx}(b^x) = b^x \ln b$$

Al derivar esta ecuación implícitamente respecto a x, y con la fórmula 3.4.5, se obtiene

$$(b^y \ln b)\frac{dy}{dx} = 1$$

y así

$$\frac{dy}{dx} = \frac{1}{b^y \ln b} = \frac{1}{x \ln b}$$ ∎

Si se pone $b = e$ en la fórmula 1, entonces el factor $\ln b$ del lado derecho se convierte en $\ln e = 1$ y se obtiene la fórmula para la derivación de la función logaritmo natural $\log_e x = \ln x$:

$$\boxed{2} \qquad \boxed{\frac{d}{dx}(\ln x) = \frac{1}{x}}$$

Al comparar las fórmulas 1 y 2 se ve una de las principales razones por las que los logaritmos naturales (logaritmos con base e) se utilizan en cálculo: la fórmula de derivación es la más simple cuando $b = e$ porque $\ln e = 1$.

EJEMPLO 1 Derive $y = \ln(x^3 + 1)$.

SOLUCIÓN Para utilizar la regla de la cadena, sea $u = x^3 + 1$. Luego $y = \ln u$, así que

$$\frac{dy}{dx} = \frac{dy}{du}\frac{du}{dx} = \frac{1}{u}\frac{du}{dx} = \frac{1}{x^3 + 1}(3x^2) = \frac{3x^2}{x^3 + 1}$$ ∎

En general, si se combina la fórmula 2 con la regla de la cadena como en el ejemplo 1, se obtiene

$$\boxed{3} \qquad \boxed{\frac{d}{dx}(\ln u) = \frac{1}{u}\frac{du}{dx}} \qquad \text{o} \qquad \boxed{\frac{d}{dx}[\ln g(x)] = \frac{g'(x)}{g(x)}}$$

EJEMPLO 2 Halle $\dfrac{d}{dx}\ln(\text{sen}\,x)$.

SOLUCIÓN Con (3), se tiene

$$\frac{d}{dx}\ln(\text{sen}\,x) = \frac{1}{\text{sen}\,x}\frac{d}{dx}(\text{sen}\,x) = \frac{1}{\text{sen}\,x}\cos x = \cot x$$ ∎

EJEMPLO 3 Derive $f(x) = \sqrt{\ln x}$.

SOLUCIÓN Esta vez el logaritmo es la función interior, así que la regla de la cadena da

$$f'(x) = \tfrac{1}{2}(\ln x)^{-1/2}\frac{d}{dx}(\ln x) = \frac{1}{2\sqrt{\ln x}}\cdot\frac{1}{x} = \frac{1}{2x\sqrt{\ln x}}$$ ∎

EJEMPLO 4 Derive $f(x) = \log_{10}(2 + \operatorname{sen} x)$.

SOLUCIÓN Mediante la fórmula 1 con $b = 10$ se tiene

$$f'(x) = \frac{d}{dx} \log_{10}(2 + \operatorname{sen} x)$$

$$= \frac{1}{(2 + \operatorname{sen} x) \ln 10} \frac{d}{dx} (2 + \operatorname{sen} x)$$

$$= \frac{\cos x}{(2 + \operatorname{sen} x) \ln 10}$$

En la figura 1 se muestra la función f del ejemplo 5 así como la gráfica de su derivada que sirve como comprobación visual del cálculo. Observe que $f'(x)$ es negativa grande cuando f decrece rápidamente.

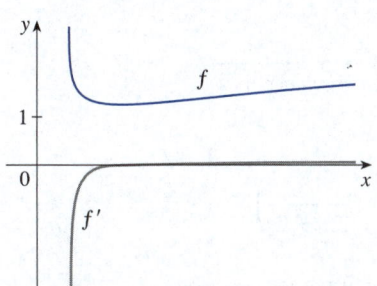

FIGURA 1

EJEMPLO 5 Encuentre $\dfrac{d}{dx} \ln \dfrac{x + 1}{\sqrt{x - 2}}$.

SOLUCIÓN 1

$$\frac{d}{dx} \ln \frac{x + 1}{\sqrt{x - 2}} = \frac{1}{\dfrac{x + 1}{\sqrt{x - 2}}} \frac{d}{dx} \frac{x + 1}{\sqrt{x - 2}}$$

$$= \frac{\sqrt{x - 2}}{x + 1} \frac{\sqrt{x - 2} \cdot 1 - (x + 1)(\frac{1}{2})(x - 2)^{-1/2}}{x - 2}$$

$$= \frac{x - 2 - \frac{1}{2}(x + 1)}{(x + 1)(x - 2)}$$

$$= \frac{x - 5}{2(x + 1)(x - 2)}$$

SOLUCIÓN 2 Si primero se expande la función dada con las leyes de los logaritmos, entonces la derivación se hace más fácil:

$$\frac{d}{dx} \ln \frac{x + 1}{\sqrt{x - 2}} = \frac{d}{dx} \left[\ln(x + 1) - \tfrac{1}{2} \ln(x - 2) \right]$$

$$= \frac{1}{x + 1} - \frac{1}{2} \left(\frac{1}{x - 2} \right)$$

(Esta respuesta puede dejarse como está escrita, pero si se usara un denominador común se vería que da la misma respuesta que en la solución 1).

En la figura 2 se muestra la gráfica de la función $f(x) = \ln |x|$ del ejemplo 6 y su derivada $f'(x) = 1/x$. Observe que cuando x es pequeña, la gráfica de $y = \ln |x|$ es empinada y así $f'(x)$ es grande (positiva o negativa).

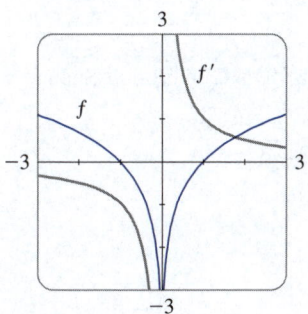

FIGURA 2

EJEMPLO 6 Halle $f'(x)$ si $f(x) = \ln |x|$.

SOLUCIÓN Puesto que

$$f(x) = \begin{cases} \ln x & \text{si } x > 0 \\ \ln(-x) & \text{si } x < 0 \end{cases}$$

se deduce que

$$f'(x) = \begin{cases} \dfrac{1}{x} & \text{si } x > 0 \\ \dfrac{1}{-x}(-1) = \dfrac{1}{x} & \text{si } x < 0 \end{cases}$$

De este modo, $f'(x) = 1/x$ siempre que $x \neq 0$.

Vale la pena recordar el resultado del ejemplo 6:

$$\boxed{4} \qquad \boxed{\frac{d}{dx} \ln|x| = \frac{1}{x}}$$

■ Derivación logarítmica

El cálculo de las derivadas de funciones complicadas que implican productos, cocientes o potencias a menudo se simplifica con logaritmos. El método utilizado en el siguiente ejemplo se denomina **derivación logarítmica**.

EJEMPLO 7 Derive $y = \dfrac{x^{3/4}\sqrt{x^2 + 1}}{(3x + 2)^5}$.

SOLUCIÓN Se aplican logaritmos en ambos lados de la ecuación y con las leyes de los logaritmos se simplifica:

$$\ln y = \tfrac{3}{4} \ln x + \tfrac{1}{2} \ln(x^2 + 1) - 5 \ln(3x + 2)$$

Al derivar implícitamente respecto a x da

$$\frac{1}{y}\frac{dy}{dx} = \frac{3}{4} \cdot \frac{1}{x} + \frac{1}{2} \cdot \frac{2x}{x^2 + 1} - 5 \cdot \frac{3}{3x + 2}$$

Se despeja dy/dx y se obtiene

$$\frac{dy}{dx} = y\left(\frac{3}{4x} + \frac{x}{x^2 + 1} - \frac{15}{3x + 2}\right)$$

De no haber utilizado la derivación logarítmica en el ejemplo 7, se habría usado tanto la regla del cociente como la regla del producto. El resultado del cálculo habría sido desagradable.

Como se tiene una expresión explícita para y, se sustituye y se escribe

$$\frac{dy}{dx} = \frac{x^{3/4}\sqrt{x^2 + 1}}{(3x + 2)^5}\left(\frac{3}{4x} + \frac{x}{x^2 + 1} - \frac{15}{3x + 2}\right) \qquad ■$$

Pasos en la derivación logarítmica

1. Tome los logaritmos naturales de ambos lados de una ecuación $y = f(x)$ y use las leyes de los logaritmos para expandir la expresión.
2. Derive implícitamente respecto a x.
3. Despeje y' en la ecuación resultante y sustituya y por $f(x)$.

Si $f(x) < 0$ para algunos valores de x, entonces $\ln f(x)$ no está definida, pero aún se puede usar la derivación logarítmica escribiendo primero $|y| = |f(x)|$ y luego usando la ecuación 4. Se ilustra este procedimiento probando la versión general de la regla de la potencia, como se prometió en la sección 3.1. Recuerde que la versión general de la regla de la potencia establece que si n es un número real y $f(x) = x^n$, entonces $f'(x) = nx^{n-1}$.

DEMOSTRACIÓN DE LA REGLA DE LA POTENCIA (VERSIÓN GENERAL) Sea $y = x^n$ y use derivación logarítmica:

$$\ln|y| = \ln|x|^n = n \ln|x| \qquad x \neq 0$$

Si $x = 0$, se puede demostrar que $f'(0) = 0$ para $n > 1$ partiendo de la misma definición de derivada.

Por lo tanto,

$$\frac{y'}{y} = \frac{n}{x}$$

Por consiguiente,

$$y' = n\frac{y}{x} = n\frac{x^n}{x} = nx^{n-1} \qquad ■$$

⊘ Hay que distinguir cuidadosamente entre la regla de la potencia $[(x^n)' = nx^{n-1}]$, en la cual la base es variable y el exponente es constante, y la regla para derivar las funciones exponenciales $[(b^x)' = b^x \ln b]$, en la que la base es constante y el exponente es variable.

En general existen cuatro casos para exponentes y bases:

Base constante, exponente constante

1. $\dfrac{d}{dx}(b^n) = 0$ (b y n son constantes)

Base variable, exponente constante

2. $\dfrac{d}{dx}[f(x)]^n = n[f(x)]^{n-1}f'(x)$

Base constante, exponente variable

3. $\dfrac{d}{dx}[b^{g(x)}] = b^{g(x)}(\ln b)g'(x)$

Base variable, exponente variable

4. Para encontrar $(d/dx)[f(x)]^{g(x)}$ se puede usar la derivación logarítmica, como en el siguiente ejemplo.

EJEMPLO 8 Derive $y = x^{\sqrt{x}}$.

SOLUCIÓN 1 Como tanto la base como el exponente son variables, se usa derivación logarítmica:

En la figura 3 se ilustra el ejemplo 8 con las gráficas de $f(x) = x^{\sqrt{x}}$ y su derivada.

$$\ln y = \ln x^{\sqrt{x}} = \sqrt{x} \, \ln x$$

$$\frac{y'}{y} = \sqrt{x} \cdot \frac{1}{x} + (\ln x)\frac{1}{2\sqrt{x}}$$

$$y' = y\left(\frac{1}{\sqrt{x}} + \frac{\ln x}{2\sqrt{x}}\right) = x^{\sqrt{x}}\left(\frac{2 + \ln x}{2\sqrt{x}}\right)$$

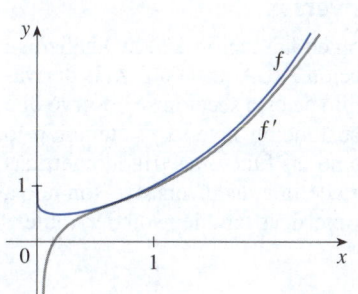

FIGURA 3

SOLUCIÓN 2 Otro método es usar la ecuación 1.5.10 para escribir $x^{\sqrt{x}} = e^{\sqrt{x} \ln x}$:

$$\frac{d}{dx}\left(x^{\sqrt{x}}\right) = \frac{d}{dx}\left(e^{\sqrt{x} \ln x}\right) = e^{\sqrt{x} \ln x}\frac{d}{dx}\left(\sqrt{x} \, \ln x\right)$$

$$= x^{\sqrt{x}}\left(\frac{2 + \ln x}{2\sqrt{x}}\right) \quad \text{(como en la solución 1)} \quad ■$$

■ El número *e* como un límite

Antes se demostró que si $f(x) = \ln x$, entonces $f'(x) = 1/x$. Por lo tanto, $f'(1) = 1$. Ahora se parte de este hecho para expresar el número e como un límite.

A partir de la definición de derivada como límite se tiene

$$f'(1) = \lim_{h \to 0} \frac{f(1+h) - f(1)}{h} = \lim_{x \to 0} \frac{f(1+x) - f(1)}{x}$$

$$= \lim_{x \to 0} \frac{\ln(1+x) - \ln 1}{x} = \lim_{x \to 0} \frac{1}{x}\ln(1+x)$$

$$= \lim_{x \to 0} \ln(1+x)^{1/x}$$

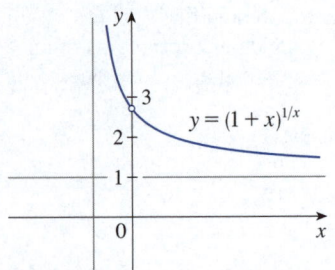

FIGURA 4

x	$(1 + x)^{1/x}$
0.1	2.59374246
0.01	2.70481383
0.001	2.71692393
0.0001	2.71814593
0.00001	2.71826824
0.000001	2.71828047
0.0000001	2.71828169
0.00000001	2.71828181

Puesto que $f'(1) = 1$, se tiene

$$\lim_{x \to 0} \ln(1 + x)^{1/x} = 1$$

Entonces, según el teorema 2.5.8 y la continuidad de la función exponencial, se tiene

$$e = e^1 = e^{\lim_{x \to 0} \ln(1+x)^{1/x}} = \lim_{x \to 0} e^{\ln(1+x)^{1/x}} = \lim_{x \to 0} (1 + x)^{1/x}$$

$$\boxed{5} \qquad \boxed{e = \lim_{x \to 0} (1 + x)^{1/x}}$$

La fórmula 5 se ilustra por la gráfica de la función $y = (1 + x)^{1/x}$ en la figura 4 y una tabla de valores para los valores pequeños de x. Esto muestra el hecho de que, hasta con siete decimales de precisión,

$$e \approx 2.7182818$$

Si se pone $n = 1/x$ en la fórmula 5, entonces $n \to \infty$ conforme $x \to 0^+$ y, de este modo, una expresión alternativa para e es

$$\boxed{6} \qquad \boxed{e = \lim_{n \to \infty} \left(1 + \frac{1}{n}\right)^n}$$

■ Derivadas de funciones trigonométricas inversas

Las funciones trigonométricas inversas se examinaron en la sección 1.5. Se analizó su continuidad en la sección 2.5 y sus asíntotas en la sección 2.6. Aquí se utiliza la derivación implícita para encontrar sus derivadas. Al principio de esta sección se observó que si f es una función derivable uno a uno, entonces su función inversa f^{-1} también lo es (excepto cuando sus tangentes son verticales). Como las funciones trigonométricas —con los dominios restringidos que se utilizaron para definir sus inversas— son uno a uno y derivables, se deduce que las funciones trigonométricas también son derivables.

Recuerde la definición de la función arcoseno:

$$y = \operatorname{sen}^{-1}x \qquad \text{significa} \qquad \operatorname{sen} y = x \ \text{ y } \ -\frac{\pi}{2} \le y \le \frac{\pi}{2}$$

Al derivar $\operatorname{sen} y = x$ implícitamente respecto a x se obtiene

$$\cos y \, \frac{dy}{dx} = 1 \qquad \text{o} \qquad \frac{dy}{dx} = \frac{1}{\cos y}$$

Ahora $\cos y \ge 0$ porque $-\pi/2 \le y \le \pi/2$, así que

$$\cos y = \sqrt{1 - \operatorname{sen}^2 y} = \sqrt{1 - x^2} \qquad (\cos^2 y + \operatorname{sen}^2 y = 1)$$

Por lo tanto,

$$\frac{dy}{dx} = \frac{1}{\cos y} = \frac{1}{\sqrt{1 - x^2}}$$

$$\boxed{\frac{d}{dx}(\operatorname{sen}^{-1}x) = \frac{1}{\sqrt{1 - x^2}}}$$

En la figura 5 se muestra la gráfica de $f(x) = \tan^{-1}x$ y su derivada $f'(x) = 1/(1 + x^2)$. Observe que f es creciente y $f'(x)$ siempre es positiva. El hecho de que $\tan^{-1}x \rightarrow \pm\pi/2$ conforme $x \rightarrow \pm\infty$ se refleja en que $f'(x) \rightarrow 0$ cuando $x \rightarrow \pm\infty$.

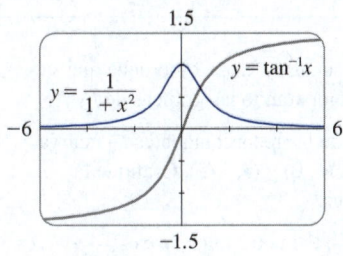

FIGURA 5

La fórmula para la derivada de la función de arcotangente se deriva de manera similar. Si $y = \tan^{-1}x$, entonces $\tan y = x$. Al derivar $\tan y = x$ implícitamente respecto a x se tiene

$$\sec^2 y \, \frac{dy}{dx} = 1$$

$$\frac{dy}{dx} = \frac{1}{\sec^2 y} = \frac{1}{1 + \tan^2 y} = \frac{1}{1 + x^2}$$

$$\boxed{\frac{d}{dx}(\tan^{-1}x) = \frac{1}{1 + x^2}}$$

Las funciones trigonométricas inversas $\text{sen}^{-1}x$ y $\tan^{-1}x$ son las más frecuentes. Las derivadas de las cuatro restantes se indican en la siguiente tabla. Las demostraciones de las fórmulas se dejan como ejercicios.

Las fórmulas para las derivadas de $\csc^{-1}x$ y $\sec^{-1}x$ dependen de las definiciones que se utilizan para estas funciones (vea el ejercicio 82).

Derivadas de funciones trigonométricas inversas

$$\frac{d}{dx}(\text{sen}^{-1}x) = \frac{1}{\sqrt{1 - x^2}} \qquad \frac{d}{dx}(\csc^{-1}x) = -\frac{1}{x\sqrt{x^2 - 1}}$$

$$\frac{d}{dx}(\cos^{-1}x) = -\frac{1}{\sqrt{1 - x^2}} \qquad \frac{d}{dx}(\sec^{-1}x) = \frac{1}{x\sqrt{x^2 - 1}}$$

$$\frac{d}{dx}(\tan^{-1}x) = \frac{1}{1 + x^2} \qquad \frac{d}{dx}(\cot^{-1}x) = -\frac{1}{1 + x^2}$$

EJEMPLO 9 Derive (a) $y = \dfrac{1}{\text{sen}^{-1}x}$ y (b) $f(x) = \arctan\sqrt{x}$.

SOLUCIÓN

(a)
$$\frac{dy}{dx} = \frac{d}{dx}(\text{sen}^{-1}x)^{-1} = -(\text{sen}^{-1}x)^{-2}\frac{d}{dx}(\text{sen}^{-1}x)$$

$$= -\frac{1}{(\text{sen}^{-1}x)^2\sqrt{1 - x^2}}$$

Recuerde que $\arctan x$ es una notación alternativa para $\tan^{-1}x$.

(b)
$$f'(x) = x\,\frac{1}{1 + (\sqrt{x})^2}\left(\tfrac{1}{2}x^{-1/2}\right) + \arctan\sqrt{x}$$

$$= \frac{\sqrt{x}}{2(1 + x)} + \arctan\sqrt{x} \qquad \blacksquare$$

EJEMPLO 10 Derive $g(x) = \sec^{-1}(x^2)$.

SOLUCIÓN

$$g'(x) = \frac{1}{x^2\sqrt{(x^2)^2 - 1}}(2x) = \frac{2}{x\sqrt{x^4 - 1}} \qquad \blacksquare$$

3.6 | Ejercicios

1. Explique por qué la función logaritmo natural $y = \ln x$ se utiliza con mucho mayor frecuencia en el cálculo que las otras funciones logarítmicas $y = \log_b x$.

2-26 Derive la función.

2. $g(t) = \ln(3 + t^2)$

3. $f(x) = \ln(x^2 + 3x + 5)$

4. $f(x) = x \ln x - x$

5. $f(x) = \text{sen}(\ln x)$

6. $f(x) = \ln(\text{sen}^2 x)$

7. $f(x) = \ln \dfrac{1}{x}$

8. $y = \dfrac{1}{\ln x}$

9. $g(x) = \ln(xe^{-2x})$

10. $g(t) = \sqrt{1 + \ln t}$

11. $F(t) = (\ln t)^2 \, \text{sen} \, t$

12. $p(t) = \ln \sqrt{t^2 + 1}$

13. $y = \log_8(x^2 + 3x)$

14. $y = \log_{10} \sec x$

15. $F(s) = \ln \ln s$

16. $P(v) = \dfrac{\ln v}{1 - v}$

17. $T(z) = 2^z \log_2 z$

18. $g(t) = \ln \dfrac{t(t^2 + 1)^4}{\sqrt[3]{2t - 1}}$

19. $y = \ln|3 - 2x^5|$

20. $y = \ln(\csc x - \cot x)$

21. $y = \ln(e^{-x} + xe^{-x})$

22. $g(x) = e^{x^2 \ln x}$

23. $h(x) = e^{x^2 + \ln x}$

24. $y = \ln \sqrt{\dfrac{1 + 2x}{1 - 2x}}$

25. $y = \ln \dfrac{x^a}{b^x}$

26. $y = \log_2(x \log_5 x)$

27. Demuestre que $\dfrac{d}{dx} \ln\left(x + \sqrt{x^2 + 1}\right) = \dfrac{1}{\sqrt{x^2 + 1}}$.

28. Demuestre que $\dfrac{d}{dx} \ln \sqrt{\dfrac{1 - \cos x}{1 + \cos x}} = \csc x$.

29-32 Halle y' y y''.

29. $y = \sqrt{x} \ln x$

30. $y = \dfrac{\ln x}{1 + \ln x}$

31. $y = \ln|\sec x|$

32. $y = \ln(1 + \ln x)$

33-36 Derive f y determine el dominio de f.

33. $f(x) = \dfrac{x}{1 - \ln(x - 1)}$

34. $f(x) = \sqrt{2 + \ln x}$

35. $f(x) = \ln(x^2 - 2x)$

36. $f(x) = \ln \ln \ln x$

37. Si $f(x) = \ln(x + \ln x)$, halle $f'(1)$.

38. Si $f(x) = \cos(\ln x^2)$, encuentre $f'(1)$.

39-40 Determine la ecuación de la recta tangente a la curva en el punto dado.

39. $y = \ln(x^2 - 3x + 1)$, $(3, 0)$

40. $y = x^2 \ln x$, $(1, 0)$

41. Si $f(x) = \text{sen}\, x + \ln x$, encuentre $f'(x)$. Compruebe que su respuesta sea razonable comparando las gráficas de f y f'.

42. Encuentre las ecuaciones de las rectas tangentes a la curva $y = (\ln x)/x$ en los puntos $(1, 0)$ y $(e, 1/e)$. Grafique la curva y sus rectas tangentes.

43. Sea $f(x) = cx + \ln(\cos x)$. ¿Para qué valor de c es $f'(\pi/4) = 6$?

44. Sea $f(x) = \log_b(3x^2 - 2)$. ¿Para qué valor de b es $f'(1) = 3$?

45-56 Use la derivación logarítmica para encontrar la derivada de la función.

45. $y = (x^2 + 2)^2 (x^4 + 4)^4$

46. $y = \dfrac{e^{-x} \cos^2 x}{x^2 + x + 1}$

47. $y = \sqrt{\dfrac{x - 1}{x^4 + 1}}$

48. $y = \sqrt{x} \, e^{x^2 - x} (x + 1)^{2/3}$

49. $y = x^x$

50. $y = x^{1/x}$

51. $y = x^{\text{sen}\, x}$

52. $y = \left(\sqrt{x}\right)^x$

53. $y = (\cos x)^x$

54. $y = (\text{sen}\, x)^{\ln x}$

55. $y = x^{\ln x}$

56. $y = (\ln x)^{\cos x}$

57. Halle y' si $y = \ln(x^2 + y^2)$.

58. Encuentre y' si $x^y = y^x$.

59. Determine una fórmula para $f^{(n)}(x)$ si $f(x) = \ln(x - 1)$.

60. Halle $\dfrac{d^9}{dx^9}(x^8 \ln x)$.

61. Utilice la definición de derivada para demostrar que

$$\lim_{x \to 0} \frac{\ln(1 + x)}{x} = 1$$

62. Demuestre que $\displaystyle\lim_{n \to \infty} \left(1 + \frac{x}{n}\right)^n = e^x$ para cualquier $x > 0$.

63-78 Halle la derivada de la función. Simplifique donde sea posible.

63. $f(x) = \text{sen}^{-1}(5x)$

64. $g(x) = \sec^{-1}(e^x)$

65. $y = \tan^{-1}\sqrt{x - 1}$

66. $y = \tan^{-1}(x^2)$

67. $y = (\tan^{-1} x)^2$

68. $g(x) = \arccos\sqrt{x}$

69. $h(x) = (\text{arcsen}\, x) \ln x$

70. $g(t) = \ln(\arctan(t^4))$

71. $f(z) = e^{\text{arcsen}(z^2)}$

72. $y = \tan^{-1}\left(x - \sqrt{1 + x^2}\right)$

73. $h(t) = \cot^{-1}(t) + \cot^{-1}(1/t)$

74. $R(t) = \arcsen(1/t)$

75. $y = x\,\mathrm{sen}^{-1}x + \sqrt{1 - x^2}$

76. $y = \cos^{-1}(\mathrm{sen}^{-1}t)$

77. $y = \tan^{-1}\left(\dfrac{x}{a}\right) + \ln\sqrt{\dfrac{x - a}{x + a}}$

78. $y = \arctan\sqrt{\dfrac{1 - x}{1 + x}}$

79-80 Halle $f'(x)$. Compruebe que su respuesta sea razonable comparando las gráficas de f y f'.

79. $f(x) = \sqrt{1 - x^2}\,\arcsen x$ **80.** $f(x) = \arctan(x^2 - x)$

81. Demuestre la fórmula para $(d/dx)(\cos^{-1}x)$ mediante el mismo método de $(d/dx)(\mathrm{sen}^{-1}x)$.

82. (a) Una manera de definir $\sec^{-1}x$ es decir que $y = \sec^{-1}x$ $\iff$ $\sec y = x$ y $0 \leq y < \pi/2$ o $\pi \leq y < 3\pi/2$. Demuestre que, con esta definición,
$$\frac{d}{dx}(\sec^{-1}x) = \frac{1}{x\sqrt{x^2 - 1}}$$

(b) Otra manera de definir $\sec^{-1}x$ que a veces se usa es decir que $y = \sec^{-1}x \iff \sec y = x$ y $0 \leq y \leq \pi, y \neq \pi/2$. Demuestre que, con esta definición,
$$\frac{d}{dx}(\sec^{-1}x) = \frac{1}{|x|\sqrt{x^2 - 1}}$$

83. Derivadas de funciones inversas Suponga que f es una función derivable uno a uno y su función inversa f^{-1} también lo es. Use la derivación implícita para demostrar que
$$(f^{-1})'(x) = \frac{1}{f'(f^{-1}(x))}$$
siempre que el denominador no sea 0.

84-86 Utilice la fórmula del ejercicio 83.

84. Si $f(4) = 5$ y $f'(4) = \frac{2}{3}$, halle $(f^{-1})'(5)$.

85. Si $f(x) = x + e^x$, encuentre $(f^{-1})'(1)$.

86. Si $f(x) = x^3 + 3\,\mathrm{sen}\,x + 2\cos x$, determine $(f^{-1})'(2)$.

87. Suponga que f y g son funciones derivables y sea $h(x) = f(x)^{g(x)}$. Utilice derivación logarítmica para derivar la fórmula
$$h' = g \cdot f^{g-1} \cdot f' + (\ln f) \cdot f^g \cdot g'$$

88. Utilice la fórmula del ejercicio 87 para encontrar la derivada.

(a) $h(x) = x^3$ (b) $h(x) = 3^x$ (c) $h(x) = (\mathrm{sen}\,x)^x$

3.7 | Razones de cambio en las ciencias naturales y sociales

Se sabe que si $y = f(x)$, entonces la derivada dy/dx se interpreta como la razón de cambio de y respecto a x. En esta sección se examinan algunas aplicaciones de esta idea a la física, química, biología, economía y otras ciencias.

De la sección 2.7, recuerde la idea básica de las razones de cambio. Si x cambia de x_1 a x_2, entonces el cambio en x es
$$\Delta x = x_2 - x_1$$
y el cambio correspondiente en y es
$$\Delta y = f(x_2) - f(x_1)$$

El cociente de diferencias
$$\frac{\Delta y}{\Delta x} = \frac{f(x_2) - f(x_1)}{x_2 - x_1}$$

es la **razón de cambio promedio de y respecto a x** a través del intervalo $[x_1, x_2]$ y puede interpretarse como la pendiente de la recta secante PQ en la figura 1. Su límite como $\Delta x \to 0$ es la derivada $f'(x_1)$, lo que por consiguiente puede interpretarse como la **razón de cambio instantánea de y respecto a x** o la pendiente de la recta tangente en $P(x_1, f(x_1))$. Con la notación de Leibniz, se escribe el proceso como
$$\frac{dy}{dx} = \lim_{\Delta x \to 0} \frac{\Delta y}{\Delta x}$$

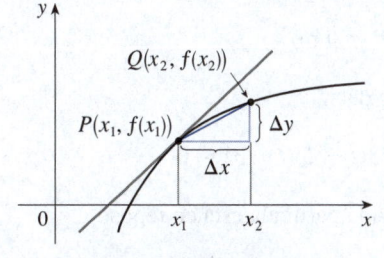

m_{PQ} = razón de cambio promedio
$m = f'(x_1)$ = razón de cambio instantánea

FIGURA 1

Siempre que la función $y = f(x)$ tenga una interpretación específica en una de las ciencias, su derivada tendrá una interpretación específica como razón de cambio. (Como se analizó en la sección 2.7, las unidades para dy/dx son las unidades para y divididas entre las unidades para x). Ahora se verán algunas de estas interpretaciones en las ciencias naturales y sociales.

■ Física

Si $s = f(t)$ es la función de posición de una partícula que se mueve en línea recta, entonces $\Delta s/\Delta t$ representa la velocidad promedio en un periodo Δt, y $v = ds/dt$ representa la **velocidad** instantánea (la razón de cambio de desplazamiento respecto al tiempo). La razón de cambio instantánea de velocidad respecto al tiempo es la **aceleración**: $a(t) = v'(t) = s''(t)$. Esto se analizó en las secciones 2.7 y 2.8, pero ahora que se conocen las fórmulas de derivación se pueden resolver más fácilmente los problemas relacionados con el movimiento de los objetos.

EJEMPLO 1 La posición de una partícula está dada por la ecuación

$$s = f(t) = t^3 - 6t^2 + 9t$$

donde t se mide en segundos y s en metros.

(a) Halle la velocidad en el tiempo t.
(b) ¿Cuál es la velocidad después de 2 s? ¿Y después de 4 s?
(c) ¿Cuándo está la partícula en reposo?
(d) ¿Cuándo se mueve la partícula hacia adelante (es decir, en dirección positiva)?
(e) Trace un diagrama para representar el movimiento de la partícula.
(f) Encuentre la distancia total recorrida por la partícula durante los primeros cinco segundos.
(g) Determine la aceleración en el tiempo t y tras 4 s.
(h) Grafique las funciones de posición, velocidad y aceleración cuando $0 \le t \le 5$.
(i) ¿Cuándo acelera la partícula? ¿Cuándo desacelera?

SOLUCIÓN

(a) La función de velocidad es la derivada de la función de posición:

$$s = f(t) = t^3 - 6t^2 + 9t$$

$$v(t) = \frac{ds}{dt} = 3t^2 - 12t + 9$$

(b) La velocidad después de 2 s significa la velocidad instantánea cuando $t = 2$; es decir,

$$v(2) = \frac{ds}{dt}\bigg|_{t=2} = 3(2)^2 - 12(2) + 9 = -3 \text{ m/s}$$

La velocidad después de 4 s es

$$v(4) = 3(4)^2 - 12(4) + 9 = 9 \text{ m/s}$$

(c) La partícula está en reposo cuando $v(t) = 0$; es decir,

$$3t^2 - 12t + 9 = 3(t^2 - 4t + 3) = 3(t - 1)(t - 3) = 0$$

y esto es cierto cuando $t = 1$ o $t = 3$. De este modo la partícula está en reposo después de 1 s y después de 3 s.

(d) La partícula se mueve en la dirección positiva cuando $v(t) > 0$, es decir,

$$3t^2 - 12t + 9 = 3(t - 1)(t - 3) > 0$$

Esta desigualdad es verdadera cuando ambos factores son positivos ($t > 3$) o cuando ambos factores son negativos ($t < 1$). Por lo tanto, la partícula se mueve en dirección positiva en los intervalos $t < 1$ y $t > 3$. Se mueve hacia atrás (en dirección negativa) cuando $1 < t < 3$.

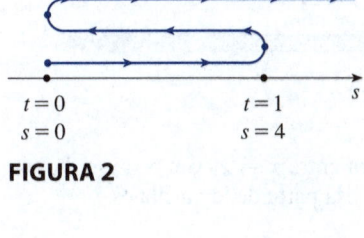

FIGURA 2

(e) Con la información del inciso (d) se elabora un esquema en la figura 2 del movimiento de la partícula hacia adelante y hacia atrás a lo largo de una recta (el eje *s*).

(f) Debido a lo visto en los incisos (d) y (e), se necesita calcular las distancias recorridas durante los intervalos [0, 1], [1, 3] y [3, 5] por separado.

La distancia recorrida en el primer segundo es

$$|f(1) - f(0)| = |4 - 0| = 4 \text{ m}$$

De $t = 1$ a $t = 3$, la distancia recorrida es

$$|f(3) - f(1)| = |0 - 4| = 4 \text{ m}$$

De $t = 3$ a $t = 5$, la distancia recorrida es

$$|f(5) - f(3)| = |20 - 0| = 20 \text{ m}$$

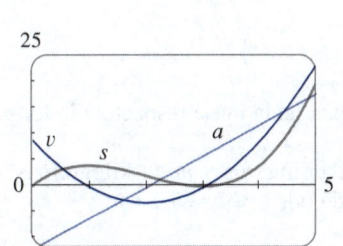

FIGURA 3

La distancia total es $4 + 4 + 20 = 28$ m.

(g) La aceleración es la derivada de la función de velocidad:

$$a(t) = \frac{d^2s}{dt^2} = \frac{dv}{dt} = 6t - 12$$

$$a(4) = 6(4) - 12 = 12 \text{ m/s}^2$$

(h) En la figura 3 se muestran las gráficas de *s*, *v* y *a*.
(i) La partícula acelera cuando la velocidad es positiva y en aumento (*v* y *a* son ambas positivas) y también cuando la velocidad es negativa y disminuye (*v* y *a* son ambas negativas). En otras palabras, la partícula acelera cuando la velocidad y la aceleración tienen el mismo signo (la partícula es empujada en la misma dirección en la que se está moviendo). En la figura 3 se ve que esto ocurre cuando $1 < t < 2$ y cuando $t > 3$. La partícula desacelera cuando *v* y *a* tienen signos opuestos, es decir, cuando $0 \le t < 1$ y cuando $2 < t < 3$. En la figura 4 se resume el movimiento de la partícula.

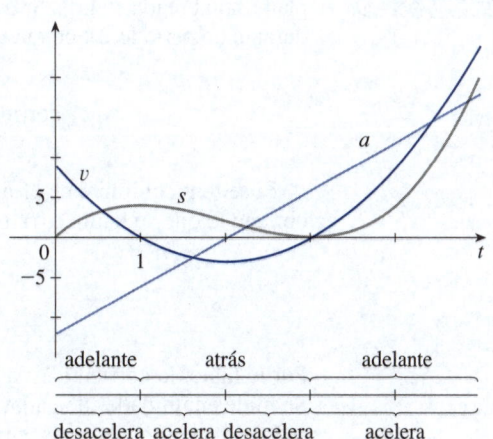

FIGURA 4

EJEMPLO 2 Si una varilla o un trozo de alambre es homogéneo, entonces su *densidad lineal* es uniforme y se define como la masa por unidad de longitud ($\rho = m/l$) y se mide en kilogramos por metro. Suponga, sin embargo, que la varilla no es homogénea pero que su masa medida desde su extremo izquierdo hasta un punto x es $m = f(x)$, como se muestra en la figura 5.

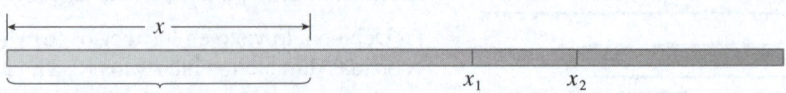

FIGURA 5   Esta parte de la varilla tiene masa $f(x)$.

La masa de la parte de la varilla que se encuentra entre $x = x_1$ y $x = x_2$ se da por $\Delta m = f(x_2) - f(x_1)$, por lo que la densidad media de esa parte de la varilla es

$$\text{densidad media} = \frac{\Delta m}{\Delta x} = \frac{f(x_2) - f(x_1)}{x_2 - x_1}$$

Si ahora $\Delta x \rightarrow 0$ (es decir, $x_2 \rightarrow x_1$), se calcula la densidad media a través de intervalos cada vez más pequeños. La **densidad lineal** ρ en x_1 es el límite de estas densidades medias como $\Delta x \rightarrow 0$; es decir, la densidad lineal es la razón de cambio de masa respecto a la longitud. Simbólicamente,

$$\rho = \lim_{\Delta x \to 0} \frac{\Delta m}{\Delta x} = \frac{dm}{dx}$$

Por lo tanto, la densidad lineal de la varilla es la derivada de la masa respecto a la longitud.

Por ejemplo, si $m = f(x) = \sqrt{x}$, donde x se mide en metros y m en kilogramos, entonces la densidad media de la parte de la varilla dada por $1 \leq x \leq 1.2$ es

$$\frac{\Delta m}{\Delta x} = \frac{f(1.2) - f(1)}{1.2 - 1} = \frac{\sqrt{1.2} - 1}{0.2} \approx 0.48 \text{ kg/m}$$

mientras que la densidad exactamente en $x = 1$ es

$$\rho = \frac{dm}{dx}\bigg|_{x=1} = \frac{1}{2\sqrt{x}}\bigg|_{x=1} = 0.50 \text{ kg/m}$$

∎

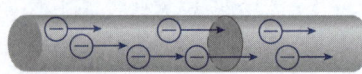

FIGURA 6

EJEMPLO 3 Existe una corriente cada vez que se mueven las cargas eléctricas. En la figura 6 se muestra parte de un cable y electrones moviéndose a través de una superficie plana, sombreada en gris. Si ΔQ es la carga neta que pasa a través de esta superficie durante un periodo Δt, entonces la corriente media durante este intervalo se define como

$$\text{corriente media} = \frac{\Delta Q}{\Delta t} = \frac{Q_2 - Q_1}{t_2 - t_1}$$

Si se toma el límite de esta corriente media en intervalos cada vez más pequeños se obtiene lo que se llama **corriente I** en un momento dado t_1:

$$I = \lim_{\Delta t \to 0} \frac{\Delta Q}{\Delta t} = \frac{dQ}{dt}$$

Por lo tanto, la corriente es la razón a la que la carga fluye a través de una superficie. Se mide en unidades de carga por unidad de tiempo (a menudo culombios por segundo o *coulombs* por segundo, llamados amperios).

∎

La velocidad, la densidad y la corriente no son las únicas razones de cambio importantes en la física. Otros son la potencia (la razón de trabajo), la razón de flujo de calor, el gradiente de temperatura (la razón de cambio de temperatura respecto a la posición), y la razón de decaimiento de una sustancia radiactiva en la física nuclear.

■ Química

EJEMPLO 4 Una reacción química da lugar a la formación de una o más sustancias (llamadas *productos*) a partir de una o más materias primas (llamadas *reactivos*). Por ejemplo, la "ecuación química"

$$2H_2 + O_2 \rightarrow 2H_2O$$

indica que dos moléculas de hidrógeno y una molécula de oxígeno forman dos moléculas de agua. Considere la reacción

$$A + B \rightarrow C$$

donde A y B son los reactivos y C es el producto. La **concentración** de un reactivo A es el número de moles (1 mol $= 6.022 \times 10^{23}$ moléculas) por litro y se denota por [A]. La concentración varía durante una reacción, por lo que [A], [B] y [C] son funciones del tiempo (t). La velocidad de reacción promedio del producto C en un intervalo $t_1 \leq t \leq t_2$ es

$$\frac{\Delta[C]}{\Delta t} = \frac{[C](t_2) - [C](t_1)}{t_2 - t_1}$$

Pero los químicos están interesados en la **velocidad de reacción instantánea** porque da información sobre el mecanismo de la reacción química. La velocidad de reacción instantánea se obtiene tomando el límite la velocidad de reacción promedio conforme el intervalo Δt se aproxima a 0:

$$\text{velocidad de reacción} = \lim_{\Delta t \to 0} \frac{\Delta[C]}{\Delta t} = \frac{d[C]}{dt}$$

Como la concentración del producto aumenta a medida que la reacción procede, la derivada $d[C]/dt$ será positiva, por lo que la velocidad de reacción de C es positiva. Sin embargo, las concentraciones de los reactivos disminuyen durante la reacción, por lo que, para que las velocidades de reacción de A y B sean números positivos, se ponen signos menos delante de las derivadas $d[A]/dt$ y $d[B]/dt$. Como [A] y [B] disminuyen cada uno a la misma velocidad que aumenta [C], se tiene

$$\text{velocidad de reacción} = \frac{d[C]}{dt} = -\frac{d[A]}{dt} = -\frac{d[B]}{dt}$$

En términos más generales, resulta que para una reacción de la forma

$$aA + bB \rightarrow cC + dD$$

se tiene

$$-\frac{1}{a}\frac{d[A]}{dt} = -\frac{1}{b}\frac{d[B]}{dt} = \frac{1}{c}\frac{d[C]}{dt} = \frac{1}{d}\frac{d[D]}{dt}$$

La velocidad de reacción se determina a partir de datos y métodos gráficos. En algunos casos existen fórmulas explícitas para las concentraciones en función del tiempo que permiten calcular la velocidad de reacción (vea el ejercicio 26). ■

EJEMPLO 5   Una de las cantidades de interés en la termodinámica es la compresibilidad. Si una sustancia dada se mantiene a una temperatura constante, entonces su volumen V depende de su presión P. Es posible considerar la razón de cambio del volumen respecto a la presión, a saber, la derivada dV/dP. A medida que P aumenta, V disminuye, por lo que $dV/dP < 0$. La **compresibilidad** se define introduciendo un signo menos y dividiendo esta derivada entre el volumen V:

$$\text{compresibilidad isotérmica} = \beta = -\frac{1}{V}\frac{dV}{dP}$$

Así, β mide la rapidez con que, por unidad de volumen, el volumen de una sustancia disminuye a medida que la presión sobre ella aumenta a temperatura constante.

Por ejemplo, se encontró que el volumen V (en metros cúbicos) de una muestra de aire a 25 °C estaba relacionado con la presión P (en kilopascales) por la ecuación

$$V = \frac{5.3}{P}$$

La razón de cambio de V respecto a P cuando $P = 50$ kPa es

$$\frac{dV}{dP}\bigg|_{P=50} = -\frac{5.3}{P^2}\bigg|_{P=50}$$

$$= -\frac{5.3}{2\,500} = -0.00212 \text{ m}^3/\text{kPa}$$

La compresibilidad a esta presión es

$$\beta = -\frac{1}{V}\frac{dV}{dP}\bigg|_{P=50} = \frac{0.00212}{\dfrac{5.3}{50}} = 0.02 \ (\text{m}^3/\text{kPa})/\text{m}^3$$ ∎

■ **Biología**

EJEMPLO 6   Sea $n = f(t)$ el número de individuos en una población animal o vegetal en el tiempo t. El cambio en el tamaño de la población entre los tiempos $t = t_1$ y $t = t_2$ es $\Delta n = f(t_2) - f(t_1)$, y, por lo tanto, la tasa de crecimiento promedio durante el periodo $t_1 \leq t \leq t_2$ es

$$\text{tasa de crecimiento promedio} = \frac{\Delta n}{\Delta t} = \frac{f(t_2) - f(t_1)}{t_2 - t_1}$$

La **tasa de crecimiento instantánea** se obtiene a partir de la tasa de crecimiento promedio al dejar que el periodo Δt se aproxime a 0:

$$\text{tasa de crecimiento} = \lim_{\Delta t \to 0} \frac{\Delta n}{\Delta t} = \frac{dn}{dt}$$

En sentido estricto, esto no es del todo exacto porque la gráfica real de una función de población $n = f(t)$ sería una función escalón o escalonada que es discontinua cada vez que se produce un nacimiento o una muerte y, por lo tanto, no es derivable. Sin embargo, para una población grande de animales o plantas, se puede reemplazar la gráfica por una curva continua de aproximación, como en la figura 7.

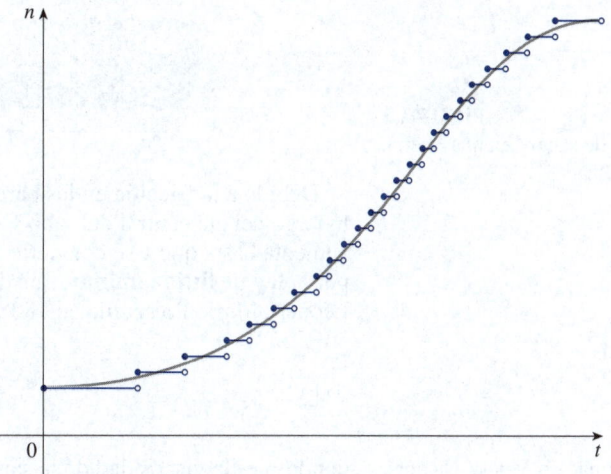

FIGURA 7
Una curva continua de aproximación a
una función de crecimiento.

Para ser más específico, considere una población de bacterias en un medio nutritivo homogéneo. Suponga que al tomar muestras de la población a ciertos intervalos se determina que la población se duplica cada hora. Si la población inicial es n_0 y el tiempo t se mide en horas, entonces

$$f(1) = 2f(0) = 2n_0$$

$$f(2) = 2f(1) = 2^2 n_0$$

$$f(3) = 2f(2) = 2^3 n_0$$

y, en general,

$$f(t) = 2^t n_0$$

La función de población es $n = n_0 2^t$.

En la sección 3.4 se mostró que

La bacteria *E. coli* mide alrededor de
2 micrómetros (μm) de largo y 0.75
μm de ancho. La imagen fue tomada
con un microscopio electrónico de
barrido.

$$\frac{d}{dx}(b^x) = b^x \ln b$$

Así que la tasa de crecimiento de la población de bacterias en el tiempo t es

$$\frac{dn}{dt} = \frac{d}{dt}(n_0 2^t) = n_0 2^t \ln 2$$

Por ejemplo, suponga que se empieza con una población inicial de $n_0 = 100$ bacterias. Entonces la tasa de crecimiento después de 4 horas es

$$\left. \frac{dn}{dt} \right|_{t=4} = 100 \cdot 2^4 \ln 2 = 1600 \ln 2 \approx 1\,109$$

Esto significa que, después de 4 horas, la población de bacterias crece a un ritmo aproximado de unas 1 109 bacterias por hora. ∎

EJEMPLO 7 Cuando se considera el flujo de sangre a través de un vaso sanguíneo, como una vena o una arteria, se puede modelar la forma del vaso sanguíneo como un tubo cilíndrico con radio R y longitud l, como se ilustra en la figura 8.

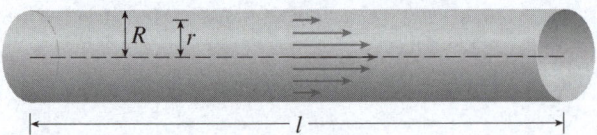

FIGURA 8
Flujo de sangre en una arteria.

Debido a la fricción en las paredes del tubo, la velocidad v de la sangre es mayor a lo largo del eje central del tubo y disminuye a medida que la distancia r del eje aumenta hasta que v se convierte en 0 en la pared. La relación entre v y r está dada por la **ley de flujo laminar**, que derivó experimentalmente el físico francés Jean Léonard Marie Poiseuille en 1838. Esta ley establece que

$$\boxed{1} \qquad v = \frac{P}{4\eta l}(R^2 - r^2)$$

Para más información, vea W. Nichols, M. O'Rourke y C. Vlachopoulos (eds.), *McDonald's Blood Flow in Arteries: Theoretical, Experimental, and Clinical Principles*, 6.ª ed. (Boca Raton, Florida, 2011).

donde η es la viscosidad de la sangre y P es la diferencia de presión entre los extremos del tubo. Si P e l son constantes, entonces v es una función de r con el dominio $[0, R]$.

La razón de cambio promedio de la velocidad conforme se pasa de $r = r_1$ externo a $r = r_2$ dado por

$$\frac{\Delta v}{\Delta r} = \frac{v(r_2) - v(r_1)}{r_2 - r_1}$$

y si $\Delta r \to 0$, se obtiene el **gradiente de velocidad**, es decir, la razón de cambio instantánea de la velocidad respecto a r.

$$\text{gradiente de velocidad} = \lim_{\Delta r \to 0} \frac{\Delta v}{\Delta r} = \frac{dv}{dr}$$

Con la ecuación 1, se obtiene

$$\frac{dv}{dr} = \frac{P}{4\eta l}(0 - 2r) = -\frac{Pr}{2\eta l}$$

Para una de las arterias humanas más pequeñas se puede tomar $\eta = 0.027$, $R = 0.008$ cm, $l = 2$ cm y $P = 4\,000$ dinas/cm^2, lo que da

$$v = \frac{4\,000}{4(0.027)2}(0.000064 - r^2)$$

$$\approx 1.85 \times 10^4(6.4 \times 10^{-5} - r^2)$$

En $r = 0.002$ cm la sangre fluye a una rapidez de

$$v(0.002) \approx 1.85 \times 10^4(64 \times 10^{-6} - 4 \times 10^{-6}) = 1.11 \text{ cm/s}$$

y el gradiente de velocidad en este punto es

$$\frac{dv}{dr}\bigg|_{r=0.002} = -\frac{4\,000(0.002)}{2(0.027)2} \approx -74 \text{ (cm/s)/cm}$$

Para tener una idea de lo que significa este enunciado, se cambian las unidades de centímetros a micrómetros (1 cm = 10\,000 µm). Ahora el radio de la arteria es

80 μm. La velocidad en el eje central es $11\,850$ μm/s, lo que se reduce a $11\,110$ μm/s a una distancia de $r = 20$ μm. El hecho de que $dv/dr = -74$ (μm/s)/μm significa que, cuando $r = 20$ μm, la velocidad decrece a un ritmo de aproximadamente 74 μm/s por cada micrómetro más lejos del centro.   ■

■ Economía

EJEMPLO 8 Suponga que $C(x)$ es el costo total en que incurre una empresa para producir x unidades de un determinado producto básico. La función C se denomina **función de costo**. Si el número de artículos producidos se incrementa de x_1 a x_2, entonces el costo adicional es $\Delta C = C(x_2) - C(x_1)$, y la razón de cambio promedio del costo es

$$\frac{\Delta C}{\Delta x} = \frac{C(x_2) - C(x_1)}{x_2 - x_1} = \frac{C(x_1 + \Delta x) - C(x_1)}{\Delta x}$$

El límite de esta cantidad conforme $\Delta x \to 0$, es decir, la razón de cambio instantánea del costo respecto a la cantidad de artículos producidos, los economistas lo llaman **costo marginal**:

$$\text{costo marginal} = \lim_{\Delta x \to 0} \frac{\Delta C}{\Delta x} = \frac{dC}{dx}$$

[Como x a menudo toma solo valores enteros, puede que no tenga sentido literal que Δx se aproxime a 0, pero siempre se puede reemplazar $C(x)$ por una función continua de aproximación, como en el ejemplo 6].

Al tomar $\Delta x = 1$ y n grande (tal que Δx sea pequeño comparado con n), se tiene

$$C'(n) \approx C(n + 1) - C(n)$$

Por lo tanto, el costo marginal de producir n unidades es aproximadamente igual al costo de producir una unidad más [la unidad $(n + 1)$].

Con frecuencia es apropiado representar una función de costo total como un polinomio

$$C(x) = a + bx + cx^2 + dx^3$$

donde a representa los gastos generales (alquiler, aire acondicionado, mantenimiento) y los otros términos representan el costo de las materias primas, la mano de obra, etc. (El costo de las materias primas puede ser proporcional a x, pero los costos de la mano de obra pueden depender en parte de potencias superiores a x debido a los costos de las horas extras y las ineficiencias que implican las operaciones a gran escala).

Por ejemplo, suponga que una empresa estima que el costo (en USD) de producir x artículos es

$$C(x) = 10\,000 + 5x + 0.01x^2$$

Entonces la función del costo marginal es

$$C'(x) = 5 + 0.02x$$

El costo marginal en el nivel de la producción de 500 artículos es

$$C'(500) = 5 + 0.02(500) = \$15/\text{artículo}$$

Esto da la razón a la que los costos aumentan respecto al nivel de producción cuando $x = 500$ y pronostica el costo del artículo 501.

El costo real de producir el artículo 501 es

$$
\begin{aligned}
C(501) - C(500) &= [10\,000 + 5(501) + 0.01(501)^2] \\
&\quad - [10\,000 + 5(500) + 0.01(500)^2] \\
&= \$15.01
\end{aligned}
$$

Observe que $C'(500) \approx C(501) - C(500)$.   ■

Los economistas también estudian la demanda marginal, los ingresos marginales y el beneficio marginal, las derivadas de las funciones de demanda, ingresos y beneficio. Estas se considerarán en el capítulo 4 después de ver técnicas para encontrar los valores máximos y mínimos de las funciones.

■ Otras ciencias

Las razones de cambio ocurren en todas las ciencias. Un geólogo tiene interés en conocer la velocidad a la que un cuerpo intruso de roca fundida se enfría por conducción de calor en las rocas circundantes, un ingeniero quiere saber la velocidad a la que el agua sale de un depósito, un geógrafo urbano quiere conocer la razón de cambio de la densidad de población en una ciudad a medida que aumenta la distancia del centro de la ciudad; un meteorólogo desea saber cuál es la razón de cambio de la presión atmosférica respecto a la altura (vea el ejercicio 3.8.19).

En psicología, los estudiosos de la teoría analizan la curva de aprendizaje que grafica el rendimiento $P(t)$ de alguien que aprende una nueva habilidad en función del tiempo de entrenamiento t. De especial interés es la tasa de mejora del rendimiento a medida que pasa el tiempo, es decir, dP/dt. Los psicólogos también estudian el fenómeno de la memoria y elaboran modelos para la razón de retención de la memoria (vea el ejercicio 42). También estudian la dificultad que entraña la realización de determinadas tareas y la razón a la que aumenta la dificultad cuando se modifica un parámetro determinado (vea el ejercicio 43).

En sociología se utiliza el cálculo diferencial en el análisis de difusión de rumores (o innovaciones, tendencias o modas). Si $p(t)$ denota la proporción de una población que conoce un rumor por el tiempo t, entonces la derivada dp/dt representa la rapidez de propagación del rumor (vea el ejercicio 3.4.90).

■ Una sola idea, muchas interpretaciones

Velocidad, densidad, corriente, potencia y gradiente de temperatura en física; velocidad de reacción y compresibilidad en química; tasa de crecimiento y gradiente de velocidad de la sangre en biología; costo marginal y beneficio marginal en economía; flujo de calor en geología; rapidez de mejora de rendimiento en psicología; rapidez de propagación de un rumor en sociología, todos ellos son casos especiales de un único concepto matemático, la derivada.

Todas estas aplicaciones de la derivada ilustran el hecho de que parte del poder de las matemáticas reside en su abstracción. Un solo concepto matemático abstracto (como la derivada) puede tener diferentes interpretaciones en cada ciencia. Cuando se conozcan las propiedades del concepto matemático de una vez por todas, se podrá entonces dar la vuelta y aplicar estos resultados a todas las ciencias. Esto es mucho más eficiente que desarrollar las propiedades de conceptos especiales en cada ciencia por separado. El matemático francés Joseph Fourier (1768-1830) lo dijo sucintamente: "Las matemáticas comparan los más diversos fenómenos y descubren las analogías secretas que los unen".

3.7 | Ejercicios

1-4 Una partícula se mueve de acuerdo con la ley de movimiento $s = f(t)$, $t \geq 0$, donde t se mide en segundos y s en metros.

(a) Halle la velocidad en el tiempo t.

(b) ¿Cuál es la velocidad después de 1 segundo?

(c) ¿Cuándo está la partícula en reposo?

(d) ¿Cuándo se mueve la partícula en dirección positiva?

(e) Encuentre la distancia total recorrida durante los primeros 6 segundos.

(f) Trace un diagrama como la figura 2 para ilustrar el movimiento de la partícula.

(g) Determine la aceleración en el tiempo t y después de 1 segundo.

(h) Grafique las funciones de posición, velocidad y aceleración para $0 \leq t \leq 6$.

(i) ¿Cuándo acelera la partícula? ¿Cuándo desacelera?

1. $f(t) = t^3 - 8t^2 + 24t$ **2.** $f(t) = \dfrac{9t}{t^2 + 9}$

3. $f(t) = \operatorname{sen}(\pi t/2)$ **4.** $f(t) = t^2 e^{-t}$

---

5. Se muestran gráficas de las funciones de *velocidad* de dos partículas, donde t se mide en segundos. ¿Cuándo acelera cada partícula? ¿Cuándo desacelera? Explique.

(a)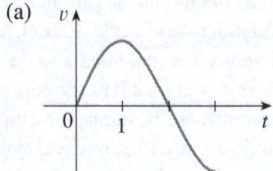

(b)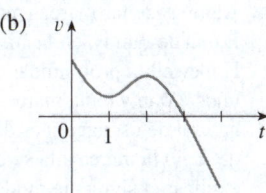

6. Se muestran gráficas de las funciones de *posición* de dos partículas, donde t se mide en segundos. ¿Cuándo la velocidad de cada partícula es positiva? ¿Cuándo es negativa? ¿Cuándo acelera cada partícula? ¿Cuándo disminuye su velocidad? Explique.

(a)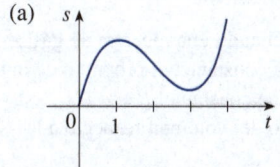

(b)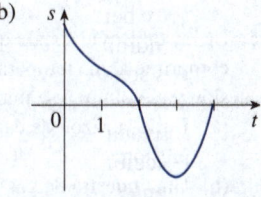

7. Suponga que la gráfica de la función de velocidad de una partícula es como se muestra en la figura, donde t se mide en segundos. ¿Cuándo viaja la partícula hacia adelante (en dirección positiva)? ¿Cuándo viaja hacia atrás? ¿Qué sucede cuando $5 < t < 7$?

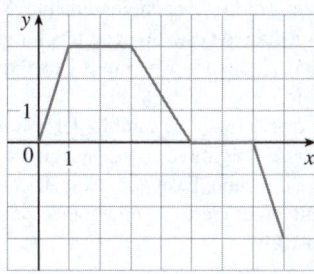

8. Para la partícula que se describe en el ejercicio 7, trace una gráfica de la función de aceleración. ¿Cuándo acelera la partícula? ¿Cuándo desacelera? ¿Cuándo viaja a una velocidad constante?

9. La altura (en metros) de un proyectil disparado hacia arriba desde un punto a 2 m sobre el nivel del suelo con una velocidad inicial de 24.5 m/s es $h = 2 + 24.5t - 4.9t^2$ después de t segundos.

(a) Encuentre la velocidad después de 2 s y después de 4 s.

(b) ¿Cuándo alcanza el proyectil su máxima altura?

(c) ¿Cuál es la altura máxima?

(d) ¿Cuándo toca el suelo?

(e) ¿A qué velocidad impacta el suelo?

10. Si una pelota se lanza hacia arriba con una velocidad de 24.5 m/s, entonces su altura después de t segundos es $s = 24.5t - 4.9t^2$.

(a) ¿Cuál es la altura máxima alcanzada por la pelota?

(b) ¿Cuál es la velocidad de la pelota cuando está a 29.4 sobre el suelo en dirección hacia arriba? ¿Y en dirección hacia abajo?

11. Si una roca se lanza verticalmente hacia arriba desde la superficie de Marte con una velocidad de 15 m/s, su altura después de t segundos es $h = 15t - 1.86t^2$.

(a) ¿Cuál es la velocidad de la roca después de 2 s?

(b) ¿Cuál es la velocidad de la roca cuando su altura es de 25 m en dirección hacia arriba? ¿Y en dirección hacia abajo?

12. Una partícula se mueve con la función de posición

$$s = t^4 - 4t^3 - 20t^2 + 20t \qquad t \geq 0$$

(a) ¿En qué momento la partícula tiene una velocidad de 20 m/s?

(b) ¿En qué momento la aceleración es 0? ¿Qué importancia tiene este valor de t?

13. (a) Una empresa fabrica chips de computadora de obleas cuadradas de silicio. Un ingeniero de procesos quiere mantener la longitud lateral de una oblea muy cerca de 15 mm y necesita saber cómo cambia el área $A(x)$ de una oblea cuando cambia la longitud lateral x. Encuentre $A'(15)$ y explique el significado en esta situación.

(b) Demuestre que la razón de cambio del área de un cuadrado respecto a su longitud lateral es la mitad de su perímetro. Intente explicar geométricamente por qué esto es cierto trazando un cuadrado cuya longitud lateral x se incrementa en una cantidad Δx. ¿Cómo se puede aproximar el cambio resultante en el área ΔA si Δx es pequeño?

14. (a) Los cristales de cloruro de sodio crecen fácilmente en forma de cubos permitiendo que una solución de agua y cloruro de sodio se evapore lentamente. Si V es el volumen de un cubo de este tipo con una longitud lateral x, calcule dV/dx cuando $x = 3$ mm y explique su significado.

(b) Muestre que la razón de cambio del volumen del cubo respecto a su longitud de borde es igual a la mitad de la superficie del cubo. Explique geométricamente por qué este resultado es cierto argumentando por analogía con el ejercicio 13(b).

15. (a) Encuentre la razón de cambio promedio del área de un círculo respecto a su radio r a medida que r cambia de
(i) 2 a 3   (ii) 2 a 2.5   (iii) 2 a 2.1

(b) Halle la razón de cambio instantánea cuando $r = 2$.

(c) Demuestre que la razón de cambio del área de un círculo respecto a su radio (en cualquier r) es igual a la circunferencia del círculo. Trate de explicar geométricamente por qué esto es cierto trazando un círculo cuyo radio se incrementa en una cantidad Δr. ¿Cómo puede aproximarse al cambio resultante en el área ΔA si Δr es pequeño?

16. Una piedra se deja caer en un lago, creando una onda circular que viaja hacia afuera a una rapidez de 60 cm/s. Encuentre la velocidad a la que el área dentro del círculo crece después de (a) 1 s, (b) 3 s y (c) 5 s. ¿Qué puede concluir?

17. Se infla un globo esférico. Encuentre la razón de aumento de la superficie ($S = 4\pi r^2$) respecto al radio r cuando r es (a) 20 cm, (b) 40 cm y (c) 60 cm. ¿Qué conclusión se puede sacar?

18. (a) El volumen de una célula esférica en crecimiento es $V = \frac{4}{3}\pi r^3$, donde el radio r se mide en micrómetros ($1\ \mu m = 10^{-6}$ m). Determine la razón de cambio promedio de V respecto a r cuando r cambia de
(i) 5 a 8 μm (ii) 5 a 6 μm (iii) 5 a 5.1 μm

(b) Encuentre la razón de cambio instantánea de V respecto a r cuando $r = 5\ \mu m$.

(c) Demuestre que la razón de cambio del volumen de una esfera respecto a su radio es igual al área de su superficie. Explique geométricamente por qué este resultado es cierto. Argumente por analogía con el ejercicio 15(c).

19. La masa de la parte de una varilla de metal que se encuentra entre su extremo izquierdo y un punto x metros a la derecha es $3x^2$ kg. Halle la densidad lineal (vea el ejemplo 2) cuando x es (a) 1 m, (b) 2 m y c) 3 m. ¿Dónde es la densidad más alta? ¿Dónde es más baja?

20. Si un tanque de agua cilíndrico tiene capacidad para 5 000 litros y el agua se drena desde el fondo del tanque en 40 minutos, entonces la ley de Torricelli da el volumen V de agua que queda en el tanque después de t minutos como

$$V = 5\,000\left(1 - \tfrac{1}{40}t\right)^2 \qquad 0 \leqslant t \leqslant 40$$

Encuentre la tasa a la que el agua se drena del tanque después de (a) 5 min, (b) 10 min, (c) 20 min y (d) 40 min. ¿En qué momento el agua sale más rápido? ¿Cuándo es más lento? Resuma sus hallazgos.

21. La cantidad de carga Q en culombios (C) que ha pasado por un punto en un cable hasta el tiempo t (medido en segundos) se da por $Q(t) = t^3 - 2t^2 + 6t + 2$. Encuentre la corriente cuando (a) $t - 0.5$ s y (b) $t = 1$ s. (Vea el ejemplo 3. La unidad de corriente es un amperio [1 A = 1 C/s]). ¿A qué hora es la corriente más baja?

22. La ley de gravedad de Newton dice que la magnitud F de la fuerza ejercida por un cuerpo de masa m sobre un cuerpo de masa M es

$$F = \frac{GmM}{r^2}$$

donde G es la constante gravitacional y r es la distancia entre los cuerpos.

(a) Halle dF/dr y explique su significado. ¿Qué indica el signo de menos?

(b) Suponga que se sabe que la Tierra atrae un objeto con una fuerza que disminuye a razón de 2 N/km cuando $r = 20\,000$ km. ¿A qué velocidad cambia esta fuerza cuando $r = 10\,000$ km?

23. La fuerza F que actúa sobre un cuerpo con masa m y velocidad v es la razón de cambio del momento: $F = (d/dt)(mv)$. Si m es constante, esto se convierte en $F = ma$, donde $a = dv/dt$ es la aceleración. Pero en la teoría de la relatividad, la masa de una partícula varía con v de la siguiente manera: $m = m_0/\sqrt{1 - v^2/c^2}$, donde m_0 es la masa de la partícula en reposo y c es la velocidad de la luz. Demuestre que

$$F = \frac{m_0 a}{(1 - v^2/c^2)^{3/2}}$$

24. Algunas de las mareas más altas del mundo se producen en la Bahía de Fundy, en la costa atlántica de Canadá. En el Cabo Hopewell la profundidad del agua en la marea baja es de unos 2.0 m y en la marea alta es de unos 12.0 m. El periodo natural de oscilación es de poco más de 12 horas, y en un día de junio la marea alta se produjo a las 6:45 a. m. Esto ayuda a explicar el siguiente modelo para la profundidad del agua D (en metros) como función de la hora t (en horas después de la medianoche) de ese día:

$$D(t) = 7 + 5\cos[0.503(t - 6.75)]$$

¿Qué tan rápido subió (o bajó) la marea en los siguientes momentos?

(a) 3:00 a. m.   (b) 6:00 a. m.
(c) 9:00 a. m.   (d) Mediodía

25. La ley de Boyle señala que cuando una muestra de gas se comprime a una temperatura constante, el producto de la presión y el volumen se mantiene constante: $PV = C$.

(a) Halle la razón de cambio del volumen respecto a la presión.

(b) Una muestra de gas se encuentra en un recipiente a baja presión y se comprime constantemente a temperatura constante durante 10 minutos. ¿El volumen disminuye más rápidamente al principio o al final de los 10 minutos? Explique.

(c) Demuestre que la compresibilidad isotérmica (vea el ejemplo 5) está dada por $\beta = 1/P$.

26. Si, en el ejemplo 4, una molécula del producto C se forma a partir de una molécula del reactivo A y una molécula del reactivo B, y las concentraciones iniciales de A y B tienen un valor común [A] = [B] = a moles/L, entonces

$$[C] = a^2kt/(akt + 1)$$

donde k es una constante.
(a) Encuentre la velocidad de reacción en el tiempo t.
(b) Demuestre que si $x = $ [C], entonces

$$\frac{dx}{dt} = k(a - x)^2$$

(c) ¿Qué pasa con la concentración a medida que $t \to \infty$?
(d) ¿Qué pasa con la velocidad de reacción a medida que $t \to \infty$?
(e) ¿Qué significan los resultados de los incisos (c) y (d) en términos prácticos?

27. En el ejemplo 6 se consideró una población de bacterias que se duplica cada hora. Suponga que otra población de bacterias se triplica cada hora y comienza con 400 bacterias. Halle una expresión para el número n de bacterias después de t horas y úsela para estimar la tasa de crecimiento de la población de bacterias después de 2.5 horas.

28. El número de células de levadura en un cultivo de laboratorio aumenta rápidamente al principio pero a la larga se nivela. La población se modela con la función

$$n = f(t) = \frac{a}{1 + be^{-0.7t}}$$

donde t se mide en horas. En el tiempo $t = 0$, la población es de 20 células y crece a un ritmo de 12 células por hora. Encuentre los valores de a y b. Según este modelo, ¿qué pasa con la población de levadura en el largo plazo?

T **29.** En la tabla se indica la población mundial $P(t)$ en millones, donde t se mide en años y $t = 0$ corresponde al año 1900.

t	Población (millones)	t	Población (millones)
0	1 650	60	3 040
10	1 750	70	3 710
20	1 860	80	4 450
30	2 070	90	5 280
40	2 300	100	6 080
50	2 560	110	6 870

(a) Estime la tasa de crecimiento de la población en 1920 y en 1980 promediando las pendientes de dos rectas secantes.
(b) Utilice una calculadora graficadora o una computadora para hallar una función cúbica (un polinomio de tercer grado) que modele los datos.
(c) Utilice su modelo del inciso (b) para establecer un modelo para la tasa de crecimiento de la población.
(d) Utilice el inciso (c) para estimar las tasas de crecimiento en los años 1920 y 1980. Compárelo con sus estimaciones del inciso (a).

(e) En la sección 1.1 se modeló $P(t)$ con la función exponencial

$$f(t) = (1.43653 \times 10^9) \cdot (1.01395)^t$$

Con este modelo determine otro para el crecimiento de la población.
(f) Utilice su modelo del inciso (e) para estimar la tasa de crecimiento en 1920 y 1980. Compárelo con sus estimaciones de los incisos (a) y (d).
(g) Estime la tasa de crecimiento en 1985.

T **30.** En la tabla se muestra cómo ha variado el promedio de edad de los primeros matrimonios de mujeres japonesas desde 1950.

t	$A(t)$	t	$A(t)$
1950	23.0	1985	25.5
1955	23.8	1990	25.9
1960	24.4	1995	26.3
1965	24.5	2000	27.0
1970	24.2	2005	28.0
1975	24.7	2010	28.8
1980	25.2	2015	29.4

(a) Use una calculadora graficadora o una computadora para modelar estos datos con un polinomio de cuarto grado.
(b) Use el inciso (a) para hallar un modelo para $A'(t)$.
(c) Estime la razón de cambio de la edad de matrimonio de las mujeres en 1990.
(d) Grafique los puntos de datos y los modelos para A y A'.

31. Consulte la ley del flujo laminar que se da en el ejemplo 7. Considere un vaso sanguíneo con un radio 0.01 cm, longitud 3 cm, diferencia de presión 3 000 dinas/cm^2 y viscosidad $\eta = 0.027$.
(a) Halle la velocidad de la sangre a lo largo de la recta central $r = 0$, en el radio $r = 0.005$ cm y en la pared $r = R = 0.01$ cm.
(b) Encuentre el gradiente de velocidad en $r = 0$, $r = 0.005$ y en $r = 0.01$.
(c) ¿Dónde es mayor la velocidad? ¿Dónde cambia más la velocidad?

32. La frecuencia de vibraciones de una cuerda de violín en vibración se da por

$$f = \frac{1}{2L} \sqrt{\frac{T}{\rho}}$$

donde L es la longitud de la cuerda, T es su tensión y ρ es su densidad lineal. [Vea el capítulo 11 de D. E. Hall, *Musical Acoustics*, 3.ª ed. (Pacific Grove, California, 2002)].
(a) Halle la razón de cambio de la frecuencia respecto a
  (i) la longitud (cuando T y ρ son constantes),
  (ii) la tensión (cuando T y ρ son constantes) y
  (iii) la densidad lineal (cuando L y T son constantes).
(b) El tono de una nota (cuán alto o bajo suena la nota) se determina por la frecuencia f. (Cuanto más alta es la frecuencia, más alto es el tono). Use los signos de

la derivada del inciso (a) para determinar qué pasa con el sonido de una nota

  (i) cuando la longitud efectiva de una cuerda se reduce al colocar un dedo en la cuerda para que una porción más corta de la misma vibre,

  (ii) cuando se incrementa la tensión al girar una clavija de afinación y

  (iii) cuando se incrementa la densidad lineal al cambiar a otra cuerda.

33. Suponga que el costo (en USD) para que una empresa produzca x pares de una nueva línea de pantalones de mezclilla es

$$C(x) = 2\,000 + 3x + 0.01x^2 + 0.0002x^3$$

(a) Halle la función de costo marginal.
(b) Busque $C'(100)$ y explique su significado. ¿Qué pronostica?
(c) Compare $C'(100)$ con el costo de fabricar el par 101 de pantalones.

34. La función de costo para un determinado producto básico es

$$C(q) = 84 + 0.16q - 0.0006q^2 + 0.000003q^3$$

(a) Encuentre e interprete $C'(100)$.
(b) Compare $C'(100)$ con el costo de fabricar el par 101 de pantalones.

35. Si $p(x)$ es el valor total de la producción cuando hay x trabajadores en una planta, entonces la *productividad media* de la mano de obra de la planta es

$$A(x) = \frac{p(x)}{x}$$

(a) Determine $A'(x)$. ¿Por qué desea la empresa contratar más trabajadores si $A'(x) > 0$?
(b) Demuestre que $A'(x) > 0$ si $p'(x)$ es mayor que la productividad media.

36. Si R denota la reacción del cuerpo a algún estímulo de fuerza x, la *sensibilidad* S se define como la razón de cambio de la reacción respecto a x. Un ejemplo particular es que cuando aumenta el brillo x de una fuente de luz, el ojo reacciona disminuyendo el área R de la pupila. La fórmula experimental

$$R = \frac{40 + 24x^{0.4}}{1 + 4x^{0.4}}$$

se utiliza para modelar la dependencia de R respecto a x cuando R se mide en milímetros cuadrados y x se mide en unidades de brillo apropiadas.

(a) Halle la sensibilidad.
(b) Ilustre el inciso (a) graficando tanto R como S como funciones de x. Comente sobre los valores de R y S en bajos niveles de brillo. ¿Es esto lo que esperaba?

37. Los pacientes se someten a un tratamiento de diálisis para eliminar la urea de la sangre cuando sus riñones no funcionan correctamente. La sangre se desvía del paciente a través de una máquina que filtra la urea. En ciertas condiciones, la duración de la diálisis requerida, cuando la concentración inicial de urea es $c > 1$, se da por la ecuación

$$t = \ln\!\left(\frac{3c + \sqrt{9c^2 - 8c}}{2}\right)$$

Calcule la derivada de t respecto a c e interprétela.

38. Las especies invasoras a menudo muestran una ola de avance cuando colonizan nuevas áreas. Los modelos matemáticos basados en la dispersión y la reproducción aleatorias demuestran que la rapidez con la que se mueven dichas olas se da por la función $f(r) = 2\sqrt{Dr}$, donde r es la tasa de reproducción de los individuos y D es un parámetro que cuantifica la dispersión. Calcule la derivada de la rapidez de ola respecto a la tasa de reproducción r y explique su significado.

39. La ley de los gases ideales a temperatura absoluta T (en kelvins), presión P (en atmósferas) y volumen V (en litros) es $PV = nRT$, donde n es el número de moles del gas y $R = 0.0821$ es la constante del gas. Suponga que, en un determinado instante, $P = 8.0$ atm y crece a una tasa de 0.10 atm/min y $V = 10$ L decrece a una tasa de 0.15 L/min. Encuentre la razón de cambio de T respecto al tiempo en ese instante si $n = 10$ mol.

40. En una piscifactoría se introduce una población de peces en un estanque y se cosecha regularmente. Un modelo para la razón de cambio de la población de peces se da por la ecuación

$$\frac{dP}{dt} = r_0\!\left(1 - \frac{P(t)}{P_c}\right)P(t) - \beta P(t)$$

donde r_0 es la tasa de natalidad de los peces, P_c es la máxima población que el estanque puede sostener (llamada *capacidad de carga*) y β es el porcentaje de la población que se cosecha.
(a) ¿Qué valor de dP/dt corresponde a una población estable?
(b) Si el estanque puede sostener $10\,000$ peces, la tasa de natalidad es de 5% y la tasa de cosecha es de 4%, encuentre el nivel de población estable.
(c) ¿Qué pasa si β sube a 5%?

41. En el estudio de los ecosistemas se suelen utilizar *modelos depredador-presa* para estudiar la interacción entre las especies. Considere las poblaciones de lobos de tundra, dadas por $W(t)$, y de caribú, dadas por $C(t)$, en el norte de Canadá. La interacción se modela por las ecuaciones

$$\frac{dC}{dt} = aC - bCW \qquad \frac{dW}{dt} = -cW + dCW$$

(a) ¿Qué valores de dC/dt y dW/dt corresponden a poblaciones estables?
(b) ¿Cómo se representaría matemáticamente la afirmación "El caribú se extingue"?
(c) Suponga que $a = 0.05$, $b = 0.001$, $c = 0.05$ y $d = 0.0001$. Halle todos los pares de población (C, W) que conduzcan a poblaciones estables. Según este modelo, ¿es posible que las dos especies vivan en equilibrio o se extinguirá una o ambas especies?

42. Hermann Ebbinghaus (1850 -1909) fue pionero en el estudio de la memoria. Un artículo de 2011 en *Journal of Mathematical Psychology* presenta el modelo numérico

$$R(t) = a + b(1 + ct)^{-\beta}$$

para la *curva de olvido de Ebbinghaus*, donde $R(t)$ es la fracción de memoria retenida t días después de aprender una tarea; a, b y c son constantes determinadas experimentalmente entre 0 y 1; β es una constante positiva; y $R(0) = 1$. Las constantes dependen del tipo de tarea que se aprende.

(a) ¿Cuál es la razón de cambio de retención t días después de que se aprende una tarea?

(b) ¿Se olvida de cómo realizar una tarea más rápido poco después de aprenderla o mucho tiempo después de haberla aprendido?

(c) ¿Qué fracción de la memoria es permanente?

43. La dificultad de "adquirir un objetivo" (como utilizar el ratón para hacer clic en un icono de la pantalla de una computadora) depende de la relación entre la distancia D al objetivo y el ancho W del objetivo. Según la *ley de Fitts*, el índice I de dificultad se modela por

$$I = \log_2\left(\frac{2D}{W}\right)$$

Esta ley se utiliza para diseñar productos que involucran interacciones ser humano-computadora.

(a) Si W se mantiene constante, ¿cuál es la razón de cambio de I respecto a D? ¿Aumenta o disminuye esta razón con el aumento de los valores de D?

(b) Si D se mantiene constante, ¿cuál es la razón de cambio de I respecto de W? ¿Qué indica el signo negativo de su respuesta? ¿Aumenta o disminuye esta razón con el aumento de los valores de W?

(c) ¿Sus respuestas a los incisos (a) y (b) coinciden con su intuición?

3.8 | Crecimiento y decaimiento exponenciales

En muchos fenómenos naturales, las cantidades crecen o decaen a un ritmo proporcional a su tamaño. Por ejemplo, si $y = f(t)$ es el número de individuos de una población de animales o bacterias en el tiempo t, entonces parece razonable esperar que la tasa de crecimiento $f'(t)$ sea proporcional a la población $f(t)$; es decir, $f'(t) = kf(t)$ para alguna constante k. En efecto, en condiciones ideales (entorno ilimitado, nutrición adecuada, inmunidad a las enfermedades), el modelo matemático dado por la ecuación $f'(t) = kf(t)$ predice lo que realmente sucede con muy buena precisión. Otro ejemplo se da en la física nuclear: la masa de una sustancia radiactiva decae a una velocidad proporcional a la masa. En química, la velocidad de una reacción unimolecular de primer orden es proporcional a la concentración de la sustancia. En las finanzas, el valor de una cuenta de ahorros con intereses continuamente compuestos aumenta a una tasa proporcional a ese valor.

En general, si $y(t)$ es el valor de una cantidad y en el tiempo t y si la razón de cambio de y respecto a t es proporcional a su tamaño $y(t)$ en cualquier momento, entonces

1
$$\frac{dy}{dt} = ky$$

donde k es una constante. La ecuación 1 se llama a veces **ley de crecimiento natural** (si $k > 0$) o **ley de decaimiento natural** (si $k < 0$). Se llama *ecuación diferencial* porque implica una función desconocida y y su derivada dy/dt.

No es difícil pensar en la solución de la ecuación 1. Esta ecuación pide encontrar una función cuya derivada sea un múltiplo constante de sí misma. En este capítulo, se han estudiado este tipo de funciones. Cualquier función exponencial de la forma $y(t) = Ce^{kt}$, donde C es una constante, satisface

$$\frac{dy}{dt} = C(ke^{kt}) = k(Ce^{kt}) = ky$$

Se verá en la sección 9.4 que *cualquier* función que satisfaga $dy/dt = ky$ debe ser de la forma $y = Ce^{kt}$. Para ver la importancia de la constante C se observa que

$$y(0) = Ce^{k \cdot 0} = C$$

Por lo tanto, C es el **valor inicial** de la función.

> **2 Teorema** Las únicas soluciones de la ecuación diferencial $dy/dt = ky$ son las funciones exponenciales
>
> $$y(t) = y(0)e^{kt}$$

■ Crecimiento de la población

¿Cuál es la importancia de la constante de proporcionalidad k? En el contexto de crecimiento de la población, donde $P(t)$ es el tamaño de una población en el tiempo t, se escribe

$$\boxed{3} \qquad \frac{dP}{dt} = kP \qquad \text{o} \qquad \frac{dP/dt}{P} = k$$

La cantidad

$$\frac{dP/dt}{P}$$

es la tasa de crecimiento dividido entre el tamaño de la población; se denomina **tasa de crecimiento relativo**. De acuerdo con (3), en lugar de decir "la tasa de crecimiento es proporcional al tamaño de la población" podría decirse "la tasa de crecimiento relativa es constante". Entonces el teorema 2 dice que una población con una tasa de crecimiento relativo constante debe crecer exponencialmente. Observe que la tasa de crecimiento relativo k aparece como el coeficiente de t en la función exponencial Ce^{kt}. Por ejemplo, si

$$\frac{dP}{dt} = 0.02P$$

y t se mide en años, entonces la tasa de crecimiento relativo es $k = 0.02$ y la población crece a una tasa relativa de 2% por año. Si la población en el momento 0 es P_0, entonces la expresión para la población es

$$P(t) = P_0 e^{0.02t}$$

EJEMPLO 1 Utilice el hecho de que la población mundial era de 2 560 millones en 1950 y de 3 040 millones en 1960 para modelar la población del mundo en la segunda mitad del siglo XX (asuma que la tasa de crecimiento es proporcional al tamaño de la población). ¿Cuál es la tasa de crecimiento relativo? Utilice el modelo para estimar la población mundial en 1993 y para predecir la población en 2025.

SOLUCIÓN Se mide el tiempo t en años y sea $t = 0$ en 1950. Se mide la población $P(t)$ en millones de personas. Luego $P(0) = 2560$ y $P(10) = 3040$. Como se supone que $dP/dt = kP$, el teorema 2 da

$$P(t) = P(0)e^{kt} = 2560e^{kt}$$

$$P(10) = 2560e^{10k} = 3040$$

$$k = \frac{1}{10} \ln \frac{3040}{2560} \approx 0.017185$$

La tasa de crecimiento relativo es aproximadamente 1.7% por año y el modelo es

$$P(t) = 2560e^{0.017185t}$$

Se estima que la población mundial en el año 1993 fue de

$$P(43) = 2\,560e^{0.017185(43)} \approx 5\,360 \text{ millones}$$

El modelo pronostica que la población en el año 2025 será de

$$P(75) = 2\,560e^{0.017185(75)} \approx 9\,289 \text{ millones}$$

En la gráfica de la figura 1 se muestra que el modelo es muy preciso hasta finales del siglo XX (los puntos representan la población real), por lo que la estimación para 1993 es muy fiable. Pero la predicción para 2025 puede no ser tan exacta.

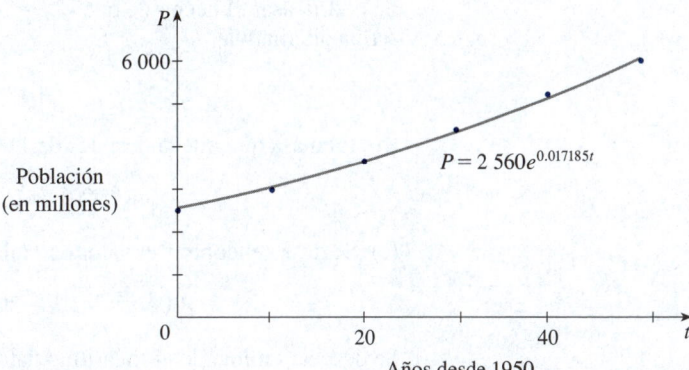

FIGURA 1
Modelo para el crecimiento de la población mundial en la segunda mitad del siglo XX.

■ Decaimiento radiactivo

Las sustancias radiactivas decaen al emitir radiación espontáneamente. Si $m(t)$ es la masa que queda de una masa inicial m_0 de la sustancia después del tiempo t, entonces la tasa de decaimiento relativa

$$-\frac{dm/dt}{m}$$

hallada experimentalmente como constante. (Como dm/dt es negativo, la tasa de decaimiento relativa es positiva). De ello se deduce que

$$\frac{dm}{dt} = km$$

donde k es una constante negativa. En otras palabras, las sustancias radiactivas decaen a una velocidad proporcional a la masa restante. Esto significa que se puede usar el teorema 2 para mostrar que la masa decae exponencialmente:

$$m(t) = m_0\, e^{kt}$$

Los físicos expresan la tasa de decaimiento en términos de **vida media**, el tiempo necesario para que decaiga la mitad de cualquier cantidad dada.

EJEMPLO 2 La vida media del radio-226 es de 1 590 años.
(a) Una muestra de radio-226 tiene una masa de 100 mg. Halle una fórmula para la masa de la muestra que queda después de t años.
(b) Encuentre la masa restante después de 1 000 años al miligramo más cercano.
(c) ¿Cuándo quedará reducida la masa a 30 mg?

SOLUCIÓN
(a) Sea $m(t)$ la masa de radio-226 (en miligramos) que queda después de t años. Entonces $dm/dt = km$ y $m(0) = 100$, así que el teorema 2 da

$$m(t) = m(0)e^{kt} = 100e^{kt}$$

A fin de determinar el valor de k se utiliza el hecho de que $m(1\,590) = \frac{1}{2}(100)$. Así,

$$100e^{1\,590k} = 50 \quad \text{entonces} \quad e^{1\,590k} = \tfrac{1}{2}$$

y

$$1\,590k = \ln \tfrac{1}{2} = -\ln 2$$

$$k = -\frac{\ln 2}{1\,590}$$

Por lo tanto,

$$m(t) = 100e^{-(\ln 2)t/1\,590}$$

Se podría usar el hecho de que $e^{\ln 2} = 2$ para escribir la expresión para $m(t)$ en la forma alternativa

$$m(t) = 100 \times 2^{-t/1\,590}$$

(b) La masa que queda después de $1\,000$ años es

$$m(1\,000) = 100e^{-(\ln 2)1\,000/1\,590} \approx 65 \text{ mg}$$

(c) Se desea encontrar el valor de t tal que $m(t) = 30$, es decir,

$$100e^{-(\ln 2)t/1\,590} = 30 \qquad \text{o} \qquad e^{-(\ln 2)t/1\,590} = 0.3$$

Se despeja t tomando el logaritmo natural de ambos lados:

$$-\frac{\ln 2}{1\,590}\, t = \ln 0.3$$

Por lo tanto,

$$t = -1\,590\,\frac{\ln 0.3}{\ln 2} \approx 2\,762 \text{ años} \qquad \blacksquare$$

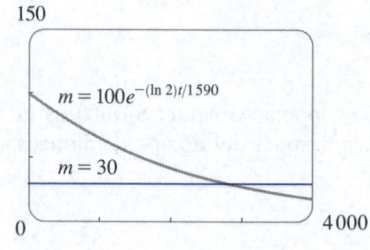

FIGURA 2

Para comprobar el trabajo en el ejemplo 2 se utiliza una calculadora o una computadora para trazar la gráfica de $m(t)$ de la figura 2 junto con la recta horizontal $m = 30$. Estas curvas intersecan cuando $t \approx 2\,800$, y esto concuerda con la respuesta al inciso (c).

■ Ley de enfriamiento de Newton

La ley de enfriamiento de Newton estipula que la tasa de enfriamiento de un objeto es proporcional a la diferencia de temperatura entre el objeto y sus alrededores, siempre que esta diferencia no sea demasiado grande. (Esta ley también se aplica al calentamiento). Si $T(t)$ es la temperatura del objeto en el tiempo t y T_s la temperatura del entorno, entonces se puede formular la ley de enfriamiento de Newton como ecuación diferencial:

$$\frac{dT}{dt} = k(T - T_s)$$

donde k es una constante. Esta ecuación no es exactamente igual a la ecuación 1, así que se cambia la variable $y(t) = T(t) - T_s$. Como T_s es constante, se tiene $y'(t) = T'(t)$ y así la ecuación se convierte en

$$\frac{dy}{dt} = ky$$

Luego se puede utilizar el teorema 2 para encontrar una expresión para y a partir de la cual se encuentre T.

EJEMPLO 3 Una botella de té helado a temperatura ambiente (24 °C) se coloca en un refrigerador donde la temperatura es 7 °C. Después de media hora el té se enfría a 16 °C.
(a) ¿Cuál es la temperatura del té después de otra media hora?
(b) ¿Cuánto tarda el té en enfriarse a 10 °C?

SOLUCIÓN

(a) Sea $T(t)$ la temperatura del té después de t minutos. La temperatura ambiente es $T_s = 7\,°C$, por lo que la ley de enfriamiento de Newton establece que

$$\frac{dT}{dt} = k(T - 7)$$

Si $y = T - 7$, entonces $y(0) = T(0) - 7 = 24 - 7 = 17$, así que y satisface

$$\frac{dy}{dt} = ky \qquad y(0) = 17$$

y según (2) se tiene $\qquad y(t) = y(0)e^{kt} = 17e^{kt}$

Se da el dato $T(30) = 16$, así que $y(30) = 16 - 7 = 9$ y

$$17e^{30k} = 9 \qquad e^{30k} = \tfrac{9}{17}$$

Al tomar logaritmos se tiene

$$k = \frac{\ln\left(\frac{9}{17}\right)}{30} \approx -0.02120$$

Por lo tanto,

$$y(t) = 17e^{-0.02120t}$$

$$T(t) = 7 + 17e^{-0.02120t}$$

$$T(60) = 7 + 17e^{-0.02120(60)} \approx 11.8$$

Así, después de otra media hora, el té se ha enfriado cerca de 11.8 °C.

(b) Se tiene $T(t) = 10$ cuando

$$7 + 17e^{-0.02120t} = 10$$

$$e^{-0.02120t} = \tfrac{3}{17}$$

$$t = \frac{\ln\left(\frac{3}{17}\right)}{-0.02120} \approx 81.8$$

El té se enfría a 10 °C después de 1 hora y 22 minutos aproximadamente. ∎

Observe que en el ejemplo 3 se tiene

$$\lim_{t \to \infty} T(t) = \lim_{t \to \infty} (7 + 17e^{-0.02120t}) = 7 + 17 \cdot 0 = 7$$

Esto significa que, como se esperaba, la temperatura del té se acerca a la temperatura ambiente dentro del refrigerador. La gráfica de la función de la temperatura se muestra en la figura 3.

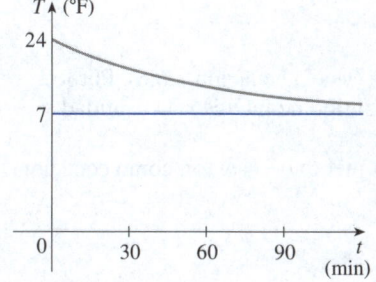

FIGURA 3

■ Interés continuamente compuesto

EJEMPLO 4 Si se invierten \$5 000 a 2% de interés, compuesto anualmente, entonces después de 1 año la inversión vale \$5 000(1.02) = \$5 100.00, después de 2 años vale [\$5 000(1.02)](1.02) = \$5 202.00 y después de t años vale \$5 000(1.02)^t. En general, si una cantidad A_0 se invierte a un tipo de interés r ($r = 0.02$ en este ejemplo), entonces después de t años vale $A_0(1 + r)^t$. Por lo general, el interés se compone con más frecuencia, digamos, n veces al año. Entonces, en cada periodo compuesto la tasa es r/n, y hay nt periodos compuestos en t años, por lo que el valor de la inversión es

$$A = A_0\left(1 + \frac{r}{n}\right)^{nt}$$

Por ejemplo, después de 3 años a 2% de interés, una inversión de $5 000 valdrá

$$\$5\,000(1.02)^3 = \$5\,306.04 \text{ con compuesto anual}$$

$$\$5\,000(1.01)^6 = \$5\,307.60 \text{ con compuesto semestral}$$

$$\$5\,000(1.005)^{12} = \$5\,308.39 \text{ con compuesto trimestral}$$

$$\$5\,000\left(1 + \frac{0.02}{12}\right)^{36} = \$5\,308.92 \text{ con compuesto mensual}$$

$$\$5\,000\left(1 + \frac{0.02}{365}\right)^{365 \cdot 3} = \$5\,309.17 \text{ con compuesto diario}$$

Se observa que el interés pagado aumenta a medida que aumenta el número de periodos de capitalización (n). Si $n \to \infty$, entonces se acumula interés **de forma continua** y el valor de la inversión será

$$A(t) = \lim_{n \to \infty} A_0\left(1 + \frac{r}{n}\right)^{nt}$$

$$= \lim_{n \to \infty} A_0\left[\left(1 + \frac{r}{n}\right)^{n/r}\right]^{rt}$$

$$= A_0\left[\lim_{n \to \infty}\left(1 + \frac{r}{n}\right)^{n/r}\right]^{rt}$$

$$= A_0\left[\lim_{m \to \infty}\left(1 + \frac{1}{m}\right)^{m}\right]^{rt} \quad (\text{donde } m = n/r)$$

Ecuación 3.6.6:

$$e = \lim_{n \to \infty}\left(1 + \frac{1}{n}\right)^n$$

Pero el límite en esta expresión es igual al número e (vea la ecuación 3.6.6). Por lo tanto, con la composición continua de los intereses al tipo de interés r, la cantidad después de t años es

$$A(t) = A_0 e^{rt}$$

Si se deriva esta ecuación se obtiene

$$\frac{dA}{dt} = rA_0 e^{rt} = rA(t)$$

lo que indica que, con la continua capitalización de intereses, la razón de aumento de una inversión es proporcional a su tamaño.

De vuelta al ejemplo de los $5 000 invertidos durante 3 años a 2% de interés, se ve que con la continua capitalización de intereses el valor de la inversión será

$$A(3) = \$5\,000 e^{(0.02)3} = \$5\,309.18$$

Observe lo cerca que está de la cantidad que se calculó para la composición diaria, $5 309.17. Pero la cantidad es más fácil de calcular mediante la capitalización continua.

3.8 | Ejercicios

1. Una población de la célula de levadura *Saccharomyces cerevisiae* (levadura utilizada para la fermentación) se incrementa con una tasa de crecimiento relativa constante de 0.4159 por hora. La población inicial consiste en 3.8 millones de células. Halle el tamaño de la población después de 2 horas.

2. Un habitante común de los intestinos humanos es la bacteria *Escherichia coli*, llamada así por el pediatra alemán Theodor Escherich, que la identificó en 1885. Una célula de esta bacteria en un medio de caldo nutritivo se divide en dos células cada 20 minutos. La población inicial de un cultivo es 50 células.
   (a) Encuentre la tasa de crecimiento relativa.
   (b) Halle una expresión para el número de células después de t horas.
   (c) Determine el número de células después de 6 horas.
   (d) Encuentre la tasa de crecimiento después de 6 horas.
   (e) ¿Cuándo llegará la población a un millón de células?

3. Un cultivo de la bacteria *Salmonella enteritidis* contiene inicialmente 50 células. Cuando se introduce en un caldo de cultivo, crece a un ritmo proporcional a su tamaño. Después de una hora y media la población aumenta a 975.
   (a) Encuentre una expresión para el número de bacterias después de t horas.
   (b) Halle el número de bacterias después de 3 horas.
   (c) Determine la tasa de crecimiento después de 3 horas.
   (d) ¿Después de cuántas horas la población alcanzará 250 000?

4. Un cultivo de bacterias crece con una tasa de crecimiento relativa constante. El recuento de bacterias fue de 400 después de 2 horas y de 25 600 después de 6 horas.
   (a) ¿Cuál es la tasa de crecimiento relativa? Exprese su respuesta como porcentaje.
   (b) ¿Cuál fue el tamaño inicial del cultivo?
   (c) Encuentre una expresión para el número de bacterias después de t horas.
   (d) Determine el número de bacterias después de 4.5 horas.
   (e) Halle la tasa de crecimiento después de 4.5 horas.
   (f) ¿Cuándo llegará la población a 50 000?

5. En la tabla se presentan estimaciones de la población mundial en millones de los años 1750 a 2000.

Año	Población (millones)	Año	Población (millones)
1750	790	1900	1 650
1800	980	1950	2 560
1850	1 260	2000	6 080

   (a) Utilice el modelo exponencial y las cifras de población de los años 1750 y 1800 para predecir la población mundial en 1900 y 1950. Compare con las cifras reales.

   (b) A partir del modelo exponencial y las cifras de población de los años 1850 y 1900 prediga la población mundial en 1950. Compare con la población real.
   (c) Use el modelo exponencial y las cifras de población de los años 1900 y 1950 para predecir la población mundial en el año 2000. Compare con la población real e intente explicar la discrepancia.

6. En la tabla se presentan datos de censos de la población de Indonesia, en millones, durante la segunda mitad del siglo xx.

Año	Población (millones)
1950	83
1960	100
1970	122
1980	150
1990	182
2000	214

   (a) Suponga que la población crece a una tasa proporcional a su tamaño; y con los datos de los censos de los años 1950 y 1960 prediga la población en 1980. Compare con la cifra real.
   (b) Utilice los datos de los censos de los años 1960 y 1980 para predecir la población en 2000. Compare con la población real.
   (c) Con los datos de los censos de los años 1980 y 2000 prediga la población en 2010 y compárela con la población real de 243 millones.
   (d) Utilice el modelo del inciso (c) para predecir la población en 2025. ¿Cree que la predicción será demasiado alta o demasiado baja? ¿Por qué?

7. Algunos experimentos muestran que si la reacción química

$$N_2O_5 \rightarrow 2NO_2 + \tfrac{1}{2}O_2$$

ocurre a 45 °C, la velocidad de reacción de pentóxido de dinitrógeno es proporcional a su concentración como sigue:

$$-\frac{d[N_2O_5]}{dt} = 0.0005[N_2O_5]$$

   (a) Halle una expresión para la concentración $[N_2O_5]$ después de t segundos si la concentración inicial es C.
   (b) ¿Cuánto tardará la reacción en reducir la concentración de N_2O_5 a 90% de su valor original?

8. El estroncio-90 tiene una vida media de 28 días.
   (a) Una muestra tiene una masa inicial de 50 mg. Encuentre una fórmula para la masa restante después de t días.
   (b) Halle la masa restante después de 40 días.
   (c) ¿Cuánto tarda la muestra en descomponerse hasta alcanzar una masa de 2 mg?
   (d) Trace la gráfica de la función de la masa.

9. La vida media del cesio-137 es de 30 años. Suponga que se tiene una muestra de 100 mg.
   (a) Encuentre la masa que queda después de t años.
   (b) ¿Qué cantidad de la muestra permanece después de 100 años?
   (c) ¿Después de cuánto tiempo solo quedará 1 mg?

10. Una muestra de einstenio-252 decayó a 64.3% de su masa original después de 300 días.
   (a) ¿Cuál es la vida media del einstenio-252?
   (b) ¿Cuánto tardaría la muestra en descomponerse hasta un tercio de su masa original?

11-13 Datación por radiocarbono Los científicos determinan la edad de objetos antiguos por el método de *datación por radiocarbono*. El bombardeo de la atmósfera superior por los rayos cósmicos convierte el nitrógeno en un isótopo radioactivo de carbono, ^{14}C, con una vida media de alrededor de 5 730 años. La vegetación absorbe el dióxido de carbono a través de la atmósfera y la vida animal asimila el ^{14}C a través de las cadenas alimenticias. Cuando una planta o un animal muere, deja de reemplazar su carbono y la cantidad de ^{14}C presente comienza a disminuir a través de la decadencia radioactiva. Por lo tanto, el nivel de radiactividad también debe decaer exponencialmente.

11. Un descubrimiento reveló un fragmento de pergamino que tenía alrededor de 74% de la radiactividad de ^{14}C que tiene el material vegetal en la tierra hoy en día. Estime la edad del pergamino.

12. Los fósiles de dinosaurios son demasiado antiguos para fecharse con fiabilidad mediante carbono-14. Suponga que se tiene un fósil de dinosaurio de 68 millones de años. ¿Qué fracción del ^{14}C del dinosaurio viviente quedaría hoy en día? Suponga que la masa mínima detectable es de 0.1%. ¿Cuál es la edad máxima de un fósil que pudiera fecharse con ^{14}C?

13. Los fósiles de dinosaurios suelen datarse con un elemento distinto del carbono, como el potasio-40, que tiene una vida media más larga (en este caso, aproximadamente 1.25 mil millones de años). Suponga que la masa mínima detectable es de 0.1% y que un dinosaurio que se fecha con ^{40}K tiene 68 millones de años de edad. ¿Es posible fechar así? En otras palabras, ¿cuál es la edad máxima de un fósil que pudiera fecharse con ^{40}K?

14. Una curva pasa por el punto $(0, 5)$ y tiene la propiedad de que la pendiente de la curva en cada punto P es el doble de la coordenada y de P. ¿Cuál es la ecuación de la curva?

15. Un pavo asado se saca de un horno cuando su temperatura alcanza 85 °C y se coloca sobre una mesa en una habitación donde la temperatura ambiente es 22 °C.
   (a) Si la temperatura del pavo es 65 °C después de media hora, ¿cuál es la temperatura después de 45 minutos?
   (b) ¿Cuándo se habrá enfriado el pavo a 40 °C?

16. En una investigación de asesinato, la temperatura del cadáver era 32.5 °C a la 1:30 p. m. y 30.3 °C una hora después. La temperatura normal del cuerpo es de 37.0 °C y la temperatura ambiente era de 20.0 °C. ¿Cuándo tuvo lugar el asesinato?

17. Cuando se toma una bebida fría de un refrigerador, su temperatura es de 5 °C. Después de 25 minutos en una habitación de 20 °C su temperatura aumenta a 10 °C.
   (a) ¿Cuál es la temperatura de la bebida después de 50 minutos?
   (b) ¿Cuándo alcanzará los 15 °C?

18. Una taza de café recién hecho tiene una temperatura de 95 °C en una habitación de 20 °C. Cuando su temperatura es de 70 °C, se enfría a una velocidad de 1 °C por minuto. ¿Cuándo ocurre esto?

19. La razón de cambio de la presión atmosférica P respecto a la altitud h es proporcional a P, siempre que la temperatura sea constante. A 15 °C la presión es 101.3 kPa a nivel del mar y 87.14 kPa a $h = 1 000$ m.
   (a) ¿Cuál es la presión a una altitud de 3 000 m?
   (b) ¿Cuál es la presión en la cima del Monte McKinley, a una altitud de 6 187 m?

20. (a) Si se pide un préstamo de $2 500 con un interés de 4.5%, encuentre las cantidades adeudadas al final de 3 años si el interés se acumula (i) anualmente, (ii) trimestralmente, (iii) mensualmente, (iv) semanalmente, (v) diariamente, (vi) por hora y (vii) continuamente.
   (b) Suponga que se pide un préstamo de $2 500 y que el interés se acumula continuamente. Si $A(t)$ es la cantidad que se debe después de t años, donde $0 \le t \le 3$, grafique $A(t)$ para cada uno de los tipos de interés de 5%, 6% y 7% en una misma gráfica.

21. (a) Si se invierten $4 000 a 1.75% de interés, encuentre el valor de la inversión al final de 5 años si el interés se acumula (i) anualmente, (ii) semestralmente, (iii) mensualmente, (iv) semanalmente, (v) diariamente y (vi) continuamente.
   (b) Si $A(t)$ es el monto de la inversión en el tiempo t para el caso de la capitalización continua, escriba una ecuación diferencial y una condición inicial satisfecha por $A(t)$.

22. (a) ¿Cuánto tardará una inversión en duplicar su valor si el tipo de interés es de 3% compuesto continuamente?
   (b) ¿Cuál es el tipo de interés anual equivalente?

PROYECTO DE APLICACIÓN | **CONTROL DE LA PÉRDIDA DE GLÓBULOS ROJOS DURANTE LA CIRUGÍA**

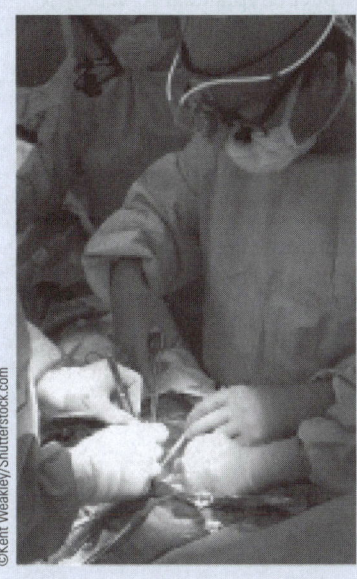

El volumen normal de sangre en el cuerpo humano es de unos 5 L. Un porcentaje de ese volumen (llamado *hematocrito*) consiste en glóbulos rojos (RBC, *red blood cells*); normalmente el hematocrito es de alrededor de 45% en los hombres. Suponga que una cirugía tarda cuatro horas y un paciente masculino sangra 2.5 L de sangre. Durante la cirugía, el volumen de sangre del paciente se mantiene en 5 L mediante la inyección de una solución salina que se mezcla rápidamente con la sangre pero la diluye para que el hematocrito disminuya con el paso del tiempo.

1. Suponiendo que la razón de pérdida de glóbulos rojos es proporcional al volumen de los glóbulos rojos, determine el volumen de glóbulos rojos del paciente al final de la operación.

2. Se ha desarrollado un procedimiento llamado *hemodilución normovolémica aguda* (HNA) para disminuir la pérdida de glóbulos rojos durante la cirugía. En este procedimiento se extrae sangre del paciente antes de la operación y se reemplaza por solución salina. Esto diluye la sangre del paciente, resultando en menos glóbulos rojos que se pierden por sangrado durante la cirugía. La sangre extraída se devuelve al paciente después de la cirugía. Sin embargo, solo se puede extraer una cierta cantidad de sangre, porque la concentración de glóbulos rojos nunca puede bajar de 25% durante la cirugía. ¿Cuál es la cantidad máxima de sangre que puede extraerse en el procedimiento de HNA para la cirugía que se describe en este proyecto?

3. ¿Cuál es la pérdida de glóbulos rojos sin la HNA? ¿Cuál es la pérdida si el procedimiento se lleva a cabo con el volumen calculado en el problema 2?

3.9 | Razones relacionadas

Si se bombea aire en un globo, tanto el volumen como el radio del globo incrementan y sus razones de aumento se relacionan entre sí. Pero es mucho más fácil medir directamente la razón de aumento del volumen que la razón de aumento del radio.

En un problema relacionado con las razones, la idea es calcular la razón de cambio de una cantidad en términos de la razón de cambio de otra cantidad (que pueda medirse más fácilmente). El procedimiento consiste en buscar una ecuación que relacione las dos cantidades y luego utilizar la regla de la cadena para derivar ambos lados respecto al tiempo.

EJEMPLO 1 Se bombea aire en un globo esférico para que su volumen aumente a una velocidad de 100 cm³/s. ¿A qué velocidad aumenta el radio del globo cuando el diámetro es de 50 cm?

SOLUCIÓN Se empieza con la identificación de dos cosas:

la *información dada*:

la razón de aumento del volumen de aire es 100 cm³/s

y *lo desconocido*:

la razón de aumento del radio cuando el diámetro es de 50 cm

A fin de expresar estas cantidades matemáticamente se introduce alguna *notación* sugerente:

Sea *V* el volumen del globo y *r* su radio.

RP De acuerdo con los "Principios para la resolución de problemas" que se presentan después del capítulo 1, el primer paso es "Comprenda el problema". Esto implica leer el planteamiento con cuidado, identificar lo dado y lo desconocido e introducir la notación adecuada.

Lo más importante que hay que recordar es que las razones de cambio son derivadas. En este problema, tanto el volumen como el radio son funciones del tiempo t. La razón de aumento del volumen respecto al tiempo es la derivada dV/dt, y la razón de aumento del radio es dr/dt. Por lo tanto, se puede replantear lo dado y lo desconocido de la siguiente manera:

$$\text{Dado:} \qquad \frac{dV}{dt} = 100 \text{ cm}^3/\text{s}$$

$$\text{Desconocido:} \quad \frac{dr}{dt} \quad \text{cuando } r = 25 \text{ cm}$$

A fin de conectar dV/dt y dr/dt, primero se relacionan V y r mediante una fórmula; en este caso, la fórmula para el volumen de una esfera:

$$V = \tfrac{4}{3}\pi r^3$$

Para utilizar la información dada, se deriva cada lado de esta ecuación respecto a t. Para derivar el lado derecho se debe usar la regla de la cadena:

$$\frac{dV}{dt} = \frac{dV}{dr}\frac{dr}{dt} = 4\pi r^2 \frac{dr}{dt}$$

Ahora se resuelve para la cantidad desconocida:

$$\frac{dr}{dt} = \frac{1}{4\pi r^2}\frac{dV}{dt}$$

Si se pone $r = 25$ y $dV/dt = 100$ en esta ecuación se obtiene

$$\frac{dr}{dt} = \frac{1}{4\pi(25)^2}\,100 = \frac{1}{25\pi}$$

El radio del globo crece a una velocidad de $1/(25\pi) \approx 0.0127$ cm/s cuando el diámetro es 50 cm. ∎

EJEMPLO 2 Una escalera de 5 m de largo descansa contra una pared vertical. Si la parte inferior de la escalera se desliza lejos de la pared a una velocidad de 1 m/s, ¿qué tan rápido resbala la parte superior de la escalera por la pared cuando la parte inferior de la escalera está a 3 m de la pared?

SOLUCIÓN Primero se traza un diagrama y se etiqueta como en la figura 1. Sean x metros la distancia desde la parte inferior de la escalera hasta el muro y y metros la distancia desde la parte superior de la escalera hasta el suelo. Tenga en cuenta que x y y son funciones de t (tiempo, medido en segundos).

Dado que $dx/dt = 1$ m/s y se pide encontrar dy/dt cuando $x = 3$ m (vea la figura 2). En este problema, la relación entre x y y se da por el teorema de Pitágoras:

$$x^2 + y^2 = 25$$

Al derivar cada lado respecto a t mediante la regla de la cadena se obtiene

$$2x\frac{dx}{dt} + 2y\frac{dy}{dt} = 0$$

Se despeja en la ecuación el ritmo deseado para obtener

$$\frac{dy}{dt} = -\frac{x}{y}\frac{dx}{dt}$$

Cuando $x = 3$, el teorema de Pitágoras da $y = 4$ y así, al sustituir estos valores y $dx/dt = 1$, se tiene

$$\frac{dy}{dt} = -\frac{3}{4}(1) = -0.75 \text{ m/s}$$

RP La segunda fase de la resolución de problemas es "Piense en un plan" para relacionar lo dado con lo desconocido.

Observe que, aunque dV/dt es constante, dr/dt no es constante.

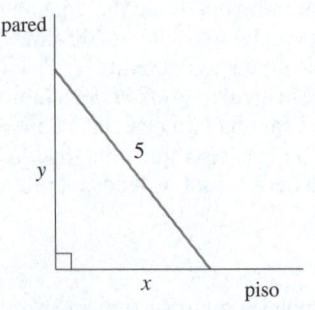

FIGURA 1

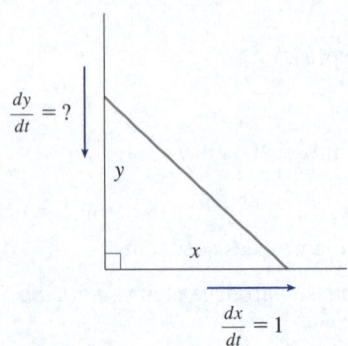

FIGURA 2

El hecho de que dy/dt sea negativa significa que la distancia desde la parte superior de la escalera hasta el suelo *decrece* a un ritmo de 0.75 m/s. En otras palabras, la parte superior de la escalera se desliza por el muro a una tasa de 0.75 m/s.   ■

RP Revise la solución: ¿Qué aspectos aprendidos en los ejemplos 1 y 2 son útiles para resolver problemas futuros?

⊘ **ADVERTENCIA** Un error común es sustituir demasiado pronto la información numérica dada (de cantidades que varían con el tiempo). Esto solo debe hacerse *después* de la derivación (el paso 7 sigue al paso 6). Al respecto, puede revisar el ejemplo 1 en el cual se presentan valores generales de r hasta que finalmente se sustituye $r = 25$ en el último paso (si se hubiera puesto $r = 25$ antes, se habría obtenido $dV/dt = 0$, lo cual es claramente erróneo).

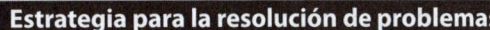

Estrategia para la resolución de problemas

Es útil recordar algunos de los principios para la resolución de problemas y adaptarlos a las razones de cambio relacionadas en vista de nuestra experiencia en los ejemplos 1 y 2:

1. Lea el problema cuidadosamente.

2. De ser posible, trace un diagrama.

3. Introduzca la notación. Asigne símbolos a todas las cantidades que sean funciones del tiempo.

4. Exprese la información proporcionada y la tasa requerida en terminos de derivadas.

5. Escriba una ecuación que relacione las diversas cantidades del problema. Si es necesario, utilice la geometría de la situación para eliminar una de las variables por sustitución (vea el ejemplo 3, más adelante).

6. Con la regla de la cadena derive ambos lados de la ecuación respecto a t.

7. Sustituya la información dada en la ecuación resultante y despeje la razón de cambio desconocida.

Vea también los "Principios para la resolución de problemas", que se presentan después del capítulo 1.

Los siguientes ejemplos ilustran aún más esta estrategia.

EJEMPLO 3   Un tanque de agua tiene la forma de un cono circular invertido con un radio de base de 2 m y una altura de 4 m. Si el agua se bombea en el tanque a una velocidad de 2 m³/min, encuentre la velocidad a la que sube el nivel del agua cuando el agua está a 3 m de profundidad.

SOLUCIÓN   Primero se traza el cono y se etiqueta como en la figura 3. Sean V, r y h el volumen del agua, el radio de la superficie y la altura del agua en el tiempo t, donde t se mide en minutos.

Se tiene que $dV/dt = 2$ m³/min y se pide encontrar dh/dt cuando h es 3 m. Las cantidades V y h están relacionadas por la ecuación

$$V = \tfrac{1}{3}\pi r^2 h$$

pero es muy útil expresar V como función de h solamente. Para eliminar r se usan los triángulos semejantes de la figura 3 para escribir

$$\frac{r}{h} = \frac{2}{4} \qquad r = \frac{h}{2}$$

y la expresión para V se convierte en

$$V = \frac{1}{3}\pi \left(\frac{h}{2}\right)^2 h = \frac{\pi}{12}h^3$$

Ahora se puede derivar cada lado respecto a t:

$$\frac{dV}{dt} = \frac{\pi}{4}h^2\frac{dh}{dt}$$

por lo que

$$\frac{dh}{dt} = \frac{4}{\pi h^2}\frac{dV}{dt}$$

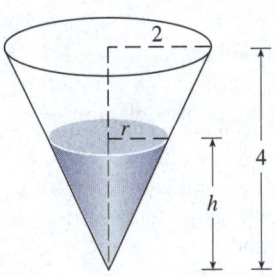

FIGURA 3

Al sustituir $h = 3$ m y $dV/dt = 2$ m³/min se tiene

$$\frac{dh}{dt} = \frac{4}{\pi(3)^2} \cdot 2 = \frac{8}{9\pi}$$

El nivel del agua sube con una tasa de $8/(9\pi) \approx 0.28$ m/min.

EJEMPLO 4 El automóvil A viaja hacia el oeste a 80 km/h y el auto B viaja hacia el norte a 100 km/h. Ambos se dirigen a la intersección de las dos carreteras. ¿A qué velocidad se acercan los vehículos cuando el auto A está a 0.3 km y el B, a 0.4 km de la intersección?

SOLUCIÓN Se elabora la figura 4, donde C es la intersección de las carreteras. En un momento dado t, sean x la distancia del auto A a C, y la distancia del auto B a C y z la distancia entre los vehículos, donde x, y y z se miden en kilómetros.

Se informa que $dx/dt = -80$ km/h y $dy/dt = -700$ km/h. (Las derivadas son negativas porque x y y están disminuyendo). Se pide encontrar dz/dt. La ecuación que relaciona x, y y z está dada por el teorema de Pitágoras:

$$z^2 = x^2 + y^2$$

Al derivar cada lado respecto a t se tiene

$$2z\frac{dz}{dt} = 2x\frac{dx}{dt} + 2y\frac{dy}{dt}$$

$$\frac{dz}{dt} = \frac{1}{z}\left(x\frac{dx}{dt} + y\frac{dy}{dt}\right)$$

Cuando $x = 0.3$ km y $y = 0.4$ km, el teorema de Pitágoras da $z = 0.5$ km, de modo que

$$\frac{dz}{dt} = \frac{1}{0.5}\left[0.3(-80) + 0.4(-100)\right] = -128 \text{ km/h}$$

Los automóviles se acercan a una velocidad de 128 km/h.

EJEMPLO 5 Un hombre camina por un tramo recto con una rapidez de 1 m/s. Un foco se encuentra en el suelo a 6 m del camino y se mantiene enfocado en el hombre. ¿A qué velocidad gira el foco cuando el hombre está a 4.5 m del punto del camino más cercano a la luz?

SOLUCIÓN Se elabora la figura 5 y sea x la distancia del hombre al punto del camino más cercano al foco. Sea θ el ángulo entre el rayo de luz y la perpendicular al camino.

Se indica que $dx/dt = 1$ m/s y se pide encontrar $d\theta/dt$ cuando $x = 4.5$. La ecuación que relaciona x y θ puede escribirse a partir de la figura 5:

$$\frac{x}{6} = \tan\theta \qquad x = 6\tan\theta$$

Al derivar cada lado respecto a t se obtiene

$$\frac{dx}{dt} = 6\sec^2\theta\,\frac{d\theta}{dt}$$

de modo que

$$\frac{d\theta}{dt} = \frac{1}{6}\cos^2\theta\,\frac{dx}{dt}$$

$$= \frac{1}{6}\cos^2\theta\,(1) = \frac{1}{6}\cos^2\theta$$

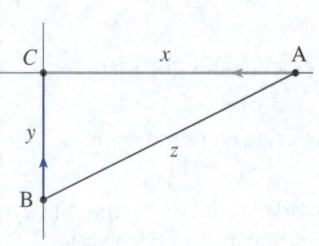

FIGURA 4

6

θ

x

FIGURA 5

Cuando $x = 4.5$, la longitud del rayo de luz es 7.5, así que $\cos\theta = \frac{20}{25} = \frac{4}{5}$ y

$$\frac{d\theta}{dt} = \frac{1}{6}\left(\frac{4}{5}\right)^2 = \frac{16}{150} = \approx 0.107$$

$$0.107\,\frac{\text{rad}}{\text{s}} \times \frac{1\,\text{rotación}}{2\pi\,\text{rad}} \times \frac{60\,\text{s}}{1\,\text{min}}$$

$$\approx 1.02\ \text{rotaciones por min}$$

El foco rota a una velocidad de 0.107 rad/s.   ∎

3.9 | Ejercicios

1. (a) Si V es el volumen de un cubo con una longitud de arista x y el cubo se expande a medida que pasa el tiempo, encuentre dV/dt en términos de dx/dt.

(b) Si la longitud del borde de un cubo crece a una velocidad de 4 cm/s, ¿a qué velocidad aumenta el volumen del cubo cuando la longitud del borde es de 15 cm?

2. (a) Si A es el área de un círculo con radio r y el círculo se expande a medida que pasa el tiempo, encuentre dA/dt en términos de dr/dt.

(b) Suponga que el petróleo se derrama de un tanque dañado y se extiende en un patrón circular. Si el radio del derrame de petróleo aumenta a una razón constante de 2 m/s, ¿qué tan rápido aumenta el área del derrame cuando el radio es de 30 m?

3. Cada lado de un cuadrado crece a una tasa de 6 cm/s. ¿A qué ritmo aumenta el área del cuadrado cuando esta es de 16 cm²?

4. El radio de una esfera crece a un ritmo de 4 mm/s. ¿A qué velocidad aumenta el volumen cuando el diámetro es de 80 mm?

5. El radio de una bola esférica crece a una tasa de 2 cm/min. ¿A qué tasa aumenta la superficie de la bola cuando el radio es de 8 cm?

6. La longitud de un rectángulo crece a razón de 8 cm/s y su anchura aumenta a razón de 3 cm/s. Cuando la longitud es de 20 cm y el ancho es de 10 cm, ¿qué tan rápido aumenta el área del rectángulo?

7. Un tanque cilíndrico con un radio de 5 m se llena de agua a una tasa de 3 m³/min. ¿A qué velocidad aumenta la altura del agua?

8. El área de un triángulo con lados de longitudes a y b y ángulo contenido θ es $A = \frac{1}{2}ab\,\text{sen}\,\theta$ (vea la fórmula 6 en el apéndice D).

(a) Si $a = 2$ cm, $b = 3$ cm y θ aumenta a un ritmo de 0.2 rad/min, ¿a qué velocidad aumenta el área cuando $\theta = \pi/3$?

(b) Si $a = 2$ cm, b aumenta a una tasa de 1.5 cm/min y θ aumenta a un ritmo de 0.2 rad/min, ¿a qué velocidad aumenta el área cuando $b = 3$ cm y $\theta = \pi/3$?

(c) Si a aumenta a una tasa de 2.5 cm/min, b aumenta a una tasa de 1.5 cm/min y θ aumenta a un ritmo de 0.2 rad/min, ¿a qué velocidad aumenta el área cuando $a = 2$ cm, $b = 3$ cm y $\theta = \pi/3$?

9. Suponga $4x^2 + 9y^2 = 25$, donde x y y son funciones de t.

(a) Si $dy/dt = \frac{1}{3}$, halle dx/dt cuando $x = 2$ y $y = 1$.

(b) Si $dx/dt = 3$, encuentre dx/dt cuando $x = -2$ y $y = 1$.

10. Si $x^2 + y^2 + z^2 = 9$, $dx/dt = 5$ y $dy/dt = 4$, determine dz/dt cuando $(x, y, z) = (2, 2, 1)$.

11. El peso w de una astronauta (en newtons) se relaciona con su altura h sobre la superficie de la Tierra (en kilómetros) por

$$w = w_0\left(\frac{6370}{6370 + h}\right)^2$$

donde w_0 es el peso de la astronauta en la superficie de la Tierra. Si la astronauta pesa 580 newtons en la Tierra y está en un cohete propulsado hacia arriba con una rapidez de 19 km/s, encuentre la velocidad a la que su peso cambia (en N/s) cuando está a 60 km por encima de la superficie de la Tierra.

12. Una partícula se mueve a lo largo de una hipérbola $xy = 8$. Al llegar al punto $(4, 2)$, la coordenada y decrece a una velocidad de 3 cm/s. ¿A qué velocidad cambia la coordenada x del punto en ese instante?

13-16 Responda lo siguiente:

(a) ¿Qué cantidades se dan en el problema?

(b) ¿Qué se desconoce?

(c) Haga un dibujo de la situación para cualquier tiempo t.

(d) Escriba una ecuación que relacione las cantidades.

(e) Termine de resolver el problema.

13. Un avión que vuela horizontalmente a una altitud de 2 km y una rapidez de 800 km/h pasa directamente sobre una estación de radar. Encuentre la velocidad a la que la distancia del avión a la estación crece cuando el avión está a 3 km de la estación.

14. Si una bola de nieve se derrite de manera que su superficie disminuye a una tasa de 1 cm²/min, encuentre la tasa a la que el diámetro disminuye cuando el diámetro es de 10 cm.

15. Una farola está montada en la parte superior de un poste de 6 metros de altura. Un hombre de 2 m de altura se aleja del poste a 1.5 m/s por un camino recto. ¿A qué velocidad se mueve la punta de su sombra cuando está a 10 m del poste?

16. Al mediodía, el barco A está a 150 km al oeste del barco B. El barco A navega hacia el este a 35 km/h y el barco B hacia el norte a 25 km/h. ¿A qué velocidad cambia la distancia entre los barcos a las 4:00 p. m.?

17. Dos autos empiezan a moverse desde el mismo punto. Uno viaja hacia el sur a 30 km/h y el otro hacia el oeste a 72 km/h. ¿A qué ritmo aumenta la distancia entre los autos 2 horas después?

18. Un foco en el suelo brilla en una pared a 12 m de distancia. Si un hombre de 2 m de altura camina desde el foco hacia el edificio con una rapidez de 1.6 m/s, ¿a qué velocidad disminuye la longitud de su sombra sobre el edificio cuando está a 4 m del mismo?

19. Un hombre comienza a caminar hacia el norte a 1.2 m/s desde un punto P. Cinco minutos después una mujer comienza a caminar hacia el sur a 1.6 m/s desde un punto 200 m al este de P. ¿A qué ritmo se alejan las personas 15 minutos después de que la mujer comienza a caminar?

20. Un diamante de béisbol es un cuadrado con un lado de 18 m. Un bateador golpea la bola y corre hacia la primera base con una rapidez de 7.5 m/s.
(a) ¿A qué velocidad disminuye su distancia de la segunda base cuando está a mitad de camino de la primera?
(b) ¿A qué ritmo aumenta su distancia de la tercera base en el mismo tiempo?

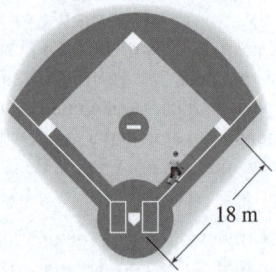

18 m

21. La altitud de un triángulo crece a una tasa de 1 cm/min mientras que el área del triángulo aumenta a una tasa de 2 cm²/min. ¿A qué velocidad cambia la base del triángulo cuando la altitud es de 10 cm y el área es de 100 cm²?

22. Un barco es remolcado a un muelle por una cuerda atada a su proa y que pasa a través de una polea en el muelle que está 1 m más alta que la proa. Si la cuerda se tira a una velocidad de 1 m/s, ¿a qué velocidad se acerca el barco al muelle cuando está a 8 m de distancia?

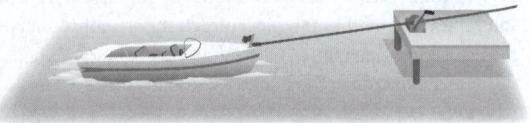

23-24 Use el hecho de que la distancia (en metros) a la que cae una piedra después de t segundos es $d = 4.9t^2$.

23. Una mujer está parada cerca del borde de un acantilado y deja caer una piedra sobre el borde. Exactamente un segundo después deja caer otra piedra. Un segundo después de eso, ¿qué tan rápido cambia la distancia entre las dos piedras?

24. Dos hombres están a 10 m de distancia en un terreno llano cerca del borde de un acantilado. Un hombre deja caer una piedra y un segundo después el otro hombre deja caer una piedra. Un segundo después de eso, ¿qué tan rápido cambia la distancia entre las dos piedras?

25. El agua se fuga de un tanque cónico invertido a una velocidad de 10 000 cm³/min al mismo tiempo que se bombea agua al tanque a un ritmo constante. El tanque tiene una altura de 6 m y el diámetro en la parte superior es de 4 m. Si el nivel del agua sube a una tasa de 20 cm/min cuando la altura del agua es de 2 m, encuentre la tasa a la que se bombea el agua en el tanque.

26. Una partícula se mueve a lo largo de la curva $y = 2\,\text{sen}(\pi x/2)$. A medida que la partícula pasa por el punto $\left(\frac{1}{3}, 1\right)$, su coordenada x aumenta a una velocidad de $\sqrt{10}$ cm/s. ¿A qué velocidad cambia la distancia de la partícula al origen en este instante?

27. Un abrevadero tiene 10 m de largo y una sección transversal tiene la forma de un trapecio isósceles con 30 cm de ancho en la parte inferior, 80 cm de ancho en la parte superior y una altura de 50 cm. Si el abrevadero se llena de agua a una velocidad de 0.2 m³/min, ¿a qué velocidad sube el nivel de agua cuando el agua tiene 30 cm de profundidad?

28. Un abrevadero tiene 6 m de largo y sus extremos tienen la forma de triángulos isósceles con 1 m de ancho en la parte superior y una altura de 50 cm. Si el abrevadero se llena de agua a una velocidad de 1.2 m³/min, ¿a qué velocidad sube el nivel de agua cuando el agua tiene 30 cm de profundidad?

29. Se vierte gravilla de una cinta transportadora a una velocidad de 3 m³/min, y su grosor es tal que forma una pila en forma de cono cuyo diámetro de base y altura son siempre iguales. ¿A qué velocidad aumenta la altura del montón cuando este tiene 3 m de altura?

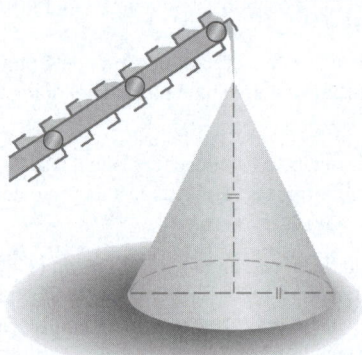

30. Una piscina tiene 5 m de ancho, 10 m de largo, 1 m de profundidad en el extremo poco profundo y 3 m de profundidad en su punto más profundo. En la figura se muestra una sección transversal. Si la piscina se llena a una velocidad de 0.1 m³/min, ¿a qué velocidad sube el nivel del agua cuando el punto más profundo es de 1 m?

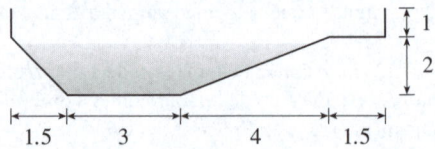

1.5   3   4   1.5   1 2

31. Los lados de un triángulo equilátero aumenta a una tasa de 10 cm/min. ¿A qué ritmo aumenta el área del triángulo cuando los lados son de 30 cm de largo?

32. Un papalote o cometa de papel a 50 m sobre el suelo se mueve horizontalmente con una rapidez de 2 m/s. ¿A qué velocidad disminuye el ángulo entre la cuerda y la horizontal al soltar 100 m de cuerda?

33. Un auto viaja hacia el norte por una carretera recta a 20 m/s y un dron va hacia el este a 6 m/s a una altura de 25 m. En un instante el dron pasa directamente sobre el auto. ¿A qué velocidad cambia la distancia entre el dron y el automóvil 5 segundos después?

34. Si el minutero de un reloj tiene una longitud r (en centímetros), encuentre la velocidad a la que barre el área como función de r.

35. ¿A qué velocidad cambia el ángulo entre la escalera y el suelo en el ejemplo 2 cuando la parte inferior de la escalera está a 3 m de la pared?

36. Según el modelo para resolver el ejemplo 2, ¿qué sucede cuando la parte superior de la escalera se acerca al suelo? ¿Es el modelo apropiado para valores pequeños de y?

37. La ley de Boyle establece que cuando una muestra de gas se comprime a una temperatura constante, la presión P y el volumen V satisface la ecuación $PV = C$, donde C es una constante. Suponga que en un determinado instante el volumen es de 600 cm³, la presión es de 150 kPa y crece a una velocidad de 20 kPa/min. ¿A qué velocidad disminuye el volumen en este instante?

38. Un grifo llena un cuenco hemisférico de 60 cm de diámetro con agua a una tasa de 2 L/min. Encuentre la velocidad a la que el agua sube cuando está medio lleno. [Utilice los siguientes datos: 1 L es 1 000 cm³. El volumen de la porción de una esfera con radio r desde el fondo hasta una altura h es $V = \pi\left(rh^2 - \frac{1}{3}h^3\right)$, como se verá en el capítulo 6].

39. Si dos resistores con resistencias R_1 y R_2 están conectados en paralelo, como se muestra en la figura, entonces la resistencia total R, medida en ohmios (Ω), se da por

$$\frac{1}{R} = \frac{1}{R_1} + \frac{1}{R_2}$$

Si R_1 y R_2 aumentan a tasas de 0.3 Ω/s y 0.2 Ω/s, respectivamente, ¿qué tan rápido cambia R cuando $R_1 = 80\ \Omega$ y $R_2 = 100\ \Omega$?

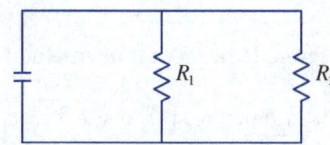

40. Cuando el aire se expande adiabáticamente (sin ganar ni perder calor), su presión P y su volumen V están relacionados por la ecuación $PV^{1.4} = C$, donde C es una constante. Suponga que en un determinado instante el volumen es de 400 cm³ y la presión es de 80 kPa, y decrece a un ritmo de 10 kPa/min. ¿A qué velocidad aumenta el volumen en este instante?

41. Dos carreteras rectas divergen de una intersección en un ángulo de 60°. Dos autos salen de la intersección al mismo tiempo, el primero por una carretera a 60 km/h y el segundo por la otra carretera a 100 km/h. ¿A qué velocidad cambia la distancia entre los autos después de media hora? [*Sugerencia*: Utilice la ley de los cosenos (fórmula 21 en el apéndice D)].

42. El peso del cerebro B como función del peso corporal W en peces se modela por la función potencia $B = 0.007W^{2/3}$, donde B y W se miden en gramos. Un modelo para el peso corporal como función de la longitud del cuerpo L (medido en centímetros) es $W = 0.12L^{2.53}$. Si, a lo largo de 10 millones de años, la longitud media de una determinada especie de pez evolucionó de 15 cm a 20 cm a un ritmo constante, ¿a qué velocidad crecía el cerebro de esta especie cuando su longitud media era de 18 cm?

43. Dos lados de un triángulo tienen longitudes de 12 m y 15 m. El ángulo entre ellos crece a una tasa de 2°/min. ¿A qué velocidad aumenta la longitud del tercer lado cuando el ángulo entre los lados de la longitud fija es de 60°? [*Sugerencia*: Use la ley de los cosenos (fórmula 21 en el apéndice D)].

44. Dos carros, A y B, se conectan por una cuerda de 12 m de largo que pasa por encima de una polea P (vea la figura). El punto Q está en el piso 4 m directamente debajo de P y entre los carros. El carro A se aleja de Q a una rapidez de 0.5 m/s. ¿A qué velocidad se mueve el carro B hacia Q en el instante en que el carro A está a 3 m de Q?

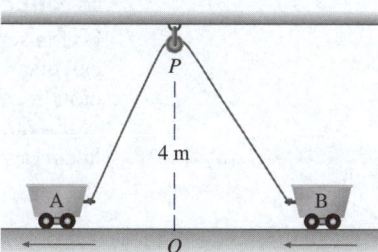

45. Una cámara de televisión está a 1 200 m de la base de una plataforma de lanzamiento de cohetes. El ángulo de elevación de la cámara tiene que cambiar a la velocidad correcta para mantener el cohete a la vista. Además, el mecanismo para enfocar la cámara debe considerar el aumento de la distancia de la cámara al cohete en ascenso. Suponga que el cohete se eleva verticalmente y su rapidez es de 200 m/s cuando se ha elevado 900 m.
(a) ¿Qué tan rápido cambia la distancia de la cámara de televisión al cohete en ese tiempo?
(b) Si la cámara de televisión se mantiene siempre apuntando al cohete, ¿a qué velocidad cambia el ángulo de elevación de la cámara en ese tiempo?

46. Un faro se encuentra en una pequeña isla a 3 km del punto P más cercano en una costa recta y su luz hace cuatro revoluciones por minuto. ¿A qué velocidad se mueve el rayo de luz a lo largo de la costa cuando está a 1 km de P?

47. Un avión vuela horizontalmente a una altitud de 5 km y pasa directamente sobre un telescopio de rastreo en el suelo. Cuando el ángulo de elevación es $\pi/3$, este ángulo decrece a un ritmo de $\pi/6$ rad/min. ¿Qué velocidad tiene el avión en este momento?

48. Una noria con un radio de 10 m gira a una velocidad de una revolución cada 2 minutos. ¿A qué velocidad se eleva un pasajero cuando su asiento está a 16 m sobre el nivel del suelo?

49. Un avión que viaja con una velocidad constante de 300 km/h pasa por encima de una estación de radar terrestre a 1 km de altura y sube a un ángulo de 30°. ¿A qué velocidad aumenta la distancia del avión a la estación de radar un minuto después?

50. Dos personas empiezan desde el mismo punto. Una camina hacia el este a 4 km/h y la otra hacia el noreste a 2 km/h. ¿Qué tan rápido cambia la distancia entre ellas después de 15 minutos?

51. Un atleta corre alrededor de una pista circular de un radio de 100 m a una velocidad constante de 7 m/s. El amigo del corredor está a una distancia de 200 m del centro de la pista. ¿A qué velocidad cambia la distancia entre los amigos cuando la distancia entre ellos es de 200 m?

52. La manecilla de los minutos de un reloj es de 8 mm y la de las horas es de 4 mm. ¿A qué velocidad cambia la distancia entre las puntas de las manecillas a la una?

53. Suponga que el volumen V de una bola de nieve rodante aumenta de manera que dV/dt es proporcional a la superficie de la bola de nieve en el tiempo t. Demuestre que el radio r aumenta a un ritmo constante, es decir, dr/dt es constante.

3.10 | Aproximaciones lineales y diferenciales

Se vio que una curva se encuentra muy cerca de su recta tangente cerca del punto de tangencia. De hecho, al acercarse a un punto de la gráfica de una función derivable, se aprecia que la gráfica se parece cada vez más a su recta tangente (vea la figura 2.7.2). Esta observación es la base de un método para encontrar valores aproximados de las funciones.

■ Linealización y aproximación

Podría ser fácil calcular un valor $f(a)$ de una función, pero difícil (o incluso imposible) calcular valores cercanos de f. Así, bastan los valores fácilmente calculados de la función lineal L cuya gráfica es la recta tangente de f en $(a, f(a))$. (Vea la figura 1).

En otras palabras, se utiliza la recta tangente en $(a, f(a))$ como una aproximación a la curva $y = f(x)$ cuando x está cerca de a. Una ecuación de esta recta tangente es

$$y = f(a) + f'(a)(x - a)$$

La función lineal cuya gráfica es esta recta tangente, es decir,

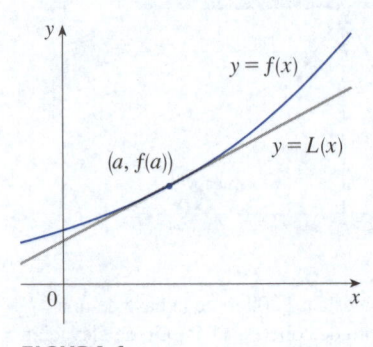

FIGURA 1

$$\boxed{1} \qquad L(x) = f(a) + f'(a)(x - a)$$

se llama **linealización** de f en a. La aproximación $f(x) \approx L(x)$ o

$$\boxed{2} \qquad f(x) \approx f(a) + f'(a)(x - a)$$

se llama **aproximación lineal** o **aproximación de la recta tangente** de f en a.

EJEMPLO 1 Determine la linealización de la función $f(x) = \sqrt{x + 3}$ en $a = 1$ y úsela para aproximar los números $\sqrt{3.98}$ y $\sqrt{4.05}$. ¿Son estas aproximaciones sobreestimadas o subestimadas?

SOLUCIÓN La derivada de $f(x) = (x + 3)^{1/2}$ es

$$f'(x) = \tfrac{1}{2}(x + 3)^{-1/2} = \frac{1}{2\sqrt{x + 3}}$$

y así se tiene $f(1) = 2$ y $f'(1) = \tfrac{1}{4}$. Si se ponen estos valores en la ecuación 1 se observa que la linealización es

$$L(x) = f(1) + f'(1)(x - 1) = 2 + \tfrac{1}{4}(x - 1) = \frac{7}{4} + \frac{x}{4}$$

La aproximación lineal correspondiente (2) es

$$\sqrt{x + 3} \approx \frac{7}{4} + \frac{x}{4} \qquad \text{(cuando x está cerca de 1)}$$

En particular, se tiene

$$\sqrt{3.98} \approx \tfrac{7}{4} + \tfrac{0.98}{4} = 1.995 \qquad \text{y} \qquad \sqrt{4.05} \approx \tfrac{7}{4} + \tfrac{1.05}{4} = 2.0125$$

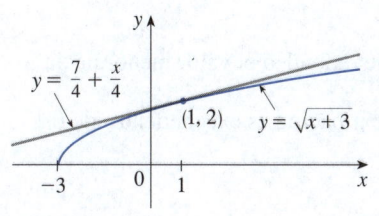

$y = \dfrac{7}{4} + \dfrac{x}{4}$

$(1, 2)$

$y = \sqrt{x + 3}$

FIGURA 2

La aproximación lineal se ilustra en la figura 2. Se ve que, en efecto, la aproximación de la recta tangente es una buena aproximación a la función dada cuando x está cerca de l. También se aprecia que las aproximaciones son sobreestimadas porque la recta tangente se encuentra por encima de la curva.

Por supuesto, una calculadora puede dar aproximaciones para $\sqrt{3.98}$ y $\sqrt{4.05}$, pero la aproximación lineal da una aproximación *sobre un intervalo completo*. ■

En la siguiente tabla se comparan las estimaciones de la aproximación lineal del ejemplo 1 con los valores reales. Observe en esta tabla, y también en la figura 2, que la aproximación de la recta tangente da buenas estimaciones cuando x está cerca de 1 pero la precisión de la aproximación se deteriora cuando x está más lejos de 1.

	x	Desde $L(x)$	Valor real
$\sqrt{3.9}$	0.9	1.975	1.97484176...
$\sqrt{3.98}$	0.98	1.995	1.99499373...
$\sqrt{4}$	1	2	2.00000000...
$\sqrt{4.05}$	1.05	2.0125	2.01246117...
$\sqrt{4.1}$	1.1	2.025	2.02484567...
$\sqrt{5}$	2	2.25	2.23606797...
$\sqrt{6}$	3	2.5	2.44948974...

¿Qué tan buena es la aproximación en el ejemplo 1? El siguiente ejemplo muestra que con una calculadora graficadora o una computadora se puede determinar un intervalo a lo largo del cual una aproximación lineal proporciona una precisión especificada.

EJEMPLO 2 ¿Para qué valores de x es la aproximación lineal

$$\sqrt{x + 3} \approx \frac{7}{4} + \frac{x}{4}$$

exacta con margen de 0.5? ¿Y una precisión con margen de 0.1?

SOLUCIÓN La precisión de 0.5 significa que las funciones deben diferir en menos de 0.5:

$$\left| \sqrt{x + 3} - \left(\frac{7}{4} + \frac{x}{4} \right) \right| < 0.5$$

De igual forma se puede escribir

$$\sqrt{x + 3} - 0.5 < \frac{7}{4} + \frac{x}{4} < \sqrt{x + 3} + 0.5$$

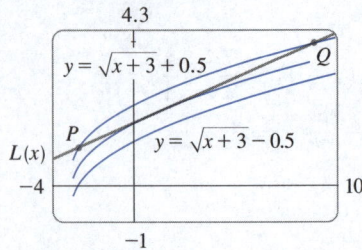

FIGURA 3

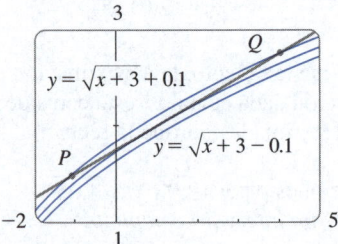

FIGURA 4

Esto dice que la aproximación lineal debe estar entre las curvas obtenidas al desplazar la curva $y = \sqrt{x+3}$ hacia arriba y hacia abajo en una cantidad de 0.5. En la figura 3 se muestra la recta tangente $y = (7 + x)/4$ que interseca la curva superior $y = \sqrt{x+3} + 0.5$ en P y Q. Se estima que la coordenada x de P es alrededor de -2.66 y la coordenada x de Q es alrededor de 8.66. Así, se ve en la gráfica que la aproximación

$$\sqrt{x+3} \approx \frac{7}{4} + \frac{x}{4}$$

es exacta dentro de 0.5 cuando $-2.6 < x < 8.6$. (Se redondeó el valor menor hacia arriba y el mayor hacia abajo).

De igual manera, en la figura 4 se ve que la aproximación es exacta dentro de 0.1 cuando $-1.1 < x < 3.9$.

■ Aplicaciones en física

Las aproximaciones lineales se utilizan a menudo en la física. En el análisis de las consecuencias de una ecuación, un físico a veces necesita simplificar una función sustituyéndola por su aproximación lineal. Por ejemplo, al derivar una fórmula para el periodo de un péndulo, en los libros de texto de física se obtiene una expresión con sen θ y luego se sustituye sen θ por θ con la indicación de que sen θ está muy cerca de θ si θ no es demasiado grande. Se puede verificar que la linealización de la función $f(x) = $ sen x en $a = 0$ es $L(x) = x$, y por lo tanto la aproximación lineal a 0 es

$$\text{sen } x \approx x$$

(vea el ejercicio 50). Así, en efecto, la derivación de la fórmula para el periodo de un péndulo utiliza la aproximación de la recta tangente para la función seno.

Otro ejemplo se da en la teoría de la óptica, donde los rayos de luz que llegan a ángulos llanos en relación con el eje óptico se denominan *rayos paraxiales*. En la óptica paraxial (o gaussiana), tanto el seno θ como el coseno θ son reemplazados por sus linealizaciones. En otras palabras, las aproximaciones lineales

$$\text{sen } \theta \approx \theta \qquad \text{y} \qquad \cos \theta \approx 1$$

se usan porque θ está cerca de 0. Los resultados de los cálculos realizados con estas aproximaciones se convirtieron en la herramienta teórica básica para diseñar lentes. (Vea *Optics*, 5.ª ed., de Eugene Hecht [Boston, 2017], p. 164).

En la sección 11.11 se presentan otras aplicaciones de las aproximaciones lineales en física e ingeniería.

■ Diferenciales

Las ideas sobre aproximaciones lineales se formulan a veces con terminología y notación de los *diferenciales* o las *diferenciales*. Si $y = f(x)$, donde f es una función derivable, entonces el **diferencial** dx es una variable independiente; es decir, se puede dar a dx el valor de cualquier número real. El **diferencial** dy se define entonces en términos de dx por la ecuación

Si $dx \neq 0$, se puede dividir ambos lados de la ecuación 3 entre dx para obtener

$$\frac{dy}{dx} = f'(x)$$

Antes se estudiaron ecuaciones similares, pero ahora el lado izquierdo puede interpretarse verdaderamente como una razón de diferenciales.

3 $$dy = f'(x)\, dx$$

Por lo tanto, dy es una variable dependiente; depende de los valores de x y dx. Si a dx se le da un valor específico y x se toma como un número específico en el dominio de f, entonces se determina el valor numérico de dy.

El significado geométrico de los diferenciales se muestra en la figura 5. Sean $P(x, f(x))$ y $Q(x + \Delta x, f(x + \Delta x))$ puntos en la gráfica de f y $dx = \Delta x$. El cambio correspondiente en y es

$$\Delta y = f(x + \Delta x) - f(x)$$

La pendiente de la recta tangente PR es la derivada $f'(x)$. Por lo tanto, la distancia dirigida de S a R es $f'(x)\,dx = dy$. Así, dy representa cuánto sube o baja la recta tangente (el cambio de linealización), mientras que Δy representa cuánto sube o baja la curva $y = f(x)$ cuando x cambia en una cantidad dx.

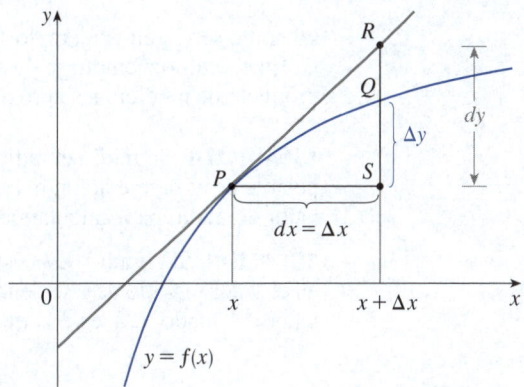

FIGURA 5

EJEMPLO 3 Compare los valores de Δy y dy si $y = f(x) = x^3 + x^2 - 2x + 1$ y x cambia (a) de 2 a 2.05 y (b) de 2 a 2.01.

SOLUCIÓN
(a) Se tiene

$$f(2) = 2^3 + 2^2 - 2(2) + 1 = 9$$

$$f(2.05) = (2.05)^3 + (2.05)^2 - 2(2.05) + 1 = 9.717625$$

$$\Delta y = f(2.05) - f(2) = 0.717625$$

En la figura 6 se muestra la función del ejemplo 3 y una comparación de dy y Δy cuando $a = 2$. El rectángulo de visión es [1.8, 2.5] por [6, 18].

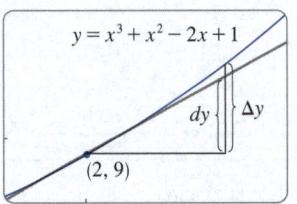

FIGURA 6

En general, $\qquad dy = f'(x)\,dx = (3x^2 + 2x - 2)\,dx$

Cuando $x = 2$ y $dx = \Delta x = 0.05$, esto se convierte en

$$dy = [3(2)^2 + 2(2) - 2]0.05 = 0.7$$

(b) $\qquad f(2.01) = (2.01)^3 + (2.01)^2 - 2(2.01) + 1 = 9.140701$

$$\Delta y = f(2.01) - f(2) = 0.140701$$

Cuando $dx = \Delta x = 0.01$,

$$dy = [3(2)^2 + 2(2) - 2]0.01 = 0.14$$

Observe que la aproximación $\Delta y \approx dy$ mejora a medida que Δx se reduce en el ejemplo 3. Observe también que dy era más fácil de calcular que Δy.

En la notación de diferenciales, la aproximación lineal $f(x) \approx f(a) + f'(a)(x - a)$ puede escribirse como

$$f(a + dx) \approx f(a) + dy$$

al tomar $dx = x - a$, de modo que $x = a + dx$. Por ejemplo, para la función $f(x) = \sqrt{x + 3}$ en el ejemplo 1, se tiene

$$dy = f'(x)\,dx = \frac{dx}{2\sqrt{x + 3}}$$

Si $a = 1$ y $dx = \Delta x = 0.05$, entonces

$$dy = \frac{0.05}{2\sqrt{1 + 3}} = 0.0125$$

y
$$\sqrt{4.05} = f(1.05) = f(1 + 0.05) \approx f(1) + dy = 2.0125$$

tal como se vio en el ejemplo 1.

En el último ejemplo se ilustra el uso de diferenciales en la estimación de los errores producto de mediciones aproximadas.

EJEMPLO 4   Se midió el radio de una esfera y se encontró que era de 21 cm con un posible error de medición máximo de 0.05 cm. ¿Cuál es el error máximo al usar este valor del radio para calcular el volumen de la esfera?

SOLUCIÓN   Si el radio de la esfera es r, entonces su volumen es $V = \frac{4}{3}\pi r^3$. Si el error en el valor medido de r se denota $dr = \Delta r$, entonces el error correspondiente en el valor calculado de V es ΔV, que puede aproximarse por el diferencial

$$dV = 4\pi r^2\,dr$$

Cuando $r = 21$ y $dr = 0.05$, esto se convierte en

$$dV = 4\pi(21)^2\,0.05 \approx 277$$

El error máximo en el volumen calculado es de unos 277 cm^3.   ■

NOTA   Aunque el posible error del ejemplo 4 puede parecer muy grande, una mejor imagen del error se da por el **error relativo**, que se calcula dividiendo el error entre el volumen total:

$$\frac{\Delta V}{V} \approx \frac{dV}{V} = \frac{4\pi r^2\,dr}{\frac{4}{3}\pi r^3} = 3\,\frac{dr}{r}$$

Por lo tanto, el error relativo en el volumen es aproximadamente tres veces el error relativo en el radio. En el ejemplo 4, el error relativo en el radio es aproximadamente $dr/r = 0.05/21 \approx 0.0024$ y produce un error relativo de alrededor de 0.007 en el volumen. Los errores también pueden expresarse como errores porcentuales de 0.24% en el radio y 0.7% en el volumen.

3.10 | Ejercicios

1-4 Busque la linealización $L(x)$ de la función en a.

1. $f(x) = x^3 - x^2 + 3, \quad a = -2$

2. $f(x) = e^{3x}, \quad a = 0$

3. $f(x) = \sqrt[3]{x}, \quad a = 8$

4. $f(x) = \cos 2x, \quad a = \pi/6$

5. Determine la aproximación lineal de la función $f(x) = \sqrt{1 - x}$ en $a = 0$ y úsela para aproximar los números $\sqrt{0.9}$ y $\sqrt{0.99}$. Ilústrelo graficando f y la recta tangente.

6. Encuentre la aproximación lineal de la función $g(x) = \sqrt[3]{1 + x}$ en $a = 0$ y úsela para aproximar los números $\sqrt[3]{0.95}$ y $\sqrt[3]{1.1}$. Ilústrelo graficando g y la recta tangente.

7-10 Verifique la aproximación lineal en $a = 0$. Luego determine los valores de x para los cuales la aproximación lineal sea exacta dentro de 0.1.

7. $\tan^{-1} x \approx x$

8. $(1 + x)^{-3} \approx 1 - 3x$

9. $\sqrt[4]{1 + 2x} \approx 1 + \frac{1}{2}x$

10. $\dfrac{2}{1 + e^x} \approx 1 - \frac{1}{2}x$

11-18 Halle el diferencial de la función.

11. $y = e^{5x}$

12. $y = \sqrt{1 - t^4}$

13. $y = \dfrac{1 + 2u}{1 + 3u}$

14. $y = \theta^2 \,\text{sen}\, 2\theta$

15. $y = \dfrac{1}{x^2 - 3x}$

16. $y = \sqrt{1 + \cos\theta}$

17. $y = \ln(\text{sen}\,\theta)$

18. $y = \dfrac{e^x}{1 - e^x}$

19-22 (a) Determine el diferencial dy y (b) evalúe dy para los valores dados de x y dx.

19. $y = e^{x/10}, \quad x = 0, \quad dx = 0.1$

20. $y = \cos \pi x, \quad x = \frac{1}{3}, \quad dx = -0.02$

21. $y = \sqrt{3 + x^2}, \quad x = 1, \quad dx = -0.1$

22. $y = \dfrac{x + 1}{x - 1}, \quad x = 2, \quad dx = 0.05$

23-26 Calcule Δy y dy para los valores dados de x y $dx = \Delta x$. A continuación, dibuje un diagrama como el de la figura 5 que muestre los segmentos de recta con longitudes dx, dy y Δy.

23. $y = x^2 - 4x, \quad x = 3, \quad \Delta x = 0.5$

24. $y = x - x^3, \quad x = 0, \quad \Delta x = -0.3$

25. $y = \sqrt{x - 2}, \quad x = 3, \quad \Delta x = 0.8$

26. $y = e^x, \quad x = 0, \quad \Delta x = 0.5$

27-30 Compare los valores de Δy y dy si x cambia de 1 a 1.05. ¿Qué ocurre si x cambia de 1 a 1.01? ¿Mejora la aproximación $\Delta y \approx dy$ a medida que Δx se reduce?

27. $f(x) = x^4 - x + 1$

28. $f(x) = e^{2x-2}$

29. $f(x) = \sqrt{5 - x}$

30. $f(x) = \dfrac{1}{x^2 + 1}$

31-36 Use una aproximación lineal (o diferenciales) para estimar el número dado.

31. $(1.999)^4$

32. $1/4.002$

33. $\sqrt[3]{1001}$

34. $\sqrt{100.5}$

35. $e^{0.1}$

36. $\cos 29°$

37-39 Explique, en términos de aproximaciones lineales o diferenciales, por qué la aproximación es razonable.

37. $\ln 1.04 \approx 0.04$

38. $\sqrt{4.02} \approx 2.005$

39. $\dfrac{1}{9.98} \approx 0.1002$

---

40. Sea $\qquad f(x) = (x - 1)^2 \qquad g(x) = e^{-2x}$

y $\qquad\qquad h(x) = 1 + \ln(1 - 2x)$

(a) Encuentre las linealizaciones de f, g y h en $a = 0$. ¿Qué observa? ¿Cómo explica lo que pasó?

(b) Grafique f, g y h y sus aproximaciones lineales. ¿Para qué función es la aproximación lineal lo mejor? ¿Para cuál es lo peor? Explique.

41. Se encontró que el borde de un cubo era de 30 cm con un posible error en la medición de 0.1 cm. Utilice diferenciales para estimar el error máximo posible, el error relativo y el error porcentual al calcular (a) el volumen del cubo y (b) la superficie del cubo.

42. Se da el radio de un disco circular como 24 cm con un error máximo en la medición de 0.2 cm.

(a) Utilice diferenciales para estimar el error máximo en el área calculada del disco.

(b) ¿Cuál es el error relativo y el error porcentual?

43. La circunferencia de una esfera se midió en 84 cm con un posible error de 0.5 cm.

(a) Utilice diferenciales para estimar el error máximo en la superficie calculada. ¿Cuál es el error relativo?

(b) Con diferenciales estime el error máximo en el volumen calculado. ¿Cuál es el error relativo?

44. Utilice diferenciales para estimar la cantidad de pintura necesaria para aplicar una capa de 0.05 cm de espesor a una cúpula semiesférica de 50 m de diámetro.

45. (a) Use diferenciales para encontrar una fórmula para el volumen aproximado de un cascarón cilíndrico delgado con altura h, radio interior r y espesor Δr.

(b) ¿Cuál es el error que implica el uso de la fórmula del inciso (a)?

46. Se sabe que un lado de un triángulo rectángulo tiene 20 cm de largo y el ángulo opuesto se mide como 30°, con un posible error de $\pm 1°$.

(a) Utilice diferenciales para estimar el error en calcular la longitud de la hipotenusa.

(b) ¿Cuál es el error porcentual?

47. Si una corriente I pasa a través de un resistor con resistencia R, la ley de Ohm establece que la caída de voltaje es $V = RI$. Si V es constante y R se mide con un cierto error, use los diferenciales para mostrar que el error relativo en el cálculo de I es aproximadamente el mismo (en magnitud) que el error relativo en R.

48. Cuando la sangre fluye a lo largo de un vaso sanguíneo, el flujo F (el volumen de sangre por unidad de tiempo que pasa por un punto determinado) es proporcional a la cuarta potencia del radio R del vaso sanguíneo:

$$F = kR^4$$

(Esto se conoce como ley de Poiseuille; se verá por qué es cierto en la sección 8.4). Una arteria parcialmente obstruida se expande mediante una operación llamada angioplastia, en la que se infla un catéter con un globo en la punta dentro de la arteria para ensancharla y restablecer el flujo sanguíneo normal.

Demuestre que el cambio relativo en F es aproximadamente cuatro veces el cambio relativo en R. ¿Cómo afectará un aumento de 5% en el radio al flujo de la sangre?

49. Establezca las siguientes reglas para trabajar con diferenciales (donde c denota una constante y u y v son funciones de x).

(a) $dc = 0$ (b) $d(cu) = c\,du$

(c) $d(u + v) = du + dv$ (d) $d(uv) = u\,dv + v\,du$

(e) $d\left(\dfrac{u}{v}\right) = \dfrac{v\,du - u\,dv}{v^2}$ (f) $d(x^n) = nx^{n-1}\,dx$

50. En los libros de texto de física, el periodo T de un péndulo de longitud L suele darse como $T \approx 2\pi\sqrt{L/g}$, siempre que el péndulo oscile a través de un arco relativamente pequeño. En el curso de la derivación de esta fórmula se obtiene la ecuación $a_T = -g\,\text{sen}\,\theta$ para la aceleración tangencial de la oscilación del péndulo, y luego $\text{sen}\,\theta$ se reemplaza con θ con la observación de que para los ángulos pequeños (en radianes) θ está muy cerca de $\text{sen}\,\theta$.

(a) Verifique la aproximación lineal en 0 por la función seno:

$$\text{sen}\,\theta \approx \theta$$

(b) Si $\theta = \pi/18$, (equivalente a 10°) y se aproxima $\text{sen}\,\theta$ por θ, ¿cuál es el error porcentual?

(c) Utilice una gráfica para determinar los valores de θ por los que $\text{sen}\,\theta$ y θ difieren menos que 2%. ¿Cuáles son los valores en grados?

51. Suponga que la única información sobre una función f es que $f(1) = 5$ y la gráfica de su *derivada* es como se muestra.

(a) Utilice una aproximación lineal para estimar $f(0.9)$ y $f(1.1)$.

(b) ¿Son sus estimaciones del inciso (a) demasiado grandes o demasiado pequeñas? Explique.

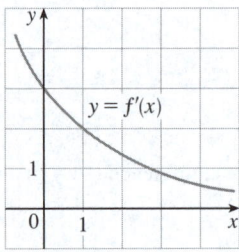

52. Suponga que no hay una fórmula para $g(x)$ pero se sabe que $g(2) = -4$ y $g'(x) = \sqrt{x^2 + 5}$ para toda x.

(a) Utilice una aproximación lineal para estimar $g(1.95)$ y $g(2.05)$.

(b) ¿Son sus estimaciones del inciso (a) demasiado grandes o demasiado pequeñas? Explique.

PROYECTO DE DESCUBRIMIENTO | ⊞ APROXIMACIONES POLINOMIALES

La aproximación de la recta tangente $L(x)$ es la mejor aproximación de primer grado (lineal) a $f(x)$ cerca de $x = a$ porque $f(x)$ y $L(x)$ tienen la misma razón de cambio (derivada) en a. Para una mejor aproximación que la lineal se probará una aproximación de segundo grado (cuadrática) $P(x)$. En otras palabras, se aproxima una curva por una parábola en lugar de por una línea recta. Para asegurar que la aproximación sea buena, se estipula lo siguiente:

(i) $P(a) = f(a)$ (P y f deben tener el mismo valor en a).

(ii) $P'(a) = f'(a)$ (P y f deben tener la misma razón de cambio en a).

(iii) $P''(a) = f''(a)$ (Las pendientes de P y f deben cambiar al mismo ritmo que a).

1. Encuentre la aproximación cuadrática $P(x) = A + Bx + Cx^2$ a la función $f(x) = \cos x$ que satisface las condiciones (i), (ii) y (iii) con $a = 0$. Grafique P, f y la aproximación lineal $L(x) = 1$ en una misma ventana. Comente si las funciones P y L se aproximan bien a f.

2. Determine los valores de x para los cuales la aproximación cuadrática $f(x) \approx P(x)$ en el problema 1 es precisa dentro de 0.1. [*Sugerencia*: Grafique $y = P(x)$, $y = \cos x - 0.1$ y $y = \cos x + 0.1$ en una misma pantalla].

3. Para aproximar una función f por medio de una función cuadrática P cerca de un número a lo mejor es escribir P en la forma

$$P(x) = A + B(x - a) + C(x - a)^2$$

Demuestre que la función cuadrática que satisface las condiciones (i), (ii) y (iii) es

$$P(x) = f(a) + f'(a)(x - a) + \tfrac{1}{2}f''(a)(x - a)^2$$

4. Determine la aproximación cuadrática a $f(x) = \sqrt{x + 3}$ cerca de $a = 1$. Grafique f, la aproximación cuadrática y la aproximación lineal del ejemplo 3.10.2 en una misma pantalla. ¿Qué concluye?

5. En lugar de conformarse con una aproximación lineal o cuadrática a $f(x)$ cerca de $x = a$, trate de hacer mejores aproximaciones con polinomios de grado superior. Se busca un polinomio de enésimo grado

$$T_n(x) = c_0 + c_1(x - a) + c_2(x - a)^2 + c_3(x - a)^3 + \cdots + c_n(x - a)^n$$

tal que T_n y sus primeras n derivadas tengan los mismos valores en $x = a$ que f y sus primeras n derivadas. Al derivar repetidamente y colocar $x = a$, demuestre que estas condiciones se cumplen si $c_0 = f(a)$, $c_1 = f'(a)$, $c_2 = \tfrac{1}{2}f''(a)$, y en general

$$c_k = \frac{f^{(k)}(a)}{k!}$$

donde $k! = 1 \cdot 2 \cdot 3 \cdot 4 \cdot \ldots k$. El polinomio resultante

$$T_n(x) = f(a) + f'(a)(x - a) + \frac{f''(a)}{2!}(x - a)^2 + \cdots + \frac{f^{(n)}(a)}{n!}(x - a)^n$$

se llama **polinomio de Taylor de grado n de f centrado en a**. (Se estudiarán los polinomios de Taylor con más detalle en el capítulo 11).

6. Halle el polinomio de Taylor de 8° grado centrado en $a = 0$ para la función $f(x) = \cos x$. Grafique f junto con los polinomios de Taylor T_2, T_4, T_6 y T_8 en el rectángulo de visión $[-5, 5]$ por $[-1.4, 1.4]$ y comente si se aproximan bien a f.

3.11 | Funciones hiperbólicas

■ Funciones hiperbólicas y sus derivadas

Ciertas combinaciones de las funciones exponenciales e^x y e^{-x} aparecen con tanta frecuencia en las matemáticas y sus aplicaciones que merecen un nombre especial. En muchos aspectos son análogas a las funciones trigonométricas y tienen la misma relación con la hipérbola que las funciones trigonométricas tienen con el círculo. Por esta razón se llaman colectivamente **funciones hiperbólicas** e individualmente **seno hiperbólico, coseno hiperbólico,** y así sucesivamente.

Definición de las funciones hiperbólicas

$$\operatorname{senh} x = \frac{e^x - e^{-x}}{2} \qquad \operatorname{csch} x = \frac{1}{\operatorname{senh} x}$$

$$\cosh x = \frac{e^x + e^{-x}}{2} \qquad \operatorname{sech} x = \frac{1}{\cosh x}$$

$$\tanh x = \frac{\operatorname{senh} x}{\cosh x} \qquad \coth x = \frac{\cosh x}{\operatorname{senh} x}$$

Las gráficas del seno hiperbólico y del coseno hiperbólico se trazan mediante adición gráfica, como en las figuras 1 y 2.

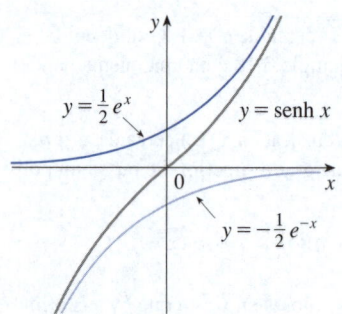

FIGURA 1
$y = \operatorname{senh} x = \frac{1}{2}e^x - \frac{1}{2}e^{-x}$

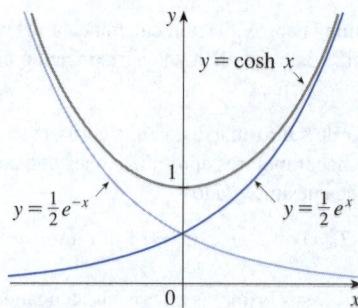

FIGURA 2
$y = \cosh x = \frac{1}{2}e^x + \frac{1}{2}e^{-x}$

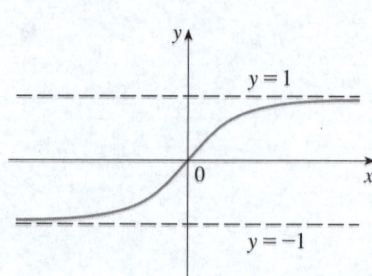

FIGURA 3
$y = \tanh x$

Observe que senh tiene el dominio $\mathbb{R}$ y el rango $\mathbb{R}$, mientras que cosh tiene el dominio $\mathbb{R}$ y el rango $[1, \infty)$. La gráfica de tanh se muestra en la figura 3. Tiene asíntotas horizontales $y = \pm 1$. (Vea el ejercicio 27).

En el capítulo 7 se verán algunos usos matemáticos de las funciones hiperbólicas. Las aplicaciones en ciencias e ingeniería ocurren cuando una entidad como la luz, la velocidad, la electricidad o la radiactividad se absorbe o se extingue gradualmente porque la descomposición puede representarse por las funciones hiperbólicas. La aplicación más famosa es el uso del coseno hiperbólico para describir la forma de un cable de suspensión. Se puede demostrar que si un cable flexible y pesado (como una línea eléctrica aérea) se suspende entre dos puntos a la misma altura, entonces toma la forma de una curva con la ecuación

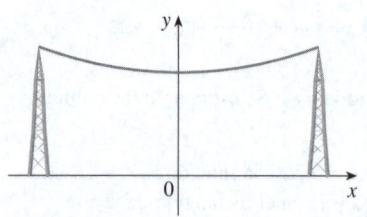

FIGURA 4
Catenaria $y = c + a \cosh(x/a)$

$$y = c + a \cosh(x/a)$$

que se llama *catenaria* (vea la figura 4). (La palabra latina *catena* significa "cadena").

Otra aplicación de las funciones hiperbólicas se produce en la descripción de las olas del océano: la velocidad de una ola de agua de longitud L que se mueve a través de una masa de agua de profundidad d se modela por la función

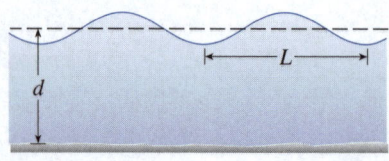

FIGURA 5
Ola de agua idealizada.

$$v = \sqrt{\frac{gL}{2\pi}\tanh\left(\frac{2\pi d}{L}\right)}$$

donde g es la aceleración debida a la gravedad (vea la figura 5 y el ejercicio 57).

Las funciones hiperbólicas satisfacen una serie de identidades similares a las conocidas identidades trigonométricas. Aquí se enumeran algunas de ellas y se conservan la mayoría de las demostraciones para los ejercicios.

Identidades hiperbólicas

$$\operatorname{senh}(-x) = -\operatorname{senh} x \qquad\qquad \cosh(-x) = \cosh x$$

$$\cosh^2 x - \operatorname{senh}^2 x = 1 \qquad\qquad 1 - \tanh^2 x = \operatorname{sech}^2 x$$

$$\operatorname{senh}(x + y) = \operatorname{senh} x \cosh y + \cosh x \operatorname{senh} y$$

$$\cosh(x + y) = \cosh x \cosh y + \operatorname{senh} x \operatorname{senh} y$$

El Arco Gateway de Saint Louis se diseñó con una función coseno hiperbólico (vea el ejercicio 56).

EJEMPLO 1 Demuestre (a) $\cosh^2 x - \operatorname{senh}^2 x = 1$ y (b) $1 - \tanh^2 x = \operatorname{sech}^2 x$.

SOLUCIÓN

(a) $\cosh^2 x - \operatorname{senh}^2 x = \left(\dfrac{e^x + e^{-x}}{2}\right)^2 - \left(\dfrac{e^x - e^{-x}}{2}\right)^2$

$$= \dfrac{e^{2x} + 2 + e^{-2x}}{4} - \dfrac{e^{2x} - 2 + e^{-2x}}{4}$$

$$= \dfrac{4}{4} = 1$$

(b) Se empieza con la identidad demostrada en el inciso (a):

$$\cosh^2 x - \operatorname{senh}^2 x = 1$$

Si se dividen ambos lados entre $\cosh^2 x$ se obtiene

$$1 - \dfrac{\operatorname{senh}^2 x}{\cosh^2 x} = \dfrac{1}{\cosh^2 x}$$

o $\qquad\qquad 1 - \tanh^2 x = \operatorname{sech}^2 x$ ■

La identidad demostrada en el ejemplo 1(a) da una clave de la razón del nombre de las funciones "hiperbólicas":

Si t es un número real, entonces el punto $P(\cos t, \operatorname{sen} t)$ se encuentra en la circunferencia unitaria $x^2 + y^2 = 1$ porque $\cos^2 t + \operatorname{sen}^2 t = 1$. De hecho, t puede interpretarse como la medida en radianes de $\angle POQ$ en la figura 6. Por esta razón, las funciones trigonométricas se denominan a veces funciones *circulares*.

De la misma manera, si t es un número real, entonces el punto $P(\cosh t, \operatorname{senh} t)$ se encuentra en la rama derecha de la hipérbola $x^2 - y^2 = 1$ porque $\cosh^2 t - \operatorname{senh}^2 t = 1$ y $\cosh t \geq 1$. Esta vez t no representa la medida de un ángulo. Sin embargo, resulta que t representa el doble del área del sector hiperbólico sombreado de la figura 7, igual que en el caso trigonométrico t representa el doble del área del sector circular sombreado de la figura 6.

Las derivadas de las funciones hiperbólicas se calculan fácilmente. Por ejemplo,

$$\dfrac{d}{dx}(\operatorname{senh} x) = \dfrac{d}{dx}\left(\dfrac{e^x - e^{-x}}{2}\right) = \dfrac{e^x + e^{-x}}{2} = \cosh x$$

En la tabla 1 se enumeran las fórmulas de derivación de las funciones hiperbólicas. Las demostraciones restantes se incluyen como ejercicios. Observe la analogía con las fórmulas de derivación para las funciones trigonométricas, pero note que los signos son diferentes en algunos casos.

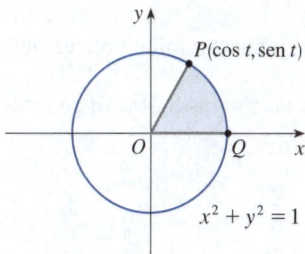

FIGURA 6

FIGURA 7

---

1 **Derivadas de funciones hiperbólicas**

$$\dfrac{d}{dx}(\operatorname{senh} x) = \cosh x \qquad\qquad \dfrac{d}{dx}(\operatorname{csch} x) = -\operatorname{csch} x \coth x$$

$$\dfrac{d}{dx}(\cosh x) = \operatorname{senh} x \qquad\qquad \dfrac{d}{dx}(\operatorname{sech} x) = -\operatorname{sech} x \tanh x$$

$$\dfrac{d}{dx}(\tanh x) = \operatorname{sech}^2 x \qquad\qquad \dfrac{d}{dx}(\coth x) = -\operatorname{csch}^2 x$$

Cualquiera de estas reglas de derivación puede combinarse con la regla de la cadena, como en el siguiente ejemplo.

EJEMPLO 2   Si $y = \cosh\sqrt{x}$, halle dy/dx.

SOLUCIÓN   Con (1) y la regla de la cadena se tiene

$$\frac{dy}{dx} = \frac{d}{dx}\left(\cosh\sqrt{x}\right) = \operatorname{senh}\sqrt{x}\cdot\frac{d}{dx}\sqrt{x} = \frac{\operatorname{senh}\sqrt{x}}{2\sqrt{x}}$$ ∎

■ Funciones hiperbólicas inversas y sus derivadas

Se observa en las figuras 1 y 3 que senh y tanh son funciones uno a uno y por lo tanto tienen funciones inversas denotadas por senh^{-1} y $\tanh^{-1}$. En la figura 2 se muestra que cosh no es uno a uno, pero si se restringe el dominio al intervalo $[0, \infty)$, entonces la función $y = \cosh x$ es uno a uno y alcanza todos los valores en su rango $[1, \infty)$. La función coseno hiperbólico inversa se define como la inversa de esta función restringida.

$$\boxed{2}\qquad
\begin{aligned}
y = \operatorname{senh}^{-1}x &\iff \operatorname{senh} y = x \\
y = \cosh^{-1}x &\iff \cosh y = x \quad\text{y}\quad y \geq 0 \\
y = \tanh^{-1}x &\iff \tanh y = x
\end{aligned}$$

Las restantes funciones hiperbólicas inversas se definen de manera similar (vea el ejercicio 32).

Se presentan las gráficas de senh^{-1}, $\cosh^{-1}$ y $\tanh^{-1}$ en las figuras 8, 9 y 10 en referencia a las figuras 1, 2 y 3.

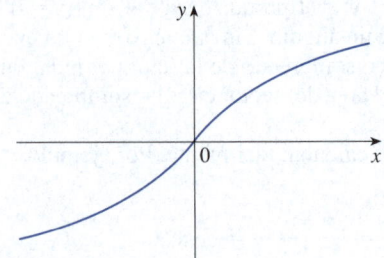

FIGURA 8 $y = \operatorname{senh}^{-1}x$.
dominio $= \mathbb{R}$ rango $= \mathbb{R}$

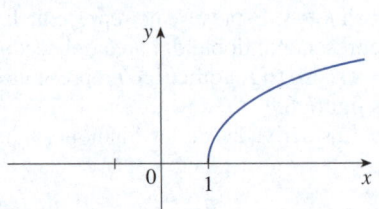

FIGURA 9 $y = \cosh^{-1}x$.
dominio $= [1, \infty)$ rango $= [0, \infty)$

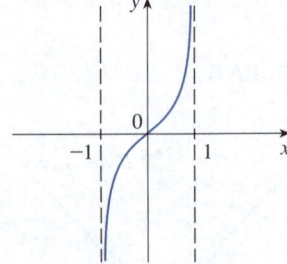

FIGURA 10 $y = \tanh^{-1}x$.
dominio $= (-1, 1)$ rango $= \mathbb{R}$

Como las funciones hiperbólicas se definen en términos de funciones exponenciales, no sorprende que las funciones hiperbólicas inversas se expresen en términos de logaritmos. En particular, se tiene:

En el ejemplo 3 se demuestra la fórmula 3. En los ejercicios 30 y 31 se requieren las demostraciones de las fórmulas 4 y 5.

$$\boxed{3}\qquad \operatorname{senh}^{-1}x = \ln\!\left(x + \sqrt{x^2 + 1}\right)\qquad x \in \mathbb{R}$$

$$\boxed{4}\qquad \cosh^{-1}x = \ln\!\left(x + \sqrt{x^2 - 1}\right)\qquad x \geq 1$$

$$\boxed{5}\qquad \tanh^{-1}x = \tfrac{1}{2}\ln\!\left(\frac{1 + x}{1 - x}\right)\qquad -1 < x < 1$$

EJEMPLO 3 Demuestre que $\text{senh}^{-1}x = \ln\left(x + \sqrt{x^2 + 1}\right)$.

SOLUCIÓN Sea $y = \text{senh}^{-1}x$. Entonces

$$x = \text{senh } y = \frac{e^y - e^{-y}}{2}$$

de modo que
$$e^y - 2x - e^{-y} = 0$$

o, al multiplicar por e^y,
$$e^{2y} - 2xe^y - 1 = 0$$

En realidad, esto es una ecuación cuadrática en e^y:

$$(e^y)^2 - 2x(e^y) - 1 = 0$$

Se resuelve mediante la fórmula cuadrática para obtener

$$e^y = \frac{2x \pm \sqrt{4x^2 + 4}}{2} = x \pm \sqrt{x^2 + 1}$$

Observe que $e^y > 0$, pero $x - \sqrt{x^2 + 1} < 0$ (porque $x < \sqrt{x^2 + 1}$). Por lo tanto, el signo de menos es inadmisible y se tiene

$$e^y = x + \sqrt{x^2 + 1}$$

Por consiguiente,
$$y = \ln(e^y) = \ln\left(x + \sqrt{x^2 + 1}\right)$$

Esto muestra que
$$\text{senh}^{-1}x = \ln\left(x + \sqrt{x^2 + 1}\right)$$

(Vea otro método en el ejercicio 29). ∎

Observe que las fórmulas de las derivadas de $\tanh^{-1}x$ y $\coth^{-1}x$ parecen idénticas, pero los dominios de estas funciones no tienen números en común: $\tanh^{-1}x$ se define para $|x| < 1$, mientras que $\coth^{-1}x$ se define para $|x| > 1$.

6 Derivadas de funciones hiperbólicas inversas

$$\frac{d}{dx}(\text{senh}^{-1}x) = \frac{1}{\sqrt{1 + x^2}} \qquad \frac{d}{dx}(\text{csch}^{-1}x) = -\frac{1}{|x|\sqrt{x^2 + 1}}$$

$$\frac{d}{dx}(\cosh^{-1}x) = \frac{1}{\sqrt{x^2 - 1}} \qquad \frac{d}{dx}(\text{sech}^{-1}x) = -\frac{1}{x\sqrt{1 - x^2}}$$

$$\frac{d}{dx}(\tanh^{-1}x) = \frac{1}{1 - x^2} \qquad \frac{d}{dx}(\coth^{-1}x) = \frac{1}{1 - x^2}$$

Todas las funciones hiperbólicas inversas son derivables porque las funciones hiperbólicas son derivables (vea el apéndice F). Las fórmulas de la tabla 6 pueden demostrarse ya sea por el método de las funciones inversas o por la derivación de las fórmulas 3, 4 y 5.

EJEMPLO 4 Demuestre que $\dfrac{d}{dx}(\text{senh}^{-1}x) = \dfrac{1}{\sqrt{1 + x^2}}$.

SOLUCIÓN 1 Sea $y = \text{senh}^{-1}x$. Entonces $\text{senh } y = x$. Si se deriva esta ecuación implícitamente respecto a x se obtiene

$$\cosh y \frac{dy}{dx} = 1$$

Como $\cosh^2 y - \mathrm{senh}^2 y = 1$ y $\cosh y \geq 0$, se tiene $\cosh y = \sqrt{1 + \mathrm{senh}^2 y}$, así,

$$\frac{dy}{dx} = \frac{1}{\cosh y} = \frac{1}{\sqrt{1 + \mathrm{senh}^2 y}} = \frac{1}{\sqrt{1 + x^2}}$$

SOLUCIÓN 2   De la ecuación 3 (demostrada en el ejemplo 3), se tiene

$$\frac{d}{dx}(\mathrm{senh}^{-1}x) = \frac{d}{dx}\ln\left(x + \sqrt{x^2 + 1}\right)$$

$$= \frac{1}{x + \sqrt{x^2 + 1}}\frac{d}{dx}\left(x + \sqrt{x^2 + 1}\right)$$

$$= \frac{1}{x + \sqrt{x^2 + 1}}\left(1 + \frac{x}{\sqrt{x^2 + 1}}\right)$$

$$= \frac{\sqrt{x^2 + 1} + x}{\left(x + \sqrt{x^2 + 1}\right)\sqrt{x^2 + 1}}$$

$$= \frac{1}{\sqrt{x^2 + 1}}$$

EJEMPLO 5   Encuentre $\dfrac{d}{dx}[\tanh^{-1}(\mathrm{sen}\,x)]$.

SOLUCIÓN   Con la tabla 6 y la regla de la cadena se tiene

$$\frac{d}{dx}[\tanh^{-1}(\mathrm{sen}\,x)] = \frac{1}{1 - (\mathrm{sen}\,x)^2}\frac{d}{dx}(\mathrm{sen}\,x)$$

$$= \frac{1}{1 - \mathrm{sen}^2 x}\cos x = \frac{\cos x}{\cos^2 x} = \sec x$$

3.11 | Ejercicios

1-6 Determine el valor numérico de cada expresión.

1. (a) $\mathrm{senh}\,0$ (b) $\cosh 0$

2. (a) $\tanh 0$ (b) $\tanh 1$

3. (a) $\cosh(\ln 5)$ (b) $\cosh 5$

4. (a) $\mathrm{senh}\,4$ (b) $\mathrm{senh}(\ln 4)$

5. (a) $\mathrm{sech}\,0$ (b) $\cosh^{-1} 1$

6. (a) $\mathrm{senh}\,1$ (b) $\mathrm{senh}^{-1} 1$

7. Escriba $8\,\mathrm{senh}\,x + 5\cosh x$ en términos de e^x y e^{-x}.

8. Escriba $2e^{2x} + 3e^{-2x}$ en términos de $\mathrm{senh}\,2x$ y $\cosh 2x$.

9. Escriba $\mathrm{senh}(\ln x)$ como función racional de x.

10. Escriba $\cosh(4\ln x)$ como función racional de x.

11-23 Demuestre la identidad.

11. $\mathrm{senh}(-x) = -\mathrm{senh}\,x$
(Esto demuestra que senh es una función impar).

12. $\cosh(-x) = \cosh x$
(Esto demuestra que cosh es una función par).

13. $\cosh x + \mathrm{senh}\,x = e^x$

14. $\cosh x - \mathrm{senh}\,x = e^{-x}$

15. $\mathrm{senh}(x + y) = \mathrm{senh}\,x \cosh y + \cosh x \,\mathrm{senh}\,y$

16. $\cosh(x + y) = \cosh x \cosh y + \mathrm{senh}\,x \,\mathrm{senh}\,y$

17. $\coth^2 x - 1 = \operatorname{csch}^2 x$

18. $\tanh(x + y) = \dfrac{\tanh x + \tanh y}{1 + \tanh x \tanh y}$

19. $\operatorname{senh} 2x = 2 \operatorname{senh} x \cosh x$

20. $\cosh 2x = \cosh^2 x + \operatorname{senh}^2 x$

21. $\tanh(\ln x) = \dfrac{x^2 - 1}{x^2 + 1}$

22. $\dfrac{1 + \tanh x}{1 - \tanh x} = e^{2x}$

23. $(\cosh x + \operatorname{senh} x)^n = \cosh nx + \operatorname{senh} nx$
(n es cualquier número real)

---

24. Si $\tanh x = \frac{12}{13}$, halle los valores de las otras funciones hiperbólicas en x.

25. Si $\cosh x = \frac{5}{3}$ y $x > 0$, determine los valores de las otras funciones hiperbólicas en x.

26. (a) Utilice las gráficas de senh, cosh y tanh en las figuras 1-3 para trazar las gráficas de csch, sech y coth.
  (b) Revise las gráficas que elaboró en el inciso (a) con una calculadora graficadora o computadora para producirlas.

27. Use las definiciones de las funciones hiperbólicas para encontrar cada uno de los siguientes límites.
  (a) $\lim\limits_{x \to \infty} \tanh x$ (b) $\lim\limits_{x \to -\infty} \tanh x$
  (c) $\lim\limits_{x \to \infty} \operatorname{senh} x$ (d) $\lim\limits_{x \to -\infty} \operatorname{senh} x$
  (e) $\lim\limits_{x \to \infty} \operatorname{sech} x$ (f) $\lim\limits_{x \to \infty} \coth x$
  (g) $\lim\limits_{x \to 0^+} \coth x$ (h) $\lim\limits_{x \to 0^-} \coth x$
  (i) $\lim\limits_{x \to -\infty} \operatorname{csch} x$ (j) $\lim\limits_{x \to \infty} \dfrac{\operatorname{senh} x}{e^x}$

28. Demuestre las fórmulas dadas en la tabla 1 para las derivadas de las funciones (a) cosh, (b) tanh, (c) csch, (d) sech y (e) coth.

29. Dé otra solución al ejemplo 3 con $y = \operatorname{senh}^{-1} x$ y luego usando el ejercicio 13 y el ejemplo 1(a) con x reemplazado por y.

30. Demuestre la ecuación 4.

31. Demuestre la ecuación 5 con (a) el método del ejemplo 3 y (b) el ejercicio 22 con x reemplazado por y.

32. Para cada una de las siguientes funciones (i) dé una definición como las de (2), (ii) trace la gráfica y (iii) encuentre una fórmula similar a la de la ecuación 3.
  (a) csch^{-1} (b) sech^{-1} (c) $\coth^{-1}$

33. Demuestre la fórmula dada en la tabla 6 para la derivada de cada una de las siguientes funciones.
  (a) $\cosh^{-1}$ (b) $\tanh^{-1}$ (c) $\coth^{-1}$

34. Demuestre la fórmula dada en la tabla 6 para la derivada de cada una de las siguientes funciones.
  (a) sech^{-1} (b) csch^{-1}

35-53 Halle la derivada. Simplifique donde sea posible.

35. $f(x) = \cosh 3x$ **36.** $f(x) = e^x \cosh x$

37. $h(x) = \operatorname{senh}(x^2)$ **38.** $g(x) = \operatorname{senh}^2 x$

39. $G(t) = \operatorname{senh}(\ln t)$ **40.** $F(t) = \ln(\operatorname{senh} t)$

41. $f(x) = \tanh\sqrt{x}$ **42.** $H(v) = e^{\tanh 2v}$

43. $y = \operatorname{sech} x \tanh x$ **44.** $y = \operatorname{sech}(\tanh x)$

45. $g(t) = t \coth\sqrt{t^2 + 1}$ **46.** $f(t) = \dfrac{1 + \operatorname{senh} t}{1 - \operatorname{senh} t}$

47. $f(x) = \operatorname{senh}^{-1}(-2x)$ **48.** $g(x) = \tanh^{-1}(x^3)$

49. $y = \cosh^{-1}(\sec \theta), \quad 0 \leqslant \theta < \pi/2$

50. $y = \operatorname{sech}^{-1}(\operatorname{sen} \theta), \quad 0 < \theta < \pi/2$

51. $G(u) = \cosh^{-1}\sqrt{1 + u^2}, \quad u > 0$

52. $y = x \tanh^{-1} x + \ln\sqrt{1 - x^2}$

53. $y = x \operatorname{senh}^{-1}(x/3) - \sqrt{9 + x^2}$

---

54. Demuestre que $\dfrac{d}{dx} \sqrt[4]{\dfrac{1 + \tanh x}{1 - \tanh x}} = \frac{1}{2} e^{x/2}$.

55. Demuestre que $\dfrac{d}{dx} \arctan(\tanh x) = \operatorname{sech} 2x$.

56. El Arco Gateway El Arco Gateway de St. Louis fue diseñado por Eero Saarinen y se construyó con la ecuación

$$y = 211.49 - 20.96 \cosh 0.03291765x$$

para la curva central del arco, donde x y y se miden en metros y $|x| \leqslant 91.20$.
  (a) Grafique la curva central.
  (b) ¿Cuál es la altura del arco en su centro?
  (c) ¿En qué puntos es la altura 100 m?
  (d) ¿Cuál es la pendiente del arco en los puntos del inciso (c)?

57. Si una ola de agua con longitud L se mueve con la velocidad v en un cuerpo de agua con la profundidad d, entonces

$$v = \sqrt{\frac{gL}{2\pi} \tanh\left(\frac{2\pi d}{L}\right)}$$

donde g es la aceleración debida a la gravedad (vea la figura 5). Explique por qué la aproximación

$$v \approx \sqrt{\frac{gL}{2\pi}}$$

es apropiada en aguas profundas.

58. Un cable flexible siempre cuelga en forma de catenaria $y = c + a \cosh(x/a)$, donde c y a son constantes y $a > 0$ (vea la figura 4 y el ejercicio 60). Grafique varios miembros de la familia de funciones $y = a \cosh(x/a)$. ¿Cómo cambia la gráfica a medida que varía a?

59. Una línea telefónica cuelga entre dos postes separados 14 m en forma de catenaria $y = 20 \cosh(x/20) - 15$, donde x y y se miden en metros.
(a) Halle la pendiente de esta curva donde se encuentra con el poste de la derecha.
(b) Encuentre el ángulo θ entre la línea y el poste.

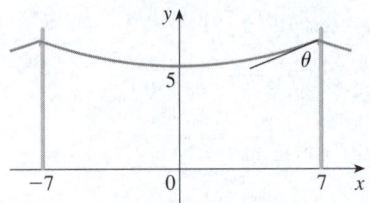

60. Mediante principios de la física, se puede demostrar que cuando un cable cuelga entre dos postes toma la forma de una curva $y = f(x)$ que satisface la ecuación diferencial

$$\frac{d^2y}{dx^2} = \frac{\rho g}{T} \sqrt{1 + \left(\frac{dy}{dx}\right)^2}$$

donde ρ es la densidad lineal del cable, g es la aceleración debida a la gravedad, T es la tensión en el cable en su punto más bajo, y el sistema de coordenadas se elige adecuadamente. Verifique que la función

$$y = f(x) = \frac{T}{\rho g} \cosh\left(\frac{\rho g x}{T}\right)$$

es una solución para esta ecuación diferencial.

61. Un cable con densidad lineal $\rho = 2$ kg/m está tendido de la parte superior de dos postes a 200 m de distancia.
(a) Con el ejercicio 60 encuentre la tensión T para que el cable esté a 60 m sobre el suelo en su punto más bajo. ¿Qué altura tienen los postes?
(b) Si se duplica la tensión, ¿cuál es el nuevo punto bajo del cable? ¿Qué tan altos son los postes ahora?

62. Un modelo para la velocidad de un objeto descendente después de un tiempo t es

$$v(t) = \sqrt{\frac{mg}{k}} \tanh\left(t \sqrt{\frac{gk}{m}}\right)$$

donde m es la masa del objeto, $g = 9.8$ m/s^2 es la aceleración debida a la gravedad, k es una constante, t se mide en segundos y v en m/s.
(a) Calcule la velocidad terminal del objeto, es decir, $\lim_{t \to \infty} v(t)$.
(b) Si una persona salta en paracaídas desde un avión, el valor de la constante k depende de su posición. En una posición "pecho tierra", $k = 0.515$ kg/s, pero en una posición "de pie", $k = 0.067$ kg/s. Si una persona de 60 kg desciende en posición "pecho tierra", ¿cuál es la velocidad terminal? ¿Y con la posición "de pie"?

Fuente: L. Long *et al.,* "How Terminal Is Terminal Velocity?", *American Mathematical Monthly* 113 (2006): 752-55.

63. (a) Demuestre que cualquier función de la forma

$$y = A \operatorname{senh} mx + B \cosh mx$$

satisface la ecuación diferencial $y'' = m^2 y$.
(b) Halle $y = y(x)$ tal que $y'' = 9y$, $y(0) = -4$ y $y'(0) = 6$.

64. Si $x = \ln(\sec\theta + \tan\theta)$, demuestre que $\sec\theta = \cosh x$.

65. ¿En qué punto de la curva $y = \cosh x$ tiene la tangente la pendiente 1?

66. Investigue la familia de funciones

$$f_n(x) = \tanh(n \operatorname{sen} x)$$

donde n es un entero positivo. Describa lo que pasa con la gráfica de f_n cuando n aumenta.

67. Demuestre que si $a \neq 0$ y $b \neq 0$, entonces existen números α y β tales que $ae^x + be^{-x}$ equivale ya sea a

$$\alpha \operatorname{senh}(x + \beta) \qquad \text{o} \qquad \alpha \cosh(x + \beta)$$

En otras palabras, casi toda función de la forma $f(x) = ae^x + be^{-x}$ es una función de seno hiperbólico desplazado y estirado o una función coseno hiperbólico.

3   **REPASO**

VERIFICACIÓN DE CONCEPTOS

Las respuestas de la sección "Verificación de conceptos" están disponibles en StewartCalculus.com

1. Indique cada regla de la derivación tanto en símbolos como en palabras.
  (a) Regla de la potencia
  (b) Regla del múltiplo constante
  (c) Regla de la suma
  (d) Regla de la diferencia
  (e) Regla del producto
  (f) Regla del cociente
  (g) Regla de la cadena

2. Indique la derivada de cada función.
  (a) $y = x^n$ (b) $y = e^x$ (c) $y = b^x$
  (d) $y = \ln x$ (e) $y = \log_b x$ (f) $y = \operatorname{sen} x$
  (g) $y = \cos x$ (h) $y = \tan x$ (i) $y = \csc x$
  (j) $y = \sec x$ (k) $y = \cot x$ (l) $y = \operatorname{sen}^{-1} x$
  (m) $y = \cos^{-1} x$ (n) $y = \tan^{-1} x$ (o) $y = \operatorname{senh} x$
  (p) $y = \cosh x$ (q) $y = \tanh x$ (r) $y = \operatorname{senh}^{-1} x$
  (s) $y = \cosh^{-1} x$ (t) $y = \tanh^{-1} x$

3. (a) ¿Cómo se define el número e?
  (b) Exprese e como un límite.
  (c) ¿Por qué la función exponencial natural $y = e^x$ se usa más a menudo en el cálculo que las otras funciones exponenciales $y = b^x$?

(d) ¿Por qué la función logaritmo natural $y = \ln x$ se usa más a menudo en el cálculo que las otras funciones logarítmicas $y = \log_b x$?

4. (a) Explique cómo funciona la derivación implícita.
  (b) Explique cómo funciona la derivación logarítmica.

5. Dé varios ejemplos de cómo la derivada puede interpretarse como una razón de cambio en física, química, biología, economía u otras ciencias.

6. (a) Escriba una ecuación diferencial que exprese la ley de crecimiento natural.
  (b) ¿En qué circunstancias es este un modelo apropiado para el crecimiento de la población?
  (c) ¿Cuáles son las soluciones de esta ecuación?

7. (a) Escriba una expresión para la linealización de f en a.
  (b) Si $y = f(x)$, escriba una expresión para el diferencial dy.
  (c) Si $dx = \Delta x$, elabore un dibujo que muestre los significados geométricos de Δy y dy.

PREGUNTAS DE VERDADERO O FALSO

Determine si el enunciado es verdadero o falso. Si es verdadero, explique por qué. Si es falso, explique por qué o dé un ejemplo que lo refute.

1. Si f y g son derivables, entonces
$$\frac{d}{dx}[f(x) + g(x)] = f'(x) + g'(x)$$

2. Si f y g son derivables, entonces
$$\frac{d}{dx}[f(x)g(x)] = f'(x)g'(x)$$

3. Si f y g son derivables, entonces
$$\frac{d}{dx}\Big[f(g(x))\Big] = f'(g(x))g'(x)$$

4. Si f es derivable, entonces $\dfrac{d}{dx}\sqrt{f(x)} = \dfrac{f'(x)}{2\sqrt{f(x)}}$.

5. Si f es derivable, entonces $\dfrac{d}{dx}f(\sqrt{x}) = \dfrac{f'(x)}{2\sqrt{x}}$.

6. Si $y = e^2$, entonces $y' = 2e$.

7. $\dfrac{d}{dx}(10^x) = x10^{x-1}$

8. $\dfrac{d}{dx}(\ln 10) = \dfrac{1}{10}$

9. $\dfrac{d}{dx}(\tan^2 x) = \dfrac{d}{dx}(\sec^2 x)$

10. $\dfrac{d}{dx}|x^2 + x| = |2x + 1|$

11. La derivada de un polinomio es un polinomio.

12. Si $f(x) = (x^6 - x^4)^5$, entonces $f^{(31)}(x) = 0$.

13. La derivada de una función racional es una función racional.

14. Una ecuación de la recta tangente a la parábola $y = x^2$ en $(-2, 4)$ es $y - 4 = 2x(x + 2)$.

15. Si $g(x) = x^5$, entonces $\displaystyle\lim_{x \to 2}\frac{g(x) - g(2)}{x - 2} = 80$.

EJERCICIOS

1-54 Calcule y'.

1. $y = (x^2 + x^3)^4$

2. $y = \dfrac{1}{\sqrt{x}} - \dfrac{1}{\sqrt[5]{x^3}}$

3. $y = \dfrac{x^2 - x + 2}{\sqrt{x}}$

4. $y = \dfrac{\tan x}{1 + \cos x}$

5. $y = x^2 \operatorname{sen} \pi x$

6. $y = x \cos^{-1} x$

7. $y = \dfrac{t^4 - 1}{t^4 + 1}$

8. $xe^y = y \operatorname{sen} x$

9. $y = \ln(x \ln x)$

10. $y = e^{mx} \cos nx$

11. $y = \sqrt{x} \cos \sqrt{x}$

12. $y = (\operatorname{arcsen} 2x)^2$

13. $y = \dfrac{e^{1/x}}{x^2}$

14. $y = \ln \sec x$

15. $y + x \cos y = x^2 y$

16. $y = \left(\dfrac{u - 1}{u^2 + u + 1} \right)^4$

17. $y = \sqrt{\arctan x}$

18. $y = \cot(\csc x)$

19. $y = \tan \left(\dfrac{t}{1 + t^2} \right)$

20. $y = e^{x \sec x}$

21. $y = 3^{x \ln x}$

22. $y = \sec(1 + x^2)$

23. $y = (1 - x^{-1})^{-1}$

24. $y = 1/\sqrt[3]{x + \sqrt{x}}$

25. $\operatorname{sen}(xy) = x^2 - y$

26. $y = \sqrt{\operatorname{sen} \sqrt{x}}$

27. $y = \log_5(1 + 2x)$

28. $y = (\cos x)^x$

29. $y = \ln \operatorname{sen} x - \frac{1}{2} \operatorname{sen}^2 x$

30. $y = \dfrac{(x^2 + 1)^4}{(2x + 1)^3 (3x - 1)^5}$

31. $y = x \tan^{-1}(4x)$

32. $y = e^{\cos x} + \cos(e^x)$

33. $y = \ln |\sec 5x + \tan 5x|$

34. $y = 10^{\tan \pi \theta}$

35. $y = \cot(3x^2 + 5)$

36. $y = \sqrt{t \ln(t^4)}$

37. $y = \operatorname{sen}\left(\tan \sqrt{1 + x^3}\right)$

38. $y = x \sec^{-1} x$

39. $y = 5 \arctan(1/x)$

40. $y = \operatorname{sen}^{-1}(\cos \theta), \quad 0 < \theta < \pi$

41. $y = x \tan^{-1} x - \frac{1}{2} \ln(1 + x^2)$

42. $y = \ln(\operatorname{arcsen} x^2)$

43. $y = \tan^2(\operatorname{sen} \theta)$

44. $y + \ln y = xy^2$

45. $y = \dfrac{\sqrt{x + 1}\,(2 - x)^5}{(x + 3)^7}$

46. $y = \dfrac{(x + \lambda)^4}{x^4 + \lambda^4}$

47. $y = x \operatorname{senh}(x^2)$

48. $y = \dfrac{\operatorname{sen} mx}{x}$

49. $y = \ln(\cosh 3x)$

50. $y = \ln \left| \dfrac{x^2 - 4}{2x + 5} \right|$

51. $y = \cosh^{-1}(\operatorname{senh} x)$

52. $y = x \tanh^{-1} \sqrt{x}$

53. $y = \cos\left(e^{\sqrt{\tan 3x}}\right)$

54. $y = \operatorname{sen}^2\left(\cos \sqrt{\operatorname{sen} \pi x}\right)$

---

55. Si $f(t) = \sqrt{4t + 1}$, encuentre $f''(2)$.

56. Si $g(\theta) = \theta \operatorname{sen} \theta$, encuentre $g''(\pi/6)$.

57. Determine y'' si $x^6 + y^6 = 1$.

58. Halle $f^{(n)}(x)$ si $f(x) = 1/(2 - x)$.

59. Use inducción matemática para mostrar que si $f(x) = xe^x$, entonces $f^{(n)}(x) = (x + n)e^x$. (*Nota*: Vea los "Principios para la resolución de problemas" que se presentan después del capítulo 1).

60. Evalúe $\lim\limits_{t \to 0} \dfrac{t^3}{\tan^3(2t)}$.

61-63 Halle una ecuación de la recta tangente a la curva en el punto dado.

61. $y = 4 \operatorname{sen}^2 x, \quad (\pi/6, 1)$

62. $y = \dfrac{x^2 - 1}{x^2 + 1}, \quad (0, -1)$

63. $y = \sqrt{1 + 4 \operatorname{sen} x}, \quad (0, 1)$

64-65 Encuentre ecuaciones de la recta tangente y la recta normal a la curva en el punto dado.

64. $x^2 + 4xy + y^2 = 13, \quad (2, 1)$

65. $y = (2 + x)e^{-x}, \quad (0, 2)$

---

66. Si $f(x) = xe^{\operatorname{sen} x}$, halle $f'(x)$. Grafique f y f' en la misma pantalla y comente.

67. (a) Si $f(x) = x\sqrt{5 - x}$, encuentre $f'(x)$.
   (b) Determine ecuaciones de las rectas tangentes a la curva $y = x\sqrt{5 - x}$ en los puntos $(1, 2)$ y $(4, 4)$.
   (c) Ilustre el inciso (b) graficando la curva y las rectas tangentes en la misma pantalla.
   (d) Compruebe que su respuesta al inciso (a) sea razonable comparando las gráficas de f y f'.

68. (a) Si $f(x) = 4x - \tan x$, $-\pi/2 < x < \pi/2$, halle f' y f''.

(b) Compruebe que sus respuestas al inciso (a) sean razonables comparando las gráficas de f, f' y f''.

69. ¿En qué punto de la curva $y = \operatorname{sen} x + \cos x$, $0 \leqslant x \leqslant 2\pi$, es horizontal la recta tangente?

70. Encuentre los puntos en la elipse $x^2 + 2y^2 = 1$ donde la recta tangente tiene la pendiente 1.

71. Si $f(x) = (x - a)(x - b)(x - c)$, demuestre que

$$\frac{f'(x)}{f(x)} = \frac{1}{x - a} + \frac{1}{x - b} + \frac{1}{x - c}$$

72. (a) Al derivar la fórmula del ángulo doble

$$\cos 2x = \cos^2 x - \operatorname{sen}^2 x$$

obtenga la fórmula del ángulo doble para la función seno.

(b) Al derivar la fórmula de adición

$$\operatorname{sen}(x + a) = \operatorname{sen} x \cos a + \cos x \operatorname{sen} a$$

obtenga la fórmula de adición para la función coseno.

73. Suponga que

$$f(1) = 2 \qquad f'(1) = 3 \qquad f(2) = 1 \qquad f'(2) = 2$$
$$g(1) = 3 \qquad g'(1) = 1 \qquad g(2) = 1 \qquad g'(2) = 4$$

(a) Si $S(x) = f(x) + g(x)$, halle $S'(1)$.

(b) Si $P(x) = f(x) g(x)$, encuentre $P'(2)$.

(c) Si $Q(x) = f(x)/g(x)$, determine $Q'(1)$.

(d) Si $C(x) = f(g(x))$, halle $C'(2)$.

74. Si f y g son las funciones cuyas gráficas se muestran, sean $P(x) = f(x) g(x)$, $Q(x) = f(x)/g(x)$ y $C(x) = f(g(x))$. Encuentre (a) $P'(2)$, (b) $Q'(2)$ y (c) $C'(2)$.

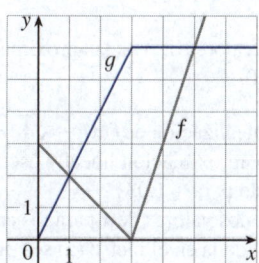

75-82 Determine f' en términos de g'.

75. $f(x) = x^2 g(x)$

76. $f(x) = g(x^2)$

77. $f(x) = [g(x)]^2$

78. $f(x) = g(g(x))$

79. $f(x) = g(e^x)$

80. $f(x) = e^{g(x)}$

81. $f(x) = \ln |g(x)|$

82. $f(x) = g(\ln x)$

83-85 Halle h' en términos de f' y g'.

83. $h(x) = \dfrac{f(x) g(x)}{f(x) + g(x)}$

84. $h(x) = \sqrt{\dfrac{f(x)}{g(x)}}$

85. $h(x) = f(g(\operatorname{sen} 4x))$

86. (a) Grafique la función $f(x) = x - 2 \operatorname{sen} x$ en el rectángulo de visión $[0, 8]$ por $[-2, 8]$.

(b) ¿En qué intervalo es más grande la razón de cambio promedio: $[1, 2]$ o $[2, 3]$?

(c) ¿En qué valor de x es más grande la razón de cambio instantánea: $x = 2$ o $x = 5$?

(d) Compruebe sus estimaciones visuales del inciso (c) calculando $f'(x)$ y comparando los valores numéricos de $f'(2)$ y $f'(5)$.

87. ¿En qué punto de la curva

$$y = [\ln(x + 4)]^2$$

es horizontal la tangente?

88. (a) Determine una ecuación de la recta tangente a la curva $y = e^x$ que sea paralela a la recta $x - 4y = 1$.

(b) Halle una ecuación de la tangente a la curva $y = e^x$ que pase a través del origen.

89. Encuentre una parábola $y = ax^2 + bx + c$ que pase a través del punto $(1, 4)$ y cuyas rectas tangentes en $x = -1$ y $x = 5$ tengan las pendientes 6 y -2, respectivamente.

90. La función $C(t) = K(e^{-at} - e^{-bt})$, donde a, b y K son constantes positivas y $b > a$, se usa para modelar la concentración en el tiempo t de un medicamento inyectado en la sangre.

(a) Demuestre que $\lim_{t \to \infty} C(t) = 0$.

(b) Halle $C'(t)$, la razón de cambio de la concentración del medicamento en la sangre.

(c) ¿Cuándo es esta rapidez igual a 0?

91. Una ecuación de movimiento de la forma $s = Ae^{-ct} \cos(\omega t + \delta)$ representa la oscilación amortiguada de un objeto. Encuentre la velocidad y la aceleración del objeto.

92. Una partícula se mueve a lo largo de una recta horizontal de tal modo que su coordenada en el tiempo t es $x = \sqrt{b^2 + c^2 t^2}$, $t \geqslant 0$, donde b y c son constantes positivas.

(a) Halle las funciones de velocidad y aceleración.

(b) Demuestre que la partícula siempre se mueve en dirección positiva.

93. Una partícula se mueve en una línea vertical de modo que su coordenada en el tiempo t es $y = t^3 - 12t + 3$, $t \geq 0$.
  (a) Encuentre las funciones de velocidad y aceleración.
  (b) ¿Cuándo se mueve la partícula hacia arriba y cuándo hacia abajo?
  (c) Encuentre la distancia que la partícula viaja en el intervalo $0 \leq t \leq 3$.
  (d) Grafique las funciones de posición, velocidad y aceleración para $0 \leq t \leq 3$.
  (e) ¿Cuándo acelera la partícula? ¿Cuándo disminuye su velocidad?

94. El volumen de un cono circular derecho es $V = \frac{1}{3}\pi r^2 h$, donde r es el radio de la base y h es la altura.
  (a) Encuentre la razón de cambio del volumen respecto a la altura si el radio es constante.
  (b) Encuentre la razón de cambio del volumen respecto al radio si la altura es constante.

95. La masa de una parte de un cable es $x\left(1 + \sqrt{x}\right)$ kilogramos, donde x se mide en metros desde un extremo del cable. Encuentre la densidad lineal del cable cuando $x = 4$ m.

96. El costo, en dólares, de producir x unidades de un cierto producto básico es

$$C(x) = 920 + 2x - 0.02x^2 + 0.00007x^3$$

  (a) Halle la función del costo marginal.
  (b) Encuentre $C'(100)$ y explique su significado.
  (c) Compare $C'(100)$ con el costo de producir el producto 101.

97. Un cultivo de bacterias contiene 200 células inicialmente y crece a un ritmo proporcional a su tamaño. Después de media hora la población aumenta a 360 células.
  (a) Halle el número de células después de t horas.
  (b) Encuentre el número de células después de 4 horas.
  (c) Determine la tasa de crecimiento después de 4 horas.
  (d) ¿Cuándo alcanzará la población 10 000?

98. El cobalto 60 tiene una vida media de 5.24 años.
  (a) Encuentre la masa que queda de una muestra de 100 mg después de 20 años.
  (b) ¿Cuánto tardaría la masa en descomponerse hasta 1 mg?

99. Sea $C(t)$ la concentración de un fármaco en la sangre. A medida que el cuerpo elimina el fármaco, $C(t)$ disminuye a un ritmo proporcional a la cantidad de fármaco presente en ese momento. Por lo tanto, $C'(t) = -kC(t)$, donde k es un número positivo llamado *constante de eliminación* del fármaco.
  (a) Si C_0 es la concentración en el tiempo $t = 0$, encuentre la concentración en el tiempo t.
  (b) Si el cuerpo elimina la mitad del medicamento en 30 horas, ¿cuánto tardará en eliminar 90% del fármaco?

100. Una taza de chocolate caliente tiene una temperatura de 80 °C en una habitación que se mantiene a 20 °C. Después de media hora el chocolate se enfría a 60 °C.
  (a) ¿Cuál es la temperatura del chocolate después de otra media hora?
  (b) ¿Cuándo se habrá enfriado el chocolate a 40 °C?

101. El volumen de un cubo crece a un ritmo de 10 cm³/min. ¿A qué velocidad aumenta la superficie cuando la longitud de un borde es de 30 cm?

102. Un vaso de papel tiene la forma de un cono con una altura de 10 cm y un radio de 3 cm (en la parte superior). Si se vierte agua en el vaso a una velocidad de 2 cm³/s, ¿a qué velocidad sube el nivel del agua cuando el agua tiene 5 cm de profundidad?

103. Un globo asciende a una velocidad constante de 2 m/s. Un niño va en bicicleta por una carretera recta con una rapidez de 5 m/s. Cuando pasa por debajo del globo, está a 15 m por encima de él. ¿A qué velocidad aumenta la distancia entre el niño y el globo 3 s después?

104. Una esquiadora acuática pasa por la rampa que se muestra en la figura con una rapidez de 10 m/s. ¿A qué velocidad sube cuando sale de la rampa?

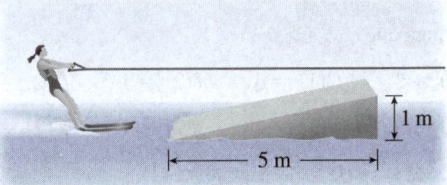

105. El ángulo de elevación del sol decrece a un ritmo de 0.25 rad/h. ¿A qué velocidad aumenta la sombra de un edificio de 400 metros de altura cuando el ángulo de elevación del sol es $\pi/6$?

106. (a) Encuentre la aproximación lineal a $f(x) = \sqrt{25 - x^2}$ cerca de 3.
  (b) Ilustre el inciso (a) graficando f y la aproximación lineal.
  (c) ¿Para qué valores de x es la aproximación lineal precisa dentro de 0.1?

107. (a) Halle la linealización de $f(x) = \sqrt[3]{1 + 3x}$ en $a = 0$. Indique la aproximación lineal y úsela para dar un valor aproximado para $\sqrt[3]{1.03}$.
  (b) Determine los valores de x para los cuales la aproximación lineal dada en el inciso (a) sea precisa dentro de 0.1.

108. Evalúe dy si $y = x^3 - 2x^2 + 1$, $x = 2$ y $dx = 0.2$.

109. Una ventana tiene la forma de un cuadrado rematado por un semicírculo. La base de la ventana tiene una anchura de 60 cm con un posible error de medición de 0.1 cm. Utilice diferenciales para estimar el error máximo posible en el cálculo del área de la ventana.

110-112 Exprese el límite como derivada y evalúe.

110. $\displaystyle\lim_{x \to 1} \frac{x^{17} - 1}{x - 1}$

111. $\displaystyle\lim_{h \to 0} \frac{\sqrt[4]{16 + h} - 2}{h}$ **112.** $\displaystyle\lim_{\theta \to \pi/3} \frac{\cos \theta - 0.5}{\theta - \pi/3}$

113. Evalúe $\displaystyle\lim_{x \to 0} \frac{\sqrt{1 + \tan x} - \sqrt{1 + \operatorname{sen} x}}{x^3}$.

114. Suponga que f es una función derivable tal que $f(g(x)) = x$ y $f'(x) = 1 + [f(x)]^2$. Demuestre que $g'(x) = 1/(1 + x^2)$.

115. Halle $f'(x)$ si se sabe que

$$\frac{d}{dx}[f(2x)] = x^2$$

116. Demuestre que la longitud de la porción de cualquier recta tangente al astroide $x^{2/3} + y^{2/3} = a^{2/3}$ cortada por los ejes coordenados es constante.

Problemas adicionales

Intente resolver los siguientes ejemplos antes de leer las soluciones.

EJEMPLO 1 ¿Cuántas rectas son tangentes a las parábolas $y = -1 - x^2$ y $y = 1 + x^2$? Encuentre las coordenadas de los puntos en los que estas tangentes tocan las parábolas.

SOLUCIÓN Para comprender este problema, es esencial elaborar un diagrama. Así, se trazan las parábolas $y = 1 + x^2$ (que es la parábola estándar $y = x^2$ desplazada 1 unidad hacia arriba) y $y = -1 - x^2$ (que se obtiene reflejando la primera parábola sobre el eje x). Si se intenta trazar una recta tangente a ambas parábolas, pronto se descubre que solo hay dos posibilidades, como se ilustra en la figura 1.

Sean P un punto en el que una de estas tangentes toca la parábola superior y a su coordenada x. (La elección de la notación para lo desconocido es importante. Por supuesto que se podría haber usado b o c o x_0 o x_1 en lugar de a. Sin embargo, no es aconsejable usar x en lugar de a porque esa x podría confundirse con la variable x en la ecuación de la parábola). Entonces, como P se encuentra en la parábola $y = 1 + x^2$, su coordenada y debe ser $1 + a^2$. Debido a la simetría mostrada en la figura 1, las coordenadas del punto Q donde la tangente toca la parábola inferior deben ser $(-a, -(1 + a^2))$.

Para utilizar la información dada de que la recta es una tangente, se equipara la pendiente de la recta PQ a la pendiente de la recta tangente en P. Se tiene

$$m_{PQ} = \frac{1 + a^2 - (-1 - a^2)}{a - (-a)} = \frac{1 + a^2}{a}$$

Si $f(x) = 1 + x^2$, entonces la pendiente de la recta tangente en P es $f'(a) = 2a$. Por lo tanto, la condición necesaria es que

$$\frac{1 + a^2}{a} = 2a$$

Al resolver esta ecuación se obtiene $1 + a^2 = 2a^2$, de modo que $a^2 = 1$ y $a = \pm 1$. Por lo tanto, los puntos son $(1, 2)$ y $(-1, -2)$. Por simetría, los dos puntos restantes son $(-1, 2)$ y $(1, -2)$. ■

EJEMPLO 2 ¿Para qué valores de c tiene la ecuación $\ln x = cx^2$ exactamente una solución?

SOLUCIÓN Uno de los principios más importantes para la resolución de problemas es elaborar un diagrama, aunque el problema, tal como se indica, no mencione explícitamente una situación geométrica. El problema actual puede reformularse geométricamente de la siguiente manera: ¿para qué valores de c la curva $y = \ln x$ interseca la curva $y = cx^2$ en exactamente un punto?

Se empieza por graficar $y = \ln x$ y $y = cx^2$ con varios valores de c. Se sabe que, para $c \neq 0$, $y = cx^2$ es una parábola que se abre hacia arriba si $c > 0$ y hacia abajo si $c < 0$. En la figura 2 se muestran las parábolas $y = cx^2$ para varios valores positivos de c. La mayoría de ellas no interseca $y = \ln x$ en absoluto y una interseca dos veces. Se tiene la sensación de que debe haber un valor de c (en algún lugar entre 0.1 y 0.3) con el cual las curvas intersequen exactamente una vez, como en la figura 3.

Para encontrar ese valor particular de c, sea a la coordenada x del único punto de intersección. En otras palabras, $\ln a = ca^2$, por lo que a es la única solución de la ecuación dada. En la figura 3 se observa que las curvas solo se tocan, por lo que tienen una recta tangente común cuando $x = a$. Eso significa que las curvas $y = \ln x$ y $y = cx^2$ tienen la misma pendiente cuando $x = a$. Por lo tanto,

$$\frac{1}{a} = 2ca$$

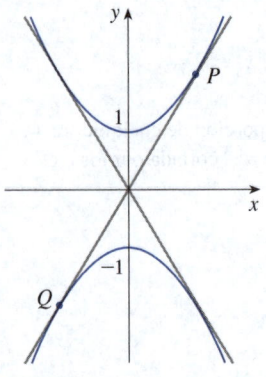

FIGURA 1

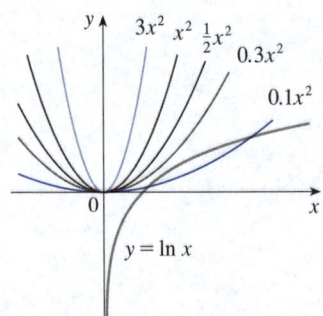

FIGURA 2

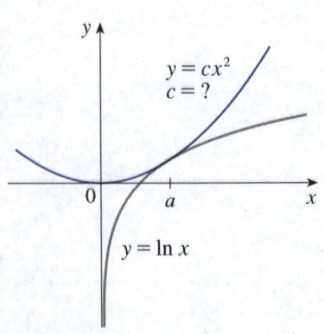

FIGURA 3

274

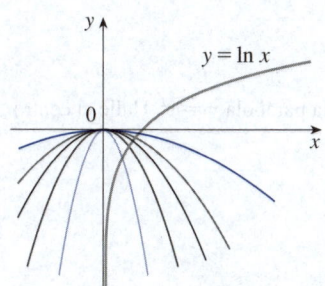

FIGURA 4

Al resolver las ecuaciones $\ln a = ca^2$ y $1/a = 2ca$ se obtiene

$$\ln a = ca^2 = c \cdot \frac{1}{2c} = \frac{1}{2}$$

Por lo tanto, $a = e^{1/2}$ y

$$c = \frac{\ln a}{a^2} = \frac{\ln e^{1/2}}{e} = \frac{1}{2e}$$

Para los valores negativos de c se tiene la situación ilustrada en la figura 4: todas las parábolas $y = cx^2$ con valores negativos de c intersecan $y = \ln x$ exactamente una vez. Y no se debe olvidar $c = 0$: la curva $y = 0x^2 = 0$ es solo el eje x, que interseca $y = \ln x$ exactamente una vez.

En resumen, los valores requeridos de c son $c = 1/(2e)$ y $c \le 0$. ∎

Problemas

1. Busque los puntos P y Q en la parábola $y = 1 - x^2$ tales que el triángulo ABC formado por el eje x y las rectas tangentes en P y Q sea un triángulo equilátero (vea la figura).

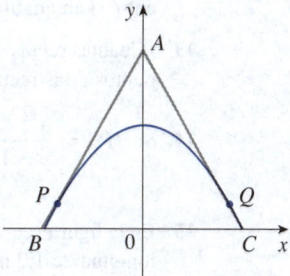

2. Ubique el punto donde las curvas $y = x^3 - 3x + 4$ y $y = 3(x^2 - x)$ son tangentes entre sí, es decir, tienen una recta tangente común. Ilústrelo trazando ambas curvas y la tangente común.

3. Muestre que las rectas tangentes a la parábola $y = ax^2 + bx + c$ en dos puntos cualesquiera con coordenadas x p y q deben intersecar en un punto cuya coordenada x se encuentre a mitad de camino entre p y q.

4. Muestre que $\dfrac{d}{dx}\left(\dfrac{\text{sen}^2 x}{1 + \cot x} + \dfrac{\cos^2 x}{1 + \tan x} \right) = -\cos 2x$.

5. Si $f(x) = \lim\limits_{t \to x} \dfrac{\sec t - \sec x}{t - x}$, encuentre el valor de $f'(\pi/4)$.

6. Determine los valores de las constantes a y b tales que

$$\lim_{x \to 0} \frac{\sqrt[3]{ax + b} - 2}{x} = \frac{5}{12}$$

7. Demuestre que $\text{sen}^{-1}(\tanh x) = \tan^{-1}(\text{senh } x)$.

8. Un auto viaja de noche por una carretera con forma de parábola con su vértice en el origen (vea la figura). El auto comienza en un punto a 100 m al oeste y 100 m al norte del origen y viaja en dirección este. Hay una estatua situada a 100 m al este y 50 m al norte del origen. ¿En qué punto de la carretera los faros del vehículo iluminarán la estatua?

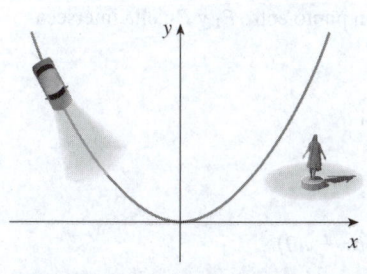

FIGURA PARA EL PROBLEMA 8

9. Demuestre que $\dfrac{d^n}{dx^n}(\text{sen}^4 x + \cos^4 x) = 4^{n-1}\cos(4x + n\pi/2)$.

10. Si f es derivable en a, donde $a > 0$, evalúe el siguiente límite en términos de $f'(a)$:

$$\lim_{x \to a} \frac{f(x) - f(a)}{\sqrt{x} - \sqrt{a}}$$

11. En la figura se muestra un círculo con radio 1 inscrito en la parábola $y = x^2$. Halle el centro del círculo.

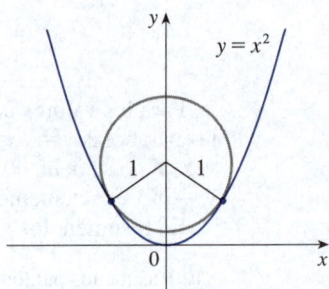

12. Encuentre todos los valores de c tales que las parábolas $y = 4x^2$ y $x = c + 2y^2$ intersequen entre sí en ángulos rectos.

13. ¿Cuántas rectas son tangentes a ambos círculos $x^2 + y^2 = 4$ y $x^2 + (y - 3)^2 = 1$? ¿En qué puntos estas rectas tangentes tocan los círculos?

14. Si $f(x) = \dfrac{x^{46} + x^{45} + 2}{1 + x}$, calcule $f^{(46)}(3)$. Exprese su respuesta con notación factorial:

$$n! = 1 \cdot 2 \cdot 3 \cdot \ldots \cdot (n - 1) \cdot n$$

15. En la figura se muestra una rueda giratoria con un radio de 40 cm y una biela AP con una longitud de 1.2 m. La clavija P se desliza hacia adelante y hacia atrás a lo largo del eje x mientras la rueda gira en sentido contrario a las agujas del reloj a una velocidad de 360 revoluciones por minuto.
   (a) Halle la velocidad angular de la biela conectora, $d\alpha/dt$, en radianes por segundo, cuando $\theta = \pi/3$.
   (b) Exprese la distancia $x = |OP|$ en términos de θ.
   (c) Encuentre una expresión para la velocidad de la clavija P en términos de θ.

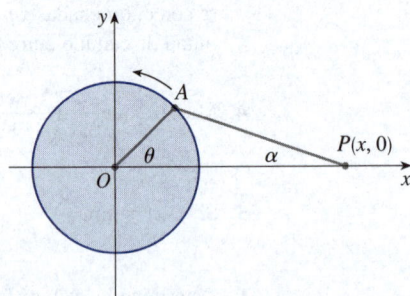

16. Las rectas tangentes T_1 y T_2 se trazan en dos puntos P_1 y P_2 de la parábola $y = x^2$ e intersecan en un punto P. Se traza otra recta tangente T en un punto entre P_1 y P_2; ella interseca T_1 en Q_1 y T_2 en Q_2. Demuestre que

$$\frac{|PQ_1|}{|PP_1|} + \frac{|PQ_2|}{|PP_2|} = 1$$

17. Demuestre que

$$\frac{d^n}{dx^n}(e^{ax}\,\text{sen}\,bx) = r^n e^{ax}\,\text{sen}(bx + n\theta)$$

donde a y b son números positivos, $r^2 = a^2 + b^2$ y $\theta = \tan^{-1}(b/a)$.

18. Evalúe $\lim\limits_{x \to \pi} \dfrac{e^{\text{sen}\,x} - 1}{x - \pi}$.

19. Sean T y N las rectas tangentes y normales de la elipse $x^2/9 + y^2/4 = 1$ en cualquier punto P de la elipse en el primer cuadrante. Sean x_T y y_T las intersecciones x y y de T y x_N y y_N las intersecciones de N. A medida que P se mueve a lo largo de la elipse en el primer cuadrante (pero no en los ejes), ¿qué valores pueden tomar x_T, y_T, x_N y y_N? Primero intente suponer las respuestas con solo mirar la figura. Luego use el cálculo para resolver el problema y vea qué tan buena es su intuición.

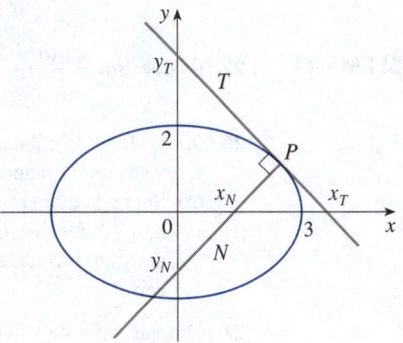

20. Evalúe $\lim\limits_{x \to 0} \dfrac{\text{sen}(3 + x)^2 - \text{sen}\,9}{x}$.

21. (a) Utilice la identidad para $\tan(x - y)$ (vea la ecuación 15b en el apéndice D) para mostrar que si dos rectas L_1 y L_2 intersecan en un ángulo α, entonces

$$\tan \alpha = \frac{m_2 - m_1}{1 + m_1 m_2}$$

donde m_1 y m_2 son las pendientes de L_1 y L_2, respectivamente.

(b) El **ángulo entre las curvas** C_1 y C_2 en un punto de intersección P se define como el ángulo entre las rectas tangentes a C_1 y C_2 en P (si estas rectas tangentes existen). Utilice el inciso (a) para encontrar, al grado más cercano, el ángulo entre cada par de curvas en cada punto de intersección.

(i) $y = x^2$ y $y = (x - 2)^2$

(ii) $x^2 - y^2 = 3$ y $x^2 - 4x + y^2 + 3 = 0$

22. Sea $P(x_1, y_1)$ un punto en la parábola $y^2 = 4px$ con foco $F(p, 0)$. Sean α el ángulo entre la parábola y el segmento de recta FP, y β el ángulo entre la recta horizontal $y = y_1$ y la parábola, como en la figura. Demuestre que $\alpha = \beta$. (Así, por un principio de óptica geométrica, la luz de una fuente situada en F se reflejará a lo largo de una recta paralela al eje x. Esto explica por qué los *paraboloides*, superficies obtenidas por la rotación de las parábolas sobre sus ejes, se utilizan como la forma de algunos faros y espejos para telescopios).

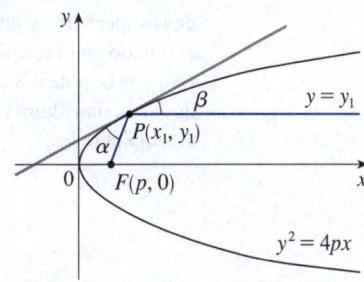

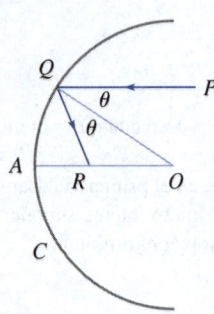

FIGURA PARA EL PROBLEMA 23

23. Suponga que se reemplaza el espejo parabólico del problema 22 por un espejo esférico. Aunque el espejo no tiene foco, se puede mostrar la existencia de un foco *aproximado*. En la figura, C es un semicírculo con centro O. Un rayo de luz que entra hacia el espejo paralelo al eje a lo largo de la recta PQ se reflejará en el punto R del eje de modo que $\angle PQO = \angle OQR$ (el ángulo de incidencia es igual al ángulo de reflexión). ¿Qué sucede con el punto R a medida que P se acerca cada vez más al eje?

24. Si f y g son funciones derivables con $f(0) = g(0) = 0$ y $g'(0) \neq 0$, demuestre que

$$\lim_{x \to 0} \frac{f(x)}{g(x)} = \frac{f'(0)}{g'(0)}$$

25. Evalúe $\displaystyle\lim_{x \to 0} \frac{\text{sen}(a + 2x) - 2\,\text{sen}(a + x) + \text{sen}\,a}{x^2}$.

T 26. (a) La función cúbica $f(x) = x(x - 2)(x - 6)$ tiene tres ceros distintos: 0, 2 y 6. Grafique f y sus rectas tangentes en el *promedio* de cada par de ceros. ¿Qué observa?

(b) Suponga que la función cúbica $f(x) = (x - a)(x - b)(x - c)$ tiene tres ceros distintos: a, b y c. Demuestre, con ayuda de un sistema de álgebra computarizada, que una recta tangente trazada en el promedio de los ceros a y b interseca la gráfica de f en el tercer cero.

27. ¿En qué valor de k tiene la ecuación $e^{2x} = k\sqrt{x}$ exactamente una solución?

28. ¿Con qué números positivos a es verdad que $a^x \geq 1 + x$ para toda x?

29. Si

$$y = \frac{x}{\sqrt{a^2 - 1}} - \frac{2}{\sqrt{a^2 - 1}}\,\text{arctan}\,\frac{\text{sen}\,x}{a + \sqrt{a^2 - 1} + \cos x}$$

demuestre que $y' = \dfrac{1}{a + \cos x}$.

30. Dada una elipse $x^2/a^2 + y^2/b^2 = 1$, donde $a \neq b$, encuentre la ecuación del conjunto de todos los puntos a partir de los cuales haya dos tangentes a la curva cuyas pendientes sean (a) recíprocas y b) recíprocas negativas.

31. Halle los dos puntos en la curva $y = x^4 - 2x^2 - x$ que tienen una recta tangente común.

32. Suponga que tres puntos de la parábola $y = x^2$ tienen la propiedad de que sus rectas normales intersecan en un punto común. Demuestre que la suma de sus coordenadas x es 0.

33. Un *punto de retícula* en el plano es un punto con coordenadas enteras. Suponga que se trazan círculos con radio r usando todos los puntos de la red como centros. Encuentre el valor más pequeño de r tal que cualquier recta con pendiente $\frac{2}{5}$ interseque algunos de estos círculos.

34. Un cono de radio r y de altura h, en centímetros, se introduce con una rapidez de 1 cm/s en un cilindro alto de radio R, en centímetros, que está parcialmente lleno de agua. ¿Qué tan rápido sube el nivel del agua en el instante en que el cono está completamente sumergido?

35. Un contenedor en forma de cono invertido tiene una altura de 16 cm y un radio de 5 cm en la parte superior. Está parcialmente lleno de un líquido que se escapa por los lados a una velocidad proporcional al área del recipiente que está en contacto con el líquido. (El área de la superficie de un cono es $\pi r l$, donde r es el radio y l es la altura inclinada). Si se vierte el líquido en el recipiente a una tasa de 2 cm³/min, entonces la altura del líquido disminuye a una tasa de 0.3 cm/min cuando la altura es de 10 cm. Si el objetivo es mantener el líquido a una altura constante de 10 cm, ¿a qué velocidad se debe verter el líquido en el recipiente?

El gran matemático Leonard Euler observó "...nada en absoluto ocurre en el universo sin que aparezca alguna regla de máximo o mínimo". En el ejercicio 4.7.53 se usará el cálculo para mostrar que las abejas construyen las celdas de su colmena en una forma que reduce al mínimo el área superficial.

©Kostiantyn Kravchenko/Shutterstock.com

4 | Aplicaciones de la derivada

HASTA EL MOMENTO, SE ESTUDIARON ALGUNAS aplicaciones de las derivadas, pero ahora que se conocen las reglas de la derivación hay una mejor disposición para proseguir con las aplicaciones de la derivada a una mayor profundidad. Aquí se examinará lo que revelan las derivadas sobre la forma de la gráfica de una función y, en particular, cómo ayudan a localizar los valores máximos y mínimos de las funciones. Muchos problemas prácticos requieren reducir al mínimo un costo, maximizar un área o encontrar el mejor resultado posible para una situación determinada. De manera específica, se podrá investigar la forma óptima de una lata y explicar la ubicación de los arcoíris en el cielo.

4.1 | Valores máximos y mínimos

Algunas de las aplicaciones más importantes del cálculo diferencial son los *problemas de optimización*, que requieren encontrar la manera óptima (mejor) de hacer algo. Aquí hay ejemplos de este tipo de problemas que se resolverán en este capítulo:

- ¿Cuál es la forma de una lata que reduce al mínimo los costos de producción?
- ¿Cuál es la aceleración máxima de una nave espacial? (Esto es importante para los astronautas que tienen que soportar los efectos de la aceleración).
- ¿Cuál es el radio de una tráquea obstruida que expulsa el aire más rápido al toser?
- ¿En qué ángulo deben ramificarse los vasos sanguíneos para minimizar la energía que gasta el corazón al bombear sangre?

Estos problemas pueden resumirse a encontrar los valores máximos o mínimos de una función. Primero se explicará con exactitud qué se quiere decir con valores máximos y mínimos.

■ Valores extremos absolutos y locales

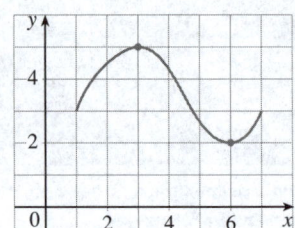

FIGURA 1

Se observa que el punto más alto de la gráfica de la función f que se muestra en la figura 1 es el punto $(3, 5)$. En otras palabras, el valor más grande de f es $f(3) = 5$. De la misma manera, el valor más pequeño es $f(6) = 2$. Se dice que $f(3) = 5$ es el *máximo absoluto* de f y $f(6) = 2$ es el *mínimo absoluto*. En general, se usa la siguiente definición.

> **1 Definición** Sea c un número en el dominio D de una función f. Entonces $f(c)$ es el
>
> - valor **máximo absoluto** de f en D si $f(c) \geq f(x)$ para toda x en D.
> - valor **mínimo absoluto** de f en D si $f(c) \leq f(x)$ para toda x en D.

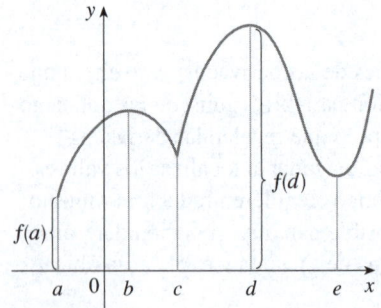

FIGURA 2
Mínimo absoluto $f(a)$, máximo absoluto $f(d)$, mínimos locales $f(c)$, $f(e)$, máximos locales $f(b)$, $f(d)$

Un máximo o mínimo absoluto a veces se denomina máximo o mínimo **global**. Los valores máximos y mínimos de f se llaman **valores extremos** de f.

En la figura 2 se muestra la gráfica de una función f con el máximo absoluto en d y el mínimo absoluto en a. Observe que $(d, f(d))$ es el punto más alto de la gráfica y $(a, f(a))$ es el punto más bajo. En la figura 2, si se consideran solo los valores de x cerca de b [por ejemplo, si se limita la atención al intervalo (a, c)], entonces $f(b)$ es el mayor de esos valores de $f(x)$ y se llama *valor máximo local* de f. Del mismo modo, $f(c)$ se llama *valor mínimo local* de f porque $f(c) \leq f(x)$ para x cerca de c [en el intervalo (b, d), por ejemplo]. La función f también tiene un mínimo local en e. En general, se tiene la siguiente definición.

> **2 Definición** El número $f(c)$ es un
>
> - valor **máximo local** de f si $f(c) \geq f(x)$ cuando x está cerca de c.
> - valor **mínimo local** de f si $f(c) \leq f(x)$ cuando x está cerca de c.

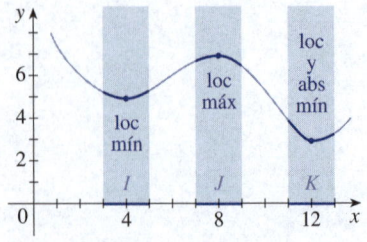

FIGURA 3

En la definición 2 (y en otras partes), si se dice que algo se cumple **cerca de** c, significa que se cumple en algún intervalo abierto que contiene a c. (De este modo, un máximo o mínimo local no puede ocurrir en un punto frontera, punto final o punto extremo). Por ejemplo, en la figura 3 se ve que $f(4) = 5$ es un mínimo local porque es el valor más pequeño de f en el intervalo I. No es el mínimo absoluto porque $f(x)$ toma valores más pequeños cuando x está cerca de 12 (en el intervalo K, por ejemplo). De hecho, $f(12) = 3$ es un mínimo local y un mínimo absoluto. De modo similar, $f(8) = 7$ es un máximo local pero no el máximo absoluto, porque f toma valores más grandes cerca de 1.

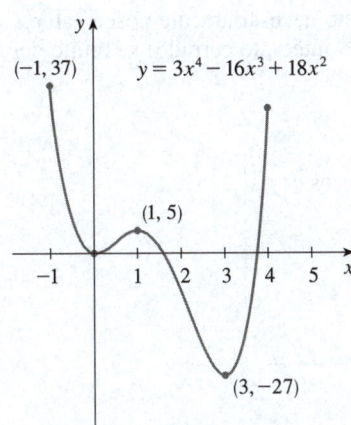

$y = 3x^4 - 16x^3 + 18x^2$

(−1, 37)

(1, 5)

(3, −27)

FIGURA 4

EJEMPLO 1 La gráfica de la función

$$f(x) = 3x^4 - 16x^3 + 18x^2 \qquad -1 \leq x \leq 4$$

se muestra en la figura 4. Se ve que $f(1) = 5$ es un máximo local, mientras que el máximo absoluto es $f(-1) = 37$. (Este máximo absoluto no es un máximo local porque se produce en un punto frontera). Además, $f(0) = 0$ es un mínimo local y $f(3) = -27$ es tanto un mínimo local como un mínimo absoluto. Observe que f no tiene ni un máximo local ni un máximo absoluto en $x = 4$. ∎

EJEMPLO 2 La función $f(x) = \cos x$ alcanza su valor máximo (local y absoluto) de 1 innumerables veces, porque $\cos 2n\pi = 1$ para cualquier entero n y $-1 \leq \cos x \leq 1$ para toda x (vea la figura 5). De la misma manera, $\cos(2n + 1)\pi = -1$ es su valor mínimo, donde n es cualquier entero.

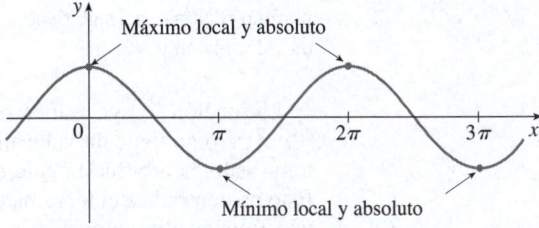

Máximo local y absoluto

Mínimo local y absoluto

FIGURA 5
$y = \cos x$

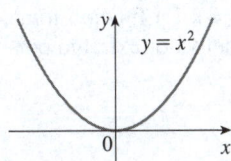

$y = x^2$

FIGURA 6
Valor mínimo 0, no hay máximo.

EJEMPLO 3 Si $f(x) = x^2$, entonces $f(x) \geq f(0)$ porque $x^2 \geq 0$ para toda x. Por lo tanto, $f(0) = 0$ es el valor mínimo absoluto (y local) de f. Esto corresponde al hecho de que el origen es el punto más bajo de la parábola $y = x^2$ (vea la figura 6). Sin embargo, no hay punto más alto en la parábola y por lo tanto esta función no tiene un valor máximo. ∎

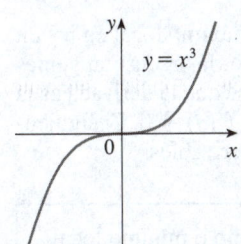

$y = x^3$

FIGURA 7
No hay máximos ni mínimos.

EJEMPLO 4 En la gráfica de la función $f(x) = x^3$, que se muestra en la figura 7, se ve que esta función no tiene ni un valor máximo absoluto ni un valor mínimo absoluto. De hecho, tampoco tiene valores extremos locales. ∎

Se vio que algunas funciones tienen valores extremos mientras que otras, no. En el siguiente teorema se dan las condiciones en las cuales se garantiza que una función posee valores extremos.

> **3 Teorema del valor extremo** Si f es continua en un intervalo cerrado $[a, b]$, entonces f alcanza un valor máximo absoluto $f(c)$ y un valor mínimo absoluto $f(d)$ en algunos números c y d en $[a, b]$.

El teorema del valor extremo se ilustra en la figura 8. Observe que un valor extremo puede asumirse más de una vez. Aunque el teorema del valor extremo es comprensible a nivel intuitivo, es difícil de demostrar y por eso se omite la demostración.

FIGURA 8
Las funciones continuas en un intervalo cerrado siempre alcanzan valores extremos.

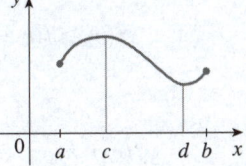

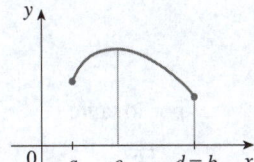

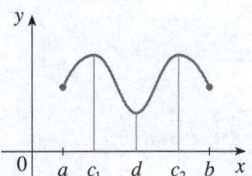

En las figuras 9 y 10 se muestra que una función no necesariamente posee valores extremos si cualquiera de las hipótesis (continuidad o intervalo cerrado) se omite del teorema del valor extremo.

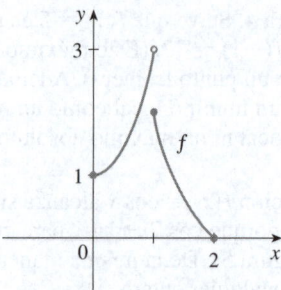

FIGURA 9
Esta función tiene un valor mínimo $f(2) = 0$, pero no tiene un valor máximo.

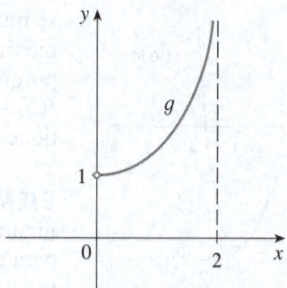

FIGURA 10
Esta función continua g no tiene máximo ni mínimo.

La función f, cuya gráfica se muestra en la figura 9, se define en el intervalo cerrado $[0, 2]$ pero no tiene un valor máximo. (Observe que el rango de f es $[0, 3)$. La función toma valores arbitrariamente cercanos a 3 pero nunca alcanza realmente el valor 3). Esto no contradice el teorema del valor extremo porque f no es continua. [Sin embargo, una función discontinua *podría* tener valores máximos y mínimos. Vea el ejercicio 13(b)].

La función g, que se muestra en la figura 10, es continua en el intervalo abierto $(0, 2)$ pero no tiene valores máximo ni mínimo. [El rango de g es $(1, \infty)$. La función toma valores arbitrariamente grandes]. Esto no contradice el teorema del valor extremo porque el intervalo $(0, 2)$ no es cerrado.

■ Números críticos y el método del intervalo cerrado

El teorema del valor extremo establece que una función continua en un intervalo cerrado tiene un valor máximo y un valor mínimo, pero no indica cómo encontrar estos valores extremos. Observe en la figura 8 que los valores máximos y mínimos absolutos que se encuentran *entre* a y b ocurren en valores máximos o mínimos locales, así que se empieza con la búsqueda de valores extremos locales.

En la figura 11 se muestra la gráfica de una función f con un máximo local en c y un mínimo local en d. Parece que, en los puntos máximo y mínimo, las rectas tangentes son horizontales y por lo tanto cada una tiene pendiente 0. Se sabe que la derivada es la pendiente de la recta tangente, por lo que parece que $f'(c) = 0$ y $f'(d) = 0$. El siguiente teorema indica que esto es siempre cierto para las funciones derivables.

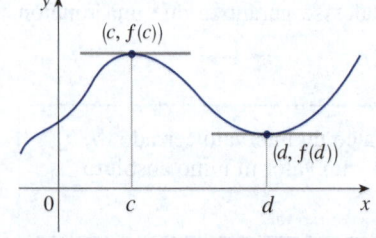

FIGURA 11

> **4** **Teorema de Fermat para derivadas** Si f tiene un máximo o mínimo local en c, y si $f'(c)$ existe, entonces $f'(c) = 0$.

DEMOSTRACIÓN Suponga, en aras de la claridad, que f tiene un máximo local en c. Entonces, de acuerdo con la definición 2, $f(c) \geqslant f(x)$ si x está lo bastante cerca de c. Esto implica que si h está suficientemente cerca de 0, con h positivo o negativo, entonces

$$f(c) \geqslant f(c + h)$$

por lo tanto,

5
$$f(c + h) - f(c) \leqslant 0$$

Se pueden dividir ambos lados de una desigualdad entre un número positivo. Por lo tanto, si $h > 0$ y h es lo bastante pequeño, se tiene

$$\frac{f(c + h) - f(c)}{h} \leqslant 0$$

Al tomar el límite por la derecha de ambos lados de esta desigualdad (mediante el teorema 2.3.2) se obtiene

$$\lim_{h \to 0^+} \frac{f(c + h) - f(c)}{h} \leqslant \lim_{h \to 0^+} 0 = 0$$

Sin embargo, como existe $f'(c)$, se tiene

$$f'(c) = \lim_{h \to 0} \frac{f(c + h) - f(c)}{h} = \lim_{h \to 0^+} \frac{f(c + h) - f(c)}{h}$$

y de este modo se demuestra que $f'(c) \leqslant 0$.

Si $h < 0$, entonces la dirección de la desigualdad (5) se invierte cuando se divide entre h:

$$\frac{f(c + h) - f(c)}{h} \geqslant 0$$

Así, al tomar el límite por la izquierda se tiene

$$f'(c) = \lim_{h \to 0} \frac{f(c + h) - f(c)}{h} = \lim_{h \to 0^-} \frac{f(c + h) - f(c)}{h} \geqslant 0$$

Se demostró que $f'(c) \geqslant 0$ y también que $f'(c) \leqslant 0$. Como ambas desigualdades deben ser verdaderas, la única posibilidad es que $f'(c) = 0$.

Se demostró el teorema de Fermat para el caso de un máximo local. El de un mínimo local puede demostrarse de manera similar, o puede ver otro método en el ejercicio 81. ∎

Los siguientes ejemplos advierten contra la lectura errónea del teorema de Fermat: no siempre se puede esperar localizar valores extremos simplemente estableciendo $f'(x) = 0$ y despejando x.

EJEMPLO 5 Si $f(x) = x^3$, entonces $f'(x) = 3x^2$, por lo que $f'(0) = 0$. Pero f no tiene un máximo o mínimo en 0, como se ve en su gráfica en la figura 12. (U observe que $x^3 > 0$ para $x > 0$, pero $x^3 < 0$ para $x < 0$). El hecho de que $f'(0) = 0$ significa simplemente que la curva $y = x^3$ tiene tangente horizontal en $(0, 0)$. En lugar de tener un máximo o mínimo en $(0, 0)$, la curva cruza su tangente horizontal allí. ∎

EJEMPLO 6 La función $f(x) = |x|$ tiene su valor mínimo (local y absoluto) en 0, pero ese valor no se encuentra al establecer $f'(x) = 0$ porque, como se mostró en el ejemplo 2.8.5, $f'(0)$ no existe (vea la figura 13). ∎

⊘ **ADVERTENCIA** En los ejemplos 5 y 6 se muestra que se debe tener cuidado al usar el teorema de Fermat. En el ejemplo 5 se demuestra que, incluso cuando $f'(c) = 0$, no es necesario que haya un máximo o un mínimo en c. (En otras palabras, el inverso del teorema de Fermat es falso en general). Además, puede haber un valor extremo aunque $f'(c)$ no exista (como en el ejemplo 6).

El teorema de Fermat sugiere que al menos se debe *empezar* a buscar valores extremos de f en los números c donde $f'(c) = 0$ o donde $f'(c)$ no exista. A tales números se les da un nombre especial.

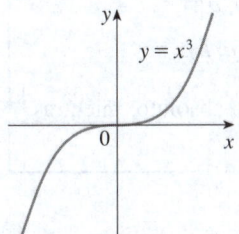

FIGURA 12
Si $f(x) = x^3$, entonces $f'(0) = 0$, pero f no tiene máximo ni mínimo.

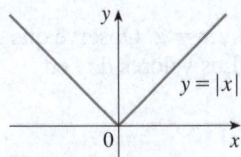

FIGURA 13
Si $f(x) = |x|$, entonces $f(0) = 0$ es un valor mínimo, pero $f'(0)$ no existe.

En la figura 14 se presenta una gráfica de la función f del ejemplo 7(b). Esto sustenta la respuesta porque hay una tangente horizontal cuando $x = 1.5$ [donde $f'(x) = 0$] y una tangente vertical cuando $x = 0$ [donde $f'(x)$ no está definida].

> **6** **Definición** Un **número crítico** de una función f es un número c en el dominio de f tal que $f'(c) = 0$ o $f'(c)$ no existe.

EJEMPLO 7 Halle los números críticos de (a) $f(x) = x^3 - 3x^2 + 1$ y (b) $f(x) = x^{3/5}(4 - x)$.

SOLUCIÓN

(a) La derivada de f es $f'(x) = 3x^2 - 6x = 3x(x - 2)$. Como $f'(x)$ existe para toda x, los únicos números críticos de f ocurren cuando $f'(x) = 0$, es decir, cuando $x = 0$ o $x = 2$.

(b) En primer lugar, observe que el dominio de f es $\mathbb{R}$. La regla del producto da

$$f'(x) = x^{3/5}(-1) + (4 - x)\left(\tfrac{3}{5}x^{-2/5}\right) = -x^{3/5} + \frac{3(4 - x)}{5x^{2/5}}$$

$$= \frac{-5x + 3(4 - x)}{5x^{2/5}} = \frac{12 - 8x}{5x^{2/5}}$$

[El mismo resultado se obtendría al escribir primero $f(x) = 4x^{3/5} - x^{8/5}$]. Por lo tanto, $f'(x) = 0$ si $12 - 8x = 0$, es decir, $x = \tfrac{3}{2}$, y $f'(x)$ no existe cuando $x = 0$. Por consiguiente, los números críticos son $\tfrac{3}{2}$ y 0. ∎

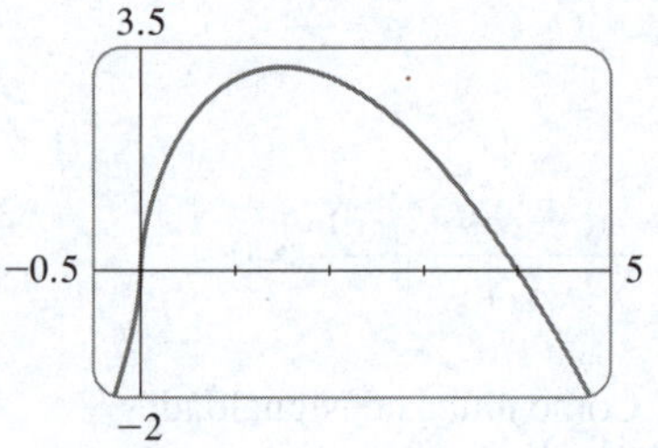

En términos de números críticos, el teorema de Fermat se reformula de la siguiente manera (compare la definición 6 con el teorema 4):

> **7** Si f tiene un máximo o mínimo local en c, entonces c es un número crítico de f.

FIGURA 14

Para encontrar un máximo o mínimo absoluto de una función continua en un intervalo cerrado, se observa que, o bien es local [en cuyo caso se produce en un número crítico por (7)] o se produce en un punto frontera del intervalo, como se aprecia en los ejemplos de la figura 8. Así, el siguiente procedimiento de tres pasos siempre funciona.

> **Método del intervalo cerrado** Para encontrar los valores máximos y mínimos *absolutos* de una función continua f en un intervalo cerrado $[a, b]$:
>
> **1.** Determine los valores de f en los números críticos de f en (a, b).
> **2.** Encuentre los valores de f en los puntos finales del intervalo.
> **3.** El valor más grande de los pasos 1 y 2 es el valor máximo absoluto, mientras que el valor menor es el valor mínimo absoluto.

EJEMPLO 8 Encuentre los valores máximo y mínimo absolutos de la función

$$f(x) = x^3 - 3x^2 + 1 \qquad -\tfrac{1}{2} \le x \le 4$$

SOLUCIÓN Como f es continua en $\left[-\tfrac{1}{2}, 4\right]$, se puede usar el método del intervalo cerrado.

En el ejemplo 7(a) se encontraron los números críticos $x = 0$ y $x = 2$. Observe que cada uno de estos números críticos está en el intervalo $\left(-\tfrac{1}{2}, 4\right)$. Los valores de f en estos números críticos son

$$f(0) = 1 \qquad f(2) = -3$$

Los valores de f en los puntos finales del intervalo son

$$f\left(-\tfrac{1}{2}\right) = \tfrac{1}{8} \qquad f(4) = 17$$

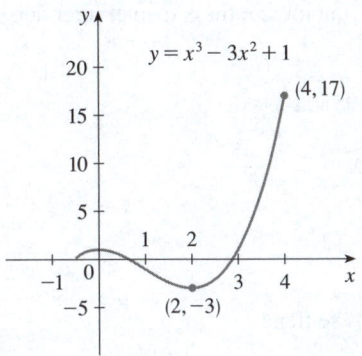

$y = x^3 - 3x^2 + 1$

$(4, 17)$

$(2, -3)$

FIGURA 15

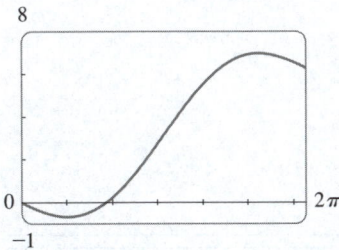

FIGURA 16

Al comparar estos cuatro números se ve que el valor máximo absoluto es $f(4) = 17$ y el valor mínimo absoluto es $f(2) = -3$.

En este ejemplo, el máximo absoluto se produce en un punto frontera, mientras que el mínimo absoluto se produce en un número crítico. La gráfica de f se presenta en la figura 15. ∎

Con un software o una calculadora graficadora es posible estimar valores máximos y mínimos muy fácilmente. Pero, como se muestra en el siguiente ejemplo, es necesario el cálculo para encontrar los valores *exactos*.

EJEMPLO 9
(a) Con una calculadora o una computadora estime los valores mínimos y máximos absolutos de la función $f(x) = x - 2\,\text{sen}\,x$, $0 \le x \le 2\pi$.
(b) Use el cálculo para encontrar los valores mínimos y máximos exactos.

SOLUCIÓN
(a) En la figura 16 se muestra una gráfica de f en el rectángulo de visión $[0, 2\pi]$ por $[-1, 8]$. El valor máximo absoluto es aproximadamente 6.97 y se produce cuando $x \approx 5.24$. De igual manera, el valor mínimo absoluto es alrededor de -0.68 y se produce cuando $x \approx 1.05$. Es posible obtener estimaciones numéricas más precisas, pero para los valores exactos hay que usar el cálculo.

(b) La función $f(x) = x - 2\,\text{sen}\,x$ es continua en $[0, 2\pi]$. Como $f'(x) = 1 - 2\cos x$, se tiene $f'(x) = 0$ cuando $\cos x = \frac{1}{2}$ y esto ocurre cuando $x = \pi/3$ o $5\pi/3$. Los valores de f en estos números críticos son

$$f(\pi/3) = \frac{\pi}{3} - 2\,\text{sen}\,\frac{\pi}{3} = \frac{\pi}{3} - \sqrt{3} \approx -0.684853$$

y
$$f(5\pi/3) = \frac{5\pi}{3} - 2\,\text{sen}\,\frac{5\pi}{3} = \frac{5\pi}{3} + \sqrt{3} \approx 6.968039$$

Los valores de f en los extremos del intervalo son

$$f(0) = 0 \qquad f(2\pi) = 2\pi \approx 6.28$$

Al comparar estos cuatro números y con el método del intervalo cerrado se observa que el valor mínimo absoluto es $f(\pi/3) = \pi/3 - \sqrt{3}$, y el valor máximo absoluto es $f(5\pi/3) = 5\pi/3 + \sqrt{3}$. Los valores del inciso (a) sirven para comprobar el trabajo. ∎

EJEMPLO 10 El telescopio espacial Hubble se instaló el 24 de abril de 1990 con el transbordador espacial *Discovery*. Un modelo de la velocidad del transbordador durante esta misión, desde el despegue a $t = 0$ hasta que los cohetes propulsores sólidos se desprenden a $t = 126$ segundos, se da por

$$v(t) = 0.000397t^3 - 0.02752t^2 + 7.196t - 0.9397$$

(en metros por segundo). Con este modelo estime los valores máximos y mínimos absolutos de la *aceleración* del transbordador entre el despegue y la expulsión de los propulsores.

SOLUCIÓN Se piden los valores extremos, no los de la función de la velocidad dada, sino de la función de aceleración. Así, primero hay que derivar para encontrar la aceleración:

$$a(t) = v'(t) = \frac{d}{dt}(0.000397t^3 - 0.02752t^2 + 7.196t - 0.9397)$$

$$= 0.001191t^2 - 0.05504t + 7.196$$

Ahora se aplica el método del intervalo cerrado a la función continua a en el intervalo $0 \le t \le 126$. Su derivada es

$$a'(t) = 0.0023808t - 0.05504$$

El único número crítico se produce cuando $a'(t) = 0$:

$$t_1 = \frac{0.05504}{0.0023808} \approx 23.12$$

Al evaluar $a(t)$ en el número crítico y en los extremos se tiene

$$a(0) = 7.196 \qquad a(t_1) = a(23.12) = 6.56 \qquad a(126) \approx 19.16$$

Por lo tanto, la aceleración máxima es de aproximadamente 19.16 m/s² y la mínima es de alrededor de 6.56 m/s². ∎

4.1 | Ejercicios

1. Explique la diferencia entre un mínimo absoluto y un mínimo local.

2. Suponga que f es una función continua definida en un intervalo cerrado $[a, b]$.
  (a) ¿Qué teorema garantiza la existencia de un valor máximo absoluto y un valor mínimo absoluto para f?
  (b) ¿Qué pasos tomaría para encontrar esos valores máximos y mínimos?

3-4 Para cada uno de los números a, b, c, d, r y s, indique si la función cuya gráfica se muestra tiene un máximo o un mínimo absoluto, un máximo o un mínimo local, o no tiene máximo ni mínimo.

3.
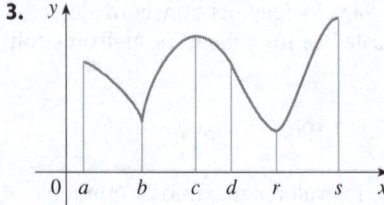

4.
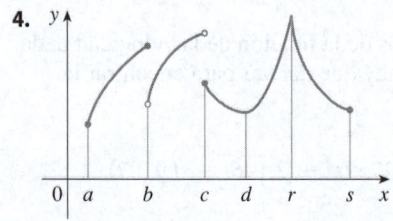

5-6 Utilice la gráfica para indicar los valores máximos y mínimos absolutos y locales de la función.

5.
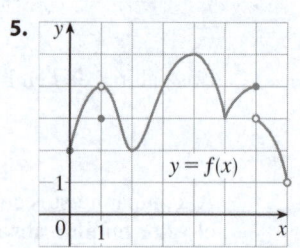

6.
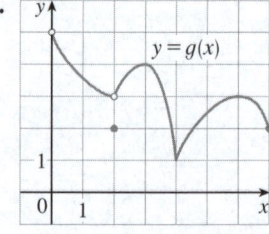

7-10 Trace la gráfica de una función f que sea continua en $[1, 5]$ y tenga las propiedades dadas.

7. Máximo absoluto en 5, mínimo absoluto en 2, máximo local en 3, mínimos locales en 2 y 4.

8. Máximo absoluto en 4, mínimo absoluto en 5, máximo local en 2, mínimo local en 3.

9. Mínimo absoluto en 3, máximo absoluto en 4, máximo local en 2.

10 Máximo absoluto en 2, mínimo absoluto en 5, 4 es un número crítico pero no hay un máximo o mínimo local allí.

11. (a) Trace la gráfica de una función que tenga un máximo local en 2 y es derivable en 2.
  (b) Elabore la gráfica de una función que tenga un máximo local en 2 y sea continua pero no derivable en 2.
  (c) Trace la gráfica de una función que tenga un máximo local en 2 y no sea continua en 2.

12. (a) Elabore la gráfica de una función en $[-1, 2]$ que tenga un máximo absoluto pero no un máximo local.

(b) Trace la gráfica de una función en $[-1, 2]$ que tenga un máximo local pero no un máximo absoluto.

13. (a) Elabore la gráfica de una función en $[-1, 2]$ que tenga un máximo absoluto, pero no un mínimo absoluto.

(b) Trace la gráfica de una función en $[-1, 2]$ que sea discontinua pero que tenga tanto un máximo absoluto como un mínimo absoluto.

14. (a) Elabore la gráfica de una función que tenga dos máximos locales y un mínimo local, y no tenga mínimo absoluto.

(b) Trace la gráfica de una función que tenga tres mínimos locales, dos máximos locales y siete números críticos.

15-28 Elabore la gráfica de f a mano y utilice su boceto para encontrar los valores máximos y mínimos absolutos y locales de f. (Utilice las gráficas y transformaciones de las secciones 1.2 y 1.3).

15. $f(x) = 3 - 2x, \quad x \geq -1$

16. $f(x) = x^2, \quad -1 \leq x < 2$

17. $f(x) = 1/x, \quad x \geq 1$

18. $f(x) = 1/x, \quad 1 < x < 3$

19. $f(x) = \text{sen}\, x, \quad 0 \leq x < \pi/2$

20. $f(x) = \text{sen}\, x, \quad 0 < x \leq \pi/2$

21. $f(x) = \text{sen}\, x, \quad -\pi/2 \leq x \leq \pi/2$

22. $f(t) = \cos t, \quad -3\pi/2 \leq t \leq 3\pi/2$

23. $f(x) = \ln x, \quad 0 < x \leq 2$ **24.** $f(x) = |x|$

25. $f(x) = 1 - \sqrt{x}$ **26.** $f(x) = e^x$

27. $f(x) = \begin{cases} x^2 & \text{si } -1 \leq x \leq 0 \\ 2 - 3x & \text{si } 0 < x \leq 1 \end{cases}$

28. $f(x) = \begin{cases} 2x + 1 & \text{si } 0 \leq x < 1 \\ 4 - 2x & \text{si } 1 \leq x \leq 3 \end{cases}$

29-48 Halle los números críticos de la función.

29. $f(x) = 3x^2 + x - 2$ **30.** $g(v) = v^3 - 12v + 4$

31. $f(x) = 3x^4 + 8x^3 - 48x^2$ **32.** $f(x) = 2x^3 + x^2 + 8x$

33. $g(t) = t^5 + 5t^3 + 50t$ **34.** $A(x) = |3 - 2x|$

35. $g(y) = \dfrac{y - 1}{y^2 - y + 1}$ **36.** $h(p) = \dfrac{p - 1}{p^2 + 4}$

37. $p(x) = \dfrac{x^2 + 2}{2x - 1}$ **38.** $q(t) = \dfrac{t^2 + 9}{t^2 - 9}$

39. $h(t) = t^{3/4} - 2t^{1/4}$ **40.** $g(x) = \sqrt[3]{4 - x^2}$

41. $F(x) = x^{4/5}(x - 4)^2$ **42.** $h(x) = x^{-1/3}(x - 2)$

43. $f(x) = x^{1/3}(4 - x)^{2/3}$ **44.** $f(\theta) = \theta + \sqrt{2} \cos \theta$

45. $f(\theta) = 2 \cos \theta + \text{sen}^2 \theta$ **46.** $p(t) = te^{4t}$

47. $g(x) = x^2 \ln x$ **48.** $B(u) = 4 \tan^{-1}u - u$

49-50 Se da una fórmula para la *derivada* de una función f. ¿Cuántos números críticos tiene f?

49. $f'(x) = 5e^{-0.1|x|} \text{sen}\, x - 1$ **50.** $f'(x) = \dfrac{100 \cos^2 x}{10 + x^2} - 1$

51-66 Determine los valores máximos y mínimos absolutos de f en el intervalo dado.

51. $f(x) = 12 + 4x - x^2, \quad [0, 5]$

52. $f(x) = 5 + 54x - 2x^3, \quad [0, 4]$

53. $f(x) = 2x^3 - 3x^2 - 12x + 1, \quad [-2, 3]$

54. $f(x) = x^3 - 6x^2 + 5, \quad [-3, 5]$

55. $f(x) = 3x^4 - 4x^3 - 12x^2 + 1, \quad [-2, 3]$

56. $f(t) = (t^2 - 4)^3, \quad [-2, 3]$

57. $f(x) = x + \dfrac{1}{x}, \quad [0.2, 4]$

58. $f(x) = \dfrac{x}{x^2 - x + 1}, \quad [0, 3]$

59. $f(t) = t - \sqrt[3]{t}, \quad [-1, 4]$

60. $f(x) = \dfrac{e^x}{1 + x^2}, \quad [0, 3]$

61. $f(t) = 2\cos t + \text{sen}\, 2t, \quad [0, \pi/2]$

62. $f(\theta) = 1 + \cos^2\theta, \quad [\pi/4, \pi]$

63. $f(x) = x^{-2} \ln x, \quad \left[\frac{1}{2}, 4\right]$

64. $f(x) = xe^{x/2}, \quad [-3, 1]$

65. $f(x) = \ln(x^2 + x + 1), \quad [-1, 1]$

66. $f(x) = x - 2 \tan^{-1}x, \quad [0, 4]$

67. Si a y b son números positivos, encuentre el valor máximo de $f(x) = x^a(1 - x)^b, 0 \leq x \leq 1$.

68. Estime, con una gráfica, los números críticos de $f(x) = |1 + 5x - x^3|$ con un decimal de precisión.

69-72

(a) Utilice una gráfica para estimar los valores máximos y mínimos absolutos de la función con dos decimales de precisión.

(b) Mediante cálculo, encuentre los valores máximos y mínimos exactos.

69. $f(x) = x^5 - x^3 + 2, \quad -1 \leq x \leq 1$

70. $f(x) = e^x + e^{-2x}, \quad 0 \leq x \leq 1$

71. $f(x) = x\sqrt{x - x^2}$

72. $f(x) = x - 2 \cos x, \quad -2 \leq x \leq 0$

73. Después del consumo de una bebida alcohólica, la concentración de alcohol en la sangre (CAS) aumenta a medida que se absorbe el alcohol, seguido de una disminución gradual al metabolizarse. La función

$$C(t) = 0.135te^{-2.802t}$$

modela el promedio de CAS, medido en g/dL, de un grupo de ocho sujetos masculinos t horas después de un rápido consumo de 15 mL de etanol (correspondiente a una bebida alcohólica). ¿Cuál es el promedio máximo de CAS durante las primeras 3 horas? ¿Cuándo ocurre?

Fuente: Adaptado de P. Wilkinson *et al.,* "Pharmacokinetics of Ethanol after Oral Administration in the Fasting State", *Journal of Pharmacokinetics and Biopharmaceutics* 5 (1977): 207-24.

74. Después de ingerir una tableta de antibióticos, la concentración del antibiótico en la sangre se modela mediante la función

$$C(t) = 8(e^{-0.4t} - e^{-0.6t})$$

donde el tiempo t se mide en horas y C en μg/mL. ¿Cuál es la concentración máxima del antibiótico durante las primeras 12 horas?

75. Entre 0 °C y 30 °C , el volumen V (en centímetros cúbicos) de 1 kg de agua a una temperatura T se da aproximadamente por la fórmula

$$V = 999.87 - 0.06426T + 0.0085043T^2 - 0.0000679T^3$$

Encuentre la temperatura en que el agua tiene su máxima densidad.

76. Un objeto con peso W es arrastrado a lo largo de un plano horizontal por una fuerza que actúa a lo largo de una cuerda atada al objeto. Si la cuerda forma un ángulo θ con el plano, entonces la magnitud de la fuerza es

$$F = \frac{\mu W}{\mu \operatorname{sen} \theta + \cos \theta}$$

donde μ es una constante positiva llamada *coeficiente de fricción* y $0 \le \theta \le \pi/2$. Demuestre que F se reduce al mínimo cuando $\tan \theta = \mu$.

77. El nivel del agua, medido en metros sobre el nivel del mar, del lago Lanier en Georgia, EE.UU. durante 2012 se modela mediante la función

$$L(t) = 0.00439t^3 - 0.1273t^2 + 0.8239t + 323.1$$

donde t se mide en meses desde el 1 de enero de 2012. Estime cuándo el nivel del agua fue más alto durante 2012.

T **78.** En 1992, el transbordador espacial *Endeavour* se lanzó en la misión STS-49 para instalar un nuevo motor de apogeo en un satélite de comunicaciones Intelsat. En la tabla se dan los datos de velocidad del transbordador entre el despegue y la expulsión de los cohetes propulsores sólidos.
(a) Utilice una calculadora graficadora o una computadora para encontrar el polinomio cúbico que mejor modele la velocidad del transbordador para el intervalo $t \in [0, 125]$. Luego grafique este polinomio.

(b) Encuentre un modelo para la aceleración del transbordador y utilícelo para estimar los valores máximo y mínimo de la aceleración durante los primeros 125 segundos.

Evento	Tiempo (s)	Velocidad (m/s)
Despegue	0	0
Inicio de la maniobra de rotación	10	56.4
Fin de la maniobra de rotación	15	97.2
Aceleración a 89%	20	136.2
Aceleración a 67%	32	226.2
Aceleración a 104%	59	403.9
Máxima presión dinámica	62	440.4
Separación de los cohetes propulsores sólidos	125	1 265.2

79. Cuando un objeto extraño atorado en la tráquea obliga a una persona a toser, el diafragma empuja hacia arriba, causando un aumento de la presión en los pulmones. Esto se acompaña de una contracción de la tráquea, lo que hace que el canal por el que fluye el aire expulsado sea más estrecho. Para que una determinada cantidad de aire escape en un tiempo determinado, debe moverse más rápido por el canal más estrecho que por el más amplio. Cuanto mayor es la velocidad de la corriente de aire, mayor es la fuerza sobre el objeto extraño. Los rayos X muestran que el radio del tubo traqueal circular se contrae hasta aproximadamente dos tercios de su radio normal durante una tos. Según un modelo matemático de tos, la velocidad v de la corriente de aire se relaciona con el radio r de la tráquea por la ecuación

$$v(r) = k(r_0 - r)r^2 \qquad \tfrac{1}{2}r_0 \le r \le r_0$$

donde k es una constante y r_0 es el radio normal de la tráquea. La restricción de r se debe a que la pared traqueal se endurece bajo presión y se impide una contracción mayor que $\tfrac{1}{2}r_0$ (de lo contrario la persona se asfixiaría).
(a) Determine el valor de r en el intervalo $\left[\tfrac{1}{2}r_0, r_0\right]$ en el que v tiene un máximo absoluto. ¿Cómo se compara esto con la evidencia experimental?
(b) ¿Cuál es el valor máximo absoluto de v en el intervalo?
(c) Elabore la gráfica de v en el intervalo $[0, r_0]$.

80. Demuestre que la función

$$f(x) = x^{101} + x^{51} + x + 1$$

no tiene máximo ni mínimo local.

81. (a) Si f tiene un valor mínimo local en c, demuestre que la función $g(x) = -f(x)$ tiene un valor máximo local en c.
(b) Use el inciso (a) para demostrar el teorema de Fermat para el caso en el que f tiene un mínimo local en c.

82. Una función cúbica es un polinomio de grado 3, es decir, tiene la forma $f(x) = ax^3 + bx^2 + cx + d$, donde $a \ne 0$.
(a) Demuestre que una función cúbica puede tener dos, uno o ningún número crítico. Dé ejemplos y trace bocetos para ilustrar las tres posibilidades.
(b) ¿Cuántos valores extremos locales puede tener una función cúbica?

PROYECTO DE APLICACIÓN | EL CÁLCULO DE LOS ARCOÍRIS

Los arcoíris se crean cuando las gotas de lluvia dispersan la luz solar. Han fascinado a la humanidad desde la antigüedad e inspirado intentos de explicación científica desde los tiempos de Aristóteles. En este proyecto se aplican las ideas de Descartes y Newton para explicar la forma, ubicación y colores de los arcoíris.

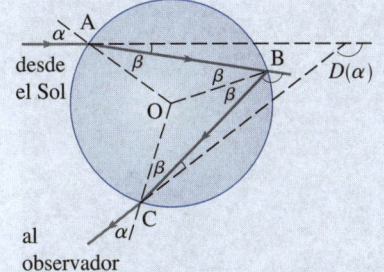

Formación del arcoíris primario

1. En la figura se muestra un rayo de luz solar entrando en una gota de lluvia esférica en A. Parte de la luz se refleja, pero la recta AB muestra la trayectoria de la parte que entra en la gota. Observe que la luz es refractada hacia la recta normal AO y de hecho la ley de Snell dice que sen $\alpha = k$ sen β, donde α es el ángulo de incidencia, β es el ángulo de refracción y $k \approx \frac{4}{3}$ es el índice de refracción para el agua. En B, parte de la luz pasa a través de la gota y es refractada en el aire, pero la recta BC muestra la parte que se refleja. (El ángulo de incidencia es igual al ángulo de reflexión). Cuando el rayo llega a C, parte de él se refleja, pero por el momento interesa más la parte que deja la gota de lluvia en C. (Note que se refracta lejos de la recta normal). El *ángulo de desviación* $D(\alpha)$ es la cantidad de rotación en el sentido de las manecillas del reloj que el rayo tuvo durante este proceso de tres etapas. Así,

$$D(\alpha) = (\alpha - \beta) + (\pi - 2\beta) + (\alpha - \beta) = \pi + 2\alpha - 4\beta$$

Demuestre que el valor mínimo de la desviación es $D(\alpha) \approx 138°$ y ocurre cuando $\alpha \approx 59.4°$.

La importancia de la desviación mínima es que cuando $\alpha \approx 59.4°$ se tiene $D'(\alpha) \approx 0$, así que $\Delta D/\Delta \alpha \approx 0$. Esto significa que muchos rayos con $\alpha \approx 59.4°$ se desvían aproximadamente por la misma cantidad. Es la *concentración* de rayos que vienen de cerca de la dirección de la desviación mínima lo que crea el brillo del arcoíris primario. En la figura de la izquierda se muestra que el ángulo de elevación desde el observador hasta el punto más alto del arcoíris es $180° - 138° = 42°$. (Este ángulo se llama *ángulo del arcoíris*).

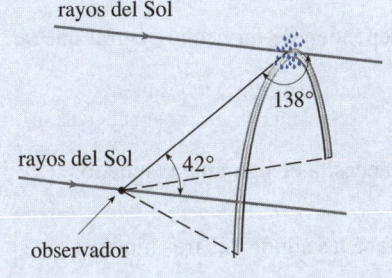

2. En el problema 1 se explica la ubicación del arcoíris primario, pero ¿cómo se explican los colores? La luz solar comprende un rango de longitudes de onda, desde el rango del rojo hasta el naranja, amarillo, verde, azul, índigo y violeta. Como descubrió Newton en sus experimentos de prismas de 1666, el índice de refracción es diferente para cada color. (Este efecto se llama *dispersión*). Para la luz roja el índice de refracción es $k \approx 1.3318$, mientras que para la luz violeta es $k \approx 1.3435$. Repita el cálculo del problema 1 para estos valores de k y demuestre que el ángulo del arcoíris es de aproximadamente 42.3° para el arco rojo y 40.6° para el arco violeta. Por consiguiente, el arcoíris en realidad consiste en siete arcos individuales que corresponden a los siete colores.

3. Tal vez haya visto un arcoíris secundario más débil sobre el arco primario. Eso resulta de la parte de un rayo que entra en una gota de lluvia y se refracta en A, reflejado dos veces (en B y C), y se refracta al salir de la gota en D (vea la figura de la izquierda). Esta vez el ángulo de desviación $D(\alpha)$ es la cantidad total de rotación en sentido contrario a las manecillas del reloj que el rayo experimenta en este proceso de cuatro etapas. Demuestre que

$$D(\alpha) = 2\alpha - 6\beta + 2\pi$$

y $D(a)$ tiene un valor mínimo cuando

$$\cos \alpha = \sqrt{\frac{k^2 - 1}{8}}$$

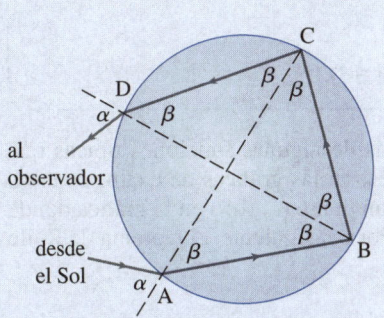

Formación del arcoíris secundario

(*continúa*)

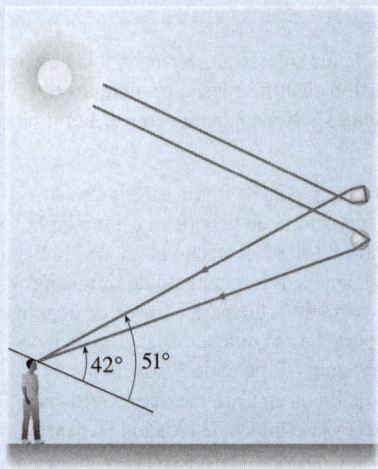

Al tomar $k = \frac{4}{3}$, demuestre que la desviación mínima es de aproximadamente 129° y por lo tanto el ángulo del arcoíris secundario es de alrededor de 51°, como se muestra en la figura.

4. Demuestre que los colores en el arcoíris secundario aparecen en el orden opuesto de los colores en el arcoíris primario.

©Leonid Andronov/Shutterstock.com

4.2 | Teorema del valor medio

Se verá que muchos resultados de este capítulo dependen de un hecho central que se llama teorema del valor medio.

■ Teorema de Rolle

Para llegar al teorema del valor medio primero se necesita el siguiente resultado.

Teorema de Rolle   Sea f una función que satisface las siguientes tres hipótesis:

1. f es continua en el intervalo cerrado $[a, b]$.

2. f es derivable en el intervalo abierto (a, b).

3. $f(a) = f(b)$.

Entonces hay un número c en (a, b) tal que $f'(c) = 0$.

Antes de la demostración, se verán las gráficas de algunas funciones típicas que satisfacen las tres hipótesis. En la figura 1 se muestran las gráficas de cuatro de estas funciones. En cada caso parece que hay al menos un punto $(c, f(c))$ en la gráfica donde la tangente es horizontal y por lo tanto $f'(c) = 0$. Por consiguiente, el teorema de Rolle es consistente.

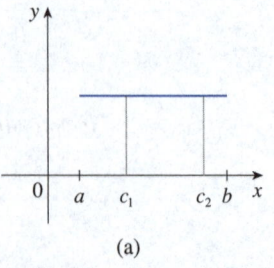

(a)

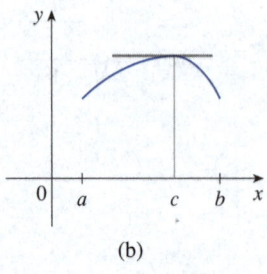

(b)

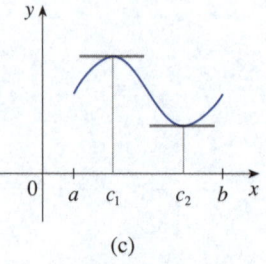

(c)

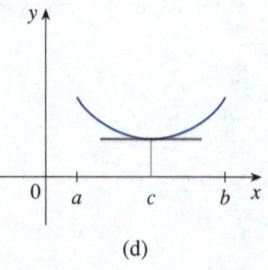

(d)

FIGURA 1

DEMOSTRACIÓN Existen tres casos:

CASO I $f(x) = k$, **una constante.**
Entonces $f'(x) = 0$, así que el número c se puede considerar *cualquier* número en (a, b).

CASO II $f(x) > f(a)$ **para alguna** x **en** (a, b) [como en la figura 1(b) o (c)].
Según el teorema del valor extremo (que se puede aplicar por la hipótesis 1), f tiene un valor máximo en algún lugar de $[a, b]$. Como $f(a) = f(b)$, debe alcanzar este valor máximo en un número c en el intervalo abierto (a, b). Entonces f tiene un máximo *local* en c y, por la hipótesis 2, f es derivable en c. Por lo tanto, $f'(c) = 0$ por el teorema de Fermat.

CASO III $f(x) < f(a)$ **para alguna** x **en** (a, b) [como en la figura 1(c) o (d)].
Según el teorema del valor extremo, f tiene un valor mínimo en $[a, b]$ y, como $f(a) = f(b)$, alcanza este valor mínimo en un número c en (a, b). De nuevo, $f'(c) = 0$ por el teorema de Fermat. ∎

EJEMPLO 1 Se aplica el teorema de Rolle a la función de posición $s = f(t)$ de un objeto en movimiento. Si el objeto está en el mismo lugar en dos instantes diferentes $t = a$ y $t = b$, entonces $f(a) = f(b)$. El teorema de Rolle dice que hay algún instante $t = c$ entre a y b cuando $f'(c) = 0$; es decir, la velocidad es 0. (En particular, se ve que esto es cierto cuando una pelota se lanza directamente hacia arriba). ∎

EJEMPLO 2 Demuestre que la ecuación $x^3 + x - 1 = 0$ tiene exactamente una solución real.

SOLUCIÓN Primero se aplica el teorema del valor intermedio (2.5.10) para demostrar que existe una solución. Sea $f(x) = x^3 + x - 1$. Luego $f(0) = -1 < 0$ y $f(1) = 1 > 0$. Como f es un polinomio, es continuo, por lo que el teorema del valor intermedio afirma que hay un número c entre 0 y 1 tal que $f(c) = 0$. Por lo tanto, la ecuación dada tiene una solución.

Para demostrar que la ecuación no tiene otra solución real se usa el teorema de Rolle y se argumenta por contradicción. Suponga que tiene dos soluciones a y b. Entonces $f(a) = 0 = f(b)$ y, como f es un polinomio, es derivable en (a, b) y continua en $[a, b]$. Así, por el teorema de Rolle, hay un número c entre a y b tal que $f'(c) = 0$. Pero

$$f'(x) = 3x^2 + 1 \geq 1 \qquad \text{para toda } x$$

(como $x^2 \geq 0$), por lo que $f'(x)$ nunca puede ser 0. Esto resulta en una contradicción. Por lo tanto, la ecuación no puede tener dos soluciones reales. ∎

En la figura 2 se muestra una gráfica de la función $f(x) = x^3 + x - 1$ que se analizó en el ejemplo 2. El teorema de Rolle muestra que, por mucho que se agrande el rectángulo de visión, nunca se podrá encontrar una segunda intersección en x.

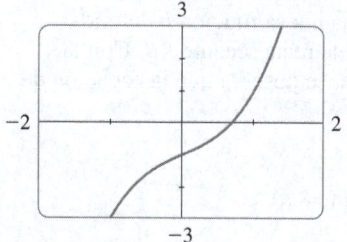

FIGURA 2

■ Teorema del valor medio

La aplicación principal del teorema de Rolle es ahora demostrar el siguiente teorema importante, que se enunció por primera vez por otro matemático francés, Joseph-Louis Lagrange.

Teorema del valor medio Sea f una función que satisface las siguientes hipótesis:

1. f es continua en el intervalo cerrado $[a, b]$.

2. f es derivable en el intervalo abierto (a, b).

Entonces hay un número c en (a, b) tal que

$$\boxed{1} \qquad f'(c) = \frac{f(b) - f(a)}{b - a}$$

o, de manera equivalente,

$$\boxed{2} \qquad f(b) - f(a) = f'(c)(b - a)$$

El teorema del valor medio es un ejemplo de lo que se llama un teorema de existencia. Como los teoremas del valor intermedio, del valor extremo y el de Rolle, este garantiza que *existe* un número con una cierta propiedad, pero no indica cómo encontrar ese número.

Antes de demostrar este teorema, se puede ver su interpretación geométrica. En las figuras 3 y 4 se muestran los puntos $A(a, f(a))$ y $B(b, f(b))$ en las gráficas de dos funciones derivables. La pendiente de la recta secante AB es

$$\boxed{3} \qquad m_{AB} = \frac{f(b) - f(a)}{b - a}$$

que es la misma expresión del lado derecho de la ecuación 1. Como $f'(c)$ es la pendiente de la recta tangente en el punto $(c, f(c))$, el teorema del valor medio, en la forma dada por la ecuación 1, dice que hay al menos un punto $P(c, f(c))$ en la gráfica donde la pendiente de la recta tangente es la misma que la pendiente de la recta secante AB. En otras palabras, hay un punto P donde la recta tangente es paralela a la recta secante AB. (Imagine una recta lejana que se mantiene paralela a AB mientras se mueve hacia AB hasta que toca la gráfica por primera vez).

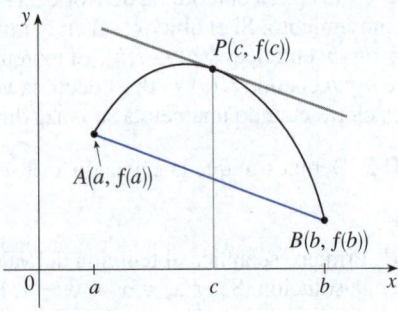

FIGURA 3

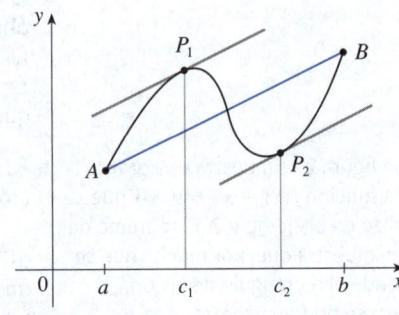

FIGURA 4

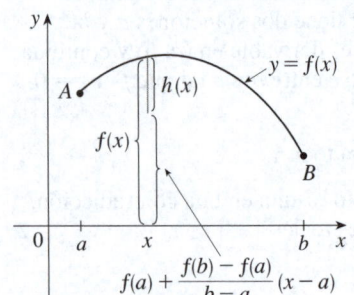

FIGURA 5

DEMOSTRACIÓN   Se aplica el teorema de Rolle a una nueva función h definida como la diferencia entre f y la función cuya gráfica es la recta secante AB. Con la ecuación 3 y la ecuación punto-pendiente de una recta, se observa que la ecuación de la recta AB puede escribirse como

$$y - f(a) = \frac{f(b) - f(a)}{b - a}(x - a)$$

o como

$$y = f(a) + \frac{f(b) - f(a)}{b - a}(x - a)$$

Por lo tanto, como se muestra en la figura 5,

$$\boxed{4} \qquad h(x) = f(x) - f(a) - \frac{f(b) - f(a)}{b - a}(x - a)$$

Primero se debe verificar que h satisface las tres hipótesis del teorema de Rolle.

1. La función h es continua en $[a, b]$ porque es la suma de f y un polinomio de primer grado, ambos continuos.

2. La función h es derivable en (a, b) porque tanto f como el polinomio de primer grado son derivables. De hecho, es posible calcular h' directamente de la ecuación 4:

$$h'(x) = f'(x) - \frac{f(b) - f(a)}{b - a}$$

(Observe que $f(a)$ y $[f(b) - f(a)]/(b - a)$ son constantes).

3.
$$h(a) = f(a) - f(a) - \frac{f(b) - f(a)}{b - a}(a - a) = 0$$

$$h(b) = f(b) - f(a) - \frac{f(b) - f(a)}{b - a}(b - a)$$
$$= f(b) - f(a) - [f(b) - f(a)] = 0$$

Por lo tanto, $h(a) = h(b)$.

Como h satisface todas las hipótesis del teorema de Rolle, ese teorema dice que hay un número c en (a, b) tal que $h'(c) = 0$. Por lo tanto,

$$0 = h'(c) = f'(c) - \frac{f(b) - f(a)}{b - a}$$

y así
$$f'(c) = \frac{f(b) - f(a)}{b - a} \qquad ■$$

EJEMPLO 3 Para ilustrar el teorema del valor medio con una función específica, se considera $f(x) = x^3 - x$, $a = 0$, $b = 2$. Como f es un polinomio, es continuo y derivable para toda x, por lo que es sin duda continuo en $[0, 2]$ y derivable en $(0, 2)$. Así, según el teorema del valor medio, hay un número c en $(0, 2)$ tal que

$$f(2) - f(0) = f'(c)(2 - 0)$$

Ahora $f(2) = 6$, $f(0) = 0$ y $f'(x) = 3x^2 - 1$, de forma que la ecuación mencionada arriba se vuelve

$$6 = (3c^2 - 1)2 = 6c^2 - 2$$

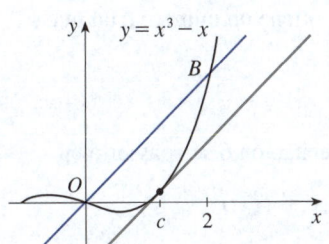

FIGURA 6

lo que da $c^2 = \frac{4}{3}$, es decir, $c = \pm 2/\sqrt{3}$. Pero c debe ubicarse en $(0, 2)$, así que $c = 2/\sqrt{3}$. En la figura 6 se ilustra este cálculo: la recta tangente a este valor de c es paralela a la recta secante OB. ■

EJEMPLO 4 Si un objeto se mueve en línea recta con la función de posición $s = f(t)$, entonces la velocidad promedio entre $t = a$ y $t = b$ es

$$\frac{f(b) - f(a)}{b - a}$$

y la velocidad en $t = c$ es $f'(c)$. Así, el teorema del valor medio (en forma de la ecuación 1) dice que en algún momento $t = c$ entre a y b, la velocidad instantánea $f'(c)$ es igual a esa velocidad promedio. Por ejemplo, si un auto recorrió 180 km en 2 horas, entonces el velocímetro debe haber indicado 90 km/h al menos una vez.

En general, el teorema del valor medio puede interpretarse como que hay un número en el que la razón de cambio instantánea es igual a la razón de cambio promedio sobre un intervalo. ■

El principal significado del teorema del valor medio es que permite obtener información sobre una función a partir de la información sobre su derivada. En el siguiente ejemplo se presenta un caso de este principio.

EJEMPLO 5 Suponga que $f(0) = -3$ y $f'(x) \leq 5$ para todos los valores de x. ¿Cuál es el mayor valor que puede alcanzar $f(2)$?

SOLUCIÓN Se indica que f es derivable (y, por lo tanto, continua) en todas partes. En particular, es posible aplicar el teorema del valor medio en el intervalo $[0, 2]$. Existe un número c tal que

$$f(2) - f(0) = f'(c)(2 - 0)$$

así que $$f(2) = f(0) + 2f'(c) = -3 + 2f'(c)$$

Se indica que $f'(x) \leq 5$ para toda x, así que en particular se sabe que $f'(c) \leq 5$. Al multiplicar ambos lados de esta desigualdad por 2 se tiene $2f'(c) \leq 10$, por lo que

$$f(2) = -3 + 2f'(c) \leq -3 + 10 = 7$$

El mayor valor posible para $f(2)$ es 7.   ∎

El teorema del valor medio puede utilizarse para establecer algunos hechos básicos del cálculo diferencial, uno de los cuales es el siguiente teorema. Otros se analizarán en las siguientes secciones.

> **5 Teorema** Si $f'(x) = 0$ para toda x en un intervalo (a, b), entonces f es constante en (a, b).

DEMOSTRACIÓN Sean x_1 y x_2 dos números cualesquiera en (a, b) con $x_1 < x_2$. Como f es derivable en (a, b), debe ser derivable en (x_1, x_2) y continua en $[x_1, x_2]$. Se aplica el teorema del valor medio a f en el intervalo $[x_1, x_2]$ y se obtiene un número c tal que $x_1 < c < x_2$ y

6 $$f(x_2) - f(x_1) = f'(c)(x_2 - x_1)$$

Como $f'(x) = 0$ para toda x, se tiene $f'(c) = 0$, y así la ecuación 6 se convierte en

$$f(x_2) - f(x_1) = 0 \qquad \text{o} \qquad f(x_2) = f(x_1)$$

Por lo tanto, f tiene el mismo valor en dos números *cualesquiera* x_1 y x_2 en (a, b). Esto significa que f es constante en (a, b).   ∎

El corolario 7 indica que, si dos funciones tienen las mismas derivadas en un intervalo, entonces sus gráficas deben ser traslaciones verticales entre sí. En otras palabras, las gráficas tienen la misma forma, pero pueden estar desplazadas hacia arriba o hacia abajo una de la otra.

> **7 Corolario** Si $f'(x) = g'(x)$ para toda x en un intervalo (a, b), entonces $f - g$ es constante en (a, b); es decir, $f(x) = g(x) + c$, donde c es una constante.

DEMOSTRACIÓN Sea $F(x) = f(x) - g(x)$. Entonces

$$F'(x) = f'(x) - g'(x) = 0$$

para toda x en (a, b). Por lo tanto, según el teorema 5, F es constante, lo que quiere decir que $f - g$ es constante.   ∎

NOTA Hay que tener cuidado al aplicar el teorema 5. Sea

$$f(x) = \frac{x}{|x|} = \begin{cases} 1 & \text{si } x > 0 \\ -1 & \text{si } x < 0 \end{cases}$$

El dominio de f es $D = \{x \mid x \neq 0\}$ y $f'(x) = 0$ para toda x en D. Pero es claro que f no es una función constante. Esto no contradice el teorema 5 porque D no es un intervalo.

EJEMPLO 6   Demuestre la identidad $\tan^{-1}x + \cot^{-1}x = \pi/2$.

SOLUCIÓN   Aunque no se necesita el cálculo para demostrar esta identidad, la demostración con cálculo es muy sencilla. Si $f(x) = \tan^{-1}x + \cot^{-1}x$, entonces

$$f'(x) = \frac{1}{1+x^2} - \frac{1}{1+x^2} = 0$$

para todos los valores de x. Por lo tanto, $f(x) = C$, una constante. Para determinar el valor de C se fija $x = 1$ [porque así se evalúa $f(1)$ con precisión]. Entonces

$$C = f(1) = \tan^{-1}1 + \cot^{-1}1 = \frac{\pi}{4} + \frac{\pi}{4} = \frac{\pi}{2}$$

Así que $\tan^{-1}x + \cot^{-1}x = \pi/2$.   ■

4.2 | Ejercicios

1. Se muestra la gráfica de una función f. Verifique que f satisface las hipótesis del teorema de Rolle sobre el intervalo $[0, 8]$. Luego estime el valor o valores de c que satisfacen la conclusión del teorema de Rolle sobre ese intervalo.

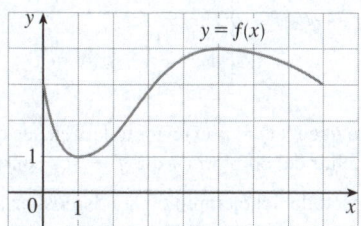

2. Trace la gráfica de una función definida en $[0, 8]$ tal que $f(0) = f(8) = 3$ y la función no satisfaga la conclusión del teorema de Rolle en $[0, 8]$.

3. Se muestra la gráfica de una función g.

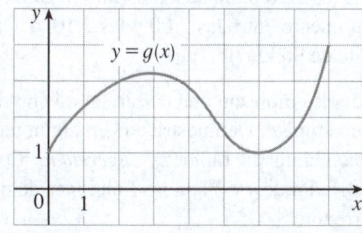

(a) Verifique que g satisface las hipótesis del teorema del valor medio en el intervalo $[0, 8]$.

(b) Estime el valor o valores de c que satisfagan la conclusión del teorema del valor medio en el intervalo $[0, 8]$.

(c) Estime el valor o valores de c que satisfagan la conclusión del teorema del valor medio en el intervalo $[2, 6]$.

4. Trace la gráfica de una función continua en $[0, 8]$, donde $f(0) = 1$ y $f(8) = 4$, y que no satisfaga la conclusión del teorema del valor medio en $[0, 8]$.

5-8 Se muestra la gráfica de una función f. ¿Satisface f las hipótesis del teorema del valor medio en el intervalo $[0, 5]$? Si es así, encuentre un valor c que satisfaga la conclusión del teorema del valor medio en ese intervalo.

5.
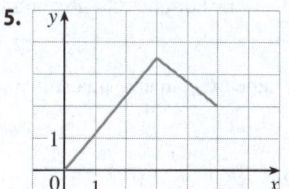

6.
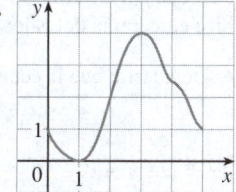

7.
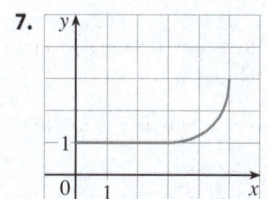

8.
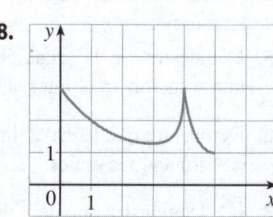

9-12 Verifique que la función satisfaga las tres hipótesis del teorema de Rolle en el intervalo dado. Luego encuentre todos los números c que satisfacen la conclusión del teorema de Rolle.

9. $f(x) = 2x^2 - 4x + 5, \quad [-1, 3]$

10. $f(x) = x^3 - 2x^2 - 4x + 2, \quad [-2, 2]$

11. $f(x) = \operatorname{sen}(x/2), \quad [\pi/2, 3\pi/2]$

12. $f(x) = x + 1/x, \quad [\tfrac{1}{2}, 2]$

13. Sea $f(x) = 1 - x^{2/3}$. Demuestre que $f(-1) = f(1)$ pero no hay un número c en $(-1, 1)$ tal que $f'(c) = 0$. ¿Por qué esto no contradice el teorema de Rolle?

14. Sea $f(x) = \tan x$. Demuestre que $f(0) = f(\pi)$ pero no hay número c en $(0, \pi)$ tal que $f'(c) = 0$. ¿Por qué esto no contradice el teorema de Rolle?

15-18 Verifique que la función satisfaga las hipótesis del teorema del valor medio en el intervalo dado. Luego busque todos los números c que satisfacen la conclusión del teorema del valor medio.

15. $f(x) = 2x^2 - 3x + 1$, $[0, 2]$

16. $f(x) = x^3 - 3x + 2$, $[-2, 2]$

17. $f(x) = \ln x$, $[1, 4]$ **18.** $f(x) = 1/x$, $[1, 3]$

19-20 Encuentre el número c que satisfaga la conclusión del teorema del valor medio en el intervalo dado. Grafique la función, la recta secante a través de los extremos y la recta tangente en $(c, f(c))$. ¿Son paralelas las rectas secante y tangente?

19. $f(x) = \sqrt{x}$, $[0, 4]$ **20.** $f(x) = e^{-x}$, $[0, 2]$

21. Sea $f(x) = (x - 3)^{-2}$. Demuestre que no hay valor de c en $(1, 4)$ tal que $f(4) - f(1) = f'(c)(4 - 1)$. ¿Por qué esto no contradice el teorema del valor medio?

22. Sea $f(x) = 2 - |2x - 1|$. Demuestre que no hay un valor de c tal que $f(3) - f(0) = f'(c)(3 - 0)$. ¿Por qué esto no contradice el teorema del valor medio?

23-24 Demuestre que la ecuación tiene exactamente una solución real.

23. $2x + \cos x = 0$ **24.** $x^3 + e^x = 0$

25. Demuestre que la ecuación $x^3 - 15x + c = 0$ tiene a lo sumo una solución en el intervalo $[-2, 2]$.

26. Demuestre que la ecuación $x^4 + 4x + c = 0$ tiene a lo sumo dos soluciones reales.

27. (a) Demuestre que un polinomio de grado 3 tiene como máximo tres ceros reales.

  (b) Demuestre que un polinomio de grado n tiene como máximo n ceros reales.

28. (a) Suponga que f es derivable en $\mathbb{R}$ y tiene dos ceros. Demuestre que f' tiene por lo menos un cero.

  (b) Suponga que f es dos veces derivable en $\mathbb{R}$ y tiene tres ceros. Demuestre que f'' tiene por lo menos un cero real.

  (c) ¿Se pueden generalizar los incisos (a) y (b)?

29. Si $f(1) = 10$ y $f'(x) \geq 2$ para $1 \leq x \leq 4$, ¿qué tan pequeño puede ser $f(4)$?

30. Suponga que $3 \leq f'(x) \leq 5$ para todos los valores de x. Demuestre que $18 \leq f(8) - f(2) \leq 30$.

31. ¿Existe una función f tal que $f(0) = -1$, $f(2) = 4$ y $f'(x) \leq 2$ para toda x?

32. Suponga que f y g son continuas en $[a, b]$ y derivable en (a, b). Suponga también que $f(a) = g(a)$ y $f'(x) < g'(x)$ para $a < x < b$. Demuestre que $f(b) < g(b)$. [*Sugerencia*: Aplique el teorema del valor medio a la función $h = f - g$].

33. Demuestre que sen $x < x$ si $0 < x < 2\pi$.

34. Suponga que f es una función impar y que se puede derivar en todas partes. Demuestre que para cada número positivo b existe un número c en $(-b, b)$ tal que $f'(c) = f(b)/b$.

35. Utilice el teorema del valor medio para demostrar la desigualdad

$$|\operatorname{sen} a - \operatorname{sen} b| \leq |a - b| \qquad \text{para toda } a \text{ y } b$$

36. Si $f'(x) = c$ (c una constante) para toda x, utilice el corolario 7 para demostrar que $f(x) = cx + d$ para algunas d constantes.

37. Sea $f(x) = 1/x$ y

$$g(x) = \begin{cases} \dfrac{1}{x} & \text{si } x > 0 \\[2mm] 1 + \dfrac{1}{x} & \text{si } x < 0 \end{cases}$$

Demuestre que $f'(x) = g'(x)$ para toda x en sus dominios. ¿Se puede concluir del corolario 7 que $f - g$ es constante?

38-39 Use el método del ejemplo 6 para demostrar la identidad.

38. $\arctan x + \arctan\left(\dfrac{1}{x}\right) = \dfrac{\pi}{2}$, $x > 0$

39. $2 \operatorname{sen}^{-1} x = \cos^{-1}(1 - 2x^2)$, $x \geq 0$

40. A las 2:00 p. m. el velocímetro de un automóvil marca 50 km/h. A las 2:10 p. m. se lee 65 km/h. Demuestre que en algún momento entre las 2:00 y las 2:10 la aceleración es exactamente de 90 km/h^2.

41. Dos corredores empiezan una carrera al mismo tiempo y terminan en un empate. Demuestre que en algún momento de la carrera tienen la misma rapidez. [*Sugerencia*: Considere $f(t) = g(t) - h(t)$, donde g y h son las funciones de posición de los dos corredores].

42. Puntos fijos Un número a se llama *punto fijo* de una función f si $f(a) = a$. Demuestre que si $f'(x) \neq 1$ para todos los números reales x, entonces f tiene como máximo un punto fijo.

4.3 | Lo que indican las derivadas acerca de la forma de una gráfica

Muchas aplicaciones del cálculo dependen de la capacidad de deducir hechos sobre una función f a partir de la información relativa a sus derivadas. Debido a que $f'(x)$ representa la pendiente de la curva $y = f(x)$ en el punto $(x, f(x))$, dice la dirección en la que

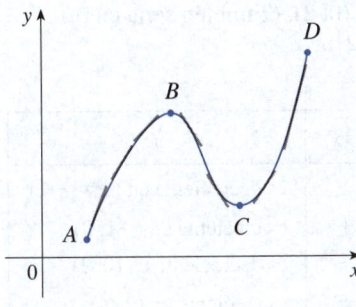

FIGURA 1

Notación

El nombre de esta prueba se abrevia como prueba C/D.

la curva procede en cada punto. Así, es razonable esperar que la información sobre $f'(x)$ proporcione información sobre $f(x)$.

■ ¿Qué dice f' respecto a f?

Para ver cómo la derivada de f puede indicar dónde es creciente o es decreciente una función, vea la figura 1. (Las funciones crecientes y las funciones decrecientes se definieron en la sección 1.1). Entre A y B y entre C y D, las rectas tangentes tienen una pendiente positiva y así $f'(x) > 0$. Entre B y C, las rectas tangentes tienen una pendiente negativa y así $f'(x) < 0$. Por lo tanto, parece que f es creciente cuando $f'(x)$ es positiva y es decreciente cuando $f'(x)$ es negativa. Para demostrar que siempre es así se aplica el teorema del valor medio.

Prueba creciente/decreciente

(a) Si $f'(x) > 0$ en un intervalo, entonces f es creciente en ese intervalo.

(b) Si $f'(x) < 0$ en un intervalo, entonces f es decreciente en ese intervalo.

DEMOSTRACIÓN

(a) Sean x_1 y x_2 dos números cualesquiera en el intervalo con $x_1 < x_2$. De acuerdo con la definición de una función creciente (sección 1.1), se tiene que demostrar que $f(x_1) < f(x_2)$.

Como se indica que $f'(x) > 0$, se sabe que f es derivable en $[x_1, x_2]$. Así, según el teorema del valor medio, hay un número c entre x_1 y x_2 tal que

$$\boxed{1} \qquad f(x_2) - f(x_1) = f'(c)(x_2 - x_1)$$

Ahora $f'(c) > 0$ por suposición y $x_2 - x_1 > 0$ porque $x_1 < x_2$. Por lo tanto, el lado derecho de la ecuación 1 es positivo, y así

$$f(x_2) - f(x_1) > 0 \qquad \text{o} \qquad f(x_1) < f(x_2)$$

Esto muestra que f es creciente.

El inciso (b) se demuestra de manera similar. ∎

EJEMPLO 1 Encuentre los intervalos dónde la función $f(x) = 3x^4 - 4x^3 - 12x^2 + 5$ es creciente y dónde es decreciente.

SOLUCIÓN Empezamos por derivar f:

$$f'(x) = 12x^3 - 12x^2 - 24x = 12x(x - 2)(x + 1)$$

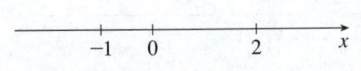

FIGURA 2

Para usar la prueba C/D se debe ubicar dónde $f'(x) > 0$ y dónde $f'(x) < 0$. Para resolver estas desigualdades primero se encuentra $f'(x) = 0$, a saber, en $x = 0, 2$ y -1. Estos son los números críticos de f, y dividen el dominio en cuatro intervalos (vea la recta numérica de la figura 2). Dentro de cada intervalo, $f'(x)$ debe ser siempre positivo o siempre negativo (vea los ejemplos 3 y 4 en el apéndice A). Se puede determinar cuál es el caso de cada intervalo a partir de los signos de los tres factores de $f'(x)$: $12x$, $x - 2$ y $x + 1$, como se muestra en la siguiente tabla. El signo $+$ indica que la expresión dada es positiva, y un signo $-$ indica que es negativa. La última columna de la tabla da la conclusión basada en la prueba C/D. Por ejemplo:

$f'(x) < 0$ para $0 < x < 2$, así que f es decreciente en $(0, 2)$. (También sería cierto decir que f es decreciente en el intervalo cerrado $[0, 2]$).

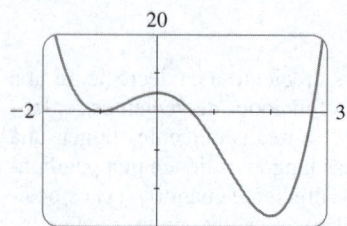

FIGURA 3

Intervalo	$12x$	$x - 2$	$x + 1$	$f'(x)$	f
$x < -1$	$-$	$-$	$-$	$-$	es decreciente en $(-\infty, -1)$
$-1 < x < 0$	$-$	$-$	$+$	$+$	es creciente en $(-1, 0)$
$0 < x < 2$	$+$	$-$	$+$	$-$	es decreciente en $(0, 2)$
$x > 2$	$+$	$+$	$+$	$+$	es creciente en $(2, \infty)$

La gráfica de f que se muestra en la figura 3 confirma la información de la tabla. ∎

■ Prueba de la primera derivada

A partir de la sección 4.1, recuerde que si f tiene un máximo o mínimo local en c, entonces c debe ser un número crítico de f (según el teorema de Fermat), pero no todos los números críticos dan lugar a un máximo o un mínimo. Por lo tanto, se necesita una prueba que diga si f tiene un máximo o mínimo local en un número crítico.

En la figura 3 se muestra que, para la función f del ejemplo 1, $f(0) = 5$ es un valor máximo local de f porque f aumenta en $(-1, 0)$ y disminuye en $(0, 2)$. O, en términos de derivadas, $f'(x) > 0$ para $-1 < x < 0$ y $f'(x) < 0$ para $0 < x < 2$. En otras palabras, el signo de $f'(x)$ cambia de positivo a negativo en 0. Esta observación es la base de la siguiente prueba.

> **Prueba de la primera derivada** Suponga que c es un número crítico de una función continua f.
> (a) Si f' cambia de positivo a negativo en c, entonces f tiene un máximo local en c.
> (b) Si f' cambia de negativo a positivo en c, entonces f tiene un mínimo local en c.
> (c) Si f' es positivo a la izquierda y a la derecha de c, o negativo a la izquierda y a la derecha de c, entonces f no tiene un máximo o mínimo local en c.

La prueba de la primera derivada es una consecuencia de la prueba C/D. En el inciso (a), por ejemplo, debido a que el signo de $f'(x)$ cambia de positivo a negativo en c, f es creciente a la izquierda de c y es decreciente a la derecha de c. De ello se deduce que f tiene un máximo local en c.

Es fácil recordar la prueba de la primera derivada al visualizar diagramas como los de la figura 4.

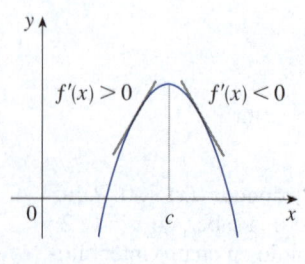

(a) Máximo local en c.

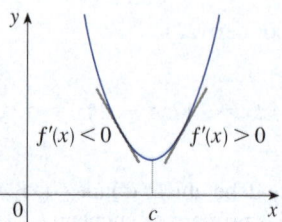

(b) Mínimo local en c.

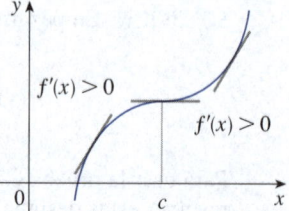

(c) No máximo ni mínimo en c.

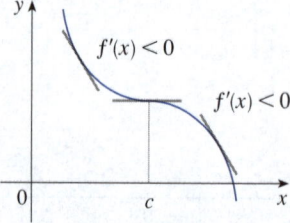

(d) No máximo ni mínimo en c.

FIGURA 4

EJEMPLO 2 Encuentre los valores mínimo y máximo locales de la función f en el ejemplo 1.

SOLUCIÓN En la gráfica de la solución del ejemplo 1 se ve que $f'(x)$ cambia de negativo a positivo en -1, por lo que $f(-1) = 0$ es un valor mínimo local según la prueba de la primera derivada. De igual manera, f' cambia de negativo a positivo en 2, por lo que $f(2) = -27$ es también un valor mínimo local. Como se señaló anteriormente, $f(0) = 5$ es un valor máximo local porque $f'(x)$ cambia de positivo a negativo en 0. ■

EJEMPLO 3 Halle los valores máximo y mínimo locales de la función

$$g(x) = x + 2\operatorname{sen} x \qquad 0 \leqslant x \leqslant 2\pi$$

SOLUCIÓN Como en el ejemplo 1, se empieza por buscar los números críticos. La derivada es:

$$g'(x) = 1 + 2\cos x$$

por lo que $g'(x) = 0$ cuando $\cos x = -\frac{1}{2}$. Las soluciones de esta ecuación son $2\pi/3$ y $4\pi/3$. Debido a que g es derivable en todas partes, los únicos números críticos son $2\pi/3$ y $4\pi/3$. Se divide el dominio en intervalos según los números críticos. Dentro de cada intervalo, $g'(x)$ es siempre positivo o siempre negativo y por eso se analiza g en la siguiente tabla.

Los signos $+$ en la gráfica provienen del hecho de que $g'(x) > 0$ cuando $\cos x > -\frac{1}{2}$. De la gráfica de $y = \cos x$, esto es cierto en los intervalos indicados. Alternativamente, se puede elegir un valor de prueba dentro de cada intervalo y comprobar el signo de $g'(x)$ con ese valor.

Intervalo	$g'(x) = 1 + 2\cos x$	g
$0 < x < 2\pi/3$	$+$	es creciente en $(0, 2\pi/3)$
$2\pi/3 < x < 4\pi/3$	$-$	es decreciente en $(2\pi/3, 4\pi/3)$
$4\pi/3 < x < 2\pi$	$+$	es creciente en $(4\pi/3, 2\pi)$

Como $g'(x)$ cambia de positivo a negativo en $2\pi/3$, la prueba de la primera derivada dice que hay un máximo local en $2\pi/3$, y el valor máximo local es

$$g(2\pi/3) = \frac{2\pi}{3} + 2\operatorname{sen}\frac{2\pi}{3} = \frac{2\pi}{3} + 2\left(\frac{\sqrt{3}}{2}\right) = \frac{2\pi}{3} + \sqrt{3} \approx 3.83$$

De la misma manera, $g'(x)$ cambia de negativo a positivo en $4\pi/3$, y así

$$g(4\pi/3) = \frac{4\pi}{3} + 2\operatorname{sen}\frac{4\pi}{3} = \frac{4\pi}{3} + 2\left(-\frac{\sqrt{3}}{2}\right) = \frac{4\pi}{3} - \sqrt{3} \approx 2.46$$

es un valor mínimo local. La gráfica de g en la figura 5 sustenta esta conclusión. ■

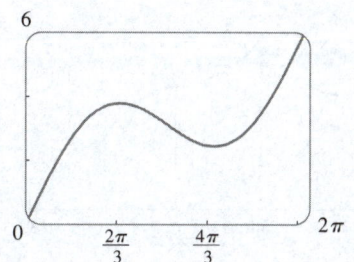

FIGURA 5
$g(x) = x + 2\operatorname{sen} x$

■ ¿Qué dice f'' respecto a f?

En la figura 6 se muestran las gráficas de dos funciones crecientes en (a, b). Ambas gráficas unen el punto A con el B, pero se ven diferentes porque se doblan en distintas direcciones. ¿Cómo distinguir entre estos dos tipos de comportamiento?

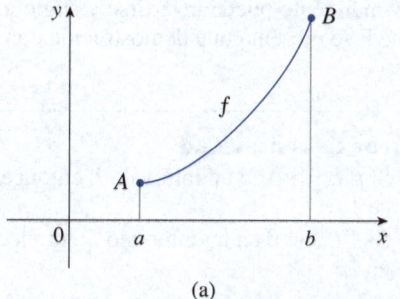

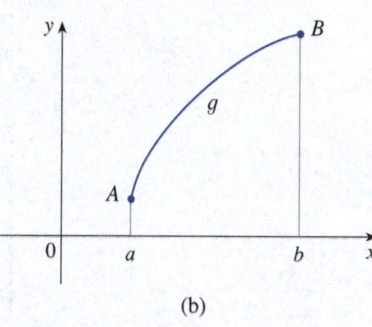

FIGURA 6

(a)

(b)

En la figura 7 se trazaron tangentes a estas curvas en varios puntos. En el inciso (a), la curva se encuentra por encima de las tangentes y f se llama *cóncava hacia arriba* en (a, b). En el inciso (b) la curva se encuentra debajo de las tangentes y g se llama *cóncava hacia abajo* en (a, b).

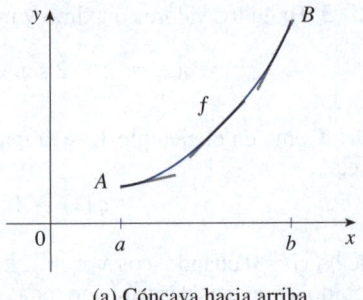
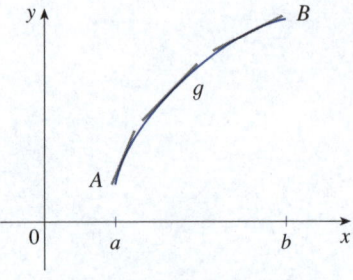

FIGURA 7   (a) Cóncava hacia arriba   (b) Cóncava hacia abajo

Notación

En inglés, se utiliza la abreviatura CU para el término "cóncava hacia arriba" (*C*oncave *U*pward) y CD para "cóncava hacia abajo" (*C*oncave *D*ownward).

Definición Si la gráfica de f se encuentra por encima de todas sus tangentes en un intervalo I, entonces f se llama **cóncava hacia arriba** en I. Si la gráfica de f se encuentra por debajo de todas sus tangentes en I, entonces f se llama **cóncava hacia abajo** en I.

En la figura 8 se muestra la gráfica de una función cóncava hacia arriba (CU) en los intervalos (b, c), (d, e) y (e, p), y cóncava hacia abajo (CD) en los intervalos (a, b), (c, d) y (p, q).

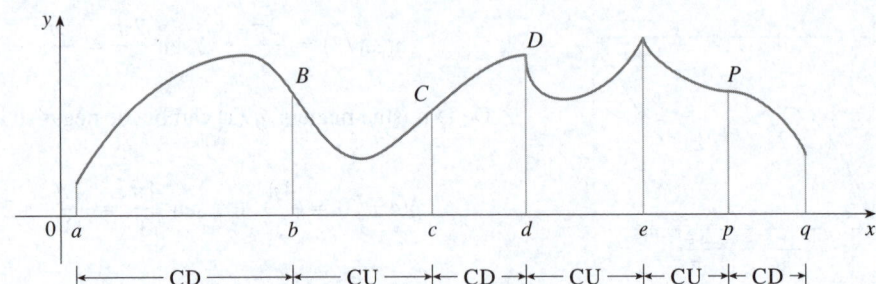

FIGURA 8

Se puede observar que la segunda derivada ayuda a determinar los intervalos de concavidad. En la figura 7(a) se aprecia que, de izquierda a derecha, la pendiente de la tangente aumenta. Esto significa que la derivada f' es una función creciente y por lo tanto su derivada f'' es positiva. Asimismo, en la figura 7(b) la pendiente de la tangente disminuye de izquierda a derecha, por lo que f' disminuye y por lo tanto f'' es negativa. Este razonamiento puede invertirse y sugiere que el siguiente teorema es cierto. En el apéndice F se presenta una demostración con ayuda del teorema del valor medio.

Prueba de concavidad
(a) Si $f''(x) > 0$ en un intervalo I, entonces la gráfica de f es cóncava hacia arriba en I.
(b) Si $f''(x) < 0$ en un intervalo I, entonces la gráfica de f es cóncava hacia abajo en I.

EJEMPLO 4 En la figura 9 se muestra una gráfica de población de abejas criadas en un colmenar. ¿Cómo cambia la tasa de crecimiento de la población a lo largo del tiempo? ¿Cuándo es esta tasa más alta? ¿En qué intervalos es P cóncava hacia arriba o cóncava hacia abajo?

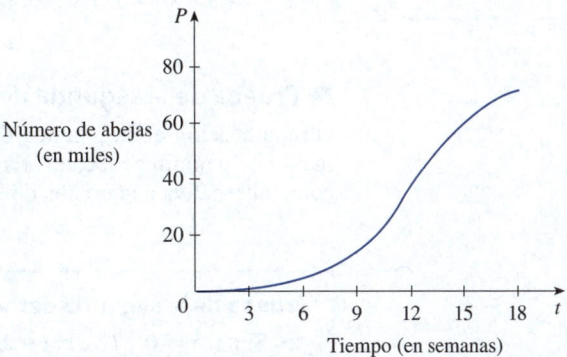

FIGURA 9

SOLUCIÓN Al observar la pendiente de la curva a medida que t aumenta, se ve que la tasa de crecimiento de la población es inicialmente muy baja, y luego se hace más alta hasta que alcanza un máximo en aproximadamente $t = 12$ semanas, y disminuye a medida que la población comienza a nivelarse. Cuando la población se acerca a su valor máximo de alrededor de 75 000 (llamado *capacidad de carga*), la tasa de crecimiento, $P'(t)$, se aproxima a 0. La curva parece cóncava hacia arriba en $(0, 12)$ y cóncava hacia abajo en $(12, 18)$. ∎

En el ejemplo 4, la curva de población cambió de cóncava hacia arriba a cóncava hacia abajo en aproximadamente el punto $(12, 38\,000)$. Este punto se denomina *punto de inflexión* de la curva. La importancia de este punto es que la tasa de crecimiento poblacional tiene su máximo valor allí. En general, un punto de inflexión es un punto donde una curva cambia su dirección de concavidad.

> **Definición** Un punto P en una curva $y = f(x)$ se llama **punto de inflexión** si f es continua allí y la curva cambia de cóncava hacia arriba a cóncava hacia abajo, o de cóncava hacia abajo a cóncava hacia arriba, en P.

Por ejemplo, en la figura 8, B, C, D y P son los puntos de inflexión. Observe que si una curva tiene una tangente en un punto de inflexión, entonces la curva corta la recta tangente en ese punto.

De acuerdo con la prueba de concavidad, hay un punto de inflexión en cualquier punto donde la función sea continua y la segunda derivada cambie de signo.

EJEMPLO 5 Trace la gráfica de una función f que satisface las siguientes condiciones:

(i) $f'(x) > 0$ en $(-\infty, 1)$, $f'(x) < 0$ en $(1, \infty)$

(ii) $f''(x) > 0$ en $(-\infty, -2)$ y $(2, \infty)$, $f''(x) < 0$ en $(-2, 2)$

(iii) $\lim\limits_{x \to -\infty} f(x) = -2$, $\lim\limits_{x \to \infty} f(x) = 0$

SOLUCIÓN La condición (i) dice que f es creciente en $(-\infty, 1)$ y es decreciente en $(1, \infty)$. La condición (ii) dice que f es cóncava hacia arriba en $(-\infty, -2)$ y $(2, \infty)$, y cóncava hacia abajo en $(-2, 2)$. De la condición (iii) se sabe que la gráfica de f tiene dos asíntotas horizontales: $y = -2$ (a la izquierda) y $y = 0$ (a la derecha).

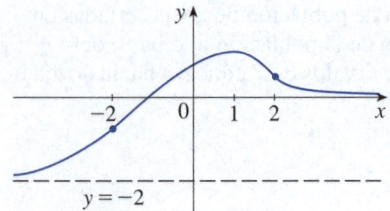

FIGURA 10

Primero se traza la asíntota horizontal $y = -2$ como una recta discontinua (vea la figura 10). Luego se presenta la gráfica de f acercándose a esta asíntota en el extremo izquierdo, aumentando hasta alcanzar un máximo en $x = 1$, y disminuyendo hacia el eje x en el extremo derecho. También hay que asegurarse de que la gráfica tenga puntos de inflexión cuando $x = -2$ y 2. Observe que la curva se inclina hacia arriba en $x < -2$ y $x > 2$, y que se inclina hacia abajo cuando x está entre -2 y 2.   ■

■ Prueba de la segunda derivada

Otra aplicación de la segunda derivada es la siguiente prueba para identificar valores máximos y mínimos locales. Es una consecuencia de la prueba de concavidad, y sirve como alternativa a la prueba de la primera derivada.

Prueba de la segunda derivada Suponga que f'' es continua cerca de c.

(a) Si $f'(c) = 0$ y $f''(c) > 0$, entonces f tiene un mínimo local en c.

(b) Si $f'(c) = 0$ y $f''(c) < 0$, entonces f tiene un máximo local en c.

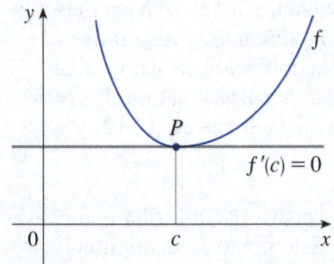

FIGURA 11
$f''(c) > 0$, f es cóncava hacia arriba.

Por ejemplo, el inciso (a) es verdadero porque $f''(x) > 0$ cerca de c, entonces f es cóncava hacia arriba cerca de c. Esto significa que la gráfica de f se encuentra *por encima* de su tangente horizontal en c y por lo tanto f tiene un mínimo local en c (vea la figura 11).

NOTA La prueba de la segunda derivada no es concluyente cuando $f''(c) = 0$. En otras palabras, en ese punto puede haber un máximo, un mínimo o ninguno de los dos. Esta prueba también falla cuando $f''(c)$ no existe. En tales casos se debe utilizar la prueba de la primera derivada. De hecho, incluso cuando se aplican ambas pruebas, la prueba de la primera derivada es a menudo la más fácil de usar.

EJEMPLO 6 Comente sobre la curva $y = x^4 - 4x^3$ respecto a la concavidad, los puntos de inflexión y los máximos y mínimos locales.

SOLUCIÓN Si $f(x) = x^4 - 4x^3$, entonces

$$f'(x) = 4x^3 - 12x^2 = 4x^2(x - 3)$$

$$f''(x) = 12x^2 - 24x = 12x(x - 2)$$

Para encontrar los números críticos se establece $f'(x) = 0$ y se obtiene $x = 0$ y $x = 3$. (Observe que f' es un polinomio y por lo tanto está definido en todas partes). Para usar la prueba de la segunda derivada se evalúa f'' en estos números críticos:

$$f''(0) = 0 \qquad f''(3) = 36 > 0$$

Como $f'(3) = 0$ y $f''(3) > 0$, la prueba de la segunda derivada dice que $f(3) = -27$ es un mínimo local. Debido a que $f''(0) = 0$, la prueba de la segunda derivada no da información sobre el número crítico 0. Pero como $f'(x) < 0$ para $x < 0$ y también para $0 < x < 3$, la prueba de la primera derivada indica que f no tiene un máximo ni mínimo local en 0.

Como $f''(x) = 0$ cuando $x = 0$ o 2, se divide la recta real en intervalos con estos números como extremos y se completa la siguiente tabla.

Intervalo	$f''(x) = 12x\,(x-2)$	Concavidad
$(-\infty, 0)$	+	hacia arriba
$(0, 2)$	−	hacia abajo
$(2, \infty)$	+	hacia arriba

El punto $(0, 0)$ es un punto de inflexión porque la curva cambia de cóncava hacia arriba a cóncava hacia abajo allí. También $(2, -16)$ es un punto de inflexión porque la curva cambia de cóncava hacia abajo a cóncava hacia arriba allí.

La gráfica de $y = x^4 - 4x^3$ en la figura 12 confirma estas conclusiones. ∎

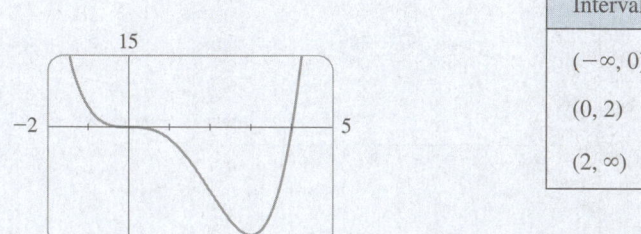

FIGURA 12
$y = x^4 - 4x^3$

■ Trazado de curvas

Ahora, con la información de las primeras y segundas derivadas, se traza la gráfica de una función.

EJEMPLO 7   Trace la gráfica de la función $f(x) = x^{2/3}(6 - x)^{1/3}$.

SOLUCIÓN   Primero observe que el dominio de f es $\mathbb{R}$. El cálculo de las dos primeras derivadas da

Utilice las reglas de derivación para revisar estos cálculos.

$$f'(x) = \frac{4 - x}{x^{1/3}(6 - x)^{2/3}} \qquad f''(x) = \frac{-8}{x^{4/3}(6 - x)^{5/3}}$$

Como $f'(x) = 0$ cuando $x = 4$ y $f'(x)$ no existe cuando $x = 0$ o $x = 6$, los números críticos son 0, 4 y 6.

Intervalo	$4 - x$	$x^{1/3}$	$(6 - x)^{2/3}$	$f'(x)$	f
$x < 0$	+	−	+	−	decreciente en $(-\infty, 0)$
$0 < x < 4$	+	+	+	+	creciente en $(0, 4)$
$4 < x < 6$	−	+	+	−	decreciente en $(4, 6)$
$x > 6$	−	+	+	−	decreciente en $(6, \infty)$

Para encontrar los valores extremos locales se aplica la prueba de la primera derivada. Como f' cambia de negativa a positiva en 0, $f(0) = 0$ es un mínimo local. Dado que f' cambia de positiva a negativa en 4, $f(4) = 2^{5/3}$ es un máximo local. El signo de f' no cambia en 6, por lo que no hay un mínimo ni un máximo local. (La prueba de la segunda derivada podría usarse en 4 pero no en 0 o 6 porque f'' no existe en ninguno de estos números).

Al ver la expresión para $f''(x)$ y observar que $x^{4/3} \geq 0$ para toda x, se tiene $f''(x) < 0$ para $x < 0$ y para $0 < x < 6$ y $f''(x) > 0$ para $x > 6$. Así, f es cóncava hacia abajo en $(-\infty, 0)$ y $(0, 6)$ y cóncava hacia arriba en $(6, \infty)$, y el único punto de inflexión es $(6, 0)$. Con toda esta información sobre f de sus primeras y segundas derivadas, se

Intente reproducir la gráfica de la figura 13 con una calculadora graficadora o una computadora. Algunos dispositivos producen la gráfica completa, otros solo la parte a la derecha del eje y, y otros solo la parte entre $x = 0$ y $x = 6$. Para una explicación, vea el ejemplo 7 de "Graphing Calculators and Computers" en www.StewartCalculus.com.

FIGURA 13

traza la gráfica de la figura 13. Observe que la curva tiene tangentes verticales en $(0, 0)$ y $(6, 0)$ porque $|f'(x)| \to \infty$ a medida que $x \to 0$ y $x \to 6$.

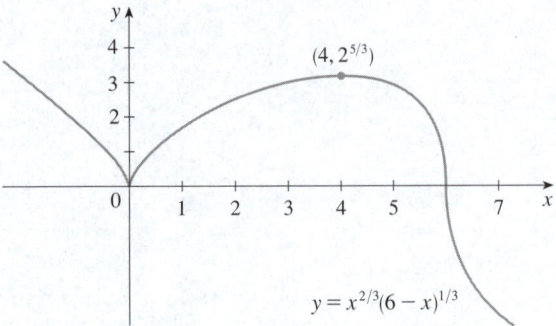

$$y = x^{2/3}(6 - x)^{1/3}$$

EJEMPLO 8 Utilice la primera y segunda derivadas de $f(x) = e^{1/x}$, junto con las asíntotas, para trazar su gráfica.

SOLUCIÓN Observe que el dominio de f es $\{x \mid x \neq 0\}$, por lo que las asíntotas verticales se comprueban calculando los límites izquierdo y derecho conforme $x \to 0$. A medida que $x \to 0^+$, se sabe que $t = 1/x \to \infty$, por lo que

$$\lim_{x \to 0^+} e^{1/x} = \lim_{t \to \infty} e^{t} = \infty$$

y esto muestra que $x = 0$ es una asíntota vertical. Conforme $x \to 0^-$ se tiene $t = 1/x \to -\infty$, así que

$$\lim_{x \to 0^-} e^{1/x} = \lim_{t \to -\infty} e^{t} = 0$$

Conforme $x \to \pm\infty$ se tiene $1/x \to 0$ y por lo tanto

$$\lim_{x \to \pm\infty} e^{1/x} = e^{0} = 1$$

Esto muestra que $y = 1$ es una asíntota horizontal (tanto a la izquierda como a la derecha).

Ahora se calcula la derivada. La regla de la cadena da:

$$f'(x) = -\frac{e^{1/x}}{x^2}$$

Como $e^{1/x} > 0$ y $x^2 > 0$ para toda $x \neq 0$, se tiene $f'(x) < 0$ para toda $x \neq 0$. Por lo tanto, f es decreciente en $(-\infty, 0)$ y en $(0, \infty)$. No hay un número crítico, por lo que la función no tiene un máximo ni mínimo local. La segunda derivada es

$$f''(x) = -\frac{x^2 e^{1/x}(-1/x^2) - e^{1/x}(2x)}{x^4} = \frac{e^{1/x}(2x + 1)}{x^4}$$

Como $e^{1/x} > 0$ y $x^4 > 0$, se tiene $f''(x) > 0$ cuando $x > -\frac{1}{2}$ $(x \neq 0)$ y $f''(x) < 0$ cuando $x < -\frac{1}{2}$. Así, la curva es cóncava hacia abajo en $\left(-\infty, -\frac{1}{2}\right)$ y cóncava hacia arriba en $\left(-\frac{1}{2}, 0\right)$ y en $(0, \infty)$. Hay un punto de inflexión: $\left(-\frac{1}{2}, e^{-2}\right)$.

Para trazar la gráfica de f se empieza por la asíntota horizontal $y = 1$ (como recta discontinua) junto con las partes de la curva cercanas a las asíntotas en un trazo preliminar [figura 14(a)]. Estas partes reflejan la información relativa a los límites y el hecho de que f es decreciente tanto en $(-\infty, 0)$ como en $(0, \infty)$. Observe que se indicó que $f(x) \to 0$ conforme $x \to 0^-$ aunque $f(0)$ no existe. En la figura 14(b) se termina el trazo incorporando la información de la concavidad y el punto de inflexión. En la figura 14(c) se comprueba el trabajo mediante computadora.

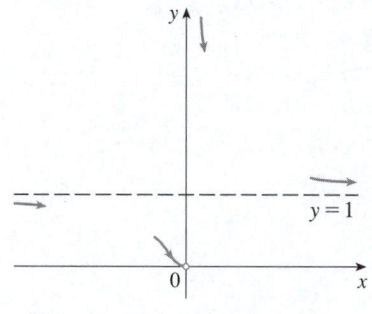

(a) Trazo preliminar.

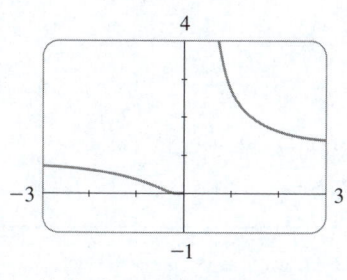

(b) Trazo terminado.

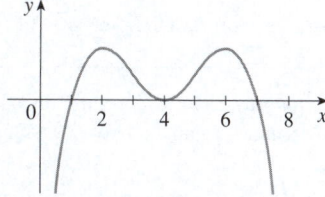

(c) Confirmación por computadora.

FIGURA 14

4.3 | Ejercicios

1-2 Utilice la gráfica dada de f para buscar lo siguiente.
(a) Los intervalos abiertos sobre los que f es creciente.
(b) Los intervalos abiertos sobre los que f es decreciente.
(c) Los intervalos abiertos sobre los que f es cóncava hacia arriba.
(d) Los intervalos abiertos sobre los que f es cóncava hacia abajo.
(e) Las coordenadas de los puntos de inflexión.

1. 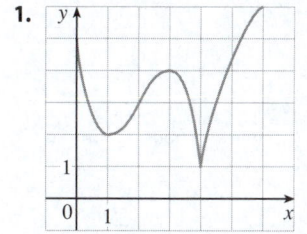 **2.**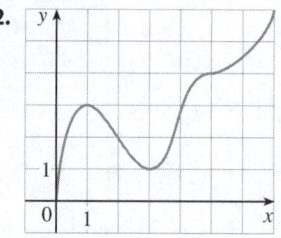

3. Suponga que se da una fórmula para una función f.
(a) ¿Cómo determina dónde f es creciente o decreciente?
(b) ¿Cómo determina dónde es cóncava hacia arriba o cóncava hacia abajo la gráfica de f?
(c) ¿Cómo ubica los puntos de inflexión?

4. (a) Exponga la prueba de la primera derivada.
(b) Exponga la prueba de la segunda derivada. ¿En qué circunstancias queda inconclusa? ¿Qué hace si falla?

5-6 Se muestra la gráfica de la *derivada f'* de una función f.
(a) ¿En qué intervalos f es creciente? ¿En cuáles es decreciente?
(b) ¿En qué valores de x tiene f un máximo local? ¿Y un mínimo local?

5.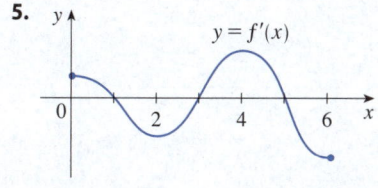

6.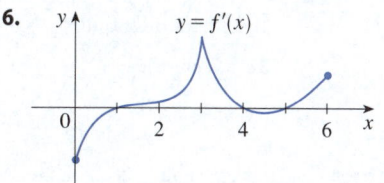

7. En cada inciso, indique las coordenadas sobre x de los puntos de inflexión de f. Argumente sus respuestas.
(a) La curva es la gráfica de f.
(b) La curva es la gráfica de f'.
(c) La curva es la gráfica de f''.

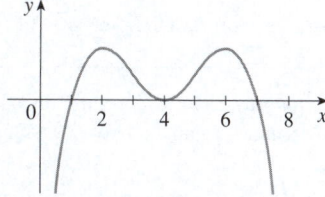

8. Se muestra la gráfica de la primera derivada f' de una función f.
(a) ¿En qué intervalos f es creciente? Explique.
(b) ¿En qué valores de x tiene f un máximo o mínimo local? Explique.
(c) ¿En qué intervalos es f cóncava hacia arriba o cóncava hacia abajo? Explique.
(d) ¿Cuáles son las coordenadas x de los puntos de inflexión de f? ¿Por qué?

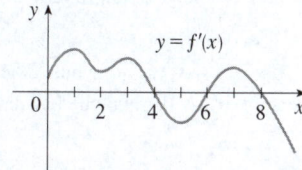

9-16 Halle los intervalos en los que f es creciente o decreciente, y también los valores máximos y mínimos locales de f.

9. $f(x) = 2x^3 - 15x^2 + 24x - 5$

10. $f(x) = x^3 - 6x^2 - 135x$

11. $f(x) = 6x^4 - 16x^3 + 1$ **12.** $f(x) = x^{2/3}(x - 3)$

13. $f(x) = \dfrac{x^2 - 24}{x - 5}$ **14.** $f(x) = x + \dfrac{4}{x^2}$

15. $f(x) = \operatorname{sen} x + \cos x, \quad 0 \le x \le 2\pi$

16. $f(x) = x^4 e^{-x}$

17-22 Determine los intervalos en los que f es cóncava hacia arriba o cóncava hacia abajo, y también los puntos de inflexión de f.

17. $f(x) = x^3 - 3x^2 - 9x + 4$

18. $f(x) = 2x^3 - 9x^2 + 12x - 3$

19. $f(x) = \operatorname{sen}^2 x - \cos 2x, \quad 0 \le x \le \pi$

20. $f(x) = \ln(2 + \operatorname{sen} x), \quad 0 \le x \le 2\pi$

21. $f(x) = \ln(x^2 + 5)$ **22.** $f(x) = \dfrac{e^x}{e^x + 2}$

23-28

(a) Halle los intervalos en los que f es creciente o decreciente.

(b) Encuentre los valores máximos y mínimos locales de f.

(c) Determine los intervalos de concavidad y los puntos de inflexión.

23. $f(x) = x^4 - 2x^2 + 3$ **24.** $f(x) = \dfrac{x}{x^2 + 1}$

25. $f(x) = x^2 - x - \ln x$ **26.** $f(x) = x^2 \ln x$

27. $f(x) = xe^{2x}$

28. $f(x) = \cos^2 x - 2 \operatorname{sen} x, \quad 0 \le x \le 2\pi$

29-30 Encuentre los valores máximos y mínimos locales de f con las pruebas de la primera y segunda derivadas. ¿Qué método prefiere?

29. $f(x) = 1 + 3x^2 - 2x^3$ **30.** $f(x) = \dfrac{x^2}{x - 1}$

---

31. Suponga que la derivada de una función f es

$$f'(x) = (x - 4)^2(x + 3)^7(x - 5)^8$$

¿En qué intervalo(s) f es creciente?

32. (a) Encuentre los números críticos de $f(x) = x^4(x - 1)^3$.

(b) ¿Qué le indica la prueba de la segunda derivada sobre el comportamiento de f en estos números críticos?

(c) ¿Qué le indica la prueba de la primera derivada?

33. Suponga que f'' es continua en $(-\infty, \infty)$.

(a) Si $f'(2) = 0$ y $f''(2) = -5$, ¿qué puede decir sobre f?

(b) Si $f'(6) = 0$ y $f''(6) = 0$, ¿qué puede decir sobre f?

34-41 Trace la gráfica de una función que satisfaga todas las condiciones dadas.

34. (a) $f'(x) < 0$ y $f''(x) < 0$ para toda x
(b) $f'(x) > 0$ y $f''(x) > 0$ para toda x

35. (a) $f'(x) > 0$ y $f''(x) < 0$ para toda x
(b) $f'(x) < 0$ y $f''(x) > 0$ para toda x

36. Asíntota vertical $x = 0$, $\quad f'(x) > 0$ si $x < -2$,
$f'(x) < 0$ si $x > -2 \ (x \ne 0)$,
$f''(x) < 0$ si $x < 0$, $\quad f''(x) > 0$ si $x > 0$

37. $f'(0) = f'(2) = f'(4) = 0$,
$f'(x) > 0$ si $x < 0$ o $2 < x < 4$,
$f'(x) < 0$ si $0 < x < 2$ o $x > 4$,
$f''(x) > 0$ si $1 < x < 3$, $\quad f''(x) < 0$ si $x < 1$ o $x > 3$

38. $f'(x) > 0$ para toda $x \ne 1$, asíntota vertical $x = 1$,
$f''(x) > 0$ si $x < 1$ o $x > 3$, $\quad f''(x) < 0$ si $1 < x < 3$

39. $f'(5) = 0$, $\quad f'(x) < 0$ cuando $x < 5$,
$f'(x) > 0$ cuando $x > 5$, $\quad f''(2) = 0$, $\quad f''(8) = 0$,
$f''(x) < 0$ cuando $x < 2$ o $x > 8$,
$f''(x) > 0$ para $2 < x < 8$, $\quad \lim\limits_{x \to \infty} f(x) = 3$, $\quad \lim\limits_{x \to -\infty} f(x) = 3$

40. $f'(0) = f'(4) = 0$, $\quad f'(x) = 1$ si $x < -1$,
$f'(x) > 0$ si $0 < x < 2$,
$f'(x) < 0$ si $-1 < x < 0$ o $2 < x < 4$ o $x > 4$,
$\lim\limits_{x \to 2^-} f'(x) = \infty$, $\quad \lim\limits_{x \to 2^+} f'(x) = -\infty$,
$f''(x) > 0$ si $-1 < x < 2$ o $2 < x < 4$,
$f''(x) < 0$ si $x > 4$

41. $f'(x) > 0$ si $x \ne 2$, $\quad f''(x) > 0$ si $x < 2$,
$f''(x) < 0$ si $x > 2$, $\quad f$ tiene el punto de inflexión $(2, 5)$,
$\lim\limits_{x \to \infty} f(x) = 8$, $\quad \lim\limits_{x \to -\infty} f(x) = 0$

---

42. Se muestra la gráfica de una función $y = f(x)$. ¿En qué punto(s) son verdaderas las siguientes expresiones?

(a) $\dfrac{dy}{dx}$ y $\dfrac{d^2y}{dx^2}$ ambos son positivos.

(b) $\dfrac{dy}{dx}$ y $\dfrac{d^2y}{dx^2}$ ambos son negativos.

(c) $\dfrac{dy}{dx}$ es negativo pero $\dfrac{d^2y}{dx^2}$ es positivo.

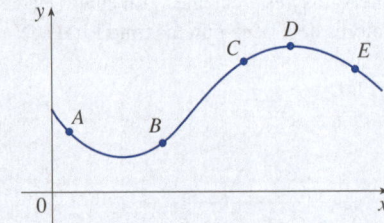

43-44 Se muestra la gráfica de la derivada f' de una función continua f.

(a) ¿En qué intervalos f es creciente? ¿En cuáles es decreciente?

(b) ¿En qué valores de x tiene f un máximo local? ¿Y un mínimo local?

(c) ¿En qué intervalos es f cóncava hacia arriba? ¿Y cóncava hacia abajo?

(d) Exponga la(s) coordenada(s) x del punto o puntos de inflexión.

(e) Suponga que $f(0) = 0$ y trace una gráfica de f.

43.

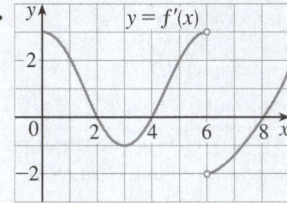

44.

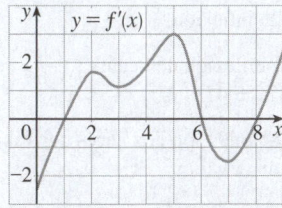

45-58

(a) Encuentre los intervalos de crecimiento y decrecimiento.

(b) Encuentre los valores máximos y mínimos locales.

(c) Busque los intervalos de concavidad y los puntos de inflexión.

(d) Utilice la información de los incisos (a)-(c) para dibujar la gráfica. Tal vez quiera comprobar su trabajo mediante una calculadora graficadora o una computadora.

45. $f(x) = x^3 - 3x^2 + 4$ **46.** $f(x) = 36x + 3x^2 - 2x^3$

47. $f(x) = \frac{1}{2}x^4 - 4x^2 + 3$ **48.** $g(x) = 200 + 8x^3 + x^4$

49. $g(t) = 3t^4 - 8t^3 + 12$ **50.** $h(x) = 5x^3 - 3x^5$

51. $f(z) = z^7 - 112z^2$ **52.** $f(x) = (x^2 - 4)^3$

53. $F(x) = x\sqrt{6 - x}$ **54.** $G(x) = 5x^{2/3} - 2x^{5/3}$

55. $C(x) = x^{1/3}(x + 4)$ **56.** $f(x) = \ln(x^2 + 9)$

57. $f(\theta) = 2 \cos \theta + \cos^2\theta, \quad 0 \le \theta \le 2\pi$

58. $S(x) = x - \operatorname{sen} x, \quad 0 \le x \le 4\pi$

59-66

(a) Encuentre las asíntotas verticales y horizontales.

(b) Encuentre los intervalos de crecimiento o decrecimiento.

(c) Determine los valores máximos y mínimos locales.

(d) Busque los intervalos de concavidad y los puntos de inflexión.

(e) Utilice la información de los incisos (a)-(d) para trazar la gráfica de f.

59. $f(x) = 1 + \frac{1}{x} - \frac{1}{x^2}$ **60.** $f(x) = \frac{x^2 - 4}{x^2 + 4}$

61. $f(x) = e^{-2/x}$ **62.** $f(x) = \frac{e^x}{1 - e^x}$

63. $f(x) = e^{-x^2}$ **64.** $f(x) = x - \frac{1}{6}x^2 - \frac{2}{3}\ln x$

65. $f(x) = \ln(1 - \ln x)$ **66.** $f(x) = e^{\arctan x}$

67-68 Utilice los métodos de esta sección para trazar varios miembros de la familia de curvas dada. ¿Qué tienen los miembros en común? ¿En qué se diferencian entre sí?

67. $f(x) = x^4 - cx, \quad c > 0$

68. $f(x) = x^3 - 3c^2x + 2c^3, \quad c > 0$

⌂ 69-70

(a) Utilice una gráfica de f para estimar los valores máximos y mínimos. Después encuentre los valores exactos.

(b) Estime el valor de x en el que f aumenta más rápido. Luego halle el valor exacto.

69. $f(x) = \frac{x + 1}{\sqrt{x^2 + 1}}$ **70.** $f(x) = x^2 e^{-x}$

⌂ 71-72

(a) Utilice una gráfica de f para dar una estimación aproximada de los intervalos de concavidad y las coordenadas de los puntos de inflexión.

(b) Utilice una gráfica de f'' para dar mejores estimaciones.

71. $f(x) = \operatorname{sen} 2x + \operatorname{sen} 4x, \quad 0 \le x \le \pi$

72. $f(x) = (x - 1)^2(x + 1)^3$

T 73-74 Estime los intervalos de concavidad a un decimal de precisión mediante un sistema de álgebra computarizada para calcular y graficar f''.

73. $f(x) = \frac{x^4 + x^3 + 1}{\sqrt{x^2 + x + 1}}$ **74.** $f(x) = \frac{x^2 \tan^{-1} x}{1 + x^3}$

75. Se muestra una gráfica de una población de células de levadura en un nuevo cultivo de laboratorio como función del tiempo.

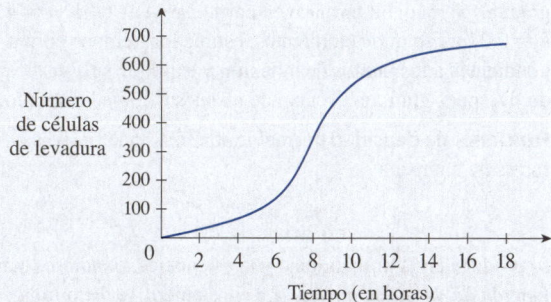

(a) Describa cómo varía la tasa de crecimiento poblacional.

(b) ¿Cuándo es más alta esta tasa?

(c) ¿En qué intervalos la función de la población es cóncava hacia arriba o cóncava hacia abajo?

(d) Estime las coordenadas del punto de inflexión.

76. En un episodio del programa de televisión *Los Simpson*, Homero lee este fragmento de un periódico: "¡Buenas noticias! Con base en este atractivo artículo, las puntuaciones del examen SAT están disminuyendo a un ritmo más lento". Interprete el texto que leyó Homero en términos de una función y sus primeras y segundas derivadas.

77. El presidente de EE.UU. anuncia que el déficit nacional aumenta, pero a un ritmo decreciente. Interprete esta declaración en términos de una función y sus primeras y segundas derivadas.

78. Sea $f(t)$ la temperatura del lugar donde vive en el tiempo t y suponga que en el tiempo $t = 3$ se siente incómodamente caliente. ¿Cómo se siente con los datos dados en cada caso?

(a) $f'(3) = 2$, $f''(3) = 4$
(b) $f'(3) = 2$, $f''(3) = -4$
(c) $f'(3) = -2$, $f''(3) = 4$
(d) $f'(3) = -2$, $f''(3) = -4$

79. Sea $K(t)$ una medida del conocimiento que se obtiene al estudiar para un examen durante t horas. ¿Cuál piensa que es más grande, $K(8) - K(7)$ o $K(3) - K(2)$? ¿La gráfica de K es cóncava hacia arriba o cóncava hacia abajo? ¿Por qué?

80. Se sirve café en el tarro que se muestra en la figura a un ritmo constante (medida en volumen por unidad de tiempo). Trace una gráfica aproximada de la profundidad del café en el tarro como una función del tiempo. Tenga en cuenta la forma de la gráfica en términos de concavidad. ¿Cuál es la importancia del punto de inflexión?

81. Una *curva de respuesta a medicamentos* describe el nivel de fármacos en la sangre después de que se administran. Una función de incremento $S(t) = At^p e^{-kt}$ se usa a menudo para modelar la curva de respuesta, reflejando un incremento inicial en el nivel del medicamento y luego un descenso más gradual. Si, para un fármaco en particular, $A = 0.01$, $p = 4$, $k = 0.07$ y t se mide en minutos, estime los tiempos correspondientes a los puntos de inflexión y explique su significado. Después grafique la curva de respuesta al medicamento.

82. Funciones de densidad normal La familia de las curvas en forma de campana

$$y = \frac{1}{\sigma\sqrt{2\pi}} e^{-(x-\mu)^2/(2\sigma^2)}$$

se produce en la probabilidad y la estadística, donde se llama *función de densidad normal*. La constante μ se denomina *media* y la constante positiva σ se denomina *desviación estándar*. Para simplificar, se escala la función para eliminar el factor $1/(\sigma\sqrt{2\pi})$ y se analiza el caso especial donde $\mu = 0$. Así, se estudia la función

$$f(x) = e^{-x^2/(2\sigma^2)}$$

(a) Encuentre la asíntota, el valor máximo y los puntos de inflexión de f.
(b) ¿Qué papel desempeña σ en la forma de la curva?
 (c) Ilústrelo graficando cuatro miembros de esta familia en la misma pantalla.

83. Determine una función cúbica $f(x) = ax^3 + bx^2 + cx + d$ que tenga un valor máximo local de 3 en $x = -2$ y un valor mínimo local de 0 en $x = 1$.

84. ¿Para qué valores de los números a y b tiene la función

$$f(x) = axe^{bx^2}$$

el valor máximo $f(2) = 1$?

85. Demuestre que la curva $y = (1 + x)/(1 + x^2)$ tiene tres puntos de inflexión y todos se encuentran en una línea recta.

86. Demuestre que las curvas $y = e^{-x}$ y $y = -e^{-x}$ tocan la curva $y = e^{-x} \operatorname{sen} x$ en sus puntos de inflexión.

87. Demuestre que los puntos de inflexión de la curva $y = x \operatorname{sen} x$ se encuentran en la curva $y^2(x^2 + 4) = 4x^2$.

88-90 Suponga que todas las funciones son dos veces derivables y las segundas derivadas nunca son 0.

88. (a) Si f y g son cóncavas hacia arriba en un intervalo I, demuestre que $f + g$ es cóncava hacia arriba en I.
(b) Si f es positiva y cóncava hacia arriba en I, demuestre que la función $g(x) = [f(x)]^2$ es cóncava hacia arriba en I.

89. (a) Si f y g son funciones positivas, crecientes, cóncavas hacia arriba en un intervalo I, demuestre que la función del producto fg es cóncava hacia arriba en I.
(b) Demuestre que el inciso (a) aún es cierto si f y g son decrecientes.
(c) Suponga que f es creciente y g es decreciente. Demuestre, con tres ejemplos, que fg puede ser cóncava hacia arriba, cóncava hacia abajo o lineal. ¿Por qué el argumento de los incisos (a) y (b) no funciona en este caso?

90. Suponga que f y g son cóncavas hacia arriba en $(-\infty, \infty)$. ¿En qué condición en f la función compuesta $h(x) = f(g(x))$ será cóncava hacia arriba?

91. Demuestre que una función cúbica (un polinomio de tercer grado) siempre tiene exactamente un punto de inflexión. Si su gráfica tiene tres intersecciones en x: x_1, x_2 y x_3, demuestre que la coordenada x del punto de inflexión es $(x_1 + x_2 + x_3)/3$.

92. ¿Para qué valores de c tiene el polinomio $P(x) = x^4 + cx^3 + x^2$ dos puntos de inflexión? ¿Un punto de inflexión? ¿Ninguno? Ilústrelo graficando P para varios valores de c. ¿Cómo cambia la gráfica a medida que c disminuye?

93. Demuestre que si $(c, f(c))$ es un punto de inflexión de la gráfica de f y f'' existe en un intervalo abierto que contiene c, entonces $f''(c) = 0$. [*Sugerencia*: Aplique la prueba de la primera derivada y el teorema de Fermat a la función $g = f'$].

94. Demuestre que si $f(x) = x^4$, entonces $f''(0) = 0$, pero $(0, 0)$ no es un punto de inflexión de la gráfica de f.

95. Demuestre que la función $g(x) = x\,|x|$ tiene un punto de inflexión en $(0, 0)$, pero $g''(0)$ no existe.

96. Suponga que f''' es continua y $f'(c) = f''(c) = 0$, pero $f'''(c) > 0$. ¿Tiene f un máximo o mínimo local en c? ¿Tiene f un punto de inflexión en c?

97. Suponga que f es derivable en un intervalo I y $f'(x) > 0$ para todos los números x en I excepto un único número c. Demuestre que f es creciente en todo el intervalo I.

98. ¿Para qué valores de c la función

$$f(x) = cx + \frac{1}{x^2 + 3}$$

es creciente en $(-\infty, \infty)$?

99. Los tres casos de la prueba de la primera derivada cubren las situaciones más comunes, pero no agotan todas las posibilidades. Considere las funciones f, g y h cuyos valores en 0 son 0 y, para $x \neq 0$,

$$f(x) = x^4 \operatorname{sen} \frac{1}{x} \qquad g(x) = x^4\left(2 + \operatorname{sen} \frac{1}{x}\right)$$

$$h(x) = x^4\left(-2 + \operatorname{sen} \frac{1}{x}\right)$$

(a) Demuestre que 0 es un número crítico de las tres funciones, pero sus derivadas cambian de signo con infinita frecuencia en ambos lados de 0.

(b) Demuestre que f no tiene un máximo local ni un mínimo local en 0, g tiene un mínimo local y h tiene un máximo local.

4.4 | Formas indeterminadas y la regla de L'Hôpital

Suponga que intenta analizar el comportamiento de la función

$$F(x) = \frac{\ln x}{x - 1}$$

Aunque F no está definida cuando $x = 1$, es necesario saber cómo se comporta F *cerca de* 1. En particular, hay que conocer el valor del límite

$$\boxed{1} \qquad \qquad \lim_{x \to 1} \frac{\ln x}{x - 1}$$

Para calcular este límite no se puede aplicar la ley 5 de los límites (el límite de un cociente es el cociente de los límites; vea la sección 2.3) porque el límite del denominador es 0. De hecho, aunque el límite en (1) existe, su valor no es evidente porque tanto el numerador como el denominador se acercan a 0 y $\frac{0}{0}$ no está definido.

■ Formas indeterminadas (tipos $\frac{0}{0}$ e $\frac{\infty}{\infty}$)

Por lo general, si se tiene un límite de la forma

$$\lim_{x \to a} \frac{f(x)}{g(x)}$$

donde tanto $f(x) \to 0$ como $g(x) \to 0$ conforme $x \to a$, entonces este límite puede o no existir y se llama **forma indeterminada de tipo $\frac{0}{0}$**. Hay algunos límites de este tipo en el capítulo 2. Para las funciones racionales se pueden cancelar los factores comunes:

$$\lim_{x \to 1} \frac{x^2 - x}{x^2 - 1} = \lim_{x \to 1} \frac{x(x - 1)}{(x + 1)(x - 1)} = \lim_{x \to 1} \frac{x}{x + 1} = \frac{1}{2}$$

En la sección 3.3 se empleó un argumento geométrico para mostrar que

$$\lim_{x \to 0} \frac{\operatorname{sen} x}{x} = 1$$

Pero estos métodos no funcionan para límites como (1).

Otra situación en la que un límite no es evidente se produce cuando se busca una asíntota horizontal de F y se necesita evaluar el límite

$$\boxed{2} \qquad \lim_{x \to \infty} \frac{\ln x}{x - 1}$$

Como evaluar este límite no resulta evidente porque el numerador y el denominador aumentan conforme $x \to \infty$. Hay una lucha entre el numerador y el denominador. Si el numerador gana, el límite será ∞ (el numerador incrementaba significativamente más rápido que el denominador); si el denominador gana, la respuesta será 0. O bien podría haber algún acuerdo, en cuyo caso la respuesta será algún número positivo finito.

En general, si se tiene un límite de la forma

$$\lim_{x \to a} \frac{f(x)}{g(x)}$$

donde tanto $f(x) \to \infty$ (o $-\infty$) como $g(x) \to \infty$ (o $-\infty$), entonces el límite puede o no existir y se llama **forma indeterminada de tipo $\frac{\infty}{\infty}$**. Se vio en la sección 2.6 que este tipo de límite puede evaluarse para ciertas funciones, como las racionales, dividiendo numerador y denominador entre la mayor potencia de x que se produce en el denominador. Por ejemplo,

$$\lim_{x \to \infty} \frac{x^2 - 1}{2x^2 + 1} = \lim_{x \to \infty} \frac{1 - \dfrac{1}{x^2}}{2 + \dfrac{1}{x^2}} = \frac{1 - 0}{2 + 0} = \frac{1}{2}$$

Pero este método no funciona para límites como (2).

■ Regla de L'Hôpital

Ahora se presenta un método sistemático, conocido como *regla de L'Hôpital*, para la evaluación de formas indeterminadas del tipo $\frac{0}{0}$ o del tipo $\frac{\infty}{\infty}$.

Regla de L'Hôpital   Suponga que f y g son derivables y $g'(x) \neq 0$ en un intervalo abierto I que contiene a (excepto posiblemente en a). Suponga que

$$\lim_{x \to a} f(x) = 0 \qquad \text{y} \qquad \lim_{x \to a} g(x) = 0$$

o que

$$\lim_{x \to a} f(x) = \pm\infty \qquad \text{y} \qquad \lim_{x \to a} g(x) = \pm\infty$$

(En otras palabras, se tiene una forma indeterminada del tipo $\frac{0}{0}$ o $\frac{\infty}{\infty}$). Entonces

$$\lim_{x \to a} \frac{f(x)}{g(x)} = \lim_{x \to a} \frac{f'(x)}{g'(x)}$$

si el límite del lado derecho existe (o si es ∞ o $-\infty$).

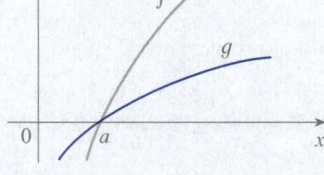

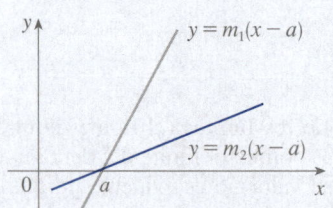

FIGURA 1

En la figura 1 se sugiere visualmente por qué la regla de L'Hôpital podría ser cierta. En la primera gráfica se muestran dos funciones derivables f y g, cada una de las cuales se aproxima a 0 cuando $x \to a$. Si se ve de cerca el punto $(a, 0)$, las gráficas empezarían a parecer casi lineales. Pero si las funciones realmente *fueran* lineales, como en la segunda gráfica, entonces su proporción sería

$$\frac{m_1(x - a)}{m_2(x - a)} = \frac{m_1}{m_2}$$

lo que es la razón de sus derivadas. Esto sugiere que

$$\lim_{x \to a} \frac{f(x)}{g(x)} = \lim_{x \to a} \frac{f'(x)}{g'(x)}$$

NOTA 1   La regla de L'Hôpital indica que el límite del cociente de las funciones es igual al límite del cociente de sus derivadas siempre que se satisfagan las condiciones dadas. Es especialmente importante verificar las condiciones relativas a los límites de f y g antes de usar la regla de L'Hôpital.

L'Hôpital

La regla de L'Hôpital lleva el nombre de un noble francés, el marqués de L'Hôpital (1661-1704), pero fue descubierta por un matemático suizo, John Bernoulli (1667-1748). A veces L'Hôpital se escribe l'Hôpital, pero él escribió su propio nombre como l'Hôspital, lo cual era común en el siglo XVII. Vea el ejercicio 85 para revisar el ejemplo que el marqués usó para ilustrar su regla. Vea también el proyecto que sigue a esta sección para más detalles históricos.

NOTA 2 La regla de L'Hôpital también es válida para los límites unilaterales y para los límites al infinito o el infinito negativo; es decir, "$x \to a$" puede sustituirse por cualquiera de los símbolos $x \to a^+$, $x \to a^-$, $x \to \infty$ o $x \to -\infty$.

NOTA 3 Para el caso especial en el que $f(a) = g(a) = 0$, f' y g' son continuas, y $g'(a) \neq 0$, es fácil ver por qué la regla de L'Hôpital es verdadera. De hecho, con la forma alternativa de la definición de la derivada (2.7.5) se tiene

$$\lim_{x \to a} \frac{f'(x)}{g'(x)} = \frac{f'(a)}{g'(a)} = \frac{\displaystyle\lim_{x \to a} \frac{f(x) - f(a)}{x - a}}{\displaystyle\lim_{x \to a} \frac{g(x) - g(a)}{x - a}}$$

$$= \lim_{x \to a} \frac{\dfrac{f(x) - f(a)}{x - a}}{\dfrac{g(x) - g(a)}{x - a}}$$

$$= \lim_{x \to a} \frac{f(x) - f(a)}{g(x) - g(a)} = \lim_{x \to a} \frac{f(x)}{g(x)} \qquad [\text{porque } f(a) = g(a) = 0]$$

Es más difícil demostrar la versión general de la regla de L'Hôpital (vea el apéndice F).

EJEMPLO 1 Encuentre $\displaystyle\lim_{x \to 1} \frac{\ln x}{x - 1}$.

SOLUCIÓN Puesto que

$$\lim_{x \to 1} \ln x = \ln 1 = 0 \qquad \text{y} \qquad \lim_{x \to 1} (x - 1) = 0$$

Ⓧ Observe que cuando se aplica la regla de L'Hôpital se deriva el numerador y el denominador *por separado*. No se aplica la regla del cociente.

el límite es una forma indeterminada del tipo $\frac{0}{0}$, así que se puede aplicar la regla de L'Hôpital:

$$\lim_{x \to 1} \frac{\ln x}{x - 1} = \lim_{x \to 1} \frac{\dfrac{d}{dx} (\ln x)}{\dfrac{d}{dx} (x - 1)} = \lim_{x \to 1} \frac{1/x}{1}$$

$$= \lim_{x \to 1} \frac{1}{x} = 1 \qquad\qquad\blacksquare$$

La gráfica de la función del ejemplo 2 se muestra en la figura 2. Ya se observó que las funciones exponenciales crecen mucho más rápido que las funciones potencia, por lo que el resultado del ejemplo 2 no es inesperado (vea también el ejercicio 75).

EJEMPLO 2 Calcule $\displaystyle\lim_{x \to \infty} \frac{e^x}{x^2}$.

SOLUCIÓN Se tiene $\lim_{x \to \infty} e^x = \infty$ y $\lim_{x \to \infty} x^2 = \infty$, por lo que el límite es una forma indeterminada de tipo $\frac{\infty}{\infty}$, y la regla de L'Hôpital da

$$\lim_{x \to \infty} \frac{e^x}{x^2} = \lim_{x \to \infty} \frac{\dfrac{d}{dx} (e^x)}{\dfrac{d}{dx} (x^2)} = \lim_{x \to \infty} \frac{e^x}{2x}$$

Como $e^x \to \infty$ y $2x \to \infty$ conforme $x \to \infty$, el límite en el lado derecho también es indeterminado. Una segunda aplicación de la regla de L'Hôpital da

$$\lim_{x \to \infty} \frac{e^x}{x^2} = \lim_{x \to \infty} \frac{e^x}{2x} = \lim_{x \to \infty} \frac{e^x}{2} = \infty \qquad\qquad\blacksquare$$

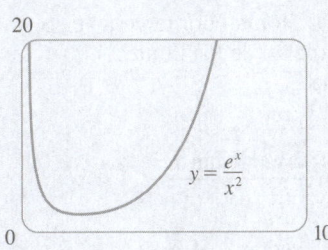

20

$y = \dfrac{e^x}{x^2}$

0   10

FIGURA 2

En la figura 3 se muestra la gráfica de la función del ejemplo 3. Ya se analizó el lento crecimiento de los logaritmos, así que no sorprende que esta razón se aproxime a 0 cuando $x \to \infty$. Vea también el ejercicio 76.

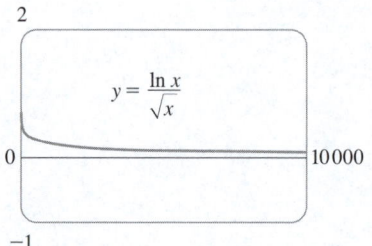

FIGURA 3

En la gráfica de la figura 4 se confirma, de manera visual, el resultado del ejemplo 4. Sin embargo, de acercarse demasiado, se obtendría una gráfica inexacta porque tan x está cerca de x cuando x es pequeño [vea el ejercicio 2.2.48(d)].

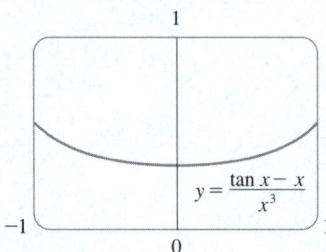

FIGURA 4

EJEMPLO 3 Calcule $\lim\limits_{x \to \infty} \dfrac{\ln x}{\sqrt{x}}$.

SOLUCIÓN Como $\ln x \to \infty$ y $\sqrt{x} \to \infty$ conforme $x \to \infty$, aplica la regla de L'Hôpital:

$$\lim_{x \to \infty} \frac{\ln x}{\sqrt{x}} = \lim_{x \to \infty} \frac{1/x}{\frac{1}{2}x^{-1/2}} = \lim_{x \to \infty} \frac{1/x}{1/(2\sqrt{x})}$$

Observe que el límite del lado derecho es ahora indeterminado de tipo $\frac{0}{0}$. Pero en lugar de aplicar la regla de L'Hôpital por segunda vez como en el ejemplo 2, se simplifica la expresión y se ve que una segunda aplicación no es necesaria:

$$\lim_{x \to \infty} \frac{\ln x}{\sqrt{x}} = \lim_{x \to \infty} \frac{1/x}{1/(2\sqrt{x})} = \lim_{x \to \infty} \frac{2}{\sqrt{x}} = 0 \qquad \blacksquare$$

En los ejemplos 2 y 3 se evaluaron los límites de tipo $\frac{\infty}{\infty}$, pero se obtuvieron resultados diferentes. En el ejemplo 2, el límite infinito dice que el numerador e^x aumenta significativamente más rápido que el denominador x^2, lo que resulta en proporciones cada vez mayores. De hecho, $y = e^x$ crece más rápido que todas las funciones potencia $y = x^n$ (vea el ejercicio 75). En el ejemplo 3 se presenta la situación opuesta; el límite de 0 significa que el denominador sobrepasa al numerador, y la razón finalmente se aproxima a 0.

EJEMPLO 4 Encuentre $\lim\limits_{x \to 0} \dfrac{\tan x - x}{x^3}$. (Vea el ejercicio 2.2.48).

SOLUCIÓN Al observar que, tanto $\tan x - x \to 0$ como $x^3 \to 0$ conforme $x \to 0$, de nuevo se utiliza la regla de L'Hôpital:

$$\lim_{x \to 0} \frac{\tan x - x}{x^3} = \lim_{x \to 0} \frac{\sec^2 x - 1}{3x^2}$$

Como el límite del lado derecho es todavía indeterminado de tipo $\frac{0}{0}$, se aplica nuevamente la regla de L'Hôpital:

$$\lim_{x \to 0} \frac{\sec^2 x - 1}{3x^2} = \lim_{x \to 0} \frac{2\sec^2 x \tan x}{6x}$$

Como $\lim\limits_{x \to 0} \sec^2 x = 1$, se simplifica el cálculo y se escribe

$$\lim_{x \to 0} \frac{2\sec^2 x \tan x}{6x} = \frac{1}{3} \lim_{x \to 0} \sec^2 x \cdot \lim_{x \to 0} \frac{\tan x}{x} = \frac{1}{3} \lim_{x \to 0} \frac{\tan x}{x}$$

Es posible evaluar este último límite con la regla de L'Hôpital por tercera vez o escribiendo $\tan x$ como $(\operatorname{sen} x)/(\cos x)$ y con el conocimiento de los límites trigonométricos. Combinando todos los pasos se obtiene

$$\lim_{x \to 0} \frac{\tan x - x}{x^3} = \lim_{x \to 0} \frac{\sec^2 x - 1}{3x^2} = \lim_{x \to 0} \frac{2\sec^2 x \tan x}{6x}$$

$$= \frac{1}{3} \lim_{x \to 0} \frac{\tan x}{x} = \frac{1}{3} \lim_{x \to 0} \frac{\sec^2 x}{1} = \frac{1}{3} \qquad \blacksquare$$

EJEMPLO 5 Halle $\displaystyle\lim_{x \to \pi^-} \frac{\operatorname{sen} x}{1 - \cos x}$.

SOLUCIÓN Si se intenta usar a ciegas la regla de L'Hôpital, podría pensarse que un límite equivalente es

$$\lim_{x \to \pi^-} \frac{\cos x}{\operatorname{sen} x} = -\infty$$

⊘ ¡Esto está mal! Aunque el numerador $\operatorname{sen} x \to 0$ conforme $x \to \pi^-$, observe que el denominador $(1 - \cos x)$ no se acerca a 0, por lo que la regla de L'Hôpital no puede aplicarse aquí.

De hecho, el límite requerido se encuentra por sustitución directa porque la función es continua en π y el denominador no es cero allí:

$$\lim_{x \to \pi^-} \frac{\operatorname{sen} x}{1 - \cos x} = \frac{\operatorname{sen} \pi}{1 - \cos \pi} = \frac{0}{1 - (-1)} = 0 \qquad \blacksquare$$

En el ejemplo 5 se aprecia lo que puede salir mal si se usa la regla de L'Hôpital sin pensar. Algunos límites *pueden* encontrarse con la regla de L'Hôpital, pero son más fáciles de encontrar por otros métodos (vea los ejemplos 2.3.3, 2.3.5 y 2.6.3, así como el análisis al principio de esta sección). Cuando se evalúa cualquier límite, se deben considerar otros métodos antes de la regla de L'Hôpital.

■ Productos indeterminados (tipo 0 · ∞)

Si $\lim_{x \to a} f(x) = 0$ y $\lim_{x \to a} g(x) = \infty$ (o $-\infty$), entonces no es claro cuál será el valor de $\lim_{x \to a}[f(x)g(x)]$ en caso de haber. Hay una lucha entre f y g. Si f gana, la respuesta será 0; si g gana, la respuesta será ∞ (o $-\infty$). O puede haber un acuerdo en el que la respuesta sea un número finito distinto a cero. Por ejemplo,

$$\lim_{x \to 0^+} x^2 = 0, \qquad \lim_{x \to 0^+} \frac{1}{x} = \infty \quad \text{y} \quad \lim_{x \to 0^+} x^2 \cdot \frac{1}{x} = \lim_{x \to 0^+} x = 0$$

$$\lim_{x \to 0^+} x = 0, \qquad \lim_{x \to 0^+} \frac{1}{x^2} = \infty \quad \text{y} \quad \lim_{x \to 0^+} x \cdot \frac{1}{x^2} = \lim_{x \to 0^+} \frac{1}{x} = \infty$$

$$\lim_{x \to 0^+} x = 0, \qquad \lim_{x \to 0^+} \frac{1}{x} = \infty \quad \text{y} \quad \lim_{x \to 0^+} x \cdot \frac{1}{x} = \lim_{x \to 0^+} 1 = 1$$

Este tipo de límite se llama **forma indeterminada de tipo 0 · ∞**. Se maneja escribiendo el producto fg como un cociente:

$$fg = \frac{f}{1/g} \qquad \text{o} \qquad fg = \frac{g}{1/f}$$

Esto convierte el límite dado en una forma indeterminada de tipo $\frac{0}{0}$ o $\frac{\infty}{\infty}$, así que se puede usar la regla de L'Hôpital.

EJEMPLO 6 Evalúe $\displaystyle\lim_{x \to 0^+} x \ln x$.

SOLUCIÓN El límite dado es indeterminado porque, cuando $x \to 0^+$, el primer factor (x) se aproxima a 0 mientras que el segundo factor $(\ln x)$ se aproxima a $-\infty$. Al escribir $x = 1/(1/x)$ se tiene $1/x \to \infty$ como $x \to 0^+$, por lo que la regla de L'Hôpital da

$$\lim_{x \to 0^+} x \ln x = \lim_{x \to 0^+} \frac{\ln x}{1/x} = \lim_{x \to 0^+} \frac{1/x}{-1/x^2} = \lim_{x \to 0^+} (-x) = 0 \qquad \blacksquare$$

En la figura 5 se muestra la gráfica de la función en el ejemplo 6. Observe que la función no está definida en $x = 0$; la gráfica se aproxima al origen pero nunca llega a él.

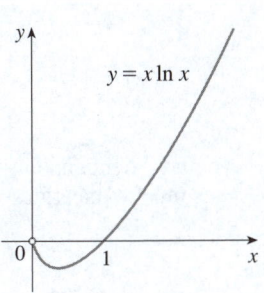

$y = x \ln x$

FIGURA 5

NOTA Para resolver el ejemplo 6, otra opción posible habría sido escribir

$$\lim_{x \to 0^+} x \ln x = \lim_{x \to 0^+} \frac{x}{1/\ln x}$$

Esto da una forma indeterminada del tipo $\frac{0}{0}$, pero si se aplica la regla de L'Hôpital, se obtiene una expresión más complicada que la inicial. En general, cuando se reescribe un producto indeterminado, se intenta elegir la opción que lleve al límite más sencillo.

◼ Diferencias indeterminadas (tipo ∞ − ∞)

Si $\lim_{x \to a} f(x) = \infty$ y $\lim_{x \to a} g(x) = \infty$, entonces el límite

$$\lim_{x \to a} [f(x) - g(x)]$$

se llama **forma indeterminada del tipo ∞ − ∞**. De nuevo, hay un duelo entre f y g. ¿Será la respuesta ∞ (f gana) o será $-\infty$ (g gana), o habrá un acuerdo para un número finito? Para averiguarlo, se intenta convertir la diferencia en un cociente (por ejemplo, un denominador común, o la racionalización, o la factorización de un factor común) de modo que tengamos una forma indeterminada del tipo $\frac{0}{0}$ o $\frac{\infty}{\infty}$.

EJEMPLO 7 Calcule $\lim_{x \to 1^+} \left(\dfrac{1}{\ln x} - \dfrac{1}{x - 1} \right)$.

SOLUCIÓN Primero note que $1/(\ln x) \to \infty$ y $1/(x - 1) \to \infty$ conforme $x \to 1^+$, por lo que el límite es indeterminado de tipo $\infty - \infty$. Aquí se puede empezar con un denominador común:

$$\lim_{x \to 1^+} \left(\frac{1}{\ln x} - \frac{1}{x - 1} \right) = \lim_{x \to 1^+} \frac{x - 1 - \ln x}{(x - 1) \ln x}$$

Tanto el numerador como el denominador tienen un límite de 0, por lo que se aplica la regla de L'Hôpital, dando

$$\lim_{x \to 1^+} \frac{x - 1 - \ln x}{(x - 1) \ln x} = \lim_{x \to 1^+} \frac{1 - \dfrac{1}{x}}{(x - 1) \cdot \dfrac{1}{x} + \ln x} = \lim_{x \to 1^+} \frac{x - 1}{x - 1 + x \ln x}$$

Nuevamente se tiene un límite indeterminado del tipo $\frac{0}{0}$ así que se aplica la regla de L'Hôpital una segunda vez:

$$\lim_{x \to 1^+} \frac{x - 1}{x - 1 + x \ln x} = \lim_{x \to 1^+} \frac{1}{1 + x \cdot \dfrac{1}{x} + \ln x}$$

$$= \lim_{x \to 1^+} \frac{1}{2 + \ln x} = \frac{1}{2} \qquad ◼$$

EJEMPLO 8 Calcule $\lim_{x \to \infty} (e^x - x)$.

SOLUCIÓN Esta es una diferencia indeterminada porque tanto e^x como x tienden al infinito. Se esperaría que el límite fuera el infinito porque $e^x \to \infty$ es mucho más rápido que x. Pero esto se verifica al factorizar x:

$$e^x - x = x \left(\frac{e^x}{x} - 1 \right)$$

El término $e^x/x \to \infty$ conforme $x \to \infty$ según la regla de L'Hôpital y por lo tanto ahora se tiene un producto en el que ambos factores crecen:

$$\lim_{x \to \infty} (e^x - x) = \lim_{x \to \infty} \left[x \left(\frac{e^x}{x} - 1 \right) \right] = \infty$$

■

■ Potencias indeterminadas (tipos 0^0, ∞^0, 1^∞)

Varias formas indeterminadas surgen del límite

$$\lim_{x \to a} \left[f(x) \right]^{g(x)}$$

1. $\lim_{x \to a} f(x) = 0$ y $\lim_{x \to a} g(x) = 0$ tipo 0^0

2. $\lim_{x \to a} f(x) = \infty$ y $\lim_{x \to a} g(x) = 0$ tipo ∞^0

3. $\lim_{x \to a} f(x) = 1$ y $\lim_{x \to a} g(x) = \pm\infty$ tipo 1^∞

Aunque las formas del tipo 0^0, ∞^0 y 1^∞ son indeterminadas, la forma 0^∞ no es indeterminada (vea el ejercicio 88).

Cada uno de estos tres casos puede tratarse, ya sea tomando el logaritmo natural:

sea $y = [f(x)]^{g(x)}$, entonces $\ln y = g(x) \ln f(x)$

o con la fórmula 1.5.10 para escribir la función como un exponencial:

$$[f(x)]^{g(x)} = e^{g(x) \ln f(x)}$$

(Recuerde que ambos métodos se utilizaron para derivar esas funciones). Cualquiera de los dos métodos lleva al producto indeterminado $g(x) \ln f(x)$, que es del tipo $0 \cdot \infty$.

EJEMPLO 9 Calcule $\lim\limits_{x \to 0^+} (1 + \operatorname{sen} 4x)^{\cot x}$.

SOLUCIÓN Primero observe que como $x \to 0^+$, se tiene $1 + \operatorname{sen} 4x \to 1$ y $\cot x \to \infty$, así que el límite dado es indeterminado (tipo 1^∞). Sea

$$y = (1 + \operatorname{sen} 4x)^{\cot x}$$

Entonces $\ln y = \ln\left[(1 + \operatorname{sen} 4x)^{\cot x} \right] = \cot x \ln(1 + \operatorname{sen} 4x) = \dfrac{\ln(1 + \operatorname{sen} 4x)}{\tan x}$

así que la regla de L'Hôpital da

En la figura 6 se muestra la gráfica de la función $y = x^x$, $x > 0$. Observe que, aunque 0^0 no está definido, los valores de la función se acercan a 1 conforme $x \to 0^+$. Esto confirma el resultado del ejemplo 10.

$$\lim_{x \to 0^+} \ln y = \lim_{x \to 0^+} \frac{\ln(1 + \operatorname{sen} 4x)}{\tan x} = \lim_{x \to 0^+} \frac{\dfrac{4 \cos 4x}{1 + \operatorname{sen} 4x}}{\sec^2 x} = 4$$

Hasta ahora se calculó el límite de $\ln y$, pero lo que se desea es el límite de y. Para encontrarlo se aprovecha que $y = e^{\ln y}$:

$$\lim_{x \to 0^+} (1 + \operatorname{sen} 4x)^{\cot x} = \lim_{x \to 0^+} y = \lim_{x \to 0^+} e^{\ln y} = e^4$$

■

EJEMPLO 10 Encuentre $\lim\limits_{x \to 0^+} x^x$.

SOLUCIÓN Observe que este límite es indeterminado porque $0^x = 0$ para cualquier $x > 0$ pero $x^0 = 1$ para cualquier $x \neq 0$. (Recuerde que 0^0 está indefinido). Se podría proceder como en el ejemplo 9 o escribiendo la función como exponencial:

$$x^x = (e^{\ln x})^x = e^{x \ln x}$$

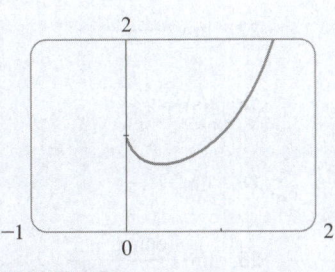

FIGURA 6

En el ejemplo 6 se usó la regla de L'Hôpital para mostrar que

$$\lim_{x \to 0^+} x \ln x = 0$$

Por lo tanto

$$\lim_{x \to 0^+} x^x = \lim_{x \to 0^+} e^{x \ln x} = e^0 = 1$$

4.4 | Ejercicios

1-4 Dado que

$$\lim_{x \to a} f(x) = 0 \qquad \lim_{x \to a} g(x) = 0 \qquad \lim_{x \to a} h(x) = 1$$

$$\lim_{x \to a} p(x) = \infty \qquad \lim_{x \to a} q(x) = \infty$$

¿cuáles de los siguientes límites son formas indeterminadas? Para cualquier límite que no sea una forma indeterminada, evalúela donde sea posible.

1. (a) $\displaystyle \lim_{x \to a} \frac{f(x)}{g(x)}$ (b) $\displaystyle \lim_{x \to a} \frac{f(x)}{p(x)}$

(c) $\displaystyle \lim_{x \to a} \frac{h(x)}{p(x)}$ (d) $\displaystyle \lim_{x \to a} \frac{p(x)}{f(x)}$

(e) $\displaystyle \lim_{x \to a} \frac{p(x)}{q(x)}$

2. (a) $\displaystyle \lim_{x \to a} [f(x)p(x)]$ (b) $\displaystyle \lim_{x \to a} [h(x)p(x)]$

(c) $\displaystyle \lim_{x \to a} [p(x)q(x)]$

3. (a) $\displaystyle \lim_{x \to a} [f(x) - p(x)]$ (b) $\displaystyle \lim_{x \to a} [p(x) - q(x)]$

(c) $\displaystyle \lim_{x \to a} [p(x) + q(x)]$

4. (a) $\displaystyle \lim_{x \to a} [f(x)]^{g(x)}$ (b) $\displaystyle \lim_{x \to a} [f(x)]^{p(x)}$

(c) $\displaystyle \lim_{x \to a} [h(x)]^{p(x)}$ (d) $\displaystyle \lim_{x \to a} [p(x)]^{f(x)}$

(e) $\displaystyle \lim_{x \to a} [p(x)]^{q(x)}$ (f) $\displaystyle \lim_{x \to a} \sqrt[q(x)]{p(x)}$

5-6 Utilice las gráficas de f y g y sus rectas tangentes en $(2, 0)$ para encontrar $\displaystyle \lim_{x \to 2} \frac{f(x)}{g(x)}$.

5.
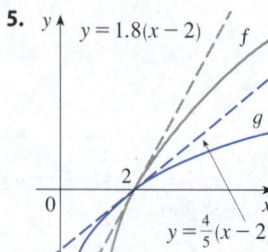

6.
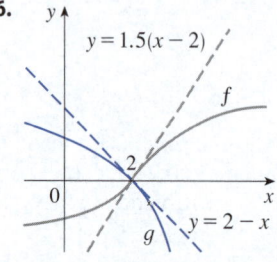

7. Se muestran la gráfica de una función f y su recta tangente en 0. ¿Cuál es el valor de $\displaystyle \lim_{x \to 0} \frac{f(x)}{e^x - 1}$?

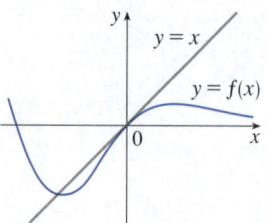

8-70 Halle el límite. Use la regla de L'Hôpital cuando sea apropiado. Si hay un método más elemental, considere usarlo. Si la regla de L'Hôpital no es aplicable, explique por qué.

8. $\displaystyle \lim_{x \to 3} \frac{x - 3}{x^2 - 9}$

9. $\displaystyle \lim_{x \to 4} \frac{x^2 - 2x - 8}{x - 4}$ **10.** $\displaystyle \lim_{x \to -2} \frac{x^3 + 8}{x + 2}$

11. $\displaystyle \lim_{x \to 1} \frac{x^7 - 1}{x^3 - 1}$ **12.** $\displaystyle \lim_{x \to 4} \frac{\sqrt{x} - 2}{x - 4}$

13. $\displaystyle \lim_{x \to \pi/4} \frac{\operatorname{sen} x - \cos x}{\tan x - 1}$ **14.** $\displaystyle \lim_{x \to 0} \frac{\tan 3x}{\operatorname{sen} 2x}$

15. $\displaystyle \lim_{t \to 0} \frac{e^{2t} - 1}{\operatorname{sen} t}$ **16.** $\displaystyle \lim_{x \to 0} \frac{x^2}{1 - \cos x}$

17. $\displaystyle \lim_{x \to 1} \frac{\operatorname{sen}(x - 1)}{x^3 + x - 2}$ **18.** $\displaystyle \lim_{\theta \to \pi} \frac{1 + \cos \theta}{1 - \cos \theta}$

19. $\displaystyle \lim_{x \to \infty} \frac{\sqrt{x}}{1 + e^x}$ **20.** $\displaystyle \lim_{x \to \infty} \frac{x + x^2}{1 - 2x^2}$

21. $\displaystyle \lim_{x \to 0^+} \frac{\ln x}{x}$ **22.** $\displaystyle \lim_{x \to \infty} \frac{\ln \sqrt{x}}{x^2}$

23. $\displaystyle \lim_{x \to 3} \frac{\ln(x/3)}{3 - x}$ **24.** $\displaystyle \lim_{t \to 0} \frac{8^t - 5^t}{t}$

25. $\displaystyle \lim_{x \to 0} \frac{\sqrt{1 + 2x} - \sqrt{1 - 4x}}{x}$ **26.** $\displaystyle \lim_{u \to \infty} \frac{e^{u/10}}{u^3}$

27. $\displaystyle \lim_{x \to 0} \frac{e^x + e^{-x} - 2}{e^x - x - 1}$ **28.** $\displaystyle \lim_{x \to 0} \frac{\operatorname{senh} x - x}{x^3}$

29. $\lim\limits_{x\to 0} \dfrac{\tanh x}{\tan x}$

30. $\lim\limits_{x\to 0} \dfrac{x - \operatorname{sen} x}{x - \tan x}$

31. $\lim\limits_{x\to 0} \dfrac{\operatorname{sen}^{-1}x}{x}$

32. $\lim\limits_{x\to \infty} \dfrac{(\ln x)^2}{x}$

33. $\lim\limits_{x\to 0} \dfrac{x3^x}{3^x - 1}$

34. $\lim\limits_{x\to 0} \dfrac{e^x + e^{-x} - 2\cos x}{x \operatorname{sen} x}$

35. $\lim\limits_{x\to 0} \dfrac{\ln(1 + x)}{\cos x + e^x - 1}$

36. $\lim\limits_{x\to 1} \dfrac{x \operatorname{sen}(x - 1)}{2x^2 - x - 1}$

37. $\lim\limits_{x\to 0^+} \dfrac{\arctan 2x}{\ln x}$

38. $\lim\limits_{x\to 0} \dfrac{x^2 \operatorname{sen} x}{\operatorname{sen} x - x}$

39. $\lim\limits_{x\to 1} \dfrac{x^a - 1}{x^b - 1},\ b \neq 0$

40. $\lim\limits_{x\to \infty} \dfrac{e^{-x}}{(\pi/2) - \tan^{-1}x}$

41. $\lim\limits_{x\to 0} \dfrac{\cos x - 1 + \frac{1}{2}x^2}{x^4}$

42. $\lim\limits_{x\to 0} \dfrac{x - \operatorname{sen} x}{x \operatorname{sen}(x^2)}$

43. $\lim\limits_{x\to \infty} x \operatorname{sen}(\pi/x)$

44. $\lim\limits_{x\to \infty} \sqrt{x}\, e^{-x/2}$

45. $\lim\limits_{x\to 0} \operatorname{sen} 5x \csc 3x$

46. $\lim\limits_{x\to -\infty} x \ln\left(1 - \dfrac{1}{x}\right)$

47. $\lim\limits_{x\to \infty} x^3 e^{-x^2}$

48. $\lim\limits_{x\to 0} x^{3/2} \operatorname{sen}(1/x)$

49. $\lim\limits_{x\to 1^+} \ln x \tan(\pi x/2)$

50. $\lim\limits_{x\to (\pi/2)^-} \cos x \sec 5x$

51. $\lim\limits_{x\to 1}\left(\dfrac{x}{x - 1} - \dfrac{1}{\ln x}\right)$

52. $\lim\limits_{x\to 0}(\csc x - \cot x)$

53. $\lim\limits_{x\to 0^+}\left(\dfrac{1}{x} - \dfrac{1}{e^x - 1}\right)$

54. $\lim\limits_{x\to 0^+}\left(\dfrac{1}{x} - \dfrac{1}{\tan^{-1}x}\right)$

55. $\lim\limits_{x\to 0^+} \dfrac{1}{x} - \dfrac{1}{\tan x}$

56. $\lim\limits_{x\to \infty}(x - \ln x)$

57. $\lim\limits_{x\to 0^+} x^{\sqrt{x}}$

58. $\lim\limits_{x\to 0^+}(\tan 2x)^x$

59. $\lim\limits_{x\to 0}(1 - 2x)^{1/x}$

60. $\lim\limits_{x\to \infty}\left(1 + \dfrac{a}{x}\right)^{bx}$

61. $\lim\limits_{x\to 1^+} x^{1/(1-x)}$

62. $\lim\limits_{x\to \infty}(e^x + 10x)^{1/x}$

63. $\lim\limits_{x\to \infty} x^{1/x}$

64. $\lim\limits_{x\to \infty} x^{e^{-x}}$

65. $\lim\limits_{x\to 0^+}(4x + 1)^{\cot x}$

66. $\lim\limits_{x\to 0^+}(1 - \cos x)^{\operatorname{sen} x}$

67. $\lim\limits_{x\to 0^+}(1 + \operatorname{sen} 3x)^{1/x}$

68. $\lim\limits_{x\to 0}(\cos x)^{1/x^2}$

69. $\lim\limits_{x\to 0^+} \dfrac{x^x - 1}{\ln x + x - 1}$

70. $\lim\limits_{x\to \infty}\left(\dfrac{2x - 3}{2x + 5}\right)^{2x+1}$

71-72 Utilice una gráfica para estimar el valor del límite. Luego, con la regla de L'Hôpital, encuentre el valor exacto.

71. $\lim\limits_{x\to \infty}\left(1 + \dfrac{2}{x}\right)^x$

72. $\lim\limits_{x\to 0} \dfrac{5^x - 4^x}{3^x - 2^x}$

73-74 Ilustre la regla de L'Hôpital graficando tanto $f(x)/g(x)$ como $f'(x)/g'(x)$ cerca de $x = 0$ para ver que tales proporciones tienen el mismo límite cuando $x \to 0$. Calcule también el valor exacto del límite.

73. $f(x) = e^x - 1,\quad g(x) = x^3 + 4x$

74. $f(x) = 2x \operatorname{sen} x,\quad g(x) = \sec x - 1$

75. Demuestre que
$$\lim\limits_{x\to \infty} \dfrac{e^x}{x^n} = \infty$$
para cualquier entero positivo n. Esto muestra que la función exponencial se aproxima más rápido al infinito que cualquier potencia de x.

76. Demuestre que
$$\lim\limits_{x\to \infty} \dfrac{\ln x}{x^p} = 0$$
para cualquier número $p > 0$. Esto muestra que la función logarítmica se aproxima al límite más lentamente que cualquier potencia de x.

77-78 ¿Qué pasa si se intenta usar la regla de L'Hôpital para encontrar el límite? Evalúe el límite con otro método.

77. $\lim\limits_{x\to \infty} \dfrac{x}{\sqrt{x^2 + 1}}$

78. $\lim\limits_{x\to (\pi/2)^-} \dfrac{\sec x}{\tan x}$

79. Investigue la familia de curvas $f(x) = e^x - cx$. En particular, determine los límites conforme $x \to \pm\infty$ y los valores de c para los cuales f tiene un mínimo absoluto. ¿Qué sucede con los puntos mínimos a medida que c aumenta?

80. Si un objeto con masa m se libera en reposo, un modelo para su rapidez v después de t segundos, considerando la resistencia del aire, es
$$v = \dfrac{mg}{c}(1 - e^{-ct/m})$$
donde g es la aceleración debida a la gravedad y c es una constante positiva. (En el capítulo 9 se deducirá esta ecuación a partir de la suposición de que la resistencia del aire es proporcional a la rapidez del objeto; c es la constante de proporcionalidad).

(a) Calcule $\lim\limits_{t\to\infty}v$. ¿Cuál es el significado de este límite?

(b) Para t fijo, utilice la regla de L'Hôpital para calcular $\lim\limits_{c\to 0^+}v$. ¿Qué concluye acerca de la velocidad de un objeto que cae en un vacío?

81. Si una cantidad inicial A_0 de dinero se invierte con una tasa de interés r compuesta n veces al año, el valor de la inversión después de t años es
$$A = A_0\left(1 + \dfrac{r}{n}\right)^{nt}$$
Si se considera $n \to \infty$, se trata de la *continua composición* del interés. Use la regla de L'Hôpital para mostrar que si el interés se acumula continuamente, entonces la cantidad después de t años es
$$A = A_0 e^{rt}$$

82. La luz entra en el ojo a través de la pupila y hace contacto con la retina, donde las células fotorreceptoras perciben la luz y el color. W. Stanley Stiles y B. H. Crawford estudiaron el fenómeno en el que el brillo medido disminuye a medida que la luz entra más desde el centro de la pupila (vea la figura).

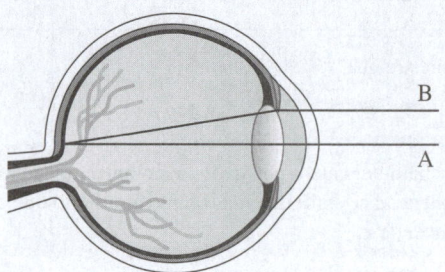

Un rayo de luz A que entra por el centro de la pupila brilla más que un rayo B que entra cerca del margen de la pupila.

Detallaron sus hallazgos de este fenómeno, conocido como *efecto Stiles-Crawford del primer tipo*, en un importante artículo publicado en 1933. En particular, observaron que la cantidad de luminancia detectada *no* era proporcional al área de la pupila, como esperaban. El porcentaje P de la luminancia total que entra en una pupila de radio r mm y que se percibe en la retina se describe como

$$P = \frac{1 - 10^{-\rho r^2}}{\rho r^2 \ln 10}$$

donde ρ es una constante determinada de manera experimental, normalmente alrededor de 0.05.

(a) ¿Cuál es el porcentaje de luminancia detectado por una pupila de radio 3 mm? Use $\rho = 0.05$.

(b) Calcule el porcentaje de luminancia detectado por una pupila de radio 2 mm. ¿Tiene sentido que sea más grande que la respuesta al inciso (a)?

(c) Calcule $\lim_{r \to 0^+} P$. ¿El resultado es el que usted esperaría? ¿Es este resultado físicamente posible?

Fuente: Adaptado de W. Stiles y B. Crawford, "The Luminous Efficiency of Rays Entering the Eye Pupil at Different Points", *Proceedings of the Royal Society of London, Series B: Biological Sciences* 112 (1933): 428-50.

83. **Ecuaciones logísticas** Algunas poblaciones crecen inicialmente de manera exponencial pero a la larga se nivelan. Las ecuaciones de la forma

$$P(t) = \frac{M}{1 + Ae^{-kt}}$$

donde M, A y k son constantes positivas, se denominan *ecuaciones logísticas* y a menudo se utilizan para modelar dichas poblaciones. (Se investigarán en detalle en el capítulo 9).

Aquí M se llama *capacidad de carga* y representa el máximo tamaño de la población que puede sostenerse, y

$$A = \frac{M - P_0}{P_0}$$

donde P_0 es la población inicial.

(a) Calcule $\lim_{t \to \infty} P(t)$. Explique por qué su respuesta es de esperar.

(b) Calcule $\lim_{M \to \infty} P(t)$. (Observe que A se define en términos de M). ¿Qué tipo de función es su resultado?

84. Un cable de metal tiene un radio r y está cubierto por un aislante, de modo que la distancia del centro del cable al exterior del aislante es R. La velocidad v de un impulso eléctrico en el cable es

$$v = -c\left(\frac{r}{R}\right)^2 \ln\left(\frac{r}{R}\right)$$

donde c es una constante positiva. Encuentre los siguientes límites e interprete sus respuestas.

(a) $\lim_{R \to r^+} v$ (b) $\lim_{r \to 0^+} v$

85. La primera aparición impresa de la regla de L'Hôpital fue en el libro *Analyse des infiniment petits,* del marqués de L'Hôpital en 1696. Este fue el primer libro de cálculo publicado. El ejemplo que el marqués usó en ese libro para ilustrar su regla fue encontrar el límite de la función

$$y = \frac{\sqrt{2a^3x - x^4} - a\sqrt[3]{aax}}{a - \sqrt[4]{ax^3}}$$

cuando x se aproxima a a, donde $a > 0$. (En aquel entonces era común escribir aa en lugar de a^2). Resuelva este problema.

86. En la figura se ve un sector de un círculo con ángulo central θ. Sea $A(\theta)$ el área del segmento entre la cuerda PR y el arco PR. Sea $B(\theta)$ el área del triángulo PQR. Determine $\lim_{\theta \to 0^+} A(\theta)/B(\theta)$.

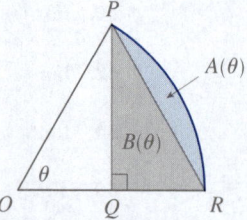

87. Evalúe

$$\lim_{x \to \infty}\left[x - x^2 \ln\left(\frac{1 + x}{x}\right)\right]$$

88. Suponga que f es una función positiva. Si $\lim_{x \to a} f(x) = 0$ y $\lim_{x \to a} g(x) = \infty$, demuestre que

$$\lim_{x \to a}[f(x)]^{g(x)} = 0$$

Esto demuestra que 0^∞ no es una forma indeterminada.

89. Encuentre funciones f y g, donde $\lim\limits_{x \to 0} f(x) = \lim\limits_{x \to 0} g(x) = \infty$ y

(a) $\lim\limits_{x \to 0} \dfrac{f(x)}{g(x)} = 7$
(b) $\lim\limits_{x \to 0} [f(x) - g(x)] = 7$

90. ¿Para qué valores de a y b es la siguiente ecuación verdadera?

$$\lim_{x \to 0} \left(\frac{\operatorname{sen} 2x}{x^3} + a + \frac{b}{x^2} \right) = 0$$

91. Sea

$$f(x) = \begin{cases} e^{-1/x^2} & \text{si } x \neq 0 \\ 0 & \text{si } x = 0 \end{cases}$$

(a) Utilice la definición de la derivada para calcular $f'(0)$.
(b) Demuestre que f tiene derivadas de todos los órdenes que se definen en $\mathbb{R}$. [*Sugerencia*: Primero demuestre por inducción que hay un polinomio $p_n(x)$ y un entero no negativo k_n tal que $f^{(n)}(x) = p_n(x)f(x)/x^{k_n}$ para $x \neq 0$].

92. Sea

$$f(x) = \begin{cases} |x|^x & \text{si } x \neq 0 \\ 1 & \text{si } x = 0 \end{cases}$$

(a) Demuestre que f es continua en 0.
(b) Averigüe gráficamente si f es derivable en 0 realizando varios acercamientos al punto $(0, 1)$ en la gráfica de f.
(c) Demuestre que f no se puede derivar en 0. ¿Cómo se reconcilia esto con la apariencia de las gráficas del inciso (b)?

PROYECTO DE REDACCIÓN | ORÍGENES DE LA REGLA DE L'HÔPITAL

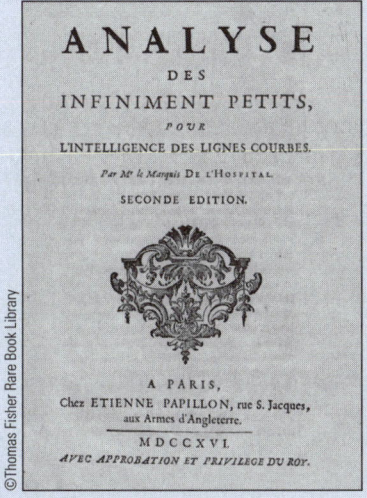

www.StewartCalculus.com
Internet es otra fuente de información para este proyecto. Haga clic en *History of Mathematics* para obtener una lista de sitios de Internet fiables.

La regla de L'Hôpital se publicó por primera vez en 1696 en el libro de cálculo del marqués de L'Hôpital *Analyse des infiniment petits*, pero la descubrió en 1694 el matemático suizo John (Johann) Bernoulli. La explicación es que estos dos matemáticos tenían un curioso acuerdo comercial por el que el marqués de L'Hôpital compró los derechos de los descubrimientos matemáticos de Bernoulli. Los detalles, junto con la traducción de la carta de L'Hôpital proponiendo el arreglo a Bernoulli están en el libro de Eves [1].

Escriba un ensayo sobre los orígenes históricos y matemáticos de la regla de L'Hôpital. Empiece por proporcionar breves detalles biográficos de ambos hombres (el diccionario editado por Gillispie [2] es una buena fuente) y describa el acuerdo comercial entre ellos. Luego proporcione la declaración de L'Hôpital de su regla, que se encuentra en el libro de Struik [4] y más brevemente en el de Katz [3]. Observe que L'Hôpital y Bernoulli formularon la regla geométricamente y dieron la respuesta en términos de diferenciales. Compare su declaración con la versión de la regla de L'Hôpital de la sección 4.4 y muestre que las dos afirmaciones son esencialmente las mismas.

1. Howard W. Eves, *Mathematical Circles: Volume 1* (Washington, D.C.: Mathematical Association of America, 2003). Publicado por primera vez en 1969 como *In Mathematical Circles (Volume 2: Quadrants III and IV)* por Prindle Weber and Schmidt.

2. C. C. Gillispie, ed., *Dictionary of Scientific Biography*, 8 vols. (New York: Scribner, 1981). Vea el artículo sobre Johann Bernoulli de E. A. Fellmann y J. O. Fleckstein en el volumen II y el artículo sobre el marqués de L'Hôpital de Abraham Robinson en el volumen III.

3. Victor J. Katz, *A History of Mathematics: An Introduction*. 3.ª ed. (New York: Pearson, 2018).

4. Dirk Jan Stuik, ed., *A Source Book in Mathematics, 1200-1800* (1969; reimpreso en Princeton, New Jersey: Princeton University Press, 2016).

4.5 | Resumen para el trazo de curvas

Hasta ahora se abordaron algunos aspectos particulares del trazo de curvas: dominio, rango y simetría en el capítulo 1; límites, continuidad y asíntotas en el capítulo 2; derivadas y tangentes en los capítulos 2 y 3; y valores extremos, intervalos de crecimiento y decrecimiento, concavidad, puntos de inflexión y la regla de L'Hôpital en este capítulo. Ahora es el momento de reunir toda esta información para trazar gráficas que revelen las características importantes de las funciones.

Se podría preguntar: ¿por qué no usar una calculadora graficadora o una computadora para graficar una curva? ¿Por qué se necesita el cálculo?

Es cierto que la tecnología es capaz de producir gráficas muy precisas, pero incluso los mejores dispositivos de gráficos tienen que usarse de manera inteligente. Es fácil llegar a una gráfica engañosa o pasar por alto detalles importantes de una curva cuando se confía únicamente de la tecnología (vea el tema "Graphing Calculators and Computers" en *www.StewartCalculus.com*, especialmente los ejemplos 1, 3, 4 y 5. Vea también la sección 4.6). El cálculo permite descubrir los aspectos más interesantes de las gráficas y en muchos casos estimar los puntos máximos y mínimos y puntos de inflexión *con precisión* y no por aproximación.

Por ejemplo, en la figura 1 se ve la gráfica de $f(x) = 8x^3 - 21x^2 + 18x + 2$. A primera vista parece razonable: tiene la misma forma que las curvas cúbicas como $y = x^3$, y parece no tener ningún punto máximo o mínimo. Pero si se calcula la derivada, se verá que hay un máximo cuando $x = 0.75$ y un mínimo cuando $x = 1$. De hecho, un acercamiento a esta parte de la gráfica revela este comportamiento que se muestra en la figura 2. Sin el cálculo, fácilmente podría haberse pasado por alto.

En la siguiente sección se graficarán funciones con la interacción entre cálculo y tecnología. En esta sección se trazan gráficas (a mano alzada) considerando primero la siguiente información. Una gráfica producida por una calculadora o una computadora sirve para comprobar el trabajo.

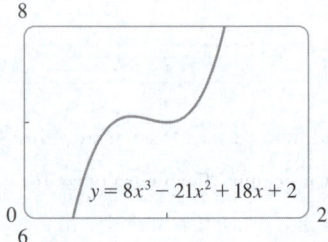

FIGURA 1

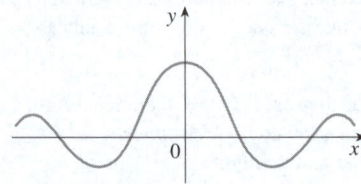

FIGURA 2

■ Pautas para trazar una curva

La siguiente lista de verificación se elaboró como guía para trazar una curva $y = f(x)$ a mano alzada. No todos los elementos son relevantes para cada función. (Por ejemplo, una curva dada puede no tener asíntota o poseer simetría). Sin embargo, las pautas proporcionan toda la información necesaria para hacer un boceto que muestre los aspectos más importantes de la función.

A. Dominio A menudo es útil empezar por determinar el dominio D de f, es decir, el conjunto de valores de x para el que se define $f(x)$.

B. Intersecciones La intersección en y es $f(0)$, y esto indica dónde la curva cruza el eje y. Para encontrar las intersecciones en x se establece $y = 0$ y se despeja x. (Se puede omitir este paso si la ecuación es difícil de resolver).

C. Simetría

(i) Si $f(-x) = f(x)$ para toda x en D, es decir, la ecuación de la curva no cambia cuando x se sustituye por $-x$, entonces f es una *función par* y la curva es simétrica respecto al eje y (vea la sección 1.1). Esto significa que el trabajo se reduce a la mitad. Si se sabe cómo se ve la curva para $x \geq 0$, entonces solo hay que reflejar sobre el eje y para obtener la curva completa [vea la figura 3(a)]. Aquí hay algunos ejemplos: $y = x^2$, $y = x^4$, $y = |x|$ y $y = \cos x$.

(ii) Si $f(-x) = -f(x)$ para toda x en D, entonces f es una *función impar* y la curva es simétrica respecto al origen. Nuevamente es posible obtener la curva completa si se sabe cómo se ve para $x \geq 0$. [Gire 180° alrededor del origen; vea la figura 3(b)]. Algunos ejemplos sencillos de funciones impares son $y = x$, $y = x^3$, $y = 1/x$ y $y = \text{sen } x$.

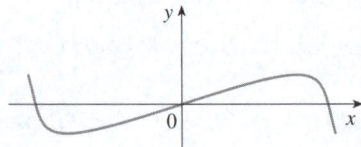

(a) Función par: simetría reflectiva.

(b) Función impar: simetría rotativa.

FIGURA 3

(iii) Si $f(x + p) = f(x)$ para toda x en D, donde p es una constante positiva, entonces f es una **función periódica** y el menor de esos números p se llama **periodo**. Por ejemplo, $y = \operatorname{sen} x$ tiene el periodo 2π y $y = \tan x$ tiene el periodo π. Si se sabe cómo se ve la gráfica en un intervalo de longitud p, entonces se puede usar la traslación para visualizar toda la gráfica (vea la figura 4).

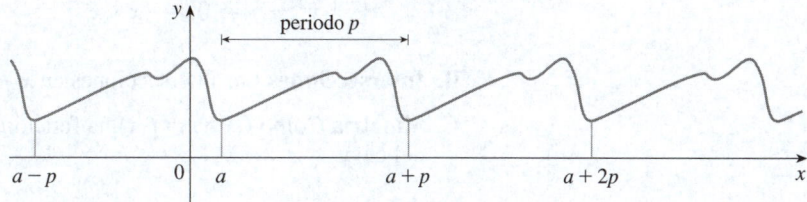

FIGURA 4
Función periódica: simetría
traslacional.

D. Asíntotas

(i) *Asíntotas horizontales.* Recuerde de la sección 2.6 que si cualquiera de los límites $\lim_{x\to\infty} f(x) = L$ o $\lim_{x\to-\infty} f(x) = L$, entonces la recta $y = L$ es una asíntota horizontal de la curva $y = f(x)$. Si resulta que $\lim_{x\to\infty} f(x) = \infty$ (o $-\infty$), entonces no se tiene una asíntota a la derecha, pero esto aún es una información útil para trazar la curva.

(ii) *Asíntotas verticales.* Recuerde de la sección 2.2 que la recta $x = a$ es una asíntota vertical si al menos una de las siguientes afirmaciones es cierta:

1
$$\lim_{x\to a^+} f(x) = \infty \qquad \lim_{x\to a^-} f(x) = \infty$$
$$\lim_{x\to a^+} f(x) = -\infty \qquad \lim_{x\to a^-} f(x) = -\infty$$

(Para funciones racionales se pueden localizar las asíntotas verticales igualando el denominador a 0 después de cancelar cualquier factor común. Pero para otras funciones este método no se aplica). Además, al elaborar la curva es útil saber exactamente cuál de las afirmaciones en (1) es verdadera. Si $f(a)$ no está definida pero a es un punto frontera del dominio de f, entonces se debe calcular $\lim_{x\to a^-} f(x)$ o $\lim_{x\to a^+} f(x)$, sea o no un límite hacia el infinito.

(iii) *Asíntotas oblicuas.* Estas se analizan al final de esta sección.

E. Intervalos de crecimiento o decrecimiento
Utilice la prueba C/D. Calcule $f'(x)$ y busque los intervalos en los que $f'(x)$ es positiva (f es creciente) y los intervalos en los que $f'(x)$ es negativa (f es decreciente).

F. Valores máximos o mínimos locales
Halle los números críticos de f [los números c donde $f'(c) = 0$ o $f'(c)$ no existe]. Luego use la prueba de la primera derivada. Si f' cambia de positivo a negativo en un número crítico c, entonces $f(c)$ es un máximo local. Si f' cambia de negativo a positivo en c, entonces $f(c)$ es un mínimo local. Aunque normalmente es preferible la prueba de la primera derivada, puede usar la prueba de la segunda derivada si $f'(c) = 0$ y $f''(c) \neq 0$. Entonces $f''(c) > 0$ implica que $f(c)$ es un mínimo local, mientras que $f''(c) < 0$ implica que $f(c)$ es un máximo local.

G. Concavidad y puntos de inflexión
Calcule $f''(x)$ y use la prueba de concavidad. La curva es cóncava hacia arriba donde $f''(x) > 0$ y cóncava hacia abajo donde $f''(x) < 0$. Los puntos de inflexión se producen donde la dirección de la concavidad cambia.

H. Trace la curva
Con la información de los puntos A-G, trace la gráfica. Represente las asíntotas como rectas discontinuas. Trace las intersecciones, puntos máximos y mínimos, y puntos de inflexión. Luego haga pasar la curva por estos puntos, subiendo y bajando según E, con la concavidad según G, y acercándose a las asíntotas.

Si se desea una precisión adicional cerca de cualquier punto, se puede calcular el valor de la derivada allí. La tangente indica la dirección en la que procede la curva.

EJEMPLO 1 Utilice las pautas para trazar la curva $y = \dfrac{2x^2}{x^2 - 1}$.

A. Dominio El dominio es

$$\{x \mid x^2 - 1 \neq 0\} = \{x \mid x \neq \pm 1\} = (-\infty, -1) \cup (-1, 1) \cup (1, \infty)$$

B. Intersecciones Las intersecciones en x y en y son 0.

C. Simetría Como $f(-x) = f(x)$, la función f es par. La curva es simétrica alrededor del eje y.

D. Asíntotas $\displaystyle\lim_{x \to \pm\infty} \frac{2x^2}{x^2 - 1} = \lim_{x \to \pm\infty} \frac{2}{1 - 1/x^2} = 2$

Por lo tanto, la recta $y = 2$ es una asíntota horizontal (tanto a la izquierda como a la derecha).

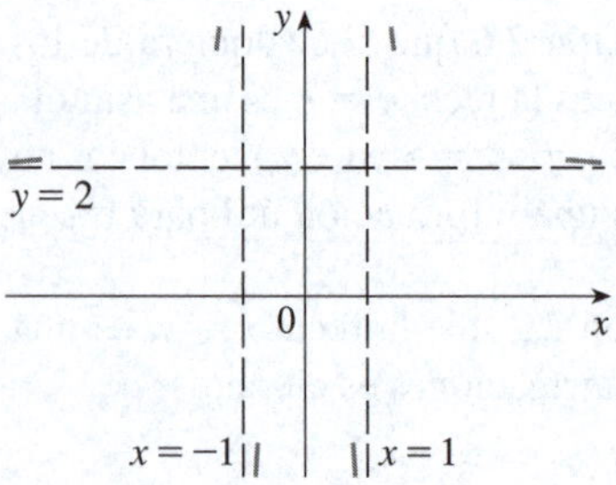

Como el denominador es 0 cuando $x = \pm 1$, se calculan los siguientes límites:

$$\lim_{x \to 1^+} \frac{2x^2}{x^2 - 1} = \infty \qquad\qquad \lim_{x \to 1^-} \frac{2x^2}{x^2 - 1} = -\infty$$

$$\lim_{x \to -1^+} \frac{2x^2}{x^2 - 1} = -\infty \qquad\qquad \lim_{x \to -1^-} \frac{2x^2}{x^2 - 1} = \infty$$

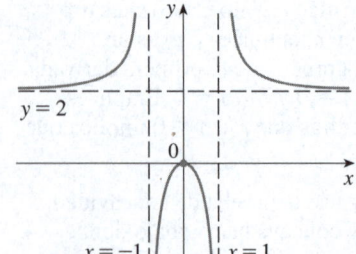

FIGURA 5
Boceto preliminar.

Se mostró la curva que se aproxima a su asíntota horizontal desde arriba en la figura 5. Esto se confirma por los intervalos de crecimiento y decrecimiento.

Por lo tanto, las rectas $x = 1$ y $x = -1$ son asíntotas verticales. Esta información sobre límites y asíntotas permite trazar el boceto preliminar de la figura 5 mostrando las partes de la curva cerca de las asíntotas.

E. Intervalos de crecimiento o decrecimiento

$$f'(x) = \frac{(x^2 - 1)(4x) - 2x^2 \cdot 2x}{(x^2 - 1)^2} = \frac{-4x}{(x^2 - 1)^2}$$

Como $f'(x) > 0$ cuando $x < 0$ $(x \neq -1)$ y $f'(x) < 0$ cuando $x > 0$ $(x \neq 1)$, f es creciente en $(-\infty, -1)$ y $(-1, 0)$ y es decreciente en $(0, 1)$ y $(1, \infty)$.

F. Valores máximos y mínimos locales El único número crítico es $x = 0$. Como f' cambia de positivo a negativo en 0, $f(0) = 0$ es un máximo local según la prueba de la primera derivada.

G. Concavidad y puntos de inflexión

$$f''(x) = \frac{(x^2 - 1)^2(-4) + 4x \cdot 2(x^2 - 1)2x}{(x^2 - 1)^4} = \frac{12x^2 + 4}{(x^2 - 1)^3}$$

Como $12x^2 + 4 > 0$ para toda x, se tiene

$$f''(x) > 0 \iff x^2 - 1 > 0 \iff |x| > 1$$

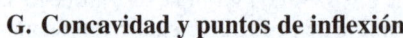

y $f''(x) < 0 \iff |x| < 1$. Así, la curva es cóncava hacia arriba en los intervalos $(-\infty, -1)$ y $(1, \infty)$ y cóncava hacia abajo en $(-1, 1)$. No tiene punto de inflexión porque 1 y -1 no están en el dominio de f.

FIGURA 6
Boceto terminado de $y = \dfrac{2x^2}{x^2 - 1}$.

H. Trace la curva Con la información de E-G, se termina el boceto en la figura 6. ∎

EJEMPLO 2 Trace la gráfica de $f(x) = \dfrac{x^2}{\sqrt{x + 1}}$.

A. Dominio El dominio es $\{x \mid x + 1 > 0\} = \{x \mid x > -1\} = (-1, \infty)$.

B. **Intersecciones** Las intersecciones en x y en y son 0.

C. **Simetría** Ninguna.

D. **Asíntotas** Puesto que

$$\lim_{x \to \infty} \frac{x^2}{\sqrt{x+1}} = \infty$$

no hay asíntota horizontal. Como $\sqrt{x+1} \to 0$ conforme $x \to -1^+$ y $f(x)$ siempre es positiva, se tiene

$$\lim_{x \to -1^+} \frac{x^2}{\sqrt{x+1}} = \infty$$

así que la recta $x = -1$ es una asíntota vertical.

E. **Intervalos de crecimiento o decrecimiento**

$$f'(x) = \frac{\sqrt{x+1}\,(2x) - x^2 \cdot 1/(2\sqrt{x+1})}{x+1} = \frac{3x^2 + 4x}{2(x+1)^{3/2}} = \frac{x(3x+4)}{2(x+1)^{3/2}}$$

Se ve que $f'(x) = 0$ cuando $x = 0$ (observe que $-\frac{4}{3}$ no está en el dominio de f), así que el único número crítico es 0. Como $f'(x) < 0$ cuando $-1 < x < 0$ y $f'(x) > 0$ cuando $x > 0$, f es decreciente en $(-1, 0)$ y es creciente en $(0, \infty)$.

F. **Valores máximos o mínimos locales** Como $f'(0) = 0$ y f' cambia de negativo a positivo en 0, $f(0) = 0$ es un mínimo local (y absoluto) según la prueba de la primera derivada.

G. **Concavidad y puntos de inflexión**

$$f''(x) = \frac{2(x+1)^{3/2}(6x+4) - (3x^2+4x)3(x+1)^{1/2}}{4(x+1)^3} = \frac{3x^2 + 8x + 8}{4(x+1)^{5/2}}$$

Observe que el denominador es siempre positivo. El numerador es el cuadrático $3x^2 + 8x + 8$, que siempre es positivo porque su discriminante es $b^2 - 4ac = -32$, que es negativo, y el coeficiente de x^2 es positivo. Por lo tanto, $f''(x) > 0$ para toda x en el dominio de f, lo que significa que f es cóncava hacia arriba en $(-1, \infty)$ y no hay punto de inflexión.

H. **Trace la curva** La curva se traza en la figura 7.

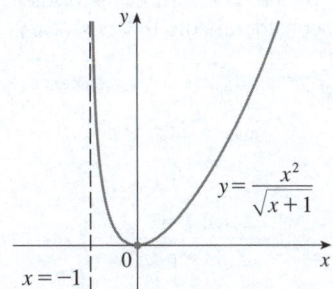

$y = \dfrac{x^2}{\sqrt{x+1}}$

$x = -1$

FIGURA 7

EJEMPLO 3 Trace la gráfica de $f(x) = xe^x$.

A. **Dominio** El dominio es $\mathbb{R}$.

B. **Intersecciones** Las intersecciones en x y en y son 0.

C. **Simetría** Ninguna.

D. **Asíntotas** Debido a que tanto x como e^x se hacen grandes conforme $x \to \infty$, se tiene $\lim_{x \to \infty} xe^x = \infty$. A medida que $x \to -\infty$, sin embargo, $e^x \to 0$ y por tanto se tiene un producto indeterminado que requiere la regla de L'Hôpital:

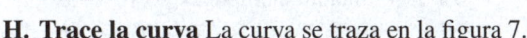

$$\lim_{x \to -\infty} xe^x = \lim_{x \to -\infty} \frac{x}{e^{-x}} = \lim_{x \to -\infty} \frac{1}{-e^{-x}} = \lim_{x \to -\infty} (-e^x) = 0$$

Por lo tanto, el eje x es una asíntota horizontal.

E. Intervalos de crecimiento o decrecimiento

$$f'(x) = xe^x + e^x = (x + 1)e^x$$

Como e^x siempre es positiva, se ve que $f'(x) > 0$ cuando $x + 1 > 0$, y $f'(x) < 0$ cuando $x + 1 < 0$. Por lo tanto, f es creciente en $(-1, \infty)$ y es decreciente en $(-\infty, -1)$.

F. Valores máximos y mínimos locales Debido a que $f'(-1) = 0$ y f' cambia de negativo a positivo en $x = -1$, $f(-1) = -e^{-1} \approx -0.37$ es un mínimo local (y absoluto).

G. Concavidad y puntos de inflexión

$$f''(x) = (x + 1)e^x + e^x = (x + 2)e^x$$

Como $f''(x) > 0$ si $x > -2$ y $f''(x) < 0$ si $x < -2$, f es cóncava hacia arriba en $(-2, \infty)$ y cóncava hacia abajo en $(-\infty, -2)$. El punto de inflexión es $(-2, -2e^{-2}) \approx (-2, -0.27)$.

H. Trace la curva Con esta información se traza la curva en la figura 8. ∎

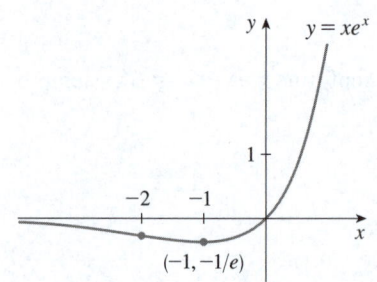

FIGURA 8

EJEMPLO 4 Trace la gráfica de $f(x) = \dfrac{\cos x}{2 + \operatorname{sen} x}$.

A. Dominio El dominio es $\mathbb{R}$.

B. Intersecciones La intersección en y es $f(0) = \frac{1}{2}$. Las intersecciones en x ocurren cuando $\cos x = 0$, quiere decir, $x = (\pi/2) + n\pi$, donde n es un entero.

C. Simetría f no es par ni impar, pero $f(x + 2\pi) = f(x)$ para toda x y así f es periódica y tiene periodo 2π. Por lo tanto, en adelante se debe considerar solo $0 \leq x \leq 2\pi$ y luego extender la curva por traslación en H.

D. Asíntotas Ninguna.

E. Intervalos de crecimiento o decrecimiento

$$f'(x) = \frac{(2 + \operatorname{sen} x)(-\operatorname{sen} x) - \cos x\,(\cos x)}{(2 + \operatorname{sen} x)^2} = -\frac{2\operatorname{sen} x + 1}{(2 + \operatorname{sen} x)^2}$$

El denominador siempre es positivo, así que $f'(x) > 0$ cuando $2\operatorname{sen} x + 1 < 0$ $\iff \operatorname{sen} x < -\frac{1}{2} \iff 7\pi/6 < x < 11\pi/6$. Así que f es creciente en $(7\pi/6, 11\pi/6)$ y es decreciente en $(0, 7\pi/6)$ y $(11\pi/6, 2\pi)$.

F. Valores máximos y mínimos locales Debido a E y a la prueba de la primera derivada, se ve que el valor mínimo local es $f(7\pi/6) = -1/\sqrt{3}$ y el valor máximo local es $f(11\pi/6) = 1/\sqrt{3}$.

G. Concavidad y puntos de inflexión Si se aplica de nuevo la regla del cociente y se simplifica, se obtiene

$$f''(x) = -\frac{2\cos x\,(1 - \operatorname{sen} x)}{(2 + \operatorname{sen} x)^3}$$

Como $(2 + \operatorname{sen} x)^3 > 0$ y $1 - \operatorname{sen} x \geq 0$ para toda x, se sabe que $f''(x) > 0$ cuando $\cos x < 0$, es decir, $\pi/2 < x < 3\pi/2$. Así, f es cóncava hacia arriba en $(\pi/2, 3\pi/2)$ y cóncava hacia abajo en $(0, \pi/2)$ y $(3\pi/2, 2\pi)$. Los puntos de inflexión son $(\pi/2, 0)$ y $(3\pi/2, 0)$.

H. Trace la curva La gráfica de la función restringida a $0 \leq x \leq 2\pi$ se muestra en la figura 9. Luego se extiende, mediante periodicidad, para llegar a la gráfica de la figura 10.

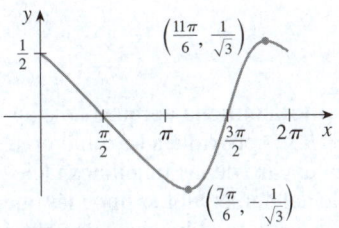

FIGURA 9

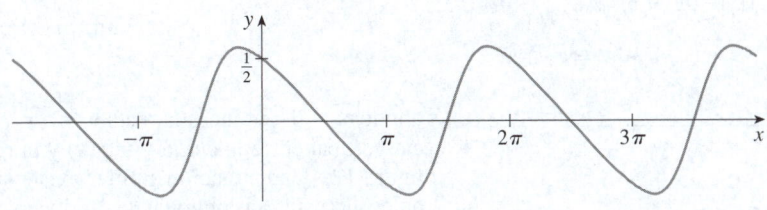

FIGURA 10

EJEMPLO 5 Trace la gráfica de $y = \ln(4 - x^2)$.

A. Dominio El dominio es

$$\{x \mid 4 - x^2 > 0\} = \{x \mid x^2 < 4\} = \{x \mid |x| < 2\} = (-2, 2)$$

B. Intersecciones La intersección en y es $f(0) = \ln 4$. Para encontrar la intersección en x se establece

$$y = \ln(4 - x^2) = 0$$

Se sabe que $\ln 1 = 0$, así que se tiene $4 - x^2 = 1 \Rightarrow x^2 = 3$ y, por lo tanto, las intersecciones en x son $\pm\sqrt{3}$.

C. Simetría Como $f(-x) = f(x)$, f es par y la curva es simétrica alrededor del eje y.

D. Asíntotas Se buscan asíntotas verticales en los extremos del dominio. Como $4 - x^2 \to 0^+$ en la medida en que $x \to 2^-$ y también $x \to -2^+$, se tiene

$$\lim_{x \to 2^-} \ln(4 - x^2) = -\infty \qquad \lim_{x \to -2^+} \ln(4 - x^2) = -\infty$$

Por lo tanto, las rectas $x = 2$ y $x = -2$ son asíntotas verticales.

E. Intervalos de crecimiento o decrecimiento

$$f'(x) = \frac{-2x}{4 - x^2}$$

Como $f'(x) > 0$ cuando $-2 < x < 0$ y $f'(x) < 0$ cuando $0 < x < 2$, f es creciente en $(-2, 0)$ y es decreciente en $(0, 2)$.

F. Valores máximos o mínimos locales El único número crítico es $x = 0$. Como f' cambia de positivo a negativo en 0, $f(0) = \ln 4$ es un máximo local según la prueba de la primera derivada.

G. Concavidad y puntos de inflexión

$$f''(x) = \frac{(4 - x^2)(-2) + 2x(-2x)}{(4 - x^2)^2} = \frac{-8 - 2x^2}{(4 - x^2)^2}$$

Ya que $f''(x) < 0$ para toda x, la curva es cóncava hacia abajo en $(-2, 2)$ y no tiene punto de inflexión.

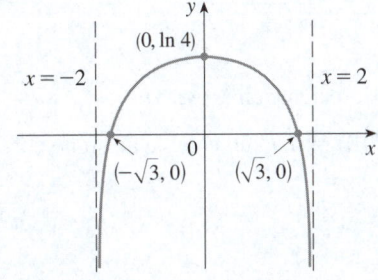

FIGURA 11
$y = \ln(4 - x^2)$

H. Trace la curva Con esta información se traza la curva en la figura 11.

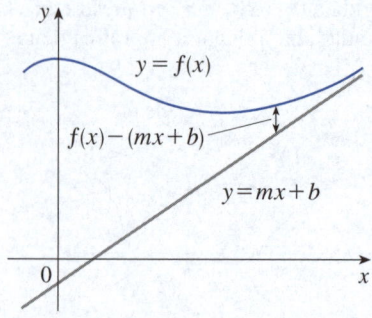

FIGURA 12

■ Asíntotas oblicuas

Algunas curvas tienen asíntotas que son *oblicuas*, es decir, ni horizontales ni verticales. Si

$$\lim_{x \to \infty} [f(x) - (mx + b)] = 0$$

donde $m \neq 0$, entonces la recta $y = mx + b$ se llama **asíntota oblicua** porque la distancia vertical entre la curva $y = f(x)$ y la recta $y = mx + b$ se aproxima a 0, como en la figura 12. (Una situación similar existe si $x \to -\infty$). En el caso de las funciones racionales, las asíntotas oblicuas se producen cuando el grado del numerador es uno más que el grado del denominador. En tal caso la ecuación de la asíntota oblicua se encuentra por división larga, como en el siguiente ejemplo.

EJEMPLO 6 Trace la gráfica de $f(x) = \dfrac{x^3}{x^2 + 1}$.

A. Dominio El dominio es $\mathbb{R}$.

B. Intersecciones Las intersecciones en x y en y son 0.

C. Simetría Como $f(-x) = -f(x)$, f es impar y su gráfica es simétrica alrededor del origen.

D. Asíntotas Como $x^2 + 1$ nunca es 0, no hay asíntota vertical. Dado que $f(x) \to \infty$ a medida que $x \to \infty$ y $f(x) \to -\infty$ conforme $x \to -\infty$, no hay asíntota horizontal. Pero la división larga da

$$f(x) = \frac{x^3}{x^2 + 1} = x - \frac{x}{x^2 + 1}$$

Esta ecuación sugiere que $y = x$ es candidata para asíntota oblicua. De hecho,

$$f(x) - x = -\frac{x}{x^2 + 1} = -\frac{\frac{1}{x}}{1 + \frac{1}{x^2}} \to 0 \quad \text{conforme} \quad x \to \pm\infty$$

Por lo tanto, la recta $y = x$ es en efecto una asíntota oblicua.

E. Intervalos de crecimiento o decrecimiento

$$f'(x) = \frac{(x^2 + 1)(3x^2) - x^3 \cdot 2x}{(x^2 + 1)^2} = \frac{x^2(x^2 + 3)}{(x^2 + 1)^2}$$

Puesto que $f'(x) > 0$ para toda x (excepto 0), f es creciente en $(-\infty, \infty)$.

F. Valores máximos o mínimos locales Aunque $f'(0) = 0$, f' no cambia de signo en 0, por lo que no hay un máximo o mínimo local.

G. Concavidad y puntos de inflexión

$$f''(x) = \frac{(x^2 + 1)^2(4x^3 + 6x) - (x^4 + 3x^2) \cdot 2(x^2 + 1)2x}{(x^2 + 1)^4} = \frac{2x(3 - x^2)}{(x^2 + 1)^3}$$

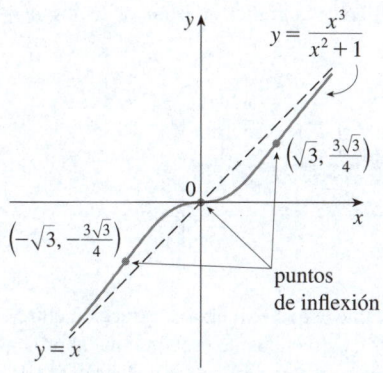

FIGURA 13

Puesto que $f''(x) = 0$ cuando $x = 0$ o $x = \pm\sqrt{3}$, se establece la siguiente tabla:

Intervalo	x	$3 - x^2$	$(x^2 + 1)^3$	$f''(x)$	f
$x < -\sqrt{3}$	$-$	$-$	$+$	$+$	CU* en $\left(-\infty, -\sqrt{3}\right)$
$-\sqrt{3} < x < 0$	$-$	$+$	$+$	$-$	CD⁺ en $\left(-\sqrt{3}, 0\right)$
$0 < x < \sqrt{3}$	$+$	$+$	$+$	$+$	CU* en $\left(0, \sqrt{3}\right)$
$x > \sqrt{3}$	$+$	$-$	$+$	$-$	CD⁺ en $\left(\sqrt{3}, \infty\right)$

* La abreviatura CU se refiere al término "concáva hacia arriba" y proviene del término en inglés *Concave Upward*.
⁺ La abreviatura CD se refiere al término "concáva hacia abajo" y proviene del término en inglés *Concave Downward*.

Los puntos de inflexión son $\left(-\sqrt{3}, -\frac{3}{4}\sqrt{3}\right)$, $(0, 0)$ y $\left(\sqrt{3}, \frac{3}{4}\sqrt{3}\right)$.

H. Trace la curva La gráfica de f se traza en la figura 13. ■

4.5 | Ejercicios

1-54 Utilice las pautas de esta sección para trazar la curva.

1. $y = x^3 + 3x^2$

2. $y = 2x^3 - 12x^2 + 18x$

3. $y = x^4 - 4x$

4. $y = x^4 - 8x^2 + 8$

5. $y = x(x - 4)^3$

6. $y = x^5 - 5x$

7. $y = \frac{1}{5}x^5 - \frac{8}{3}x^3 + 16x$

8. $y = (4 - x^2)^5$

9. $y = \dfrac{2x + 3}{x + 2}$

10. $y = \dfrac{x^2 + 5x}{25 - x^2}$

11. $y = \dfrac{x - x^2}{2 - 3x + x^2}$

12. $y = 1 + \dfrac{1}{x} + \dfrac{1}{x^2}$

13. $y = \dfrac{x}{x^2 - 4}$

14. $y = \dfrac{1}{x^2 - 4}$

15. $y = \dfrac{x^2}{x^2 + 3}$

16. $y = \dfrac{(x - 1)^2}{x^2 + 1}$

17. $y = \dfrac{x - 1}{x^2}$

18. $y = \dfrac{x}{x^3 - 1}$

19. $y = \dfrac{x^3}{x^3 + 1}$

20. $y = \dfrac{x^3}{x - 2}$

21. $y = (x - 3)\sqrt{x}$

22. $y = (x - 4)\sqrt[3]{x}$

23. $y = \sqrt{x^2 + x - 2}$

24. $y = \sqrt{x^2 + x} - x$

25. $y = \dfrac{x}{\sqrt{x^2 + 1}}$

26. $y = x\sqrt{2 - x^2}$

27. $y = \dfrac{\sqrt{1 - x^2}}{x}$

28. $y = \dfrac{x}{\sqrt{x^2 - 1}}$

29. $y = x - 3x^{1/3}$

30. $y = x^{5/3} - 5x^{2/3}$

31. $y = \sqrt[3]{x^2 - 1}$

32. $y = \sqrt[3]{x^3 + 1}$

33. $y = \operatorname{sen}^3 x$

34. $y = x + \cos x$

35. $y = x \tan x, \quad -\pi/2 < x < \pi/2$

36. $y = 2x - \tan x, \quad -\pi/2 < x < \pi/2$

37. $y = \operatorname{sen} x + \sqrt{3} \cos x, \quad -2\pi \leq x \leq 2\pi$

38. $y = \csc x - 2\operatorname{sen} x, \quad 0 < x < \pi$

39. $y = \dfrac{\operatorname{sen} x}{1 + \cos x}$

40. $y = \dfrac{\operatorname{sen} x}{2 + \cos x}$

41. $y = \arctan(e^x)$

42. $y = (1 - x)e^x$

43. $y = 1/(1 + e^{-x})$

44. $y = e^{-x} \operatorname{sen} x, \quad 0 \leq x \leq 2\pi$

45. $y = \dfrac{1}{x} + \ln x$

46. $y = x(\ln x)^2$

47. $y = (1 + e^x)^{-2}$

48. $y = e^x/x^2$

49. $y = \ln(\operatorname{sen} x)$

50. $y = \ln(1 + x^3)$

51. $y = xe^{-1/x}$

52. $y = \dfrac{\ln x}{x^2}$

53. $y = e^{\arctan x}$

54. $y = \tan^{-1}\left(\dfrac{x - 1}{x + 1}\right)$

55-58 Se muestra la gráfica de una función f. (Las rectas discontinuas indican asíntotas horizontales). Encuentre cada una de las siguientes para la función g dada.

(a) Los dominios de g y g'.

(b) Los números críticos de g.

(c) El valor aproximado de $g'(6)$.

(d) Todas las asíntotas verticales y horizontales de g.

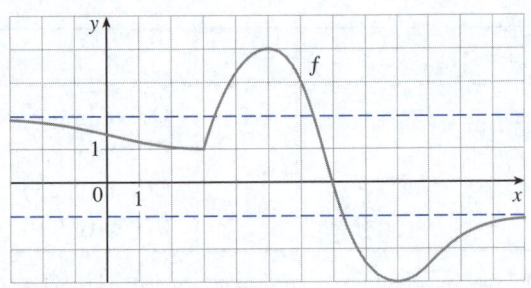

55. $g(x) = \sqrt{f(x)}$ **56.** $g(x) = \sqrt[3]{f(x)}$

57. $g(x) = |f(x)|$ **58.** $g(x) = 1/f(x)$

59. En la teoría de la relatividad, la masa de una partícula es

$$m = \frac{m_0}{\sqrt{1 - v^2/c^2}}$$

donde m_0 es la masa en reposo de la partícula, m es la masa cuando la partícula se mueve con una rapidez v relativa al observador y c es la velocidad de la luz. Trace la gráfica de m como función de v.

60. En la teoría de la relatividad, la energía de una partícula es

$$E = \sqrt{m_0^2 c^4 + h^2 c^2/\lambda^2}$$

donde m_0 es la masa de reposo de la partícula, λ es su longitud de onda y h es la constante de Planck. Trace la gráfica de E como función de λ. ¿Qué dice la gráfica sobre la energía?

61. Un modelo para la propagación de un rumor lo da la ecuación

$$p(t) = \frac{1}{1 + ae^{-kt}}$$

donde $p(t)$ es la proporción de la población que conoce el rumor en el momento t, y a y k son constantes positivas.
(a) ¿Cuándo habrá oído el rumor la mitad de la población?
(b) ¿Cuándo es mayor la rapidez de propagación del rumor?
(c) Trace la gráfica de p.

62. Un modelo para la concentración en el momento t de un medicamento inyectado en la sangre es

$$C(t) = K(e^{-at} - e^{-bt})$$

donde a, b y K son constantes positivas y $b > a$. Trace la gráfica de la función de concentración. ¿Qué dice la gráfica sobre cómo varía la concentración a medida que pasa el tiempo?

63. La figura muestra una viga de longitud L empotrada en paredes de hormigón. Si una carga constante W se distribuye uniformemente a lo largo de su longitud, la viga toma la forma de la curva de desviación

$$y = -\frac{W}{24EI}x^4 + \frac{WL}{12EI}x^3 - \frac{WL^2}{24EI}x^2$$

donde E e I son constantes positivas. (E es el módulo de elasticidad de Young e I es el momento de inercia de una sección

transversal de la viga). Trace la gráfica de la curva de desviación.

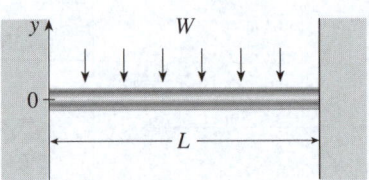

64. La ley de Coulomb establece que la fuerza de atracción entre dos partículas cargadas es directamente proporcional al producto de las cargas e inversamente proporcional al cuadrado de la distancia entre ellas. En la figura se aprecian partículas con carga 1 situadas en las posiciones 0 y 2 en una recta de coordenadas y una partícula con carga -1 en una posición x entre ellas. De la ley de Coulomb se deduce que la fuerza neta que actúa sobre la partícula media es

$$F(x) = -\frac{k}{x^2} + \frac{k}{(x-2)^2} \qquad 0 < x < 2$$

donde k es una constante positiva. Trace la gráfica de la función de la fuerza neta. ¿Qué dice la gráfica sobre la fuerza?

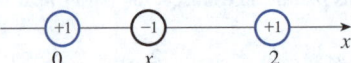

65-68 Halle una ecuación de la asíntota oblicua. No trace la curva.

65. $y = \dfrac{x^2 + 1}{x + 1}$ **66.** $y = \dfrac{4x^3 - 10x^2 - 11x + 1}{x^2 - 3x}$

67. $y = \dfrac{2x^3 - 5x^2 + 3x}{x^2 - x - 2}$ **68.** $y = \dfrac{-6x^4 + 2x^3 + 3}{2x^3 - x}$

69-74 Use las pautas de esta sección para trazar la curva. En la pauta D, encuentre una ecuación de la asíntota oblicua.

69. $y = \dfrac{x^2}{x - 1}$ **70.** $y = \dfrac{1 + 5x - 2x^2}{x - 2}$

71. $y = \dfrac{x^3 + 4}{x^2}$ **72.** $y = \dfrac{x^3}{(x + 1)^2}$

73. $y = 1 + \frac{1}{2}x + e^{-x}$ **74.** $y = 1 - x + e^{1+x/3}$

75. Demuestre que la curva $y = x - \tan^{-1}x$ tiene dos asíntotas oblicuas: $y = x + \pi/2$ y $y = x - \pi/2$. Aproveche esto para trazar la curva.

76. Demuestre que la curva $y = \sqrt{x^2 + 4x}$ tiene dos asíntotas oblicuas: $y = x + 2$ y $y = -x - 2$. Aproveche esto para trazar la curva.

77. Demuestre que las rectas $y = (b/a)x$ y $y = -(b/a)x$ son asíntotas oblicuas de la hipérbola $(x^2/a^2) - (x^2/b^2) = 1$.

78. Sea $f(x) = (x^3 + 1)/x$. Demuestre que

$$\lim_{x \to \pm\infty} [f(x) - x^2] = 0$$

Esto muestra que la gráfica de f se aproxima a la de $y = x^2$, y se dice que la curva $y = f(x)$ es *asintótica* a la parábola $y = x^2$. Aproveche esto para trazar la gráfica de f.

79. Analice el comportamiento asintótico de $f(x) = (x^4 + 1)/x$ de la misma manera que en el ejercicio 78. Luego use sus resultados para trazar la gráfica de f.

80. Utilice el comportamiento asintótico de $f(x) = \text{sen } x + e^{-x}$ para trazar su gráfica sin pasar por el procedimiento de trazado de curvas de esta sección.

4.6 | Gráficas con cálculo y tecnología

Para conocer cómo evitar algunas trampas de los dispositivos graficadores al elegir rectángulos de visión apropiados, se recomienda leer "Graphing Calculators and Computers" en www.StewartCalculus.com

El método para trazar las curvas en la sección anterior fue la culminación de gran parte del estudio de cálculo diferencial. La gráfica fue el objeto final que se produjo. En esta sección el punto de vista es completamente diferente. Aquí *se empieza* con una gráfica producida por una calculadora graficadora o una computadora y luego se mejora. Con el cálculo se garantiza revelar todos los aspectos importantes de la curva, y con los dispositivos gráficos se abordan curvas que serían demasiado complicadas de considerar sin tecnología. El tema es la *interacción* entre cálculo y tecnología.

EJEMPLO 1 Grafique el polinomio $f(x) = 2x^6 + 3x^5 + 3x^3 - 2x^2$. Use las gráficas de f' y f'' para estimar todos los puntos máximos y mínimos e intervalos de concavidad.

SOLUCIÓN Si se especifica un dominio pero no un rango, el software de gráficos a menudo deducirá un rango adecuado para los valores computados. En la figura 1 se aprecia una gráfica que puede resultar si se especifica que $-5 \leq x \leq 5$. Aunque este rectángulo de visión es útil para mostrar que el comportamiento asintótico (o comportamiento final) es el mismo que para $y = 2x^6$, evidentemente oculta algún detalle más fino. Así, se cambia al rectángulo de visión $[-3, 2]$ por $[-50, 100]$ en la figura 2.

La mayoría de las calculadoras y los programas graficadores permite "trazar" a lo largo de una curva y ver las coordenadas aproximadas de los puntos. (Algunos también tienen funciones para identificar las ubicaciones aproximadas de los máximos y mínimos locales). Aquí parece que hay un valor mínimo absoluto de alrededor de -15.33 cuando $x \approx -1.62$ y f es decreciente en $(-\infty, -1.62)$ y es creciente en $(-1.62, \infty)$. Además, parece haber una tangente horizontal en el origen y puntos de inflexión cuando $x = 0$ y cuando x está en alguna parte entre -2 y -1.

Ahora se intenta confirmar estas impresiones con el cálculo. Se deriva y se obtiene

$$f'(x) = 12x^5 + 15x^4 + 9x^2 - 4x$$

$$f''(x) = 60x^4 + 60x^3 + 18x - 4$$

Cuando se grafica f' en la figura 3, se ve que $f'(x)$ cambia de negativo a positivo cuando $x \approx -1.62$; esto confirma (según la prueba de la primera derivada) el valor mínimo que se encontró antes. Pero, quizá sea sorpresa, también se observa que $f'(x)$ cambia de positivo a negativo cuando $x = 0$ y de negativo a positivo cuando $x \approx 0.35$. Esto significa que f tiene un máximo local en 0 y un mínimo local cuando $x \approx 0.35$, pero estaban escondidos en la figura 2. De hecho, si se ve de cerca el origen en la figura 4,

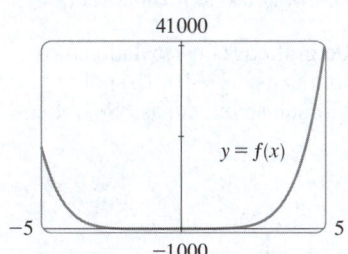

FIGURA 1

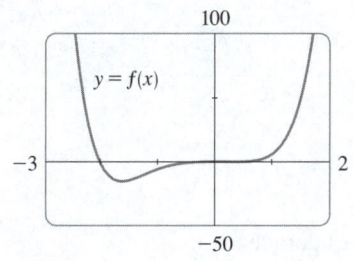

FIGURA 2

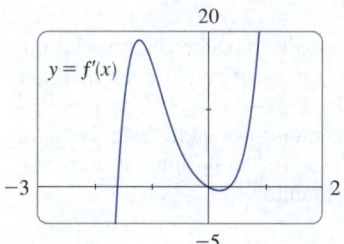

FIGURA 3

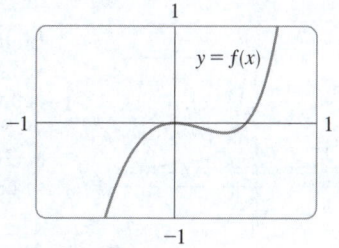

FIGURA 4

se aprecia lo que antes se pasó por alto: un valor máximo local de 0 cuando $x = 0$ y un valor mínimo local de alrededor de -0.1 cuando $x \approx 0.35$.

¿Y las concavidades y los puntos de inflexión? Según las figuras 2 y 4 parece que son puntos de inflexión cuando x está un poco a la izquierda de -1 y cuando x está un poco a la derecha de 0. Pero es difícil determinar los puntos de inflexión de la gráfica de f, así que se grafica la segunda derivada f'' en la figura 5. Se ve que f'' cambia de positivo a negativo cuando $x \approx -1.23$ y de negativo a positivo cuando $x \approx 0.19$. Así, con dos decimales de precisión, f es cóncava hacia arriba en $(-\infty, -1.23)$ y $(0.19, \infty)$, y cóncava hacia abajo en $(-1.23, 0.19)$. Los puntos de inflexión son $(-1.23, -10.18)$ y $(0.19, -0.05)$.

Se vio ya que ninguna gráfica revela todas las características importantes de este polinomio. Pero las figuras 2 y 4, en conjunto, proporcionan una imagen precisa. ∎

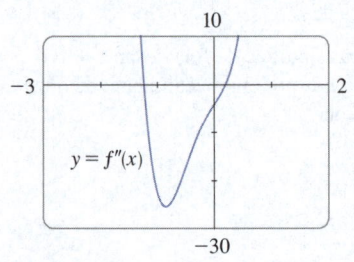

FIGURA 5

EJEMPLO 2   Trace la gráfica de la función

$$f(x) = \frac{x^2 + 7x + 3}{x^2}$$

en un rectángulo de visión que muestran todas las características importantes de la función. Estime los valores máximos y mínimos locales y los intervalos de concavidad. Luego, mediante cálculo, encuentre estas cantidades de forma exacta.

SOLUCIÓN   La figura 6 —producida por un software de gráficos con escalado automático— es un desastre. Algunas calculadoras graficadoras usan $[-10, 10]$ por $[-10, 10]$ como rectángulo de visión por defecto, por lo que se intenta así. Se obtiene la gráfica de la figura 7; es una gran mejora.

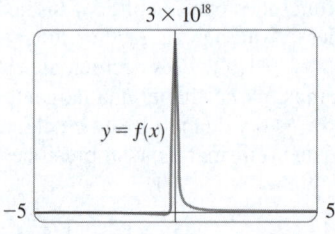

FIGURA 6

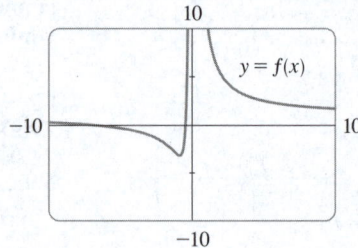

FIGURA 7

El eje y parece una asíntota vertical, y de hecho lo es porque

$$\lim_{x \to 0} \frac{x^2 + 7x + 3}{x^2} = \infty$$

En la figura 7 también se pueden estimar las intersecciones en x: alrededor de -0.5 y -6.5. Los valores exactos se obtienen mediante la fórmula cuadrática para resolver la ecuación $x^2 + 7x + 3 = 0$; se obtiene $x = \left(-7 \pm \sqrt{37}\right)/2$.

Para observar mejor las asíntotas horizontales, se cambia al rectángulo de visión $[-20, 20]$ por $[-5, 10]$ en la figura 8. Parece que $y = 1$ es la asíntota horizontal y esto se confirma fácilmente:

$$\lim_{x \to \pm\infty} \frac{x^2 + 7x + 3}{x^2} = \lim_{x \to \pm\infty} \left(1 + \frac{7}{x} + \frac{3}{x^2}\right) = 1$$

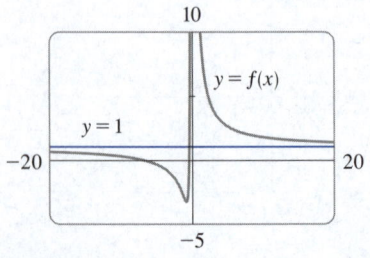

FIGURA 8

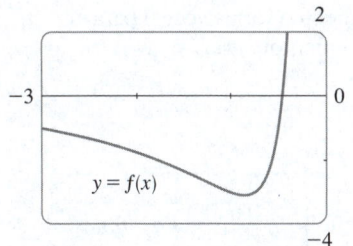

FIGURA 9

Para estimar el valor mínimo se hace un acercamiento al rectángulo de visión $[-3, 0]$ por $[-4, 2]$ en la figura 9. Se encuentra que el valor mínimo absoluto es alrededor de -3.1 cuando $x \approx -0.9$, y se observa que la función es decreciente en $(-\infty, -0.9)$ y $(0, \infty)$, y es creciente en $(-0.9, 0)$. Los valores exactos se obtienen por derivación:

$$f'(x) = -\frac{7}{x^2} - \frac{6}{x^3} = -\frac{7x + 6}{x^3}$$

Esto demuestra que $f'(x) > 0$ cuando $-\frac{6}{7} < x < 0$ y $f'(x) < 0$ cuando $x < -\frac{6}{7}$ y cuando $x > 0$. El valor mínimo exacto es $f\left(-\frac{6}{7}\right) = -\frac{37}{12} \approx -3.08$.

En la figura 9 también se muestra que un punto de inflexión ocurre en algún punto entre $x = -1$ y $x = -2$. Podría estimarse esto de manera mucho más precisa con la gráfica de la segunda derivada, pero en este caso es igual de sencillo hallar valores exactos. Como

$$f''(x) = \frac{14}{x^3} + \frac{18}{x^4} = \frac{2(7x + 9)}{x^4}$$

se ve que $f''(x) > 0$ cuando $x > -\frac{9}{7}$ $(x \neq 0)$ y $f''(x) < 0$ cuando $x < -\frac{9}{7}$. Por lo tanto, f es cóncava hacia arriba en $\left(-\frac{9}{7}, 0\right)$ y $(0, \infty)$ y cóncava hacia abajo en $\left(-\infty, -\frac{9}{7}\right)$. El punto de inflexión es $\left(-\frac{9}{7}, -\frac{71}{27}\right)$.

El análisis que utiliza las dos primeras derivadas muestra que la figura 8 presenta todos los aspectos principales de la curva.

EJEMPLO 3   Grafique la función $f(x) = \dfrac{x^2(x + 1)^3}{(x - 2)^2(x - 4)^4}$.

SOLUCIÓN   Con base en la experiencia con una función racional en el ejemplo 2, se comienza por graficar f en el rectángulo de visión $[-10, 10]$ por $[-10, 10]$. De la figura 10 se tiene la sensación de que será necesario un acercamiento para ver algunos detalles más finos y también un alejamiento para ver la imagen más grande. Pero, como guía para acercamientos inteligentes, primero se dará un vistazo de cerca a la expresión para $f(x)$. Por los factores $(x - 2)^2$ y $(x - 4)^4$ en el denominador, se espera que $x = 2$ y $x = 4$ sean las asíntotas verticales. De hecho,

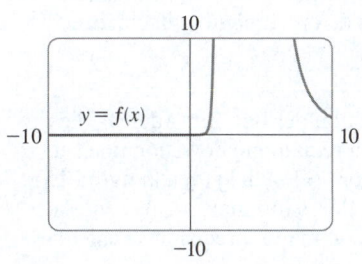

FIGURA 10

$$\lim_{x \to 2} \frac{x^2(x + 1)^3}{(x - 2)^2(x - 4)^4} = \infty \qquad y \qquad \lim_{x \to 4} \frac{x^2(x + 1)^3}{(x - 2)^2(x - 4)^4} = \infty$$

Para encontrar las asíntotas horizontales, se divide el numerador y el denominador entre x^6:

$$\frac{x^2(x + 1)^3}{(x - 2)^2(x - 4)^4} = \frac{\dfrac{x^2}{x^3} \cdot \dfrac{(x + 1)^3}{x^3}}{\dfrac{(x - 2)^2}{x^2} \cdot \dfrac{(x - 4)^4}{x^4}} = \frac{\dfrac{1}{x}\left(1 + \dfrac{1}{x}\right)^3}{\left(1 - \dfrac{2}{x}\right)^2\left(1 - \dfrac{4}{x}\right)^4}$$

Esto muestra que $f(x) \to 0$ conforme $x \to \pm\infty$, por lo que el eje x es una asíntota horizontal.

También es muy útil considerar el comportamiento de la gráfica cerca de las intersecciones en x mediante un análisis como el del ejemplo 2.6.12. Como x^2 es positiva, $f(x)$ no cambia de signo en 0 y por lo tanto su gráfica no cruza el eje x en 0. Pero, debido al factor $(x + 1)^3$, la gráfica sí cruza el eje x en -1 y tiene una tangente horizontal allí. Con toda esta información, pero sin usar derivadas, se ve que la curva tiene que parecerse a la de la figura 11.

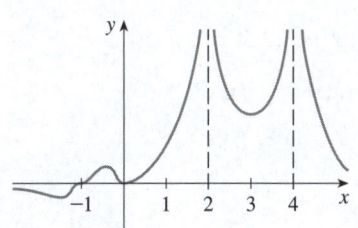

FIGURA 11

Ahora que se sabe qué buscar, se hace un acercamiento (varias veces) para producir las gráficas de las figuras 12 y 13, y un alejamiento (varias veces) para obtener la figura 14.

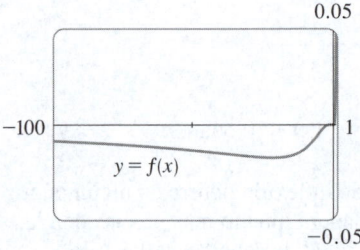

FIGURA 12

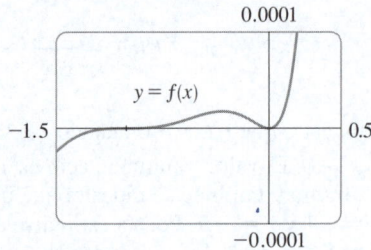

FIGURA 13

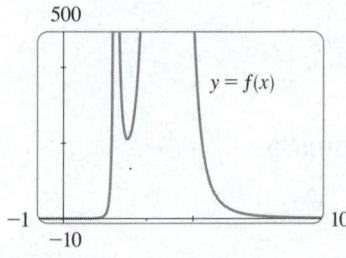

FIGURA 14

Se puede leer en estas gráficas que el mínimo absoluto es de más o menos -0.02 y se produce cuando $x \approx -20$. También hay un máximo local ≈ 0.00002 cuando $x \approx -0.3$ y un mínimo local ≈ 211 cuando $x \approx 2.5$. Estas gráficas también muestran tres puntos de inflexión cerca de -35, -5 y -1, y dos entre -1 y 0. Para estimar los puntos de inflexión de cerca se necesitaría graficar f'', pero calcular f'' manualmente no es una tarea razonable. Si tiene un sistema de álgebra computarizada, entonces es fácil de hacer (vea el ejercicio 15).

Se vio que, para esta función en particular, se necesitan *tres* gráficas (figuras 12, 13 y 14) para transmitir toda la información útil. La única manera de mostrar todas estas características de la función en una sola gráfica es trazarla a mano alzada. A pesar de las exageraciones y distorsiones, la figura 11 logra resumir la naturaleza de la función. ∎

EJEMPLO 4 Grafique la función $f(x) = \text{sen}(x + \text{sen } 2x)$. Para $0 \le x \le \pi$, estime todos los valores máximos y mínimos, los intervalos de crecimiento y decrecimiento, y los puntos de inflexión.

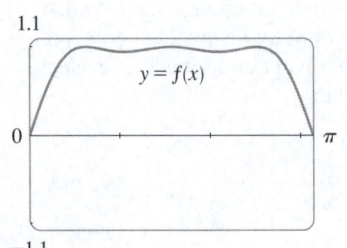

FIGURA 15

SOLUCIÓN Primero se debe notar que f es periódica con periodo 2π. Además, f es impar y $|f(x)| \le 1$ para toda x. Así, la elección de un rectángulo de visión no es un problema para esta función: se empieza con $[0, \pi]$ por $[-1.1, 1.1]$ (vea la figura 15). Parece que hay tres valores máximos locales y dos valores mínimos locales en esa ventana. Para confirmar estos valores y localizarlos con mayor precisión se calcula que

$$f'(x) = \cos(x + \text{sen } 2x) \cdot (1 + 2 \cos 2x)$$

y se grafica tanto f como f' en la figura 16.

Después de estimar los valores de las intersecciones en x de f' se aplica la prueba de la primera derivada para encontrar los siguientes valores aproximados:

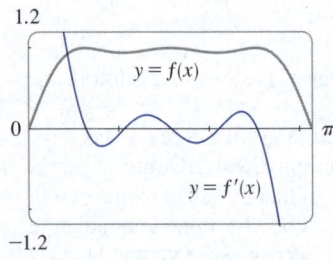

FIGURA 16

Intervalos de crecimiento:	$(0, 0.6)$, $(1.0, 1.6)$, $(2.1, 2.5)$
Intervalos de decrecimiento:	$(0.6, 1.0)$, $(1.6, 2.1)$, $(2.5, \pi)$
Valores máximos locales:	$f(0.6) \approx 1$, $f(1.6) \approx 1$, $f(2.5) \approx 1$
Valores mínimos locales:	$f(1.0) \approx 0.94$, $f(2.1) \approx 0.94$

La segunda derivada es

$$f''(x) = -(1 + 2 \cos 2x)^2 \text{ sen}(x + \text{sen } 2x) - 4 \text{ sen } 2x \cos(x + \text{sen } 2x)$$

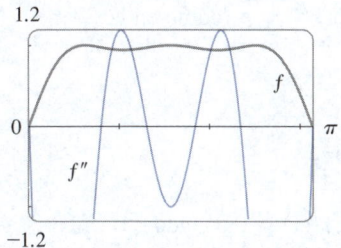

FIGURA 17

La familia de funciones

$$f(x) = \operatorname{sen}(x + \operatorname{sen} cx)$$

donde c es una constante, se produce en aplicaciones a la síntesis de frecuencia modulada (FM). Una onda senoidal es modulada por una onda con una frecuencia diferente (sen cx). El caso en que $c = 2$ se estudia en el ejemplo 4. En el ejercicio 27 se analiza otro caso especial.

Al graficar tanto f como f'' en la figura 17 se obtienen los siguientes valores aproximados:

Cóncava hacia arriba en: $(0.8, 1.3), \ (1.8, 2.3)$

Cóncava hacia abajo en: $(0, 0.8), \ (1.3, 1.8), \ (2.3, \pi)$

Puntos de inflexión: $(0, 0), \ (0.8, 0.97), \ (1.3, 0.97), \ (1.8, 0.97), \ (2.3, 0.97)$

Una vez comprobado que la figura 15 representa f con precisión para $0 \leqslant x \leqslant \pi$, se puede afirmar que la gráfica extendida de la figura 18 representa f con precisión para $-2\pi \leqslant x \leqslant 2\pi$.

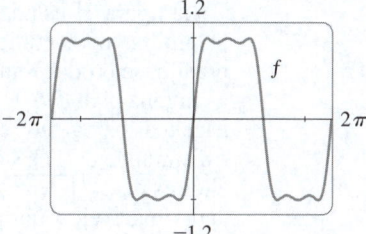

FIGURA 18   ■

El último ejemplo se refiere a las *familias* de funciones. Esto significa que las funciones de la familia se relacionan entre sí por una fórmula que contiene una o más constantes arbitrarias. Cada valor de la constante da lugar a un miembro de la familia y la idea es observar cómo cambia la gráfica de la función a medida que cambia la constante.

EJEMPLO 5 ¿Cómo varía la gráfica de $f(x) = 1/(x^2 + 2x + c)$ conforme varía c?

SOLUCIÓN Las gráficas de las figuras 19 y 20 (los casos especiales $c = 2$ y $c = -2$) muestran dos curvas de aspecto muy diferente.

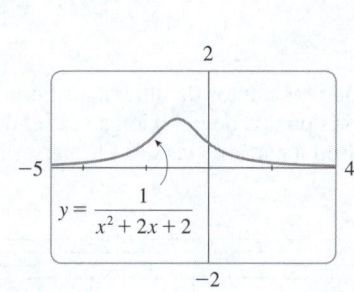

FIGURA 19
$c = 2$

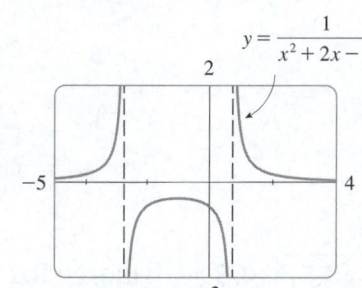

FIGURA 20
$c = -2$

Antes de trazar más gráficas, se verá qué tienen los miembros de esta familia en común. Puesto que

$$\lim_{x \to \pm\infty} \frac{1}{x^2 + 2x + c} = 0$$

para cualquier valor de c, todos tienen el eje x como asíntota horizontal. Una asíntota vertical se presentará cuando $x^2 + 2x + c = 0$. Al resolver esta ecuación cuadrática se obtiene $x = -1 \pm \sqrt{1 - c}$. Cuando $c > 1$, no hay asíntota vertical (como en la figura 19). Cuando $c = 1$, la gráfica tiene una sola asíntota vertical $x = -1$ porque

$$\lim_{x \to -1} \frac{1}{x^2 + 2x + 1} = \lim_{x \to -1} \frac{1}{(x + 1)^2} = \infty$$

Cuando $c < 1$, hay dos asíntotas verticales: $x = -1 \pm \sqrt{1 - c}$ (como en la figura 20).

Ahora se calcula la derivada:

$$f'(x) = -\frac{2x + 2}{(x^2 + 2x + c)^2}$$

Esto muestra que $f'(x) = 0$ cuando $x = -1$ (si $c \neq 1$), $f'(x) > 0$ cuando $x < -1$ y $f'(x) < 0$ cuando $x > -1$. Para $c \geq 1$, esto significa que f es creciente en $(-\infty, -1)$ y es decreciente en $(-1, \infty)$. Para $c > 1$, hay un valor máximo absoluto $f(-1) = 1/(c - 1)$. Para $c < 1$, $f(-1) = 1/(c - 1)$ es un valor máximo local y los intervalos de crecimiento y decrecimiento se interrumpen en las asíntotas verticales.

La figura 21 es una "presentación de diapositivas" que muestra cinco miembros de la familia, todos graficados en el rectángulo de visión $[-5, 4]$ por $[-2, 2]$. Como se predijo, se produce una transición de dos asíntotas verticales a una para $c = 1$, y luego a ninguna para $c > 1$. A medida que c aumenta de 1, se ve que el punto máximo se hace más bajo; esto se explica porque $1/(c - 1) \rightarrow 0$ conforme $c \rightarrow \infty$. A medida que c disminuye de 1, las asíntotas verticales se separan más porque la distancia entre ellos es de $2\sqrt{1 - c}$, que aumenta conforme $c \rightarrow -\infty$. De nuevo, el punto máximo se aproxima al eje x porque $1/(c - 1) \rightarrow 0$ cuando $c \rightarrow -\infty$.

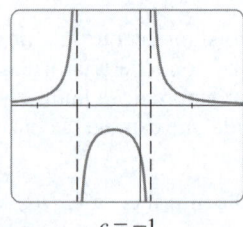 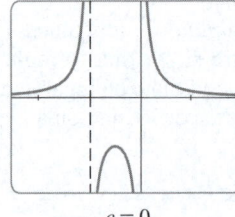 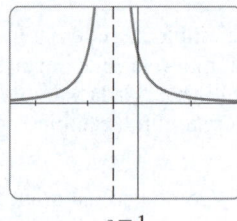 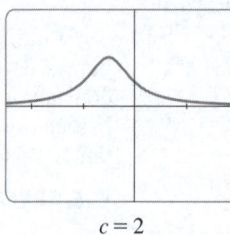 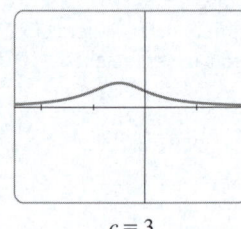

$c = -1$	$c = 0$	$c = 1$	$c = 2$	$c = 3$

FIGURA 21
La familia de funciones
$f(x) = 1/(x^2 + 2x + c)$

Claramente no hay punto de inflexión cuando $c \leq 1$. Para $c > 1$ se calcula que

$$f''(x) = \frac{2(3x^2 + 6x + 4 - c)}{(x^2 + 2x + c)^3}$$

y se deduce que los puntos de inflexión se producen cuando $x = -1 \pm \sqrt{3(c - 1)}/3$. Por lo tanto, los puntos de inflexión se extienden más a medida que c aumenta y esto parece verosímil a partir de las dos últimas gráficas de la figura 21. ∎

4.6 | ⊞ Ejercicios

1-8 Trace gráficas de f que revelen todos los aspectos importantes de cada curva. En particular, se deben usar gráficas de f' y f'' para estimar los intervalos de crecimiento y decrecimiento, los valores extremos, los intervalos de concavidad y los puntos de inflexión.

1. $f(x) = x^5 - 5x^4 - x^3 + 28x^2 - 2x$

2. $f(x) = -2x^6 + 5x^5 + 140x^3 - 110x^2$

3. $f(x) = x^6 - 5x^5 + 25x^3 - 6x^2 - 48x$

4. $f(x) = \dfrac{x^4 - x^3 - 8}{x^2 - x - 6}$

5. $f(x) = \dfrac{x}{x^3 + x^2 + 1}$

6. $f(x) = 6 \operatorname{sen} x - x^2, \quad -5 \leq x \leq 3$

7. $f(x) = 6 \operatorname{sen} x + \cot x, \quad -\pi \leq x \leq \pi$

8. $f(x) = e^x - 0.186x^4$

9-10 Cree gráficas de f que revelen todos los aspectos importantes de la curva. Estime los intervalos de crecimiento y decrecimiento y los intervalos de concavidad, y use el cálculo para encontrar estos intervalos con precisión.

9. $f(x) = 1 + \dfrac{1}{x} + \dfrac{8}{x^2} + \dfrac{1}{x^3}$

10. $f(x) = \dfrac{1}{x^8} - \dfrac{2 \times 10^8}{x^4}$

11-12

(a) Grafique la función.

(b) Utilice la regla de L'Hôpital para explicar el comportamiento conforme $x \to 0$.

(c) Estime el valor mínimo e intervalos de concavidad. Luego use el cálculo para encontrar los valores exactos.

11. $f(x) = x^2 \ln x$ **12.** $f(x) = xe^{1/x}$

13-14 Trace la gráfica a mano alzada con asíntotas e intersecciones, pero no derivadas. Luego use su boceto como guía para crear gráficas con una calculadora o computadora que muestren las principales características de la curva. Utilice estas gráficas para estimar los valores máximos y mínimos.

13. $f(x) = \dfrac{(x + 4)(x - 3)^2}{x^4(x - 1)}$ **14.** $f(x) = \dfrac{(2x + 3)^2(x - 2)^5}{x^3(x - 5)^2}$

T **15.** Para la función f del ejemplo 3, utilice un sistema de álgebra computarizada para calcular f' y luego grafíquelo para confirmar que todos los valores máximos y mínimos son los que se dan en el ejemplo. Calcule f'' y utilícelo para estimar los intervalos de concavidad y los puntos de inflexión.

T **16.** Para la función f del ejercicio 14, utilice un sistema de álgebra computarizado para encontrar f' y f'' y utilice sus gráficas para estimar los intervalos de crecimiento y decrecimiento, y la concavidad de f.

T **17-22** Utilice un sistema de álgebra computarizada para graficar f y encontrar f' y f''. Utilice gráficas de estas derivadas para estimar los intervalos de crecimiento y decrecimiento, los valores extremos, intervalos de concavidad y puntos de inflexión de f.

17. $f(x) = \dfrac{x^3 + 5x^2 + 1}{x^4 + x^3 - x^2 + 2}$

18. $f(x) = \dfrac{x^{2/3}}{1 + x + x^4}$

19. $f(x) = \sqrt{x + 5 \operatorname{sen} x}, \quad x \leq 20$

20. $f(x) = x - \tan^{-1}(x^2)$

21. $f(x) = \dfrac{1 - e^{1/x}}{1 + e^{1/x}}$

22. $f(x) = \dfrac{3}{3 + 2 \operatorname{sen} x}$

23-24 Grafique la función con tantos rectángulos de visión como necesite para visualizar la verdadera naturaleza de la función.

23. $f(x) = \dfrac{1 - \cos(x^4)}{x^8}$ **24.** $f(x) = e^x + \ln|x - 4|$

25-26

(a) Grafique la función.

(b) Explique la forma de la gráfica calculando el límite conforme $x \to 0^+$ o $x \to \infty$.

(c) Estime los valores máximos y mínimos y luego encuentre los valores exactos mediante cálculo.

T (d) Utilice un sistema de álgebra computarizada para calcular f''. Luego utilice una gráfica de f'' para estimar las coordenadas x de los puntos de inflexión.

25. $f(x) = x^{1/x}$ **26.** $f(x) = (\operatorname{sen} x)^{\operatorname{sen} x}$

27. En el ejemplo 4 se consideró un miembro de la familia de funciones $f(x) = \operatorname{sen}(x + \operatorname{sen} cx)$ que se producen en la síntesis de FM. Aquí se investiga la función con $c = 3$. Empiece por graficar f en el rectángulo de visión $[0, \pi]$ por $[-1.2, 1.2]$. ¿Cuántos puntos máximos locales se ven? La gráfica tiene más de lo que se aprecia a simple vista. Para descubrir los puntos máximos y mínimos ocultos tendrá que examinar la gráfica de f' con mucho detenimiento. De hecho, es útil mirar la gráfica de f'' al mismo tiempo. Encuentre todos los valores máximos y mínimos, y puntos de inflexión. Luego grafique f en el rectángulo de visión $[-2\pi, 2\pi]$ por $[-1.2, 1.2]$ y comente sobre la simetría.

28-35 Describa cómo varía la gráfica de f a medida que varía c. Grafique varios miembros de la familia para ilustrar las tendencias que se descubren. En particular, investigue cómo se mueven los puntos máximos y mínimos y los puntos de inflexión cuando cambia c. También debe identificar cualquier valor de transición de c en el que cambie la forma básica de la curva.

28. $f(x) = x^3 + cx$

29. $f(x) = x^2 + 6x + c/x$ (tridente de Newton)

30. $f(x) = x\sqrt{c^2 - x^2}$ **31.** $f(x) = e^x + ce^{-x}$

32. $f(x) = \ln(x^2 + c)$ **33.** $f(x) = \dfrac{cx}{1 + c^2x^2}$

34. $f(x) = \dfrac{\operatorname{sen} x}{c + \cos x}$ **35.** $f(x) = cx + \operatorname{sen} x$

36. La familia de funciones $f(t) = C(e^{-at} - e^{-bt})$, donde a, b y C son números positivos y $b > a$, se utiliza para modelar la concentración de un medicamento inyectado en la sangre en el tiempo $t = 0$. Grafique varios miembros de esta familia. ¿Qué tienen en común? Para valores fijos de C y a, descubra gráficamente lo que sucede a medida que b aumenta. Luego use cálculo para demostrar su descubrimiento.

37. Investigue la familia de curvas dadas por $f(x) = xe^{-cx}$, donde c es un número real. Comience por calcular los límites conforme $x \to \pm\infty$. Identifique cualquier valor de transición de c donde cambie la forma básica. ¿Qué sucede con los puntos máximos o mínimos y los puntos de inflexión cuando cambia c? Ilústrelo graficando varios miembros de la familia.

38. En la figura se muestran gráficas (en color azul) de varios miembros de la familia de polinomios $f(x) = cx^4 - 4x^2 + 1$.

(a) ¿Para qué valores de c tiene la curva puntos mínimos?

(b) Demuestre que los puntos mínimo y máximo de cada curva de la familia se encuentran en la parábola $y = -2x^2 + 1$ (en color gris).

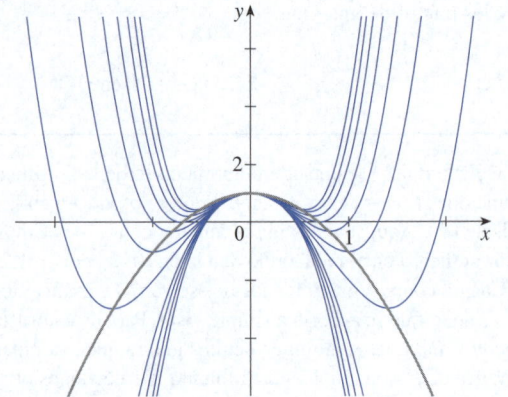

39. Investigue la familia de curvas que da la ecuación $f(x) = x^4 + cx^2 + x$. Empiece por determinar el valor de transición de c en el que cambia el número de puntos de inflexión. Luego grafique varios miembros de la familia para ver qué formas son posibles. Hay otro valor de transición de c en el que cambia la cantidad de números críticos. Intente descubrirlo gráficamente. Luego demuestre sus hallazgos.

40. (a) Investigue la familia de polinomios dada por la ecuación

$$f(x) = 2x^3 + cx^2 + 2x$$

¿Para qué valores de c tiene la curva puntos máximos y mínimos?

(b) Demuestre que los puntos mínimos y máximos de cada curva de la familia se encuentran sobre la curva $y = x - x^3$. Ilústrelo mediante una gráfica de esta curva y de varios miembros de la familia.

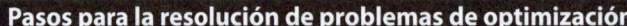

4.7 | Problemas de optimización

Los métodos aprendidos en este capítulo para encontrar los valores extremos tienen aplicaciones prácticas en muchas áreas de la vida: un comerciante quiere reducir costos y maximizar beneficios. Un viajero quiere disminuir el tiempo de traslado. El principio de Fermat en la óptica establece que la luz sigue el camino que requiere menos tiempo. En esta sección se resuelven problemas como maximizar áreas, volúmenes y beneficios y reducir distancias, tiempos y costos.

En la resolución de esos problemas prácticos, el mayor desafío suele ser convertir el problema de la palabra en un problema de optimización matemática, estableciendo la función que debe maximizarse o reducirse. Recuerde los principios de resolución de problemas analizados en los "Principios para la resolución de problemas" después del capítulo 1 y adáptelos a esta situación:

RP

Pasos para la resolución de problemas de optimización

1. **Comprenda el problema** El primer paso es leer el problema cuidadosamente hasta entenderlo con claridad. Pregúntese: ¿qué es lo desconocido? ¿Cuáles son las cantidades dadas? ¿Cuáles son las condiciones?

2. **Trace un diagrama** Para la mayoría de los problemas es útil trazar un diagrama para identificar las cantidades dadas y requeridas en el diagrama.

3. **Introduzca la notación** Asigne un símbolo a la cantidad que debe maximizarse o disminuir (se llama Q por ahora). También seleccione símbolos (a, b, c, . . . , x, y) para otras cantidades desconocidas y marque el diagrama con estos símbolos. Puede ayudar el uso de iniciales como símbolos sugerentes, por ejemplo, A para área, h para altura, t para tiempo.

4. Exprese Q en términos de algunos de los otros símbolos del paso 3.

5. Si Q se expresa como una función de más de una variable en el paso 4, utilice la información dada para encontrar relaciones (en forma de ecuaciones) entre estas variables. Entonces use estas ecuaciones para eliminar todas las variables excepto una de las de la expresión para Q. Así Q se expresará como función de una variable x, digamos, $Q = f(x)$. Escriba el dominio de esta función en el contexto dado.

6. Utilice los métodos de las secciones 4.1 y 4.3 para encontrar el valor máximo o mínimo *absoluto* de f. En particular, si el dominio de f es un intervalo cerrado, entonces puede utilizarse el método del intervalo cerrado de la sección 4.1.

EJEMPLO 1 Un granjero tiene 1 200 m de cercado y quiere cercar un campo rectangular que bordea un río recto. No necesita una cerca a lo largo del río. ¿Cuáles son las dimensiones del campo que tiene la mayor área?

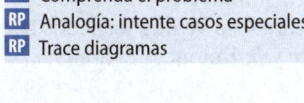

RP Comprenda el problema
RP Analogía: intente casos especiales
RP Trace diagramas

SOLUCIÓN Para tener una idea de lo que pasa en este problema, se experimenta con algunos casos específicos. En la figura 1 (no a escala) se muestran tres posibles formas de disponer los 1 200 metros de cercado.

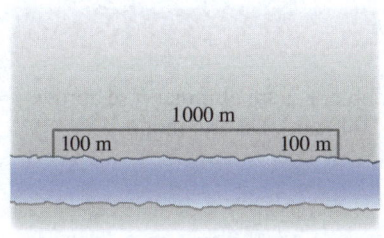

Área = 100 · 1000 = 100 000 m²

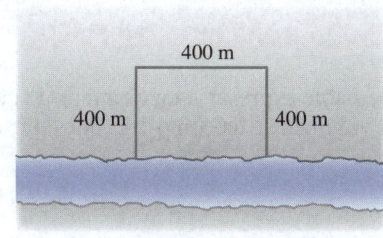

Área = 400 · 400 = 160 000 m²

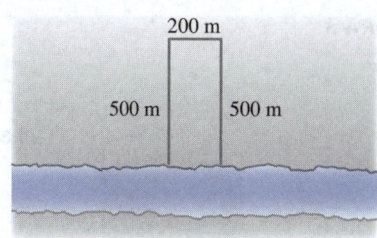

Área = 500 · 200 = 100 000 m²

FIGURA 1

Se observa que cuando se intenta con campos poco profundos y anchos o campos profundos y estrechos se obtienen áreas relativamente pequeñas. Parece verosímil alguna configuración intermedia que produzca el área más grande.

En la figura 2 se ilustra el caso general. Se desea maximizar el área A del rectángulo. Sean x y y la profundidad y el ancho del rectángulo (en metros). Luego se expresa A en términos de x y y:

$$A = xy$$

RP Introduzca la notación

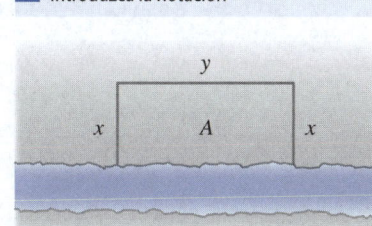

FIGURA 2

Se quiere expresar A como función de una sola variable, por lo que se elimina y expresándola en términos de x. Para ello se utiliza la información dada de que la longitud total de la cerca es de 1 200 m. Por lo tanto,

$$2x + y = 1\,200$$

Esta ecuación proporciona $y = 1\,200 - 2x$, lo que da

$$A = xy = x(1\,200 - 2x) = 1\,200x - 2x^2$$

Observe que lo más grande que puede ser x es 600 (esto usa toda la cerca para la profundidad y ninguna para el ancho) y x no puede ser negativa, así que la función que se desea maximizar es

$$A(x) = 1\,200x - 2x^2 \qquad 0 \leqslant x \leqslant 600$$

La derivada es $A'(x) = 1\,200 - 4x$, así que para encontrar los números críticos se resuelve la ecuación

$$1\,200 - 4x = 0$$

lo que da $x = 300$. El valor máximo de A debe producirse en este número crítico o en un punto frontera del intervalo. Como $A(0) = 0$, $A(300) = 180\,000$ y $A(600) = 0$, el método del intervalo cerrado arroja el valor máximo como $A(300) = 180\,000$.

[Alternativamente se podría haber observado que $A''(x) = -4 < 0$ para toda x, así que A es siempre cóncava hacia abajo, y el máximo local en $x = 300$ debe ser un máximo absoluto].

El valor y correspondiente es $y = 1\,200 - 2(300) = 600$, por lo que el campo rectangular debe ser de 300 m de profundidad y 600 m de ancho. ∎

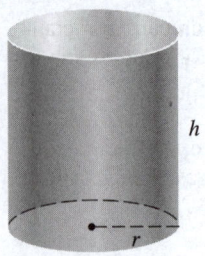

FIGURA 3

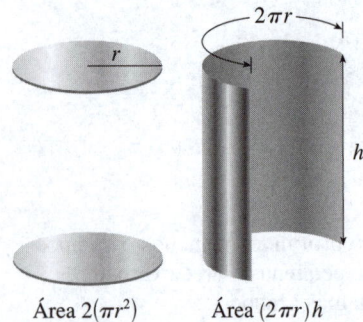

Área $2(\pi r^2)$ Área $(2\pi r)h$

FIGURA 4

EJEMPLO 2 Se ha de fabricar una lata cilíndrica para contener 1 L de aceite. Encuentre las dimensiones que reduzcan al mínimo el costo del metal para hacerlo.

SOLUCIÓN Trace un diagrama como en la figura 3, donde r es el radio y h la altura (ambos en centímetros). Para reducir el costo del metal se disminuye el área superficial total del cilindro (arriba, abajo y a los lados). En la figura 4 se ve que los lados se hacen con una lámina rectangular con las dimensiones $2\pi r$ y h. Entonces el área superficial es

$$A = 2\pi r^2 + 2\pi rh$$

Sería deseable expresar A en términos de una variable, r. Para eliminar h se aprovecha que el volumen se da como 1 L, que equivale a 1 000 cm³. De este modo,

$$\pi r^2 h = 1\,000$$

lo que da $h = 1\,000/(\pi r^2)$. La sustitución de esto en la expresión para A resulta en

$$A = 2\pi r^2 + 2\pi r\left(\frac{1\,000}{\pi r^2}\right) = 2\pi r^2 + \frac{2\,000}{r}$$

Se sabe que r debe ser positiva, y no hay limitaciones en cuanto a lo grande que puede ser r. Por lo tanto, la función que se desea reducir al mínimo es

$$A(r) = 2\pi r^2 + \frac{2000}{r} \qquad r > 0$$

Para encontrar los números críticos se deriva:

$$A'(r) = 4\pi r - \frac{2000}{r^2} = \frac{4(\pi r^3 - 500)}{r^2}$$

Entonces $A'(r) = 0$ cuando $\pi r^3 = 500$, así que el único número crítico es $r = \sqrt[3]{500/\pi}$.

Como el dominio de A es $(0, \infty)$, no se puede usar el argumento del ejemplo 1 relativo a los puntos finales. Pero se puede observar que $A'(r) < 0$ para $r < \sqrt[3]{500/\pi}$ y $A'(r) > 0$ para $r > \sqrt[3]{500/\pi}$, por lo que A es decreciente para *toda* r a la izquierda del número crítico y es creciente para *toda* r a la derecha. Por lo tanto, $r = \sqrt[3]{500/\pi}$ debe dar lugar a un mínimo *absoluto*.

[Alternativamente, se podría argumentar que $A(r) \to \infty$ a medida que $r \to 0^+$ y $A(r) \to \infty$ conforme $r \to \infty$, por lo que debe haber un valor mínimo de $A(r)$, que debe producirse en el número crítico. Vea la figura 5].

El valor de h que corresponde a $r = \sqrt[3]{500/\pi}$ es

$$h = \frac{1\,000}{\pi r^2} = \frac{1\,000}{\pi (500/\pi)^{2/3}} = 2\sqrt[3]{\frac{500}{\pi}} = 2r$$

Entonces, para reducir al mínimo el costo de la lata, el radio debe ser de $\sqrt[3]{500/\pi}$ cm y la altura debe ser igual al doble del radio, es decir, el diámetro. ■

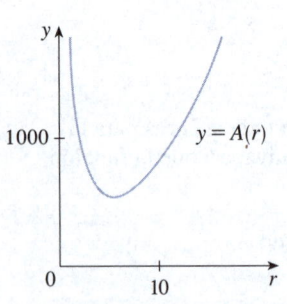

FIGURA 5

En el "Proyecto de aplicación" que sigue a esta sección se investiga la forma más económica de una lata teniendo en cuenta otros costos de manufactura.

NOTA 1 El argumento del ejemplo 2 para justificar el mínimo absoluto es una variante de la prueba de la primera derivada (que se aplica solo a los valores máximos o mínimos *locales*) y se enuncia aquí para referencia futura.

> **Prueba de la primera derivada para valores extremos absolutos** Suponga
> que c es un número crítico de una función continua f definida en un intervalo.
> (a) Si $f'(x) > 0$ para toda $x < c$ y $f'(x) < 0$ para toda $x > c$, entonces $f(c)$ es el
>   valor máximo absoluto de f.
> (b) Si $f'(x) < 0$ para toda $x < c$ y $f'(x) > 0$ para toda $x > c$, entonces $f(c)$ es el
>   valor mínimo absoluto de f.

NOTA 2 Otro método para resolver problemas de optimización es la derivación
implícita. Vale la pena revisar el ejemplo 2 para ilustrar el método. Se trabaja con las
mismas ecuaciones

$$A = 2\pi r^2 + 2\pi rh \qquad \pi r^2 h = 1000$$

pero en lugar de eliminar h, se derivan ambas ecuaciones de manera implícita respecto
a r (tratando tanto A como h como funciones de r):

$$A' = 4\pi r + 2\pi rh' + 2\pi h \qquad \pi r^2 h' + 2\pi rh = 0$$

El mínimo se produce en un número crítico, así que se establece $A' = 0$, se simplifica
y se llega a las ecuaciones

$$2r + rh' + h = 0 \qquad rh' + 2h = 0$$

y la sustracción da $2r - h = 0$, o $h = 2r$.

EJEMPLO 3 Halle el punto de la parábola $y^2 = 2x$ que esté más cerca del punto $(1, 4)$.

SOLUCIÓN La distancia entre el punto $(1, 4)$ y el punto (x, y) es

$$d = \sqrt{(x - 1)^2 + (y - 4)^2}$$

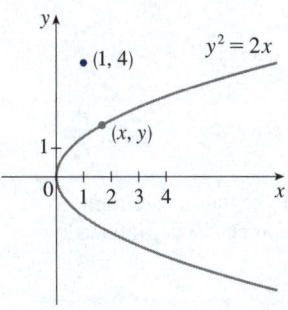

FIGURA 6

(Vea la figura 6). Pero si (x, y) se encuentra en la parábola, entonces $x = \frac{1}{2}y^2$, por lo
que la expresión para d se convierte en

$$d = \sqrt{\left(\tfrac{1}{2}y^2 - 1\right)^2 + (y - 4)^2}$$

(Alternativamente se podría haber sustituido $y = \sqrt{2x}$ para obtener d en términos de
x solamente).

En lugar de reducir al mínimo d, se reduce al mínimo su cuadrado:

$$d^2 = f(y) = \left(\tfrac{1}{2}y^2 - 1\right)^2 + (y - 4)^2$$

(Debe convencerse de que el mínimo de d se produce en el mismo punto que el
mínimo de d^2, pero es más fácil trabajar con d^2). Tenga en cuenta que no hay ninguna
restricción en y, por lo que el dominio se compone de todos los números reales. Al
derivar se obtiene

$$f'(y) = 2\left(\tfrac{1}{2}y^2 - 1\right)y + 2(y - 4) = y^3 - 8$$

por lo que $f'(y) = 0$ cuando $y = 2$. Observe que $f'(y) < 0$ cuando $y < 2$ y $f'(y) > 0$
cuando $y > 2$, así que, según la prueba de la primera derivada para valores extremos
absolutos, el mínimo absoluto se produce cuando $y = 2$. (O podría decirse
simplemente que debido a la naturaleza geométrica del problema, es evidente que hay
un punto más cercano pero no un punto más lejano). El valor correspondiente de x es
$x = \frac{1}{2}y^2 = 2$. Por lo tanto, el punto en $y^2 = 2x$ más cercano a $(1, 4)$ es $(2, 2)$. [La
distancia entre los puntos es $d = \sqrt{f(2)} = \sqrt{5}$]. ∎

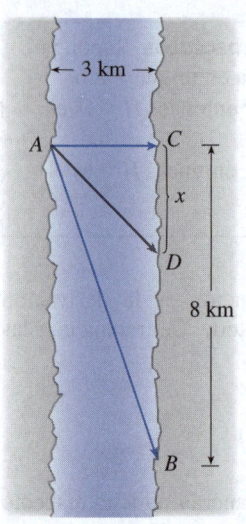

FIGURA 7

EJEMPLO 4 Una mujer lanza su lancha desde el punto A en la orilla de un río recto, de 3 km de ancho, y quiere llegar al punto B, 8 km río abajo en la orilla opuesta, lo más rápido posible (vea la figura 7). Podría remar su lancha directamente a través del río para el punto C y luego correr a B, o podría remar directamente a B, o podría remar a algún punto D entre C y B y luego correr a B. Si puede remar a 6 km/h y correr a 8 km/h, ¿dónde debe aterrizar para llegar a B lo antes posible? (Suponga que la rapidez del agua es insignificante comparada con la rapidez a la que la mujer rema).

SOLUCIÓN Si x es la distancia de C a D, entonces la distancia de corrida es $|DB| = 8 - x$ y el teorema de Pitágoras da la distancia de remado como $|AD| = \sqrt{x^2 + 9}$. Se usa la ecuación

$$\text{tiempo} = \frac{\text{distancia}}{\text{rapidez}}$$

Entonces el tiempo de remado es $\sqrt{x^2 + 9}/6$ y el tiempo de correr es $(8 - x)/8$, así que el tiempo total T como función de x es

$$T(x) = \frac{\sqrt{x^2 + 9}}{6} + \frac{8 - x}{8}$$

El dominio de esta función T es $[0, 8]$. Observe que si $x = 0$, ella se dirige a C y si $x = 8$, se dirige directamente a B. La derivada de T es

$$T'(x) = \frac{x}{6\sqrt{x^2 + 9}} - \frac{1}{8}$$

Por lo tanto, en vista de que $x \geq 0$, se tiene

$$T'(x) = 0 \iff \frac{x}{6\sqrt{x^2 + 9}} = \frac{1}{8} \iff 4x = 3\sqrt{x^2 + 9}$$

$$\iff 16x^2 = 9(x^2 + 9) \iff 7x^2 = 81 \iff x = \frac{9}{\sqrt{7}}$$

El único número crítico es $x = 9/\sqrt{7}$. Para ver si el mínimo se da en este número crítico o en un punto frontera del dominio $[0, 8]$, se sigue el método del intervalo cerrado, evaluando T en los tres puntos:

$$T(0) = 1.5 \qquad T\left(\frac{9}{\sqrt{7}}\right) = 1 + \frac{\sqrt{7}}{8} \approx 1.33 \qquad T(8) = \frac{\sqrt{73}}{6} \approx 1.42$$

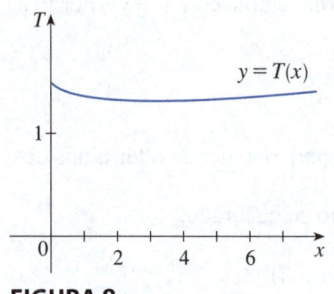

FIGURA 8

Como el más pequeño de estos valores de T se produce cuando $x = 9/\sqrt{7}$, el valor mínimo absoluto de T debe producirse allí. En la figura 8 se ilustra este cálculo mostrando la gráfica de T.

Por lo tanto, la mujer debe tomar tierra en un punto a $9/\sqrt{7}$ km (≈ 3.4 km) río abajo de su punto de partida. ∎

EJEMPLO 5 Halle el área del rectángulo más grande que se pueda inscribir en un semicírculo de radio r.

SOLUCIÓN 1 Se toma el semicírculo como la mitad superior del círculo $x^2 + y^2 = r^2$ con el centro como origen. Entonces la palabra *inscrita* significa que el rectángulo tiene dos vértices en el semicírculo y dos vértices en el eje x, como se muestra en la figura 9.

Sea (x, y) el vértice que se encuentra en el primer cuadrante. Entonces el rectángulo tiene lados de longitudes $2x$ y y, por lo que su área es

$$A = 2xy$$

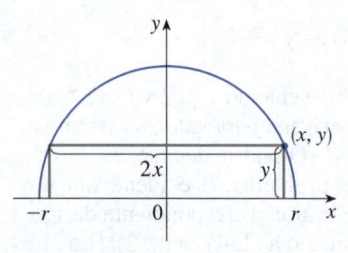

FIGURA 9

Para eliminar y se aprovecha que (x, y) se ubica en el círculo $x^2 + y^2 = r^2$ y, por lo tanto, $y = \sqrt{r^2 - x^2}$. De esta manera

$$A = 2x\sqrt{r^2 - x^2}$$

El dominio de esta función es $0 \leqslant x \leqslant r$. Su derivada es

$$A' = 2\sqrt{r^2 - x^2} - \frac{2x^2}{\sqrt{r^2 - x^2}} = \frac{2(r^2 - 2x^2)}{\sqrt{r^2 - x^2}}$$

que es 0 cuando $2x^2 = r^2$, es decir, $x = r/\sqrt{2}$ (ya que $x \geqslant 0$). Este valor de x da un valor máximo de A porque $A(0) = 0$ y $A(r) = 0$. Por lo tanto, el área del mayor rectángulo inscrito es

$$A\left(\frac{r}{\sqrt{2}}\right) = 2\,\frac{r}{\sqrt{2}}\sqrt{r^2 - \frac{r^2}{2}} = r^2$$

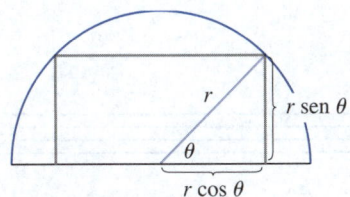

FIGURA 10

SOLUCIÓN 2 Una solución más simple es posible si se piensa en un ángulo como variable. Sea θ el ángulo que se muestra en la figura 10. Entonces el área del rectángulo es

$$A(\theta) = (2r\cos\theta)(r\,\text{sen}\,\theta) = r^2(2\,\text{sen}\,\theta\cos\theta) = r^2\,\text{sen}\,2\theta$$

Se sabe que sen 2θ tiene un valor máximo de 1 y aparece cuando $2\theta = \pi/2$. De este modo $A(\theta)$ tiene un valor máximo de r^2 y se produce cuando $\theta = \pi/4$.

Observe que esta solución trigonométrica no conlleva derivación. De hecho, no se tuvo que usar el cálculo en absoluto. ∎

■ Aplicaciones en los negocios y economía

En la sección 3.7 se presentó la idea del costo marginal. Recuerde que si $C(x)$, la **función de costo** es el costo de producir x unidades de un determinado producto, entonces el **costo marginal** es la razón de cambio de C respecto a x. En otras palabras, la función del costo marginal es la derivada, $C'(x)$, de la función de costo.

Ahora considere la mercadotecnia. Sea $p(x)$ el precio por unidad que la compañía puede cobrar si vende x unidades. Entonces p se llama **función de demanda** (o **función de precio**) y se esperaría que fuese una función decreciente de x. (Más unidades vendidas corresponden a un precio más bajo). Si se venden x unidades y el precio por unidad es $p(x)$, entonces el ingreso total es

$$R(x) = \text{cantidad} \times \text{precio} = xp(x)$$

y R se llama **función de ingresos**. La derivada R' de la función de ingresos se denomina **función de ingresos marginales** y es la razón de cambio de ingresos respecto al número de unidades vendidas.

Si se venden x unidades, entonces la ganancia total es

$$P(x) = R(x) - C(x)$$

y P se llama **función de beneficio**. La **función de beneficio marginal** es P', la derivada de la función de beneficio. En los ejercicios 65-69 se le pide utilizar las funciones de costo marginal, ingresos y ganancias para reducir al mínimo los costos y maximizar ingresos y ganancias.

EJEMPLO 6 Una tienda vende 200 televisores a la semana a \$350 cada uno. Un estudio de mercado indica que por cada \$10 de descuento ofrecido a los compradores, el número de monitores vendidos aumentará 20 por semana. Encuentre la función de demanda y la función de ingresos. ¿Cuál debe ser la rebaja que la tienda tendría que ofrecer para maximizar los ingresos?

SOLUCIÓN Si x es el número de televisores vendidos por semana, entonces el aumento semanal de las ventas es $x - 200$. Por cada incremento de 20 unidades vendidas, el precio se reduce $10. Por lo tanto, por cada unidad adicional vendida, la disminución del precio será de $\frac{1}{20} \times 10$ y la función de demanda es

$$p(x) = 350 - \tfrac{10}{20}(x - 200) = 450 - \tfrac{1}{2}x$$

La función de ingresos es

$$R(x) = xp(x) = 450x - \tfrac{1}{2}x^2$$

Puesto que $R'(x) = 450 - x$, se ve que $R'(x) = 0$ cuando $x = 450$. Este valor de x da un máximo absoluto por la prueba de la primera derivada (o simplemente al observar que la gráfica de R es una parábola que se abre hacia abajo). El precio correspondiente es

$$p(450) = 450 - \tfrac{1}{2}(450) = 225$$

y la rebaja es de $350 - 225 = 125$. Por lo tanto, para maximizar los ingresos, la tienda debe ofrecer una rebaja de $125. ∎

4.7 | Ejercicios

1. Considere el siguiente problema: halle dos números cuya suma sea 23 y cuyo producto sea un máximo.
  (a) Cree una tabla de valores, como la que se muestra a continuación, tal que la suma de los números de las dos primeras columnas sea siempre 23. A partir de las pruebas de su tabla, estime la respuesta al problema.
  (b) Use el cálculo para resolver el problema y compárelo con su respuesta al inciso (a).

Primer número	Segundo número	Producto
1	22	22
2	21	42
3	20	60
.	.	.
.	.	.
.	.	.

2. Encuentre dos números cuya diferencia sea 100 y cuyo producto sea un mínimo.

3. Halle dos números positivos cuyo producto sea 100 y cuya suma sea un mínimo.

4. La suma de dos números positivos es 16. ¿Cuál es el menor valor posible de la suma de sus cuadrados?

5. ¿Cuál es la máxima distancia vertical entre la recta $y = x + 2$ y la parábola $y = x^2$ para $-1 \le x \le 2$?

6. ¿Cuál es la mínima distancia vertical entre las parábolas $y = x^2 + 1$ y $y = x - x^2$?

7. Determine las dimensiones de un rectángulo con un perímetro de 100 m cuya área sea lo más grande posible.

8. Halle las dimensiones de un rectángulo con un área de $1\,000$ m^2 cuyo perímetro sea lo más pequeño posible.

9. Un modelo utilizado para el rendimiento Y de un cultivo agrario en función del nivel de nitrógeno N en el suelo (medido en unidades apropiadas) es

$$Y = \frac{kN}{1 + N^2}$$

donde k es una constante positiva. ¿Qué nivel de nitrógeno da el mejor rendimiento?

10. La rapidez (en mg carbono/m^3/h) a la que se produce la fotosíntesis de una especie de fitoplancton es modelado a la función

$$P = \frac{100I}{I^2 + I + 4}$$

donde I es la intensidad de la luz (medida en miles de candelas). ¿Para qué intensidad de luz es P un máximo?

11. Considere el siguiente problema: un granjero con 300 m de cercado quiere encerrar un área rectangular y luego dividirla en cuatro corrales con cercado paralelo a un lado del rectángulo. ¿Cuál es el área mayor total posible de los cuatro corrales?
  (a) Haga varios diagramas que ilustren la situación, algunos con corrales superficiales y anchos y otros con corrales profundos y estrechos. Encuentre las áreas totales de estas configuraciones. ¿Parece que hay un área máxima? Si es así, estímela.
  (b) Trace un diagrama que ilustre la situación general. Introduzca la notación y marque el diagrama con sus símbolos.
  (c) Escriba una expresión para el área total.
  (d) Utilice la información proporcionada para escribir una ecuación que relacione las variables.
  (e) Utilice el inciso (d) para escribir el área total como función de una variable.
  (f) Termine de resolver el problema y compare la respuesta con su estimación en el inciso (a).

12. Considere el siguiente problema: debe fabricarse una caja con la parte superior abierta a partir de un pedazo cuadrado de cartón, de 3 m de ancho, cortando un cuadrado de cada una de las cuatro esquinas y doblando los lados. Halle el mayor volumen que pueda tener una caja de este tipo.

(a) Haga varios diagramas para ilustrar la situación, algunas cajas cortas con bases grandes y algunas cajas altas con bases pequeñas. Halle los volúmenes de varias de estas cajas. ¿Parece que hay un volumen máximo? Si es así, estímelo.

(b) Trace un diagrama que ilustre la situación general. Introduzca la notación y marque el diagrama con sus símbolos.

(c) Escriba una expresión para el volumen.

(d) Utilice la información proporcionada para escribir una ecuación que relacione las variables.

(e) Utilice el inciso (d) para escribir el volumen como función de una variable.

(f) Termine de resolver el problema y compare la respuesta con su estimación en el inciso (a).

13. Un granjero quiere cercar un área de $15\,000$ m² en un campo rectangular y luego dividirlo por la mitad con una cerca paralela a uno de los lados del rectángulo. ¿Cómo puede hacerlo de modo que se reduzca al mínimo el costo de la cerca?

14. Un granjero tiene 400 m de cercas para encerrar un campo trapezoidal a lo largo de un río, como se muestra. Uno de los lados paralelos es tres veces más largo que el otro. No se necesita una cerca a lo largo del río. Encuentre el área más grande que el granjero puede encerrar.

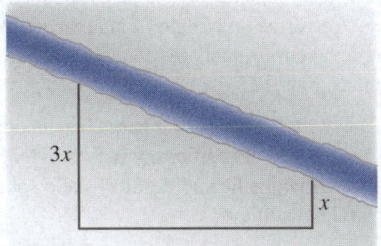

15. Un granjero quiere cercar un terreno rectangular junto a la pared norte de su granero. No se necesita una cerca a lo largo del granero, y la cerca a lo largo del lado oeste del terreno se comparte con un vecino que dividirá el costo de esa parte de la cerca. Si la instalación del cercado cuesta $30 por metro lineal y el granjero no está dispuesto a gastar más de $1 800, determine las dimensiones de la parcela que encierre la mayor parte del área.

16. Si el granjero del ejercicio 15 quiere encerrar 750 metros cuadrados de terreno, ¿qué dimensiones reducirán al mínimo el costo de la cerca?

17. (a) Demuestre que de todos los rectángulos con un área determinada, el de menor perímetro es un cuadrado.

(b) Demuestre que de todos los rectángulos con un perímetro determinado, el de mayor área es un cuadrado.

18. Una caja de base cuadrada y tapa abierta debe tener un volumen de $32\,000$ cm³. Determine las dimensiones de la caja que reduzcan al mínimo la cantidad de material utilizado.

19. Si se dispone de $1\,200$ cm² de material para hacer una caja con una base cuadrada y la parte superior abierta, determine el mayor volumen posible de la caja.

20. Se va a fabricar una caja con la parte superior abierta a partir de un pedazo rectangular de cartón de 2 m por 1 m, recortando cuadrados o rectángulos de cada una de las cuatro esquinas, como se muestra en la figura, y doblando los lados. Uno de los lados más largos de la caja debe tener una doble capa de cartón, que se obtiene doblando el lado dos veces. Halle el mayor volumen que puede tener una caja de este tipo.

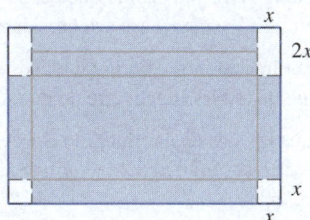

21. Un contenedor rectangular de almacenamiento sin tapa debe tener un volumen de 10 m³. La longitud de su base es el doble de la anchura. El material para la base cuesta $10 por metro cuadrado. El material para los lados cuesta $6 por metro cuadrado. Determine el costo de los materiales para el contenedor menos costoso.

22. Vuelva a hacer el ejercicio 21 asumiendo que el contenedor tiene una tapa hecha del mismo material que los lados.

23. Un paquete para enviarse por el servicio postal de Estados Unidos no puede medir más de 274 cm de longitud más el ancho. (La longitud es la dimensión más larga y la circunferencia es la mayor distancia alrededor del paquete, perpendicular a la longitud). Halle las dimensiones de la caja rectangular de base cuadrada de mayor volumen que puede enviarse por correo.

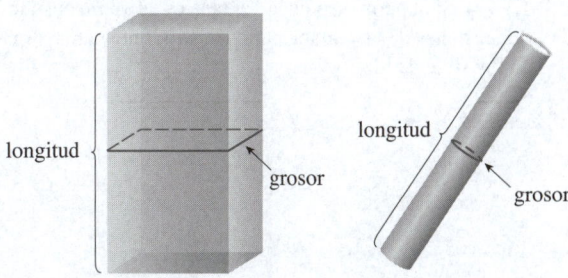

24. Consulte el ejercicio 23. Determine las dimensiones del tubo de correo cilíndrico de mayor volumen que puede enviarse por el servicio postal de Estados Unidos.

25. Halle el punto en la recta $y = 2x + 3$ que está más cerca del origen.

26. Encuentre el punto en la curva $y = \sqrt{x}$ que está más cerca del punto $(3, 0)$.

27. Determine los puntos de la elipse $4x^2 + y^2 = 4$ que están más lejos del punto $(1, 0)$.

28. Encuentre, con dos decimales de precisión, las coordenadas del punto de la curva $y = \operatorname{sen} x$ que está más cerca del punto $(4, 2)$.

29. Determine las dimensiones del rectángulo de mayor área que pueda inscribirse en un círculo de radio r.

30. Halle el área del rectángulo más grande que se pueda inscribir en la elipse $x^2/a^2 + y^2/b^2 = 1$.

31. Determine las dimensiones del rectángulo de mayor área que pueda inscribirse en un triángulo equilátero de lado L si un lado del rectángulo se encuentra en la base del mismo.

32. Halle el área del mayor trapezoide que pueda inscribirse en un círculo de radio 1 y cuya base sea un diámetro del círculo.

33. Determine las dimensiones del triángulo isósceles de mayor área que pueda inscribirse en un círculo de radio r.

34. Si los dos lados iguales de un triángulo isósceles tienen longitud a, encuentre la longitud del tercer lado que maximice el área del triángulo.

35. Si un lado de un triángulo tiene la longitud a y otro tiene la longitud $2a$, muestre que el área más grande posible del triángulo es a^2.

36. Un rectángulo tiene su base en el eje x y sus dos vértices superiores en la parábola $y = 4 - x^2$. ¿Cuál es el área más grande posible del rectángulo?

37. Un cilindro circular recto está inscrito en una esfera de radio r. Busque el mayor volumen posible de dicho cilindro.

38. Un cilindro circular recto está inscrito en un cono con altura h y radio de base r. Halle el mayor volumen posible de dicho cilindro.

39. Un cilindro circular derecho está inscrito en una esfera de radio r. Busque el área superficial mayor de dicho cilindro.

40. Una ventana románica tiene la forma de un rectángulo rematado por un semicírculo. (Por lo tanto, el diámetro del semicírculo es igual al ancho del rectángulo. Vea el ejercicio 1.1.72). Si el perímetro de la ventana es de 10 m, busque las dimensiones de la ventana para que se admita la mayor cantidad posible de luz.

41. Los márgenes superior e inferior de un cartel son cada uno de 6 cm y los márgenes laterales son cada uno de 4 cm. Si el área de material impreso en el cartel está fijada en 384 cm², determine las dimensiones del cartel con el área más pequeña.

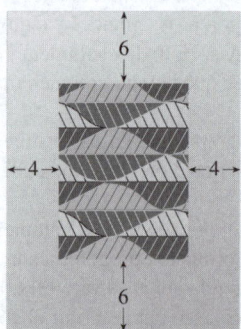

42. Un cartel debe tener un área de 900 cm² con márgenes de 2.5 cm en la parte inferior y los lados y un margen de 5 cm en la parte superior. ¿Qué dimensiones darán el área impresa más grande?

43. Un trozo de alambre de 10 m de largo se corta en dos partes. Un trozo se dobla en un cuadrado y el otro se dobla en un triángulo equilátero. ¿Cómo se debe cortar el alambre de modo que el área total encerrada sea (a) un máximo? (b) ¿Un mínimo?

44. Conteste el ejercicio 43 si una pieza se dobla en un cuadrado y la otra en un círculo.

45. Si le ofrecen una rebanada de una pizza redonda (en otras palabras, un sector de un círculo) y la rebanada debe tener un perímetro de 60 cm, ¿qué diámetro de la pizza le dará la rebanada más grande?

46. Una cerca de 2 m de altura corre paralela a un edificio alto a una distancia de 1 m del edificio. ¿Cuál es la longitud de la escalera más corta que llegará desde el suelo sobre la cerca hasta la pared del edificio?

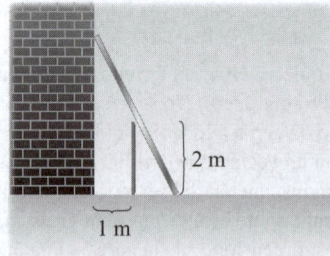

47. Un vaso de bebida en forma de cono está hecho de un pedazo circular de papel de radio R cortando un sector y uniendo los bordes CA y CB. Encuentre la capacidad máxima de tal vaso.

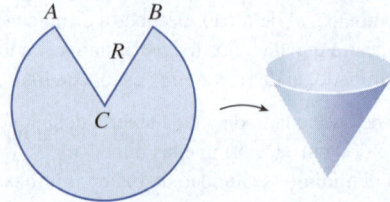

48. Un vaso de papel con forma de cono debe contener 27 cm³ de agua. Encuentre la altura y el radio del vaso que utilizará la menor cantidad de papel.

49. Un cono con altura h está inscrito en un cono más grande con altura H para que su vértice esté en el centro de la base del cono mayor. Muestre que el cono interior tiene el máximo volumen cuando $h = \frac{1}{3}H$.

50. Un objeto con peso W se arrastra a lo largo de un plano horizontal por una fuerza que actúa a lo largo de una cuerda atada al objeto. Si la cuerda forma un ángulo con un plano, entonces la magnitud de la fuerza es

$$F = \frac{\mu W}{\mu \,\text{sen}\,\theta + \cos\theta}$$

donde μ es una constante denominada coeficiente de fricción. ¿Para qué valor de θ es F más pequeña?

51. Si se conecta un resistor de R ohmios a través de una batería de E voltios con una resistencia interna de r ohmios, entonces la potencia (en watts) en el resistor externo es

$$P = \frac{E^2 R}{(R + r)^2}$$

Si E y r están fijos pero R varía, ¿cuál es el valor máximo de la potencia?

52. Para un pez que nada a una rapidez v relativa al agua, el gasto de energía por unidad de tiempo es proporcional a v^3. Se cree que los peces migratorios tratan de reducir la energía total requerida para nadar una distancia fija. Si los peces nadan contra una corriente $u(u < v)$, entonces el tiempo requerido para nadar una distancia L es $L/(v - u)$ y la energía total E requerida para nadar la distancia está dada por

$$E(v) = av^3 \cdot \frac{L}{v - u}$$

donde a es la constante de proporcionalidad.
(a) Determine el valor de v que reduce E.
(b) Trace la gráfica de E.

Nota: Este resultado se verificó experimentalmente; los peces migratorios nadan contra la corriente a una rapidez 50% mayor que la velocidad de la corriente.

53. En una colmena, cada celda es un prisma hexagonal regular, abierto en un extremo; el otro extremo está cubierto por tres rombos congruentes formando un ángulo triangular en el ápice, como en la figura. Sea θ el ángulo en el que cada rombo se encuentra con la altitud, s el lado de longitud del hexágono y h la longitud de la base más larga de los trapecios de los lados de la celda. Se puede demostrar que si s y h se mantienen fijos, entonces el volumen de la celda es constante (independiente de θ), y para un valor dado de θ el área superficial S de la célula es

$$S = 6sh - \tfrac{3}{2}s^2 \cot\theta + \tfrac{3}{2}\sqrt{3}\,s^2 \csc\theta$$

Se cree que las abejas forman sus celdas de tal manera que reducen al mínimo el área superficial, usando así la menor cantidad de cera en la construcción de las celdas.

(a) Calcule $dS/d\theta$.
(b) ¿Qué ángulo θ deben preferir las abejas?
(c) Determine el área superficial mínima de la celda en términos de s y h.

Nota: Se han hecho mediciones reales del ángulo en las colmenas y las medidas de estos ángulos rara vez difieren del valor calculado en más de 2°.

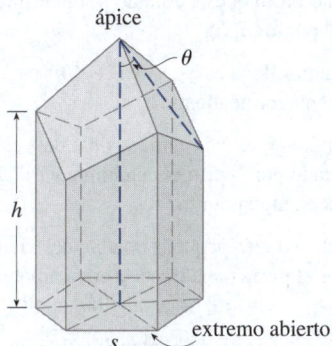

54. Un barco sale del muelle a las 2:00 p. m. y viaja hacia el sur a una rapidez de 20 km/h. Otro barco se dirige al este a 15 km/h y llega al mismo muelle a las 3:00 p. m. ¿A qué hora estaban los dos barcos más cerca uno del otro?

55. Resuelva el problema del ejemplo 4 si el río tiene 5 km de ancho y el punto B está a solo 5 km aguas abajo de A.

56. Una mujer en un punto A en la orilla de un lago circular con un radio de 3 km quiere llegar al punto C diametralmente opuesto a A en la otra orilla del lago en el menor tiempo posible (vea la figura). Puede caminar a una velocidad de 6 km/h y remar una lancha a 3 km/h. ¿Cómo debe proceder?

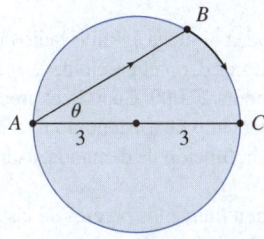

57. Una refinería de petróleo se sitúa en la orilla norte de un río recto de 2 km de ancho. Se construirá un oleoducto desde la refinería hasta los tanques de almacenamiento situados en la orilla sur del río a 6 km al este de la refinería. El costo del tendido del oleoducto es de $400 000/km por tierra hasta un punto P en la orilla norte y $800 000/km bajo el río hasta los tanques. Para reducir el costo del oleoducto, ¿dónde debe estar P?

T 58. Suponga que la refinería del ejercicio 57 está situada a 1 km al norte del río. ¿Dónde debería estar P?

59. La iluminación de un objeto por una fuente de luz es directamente proporcional a la fuerza de la fuente e inversamente proporcional al cuadrado de la distancia de la fuente. Si se colocan dos fuentes de luz, una tres veces más fuerte que la otra, a 4 m de distancia, ¿dónde debe colocarse un objeto en la recta entre las fuentes para recibir la menor iluminación?

60. Encuentre una ecuación de la recta que atraviesa el punto (3, 5) que corte la menor área del primer cuadrante.

61. Sean a y b números positivos. Halle la longitud del segmento de recta más corto que es cortado por el primer cuadrante y pasa por el punto (a, b).

62. ¿En qué puntos de la curva $y = 1 + 40x^3 - 3x^5$ tiene la recta tangente la mayor pendiente?

63. ¿Cuál es la longitud más corta posible del segmento de recta que es cortado por el primer cuadrante y es tangente a la curva $y = 3/x$ en algún punto?

64. ¿Cuál es el área más pequeña posible del triángulo que está cortada por el primer cuadrante y cuya hipotenusa es tangente a la parábola $y = 4 - x^2$ en algún punto?

65. (a) Si $C(x)$ es el costo de producción de x unidades de un producto básico, entonces el **costo medio** por unidad es $c(x) = C(x)/x$. Demuestre que si el costo medio es un mínimo, entonces el costo marginal es igual al costo medio.
(b) Si $C(x) = 16\,000 + 200x + 4x^{3/2}$, en USD, encuentre (i) el costo, costo medio y costo marginal en un nivel de producción de $1\,000$ unidades, (ii) el nivel de producción que reducirá al mínimo el costo medio y (iii) el costo medio mínimo.

66. (a) Demuestre que si el beneficio $P(x)$ es un máximo, entonces el ingreso marginal es igual al costo marginal.
(b) Si $C(x) = 16\,000 + 500x - 1.6x^2 + 0.004x^3$ es el costo y $p(x) = 1\,700 - 7x$ es la función de la demanda, encuentre el nivel de producción que maximizará el beneficio.

67. Un equipo de béisbol juega en un estadio con capacidad para $55\,000$ espectadores. Con el precio de las entradas a $10, la asistencia promedia $27\,000$. Cuando el precio de las entradas bajó a $8, el promedio de asistencia subió a $33\,000$.
(a) Determine la función de demanda, asumiendo que es lineal.
(b) ¿Cómo deben fijarse los precios de las entradas para maximizar los ingresos?

68. Durante los meses de verano Terry hace y vende collares en la playa. El verano pasado vendió los collares en $10 cada uno y sus ventas promediaron 20 collares por día. Cuando aumentó el precio $1, descubrió que el promedio disminuyó dos ventas diarias.
(a) Halle la función de demanda, asumiendo que es lineal.
(b) Si el material de cada collar cuesta $6, ¿qué precio de venta debe fijar Terry para maximizar su beneficio?

69. Un comerciante vende $1\,200$ tabletas a la semana a $350 cada una. El departamento de mercadotecnia estima que 80 tabletas adicionales se venderán cada semana por cada $10 que se baje el precio.
(a) Halle la función de demanda.
(b) ¿Cuál debe ser el precio para maximizar los ingresos?

(c) Si la función de costo semanal del comerciante es

$$C(x) = 35\,000 + 120x$$

¿qué precio debe elegir para maximizar su beneficio?

70. Una empresa opera 16 pozos de petróleo en una zona designada. Cada bomba, en promedio, extrae 240 barriles de petróleo diariamente. La empresa puede añadir más pozos, pero cada pozo añadido reduce el promedio diario de salida de cada uno de los pozos en 8 barriles. ¿Cuántos pozos debe añadir la compañía para maximizar la producción diaria?

71. Demuestre que de todos los triángulos isósceles con un perímetro determinado, el de mayor área es el equilátero.

72. Considere la situación en el ejercicio 57 si el costo de colocar la tubería bajo el río es considerablemente mayor que el costo de colocar la tubería sobre la tierra ($400\,000$/km). Se puede pensar que en algunos casos se debe utilizar la distancia mínima posible bajo el río, y P debe situarse a 6 km de la refinería, directamente frente a los tanques de almacenamiento. Demuestre que esto nunca es así, sin importar el costo del tendido "bajo el río".

73. Considere la recta tangente a la elipse $\dfrac{x^2}{a^2} + \dfrac{y^2}{b^2} = 1$ en un punto (p, q) en el primer cuadrante.
(a) Demuestre que la recta tangente tiene una intersección en x de a^2/p y una intersección en y de b^2/q.
(b) Demuestre que la parte de la recta tangente cortada por los ejes coordenados tiene una longitud mínima de $a + b$.
(c) Demuestre que el triángulo formado por la recta tangente y los ejes coordenados tiene un área mínima ab.

T 74. El bastidor de un papalote debe estar hecho de seis piezas de madera. Las cuatro piezas exteriores se cortaron con las longitudes indicadas en la figura. Para maximizar el área del papalote, ¿qué longitud deben tener las piezas diagonales?

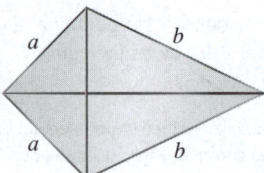

75. Un punto P necesita estar ubicado en algún lugar de la recta AD para que la longitud total L de los cables que conectan P con los puntos A, B y C se reduzca al mínimo (vea la figura). Exprese L como función de $x = |AP|$ y utilice las gráficas de L y dL/dx para estimar el valor mínimo de L.

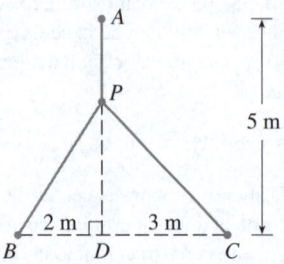

76. En la gráfica se muestra el consumo de combustible c de un automóvil (medido en litros por hora) como función de su rapidez v. En velocidades muy bajas el motor funciona de manera ineficiente, por lo que inicialmente c disminuye a medida que la velocidad aumenta. Pero en velocidades altas el consumo de combustible aumenta. Se ve que $c(v)$ disminuye para este auto cuando $v \approx 48$ km/h. Sin embargo, para la eficiencia de combustible, lo que debe reducirse no es el consumo en litros por hora sino el consumo de combustible en litros *por kilómetro*. Este consumo se denominará G. Con la gráfica, estime la rapidez a la que G tiene su valor mínimo.

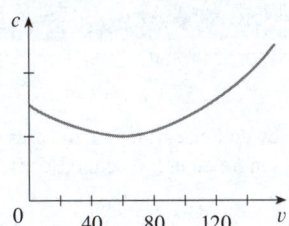

77. Sean v_1 la velocidad de la luz en el aire y v_2 la velocidad de la luz en el agua. Según el principio de Fermat, un rayo de luz viajará desde un punto A en el aire hasta un punto B en el agua por un trayecto ACB que reduce al mínimo el tiempo empleado. Demuestre que

$$\frac{\operatorname{sen}\theta_1}{\operatorname{sen}\theta_2} = \frac{v_1}{v_2}$$

donde θ_1 (el ángulo de incidencia) y θ_2 (el ángulo de refracción) son como se muestra. Esta ecuación se conoce como ley de Snell.

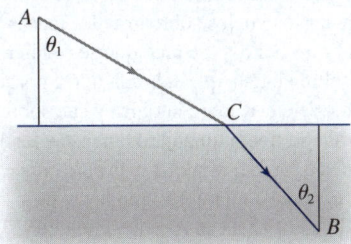

78. Dos postes verticales PQ y ST están sujetados por una cuerda PRS que va desde la parte superior del primer poste a un punto R en el suelo entre los postes y luego a la parte superior del segundo poste, como en la figura. Demuestre que la longitud más corta de esa cuerda se produce cuando $\theta_1 = \theta_2$.

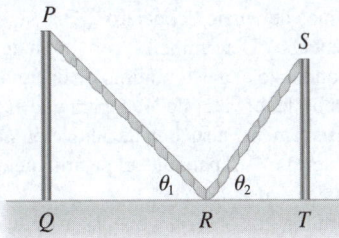

79. La esquina superior derecha de una hoja de papel, de 30 por 20 centímetros, como en la figura, se dobla hasta el borde inferior. ¿Cómo doblaría el papel para reducir al mínimo la longitud del pliegue? En otras palabras, ¿cómo escogería x para reducir y?

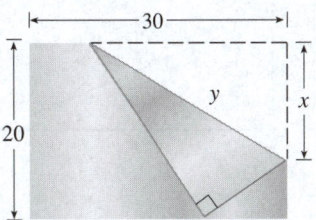

80. Una tubería de acero se lleva por un pasillo de 3 m de ancho. Al final del pasillo hay un giro en ángulo recto hacia un pasillo más estrecho, de 2 m de ancho. ¿Cuál es la longitud del tubo más largo que puede transportarse horizontalmente por la esquina?

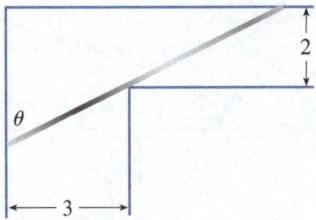

81. Un observador se encuentra en un punto P, a una unidad de distancia de una pista. Dos corredores comienzan en el punto S de la figura y corren a lo largo de la pista. Un corredor avanza tres veces más rápido que el otro. Encuentre el valor máximo del ángulo de visión θ del observador entre los corredores.

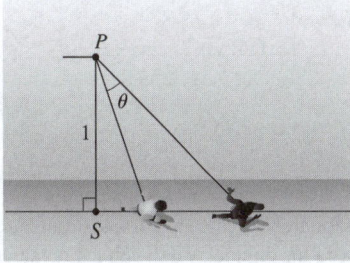

82. Un desagüe de lluvia debe construirse con una lámina de metal de 30 cm de ancho doblando un tercio de la lámina en cada lado a través de un ángulo θ. ¿Cómo debe elegirse θ para que el desagüe pueda llevar la máxima cantidad de agua?

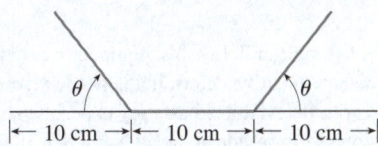

83. ¿Dónde debe elegirse el punto P en el segmento de recta AB para maximizar el ángulo θ?

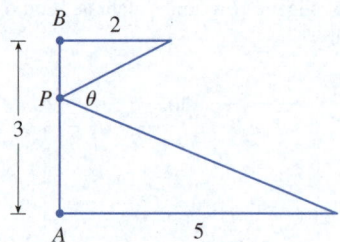

84. Un cuadro en una galería de arte tiene una altura h y está colgado de tal manera que su borde inferior se encuentra a una distancia d por encima del ojo de un observador (como en la figura). ¿A qué distancia de la pared debe pararse el observador para obtener la mejor vista? (En otras palabras, ¿dónde debe pararse el observador para maximizar el ángulo θ opuesto a su ojo por el cuadro?).

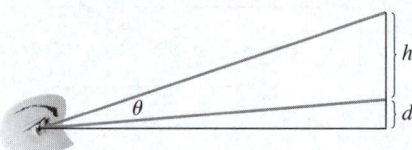

85. Halle el área máxima de un rectángulo que pueda circunscribirse alrededor de un rectángulo dado con la longitud L y el ancho W. [*Sugerencia*: Exprese el área como función de un ángulo θ].

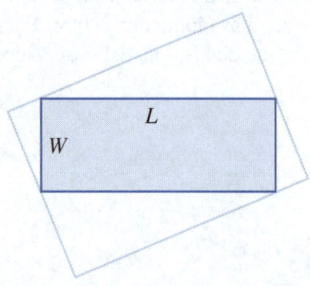

86. El sistema vascular sanguíneo se forma por vasos sanguíneos (arterias, capilares y venas) que transportan la sangre desde el corazón hasta los órganos y de vuelta al corazón. Este sistema debe funcionar de manera que se reduzca la energía que gasta el corazón en el bombeo de la sangre. En particular, esta energía se reduce cuando se disminuye la resistencia de la sangre. Una de las leyes de Poiseuille da la resistencia R de la sangre como

$$R = C \frac{L}{r^4}$$

donde L es la longitud del vaso sanguíneo, r es el radio y C es una constante positiva determinada por la viscosidad de la sangre. (Poiseuille estableció esta ley experimentalmente, pero también se desprende de la ecuación 8.4.2). En la figura

se ve un vaso sanguíneo principal con radio r_1 ramificándose en un ángulo θ hacia un vaso más pequeño con radio r_2.

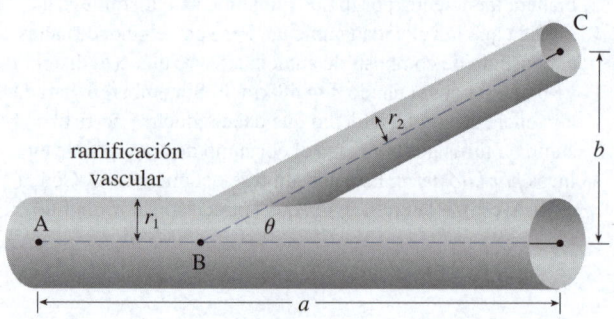

(a) Utilice la ley de Poiseuille para mostrar que la resistencia total de la sangre en el trayecto ABC es

$$R = C\left(\frac{a - b \cot \theta}{r_1^4} + \frac{b \csc \theta}{r_2^4} \right)$$

donde a y b son las distancias que se muestran en la figura.

(b) Demuestre que esta distancia se reduce al mínimo cuando

$$\cos \theta = \frac{r_2^4}{r_1^4}$$

(c) Encuentre el ángulo de ramificación óptimo (al grado más cercano) cuando el radio del vaso sanguíneo más pequeño es de dos tercios del radio del vaso más grande.

87. Los ornitólogos determinaron que algunas especies de aves tienden a evitar los vuelos sobre grandes masas de agua durante las horas del día. Se cree que se requiere más energía para volar sobre el agua que sobre la tierra porque el aire generalmente se eleva sobre la tierra y cae sobre el agua durante el día. Se libera un pájaro con estas tendencias en una isla que está a 5 km del punto B más cercano en una línea costera recta, vuela a un punto C en la costa, y luego vuela a lo largo de la costa hasta su área de anidación D. Suponga que el pájaro elige instintivamente un camino que disminuirá su gasto de energía. Los puntos B y D están 13 km aparte.

(a) En general, si se necesita 1.4 veces más energía para volar sobre el agua que sobre la tierra, ¿hasta qué punto C debe volar el pájaro para reducir la energía total gastada en volver a su zona de anidación?

(b) W y L denotan la energía (en julios o *joules*) por kilómetro volado sobre el agua y la tierra, respectivamente. ¿Qué significaría un gran valor de la proporción W/L en términos del vuelo del pájaro? ¿Qué significaría un valor pequeño? Determine la proporción de W/L correspondiente al gasto mínimo de energía.

(c) ¿Cuál debe ser el valor de W/L para que el pájaro pueda volar directamente a su área de anidación D? ¿Cuál debe ser el valor de W/L para que el pájaro vuele a B y luego a lo largo de la costa a D?

(d) Si los ornitólogos observan que las aves de una cierta especie alcanzan la orilla en un punto a 4 km de B,

¿cuántas veces más energía necesita un pájaro para volar sobre el agua que sobre la tierra?

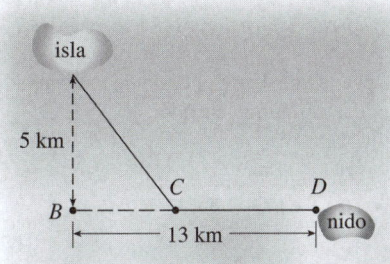

88. Dos fuentes de luz de idéntica potencia se colocan a 10 m de distancia. Un objeto se colocará en un punto P de una recta ℓ, paralelo a la recta que une las fuentes de luz, y a una distancia de d metros de ella (vea la figura). Se desea ubicar P en ℓ para que la intensidad de la iluminación sea mínima. Se tiene que utilizar el hecho de que la intensidad de la iluminación

para una sola fuente es directamente proporcional a la fuerza de la fuente e inversamente proporcional al cuadrado de la distancia de la fuente.

(a) Halle una expresión para la intensidad $I(x)$ en el punto P.

(b) Si $d = 5$ m, utilice las gráficas de $I(x)$ e $I'(x)$ para mostrar que la intensidad se reduce al mínimo cuando $x = 5$ m, es decir, cuando P está en el punto medio de ℓ.

(c) Si $d = 10$ m, demuestre que la intensidad (quizás sorprendentemente) *no* se reduce en el punto medio.

(d) En algún lugar entre $d = 5$ m y $d = 10$ m hay un valor de transición de d en el que el punto de iluminación mínima cambia abruptamente. Estime este valor de d mediante métodos gráficos. Luego encuentre el valor exacto de d.

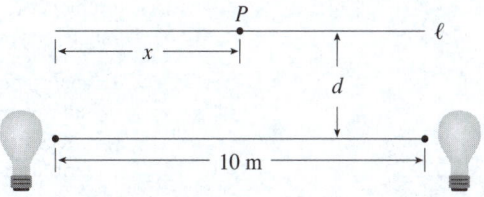

PROYECTO DE APLICACIÓN | LA FORMA DE UNA LATA

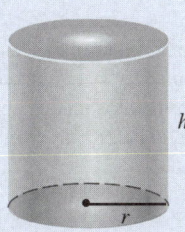

En este proyecto se investiga la forma más económica de una lata. Primero se interpreta que esto significa que el volumen V de una lata cilíndrica está dado y se necesita encontrar la altura h y radio r que reduzcan el costo del metal para construir la lata (vea la figura). Si no se toma en cuenta cualquier metal de desecho en el proceso de fabricación, entonces el problema es reducir al mínimo el área superficial del cilindro. Se resolvió este problema en el ejemplo 4.7.2 y se vio que $h = 2r$; es decir, la altura debe ser igual al diámetro. Pero si vamos al gabinete o al supermercado con una regla, se apreciará que la altura suele ser mayor que el diámetro y la proporción h/r varía de 2 a cerca de 3.8. Aquí se explica este fenómeno.

1. El material para las latas se corta de hojas de metal. Los lados cilíndricos se forman mediante el doblado de rectángulos; estos rectángulos se cortan de la lámina con poco o ningún desperdicio. Pero si los discos superiores e inferiores se cortan de los cuadrados del lado $2r$ (como en la figura), esto deja un considerable desperdicio de metal, que puede reciclarse pero tiene poco o ningún valor para los fabricantes de latas. Si este es el caso, demuestre que la cantidad de metal utilizado se reduce al mínimo cuando

$$\frac{h}{r} = \frac{8}{\pi} \approx 2.55$$

Discos cortados de cuadrados

2. Se obtiene un envase más eficiente de los discos dividiendo la lámina metálica en hexágonos y cortando las tapas y bases circulares de los hexágonos (vea la figura). Demuestre que si se adopta esta estrategia, entonces

$$\frac{h}{r} = \frac{4\sqrt{3}}{\pi} \approx 2.21$$

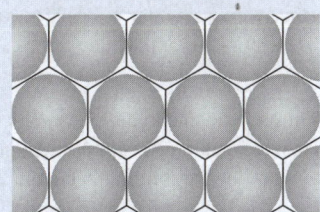

Discos cortados de hexágonos

3. Los valores de h/r que se encuentran en los problemas 1 y 2 están un poco más cerca de los que realmente se encuentran en los estantes de los supermercados, pero aún así no explican todo. Si se mira más de cerca algunas latas reales, se ve que la tapa y la base están formadas por discos con un radio mayor que r que se doblan sobre los extremos de la lata. Si se admite esto se aumentaría h/r. Más significativamente, además del costo del metal se necesita incorporar la fabricación de la lata en el costo. Asuma que la mayoría de los gastos se

(continúa)

produce al unir los lados a los bordes de las latas. Si se cortan hexágonos como en el problema 2, entonces el costo total es proporcional a

$$4\sqrt{3}\,r^2 + 2\pi rh + k(4\pi r + h)$$

donde k es el recíproco de la longitud que puede unirse por el costo de una unidad de área de metal. Demuestre que esta expresión se reduce al mínimo cuando

$$\frac{\sqrt[3]{V}}{k} = \sqrt[3]{\frac{\pi h}{r}} \cdot \frac{2\pi - h/r}{\pi h/r - 4\sqrt{3}}$$

4. Trace $\sqrt[3]{V}/k$ como función de $x = h/r$ y utilice su gráfica para argumentar que cuando una lata es grande o la unión es barata, se debe hacer h/r aproximadamente 2.21 (como en el problema 2). Pero cuando la lata es pequeña o la unión es costosa, h/r debe ser sustancialmente mayor.

5. El análisis muestra que las latas grandes deben ser casi cuadradas pero las pequeñas deben ser altas y delgadas. Eche un vistazo a las formas relativas de las latas en un supermercado. ¿Es nuestra conclusión generalmente correcta en la práctica? ¿Hay excepciones? ¿Podría sugerir las razones por las que las latas pequeñas no siempre son altas y delgadas?

PROYECTO DE APLICACIÓN | AVIONES Y PÁJAROS: REDUCCIÓN DE ENERGÍA

©Targn Pleiades / Shutterstock.com

Las aves pequeñas como los pinzones alternan entre batir las alas y mantenerlas plegadas mientras se deslizan (vea la figura 1). En este proyecto se analiza este fenómeno y se intenta determinar con qué frecuencia un ave debe batir las alas. Algunos principios son los mismos que para los aviones de ala fija, por lo que se empieza por considerar cómo la potencia y la energía requeridas dependen de la rapidez de los aviones.[1]

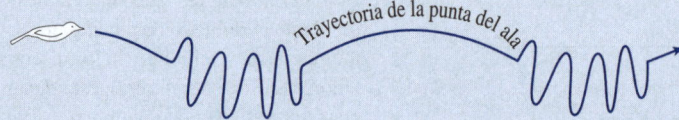
Trayectoria de la punta del ala

FIGURA 1

1. La potencia necesaria para impulsar un avión hacia adelante a una velocidad v es

$$P = Av^3 + \frac{BL^2}{v}$$

donde A y B son constantes positivas específicas de la aeronave en particular y L es la elevación, la fuerza ascendente que soporta el peso del avión. Determine la rapidez que reduzca la potencia requerida.

2. La rapidez que se encontró en el problema 1 reduce al mínimo la potencia, pero una velocidad más rápida podría usar menos combustible. La energía necesaria para propulsar el avión a una distancia de una unidad es $E = P/v$. ¿A qué rapidez se reduce al mínimo la energía?

---

1. Adaptado de R. McNeill Alexander, *Optima for Animals* (Princeton, New Jersey: Princeton University Press, 1996).

3. ¿Cuánto más rápida es la velocidad para la energía mínima que la velocidad para la potencia mínima?

4. Al aplicar la ecuación del problema 1 al vuelo de las aves se divide el término Av^3 en dos partes: $A_b v^3$ para el cuerpo del pájaro y $A_w v^3$ para sus alas. Sea x la fracción del tiempo de vuelo que pasa en el modo de aleteo. Si m es la masa del pájaro y toda la elevación ocurre durante el aleteo, entonces la elevación es mg/x y por lo tanto la potencia necesaria durante el aleteo es

$$P_{\text{aleteo}} = (A_b + A_w)v^3 + \frac{B(mg/x)^2}{v}$$

La potencia mientras las alas están plegadas es $P_{\text{plegada}} = A_b v^3$. Demuestre que la potencia media durante el ciclo de vuelo completo es

$$\overline{P} = xP_{\text{aleteo}} + (1 - x)P_{\text{plegada}} = A_b v^3 + xA_w v^3 + \frac{Bm^2 g^2}{xv}$$

5. ¿Para qué valor de x es la potencia media un mínimo? ¿Qué puede concluir si el pájaro vuela lentamente? ¿Qué puede concluir si el pájaro vuela cada vez más rápido?

6. La energía media durante un ciclo es $\overline{E} = \overline{P}/v$. ¿Qué valor de x reduce al mínimo $\overline{E}$?

4.8 | El método de Newton

Suponga que un vendedor de autos ofrece venderle uno por \$18 000 o en pagos de \$375 por mes durante cinco años. Le gustaría saber qué tasa de interés mensual el distribuidor está, en efecto, cobrándole. Para encontrar la respuesta, tendrá que resolver la ecuación

$$\boxed{1} \qquad 48x(1 + x)^{60} - (1 + x)^{60} + 1 = 0$$

(Los detalles se explican en el ejercicio 41). ¿Cómo resolvería una ecuación de este tipo?

Para una ecuación cuadrática $ax^2 + bx + c = 0$ hay una fórmula bien conocida para las soluciones. Para las ecuaciones de tercer y cuarto grados también hay fórmulas para las soluciones, pero son extremadamente complicadas. Si f es un polinomio de grado 5 o superior, no hay fórmula. Tampoco existe una fórmula que permita encontrar las soluciones exactas de una ecuación trascendente como $\cos x = x$.

Se encuentra una solución *aproximada* a la ecuación 1 trazando el lado izquierdo de la ecuación y encontrando las intersecciones en x. Con una calculadora graficadora (o una computadora), y después de experimentar con los rectángulos de visión, se produce la gráfica de la figura 1.

Se ve que además de la solución $x = 0$, que no interesa, hay una solución entre 0.007 y 0.008. Mediante un acercamiento se observa que la intersección en x es aproximadamente 0.0076. Si se necesita más precisión de la que proporcionan las gráficas se puede usar una calculadora o sistema de álgebra computarizada para resolver la ecuación numéricamente. De hacer esto, se aprecia que la solución, con nueve decimales de precisión, es 0.007628603.

¿Cómo resuelven estos dispositivos las ecuaciones? Con varios métodos, pero la mayoría usa en cierta medida el **método de Newton**, también llamado **método Newton-Raphson**. Se explicará cómo funciona este método, en parte para mostrar lo que sucede dentro de una calculadora o computadora y en parte como una aplicación de la idea de aproximación lineal.

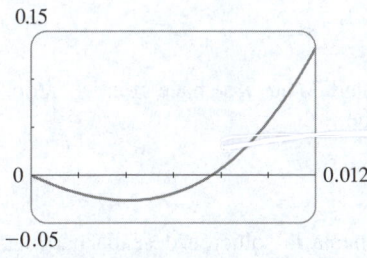

FIGURA 1

Intente resolver la ecuación 1 numéricamente con una calculadora o una computadora. Algunas máquinas no son capaces de resolverla; otras sí lo logran pero requieren que se especifique un punto de partida para la búsqueda.

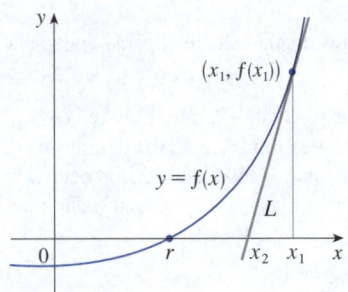

FIGURA 2

La geometría del método de Newton se muestra en la figura 2. Se desea resolver una ecuación de la forma $f(x) = 0$, por lo que las soluciones de la ecuación corresponden a las intersecciones en x de la gráfica de f. La solución que se intenta encontrar está marcada con una r en la figura. Se empieza con una primera aproximación x_1, que se obtiene por suposición, por un boceto de la gráfica de f o a partir de una gráfica generada por computadora de f generada por computadora. Considere la recta tangente L a la curva $y = f(x)$ en el punto $(x_1, f(x_1))$ y mire la intersección de L con el eje x, marcada con x_2. La idea del método de Newton es que la recta tangente es cercana a la curva y su intersección en x, x_2, está cerca de la intersección de la curva con el eje x (es decir, la solución r que se busca). Como la tangente es una recta, se encuentra fácilmente su intersección en x.

Para encontrar una fórmula para x_2 en términos de x_1 se parte del hecho de que la pendiente de L es $f'(x_1)$, por lo que su ecuación es

$$y - f(x_1) = f'(x_1)(x - x_1)$$

Como la intersección de L con el eje x es x_2, se sabe que el punto $(x_2, 0)$ está en la recta, y por tanto

$$0 - f(x_1) = f'(x_1)(x_2 - x_1)$$

Si $f'(x_1) \neq 0$, se puede despejar x_2:

$$x_2 = x_1 - \frac{f(x_1)}{f'(x_1)}$$

Se usa x_2 como una segunda aproximación a r.

A continuación se repite este procedimiento con x_1 reemplazada por la segunda aproximación x_2, usando la recta tangente en $(x_2, f(x_2))$. Esto da una tercera aproximación:

$$x_3 = x_2 - \frac{f(x_2)}{f'(x_2)}$$

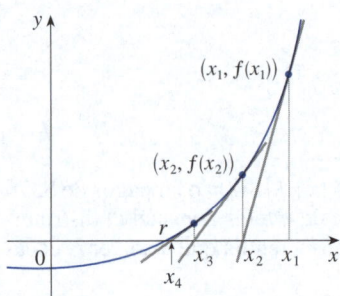

FIGURA 3

Si se sigue repitiendo este proceso se obtiene una sucesión de aproximaciones x_1, x_2, x_3, x_4, ... como se muestra en la figura 3. En general, si la enésima aproximación es x_n y $f'(x_n) \neq 0$, entonces la siguiente aproximación está dada por

$$\boxed{\textbf{2}} \qquad \boxed{x_{n+1} = x_n - \frac{f(x_n)}{f'(x_n)}}$$

Las sucesiones se examinan con más detalle en la sección 11.1.

Si los números x_n se acercan cada vez más a r a medida que n se hace grande, entonces se dice que la sucesión *converge* en r y se escribe

$$\lim_{n \to \infty} x_n = r$$

⊘ Aunque la sucesión de aproximaciones converge hacia la solución deseada para las funciones del tipo ilustrado en la figura 3, en ciertas circunstancias tal vez la sucesión no converja. Por ejemplo, considere la situación de la figura 4. Se ve que x_2 es una aproximación peor que x_1. Es probable que esto sea así cuando $f'(x_1)$ esté cerca de 0. Incluso podría suceder que una aproximación (como x_3 en la figura 4) quede fuera del dominio de f. Entonces el método de Newton falla y debe elegirse una mejor aproximación inicial x_1. Vea en los ejercicios 31-34 ejemplos específicos en los que el método de Newton funciona muy lentamente o no funciona en absoluto.

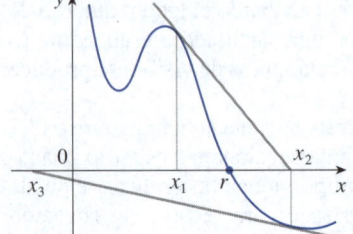

FIGURA 4

EJEMPLO 1 A partir de $x_1 = 2$, halle la tercera aproximación x_3 a la solución de la ecuación $x^3 - 2x - 5 = 0$.

SOLUCIÓN Se aplica el método de Newton con

$$f(x) = x^3 - 2x - 5 \qquad \text{y} \qquad f'(x) = 3x^2 - 2$$

En la figura 5 se ve la geometría del primer paso del método de Newton en el ejemplo 1. Como $f'(2) = 10$, la recta tangente a $y = x^3 - 2x - 5$ en $(2, -1)$ tiene la ecuación $y = 10x - 21$, por lo que su intersección en x es $x_2 = 2.1$.

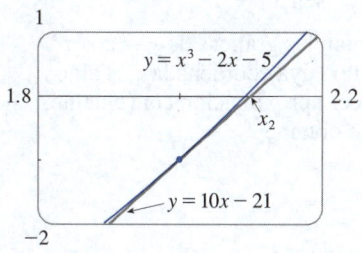

FIGURA 5

El mismo Newton usó esta ecuación para ilustrar su método y eligió $x_1 = 2$ después de algunos experimentos porque $f(1) = -6, f(2) = -1$ y $f(3) = 16$. La ecuación 2 se convierte en

$$x_{n+1} = x_n - \frac{f(x_n)}{f'(x_n)} = x_n - \frac{x_n^3 - 2x_n - 5}{3x_n^2 - 2}$$

Con $n = 1$ se tiene

$$x_2 = x_1 - \frac{f(x_1)}{f'(x_1)} = x_1 - \frac{x_1^3 - 2x_1 - 5}{3x_1^2 - 2}$$

$$= 2 - \frac{2^3 - 2(2) - 5}{3(2)^2 - 2} = 2.1$$

Entonces con $n = 2$ se obtiene

$$x_3 = x_2 - \frac{x_2^3 - 2x_2 - 5}{3x_2^2 - 2} = 2.1 - \frac{(2.1)^3 - 2(2.1) - 5}{3(2.1)^2 - 2} \approx 2.0946$$

Resulta que esta tercera aproximación $x_3 \approx 2.0946$ tiene cuatro decimales de precisión. ∎

Suponga que se desea lograr una precisión dada, digamos hasta ocho decimales, con el método de Newton. ¿Cómo saber cuándo parar? La regla general es detenerse cuando las aproximaciones sucesivas x_n y x_{n+1} coincidan en ocho decimales. (Una declaración precisa sobre la exactitud del método de Newton se dará en el ejercicio 11.11.39).

Observe que el procedimiento para pasar de n a $n + 1$ es el mismo para todos los valores de n. (Se llama proceso *iterativo*). Esto significa que el método de Newton es particularmente conveniente para una calculadora programable o una computadora.

EJEMPLO 2   Utilice el método de Newton para buscar $\sqrt[6]{2}$ con ocho decimales de precisión.

SOLUCIÓN   Primero se observa que encontrar $\sqrt[6]{2}$ equivale a encontrar la solución positiva de la ecuación

$$x^6 - 2 = 0$$

así que se toma $f(x) = x^6 - 2$. Luego $f'(x) = 6x^5$ y la fórmula 2 (método de Newton) se convierte en

$$x_{n+1} = x_n - \frac{f(x_n)}{f'(x_n)} = x_n - \frac{x_n^6 - 2}{6x_n^5}$$

Si se elige $x_1 = 1$ como la aproximación inicial, entonces se obtiene

$$x_2 \approx 1.16666667$$

$$x_3 \approx 1.12644368$$

$$x_4 \approx 1.12249707$$

$$x_5 \approx 1.12246205$$

$$x_6 \approx 1.12246205$$

Como x_5 y x_6 coinciden hasta ocho decimales se concluye que

$$\sqrt[6]{2} \approx 1.12246205$$

hasta ocho decimales. ∎

EJEMPLO 3 Halle, con seis decimales de precisión, la solución de la ecuación $\cos x = x$.

SOLUCIÓN Primero se reescribe la ecuación en forma estándar: $\cos x - x = 0$. Por lo tanto, $f(x) = \cos x - x$. Después $f'(x) = -\operatorname{sen} x - 1$, así que la fórmula 2 se convierte en

$$x_{n+1} = x_n - \frac{\cos x_n - x_n}{-\operatorname{sen} x_n - 1} = x_n + \frac{\cos x_n - x_n}{\operatorname{sen} x_n + 1}$$

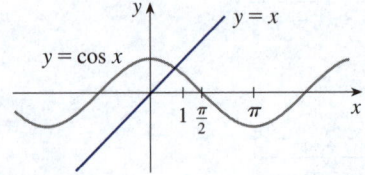

FIGURA 6

A fin de suponer un valor adecuado para x_1 se presentan las gráficas de $y = \cos x$ y $y = x$ en la figura 6. Parece que intersecan en un punto cuya coordenada x es algo menor que 1, así que se toma $x_1 = 1$ como una primera aproximación conveniente. Entonces, con la calculadora en modo de radianes, se obtiene

$$x_2 \approx 0.75036387$$

$$x_3 \approx 0.73911289$$

$$x_4 \approx 0.73908513$$

$$x_5 \approx 0.73908513$$

Como x_4 y x_5 concuerdan hasta seis decimales (ocho, de hecho), se concluye que la solución de la ecuación, con seis decimales de precisión, es 0.739085. ∎

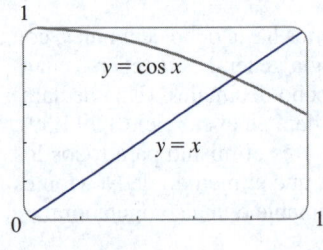

FIGURA 7

En lugar de utilizar el boceto de la figura 6 para obtener una aproximación inicial del método de Newton en el ejemplo 3, se podría haber utilizado la gráfica más precisa que proporciona una calculadora o una computadora. En la figura 7 se sugiere $x_1 = 0.75$ como aproximación inicial. Entonces el método de Newton da

$$x_2 \approx 0.73911114$$

$$x_3 \approx 0.73908513$$

$$x_4 \approx 0.73908513$$

y de esta manera se obtiene la misma respuesta que antes, pero con un paso menos.

4.8 | Ejercicios

1. En la figura se muestra la gráfica de una función f. Suponga que con el método de Newton se aproxima la solución s de la ecuación $f(x) = 0$ con una aproximación inicial de $x_1 = 6$.
   (a) Trace las rectas tangentes que se utilizan para encontrar x_2 y x_3, y estime los valores numéricos de x_2 y x_3.
   (b) ¿Sería $x_1 = 8$ una mejor primera aproximación? Explique.

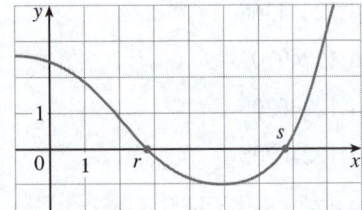

2. Siga las instrucciones del ejercicio 1(a) pero use $x_1 = 1$ como la aproximación inicial para encontrar la solución r.

3. Suponga que la recta tangente a la curva $y = f(x)$ en el punto $(2, 5)$ tiene la ecuación $y = 9 - 2x$. Si se utiliza el método de Newton para localizar una solución de la ecuación $f(x) = 0$ y la aproximación inicial es $x_1 = 2$, encuentre la segunda aproximación x_2.

4. Para cada aproximación inicial, determine gráficamente lo que sucede si se utiliza el método de Newton para la función cuya gráfica se muestra.

   (a) $x_1 = 0$ (b) $x_1 = 1$ (c) $x_1 = 3$
   (d) $x_1 = 4$ (e) $x_1 = 5$

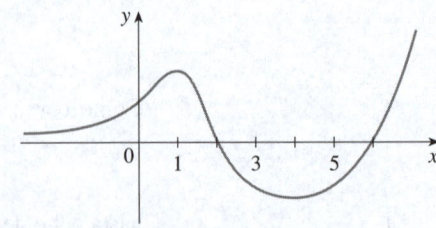

5. ¿Para cuál de las aproximaciones iniciales $x_1 = a, b, c$ y d piensa que el método de Newton funcionará y conducirá a la solución de la ecuación $f(x) = 0$?

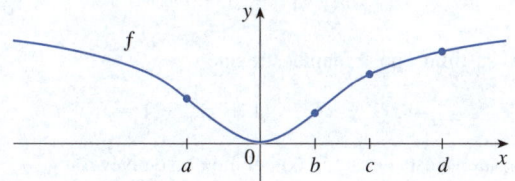

6-8 Utilice el método de Newton con la aproximación inicial x_1 especificada para encontrar x_3, la tercera aproximación a la solución de la ecuación dada. (Dé su respuesta con cuatro decimales).

6. $2x^3 - 3x^2 + 2 = 0$, $x_1 = -1$

7. $\dfrac{2}{x} - x^2 + 1 = 0$, $x_1 = 2$ **8.** $x^5 = x^2 + 1$, $x_1 = 1$

9. Utilice el método de Newton con una aproximación inicial $x_1 = -1$ para encontrar x_2, la segunda aproximación a la solución de la ecuación $x^3 + x + 3 = 0$. Explique cómo funciona el método graficando primero la función y su recta tangente en $(-1, 1)$.

10. Utilice el método de Newton con una aproximación inicial $x_1 = 1$ para encontrar x_2, la segunda aproximación a la solución de la ecuación $x^4 - x - 1 = 0$. Explique cómo funciona el método graficando primero la función y su recta tangente en $(1, -1)$.

11-12 Utilice el método de Newton para aproximar el número dado con ocho decimales de precisión.

11. $\sqrt[4]{75}$ **12.** $\sqrt[8]{500}$

13-14 (a) Explique cómo se sabe que la ecuación dada debe tener una solución en el intervalo dado. (b) Utilice el método de Newton para aproximar la solución con seis decimales de precisión.

13. $3x^4 - 8x^3 + 2 = 0$, $[2, 3]$

14. $-2x^5 + 9x^4 - 7x^3 - 11x = 0$, $[3, 4]$

15-16 Utilice el método de Newton para aproximar la solución indicada de la ecuación con seis decimales de precisión.

15. La solución negativa de $\cos x = x^2 - 4$

16. La solución positiva de $e^{2x} = x + 3$

17-22 Utilice el método de Newton para encontrar todas las soluciones de la ecuación con seis decimales de precisión.

17. $\operatorname{sen} x = x - 1$ **18.** $\cos 2x = x^3$

19. $2^x = 2 - x^2$ **20.** $\ln x = \dfrac{1}{x - 3}$

21. $\arctan x = x^2 - 3$ **22.** $x^3 = 5x - 3$

23-28 Utilice el método de Newton para encontrar todas las soluciones de la ecuación con ocho decimales de precisión. Empiece por ver una gráfica para encontrar las aproximaciones iniciales.

23. $-2x^7 - 5x^4 + 9x^3 + 5 = 0$

24. $x^5 - 3x^4 + x^3 - x^2 - x + 6 = 0$

25. $\dfrac{x}{x^2 + 1} = \sqrt{1 - x}$

26. $\cos(x^2 - x) = x^4$

27. $\sqrt{4 - x^3} = e^{x^2}$

28. $\ln(x^2 + 2) = \dfrac{3x}{\sqrt{x^2 + 1}}$

29. (a) Aplique el método de Newton a la ecuación $x^2 - a = 0$ para derivar el siguiente algoritmo de raíz cuadrada (utilizado por los antiguos babilonios para calcular $\sqrt{a}$):

$$x_{n+1} = \frac{1}{2}\left(x_n + \frac{a}{x_n}\right)$$

  (b) Utilice el inciso (a) para calcular $\sqrt{1000}$ con seis decimales de precisión.

30. (a) Aplique el método de Newton a la ecuación $1/x - a = 0$ para derivar el siguiente algoritmo recíproco:

$$x_{n+1} = 2x_n - ax_n^2$$

  (Este algoritmo permite a una computadora encontrar los recíprocos sin dividirlos realmente).

  (b) Utilice el inciso (a) para calcular $1/1.6984$ con seis decimales de precisión.

31. Explique por qué el método de Newton no funciona para encontrar la solución de la ecuación $x^3 - 3x + 6 = 0$ si se elige la aproximación inicial $x_1 = 1$.

32. (a) Utilice el método de Newton con $x_1 = 1$ para encontrar la solución de la ecuación $x^3 - x = 1$ con seis decimales de precisión.

  (b) Resuelva la ecuación en el inciso (a) con $x_1 = 0.6$ como aproximación inicial.

  (c) Resuelva la ecuación en el inciso (a) con $x_1 = 0.57$. (Definitivamente se necesita una calculadora programable para este inciso).

  (d) Grafique $f(x) = x^3 - x - 1$ y sus rectas tangentes en $x_1 = 1, 0.6$ y 0.57 para explicar por qué el método de Newton es tan sensible al valor de la aproximación inicial.

33. Explique por qué el método de Newton falla cuando se aplica a la ecuación $\sqrt[3]{x} = 0$ con cualquier aproximación inicial $x_1 \neq 0$. Ilustre su explicación con un boceto.

34. Si

$$f(x) = \begin{cases} \sqrt{x} & \text{si } x \geq 0 \\ -\sqrt{-x} & \text{si } x < 0 \end{cases}$$

entonces la solución de la ecuación $f(x) = 0$ es $x = 0$. Explique por qué el método de Newton no logra encontrar la solución sin importar la aproximación inicial $x_1 \neq 0$ que se utilice. Ilustre su explicación con un boceto.

35. (a) Utilice el método de Newton para encontrar los números críticos de la función $f(x) = x^6 - x^4 + 3x^3 - 2x$ con seis decimales de precisión.

(b) Halle el valor mínimo absoluto de f con cuatro decimales de precisión.

36. Utilice el método de Newton para encontrar el valor máximo absoluto de la función $f(x) = x \cos x$, $0 \leq x \leq \pi$, con seis decimales de precisión.

37. Utilice el método de Newton para encontrar las coordenadas del punto de inflexión de la curva $y = x^2 \operatorname{sen} x$, $0 \leq x \leq \pi$, con seis decimales de precisión.

38. De las infinitas rectas que son tangentes a la curva $y = -\operatorname{sen} x$ y que pasan por el origen, hay una que tiene la mayor pendiente. Utilice el método de Newton para encontrar la pendiente de esa recta con seis decimales de precisión.

39. Utilice el método de Newton para encontrar las coordenadas, con seis decimales de precisión, del punto de la parábola $y = (x - 1)^2$ que está más cerca del origen.

40. En la figura, la longitud de la cuerda AB es de 4 cm y la longitud del arco AB es de 5 cm. Encuentre el ángulo central θ, en radianes, con cuatro decimales de precisión. Luego dé la respuesta al grado más cercano.

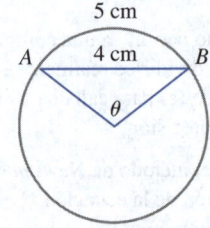

41. Un concesionario de autos vende un automóvil nuevo en \$18 000. También ofrece vender el mismo vehículo por pagos de \$375 al mes durante cinco años. ¿Qué tasa de interés mensual cobra este concesionario?

Para resolver este problema tendrá que usar la fórmula del valor actual A de una anualidad que consiste en n pagos iguales de tamaño R con una tasa de interés i por periodo:

$$A = \frac{R}{i}\left[1 - (1 + i)^{-n}\right]$$

Al sustituir i por x, demuestre que

$$48x(1 + x)^{60} - (1 + x)^{60} + 1 = 0$$

Resuelva esta ecuación con el método de Newton.

42. En la figura se muestra el Sol situado en el origen y la Tierra en el punto $(1, 0)$. (La unidad aquí es la distancia entre los centros de la Tierra y el Sol, llamada *unidad astronómica*: 1 UA $\approx 1.496 \times 10^8$ km). Hay cinco lugares L_1, L_2, L_3, L_4 y L_5 en este plano de rotación de la Tierra alrededor del Sol donde un satélite permanece inmóvil respecto a la Tierra porque las fuerzas que actúan sobre el satélite (como las atracciones gravitacionales de la Tierra y del Sol) se equilibran entre sí. Estos lugares se llaman *puntos de libración*. (Un satélite de investigación solar se colocó en uno de estos puntos de libración). Si m_1 es la masa del Sol, m_2 es la masa de la Tierra y $r = m_2/(m_1 + m_2)$, resulta que la coordenada x de L_1 es la única solución de la ecuación de quinto grado

$$p(x) = x^5 - (2 + r)x^4 + (1 + 2r)x^3 - (1 - r)x^2$$
$$+ 2(1 - r)x + r - 1 = 0$$

y la coordenada x de L_2 es la solución de la ecuación

$$p(x) - 2rx^2 = 0$$

Con el valor $r \approx 3.04042 \times 10^{-6}$, encuentre las ubicaciones de los puntos de libración (a) L_1 y (b) L_2.

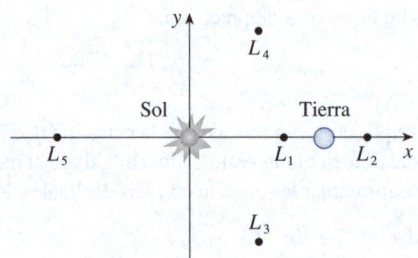

4.9 | Antiderivadas

Un físico que conoce la velocidad de una partícula quizá quisiera saber su posición en un momento dado. Un ingeniero que puede medir la velocidad variable a la que se filtra el agua de un tanque quiere saber la cantidad filtrada en un determinado periodo. Un biólogo que conoce la velocidad a la que aumenta la población de una bacteria podría querer deducir cuál será el tamaño de la población en algún momento futuro. En cada caso, el problema es encontrar una función cuya derivada es una función conocida.

■ La antiderivada de una función

Si tenemos una función F cuya derivada es la función f, entonces F se llama *antiderivada* de f.

> **Definición** Una función F se llama **antiderivada** de f en un intervalo I si $F'(x) = f(x)$ para toda x en I.

Por ejemplo, sea $f(x) = x^2$. No es difícil descubrir una antiderivada de f si se toma en cuenta la regla de la potencia. De hecho, si $F(x) = \frac{1}{3}x^3$, entonces $F'(x) = x^2 = f(x)$. Pero la función $G(x) = \frac{1}{3}x^3 + 100$ también satisface $G'(x) = x^2$. Por lo tanto, tanto F como G son antiderivadas de f. Es más, cualquier función de la forma $H(x) = \frac{1}{3}x^3 + C$, donde C es una constante, es una antiderivada de f. Queda la pregunta: ¿hay otras?

Para responder esta pregunta, recuerde que en la sección 4.2 se empleó el teorema del valor medio para demostrar que si dos funciones tienen derivadas idénticas en un intervalo, entonces deben diferir por una constante (corolario 4.2.7). Así, si F y G son dos antiderivadas de f, entonces

$$F'(x) = f(x) = G'(x)$$

por lo que $G(x) - F(x) = C$, donde C es una constante. Se puede escribir esto como $G(x) = F(x) + C$, por lo que se tiene el siguiente resultado.

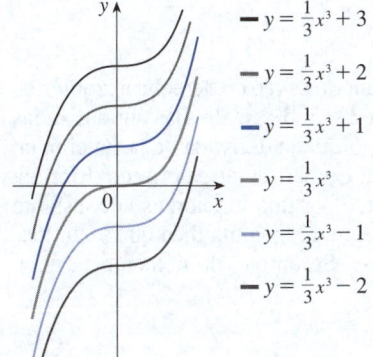

$-\ y = \frac{1}{3}x^3 + 3$

$-\ y = \frac{1}{3}x^3 + 2$

$-\ y = \frac{1}{3}x^3 + 1$

$-\ y = \frac{1}{3}x^3$

$-\ y = \frac{1}{3}x^3 - 1$

$-\ y = \frac{1}{3}x^3 - 2$

FIGURA 1
Miembros de la familia de antiderivadas de $f(x) = x^2$

> **1 Teorema** Si F es una antiderivada de f en un intervalo I, entonces la antiderivada más general de f en I es
>
> $$F(x) + C$$
>
> donde C es una constante arbitraria.

De vuelta a la función $f(x) = x^2$, se ve que la antiderivada general de f es $\frac{1}{3}x^3 + C$. Al asignar valores específicos a la constante C se obtiene una familia de funciones cuyas gráficas son traslaciones verticales entre sí (vea la figura 1). Esto tiene sentido porque cada curva debe tener la misma pendiente en cualquier valor dado de x.

EJEMPLO 1 Halle la antiderivada más general de cada una de las siguientes funciones.

(a) $f(x) = \operatorname{sen} x$ (b) $f(x) = 1/x$ (c) $f(x) = x^n, \quad n \neq -1$

SOLUCIÓN
(a) Si $F(x) = -\cos x$, entonces $F'(x) = \operatorname{sen} x$, por lo que una antiderivada de $\operatorname{sen} x$ es $-\cos x$. Según el teorema 1, la antiderivada más general es $G(x) = -\cos x + C$.
(b) Recuerde de la sección 3.6 que

$$\frac{d}{dx}(\ln x) = \frac{1}{x}$$

Entonces, en el intervalo $(0, \infty)$ la antiderivada general de $1/x$ es $\ln x + C$. También se vio que

$$\frac{d}{dx}(\ln |x|) = \frac{1}{x}$$

para toda $x \neq 0$. El teorema 1 dice que la antiderivada general de $f(x) = 1/x$ es $\ln |x| + C$ en cualquier intervalo que no contenga 0. En particular, esto es cierto en cada uno de los intervalos $(-\infty, 0)$ y $(0, \infty)$. Así, la antiderivada general de f es

$$F(x) = \begin{cases} \ln x + C_1 & \text{si } x > 0 \\ \ln(-x) + C_2 & \text{si } x < 0 \end{cases}$$

(c) Se aplica la regla de la potencia para descubrir una antiderivada de x^n. De hecho, si $n \neq -1$, entonces

$$\frac{d}{dx}\left(\frac{x^{n+1}}{n+1}\right) = \frac{(n+1)x^n}{n+1} = x^n$$

Así que la antiderivada de $f(x) = x^n$ es

$$F(x) = \frac{x^{n+1}}{n+1} + C$$

Esto es válido para $n \geq 0$, pues $f(x) = x^n$ se define en un intervalo. Si n es negativo (pero $n \neq -1$), es válido en cualquier intervalo que no contenga 0. ∎

◼ Fórmulas de antiderivación

Como en el ejemplo 1, toda fórmula de derivación cuando se lee de derecha a izquierda, da lugar a una fórmula de antiderivación. En la tabla 2 se indican algunas antiderivadas particulares. Cada fórmula en la tabla es verdadera porque la derivada de la función en la columna derecha aparece en la columna izquierda. En particular, la primera fórmula dice que la antiderivada de una constante multiplicada por una función es la constante multiplicada por la antiderivada de la función. La segunda fórmula dice que la antiderivada de una suma es la suma de las antiderivadas. (Se emplea la notación $F' = f$, $G' = g$).

2 **Tabla de fórmulas de antiderivación**

Función	Antiderivada particular	Función	Antiderivada particular
$cf(x)$	$cF(x)$	$\text{sen } x$	$-\cos x$
$f(x) + g(x)$	$F(x) + G(x)$	$\sec^2 x$	$\tan x$
$x^n \ (n \neq -1)$	$\dfrac{x^{n+1}}{n+1}$	$\sec x \tan x$	$\sec x$
$\dfrac{1}{x}$	$\ln|x|$	$\dfrac{1}{\sqrt{1-x^2}}$	$\text{sen}^{-1} x$
e^x	e^x	$\dfrac{1}{1+x^2}$	$\tan^{-1} x$
b^x	$\dfrac{b^x}{\ln b}$	$\cosh x$	$\text{senh } x$
$\cos x$	$\text{sen } x$	$\text{senh } x$	$\cosh x$

Para obtener la antiderivada más general a partir de los particulares de la tabla 2 se tiene que añadir una constante (o constantes), como en el ejemplo 1.

EJEMPLO 2 Determine todas las funciones g tales que

$$g'(x) = 4 \text{ sen } x + \frac{2x^5 - \sqrt{x}}{x}$$

SOLUCIÓN Primero se reescribe la función dada de la siguiente manera:

$$g'(x) = 4 \operatorname{sen} x + \frac{2x^5}{x} - \frac{\sqrt{x}}{x} = 4 \operatorname{sen} x + 2x^4 - \frac{1}{\sqrt{x}}$$

Por lo tanto, se desea encontrar una antiderivada de

$$g'(x) = 4 \operatorname{sen} x + 2x^4 - x^{-1/2}$$

Con las fórmulas de la tabla 2 junto con el teorema 1 se obtiene

$$g(x) = 4(-\cos x) + 2\frac{x^5}{5} - \frac{x^{1/2}}{\frac{1}{2}} + C$$

$$= -4 \cos x + \tfrac{2}{5}x^5 - 2\sqrt{x} + C \qquad \blacksquare$$

Es frecuente utilizar la letra mayúscula F para representar una antiderivada de una función f. Si se empieza con la notación de derivadas, f', una antiderivada es f, por supuesto.

En las aplicaciones de cálculo es muy común tener una situación como en el ejemplo 2, donde se requiere encontrar una función a partir del conocimiento de sus derivadas. Una ecuación que involucra las derivadas de una función se llama **ecuación diferencial**. Estas se estudiarán con cierto detalle en el capítulo 9, pero por el momento es posible resolver algunas ecuaciones diferenciales elementales. La solución general de una ecuación diferencial implica una constante (o constantes), como en el ejemplo 2. Sin embargo, pueden existir algunas condiciones adicionales, pues eso determinará las constantes y por lo tanto especificará de manera única la solución.

EJEMPLO 3 Halle f si $f'(x) = e^x + 20(1 + x^2)^{-1}$ y $f(0) = -2$.

SOLUCIÓN La antiderivada general de

$$f'(x) = e^x + \frac{20}{1 + x^2}$$

En la figura 2 se ven las gráficas de la función f' del ejemplo 3 y su antiderivada f. Observe que $f'(x) > 0$, por lo que f siempre está en aumento. También note que cuando f' tiene un máximo o un mínimo, f parece tener un punto de inflexión. Así, la gráfica sirve como comprobación del cálculo.

es

$$f(x) = e^x + 20 \tan^{-1}x + C$$

Para determinar C se parte de que $f(0) = -2$:

$$f(0) = e^0 + 20 \tan^{-1} 0 + C = -2$$

Por lo tanto, se tiene $C = -2 - 1 = -3$, así que la solución particular es

$$f(x) = e^x + 20 \tan^{-1}x - 3 \qquad \blacksquare$$

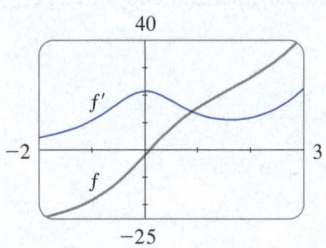

FIGURA 2

EJEMPLO 4 Determine f si $f''(x) = 12x^2 + 6x - 4, f(0) = 4$ y $f(1) = 1$.

SOLUCIÓN La antiderivada general de $f''(x) = 12x^2 + 6x - 4$ es

$$f'(x) = 12\frac{x^3}{3} + 6\frac{x^2}{2} - 4x + C = 4x^3 + 3x^2 - 4x + C$$

De nuevo, al usar las reglas de antiderivación, se ve que

$$f(x) = 4\frac{x^4}{4} + 3\frac{x^3}{3} - 4\frac{x^2}{2} + Cx + D = x^4 + x^3 - 2x^2 + Cx + D$$

Para determinar C y D se emplean las condiciones dadas de que $f(0) = 4$ y $f(1) = 1$. Como $f(0) = 0 + D = 4$, se tiene $D = 4$. Puesto que

$$f(1) = 1 + 1 - 2 + C + 4 = 1$$

se tiene $C = -3$. Por lo tanto, la función requerida es

$$f(x) = x^4 + x^3 - 2x^2 - 3x + 4 \qquad \blacksquare$$

Gráficas de antiderivadas

Si se da la gráfica de una función f, parece razonable que sea posible trazar la gráfica de una antiderivada F. Suponga, por ejemplo, que se indica que $F(0) = 1$. Entonces hay un lugar para empezar, el punto $(0,1)$, y una dirección para mover el lápiz está dada en cada etapa por la derivada $F'(x) = f(x)$. En el siguiente ejemplo se aplican los principios de este capítulo para mostrar cómo graficar F aunque no haya una fórmula para f. Este sería el caso, por ejemplo, cuando $f(x)$ está determinada por datos experimentales.

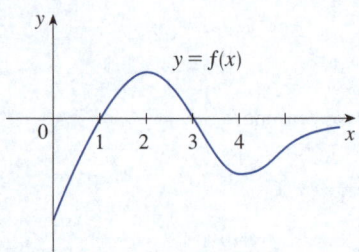

FIGURA 3

EJEMPLO 5 En la figura 3 se muestra la gráfica de una función f. Trace un boceto aproximado de una antiderivada F con $F(0) = 2$.

SOLUCIÓN Una guía es que la pendiente de $y = F(x)$ es $f(x)$. Se comienza en el punto $(0, 2)$ y se traza F como una función inicialmente descendente porque $f(x)$ es negativa cuando $0 < x < 1$. Observe que $f(1) = f(3) = 0$, por lo que F tiene tangentes horizontales cuando $x = 1$ y $x = 3$. Para $1 < x < 3$, $f(x)$ es positiva y por tanto F es creciente. Se ve que F tiene un mínimo local cuando $x = 1$ y un máximo local cuando $x = 3$. Para $x > 3$, $f(x)$ es negativa y por lo tanto F es decreciente en $(3, \infty)$. Como $f(x) \to 0$ en la medida en que $x \to \infty$, la gráfica de F se vuelve más plana conforme $x \to \infty$. También observe que $F''(x) = f'(x)$ cambia de positiva a negativa en $x = 2$ y de negativa a positiva en $x = 4$, por lo que F tiene puntos de inflexión cuando $x = 2$ y $x = 4$. Con esta información se elabora la gráfica de la antiderivada en la figura 4. ∎

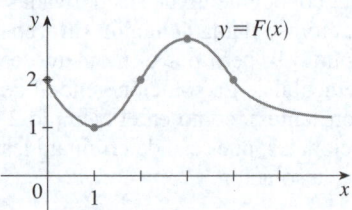

FIGURA 4

Movimiento rectilíneo

La antiderivación es particularmente útil para analizar el movimiento de un objeto que se mueve en una línea recta. Recuerde que si el objeto tiene la función de posición $s = f(t)$, entonces la función de velocidad es $v(t) = s'(t)$. Esto significa que la función de posición es una antiderivada de la función de velocidad. Del mismo modo, la función de aceleración es $a(t) = v'(t)$, por lo que la velocidad es una antiderivada de la aceleración. Si se conocen la aceleración y los valores iniciales $s(0)$ y $v(0)$, entonces la función de posición se encuentra al antiderivar dos veces.

EJEMPLO 6 Una partícula se mueve en línea recta y tiene una aceleración dada por $a(t) = 6t + 4$. Su velocidad inicial es $v(0) = -6$ cm/s y su desplazamiento inicial es $s(0) = 9$ cm. Encuentre su función de posición $s(t)$.

SOLUCIÓN Como $v'(t) = a(t) = 6t + 4$, la antiderivada da

$$v(t) = 6\frac{t^2}{2} + 4t + C = 3t^2 + 4t + C$$

Observe que $v(0) = C$. Pero se indica que $v(0) = -6$, por lo que $C = -6$ y

$$v(t) = 3t^2 + 4t - 6$$

Como $v(t) = s'(t)$, s es la antiderivada de v:

$$s(t) = 3\frac{t^3}{3} + 4\frac{t^2}{2} - 6t + D = t^3 + 2t^2 - 6t + D$$

Esto da $s(0) = D$. Se informa que $s(0) = 9$, así que $D = 9$ y la función de posición requerida es

$$s(t) = t^3 + 2t^2 - 6t + 9$$

∎

Un objeto cercano a la superficie de la Tierra está sujeto a una fuerza gravitatoria que produce una aceleración descendente denotada por g. Para el movimiento cercano al suelo se asumiría que g es constante, con un valor de alrededor de 9.8 m/s². Es notable que a partir del simple hecho de que la aceleración debida a la gravedad es constante sea posible utilizar el cálculo para deducir la posición y la velocidad de cualquier objeto que se mueva por la fuerza de la gravedad, como se ilustra en el siguiente ejemplo.

EJEMPLO 7   Una pelota se arroja hacia arriba con una rapidez de 15 m/s desde el borde de un acantilado, a 130 m sobre el suelo. Encuentre su altura sobre el suelo t segundos después. ¿Cuándo alcanza su máxima altura? ¿Cuándo toca el suelo?

SOLUCIÓN   El movimiento es vertical y se selecciona que la dirección positiva sea hacia arriba. En el tiempo t la distancia sobre el suelo es $s(t)$ y la velocidad $v(t)$ es decreciente. Por lo tanto, la aceleración debe ser negativa y se tiene

$$a(t) = \frac{dv}{dt} = -9.8$$

Se toman antiderivadas y se obtiene

$$v(t) = -9.8t + C$$

Para determinar C se emplea la información $v(0) = 15$. Esto da $15 = 0 + C$, así que

$$v(t) = -9.8t + 15$$

La altura máxima se alcanza cuando $v(t) = 0$, es decir, después de 1.5 segundos. Como $s'(t) = v(t)$, se antideriva de nuevo y se obtiene

$$s(t) = -4.9t^2 + 15t + D$$

A partir de que $s(0) = 130$, se tiene $130 = 0 + D$, y así

$$s(t) = -4.9t^2 + 15t + 130$$

La expresión para $s(t)$ es válida hasta que la pelota toque el suelo. Esto ocurre cuando $s(t) = 0$, es decir, cuando

$$-4.9t^2 + 15t + 130 = 0$$

o, de manera equivalente,

$$4.9t^2 - 15t - 130 = 0$$

Con la fórmula cuadrática para resolver esta ecuación se obtiene

$$t = \frac{15 \pm \sqrt{2773}}{9.8}$$

Se rechaza la solución con el signo de menos porque da un valor negativo para t. Por lo tanto, la pelota toca el suelo después de $15 + \sqrt{2773}/9.8 \approx 6.9$ segundos.   ∎

En la figura 5 se ve la función de posición de la pelota del ejemplo 7. La gráfica corrobora las conclusiones: la pelota alcanza su máxima altura después de 1.5 segundos y toca el suelo después de unos 6.9 segundos.

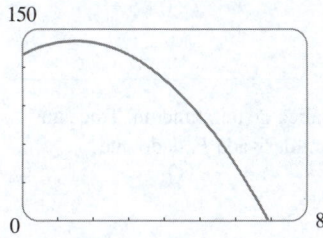

FIGURA 5

4.9 | Ejercicios

1-4 Encuentre una antiderivada de la función.

1. (a) $f(x) = 6$ (b) $g(t) = 3t^2$

2. (a) $f(x) = 2x$ (b) $g(x) = -1/x^2$

3. (a) $h(q) = \cos q$ (b) $f(x) = e^x$

4. (a) $g(t) = 1/t$ (b) $r(\theta) = \sec^2\theta$

5-26 Halle la antiderivada más general de la función. (Compruebe su respuesta mediante derivación).

5. $f(x) = 4x + 7$

6. $f(x) = x^2 - 3x + 2$

7. $f(x) = 2x^3 - \frac{2}{3}x^2 + 5x$

8. $f(x) = 6x^5 - 8x^4 - 9x^2$

9. $f(x) = x(12x + 8)$

10. $f(x) = (x - 5)^2$

11. $g(x) = 4x^{-2/3} - 2x^{5/3}$ **12.** $h(z) = 3z^{0.8} + z^{-2.5}$

13. $f(x) = 3\sqrt{x} - 2\sqrt[3]{x}$ **14.** $g(x) = \sqrt{x}\,(2 - x + 6x^2)$

15. $f(t) = \dfrac{2t - 4 + 3\sqrt{t}}{\sqrt{t}}$ **16.** $f(x) = \sqrt[4]{5} + \sqrt[4]{x}$

17. $f(x) = \dfrac{2}{5x} - \dfrac{3}{x^2}$

18. $f(x) = \dfrac{5x^2 - 6x + 4}{x^2}, \quad x > 0$

19. $g(t) = 7e^t - e^3$ **20.** $f(x) = \dfrac{10}{x^6} - 2e^x + 3$

21. $f(\theta) = 2\,\mathrm{sen}\,\theta - 3\sec\theta\tan\theta$

22. $h(x) = \sec^2 x + \pi\cos x$

23. $f(r) = \dfrac{4}{1 + r^2} - \sqrt[5]{r^4}$

24. $g(v) = 2\cos v - \dfrac{3}{\sqrt{1 - v^2}}$

25. $f(x) = 2^x + 4\,\mathrm{senh}\,x$ **26.** $f(x) = \dfrac{2x^2 + 5}{x^2 + 1}$

27-28 Determine la antiderivada F de f que satisface la condición. Compruebe su respuesta comparando las gráficas de f y F.

27. $f(x) = 2e^x - 6x, \quad F(0) = 1$

28. $f(x) = 4 - 3(1 + x^2)^{-1}, \quad F(1) = 0$

29-54 Busque f.

29. $f''(x) = 24x$

30. $f''(t) = t^2 - 4$

31. $f''(x) = 4x^3 + 24x - 1$ **32.** $f''(x) = 6x - x^4 + 3x^5$

33. $f''(x) = 2x + 3e^x$ **34.** $f''(x) = 1/x^2, \quad x > 0$

35. $f'''(t) = 12 + \mathrm{sen}\,t$ **36.** $f'''(t) = \sqrt{t} - 2\cos t$

37. $f'(x) = 8x^3 + \dfrac{1}{x}, \quad x > 0, \quad f(1) = -3$

38. $f'(x) = \sqrt{x} - 2, \quad f(9) = 4$

39. $f'(t) = 4/(1 + t^2), \quad f(1) = 0$

40. $f'(t) = t + 1/t^3, \quad t > 0, \quad f(1) = 6$

41. $f'(x) = 5x^{2/3}, \quad f(8) = 21$

42. $f'(x) = (x + 1)/\sqrt{x}, \quad f(1) = 5$

43. $f'(t) = \sec t\,(\sec t + \tan t), \quad -\pi/2 < t < \pi/2,$
$\quad f(\pi/4) = -1$

44. $f'(t) = 3^t - 3/t, \quad f(1) = 2, \quad f(-1) = 1$

45. $f''(x) = -2 + 12x - 12x^2, \quad f(0) = 4, \quad f'(0) = 12$

46. $f''(x) = 8x^3 + 5, \quad f(1) = 0, \quad f'(1) = 8$

47. $f''(\theta) = \mathrm{sen}\,\theta + \cos\theta, \quad f(0) = 3, \quad f'(0) = 4$

48. $f''(t) = t^2 + 1/t^2, \quad t > 0, \quad f(2) = 3, \quad f'(1) = 2$

49. $f''(x) = 4 + 6x + 24x^2, \quad f(0) = 3, \quad f(1) = 10$

50. $f''(x) = x^3 + \mathrm{senh}\,x, \quad f(0) = 1, \quad f(2) = 2.6$

51. $f''(x) = e^x - 2\,\mathrm{sen}\,x, \quad f(0) = 3, \quad f(\pi/2) = 0$

52. $f''(t) = \sqrt[3]{t} - \cos t, \quad f(0) = 2, \quad f(1) = 2$

53. $f''(x) = x^{-2}, \quad x > 0, \quad f(1) = 0, \quad f(2) = 0$

54. $f'''(x) = \cos x, \quad f(0) = 1, \quad f'(0) = 2, \quad f''(0) = 3$

55. Como la gráfica de f pasa por el punto $(2, 5)$ y la pendiente de su recta tangente en $(x, f(x))$ es $3 - 4x$, halle $f(1)$.

56. Determine una función f tal que $f'(x) = x^3$ y la recta $x + y = 0$ sea tangencial a la gráfica de f.

57-58 Se muestra la gráfica de una función f. ¿Qué gráfica es una antiderivada de f y por qué?

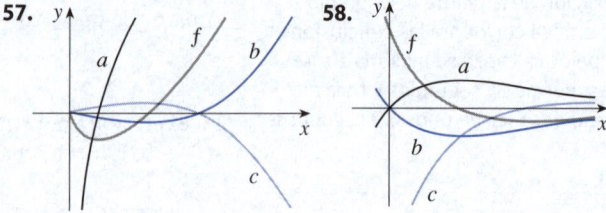

59. En la figura se muestra la gráfica de una función. Trace un boceto aproximado de una antiderivada F, dado que $F(0) = 1$.

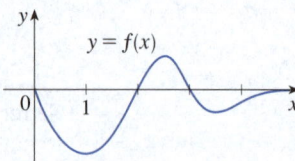

60. La gráfica de la función de velocidad de una partícula se muestra en la figura. Trace la gráfica de una función de posición.

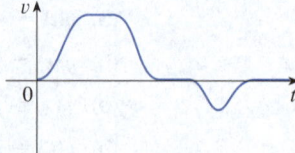

61. En la figura se muestra la gráfica de f'. Trace la gráfica de f si f es continua en $[0, 3]$ y $f(0) = -1$.

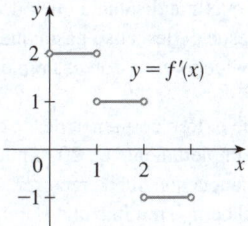

62. (a) Grafique $f(x) = 2x - 3\sqrt{x}$.
(b) Comenzando con la gráfica del inciso (a), trace una gráfica aproximada de la antiderivada F que satisfaga $F(0) = 1$.
(c) Utilice las reglas de esta sección para encontrar una expresión para $F(x)$.
(d) Grafique F con la expresión del inciso (c). Compare con su boceto en el inciso (b).

63-64 Trace una gráfica de f y con ella elabore un trazo rápido de la antiderivada que pasa a través del origen.

63. $f(x) = \dfrac{\operatorname{sen} x}{1 + x^2}$, $\quad -2\pi \leqslant x \leqslant 2\pi$

64. $f(x) = \sqrt{x^4 - 2x^2 + 2} - 2$, $\quad -3 \leqslant x \leqslant 3$

65-70 Una partícula se mueve con los datos indicados. Encuentre la posición de la partícula.

65. $v(t) = 2\cos t + 4\operatorname{sen} t$, $\quad s(0) = 3$

66. $v(t) = t^2 - 3\sqrt{t}$, $\quad s(4) = 8$

67. $a(t) = 2t + 1$, $\quad s(0) = 3$, $\quad v(0) = -2$

68. $a(t) = 3\cos t - 2\operatorname{sen} t$, $\quad s(0) = 0$, $\quad v(0) = 4$

69. $a(t) = \operatorname{sen} t - \cos t$, $\quad s(0) = 0$, $\quad s(\pi) = 6$

70. $a(t) = t^2 - 4t + 6$, $\quad s(0) = 0$, $\quad s(1) = 20$

71. Se deja caer una piedra desde la plataforma de observación superior (la Plataforma Espacial) de la Torre CN, a 450 m sobre el suelo.
(a) Determine la distancia de la piedra sobre el nivel del suelo en el momento t.
(b) ¿Cuánto tiempo tarda la piedra en llegar al suelo?
(c) ¿Con qué velocidad impacta en el suelo?
(d) Si la piedra se arroja hacia abajo con una rapidez de 5 m/s, ¿cuánto tiempo tarda en llegar al suelo?

72. Demuestre que para el movimiento en línea recta con aceleración constante a, velocidad inicial v_0 y desplazamiento inicial s_0, el desplazamiento después del tiempo t es $s = \frac{1}{2}at^2 + v_0 t + s_0$.

73. Un objeto se proyecta hacia arriba con una velocidad inicial v_0 metros por segundo desde un punto s_0 metros sobre el suelo. Demuestre que

$$[v(t)]^2 = v_0^2 - 19.6[s(t) - s_0]$$

74. Se lanzan dos pelotas hacia arriba desde el borde del acantilado en el ejemplo 7. La primera se lanza con una rapidez de 15 m/s y la otra es lanzada un segundo después con una rapidez de 8 m/s. ¿Se pasan las pelotas una a la otra en algún momento?

75. Se lanzó una piedra desde un acantilado y golpeó el suelo con una rapidez de 40 m/s. ¿Cuál es la altura del acantilado?

76. Si un clavadista de masa m se encuentra al final de un trampolín con longitud L y densidad lineal ρ, entonces el trampolín toma la forma de una curva $y = f(x)$, donde

$$EIy'' = mg(L - x) + \tfrac{1}{2}\rho g(L - x)^2$$

E e I son constantes positivas que dependen del material del trampolín y $g\,(< 0)$ es la aceleración debida a la gravedad.
(a) Halle una expresión para la forma de la curva.
(b) Utilice $f(L)$ para estimar la distancia por debajo de la horizontal en el extremo del trampolín.

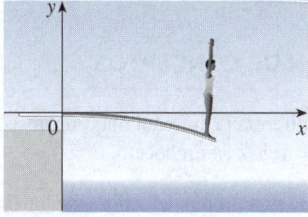

77. Una empresa estima que el costo marginal (en USD por artículo) de la producción de x artículos es de $1.92 - 0.002x$. Si el costo de producir un artículo es de \$562, encuentre el costo de producir 100 artículos.

78. La densidad lineal de una varilla de 1 m de longitud está dada por $\rho(x) = 1/\sqrt{x}$, en gramos por centímetro, donde x se mide en centímetros desde un extremo de la varilla. Encuentre la masa de la varilla.

79. Puesto que las gotas de lluvia crecen a medida que caen, su área superficial aumenta y por lo tanto la resistencia a su caída aumenta. Una gota de lluvia tiene una velocidad inicial de descenso de 10 m/s y su aceleración descendente es

$$a = \begin{cases} 9 - 0.9t & \text{si } 0 \leqslant t \leqslant 10 \\ 0 & \text{si } t > 10 \end{cases}$$

Si la gota de lluvia se forma a 500 m del suelo, ¿cuánto tiempo tarda en caer?

80. Un auto viaja a 80 km/h cuando los frenos se accionan a fondo, produciendo una desaceleración constante de 7 m/s². ¿Cuál es la distancia recorrida antes de que el auto se detenga por completo?

81. ¿Qué aceleración constante se requiere para aumentar la rapidez de un auto de 50 km/h a 80 km/h en 5 segundos?

82. Un automóvil frenó con una desaceleración constante de 5 m/s², produciendo marcas de derrape de 60 m antes de detenerse. ¿A qué velocidad iba el auto cuando se accionaron los frenos inicialmente?

83. Un automóvil viaja a 100 km/h cuando el conductor ve un accidente a 80 m de distancia y frena bruscamente. ¿Qué desaceleración constante se requiere para detener el vehículo a tiempo para evitar un choque múltiple?

84. Un modelo de cohete se dispara verticalmente hacia arriba desde una posición de reposo. Su aceleración durante los primeros tres segundos es $a(t) = 18t$; en ese momento el combustible se agota y se convierte en un cuerpo en "caída libre". Después de 14 s, el paracaídas del cohete se abre, y la velocidad (hacia abajo) se reduce linealmente a -5.5 m/s en 5 segundos. Entonces, el cohete "flota" hacia el suelo a esa velocidad.

(a) Determine la función de posición s y la función de velocidad v (para todos los tiempos t). Trace las gráficas de s y v.

(b) ¿En qué momento alcanza el cohete su máxima altura, y cuál es esa altura?

(c) ¿En qué momento aterriza el cohete?

85. Un tren bala acelera y desacelera a la velocidad de 1.2 m/s². Su rapidez de crucero máxima es de 145 km/h.

(a) ¿Cuál es la máxima distancia que puede recorrer el tren si acelera desde el descanso hasta que alcanza su rapidez de crucero y luego viaja con esa rapidez durante 20 minutos?

(b) Suponga que el tren comienza desde el reposo y debe detenerse completamente en 20 minutos. ¿Cuál es la máxima distancia que puede recorrer en estas condiciones?

(c) Determine el tiempo mínimo que el tren tarda en viajar entre dos estaciones consecutivas que están a 72 km de distancia.

(d) El viaje de una estación a la siguiente consume 37.5 minutos. ¿A qué distancia están las estaciones?

4 REPASO

VERIFICACIÓN DE CONCEPTOS

Las respuestas de la sección "Verificación de conceptos" están disponibles en StewartCalculus.com

1. Explique la diferencia entre un máximo absoluto y un máximo local. Ilústrelo con un boceto.

2. (a) ¿Qué dice el teorema del valor absoluto?

(b) Explique cómo funciona el método del intervalo cerrado.

3. (a) Exponga el teorema de Fermat.

(b) Defina un número crítico de f.

4. (a) Enuncie el teorema de Rolle.

(b) Exponga el teorema del valor medio y dé una interpretación geométrica.

5. (a) Enuncie la prueba creciente/decreciente.

(b) ¿Qué significa decir que f es cóncava hacia arriba en un intervalo I?

(c) Enuncie la prueba de concavidad.

(d) ¿Qué son los puntos de inflexión? ¿Cómo se determinan?

6. (a) Exponga la prueba de la primera derivada.

(b) Exponga la prueba de la segunda derivada.

(c) ¿Cuáles son las ventajas y desventajas relativas de estas pruebas?

7. (a) ¿Qué dice la regla de L'Hôpital?

(b) ¿Cómo se puede utilizar la regla de L'Hôpital cuando se tiene un producto $f(x)g(x)$ donde $f(x) \to 0$ y $g(x) \to \infty$ conforme $x \to a$?

(c) ¿Cómo se puede utilizar la regla de L'Hôpital si se tiene una diferencia $f(x) - g(x)$ donde $f(x) \to \infty$ y $g(x) \to \infty$ a medida que $x \to a$?

(d) ¿Cómo se puede utilizar la regla de L'Hôpital si se tiene una potencia $[f(x)]^{g(x)}$ donde $f(x) \to 0$ y $g(x) \to 0$ a medida que $x \to a$?

8. Indique si cada una de las siguientes formas de límites es indeterminada. Cuando sea posible, indique el límite.

(a) $\dfrac{0}{0}$ (b) $\dfrac{\infty}{\infty}$ (c) $\dfrac{0}{\infty}$ (d) $\dfrac{\infty}{0}$

(e) $\infty + \infty$ (f) $\infty - \infty$ (g) $\infty \cdot \infty$ (h) $\infty \cdot 0$

(i) 0^0 (j) 0^∞ (k) ∞^0 (l) 1^∞

9. Si tiene una calculadora graficadora o una computadora, ¿por qué se necesita el cálculo para graficar una función?

10. (a) Dada una aproximación inicial x_1 a una solución de la ecuación $f(x) = 0$, explique geométricamente, con un diagrama, cómo se obtiene la segunda aproximación x_2 según el método de Newton.

(b) Escriba una expresión para x_2 en términos de $x_1, f(x_1)$ y $f'(x_1)$.

(c) Escriba una expresión para x_{n+1} en términos de $x_n, f(x_n)$ y $f'(x_n)$.

(d) ¿En qué circunstancias es probable que el método de Newton falle o funcione muy lentamente?

11. (a) ¿Qué es una antiderivada de una función f?

(b) Suponga que F_1 y F_2 son antiderivadas de f en un intervalo I. ¿Cómo se relacionan F_1 y F_2?

PREGUNTAS DE VERDADERO O FALSO

Determine si el enunciado es verdadero o falso. Si es verdadero, explique por qué. Si es falso, explique por qué o dé un ejemplo que lo refute.

1. Si $f'(c) = 0$, entonces f tiene un máximo o mínimo local en c.

2. Si f tiene un valor mínimo absoluto en c, entonces $f'(c) = 0$.

3. Si f es continua en (a, b), entonces f alcanza un valor máximo absoluto $f(c)$ y un valor mínimo absoluto $f(d)$ en algunos números c y d en (a, b).

4. Si f es derivable y $f(-1) = f(1)$, entonces existe un número c tal que $|c| < 1$ y $f'(c) = 0$.

5. Si $f'(x) < 0$ para $1 < x < 6$, entonces f es decreciente en $(1, 6)$.

6. Si $f''(2) = 0$, entonces $(2, f(2))$ es un punto de inflexión de la curva $y = f(x)$.

7. Si $f'(x) = g'(x)$ para $0 < x < 1$, entonces $f(x) = g(x)$ para $0 < x < 1$.

8. Existe una función f tal que $f(1) = -2$, $f(3) = 0$ y $f'(x) > 1$ para toda x.

9. Existe una función f tal que $f(x) > 0$, $f'(x) < 0$ y $f''(x) > 0$ para toda x.

10. Existe una función f tal que $f(x) < 0$, $f'(x) < 0$ y $f''(x) > 0$ para toda x.

11. Si f y g son crecientes en un intervalo I, entonces $f + g$ es creciente en I.

12. Si f y g son crecientes en un intervalo I, entonces $f - g$ es creciente en I.

13. Si f y g son crecientes en un intervalo I, entonces fg es creciente en I.

14. Si f y g son funciones crecientes positivas en un intervalo I, entonces fg es creciente en I.

15. Si f y $f(x) > 0$ son crecientes en I, entonces $g(x) = 1/f(x)$ es decreciente en I.

16. Si f es par, entonces f' es par.

17. Si f es periódica, entonces f' es periódica.

18. La antiderivada más general de $f(x) = x^{-2}$ es

$$F(x) = -\frac{1}{x} + C$$

19. Si $f'(x)$ existe y es no cero para toda x, entonces $f(1) \neq f(0)$.

20. Si $\lim_{x \to \infty} f(x) = 1$ y $\lim_{x \to \infty} g(x) = \infty$, entonces

$$\lim_{x \to \infty} [f(x)]^{g(x)} = 1$$

21. $\lim_{x \to 0} \dfrac{x}{e^x} = 1$

EJERCICIOS

1-6 Encuentre los valores extremos locales y absolutos de la función en el intervalo dado.

1. $f(x) = x^3 - 9x^2 + 24x - 2$, $[0, 5]$

2. $f(x) = x\sqrt{1 - x}$, $[-1, 1]$

3. $f(x) = \dfrac{3x - 4}{x^2 + 1}$, $[-2, 2]$

4. $f(x) = \sqrt{x^2 + x + 1}$, $[-2, 1]$

5. $f(x) = x + 2\cos x$, $[-\pi, \pi]$

6. $f(x) = x^2 e^{-x}$, $[-1, 3]$

7-14 Evalúe el límite.

7. $\lim_{x \to 0} \dfrac{e^x - 1}{\tan x}$

8. $\lim_{x \to 0} \dfrac{\tan 4x}{x + \operatorname{sen} 2x}$

9. $\lim_{x \to 0} \dfrac{e^{2x} - e^{-2x}}{\ln(x + 1)}$

10. $\lim_{x \to \infty} \dfrac{e^{2x} - e^{-2x}}{\ln(x + 1)}$

11. $\lim_{x \to -\infty} (x^2 - x^3)e^{2x}$

12. $\lim_{x \to \pi^-} (x - \pi)\csc x$

13. $\lim_{x \to 1^+} \left(\dfrac{x}{x - 1} - \dfrac{1}{\ln x} \right)$

14. $\lim_{x \to (\pi/2)^-} (\tan x)^{\cos x}$

15-17 Trace la gráfica que satisface las condiciones dadas.

15. $f(0) = 0$, $f'(-2) = f'(1) = f'(9) = 0$,

$\lim_{x \to \infty} f(x) = 0$, $\lim_{x \to 6} f(x) = -\infty$,

$f'(x) < 0$ en $(-\infty, -2)$, $(1, 6)$ y $(9, \infty)$,

$f'(x) > 0$ en $(-2, 1)$ y $(6, 9)$,

$f''(x) > 0$ en $(-\infty, 0)$ y $(12, \infty)$,

$f''(x) < 0$ en $(0, 6)$ y $(6, 12)$

16. $f(0) = 0$, f es continua y par,

$f'(x) = 2x$ si $0 < x < 1$, $f'(x) = -1$ si $1 < x < 3$,

$f'(x) = 1$ si $x > 3$

17. f es impar, $f'(x) < 0$ para $0 < x < 2$,

$f'(x) > 0$ para $x > 2$, $f''(x) > 0$ para $0 < x < 3$,

$f''(x) < 0$ para $x > 3$, $\lim_{x \to \infty} f(x) = -2$

18. La figura muestra la gráfica de la *derivada f'* de una función f.
(a) ¿En qué intervalos f es creciente o decreciente?
(b) ¿Para qué valores de x tiene f un máximo o mínimo local?
(c) Trace la gráfica de f''.
(d) Trace una posible gráfica de f.

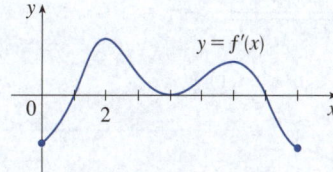

19-34 Utilice las pautas de la sección 4.5 para trazar la curva.

19. $y = 2 - 2x - x^3$

20. $y = -2x^3 - 3x^2 + 12x + 5$

21. $y = 3x^4 - 4x^3 + 2$ **22.** $y = \dfrac{x}{1 - x^2}$

23. $y = \dfrac{1}{x(x - 3)^2}$ **24.** $y = \dfrac{1}{x^2} - \dfrac{1}{(x - 2)^2}$

25. $y = \dfrac{(x - 1)^3}{x^2}$ **26.** $y = \sqrt{1 - x} + \sqrt{1 + x}$

27. $y = x\sqrt{2 + x}$ **28.** $y = x^{2/3}(x - 3)^2$

29. $y = e^x \operatorname{sen} x, \quad -\pi \leqslant x \leqslant \pi$

30. $y = 4x - \tan x, \quad -\pi/2 < x < \pi/2$

31. $y = \operatorname{sen}^{-1}(1/x)$ **32.** $y = e^{2x - x^2}$

33. $y = (x - 2)e^{-x}$ **34.** $y = x + \ln(x^2 + 1)$

35-38 Cree gráficas de f que revelen todos los aspectos importantes de la curva. Utilice gráficas de f' y f'' para estimar los intervalos de crecimiento y decrecimiento, valores extremos, intervalos de concavidad y puntos de inflexión. En el ejercicio 35 se usó el cálculo para encontrar estas cantidades con precisión.

35. $f(x) = \dfrac{x^2 - 1}{x^3}$ **36.** $f(x) = \dfrac{x^3 + 1}{x^6 + 1}$

37. $f(x) = 3x^6 - 5x^5 + x^4 - 5x^3 - 2x^2 + 2$

38. $f(x) = x^2 + 6.5 \operatorname{sen} x, \quad -5 \leqslant x \leqslant 5$

39. Grafique $f(x) = e^{-1/x^2}$ en un rectángulo de visión que muestre todos los aspectos principales de esa función. Estime los puntos de inflexión. Después use el cálculo para encontrarlos con precisión.

T **40.** (a) Grafique la función $f(x) = 1/(1 + e^{1/x})$.
(b) Explique la forma de la gráfica mediante el cálculo de los límites de $f(x)$ cuando x se aproxima a ∞, $-\infty$, 0^+ y 0^-.
(c) Utilice la gráfica de f para estimar las coordenadas de los puntos de inflexión.
(d) Utilice un sistema de álgebra computarizada para calcular y graficar f''.
(e) Utilice la gráfica del inciso (d) para estimar los puntos de inflexión con mayor precisión.

T **41-42** Use las gráficas de f, f' y f'' para estimar las coordenadas x de los puntos máximos y mínimos y los puntos de inflexión de f.

41. $f(x) = \dfrac{\cos^2 x}{\sqrt{x^2 + x + 1}}, \quad -\pi \leqslant x \leqslant \pi$

42. $f(x) = e^{-0.1x} \ln(x^2 - 1)$

43. Investigue la familia de funciones $f(x) = \ln(\operatorname{sen} x + c)$. ¿Qué características tienen en común los miembros de esta familia? ¿En qué se diferencian? ¿Para qué valores de c es f continua en $(-\infty, \infty)$? ¿Para qué valores de c no tiene f ninguna gráfica en absoluto? ¿Qué pasa a medida que $c \to \infty$?

44. Investigue la familia de funciones $f(x) = cxe^{-cx^2}$. ¿Qué pasa con los puntos máximos y mínimos y los puntos de inflexión cuando cambia c? Ilustre sus conclusiones trazando varios miembros de la familia.

45. Demuestre que la ecuación $3x + 2 \cos x + 5 = 0$ tiene exactamente una solución real.

46. Suponga que f es continua en $[0, 4]$, $f(0) = 1$ y $2 \leqslant f'(x) \leqslant 5$ para toda x en $(0, 4)$. Demuestre que $9 \leqslant f(4) \leqslant 21$.

47. Al aplicar el teorema del valor medio a la función $f(x) = x^{1/5}$ en el intervalo $[32, 33]$, demuestre que

$$2 < \sqrt[5]{33} < 2.0125$$

48. ¿Para qué valores de las constantes a y b es $(1, 3)$ un punto de inflexión de la curva $y = ax^3 + bx^2$?

49. Sea $g(x) = f(x^2)$, donde f es dos veces derivable para toda x, $f'(x) > 0$ para toda $x \neq 0$, y f es cóncava hacia abajo en $(-\infty, 0)$ y cóncava hacia arriba en $(0, \infty)$.
(a) ¿En qué números tiene g un valor extremo?
(b) Analice la concavidad de g.

50. Encuentre dos enteros positivos tales que la suma del primer número y cuatro veces el segundo número sea $1\,000$ y el producto de los números sea lo más grande posible.

51. Demuestre que la distancia más corta del punto (x_1, y_1) a la línea recta $Ax + By + C = 0$ es

$$\frac{|Ax_1 + By_1 + C|}{\sqrt{A^2 + B^2}}$$

52. Determine el punto en la hipérbola $xy = 8$ que esté más cerca del punto $(3, 0)$.

53. Halle el área más pequeña posible de un triángulo isósceles que esté circunscrito en un círculo de radio r.

54. Encuentre el volumen del cono circular más grande que pueda estar inscrito en una esfera de radio r.

55. En $\triangle ABC$, D está situado en AB, $CD \perp AB$, $|AD| = |BD| = 4$ cm, y $|CD| = 5$ cm. ¿Dónde se debe elegir un punto P en CD de modo que la suma $|PA| + |PB| + |PC|$ sea un mínimo?

56. Resuelva el ejercicio 55 cuando $|CD| = 2$ cm.

57. La velocidad de una onda de longitud L en aguas profundas es

$$v = K\sqrt{\frac{L}{C} + \frac{C}{L}}$$

donde K y C son constantes positivas conocidas. ¿Cuál es la longitud de la onda que da la velocidad mínima?

58. Se va a construir un tanque metálico de almacenamiento con volumen V en forma de cilindro circular recto rematado por un hemisferio. ¿Qué dimensiones requerirán la menor cantidad de metal?

59. Un equipo de hockey juega en un estadio con capacidad para 15 000 espectadores. Con el precio de entrada fijado en $12, la asistencia media a un partido ha sido de 11 000. Un estudio de mercado indica que por cada dólar que se baje el precio de la entrada, la asistencia media aumentará en 1 000. ¿Cómo deben los dueños del equipo fijar el precio de la entrada para maximizar sus ingresos por la venta de entradas?

60. Un fabricante determina que el costo de fabricación de x unidades de un producto básico es

$$C(x) = 1\,800 + 25x - 0.2x^2 + 0.001x^3$$

y la función de demanda es $p(x) = 48.2 - 0.03x$.
(a) Grafique las funciones de costo e ingresos y utilice las gráficas para estimar el nivel de producción para obtener el máximo beneficio.
(b) Utilice el cálculo para buscar el nivel de producción para el máximo beneficio.
(c) Estime el nivel de producción que reduce al mínimo el costo medio.

61. Utilice el método de Newton para buscar la solución de la ecuación

$$x^5 - x^4 + 3x^2 - 3x - 2 = 0$$

en el intervalo $[1, 2]$ con seis decimales de precisión.

62. Utilice el método de Newton para encontrar todas las soluciones de la ecuación $\operatorname{sen} x = x^2 - 3x + 1$ con seis decimales de precisión.

63. Utilice el método de Newton para encontrar el valor máximo absoluto de la función $f(t) = \cos t + t - t^2$ con ocho decimales de precisión.

64. Utilice las pautas de la sección 4.5 para trazar la curva $y = x \operatorname{sen} x$, $0 \le x \le 2\pi$. Utilice el método de Newton cuando sea necesario.

65-68 Determine la antiderivada más general de la función.

65. $f(x) = 4\sqrt{x} - 6x^2 + 3$ **66.** $g(x) = \dfrac{1}{x} + \dfrac{1}{x^2 + 1}$

67. $f(t) = 2 \operatorname{sen} t - 3e^t$ **68.** $f(x) = x^{-3} + \cosh x$

69-72 Halle f.

69. $f'(t) = 2t - 3 \operatorname{sen} t$, $f(0) = 5$

70. $f'(u) = \dfrac{u^2 + \sqrt{u}}{u}$, $f(1) = 3$

71. $f''(x) = 1 - 6x + 48x^2$, $f(0) = 1$, $f'(0) = 2$

72. $f''(x) = 5x^3 + 6x^2 + 2$, $f(0) = 3$, $f(1) = -2$

73-74 Una partícula se mueve a lo largo de una línea recta con los datos dados. Encuentre la posición de la partícula.

73. $v(t) = 2t - 1/(1 + t^2)$, $s(0) = 1$

74. $a(t) = \operatorname{sen} t + 3 \cos t$, $s(0) = 0$, $v(0) = 2$

75. (a) Si $f(x) = 0.1e^x + \operatorname{sen} x$, $-4 \le x \le 4$, use una gráfica de f para trazar una gráfica aproximada de la antiderivada F de f que satisface $F(0) = 0$.
(b) Halle una expresión para $F(x)$.
(c) Grafique F con la expresión del inciso (b). Compárela con su boceto del inciso (a).

76. Investigue la familia de curvas dadas por

$$f(x) = x^4 + x^3 + cx^2$$

En particular, debe determinar el valor de transición de c en el que cambia el número de números críticos y el valor de transición en el que cambia el número de puntos de inflexión. Ilustre las diversas formas posibles con gráficas.

77. Se lanza un bote desde un helicóptero que se encuentra a 500 m sobre el suelo. Su paracaídas no se abre, pero el bote se diseñó para soportar una velocidad de impacto de 100 m/s. ¿Reventará?

78. En una carrera de automóviles a lo largo de una pista, el auto A rebasó al auto B dos veces. Demuestre que en algún momento de la carrera sus aceleraciones fueron iguales. Plantee las suposiciones que haga.

79. Se cortará una viga rectangular de un tronco cilíndrico de 30 centímetros de radio.
(a) Demuestre que la viga de máxima área del corte transversal es un cuadrado.
(b) Cuatro tablas rectangulares se cortarán de las cuatro secciones del tronco que quedan después de cortar la viga cuadrada. Determine las dimensiones de los tablones que tendrán un área de sección transversal máxima.
(c) Suponga que la fuerza de una viga rectangular es proporcional al producto de su ancho y el cuadrado de su profundidad. Encuentre las dimensiones de la viga más fuerte que se pueda cortar del tronco cilíndrico.

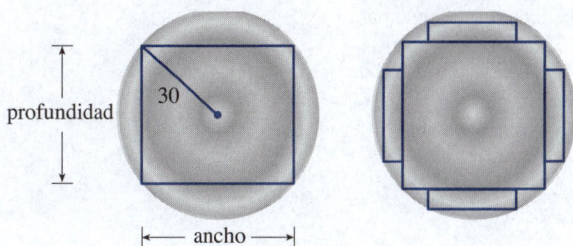

80. Si se dispara un proyectil con una velocidad inicial v en un ángulo de inclinación θ desde la horizontal, entonces su trayectoria, sin tener en cuenta la resistencia del aire, es la parábola

$$y = (\tan \theta)x - \frac{g}{2v^2 \cos^2\theta}x^2 \qquad 0 < \theta < \frac{\pi}{2}$$

(a) Suponga que el proyectil se dispara desde la base de un plano inclinado en un ángulo α, $\alpha > 0$, desde la horizontal, como se muestra en la figura. Demuestre que el alcance del proyectil, medido en la pendiente, está dado por

$$R(\theta) = \frac{2v^2 \cos \theta \ \operatorname{sen}(\theta - \alpha)}{g \cos^2\alpha}$$

(b) Determine θ tal que R sea un máximo.

(c) Suponga que el plano está en un ángulo α por *debajo* de la horizontal. Determine el alcance R en este caso y también el ángulo en el que debe dispararse el proyectil para maximizar R.

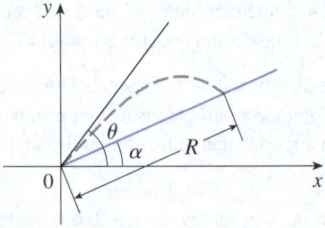

81. Si un campo electrostático E actúa sobre un dieléctrico polar líquido o gaseoso, el momento dipolar neto P por unidad de volumen es

$$P(E) = \frac{e^E + e^{-E}}{e^E - e^{-E}} - \frac{1}{E}$$

Demuestre que $\lim_{E \to 0^+} P(E) = 0$.

82. Si una bola de metal con masa m se proyecta en el agua y la fuerza de resistencia es proporcional al cuadrado de la velocidad, entonces la distancia que la bola recorre en el tiempo t es

$$s(t) = \frac{m}{c} \ln \cosh \sqrt{\frac{gc}{mt}}$$

donde c es una constante positiva. Determine $\lim_{c \to 0^+} s(t)$.

83. Demuestre que, para $x > 0$,

$$\frac{x}{1 + x^2} < \tan^{-1}x < x$$

84. Trace la gráfica de una función f tal que $f'(x) < 0$ para toda x, $f''(x) > 0$ para $|x| > 1$, $f''(x) < 0$ para $|x| < 1$ y $\lim_{x \to \pm\infty}[f(x) + x] = 0$.

85. En la figura se ve un triángulo isósceles con lados iguales de longitud a y un semicírculo. ¿Cuál debe ser la medida del ángulo θ para maximizar el área total?

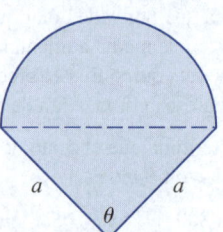

86. El agua fluye a un ritmo constante en un tanque esférico. Sea $V(t)$ el volumen de agua en el tanque y $H(t)$ la altura del agua en el tanque en el momento t.

(a) ¿Cuáles son los significados de $V'(t)$ y $H'(t)$? ¿Son estas derivadas positivas, negativas o cero?

(b) ¿Es $V''(t)$ positiva, negativa o cero? Explique.

(c) Sean t_1, t_2 y t_3 los tiempos en que el tanque está un cuarto lleno, medio lleno y tres cuartos lleno, respectivamente. ¿Cada uno de los valores $H''(t_1)$, $H''(t_2)$ y $H''(t_3)$ es positivo, negativo o cero? ¿Por qué?

87. Se debe montar una luz sobre un poste de altura h para iluminar una concurrida glorieta, que tiene un radio de 20 m. La intensidad de la iluminación I en cualquier punto P de la glorieta es directamente proporcional al coseno del ángulo θ (vea la figura) e inversamente proporcional al cuadrado de la distancia d de la fuente.

(a) ¿Qué altura debe tener el poste de luz para maximizar I?

(b) Suponga que el poste de luz tiene h metros de altura y que una mujer se aleja caminando de la base del poste a una velocidad de 1 m/s. ¿A qué ritmo disminuye la intensidad de la luz en el punto de su espalda a 1 m del suelo cuando llega al borde exterior de la glorieta?

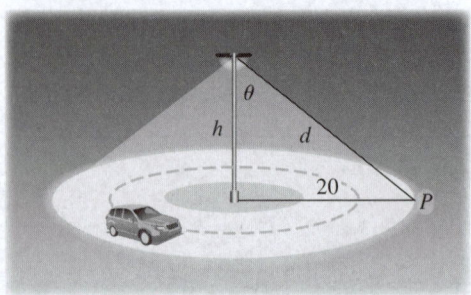

Problemas adicionales

1. Si un rectángulo tiene su base en el eje x y dos vértices en la curva $y = e^{-x^2}$, demuestre que el rectángulo tiene el área más grande posible cuando los dos vértices están en los puntos de inflexión de la curva.

2. Demuestre que $|\operatorname{sen} x - \cos x| \leq \sqrt{2}$ para toda x.

3. ¿Tiene la función $f(x) = e^{10|x-2|-x^2}$ un máximo absoluto? Si es así, encuéntrelo. ¿Y un mínimo absoluto?

4. Demuestre que $x^2 y^2 (4 - x^2)(4 - y^2) \leq 16$ para todos los números x y y tales que $|x| \leq 2$ y $|y| \leq 2$.

5. Demuestre que los puntos de inflexión de la curva $y = (\operatorname{sen} x)/x$ se encuentran en la curva $y^2 (x^4 + 4) = 4$.

6. Encuentre el punto de la parábola $y = 1 - x^2$ en el que la recta tangente corta desde el primer cuadrante el triángulo de menor área.

7. Si a, b, c y d son constantes tales que $\displaystyle\lim_{x \to 0} \frac{ax^2 + \operatorname{sen} bx + \operatorname{sen} cx + \operatorname{sen} dx}{3x^2 + 5x^4 + 7x^6} = 8$, halle el valor de la suma $a + b + c + d$.

8. Evalúe $\displaystyle\lim_{x \to \infty} \frac{(x + 2)^{1/x} - x^{1/x}}{(x + 3)^{1/x} - x^{1/x}}$.

9. Determine los puntos más altos y más bajos en la curva $x^2 + xy + y^2 = 12$.

10. Demuestre que si f es una función derivable satisface

$$\frac{f(x + n) - f(x)}{n} = f'(x)$$

para todos los números reales x y todos los enteros positivos n, entonces f es una función lineal.

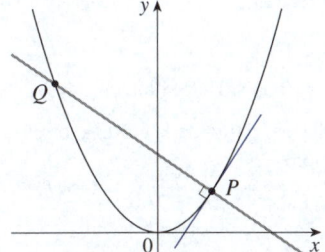

FIGURA PARA EL PROBLEMA 11

11. Si $P(a, a^2)$ es cualquier punto del primer cuadrante de la parábola $y = x^2$, sea Q el punto en el que la recta normal de P vuelve a intersecar la parábola (vea la figura).

   (a) Muestre que la coordenada y de Q es más pequeña cuando $a = 1/\sqrt{2}$.

   (b) Demuestre que el segmento de recta PQ tiene la longitud más corta posible cuando $a = 1/\sqrt{2}$.

12. ¿Para qué valores de c tiene la curva $y = cx^3 + e^x$ puntos de inflexión?

13. Un triángulo isósceles está circunscrito alrededor de una circunferencia unitaria de modo que los lados iguales se encuentran en el punto $(0, a)$ en el eje y (vea la figura). Halle el valor de a que reduzca al mínimo las longitudes de los lados iguales. (Quizá le sorprenda que el resultado no dé un triángulo equilátero).

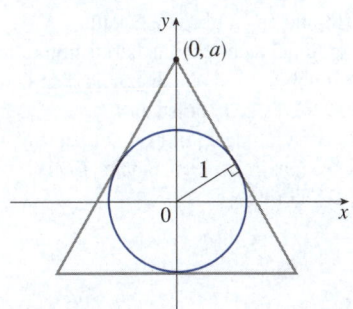

FIGURA PARA EL PROBLEMA 13

14. Trace la región en el plano que consista en todos los puntos (x, y) tales que

$$2xy \leq |x - y| \leq x^2 + y^2$$

15. La recta $y = mx + b$ interseca la parábola $y = x^2$ en los puntos A y B (vea la figura). Encuentre el punto P en el arco AOB de la parábola que maximice el área del triángulo PAB.

16. $ABCD$ es un trozo de papel cuadrado con lados de 1 m de longitud. Se traza un cuarto de círculo de B a D con el centro A. El trozo de papel se dobla a lo largo de EF, con E en AB y F en AD, de modo que A cae en el cuarto de círculo. Determine las áreas máximas y mínimas que puede tener el triángulo AEF.

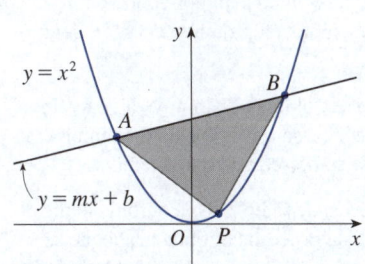

FIGURA PARA EL PROBLEMA 15

17. ¿En qué números positivos a interseca la curva $y = a^x$ la recta $y = x$?

18. ¿Para qué valor de a es verdadera la siguiente ecuación?

$$\lim_{x \to \infty} \left(\frac{x + a}{x - a} \right)^x = e$$

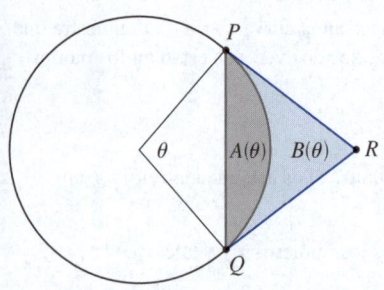

FIGURA PARA EL PROBLEMA 20

19. Sea $f(x) = a_1 \operatorname{sen} x + a_2 \operatorname{sen} 2x + \cdots + a_n \operatorname{sen} nx$, donde $a_1, a_2, ..., a_n$ son números reales y n es un entero positivo. Si se da que $|f(x)| \le |\operatorname{sen} x|$ para toda x, demuestre que

$$|a_1 + 2a_2 + \cdots + na_n| \le 1$$

20. Un arco PQ de un círculo subtiende un ángulo central θ como en la figura. Sea $A(\theta)$ el área entre la cuerda PQ y el arco PQ. Sea $B(\theta)$ el área entre las rectas tangentes PR, QR y el arco. Encuentre

$$\lim_{\theta \to 0^+} \frac{A(\theta)}{B(\theta)}$$

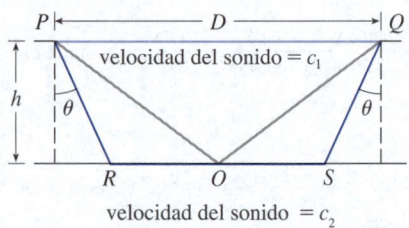

FIGURA PARA EL PROBLEMA 21

21. Las velocidades del sonido c_1 en una capa superior y c_2 en una capa inferior de roca, y el espesor h de la capa superior pueden determinarse por la exploración sísmica si la velocidad del sonido en la capa inferior es mayor que la velocidad en la capa superior. Se detona una carga de dinamita en un punto P y las señales transmitidas se registran en un punto Q, que se encuentra a una distancia D de P. La primera señal que llega a Q viaja por la superficie y tarda T_1 segundos. La siguiente señal viaja de P a un punto R, de R a S en la capa inferior, y luego a Q, en T_2 segundos. La tercera señal se refleja en la capa inferior en el punto medio O de RS y tarda T_3 segundos para llegar a Q (vea la figura).

(a) Exprese T_1, T_2 y T_3 en términos de D, h, c_1, c_2 y θ.

(b) Demuestre que T_2 es un mínimo cuando $\operatorname{sen} \theta = c_1/c_2$.

(c) Suponga que $D = 1$ km, $T_1 = 0.26$ s, $T_2 = 0.32$ s y $T_3 = 0.34$ s. Determine c_1, c_2 y h.

Nota: Los geofísicos utilizan esta técnica cuando estudian la estructura de la corteza terrestre: al buscar petróleo o examinar líneas de fallas, por ejemplo.

22. ¿Para qué valores de c hay una línea recta que interseca la curva

$$y = x^4 + cx^3 + 12x^2 - 5x + 2$$

en cuatro puntos distintos?

23. Uno de los problemas planteados por el marqués de L'Hôpital en su libro de cálculo *Analyse des infiniment petits* se refiere a una polea que se fija al techo de una habitación en un punto C con una cuerda de longitud r. En otro punto B del techo, a una distancia d de C (donde $d > r$), una cuerda de longitud ℓ se sujeta y pasa a través de la polea en F y se conecta a un peso W. El peso se libera y se detiene en su posición de equilibrio D (vea la figura). Como argumentó L'Hôpital, esto sucede cuando se maximiza la distancia $|ED|$. Demuestre que cuando el sistema alcanza el equilibrio, el valor de x es

$$\frac{r}{4d}\left(r + \sqrt{r^2 + 8d^2}\right)$$

Observe que esta expresión es independiente tanto de W como de ℓ.

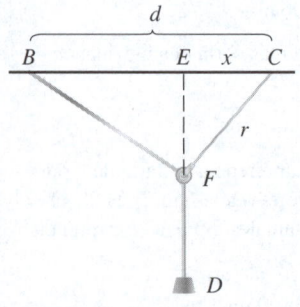

FIGURA PARA EL PROBLEMA 23

24. Dada una esfera con radio r, encuentre la altura de una pirámide de volumen mínimo cuya base sea un cuadrado y cuyas caras de base y triangulares sean todas tangentes a la esfera. ¿Y si la base de la pirámide es n-gon regular? (Un n-gon regular es un polígono con n caras y ángulos iguales). (Tome en cuenta que el volumen de una pirámide es $\frac{1}{3}Ah$, donde A es el área de la base).

25. Suponga que una bola de nieve se derrite de modo que su volumen disminuye a una velocidad proporcional a su área superficial. Si la bola de nieve tarda tres horas en disminuir a la mitad su volumen original, ¿cuánto tiempo más tardará en derretirse completamente?

26. Se coloca una burbuja hemisférica en una burbuja esférica de radio 1. Una burbuja hemisférica más pequeña se coloca entonces en la primera. Este proceso continúa hasta que se forman n cámaras, incluyendo la esfera. (En la figura se aprecia el caso $n = 4$). Mediante inducción matemática, demuestre que la altura máxima de cualquier torre de burbujas con n cámaras es de $1 + \sqrt{n}$.

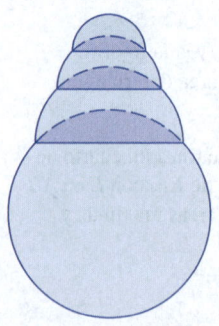

FIGURA PARA EL PROBLEMA 26

En el ejercicio 5.4.83 se analiza cómo utilizar los datos de consumo de energía eléctrica y una integral para calcular la cantidad de energía eléctrica que se consume en un día habitual en los estados de Nueva Inglaterra.

©ixpert/Shutterstock.com

5 | Integrales

EN EL CAPÍTULO 2 SE ABORDARON problemas de tangentes y velocidad para introducir la derivada. En este capítulo, se verán problemas de área y distancia para introducir otra idea central del cálculo: la integral. La importante relación entre la derivada y la integral se expresa en el teorema fundamental del cálculo, que dice que la derivación y la integración son, en cierto sentido, procesos inversos. En este capítulo, así como en los capítulos 6 y 8, se estudiará cómo emplear la integración para resolver problemas relacionados con volúmenes, longitudes de curvas, predicciones de población, gasto cardiaco, fuerzas en una presa, trabajo, excedente del consumidor e incluso en deportes como el béisbol, entre muchos otros temas.

5.1 | Problemas de área y distancia

Ahora es un buen momento para leer (o releer) "Una mirada al cálculo", sección donde se analizan las ideas unificadoras del cálculo y se ponen en perspectiva los temas estudiados y los próximos.

En esta sección se revela que al tratar de encontrar el área bajo una curva o la distancia recorrida por un auto se llega al mismo tipo especial de límite.

■ El problema del área

Se empieza por tratar de resolver el *problema del área*: encontrar el área de la región S que está bajo la curva $y = f(x)$ de a a b. Esto significa que S, como se ilustra en la figura 1, está acotada por la gráfica de una función continua f [donde $f(x) \geq 0$], las rectas verticales $x = a$ y $x = b$, y el eje x.

Para resolver el problema del área hay que plantearse la pregunta: ¿cuál es el significado de la palabra *área*? Esta pregunta es fácil de responder para regiones con lados rectos. En el caso de un rectángulo, el área se define como el producto del largo y el ancho. El área de un triángulo es la mitad de la base multiplicada por la altura. El área de un polígono se encuentra al dividirlo en triángulos (como en la figura 2) y sumar las áreas de los triángulos.

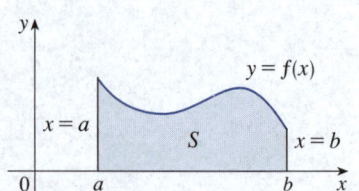

FIGURA 1

$S = \{(x, y) \mid a \leq x \leq b, 0 \leq y \leq f(x)\}$

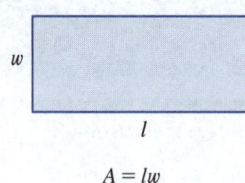

$A = lw$

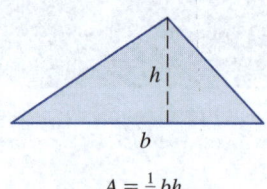

$A = \frac{1}{2}bh$

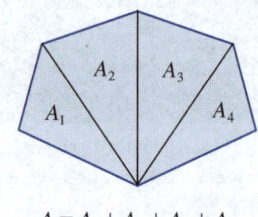

$A = A_1 + A_2 + A_3 + A_4$

FIGURA 2

Sin embargo, no es tan fácil encontrar el área de una región con lados curvos. Es común tener una idea intuitiva de lo que es el área de una región. Pero parte del problema del área es hacer que esta idea intuitiva sea precisa al dar una definición exacta del área.

Recuerde que, al definir una tangente, primero se aproxima la pendiente de la recta tangente por pendientes de rectas secantes y luego se toma el límite de estas aproximaciones. Se sigue una idea similar para las áreas. Primero se aproxima la región S por rectángulos y luego se toma el límite de la suma de las áreas de los rectángulos de aproximación conforme se aumenta el número de rectángulos. En el siguiente ejemplo se ilustra el procedimiento.

EJEMPLO 1 Utilice rectángulos para estimar el área bajo la parábola $y = x^2$ de 0 a 1 (la región parabólica S se ilustra en la figura 3).

SOLUCIÓN Primero se observa que el área de S debe estar entre 0 y 1 porque S está contenida en un cuadrado con una longitud lateral de 1, pero es posible hacerlo mejor. Suponga que se divide S en cuatro bloques o franjas S_1, S_2, S_3 y S_4 al trazar las rectas verticales $x = \frac{1}{4}$, $x = \frac{1}{2}$ y $x = \frac{3}{4}$ como en la figura 4(a).

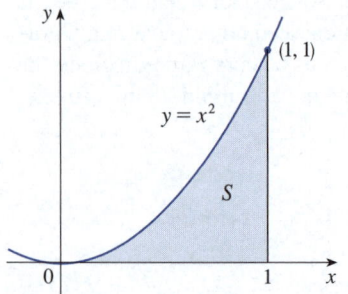

FIGURA 3

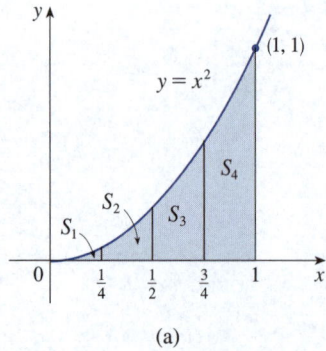

(a)

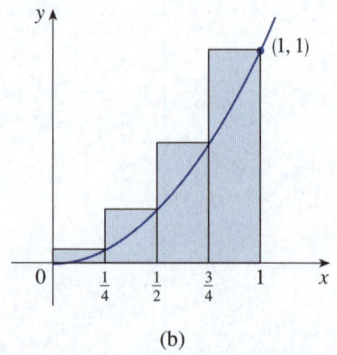

(b)

FIGURA 4

Es posible aproximar cada bloque por medio de un rectángulo que tiene la misma base que la franja y cuya altura sea la misma que el borde derecho del bloque [vea la figura 4(b)]. En otras palabras, las alturas de estos rectángulos son los valores de la función $f(x) = x^2$ en los puntos extremos *derechos* de los subintervalos $\left[0, \frac{1}{4}\right]$, $\left[\frac{1}{4}, \frac{1}{2}\right]$, $\left[\frac{1}{2}, \frac{3}{4}\right]$ y $\left[\frac{3}{4}, 1\right]$.

Cada rectángulo tiene un ancho de $\frac{1}{4}$ y sus alturas son $\left(\frac{1}{4}\right)^2$, $\left(\frac{1}{2}\right)^2$, $\left(\frac{3}{4}\right)^2$ y 1^2. Si R_4 es la suma de las áreas de estos rectángulos de aproximación se obtiene

$$R_4 = \tfrac{1}{4} \cdot \left(\tfrac{1}{4}\right)^2 + \tfrac{1}{4} \cdot \left(\tfrac{1}{2}\right)^2 + \tfrac{1}{4} \cdot \left(\tfrac{3}{4}\right)^2 + \tfrac{1}{4} \cdot 1^2 = \tfrac{15}{32} = 0.46875$$

En la figura 4(b) se observa que el área A de S es menor que R_4, así que

$$A < 0.46875$$

En lugar de utilizar los rectángulos de la figura 4(b) se podrían utilizar los rectángulos más pequeños de la figura 5, cuyas alturas son los valores de f en los puntos finales *izquierdos* de los subintervalos. (El rectángulo a la extrema izquierda colapsó porque su altura es 0). La suma de las áreas de estos rectángulos de aproximación es

$$L_4 = \tfrac{1}{4} \cdot 0^2 + \tfrac{1}{4} \cdot \left(\tfrac{1}{4}\right)^2 + \tfrac{1}{4} \cdot \left(\tfrac{1}{2}\right)^2 + \tfrac{1}{4} \cdot \left(\tfrac{3}{4}\right)^2 = \tfrac{7}{32} = 0.21875$$

Se ve que el área de S es mayor que la de L_4, por lo que se tienen estimaciones inferiores y superiores para A:

$$0.21875 < A < 0.46875$$

Se puede repetir este procedimiento con un mayor número de bloques. En la figura 6 se muestra lo que sucede al dividir la región S en ocho franjas de igual anchura.

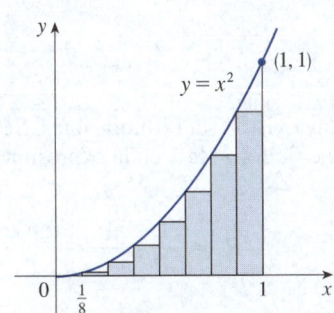

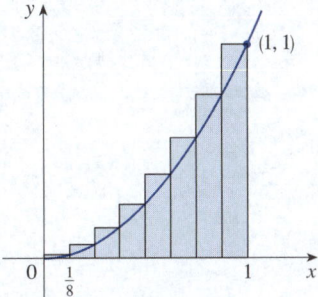

(a) Mediante puntos finales izquierdos.   (b) Mediante puntos finales derechos.

FIGURA 5

FIGURA 6
Aproximación a S con ocho rectángulos.

Al calcular la suma de las áreas de los rectángulos más pequeños (L_8) y la suma de las áreas de los rectángulos más grandes (R_8) se obtienen mejores estimaciones inferiores y superiores para A:

$$0.2734375 < A < 0.3984375$$

Así, una posible respuesta a la pregunta es que la verdadera área de S tiene un valor entre 0.2734375 y 0.3984375.

Se podrían obtener mejores estimaciones al aumentar el número de bloques. En la tabla de la izquierda se muestran los resultados de cálculos similares (con una computadora) usando n rectángulos cuyas alturas se encuentran con los puntos finales izquierdos (L_n) o con los puntos finales derechos (R_n). En particular, se observa que al usar 50 franjas el área se encuentra entre 0.3234 y 0.3434. Con 1 000 bloques se reduce aún más: A se encuentra entre 0.3328335 y 0.3338335. Se obtiene una buena estimación al promediar estos números: $A \approx 0.3333335$.

n	L_n	R_n
10	0.2850000	0.3850000
20	0.3087500	0.3587500
30	0.3168519	0.3501852
50	0.3234000	0.3434000
100	0.3283500	0.3383500
1 000	0.3328335	0.3338335

De los valores que figuran en la tabla del ejemplo 1, parece que R_n se aproxima $\frac{1}{3}$ conforme n aumenta. Esto se confirma en el siguiente ejemplo.

EJEMPLO 2 Para la región S en el ejemplo 1, demuestre que las sumas aproximadas R_n se acercan a $\frac{1}{3}$, es decir,

$$\lim_{n \to \infty} R_n = \frac{1}{3}$$

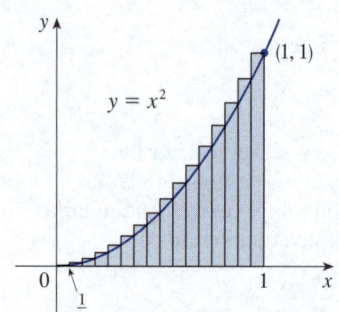

FIGURA 7

SOLUCIÓN R_n es la suma de las áreas de los n rectángulos de la figura 7. Cada rectángulo tiene un ancho de $1/n$ y las alturas son los valores de la función $f(x) = x^2$ en los puntos $1/n, 2/n, 3/n,..., n/n$; es decir, las alturas son $(1/n)^2, (2/n)^2, (3/n)^2,..., (n/n)^2$. Por lo tanto,

$$R_n = \frac{1}{n} f\left(\frac{1}{n}\right) + \frac{1}{n} f\left(\frac{2}{n}\right) + \frac{1}{n} f\left(\frac{3}{n}\right) + \cdots + \frac{1}{n} f\left(\frac{n}{n}\right)$$

$$= \frac{1}{n} \left(\frac{1}{n}\right)^2 + \frac{1}{n} \left(\frac{2}{n}\right)^2 + \frac{1}{n} \left(\frac{3}{n}\right)^2 + \cdots + \frac{1}{n} \left(\frac{n}{n}\right)^2$$

$$= \frac{1}{n} \cdot \frac{1}{n^2} (1^2 + 2^2 + 3^2 + \cdots + n^2)$$

$$= \frac{1}{n^3} (1^2 + 2^2 + 3^2 + \cdots + n^2)$$

Aquí se necesita la fórmula para la suma de los cuadrados de los primeros n enteros positivos:

$$\boxed{1} \qquad 1^2 + 2^2 + 3^2 + \cdots + n^2 = \frac{n(n + 1)(2n + 1)}{6}$$

Tal vez haya visto esta fórmula antes. Se demuestra en el ejemplo 5 del apéndice E.

Al poner la fórmula 1 en la expresión para R_n se obtiene

$$R_n = \frac{1}{n^3} \cdot \frac{n(n + 1)(2n + 1)}{6} = \frac{(n + 1)(2n + 1)}{6n^2}$$

Aquí se calcula el límite de la sucesión $\{R_n\}$. Las sucesiones y sus límites se estudiarán al detalle en la sección 11.1. Es una idea muy similar al límite al infinito (sección 2.6) excepto que al escribir $\lim_{n\to\infty}$ se restringe n para que sea un entero positivo. En particular, se sabe que

$$\lim_{n \to \infty} \frac{1}{n} = 0$$

Cuando se escribe $\lim_{n\to\infty} R_n = \frac{1}{3}$ se quiere decir que es posible acercar R_n a $\frac{1}{3}$ tanto como se desee al tomar n suficientemente grande.

Por lo tanto, se tiene

$$\lim_{n \to \infty} R_n = \lim_{n \to \infty} \frac{(n + 1)(2n + 1)}{6n^2}$$

$$= \lim_{n \to \infty} \frac{1}{6} \left(\frac{n + 1}{n}\right)\left(\frac{2n + 1}{n}\right)$$

$$= \lim_{n \to \infty} \frac{1}{6} \left(1 + \frac{1}{n}\right)\left(2 + \frac{1}{n}\right)$$

$$= \frac{1}{6} \cdot 1 \cdot 2 = \frac{1}{3}$$ ∎

Se puede demostrar que las sumas aproximadas L_n en el ejemplo 2 también se acercan a $\frac{1}{3}$, es decir,

$$\lim_{n \to \infty} L_n = \frac{1}{3}$$

En las figuras 8 y 9 parece que conforme n aumenta, tanto L_n como R_n se aproximan mejor al área de S. Por lo tanto, se *define* que el área A es el límite de las sumas de las áreas de los rectángulos de aproximación, es decir,

$$A = \lim_{n \to \infty} R_n = \lim_{n \to \infty} L_n = \tfrac{1}{3}$$

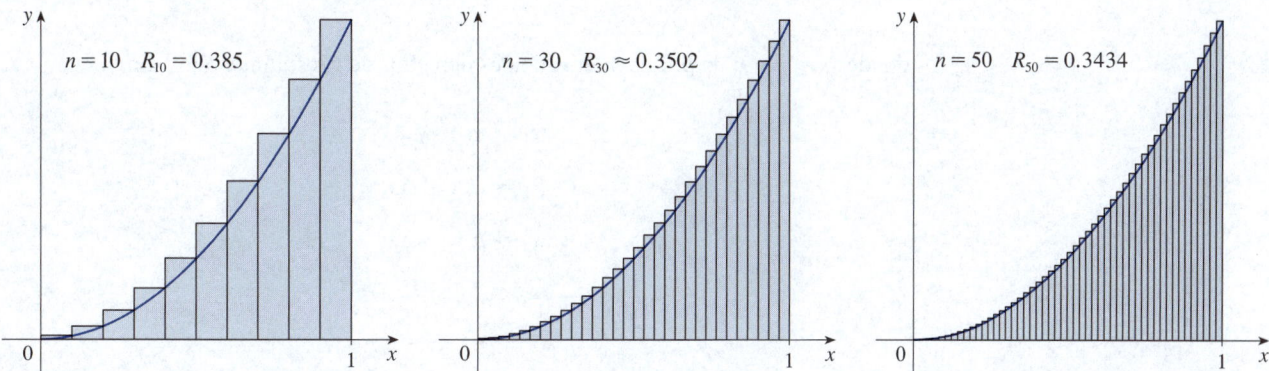

FIGURA 8 Puntos finales derechos producen estimaciones superiores porque $f(x) = x^2$ es creciente.

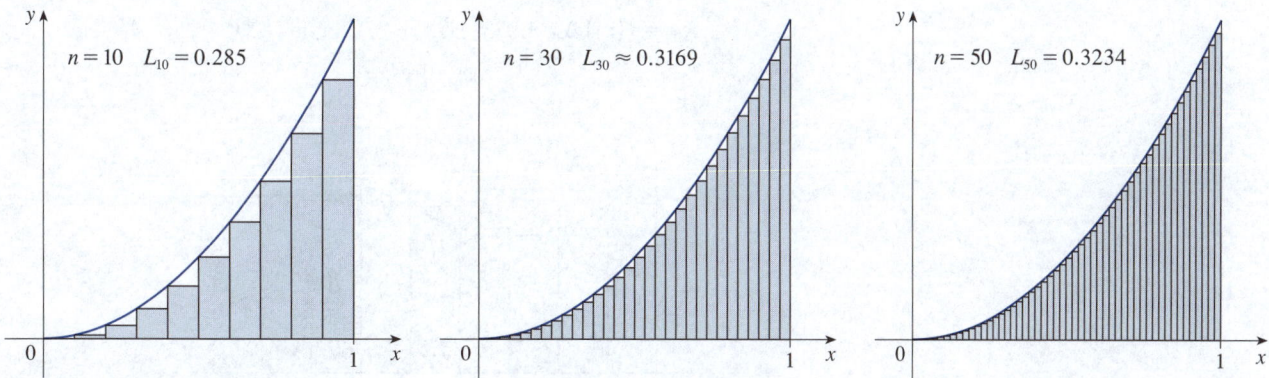

FIGURA 9 Puntos finales izquierdos producen estimaciones inferiores porque $f(x) = x^2$ es creciente.

Se aplicará la idea de los ejemplos 1 y 2 a la región más general S de la figura 1. Se empieza por subdividir S en n bloques $S_1, S_2,..., S_n$ de igual anchura como en la figura 10.

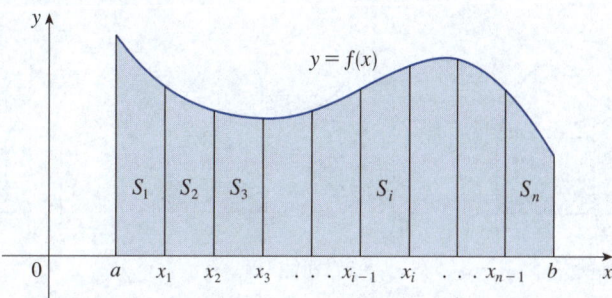

FIGURA 10

El ancho del intervalo $[a, b]$ es $b - a$, por lo que el ancho de cada uno de los n bloques es

$$\Delta x = \frac{b - a}{n}$$

Estas franjas dividen los intervalos $[a, b]$ en n subintervalos

$$[x_0, x_1], \quad [x_1, x_2], \quad [x_2, x_3], \quad \ldots, \quad [x_{n-1}, x_n]$$

donde $x_0 = a$ y $x_n = b$. Los puntos finales derechos de los subintervalos son

$$x_1 = a + \Delta x,$$
$$x_2 = a + 2\,\Delta x,$$
$$x_3 = a + 3\,\Delta x,$$
$$\vdots$$

y, en general, $x_i = a + i\,\Delta x$. Ahora se aproxima la i-ésima franja S_i por un rectángulo con anchura Δx y altura $f(x_i)$, que es el valor de f en el punto final derecho (vea la figura 11). Entonces, el área del i-ésimo rectángulo es $f(x_i)\,\Delta x$. Lo que se piensa intuitivamente como el área de S se aproxima por la suma de las áreas de estos rectángulos, que es

$$R_n = f(x_1)\,\Delta x + f(x_2)\,\Delta x + \cdots + f(x_n)\,\Delta x$$

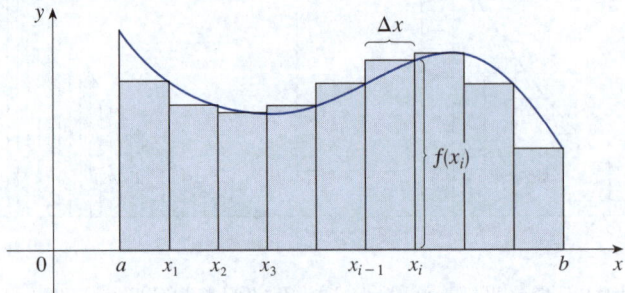

FIGURA 11

En la figura 12 se muestra esta aproximación para $n = 2, 4, 8$ y 12. Observe que esta aproximación parece cada vez mejor a medida que el número de bloques aumenta, es decir, conforme $n \to \infty$. Por lo tanto, el área A de la región S se define de la siguiente manera.

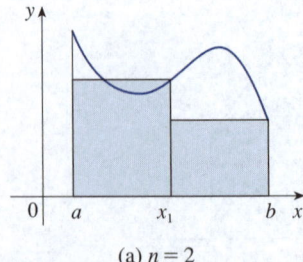

(a) $n = 2$

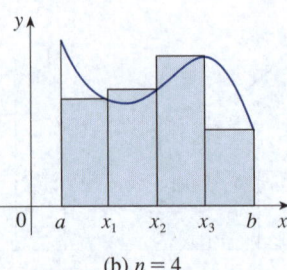

(b) $n = 4$

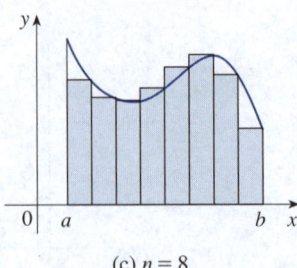

(c) $n = 8$

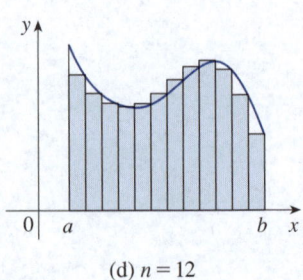

(d) $n = 12$

FIGURA 12

2 Definición El **área** A de la región S que se encuentra bajo la gráfica de la función continua f es el límite de la suma de las áreas de los rectángulos de aproximación:

$$A = \lim_{n \to \infty} R_n = \lim_{n \to \infty} \left[f(x_1)\,\Delta x + f(x_2)\,\Delta x + \cdots + f(x_n)\,\Delta x \right]$$

Se puede demostrar que el límite de la definición 2 siempre existe, pues se asume que f es continua. También se puede demostrar que se obtiene el mismo valor con los puntos finales izquierdos:

$$\boxed{3} \qquad A = \lim_{n \to \infty} L_n = \lim_{n \to \infty} \left[f(x_0)\,\Delta x + f(x_1)\,\Delta x + \cdots + f(x_{n-1})\,\Delta x \right]$$

De hecho, en lugar de usar puntos finales izquierdos o derechos, se podría tomar la altura del i-ésimo rectángulo como el valor de f en *cualquier* número x_i^* en el i-ésimo subintervalo $[x_{i-1}, x_i]$. Los números $x_1^*, x_2^*, ..., x_n^*$ se denominan **puntos muestra**. En la figura 13 se muestran los rectángulos de aproximación cuando los puntos muestra no se escogen como puntos finales. De este modo, una expresión más general para el área de S es

$$\boxed{4} \qquad A = \lim_{n \to \infty} \left[f(x_1^*)\,\Delta x + f(x_2^*)\,\Delta x + \cdots + f(x_n^*)\,\Delta x \right]$$

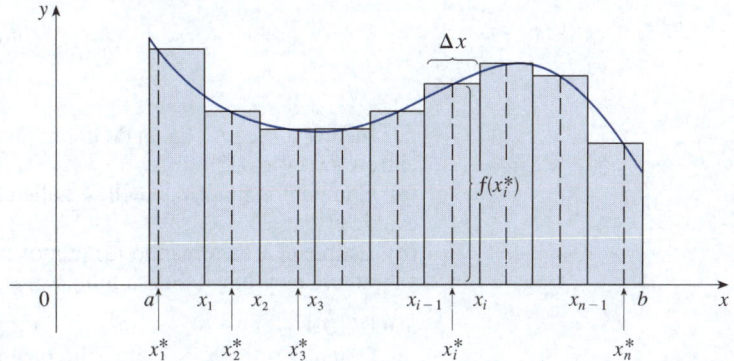

FIGURA 13

NOTA Para aproximar el área bajo la gráfica de f se pueden formar **sumas inferiores** (o **sumas superiores**) al elegir los puntos muestra x_i^* para que $f(x_i^*)$ sea el valor mínimo (o máximo) de f en el i-ésimo subintervalo (vea la figura 14). [Como f es continua, se sabe que los valores mínimos y máximos de f existen en cada subintervalo según el teorema del valor extremo]. Se puede demostrar que una definición equivalente de área es la siguiente: *A es el único número que es menor que todas las sumas superiores y mayor que todas las sumas inferiores.*

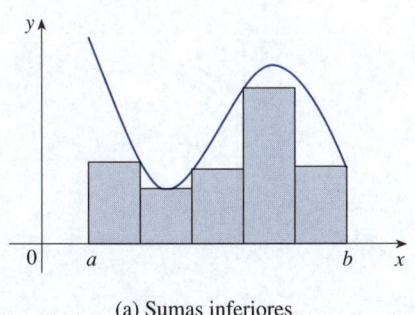

(a) Sumas inferiores

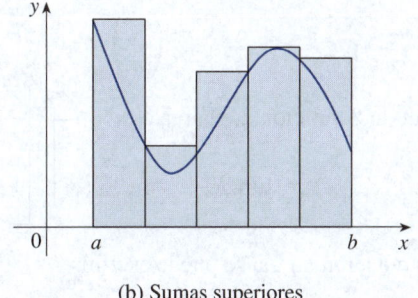

(b) Sumas superiores

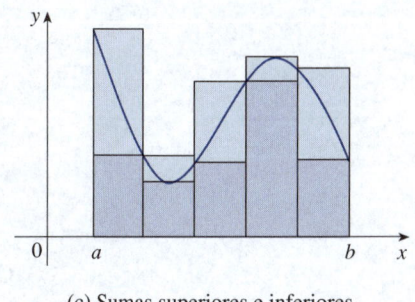

(c) Sumas superiores e inferiores

FIGURA 14

En los ejemplos 1 y 2, se vio un caso en que el área $\left(A = \frac{1}{3}\right)$ está encerrada entre todas las sumas aproximadas izquierdas L_n y todas las sumas aproximadas derechas R_n. Resulta que la función en esos ejemplos, $f(x) = x^2$, es creciente en $[0, 1]$ de modo que las sumas inferiores surgen de los puntos finales izquierdos y las sumas superiores, de los puntos finales derechos (vea las figuras 8 y 9).

Es común utilizar la **notación sigma** (o sumatoria) para escribir sumas con muchos términos de forma más compacta. Por ejemplo,

$$\sum_{i=1}^{n} f(x_i)\,\Delta x = f(x_1)\,\Delta x + f(x_2)\,\Delta x + \cdots + f(x_n)\,\Delta x$$

Por lo tanto, las expresiones para el área en las ecuaciones 2, 3 y 4 se pueden escribir de la siguiente manera:

$$A = \lim_{n \to \infty} \sum_{i=1}^{n} f(x_i)\,\Delta x$$

$$A = \lim_{n \to \infty} \sum_{i=1}^{n} f(x_{i-1})\,\Delta x$$

$$A = \lim_{n \to \infty} \sum_{i=1}^{n} f(x_i^*)\,\Delta x$$

La fórmula 1 también se puede reescribir así:

$$\sum_{i=1}^{n} i^2 = \frac{n(n+1)(2n+1)}{6}$$

EJEMPLO 3 Sea A el área de la región que se encuentra bajo la gráfica de $f(x) = e^{-x}$ entre $x = 0$ y $x = 2$.
(a) Con puntos finales derechos, halle una expresión para A como un límite. No evalúe el límite.
(b) Estime el área tomando los puntos muestra como puntos medios y con cuatro subintervalos y luego diez subintervalos.

SOLUCIÓN
(a) Como $a = 0$ y $b = 2$, el ancho de un subintervalo es

$$\Delta x = \frac{2 - 0}{n} = \frac{2}{n}$$

Por lo tanto, $x_1 = 2/n$, $x_2 = 4/n$, $x_3 = 6/n$, $x_i = 2i/n$ y $x_n = 2n/n$. La suma de las áreas de los rectángulos de aproximación es

$$R_n = f(x_1)\,\Delta x + f(x_2)\,\Delta x + \cdots + f(x_n)\,\Delta x$$

$$= e^{-x_1}\,\Delta x + e^{-x_2}\,\Delta x + \cdots + e^{-x_n}\,\Delta x$$

$$= e^{-2/n}\left(\frac{2}{n}\right) + e^{-4/n}\left(\frac{2}{n}\right) + \cdots + e^{-2n/n}\left(\frac{2}{n}\right)$$

Según la definición 2, el área es

$$A = \lim_{n \to \infty} R_n = \lim_{n \to \infty} \frac{2}{n}\left(e^{-2/n} + e^{-4/n} + e^{-6/n} + \cdots + e^{-2n/n}\right)$$

Con notación sigma se puede escribir

$$A = \lim_{n \to \infty} \frac{2}{n} \sum_{i=1}^{n} e^{-2i/n}$$

Esto indica que hay que terminar con $i = n$.

Esto indica que hay que sumar.

$$\sum_{i=m}^{n} f(x_i)\,\Delta x$$

Esto indica que hay que empezar con $i = m$.

Para practicar con la notación sigma, revise los ejemplos y resuelva algunos de los ejercicios del apéndice E.

Es difícil evaluar este límite a mano, pero con ayuda de un sistema de álgebra computarizada no lo es tanto (vea el ejercicio 32). En la sección 5.3 es posible encontrar A más fácilmente con un método diferente.

(b) Con $n = 4$, los subintervalos de igual anchura $\Delta x = 0.5$ son $[0, 0.5]$, $[0.5, 1]$, $[1, 1.5]$ y $[1.5, 2]$. Los puntos medios de estos subintervalos son $x_1^* = 0.25$, $x_2^* = 0.75$, $x_3^* = 1.25$ y $x_4^* = 1.75$, y la suma M_4 de las áreas de los cuatro rectángulos de aproximación (vea la figura 15) es

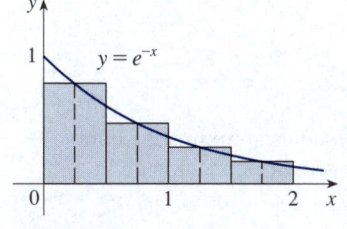

FIGURA 15

$$M_4 = \sum_{i=1}^{4} f(x_i^*)\, \Delta x$$

$$= f(0.25)\, \Delta x + f(0.75)\, \Delta x + f(1.25)\, \Delta x + f(1.75)\, \Delta x$$

$$= e^{-0.25}(0.5) + e^{-0.75}(0.5) + e^{-1.25}(0.5) + e^{-1.75}(0.5)$$

$$= 0.5(e^{-0.25} + e^{-0.75} + e^{-1.25} + e^{-1.75}) \approx 0.8557$$

Así, una estimación para el área es

$$A \approx 0.8557$$

Con $n = 10$, los subintervalos son $[0, 0.2]$, $[0.2, 0.4]$,..., $[1.8, 2]$, y los puntos medios son $x_1^* = 0.1$, $x_2^* = 0.3$, $x_3^* = 0.5$,..., $x_{10}^* = 1.9$. Por lo tanto,

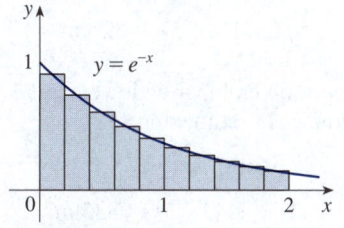

FIGURA 16

$$A \approx M_{10} = f(0.1)\, \Delta x + f(0.3)\, \Delta x + f(0.5)\, \Delta x + \cdots + f(1.9)\, \Delta x$$

$$= 0.2(e^{-0.1} + e^{-0.3} + e^{-0.5} + \cdots + e^{-1.9}) \approx 0.8632$$

Según la figura 16, parece que esta estimación es mejor que la hecha con $n = 4$. ∎

■ El problema de la distancia

En la sección 2.1 se consideró el *problema de la velocidad*: encontrar la velocidad de un objeto en movimiento en un instante dado si la distancia del objeto (desde un punto de partida) se conoce en todo momento. Ahora se considera el *problema de la distancia*: encontrar la distancia recorrida por un objeto durante un cierto periodo si se conoce la velocidad del objeto en todo momento. (En cierto sentido esto es el problema inverso del problema de la velocidad). Si la velocidad se mantiene constante, entonces el problema de la distancia es fácil de resolver por medio de la fórmula

$$\text{distancia} = \text{velocidad} \times \text{tiempo}$$

Pero si la velocidad varía, no es tan fácil encontrar la distancia recorrida. Se investiga el problema en el siguiente ejemplo.

EJEMPLO 4 Suponga que el odómetro de su auto no funciona y desea estimar la distancia recorrida en un intervalo de 30 segundos. Se toman lecturas del velocímetro cada cinco segundos y se registran en la siguiente tabla:

Tiempo (s)	0	5	10	15	20	25	30
Velocidad (km/h)	27	34	39	47	51	50	45

Para tener el tiempo y la velocidad en unidades congruentes se convierten las lecturas de velocidad en metros por segundo (1 km/h $= 1\,000/3\,600$ m/s):

Tiempo (s)	0	5	10	15	20	25	30
Velocidad (m/s)	8	9	11	13	14	14	13

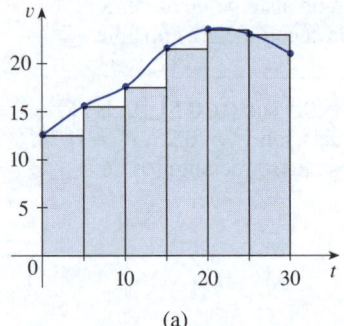

(a)

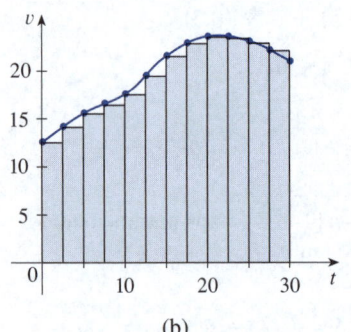

(b)

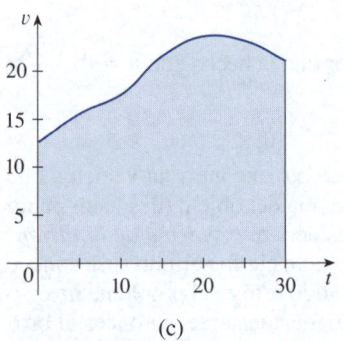

(c)

FIGURA 17

Durante los primeros cinco segundos la velocidad no cambia mucho, por lo que la distancia recorrida durante ese tiempo se estima asumiendo que la velocidad es constante. Si se toma la velocidad durante ese intervalo como velocidad inicial (8 m/s), entonces se obtiene la distancia aproximada recorrida durante los primeros cinco segundos:

$$8 \text{ m/s} \times 5 \text{ s} = 40 \text{ m}$$

De igual manera, durante el segundo intervalo la velocidad es aproximadamente constante y se toma como la velocidad cuando $t = 5$ s. Así, la estimación de la distancia recorrida de $t = 5$ s a $t = 10$ s es

$$9 \text{ m/s} \times 5 \text{ s} = 45 \text{ m}$$

Si se agregan estimaciones similares para los otros intervalos se obtiene una estimación de la distancia total recorrida:

$$(8 \times 5) + (9 \times 5) + (10 \times 5) + (12 \times 5) + (13 \times 5) + (12 \times 5) = 320 \text{ m}$$

También se pudo usar la velocidad al *final* de cada periodo en lugar de la velocidad al principio como la velocidad constante supuesta. Entonces la estimación se convierte en

$$(9 \times 5) + (10 \times 5) + (12 \times 5) + (13 \times 5) + (12 \times 5) + (11 \times 5) = 335 \text{ m}$$

Ahora se traza una gráfica aproximada de la función de velocidad del auto junto con rectángulos cuyas alturas son las velocidades iniciales para cada intervalo [vea la figura 17(a)]. El área del primer rectángulo es $8 \times 5 = 40$, que también es la estimación de la distancia recorrida en los primeros cinco segundos. De hecho, el área de cada rectángulo se puede interpretar como una distancia porque la altura representa la velocidad y el ancho representa el tiempo. La suma de las áreas de los rectángulos de la figura 17(a) es $L_6 = 320$, que es la estimación inicial de la distancia total recorrida.

Si se desea una estimación más precisa, podrían tomarse lecturas de velocidad con más frecuencia, como se ilustra en la figura 17(b). Se aprecia que cuantas más lecturas de velocidad se tomen, más se acerca la suma de las áreas de los rectángulos al área exacta bajo la curva de velocidad [vea la figura 17(c)]. Esto sugiere que la distancia total recorrida es igual al área debajo de la gráfica de velocidad. ■

En general, suponga que un objeto se mueve con una velocidad $v = f(t)$, donde $a \leqslant t \leqslant b$ y $f(t) \geqslant 0$ (por lo que el objeto siempre se mueve en dirección positiva). Se toman lecturas de velocidad en los momentos $t_0 \, (= a)$, t_1, t_2, ..., $t_n \, (= b)$ de modo que la velocidad es aproximadamente constante en cada subintervalo. Si estos tiempos están espaciados por igual, entonces el tiempo entre las lecturas consecutivas es $\Delta t = (b - a)/n$. Durante el primer intervalo la velocidad es más o menos $f(t_0)$ y, por lo tanto, la distancia recorrida es aproximadamente $f(t_0)\Delta t$. De igual manera, la distancia recorrida durante el segundo intervalo es de alrededor de $f(t_1)\Delta t$ y la distancia total recorrida durante el intervalo $[a, b]$ es aproximadamente de

$$f(t_0) \, \Delta t + f(t_1) \, \Delta t + \cdots + f(t_{n-1}) \, \Delta t = \sum_{i=1}^{n} f(t_{i-1}) \, \Delta t$$

Si se usa la velocidad en los puntos finales derechos en lugar de los puntos finales izquierdos, la estimación de la distancia total se convierte en

$$f(t_1) \, \Delta t + f(t_2) \, \Delta t + \cdots + f(t_n) \, \Delta t = \sum_{i=1}^{n} f(t_i) \, \Delta t$$

Cuanto más frecuentemente se mide la velocidad, más precisas son las estimaciones, por lo que parece plausible que la distancia *d exacta* recorrida sea el *límite* de tales expresiones:

$$\boxed{5} \qquad d = \lim_{n \to \infty} \sum_{i=1}^{n} f(t_{i-1})\, \Delta t = \lim_{n \to \infty} \sum_{i=1}^{n} f(t_i)\, \Delta t$$

En la sección 5.4 se verá que esto es de hecho cierto.

Como la ecuación 5 tiene la misma forma que las expresiones para el área en las ecuaciones 2 y 3, se deduce que la distancia recorrida es igual al área debajo de la gráfica de la función de velocidad. En los capítulos 6 y 8 se verá que otras cantidades de interés en las ciencias naturales y sociales —como el trabajo realizado por una fuerza variable o el gasto cardiaco— también pueden interpretarse como el área debajo de una curva. De este modo, cuando se calculen áreas en este capítulo, se debe tener en cuenta que pueden interpretarse de diversas maneras prácticas.

5.1 | Ejercicios

1. (a) Al leer los valores de la gráfica dada de *f*, use cinco rectángulos para encontrar una estimación inferior y otra superior para el área bajo la gráfica dada de *f* de $x = 0$ a $x = 10$. En cada caso trace los rectángulos utilizados.

(b) Determine nuevas estimaciones con diez rectángulos en cada caso.

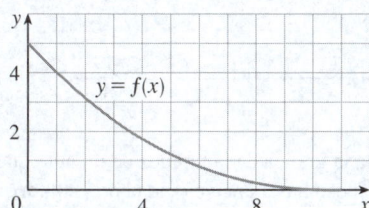

2. (a) Con seis rectángulos, halle estimaciones de cada tipo para el área bajo la gráfica dada de *f* de $x = 0$ a $x = 12$.

   (i) L_6 (los puntos muestra son los puntos finales izquierdos).

   (ii) R_6 (los puntos muestra son los puntos finales derechos).

   (iii) M_6 (los puntos muestra son los puntos medios).

(b) ¿Es L_6 una subestimación o sobrestimación del área verdadera?

(c) ¿Es R_6 una subestimación o sobrestimación del área verdadera?

(d) ¿Cuál de los números L_6, R_6 o M_6 da la mejor estimación? Explique.

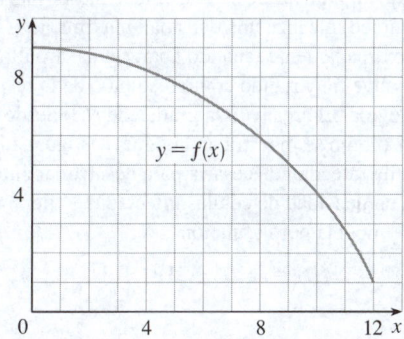

3. (a) Estime el área bajo la gráfica de $f(x) = 1/x$ desde $x = 1$ hasta $x = 2$ con cuatro rectángulos de aproximación y puntos finales derechos. Trace la gráfica y los rectángulos. ¿Su estimación es una subestimación o una sobrestimación?

(b) Repita el inciso (a) con puntos finales izquierdos.

4. (a) Estime el área bajo la gráfica de $f(x) = \operatorname{sen} x$ desde $x = 0$ hasta $x = \pi/2$ con cuatro rectángulos de aproximación y puntos finales derechos. Trace la gráfica y los rectángulos. ¿Su estimación es una subestimación o una sobrestimación?

(b) Repita el inciso (a) con puntos finales izquierdos.

5. (a) Estime el área bajo la gráfica de $f(x) = 1 + x^2$ desde $x = -1$ hasta $x = 2$ con tres rectángulos y puntos finales derechos. Luego mejore su estimación con seis rectángulos. Trace la curva y los rectángulos de aproximación.

(b) Repita el inciso (a) con puntos finales izquierdos.

(c) Repita el inciso (a) con puntos medios.

(d) Según sus bocetos en los incisos (a)–(c), ¿qué estimación parece la más precisa?

6. (a) Grafique la función

$$f(x) = e^{x - x^2} \qquad 0 \le x \le 2$$

(b) Estime el área bajo la gráfica de *f* con cuatro rectángulos de aproximación y siendo los puntos muestra (i) los puntos finales derechos y (ii) los puntos medios. En cada caso, trace la curva y los rectángulos.

(c) Mejore sus estimaciones del inciso (b) con ocho rectángulos.

7. Evalúe las sumas superiores e inferiores para $f(x) = 6 - x^2$, $-2 \le x \le 2$, con $n = 2$, 4 y 8. Ilústrelo con diagramas como el de la figura 14.

8. Evalúe las sumas superiores e inferiores para

$$f(x) = 1 + \cos(x/2) \qquad -\pi \le x \le \pi$$

con $n = 3, 4$ y 6. Ilústrelo con diagramas como el de la figura 14.

9. La rapidez de una corredora aumentó constantemente durante los primeros tres segundos de una carrera. Su rapidez en intervalos de medio segundo se indica en la tabla. Encuentre estimaciones inferiores y superiores de la distancia que recorrió durante esos tres segundos.

t (s)	0	0.5	1.0	1.5	2.0	2.5	3.0
v (m/s)	0	1.9	3.3	4.5	5.5	5.9	6.2

10. En la tabla se presentan las lecturas del velocímetro en intervalos de 10 segundos durante un periodo de 1 minuto para un auto de carreras en el Daytona International Speedway en Florida.
 (a) Estime la distancia, en millas, que el auto de carreras recorrió durante este periodo, usando las velocidades al principio de los intervalos.
 (b) Dé otra estimación con las velocidades al final de los periodos.
 (c) ¿Sus estimaciones en los incisos (a) y (b) son superiores e inferiores? Explique.

Tiempo (s)	Velocidad (mi/h)
0	182.9
10	168.0
20	106.6
30	99.8
40	124.5
50	176.1
60	175.6

11. Se derramó petróleo de un tanque a una tasa de $r(t)$ litros por hora. La cantidad disminuyó con el paso del tiempo y en la tabla se muestran los valores de la razón en intervalos de dos horas. Encuentre estimaciones inferiores y superiores para la cantidad total de petróleo derramado.

t (h)	0	2	4	6	8	10
$r(t)$ (L/h)	8.7	7.6	6.8	6.2	5.7	5.3

12. Cuando se estiman distancias a partir de datos de velocidad, a veces es necesario utilizar tiempos $t_0, t_1, t_2, t_3, \ldots$ que no están igualmente espaciados. Aun así es posible estimar las distancias con los periodos $\Delta t_i = t_i - t_{i-1}$. Por ejemplo, en 1992 se lanzó el transbordador espacial *Endeavour* en la misión STS-49 para instalar un nuevo motor de perigeo en un satélite de comunicaciones Intelsat. La tabla, proporcionada por la NASA, da los datos de velocidad del transbordador entre el despegue y el desprendimiento de los cohetes propulsores sólidos. Con estos datos estime la altura sobre la superficie terrestre del *Endeavour* 62 segundos después del despegue.

Evento	Tiempo (s)	Velocidad (m/s)
Despegue	0	0
Inicio de la maniobra de rotación	10	56
Fin de la maniobra de rotación	15	97
Acelerador a 89%	20	136
Acelerador a 67%	32	226
Acelerador a 104%	59	404
Máxima presión dinámica	62	440
Separación de los cohetes propulsores sólidos	125	1 265

13. Se muestra la gráfica de velocidad de un auto que frena. Con ella, estime la distancia recorrida por el auto mientras se accionan los frenos.

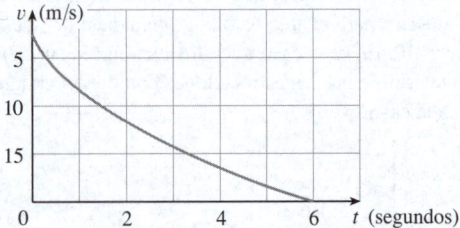

14. Se muestra la gráfica de la rapidez de un auto que acelera desde el reposo hasta una velocidad de 120 km/h en un periodo de 30 segundos. Estime la distancia recorrida durante este periodo.

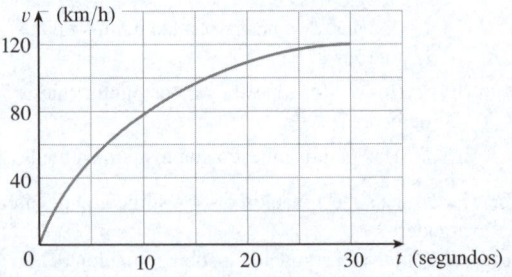

15. En una persona infectada por el sarampión, el nivel de virus N (medido en número de células infectadas por mL de plasma sanguíneo) alcanza una densidad máxima a los $t = 12$ días aproximadamente (cuando aparece un sarpullido) y luego disminuye muy rápido como resultado de la respuesta inmunológica. El área bajo la gráfica de $N(t)$ desde $t = 0$ hasta $t = 12$ (como se muestra en la figura) es igual a la magnitud total de infección necesaria para desarrollar síntomas (medida en densidad de células infectadas × tiempo). La función N se modela por la función

$$f(t) = -t(t - 21)(t + 1)$$

Utilice este modelo con seis subintervalos y sus puntos medios para estimar la magnitud total de infección necesaria para desarrollar síntomas de sarampión.

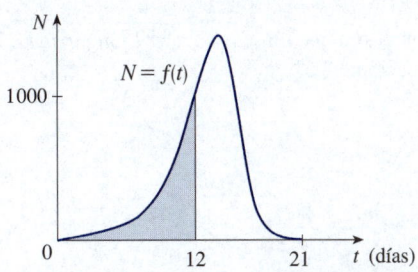

Fuente: J. M. Heffernan *et al.*, "An In-Host Model of Acute Infection: Measles as a Case Study", *Theoretical Population Biology* 73 (2006): 134-47.

16-19 Use la definición 2 para encontrar una expresión para el área bajo la gráfica de *f* como límite. No evalúe el límite.

16. $f(x) = x^2 e^x, \quad 0 \le x \le 4$

17. $f(x) = 2 + \operatorname{sen}^2 x, \quad 0 \le x \le \pi$

18. $f(x) = x + \ln x, \quad 3 \le x \le 8$

19. $f(x) = x\sqrt{x^3 + 8}, \quad 1 \le x \le 5$

20-23 Determine una región cuya área sea igual al límite dado. No evalúe el límite.

20. $\lim\limits_{n \to \infty} \sum\limits_{i=1}^{n} \frac{1}{n}\left(\frac{i}{n}\right)^3$

21. $\lim\limits_{n \to \infty} \sum\limits_{i=1}^{n} \frac{2}{n} \frac{1}{1 + (2i/n)}$

22. $\lim\limits_{n \to \infty} \sum\limits_{i=1}^{n} \frac{3}{n} \sqrt{1 + \frac{3i}{n}}$

23. $\lim\limits_{n \to \infty} \sum\limits_{i=1}^{n} \frac{\pi}{4n} \tan \frac{i\pi}{4n}$

24. (a) Utilice la definición 2 para expresar el área bajo la curva $y = x^3$ desde 0 hasta 1 como límite.
(b) La siguiente fórmula para la suma de los cubos de los primeros *n* enteros se demuestra en el apéndice E. Utilícela para evaluar el límite del inciso (a).

$$1^3 + 2^3 + 3^3 + \cdots + n^3 = \left[\frac{n(n+1)}{2}\right]^2$$

25. Sea *A* el área bajo la gráfica de una función continua creciente *f* desde *a* hasta *b*, y L_n y R_n las aproximaciones a *A* con *n* subintervalos usando puntos finales izquierdos y derechos, respectivamente.
(a) ¿Cómo se relacionan *A*, L_n y R_n?

(b) Demuestre que

$$R_n - L_n = \frac{b-a}{n}[f(b) - f(a)]$$

Después trace un diagrama para ilustrar esta ecuación mostrando que los *n* rectángulos que representan $R_n - L_n$ pueden reacomodarse para formar un solo rectángulo cuya área sea el lado derecho de la ecuación.
(c) Deduzca que

$$R_n - A < \frac{b-a}{n}[f(b) - f(a)]$$

26. Si *A* es el área bajo la curva $y = e^x$ de 1 a 3, use el ejercicio 25 para encontrar un valor de *n* tal que $R_n - A < 0.0001$.

T **27-28** Con una calculadora programable (o una computadora) es posible evaluar las expresiones para las sumas de las áreas de los rectángulos de aproximación, incluso para valores grandes de *n*, mediante bucles. (En una TI use el comando Is >, puede usar también un bucle For-EndFor; en una Casio use Isz, en una HP o en una BASIC use un bucle FOR-NEXT). Calcule la suma de las áreas de los rectángulos de aproximación con subintervalos iguales y puntos finales derechos para $n = 10, 30, 50$ y 100. Después suponga el valor del área exacta.

27. La región debajo de $y = x^4$ de 0 a 1.

28. La región debajo de $y = \cos x$ de 0 a $\pi/2$.

T **29-30** Algunos sistemas de álgebra computarizada tienen comandos que trazan rectángulos de aproximación y evalúan las sumas de sus áreas, al menos si x_i^* es un punto final izquierdo o derecho. (Por ejemplo, en Maple use `leftbox`, `rightbox`, `leftsum` y `rightsum`).

29. Sea $f(x) = 1/(x^2 + 1), 0 \le x \le 1$.
(a) Halle las sumas izquierda y derecha para $n = 10, 30$ y 50.
(b) Ilustre graficando los rectángulos del inciso (a).
(c) Demuestre que el área exacta debajo de *f* se encuentra entre 0.780 y 0.791.

30. Sea $f(x) = \ln x, 1 \le x \le 4$.
(a) Encuentre las sumas izquierda y derecha para $n = 10, 30$ y 50.
(b) Ilustre graficando los rectángulos del inciso (a).
(c) Demuestre que el área exacta debajo de *f* se encuentra entre 2.50 y 2.59.

T **31.** (a) Exprese el área debajo de la curva $y = x^5$ de 0 a 2 como un límite.
(b) Con un sistema de álgebra computarizada encuentre la suma en su expresión del inciso (a).
(c) Evalúe el límite del inciso (a).

T **32.** Encuentre el área exacta de la región bajo la gráfica de $y = e^{-x}$ de 0 a 2 mediante un sistema de álgebra computarizada para evaluar la suma y luego el límite en el ejemplo 3(a). Compare su respuesta con la estimación obtenida en el ejemplo 3(b).

T **33.** Encuentre el área exacta bajo la curva del coseno, $y = \cos x$ de $x = 0$ a $x = b$, donde $0 \leq b \leq \pi/2$. (Use un sistema de álgebra computarizada tanto para evaluar la suma como para calcular el límite). En particular, ¿cuál es el área si $b = \pi/2$?

34. (a) Sea A_n el área de un polígono con n lados iguales inscrito en un círculo con radio r. Al dividir el polígono en n triángulos congruentes con el ángulo central $2\pi/n$, demuestre que

$$A_n = \tfrac{1}{2} n r^2 \operatorname{sen} \frac{2\pi}{n}$$

(b) Demuestre que $\lim_{n \to \infty} A_n = \pi r^2$. [*Sugerencia*: Use la ecuación 3.3.5].

5.2 | La integral definida

Se vio en la sección 5.1 que se obtiene un límite de la forma

1 $$\lim_{n \to \infty} \sum_{i=1}^{n} f(x_i^*) \, \Delta x = \lim_{n \to \infty} \left[f(x_1^*) \, \Delta x + f(x_2^*) \, \Delta x + \cdots + f(x_n^*) \, \Delta x \right]$$

al calcular un área. También se vio que se presenta cuando se determina la distancia recorrida por un objeto. Resulta que este mismo tipo de límite se presenta en una gran variedad de situaciones, aunque f no sea necesariamente una función positiva. En los capítulos 6 y 8 se verá que los límites de este tipo también aparecen al buscar longitudes de curvas, volúmenes de sólidos, centros de masa, fuerza debida a la presión del agua y el trabajo, así como otras cantidades.

■ La integral definida

A los límites de la forma (1) se les da un nombre y una notación especiales.

> **2** **Definición de una integral definida** Si f es una función definida para $a \leq x \leq b$, se divide el intervalo $[a, b]$ en n subintervalos de igual anchura $\Delta x = (b - a)/n$. Sean $x_0(= a)$, x_1, x_2,..., $x_n(= b)$ los puntos finales de estos subintervalos y x_1^*, x_2^*,..., x_n^* los **puntos muestra** cualquiera de estos subintervalos, de modo que x_i^* se encuentre en el i-ésimo subintervalo $[x_{i-1}, x_i]$. Entonces **la integral definida de f desde a hasta b** es
>
> $$\int_a^b f(x) \, dx = \lim_{n \to \infty} \sum_{i=1}^{n} f(x_i^*) \, \Delta x$$
>
> siempre y cuando este límite exista y dé el mismo valor para todas las posibles opciones de puntos muestra. Si existe, se dice que f es **integrable** en $[a, b]$.

El significado preciso del límite que define la integral es el siguiente:

Para todo número $\varepsilon > 0$ hay un entero N tal que

$$\left| \int_a^b f(x) \, dx - \sum_{i=1}^{n} f(x_i^*) \, \Delta x \right| < \varepsilon$$

para todo entero $n > N$ y para toda elección de x_i^* en $[x_{i-1}, x_i]$.

NOTA 1 El símbolo $\int$ lo introdujo Leibniz y se llama **signo de integración**. Es una S alargada y se eligió porque una integral es un límite de sumas. En la notación $\int_a^b f(x) \, dx$, $f(x)$ se llama **integrando**, y a y b, **límites de integración**; a es el **límite inferior** y b el **límite superior**. Por el momento, consideraremos que dx no tiene significado en sí mismo; $\int_a^b f(x) \, dx$ es un símbolo completo. El símbolo dx simplemente indica que la variable independiente es x. El procedimiento para calcular una integral se llama **integración**.

NOTA 2 La integral definida $\int_a^b f(x)\,dx$ es un número; no depende de x. De hecho, se podría usar cualquier letra en lugar de x sin cambiar el valor de la integral:

$$\int_a^b f(x)\,dx = \int_a^b f(t)\,dt = \int_a^b f(r)\,dr$$

NOTA 3 La suma

$$\sum_{i=1}^n f(x_i^*)\,\Delta x$$

que aparece en la definición 2 se llama **suma de Riemann** por el matemático alemán Bernhard Riemann (1826–1866). Por lo tanto, la definición 2 establece que la integral definida de una función integrable puede aproximarse con cualquier grado de exactitud deseado mediante una suma de Riemann.

Se sabe que si f resulta positiva, entonces la suma de Riemann puede interpretarse como una suma de áreas de rectángulos de aproximación (vea la figura 1). Al comparar la definición 2 con la definición de área en la sección 5.1 se ve que la integral definida $\int_a^b f(x)\,dx$ puede interpretarse como el área debajo de la curva $y = f(x)$ desde a hasta b. (Vea la figura 2).

Riemann

Bernhard Riemann recibió su doctorado bajo la dirección del legendario Gauss en la Universidad de Gotinga y permaneció ahí para enseñar. Gauss, que no tenía el hábito de alabar a otros matemáticos, habló de la "mente creativa, activa, verdaderamente matemática y la originalidad gloriosamente fértil" de Riemann. La definición (2) de una integral que aquí se ofrece se debe a Riemann. También hizo importantes contribuciones a la teoría de las funciones de una variable compleja, física matemática, teoría de los números y los fundamentos de la geometría. El amplio concepto de Riemann sobre el espacio y la geometría resultó ser el marco adecuado, 50 años después, para la teoría general de la relatividad de Einstein. La salud de Riemann fue precaria durante toda su vida, y murió de tuberculosis a la edad de 39 años.

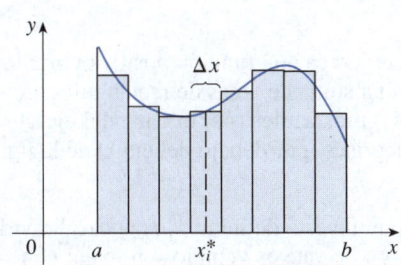

FIGURA 1

Si $f(x) \geqslant 0$, la suma de Riemann de $\sum f(x_i^*)\,\Delta x$ es la suma de las áreas de los rectángulos.

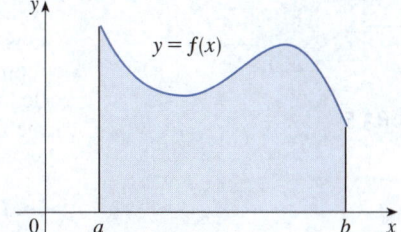

FIGURA 2

Si $f(x) \geqslant 0$, la integral $\int_a^b f(x)\,dx$ es el área debajo de la curva $y = f(x)$ desde a hasta b.

Si f toma valores tanto positivos como negativos, como en la figura 3, entonces la suma de Riemann es la suma de las áreas de los rectángulos que se encuentran por encima del eje x y los *negativos* de las áreas de los rectángulos ubicados debajo del eje x (las áreas de los rectángulos azules *menos* las áreas de los rectángulos grises). Cuando se toma el límite de ese tipo de sumas de Riemann se obtiene la situación ilustrada en la figura 4. Una integral definida puede interpretarse como un **área neta**, es decir, una diferencia de áreas:

$$\int_a^b f(x)\,dx = A_1 - A_2$$

donde A_1 es el área de la región por encima del eje x y por debajo de la gráfica de f, y A_2 es el área de la región por debajo del eje x y por encima de la gráfica de f.

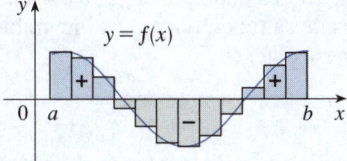

FIGURA 3

$\sum f(x_i^*)\,\Delta x$ es una aproximación al área neta.

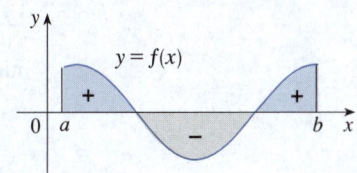

FIGURA 4

$\int_a^b f(x)\,dx$ es el área neta.

EJEMPLO 1 Evalúe la suma de Riemann para $f(x) = x^3 - 6x$, $0 \le x \le 3$, con $n = 6$ subintervalos y tomando los puntos finales de la muestra como puntos finales derechos.

SOLUCIÓN
Con $n = 6$ subintervalos, el ancho del intervalo es $\Delta x = (3 - 0)/6 = \frac{1}{2}$ y los puntos finales derechos son

$$x_1 = 0.5 \quad x_2 = 1.0 \quad x_3 = 1.5 \quad x_4 = 2.0 \quad x_5 = 2.5 \quad x_6 = 3.0$$

Por lo tanto, la suma de Riemann es

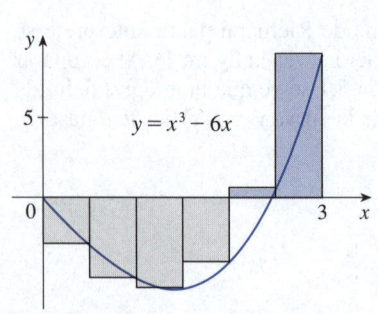

$$R_6 = \sum_{i=1}^{6} f(x_i)\, \Delta x$$

$$= f(0.5)\,\Delta x + f(1.0)\,\Delta x + f(1.5)\,\Delta x + f(2.0)\,\Delta x + f(2.5)\,\Delta x + f(3.0)\,\Delta x$$

$$= \tfrac{1}{2}(-2.875 - 5 - 5.625 - 4 + 0.625 + 9)$$

$$= -3.9375$$

Observe que f no es una función positiva y por lo tanto la suma de Riemann no representa una suma de áreas de rectángulos, pero sí representa la suma de las áreas de los rectángulos azules (por encima del eje x) menos la suma de las áreas de los rectángulos grises (por debajo del eje x) de la figura 5.   ■

FIGURA 5

NOTA 4 Aunque esté definido $\int_a^b f(x)\, dx$ al dividir $[a, b]$ en subintervalos iguales, hay situaciones en las que es ventajoso trabajar con subintervalos desiguales. Por ejemplo, en el ejercicio 5.1.12, la NASA proporcionó datos de velocidades que a veces no estaban espaciadas por igual, pero aún así se logró estimar la distancia recorrida. Y hay métodos para la integración numérica que aprovechan los subintervalos desiguales. Si los anchos de los subintervalos son Δx_1, Δx_2,..., Δx_n, hay que asegurarse de que todos estos anchos se aproximan a 0 en el proceso al límite. Esto sucede si el ancho más grande, máx Δx_i, se aproxima a 0. Así, en este caso la definición de una integral definida se convierte en

$$\int_a^b f(x)\, dx = \lim_{\text{máx } \Delta x_i \to 0} \sum_{i=1}^{n} f(x_i^*)\, \Delta x_i$$

Se explicó la integral definida para una función integrable, pero no todas las funciones son integrables (vea los ejercicios 81–82). El siguiente teorema muestra que las funciones más comunes que se producen son de hecho integrables. El teorema se demuestra en cursos más avanzados.

> **3 Teorema** Si f es continua en $[a, b]$, o si f tiene solo un número finito de discontinuidades de salto, entonces f es integrable en $[a, b]$; es decir, la integral definida $\int_a^b f(x)\, dx$ existe.

Si f es integrable en $[a, b]$, entonces el límite en la definición 2 existe y da el mismo valor sin importar cómo se elijan los puntos muestra x_i^*. Para simplificar el cálculo de la integral a menudo se toman los puntos muestra como puntos finales derechos. Por lo tanto, $x_i^* = x_i$ y la definición de una integral se simplifica como sigue.

4 Teorema Si f es integrable en $[a, b]$, entonces

$$\int_a^b f(x)\,dx = \lim_{n \to \infty} \sum_{i=1}^{n} f(x_i)\,\Delta x$$

donde $\qquad \Delta x = \dfrac{b - a}{n} \qquad$ y $\qquad x_i = a + i\,\Delta x$

EJEMPLO 2 Exprese

$$\lim_{n \to \infty} \sum_{i=1}^{n} (x_i^3 + x_i \operatorname{sen} x_i)\,\Delta x$$

como una integral en el intervalo $[0, \pi]$.

SOLUCIÓN Al comparar el límite dado con el límite del teorema 4 se ve que serán idénticos si se elige $f(x) = x^3 + x \operatorname{sen} x$. Se indica que $a = 0$ y $b = \pi$. Por lo tanto, según el teorema 4 se tiene

$$\lim_{n \to \infty} \sum_{i=1}^{n} (x_i^3 + x_i \operatorname{sen} x_i)\,\Delta x = \int_0^\pi (x^3 + x \operatorname{sen} x)\,dx \qquad \blacksquare$$

Más adelante, cuando se aplique la integral definida a situaciones físicas, será importante reconocer los límites de las sumas como integrales, como en el ejemplo 2. Cuando Leibniz eligió la notación de una integral, eligió los ingredientes como recordatorios del proceso al límite. En general, cuando se escribe

$$\lim_{n \to \infty} \sum_{i=1}^{n} f(x_i^*)\,\Delta x = \int_a^b f(x)\,dx$$

se sustituye lím $\sum$ por $\int$, x_i^* por x y Δx por dx.

■ Evaluación de las integrales definidas

A fin de utilizar un límite para evaluar una integral definida es necesario saber cómo trabajar con sumas. Las siguientes cuatro ecuaciones dan fórmulas para sumas de potencias de enteros positivos. Quizá recuerde la ecuación 6 por un curso de álgebra. Las ecuaciones 7 y 8 se analizaron en la sección 5.1 y se demuestran en el apéndice E.

Sumas de potencias

$$\boxed{5} \qquad \sum_{i=1}^{n} 1 = n$$

$$\boxed{6} \qquad \sum_{i=1}^{n} i = \frac{n(n + 1)}{2}$$

$$\boxed{7} \qquad \sum_{i=1}^{n} i^2 = \frac{n(n + 1)(2n + 1)}{6}$$

$$\boxed{8} \qquad \sum_{i=1}^{n} i^3 = \left[\frac{n(n + 1)}{2} \right]^2$$

Las fórmulas 9-11 se demuestran al escribir cada lado en forma expandida. El lado izquierdo de la ecuación 9 es

$$ca_1 + ca_2 + \cdots + ca_n$$

El lado derecho es

$$c(a_1 + a_2 + \cdots + a_n)$$

Estas son iguales por la propiedad distributiva. Las demás fórmulas se examinan en el apéndice E.

Las fórmulas restantes son reglas simples para trabajar con la notación sigma:

Propiedades de las sumas

9
$$\sum_{i=1}^{n} ca_i = c \sum_{i=1}^{n} a_i$$

10
$$\sum_{i=1}^{n} (a_i + b_i) = \sum_{i=1}^{n} a_i + \sum_{i=1}^{n} b_i$$

11
$$\sum_{i=1}^{n} (a_i - b_i) = \sum_{i=1}^{n} a_i - \sum_{i=1}^{n} b_i$$

En el siguiente ejemplo se calcula una integral definida de la función f del ejemplo 1.

EJEMPLO 3 Evalúe $\int_0^3 (x^3 - 6x)\, dx$.

SOLUCIÓN Se aplica el teorema 4. Se tiene $f(x) = x^3 - 6x$, $a = 0$, $b = 3$ y

$$\Delta x = \frac{b - a}{n} = \frac{3 - 0}{n} = \frac{3}{n}$$

Entonces los puntos finales de los subintervalos son $x_0 = 0$, $x_1 = 0 + 1(3/n) = 3/n$, $x_2 = 0 + 2(3/n) = 6/n$, $x_3 = 0 + 3(3/n) = 9/n$, y, en general,

$$x_i = 0 + i\left(\frac{3}{n}\right) = \frac{3i}{n}$$

Por lo tanto,

En la suma, n es una constante (a diferencia de i), por lo que es posible colocar $3/n$ delante del signo Σ.

$$\int_0^3 (x^3 - 6x)\, dx = \lim_{n \to \infty} \sum_{i=1}^{n} f(x_i)\, \Delta x = \lim_{n \to \infty} \sum_{i=1}^{n} f\left(\frac{3i}{n}\right) \frac{3}{n}$$

$$= \lim_{n \to \infty} \frac{3}{n} \sum_{i=1}^{n} \left[\left(\frac{3i}{n}\right)^3 - 6\left(\frac{3i}{n}\right) \right] \quad \text{(Ecuación 9 con } c = 3/n\text{)}$$

$$= \lim_{n \to \infty} \frac{3}{n} \sum_{i=1}^{n} \left[\frac{27}{n^3} i^3 - \frac{18}{n} i \right]$$

$$= \lim_{n \to \infty} \left[\frac{81}{n^4} \sum_{i=1}^{n} i^3 - \frac{54}{n^2} \sum_{i=1}^{n} i \right] \quad \text{(Ecuaciones 11 y 9)}$$

$$= \lim_{n \to \infty} \left\{ \frac{81}{n^4} \left[\frac{n(n + 1)}{2} \right]^2 - \frac{54}{n^2} \frac{n(n + 1)}{2} \right\} \quad \text{(Ecuaciones 8 y 6)}$$

$$= \lim_{n \to \infty} \left[\frac{81}{4} \left(1 + \frac{1}{n}\right)^2 - 27\left(1 + \frac{1}{n}\right) \right]$$

$$= \frac{81}{4} - 27 = -\frac{27}{4} = -6.75$$

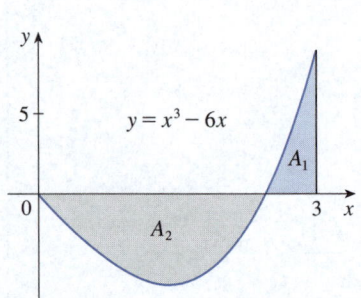

FIGURA 6

$$\int_0^3 (x^3 - 6x)\, dx = A_1 - A_2 = -6.75$$

Esta integral no puede interpretarse como un área porque f toma valores tanto positivos como negativos, pero se puede interpretar como la diferencia de las áreas $A_1 - A_2$, donde A_1 y A_2 se muestran en la figura 6.

En la figura 7 se ilustra el cálculo del ejemplo 3, con los términos positivos y negativos en la suma de Riemann derecha R_n para $n = 40$. Los valores de la tabla muestran las sumas de Riemann que se aproximan al valor exacto de la integral, -6.75, a medida que $n \to \infty$.

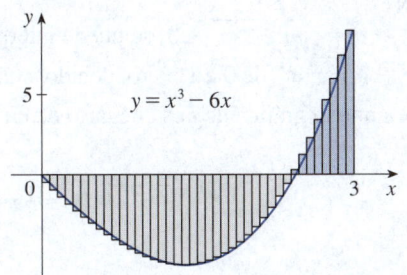

n	R_n
40	-6.3998
100	-6.6130
500	-6.7229
1 000	-6.7365
5 000	-6.7473

FIGURA 7

$R_{40} \approx -6.3998$

En la sección 5.3 se presentará un método mucho más sencillo (posible por el teorema fundamental del cálculo) para evaluar integrales como la del ejemplo 3.

Como $f(x) = e^x$ es positiva, la integral del ejemplo 4 representa el área que se muestra en la figura 8.

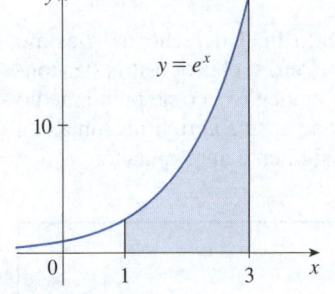

FIGURA 8

EJEMPLO 4

(a) Establezca una expresión para $\int_1^3 e^x \, dx$ como un límite de sumas.

(b) Con un sistema de álgebra computarizada evalúe la expresión.

SOLUCIÓN

(a) Aquí se tiene $f(x) = e^x$, $a = 1$, $b = 3$ y

$$\Delta x = \frac{b - a}{n} = \frac{2}{n}$$

Por lo tanto, $x_0 = 1$, $x_1 = 1 + 2/n$, $x_2 = 1 + 4/n$, $x_3 = 1 + 6/n$ y

$$x_i = 1 + \frac{2i}{n}$$

Según el teorema 4 se obtiene

$$\int_1^3 e^x \, dx = \lim_{n \to \infty} \sum_{i=1}^n f(x_i) \, \Delta x$$

$$= \lim_{n \to \infty} \sum_{i=1}^n f\left(1 + \frac{2i}{n}\right) \frac{2}{n}$$

$$= \lim_{n \to \infty} \frac{2}{n} \sum_{i=1}^n e^{1 + 2i/n}$$

Un sistema de álgebra computarizada es capaz de encontrar una expresión explícita para esta suma porque es una serie geométrica. El límite se podría encontrar con la regla de L'Hôpital.

(b) Si se pide a un sistema de álgebra computarizada que evalúe la suma y la simplifique se obtiene

$$\sum_{i=1}^n e^{1 + 2i/n} = \frac{e^{(3n+2)/n} - e^{(n+2)/n}}{e^{2/n} - 1}$$

Ahora se pide al sistema de álgebra computarizada que evalúe el límite:

$$\int_1^3 e^x \, dx = \lim_{n \to \infty} \frac{2}{n} \cdot \frac{e^{(3n+2)/n} - e^{(n+2)/n}}{e^{2/n} - 1} = e^3 - e$$

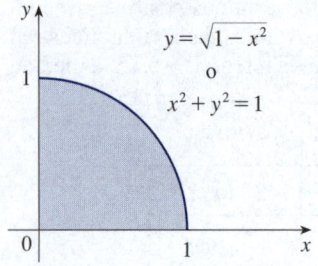

FIGURA 9

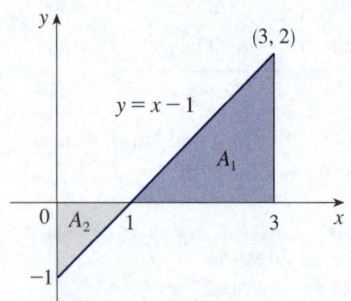

FIGURA 10

EJEMPLO 5 Evalúe las siguientes integrales interpretando cada una en términos de áreas.

(a) $\displaystyle\int_0^1 \sqrt{1 - x^2}\, dx$ (b) $\displaystyle\int_0^3 (x - 1)\, dx$

SOLUCIÓN

(a) Como $f(x) = \sqrt{1 - x^2} \geqslant 0$, se puede interpretar esta integral como el área bajo la curva $y = \sqrt{1 - x^2}$ de 0 a 1. Pero, debido a que $y^2 = 1 - x^2$, se obtiene $x^2 + y^2 = 1$, que muestra que la gráfica de f es el cuarto de círculo con radio 1 de la figura 9. Por lo tanto,

$$\int_0^1 \sqrt{1 - x^2}\, dx = \tfrac{1}{4}\pi(1)^2 = \frac{\pi}{4}$$

(En la sección 7.3 se *demostrará* que el área de un círculo de radio r es πr^2).

(b) La gráfica de $y = x - 1$ es la recta con pendiente 1 que se muestra en la figura 10. Se calcula la integral como la diferencia de las áreas de los dos triángulos:

$$\int_0^3 (x - 1)\, dx = A_1 - A_2 = \tfrac{1}{2}(2 \cdot 2) - \tfrac{1}{2}(1 \cdot 1) = 1.5 \qquad \blacksquare$$

■ Regla del punto medio

Con frecuencia se elige el punto muestra x_i^* como punto final derecho del i-ésimo subintervalo porque es conveniente para evaluar el límite. Pero si el propósito es encontrar una *aproximación* a una integral, normalmente es mejor elegir x_i^* como punto medio del intervalo, que se denota $\bar{x}_i$. Cualquier suma de Riemann es una aproximación a una integral, pero si se usan los puntos medios se obtiene la siguiente aproximación.

Regla del punto medio

$$\int_a^b f(x)\, dx \approx \sum_{i=1}^n f(\bar{x}_i)\, \Delta x = \Delta x\left[f(\bar{x}_1) + \cdots + f(\bar{x}_n)\right]$$

donde $\qquad \Delta x = \dfrac{b - a}{n}$

y $\qquad \bar{x}_i = \tfrac{1}{2}(x_{i-1} + x_i) = $ punto medio de $[x_{i-1}, x_i]$

EJEMPLO 6 Utilice la regla del punto medio con $n = 5$ para aproximar $\displaystyle\int_1^2 \frac{1}{x}\, dx$.

SOLUCIÓN Los puntos finales de los cinco subintervalos son 1, 1.2, 1.4, 1.6, 1.8 y 2.0, por lo que los puntos medios son 1.1, 1.3, 1.5, 1.7 y 1.9 (vea la figura 11). El ancho de los subintervalos es $\Delta x = (2 - 1)/5 = \tfrac{1}{5}$ por lo que la regla del punto medio da

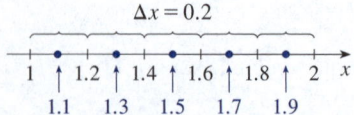

FIGURA 11
Puntos finales y puntos medios de los subintervalos del ejemplo 6.

$$\int_1^2 \frac{1}{x}\, dx \approx \Delta x\left[f(1.1) + f(1.3) + f(1.5) + f(1.7) + f(1.9)\right]$$

$$= \frac{1}{5}\left(\frac{1}{1.1} + \frac{1}{1.3} + \frac{1}{1.5} + \frac{1}{1.7} + \frac{1}{1.9}\right)$$

$$\approx 0.691908$$

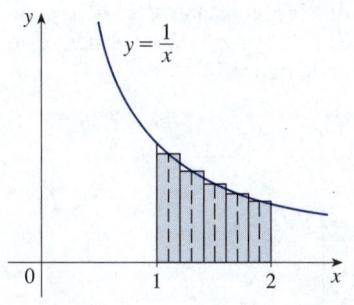

FIGURA 12

Como $f(x) = 1/x > 0$ para $1 \le x \le 2$, la integral representa un área, y la aproximación dada por la regla del punto medio es la suma de las áreas de los rectángulos que aparecen en la figura 12. ■

Por el momento no se sabe cuán precisa sea la aproximación del ejemplo 6, pero en la sección 7.7 se ofrece un método para estimar el error que conlleva la regla del punto medio. Entonces se analizarán otros métodos para aproximar integrales definidas.

Si se aplica la regla del punto medio a la integral del ejemplo 3 se obtiene la imagen de la figura 13. La aproximación $M_{40} \approx -6.7563$ está mucho más cerca del verdadero valor -6.75 que la aproximación por el punto final derecho, $R_{40} \approx -6.3998$, que aparece en la figura 7.

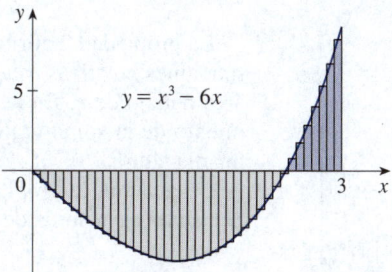

FIGURA 13
$M_{40} \approx -6.7563$

■ Propiedades de la integral definida

Al determinar la integral definida $\int_a^b f(x)\,dx$ se supone implícitamente que $a < b$. Pero la definición como un límite de las sumas de Riemann tiene sentido aunque $a > b$. Observe que si se intercambian a y b, entonces Δx cambia de $(b - a)/n$ a $(a - b)/n$. Por lo tanto,

$$\int_b^a f(x)\,dx = -\int_a^b f(x)\,dx$$

Si $a = b$, entonces $\Delta x = 0$ y, por lo tanto,

$$\int_a^a f(x)\,dx = 0$$

Ahora se desarrollan algunas propiedades básicas de las integrales que son útiles para evaluar las integrales de una manera sencilla. Se asume que f y g son funciones continuas.

Propiedades de la integral

1. $\int_a^b c\,dx = c(b - a)$, donde c es cualquier constante

2. $\int_a^b [f(x) + g(x)]\,dx = \int_a^b f(x)\,dx + \int_a^b g(x)\,dx$

3. $\int_a^b cf(x)\,dx = c\int_a^b f(x)\,dx$, donde c es cualquier constante

4. $\int_a^b [f(x) - g(x)]\,dx = \int_a^b f(x)\,dx - \int_a^b g(x)\,dx$

La propiedad 1 establece que la integral de una función constante $f(x) = c$ es la constante multiplicada por la longitud del intervalo. Si $c > 0$ y $a < b$, se espera esto porque $c(b - a)$ es el área del rectángulo sombreado en la figura 14.

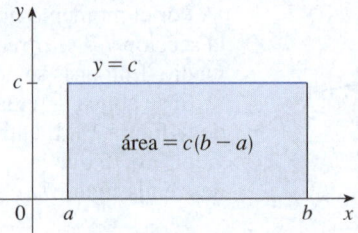

FIGURA 14

$$\int_a^b c \, dx = c(b - a)$$

La propiedad 2 afirma que la integral de una suma es la suma de las integrales. Para funciones positivas establece que el área debajo de $f + g$ es el área debajo de f más el área debajo de g. En la figura 15 se muestra por qué esto es cierto: dado el funcionamiento de la suma gráfica, los segmentos de recta vertical correspondientes tienen la misma altura.

En general, la propiedad 2 se deriva del teorema 4 y del hecho de que el límite de una suma es la suma de los límites:

$$\int_a^b [f(x) + g(x)] \, dx = \lim_{n \to \infty} \sum_{i=1}^{n} [f(x_i) + g(x_i)] \Delta x$$

$$= \lim_{n \to \infty} \left[\sum_{i=1}^{n} f(x_i) \Delta x + \sum_{i=1}^{n} g(x_i) \Delta x \right]$$

$$= \lim_{n \to \infty} \sum_{i=1}^{n} f(x_i) \Delta x + \lim_{n \to \infty} \sum_{i=1}^{n} g(x_i) \Delta x$$

$$= \int_a^b f(x) \, dx + \int_a^b g(x) \, dx$$

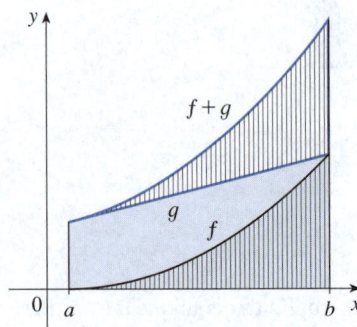

FIGURA 15

$$\int_a^b [f(x) + g(x)] \, dx =$$
$$\int_a^b f(x) \, dx + \int_a^b g(x) \, dx$$

La propiedad 3 parece intuitivamente razonable porque se sabe que al multiplicar una función por un número positivo c, su gráfica se extiende o se reduce verticalmente por un factor de c. De modo que cada rectángulo de aproximación se extiende o se reduce por un factor de c y, por lo tanto, tiene el efecto de multiplicar el área por c.

La propiedad 3 se demuestra de manera similar y sostiene que la integral de una constante multiplicada por una función es la constante multiplicada por la integral de la función. En otras palabras, una constante (pero *solo* una constante) puede tomarse delante de un signo de la integral.

La propiedad 4 se demuestra al escribir $f - g = f + (-g)$ por medio de las propiedades 2 y 3 con $c = -1$.

EJEMPLO 7 Utilice las propiedades de las integrales para evaluar $\int_0^1 (4 + 3x^2) \, dx$.

SOLUCIÓN Al usar las propiedades 2 y 3 de las integrales se tiene

$$\int_0^1 (4 + 3x^2) \, dx = \int_0^1 4 \, dx + \int_0^1 3x^2 \, dx = \int_0^1 4 \, dx + 3 \int_0^1 x^2 \, dx$$

Por la propiedad 1 se sabe que

$$\int_0^1 4 \, dx = 4(1 - 0) = 4$$

y en el ejemplo 5.1.2 se tiene que $\int_0^1 x^2 \, dx = \frac{1}{3}$. Así que,

$$\int_0^1 (4 + 3x^2) \, dx = \int_0^1 4 \, dx + 3 \int_0^1 x^2 \, dx$$

$$= 4 + 3 \cdot \frac{1}{3} = 5 \qquad \blacksquare$$

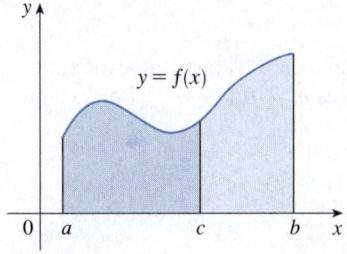

FIGURA 16

La siguiente propiedad indica cómo combinar integrales de la misma función sobre intervalos contiguos.

5.
$$\int_a^c f(x)\,dx + \int_c^b f(x)\,dx = \int_a^b f(x)\,dx$$

En general, esto no es fácil de demostrar pero para el caso en que $f(x) \geq 0$ y $a < c < b$ se puede ver la propiedad 5 por la interpretación geométrica de la figura 16: el área bajo $y = f(x)$ de a a c más el área de c a b es igual al área total de a a b.

EJEMPLO 8 Si se sabe que $\int_0^{10} f(x)\,dx = 17$ y $\int_0^8 f(x)\,dx = 12$, halle $\int_8^{10} f(x)\,dx$.

SOLUCIÓN Según la propiedad 5, se tiene

$$\int_0^8 f(x)\,dx + \int_8^{10} f(x)\,dx = \int_0^{10} f(x)\,dx$$

por lo tanto
$$\int_8^{10} f(x)\,dx = \int_0^{10} f(x)\,dx - \int_0^8 f(x)\,dx = 17 - 12 = 5 \qquad \blacksquare$$

Las propiedades 1–5 son verdaderas si $a < b$, $a = b$ o $a > b$. Las siguientes propiedades, en las que se comparan tamaños de funciones y tamaños de integrales, son verdaderas solo si $a \leq b$.

Propiedades de comparación de la integral

6. Si $f(x) \geq 0$ para $a \leq x \leq b$, entonces $\int_a^b f(x)\,dx \geq 0$.

7. Si $f(x) \geq g(x)$ para $a \leq x \leq b$, entonces $\int_a^b f(x)\,dx \geq \int_a^b g(x)\,dx$.

8. Si $m \leq f(x) \leq M$ para $a \leq x \leq b$, entonces

$$m(b - a) \leq \int_a^b f(x)\,dx \leq M(b - a)$$

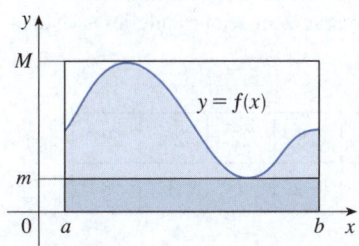

FIGURA 17

Si $f(x) \geq 0$, entonces $\int_a^b f(x)\,dx$ representa el área bajo la gráfica de f, por lo que la interpretación geométrica de la propiedad 6 es simplemente que las áreas son positivas. (También se deduce directamente de la definición porque todas las cantidades involucradas son positivas). La propiedad 7 afirma que una función mayor tiene una integral mayor. Se deriva de las propiedades 6 y 4 porque $f - g \geq 0$.

La propiedad 8 se ilustra en la figura 17 para el caso en que $f(x) \geq 0$. Si f es continua se podría tomar m y M como los valores mínimos y máximos absolutos de f en el intervalo $[a, b]$. En este caso la propiedad 8 dice que el área bajo la gráfica de f es mayor que el área del rectángulo con altura m y menor que el área del rectángulo con altura M.

DEMOSTRACIÓN DE LA PROPIEDAD 8 Como $m \leq f(x) \leq M$, la propiedad 7 da

$$\int_a^b m\,dx \leq \int_a^b f(x)\,dx \leq \int_a^b M\,dx$$

Con la propiedad 1 para evaluar las integrales de los lados izquierdo y derecho se obtiene

$$m(b - a) \leq \int_a^b f(x)\,dx \leq M(b - a) \qquad \blacksquare$$

La propiedad 8 es útil cuando todo lo que se desea es una estimación aproximada del tamaño de una integral sin tener que recurrir a la regla del punto medio.

EJEMPLO 9 Utilice la propiedad 8 para estimar $\int_0^1 e^{-x^2} dx$.

SOLUCIÓN Como $f(x) = e^{-x^2}$ es una función decreciente en $[0, 1]$, su valor máximo absoluto es $M = f(0) = 1$ y su valor mínimo absoluto es $m = f(1) = e^{-1}$. Por lo tanto, según la propiedad 8,

$$e^{-1}(1 - 0) \leq \int_0^1 e^{-x^2} dx \leq 1(1 - 0)$$

o

$$e^{-1} \leq \int_0^1 e^{-x^2} dx \leq 1$$

Como $e^{-1} \approx 0.3679$, se puede escribir

$$0.367 \leq \int_0^1 e^{-x^2} dx \leq 1$$

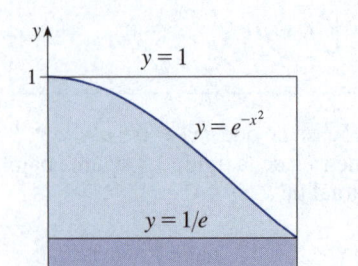

$y = 1$
$y = e^{-x^2}$
$y = 1/e$

FIGURA 18

El resultado del ejemplo 9 se ilustra en la figura 18. La integral es mayor que el área del rectángulo inferior y menor que el área del cuadrado.

5.2 | Ejercicios

1. Evalúe la suma de Riemann para $f(x) = x - 1$, $-6 \leq x \leq 4$, con cinco subintervalos, tomando los puntos muestra como puntos finales derechos. Explique, con ayuda de un diagrama, lo que representa la suma de Riemann.

2. Si

$$f(x) = \cos x \qquad 0 \leq x \leq 3\pi/4$$

evalúe la suma de Riemann con $n = 6$, tomando los puntos muestra como puntos finales izquierdos. (Dé su respuesta con seis decimales de precisión). ¿Qué representa la suma de Riemann? Ilústrelo con un diagrama.

3. Si $f(x) = x^2 - 4$, $0 \leq x \leq 3$, evalúe la suma de Riemann con $n = 6$, tomando los puntos muestra como puntos medios. ¿Qué representa la suma de Riemann? Ilústrelo con un diagrama.

4. (a) Evalúe la suma de Riemann para $f(x) = 1/x$, $1 \leq x \leq 2$, con cuatro términos, tomando los puntos muestra como puntos finales derechos. (Dé su respuesta con seis decimales de precisión). Explique lo que la suma de Riemann representa con ayuda de un boceto.
(b) Repita el inciso (a) con puntos medios como puntos muestra.

5. Se da la gráfica de una función f. Estime $\int_0^{10} f(x) \, dx$ con cinco subintervalos con (a) puntos finales derechos, (b) puntos finales izquierdos y (c) puntos medios.

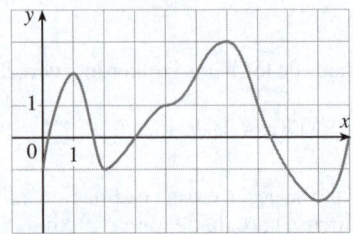

6. Se muestra la gráfica de una función g. Estime $\int_{-2}^4 g(x) \, dx$ con seis subintervalos usando (a) puntos finales derechos, (b) puntos finales izquierdos y (c) puntos medios.

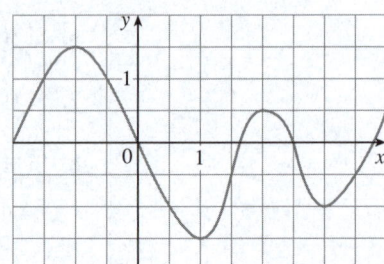

7. Se muestra una tabla de valores de una función creciente f. Utilice la tabla para encontrar estimaciones inferiores y superiores para $\int_{10}^{30} f(x) \, dx$.

x	10	14	18	22	26	30
$f(x)$	-12	-6	-2	1	3	8

8. En la tabla se dan los valores de una función obtenida de un experimento. Con ellos estime $\int_3^9 f(x) \, dx$ usando tres subintervalos iguales con (a) puntos finales derechos, (b) puntos finales izquierdos y (c) puntos medios. Si se sabe que la función es una función creciente, ¿puede decir si las estimaciones son menores o mayores que el valor exacto de la integral?

x	3	4	5	6	7	8	9
$f(x)$	-3.4	-2.1	-0.6	0.3	0.9	1.4	1.8

9-10 Utilice la regla del punto medio con $n = 4$ para aproximar la integral.

9. $\displaystyle\int_0^8 x^2\, dx$

10. $\displaystyle\int_0^2 (8x + 3)\, dx$

11-14 Use la regla del punto medio con el valor dado de n para aproximar la integral. Redondee la respuesta a cuatro decimales.

11. $\displaystyle\int_0^3 e^{\sqrt{x}}\, dx, \quad n = 6$

12. $\displaystyle\int_0^1 \sqrt{x^3 + 1}\, dx, \quad n = 5$

13. $\displaystyle\int_1^3 \frac{x}{x^2 + 8}\, dx, \quad n = 5$

14. $\displaystyle\int_0^\pi x\,\mathrm{sen}^2 x\, dx, \quad n = 4$

T **15.** Utilice un sistema de álgebra computarizada que evalúe aproximaciones del punto medio y grafique los rectángulos correspondientes (utilice los comandos `RiemannSum` o `middlesum` y `middlebox` en Maple) para comprobar la respuesta al ejercicio 13 e ilústrelo con una gráfica. Luego repita con $n = 10$ y $n = 20$.

T **16.** Con un sistema de álgebra computarizada, calcule las sumas de Riemann izquierda y derecha para la función $f(x) = x/(x + 1)$ en el intervalo $[0, 2]$ con $n = 100$. Explique por qué estas estimaciones muestran que

$$0.8946 < \int_0^2 \frac{x}{x + 1}\, dx < 0.9081$$

T **17.** Use una calculadora o una computadora para elaborar una tabla de valores de las sumas de Riemann derechas R_n para la integral $\int_0^\pi \mathrm{sen}\, x\, dx$ con $n = 5, 10, 50$ y 100. ¿A qué valor parecen aproximarse estos números?

T **18.** Con una calculadora o una computadora cree una tabla de valores de las sumas de Riemann izquierda y derecha L_n y R_n para la integral $\int_0^2 e^{-x^2} dx$ con $n = 5, 10, 50$ y 100. ¿Entre qué dos números debe estar el valor de la integral? ¿Se puede hacer una afirmación similar para la integral $\int_{-1}^2 e^{-x^2} dx$? Explique.

19-22 Exprese el límite como una integral definida en el intervalo dado.

19. $\displaystyle\lim_{n \to \infty} \sum_{i=1}^n \frac{e^{x_i}}{1 + x_i} \Delta x, \quad [0, 1]$

20. $\displaystyle\lim_{n \to \infty} \sum_{i=1}^n x_i \sqrt{1 + x_i^3}\, \Delta x, \quad [2, 5]$

21. $\displaystyle\lim_{n \to \infty} \sum_{i=1}^n [5(x_i^*)^3 - 4x_i^*]\, \Delta x, \quad [2, 7]$

22. $\displaystyle\lim_{n \to \infty} \sum_{i=1}^n \frac{x_i^*}{(x_i^*)^2 + 4}\, \Delta x, \quad [1, 3]$

23-24 Demuestre que la integral definida es igual a $\lim_{n \to \infty} R_n$ y luego evalúe el límite.

23. $\displaystyle\int_0^4 (x - x^2)\, dx, \quad R_n = \frac{4}{n} \sum_{i=1}^n \left[\frac{4i}{n} - \frac{16i^2}{n^2} \right]$

24. $\displaystyle\int_1^3 (x^3 + 5x^2)\, dx, \quad R_n = \frac{2}{n} \sum_{i=1}^n \left[6 + \frac{26i}{n} + \frac{32i^2}{n^2} + \frac{8i^3}{n^3} \right]$

25-26 Exprese la integral como un límite de las sumas de Riemann usando puntos finales derechos. No evalúe el límite.

25. $\displaystyle\int_1^3 \sqrt{4 + x^2}\, dx$

26. $\displaystyle\int_2^5 \left(x^2 + \frac{1}{x} \right) dx$

27-34 Use la forma de la definición de la integral expuesta en el teorema 4 para evaluar la integral.

27. $\displaystyle\int_0^2 3x\, dx$

28. $\displaystyle\int_0^3 x^2\, dx$

29. $\displaystyle\int_0^3 (5x + 2)\, dx$

30. $\displaystyle\int_0^4 (6 - x^2)\, dx$

31. $\displaystyle\int_1^5 (3x^2 + 7x)\, dx$

32. $\displaystyle\int_{-1}^2 (4x^2 + x + 2)\, dx$

33. $\displaystyle\int_0^1 (x^3 - 3x^2)\, dx$

34. $\displaystyle\int_0^2 (2x - x^3)\, dx$

---

35. Se muestra la gráfica de f. Evalúe cada integral interpretándola en términos de áreas.

(a) $\displaystyle\int_0^2 f(x)\, dx$

(b) $\displaystyle\int_0^5 f(x)\, dx$

(c) $\displaystyle\int_5^7 f(x)\, dx$

(d) $\displaystyle\int_3^7 f(x)\, dx$

(e) $\displaystyle\int_3^7 |f(x)|\, dx$

(f) $\displaystyle\int_2^0 f(x)\, dx$

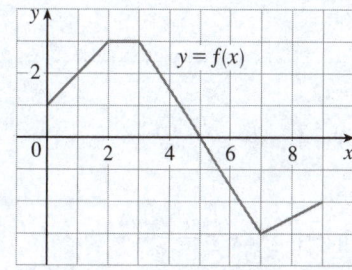

36. La gráfica de g consiste en dos líneas rectas y un semicírculo. Evalúe cada integral interpretándola en términos de áreas.

(a) $\int_0^2 g(x)\, dx$ (b) $\int_2^6 g(x)\, dx$ (c) $\int_0^7 g(x)\, dx$

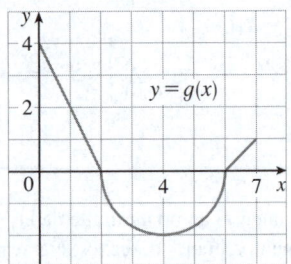

37-38

(a) Use la forma de la definición de la integral indicada en el teorema 4 para evaluar la integral dada.

(b) Confirme su respuesta al inciso (a) gráficamente interpretando la integral en términos de áreas.

37. $\int_0^3 4x\, dx$ **38.** $\int_{-1}^4 \left(2 - \tfrac{1}{2}x\right) dx$

39-40

(a) Busque una aproximación a la integral usando una suma de Riemann con puntos finales derechos y $n = 8$.

(b) Trace un diagrama como el de la figura 3 para ilustrar la aproximación del inciso (a).

(c) Utilice el teorema 4 para evaluar la integral.

(d) Interprete la integral del inciso (c) como una diferencia de áreas e ilústrelo con un diagrama como el de la figura 4.

39. $\int_0^8 (3 - 2x)\, dx$ **40.** $\int_0^4 (x^2 - 3x)\, dx$

41-46 Evalúe la integral interpretándola en términos de áreas.

41. $\int_{-2}^5 (10 - 5x)\, dx$ **42.** $\int_{-1}^3 (2x - 1)\, dx$

43. $\int_{-4}^3 \left|\tfrac{1}{2}x\right| dx$ **44.** $\int_0^1 |2x - 1|\, dx$

45. $\int_{-3}^0 \left(1 + \sqrt{9 - x^2}\right) dx$ **46.** $\int_{-4}^4 \left(2x - \sqrt{16 - x^2}\right) dx$

47. Demuestre que $\int_a^b x\, dx = \dfrac{b^2 - a^2}{2}$.

48. Demuestre que $\int_a^b x^2\, dx = \dfrac{b^3 - a^3}{3}$.

T **49-50** Exprese la integral como un límite de sumas. Luego evalúela con un sistema de álgebra computarizada para encontrar tanto la suma como el límite.

49. $\int_0^\pi \operatorname{sen} 5x\, dx$ **50.** $\int_2^{10} x^6\, dx$

51. Evalúe $\int_1^1 \sqrt{1 + x^4}\, dx$.

52. Dado que $\int_0^\pi \operatorname{sen}^4 x\, dx = \tfrac{3}{8}\pi$, ¿qué es $\int_\pi^0 \operatorname{sen}^4 \theta\, d\theta$?

53. En el ejemplo 5.1.2 se mostró que $\int_0^1 x^2\, dx = \tfrac{1}{3}$. Use este hecho y las propiedades de integrales para evaluar $\int_0^1 (5 - 6x^2)\, dx$.

54. Utilice las propiedades de las integrales y el resultado del ejemplo 4 para evaluar $\int_1^3 (2e^x - 1)\, dx$.

55. Utilice el resultado del ejemplo 4 para evaluar $\int_1^3 e^{x+2}\, dx$.

56. Utilice el resultado del ejercicio 47 y el hecho de que $\int_0^{\pi/2} \cos x\, dx = 1$ (del ejercicio 5.1.33), junto con las propiedades de las integrales, para evaluar $\int_0^{\pi/2} (2\cos x - 5x)\, dx$.

57. Escriba como una sola integral en la forma $\int_a^b f(x)\, dx$:

$$\int_{-2}^2 f(x)\, dx + \int_2^5 f(x)\, dx - \int_{-2}^{-1} f(x)\, dx$$

58. Si $\int_2^8 f(x)\, dx = 7.3$ y $\int_2^4 f(x)\, dx = 5.9$, encuentre $\int_4^8 f(x)\, dx$.

59. Si $\int_0^9 f(x)\, dx = 37$ y $\int_0^9 g(x)\, dx = 16$, busque

$$\int_0^9 [2f(x) + 3g(x)]\, dx$$

60. Busque $\int_0^5 f(x)\, dx$ si

$$f(x) = \begin{cases} 3 & \text{para } x < 3 \\ x & \text{para } x \geq 3 \end{cases}$$

61. Para la función f cuya gráfica se muestra, enumere las siguientes cantidades en orden creciente, de menor a mayor, y explique su razonamiento.

(A) $\int_0^8 f(x)\, dx$ (B) $\int_0^3 f(x)\, dx$ (C) $\int_3^8 f(x)\, dx$

(D) $\int_4^8 f(x)\, dx$ (E) $f'(1)$

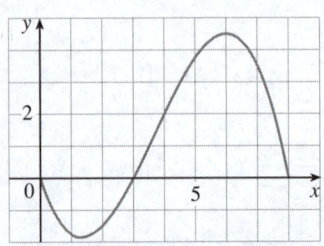

62. Si $F(x) = \int_2^x f(t)\,dt$, donde f es la función cuya gráfica se da, ¿cuál de los siguientes valores es mayor?

(A) $F(0)$ (B) $F(1)$ (C) $F(2)$

(D) $F(3)$ (E) $F(4)$

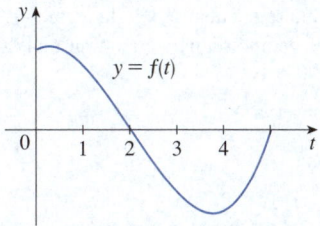

63. Cada una de las regiones A, B y C delimitadas por la gráfica de f y el eje x tiene un área 3. Busque el valor de

$$\int_{-4}^{2} [f(x) + 2x + 5]\,dx$$

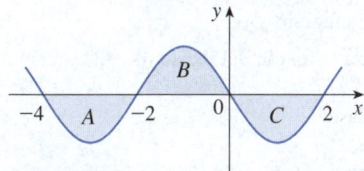

64. Suponga que f tiene un valor mínimo absoluto m y un valor máximo absoluto M. ¿Entre qué dos valores debe estar $\int_0^2 f(x)\,dx$? ¿Qué propiedad de las integrales le permite sacar su conclusión?

65-68 Utilice las propiedades de las integrales para verificar la desigualdad sin evaluar las integrales.

65. $\int_0^4 (x^2 - 4x + 4)\,dx \geq 0$

66. $\int_0^1 \sqrt{1 + x^2}\,dx \leq \int_0^1 \sqrt{1 + x}\,dx$

67. $2 \leq \int_{-1}^{1} \sqrt{1 + x^2}\,dx \leq 2\sqrt{2}$

68. $\dfrac{\pi}{12} \leq \int_{\pi/6}^{\pi/3} \operatorname{sen} x\,dx \leq \dfrac{\sqrt{3}\,\pi}{12}$

69-74 Utilice la propiedad 8 de las integrales para estimar el valor de la integral.

69. $\int_0^1 x^3\,dx$

70. $\int_0^3 \dfrac{1}{x + 4}\,dx$

71. $\int_{\pi/4}^{\pi/3} \tan x\,dx$

72. $\int_0^2 (x^3 - 3x + 3)\,dx$

73. $\int_0^2 xe^{-x}\,dx$

74. $\int_{\pi}^{2\pi} (x - 2\operatorname{sen} x)\,dx$

75-76 Utilice las propiedades de las integrales, junto con los ejercicios 47 y 48, para demostrar la desigualdad.

75. $\int_1^3 \sqrt{x^4 + 1}\,dx \geq \dfrac{26}{3}$ **76.** $\int_0^{\pi/2} x\,\operatorname{sen} x\,dx \leq \dfrac{\pi^2}{8}$

77. ¿Cuál de las integrales $\int_1^2 \arctan x\,dx$, $\int_1^2 \arctan \sqrt{x}\,dx$, y $\int_1^2 \arctan(\operatorname{sen} x)\,dx$ tiene el mayor valor? ¿Por qué?

78. ¿Cuál de las integrales $\int_0^{0.5} \cos(x^2)\,dx$, $\int_0^{0.5} \cos \sqrt{x}\,dx$ es mayor? ¿Por qué?

79. Demuestre la propiedad 3 de las integrales.

80. (a) Para la función f que se muestra en la gráfica, compruebe gráficamente que es válida la siguiente desigualdad:

$$\left| \int_a^b f(x)\,dx \right| \leq \int_a^b |f(x)|\,dx$$

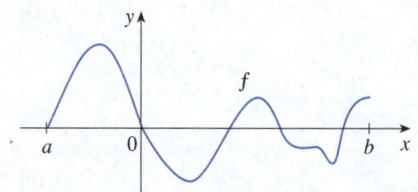

(b) Demuestre que la desigualdad del inciso (a) es válida para cualquier función f que sea continua en $[a, b]$.

(c) Demuestre que

$$\left| \int_a^b f(x)\,\operatorname{sen} 2x\,dx \right| \leq \int_a^b |f(x)|\,dx$$

81. Sean $f(x) = 0$ si x es cualquier número racional y $f(x) = 1$ si x es cualquier número irracional. Demuestre que f no es integrable en $[0, 1]$.

82. Sean $f(0) = 0$ y $f(x) = 1/x$ si $0 < x \leq 1$. Demuestre que f no es integrable en $[0, 1]$. [*Sugerencia*: Demuestre que el primer término en la suma de Riemann, $f(x_i^*)\Delta x$, puede hacerse arbitrariamente grande].

83-84 Exprese el límite como una integral definida.

83. $\displaystyle \lim_{n \to \infty} \sum_{i=1}^{n} \dfrac{i^4}{n^5}$ [*Sugerencia*: Considere $f(x) = x^4$].

84. $\displaystyle \lim_{n \to \infty} \dfrac{1}{n} \sum_{i=1}^{n} \dfrac{1}{1 + (i/n)^2}$

85. Encuentre $\int_1^2 x^{-2}\,dx$. *Sugerencia*: Elija x_i^* como media geométrica de x_{i-1} y x_i (es decir, $x_i^* = \sqrt{x_{i-1}x_i}$), y utilice la identidad

$$\dfrac{1}{m(m+1)} = \dfrac{1}{m} - \dfrac{1}{m+1}$$

PROYECTO DE DESCUBRIMIENTO | FUNCIONES DE ÁREA

1. (a) Trace la recta $y = 2t + 1$ y use geometría para encontrar el área bajo esta recta, por encima del eje t, y entre las rectas verticales $t = 1$ y $t = 3$.

 (b) Si $x > 1$, sea $A(x)$ el área de la región que se encuentra bajo la recta $y = 2t + 1$ entre $t = 1$ y $t = x$. Trace esta región y utilice geometría para encontrar una expresión para $A(x)$.

 (c) Derive la función del área $A(x)$. ¿Qué observa?

2. (a) Si $x \geqslant -1$, sea

$$A(x) = \int_{-1}^{x} (1 + t^2) \, dt$$

 $A(x)$ representa el área de una región. Trace esta región.

 (b) Utilice el resultado del ejercicio 5.2.48 para encontrar una expresión para $A(x)$.

 (c) Busque $A'(x)$. ¿Qué observa?

 (d) Si $x \geqslant -1$ y h es un número positivo pequeño, entonces $A(x + h) - A(x)$ representa el área de una región. Describa y trace la región.

 (e) Trace un rectángulo que se aproxime a la región del inciso (d). Al comparar las áreas de estas dos regiones, demuestre que

$$\frac{A(x + h) - A(x)}{h} \approx 1 + x^2$$

 (f) Utilice el inciso (e) para dar una explicación intuitiva del resultado del inciso (c).

3. (a) Elabore la gráfica de la función $f(x) = \cos(x^2)$ en el rectángulo de visión $[0, 2]$ por $[-1.25, 1.25]$.

 (b) Si se define una nueva función g mediante

$$g(x) = \int_{0}^{x} \cos(t^2) \, dt$$

 entonces $g(x)$ es el área bajo la gráfica de f de 0 a x [hasta que $f(x)$ se vuelve negativa, en cuyo momento $g(x)$ se convierte en una diferencia de áreas]. Utilice el inciso (a) para determinar el valor de x en el que $g(x)$ comienza a disminuir. [A diferencia de la integral del problema 2, es imposible evaluar la integral que define g para obtener una expresión explícita para $g(x)$].

 (c) Use el comando de integración en una calculadora o computadora para estimar $g(0.2)$, $g(0.4)$, $g(0.6)$,..., $g(1.8)$, $g(2)$. Luego, con estos valores, trace una gráfica de g.

 (d) Utilice su gráfica de g en el inciso (c) para dibujar la gráfica de g' utilizando la interpretación de $g'(x)$ como la pendiente de una recta tangente. ¿Cómo se compara la gráfica de g' con la de f?

4. Suponga que f es una función continua en el intervalo $[a, b]$ y se define una nueva función g mediante la ecuación

$$g(x) = \int_{a}^{x} f(t) \, dt$$

A partir de sus resultados en los problemas 1–3, conjeture una expresión para $g'(x)$.

5.3 | Teorema fundamental del cálculo

El teorema fundamental del cálculo tiene un nombre adecuado porque establece una conexión entre las dos ramas del cálculo: el cálculo diferencial y el cálculo integral. El cálculo diferencial surgió del problema de la tangente, mientras que el cálculo integral surgió de un problema aparentemente no relacionado, el problema del área. El mentor de Newton en Cambridge, Isaac Barrow (1630–1677), descubrió que estos dos problemas en realidad están estrechamente relacionados. De hecho, se dio cuenta de que la derivación y la integración son procesos inversos. El teorema fundamental del cálculo indica la relación inversa precisa entre la derivada y la integral. Fueron Newton y Leibniz los que explotaron esta relación y la usaron para desarrollar el cálculo y convertirlo en un método matemático sistemático. En particular, vieron que el teorema fundamental les permitía calcular áreas e integrales muy fácilmente sin tener que calcularlas como límites de sumas, como se hizo en las secciones 5.1 y 5.2.

■ Teorema fundamental del cálculo, parte 1

La primera parte del teorema fundamental(TFC1) trata de las funciones definidas por una ecuación de la forma

$$\boxed{1} \qquad g(x) = \int_a^x f(t)\, dt$$

donde f es una función continua en $[a, b]$ y x varía entre a y b. Observe que g depende solo de x, que aparece como el límite superior variable en la integral. Si x es un número fijo, entonces la integral $\int_a^x f(t)\, dt$ es un número definido. Si luego x varía, el número $\int_a^x f(t)\, dt$ también varía y define una función de x denotada por $g(x)$.

Si f resulta ser una función positiva, entonces $g(x)$ se puede interpretar como el área bajo la gráfica de f de a a x, donde x puede variar de a a b. (Piense en g como la función del "área hasta el punto..."; vea la figura 1).

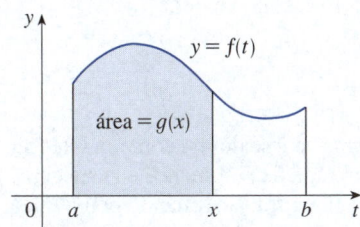

FIGURA 1

EJEMPLO 1   Si f es la función cuya gráfica se muestra en la figura 2 y $g(x) = \int_0^x f(t)\, dt$, encuentre los valores de $g(0)$, $g(1)$, $g(2)$, $g(3)$, $g(4)$ y $g(5)$. Luego trace una gráfica aproximada de g.

SOLUCIÓN   Primero se observa que $g(0) = \int_0^0 f(t)\, dt = 0$. En la figura 3 se ve que $g(1)$ es el área de un triángulo:

$$g(1) = \int_0^1 f(t)\, dt = \tfrac{1}{2}(1 \cdot 2) = 1$$

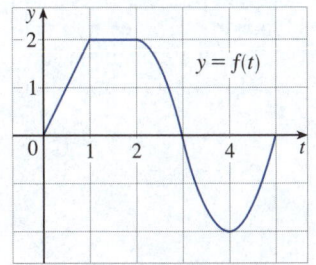

FIGURA 2

Para encontrar $g(2)$ se suma a $g(1)$ el área de un rectángulo:

$$g(2) = \int_0^2 f(t)\, dt = \int_0^1 f(t)\, dt + \int_1^2 f(t)\, dt = 1 + (1 \cdot 2) = 3$$

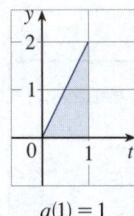

$g(1) = 1$

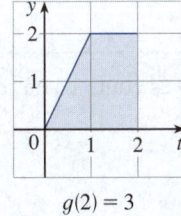

$g(2) = 3$

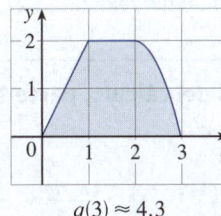

$g(3) \approx 4.3$

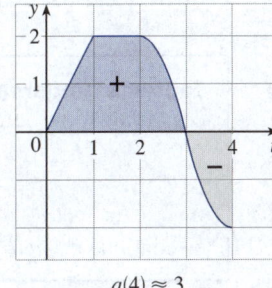

$g(4) \approx 3$

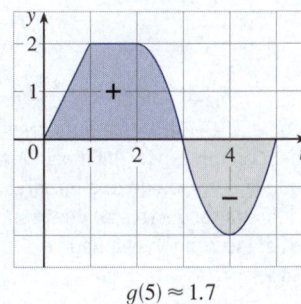

$g(5) \approx 1.7$

FIGURA 3

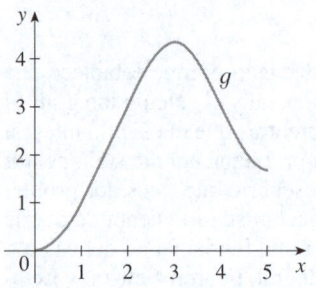

FIGURA 4

$$g(x) = \int_0^x f(t)\,dt$$

Se estima que el área bajo f de 2 a 3 es aproximadamente 1.3, por tanto,

$$g(3) = g(2) + \int_2^3 f(t)\,dt \approx 3 + 1.3 = 4.3$$

Para $t > 3$, $f(t)$ es negativa y por eso se empiezan a restar áreas:

$$g(4) = g(3) + \int_3^4 f(t)\,dt \approx 4.3 + (-1.3) = 3.0$$

$$g(5) = g(4) + \int_4^5 f(t)\,dt \approx 3 + (-1.3) = 1.7$$

Con estos valores se traza la gráfica de g en la figura 4. Observe que, debido a que $f(t)$ es positiva para $t < 3$, se sigue sumando área para $t < 3$ y así g es creciente hasta $x = 3$, donde alcanza un valor máximo. Para $x > 3$, g disminuye porque $f(t)$ es negativa. ∎

Si se toma $f(t) = t$ y $a = 0$, entonces, con el ejercicio 5.2.47, se tiene

$$g(x) = \int_0^x t\,dt = \frac{x^2}{2}$$

Observe que $g'(x) = x$, es decir, $g' = f$. En otras palabras, si g se define como la integral de f según la ecuación 1, entonces g resulta una antiderivada de f, al menos en este caso. Y si se traza la derivada de la función g que aparece en la figura 4 estimando pendientes de las tangentes, se obtiene una gráfica como la de f en la figura 2. Así, se sospecha que $g' = f$ en el ejemplo 1 también.

Para ver por qué esto podría ser generalmente cierto se considera cualquier función continua f con $f(x) \geq 0$. Entonces $g(x) = \int_a^x f(t)\,dt$ se puede interpretar como el área bajo la gráfica de f de a a x, como en la figura 1.

A fin de calcular $g'(x)$ a partir de la definición de una derivada primero se observa que, para $h > 0$, $g(x + h) - g(x)$ se obtiene restando áreas, por lo que es el área bajo la gráfica de f de x a $x + h$ (el área sombreada de la figura 5). Para una h pequeña se ve en la figura que esta área es aproximadamente igual al área del rectángulo con altura $f(x)$ y ancho h:

$$g(x + h) - g(x) \approx hf(x)$$

de modo que

$$\frac{g(x + h) - g(x)}{h} \approx f(x)$$

Por intuición, se espera por ende que

$$g'(x) = \lim_{h \to 0} \frac{g(x + h) - g(x)}{h} = f(x)$$

El hecho de que esto sea cierto, aunque f no sea necesariamente positiva, es la primera parte del teorema fundamental del cálculo.

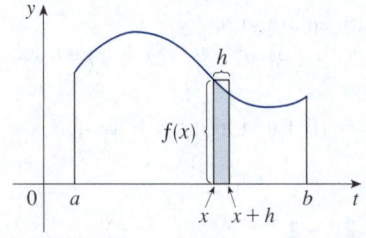

FIGURA 5

Se abrevia el nombre de este teorema como TFC1 (**T**eorema **F**undamental del **C**álculo, parte **1**). En palabras, dice que la derivada de una integral definida respecto a su límite superior es el integrando evaluado en el límite superior.

Teorema fundamental del cálculo, parte 1 Si f es continua en $[a, b]$, entonces la función g definida por

$$g(x) = \int_a^x f(t)\,dt \qquad a \leq x \leq b$$

es continua en $[a, b]$ y derivable en (a, b) y $g'(x) = f(x)$.

DEMOSTRACIÓN Si x y $x + h$ están en (a, b), entonces

$$g(x + h) - g(x) = \int_a^{x+h} f(t)\, dt - \int_a^x f(t)\, dt$$

$$= \left(\int_a^x f(t)\, dt + \int_x^{x+h} f(t)\, dt \right) - \int_a^x f(t)\, dt \qquad \text{(según la propiedad 5 de las integrales)}$$

$$= \int_x^{x+h} f(t)\, dt$$

y por ende, para $h \neq 0$,

$$\boxed{2} \qquad \frac{g(x + h) - g(x)}{h} = \frac{1}{h} \int_x^{x+h} f(t)\, dt$$

Por ahora se supone que $h > 0$. Como f es continua en $[x, x + h]$, el teorema del valor extremo dice que hay números u y v en $[x, x + h]$ tales que $f(u) = m$ y $f(v) = M$, donde m y M son los valores mínimo y máximo absolutos de f en $[x, x + h]$ (vea la figura 6).

Según la propiedad 8 de las integrales se tiene

$$mh \leq \int_x^{x+h} f(t)\, dt \leq Mh$$

es decir,

$$f(u)h \leq \int_x^{x+h} f(t)\, dt \leq f(v)h$$

Como $h > 0$, se puede dividir esta desigualdad entre h:

$$f(u) \leq \frac{1}{h} \int_x^{x+h} f(t)\, dt \leq f(v)$$

Ahora se usa la ecuación 2 para reemplazar la parte central de esta desigualdad:

$$\boxed{3} \qquad f(u) \leq \frac{g(x + h) - g(x)}{h} \leq f(v)$$

La desigualdad 3 se demuestra de manera similar para el caso donde $h < 0$. (Vea el ejercicio 87).

Sea ahora $h \to 0$. Entonces $u \to x$ y $v \to x$ porque u y v se encuentran entre x y $x + h$. Por lo tanto,

$$\lim_{h \to 0} f(u) = \lim_{u \to x} f(u) = f(x) \quad \text{y} \quad \lim_{h \to 0} f(v) = \lim_{v \to x} f(v) = f(x)$$

porque f es continua en x. Se concluye, por (3) y el teorema de la compresión, que

$$\boxed{4} \qquad g'(x) = \lim_{h \to 0} \frac{g(x + h) - g(x)}{h} = f(x)$$

Si $x = a$ o b, entonces la ecuación 4 se interpreta como un límite unilateral. Entonces el teorema 2.8.4 (modificado para límites unilaterales) muestra que g es continua en $[a, b]$.   ∎

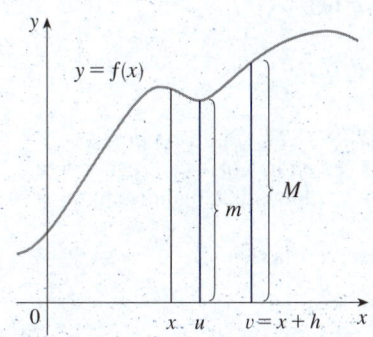

FIGURA 6

Con la notación de Leibniz para derivadas, el TFC1 se escribe como

$$\boxed{5} \qquad \frac{d}{dx} \int_a^x f(t)\, dt = f(x)$$

cuando f es continua. A grandes rasgos, la ecuación 5 dice que si primero se integra f y luego se deriva el resultado, se regresa a la función original f.

EJEMPLO 2 Busque la derivada de la función $g(x) = \int_0^x \sqrt{1 + t^2} \, dt$.

SOLUCIÓN Como $f(t) = \sqrt{1 + t^2}$ es continua, la parte 1 del teorema fundamental del cálculo da

$$g'(x) = \sqrt{1 + x^2}$$

EJEMPLO 3 Aunque una fórmula de la forma $g(x) = \int_a^x f(t) \, dt$ pueda parecer una manera extraña de definir una función, los libros de física, química y estadística están llenos de tales funciones. Por ejemplo, la **función Fresnel**

$$S(x) = \int_0^x \operatorname{sen}(\pi t^2/2) \, dt$$

se llama así por el físico francés Augustin Fresnel (1788–1827), famoso por sus trabajos en óptica. Esta función apareció por primera vez en la teoría de Fresnel de la difracción de las ondas de luz, pero más recientemente se ha aplicado al diseño de carreteras.

La parte 1 del teorema fundamental indica cómo derivar la función de Fresnel:

$$S'(x) = \operatorname{sen}(\pi x^2/2)$$

Esto significa que es posible aplicar todos los métodos de cálculo diferencial para analizar S (vea el ejercicio 81).

En la figura 7 se ven las gráficas de $f(x) = \operatorname{sen}(\pi x^2/2)$ y la función de Fresnel $S(x) = \int_0^x f(t) \, dt$. Se usó una computadora para graficar S calculando el valor de esta integral con muchos valores de x. Parece que en efecto $S(x)$ es el área bajo la gráfica de f de 0 a x [hasta $x \approx 1.4$ cuando $S(x)$ se convierte en una diferencia de áreas]. En la figura 8 se aprecia una parte más grande de la gráfica de S.

Si ahora se empieza con la gráfica de S en la figura 7 y se piensa en cómo debe ser su derivada, parece razonable que $S'(x) = f(x)$. [Por ejemplo, S es creciente cuando $f(x) > 0$ y es decreciente cuando $f(x) < 0$]. Por lo tanto, esto da una confirmación visual de la parte 1 del teorema fundamental del cálculo.

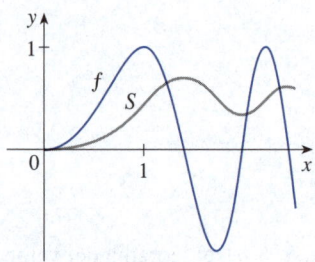

FIGURA 7

$f(x) = \operatorname{sen}(\pi x^2/2)$

$S(x) = \int_0^x \operatorname{sen}(\pi t^2/2) \, dt$

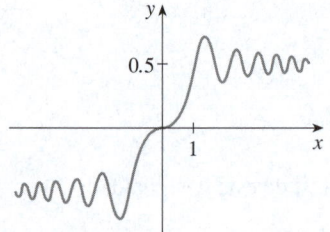

FIGURA 8

La función Fresnel:

$S(x) = \int_0^x \operatorname{sen}(\pi t^2/2) \, dt$

EJEMPLO 4 Busque $\dfrac{d}{dx} \int_1^{x^4} \sec t \, dt$.

SOLUCIÓN Aquí se debe tener cuidado de usar la regla de la cadena junto con el TFC1. Sea $u = x^4$. Luego

$$
\begin{aligned}
\frac{d}{dx} \int_1^{x^4} \sec t \, dt &= \frac{d}{dx} \int_1^u \sec t \, dt \\[2mm]
&= \frac{d}{du} \left[\int_1^u \sec t \, dt \right] \frac{du}{dx} \qquad \text{(según la regla de la cadena)} \\[2mm]
&= \sec u \, \frac{du}{dx} \qquad \text{(según el TFC1)} \\[2mm]
&= \sec(x^4) \cdot 4x^3
\end{aligned}
$$

■ Teorema fundamental del cálculo, parte 2

En la sección 5.2 se calcularon integrales a partir de la definición como un límite de las sumas de Riemann y se vio que este procedimiento es a veces largo y difícil. La segunda parte del teorema fundamental de cálculo (TFC2), que se sigue fácilmente de la primera parte, proporciona un método mucho más sencillo para evaluar integrales.

Este teorema se abrevia TFC2
(**T**eorema **F**undamental del **C**álculo,
parte **2**).

> **Teorema fundamental del cálculo, parte 2** Si f es continua en $[a, b]$, entonces
>
> $$\int_a^b f(x)\, dx = F(b) - F(a)$$
>
> donde F es cualquier antiderivada de f, es decir, una función F tal que $F' = f$.

DEMOSTRACIÓN Sea $g(x) = \int_a^x f(t)\, dt$. Se sabe por la parte 1 que $g'(x) = f(x)$; es decir, g es una antiderivada de f. Si F es cualquier otra antiderivada de f en $[a, b]$, entonces se sabe por el corolario 4.2.7 que F y g difieren por una constante:

6

$$F(x) = g(x) + C$$

para $a < x < b$. Pero tanto F como g son continuas en $[a, b]$ y así, tomando los límites de ambos lados de la ecuación 6 (conforme $x \to a^+$ y $x \to b^-$), se ve que también es válido cuando $x = a$ y $x = b$. Así, $F(x) = g(x) + C$ para toda x en $[a, b]$.

Si se coloca $x = a$ en la fórmula para $g(x)$ se obtiene

$$g(a) = \int_a^a f(t)\, dt = 0$$

Entonces, al aplicar la ecuación 6 con $x = b$ y $x = a$ se tiene

$$F(b) - F(a) = [g(b) + C] - [g(a) + C]$$

$$= g(b) - g(a) = g(b) = \int_a^b f(t)\, dt \qquad \blacksquare$$

La parte 2 del teorema fundamental establece que si se conoce una antiderivada F de f, entonces es posible evaluar $\int_a^b f(x)\, dx$ simplemente restando los valores de F en los puntos finales del intervalo $[a, b]$. Es sorprendente que $\int_a^b f(x)\, dx$, que se definió por un complicado procedimiento que involucraba todos los valores de $f(x)$ para $a \leq x \leq b$, pueda encontrarse al conocer los valores de $F(x)$ en solo dos puntos, a y b.

Aunque quizás el teorema sea increíble a primera vista, se vuelve verosímil si se interpreta en términos físicos. Si $v(t)$ es la velocidad de un objeto y $s(t)$ es su posición en el tiempo t, entonces $v(t) = s'(t)$, por lo que s es una antiderivada de v. En la sección 5.1 se consideró un objeto que siempre se mueve en dirección positiva y se planteó la observación de que el área bajo la curva de velocidad es igual a la distancia recorrida. En símbolos:

$$\int_a^b v(t)\, dt = s(b) - s(a)$$

Esto es exactamente lo que el TFC2 dice en este contexto.

EJEMPLO 5 Evalúe la integral $\displaystyle\int_1^3 e^x\, dx$.

SOLUCIÓN La función $f(x) = e^x$ es continua en todas partes y se sabe que una antiderivada es $F(x) = e^x$, por lo que la parte 2 del teorema fundamental da

Compare el cálculo del ejemplo 5 con
el mucho más difícil del ejemplo 5.2.4.

$$\int_1^3 e^x\, dx = F(3) - F(1) = e^3 - e$$

Observe que el TFC2 sostiene que es posible usar *cualquier* antiderivada F de f. Así, también se puede usar el más sencillo, a saber, $F(x) = e^x$, en lugar de $e^x + 7$ o $e^x + C$. $\qquad\blacksquare$

Notación   Con frecuencia se emplea la notación

$$F(x)\Big]_a^b = F(b) - F(a)$$

Por lo tanto, la ecuación del TFC2 se puede escribir como

$$\int_a^b f(x)\,dx = F(x)\Big]_a^b \qquad \text{donde} \qquad F' = f$$

Otras notaciones comunes son $F(x)\,|_a^b$ y $[F(x)]_a^b$.

EJEMPLO 6 Halle el área debajo de la parábola $y = x^2$ de 0 a 1.

SOLUCIÓN Una antiderivada de $f(x) = x^2$ es $F(x) = \frac{1}{3}x^3$. El área A requerida se encuentra mediante la parte 2 del teorema fundamental:

> Al aplicar el teorema fundamental se usa una antiderivada F de f particular. No es necesario utilizar la antiderivada más general.

$$A = \int_0^1 x^2\,dx = \frac{x^3}{3}\Bigg]_0^1 = \frac{1^3}{3} - \frac{0^3}{3} = \frac{1}{3}$$ ∎

Si compara el cálculo del ejemplo 6 con el del ejemplo 5.1.2, verá que el teorema fundamental presenta un método *mucho* más breve.

EJEMPLO 7 Evalúe $\int_3^6 \dfrac{dx}{x}$.

SOLUCIÓN La integral dada es otra manera de escribir

$$\int_3^6 \frac{1}{x}\,dx$$

Una antiderivada de $f(x) = 1/x$ es $F(x) = \ln|x|$ y, debido a que $3 \le x \le 6$, se puede escribir $F(x) = \ln x$. Por lo tanto,

$$\int_3^6 \frac{1}{x}\,dx = \ln x\Big]_3^6 = \ln 6 - \ln 3 = \ln \frac{6}{3} = \ln 2$$ ∎

EJEMPLO 8 Encuentre el área bajo la curva del coseno de 0 a b, donde $0 \le b \le \pi/2$.

SOLUCIÓN Como una antiderivada de $f(x) = \cos x$ es $F(x) = \operatorname{sen} x$, se tiene

$$A = \int_0^b \cos x\,dx = \operatorname{sen} x\Big]_0^b = \operatorname{sen} b - \operatorname{sen} 0 = \operatorname{sen} b$$

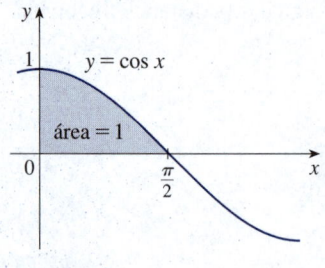

FIGURA 9

En particular, al tomar $b = \pi/2$, se demuestra que el área bajo la curva del coseno de 0 a $\pi/2$ es $\operatorname{sen}(\pi/2) = 1$ (vea la figura 9). ∎

Cuando el matemático francés Gilles de Roberval encontró por primera vez el área bajo las curvas del seno y el coseno en 1635, fue un problema muy difícil que requirió una gran cantidad de ingenio. Sin el beneficio del teorema fundamental, habría que calcular un difícil límite de sumas usando oscuras identidades trigonométricas (o un sistema de álgebra computarizada, como en el ejercicio 5.1.33). Fue aún más difícil para Roberval porque el aparato de los límites no se había inventado en 1635. Pero en las décadas de 1660 y 1670, cuando el teorema fundamental fue descubierto por Barrow y explotado por Newton y Leibniz, estos problemas se volvieron muy fáciles, como se ve en el ejemplo 8.

EJEMPLO 9 ¿Cuál es el problema en el siguiente cálculo?

$$\int_{-1}^{3} \frac{1}{x^2}\, dx = \frac{x^{-1}}{-1}\Bigg]_{-1}^{3} = -\frac{1}{3} - 1 = -\frac{4}{3}$$

SOLUCIÓN Para empezar, es claro que este cálculo debe ser erróneo porque la respuesta es negativa, pero $f(x) = 1/x^2 \geqslant 0$ y la propiedad 6 de las integrales señala que $\int_{a}^{b} f(x)\, dx \geqslant 0$ cuando $f \geqslant 0$. El teorema fundamental del cálculo se aplica a las funciones continuas. No se puede aplicar aquí porque $f(x) = 1/x^2$ no es continua en $[-1, 3]$. De hecho, f tiene una discontinuidad infinita en $x = 0$, y en la sección 7.8 se verá que

$$\int_{-1}^{3} \frac{1}{x^2}\, dx \qquad \text{no existe.} \qquad \blacksquare$$

■ **Derivación e integración como procesos inversos**

Esta sección termina reuniendo las dos partes del teorema fundamental.

> **Teorema fundamental del cálculo** Suponga que f es continua en $[a, b]$.
>
> **1.** Si $g(x) = \int_{a}^{x} f(t)\, dt$, entonces $g'(x) = f(x)$.
>
> **2.** $\int_{a}^{b} f(x)\, dx = F(b) - F(a)$, donde F es una antiderivada de f, es decir, $F' = f$.

Se vio que la parte 1 se puede reescribir como

$$\frac{d}{dx} \int_{a}^{x} f(t)\, dt = f(x)$$

Esto dice que si se integra una función continua f y luego se deriva el resultado, se llega de nuevo a la función original f. Podría usarse la parte 2 para escribir

$$\int_{a}^{x} F'(t)\, dt = F(x) - F(a)$$

que dice que si se deriva una función F y luego se integra el resultado, se llega de nuevo a la función F original, excepto por la constante $F(a)$. Por lo tanto, si se toman en conjunto, las dos partes del teorema fundamental del cálculo establecen que la integración y la derivación son procesos inversos.

El teorema fundamental del cálculo es sin duda el teorema más importante en el cálculo y, de hecho, se clasifica como uno de los grandes logros de la mente humana. Antes de que se descubriera, desde la época de Eudoxo y Arquímedes hasta la de Galileo y Fermat, los problemas de encontrar áreas, volúmenes y longitudes de curvas fueron tan difíciles que solamente un genio podría afrontar el desafío, e incluso entonces, solo para casos muy especiales. Pero ahora, armados con el método sistemático que Newton y Leibniz crearon a partir del teorema fundamental, se verá en los capítulos siguientes que estos problemas desafiantes son ahora comprensibles para todos.

5.3 | Ejercicios

1. Explique exactamente lo que significa esta declaración: "la derivación y la integración son procesos inversos".

2. Sea $g(x) = \int_0^x f(t)\,dt$, donde f es la función cuya gráfica se muestra al final de este ejercicio.

   (a) Evalúe $g(x)$ para $x = 0, 1, 2, 3, 4, 5$ y 6.

   (b) Estime $g(7)$.

   (c) ¿Dónde tiene g un valor máximo? ¿Dónde tiene un valor mínimo?

   (d) Trace una gráfica aproximada de g.

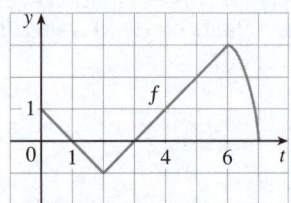

3. Sea $g(x) = \int_0^x f(t)\,dt$, donde f es la función cuya gráfica se muestra al final de este ejercicio.

   (a) Evalúe $g(0)$, $g(1)$, $g(2)$, $g(3)$ y $g(6)$.

   (b) ¿En qué intervalos g es creciente?

   (c) ¿Dónde tiene g un valor máximo?

   (d) Trace una gráfica aproximada de g.

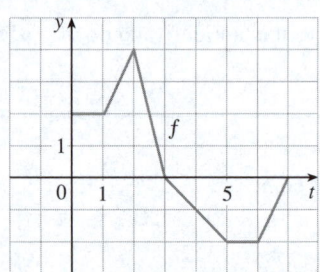

4. Sea $g(x) = \int_0^x f(t)\,dt$, donde f es la función cuya gráfica se muestra al final de este ejercicio.

   (a) Utilice la parte 1 del teorema fundamental del cálculo para graficar g'.

   (b) Halle $g(3)$, $g'(3)$ y $g''(3)$.

   (c) ¿Tiene g un máximo local, un mínimo local, o ninguno de los dos en $x = 6$?

   (d) ¿Tiene g un máximo local, un mínimo local, o ninguno de los dos en $x = 9$?

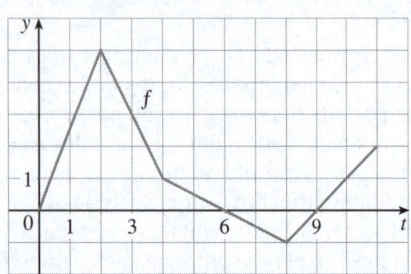

5-6 Se muestra la gráfica de una función f. Sea g la función que representa el área bajo la gráfica de f entre 0 y x.

(a) Con geometría, encuentre una fórmula para $g(x)$.

(b) Verifique que g sea una antiderivada de f y explique cómo esto confirma la parte 1 del teorema fundamental del cálculo para la función f.

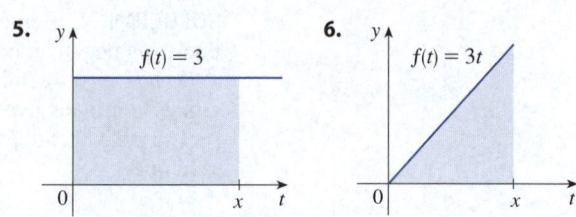

7-8 Trace el área representada por $g(x)$. Luego encuentre $g'(x)$ de dos maneras: (a) con la parte 1 del teorema fundamental y (b) al evaluar la integral utilizando la parte 2 y luego derivando.

7. $g(x) = \int_1^x t^2\,dt$

8. $g(x) = \int_0^x (2 + \mathrm{sen}\,t)\,dt$

9-20 Utilice la parte 1 del teorema fundamental del cálculo para encontrar la derivada de la función.

9. $g(x) = \int_0^x \sqrt{t + t^3}\,dt$

10. $g(x) = \int_1^x \ln(1 + t^2)\,dt$

11. $g(w) = \int_0^w \mathrm{sen}(1 + t^3)\,dt$

12. $h(u) = \int_0^u \dfrac{\sqrt{t}}{t + 1}\,dt$

13. $F(x) = \int_x^0 \sqrt{1 + \sec t}\,dt$

$$\left[\text{Sugerencia: } \int_x^0 \sqrt{1 + \sec t}\,dt = -\int_0^x \sqrt{1 + \sec t}\,dt\right]$$

14. $A(w) = \int_w^{-1} e^{t + t^2}\,dt$

15. $h(x) = \int_1^{e^x} \ln t\,dt$

16. $h(x) = \int_1^{\sqrt{x}} \dfrac{z^2}{z^4 + 1}\,dz$

17. $y = \int_1^{3x+2} \dfrac{t}{1 + t^3}\,dt$

18. $y = \int_0^{\tan x} e^{-t^2}\,dt$

19. $y = \int_{\sqrt{x}}^{\pi/4} \theta \tan \theta\,d\theta$

20. $y = \int_{1/x}^{4} \sqrt{1 + \dfrac{1}{t}}\,dt$

21-24 Utilice la parte 2 del teorema fundamental del cálculo para evaluar la integral e interpretar el resultado como un área o una diferencia de áreas. Ilústrelo con un boceto.

21. $\int_{-1}^{2} x^3\,dx$

22. $\int_0^4 (x^2 - 4x)\,dx$

23. $\int_{\pi/2}^{2\pi} (2\,\text{sen}\,x)\,dx$

24. $\int_{-1}^{2} (e^x + 2)\,dx$

25-54 Evalúe la integral.

25. $\int_{1}^{3} (x^2 + 2x - 4)\,dx$

26. $\int_{-1}^{1} x^{100}\,dx$

27. $\int_{0}^{2} \left(\frac{4}{5}t^3 - \frac{3}{4}t^2 + \frac{2}{5}t\right)\,dt$

28. $\int_{0}^{1} \left(1 - 8v^3 + 16v^7\right)\,dv$

29. $\int_{1}^{9} \sqrt{x}\,dx$

30. $\int_{1}^{8} x^{-2/3}\,dx$

31. $\int_{0}^{4} (t^2 + t^{3/2})\,dt$

32. $\int_{1}^{3} \left(\frac{1}{z^2} + \frac{1}{z^3}\right)\,dz$

33. $\int_{\pi/2}^{0} \cos\theta\,d\theta$

34. $\int_{-5}^{5} e\,dx$

35. $\int_{0}^{1} (u + 2)(u - 3)\,du$

36. $\int_{0}^{4} (4 - t)\sqrt{t}\,dt$

37. $\int_{1}^{4} \frac{2 + x^2}{\sqrt{x}}\,dx$

38. $\int_{-1}^{2} (3u - 2)(u + 1)\,du$

39. $\int_{1}^{3} \left(2x + \frac{1}{x}\right)\,dx$

40. $\int_{5}^{5} \sqrt{t^2 + \text{sen}\,t}\,dt$

41. $\int_{0}^{\pi/3} \sec\theta \tan\theta\,d\theta$

42. $\int_{1}^{3} \frac{y^3 - 2y^2 - y}{y^2}\,dy$

43. $\int_{0}^{1} (1 + r)^3\,dr$

44. $\int_{0}^{3} (2\,\text{sen}\,x - e^x)\,dx$

45. $\int_{1}^{2} \frac{v^3 + 3v^6}{v^4}\,dv$

46. $\int_{1}^{18} \sqrt{\frac{3}{z}}\,dz$

47. $\int_{0}^{1} (x^e + e^x)\,dx$

48. $\int_{0}^{1} \cosh t\,dt$

49. $\int_{1/\sqrt{3}}^{\sqrt{3}} \frac{8}{1 + x^2}\,dx$

50. $\int_{1}^{3} \frac{(3x + 1)^2}{x^3}\,dx$

51. $\int_{0}^{4} 2^s\,ds$

52. $\int_{1/2}^{1/\sqrt{2}} \frac{4}{\sqrt{1 - x^2}}\,dx$

53. $\int_{0}^{\pi} f(x)\,dx$ donde $f(x) = \begin{cases} \text{sen}\,x & \text{si } 0 \leqslant x < \pi/2 \\ \cos x & \text{si } \pi/2 \leqslant x \leqslant \pi \end{cases}$

54. $\int_{-2}^{2} f(x)\,dx$ donde $f(x) = \begin{cases} 2 & \text{si } -2 \leqslant x \leqslant 0 \\ 4 - x^2 & \text{si } 0 < x \leqslant 2 \end{cases}$

55-58 Trace la región delimitada por las curvas dadas y calcule su área.

55. $y = \sqrt{x}$, $y = 0$, $x = 4$

56. $y = x^3$, $y = 0$, $x = 1$

57. $y = 4 - x^2$, $y = 0$

58. $y = 2x - x^2$, $y = 0$

59-62 Utilice una gráfica para dar una estimación aproximada del área de la región que se encuentra debajo de la curva dada. Después determine el área exacta.

59. $y = \sqrt[3]{x}$, $0 \leqslant x \leqslant 27$

60. $y = x^{-4}$, $1 \leqslant x \leqslant 6$

61. $y = \text{sen}\,x$, $0 \leqslant x \leqslant \pi$

62. $y = \sec^2 x$, $0 \leqslant x \leqslant \pi/3$

63-66 ¿Cuál es el problema con la ecuación?

63. $\int_{-2}^{1} x^{-4}\,dx = \frac{x^{-3}}{-3}\Big]_{-2}^{1} = -\frac{3}{8}$

64. $\int_{-1}^{2} \frac{4}{x^3}\,dx = -\frac{2}{x^2}\Big]_{-1}^{2} = \frac{3}{2}$

65. $\int_{\pi/3}^{\pi} \sec\theta \tan\theta\,d\theta = \sec\theta\Big]_{\pi/3}^{\pi} = -3$

66. $\int_{0}^{\pi} \sec^2 x\,dx = \tan x\Big]_{0}^{\pi} = 0$

67-71 Halle la derivada de la función.

67. $g(x) = \int_{2x}^{3x} \frac{u^2 - 1}{u^2 + 1}\,du$

$$\left[\; \text{Sugerencia:}\; \int_{2x}^{3x} f(u)\,du = \int_{2x}^{0} f(u)\,du + \int_{0}^{3x} f(u)\,du \right]$$

68. $g(x) = \int_{1-2x}^{1+2x} t\,\text{sen}\,t\,dt$

69. $F(x) = \int_{x}^{x^2} e^{t^2}\,dt$

70. $F(x) = \int_{\sqrt{x}}^{2x} \arctan t\,dt$

71. $y = \int_{\cos x}^{\text{sen}\,x} \ln(1 + 2v)\,dv$

72. Si $f(x) = \int_{0}^{x} (1 - t^2)e^{t^2}\,dt$, ¿en qué intervalo f es creciente?

73. ¿En qué intervalo es la curva

$$y = \int_{0}^{x} \frac{t^2}{t^2 + t + 2}\,dt$$

cóncava hacia abajo?

74. Sea $F(x) = \int_{1}^{x} f(t)\,dt$, donde f es la función cuya gráfica se muestra. ¿Dónde es F cóncava hacia abajo?

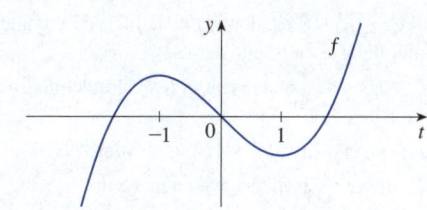

75. Sea $F(x) = \int_2^x e^{t^2} dt$. Encuentre una ecuación de la recta tangente a la curva $y = F(x)$ en la coordenada 2 del eje x.

76. Si $f(x) = \int_0^{\text{sen}x} \sqrt{1 + t^2}\, dt$ y $g(y) = \int_3^y f(x)\, dx$, halle $g''(\pi/6)$.

77-78 Utilice la regla de L'Hôpital para evaluar el límite.

77. $\displaystyle \lim_{x \to 0} \frac{1}{x^2} \int_0^x \frac{2t}{\sqrt{t^3 + 1}}\, dt$ **78.** $\displaystyle \lim_{x \to \infty} \frac{1}{x^2} \int_0^x \ln(1 + e^t)\, dt$

79. Si $f(1) = 12$, f' es continua y $\int_1^4 f'(x)\, dx = 17$, ¿cuál es el valor de $f(4)$?

80. La función error La *función error*

$$\text{erf}(x) = \frac{2}{\sqrt{\pi}} \int_0^x e^{-t^2} dt$$

se utiliza en la probabilidad, estadística y en ingeniería.

(a) Demuestre que $\int_a^b e^{-t^2} dt = \frac{1}{2}\sqrt{\pi}\, [\text{erf}(b) - \text{erf}(a)]$.

(b) Demuestre que la función $y = e^{x^2} \text{erf}(x)$ satisface la ecuación diferencial $y' = 2xy + 2/\sqrt{\pi}$.

81. La función Fresnel La función Fresnel S se definió en el ejemplo 3 y se graficó en las figuras 7 y 8.

(a) ¿En qué valores de x tiene esta función valores máximos locales?

(b) ¿En qué intervalos es la función cóncava hacia arriba?

(c) Utilice una gráfica para resolver la siguiente ecuación con dos decimales de precisión:

$$\int_0^x \text{sen}(\pi t^2/2)\, dt = 0.2$$

T **82. Función de integral senoidal** La *función de integral senoidal*

$$\text{Si}(x) = \int_0^x \frac{\text{sen}\, t}{t}\, dt$$

es importante en la ingeniería eléctrica. [El integrando $f(t) = (\text{sen}\, t)/t$ no se define cuando $t = 0$, pero se sabe que su límite es 1 cuando $t \to 0$. Así, se define $f(0) = 1$ y esto hace que f sea una función continua en todas partes].

(a) Trace la gráfica de Si.

(b) ¿En qué valores de x tiene esta función valores máximos locales?

(c) Halle las coordenadas del primer punto de inflexión a la derecha del origen.

(d) ¿Tiene esta función asíntotas horizontales?

(e) Resuelva la siguiente ecuación con un decimal de precisión:

$$\int_0^x \frac{\text{sen}\, t}{t}\, dt = 1$$

83-84 Sea $g(x) = \int_0^x f(t)\, dt$, donde f es la función cuya gráfica se muestra al final de este ejercicio.

(a) ¿En qué valores de x se presentan los valores máximo y mínimo locales de g?

(b) ¿Dónde alcanza g su valor máximo absoluto?

(c) ¿En qué intervalos es g cóncava hacia abajo?

(d) Trace la gráfica de g.

83.

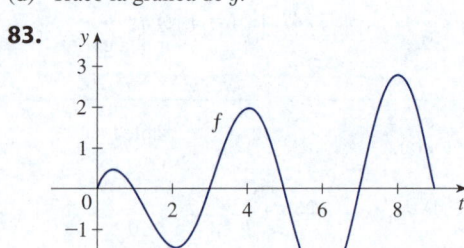

84.

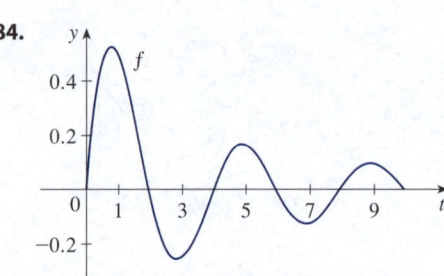

85-86 Evalúe el límite reconociendo primero la suma como una suma de Riemann para una función definida en $[0, 1]$.

85. $\displaystyle \lim_{n \to \infty} \sum_{i=1}^n \left(\frac{i^4}{n^5} + \frac{i}{n^2} \right)$

86. $\displaystyle \lim_{n \to \infty} \frac{1}{n} \left(\sqrt{\frac{1}{n}} + \sqrt{\frac{2}{n}} + \sqrt{\frac{3}{n}} + \cdots + \sqrt{\frac{n}{n}} \right)$

87. Justifique (3) para el caso $h < 0$.

88. Si f es continua y g y h son derivables, demuestre que

$$\frac{d}{dx} \int_{g(x)}^{h(x)} f(t)\, dt = f(h(x))\, h'(x) - f(g(x))\, g'(x)$$

89. (a) Demuestre que $1 \le \sqrt{1 + x^3} \le 1 + x^3$ para $x \ge 0$.

(b) Demuestre que $1 \le \int_0^1 \sqrt{1 + x^3}\, dx \le 1.25$.

90. (a) Demuestre que $\cos(x^2) \ge \cos x$ para $0 \le x \le 1$.

(b) Deduzca que $\int_0^{\pi/6} \cos(x^2)\, dx \ge \frac{1}{2}$.

91. Demuestre que

$$0 \le \int_5^{10} \frac{x^2}{x^4 + x^2 + 1}\, dx \le 0.1$$

comparando el integrando con una función más sencilla.

92. Sea

$$f(x) = \begin{cases} 0 & \text{si } x < 0 \\ x & \text{si } 0 \le x \le 1 \\ 2 - x & \text{si } 1 < x \le 2 \\ 0 & \text{si } x > 2 \end{cases}$$

y

$$g(x) = \int_0^x f(t)\, dt$$

(a) Encuentre una expresión para $g(x)$ similar a la expresión para $f(x)$.

(b) Trace las gráficas de f y g.

(c) ¿Dónde es f derivable? ¿Dónde es g derivable?

93. Halle una función f y un número a tales que

$$6 + \int_a^x \frac{f(t)}{t^2}\, dt = 2\sqrt{x} \quad \text{para toda } x > 0$$

94. El área marcada con B es tres veces el área marcada con A. Exprese b en términos de a.

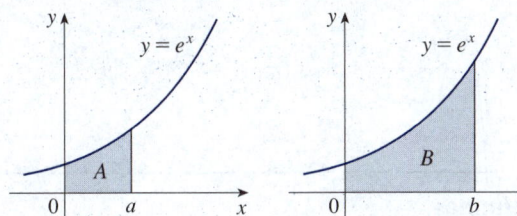

95. Una empresa manufacturera posee un equipo importante que se deprecia a una tasa (continua) $f(t)$, donde t es el tiempo medido en meses desde su última revisión. Debido a que cada vez que se revisa la máquina se incurre en un costo fijo A, la empresa quiere determinar el tiempo óptimo T (en meses) entre las revisiones.

(a) Explique por qué $\int_0^t f(s)\, ds$ representa la pérdida de valor de la máquina durante el periodo t desde la última revisión.

(b) Sea $C = C(t)$ dado por

$$C(t) = \frac{1}{t}\left[A + \int_0^t f(s)\, ds\right]$$

¿Qué representa C y por qué la empresa querrá reducir C?

(c) Demuestre que C tiene un valor mínimo en los números $t = T$ donde $C(T) = f(T)$.

5.4 | Integrales indefinidas y el teorema del cambio neto

Se vio en la sección 5.3 que la segunda parte del teorema fundamental del cálculo proporciona un método muy útil para evaluar la integral definida de una función, suponiendo que sea posible encontrar una antiderivada de la función. En esta sección se presenta una notación para las antiderivadas, se revisan las fórmulas de las antiderivadas y con ellas se evalúan las integrales definidas. También se reformula el TFC2 de manera que sea más fácil de aplicar a los problemas de la ciencia y la ingeniería.

■ Integrales indefinidas

Ambas partes del teorema fundamental establecen conexiones entre las antiderivadas y las integrales definidas. La parte 1 dice que si f es continua, entonces $\int_a^x f(t)\, dt$ es una antiderivada de f. La parte 2 dice que $\int_a^b f(x)\, dx$ se encuentra al evaluar $F(b) - F(a)$, donde F es una antiderivada de f.

Se necesita una notación conveniente para las antiderivadas de modo que sea fácil trabajar con ellas. Debido a la relación entre antiderivadas e integrales que da el teorema fundamental, la notación $\int f(x)\, dx$ se utiliza tradicionalmente para una antiderivada de f y se llama **integral indefinida**. Por lo tanto,

$$\int f(x)\, dx = F(x) \qquad \text{significa} \qquad F'(x) = f(x)$$

Por ejemplo, se puede escribir

$$\int x^2\, dx = \frac{x^3}{3} + C \qquad \text{porque} \qquad \frac{d}{dx}\left(\frac{x^3}{3} + C\right) = x^2$$

Así, cabe considerar que una integral indefinida representa una *familia* entera de funciones (una antiderivada para cada valor de la constante C).

Debe distinguir detenidamente entre las integrales definidas e indefinidas. Una integral definida $\int_a^b f(x)\, dx$ es un *número*, mientras que una integral indefinida $\int f(x)\, dx$ es una *función* (o una familia de funciones). La conexión entre ellas la proporciona la parte 2 del teorema fundamental: si f es continua en $[a, b]$, entonces

$$\int_a^b f(x)\, dx = \int f(x)\, dx \Big]_a^b$$

La efectividad del teorema fundamental depende de tener un conjunto de antiderivadas de funciones. Por lo tanto, se plantea de nuevo la tabla de fórmulas de antiderivación de la sección 4.9, junto con algunas otras, en la notación de integrales indefinidas. Cualquier fórmula puede verificarse derivando la función en el lado derecho y obteniendo el integrando. Por ejemplo,

$$\int \sec^2 x\, dx = \tan x + C \qquad \text{porque} \qquad \frac{d}{dx}(\tan x + C) = \sec^2 x$$

---

1 **Tabla de integrales indefinidas**

$$\int c f(x)\, dx = c \int f(x)\, dx \qquad\qquad \int [f(x) + g(x)]\, dx = \int f(x)\, dx + \int g(x)\, dx$$

$$\int k\, dx = kx + C$$

$$\int x^n\, dx = \frac{x^{n+1}}{n+1} + C \quad (n \neq -1) \qquad \int \frac{1}{x}\, dx = \ln |x| + C$$

$$\int e^x\, dx = e^x + C \qquad\qquad \int b^x\, dx = \frac{b^x}{\ln b} + C$$

$$\int \text{sen}\, x\, dx = -\cos x + C \qquad\qquad \int \cos x\, dx = \text{sen}\, x + C$$

$$\int \sec^2 x\, dx = \tan x + C \qquad\qquad \int \csc^2 x\, dx = -\cot x + C$$

$$\int \sec x \tan x\, dx = \sec x + C \qquad\qquad \int \csc x \cot x\, dx = -\csc x + C$$

$$\int \frac{1}{x^2 + 1}\, dx = \tan^{-1} x + C \qquad\qquad \int \frac{1}{\sqrt{1 - x^2}}\, dx = \text{sen}^{-1} x + C$$

$$\int \text{senh}\, x\, dx = \cosh x + C \qquad\qquad \int \cosh x\, dx = \text{senh}\, x + C$$

Recuerde, del teorema 4.9.1, que la antiderivada más general *en un intervalo dado* se obtiene al agregar una constante a una antiderivada particular. **Se adopta la convención de que cuando se da una fórmula para una integral general indefinida, es válida solo en un intervalo**. Por ello se escribe

$$\int \frac{1}{x^2}\, dx = -\frac{1}{x} + C$$

en el entendido de que es válido en el intervalo $(0, \infty)$ o en el intervalo $(-\infty, 0)$. Esto es cierto a pesar de que la antiderivada general de la función $f(x) = 1/x^2$, $x \neq 0$, es

$$F(x) = \begin{cases} -\dfrac{1}{x} + C_1 & \text{si } x < 0 \\[2mm] -\dfrac{1}{x} + C_2 & \text{si } x > 0 \end{cases}$$

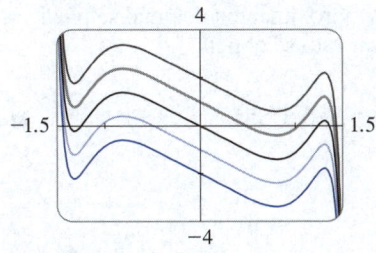

FIGURA 1

La integral indefinida del ejemplo 1 se representa en la figura 1 con varios valores de C. Aquí el valor de C es la intersección con el eje y.

EJEMPLO 1   Encuentre la integral indefinida general

$$\int (10x^4 - 2\sec^2 x)\, dx$$

SOLUCIÓN   Con la convención y la tabla 1 se tiene

$$\int (10x^4 - 2\sec^2 x)\, dx = 10\int x^4\, dx - 2\int \sec^2 x\, dx$$

$$= 10\,\frac{x^5}{5} - 2\tan x + C$$

$$= 2x^5 - 2\tan x + C$$

Debe comprobar esta respuesta mediante derivación.   ■

EJEMPLO 2   Evalúe $\displaystyle\int \frac{\cos\theta}{\operatorname{sen}^2\theta}\, d\theta$.

SOLUCIÓN   Esta integral indefinida no es inmediatamente aparente en la tabla 1, por lo que se usan identidades trigonométricas para reescribir la función antes de integrarla:

$$\int \frac{\cos\theta}{\operatorname{sen}^2\theta}\, d\theta = \int \left(\frac{1}{\operatorname{sen}\theta}\right)\left(\frac{\cos\theta}{\operatorname{sen}\theta}\right) d\theta$$

$$= \int \csc\theta \cot\theta\, d\theta = -\csc\theta + C$$ ■

EJEMPLO 3   Evalúe $\displaystyle\int_0^3 (x^3 - 6x)\, dx$.

SOLUCIÓN   Con el TFC2 y la tabla 1 se tiene

$$\int_0^3 (x^3 - 6x)\, dx = \frac{x^4}{4} - 6\,\frac{x^2}{2}\Bigg]_0^3$$

$$= \left(\tfrac{1}{4}\cdot 3^4 - 3\cdot 3^2\right) - \left(\tfrac{1}{4}\cdot 0^4 - 3\cdot 0^2\right)$$

$$= \tfrac{81}{4} - 27 - 0 + 0 = -6.75$$

Compare este cálculo con el ejemplo 5.2.3.   ■

En la figura 2 se muestra la gráfica del integrando en el ejemplo 4. Se sabe, por la sección 5.2, que el valor de la integral puede interpretarse como un área neta: la suma de las áreas marcadas con un signo de más menos el área marcada con un signo de menos.

EJEMPLO 4   Halle $\displaystyle\int_0^2 \left(2x^3 - 6x + \frac{3}{x^2+1}\right) dx$ e interprete el resultado en términos de áreas.

SOLUCIÓN   El teorema fundamental da

$$\int_0^2 \left(2x^3 - 6x + \frac{3}{x^2+1}\right) dx = 2\,\frac{x^4}{4} - 6\,\frac{x^2}{2} + 3\tan^{-1}x\Bigg]_0^2$$

$$= \tfrac{1}{2}x^4 - 3x^2 + 3\tan^{-1}x\Big]_0^2$$

$$= \tfrac{1}{2}(2^4) - 3(2^2) + 3\tan^{-1}2 - 0$$

$$= -4 + 3\tan^{-1}2$$

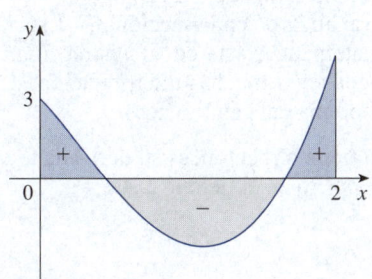

FIGURA 2

Este es el valor exacto de la integral. Si se desea una aproximación decimal se puede usar una calculadora para aproximar $\tan^{-1} 2$. Al hacer esto se obtiene

$$\int_0^2 \left(2x^3 - 6x + \frac{3}{x^2 + 1} \right) dx \approx -0.67855$$ ∎

EJEMPLO 5   Evalúe $\displaystyle\int_1^9 \frac{2t^2 + t^2\sqrt{t} - 1}{t^2}\, dt$.

SOLUCIÓN   Primero es necesario escribir el integrando en una forma más simple al realizar la división:

$$\int_1^9 \frac{2t^2 + t^2\sqrt{t} - 1}{t^2}\, dt = \int_1^9 (2 + t^{1/2} - t^{-2})\, dt$$

$$= 2t + \frac{t^{3/2}}{\frac{3}{2}} - \frac{t^{-1}}{-1} \Bigg]_1^9 = 2t + \tfrac{2}{3} t^{3/2} + \frac{1}{t} \Bigg]_1^9$$

$$= \left(2 \cdot 9 + \tfrac{2}{3} \cdot 9^{3/2} + \tfrac{1}{9} \right) - \left(2 \cdot 1 + \tfrac{2}{3} \cdot 1^{3/2} + \tfrac{1}{1} \right)$$

$$= 18 + 18 + \tfrac{1}{9} - 2 - \tfrac{2}{3} - 1 = 32 \tfrac{4}{9}$$ ∎

■ El teorema del cambio neto

La parte 2 del teorema fundamental dice que si f es continua en $[a, b]$, entonces

$$\int_a^b f(x)\, dx = F(b) - F(a)$$

donde F es cualquier antiderivada de f. Esto significa que $F' = f$, por lo que la ecuación se puede reescribir como

$$\int_a^b F'(x)\, dx = F(b) - F(a)$$

Se sabe que $F'(x)$ representa la razón de cambio de $y = F(x)$ respecto a x y $F(b) - F(a)$ es el cambio de y cuando x cambia de a a b. [Observe que y podría, por ejemplo, aumentar, luego disminuir y luego aumentar de nuevo. Aunque y podría cambiar en ambas direcciones, $F(b) - F(a)$ representa el cambio *neto* en y]. Así, es posible reformular el TFC2 en palabras como sigue.

> **Teorema del cambio neto**   La integral de una razón de cambio es el cambio neto:
> $$\int_a^b F'(x)\, dx = F(b) - F(a)$$

El principio expresado en el teorema del cambio neto se aplica a todas las razones de cambio en las ciencias naturales y sociales que se analizaron en la sección 3.7. Estas aplicaciones muestran que parte del poder de las matemáticas está en su abstracción. Una sola idea abstracta (en este caso la integral) puede tener muchas interpretaciones. Aquí siguen algunos ejemplos de aplicaciones del teorema del cambio neto.

- Si $V(t)$ es el volumen de agua en un depósito en el tiempo t, entonces su derivada $V'(t)$ es la velocidad a la que el agua entra en el depósito en el tiempo t. Así,

$$\int_{t_1}^{t_2} V'(t)\, dt = V(t_2) - V(t_1)$$

es el cambio en la cantidad de agua en el depósito entre el tiempo t_1 y el tiempo t_2.

- Si $[C](t)$ es la concentración del producto de una reacción química en el tiempo t, entonces la velocidad de reacción es la derivada $d[C]/dt$. Por lo tanto,

$$\int_{t_1}^{t_2} \frac{d[C]}{dt}\, dt = [C](t_2) - [C](t_1)$$

es el cambio en la concentración de C desde el tiempo t_1 hasta el tiempo t_2.
- Si la masa de una varilla medida desde el extremo izquierdo hasta un punto x es $m(x)$, entonces la densidad lineal es $\rho(x) = m'(x)$. Por lo tanto,

$$\int_a^b \rho(x)\, dx = m(b) - m(a)$$

es la masa del segmento de la varilla que se encuentra entre $x = a$ y $x = b$.
- Si la tasa de crecimiento poblacional es dn/dt, entonces

$$\int_{t_1}^{t_2} \frac{dn}{dt}\, dt = n(t_2) - n(t_1)$$

es el cambio neto de la población durante el periodo que va de t_1 a t_2. (La población aumenta cuando se producen nacimientos y disminuye cuando se producen muertes. El cambio neto tiene en cuenta tanto los nacimientos como las defunciones).
- Si $C(x)$ es el costo de producción de x unidades de un producto básico, entonces el costo marginal es la derivada $C'(x)$. Así,

$$\int_{x_1}^{x_2} C'(x)\, dx = C(x_2) - C(x_1)$$

es el aumento del costo cuando la producción aumenta de x_1 unidades a x_2 unidades.
- Si un objeto se mueve a lo largo de una línea recta con la función de posición $s(t)$, entonces su velocidad es $v(t) = s'(t)$, por lo tanto,

$$\boxed{2} \qquad \int_{t_1}^{t_2} v(t)\, dt = s(t_2) - s(t_1)$$

es el cambio neto de posición, o *desplazamiento*, del objeto durante el periodo de t_1 a t_2. En la sección 5.1 se supuso que esto era cierto cuando el objeto se mueve en dirección positiva, pero ahora se demostró que siempre es verdadero.
- Si se desea calcular la distancia que el objeto recorre durante un intervalo se deben considerar los intervalos cuando $v(t) \geq 0$ (el objeto se mueve a la derecha) y también los intervalos cuando $v(t) \leq 0$ (el objeto se mueve a la izquierda). En ambos casos la distancia se calcula integrando $|v(t)|$, la rapidez. Por lo tanto,

$$\boxed{3} \qquad \int_{t_1}^{t_2} |v(t)|\, dt = \text{distancia total recorrida}$$

En la figura 3 se ve cómo tanto el desplazamiento como la distancia recorrida se pueden interpretar en términos de áreas bajo una curva de velocidad.

$$\text{desplazamiento} = \int_{t_1}^{t_2} v(t)\, dt = A_1 - A_2 + A_3$$

$$\text{distancia} = \int_{t_1}^{t_2} |v(t)|\, dt = A_1 + A_2 + A_3$$

- La aceleración del objeto es $a(t) = v'(t)$, de modo que

$$\int_{t_1}^{t_2} a(t)\, dt = v(t_2) - v(t_1)$$

es el cambio de velocidad desde el tiempo t_1 hasta el tiempo t_2.

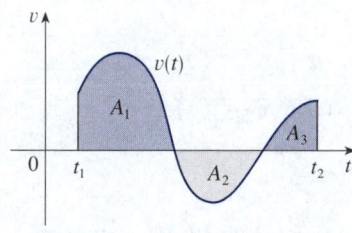

FIGURA 3

EJEMPLO 6 Una partícula se mueve a lo largo de una recta de modo que su velocidad en el tiempo t es $v(t) = t^2 - t - 6$ (medida en metros por segundo).

(a) Encuentre el desplazamiento de la partícula durante el periodo $1 \leq t \leq 4$.

(b) Halle la distancia recorrida en este periodo.

SOLUCIÓN

(a) Según la ecuación 2, el desplazamiento es

$$s(4) - s(1) = \int_1^4 v(t)\, dt = \int_1^4 (t^2 - t - 6)\, dt$$

$$= \left[\frac{t^3}{3} - \frac{t^2}{2} - 6t \right]_1^4 = -\frac{9}{2}$$

Esto significa que la partícula se movió 4.5 m hacia la izquierda.

(b) Observe que $v(t) = t^2 - t - 6 = (t-3)(t+2)$ y así $v(t) \leq 0$ en el intervalo $[1, 3]$ y $v(t) \geq 0$ en $[3, 4]$. Por lo tanto, según la ecuación 3, la distancia recorrida es

Para integrar el valor absoluto de $v(t)$ se usa la propiedad 5 de las integrales de la sección 5.2 para dividir la integral en dos partes, una donde $v(t) \leq 0$ y otra donde $v(t) \geq 0$.

$$\int_1^4 |v(t)|\, dt = \int_1^3 [-v(t)]\, dt + \int_3^4 v(t)\, dt$$

$$= \int_1^3 (-t^2 + t + 6)\, dt + \int_3^4 (t^2 - t - 6)\, dt$$

$$= \left[-\frac{t^3}{3} + \frac{t^2}{2} + 6t \right]_1^3 + \left[\frac{t^3}{3} - \frac{t^2}{2} - 6t \right]_3^4$$

$$= \frac{61}{6} \approx 10.17 \text{ m}$$

EJEMPLO 7 En la figura 4 se aprecia el consumo de energía eléctrica (potencia) en la ciudad de San Francisco durante un día de septiembre (P se mide en megawatts; t se mide en horas a partir de la medianoche). Estime la energía consumida ese día.

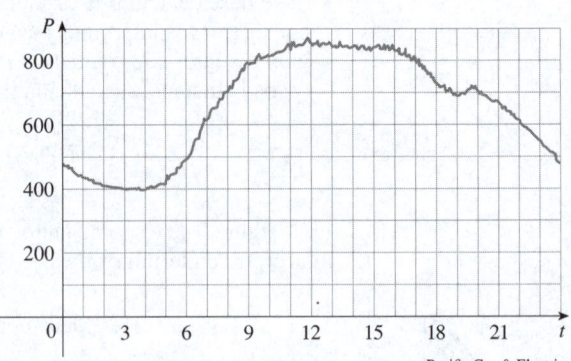

FIGURA 4

Pacific Gas & Electric.

SOLUCIÓN La potencia es la razón de cambio de la energía: $P(t) = E'(t)$. Entonces, según el teorema del cambio neto,

$$\int_0^{24} P(t)\, dt = \int_0^{24} E'(t)\, dt = E(24) - E(0)$$

es la cantidad total de energía consumida ese día. Se aproxima el valor de la integral mediante la regla del punto medio con 12 subintervalos y $\Delta t = 2$:

$$\int_0^{24} P(t)\, dt \approx [P(1) + P(3) + P(5) + \cdots + P(21) + P(23)]\,\Delta t$$

$$\approx (440 + 400 + 420 + 620 + 790 + 840 + 850$$

$$+ 840 + 810 + 690 + 670 + 550)(2)$$

$$= 15\,840$$

La energía consumida fue de aproximadamente 15 840 megawatts-hora. ∎

Una nota sobre unidades ¿Cómo se supo qué unidades usar para la energía en el ejemplo 7? La integral $\int_0^{24} P(t)\, dt$ se define como el límite de las sumas de términos de la forma $P(t_i^*)\,\Delta t$. Ahora $P(t_i^*)$ se mide en megawatts y Δt se mide en horas, por lo que su producto se mide en megawatts-hora. Lo mismo ocurre con el límite. En general, la unidad de medida para $\int_a^b f(x)\, dx$ es el producto de la unidad para $f(x)$ y la unidad para x.

5.4 | Ejercicios

1-4 Verifique mediante derivación que la fórmula es correcta.

1. $\displaystyle\int \ln x\, dx = x \ln x - x + C$

2. $\displaystyle\int \tan^2 x\, dx = \tan x - x + C$

3. $\displaystyle\int \frac{1}{x^2\sqrt{1 + x^2}}\, dx = -\frac{\sqrt{1 + x^2}}{x} + C$

4. $\displaystyle\int x\sqrt{a + bx}\, dx = \frac{2}{15b^2}(3bx - 2a)(a + bx)^{3/2} + C$

5-24 Determine la integral indefinida general.

5. $\displaystyle\int (3x^2 + 4x + 1)\, dx$

6. $\displaystyle\int \left(5 + 2\sqrt{x}\,\right) dx$

7. $\displaystyle\int (x + \cos x)\, dx$

8. $\displaystyle\int \left(\sqrt[3]{x} + \frac{1}{\sqrt[3]{x}}\right) dx$

9. $\displaystyle\int (x^{1.3} + 7x^{2.5})\, dx$

10. $\displaystyle\int \sqrt[4]{x^5}\, dx$

11. $\displaystyle\int \left(5 + \tfrac{2}{3}x^2 + \tfrac{3}{4}x^3\right) dx$

12. $\displaystyle\int \left(u^6 - 2u^5 - u^3 + \tfrac{2}{7}\right) du$

13. $\displaystyle\int (u + 4)(2u + 1)\, du$

14. $\displaystyle\int \sqrt{t}\,(t^2 + 3t + 2)\, dt$

15. $\displaystyle\int \frac{1 + \sqrt{x} + x}{x}\, dx$

16. $\displaystyle\int \left(x^2 + 1 + \frac{1}{x^2 + 1}\right) dx$

17. $\displaystyle\int \left(e^x + \frac{1}{x}\right) dx$

18. $\displaystyle\int (2 + 3^x)\, dx$

19. $\displaystyle\int (\operatorname{sen} x + \operatorname{senh} x)\, dx$

20. $\displaystyle\int \left(\frac{1 + r}{r}\right)^2 dr$

21. $\displaystyle\int (2 + \tan^2\theta)\, d\theta$

22. $\displaystyle\int \sec t\,(\sec t + \tan t)\, dt$

23. $\displaystyle\int 3\csc^2 t\, dt$

24. $\displaystyle\int \frac{\operatorname{sen} 2x}{\operatorname{sen} x}\, dx$

25-26 Halle la integral indefinida general. Ilústrela graficando varios miembros de la familia en la misma pantalla.

25. $\displaystyle\int \left(\cos x + \tfrac{1}{2}x\right) dx$

26. $\displaystyle\int (e^x - 2x^2)\, dx$

27-54 Evalúe la integral definida.

27. $\displaystyle\int_{-2}^3 (x^2 - 3)\, dx$

28. $\displaystyle\int_1^2 (4x^3 - 3x^2 + 2x)\, dx$

29. $\displaystyle\int_1^4 (8t^3 - 6t^{-2})\, dt$

30. $\displaystyle\int_0^8 \left(\tfrac{1}{8} + \tfrac{1}{2}w + \tfrac{1}{3}w^{1/3}\right) dw$

31. $\displaystyle\int_0^2 (2x - 3)(4x^2 + 1)\, dx$

32. $\displaystyle\int_1^2 \left(\frac{1}{x^2} - \frac{4}{x^3}\right) dx$

33. $\displaystyle\int_1^3 \left(\frac{3x^2 + 4x + 1}{x}\right) dx$

34. $\displaystyle\int_{-1}^1 t(1 - t)^2\, dt$

35. $\displaystyle\int_1^4 \left(\frac{4 + 6u}{\sqrt{u}}\right) du$

36. $\displaystyle\int_0^1 \frac{4}{1 + p^2}\, dp$

37. $\displaystyle\int_{\pi/6}^{\pi/3} (4\sec^2 y)\, dy$

38. $\displaystyle\int_0^{\pi/2} \left(\sqrt{t} - 3\cos t\right) dt$

39. $\int_0^1 x(\sqrt[3]{x} + \sqrt[4]{x})\, dx$

40. $\int_1^4 \frac{\sqrt{y} - y}{y^2}\, dy$

41. $\int_1^2 \left(\frac{x}{2} - \frac{2}{x}\right) dx$

42. $\int_0^1 (5x - 5^x)\, dx$

43. $\int_{-2}^2 (\operatorname{senh} x + \cosh x)\, dx$

44. $\int_0^{\pi/4} (3e^x - 4\sec x \tan x)\, dx$

45. $\int_0^{\pi/4} \frac{1 + \cos^2\theta}{\cos^2\theta}\, d\theta$

46. $\int_0^{\pi/3} \frac{\operatorname{sen}\theta + \operatorname{sen}\theta \tan^2\theta}{\sec^2\theta}\, d\theta$

47. $\int_3^4 \sqrt{\frac{3}{x}}\, dx$

48. $\int_{-10}^{10} \frac{2e^x}{\operatorname{senh} x + \cosh x}\, dx$

49. $\int_0^{\sqrt{3}/2} \frac{dr}{\sqrt{1 - r^2}}$

50. $\int_{\pi/6}^{\pi/2} \csc t \cot t\, dt$

51. $\int_0^{1/\sqrt{3}} \frac{t^2 - 1}{t^4 - 1}\, dt$

52. $\int_0^2 |2x - 1|\, dx$

53. $\int_{-1}^2 (x - 2|x|)\, dx$

54. $\int_0^{3\pi/2} |\operatorname{sen} x|\, dx$

---

55. Con una gráfica estime las intersecciones x de la curva $y = 1 - 2x - 5x^4$. Luego use esta información para estimar el área de la región que se encuentra debajo de la curva y por encima del eje x.

56. Repita el ejercicio 55 para la curva $y = (x^2 + 1)^{-1} - x^4$.

57. El área de la región que se encuentra a la derecha del eje y y a la izquierda de la parábola $x = 2y - y^2$ (la región sombreada en la figura) está dada por la integral $\int_0^2 (2y - y^2)\, dy$. (Gire la cabeza en el sentido de las manecillas del reloj y piense en la región que está debajo de la curva $x = 2y - y^2$ desde $y = 0$ hasta $y = 2$). Encuentre el área de la región.

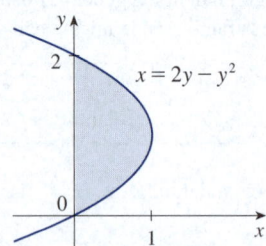

58. Los márgenes de la región sombreada son el eje y, la recta $y = 1$ y la curva $y = \sqrt[4]{x}$. Determine el área de esta región escribiendo x en función de y e integrándola respecto a y (como en el ejercicio 57).

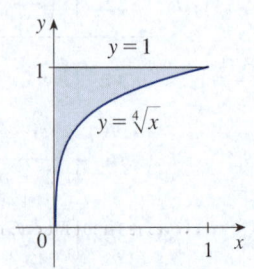

59. Si $w'(t)$ es la tasa de crecimiento de un niño en kilogramos por año, ¿qué representa $\int_5^{10} w'(t)\, dt$?

60. La corriente en un cable se define como la derivada de la carga: $I(t) = Q'(t)$. (Vea el ejemplo 3.7.3.) ¿Qué representa $\int_a^b I(t)\, dt$?

61. Si se escapa petróleo de un tanque a una tasa de $r(t)$ litros por minuto en el tiempo t, ¿qué representa $\int_0^{120} r(t)\, dt$?

62. Una población de abejas comienza con 100 abejas y aumenta a razón de $n'(t)$ abejas por semana. ¿Qué representa $100 + \int_0^{15} n'(t)\, dt$?

63. En la sección 4.7 se definió la función de ingresos marginales $R'(x)$ como la derivada de la función de ingresos $R(x)$, donde x es el número de unidades vendidas. ¿Qué representa $\int_{1000}^{5000} R'(x)\, dx$?

64. Si $f(x)$ es la pendiente de un sendero a una distancia de x kilómetros del comienzo del sendero, ¿qué representa $\int_3^5 f(x)\, dx$?

65. Si $h(t)$ es el ritmo cardiaco de una persona en latidos por minuto t minutos después de iniciar una sesión de ejercicio, ¿qué representa $\int_0^{30} h(t)\, dt$?

66. Si las unidades para x son metros y las unidades para $a(x)$ son kilogramos por metro, ¿cuáles son las unidades para da/dx? ¿Qué unidades tiene $\int_2^8 a(x)\, dx$?

67. Si x se mide en metros y $f(x)$ se mide en newtons, ¿cuáles son las unidades para $\int_0^{100} f(x)\, dx$?

68. La gráfica muestra la velocidad (en m/s) de un vehículo eléctrico autónomo que se mueve a lo largo de una vía recta. En $t = 0$ el vehículo está en la estación de carga.

(a) ¿A qué distancia está el vehículo de la estación de carga cuando $t = 2, 4, 6, 8, 10$ y 12?

(b) ¿En qué momento está el vehículo más lejos de la estación de carga?

(c) ¿Cuál es la distancia total recorrida por el vehículo?

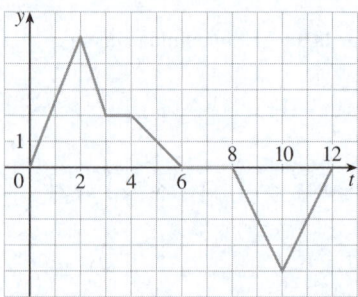

69-70 Se indica la función de velocidad (en m/s) para una partícula moviéndose a lo largo de una recta. Encuentre (a) el desplazamiento y (b) la distancia recorrida por la partícula durante el intervalo indicado.

69. $v(t) = 3t - 5, \quad 0 \le t \le 3$

70. $v(t) = t^2 - 2t - 3, \quad 2 \le t \le 4$

71-72 Se indican la función de aceleración (en m/s²) y la velocidad inicial para una partícula que se mueve a lo largo de una recta. Encuentre (a) la velocidad en el tiempo t y (b) la distancia recorrida durante el intervalo indicado.

71. $a(t) = t + 4$, $\quad v(0) = 5$, $\quad 0 \leq t \leq 10$

72. $a(t) = 2t + 3$, $\quad v(0) = -4$, $\quad 0 \leq t \leq 3$

73. Se indica la densidad lineal de una varilla de 4 m de longitud por $\rho(x) = 9 + 2\sqrt{x}$ medida en kilogramos por metro, donde x se mide en metros desde un extremo de la varilla. Encuentre la masa total de la varilla.

74. Desde el fondo de un tanque de almacenamiento fluye agua a una velocidad de $r(t) = 200 - 4t$ litros por minuto, donde $0 \leq t \leq 50$. Encuentre la cantidad de agua que fluye del tanque durante los primeros 10 minutos.

75. Se lee la velocidad de un auto en su velocímetro a intervalos de 10 segundos y se registró en la tabla. Utilice la regla del punto medio para estimar la distancia recorrida por el auto.

t (s)	v (km/h)	t (s)	v (km/h)
0	0	60	90
10	61	70	85
20	84	80	80
30	93	90	76
40	89	100	72
50	82		

76. Suponga que un volcán está en erupción y en la tabla se dan lecturas de la velocidad $r(t)$ a la que los materiales sólidos se arrojan a la atmósfera. El tiempo t se mide en segundos y las unidades de $r(t)$ son toneladas métricas por segundo.

t	0	1	2	3	4	5	6
$r(t)$	2	10	24	36	46	54	60

(a) Ofrezca estimaciones superiores e inferiores de la cantidad total $Q(6)$ de los materiales de erupción después de seis segundos.

(b) Utilice la regla del punto medio para estimar $Q(6)$.

77. El costo marginal de la fabricación de x metros de una determinada tela es

$$C'(x) = 3 - 0.01x + 0.000006x^2$$

(en USD por metro). Encuentre el aumento del costo si el nivel de producción aumenta de 2 000 metros a 4 000 metros.

78. De un tanque de almacenamiento sale y entra agua. Se muestra una gráfica de la razón de cambio $r(t)$ del volumen de agua en el tanque, en litros por día. Si la cantidad de agua en el tanque en el momento $t = 0$ es de 25 000 L, utilice la regla

del punto medio para estimar la cantidad de agua en el tanque cuatro días después.

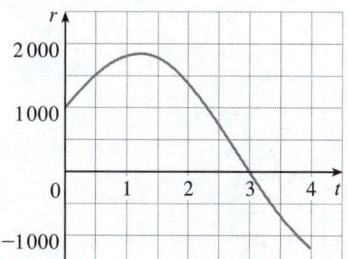

79. Se muestra la gráfica de la aceleración de un auto $a(t)$, medida en m/s². Utilice la regla del punto medio para estimar el aumento de la velocidad del auto durante el intervalo de seis segundos.

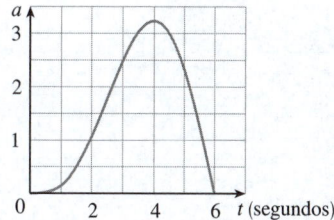

80. El lago Lanier en Georgia, EE.UU., es un embalse creado por la presa de Buford en el río Chattahoochee. En la tabla se ve la tasa de entrada de agua, en metros cúbicos por segundo, medida cada mañana a las 7:30 a. m. por el US Army Corps of Engineers. Utilice la regla del punto medio para estimar la cantidad de agua que fluyó al lago Lanier desde el 18 de julio de 2013 a las 7:30 a. m. hasta el 26 de julio a las 7:30 a. m.

Día	Tasa de entrada (m³/s)
Julio 18	149
Julio 19	181
Julio 20	72
Julio 21	120
Julio 22	85
Julio 23	108
Julio 24	70
Julio 25	74
Julio 26	85

81. Una población de bacterias es de 4 000 en el momento $t = 0$ y su tasa de crecimiento es de $1 000 \cdot 2^t$ bacterias por hora después de t horas. ¿Cuál es la población después de una hora?

82. Se muestra la gráfica del tráfico en la línea de datos T1 de un proveedor de Internet desde la medianoche hasta las 8:00 a. m. D es el rendimiento de los datos, medido en megabits por segundo. Con la regla del punto medio estime la cantidad total de datos transmitidos durante ese periodo.

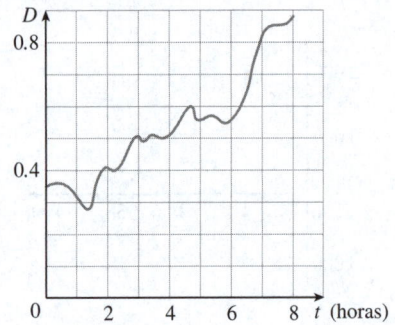

83. Se muestra una gráfica del consumo de energía eléctrica (potencia) en los estados de la región estadounidense de Nueva Inglaterra (Connecticut, Maine, Massachusetts, New Hampshire,

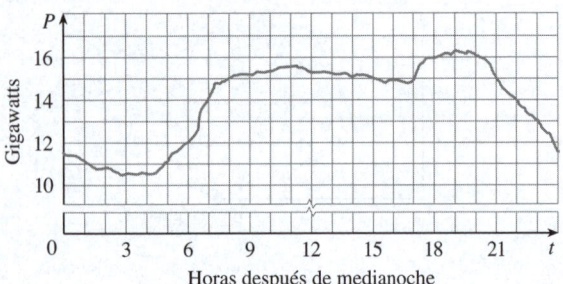

Fuente: US Energy Information Administration.

Rhode Island y Vermont) para el 22 de octubre de 2010 (P se mide en gigawatts y t se mide en horas a partir de la medianoche). Utilice el hecho de que la potencia es la razón de cambio de la energía para estimar la energía eléctrica consumida ese día.

T **84.** En 1992 el transbordador espacial *Endeavour* se lanzó en la misión STS-49 para instalar un nuevo motor de perigeo en un satélite de comunicaciones Intelsat. En la tabla se presentan los datos de velocidad del transbordador entre el despegue y el lanzamiento de los cohetes propulsores sólidos.
   (a) Con una calculadora graficadora o una computadora modele esos datos mediante un polinomio de tercer grado.
   (b) Utilice el modelo del inciso (a) para estimar la altura alcanzada por el *Endeavour* 125 segundos después del despegue.

Evento	Tiempo (s)	Velocidad (m/s)
Despegue	0	0
Inicio de la maniobra de rotación	10	56
Fin de la maniobra de rotación	15	97
Acelerador a 89%	20	136
Acelerador a 67%	32	226
Acelerador a 104%	59	404
Máxima presión dinámica	62	440
Separación de los cohetes propulsores sólidos	125	1 265

PROYECTO DE REDACCIÓN │ NEWTON, LEIBNIZ Y LA INVENCIÓN DEL CÁLCULO

A veces se lee que los inventores del cálculo fueron sir Isaac Newton (1642–1727) y Gottfried Wilhelm Leibniz (1646–1716). Pero se sabe que las ideas básicas de la integración las investigaron hace 2 500 años antiguos griegos como Eudoxo y Arquímedes, y los métodos para encontrar las tangentes los iniciaron Pierre Fermat (1601–1665), Isaac Barrow (1630–1677) y otros. Barrow —quien enseñó en Cambridge y tuvo una gran influencia en Newton— fue el primero en entender la relación inversa entre derivación e integración. Lo que hicieron Newton y Leibniz fue utilizar esta relación, en la forma del teorema fundamental del cálculo, para convertir el cálculo en una disciplina matemática sistemática. Es en este sentido que tanto a Newton como a Leibniz se les atribuye la invención del cálculo.

Busque en Internet más información sobre las contribuciones de estos hombres, y consulte una o más de las referencias citadas. Escriba un ensayo sobre uno de los siguientes tres temas. Puede incluir detalles biográficos, pero la idea principal de su reporte debe ser una descripción, con ciertos detalles, de sus métodos y notaciones. En particular, debe consultar uno de los libros de referencia que dan extractos de las publicaciones originales de Newton y Leibniz traducidas del latín al inglés.

• El papel de Newton en el desarrollo del cálculo.

• El papel de Leibniz en el desarrollo del cálculo.

• La controversia entre los seguidores de Newton y Leibniz sobre la prioridad en la invención del cálculo.

Referencias

1. Carl Boyer y Uta Merzbach, *A History of Mathematics* (New York: Wiley, 1987), capítulo 19.

2. Carl Boyer, *The History of the Calculus and Its Conceptual Development* (New York: Dover, 1959), capítulo V.

3. C. H. Edwards, *The Historical Development of the Calculus* (New York: Springer-Verlag, 1979), capítulos 8 y 9.

4. Howard Eves, *An Introduction to the History of Mathematics*, 6.ª ed. (New York: Saunders, 1990), capítulo 11.

5. C. C. Gillispie, ed., *Dictionary of Scientific Biography* (New York: Scribner's, 1974). Vea el artículo sobre Leibniz de Joseph Hofmann en el volumen VIII y el artículo sobre Newton de I. B. Cohen en el volumen X.

6. Victor Katz, *A History of Mathematics: An Introduction* (New York: HarperCollins, 1993), capítulo 12.

7. Morris Kline, *Mathematical Thought from Ancient to Modern Times* (New York: Oxford University Press, 1972), capítulo 17.

Libros de consulta

1. John Fauvel y Jeremy Gray, eds., *The History of Mathematics: A Reader* (London: MacMillan Press, 1987), capítulos 12 y 13.

2. D. E. Smith, ed., *A Sourcebook in Mathematics* (New York: Dover, 1959), capítulo V.

3. D. J. Struik, ed., *A Sourcebook in Mathematics*, 1200-1800 (Princeton, New Jersey: Princeton University Press, 1969), capítulo V.

5.5 | Regla de la sustitución

Debido al teorema fundamental, es importante encontrar antiderivadas. Pero las fórmulas de antiderivación no dicen cómo evaluar integrales como

$$\boxed{1} \qquad \int 2x\sqrt{1 + x^2}\, dx$$

RP Para encontrar esta integral se aplica la estrategia de resolución de problemas de *introducir algo adicional*. Aquí "algo adicional" es una nueva variable; se cambia de la variable x a una nueva variable u.

■ Sustitución: integrales indefinidas

Suponga que u es la cantidad dentro del signo de la raíz en (1), $u = 1 + x^2$. Entonces, el diferencial o la diferencial de u es $du = 2x\, dx$. Observe que si dx en la notación de una integral se interpretara como un diferencial, entonces el diferencial $2x\, dx$ se produciría en (1) y así, formalmente, sin justificar el cálculo, se podría escribir

Los diferenciales se definieron en la sección 3.10. Si $u = f(x)$, entonces

$$du = f'(x)\, dx.$$

$$\boxed{2} \qquad \int 2x\sqrt{1 + x^2}\, dx = \int \sqrt{1 + x^2}\; 2x\, dx = \int \sqrt{u}\; du$$

$$= \tfrac{2}{3}u^{3/2} + C = \tfrac{2}{3}(1 + x^2)^{3/2} + C$$

Pero ahora es posible comprobar que se tiene la respuesta correcta mediante la regla de la cadena para derivar la función final de la ecuación 2:

$$\frac{d}{dx}\left[\tfrac{2}{3}(1 + x^2)^{3/2} + C\right] = \tfrac{2}{3} \cdot \tfrac{3}{2}(1 + x^2)^{1/2} \cdot 2x = 2x\sqrt{1 + x^2}$$

En general, este método funciona siempre que se tiene una integral que se pueda escribir en la forma $\int f(g(x))g'(x)\,dx$. Observe que si $F' = f$, entonces

3 $$\int F'(g(x))\,g'(x)\,dx = F(g(x)) + C$$

porque, según la regla de la cadena,

$$\frac{d}{dx}[F(g(x))] = F'(g(x))\,g'(x)$$

Si se hace el "cambio de variable" o "sustitución" $u = g(x)$, entonces según la ecuación 3 se tiene

$$\int F'(g(x))\,g'(x)\,dx = F(g(x)) + C = F(u) + C = \int F'(u)\,du$$

o, al escribir $F' = f$, se obtiene

$$\int f(g(x))\,g'(x)\,dx = \int f(u)\,du$$

De esta manera se demuestra la siguiente regla.

---

4 **Regla de la sustitución**   Si $u = g(x)$ es una función derivable cuyo rango es un intervalo I y si f es continua en I, entonces

$$\int f(g(x))\,g'(x)\,dx = \int f(u)\,du$$

Observe que la regla de la sustitución para la integración se demostró mediante la regla de la cadena para la derivación. Cabe notar también que si $u = g(x)$, entonces $du = g'(x)\,dx$, así que una manera de recordar la regla de la sustitución es pensar en dx y du en (4) como diferenciales.

Por ello, la regla de la sustitución dice: **está permitido operar con dx y du dentro de los signos de la integral como si fueran diferenciales**.

EJEMPLO 1   Determine $\int x^3 \cos(x^4 + 2)\,dx$.

SOLUCIÓN   Se realiza la sustitución $u = x^4 + 2$ porque su diferencial es $du = 4x^3 dx$, que, aparte del factor constante 4, se produce en la integral. Por lo tanto, con $x^3\,dx = \tfrac{1}{4}\,du$ y la regla de la sustitución se tiene

$$\int x^3 \cos(x^4 + 2)\,dx = \int \cos u \cdot \tfrac{1}{4}\,du = \tfrac{1}{4}\int \cos u\,du$$

$$= \tfrac{1}{4}\operatorname{sen} u + C$$

$$= \tfrac{1}{4}\operatorname{sen}(x^4 + 2) + C$$

Compruebe la respuesta por medio de una derivación.

Observe que en la fase final se regresó a la variable original x.   ■

La idea de la regla de la sustitución es reemplazar una integral relativamente complicada por una integral más simple. Esto se logra cambiando de la variable original x a una nueva variable u que sea función de x. Así, en el ejemplo 1 se reemplazó la integral $\int x^3 \cos(x^4 + 2)\, dx$ por la integral más simple $\frac{1}{4}\int \cos u\, du$.

La dificultad principal al emplear la regla de la sustitución es pensar en una sustitución apropiada. Se debe tratar de elegir u para ser alguna función en el integrando cuyo diferencial también se produzca (excepto por un factor constante). Este fue el caso en el ejemplo 1. Si eso no es posible, intente elegir para u una parte complicada del integrando (tal vez la función interna de una función compuesta). Encontrar la sustitución correcta es todo un arte. No es inusual suponer mal; si a la primera no funciona, intente otra sustitución.

EJEMPLO 2   Evalúe $\displaystyle\int \sqrt{2x + 1}\, dx$.

SOLUCIÓN 1   Sea $u = 2x + 1$. Luego $du = 2\, dx$, así que $dx = \frac{1}{2}\, du$. De este modo, la regla de la sustitución da

$$\int \sqrt{2x + 1}\, dx = \int \sqrt{u}\;\cdot \tfrac{1}{2}\, du = \tfrac{1}{2} \int u^{1/2}\, du$$

$$= \frac{1}{2}\cdot\frac{u^{3/2}}{3/2} + C = \tfrac{1}{3}u^{3/2} + C$$

$$= \tfrac{1}{3}(2x + 1)^{3/2} + C$$

SOLUCIÓN 2   Otra posible sustitución es $u = \sqrt{2x + 1}$. Entonces

$$du = \frac{dx}{\sqrt{2x + 1}} \quad \text{por ende,} \quad dx = \sqrt{2x + 1}\, du = u\, du$$

(U observe que $u^2 = 2x + 1$, por lo que $2u\, du = 2\, dx$). Por lo tanto,

$$\int \sqrt{2x + 1}\, dx = \int u \cdot u\, du = \int u^2\, du$$

$$= \frac{u^3}{3} + C = \tfrac{1}{3}(2x + 1)^{3/2} + C$$ ∎

EJEMPLO 3   Halle $\displaystyle\int \frac{x}{\sqrt{1 - 4x^2}}\, dx$.

SOLUCIÓN   Sea $u = 1 - 4x^2$. Luego $du = -8x\, dx$, así que $x\, dx = -\frac{1}{8}\, du$ y

$$\int \frac{x}{\sqrt{1 - 4x^2}}\, dx = -\tfrac{1}{8}\int \frac{1}{\sqrt{u}}\, du = -\tfrac{1}{8}\int u^{-1/2}\, du$$

$$= -\tfrac{1}{8}\bigl(2\sqrt{u}\,\bigr) + C = -\tfrac{1}{4}\sqrt{1 - 4x^2} + C$$ ∎

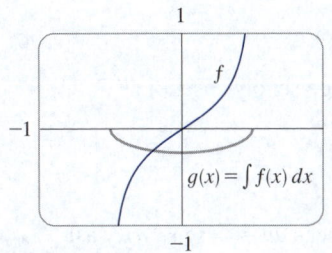

FIGURA 1
$$f(x) = \frac{x}{\sqrt{1 - 4x^2}}$$
$$g(x) = \int f(x)\, dx = -\tfrac{1}{4}\sqrt{1 - 4x^2}$$

La respuesta al ejemplo 3 podría comprobarse por derivación, pero en cambio se demostrará mediante una gráfica. En la figura 1 se utilizó una computadora para graficar tanto el integrando $f(x) = x/\sqrt{1 - 4x^2}$ como su integral indefinida $g(x) = -\frac{1}{4}\sqrt{1 - 4x^2}$ (se toma el caso $C = 0$). Observe que $g(x)$ disminuye cuando $f(x)$ es negativa, aumenta cuando $f(x)$ es positiva y tiene su valor mínimo cuando $f(x) = 0$. Por lo tanto, parece razonable, a partir de la evidencia gráfica, que g es una antiderivada de f.

EJEMPLO 4   Evalúe $\int e^{5x}\,dx$.

SOLUCIÓN   Si $u = 5x$, entonces $du = 5\,dx$, así que $dx = \frac{1}{5}\,du$. Entonces,

$$\int e^{5x}\,dx = \frac{1}{5}\int e^u\,du = \frac{1}{5}e^u + C = \frac{1}{5}e^{5x} + C$$ ∎

NOTA   Con un poco de experiencia tal vez podría evaluar integrales como las de los ejemplos 1–4 sin tener que hacer una sustitución explícita. Al reconocer el patrón de la ecuación 3, donde el integrando del lado izquierdo es el producto de la derivada de una función externa y la derivada de la función interna, se podría trabajar el ejemplo 1 de la siguiente manera:

$$\int x^3 \cos(x^4 + 2)\,dx = \int \cos(x^4 + 2)\cdot x^3\,dx = \frac{1}{4}\int \cos(x^4 + 2)\cdot(4x^3)\,dx$$

$$= \frac{1}{4}\int \cos(x^4 + 2)\cdot\frac{d}{dx}(x^4 + 2)\,dx = \frac{1}{4}\operatorname{sen}(x^4 + 2) + C$$

De manera similar, la solución del ejemplo 4 podría escribirse así:

$$\int e^{5x}\,dx = \frac{1}{5}\int 5e^{5x}\,dx = \frac{1}{5}\int \frac{d}{dx}(e^{5x})\,dx = \frac{1}{5}e^{5x} + C$$

El siguiente ejemplo, sin embargo, es más complicado y por lo tanto una sustitución explícita es aconsejable.

EJEMPLO 5   Determine $\int \sqrt{1 + x^2}\,x^5\,dx$.

SOLUCIÓN   Una sustitución apropiada se hace más evidente si se considera x^5 como $x^4 \cdot x$. Sea $u = 1 + x^2$. Entonces $du = 2x\,dx$, por lo que $x\,dx = \frac{1}{2}\,du$. También $x^2 = u - 1$, así que $x^4 = (u - 1)^2$:

$$\int \sqrt{1 + x^2}\,x^5\,dx = \int \sqrt{1 + x^2}\,x^4\cdot x\,dx$$

$$= \int \sqrt{u}\,(u - 1)^2\cdot\frac{1}{2}\,du = \frac{1}{2}\int \sqrt{u}\,(u^2 - 2u + 1)\,du$$

$$= \frac{1}{2}\int (u^{5/2} - 2u^{3/2} + u^{1/2})\,du$$

$$= \frac{1}{2}\left(\frac{2}{7}u^{7/2} - 2\cdot\frac{2}{5}u^{5/2} + \frac{2}{3}u^{3/2}\right) + C$$

$$= \frac{1}{7}(1 + x^2)^{7/2} - \frac{2}{5}(1 + x^2)^{5/2} + \frac{1}{3}(1 + x^2)^{3/2} + C$$ ∎

EJEMPLO 6   Evalúe $\int \tan x\,dx$.

SOLUCIÓN   Primero se escribe la tangente en términos de seno y coseno:

$$\int \tan x\,dx = \int \frac{\operatorname{sen} x}{\cos x}\,dx$$

Esto sugiere que se debe sustituir $u = \cos x$, pues entonces $du = -\operatorname{sen} x\,dx$ y así $\operatorname{sen} x\,dx = -du$:

$$\int \tan x\,dx = \int \frac{\operatorname{sen} x}{\cos x}\,dx = -\int \frac{1}{u}\,du$$

$$= -\ln|u| + C = -\ln|\cos x| + C$$ ∎

Observe que $-\ln |\cos x| = \ln(|\cos x|^{-1}) = \ln(1/|\cos x|) = \ln|\sec x|$, así que el resultado del ejemplo 6 también puede escribirse como

$$\boxed{5} \qquad \int \tan x \, dx = \ln|\sec x| + C$$

■ Sustitución: integrales definidas

Al evaluar una integral *definida* por sustitución, hay dos métodos posibles. Un método es evaluar primero la integral indefinida y luego aplicar el teorema fundamental. Por ejemplo, con el resultado del ejemplo 2 se tiene

$$\int_0^4 \sqrt{2x + 1} \, dx = \int \sqrt{2x + 1} \, dx \Big]_0^4$$

$$= \left[\tfrac{1}{3}(2x + 1)^{3/2}\right]_0^4 = \tfrac{1}{3}(9)^{3/2} - \tfrac{1}{3}(1)^{3/2}$$

$$= \tfrac{1}{3}(27 - 1) = \tfrac{26}{3}$$

Otro método, que normalmente es preferible, es cambiar los límites de la integración cuando se cambia la variable.

> Esta regla dice que cuando se utiliza una sustitución en una integral definida se debe colocar todo en términos de la nueva variable u, no solo x y dx, sino también los límites de la integración. Los nuevos límites de la integración son los valores de u que corresponden a $x = a$ y $x = b$.

> **6** **Regla de la sustitución para integrales definidas**   Si g' es continua en $[a, b]$ y f es continua en el rango de $u = g(x)$, entonces
>
> $$\int_a^b f(g(x)) \, g'(x) \, dx = \int_{g(a)}^{g(b)} f(u) \, du$$

DEMOSTRACIÓN   Sea F una antiderivada de f. Entonces, según (3), $F(g(x))$ es una antiderivada de $f(g(x))g'(x)$, así que según la parte 2 del teorema fundamental, se tiene

$$\int_a^b f(g(x)) \, g'(x) \, dx = F(g(x)) \Big]_a^b = F(g(b)) - F(g(a))$$

Pero, al aplicar el TFC2 una segunda vez, también se tiene

$$\int_{g(a)}^{g(b)} f(u) \, du = F(u) \Big]_{g(a)}^{g(b)} = F(g(b)) - F(g(a))$$ ■

EJEMPLO 7   Evalúe $\int_0^4 \sqrt{2x + 1} \, dx$ mediante (6).

SOLUCIÓN   Con la sustitución de la solución 1 del ejemplo 2 se tiene $u = 2x + 1$ y $dx = \tfrac{1}{2} \, du$. Para encontrar los nuevos límites de la integración se observa que

cuando $x = 0$, $u = 2(0) + 1 = 1$ y   cuando $x = 4$, $u = 2(4) + 1 = 9$

Por lo tanto

$$\int_0^4 \sqrt{2x + 1} \, dx = \int_1^9 \tfrac{1}{2} \sqrt{u} \, du$$

$$= \tfrac{1}{2} \cdot \tfrac{2}{3} u^{3/2} \Big]_1^9$$

$$= \tfrac{1}{3}(9^{3/2} - 1^{3/2}) = \tfrac{26}{3}$$ ■

Observe que al usar (6) *no* se regresa a la variable x después de integrar; simplemente se evalúa la expresión en u entre los valores apropiados de u.

Otra manera de escribir la integral indicada en el ejemplo 8 es

$$\int_1^2 \frac{1}{(3-5x)^2}\, dx$$

EJEMPLO 8   Evalúe $\displaystyle\int_1^2 \frac{dx}{(3-5x)^2}$.

SOLUCIÓN   Sea $u = 3 - 5x$. Luego $du = -5\, dx$, así que $dx = -\frac{1}{5}\, du$. Cuando $x = 1$, $u = -2$, y cuando $x = 2$, $u = -7$. De esta manera,

$$\int_1^2 \frac{dx}{(3-5x)^2} = -\frac{1}{5}\int_{-2}^{-7} \frac{du}{u^2} = -\frac{1}{5}\left[-\frac{1}{u}\right]_{-2}^{-7} = \frac{1}{5u}\bigg]_{-2}^{-7}$$

$$= \frac{1}{5}\left(-\frac{1}{7} + \frac{1}{2}\right) = \frac{1}{14} \qquad\blacksquare$$

Como la función $f(x) = (\ln x)/x$ en el ejemplo 9 es positiva para $x > 1$, la integral representa el área de la región sombreada en la figura 2.

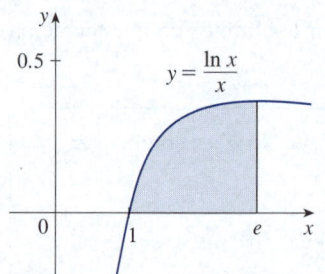

FIGURA 2

EJEMPLO 9   Evalúe $\displaystyle\int_1^e \frac{\ln x}{x}\, dx$.

SOLUCIÓN   Sea $u = \ln x$ porque su diferencial $du = (1/x)\, dx$ se produce en la integral. Cuando $x = 1$, $u = \ln 1 = 0$; cuando $x = e$, $u = \ln e = 1$. Así,

$$\int_1^e \frac{\ln x}{x}\, dx = \int_0^1 u\, du = \frac{u^2}{2}\bigg]_0^1 = \frac{1}{2} \qquad\blacksquare$$

■ **Simetría**

El siguiente teorema utiliza la regla de la sustitución para integrales definidas (6) para simplificar el cálculo de integrales de funciones que tienen propiedades de simetría.

---

7   **Integrales de funciones simétricas**   Suponga que f es continua en $[-a, a]$.

(a)   Si f es par $[f(-x) = f(x)]$, entonces $\displaystyle\int_{-a}^a f(x)\, dx = 2\int_0^a f(x)\, dx$.

(b)   Si f es impar $[f(-x) = -f(x)]$, entonces $\displaystyle\int_{-a}^a f(x)\, dx = 0$.

DEMOSTRACIÓN   Se parte la integral en dos:

8 $\displaystyle\int_{-a}^a f(x)\, dx = \int_{-a}^0 f(x)\, dx + \int_0^a f(x)\, dx = -\int_0^{-a} f(x)\, dx + \int_0^a f(x)\, dx$

En la primera integral del extremo derecho se hace la sustitución $u = -x$. Después $du = -dx$ y cuando $x = -a$, $u = a$. Por lo tanto,

$$-\int_0^{-a} f(x)\, dx = -\int_0^a f(-u)\, (-du) = \int_0^a f(-u)\, du$$

de esta manera, la ecuación 8 se convierte en

9 $\displaystyle\int_{-a}^a f(x)\, dx = \int_0^a f(-u)\, du + \int_0^a f(x)\, dx$

(a)   Si f es par, entonces $f(-u) = f(u)$, así que la ecuación 9 da

$$\int_{-a}^a f(x)\, dx = \int_0^a f(u)\, du + \int_0^a f(x)\, dx = 2\int_0^a f(x)\, dx$$

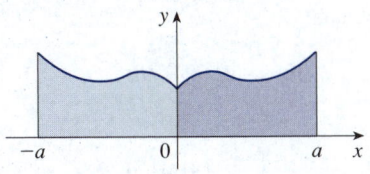

(a) f par, $\int_{-a}^{a} f(x)\,dx = 2\int_{0}^{a} f(x)\,dx$

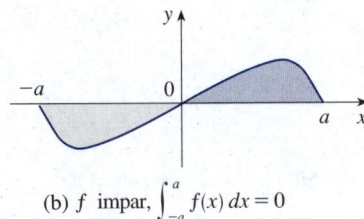

(b) f impar, $\int_{-a}^{a} f(x)\,dx = 0$

FIGURA 3

(b) Si f es impar, entonces $f(-u) = -f(u)$, y así la ecuación 9 da

$$\int_{-a}^{a} f(x)\,dx = -\int_{0}^{a} f(u)\,du + \int_{0}^{a} f(x)\,dx = 0 \qquad \blacksquare$$

El teorema 7 se ilustra en la figura 3. Cuando f es positiva y par, el inciso (a) indica que el área bajo $y = f(x)$ de $-a$ a a es el doble del área de 0 a a debido a la simetría. Recuerde que una integral $\int_{a}^{b} f(x)\,dx$ puede expresarse como el área por encima del eje x y por debajo de $y = f(x)$ menos el área por debajo del eje y por encima de la curva. Así, el inciso (b) indica que la integral es 0 porque las áreas se cancelan.

EJEMPLO 10 Dado que $f(x) = x^6 + 1$ satisface $f(-x) = f(x)$, es par y, por lo tanto,

$$\int_{-2}^{2} (x^6 + 1)\,dx = 2\int_{0}^{2} (x^6 + 1)\,dx$$

$$= 2\left[\tfrac{1}{7}x^7 + x\right]_{0}^{2} = 2\left(\tfrac{128}{7} + 2\right) = \tfrac{284}{7} \qquad \blacksquare$$

EJEMPLO 11 Como $f(x) = (\tan x)/(1 + x^2 + x^4)$ satisface $f(-x) = -f(x)$, es impar y, por lo tanto,

$$\int_{-1}^{1} \frac{\tan x}{1 + x^2 + x^4}\,dx = 0 \qquad \blacksquare$$

5.5 | Ejercicios

1-8 Evalúe la integral realizando la sustitución indicada.

1. $\displaystyle\int \cos 2x\,dx, \quad u = 2x$

2. $\displaystyle\int x e^{-x^2}\,dx, \quad u = -x^2$

3. $\displaystyle\int x^2 \sqrt{x^3 + 1}\,dx, \quad u = x^3 + 1$

4. $\displaystyle\int \text{sen}^2\theta \cos\theta\,d\theta, \quad u = \text{sen}\,\theta$

5. $\displaystyle\int \frac{x^3}{x^4 - 5}\,dx, \quad u = x^4 - 5$

6. $\displaystyle\int \frac{1}{x^2}\sqrt{1 + \frac{1}{x}}\,dx, \quad u = 1 + \frac{1}{x}$

7. $\displaystyle\int \frac{\cos\sqrt{t}}{\sqrt{t}}\,dt, \quad u = \sqrt{t}$

8. $\displaystyle\int z\sqrt{z-1}\,dz, \quad u = z - 1$

9-54 Evalúe la integral indefinida.

9. $\displaystyle\int x\sqrt{1 - x^2}\,dx$

10. $\displaystyle\int (5 - 3x)^{10}\,dx$

11. $\displaystyle\int t^3 e^{-t^4}\,dt$

12. $\displaystyle\int \text{sen}\,t\sqrt{1 + \cos t}\,dt$

13. $\displaystyle\int \text{sen}\,(\pi t/3)\,dt$

14. $\displaystyle\int \sec^2 2\theta\,d\theta$

15. $\displaystyle\int \frac{dx}{4x + 7}$

16. $\displaystyle\int y^2(4 - y^3)^{2/3}\,dy$

17. $\displaystyle\int \frac{\cos\theta}{1 + \text{sen}\,\theta}\,d\theta$

18. $\displaystyle\int \frac{z^2}{z^3 + 1}\,dz$

19. $\displaystyle\int \cos^3\theta\,\text{sen}\,\theta\,d\theta$

20. $\displaystyle\int e^{-5r}\,dr$

21. $\displaystyle\int \frac{e^u}{(1 - e^u)^2}\,du$

22. $\displaystyle\int \frac{\text{sen}(1/x)}{x^2}\,dx$

23. $\displaystyle\int \frac{a + bx^2}{\sqrt{3ax + bx^3}}\,dx$

24. $\displaystyle\int \frac{t + 1}{3t^2 + 6t - 5}\,dt$

25. $\displaystyle\int \frac{(\ln x)^2}{x}\,dx$

26. $\displaystyle\int \text{sen}\,x\,\text{sen}(\cos x)\,dx$

27. $\displaystyle\int \sec^2\theta \, \tan^3\theta \, d\theta$

28. $\displaystyle\int x\sqrt{x+2} \, dx$

29. $\displaystyle\int \left(x - \frac{1}{x^2}\right)\left(x^2 + \frac{2}{x}\right)^5 dx$

30. $\displaystyle\int \frac{dx}{ax+b} \;\; (a \neq 0)$

31. $\displaystyle\int e^r(2 + 3e^r)^{3/2} \, dr$

32. $\displaystyle\int \frac{e^{\text{arcsen}\,x}}{\sqrt{1-x^2}} \, dx$

33. $\displaystyle\int \frac{\sec^2\theta}{\tan\theta} \, d\theta$

34. $\displaystyle\int \frac{\sec^2 x}{\tan^2 x} \, dx$

35. $\displaystyle\int \frac{(\arctan x)^2}{x^2+1} \, dx$

36. $\displaystyle\int \frac{1}{(x^2+1)\arctan x} \, dx$

37. $\displaystyle\int 5^t \, \text{sen}(5^t) \, dt$

38. $\displaystyle\int \frac{\text{sen}\,\theta \cos\theta}{1 + \text{sen}^2\theta} \, d\theta$

39. $\displaystyle\int \cos(1 + 5t) \, dt$

40. $\displaystyle\int \frac{\cos(\pi/x)}{x^2} \, dx$

41. $\displaystyle\int \sqrt{\cot x} \; \csc^2 x \, dx$

42. $\displaystyle\int \frac{2^t}{2^t + 3} \, dt$

43. $\displaystyle\int \text{senh}^2 x \cosh x \, dx$

44. $\displaystyle\int \frac{dt}{\cos^2 t \sqrt{1 + \tan t}}$

45. $\displaystyle\int \frac{\text{sen}\,2x}{1 + \cos^2 x} \, dx$

46. $\displaystyle\int \frac{\text{sen}\,x}{1 + \cos^2 x} \, dx$

47. $\displaystyle\int \cot x \, dx$

48. $\displaystyle\int \frac{\cos(\ln t)}{t} \, dt$

49. $\displaystyle\int \frac{dx}{\sqrt{1-x^2} \, \text{sen}^{-1} x}$

50. $\displaystyle\int \frac{x}{1 + x^4} \, dx$

51. $\displaystyle\int \frac{1+x}{1+x^2} \, dx$

52. $\displaystyle\int x^2\sqrt{2+x} \, dx$

53. $\displaystyle\int x(2x+5)^8 \, dx$

54. $\displaystyle\int x^3\sqrt{x^2+1} \, dx$

55-58 Evalúe la integral indefinida. Ilustre y compruebe que su respuesta es razonable graficando tanto la función como su antiderivada (tome $C = 0$).

55. $\displaystyle\int x(x^2-1)^3 \, dx$

56. $\displaystyle\int \tan^2\theta \, \sec^2\theta \, d\theta$

57. $\displaystyle\int e^{\cos x} \, \text{sen}\,x \, dx$

58. $\displaystyle\int \text{sen}\,x \cos^4 x \, dx$

59-80 Evalúe la integral definida.

59. $\displaystyle\int_0^1 \cos(\pi t/2) \, dt$

60. $\displaystyle\int_0^1 (3t-1)^{50} \, dt$

61. $\displaystyle\int_0^1 \sqrt[3]{1+7x} \, dx$

62. $\displaystyle\int_{\pi/3}^{2\pi/3} \csc^2\left(\tfrac{1}{2}t\right) dt$

63. $\displaystyle\int_0^{\pi/6} \frac{\text{sen}\,t}{\cos^2 t} \, dt$

64. $\displaystyle\int_1^4 \frac{\sqrt{2+\sqrt{x}}}{\sqrt{x}} \, dx$

65. $\displaystyle\int_1^2 \frac{e^{1/x}}{x^2} \, dx$

66. $\displaystyle\int_0^1 \frac{e^x}{1+e^{2x}} \, dx$

67. $\displaystyle\int_{-\pi/4}^{\pi/4} (x^3 + x^4\tan x) \, dx$

68. $\displaystyle\int_0^{\pi/2} \cos x \, \text{sen}(\text{sen}\,x) \, dx$

69. $\displaystyle\int_0^{13} \frac{dx}{\sqrt[3]{(1+2x)^2}}$

70. $\displaystyle\int_0^a x\sqrt{a^2-x^2} \, dx$

71. $\displaystyle\int_0^a x\sqrt{x^2+a^2} \, dx \;\; (a>0)$

72. $\displaystyle\int_{-\pi/3}^{\pi/3} x^4 \, \text{sen}\,x \, dx$

73. $\displaystyle\int_1^2 x\sqrt{x-1} \, dx$

74. $\displaystyle\int_0^4 \frac{x}{\sqrt{1+2x}} \, dx$

75. $\displaystyle\int_e^{e^4} \frac{dx}{x\sqrt{\ln x}}$

76. $\displaystyle\int_0^2 (x-1)e^{(x-1)^2} \, dx$

77. $\displaystyle\int_0^1 \frac{e^z + 1}{e^z + z} \, dz$

78. $\displaystyle\int_1^4 \frac{1}{(x+1)\sqrt{x}} \, dx$

79. $\displaystyle\int_0^1 \frac{dx}{\left(1 + \sqrt{x}\right)^4}$

80. $\displaystyle\int_1^{16} \frac{x^{1/2}}{1 + x^{3/4}} \, dx$

81-82 Utilice una gráfica para dar una estimación aproximada del área de la región que se encuentra bajo la curva indicada. Después encuentre el área exacta.

81. $y = \sqrt{2x+1}, \;\; 0 \leq x \leq 1$

82. $y = 2\,\text{sen}\,x - \text{sen}\,2x, \;\; 0 \leq x \leq \pi$

---

83. Evalúe $\int_{-2}^2 (x+3)\sqrt{4-x^2} \, dx$ escribiéndola como una suma de dos integrales e interpretando una de esas integrales en términos de un área.

84. Evalúe $\int_0^1 x\sqrt{1-x^4} \, dx$ realizando una sustitución e interpretando la integral resultante en términos de un área.

85. ¿Cuáles de las siguientes áreas son iguales? ¿Por qué?

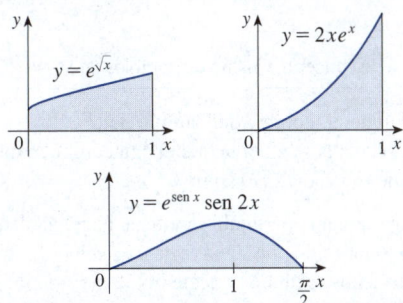

86. Un modelo para la tasa metabólica basal, en kcal/h, de un joven es $R(t) = 85 - 0.18 \cos(\pi t/12)$, donde t es el tiempo en horas medido desde las 5:00 a. m. ¿Cuál es el metabolismo basal total de este hombre, $\int_0^{24} R(t)\, dt$, en un periodo de 24 horas?

87. Un tanque de almacenamiento de petróleo se rompe en el momento $t = 0$ y el petróleo se derrama del tanque a una razón de $r(t) = 100e^{-0.01t}$ litros por minuto. ¿Cuánto petróleo se fuga durante la primera hora?

88. Una población de bacterias comienza con 400 bacterias y crece a un ritmo de $r(t) = (450.268)e^{1.12567t}$ bacterias por hora. ¿Cuántas bacterias habrá después de tres horas?

89. La respiración es cíclica y un ciclo respiratorio completo desde el comienzo de la inhalación hasta el final de la exhalación dura unos 5 segundos. El gasto máximo de aire hacia los pulmones es de aproximadamente 0.5 L/s. Esto explica, en parte, por qué la función $f(t) = \frac{1}{2}\,\text{sen}(2\pi t/5)$ suele utilizarse para modelar el gasto de aire hacia los pulmones. Con este modelo encuentre el volumen de aire inhalado en los pulmones en el momento t.

90. La tasa de crecimiento de una población de peces se modeló por la ecuación

$$G(t) = \frac{60\,000e^{-0.6t}}{(1 + 5e^{-0.6t})^2}$$

donde t es el número de años desde 2000 y G se mide en kilogramos por año. Si la biomasa era de $25\,000$ kg en el año 2000, ¿cuál es la biomasa prevista para el año 2020?

91. El tratamiento de diálisis elimina la urea y otros productos de desecho de la sangre de un paciente desviando parte del flujo sanguíneo hacia el exterior a través de una máquina llamada dializador. La razón a la que se elimina la urea de la sangre (en mg/min) se describe a menudo bien mediante la ecuación

$$u(t) = \frac{r}{V}\,C_0\,e^{-rt/V}$$

donde r es la tasa de flujo de sangre a través del dializador (en mL/min), V es el volumen de sangre del paciente (en mL) y C_0 es la cantidad de urea en la sangre (en mg) en el momento $t = 0$. Evalúe la integral $\int_0^{30} u(t)\, dt$ e interprétela.

92. La Alabama Instruments Company estableció una línea de producción para fabricar una nueva calculadora. El índice de producción de estas calculadoras después de t semanas es

$$\frac{dx}{dt} = 5000\left(1 - \frac{100}{(t + 10)^2}\right) \text{calculadoras/semana}$$

(Observe que la producción se aproxima a $5\,000$ por semana a medida que pasa el tiempo, pero la producción inicial es menor debido a la falta de conocimiento de los trabajadores de las nuevas técnicas). Encuentre el número de calculadoras producidas desde el principio de la tercera semana hasta el final de la cuarta semana.

93. Si f es continua y $\int_0^4 f(x)\, dx = 10$, encuentre $\int_0^2 f(2x)\, dx$.

94. Si f es continua y $\int_0^9 f(x)\, dx = 4$, encuentre $\int_0^3 xf(x^2)\, dx$.

95. Si f es continua en $\mathbb{R}$, demuestre que

$$\int_a^b f(-x)\, dx = \int_{-b}^{-a} f(x)\, dx$$

Para el caso en que $f(x) \geq 0$ y $0 < a < b$, trace un diagrama para interpretar esta ecuación geométricamente como una igualdad de áreas.

96. Si f es continua en $\mathbb{R}$, demuestre que

$$\int_a^b f(x + c)\, dx = \int_{a+c}^{b+c} f(x)\, dx$$

Para el caso en que $f(x) \geq 0$, trace un diagrama para interpretar esta ecuación geométricamente como una igualdad de áreas.

97. Si a y b son números positivos, demuestre que

$$\int_0^1 x^a(1 - x)^b\, dx = \int_0^1 x^b(1 - x)^a\, dx$$

98. Si f es continua en $[0, \pi]$, utilice la sustitución $u = \pi - x$ para demostrar que

$$\int_0^\pi xf(\text{sen } x)\, dx = \frac{\pi}{2} \int_0^\pi f(\text{sen } x)\, dx$$

99. Utilice el ejercicio 98 para evaluar la integral

$$\int_0^\pi \frac{x\,\text{sen } x}{1 + \cos^2 x}\, dx$$

100. (a) Si f es continua, demuestre que

$$\int_0^{\pi/2} f(\cos x)\, dx = \int_0^{\pi/2} f(\text{sen } x)\, dx$$

(b) Utilice el inciso (a) para evaluar

$$\int_0^{\pi/2} \cos^2 x\, dx \quad \text{y} \quad \int_0^{\pi/2} \text{sen}^2 x\, dx$$

5   REPASO

VERIFICACIÓN DE CONCEPTOS   Las respuestas de la sección "Verificación de conceptos" están disponibles en StewartCalculus.com

1. (a) Escriba una expresión para una suma de Riemann de una función f. Explique el significado de la notación que utiliza.

(b) Si $f(x) \geq 0$, ¿cuál es la interpretación geométrica de una suma de Riemann? Ilústrelo con un diagrama.

(c) Si $f(x)$ asume valores tanto positivos como negativos, ¿cuál es la interpretación geométrica de una suma de Riemann? Ilústrelo con un diagrama.

2. (a) Escriba la definición de la integral definida de una función continua de a a b.

(b) ¿Cuál es la interpretación geométrica de $\int_a^b f(x)\, dx$ si $f(x) \geq 0$?

(c) ¿Cuál es la interpretación geométrica de $\int_a^b f(x)\, dx$ si $f(x)$ asume valores tanto positivos como negativos? Ilústrelo con un diagrama.

3. Indique la regla del punto medio.

4. Indique ambas partes del teorema fundamental del cálculo.

5. (a) Indique el teorema del cambio neto.

(b) Si $r(t)$ es la razón a la que el agua entra en un embalse, ¿qué representa $\int_{t_1}^{t_2} r(t)\, dt$?

6. Suponga que una partícula se mueve hacia adelante y hacia atrás a lo largo de una línea recta con velocidad $v(t)$, medida en metros por segundo, y aceleración $a(t)$.

(a) ¿Cuál es el significado de $\int_{60}^{120} v(t)\, dt$?

(b) ¿Cuál es el significado de $\int_{60}^{120} |v(t)|\, dt$?

(c) ¿Cuál es el significado de $\int_{60}^{120} a(t)\, dt$?

7. (a) Explique el significado de la integral indefinida $\int f(x)\, dx$.

(b) ¿Cuál es la conexión entre la integral definida $\int_a^b f(x)\, dx$ y la integral indefinida $\int f(x)\, dx$?

8. Explique lo que significa exactamente la afirmación: "la derivación y la integración son procesos inversos".

9. Exponga la regla de la sustitución. En la práctica, ¿cómo se usa?

PREGUNTAS DE VERDADERO O FALSO

Determine si el enunciado es verdadero o falso. Si es verdadero, explique por qué. Si es falso, explique por qué o dé un ejemplo que lo refute.

1. Si f y g son continuas en $[a, b]$, entonces

$$\int_a^b [f(x) + g(x)]\, dx = \int_a^b f(x)\, dx + \int_a^b g(x)\, dx$$

2. Si f y g son continuas en $[a, b]$, entonces

$$\int_a^b [f(x)g(x)]\, dx = \left(\int_a^b f(x)\, dx\right)\left(\int_a^b g(x)\, dx\right)$$

3. Si f es continua en $[a, b]$, entonces

$$\int_a^b 5f(x)\, dx = 5 \int_a^b f(x)\, dx$$

4. Si f es continua en $[a, b]$, entonces

$$\int_a^b x f(x)\, dx = x \int_a^b f(x)\, dx$$

5. Si f es continua en $[a, b]$ y $f(x) \geq 0$, entonces

$$\int_a^b \sqrt{f(x)}\, dx = \sqrt{\int_a^b f(x)\, dx}$$

6. $\int_a^b f(x)\, dx = \int_a^b f(z)\, dz$

7. Si f' es continua en $[1, 3]$, entonces $\int_1^3 f'(v)\, dv = f(3) - f(1)$.

8. Si $v(t)$ es la velocidad en el tiempo t de una partícula que se mueve a lo largo de una recta, entonces $\int_a^b v(t)\, dt$ es la distancia recorrida durante el periodo $a \leq t \leq b$.

9. $\int_a^b f'(x) [f(x)]^4\, dx = \frac{1}{5}[f(x)]^5 + C$

10. Si f y g son derivables y $f(x) \geq g(x)$ para $a < x < b$, entonces $f'(x) \geq g'(x)$ para $a < x < b$.

11. Si f y g son continuas y $f(x) \geq g(x)$ para $a \leq x \leq b$, entonces

$$\int_a^b f(x)\, dx \geq \int_a^b g(x)\, dx$$

12. $\int_{-5}^5 (ax^2 + bx + c)\, dx = 2 \int_0^5 (ax^2 + c)\, dx$

13. Todas las funciones continuas tienen derivadas.

14. Todas las funciones continuas tienen antiderivadas.

15. $\int_0^3 e^{x^2}\, dx = \int_0^5 e^{x^2}\, dx + \int_5^3 e^{x^2}\, dx$

16. Si $\int_0^1 f(x)\, dx = 0$, entonces $f(x) = 0$ para $0 \leq x \leq 1$.

17. Si f es continua en $[a, b]$, entonces

$$\frac{d}{dx}\left(\int_a^b f(x)\, dx\right) = f(x)$$

18. $\int_0^2 (x - x^3)\, dx$ representa el área debajo de la curva $y = x - x^3$ de 0 a 2.

19. $\int_{-2}^1 \frac{1}{x^4}\, dx = -\frac{3}{8}$

20. Si f tiene una discontinuidad en 0, entonces $\int_{-1}^1 f(x)\, dx$ no existe.

EJERCICIOS

1. Use la gráfica dada de f para encontrar la suma de Riemann con seis subintervalos. Tome los puntos muestra como (a) puntos finales izquierdos y (b) puntos medios. En cada caso trace un diagrama y explique lo que representa la suma de Riemann.

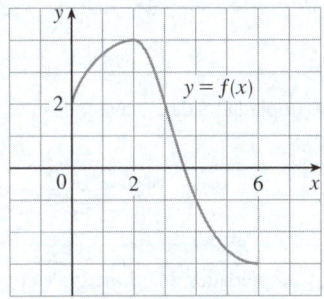

2. (a) Evalúe la suma de Riemann para

$$f(x) = x^2 - x \qquad 0 \le x \le 2$$

con cuatro subintervalos, tomando los puntos muestra como los puntos finales derechos. Explique, con ayuda de un diagrama, lo que representa la suma de Riemann.

(b) Utilice la definición de una integral definida (con puntos finales derechos) para calcular el valor de la integral

$$\int_0^2 (x^2 - x)\, dx$$

(c) Use el teorema fundamental del cálculo para comprobar su respuesta al inciso (b).

(d) Trace un diagrama para explicar el significado geométrico de la integral del inciso (b).

3. Evalúe

$$\int_0^1 \left(x + \sqrt{1 - x^2} \right) dx$$

interpretándola en términos de áreas.

4. Exprese

$$\lim_{n \to \infty} \sum_{i=1}^{n} \operatorname{sen} x_i\, \Delta x$$

como una integral definida en el intervalo $[0, \pi]$ y luego evalúe la integral.

5. Si $\int_0^6 f(x)\, dx = 10$ y $\int_0^4 f(x)\, dx = 7$, halle $\int_4^6 f(x)\, dx$.

[T] **6.** (a) Escriba $\int_1^5 (x + 2x^5)\, dx$ como un límite de las sumas de Riemann, tomando los puntos muestra como puntos finales derechos. Utilice un sistema de álgebra computarizada para evaluar la suma y para calcular el límite.

(b) Use el teorema fundamental del cálculo para revisar su respuesta al inciso (a).

7. En la figura se ven las gráficas de f, f' y $\int_0^x f(t)\, dt$. Identifique cada gráfica y explique sus elecciones.

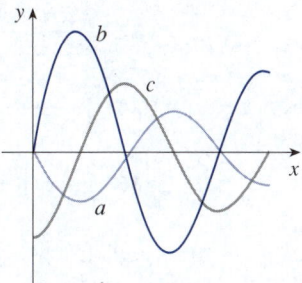

8. Evalúe:

(a) $\displaystyle \int_0^1 \frac{d}{dx} \left(e^{\arctan x} \right) dx$ (b) $\displaystyle \frac{d}{dx} \int_0^1 e^{\arctan x}\, dx$

(c) $\displaystyle \frac{d}{dx} \int_0^x e^{\arctan t}\, dt$

9. La gráfica de f consiste en los tres segmentos de recta que se muestran. Si $g(x) = \int_0^x f(t)\, dt$, encuentre $g(4)$ y $g'(4)$.

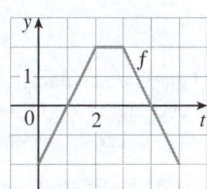

10. Si f es la función del ejercicio 9, encuentre $g''(4)$.

11-42 Evalúe la integral, si existe.

11. $\displaystyle \int_{-1}^{0} (x^2 + 5x)\, dx$ **12.** $\displaystyle \int_0^T (x^4 - 8x + 7)\, dx$

13. $\displaystyle \int_0^1 (1 - x^9)\, dx$ **14.** $\displaystyle \int_0^1 (1 - x)^9\, dx$

15. $\displaystyle \int_1^9 \frac{\sqrt{u} - 2u^2}{u}\, du$ **16.** $\displaystyle \int_0^1 \left(\sqrt[4]{u} + 1 \right)^2 du$

17. $\displaystyle \int_0^1 y(y^2 + 1)^5\, dy$ **18.** $\displaystyle \int_0^2 y^2 \sqrt{1 + y^3}\, dy$

19. $\displaystyle \int_1^5 \frac{dt}{(t - 4)^2}$ **20.** $\displaystyle \int_0^1 \operatorname{sen}(3\pi t)\, dt$

21. $\displaystyle \int_0^1 v^2 \cos(v^3)\, dv$ **22.** $\displaystyle \int_{-1}^1 \frac{\operatorname{sen} x}{1 + x^2}\, dx$

23. $\displaystyle \int_{-\pi/4}^{\pi/4} \frac{t^4 \tan t}{2 + \cos t}\, dt$ **24.** $\displaystyle \int_{-2}^{-1} \frac{z^2 + 1}{z}\, dz$

25. $\displaystyle \int \frac{x}{x^2 + 1}\, dx$ **26.** $\displaystyle \int \frac{dx}{x^2 + 1}$

27. $\displaystyle\int \frac{x+2}{\sqrt{x^2+4x}}\,dx$

28. $\displaystyle\int \frac{\csc^2 x}{1+\cot x}\,dx$

29. $\displaystyle\int \operatorname{sen} \pi t \cos \pi t\,dt$

30. $\displaystyle\int \operatorname{sen} x \cos(\cos x)\,dx$

31. $\displaystyle\int \frac{e^{\sqrt{x}}}{\sqrt{x}}\,dx$

32. $\displaystyle\int \frac{\operatorname{sen}(\ln x)}{x}\,dx$

33. $\displaystyle\int \tan x \ln(\cos x)\,dx$

34. $\displaystyle\int \frac{x}{\sqrt{1-x^4}}\,dx$

35. $\displaystyle\int \frac{x^3}{1+x^4}\,dx$

36. $\displaystyle\int \operatorname{senh}(1+4x)\,dx$

37. $\displaystyle\int \frac{\sec\theta\tan\theta}{1+\sec\theta}\,d\theta$

38. $\displaystyle\int_0^{\pi/4} (1+\tan t)^3 \sec^2 t\,dt$

39. $\displaystyle\int x(1-x)^{2/3}\,dx$

40. $\displaystyle\int \frac{x}{x-3}\,dx$

41. $\displaystyle\int_0^3 |x^2-4|\,dx$

42. $\displaystyle\int_0^4 |\sqrt{x}-1|\,dx$

43-44 Evalúe la integral indefinida. Ilustre y compruebe que su respuesta es razonable graficando tanto la función como su antiderivada (tome $C=0$).

43. $\displaystyle\int \frac{\cos x}{\sqrt{1+\operatorname{sen} x}}\,dx$

44. $\displaystyle\int \frac{x^3}{\sqrt{x^2+1}}\,dx$

---

45. Con una gráfica dé una estimación aproximada del área de la región que se encuentra bajo la curva $y=x\sqrt{x}$, $0 \le x \le 4$. Luego encuentre el área exacta.

46. Grafique la función $f(x)=\cos^2 x \operatorname{sen} x$ y use la gráfica para suponer el valor de la integral $\int_0^{2\pi} f(x)\,dx$. Luego evalúe la integral para confirmar su estimación.

47. Determine el área debajo de la gráfica de $y=x^2+5$ y por encima del eje x, entre $x=0$ y $x=4$.

48. Halle el área debajo de la gráfica de $y=\operatorname{sen} x$ y por encima del eje x, entre $x=0$ y $x=\pi/2$.

49-50 Las regiones A, B y C delimitadas por la gráfica de f y el eje x tienen las áreas 3, 2 y 1, respectivamente. Evalúe la integral.

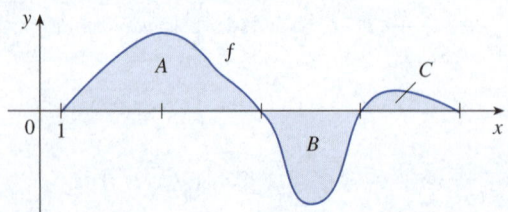

49. (a) $\displaystyle\int_1^5 f(x)\,dx$ (b) $\displaystyle\int_1^5 |f(x)|\,dx$

50. (a) $\displaystyle\int_1^4 f(x)\,dx + \int_3^5 f(x)\,dx$ (b) $\displaystyle\int_1^3 2f(x)\,dx + \int_3^5 6f(x)\,dx$

51-56 Encuentre la derivada de la función.

51. $\displaystyle F(x)=\int_0^x \frac{t^2}{1+t^3}\,dt$

52. $\displaystyle F(x)=\int_x^1 \sqrt{t+\operatorname{sen} t}\,dt$

53. $\displaystyle g(x)=\int_0^{x^4} \cos(t^2)\,dt$

54. $\displaystyle g(x)=\int_1^{\operatorname{sen} x} \frac{1-t^2}{1+t^4}\,dt$

55. $\displaystyle y=\int_{\sqrt{x}}^x \frac{e^t}{t}\,dt$

56. $\displaystyle y=\int_{2x}^{3x+1} \operatorname{sen}(t^4)\,dt$

57-58 Utilice la propiedad 8 de las integrales para estimar el valor de la integral.

57. $\displaystyle\int_1^3 \sqrt{x^2+3}\,dx$

58. $\displaystyle\int_2^4 \frac{1}{x^3+2}\,dx$

59-62 Utilice las propiedades de las integrales para verificar la desigualdad.

59. $\displaystyle\int_0^1 x^2 \cos x\,dx \le \frac{1}{3}$

60. $\displaystyle\int_{\pi/4}^{\pi/2} \frac{\operatorname{sen} x}{x}\,dx \le \frac{\sqrt{2}}{2}$

61. $\displaystyle\int_0^1 e^x \cos x\,dx \le e-1$

62. $\displaystyle\int_0^1 x \operatorname{sen}^{-1} x\,dx \le \pi/4$

---

63. Mediante la regla del punto medio con $n=6$ aproxime $\int_0^3 \operatorname{sen}(x^3)\,dx$. Redondee a cuatro decimales.

64. Una partícula se mueve a lo largo de una recta con función de velocidad $v(t)=t^2-t$, donde v se mide en metros por segundo. Encuentre (a) el desplazamiento y (b) la distancia recorrida por la partícula durante el intervalo $[0, 5]$.

65. Sea $r(t)$ la tasa de consumo de petróleo en el mundo, donde t se mide en años que comienzan en $t=0$ el 1 de enero de 2000 y $r(t)$ se mide en barriles por año. ¿Qué representa $\int_{15}^{20} r(t)\,dt$?

66. Se usó una pistola de radar para registrar la rapidez de un corredor en los tiempos dados en la tabla. Utilice la regla del punto medio para estimar la distancia que el corredor recorrió durante esos 5 segundos.

t (s)	v (m/s)	t (s)	v (m/s)
0	0	3.0	10.51
0.5	4.67	3.5	10.67
1.0	7.34	4.0	10.76
1.5	8.86	4.5	10.81
2.0	9.73	5.0	10.81
2.5	10.22		

67. Una población de abejas melíferas aumentó a un ritmo de $r(t)$ abejas por semana, donde la gráfica de r es como se muestra. Utilice la regla del punto medio con seis subintervalos para estimar el aumento de la población de abejas durante las primeras 24 semanas.

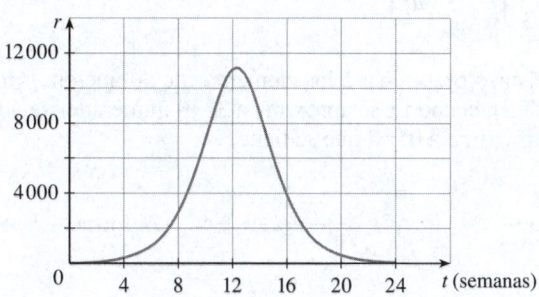

68. Sea

$$f(x) = \begin{cases} -x - 1 & \text{si } -3 \leq x \leq 0 \\ -\sqrt{1 - x^2} & \text{si } 0 \leq x \leq 1 \end{cases}$$

Evalúe $\int_{-3}^{1} f(x)\, dx$ interpretando la integral como una diferencia de áreas.

69. Si f es continua y $\int_0^2 f(x)\, dx = 6$, evalúe

$$\int_0^{\pi/2} f(2\, \text{sen}\, \theta) \cos \theta\, d\theta$$

70. La función de Fresnel $S(x) = \int_0^x \text{sen}\left(\frac{1}{2}\pi t^2\right) dt$ se introdujo en la sección 5.3. Fresnel también utilizó la función

$$C(x) = \int_0^x \cos\left(\tfrac{1}{2}\pi t^2\right) dt$$

en su teoría de la difracción de ondas de luz.
(a) ¿En qué intervalos C es creciente?
(b) ¿En qué intervalos es C cóncava hacia arriba?
(c) Resuelva con una gráfica la siguiente ecuación con dos decimales de precisión:

$$\int_0^x \cos\left(\tfrac{1}{2}\pi t^2\right) dt = 0.7$$

(d) Trace las gráficas de C y S en la misma pantalla. ¿Cómo se relacionan estas dos gráficas?

71. Estime el valor del número c tal que el área bajo la curva $y = \text{senh}\, cx$ entre $x = 0$ y $x = 1$ sea igual a 1.

72. Suponga que la temperatura en una varilla larga y delgada colocada a lo largo del eje x es inicialmente $C/(2a)$ si $|x| \leq a$ y 0 si $|x| > a$. Se puede demostrar que si la difusividad del calor de la varilla es k, entonces la temperatura de la varilla en el punto x en el tiempo t es

$$T(x, t) = \frac{C}{a\sqrt{4\pi kt}} \int_0^a e^{-(x-u)^2/(4kt)}\, du$$

Para encontrar la distribución de la temperatura que resulta de un punto caliente inicial concentrado en el origen se debe calcular $\lim_{a \to 0} T(x, t)$. Con la regla de L'Hôpital encuentre ese límite.

73. Si f es una función continua tal que

$$\int_1^x f(t)\, dt = (x - 1)e^{2x} + \int_1^x e^{-t} f(t)\, dt$$

para toda x, determine una fórmula explícita para $f(x)$.

74. Suponga que h es una función tal que $h(1) = -2$, $h'(1) = 2$, $h''(1) = 3$, $h(2) = 6$, $h'(2) = 5$, $h''(2) = 13$ y h'' es continua en todas partes. Evalúe $\int_1^2 h''(u)\, du$.

75. Si f' es continua en $[a, b]$, demuestre que

$$2 \int_a^b f(x) f'(x)\, dx = [f(b)]^2 - [f(a)]^2$$

76. Encuentre

$$\lim_{h \to 0} \frac{1}{h} \int_2^{2+h} \sqrt{1 + t^3}\, dt$$

77. Si f es continua en $[0, 1]$, demuestre que

$$\int_0^1 f(x)\, dx = \int_0^1 f(1 - x)\, dx$$

78. Evalúe

$$\lim_{n \to \infty} \frac{1}{n} \left[\left(\frac{1}{n}\right)^9 + \left(\frac{2}{n}\right)^9 + \left(\frac{3}{n}\right)^9 + \cdots + \left(\frac{n}{n}\right)^9 \right]$$

Problemas adicionales

Antes de ver la solución del siguiente ejemplo, cúbrala y trate de resolverlo usted mismo.

EJEMPLO Evalúe $\lim\limits_{x \to 3} \left(\dfrac{x}{x-3} \displaystyle\int_3^x \dfrac{\operatorname{sen} t}{t}\, dt \right)$.

SOLUCIÓN Primero, eche un vistazo preliminar a los elementos de la función. ¿Qué pasa con el primer factor, $x/(x-3)$, cuando x se aproxima a 3? El numerador se aproxima a 3 y el denominador se aproxima a 0, así que se tiene

$$\frac{x}{x-3} \to \infty \quad \text{conforme} \quad x \to 3^+ \qquad \text{y} \qquad \frac{x}{x-3} \to -\infty \quad \text{conforme} \quad x \to 3^-$$

El segundo factor se aproxima a $\int_3^3 (\operatorname{sen} t)/t\, dt$, que es 0. No queda claro qué sucede con la función en su conjunto. (Un factor se está volviendo grande mientras que el otro se está volviendo pequeño). Entonces, ¿cómo se procede?

Uno de los principios para la resolución de problemas es *reconocer algo conocido*. ¿Hay alguna parte de la función que recuerde algo que se haya visto antes? Bueno, la integral

RP Revise los "Principios para la resolución de problemas" que se presentan después del capítulo 1.

$$\int_3^x \frac{\operatorname{sen} t}{t}\, dt$$

tiene x como límite superior de integración, y ese tipo de integral se presenta en la parte 1 del teorema fundamental del cálculo:

$$\frac{d}{dx} \int_a^x f(t)\, dt = f(x)$$

Esto sugiere que podría estar involucrada la derivación.

Una vez que se empieza a pensar en la derivación, el denominador $(x-3)$ recuerda algo conocido: una forma de la definición de la derivada en el capítulo 2 es

$$F'(a) = \lim_{x \to a} \frac{F(x) - F(a)}{x - a}$$

y con $a = 3$, esto se convierte en

$$F'(3) = \lim_{x \to 3} \frac{F(x) - F(3)}{x - 3}$$

Entonces, ¿cuál es la función F en esta situación? Observe que si se define

$$F(x) = \int_3^x \frac{\operatorname{sen} t}{t}\, dt$$

entonces $F(3) = 0$. ¿Qué hay del factor x en el numerador? Eso es solo una pista falsa, así que se descarta y se arma el cálculo:

Otro método es utilizar la regla de L'Hôpital.

$$\lim_{x \to 3} \left(\frac{x}{x-3} \int_3^x \frac{\operatorname{sen} t}{t}\, dt \right) = \lim_{x \to 3} x \cdot \lim_{x \to 3} \frac{\displaystyle\int_3^x \frac{\operatorname{sen} t}{t}\, dt}{x - 3} = 3 \lim_{x \to 3} \frac{F(x) - F(3)}{x - 3}$$

$$= 3F'(3) = 3\, \frac{\operatorname{sen} 3}{3} = \operatorname{sen} 3 \qquad \text{(TFC1)} \quad \blacksquare$$

Problemas

1. Si $x \operatorname{sen} \pi x = \int_0^{x^2} f(t)\, dt$, donde f es una función continua, encuentre $f(4)$.

2. Suponga que f es continua, $f(0) = 0$, $f(1) = 1$, $f'(x) > 0$ e $\int_0^1 f(x)\, dx = \frac{1}{3}$. Halle el valor de la integral $\int_0^1 f^{-1}(y)\, dy$.

3. Si $\int_0^4 e^{(x-2)^4}\, dx = k$, determine el valor de $\int_0^4 x e^{(x-2)^4}\, dx$.

4. (a) Grafique varios miembros de la familia de funciones $f(x) = (2cx - x^2)/c^3$ para $c > 0$ y observe las regiones encerradas por estas curvas y el eje x. Conjeture sobre cómo se relacionan las áreas de estas regiones.
   (b) Demuestre su conjetura del inciso (a).
   (c) Eche otro vistazo a las gráficas del inciso (a) y con ellas trace la curva que pasa por los vértices (puntos más altos) de la familia de funciones. ¿Puede suponer de qué tipo de curva se trata?
   (d) Halle una ecuación de la curva que trazó en el inciso (c).

5. Si $f(x) = \int_0^{g(x)} \dfrac{1}{\sqrt{1 + t^3}}\, dt$, donde $g(x) = \int_0^{\cos x} [1 + \operatorname{sen}(t^2)]\, dt$, encuentre $f'(\pi/2)$.

6. Si $f(x) = \int_0^x x^2 \operatorname{sen}(t^2)\, dt$, halle $f'(x)$.

7. Evalúe $\lim_{x \to 0} (1/x) \int_0^x (1 - \tan 2t)^{1/t}\, dt$. [Asuma que el integrando está definido y es continuo en $t = 0$; vea el ejercicio 5.3.82].

8. En la figura se presentan dos regiones en el primer cuadrante: $A(t)$ es el área bajo la curva $y = \operatorname{sen}(x^2)$ de 0 a t, y $B(t)$ es el área del triángulo con vértices O, P y $(t, 0)$. Determine $\lim_{t \to 0^+} [A(t)/B(t)]$.

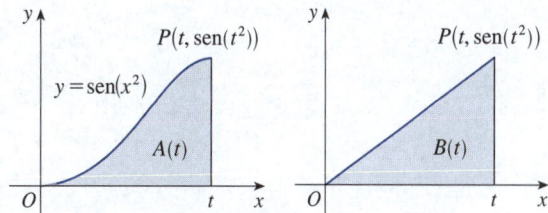

9. Encuentre el intervalo $[a, b]$ para el cual el valor de la integral $\int_a^b (2 + x - x^2)\, dx$ es un máximo.

10. Utilice una integral para estimar la suma $\displaystyle\sum_{i=1}^{10\,000} \sqrt{i}$.

11. (a) Evalúe $\int_0^n [\![x]\!]\, dx$, donde n es un entero positivo.
    (b) Evalúe $\int_a^b [\![x]\!]\, dx$, donde a y b son números reales con $0 \leqslant a < b$.

12. Determine $\dfrac{d^2}{dx^2} \displaystyle\int_0^x \left(\int_1^{\operatorname{sen} t} \sqrt{1 + u^4}\, du \right) dt$.

13. Suponga que los coeficientes del polinomio cúbico $P(x) = a + bx + cx^2 + dx^3$ satisface la ecuación

$$a + \frac{b}{2} + \frac{c}{3} + \frac{d}{4} = 0$$

Demuestre que la ecuación $P(x) = 0$ tiene una solución entre 0 y 1. ¿Puede generalizar este resultado para un polinomio de enésimo grado?

14. En un evaporador se utiliza un disco circular de radio r y se hace rotar en un plano vertical. Si se va a sumergir parcialmente en el líquido para maximizar el área mojada expuesta del disco, muestre que el centro del disco debe ubicarse a una altura $r/\sqrt{1 + \pi^2}$ por encima de la superficie del líquido.

15. Demuestre que si f es continua, entonces $\int_0^x f(u)(x-u)\,du = \int_0^x \left(\int_0^u f(t)\,dt \right) du$.

16. En la figura se ve un segmento parabólico, es decir, la porción de una parábola cortada por una cuerda AB. También se aprecia un punto C en la parábola con la propiedad de que la recta tangente en C es paralela a la cuerda AB. Arquímedes demostró que el área del segmento parabólico es $\frac{4}{3}$ veces el área del triángulo inscrito ABC. Verifique el resultado de Arquímedes para la parábola $y = 4 - x^2$ y la recta $y = x + 2$.

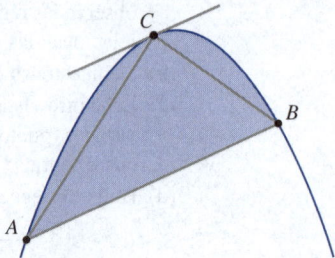

17. Dado el punto (a, b) en el primer cuadrante, encuentre la parábola que abre hacia abajo que pasa por el punto (a, b) y el origen tal que el área bajo la parábola sea mínima.

18. En la figura se presenta una región que consiste en todos los puntos dentro de un cuadrado que están más cerca del centro que de los lados del cuadrado. Encuentre el área de la región.

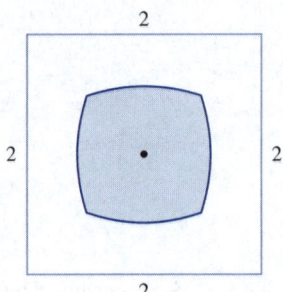

19. Evalúe

$$\lim_{n \to \infty} \left(\frac{1}{\sqrt{n}\,\sqrt{n+1}} + \frac{1}{\sqrt{n}\,\sqrt{n+2}} + \cdots + \frac{1}{\sqrt{n}\,\sqrt{n+n}} \right)$$

20. Para cualquier número c, sea $f_c(x)$ el más pequeño de los dos números $(x-c)^2$ y $(x-c-2)^2$. Luego se define $g(c) = \int_0^1 f_c(x)\,dx$. Encuentre los valores máximo y mínimo de $g(c)$ si $-2 \le c \le 2$.

La rotación se utiliza en muchos procesos de manufactura. En la foto aparece una artista moldeando una vasija de arcilla sobre un torno de alfarero. En el ejercicio 6.2.87 se exploran las matemáticas del diseño de una vasija de terracota.

©Rock and Wasp/Shutterstock.com

6 | Aplicaciones de la integral

EN ESTE CAPÍTULO SE ANALIZAN algunas aplicaciones de la integral definida para calcular áreas entre curvas, volúmenes de sólidos y el trabajo que realiza una fuerza variable. El tema común es el siguiente método general, semejante al que se utilizó para encontrar áreas debajo de las curvas: se divide una cantidad Q en un gran número de partes pequeñas. A continuación se aproxima cada pequeña parte por una cantidad de la forma $f(x_i^*)\,\Delta x$ y así se aproxima Q con una suma de Riemann. Luego se toma el límite y se expresa Q como integral. Por último, se evalúa la integral con el teorema fundamental del cálculo o la regla del punto medio.

6.1 | Áreas entre curvas

En el capítulo 5 se definieron y calcularon las áreas de las regiones debajo de las gráficas de funciones. Aquí se emplean integrales para encontrar áreas de regiones entre las gráficas de dos funciones.

■ El área entre curvas: integración respecto a x

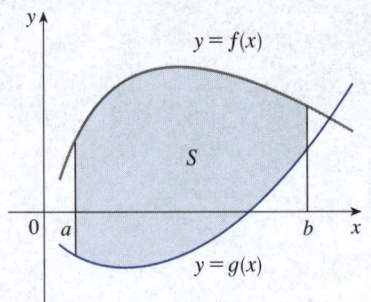

FIGURA 1
$S = \{(x, y) \mid a \leq x \leq b,$
$g(x) \leq y \leq f(x)\}$

Considere la región S que se muestra en la figura 1 y que se ubica entre las dos curvas $y = f(x)$ y $y = g(x)$, y entre las rectas verticales $x = a$ y $x = b$, donde f y g son funciones continuas y $f(x) \geq g(x)$ para todos los valores de x en $[a, b]$.

Así como se procedió con las áreas bajo las curvas en la sección 5.1, se divide S en n tiras por rectángulos, bandas o intervalos de igual ancho y luego se aproxima la i-ésima tira por medio de un rectángulo con base Δx y altura $f(x_i^*) - g(x_i^*)$. (Vea la figura 2. Si se desea, se pueden tomar todos los puntos muestra como puntos finales derechos, en cuyo caso $x_i^* = x_i$). Por lo tanto, la suma de Riemann

$$\sum_{i=1}^{n} \left[f(x_i^*) - g(x_i^*) \right] \Delta x$$

es una aproximación a lo que intuitivamente se piensa como el área de S.

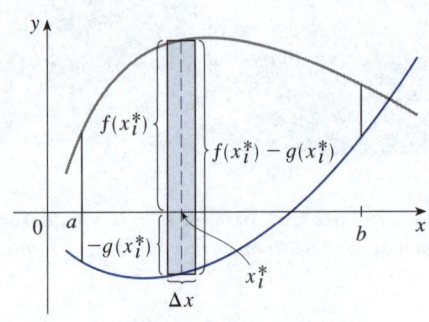 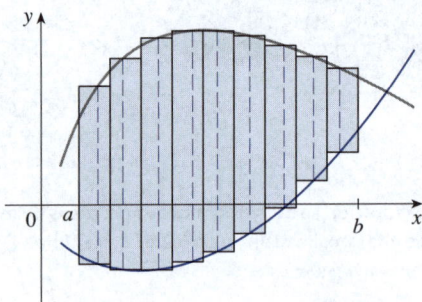

FIGURA 2   (a) Rectángulo normal.   (b) Rectángulos de aproximación.

Esta aproximación parece mejorar conforme $n \to \infty$. Por lo tanto, se define el **área** A de la región S como el valor límite de la suma de las áreas de estos rectángulos de aproximación.

$$\boxed{1} \qquad A = \lim_{n \to \infty} \sum_{i=1}^{n} \left[f(x_i^*) - g(x_i^*) \right] \Delta x$$

Se reconoce el límite en (1) como la integral definida de $f - g$. Así, se tiene la siguiente fórmula para el área.

> **2** El área A de la región delimitada por las curvas $y = f(x)$, $y = g(x)$ y las rectas $x = a$, $x = b$, donde f y g son continuas y $f(x) \geq g(x)$ para toda x en $[a, b]$, es
>
> $$A = \int_a^b \left[f(x) - g(x) \right] dx$$

Observe que en el caso especial en que $g(x) = 0$, S es la región bajo la gráfica de f y la definición general de área (1) se reduce a la definición anterior (definición 5.1.2).

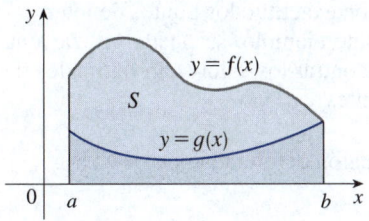

FIGURA 3

$$A = \int_a^b f(x)\,dx - \int_a^b g(x)\,dx$$

En caso de que tanto f como g sean positivas, se ve en la figura 3 por qué (2) es verdadera:

$$A = [\text{área bajo } y = f(x)] - [\text{área bajo } y = g(x)]$$

$$= \int_a^b f(x)\,dx - \int_a^b g(x)\,dx = \int_a^b \left[f(x) - g(x) \right] dx$$

EJEMPLO 1 Encuentre el área de la región acotada por arriba en $y = e^x$, por abajo en $y = x$ y en los lados por $x = 0$ y $x = 1$.

SOLUCIÓN La región se muestra en la figura 4. La curva límite superior es $y = e^x$ y la inferior es $y = x$. Entonces se aplica la fórmula del área (2) con $f(x) = e^x$, $g(x) = x$, $a = 0$ y $b = 1$:

$$A = \int_0^1 \left(e^x - x \right) dx = e^x - \tfrac{1}{2} x^2 \Big]_0^1$$

$$= e - \tfrac{1}{2} - 1 = e - 1.5 \qquad \blacksquare$$

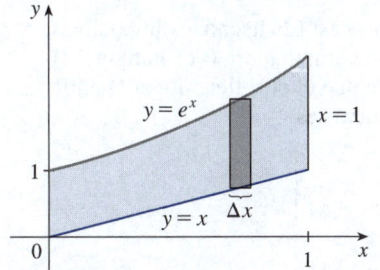

FIGURA 4

En la figura 4 se trazó un rectángulo de aproximación común con el ancho Δx como recordatorio del procedimiento por el que se define el área en (1). En general, cuando se plantea una integral para un área es útil trazar la región para identificar la curva superior y_T, la inferior y_B y un rectángulo de aproximación normal, como en la figura 5. Entonces el área de un rectángulo típico es $(y_T - y_B)\,\Delta x$ y la ecuación

$$A = \lim_{n \to \infty} \sum_{i=1}^n \left(y_T - y_B \right) \Delta x = \int_a^b \left(y_T - y_B \right) dx$$

resume el procedimiento de agregar (en el sentido de límites) las áreas de todos los rectángulos normales.

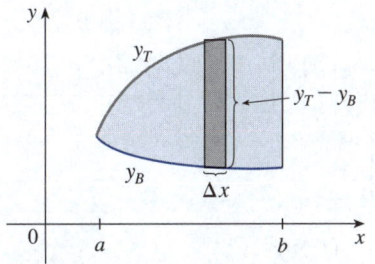

FIGURA 5

Observe que, en la figura 5, el límite izquierdo se reduce a un punto, mientras que en la figura 3 el límite derecho se reduce a un punto. En el siguiente ejemplo ambos límites laterales se reducen a un punto, por lo que el primer paso es encontrar a y b.

EJEMPLO 2 Halle el área de la región delimitada por las parábolas $y = x^2$ y $y = 2x - x^2$.

SOLUCIÓN Primero se determinan los puntos de intersección de las parábolas al resolver sus ecuaciones de manera simultánea. Esto da $x^2 = 2x - x^2$ o $2x^2 - 2x = 0$. Por lo tanto, $2x(x - 1) = 0$, así que $x = 0$ o $x = 1$. Los puntos de intersección son $(0, 0)$ y $(1, 1)$.

En la figura 6 se aprecia que los límites superior e inferior son

$$y_T = 2x - x^2 \qquad \text{y} \qquad y_B = x^2$$

El área de un rectángulo común es

$$(y_T - y_B)\,\Delta x = (2x - x^2 - x^2)\,\Delta x = (2x - 2x^2)\,\Delta x$$

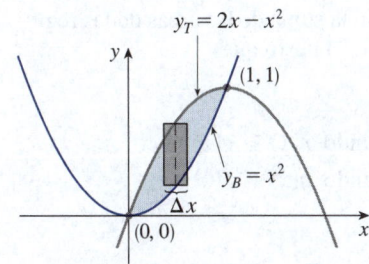

FIGURA 6

y la región se encuentra entre $x = 0$ y $x = 1$. Así, el área total es

$$A = \int_0^1 (2x - 2x^2)\,dx = 2 \int_0^1 (x - x^2)\,dx$$

$$= 2 \left[\frac{x^2}{2} - \frac{x^3}{3} \right]_0^1 = 2 \left(\frac{1}{2} - \frac{1}{3} \right) = \frac{1}{3} \qquad \blacksquare$$

A veces es difícil, incluso imposible, encontrar con exactitud los puntos de intersección de dos curvas. Como se muestra en el siguiente ejemplo, se puede utilizar una calculadora graficadora o una computadora para encontrar los valores aproximados de los puntos de intersección y luego proceder como antes.

EJEMPLO 3 Encuentre el área aproximada de la región delimitada por las curvas $y = x/\sqrt{x^2 + 1}$ y $y = x^4 - x$.

SOLUCIÓN Si se intentan encontrar los puntos de intersección exactos, habría que resolver la ecuación

$$\frac{x}{\sqrt{x^2 + 1}} = x^4 - x$$

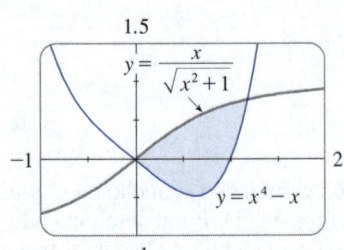

FIGURA 7

Parece muy difícil resolver exactamente una ecuación así (de hecho, es imposible), por lo que en su lugar se grafican las dos curvas con computadora (vea la figura 7). Un punto de intersección es el origen, y se descubre que el otro tiene lugar cuando $x \approx 1.18$. Así, una aproximación al área entre las curvas es

$$A \approx \int_0^{1.18} \left[\frac{x}{\sqrt{x^2 + 1}} - (x^4 - x) \right] dx$$

Para integrar el primer término se aplica la sustitución $u = x^2 + 1$. Entonces $du = 2x\,dx$, y cuando $x = 1.18$ se tiene $u \approx 2.39$; cuando $x = 0$, $u = 1$. Por lo tanto,

$$A \approx \frac{1}{2} \int_1^{2.39} \frac{du}{\sqrt{u}} - \int_0^{1.18} (x^4 - x)\,dx$$

$$= \sqrt{u}\,\Big]_1^{2.39} - \left[\frac{x^5}{5} - \frac{x^2}{2} \right]_0^{1.18}$$

$$= \sqrt{2.39} - 1 - \frac{(1.18)^5}{5} + \frac{(1.18)^2}{2}$$

$$\approx 0.785 \qquad ■$$

Si se pide encontrar el área entre las curvas $y = f(x)$ y $y = g(x)$, donde $f(x) \geq g(x)$ para algunos valores de x pero $g(x) \geq f(x)$ para otros valores de x, entonces se divide la región dada S en varias regiones $S_1, S_2, \ldots$ con áreas $A_1, A_2, \ldots$ como se muestra en la figura 8. Luego se define el área de la región S como la suma de las áreas de las regiones más pequeñas $S_1, S_2, \ldots$, es decir, $A = A_1 + A_2 + \ldots$ Puesto que

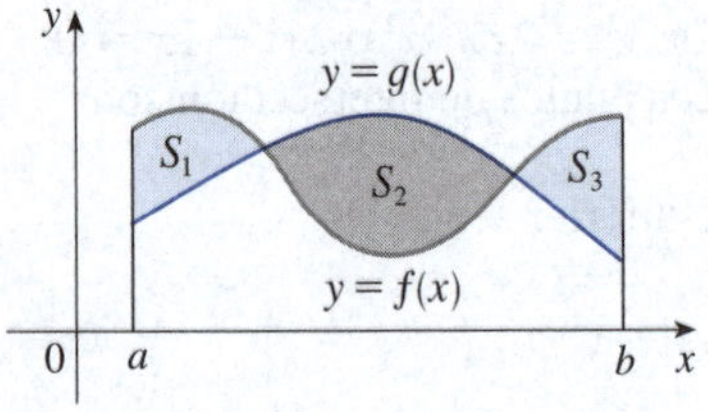

$$|f(x) - g(x)| = \begin{cases} f(x) - g(x) & \text{cuando } f(x) \geq g(x) \\ g(x) - f(x) & \text{cuando } g(x) \geq f(x) \end{cases}$$

FIGURA 8

se tiene la siguiente expresión para A.

3 El área entre las curvas $y = f(x)$ y $y = g(x)$ y entre $x = a$ y $x = b$ es

$$A = \int_a^b |f(x) - g(x)|\,dx$$

Sin embargo, al evaluar la integral en (3) aún hay que dividirla en integrales correspondientes a $A_1, A_2, \ldots$

EJEMPLO 4 Halle el área de la región delimitada por las curvas $y = \operatorname{sen} x$, $y = \cos x$, $x = 0$ y $x = \pi/2$.

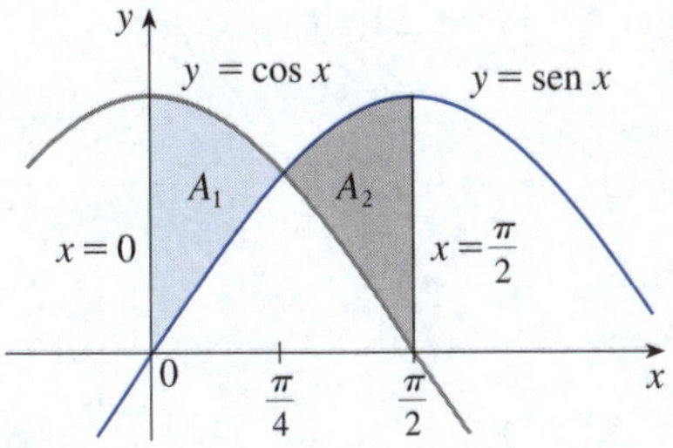

SOLUCIÓN Los puntos de intersección se producen cuando $\operatorname{sen} x = \cos x$, es decir, cuando $x = \pi/4$ (siempre que $0 \leqslant x \leqslant \pi/2$). La región se traza en la figura 9.

Observe que $\cos x \geqslant \operatorname{sen} x$ cuando $0 \leqslant x \leqslant \pi/4$ pero $\operatorname{sen} x \geqslant \cos x$ cuando $\pi/4 \leqslant x \leqslant \pi/2$. Por lo tanto, el área requerida es

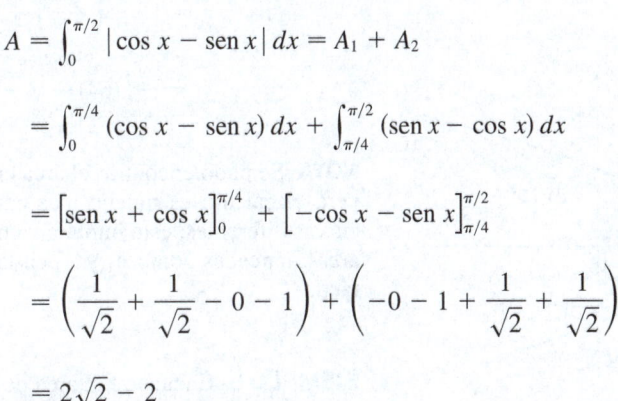

$$A = \int_0^{\pi/2} |\cos x - \operatorname{sen} x| \, dx = A_1 + A_2$$

$$= \int_0^{\pi/4} (\cos x - \operatorname{sen} x) \, dx + \int_{\pi/4}^{\pi/2} (\operatorname{sen} x - \cos x) \, dx$$

$$= \Big[\operatorname{sen} x + \cos x\Big]_0^{\pi/4} + \Big[-\cos x - \operatorname{sen} x\Big]_{\pi/4}^{\pi/2}$$

$$= \left(\frac{1}{\sqrt{2}} + \frac{1}{\sqrt{2}} - 0 - 1\right) + \left(-0 - 1 + \frac{1}{\sqrt{2}} + \frac{1}{\sqrt{2}}\right)$$

$$= 2\sqrt{2} - 2$$

En este ejemplo en particular pudo ahorrarse un poco de trabajo al notar que la región es simétrica alrededor de $x = \pi/4$ y así

$$A = 2A_1 = 2 \int_0^{\pi/4} (\cos x - \operatorname{sen} x) \, dx \qquad \blacksquare$$

FIGURA 9

■ El área entre curvas: integración respecto a y

Algunas regiones se tratan mejor al considerar x una función de y. Si una región se limita por curvas con ecuaciones $x = f(y)$, $x = g(y)$, $y = c$ y $y = d$, donde f y g son continuas y $f(y) \geqslant g(y)$ para $c \leqslant y \leqslant d$ (vea la figura 10), entonces su área es

$$A = \int_c^d [f(y) - g(y)] \, dy$$

Si se escribe x_R para el límite derecho y x_L para el límite izquierdo, entonces, como se ilustra en la figura 11, se tiene

$$A = \int_c^d (x_R - x_L) \, dy$$

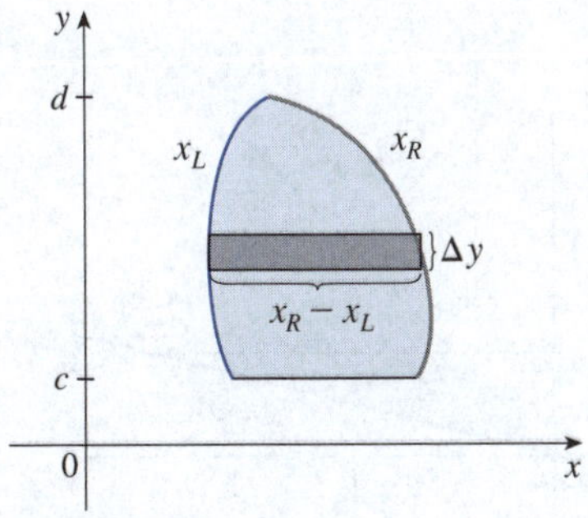

Aquí un rectángulo de aproximación normal tiene las dimensiones $x_R - x_L$ y Δy.

EJEMPLO 5 Encuentre el área delimitada por la recta $y = x - 1$ y la parábola $y^2 = 2x + 6$.

SOLUCIÓN Si se resuelven las dos ecuaciones simultáneamente, puede observarse que los puntos de intersección son $(-1, -2)$ y $(5, 4)$. Se despeja x en la ecuación de la parábola y se observa por la figura 12 que las curvas que delimitan

FIGURA 10

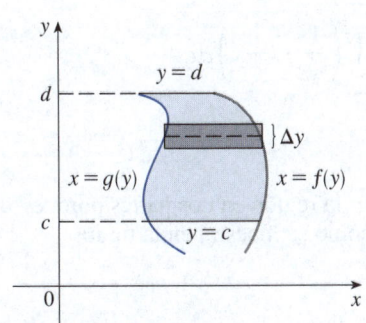

FIGURA 11

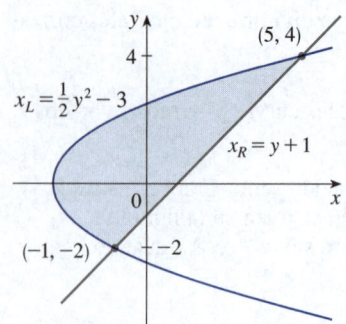

FIGURA 12

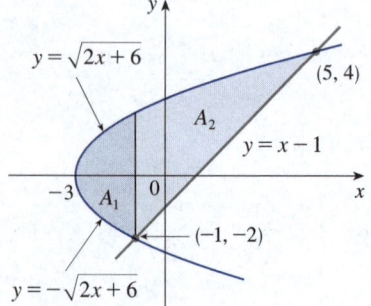

FIGURA 13

izquierda y derecha son

$$x_L = \tfrac{1}{2}y^2 - 3 \qquad \text{y} \qquad x_R = y + 1$$

Se debe integrar entre los valores de y apropiados, $y = -2$ y $y = 4$. De este modo,

$$A = \int_{-2}^{4} (x_R - x_L)\, dy = \int_{-2}^{4} \left[(y + 1) - \left(\tfrac{1}{2}y^2 - 3\right)\right] dy$$

$$= \int_{-2}^{4} \left(-\tfrac{1}{2}y^2 + y + 4\right) dy$$

$$= -\frac{1}{2}\left(\frac{y^3}{3}\right) + \frac{y^2}{2} + 4y \Bigg]_{-2}^{4}$$

$$= -\tfrac{1}{6}(64) + 8 + 16 - \left(\tfrac{4}{3} + 2 - 8\right) = 18 \qquad \blacksquare$$

NOTA Se pudo encontrar el área en el ejemplo 5 integrando respecto a x en lugar de y, pero el cálculo es mucho más complicado. Como el límite inferior consiste en dos curvas diferentes, esto hubiera significado la división de la región en dos y calcular las áreas marcadas como A_1 y A_2 en la figura 13. El método del ejemplo 5 es mucho más fácil.

EJEMPLO 6 Encuentre el área de la región delimitada por las curvas $y = 1/x$, $y = x$ y $y = \tfrac{1}{4}x$, usando (a) x como la variable de integración y (b) y como la variable de integración.

SOLUCIÓN La región se grafica en la figura 14.
(a) Si se integra respecto a x, se debe dividir la región en dos porque el límite superior consiste en dos curvas separadas, como se muestra en la figura 15(a). Se calcula el área como

$$A = A_1 + A_2 = \int_{0}^{1}\left(x - \tfrac{1}{4}x\right) dx + \int_{1}^{2}\left(\frac{1}{x} - \frac{1}{4}x\right) dx$$

$$= \left[\tfrac{3}{8}x^2\right]_{0}^{1} + \left[\ln x - \tfrac{1}{8}x^2\right]_{1}^{2} = \ln 2$$

(b) Si se integra respecto a y, también se debe dividir la región en dos partes porque el límite derecho consiste en dos curvas separadas, como se muestra en la figura 15(b). Se calcula el área como

$$A = A_1 + A_2 = \int_{0}^{1/2}(4y - y)\, dy + \int_{1/2}^{1}\left(\frac{1}{y} - y\right) dy$$

$$= \left[\tfrac{3}{2}y^2\right]_{0}^{1/2} + \left[\ln y - \tfrac{1}{2}y^2\right]_{1/2}^{1} = \ln 2$$

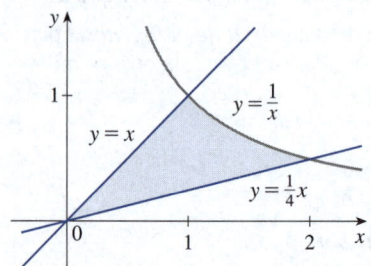

FIGURA 14

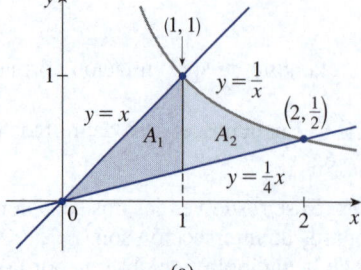

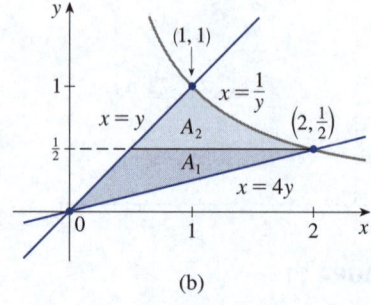

FIGURA 15

(a)

(b) $\blacksquare$

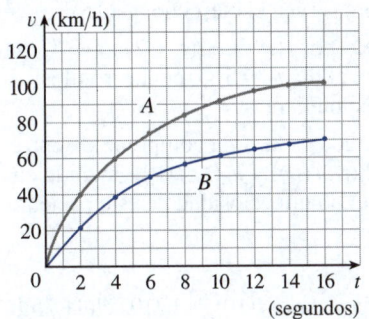

FIGURA 16

■ Aplicaciones

EJEMPLO 7 En la figura 16 se presentan las curvas de velocidad de dos autos, A y B, que empiezan uno al lado del otro y se mueven por el mismo camino. ¿Cuánto representa el área entre las curvas? Estímelo con la regla del punto medio.

SOLUCIÓN Se sabe por la sección 5.4 que el área bajo la curva de velocidad A representa la distancia recorrida por el auto A durante los primeros 16 segundos. De igual forma, la zona bajo la curva B es la distancia recorrida por el auto B durante ese periodo. Así, el área entre estas curvas, que es la diferencia de las áreas bajo las curvas, es la distancia entre los autos después de 16 segundos. Se leen las velocidades de la gráfica y se convierten en metros por segundo (1 km/h = $\frac{1000}{3600}$ m/s).

t	0	2	4	6	8	10	12	14	16
v_A	0	37.4	59.4	73.4	83.5	92.1	97.5	100.8	104.4
v_B	0	23.04	37.4	48.2	55.8	61.5	65.8	69.1	71.2
$v_A - v_B$	0	14.4	21.9	25.2	27.7	30.6	31.6	31.6	33.1

Se aplica la regla del punto medio con $n = 4$ intervalos, de modo que $\Delta t = 4$. Los puntos medios de los intervalos son $\bar{t}_1 = 2$, $\bar{t}_2 = 6$, $\bar{t}_3 = 10$ y $\bar{t}_4 = 14$. Se estima la distancia entre los autos después de 16 segundos de la siguiente manera:

$$\int_0^{16} (v_A - v_B)\, dt \approx \Delta t \,[4.0 + 7.0 + 8.5 + 8.8]$$

$$= 4(28.3) = 113.2 \text{ m}$$ ■

EJEMPLO 8 En la figura 17 se presenta un ejemplo de una *curva de patogénesis* para una infección de sarampión. Se aprecia cómo se desarrolla la enfermedad en un individuo sin inmunidad después de que el virus de sarampión se propaga a la corriente sanguínea desde el tracto respiratorio.

FIGURA 17
Curva patogénica de sarampión.
Fuente: J. M. Heffernan *et al.,* "An In-Host Model of Acute Infection: Measles as a Case Study", *Theoretical Population Biology* 73 (2008), 134-47.

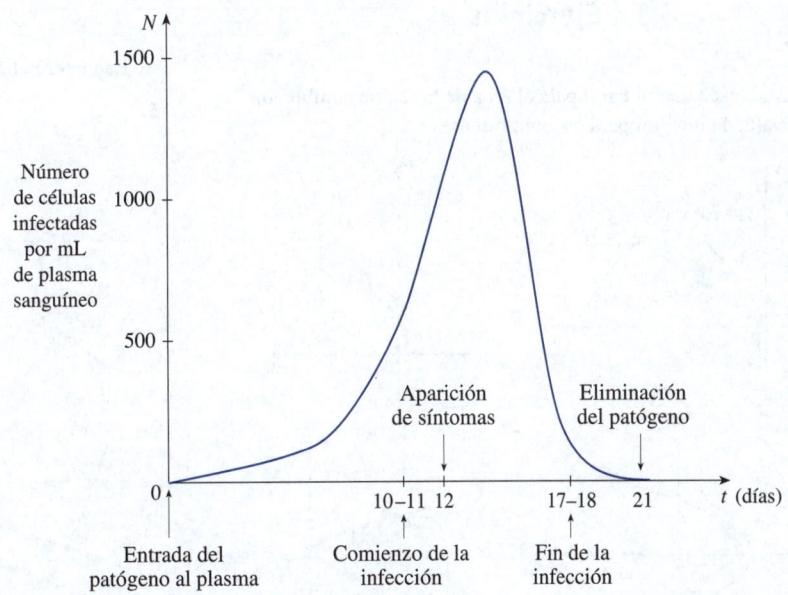

El paciente se vuelve infeccioso para los demás una vez que la concentración de células infectadas es lo bastante grande y se mantiene infeccioso hasta que el sistema inmunológico logra prevenir una mayor transmisión. Sin embargo, los síntomas no se desarrollan hasta que la "cantidad de infección" alcanza un determinado umbral. La cantidad de infección necesaria para desarrollar síntomas depende tanto de la concentración de células infectadas como del tiempo, y corresponde al área bajo la curva de patogénesis hasta que aparecen los síntomas (vea el ejercicio 5.1.15).

(a) La curva de patogénesis de la figura 17 se modeló por $f(t) = -t(t - 21)(t + 1)$. Si la infecciosidad comienza el día $t_1 = 10$ y termina el día $t_2 = 18$, ¿cuáles son los niveles de concentración de células infectadas correspondientes?

(b) El *nivel de infecciosidad* para una persona infectada es la zona comprendida entre $N = f(t)$ y la recta que pasa a través de los puntos $P_1(t_1, f(t_1))$ y $P_2(t_2, f(t_2))$, medido en (células/mL) · días (vea la figura 18). Calcule el nivel de infecciosidad de este paciente en particular.

SOLUCIÓN

(a) La infecciosidad comienza cuando la concentración alcanza $f(10) = 1210$ células/mL y termina cuando la concentración se reduce a $f(18) = 1026$ células/mL.

(b) La recta que atraviesa P_1 y P_2 tiene la pendiente $\frac{1026 - 1210}{18 - 10} = -\frac{184}{8} = -23$ y la ecuación $N - 1210 = -23(t - 10) \iff N = -23t + 1440$. El área entre f y esta recta es

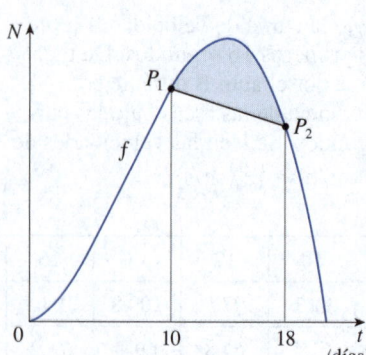

N

P_1

f

P_2

0   10   18 t
(días)

FIGURA 18

$$\int_{10}^{18} [f(t) - (-23t + 1440)] \, dt = \int_{10}^{18} (-t^3 + 20t^2 + 21t + 23t - 1440) \, dt$$

$$= \int_{10}^{18} (-t^3 + 20t^2 + 44t - 1440) \, dt$$

$$= \left[-\frac{t^4}{4} + 20\frac{t^3}{3} + 44\frac{t^2}{2} - 1440t \right]_{10}^{18}$$

$$= -6156 - \left(-8033\tfrac{1}{3}\right) \approx 1877$$

Por lo tanto, el nivel de infecciosidad de este paciente es de aproximadamente 1877 (células/mL) · días. ∎

6.1 | Ejercicios

1-4
(a) Establezca una integral para el área de la región sombreada.
(b) Evalúe la integral para encontrar el área.

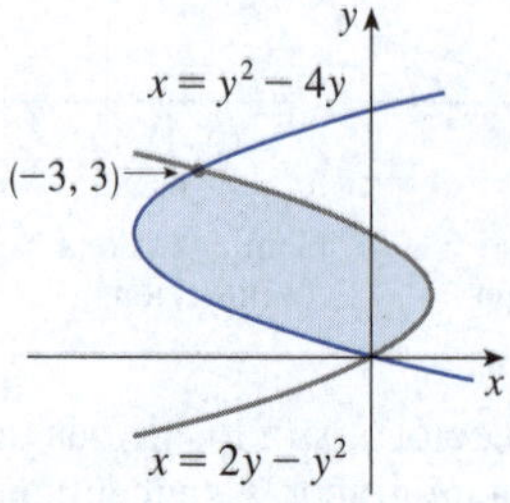

5-6 Encuentre el área de la región sombreada.

1.

$y = 3x - x^2$

$(2, 2)$

$y = x$

0   x

2.

$y = e^x$ $(1, e)$

1

$(1, 1)$

$y = x^2$

0   x

5.

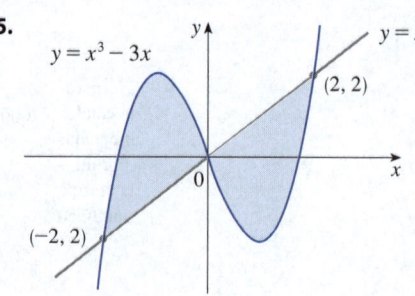

$y = x^3 - 3x$

$y = x$

$(2, 2)$

0   x

$(-2, 2)$

3.

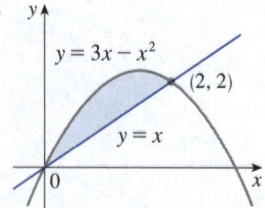

$x = y^2 - 2$ $y = 1$

$x = e^y$ x

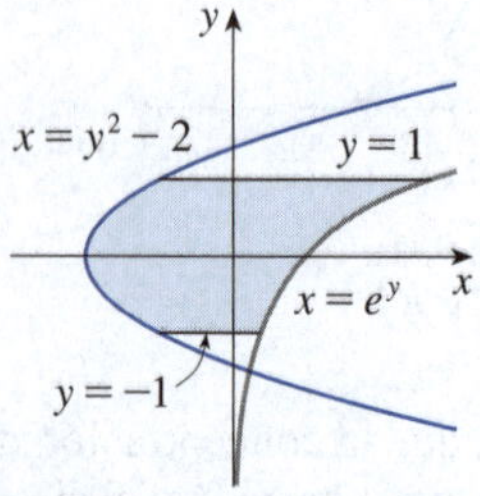

$y = -1$

4.

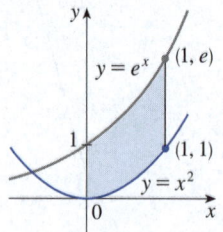

$x = y^2 - 4y$

$(-3, 3)$

x

$x = 2y - y^2$

6.

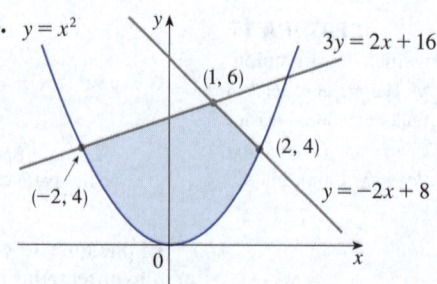

$y = x^2$

$3y = 2x + 16$

$(1, 6)$

$(2, 4)$

$(-2, 4)$

$y = -2x + 8$

0   x

7-10 Establezca, pero no evalúe, una integral que represente el área de la región delimitada por las curvas indicadas.

7. $y = 2^x$, $y = 3^x$, $x = 1$

8. $y = \ln x$, $y = \ln(x^2)$, $x = 2$

9. $y = 2 - x$, $y = 2x - x^2$

10. $x = y^4$, $x = 2 - y^2$

11-18 Trace la región delimitada por las curvas indicadas. Decida si se debe integrar respecto a x o y. Dibuje un rectángulo de aproximación común y marque su altura y anchura. Luego encuentre el área de la región.

11. $y = x^2 + 2$, $y = -x - 1$, $x = 0$, $x = 1$

12. $y = 1 + x^3$, $y = 2 - x$, $x = -1$, $x = 0$

13. $y = 1/x$, $y = 1/x^2$, $x = 2$

14. $y = \cos x$, $y = e^x$, $x = \pi/2$

15. $y = (x - 2)^2$, $y = x$

16. $y = x^2 - 4x$, $y = 2x$

17. $x = 1 - y^2$, $x = y^2 - 1$

18. $4x + y^2 = 12$, $x = y$

19-36 Trace la región delimitada por las curvas indicadas y encuentre su área.

19. $y = 12 - x^2$, $y = x^2 - 6$

20. $y = x^2$, $y = 4x - x^2$

21. $x = 2y^2$, $x = 4 + y^2$

22. $y = \sqrt{x - 1}$, $x - y = 1$

23. $y = \sqrt[3]{2x}$, $y = \frac{1}{2}x$

24. $y = x^3$, $y = x$

25. $y = \sqrt{x}$, $y = \frac{1}{3}x$, $0 \le x \le 16$

26. $y = \cos x$, $y = 2 - \cos x$, $0 \le x \le 2\pi$

27. $y = \cos x$, $y = \operatorname{sen} 2x$, $0 \le x \le \pi/2$

28. $y = \cos x$, $y = 1 - \cos x$, $0 \le x \le \pi$

29. $y = \sec^2 x$, $y = 8 \cos x$, $-\pi/3 \le x \le \pi/3$

30. $y = x^4 - 3x^2$, $y = x^2$ **31.** $y = x^4$, $y = 2 - |x|$

32. $y = x^2$, $y = \dfrac{32}{x^2 + 4}$ **33.** $y = \operatorname{sen}\dfrac{\pi x}{2}$, $y = x^3$

34. $y = 4 - 2\cosh x$, $y = \frac{1}{2}\operatorname{senh} x$

35. $y = 1/x$, $y = x$, $y = \frac{1}{4}x$, $x > 0$

36. $y = \frac{1}{4}x^2$, $y = 2x^2$, $x + y = 3$, $x \ge 0$

37. Se muestran las gráficas de dos funciones con las áreas de las regiones entre las curvas indicadas.
(a) ¿Cuál es el área total entre las curvas para $0 \le x \le 5$?
(b) ¿Cuál es el valor de $\int_0^5 [f(x) - g(x)]\,dx$?

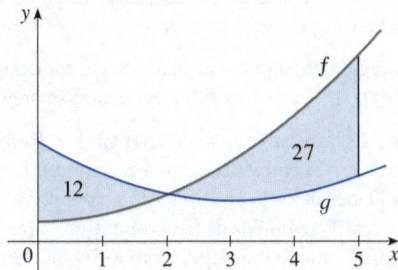

38-40 Trace la región delimitada por las curvas indicadas y halle su área.

38. $y = \dfrac{x}{\sqrt{1 + x^2}}$, $y = \dfrac{x}{\sqrt{9 - x^2}}$, $x \ge 0$

39. $y = \dfrac{x}{1 + x^2}$, $y = \dfrac{x^2}{1 + x^3}$

40. $y = \dfrac{\ln x}{x}$, $y = \dfrac{(\ln x)^2}{x}$

41-42 Use el cálculo para encontrar el área del triángulo con los vértices indicados.

41. $(0, 0)$, $(3, 1)$, $(1, 2)$

42. $(2, 0)$, $(0, 2)$, $(-1, 1)$

43-44 Evalúe la integral e interprétela como el área de una región. Trace la región.

43. $\displaystyle\int_0^{\pi/2} |\operatorname{sen} x - \cos 2x|\,dx$ **44.** $\displaystyle\int_{-1}^{1} |3^x - 2^x|\,dx$

45-48 Con una gráfica encuentre las coordenadas x aproximadas de los puntos de intersección de las curvas indicadas. Luego encuentre (aproximadamente) el área de la región delimitada por las curvas.

45. $y = x \operatorname{sen}(x^2)$, $y = x^4$, $x \ge 0$

46. $y = \dfrac{x}{(x^2 + 1)^2}$, $y = x^5 - x$, $x \ge 0$

47. $y = 3x^2 - 2x$, $y = x^3 - 3x + 4$

48. $y = 1.3^x$, $y = 2\sqrt{x}$

T 49-52 Grafique la región entre las curvas y calcule el área correcta con cinco decimales de precisión.

49. $y = \dfrac{2}{1 + x^4}$, $y = x^2$ **50.** $y = e^{1 - x^2}$, $y = x^4$

51. $y = \tan^2 x$, $y = \sqrt{x}$

52. $y = \cos x$, $y = x + 2 \operatorname{sen}^4 x$

T **53.** Utilice un sistema de álgebra computarizada para encontrar el área exacta delimitada por las curvas $y = x^5 - 6x^3 + 4x$ y $y = x$.

54. Trace la región en el plano xy definida por las desigualdades $x - 2y^2 \geq 0$, $1 - x - |y| \geq 0$ y encuentre su área.

55. Los autos de carreras conducidos por Chris y Kelly están uno al lado del otro al comienzo de una carrera. En la tabla se ven las velocidades de cada auto (en kilómetros por hora) durante los primeros 10 segundos de la carrera. Con la regla del punto medio estime cuánto más lejos corre Kelly que Chris durante los primeros 10 segundos.

t	v_C	v_K	t	v_C	v_K
0	0	0	6	110	128
1	32	35	7	120	138
2	51	59	8	130	150
3	74	83	9	138	157
4	86	98	10	144	163
5	99	114			

56. Se midió (en metros) el ancho de una piscina con forma de riñón a intervalos de 2 metros, como se indica en la figura. Utilice la regla del punto medio para estimar el área de la piscina.

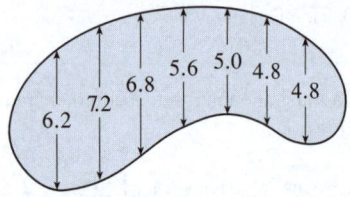

57. Se muestra una sección transversal del ala de un avión. Las medidas del grosor del ala, en centímetros, a intervalos de 20 centímetros, son 5.8, 20.3, 26.7, 29.0, 27.6, 27.3, 23.8, 20.5, 15.1, 8.7 y 2.8. Con la regla del punto medio estime el área de la sección transversal del ala.

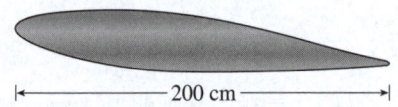

200 cm

58. Si el índice de natalidad de una población es $b(t) = 2\,200e^{0.024t}$ personas por año y el índice de mortalidad es $d(t) = 1\,460e^{0.018t}$ personas por año, encuentre el área entre estas curvas para $0 \leq t \leq 10$. ¿Qué representa esta área?

59. En el ejemplo 8 se modeló una curva de patogénesis del sarampión por medio de una función f. Un paciente infectado de sarampión con cierta inmunidad al virus produce una cur-

va de patogénesis que puede modelarse, por ejemplo, mediante $g(t) = 0.9f(t)$.

(a) Si se necesita la misma concentración umbral del virus para que la infección comience como en el ejemplo 8, ¿en qué día ocurre esto?

(b) Sea P_3 el punto en la gráfica de g donde comienza la infecciosidad. Se demostró que la infecciosidad termina en un punto P_4 de la gráfica de g donde la recta que pasa por P_3, P_4 tiene la misma pendiente que la recta que pasa por P_1, P_2 en el ejemplo 8(b). ¿Qué día termina la infecciosidad?

(c) Calcule el nivel de infecciosidad de este paciente.

60. Las tasas a las que la lluvia cae, en pulgadas por hora, en dos diferentes lugares t horas después del comienzo de una tormenta se modelaron por $f(t) = 0.73t^3 - 2t^2 + t + 0.6$ y $g(t) = 0.17t^2 - 0.5t + 1.1$. Calcule el área entre las gráficas para $0 \leq t \leq 2$ e interprete su resultado en este contexto.

61. Dos autos, A y B, arrancan uno al lado del otro y aceleran desde el reposo. En la figura se ven las gráficas de sus funciones de velocidad.

(a) ¿Qué auto está adelante después de un minuto? Explique.
(b) ¿Qué significa el área de la región sombreada?
(c) ¿Qué auto está adelante después de dos minutos? Explique.
(d) Estime el momento en que los autos vuelven a estar uno al lado del otro.

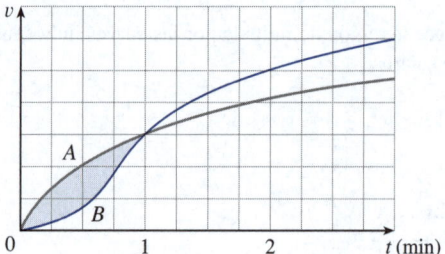

62. En la figura se presentan gráficas de la función de ingresos marginales R' y la función de costo marginal C' de un fabricante. [Recuerde, de la sección 4.7, que $R(x)$ y $C(x)$ representan el ingreso y el costo cuando se fabrican x unidades. Suponga que R y C se miden en miles de USD]. ¿Cuál es el significado del área de la región sombreada? Con la regla del punto medio estime el valor de esta cantidad.

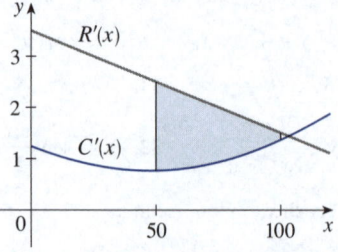

63. La curva con la ecuación $y^2 = x^2(x + 3)$ se llama **cúbica de Tschirnhausen**. Si grafica esta curva verá que una parte de ella forma un bucle. Encuentre el área delimitada por el bucle.

64. Encuentre el área de la región delimitada por la parábola $y = x^2$, la recta tangente a esta parábola en $(1, 1)$ y el eje x.

65. Encuentre el número b tal que la recta $y = b$ divida la región delimitada por las curvas $y = x^2$ y $y = 4$ en dos regiones de áreas iguales.

66. (a) Encuentre el número a tal que la recta $x = a$ divida el área bajo la curva $y = 1/x^2$, $1 \le x \le 4$.
   (b) Encuentre el número b tal que la recta $y = b$ divida el área en el inciso (a).

67. Encuentre los valores de c tales que el área de la región delimitada por las parábolas $y = x^2 - c^2$ y $y = c^2 - x^2$ sea 576.

68. Suponga que $0 < c < \pi/2$. ¿Para qué valor de c el área de la región delimitada por las curvas $y = \cos x$, $y = \cos(x - c)$ y $x = 0$ es igual al área de la región delimitada por las curvas $y = \cos(x - c)$, $x = \pi$ y $y = 0$?

69. En la figura se ve una recta horizontal $y = c$ que interseca la curva $y = 8x - 27x^3$. Encuentre el número c tal que las áreas de las regiones sombreadas sean iguales.

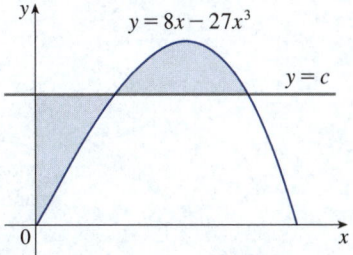

70. ¿Para qué valores de m, la recta $y = mx$ y la curva $y = x/(x^2 + 1)$ delimitan una región? Encuentre el área de la región.

PROYECTO DE APLICACIÓN | EL ÍNDICE GINI

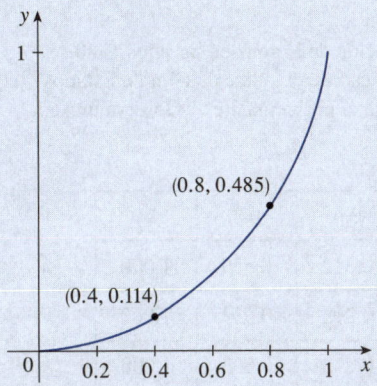

FIGURA 1
Curva de Lorenz para Estados Unidos en 2016.

¿Cómo se puede medir la distribución de los ingresos entre los habitantes de un país determinado? Una medida es el *índice Gini*, llamado así por el economista italiano Corrado Gini, que lo concibió por primera vez en 1912.

Primero se clasifican todos los hogares de un país por sus ingresos y luego se calcula el porcentaje de hogares cuyos ingresos totales son un porcentaje determinado de los ingresos totales del país. Se define una **curva de Lorenz** $y = L(x)$ en el intervalo $[0, 1]$, trazando el punto $(a/100, b/100)$ en la curva si el porcentaje más bajo de los hogares, que representó $a\%$, recibe $b\%$ de los ingresos totales. Por ejemplo, en la figura 1 el punto $(0.4, 0.114)$ está en la curva de Lorenz para Estados Unidos en 2016 porque el porcentaje más pobre de la población, que representó 40%, recibió solamente 11.4% de los ingresos totales. Asimismo, el porcentaje más bajo de la población, que representó 80%, recibió 48.5% de los ingresos totales, por lo que el punto $(0.8, 0.485)$ se encuentra en la curva de Lorenz. (La curva de Lorenz se llama así por el economista estadounidense Max Lorenz).

En la figura 2 se presentan algunas curvas de Lorenz comunes. Todas ellas pasan a través de los puntos $(0, 0)$ y $(1, 1)$, y son cóncavas hacia arriba. En el caso extremo $L(x) = x$, la sociedad es perfectamente igualitaria: el porcentaje más pobre de la población, que representó $a\%$, recibe $a\%$ de los ingresos totales de modo que todos reciben los mismos ingresos. El área entre una curva de Lorenz $y = L(x)$ y la recta $y = x$ mide cuánto difiere la distribución de los ingresos de la igualdad absoluta. El **índice Gini** (a veces llamado **coeficiente de Gini** o **coeficiente de desigualdad**) es el área entre la curva de Lorenz y la recta $y = x$ (sombreada en la figura 3) dividida entre el área bajo $y = x$.

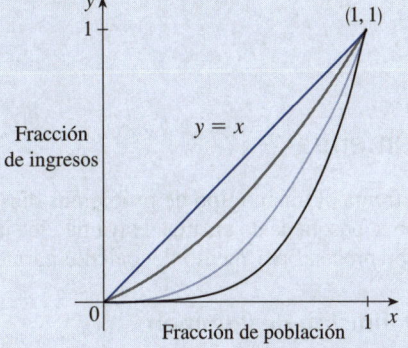

FIGURA 2

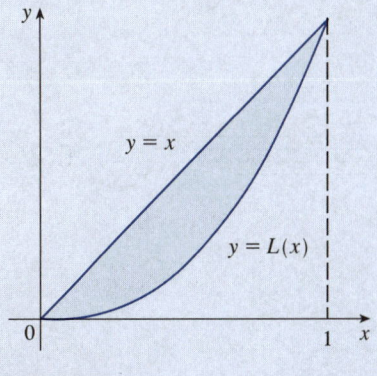

FIGURA 3

(continúa)

1. (a) Demuestre que el índice Gini G es el doble del área entre la curva de Lorenz y la recta $y = x$, es decir,

$$G = 2 \int_0^1 [x - L(x)]\, dx$$

(b) ¿Cuál es el valor de G para una sociedad perfectamente igualitaria (todos tienen los mismos ingresos)? ¿Cuál es el valor de G para una sociedad perfectamente totalitaria (una sola persona recibe todos los ingresos)?

2. La siguiente tabla (derivada de los datos suministrados por el US Census Bureau) muestra valores de la función de Lorenz respecto a la distribución de ingresos en Estados Unidos para el año 2016.

x	0.0	0.2	0.4	0.6	0.8	1.0
$L(x)$	0.000	0.031	0.114	0.256	0.485	1.000

(a) ¿Qué porcentaje de los ingresos totales de Estados Unidos recibió la población más acaudalada, que representó 20%, en 2016?

T (b) Con una calculadora o computadora, ajuste una función cuadrática a los datos de la tabla. Grafique los puntos de datos y la función cuadrática. ¿Es el modelo cuadrático una adecuación razonable?

(c) Utilice el modelo cuadrático de la función de Lorenz para estimar el índice de Gini de Estados Unidos en 2016.

3. En la siguiente tabla se anotan los valores de la función de Lorenz en los años 1980, 1990, 2000 y 2010. Con el método del problema 2, estime el índice de Gini de Estados Unidos para esos años y compárelo con su respuesta al problema 2(c). ¿Observa una tendencia?

x	0.0	0.2	0.4	0.6	0.8	1.0
1980	0.000	0.042	0.144	0.312	0.559	1.000
1990	0.000	0.038	0.134	0.293	0.533	1.000
2000	0.000	0.036	0.125	0.273	0.503	1.000
2010	0.000	0.033	0.118	0.264	0.498	1.000

T **4.** Un modelo de potencia a menudo proporciona una adaptación más precisa que un modelo cuadrático para una función de Lorenz. Con una calculadora o computadora ajuste una función potencia o función potencial ($y = ax^k$) a los datos del problema 2 y con ella estime el índice de Gini de Estados Unidos en 2016. Compárelo con su respuesta a los incisos (b) y (c) del problema 2.

6.2 | Volúmenes

Se enfrenta el mismo tipo de problemas durante la búsqueda del volumen de un sólido que en la búsqueda de un área. Hay una idea intuitiva de lo que significa el volumen, pero se debe precisar por medio del cálculo para dar una definición exacta de volumen.

■ Definición de volumen

Se empieza con un tipo simple de sólido llamado **cilindro** (o, de forma más precisa, un *cilindro recto*). Como se ilustra en la figura 1(a), un cilindro es limitado por una región plana B_1, denominada **base**, y una región congruente B_2 en un plano paralelo. El cilindro consiste en todos los puntos de los segmentos de recta que son perpendiculares a la base y unen B_1 con B_2. Si el área de la base es A y la altura del cilindro (la distancia de B_1 a B_2) es h, entonces el volumen V del cilindro se define como

$$V = Ah$$

En particular, si la base es un círculo con radio r, entonces el cilindro es circular con volumen $V = \pi r^2 h$ [vea la figura 1(b)], y si la base es un rectángulo con longitud l y ancho w, entonces el cilindro es una caja rectangular (también llamada *paralelepípedo rectangular*) con volumen $V = lwh$ [vea la figura 1(c)].

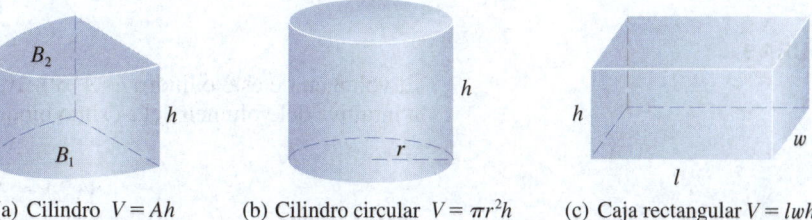

FIGURA 1   (a) Cilindro $V = Ah$ (b) Cilindro circular $V = \pi r^2 h$ (c) Caja rectangular $V = lwh$

En el caso de un sólido S que no es un cilindro, primero "se corta" S en pedazos y se aproxima cada trozo por medio de un cilindro. El volumen de S se estima al sumar los volúmenes de los cilindros. Se obtiene el volumen exacto de S por medio de un proceso al límite en el que el número de las piezas aumenta.

Se empieza por intersecar S con un plano y se obtiene una región del plano que se llama **sección transversal** de S. Sea $A(x)$ el área de la sección transversal de S en un plano P_x perpendicular al eje x y pasando a través del punto x, donde $a \le x \le b$. (Vea la figura 2. Imagine que rebana S con un cuchillo a través de x y calcule el área de esta rebanada). El área de la sección transversal $A(x)$ variará a medida que x aumente de a a b.

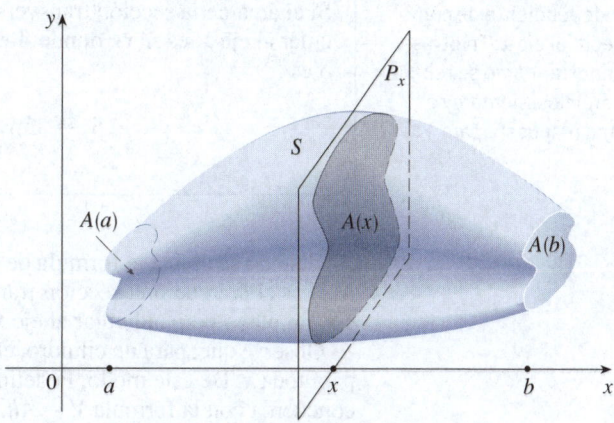

FIGURA 2

Se divide S en n "bloques" de igual ancho Δx por medio de los planos $P_{x_1}, P_{x_2}, \ldots$ para rebanar el sólido. (Imagine que rebana una hogaza de pan). Si se eligen los puntos muestra x_i^* en $[x_{i-1}, x_i]$, se puede aproximar el i-ésimo bloque S_i (la parte de S que se encuentra entre los planos $P_{x_{i-1}}$ y P_{x_i}) mediante un cilindro cuya base tiene un área $A(x_i^*)$ y "altura" Δx (vea la figura 3).

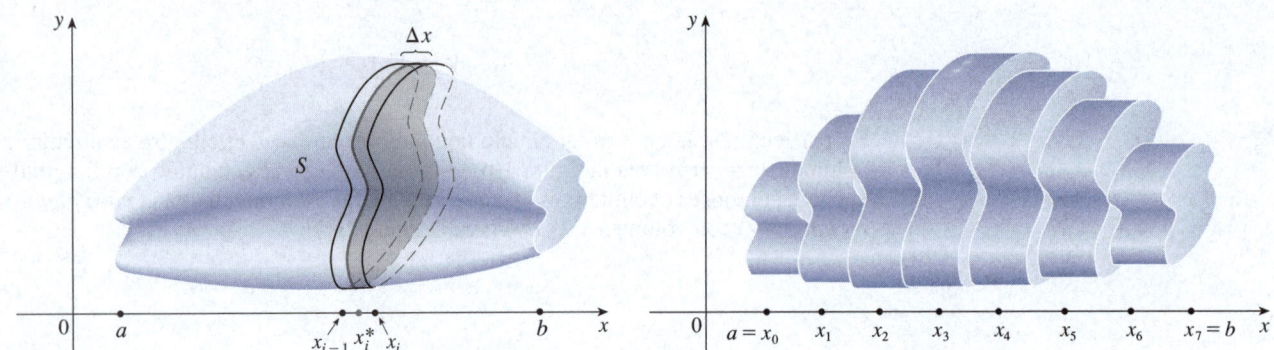

FIGURA 3

El volumen de este cilindro es $A(x_i^*)\,\Delta x$, por lo que una aproximación a la concepción intuitiva del volumen del i-ésimo bloque S_i es

$$V(S_i) \approx A(x_i^*)\,\Delta x$$

Al sumar los volúmenes de estos bloques se obtiene una aproximación al volumen total (es decir, lo que intuitivamente se piensa que es el volumen):

$$V \approx \sum_{i=1}^{n} A(x_i^*)\,\Delta x$$

Esta aproximación parece mejorar a medida que $n \to \infty$. (Imagine que las rebanadas son cada vez más delgadas). Por lo tanto, el volumen se *define* como el límite de estas sumas conforme $n \to \infty$. Sin embargo, se reconoce el límite de las sumas de Riemann como una integral definida y, por ende, se tiene la siguiente definición.

Se puede demostrar que esta definición es independiente de cómo se sitúa S respecto al eje x. En otras palabras, sin importar cómo se rebane S con planos paralelos, siempre se obtiene la misma respuesta para V.

> **Definición de volumen** Sea S un sólido que se encuentra entre $x = a$ y $x = b$. Si el área de la sección transversal de S en el plano P_x, a través de x y perpendicular al eje x, es $A(x)$, donde A es una función continua, entonces el **volumen** de S es
>
> $$V = \lim_{n \to \infty} \sum_{i=1}^{n} A(x_i^*)\,\Delta x = \int_a^b A(x)\,dx$$

Cuando se aplica la fórmula de volumen $V = \int_a^b A(x)\,dx$ es importante recordar que $A(x)$ es el área de una sección transversal móvil que se obtiene al cortar a través de x con un plano perpendicular al eje x.

Observe que, para un cilindro, el área de la sección transversal es constante: $A(x) = A$ para toda x. De este modo, la definición de volumen da $V = \int_a^b A\,dx = A(b - a)$; esto concuerda con la fórmula $V = Ah$.

EJEMPLO 1 Demuestre que el volumen de una esfera de radio r es $V = \frac{4}{3}\pi r^3$.

SOLUCIÓN Si se coloca la esfera de manera que su centro esté en el origen, entonces el plano P_x interseca la esfera en un círculo cuyo radio (según el teorema de Pitágoras)

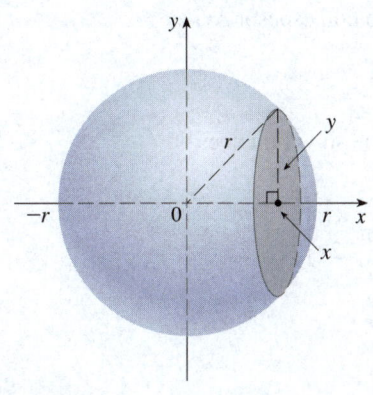

FIGURA 4

es $y = \sqrt{r^2 - x^2}$ (vea la figura 4). Así, el área de la sección transversal es

$$A(x) = \pi y^2 = \pi(r^2 - x^2)$$

Con la definición de volumen con $a = -r$ y $b = r$ se tiene

$$V = \int_{-r}^{r} A(x)\,dx = \int_{-r}^{r} \pi(r^2 - x^2)\,dx$$

$$= 2\pi \int_{0}^{r} (r^2 - x^2)\,dx \qquad \text{(El integrando es par).}$$

$$= 2\pi\left[r^2 x - \frac{x^3}{3} \right]_{0}^{r} = 2\pi\left(r^3 - \frac{r^3}{3} \right) = \tfrac{4}{3}\pi r^3 \qquad \blacksquare$$

En la figura 5 se ilustra la definición de volumen cuando el sólido es una esfera con radio $r = 1$. Por el resultado del ejemplo 1 se sabe que el volumen de la esfera es $\tfrac{4}{3}\pi$, que es aproximadamente 4.18879. Aquí los bloques son cilindros circulares, o *discos*, y los tres incisos de la figura 5 muestran las interpretaciones geométricas de las sumas de Riemann

$$\sum_{i=1}^{n} A(\bar{x}_i)\,\Delta x = \sum_{i=1}^{n} \pi(1^2 - \bar{x}_i^2)\,\Delta x$$

cuando $n = 5$, 10 y 20 si se elige que los puntos muestra x_i^* sean los puntos medios $\bar{x}_i$. Observe que conforme se aumenta el número de cilindros de aproximación, las sumas de Riemann correspondientes se acercan más al volumen verdadero.

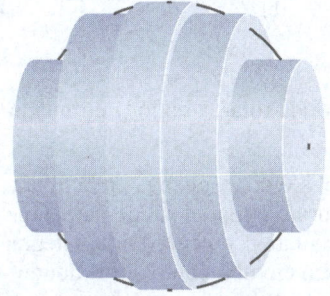

(a) Con 5 discos, $V \approx 4.2726$.

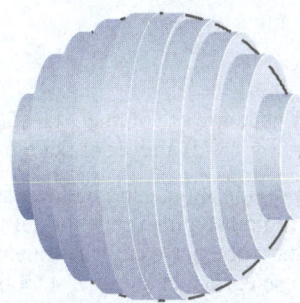

(b) Con 10 discos, $V \approx 4.2097$.

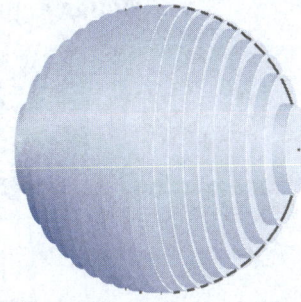

(c) Con 20 discos, $V \approx 4.1940$.

FIGURA 5 Aproximación del volumen de una esfera de radio 1.

■ Volúmenes de sólidos de revolución

Si se hace girar una región alrededor de una recta se obtiene un **sólido de revolución**. En los siguientes ejemplos se ve que para ese tipo de sólido las secciones transversales perpendiculares al eje de rotación son circulares.

EJEMPLO 2 Encuentre el volumen del sólido obtenido al rotar alrededor del eje x la región bajo la curva $y = \sqrt{x}$ de 0 a 1. Ilustre la definición de volumen con la imagen de un cilindro normal de aproximación.

SOLUCIÓN La región se muestra en la figura 6(a). Si se gira sobre el eje x se obtiene el sólido que se muestra en la figura 6(b). Cuando se corta a través del punto x se obtiene un disco con radio $\sqrt{x}$. El área de esta sección transversal es

$$A(x) = \pi\left(\underbrace{\sqrt{x}}_{\text{radio}}\right)^2 = \pi x$$

y el volumen del cilindro de aproximación (un disco con espesor Δx) es

$$A(x)\,\Delta x = \pi x\,\Delta x$$

El sólido se encuentra entre $x = 0$ y $x = 1$, por lo que su volumen es

$$V = \int_0^1 A(x)\,dx = \int_0^1 \pi x\,dx = \pi\,\frac{x^2}{2}\bigg]_0^1 = \frac{\pi}{2}$$

¿Se llegó a una respuesta razonable en el ejemplo 2? Como verificación del trabajo, reemplace la región indicada por un cuadrado con base [0, 1] y altura 1. Si se rota este cuadrado se obtiene un cilindro con radio 1, altura 1 y volumen $\pi \cdot 1^2 \cdot 1 = \pi$. Se calculó que el sólido en cuestión tiene la mitad de este volumen. Eso parece correcto.

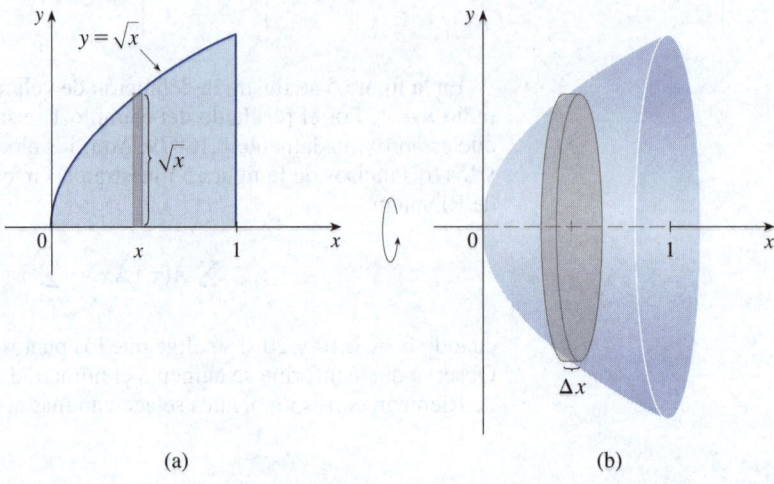

FIGURA 6   (a)   (b)

EJEMPLO 3   Encuentre el volumen del sólido obtenido al rotar la región delimitada por $y = x^3$, $y = 8$ y $x = 0$ alrededor del eje y.

SOLUCIÓN   La región se muestra en la figura 7(a), y el sólido resultante, en la figura 7(b). Como la región se gira alrededor del eje y, es sensato cortar el sólido perpendicular al eje y (para obtener secciones transversales circulares) y, por lo tanto, integrar respecto a y. Si se corta a la altura y, se obtiene un disco circular con radio x, donde $x = \sqrt[3]{y}$. Por lo tanto, el área de una sección transversal a través de y es

$$A(y) = \pi(\underbrace{x}_{\text{radio}})^2 = \pi(\underbrace{\sqrt[3]{y}}_{\text{radio}})^2 = \pi y^{2/3}$$

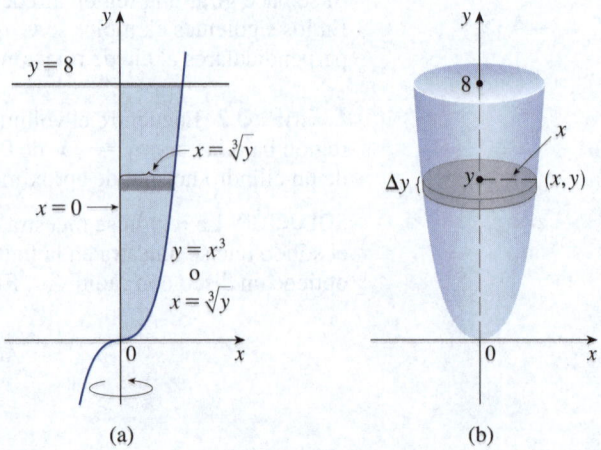

FIGURA 7   (a)   (b)

y el volumen del cilindro de aproximación que se muestra en la figura 7(b) es

$$A(y)\,\Delta y = \pi y^{2/3}\,\Delta y$$

Como el sólido se encuentra entre $y = 0$ y $y = 8$, su volumen es

$$V = \int_0^8 A(y)\,dy = \int_0^8 \pi y^{2/3}\,dy = \pi\left[\tfrac{3}{5} y^{5/3}\right]_0^8 = \frac{96\pi}{5}$$ ■

En los siguientes ejemplos se ve que algunos sólidos de revolución tienen un núcleo hueco que rodea el eje de revolución.

EJEMPLO 4 La región $\mathcal{R}$ delimitada por las curvas $y = x$ y $y = x^2$ se gira alrededor del eje x. Encuentre el volumen del sólido resultante.

SOLUCIÓN Las curvas $y = x$ y $y = x^2$ intersecan en los puntos $(0, 0)$ y $(1, 1)$. La región entre ellas, el sólido de rotación y una sección transversal perpendicular al eje x se muestran en la figura 8. Una sección transversal en el plano P_x tiene la forma de una *arandela* (un anillo) con un radio interior x^2 y un radio exterior x [vea la figura 8(c)], por lo que el área de la sección transversal se encuentra al restar el área del círculo interior del área del círculo exterior:

$$A(x) = \pi(x)^2 - \pi(x^2)^2 = \pi(x^2 - x^4)$$
$$\underbrace{}_{\substack{\text{radio}\\\text{exterior}}}\ \underbrace{}_{\substack{\text{radio}\\\text{interior}}}$$

Por lo tanto, se tiene

$$V = \int_0^1 A(x)\,dx = \int_0^1 \pi(x^2 - x^4)\,dx$$

$$= \pi\left[\frac{x^3}{3} - \frac{x^5}{5}\right]_0^1 = \frac{2\pi}{15}$$

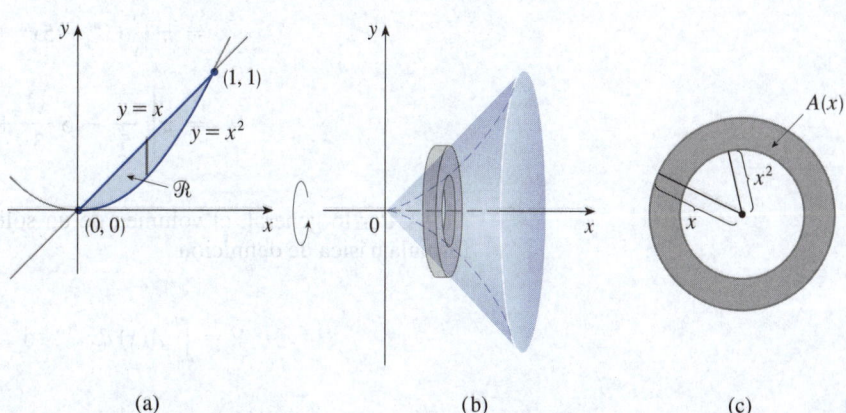

FIGURA 8   (a)   (b)   (c)   ■

En el siguiente ejemplo se muestra que cuando se crea un sólido de revolución girando alrededor de un eje *diferente* al eje coordenado se deben determinar con cuidado los radios de las secciones transversales.

EJEMPLO 5 Halle el volumen del sólido obtenido al rotar la región del ejemplo 4 sobre la recta $y = 2$.

SOLUCIÓN En la figura 9 se muestran el sólido y una sección transversal. De nuevo, la sección transversal es una arandela, pero esta vez el radio interior es $2 - x$ y el radio exterior es $2 - x^2$.

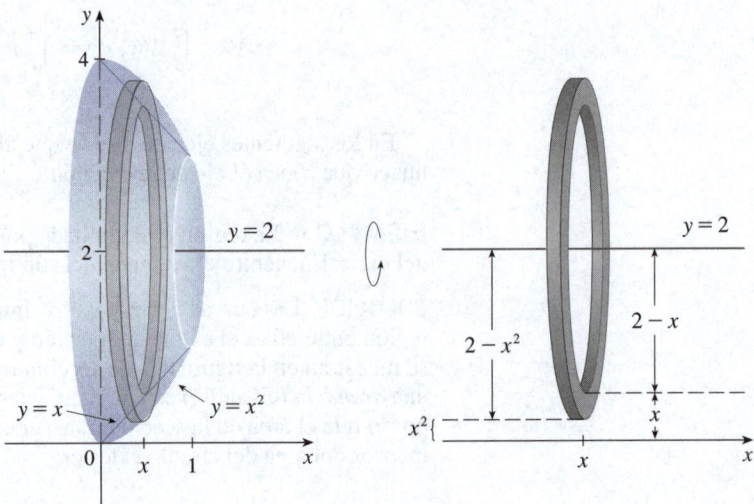

FIGURA 9

El área de la sección transversal es

$$A(x) = \pi \underbrace{(2 - x^2)^2}_{\substack{\text{radio} \\ \text{exterior}}} - \pi \underbrace{(2 - x)^2}_{\substack{\text{radio} \\ \text{interior}}}$$

y por lo tanto el volumen de S es

$$V = \int_0^1 A(x)\, dx$$

$$= \pi \int_0^1 \left[(2 - x^2)^2 - (2 - x)^2 \right] dx$$

$$= \pi \int_0^1 (x^4 - 5x^2 + 4x)\, dx$$

$$= \pi \left[\frac{x^5}{5} - 5\frac{x^3}{3} + 4\frac{x^2}{2} \right]_0^1 = \frac{8\pi}{15}$$ ∎

NOTA Por lo general, el volumen de un sólido de revolución se calcula mediante la fórmula básica de definición

$$V = \int_a^b A(x)\, dx \qquad \text{o} \qquad V = \int_c^d A(y)\, dy$$

y el área transversal $A(x)$ o $A(y)$ se determina de una de las siguientes maneras:

- Si la sección transversal es un disco (como en los ejemplos 1–3), se halla el radio del disco (en términos de x o y) y se usa

$$A = \pi (\text{radio})^2$$

- Si la sección transversal es una arandela (como en los ejemplos 4 y 5), se determinan los radios interior r_{int} y exterior r_{ext} por medio de un boceto (como en las figuras 8, 9 y 10), y se calcula el área de la arandela restando el área del disco interior a la del exterior:

$$A = \pi \, (\text{radio exterior})^2 - \pi \, (\text{radio interior})^2$$

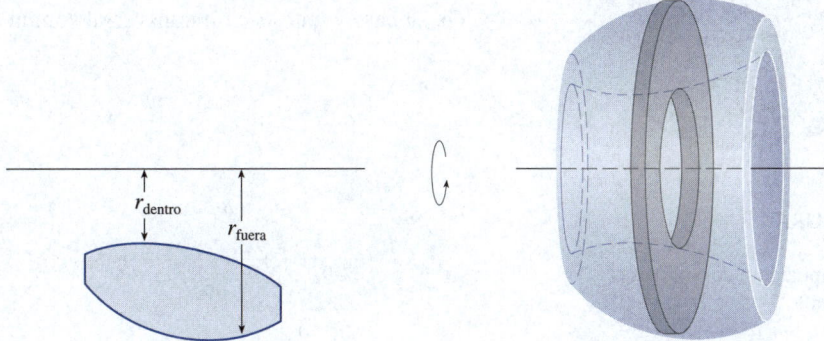

FIGURA 10

En el siguiente ejemplo se brinda una ilustración adicional del procedimiento.

EJEMPLO 6 Encuentre el volumen del sólido obtenido al rotar la región del ejemplo 4 alrededor de la recta $x = -1$.

SOLUCIÓN En la figura 11 se muestra una sección transversal horizontal. Se trata de una arandela con un radio interior de $1 + y$ y un radio exterior de $1 + \sqrt{y}$, por lo que el área de la sección transversal es

$$A(y) = \pi \, (\text{radio exterior})^2 - \pi \, (\text{radio interior})^2$$

$$= \pi \left(1 + \sqrt{y}\right)^2 - \pi (1 + y)^2$$

El volumen es

$$V = \int_0^1 A(y)\, dy = \pi \int_0^1 \left[\left(1 + \sqrt{y}\right)^2 - (1 + y)^2 \right] dy$$

$$= \pi \int_0^1 \left(2\sqrt{y} - y - y^2\right) dy = \pi \left[\frac{4y^{3/2}}{3} - \frac{y^2}{2} - \frac{y^3}{3} \right]_0^1 = \frac{\pi}{2}$$

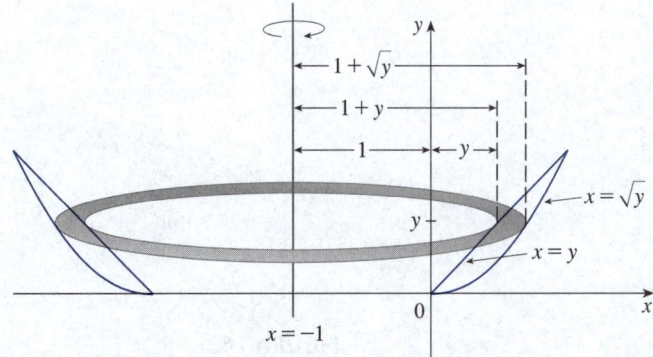

FIGURA 11

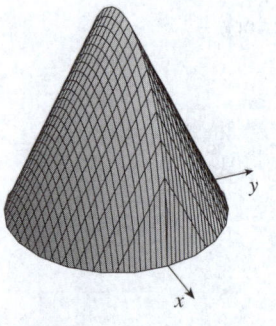

FIGURA 12
Imagen generada por
computadora del sólido del
ejemplo 7.

■ Encontrar el volumen mediante el área de sección transversal

Ahora se determinan los volúmenes de sólidos que no son sólidos de revolución pero cuyas secciones transversales tienen áreas que se calculan con facilidad.

EJEMPLO 7 En la figura 12 se ve un sólido con una base circular de radio 1. Las secciones transversales paralelas perpendiculares a la base son triángulos equiláteros. Halle el volumen del sólido.

SOLUCIÓN Se toma el círculo como $x^2 + y^2 = 1$. En la figura 13 se muestran el sólido, su base y una sección transversal común a una distancia x del origen.

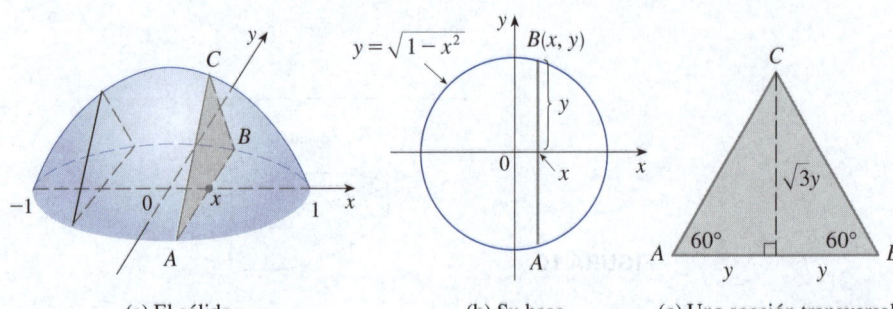

FIGURA 13 (a) El sólido. (b) Su base. (c) Una sección transversal.

Como B se encuentra en el círculo, se tiene $y = \sqrt{1 - x^2}$ y, por lo tanto, la base del triángulo ABC es $|AB| = 2y = 2\sqrt{1 - x^2}$. Debido a que el triángulo es equilátero, se ve en la figura 13(c) que su altura es $\sqrt{3}\, y = \sqrt{3}\sqrt{1 - x^2}$. El área de la sección transversal es por lo tanto

$$A(x) = \tfrac{1}{2} \cdot 2\sqrt{1 - x^2} \cdot \sqrt{3}\sqrt{1 - x^2} = \sqrt{3}\,(1 - x^2)$$

y el volumen del sólido es

$$V = \int_{-1}^{1} A(x)\, dx = \int_{-1}^{1} \sqrt{3}\,(1 - x^2)\, dx$$

$$= 2\int_{0}^{1} \sqrt{3}\,(1 - x^2)\, dx = 2\sqrt{3}\left[x - \frac{x^3}{3} \right]_{0}^{1} = \frac{4\sqrt{3}}{3} \qquad ■$$

EJEMPLO 8 Encuentre el volumen de una pirámide cuya base es un cuadrado con lados L y altura h.

SOLUCIÓN Se coloca el origen O en el vértice de la pirámide y el eje x a lo largo de su eje central, como en la figura 14. Cualquier plano P_x que pase a través de x y sea perpendicular al eje x interseca la pirámide en un cuadrado de lados de longitud s,

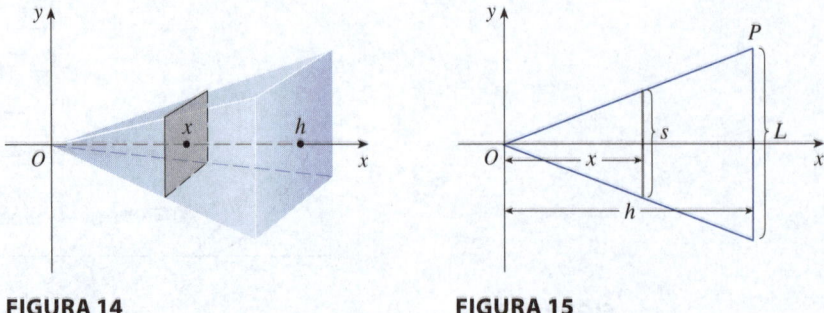

FIGURA 14   **FIGURA 15**

por ejemplo. Se puede expresar s en términos de x al observar por los triángulos semejantes de la figura 15 que

$$\frac{x}{h} = \frac{s/2}{L/2} = \frac{s}{L}$$

y entonces $s = Lx/h$. [Otro método es observar que la recta OP tiene una pendiente $L/(2h)$ y por eso su ecuación es $y = Lx/(2h)$]. Por lo tanto, el área de la sección transversal es

$$A(x) = s^2 = \frac{L^2}{h^2} x^2$$

La pirámide se encuentra entre $x = 0$ y $x = h$, por lo que su volumen es

$$V = \int_0^h A(x)\, dx = \int_0^h \frac{L^2}{h^2} x^2\, dx$$

$$= \frac{L^2}{h^2} \frac{x^3}{3} \Bigg]_0^h = \frac{L^2 h}{3} \qquad \blacksquare$$

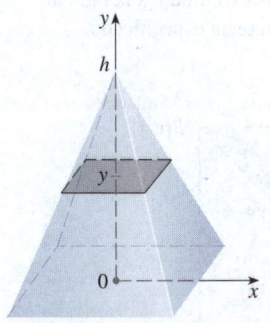

NOTA No era necesario colocar el vértice de la pirámide en el origen en el ejemplo 8; se hizo así tan solo para simplificar las ecuaciones. Si, en cambio, se hubiese colocado el centro de la base en el origen y el vértice en el eje y positivo, como en la figura 16, se puede verificar que se habría obtenido la integral

$$V = \int_0^h \frac{L^2}{h^2} (h - y)^2\, dy = \frac{L^2 h}{3}$$

FIGURA 16

EJEMPLO 9 Se corta una cuña de un cilindro circular de radio 4 en dos planos. Un plano es perpendicular al eje del cilindro; el otro interseca el primero en un ángulo de $30°$ a lo largo del diámetro del cilindro. Encuentre el volumen de la cuña.

SOLUCIÓN Si se coloca el eje x a lo largo del diámetro donde se unen los planos, entonces la base del sólido es un semicírculo de ecuación $y = \sqrt{16 - x^2}$, $-4 \le x \le 4$. Una sección transversal perpendicular al eje x a una distancia x del origen es un triángulo ABC, como se muestra en la figura 17, de base $y = \sqrt{16 - x^2}$ y altura $|BC| = y \tan 30° = \sqrt{16 - x^2}/\sqrt{3}$. Así, el área de la sección transversal es

$$A(x) = \tfrac{1}{2} \sqrt{16 - x^2} \cdot \frac{1}{\sqrt{3}} \sqrt{16 - x^2}$$

$$= \frac{16 - x^2}{2\sqrt{3}}$$

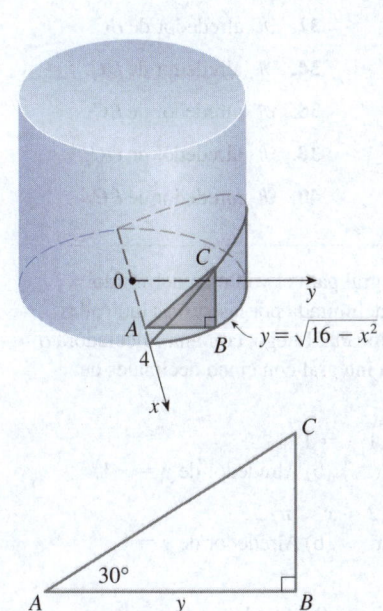

y el volumen es

$$V = \int_{-4}^4 A(x)\, dx = \int_{-4}^4 \frac{16 - x^2}{2\sqrt{3}}\, dx$$

$$= \frac{1}{\sqrt{3}} \int_0^4 (16 - x^2)\, dx = \frac{1}{\sqrt{3}} \left[16x - \frac{x^3}{3} \right]_0^4 = \frac{128}{3\sqrt{3}}$$

FIGURA 17   En el ejercicio 77 se presenta otro método. $\blacksquare$

6.2 | Ejercicios

1-4 Un sólido se obtiene al girar la región sombreada alrededor de la recta especificada.

(a) Trace el sólido y el disco o arandela normales.

(b) Establezca una integral para el volumen del sólido.

(c) Evalúe la integral para encontrar el volumen del sólido.

1. Alrededor del eje x. **2.** Alrededor del eje x.

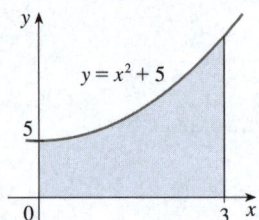 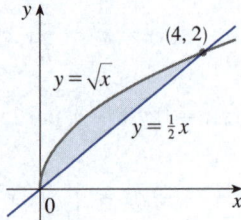

3. Alrededor del eje y. **4.** Alrededor del eje y.

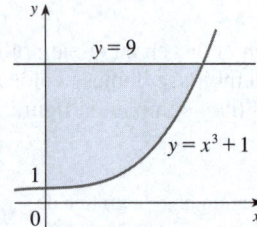 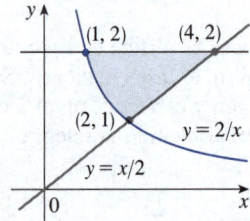

5-10 Establezca, pero no evalúe, una integral para el volumen del sólido obtenido al rotar la región delimitada por las curvas indicadas alrededor de la recta especificada.

5. $y = \ln x, y = 0, x = 3$; alrededor del eje x.

6. $x = \sqrt{5 - y}, y = 0, x = 0$; alrededor de eje y.

7. $8y = x^2, y = \sqrt{x}$; alrededor del eje y.

8. $y = (x - 2)^2, y = x + 10$; alrededor del eje x.

9. $y = \text{sen } x, y = 0, 0 \le x \le \pi$; alrededor de $y = -2$.

10. $y = \sqrt{x}, y = 0, x = 4$; alrededor de $x = 6$.

11-28 Encuentre el volumen del sólido obtenido al rotar la región delimitada por las curvas indicadas en torno a la recta especificada. Trace la región, el sólido y un disco o arandela común (típica).

11. $y = x + 1, y = 0, x = 0, x = 2$; alrededor del eje x.

12. $y = 1/x, y = 0, x = 1, x = 4$; alrededor del eje x.

13. $y = \sqrt{x - 1}, y = 0, x = 5$; alrededor del eje x.

14. $y = e^x, y = 0, x = -1, x = 1$; alrededor del eje x.

15. $x = 2\sqrt{y}, x = 0, y = 9$; alrededor del eje y.

16. $2x = y^2, x = 0, y = 4$; alrededor del eje y.

17. $y = x^2, y = 2x$; alrededor del eje y.

18. $y = 6 - x^2, y = 2$; alrededor del eje x.

19. $y = x^3, y = \sqrt{x}$; alrededor del eje x.

20. $x = 2 - y^2, x = y^4$; alrededor del eje y.

21. $y = x^2, x = y^2$; alrededor de $y = 1$.

22. $y = x^3, y = 1, x = 2$; alrededor de $y = -3$.

23. $y = 1 + \sec x, y = 3$; alrededor de $y = 1$.

24. $y = \text{sen } x, y = \cos x, 0 \le x \le \pi/4$; alrededor de $y = -1$.

25. $y = x^3, y = 0, x = 1$; alrededor de $x = 2$.

26. $xy = 1, y = 0, x = 1, x = 2$; alrededor de $x = -1$.

27. $x = y^2, x = 1 - y^2$; alrededor de $x = 3$.

28. $y = x, y = 0, x = 2, x = 4$; alrededor de $x = 1$.

29-40 A partir de la figura, encuentre el volumen generado al rotar la región indicada alrededor de la recta especificada.

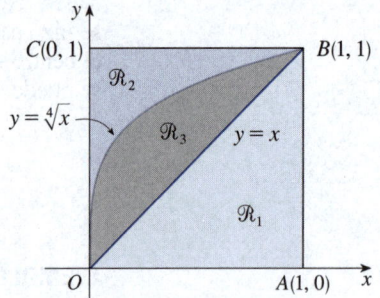

29. $\mathcal{R}_1$ alrededor de OA. **30.** $\mathcal{R}_1$ alrededor de OC.

31. $\mathcal{R}_1$ alrededor de AB. **32.** $\mathcal{R}_1$ alrededor de BC.

33. $\mathcal{R}_2$ alrededor de OA. **34.** $\mathcal{R}_2$ alrededor de OC.

35. $\mathcal{R}_2$ alrededor de AB. **36.** $\mathcal{R}_2$ alrededor de BC.

37. $\mathcal{R}_3$ alrededor de OA. **38.** $\mathcal{R}_3$ alrededor de OC.

39. $\mathcal{R}_3$ alrededor de AB. **40.** $\mathcal{R}_3$ alrededor de BC.

T **41-44** Establezca una integral para el volumen del sólido obtenido al rotar la región delimitada por las curvas indicadas alrededor de la recta especificada. Luego, con una calculadora o una computadora, evalúe la integral con cinco decimales de precisión.

41. $y = e^{-x^2}, y = 0, x = -1, x = 1$
   (a) Alrededor del eje x. (b) Alrededor de $y = -1$.

42. $y = 0, y = \cos^2 x, -\pi/2 \le x \le \pi/2$
   (a) Alrededor del eje x. (b) Alrededor de $y = 1$.

43. $x^2 + 4y^2 = 4$
   (a) Alrededor de $y = 2$. (b) Alrededor de $x = 2$.

44. $y = x^2$, $x^2 + y^2 = 1$, $y \geq 0$
(a) Alrededor del eje x.   (b) Alrededor del eje y.

T 45-46 Utilice una gráfica para encontrar las coordenadas x aproximadas de los puntos de intersección de las curvas indicadas. A continuación, con una calculadora o una computadora encuentre (aproximadamente) el volumen del sólido obtenido al rotar alrededor del eje x la región delimitada por estas curvas.

45. $y = \ln(x^6 + 2)$, $y = \sqrt{3 - x^3}$

46. $y = 1 + xe^{-x^3}$, $y = \arctan x^2$

T 47-48 Utilice un sistema de álgebra computarizada para encontrar el volumen exacto del sólido obtenido al rotar la región delimitada por las curvas indicadas alrededor de la recta especificada.

47. $y = \text{sen}^2 x$, $y = 0$, $0 \leq x \leq \pi$;   alrededor de $y = -1$

48. $y = x$, $y = xe^{1-(x/2)}$;   alrededor de $y = 3$

49-54 Cada integral representa el volumen de un sólido de revolución. Describa el sólido.

49. $\pi \int_0^{\pi/2} \text{sen}^2 x \, dx$

50. $\pi \int_0^{\ln 2} e^{2x} \, dx$

51. $\pi \int_0^1 (x^4 - x^6) \, dx$

52. $\pi \int_{-1}^1 (1 - y^2)^2 \, dy$

53. $\pi \int_0^4 y \, dy$

54. $\pi \int_1^4 \left[3^2 - \left(3 - \sqrt{x}\,\right)^2 \right] dx$

55. Una tomografía axial computarizada (TAC) produce vistas transversales igualmente espaciadas de un órgano humano que proporcionan información que de otro modo solo se obtendría mediante cirugía. Suponga que una TAC de un hígado humano muestra cortes transversales espaciados a 1.5 cm de distancia. El hígado tiene 15 cm de largo y las áreas de sección transversal, en centímetros cuadrados, son 0, 18, 58, 79, 94, 106, 117, 128, 63, 39 y 0. Con la regla del punto medio estime el volumen del hígado.

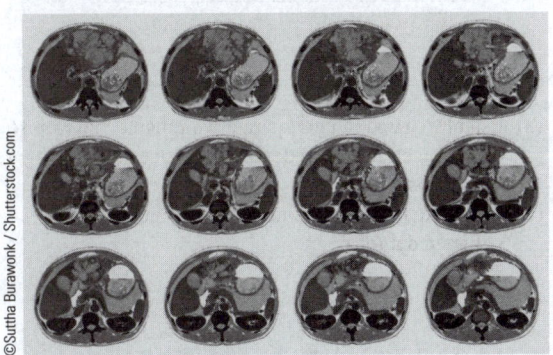

56. Un tronco de 10 m de largo se corta a intervalos de 1 metro y sus áreas transversales A (a una distancia x del extremo del

tronco) se enumeran en la tabla. Con la regla del punto medio y $n = 5$ estime el volumen del tronco.

x (m)	A (m²)	x (m)	A (m²)
0	0.68	6	0.53
1	0.65	7	0.55
2	0.64	8	0.52
3	0.61	9	0.50
4	0.58	10	0.48
5	0.59		

57. (a) Si la región que se muestra en la figura se gira alrededor del eje x para formar un sólido, utilice la regla del punto medio con $n = 4$ para estimar el volumen del sólido.

(b) Estime el volumen si la región se gira alrededor del eje y. De nuevo, aplique la regla del punto medio con $n = 4$.

T 58. (a) Se obtiene un modelo de la forma de un huevo de ave al girar alrededor del eje x la región bajo la gráfica de

$$f(x) = (ax^3 + bx^2 + cx + d)\sqrt{1 - x^2}$$

Utilice un sistema de álgebra computarizada para encontrar el volumen de dicho huevo.
(b) Para un colimbo chico, $a = -0.06$, $b = 0.04$, $c = 0.1$ y $d = 0.54$. Grafique f y encuentre el volumen de un huevo de esta especie.

59-74 Determine el volumen del sólido S que se describe.

59. Un cono circular derecho con altura h y radio de base r.

60. El tronco de un cono circular recto con altura h, radio base inferior R y radio superior r.

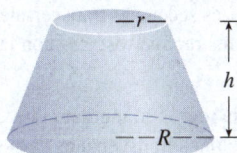

61. La tapa de una esfera con radio r y altura h.

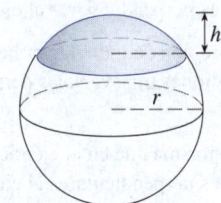

62. El tronco de una pirámide con base cuadrada de lados b, la parte superior cuadrada de lados a y altura h.

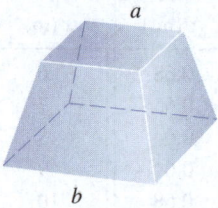

¿Qué pasa si $a = b$? ¿Qué pasa si $a = 0$?

63. Una pirámide con altura h y base rectangular de dimensiones b y $2b$.

64. Una pirámide de altura h y como base un triángulo equilátero con lado a (tetraedro).

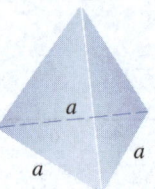

65. Un tetraedro con tres caras mutuamente perpendiculares y tres bordes mutuamente perpendiculares con longitudes de 3 cm, 4 cm y 5 cm.

66. La base de S es un disco circular de radio r. Las secciones transversales paralelas perpendiculares a la base son cuadrados.

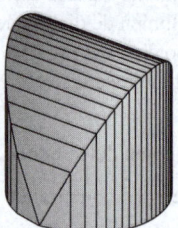

67. La base de S es una región elíptica con una curva límite de $9x^2 + 4y^2 = 36$. Las secciones transversales perpendiculares al eje x son triángulos rectos isósceles con la hipotenusa en la base.

68. La base de S es la región triangular con vértices $(0, 0)$, $(1, 0)$ y $(0, 1)$. Las secciones transversales perpendiculares al eje y son triángulos equiláteros.

69. La base de S es la misma que en el ejercicio 68, pero las secciones transversales perpendiculares al eje x son cuadrados.

70. La base de S es la región delimitada por la parábola $y = 1 - x^2$ y el eje x. Las secciones transversales perpendiculares al eje y son cuadrados.

71. La base de S es la misma que en el ejercicio 70, pero las secciones transversales perpendiculares al eje x son triángulos isósceles con altura igual a la base.

72. La base de S es la región delimitada por $y = 2 - x^2$ y el eje x. Las secciones transversales perpendiculares al eje y son cuartos de círculo.

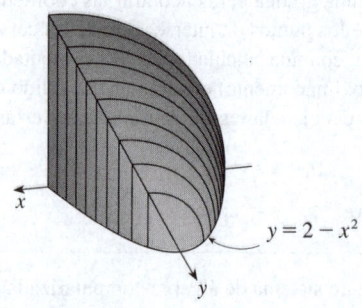

$y = 2 - x^2$

73. El sólido S es limitado por círculos perpendiculares al eje x, intersecan el eje x y tienen centros en la parábola $y = \frac{1}{2}(1 - x^2)$, $-1 \leq x \leq 1$.

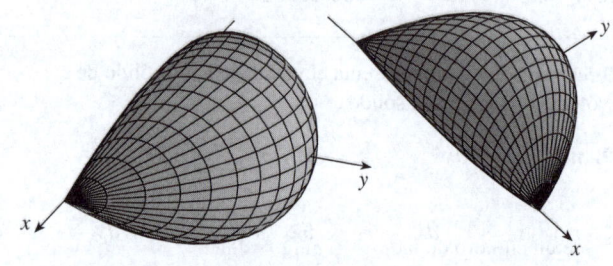

74. Las secciones transversales del sólido S en planos perpendiculares al eje x son círculos con diámetros que se extienden desde la curva $y = \frac{1}{2}\sqrt{x}$ hasta la curva $y = \sqrt{x}$ para $0 \leq x \leq 4$.

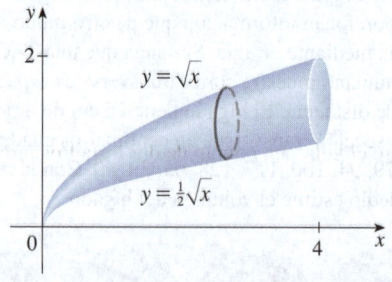

$y = \sqrt{x}$

$y = \frac{1}{2}\sqrt{x}$

75. (a) Establezca una integral para el volumen de un *toro* sólido (el sólido en forma de dona que se muestra en la figura) con radios r y R.
(b) Interprete la integral como un área y encuentre el volumen del toro.

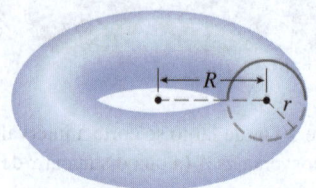

76. La base de una S sólida es un disco con radio r. Las secciones transversales paralelas perpendiculares a la base son triángulos isósceles con altura h y el lado desigual en la base.
   (a) Establezca una integral para el volumen de S.
   (b) Interprete la integral como un área y encuentre el volumen de S.

77. Resuelva el ejemplo 9 tomando las secciones transversales para que sean paralelas a la recta de intersección de los dos planos.

78-79 Principio de Cavalieri El principio de Cavalieri estipula que si una familia de planos paralelos produce áreas transversales iguales para dos sólidos S_1 y S_2, entonces los volúmenes de S_1 y S_2 son iguales.

78. (a) Demuestre el principio de Cavalieri.
   (b) Utilice el principio de Cavalieri para encontrar el volumen del cilindro oblicuo que se muestra en la figura.

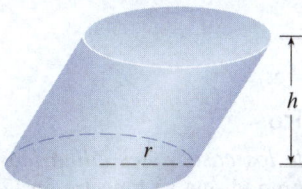

79. Aplique el principio de Cavalieri para mostrar que el volumen de un hemisferio sólido de radio r es igual al volumen de un cilindro de radio r y altura r con un cono removido, como se muestra en la figura.

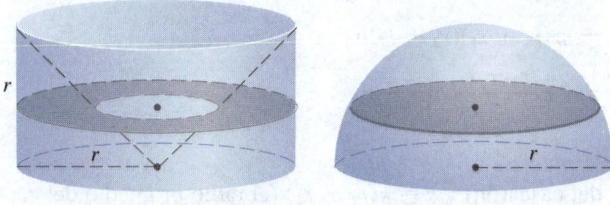

80. Encuentre el volumen común de dos cilindros circulares, cada uno con radio r, si los ejes de los cilindros se intersecan en ángulos rectos.

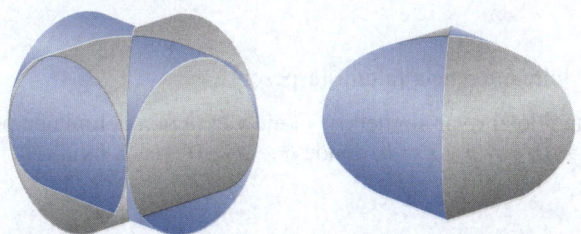

81. Determine el volumen común de dos esferas, cada una con un radio r, si el centro de cada esfera se encuentra en la superficie de la otra.

82. Un tazón tiene la forma de un hemisferio con un diámetro de 30 cm. Se coloca una bola pesada de 10 cm de diámetro en el tazón y se vierte agua en él hasta una profundidad de h centímetros. Encuentre el volumen de agua en el tazón.

83. Se taladra un agujero de radio r a través del centro de un cilindro de radio $R > r$ en ángulos rectos al eje del cilindro. Prepare, pero no evalúe, una integral para el volumen que se recorta.

84. Se taladra un agujero de radio r a través del centro de una esfera de radio $R > r$. Halle el volumen de la parte restante de la esfera.

85. Algunos pioneros del cálculo, como Kepler y Newton, se inspiraron en el problema de encontrar volúmenes de barriles de vino (Kepler publicó un libro con el título *Stereometria doliorum* en 1615, dedicado a los métodos para encontrar volúmenes de barriles). A menudo aproximaban la forma de los lados por medio de parábolas.
   (a) Un barril de altura h y radio máximo R se construye mediante la rotación alrededor del eje x de la parábola $y = R - cx^2$, $-h/2 \le x \le h/2$, donde c es una constante positiva. Demuestre que el radio de cada extremo del barril es $r = R - d$, donde $d = ch^2/4$.
   (b) Demuestre que el volumen delimitado por el barril es

$$V = \tfrac{1}{3}\pi h\left(2R^2 + r^2 - \tfrac{2}{5}d^2\right)$$

86. Suponga que una región $\mathcal{R}$ tiene el área A y se encuentra por encima del eje x. Cuando $\mathcal{R}$ se gira alrededor del eje x, barre un sólido con volumen V_1. Cuando $\mathcal{R}$ se gira alrededor de la recta $y = -k$ (donde k es un número positivo), barre un sólido con volumen V_2. Exprese V_2 en términos de V_1, k y A.

87. Una *dilatación* del plano con factor de escalamiento c es una transformación que ubica el punto (x, y) al punto (cx, cy). Cuando se aplica una dilatación a una región del plano se produce una forma geométricamente similar. Un fabricante quiere producir una maceta de terracota de 5 litros ($5\,000$ cm^3) cuya forma es geométricamente similar al sólido que se obtiene al girar la región $\mathcal{R}_1$ que se muestra en la figura en torno al eje y.
   (a) Determine el volumen V_1 de la vasija obtenido al girar la región $\mathcal{R}_1$.
   (b) Demuestre que la aplicación de una dilatación con factor de escalamiento c transforma la región $\mathcal{R}_1$ en la región $\mathcal{R}_2$.
   (c) Demuestre que el volumen V_2 de la vasija obtenida al girar la región $\mathcal{R}_2$ es $c^3 V_1$.
   (d) Halle el factor de escalamiento c que produce una vasija de 5 litros.

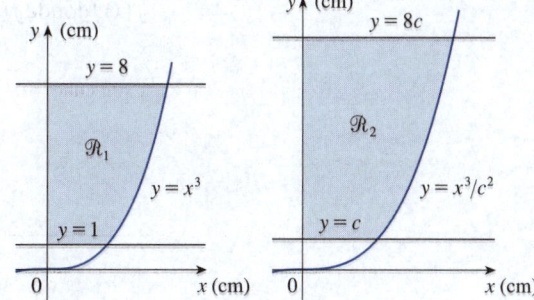

6.3 | Volúmenes mediante cascarones cilíndricos

Algunos problemas de volumen son muy difíciles de manejar mediante los métodos presentados en la sección anterior. Por ejemplo, considere el problema de encontrar el volumen del sólido obtenido al rotar alrededor del eje y la región delimitada por $y = 2x^2 - x^3$ y $y = 0$. (Vea la figura 1). Si se corta de manera perpendicular al eje y se obtiene una arandela. Sin embargo, para calcular el radio interior y el radio exterior de la arandela, se tendría que despejar x en la ecuación cúbica $y = 2x^2 - x^3$ en términos de y, lo cual no es fácil.

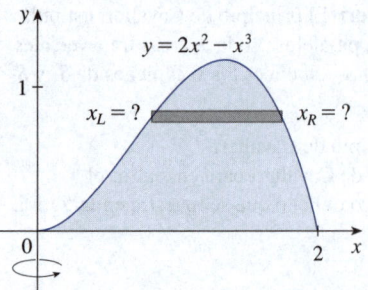

FIGURA 1

■ Método de los cascarones cilíndricos

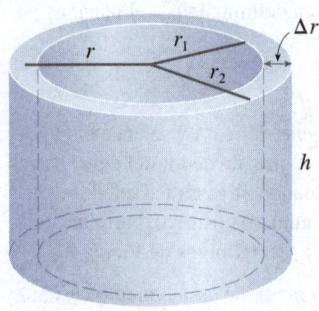

FIGURA 2

Existe un método, denominado *método de los cascarones cilíndricos*, que se puede utilizar con mayor facilidad en un caso como el que se muestra en la figura 1. En la figura 2 se presenta un cascarón cilíndrico con un radio interior r_1, radio exterior r_2 y altura h. Su volumen V se calcula al restar el volumen V_1 del cilindro interior del volumen V_2 que corresponde al cilindro exterior:

$$V = V_2 - V_1$$
$$= \pi r_2^2 h - \pi r_1^2 h = \pi(r_2^2 - r_1^2)h$$
$$= \pi(r_2 + r_1)(r_2 - r_1)h$$
$$= 2\pi \frac{r_2 + r_1}{2} h(r_2 - r_1)$$

Si $\Delta r = r_2 - r_1$ (el espesor del cascarón) y $r = \frac{1}{2}(r_2 + r_1)$ (el radio promedio del cascarón), entonces esta fórmula para el volumen de un cascarón cilíndrico se convierte en

$$\boxed{1} \qquad \boxed{V = 2\pi r h \, \Delta r}$$

y se puede recordar como

$$V = [\text{circunferencia}][\text{altura}][\text{espesor}]$$

Ahora, sea S el sólido obtenido al rotar alrededor del eje y la región delimitada por $y = f(x)$ [donde $f(x) \geq 0$], $y = 0$, $x = a$ y $x = b$, donde $b > a \geq 0$ (vea la figura 3).

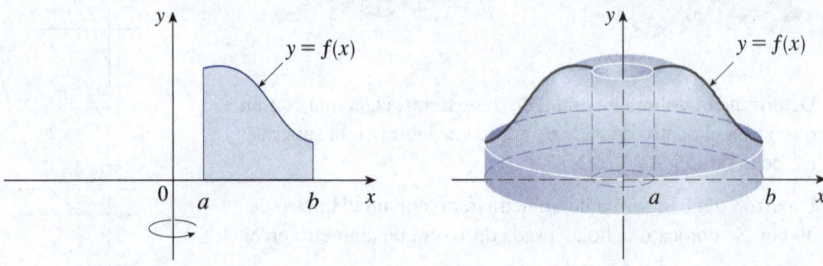

FIGURA 3

El intervalo $[a, b]$ se divide en n subintervalos $[x_{i-1}, x_i]$ de igual ancho Δx y sea $\overline{x}_i$ el punto medio del i-ésimo subintervalo. Si el rectángulo con base $[x_{i-1}, x_i]$ y altura $f(\overline{x}_i)$ se gira alrededor del eje y, entonces el resultado es un cascarón cilíndrico con un radio promedio $\overline{x}_i$, altura $f(\overline{x}_i)$ y espesor Δx (vea la figura 4). De modo que, según la fórmula 1, su volumen es

$$V_i = (2\pi\overline{x}_i)[f(\overline{x}_i)]\,\Delta x$$

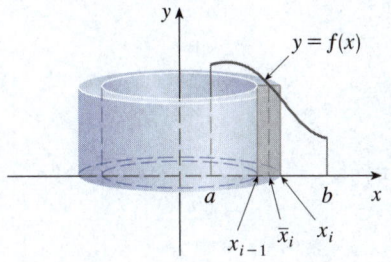
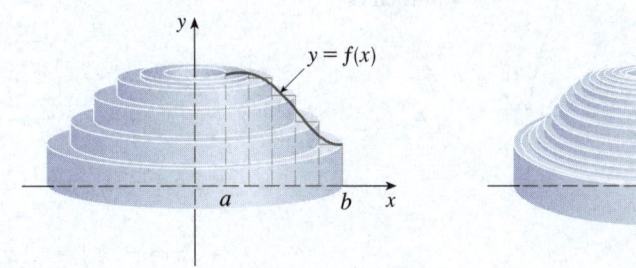

FIGURA 4

Por lo tanto, una aproximación al volumen V de S se indica por la suma de los volúmenes de estos cascarones:

$$V \approx \sum_{i=1}^{n} V_i = \sum_{i=1}^{n} 2\pi\overline{x}_i f(\overline{x}_i)\,\Delta x$$

Esta aproximación parece mejorar conforme $n \to \infty$. Por lo tanto, a partir de la definición de una integral, se sabe que

$$\lim_{n\to\infty} \sum_{i=1}^{n} 2\pi\overline{x}_i f(\overline{x}_i)\,\Delta x = \int_a^b 2\pi x\, f(x)\, dx$$

Entonces, la siguiente fórmula parece razonable:

---

2 El volumen del sólido de la figura 3, obtenido al rotar alrededor del eje y la región bajo la curva $y = f(x)$ de a a b, es

$$V = \int_a^b 2\pi x f(x)\, dx \qquad \text{donde } 0 \leq a < b$$

El argumento de utilizar cascarones cilíndricos hace que la fórmula 2 parezca razonable, pero se demostrará más adelante (vea el ejercicio 7.1.81).

La mejor manera de recordar la fórmula 2 es pensar en un cascarón común, cortado y aplanado como en la figura 5, con radio x, circunferencia $2\pi x$, altura $f(x)$ y espesor Δx o dx:

$$V = \int_a^b \underbrace{(2\pi x)}_{\text{circunferencia}} \underbrace{[f(x)]}_{\text{altura}} \underbrace{dx}_{\text{espesor}}$$

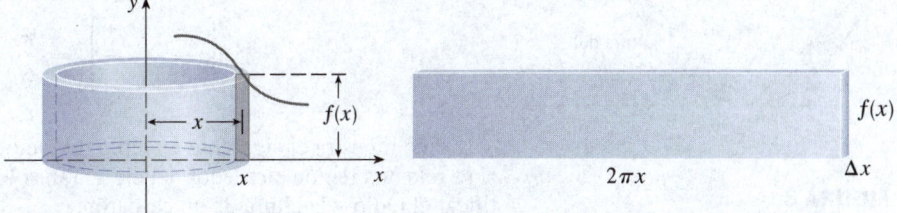

FIGURA 5

Este tipo de razonamiento será útil en otras situaciones, como cuando se roten regiones alrededor de rectas distintas al eje y.

EJEMPLO 1 Halle el volumen del sólido obtenido al rotar alrededor del eje y la región delimitada por $y = 2x^2 - x^3$ y $y = 0$.

SOLUCIÓN En el boceto de la figura 6 se ve que un cascarón común tiene radio x, circunferencia $2\pi x$ y una altura $f(x) = 2x^2 - x^3$. Así, según el método del cascarón, el volumen es

$$V = \int_0^2 \underbrace{(2\pi x)}_{\text{circunferencia}} \underbrace{(2x^2 - x^3)}_{\text{altura}} \underbrace{dx}_{\text{espesor}}$$

$$= 2\pi \int_0^2 (2x^3 - x^4)\, dx = 2\pi \left[\tfrac{1}{2}x^4 - \tfrac{1}{5}x^5\right]_0^2$$

$$= 2\pi\left(8 - \tfrac{32}{5}\right) = \tfrac{16}{5}\pi$$

Se puede verificar que el método de cascarón da la misma respuesta que por rebanado. ∎

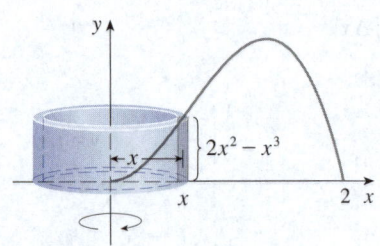

FIGURA 6

En la figura 7 se presenta una imagen generada por computadora del sólido cuyo volumen se calculó en el ejemplo 1.

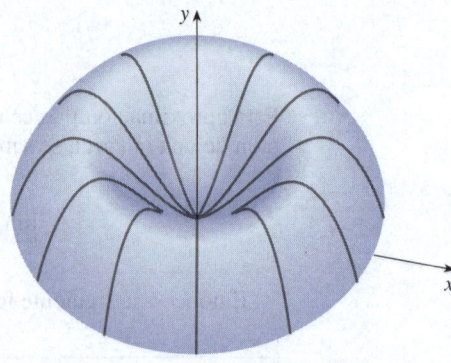

FIGURA 7

NOTA Si se compara la solución del ejemplo 1 con las observaciones que figuran al principio de esta sección, se ve que el método de los cascarones cilíndricos es mucho más fácil que el de las arandelas para este problema. No hubo que encontrar las coordenadas del máximo local ni despejar x en la ecuación de la curva en términos de y. Sin embargo, en otros ejemplos los métodos de la sección anterior pueden ser más fáciles.

EJEMPLO 2 Encuentre el volumen del sólido obtenido al rotar alrededor del eje y la región entre $y = x$ y $y = x^2$.

SOLUCIÓN En la figura 8 se muestran la región y un cascarón común. Se ve que el cascarón tiene un radio x, una circunferencia $2\pi x$ y una altura $x - x^2$. Por lo tanto, el volumen es

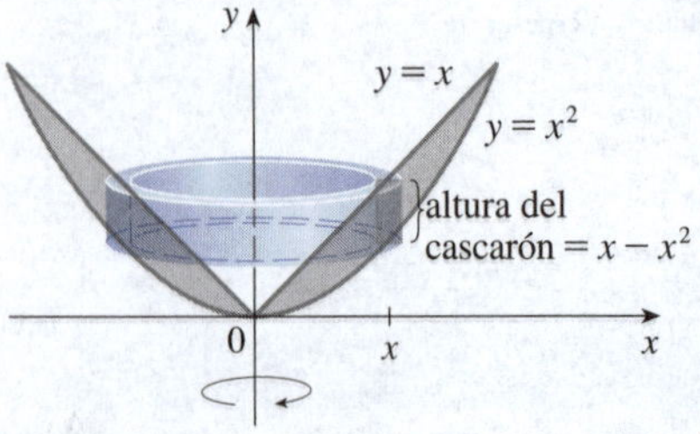

$$V = \int_0^1 (2\pi x)(x - x^2)\, dx = 2\pi \int_0^1 (x^2 - x^3)\, dx$$

$$= 2\pi\left[\frac{x^3}{3} - \frac{x^4}{4}\right]_0^1 = \frac{\pi}{6}$$ ∎

FIGURA 8

Como muestra el siguiente ejemplo, el método del cascarón funciona igual de bien si se rota una región alrededor del eje x. Tan solo se debe trazar un diagrama para identificar el radio y la altura de un cascarón.

EJEMPLO 3 Utilice cascarones cilíndricos para encontrar el volumen del sólido obtenido al rotar alrededor del eje x la región bajo la curva $y = \sqrt{x}$ de 0 a 1.

SOLUCIÓN Este problema se resolvió usando discos en el ejemplo 6.2.2. Para utilizar los cascarones renombramos la curva $y = \sqrt{x}$ (en la figura de ese ejemplo) como $x = y^2$ en la figura 9. Para la rotación sobre el eje x se ve que un cascarón común tiene radio y, circunferencia $2\pi y$ y altura $1 - y^2$. De modo que el volumen es

$$V = \int_0^1 (2\pi y)(1 - y^2)\, dy = 2\pi \int_0^1 (y - y^3)\, dy$$

$$= 2\pi \left[\frac{y^2}{2} - \frac{y^4}{4} \right]_0^1 = \frac{\pi}{2}$$

Para este problema fue más sencillo el método del disco. ∎

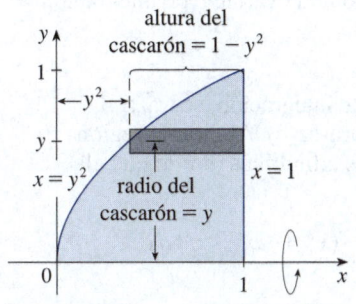

FIGURA 9

EJEMPLO 4 Encuentre el volumen del sólido obtenido al girar la región delimitada por $y = x - x^2$ y $y = 0$ alrededor de la recta $x = 2$.

SOLUCIÓN En la figura 10 se aprecia la región y un cascarón cilíndrico formado por la rotación alrededor de la recta $x = 2$. Tiene radio $2 - x$, circunferencia $2\pi(2 - x)$ y altura $x - x^2$.

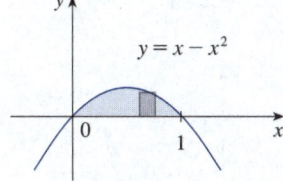

FIGURA 10

El volumen del sólido indicado es

$$V = \int_0^1 2\pi (2 - x)(x - x^2)\, dx$$

$$= 2\pi \int_0^1 (x^3 - 3x^2 + 2x)\, dx$$

$$= 2\pi \left[\frac{x^4}{4} - x^3 + x^2 \right]_0^1 = \frac{\pi}{2}$$ ∎

■ Discos y arandelas frente a cascarones cilíndricos

Al calcular el volumen de un sólido de revolución, ¿cómo saber si usar discos (o arandelas) o cascarones cilíndricos? Hay varias consideraciones: ¿la región se describe más fácil por las curvas límite superior e inferior de la forma $y = f(x)$ o por los límites izquierdo y derecho $x = g(y)$?, ¿con qué opción es más sencillo trabajar?, ¿es más fácil encontrar los límites de la integración con una variable en comparación con la otra?, ¿requiere la región dos integrales separadas cuando se usa x como la variable pero solo una integral en y?, ¿es posible evaluar la integral que se estableció con la elección de la variable?

Si se decide que es más fácil trabajar con una variable que con la otra, entonces esto determina el método que se debe utilizar. Trace un rectángulo de muestra en la región, correspondiente a una sección transversal del sólido. El espesor del rectángulo, ya sea Δx o Δy, corresponde a la variable de integración. Si se imagina que el rectángulo gira, se convierte en un disco (arandela) o en un cascarón. A veces cualquiera de los dos métodos funciona, como en el siguiente ejemplo.

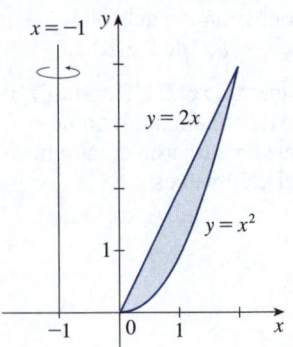

FIGURA 11

EJEMPLO 5 En la figura 11 se muestra la región del primer cuadrante delimitada por las curvas $y = x^2$ y $y = 2x$. Un sólido se forma al rotar la región alrededor de la recta $x = -1$. Encuentre el volumen del sólido con (a) x como la variable de integración y (b) y como la variable de integración.

SOLUCIÓN El sólido se muestra en la figura 12(a).

(a) Para encontrar el volumen con x como variable de integración, se traza el rectángulo de muestra verticalmente, como en la figura 12(b). Al girar la región alrededor de la recta $x = -1$, se producen cascarones cilíndricos, por lo que el volumen es

$$V = \int_0^2 2\pi(x+1)(2x - x^2)\,dx = 2\pi \int_0^2 (x^2 + 2x - x^3)\,dx$$

$$= 2\pi\left[\frac{x^3}{3} + x^2 - \frac{x^4}{4}\right]_0^2 = \frac{16\pi}{3}$$

(b) Para encontrar el volumen con y como variable de integración, se traza el rectángulo de muestra horizontalmente, como en la figura 12(c). La rotación de la región alrededor de la recta produce secciones transversales con forma de arandela, por lo que el volumen es

$$V = \int_0^4 \left[\pi\left(\sqrt{y} + 1\right)^2 - \pi\left(\tfrac{1}{2}y + 1\right)^2\right]dy = \pi \int_0^4 \left(2\sqrt{y} - \tfrac{1}{4}y^2\right)dy$$

$$= \pi\left[\tfrac{4}{3}y^{3/2} - \tfrac{1}{12}y^3\right]_0^4 = \frac{16\pi}{3}$$

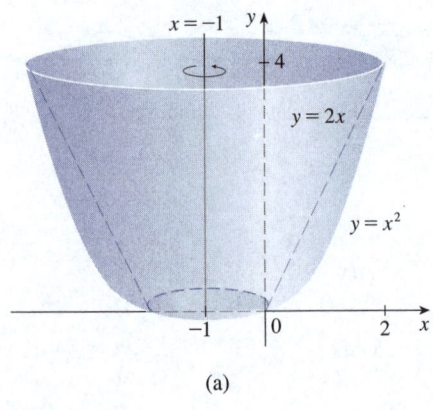

(a)

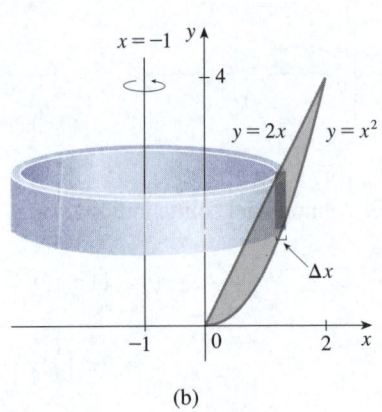

(b)

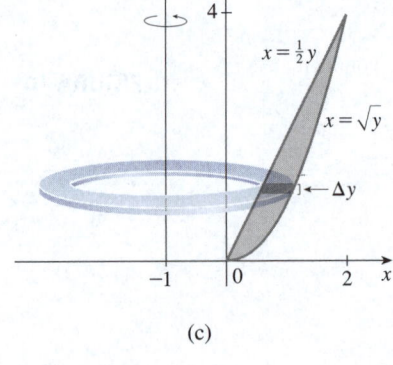

(c)

FIGURA 12 ∎

6.3 | Ejercicios

1. Sea S el sólido obtenido al rotar la región mostrada en la figura alrededor del eje y. Explique por qué es incómodo usar el método de la arandela para encontrar el volumen V de S. Trace un cascarón de aproximación común. ¿Cuál es su circunferencia y altura? Use los cascarones para encontrar V.

2. Sea S el sólido obtenido al rotar la región mostrada en la figura alrededor del eje y. Trace un cascarón cilíndrico común y encuentre su circunferencia y altura. Utilice cascarones para encontrar el volumen de S. ¿Es preferible este método al de arandelas?

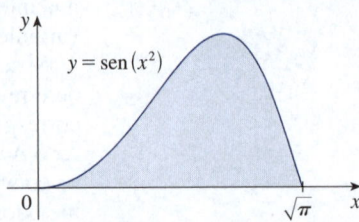

3-4 Un sólido se obtiene al rotar la región sombreada alrededor de la recta especificada.

(a) Establezca una integral mediante el método de cascarones cilíndricos para el volumen del sólido.

(b) Evalúe la integral para encontrar el volumen del sólido.

3. Alrededor del eje y. **4.** Alrededor del eje x.

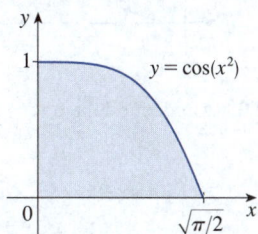 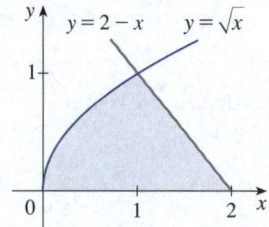

5-8 Establezca, pero no evalúe, una integral para el volumen del sólido obtenido al rotar la región delimitada por las curvas indicadas alrededor de la recta especificada.

5. $y = \ln x, y = 0, x = 2$; alrededor del eje y.

6. $y = x^3, y = 8, x = 0$; alrededor del eje x.

7. $y = \operatorname{sen}^{-1}x, y = \pi/2, x = 0$; alrededor de $y = 3$.

8. $y = 4x - x^2, y = x$; alrededor de $x = 7$.

9-14 Con el método de los cascarones cilíndricos encuentre el volumen generado por la rotación de la región delimitada por las curvas indicadas alrededor del eje y.

9. $y = \sqrt{x}, \quad y = 0, \quad x = 4$

10. $y = x^3, \quad y = 0, \quad x = 1, \quad x = 2$

11. $y = 1/x, \quad y = 0, \quad x = 1, \quad x = 4$

12. $y = e^{-x^2}, \quad y = 0, \quad x = 0, \quad x = 1$

13. $y = \sqrt{5 + x^2}, \quad y = 0, \quad x = 0, \quad x = 2$

14. $y = 4x - x^2, \quad y = x$

15-20 Utilice el método de los cascarones cilíndricos para encontrar el volumen del sólido obtenido mediante la rotación de la región delimitada por las curvas indicadas en torno al eje x.

15. $xy = 1, \quad x = 0, \quad y = 1, \quad y = 3$

16. $y = \sqrt{x}, \quad x = 0, \quad y = 2$

17. $y = x^{3/2}, \quad y = 8, \quad x = 0$

18. $x = -3y^2 + 12y - 9, \quad x = 0$

19. $x = 1 + (y - 2)^2, \quad x = 2$

20. $x + y = 4, \quad x = y^2 - 4y + 4$

21-22 La región delimitada por las curvas indicadas se gira alrededor del eje especificado. Encuentre el volumen del sólido resultante con (a) x como la variable de integración y (b) y como la variable de integración.

21. $y = x^2, \ y = 8\sqrt{x}$; alrededor del eje y.

22. $y = x^3, y = 4x^2$; alrededor del eje x.

23-24 Un sólido se obtiene al rotar la región sombreada alrededor del eje especificado.

(a) Trace el sólido y un cascarón cilíndrico de aproximación común.

(b) Mediante el método de los cascarones cilíndricos establezca una integral para el volumen del sólido.

(c) Evalúe la integral para encontrar el volumen.

23. Alrededor de $x = -2$. **24.** Alrededor de $y = -1$.

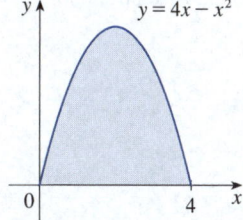 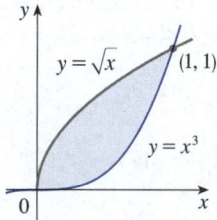

25-30 Utilice el método de los cascarones cilíndricos para encontrar el volumen generado por la rotación de la región delimitada por las curvas indicadas en torno al eje especificado.

25. $y = x^3, y = 8, x = 0$; alrededor de $x = 3$.

26. $y = 4 - 2x, y = 0, x = 0$; alrededor de $x = -1$.

27. $y = 4x - x^2, y = 3$; alrededor de $x = 1$.

28. $y = \sqrt{x}, x = 2y$; alrededor de $x = 5$.

29. $x = 2y^2, y \geqslant 0, x = 2$; alrededor de $y = 2$.

30. $x = 2y^2, x = y^2 + 1$; alrededor de $y = -2$.

31-36

(a) Establezca una integral para el volumen del sólido obtenido al rotar la región delimitada por la curva indicada alrededor del eje especificado.

T (b) Utilice una calculadora o una computadora para evaluar la integral con cinco decimales de precisión.

31. $y = xe^{-x}, y = 0, x = 2$; alrededor del eje y.

32. $y = \tan x, y = 0, x = \pi/4$; alrededor de $x = \pi/2$.

33. $y = \cos^4 x, y = -\cos^4 x, -\pi/2 \leqslant x \leqslant \pi/2$; alrededor de $x = \pi$.

34. $y = x, y = 2x/(1 + x^3)$; alrededor de $x = -1$.

35. $x = \sqrt{\operatorname{sen} y}, 0 \leqslant y \leqslant \pi, x = 0$; alrededor de $y = 4$.

36. $x^2 - y^2 = 7, x = 4$; alrededor de $y = 5$.

37. Utilice la regla del punto medio con $n = 5$ para estimar el volumen obtenido al rotar sobre el eje y la región bajo la curva $y = \sqrt{1 + x^3}$, $0 \le x \le 1$.

38. Si la región que se muestra en la figura se rota alrededor del eje y para formar un sólido, utilice la regla del punto medio con $n = 5$ para estimar el volumen del sólido.

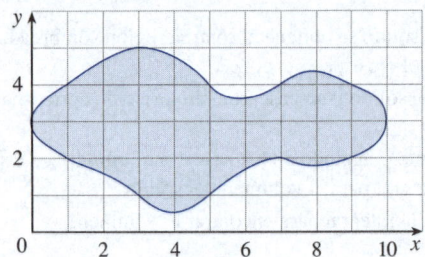

39-42 Cada integral representa el volumen de un sólido. Describa el sólido.

39. $\int_0^3 2\pi x^5 \, dx$

40. $\int_1^3 2\pi y \ln y \, dy$

41. $2\pi \int_1^4 \dfrac{y + 2}{y^2} \, dy$

42. $\int_0^1 2\pi (2 - x)(3^x - 2^x) \, dx$

T **43-44** Con una gráfica estime las coordenadas x de los puntos de intersección de las curvas indicadas. Luego use esta información y una calculadora o computadora para estimar el volumen del sólido obtenido al rotar alrededor del eje y la región delimitada por estas curvas.

43. $y = x^2 - 2x$, $\quad y = \dfrac{x}{x^2 + 1}$

44. $y = e^{\operatorname{sen} x}$, $\quad y = x^2 - 4x + 5$

T **45-46** Utilice un sistema de álgebra computarizada para encontrar el volumen exacto del sólido obtenido al rotar la región delimitada por las curvas indicadas alrededor de la recta especificada.

45. $y = \operatorname{sen}^2 x$, $y = \operatorname{sen}^4 x$, $0 \le x \le \pi$; alrededor de $x = \pi/2$.

46. $y = x^3 \operatorname{sen} x$, $y = 0$, $0 \le x \le \pi$; alrededor de $x = -1$.

47-52 Un sólido se obtiene al rotar la región sombreada alrededor de la recta especificada.

(a) Establezca una integral mediante cualquier método para encontrar el volumen del sólido.

(b) Evalúe la integral para encontrar el volumen del sólido.

47. Alrededor del eje y.   **48.** Alrededor del eje x.

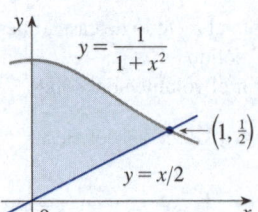   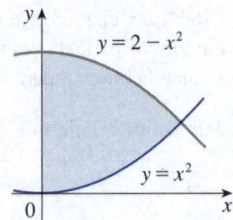

49. Alrededor del eje x.   **50.** Alrededor del eje y.

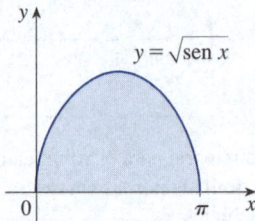   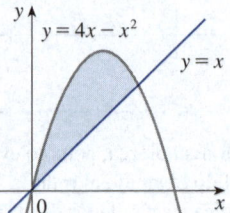

51. Alrededor de la recta $x = -2$. **52.** Alrededor de la recta $y = 3$.

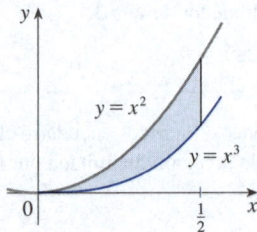   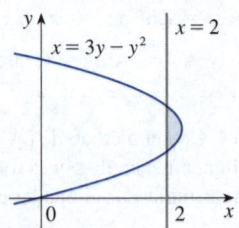

53-59 La región delimitada por las curvas indicadas se rota alrededor del eje especificado. Encuentre, mediante cualquier método, el volumen del sólido resultante.

53. $y = -x^2 + 6x - 8$, $y = 0$; alrededor del eje y.

54. $y = -x^2 + 6x - 8$, $y = 0$; alrededor del eje x.

55. $y^2 - x^2 = 1$, $y = 2$; alrededor del eje x.

56. $y^2 - x^2 = 1$, $y = 2$; alrededor del eje y.

57. $x^2 + (y - 1)^2 = 1$; alrededor del eje y.

58. $x = (y - 3)^2$, $x = 4$; alrededor de $y = 1$.

59. $x = (y - 1)^2$, $x - y = 1$; alrededor de $x = -1$.

---

60. Sea T la región triangular con vértices $(0, 0)$, $(1, 0)$ y $(1, 2)$, y V el volumen del sólido generado cuando T se gira alrededor de la recta $x = a$, donde $a > 1$. Exprese a en términos de V.

61-63 Utilice cascarones cilíndricos para encontrar el volumen del sólido.

61. Una esfera de radio r.

62. El toro sólido del ejercicio 6.2.75.

63. Un cono circular recto con altura h y base de radio r.

taladrar un agujero con radio r a través del centro de una esfera de radio R y exprese la respuesta en términos de h.

64. Suponga que hace servilleteros taladrando agujeros de diferentes diámetros a través de dos esferas de madera (que también tienen diferentes diámetros). Descubre que ambos servilleteros tienen la misma altura h, como se muestra en la figura.
(a) Conjeture cuál de los servilleteros contiene más madera.
(b) Compruebe su conjetura: utilice cascarones cilíndricos para calcular el volumen de un servilletero creado al

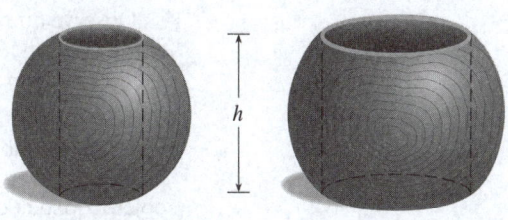

6.4 | Trabajo

Con el término *trabajo* se hace referencia, en el lenguaje cotidiano, a la cantidad total de esfuerzo requerido para realizar una tarea. En física, tiene un significado técnico que depende de la idea de una *fuerza*. De manera intuitiva, se puede pensar en una fuerza como la descripción de un empujón o un tirón en un objeto; por ejemplo, el empuje horizontal de un libro sobre una mesa o el tirón hacia abajo que ejerce la gravedad en una pelota. En general, si un objeto se mueve a lo largo de una línea recta con función de posición $s(t)$, entonces la **fuerza** F sobre el objeto (en la misma dirección) está dada por la segunda ley del movimiento como producto de su masa m y su aceleración a:

$$\boxed{1} \qquad F = ma = m\frac{d^2s}{dt^2}$$

En el sistema métrico SI, la masa se mide en kilogramos (kg), el desplazamiento en metros (m), el tiempo en segundos (s) y la fuerza en newtons (N = kg·m/s^2). Por lo tanto, una fuerza de 1 N que actúa sobre una masa de 1 kg produce una aceleración de 1 m/s^2. En el sistema tradicional estadounidense, la libra es la unidad fundamental usada como unidad de fuerza.

En el caso de la aceleración constante, la fuerza F también es constante y el trabajo realizado se define como el producto de la fuerza F y la distancia d que recorre el objeto:

$$\boxed{2} \qquad W = Fd \qquad \text{trabajo} = \text{fuerza} \times \text{distancia}$$

Si F se mide en newtons y d, en metros, entonces la unidad para W es un newton-metro denominado julio o *joule* (J). Si F se mide en libras y d, en pies, entonces la unidad para W es un pie-libra (ft-lb), que es aproximadamente 1.36 J.

EJEMPLO 1
(a) ¿Cuánto trabajo se realiza para levantar un libro de 1.2 kg del suelo para colocarlo sobre un escritorio de 0.7 m de altura? Utilice el hecho de que la aceleración debida a la gravedad es $g = 9.8$ m/s^2.
(b) ¿Cuánto trabajo se realiza para levantar un peso de 20 libras a 6 pies del suelo?

SOLUCIÓN
(a) La fuerza que se ejerce es igual y opuesta a la ejercida por la gravedad, por lo que la ecuación 1 da

$$F = mg = (1.2)(9.8) = 11.76 \text{ N}$$

y entonces la ecuación 2 da el trabajo realizado como

$$W = Fd = (11.76 \text{ N})(0.7 \text{ m}) \approx 8.2 \text{ J}$$

(b) Aquí se da la fuerza como $F = 20$ lb, por lo que el trabajo realizado es

$$W = Fd = (20 \text{ lb})(6 \text{ ft}) = 120 \text{ ft-lb}$$

Observe que en el inciso (b), a diferencia del (a), no hubo que multiplicar por g porque se indicó el *peso* (que es una fuerza) y no la masa del objeto. ∎

La ecuación 2 define el trabajo mientras la fuerza sea constante, pero ¿qué pasa si la fuerza es variable? Suponga que el objeto se mueve a lo largo del eje x en dirección positiva, de $x = a$ a $x = b$, y en cada punto x entre a y b una fuerza $f(x)$ actúa sobre el objeto, donde f es una función continua. Se divide el intervalo $[a, b]$ en n subintervalos con puntos frontera, puntos finales o puntos extremos del intervalo $x_0, x_1, \dots, x_n$ y ancho igual Δx. Se elige un punto muestra x_i^* en el i-ésimo subintervalo $[x_{i-1}, x_i]$. Entonces la fuerza en ese punto es $f(x_i^*)$. Si n es grande, entonces Δx es pequeño, y como f es continua, los valores de f no cambian mucho en el intervalo $[x_{i-1}, x_i]$. En otras palabras, f es casi constante en el intervalo y así el trabajo W_i que se realiza en el movimiento de la partícula de x_{i-1} a x_i lo indica aproximadamente la ecuación 2:

$$W_i \approx f(x_i^*)\, \Delta x$$

De esta manera se aproxima el trabajo total mediante

$$\boxed{3} \qquad W \approx \sum_{i=1}^{n} f(x_i^*)\, \Delta x$$

Parece que esta aproximación mejora a medida que n se hace más grande. Por lo tanto, se define **el trabajo realizado para mover el objeto de a a b** como el límite de esta cantidad conforme $n \to \infty$. Como el lado derecho de (3) es una suma de Riemann, se reconoce su límite como una integral definida, y por eso

$$\boxed{4} \qquad W = \lim_{n \to \infty} \sum_{i=1}^{n} f(x_i^*)\, \Delta x = \int_a^b f(x)\, dx$$

EJEMPLO 2 Cuando una partícula se encuentra a una distancia de x pies del origen, una fuerza de $x^2 + 2x$ newtons actúa sobre ella. ¿Cuánto trabajo se realiza para moverla de $x = 1$ a $x = 3$?

SOLUCIÓN
$$W = \int_1^3 (x^2 + 2x)\, dx = \frac{x^3}{3} + x^2 \Bigg]_1^3 = \frac{50}{3}$$

El trabajo realizado es $16\frac{2}{3}$ J. ∎

En el siguiente ejemplo se aplica una ley de la física. La **ley de Hooke** establece que la fuerza requerida para mantener un resorte estirado x unidades más allá de su longitud natural es proporcional a x:

$$f(x) = kx$$

donde k es una constante positiva llamada **constante del resorte** (vea la figura 1). La ley de Hooke se cumple siempre y cuando x no sea demasiado grande.

EJEMPLO 3 Se requiere una fuerza de 40 N para sostener un resorte estirado desde su longitud natural de 10 cm hasta una longitud de 15 cm. ¿Cuánto trabajo se realiza para estirar el resorte de 15 cm a 18 cm?

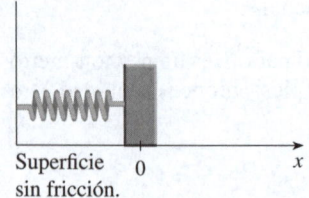

(a) Posición natural del resorte.

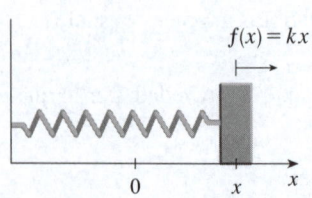

$f(x) = kx$

(b) Posición extendida del resorte.

FIGURA 1
Ley de Hooke.

SOLUCIÓN Según la ley de Hooke, la fuerza necesaria para mantener el resorte estirado x metros más allá de su longitud natural es $f(x) = kx$. Cuando el resorte se estira de 10 cm a 15 cm, la cantidad estirada es de 5 cm = 0.05 m. Esto significa que $f(0.05) = 40$, por lo que

$$0.05k = 40 \qquad k = \frac{40}{0.05} = 800$$

De esta manera, $f(x) = 800x$ y el trabajo realizado en el estiramiento del resorte de 15 cm a 18 cm (recuerde que la longitud natural es de 10 cm) es

$$W = \int_{0.05}^{0.08} 800x\, dx = 800\,\frac{x^2}{2}\Bigg]_{0.05}^{0.08}$$

$$= 400[(0.08)^2 - (0.05)^2] = 1.56 \text{ J} \qquad \blacksquare$$

EJEMPLO 4 Un cable de 90 kg tiene 21 m de largo y cuelga verticalmente de la parte superior de un edificio alto.
(a) ¿Cuánto trabajo se requiere para levantar el cable hasta la parte alta del edificio?
(b) ¿Cuánto trabajo se requiere para subir solo 6 metros de cable?

SOLUCIÓN
(a) Un método es utilizar un argumento similar al que llevó a la definición 4. [Hay otro método en el ejercicio 14(b)].

Se coloca el origen en la parte superior del edificio y el eje x apuntando hacia abajo, como en la figura 2. Se divide el cable en pequeñas partes con una longitud Δx. Si x_i^* es un punto en el i-ésimo de estos intervalos, entonces todos los puntos del intervalo se elevan aproximadamente en la misma cantidad, a saber, x_i^*. El cable tiene una masa de 30/7 kg por metro, por lo que la fuerza que actúa sobre la i-ésima parte es $(30/7 \text{ kg/m})(9.8 \text{ m/s}^2)(\Delta x \text{ m}) = 42\,\Delta x$ N. Por lo tanto, el trabajo realizado en la primera parte, en julios, es

$$\underbrace{(42\,\Delta x)}_{\text{fuerza}} \cdot \underbrace{x_i^*}_{\text{distancia}} = 42x_i^*\,\Delta x$$

Se consigue el trabajo total al sumar todas estas aproximaciones y dejar que aumente el número de partes (por lo que $\Delta x \to 0$):

$$W = \lim_{n\to\infty} \sum_{i=1}^{n} 42x_i^*\,\Delta x = \int_0^{21} 42x\, dx$$

$$= 21x^2\Big]_0^{21} = 18\,900 \text{ J}$$

(b) El trabajo necesario para subir los 6 m superiores del cable a la parte alta del edificio se calcula de la misma manera que en el inciso (a):

$$W_1 = \int_0^6 42x\, dx = 21x^2\Big]_0^6 = 756 \text{ J}$$

Cada parte de los 15 m inferiores del cable recorre la misma distancia, a saber, 6 m, por lo que el trabajo realizado es

$$W_2 = \lim_{n\to\infty} \sum_{i=1}^{n} \left(\underbrace{6}_{\text{distancia}} \cdot \underbrace{42\Delta x}_{\text{fuerza}} \right) = \int_6^{21} 252\, dx = 3780 \text{ J}$$

(Alternativamente, se observa que los 15 m inferiores del cable pesan $15 \cdot 30/7 \cdot 9.8 = 630$ N y se mueven de manera uniforme 6 m, por lo que el trabajo realizado es $630 \cdot 6 = 3\,780$ J).

El total de trabajo realizado es $W_1 + W_2 = 756 + 3780 = 4\,536$ J. $\blacksquare$

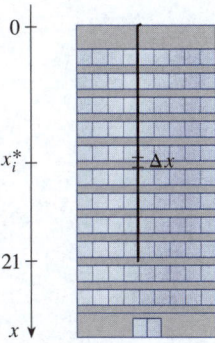

FIGURA 2

De haberse colocado el origen en la parte inferior del cable y el eje x hacia arriba se habría obtenido

$$W = \int_0^{21} 42(21 - x)\, dx$$

que da la misma respuesta.

EJEMPLO 5   Un tanque tiene la forma de un cono circular invertido con una altura de 10 m y una base de radio de 4 m. Tiene agua hasta una altura de 8 m. Encuentre el trabajo necesario para vaciar el tanque bombeando toda el agua hasta la parte superior del mismo. (La densidad del agua es de $1\,000\ \text{kg/m}^3$).

SOLUCIÓN   Se miden las profundidades desde la parte superior del tanque introduciendo una recta de coordenadas verticales, como en la figura 3. El agua se extiende desde una profundidad de 2 m hasta una profundidad de 10 m, por lo que se divide el intervalo $[2, 10]$ en n subintervalos con puntos frontera $x_0, x_1, \ldots, x_n$ y se elige x_i^* en el i-ésimo subintervalo. Esto divide el agua en n capas. La i-ésima capa se aproxima por un cilindro circular con radio r_i y altura Δx. Se calcula r_i a partir de triángulos semejantes, a partir de la figura 4, así:

$$\frac{r_i}{10 - x_i^*} = \frac{4}{10} \qquad r_i = \tfrac{2}{5}(10 - x_i^*)$$

Por lo tanto, una aproximación al volumen de la i-ésima capa de agua es

$$V_i \approx \pi r_i^2\, \Delta x = \frac{4\pi}{25}(10 - x_i^*)^2\, \Delta x$$

y por ende su masa es

$$m_i = \text{densidad} \times \text{volumen}$$

$$\approx 1000 \cdot \frac{4\pi}{25}(10 - x_i^*)^2\, \Delta x = 160\pi(10 - x_i^*)^2\, \Delta x$$

La fuerza requerida para elevar esta capa debe superar la fuerza de gravedad, y entonces

$$F_i = m_i g \approx (9.8)160\pi(10 - x_i^*)^2\, \Delta x$$

$$= 1568\pi(10 - x_i^*)^2\, \Delta x$$

Cada partícula de la capa debe recorrer una distancia ascendente de aproximadamente x_i^*. El trabajo W_i realizado para elevar esta capa hasta la parte superior es aproximadamente el producto de la fuerza F_i y la distancia x_i^*:

$$W_i \approx F_i x_i^* \approx 1568\pi x_i^*(10 - x_i^*)^2\, \Delta x$$

Para encontrar el trabajo total realizado en el vaciado de todo el tanque se suman las contribuciones de cada una de las n capas y luego se toma el límite conforme $n \to \infty$:

$$W = \lim_{n \to \infty} \sum_{i=1}^{n} 1568\pi x_i^*(10 - x_i^*)^2\, \Delta x = \int_2^{10} 1568\pi x(10 - x)^2\, dx$$

$$= 1568\pi \int_2^{10}(100x - 20x^2 + x^3)\, dx = 1568\pi\left[50x^2 - \frac{20x^3}{3} + \frac{x^4}{4}\right]_2^{10}$$

$$= 1568\pi\left(\tfrac{2048}{3}\right) \approx 3.4 \times 10^6\ \text{J} \qquad \blacksquare$$

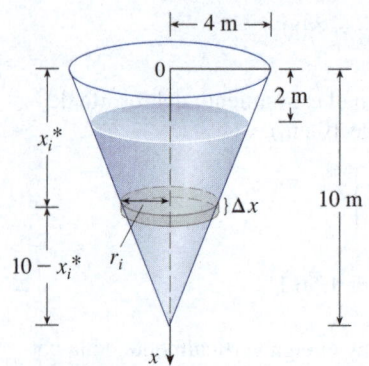

FIGURA 3

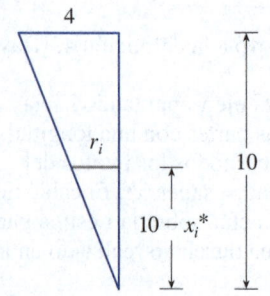

FIGURA 4

6.4 | Ejercicios

1. ¿Cuánto trabajo se realiza cuando un levantador de pesas levanta 200 kg de 1.5 m a 2.0 m sobre el piso?

2. Calcule el trabajo realizado al subir un piano de cola de 500 kg desde el suelo hasta el tercer piso, a 10 m del suelo.

3. Una fuerza variable de $5x^{-2}$ newtons mueve un objeto a lo largo de una línea recta cuando está a x metros del origen.

Calcule el trabajo realizado para mover el objeto de $x = 1$ m a $x = 10$ m.

4. Una fuerza variable de $4\sqrt{x}$ newtons mueve una partícula a lo largo de un camino recto cuando está a x metros del origen. Calcule el trabajo realizado para mover la partícula de $x = 4$ a $x = 16$.

5. Se muestra la gráfica de una función de fuerza (en newtons) que aumenta hasta su valor máximo y luego se mantiene

constante. ¿Cuánto trabajo realiza la fuerza al mover un objeto a una distancia de 8 m?

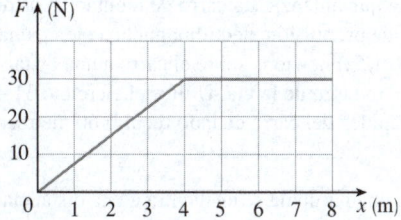

6. En la tabla se enlistan los valores de una función de fuerza
$f(x)$, donde x se mide en metros y $f(x)$ en newtons. Con la
regla del punto medio estime el trabajo realizado por la fuerza al mover un objeto de $x = 4$ a $x = 20$.

x	4	6	8	10	12	14	16	18	20
$f(x)$	5	5.8	7.0	8.8	9.6	8.2	6.7	5.2	4.1

7. Se requiere una fuerza de 45 N para mantener un resorte estirado 10 cm más allá de su longitud natural. ¿Cuánto trabajo
se realiza para estirarlo desde su longitud natural hasta 15 cm
más allá de su longitud natural?

8. Un resorte tiene una longitud natural de 40 cm. Si se requiere
una fuerza de 60 N para mantener el resorte comprimido
10 cm, ¿cuánto trabajo se realiza durante esta compresión?
¿Cuánto trabajo se requiere para comprimir el resorte a una
longitud de 25 cm?

9. Suponga que se necesitan 2 J de trabajo para estirar un resorte de su longitud natural de 30 cm a una longitud de 42 cm.
(a) ¿Cuánto trabajo se necesita para estirar el resorte de
35 cm a 40 cm?
(b) ¿Cuánto más allá de su longitud natural una fuerza de
30 N mantendrá el resorte estirado?

10. Si el trabajo requerido para estirar un resorte 1 m más allá de
su longitud natural es de 16 J, ¿cuánto trabajo se necesita
para estirarlo 9 pulgadas más allá de su longitud natural?

11. Un resorte tiene una longitud natural de 20 cm. Compare el
trabajo W_1 realizado en el estiramiento del resorte de 20 cm
a 30 cm con el trabajo W_2 realizado en el estiramiento de
30 cm a 40 cm. ¿Cómo se relacionan W_2 y W_1?

12. Si se necesitan 6 J de trabajo para estirar un resorte de 10 cm
a 12 cm y otros 10 J para estirarlo de 12 cm a 14 cm, ¿cuál es
la longitud natural del resorte?

13-22 Demuestre cómo aproximar el trabajo requerido por
medio de una suma de Riemann. Luego exprese el trabajo como
una integral y evalúela.

13. Una cuerda pesada, de 15 m de largo, pesa 0.75 kg/m y cuelga sobre el borde de un edificio de 35 m de altura.
(a) ¿Cuánto trabajo se realiza para jalar la cuerda hasta la
cima del edificio?
(b) ¿Cuánto trabajo se hace para jalar la mitad de la cuerda
hasta la parte superior del edificio?

14. Un cable grueso, de 20 m de largo y 80 kg de peso, cuelga
del cabrestante de una grúa. Calcule de dos maneras el trabajo realizado si el cabrestante enrolla 7 m del cable.
(a) Siga el método del ejemplo 4.
(b) Escriba una función para el peso del cable restante
después de que el cabrestante haya enrollado x metros.
Estime la cantidad de trabajo que se realiza cuando el
cabrestante recoge Δx m de cable.

15. Un cable que pesa 3 kg/m se utiliza para subir 350 kg de car-
bón por un pozo de mina de 150 m de profundidad. Encuentre el trabajo realizado.

16. Una cadena tendida en el suelo tiene 10 m de largo y su masa
es de 80 kg. ¿Cuánto trabajo se requiere para levantar un
extremo de la cadena a una altura de 6 m?

17. Una cadena de 3 m de largo pesa 10 kg y cuelga de un techo.
Encuentre el trabajo realizado al levantar el extremo inferior de la
cadena hasta el techo para que esté en el nivel del extremo superior.

18. Un modelo de un cohete de 0.4 kg está cargado con 0.75 kg
de combustible para cohetes. Después del lanzamiento, el
cohete se eleva a un ritmo constante de 4 m/s, pero el combustible para cohetes se disipa a una velocidad de 0.15 kg/s.
Encuentre el trabajo realizado en la propulsión del cohete a
20 m sobre el suelo.

19. Una cubeta de 10 kg con fugas es levantada del suelo, con una
cuerda que pesa 0.8 kg/m, hasta una altura de 12 m a una
rapidez constante. Inicialmente la cubeta contiene 36 kg de
agua, pero el agua se fuga a un ritmo constante y termina
de vaciarse justo cuando el cubo alcanza el nivel de 12 m.
¿Cuánto trabajo se realiza?

20. Una piscina circular tiene un diámetro de 7 m, los lados son
de 1.5 m de altura y la profundidad del agua es de 1.2 m.
¿Cuánto trabajo se requiere para bombear toda el agua y
sacarla por un lado? (Utilice el hecho de que la densidad del
agua es de 1 000 kg/m³).

21. Un acuario de 2 m de largo, 1 m de ancho y 1 m de profundidad está lleno de agua. Encuentre el trabajo necesario para
bombear la mitad del agua fuera del acuario. (Utilice el
hecho de que la densidad del agua es de 1 000 kg/m³).

22. Un tanque de agua esférico, de 7 m de diámetro, se encuentra
en la parte superior de una torre de 18 m de altura. El tanque se
llena con una manguera conectada a la parte inferior de la esfera. Si se utiliza una bomba de 1.5 caballos de fuerza para llevar
el agua hasta el tanque, ¿cuánto tiempo tardará llenar el tanque? (Un caballo de fuerza = 745.7 J de trabajo por segundo).

23-26 Un tanque está lleno de agua. Encuentre el trabajo
necesario para bombear el agua fuera de la salida. Utilice el hecho
de que la densidad del agua es de 1 000 kg/m³.

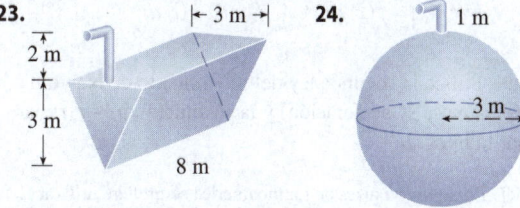

23.

24.

25.

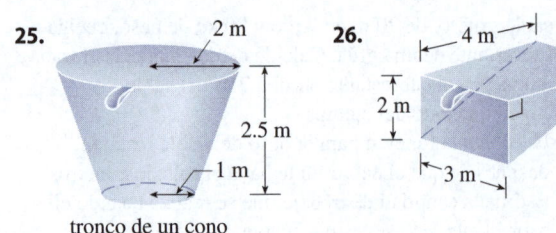

tronco de un cono

26.

27. Suponga que para el tanque del ejercicio 23 la bomba se descompone después de 4.7×10^5 J de trabajo. ¿Cuál es la profundidad del agua que queda en el tanque?

28. Resuelva el ejercicio 24 si el tanque está medio lleno de aceite que tiene una densidad de 900 kg/m³.

29. Cuando un gas se expande en un cilindro con radio r, la presión en un momento dado es una función del volumen: $P = P(V)$. La fuerza ejercida por el gas sobre el pistón (vea la figura) es el producto de la presión y el área: $F = \pi r^2 P$. Demuestre que el trabajo realizado por el gas cuando el volumen se expande del volumen V_1 al volumen V_2 es

$$W = \int_{V_1}^{V_2} P \, dV$$

cabeza de pistón

30. En una máquina de vapor la presión P y el volumen V del vapor cumplen con la ecuación $PV^{1.4} = k$, donde k es una constante. (Esto es cierto para la expansión adiabática, es decir, la expansión en la que no hay transferencia de calor entre el cilindro y su entorno). Utilice el ejercicio 29 para calcular el trabajo realizado por la máquina durante un ciclo en el que el vapor comienza a una presión de $1\,100$ kPa y un volumen de 1 m³, y se expande hasta un volumen de 8 m³.

31-33 Teorema del trabajo y la energía La energía cinética KE[1] de un objeto de masa m que se mueve con velocidad v se define como KE $= \frac{1}{2}mv^2$. Si una fuerza $f(x)$ actúa sobre el objeto, moviéndolo a lo largo del eje x de x_1 a x_2, el *teorema del trabajo y la energía* afirma que el trabajo neto realizado es igual al cambio de energía cinética: $\frac{1}{2}mv_2^2 - \frac{1}{2}mv_1^2$, donde v_1 es la velocidad en x_1 y v_2 es la velocidad en x_2.

31. Sea $x = s(t)$ la función de posición del objeto en el tiempo t y $v(t)$, $a(t)$ las funciones de velocidad y aceleración. Demuestre el teorema del trabajo y la energía utilizando primero la regla de la sustitución para integrales definidas (5.5.6) para mostrar que

$$W = \int_{x_1}^{x_2} f(x) \, dx = \int_{t_1}^{t_2} f(s(t)) \, v(t) \, dt$$

Después utilice la segunda ley del movimiento de Newton (fuerza = masa $\times$ aceleración) y la sustitución $u = v(t)$ para evaluar la integral.

[1] Nota del RT: En algunos países de Latinoamérica se prefiere utilizar E_c.

32. ¿Cuánto trabajo (en J) se requiere para lanzar una bola de boliche de 5 kg a 30 km/h?

33. Suponga que al lanzar un carro de montaña rusa de 800 kg un sistema de propulsión electromagnética ejerce una fuerza de $(5.7x^2 + 1.5x)$ newtons sobre el carro a una distancia x metros a lo largo de la vía. Utilice el ejercicio 31 para encontrar la rapidez del carro cuando recorra 60 metros.

34. Cuando una partícula se encuentra a una distancia x metros del origen, una fuerza de $\cos(\pi x/3)$ newtons actúa sobre ella. ¿Cuánto trabajo se realiza para mover la partícula de $x = 1$ a $x = 2$? Interprete su respuesta tomando en cuenta el trabajo realizado de $x = 1$ a $x = 1.5$ y de $x = 1.5$ a $x = 2$.

35. (a) La ley de gravitación de Newton establece que dos cuerpos con masas m_1 y m_2 se atraen entre sí con una fuerza

$$F = G \frac{m_1 m_2}{r^2}$$

donde r es la distancia entre los cuerpos y G es la constante gravitacional. Si uno de los cuerpos es fijo, encuentre el trabajo necesario para mover el otro de $r = a$ a $r = b$.

(b) Calcule el trabajo necesario para lanzar un satélite de $1\,000$ kg verticalmente hasta una altura de $1\,000$ km. Puede asumir que la masa de la Tierra es de 5.98×10^{24} kg y está concentrada en su centro. Establezca que el radio de la Tierra es de 6.37×10^6 m y $G = 6.67 \times 10^{-11}$ N · m²/kg².

36. La Gran Pirámide del rey Khufu se construyó con piedra caliza en Egipto durante un periodo de 20 años, desde 2580 a.C. hasta 2560 a.C. Su base es un cuadrado con una longitud lateral de 230 m y su altura cuando se construyó era de 147 m. (Fue la estructura más alta hecha por el hombre en el mundo durante más de $3\,800$ años). La densidad de la piedra caliza es de unos $2\,400$ kg/m³.

(a) Estime el trabajo total realizado en la construcción de la pirámide.

(b) Si cada trabajador laboró 10 horas al día durante 20 años, durante 340 días al año, y realizó 250 J/h de trabajo para levantar los bloques de piedra caliza en su lugar, ¿cuántos trabajadores se necesitaron para construir la pirámide?

6.5 | Valor promedio de una función

Es fácil calcular el valor promedio de una cantidad finita de números y_1, y_2, ..., y_n:

$$y_{\text{prom}} = \frac{y_1 + y_2 + \cdots + y_n}{n}$$

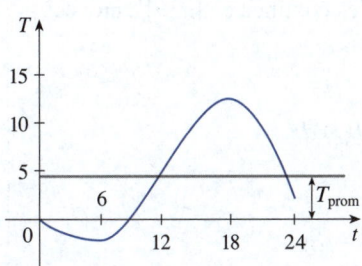

FIGURA 1

Sin embargo, ¿cómo se calcula la temperatura promedio durante un día si hay una cantidad infinita de lecturas de temperatura posibles? En la figura 1 se presenta la gráfica de una función de temperatura $T(t)$, donde t se mide en horas y T, en °C, y una suposición de la temperatura media, T_{prom}.

En general, se calcula el valor promedio de una función $y = f(x)$, $a \leq x \leq b$. Se comienza por dividir el intervalo $[a, b]$ en n subintervalos iguales, cada uno con longitud $\Delta x = (b - a)/n$. Luego se eligen los puntos x_1^*, ..., x_n^* en subintervalos sucesivos y se calcula el promedio de los números $f(x_1^*)$, ..., $f(x_n^*)$:

$$\frac{f(x_1^*) + \cdots + f(x_n^*)}{n}$$

(Por ejemplo, si f representa una función de temperatura y $n = 24$, significa que se toman lecturas de temperatura cada hora y luego se promedian). Como $\Delta x = (b - a)/n$, se puede escribir $n = (b - a)/\Delta x$ y el valor promedio se convierte en

$$\frac{f(x_1^*) + \cdots + f(x_n^*)}{\dfrac{b - a}{\Delta x}} = \frac{1}{b - a}[f(x_1^*) + \cdots + f(x_n^*)]\,\Delta x$$

$$= \frac{1}{b - a}[f(x_1^*)\,\Delta x + \cdots + f(x_n^*)\,\Delta x]$$

$$= \frac{1}{b - a}\sum_{i=1}^{n} f(x_i^*)\,\Delta x$$

Si n aumenta se calcularía el valor promedio de un gran número de valores estrechamente espaciados. (Por ejemplo, se estarían promediando las lecturas de la temperatura tomadas cada minuto o incluso cada segundo). El valor límite es

$$\lim_{n \to \infty} \frac{1}{b - a}\sum_{i=1}^{n} f(x_i^*)\,\Delta x = \frac{1}{b - a}\int_a^b f(x)\,dx$$

según la definición de una integral definida.

Por lo tanto, se define el **valor promedio de f** en el intervalo $[a, b]$ como

$$\boxed{f_{\text{prom}} = \frac{1}{b - a}\int_a^b f(x)\,dx}$$

Para una función positiva se puede pensar que esta definición dice

$$\frac{\text{área}}{\text{anchura}} = \text{altura promedio}$$

EJEMPLO 1 Encuentre el valor promedio de la función $f(x) = 1 + x^2$ en el intervalo $[-1, 2]$.

SOLUCIÓN Con $a = -1$ y $b = 2$ se tiene

$$f_{\text{prom}} = \frac{1}{b - a}\int_a^b f(x)\,dx = \frac{1}{2 - (-1)}\int_{-1}^{2}(1 + x^2)\,dx = \frac{1}{3}\left[x + \frac{x^3}{3}\right]_{-1}^{2} = 2 \quad \blacksquare$$

Si $T(t)$ es la temperatura en el tiempo t, cabría preguntarse si hay un momento específico en el que la temperatura sea la misma que la temperatura media. Para la función de temperatura graficada en la figura 1 se ve que hay dos momentos así: justo antes del mediodía y justo antes de la medianoche. En general, ¿hay un número c en el que el valor de una función f sea exactamente igual al valor promedio de la función, es decir, $f(c) = f_{\text{prom}}$? El siguiente teorema afirma que esto es cierto para las funciones continuas.

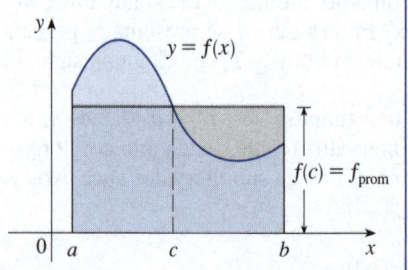

FIGURA 2

Siempre se puede cortar la cima de una montaña (bidimensional) a una cierta altura (a saber, f_{prom}) y rellenar con ella los valles de modo que la montaña se vuelva completamente plana.

Teorema del valor medio para integrales Si f es continua en $[a, b]$, entonces existe un número c en $[a, b]$ tal que

$$f(c) = f_{\text{prom}} = \frac{1}{b - a} \int_a^b f(x)\, dx$$

es decir,

$$\int_a^b f(x)\, dx = f(c)(b - a)$$

El teorema del valor medio para integrales es una consecuencia del teorema del valor medio para derivadas y del teorema fundamental del cálculo. La demostración se presenta en el ejercicio 28.

La interpretación geométrica del teorema del valor medio para integrales es que, para funciones *positivas* f, hay un número c tal que el rectángulo con base $[a, b]$ y altura $f(c)$ tiene la misma área que la región bajo la gráfica de f de a a b. (Vea la figura 2 y una interpretación más pintoresca en la nota al margen).

EJEMPLO 2 Como $f(x) = 1 + x^2$ es continua en el intervalo $[-1, 2]$, el teorema del valor medio para integrales dice que hay un número c en $[-1, 2]$ tal que

$$\int_{-1}^{2} (1 + x^2)\, dx = f(c)[2 - (-1)]$$

En este caso particular se puede encontrar c explícitamente. Por el ejemplo 1 se sabe que $f_{\text{prom}} = 2$, por lo que el valor de c satisface

$$f(c) = f_{\text{prom}} = 2$$

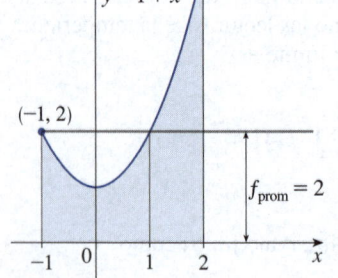

FIGURA 3

Por lo tanto, $\qquad 1 + c^2 = 2 \qquad$ así que $\qquad c^2 = 1$

De este modo, en este caso resulta que hay dos números $c = \pm 1$ en el intervalo $[-1, 2]$ que funcionan en el teorema del valor medio para integrales. ∎

Los ejemplos 1 y 2 se ilustran en la figura 3.

EJEMPLO 3 Demuestre que la velocidad promedio de un automóvil en un intervalo $[t_1, t_2]$ es la misma que el promedio de sus velocidades durante el viaje.

SOLUCIÓN Si $s(t)$ es el desplazamiento del auto en el tiempo t, entonces, por definición, la velocidad promedio del vehículo en el intervalo es

$$\frac{\Delta s}{\Delta t} = \frac{s(t_2) - s(t_1)}{t_2 - t_1}$$

Por otro lado, el valor promedio de la función de velocidad en el intervalo es

$$v_{\text{prom}} = \frac{1}{t_2 - t_1} \int_{t_1}^{t_2} v(t)\, dt = \frac{1}{t_2 - t_1} \int_{t_1}^{t_2} s'(t)\, dt$$

$$= \frac{1}{t_2 - t_1}\left[s(t_2) - s(t_1)\right] \qquad \text{(según el teorema del cambio neto)}$$

$$= \frac{s(t_2) - s(t_1)}{t_2 - t_1} = \text{velocidad promedio}$$

■

6.5 | Ejercicios

1-8 Encuentre el valor promedio de la función en el intervalo indicado.

1. $f(x) = 3x^2 + 8x$, $[-1, 2]$

2. $f(x) = \sqrt{x}$, $[0, 4]$

3. $g(x) = 3 \cos x$, $[-\pi/2, \pi/2]$

4. $f(z) = \dfrac{e^{1/z}}{z^2}$, $[1, 4]$

5. $g(t) = \dfrac{9}{1 + t^2}$, $[0, 2]$

6. $f(x) = \dfrac{x^2}{(x^3 + 3)^2}$, $[-1, 1]$

7. $h(x) = \cos^4 x \, \text{sen}\, x$, $[0, \pi]$

8. $h(u) = \dfrac{\ln u}{u}$, $[1, 5]$

9-12

(a) Halle el valor promedio de f en el intervalo indicado.

(b) Encuentre c en el intervalo indicado tal que $f_{\text{prom}} = f(c)$.

(c) Trace la gráfica de f y un rectángulo cuya base sea el intervalo indicado y cuya área sea la misma que el área bajo la gráfica de f.

9. $f(t) = 1/t^2$, $[1, 3]$

10. $g(x) = (x + 1)^3$, $[0, 2]$

11. $f(x) = 2 \, \text{sen}\, x - \text{sen}\, 2x$, $[0, \pi]$

12. $f(x) = 2xe^{-x^2}$, $[0, 2]$

13. Si f es continua y $\int_1^3 f(x)\, dx = 8$, demuestre que f asume el valor 4 al menos una vez en el intervalo $[1, 3]$.

14. Encuentre los números b tales que el valor promedio de $f(x) = 2 + 6x - 3x^2$ en el intervalo $[0, b]$ sea igual a 3.

15. Determine el valor promedio de f en $[0, 8]$.

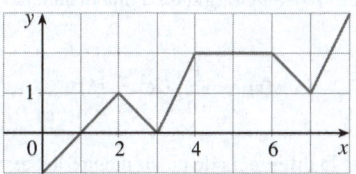

16. Se muestra la gráfica de velocidad de un auto en aceleración.

(a) Utilice la regla del punto medio para estimar la velocidad promedio del auto durante los primeros 12 segundos.

(b) ¿En qué momento fue la velocidad instantánea igual a la velocidad promedio?

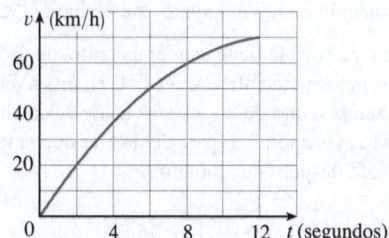

17. En una determinada ciudad la temperatura (en °C) t horas después de las 9 a. m. se modeló por la función

$$T(t) = 10 + 4 \, \text{sen}\, \frac{\pi t}{12}$$

Determine la temperatura promedio durante el periodo de 9 a. m. a 9 p. m.

18. En la figura se presentan gráficas de las temperaturas para una ciudad de la costa este y otra de la costa oeste durante un periodo de 24 horas a partir de la medianoche. ¿Qué ciudad tuvo la temperatura más alta ese día? Encuentre la temperatura promedio durante este periodo para cada ciudad usando la regla del punto medio con $n = 12$. Interprete sus resultados; ¿qué ciudad fue "más cálida" en general ese día?

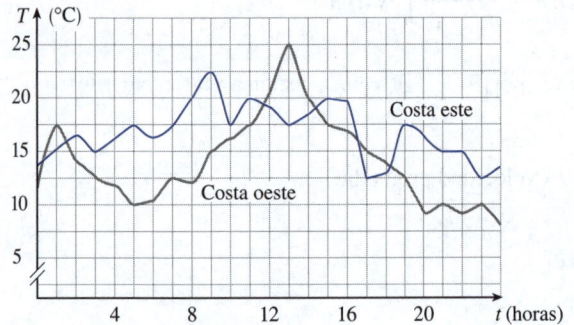

19. La densidad lineal en una varilla de 8 m de largo es de $12/\sqrt{x + 1}$ kg/m, donde x se mide en metros desde un extremo de la varilla. Determine la densidad promedio de la varilla.

20. La velocidad v de la sangre que fluye en un vaso sanguíneo con un radio R y una longitud l a una distancia r del eje central es

$$v(r) = \frac{P}{4\eta l}(R^2 - r^2)$$

donde P es la diferencia de presión entre los extremos del vaso y η es la viscosidad de la sangre (vea el ejemplo 3.7.7). Encuentre la velocidad promedio (respecto a r) en el intervalo $0 \leq r \leq R$. Compare la velocidad promedio con la velocidad máxima.

21. En el ejemplo 3.8.1 se modeló la población mundial en la segunda mitad del siglo xx mediante la ecuación $P(t) = 2\,560e^{0.017185t}$. Con esta ecuación estime el promedio de la población mundial durante este periodo (1950-2000).

22. (a) Una taza de café tiene una temperatura de 95 °C y tarda 30 minutos para enfriarse a 61 °C en una habitación con una temperatura de 20 °C. Use la ley de enfriamiento de Newton (sección 3.8) para demostrar que la temperatura del café después de t minutos es

$$T(t) = 20 + 75e^{-kt}$$

donde $k \approx 0.02$.

(b) ¿Cuál es la temperatura promedio del café durante la primera media hora?

23. Utilice el resultado del ejercicio 5.5.89 para calcular el volumen promedio de aire inhalado en los pulmones en un ciclo respiratorio.

24. Si un cuerpo en caída libre comienza desde el reposo, entonces su desplazamiento se indica por $s = \frac{1}{2}gt^2$. Sea v_T la velocidad después de un tiempo T. Demuestre que si se calcula el promedio de las velocidades respecto a t se obtiene $v_{\text{prom}} = \frac{1}{2}v_T$, pero si se calcula el promedio de las velocidades respecto a s se obtiene $v_{\text{prom}} = \frac{2}{3}v_T$.

25. Con el diagrama muestre que si f es cóncava hacia arriba en $[a, b]$, entonces

$$f_{\text{prom}} > f\left(\frac{a + b}{2}\right)$$

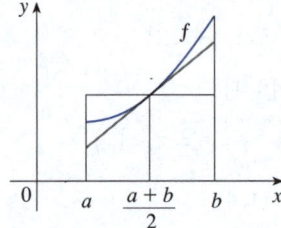

26-27 Sea $f_{\text{prom}}[a, b]$ el valor promedio de f en el intervalo $[a, b]$.

26. Demuestre que si $a < c < b$, entonces

$$f_{\text{prom}}[a, b] = \left(\frac{c - a}{b - a}\right)f_{\text{prom}}[a, c] + \left(\frac{b - c}{b - a}\right)f_{\text{prom}}[c, b]$$

27. Demuestre que si f es continua, entonces $\lim_{t \to a+} f_{\text{prom}}[a, t] = f(a)$.

28. Demuestre el teorema del valor medio para integrales aplicando el teorema del valor medio para derivadas (vea la sección 4.2) a la función $F(x) = \int_a^x f(t)\,dt$.

PROYECTO DE APLICACIÓN | CÁLCULO Y BÉISBOL

En este proyecto se exploran tres de las numerosas aplicaciones del cálculo en el béisbol. Las interacciones físicas del juego, especialmente la colisión de la pelota y el bate, son muy complejas y sus modelos se analizan en detalle en un libro de Robert Adair, *The Physics of Baseball*, 3.ª ed. (New York, 2002).

1. Quizá le sorprenda saber que la colisión de la pelota con el bate dura solo una milésima de segundo. Aquí se calcula la fuerza promedio sobre el bate durante esta colisión al estimar primero el cambio en el momento de la pelota.

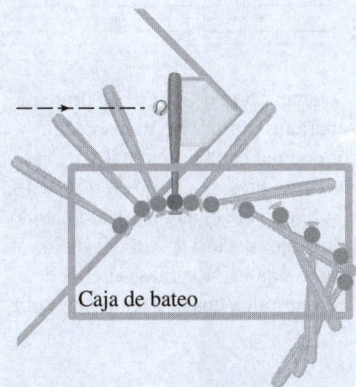

Una vista desde arriba de la posición de un bate de béisbol, que se muestra cada quincuagésimo de segundo durante un bateo común.

(Adaptado de *The Physics of Baseball*).

El *momento p* de un objeto es el producto de su masa *m* y su velocidad *v*, es decir, $p = mv$. Suponga que en un objeto que se mueve en línea recta actúa una fuerza $F = F(t)$, que es una función continua del tiempo.

(a) Demuestre que el cambio de momento en un intervalo $[t_0, t_1]$ es igual a la integral de F de t_0 a t_1; es decir, demuestre que

$$p(t_1) - p(t_0) = \int_{t_0}^{t_1} F(t)\, dt$$

Esta integral se llama el *impulso* de la fuerza durante el intervalo.

(b) Un lanzador lanza una bola rápida de 145 km/h a un bateador, que conecta un *hit* en línea directamente de regreso hacia el lanzador. La bola está en contacto con el bate durante 0.001 s y deja el bate con una velocidad de 180 km/h. Una pelota de béisbol pesa 0.14 kg.

  (i) Encuentre el cambio en el momento de la pelota.

  (ii) Determine la fuerza promedio sobre el bate.

2. En este problema se calcula el trabajo necesario para que un lanzador lance una bola rápida de 145 km/h considerando primero la energía cinética.

   La *energía cinética K* de un objeto de masa *m* y velocidad *v* se indica por $K = \frac{1}{2}mv^2$. Suponga que una fuerza $F = F(s)$ actúa sobre un objeto de masa *m*, que se mueve en línea recta, dependiendo de su posición *s*. De acuerdo con la segunda ley de Newton,

$$F(s) = ma = m\frac{dv}{dt}$$

   donde *a* y *v* denotan la aceleración y velocidad del objeto.

(a) Demuestre que el trabajo realizado para mover el objeto de una posición s_0 a una posición s_1 es igual al cambio de energía cinética del objeto; es decir, demuestre que

$$W = \int_{s_0}^{s_1} F(s)\, ds = \tfrac{1}{2}mv_1^2 - \tfrac{1}{2}mv_0^2$$

donde $v_0 = v(s_0)$ y $v_1 = v(s_1)$ son las velocidades del objeto en las posiciones s_0 y s_1. *Sugerencia*: Según la regla de la cadena,

$$m\frac{dv}{dt} = m\frac{dv}{ds}\frac{ds}{dt} = mv\frac{dv}{ds}$$

(b) ¿Cuántos julios de trabajo se necesitan para lanzar una pelota de béisbol a una rapidez de 145 km/h?

3. (a) Un jardinero lanza una pelota de béisbol a 85 m del *home* y la lanza directamente al receptor con una velocidad inicial de 30 m/s. Suponga que la velocidad $v(t)$ de la pelota después de *t* segundos satisface la ecuación diferencial $dv/dt = -\frac{1}{10}v$ debido a la resistencia del aire. ¿Cuánto tiempo tarda la pelota en llegar al *home*? (Ignore cualquier movimiento vertical de la pelota).

(b) El mánager del equipo se pregunta si la pelota llegará antes al *home* si asiste un jugador de cuadro. El parador en corto puede colocarse directamente entre el jardinero y el *home* atrapar la pelota lanzada por el jardinero, girar y lanzar la pelota al receptor con una velocidad inicial de 32 m/s. El mánager registra el tiempo de asistencia del parador en corto (atrapar, girar, lanzar) a medio segundo. ¿A qué distancia del *home* se debe colocar el parador en corto para reducir al mínimo el tiempo total en que la pelota llegue al *home*? ¿Debe el mánager alentar que tire directo a *home* o haya asistencia? ¿Y si el parador en corto puede lanzar a 35 m/s?

T (c) ¿A qué velocidad de la asistencia del parador en corto llegaría la pelota al mismo tiempo que si el jardinero hubiese tirado directo a *home*?

PROYECTO DE APLICACIÓN ▫T▫ DÓNDE SENTARSE EN EL CINE

Una sala de cine tiene una pantalla situada a 3 m del suelo y tiene 7.5 m de altura. La primera fila de asientos se coloca a 2.7 m de la pantalla y las filas separadas por 0.9 m. El piso de la zona de asientos está inclinado en un ángulo de $\alpha = 20°$ por encima de la horizontal y la distancia hacia arriba donde se sienta es x. El cine tiene 21 filas de asientos, por lo que $0 \le x \le 18$. Suponga que decide que el mejor lugar para sentarse es en la fila donde el ángulo θ subtendido por la pantalla a sus ojos es máximo. Suponga también que sus ojos están a 1.2 m del suelo, como se muestra en la figura. (En el ejercicio 4.7.84 se presentó una versión más sencilla de este problema, donde el suelo es horizontal, pero este proyecto implica una situación más complicada y requiere tecnología).

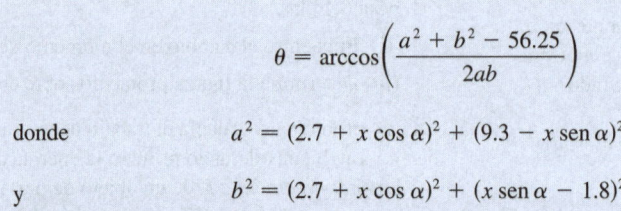

1. Demuestre que

$$\theta = \arccos\left(\frac{a^2 + b^2 - 56.25}{2ab}\right)$$

donde

$$a^2 = (2.7 + x \cos \alpha)^2 + (9.3 - x \operatorname{sen} \alpha)^2$$

y

$$b^2 = (2.7 + x \cos \alpha)^2 + (x \operatorname{sen} \alpha - 1.8)^2$$

2. Utilice una gráfica de θ como función de x para estimar el valor de x que maximice θ. ¿En qué fila debe sentarse? ¿Cuál es el ángulo de visión θ en esta fila?

3. Con un sistema de álgebra computarizada derive θ y encuentre un valor numérico para la raíz de la ecuación $d\theta/dx = 0$. ¿Este valor confirma su resultado en el problema 2?

4. Use la gráfica de θ para estimar el valor promedio de θ en el intervalo $0 \le x \le 18$. Luego utilice un sistema de álgebra computarizada para calcular el valor promedio. Compárelo con los valores máximo y mínimo de θ.

6   REPASO

VERIFICACIÓN DE CONCEPTOS   Las respuestas de la sección "Verificación de conceptos" están disponibles en StewartCalculus.com

1. (a) Trace dos curvas típicas $y = f(x)$ y $y = g(x)$, donde $f(x) \ge g(x)$ para $a \le x \le b$. Demuestre cómo aproximar el área entre estas curvas por medio de una suma de Riemann y trace los rectángulos de aproximación correspondientes. Luego escriba una expresión para el área exacta.

(b) Explique cómo la situación cambia si las curvas tienen las ecuaciones $x = f(y)$ y $x = g(y)$, donde $f(y) \ge g(y)$ para $c \le y \le d$.

2. Suponga que Sue corre más rápido que Kathy en una carrera de 1 500 metros. ¿Cuál es el significado físico del área entre sus curvas de velocidad para el primer minuto de la carrera?

3. (a) Suponga que S es un sólido con áreas transversales conocidas. Explique cómo aproximar el volumen de S mediante una suma de Riemann. Luego escriba una expresión para el volumen exacto.

(b) Si S es un sólido de revolución, ¿cómo se encuentran las áreas transversales?

4. (a) ¿Cuál es el volumen de un cascarón cilíndrico?

(b) Explique cómo usar los cascarones cilíndricos para encontrar el volumen de un sólido de revolución.

(c) ¿Por qué sería preferible el método del cascarón en lugar del método del disco o la arandela?

5. Suponga que se empuja un libro a través de una mesa de 6 metros de largo ejerciendo una fuerza $f(x)$ en cada punto de $x = 0$ a $x = 6$. ¿Qué representa $\int_0^6 f(x)\,dx$? Si $f(x)$ se mide en newtons, ¿cuáles son las unidades de la integral?

6. (a) ¿Cuál es el valor promedio de una función f en un intervalo $[a, b]$?

(b) ¿Qué dice el teorema del valor medio para integrales? ¿Cuál es su interpretación geométrica?

PREGUNTAS DE VERDADERO O FALSO

Determine si el enunciado es verdadero o falso. Si es verdadero, explique por qué. Si es falso, explique por qué o dé un ejemplo que lo refute.

1. El área entre las curvas $y = f(x)$ y $y = g(x)$ para $a \leq x \leq b$ es $A = \int_a^b [f(x) - g(x)]\, dx$.

2. Un cubo es un sólido de revolución.

3. Si la región delimitada por las curvas $y = \sqrt{x}$ y $y = x$ se gira alrededor del eje x, entonces el volumen del sólido resultante es $V = \int_0^1 \pi(\sqrt{x} - x)^2\, dx$.

4-9 Sea $\mathscr{R}$ la región que se muestra.

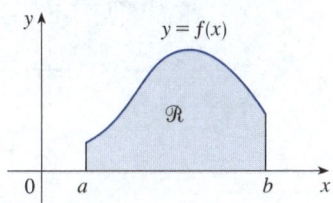

4. Si $\mathscr{R}$ se gira alrededor del eje y, entonces el volumen del sólido resultante es $V = \int_a^b 2\pi x\, f(x)\, dx$.

5. Si $\mathscr{R}$ se gira alrededor del eje x, entonces el volumen del sólido resultante es $V = \int_a^b \pi [f(x)]^2\, dx$.

6. Si $\mathscr{R}$ se gira alrededor del eje x, entonces las secciones transversales verticales perpendiculares al eje x del sólido resultante son discos.

7. Si $\mathscr{R}$ se gira alrededor del eje y, entonces las secciones transversales horizontales del sólido resultante son cascarones cilíndricos.

8. El volumen del sólido obtenido al girar $\mathscr{R}$ alrededor de la recta $x = -2$ es el mismo que el volumen del sólido obtenido al girar $\mathscr{R}$ alrededor del eje y.

9. Si $\mathscr{R}$ es la base de un sólido S y las secciones transversales de S perpendiculares al eje x son cuadradas, entonces el volumen de S es $V = \int_a^b [f(x)]^2\, dx$.

10. Un cable cuelga verticalmente de un cabrestante situado en la parte superior de un edificio alto. El trabajo necesario para que el cabrestante jale la mitad superior del cable es la mitad del trabajo necesario para jalar todo el cable.

11. Si $\int_2^5 f(x)\, dx = 12$, entonces el valor promedio de f en $[2, 5]$ es 4.

EJERCICIOS

1-6 Halle el área de la región delimitada por las curvas indicadas.

1. $y = x^2, \quad y = 8x - x^2$

2. $y = \sqrt{x}, \quad y = -\sqrt[3]{x}, \quad y = x - 2$

3. $y = 1 - 2x^2, \quad y = |x|$

4. $x + y = 0, \quad x = y^2 + 3y$

5. $y = \operatorname{sen}(\pi x/2), \quad y = x^2 - 2x$

6. $y = \sqrt{x}, \quad y = x^2, \quad x = 2$

7-11 Determine el volumen del sólido obtenido al rotar la región delimitada por las curvas indicadas alrededor del eje especificado.

7. $y = 2x, y = x^2$; alrededor del eje x.

8. $x = 1 + y^2, y = x - 3$; alrededor del eje y.

9. $x = 0, x = 9 - y^2$; alrededor de $x = -1$.

10. $y = x^2 + 1, y = 9 - x^2$; alrededor de $y = -1$.

11. $x^2 - y^2 = a^2, x = a + h$ (donde $a > 0, h > 0$); alrededor del eje y.

12-14 Establezca, pero no evalúe, una integral para el volumen del sólido obtenido al rotar la región delimitada por las curvas dadas alrededor del eje especificado.

12. $y = \tan x, y = x, x = \pi/3$; alrededor del eje y.

13. $y = \cos^2 x, |x| \leq \pi/2, y = \frac{1}{4}$; alrededor de $x = \pi/2$.

14. $y = \ln x, y = 0, x = 4$; alrededor de $x = -1$.

15-16 La región delimitada por las curvas indicadas se gira alrededor del eje especificado. Encuentre el volumen del sólido con (a) x como la variable de integración y (b) y como la variable de integración.

15. $y = x^3, y = 3x^2$; alrededor de $x = -1$.

16. $y = \sqrt{x}, y = x^2$; alrededor de $x = 3$.

17. Encuentre los volúmenes de los sólidos obtenidos al rotar la región delimitada por las curvas $y = x$ y $y = x^2$ alrededor de las siguientes rectas.
(a) El eje x. (b) El eje y. (c) $y = 2$.

18. Sea $\mathscr{R}$ la región del primer cuadrante delimitada por las curvas $y = x^3$ y $y = 2x - x^2$. Calcule las siguientes cantidades.
(a) El área de $\mathscr{R}$.
(b) El volumen que se obtiene por girar $\mathscr{R}$ alrededor del eje x.
(c) El volumen que se obtiene por girar $\mathscr{R}$ alrededor del eje y.

19. Sea $\mathscr{R}$ la región delimitada por las curvas $y = \tan(x^2), x = 1$ y $y = 0$. Con la regla del punto medio y $n = 4$ estime las siguientes cantidades.
(a) El área de $\mathscr{R}$.
(b) El volumen que se obtiene por girar $\mathscr{R}$ alrededor del eje x.

20. Sea $\mathcal{R}$ la región delimitada por las curvas $y = 1 - x^2$ y $y = x^6 - x + 1$. Estime las siguientes cantidades.
   (a) Las coordenadas x de los puntos de intersección de las curvas.
   (b) El área de $\mathcal{R}$.
   (c) El volumen que se genera cuando $\mathcal{R}$ gira alrededor del eje x.
   (d) El volumen que se genera cuando $\mathcal{R}$ gira alrededor del eje y.

21-24 Cada integral representa el volumen de un sólido. Describa el sólido.

21. $\displaystyle\int_0^{\pi/2} 2\pi x \cos x \, dx$

22. $\displaystyle\int_0^{\pi/2} 2\pi \cos^2 x \, dx$

23. $\displaystyle\int_0^{\pi} \pi(2 - \operatorname{sen} x)^2 \, dx$

24. $\displaystyle\int_0^4 2\pi(6 - y)(4y - y^2) \, dy$

25. La base de un sólido es un disco circular con radio 3. Encuentre el volumen del sólido si las secciones transversales paralelas perpendiculares a la base son triángulos isósceles rectos con hipotenusa ubicada a lo largo de la base.

26. La base de un sólido es la región delimitada por las parábolas $y = x^2$ y $y = 2 - x^2$. Encuentre el volumen del sólido si las secciones transversales perpendiculares al eje x son cuadradas con un lado que se ubica a lo largo de la base.

27. La altura de un monumento es de 20 m. Una sección transversal horizontal a una distancia de x metros de la parte superior es un triángulo equilátero con un lado de $\frac{1}{4}x$ metros. Encuentre el volumen del monumento.

28. (a) La base de un sólido es un cuadrado con vértices situados en $(1, 0)$, $(0, 1)$, $(-1, 0)$ y $(0, -1)$. Cada sección transversal perpendicular al eje x es un semicírculo. Encuentre el volumen del sólido.
   (b) Demuestre que el volumen del sólido del inciso (a) se puede calcular con más facilidad al cortar primero el sólido y reordenándolo para formar un cono.

29. Se requiere una fuerza de 30 N para mantener un resorte estirado desde su longitud natural de 12 cm hasta una longitud de 15 cm. ¿Cuánto trabajo se realiza para estirar el resorte de 12 cm a 20 cm?

30. Un elevador de 725 kg está suspendido por un cable de 60 m que tiene una masa de 15 kg/m. ¿Cuánto trabajo se requiere para elevar el ascensor del sótano al tercer piso, es decir, una distancia de 9 m?

31. Un tanque lleno de agua tiene la forma de un paraboloide de revolución como se muestra en la figura; es decir, su forma se obtiene al girar una parábola alrededor de un eje vertical.
   (a) Si su altura es de 1.2 m y el radio en la parte superior es de 1.2 m, encuentre el trabajo necesario para bombear el agua fuera del tanque.
   (b) Después de 4 000 J de trabajo, ¿cuál es la profundidad del agua que queda en el tanque?

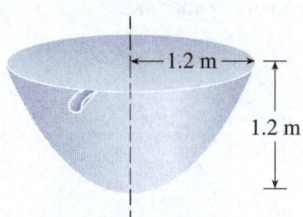

32. Un tanque de acero tiene la forma de un cilindro circular orientado verticalmente con un diámetro de 4 m y una altura de 5 m. El tanque está actualmente lleno hasta un nivel de 3 m con aceite de cocina que tiene una densidad de 920 kg/m³. Calcule el trabajo necesario para bombear el aceite fuera a través de un caño de 1 m en la parte superior del tanque.

33. Encuentre el valor promedio de la función $f(t) = \sec^2 t$ en el intervalo $[0, \pi/4]$.

34. (a) Encuentre el valor promedio de la función $f(x) = 1/\sqrt{x}$ en el intervalo $[1, 4]$.
   (b) Encuentre el valor c garantizado por el teorema del valor medio para integrales tal que $f_{\text{prom}} = f(c)$.
   (c) Trace la gráfica de f en $[1, 4]$ y un rectángulo con base $[1, 4]$ cuya área sea la misma que la de la gráfica de f.

35. Sea $\mathcal{R}_1$ la región delimitada por $y = x^2$, $y = 0$ y $x = b$, donde $b > 0$. Sea $\mathcal{R}_2$ la región delimitada por $y = x^2$, $x = 0$ y $y = b^2$.
   (a) ¿Existe un valor de b tal que $\mathcal{R}_1$ y $\mathcal{R}_2$ tengan la misma área?
   (b) ¿Existe un valor de b tal que $\mathcal{R}_1$ barra el mismo volumen cuando se gira alrededor del eje x que del eje y?
   (c) ¿Existe un valor de b tal que $\mathcal{R}_1$ y $\mathcal{R}_2$ barran el mismo volumen cuando se giran alrededor del eje x?
   (d) ¿Existe un valor de b tal que $\mathcal{R}_1$ y $\mathcal{R}_2$ barran el mismo volumen cuando se giran alrededor del eje y?

Problemas adicionales

1. Un sólido se genera al girar alrededor del eje x la región bajo la curva $y = f(x)$, donde f es una función positiva y $x \geq 0$. El volumen generado por la parte de la curva de $x = 0$ a $x = b$ es b^2 para toda $b > 0$. Encuentre la función f.

2. Hay una recta que atraviesa el origen y que divide la región delimitada por la parábola $y = x - x^2$ y el eje x en dos regiones de igual área. ¿Cuál es la pendiente de esa recta?

3. En la figura se muestra una curva C con la propiedad de que, para cada punto P de la curva central $y = 2x^2$, las áreas A y B son iguales. Encuentre una ecuación para C.

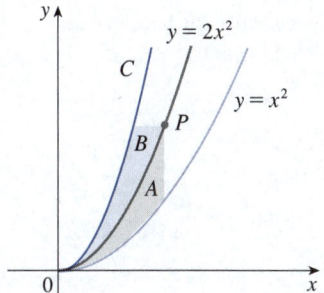

FIGURA PARA EL PROBLEMA 3

4. Un vaso cilíndrico de radio r y altura L se llena de agua y luego se inclina hasta que el agua que permanece en el vaso cubre exactamente su base.
   (a) Determine una forma de "rebanar" el agua en secciones transversales rectangulares y paralelas y luego *establezca* una integral definida para el volumen del agua en el vaso.
   (b) Determine una forma de "rebanar" el agua en secciones transversales paralelas que sean trapezoides y luego *establezca* una integral definida para el volumen del agua.
   (c) Encuentre el volumen de agua en el vaso evaluando una de las integrales en el inciso (a) o en el (b).
   (d) Halle el volumen del agua en el vaso a partir de consideraciones meramente geométricas.
   (e) Suponga que el vaso está inclinado hasta que el agua cubra exactamente la mitad de la base. ¿En qué dirección se puede "rebanar" el agua en secciones transversales triangulares? ¿Secciones transversales rectangulares? ¿Secciones transversales que sean segmentos de círculos? Encuentre el volumen de agua en el vaso.

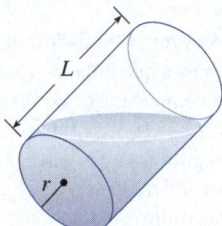
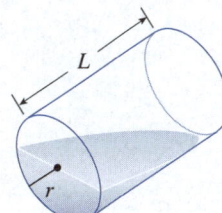

5. El agua en un tazón abierto se evapora a una velocidad proporcional al área de la superficie del agua. (Esto significa que la tasa de disminución del volumen es proporcional al área de la superficie). Demuestre que la profundidad del agua disminuye a un ritmo constante independientemente de la forma del tazón.

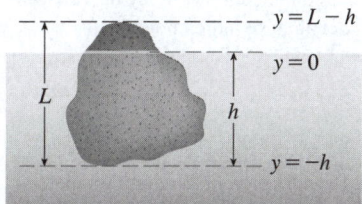

FIGURA PARA EL PROBLEMA 6

6. El principio de Arquímedes establece que la fuerza de flotación sobre un objeto parcial o totalmente sumergido en un líquido es igual al peso del líquido que el objeto desplaza. Así, para un objeto de densidad ρ_0 flotando parcialmente sumergido en un líquido de densidad ρ_f, la fuerza de flotación se indica por $F = \rho_f g \int_{-h}^{0} A(y)\, dy$, donde g es la aceleración debida a la gravedad y $A(y)$ es el área de una sección transversal común del objeto (vea la figura). El peso del objeto se proporciona por

$$W = \rho_0 g \int_{-h}^{L-h} A(y)\, dy$$

   (a) Demuestre que el porcentaje del volumen del objeto por encima de la superficie del líquido es

$$100\, \frac{\rho_f - \rho_0}{\rho_f}$$

   (b) La densidad del hielo es de 917 kg/m^3 y la del agua de mar es de $1\,030 \text{ kg/m}^3$. ¿Qué porcentaje del volumen de un iceberg está por encima del agua?
   (c) Un cubo de hielo flota en un vaso lleno de agua hasta el borde. ¿El agua se desborda cuando el hielo se derrite?
   (d) Una esfera de 0.4 m de radio y de peso insignificante flota en un gran lago de agua dulce. ¿Cuánto trabajo se requiere para sumergir la esfera completamente? La densidad del agua es de $1\,000 \text{ kg/m}^3$.

481

7. Una esfera de radio 1 se superpone a una esfera más pequeña de radio r de tal manera que su intersección es un círculo de radio r. (En otras palabras, se intersecan en un círculo mayor de la esfera pequeña). Encuentre r para que el volumen dentro de la esfera pequeña y fuera de la esfera grande sea lo más amplio posible.

8. Un vaso de papel lleno de agua tiene la forma de un cono con una altura h y un ángulo semivertical θ (vea la figura). Se coloca con cuidado una bola en el vaso y así se desplaza parte del agua y se hace que se desborde. ¿Cuál es el radio de la bola que hace que el mayor volumen de agua se derrame fuera del vaso?

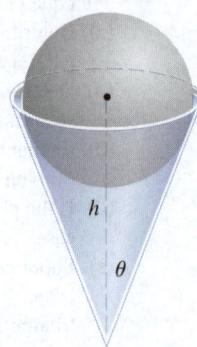

9. Una *clepsidra*, o reloj de agua, es un recipiente de vidrio con un pequeño agujero en el fondo por el que fluye el agua. El "reloj" se calibra para medir el tiempo colocando en el recipiente marcas que corresponden a los niveles de agua con tiempos igualmente espaciados. Sea $x = f(y)$ continua en el intervalo $[0, b]$ y suponga que el recipiente se forma al girar la gráfica de f alrededor del eje y. Sean V el volumen de agua y h la altura del nivel de agua en el tiempo t (vea la figura).

(a) Determine V como función de h.

(b) Demuestre que

$$\frac{dV}{dt} = \pi[f(h)]^2 \frac{dh}{dt}$$

(c) Suponga que A es el área del agujero en el fondo del contenedor. De la ley de Torricelli se desprende que la razón de cambio del volumen del agua se indica por

$$\frac{dV}{dt} = kA\sqrt{h}$$

donde k es una constante negativa. Determine una fórmula para la función f tal que dh/dt sea una constante C. ¿Cuál es la ventaja de tener $dh/dt = C$?

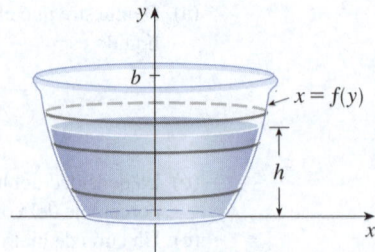

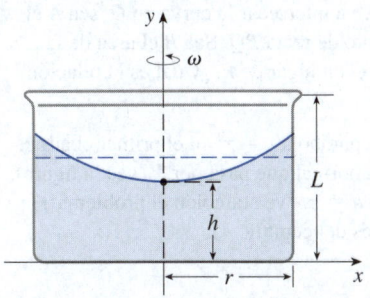

FIGURA PARA EL PROBLEMA 10

10. Un recipiente cilíndrico de radio r y altura L se llena parcialmente con un líquido cuyo volumen es V. Si el contenedor gira sobre su eje de simetría con una rapidez angular ω constante, entonces el contenedor inducirá un movimiento de rotación en el líquido alrededor del mismo eje. En su momento, el líquido estará rotando a la misma rapidez angular que el contenedor. La superficie del líquido será convexa, como se indica en la figura, porque la fuerza centrífuga en las partículas de líquido aumenta con la distancia del eje del contenedor. Se puede demostrar que la superficie del líquido es un paraboloide de revolución generado por la rotación de la parábola

$$y = h + \frac{\omega^2 x^2}{2g}$$

alrededor del eje y, donde g es la aceleración debida a la gravedad.

(a) Determine h como función de ω.

(b) ¿A qué rapidez angular tocará la superficie del líquido el fondo? ¿A qué rapidez se derramará por la parte superior?

(c) Suponga que el radio del contenedor es de 2 m, la altura es de 7 m, y el contenedor y el líquido giran a la misma rapidez angular constante. La superficie del líquido está a 5 m por debajo de la parte superior del tanque en el eje central y a 4 m por debajo de la parte superior del tanque a 1 m del eje central.

   (i) Determine la rapidez angular del recipiente y el volumen del líquido.

   (ii) ¿A qué distancia de la parte superior del tanque está el líquido en la pared del recipiente?

11. Suponga que la gráfica de un polinomio cúbico interseca la parábola $y = x^2$ cuando $x = 0$, $x = a$ y $x = b$, donde $0 < a < b$. Si las dos regiones entre las curvas tienen la misma área, ¿cómo se relaciona b con a?

T 12. Suponga que planea hacer un taco de una tortilla de 8 pulgadas de diámetro, doblando la tortilla para que tenga la forma de un cilindro circular. Se llena la tortilla hasta el borde (pero no más) con carne, queso y otros ingredientes. El problema es decidir cómo curvar la tortilla para maximizar el volumen de comida que puede sostener.

(a) Se empieza por colocar un cilindro circular de radio r a lo largo del diámetro de la tortilla y doblando la tortilla alrededor del cilindro. Sea x la distancia desde el centro de la tortilla hasta un punto P en el diámetro (vea la figura). Demuestre que el área de la sección transversal del taco relleno en el plano a través de P perpendicular al eje del cilindro es

$$A(x) = r\sqrt{16 - x^2} - \tfrac{1}{2}r^2 \,\mathrm{sen}\!\left(\frac{2}{r}\sqrt{16 - x^2}\right)$$

y escriba una expresión para el volumen del taco relleno.

(b) Determine (aproximadamente) el valor de r que maximiza el volumen del taco. (Aplique un enfoque gráfico).

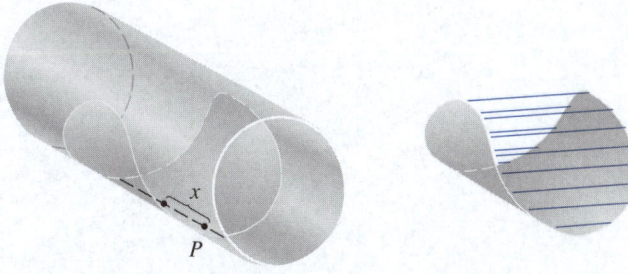

13. Si la tangente en un punto P de la curva $y = x^3$ vuelve a intersecar la curva en Q, sea A el área de la región delimitada por la curva y el segmento de recta PQ. Sea B el área de la región definida de la misma manera empezando por Q en lugar de P. ¿Cuál es la relación entre A y B?

14. Sea $P(a, a^2)$, $a > 0$, cualquier punto en la parte de la parábola $y = x^2$ en el primer cuadrante y $\mathcal{R}$ la región delimitada por la parábola y la recta normal que pasa por P (vea la figura). Demuestre que el área de $\mathcal{R}$ es más pequeña cuando $a = \frac{1}{2}$. (Vea también el problema 11 en "Problemas adicionales", que se presentan después del capítulo 4).

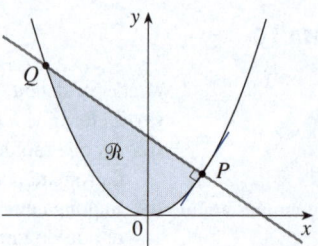

Los principios físicos que rigen el movimiento de un cohete a escala también se aplican a los cohetes que envían naves espaciales a la órbita terrestre. En el ejercicio 7.1.74 se utilizará una integral para calcular el combustible necesario para enviar un cohete a una altura determinada por encima de la Tierra.

7 | Técnicas de integración

CON EL TEOREMA FUNDAMENTAL del cálculo es posible integrar una función si se conoce una antiderivada, es decir, una integral indefinida. A continuación se resumen las integrales más importantes aprendidas hasta ahora.

$$\int k\,dx = kx + C$$

$$\int x^n\,dx = \frac{x^{n+1}}{n+1} + C \ (n \neq -1)$$

$$\int \frac{1}{x}\,dx = \ln|x| + C$$

$$\int e^x\,dx = e^x + C$$

$$\int b^x\,dx = \frac{b^x}{\ln b} + C$$

$$\int \operatorname{sen} x\,dx = -\cos x + C$$

$$\int \cos x\,dx = \operatorname{sen} x + C$$

$$\int \sec^2 x\,dx = \tan x + C$$

$$\int \csc^2 x\,dx = -\cot x + C$$

$$\int \sec x \tan x\,dx = \sec x + C$$

$$\int \csc x \cot x\,dx = -\csc x + C$$

$$\int \tan x\,dx = \ln|\sec x| + C$$

$$\int \cot x\,dx = \ln|\operatorname{sen} x| + C$$

$$\int \frac{1}{x^2 + a^2}\,dx = \frac{1}{a}\tan^{-1}\left(\frac{x}{a}\right) + C$$

$$\int \frac{1}{\sqrt{a^2 - x^2}}\,dx = \operatorname{sen}^{-1}\left(\frac{x}{a}\right) + C, \ a > 0$$

$$\int \operatorname{senh} x\,dx = \cosh x + C$$

$$\int \cosh x\,dx = \operatorname{senh} x + C$$

En este capítulo se desarrollan técnicas para utilizar estas fórmulas básicas de integración con el fin de obtener integrales indefinidas de funciones más complicadas. Se estudió ya el método más importante de integración, la regla de la sustitución, en la sección 5.5. La otra técnica general, la integración por partes, se presenta en la sección 7.1. Luego se presentan métodos especiales para ciertas clases de funciones, como las trigonométricas y las racionales.

La integración no es tan sencilla como la derivación; no hay reglas que garanticen por completo la obtención de una integral indefinida de una función. Por lo tanto, se analiza una estrategia de integración en la sección 7.5.

7.1 | Integración por partes

Cada regla de derivación tiene una regla de integración correspondiente. Por ejemplo, la regla de la sustitución para la integración corresponde a la regla de la cadena para la derivación. La regla de integración que corresponde a la regla del producto para la derivación se llama *integración por partes*.

■ Integración por partes: integrales indefinidas

La regla del producto establece que si f y g son funciones derivables, entonces

$$\frac{d}{dx}\,[f(x)g(x)] = f(x)g'(x) + g(x)f'(x)$$

En la notación para integrales indefinidas esta ecuación se convierte en

$$\int [f(x)g'(x) + g(x)f'(x)]\,dx = f(x)g(x)$$

o

$$\int f(x)g'(x)\,dx + \int g(x)f'(x)\,dx = f(x)g(x)$$

Podemos reacomodar esta ecuación como

$$\boxed{1} \qquad \boxed{\int f(x)g'(x)\,dx = f(x)g(x) - \int g(x)f'(x)\,dx}$$

La fórmula (1) se llama **fórmula para la integración por partes**. Tal vez sea más fácil recordarla en la siguiente notación. Sean $u = f(x)$ y $v = g(x)$. Entonces, los diferenciales o las diferenciales correspondientes son $du = f'(x)\,dx$ y $dv = g'(x)\,dx$, así que, según la regla de la sustitución, la fórmula para la integración por partes se convierte en

$$\boxed{2} \qquad \boxed{\int u\,dv = uv - \int v\,du}$$

EJEMPLO 1 Halle $\int x\,\text{sen}\,x\,dx$.

SOLUCIÓN CON LA FÓRMULA 1 Suponga que se elige $f(x) = x$ y $g'(x) = \text{sen}\,x$. Entonces $f'(x) = 1$ y $g(x) = -\cos x$. (Para g se puede elegir *cualquier* antiderivada de g'). De este modo, con la fórmula (1) se tiene

$$\int x\,\text{sen}\,x\,dx = f(x)g(x) - \int g(x)f'(x)\,dx$$

$$= x(-\cos x) - \int (-\cos x)\,dx = -x\cos x + \int \cos x\,dx$$

$$= -x\cos x + \text{sen}\,x + C$$

Es aconsejable comprobar la respuesta por derivación. Al hacerlo se obtiene $x \operatorname{sen} x$, como se esperaba.

SOLUCIÓN CON LA FÓRMULA 2 Sean

Es útil utilizar el siguiente patrón:

$$u = \square \qquad dv = \square$$
$$du = \square \qquad v = \square$$

$$u = x \qquad dv = \operatorname{sen} x \, dx$$

Entonces

$$du = dx \qquad v = -\cos x$$

y, por lo tanto,

$$\int x \operatorname{sen} x \, dx = \int \overset{u}{\overbrace{x}} \, \overset{dv}{\overbrace{\operatorname{sen} x \, dx}} = \overset{u}{\overbrace{x}} \, \overset{v}{\overbrace{(-\cos x)}} - \int \overset{v}{\overbrace{(-\cos x)}} \, \overset{du}{\overbrace{dx}}$$

$$= -x \cos x + \int \cos x \, dx$$

$$= -x \cos x + \operatorname{sen} x + C \qquad \blacksquare$$

NOTA El objetivo de emplear la integración por partes es obtener una integral más simple que la original. Por ello, en el ejemplo 1 se comienza con $\int x \operatorname{sen} x \, dx$ y se expresa en términos de la integral más simple $\int \cos x \, dx$. Si en cambio se hubiese elegido $u = \operatorname{sen} x$ y $dv = x \, dx$, entonces $du = \cos x \, dx$ y $v = x^2/2$, así que la integración por partes resulta

$$\int x \operatorname{sen} x \, dx = (\operatorname{sen} x) \frac{x^2}{2} - \frac{1}{2} \int x^2 \cos x \, dx$$

Aunque esto es cierto, $\int x^2 \cos x \, dx$ es una integral más difícil que aquella con la que se empezó. En general, al elegir u y dv, se suele intentar elegir $u = f(x)$ para que sea una función que se simplifique al derivarse (o al menos no se complique) siempre y cuando $dv = g'(x) \, dx$ pueda integrarse fácilmente para obtener v.

EJEMPLO 2 Evalúe $\int \ln x \, dx$.

SOLUCIÓN Aquí no hay muchas opciones para u y dv. Sea

$$u = \ln x \qquad dv = dx$$

Entonces

$$du = \frac{1}{x} \, dx \qquad v = x$$

Mediante la integración por partes se obtiene

Es usual escribir $\int 1 \, dx$ como $\int dx$.

$$\int \ln x \, dx = x \ln x - \int x \cdot \frac{1}{x} \, dx$$

Revise la respuesta mediante derivación.

$$= x \ln x - \int dx$$

$$= x \ln x - x + C$$

La integración por partes es eficaz en este ejemplo porque la derivada de la función $f(x) = \ln x$ es más sencilla que f. $\qquad \blacksquare$

EJEMPLO 3 Halle $\int t^2 e^t \, dt$.

SOLUCIÓN Observe que e^t no se modifica cuando se deriva o se integra, mientras que t^2 se torna más sencillo cuando se deriva, por lo que se elige

$$u = t^2 \qquad dv = e^t \, dt$$

Entonces $\qquad\qquad\qquad\quad du = 2t \, dt \qquad v = e^t$

Mediante la integración por partes se obtiene

$$\boxed{3} \qquad\qquad \int t^2 e^t \, dt = t^2 e^t - 2 \int t e^t \, dt$$

La integral que se obtuvo, $\int t e^t \, dt$, es más sencilla que la integral original, pero aún no es evidente. Por lo tanto, se aplica la integración por partes una segunda vez, en esta ocasión con $u = t$ y $dv = e^t \, dt$. Entonces $du = dt$, $v = e^t$ y

$$\int t e^t \, dt = t e^t - \int e^t \, dt$$

$$= t e^t - e^t + C$$

Al colocar esto en la ecuación (3) se obtiene

$$\int t^2 e^t \, dt = t^2 e^t - 2 \int t e^t \, dt$$

$$= t^2 e^t - 2(t e^t - e^t + C)$$

$$= t^2 e^t - 2t e^t + 2e^t + C_1 \qquad \text{donde } C_1 = -2C \qquad \blacksquare$$

EJEMPLO 4 Evalúe $\int e^x \operatorname{sen} x \, dx$.

Un método más fácil, con números complejos, se encuentra en el ejercicio 50 del apéndice H.

SOLUCIÓN Ni e^x ni sen x se simplifican al derivar, así que se elige $u = e^x$ y $dv = \operatorname{sen} x \, dx$. (Resulta que, en este ejemplo, elegir $u = \operatorname{sen} x$, $dv = e^x \, dx$ también funciona). Entonces $du = e^x \, dx$ y $v = -\cos x$, por lo que la integración por partes da

$$\boxed{4} \qquad\qquad \int e^x \operatorname{sen} x \, dx = -e^x \cos x + \int e^x \cos x \, dx$$

La integral que se obtuvo, $\int e^x \cos x \, dx$, no es más sencilla que la original, pero al menos no es más difícil. Como se tuvo éxito en el ejemplo anterior al integrar por partes dos veces, se persevera e integra por partes de nuevo. Es importante que nuevamente se elija $u = e^x$, así que $dv = \cos x \, dx$. Entonces $du = e^x \, dx$, $v = \operatorname{sen} x$, y

$$\boxed{5} \qquad\qquad \int e^x \cos x \, dx = e^x \operatorname{sen} x - \int e^x \operatorname{sen} x \, dx$$

A primera vista, parece como si no se hubiese logrado nada porque se llegó a $\int e^x \operatorname{sen} x \, dx$, que es el mismo punto donde se empezó. Sin embargo, si se coloca la expresión para $\int e^x \cos x \, dx$ de la ecuación (5) en la ecuación (4) se obtiene

$$\int e^x \operatorname{sen} x \, dx = -e^x \cos x + e^x \operatorname{sen} x - \int e^x \operatorname{sen} x \, dx$$

En la figura 1 se ilustra el ejemplo 4 con las gráficas de $f(x) = e^x \operatorname{sen} x$ y $F(x) = \frac{1}{2}e^x(\operatorname{sen} x - \cos x)$. Como comprobación visual del trabajo observe que $f(x) = 0$ cuando F tiene un máximo o un mínimo.

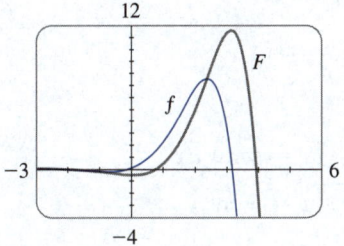

FIGURA 1

Esto puede considerarse una ecuación por resolver para la integral desconocida. Si se suma $\int e^x \operatorname{sen} x\, dx$ en ambos lados se obtiene

$$2 \int e^x \operatorname{sen} x\, dx = -e^x \cos x + e^x \operatorname{sen} x$$

Si se divide entre 2 y se suma la constante de integración se obtiene

$$\int e^x \operatorname{sen} x\, dx = \frac{1}{2}e^x(\operatorname{sen} x - \cos x) + C \qquad \blacksquare$$

■ Integración por partes: integrales definidas

Si se combina la fórmula para la integración por partes con la parte 2 del teorema fundamental del cálculo (TFC), es posible evaluar integrales definidas por partes. Al hacerlo en ambos lados de la fórmula (1) entre a y b, suponiendo que f' y g' son continuas, y con el teorema fundamental, se obtiene

$$\boxed{6} \qquad \boxed{\int_a^b f(x) g'(x)\, dx = f(x)g(x)\Big]_a^b - \int_a^b g(x) f'(x)\, dx}$$

EJEMPLO 5 Calcule $\int_0^1 \tan^{-1}x\, dx$.

SOLUCIÓN Sea

$$u = \tan^{-1}x \qquad\qquad dv = dx$$

Entonces
$$du = \frac{dx}{1 + x^2} \qquad\qquad v = x$$

Así, la fórmula (6) da

$$\int_0^1 \tan^{-1}x\, dx = x \tan^{-1}x\Big]_0^1 - \int_0^1 \frac{x}{1 + x^2}\, dx$$

$$= 1 \cdot \tan^{-1}1 - 0 \cdot \tan^{-1}0 - \int_0^1 \frac{x}{1 + x^2}\, dx$$

$$= \frac{\pi}{4} - \int_0^1 \frac{x}{1 + x^2}\, dx$$

Como $\tan^{-1}x \geq 0$ para $x \geq 0$, la integral del ejemplo 5 puede interpretarse como el área de la región que se muestra en la figura 2.

Para evaluar esta integral, se utiliza la sustitución $t = 1 + x^2$ (ya que u tiene otro significado en este ejemplo). Entonces $dt = 2x\, dx$, así que $x\, dx = \frac{1}{2} dt$. Cuando $x = 0$, $t = 1$; cuando $x = 1$, $t = 2$; por lo tanto,

$$\int_0^1 \frac{x}{1 + x^2}\, dx = \frac{1}{2} \int_1^2 \frac{dt}{t} = \frac{1}{2} \ln|t|\Big]_1^2$$

$$= \frac{1}{2}(\ln 2 - \ln 1) = \frac{1}{2} \ln 2$$

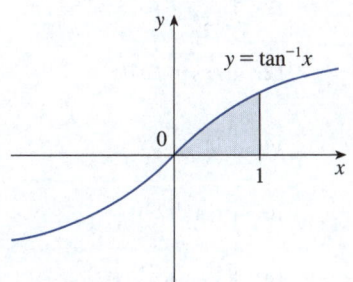

FIGURA 2

De este modo, $\qquad \displaystyle\int_0^1 \tan^{-1}x\, dx = \frac{\pi}{4} - \int_0^1 \frac{x}{1 + x^2}\, dx = \frac{\pi}{4} - \frac{\ln 2}{2} \qquad \blacksquare$

■ Fórmulas de reducción

Los ejemplos anteriores muestran que la integración por partes a menudo permite expresar una integral en términos de otra más sencilla. Si el integrando contiene una función de potencias se puede usar a veces la integración por partes para reducir la potencia. De esta manera es posible encontrar una *fórmula de reducción*, como en el siguiente ejemplo.

EJEMPLO 6 Demuestre la fórmula de reducción

La ecuación (7) se llama *fórmula de reducción* porque el exponente *n* se *redujo* a $n - 1$ y $n - 2$.

$$\boxed{7} \qquad \int \text{sen}^n x \, dx = -\frac{1}{n} \cos x \, \text{sen}^{n-1} x + \frac{n-1}{n} \int \text{sen}^{n-2} x \, dx$$

donde $n \geq 2$ es un entero.

SOLUCIÓN Sea

$$u = \text{sen}^{n-1} x \qquad\qquad dv = \text{sen } x \, dx$$

Entonces $\qquad du = (n-1)\, \text{sen}^{n-2} x \cos x \, dx \qquad v = -\cos x$

y la integración por partes da

$$\int \text{sen}^n x \, dx = -\cos x \, \text{sen}^{n-1} x + (n-1) \int \text{sen}^{n-2} x \cos^2 x \, dx$$

Como $\cos^2 x = 1 - \text{sen}^2 x$, se tiene

$$\int \text{sen}^n x \, dx = -\cos x \, \text{sen}^{n-1} x + (n-1) \int \text{sen}^{n-2} x \, dx - (n-1) \int \text{sen}^n x \, dx$$

Como en el ejemplo 4, en esta ecuación se despeja la integral deseada llevando el último término del lado derecho al lado izquierdo. Así se tiene

$$n \int \text{sen}^n x \, dx = -\cos x \, \text{sen}^{n-1} x + (n-1) \int \text{sen}^{n-2} x \, dx$$

o $\qquad\qquad \int \text{sen}^n x \, dx = -\frac{1}{n} \cos x \, \text{sen}^{n-1} x + \frac{n-1}{n} \int \text{sen}^{n-2} x \, dx$ ■

La fórmula de reducción (7) es útil porque al usarla en forma recurrente, al final, se podría expresar $\int \text{sen}^n x \, dx$ en términos de $\int \text{sen } x \, dx$ (si *n* es impar) o $\int (\text{sen } x)^0 \, dx = \int dx$ (si *n* es par).

7.1 | Ejercicios

1-4 Evalúe la integral mediante la integración por partes con las opciones indicadas de *u* y *dv*.

1. $\int xe^{2x}\, dx; \quad u = x, \; dv = e^{2x}\, dx$

2. $\int \sqrt{x} \ln x \, dx; \quad u = \ln x, \; dv = \sqrt{x}\, dx$

3. $\int x \cos 4x \, dx; \quad u = x, \; dv = \cos 4x \, dx$

4. $\int \text{sen}^{-1} x \, dx; \quad u = \text{sen}^{-1} x, \; dv = dx$

5-42 Evalúe cada integral.

5. $\int te^{2t}\, dt$

6. $\int ye^{-y}\, dy$

7. $\int x \, \text{sen } 10x \, dx$

8. $\int (\pi - x) \cos \pi x \, dx$

9. $\int w \ln w \, dw$

10. $\int \dfrac{\ln x}{x^2}\, dx$

11. $\int (x^2 + 2x) \cos x \, dx$

12. $\int t^2 \, \text{sen } \beta t \, dt$

13. $\int \cos^{-1} x \, dx$

14. $\int \ln \sqrt{x}\, dx$

15. $\int t^4 \ln t \, dt$

16. $\int \tan^{-1}(2y)\, dy$

17. $\int t \csc^2 t \, dt$

18. $\int x \cosh ax \, dx$

19. $\int (\ln x)^2 \, dx$

20. $\int \dfrac{z}{10^z}\, dz$

21. $\int e^{3x} \cos x \, dx$

22. $\int e^x \, \text{sen } \pi x \, dx$

23. $\int e^{2\theta} \, \text{sen } 3\theta \, d\theta$

24. $\int e^{-\theta} \cos 2\theta \, d\theta$

25. $\displaystyle\int z^3 e^z \, dz$

26. $\displaystyle\int (\text{arcsen } x)^2 \, dx$

27. $\displaystyle\int (1 + x^2) \, e^{3x} \, dx$

28. $\displaystyle\int_0^{1/2} \theta \text{ sen } 3\pi\theta \, d\theta$

29. $\displaystyle\int_0^1 x \, 3^x \, dx$

30. $\displaystyle\int_0^1 \frac{xe^x}{(1 + x)^2} \, dx$

31. $\displaystyle\int_0^2 y \text{ senh } y \, dy$

32. $\displaystyle\int_1^2 w^2 \ln w \, dw$

33. $\displaystyle\int_1^5 \frac{\ln R}{R^2} \, dR$

34. $\displaystyle\int_0^{2\pi} t^2 \text{ sen } 2t \, dt$

35. $\displaystyle\int_0^{\pi} x \text{ sen } x \cos x \, dx$

36. $\displaystyle\int_1^{\sqrt{3}} \arctan(1/x) \, dx$

37. $\displaystyle\int_1^5 \frac{M}{e^M} \, dM$

38. $\displaystyle\int_1^2 \frac{(\ln x)^2}{x^3} \, dx$

39. $\displaystyle\int_0^{\pi/3} \text{sen } x \ln(\cos x) \, dx$

40. $\displaystyle\int_0^1 \frac{r^3}{\sqrt{4 + r^2}} \, dr$

41. $\displaystyle\int_0^{\pi} \cos x \text{ senh } x \, dx$

42. $\displaystyle\int_0^t e^s \text{ sen}(t - s) \, ds$

43-48 Primero realice una sustitución y luego utilice la integración por partes para evaluar la integral.

43. $\displaystyle\int e^{\sqrt{x}} \, dx$

44. $\displaystyle\int \cos(\ln x) \, dx$

45. $\displaystyle\int_{\sqrt{\pi/2}}^{\sqrt{\pi}} \theta^3 \cos(\theta^2) \, d\theta$

46. $\displaystyle\int_0^{\pi} e^{\cos t} \text{ sen } 2t \, dt$

47. $\displaystyle\int x \ln(1 + x) \, dx$

48. $\displaystyle\int \frac{\text{arcsen}(\ln x)}{x} \, dx$

⊞ **49-52** Evalúe la integral indefinida. Ilústrela y demuestre que su respuesta es razonable graficando tanto la función como su antiderivada (tome $C = 0$).

49. $\displaystyle\int xe^{-2x} \, dx$

50. $\displaystyle\int x^{3/2} \ln x \, dx$

51. $\displaystyle\int x^3 \sqrt{1 + x^2} \, dx$

52. $\displaystyle\int x^2 \text{ sen } 2x \, dx$

---

53. (a) Con la fórmula de reducción del ejemplo 6 demuestre que

$$\int \text{sen}^2 x \, dx = \frac{x}{2} - \frac{\text{sen } 2x}{4} + C$$

(b) Use el inciso (a) y la fórmula de reducción para evaluar $\int \text{sen}^4 x \, dx$.

54. (a) Demuestre la fórmula de reducción

$$\int \cos^n x \, dx = \frac{1}{n} \cos^{n-1} x \text{ sen } x + \frac{n - 1}{n} \int \cos^{n-2} x \, dx$$

(b) Use el inciso (a) para evaluar $\int \cos^2 x \, dx$.
(c) Use los incisos (a) y (b) para evaluar $\int \cos^4 x \, dx$.

55. (a) Con la fórmula de reducción del ejemplo 6 demuestre que

$$\int_0^{\pi/2} \text{sen}^n x \, dx = \frac{n - 1}{n} \int_0^{\pi/2} \text{sen}^{n-2} x \, dx$$

donde $n \geqslant 2$ es un entero.

(b) Use el inciso (a) para evaluar $\int_0^{\pi/2} \text{sen}^3 x \, dx$ y $\int_0^{\pi/2} \text{sen}^5 x \, dx$.
(c) Use el inciso (a) para demostrar que, para potencias impares de seno,

$$\int_0^{\pi/2} \text{sen}^{2n+1} x \, dx = \frac{2 \cdot 4 \cdot 6 \cdot \cdots \cdot 2n}{3 \cdot 5 \cdot 7 \cdot \cdots \cdot (2n + 1)}$$

56. Demuestre que, para potencias pares de seno,

$$\int_0^{\pi/2} \text{sen}^{2n} x \, dx = \frac{1 \cdot 3 \cdot 5 \cdot \cdots \cdot (2n - 1)}{2 \cdot 4 \cdot 6 \cdot \cdots \cdot 2n} \frac{\pi}{2}$$

57-60 Utilice la integración por partes para demostrar la fórmula de reducción.

57. $\displaystyle\int (\ln x)^n \, dx = x(\ln x)^n - n \int (\ln x)^{n-1} \, dx$

58. $\displaystyle\int x^n e^x \, dx = x^n e^x - n \int x^{n-1} e^x \, dx$

59. $\displaystyle\int \tan^n x \, dx = \frac{\tan^{n-1} x}{n - 1} - \int \tan^{n-2} x \, dx \quad (n \neq 1)$

60. $\displaystyle\int \sec^n x \, dx = \frac{\tan x \sec^{n-2} x}{n - 1} + \frac{n - 2}{n - 1} \int \sec^{n-2} x \, dx \quad (n \neq 1)$

---

61. Consulte el ejercicio 57 para encontrar $\int (\ln x)^3 \, dx$.

62. Con el ejercicio 58 encuentre $\int x^4 e^x \, dx$.

63-64 Halle el área de la región acotada por las curvas indicadas.

63. $y = x^2 \ln x, \quad y = 4 \ln x$ **64.** $y = x^2 e^{-x}, \quad y = xe^{-x}$

⊞ **65-66** Mediante una gráfica, encuentre las coordenadas x aproximadas de los puntos de intersección de las curvas indicadas. Luego determine (aproximadamente) el área de la región que acotan.

65. $y = \text{arcsen}\left(\frac{1}{2}x\right), \quad y = 2 - x^2$

66. $y = x \ln(x + 1), \quad y = 3x - x^2$

67-70 Mediante el método de los cascarones cilíndricos encuentre el volumen generado por la rotación de la región acotada por las curvas alrededor del eje indicado.

67. $y = \cos(\pi x/2), y = 0, 0 \leqslant x \leqslant 1$; alrededor del eje y.

68. $y = e^x, y = e^{-x}, x = 1$; alrededor del eje y.

69. $y = e^{-x}, y = 0, x = -1, x = 0$; alrededor de $x = 1$.

70. $y = e^x, x = 0, y = 3$; alrededor del eje x.

71. Calcule el volumen que se genera al rotar la región acotada por las curvas $y = \ln x$, $y = 0$ y $x = 2$ alrededor de cada eje.
(a) El eje y.   (b) El eje x.

72. Calcule el valor promedio de $f(x) = x \sec^2 x$ en el intervalo $[0, \pi/4]$.

73. La función de Fresnel $S(x) = \int_0^x \text{sen}\left(\frac{1}{2}\pi t^2\right) dt$ se analizó en el ejemplo 5.3.3 y se utiliza ampliamente en la teoría de la óptica. Encuentre $\int S(x)\, dx$. [Su respuesta implicará $S(x)$].

74. Una ecuación de cohete Un cohete se acelera quemando su combustible de a bordo, por lo que su masa disminuye con el tiempo. Suponga que la masa inicial del cohete en el despegue (incluso su combustible) es m, que el combustible se consume a una velocidad r y que los gases de escape se expulsan a una velocidad constante v_e (relativa al cohete). Un modelo para la velocidad del cohete en el tiempo t lo indica la ecuación

$$v(t) = -gt - v_e \ln \frac{m - rt}{m}$$

donde g es la aceleración debida a la gravedad y t no es demasiado grande. Si $g = 9.8$ m/s^2, $m = 30\,000$ kg, $r = 160$ kg/s y $v_e = 3\,000$ m/s, encuentre la altura del cohete (a) un minuto después del despegue y (b) después de que haya consumido $6\,000$ kg de combustible.

75. Una partícula que se mueve a lo largo de una línea recta tiene una velocidad $v(t) = t^2 e^{-t}$ metros por segundo después de t segundos. ¿Qué tan lejos se desplazará durante los primeros t segundos?

76. Si $f(0) = g(0) = 0$ y f'' y g'' son continuas, demuestre que

$$\int_0^a f(x)g''(x)\, dx = f(a)g'(a) - f'(a)g(a) + \int_0^a f''(x)g(x)\, dx$$

77. Suponga que $f(1) = 2$, $f(4) = 7$, $f'(1) = 5$, $f'(4) = 3$ y f'' es continua. Encuentre el valor de $\int_1^4 x f''(x)\, dx$.

78. (a) Utilice la integración por partes para demostrar que

$$\int f(x)\, dx = x f(x) - \int x f'(x)\, dx$$

(b) Si f y g son funciones inversas y f' es continua, demuestre que

$$\int_a^b f(x)\, dx = b f(b) - a f(a) - \int_{f(a)}^{f(b)} g(y)\, dy$$

[*Sugerencia*: Utilice el inciso (a) y realice la sustitución $y = f(x)$].

(c) En el caso de que f y g sean funciones positivas y $b > a > 0$, trace un diagrama para dar una interpretación geométrica del inciso (b).

(d) Utilice el inciso (b) para evaluar $\int_1^e \ln x\, dx$.

79. (a) Recuerde que la fórmula para la integración por partes se obtiene de la regla del producto. Utilice un razonamiento similar para obtener la siguiente fórmula de integración a partir de la regla del cociente.

$$\int \frac{u}{v^2}\, dv = -\frac{u}{v} + \int \frac{1}{v}\, du$$

(b) Utilice la fórmula del inciso (a) para evaluar $\int \frac{\ln x}{x^2}\, dx$.

80. Fórmula del producto de Wallis para π Sea $I_n = \int_0^{\pi/2} \text{sen}^n x\, dx$.
(a) Demuestre que $I_{2n+2} \leqslant I_{2n+1} \leqslant I_{2n}$.
(b) Utilice el ejercicio 56 para demostrar que

$$\frac{I_{2n+2}}{I_{2n}} = \frac{2n + 1}{2n + 2}$$

(c) Con los incisos (a) y (b) demuestre que

$$\frac{2n + 1}{2n + 2} \leqslant \frac{I_{2n+1}}{I_{2n}} \leqslant 1$$

y deduzca que $\lim_{n \to \infty} I_{2n+1}/I_{2n} = 1$.

(d) Utilice el inciso (c) y los ejercicios 55 y 56 para demostrar que

$$\lim_{n \to \infty} \frac{2}{1} \cdot \frac{2}{3} \cdot \frac{4}{3} \cdot \frac{4}{5} \cdot \frac{6}{5} \cdot \frac{6}{7} \cdot \cdots \cdot \frac{2n}{2n - 1} \cdot \frac{2n}{2n + 1} = \frac{\pi}{2}$$

Esta fórmula se escribe usualmente como un producto infinito:

$$\frac{\pi}{2} = \frac{2}{1} \cdot \frac{2}{3} \cdot \frac{4}{3} \cdot \frac{4}{5} \cdot \frac{6}{5} \cdot \frac{6}{7} \cdot \cdots$$

y se llama *producto de Wallis*.

(e) Se construyen rectángulos de la siguiente manera: empiece con un cuadrado de área 1 y adjunte los rectángulos de área 1 alternativamente al lado o encima del rectángulo anterior (vea la figura). Encuentre el límite de las relaciones de anchura y altura de estos rectángulos.

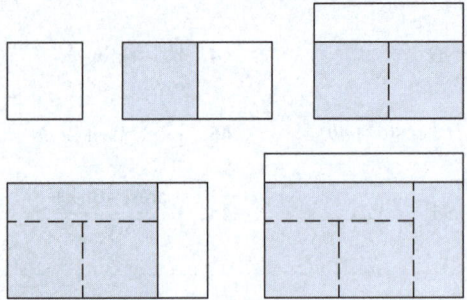

81. Se llega a la fórmula 6.3.2, $V = \int_a^b 2\pi x f(x)\, dx$, mediante cascarones cilíndricos, pero ahora se puede utilizar la integración por partes para demostrarlo con el método de rebanado de la sección 6.2, al menos para el caso en que f es uno a uno y por lo tanto tiene una función inversa g. Utilice la figura para demostrar que

$$V = \pi b^2 d - \pi a^2 c - \int_c^d \pi [g(y)]^2\, dy$$

Realice la sustitución $y = f(x)$ y luego utilice la integración por partes en la integral resultante para demostrar que

$$V = \int_a^b 2\pi x f(x)\, dx$$

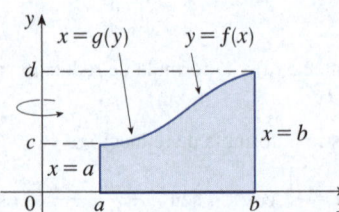

7.2 │ Integrales trigonométricas

En esta sección se aplican identidades trigonométricas para integrar ciertas combinaciones de funciones trigonométricas.

■ Integrales de potencias de seno y coseno

Se comienza por considerar integrales en las que el integrando es una potencia de seno, una potencia de coseno o un producto de ambas.

EJEMPLO 1 Evalúe $\int \cos^3 x \, dx$.

SOLUCIÓN Simplemente sustituir $u = \cos x$ no es útil, pues entonces $du = -\operatorname{sen} x \, dx$. Para integrar las potencias del coseno se necesitaría un factor $\operatorname{sen} x$ adicional. De igual manera, una potencia de seno requeriría un factor $\cos x$ adicional. Así, aquí se puede separar un factor coseno y convertir el factor $\cos^2 x$ restante en una expresión que implique el seno utilizando la identidad $\operatorname{sen}^2 x + \cos^2 x = 1$:

$$\cos^3 x = \cos^2 x \cdot \cos x = (1 - \operatorname{sen}^2 x) \cos x$$

Entonces es posible evaluar la integral sustituyendo $u = \operatorname{sen} x$, así que $du = \cos x \, dx$ y

$$\int \cos^3 x \, dx = \int \cos^2 x \cdot \cos x \, dx = \int (1 - \operatorname{sen}^2 x) \cos x \, dx$$

$$= \int (1 - u^2) \, du = u - \tfrac{1}{3} u^3 + C$$

$$= \operatorname{sen} x - \tfrac{1}{3} \operatorname{sen}^3 x + C \qquad\blacksquare$$

En general, se trata de escribir un integrando que involucre las potencias del seno y del coseno de forma que se tenga un solo factor del seno (y el resto de la expresión en términos de coseno), o bien solo un factor del coseno (y el resto de la expresión en términos de seno). La identidad $\operatorname{sen}^2 x + \cos^2 x = 1$ permite convertir de ida y vuelta entre potencias pares de seno y coseno.

EJEMPLO 2 Halle $\int \operatorname{sen}^5 x \cos^2 x \, dx$.

SOLUCIÓN Se podría convertir $\cos^2 x$ en $1 - \operatorname{sen}^2 x$, pero quedaría una expresión en términos de $\operatorname{sen} x$ sin factor $\cos x$ adicional. En cambio, se separa un único factor seno y se reescribe el factor $\operatorname{sen}^4 x$ restante en términos de $\cos x$:

$$\operatorname{sen}^5 x \cos^2 x = (\operatorname{sen}^2 x)^2 \cos^2 x \operatorname{sen} x = (1 - \cos^2 x)^2 \cos^2 x \operatorname{sen} x$$

En la figura 1 se presentan las gráficas del integrando $\operatorname{sen}^5 x \cos^2 x$ del ejemplo 2 y su integral indefinida (con $C = 0$). ¿Cuál es cuál?

Al sustituir $u = \cos x$ se tiene $du = -\operatorname{sen} x \, dx$, y así

$$\int \operatorname{sen}^5 x \cos^2 x \, dx = \int (\operatorname{sen}^2 x)^2 \cos^2 x \operatorname{sen} x \, dx$$

$$= \int (1 - \cos^2 x)^2 \cos^2 x \operatorname{sen} x \, dx$$

$$= \int (1 - u^2)^2 u^2 (-du) = -\int (u^2 - 2u^4 + u^6) \, du$$

$$= -\left(\frac{u^3}{3} - 2\frac{u^5}{5} + \frac{u^7}{7} \right) + C$$

$$= -\tfrac{1}{3} \cos^3 x + \tfrac{2}{5} \cos^5 x - \tfrac{1}{7} \cos^7 x + C \qquad\blacksquare$$

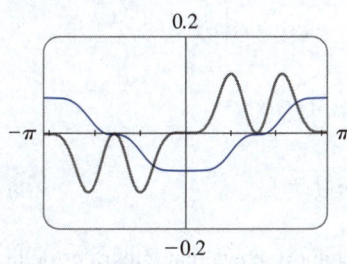

FIGURA 1

En los ejemplos anteriores, una potencia impar de seno o coseno permitió separar un solo factor y convertir la potencia par restante. Si el integrando contiene potencias pares tanto de seno como de coseno, esta estrategia falla. En este caso se pueden aprovechar las siguientes identidades del ángulo medio (vea las ecuaciones 18[b] y 18[a] en el apéndice D):

$$\operatorname{sen}^2 x = \tfrac{1}{2}(1 - \cos 2x) \qquad \text{y} \qquad \cos^2 x = \tfrac{1}{2}(1 + \cos 2x)$$

EJEMPLO 3 Evalúe $\displaystyle\int_0^{\pi} \operatorname{sen}^2 x \, dx$.

El ejemplo 3 es una muestra de que el área de la región que se presenta en la figura 2 es $\pi/2$.

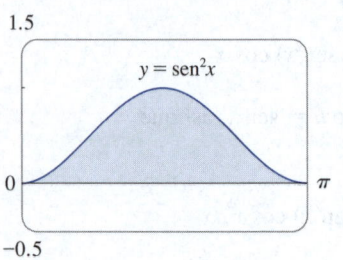

FIGURA 2

SOLUCIÓN Si se escribe $\operatorname{sen}^2 x = 1 - \cos^2 x$ no es más fácil evaluar la integral. Sin embargo, con la fórmula del ángulo medio para $\operatorname{sen}^2 x$ se tiene

$$\int_0^{\pi} \operatorname{sen}^2 x \, dx = \tfrac{1}{2} \int_0^{\pi} (1 - \cos 2x) \, dx$$

$$= \left[\tfrac{1}{2}\left(x - \tfrac{1}{2}\operatorname{sen} 2x\right) \right]_0^{\pi}$$

$$= \tfrac{1}{2}\left(\pi - \tfrac{1}{2}\operatorname{sen} 2\pi\right) - \tfrac{1}{2}\left(0 - \tfrac{1}{2}\operatorname{sen} 0\right) = \tfrac{1}{2}\pi$$

Observe que mentalmente se sustituyó $u = 2x$ cuando se integró $\cos 2x$. Otro método para evaluar esta integral se presentó en el ejercicio 7.1.53. ∎

EJEMPLO 4 Halle $\displaystyle\int \operatorname{sen}^4 x \, dx$.

SOLUCIÓN Podría evaluarse esta integral con la fórmula de reducción para $\int \operatorname{sen}^n x \, dx$ (ecuación 7.1.7) junto con el ejemplo 3 (como en el ejercicio 7.1.53), pero un mejor método es escribir $\operatorname{sen}^4 x = (\operatorname{sen}^2 x)^2$ y aplicar una fórmula del ángulo medio:

$$\int \operatorname{sen}^4 x \, dx = \int (\operatorname{sen}^2 x)^2 \, dx$$

$$= \int \left[\tfrac{1}{2}(1 - \cos 2x) \right]^2 dx$$

$$= \tfrac{1}{4} \int \left[1 - 2\cos 2x + \cos^2(2x) \right] dx$$

Como se produce $\cos^2(2x)$, con la fórmula del ángulo medio para el coseno se escribe

$$\cos^2(2x) = \tfrac{1}{2}[1 + \cos(2 \cdot 2x)] = \tfrac{1}{2}(1 + \cos 4x)$$

Esto da

$$\int \operatorname{sen}^4 x \, dx = \tfrac{1}{4} \int \left[1 - 2\cos 2x + \tfrac{1}{2}(1 + \cos 4x) \right] dx$$

$$= \tfrac{1}{4} \int \left(\tfrac{3}{2} - 2\cos 2x + \tfrac{1}{2}\cos 4x \right) dx$$

$$= \tfrac{1}{4}\left(\tfrac{3}{2}x - \operatorname{sen} 2x + \tfrac{1}{8}\operatorname{sen} 4x \right) + C \qquad ∎$$

Para resumir, se enumeran las directrices a seguir cuando se evalúan integrales de la forma $\int \operatorname{sen}^m x \cos^n x \, dx$, donde $m \geqslant 0$ y $n \geqslant 0$ son enteros.

Estrategia para la evaluación de $\int \text{sen}^m x \cos^n x \, dx$

(a) Si la potencia del coseno es impar ($n = 2k + 1$), extraiga un factor coseno y use $\cos^2 x = 1 - \text{sen}^2 x$ para expresar los factores restantes en términos de seno:

$$\int \text{sen}^m x \cos^{2k+1} x \, dx = \int \text{sen}^m x \, (\cos^2 x)^k \cos x \, dx$$

$$= \int \text{sen}^m x \, (1 - \text{sen}^2 x)^k \cos x \, dx$$

Luego sustituya $u = \text{sen } x$. Vea el ejemplo 1.

(b) Si la potencia de seno es impar ($m = 2k + 1$), extraiga un factor de seno y use $\text{sen}^2 x = 1 - \cos^2 x$ para expresar los factores restantes en términos de coseno:

$$\int \text{sen}^{2k+1} x \cos^n x \, dx = \int (\text{sen}^2 x)^k \cos^n x \, \text{sen } x \, dx$$

$$= \int (1 - \cos^2 x)^k \cos^n x \, \text{sen } x \, dx$$

Luego sustituya $u = \cos x$. Vea el ejemplo 2.

[Observe que si las potencias tanto de seno como de coseno son impares, se puede utilizar tanto (a) como (b)].

(c) Si las potencias de ambos, seno y coseno, son pares, use las identidades del ángulo medio

$$\text{sen}^2 x = \tfrac{1}{2}(1 - \cos 2x) \qquad \cos^2 x = \tfrac{1}{2}(1 + \cos 2x)$$

Vea los ejemplos 3 y 4.

A veces es útil utilizar la identidad

$$\text{sen } x \cos x = \tfrac{1}{2} \text{sen } 2x$$

■ Integrales de potencias de secante y tangente

Se aplica un razonamiento similar para evaluar integrales de la forma $\int \tan^m x \sec^n x \, dx$. Como $(d/dx) \tan x = \sec^2 x$, se puede separar un factor $\sec^2 x$ y convertir la potencia (par) restante de la secante en una expresión que implique a la tangente mediante la identidad $\sec^2 x = 1 + \tan^2 x$. O, como $(d/dx) \sec x = \sec x \tan x$, se puede separar un factor $\sec x \tan x$ y convertir la potencia restante (par) de la tangente en secante.

EJEMPLO 5 Evalúe $\int \tan^6 x \sec^4 x \, dx$.

SOLUCIÓN Si se separa un factor $\sec^2 x$, se puede expresar el factor $\sec^2 x$ restante en términos de tangente con la identidad $\sec^2 x = 1 + \tan^2 x$. Entonces es posible evaluar la integral sustituyendo $u = \tan x$ de modo que $du = \sec^2 x \, dx$:

$$\int \tan^6 x \sec^4 x \, dx = \int \tan^6 x \sec^2 x \sec^2 x \, dx$$

$$= \int \tan^6 x \, (1 + \tan^2 x) \sec^2 x \, dx$$

$$= \int u^6 (1 + u^2) \, du = \int (u^6 + u^8) \, du$$

$$= \frac{u^7}{7} + \frac{u^9}{9} + C = \tfrac{1}{7} \tan^7 x + \tfrac{1}{9} \tan^9 x + C \qquad ■$$

EJEMPLO 6   Halle $\int \tan^5\theta \, \sec^7\theta \, d\theta$.

SOLUCIÓN   Si se separa un factor $\sec^2\theta$, como en el ejemplo anterior, queda un factor $\sec^5\theta$, que no se convierte fácilmente en tangente. Sin embargo, si se separa un factor $\sec\theta \tan\theta$, se puede convertir la potencia remanente de la tangente en una expresión que involucre solo a la secante mediante la identidad $\tan^2\theta = \sec^2\theta - 1$. Entonces es posible evaluar la integral sustituyendo $u = \sec\theta$, de modo que $du = \sec\theta \tan\theta \, d\theta$:

$$\int \tan^5\theta \, \sec^7\theta \, d\theta = \int \tan^4\theta \, \sec^6\theta \, \sec\theta \, \tan\theta \, d\theta$$

$$= \int (\sec^2\theta - 1)^2 \sec^6\theta \, \sec\theta \, \tan\theta \, d\theta$$

$$= \int (u^2 - 1)^2 u^6 \, du$$

$$= \int (u^{10} - 2u^8 + u^6) \, du$$

$$= \frac{u^{11}}{11} - 2\frac{u^9}{9} + \frac{u^7}{7} + C$$

$$= \tfrac{1}{11} \sec^{11}\theta - \tfrac{2}{9} \sec^9\theta + \tfrac{1}{7} \sec^7\theta + C \qquad \blacksquare$$

Los ejemplos anteriores muestran estrategias para evaluar integrales de la forma $\int \tan^m x \, \sec^n x \, dx$ para dos casos, que se resumen aquí.

Estrategia para la evaluación de $\int \tan^m x \, \sec^n x \, dx$

(a) Si la potencia de la secante es par ($n = 2k$, $k \geq 2$), extraiga un factor de $\sec^2 x$ y use $\sec^2 x = 1 + \tan^2 x$ para expresar los factores restantes en términos de $\tan x$:

$$\int \tan^m x \, \sec^{2k} x \, dx = \int \tan^m x \, (\sec^2 x)^{k-1} \sec^2 x \, dx$$

$$= \int \tan^m x \, (1 + \tan^2 x)^{k-1} \sec^2 x \, dx$$

Luego sustituya $u = \tan x$. Vea el ejemplo 5.

(b) Si la potencia de la tangente es impar ($m = 2k + 1$), extraiga un factor de $\sec x \tan x$ y utilice $\tan^2 x = \sec^2 x - 1$ para expresar los factores restantes en términos de $\sec x$:

$$\int \tan^{2k+1} x \, \sec^n x \, dx = \int (\tan^2 x)^k \, \sec^{n-1} x \, \sec x \, \tan x \, dx$$

$$= \int (\sec^2 x - 1)^k \, \sec^{n-1} x \, \sec x \, \tan x \, dx$$

Luego sustituya $u = \sec x$. Vea el ejemplo 6.

En otros casos, las estrategias no son tan claras. Puede que se necesite usar identidades, integración por partes y ocasionalmente un poco de ingenio. A veces se tendrá que integrar $\tan x$ con la fórmula establecida en (5.5.5):

$$\int \tan x \, dx = \ln |\sec x| + C$$

También se necesitará la integral indefinida de la secante:

James Gregory descubrió la fórmula (1) en 1668 (vea su biografía en la sección 3.4). Gregory aplicó esta fórmula para resolver un problema en la construcción de tablas náuticas.

1
$$\int \sec x \, dx = \ln |\sec x + \tan x| + C$$

Podría verificarse la fórmula (1) al derivar el lado derecho, o como sigue. Primero se multiplican el numerador y el denominador por $\sec x + \tan x$:

$$\int \sec x \, dx = \int \sec x \, \frac{\sec x + \tan x}{\sec x + \tan x} \, dx$$

$$= \int \frac{\sec^2 x + \sec x \tan x}{\sec x + \tan x} \, dx$$

Si se sustituye $u = \sec x + \tan x$, entonces $du = (\sec x \tan x + \sec^2 x) \, dx$, por lo que la integral se convierte en $\int (1/u) \, du = \ln |u| + C$. Por lo tanto, se tiene

$$\int \sec x \, dx = \ln |\sec x + \tan x| + C$$

EJEMPLO 7 Determine $\int \tan^3 x \, dx$.

SOLUCIÓN Aquí solo se produce $\tan x$, por lo que se usa $\tan^2 x = \sec^2 x - 1$ para reescribir un factor $\tan^2 x$ en términos de $\sec^2 x$:

$$\int \tan^3 x \, dx = \int \tan x \tan^2 x \, dx = \int \tan x \, (\sec^2 x - 1) \, dx$$

$$= \int \tan x \sec^2 x \, dx - \int \tan x \, dx$$

$$= \tfrac{1}{2} \tan^2 x - \ln |\sec x| + C$$

En la primera integral se sustituye mentalmente $u = \tan x$ de manera que $du = \sec^2 x \, dx$. ■

Si una potencia par de la tangente aparece con una potencia impar de la secante, es útil expresar el integrando completamente en términos de $\sec x$. Es posible que las potencias de $\sec x$ requieran la integración por partes, como se muestra en el siguiente ejemplo.

EJEMPLO 8 Halle $\int \sec^3 x \, dx$.

SOLUCIÓN Aquí se integra por partes con

$$u = \sec x \qquad\qquad dv = \sec^2 x \, dx$$

$$du = \sec x \tan x \, dx \qquad\qquad v = \tan x$$

Luego $\displaystyle \int \sec^3 x \, dx = \sec x \tan x - \int \sec x \tan^2 x \, dx$

$$= \sec x \tan x - \int \sec x \, (\sec^2 x - 1) \, dx$$

$$= \sec x \tan x - \int \sec^3 x \, dx + \int \sec x \, dx$$

Con la fórmula (1) y al despejar la integral requerida se obtiene

$$\int \sec^3 x \, dx = \tfrac{1}{2}\left(\sec x \tan x + \ln|\sec x + \tan x|\right) + C$$ ∎

Las integrales como la del ejemplo anterior pueden parecer muy especiales, pero se dan con frecuencia en las aplicaciones de la integración, como se verá en el capítulo 8.

Finalmente, las integrales de la forma

$$\int \cot^m x \, \csc^n x \, dx$$

se encuentran de manera similar con la identidad $1 + \cot^2 x = \csc^2 x$.

■ Identidades de producto

Las siguientes identidades de producto son útiles para evaluar ciertas integrales trigonométricas.

> Estas identidades de producto se abordan en el apéndice D.

> **2** Para evaluar las integrales (a) $\int \operatorname{sen} mx \cos nx \, dx$, (b) $\int \operatorname{sen} mx \operatorname{sen} nx \, dx$ o (c) $\int \cos mx \cos nx \, dx$, utilice la identidad correspondiente:
>
> (a) $\operatorname{sen} A \cos B = \tfrac{1}{2}[\operatorname{sen}(A - B) + \operatorname{sen}(A + B)]$
>
> (b) $\operatorname{sen} A \operatorname{sen} B = \tfrac{1}{2}[\cos(A - B) - \cos(A + B)]$
>
> (c) $\cos A \cos B = \tfrac{1}{2}[\cos(A - B) + \cos(A + B)]$

EJEMPLO 9 Evalúe $\int \operatorname{sen} 4x \cos 5x \, dx$.

SOLUCIÓN Esta integral podría evaluarse mediante la integración por partes, pero es más fácil usar la identidad de la ecuación 2(a) de la siguiente manera:

$$\int \operatorname{sen} 4x \cos 5x \, dx = \int \tfrac{1}{2}[\operatorname{sen}(-x) + \operatorname{sen} 9x] \, dx$$

$$= \tfrac{1}{2}\int (-\operatorname{sen} x + \operatorname{sen} 9x) \, dx$$

$$= \tfrac{1}{2}\left(\cos x - \tfrac{1}{9}\cos 9x\right) + C$$ ∎

7.2 | Ejercicios

1-56 Evalúe cada integral.

1. $\int \operatorname{sen}^3 x \cos^2 x \, dx$

2. $\int \cos^6 y \operatorname{sen}^3 y \, dy$

3. $\int_0^{\pi/2} \cos^9 x \operatorname{sen}^5 x \, dx$

4. $\int_0^{\pi/4} \operatorname{sen}^5 x \, dx$

5. $\int \operatorname{sen}^5(2t) \cos^2(2t) \, dt$

6. $\int \cos^3(t/2) \operatorname{sen}^2(t/2) \, dt$

7. $\int_0^{\pi/2} \cos^2 \theta \, d\theta$

8. $\int_0^{\pi/4} \operatorname{sen}^2(2\theta) \, d\theta$

9. $\int_0^{\pi} \cos^4(2t) \, dt$

10. $\int_0^{\pi} \operatorname{sen}^2 t \cos^4 t \, dt$

11. $\int_0^{\pi/2} \operatorname{sen}^2 x \cos^2 x \, dx$

12. $\int_0^{\pi/2} (2 - \operatorname{sen} \theta)^2 \, d\theta$

13. $\int \sqrt{\cos \theta} \, \operatorname{sen}^3 \theta \, d\theta$

14. $\int (1 + \sqrt[3]{\operatorname{sen} t}) \cos^3 t \, dt$

15. $\int \operatorname{sen} x \sec^5 x \, dx$

16. $\int \csc^5 \theta \, \cos^3 \theta \, d\theta$

17. $\int \cot x \cos^2 x \, dx$

18. $\int \tan^2 x \cos^3 x \, dx$

19. $\int \operatorname{sen}^2 x \operatorname{sen} 2x \, dx$

20. $\int \operatorname{sen} x \cos(\tfrac{1}{2}x) \, dx$

21. $\displaystyle\int \tan x \sec^3 x \, dx$

22. $\displaystyle\int \tan^2\theta \sec^4\theta \, d\theta$

23. $\displaystyle\int \tan^2 x \, dx$

24. $\displaystyle\int (\tan^2 x + \tan^4 x) \, dx$

25. $\displaystyle\int \tan^4 x \sec^6 x \, dx$

26. $\displaystyle\int_0^{\pi/4} \sec^6\theta \tan^6\theta \, d\theta$

27. $\displaystyle\int \tan^3 x \sec x \, dx$

28. $\displaystyle\int \tan^5 x \sec^3 x \, dx$

29. $\displaystyle\int \tan^3 x \sec^6 x \, dx$

30. $\displaystyle\int_0^{\pi/4} \tan^4 t \, dt$

31. $\displaystyle\int \tan^5 x \, dx$

32. $\displaystyle\int \tan^2 x \sec x \, dx$

33. $\displaystyle\int \frac{1 - \tan^2 x}{\sec^2 x} \, dx$

34. $\displaystyle\int \frac{\tan x \sec^2 x}{\cos x} \, dx$

35. $\displaystyle\int_0^{\pi/4} \frac{\operatorname{sen}^3 x}{\cos x} \, dx$

36. $\displaystyle\int \frac{\operatorname{sen}\theta + \tan\theta}{\cos^3\theta} \, d\theta$

37. $\displaystyle\int_{\pi/6}^{\pi/2} \cot^2 x \, dx$

38. $\displaystyle\int_{\pi/4}^{\pi/2} \cot^3 x \, dx$

39. $\displaystyle\int_{\pi/4}^{\pi/2} \cot^5\phi \csc^3\phi \, d\phi$

40. $\displaystyle\int_{\pi/4}^{\pi/2} \csc^4\theta \cot^4\theta \, d\theta$

41. $\displaystyle\int \csc x \, dx$

42. $\displaystyle\int_{\pi/6}^{\pi/3} \csc^3 x \, dx$

43. $\displaystyle\int \operatorname{sen} 8x \cos 5x \, dx$

44. $\displaystyle\int \operatorname{sen} 2\theta \operatorname{sen} 6\theta \, d\theta$

45. $\displaystyle\int_0^{\pi/2} \cos 5t \cos 10t \, dt$

46. $\displaystyle\int t \cos^5(t^2) \, dt$

47. $\displaystyle\int \frac{\operatorname{sen}^2(1/t)}{t^2} \, dt$

48. $\displaystyle\int \sec^2 y \cos^3(\tan y) \, dy$

49. $\displaystyle\int_0^{\pi/6} \sqrt{1 + \cos 2x} \, dx$

50. $\displaystyle\int_0^{\pi/4} \sqrt{1 - \cos 4\theta} \, d\theta$

51. $\displaystyle\int t \operatorname{sen}^2 t \, dt$

52. $\displaystyle\int x \sec x \tan x \, dx$

53. $\displaystyle\int x \tan^2 x \, dx$

54. $\displaystyle\int x \operatorname{sen}^3 x \, dx$

55. $\displaystyle\int \frac{dx}{\cos x - 1}$

56. $\displaystyle\int \frac{1}{\sec\theta + 1} \, d\theta$

57-60 Evalúe la integral indefinida. Ilústrelo y demuestre que su respuesta sea razonable graficando tanto el integrando como su antiderivada (tomando $C = 0$).

57. $\displaystyle\int x \operatorname{sen}^2(x^2) \, dx$

58. $\displaystyle\int \operatorname{sen}^5 x \cos^3 x \, dx$

59. $\displaystyle\int \operatorname{sen} 3x \operatorname{sen} 6x \, dx$

60. $\displaystyle\int \sec^4\left(\tfrac{1}{2}x\right) \, dx$

61. Si $\int_0^{\pi/4} \tan^6 x \sec x \, dx = I$, exprese el valor de $\int_0^{\pi/4} \tan^8 x \sec x \, dx$ en términos de I.

62. (a) Demuestre la fórmula de reducción

$$\int \tan^{2n} x \, dx = \frac{\tan^{2n-1} x}{2n - 1} - \int \tan^{2n-2} x \, dx$$

(b) Utilice esta fórmula para encontrar $\int \tan^8 x \, dx$.

63. Encuentre el valor promedio de la función $f(x) = \operatorname{sen}^2 x \cos^3 x$ en el intervalo $[-\pi, \pi]$.

64. Evalúe $\int \operatorname{sen} x \cos x \, dx$ por cuatro métodos:
(a) La sustitución $u = \cos x$.
(b) La sustitución $u = \operatorname{sen} x$.
(c) La identidad $\operatorname{sen} 2x = 2 \operatorname{sen} x \cos x$.
(d) Integración por partes.
Explique los diferentes aspectos de las respuestas.

65-66 Determine el área de las regiones acotadas por las curvas indicadas.

65. $y = \operatorname{sen}^2 x$, $\quad y = \operatorname{sen}^3 x$, $\quad 0 \leq x \leq \pi$

66. $y = \tan x$, $\quad y = \tan^2 x$, $\quad 0 \leq x \leq \pi/4$

67-68 Use una gráfica del integrando para suponer el valor de la integral. Luego use los métodos de esta sección para demostrar que su conjetura es correcta.

67. $\displaystyle\int_0^{2\pi} \cos^3 x \, dx$

68. $\displaystyle\int_0^2 \operatorname{sen} 2\pi x \cos 5\pi x \, dx$

69-72 Encuentre el volumen obtenido al rotar la región acotada por las curvas alrededor del eje indicado.

69. $y = \operatorname{sen} x, y = 0, \pi/2 \leq x \leq \pi$; alrededor del eje x.

70. $y = \operatorname{sen}^2 x, y = 0, 0 \leq x \leq \pi$; alrededor del eje x.

71. $y = \operatorname{sen} x, y = \cos x, 0 \leq x \leq \pi/4$; alrededor de $y = 1$.

72. $y = \sec x, y = \cos x, 0 \leq x \leq \pi/3$; alrededor de $y = -1$.

73. Una partícula se mueve en línea recta con la función de velocidad $v(t) = \operatorname{sen}\omega t \cos^2\omega t$. Encuentre su función de posición $s = f(t)$ si $f(0) = 0$.

74. La electricidad doméstica se suministra en forma de corriente alterna que varía entre 155 V y -155 V con una frecuencia de 60 ciclos por segundo (Hz). Por lo tanto, el voltaje se da por la ecuación

$$E(t) = 155 \operatorname{sen}(120\pi t)$$

donde t es el tiempo en segundos. Los voltímetros leen el voltaje raíz media cuadrática (RMS, *root-mean-square*), que es la raíz cuadrada del valor promedio de $[E(t)]^2$ durante un ciclo.
(a) Calcule el voltaje RMS de la corriente doméstica.
(b) Muchas estufas eléctricas requieren un voltaje RMS de 220 V. Encuentre la correspondiente amplitud A necesaria para el voltaje $E(t) = A \operatorname{sen}(120\pi t)$.

75-77 Demuestre la fórmula, donde m y n son enteros positivos.

75. $\displaystyle\int_{-\pi}^{\pi} \operatorname{sen} mx \cos nx \, dx = 0$

76. $\displaystyle\int_{-\pi}^{\pi} \operatorname{sen} mx \operatorname{sen} nx \, dx = \begin{cases} 0 & \text{si } m \neq n \\ \pi & \text{si } m = n \end{cases}$

77. $\displaystyle\int_{-\pi}^{\pi} \cos mx \cos nx \, dx = \begin{cases} 0 & \text{si } m \neq n \\ \pi & \text{si } m = n \end{cases}$

78. Una *serie finita de Fourier* se indica por la suma

$$f(x) = \sum_{n=1}^{N} a_n \operatorname{sen} nx$$

$$= a_1 \operatorname{sen} x + a_2 \operatorname{sen} 2x + \cdots + a_N \operatorname{sen} Nx$$

Use el resultado del ejercicio 76 para mostrar que el m-ésimo coeficiente a_m es dado por la fórmula

$$a_m = \frac{1}{\pi} \int_{-\pi}^{\pi} f(x) \operatorname{sen} mx \, dx$$

7.3 | Sustitución trigonométrica

Al calcular el área de un círculo o de una elipse se obtiene una integral de la forma $\int \sqrt{a^2 - x^2} \, dx$, donde $a > 0$. Si la integral fuera $\int x\sqrt{a^2 - x^2} \, dx$, la sustitución $u = a^2 - x^2$ sería eficaz, pero, tal como está, $\int \sqrt{a^2 - x^2} \, dx$ es más difícil. Si se cambia la variable de x a θ por la sustitución $x = a \operatorname{sen} \theta$, entonces la identidad $1 - \operatorname{sen}^2\theta = \cos^2\theta$ permite eliminar el signo de la raíz porque

$$\sqrt{a^2 - x^2} = \sqrt{a^2 - a^2 \operatorname{sen}^2\theta} = \sqrt{a^2(1 - \operatorname{sen}^2\theta)} = \sqrt{a^2 \cos^2\theta} = a \, |\cos \theta|$$

Observe la diferencia entre la sustitución $u = a^2 - x^2$ (en la que la variable nueva es una función de la anterior) y la sustitución $x = a \operatorname{sen} \theta$ (la variable anterior es una función de la nueva).

En general, se puede hacer una sustitución de la forma $x = g(t)$ con la regla de la sustitución en sentido inverso. Para simplificar los cálculos se asume que g tiene una función inversa; es decir, g es uno a uno o inyectiva. En este caso, si se sustituye u por x y x por t en la regla de la sustitución (ecuación 5.5.4) se obtiene

$$\int f(x) \, dx = \int f(g(t)) g'(t) \, dt$$

Este tipo de sustitución se denomina *sustitución inversa*.

Es posible hacer la sustitución inversa $x = a \operatorname{sen} \theta$ siempre que defina una función uno a uno. Esto se logra al restringir que θ se encuentre en el intervalo $[-\pi/2, \pi/2]$.

En la siguiente tabla se enumeran las sustituciones trigonométricas eficaces para las expresiones radicales indicadas debido a las identidades trigonométricas especificadas. En cada caso se impone la restricción sobre θ para asegurar que la función que define la sustitución sea uno a uno. (Estos son los mismos intervalos utilizados en la sección 1.5 para definir las funciones inversas).

Tabla de sustituciones trigonométricas

Expresión	Sustitución	Identidad
$\sqrt{a^2 - x^2}$	$x = a \operatorname{sen} \theta, \quad -\dfrac{\pi}{2} \leq \theta \leq \dfrac{\pi}{2}$	$1 - \operatorname{sen}^2\theta = \cos^2\theta$
$\sqrt{a^2 + x^2}$	$x = a \tan \theta, \quad -\dfrac{\pi}{2} < \theta < \dfrac{\pi}{2}$	$1 + \tan^2\theta = \sec^2\theta$
$\sqrt{x^2 - a^2}$	$x = a \sec \theta, \quad 0 \leq \theta < \dfrac{\pi}{2}$ o $\pi \leq \theta < \dfrac{3\pi}{2}$	$\sec^2\theta - 1 = \tan^2\theta$

EJEMPLO 1 Evalúe $\displaystyle\int \frac{\sqrt{9 - x^2}}{x^2}\, dx$.

SOLUCIÓN Sea $x = 3\,\text{sen}\,\theta$, donde $-\pi/2 \le \theta \le \pi/2$. Entonces $dx = 3\cos\theta\, d\theta$ y

$$\sqrt{9 - x^2} = \sqrt{9 - 9\,\text{sen}^2\theta} = \sqrt{9\cos^2\theta} = 3\,|\cos\theta| = 3\cos\theta$$

(Observe que $\cos\theta \ge 0$ porque $-\pi/2 \le \theta \le \pi/2$). Por lo tanto, la regla de la sustitución inversa da

$$\int \frac{\sqrt{9 - x^2}}{x^2}\, dx = \int \frac{3\cos\theta}{9\,\text{sen}^2\theta}\, 3\cos\theta\, d\theta$$

$$= \int \frac{\cos^2\theta}{\text{sen}^2\theta}\, d\theta = \int \cot^2\theta\, d\theta$$

$$= \int (\csc^2\theta - 1)\, d\theta$$

$$= -\cot\theta - \theta + C$$

Como se trata de una integral indefinida hay que volver a la variable original x. Esto se hace con identidades trigonométricas para expresar $\cot\theta$ en términos de $\text{sen}\,\theta = x/3$ o con un diagrama, como en la figura 1, donde se interpreta como un ángulo de un triángulo recto. Puesto que $\text{sen}\,\theta = x/3$, se denota el lado opuesto y la hipotenusa con las longitudes x y 3. Entonces el teorema de Pitágoras da la longitud del lado adyacente $\sqrt{9 - x^2}$, por lo que se puede simplificar al leer el valor de $\cot\theta$ en la figura como:

$$\cot\theta = \frac{\sqrt{9 - x^2}}{x}$$

(Aunque $\theta > 0$ en el diagrama, esta expresión para $\cot\theta$ es válida aunque $\theta < 0$). Como $\text{sen}\,\theta = x/3$, se tiene $\theta = \text{sen}^{-1}(x/3)$ y por lo tanto

$$\int \frac{\sqrt{9 - x^2}}{x^2}\, dx = -\cot\theta - \theta + C = -\frac{\sqrt{9 - x^2}}{x} - \text{sen}^{-1}\!\left(\frac{x}{3}\right) + C \qquad \blacksquare$$

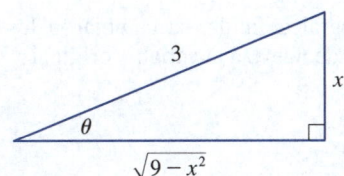

FIGURA 1
$\text{sen}\,\theta = \dfrac{x}{3}$

EJEMPLO 2 Determine el área acotada por la elipse

$$\frac{x^2}{a^2} + \frac{y^2}{b^2} = 1$$

SOLUCIÓN Al despejar y en la ecuación de la elipse, se obtiene

$$\frac{y^2}{b^2} = 1 - \frac{x^2}{a^2} = \frac{a^2 - x^2}{a^2} \qquad \text{o} \qquad y = \pm\frac{b}{a}\sqrt{a^2 - x^2}$$

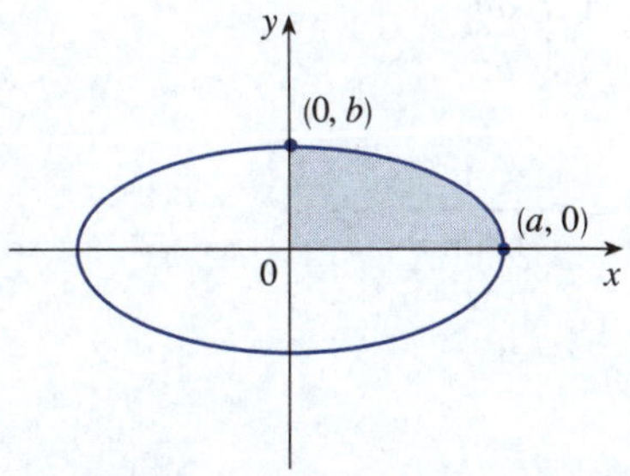

Como la elipse es simétrica respecto a ambos ejes, el área total A es cuatro veces el área del primer cuadrante (vea la figura 2). La parte de la elipse en el primer cuadrante se expresa por la función

$$y = \frac{b}{a}\sqrt{a^2 - x^2} \qquad 0 \le x \le a$$

FIGURA 2
$\dfrac{x^2}{a^2} + \dfrac{y^2}{b^2} = 1$

y, así,

$$\tfrac{1}{4}A = \int_0^a \frac{b}{a}\sqrt{a^2 - x^2}\, dx$$

Para evaluar esta integral se sustituye $x = a$ sen θ. Entonces $dx = a \cos \theta \, d\theta$. Para cambiar los límites de la integración, se observa que cuando $x = 0$, sen $\theta = 0$, entonces $\theta = 0$; cuando $x = a$, sen $\theta = 1$, así que $\theta = \pi/2$. También

$$\sqrt{a^2 - x^2} = \sqrt{a^2 - a^2 \operatorname{sen}^2\theta} = \sqrt{a^2 \cos^2\theta} = a \,|\cos \theta| = a \cos \theta$$

pues $0 \leq \theta \leq \pi/2$. Por lo tanto,

$$A = 4\,\frac{b}{a}\int_0^a \sqrt{a^2 - x^2}\, dx = 4\,\frac{b}{a}\int_0^{\pi/2} a \cos \theta \cdot a \cos \theta \, d\theta$$

$$= 4ab \int_0^{\pi/2} \cos^2\theta \, d\theta = 4ab \int_0^{\pi/2} \tfrac{1}{2}(1 + \cos 2\theta)\, d\theta$$

$$= 2ab\Big[\theta + \tfrac{1}{2}\operatorname{sen} 2\theta\Big]_0^{\pi/2} = 2ab\left(\frac{\pi}{2} + 0 - 0\right) = \pi ab$$

Se mostró que el área de una elipse con semiejes a y b es πab. En particular, al tomar $a = b = r$, se demostró la famosa fórmula de que el área de un círculo con radio r es πr^2. ∎

NOTA   Como la integral del ejemplo 2 era una integral definida, se cambiaron los límites de la integración y no fue necesario convertirla de nuevo a la variable original x.

EJEMPLO 3   Halle $\displaystyle\int \frac{1}{x^2\sqrt{x^2 + 4}}\, dx$.

SOLUCIÓN   Sea $x = 2 \tan \theta$, $-\pi/2 < \theta < \pi/2$. Entonces $dx = 2 \sec^2\theta \, d\theta$ y

$$\sqrt{x^2 + 4} = \sqrt{4(\tan^2\theta + 1)} = \sqrt{4 \sec^2\theta} = 2\,|\sec \theta| = 2 \sec \theta$$

De este modo, se tiene

$$\int \frac{dx}{x^2\sqrt{x^2 + 4}} = \int \frac{2 \sec^2\theta \, d\theta}{4 \tan^2\theta \cdot 2 \sec \theta} = \frac{1}{4}\int \frac{\sec \theta}{\tan^2\theta}\, d\theta$$

Para evaluar esta integral trigonométrica se pone todo en términos de sen θ y cos θ:

$$\frac{\sec \theta}{\tan^2\theta} = \frac{1}{\cos \theta} \cdot \frac{\cos^2\theta}{\operatorname{sen}^2\theta} = \frac{\cos \theta}{\operatorname{sen}^2\theta}$$

Por lo tanto, con la sustitución $u = $ sen θ, se tiene

$$\int \frac{dx}{x^2\sqrt{x^2 + 4}} = \frac{1}{4}\int \frac{\cos \theta}{\operatorname{sen}^2\theta}\, d\theta = \frac{1}{4}\int \frac{du}{u^2}$$

$$= \frac{1}{4}\left(-\frac{1}{u}\right) + C = -\frac{1}{4 \operatorname{sen} \theta} + C$$

$$= -\frac{\csc \theta}{4} + C$$

Con la figura 3 se determina que $\csc \theta = \sqrt{x^2 + 4}/x$, y de este modo

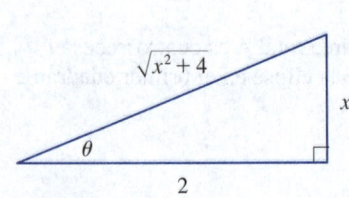

FIGURA 3
$$\tan \theta = \frac{x}{2}$$

$$\int \frac{dx}{x^2\sqrt{x^2 + 4}} = -\frac{\sqrt{x^2 + 4}}{4x} + C$$ ∎

EJEMPLO 4 Determine $\int \dfrac{x}{\sqrt{x^2 + 4}}\, dx$.

SOLUCIÓN Sería posible utilizar la sustitución trigonométrica $x = 2 \tan \theta$ aquí (como en el ejemplo 3), pero la sustitución directa $u = x^2 + 4$ es más sencilla, porque entonces $du = 2x\, dx$ y

$$\int \frac{x}{\sqrt{x^2 + 4}}\, dx = \frac{1}{2} \int \frac{du}{\sqrt{u}} = \sqrt{u} + C = \sqrt{x^2 + 4} + C \qquad \blacksquare$$

NOTA En el ejemplo 4 se ilustra que incluso cuando sean posibles las sustituciones trigonométricas, quizá no permitan obtener la solución más fácil. Primero es necesario buscar un método más sencillo.

EJEMPLO 5 Evalúe $\int \dfrac{dx}{\sqrt{x^2 - a^2}}$, donde $a > 0$.

SOLUCIÓN Sea $x = a \sec \theta$, donde $0 < \theta < \pi/2$ o $\pi < \theta < 3\pi/2$. Entonces $dx = a \sec \theta \tan \theta\, d\theta$ y

$$\sqrt{x^2 - a^2} = \sqrt{a^2(\sec^2\theta - 1)} = \sqrt{a^2 \tan^2\theta} = a\,|\tan \theta| = a \tan \theta$$

Por lo tanto,

$$\int \frac{dx}{\sqrt{x^2 - a^2}} = \int \frac{a \sec \theta \tan \theta}{a \tan \theta}\, d\theta = \int \sec \theta\, d\theta = \ln|\sec \theta + \tan \theta| + C$$

Según el triángulo de la figura 4, $\tan \theta = \sqrt{x^2 - a^2}/a$, así que se tiene

$$\int \frac{dx}{\sqrt{x^2 - a^2}} = \ln \left| \frac{x}{a} + \frac{\sqrt{x^2 - a^2}}{a} \right| + C$$

$$= \ln\left| x + \sqrt{x^2 - a^2} \right| - \ln a + C$$

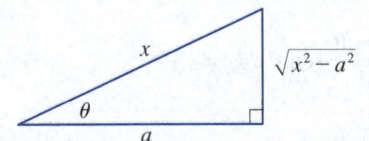

FIGURA 4
$\sec \theta = \dfrac{x}{a}$

Al escribir $C_1 = C - \ln a$ se tiene

$$\boxed{1} \qquad \int \frac{dx}{\sqrt{x^2 - a^2}} = \ln\left| x + \sqrt{x^2 - a^2} \right| + C_1$$

SOLUCIÓN 2 Para $x > 0$ la sustitución hiperbólica $x = a \cosh t$ también se puede utilizar. Con la identidad $\cosh^2 y - \operatorname{senh}^2 y = 1$ se tiene

$$\sqrt{x^2 - a^2} = \sqrt{a^2(\cosh^2 t - 1)} = \sqrt{a^2 \operatorname{senh}^2 t} = a \operatorname{senh} t$$

Como $dx = a \operatorname{senh} t\, dt$, se obtiene

$$\int \frac{dx}{\sqrt{x^2 - a^2}} = \int \frac{a \operatorname{senh} t\, dt}{a \operatorname{senh} t} = \int dt = t + C$$

Como $\cosh t = x/a$, se tiene $t = \cosh^{-1}(x/a)$ y

$$\boxed{2} \qquad \int \frac{dx}{\sqrt{x^2 - a^2}} = \cosh^{-1}\left(\frac{x}{a} \right) + C$$

Aunque las fórmulas (1) y (2) parezcan muy diferentes, en realidad son equivalentes según la fórmula 3.11.4. $\qquad \blacksquare$

NOTA Como se ilustra en el ejemplo 5, las sustituciones hiperbólicas pueden utilizarse en lugar de las sustituciones trigonométricas y a veces dan lugar a respuestas más sencillas. Pero normalmente se aplican sustituciones trigonométricas porque las identidades trigonométricas son más conocidas que las hiperbólicas.

Como se muestra en el ejemplo 6, la sustitución trigonométrica es a veces una buena idea cuando aparece $(x^2 + a^2)^{n/2}$ en una integral, donde n es cualquier entero. Lo mismo ocurre cuando se produce $(a^2 - x^2)^{n/2}$ o $(x^2 - a^2)^{n/2}$.

EJEMPLO 6 Determine $\displaystyle\int_0^{3\sqrt{3}/2} \frac{x^3}{(4x^2 + 9)^{3/2}}\, dx$.

SOLUCIÓN Primero se observa que $(4x^2 + 9)^{3/2} = (\sqrt{4x^2 + 9}\,)^3$, por lo que la sustitución trigonométrica es apropiada. Aunque $\sqrt{4x^2 + 9}$ no es exactamente una de las expresiones de la tabla de sustituciones trigonométricas, se convierte en una de ellas si se hace la sustitución preliminar $u = 2x$, que da $\sqrt{u^2 + 9}$. Luego se sustituye $u = 3\tan\theta$ o, de forma equivalente, $x = \frac{3}{2}\tan\theta$, lo que resulta $dx = \frac{3}{2}\sec^2\theta\, d\theta$ y

$$\sqrt{4x^2 + 9} = \sqrt{9\tan^2\theta + 9} = 3\sec\theta$$

Cuando $x = 0$, $\tan\theta = 0$, entonces $\theta = 0$; cuando $x = 3\sqrt{3}/2$, $\tan\theta = \sqrt{3}$, así que $\theta = \pi/3$.

$$\int_0^{3\sqrt{3}/2} \frac{x^3}{(4x^2 + 9)^{3/2}}\, dx = \int_0^{\pi/3} \frac{\frac{27}{8}\tan^3\theta}{27\sec^3\theta}\, \frac{3}{2}\sec^2\theta\, d\theta$$

$$= \tfrac{3}{16}\int_0^{\pi/3} \frac{\tan^3\theta}{\sec\theta}\, d\theta = \tfrac{3}{16}\int_0^{\pi/3} \frac{\operatorname{sen}^3\theta}{\cos^2\theta}\, d\theta$$

$$= \tfrac{3}{16}\int_0^{\pi/3} \frac{1 - \cos^2\theta}{\cos^2\theta}\, \operatorname{sen}\theta\, d\theta$$

Ahora se sustituye $u = \cos\theta$ de modo que $du = -\operatorname{sen}\theta\, d\theta$. Cuando $\theta = 0$, $u = 1$; cuando $\theta = \pi/3$, $u = \frac{1}{2}$. Por lo tanto,

$$\int_0^{3\sqrt{3}/2} \frac{x^3}{(4x^2 + 9)^{3/2}}\, dx = -\tfrac{3}{16}\int_1^{1/2} \frac{1 - u^2}{u^2}\, du$$

$$= \tfrac{3}{16}\int_1^{1/2} (1 - u^{-2})\, du = \tfrac{3}{16}\left[u + \frac{1}{u} \right]_1^{1/2}$$

$$= \tfrac{3}{16}\left[(\tfrac{1}{2} + 2) - (1 + 1) \right] = \tfrac{3}{32}$$ ■

EJEMPLO 7 Evalúe $\displaystyle\int \frac{x}{\sqrt{3 - 2x - x^2}}\, dx$.

SOLUCIÓN Se transforma el integrando en una función para la cual sea apropiada la sustitución trigonométrica, completando primero el cuadrado bajo el signo de raíz:

$$3 - 2x - x^2 = 3 - (x^2 + 2x) = 3 + 1 - (x^2 + 2x + 1)$$

$$= 4 - (x + 1)^2$$

Esto sugiere hacer la sustitución $u = x + 1$. Luego $du = dx$ y $x = u - 1$, así que

$$\int \frac{x}{\sqrt{3 - 2x - x^2}}\, dx = \int \frac{u - 1}{\sqrt{4 - u^2}}\, du$$

En la figura 5 se ven las gráficas del integrando del ejemplo 7 y su integral indefinida (con $C = 0$). ¿Cuál es cuál?

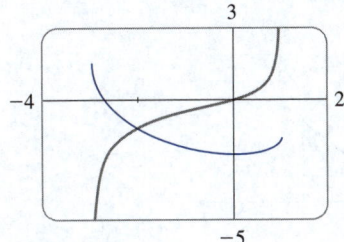

FIGURA 5

Ahora se sustituye $u = 2 \operatorname{sen} \theta$, lo que da $du = 2 \cos \theta \, d\theta$ y $\sqrt{4 - u^2} = 2 \cos \theta$, por lo que

$$\int \frac{x}{\sqrt{3 - 2x - x^2}} \, dx = \int \frac{2 \operatorname{sen} \theta - 1}{2 \cos \theta} 2 \cos \theta \, d\theta$$

$$= \int (2 \operatorname{sen} \theta - 1) \, d\theta$$

$$= -2 \cos \theta - \theta + C$$

$$= -\sqrt{4 - u^2} - \operatorname{sen}^{-1}\left(\frac{u}{2}\right) + C$$

$$= -\sqrt{3 - 2x - x^2} - \operatorname{sen}^{-1}\left(\frac{x + 1}{2}\right) + C \qquad ∎$$

7.3 | Ejercicios

1-4 (a) Determine una sustitución trigonométrica apropiada. (b) Aplique la sustitución para transformar la integral en una integral trigonométrica. No evalúe la integral.

1. $\displaystyle\int \frac{x^3}{\sqrt{1 + x^2}} \, dx$

2. $\displaystyle\int \frac{x^3}{\sqrt{9 - x^2}} \, dx$

3. $\displaystyle\int \frac{x^2}{\sqrt{x^2 - 2}} \, dx$

4. $\displaystyle\int \frac{x^3}{(9 - 4x^2)^{3/2}} \, dx$

5-8 Evalúe la integral mediante la sustitución trigonométrica indicada. Trace y marque el triángulo recto asociado.

5. $\displaystyle\int \frac{x^3}{\sqrt{1 - x^2}} \, dx \qquad x = \operatorname{sen} \theta$

6. $\displaystyle\int \frac{x^3}{\sqrt{9 + x^2}} \, dx \qquad x = 3 \tan \theta$

7. $\displaystyle\int \frac{\sqrt{4x^2 - 25}}{x} \, dx \qquad x = \frac{5}{2} \sec \theta$

8. $\displaystyle\int \frac{\sqrt{2 - x^2}}{x^2} \, dx \qquad x = \sqrt{2} \operatorname{sen} \theta$

9-36 Evalúe la integral.

9. $\displaystyle\int x^3\sqrt{16 + x^2} \, dx$

10. $\displaystyle\int \frac{x^2}{\sqrt{9 - x^2}} \, dx$

11. $\displaystyle\int \frac{\sqrt{x^2 - 1}}{x^4} \, dx$

12. $\displaystyle\int_0^3 \frac{x}{\sqrt{36 - x^2}} \, dx$

13. $\displaystyle\int_0^a \frac{dx}{(a^2 + x^2)^{3/2}}, \quad a > 0$

14. $\displaystyle\int \frac{dt}{t^2\sqrt{t^2 - 16}}$

15. $\displaystyle\int_2^3 \frac{dx}{(x^2 - 1)^{3/2}}$

16. $\displaystyle\int_0^{2/3} \sqrt{4 - 9x^2} \, dx$

17. $\displaystyle\int_0^{1/2} x \sqrt{1 - 4x^2} \, dx$

18. $\displaystyle\int_0^2 \frac{dt}{\sqrt{4 + t^2}}$

19. $\displaystyle\int \frac{\sqrt{x^2 - 9}}{x^3} \, dx$

20. $\displaystyle\int_0^1 \frac{dx}{(x^2 + 1)^2}$

21. $\displaystyle\int_0^a x^2\sqrt{a^2 - x^2} \, dx$

22. $\displaystyle\int_{1/4}^{\sqrt{3}/4} \sqrt{1 - 4x^2} \, dx$

23. $\displaystyle\int \frac{x}{\sqrt{x^2 - 7}} \, dx$

24. $\displaystyle\int \frac{x}{\sqrt{1 + x^2}} \, dx$

25. $\displaystyle\int \frac{\sqrt{1 + x^2}}{x} \, dx$

26. $\displaystyle\int_0^{0.3} \frac{x}{(9 - 25x^2)^{3/2}} \, dx$

27. $\displaystyle\int_0^{0.6} \frac{x^2}{\sqrt{9 - 25x^2}} \, dx$

28. $\displaystyle\int_0^1 \sqrt{x^2 + 1} \, dx$

29. $\displaystyle\int \frac{dx}{\sqrt{x^2 + 2x + 5}}$

30. $\displaystyle\int_0^1 \sqrt{x - x^2} \, dx$

31. $\displaystyle\int x^2\sqrt{3 + 2x - x^2} \, dx$

32. $\displaystyle\int \frac{x^2}{(3 + 4x - 4x^2)^{3/2}} \, dx$

33. $\displaystyle\int \sqrt{x^2 + 2x} \, dx$

34. $\displaystyle\int \frac{x^2 + 1}{(x^2 - 2x + 2)^2} \, dx$

35. $\displaystyle\int x\sqrt{1 - x^4} \, dx$

36. $\displaystyle\int_0^{\pi/2} \frac{\cos t}{\sqrt{1 + \operatorname{sen}^2 t}} \, dt$

37. (a) Demuestre, mediante sustitución trigonométrica, que

$$\int \frac{dx}{\sqrt{x^2 + a^2}} = \ln\left(x + \sqrt{x^2 + a^2}\right) + C$$

(b) Utilice la sustitución hiperbólica $x = a\,\text{senh}\,t$ para demostrar que

$$\int \frac{dx}{\sqrt{x^2 + a^2}} = \text{senh}^{-1}\left(\frac{x}{a}\right) + C$$

Estas fórmulas están conectadas por la fórmula 3.11.3.

38. Evalúe

$$\int \frac{x^2}{(x^2 + a^2)^{3/2}}\,dx$$

(a) por sustitución trigonométrica.
(b) por la sustitución hiperbólica $x = a\,\text{senh}\,t$.

39. Halle el valor promedio de $f(x) = \sqrt{x^2 - 1}/x$, $1 \le x \le 7$.

40. Encuentre el área de la región acotada por la hipérbola $9x^2 - 4y^2 = 36$ y la recta $x = 3$.

41. Demuestre la fórmula $A = \frac{1}{2}r^2\theta$ para el área de un sector de un círculo con radio r y ángulo central θ. [*Sugerencia*: Suponga $0 < \theta < \pi/2$ y coloque el centro del círculo en el origen de modo que tenga la ecuación $x^2 + y^2 = r^2$. Entonces A es la suma del área del triángulo POQ y el área de la región PQR de la figura].

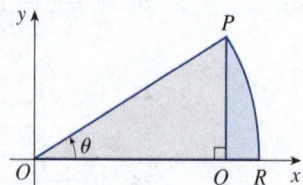

42. Evalúe la integral

$$\int \frac{dx}{x^4\sqrt{x^2 - 2}}$$

Grafique el integrando y su integral indefinida en la misma pantalla y verifique que su respuesta sea razonable.

43. Encuentre el volumen del sólido obtenido al rotar alrededor del eje x la región acotada por las curvas $y = 9/(x^2 + 9)$, $y = 0$, $x = 0$ y $x = 3$.

44. Encuentre el volumen del sólido obtenido al rotar alrededor de la recta $x = 1$ la región bajo la curva $y = x\sqrt{1 - x^2}$, $0 \le x \le 1$.

45. (a) Utilice la sustitución trigonométrica para verificar que

$$\int_0^x \sqrt{a^2 - t^2}\,dt = \tfrac{1}{2}a^2\,\text{sen}^{-1}(x/a) + \tfrac{1}{2}x\sqrt{a^2 - x^2}$$

(b) Use la figura para dar interpretaciones trigonométricas de ambos términos en el lado derecho de la ecuación del inciso (a).

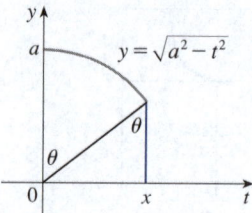

46. La parábola $y = \frac{1}{2}x^2$ divide el disco $x^2 + y^2 \le 8$ en dos partes. Encuentre las áreas de ambas partes.

47. Un toroide se genera al rotar el círculo $x^2 + (y - R)^2 = r^2$ alrededor del eje x. Encuentre el volumen acotado por el toroide.

48. Una varilla cargada de longitud L produce un campo eléctrico en el punto $P(a, b)$ indicado por

$$E(P) = \int_{-a}^{L-a} \frac{\lambda b}{4\pi\varepsilon_0(x^2 + b^2)^{3/2}}\,dx$$

donde λ es la densidad de carga por unidad de longitud en la varilla y ε_0 es la permitividad de espacio libre (vea la figura). Evalúe la integral para determinar una expresión para el campo eléctrico $E(P)$.

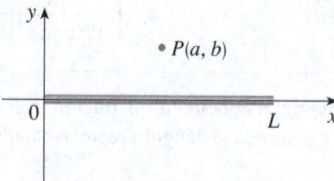

49. Encuentre el área de la región en forma de media luna (llamada *lúnula*) acotada por arcos de círculos con los radios r y R (vea la figura).

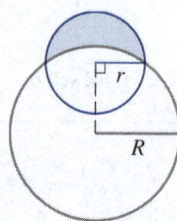

50. Un tanque de almacenamiento de agua tiene la forma de un cilindro con un diámetro de 10 m. Está montado de manera que las secciones transversales circulares son verticales. Si la profundidad del agua es de 7 m, ¿qué porcentaje de la capacidad total se utiliza?

7.4 | Integración de funciones racionales por fracciones parciales

En esta sección se estudia cómo integrar cualquier función racional (una razón de polinomios) al expresarla como una suma de fracciones más sencillas, llamadas *fracciones parciales*, que ya sabe cómo integrar. Para ilustrar el método, observe que al tomar el denominador común de las fracciones $2/(x-1)$ y $1/(x+2)$ se obtiene

$$\frac{2}{x-1} - \frac{1}{x+2} = \frac{2(x+2) - (x-1)}{(x-1)(x+2)} = \frac{x+5}{x^2+x-2}$$

Si ahora se invierte el procedimiento, se ve cómo integrar la función en el lado derecho de esta ecuación:

$$\int \frac{x+5}{x^2+x-2}\, dx = \int \left(\frac{2}{x-1} - \frac{1}{x+2}\right) dx$$

$$= 2\ln|x-1| - \ln|x+2| + C$$

■ Método de fracciones parciales

Para ver cómo funciona el método de fracciones parciales en general, considere la función racional

$$f(x) = \frac{P(x)}{Q(x)}$$

donde P y Q son polinomios. Es posible expresar f como una suma de fracciones más sencillas siempre y cuando el grado de P sea menor que el grado de Q. A este tipo de función racional se le llama *propia*. Recuerde que si

$$P(x) = a_n x^n + a_{n-1}x^{n-1} + \cdots + a_1 x + a_0$$

donde $a_n \neq 0$, entonces el grado de P es n y se escribe como grado(P) = n.

Si f es *impropia*, es decir, grado(P) $\geqslant$ grado(Q), entonces se debe tomar el paso preliminar de dividir Q entre P (por división larga) hasta obtener un residuo $R(x)$ tal que grado(R) < grado(Q). El resultado es

$$\boxed{1} \qquad f(x) = \frac{P(x)}{Q(x)} = S(x) + \frac{R(x)}{Q(x)}$$

donde S y R también son polinomios.

Como se ilustra en el siguiente ejemplo, a veces este paso preliminar es todo lo que se necesita.

EJEMPLO 1 Encuentre $\displaystyle\int \frac{x^3 + x}{x-1}\, dx$.

SOLUCIÓN Como el grado del numerador es mayor que el grado del denominador, primero se realiza la división larga. Esto permite escribir

$$\int \frac{x^3 + x}{x-1}\, dx = \int \left(x^2 + x + 2 + \frac{2}{x-1}\right) dx$$

$$= \frac{x^3}{3} + \frac{x^2}{2} + 2x + 2\ln|x-1| + C \qquad \blacksquare$$

$$
\begin{array}{r}
x^2 + x + 2 \\
x-1\overline{)x^3 \qquad\quad + x} \\
\underline{x^3 - x^2} \\
x^2 + x \\
\underline{x^2 - x} \\
2x \\
\underline{2x - 2} \\
2
\end{array}
$$

Si el denominador $Q(x)$ de la ecuación (1) es factorizable, entonces el siguiente paso es factorizar $Q(x)$ en la medida de lo posible. Puede demostrarse que cualquier polinomio Q se puede factorizar como un producto de factores lineales (de la forma $ax + b$) y factores cuadráticos irreducibles (de la forma $ax^2 + bx + c$, donde $b^2 - 4ac < 0$). Por ejemplo, si $Q(x) = x^4 - 16$, podría factorizarse como

$$Q(x) = (x^2 - 4)(x^2 + 4) = (x - 2)(x + 2)(x^2 + 4)$$

El tercer paso es expresar la función racional propia $R(x)/Q(x)$ (de la ecuación [1]) como una suma de **fracciones parciales** de la forma

$$\frac{A}{(ax + b)^i} \qquad \text{o} \qquad \frac{Ax + B}{(ax^2 + bx + c)^j}$$

En álgebra existe un teorema que garantiza que siempre es posible hacer esto. Enseguida se explican los detalles de los cuatro casos posibles.

CASO I El denominador $Q(x)$ es un producto de factores lineales distintos.
Esto quiere decir que se puede escribir

$$Q(x) = (a_1x + b_1)(a_2x + b_2) \cdots (a_kx + b_k)$$

donde ningún factor se repite (y ningún factor es un múltiplo constante de otro). En este caso, el teorema de las fracciones parciales establece que existen las constantes $A_1, A_2, \ldots, A_k$ tales que

$$\boxed{2} \qquad \frac{R(x)}{Q(x)} = \frac{A_1}{a_1x + b_1} + \frac{A_2}{a_2x + b_2} + \cdots + \frac{A_k}{a_kx + b_k}$$

Estas constantes se pueden determinar como en el siguiente ejemplo.

EJEMPLO 2 Evalúe $\displaystyle\int \frac{x^2 + 2x - 1}{2x^3 + 3x^2 - 2x}\, dx$.

SOLUCIÓN Como el grado del numerador es menor que el grado del denominador, no es necesario dividir. Se factoriza el denominador así

$$2x^3 + 3x^2 - 2x = x(2x^2 + 3x - 2) = x(2x - 1)(x + 2)$$

Dado que el denominador tiene tres factores lineales distintos, la descomposición en fracciones parciales del integrando (2) tiene la forma

$$\boxed{3} \qquad \frac{x^2 + 2x - 1}{x(2x - 1)(x + 2)} = \frac{A}{x} + \frac{B}{2x - 1} + \frac{C}{x + 2}$$

Otro método para encontrar A, B y C se da en la nota que sigue a este ejemplo.

Para determinar los valores de A, B y C se multiplican ambos lados de esta ecuación por el mínimo común denominador, $x(2x - 1)(x + 2)$ y se obtiene

$$\boxed{4} \qquad x^2 + 2x - 1 = A(2x - 1)(x + 2) + Bx(x + 2) + Cx(2x - 1)$$

Al desarrollar el lado derecho de la ecuación (4) y escribirla en la forma polinomial estándar se obtiene

$$\boxed{5} \qquad x^2 + 2x - 1 = (2A + B + 2C)x^2 + (3A + 2B - C)x - 2A$$

Los polinomios de cada lado de la ecuación (5) son idénticos, por lo que los coeficientes de los términos correspondientes deben ser iguales. El coeficiente de x^2 en el lado derecho, $2A + B + 2C$, debe ser igual al coeficiente de x^2 del lado izquierdo, a saber, 1. Asimismo, los coeficientes de x son iguales y los términos constantes son iguales. Esto da el siguiente sistema de ecuaciones para A, B y C:

$$2A + B + 2C = 1$$

$$3A + 2B - C = 2$$

$$-2A \qquad\qquad = -1$$

Al resolver se obtiene $A = \frac{1}{2}$, $B = \frac{1}{5}$ y $C = -\frac{1}{10}$, y de este modo

> Se puede verificar este trabajo llevando los términos a un denominador común y sumándolos.

$$\int \frac{x^2 + 2x - 1}{2x^3 + 3x^2 - 2x}\, dx = \int \left(\frac{1}{2}\frac{1}{x} + \frac{1}{5}\frac{1}{2x - 1} - \frac{1}{10}\frac{1}{x + 2} \right) dx$$

$$= \tfrac{1}{2}\ln |x| + \tfrac{1}{10}\ln |2x - 1| - \tfrac{1}{10}\ln |x + 2| + K$$

Al integrar el término intermedio se hizo la sustitución mental $u = 2x - 1$, que resulta en $du = 2\, dx$ y $dx = \frac{1}{2}\, du$. ■

NOTA Se puede utilizar otro método para encontrar los coeficientes A, B y C en el ejemplo 2. La ecuación (4) es una identidad; por lo tanto, es verdadera para cada valor de x. Se eligen valores de x que simplifican la ecuación. Si se pone $x = 0$ en la ecuación (4), entonces el segundo y tercer términos en el lado derecho desaparecen, por lo cual la ecuación se convierte en $-2A = -1$, o $A = \frac{1}{2}$. De igual manera, $x = \frac{1}{2}$ da $5B/4 = \frac{1}{4}$ y $x = -2$ da $10C = -1$, así que $B = \frac{1}{5}$ y $C = -\frac{1}{10}$. (Se puede cuestionar la validez de la ecuación (3) para $x = 0, \frac{1}{2}$ o -2, así que, ¿por qué la ecuación (4) debe ser válida para esos valores? De hecho, la ecuación (4) es verdadera para todos los valores de x, incluso $x = 0, \frac{1}{2}$ y -2 (vea la razón en el ejercicio 75).

EJEMPLO 3 Encuentre $\displaystyle\int \frac{dx}{x^2 - a^2}$, donde $a \neq 0$.

SOLUCIÓN El método de fracciones parciales da

$$\frac{1}{x^2 - a^2} = \frac{1}{(x - a)(x + a)} = \frac{A}{x - a} + \frac{B}{x + a}$$

Y, por lo tanto,

$$A(x + a) + B(x - a) = 1$$

Con el método de la nota precedente, se pone $x = a$ en esta ecuación y se obtiene $A(2a) = 1$, por lo que $A = 1/(2a)$. Si se pone $x = -a$, se obtiene $B(-2a) = 1$, así que $B = -1/(2a)$. Entonces,

$$\int \frac{dx}{x^2 - a^2} = \frac{1}{2a} \int \left(\frac{1}{x - a} - \frac{1}{x + a} \right) dx$$

$$= \frac{1}{2a} \left(\ln |x - a| - \ln |x + a| \right) + C$$

Puesto que $\ln x - \ln y = \ln(x/y)$, se puede escribir la integral de este modo:

$$\boxed{6} \qquad \int \frac{dx}{x^2 - a^2} = \frac{1}{2a} \ln \left| \frac{x - a}{x + a} \right| + C$$

(Vea otras maneras de usar la fórmula [6] en los ejercicios 61–62). ∎

CASO II $Q(x)$ **es un producto de factores lineales, algunos de los cuales se repiten.**
Suponga que el primer factor lineal $(a_1x + b_1)$ se repite r veces; es decir, $(a_1x + b_1)^r$ se presenta en la factorización de $Q(x)$. Entonces, en lugar del término simple $A_1/(a_1x + b_1)$ de la ecuación (2), se utilizaría

$$\boxed{7} \qquad \frac{A_1}{a_1x + b_1} + \frac{A_2}{(a_1x + b_1)^2} + \cdots + \frac{A_r}{(a_1x + b_1)^r}$$

A modo de ilustración, podría escribirse

$$\frac{x^3 - x + 1}{x^2(x - 1)^3} = \frac{A}{x} + \frac{B}{x^2} + \frac{C}{x - 1} + \frac{D}{(x - 1)^2} + \frac{E}{(x - 1)^3}$$

pero es preferible desarrollar con detalle un ejemplo más sencillo.

EJEMPLO 4 Encuentre $\displaystyle\int \frac{x^4 - 2x^2 + 4x + 1}{x^3 - x^2 - x + 1} \, dx$.

SOLUCIÓN El primer paso es la división. El resultado de una división larga es

$$\frac{x^4 - 2x^2 + 4x + 1}{x^3 - x^2 - x + 1} = x + 1 + \frac{4x}{x^3 - x^2 - x + 1}$$

El segundo paso es factorizar el denominador $Q(x) = x^3 - x^2 - x + 1$. Como $Q(1) = 0$, se sabe que $x - 1$ es un factor y se obtiene

$$x^3 - x^2 - x + 1 = (x - 1)(x^2 - 1) = (x - 1)(x - 1)(x + 1)$$
$$= (x - 1)^2(x + 1)$$

Como el factor lineal $x - 1$ se presenta dos veces, la descomposición en fracciones parciales es

$$\frac{4x}{(x - 1)^2(x + 1)} = \frac{A}{x - 1} + \frac{B}{(x - 1)^2} + \frac{C}{x + 1}$$

Al multiplicar por el mínimo común denominador, $(x - 1)^2(x + 1)$, se obtiene

$$\boxed{8} \qquad 4x = A(x - 1)(x + 1) + B(x + 1) + C(x - 1)^2$$
$$= (A + C)x^2 + (B - 2C)x + (-A + B + C)$$

Ahora se igualan los coeficientes:

$$A \qquad + \quad C = 0$$
$$B - 2C = 4$$
$$-A + B + \quad C = 0$$

Al resolver se obtiene $A = 1$, $B = 2$ y $C = -1$, por lo que

$$\int \frac{x^4 - 2x^2 + 4x + 1}{x^3 - x^2 - x + 1}\, dx = \int \left[x + 1 + \frac{1}{x - 1} + \frac{2}{(x - 1)^2} - \frac{1}{x + 1} \right] dx$$

$$= \frac{x^2}{2} + x + \ln|x - 1| - \frac{2}{x - 1} - \ln|x + 1| + K$$

$$= \frac{x^2}{2} + x - \frac{2}{x - 1} + \ln\left| \frac{x - 1}{x + 1} \right| + K \qquad\blacksquare$$

NOTA También podrían determinarse los coeficientes A, B y C del ejemplo 4 mediante el método proporcionado después del ejemplo 2. Al poner $x = 1$ en la ecuación (8) da $4 = 2B$, así que $B = 2$, y, de la misma manera, al poner $x = -1$ da $-4 = 4C$, por lo que $C = -1$. No existe un valor de x que haga que el segundo y el tercer términos a la derecha de la ecuación (8) desaparezcan, por lo que no se puede encontrar el valor de A con la misma facilidad. Sin embargo, se puede elegir un tercer valor para x que todavía da una relación útil entre A, B y C. Por ejemplo, $x = 0$ da $0 = -A + B + C$, así que $A = 1$.

CASO III $Q(x)$ **contiene factores cuadráticos irreducibles, ninguno de los cuales se repite.**

Si $Q(x)$ tiene el factor $ax^2 + bx + c$, donde $b^2 - 4ac < 0$, entonces, además de las fracciones parciales de las ecuaciones (2) y (7), la expresión para $R(x)/Q(x)$ tendrá un término de la forma

$$\boxed{9} \qquad \frac{Ax + B}{ax^2 + bx + c}$$

donde A y B son constantes por determinar. Por ejemplo, la función dada por $f(x) = x/[(x - 2)(x^2 + 1)(x^2 + 4)]$ tiene una descomposición en fracciones parciales de la forma

$$\frac{x}{(x - 2)(x^2 + 1)(x^2 + 4)} = \frac{A}{x - 2} + \frac{Bx + C}{x^2 + 1} + \frac{Dx + E}{x^2 + 4}$$

El término dado en (9) puede integrarse completando el cuadrado (si es necesario) y con la fórmula

$$\boxed{10} \qquad \int \frac{dx}{x^2 + a^2} = \frac{1}{a} \tan^{-1}\left(\frac{x}{a} \right) + C$$

EJEMPLO 5 Evalúe $\displaystyle\int \frac{2x^2 - x + 4}{x^3 + 4x}\, dx$.

SOLUCIÓN Como $x^3 + 4x = x(x^2 + 4)$ ya no se puede factorizar más, se escribe

$$\frac{2x^2 - x + 4}{x(x^2 + 4)} = \frac{A}{x} + \frac{Bx + C}{x^2 + 4}$$

Al multiplicar por $x(x^2 + 4)$ se tiene

$$2x^2 - x + 4 = A(x^2 + 4) + (Bx + C)x$$

$$= (A + B)x^2 + Cx + 4A$$

Al igualar los coeficientes se obtiene

$$A + B = 2 \qquad C = -1 \qquad 4A = 4$$

Por lo tanto, $A = 1$, $B = 1$ y $C = -1$, por lo que

$$\int \frac{2x^2 - x + 4}{x^3 + 4x} \, dx = \int \left(\frac{1}{x} + \frac{x - 1}{x^2 + 4} \right) dx$$

A fin de integrar el segundo término, se divide en dos partes:

$$\int \frac{x - 1}{x^2 + 4} \, dx = \int \frac{x}{x^2 + 4} \, dx - \int \frac{1}{x^2 + 4} \, dx$$

Se realiza la sustitución $u = x^2 + 4$ en la primera de estas integrales de modo que $du = 2x \, dx$. Se evalúa la segunda integral mediante la fórmula (10) con $a = 2$:

$$\int \frac{2x^2 - x + 4}{x(x^2 + 4)} \, dx = \int \frac{1}{x} \, dx + \int \frac{x}{x^2 + 4} \, dx - \int \frac{1}{x^2 + 4} \, dx$$

$$= \ln |x| + \tfrac{1}{2} \ln(x^2 + 4) - \tfrac{1}{2} \tan^{-1}(x/2) + K \qquad \blacksquare$$

EJEMPLO 6   Evalúe $\displaystyle \int \frac{4x^2 - 3x + 2}{4x^2 - 4x + 3} \, dx$.

SOLUCIÓN   Como el grado del numerador *no es menor que* el grado del denominador, primero se divide y se obtiene

$$\frac{4x^2 - 3x + 2}{4x^2 - 4x + 3} = 1 + \frac{x - 1}{4x^2 - 4x + 3}$$

Observe que la cuadrática $4x^2 - 4x + 3$ es irreducible porque su discriminante es $b^2 - 4ac = -32 < 0$. Esto significa que no puede factorizarse, por lo que no es necesario aplicar la técnica de las fracciones parciales.

Para integrar la función dada se completa el cuadrado en el denominador:

$$4x^2 - 4x + 3 = (2x - 1)^2 + 2$$

Esto sugiere la sustitución $u = 2x - 1$. Entonces $du = 2 \, dx$ y $x = \tfrac{1}{2}(u + 1)$, por lo que

$$\int \frac{4x^2 - 3x + 2}{4x^2 - 4x + 3} \, dx = \int \left(1 + \frac{x - 1}{4x^2 - 4x + 3} \right) dx$$

$$= x + \tfrac{1}{2} \int \frac{\tfrac{1}{2}(u + 1) - 1}{u^2 + 2} \, du = x + \tfrac{1}{4} \int \frac{u - 1}{u^2 + 2} \, du$$

$$= x + \tfrac{1}{4} \int \frac{u}{u^2 + 2} \, du - \tfrac{1}{4} \int \frac{1}{u^2 + 2} \, du$$

$$= x + \tfrac{1}{8} \ln(u^2 + 2) - \frac{1}{4} \cdot \frac{1}{\sqrt{2}} \tan^{-1}\left(\frac{u}{\sqrt{2}} \right) + C$$

$$= x + \tfrac{1}{8} \ln(4x^2 - 4x + 3) - \frac{1}{4\sqrt{2}} \tan^{-1}\left(\frac{2x - 1}{\sqrt{2}} \right) + C \qquad \blacksquare$$

NOTA En el ejemplo 6 se ilustra el procedimiento general para integrar una fracción parcial de la forma

$$\frac{Ax + B}{ax^2 + bx + c} \quad \text{donde} \ b^2 - 4ac < 0$$

Se completa el cuadrado en el denominador y luego se realiza una sustitución que lleva la integral a la forma

$$\int \frac{Cu + D}{u^2 + a^2} \, du = C \int \frac{u}{u^2 + a^2} \, du + D \int \frac{1}{u^2 + a^2} \, du$$

Entonces la primera integral es un logaritmo y la segunda se expresa en términos de $\tan^{-1}$.

CASO IV $Q(x)$ **contiene un factor cuadrático irreducible repetido.**
Si $Q(x)$ tiene el factor $(ax^2 + bx + c)^r$, donde $b^2 - 4ac < 0$, entonces en lugar de la única fracción parcial (9), la suma

$$\boxed{11} \qquad \frac{A_1 x + B_1}{ax^2 + bx + c} + \frac{A_2 x + B_2}{(ax^2 + bx + c)^2} + \cdots + \frac{A_r x + B_r}{(ax^2 + bx + c)^r}$$

se presenta en la descomposición en fracciones parciales $R(x)/Q(x)$. Cada uno de los términos en (11) se puede integrar mediante una sustitución o al completar primero el cuadrado si es necesario.

EJEMPLO 7 Escriba la forma de la descomposición en fracciones parciales de la función

$$\frac{x^3 + x^2 + 1}{x(x - 1)(x^2 + x + 1)(x^2 + 1)^3}$$

SOLUCIÓN

$$\frac{x^3 + x^2 + 1}{x(x - 1)(x^2 + x + 1)(x^2 + 1)^3}$$

$$= \frac{A}{x} + \frac{B}{x - 1} + \frac{Cx + D}{x^2 + x + 1} + \frac{Ex + F}{x^2 + 1} + \frac{Gx + H}{(x^2 + 1)^2} + \frac{Ix + J}{(x^2 + 1)^3} \qquad \blacksquare$$

Sería muy tedioso calcular a mano los valores numéricos de los coeficientes del ejemplo 7. Sin embargo, la mayoría de los sistemas algebraicos computacionales encuentra los valores numéricos muy rápidamente:

$$A = -1, \quad B = \tfrac{1}{8}, \quad C = D = -1,$$
$$E = \tfrac{15}{8}, \quad F = -\tfrac{1}{8}, \quad G = H = \tfrac{3}{4},$$
$$I = -\tfrac{1}{2}, \quad J = \tfrac{1}{2}$$

EJEMPLO 8 Evalúe $\displaystyle \int \frac{1 - x + 2x^2 - x^3}{x(x^2 + 1)^2} \, dx$.

SOLUCIÓN La forma de la descomposición en fracciones parciales es

$$\frac{1 - x + 2x^2 - x^3}{x(x^2 + 1)^2} = \frac{A}{x} + \frac{Bx + C}{x^2 + 1} + \frac{Dx + E}{(x^2 + 1)^2}$$

Al multiplicar por $x(x^2 + 1)^2$ se tiene

$$-x^3 + 2x^2 - x + 1 = A(x^2 + 1)^2 + (Bx + C)x(x^2 + 1) + (Dx + E)x$$

$$= A(x^4 + 2x^2 + 1) + B(x^4 + x^2) + C(x^3 + x) + Dx^2 + Ex$$

$$= (A + B)x^4 + Cx^3 + (2A + B + D)x^2 + (C + E)x + A$$

Si se igualan los coeficientes se obtiene el sistema

$$A + B = 0 \qquad C = -1 \qquad 2A + B + D = 2 \qquad C + E = -1 \qquad A = 1$$

que tiene la solución $A = 1$, $B = -1$, $C = -1$, $D = 1$ y $E = 0$. Por lo tanto,

$$\int \frac{1 - x + 2x^2 - x^3}{x(x^2 + 1)^2}\, dx = \int \left(\frac{1}{x} - \frac{x + 1}{x^2 + 1} + \frac{x}{(x^2 + 1)^2} \right) dx$$

En el segundo y cuarto términos se hizo la sustitución mental $u = x^2 + 1$.

$$= \int \frac{dx}{x} - \int \frac{x}{x^2 + 1}\, dx - \int \frac{dx}{x^2 + 1} + \int \frac{x\, dx}{(x^2 + 1)^2}$$

$$= \ln |x| - \tfrac{1}{2} \ln(x^2 + 1) - \tan^{-1}x - \frac{1}{2(x^2 + 1)} + K \quad \blacksquare$$

NOTA El ejemplo 8 funcionó muy bien porque el coeficiente E resultó ser 0. En general, se podría obtener un término de la forma $1/(x^2 + 1)^2$. Una forma de integrar tal término es hacer la sustitución $x = \tan\theta$. Otro método es usar la fórmula del ejercicio 76.

En ocasiones, se pueden evitar las fracciones parciales cuando se integra una función racional. Por ejemplo, aunque la integral

$$\int \frac{x^2 + 1}{x(x^2 + 3)}\, dx$$

se podría evaluar con el método del caso III, es mucho más fácil observar que si $u = x(x^2 + 3) = x^3 + 3x$, entonces $du = (3x^2 + 3)\, dx$ y así

$$\int \frac{x^2 + 1}{x(x^2 + 3)}\, dx = \tfrac{1}{3} \ln |x^3 + 3x| + C$$

■ Racionalización de sustituciones

Algunas funciones no racionales pueden ser convertidas en funciones racionales por medio de una sustituciones adecuada. En particular, cuando un integrando contiene una expresión de la forma $\sqrt[n]{g(x)}$, entonces la sustitución $u = \sqrt[n]{g(x)}$ puede ser eficaz. En los ejercicios aparecen otros casos.

EJEMPLO 9 Evalúe $\displaystyle\int \frac{\sqrt{x + 4}}{x}\, dx$.

SOLUCIÓN Sea $u = \sqrt{x + 4}$. Entonces $u^2 = x + 4$, así que $x = u^2 - 4$ y $dx = 2u\, du$. Por lo tanto,

$$\int \frac{\sqrt{x + 4}}{x}\, dx = \int \frac{u}{u^2 - 4}\, 2u\, du = 2 \int \frac{u^2}{u^2 - 4}\, du = 2 \int \left(1 + \frac{4}{u^2 - 4} \right) du$$

Esta integral se evalúa ya sea factorizando $u^2 - 4$ como $(u - 2)(u + 2)$ y con fracciones parciales o la fórmula (6) con $a = 2$:

$$\int \frac{\sqrt{x + 4}}{x}\, dx = 2 \int du + 8 \int \frac{du}{u^2 - 4}$$

$$= 2u + 8 \cdot \frac{1}{2 \cdot 2} \ln \left| \frac{u - 2}{u + 2} \right| + C$$

$$= 2\sqrt{x + 4} + 2 \ln \left| \frac{\sqrt{x + 4} - 2}{\sqrt{x + 4} + 2} \right| + C \quad \blacksquare$$

7.4 | Ejercicios

1-6 Escriba la forma de la descomposición en fracciones parciales de la función (como en el ejemplo 7). No determine los valores numéricos de los coeficientes.

1. (a) $\dfrac{1}{(x-3)(x+5)}$ (b) $\dfrac{2x+5}{(x-2)^2(x^2+2)}$

2. (a) $\dfrac{x-6}{x^2+x-6}$ (b) $\dfrac{1}{x^2+x^4}$

3. (a) $\dfrac{x^2+4}{x^3-3x^2+2x}$ (b) $\dfrac{x^3+x}{x(2x-1)^2(x^2+3)^2}$

4. (a) $\dfrac{5}{x^4-1}$ (b) $\dfrac{x^4+x+1}{(x^3-1)(x^2-1)}$

5. (a) $\dfrac{x^5+1}{(x^2-x)(x^4+2x^2+1)}$ (b) $\dfrac{x^2}{x^2+x-6}$

6. (a) $\dfrac{x^6}{x^2-4}$ (b) $\dfrac{x^4}{(x^2-x+1)(x^2+2)^2}$

7-40 Evalúe cada integral.

7. $\displaystyle\int \dfrac{5}{(x-1)(x+4)}\,dx$ **8.** $\displaystyle\int \dfrac{x-12}{x^2-4x}\,dx$

9. $\displaystyle\int \dfrac{5x+1}{(2x+1)(x-1)}\,dx$ **10.** $\displaystyle\int \dfrac{y}{(y+4)(2y-1)}\,dy$

11. $\displaystyle\int_0^1 \dfrac{2}{2x^2+3x+1}\,dx$ **12.** $\displaystyle\int_0^1 \dfrac{x-4}{x^2-5x+6}\,dx$

13. $\displaystyle\int \dfrac{1}{x(x-a)}\,dx$ **14.** $\displaystyle\int \dfrac{1}{(x+a)(x+b)}\,dx$

15. $\displaystyle\int \dfrac{x^2}{x-1}\,dx$ **16.** $\displaystyle\int \dfrac{3t-2}{t+1}\,dt$

17. $\displaystyle\int_1^2 \dfrac{4y^2-7y-12}{y(y+2)(y-3)}\,dy$ **18.** $\displaystyle\int_1^2 \dfrac{3x^2+6x+2}{x^2+3x+2}\,dx$

19. $\displaystyle\int_0^1 \dfrac{x^2+x+1}{(x+1)^2(x+2)}\,dx$ **20.** $\displaystyle\int_2^3 \dfrac{x(3-5x)}{(3x-1)(x-1)^2}\,dx$

21. $\displaystyle\int \dfrac{dt}{(t^2-1)^2}$ **22.** $\displaystyle\int \dfrac{3x^2+12x-20}{x^4-8x^2+16}\,dx$

23. $\displaystyle\int \dfrac{10}{(x-1)(x^2+9)}\,dx$ **24.** $\displaystyle\int \dfrac{3x^2-x+8}{x^3+4x}\,dx$

25. $\displaystyle\int_{-1}^0 \dfrac{x^3-4x+1}{x^2-3x+2}\,dx$ **26.** $\displaystyle\int_1^2 \dfrac{x^3+4x^2+x-1}{x^3+x^2}\,dx$

27. $\displaystyle\int \dfrac{4x}{x^3+x^2+x+1}\,dx$ **28.** $\displaystyle\int \dfrac{x^2+x+1}{(x^2+1)^2}\,dx$

29. $\displaystyle\int \dfrac{x^3+4x+3}{x^4+5x^2+4}\,dx$ **30.** $\displaystyle\int \dfrac{x^3+6x-2}{x^4+6x^2}\,dx$

31. $\displaystyle\int \dfrac{x+4}{x^2+2x+5}\,dx$ **32.** $\displaystyle\int_0^1 \dfrac{x}{x^2+4x+13}\,dx$

33. $\displaystyle\int \dfrac{1}{x^3-1}\,dx$ **34.** $\displaystyle\int \dfrac{x^3-2x^2+2x-5}{x^4+4x^2+3}\,dx$

35. $\displaystyle\int_0^1 \dfrac{x^3+2x}{x^4+4x^2+3}\,dx$ **36.** $\displaystyle\int \dfrac{x^5+x-1}{x^3+1}\,dx$

37. $\displaystyle\int \dfrac{5x^4+7x^2+x+2}{x(x^2+1)^2}\,dx$ **38.** $\displaystyle\int \dfrac{x^4+3x^2+1}{x^5+5x^3+5x}\,dx$

39. $\displaystyle\int \dfrac{x^2-3x+7}{(x^2-4x+6)^2}\,dx$ **40.** $\displaystyle\int \dfrac{x^3+2x^2+3x-2}{(x^2+2x+2)^2}\,dx$

41-56 Realice una sustitución para expresar el integrando como una función racional y luego evalúe la integral.

41. $\displaystyle\int \dfrac{dx}{x\sqrt{x-1}}$ **42.** $\displaystyle\int \dfrac{dx}{2\sqrt{x+3}+x}$

43. $\displaystyle\int \dfrac{dx}{x^2+x\sqrt{x}}$ **44.** $\displaystyle\int_0^1 \dfrac{1}{1+\sqrt[3]{x}}\,dx$

45. $\displaystyle\int \dfrac{x^3}{\sqrt[3]{x^2+1}}\,dx$ **46.** $\displaystyle\int \dfrac{dx}{(1+\sqrt{x})^2}$

47. $\displaystyle\int \dfrac{1}{\sqrt{x}-\sqrt[3]{x}}\,dx$ [*Sugerencia:* Sustituya $u=\sqrt[6]{x}$].

48. $\displaystyle\int \dfrac{1}{x-x^{1/5}}\,dx$

49. $\displaystyle\int \dfrac{1}{x-3\sqrt{x}+2}\,dx$ **50.** $\displaystyle\int \dfrac{\sqrt{1+\sqrt{x}}}{x}\,dx$

51. $\displaystyle\int \dfrac{e^{2x}}{e^{2x}+3e^x+2}\,dx$ **52.** $\displaystyle\int \dfrac{\operatorname{sen}x}{\cos^2x-3\cos x}\,dx$

53. $\displaystyle\int \dfrac{\sec^2t}{\tan^2t+3\tan t+2}\,dt$ **54.** $\displaystyle\int \dfrac{e^x}{(e^x-2)(e^{2x}+1)}\,dx$

55. $\displaystyle\int \dfrac{dx}{1+e^x}$ **56.** $\displaystyle\int \dfrac{\cosh t}{\operatorname{senh}^2t+\operatorname{senh}^4t}\,dt$

57-58 Utilice la integración por partes, junto con las técnicas de esta sección, para evaluar la integral.

57. $\displaystyle\int \ln(x^2-x+2)\,dx$ **58.** $\displaystyle\int x\tan^{-1}x\,dx$

59. Utilice una gráfica de $f(x)=1/(x^2-2x-3)$ para decidir si $\int_0^2 f(x)\,dx$ es positivo o negativo. Con la gráfica dé una estimación aproximada del valor de la integral y luego use fracciones parciales para encontrar el valor exacto.

60. Evalúe

$$\int \frac{1}{x^2 + k}\, dx$$

considerando varios casos para la constante k.

61-62 Evalúe la integral completando el cuadrado y con la fórmula (6).

61. $\displaystyle\int \frac{dx}{x^2 - 2x}$

62. $\displaystyle\int \frac{2x + 1}{4x^2 + 12x - 7}\, dx$

63. Sustitución de Weierstrass El matemático alemán Karl Weierstrass (1815-1897) observó que la sustitución $t = \tan(x/2)$ convertía cualquier función racional de sen x y cos x en una función racional ordinaria de t.

(a) Si $t = \tan(x/2)$, $-\pi < x < \pi$, trace un triángulo recto o utilice identidades trigonométricas para mostrar que

$$\cos \frac{x}{2} = \frac{1}{\sqrt{1 + t^2}} \quad \text{y} \quad \text{sen } \frac{x}{2} = \frac{t}{\sqrt{1 + t^2}}$$

(b) Demuestre que

$$\cos x = \frac{1 - t^2}{1 + t^2} \quad \text{y} \quad \text{sen } x = \frac{2t}{1 + t^2}$$

(c) Demuestre que $dx = \dfrac{2}{1 + t^2}\, dt$.

64-67 Utilice la sustitución del ejercicio 63 para transformar el integrando en una función racional de t y luego evalúe la integral.

64. $\displaystyle\int \frac{dx}{1 - \cos x}$

65. $\displaystyle\int \frac{1}{3\,\text{sen } x - 4\cos x}\, dx$

66. $\displaystyle\int_{\pi/3}^{\pi/2} \frac{1}{1 + \text{sen } x - \cos x}\, dx$

67. $\displaystyle\int_0^{\pi/2} \frac{\text{sen } 2x}{2 + \cos x}\, dx$

68-69 Determine el área de la región debajo de la curva indicada desde 1 hasta 2.

68. $y = \dfrac{1}{x^3 + x}$

69. $y = \dfrac{x^2 + 1}{3x - x^2}$

70. Encuentre el volumen del sólido que resulta si la región debajo de la curva

$$y = \frac{1}{x^2 + 3x + 2}$$

desde $x = 0$ hasta $x = 1$ se gira alrededor de (a) el eje x y (b) el eje y.

71. Un método para desacelerar el crecimiento de una población de insectos sin plaguicidas es introducir en ella varios machos estériles que se apareen con hembras fértiles sin producir descendencia. (En la foto se ve una mosca del gusano barrenador, la primera plaga que se logró eliminar de una región con este método). Sea P el número de insectos femeninos en una población y S el número de machos estériles introducidos en cada generación. Sea r la tasa de producción per cápita de hembras por hembras, siempre que su pareja

elegida no sea estéril. Entonces la población femenina está relacionada con el tiempo t por

$$t = \int \frac{P + S}{P[(r - 1)P - S]}\, dP$$

Suponga que una población de insectos con 10 000 hembras crece a un ritmo de $r = 1.1$ y se agregan inicialmente 900 machos estériles. Evalúe la integral para dar una ecuación que relacione la población femenina con el tiempo. (Observe que en la ecuación resultante no puede despejarse P explícitamente).

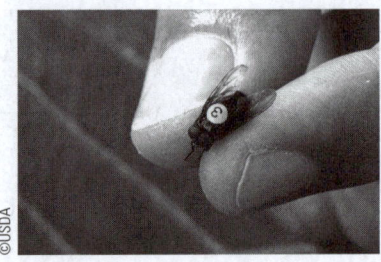
©USDA

72. Factorice $x^4 + 1$ como una diferencia de cuadrados sumando y restando primero la misma cantidad. Utilice esta factorización para evaluar $\int 1/(x^4 + 1)\, dx$.

T 73. (a) Con un sistema algebraico computacional encuentre la descomposición en fracciones parciales de la función

$$f(x) = \frac{4x^3 - 27x^2 + 5x - 32}{30x^5 - 13x^4 + 50x^3 - 286x^2 - 299x - 70}$$

(b) Utilice el inciso (a) para encontrar $\int f(x)\, dx$ (a mano) y compárelo con el resultado de utilizar un sistema algebraico computacional (SAC) para integrar f directamente. Comente sobre cualquier discrepancia.

T 74. (a) Con un sistema algebraico computacional encuentre la descomposición en fracciones parciales de la función

$$f(x) = \frac{12x^5 - 7x^3 - 13x^2 + 8}{100x^6 - 80x^5 + 116x^4 - 80x^3 + 41x^2 - 20x + 4}$$

(b) Utilice el inciso (a) para encontrar $\int f(x)\, dx$ y la gráfica f y su integral indefinida en la misma pantalla.

(c) Con la gráfica de f descubra las características principales de la gráfica de $\int f(x)\, dx$.

75. Suponga que F, G y Q son polinomios y

$$\frac{F(x)}{Q(x)} = \frac{G(x)}{Q(x)}$$

para toda x excepto cuando $Q(x) = 0$. Demuestre que $F(x) = G(x)$ para toda x. [*Sugerencia*: Utilice la continuidad].

76. (a) Mediante integración por partes demuestre que, para cualquier entero positivo n,

$$\int \frac{dx}{(x^2 + a^2)^n} = \frac{x}{2a^2(n - 1)(x^2 + a^2)^{n-1}}$$

$$+ \frac{2n - 3}{2a^2(n - 1)} \int \frac{dx}{(x^2 + a^2)^{n-1}}$$

(b) Utilice el inciso (a) para evaluar

$$\int \frac{dx}{(x^2+1)^2} \quad \text{y} \quad \int \frac{dx}{(x^2+1)^3}$$

77. Si $a \neq 0$ y n es un entero positivo, encuentre la descomposición en fracciones parciales de $f(x) = 1/(x^n(x-a))$. [*Sugerencia*: Primero encuentre el coeficiente de $1/(x-a)$. Luego reste el término resultante y simplifique lo que queda].

78. Si f es una función cuadrática tal que $f(0) = 1$ y

$$\int \frac{f(x)}{x^2(x+1)^3}\, dx$$

es una función racional, halle el valor de $f'(0)$.

7.5 | Estrategias para la integración

Como se ha visto, la integración es más desafiante que la derivación. Al encontrar la derivada de una función es evidente cuál fórmula de derivación se debe aplicar. Pero quizá no sea claro qué técnica usar para integrar una función determinada.

■ Guía para la integración

Hasta ahora se han aplicado técnicas individuales en cada sección. Por ejemplo, normalmente se aplicó la sustitución en los ejercicios 5.5, la integración por partes en los ejercicios 7.1 y fracciones parciales en los ejercicios 7.4. En esta sección se presenta una colección variada de integrales en orden aleatorio, y el principal reto es reconocer qué técnica o fórmula utilizar. No se pueden dar reglas claras y precisas en cuanto al método que se debe aplicar en una determinada situación, pero se darán algunas pautas generales que pueden ser útiles.

Un prerrequisito para aplicar una estrategia es conocer las fórmulas básicas de integración. En la siguiente tabla se recopilan las integrales de la lista anterior junto con varias fórmulas adicionales que se analizaron en este capítulo.

Tabla de fórmulas de integración Las constantes de integración se han omitido.

1. $\displaystyle\int x^n\, dx = \frac{x^{n+1}}{n+1} \quad (n \neq -1)$ **2.** $\displaystyle\int \frac{1}{x}\, dx = \ln|x|$

3. $\displaystyle\int e^x\, dx = e^x$ **4.** $\displaystyle\int b^x\, dx = \frac{b^x}{\ln b}$

5. $\displaystyle\int \operatorname{sen} x\, dx = -\cos x$ **6.** $\displaystyle\int \cos x\, dx = \operatorname{sen} x$

7. $\displaystyle\int \sec^2 x\, dx = \tan x$ **8.** $\displaystyle\int \csc^2 x\, dx = -\cot x$

9. $\displaystyle\int \sec x \tan x\, dx = \sec x$ **10.** $\displaystyle\int \csc x \cot x\, dx = -\csc x$

11. $\displaystyle\int \sec x\, dx = \ln|\sec x + \tan x|$ **12.** $\displaystyle\int \csc x\, dx = \ln|\csc x - \cot x|$

13. $\displaystyle\int \tan x\, dx = \ln|\sec x|$ **14.** $\displaystyle\int \cot x\, dx = \ln|\operatorname{sen} x|$

15. $\displaystyle\int \operatorname{senh} x\, dx = \cosh x$ **16.** $\displaystyle\int \cosh x\, dx = \operatorname{senh} x$

17. $\displaystyle\int \frac{dx}{x^2+a^2} = \frac{1}{a}\tan^{-1}\left(\frac{x}{a}\right)$ **18.** $\displaystyle\int \frac{dx}{\sqrt{a^2-x^2}} = \operatorname{sen}^{-1}\left(\frac{x}{a}\right),\ \ a > 0$

*19. $\displaystyle\int \frac{dx}{x^2-a^2} = \frac{1}{2a}\ln\left|\frac{x-a}{x+a}\right|$ ***20.** $\displaystyle\int \frac{dx}{\sqrt{x^2 \pm a^2}} = \ln\left|x + \sqrt{x^2 \pm a^2}\right|$

La mayoría de estas fórmulas debe memorizarse. Es útil conocerlas todas, pero las marcadas con un asterisco no necesitan memorizarse porque se derivan con facilidad. La fórmula (19) se puede evitar al usar las fracciones parciales, y se pueden utilizar sustituciones trigonométricas en lugar de la fórmula (20).

Una vez que cuente con estas fórmulas básicas de integración, si no puede ver inmediatamente cómo abordar una integral determinada, podrá probar la siguiente estrategia de cuatro pasos.

1. **Si es posible, simplifique el integrando**   A veces, la manipulación algebraica o las identidades trigonométricas simplifican el integrando y evidencian el método de integración. Aquí hay algunos ejemplos:

$$\int \sqrt{x}\left(1 + \sqrt{x}\right) dx = \int \left(\sqrt{x} + x\right) dx$$

$$\int \frac{\tan \theta}{\sec^2 \theta}\, d\theta = \int \frac{\operatorname{sen} \theta}{\cos \theta} \cos^2 \theta\, d\theta$$

$$= \int \operatorname{sen} \theta\, \cos \theta\, d\theta = \tfrac{1}{2} \int \operatorname{sen} 2\theta\, d\theta$$

$$\int (\operatorname{sen} x + \cos x)^2\, dx = \int (\operatorname{sen}^2 x + 2 \operatorname{sen} x \cos x + \cos^2 x)\, dx$$

$$= \int (1 + 2 \operatorname{sen} x \cos x)\, dx$$

2. **Busque una sustitución evidente**   Intente encontrar alguna función $u = g(x)$ en el integrando cuyo diferencial $du = g'(x)\, dx$ también se produzca, aparte de un factor constante. Por ejemplo, en la integral

$$\int \frac{x}{x^2 - 1}\, dx$$

se observa que si $u = x^2 - 1$, entonces $du = 2x\, dx$. Por lo tanto, se aplica la sustitución $u = x^2 - 1$ en lugar del método de fracciones parciales.

3. **Clasifique el integrando de acuerdo con su forma**   Si los pasos 1 y 2 no conducen a una solución, entonces analice la forma del integrando $f(x)$.

   (a) *Funciones trigonométricas.* Si $f(x)$ es un producto de potencias de sen x y cos x, de tan x y sec x, o de cot x y csc x, entonces aplique las sustituciones recomendadas en la sección 7.2.

   (b) *Funciones racionales.* Si f es una función racional, use el procedimiento de la sección 7.4 que implica fracciones parciales.

   (c) *Integración por partes.* Si $f(x)$ es un producto de una potencia de x (o un polinomio) y una función trascendente (como una función trigonométrica, exponencial o logarítmica), entonces intente la integración por partes, eligiendo u y dv según el consejo de la sección 7.1. Si se observan las funciones de los ejercicios 7.1, se verá que la mayoría de ellas son del tipo que se acaba de describir.

   (d) *Radicales.* Se recomiendan tipos particulares de sustitución cuando aparecen ciertos radicales.

   (i) Si se produce $\sqrt{x^2 + a^2}$, $\sqrt{x^2 - a^2}$ o $\sqrt{a^2 - x^2}$ se utiliza una sustitución trigonométrica de acuerdo con la tabla de la sección 7.3.

   (ii) Si se produce $\sqrt[n]{ax + b}$ se aplica la sustitución de racionalización $u = \sqrt[n]{ax + b}$. En términos más generales, esto funciona a veces para $\sqrt[n]{g(x)}$.

4. Intente de nuevo Si los tres primeros pasos no conducen a la respuesta, recuerde que básicamente solo hay dos métodos de integración: sustitución y por partes.

(a) *Intente la sustitución.* Aunque ninguna sustitución sea evidente (paso 2), algo de inspiración, ingenio (o incluso desesperación) puede sugerir una sustitución apropiada.

(b) *Intente por partes.* Aunque la integración por partes se utiliza la mayoría de las veces en productos de la forma descrita en el paso 3(c), a veces es eficaz en funciones individuales. En la sección 7.1, se ve que funciona para $\tan^{-1}x$, $\operatorname{sen}^{-1}x$ y $\ln x$, y todas ellas son funciones inversas.

(c) *Manipule el integrando.* Las manipulaciones algebraicas (quizá racionalizando el denominador o utilizando identidades trigonométricas) pueden ser útiles para transformar la integral en una forma más fácil. Estas manipulaciones pueden ser más sustanciales que en el paso 1 y pueden requerir un poco de ingenio. He aquí un ejemplo:

$$\int \frac{dx}{1 - \cos x} = \int \frac{1}{1 - \cos x} \cdot \frac{1 + \cos x}{1 + \cos x}\, dx = \int \frac{1 + \cos x}{1 - \cos^2 x}\, dx$$

$$= \int \frac{1 + \cos x}{\operatorname{sen}^2 x}\, dx = \int \left(\csc^2 x + \frac{\cos x}{\operatorname{sen}^2 x} \right) dx$$

(d) *Relacione el problema con problemas previos.* Cuando haya acumulado cierta experiencia en la integración, es posible que pueda utilizar un método en una integral determinada que sea similar a un método que ya haya utilizado en una integral previa. O incluso puede ser capaz de expresar la integral determinada en términos de una anterior. Por ejemplo, $\int \tan^2 x \sec x\, dx$ es una integral difícil, pero con la identidad $\tan^2 x = \sec^2 x - 1$ se puede escribir

$$\int \tan^2 x \sec x\, dx = \int \sec^3 x\, dx - \int \sec x\, dx$$

y si $\int \sec^3 x\, dx$ se ha evaluado previamente (vea el ejemplo 7.2.8), entonces ese cálculo se puede usar en el problema presente.

(e) *Utilice varios métodos.* A veces se requieren dos o tres métodos para evaluar una integral. La evaluación puede implicar varias sustituciones sucesivas de diferentes tipos o combinar la integración por partes con una o más sustituciones.

En los siguientes ejemplos se indica un método de resolución, pero no se elabora completamente la integral.

EJEMPLO 1 $\displaystyle\int \frac{\tan^3 x}{\cos^3 x}\, dx.$

En el paso 1 se reescribe la integral:

$$\int \frac{\tan^3 x}{\cos^3 x}\, dx = \int \tan^3 x \, \sec^3 x\, dx$$

La integral es ahora de la forma $\int \tan^m x \sec^n x\, dx$ con m impar, por lo que se puede aplicar la recomendación de la sección 7.2.

De manera alternativa, si en el paso 1 se escribe

$$\int \frac{\tan^3 x}{\cos^3 x}\, dx = \int \frac{\operatorname{sen}^3 x}{\cos^3 x} \frac{1}{\cos^3 x}\, dx = \int \frac{\operatorname{sen}^3 x}{\cos^6 x}\, dx$$

entonces se continúa con la sustitución $u = \cos x$:

$$\int \frac{\operatorname{sen}^3 x}{\cos^6 x}\, dx = \int \frac{1 - \cos^2 x}{\cos^6 x} \operatorname{sen} x\, dx = \int \frac{1 - u^2}{u^6}(-du)$$

$$= \int \frac{u^2 - 1}{u^6}\, du = \int (u^{-4} - u^{-6})\, du$$

EJEMPLO 2 $\displaystyle\int \operatorname{sen} \sqrt{x}\, dx$.

De acuerdo con (ii) en el paso 3(d), se sustituye $u = \sqrt{x}$. Entonces $x = u^2$, así que $dx = 2u\, du$ y

$$\int \operatorname{sen} \sqrt{x}\, dx = 2 \int u \operatorname{sen} u\, du$$

El integrando es ahora un producto de u y la función trigonométrica $\operatorname{sen} u$, por lo que puede integrarse por partes.

EJEMPLO 3 $\displaystyle\int \frac{x^5 + 1}{x^3 - 3x^2 - 10x}\, dx$.

No hay ninguna simplificación algebraica o sustitución evidente, así que los pasos 1 y 2 no se aplican aquí. El integrando es una función racional, por lo que se emplea el procedimiento de la sección 7.4, sin olvidar que el primer paso es la división larga.

EJEMPLO 4 $\displaystyle\int \frac{dx}{x\sqrt{\ln x}}$.

Aquí el paso 2 es todo lo que se necesita. Se sustituye $u = \ln x$ porque su diferencial es $du = dx/x$, que se produce en la integral.

EJEMPLO 5 $\displaystyle\int \sqrt{\frac{1 - x}{1 + x}}\, dx$.

Aunque la sustitución de racionalización

$$u = \sqrt{\frac{1 - x}{1 + x}}$$

funciona aquí [(ii) en el paso 3(d)], conduce a una función racional muy complicada. Un método más fácil es hacer alguna manipulación algebraica [ya sea como el paso 1 o el paso 4(c)]. Si se multiplica el numerador y el denominador por $\sqrt{1 - x}$ se tiene

$$\int \sqrt{\frac{1 - x}{1 + x}}\, dx = \int \frac{1 - x}{\sqrt{1 - x^2}}\, dx$$

$$= \int \frac{1}{\sqrt{1 - x^2}}\, dx - \int \frac{x}{\sqrt{1 - x^2}}\, dx$$

$$= \operatorname{sen}^{-1} x + \sqrt{1 - x^2} + C$$

■ ¿Se pueden integrar todas las funciones continuas?

La pregunta que se plantea es: ¿esta estrategia de integración permite encontrar la integral de cada función continua? Por ejemplo, ¿es posible evaluar $\int e^{x^2}\, dx$? La respuesta es no, al menos no en términos de las funciones que se conocen.

Las funciones que se han abordado en este libro se llaman **funciones elementales**. Son los polinomios, las funciones racionales, las funciones potencia o potenciales (x^n), las funciones exponenciales (b^x), las funciones logarítmicas, las funciones trigonométricas y trigonométricas inversas, las funciones hiperbólicas e hiperbólicas inversas, y todas las funciones que se pueden obtener de estos por las cinco operaciones de suma, resta, multiplicación, división y composición. Por ejemplo, la función

$$f(x) = \sqrt{\frac{x^2 - 1}{x^3 + 2x - 1}} + \ln(\cosh x) - xe^{\operatorname{sen} 2x}$$

es una función elemental.

Si f es una función elemental, entonces f' es una función elemental, pero $\int f(x)\, dx$ no es necesariamente una función elemental. Considere $f(x) = e^{x^2}$. Como f es continua, su integral existe, y si se define la función F por

$$F(x) = \int_0^x e^{t^2}\, dt$$

entonces se sabe por la parte 1 del teorema fundamental del cálculo que

$$F'(x) = e^{x^2}$$

Por lo tanto, $f(x) = e^{x^2}$ tiene una antiderivada F, pero se ha demostrado que F no es una función elemental. Esto significa que por mucho que se intente, nunca se conseguirá evaluar $\int e^{x^2}\, dx$ en términos de las funciones que se conocen. (En el capítulo 11, sin embargo, se verá cómo expresar $\int e^{x^2}\, dx$ como una serie infinita). Lo mismo puede decirse de las siguientes integrales:

$$\int \frac{e^x}{x}\, dx \qquad \int \operatorname{sen}(x^2)\, dx \qquad \int \cos(e^x)\, dx$$

$$\int \sqrt{x^3 + 1}\, dx \qquad \int \frac{1}{\ln x}\, dx \qquad \int \frac{\operatorname{sen} x}{x}\, dx$$

De hecho, la mayoría de las funciones elementales no tienen antiderivadas elementales. Sin embargo, puede estar seguro de que todas las integrales de los siguientes ejercicios son funciones elementales.

7.5 | Ejercicios

1-8 Se indican tres integrales que, aunque se parezcan, pueden requerir diferentes técnicas de integración. Evalúe las integrales.

1. (a) $\displaystyle\int \frac{x}{1 + x^2}\, dx$ (b) $\displaystyle\int \frac{1}{1 + x^2}\, dx$

(c) $\displaystyle\int \frac{1}{1 - x^2}\, dx$

2. (a) $\displaystyle\int x\sqrt{x^2 - 1}\, dx$ (b) $\displaystyle\int \frac{1}{x\sqrt{x^2 - 1}}\, dx$

(c) $\displaystyle\int \frac{\sqrt{x^2 - 1}}{x}\, dx$

3. (a) $\displaystyle\int \frac{\ln x}{x}\, dx$ (b) $\displaystyle\int \ln(2x)\, dx$

(c) $\displaystyle\int x \ln x\, dx$

4. (a) $\displaystyle\int \operatorname{sen}^2 x\, dx$ (b) $\displaystyle\int \operatorname{sen}^3 x\, dx$

(c) $\displaystyle\int \operatorname{sen} 2x\, dx$

5. (a) $\displaystyle\int \frac{1}{x^2 - 4x + 3}\, dx$ (b) $\displaystyle\int \frac{1}{x^2 - 4x + 4}\, dx$

(c) $\displaystyle\int \frac{1}{x^2 - 4x + 5}\, dx$

6. (a) $\displaystyle\int x\cos x^2\,dx$ (b) $\displaystyle\int x\cos^2 x\,dx$

(c) $\displaystyle\int x^2\cos x\,dx$

7. (a) $\displaystyle\int x^2 e^{x^3}\,dx$ (b) $\displaystyle\int x^2 e^x\,dx$

(c) $\displaystyle\int x^3 e^{x^2}\,dx$

8. (a) $\displaystyle\int e^x\sqrt{e^x-1}\,dx$ (b) $\displaystyle\int \frac{e^x}{\sqrt{1-e^{2x}}}\,dx$

(c) $\displaystyle\int \frac{1}{\sqrt{e^x-1}}\,dx$

9-93 Evalúe la integral.

9. $\displaystyle\int \frac{\cos x}{1-\operatorname{sen} x}\,dx$ **10.** $\displaystyle\int_0^1 (3x+1)^{\sqrt{2}}\,dx$

11. $\displaystyle\int_1^4 \sqrt{y}\,\ln y\,dy$ **12.** $\displaystyle\int \frac{e^{\arcsin x}}{\sqrt{1-x^2}}\,dx$

13. $\displaystyle\int \frac{\ln(\ln y)}{y}\,dy$ **14.** $\displaystyle\int_0^1 \frac{x}{(2x+1)^3}\,dx$

15. $\displaystyle\int \frac{x}{x^4+9}\,dx$ **16.** $\displaystyle\int t\operatorname{sen} t\cos t\,dt$

17. $\displaystyle\int_2^4 \frac{x+2}{x^2+3x-4}\,dx$ **18.** $\displaystyle\int \frac{\cos(1/x)}{x^3}\,dx$

19. $\displaystyle\int \frac{1}{x^3\sqrt{x^2-1}}\,dx$ **20.** $\displaystyle\int \frac{2x-3}{x^3+3x}\,dx$

21. $\displaystyle\int \frac{\cos^3 x}{\csc x}\,dx$ **22.** $\displaystyle\int \ln(1+x^2)\,dx$

23. $\displaystyle\int x\sec x\tan x\,dx$ **24.** $\displaystyle\int_0^{\sqrt{2}/2} \frac{x^2}{\sqrt{1-x^2}}\,dx$

25. $\displaystyle\int_0^\pi t\cos^2 t\,dt$ **26.** $\displaystyle\int_1^4 \frac{e^{\sqrt{t}}}{\sqrt{t}}\,dt$

27. $\displaystyle\int e^{x+e^x}\,dx$ **28.** $\displaystyle\int \frac{e^x}{1+e^{2a}}\,dx$

29. $\displaystyle\int \arctan\sqrt{x}\,dx$ **30.** $\displaystyle\int \frac{\ln x}{x\sqrt{1+(\ln x)^2}}\,dx$

31. $\displaystyle\int_0^1 \left(1+\sqrt{x}\right)^8\,dx$ **32.** $\displaystyle\int (1+\tan x)^2\sec x\,dx$

33. $\displaystyle\int_0^1 \frac{1+12t}{1+3t}\,dt$ **34.** $\displaystyle\int_0^1 \frac{3x^2+1}{x^3+x^2+x+1}\,dx$

35. $\displaystyle\int \frac{dx}{1+e^x}$ **36.** $\displaystyle\int \operatorname{sen}\sqrt{at}\,dt$

37. $\displaystyle\int \ln(x+\sqrt{x^2-1})\,dx$ **38.** $\displaystyle\int_{-1}^2 |e^x-1|\,dx$

39. $\displaystyle\int \sqrt{\frac{1+x}{1-x}}\,dx$ **40.** $\displaystyle\int_1^3 \frac{e^{3/x}}{x^2}\,dx$

41. $\displaystyle\int \sqrt{3-2x-x^2}\,dx$ **42.** $\displaystyle\int_{\pi/4}^{\pi/2} \frac{1+4\cot x}{4-\cot x}\,dx$

43. $\displaystyle\int_{-\pi/2}^{\pi/2} \frac{x}{1+\cos^2 x}\,dx$ **44.** $\displaystyle\int \frac{1+\operatorname{sen} x}{1+\cos x}\,dx$

45. $\displaystyle\int_0^{\pi/4} \tan^3\theta\sec^2\theta\,d\theta$ **46.** $\displaystyle\int_{\pi/6}^{\pi/3} \frac{\operatorname{sen}\theta\cot\theta}{\sec\theta}\,d\theta$

47. $\displaystyle\int \frac{\sec\theta\tan\theta}{\sec^2\theta-\sec\theta}\,d\theta$ **48.** $\displaystyle\int_0^\pi \operatorname{sen} 6x\cos 3x\,dx$

49. $\displaystyle\int \theta\tan^2\theta\,d\theta$ **50.** $\displaystyle\int \frac{1}{x\sqrt{x-1}}\,dx$

51. $\displaystyle\int \frac{\sqrt{x}}{1+x^3}\,dx$ **52.** $\displaystyle\int \sqrt{1+e^x}\,dx$

53. $\displaystyle\int \frac{x}{1+\sqrt{x}}\,dx$ **54.** $\displaystyle\int \frac{(x-1)e^x}{x^2}\,dx$

55. $\displaystyle\int x^3(x-1)^{-4}\,dx$ **56.** $\displaystyle\int_0^1 x\sqrt{2-\sqrt{1-x^2}}\,dx$

57. $\displaystyle\int \frac{1}{x\sqrt{4x+1}}\,dx$ **58.** $\displaystyle\int \frac{1}{x^2\sqrt{4x+1}}\,dx$

59. $\displaystyle\int \frac{1}{x\sqrt{4x^2+1}}\,dx$ **60.** $\displaystyle\int \frac{dx}{x(x^4+1)}$

61. $\displaystyle\int x^2\operatorname{senh} mx\,dx$ **62.** $\displaystyle\int (x+\operatorname{sen} x)^2\,dx$

63. $\displaystyle\int \frac{dx}{x+x\sqrt{x}}$ **64.** $\displaystyle\int \frac{dx}{\sqrt{x}+x\sqrt{x}}$

65. $\displaystyle\int x\sqrt[3]{x+c}\,dx$ **66.** $\displaystyle\int \frac{x\ln x}{\sqrt{x^2-1}}\,dx$

67. $\displaystyle\int \frac{dx}{x^4-16}$ **68.** $\displaystyle\int \frac{dx}{x^2\sqrt{4x^2-1}}$

69. $\displaystyle\int \frac{d\theta}{1+\cos\theta}$ **70.** $\displaystyle\int \frac{d\theta}{1+\cos^2\theta}$

71. $\displaystyle\int \sqrt{x}\,e^{\sqrt{x}}\,dx$ **72.** $\displaystyle\int \frac{1}{\sqrt{\sqrt{x}+1}}\,dx$

73. $\displaystyle\int \frac{\operatorname{sen} 2x}{1 + \cos^4 x}\, dx$

74. $\displaystyle\int_{\pi/4}^{\pi/3} \frac{\ln(\tan x)}{\operatorname{sen} x \cos x}\, dx$

75. $\displaystyle\int \frac{1}{\sqrt{x + 1} + \sqrt{x}}\, dx$

76. $\displaystyle\int \frac{x^2}{x^6 + 3x^3 + 2}\, dx$

77. $\displaystyle\int_1^{\sqrt{3}} \frac{\sqrt{1 + x^2}}{x^2}\, dx$

78. $\displaystyle\int \frac{1}{1 + 2e^x - e^{-x}}\, dx$

79. $\displaystyle\int \frac{e^{2x}}{1 + e^x}\, dx$

80. $\displaystyle\int \frac{\ln(x + 1)}{x^2}\, dx$

81. $\displaystyle\int \frac{x + \operatorname{arcsen} x}{\sqrt{1 - x^2}}\, dx$

82. $\displaystyle\int \frac{4^x + 10^x}{2^x}\, dx$

83. $\displaystyle\int \frac{dx}{x \ln x - x}$

84. $\displaystyle\int \frac{x^2}{\sqrt{x^2 + 1}}\, dx$

85. $\displaystyle\int \frac{xe^x}{\sqrt{1 + e^x}}\, dx$

86. $\displaystyle\int \frac{1 + \operatorname{sen} x}{1 - \operatorname{sen} x}\, dx$

87. $\displaystyle\int x \operatorname{sen}^2 x \cos x\, dx$

88. $\displaystyle\int \frac{\sec x \cos 2x}{\operatorname{sen} x + \sec x}\, dx$

89. $\displaystyle\int \sqrt{1 - \operatorname{sen} x}\, dx$

90. $\displaystyle\int \frac{\operatorname{sen} x \cos x}{\operatorname{sen}^4 x + \cos^4 x}\, dx$

91. $\displaystyle\int_1^3 \left(\sqrt{\frac{9 - x}{x}} - \sqrt{\frac{x}{9 - x}} \right) dx$

92. $\displaystyle\int \frac{1}{(\operatorname{sen} x + \cos x)^2}\, dx$

93. $\displaystyle\int_0^{\pi/6} \sqrt{1 + \operatorname{sen} 2\theta}\, d\theta$

---

94. Se sabe que $F(x) = \int_0^x e^{e^t}\, dt$ es una función continua según el teorema fundamental del cálculo parte 1 (TFC1), aunque no es una función elemental. Las funciones

$$\int \frac{e^x}{x}\, dx \qquad \text{y} \qquad \int \frac{1}{\ln x}\, dx$$

tampoco son elementales, pero se pueden expresar en términos de F. Evalúe las siguientes integrales en términos de F.

(a) $\displaystyle\int_1^2 \frac{e^x}{x}\, dx$ (b) $\displaystyle\int_2^3 \frac{1}{\ln x}\, dx$

95. Las funciones $y = e^{x^2}$ y $y = x^2 e^{x^2}$ no tienen antiderivadas elementales, pero sí la función $y = (2x^2 + 1)e^{x^2}$. Evalúe $\int (2x^2 + 1)e^{x^2}\, dx$.

7.6 | Integración mediante tablas y tecnología

En esta sección se describe cómo utilizar tablas y software matemático para integrar funciones que tienen antiderivadas elementales. Sin embargo, hay que tener en cuenta que ni siquiera el software informático más potente puede encontrar fórmulas explícitas para antiderivadas de funciones como e^{x^2} o las otras funciones que se describen al final de la sección 7.5.

■ Tablas de integrales

Las tablas de integrales indefinidas son muy útiles cuando se aborda una integral difícil de evaluar a mano. En algunos casos, los resultados obtenidos son de una forma más sencilla que los que da una computadora. Una tabla relativamente breve de 120 integrales, categorizadas por su forma, se proporciona en las páginas de referencia 6–10 que se encuentran al final del libro. Otras tablas más extensas, que contienen cientos o miles de entradas, están disponibles en diversas publicaciones y en Internet. Cuando se utilizan estas tablas, recuerde que las integrales no suelen presentarse exactamente en la forma indicada. Normalmente se necesita la regla de la sustitución o la manipulación algebraica para transformar una integral determinada en una de las formas de la tabla.

EJEMPLO 1 La región acotada por las curvas $y = \arctan x$, $y = 0$ y $x = 1$ se hace girar alrededor del eje y. Encuentre el volumen del sólido resultante.

SOLUCIÓN Con el método de los cascarones cilíndricos, se ve que el volumen es

$$V = \int_0^1 2\pi x \arctan x\, dx$$

La tabla de integrales se encuentra en las páginas de referencia 6–10 que se encuentran al final del libro.

En la sección de la tabla de integrales titulada "Formas trigonométricas inversas" está la fórmula (92):

$$\int u \tan^{-1}u \, du = \frac{u^2 + 1}{2} \tan^{-1}u - \frac{u}{2} + C$$

Por lo tanto, el volumen es

$$V = 2\pi \int_0^1 x \tan^{-1}x \, dx = 2\pi \left[\frac{x^2 + 1}{2} \tan^{-1}x - \frac{x}{2} \right]_0^1$$

$$= \pi \left[(x^2 + 1) \tan^{-1}x - x \right]_0^1 = \pi(2 \tan^{-1}1 - 1)$$

$$= \pi[2(\pi/4) - 1] = \tfrac{1}{2}\pi^2 - \pi \qquad ■$$

EJEMPLO 2 Con la tabla de integrales encuentre $\displaystyle\int \frac{x^2}{\sqrt{5 - 4x^2}} \, dx$.

SOLUCIÓN En la sección de la tabla "Formas que implican" $\sqrt{a^2 - u^2}$, se ve que la entrada más cercana es la fórmula (34):

$$\int \frac{u^2}{\sqrt{a^2 - u^2}} \, du = -\frac{u}{2} \sqrt{a^2 - u^2} + \frac{a^2}{2} \operatorname{sen}^{-1}\!\left(\frac{u}{a} \right) + C$$

Recuerde que al realizar la sustitución $u = 2x$ (para que $x = u/2$) se debe sustituir también $du = 2\,dx$ (para que $dx = du/2$).

Esto no es exactamente lo que se tiene, pero es útil si primero se realiza la sustitución $u = 2x$:

$$\int \frac{x^2}{\sqrt{5 - 4x^2}} \, dx = \int \frac{(u/2)^2}{\sqrt{5 - u^2}} \frac{du}{2} = \frac{1}{8} \int \frac{u^2}{\sqrt{5 - u^2}} \, du$$

Luego se utiliza la fórmula (34) con $a^2 = 5$ (de modo que $a = \sqrt{5}$):

$$\int \frac{x^2}{\sqrt{5 - 4x^2}} \, dx = \frac{1}{8} \int \frac{u^2}{\sqrt{5 - u^2}} \, du = \frac{1}{8} \left(-\frac{u}{2} \sqrt{5 - u^2} + \frac{5}{2} \operatorname{sen}^{-1} \frac{u}{\sqrt{5}} \right) + C$$

$$= -\frac{x}{8} \sqrt{5 - 4x^2} + \frac{5}{16} \operatorname{sen}^{-1}\!\left(\frac{2x}{\sqrt{5}} \right) + C \qquad ■$$

EJEMPLO 3 Utilice la tabla de integrales para evaluar $\displaystyle\int x^3 \operatorname{sen} x \, dx$.

SOLUCIÓN En la sección "Formas trigonométricas" se ve que ninguna entrada incluye explícitamente un factor u^3. Sin embargo, se puede usar la fórmula de reducción de la entrada 84 con $n = 3$:

$$\int x^3 \operatorname{sen} x \, dx = -x^3 \cos x + 3 \int x^2 \cos x \, dx$$

85. $\displaystyle\int u^n \cos u \, du$

$\displaystyle = u^n \operatorname{sen} u - n \int u^{n-1} \operatorname{sen} u \, du$

Ahora se debe evaluar $\int x^2 \cos x \, dx$. Se puede usar la fórmula de reducción en la entrada 85 con $n = 2$, seguida de la fórmula 82:

$$\int x^2 \cos x \, dx = x^2 \operatorname{sen} x - 2 \int x \operatorname{sen} x \, dx$$

$$= x^2 \operatorname{sen} x - 2(\operatorname{sen} x - x \cos x) + K$$

Si se combinan estos resultados se obtiene

$$\int x^3 \operatorname{sen} x \, dx = -x^3 \cos x + 3x^2 \operatorname{sen} x + 6x \cos x - 6 \operatorname{sen} x + C$$

donde $C = 3K$.   ■

EJEMPLO 4 Utilice la tabla de integrales para encontrar $\int x\sqrt{x^2 + 2x + 4} \, dx$.

SOLUCIÓN Como la tabla muestra formas que involucran $\sqrt{a^2 + x^2}$, $\sqrt{a^2 - x^2}$ y $\sqrt{x^2 - a^2}$, pero no $\sqrt{ax^2 + bx + c}$, primero se completa el cuadrado:

$$x^2 + 2x + 4 = (x + 1)^2 + 3$$

Si se realiza la sustitución $u = x + 1$ (para que $x = u - 1$), el integrando involucrará el patrón $\sqrt{a^2 + u^2}$:

$$\int x\sqrt{x^2 + 2x + 4} \, dx = \int (u - 1)\sqrt{u^2 + 3} \, du$$

$$= \int u\sqrt{u^2 + 3} \, du - \int \sqrt{u^2 + 3} \, du$$

La primera integral se evalúa con la sustitución $t = u^2 + 3$:

$$\int u\sqrt{u^2 + 3} \, du = \tfrac{1}{2} \int \sqrt{t} \, dt = \tfrac{1}{2} \cdot \tfrac{2}{3} t^{3/2} = \tfrac{1}{3}(u^2 + 3)^{3/2}$$

Para la segunda integral se aplica la fórmula (21) con $a = \sqrt{3}$:

21. $\displaystyle \int \sqrt{a^2 + u^2} \, du = \frac{u}{2}\sqrt{a^2 + u^2}$
$\displaystyle \qquad + \frac{a^2}{2}\ln\left(u + \sqrt{a^2 + u^2}\right) + C$

$$\int \sqrt{u^2 + 3} \, du = \frac{u}{2}\sqrt{u^2 + 3} + \tfrac{3}{2}\ln\left(u + \sqrt{u^2 + 3}\right)$$

Por lo tanto,

$$\int x\sqrt{x^2 + 2x + 4} \, dx$$

$$= \tfrac{1}{3}(x^2 + 2x + 4)^{3/2} - \frac{x + 1}{2}\sqrt{x^2 + 2x + 4} - \tfrac{3}{2}\ln\left(x + 1 + \sqrt{x^2 + 2x + 4}\right) + C$$

■

■ Integración mediante tecnología

Se ha visto que el uso de las tablas implica hacer coincidir la forma del integrando dado con las formas de los integrandos en las tablas. Las computadoras son particularmente buenas para hacer coincidir patrones. Y así como se usan sustituciones en conjunto con las tablas, un sistema algebraico computacional (SAC) o un software matemático con capacidades similares pueden realizar sustituciones que transformen una integral dada en una que se produzca en sus fórmulas almacenadas. Así, no sorprende que sobresalga un software para la integración. Eso no significa que la integración a mano sea una habilidad obsoleta. Se verá que un cálculo manual a veces produce una integral indefinida en una forma más conveniente que la respuesta de una máquina.

Para empezar, vea qué pasa cuando se pide a una computadora que integre la relativamente sencilla función $y = 1/(3x - 2)$. Con la sustitución $u = 3x - 2$, un fácil cálculo a mano da

$$\int \frac{1}{3x - 2} \, dx = \tfrac{1}{3}\ln|3x - 2| + C$$

mientras que algunos paquetes de software contestan

$$\tfrac{1}{3}\ln(3x - 2)$$

Lo primero que se nota es que falta la constante de integración. En otras palabras, dio una antiderivada *particular*, no la más general. Por lo tanto, con la integración de máquina es posible que haya que agregar una constante. En segundo lugar, los signos de valor absoluto no se incluyeron en la respuesta de la máquina. Eso está bien si el problema se refiere únicamente a los valores de x superiores a $\tfrac{2}{3}$. Pero si lo que interesa son otros valores de x, entonces se debe insertar el símbolo del valor absoluto.

En el siguiente ejemplo se reconsidera la integral del ejemplo 4, pero esta vez con tecnología para obtener una respuesta.

EJEMPLO 5 Utilice una computadora para encontrar $\displaystyle\int x\sqrt{x^2 + 2x + 4}\,dx$.

SOLUCIÓN Diferentes tipos de software pueden responder con diferentes formas de respuesta. Un sistema algebraico computacional ofrece

$$\tfrac{1}{3}(x^2 + 2x + 4)^{3/2} - \tfrac{1}{4}(2x + 2)\sqrt{x^2 + 2x + 4} - \frac{3}{2}\,\text{arcsenh}\,\frac{\sqrt{3}}{3}(1 + x)$$

Esto luce diferente de la respuesta del ejemplo 4, pero es equivalente porque el tercer término se puede reescribir mediante la identidad

$$\text{arcsenh}\,x = \ln\!\left(x + \sqrt{x^2 + 1}\right)$$

Esta es la ecuación 3.11.3.

Por lo tanto,

$$\text{arcsenh}\,\frac{\sqrt{3}}{3}(1 + x) = \ln\!\left[\frac{\sqrt{3}}{3}(1 + x) + \sqrt{\tfrac{1}{3}(1 + x)^2 + 1}\right]$$

$$= \ln\frac{1}{\sqrt{3}}\left[1 + x + \sqrt{(1 + x)^2 + 3}\right]$$

$$= \ln\frac{1}{\sqrt{3}} + \ln\!\left(x + 1 + \sqrt{x^2 + 2x + 4}\right)$$

El término adicional resultante $-\tfrac{3}{2}\ln\!\left(1/\sqrt{3}\right)$ se absorbe en la constante de integración.

Otro paquete de software da la respuesta

$$\left(\frac{5}{6} + \frac{x}{6} + \frac{x^2}{3}\right)\sqrt{x^2 + 2x + 4} - \frac{3}{2}\,\text{senh}^{-1}\!\left(\frac{1 + x}{\sqrt{3}}\right)$$

Aquí se combinaron los dos primeros términos de la respuesta del ejemplo 4 en un solo término por factorización. ∎

EJEMPLO 6 Con una computadora evalúe $\displaystyle\int x(x^2 + 5)^8\,dx$.

SOLUCIÓN Una computadora podría responder

$$\tfrac{1}{18}x^{18} + \tfrac{5}{2}x^{16} + 50x^{14} + \tfrac{1750}{3}x^{12} + 4\,375x^{10} + 21\,875x^8 + \tfrac{218\,750}{3}x^6 + 156\,250x^4 + \tfrac{390\,625}{2}x^2$$

El software debió expandir $(x^2 + 5)^8$ con el teorema del binomio y luego integrar cada término.

Si en cambio se integra a mano, con la sustitución $u = x^2 + 5$, se obtiene

$$\int x(x^2 + 5)^8 \, dx = \tfrac{1}{18}(x^2 + 5)^9 + C$$

En la mayoría de los casos, esta es una forma más conveniente de respuesta.   ■

EJEMPLO 7 Utilice una computadora para encontrar $\int \operatorname{sen}^5 x \cos^2 x \, dx$.

SOLUCIÓN En el ejemplo 7.2.2 se vio que

$\boxed{1}$ $\qquad \int \operatorname{sen}^5 x \cos^2 x \, dx = -\tfrac{1}{3} \cos^3 x + \tfrac{2}{5} \cos^5 x - \tfrac{1}{7} \cos^7 x + C$

Según el software, puede obtener la respuesta

$$-\tfrac{1}{7} \operatorname{sen}^4 x \cos^3 x - \tfrac{4}{35} \operatorname{sen}^2 x \cos^3 x - \tfrac{8}{105} \cos^3 x$$

o tal vez

$$-\tfrac{5}{64} \cos x - \tfrac{1}{192} \cos 3x + \tfrac{3}{320} \cos 5x - \tfrac{1}{448} \cos 7x$$

Se sospecha que hay identidades trigonométricas que muestran que estas tres respuestas son equivalentes. De hecho, es posible que pueda utilizar el software para simplificar su resultado inicial, mediante identidades trigonométricas, para producir la misma forma de la respuesta como en la ecuación (1).   ■

7.6 | Ejercicios

1-6 Para evaluar la integral, utilice la fórmula en la entrada indicada de la tabla de integrales de las páginas de referencia 6–10 que se encuentran al final del libro.

1. $\displaystyle\int_0^{\pi/2} \cos 5x \cos 2x \, dx$;   entrada 80

2. $\displaystyle\int_0^1 \sqrt{x - x^2} \, dx$;   entrada 113

3. $\displaystyle\int x \arcsen(x^2) \, dx$;   entrada 87

4. $\displaystyle\int \frac{\tan \theta}{\sqrt{2 + \cos \theta}} \, d\theta$;   entrada 57

5. $\displaystyle\int \frac{y^5}{\sqrt{4 + y^4}} \, dy$;   entrada 26

6. $\displaystyle\int \frac{\sqrt{t^6 - 5}}{t} \, dt$;   entrada 41

7-34 Evalúe la integral con la tabla de integrales de las páginas de referencia 6-10 que se encuentran al final del libro.

7. $\displaystyle\int_0^{\pi/8} \arctan 2x \, dx$

8. $\displaystyle\int_0^2 x^2\sqrt{4 - x^2} \, dx$

9. $\displaystyle\int \frac{\cos x}{\operatorname{sen}^2 x - 9} \, dx$

10. $\displaystyle\int \frac{e^x}{4 - e^{2x}} \, dx$

11. $\displaystyle\int \frac{\sqrt{9x^2 + 4}}{x^2} \, dx$

12. $\displaystyle\int \frac{\sqrt{2y^2 - 3}}{y^2} \, dy$

13. $\displaystyle\int_0^{\pi} \cos^6 \theta \, d\theta$

14. $\displaystyle\int x\sqrt{2 + x^4} \, dx$

15. $\displaystyle\int \frac{\arctan \sqrt{x}}{\sqrt{x}} \, dx$

16. $\displaystyle\int_0^{\pi} x^3 \operatorname{sen} x \, dx$

17. $\displaystyle\int \frac{\coth(1/y)}{y^2} \, dy$

18. $\displaystyle\int \frac{e^{3t}}{\sqrt{e^{2t} - 1}} \, dt$

19. $\displaystyle\int y\sqrt{6 + 4y - 4y^2} \, dy$

20. $\displaystyle\int \frac{dx}{2x^3 - 3x^2}$

21. $\displaystyle\int \operatorname{sen}^2 x \cos x \ln(\operatorname{sen} x) \, dx$

22. $\displaystyle\int \frac{\operatorname{sen} 2\theta}{\sqrt{5 - \operatorname{sen}\theta}} \, d\theta$

23. $\displaystyle\int \frac{\operatorname{sen} 2\theta}{\sqrt{\cos^4\theta + 4}} \, d\theta$

24. $\displaystyle\int_0^2 x^3\sqrt{4x^2 - x^4} \, dx$

25. $\displaystyle\int x^3 e^{2x} \, dx$

26. $\displaystyle\int x^3 \arcsen(x^2) \, dx$

27. $\displaystyle\int \cos^5 y \, dy$

28. $\displaystyle\int \frac{\sqrt{(\ln x)^2 - 9}}{x \ln x} \, dx$

29. $\displaystyle\int \frac{\cos^{-1}(x^{-2})}{x^3} \, dx$

30. $\displaystyle\int \frac{dx}{\sqrt{1 - e^{2x}}}$

31. $\displaystyle\int \sqrt{e^{2x} - 1} \, dx$

32. $\displaystyle\int \operatorname{sen} 2\theta \arctan(\operatorname{sen} \theta) \, d\theta$

33. $\displaystyle\int \frac{x^4}{\sqrt{x^{10} - 2}} \, dx$

34. $\displaystyle\int \frac{\sec^2\theta \, \tan^2\theta}{\sqrt{9 - \tan^2\theta}} \, d\theta$

35. La región debajo de la curva $y = \operatorname{sen}^2 x$ desde 0 hasta π se gira alrededor del eje x. Encuentre el volumen del sólido resultante.

36. Encuentre el volumen del sólido obtenido cuando la región debajo de la curva $y = \operatorname{arcsen} x$, $x \geq 0$, se gira alrededor del eje y.

37. Verifique la fórmula (53) en la tabla de integrales (a) por derivación y (b) con la sustitución $t = a + bu$.

38. Verifique la fórmula (31): (a) por derivación y (b) por sustitución de $u = a \operatorname{sen} \theta$.

T **39-46** Con una computadora evalúe la integral. Compare la respuesta con el resultado de usar una tabla de integrales. Si las respuestas no son las mismas, demuestre que son equivalentes.

39. $\displaystyle\int \sec^4 x \, dx$

40. $\displaystyle\int \csc^5 x \, dx$

41. $\displaystyle\int x^2 \sqrt{x^2 + 4} \, dx$

42. $\displaystyle\int \frac{dx}{e^x(3e^x + 2)}$

43. $\displaystyle\int \cos^4 x \, dx$

44. $\displaystyle\int x^2 \sqrt{1 - x^2} \, dx$

45. $\displaystyle\int \tan^5 x \, dx$

46. $\displaystyle\int \frac{1}{\sqrt{1 + \sqrt[3]{x}}} \, dx$

T **47.** (a) Utilice la tabla de integrales para evaluar $F(x) = \int f(x) \, dx$, donde

$$f(x) = \frac{1}{x\sqrt{1 - x^2}}$$

¿Cuál es el dominio de f y F?

(b) Utilice un software matemático para evaluar $F(x)$. ¿Cuál es el dominio de la función F que el software produce? ¿Existe una discrepancia entre este dominio y el dominio de la función F que encontró en el inciso (a)?

T **48.** Las máquinas a veces necesitan la ayuda de los seres humanos. Trate de evaluar con una computadora

$$\int (1 + \ln x) \sqrt{1 + (x \ln x)^2} \, dx$$

Si no devuelve una respuesta, realice una sustitución que cambie la integral en una que la máquina *pueda* evaluar.

PROYECTO DE DESCUBRIMIENTO | T PATRONES EN INTEGRALES

En este proyecto se utiliza software matemático para investigar integrales indefinidas de familias de funciones. Al observar los patrones en las integrales de varios miembros de la familia primero deberá suponer, y luego demostrar, una fórmula general para la integral de cualquier miembro de la familia.

1. (a) Utilice una computadora para evaluar las siguientes integrales.

(i) $\displaystyle\int \frac{1}{(x + 2)(x + 3)} \, dx$ (ii) $\displaystyle\int \frac{1}{(x + 1)(x + 5)} \, dx$

(iii) $\displaystyle\int \frac{1}{(x + 2)(x - 5)} \, dx$ (iv) $\displaystyle\int \frac{1}{(x + 2)^2} \, dx$

(b) A partir del patrón de sus respuestas en el inciso (a), conjeture el valor de la integral

$$\int \frac{1}{(x + a)(x + b)} \, dx$$

si $a \neq b$. ¿Y si $a = b$?

(c) Verifique su suposición con el software para evaluar la integral en el inciso (b). Luego demuéstrelo mediante fracciones parciales.

2. (a) Evalúe con una computadora las siguientes integrales.

    (i) $\int \text{sen } x \cos 2x \, dx$ (ii) $\int \text{sen } 3x \cos 7x \, dx$ (iii) $\int \text{sen } 8x \cos 3x \, dx$

  (b) Con base en el patrón de sus respuestas en el inciso (a), conjeture el valor de la integral

$$\int \text{sen } ax \, \cos bx \, dx$$

  (c) Verifique su suposición con computadora. Luego demuéstrela con las técnicas de la sección 7.2. ¿Para qué valores de a y b es válida?

3. (a) Utilice una computadora para evaluar las siguientes integrales.

    (i) $\int \ln x \, dx$ (ii) $\int x \ln x \, dx$ (iii) $\int x^2 \ln x \, dx$

    (iv) $\int x^3 \ln x \, dx$ (v) $\int x^7 \ln x \, dx$

  (b) A partir del patrón de sus respuestas en el inciso (a), suponga el valor de

$$\int x^n \ln x \, dx$$

  (c) Utilice la integración por partes para demostrar la conjetura que hizo en el inciso (b). ¿Para qué valores de n es válida?

4. (a) Evalúe con una computadora las siguientes integrales.

    (i) $\int xe^x \, dx$ (ii) $\int x^2 e^x \, dx$ (iii) $\int x^3 e^x \, dx$

    (iv) $\int x^4 e^x \, dx$ (v) $\int x^5 e^x \, dx$

  (b) Con base en el patrón de sus respuestas en el inciso (a), suponga el valor de $\int x^6 e^x \, dx$. Luego utilice una computadora para verificar su conjetura.

  (c) A partir de los patrones de los incisos (a) y (b), conjeture el valor de la integral

$$\int x^n e^x \, dx$$

    cuando n es un entero positivo.

  (d) Mediante inducción matemática, demuestre su conjetura en el inciso (c).

7.7 | Integración aproximada

Hay dos situaciones en las que es imposible encontrar el valor exacto de una integral definida.

La primera situación resulta del hecho de que, al evaluar $\int_a^b f(x) \, dx$ con el teorema fundamental del cálculo, se debe conocer una antiderivada de f. Sin embargo, a veces es difícil, o incluso imposible, encontrar una antiderivada (vea la sección 7.5). Por ejemplo, es imposible evaluar exactamente las siguientes integrales:

$$\int_0^1 e^{x^2} dx \qquad \int_{-1}^1 \sqrt{1 + x^3} \, dx$$

La segunda situación se presenta cuando la función se determina a partir de un experimento científico mediante lecturas de instrumentos o datos recopilados. Es posible que no exista una fórmula para la función (vea el ejemplo 5).

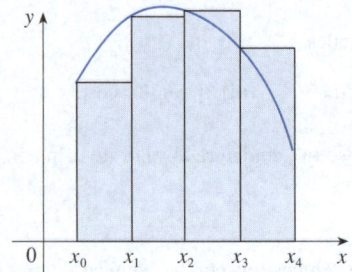

(a) Aproximación por el punto final izquierdo

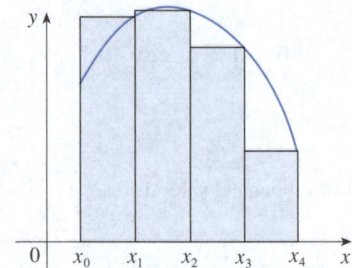

(b) Aproximación por el punto final derecho

FIGURA 1

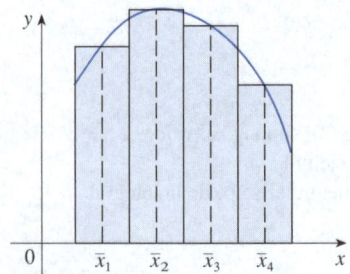

FIGURA 2
Aproximación del punto medio.

En ambos casos se necesita encontrar valores aproximados de integrales definidas. Ya se conoce uno de esos métodos. Recuerde que la integral definida se determina como un límite de sumas de Riemann, por lo que cualquier suma de Riemann podría servir como una aproximación a la integral: si se divide $[a, b]$ en n subintervalos de igual longitud $\Delta x = (b - a)/n$, entonces se tiene

$$\int_a^b f(x)\, dx \approx \sum_{i=1}^n f(x_i^*)\, \Delta x$$

donde x_i^* es cualquier punto en el i-ésimo subintervalo $[x_{i-1}, x_i]$. Si se elige x_i^* para ser el punto final izquierdo del intervalo, entonces $x_i^* = x_{i-1}$ y se tiene

1 $$\int_a^b f(x)\, dx \approx L_n = \sum_{i=1}^n f(x_{i-1})\, \Delta x$$

Si $f(x) \geqslant 0$, entonces la integral representa un área y la ecuación (1), una aproximación de esta área por los rectángulos que se muestran en la figura 1(a). Si se elige x_i^* para ser el punto final derecho, entonces $x_i^* = x_i$ y se tiene

2 $$\int_a^b f(x)\, dx \approx R_n = \sum_{i=1}^n f(x_i)\, \Delta x$$

[Vea la figura 1(b)]. Las aproximaciones L_n y R_n definidas por las ecuaciones (1) y (2) se denominan **aproximación por el punto final izquierdo** y **aproximación por el punto final derecho**, respectivamente.

■ Reglas del punto medio y trapezoidal

En la sección 5.2 se consideró el caso en el que x_i^* en la suma de Riemann se elige como el punto medio $\bar{x}_i$ del subintervalo $[x_{i-1}, x_i]$. En la figura 2 se muestra la aproximación del punto medio M_n para el área de la figura 1. Parece que M_n es una mejor aproximación que L_n o R_n.

> **Regla del punto medio**
>
> $$\int_a^b f(x)\, dx \approx M_n = \Delta x\, [f(\bar{x}_1) + f(\bar{x}_2) + \cdots + f(\bar{x}_n)]$$
>
> donde $$\Delta x = \frac{b - a}{n}$$
>
> y $$\bar{x}_i = \tfrac{1}{2}(x_{i-1} + x_i) = \text{punto medio de } [x_{i-1}, x_i]$$

Otra aproximación, llamada regla trapezoidal o regla del trapecio, resulta de promediar las aproximaciones en las ecuaciones 1 y 2:

$$\int_a^b f(x)\, dx \approx \frac{1}{2} \left[\sum_{i=1}^n f(x_{i-1})\, \Delta x + \sum_{i=1}^n f(x_i)\, \Delta x \right] = \frac{\Delta x}{2} \left[\sum_{i=1}^n \big(f(x_{i-1}) + f(x_i) \big) \right]$$

$$= \frac{\Delta x}{2} \Big[\big(f(x_0) + f(x_1) \big) + \big(f(x_1) + f(x_2) \big) + \cdots + \big(f(x_{n-1}) + f(x_n) \big) \Big]$$

$$= \frac{\Delta x}{2} \left[f(x_0) + 2f(x_1) + 2f(x_2) + \cdots + 2f(x_{n-1}) + f(x_n) \right]$$

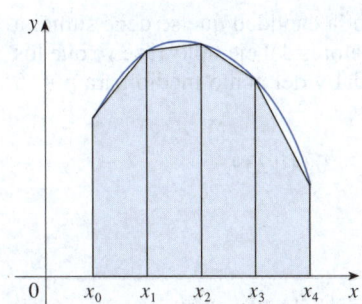

FIGURA 3
Aproximación trapezoidal

Regla trapezoidal

$$\int_a^b f(x)\, dx \approx T_n = \frac{\Delta x}{2}[f(x_0) + 2f(x_1) + 2f(x_2) + \cdots + 2f(x_{n-1}) + f(x_n)]$$

donde $\Delta x = (b - a)/n$ y $x_i = a + i\,\Delta x$.

La razón del nombre regla trapezoidal se ve en la figura 3, que ilustra el caso con $f(x) \geq 0$ y $n = 4$. El área del trapecio que se encuentra por encima del i-ésimo subintervalo es

$$\Delta x\left(\frac{f(x_{i-1}) + f(x_i)}{2}\right) = \frac{\Delta x}{2}[f(x_{i-1}) + f(x_i)]$$

y si se suman las áreas de todos los trapezoides se obtiene el lado derecho de la regla del trapecio.

EJEMPLO 1 Utilice (a) la regla trapezoidal y (b) la regla del punto medio con $n = 5$ para aproximar la integral $\int_1^2 (1/x)\, dx$.

SOLUCIÓN
(a) Con $n = 5$, $a = 1$ y $b = 2$, se tiene $\Delta x = (2 - 1)/5 = 0.2$, y así la regla trapezoidal da

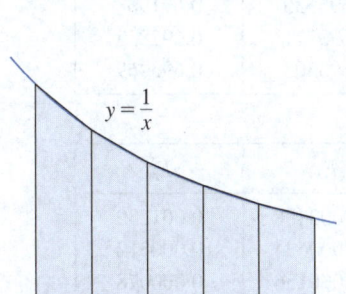

FIGURA 4

$$\int_1^2 \frac{1}{x}\, dx \approx T_5 = \frac{0.2}{2}[f(1) + 2f(1.2) + 2f(1.4) + 2f(1.6) + 2f(1.8) + f(2)]$$

$$= 0.1\left(\frac{1}{1} + \frac{2}{1.2} + \frac{2}{1.4} + \frac{2}{1.6} + \frac{2}{1.8} + \frac{1}{2}\right)$$

$$\approx 0.695635$$

Esta aproximación se ilustra en la figura 4.

(b) Los puntos medios de los cinco subintervalos son 1.1, 1.3, 1.5, 1.7 y 1.9, por lo que la regla del punto medio da

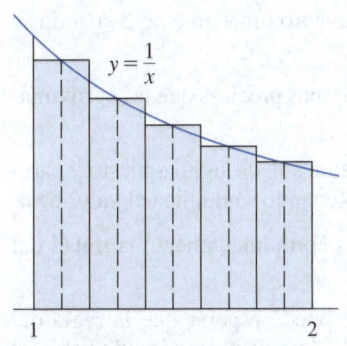

FIGURA 5

$$\int_1^2 \frac{1}{x}\, dx \approx \Delta x\,[f(1.1) + f(1.3) + f(1.5) + f(1.7) + f(1.9)]$$

$$= \frac{1}{5}\left(\frac{1}{1.1} + \frac{1}{1.3} + \frac{1}{1.5} + \frac{1}{1.7} + \frac{1}{1.9}\right)$$

$$\approx 0.691908$$

Esta aproximación se ilustra en la figura 5. ∎

■ Límites de error de las reglas del punto medio y trapezoidal

En el ejemplo 1 se eligió deliberadamente una integral cuyo valor puede calcularse explícitamente para ver cuán precisas son las reglas trapezoidal y del punto medio. Según el teorema fundamental del cálculo,

$$\int_1^2 \frac{1}{x}\, dx = \ln x\Big]_1^2 = \ln 2 = 0.693147\ldots$$

$$\int_a^b f(x)\, dx = \text{aproximación} + \text{error}$$

El **error** al utilizar una aproximación se define como la cantidad que se debe sumar a la aproximación para que sea exacta. A partir de los valores del ejemplo 1, se ve que los errores en las aproximaciones de las reglas trapezoidal y del punto medio para $n = 5$ son

$$E_T \approx -0.002488 \qquad \text{y} \qquad E_M \approx 0.001239$$

En general, se tiene

$$E_T = \int_a^b f(x)\, dx - T_n \qquad \text{y} \qquad E_M = \int_a^b f(x)\, dx - M_n$$

En las tablas siguientes se muestran los resultados de cálculos similares a los del ejemplo 1, pero para $n = 5$, 10 y 20, y para las aproximaciones por los puntos finales izquierdo y derecho, así como las reglas del punto medio y trapezoidal.

Aproximaciones a $\int_1^2 \dfrac{1}{x}\, dx$

n	L_n	R_n	T_n	M_n
5	0.745635	0.645635	0.695635	0.691908
10	0.718771	0.668771	0.693771	0.692835
20	0.705803	0.680803	0.693303	0.693069

Errores correspondientes.

n	E_L	E_R	E_T	E_M
5	-0.052488	0.047512	-0.002488	0.001239
10	-0.025624	0.024376	-0.000624	0.000312
20	-0.012656	0.012344	-0.000156	0.000078

Resulta que estas observaciones son verdaderas en la mayoría de los casos.

Cabe destacar varias observaciones a partir de estas tablas:

1. En todos los métodos se obtienen aproximaciones más precisas cuando se incrementa el valor de n (pero los valores muy grandes de n requieren de tantas operaciones aritméticas que se debe tener cuidado con el error de redondeo acumulado).

2. Los errores en las aproximaciones por los puntos finales izquierdo y derecho son de signo opuesto y parecen disminuir con un factor de aproximadamente 2 cuando se duplica el valor de n.

3. Las reglas trapezoidal y del punto medio son mucho más precisas que las aproximaciones por el punto final.

4. Los errores de las reglas trapezoidal y del punto medio son de signo opuesto y parecen disminuir por un factor de aproximadamente 4 cuando se duplica el valor de n.

5. El tamaño del error en la regla del punto medio es aproximadamente la mitad del tamaño del error en la regla trapezoidal.

En la figura 6 se aprecia por qué normalmente se puede esperar que la regla del punto medio sea más precisa que la regla trapezoidal. El área de un rectángulo habitual en la regla del punto medio es la misma que el área del trapezoide $ABCD$ cuyo lado superior es tangente a la gráfica en P. El área de este trapezoide está más cerca del área bajo la gráfica que el área del trapezoide $AQRD$ que se utiliza en la regla trapezoidal. [El error del punto medio (sombreado en gris) es más pequeño que el error trapezoidal (sombreado en azul)].

Estas observaciones se corroboran en las siguientes estimaciones de error, que se demuestran en libros de análisis numérico. Note que la observación 4 corresponde a n^2 en cada denominador porque $(2n)^2 = 4n^2$. El hecho de que las estimaciones dependan del tamaño de la segunda derivada no sorprende si se mira la figura 6, porque $f''(x)$ mide cuánto se curva la gráfica. [Recuerde que $f''(x)$ mide cuán rápido cambia la pendiente de $y = f(x)$].

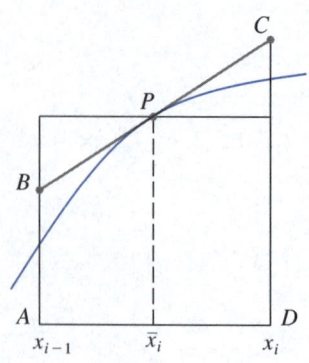

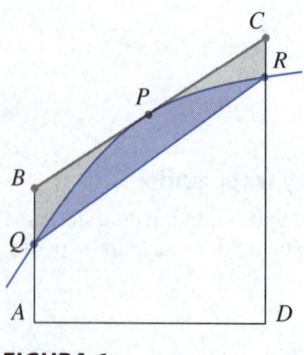

FIGURA 6

3 Límites de error Suponga que $|f''(x)| \le K$ para $a \le x \le b$. Si E_T y E_M son los errores en las reglas trapezoidal y del punto medio, entonces

$$|E_T| \le \frac{K(b-a)^3}{12n^2} \quad \text{y} \quad |E_M| \le \frac{K(b-a)^3}{24n^2}$$

Esta estimación de error se aplica a la aproximación de la regla trapezoidal del ejemplo 1. Si $f(x) = 1/x$, entonces $f'(x) = -1/x^2$ y $f''(x) = 2/x^3$. Como $1 \le x \le 2$, se tiene $1/x \le 1$, por lo que

$$|f''(x)| = \left|\frac{2}{x^3}\right| \le \frac{2}{1^3} = 2$$

Por lo tanto, al tomar $K = 2$, $a = 1$, $b = 2$ y $n = 5$ en la estimación del error (3) se ve que

K puede ser cualquier número más grande que todos los valores de $|f''(x)|$, pero valores más pequeños de K dan mejores límites de error.

$$|E_T| \le \frac{2(2-1)^3}{12(5)^2} = \frac{1}{150} \approx 0.006667$$

Al comparar esta estimación de error de 0.006667 con el error real de alrededor de 0.002488, se ve que puede suceder que el error real sea sustancialmente menor que la cota superior del error dado por (3).

EJEMPLO 2 ¿De qué tamaño se debe tomar n para garantizar que las aproximaciones de la regla trapezoidal y del punto medio para $\int_1^2 (1/x)\, dx$ sean exactas hasta 0.0001?

SOLUCIÓN Se vio en el cálculo anterior que $|f''(x)| \le 2$ para $1 \le x \le 2$, por lo que se puede tomar $K = 2$, $a = 1$ y $b = 2$ en (3). La precisión hasta 0.0001 significa que el tamaño del error debe ser inferior a 0.0001. Por lo tanto, se elige n para que

$$\frac{2(1)^3}{12n^2} < 0.0001$$

Se despeja n en la desigualdad y se obtiene

$$n^2 > \frac{2}{12(0.0001)}$$

Es muy posible que baste un valor más bajo para n, pero 41 es el valor más pequeño para el cual la fórmula de error puede *garantizar* la precisión hasta 0.0001.

y entonces

$$n > \frac{1}{\sqrt{0.0006}} \approx 40.8$$

Por lo tanto, $n = 41$ asegura la precisión deseada.

Para la misma precisión con la regla del punto medio se elige n así que

$$\frac{2(1)^3}{24n^2} < 0.0001 \qquad \text{y de este modo} \qquad n > \frac{1}{\sqrt{0.0012}} \approx 29 \qquad \blacksquare$$

EJEMPLO 3

(a) Con la regla del punto medio y $n = 10$ aproxime la integral $\int_0^1 e^{x^2}\, dx$.
(b) Indique una cota superior para el error involucrado en esta aproximación.

SOLUCIÓN

(a) Como $a = 0$, $b = 1$ y $n = 10$, la regla del punto medio da

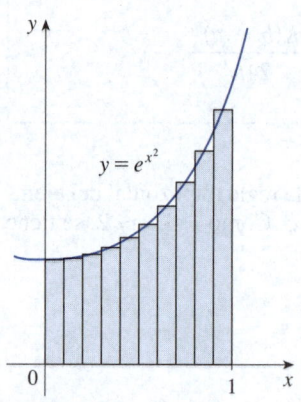

FIGURA 7

$$\int_0^1 e^{x^2}dx \approx \Delta x\,[\,f(0.05) + f(0.15) + \cdots + f(0.85) + f(0.95)\,]$$

$$= 0.1[e^{0.0025} + e^{0.0225} + e^{0.0625} + e^{0.1225} + e^{0.2025} + e^{0.3025}$$

$$+ e^{0.4225} + e^{0.5625} + e^{0.7225} + e^{0.9025}]$$

$$\approx 1.460393$$

En la figura 7 se ilustra esta aproximación.

(b) Como $f(x) = e^{x^2}$, se tiene $f'(x) = 2xe^{x^2}$ y $f''(x) = (2 + 4x^2)e^{x^2}$. Además, como $0 \le x \le 1$, se tiene $x^2 \le 1$ y así

$$0 \le f''(x) = (2 + 4x^2)e^{x^2} \le 6e$$

Las estimaciones de error indican límites superiores para el error. Son escenarios teóricos de lo peor que puede suceder. El error real en este caso resulta de aproximadamente 0.0023.

Al tomar $K = 6e$, $a = 0$, $b = 1$ y $n = 10$ en la estimación del error (3) se observa que la cota superior para el error es

$$\frac{6e(1)^3}{24(10)^2} = \frac{e}{400} \approx 0.007$$ ∎

■ La regla de Simpson

Otra regla para la integración aproximada resulta del uso de parábolas en lugar de segmentos de rectas para aproximar una curva. Como antes, se divide $[a, b]$ en n subintervalos de igual longitud $h = \Delta x = (b - a)/n$, pero esta vez se asume que n es un número *par*. Entonces en cada par de intervalos consecutivos se aproxima la curva $y = f(x) \ge 0$ mediante una parábola, como se muestra en la figura 8. Si $y_i = f(x_i)$, entonces $P_i(x_i, y_i)$ es el punto de la curva que se encuentra por encima de x_i. Una parábola habitual pasa por tres puntos consecutivos P_i, P_{i+1} y P_{i+2}.

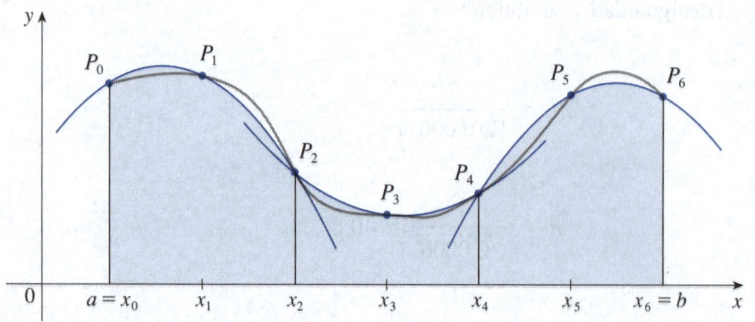

FIGURA 8

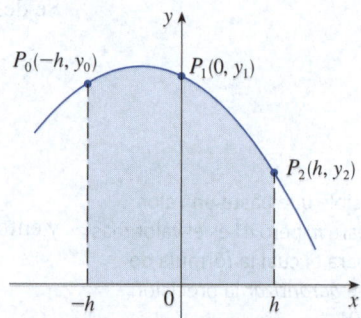

FIGURA 9

Para simplificar los cálculos, primero se considera el caso en el que $x_0 = -h$, $x_1 = 0$ y $x_2 = h$ (vea la figura 9). Se sabe que la ecuación de la parábola a través de P_0, P_1 y P_2

es de la forma $y = Ax^2 + Bx + C$ y por lo tanto el área debajo de la parábola desde $x = -h$ hasta $x = h$ es

Aquí se aplicó el teorema 5.5.7. Observe que $Ax^2 + C$ es una función par y Bx es impar.

$$\int_{-h}^{h} (Ax^2 + Bx + C)\, dx = 2 \int_{0}^{h} (Ax^2 + C)\, dx = 2 \left[A\, \frac{x^3}{3} + Cx \right]_{0}^{h}$$

$$= 2\left(A\, \frac{h^3}{3} + Ch \right) = \frac{h}{3}\, (2Ah^2 + 6C)$$

Sin embargo, como la parábola pasa a través de $P_0(-h, y_0)$, $P_1(0, y_1)$ y $P_2(h, y_2)$, se tiene

$$y_0 = A(-h)^2 + B(-h) + C = Ah^2 - Bh + C$$

$$y_1 = C$$

$$y_2 = Ah^2 + Bh + C$$

y, por lo tanto,
$$y_0 + 4y_1 + y_2 = 2Ah^2 + 6C$$

Entonces, el área debajo de la parábola se reescribe como

$$\frac{h}{3}\, (y_0 + 4y_1 + y_2)$$

Ahora, si se desplaza esta parábola horizontalmente, no se cambia el área debajo de ella. Esto significa que el área bajo la parábola a través de P_0, P_1 y P_2 desde $x = x_0$ hasta $x = x_2$ en la figura 8 aún es

$$\frac{h}{3}\, (y_0 + 4y_1 + y_2)$$

De igual manera, el área bajo la parábola a través de P_2, P_3 y P_4 desde $x = x_2$ hasta $x = x_4$ es

$$\frac{h}{3}\, (y_2 + 4y_3 + y_4)$$

Si se calculan las áreas bajo todas las parábolas de esta manera y se suman los resultados, se obtiene

$$\int_{a}^{b} f(x)\, dx \approx \frac{h}{3}\, (y_0 + 4y_1 + y_2) + \frac{h}{3}\, (y_2 + 4y_3 + y_4) + \cdots + \frac{h}{3}\, (y_{n-2} + 4y_{n-1} + y_n)$$

$$= \frac{h}{3}\, (y_0 + 4y_1 + 2y_2 + 4y_3 + 2y_4 + \cdots + 2y_{n-2} + 4y_{n-1} + y_n)$$

Aunque esta aproximación se derivó para el caso en el que $f(x) \geqslant 0$, es una aproximación razonable para cualquier función continua f y se llama regla de Simpson por el matemático inglés Thomas Simpson (1710-1761). Observe el patrón de los coeficientes: 1, 4, 2, 4, 2, 4, 2, . . . , 4, 2, 4, 1.

> **Simpson**
>
> Thomas Simpson fue un tejedor que aprendió matemáticas de manera autodidacta y llegó a ser uno de los mejores matemáticos ingleses del siglo XVIII. En realidad, Cavalieri y Gregory conocieron en el siglo XVII lo que ahora se llama regla de Simpson, pero este la popularizó en su libro *Mathematical Dissertations* (1743).

> **Regla de Simpson**
>
> $$\int_{a}^{b} f(x)\, dx \approx S_n = \frac{\Delta x}{3}\, \big[f(x_0) + 4f(x_1) + 2f(x_2) + 4f(x_3) + \cdots$$
>
> $$+ 2f(x_{n-2}) + 4f(x_{n-1}) + f(x_n) \big]$$
>
> donde n es par y $\Delta x = (b - a)/n$.

EJEMPLO 4 Con la regla de Simpson y $n = 10$ aproxime $\int_1^2 (1/x)\, dx$.

SOLUCIÓN Al poner $f(x) = 1/x$, $n = 10$ y $\Delta x = 0.1$ en la regla de Simpson se obtiene

$$\int_1^2 \frac{1}{x}\, dx \approx S_{10}$$

$$= \frac{\Delta x}{3}\left[f(1) + 4f(1.1) + 2f(1.2) + 4f(1.3) + \cdots + 2f(1.8) + 4f(1.9) + f(2) \right]$$

$$= \frac{0.1}{3}\left(\frac{1}{1} + \frac{4}{1.1} + \frac{2}{1.2} + \frac{4}{1.3} + \frac{2}{1.4} + \frac{4}{1.5} + \frac{2}{1.6} + \frac{4}{1.7} + \frac{2}{1.8} + \frac{4}{1.9} + \frac{1}{2} \right)$$

$$\approx 0.693150 \qquad \blacksquare$$

Observe que, en el ejemplo 4, la regla de Simpson da una aproximación *mucho* mejor ($S_{10} \approx 0.693150$) al verdadero valor de la integral ($\ln 2 \approx 0.693147\ldots$) que la regla trapezoidal ($T_{10} \approx 0.693771$) o la regla del punto medio ($M_{10} \approx 0.692835$). Resulta (vea el ejercicio 50) que las aproximaciones de la regla de Simpson son promedios ponderados de las reglas trapezoidal y del punto medio:

$$S_{2n} = \tfrac{1}{3} T_n + \tfrac{2}{3} M_n$$

(Recuerde que E_T y E_M usualmente tienen signos opuestos y que $|E_M|$ es cerca de la mitad del tamaño de $|E_T|$).

En muchas aplicaciones de cálculo es necesario evaluar una integral aunque no se conozca una fórmula explícita para y como función de x. Una función se puede expresar gráficamente o como una tabla de valores de datos recopilados. Si hay pruebas de que los valores no cambian rápidamente, entonces la regla de Simpson (o la regla del punto medio o la trapezoidal) aún se puede utilizar para encontrar un valor aproximado para $\int_a^b y\, dx$, la integral de y respecto a x.

EJEMPLO 5 En la figura 10 se presenta el tráfico de datos en el enlace de Estados Unidos a SWITCH, la red académica y de investigación suiza, durante un día completo. $D(t)$ es el tráfico de datos, medido en megabits por segundo (Mb/s). Utilice la regla de Simpson para estimar la cantidad total de datos transmitidos en el enlace desde la medianoche hasta el mediodía de ese mismo día.

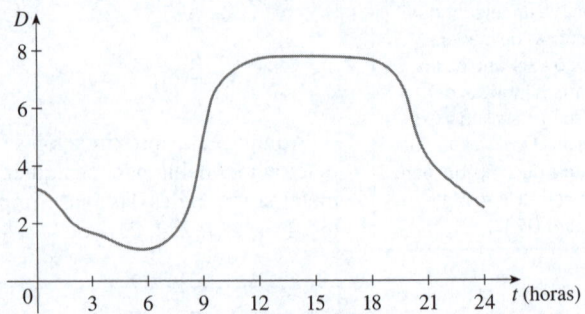

FIGURA 10

SOLUCIÓN Como se desea que las unidades sean congruentes y $D(t)$ se mide en megabits por segundo, se convierten las unidades para t de horas a segundos. Si $A(t)$ es la cantidad de datos (en megabits) transmitidos en el tiempo t, donde t se mide en segundos, entonces $A'(t) = D(t)$. Así, por el teorema del cambio neto (vea la sección 5.4), la cantidad total de datos transmitidos al mediodía (cuando $t = 12 \times 60^2 = 43\,200$) es

$$A(43\,200) = \int_0^{43\,200} D(t)\,dt$$

Los valores de $D(t)$ se estiman en intervalos de una hora a partir de la gráfica y se compilan en la tabla.

t (horas)	t (segundos)	$D(t)$	t (horas)	t (segundos)	$D(t)$
0	0	3.2	7	25 200	1.3
1	3 600	2.7	8	28 800	2.8
2	7 200	1.9	9	32 400	5.7
3	10 800	1.7	10	36 000	7.1
4	14 400	1.3	11	39 600	7.7
5	18 000	1.0	12	43 200	7.9
6	21 600	1.1			

Luego, con la regla de Simpson, $n = 12$ y $\Delta t = 3\,600$ se estima la integral:

$$\int_0^{43\,200} A(t)\,dt \approx \frac{\Delta t}{3}\left[D(0) + 4D(3\,600) + 2D(7\,200) + \cdots + 4D(39\,600) + D(43\,200)\right]$$

$$\approx \frac{3\,600}{3}\left[3.2 + 4(2.7) + 2(1.9) + 4(1.7) + 2(1.3) + 4(1.0)\right.$$

$$\left. + 2(1.1) + 4(1.3) + 2(2.8) + 4(5.7) + 2(7.1) + 4(7.7) + 7.9\right]$$

$$= 143\,880$$

Así, la cantidad total de datos transmitidos desde la medianoche hasta el mediodía es de unos 144 000 megabits, o 144 gigabits (18 gigabytes). ∎

■ Límite de error para la regla de Simpson

En la primera tabla se compara la regla de Simpson con la regla del punto medio para la integral $\int_1^2 (1/x)\,dx$, cuyo valor es de aproximadamente 0.69314718. La segunda tabla muestra que el error E_S en la regla de Simpson disminuye por un factor de alrededor de 16 cuando se duplica n. (En los ejercicios 27 y 28 se le pide verificar esto para dos integrales adicionales). Eso es congruente con la aparición de n^4 en el denominador de la siguiente estimación de errores para la regla de Simpson. Es similar a las estimaciones que se dan en (3) para las reglas trapezoidal y del punto medio, pero utiliza la cuarta derivada de f.

n	M_n	S_n
4	0.69121989	0.69315453
8	0.69266055	0.69314765
16	0.69302521	0.69314721

n	E_M	E_S
4	0.00192729	−0.00000735
8	0.00048663	−0.00000047
16	0.00012197	−0.00000003

4 Límite de error para la regla de Simpson Suponga que $|f^{(4)}(x)| \leq K$ para $a \leq x \leq b$. Si E_S es el error involucrado en el uso de la regla de Simpson, entonces

$$|E_S| \leq \frac{K(b-a)^5}{180\,n^4}$$

EJEMPLO 6 ¿Con qué tamaño se debe tomar n para garantizar que la aproximación de la regla de Simpson para $\int_1^2 (1/x)\,dx$ sea exacta hasta 0.0001?

SOLUCIÓN Si $f(x) = 1/x$, entonces $f^{(4)}(x) = 24/x^5$. Como $x \geq 1$, se tiene $1/x \leq 1$ y por lo tanto

$$|f^{(4)}(x)| = \left|\frac{24}{x^5}\right| \leq 24$$

Muchas calculadoras y aplicaciones computacionales tienen un algoritmo incorporado que calcula una aproximación de una determinada integral. Algunos de estos algoritmos usan la regla de Simpson; otros usan técnicas más complejas, como las de integración numérica *adaptativa*. Esto significa que si una función fluctúa mucho más en una cierta parte del intervalo que en otras partes, entonces esa parte se divide en más subintervalos. Esta estrategia reduce el número de cálculos necesarios para lograr una precisión prescrita.

De tal modo, se puede tomar $K = 24$ en (4). Así, para un error menor de 0.0001, se debe elegir n tal que

$$\frac{24(1)^5}{180n^4} < 0.0001$$

Esto da

$$n^4 > \frac{24}{180(0.0001)}$$

y entonces

$$n > \frac{1}{\sqrt[4]{0.00075}} \approx 6.04$$

Por lo tanto, $n = 8$ (n debe ser par) brinda la precisión deseada. (Compare esto con el ejemplo 2, donde se obtuvo $n = 41$ por la regla trapezoidal y $n = 29$ por la regla del punto medio). ◼

EJEMPLO 7

(a) Utilice la regla de Simpson con $n = 10$ para aproximar la integral $\int_0^1 e^{x^2}\,dx$.
(b) Estime el error involucrado en esta aproximación.

SOLUCIÓN

(a) Si $n = 10$, entonces $\Delta x = 0.1$, y la regla de Simpson da

$$\int_0^1 e^{x^2}\,dx \approx \frac{\Delta x}{3}[f(0) + 4f(0.1) + 2f(0.2) + \cdots + 2f(0.8) + 4f(0.9) + f(1)]$$

En la figura 11 se ilustra el cálculo del ejemplo 7. Observe que los arcos parabólicos están tan cerca de la gráfica de $y = e^{x^2}$ que son prácticamente indistinguibles de él.

$$= \frac{0.1}{3}[e^0 + 4e^{0.01} + 2e^{0.04} + 4e^{0.09} + 2e^{0.16} + 4e^{0.25} + 2e^{0.36}$$

$$+ 4e^{0.49} + 2e^{0.64} + 4e^{0.81} + e^1]$$

$$\approx 1.462681$$

(b) La cuarta derivada de $f(x) = e^{x^2}$ es

$$f^{(4)}(x) = (12 + 48x^2 + 16x^4)e^{x^2}$$

y así, como $0 \leq x \leq 1$, se tiene

$$0 \leq f^{(4)}(x) \leq (12 + 48 + 16)e^1 = 76e$$

Por lo tanto, si se coloca $K = 76e$, $a = 0$, $b = 1$ y $n = 10$ en (4), se observa que el error es a lo sumo

$$\frac{76e(1)^5}{180(10)^4} \approx 0.000115$$

(Compare esto con el ejemplo 3). Por lo tanto, con tres decimales de precisión, se tiene

$$\int_0^1 e^{x^2}\,dx \approx 1.463$$

◼

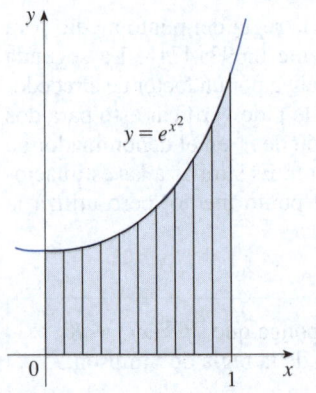

FIGURA 11

7.7 | Ejercicios

En estos ejercicios redondee sus respuestas a seis decimales de precisión a menos que se indique lo contrario.

1. Sea $I = \int_0^4 f(x)\, dx$, donde f es la función cuya gráfica se muestra.

 (a) Utilice la gráfica para encontrar L_2, R_2 y M_2.

 (b) ¿Son subestimaciones o sobreestimaciones de I?

 (c) Utilice la gráfica para encontrar T_2. ¿Cómo se compara con I?

 (d) Para cualquier valor de n, indique los números L_n, R_n, M_n, T_n e I en orden ascendente.

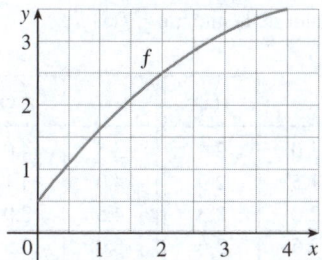

2. Se utilizaron las aproximaciones por la izquierda, por la derecha, por la regla trapezoidal y por la regla del punto medio para estimar $\int_0^2 f(x)\, dx$, donde f es la función cuya gráfica se muestra. Las estimaciones fueron 0.7811, 0.8675, 0.8632 y 0.9540, y se utilizó el mismo número de subintervalos en cada caso.

 (a) ¿Qué regla produjo cada estimación?

 (b) ¿Entre cuáles dos aproximaciones se encuentra el verdadero valor de $\int_0^2 f(x)\, dx$?

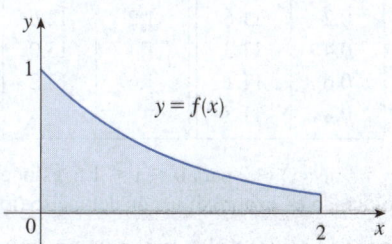

3. Estime $\int_0^1 \cos(x^2)\, dx$ con (a) la regla trapezoidal y (b) la regla del punto medio, cada una con $n = 4$. A partir de una gráfica del integrando, decida si sus respuestas son subestimadas o sobreestimadas. ¿Qué concluye sobre el verdadero valor de la integral?

4. Elabore la gráfica de $f(x) = \operatorname{sen}\left(\frac{1}{2}x^2\right)$ en el rectángulo de visión [0, 1] por [0, 0.5] y sea $I = \int_0^1 f(x)\, dx$.

 (a) Utilice la gráfica para decidir si L_2, R_2, M_2 y T_2 subestiman o sobreestiman I.

 (b) Para cualquier valor de n, indique los números L_n, R_n, M_n, T_n e I en orden ascendente.

 (c) Calcule L_5, R_5, M_5 y T_5. A partir de la gráfica, ¿cuál le parece que da la mejor estimación de I?

5-6 Con (a) la regla del punto medio y (b) la regla de Simpson, aproxime la integral dada con el valor especificado de n. Compare sus resultados con el valor real para determinar el error en cada aproximación.

5. $\int_0^\pi x \operatorname{sen} x\, dx$, $n = 6$

6. $\int_0^2 \dfrac{x}{\sqrt{1 + x^2}}\, dx$, $n = 8$

7-18 Utilice (a) la regla trapezoidal, (b) la regla del punto medio y (c) la regla de Simpson para aproximar la integral indicada con el valor especificado de n.

7. $\int_0^1 \sqrt{1 + x^3}\, dx$, $n = 4$

8. $\int_1^4 \operatorname{sen} \sqrt{x}\, dx$, $n = 6$

9. $\int_0^1 \sqrt{e^x - 1}\, dx$, $n = 10$

10. $\int_0^2 \sqrt[3]{1 - x^2}\, dx$, $n = 10$

11. $\int_{-1}^2 e^{x + \cos x}\, dx$, $n = 6$

12. $\int_1^3 e^{1/x}\, dx$, $n = 8$

13. $\int_0^4 \sqrt{y}\, \cos y\, dy$, $n = 8$

14. $\int_2^3 \dfrac{1}{\ln t}\, dt$, $n = 10$

15. $\int_0^1 \dfrac{x^2}{1 + x^4}\, dx$, $n = 10$

16. $\int_1^3 \dfrac{\operatorname{sen} t}{t}\, dt$, $n = 4$

17. $\int_0^4 \ln(1 + e^x)\, dx$, $n = 8$

18. $\int_0^1 \sqrt{x + x^3}\, dx$, $n = 10$

19. (a) Encuentre las aproximaciones T_8 y M_8 para la integral $\int_0^1 \cos(x^2)\, dx$.

 (b) Estime los errores en las aproximaciones del inciso (a).

 (c) ¿Cuán grande se debe elegir n para que las aproximaciones T_n y M_n a la integral en el inciso (a) sean exactas hasta 0.0001?

20. (a) Halle las aproximaciones T_{10} y M_{10} para $\int_1^2 e^{1/x}\, dx$.

 (b) Estime los errores en las aproximaciones del inciso (a).

 (c) ¿Cuán grande se debe elegir n para que las aproximaciones T_n y M_n a la integral en el inciso (a) sean exactas hasta 0.0001?

21. (a) Encuentre las aproximaciones T_{10}, M_{10} y S_{10} para $\int_0^\pi \operatorname{sen} x\, dx$ y los correspondientes errores E_T, E_M y E_S.

 (b) Compare los errores reales en el inciso (a) con las estimaciones de error indicadas en (3) y (4).

 (c) ¿Qué tan grande se debe elegir n para que las aproximaciones T_n, M_n y S_n a la integral en el inciso (a) sean exactas hasta 0.00001?

22. ¿Qué tan grande debe ser el valor de n para garantizar que la aproximación de la regla de Simpson a $\int_0^1 e^{x^2}\, dx$ sea exacta hasta 0.00001?

T **23.** El problema de las estimaciones de error es que a menudo es muy difícil calcular las cuartas derivadas y obtener una buena cota superior de K para $|f^{(4)}(x)|$ a mano. Pero el software matemático no tiene problemas para calcular $f^{(4)}$ y graficarlo, por lo que fácilmente se encuentra un valor para K a partir de la gráfica de una máquina. Este ejercicio trata de las aproximaciones a la integral $I = \int_0^{2\pi} f(x)\,dx$, donde $f(x) = e^{\cos x}$. En los incisos (b), (d) y (g) redondee sus respuestas a 10 decimales de precisión.

(a) Utilice una gráfica para obtener una buena cota superior para $|f''(x)|$.

(b) Utilice M_{10} para aproximar I.

(c) Con el inciso (a), estime el error en el inciso (b).

(d) Utilice una calculadora o computadora para aproximar I.

(e) ¿Cómo se compara el error real con la estimación del error en el inciso (c)?

(f) Obtenga, con una gráfica, una buena cota superior para $|f^{(4)}(x)|$.

(g) Utilice S_{10} para aproximar I.

(h) Utilice el inciso (f) para estimar el error en el inciso (g).

(i) ¿Cómo se compara el error real con el error estimado en el inciso (h)?

(j) ¿Qué tamaño debe tener n para garantizar que el tamaño del error en el uso de S_n sea menor que 0.0001?

T **24.** Repita el ejercicio 23 con la integral $I = \int_{-1}^{1} \sqrt{4 - x^3}\,dx$.

25-26 Encuentre las aproximaciones L_n, R_n, T_n y M_n para $n = 5$, 10 y 20. Luego calcule los errores correspondientes E_L, E_R, E_T y E_M. (Quizá desee utilizar el comando suma en un sistema algebraico computacional). ¿Qué observaciones puede hacer? En particular, ¿qué pasa con los errores cuando n se duplica?

25. $\int_0^1 xe^x\,dx$

26. $\int_1^2 \dfrac{1}{x^2}\,dx$

27-28 Encuentre las aproximaciones T_n, M_n y S_n para $n = 6$ y $n = 12$. Luego calcule los errores correspondientes E_T, E_M y E_S. (Tal vez convenga utilizar el comando suma en un sistema algebraico computacional). ¿Qué observaciones puede hacer? En particular, ¿qué pasa con los errores cuando n se duplica?

27. $\int_0^2 x^4\,dx$

28. $\int_1^4 \dfrac{1}{\sqrt{x}}\,dx$

29. Estime el área debajo de la gráfica en la figura con (a) la regla trapezoidal, (b) la regla del punto medio y (c) la regla de Simpson, cada una con $n = 6$.

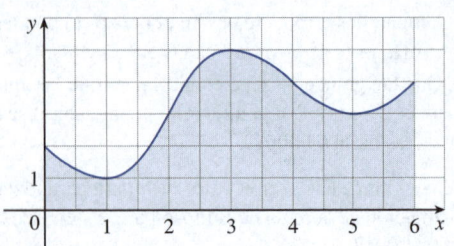

30. Las anchuras (en metros) de una piscina en forma de riñón se midieron a intervalos de 2 metros, como se indica en la figura. Use la regla de Simpson con $n = 8$ para estimar el área de la piscina.

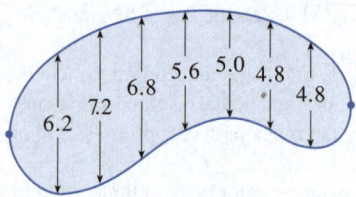

31. (a) Con la regla del punto medio y los datos indicados, estime el valor de la integral $\int_1^5 f(x)\,dx$.

x	$f(x)$	x	$f(x)$
1.0	2.4	3.5	4.0
1.5	2.9	4.0	4.1
2.0	3.3	4.5	3.9
2.5	3.6	5.0	3.5
3.0	3.8		

(b) Si se sabe que $-2 \le f''(x) \le 3$ para toda x, estime el error involucrado en la aproximación en el inciso (a).

32. (a) Se da una tabla de valores de una función g. Use la regla de Simpson para estimar $\int_0^{1.6} g(x)\,dx$.

x	$g(x)$	x	$g(x)$
0.0	12.1	1.0	12.2
0.2	11.6	1.2	12.6
0.4	11.3	1.4	13.0
0.6	11.1	1.6	13.2
0.8	11.7		

(b) Si $-5 \le g^{(4)}(x) \le 2$ para $0 \le x \le 1.6$, estime el error involucrado en la aproximación del inciso (a).

33. Se muestra una gráfica de la temperatura en Boston en un día de verano. Con la regla de Simpson y $n = 12$, estime la temperatura promedio de ese día.

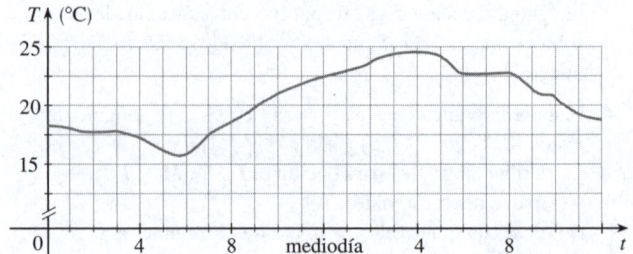

34. Se utilizó una pistola de radar para registrar la rapidez de un corredor durante los primeros 5 segundos de una carrera (vea la tabla). Utilice la regla de Simpson para estimar la

distancia recorrida por el corredor durante esos
5 segundos.

t (s)	v (m/s)	t (s)	v (m/s)
0	0	3.0	10.51
0.5	4.67	3.5	10.67
1.0	7.34	4.0	10.76
1.5	8.86	4.5	10.81
2.0	9.73	5.0	10.81
2.5	10.22		

35. Se muestra la gráfica de aceleración $a(t)$ de un auto, medida
en m/s². Use la regla de Simpson para estimar el aumento de
la velocidad del auto durante el intervalo de 6 segundos.

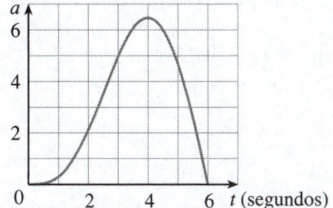

36. Se filtró agua de un tanque a una tasa de $r(t)$ litros por hora,
donde la gráfica de r es como se muestra. Con la regla de
Simpson estime la cantidad total de agua que se filtró durante
las primeras 6 horas.

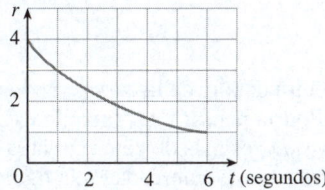

37. La tabla (proporcionada por San Diego Gas and Electric) da
el consumo de energía P en megawatts en el condado de San
Diego desde la medianoche hasta las 6:00 a. m. en un día de
diciembre. Utilice la regla de Simpson para estimar la energía
utilizada durante ese periodo. (Tenga en cuenta que la potencia es la derivada de la energía).

t	P	t	P
0:00	1814	3:30	1611
0:30	1735	4:00	1621
1:00	1686	4:30	1666
1:30	1646	5:00	1745
2:00	1637	5:30	1886
2:30	1609	6:00	2052
3:00	1604		

38. Se muestra la gráfica del tráfico en la línea de datos T1 de un
proveedor de Internet desde la medianoche hasta las 8:00 a. m.,
donde D es el flujo de datos, medido en megabits por segundo.

Estime, con la regla de Simpson, la cantidad total de datos
transmitidos durante ese periodo.

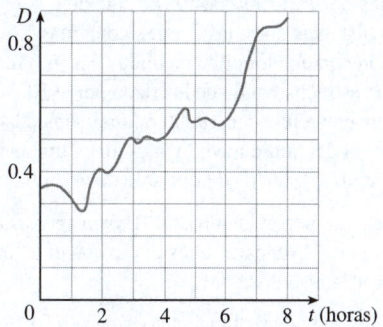

39. Utilice la regla de Simpson con $n = 8$ para estimar el volumen del sólido obtenido al rotar la región que se muestra en
la figura alrededor de (a) el eje x y (b) el eje y.

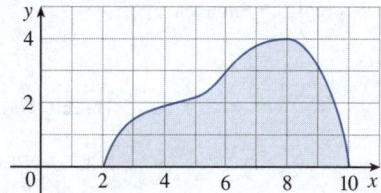

40. En la tabla se muestran los valores de una función de fuerza
$f(x)$, donde x se mide en metros y $f(x)$ en newtons. Utilice la
regla de Simpson para estimar el trabajo realizado por la
fuerza al mover un objeto a una distancia de 18 m.

x	0	3	6	9	12	15	18
$f(x)$	9.8	9.1	8.5	8.0	7.7	7.5	7.4

41. La región acotada por la curva $y = 1/(1 + e^{-x})$, los ejes x y
y, y la recta $x = 10$ se gira alrededor del eje x. Utilice la regla
de Simpson con $n = 10$ para estimar el volumen del sólido
resultante.

42. En la figura se muestra un péndulo de longitud L que forma
un ángulo máximo de θ_0 con la vertical. Con la segunda ley
de Newton se muestra que el periodo T (el tiempo para un
movimiento completo) está indicado por

$$T = 4\sqrt{\frac{L}{g}} \int_0^{\pi/2} \frac{dx}{\sqrt{1 - k^2 \operatorname{sen}^2 x}}$$

donde $k = \operatorname{sen}\left(\frac{1}{2}\theta_0\right)$ y g es la aceleración debida a la gravedad. Si $L = 1$ m y $\theta_0 = 42°$, use la regla de Simpson con
$n = 10$ para encontrar el periodo.

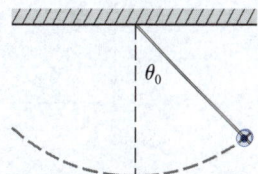

43. La intensidad de la luz con una longitud de onda λ que pasa a través de una rejilla de difracción con ranuras N en un ángulo θ se indica por $I(\theta) = (N^2 \operatorname{sen}^2 k)/k^2$, donde $k = (\pi N d \operatorname{sen} \theta)/\lambda$ y d es la distancia entre las ranuras contiguas. Un láser de helio-neón con una longitud de onda de $\lambda = 632.8 \times 10^{-9}$ m emite una estrecha banda de luz dada por $-10^{-6} < \theta < 10^{-6}$ a través de una rejilla con 10 000 ranuras separadas por 10^{-4} m. Con la regla del punto medio y $n = 10$ estime la intensidad total de la luz $\int_{-10^{-6}}^{10^{-6}} I(\theta)\, d\theta$ que sale de la rejilla.

44. Use la regla trapezoidal con $n = 10$ para aproximar $\int_0^{20} \cos(\pi x)\, dx$. Compare su resultado con el valor real. ¿Puede explicar la discrepancia?

45. Trace la gráfica de una función continua en $[0, 2]$ para la cual la regla trapezoidal con $n = 2$ sea más precisa que la regla del punto medio.

46. Trace la gráfica de una función continua en $[0, 2]$ para la cual la aproximación por el punto final derecho con $n = 2$ sea más precisa que la regla de Simpson.

47. Si f es una función positiva y $f''(x) < 0$ para $a \leqslant x \leqslant b$, demuestre que

$$T_n < \int_a^b f(x)\, dx < M_n$$

48. ¿Cuándo es exacta la regla de Simpson?
(a) Demuestre que si f es un polinomio de grado 3 o inferior, entonces la regla de Simpson da el valor exacto de $\int_a^b f(x)\, dx$.

(b) Encuentre la aproximación S_4 para $\int_0^8 (x^3 - 6x^2 + 4x)\, dx$ y verifique que S_4 es el valor exacto de la integral.

(c) Utilice el límite de error indicado en (4) para explicar por qué la declaración del inciso (a) debe ser verdadera.

49. Demuestre que $\frac{1}{2}(T_n + M_n) = T_{2n}$.

50. Demuestre que $\frac{1}{3}T_n + \frac{2}{3}M_n = S_{2n}$.

7.8 | Integrales impropias

En la definición de una integral definida $\int_a^b f(x)\, dx$ se trató con una función f definida en un intervalo finito $[a, b]$ y se asumió que f no tiene una discontinuidad infinita (vea la sección 5.2). En esta sección se extiende el concepto de la integral definida al caso en que el intervalo es infinito y también al caso en que f tiene una discontinuidad infinita en $[a, b]$. En cualquier caso, la integral se llama *integral impropia*. Una de las aplicaciones más importantes de esta idea, las distribuciones de probabilidad, se estudiarán en la sección 8.5.

■ Tipo 1: intervalos infinitos

Considere la región infinita S que se encuentra debajo de la curva $y = 1/x^2$, por encima del eje x y a la derecha de la recta $x = 1$. Podría pensar que, como la extensión de S es infinita, su área debe ser infinita, pero hay que ver más de cerca. El área de la parte de S que se encuentra a la izquierda de la recta $x = t$ (sombreada en la figura 1) es

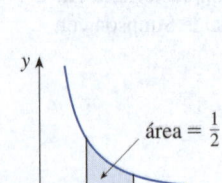

FIGURA 1

$$A(t) = \int_1^t \frac{1}{x^2}\, dx = -\frac{1}{x}\bigg]_1^t = 1 - \frac{1}{t}$$

Observe que $A(t) < 1$ sin importar cuán grande se elija t. También se aprecia que

$$\lim_{t \to \infty} A(t) = \lim_{t \to \infty} \left(1 - \frac{1}{t}\right) = 1$$

El área de la región sombreada se aproxima a 1 a medida que $t \to \infty$ (vea la figura 2), así que se dice que el área de la región infinita S es igual a 1 y se escribe

$$\int_1^\infty \frac{1}{x^2}\, dx = \lim_{t \to \infty} \int_1^t \frac{1}{x^2}\, dx = 1$$

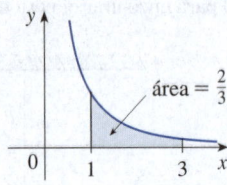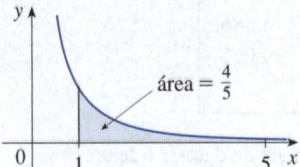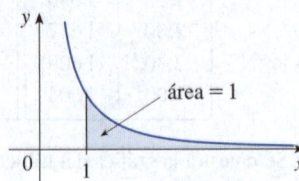

FIGURA 2

Con este ejemplo como guía, se define la integral de f (no necesariamente una función positiva) a lo largo de un intervalo infinito como el límite de integrales sobre intervalos finitos.

---

1   Definición de una integral impropia de tipo 1

(a) Si $\int_a^t f(x)\,dx$ existe para todo número $t \geq a$, entonces

$$\int_a^\infty f(x)\,dx = \lim_{t\to\infty} \int_a^t f(x)\,dx$$

siempre y cuando este límite exista (como un número finito).

(b) Si $\int_t^b f(x)\,dx$ existe para todo número $t \leq b$, entonces

$$\int_{-\infty}^b f(x)\,dx = \lim_{t\to-\infty} \int_t^b f(x)\,dx$$

siempre y cuando este límite exista (como un número finito).

Las integrales impropias $\int_a^\infty f(x)\,dx$ y $\int_{-\infty}^b f(x)\,dx$ se denominan **convergentes** si existe el límite correspondiente y **divergentes** si el límite no existe.

(c) Si tanto $\int_a^\infty f(x)\,dx$ como $\int_{-\infty}^a f(x)\,dx$ son convergentes, entonces se define

$$\int_{-\infty}^\infty f(x)\,dx = \int_{-\infty}^a f(x)\,dx + \int_a^\infty f(x)\,dx$$

En el inciso (c) se puede usar cualquier número real a (vea el ejercicio 88).

Cualquiera de las integrales impropias de la definición (1) puede interpretarse como un área siempre que f sea una función positiva. Por ejemplo, en el caso (a), si $f(x) \geq 0$ y la integral $\int_a^\infty f(x)\,dx$ es convergente, entonces se define que el área de la región $S = \{(x, y) \mid x \geq a, 0 \leq y \leq f(x)\}$ en la figura 3 como

$$A(S) = \int_a^\infty f(x)\,dx$$

Esto es apropiado porque $\int_a^\infty f(x)\,dx$ es el límite conforme $t \to \infty$ del área bajo la gráfica de f desde a hasta t.

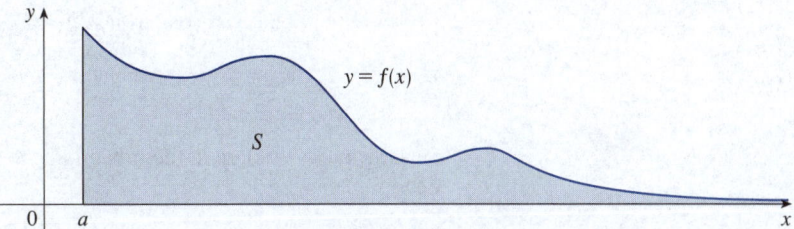

FIGURA 3

EJEMPLO 1   Determine si la integral $\int_1^\infty (1/x)\,dx$ es convergente o divergente.

SOLUCIÓN   De acuerdo con el inciso (a) de la definición (1), se tiene

$$\int_1^\infty \frac{1}{x}\,dx = \lim_{t\to\infty} \int_1^t \frac{1}{x}\,dx = \lim_{t\to\infty} \ln|x|\Big]_1^t$$

$$= \lim_{t\to\infty}(\ln t - \ln 1) = \lim_{t\to\infty} \ln t = \infty$$

El límite no existe como un número finito y, por lo tanto, la integral impropia $\int_1^\infty (1/x)\,dx$ es divergente.

Compare el resultado del ejemplo 1 con el ejemplo del principio de esta sección:

$$\int_1^\infty \frac{1}{x^2}\,dx \ \text{converge} \qquad \int_1^\infty \frac{1}{x}\,dx \ \text{diverge}$$

Geométricamente, esto indica que aunque las curvas $y = 1/x^2$ y $y = 1/x$ se ven muy similares para $x > 0$, la región debajo de $y = 1/x^2$ a la derecha de $x = 1$ (la región sombreada en la figura 4) tiene un área finita mientras que la región correspondiente debajo de $y = 1/x$ (en la figura 5) tiene un área infinita. Observe que tanto $1/x^2$ como $1/x$ se aproximan a 0 en la medida en que $x \to \infty$ pero $1/x^2$ se aproximan a 0 más rápido que $1/x$. Los valores de $1/x$ no disminuyen lo bastante rápido para que su integral tenga un valor finito.

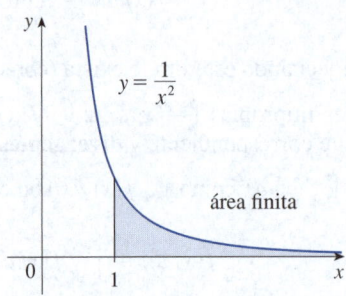

FIGURA 4
$\int_1^\infty (1/x^2)\,dx$ converge

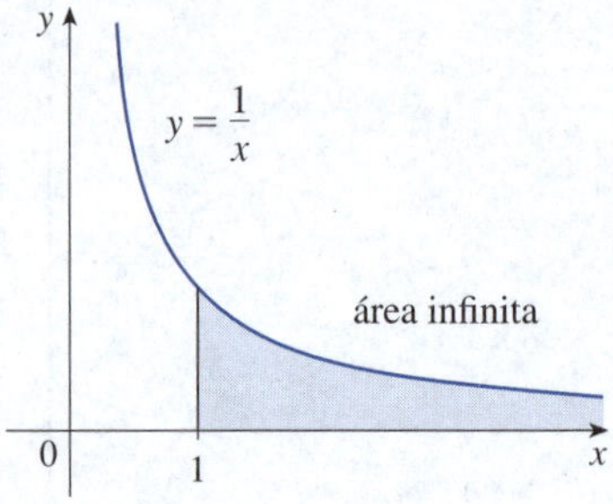

FIGURA 5
$\int_1^\infty (1/x)\,dx$ diverge

EJEMPLO 2 Evalúe $\int_{-\infty}^0 x e^x \, dx$.

SOLUCIÓN Con el inciso (b) de la definición (1), se tiene

$$\int_{-\infty}^0 x e^x \, dx = \lim_{t \to -\infty} \int_t^0 x e^x \, dx$$

Se integra por partes con $u = x$, $dv = e^x\,dx$ para que $du = dx$, $v = e^x$:

$$\int_t^0 x e^x \, dx = x e^x \Big]_t^0 - \int_t^0 e^x \, dx$$

$$= -t e^t - 1 + e^t$$

Se sabe que $e^t \to 0$ en la medida en que $t \to -\infty$, y según la regla de L'Hôpital, se tiene

$$\lim_{t \to -\infty} t e^t = \lim_{t \to -\infty} \frac{t}{e^{-t}} = \lim_{t \to -\infty} \frac{1}{-e^{-t}}$$

$$= \lim_{t \to -\infty} (-e^t) = 0$$

Por lo tanto

$$\int_{-\infty}^0 x e^x \, dx = \lim_{t \to -\infty} (-t e^t - 1 + e^t)$$

$$= -0 - 1 + 0 = -1$$

EJEMPLO 3 Evalúe $\int_{-\infty}^{\infty} \dfrac{1}{1+x^2}\,dx$.

SOLUCIÓN Es conveniente elegir $a = 0$ en la definición 1(c):

$$\int_{-\infty}^{\infty} \frac{1}{1+x^2}\,dx = \int_{-\infty}^{0} \frac{1}{1+x^2}\,dx + \int_{0}^{\infty} \frac{1}{1+x^2}\,dx$$

Ahora se deben evaluar las integrales del lado derecho por separado:

$$\int_{0}^{\infty} \frac{1}{1+x^2}\,dx = \lim_{t\to\infty} \int_{0}^{t} \frac{dx}{1+x^2} = \lim_{t\to\infty} \tan^{-1}x\Big]_{0}^{t}$$

$$= \lim_{t\to\infty}(\tan^{-1}t - \tan^{-1}0) = \lim_{t\to\infty}\tan^{-1}t = \frac{\pi}{2}$$

$$\int_{-\infty}^{0} \frac{1}{1+x^2}\,dx = \lim_{t\to-\infty} \int_{t}^{0} \frac{dx}{1+x^2} = \lim_{t\to-\infty} \tan^{-1}x\Big]_{t}^{0}$$

$$= \lim_{t\to-\infty}(\tan^{-1}0 - \tan^{-1}t) = 0 - \left(-\frac{\pi}{2}\right) = \frac{\pi}{2}$$

Como ambas integrales son convergentes, la integral indicada es convergente y

$$\int_{-\infty}^{\infty} \frac{1}{1+x^2}\,dx = \frac{\pi}{2} + \frac{\pi}{2} = \pi$$

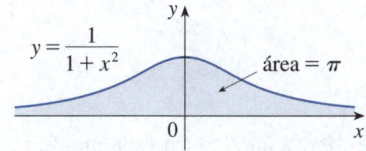

$y = \dfrac{1}{1+x^2}$ área $= \pi$

FIGURA 6

Puesto que $1/(1+x^2) > 0$, la integral impropia indicada se puede interpretar como el área de la región infinita que se encuentra debajo de la curva $y = 1/(1+x^2)$ y por encima del eje x (vea la figura 6). ∎

EJEMPLO 4 ¿Para qué valores de p la integral

$$\int_{1}^{\infty} \frac{1}{x^p}\,dx$$

es convergente?

SOLUCIÓN Se sabe, por el ejemplo 1, que si $p = 1$, entonces la integral es divergente, por lo que se asume que $p \neq 1$. Entonces

$$\int_{1}^{\infty} \frac{1}{x^p}\,dx = \lim_{t\to\infty} \int_{1}^{t} x^{-p}\,dx = \lim_{t\to\infty} \frac{x^{-p+1}}{-p+1}\Bigg]_{x=1}^{x=t}$$

$$= \lim_{t\to\infty} \frac{1}{1-p}\left[\frac{1}{t^{p-1}} - 1\right]$$

Si $p > 1$, entonces $p - 1 > 0$, así que conforme $t \to \infty$, $t^{p-1} \to \infty$ y $1/t^{p-1} \to 0$. Por lo tanto,

$$\int_{1}^{\infty} \frac{1}{x^p}\,dx = \frac{1}{p-1} \qquad \text{si } p > 1$$

y así, la integral converge.

Si $p < 1$, entonces $p - 1 < 0$ y luego entonces

$$\frac{1}{t^{p-1}} = t^{1-p} \to \infty \text{ conforme } t \to \infty$$

y la integral diverge. ∎

Se resume el resultado del ejemplo 4 para referencias futuras:

$$\boxed{2} \qquad \int_1^\infty \frac{1}{x^p}\, dx \text{ es convergente si } p > 1 \text{ y divergente si } p \leq 1.$$

■ Tipo 2: integrandos discontinuos

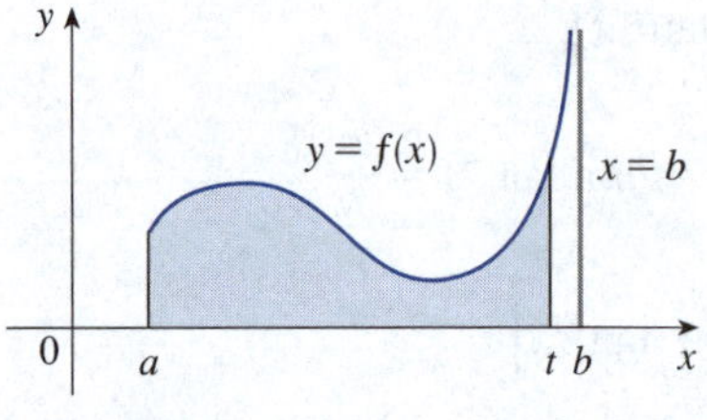

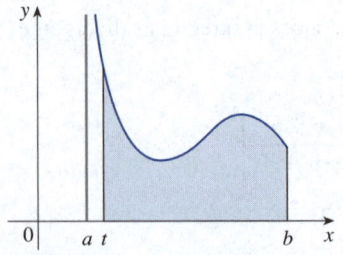

FIGURA 7

Suponga que f es una función continua positiva definida en un intervalo finito $[a, b]$ pero tiene una asíntota vertical en b. Sea S la región infinita bajo la gráfica de f y arriba del eje x entre a y b. (Para integrales de tipo 1, las regiones se extendieron indefinidamente en dirección horizontal. Aquí la región es infinita en dirección vertical). El área de la parte de S entre a y t (la región sombreada en la figura 7) es

$$A(t) = \int_a^t f(x)\, dx$$

Si sucede que $A(t)$ se aproxima a un número definido A conforme $t \to b^-$, entonces se dice que el área de la región S es A y se escribe

$$\int_a^b f(x)\, dx = \lim_{t \to b^-} \int_a^t f(x)\, dx$$

Con esta ecuación se define una integral impropia del tipo 2 aunque f no sea una función positiva, sin importar el tipo de discontinuidad que f tenga en b.

Los incisos (b) y (c) de la definición (3) se ilustran en las figuras 8 y 9 para el caso en que $f(x) \geq 0$ y f tenga asíntotas verticales en a y c, respectivamente.

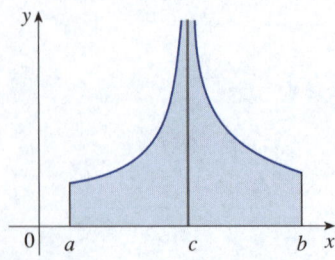

FIGURA 8

FIGURA 9

$\boxed{3}$ **Definición de una integral impropia de tipo 2**

(a) Si f es continua en $[a, b)$ y discontinua en b, entonces

$$\int_a^b f(x)\, dx = \lim_{t \to b^-} \int_a^t f(x)\, dx$$

si este límite existe (como un número finito).

(b) Si f es continua en $(a, b]$ y discontinua en a, entonces

$$\int_a^b f(x)\, dx = \lim_{t \to a^+} \int_t^b f(x)\, dx$$

si este límite existe (como un número finito).

La integral impropia $\int_a^b f(x)\, dx$ se denomina **convergente** si existe el límite correspondiente y **divergente** si el límite no existe.

(c) Si f tiene una discontinuidad en c, donde $a < c < b$, y tanto $\int_a^c f(x)\, dx$ como $\int_c^b f(x)\, dx$ son convergentes, entonces se define

$$\int_a^b f(x)\, dx = \int_a^c f(x)\, dx + \int_c^b f(x)\, dx$$

EJEMPLO 5 Halle $\displaystyle\int_2^5 \frac{1}{\sqrt{x-2}}\, dx$.

SOLUCIÓN Se observa primero que la integral dada es impropia porque $f(x) = 1/\sqrt{x-2}$ tiene la asíntota vertical $x = 2$. Como la discontinuidad infinita se produce en el punto final izquierdo de $[2, 5]$, se usa el inciso (b) de la definición (3):

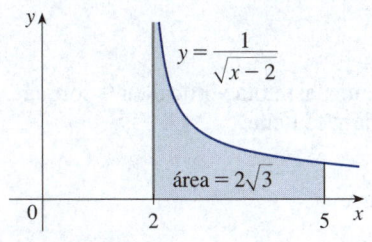

$y = \dfrac{1}{\sqrt{x-2}}$

área $= 2\sqrt{3}$

FIGURA 10

$$\int_2^5 \frac{dx}{\sqrt{x-2}} = \lim_{t \to 2^+} \int_t^5 \frac{dx}{\sqrt{x-2}} = \lim_{t \to 2^+} 2\sqrt{x-2}\,\Big]_t^5$$

$$= \lim_{t \to 2^+} 2\big(\sqrt{3} - \sqrt{t-2}\,\big) = 2\sqrt{3}$$

De este modo, la integral impropia indicada es convergente y, como el integrando es positivo, se puede interpretar el valor de la integral como el área de la región sombreada en la figura 10. ■

EJEMPLO 6 Determine si $\displaystyle\int_0^{\pi/2} \sec x\, dx$ converge o diverge.

SOLUCIÓN Observe que la integral indicada es impropia porque $\lim_{x \to (\pi/2)^-} \sec x = \infty$. Con el inciso (a) de la definición (3) y la fórmula (14) de la tabla de integrales, se tiene

$$\int_0^{\pi/2} \sec x\, dx = \lim_{t \to (\pi/2)^-} \int_0^t \sec x\, dx = \lim_{t \to (\pi/2)^-} \ln\big|\sec x + \tan x\big|\,\Big]_0^t$$

$$= \lim_{t \to (\pi/2)^-} \big[\ln(\sec t + \tan t) - \ln 1\big] = \infty$$

porque $\sec t \to \infty$ y $\tan t \to \infty$ a medida que $t \to (\pi/2)^-$. Por lo tanto, la integral impropia indicada es divergente. ■

EJEMPLO 7 Evalúe $\displaystyle\int_0^3 \frac{dx}{x-1}$ si es posible.

SOLUCIÓN Observe que la recta $x = 1$ es una asíntota vertical del integrando. Como se produce en el centro del intervalo $[0, 3]$, se debe utilizar el inciso (c) de la definición (3) con $c = 1$:

$$\int_0^3 \frac{dx}{x-1} = \int_0^1 \frac{dx}{x-1} + \int_1^3 \frac{dx}{x-1}$$

donde $\displaystyle\int_0^1 \frac{dx}{x-1} = \lim_{t \to 1^-} \int_0^t \frac{dx}{x-1} = \lim_{t \to 1^-} \ln\big|x-1\big|\,\Big]_0^t$

$$= \lim_{t \to 1^-} \big(\ln|t-1| - \ln|-1|\big) = \lim_{t \to 1^-} \ln(1-t) = -\infty$$

porque $1 - t \to 0^+$ conforme $t \to 1^-$. Por lo tanto $\int_0^1 dx/(x-1)$ es divergente. Esto implica que $\int_0^3 dx/(x-1)$ es divergente. [No es necesario evaluar $\int_1^3 dx/(x-1)$]. ■

⊘   **ADVERTENCIA** Si no se hubiese notado la asíntota $x = 1$ en el ejemplo 7 y en su lugar se hubiera confundido la integral con una integral ordinaria, entonces se podría haber calculado erróneamente $\displaystyle\int_0^3 dx/(x-1)$ como

$$\ln\big|x-1\big|\,\Big]_0^3 = \ln 2 - \ln 1 = \ln 2$$

Esto es incorrecto porque la integral es impropia y debe calcularse en términos de límites.

A partir de ahora, siempre que se vea el símbolo $\int_a^b f(x)\, dx$ se debe decidir, mirando la función f en $[a, b]$, si es una integral definida ordinaria o una integral impropia.

EJEMPLO 8 Evalúe $\int_0^1 \ln x \, dx$.

SOLUCIÓN Se sabe que la función $f(x) = \ln x$ tiene una asíntota vertical en 0 porque $\lim_{x \to 0^+} \ln x = -\infty$. Así, la integral dada es impropia y se tiene

$$\int_0^1 \ln x \, dx = \lim_{t \to 0^+} \int_t^1 \ln x \, dx$$

Ahora se integra por partes con $u = \ln x$, $dv = dx$, $du = dx/x$ y $v = x$:

$$\int_t^1 \ln x \, dx = x \ln x \Big]_t^1 - \int_t^1 dx$$

$$= 1 \ln 1 - t \ln t - (1 - t) = -t \ln t - 1 + t$$

Para encontrar el límite del primer término se aplica la regla de L'Hôpital:

$$\lim_{t \to 0^+} t \ln t = \lim_{t \to 0^+} \frac{\ln t}{1/t} = \lim_{t \to 0^+} \frac{1/t}{-1/t^2} = \lim_{t \to 0^+} (-t) = 0$$

Por lo tanto $\displaystyle \int_0^1 \ln x \, dx = \lim_{t \to 0^+} (-t \ln t - 1 + t) = -0 - 1 + 0 = -1$

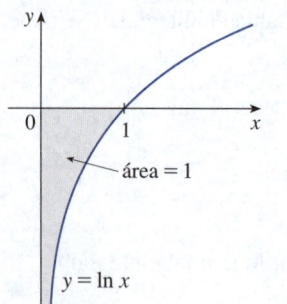

FIGURA 11

En la figura 11 se presenta la interpretación geométrica de este resultado. El área de la región sombreada por encima de $y = \ln x$ y por debajo del eje x es 1. ∎

■ Prueba de comparación para integrales impropias

A veces es imposible encontrar el valor exacto de una integral impropia y aún así es importante saber si la integral es convergente o divergente. En estos casos el siguiente teorema es útil. Aunque se plantea para las integrales de tipo 1, un teorema similar es verdadero para las integrales de tipo 2.

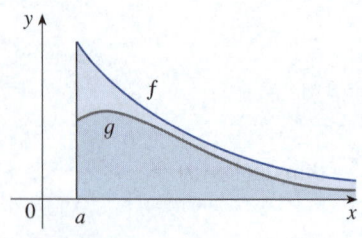

FIGURA 12

> **Teorema de comparación** Suponga que f y g son funciones continuas con $f(x) \geq g(x) \geq 0$ para $x \geq a$.
>
> (a) Si $\int_a^\infty f(x) \, dx$ es convergente, entonces $\int_a^\infty g(x) \, dx$ es convergente.
>
> (b) Si $\int_a^\infty g(x) \, dx$ es divergente, entonces $\int_a^\infty f(x) \, dx$ es divergente.

Se omite la demostración del teorema de comparación, pero la figura 12 lo hace parecer plausible. Si el área debajo de la curva superior $y = f(x)$ es finita, entonces también lo es el área debajo de la curva inferior $y = g(x)$. Y si el área debajo de $y = g(x)$ es infinita, entonces también lo es el área debajo de $y = f(x)$. [Observe que lo contrario no es necesariamente cierto: si $\int_a^\infty g(x) \, dx$ es convergente, $\int_a^\infty f(x) \, dx$ puede o no ser convergente, y si $\int_a^\infty f(x) \, dx$ es divergente, $\int_a^\infty g(x) \, dx$ puede o no ser divergente].

EJEMPLO 9 Demuestre que $\int_0^\infty e^{-x^2} dx$ es convergente.

SOLUCIÓN No se puede evaluar la integral directamente porque la antiderivada de e^{-x^2} no es una función elemental (como se explica en la sección 7.5). Se escribe

$$\int_0^\infty e^{-x^2} dx = \int_0^1 e^{-x^2} dx + \int_1^\infty e^{-x^2} dx$$

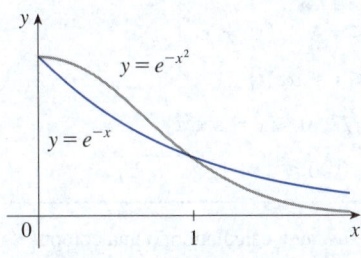

FIGURA 13

y se observa que la primera integral del lado derecho es solo una integral definida ordinaria con un valor finito. En la segunda integral se aprovecha que para $x \geqslant 1$ se tiene $x^2 \geqslant x$, por lo que $-x^2 \leqslant -x$ y, por lo tanto, $e^{-x^2} \leqslant e^{-x}$ (vea la figura 13). Es fácil evaluar la integral de e^{-x}:

$$\int_1^\infty e^{-x}\,dx = \lim_{t\to\infty} \int_1^t e^{-x}\,dx = \lim_{t\to\infty}(e^{-1} - e^{-t}) = e^{-1}$$

Por lo tanto, si se toma $f(x) = e^{-x}$ y $g(x) = e^{-x^2}$ en el teorema de comparación se ve que $\int_1^\infty e^{-x^2}\,dx$ es convergente. De ello se deduce que $\int_0^\infty e^{-x^2}\,dx$ también es convergente.   ∎

Tabla 1

t	$\int_0^\infty e^{-x^2}\,dx$
1	0.7468241328
2	0.8820813908
3	0.8862073483
4	0.8862269118
5	0.8862269255
6	0.8862269255

En el ejemplo 9 se mostró que $\int_0^\infty e^{-x^2}\,dx$ es convergente sin calcular su valor. En el ejercicio 84 se indicó cómo demostrar que su valor es aproximadamente 0.8862. En la teoría de probabilidad es importante conocer el valor exacto de esta integral impropia, como se verá en la sección 8.5; con los métodos de cálculo de varias variables se demuestra que el valor exacto es $\sqrt{\pi}/2$. En la tabla 1 se ilustra la definición de una integral impropia convergente mostrando cómo los valores (generados por computadora) de $\int_0^t e^{-x^2}\,dx$ se aproximan a $\sqrt{\pi}/2$ a medida que t aumenta. De hecho, estos valores convergen muy rápido porque $e^{-x^2} \to 0$ muy rápidamente conforme $x \to \infty$.

EJEMPLO 10 La integral $\displaystyle\int_1^\infty \frac{1+e^{-x}}{x}\,dx$ es divergente según el teorema de comparación porque

$$\frac{1+e^{-x}}{x} > \frac{1}{x}$$

y $\int_1^\infty (1/x)\,dx$ es divergente según el ejemplo 1 [o según (2) con $p = 1$].   ∎

Tabla 2

t	$\int_1^t [(1+e^{-x})/x]\,dx$
2	0.8636306042
5	1.8276735512
10	2.5219648704
100	4.8245541204
1 000	7.1271392134
10 000	9.4297243064

En la tabla 2 se muestra la divergencia de la integral en el ejemplo 10. Se observa que los valores no se aproximan a ningún número fijo.

7.8 | Ejercicios

1. Explique por qué cada una de las siguientes integrales es impropia.

(a) $\displaystyle\int_1^4 \frac{dx}{x-3}$

(b) $\displaystyle\int_3^\infty \frac{dx}{x^2-4}$

(c) $\displaystyle\int_0^1 \tan \pi x\,dx$

(d) $\displaystyle\int_{-\infty}^{-1} \frac{e^x}{x}\,dx$

2. ¿Cuáles de las siguientes integrales son impropias? ¿Por qué?

(a) $\displaystyle\int_0^\pi \sec x\,dx$

(b) $\displaystyle\int_0^4 \frac{dx}{x-5}$

(c) $\displaystyle\int_{-1}^3 \frac{dx}{x+x^3}$

(d) $\displaystyle\int_1^\infty \frac{dx}{x+x^3}$

3. Encuentre el área debajo de la curva $y = 1/x^3$ desde $x = 1$ hasta $x = t$ y evalúela para $t = 10$, 100 y 1 000. Luego encuentre el área total debajo de esta curva para $x \geqslant 1$.

4. (a) Grafique las funciones $f(x) = 1/x^{1.1}$ y $g(x) = 1/x^{0.9}$ en ambos rectángulos de visión $[0, 10]$ por $[0, 1]$ y $[0, 100]$ por $[0, 1]$.

(b) Encuentre las áreas debajo de las gráficas de f y g desde $x = 1$ hasta $x = t$ y evalúelas para $t = 10$, 100, 10^4, 10^6, 10^{10} y 10^{20}.

(c) Encuentre el área total debajo de cada curva para $x \geqslant 1$, si existe.

5-48 Determine si la integral es convergente o divergente. Evalúe las integrales que sean convergentes.

5. $\displaystyle\int_1^\infty 2x^{-3}\,dx$

6. $\displaystyle\int_{-\infty}^{-1} \frac{1}{\sqrt[3]{x}}\,dx$

7. $\displaystyle\int_0^\infty e^{-2x}\,dx$

8. $\displaystyle\int_1^\infty \left(\tfrac{1}{3}\right)^x\,dx$

9. $\displaystyle\int_{-2}^\infty \frac{1}{x+4}\,dx$

10. $\displaystyle\int_1^\infty \frac{1}{x^2+4}\,dx$

11. $\displaystyle\int_3^\infty \frac{1}{(x-2)^{3/2}}\,dx$

12. $\displaystyle\int_0^\infty \frac{1}{\sqrt[4]{1+x}}\,dx$

13. $\displaystyle\int_{-\infty}^0 \frac{x}{(x^2+1)^3}\,dx$

14. $\displaystyle\int_{-\infty}^{-3} \frac{x}{4-x^2}\,dx$

15. $\displaystyle\int_1^\infty \frac{x^2+x+1}{x^4}\,dx$

16. $\displaystyle\int_2^\infty \frac{x}{\sqrt{x^2-1}}\,dx$

17. $\displaystyle\int_0^\infty \frac{e^x}{(1+e^x)^2}\,dx$

18. $\displaystyle\int_{-\infty}^{-1} \frac{x^2+x}{x^3}\,dx$

19. $\displaystyle\int_{-\infty}^\infty xe^{-x^2}\,dx$

20. $\displaystyle\int_{-\infty}^\infty \frac{x}{x^2+1}\,dx$

21. $\displaystyle\int_{-\infty}^\infty \cos 2t\,dt$

22. $\displaystyle\int_1^\infty \frac{e^{-1/x}}{x^2}\,dx$

23. $\displaystyle\int_0^\infty \operatorname{sen}^2\alpha\,d\alpha$

24. $\displaystyle\int_0^\infty \operatorname{sen}\theta\,e^{\cos\theta}\,d\theta$

25. $\displaystyle\int_1^\infty \frac{1}{x^2+x}\,dx$

26. $\displaystyle\int_2^\infty \frac{dv}{v^2+2v-3}$

27. $\displaystyle\int_{-\infty}^0 ze^{2z}\,dz$

28. $\displaystyle\int_2^\infty ye^{-3y}\,dy$

29. $\displaystyle\int_1^\infty \frac{\ln x}{x}\,dx$

30. $\displaystyle\int_1^\infty \frac{\ln x}{x^2}\,dx$

31. $\displaystyle\int_{-\infty}^0 \frac{z}{z^4+4}\,dz$

32. $\displaystyle\int_e^\infty \frac{1}{x(\ln x)^2}\,dx$

33. $\displaystyle\int_0^\infty e^{-\sqrt{y}}\,dy$

34. $\displaystyle\int_1^\infty \frac{dx}{\sqrt{x}+x\sqrt{x}}$

35. $\displaystyle\int_0^1 \frac{1}{x}\,dx$

36. $\displaystyle\int_0^5 \frac{1}{\sqrt[3]{5-x}}\,dx$

37. $\displaystyle\int_{-2}^{14} \frac{dx}{\sqrt[4]{x+2}}$

38. $\displaystyle\int_{-1}^2 \frac{x}{(x+1)^2}\,dx$

39. $\displaystyle\int_{-2}^3 \frac{1}{x^4}\,dx$

40. $\displaystyle\int_0^1 \frac{dx}{\sqrt{1-x^2}}$

41. $\displaystyle\int_0^9 \frac{1}{\sqrt[3]{x-1}}\,dx$

42. $\displaystyle\int_0^5 \frac{w}{w-2}\,dw$

43. $\displaystyle\int_0^{\pi/2} \tan^2\theta\,d\theta$

44. $\displaystyle\int_0^4 \frac{dx}{x^2-x-2}$

45. $\displaystyle\int_0^1 r\ln r\,dr$

46. $\displaystyle\int_0^{\pi/2} \frac{\cos\theta}{\sqrt{\operatorname{sen}\theta}}\,d\theta$

47. $\displaystyle\int_{-1}^0 \frac{e^{1/x}}{x^3}\,dx$

48. $\displaystyle\int_0^1 \frac{e^{1/x}}{x^3}\,dx$

49-54 Trace la región y halle su área (si el área es finita).

49. $S = \{(x,y) \mid x \geq 1,\ 0 \leq y \leq e^{-x}\}$

50. $S = \{(x,y) \mid x \leq 0,\ 0 \leq y \leq e^x\}$

51. $S = \{(x,y) \mid x \geq 1,\ 0 \leq y \leq 1/(x^3+x)\}$

52. $S = \{(x,y) \mid x \geq 0,\ 0 \leq y \leq xe^{-x}\}$

53. $S = \{(x,y) \mid 0 \leq x < \pi/2,\ 0 \leq y \leq \sec^2 x\}$

54. $S = \{(x,y) \mid -2 < x \leq 0,\ 0 \leq y \leq 1/\sqrt{x+2}\,\}$

55. (a) Si $g(x) = (\operatorname{sen}^2 x)/x^2$, use una calculadora o una computadora para elaborar una tabla de valores aproximados de $\int_1^t g(x)\,dx$ para $t = 2, 5, 10, 100, 1\,000$ y $10\,000$. ¿Le parece que $\int_1^\infty g(x)\,dx$ es convergente?

(b) Con el teorema de comparación y $f(x) = 1/x^2$ demuestre que $\int_1^\infty g(x)\,dx$ es convergente.

(c) Ilustre el inciso (b) graficando f y g en la misma pantalla para $1 \leq x \leq 10$. Utilice su gráfica para explicar intuitivamente por qué $\int_1^\infty g(x)\,dx$ es convergente.

56. (a) Si $g(x) = 1/(\sqrt{x}-1)$, use una calculadora o una computadora para elaborar una tabla de valores aproximados de $\int_2^t g(x)\,dx$ para $t = 5, 10, 100, 1\,000$ y $10\,000$. ¿Le parece que $\int_2^\infty g(x)\,dx$ es convergente o divergente?

(b) Demuestre, con el teorema de comparación y $f(x) = 1/\sqrt{x}$, que $\int_2^\infty g(x)\,dx$ es divergente.

(c) Ilustre el inciso (b) graficando f y g en la misma pantalla para $2 \leq x \leq 20$. Utilice su gráfica para explicar intuitivamente por qué $\int_2^\infty g(x)\,dx$ es divergente.

57-64 Utilice el teorema de comparación para determinar si la integral es convergente o divergente.

57. $\displaystyle\int_0^\infty \frac{x}{x^3+1}\,dx$

58. $\displaystyle\int_1^\infty \frac{1+\operatorname{sen}^2 x}{\sqrt{x}}\,dx$

59. $\displaystyle\int_2^\infty \frac{1}{x-\ln x}\,dx$

60. $\displaystyle\int_0^\infty \frac{\arctan x}{2+e^x}\,dx$

61. $\displaystyle\int_1^\infty \frac{x+1}{\sqrt{x^4-x}}\,dx$

62. $\displaystyle\int_1^\infty \frac{2+\cos x}{\sqrt{x^4+x^2}}\,dx$

63. $\displaystyle\int_0^1 \frac{\sec^2 x}{x\sqrt{x}}\,dx$

64. $\displaystyle\int_0^\pi \frac{\operatorname{sen}^2 x}{\sqrt{x}}\,dx$

65-68 Integrales impropias que son tanto tipo 1 como tipo 2

La integral $\int_a^\infty f(x)\,dx$ es impropia porque el intervalo $[a,\infty)$ es infinito. Si f tiene una discontinuidad infinita en a, entonces la integral es impropia por una segunda razón. En este caso la integral se evalúa expresándola como una suma de integrales impropias de tipo 2 y tipo 1 como sigue:

$$\int_a^\infty f(x)\,dx = \int_a^c f(x)\,dx + \int_c^\infty f(x)\,dx \quad c > a$$

Evalúe la integral indicada si es convergente.

65. $\displaystyle\int_0^\infty \frac{1}{x^2}\,dx$

66. $\displaystyle\int_0^\infty \frac{1}{\sqrt{x}}\,dx$

67. $\displaystyle\int_0^\infty \frac{1}{\sqrt{x}\,(1+x)}\,dx$

68. $\displaystyle\int_2^\infty \frac{1}{x\sqrt{x^2-4}}\,dx$

69-71 Encuentre los valores de p para los cuales la integral converge y evalúe la integral para esos valores de p.

69. $\displaystyle\int_0^1 \frac{1}{x^p}\, dx$

70. $\displaystyle\int_e^\infty \frac{1}{x(\ln x)^p}\, dx$

71. $\displaystyle\int_0^1 x^p \ln x\, dx$

72. (a) Evalúe la integral $\int_0^\infty x^n e^{-x}\, dx$ para $n = 0$, 1, 2 y 3.

(b) Conjeture el valor de $\int_0^\infty x^n e^{-x}\, dx$ cuando n es un número entero positivo arbitrario.

(c) Demuestre su conjetura mediante inducción matemática.

73. El *valor principal de Cauchy* de la integral $\int_{-\infty}^\infty f(x)\, dx$ se define por

$$\int_{-\infty}^\infty f(x)\, dx = \lim_{t \to \infty} \int_{-t}^t f(x)\, dx$$

Demuestre que $\int_{-\infty}^\infty x\, dx$ diverge pero el valor principal de Cauchy de esta integral es 0.

74. La *rapidez promedio* de moléculas en un gas ideal es

$$\bar{v} = \frac{4}{\sqrt{\pi}} \left(\frac{M}{2RT}\right)^{3/2} \int_0^\infty v^3 e^{-Mv^2/(2RT)}\, dv$$

donde M es el peso molecular del gas, R es la constante del gas, T es la temperatura del gas y v es la rapidez molecular. Demuestre que

$$\bar{v} = \sqrt{\frac{8RT}{\pi M}}$$

75. Se sabe, por el ejemplo 1, que la región

$$\mathcal{R} = \{(x, y) \mid x \geq 1,\ 0 \leq y \leq 1/x\}$$

tiene un área infinita. Demuestre que al girar $\mathcal{R}$ alrededor del eje x, se obtiene un sólido (llamado *cuerno de Gabriel*) con un volumen finito.

76. Utilice la información y los datos del ejercicio 6.4.35 para encontrar el trabajo necesario para impulsar un vehículo espacial de 1 000 kg fuera del campo gravitatorio de la Tierra.

77. Encuentre la *velocidad de escape* v_0 que se necesita para impulsar un cohete de masa m fuera del campo gravitatorio de un planeta con masa M y radio R. Use la ley de gravitación de Newton (vea el ejercicio 6.4.35) y el hecho de que la energía cinética inicial de $\frac{1}{2}mv_0^2$ suministra el trabajo necesario.

78. Los astrónomos utilizan una técnica llamada *estereografía estelar* para determinar la densidad de las estrellas en un cúmulo estelar a partir de la densidad (bidimensional) observada que puede analizarse a partir de una fotografía. Suponga que en un cúmulo esférico de radio R la densidad de las estre-

llas depende solo de la distancia r desde el centro del cúmulo. Si la densidad estelar percibida se indica por $y(s)$, donde s es la distancia planar observada desde el centro del cúmulo y $x(r)$ es la densidad real, se puede mostrar que

$$y(s) = \int_s^R \frac{2r}{\sqrt{r^2 - s^2}}\, x(r)\, dr$$

Si la densidad real de las estrellas en un cúmulo es $x(r) = \frac{1}{2}(R - r)^2$, encuentre la densidad percibida $y(s)$.

79. Un fabricante de focos quiere producir focos que duren unas 700 horas pero, por supuesto, algunos focos se queman más rápido que otros. Sea $F(t)$ la fracción de los focos de la compañía que se funden antes de t horas, de modo que $F(t)$ siempre se encuentra entre 0 y 1.

(a) Trace un boceto de cómo cree que podría ser la gráfica de F.

(b) ¿Cuál es el significado de la derivada $r(t) = F'(t)$?

(c) ¿Cuál es el valor de $\int_0^\infty r(t)\, dt$? ¿Por qué?

80. Como se vio en la sección 3.8, una sustancia radiactiva decae exponencialmente: la masa en el momento t es $m(t) = m(0)e^{kt}$, donde $m(0)$ es la masa inicial y k es una constante negativa. La *vida media* M de un átomo en la sustancia es

$$M = -k \int_0^\infty te^{kt}\, dt$$

Para el isótopo de carbono radiactivo, ^{14}C, que se utiliza en la datación por radiocarbono, el valor de k es -0.000121. Encuentre la vida media de un átomo de ^{14}C.

81. En un estudio sobre la propagación del consumo de drogas ilícitas de un usuario entusiasta a una población de usuarios N, los autores modelan el número de nuevos usuarios esperados mediante la ecuación

$$\gamma = \int_0^\infty \frac{cN(1 - e^{-kt})}{k}\, e^{-\lambda t}\, dt$$

donde c, k y λ son constantes positivas. Evalúe esta integral para expresar γ en términos de c, N, k y λ.

Fuente: F. Hoppensteadt *et al.*, "Threshold Analysis of a Drug Use Epidemic Model", *Mathematical Biosciences* 53 (1981): 79-87.

82. El tratamiento de diálisis elimina la urea y otros productos de desecho de la sangre de un paciente desviando parte del flujo sanguíneo hacia el exterior a través de una máquina llamada dializador. La velocidad a la que se elimina la urea de la sangre (en mg/min) a menudo se describe bien por la ecuación

$$u(t) = \frac{r}{V} C_0 e^{-rt/V}$$

donde r es la tasa de flujo de sangre a través del dializador (en mL/min), V es el volumen de la sangre del paciente (en mL) y C_0 es la cantidad de urea en la sangre (en mg) en el momento $t = 0$. Evalúe la integral $\int_0^\infty u(t)$ e interprétela.

83. Determine cuál debe ser el tamaño del número a para que

$$\int_a^{\infty} \frac{1}{x^2 + 1}\, dx < 0.001$$

84. Estime el valor numérico de $\int_0^{\infty} e^{-x^2}\, dx$ escribiéndolo como la suma de $\int_0^4 e^{-x^2}\, dx$ y $\int_4^{\infty} e^{-x^2}\, dx$. Aproxime la primera integral con la regla de Simpson y $n = 8$, y demuestre que la segunda integral es más pequeña que $\int_4^{\infty} e^{-4x}\, dx$, que es menos que 0.0000001.

85-87 Transformada de Laplace Si $f(t)$ es continua para $t \geq 0$, la *transformada de Laplace* de f es la función F definida por

$$F(s) = \int_0^{\infty} f(t)\, e^{-st}\, dt$$

y el dominio de F es el conjunto formado por todos los números s para los que converge la integral.

85. Halle la transformada de Laplace para cada una de las siguientes funciones.

   (a) $f(t) = 1$ (b) $f(t) = e^t$ (c) $f(t) = t$

86. Demuestre que si $0 \leq f(t) \leq M e^{at}$ para $t \geq 0$, donde M y a son constantes, entonces la transformada de Laplace $F(s)$ existe para $s > a$.

87. Suponga que $0 \leq f(t) \leq M e^{at}$ y $0 \leq f'(t) \leq K e^{at}$ para $t \geq 0$, donde f' es continua. Si la transformada de Laplace de $f(t)$ es $F(s)$ y la transformada de Laplace de $f'(t)$ es $G(s)$, demuestre que

$$G(s) = sF(s) - f(0) \qquad s > a$$

88. Si $\int_{-\infty}^{\infty} f(x)\, dx$ es convergente y a y b son números reales, demuestre que

$$\int_{-\infty}^{a} f(x)\, dx + \int_a^{\infty} f(x)\, dx = \int_{-\infty}^{b} f(x)\, dx + \int_b^{\infty} f(x)\, dx$$

89. Demuestre que $\int_0^{\infty} x^2 e^{-x^2}\, dx = \frac{1}{2} \int_0^{\infty} e^{-x^2}\, dx$.

90. Demuestre que $\int_0^{\infty} e^{-x^2}\, dx = \int_0^1 \sqrt{-\ln y}\ dy$ mediante la interpretación de las integrales como áreas.

91. Determine el valor de la constante C para la que la integral

$$\int_0^{\infty} \left(\frac{1}{\sqrt{x^2 + 4}} - \frac{C}{x + 2} \right) dx$$

converge. Evalúe la integral para este valor de C.

92. Halle el valor de la constante C para la que la integral

$$\int_0^{\infty} \left(\frac{x}{x^2 + 1} - \frac{C}{3x + 1} \right) dx$$

converge. Evalúe la integral para este valor de C.

93. Suponga que f es continua en $[0, \infty)$ y $\lim_{x \to \infty} f(x) = 1$. ¿Será posible que $\int_0^{\infty} f(x)\, dx$ sea convergente?

94. Demuestre que si $a > -1$ y $b > a + 1$, entonces la siguiente integral es convergente.

$$\int_0^{\infty} \frac{x^a}{1 + x^b}\, dx$$

---

7   REPASO

VERIFICACIÓN DE CONCEPTOS
Las respuestas de la sección "Verificación de conceptos" están disponibles en StewartCalculus.com

1. Enuncie la regla de integración por partes. En la práctica, ¿cómo la utiliza?

2. ¿Cómo se evalúa $\int \operatorname{sen}^m x \cos^n x\, dx$ si m es impar? ¿Y si n es impar? ¿Qué pasa si tanto m como n son pares?

3. Si la expresión $\sqrt{a^2 - x^2}$ se produce en una integral, ¿qué sustitución se podrá intentar? ¿Y si se presenta $\sqrt{a^2 + x^2}$? ¿Qué pasa si se presenta $\sqrt{x^2 - a^2}$?

4. ¿Cuál es la forma de la descomposición en fracciones parciales de una función racional $P(x)/Q(x)$ si el grado de P es menor que el grado de Q y $Q(x)$ tiene solo factores lineales distintos? ¿Qué pasa si un factor lineal se repite? ¿Qué pasa si $Q(x)$ tiene un factor cuadrático irreducible (no repetido)? ¿Y qué sucede si se repite el factor cuadrático?

5. Enuncie las reglas para aproximar la integral definida $\int_a^b f(x)\, dx$ con la regla del punto medio, la regla trapezoidal y la regla de Simpson. ¿Cuál esperaría que diera la mejor estimación? ¿Cómo se aproxima el error para cada regla?

6. Defina las siguientes integrales impropias.

   (a) $\int_a^{\infty} f(x)\, dx$ (b) $\int_{-\infty}^{b} f(x)\, dx$ (c) $\int_{-\infty}^{\infty} f(x)\, dx$

7. Defina la integral impropia $\int_a^b f(x)\, dx$ para cada uno de los siguientes casos.
   (a) f tiene una discontinuidad infinita en a.
   (b) f tiene una discontinuidad infinita en b.
   (c) f tiene una discontinuidad infinita en c, donde $a < c < b$.

8. Enuncie el teorema de comparación para integrales impropias.

PREGUNTAS DE VERDADERO O FALSO

Determine si el enunciado es verdadero o falso. Si es verdadero, explique por qué. Si es falso, explique por qué o dé un ejemplo que lo refute.

1. $\int \tan^{-1} x \, dx$ se puede evaluar mediante integración por partes.

2. $\int x^5 e^x \, dx$ se puede evaluar al aplicar la integración por partes cinco veces.

3. Para evaluar $\int \dfrac{dx}{\sqrt{25 + x^2}}$, una sustitución trigonométrica apropiada es $x = 5 \operatorname{sen} \theta$.

4. Para evaluar $\int \dfrac{dx}{\sqrt{9 + e^{2x}}}$ se puede usar la fórmula de la entrada 25 de la tabla de integrales para obtener $\ln\!\left(e^x + \sqrt{9 + e^{2x}}\right) + C$.

5. $\dfrac{x(x^2 + 4)}{x^2 - 4}$ se puede poner en la forma $\dfrac{A}{x + 2} + \dfrac{B}{x - 2}$.

6. $\dfrac{x^2 + 4}{x(x^2 - 4)}$ se puede poner en la forma $\dfrac{A}{x} + \dfrac{B}{x + 2} + \dfrac{C}{x - 2}$.

7. $\dfrac{x^2 + 4}{x^2(x - 4)}$ se puede poner en la forma $\dfrac{A}{x^2} + \dfrac{B}{x - 4}$.

8. $\dfrac{x^2 - 4}{x(x^2 + 4)}$ se puede poner en la forma $\dfrac{A}{x} + \dfrac{B}{x^2 + 4}$.

9. $\int_0^4 \dfrac{x}{x^2 - 1} \, dx = \tfrac{1}{2} \ln 15$.

10. $\int_1^\infty \dfrac{1}{x^{\sqrt{2}}} \, dx$ es convergente.

11. Si $\int_{-\infty}^\infty f(x)\, dx$ es convergente, entonces $\int_0^\infty f(x)\, dx$ es convergente.

12. La regla del punto medio es siempre más precisa que la regla trapezoidal.

13. (a) Toda función elemental tiene una derivada elemental.
(b) Toda función elemental tiene una antiderivada elemental.

14. Si f es continua en $[0, \infty)$ y $\int_1^\infty f(x)\, dx$ es convergente, entonces $\int_0^\infty f(x)\, dx$ es convergente.

15. Si f es una función continua y decreciente en $[1, \infty)$ y $\lim_{x\to\infty} f(x) = 0$, entonces $\int_1^\infty f(x)\, dx$ es convergente.

16. Si tanto $\int_a^\infty f(x)\, dx$ como $\int_a^\infty g(x)\, dx$ son convergentes, entonces $\int_a^\infty [f(x) + g(x)]\, dx$ es convergente.

17. Si tanto $\int_a^\infty f(x)\, dx$ como $\int_a^\infty g(x)\, dx$ son divergentes, entonces $\int_a^\infty [f(x) + g(x)]\, dx$ es divergente.

18. Si tanto $f(x) \leqslant g(x)$ como $\int_0^\infty g(x)\, dx$ diverge, entonces $\int_0^\infty f(x)\, dx$ también diverge.

EJERCICIOS

Nota: En los ejercicios 7.5 se proporciona práctica adicional en las técnicas de integración.

1-50 Evalúe la integral.

1. $\displaystyle\int_1^2 \dfrac{(x + 1)^2}{x} \, dx$

2. $\displaystyle\int_1^2 \dfrac{x}{(x + 1)^2} \, dx$

3. $\displaystyle\int \dfrac{e^{\operatorname{sen} x}}{\sec x} \, dx$

4. $\displaystyle\int_0^{\pi/6} t \operatorname{sen} 2t \, dt$

5. $\displaystyle\int \dfrac{dt}{2t^2 + 3t + 1}$

6. $\displaystyle\int_1^2 x^5 \ln x \, dx$

7. $\displaystyle\int_0^{\pi/2} \operatorname{sen}^3\theta \, \cos^2\theta \, d\theta$

8. $\displaystyle\int \dfrac{dx}{x^2\sqrt{16 - x^2}}$

9. $\displaystyle\int \dfrac{\operatorname{sen}(\ln t)}{t} \, dt$

10. $\displaystyle\int_0^1 \dfrac{\sqrt{\arctan x}}{1 + x^2} \, dx$

11. $\displaystyle\int x \, (\ln x)^2 \, dx$

12. $\displaystyle\int \operatorname{sen} x \cos x \ln(\cos x) \, dx$

13. $\displaystyle\int_1^2 \dfrac{\sqrt{x^2 - 1}}{x} \, dx$

14. $\displaystyle\int \dfrac{e^{2x}}{1 + e^{4x}} \, dx$

15. $\displaystyle\int e^{\sqrt[3]{x}} \, dx$

16. $\displaystyle\int \dfrac{x^2 + 2}{x + 2} \, dx$

17. $\displaystyle\int x^2 \tan^{-1} x \, dx$

18. $\displaystyle\int (x + 2)^2 (x + 1)^{20} \, dx$

19. $\displaystyle\int \dfrac{x - 1}{x^2 + 2x} \, dx$

20. $\displaystyle\int \dfrac{\sec^6\theta}{\tan^2\theta} \, d\theta$

21. $\displaystyle\int x \cosh x \, dx$

22. $\displaystyle\int \dfrac{x^2 + 8x - 3}{x^3 + 3x^2} \, dx$

23. $\displaystyle\int \dfrac{dx}{\sqrt{x^2 - 4x}}$

24. $\displaystyle\int \dfrac{2^{\sqrt{x}}}{\sqrt{x}} \, dx$

25. $\displaystyle\int \dfrac{x + 1}{9x^2 + 6x + 5} \, dx$

26. $\displaystyle\int \tan^5\theta \, \sec^3\theta \, d\theta$

27. $\displaystyle\int_0^2 \sqrt{x^2 - 2x + 2} \, dx$

28. $\displaystyle\int \cos \sqrt{t} \, dt$

29. $\displaystyle\int \dfrac{dx}{x\sqrt{x^2 + 1}}$

30. $\displaystyle\int e^x \cos x \, dx$

31. $\int \dfrac{x \,\text{sen}(\sqrt{1 + x^2})}{\sqrt{1 + x^2}}\, dx$

32. $\int \dfrac{dx}{x^{1/2} + x^{1/4}}$

33. $\int \dfrac{3x^3 - x^2 + 6x - 4}{(x^2 + 1)(x^2 + 2)}\, dx$

34. $\int x \,\text{sen}\, x \cos x \, dx$

35. $\int_0^{\pi/2} \cos^3 x \,\text{sen}\, 2x \, dx$

36. $\int \dfrac{\sqrt[3]{x} + 1}{\sqrt[3]{x} - 1}\, dx$

37. $\int_{-3}^{3} \dfrac{x}{1 + |x|}\, dx$

38. $\int \dfrac{dx}{e^x \sqrt{1 - e^{-2x}}}$

39. $\int_0^{\ln 10} \dfrac{e^x \sqrt{e^x - 1}}{e^x + 8}\, dx$

40. $\int_0^{\pi/4} \dfrac{x \,\text{sen}\, x}{\cos^3 x}\, dx$

41. $\int \dfrac{x^2}{(4 - x^2)^{3/2}}\, dx$

42. $\int (\text{arcsen}\, x)^2 \, dx$

43. $\int \dfrac{1}{\sqrt{x + x^{3/2}}}\, dx$

44. $\int \dfrac{1 - \tan\theta}{1 + \tan\theta}\, d\theta$

45. $\int (\cos x + \text{sen}\, x)^2 \cos 2x \, dx$

46. $\int x \cos^3(x^2) \sqrt{\text{sen}(x^2)}\, dx$

47. $\int_0^{1/2} \dfrac{xe^{2x}}{(1 + 2x)^2}\, dx$

48. $\int_{\pi/4}^{\pi/3} \dfrac{\sqrt{\tan\theta}}{\text{sen}\, 2\theta}\, d\theta$

49. $\int \dfrac{1}{\sqrt{e^x - 4}}\, dx$

50. $\int x \,\text{sen}(\sqrt{1 + x^2})\, dx$

51-60 Evalúe la integral o muestre que es divergente.

51. $\int_1^{\infty} \dfrac{1}{(2x + 1)^3}\, dx$

52. $\int_1^{\infty} \dfrac{\ln x}{x^4}\, dx$

53. $\int_2^{\infty} \dfrac{dx}{x \ln x}$

54. $\int_2^{6} \dfrac{y}{\sqrt{y - 2}}\, dy$

55. $\int_0^{4} \dfrac{\ln x}{\sqrt{x}}\, dx$

56. $\int_0^{1} \dfrac{1}{2 - 3x}\, dx$

57. $\int_0^{1} \dfrac{x - 1}{\sqrt{x}}\, dx$

58. $\int_{-1}^{1} \dfrac{dx}{x^2 - 2x}$

59. $\int_{-\infty}^{\infty} \dfrac{dx}{4x^2 + 4x + 5}$

60. $\int_1^{\infty} \dfrac{\tan^{-1} x}{x^2}\, dx$

61-62 Evalúe la integral indefinida. Ilústrela y verifique que su respuesta sea razonable graficando tanto la función como su antiderivada (tome $C = 0$).

61. $\int \ln(x^2 + 2x + 2)\, dx$

62. $\int \dfrac{x^3}{\sqrt{x^2 + 1}}\, dx$

63. Grafique la función $f(x) = \cos^2 x \,\text{sen}^3 x$ y use la gráfica para conjeturar el valor de la integral $\int_0^{2\pi} f(x)\, dx$. Luego evalúe la integral para asegurar su suposición.

64. (a) ¿Cómo evaluaría $\int x^5 e^{-2x}\, dx$ a mano? (No lleve realmente a cabo la integración).
   (b) ¿Cómo evaluaría $\int x^5 e^{-2x}\, dx$ con una tabla de integrales? (No lo haga realmente).
   (c) Use una computadora para evaluar $\int x^5 e^{-2x}\, dx$.
   (d) Grafique el integrando y la integral indefinida en la misma pantalla.

65-68 Use la tabla de integrales de las páginas de referencia 6–10 para evaluar la integral.

65. $\int \sqrt{4x^2 - 4x - 3}\, dx$

66. $\int \csc^5 t \, dt$

67. $\int \cos x \sqrt{4 + \text{sen}^2 x}\, dx$

68. $\int \dfrac{\cot x}{\sqrt{1 + 2\,\text{sen}\, x}}\, dx$

69. Verifique la fórmula (33) en la tabla de integrales (a) por derivación y (b) por sustitución trigonométrica.

70. Verifique la fórmula (62) de la tabla de integrales.

71. ¿Es posible encontrar un número n tal que $\int_0^{\infty} x^n \, dx$ sea convergente?

72. ¿Para qué valores de a es $\int_0^{\infty} e^{ax} \cos x \, dx$ convergente? Evalúe la integral para esos valores de a.

73-74 Utilice (a) la regla trapezoidal, (b) la regla del punto medio y (c) la regla de Simpson con $n = 10$ para aproximar la integral indicada. Redondee sus respuestas a seis decimales de precisión.

73. $\int_2^{4} \dfrac{1}{\ln x}\, dx$

74. $\int_1^{4} \sqrt{x} \cos x \, dx$

75. Estime los errores del ejercicio 73, incisos (a) y (b). ¿Qué tamaño debe tener n en cada caso para garantizar un error inferior a 0.00001?

76. Use la regla de Simpson con $n = 6$ para estimar el área debajo de la curva $y = e^x/x$ desde $x = 1$ hasta $x = 4$.

77. La lectura del velocímetro (v) en un auto se observó a intervalos de 1 minuto y se registró en la tabla. Estime, con la regla de Simpson, la distancia recorrida por el auto.

t (min)	v (km/h)	t (min)	v (km/h)
0	64	6	90
1	67	7	91
2	72	8	91
3	78	9	88
4	83	10	90
5	86		

78. Una población de abejas aumentó a un ritmo de $r(t)$ abejas por semana, donde la gráfica de r es como se muestra. Utilice la regla de Simpson con seis subintervalos para estimar el aumento de la población de abejas durante las primeras 24 semanas.

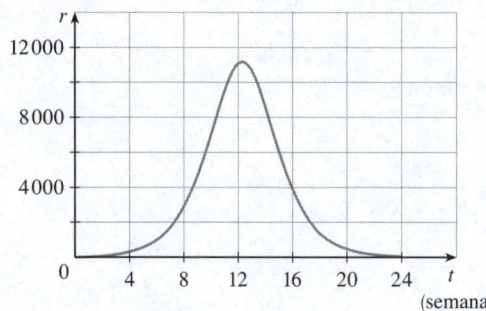

79. (a) Si $f(x) = \text{sen}(\text{sen } x)$, utilice un sistema algebraico computacional para calcular $f^{(4)}(x)$ y luego utilice una gráfica para encontrar la cota superior para $|f^{(4)}(x)|$.
   (b) Con la regla de Simpson y $n = 10$ aproxime $\int_a^\pi f(x)\, dx$ y utilice el inciso (a) para estimar el error.
   (c) ¿Cuán grande debe ser n para garantizar que el tamaño del error al usar S_n sea inferior a 0.00001?

80. Suponga que se le pide estimar el volumen de un balón de futbol americano. Lo mide y encuentra que un balón de futbol americano tiene 28 cm de largo. Utiliza un hilo y mide la circunferencia en su punto más ancho, que es de 53 cm. La circunferencia a 7 cm de cada extremo es de 45 cm. Use la regla de Simpson para hacer su estimación.

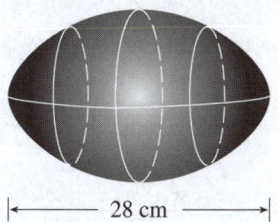

$\longleftarrow$ 28 cm $\longrightarrow$

81. Use el teorema de comparación para determinar si la integral es convergente o divergente.

(a) $\displaystyle\int_1^\infty \frac{2 + \text{sen } x}{\sqrt{x}}\, dx$ \qquad (b) $\displaystyle\int_1^\infty \frac{1}{\sqrt{1 + x^4}}\, dx$

82. Encuentre el área acotada por la hipérbola $y^2 - x^2 = 1$ y la recta $y = 3$.

83. Encuentre el área acotada por las curvas $y = \cos x$ y $y = \cos^2 x$ entre $x = 0$ y $x = \pi$.

84. Encuentre el área de la región acotada por las curvas $y = 1/(2 + \sqrt{x})$, $y = 1/(2 - \sqrt{x})$ y $x = 1$.

85. La región debajo de la curva $y = \cos^2 x$, $0 \le x \le \pi/2$ se gira alrededor del eje x. Encuentre el volumen del sólido resultante.

86. La región en el ejercicio 85 se gira alrededor del eje y. Encuentre el volumen del sólido resultante.

87. Si f' es continua en $[0, \infty)$ y $\lim_{x\to\infty} f(x) = 0$, demuestre que

$$\int_0^\infty f'(x)\, dx = -f(0)$$

88. Se puede ampliar la definición del valor promedio de una función continua a un intervalo infinito definiendo el valor promedio de f en el intervalo $[a, \infty)$ para que sea

$$f_{\text{prom}} = \lim_{t\to\infty} \frac{1}{t - a} \int_a^t f(x)\, dx$$

(a) Encuentre el valor promedio de $y = \tan^{-1}x$ en el intervalo $[0, \infty)$.
(b) Si $f(x) \ge 0$ y $\int_a^\infty f(x)\, dx$ es divergente, demuestre que el valor promedio de f en el intervalo $[a, \infty)$ es $\lim_{x\to\infty} f(x)$, si este límite existe.
(c) Si $\int_a^\infty f(x)\, dx$ es convergente, ¿cuál es el valor promedio de f en el intervalo $[a, \infty)$?
(d) Determine el valor promedio de $y = \text{sen } x$ en el intervalo $[0, \infty)$.

89. Utilice la sustitución $u = 1/x$ para demostrar que

$$\int_0^\infty \frac{\ln x}{1 + x^2}\, dx = 0$$

90. La magnitud de la fuerza de repulsión entre dos cargas puntuales con el mismo signo, una de tamaño 1 y otra de tamaño q, es

$$F = \frac{q}{4\pi\varepsilon_0 r^2}$$

donde r es la distancia entre las cargas y ε_0 es una constante. El *potencial V* en un punto P debido a la carga q se define como el trabajo invertido en llevar una carga unitaria a P desde el infinito a lo largo de la línea recta que une q y P. Encuentre una fórmula para V.

Problemas adicionales

Cubra la solución del ejemplo e intente resolverlo primero usted mismo.

EJEMPLO

(a) Demuestre que si f es una función continua, entonces

$$\int_0^a f(x)\,dx = \int_0^a f(a-x)\,dx$$

(b) Utilice el inciso (a) para demostrar que

$$\int_0^{\pi/2} \frac{\operatorname{sen}^n x}{\operatorname{sen}^n x + \cos^n x}\,dx = \frac{\pi}{4}$$

para todos los números positivos n.

SOLUCIÓN

(a) A primera vista, la ecuación dada puede parecer un poco desconcertante. ¿Cómo es posible conectar el lado izquierdo con el derecho? Las conexiones a menudo se hacen a través de uno de los principios para la resolución de problemas: *introduzca algo adicional*. Aquí el ingrediente adicional es una nueva variable. Se suele pensar en incluir una nueva variable al aplicar la regla de la sustitución para integrar una función específica. Sin embargo, esa técnica aún es útil en esta circunstancia en la que se tiene una función general f.

RP Puede repasar los "Principios para la resolución de problemas" que se presentan después del capítulo 1.

Una vez que se considera hacer una sustitución, la forma del lado derecho sugiere que debe ser $u = a - x$. Luego $du = -dx$. Cuando $x = 0$, $u = a$; cuando $x = a$, $u = 0$. Entonces

$$\int_0^a f(a-x)\,dx = -\int_a^0 f(u)\,du = \int_0^a f(u)\,du$$

Pero esta integral en el lado derecho es solo otra forma de escribir $\int_0^a f(x)\,dx$. De modo que la ecuación dada ya se demostró.

(b) Si la integral indicada es I y se aplica el inciso (a) con $a = \pi/2$ se obtiene

$$I = \int_0^{\pi/2} \frac{\operatorname{sen}^n x}{\operatorname{sen}^n x + \cos^n x}\,dx = \int_0^{\pi/2} \frac{\operatorname{sen}^n(\pi/2 - x)}{\operatorname{sen}^n(\pi/2 - x) + \cos^n(\pi/2 - x)}\,dx$$

Algunas identidades trigonométricas bien conocidas indican que $\operatorname{sen}(\pi/2 - x) = \cos x$ y $\cos(\pi/2 - x) = \operatorname{sen} x$, así que se obtiene

$$I = \int_0^{\pi/2} \frac{\cos^n x}{\cos^n x + \operatorname{sen}^n x}\,dx$$

Las gráficas generadas por computadora de la figura 1 hacen que parezca plausible que todas las integrales del ejemplo tengan el mismo valor. La gráfica de cada integrando está marcada con el valor correspondiente de n.

Observe que las dos expresiones para I son muy similares. De hecho, los integrandos tienen el mismo denominador. Esto sugiere que se deben sumar las dos expresiones. Al hacerlo se obtiene

$$2I = \int_0^{\pi/2} \frac{\operatorname{sen}^n x + \cos^n x}{\operatorname{sen}^n x + \cos^n x}\,dx = \int_0^{\pi/2} 1\,dx = \frac{\pi}{2}$$

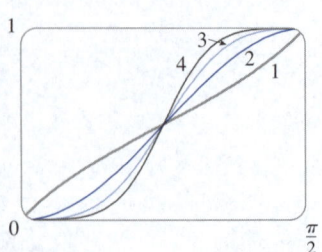

FIGURA 1

Por lo tanto, $I = \pi/4$. ∎

Problemas

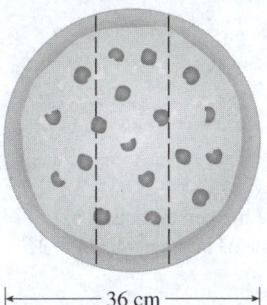

FIGURA PARA EL PROBLEMA 1

$\longmapsto$ 36 cm $\longrightarrow$

1. Tres estudiantes de matemáticas pidieron una pizza de 36 centímetros. En lugar de cortarla en la manera tradicional, deciden hacer cortes paralelos, como se muestra en la figura. Al ser matemáticos, son capaces de determinar dónde cortar de modo que cada uno obtenga la misma cantidad de pizza. ¿Dónde se hacen los cortes?

2. Evalúe la integral

$$\int \frac{1}{x^7 - x}\, dx$$

Un método directo sería empezar con fracciones parciales, pero eso sería brutal. Intente una sustitución.

3. Evalúe $\int_0^1 \left(\sqrt[3]{1 - x^7} - \sqrt[7]{1 - x^3} \right) dx$.

4. Suponga que f es una función continua y que aumenta en $[0, 1]$ tal que $f(0) = 0$ y $f(1) = 1$. Demuestre que

$$\int_0^1 \left[f(x) + f^{-1}(x) \right] dx = 1$$

5. Si f es una función par, $r > 0$ y $a > 0$, demuestre que

$$\int_{-r}^{r} \frac{f(x)}{1 + a^x}\, dx = \int_0^r f(x)\, dx$$

Sugerencia: $\dfrac{1}{1 + u} + \dfrac{1}{1 + u^{-1}} = 1$.

6. Los centros de dos discos con radio 1 están a una unidad de distancia. Encuentre el área de la unión de los dos discos.

7. Una elipse se recorta de un círculo con el radio a. El eje mayor de la elipse coincide con un diámetro del círculo y el eje menor tiene una longitud de $2b$. Demuestre que el área de la parte restante del círculo es la misma que el área de una elipse con los semiejes a y $a - b$.

8. Un hombre, que inicialmente está parado en el punto O, camina a lo largo de un muelle jalando una lancha de remos con una cuerda de longitud L. El hombre mantiene la cuerda recta y tensa. El camino seguido por la lancha es una curva llamada *tractriz* y tiene la propiedad de que la cuerda siempre es tangente a la curva (vea la figura).

(a) Demuestre que si el camino seguido por la lancha es la gráfica de la función $y = f(x)$, entonces

$$f'(x) = \frac{dy}{dx} = \frac{-\sqrt{L^2 - x^2}}{x}$$

(b) Determine la función $y = f(x)$.

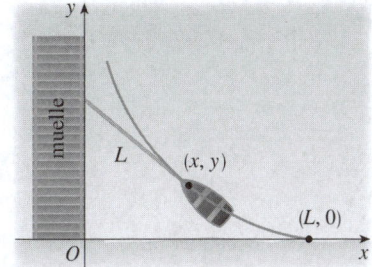

FIGURA PARA EL PROBLEMA 8

9. Una función f se define por $f(x) = \int_0^{\pi} \cos t \, \cos(x - t)\, dt$, $0 \leq x \leq 2\pi$. Encuentre el valor mínimo de f.

10. Si n es un entero positivo, demuestre que $\int_0^1 (\ln x)^n\, dx = (-1)^n n!$

11. Demuestre que

$$\int_0^1 (1 - x^2)^n\, dx = \frac{2^{2n}(n!)^2}{(2n + 1)!}$$

Sugerencia: Comience por mostrar que si I_n denota la integral, entonces

$$I_{k+1} = \frac{2k + 2}{2k + 3}\, I_k$$

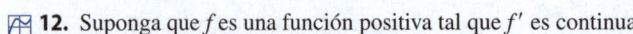

12. Suponga que f es una función positiva tal que f' es continua.
(a) ¿Cómo se relaciona la gráfica de $y = f(x)$ sen nx con la gráfica de $y = f(x)$? ¿Qué sucede a medida que $n \to \infty$?
(b) Suponga el valor del límite

$$\lim_{n \to \infty} \int_0^1 f(x) \text{ sen } nx \, dx$$

a partir de gráficas del integrando.
(c) Mediante integración por partes, confirme la suposición que hizo en el inciso (b). [Use el hecho de que, como f' es continua, hay una constante M tal que $|f'(x)| \leq M$ para $0 \leq x \leq 1$].

13. Si $0 < a < b$, encuentre

$$\lim_{t \to 0} \left\{ \int_0^1 [bx + a(1-x)]^t \, dx \right\}^{1/t}$$

14. Grafique $f(x) = \text{sen}(e^x)$ y con la gráfica estime el valor de t tal que $\int_t^{t+1} f(x) \, dx$ sea un máximo. Luego encuentre el valor exacto de t que maximice esta integral.

15. Evalúe $\displaystyle\int_{-1}^{\infty} \left(\dfrac{x^4}{1 + x^6}\right)^2 dx$.

16. Evalúe $\displaystyle\int \sqrt{\tan x} \, dx$.

17. El círculo con el radio 1 que se muestra en la figura toca la curva $y = |2x|$ dos veces. Determine el área de la región que se encuentra entre las dos curvas.

18. Un cohete se dispara directamente hacia arriba, quemando combustible a un ritmo constante de b kilogramos por segundo. Sea $v = v(t)$ la velocidad del cohete en el momento t y suponga que la velocidad u del gas de escape es constante. Sea $M = M(t)$, la masa del cohete en el momento t y observe que M disminuye a medida que el combustible se quema. Si se ignora la resistencia del aire, se deduce de la segunda ley de Newton que

$$F = M \frac{dv}{dt} - ub$$

donde la fuerza $F = -Mg$. Por lo tanto,

$$\boxed{1} \qquad\qquad M \frac{dv}{dt} - ub = -Mg$$

Sea M_1 la masa del cohete sin combustible, M_2 la masa inicial del combustible y $M_0 = M_1 + M_2$. Entonces, hasta que el combustible se agote en el momento $t = M_2/b$, la masa es $M = M_0 - bt$.
(a) Sustituya $M = M_0 - bt$ en la ecuación (1) y despeje v en la ecuación resultante. Use la condición inicial $v(0) = 0$ para evaluar la constante.
(b) Determine la velocidad del cohete en el momento $t = M_2/b$. Esto se llama *velocidad de agotamiento*.
(c) Determine la altura del cohete $y = y(t)$ en el momento de agotamiento.
(d) Halle la altura del cohete en cualquier momento t.

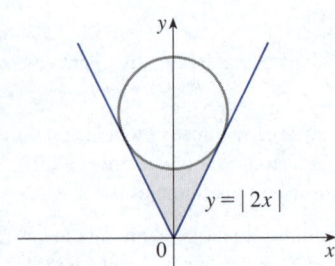

$y = |2x|$

FIGURA PARA EL PROBLEMA 17

El Arco Gateway de St. Louis, Missouri, tiene 192 metros de altura y se completó en 1965. El arco fue diseñado por el arquitecto Eero Saarinen con una ecuación que involucra la función coseno hiperbólico. En el ejercicio 8.1.50 se le pide que calcule la longitud de la curva que él usó.

©iStock.com/gnagel

8 | Aplicaciones adicionales de la integración

ALGUNAS APLICACIONES de las integrales se vieron en el capítulo 6: áreas, volúmenes, trabajo y valores promedio. En este capítulo se exploran algunas de las múltiples aplicaciones geométricas de la integración: la longitud de una curva, el área de una superficie, así como aplicaciones en física, ingeniería, biología, economía y estadística. Por ejemplo, se puede calcular el centro de gravedad de una placa, la fuerza ejercida por la presión del agua en una presa, el flujo sanguíneo del corazón humano y el tiempo de espera promedio durante una llamada telefónica de atención al cliente.

8.1 | Longitud de arco

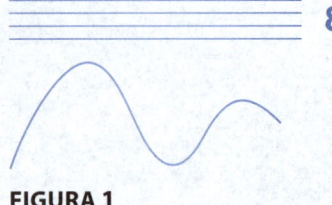

FIGURA 1

¿Qué se entiende por longitud de una curva? Podría pensarse en colocar un pedazo de cuerda en la curva de la figura 1 para luego medir la cuerda con una regla. Sin embargo, sería difícil hacerlo con mucha precisión si se tiene una curva complicada. Es necesario contar con una definición precisa de la longitud de arco de una curva, tal y como se hizo con los conceptos de área y volumen.

■ Longitud de arco de una curva

Si una curva es un polígono, es posible encontrar su longitud con facilidad: solo se suman las longitudes de los segmentos de recta que lo forman. (Se puede aplicar la fórmula de la distancia para encontrar la distancia entre los puntos frontera, puntos finales o puntos extremos de cada segmento). Se va a definir la longitud de una curva general aproximándola primero por una trayectoria poligonal (una trayectoria consiste en segmentos de recta conectados entre sí) y luego tomando un límite a medida que aumenta el número de segmentos de recta. Este proceso es muy usado en el caso de una circunferencia donde la circunferencia es el límite de longitudes de polígonos inscritos (vea la figura 2).

Ahora suponga que una curva C está definida por la ecuación $y = f(x)$, donde f es continua y $a \leq x \leq b$. Se obtiene una aproximación poligonal a C dividiendo el intervalo $[a, b]$ en n subintervalos con puntos frontera $x_0, x_1, \ldots, x_n$ y de la misma anchura Δx. Si $y_i = f(x_i)$, entonces el punto $P_i(x_i, y_i)$ se encuentra en C y la trayectoria poligonal con los vértices $P_0, P_1, \ldots, P_n$, como se ilustra en la figura 3, es una aproximación a C.

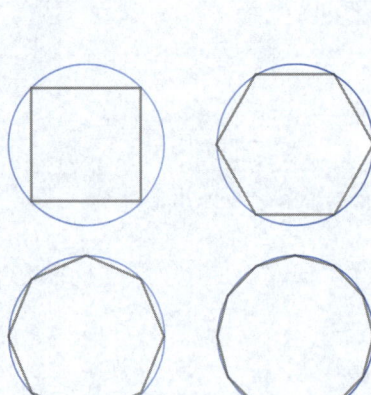

FIGURA 2

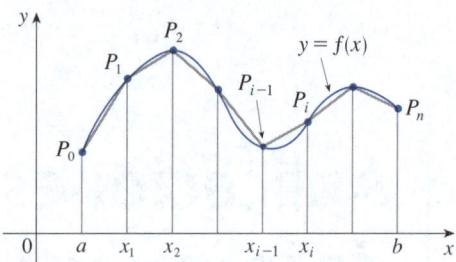

FIGURA 3

La longitud L de C es aproximadamente la longitud de esta trayectoria poligonal, y la aproximación mejora cuando n aumenta (vea la figura 4, donde el arco de la curva entre P_{i-1} y P_i se magnificó y se muestran las aproximaciones con valores sucesivamente más pequeños de Δx). Por lo tanto, se define la **longitud** L de la curva C con la ecuación $y = f(x)$, $a \leq x \leq b$, como el límite de las longitudes de estas trayectorias poligonales de aproximación (si el límite existe):

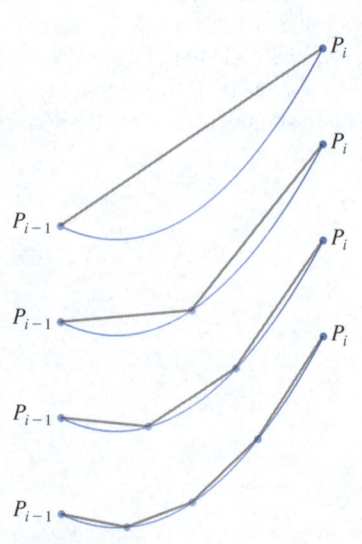

FIGURA 4

$$\boxed{1} \qquad L = \lim_{n \to \infty} \sum_{i=1}^{n} |P_{i-1}P_i|$$

donde $|P_{i-1}P_i|$ es la distancia entre los puntos P_{i-1} y P_i.

Observe que el procedimiento para definir la longitud de arco es muy similar al que se utiliza para aproximar el área y el volumen: se divide la curva en un gran número de pequeñas partes. Luego, se encuentran las longitudes aproximadas de estas y se suman. Finalmente, se toma el límite cuando $n \to \infty$.

La definición de la longitud de arco dada por la ecuación 1 no es muy conveniente para realizar el cálculo, pero se puede derivar una fórmula de integración para L en caso de que f tenga una derivada continua. [Esta función f se denomina **suave** porque un pequeño cambio en x produce un pequeño cambio en $f'(x)$].

Si $\Delta y_i = y_i - y_{i-1}$, entonces

$$|P_{i-1}P_i| = \sqrt{(x_i - x_{i-1})^2 + (y_i - y_{i-1})^2} = \sqrt{(\Delta x)^2 + (\Delta y_i)^2}$$

Al aplicar el teorema del valor medio a f en el intervalo $[x_{i-1}, x_i]$ se afirma que existe un número x_i^* entre x_{i-1} y x_i tal que

$$f(x_i) - f(x_{i-1}) = f'(x_i^*)(x_i - x_{i-1})$$

es decir,
$$\Delta y_i = f'(x_i^*)\,\Delta x$$

Por lo tanto, se tiene

$$|P_{i-1}P_i| = \sqrt{(\Delta x)^2 + (\Delta y_i)^2} = \sqrt{(\Delta x)^2 + [f'(x_i^*)\,\Delta x]^2}$$
$$= \sqrt{1 + [f'(x_i^*)]^2}\,\sqrt{(\Delta x)^2} = \sqrt{1 + [f'(x_i^*)]^2}\,\Delta x \quad \text{(puesto que } \Delta x > 0)$$

De este modo, según la definición 1,

$$L = \lim_{n \to \infty} \sum_{i=1}^{n} |P_{i-1}P_i| = \lim_{n \to \infty} \sum_{i=1}^{n} \sqrt{1 + [f'(x_i^*)]^2}\,\Delta x$$

Se reconoce esta expresión como

$$\int_a^b \sqrt{1 + [f'(x)]^2}\,dx$$

por la definición de integral definida. Se sabe que esta integral existe porque la función $g(x) = \sqrt{1 + [f'(x)]^2}$ es continua. De este modo, se ha demostrado el siguiente teorema:

> **2** **Fórmula de longitud de arco**   Si f' es continua en $[a, b]$, entonces la longitud de la curva $y = f(x)$, $a \le x \le b$, es
>
> $$L = \int_a^b \sqrt{1 + [f'(x)]^2}\,dx$$

Si se utiliza la notación de Leibniz para las derivadas, se puede escribir la fórmula de longitud de arco de la siguiente manera:

3
$$L = \int_a^b \sqrt{1 + \left(\frac{dy}{dx}\right)^2}\,dx$$

EJEMPLO 1   Encuentre la longitud de arco de la parábola semicúbica $y^2 = x^3$ entre los puntos $(1, 1)$ y $(4, 8)$ (vea la figura 5).

SOLUCIÓN   Para la mitad superior de la curva se tiene

$$y = x^{3/2} \qquad \frac{dy}{dx} = \tfrac{3}{2}x^{1/2}$$

y, así, la fórmula de longitud de arco da

$$L = \int_1^4 \sqrt{1 + \left(\frac{dy}{dx}\right)^2}\,dx = \int_1^4 \sqrt{1 + \tfrac{9}{4}x}\,dx$$

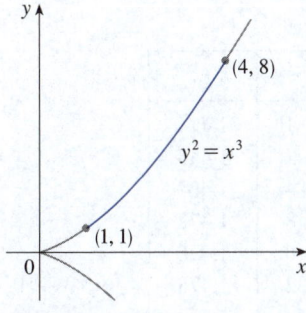

FIGURA 5

Como verificación de la respuesta al ejemplo 1, observe en la figura 5 que la longitud de arco debe ser ligeramente mayor que la distancia desde $(1, 1)$ hasta $(4, 8)$, que es

$$\sqrt{58} \approx 7.615773$$

De acuerdo con el cálculo en el ejemplo 1, se tiene

$$L = \tfrac{1}{27}\big(80\sqrt{10} - 13\sqrt{13}\big)$$

$$\approx 7.633705$$

Sin duda, esto es un poco más grande que la longitud del segmento de recta.

Si se sustituye $u = 1 + \tfrac{9}{4}x$, entonces $du = \tfrac{9}{4}\,dx$. Cuando $x = 1$, $u = \tfrac{13}{4}$; cuando $x = 4$, $u = 10$. De tal modo,

$$L = \tfrac{4}{9}\int_{13/4}^{10} \sqrt{u}\; du = \tfrac{4}{9} \cdot \tfrac{2}{3} u^{3/2}\Big]_{13/4}^{10}$$

$$= \tfrac{8}{27}\Big[10^{3/2} - \big(\tfrac{13}{4}\big)^{3/2}\Big] = \tfrac{1}{27}\big(80\sqrt{10} - 13\sqrt{13}\big) \qquad ■$$

Si una curva tiene la ecuación $x = g(y)$, $c \le y \le d$, y $g'(y)$ es continua, entonces intercambiando los papeles de x y y en la fórmula 2 o la ecuación 3, se obtiene la siguiente fórmula para su longitud:

$$\boxed{4} \qquad \boxed{\;L = \int_c^d \sqrt{1 + [g'(y)]^2}\; dy = \int_c^d \sqrt{1 + \left(\dfrac{dx}{dy}\right)^2}\; dy\;}$$

EJEMPLO 2 Halle la longitud de arco de la parábola $y^2 = x$ desde $(0, 0)$ hasta $(1, 1)$.

SOLUCIÓN Como $x = y^2$, se tiene $dx/dy = 2y$, y la fórmula 4 da

$$L = \int_0^1 \sqrt{1 + \left(\dfrac{dx}{dy}\right)^2}\; dy = \int_0^1 \sqrt{1 + 4y^2}\; dy$$

Se realiza la sustitución trigonométrica $y = \tfrac{1}{2}\tan\theta$, lo que da $dy = \tfrac{1}{2}\sec^2\theta\, d\theta$ y $\sqrt{1 + 4y^2} = \sqrt{1 + \tan^2\theta} = \sec\theta$. Cuando $y = 0$, $\tan\theta = 0$, así que $\theta = 0$; cuando $y = 1$, $\tan\theta = 2$, así que $\theta = \tan^{-1}2 = \alpha$, así denotado. De esta manera

$$L = \int_0^\alpha \sec\theta \cdot \tfrac{1}{2}\sec^2\theta\, d\theta = \tfrac{1}{2}\int_0^\alpha \sec^3\theta\, d\theta$$

$$= \tfrac{1}{2} \cdot \tfrac{1}{2}\Big[\sec\theta\,\tan\theta + \ln|\sec\theta + \tan\theta|\Big]_0^\alpha \qquad \text{(del ejemplo 7.2.8)}$$

$$= \tfrac{1}{4}\big(\sec\alpha\,\tan\alpha + \ln|\sec\alpha + \tan\alpha|\big)$$

En la figura 6 se muestra el arco de la parábola cuya longitud se calcula en el ejemplo 2, junto con las aproximaciones poligonales que tienen $n = 1$ y $n = 2$ segmentos de recta, respectivamente. Para $n = 1$ la longitud aproximada es $L_1 = \sqrt{2}$, la diagonal de un cuadrado. En la tabla se muestran las aproximaciones L_n que se obtienen al dividir $[0, 1]$ en n subintervalos iguales. Observe que cada vez que se duplica el número de lados de la aproximación poligonal se acerca más a la longitud exacta, que es

$$L = \dfrac{\sqrt{5}}{2} + \dfrac{\ln(\sqrt{5} + 2)}{4} \approx 1.478943$$

(Se podría usar la fórmula de la entrada 21 de la tabla de integrales). Como $\tan\alpha = 2$, se tiene $\sec^2\alpha = 1 + \tan^2\alpha = 5$, por lo que $\sec\alpha = \sqrt{5}$ y

$$L = \dfrac{\sqrt{5}}{2} + \dfrac{\ln(\sqrt{5} + 2)}{4} \qquad ■$$

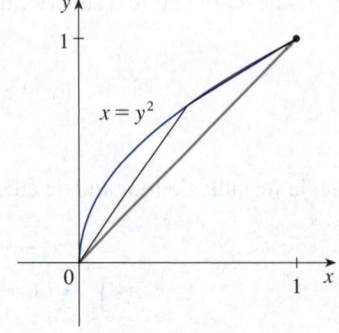

n	L_n
1	1.414
2	1.445
4	1.464
8	1.472
16	1.476
32	1.478
64	1.479

FIGURA 6

Debido a la presencia del signo de la raíz cuadrada en las fórmulas 2 y 4, el cálculo de la longitud de un arco a menudo conduce a una integral muy difícil o incluso imposible de evaluar explícitamente. De tal modo, hay que conformarse a veces con encontrar una aproximación a la longitud de una curva, como en el siguiente ejemplo.

EJEMPLO 3

(a) Establezca una integral para la longitud de arco de la hipérbola $xy = 1$ desde el punto $(1, 1)$ hasta el punto $\left(2, \frac{1}{2}\right)$.

(b) Utilice la regla de Simpson con $n = 10$ para estimar la longitud de arco.

SOLUCIÓN

(a) Se tiene

$$y = \frac{1}{x} \qquad \frac{dy}{dx} = -\frac{1}{x^2}$$

y por lo tanto la longitud de arco es

$$L = \int_1^2 \sqrt{1 + \left(\frac{dy}{dx}\right)^2}\, dx = \int_1^2 \sqrt{1 + \frac{1}{x^4}}\, dx$$

(b) Al usar la regla de Simpson (vea la sección 7.7) con $a = 1$, $b = 2$, $n = 10$, $\Delta x = 0.1$ y $f(x) = \sqrt{1 + 1/x^4}$, se tiene

$$L = \int_1^2 \sqrt{1 + \frac{1}{x^4}}\, dx$$

$$\approx \frac{\Delta x}{3}\left[f(1) + 4f(1.1) + 2f(1.2) + 4f(1.3) + \cdots + 2f(1.8) + 4f(1.9) + f(2)\right]$$

$$\approx 1.1321 \qquad \blacksquare$$

Con una computadora para evaluar la integral definida numéricamente se obtiene 1.1320904. Se ve que la aproximación con la regla de Simpson es precisa con cuatro decimales.

■ Función longitud de arco

Será útil tener una función que mida la longitud de arco de una curva desde un determinado punto de partida a cualquier otro punto de la curva. Así, si una curva suave C tiene la ecuación $y = f(x)$, $a \leq x \leq b$, sea $s(x)$ la distancia a lo largo de C desde el punto inicial $P_0(a, f(a))$ hasta el punto $Q(x, f(x))$. Entonces s es una función, llamada **función longitud de arco**, y, según la fórmula 2,

$$\boxed{5} \qquad s(x) = \int_a^x \sqrt{1 + [f'(t)]^2}\, dt$$

(Se sustituyó la variable de integración por t para que x no tenga dos significados distintos). Se puede usar la parte 1 del teorema fundamental del cálculo para derivar la ecuación 5 (pues el integrando es una función continua):

$$\boxed{6} \qquad \frac{ds}{dx} = \sqrt{1 + [f'(x)]^2} = \sqrt{1 + \left(\frac{dy}{dx}\right)^2}$$

En la ecuación 6 se aprecia que la razón de cambio de s respecto a x es siempre al menos 1 y es igual a 1 cuando $f'(x)$, la pendiente de la curva, es 0. El diferencial o la diferencial de la longitud de arco es

$$\boxed{7} \qquad ds = \sqrt{1 + \left(\frac{dy}{dx}\right)^2}\, dx$$

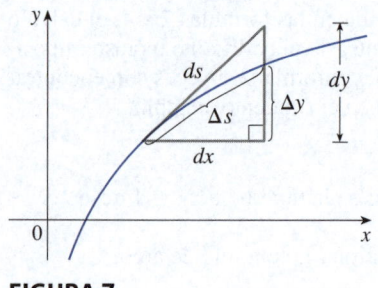

FIGURA 7

y esta ecuación a veces se escribe en la forma simétrica

$$\boxed{8} \qquad\qquad (ds)^2 = (dx)^2 + (dy)^2$$

La interpretación geométrica de la ecuación 8 se muestra en la figura 7. Puede servir como recurso mnemotécnico para recordar las fórmulas 3 y 4. Si se escribe $L = \int ds$, entonces en la ecuación 8 se resuelve para obtener (7), que da (3), o se puede despejar y obtener

$$\boxed{9} \qquad\qquad ds = \sqrt{1 + \left(\frac{dx}{dy}\right)^2}\, dy$$

que da la fórmula (4).

EJEMPLO 4 Encuentre la función longitud de arco para la curva $y = x^2 - \frac{1}{8}\ln x$, tomando $P_0(1, 1)$ como punto de partida.

SOLUCIÓN Si $f(x) = x^2 - \frac{1}{8}\ln x$, entonces

$$f'(x) = 2x - \frac{1}{8x}$$

$$1 + [f'(x)]^2 = 1 + \left(2x - \frac{1}{8x}\right)^2 = 1 + 4x^2 - \frac{1}{2} + \frac{1}{64x^2}$$

$$= 4x^2 + \frac{1}{2} + \frac{1}{64x^2} = \left(2x + \frac{1}{8x}\right)^2$$

$$\sqrt{1 + [f'(x)]^2} = 2x + \frac{1}{8x} \qquad \text{(puesto que } x > 0)$$

Por lo tanto, la función longitud de arco está dada por

$$s(x) = \int_1^x \sqrt{1 + [f'(t)]^2}\, dt$$

$$= \int_1^x \left(2t + \frac{1}{8t}\right) dt = t^2 + \tfrac{1}{8}\ln t\,\Big]_1^x$$

$$= x^2 + \tfrac{1}{8}\ln x - 1$$

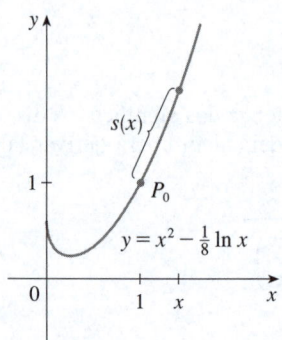

FIGURA 8

En la figura 8 se presenta la interpretación de la función longitud de arco del ejemplo 4.

Por ejemplo, la longitud de arco a lo largo de la curva desde $(1, 1)$ hasta $(3, f(3))$ es

$$s(3) = 3^2 + \tfrac{1}{8}\ln 3 - 1 = 8 + \frac{\ln 3}{8} \approx 8.1373 \qquad\blacksquare$$

8.1 | Ejercicios

1. Con la fórmula de la longitud de arco (3) encuentre la longitud de la curva $y = 3 - 2x$, $-1 \leqslant x \leqslant 3$. Verifique su respuesta observando que la curva es un segmento de recta y calculando su longitud mediante la fórmula de la distancia.

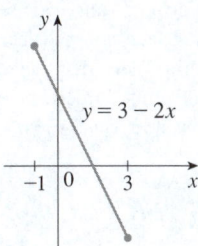

2. Use la fórmula de longitud de arco para encontrar la longitud de la curva $y = \sqrt{4 - x^2}$, $0 \leqslant x \leqslant 2$. Verifique su respuesta observando que la curva es parte de una circunferencia.

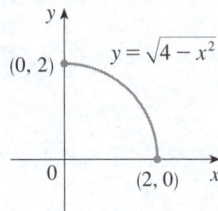

3-8 Establezca, pero no evalúe, una integral para la longitud de la curva.

3. $y = x^3$, $0 \leqslant x \leqslant 2$

4. $y = e^x$, $1 \leqslant x \leqslant 3$

5. $y = x - \ln x$, $1 \leqslant x \leqslant 4$

6. $x = y^2 + y$, $0 \leqslant y \leqslant 3$

7. $x = \operatorname{sen} y$, $0 \leqslant y \leqslant \pi/2$

8. $y^2 = \ln x$, $-1 \leqslant y \leqslant 1$

9-24 Encuentre la longitud exacta de la curva.

9. $y = \frac{2}{3} x^{3/2}$, $0 \leqslant x \leqslant 2$

10. $y = (x + 4)^{3/2}$, $0 \leqslant x \leqslant 4$

11. $y = \frac{2}{3}(1 + x^2)^{3/2}$, $0 \leqslant x \leqslant 1$

12. $36y^2 = (x^2 - 4)^3$, $2 \leqslant x \leqslant 3$, $y \geqslant 0$

13. $y = \dfrac{x^3}{3} + \dfrac{1}{4x}$, $1 \leqslant x \leqslant 2$

14. $x = \dfrac{y^4}{8} + \dfrac{1}{4y^2}$, $1 \leqslant y \leqslant 2$

15. $y = \frac{1}{2} \ln(\operatorname{sen} 2x)$, $\pi/8 \leqslant x \leqslant \pi/6$

16. $y = \ln(\cos x)$, $0 \leqslant x \leqslant \pi/3$

17. $y = \ln(\sec x)$, $0 \leqslant x \leqslant \pi/4$

18. $x = e^y + \frac{1}{4} e^{-y}$, $0 \leqslant y \leqslant 1$

19. $x = \frac{1}{3} \sqrt{y} \, (y - 3)$, $1 \leqslant y \leqslant 9$

20. $y = 3 + \frac{1}{2} \cosh 2x$, $0 \leqslant x \leqslant 1$

21. $y = \frac{1}{4} x^2 - \frac{1}{2} \ln x$, $1 \leqslant x \leqslant 2$

22. $y = \sqrt{x - x^2} + \operatorname{sen}^{-1}\left(\sqrt{x}\right)$

23. $y = \ln(1 - x^2)$, $0 \leqslant x \leqslant \frac{1}{2}$

24. $y = 1 - e^{-x}$, $0 \leqslant x \leqslant 2$

25-26 Determine la longitud de arco de la curva desde el punto P hasta el punto Q.

25. $y = \frac{1}{2} x^2$, $P\left(-1, \frac{1}{2}\right)$, $Q\left(1, \frac{1}{2}\right)$

26. $x^2 = (y - 4)^3$, $P(1, 5)$, $Q(8, 8)$

T **27-32** Grafique la curva y estime su longitud visualmente, luego calcule su longitud con cuatro decimales de precisión.

27. $y = x^2 + x^3$, $1 \leqslant x \leqslant 2$

28. $y = x + \cos x$, $0 \leqslant x \leqslant \pi/2$

29. $y = \sqrt[3]{x}$, $1 \leqslant x \leqslant 4$

30. $y = x \tan x$, $0 \leqslant x \leqslant 1$

31. $y = xe^{-x}$, $1 \leqslant x \leqslant 2$

32. $y = \ln(x^2 + 4)$, $-2 \leqslant x \leqslant 2$

33-34 Use la regla de Simpson con $n = 10$ para estimar la longitud de arco de la curva. Compare su respuesta con el valor de la integral obtenida en una calculadora o computadora.

33. $y = x \operatorname{sen} x$, $0 \leqslant x \leqslant 2\pi$ **34.** $y = e^{-x^2}$, $0 \leqslant x \leqslant 2$

35. (a) Grafique la curva $y = x \sqrt[3]{4 - x}$, $0 \leqslant x \leqslant 4$.
   (b) Calcule las longitudes de las trayectorias poligonales aproximadas con $n = 1$, 2 y 4 segmentos. (Divida el intervalo en subintervalos iguales). Ilústrelo trazando la curva y estas trayectorias (como en la figura 6).
   (c) Establezca una integral que represente la longitud de la curva.
   T (d) Calcule la longitud de la curva con cuatro decimales de precisión. Compárelo con las aproximaciones del inciso (b).

36. Repita el ejercicio 35 con la curva

$$y = x + \operatorname{sen} x \qquad 0 \leqslant x \leqslant 2\pi$$

T **37.** Utilice una computadora o una tabla de integrales para encontrar la longitud de arco *exacta* de la curva $y = e^x$ que se encuentra entre los puntos $(0, 1)$ y $(2, e^2)$.

T **38.** Utilice una computadora o una tabla de integrales para encontrar la longitud de arco *exacta* de la curva $y = x^{4/3}$ que se encuentra entre los puntos $(0, 0)$ y $(1, 1)$. Si su software tiene problemas para evaluar la integral, haga una sustitución que cambie la integral por una que el software pueda evaluar.

39. Encuentre la longitud del astroide $x^{2/3} + y^{2/3} = 1$.

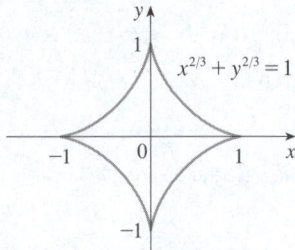

40. (a) Trace la curva $y^3 = x^2$.
(b) Con las fórmulas 3 y 4, establezca dos integrales para la longitud de arco desde $(0, 0)$ hasta $(1, 1)$. Observe que una de ellas es una integral impropia y evalúe ambas.
(c) Encuentre la longitud de arco de esta curva desde $(-1, 1)$ hasta $(8, 4)$.

41. Encuentre la función longitud de arco para la curva $y = 2x^{3/2}$ con el punto de partida $P_0(1, 2)$.

42. (a) Encuentre la función longitud de arco para la curva $y = \ln(\text{sen } x)$, $0 < x < \pi$, con el punto de partida $(\pi/2, 0)$.
(b) Grafique tanto la curva como su función longitud de arco en la misma pantalla. ¿Por qué la función longitud de arco es negativa cuando x es menor que $\pi/2$?

43. Determine la función longitud de arco para la curva $y = \text{sen}^{-1} x + \sqrt{1 - x^2}$ con el punto de partida $(0, 1)$.

44. La función longitud de arco para una curva $y = f(x)$, donde f es una función creciente, es $s(x) = \int_0^x \sqrt{3t + 5}\ dt$.
(a) Si la intersección de f se da en $y = 2$, halle una ecuación para f.
(b) ¿En qué punto de la gráfica de f se encuentran 3 unidades a lo largo de la curva de la intersección en y? Redondee su respuesta a tres decimales de precisión.

45. Un halcón que vuela a 15 m/s a una altitud de 180 m accidentalmente suelta a su presa. La trayectoria parabólica de la caída de la presa se describe mediante la ecuación

$$y = 180 - \frac{x^2}{45}$$

hasta que impacta el suelo, donde y es su altura sobre el suelo y x es la distancia horizontal recorrida en metros. Calcule la distancia recorrida por la presa desde el momento en que se suelta hasta que impacta en el suelo. Exprese su respuesta hasta el decímetro de precisión más próximo.

46. Un viento constante empuja un papalote o cometa hacia el oeste. La altura del papalote sobre el suelo desde la posición horizontal $x = 0$ hasta $x = 25$ m está dada por $y = 50 - 0.1(x - 15)^2$. Encuentre la distancia recorrida por la cometa.

T **47.** Un fabricante de techos de metal corrugado quiere producir paneles de 60 cm de ancho y 4 cm de alto procesando láminas planas de metal como se muestra en la figura. El perfil del tejado toma la forma de una onda seno. Verifique que la curva seno tiene la ecuación $y = 2\text{sen}(\pi x/15)$ y encuentre el ancho w de una lámina plana de metal que se necesita para hacer un panel de 60 cm. (Numéricamente evalúe la integral con cuatro decimales de precisión).

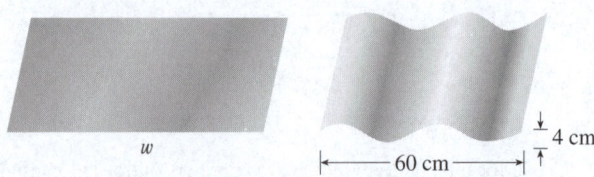

48-50 **Curvas catenarias** Una cadena (o cable) de densidad uniforme que está suspendida entre dos puntos, como se muestra en la figura, cuelga en forma de una curva llamada *catenaria* con la ecuación $y = a \cosh(x/a)$. (Vea el "Proyecto de descubrimiento" que sigue a la sección 12.2).

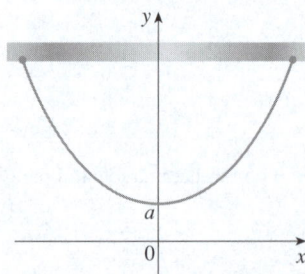

48. (a) Halle la longitud de arco de la catenaria $y = a \cosh(x/a)$ en el intervalo $[c, d]$.
(b) Demuestre que en *cualquier* intervalo $[c, d]$, la razón del área debajo de la catenaria a su longitud de arco es a.

49. En la figura se muestra un cable telefónico colgando entre dos postes en $x = -10$ y $x = 10$. El cable cuelga en la forma de una catenaria que se describe mediante la ecuación

$$y = c + a \cosh \frac{x}{a}$$

Si la longitud del cable entre los dos postes es de 20.4 m y el punto más bajo del cable debe estar a 9 m del suelo, ¿a qué altura de cada poste se debe fijar el cable?

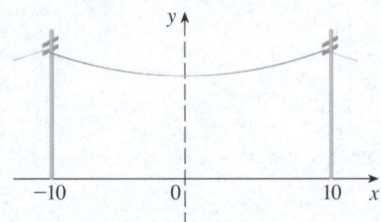

T **50.** El físico y arquitecto británico Robert Hooke (1635-1703) fue el primero en observar que la forma ideal para un arco autosostenido es una catenaria invertida. Hooke comentó, "Como cuelga la cadena, así se mantiene el arco". El Arco Gateway de Saint Louis se basa en la forma de una catenaria; la curva central del arco está modelada por la ecuación

$$y = 211.49 - 20.96 \cosh 0.03291765x$$

donde x y y se miden en metros y $|x| \leq 91.20$. Establezca una integral para la longitud de arco y evalúe la integral numéricamente para estimar la longitud redondeado en metros sin decimales.

51. Para la función $f(x) = \frac{1}{4}e^x + e^{-x}$, demuestre que la longitud de arco en cualquier intervalo tiene el mismo valor que el área debajo de la curva.

52. Las curvas con las ecuaciones $x^n + y^n = 1$, $n = 4, 6, 8, \ldots$, se llaman **círculos gordos**. Grafique las curvas con $n = 2, 4, 6, 8$ y 10 para ver por qué. Establezca una integral para la longitud L_{2k} del círculo gordo con $n = 2k$. Sin tratar de evaluar esta integral, indique el valor de $\lim_{k \to \infty} L_{2k}$.

53. Encuentre la longitud de la curva

$$y = \int_1^x \sqrt{t^3 - 1}\, dt \qquad 1 \leq x \leq 4$$

PROYECTO DE DESCUBRIMIENTO | **CONCURSO DE LONGITUDES DE ARCO**

Las curvas que se muestran son ejemplos de gráficas de funciones continuas f que tienen las siguientes propiedades:

1. $f(0) = 0$ y $f(1) = 0$.

2. $f(x) \geq 0$ para $0 \leq x \leq 1$.

3. El área debajo de la gráfica de f desde 0 hasta 1 es igual a 1.

Sin embargo, todas las longitudes L de estas curvas son diferentes.

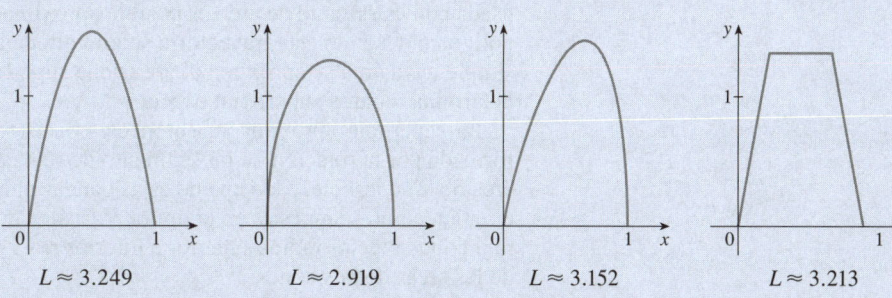

$L \approx 3.249$ $L \approx 2.919$ $L \approx 3.152$ $L \approx 3.213$

Intente descubrir las fórmulas para dos funciones que satisfacen las condiciones dadas 1, 2 y 3. (Sus gráficas podrían ser similares a las que se muestran o podrían tener un aspecto muy diferente). Luego calcule la longitud de arco de cada gráfica. El ganador será el que obtenga la menor longitud de arco.

8.2 | Área de una superficie de revolución

Una superficie de revolución se forma cuando se hace girar una curva alrededor de una recta. Este tipo de superficie es el límite lateral de un sólido de revolución del tipo analizado en las secciones 6.2 y 6.3.

Se desea definir el área de una superficie de revolución de tal manera que corresponda a nuestra intuición. Si el área de la superficie es A, se puede imaginar que pintar la superficie requeriría la misma cantidad de pintura que una región plana con área A.

Se comienza con algunas superficies sencillas. El área de la superficie lateral de un cilindro circular con radio r y altura h está dada por $A = 2\pi rh$ porque es posible ima-

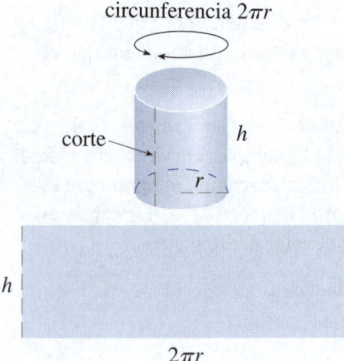

FIGURA 1

ginar que se corta el cilindro y que se desenrolla (como en la figura 1) para obtener un rectángulo de dimensiones $2\pi r$ y h.

Del mismo modo, se puede cortar un cono circular, con radio base r y altura inclinada l, a lo largo de la recta discontinua que se muestra en la figura 2 y aplanarlo para formar un sector de una circunferencia con radio l y ángulo central $\theta = 2\pi r/l$. Se sabe que, en general, el área de un sector de una circunferencia con radio l y ángulo θ es $\frac{1}{2}l^2\theta$ (vea el ejercicio 7.3.41) por lo que, en este caso, el área es

$$A = \tfrac{1}{2}l^2\theta = \tfrac{1}{2}l^2\left(\frac{2\pi r}{l}\right) = \pi r l$$

Así que el área de la superficie lateral de un cono se define como $A = \pi r l$.

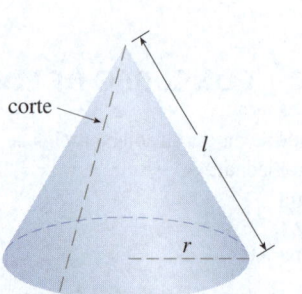

FIGURA 2

¿Qué hay de las superficies de revolución más complicadas? Si se sigue la estrategia usada con la longitud de arco es posible aproximar la curva original por una trayectoria poligonal. Cuando esta trayectoria se gira alrededor de un eje, crea una superficie más simple cuya área se aproxima al área de la superficie real. Al tomar un límite se puede determinar el área superficial exacta.

La superficie aproximada, entonces, consiste en un número de *bandas*, cada una formada por la rotación de un segmento de recta alrededor de un eje. Para encontrar el área de la superficie, cada una de estas bandas puede considerarse una parte de un cono circular, como se muestra en la figura 3. El área de la tira (o cono truncado) con la altura inclinada l y los radios superior e inferior r_1 y r_2 se encuentra mediante la sustracción de las áreas de dos conos:

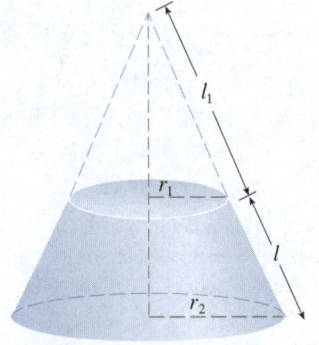

FIGURA 3

$$\boxed{1} \qquad A = \pi r_2(l_1 + l) - \pi r_1 l_1 = \pi[(r_2 - r_1)l_1 + r_2 l]$$

Con triángulos semejantes se tiene

$$\frac{l_1}{r_1} = \frac{l_1 + l}{r_2}$$

lo que da

$$r_2 l_1 = r_1 l_1 + r_1 l \qquad \text{o} \qquad (r_2 - r_1)l_1 = r_1 l$$

Si se coloca esto en la ecuación 1, se obtiene $A = \pi(r_1 l + r_2 l)$ o

$$\boxed{2} \qquad\qquad \boxed{A = 2\pi r l}$$

donde $r = \frac{1}{2}(r_1 + r_2)$ es el radio promedio de la banda.

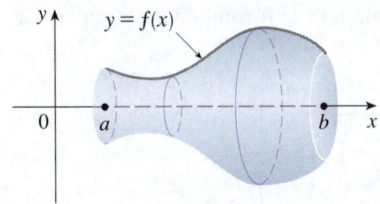

(a) Superficie de revolución.

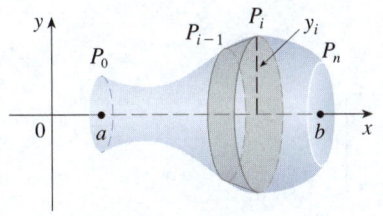

(b) Banda de aproximación.

FIGURA 4

Ahora se aplica la fórmula 2 a la estrategia. Considere la superficie que aparece en la figura 4, la cual se obtiene rotando la curva $y = f(x)$, $a \leq x \leq b$, alrededor del eje x, donde f es positiva y tiene una derivada continua. A fin de definir su superficie, se divide el intervalo $[a, b]$ en n subintervalos con puntos frontera $x_0, x_1, \ldots, x_n$ e igual ancho Δx, como se hizo para determinar la longitud de arco. Si $y_i = f(x_i)$, entonces el punto $P_i(x_i, y_i)$ se encuentra en la curva. La parte de la superficie entre x_{i-1} y x_i se aproxima tomando el segmento de recta $P_{i-1} P_i$ y girándolo alrededor del eje x. El resultado es una banda con altura inclinada $l = |P_{i-1} P_i|$ y un radio promedio $r = \frac{1}{2}(y_{i-1} + y_i)$ y, así, según la fórmula 2, su superficie de área es

$$2\pi \frac{y_{i-1} + y_i}{2} |P_{i-1}P_i|$$

Como en la demostración del teorema 8.1.2, hay un número x_i^* entre x_{i-1} y x_i tal que

$$|P_{i-1}P_i| = \sqrt{1 + [f'(x_i^*)]^2}\, \Delta x$$

Cuando Δx es pequeño, se tiene $y_i = f(x_i) \approx f(x_i^*)$ y también $y_{i-1} = f(x_{i-1}) \approx f(x_i^*)$, pues f es continua. Por lo tanto,

$$2\pi \frac{y_{i-1} + y_i}{2} |P_{i-1}P_i| \approx 2\pi f(x_i^*) \sqrt{1 + [f'(x_i^*)]^2}\, \Delta x$$

y así, una aproximación a lo que se piensa que es el área de la superficie de revolución completa es

$$\boxed{3} \qquad \sum_{i=1}^{n} 2\pi f(x_i^*) \sqrt{1 + [f'(x_i^*)]^2}\, \Delta x$$

Esta aproximación parece mejorar conforme $n \to \infty$ y, reconociendo (3) como una suma de Riemann para la función $g(x) = 2\pi f(x) \sqrt{1 + [f'(x)]^2}$, se tiene

$$\lim_{n \to \infty} \sum_{i=1}^{n} 2\pi f(x_i^*) \sqrt{1 + [f'(x_i^*)]^2}\, \Delta x = \int_a^b 2\pi f(x) \sqrt{1 + [f'(x)]^2}\, dx$$

Por lo tanto, en el caso de que f sea positiva y tenga una derivada continua, el **área de la superficie** obtenida al rotar la curva $y = f(x)$, $a \leq x \leq b$, alrededor del eje x, se define como

$$\boxed{4} \qquad \boxed{S = \int_a^b 2\pi f(x) \sqrt{1 + [f'(x)]^2}\, dx}$$

Con la notación de Leibniz para derivadas, esta fórmula se convierte en

$$\boxed{5} \qquad \boxed{S = \int_a^b 2\pi y \sqrt{1 + \left(\frac{dy}{dx}\right)^2}\, dx}$$

Si la curva se describe como $x = g(y)$, $c \leqslant y \leqslant d$, entonces la fórmula para la superficie se convierte en

$$\boxed{6} \qquad S = \int_c^d 2\pi y \sqrt{1 + \left(\frac{dx}{dy}\right)^2} \, dy$$

Las fórmulas 5 y 6 se resumen simbólicamente así, con la notación de longitud de arco de la sección 8.1,

$$\boxed{7} \qquad S = \int 2\pi y \, ds$$

Para la rotación alrededor del eje y se puede utilizar un procedimiento similar para obtener la siguiente fórmula simbólica de superficie:

$$\boxed{8} \qquad S = \int 2\pi x \, ds$$

donde, al igual que antes (vea las ecuaciones 8.1.7 y 8.1.9), es posible usar ya sea

$$ds = \sqrt{1 + \left(\frac{dy}{dx}\right)^2} \, dx \qquad \text{o} \qquad ds = \sqrt{1 + \left(\frac{dx}{dy}\right)^2} \, dy$$

NOTA Las fórmulas 7 y 8 se pueden recordar al considerar el integrando como la circunferencia de un círculo trazado por el punto (x, y) en la curva cuando se hace girar alrededor del eje x o del eje y, respectivamente (vea la figura 5).

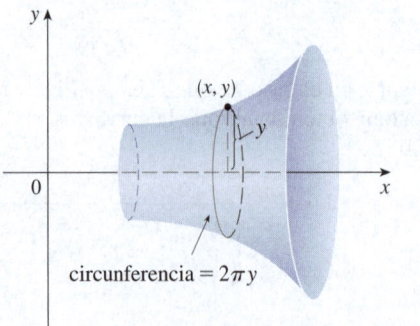

Rotación alrededor del eje x:

$$S = \int \underset{\text{circunferencia}}{\underbrace{2\pi \overset{\text{radio}}{y}}} \, ds$$

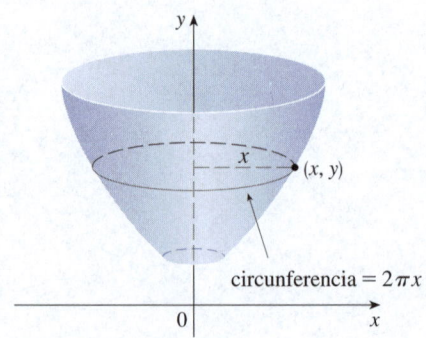

Rotación alrededor del eje y:

$$S = \int \underset{\text{circunferencia}}{\underbrace{2\pi \overset{\text{radio}}{x}}} \, ds$$

FIGURA 5

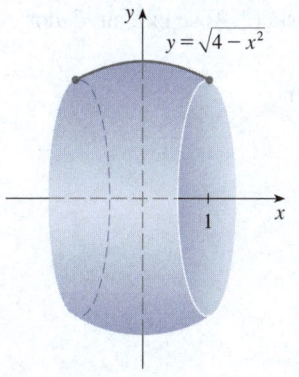

FIGURA 6
Parte de la esfera cuya superficie se calcula en el ejemplo 1.

EJEMPLO 1 La curva $y = \sqrt{4 - x^2}$, $-1 \leqslant x \leqslant 1$, es un arco del círculo $x^2 + y^2 = 4$. Encuentre el área de la superficie obtenida al rotar este arco alrededor del eje x. (La superficie es una parte de una esfera de radio 2. Vea la figura 6).

SOLUCIÓN Se tiene

$$\frac{dy}{dx} = \tfrac{1}{2}(4 - x^2)^{-1/2}(-2x) = \frac{-x}{\sqrt{4 - x^2}}$$

y así, con la fórmula 7 con $ds = \sqrt{1 + (dy/dx)^2}\, dx$ (o, de manera equivalente, la fórmula 5), el área de la superficie es

$$S = \int_{-1}^{1} 2\pi y \sqrt{1 + \left(\frac{dy}{dx}\right)^2}\, dx$$

$$= 2\pi \int_{-1}^{1} \sqrt{4 - x^2} \sqrt{1 + \frac{x^2}{4 - x^2}}\, dx$$

$$= 2\pi \int_{-1}^{1} \sqrt{4 - x^2} \sqrt{\frac{4 - x^2 + x^2}{4 - x^2}}\, dx$$

$$= 2\pi \int_{-1}^{1} \sqrt{4 - x^2}\, \frac{2}{\sqrt{4 - x^2}}\, dx = 4\pi \int_{-1}^{1} 1\, dx = 4\pi(2) = 8\pi$$ ∎

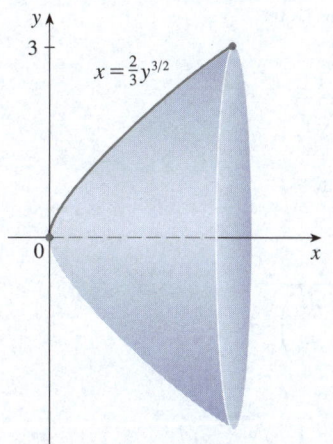

FIGURA 7
Superficie de revolución cuya área se calcula en el ejemplo 2.

EJEMPLO 2 La parte de la curva $x = \tfrac{2}{3}y^{3/2}$ entre $y = 0$ y $y = 3$ se gira alrededor del eje x (vea la figura 7). Encuentre el área de la superficie resultante.

SOLUCIÓN Como x se da en función de y, es natural utilizar y como variable de integración. Según la fórmula 7 con $ds = \sqrt{1 + (dx/dy)^2}\, dy$ (o la fórmula 6), el área de la superficie es

$$S = \int_{0}^{3} 2\pi y \sqrt{1 + \left(\frac{dx}{dy}\right)^2}\, dy = 2\pi \int_{0}^{3} y\sqrt{1 + (y^{1/2})^2}\, dy$$

$$= 2\pi \int_{0}^{3} y\sqrt{1 + y}\, dy$$

Al sustituir $u = 1 + y$, $du = dy$, y recordando que hay que cambiar los límites de la integración, se tiene

$$S = 2\pi \int_{1}^{4} (u - 1)\sqrt{u}\, du = 2\pi \int_{1}^{4} (u^{3/2} - u^{1/2})\, du$$

$$= 2\pi \left[\tfrac{2}{5}u^{5/2} - \tfrac{2}{3}u^{3/2}\right]_{1}^{4} = \tfrac{232}{15}\pi$$ ∎

En la figura 8 se presenta la superficie de revolución cuya área se calcula en el ejemplo 3.

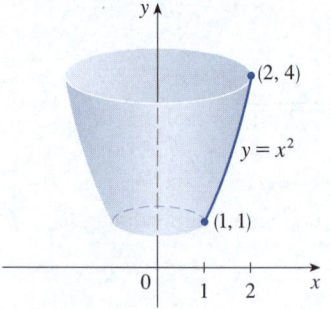

FIGURA 8

EJEMPLO 3 El arco de la parábola $y = x^2$ desde $(1, 1)$ hasta $(2, 4)$ se gira alrededor del eje y. Encuentre el área de la superficie resultante.

SOLUCIÓN 1 Al considerar y como una función de x se tiene

$$y = x^2 \qquad \text{y} \qquad \frac{dy}{dx} = 2x$$

La fórmula 8 con $ds = \sqrt{1 + (dy/dx)^2}\, dx$ da

$$S = \int 2\pi x \, ds$$

$$= \int_1^2 2\pi x \sqrt{1 + \left(\frac{dy}{dx}\right)^2}\, dx$$

$$= 2\pi \int_1^2 x \sqrt{1 + 4x^2}\, dx$$

Al sustituir $u = 1 + 4x^2$ se tiene $du = 8x\, dx$, y recordando que hay que cambiar los límites de la integración se tiene

$$S = 2\pi \int_5^{17} \sqrt{u} \cdot \tfrac{1}{8}\, du$$

$$= \frac{\pi}{4} \int_5^{17} u^{1/2}\, du = \frac{\pi}{4} \left[\tfrac{2}{3} u^{3/2} \right]_5^{17}$$

$$= \frac{\pi}{6} \left(17\sqrt{17} - 5\sqrt{5} \right)$$

SOLUCIÓN 2 Se considera x como una función de y y se tiene

$$x = \sqrt{y} \qquad \text{y} \qquad \frac{dx}{dy} = \frac{1}{2\sqrt{y}}$$

Según la fórmula 8 con $ds = \sqrt{1 + (dx/dy)^2}\, dy$, se tiene

$$S = \int 2\pi x \, ds = \int_1^4 2\pi x \sqrt{1 + \left(\frac{dx}{dy}\right)^2}\, dy$$

$$= 2\pi \int_1^4 \sqrt{y} \sqrt{1 + \frac{1}{4y}}\, dy = 2\pi \int_1^4 \sqrt{y + \tfrac{1}{4}}\, dy$$

$$= 2\pi \int_1^4 \sqrt{\tfrac{1}{4}(4y + 1)}\, dy = \pi \int_1^4 \sqrt{4y + 1}\, dy$$

$$= \frac{\pi}{4} \int_5^{17} \sqrt{u}\, du \qquad \text{(donde } u = 1 + 4y\text{)}$$

$$= \frac{\pi}{6} \left(17\sqrt{17} - 5\sqrt{5} \right) \qquad \text{(como en la solución 1)} \qquad \blacksquare$$

Para comprobar la respuesta del ejemplo 3, observe en la figura 8 que el área de la superficie debe asemejarse a la de un cilindro circular con la misma altura y cuyo radio es la mitad de la distancia, entre el radio superior e inferior de la superficie: $2\pi(1.5)(3) \approx 28.27$. Se calculó que el área de la superficie era

$$\frac{\pi}{6} \left(17\sqrt{17} - 5\sqrt{5} \right) \approx 30.85$$

lo cual parece razonable. Como alternativa, la superficie debe ser un poco más grande que el área de un cono truncado con los mismos bordes superior e inferior. En la ecuación 2, esto es $2\pi(1.5)\left(\sqrt{10}\right) \approx 29.80$.

EJEMPLO 4 Establezca una integral para el área de la superficie generada por la rotación de la curva $y = e^x$, $0 \leqslant x \leqslant 1$, alrededor del eje x. Luego evalúe la integral numéricamente con tres decimales de precisión.

SOLUCIÓN Al usar

$$y = e^x \qquad \text{y} \qquad \frac{dy}{dx} = e^x$$

Otro método: aplique la fórmula 7 con $x = \ln y$ y $ds = \sqrt{1 + (dx/dy)^2}\, dy$ (o, de igual forma, la fórmula 6).

y la fórmula 7 con $ds = \sqrt{1 + (dy/dx)^2}\, dx$ (o fórmula 5), se tiene

$$S = \int_0^1 2\pi y \sqrt{1 + \left(\frac{dy}{dx}\right)^2}\, dx = 2\pi \int_0^1 e^x \sqrt{1 + e^{2x}}\, dx$$

Con una calculadora o computadora se obtiene

$$2\pi \int_0^1 e^x \sqrt{1 + e^{2x}}\, dx \approx 22.943$$

8.2 | Ejercicios

1-4 La curva dada se hace girar alrededor del eje x. Establezca, pero no evalúe, una integral para el área de la superficie resultante integrando (a) respecto a x y (b) respecto a y.

1. $y = \sqrt[3]{x}$, $1 \leqslant x \leqslant 8$

2. $x^2 = e^y$, $1 \leqslant x \leqslant e$

3. $x = \ln(2y + 1)$, $0 \leqslant y \leqslant 1$

4. $y = \tan^{-1} x$, $0 \leqslant x \leqslant 1$

5-8 La curva dada se hace girar alrededor del eje y. Establezca, pero no evalúe, una integral para el área de la superficie resultante integrando (a) respecto a x y (b) respecto a y.

5. $xy = 4$, $1 \leqslant x \leqslant 8$

6. $y = (x + 1)^4$, $0 \leqslant x \leqslant 2$

7. $y = 1 + \operatorname{sen} x$, $0 \leqslant x \leqslant \pi/2$

8. $x = e^{2y}$, $0 \leqslant y \leqslant 2$

9-16 Encuentre el área exacta de la superficie obtenida al girar la curva alrededor del eje x.

9. $y = x^3$, $0 \leqslant x \leqslant 2$

10. $y = \sqrt{5 - x}$, $3 \leqslant x \leqslant 5$

11. $y^2 = x + 1$, $0 \leqslant x \leqslant 3$

12. $y = \sqrt{1 + e^x}$, $0 \leqslant x \leqslant 1$

13. $y = \cos\left(\frac{1}{2} x\right)$, $0 \leqslant x \leqslant \pi$

14. $y = \dfrac{x^3}{6} + \dfrac{1}{2x}$, $\frac{1}{2} \leqslant x \leqslant 1$

15. $x = \frac{1}{3}(y^2 + 2)^{3/2}$, $1 \leqslant y \leqslant 2$

16. $x = 1 + 2y^2$, $1 \leqslant y \leqslant 2$

17-20 La curva dada se hace girar alrededor del eje y. Encuentre el área de la superficie resultante.

17. $y = \frac{1}{3} x^{3/2}$, $0 \leqslant x \leqslant 12$

18. $x^{2/3} + y^{2/3} = 1$, $0 \leqslant y \leqslant 1$

19. $x = \sqrt{a^2 - y^2}$, $0 \leqslant y \leqslant a/2$

20. $y = \frac{1}{4} x^2 - \frac{1}{2} \ln x$, $1 \leqslant x \leqslant 2$

T 21-26 Establezca una integral para el área de la superficie obtenida al girar la curva dada alrededor del eje dado. Luego evalúe su integral numéricamente con cuatro decimales de precisión.

21. $y = e^{-x^2}$, $-1 \leqslant x \leqslant 1$; eje x.

22. $xy = y^2 - 1$, $1 \leqslant y \leqslant 3$; eje x.

23. $x = y + y^3$, $0 \leqslant y \leqslant 1$; eje y.

24. $y = x + \operatorname{sen} x$, $0 \leqslant x \leqslant 2\pi/3$; eje y.

25. $\ln y = x - y^2$, $1 \leqslant y \leqslant 4$; eje x.

26. $x = \cos^2 y$, $0 \leqslant y \leqslant \pi/2$; eje y.

T **27-28** Encuentre el área exacta de la superficie obtenida por la rotación de la curva dada alrededor del eje x.

27. $y = 1/x$, $1 \leq x \leq 2$

28. $y = \sqrt{x^2 + 1}$, $0 \leq x \leq 3$

T **29-30** Utilice una computadora para encontrar el área exacta de la superficie obtenida al rotar la curva dada alrededor del eje y. Si su software tiene problemas para evaluar la integral, exprese el área de la superficie como una integral en la otra variable.

29. $y = x^3$, $0 \leq y \leq 1$

30. $y = \ln(x + 1)$, $0 \leq x \leq 1$

31-32 Con la regla de Simpson y $n = 10$ aproxime el área de la superficie obtenida al girar la curva dada alrededor del eje x. Compare su respuesta con el valor de la integral obtenida con una calculadora o computadora.

31. $y = \frac{1}{5}x^5$, $0 \leq x \leq 5$

32. $y = x \ln x$, $1 \leq x \leq 2$

---

33. Cuerno de Gabriel La superficie formada por la rotación de la curva $y = 1/x$, $x \geq 1$, alrededor del eje x se conoce como *cuerno de Gabriel*. Demuestre que el área de la superficie es infinita (aunque el volumen encerrado es finito; vea el ejercicio 7.8.75).

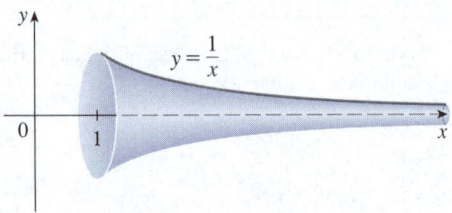

34. Si la curva infinita $y = e^{-x}$, $x \geq 0$, se gira alrededor del eje x, encuentre el área de la superficie resultante.

35. (a) Si $a > 0$, encuentre el área de la superficie generada al girar el bucle de la curva $3ay^2 = x(a - x)^2$ alrededor del eje x.
(b) Encuentre el área de la superficie si el bucle se gira alrededor del eje y.

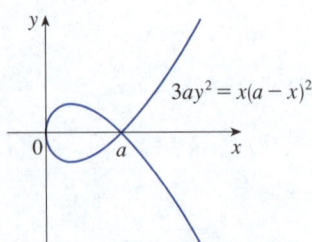

36. Un grupo de ingenieros construye una antena parabólica que se formará girando la curva $y = ax^2$ alrededor del eje y. Si la antena ha de tener un diámetro de 3 m y una profundidad máxima de 1 m, encuentre el valor de a y la superficie de la antena.

©Dabarti CGI/Shutterstock.com

37. (a) La elipse

$$\frac{x^2}{a^2} + \frac{y^2}{b^2} = 1 \qquad a > b$$

se gira alrededor del eje x para formar una superficie que se llama *elipsoide* o *esferoide prolato*. Encuentre el área de la superficie de este elipsoide.
(b) Si la elipse en el inciso (a) se gira alrededor de su eje menor (el eje y), el elipsoide resultante se llama *esferoide oblato*. Encuentre la superficie de este elipsoide.

38. Encuentre el área de la superficie del toro en el ejercicio 6.2.75.

39. (a) Si la curva $y = f(x)$, $a \leq x \leq b$, se gira alrededor de la recta horizontal $y = c$, donde $f(x) \leq c$, encuentre una fórmula para el área de la superficie resultante.
T (b) Establezca una integral para encontrar el área de la superficie generada por la rotación de la curva $y = \sqrt{x}$, $0 \leq x \leq 4$, alrededor de la recta $y = 4$. Luego evalúe la integral numéricamente con cuatro decimales de precisión.

T **40.** Establezca una integral para el área de la superficie obtenida al rotar la curva $y = x^3$, $1 \leq x \leq 2$, alrededor de la recta dada. Luego evalúe la integral numéricamente con dos decimales de precisión.

(a) $x = -1$ (b) $x = 4$
(c) $y = \frac{1}{2}$ (d) $y = 10$

41. Encuentre el área de la superficie obtenida al girar la circunferencia $x^2 + y^2 = r^2$ alrededor de la recta $y = r$.

42-43 Zona esférica La *zona esférica* es la parte de la esfera que se encuentra entre dos planos paralelos.

42. Demuestre que el área de la superficie de una zona esférica es $S = 2\pi R h$, donde R es el radio de la esfera y h es la distancia entre los planos. (Observe que S depende solo de la distancia entre los planos y no de su ubicación, siempre y cuando ambos planos crucen la esfera).

43. Demuestre que el área de la superficie de una zona *cilíndrica* con radio R y altura h es la misma que el área de la superficie de la zona *esférica* del ejercicio 42.

44. Sea L la longitud de la curva $y = f(x)$, $a \leq x \leq b$, donde f es positiva y tiene una derivada continua. Sea S_f el área de la superficie generada por la rotación de la curva alrededor del eje x. Si c es una constante positiva, defina $g(x) = f(x) + c$ y sea S_g la superficie correspondiente generada por la curva $y = g(x)$, $a \leq x \leq b$. Exprese S_g en términos de S_f y L.

45. Demuestre que si se rota la curva $y = e^{x/2} + e^{-x/2}$ alrededor del eje x, el área de la superficie resultante tiene el mismo valor que el volumen encerrado para cualquier intervalo $a \leq x \leq b$.

46. La fórmula 4 es válida solo cuando $f(x) \geq 0$. Demuestre que cuando $f(x)$ no es necesariamente positiva, la fórmula para el área de la superficie se convierte en

$$S = \int_a^b 2\pi \, |f(x)| \, \sqrt{1 + [f'(x)]^2} \, dx$$

PROYECTO DE DESCUBRIMIENTO │ ROTACIÓN EN UNA PENDIENTE

Se sabe cómo encontrar el volumen de un sólido de revolución obtenido por la rotación de una región alrededor de una recta horizontal o vertical (vea la sección 6.2). También se sabe cómo encontrar el área de la superficie de una superficie de revolución si se gira una curva alrededor de una recta horizontal o vertical (vea la sección 8.2). Pero ¿qué pasa si se gira alrededor de una recta inclinada, es decir, una recta que no es horizontal ni vertical? En este proyecto se le pide que descubra fórmulas para el volumen de un sólido de revolución y para el área de la superficie de revolución cuando el eje de rotación es una recta inclinada.

Sea C el arco de la curva $y = f(x)$ entre los puntos $P(p, f(p))$ y $Q(q, f(q))$, y sea $\mathcal{R}$ la región delimitada por C, por la recta $y = mx + b$ (que se encuentra totalmente debajo de C) y por las perpendiculares a la recta desde el punto P hasta el punto Q.

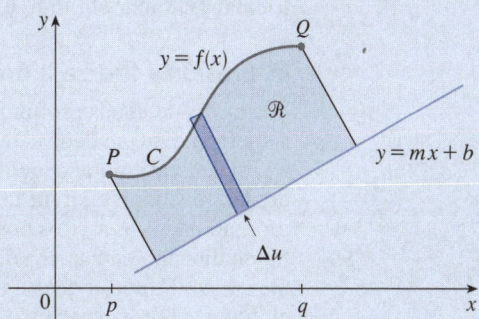

1. Demuestre que el área de $\mathcal{R}$ es

$$\frac{1}{1 + m^2} \int_p^q [f(x) - mx - b][1 + mf'(x)] \, dx$$

[*Sugerencia*: Esta fórmula se verifica restando áreas, pero será útil a lo largo del proyecto derivarla mediante una primera aproximación del área, con rectángulos perpendiculares a la recta, como se muestra en la siguiente figura. Use la figura para ayudar a expresar Δu en términos de Δx].

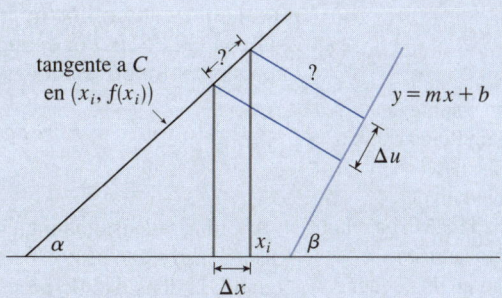

(continúa)

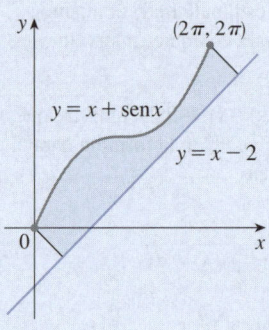

2. Encuentre el área de la región que se muestra en la figura.

3. Encuentre una fórmula (similar a la del problema 1) para el volumen del sólido obtenido al girar $\mathcal{R}$ alrededor de la recta $y = mx + b$.

4. Determine el volumen del sólido obtenido al rotar la región del problema 2 alrededor de la recta $y = x - 2$.

5. Encuentre una fórmula para el área de la superficie obtenida al girar C sobre la recta $y = mx + b$.

T **6.** Use una computadora para encontrar el área de la superficie exacta obtenida al rotar la curva $y = \sqrt{x}$, $0 \le x \le 4$, alrededor de la recta $y = \frac{1}{2}x$. Luego aproxime su resultado a tres decimales de precisión.

8.3 | Aplicaciones en física e ingeniería

Entre las múltiples aplicaciones del cálculo integral a la física y la ingeniería, aquí se consideran dos: la fuerza ocasionada por la presión del agua y los centros de masa. Al igual que las aplicaciones anteriores a la geometría (áreas, volúmenes y longitudes), así como el trabajo, la estrategia es dividir la cantidad física en un gran número de partes pequeñas, aproximar cada pequeña parte, sumar los resultados (dados por una suma de Riemann), tomar el límite y luego evaluar la integral resultante.

■ Presión y fuerza hidrostáticas

Los buzos de aguas profundas saben que la presión del agua aumenta a medida que se sumergen. Esto se debe a que el peso del agua por encima de ellos aumenta.

En general, suponga que una delgada placa horizontal con un área de A metros cuadrados se sumerge en un fluido de densidad de ρ kilogramos por metro cúbico a una profundidad de d metros por debajo de la superficie del líquido, como en la figura 1. El fluido directamente arriba de la placa (piense en una columna de líquido) tiene el volumen $V = Ad$, por lo que su masa es $m = \rho V = \rho Ad$. Por lo tanto, la fuerza ejercida por el fluido sobre la placa es,

$$F = mg = \rho g A d$$

donde g es la aceleración debida a la gravedad. La **presión** P en la placa se define como la fuerza por unidad de área:

$$P = \frac{F}{A} = \rho g d$$

La unidad SI para medir la presión es un newton por metro cuadrado, que se llama pascal (abreviatura: $1 \text{ N/m}^2 = 1$ Pa). Puesto que es una unidad pequeña, se suele utilizar el kilopascal (kPa). Por ejemplo, debido a que la densidad del agua es $\rho = 1\,000 \text{ kg/m}^3$, la presión al fondo de una piscina de 2 m de profundidad es

$$P = \rho g d = 1000 \text{ kg/m}^3 \times 9.8 \text{ m/s}^2 \times 2 \text{ m}$$
$$= 19\,600 \text{ Pa} = 19.6 \text{ kPa}$$

Al utilizar el sistema inglés de unidades, se escribe $P = \rho g d = \delta d$, donde $\delta = \rho g$ es la *densidad de peso* o peso específico(en contraposición a ρ, que es la *densidad de masa*). Por ejemplo, la densidad de peso del agua es de $\delta = 62.5 \text{ lb/ft}^3$, por lo que la presión en el fondo de una piscina de 8 pies de profundidad es $P = \delta d = 62.5 \text{ lb/ft}^3 \times 8 \text{ ft} = 500 \text{ lb/ft}^2$.

superficie del líquido

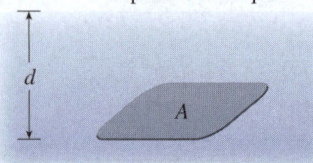

FIGURA 1

La presión que se ejerce sobre un objeto sumergido en un fluido cambia con la profundidad, pero es independiente del volumen del líquido. Un pez que nada 0.5 m bajo la superficie experimenta la misma presión de agua ya sea en un pequeño acuario o en un lago enorme.

Un principio importante de la presión de los fluidos es el hecho verificado experimentalmente de que *en cualquier punto de un líquido, la presión es la misma en todas direcciones*. (Un buzo siente la misma presión en la nariz y en ambos oídos). Por lo tanto, la presión en *cualquier* dirección a una profundidad d en un líquido con densidad de masa ρ está dada por

$$\boxed{1} \qquad\qquad P = \rho g d$$

Esto ayuda a determinar la fuerza hidrostática (la fuerza ejercida por un líquido en reposo) contra una placa *vertical* o una pared o presa. Esto no es un problema sencillo porque la presión no es constante, sino que aumenta a medida que aumenta la profundidad.

EJEMPLO 1 Una presa tiene la forma del trapezoide que se muestra en la figura 2. La altura es de 20 m y la anchura es de 50 m en la parte superior y 30 m en la inferior. Encuentre la fuerza en la presa debido a la presión hidrostática si el nivel del agua está a 4 m de la parte superior de la presa.

SOLUCIÓN Primero se asigna un sistema de coordenadas a la presa. Una opción es elegir un eje x vertical con origen en la superficie del agua y dirección positiva hacia abajo, como en la figura 3(a). La profundidad del agua es de 16 m, por lo que se divide el intervalo $[0, 16]$ en subintervalos de igual longitud con puntos frontera x_i y se elige $x_i^* \in [x_{i-1}, x_i]$. El bloque o la franja horizontal i de la presa se aproxima mediante un rectángulo con altura Δx y anchura w_i, donde, a partir de triángulos semejantes en la figura 3(b),

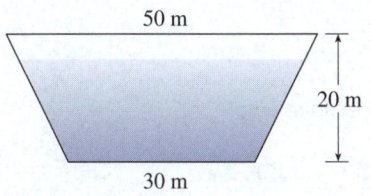

50 m

20 m

30 m

FIGURA 2

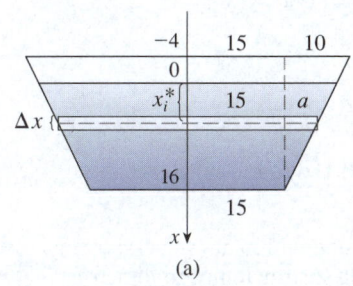

(a)

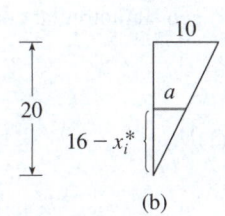

(b)

FIGURA 3

$$\frac{a}{16 - x_i^*} = \frac{10}{20} \qquad \text{o} \qquad a = \frac{16 - x_i^*}{2} = 8 - \frac{x_i^*}{2}$$

y así

$$w_i = 2(15 + a) = 2\left(15 + 8 - \tfrac{1}{2}x_i^*\right) = 46 - x_i^*$$

Si A_i es el área de la i-ésima franja, entonces

$$A_i \approx w_i \, \Delta x = (46 - x_i^*) \, \Delta x$$

Si Δx es pequeña, entonces la presión P_i sobre la i-ésima franja es casi constante y se puede usar la ecuación 1 para escribir

$$P_i \approx 1000 g x_i^*$$

La fuerza hidrostática F_i que actúa sobre la franja i es el producto de la presión y el área:

$$F_i = P_i A_i \approx 1000 g x_i^* (46 - x_i^*) \, \Delta x$$

Al sumar estas fuerzas y tomar el límite cuando $n \to \infty$ se obtiene la fuerza hidrostática total en la presa:

$$F = \lim_{n \to \infty} \sum_{i=1}^{n} 1000 g x_i^* (46 - x_i^*) \, \Delta x = \int_0^{16} 1000 g x (46 - x) \, dx$$

$$= 1000(9.8) \int_0^{16} (46x - x^2) \, dx = 9800 \left[23x^2 - \frac{x^3}{3} \right]_0^{16}$$

$$\approx 4.43 \times 10^7 \text{ N} \qquad\qquad \blacksquare$$

En el ejemplo 1 se podría haber utilizado alternativamente el sistema de coordenadas habitual con el origen centrado en el fondo de la presa. La ecuación del borde derecho de la presa es $y = 2x - 30$, por lo que la anchura de un bloque horizontal en la posición y_i^* es $2x_i^* = y_i^* + 30$. La profundidad allí es de $16 - y_i^*$ y, por lo tanto, la fuerza sobre la presa está dada por

$$F = 1000(9.8) \int_0^{16} (y + 30)(16 - y) \, dy \approx 4.43 \times 10^7 \text{ N}$$

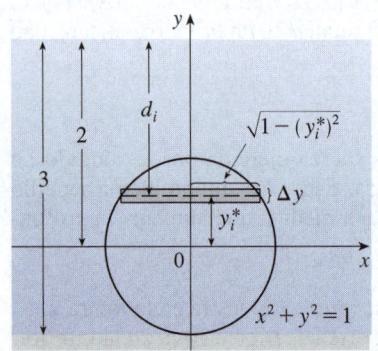

FIGURA 4

EJEMPLO 2 Encuentre la fuerza hidrostática en un extremo de un tambor cilíndrico de 1 m de radio que está sumergido en agua a 3 m de profundidad.

SOLUCIÓN En este ejemplo es conveniente elegir los ejes como en la figura 4 de modo que el origen se sitúe en el centro del tambor. Entonces la circunferencia tiene una ecuación simple, $x^2 + y^2 = 1$. Como en el ejemplo 1, se divide la región circular en bloques horizontales de igual anchura. En la ecuación del círculo se ve que la longitud de un rectángulo que se aproxima a la i-ésima franja es $2\sqrt{1 - (y_i^*)^2}$, por lo que el área de la i-ésima franja es aproximadamente

$$A_i = 2\sqrt{1 - (y_i^*)^2}\, \Delta y$$

Como la densidad de masa del agua es de $\rho = 1\,000$ kg/m^3, la presión en este bloque (según la ecuación 1) es aproximadamente

$$\rho \cdot g\, d_i = (1000)(9.8)(2 - y_i^*)$$

y así la fuerza (presión $\times$ área) en la franja es aproximadamente

$$\delta\, d_i A_i = (1000)(9.8)(2 - y_i^*)\, 2\sqrt{1 - (y_i^*)^2}\, \Delta y$$

La fuerza total se obtiene al sumar las fuerzas de todas las franjas y tomar el límite:

$$F = \lim_{n \to \infty} \sum_{i=1}^{n} (1000)(9.8)(2 - y_i^*)\, 2\sqrt{1 - (y_i^*)^2}\, \Delta y$$

$$= 19600 \int_{-1}^{1} (2 - y)\sqrt{1 - y^2}\, dy$$

$$= 19600 \cdot 2 \int_{-1}^{1} \sqrt{1 - y^2}\, dy - 19\,600 \int_{-1}^{1} y\sqrt{1 - y^2}\, dy$$

La segunda integral es 0 porque el integrando es una función impar (vea el teorema 5.5.7). La primera integral puede evaluarse mediante la sustitución trigonométrica $y = 1\,\mathrm{sen}\,\theta$, pero es más sencillo observar que es el área de un disco semicircular con radio 1. Por ello,

$$F = 39200 \int_{-1}^{1} \sqrt{1 - y^2}\, dy = 39\,200 \cdot \tfrac{1}{2}\pi(1)^2$$

$$= \frac{39200\pi}{2} \approx 50\,270\ \text{N}$$

■ Momentos y centros de masa

El principal objetivo aquí es encontrar el punto P en el que una placa delgada de cualquier forma se mantiene en equilibrio horizontalmente, como en la figura 5. Este punto se llama **centro de masa** (o centro de gravedad) de la placa.

Primero, se considera la situación más sencilla que se ilustra en la figura 6, en la que dos masas m_1 y m_2 están unidas a una varilla de masa insignificante en los lados opuestos de un fulcro o punto de apoyo y a distancias d_1 y d_2 del fulcro. La varilla se equilibrará si

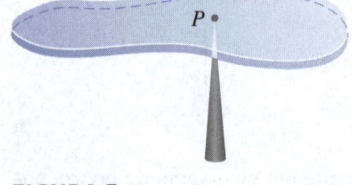

FIGURA 5

$$\boxed{2} \qquad\qquad m_1 d_1 = m_2 d_2$$

Este es un hecho experimental descubierto por Arquímedes y llamado ley de la palanca. (Piense en una persona ligera equilibrando a una más pesada en un balancín al sentarse más lejos del centro).

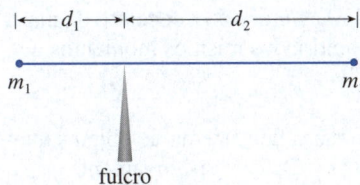

fulcro

FIGURA 6

Ahora suponga que la varilla se encuentra a lo largo del eje x con m_1 en x_1 y m_2 en x_2, y el centro de masa en $\bar{x}$. Si se comparan las figuras 6 y 7 se ve que $d_1 = \bar{x} - x_1$ y $d_2 = x_2 - \bar{x}$, y así la ecuación 2 da

$$m_1(\bar{x} - x_1) = m_2(x_2 - \bar{x})$$

$$m_1\bar{x} + m_2\bar{x} = m_1 x_1 + m_2 x_2$$

$$\boxed{3} \qquad \bar{x} = \frac{m_1 x_1 + m_2 x_2}{m_1 + m_2}$$

Los números $m_1 x_1$ y $m_2 x_2$ se denominan los **momentos** de las masas m_1 y m_2 (respecto al origen), y la ecuación 3 dice que el centro de masa $\bar{x}$ se obtiene sumando los momentos de las masas y dividiéndolos entre la masa total $m = m_1 + m_2$.

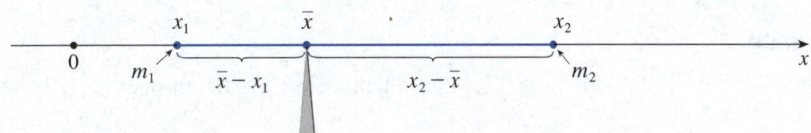

FIGURA 7

En general, si se tiene un sistema de n partículas con masas $m_1, m_2, \ldots, m_n$ ubicadas en los puntos $x_1, x_2, \ldots, x_n$ en el eje x, se puede mostrar de manera similar que el centro de masa del sistema se encuentra en

$$\boxed{4} \qquad \bar{x} = \frac{\displaystyle\sum_{i=1}^{n} m_i x_i}{\displaystyle\sum_{i=1}^{n} m_i} = \frac{\displaystyle\sum_{i=1}^{n} m_i x_i}{m}$$

donde $m = \Sigma m_i$ es la masa total del sistema, y la suma de los momentos individuales

$$M = \sum_{i=1}^{n} m_i x_i$$

se llama **momento del sistema respecto al origen**. Entonces la ecuación 4 podría reescribirse como $m\bar{x} = M$, que dice que si la masa total se considerara concentrada en el centro de la masa $\bar{x}$, entonces su momento sería el mismo que el del sistema.

Ahora se considera un sistema de n partículas con masas $m_1, m_2, \ldots, m_n$ ubicadas en los puntos $(x_1, y_1), (x_2, y_2), \ldots, (x_n, y_n)$ en el plano xy, como se muestra en la figura 8. Por analogía con el caso unidimensional, se define que el **momento del sistema respecto al eje y** es

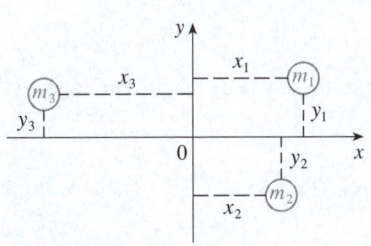

FIGURA 8

$$\boxed{5} \qquad M_y = \sum_{i=1}^{n} m_i x_i$$

y el **momento del sistema respecto al eje x** es

$$\boxed{6} \qquad M_x = \sum_{i=1}^{n} m_i y_i$$

Entonces M_y mide la tendencia del sistema a rotar alrededor del eje y y M_x mide la tendencia a rotar alrededor del eje x.

Como en el caso unidimensional, las coordenadas $(\bar{x}, \bar{y})$ del centro de masa se dan en términos de los momentos por las fórmulas

$$\boxed{7} \qquad \bar{x} = \frac{M_y}{m} \qquad\qquad \bar{y} = \frac{M_x}{m}$$

donde $m = \Sigma m_i$ es la masa total. Debido a que $m\bar{x} = M_y$ y $m\bar{y} = M_x$, el centro de masa $(\bar{x}, \bar{y})$es el punto donde una sola partícula de masa m tendría los mismos momentos que el sistema.

EJEMPLO 3 Encuentre los momentos y el centro de masa del sistema de objetos que tienen las masas 3, 4 y 8 en los puntos $(-1, 1)$, $(2, -1)$ y $(3, 2)$, respectivamente.

SOLUCIÓN Se utilizan las ecuaciones 5 y 6 para calcular los momentos:

$$M_y = 3(-1) + 4(2) + 8(3) = 29$$

$$M_x = 3(1) + 4(-1) + 8(2) = 15$$

Como $m = 3 + 4 + 8 = 15$, se aplican las ecuaciones 7 para obtener

$$\bar{x} = \frac{M_y}{m} = \frac{29}{15} \qquad \bar{y} = \frac{M_x}{m} = \frac{15}{15} = 1$$

Por lo tanto, el centro de masa es $\left(1\frac{14}{15}, 1\right)$. (Vea la figura 9). ∎

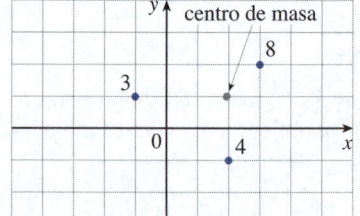

FIGURA 9

El centroide de una región $\mathcal{R}$ está determinado únicamente por la forma de la región. Si una placa de densidad *uniforme* ocupa $\mathcal{R}$, entonces su centro de masa coincide con el centroide de $\mathcal{R}$. Sin embargo, si la densidad *no* es uniforme, entonces normalmente el centro de la masa está en un lugar diferente. Se examinará esta situación en la sección 15.4.

A continuación se considera una placa plana (llamada *lámina*) con una densidad uniforme ρ que ocupa una región $\mathcal{R}$ del plano. Se desea ubicar el centro de masa de la placa, llamado **centroide** de $\mathcal{R}$. Para ello se aplican los siguientes principios físicos: el **principio de simetría** dice que si $\mathcal{R}$ es simétrica sobre una recta l, entonces el centroide de $\mathcal{R}$ está sobre l. (Si $\mathcal{R}$ se refleja sobre l, entonces $\mathcal{R}$ permanece igual, por lo que su centroide permanece fijo. Pero los únicos puntos fijos se encuentran en l). Por lo tanto, el centroide de un rectángulo es su centro. Los momentos deben definirse de tal manera que si toda la masa de una región se concentrara en el centro de la masa, entonces sus momentos permanecerían sin cambios. Además, el momento de la unión de dos regiones no superpuestas debe ser la suma de los momentos de las regiones individuales.

Suponga que la región $\mathcal{R}$ es del tipo que se muestra en la figura 10(a); es decir, $\mathcal{R}$ se encuentra entre las rectas $x = a$ y $x = b$, por encima del eje x y debajo de la gráfica de f, donde f es una función continua. Se divide el intervalo $[a, b]$ en n subintervalos con los puntos frontera $x_0, x_1, \ldots, x_n$ e igual ancho Δx. Se elige el punto muestra x_i^* para que sea el punto medio $\bar{x}_i$ del i-ésimo subintervalo, es decir, $\bar{x}_i = (x_{i-1} + x_i)/2$. Esto determina la aproximación a $\mathcal{R}$ por rectángulos que se muestran en la figura 10(b). El centroide del i-ésimo rectángulo de aproximación R_i es su centro $C_i\left(\bar{x}_i, \frac{1}{2}f(\bar{x}_i)\right)$. Su área es $f(\bar{x}_i)\,\Delta x$, por lo que su masa es densidad × área:

$$\rho f(\bar{x}_i)\,\Delta x$$

El momento de R_i alrededor el eje y es el producto de su masa y la distancia de C_i al eje y, que es $\bar{x}_i$. Por tanto,

$$M_y(R_i) = [\rho f(\bar{x}_i)\,\Delta x]\,\bar{x}_i = \rho \bar{x}_i f(\bar{x}_i)\,\Delta x$$

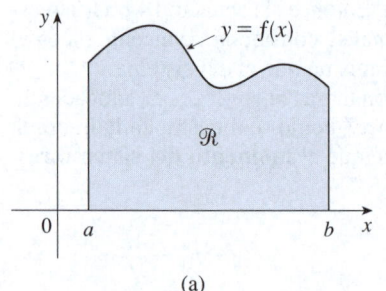

(a)

Al sumar estos momentos, se obtiene el momento de la aproximación poligonal a $\mathcal{R}$, y luego, al tomar el límite cuando $n \to \infty$, se obtiene el momento de $\mathcal{R}$ en sí mismo alrededor del eje y:

$$M_y = \lim_{n\to\infty} \sum_{i=1}^{n} \rho \bar{x}_i f(\bar{x}_i)\,\Delta x = \rho \int_a^b x f(x)\,dx$$

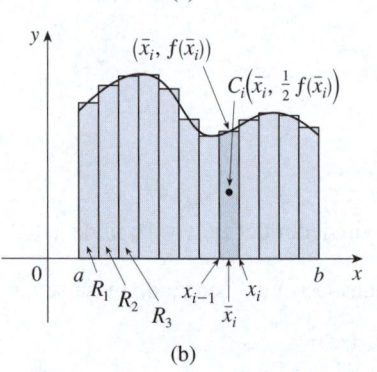

(b)

FIGURA 10

De manera similar se calcula el momento de R_i alrededor del eje x como el producto de su masa y la distancia de C_i al eje x (que es la mitad de la altura de R_i):

$$M_x(R_i) = [\rho f(\bar{x}_i)\,\Delta x]\tfrac{1}{2}f(\bar{x}_i) = \rho \cdot \tfrac{1}{2}[f(\bar{x}_i)]^2\,\Delta x$$

De nuevo se suman estos momentos y se toma el límite para obtener el momento de $\mathcal{R}$ alrededor del eje x:

$$M_x = \lim_{n \to \infty} \sum_{i=1}^{n} \rho \cdot \tfrac{1}{2}[f(\bar{x}_i)]^2 \, \Delta x = \rho \int_a^b \tfrac{1}{2}[f(x)]^2 \, dx$$

Al igual que para los sistemas de partículas, el centro de masa $(\bar{x}, \bar{y})$ de la placa se define de manera que $m\bar{x} = M_y$ y $m\bar{y} = M_x$. Pero la masa de la placa es el producto de su densidad y su área:

$$m = \rho A = \rho \int_a^b f(x) \, dx$$

y entonces

$$\bar{x} = \frac{M_y}{m} = \frac{\rho \displaystyle\int_a^b x f(x) \, dx}{\rho \displaystyle\int_a^b f(x) \, dx} = \frac{\displaystyle\int_a^b x f(x) \, dx}{\displaystyle\int_a^b f(x) \, dx}$$

$$\bar{y} = \frac{M_x}{m} = \frac{\rho \displaystyle\int_a^b \tfrac{1}{2}[f(x)]^2 \, dx}{\rho \displaystyle\int_a^b f(x) \, dx} = \frac{\displaystyle\int_a^b \tfrac{1}{2}[f(x)]^2 \, dx}{\displaystyle\int_a^b f(x) \, dx}$$

Observe la cancelación de las ρ. Cuando la densidad es constante, la ubicación del centro de masa es independiente de la densidad.

En resumen, el centro de masa de la placa (o el centroide de $\mathcal{R}$) cuya área A se ubica en el punto $(\bar{x}, \bar{y})$, donde

8
$$\bar{x} = \frac{1}{A} \int_a^b x f(x) \, dx \qquad \bar{y} = \frac{1}{A} \int_a^b \tfrac{1}{2}[f(x)]^2 \, dx$$

EJEMPLO 4 Encuentre el centro de masa de una placa semicircular de radio r con densidad uniforme.

SOLUCIÓN A fin de utilizar (8), se coloca el semicírculo como en la figura 11, de modo que $f(x) = \sqrt{r^2 - x^2}$ y $a = -r$, $b = r$. Aquí no hay necesidad de utilizar la fórmula para calcular $\bar{x}$ porque, según el principio de simetría, el centro de masa debe estar en el eje y, por lo tanto, $\bar{x} = 0$. El área del semicírculo es $A = \tfrac{1}{2} \pi r^2$, de modo que

$$\bar{y} = \frac{1}{A} \int_{-r}^{r} \tfrac{1}{2}[f(x)]^2 \, dx$$

$$= \frac{1}{\tfrac{1}{2}\pi r^2} \cdot \tfrac{1}{2} \int_{-r}^{r} \left(\sqrt{r^2 - x^2} \right)^2 dx$$

$$= \frac{2}{\pi r^2} \int_0^r (r^2 - x^2) \, dx \qquad \text{(puesto que el integrando es par)}$$

$$= \frac{2}{\pi r^2} \left[r^2 x - \frac{x^3}{3} \right]_0^r$$

$$= \frac{2}{\pi r^2} \frac{2r^3}{3} = \frac{4r}{3\pi}$$

El centro de masa se ubica en el punto $(0, 4r/(3\pi))$.

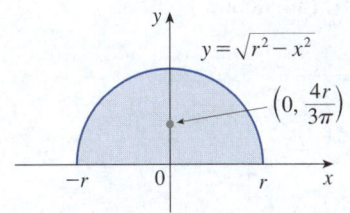

$$y = \sqrt{r^2 - x^2}$$

$$\left(0, \frac{4r}{3\pi} \right)$$

FIGURA 11

EJEMPLO 5 Encuentre el centroide de la región en el primer cuadrante delimitado por las curvas $y = \cos x$, $y = 0$ y $x = 0$.

SOLUCIÓN El área de la región es

$$A = \int_0^{\pi/2} \cos x \, dx = \operatorname{sen} x \Big]_0^{\pi/2} = 1$$

y así, las fórmulas 8 dan

$$\bar{x} = \frac{1}{A} \int_0^{\pi/2} x f(x) \, dx = \int_0^{\pi/2} x \cos x \, dx$$

$$= x \operatorname{sen} x \Big]_0^{\pi/2} - \int_0^{\pi/2} \operatorname{sen} x \, dx \qquad \text{(por integración por partes)}$$

$$= \frac{\pi}{2} - 1$$

$$\bar{y} = \frac{1}{A} \int_0^{\pi/2} \tfrac{1}{2} [f(x)]^2 \, dx = \tfrac{1}{2} \int_0^{\pi/2} \cos^2 x \, dx$$

$$= \tfrac{1}{4} \int_0^{\pi/2} (1 + \cos 2x) \, dx = \tfrac{1}{4} \big[x + \tfrac{1}{2} \operatorname{sen} 2x \big]_0^{\pi/2} = \frac{\pi}{8}$$

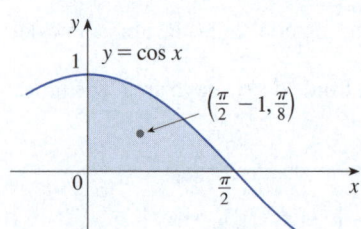

FIGURA 12

El centroide es $\left(\tfrac{1}{2}\pi - 1, \tfrac{1}{8}\pi \right) \approx (0.57, 0.39)$ y se muestra en la figura 12. ∎

Si la región $\mathcal{R}$ se encuentra entre dos curvas $y = f(x)$ y $y = g(x)$, donde $f(x) \geq g(x)$, como se ilustra en la figura 13, entonces el mismo tipo de argumento que llevó a las fórmulas 8 sirve para mostrar que el centroide de $\mathcal{R}$ es $(\bar{x}, \bar{y})$, donde

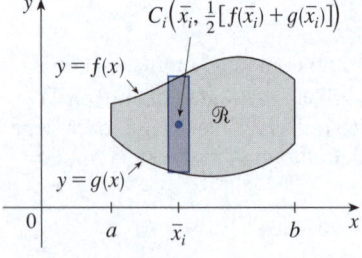

FIGURA 13

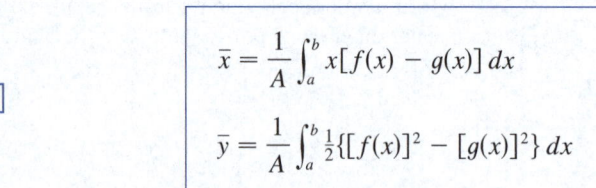

$$\boxed{9} \qquad \begin{aligned} \bar{x} &= \frac{1}{A} \int_a^b x [f(x) - g(x)] \, dx \\[2mm] \bar{y} &= \frac{1}{A} \int_a^b \tfrac{1}{2} \{ [f(x)]^2 - [g(x)]^2 \} \, dx \end{aligned}$$

(Vea el ejercicio 51).

EJEMPLO 6 Encuentre el centroide de la región delimitada por la recta $y = x$ y la parábola $y = x^2$.

SOLUCIÓN La región se ilustra en la figura 14. Se toma $f(x) = x$, $g(x) = x^2$, $a = 0$ y $b = 1$ de las fórmulas 9. Primero se nota que el área de la región es

$$A = \int_0^1 (x - x^2) \, dx = \frac{x^2}{2} - \frac{x^3}{3} \bigg]_0^1 = \frac{1}{6}$$

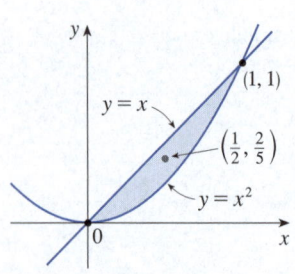

FIGURA 14

Por lo tanto,

$$\bar{x} = \frac{1}{A} \int_0^1 x[f(x) - g(x)]\, dx = \frac{1}{\frac{1}{6}} \int_0^1 x(x - x^2)\, dx$$

$$= 6 \int_0^1 (x^2 - x^3)\, dx = 6\left[\frac{x^3}{3} - \frac{x^4}{4} \right]_0^1 = \frac{1}{2}$$

$$\bar{y} = \frac{1}{A} \int_0^1 \tfrac{1}{2}\{[f(x)]^2 - [g(x)]^2\}\, dx = \frac{1}{\frac{1}{6}} \int_0^1 \tfrac{1}{2}(x^2 - x^4)\, dx$$

$$= 3\left[\frac{x^3}{3} - \frac{x^5}{5} \right]_0^1 = \frac{2}{5}$$

El centroide es $\left(\frac{1}{2}, \frac{2}{5} \right)$. ∎

■ Teorema de Pappus

Termina esta sección mostrando una sorprendente conexión entre los centroides y los volúmenes de revolución.

Este teorema lleva el nombre del matemático griego Pappus de Alejandría, que vivió su edad adulta en el siglo IV a. C.

> **Teorema de Pappus**   Sea $\mathcal{R}$ una región plana que se encuentra totalmente a un lado de una recta l en el plano. Si $\mathcal{R}$ se gira alrededor de l, entonces el volumen del sólido resultante es el producto del área A de $\mathcal{R}$ y la distancia d recorrida por el centroide de $\mathcal{R}$.

DEMOSTRACIÓN   Se demuestra el caso especial en el que la región se ubica entre $y = f(x)$ y $y = g(x)$, como en la figura 13, y la recta l es el eje y. Usando el método de los cascarones cilíndricos (vea la sección 6.3) se tiene

$$V = \int_a^b 2\pi x[f(x) - g(x)]\, dx$$

$$= 2\pi \int_a^b x[f(x) - g(x)]\, dx$$

$$= 2\pi(\bar{x}A) \quad \text{(por las fórmulas 9)}$$

$$= (2\pi\bar{x})A = Ad$$

donde $d = 2\pi\bar{x}$ es la distancia recorrida por el centroide durante una rotación alrededor del eje y. ∎

EJEMPLO 7   Un toro se forma al girar una circunferencia de radio r alrededor de una recta en el plano de la circunferencia que está a una distancia $R(> r)$ del centro del círculo (vea la figura 15). Encuentre el volumen del toro.

SOLUCIÓN   La circunferencia tiene el área $A = \pi r^2$. Según el principio de simetría, su centroide es su centro y por lo tanto la distancia recorrida por el centroide durante una rotación es $d = 2\pi R$. Por lo tanto, de acuerdo con el teorema de Pappus, el volumen del toro es

$$V = Ad = (2\pi R)(\pi r^2) = 2\pi^2 r^2 R$$

∎

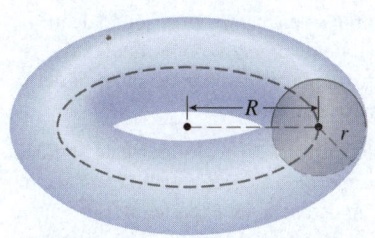

FIGURA 15

El método del ejemplo 7 se debe comparar con el método del ejercicio 6.2.75.

8.3 | Ejercicios

1. Un acuario de 1.5 m de largo, 0.5 m de ancho y 1 m de profundidad está lleno de agua. Encuentre (a) la presión hidrostática en el fondo del acuario, (b) la fuerza hidrostática en el fondo y (c) la fuerza hidrostática en uno de los extremos del acuario.

2. Un tanque tiene 8 m de largo, 4 m de ancho, 2 m de alto y contiene queroseno con una densidad de 820 kg/m³ hasta una profundidad de 1.5 m. Encuentre (a) la presión hidrostática en el fondo del tanque, (b) la fuerza hidrostática en el fondo y (c) la fuerza hidrostática en uno de los extremos del tanque.

3-11 Una placa vertical está sumergida (o parcialmente sumergida) en agua y tiene la forma dada. Explique cómo aproximar la fuerza hidrostática contra uno de los lados de la placa por una suma de Riemann. Luego exprese la fuerza como una integral y evalúela.

3.
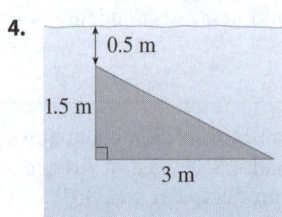

4.

5.
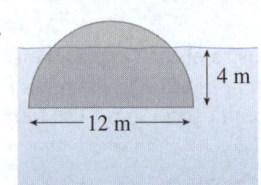

6.

7.
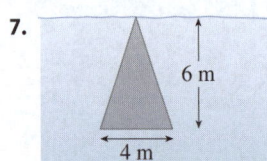

8.
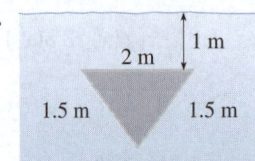

9.
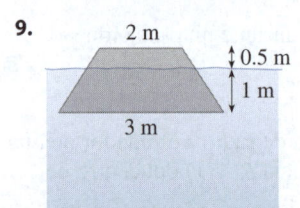

10.
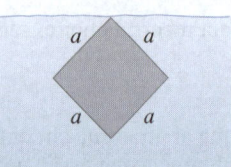

11.
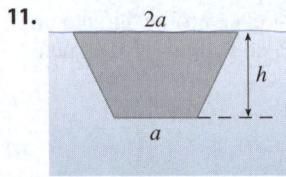

12. Una presa vertical tiene una compuerta semicircular como se muestra en la figura. Encuentre la fuerza hidrostática sobre la compuerta.

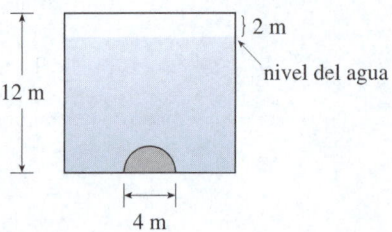

13. Un camión cisterna transporta gasolina en un tanque cilíndrico horizontal de 2.5 m de diámetro y 12 m de longitud. Si el tanque está lleno de gasolina con una densidad de 753 kg/m³, calcule la fuerza ejercida en uno de los extremos del tanque.

14. Un estanque con una sección transversal trapezoidal, como se muestra en la figura, contiene aceite vegetal con una densidad de 925 kg/m³.
    (a) Encuentre la fuerza hidrostática en uno de los extremos del depósito si estuviera completamente lleno de aceite.
    (b) Calcule la fuerza en uno de los extremos si el depósito se llena hasta una profundidad de 1.2 m.

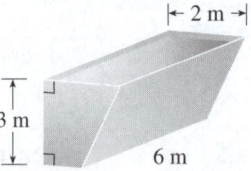

15. Un cubo de 20 cm de largo se encuentra en el fondo de un acuario en el que el agua tiene un metro de profundidad. Encuentre la fuerza hidrostática en (a) la parte superior del cubo y (b) uno de los lados del cubo.

16. Una presa está inclinada a un ángulo de 30° desde la vertical y tiene la forma de un trapezoide isósceles de 30 m de ancho en la parte superior, 15 m de ancho en la parte inferior, y una altura inclinada de 20 m. Encuentre la fuerza hidrostática en la presa cuando el nivel del agua llega a la parte superior.

17. Una piscina tiene 10 m de ancho y 20 m de largo, y su fondo es un plano inclinado; en un extremo, su profundidad es de 1 m y en el otro, de 3 m. Si la piscina está llena de agua, encuentre la fuerza hidrostática en (a) cada uno de los cuatro lados y (b) en el fondo de la piscina.

18. Suponga que una placa se sumerge verticalmente en un líquido con densidad ρ y el ancho de la placa es $w(x)$ a una profundidad de x metros bajo la superficie del líquido. Si la parte superior de la placa está a la profundidad a y la parte inferior a la profundidad b, demuestre que la fuerza hidrostática en un lado de la placa es

$$F = \int_a^b \rho g x\, w(x)\, dx$$

19. Se encontró una placa de metal sumergida verticalmente en agua de mar, que tiene una densidad de $1\,000 \text{ kg/m}^3$. Se tomaron medidas del ancho de la placa a las profundidades dadas. Use la fórmula del ejercicio 18 y la regla de Simpson para estimar la fuerza del agua contra la placa.

Profundidad (m)	2.1	2.3	2.4	2.5	2.6	2.7	2.8
Ancho de la placa (m)	0.4	0.5	1.0	1.2	1.1	1.3	1.3

20. (a) Con la fórmula del ejercicio 18, demuestre que

$$F = (\rho g \bar{x}) A$$

donde $\bar{x}$ es la coordenada x del centroide de la placa y A es su área. Esta ecuación muestra que la fuerza hidrostática contra una región plana vertical es la misma que si la región fuera horizontal en la profundidad del centroide de la región.

(b) Utilice el resultado del inciso (a) para dar otra solución al ejercicio 10.

21-22 Los puntos-masa m_i se sitúan en el eje x como se muestra. Encuentre el momento M del sistema respecto al origen y el centro de masa $\bar{x}$.

21.

$m_1 = 6 \qquad m_2 = 9$
0   10   30 x

22.

$m_1 = 12 \qquad m_2 = 15 \qquad m_3 = 20$
-3 0   2   8 x

23-24 Las masas m_i se encuentran en los puntos P_i. Encuentre los momentos M_x y M_y y el centro de masa del sistema.

23. $m_1 = 5,\ m_2 = 8,\ m_3 = 7;$

$P_1(3, 1),\ P_2(0, 4),\ P_3(-5, -2)$

24. $m_1 = 4,\ m_2 = 3,\ m_3 = 6,\ m_4 = 3;$

$P_1(6, 1),\ P_2(3, -1),\ P_3(-2, 2),\ P_4(-2, -5)$

25-28 Estime visualmente la ubicación del centroide de la región mostrada. Después encuentre las coordenadas exactas del centroide.

25.
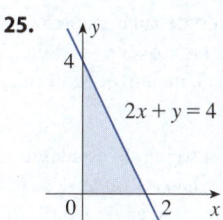

26.
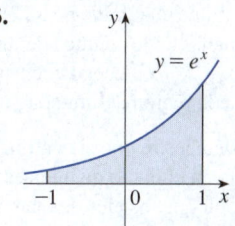

27.
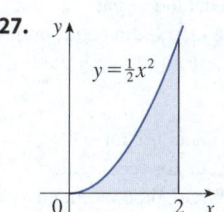

28.
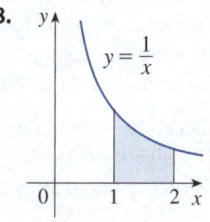

29-33 Encuentre el centroide de la región delimitada por las curvas dadas.

29. $y = x^2,\quad x = y^2$

30. $y = 2 - x^2,\quad y = x$

31. $y = \operatorname{sen} 2x,\quad y = \operatorname{sen} x,\quad 0 \le x \le \pi/3$

32. $y = x^3,\quad x + y = 2,\quad y = 0$

33. $x + y = 2,\quad x = y^2$

34-35 Calcule los momentos M_x y M_y y el centro de masa de una lámina con la densidad y forma dadas.

34. $\rho = 4$

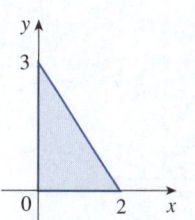

35. $\rho = 6$

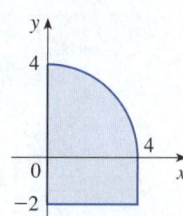

36. Estime, con la regla de Simpson, el centroide de la región señalada.

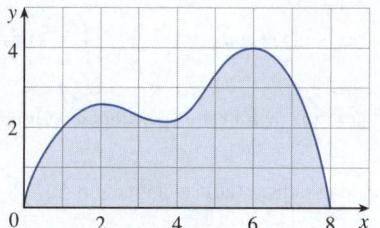

37. Encuentre el centroide de la región delimitada por las curvas $y = x^3 - x$ y $y = x^2 - 1$. Trace la región y el centroide para ver si su respuesta es razonable.

38. Utilice una gráfica para encontrar las coordenadas x aproximadas de los puntos de intersección de las curvas $y = e^x$ y $y = 2 - x^2$. Luego encuentre (aproximadamente) el centroide de la región delimitada por estas curvas.

39. Demuestre que el centroide de cualquier triángulo está situado en el punto de intersección de las medianas. [*Sugerencias*: Coloque los ejes de manera que los vértices sean $(a, 0)$, $(0, b)$ y $(c, 0)$. Recuerde que una mediana es un segmento de recta desde un vértice hasta el punto medio del lado opuesto. Recuerde también que las medianas se intersecan en un punto a dos tercios del camino desde cada vértice (a lo largo de la mediana) hasta el lado opuesto].

40-41 Encuentre el centroide de la región dada, no por integración, sino localizando los centroides de los rectángulos y triángulos (del ejercicio 39) y mediante aditividad de momentos.

40.

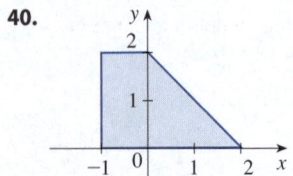

41.

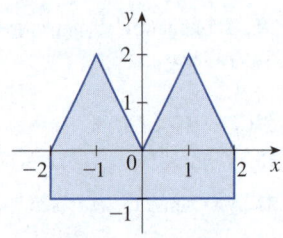

42. Un rectángulo $\mathcal{R}$ con los lados a y b se divide en dos partes $\mathcal{R}_1$ y $\mathcal{R}_2$ por un arco de una parábola que tiene su vértice en una esquina de $\mathcal{R}$ y pasa a través de la esquina opuesta. Encuentre los centroides de $\mathcal{R}_1$ y $\mathcal{R}_2$.

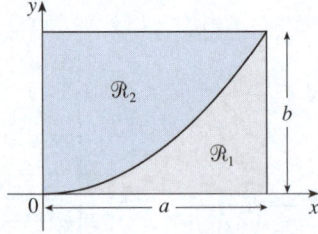

43. Si $\bar{x}$ es la coordenada x del centroide de la región que se ubica debajo de la gráfica de una función continua f, donde $a \le x \le b$, demuestre que

$$\int_a^b (cx + d) f(x)\, dx = (c\bar{x} + d) \int_a^b f(x)\, dx$$

44-46 Con el teorema de Pappus, encuentre el volumen del sólido dado.

44. Una esfera con radio r (utilice el ejemplo 4).

45. Un cono con altura h y radio de base r.

46. El sólido obtenido al rotar el triángulo con los vértices $(2, 3)$, $(2, 5)$ y $(5, 4)$ alrededor del eje x.

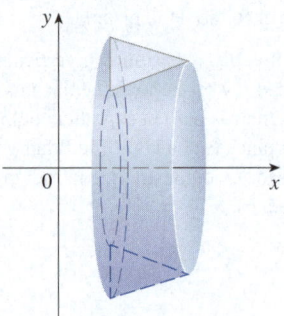

47. Centroide de una curva El centroide de una *curva* se puede encontrar mediante un proceso similar al que se sigue para hallar el centroide de una región. Si C es una curva con longitud L, entonces el centroide es $(\bar{x}, \bar{y})$, donde $\bar{x} = (1/L) \int x\, ds$ y $\bar{y} = (1/L) \int y\, ds$. Aquí se asignan los límites apropiados de integración, y ds es como se define en las secciones 8.1 y 8.2. (El centroide a menudo no está en la propia curva. Si la curva estuviera hecha de alambre y en un tablero sin peso, el centroide sería el punto de equilibrio en el tablero). Encuentre el centroide del cuarto de circunferencia $y = \sqrt{16 - x^2}$, $0 \le x \le 4$.

48-49 **Segundo teorema de Pappus** El *segundo teorema de Pappus* sigue el mismo espíritu que el teorema de Papus visto en esta sección, pero es más bien para el área de una superficie en lugar del volumen: sea C una curva que se encuentra enteramente en un lado de una recta l en el plano. Si C gira alrededor de l, entonces el área de la superficie resultante es el producto de la longitud de arco de C y la distancia recorrida por el centroide de C (vea el ejercicio 47).

48. (a) Demuestre el segundo teorema de Pappus para el caso donde C está dada por $y = f(x)$, $f(x) \ge 0$ y C gira alrededor del eje x.

   (b) Calcule con el segundo teorema de Pappus la superficie de la semiesfera obtenida al rotar la curva del ejercicio 47 alrededor del eje x. ¿Concuerda su respuesta con la que dan las fórmulas geométricas?

49. Utilice el segundo teorema de Pappus para encontrar la superficie del toro del ejemplo 7.

50. Sea $\mathcal{R}$ la región que se encuentra entre las curvas

$$y = x^m \qquad y = x^n \qquad 0 \le x \le 1$$

donde m y n son números enteros con $0 \le n < m$.

   (a) Trace la región $\mathcal{R}$.

   (b) Encuentre las coordenadas del centroide de $\mathcal{R}$.

   (c) Intente encontrar valores de m y n tales que el centroide se encuentre *fuera* de $\mathcal{R}$.

51. Demuestre las fórmulas 9.

Suponga que tiene la posibilidad de elegir entre dos tazas de café del tipo que se muestra, una que se curva hacia afuera y una hacia adentro; usted observa que tienen la misma altura y sus formas encajan perfectamente. Se pregunta en qué taza cabe más café. Por supuesto que se puede llenar una taza con agua para luego verterla en la otra, pero, como estudiante de cálculo, decide un planteamiento más matemático. Ignorando las asas, se observa que ambas tazas son superficies de revolución, por lo que se puede pensar en el café como un volumen de revolución.

Taza A   Taza B

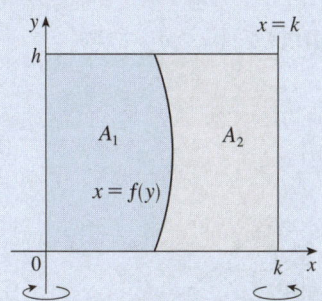

1. Suponga que las tazas tienen una altura h, la taza A se forma al rotar la curva $x = f(y)$ alrededor del eje y y la taza B se forma al rotar la misma curva sobre la recta $x = k$. Encuentre el valor de k tal que las dos tazas contengan la misma cantidad de café.

2. ¿Qué dice su resultado del problema 1 sobre las áreas A_1 y A_2 que se muestran en la figura?

3. Explique con el teorema de Pappus su resultado en los problemas 1 y 2.

4. Con base en sus propias mediciones y observaciones, sugiera un valor para h y una ecuación para $x = f(y)$, y calcule la cantidad de café que cabe en cada taza.

8.4 | Aplicaciones en economía y biología

En esta sección se consideran algunas aplicaciones de la integración en la economía (excedente del consumidor) y la biología (flujo sanguíneo, gasto cardiaco). En los ejercicios se describen aplicaciones adicionales.

■ Excedente del consumidor

Recuerde de la sección 4.7 que la función de demanda $p(x)$ es el precio que una empresa cobra para vender x unidades de un producto. Por lo general, para vender cantidades más grandes es necesario bajar los precios, por lo que la función de demanda es una función decreciente. En la figura 1 se muestra la gráfica de una función de demanda común, llamada **curva de demanda**. Si X es la cantidad del producto que está disponible en la actualidad, entonces $P = p(X)$ es el precio de venta actual.

A un precio determinado, algunos consumidores que compran un bien estarían dispuestos a pagar más; se benefician al no tener que hacerlo. La diferencia entre lo que un consumidor está dispuesto a pagar y lo que realmente paga por un bien se denomina **excedente del consumidor**. Al encontrar el excedente total de consumo entre todos los compradores de un bien, los economistas pueden evaluar el beneficio general de un mercado para la sociedad.

Para determinar el excedente total del consumidor se ve la curva de demanda y se divide el intervalo $[0, X]$ en n subintervalos, cada uno de longitud $\Delta x = X/n$, y sea

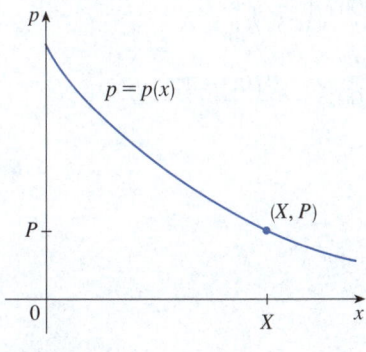

FIGURA 1
Curva de demanda habitual.

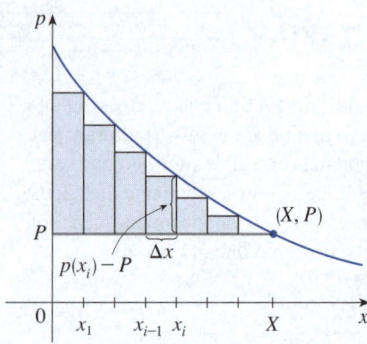

FIGURA 2

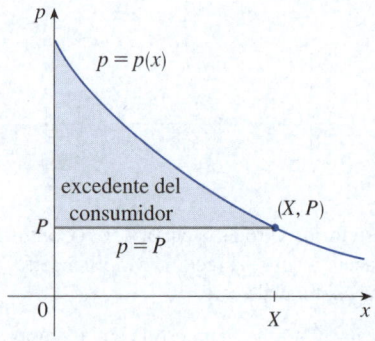

FIGURA 3

$x_i^* = x_i$ el punto final derecho del i-ésimo subintervalo, como en la figura 2. Según la curva de demanda, x_{i-1} unidades se comprarían a un precio de $p(x_{i-1})$ USD por unidad. Para aumentar las ventas a x_i unidades, el precio tendría que bajar a $p(x_i)$ USD. En ese caso se venderían otras Δx unidades (pero no más). En general, los consumidores que habrían pagado $p(x_i)$ USD atribuyeron un alto valor al producto; habrían pagado lo que valía para ellos. Así, al pagar solamente P USD se ahorraron una cantidad de

$$\text{(ahorros por unidad)(cantidad de unidades)} = \left[p(x_i) - P \right] \Delta x$$

Al tomar en cuenta grupos similares de consumidores dispuestos en cada uno de los subintervalos y sumar los ahorros, se obtiene el ahorro total:

$$\sum_{i=1}^{n} \left[p(x_i) - P \right] \Delta x$$

(Esta suma corresponde al área delimitada por los rectángulos de la figura 2). Si $n \to \infty$, esta suma de Riemann se aproxima a la integral

$$\boxed{1} \qquad \int_0^X \left[p(x) - P \right] dx$$

que da el excedente del consumidor total para el producto. Representa la cantidad de dinero que ahorran los consumidores en la compra del producto al precio P, que corresponde a una cantidad demandada de X. En la figura 3 se aprecia la interpretación del excedente del consumidor como el área debajo de la curva de demanda y por encima de la recta $p = P$.

EJEMPLO 1   La demanda de un producto, en USD, es

$$p = 1200 - 0.2x - 0.0001x^2$$

Encuentre el excedente del consumidor cuando el nivel de ventas es de 500.

SOLUCIÓN   Como el número de productos vendidos es $X = 500$, el precio correspondiente es

$$P = 1\,200 - (0.2)(500) - (0.0001)(500)^2 = 1\,075$$

Por lo tanto, conforme a la definición 1, el excedente del consumidor total es

$$\int_0^{500} \left[p(x) - P \right] dx = \int_0^{500} \left(1\,200 - 0.2x - 0.0001x^2 - 1\,075 \right) dx$$

$$= \int_0^{500} \left(125 - 0.2x - 0.0001x^2 \right) dx$$

$$= 125x - 0.1x^2 - (0.0001)\left(\frac{x^3}{3} \right) \Bigg]_0^{500}$$

$$= (125)(500) - (0.1)(500)^2 - \frac{(0.0001)(500)^3}{3}$$

$$= \$33\,333.33 \qquad \blacksquare$$

■ Flujo sanguíneo

En el ejemplo 3.7.7 se analizó la ley del flujo laminar:

$$v(r) = \frac{P}{4\eta l} \left(R^2 - r^2 \right)$$

lo que da la velocidad v de la sangre que fluye a lo largo de un vaso sanguíneo con radio R y longitud l a una distancia r del eje central, donde P es la diferencia de presión entre los extremos del vaso y η es la viscosidad de la sangre. Ahora, con el fin de calcular la razón del flujo sanguíneo, o *caudal* (volumen por unidad de tiempo), se consideran radios más pequeños, igualmente espaciados $r_1, r_2, \ldots$ El área aproximada del anillo (o arandela) con el radio interior r_{i-1} y radio exterior r_i es

$$2\pi r_i \, \Delta r \qquad \text{donde} \quad \Delta r = r_i - r_{i-1}$$

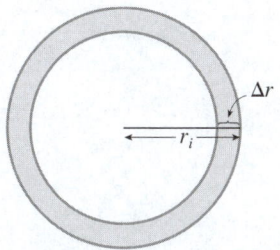

FIGURA 4

(Vea la figura 4). Si Δr es un valor pequeño, entonces la velocidad es casi constante a lo largo de este anillo y puede aproximarse por $v(r_i)$. Por lo tanto, el volumen de sangre por unidad de tiempo que fluye a través del anillo es aproximadamente

$$(2\pi r_i \, \Delta r) \, v(r_i) = 2\pi r_i \, v(r_i) \, \Delta r$$

y el volumen total de sangre que fluye a través de una sección transversal por unidad de tiempo es de aproximadamente

$$\sum_{i=1}^{n} 2\pi r_i \, v(r_i) \, \Delta r$$

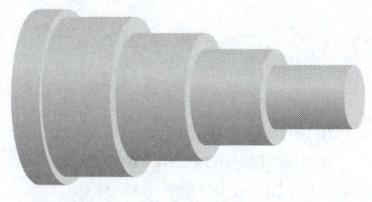

FIGURA 5

Esta aproximación se ilustra en la figura 5. Observe que la velocidad (y por lo tanto el volumen por unidad de tiempo) aumenta hacia el centro del vaso sanguíneo. La aproximación mejora a medida que n aumenta. Cuando se toma el límite se obtiene el valor exacto del **caudal** (o *descarga*), que es el volumen de sangre que pasa por una sección transversal por unidad de tiempo:

$$F = \lim_{n \to \infty} \sum_{i=1}^{n} 2\pi r_i \, v(r_i) \, \Delta r = \int_0^R 2\pi r \, v(r) \, dr$$

$$= \int_0^R 2\pi r \, \frac{P}{4\eta l} \, (R^2 - r^2) \, dr$$

$$= \frac{\pi P}{2\eta l} \int_0^R (R^2 r - r^3) \, dr = \frac{\pi P}{2\eta l} \left[R^2 \frac{r^2}{2} - \frac{r^4}{4} \right]_{r=0}^{r=R}$$

$$= \frac{\pi P}{2\eta l} \left[\frac{R^4}{2} - \frac{R^4}{4} \right] = \frac{\pi P R^4}{8\eta l}$$

La ecuación resultante

$$\boxed{2} \qquad\qquad F = \frac{\pi P R^4}{8\eta l}$$

se llama **ley de Poiseuille**; muestra que el caudal es proporcional a la cuarta potencia del radio del vaso sanguíneo.

■ Gasto cardiaco

En la figura 6 se muestra el sistema cardiovascular humano. La sangre regresa del cuerpo a través de las venas, entra en la aurícula derecha del corazón y se bombea a los pulmones a través de las arterias pulmonares para su oxigenación. Luego vuelve a la aurícula izquierda a través de las venas pulmonares y luego sale al resto del cuerpo a través de la aorta. El **gasto cardiaco** es el volumen de sangre bombeado por el corazón por unidad de tiempo, es decir, la razón del flujo hacia la aorta.

Mediante el *método de dilución de colorante* se mide el gasto cardiaco. El colorante se inyecta en la aurícula derecha y fluye a través del corazón hacia la aorta. Una sonda que se inserta en la aorta mide la concentración del colorante que sale del corazón a intervalos iguales durante un tiempo $[0, T]$ hasta eliminar el colorante. Sea $c(t)$ la con-

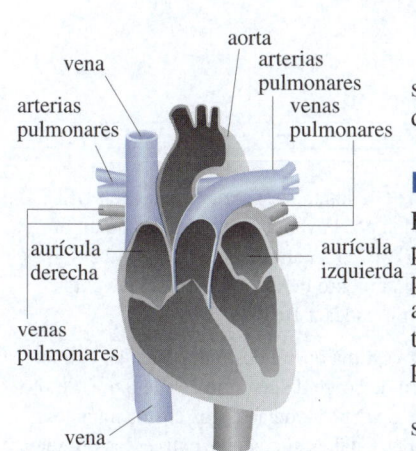

vena
aorta
arterias pulmonares
arterias pulmonares
venas pulmonares
aurícula derecha
aurícula izquierda
venas pulmonares
vena

FIGURA 6

centración del colorante en el momento t. Si se divide $[0, T]$ en subintervalos de igual longitud Δt, entonces la cantidad de colorante que pasa por el punto de medición durante el subintervalo desde $t = t_{i-1}$ hasta $t = t_i$ es aproximadamente

$$(\text{concentración})(\text{volumen}) = c(t_i)(F\,\Delta t)$$

donde F es la razón del flujo que se trata de determinar. Por lo tanto, la cantidad total de colorante es alrededor de

$$\sum_{i=1}^{n} c(t_i)F\,\Delta t = F\sum_{i=1}^{n} c(t_i)\,\Delta t$$

y, con $n \to \infty$, se encuentra que la cantidad de colorante es

$$A = F\int_0^T c(t)\,dt$$

Por consiguiente, el gasto cardiaco está dado por

3
$$F = \frac{A}{\displaystyle\int_0^T c(t)\,dt}$$

donde se conoce la cantidad de colorante A y se puede aproximar la integral a partir de las mediciones de concentración.

EJEMPLO 2 Se inyecta una dosis de 5 mg (llamada bolo) de colorante en la aurícula derecha del paciente. La concentración del colorante (en miligramos por litro) se mide en la aorta en intervalos de un segundo como se muestra en la tabla. Estime el gasto cardiaco.

SOLUCIÓN Aquí $A = 5$, $\Delta t = 1$ y $T = 10$. Se aplica la regla de Simpson para aproximar la integral de la concentración:

$$\int_0^{10} c(t)\,dt \approx \tfrac{1}{3}[0 + 4(0.4) + 2(2.8) + 4(6.5) + 2(9.8) + 4(8.9)$$
$$+ 2(6.1) + 4(4.0) + 2(2.3) + 4(1.1) + 0]$$

$$\approx 41.87$$

De este modo, la fórmula 3 indica el valor del gasto cardiaco como

$$F = \frac{A}{\displaystyle\int_0^{10} c(t)\,dt} \approx \frac{5}{41.87} \approx 0.12\ \text{L/s} = 7.2\ \text{L/min}$$ ■

t	$c(t)$	t	$c(t)$
0	0	6	6.1
1	0.4	7	4.0
2	2.8	8	2.3
3	6.5	9	1.1
4	9.8	10	0
5	8.9		

8.4 | Ejercicios

1. La función de costo marginal $C'(x)$ se definió como la derivada de la función de costo. (Vea las secciones 3.7 y 4.7). El costo marginal de producir x litros de jugo de naranja es

   $$C'(x) = 0.82 - 0.00003x + 0.000000003x^2$$

   (medido en USD por litro). El costo fijo inicial es de $C(0) = 18\,000$ USD. Con el teorema del cambio neto encuentre el costo de producir los primeros $4\,000$ litros de jugo.

2. Una empresa estima que los ingresos marginales (en USD por unidad) obtenidos por la venta de x unidades de un producto son de $48 - 0.0012x$. Asumiendo que la estimación es exacta, encuentre el aumento de los ingresos si las ventas aumentan de $5\,000$ unidades a $10\,000$.

3. Una empresa minera estima que el costo marginal de extraer x toneladas de mineral de cobre de una mina es de $0.6 + 0.008x$, medido en miles de USD por tonelada. Los costos iniciales son de $100\,000$ USD. ¿Cuál es el costo de extraer las primeras 50 toneladas de cobre? ¿Y de las siguientes 50 toneladas?

4. La función de demanda de un determinado paquete vacacional es $p(x) = 2\,000 - 46\sqrt{x}$. Encuentre el excedente del consumidor cuando el nivel de ventas de los paquetes es de 400. Ilústrelo trazando la curva de demanda e identificando el excedente del consumidor como un área.

5. La función de demanda de un horno de microondas de un fabricante es $p(x) = 870e^{-0.03x}$, donde x se mide en miles. Calcule el excedente del consumidor cuando el nivel de ventas de los hornos es de $45\,000$.

6. Si una curva de demanda está modelada por $p = 6 - (x/3\,500)$, encuentre el excedente del consumidor cuando el precio de venta es de $2.80.

7. Una compañía promotora de conciertos vende un promedio de 210 playeras en los espectáculos por $18 cada una. La compañía estima que por cada dólar que baje el precio, se venderán otras 30 camisetas. Encuentre la función de demanda de las playeras y calcule el excedente del consumidor si las camisetas se venden a $15 cada una.

T **8.** Una empresa modeló la curva de demanda de su producto (en USD) mediante la ecuación

$$p = \frac{800\,000e^{-x/5\,000}}{x + 20\,000}$$

Estime, con una gráfica, el nivel de ventas cuando el precio de venta es de 16 USD. Luego encuentre (aproximadamente) el excedente del consumidor para este nivel de ventas.

9-11 Excedente del productor La *función de oferta* $p_S(x)$ para un producto indica la relación entre el precio de venta y el número de unidades que los fabricantes producirán a ese precio. Para un alto precio, los fabricantes producirán más unidades, por lo que p_S es una función creciente de x. Sea X la cantidad de producto que se produce actualmente y sea $P = p_S(X)$ el precio actual. Algunos productores estarían dispuestos a hacer y vender el producto a un precio de venta más bajo y, por lo tanto, recibirían más que su precio mínimo. El exceso se llama *excedente del productor*. Un argumento similar al del excedente del consumidor muestra que el excedente se indica por la integral

$$\int_0^X [P - p_S(x)]\, dx$$

9. Calcule el excedente del productor para la función de oferta $p_S(x) = 3 + 0.01x^2$ al nivel de ventas $X = 10$. Ilústrelo trazando la curva de oferta e identificando el excedente del productor como un área.

10. Si una curva de oferta se modela por la ecuación $p = 125 + 0.002x^2$, encuentre el excedente del productor cuando el precio de venta es de $625.

T **11.** Un fabricante estima que la curva de oferta de su producto (en USD) es

$$p = \sqrt{30 + 0.01xe^{0.001x}}$$

Encuentre (aproximadamente) el excedente del productor cuando el precio de venta es de 30 USD.

12. **Equilibrio del mercado** En un mercado netamente competitivo, el precio de un bien se ajusta naturalmente al valor donde la cantidad demandada por los consumidores coincide con la cantidad fabricada por los productores, y se dice que el mercado está en *equilibrio*. Estos valores son las coordenadas del punto de intersección de las curvas de oferta y demanda.

(a) Dada la curva de demanda $p = 50 - \frac{1}{20}x$ y la curva de oferta $p = 20 + \frac{1}{10}x$ para un bien, ¿a qué cantidad y precio está el mercado para el bien en equilibrio?

(b) Encuentre el excedente del consumidor y el excedente del productor cuando el mercado está en equilibrio. Ilústrelo trazando las curvas de oferta y demanda e identificando los excedentes como áreas.

13-14 Excedente total La suma del excedente del consumidor y el excedente del productor se denomina *excedente total*; es una medida que los economistas utilizan como indicador de la salud económica de una sociedad. El excedente total se maximiza cuando el mercado para un bien está en equilibrio.

13. (a) La función de demanda para los aparatos de sonido de autos de una empresa de electrónica es $p(x) = 228.4 - 18x$ y la función de oferta es $p_S(x) = 27x + 57.4$, donde x se mide en miles. ¿En qué cantidad está el mercado de los aparatos de sonido en equilibrio?

(b) Calcule el máximo excedente total para los aparatos de sonido.

14. Una compañía de cámaras estima que la función de demanda de su nueva cámara digital es $p(x) = 312e^{-0.14x}$ y la función de oferta se estima en $p_S(x) = 26e^{0.2x}$, donde x se mide en miles. Calcule el máximo excedente total.

15. Si la cantidad de capital que tiene una empresa en el momento t es $f(t)$, entonces la derivada, $f'(t)$, se llama *flujo de inversión neta*. Suponga que el flujo de inversión neta es de $\sqrt{t}$ millones de USD por año (donde t se mide en años). Encuentre el aumento de capital (la *formación de capital*) del cuarto al octavo año.

16. Si los ingresos entran en una empresa a una razón de $f(t) = 9\,000\sqrt{1 + 2t}$, donde t se mide en años y $f(t)$ se mide en USD por año, encuentre el ingreso total obtenido en los primeros cuatro años.

17. **Valor futuro de la renta** Si los ingresos se recaudan continuamente a una razón de $f(t)$ USD por año y se invierten a una razón de interés constante r (compuesto continuamente) para un periodo de T años, entonces el *valor futuro* de la renta está dado por $\int_0^T f(t)\, e^{r(T-t)}\, dt$. Calcule el valor futuro después de 6 años para los ingresos recibidos a una razón de $f(t) = 8\,000\, e^{0.04t}$ USD por año e invertidos a 6.2% de interés.

18. **Valor presente de la renta** El *valor presente* de un flujo de ingresos es la cantidad que se necesitaría invertir ahora para igualar el valor futuro, como se describe en el ejercicio 17 y está dado por $\int_0^T f(t)\, e^{-rt}\, dt$. Encuentre el valor actual del flujo de ingresos del ejercicio 17.

19. La *ley de ingresos de Pareto* establece que el número de personas con ingresos entre $x = a$ y $x = b$ es $N = \int_a^b Ax^{-k}\, dx$, donde A y k son constantes con $A > 0$ y $k > 1$. El ingreso promedio de estas personas es

$$\bar{x} = \frac{1}{N} \int_a^b Ax^{1-k}\, dx$$

Calcule $\bar{x}$.

20. Un verano caluroso y húmedo causa una explosión de la población de mosquitos en un complejo turístico lacustre. El número de mosquitos aumenta a una razón estimada de $2\,200 + 10e^{0.8t}$ por semana (donde t se mide en semanas). ¿En cuánto aumenta la población de mosquitos entre la quinta y la novena semana del verano?

21. Utilice la ley de Poiseuille para calcular la razón de flujo en una pequeña arteria humana donde se puede tomar $\eta = 0.027$, $R = 0.008$ cm, $l = 2$ cm y $P = 4\,000$ dinas/cm^2.

22. La presión arterial alta es el resultado de la constricción de las arterias. Para mantener un flujo normal (caudal), el corazón tiene que bombear con mayor fuerza, aumentando así la presión sanguínea. Muestre con la ley de Poiseuille que si R_0 y P_0 son valores normales del radio y la presión en una arteria y los valores de constricción son R y P, entonces para que el caudal permanezca constante, P y R son relacionados por la ecuación

$$\frac{P}{P_0} = \left(\frac{R_0}{R}\right)^4$$

Deduzca que, si el radio de una arteria se reduce a tres cuartas partes de su valor anterior, entonces la presión es mayor que el triple de su valor.

23. Un método particular de dilución de colorante mide el gasto cardiaco con 6 mg de colorante. Sus concentraciones, en mg/L, se modelan por $c(t) = 20te^{-0.6t}$, $0 \le t \le 10$, donde t se mide en segundos. Encuentre el gasto cardiaco.

24. Después de una inyección de 5.5 mg de colorante, las mediciones de la concentración de colorante, en mg/L, a intervalos de dos segundos, son las que se muestran en la tabla. Use la regla de Simpson para estimar el gasto cardiaco.

t	$c(t)$	t	$c(t)$
0	0.0	10	4.3
2	4.1	12	2.5
4	8.9	14	1.2
6	8.5	16	0.2
8	6.7		

25. Se muestra la gráfica de la función de concentración $c(t)$ después de una inyección de 7 mg de colorante en la aurícula de un corazón. Estime el gasto cardiaco con la regla de Simpson.

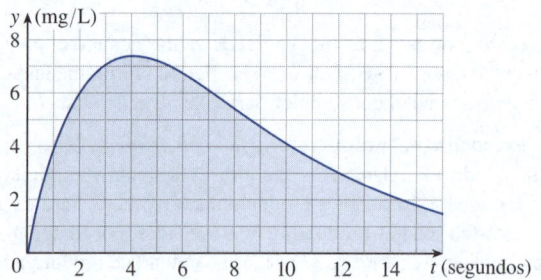

8.5 | Probabilidad

■ Funciones de densidad de probabilidad

El cálculo desempeña un papel importante en el análisis del comportamiento aleatorio. Suponga que se considera el nivel de colesterol de una persona al azar de un cierto grupo de edad, o la altura de una mujer adulta al azar, o la duración de una batería al azar de un cierto tipo. Estas cantidades se llaman **variables aleatorias continuas** porque sus valores en realidad se extienden a lo largo de un intervalo de números reales, aunque pueden medirse o registrarse solo hasta el entero más próximo. Tal vez se desee saber la probabilidad de que un nivel de colesterol en la sangre sea superior a 250, o la probabilidad de que la estatura de una mujer adulta esté entre 150 y 180 centímetros, o la probabilidad de que la batería que se compra dure entre 100 y 200 horas. Si X representa la vida útil de ese tipo de batería, esta última probabilidad se denota de la siguiente manera:

$$P(100 \le X \le 200)$$

Según la interpretación de la frecuencia de probabilidad, este número es la proporción a largo plazo de todas las baterías del tipo especificado cuya vida útil esté entre 100 y 200 horas. Como representa una proporción, la probabilidad se sitúa naturalmente entre 0 y 1.

Observe que siempre se utilizan *intervalos* de valores cuando se trabaja con funciones de densidad de probabilidad. Por ejemplo, no se utilizaría una función de densidad para encontrar la probabilidad de que X sea *igual* a a.

Cada variable aleatoria continua X tiene una **función de densidad de probabilidad** f. Esto significa que la probabilidad de que X esté situada entre a y b se encuentra integrando f desde a hasta b:

$$\boxed{1} \qquad P(a \le X \le b) = \int_a^b f(x)\, dx$$

Por ejemplo, en la figura 1 se muestra la gráfica de un modelo de la función de densidad de probabilidad f para una variable aleatoria X definida como la estatura en centímetros de una mujer adulta en Estados Unidos (según datos de la National Health Survey de EE.UU.). La probabilidad de que la estatura de una mujer elegida al azar de esta población esté entre 150 y 180 centímetros es igual al área de la gráfica de f desde 150 hasta 180.

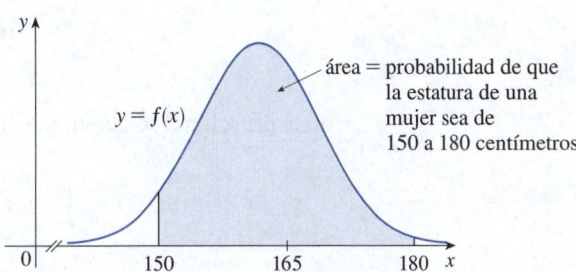

FIGURA 1
Función de densidad de probabilidad de la estatura de una mujer adulta.

En general, la función de densidad de probabilidad f de una variable aleatoria X satisface la condición $f(x) \ge 0$ para toda x. Como las probabilidades se miden en una escala de 0 a 1, se deduce que

$$\boxed{2} \qquad \int_{-\infty}^{\infty} f(x)\, dx = 1$$

EJEMPLO 1 Sea $f(x) = 0.006x(10 - x)$ para $0 \le x \le 10$ y $f(x) = 0$ para todos los demás valores de x.
(a) Verifique que f es una función de densidad de probabilidad.
(b) Encuentre $P(4 \le X \le 8)$.

SOLUCIÓN
(a) Para $0 \le x \le 10$ se tiene $0.006x(10 - x) \ge 0$, así que $f(x) \ge 0$ para toda x. También se debe verificar que se satisface la ecuación 2:

$$\int_{-\infty}^{\infty} f(x)\, dx = \int_0^{10} 0.006x(10 - x)\, dx = 0.006 \int_0^{10} (10x - x^2)\, dx$$

$$= 0.006 \left[5x^2 - \tfrac{1}{3}x^3 \right]_0^{10} = 0.006 \left(500 - \tfrac{1000}{3} \right) = 1$$

Por lo tanto, f es una función de densidad de probabilidad.

(b) La probabilidad de que X se ubique entre 4 y 8 es

$$P(4 \le X \le 8) = \int_4^8 f(x)\, dx = 0.006 \int_4^8 (10x - x^2)\, dx$$

$$= 0.006 \left[5x^2 - \tfrac{1}{3}x^3 \right]_4^8 = 0.544 \qquad \blacksquare$$

EJEMPLO 2 Fenómenos como los tiempos de espera y los tiempos de falla de equipos suelen modelarse mediante funciones de densidad de probabilidad que disminuyen exponencialmente. Encuentre la forma exacta de una función de este tipo.

SOLUCIÓN Piense en la variable aleatoria como el tiempo que permanece en espera antes de que un agente de servicio al cliente responda su llamada. Así, en lugar de x, se usa t para representar el tiempo en minutos. Si f es la función de densidad de probabilidad y usted llama en el momento $t = 0$, entonces, a partir de la definición 1, $\int_0^2 f(t)\,dt$ representa la probabilidad de que un agente responda dentro de los primeros dos minutos y $\int_4^5 f(t)\,dt$ es la probabilidad de que su llamada se atienda durante el quinto minuto.

Queda claro que $f(t) = 0$ para $t < 0$ (el agente no puede responder antes de que haga la llamada). Para $t > 0$ conviene usar una función exponencialmente decreciente, es decir, una función de la forma $f(t) = Ae^{-ct}$, donde A y c son constantes positivas. Por lo tanto,

$$f(t) = \begin{cases} 0 & \text{si } t < 0 \\ Ae^{-ct} & \text{si } t \geq 0 \end{cases}$$

Con la ecuación 2 se determina el valor de A:

$$1 = \int_{-\infty}^{\infty} f(t)\,dt = \int_{-\infty}^{0} f(t)\,dt + \int_{0}^{\infty} f(t)\,dt$$

$$= \int_{0}^{\infty} Ae^{-ct}\,dt = \lim_{x \to \infty} \int_{0}^{x} Ae^{-ct}\,dt$$

$$= \lim_{x \to \infty} \left[-\frac{A}{c}\,e^{-ct} \right]_{0}^{x} = \lim_{x \to \infty} \frac{A}{c}\,(1 - e^{-cx})$$

$$= \frac{A}{c}$$

Por lo tanto, $A/c = 1$, y por ende $A = c$. Así que cada función de densidad exponencial tiene la forma

$$f(t) = \begin{cases} 0 & \text{si } t < 0 \\ ce^{-ct} & \text{si } t \geq 0 \end{cases}$$

En la figura 2 se presenta una gráfica habitual. ■

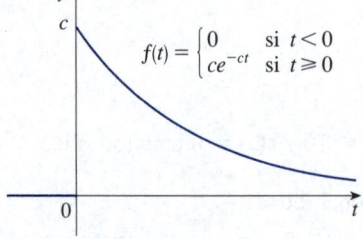

$$f(t) = \begin{cases} 0 & \text{si } t < 0 \\ ce^{-ct} & \text{si } t \geq 0 \end{cases}$$

FIGURA 2
Función de densidad exponencial.

■ Valores promedio

Suponga que espera que una empresa responda su llamada y se pregunta cuánto tiempo, en promedio, podría esperar. Sea $f(t)$ la función de densidad correspondiente, donde t se mide en minutos, y piense en una muestra de N personas que han llamado a esta empresa. Lo más probable es que nadie haya tenido que esperar más de una hora, así que la atención se limita al intervalo $0 \leq t \leq 60$. Se divide ese intervalo en n intervalos de longitud Δt y los puntos frontera $0, t_1, t_2, \ldots, t_n = 60$. (Piense en Δt como si durara un minuto, o medio minuto, o 10 segundos, o incluso un segundo). La probabilidad de que se conteste una llamada durante el periodo entre t_{i-1} a t_i es el área debajo de la curva $y = f(t)$ desde t_{i-1} hasta t_i, que es aproximadamente igual a $f(\bar{t}_i)\,\Delta t$. (Esta es el área del rectángulo de aproximación de la figura 3, donde $\bar{t}_i$ es el punto medio del intervalo).

Dado que la proporción a largo plazo de llamadas que se contestan en el periodo entre t_{i-1} a t_i es $f(\bar{t}_i)\,\Delta t$, se espera que, de la muestra de N llamadas, el número cuya llamada se contestó en ese periodo sea aproximadamente $Nf(\bar{t}_i)\,\Delta t$, y el tiempo que cada persona esperó sea aproximadamente $\bar{t}_i$. Por lo tanto, el tiempo total que esperaron

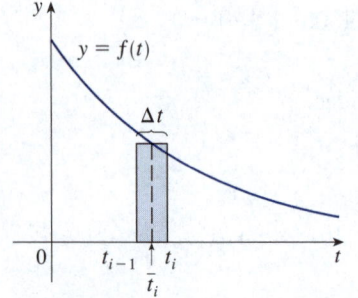

$y = f(t)$

FIGURA 3

es el producto de estos números: aproximadamente $\bar{t}_i[Nf(\bar{t}_i)\,\Delta t]$. Al sumar todos estos intervalos se obtiene el total aproximado de los tiempos de espera de todos:

$$\sum_{i=1}^{n} N\bar{t}_i f(\bar{t}_i)\,\Delta t$$

Si ahora se divide entre el número de llamadas N, se obtiene el *promedio* aproximado de tiempo de espera:

$$\sum_{i=1}^{n} \bar{t}_i f(\bar{t}_i)\,\Delta t$$

Se reconoce esto como una suma de Riemann para la función $t\,f(t)$. A medida que el intervalo se reduce (es decir, $\Delta t \to 0$ y $n \to \infty$), esta suma de Riemann se aproxima a la integral

$$\int_0^{60} t\,f(t)\,dt$$

Esta integral se llama *tiempo medio de espera*.

En general, la **media** de cualquier función de densidad de probabilidad f se define por

Es tradicional denotar la media por la letra griega μ (mu).

$$\mu = \int_{-\infty}^{\infty} x\,f(x)\,dx$$

La media se puede interpretar como el valor promedio a largo plazo de la variable aleatoria X. También se puede interpretar como una medida de la centralidad de la función de densidad de probabilidad.

La expresión para la media se parece a una integral que ya se vio. Si $\mathcal{R}$ es la región que se encuentra debajo de la gráfica de f, se sabe, por la fórmula 8.3.8, que la coordenada x del centroide de $\mathcal{R}$ es

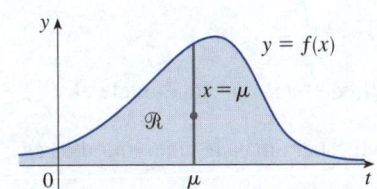

$$\bar{x} = \frac{\displaystyle\int_{-\infty}^{\infty} x\,f(x)\,dx}{\displaystyle\int_{-\infty}^{\infty} f(x)\,dx} = \int_{-\infty}^{\infty} x\,f(x)\,dx = \mu$$

FIGURA 4

$\mathcal{R}$ se equilibra en un punto en la recta $x = \mu$.

debido a la ecuación 2. Así, una placa delgada en forma de $\mathcal{R}$ se equilibra en un punto de la recta vertical $x = \mu$ (vea la figura 4).

EJEMPLO 3 Encuentre la media de la distribución exponencial del ejemplo 2:

$$f(t) = \begin{cases} 0 & \text{si } t < 0 \\ ce^{-ct} & \text{si } t \geqslant 0 \end{cases}$$

SOLUCIÓN De acuerdo con la definición de una media, se tiene

$$\mu = \int_{-\infty}^{\infty} t\,f(t)\,dt = \int_0^{\infty} tce^{-ct}\,dt$$

Para evaluar esta integral, se aplica la integración por partes, con $u = t$ y $dv = ce^{-ct}\,dt$, por lo que $du = dt$ y $v = -e^{-ct}$:

$$\int_0^{\infty} tce^{-ct}\,dt = \lim_{x \to \infty} \int_0^{x} tce^{-ct}\,dt = \lim_{x \to \infty}\left(\left[-te^{-ct}\right]_0^{x} + \int_0^{x} e^{-ct}\,dt \right)$$

$$= \lim_{x \to \infty}\left(-xe^{-cx} + \frac{1}{c} - \frac{e^{-cx}}{c} \right) = \frac{1}{c} \quad \text{(El límite del primer término es 0, según la regla de L'Hôpital).}$$

La media es $\mu = 1/c$, así que se puede reescribir la función de densidad de probabilidad como

$$f(t) = \begin{cases} 0 & \text{si } t < 0 \\ \mu^{-1}e^{-t/\mu} & \text{si } t \geqslant 0 \end{cases}$$

EJEMPLO 4   Suponga que el tiempo promedio de espera para que un agente de atención al cliente responda la llamada de un cliente es de cinco minutos.
(a) Encuentre la probabilidad de que una llamada se conteste durante el primer minuto, asumiendo que una distribución exponencial es apropiada.
(b) Encuentre la probabilidad de que un cliente espere más de cinco minutos antes de que se conteste la llamada.

SOLUCIÓN
(a) Se indica que la media de la distribución exponencial es $\mu = 5$ min y, por tanto, por el resultado del ejemplo 3, se sabe que la función de densidad de probabilidad es

$$f(t) = \begin{cases} 0 & \text{si } t < 0 \\ 0.2e^{-t/5} & \text{si } t \geqslant 0 \end{cases}$$

donde t se mide en minutos. Por lo tanto, la probabilidad de que una llamada se conteste durante el primer minuto es

$$P(0 \leqslant T \leqslant 1) = \int_0^1 f(t)\, dt$$

$$= \int_0^1 0.2e^{-t/5}\, dt = 0.2(-5)e^{-t/5}\Big]_0^1$$

$$= 1 - e^{-1/5} \approx 0.1813$$

Entonces, alrededor de 18% de las llamadas de los clientes se contesta durante el primer minuto.
(b) La probabilidad de que un cliente se mantenga en espera más de cinco minutos es

$$P(T > 5) = \int_5^\infty f(t)\, dt = \int_5^\infty 0.2e^{-t/5}\, dt$$

$$= \lim_{x \to \infty} \int_5^x 0.2e^{-t/5}\, dt = \lim_{x \to \infty} (e^{-1} - e^{-x/5})$$

$$= \frac{1}{e} - 0 \approx 0.368$$

Aproximadamente 37% de los clientes permanece en espera más de cinco minutos antes de que se contesten sus llamadas.

Observe el resultado del ejemplo 4(b): aunque el tiempo medio de espera es de 5 minutos, solo 37% de las personas que llaman espera más de 5 minutos. La razón es que algunos de los que llaman tienen que esperar mucho más tiempo (tal vez 10 o 15 minutos), y esto eleva el promedio.

Otra medida de la centralidad de una función de densidad de probabilidad es la *mediana*. Esto es un número m tal que la mitad de las personas que llaman tiene un tiempo de espera menor que m y las otras personas tienen un tiempo de espera mayor que m. En general, la **mediana** de una función de densidad de probabilidad es el número m tal que

$$\int_m^\infty f(x)\, dx = \tfrac{1}{2}$$

Esto significa que la mitad del área debajo de la gráfica de f se encuentra a la derecha de m. En el ejercicio 9 se pide mostrar que la mediana del tiempo de espera para la empresa que se describe en el ejemplo 4 es de aproximadamente 3.5 minutos.

■ Distribuciones normales

Muchos fenómenos aleatorios importantes —como los resultados de las pruebas de aptitud, la estatura y peso de los individuos de una población homogénea, las precipitaciones anuales en un lugar determinado— se modelan mediante una **distribución normal**. Esto significa que la función de densidad de probabilidad de la variable aleatoria X es un miembro de la familia de funciones

La desviación estándar se denota por la letra griega minúscula σ (sigma).

$$\boxed{3} \qquad f(x) = \frac{1}{\sigma\sqrt{2\pi}}\,e^{-(x-\mu)^2/(2\sigma^2)}$$

Se puede verificar que la media para esta función es μ. La constante positiva σ se denomina **desviación estándar**; mide cuán dispersos están los valores de X. Según la gráfica en forma de campana de la familia de curvas de la figura 5, se ve que, para valores pequeños de σ, los valores de X se agrupan en torno a la media, mientras que para valores más grandes de σ los valores de X están más dispersos. Los profesionales de la estadística tienen métodos para estimar μ y σ mediante conjuntos de datos.

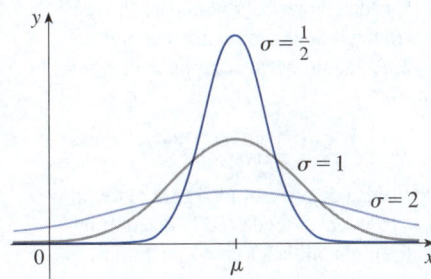

FIGURA 5
Distribuciones normales.

El factor $1/(\sigma\sqrt{2\pi})$ se necesita para hacer de f una función de densidad de probabilidad. De hecho, se puede verificar mediante los métodos de cálculo multivariable (vea el ejercicio 15.3.48) que

$$\int_{-\infty}^{\infty} \frac{1}{\sigma\sqrt{2\pi}}\,e^{-(x-\mu)^2/(2\sigma^2)}\,dx = 1$$

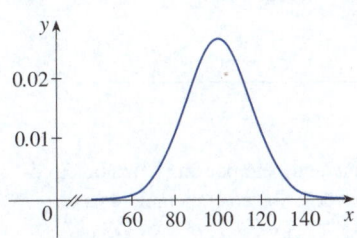

FIGURA 6

EJEMPLO 5 Las puntuaciones del coeficiente intelectual (CI) tienen una distribución normal con una media de 100 y una desviación estándar de 15. (En la figura 6 se presenta la función de densidad de probabilidad correspondiente).
(a) ¿Qué porcentaje de la población tiene un coeficiente intelectual entre 85 y 115?
(b) ¿Qué porcentaje de la población tiene un coeficiente intelectual superior a 140?

SOLUCIÓN
(a) Como las puntuaciones del CI tienen una distribución normal, se usa la función de densidad de probabilidad dada por la ecuación 3 con $\mu = 100$ y $\sigma = 15$:

$$P(85 \leq X \leq 115) = \int_{85}^{115} \frac{1}{15\sqrt{2\pi}}\,e^{-(x-100)^2/(2\cdot 15^2)}\,dx$$

A partir de la sección 7.5, recuerde que la función $y = e^{-x^2}$ no tiene una antiderivada elemental, por lo que no es posible evaluar la integral con precisión. Pero se puede usar la capacidad de integración numérica de una calculadora o computadora (o la regla del punto medio, o la regla de Simpson) para estimar la integral. Al hacerlo, se ve que

$$P(85 \leq X \leq 115) \approx 0.68$$

Por lo tanto, alrededor de 68% de la población tiene un coeficiente intelectual entre 85 y 115; es decir, dentro de una desviación estándar de la media.

(b) La probabilidad de que el coeficiente intelectual de una persona elegida al azar sea superior a 140 es

$$P(X > 140) = \int_{140}^{\infty} \frac{1}{15\sqrt{2\pi}}\, e^{-(x-100)^2/450}\, dx$$

Para evitar la integral impropia se podría aproximar por la integral de 140 a 200. (Es muy seguro afirmar que las personas con un coeficiente intelectual superior a 200 son extremadamente raras). Entonces

$$P(X > 140) \approx \int_{140}^{200} \frac{1}{15\sqrt{2\pi}}\, e^{-(x-100)^2/450}\, dx \approx 0.0038$$

De este modo, alrededor de 0.4% de la población tiene un coeficiente intelectual superior a 140.   ∎

8.5 | Ejercicios

1. Sea $f(x)$ la función de densidad de probabilidad para la vida útil del neumático de automóvil de mayor calidad de un fabricante, donde x se mide en kilómetros. Explique el significado de cada integral.

(a) $\displaystyle\int_{50\,000}^{65\,000} f(x)\, dx$ (b) $\displaystyle\int_{40\,000}^{\infty} f(x)\, dx$

2. Sea $f(t)$ la función de densidad de probabilidad para el tiempo que tarda conducir hasta la escuela, donde t se mide en minutos. Exprese las siguientes probabilidades como integrales.

(a) La probabilidad de que conduzca a la escuela en menos de 15 minutos.

(b) La probabilidad de que tarde más de media hora en llegar a la escuela.

3. Sea $f(x) = 30x^2(1 - x)^2$ para $0 \le x \le 1$ y $f(x) = 0$ para todos los demás valores de x.

(a) Verifique que f es una función de densidad de probabilidad.

(b) Encuentre $P\left(X \le \frac{1}{3}\right)$.

4. La función de densidad

$$f(x) = \frac{e^{3-x}}{(1 + e^{3-x})^2}$$

es un ejemplo de una *distribución logística*.

(a) Verifique que f es una función de densidad de probabilidad.

(b) Determine $P(3 \le X \le 4)$.

(c) Grafique f. ¿Cuál parece ser el significado? ¿Qué pasa con la mediana?

5. Sea $f(x) = c/(1 + x^2)$.

(a) ¿Para qué valor de c es f una función de densidad de probabilidad?

(b) Para ese valor de c, encuentre $P(-1 < X < 1)$.

6. Sea $f(x) = k(3x - x^2)$ si $0 \le x \le 3$ y $f(x) = 0$ si $x < 0$ o $x > 3$.

(a) ¿Para qué valor de k es f una función de densidad de probabilidad?

(b) Para ese valor de k, encuentre $P(X > 1)$.

(c) Determine la media.

7. Un trompo de un juego de mesa indica aleatoriamente un número real entre 0 y 10. El trompo es justo en el sentido de que indica un número en un intervalo determinado con la misma probabilidad que indica un número en cualquier otro intervalo de la misma longitud.

(a) Explique por qué la función

$$f(x) = \begin{cases} 0.1 & \text{si } 0 \le x \le 10 \\ 0 & \text{si } x < 0 \text{ o } x > 10 \end{cases}$$

Es una función de densidad de probabilidad para los valores del trompo.

(b) ¿Qué le dice su intuición sobre el valor de la media? Compruebe su suposición evaluando una integral.

8. (a) Explique por qué la función cuya gráfica se muestra es una función de densidad de probabilidad.

(b) Utilice la gráfica para encontrar las siguientes probabilidades:

(i) $P(X < 3)$ (ii) $P(3 \le X \le 8)$

(c) Calcule la media.

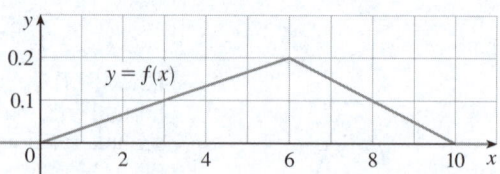

9. Demuestre que la mediana de espera por una llamada telefónica a la empresa como se describe en el ejemplo 4 es de alrededor de 3.5 minutos.

10. (a) Un tipo de foco está marcado con una vida media de 1 000 horas. Es razonable modelar la probabilidad de falla de estos focos por una función de densidad exponencial con una media $\mu = 1\,000$. Encuentre con este modelo la probabilidad de que un foco

(i) falle durante las primeras 200 horas.

(ii) funcione por más de 800 horas.

(b) ¿Cuál es la vida útil mediana de estos focos?

11. Un comerciante en línea determinó que el tiempo promedio para la aprobación de una transacción electrónica con tarjeta de crédito es de 1.6 segundos.

(a) Utilice una función de densidad exponencial para encontrar la probabilidad de que un cliente espere menos de un segundo para la aprobación de la tarjeta de crédito.

(b) Encuentre la probabilidad de que un cliente espere más de 3 segundos.

(c) ¿Cuál es el tiempo mínimo de aprobación para el 5% más lento de transacciones?

12. El tiempo entre la infección y la manifestación de síntomas de dolor de garganta por estreptococos es una variable aleatoria cuya función de densidad de probabilidad puede aproximarse por $f(t) = \frac{1}{15\,676}\, t^2 e^{-0.05t}$ si $0 \le t \le 150$ y $f(t) = 0$ en caso contrario (t se mide en horas).

(a) ¿Cuál es la probabilidad de que un paciente infectado manifieste síntomas en las primeras 48 horas?

(b) ¿Cuál es la probabilidad de que un paciente infectado no manifieste síntomas hasta después de 36 horas?

Fuente: Adaptado de P. Sartwell, "The Distribution of Incubation Periods of Infectious Disease", *American Journal of Epidemiology* 141 (1995): 386-94.

13. El sueño MOR es la fase del sueño en la que se produce la mayor parte de los sueños activos. En un estudio, la cantidad de sueño MOR durante las primeras cuatro horas de sueño se describió por una variable aleatoria T con una función de densidad de probabilidad

$$f(t) = \begin{cases} \frac{1}{1\,600}t & \text{si } 0 \le t \le 40 \\ \frac{1}{20} - \frac{1}{1\,600}t & \text{si } 40 < t \le 80 \\ 0 & \text{de lo contrario} \end{cases}$$

donde t se mide en minutos.

(a) ¿Cuál es la probabilidad de que la cantidad de sueño MOR sea de entre 30 y 60 minutos?

(b) Determine la cantidad media de sueño MOR.

14. Según la National Health Survey, las estaturas de hombres adultos en Estados Unidos tienen una distribución normal con una media de 175 centímetros y una desviación estándar de 7 centímetros.

(a) ¿Cuál es la probabilidad de que un hombre adulto elegido al azar tenga entre 165 y 185 centímetros de estatura?

(b) ¿Qué porcentaje de la población de hombres adultos tiene más de 180 centímetros de estatura?

15. El "Garbage Project" de la Universidad de Arizona informa que la cantidad de papel desechado por hogares a la semana tiene una distribución normal con una media de 4.3 kg y una desviación estándar de 1.9 kg. ¿Qué porcentaje de hogares tira al menos 5 kg de papel a la semana?

16. Unas cajas están etiquetadas con 500 g de cereal. La máquina que llena las cajas entrega pesos que tienen una distribución normal con una desviación estándar de 12 g.

(a) Si el peso objetivo es de 500 g, ¿cuál es la probabilidad de que la máquina entregue una caja con menos de 480 g de cereal?

(b) Suponga que una ley establece que no más de 5% de las cajas de cereales de un fabricante puede contener menos del peso establecido de 500 g. ¿A qué peso objetivo debe poner el fabricante su máquina de llenado?

17. La rapidez de los vehículos en una autopista con un límite de velocidad de 100 km/h tienen una distribución normal con una media de 112 km/h y una desviación estándar de 8 km/h.

(a) ¿Cuál es la probabilidad de que un vehículo elegido al azar circule a una velocidad legal?

(b) Si la policía tiene instrucciones de multar a los automovilistas que conducen a 125 km/h o más, ¿a qué porcentaje de automovilistas se dirige la policía?

18. Demuestre que la función de densidad de probabilidad para una variable aleatoria con distribución normal tiene puntos de inflexión en $x = \mu \pm \sigma$.

19. Para cualquier distribución normal, encuentre la probabilidad de que la variable aleatoria se encuentre dentro de dos desviaciones estándares de la media.

20. La desviación estándar de una variable aleatoria con función de densidad de probabilidad f y media μ se define por

$$\sigma = \left[\int_{-\infty}^{\infty} (x - \mu)^2 f(x)\, dx \right]^{1/2}$$

Determine la desviación estándar para una función de densidad exponencial con media μ.

21. El átomo de hidrógeno se compone de un protón en el núcleo y un electrón, que se mueve alrededor del núcleo. En la teoría cuántica de la estructura atómica, se supone que el electrón no se mueve en una órbita bien definida. En cambio, ocupa un estado conocido como *orbital*, que se puede imaginar como una "nube" de carga negativa que rodea el núcleo. En el estado de menor energía, llamado *estado base* u *orbital 1s,* se supone que la forma de esta nube es una esfera centrada en el núcleo. Esta esfera se describe en términos de la función de densidad de probabilidad

$$p(r) = \frac{4}{a_0^3}\, r^2 e^{-2r/a_0} \qquad r \ge 0$$

donde a_0 es el *radio de Bohr* ($a_0 \approx 5.59 \times 10^{-11}$ m). La integral

$$P(r) = \int_0^r \frac{4}{a_0^3}\, s^2 e^{-2s/a_0}\, ds$$

indica la probabilidad de que el electrón se encuentre dentro de la esfera de radio r metros centrada en el núcleo.

(a) Verifique que $p(r)$ es una función de densidad de probabilidad.

(b) Encuentre $\lim_{r \to \infty} p(r)$. ¿Para qué valor de r tiene $p(r)$ su valor máximo?

(c) Grafique la función de densidad.

(d) Encuentre la probabilidad de que el electrón esté dentro de la esfera de radio $4a_0$ centrada en el núcleo.

(e) Calcule la distancia media del electrón respecto al núcleo en el estado base del átomo de hidrógeno.

8 REPASO

VERIFICACIÓN DE CONCEPTOS   Las respuestas de la sección "Verificación de conceptos" están disponibles en StewartCalculus.com

1. (a) ¿Cómo se define la longitud de una curva?

   (b) Escriba una expresión para la longitud de una curva suave dada por $y = f(x)$, $a \leq x \leq b$.

   (c) ¿Qué pasa si x se da como función de y?

2. (a) Escriba una expresión para el área de la superficie obtenida al rotar la curva $y = f(x)$, $a \leq x \leq b$, alrededor del eje x.

   (b) ¿Qué pasa si x se da como función de y?

   (c) ¿Y si la curva se gira alrededor del eje y?

3. Describa cómo encontrar la fuerza hidrostática contra una pared vertical sumergida en un líquido.

4. (a) ¿Cuál es el significado físico del centro de masa de una placa delgada?

   (b) Si la placa se encuentra entre $y = f(x)$ y $y = 0$, donde $a \leq x \leq b$, escriba expresiones para las coordenadas del centro de masa.

5. ¿Qué dice el teorema de Pappus?

6. Dada una función de demanda $p(x)$, explique lo que se entiende por excedente del consumidor cuando la cantidad de un producto disponible actualmente es X y el precio de venta actual es P. Ilústrelo con un boceto.

7. (a) ¿Qué es el gasto cardiaco?

   (b) Explique cómo medir el gasto cardiaco con el método de dilución de colorante.

8. ¿Qué es una función de densidad de probabilidad? ¿Qué propiedades tiene dicha función?

9. Suponga que $f(x)$ es la función de densidad de probabilidad para la masa de una estudiante universitaria, donde x se mide en kilogramos.

   (a) ¿Cuál es el significado de la integral $\int_0^{60} f(x)\, dx$?

   (b) Escriba una expresión para la media de esta función de densidad.

   (c) ¿Cómo se puede encontrar la mediana de esta función de densidad?

10. ¿Qué es una distribución normal? ¿Cuál es la importancia de la desviación estándar?

PREGUNTAS DE VERDADERO O FALSO

Determine si el enunciado es verdadero o falso. Si es verdadero, explique por qué. Si es falso, explique por qué o dé un ejemplo que lo refute.

1. Las longitudes de arco de las curvas $y = f(x)$ y $y = f(x) + c$ para $a \leq x \leq b$ son iguales.

2. Si la curva $y = f(x)$, $a \leq x \leq b$, se encuentra por encima del eje x y si $c > 0$, entonces las áreas de las superficies obtenidas por la rotación de $y = f(x)$ y $y = f(x) + c$ alrededor del eje x son iguales.

3. Si $f(x) \leq g(x)$ para $a \leq x \leq b$, entonces la longitud de arco de la curva $y = f(x)$ para $a \leq x \leq b$ es menor o igual a la longitud de arco de la curva $y = g(x)$ para $a \leq x \leq b$.

4. La longitud de la curva $y = x^3$, $0 \leq x \leq 1$ es $L = \int_0^1 \sqrt{1 + x^6}\, dx$.

5. Si f es continua, $f(0) = 0$ y $f(3) = 4$, entonces la longitud de arco de la curva $y = f(x)$ para $0 \leq x \leq 3$ es al menos 5.

6. El centro de masa de una lámina de densidad uniforme depende solo de la forma de la lámina y no de ρ.

7. La presión hidrostática de una presa depende solo del nivel del agua en la presa y no del tamaño del embalse creado por la presa.

8. Si f es una función de densidad de probabilidad, entonces $\int_{-\infty}^{\infty} f(x)\, dx = 1$.

EJERCICIOS

1-3 Encuentre la longitud de la curva.

1. $y = 4(x - 1)^{3/2}$, $1 \leq x \leq 4$

2. $y = 2 \ln\left(\text{sen } \tfrac{1}{2}x\right)$, $\pi/3 \leq x \leq \pi$

3. $12x = 4y^3 + 3y^{-1}$, $1 \leq y \leq 3$

4. (a) Encuentre la longitud de la curva

$$y = \frac{x^4}{16} + \frac{1}{2x^2} \qquad 1 \leq x \leq 2$$

   (b) Encuentre el área de la superficie obtenida al rotar la curva del inciso (a) alrededor del eje y.

T **5.** Sea C el arco de la curva $y = 2/(x + 1)$ desde el punto $(0, 2)$ hasta $\left(3, \frac{1}{2}\right)$. Encuentre una aproximación numérica para cada uno de los siguientes incisos, con cuatro decimales de precisión.

   (a) La longitud de C.

   (b) El área de la superficie que se obtiene al girar C alrededor del eje x.

   (c) El área de la superficie que se obtiene al girar C alrededor del eje y.

6. (a) La curva $y = x^2$, $0 \leqslant x \leqslant 1$, se gira alrededor del eje y. Encuentre el área de la superficie resultante.

   (b) Encuentre el área de la superficie obtenida al rotar la curva del inciso (a) alrededor del eje x.

7. Use la regla de Simpson con $n = 10$ para estimar la longitud de la curva seno $y = \operatorname{sen} x$, $0 \leqslant x \leqslant \pi$. Redondee su respuesta a cuatro decimales de precisión.

8. (a) Establezca, pero no evalúe, una integral para el área de la superficie obtenida al rotar la curva seno del ejercicio 7 alrededor del eje x.

T   (b) Evalúe su integral con cuatro decimales de precisión.

9. Encuentre la longitud de la curva
$$y = \int_1^x \sqrt{\sqrt{t} - 1}\, dt \qquad 1 \leqslant x \leqslant 16$$

10. Encuentre el área de la superficie obtenida al rotar la curva del ejercicio 9 alrededor del eje y.

11. Una compuerta en un canal de irrigación se construye en forma de trapecio de 1 m de ancho en la parte inferior, 2 m de ancho en la parte superior y 1 m de alto. Se coloca verticalmente en el canal de modo que el agua solo cubre la compuerta. Encuentre la fuerza hidrostática en un lado de la compuerta.

12. Un depósito está lleno de agua y sus extremos verticales tienen la forma de la región parabólica de la figura. Encuentre la fuerza hidrostática en un extremo del depósito.

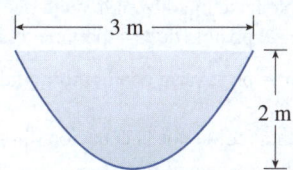

13-14 Encuentre el centroide de la región que se muestra.

13.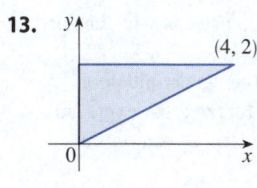

14.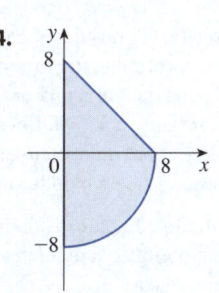

15-16 Encuentre el centroide de la región delimitada por las curvas señaladas.

15. $y = \frac{1}{2}x$, $y = \sqrt{x}$

16. $y = \operatorname{sen} x$, $y = 0$, $x = \pi/4$, $x = 3\pi/4$

17. Encuentre el volumen obtenido cuando la circunferencia de radio 1 con centro $(1, 0)$ se gira alrededor del eje y.

18. Utilice el teorema de Pappus y el hecho de que el volumen de una esfera de radio r es $\frac{4}{3}\pi r^3$ para encontrar el centroide de la región semicircular delimitada por la curva $y = \sqrt{r^2 - x^2}$ y el eje x.

19. La función de demanda para un producto está dada por
$$p = 2\,000 - 0.1x - 0.01x^2$$
Encuentre el excedente del consumidor cuando el nivel de ventas es 100.

20. Después de una inyección de 6 mg de colorante en la aurícula de un corazón, las mediciones de la concentración de colorante a intervalos de dos segundos son las que se muestran en la tabla. Con la regla de Simpson estime el gasto cardiaco.

t	$c(t)$	t	$c(t)$
0	0	14	4.7
2	1.9	16	3.3
4	3.3	18	2.1
6	5.1	20	1.1
8	7.6	22	0.5
10	7.1	24	0
12	5.8		

21. (a) Explique por qué la función
$$f(x) = \begin{cases} \dfrac{\pi}{20} \operatorname{sen} \dfrac{\pi x}{10} & \text{si } 0 \leqslant x \leqslant 10 \\ 0 & \text{si } x < 0 \text{ o } x > 10 \end{cases}$$
es una función de densidad de probabilidad.

   (b) Encuentre $P(X < 4)$.

   (c) Calcule la media. ¿El valor es lo que esperaría?

22. Por lo general, los periodos de embarazo tienen una distribución normal con una media de 268 días y una desviación estándar de 15 días. ¿Qué porcentaje de embarazos dura entre 250 y 280 días?

23. El tiempo de espera en la fila de un determinado banco se modela con una función de densidad exponencial con un promedio de 8 minutos.

   (a) ¿Cuál es la probabilidad de que un cliente sea atendido en los primeros 3 minutos?

   (b) ¿Cuál es la probabilidad de que un cliente tenga que esperar más de 10 minutos?

   (c) ¿Cuál es la mediana del tiempo de espera?

Problemas adicionales

1. Encuentre el área de la región $S = \{(x, y) \mid x \geq 0,\ y \leq 1,\ x^2 + y^2 \leq 4y\}$.

2. Encuentre el centroide de la región encerrada por el bucle de la curva $y^2 = x^3 - x^4$.

3. Si una esfera de radio r se corta por un plano cuya distancia desde el centro de la esfera es d, entonces la esfera se divide en dos piezas llamadas segmentos de una base (vea la primera figura). Las superficies correspondientes se llaman *zonas esféricas de una base*.

   (a) Determine las superficies de las dos zonas esféricas dadas en la primera figura.

   (b) Determine el área aproximada del Océano Ártico asumiendo que tiene una forma aproximadamente circular, con el centro en el Polo Norte y la "circunferencia" a 75° de latitud norte. Use $r = 6370$ km para el radio de la Tierra.

   (c) Una esfera de radio r está inscrita en un cilindro circular recto de radio r. Dos planos perpendiculares al eje central del cilindro y una distancia h de separación cortan una *zona esférica de dos bases* en la esfera (vea la segunda figura). Demuestre que la superficie de la zona esférica es igual a la superficie de la región que los dos planos recortan en el cilindro.

   (d) La *zona tórrida* es la región de la superficie terrestre que se encuentra entre el Trópico de Cáncer (23.45° de latitud norte) y el Trópico de Capricornio (23.45° de latitud sur). ¿Cuál es el área de la zona tórrida?

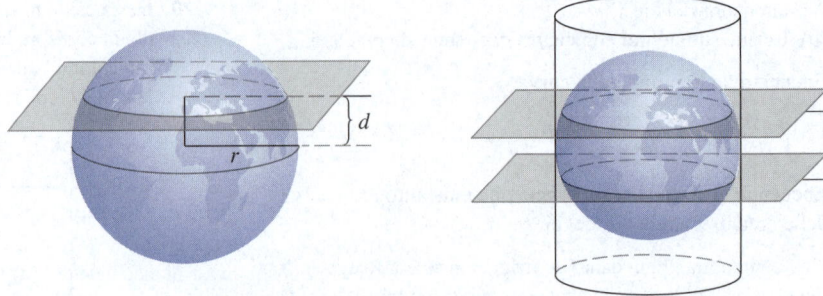

4. (a) Demuestre que un observador a la altura H por encima del Polo Norte de una esfera de radio r puede ver una parte de la esfera que tiene el área

   $$\frac{2\pi r^2 H}{r + H}$$

   (b) Dos esferas con radios r y R se colocan de tal manera que la distancia entre sus centros es d, donde $d > r + R$. ¿Dónde debe colocarse una luz en la recta que une los centros de las esferas para iluminar la mayor parte posible de la superficie total?

5. Suponga que la densidad del agua de mar, $\rho = \rho(z)$, varía con la profundidad z bajo la superficie.

   (a) Demuestre que la presión hidrostática está regida por la ecuación diferencial

   $$\frac{dP}{dz} = \rho(z)g$$

   donde g es la aceleración debida a la gravedad. Sean P_0 y ρ_0 la presión y la densidad en $z = 0$. Exprese la presión a una profundidad z como una integral.

   (b) Suponga que la densidad del agua de mar a una profundidad z está definida por $\rho = \rho_0 e^{z/H}$, donde H es una constante positiva. Encuentre la fuerza total, expresada como una integral, que se ejerce sobre un orificio circular vertical de radio r cuyo centro se encuentra a una distancia $L > r$ bajo la superficie.

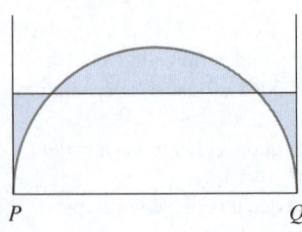

FIGURA PARA EL PROBLEMA 6

6. En la figura se muestra un semicírculo con radio 1, diámetro horizontal PQ y rectas tangentes en P y Q. ¿A qué altura por encima del diámetro debe colocarse la recta horizontal para reducir al mínimo el área sombreada?

7. Sea P una pirámide con una base cuadrada del lado $2b$ y suponga que S es una esfera con su centro en la base de P, y S es tangente a los ocho bordes de P. Encuentre la altura de P. Después encuentre el volumen de la intersección de S y P.

8. Considere una placa plana de metal que se coloca verticalmente bajo el agua con su parte superior a 2 m por debajo de la superficie del agua. Determine la forma que debe tener la placa de modo que, si la placa se divide en cualquier número de bloques horizontales de igual altura, la fuerza hidrostática en cada franja sea la misma.

9. Un disco uniforme con un radio de 1 m debe cortarse por una recta de modo que el centro de masa del trozo más pequeño se encuentre a la mitad de un radio. ¿Qué tan cerca del centro del disco debe hacerse el corte? (Exprese su respuesta con dos decimales de precisión).

10. Un triángulo de 30 cm² de área se corta de una esquina de un cuadrado de 10 cm de lado, como se muestra en la figura. Si el centroide de la región restante está a 4 cm del lado derecho del cuadrado, ¿a qué distancia está del fondo del cuadrado?

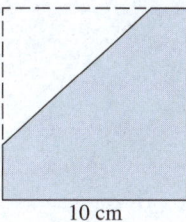

10 cm

11. En un famoso problema del siglo XVIII, conocido como *problema de la aguja de Buffon*, se deja caer una aguja de longitud h sobre una superficie plana (por ejemplo, una mesa) en la que se trazan rectas paralelas, a una distancia de L, $L \geq h$. El problema es determinar la probabilidad de que la aguja se detenga cruzando una de las rectas. Suponga que las rectas se extienden de este a oeste, paralelas al eje x en un sistema de coordenadas rectangulares (como en la figura). Sea y la distancia desde el extremo "sur" de la aguja a la recta más cercana al norte. (Si el extremo sur de la aguja se encuentra en una recta, sea $y = 0$. Si la aguja se sitúa de este a oeste, sea el extremo "oeste" el extremo "sur"). Sea θ el ángulo que la aguja hace con una raya que se extiende hacia el este del extremo sur. Entonces $0 \leq y \leq L$ y $0 \leq \theta \leq \pi$. Note que la aguja cruza una de las rectas solo cuando $y < h \operatorname{sen} \theta$. El conjunto total de posibilidades para la aguja puede identificarse con la región rectangular $0 \leq y \leq L$, $0 \leq \theta \leq \pi$, y la proporción de veces que la aguja interseca una recta es la relación

$$\frac{\text{área debajo de } y = h \operatorname{sen} \theta}{\text{área del rectángulo}}$$

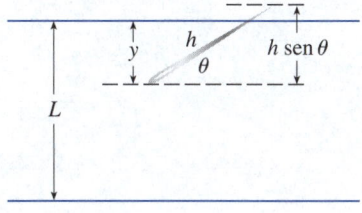

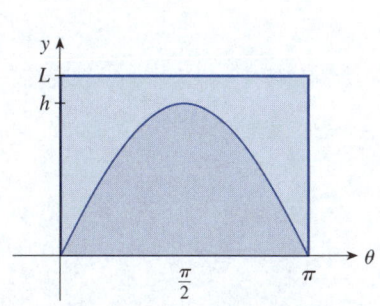

FIGURA PARA EL PROBLEMA 11

Esta relación es la probabilidad de que la aguja cruce una recta. Encuentre la probabilidad de que la aguja cruce una recta si $h = L$. ¿Qué pasa si $h = \frac{1}{2}L$?

12. Si la aguja del problema 11 tiene una longitud $h > L$, es posible que la aguja cruce más de una recta.
   (a) Si $L = 4$, encuentre la probabilidad de que una aguja de longitud 7 cruce al menos una recta. [*Sugerencia*: Proceda como en el problema 11. Defina y como antes; luego el conjunto total de posibilidades para la aguja puede identificarse con la misma región rectangular $0 \leq y \leq L$, $0 \leq \theta \leq \pi$. ¿Qué parte del rectángulo corresponde a la aguja que cruza una recta?].
   (b) Si $L = 4$, encuentre la probabilidad de que una aguja de longitud 7 cruce *dos* rectas.
   (c) Si $2L < h \leq 3L$, encuentre una fórmula general para la probabilidad de que la aguja cruce tres rectas.

13. Encuentre el centroide de la región delimitada por la elipse $x^2 + (x + y + 1)^2 = 1$.

El hielo marino es una parte importante de la ecología de la Tierra. En el ejercicio 9.3.56 se pide derivar una ecuación diferencial que modela el grosor del hielo marino a medida que cambia con el tiempo.

©Alexey Seafarer/Shutterstock.com

9

Ecuaciones diferenciales

QUIZÁ LA APLICACIÓN MÁS IMPORTANTE del cálculo sea la de las ecuaciones diferenciales. Cuando los científicos físicos o los científicos sociales usan el cálculo, con frecuencia lo hacen para analizar una ecuación diferencial que surgió durante el proceso de modelado de algún fenómeno en estudio. Aunque a menudo es imposible encontrar una fórmula explícita para la solución de una ecuación diferencial, se verá que las aproximaciones gráfica y numérica proporcionan la información necesaria.

9.1 | Modelado con ecuaciones diferenciales

Este es un buen momento para leer (o releer) la presentación del modelado matemático en la sección 1.2.

Al describir el proceso de modelado en el capítulo 1, se abordó la formulación de un modelo matemático de un problema del mundo real, ya sea mediante un razonamiento intuitivo sobre el fenómeno o una ley física basada en evidencia experimental. El modelo matemático a menudo toma la forma de una *ecuación diferencial*; es decir, una ecuación que contiene una función desconocida y algunas de sus derivadas. Esto no sorprende porque en una situación de la vida real con frecuencia se nota que ocurren cambios y se desea predecir el comportamiento futuro con base en la manera en que se transforman los valores actuales. Se comienza por examinar varios ejemplos de la aparición de ecuaciones diferenciales al modelar fenómenos físicos.

■ Modelos de crecimiento poblacional

Un modelo de crecimiento poblacional parte del supuesto de que la población crece a una tasa proporcional a su tamaño. Tal suposición es razonable para una población de bacterias o animales en condiciones ideales (ambiente ilimitado, nutrición adecuada, ausencia de depredadores e inmunidad a enfermedades).

Identifique y denote las variables de este modelo:

t = tiempo (variable independiente).

P = número de individuos en la población (variable dependiente).

La tasa de crecimiento poblacional es la derivada dP/dt. Por lo que la suposición de que la tasa de crecimiento poblacional es proporcional a su tamaño se escribe como la ecuación

$$\boxed{1} \qquad \frac{dP}{dt} = kP$$

donde k es la constante de proporcionalidad. La ecuación 1 es el primer modelo de crecimiento poblacional; es una ecuación diferencial porque contiene una función desconocida P y su derivada dP/dt.

Cuando se formula un modelo, hay que considerar sus consecuencias. Si se descarta una población de 0, entonces $P(t) > 0$ para toda t. Así, si $k > 0$, entonces la ecuación 1 muestra que $P'(t) > 0$ para toda t. Esto significa que la población siempre es creciente. De hecho, a medida que $P(t)$ aumenta, la ecuación 1 muestra que dP/dt se hace más grande. En otras palabras, la tasa de crecimiento aumenta a medida que la población crece.

Intente pensar en una solución de la ecuación 1. Esa ecuación pide una función cuya derivada sea un múltiplo constante de sí misma. A partir del capítulo 3, se sabe que las funciones exponenciales tienen esa propiedad. De hecho, si $P(t) = Ce^{kt}$, entonces

$$P'(t) = C(ke^{kt}) = k(Ce^{kt}) = kP(t)$$

Por lo tanto, toda función exponencial de la forma $P(t) = Ce^{kt}$ es una solución de la ecuación 1. En la sección 9.4 se verá que no hay otra solución.

Al permitir que C varíe a través de todos los números reales se obtiene la *familia* de soluciones $P(t) = Ce^{kt}$, cuyas gráficas se muestran en la figura 1. Pero las poblaciones tienen solo valores positivos, por lo que solo interesan las soluciones con $C > 0$. Si únicamente interesan los valores de t mayores que el tiempo inicial $t = 0$, entonces en la

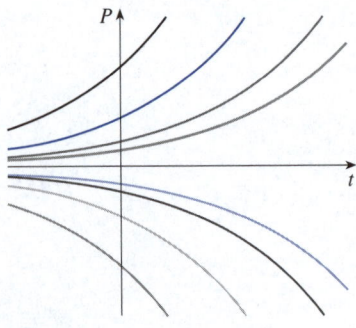

FIGURA 1
Familia de soluciones de $dP/dt = kP$.

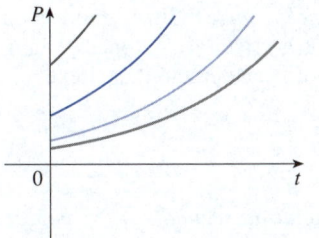

FIGURA 2

Familia de soluciones $P(t) = Ce^{kt}$ con $C > 0$ y $t \geqslant 0$.

figura 2 se muestran las soluciones físicamente significativas. Si se sustituye $t = 0$ se obtiene $P(0) = Ce^{k(0)} = C$, por lo que la constante C resulta ser la población inicial, $P(0)$.

La ecuación 1 es apropiada para modelar el crecimiento poblacional en condiciones ideales, pero hay que reconocer que un modelo más realista debe reflejar el hecho de que un entorno determinado tiene recursos limitados. Muchas poblaciones comienzan aumentando de manera exponencial, pero se nivelan cuando se aproximan a su *capacidad de carga M* (o decrecen hacia M si alguna vez exceden a M). Para que un modelo considere ambas tendencias debe satisfacer los dos siguientes supuestos:

- $\dfrac{dP}{dt} \approx kP$ si P es pequeña (al principio, la tasa de crecimiento es proporcional a P).

- $\dfrac{dP}{dt} < 0$ si $P > M$ (P disminuye si nunca excede M).

Una forma de incorporar ambos supuestos es asumir que la tasa de crecimiento poblacional es proporcional tanto a la población como a la diferencia entre la capacidad de carga y la población. La ecuación diferencial correspondiente es $dP/dt = cP(M - P)$, donde c es la constante de proporcionalidad o, de forma equivalente,

$$\boxed{2} \qquad \frac{dP}{dt} = kP\left(1 - \frac{P}{M}\right) \qquad \text{donde } k = cM$$

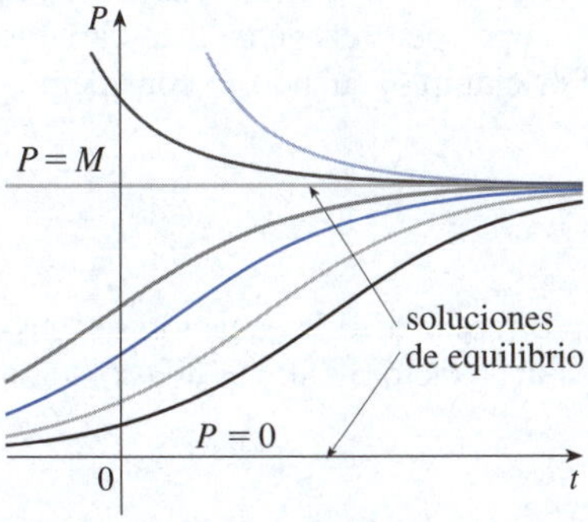

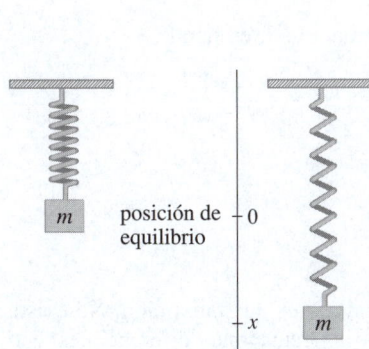

FIGURA 3

Soluciones de la ecuación logística.

Observe que si P es pequeña en comparación con M, entonces P/M está cerca de 0, por lo que $dP/dt \approx kP$. Si $P > M$, entonces $1 - P/M$ es negativo y, por lo tanto, $dP/dt < 0$.

La ecuación 2 se denomina *ecuación diferencial logística* y fue propuesta por el biólogo matemático holandés Pierre-François Verhulst en la década de 1840 como modelo para el crecimiento de la población mundial. En la sección 9.4 se desarrollarán técnicas que permiten encontrar soluciones explícitas de la ecuación logística, pero por ahora se pueden deducir características cualitativas de las soluciones directamente de la ecuación 2. Primero observe que las funciones constantes $P(t) = 0$ y $P(t) = M$ son soluciones porque, en cualquier caso, uno de los factores en el lado derecho de la ecuación 2 es 0 (esto, sin duda, tiene sentido concreto: si la población es 0 o es igual a la capacidad de carga, se mantiene así). En general, las soluciones constantes de una ecuación diferencial, como estas dos soluciones, se conocen como **soluciones de equilibrio**.

Si la población inicial $P(0)$ se encuentra entre 0 y M, entonces el lado derecho de la ecuación 2 es positivo, por lo que $dP/dt > 0$ y la población crece. Pero si la población rebasa la capacidad de carga ($P > M$), entonces $1 - P/M$ es negativa, así que $dP/dt < 0$ y la población decrece. Observe que, en cualquier caso, si la población tiende a la capacidad de carga ($P \to M$), entonces $dP/dt \to 0$, lo que significa que la población se estabiliza. De este modo, se espera que las soluciones de la ecuación diferencial logística tengan gráficas semejantes a las que se presentan en la figura 3. Observe que las gráficas se alejan de la solución de equilibrio $P = 0$ y se mueven hacia la solución de equilibrio $P = M$.

■ Modelo para el movimiento de un resorte

Ahora se analiza el ejemplo de un modelo físico. Se considera el movimiento de un objeto con masa m al final de un resorte vertical (como en la figura 4). En la sección 6.4 se abordó la ley de Hooke, que dice que si el resorte se extiende (o comprime) x unidades de su longitud natural, entonces ejerce una fuerza proporcional a x:

$$\text{fuerza de restauración} = -kx$$

FIGURA 4

donde k es una constante positiva (llamada *constante del resorte*). Si se ignora toda fuerza de resistencia externa (por la resistencia del aire o la fricción), entonces, según la segunda ley de Newton (la fuerza es igual a la masa por la aceleración), se tiene

$$\boxed{3} \qquad m\frac{d^2x}{dt^2} = -kx$$

Esto es un ejemplo de lo que se llama *ecuación diferencial de segundo orden* porque involucra segundas derivadas. Ahora se verá qué se puede suponer acerca de la forma de la solución directamente de la ecuación. Se puede reescribir la ecuación 3 en la forma

$$\frac{d^2x}{dt^2} = -\frac{k}{m}x$$

Esto dice que la segunda derivada de x es proporcional a x, pero tiene el signo opuesto. Se conocen dos funciones con esta propiedad, las funciones seno y coseno. De hecho, resulta que todas las soluciones de la ecuación 3 pueden escribirse como combinaciones de ciertas funciones seno y coseno (vea el ejercicio 16). Esto no es sorprendente; se espera que el resorte oscile alrededor de su posición de equilibrio, por lo que es natural pensar que esto implica funciones trigonométricas.

■ Ecuaciones diferenciales generales

En general, una **ecuación diferencial** es una ecuación que contiene una función desconocida y una o más de sus derivadas. El **orden** de una ecuación diferencial es el orden de la derivada más alta que contiene la ecuación. Por lo tanto, las ecuaciones 1 y 2 son de primer orden, y la ecuación 3 es de segundo orden. En las tres ecuaciones, la variable independiente se llama t y representa el tiempo, pero en general la variable independiente no tiene que representar el tiempo. Por ejemplo, cuando se considera la ecuación diferencial

$$\boxed{4} \qquad y' = xy$$

se entiende que y es una función desconocida de x.

Una función f se llama **solución** de una ecuación diferencial si la ecuación se satisface cuando $y = f(x)$ y sus derivadas se sustituyen en la ecuación. Así, f es una solución de la ecuación 4 si

$$f'(x) = xf(x)$$

para todos los valores de x en algún intervalo.

Cuando se pide *resolver* una ecuación diferencial, se espera encontrar todas sus soluciones posibles. Ya se resolvieron algunas ecuaciones diferenciales especialmente sencillas, a saber, aquellas de la forma

$$y' = f(x)$$

Por ejemplo, se sabe que la solución general de la ecuación diferencial

$$y' = x^3$$

está dada por

$$y = \frac{x^4}{4} + C$$

donde C es una constante arbitraria.

Pero, en general, resolver una ecuación diferencial no es una tarea fácil. No existe una técnica sistemática que permita resolver todas las ecuaciones diferenciales. Sin embargo, en la sección 9.2 se verá cómo trazar gráficas aproximadas de las soluciones aunque no se tenga una fórmula explícita. También se aprenderá a encontrar aproximaciones numéricas a las soluciones.

EJEMPLO 1 Determine si la función $y = x + 1/x$ es una solución de la ecuación diferencial dada.

(a) $xy' + y = 2x$ (b) $xy'' + 2y' = 0$

SOLUCIÓN La primera y segunda derivadas de $y = x + 1/x$ (respecto a x) son $y' = 1 - 1/x^2$ y $y'' = 2/x^3$.

(a) Al sustituir las expresiones para y y y' al lado izquierdo de la ecuación diferencial se obtiene

$$xy' + y = x\left(1 - \frac{1}{x^2}\right) + \left(x + \frac{1}{x}\right)$$

$$= x - \frac{1}{x} + x + \frac{1}{x} = 2x$$

Como $2x$ es igual al lado derecho de la ecuación diferencial, $y = x + 1/x$ es una solución.

(b) Al sustituir y' y y'', el lado izquierdo se convierte en

$$xy'' + 2y' = x\left(\frac{2}{x^3}\right) + 2\left(1 - \frac{1}{x^2}\right)$$

$$= \frac{2}{x^2} + 2 - \frac{2}{x^2} = 2$$

que no es igual al lado derecho de la ecuación diferencial. Por lo tanto, $y = x + 1/x$ no es una solución. ∎

EJEMPLO 2 Demuestre que cada miembro de la familia de funciones

$$y = \frac{1 + ce^t}{1 - ce^t}$$

es una solución de la ecuación diferencial $y' = \frac{1}{2}(y^2 - 1)$.

SOLUCIÓN Se aplica la regla del cociente para derivar la expresión para y:

$$y' = \frac{(1 - ce^t)(ce^t) - (1 + ce^t)(-ce^t)}{(1 - ce^t)^2}$$

$$= \frac{ce^t - c^2e^{2t} + ce^t + c^2e^{2t}}{(1 - ce^t)^2} = \frac{2ce^t}{(1 - ce^t)^2}$$

El lado derecho de la ecuación diferencial se convierte en

$$\frac{1}{2}(y^2 - 1) = \frac{1}{2}\left[\left(\frac{1 + ce^t}{1 - ce^t}\right)^2 - 1\right]$$

$$= \frac{1}{2}\left[\frac{(1 + ce^t)^2 - (1 - ce^t)^2}{(1 - ce^t)^2}\right]$$

$$= \frac{1}{2}\frac{4ce^t}{(1 - ce^t)^2} = \frac{2ce^t}{(1 - ce^t)^2}$$

En la figura 5 se presentan las gráficas de siete miembros de la familia del ejemplo 2. La ecuación diferencial muestra que si $y \approx \pm 1$, entonces $y' \approx 0$. Esto se confirma por lo plano de las gráficas cerca de $y = 1$ y $y = -1$.

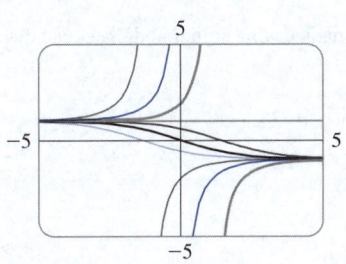

FIGURA 5

Esto demuestra que los lados izquierdo y derecho de la ecuación diferencial son iguales. Consecuentemente, para cada valor de c, la función señalada es una solución de la ecuación diferencial. ∎

Al aplicar ecuaciones diferenciales, normalmente no se está tan interesado en encontrar una familia de soluciones (la *solución general*) como en determinar una solución que satisfaga algún requisito adicional. En muchos problemas físicos es necesario encontrar la solución particular que satisfaga una condición de la forma $y(t_0) = y_0$. Esto se llama **condición inicial**, y el problema de encontrar una solución de la ecuación diferencial que satisfaga la condición inicial se llama **problema de valor inicial**.

Desde el punto de vista geométrico, cuando se impone una condición inicial, se observa la familia de curvas solución y se elige la que pase por el punto (t_0, y_0). En física, esto corresponde a la medición del estado de un sistema en el tiempo t_0 y al uso de la solución del problema de valor inicial para predecir el comportamiento futuro del sistema.

EJEMPLO 3 Encuentre una solución de la ecuación diferencial $y' = \frac{1}{2}(y^2 - 1)$ que satisfaga con la condición inicial $y(0) = 2$.

SOLUCIÓN Por el ejemplo 2 se sabe que, para cualquier valor de c, la función

$$y = \frac{1 + ce^t}{1 - ce^t}$$

es una solución de esta ecuación diferencial. Si se sustituyen los valores $t = 0$ y $y = 2$ se obtiene

$$2 = \frac{1 + ce^0}{1 - ce^0} = \frac{1 + c}{1 - c}$$

Al despejar c en esta ecuación se obtiene $2 - 2c = 1 + c$, lo que da $c = \frac{1}{3}$. Así, la solución del problema de valor inicial es

$$y = \frac{1 + \frac{1}{3}e^t}{1 - \frac{1}{3}e^t} = \frac{3 + e^t}{3 - e^t}$$

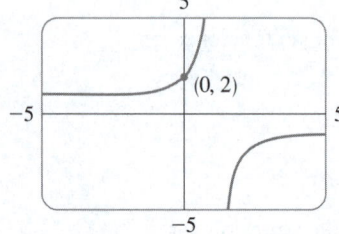

FIGURA 6

La gráfica de la solución se muestra en la figura 6. La curva es el único miembro de la familia de curvas solución de la figura 5 que pasa a través del punto $(0, 2)$. ∎

9.1 | Ejercicios

1-5 Escriba una ecuación diferencial que modele la situación dada. En cada caso se da la razón de cambio con respecto al tiempo t.

1. La razón de cambio del radio r del tronco de un árbol es inversamente proporcional al radio.

2. La razón de cambio de la velocidad v de un cuerpo cayendo es constante.

3. Para un auto con velocidad máxima M, la razón de cambio de la velocidad v del auto es proporcional a la diferencia entre M y v.

4. Cuando una enfermedad infecciosa se introduce en una ciudad de población fija N, la razón de cambio del número y de individuos infectados es proporcional al producto del número de individuos infectados y al número de individuos no infectados.

5. Cuando se introduce una campaña publicitaria de un nuevo producto en una ciudad de población fija N, la razón de cambio del número y de personas que escucharon hablar del producto en el tiempo t es proporcional al número de personas de la población que aún no lo conocen.

6-12 Determine si la función dada es una solución de la ecuación diferencial.

6. $y = \operatorname{sen} x - \cos x$; $\quad y' + y = 2 \operatorname{sen} x$

7. $y = \frac{2}{3}e^x + e^{-2x}$; $\quad y' + 2y = 2e^x$

8. $y = \tan x$; $\quad y' - y^2 = 1$

9. $y = \sqrt{x}$; $\quad xy' - y = 0$

10. $y = \sqrt{1 - x^2}$; $\quad yy' - x = 0$

11. $y = x^3;$ $\quad x^2y'' - 6y = 0$

12. $y = \ln x;$ $\quad xy'' - y' = 0$

13-14 Demuestre que la función dada es una solución del problema de valor inicial.

13. $y = -t \cos t - t;$ $\quad t\dfrac{dy}{dt} = y + t^2 \operatorname{sen} t,$ $y(\pi) = 0$

14. $y = 5e^{2x} + x;$ $\quad \dfrac{dy}{dx} - 2y = 1 - 2x,$ $y(0) = 5$

---

15. (a) ¿Para qué valores de r la función $y = e^{rx}$ satisface la ecuación diferencial $2y'' + y' - y = 0$?

(b) Si r_1 y r_2 son los valores de r que se encontraron en el inciso (a), demuestre que cada miembro de la familia de funciones $y = ae^{r_1 x} + be^{r_2 x}$ es también una solución.

16. (a) ¿Para qué valores de k la función $y = \cos kt$ satisface la ecuación diferencial $4y'' = -25y$?

(b) Para esos valores de k, verifique que cada miembro de la familia de funciones $y = A \operatorname{sen} kt + B \cos kt$ es también una solución.

17. ¿Cuáles de las siguientes funciones son soluciones de la ecuación diferencial $y'' + y = \operatorname{sen} x$?

(a) $y = \operatorname{sen} x$ $\qquad\qquad$ (b) $y = \cos x$

(c) $y = \frac{1}{2}x \operatorname{sen} x$ $\qquad$ (d) $y = -\frac{1}{2}x \cos x$

18. (a) Demuestre que cada miembro de la familia de funciones $y = (\ln x + C)/x$ es una solución de la ecuación diferencial $x^2 y' + xy = 1$.

 (b) Ilustre el inciso (a) graficando varios miembros de la familia de soluciones en una misma ventana.

(c) Encuentre una solución de la ecuación diferencial que satisfaga la condición inicial $y(1) = 2$.

(d) Encuentre una solución de la ecuación diferencial que satisfaga la condición inicial $y(2) = 1$.

19. (a) ¿Qué puede decir acerca de una solución de la ecuación $y' = -y^2$ solamente mirando la ecuación diferencial?

(b) Verifique que todos los miembros de la familia $y = 1/(x + C)$ son soluciones de la ecuación del inciso (a).

(c) ¿Podría pensar en una solución de la ecuación diferencial $y' = -y^2$ que no sea un miembro de la familia en el inciso (b)?

(d) Encuentre una solución al problema de valor inicial

$$y' = -y^2 \qquad y(0) = 0.5$$

20. (a) ¿Qué puede decir de la gráfica de una solución de la ecuación $y' = xy^3$ cuando x está cerca de 0? ¿Y si x es grande?

(b) Verifique que todos los miembros de la familia $y = (c - x^2)^{-1/2}$ son soluciones de la ecuación diferencial $y' = xy^3$.

 (c) Grafique varios miembros de la familia de soluciones en una misma ventana. ¿Las gráficas confirman lo que predijo en el inciso(a)?

(d) Encuentre una solución al problema de valor inicial

$$y' = xy^3 \qquad y(0) = 2$$

21. Una población se modela mediante la ecuación diferencial

$$\frac{dP}{dt} = 1.2P\left(1 - \frac{P}{4200}\right)$$

(a) ¿Para qué valores de P crece la población?

(b) ¿Para qué valores de P decrece la población?

(c) ¿Cuáles son las soluciones de equilibrio?

22. El modelo Fitzhugh-Nagumo para el impulso eléctrico en una neurona establece que, en ausencia de efectos de relajación, el potencial eléctrico en una neurona $v(t)$ obedece a la ecuación diferencial

$$\frac{dv}{dt} = -v[v^2 - (1 + a)v + a]$$

donde a es una constante positiva tal que $0 < a < 1$.

(a) ¿Para qué valores de v es v invariable (es decir, $dv/dt = 0$)?

(b) ¿Para qué valores de v crece v?

(c) ¿Para qué valores de v decrece v?

23. Explique por qué las funciones con las gráficas presentadas *no pueden* ser soluciones de la ecuación diferencial

$$\frac{dy}{dt} = e^t(y - 1)^2$$

(a) 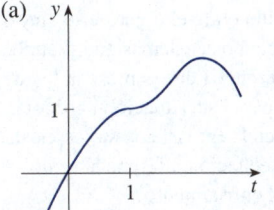 $\qquad$ (b)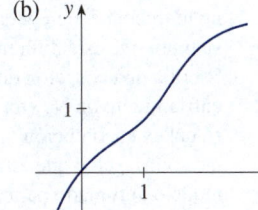

24. La función con la gráfica dada es una solución de una de las siguientes ecuaciones diferenciales. Decida cuál es la ecuación correcta y justifique su respuesta.

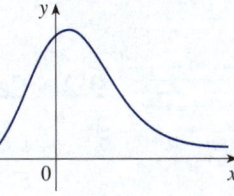

A. $y' = 1 + xy$ $\qquad$ B. $y' = -2xy$ $\qquad$ C. $y' = 1 - 2xy$

25. Relacione las ecuaciones diferenciales con las gráficas de solución marcadas I-IV. Argumente sus elecciones.

(a) $y' = 1 + x^2 + y^2$

(b) $y' = xe^{-x^2-y^2}$

(c) $y' = \dfrac{1}{1 + e^{x^2+y^2}}$

(d) $y' = \operatorname{sen}(xy)\cos(xy)$

I
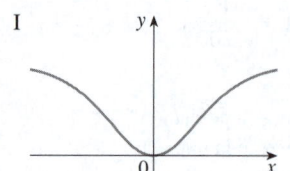

II
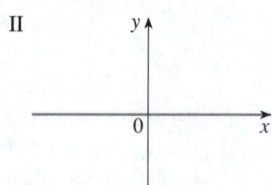

III
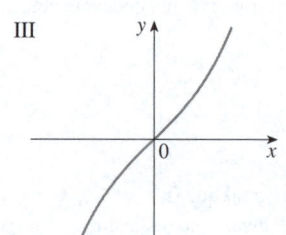

IV
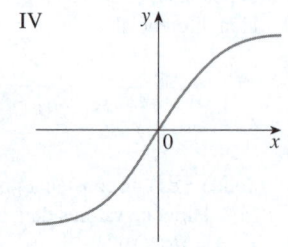

26. Suponga que acaba de servir una taza de café recién hecho con una temperatura de 95 °C en una habitación donde la temperatura es de 20 °C.

(a) ¿Cuándo cree que el café se enfría más rápido? ¿Qué pasa con el índice de enfriamiento a medida que pasa el tiempo? Explique.

(b) La ley de enfriamiento de Newton establece que la velocidad de enfriamiento de un objeto es proporcional a la diferencia de temperatura entre el objeto y su entorno, siempre que esta diferencia no sea demasiado grande. Escriba una ecuación diferencial que exprese la ley de enfriamiento de Newton para esta situación particular. ¿Cuál es la condición inicial? En vista de su respuesta al inciso (a), ¿cree que esta ecuación diferencial es un modelo apropiado para el enfriamiento?

(c) Trace la gráfica de la solución del problema de valor inicial en el inciso (b).

27. Los psicólogos interesados en la teoría del aprendizaje estudian las **curvas de aprendizaje**. Una curva de aprendizaje es la gráfica de una función $P(t)$, el rendimiento de alguien que aprende una habilidad en función del tiempo de entrenamiento t. La derivada dP/dt representa el ritmo al que mejora el rendimiento.

(a) ¿Cuándo cree que P aumenta más rápido? ¿Qué le sucede a dP/dt a medida que aumenta t? Explique.

(b) Si M es el nivel máximo de rendimiento del cual el estudiante es capaz, explique por qué la ecuación diferencial

$$\frac{dP}{dt} = k(M - P) \qquad k \text{ una constante positiva}$$

es un modelo razonable para el aprendizaje.

(c) Trace una gráfica aproximada de una posible solución para esta ecuación diferencial.

28. La ecuación de Von Bertalanffy establece que la tasa de crecimiento de la longitud de un pez individual es proporcional a la diferencia entre la longitud actual L y la longitud asintótica L_∞ (en centímetros).

(a) Escriba una ecuación diferencial que exprese esta idea.

(b) Trace la gráfica de una solución de un problema típico de valor inicial para esta ecuación diferencial.

29. Las ecuaciones diferenciales son muy comunes en el estudio de la disolución de medicamentos para los pacientes que reciben medicación oral. Una de ellas es la ecuación de Weibull para la concentración $c(t)$ de los fármacos:

$$\frac{dc}{dt} = \frac{k}{t^b}(c_s - c)$$

donde k y c_s son constantes positivas y $0 < b < 1$. Verifique que

$$c(t) = c_s\left(1 - e^{-\alpha t^{1-b}}\right)$$

es una solución de la ecuación de Weibull para $t > 0$, donde $\alpha = k/(1 - b)$. ¿Qué dice la ecuación diferencial sobre cómo sucede la disolución de los fármacos?

9.2 | Campos direccionales y el método de Euler

Desafortunadamente, es imposible resolver la mayoría de las ecuaciones diferenciales en el sentido de obtener una fórmula explícita para la solución. En esta sección se muestra que, a pesar de la ausencia de una solución explícita, todavía es posible aprender mucho sobre la solución mediante una aproximación gráfica (campos direccionales) o una aproximación numérica (método de Euler).

Campos direccionales

Suponga que se pide trazar la gráfica de la solución del problema de valor inicial

$$y' = x + y \qquad y(0) = 1$$

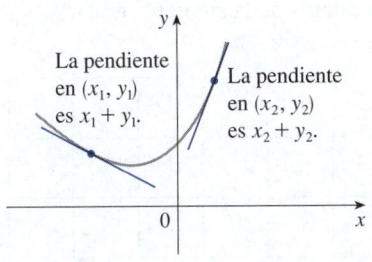

FIGURA 1
Una solución de $y' = x + y$.

Dado que no se conoce una fórmula para la solución, ¿cómo se puede trazar su gráfica? Piense en lo que significa la ecuación diferencial. La ecuación $y' = x + y$ indica que la pendiente en cualquier punto (x, y) de la gráfica (llamada *curva solución*) es igual a la suma de las coordenadas x y y del punto (vea la figura 1). En particular, debido a que la curva pasa por el punto $(0, 1)$, su pendiente ahí debe ser $0 + 1 = 1$. Por lo que una pequeña parte de la curva solución cerca del punto $(0, 1)$ luce como un segmento de recta corto que pasa por $(0, 1)$ con pendiente 1 (vea la figura 2).

Como guía para trazar el resto de la curva, dibuje segmentos de recta cortos en varios puntos (x, y) con pendiente $x + y$. El resultado se llama *campo direccional* y se muestra en la figura 3. Por ejemplo, el segmento de recta en el punto $(1, 2)$ tiene pendiente $1 + 2 = 3$. El campo direccional permite visualizar la forma general de las curvas solución indicando la dirección en que avanzan las curvas en cada punto.

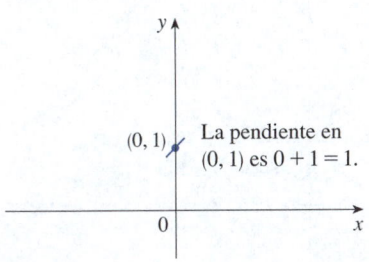

FIGURA 2
Inicio de la curva solución que pasa por $(0, 1)$.

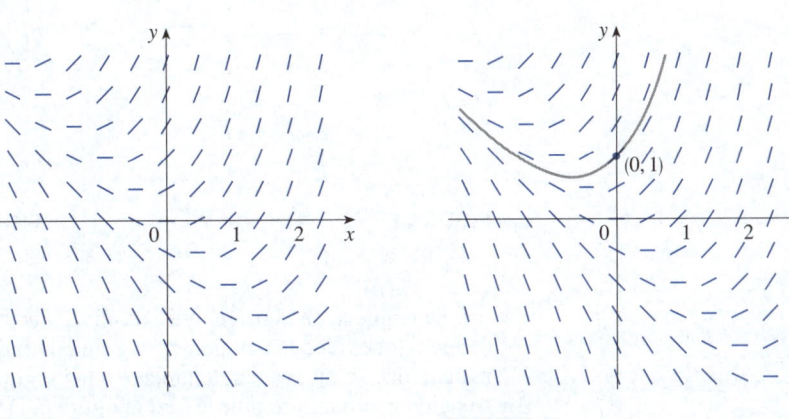

FIGURA 3
Campo direccional para $y' = x + y$.

FIGURA 4
Curva solución que pasa por $(0, 1)$.

Ahora se puede trazar la curva solución a través del punto $(0, 1)$ siguiendo el campo direccional como en la figura 4. Observe que se trazó la curva de manera paralela a los segmentos de recta cercanos.

En general, suponga que se tiene una ecuación diferencial de primer orden de la forma

$$y' = F(x, y)$$

donde $F(x, y)$ es alguna expresión en x y y. La ecuación diferencial indica que la pendiente de una curva solución en un punto (x, y) de la curva es $F(x, y)$. Si se trazan segmentos de recta cortos con pendiente $F(x, y)$ en varios puntos (x, y), el resultado se llama **campo direccional** (o **campo de pendientes**). Estos segmentos de recta indican la dirección en la que se dirige una curva solución, por lo que el campo direccional ayuda a visualizar la forma general de estas curvas.

EJEMPLO 1
(a) Grafique el campo direccional para la ecuación diferencial $y' = x^2 + y^2 - 1$.
(b) Utilice el inciso (a) para trazar la curva solución que pasa a través del origen.

SOLUCIÓN

(a) Se comienza por calcular la pendiente en varios puntos de la siguiente tabla:

x	-2	-1	0	1	2	-2	-1	0	1	2	...
y	0	0	0	0	0	1	1	1	1	1	...
$y' = x^2 + y^2 - 1$	3	0	-1	0	3	4	1	0	1	4	...

Ahora se trazan segmentos de recta cortos con estas pendientes en estos puntos. El resultado es el campo direccional que se muestra en la figura 5.

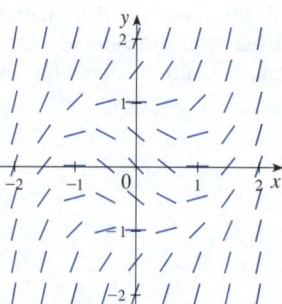

FIGURA 5

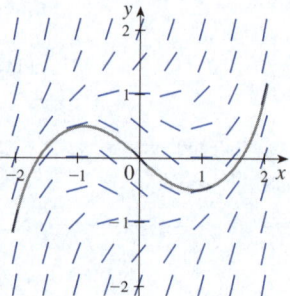

FIGURA 6

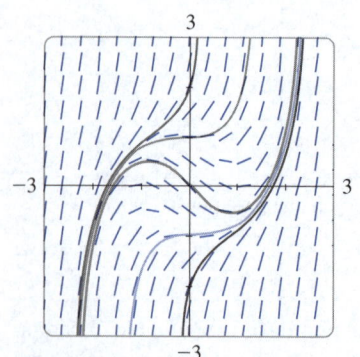

FIGURA 7

(b) Se empieza en el origen y se desplaza hacia la derecha en dirección del segmento de recta (que tiene la pendiente -1). Se continúa trazando la curva solución de manera que se mueva paralelamente a los segmentos de recta cercanos. La curva solución resultante se muestra en la figura 6. De regreso al origen, se traza la curva solución a la izquierda también. ■

Entre más segmentos de recta se tracen en un campo direccional, más clara se vuelve la imagen. Por supuesto, es tedioso calcular pendientes y dibujar segmentos de recta a mano para un gran número de puntos, pero las computadoras son muy útiles para esta tarea. En la figura 7 se muestra un campo direccional más detallado dibujado por computadora para la ecuación diferencial del ejemplo 1. Permite dibujar, con una precisión razonable, las curvas solución con las intersecciones en y: $-2, -1, 0, 1$ y 2.

Ahora se verá cómo los campos direccionales dan una idea de las situaciones físicas. El circuito eléctrico simple que se muestra en la figura 8 contiene una fuerza electromotriz (normalmente una batería o un generador) que produce un voltaje de $E(t)$ voltios (V) y una corriente de $I(t)$ amperios (A) en el tiempo t. El circuito también contiene una resistencia de R ohmios (Ω) y un inductor con una inductancia de L henrios o *henries* (H).

La ley de Ohm indica que la caída de voltaje debida a la resistencia es RI. La caída de voltaje debida al inductor es $L(dI/dt)$. Una de las leyes de Kirchhoff dice que la suma de las caídas de voltaje es igual al voltaje alimentado $E(t)$. Así, se tiene

$$\boxed{1} \qquad\qquad L\frac{dI}{dt} + RI = E(t)$$

que es una ecuación diferencial de primer orden que modela la corriente I en el tiempo t.

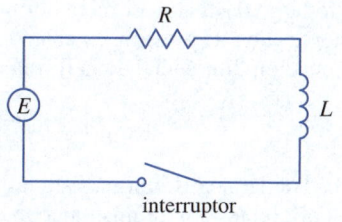

FIGURA 8

interruptor

EJEMPLO 2 Suponga que, en el circuito sencillo de la figura 8, la resistencia es de 12 Ω, la inductancia es de 4 H y una batería da un voltaje constante de 60 V.
(a) Dibuje un campo direccional para la ecuación 1 con estos valores.
(b) ¿Qué puede decir sobre el valor límite de la corriente?
(c) Identifique cualquier solución de equilibrio.
(d) Si el interruptor está cerrado cuando $t = 0$, de modo que la corriente comienza con $I(0) = 0$, utilice el campo direccional para trazar la curva solución.

SOLUCIÓN

(a) Si se sustituye $L = 4$, $R = 12$ y $E(t) = 60$ en la ecuación 1, se obtiene

$$4\frac{dI}{dt} + 12I = 60 \qquad \text{o} \qquad \frac{dI}{dt} = 15 - 3I$$

El campo direccional para esta ecuación diferencial se muestra en la figura 9.

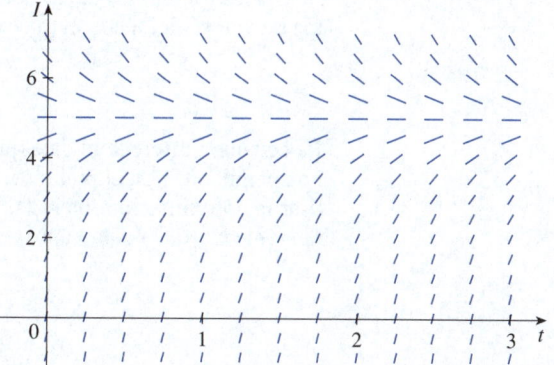

FIGURA 9

(b) Según el campo direccional, parece que todas las soluciones se aproximan al valor 5 A, es decir,

$$\lim_{t \to \infty} I(t) = 5$$

Recuerde que una solución de equilibrio es una solución constante (su gráfica es una recta horizontal).

(c) En el campo direccional se ve que la función constante $I(t) = 5$ es una solución de equilibrio. De hecho, esto se verifica directamente mediante la ecuación diferencial $dI/dt = 15 - 3I$. Si $I(t) = 5$, entonces el lado izquierdo es $dI/dt = 0$ y el derecho es $15 - 3(5) = 0$.

(d) Se usa el campo direccional para dibujar la curva solución que pasa a través de $(0, 0)$, como se muestra en color negro en la figura 10.

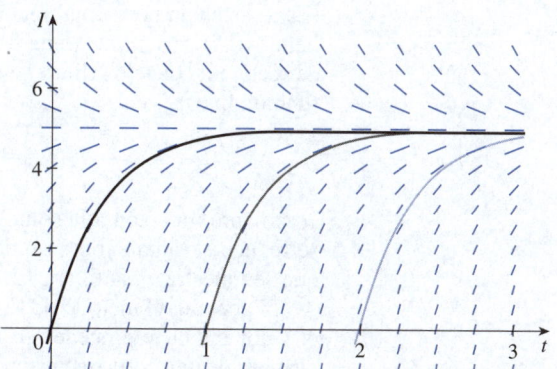

FIGURA 10

Observe que en la figura 9 los segmentos de recta a lo largo de cualquier recta horizontal son paralelos. Eso es porque la variable independiente t no está presente en el lado derecho de la ecuación $I' = 15 - 3I$. En general, una ecuación diferencial de la forma

$$y' = f(y)$$

en la que falta la variable independiente del lado derecho, se llama **autónoma**. Para tal ecuación, las pendientes correspondientes a dos puntos diferentes con la misma coordenada y deben ser iguales. Esto significa que si se conoce una solución para una ecuación diferencial autónoma, entonces es posible obtener una infinidad de soluciones con solo desplazar la gráfica de la solución conocida a la derecha o a la izquierda. En la figura 10 se mostraron las soluciones que resultan de desplazar la curva solución del ejemplo 2 una y dos unidades de tiempo (a saber, segundos) a la derecha. Esto corresponde a cerrar el interruptor cuando $t = 1$ o $t = 2$.

■ Método de Euler

La idea básica de los campos direccionales sirve para encontrar aproximaciones numéricas a las soluciones de las ecuaciones diferenciales. Se ilustra el método en el problema de valor inicial con el que se presentaron los campos direccionales:

$$y' = x + y \qquad y(0) = 1$$

La ecuación diferencial dice que $y'(0) = 0 + 1 = 1$, por lo que la curva solución tiene una pendiente 1 en el punto $(0, 1)$. Como primera aproximación a la solución se podría usar la aproximación lineal $L(x) = x + 1$. En otras palabras, sería posible usar la recta tangente en $(0, 1)$ como aproximación general a la curva solución (vea la figura 11).

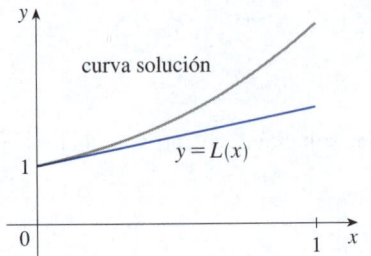

FIGURA 11
Primera aproximación de Euler.

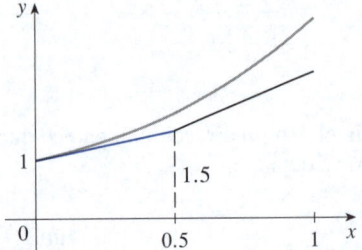

FIGURA 12
Aproximación de Euler con tamaño de paso 0.5.

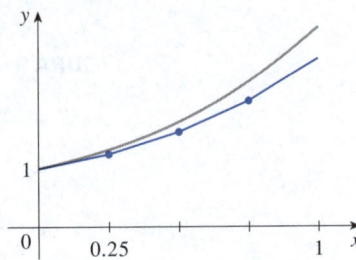

FIGURA 13
Aproximación de Euler con tamaño de paso 0.25.

La idea de Euler era mejorar esta aproximación al solo continuar a una corta distancia a lo largo de esta recta tangente y luego hacer una corrección a mitad de camino cambiando de dirección como lo indica el campo direccional. En la figura 12 se muestra qué sucede si se empieza a lo largo de la recta tangente pero se detiene cuando $x = 0.5$. (Esta distancia horizontal recorrida se llama *tamaño de paso*). Como $L(0.5) = 1.5$, se tiene $y(0.5) \approx 1.5$ y se toma $(0.5, 1.5)$ como punto de partida para un nuevo segmento de recta. La ecuación diferencial dice que $y'(0.5) = 0.5 + 1.5 = 2$, así que se aplica la función lineal

$$y = 1.5 + 2(x - 0.5) = 2x + 0.5$$

como aproximación a la solución para $x > 0.5$ (el segmento negro de la figura 12). Si se reduce el tamaño de paso de 0.5 a 0.25 se obtiene la mejor aproximación de Euler que se muestra en la figura 13.

En general, el método de Euler establece que hay que empezar en el punto dado por el valor inicial y proceder en la dirección dada por el campo direccional. Deténgase después de una corta distancia, observe la pendiente en la nueva ubicación y proceda en

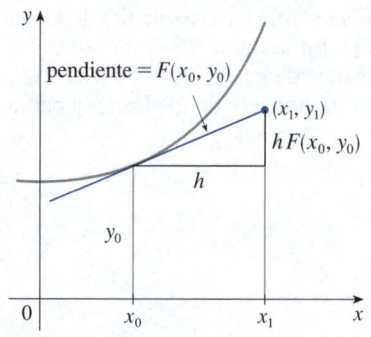

FIGURA 14

esa dirección. Siga deteniéndose y cambiando de dirección según el campo direccional. El método de Euler no produce la solución exacta a un problema de valor inicial, sino que da aproximaciones. Pero al disminuir el tamaño de paso (por lo tanto, al aumentar el número de correcciones intermedias), se obtienen sucesivamente mejores aproximaciones a la solución exacta (compare las figuras 11, 12 y 13).

Para el problema general de valor inicial de primer orden $y' = F(x, y)$, $y(x_0) = y_0$, el objetivo es encontrar valores aproximados para la solución en números equidistantes x_0, $x_1 = x_0 + h$, $x_2 = x_1 + h$, ..., donde h es el tamaño de paso. La ecuación diferencial indica que la pendiente en (x_0, y_0) es $y' = F(x_0, y_0)$, por lo que en la figura 14 se muestra que el valor aproximado de la solución cuando $x = x_1$ es

$$y_1 = y_0 + hF(x_0, y_0)$$

De igual manera,

$$y_2 = y_1 + hF(x_1, y_1)$$

En general,

$$y_n = y_{n-1} + hF(x_{n-1}, y_{n-1})$$

> **Método de Euler** Los valores aproximados para la solución del problema de valor inicial $y' = F(x, y)$, $y(x_0) = y_0$, con tamaño de paso h, en $x_n = x_{n-1} + h$, son
>
> $$y_n = y_{n-1} + hF(x_{n-1}, y_{n-1}) \qquad n = 1, 2, 3, \dots$$

EJEMPLO 3 Utilice el método de Euler con tamaño de paso 0.1 para construir una tabla de valores aproximados para la solución del problema de valor inicial

$$y' = x + y \qquad y(0) = 1$$

SOLUCIÓN Se indica que $h = 0.1$, $x_0 = 0$, $y_0 = 1$ y $F(x, y) = x + y$. Así, se tiene

$$y_1 = y_0 + hF(x_0, y_0) = 1 + 0.1(0 + 1) = 1.1$$

$$y_2 = y_1 + hF(x_1, y_1) = 1.1 + 0.1(0.1 + 1.1) = 1.22$$

$$y_3 = y_2 + hF(x_2, y_2) = 1.22 + 0.1(0.2 + 1.22) = 1.362$$

Esto significa que si $y(x)$ es la solución exacta, entonces $y(0.3) \approx 1.362$.

Al realizar cálculos similares, se obtienen los valores de la tabla:

Los programas informáticos que producen aproximaciones numéricas a las soluciones de ecuaciones diferenciales utilizan métodos perfeccionados del método de Euler. Aunque el método de Euler es sencillo y no es tan preciso, es la base de métodos más precisos.

n	x_n	y_n	n	x_n	y_n
1	0.1	1.100000	6	0.6	1.943122
2	0.2	1.220000	7	0.7	2.197434
3	0.3	1.362000	8	0.8	2.487178
4	0.4	1.528200	9	0.9	2.815895
5	0.5	1.721020	10	1.0	3.187485

Para obtener una tabla de valores más exacta en el ejemplo 3, se podría reducir el tamaño de paso. Sin embargo, es necesario realizar una cantidad considerable de cálculos para obtener un gran número de pasos pequeños, por lo que se requiere programar una calculadora o una computadora para realizarlos. En la siguiente tabla se presentan los resultados de la aplicación del método de Euler con tamaño de paso decreciente al problema con valor inicial del ejemplo 3.

Observe que las estimaciones de Euler de la siguiente tabla parece que tienden a un límite, a saber, los verdaderos valores de $y(0.5)$ y $y(1)$. En la figura 15 se muestran las gráficas de las aproximaciones de Euler con los tamaños de paso 0.5, 0.25, 0.1, 0.05, 0.02, 0.01 y 0.005. Cuando el tamaño de paso h se aproxima a 0, tiende hacia la curva de la solución exacta.

Tamaño de paso	Estimación de Euler de $y(0.5)$	Estimación de Euler de $y(1)$
0.500	1.500000	2.500000
0.250	1.625000	2.882813
0.100	1.721020	3.187485
0.050	1.757789	3.306595
0.020	1.781212	3.383176
0.010	1.789264	3.409628
0.005	1.793337	3.423034
0.001	1.796619	3.433848

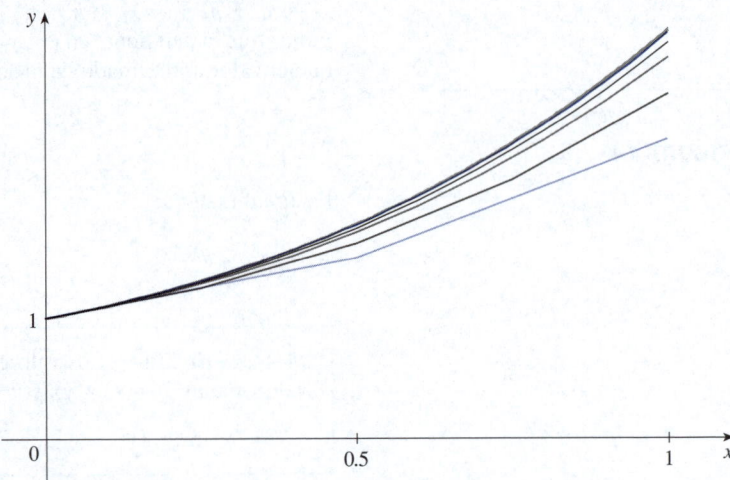

FIGURA 15 Aproximación de Euler tendiendo a la solución exacta.

Euler

Leonhard Euler (1707-1783) fue el principal matemático de mediados del siglo XVIII y el más prolífico de la historia. Nació en Suiza, pero pasó la mayor parte de su carrera en las academias de ciencias apoyadas por Catalina la Grande en San Petersburgo y por Federico el Grande en Berlín. Las obras de Euler (se pronuncia *Oiler*) llenan alrededor de 100 volúmenes grandes. Como dijo el físico francés Arago, "Euler calculaba sin esfuerzo aparente, así como los hombres respiran o como las águilas se sostienen en el aire". Los cálculos y escritos de Euler no disminuyeron por haber criado 13 hijos ni por estar totalmente ciego durante los últimos 17 años de su vida. De hecho, estando ciego, dictaba sus descubrimientos a sus ayudantes gracias a su prodigiosa memoria e imaginación. Sus tratados de cálculo y la mayoría de sus demás tesis matemáticas se convirtieron en el estándar de la enseñanza de las matemáticas, y la ecuación $e^{i\pi} + 1 = 0$ que descubrió reúne los cinco números más famosos de todas las matemáticas.

EJEMPLO 4 En el ejemplo 2 se presentó un circuito eléctrico sencillo con una resistencia de 12 Ω, una inductancia de 4 H y una batería con un voltaje de 60 V. Si el interruptor se cierra cuando $t = 0$, se modela la corriente I en el tiempo t por el problema de valor inicial

$$\frac{dI}{dt} = 15 - 3I \qquad I(0) = 0$$

Estime la corriente en el circuito medio segundo después de que se cierre el interruptor.

SOLUCIÓN Se aplica el método de Euler con $F(t, I) = 15 - 3I$, $t_0 = 0$, $I_0 = 0$ y el tamaño de paso $h = 0.1$ segundos:

$$I_1 = 0 + 0.1(15 - 3 \cdot 0) = 1.5$$

$$I_2 = 1.5 + 0.1(15 - 3 \cdot 1.5) = 2.55$$

$$I_3 = 2.55 + 0.1(15 - 3 \cdot 2.55) = 3.285$$

$$I_4 = 3.285 + 0.1(15 - 3 \cdot 3.285) = 3.7995$$

$$I_5 = 3.7995 + 0.1(15 - 3 \cdot 3.7995) = 4.15965$$

Por lo tanto, la corriente después de 0.5 s es

$$I(0.5) \approx 4.16 \text{ A}$$

9.2 | Ejercicios

1. Se muestra un campo direccional para la ecuación diferencial $y' = x \cos \pi y$.

(a) Trace las gráficas de las soluciones que satisfacen las condiciones iniciales que se indican.

    (i) $y(0) = 0$ (ii) $y(0) = 0.5$

    (iii) $y(0) = 1$ (iv) $y(0) = 1.6$

(b) Encuentre todas las soluciones de equilibrio.

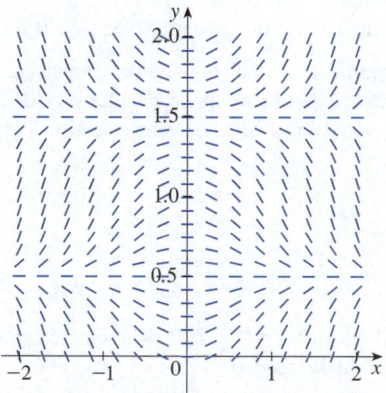

2. Se muestra un campo direccional para la ecuación diferencial $y' = \tan\left(\frac{1}{2}\pi y\right)$.

(a) Trace las gráficas de las soluciones que satisfacen las condiciones iniciales que se indican.

    (i) $y(0) = 1$ (ii) $y(0) = 0.2$

    (iii) $y(0) = 2$ (iv) $y(1) = 3$

(b) Encuentre todas las soluciones de equilibrio.

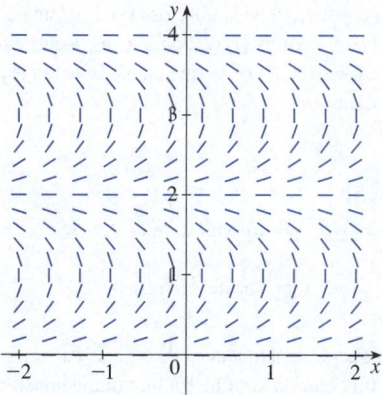

3-6 Relacione la ecuación diferencial con su campo direccional (marcado I-IV). Argumente su respuesta.

3. $y' = 2 - y$ **4.** $y' = x(2 - y)$

5. $y' = x + y - 1$ **6.** $y' = \operatorname{sen} x \operatorname{sen} y$

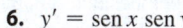

I
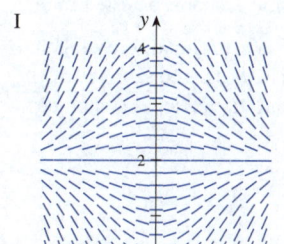

II
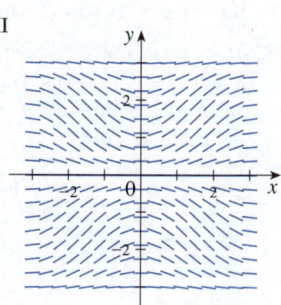

III
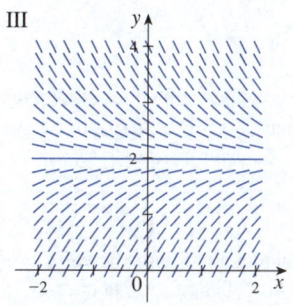

IV
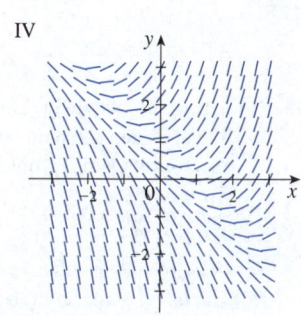

7. Utilice el campo direccional marcado con I (arriba) para trazar las gráficas de las soluciones que satisfacen las condiciones iniciales dadas.

    (a) $y(0) = 1$ (b) $y(0) = 2.5$ (c) $y(0) = 3.5$

8. Utilice el campo direccional marcado con III (arriba) para trazar las gráficas de las soluciones que satisfacen las condiciones iniciales dadas.

    (a) $y(0) = 1$ (b) $y(0) = 2.5$ (c) $y(0) = 3.5$

9-10 Trace un campo direccional para la ecuación diferencial. Luego úselo para trazar tres curvas solución.

9. $y' = \frac{1}{2}y$ **10.** $y' = x - y + 1$

11-14 Trace el campo direccional de la ecuación diferencial. Después úselo para dibujar una curva solución que pase a través del punto dado.

11. $y' = y - 2x$, $(1, 0)$ **12.** $y' = xy - x^2$, $(0, 1)$

13. $y' = y + xy$, $(0, 1)$ **14.** $y' = x + y^2$, $(0, 0)$

T **15-16** Con una computadora trace un campo direccional para la ecuación diferencial. Imprímalo y dibuje en él la curva solución que pasa a través de $(0, 1)$. Compare su boceto con una curva solución dibujada por computadora.

15. $y' = x^2 y - \frac{1}{2}y^2$ **16.** $y' = \cos(x + y)$

T **17.** Utilice una computadora para dibujar un campo direccional para la ecuación diferencial $y' = y^3 - 4y$. Imprímalo y trace en él soluciones que satisfagan la condición inicial $y(0) = c$ para varios valores de c. ¿Para qué valores de c existe $\lim_{t \to \infty} y(t)$? ¿Cuáles son los posibles valores de este límite?

18. Trace un campo direccional para la ecuación diferencial autónoma $y' = f(y)$, donde la gráfica de f es como se muestra. ¿Cómo depende el comportamiento límite de las soluciones del valor de $y(0)$?

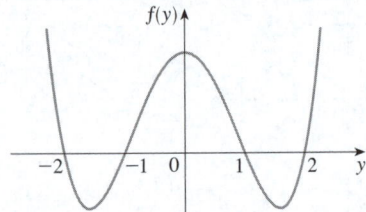

19. (a) Utilice el método de Euler con cada uno de los siguientes tamaños de paso para estimar el valor de $y(0.4)$, donde y es la solución del problema de valor inicial $y' = y$, $y(0) = 1$.

(i) $h = 0.4$ (ii) $h = 0.2$ (iii) $h = 0.1$

(b) Se sabe que la solución exacta del problema de valor inicial en el inciso (a) es $y = e^x$. Dibuje, con la mayor precisión posible, la gráfica de $y = e^x$, $0 \le x \le 0.4$, junto con las aproximaciones de Euler, usando los tamaños de paso del inciso (a). (Sus bocetos deben parecerse a las figuras 11, 12 y 13). Utilícelos para decidir si sus estimaciones en el inciso (a) son subestimaciones o sobreestimaciones.

(c) El error en el método de Euler es la diferencia entre el valor exacto y el valor aproximado. Encuentre los errores cometidos en el inciso (a) al utilizar el método de Euler para estimar el verdadero valor de $y(0.4)$, a saber, $e^{0.4}$. ¿Qué pasa con el error cada vez que el tamaño de paso se reduce a la mitad?

20. Se muestra un campo direccional para una ecuación diferencial. Trace con una regla las gráficas de las aproximaciones de Euler a la curva solución que pasa a través del origen. Use los tamaños de paso $h = 1$ y $h = 0.5$. ¿Las estimaciones de Euler son subestimaciones o sobreestimaciones? Explique.

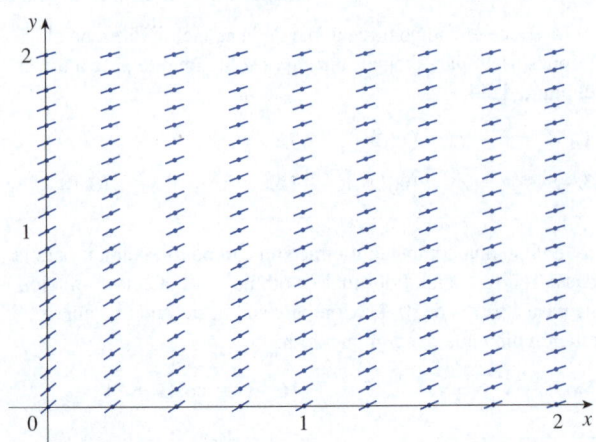

21. Con el método de Euler y un tamaño de paso de 0.5, calcule los valores y aproximados y_1, y_2, y_3 y y_4 de la solución del problema de valor inicial $y' = y - 2x$, $y(1) = 0$.

22. Utilice el método de Euler con tamaño de paso 0.2 para estimar $y(1)$, donde $y(x)$ es la solución del problema de valor inicial $y' = x^2 y - \frac{1}{2} y^2$, $y(0) = 1$.

23. Utilice el método de Euler con tamaño de paso 0.1 para estimar $y(0.5)$, donde $y(x)$ es la solución del problema de valor inicial $y' = y + xy$, $y(0) = 1$.

24. (a) Estime, con el método de Euler y tamaño de paso 0.2, $y(0.6)$, donde $y(x)$ es la solución del problema de valor inicial $y' = \cos(x + y)$, $y(0) = 0$.

(b) Repita el inciso (a) con tamaño de paso 0.1.

T **25.** (a) Programe una calculadora o una computadora para usar el método de Euler a fin de calcular $y(1)$, donde $y(x)$ es la solución del problema de valor inicial

$$\frac{dy}{dx} + 3x^2 y = 6x^2 \qquad y(0) = 3$$

(i) $h = 1$ (ii) $h = 0.1$
(iii) $h = 0.01$ (iv) $h = 0.001$

(b) Verifique que $y = 2 + e^{-x^3}$ es la solución exacta de la ecuación diferencial.

(c) Encuentre los errores en el uso del método de Euler para calcular $y(1)$ con los tamaños de paso del inciso (a). ¿Qué pasa con el error cuando el tamaño de paso se divide entre 10?

T **26.** (a) Utilice el método de Euler con un tamaño de paso de 0.01 para calcular $y(2)$, donde y es la solución del problema de valor inicial

$$y' = x^3 - y^3 \qquad y(0) = 1$$

(b) Compare su respuesta al inciso (a) con el valor de $y(2)$ que aparece en una curva solución dibujada por computadora.

27. En la figura se muestra un circuito que contiene una fuerza electromotriz, un capacitor con una capacitancia de C faradios (F) y una resistencia de R ohmios (Ω). La caída de voltaje a través del capacitor es Q/C, donde Q es la carga (en culombios o *coulombs*, C), por lo que en este caso la ley de Kirchhoff indica

$$RI + \frac{Q}{C} = E(t)$$

Pero $I = dQ/dt$, por lo que se tiene

$$R \frac{dQ}{dt} + \frac{1}{C} Q = E(t)$$

Suponga que la resistencia es de 5 Ω, la capacitancia es de 0.05 F y una batería suministra un voltaje constante de 60 V.

(a) Dibuje un campo direccional para esta ecuación diferencial.

(b) ¿Cuál es el valor límite de la carga?

(c) ¿Existe una solución de equilibrio?

(d) Si la carga inicial es $Q(0) = 0$ C, use el campo direccional para trazar la curva solución.

(e) Si la carga inicial es $Q(0) = 0$ C, use el método de Euler con tamaño de paso 0.1 para estimar la carga después de medio segundo.

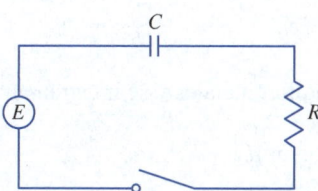

28. En el ejercicio 9.1.26 se consideró una taza de café a 95 °C en una habitación de 20 °C. Suponga que se sabe que el café se enfría a una velocidad de 1 °C por minuto cuando su temperatura es de 70 °C.

(a) ¿Cuál es la ecuación diferencial en este caso?

(b) Trace un campo direccional y úselo para dibujar la curva solución del problema de valor inicial. ¿Cuál es el valor límite de la temperatura?

(c) Utilice el método de Euler con un tamaño de paso $h = 2$ minutos para estimar la temperatura del café después de 10 minutos.

9.3 | Ecuaciones separables

Se han abordado las ecuaciones diferenciales de primer orden desde un punto de vista geométrico (campos direccionales) y desde una perspectiva numérica (método de Euler). ¿Qué hay del punto de vista simbólico? Sería conveniente tener una fórmula explícita para una solución de una ecuación diferencial. Por desgracia, eso no siempre es posible. Sin embargo, en esta sección se examina cierto tipo de ecuación diferencial que *puede* resolverse de manera explícita.

■ Ecuaciones diferenciales separables

Una **ecuación separable** es una ecuación diferencial de primer orden en la que la expresión para dy/dx puede factorizarse como función de x multiplicada por una función de y. En otras palabras, se puede escribir en la forma

$$\frac{dy}{dx} = g(x)f(y)$$

El nombre *separable* viene del hecho de que la expresión del lado derecho se puede "separar" para ser una función de x y una función de y. De forma equivalente, si $f(y) \neq 0$, podría escribirse

$$\boxed{1} \qquad \frac{dy}{dx} = \frac{g(x)}{h(y)}$$

La técnica para resolver ecuaciones diferenciales separables fue utilizada por primera vez por James Bernoulli (en 1690) para resolver un problema sobre péndulos y por Leibniz (en una carta a Huygens en 1691). John Bernoulli explicó el método general en un artículo publicado en 1694.

donde $h(y) = 1/f(y)$. Para resolver esta ecuación se reescribe en la forma diferencial

$$h(y)\,dy = g(x)\,dx$$

de modo que todas las y están en un lado de la ecuación y todas las x en el otro. Luego se integran ambos lados de la ecuación:

$$\boxed{2} \qquad \int h(y)\,dy = \int g(x)\,dx$$

La ecuación 2 define y implícitamente como función de x. En algunos casos podría despejarse y en términos de x.

Con la regla de la cadena se justifica este procedimiento: si h y g satisfacen la ecuación (2), entonces

$$\frac{d}{dx}\left(\int h(y)\,dy\right) = \frac{d}{dx}\left(\int g(x)\,dx\right)$$

por ende,

$$\frac{d}{dy}\left(\int h(y)\,dy\right)\frac{dy}{dx} = g(x)$$

y

$$h(y)\frac{dy}{dx} = g(x)$$

De este modo se satisface la ecuación (1).

En la figura 1 se muestran las gráficas de varios miembros de la familia de soluciones de la ecuación diferencial del ejemplo 1. La solución del problema de valor inicial en el inciso (b) aparece en color gris.

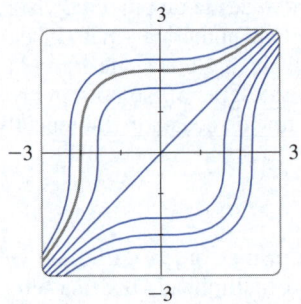

FIGURA 1

Algunos programas informáticos trazan curvas definidas por ecuaciones implícitas. En la figura 2 se muestran las gráficas de varios miembros de la familia de soluciones de la ecuación diferencial del ejemplo 2. Al observar las curvas de izquierda a derecha, los valores de C son 3, 2, 1, 0, -1, -2 y -3.

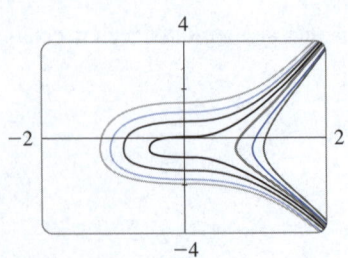

FIGURA 2

EJEMPLO 1

(a) Resuelva la ecuación diferencial $\dfrac{dy}{dx} = \dfrac{x^2}{y^2}$.

(b) Encuentre la solución de esta ecuación que satisfaga la condición inicial $y(0) = 2$.

SOLUCIÓN

(a) Se escribe la ecuación en términos de diferenciales y se integran ambos lados:

$$y^2\,dy = x^2\,dx$$

$$\int y^2\,dy = \int x^2\,dx$$

$$\tfrac{1}{3}y^3 = \tfrac{1}{3}x^3 + C$$

donde C es una constante arbitraria. (Se pudo usar una constante C_1 en el lado izquierdo y otra constante C_2 en el lado derecho; pero entonces se podrían combinar estas constantes escribiendo $C = C_2 - C_1$).

Se despeja y y se obtiene

$$y = \sqrt[3]{x^3 + 3C}$$

Se puede dejar la solución así o escribirla en la forma

$$y = \sqrt[3]{x^3 + K}$$

donde $K = 3C$. (Como C es una constante arbitraria, también lo es K).

(b) Si se pone $x = 0$ en la solución general del inciso (a), se obtiene $y(0) = \sqrt[3]{K}$. Para satisfacer la condición inicial $y(0) = 2$ se debe tener $\sqrt[3]{K} = 2$ y, por lo tanto, $K = 8$. Así, la solución del problema de valor inicial es

$$y = \sqrt[3]{x^3 + 8}$$ ◼

EJEMPLO 2 Resuelva la ecuación diferencial $\dfrac{dy}{dx} = \dfrac{6x^2}{2y + \cos y}$.

SOLUCIÓN Al escribir la ecuación en forma diferencial e integrar ambos lados se tiene

$$(2y + \cos y)\,dy = 6x^2\,dx$$

$$\int (2y + \cos y)\,dy = \int 6x^2\,dx$$

$\boxed{3}$ $$y^2 + \operatorname{sen} y = 2x^3 + C$$

donde C es una constante. La ecuación 3 da la solución general de manera implícita. En este caso es imposible resolver la ecuación para expresar y explícitamente como función de x. ◼

EJEMPLO 3 Resuelva la ecuación diferencial $y' = x^2 y$.

SOLUCIÓN Primero se reescribe la ecuación con notación de Leibniz:

$$\frac{dy}{dx} = x^2 y$$

A partir de un teorema de unicidad para las soluciones de ecuaciones diferenciales como la ecuación del ejemplo 3, se desprende que, si dos soluciones coinciden en un valor x, entonces deben coincidir en todos los valores de x (dos curvas solución son idénticas o nunca se intersecan). Como $y = 0$ es una solución de la ecuación diferencial del ejemplo 3, se sabe que todas las demás soluciones deben tener $y(x) \neq 0$ para toda x.

Es fácil verificar que la función constante $y = 0$ es una solución de la ecuación diferencial dada. Si $y \neq 0$, se puede reescribir la ecuación en notación diferencial e integrarla:

$$\frac{dy}{y} = x^2\, dx \qquad y \neq 0$$

$$\int \frac{dy}{y} = \int x^2\, dx$$

$$\ln|y| = \frac{x^3}{3} + C$$

Esta ecuación define y implícitamente como función de x. Pero en este caso se puede despejar explícitamente y de la siguiente manera:

$$|y| = e^{\ln|y|} = e^{(x^3/3)+C} = e^C e^{x^3/3}$$

de modo que $\qquad\qquad\qquad\qquad y = \pm e^C e^{x^3/3}$

Se puede escribir la solución general en la forma

$$y = A e^{x^3/3}$$

donde A es una constante arbitraria ($A = e^C$, o $A = -e^C$ o $A = 0$). ∎

En la figura 3 se muestra un campo direccional para la ecuación diferencial del ejemplo 3. Compárelo con la figura 4, en la que se aplica la ecuación $y = A e^{x^3/3}$ para graficar soluciones de varios valores de A. Si se utiliza el campo direccional para trazar curvas solución con las intersecciones en y: 5, 2, 1, -1 y -2, se parecerán a las curvas de la figura 4.

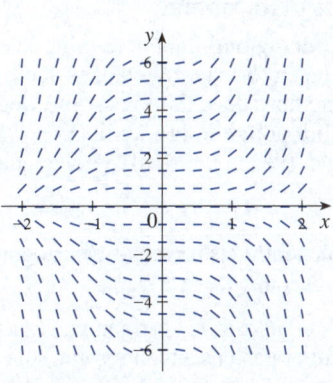

FIGURA 3   **FIGURA 4**

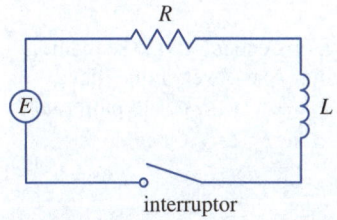

FIGURA 5

EJEMPLO 4 En la sección 9.2 se modeló la corriente $I(t)$ en el circuito eléctrico que se muestra en la figura 5 mediante la ecuación diferencial

$$L\frac{dI}{dt} + RI = E(t)$$

Encuentre una expresión para la corriente en un circuito donde la resistencia sea de 12 Ω, la inductancia de 4 H, una batería con voltaje constante de 60 V y el interruptor se encienda cuando $t = 0$. ¿Cuál es el valor límite de la corriente?

SOLUCIÓN Con $L = 4$, $R = 12$ y $E(t) = 60$, la ecuación se convierte en

$$4\frac{dI}{dt} + 12I = 60 \qquad \text{o} \qquad \frac{dI}{dt} = 15 - 3I$$

y el problema de valor inicial es

$$\frac{dI}{dt} = 15 - 3I \qquad I(0) = 0$$

Esta ecuación se reconoce como separable y se resuelve de la siguiente manera:

$$\int \frac{dI}{15 - 3I} = \int dt \qquad (15 - 3I \neq 0)$$

$$-\tfrac{1}{3} \ln |15 - 3I| = t + C$$

$$|15 - 3I| = e^{-3(t+C)}$$

$$15 - 3I = \pm e^{-3C} e^{-3t} = Ae^{-3t}$$

$$I = 5 - \tfrac{1}{3} Ae^{-3t}$$

Como $I(0) = 0$, se tiene $5 - \tfrac{1}{3}A = 0$, así que $A = 15$ y la solución es

$$I(t) = 5 - 5e^{-3t}$$

Esta corriente límite, en amperios, es

$$\lim_{t \to \infty} I(t) = \lim_{t \to \infty} (5 - 5e^{-3t}) = 5 - 5 \lim_{t \to \infty} e^{-3t} = 5 - 0 = 5 \qquad \blacksquare$$

En la figura 6 se muestra que la solución del ejemplo 4 (la corriente) se aproxima a su valor límite. La comparación con la figura 9.2.10 muestra que se pudo trazar una curva solución muy precisa a partir del campo direccional.

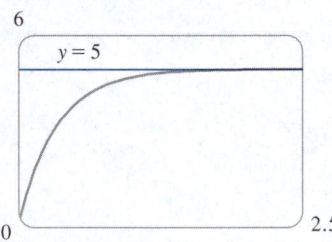

FIGURA 6

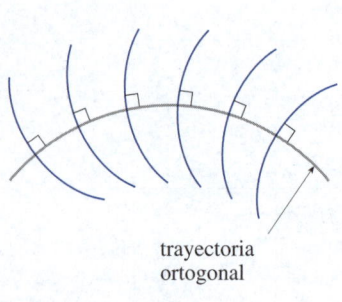

trayectoria
ortogonal

FIGURA 7

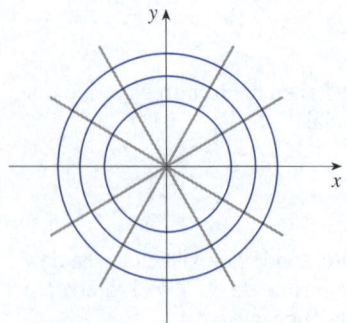

FIGURA 8

■ Trayectorias ortogonales

Una **trayectoria ortogonal** de una familia de curvas es una curva que interseca cada curva de la familia en forma ortogonal, es decir, en ángulos rectos (vea la figura 7). Por ejemplo, cada miembro de la familia $y = mx$ de líneas rectas que atraviesan el origen es una trayectoria ortogonal de la familia $x^2 + y^2 = r^2$ de círculos concéntricos con el centro en el origen (vea la figura 8). Se dice que las dos familias son trayectorias ortogonales entre sí.

EJEMPLO 5 Encuentre las trayectorias ortogonales de la familia de curvas $x = ky^2$, donde k es una constante arbitraria.

SOLUCIÓN Las curvas $x = ky^2$ forman una familia de parábolas cuyo eje de simetría es el eje x. El primer paso es encontrar una sola ecuación diferencial que satisfaga todos los miembros de la familia. Si se deriva $x = ky^2$ se obtiene

$$1 = 2ky \frac{dy}{dx} \qquad \text{o} \qquad \frac{dy}{dx} = \frac{1}{2ky}$$

Esta ecuación diferencial depende de k, pero se necesita una ecuación que sea válida para todos los valores de k simultáneamente. Para eliminar k se observa que, de la ecuación de la parábola general dada $x = ky^2$, se tiene $k = x/y^2$ y, por lo tanto, la ecuación diferencial se puede escribir como

$$\frac{dy}{dx} = \frac{1}{2ky} = \frac{1}{2 \dfrac{x}{y^2} y} \qquad \text{o} \qquad \frac{dy}{dx} = \frac{y}{2x}$$

Esto significa que la pendiente de la recta tangente en cualquier punto (x, y) en una de las parábolas es $y' = y/(2x)$. En una trayectoria ortogonal, la pendiente de la recta tangente debe ser la recíproca negativa de esta pendiente. Por lo tanto, las trayectorias ortogonales deben satisfacer la ecuación diferencial

$$\frac{dy}{dx} = -\frac{2x}{y}$$

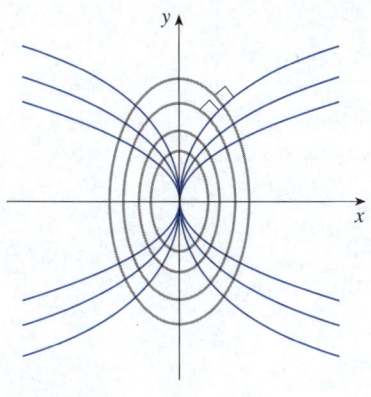

FIGURA 9

Esta ecuación diferencial es separable y se resuelve de la siguiente manera:

$$\int y\,dy = -\int 2x\,dx$$

$$\frac{y^2}{2} = -x^2 + C$$

$$\boxed{4} \qquad x^2 + \frac{y^2}{2} = C$$

donde C es una constante positiva arbitraria. De este modo, las trayectorias ortogonales son la familia de elipses dadas por la ecuación 4 y trazadas en la figura 9. ■

Las trayectorias ortogonales se presentan en varias ramas de la física. Por ejemplo, en un campo electrostático las líneas de fuerza son ortogonales a las líneas de potencial constante. Además, las líneas de corriente en la aerodinámica son trayectorias ortogonales de las curvas de velocidad-equipotenciales.

■ Problemas de mezclas

Un problema de mezclas típico involucra un tanque de capacidad fija que contiene una solución mixta de alguna sustancia, como la sal. Una solución de una determinada concentración entra al tanque a una tasa fija y la mezcla, agitada a fondo, sale a una tasa fija, que puede diferir de la tasa de entrada. Si $y(t)$ denota la cantidad de sustancia en el tanque en el tiempo t, entonces $y'(t)$ es la tasa de entrada de la sustancia menos la tasa de su salida. La descripción matemática de esta situación a menudo conduce a una ecuación diferencial separable de primer orden. Con el mismo razonamiento se modelan diversos fenómenos: reacciones químicas, descargas de contaminantes en un lago o la inyección de un medicamento en el torrente sanguíneo.

EJEMPLO 6   Un tanque contiene 20 kg de sal disuelta en 5 000 L de agua. Se introduce salmuera al tanque que contiene 0.03 kg de sal por litro de agua a razón de 25 L/min. La solución se mantiene mezclada por completo y se drena del tanque a la misma velocidad. ¿Cuánta sal queda en el tanque después de media hora?

SOLUCIÓN   Sea $y(t)$ la cantidad de sal (en kilogramos) después de t minutos. Se indica que $y(0) = 20$ y se desea encontrar $y(30)$. Esto se hace al encontrar una ecuación diferencial que satisfaga $y(t)$. Observe que dy/dt es la razón de cambio de la cantidad de sal, por lo que

$$\boxed{5} \qquad \frac{dy}{dt} = (\text{razón de entrada}) - (\text{razón de salida})$$

donde (razón de entrada) es la velocidad con la que la sal entra en el tanque y (razón de salida) es la velocidad con la que la sal sale del tanque. Se tiene

$$\text{razón de entrada} = \left(0.03\,\frac{\text{kg}}{\text{L}}\right)\left(25\,\frac{\text{L}}{\text{min}}\right) = 0.75\,\frac{\text{kg}}{\text{min}}$$

El tanque siempre contiene 5 000 L de líquido, por lo que la concentración en el tiempo t es $y(t)/5\,000$ (medida en kilogramos por litro). Como la salmuera fluye a una razón de 25 L/min, se tiene

$$\text{razón de salida} = \left(\frac{y(t)}{5000}\,\frac{\text{kg}}{\text{L}}\right)\left(25\,\frac{\text{L}}{\text{min}}\right) = \frac{y(t)}{200}\,\frac{\text{kg}}{\text{min}}$$

De este modo, según la ecuación 5, se obtiene

$$\frac{dy}{dt} = 0.75 - \frac{y(t)}{200} = \frac{150 - y(t)}{200}$$

Si se resuelve esta ecuación diferencial separable, se obtiene

$$\int \frac{dy}{150 - y} = \int \frac{dt}{200}$$

$$-\ln |150 - y| = \frac{t}{200} + C$$

En la figura 10 se presenta la gráfica de la función $y(t)$ del ejemplo 6. Observe que, a medida que pasa el tiempo, la cantidad de sal se aproxima a 150 kg.

Como $y(0) = 20$, se tiene $-\ln 130 = C$, por lo que

$$-\ln |150 - y| = \frac{t}{200} - \ln 130$$

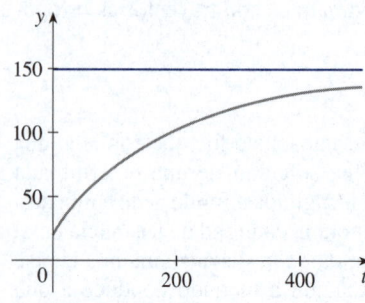

Por consiguiente, $\qquad |150 - y| = 130e^{-t/200}$

Como $y(t)$ es continua y $y(0) = 20$, y el lado derecho nunca es 0, se deduce que $150 - y(t)$ es siempre positivo. Así, $|150 - y| = 150 - y$ y, por lo tanto,

$$y(t) = 150 - 130e^{-t/200}$$

La cantidad de sal después de 30 minutos es

$$y(30) = 150 - 130e^{-30/200} \approx 38.1 \text{ kg}$$ ∎

FIGURA 10

9.3 | Ejercicios

1-12 Resuelva la ecuación diferencial.

1. $\dfrac{dy}{dx} = 3x^2 y^2$

2. $\dfrac{dy}{dx} = \dfrac{x}{y^4}$

3. $\dfrac{dy}{dx} = x\sqrt{y}$

4. $xy' = y + 3$

5. $xyy' = x^2 + 1$

6. $y' + xe^y = 0$

7. $(e^y - 1)y' = 2 + \cos x$

8. $\dfrac{dy}{dx} = 2x(y^2 + 1)$

9. $\dfrac{dp}{dt} = t^2 p - p + t^2 - 1$

10. $\dfrac{dz}{dt} + e^{t+z} = 0$

11. $\dfrac{d\theta}{dt} = \dfrac{t \sec \theta}{\theta e^{t^2}}$

12. $\dfrac{dH}{dR} = \dfrac{RH^2 \sqrt{1 + R^2}}{\ln H}$

13-20 Encuentre la solución de la ecuación diferencial que satisfaga la condición inicial dada.

13. $\dfrac{dy}{dx} = xe^y, \quad y(0) = 0$

14. $\dfrac{dP}{dt} = \sqrt{Pt}, \quad P(1) = 2$

15. $\dfrac{dA}{dr} = Ab^2 \cos br, \quad A(0) = b^3$

16. $x^2 y' = k \sec y, \quad y(1) = \pi/6$

17. $\dfrac{du}{dt} = \dfrac{2t + \sec^2 t}{2u}, \quad u(0) = -5$

18. $x + 3y^2 \sqrt{x^2 + 1} \, \dfrac{dy}{dx} = 0, \quad y(0) = 1$

19. $x \ln x = y\left(1 + \sqrt{3 + y^2}\right) y', \quad y(1) = 1$

20. $\dfrac{dy}{dx} = \dfrac{x \operatorname{sen} x}{y}, \quad y(0) = -1$

---

21. Encuentre una ecuación de la curva que pase a través del punto $(0, 2)$ y cuya pendiente en (x, y) sea x/y.

22. Encuentre la función f tal que $f'(x) = xf(x) - x$ y $f(0) = 2$.

23. Resuelva la ecuación diferencial $y' = x + y$ haciendo el cambio de variable $u = x + y$.

24. Resuelva la ecuación diferencial $xy' = y + xe^{y/x}$ haciendo el cambio de variable $v = y/x$.

25. (a) Resuelva la ecuación diferencial $y' = 2x\sqrt{1 - y^2}$.
(b) Resuelva el problema de valor inicial $y' = 2x\sqrt{1 - y^2}$, $y(0) = 0$, y grafique la solución.
(c) ¿El problema de valor inicial $y' = 2x\sqrt{1 - y^2}$, $y(0) = 2$, tiene una solución? Explique.

26. Resuelva la ecuación diferencial $e^{-y} y' + \cos x = 0$ y grafique varios miembros de la familia de soluciones. ¿Cómo cambia la curva solución a medida que varía la constante C?

27. Resuelva el problema de valor inicial $y' = (\text{sen } x)/\text{sen } y$, $y(0) = \pi/2$, y grafique la solución (implícitamente definida).

28. Resuelva la ecuación diferencial $y' = x\sqrt{x^2 + 1}/(ye^y)$ y grafique varios miembros de la familia de soluciones (implícitamente definidas). ¿Cómo cambia la curva solución a medida que varía la constante C?

T **29-30**

(a) Con computadora, dibuje un campo direccional para la ecuación diferencial. Imprímalo y úselo para trazar algunas curvas solución sin resolver la ecuación diferencial.

(b) Resuelva la ecuación diferencial.

(c) Grafique varios miembros de la familia de soluciones obtenidos del inciso (b). Compare con las curvas del inciso (a).

29. $y' = y^2$ **30.** $y' = xy$

31-34 Encuentre las trayectorias ortogonales de la familia de curvas. Grafique varios miembros de cada familia en una misma ventana.

31. $x^2 + 2y^2 = k^2$ **32.** $y^2 = kx^3$

33. $y = \dfrac{k}{x}$ **34.** $y = \dfrac{1}{x + k}$

35-37 Ecuaciones integrales Una *ecuación integral* es una ecuación que contiene una función desconocida $y(x)$ y una integral que involucra a $y(x)$. Resuelva la ecuación integral dada. [*Sugerencia*: Use una condición inicial obtenida de la ecuación integral].

35. $y(x) = 2 + \displaystyle\int_2^x [t - ty(t)]\, dt$

36. $y(x) = 2 + \displaystyle\int_1^x \dfrac{dt}{ty(t)}, \quad x > 0$

37. $y(x) = 4 + \displaystyle\int_0^x 2t\sqrt{y(t)}\, dt$

38. Encuentre una función f tal que $f(3) = 2$ y

$$(t^2 + 1)f'(t) + [f(t)]^2 + 1 = 0 \qquad t \neq 1$$

[*Sugerencia*: Utilice la fórmula de suma para $\tan(x + y)$ de la página de referencia 2].

39. Resuelva el problema de valor inicial en el ejercicio 9.2.27 para encontrar una expresión para la carga en el tiempo t. Encuentre el valor límite de la carga.

40. En el ejercicio 9.2.28, se examinó una ecuación diferencial que modela la temperatura de una taza de café a 95 °C en una habitación a 20 °C. Resuelva la ecuación diferencial para encontrar una expresión para la temperatura del café en el tiempo t.

41. En el ejercicio 9.1.27, se formuló un modelo de aprendizaje en forma de la ecuación diferencial

$$\frac{dP}{dt} = k(M - P)$$

donde $P(t)$ mide el rendimiento de alguien que aprende una habilidad después de un tiempo de entrenamiento t, M es el nivel máximo de rendimiento y k es una constante positiva. Resuelva esta ecuación diferencial para encontrar una expresión para $P(t)$. ¿Cuál es el límite de esta expresión?

42. En una reacción química elemental, moléculas individuales de dos reactivos A y B forman una molécula del producto C: $A + B \rightarrow C$. La ley de acción de la masa establece que la velocidad de reacción es proporcional al producto de las concentraciones de A y B:

$$\frac{d[C]}{dt} = k[A][B]$$

(Vea el ejemplo 3.7.4). Así, si las concentraciones iniciales son $[A] = a$ moles/L y $[B] = b$ moles/L y se escribe $x = [C]$, entonces se tiene

$$\frac{dx}{dt} = k(a - x)(b - x)$$

(a) Si se supone que $a \neq b$, encuentre x como función de t. Use el hecho de que la concentración inicial de C es 0.

(b) Encuentre $x(t)$ asumiendo que $a = b$. ¿Cómo se simplifica esta expresión para $x(t)$ si se sabe que $[C] = \frac{1}{2}a$ después de 20 segundos?

43. En contraste con la situación del ejercicio 42, los experimentos muestran que la reacción $H_2 + Br_2 \rightarrow 2HBr$ satisface la ley de la razón

$$\frac{d[HBr]}{dt} = k[H_2][Br_2]^{1/2}$$

y de este modo, la ecuación diferencial para esta reacción se convierte en

$$\frac{dx}{dt} = k(a - x)(b - x)^{1/2}$$

donde $x = [HBr]$ y a y b son las concentraciones iniciales de hidrógeno y bromo.

(a) Encuentre x como función de t cuando $a = b$. Use el hecho de que $x(0) = 0$.

(b) Si $a > b$, encuentre t como función de x.

[*Sugerencia*: Al realizar la integración, haga la sustitución $u = \sqrt{b - x}$].

44. Una esfera con un radio de 1 m tiene una temperatura de 15 °C. Se encuentra dentro de una esfera concéntrica con un radio de 2 m y una temperatura de 25 °C. La temperatura $T(r)$ a una distancia r del centro común de las esferas satisface la ecuación diferencial

$$\frac{d^2T}{dr^2} + \frac{2}{r}\frac{dT}{dr} = 0$$

Si $S = dT/dr$, entonces S satisface una ecuación diferencial de primer orden. Resuélvala para encontrar una expresión para la temperatura $T(r)$ entre las esferas.

45. Se administra una solución de glucosa por vía intravenosa en el torrente sanguíneo a un ritmo constante r. A medida que se agrega la glucosa, se convierte en otras sustancias y se elimina de la sangre a una velocidad que es proporcional a la concentración en ese momento. Por lo tanto, un modelo para la concentración $C = C(t)$ de la solución de glucosa en la sangre es

$$\frac{dC}{dt} = r - kC$$

donde k es una constante positiva.
(a) Suponga que la concentración en el tiempo $t = 0$ es C_0. Determine la concentración en cualquier tiempo t resolviendo la ecuación diferencial.
(b) Si se asume que $C_0 < r/k$, encuentre $\lim_{t \to \infty} C(t)$ e interprete su respuesta.

46. Cierto país pequeño tiene $10 mil millones en papel moneda en circulación, y cada día $50 millones llegan a los bancos del país. El gobierno decide introducir una nueva moneda pidiendo a los bancos que sustituyan los billetes viejos por otros nuevos siempre que la moneda antigua entre en los bancos. Sea $x = x(t)$ la cantidad de nueva moneda en circulación en el tiempo t, con $x(0) = 0$.
(a) Formule un modelo matemático en la forma de un problema de valor inicial que represente el "flujo" de la nueva moneda en circulación.
(b) Resuelva el problema de valor inicial que se encuentra en el inciso (a).
(c) ¿Cuánto tiempo tardarán los nuevos billetes en representar 90% de la moneda en circulación?

47. Un tanque contiene $1\,000$ L de salmuera con 15 kg de sal disuelta. El agua pura entra en el tanque a una velocidad de 10 L/min. La solución se mantiene completamente mezclada y se drena del tanque a la misma velocidad. ¿Cuánta sal contiene el tanque (a) después de t minutos y (b) después de 20 minutos?

48. El aire de una habitación con un volumen de 180 m³ contiene inicialmente 0.15% de dióxido de carbono. El aire fresco con solo 0.05% de dióxido de carbono entra en la sala a una razón de 2 m³/min y el aire mezclado sale a la misma velocidad. Encuentre el porcentaje de dióxido de carbono en la habitación como función del tiempo. ¿Qué pasa a largo plazo?

49. Un barril con $2\,000$ L de cerveza contiene 4% de alcohol (por volumen). Se bombea cerveza con 6% de alcohol al barril a una velocidad de 20 L/min y la mezcla se bombea hacia afuera a la misma velocidad. ¿Cuál es el porcentaje de alcohol después de una hora?

50. Un tanque contiene $1\,000$ L de agua pura. En el tanque entra salmuera que contiene 0.05 kg de sal por litro de agua a una velocidad de 5 L/min. La salmuera que contiene 0.04 kg de sal por litro de agua entra en el tanque a una velocidad de 10 L/min. La solución se mantiene perfectamente mezclada y se drena del tanque a una velocidad de 15 L/min. ¿Cuánta sal queda en el tanque (a) después de t minutos y (b) después de una hora?

51. Velocidad terminal Cuando cae una gota de lluvia, aumenta de tamaño y, por lo tanto, su masa en el tiempo t es una función de t, es decir, $m(t)$. La tasa de crecimiento de la masa es $km(t)$ para una constante positiva k. Cuando se aplica la ley del movimiento de Newton a la gota de lluvia, se obtiene $(mv)' = gm$, donde v es la velocidad de la gota de lluvia (dirigida hacia abajo) y g es la aceleración debida a la gravedad. La *velocidad terminal* de la gota de lluvia es $\lim_{t \to \infty} v(t)$. Encuentre una expresión para la velocidad terminal en términos de g y k.

52. Un objeto de masa m se mueve horizontalmente a través de un medio que se resiste al movimiento con una fuerza que es una función de la velocidad; es decir,

$$m\frac{d^2s}{dt^2} = m\frac{dv}{dt} = f(v)$$

donde $v = v(t)$ y $s = s(t)$ representan la velocidad y la posición del objeto en el tiempo t, respectivamente. Por ejemplo, piense en un barco que se mueve a través del agua.
(a) Suponga que la fuerza de resistencia es proporcional a la velocidad; es decir, $f(v) = -kv$, con k como constante positiva. (Este modelo es apropiado para valores pequeños de v). Sean $v(0) = v_0$ y $s(0) = s_0$ los valores iniciales de v y s. Determine v y s en cualquier tiempo t. ¿Cuál es la distancia total que el objeto recorre desde el tiempo $t = 0$?
(b) Para valores mayores de v, se obtiene un mejor modelo si se supone que la fuerza de resistencia es proporcional al cuadrado de la velocidad; es decir, $f(v) = -kv^2$, $k > 0$. (Este modelo fue propuesto por primera vez por Newton). Sean v_0 y s_0 los valores iniciales de v y s. Determine v y s en cualquier tiempo t. ¿Cuál es la distancia total que el objeto recorre en este caso?

53. Crecimiento alométrico En biología, el *crecimiento alométrico* se refiere a las relaciones entre los tamaños de las partes de un organismo (la longitud del cráneo y la del cuerpo, por ejemplo). Si $L_1(t)$ y $L_2(t)$ son los tamaños de dos órganos en un organismo de edad t, entonces L_1 y L_2 satisfacen una ley alométrica si sus tasas de crecimiento específicas son proporcionales:

$$\frac{1}{L_1}\frac{dL_1}{dt} = k\frac{1}{L_2}\frac{dL_2}{dt}$$

donde k es una constante.
(a) Utilice la ley alométrica para escribir una ecuación diferencial que relacione L_1 y L_2, y resuélvala para expresar L_1 como función de L_2.
(b) En un estudio de varias especies de algas unicelulares, se descubrió que la constante de proporcionalidad en la ley alométrica que relaciona B (biomasa celular) y V (volumen celular) es $k = 0.0794$. Escriba B como función de V.

54. La ecuación de Gompertz proporciona un modelo para el crecimiento de tumores:

$$\frac{dV}{dt} = a(\ln b - \ln V)V$$

donde a y b son constantes positivas y V es el volumen del tumor medido en mm³.

(a) Encuentre una familia de soluciones para el volumen del tumor como función del tiempo.

(b) Determine la solución que tiene un volumen inicial del tumor de $V(0) = 1$ mm^3.

55. Sea $A(t)$ el área de un cultivo de tejido en el tiempo t y M el área final del tejido cuando el crecimiento esté completo. La mayoría de las divisiones celulares se produce en la periferia del tejido y el número de células en la periferia es proporcional a $\sqrt{A(t)}$. Por lo tanto, se obtiene un modelo razonable para el crecimiento del tejido asumiendo que la tasa de crecimiento de la zona es conjuntamente proporcional a $\sqrt{A(t)}$ y $M - A(t)$.

(a) Formule una ecuación diferencial y úsela para demostrar que el tejido crece más rápido cuando $A(t) = \frac{1}{3}M$.

(b) Resuelva la ecuación diferencial para encontrar una expresión para $A(t)$. Realice la integración con una computadora.

56. Hielo marino Muchos factores influyen en la formación y el crecimiento del hielo marino. En este ejercicio se desarrolla un modelo simplificado que describe cómo afectan el espesor del hielo marino a lo largo del tiempo las temperaturas del aire y del agua del océano. Como se comentó en la sección 1.2, un buen modelo simplifica la realidad lo necesario para permitir cálculos matemáticos, pero es lo bastante preciso para proporcionar conclusiones valiosas.

Considere una columna de aire/hielo/agua como se muestra en la figura. Suponga que la temperatura T_a (en °C) en la relación hielo/aire es constante (con T_a por debajo del punto de congelación del agua del océano) y que la temperatura T_w en la relación hielo/agua también permanece constante (donde T_w es mayor que el punto de congelación del agua).

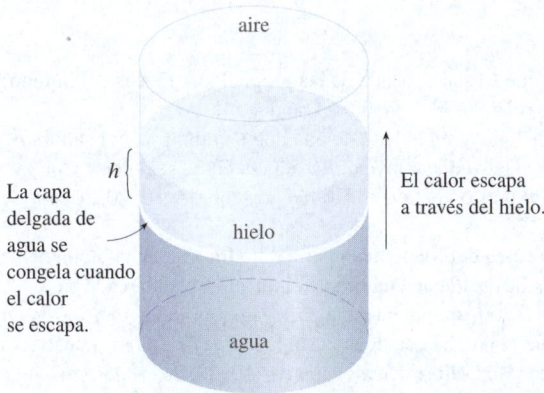

La energía se transfiere hacia arriba a través del hielo desde el agua de mar más cálida hasta el aire más frío en forma de calor Q, medido en julios o *joules* (J). Según la ley de Fourier sobre la conducción del calor, la tasa de transferencia de calor dQ/dt satisface la ecuación diferencial

$$\frac{dQ}{dt} = \frac{kA}{h}(T_w - T_a)$$

donde k es una constante llamada *conductividad térmica* del hielo, A es el área de la sección transversal (horizontal) (en m^2) de la columna y h es el espesor del hielo (en m).

(a) La pérdida de una pequeña cantidad de calor ΔQ del agua de mar hace que se congele una fina capa de espesor Δh de agua en la relación hielo/agua. La densidad de masa D (medida en kg/m^3) del agua de mar varía con la temperatura, pero en la relación se puede asumir que la temperatura es constante (cerca de 0 °C) y, por lo tanto, D es constante. Sea L el *calor latente* del agua de mar, definido como la cantidad de pérdida de calor necesaria para congelar 1 kg de agua. Demuestre que $\Delta h \approx (1/LAD)\,\Delta Q$ y, por lo tanto,

$$\frac{dh}{dQ} = \frac{1}{LAD}$$

(b) Con la regla de la cadena escriba la ecuación diferencial

$$\frac{dh}{dt} = \frac{k}{LDh}(T_w - T_a)$$

y explique por qué esta ecuación predice el hecho de que el hielo delgado crece con más rapidez que el grueso y, por lo tanto, una grieta en el hielo tiende a "curarse" y el espesor de un campo de hielo tiende a volverse uniforme con el tiempo.

(c) Si el grosor del hielo en el tiempo $t = 0$ es h_0, encuentre un modelo para el espesor del hielo en cualquier tiempo t resolviendo la ecuación diferencial del inciso (b).

Fuente: Adaptado de M. Freiberger, "Maths and Climate Change: The Melting Arctic", *Plus* (2008): http://plus.maths.org/content/maths-and-climate-change-melting-arctic. Consultado el 9 de marzo de 2019.

57. Velocidad de escape De acuerdo con la ley de gravitación universal de Newton, la fuerza gravitatoria sobre un objeto de masa m que se proyecta verticalmente hacia arriba desde la superficie terrestre es

$$F = \frac{mgR^2}{(x + R)^2}$$

donde $x = x(t)$ es la distancia del objeto por encima de la superficie en el tiempo t, R es el radio de la Tierra y g es la aceleración debida a la gravedad. También, por la segunda ley de Newton, $F = ma = m(dv/dt)$ y por ende

$$m\frac{dv}{dt} = -\frac{mgR^2}{(x + R)^2}$$

(a) Suponga que un cohete se dispara verticalmente hacia arriba con una velocidad inicial v_0. Sea h la altura máxima sobre la superficie alcanzada por el objeto. Demuestre que

$$v_0 = \sqrt{\frac{2gRh}{R + h}}$$

[*Sugerencia*: Según la regla de la cadena, $m(dv/dt) = mv(dv/dx)$].

(b) Calcule $v_e = \lim_{h \to \infty} v_0$. Este límite se llama *velocidad de escape* de la Tierra. (Otro método para encontrar la velocidad de escape se presenta en el ejercicio 7.8.77).

(c) Utilice $R = 6\,370$ km y $g = 9.8$ m/s^2 para calcular v_e en metros por segundo y en kilómetros por segundo.

PROYECTO DE APLICACIÓN | ¿CON QUÉ RAPIDEZ SE DRENA UN TANQUE?

Si se drena agua (u otro líquido) de un tanque, se espera que el flujo sea mayor al principio (cuando la profundidad del agua es mayor) y disminuya gradualmente a medida que baja el nivel del agua. Pero se necesita una descripción matemática más precisa de la reducción del flujo para responder las preguntas de los ingenieros: ¿cuánto tiempo tarda un tanque en vaciarse por completo? ¿Cuánta agua debe contener un tanque para garantizar una cierta presión mínima de agua para un sistema de aspersores?

Sean $h(t)$ y $V(t)$ la altura y el volumen de agua en un tanque en el tiempo t. Si el agua se drena a través de un agujero con área a en el fondo del tanque, entonces la ley de Torricelli establece que

$$\boxed{1} \qquad \frac{dV}{dt} = -a\sqrt{2gh}$$

donde g es la aceleración debida a la gravedad. Por lo tanto, la velocidad a la que el agua sale del tanque es proporcional a la raíz cuadrada de la altura del agua.

1. (a) Suponga que el tanque es cilíndrico con una altura de 2 m y un radio de 1 m, y el agujero es circular con un radio de 1 pulgada. Si se toma $g = 9.8$ m/s^2, demuestre que h satisface la ecuación diferencial

$$\frac{dh}{dt} = -0.0004\sqrt{20h}$$

  (b) Resuelva esta ecuación para encontrar la altura del agua en el tiempo t asumiendo que el tanque está lleno en el tiempo $t = 0$.

  (c) ¿Cuánto tarda el agua en drenarse completamente?

2. Debido a la rotación y la viscosidad del líquido, el modelo teórico dado por la ecuación 1 no es del todo exacto. En cambio, el modelo

$$\boxed{2} \qquad \frac{dh}{dt} = k\sqrt{h}$$

El problema 2(b) se realiza mejor como una demostración en el aula o como un proyecto en equipos de tres estudiantes: un cronometrador para anunciar los segundos, un encargado de la botella para estimar la altura cada 10 segundos y un encargado de registrar estos valores.

se utiliza a menudo y la constante k (que depende de las propiedades físicas del líquido) se determina a partir de los datos relativos al drenado del tanque.

  (a) Suponga que se perfora un agujero en el lado de una botella cilíndrica y la altura h del agua (por encima del agujero) disminuye de 10 a 3 cm en 68 segundos. Con la ecuación 2 encuentre una expresión para $h(t)$. Evalúe $h(t)$ con $t = 10, 20, 30, 40, 50$ y 60.

  (b) Haga un agujero de 4 mm cerca del fondo de la parte cilíndrica de una botella de refresco de plástico de dos litros. Pegue una tira de cinta adhesiva marcada en centímetros de 0 a 10, con 0 correspondiente a la parte superior del agujero. Con un dedo sobre el agujero, llene la botella con agua hasta la marca de 10 cm. Luego retire el dedo del agujero y registre los valores de $h(t)$ con $t = 10, 20, 30, 40, 50$ y 60 segundos. (Tal vez observe que tarda 68 segundos para que el nivel disminuya a $h = 3$ cm). Compare sus datos con los valores de $h(t)$ del inciso (a). ¿Predijo bien el modelo los valores reales?

3. En muchas partes del mundo, el agua para los sistemas de aspersores de los grandes hoteles y hospitales se suministra por la gravedad de tanques cilíndricos en los techos de los edificios o cerca de ellos. Suponga que uno de estos tanques tiene un radio de 3 m y el diámetro de salida es de 6 cm. Un ingeniero tiene que garantizar que la presión del agua a la salida del tanque sea de al menos 104 kPa durante un periodo de 10 minutos. (Cuando ocurre un incendio, el sistema eléctrico podría fallar y podría tardar hasta 10 minutos la activación del generador de emergencia y la bomba contra incendios). ¿Qué altura del tanque debe especificar el ingeniero para garantizarlo? (Utilice el hecho de que la presión del agua a una profundidad de d metros es $P = 10d$ kilopascales. Vea la sección 8.3).

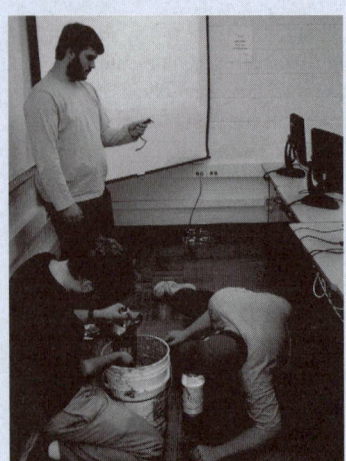

©Richard Le Borne, Dept. Mathematics, Tennessee Technological University

4. No todos los tanques de agua tienen una forma cilíndrica. Suponga que un tanque tiene un área transversal $A(h)$ a la altura h. Entonces el volumen de agua hasta la altura h es $V = \int_0^h A(u)\, du$ y, por lo tanto, el teorema fundamental del cálculo da $dV/dh = A(h)$. De ello se deduce que

$$\frac{dV}{dt} = \frac{dV}{dh}\frac{dh}{dt} = A(h)\frac{dh}{dt}$$

por lo que la ley de Torricelli se convierte en

$$A(h)\frac{dh}{dt} = -a\sqrt{2gh}$$

(a) Suponga que el tanque tiene la forma de una esfera con un radio de 2 m y está inicialmente lleno de agua hasta la mitad. Si el radio del agujero circular es de 1 cm y se toma $g = 10$ m/s^2, demuestre que h satisface la ecuación diferencial

$$(4h - h^2)\frac{dh}{dt} = -0.0001\sqrt{20h}$$

(b) ¿Cuánto tarda el agua en drenarse completamente?

9.4 | Modelos de crecimiento poblacional

En la sección 9.1 se desarrollaron dos ecuaciones diferenciales que describen el crecimiento de la población. En esta sección se investigan estas ecuaciones más a fondo y se utilizan las técnicas de la sección 9.3 para obtener modelos explícitos para una población.

■ Ley de crecimiento natural

Un modelo de crecimiento demográfico que se consideró en la sección 9.1 se basaba en el supuesto de que la población crece a un ritmo proporcional al tamaño de la población:

$$\frac{dP}{dt} = kP$$

¿Es una suposición razonable? Suponga una población (de bacterias, por ejemplo) con un tamaño $P = 1\,000$ que en un momento dado crece a un ritmo de $P' = 300$ bacterias por hora. Ahora considere que otras $1\,000$ bacterias del mismo tipo se agregan a la primera población. Cada mitad de la población combinada crecía previamente a una velocidad de 300 bacterias por hora. Se esperaría que la población total de $2\,000$ aumentara inicialmente a un ritmo de 600 bacterias por hora (siempre que haya suficiente espacio y nutrición). Así, si se duplica el tamaño, se duplica la tasa de crecimiento. Parece razonable que la tasa de crecimiento sea proporcional al tamaño.

En general, si $P(t)$ es el valor de una cantidad y en el tiempo t y si la razón de cambio de P respecto a t es proporcional a su tamaño $P(t)$ en cualquier momento, entonces

$$\boxed{1} \qquad \boxed{\frac{dP}{dt} = kP}$$

donde k es una constante. La ecuación 1 se llama **ley de crecimiento natural**. Si k es positiva, entonces la población aumenta; si k es negativa, disminuye.

Como la ecuación 1 es una ecuación diferencial separable se puede resolver mediante los métodos de la sección 9.3:

$$\int \frac{dP}{P} = \int k \, dt$$

$$\ln |P| = kt + C$$

$$|P| = e^{kt+C} = e^C e^{kt}$$

$$P = Ae^{kt}$$

donde $A(= \pm e^C \text{ o } 0)$ es una constante arbitraria. Para ver el significado de la constante A se observa que

$$P(0) = Ae^{k \cdot 0} = A$$

Por lo tanto, A es el valor inicial de la función.

En la sección 3.8 se presentan ejemplos y ejercicios para el uso de la ecuación (2).

> **2** La solución del problema de valor inicial
>
> $$\frac{dP}{dt} = kP \qquad P(0) = P_0$$
>
> es $\qquad\qquad P(t) = P_0 e^{kt}$

Otra forma de escribir la ecuación 1 es

$$\frac{dP/dt}{P} = k$$

que dice que la *tasa de crecimiento relativa* (la rapidez de crecimiento dividida entre el tamaño de la población; vea la sección 3.8) es constante. Por lo tanto, la ecuación (2) indica que una población con una tasa de crecimiento relativa constante debe crecer de manera exponencial.

Se toma en cuenta la emigración (o "recolección") de una población modificando la ecuación 1: si el índice de emigración es una constante m, entonces la razón de cambio de la población se modela por medio de la ecuación diferencial

3 $$\frac{dP}{dt} = kP - m$$

Vea la solución y las consecuencias de la ecuación 3 en el ejercicio 17.

■ Modelo logístico

Como se vio en la sección 9.1, una población suele aumentar exponencialmente en sus primeras etapas pero se nivela con el tiempo y se aproxima a su capacidad de carga debido a los recursos limitados. Si $P(t)$ es el tamaño de la población en el tiempo t, se asume que

$$\frac{dP}{dt} \approx kP \qquad \text{si } P \text{ es pequeña}$$

Esto dice que la tasa de crecimiento es inicialmente cercana a ser proporcional al tamaño. En otras palabras, la tasa de crecimiento relativa es casi constante cuando la población es pequeña. Pero también se desea reflejar el hecho de que la tasa de crecimiento relativa disminuye a medida que la población P aumenta y se vuelve negativa si P llega a exceder su **capacidad de carga** M, la máxima población que el ambiente es capaz de sostener a largo plazo. La expresión más sencilla para la tasa de crecimiento relativa que incorpora estas suposiciones es

$$\frac{dP/dt}{P} = k\left(1 - \frac{P}{M}\right)$$

Al multiplicar por P, se obtiene el modelo de crecimiento poblacional conocido como **ecuación diferencial logística**, que se vio por primera vez en la sección 9.1:

$$\boxed{4} \qquad \boxed{\frac{dP}{dt} = kP\left(1 - \frac{P}{M}\right)}$$

Observe, a partir de la ecuación 4, que si P es pequeña en comparación con M, entonces P/M está cerca de 0 y, por lo tanto, $dP/dt \approx kP$. Sin embargo, si $P \to M$ (la población se acerca a su capacidad de carga), entonces $P/M \to 1$, por lo que $dP/dt \to 0$. Se puede deducir información acerca de si las soluciones incrementan o disminuyen directamente de la ecuación 4. Si la población P se encuentra entre 0 y M, entonces el lado derecho de la ecuación es positivo, así que $dP/dt > 0$ y la población aumenta. Pero si la población excede la capacidad de carga ($P > M$), entonces $1 - P/M$ es negativo, así que $dP/dt < 0$ y la población disminuye.

El análisis más detallado de la ecuación diferencial logística comienza por considerar un campo direccional.

EJEMPLO 1 Trace un campo direccional para la ecuación logística con $k = 0.08$ y la capacidad de carga $M = 1\,000$. ¿Qué puede deducir de las soluciones?

SOLUCIÓN En este caso, la ecuación diferencial logística es

$$\frac{dP}{dt} = 0.08P\left(1 - \frac{P}{1\,000}\right)$$

En la figura 1 se muestra un campo direccional para esta ecuación. Solo se muestra el primer cuadrante porque las poblaciones negativas no son significativas y aquí solamente interesa lo que sucede después de $t = 0$.

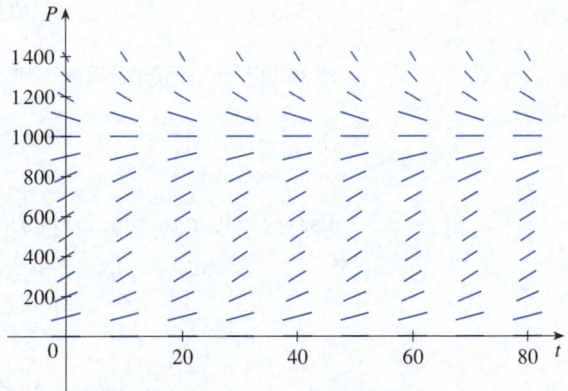

FIGURA 1
Campo direccional para la ecuación logística del ejemplo 1.

La ecuación logística es autónoma (dP/dt depende solo de P, no de t), por lo que las pendientes son las mismas a lo largo de cualquier recta horizontal. Como se esperaba, las pendientes son positivas para $0 < P < 1000$ y negativas para $P > 1000$.

Las pendientes son pequeñas cuando P está cerca de 0 o 1000 (la capacidad de carga). Observe que las soluciones se alejan de la solución de equilibrio $P = 0$ y se mueven hacia la solución de equilibrio $P = 1\,000$.

En la figura 2 se usa el campo direccional para trazar las curvas solución con las poblaciones iniciales $P(0) = 100$, $P(0) = 400$ y $P(0) = 1300$. Observe que las curvas solución que comienzan por debajo de $P = 1000$ son crecientes y las que empiezan por encima de $P = 1000$ son decrecientes. Las pendientes son más grandes cuando $P \approx 500$ y, por lo tanto, las curvas solución que comienzan por debajo de $P = 1000$ tienen puntos de inflexión cuando $P \approx 500$. De hecho, se puede demostrar que todas las curvas solución que empiezan por debajo de $P = 500$ tienen un punto de inflexión cuando P es exactamente 500 (vea el ejercicio 13).

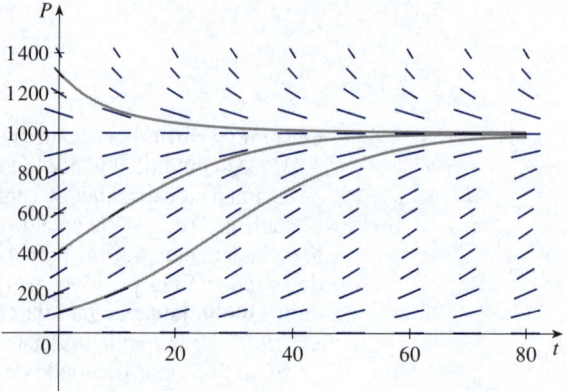

FIGURA 2
Curvas solución para la ecuación logística del ejemplo 1.

La ecuación logística (4) es separable y, por lo tanto, es posible resolverla explícitamente con el método de la sección 9.3. Como

$$\frac{dP}{dt} = kP\left(1 - \frac{P}{M}\right)$$

se tiene

5
$$\int \frac{dP}{P(1 - P/M)} = \int k \, dt$$

Para evaluar la integral del lado izquierdo se escribe

$$\frac{1}{P(1 - P/M)} = \frac{M}{P(M - P)}$$

Si se utilizan fracciones parciales (vea la sección 7.4) se obtiene

$$\frac{M}{P(M - P)} = \frac{1}{P} + \frac{1}{M - P}$$

Esto permite reescribir la ecuación 5:

$$\int \left(\frac{1}{P} + \frac{1}{M - P}\right) dP = \int k \, dt$$

$$\ln |P| - \ln |M - P| = kt + C$$

$$\ln \left| \frac{M - P}{P} \right| = -kt - C$$

$$\left| \frac{M - P}{P} \right| = e^{-kt-C} = e^{-C}e^{-kt}$$

$$\boxed{6} \qquad \frac{M - P}{P} = Ae^{-kt}$$

donde $A = \pm e^{-c}$. Se despeja P en la ecuación 6 y se obtiene

$$\frac{M}{P} - 1 = Ae^{-kt} \qquad \Rightarrow \qquad \frac{P}{M} = \frac{1}{1 + Ae^{-kt}}$$

de modo que
$$P = \frac{M}{1 + Ae^{-kt}}$$

El valor de A se encuentra al sustituir $t = 0$ en la ecuación 6. Si $t = 0$, entonces $P = P_0$ (la población inicial), por lo que

$$\frac{M - P_0}{P_0} = Ae^0 = A$$

Por lo tanto, la solución de la ecuación logística es

$$\boxed{7} \qquad \boxed{\; P(t) = \frac{M}{1 + Ae^{-kt}} \qquad \text{donde} \quad A = \frac{M - P_0}{P_0} \;}$$

Con la expresión para $P(t)$ de la ecuación 7 se ve que

$$\lim_{t \to \infty} P(t) = M$$

lo que era de esperarse.

EJEMPLO 2 Escriba la solución del problema de valor inicial

$$\frac{dP}{dt} = 0.08P\left(1 - \frac{P}{1\,000}\right) \qquad P(0) = 100$$

y con ella encuentre los tamaños de población $P(40)$ y $P(80)$. ¿En qué momento llegará la población a 900 individuos?

SOLUCIÓN La ecuación diferencial es una ecuación logística con $k = 0.08$, capacidad de carga $M = 1\,000$ y población inicial $P_0 = 100$. Por lo tanto, la ecuación 7 da la población en el tiempo t como

$$P(t) = \frac{1000}{1 + Ae^{-0.08t}} \qquad \text{donde} \quad A = \frac{1000 - 100}{100} = 9$$

Así
$$P(t) = \frac{1000}{1 + 9e^{-0.08t}}$$

Así, los tamaños de población cuando $t = 40$ y $t = 80$ son

$$P(40) = \frac{1000}{1 + 9e^{-3.2}} \approx 731.6 \qquad P(80) = \frac{1000}{1 + 9e^{-6.4}} \approx 985.3$$

La población llegará a 900 individuos cuando

$$\frac{1\,000}{1 + 9e^{-0.08t}} = 900$$

Al despejar t en esta ecuación, se obtiene

$$1 + 9e^{-0.08t} = \tfrac{10}{9}$$

$$e^{-0.08t} = \tfrac{1}{81}$$

$$-0.08t = \ln \tfrac{1}{81} = -\ln 81$$

$$t = \frac{\ln 81}{0.08} \approx 54.9$$

Entonces, la población llega a 900 individuos cuando t es aproximadamente 55. Para verificar el trabajo, se grafica la curva de población de la figura 3 y se observa que interseca la recta $P = 900$ en $t \approx 55$.   ■

Compare la curva solución de la figura 3 con la curva solución más baja que se trazó a partir del campo direccional de la figura 2.

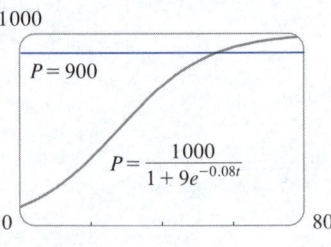

FIGURA 3

■ Comparación de los modelos de crecimiento natural y logístico

En la década de 1930, el biólogo G. F. Gause llevó a cabo un experimento con el protozoario *paramecio* y usó una ecuación logística para modelar sus datos. En la tabla se presenta el recuento diario de la población de protozoarios. Estimó que la tasa de crecimiento relativa inicial era de 0.7944 y la capacidad de carga de 64.

t (días)	0	1	2	3	4	5	6	7	8	9	10	11	12	13	14	15	16
P (observado)	2	3	22	16	39	52	54	47	50	76	69	51	57	70	53	59	57

EJEMPLO 3   Encuentre los modelos exponenciales y logísticos para los datos de Gause. Compare los valores pronosticados con los valores observados y comente sobre el ajuste de cada modelo.

SOLUCIÓN   Dada la tasa de crecimiento relativa $k = 0.7944$ y la población inicial $P_0 = 2$, el modelo exponencial es

$$P(t) = P_0 e^{kt} = 2e^{0.7944t}$$

Gause usó el mismo valor de k para su modelo logístico. [Esto es razonable porque $P_0 = 2$ es pequeño comparado con la capacidad de carga ($M = 64$). La ecuación

$$\frac{1}{P_0} \frac{dP}{dt} \bigg|_{t=0} = k\left(1 - \frac{2}{64}\right) \approx k$$

muestra que el valor de k para el modelo logístico es muy cercano al valor del modelo exponencial].

Entonces la solución de la ecuación logística, que se presenta en la ecuación 7, es

$$P(t) = \frac{M}{1 + Ae^{-kt}} = \frac{64}{1 + Ae^{-0.7944t}}$$

donde

$$A = \frac{M - P_0}{P_0} = \frac{64 - 2}{2} = 31$$

Por lo tanto,

$$P(t) = \frac{64}{1 + 31e^{-0.7944t}}$$

Con estas ecuaciones se calculan los valores pronosticados (redondeados al entero más cercano) y se comparan en la siguiente tabla.

t (días)	0	1	2	3	4	5	6	7	8	9	10	11	12	13	14	15	16
P (observado)	2	3	22	16	39	52	54	47	50	76	69	51	57	70	53	59	57
P (modelo logístico)	2	4	9	17	28	40	51	57	61	62	63	64	64	64	64	64	64
P (modelo exponencial)	2	4	10	22	48	106	...										

En la tabla y en la gráfica de la figura 4 se observa que, durante los primeros tres o cuatro días, el modelo exponencial da resultados comparables a los del modelo logístico más complejo. Para $t \geqslant 5$, sin embargo, el modelo exponencial es irremediablemente inexacto, pero el modelo logístico se ajusta razonablemente a las observaciones.

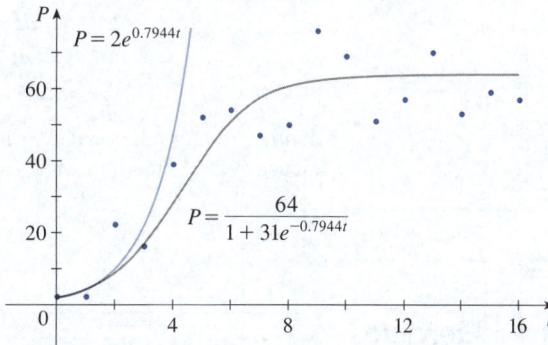

FIGURA 4
Modelos exponencial y logístico de los datos de *paramecio*.

Año	Población (miles)
1960	94 092
1965	98 883
1970	104 345
1975	111 573
1980	116 807
1985	120 754
1990	123 537
1995	125 327
2000	126 776
2005	127 715
2010	127 579
2015	126 920

Fuente: U.S. Census Bureau/International Programs/International Data Base. Consultado el 18 de septiembre de 2018. Versión de datos 18.0822. Código 12.0321.

Muchos países que antes experimentaban un crecimiento exponencial ahora descubren que sus tasas de crecimiento poblacional disminuyen y el modelo logístico proporciona un mejor modelo. En la tabla que aparece al margen se muestran los valores de mediados de año de la población de Japón, en miles, desde 1960 hasta 2015. En la figura 5 se presentan estos puntos de datos, con $t = 0$ para representar 1960, junto con una función logística desplazada (obtenida de una calculadora con la capacidad para ajustar una función logística a los puntos de datos por regresión; vea el ejercicio 15). Al principio los puntos de datos parecen seguir una curva exponencial, pero en general una función logística proporciona un modelo mucho más preciso.

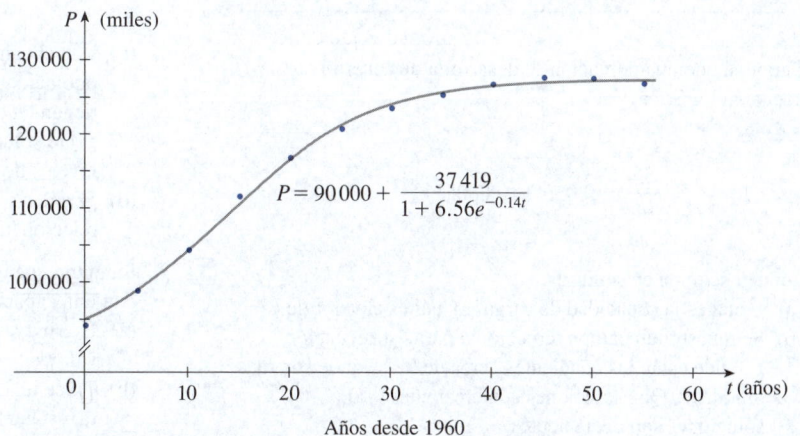

FIGURA 5
Modelo logístico para la población de Japón.

■ Otros modelos de crecimiento poblacional

La ley de crecimiento natural y la ecuación diferencial logística no son las únicas ecuaciones propuestas para modelar el crecimiento de la población. En el ejercicio 22 se aprecia la función de crecimiento de Gompertz y en los ejercicios 23 y 24 se investigan modelos de crecimiento estacional.

Dos modelos adicionales son modificaciones del modelo logístico. La ecuación diferencial

$$\frac{dP}{dt} = kP\left(1 - \frac{P}{M}\right) - c$$

se aplica para modelar poblaciones sujetas a recolección de un tipo u otro (piense en una población de peces que se capturan a un ritmo constante). Esta ecuación se explora en los ejercicios 19 y 20.

Para algunas especies existe un nivel de población mínimo m por debajo del cual la especie tiende a extinguirse. (Es posible que los adultos no puedan encontrar parejas adecuadas). Esas poblaciones se modelan con la ecuación diferencial

$$\frac{dP}{dt} = kP\left(1 - \frac{P}{M}\right)\left(1 - \frac{m}{P}\right)$$

donde el factor adicional, $1 - m/P$, tiene en cuenta las consecuencias de una población escasa (vea el ejercicio 21).

9.4 | Ejercicios

1-2 Una población crece de acuerdo con la ecuación logística dada, donde t se mide en semanas.

(a) ¿Cuál es la capacidad de carga? ¿Cuál es el valor de k?

(b) Escriba la solución de la ecuación.

(c) ¿Cuál es la población después de 10 semanas?

1. $\dfrac{dP}{dt} = 0.04P\left(1 - \dfrac{P}{1\,200}\right), \quad P(0) = 60$

2. $\dfrac{dP}{dt} = 0.02P - 0.0004P^2, \quad P(0) = 40$

3. Suponga que una población se desarrolla de acuerdo con la ecuación logística

$$\frac{dP}{dt} = 0.05P - 0.0005P^2$$

donde t se mide en semanas.

(a) ¿Cuál es la capacidad de carga? ¿Cuál es el valor de k?

(b) Se muestra un campo direccional para esta ecuación. ¿Dónde están las pendientes cerca de 0? ¿Dónde son más grandes? ¿Qué soluciones son crecientes? ¿Qué soluciones son decrecientes?

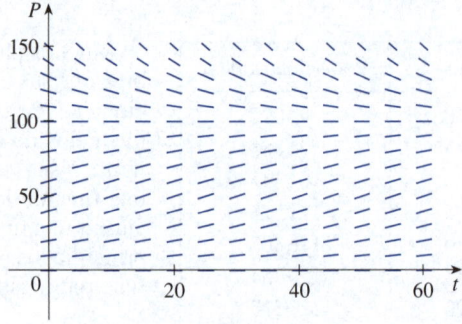

(c) Use el campo direccional para trazar soluciones para poblaciones iniciales de 20, 40, 60, 80, 120 y 140. ¿Qué tienen en común estas soluciones? ¿En qué difieren? ¿Qué soluciones tienen puntos de inflexión? ¿En qué niveles de la población se producen?

(d) ¿Cuáles son las soluciones de equilibrio? ¿Cómo se relacionan con las demás soluciones?

T **4.** Suponga que una población crece según un modelo logístico con una capacidad de carga de 6 000 y $k = 0.0015$ por año.

(a) Escriba la ecuación diferencial logística para estos valores.

(b) Trace un campo direccional (a mano o con computadora). ¿Qué le dice sobre las curvas solución?

(c) Utilice el campo direccional para trazar las curvas solución de las poblaciones iniciales de 1 000, 2 000, 4 000 y 8 000. ¿Qué puede decir de la concavidad de estas curvas? ¿Cuál es el significado de los puntos de inflexión?

(d) Programe una calculadora o una computadora para usar el método de Euler con tamaño de paso $h = 1$ para estimar la población después de 50 años, si la población inicial es de 1 000.

(e) Si la población inicial es de 1 000, escriba una fórmula para la población después de t años. Con ella encuentre la población después de 50 años y compárela con su estimación en el inciso (d).

(f) Grafique la solución del inciso (e) y compárela con la curva solución que dibujó en el inciso (c).

5. La pesca de fletán del Pacífico se modeló por la ecuación diferencial

$$\frac{dy}{dt} = ky\left(1 - \frac{y}{M}\right)$$

donde $y(t)$ es la biomasa (la masa total de los miembros de la población) en kilogramos en el tiempo t (medido en años), la capacidad de carga se estima en $M = 8 \times 10^7$ kg y $k = 0.71$ por año.

(a) Si $y(0) = 2 \times 10^7$ kg, encuentre la biomasa un año más tarde.

(b) ¿Cuánto tardará la biomasa en alcanzar 4×10^7 kg?

6. Suponga que una población $P(t)$ satisface la función

$$\frac{dP}{dt} = 0.4P - 0.001P^2 \qquad P(0) = 50$$

donde t se mide en años.

(a) ¿Cuál es la capacidad de carga?

(b) ¿Qué es $P'(0)$?

(c) ¿Cuándo alcanzará la población 50% de la capacidad de carga?

7. Suponga que una población crece de acuerdo con un modelo logístico con una población inicial de 1 000 y una capacidad de carga de 10 000. Si la población crece hasta 2 500 después de un año, ¿cuál será la población después de otros tres años?

8. En la tabla se da el número de células de levadura en un nuevo cultivo de laboratorio.

Tiempo (horas)	Células de levadura	Tiempo (horas)	Células de levadura
0	18	10	509
2	39	12	597
4	80	14	640
6	171	16	664
8	336	18	672

(a) Trace los datos y con la gráfica estime la capacidad de carga de la población de levadura.

(b) Utilice los datos para estimar la tasa de crecimiento relativa inicial.

(c) Encuentre tanto un modelo exponencial como un modelo logístico para estos datos.

(d) Para cada modelo, compare los valores pronosticados con los observados, tanto en una tabla como en gráficas. Comente qué tan bien se ajustan sus modelos con los datos.

(e) Use su modelo logístico para estimar el número de células de levadura después de 7 horas.

9. La población mundial era de unos 6 100 millones en el año 2000. Las tasas de natalidad en esa época oscilaban entre 35 y 40 millones por año y las tasas de mortalidad entre 15 y 20 millones por año. Suponga que la capacidad de carga de la población mundial es de 20 000 millones.

(a) Escriba la ecuación diferencial logística para estos datos. (Como la población inicial es pequeña comparada con la capacidad de carga, se puede tomar k como estimación de la tasa de crecimiento relativa inicial).

(b) Estime, con el modelo logístico, la población mundial en 2010 y compárela con la población real de 6 900 millones.

(c) Utilice el modelo logístico para predecir la población mundial en los años 2100 y 2500.

10. (a) Suponga que la capacidad de carga de la población de Estados Unidos es de 800 millones. Utilícela junto con el hecho de que la población era de 282 millones en el año 2000 para formular un modelo logístico para la población de Estados Unidos.

(b) Determine el valor de k en su modelo utilizando el hecho de que la población en el año 2010 era de 309 millones.

(c) Utilice su modelo para predecir la población de Estados Unidos en los años 2100 y 2200.

(d) Con su modelo, pronostique el año en el que la población de Estados Unidos superará 500 millones.

11. Un modelo para la propagación de un rumor es que su tasa de propagación es proporcional al producto de la fracción y de la población que ya oyó el rumor y la fracción que aún no.

(a) Escriba una ecuación diferencial que satisfaga y.

(b) Resuelva la ecuación diferencial.

(c) Una pequeña ciudad tiene 1 000 habitantes. A las 8 a. m., 80 personas ya oyeron un rumor, para el mediodía la mitad del pueblo lo ha oído. ¿A qué hora 90% de la población habrá oído el rumor?

12. Unos biólogos poblaron un lago con 400 peces y estimaron que la capacidad de carga (la población máxima de peces de esa especie en ese lago) era de 10 000. El número de peces se triplicó en el primer año.

(a) Suponga que el tamaño de la población de peces satisface la ecuación logística, encuentre una expresión para el tamaño de la población después de t años.

(b) ¿Cuánto tardará la población en aumentar a 5 000?

13. (a) Demuestre que si P satisface la ecuación logística (4), entonces

$$\frac{d^2P}{dt^2} = k^2P\left(1 - \frac{P}{M}\right)\left(1 - \frac{2P}{M}\right)$$

(b) Deduzca que una población crece más rápido cuando alcanza la mitad de su capacidad de carga.

14. Para un valor fijo de M (digamos $M = 10$), la familia de funciones logísticas dadas por la ecuación 7 depende del valor inicial P_0 y de la constante de proporcionalidad k. Grafique varios miembros de esta familia. ¿Cómo cambia la gráfica cuando varía P_0? ¿Cómo cambia cuando varía k?

15. Modelo logístico desplazado En la tabla se indica la población de mitad de año P de Trinidad y Tobago, en miles, desde el año 1970 hasta 2015.

Año	Población (miles)	Año	Población (miles)
1970	955	1995	1 264
1975	1 007	2000	1 252
1980	1 091	2005	1 237
1985	1 189	2010	1 227
1990	1 255	2015	1 222

Fuente: US Census Bureau/International Programs/International Data Base. Consultado el 18 de septiembre de 2018. Versión de datos 18.0822. Código 12.0321.

(a) Elabore una gráfica de dispersión de estos datos. Elija $t = 0$ para que corresponda a 1970.

(b) De la gráfica de dispersión, parece que un modelo logístico podría ser apropiado si primero se desplazan los puntos de datos hacia abajo (para que los valores iniciales de P estén más cerca de 0). Reste 900 de cada valor de P. Luego use una calculadora o computadora para obtener un modelo logístico de los datos desplazados.

(c) Sume 900 a su modelo del inciso (b) para obtener un modelo logístico desplazado de los datos originales. Grafique el modelo con los puntos de datos del inciso (a) y comente la precisión del modelo.

(d) Si el modelo permanece exacto, ¿qué pronostica para la población futura de Trinidad y Tobago?

16. En la tabla se muestra el número de usuarios activos de Twitter en todo el mundo, semestralmente, de 2010 a 2016.

Años desde el 1 de enero de 2010	Usuarios de Twitter (millones)	Años desde el 1 de enero de 2010	Usuarios de Twitter (millones)
0	30	3.5	232
0.5	49	4.0	255
1.0	68	4.5	284
1.5	101	5.0	302
2.0	138	5.5	307
2.5	167	6.0	310
3.0	204	6.5	317

Fuente: www.statistica.com/statistics/282087/number-of-monthly-active-twitterusers/. Consultado el 9 de marzo de 2019.

Con una calculadora o una computadora, ajuste tanto una función exponencial como una función logística a estos datos. Grafique los puntos de datos y ambas funciones, y comente sobre la precisión de los modelos.

17. Considere una población $P = P(t)$ con tasas relativas constantes de nacimiento y muerte α y β, respectivamente, y una tasa de emigración constante m, donde α, β y m son constantes positivas. Suponga que $\alpha > \beta$. Entonces la razón de cambio de la población en el tiempo t se modela por la ecuación diferencial

$$\frac{dP}{dt} = kP - m \qquad \text{donde } k = \alpha - \beta$$

(a) Encuentre la solución de esta ecuación que satisface la condición inicial $P(0) = P_0$.

(b) ¿Qué condición en m conducirá a una expansión exponencial de la población?

(c) ¿Qué condición en m resultará en una población constante? ¿Y en una disminución de la población?

(d) En 1847, la población de Irlanda era de unos 8 millones de habitantes y la diferencia entre las tasas relativas de nacimiento y muerte fue de 1.6% de la población. A causa de la hambruna de la papa en las décadas de 1840 y 1850, alrededor de 210 000 habitantes por año emigraron de Irlanda. ¿Estaba la población en expansión o en declive en ese tiempo?

18. Ecuación del día del juicio final Sea c un número positivo. Una ecuación diferencial de la forma

$$\frac{dy}{dt} = ky^{1+c}$$

donde k es una constante positiva, se llama *ecuación del día del juicio final* porque el exponente en la expresión ky^{1+c} es mayor que el exponente 1 para el crecimiento natural.

(a) Determine la solución que satisface la condición inicial $y(0) = y_0$.

(b) Demuestre que hay un tiempo finito $t = T$ (día del juicio final) tal que $\lim_{t \to T^-} y(t) = \infty$.

(c) Una raza de conejos especialmente prolífica tiene el término de crecimiento $ky^{1.01}$. Si 2 de estos conejos se reproducen inicialmente y la conejera tiene 16 conejos después de tres meses, ¿entonces cuándo es el día del juicio final?

19. Modifique la ecuación diferencial logística del ejemplo 1 como sigue:

$$\frac{dP}{dt} = 0.08P\left(1 - \frac{P}{1\,000}\right) - 15$$

(a) Suponga que $P(t)$ representa una población de peces en el tiempo t, donde t se mide en semanas. Explique el significado del término final en la ecuación (-15).

(b) Trace el campo direccional para esta ecuación diferencial.

(c) ¿Cuáles son las soluciones de equilibrio?

(d) Use el campo direccional para dibujar varias curvas solución. Describa lo que le sucede a la población de peces con varias poblaciones iniciales.

(e) Resuelva esta ecuación diferencial de manera explícita, ya sea con fracciones parciales o con computadora. Utilice las poblaciones iniciales 200 y 300. Grafique las soluciones y compárelas con sus bocetos del inciso (d).

T **20.** Considere la ecuación diferencial

$$\frac{dP}{dt} = 0.08P\left(1 - \frac{P}{1\,000}\right) - c$$

como modelo para una población de peces, donde t se mide en semanas y c es una constante.

(a) Dibuje campos direccionales para varios valores de c.

(b) A partir de los campos direccionales en el inciso (a), determine los valores de c para los cuales hay al menos una solución de equilibrio. ¿Para qué valores de c siempre se extingue la población de peces?

(c) Utilice la ecuación diferencial para demostrar lo que descubrió gráficamente en el inciso (b).

(d) ¿Qué recomendaría para un límite de la captura semanal de esta población de peces?

21. Hay evidencias suficientes que apoyan la teoría de que para algunas especies existe una población mínima m tal que la especie se extinguirá si el tamaño de la población cae por debajo de m. Esta condición puede incorporarse a la ecuación logística introduciendo el factor $(1 - m/P)$. Así, el modelo logístico modificado se da por la ecuación diferencial

$$\frac{dP}{dt} = kP\left(1 - \frac{P}{M}\right)\left(1 - \frac{m}{P}\right)$$

(a) Use la ecuación diferencial para demostrar que cualquier solución es creciente si $m < P < M$ y es decreciente si $0 < P < m$.

(b) Para el caso en que $k = 0.08$, $M = 1\,000$ y $m = 200$, dibuje un campo direccional y úselo para trazar varias curvas solución. Describa lo que le sucede a la población con varias poblaciones iniciales. ¿Cuáles son las soluciones de equilibrio?

(c) Resuelva la ecuación diferencial de forma explícita, ya sea con fracciones parciales o con computadora. Utilice la población inicial P_0.

(d) Utilice la solución del inciso (c) para mostrar que si $P_0 < m$, entonces la especie se extinguirá. [*Sugerencia*: Demuestre que el numerador en su expresión para $P(t)$ es 0 para algún valor de t].

22. Función de Gompertz Otro modelo para una función de crecimiento para una población limitada es el de la *función de Gompertz*, que es una solución de la ecuación diferencial

$$\frac{dP}{dt} = c \ln\left(\frac{M}{P}\right)P$$

donde c es una constante y M es la capacidad de carga.

(a) Resuelva esta ecuación diferencial.

(b) Calcule $\lim_{t\to\infty} P(t)$.

(c) Grafique la función de Gompertz para $M = 1\,000$, $P_0 = 100$ y $c = 0.05$, y compárela con la función logística en el ejemplo 2. ¿Cuáles son las similitudes? ¿Cuáles son las diferencias?

(d) Se sabe, por el ejercicio 13, que la función logística crece más rápido cuando $P = M/2$. Utilice la ecuación diferencial de Gompertz para mostrar que la función de Gompertz crece más rápido cuando $P = M/e$.

23. En un **modelo de crecimiento estacional** se introduce una función periódica del tiempo para tener en cuenta las variaciones estacionales de la tasa de crecimiento. Esas variaciones podrían ser consecuencia, por ejemplo, de cambios estacionales en la disponibilidad de alimentos.

(a) Encuentre la solución del modelo de crecimiento estacional

$$\frac{dP}{dt} = kP\cos(rt - \phi) \qquad P(0) = P_0$$

donde k, r y ϕ son constantes positivas.

(b) Grafique la solución con varios valores de k, r y ϕ, y explique cómo tales valores afectan la solución. ¿Qué puede decir de $\lim_{t\to\infty} P(t)$?

24. Suponga que se altera la ecuación diferencial del ejercicio 23 de la siguiente manera:

$$\frac{dP}{dt} = kP\cos^2(rt - \phi) \qquad P(0) = P_0$$

(a) Resuelva esta ecuación diferencial con ayuda de una tabla de integrales o una computadora.

(b) Grafique la solución con varios valores de k, r y ϕ. ¿Cómo afectan estos valores la solución? ¿Qué puede decir acerca de $\lim_{t\to\infty} P(t)$ en este caso?

25. Las gráficas de las funciones logísticas (figuras 2 y 3) lucen sospechosamente parecidas a la gráfica de la función de la tangente hiperbólica (figura 3.11.3). Explique la similitud mostrando que la función logística dada por la ecuación 7 puede escribirse como

$$P(t) = \tfrac{1}{2}M\left[1 + \tanh\left(\tfrac{1}{2}k(t - c)\right)\right]$$

donde $c = (\ln A)/k$. Por lo tanto, la función logística es en realidad solo una tangente hiperbólica desplazada.

9.5 | Ecuaciones lineales

En la sección 9.3 se vio cómo resolver ecuaciones diferenciales separables de primer orden. En esta sección se investiga un método para resolver una clase de ecuaciones diferenciales que no son necesariamente separables.

■ Ecuaciones diferenciales lineales

Una ecuación diferencial **lineal** de primer orden es aquella que se puede escribir en la forma

$$\boxed{1} \qquad \frac{dy}{dx} + P(x)y = Q(x)$$

donde P y Q son funciones continuas en un intervalo dado. Como se verá, este tipo de ecuación se produce a menudo en varias ciencias.

Un ejemplo de una ecuación lineal es $xy' + y = 2x$ porque, para $x \neq 0$, se puede escribir en la forma

$$\boxed{2} \qquad y' + \frac{1}{x}y = 2$$

Observe que esta ecuación diferencial no es separable porque es imposible factorizar la expresión para y' como una función de x por una función de y. Pero aún se puede resolver la ecuación $xy' + y = 2x$ al notar, por la regla del producto, que

$$xy' + y = (xy)'$$

y, por lo tanto, la ecuación se puede reescribir como

$$(xy)' = 2x$$

Si ahora se integran ambos lados de esta ecuación, se obtiene

$$xy = x^2 + C \qquad \text{o} \qquad y = x + \frac{C}{x}$$

Si se hubiera dado la ecuación diferencial en la forma de la ecuación 2, se tendría que dar el paso preliminar de multiplicar cada lado de la ecuación por x.

Toda ecuación diferencial lineal de primer orden puede resolverse de manera similar al multiplicar ambos lados de la ecuación 1 por una función adecuada $I(x)$ que se llama *factor integrante*. Se trata de encontrar I para que el lado izquierdo de la ecuación 1, al multiplicarse por $I(x)$, se convierta en la derivada del producto $I(x)y$:

$$\boxed{3} \qquad I(x)\big(y' + P(x)y\big) = \big(I(x)y\big)'$$

Si se encuentra tal función I, entonces la ecuación 1 se convierte en

$$\big(I(x)y\big)' = I(x)\,Q(x)$$

Al integrar ambos lados, se tendría

$$I(x)y = \int I(x)\,Q(x)\,dx + C$$

así que la solución sería

$$\boxed{4} \qquad y(x) = \frac{1}{I(x)}\left[\int I(x)\,Q(x)\,dx + C\right]$$

Para encontrar dicha I, se desarrolla la ecuación 3 y se cancelan términos:

$$I(x)y' + I(x)\,P(x)y = \big(I(x)y\big)' = I'(x)y + I(x)y'$$

$$I(x)\,P(x) = I'(x)$$

Esta es una ecuación diferencial separable para I, que se resuelve de la siguiente manera:

$$\int \frac{dI}{I} = \int P(x)\,dx$$

$$\ln|I| = \int P(x)\,dx$$

$$I = Ae^{\int P(x)\,dx}$$

donde $A = \pm e^{C}$. Se busca un factor integrante particular, no el más general, así que se toma $A = 1$ y se usa

5
$$I(x) = e^{\int P(x)\,dx}$$

Así, la ecuación 4 proporciona una fórmula para la solución general de la ecuación 1, mientras que la ecuación 5 proporciona I. Sin embargo, en lugar de memorizar esta fórmula, solo se recuerda la forma del factor integrante.

> Para resolver la ecuación diferencial lineal $y' + P(x)y = Q(x)$, multiplique ambos lados por el **factor integrante** $I(x) = e^{\int P(x)dx}$ y luego integre ambos lados.

EJEMPLO 1 Resuelva la ecuación diferencial $\dfrac{dy}{dx} + 3x^2 y = 6x^2$.

SOLUCIÓN La ecuación dada es lineal porque tiene la forma de la ecuación 1 con $P(x) = 3x^2$ y $Q(x) = 6x^2$. Un factor integrante es

$$I(x) = e^{\int 3x^2\,dx} = e^{x^3}$$

En la figura 1 se muestran las gráficas de varios miembros de la familia de soluciones del ejemplo 1. Observe que todos ellos se aproximan a 2 conforme $x \to \infty$.

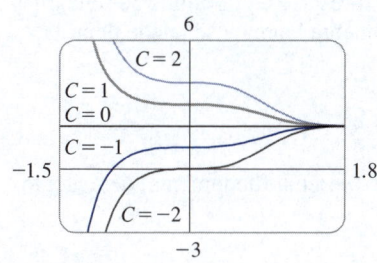

FIGURA 1

Al multiplicar ambos lados de la ecuación diferencial por e^{x^3}, se obtiene

$$e^{x^3}\frac{dy}{dx} + 3x^2 e^{x^3} y = 6x^2 e^{x^3}$$

o
$$\frac{d}{dx}\left(e^{x^3} y\right) = 6x^2 e^{x^3} \qquad \text{(Regla del producto)}$$

Al integrar ambos lados, se obtiene

$$e^{x^3} y = \int 6x^2 e^{x^3}\,dx = 2e^{x^3} + C$$

$$y = 2 + Ce^{-x^3}$$ ∎

EJEMPLO 2 Encuentre la solución del problema de valor inicial

$$x^2 y' + xy = 1 \qquad x > 0 \qquad y(1) = 2$$

SOLUCIÓN Primero se deben dividir ambos lados entre el coeficiente de y' para poner la ecuación diferencial en la forma estándar que se da en la ecuación 1:

6
$$y' + \frac{1}{x}y = \frac{1}{x^2} \qquad x > 0$$

El factor integrante es

$$I(x) = e^{\int (1/x)\,dx} = e^{\ln x} = x$$

La multiplicación de la ecuación 6 por x da

$$xy' + y = \frac{1}{x} \qquad \text{o} \qquad (xy)' = \frac{1}{x}$$

La solución del problema de valor inicial del ejemplo 2 se muestra en la figura 2.

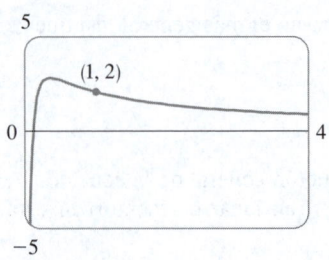

FIGURA 2

Entonces

$$xy = \int \frac{1}{x} \, dx = \ln x + C$$

y, por lo tanto,

$$y = \frac{\ln x + C}{x}$$

Como $y(1) = 2$, se tiene

$$2 = \frac{\ln 1 + C}{1} = C$$

Por consiguiente, la solución al problema de valor inicial es

$$y = \frac{\ln x + 2}{x} \qquad \blacksquare$$

EJEMPLO 3 Resuelva $y' + 2xy = 1$.

SOLUCIÓN La ecuación dada está en la forma estándar de una ecuación lineal. Si se multiplica por el factor integrante

$$e^{\int 2x \, dx} = e^{x^2}$$

se obtiene

$$e^{x^2} y' + 2x e^{x^2} y = e^{x^2}$$

o

$$\left(e^{x^2} y \right)' = e^{x^2}$$

Por lo tanto,

$$e^{x^2} y = \int e^{x^2} \, dx + C$$

Recuerde, de la sección 7.5, que $\int e^{x^2} \, dx$ no puede expresarse en términos de funciones elementales. Sin embargo, es una función adecuadamente buena y se puede dejar la respuesta como

$$y = e^{-x^2} \int e^{x^2} dx + C e^{-x^2}$$

Otra forma de escribir la solución, con la parte 1 del teorema fundamental del cálculo, es

$$y = e^{-x^2} \int_0^x e^{t^2} dt + C e^{-x^2}$$

(Se puede elegir cualquier número para el límite inferior de integración). $\qquad \blacksquare$

Aunque las soluciones de la ecuación diferencial del ejemplo 3 se expresan en términos de una integral, aún pueden graficarse con computadora (figura 3).

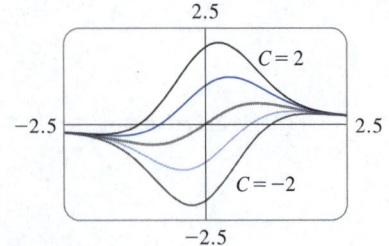

FIGURA 3

■ Aplicación a circuitos eléctricos

En la sección 9.2, se abordó el circuito eléctrico sencillo que se muestra en la figura 4: una fuerza electromotriz (normalmente una batería o un generador) produce un voltaje de $E(t)$ voltios (V) y una corriente de $I(t)$ amperios (A) en el tiempo t. El circuito también contiene una resistencia de R ohmios (Ω) y un inductor con una inductancia de L henrios (H).

La ley de Ohm indica que la caída de voltaje debida a la resistencia es RI. La caída de voltaje debida al inductor es $L(dI/dt)$. Una de las leyes de Kirchhoff dice que la suma de las caídas de voltaje es igual al voltaje suministrado $E(t)$. Por lo tanto, se tiene

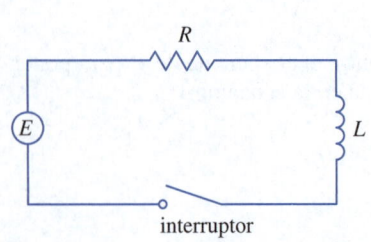

FIGURA 4

$$\boxed{7} \qquad \qquad L\frac{dI}{dt} + RI = E(t)$$

que es una ecuación diferencial lineal de primer orden. La solución da la corriente I en el tiempo t.

EJEMPLO 4 Suponga que en el circuito sencillo de la figura 4 la resistencia es de 12 Ω y la inductancia es de 4 H. Si una batería da un voltaje constante de 60 V y el interruptor se cierra cuando $t = 0$, de modo que la corriente comienza con $I(0) = 0$, halle (a) $I(t)$, (b) la corriente después de 1 segundo y (c) el valor límite de la corriente.

SOLUCIÓN

La ecuación diferencial del ejemplo 4 es tanto lineal como separable, por lo que otro método es resolverla como ecuación separable (ejemplo 9.3.4). Sin embargo, si se sustituye la batería por un generador se obtiene una ecuación que es lineal pero no separable (ejemplo 5).

(a) Si se sustituye $L = 4$, $R = 12$ y $E(t) = 60$ en la ecuación 7, se obtiene el problema de valor inicial

$$4\frac{dI}{dt} + 12I = 60 \qquad I(0) = 0$$

o

$$\frac{dI}{dt} + 3I = 15 \qquad I(0) = 0$$

Al multiplicar por el factor integrante $e^{\int 3\,dt} = e^{3t}$ se obtiene

$$e^{3t}\frac{dI}{dt} + 3e^{3t}I = 15e^{3t}$$

$$\frac{d}{dt}(e^{3t}I) = 15e^{3t}$$

$$e^{3t}I = \int 15e^{3t}\,dt = 5e^{3t} + C$$

$$I(t) = 5 + Ce^{-3t}$$

En la figura 5 se muestra cómo la corriente del ejemplo 4 se aproxima a su valor límite.

Como $I(0) = 0$, se tiene $5 + C = 0$, por lo que $C = -5$ e

$$I(t) = 5(1 - e^{-3t})$$

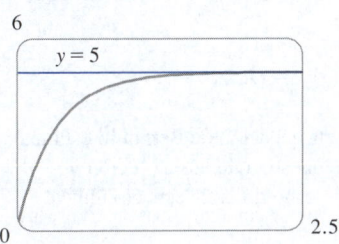

FIGURA 5

(b) Después de 1 segundo, la corriente es

$$I(1) = 5(1 - e^{-3}) \approx 4.75 \text{ A}$$

(c) El valor límite de la corriente se da por

$$\lim_{t\to\infty} I(t) = \lim_{t\to\infty} 5(1 - e^{-3t}) = 5 - 5\lim_{t\to\infty} e^{-3t} = 5 - 0 = 5 \qquad \blacksquare$$

En la figura 6 se muestra la gráfica de la corriente cuando se sustituye la batería por un generador.

EJEMPLO 5 Suponga que la resistencia y la inductancia permanecen como en el ejemplo 4, pero en lugar de la batería se usa un generador que produce un voltaje variable de $E(t) = 60 \operatorname{sen} 30t$ voltios. Encuentre $I(t)$.

SOLUCIÓN Esta vez la ecuación diferencial se convierte en

$$4\frac{dI}{dt} + 12I = 60 \operatorname{sen} 30t \qquad o \qquad \frac{dI}{dt} + 3I = 15 \operatorname{sen} 30t$$

El mismo factor integrante e^{3t} da

$$\frac{d}{dt}(e^{3t}I) = e^{3t}\frac{dI}{dt} + 3e^{3t}I = 15e^{3t}\operatorname{sen} 30t$$

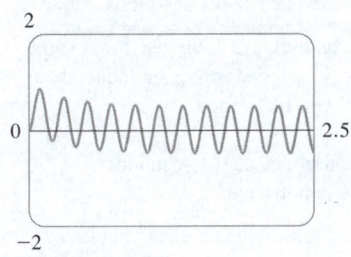

FIGURA 6

Con la fórmula de la entrada 98 de la tabla de integrales (o una computadora) se tiene

$$e^{3t}I = \int 15e^{3t} \operatorname{sen} 30t\, dt = 15\,\frac{e^{3t}}{909}\,(3 \operatorname{sen} 30t - 30 \cos 30t) + C$$

$$I = \tfrac{5}{101}(\operatorname{sen} 30t - 10 \cos 30t) + Ce^{-3t}$$

Como $I(0) = 0$, se obtiene

$$-\tfrac{50}{101} + C = 0$$

por lo tanto, $I(t) = \tfrac{5}{101}(\operatorname{sen} 30t - 10 \cos 30t) + \tfrac{50}{101}e^{-3t}$ ■

9.5 | Ejercicios

1-4 Determine si la ecuación diferencial es lineal. Si es lineal, escríbala en la forma de la ecuación 1.

1. $y' + x\sqrt{y} = x^2$

2. $y' - x = y \tan x$

3. $ue^t = t + \sqrt{t}\,\dfrac{du}{dt}$

4. $\dfrac{dR}{dt} + t \cos R = e^{-t}$

5-16 Resuelva la ecuación diferencial.

5. $y' + y = 1$

6. $y' - y = e^x$

7. $y' = x - y$

8. $4x^3 y + x^4 y' = \operatorname{sen}^3 x$

9. $xy' + y = \sqrt{x}$

10. $2xy' + y = 2\sqrt{x}$

11. $xy' - 2y = x^2$, $x > 0$

12. $y' - 3x^2 y = x^2$

13. $t^2\,\dfrac{dy}{dt} + 3ty = \sqrt{1 + t^2}$, $t > 0$

14. $t \ln t\,\dfrac{dr}{dt} + r = te^t$

15. $y' + y \cos x = x$

16. $y' + 2xy = x^3 e^{x^2}$

17-24 Resuelva el problema de valor inicial.

17. $xy' + y = 3x^2$, $y(1) = 4$

18. $xy' - 2y = 2x$, $y(2) = 0$

19. $x^2 y' + 2xy = \ln x$, $y(1) = 2$

20. $t^3\,\dfrac{dy}{dt} + 3t^2 y = \cos t$, $y(\pi) = 0$

21. $t\,\dfrac{du}{dt} = t^2 + 3u$, $t > 0$, $u(2) = 4$

22. $xy' + y = x \ln x$, $y(1) = 0$

23. $xy' = y + x^2 \operatorname{sen} x$, $y(\pi) = 0$

24. $(x^2 + 1)\,\dfrac{dy}{dx} + 3x(y - 1) = 0$, $y(0) = 2$

25-26 Resuelva la ecuación diferencial y grafique varios miembros de la familia de soluciones. ¿Cómo cambia la curva solución a medida que varía C?

25. $xy' + 2y = e^x$

26. $xy' = x^2 + 2y$

27-29 Ecuaciones diferenciales de Bernoulli Una *ecuación diferencial de Bernoulli* (llamada así por James Bernoulli) tiene la forma

$$\frac{dy}{dx} + P(x)y = Q(x)y^n$$

27. Observe que, si $n = 0$ o 1, la ecuación de Bernoulli es lineal. Para otros valores de n, demuestre que la sustitución $u = y^{1-n}$ transforma la ecuación de Bernoulli en la ecuación lineal

$$\frac{du}{dx} + (1 - n)P(x)u = (1 - n)Q(x)$$

28. Resuelva la ecuación diferencial $xy' + y = -xy^2$.

29. Resuelva la ecuación diferencial $y' + \dfrac{2}{x}y = \dfrac{y^3}{x^2}$.

30. Resuelva la ecuación de segundo orden $xy'' + 2y' = 12x^2$ mediante la sustitución $u = y'$.

31. En el circuito que aparece en la figura 4, una batería suministra un voltaje constante de 40 V, la inductancia es de 2 H, la resistencia es de 10 Ω e $I(0) = 0$.
(a) Encuentre $I(t)$.
(b) Encuentre la corriente después de 0.1 segundos.

32. En el circuito que aparece en la figura 4, un generador suministra un voltaje de $E(t) = 40 \operatorname{sen} 60t$ voltios, la inductancia es 1 H, la resistencia es 20 Ω e $I(0) = 1$ A.
(a) Encuentre $I(t)$.
(b) Encuentre la corriente después de 0.1 segundos.
(c) Grafique la función de la corriente.

33. En la figura se muestra un circuito que contiene una fuerza electromotriz, un capacitor con una capacitancia de C faradios (F) y una resistencia de R ohmios (Ω). La caída de voltaje a través del capacitor es Q/C, donde Q es la carga (en culombios), por lo que en este caso la ley de Kirchhoff da

$$RI + \frac{Q}{C} = E(t)$$

Pero $I = dQ/dt$ (vea el ejemplo 3.7.3), por lo que se tiene

$$R\frac{dQ}{dt} + \frac{1}{C}Q = E(t)$$

Suponga que la resistencia es de 5 Ω, la capacitancia es de 0.05 F, una batería suministra un voltaje constante de 60 V y la carga inicial es $Q(0) = 0$ C. Encuentre la carga y la corriente en el tiempo t.

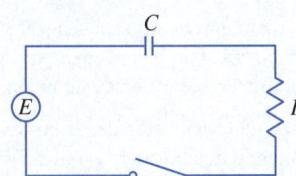

34. En el circuito del ejercicio 33, $R = 2$ Ω, $C = 0.01$ F, $Q(0) = 0$ y $E(t) = 10$ sen $60t$. Encuentre la carga y la corriente en el tiempo t.

35. Sea $P(t)$ el nivel de desempeño de alguien que aprende una habilidad como función del tiempo de entrenamiento t. La gráfica de P se llama *curva de aprendizaje*. En el ejercicio 9.1.27 se propuso la ecuación diferencial

$$\frac{dP}{dt} = k[M - P(t)]$$

como modelo razonable para el aprendizaje, donde k es una constante positiva. Resuélvala como una ecuación diferencial lineal y use su solución para graficar la curva de aprendizaje.

36. Dos trabajadores recién fueron contratados para una línea de montaje. Juan procesó 25 unidades durante la primera hora y 45 unidades durante la segunda. Marcos procesó 35 unidades durante la primera hora y 50 unidades la segunda hora. Con el modelo del ejercicio 35 y asumiendo que $P(0) = 0$, estime el número máximo de unidades por hora que cada trabajador es capaz de procesar.

37. En la sección 9.3, se examinaron los problemas de mezclas en los que el volumen de líquido se mantiene constante y se vio que tales problemas dan lugar a ecuaciones derivables y separables (vea el ejemplo 9.3.6). Si las tasas de flujo de entrada y salida del sistema son diferentes, entonces el volumen no es constante y la ecuación diferencial resultante es lineal pero no separable.

Un tanque contiene 100 L de agua. Se agrega una solución con una concentración salina de 0.4 kg/L a razón de 5 L/min. La solución se mantiene mezclada y se drena del tanque a una tasa de 3 L/min. Si $y(t)$ es la cantidad de sal (en kilogramos) después de t minutos, demuestre que y satisface con la ecuación diferencial

$$\frac{dy}{dt} = 2 - \frac{3y}{100 + 2t}$$

Resuelva esta ecuación y encuentre la concentración después de 20 minutos.

38. Un tanque con una capacidad de 400 L está lleno de una mezcla de agua y cloro con una concentración de 0.05 g de cloro por litro. Para reducir la concentración de cloro, se bombea agua fresca al tanque a una velocidad de 4 L/s. La mezcla se mantiene agitada y se bombea a una velocidad de 10 L/s. Encuentre la cantidad de cloro en el tanque como función del tiempo.

39. Un objeto con masa m se deja caer del reposo y se asume que la resistencia del aire es proporcional a la rapidez del objeto. Si $s(t)$ es la distancia que ha caído tras t segundos, entonces la rapidez es $v = s'(t)$ y la aceleración es $a = v'(t)$. Si g es la aceleración debida a la gravedad, entonces la fuerza descendente sobre el objeto es $mg - cv$, donde c es una constante positiva, y la segunda ley de Newton da

$$m\frac{dv}{dt} = mg - cv$$

(a) Resuelva esto como ecuación lineal para demostrar que

$$v = \frac{mg}{c}(1 - e^{-ct/m})$$

(b) ¿Cuál es la velocidad límite?

(c) Encuentre la distancia a la que cae el objeto después de t segundos.

40. Si se ignora la resistencia del aire se puede concluir que los objetos más pesados no caen más rápido que los más ligeros. Pero si se tiene en cuenta la resistencia del aire, la conclusión cambia. Utilice la expresión para la velocidad de un objeto que cae en el ejercicio 39(a) para encontrar dv/dm y demostrar que los objetos más pesados *sí* caen más rápido que los más ligeros.

41. (a) Demuestre que la sustitución $z = 1/P$ transforma la ecuación diferencial logística $P' = kP(1 - P/M)$ en la ecuación diferencial lineal

$$z' + kz = \frac{k}{M}$$

(b) Resuelva la ecuación diferencial lineal del inciso (a) y obtenga así una expresión para $P(t)$. Compare con la ecuación 9.4.7.

42. Para tener en cuenta la variación estacional de la ecuación diferencial logística, podría permitirse que k y M sean funciones de t:

$$\frac{dP}{dt} = k(t)P\left(1 - \frac{P}{M(t)}\right)$$

(a) Verifique que la sustitución $z = 1/P$ transforma esta ecuación en la ecuación lineal

$$\frac{dz}{dt} + k(t)z = \frac{k(t)}{M(t)}$$

(b) Escriba una expresión para la solución de la ecuación lineal en el inciso (a) y úsela para mostrar que si la capacidad de carga M es constante, entonces

$$P(t) = \frac{M}{1 + CMe^{-\int k(t)\,dt}}$$

Deduzca que si $\int_0^\infty k(t)\,dt = \infty$, entonces $\lim_{t\to\infty} P(t) = M$. [Esto será cierto si $k(t) = k_0 + a \cos bt$ con $k_0 > 0$, que describe una tasa de crecimiento intrínseco positivo con una variación estacional periódica].

(c) Si k es constante, pero M varía, demuestre que

$$z(t) = e^{-kt} \int_0^t \frac{ke^{ks}}{M(s)}\,ds + Ce^{-kt}$$

y utilice la regla de L'Hôpital para deducir que si $M(t)$ tiene un límite a medida que $t \to \infty$, entonces $P(t)$ tiene el mismo límite.

PROYECTO DE APLICACIÓN | ¿QUÉ ES MÁS RÁPIDO, SUBIR O BAJAR?

En el modelado de la fuerza debida a la resistencia del aire, se utilizaron varias funciones según las características físicas y la rapidez de la pelota. Aquí se aplica un modelo lineal, $-pv$, pero un modelo cuadrático ($-pv^2$ en la subida y pv^2 en la bajada) es otra posibilidad para una rapidez mayor (vea el ejercicio 9.3.52). Para una pelota de golf, los experimentos demuestran que un buen modelo es $-pv^{1.3}$ para la subida y $p|v|^{1.3}$ para la bajada. Sin embargo, no importa qué función de fuerza $-f(v)$ se use [donde $f(v) > 0$ para $v > 0$ y $f(v) < 0$ para $v < 0$], la respuesta a la pregunta sigue siendo la misma. Vea F. Brauer, "What Goes Up Must Come Down, Eventually", *American Mathematical Monthly* 108 (2001), pp. 437-40.

Suponga que lanza una pelota al aire. ¿Cree que tardará más tiempo en alcanzar su máxima altura o en caer a la tierra desde su máxima altura? Se resolverá el problema en este proyecto, pero antes de empezar, piense en esa situación y haga una suposición basada en su intuición física.

1. Una pelota con masa m se proyecta verticalmente hacia arriba desde la superficie de la Tierra con una velocidad inicial positiva v_0. Se asume que las fuerzas que actúan sobre la pelota son la fuerza de la gravedad y la fuerza retardante de la resistencia del aire con dirección opuesta a la dirección del movimiento y magnitud $p|v(t)|$, donde p es una constante positiva y $v(t)$ es la velocidad de la pelota en el tiempo t. Tanto en el ascenso como en el descenso, la fuerza total que actúa sobre la pelota es $-pv - mg$. [Durante el ascenso, $v(t)$ es positivo y la resistencia actúa hacia abajo; durante el descenso, $v(t)$ es negativo y la resistencia actúa hacia arriba]. Por lo tanto, según la segunda ley de Newton, la ecuación del movimiento es

$$mv' = -pv - mg$$

Resuelva esta ecuación diferencial lineal para demostrar que la velocidad es

$$v(t) = \left(v_0 + \frac{mg}{p}\right)e^{-pt/m} - \frac{mg}{p}$$

(Observe que esta ecuación diferencial también es separable).

2. Demuestre que la altura de la pelota, hasta que impacte en el suelo, es

$$y(t) = \left(v_0 + \frac{mg}{p}\right)\frac{m}{p}\left(1 - e^{-pt/m}\right) - \frac{mgt}{p}$$

3. Sea t_1 el tiempo que la pelota tarda en alcanzar su máxima altura. Demuestre que

$$t_1 = \frac{m}{p}\ln\left(\frac{mg + pv_0}{mg}\right)$$

Encuentra esta vez una pelota con una masa de 1 kg y una velocidad inicial de 20 m/s. Suponga que la resistencia del aire es $\frac{1}{10}$ de la rapidez.

4. Sea t_2 el momento en que la pelota cae de nuevo a la tierra. Para la pelota en particular en el problema 3, estime t_2 mediante una gráfica de la función de altura $y(t)$. ¿Qué es más rápido, subir o bajar?

5. En general, no es fácil encontrar t_2 porque es imposible resolver la ecuación $y(t) = 0$ de forma explícita. Sin embargo, se puede utilizar un método indirecto para determinar si el ascenso o el descenso es más rápido: se determina si $y(2t_1)$ es positivo o negativo. Demuestre que

$$y(2t_1) = \frac{m^2 g}{p^2}\left(x - \frac{1}{x} - 2\ln x\right)$$

donde $x = e^{pt_1/m}$. Después demuestre que $x > 1$ y la función

$$f(x) = x - \frac{1}{x} - 2 \ln x$$

es creciente para $x > 1$. Utilice este resultado para decidir si $y(2t_1)$ es positivo o negativo. ¿Qué puede concluir? ¿Es más rápido el ascenso o el descenso?

9.6 | Sistemas depredador-presa

Se han abordado diversos modelos para el crecimiento de una sola especie que vive sola en un ambiente. En esta sección se consideran modelos más realistas que toman en cuenta la interacción de dos especies en el mismo hábitat. Se verá que estos modelos toman la forma de un par de ecuaciones diferenciales vinculadas.

Primero se considera la situación en la que una especie, llamada *presa*, tiene un amplio suministro de comida y la segunda especie, llamada *depredador*, se alimenta de la presa. Ejemplos de presas y depredadores son conejos y lobos en un bosque aislado, peces de alimentación y tiburones, pulgones y mariquitas, y bacterias y amibas. Nuestro modelo tendrá dos variables dependientes, y ambas son funciones del tiempo. Sea $R(t)$ el número de presas (con R para *rabbits*, que significa conejos) y $W(t)$ el número de depredadores (con W de *wolves*, que significa lobos) en el tiempo t.

En ausencia de depredadores, el amplio suministro de alimentos apoyaría el crecimiento exponencial de la presa; es decir,

$$\frac{dR}{dt} = kR \qquad \text{donde } k \text{ es una constante positiva}$$

En ausencia de presas, se supone que la población de depredadores disminuiría a través de la mortalidad a una tasa proporcional a sí misma; es decir,

$$\frac{dW}{dt} = -rW \qquad \text{donde } r \text{ es una constante positiva}$$

Sin embargo, con ambas especies presentes se asume que la principal causa de muerte entre la presa es su calidad de alimento para un depredador, y las tasas de natalidad y supervivencia de los depredadores dependen del suministro de alimento disponible; es decir, de la presa. También se asume que las dos especies se encuentran a un ritmo que es proporcional a ambas poblaciones y, por ende, proporcional al producto RW. (Cuanto más haya de cualquiera de las dos poblaciones, más encuentros son probables). Un sistema de dos ecuaciones diferenciales que incorpora estas suposiciones es el siguiente:

W representa los depredadores y R representa la presa.

$$\boxed{1} \qquad \frac{dR}{dt} = kR - aRW \qquad \frac{dW}{dt} = -rW + bRW$$

donde k, r, a y b son constantes positivas. Observe que el término $-aRW$ disminuye la tasa de crecimiento natural de la presa y el término bRW incrementa la tasa de crecimiento natural de los depredadores.

Las ecuaciones en (1) se conocen como **ecuaciones depredador-presa** o **ecuaciones de Lotka-Volterra**. Una **solución** de este sistema de ecuaciones es un par de funciones $R(t)$ y $W(t)$ que describen las poblaciones de presas y depredadores como funciones del tiempo. Debido a que el sistema está acoplado (R y W ocurren en ambas ecuaciones), no se puede resolver una ecuación y luego la otra; hay que resolverlas de forma simultánea. Por desgracia, normalmente es imposible encontrar fórmulas explícitas para R y W como funciones de t. Sin embargo, es posible aplicar métodos gráficos para analizar las ecuaciones.

Las ecuaciones de Lotka-Volterra se propusieron como modelo para explicar las variaciones de las poblaciones de tiburones y peces comestibles en el mar Adriático por el matemático italiano Vito Volterra (1860-1940).

EJEMPLO 1 Suponga que las poblaciones de conejos y lobos se describen por las ecuaciones de Lotka-Volterra (1) con $k = 0.08$, $a = 0.001$, $r = 0.02$ y $b = 0.00002$. El tiempo t se mide en meses.

(a) Encuentre las soluciones constantes (llamadas **soluciones de equilibrio**) e interprete la respuesta.

(b) Con el sistema de ecuaciones diferenciales encuentre una expresión para dW/dR.

(c) Dibuje un campo direccional para la ecuación diferencial resultante en el plano RW. Luego use ese campo direccional para trazar algunas curvas solución.

(d) Suponga que, en algún momento, hay 1 000 conejos y 40 lobos. Dibuje la curva solución correspondiente y úsela para describir los cambios en ambos niveles de población.

(e) Utilice el inciso (d) para hacer bocetos de R y W como funciones de t.

SOLUCIÓN

(a) Con los valores dados de k, a, r y b, las ecuaciones de Lotka-Volterra se convierten en

$$\frac{dR}{dt} = 0.08R - 0.001RW$$

$$\frac{dW}{dt} = -0.02W + 0.00002RW$$

Tanto R como W serán constantes si ambas derivadas son 0; es decir,

$$R' = R(0.08 - 0.001W) = 0$$

$$W' = W(-0.02 + 0.00002R) = 0$$

Una solución está dada por $R = 0$ y $W = 0$. (Esto tiene sentido: si no hay conejos ni lobos, las poblaciones ciertamente no van a aumentar). La otra solución constante es

$$W = \frac{0.08}{0.001} = 80$$

$$R = \frac{0.02}{0.00002} = 1\,000$$

Por lo tanto, las poblaciones de equilibrio consisten en 80 lobos y 1 000 conejos. Esto significa que 1 000 conejos son suficientes para mantener una población constante de 80 lobos. No hay demasiados lobos (lo que resultaría en menos conejos) ni muy pocos lobos (lo que resultaría en más conejos).

(b) Se aplica la regla de la cadena para escribir

$$\frac{dW}{dt} = \frac{dW}{dR}\frac{dR}{dt}$$

Se despeja dW/dR y se obtiene

$$\frac{dW}{dR} = \frac{\dfrac{dW}{dt}}{\dfrac{dR}{dt}} = \frac{-0.02W + 0.00002RW}{0.08R - 0.001RW}$$

(c) Si se piensa en W como función de R se tiene la ecuación diferencial

$$\frac{dW}{dR} = \frac{-0.02W + 0.00002RW}{0.08R - 0.001RW}$$

Se traza el campo direccional para esta ecuación diferencial en la figura 1 y con él se trazan varias curvas solución en la figura 2. Al moverse a lo largo de una curva solución, se ve que la relación entre R y W cambia con el paso del tiempo. Observe que las curvas parecen estar cerradas en el sentido de que si se recorre a lo largo de una curva, siempre se vuelve al mismo punto. Observe también que el punto $(1000, 80)$ está dentro de todas las curvas solución. Ese punto se llama *punto de equilibrio* porque corresponde a la solución de equilibrio $R = 1000$, $W = 80$.

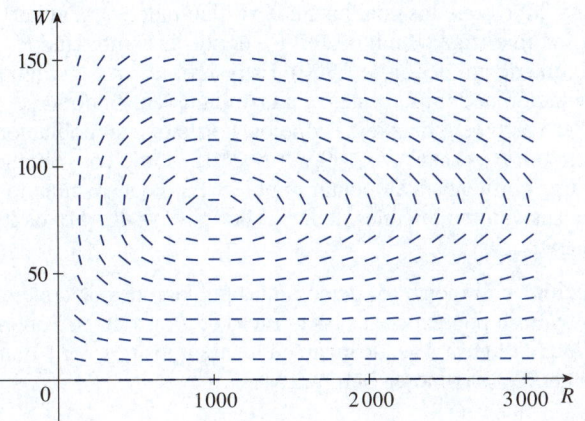

FIGURA 1
Campo direccional del sistema de depredador-presa.

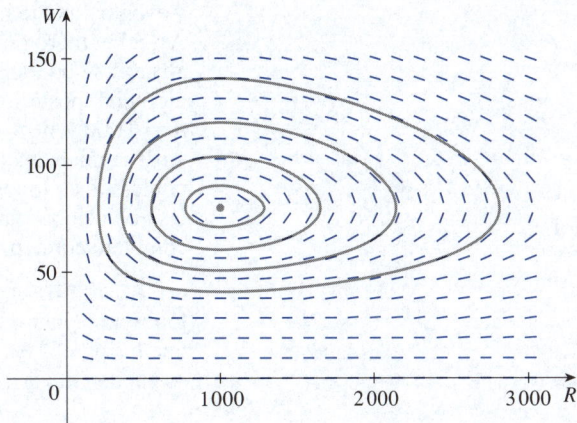

FIGURA 2
Retrato de fase del sistema.

Cuando se representan soluciones de un sistema de ecuaciones diferenciales como en la figura 2, el plano RW se considera el **plano de fase**, y las curvas solución se denominan **trayectorias de fase**. Así, una trayectoria de fase es un camino trazado por las soluciones (R, W) a medida que pasa el tiempo. Un **retrato de fase** consiste en puntos de equilibrio y trayectorias de fase habituales, como se muestra en la figura 2.

(d) Empezar con 1000 conejos y 40 lobos, corresponde a trazar la curva solución a través del punto $P_0(1000, 40)$. En la figura 3 se presenta esta trayectoria de fase con el campo direccional eliminado. A partir del punto P_0 en el tiempo $t = 0$ y con t en aumento, ¿se avanza en el sentido de las agujas del reloj o en sentido contrario a las

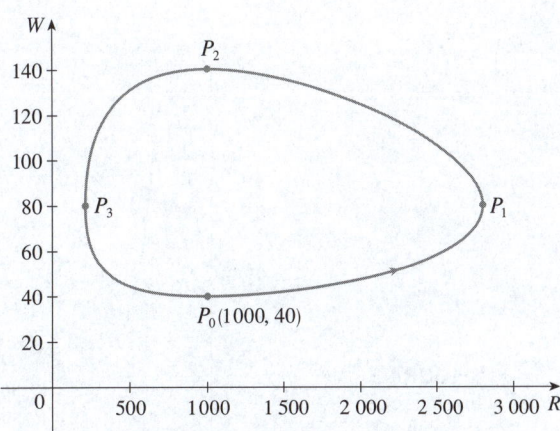

FIGURA 3
Trayectoria de fase que pasa por $(1000, 40)$.

agujas del reloj alrededor de la trayectoria de fase? Si se sustituye $R = 1000$ y $W = 40$ en la primera ecuación diferencial, se obtiene

$$\frac{dR}{dt} = 0.08(1\,000) - 0.001(1\,000)(40) = 80 - 40 = 40$$

Como $dR/dt > 0$, se concluye que R es creciente en P_0 y por ende se avanza en sentido contrario a las agujas del reloj alrededor de la trayectoria de fase.

Se ve que en P_0 no hay suficientes lobos para mantener un equilibrio entre las poblaciones, por lo que la población de conejos aumenta. Eso resulta en más lobos y eventualmente hay tantos lobos que los conejos tienen dificultades para evitarlos. Así, el número de conejos comienza a disminuir (en P_1, donde se estima que R alcanza su población máxima de alrededor de 2 800). Esto significa que en algún momento posterior la población de lobos comienza a disminuir (en P_2, donde $R = 1000$ y $W \approx 140$). Pero esto beneficia a los conejos, por lo que su población más tarde comienza a aumentar (en P_3, donde $W = 80$ y $R \approx 210$). Como consecuencia, la población de lobos a la larga comienza a aumentar también. Esto ocurre cuando las poblaciones vuelven a sus valores iniciales de $R = 1000$ y $W = 40$, y el ciclo completo comienza de nuevo.

(e) A partir de la descripción en el inciso (d) de cómo las poblaciones de conejos y lobos aumentan y disminuyen se pueden trazar las gráficas de $R(t)$ y $W(t)$. Suponga que los puntos P_1, P_2 y P_3 de la figura 3 se alcanzan en los tiempos t_1, t_2 y t_3. Entonces se pueden trazar gráficas de R y W como en la figura 4.

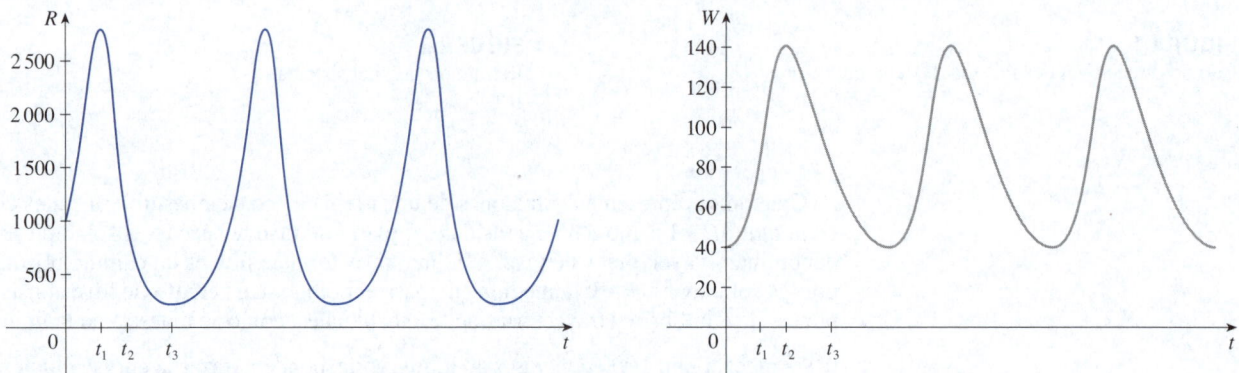

FIGURA 4 Gráficas de las poblaciones de conejos y lobos como funciones del tiempo.

Para facilitar la comparación de las gráficas, se trazan en los mismos ejes pero con diferentes escalas para R y W, como en la figura 5. Observe que los conejos alcanzan sus poblaciones máximas alrededor de un cuarto de ciclo antes que los lobos.

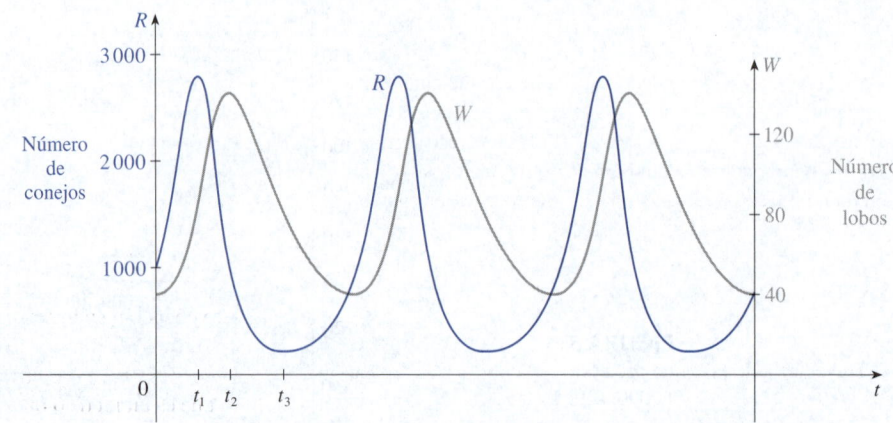

FIGURA 5
Comparación de las poblaciones de conejos y lobos.

©Thomas Kitchin & Victoria Hurst/All Canada Photos

Una parte importante del proceso de modelado, como se analizó en la sección 1.2, es interpretar las conclusiones matemáticas como predicciones de la vida real y probar las predicciones contra los datos reales. La Hudson's Bay Company, que empezó a comercializar pieles de animales de Canadá en 1670, mantiene registros que se remontan a la década de 1840. En la figura 6 se presentan gráficas del número de pieles de la liebre americana y su depredador, el lince canadiense, comercializadas por la compañía durante un periodo de 90 años. Se aprecia que las oscilaciones acopladas en la liebre y las poblaciones de linces pronosticadas por el modelo Lotka-Volterra ocurren realmente y el periodo de estos ciclos es de aproximadamente 10 años.

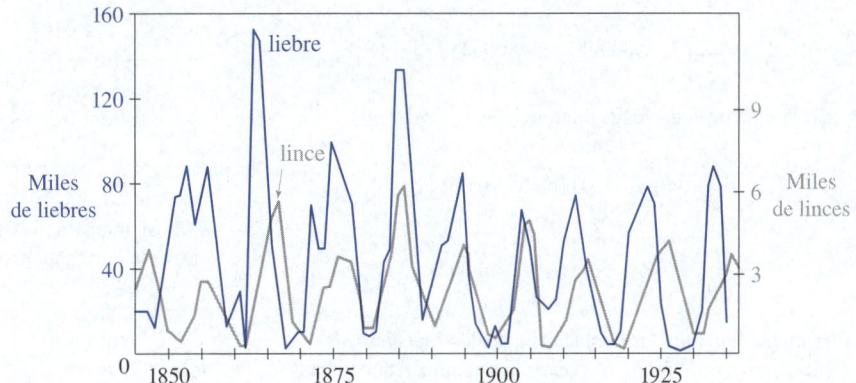

FIGURA 6
Abundancia relativa de liebres y linces de los registros de Hudson's Bay Company.

Aunque el modelo relativamente sencillo de Lotka-Volterra ha tenido cierto éxito en la explicación y predicción de las poblaciones acopladas, también se han propuesto modelos más elaborados. Una forma de modificar las ecuaciones de Lotka-Volterra es suponer que, en ausencia de depredadores, las presas crecen según un modelo logístico con capacidad de carga M. Entonces las ecuaciones de Lotka-Volterra (1) se sustituyen por el sistema de ecuaciones diferenciales

$$\frac{dR}{dt} = kR\left(1 - \frac{R}{M}\right) - aRW \qquad \frac{dW}{dt} = -rW + bRW$$

Este modelo se investiga en los ejercicios 11 y 12.

También se han propuesto modelos para describir y predecir los niveles de población de dos o más especies que compiten por los mismos recursos o cooperan en beneficio mutuo. Tales modelos se exploran en los ejercicios 2-4.

9.6 | Ejercicios

1. Para cada sistema depredador-presa, determine cuál de las variables, x o y, representa la población de presas y cuál la de depredadores. ¿El crecimiento de la presa se restringe solo por los depredadores o también por otros factores? ¿Se alimentan los depredadores solo de la presa o tienen fuentes de alimentación adicionales? Explique.

(a) $\dfrac{dx}{dt} = -0.05x + 0.0001xy$

$\dfrac{dy}{dt} = 0.1y - 0.005xy$

(b) $\dfrac{dx}{dt} = 0.2x - 0.0002x^2 - 0.006xy$

$\dfrac{dy}{dt} = -0.015y + 0.00008xy$

2. Cada sistema de ecuaciones diferenciales es un modelo para dos especies que compiten por los mismos recursos o cooperan en beneficio mutuo (plantas florecientes e insectos polinizadores, por ejemplo). Decida si cada sistema describe la competencia o la cooperación y explique por qué es un modelo razonable. (Pregúntese qué efecto tiene el aumento de una especie en la tasa de crecimiento de la otra).

(a) $\dfrac{dx}{dt} = 0.12x - 0.0006x^2 + 0.00001xy$

$\dfrac{dy}{dt} = 0.08x + 0.00004xy$

(b) $\dfrac{dx}{dt} = 0.15x - 0.0002x^2 - 0.0006xy$

$\dfrac{dy}{dt} = 0.2y - 0.00008y^2 - 0.0002xy$

3. El sistema de ecuaciones diferenciales

$$\dfrac{dx}{dt} = 0.5x - 0.004x^2 - 0.001xy$$

$$\dfrac{dy}{dt} = 0.4y - 0.001y^2 - 0.002xy$$

es un modelo para las poblaciones de dos especies.
(a) ¿Describe el modelo cooperación, competencia o una relación depredador-presa?
(b) Encuentre las soluciones de equilibrio y explique su significado.

4. Los linces comen liebres americanas y las liebres comen plantas leñosas como los sauces. Suponga que, en ausencia de liebres, la población de sauces crecerá exponencialmente y la población de linces decaerá exponencialmente. En ausencia de linces y sauces, la población de liebres decaerá exponencialmente. Si $L(t)$, $H(t)$ y $W(t)$ representan las poblaciones de estas tres especies en el tiempo t, escriba un sistema de ecuaciones diferenciales como modelo para sus dinámicas. Si todas las constantes de su ecuación son positivas, explique por qué usó el signo de más o el de menos.

5-6 Se muestra una trayectoria de fase para las poblaciones de conejos (R, *rabbits*) y zorros (F, *foxes*).
(a) Describa cómo cada población cambia conforme pasa el tiempo.
(b) Use su descripción para hacer un boceto de las gráficas de R y F como funciones del tiempo.

5.

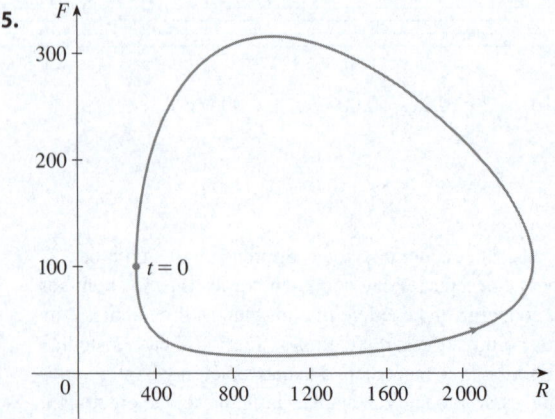

6.

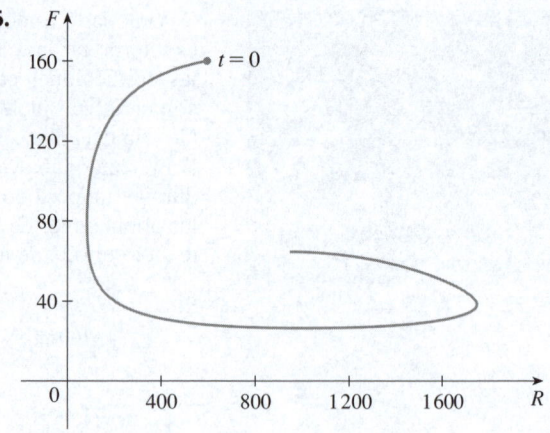

7-8 Se muestran las gráficas de dos especies. Utilícelas para trazar la correspondiente trayectoria de fase.

7.

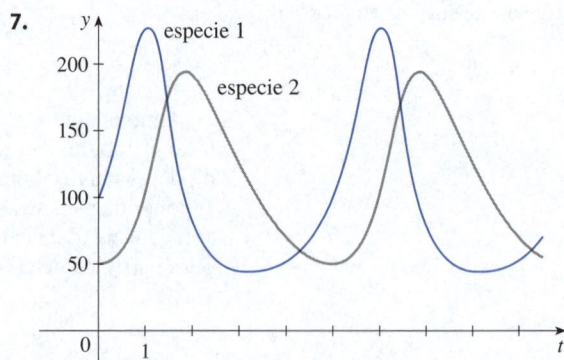

8.

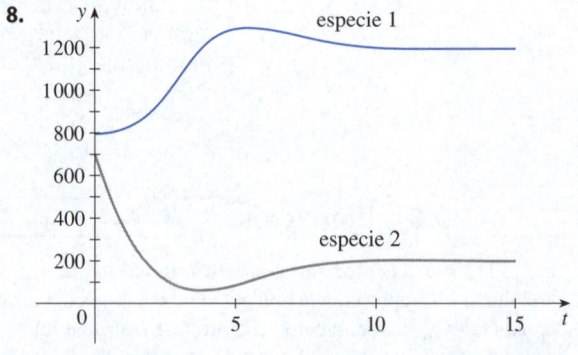

9. En el ejemplo 1(b), se mostró que las poblaciones de conejos y lobos satisfacen la ecuación diferencial

$$\dfrac{dW}{dR} = \dfrac{-0.02W + 0.00002RW}{0.08R - 0.001RW}$$

(a) Al resolver esta ecuación diferencial separable, demuestre que

$$\frac{R^{0.02}W^{0.08}}{e^{0.00002R}e^{0.001W}} = C$$

donde C es una constante.

(b) Es imposible resolver esta ecuación para W como una función explícita de R (o viceversa). Utilice una computadora para graficar la curva solución implícitamente definida que pasa a través del punto $(1000, 40)$ y compárela con la figura 3.

10. Unas poblaciones de pulgones y mariquitas se modelan por las ecuaciones

$$\frac{dA}{dt} = 2A - 0.01AL$$

$$\frac{dL}{dt} = -0.5L + 0.0001AL$$

(a) Encuentre las soluciones de equilibrio y explique su significado.

(b) Determine una expresión para dL/dA.

(c) Se muestra el campo direccional para la ecuación diferencial en el inciso (b). Úselo para trazar un retrato de fase. ¿Qué tienen en común las trayectorias de las fases?

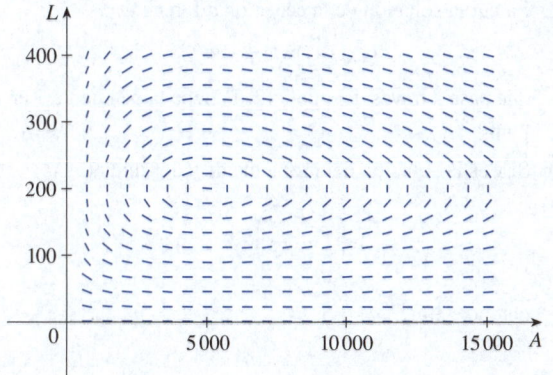

(d) Suponga que en el tiempo $t = 0$ hay 1000 pulgones y 200 mariquitas. Dibuje la trayectoria de fase correspondiente y utilícela para describir cómo cambian ambas poblaciones.

(e) Con el inciso (d) trace las poblaciones de pulgones y mariquitas como funciones de t. ¿Cómo se relacionan las gráficas entre sí?

11. En el ejemplo 1, se aplicaron las ecuaciones de Lotka-Volterra para modelar las poblaciones de conejos y lobos. Modifique esas ecuaciones como sigue:

$$\frac{dR}{dt} = 0.08R(1 - 0.0002R) - 0.001RW$$

$$\frac{dW}{dt} = -0.02W + 0.00002RW$$

(a) De acuerdo con estas ecuaciones, ¿qué pasa con la población de conejos en ausencia de lobos?

(b) Encuentre todas las soluciones de equilibrio y explique su significado.

(c) En la figura se muestra la trayectoria de fase que empieza en el punto $(1000, 40)$. Describa lo que pasa a largo plazo con las poblaciones de conejos y lobos.

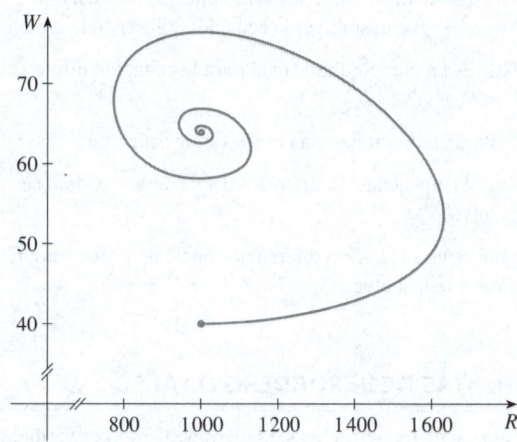

(d) Trace gráficas de las poblaciones de conejos y lobos como funciones del tiempo.

T **12.** En el ejercicio 10 se modelaron poblaciones de pulgones y mariquitas con un sistema de Lotka-Volterra. Suponga que se modifican esas ecuaciones de la siguiente manera:

$$\frac{dA}{dt} = 2A(1 - 0.0001A) - 0.01AL$$

$$\frac{dL}{dt} = -0.5L + 0.0001AL$$

(a) En ausencia de mariquitas, ¿qué predice el modelo sobre los pulgones?

(b) Encuentre las soluciones de equilibrio.

(c) Determine una expresión para dL/dA.

(d) Con una computadora, trace un campo direccional para la ecuación diferencial en el inciso (c). A continuación, utilice el campo direccional para trazar un retrato de fase. ¿Qué tienen en común las trayectorias de las fases?

(e) Suponga que en el tiempo $t = 0$ hay 1000 pulgones y 200 mariquitas. Elabore la trayectoria de fase correspondiente y con ella describa cómo cambian ambas poblaciones.

(f) Con el inciso (c) trace las poblaciones de pulgones y mariquitas como funciones de t. ¿Cómo se relacionan las gráficas entre sí?

9 REPASO

VERIFICACIÓN DE CONCEPTOS
Las respuestas de la sección "Verificación de conceptos" están disponibles en StewartCalculus.com

1. (a) ¿Qué es una ecuación diferencial?
   (b) ¿Qué es el orden de una ecuación diferencial?
   (c) ¿Qué es una condición inicial?

2. ¿Qué puede decir sobre las soluciones de la ecuación $y' = x^2 + y^2$ con solo ver la ecuación diferencial?

3. ¿Qué es un campo direccional para la ecuación diferencial $y' = F(x, y)$?

4. Explique cómo funciona el método de Euler.

5. ¿Qué es una ecuación diferencial separable? ¿Cómo se resuelve?

6. ¿Qué es una ecuación diferencial lineal de primer orden? ¿Cómo se resuelve?

7. (a) Escriba una ecuación diferencial que exprese la ley del crecimiento natural. ¿Qué dice en términos de la tasa de crecimiento relativa?
   (b) ¿En qué circunstancias es este un modelo apropiado para el crecimiento de la población?
   (c) ¿Cuáles son las soluciones de esta ecuación?

8. (a) Escriba la ecuación diferencial logística.
   (b) ¿En qué circunstancias es este un modelo apropiado para el crecimiento poblacional?

9. (a) Escriba las ecuaciones de Lotka-Volterra para modelar las poblaciones de peces de alimento (F) y de tiburones (S).
   (b) ¿Qué dicen estas ecuaciones acerca de cada población en ausencia de la otra?

PREGUNTAS DE VERDADERO O FALSO

Determine si el enunciado es verdadero o falso. Si es verdadero, explique por qué. Si es falso, explique por qué o dé un ejemplo que lo refute.

1. Todas las soluciones de la ecuación diferencial $y' = -1 - y^4$ son funciones decrecientes.

2. La función $f(x) = (\ln x)/x$ es una solución de la ecuación diferencial $x^2 y' + xy = 1$.

3. La función $y = 3e^{2x} - 1$ es una solución del problema de valor inicial $y' - 2y = 1$, $y(0) = 2$.

4. La ecuación $y' = x + y$ es separable.

5. La ecuación $y' = 3y - 2x + 6xy - 1$ es separable.

6. La ecuación $e^x y' = y$ es lineal.

7. La ecuación $y' + xy = e^y$ es lineal.

8. La curva solución de la ecuación diferencial
$$(2x - y)\, y' = x + 2y$$
que pasa a través del punto $(3, 1)$ tiene la pendiente 1 en ese punto.

9. Si y es la solución del problema de valor inicial
$$\frac{dy}{dt} = 2y\left(1 - \frac{y}{5}\right) \qquad y(0) = 1$$
entonces $\lim_{t\to\infty} y = 5$.

EJERCICIOS

1. (a) Se muestra un campo direccional para la ecuación diferencial $y' = y(y - 2)(y - 4)$. Trace las gráficas de las soluciones que satisfacen las condiciones iniciales dadas.

   (i) $y(0) = -0.3$ (ii) $y(0) = 1$

   (iii) $y(0) = 3$ (iv) $y(0) = 4.3$

   (b) Si la condición inicial es $y(0) = c$, ¿para qué valores de c es finito $\lim_{t\to\infty} y(t)$? ¿Cuáles son las soluciones de equilibrio?

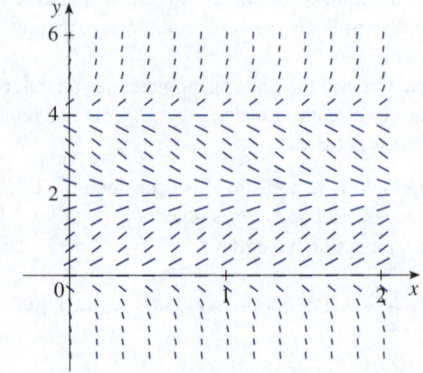

2. (a) Trace un campo direccional para la ecuación diferencial $y' = x/y$. Con él dibuje las cuatro soluciones que satisfacen las condiciones iniciales $y(0) = 1$, $y(0) = -1$, $y(2) = 1$ y $y(-2) = 1$.

(b) Revise su trabajo del inciso (a) resolviendo la ecuación diferencial en forma explícita. ¿Qué tipo de curva es cada curva solución?

3. (a) Se muestra un campo direccional para la ecuación diferencial $y' = x^2 - y^2$. Trace la solución del problema de valor inicial

$$y' = x^2 - y^2 \qquad y(0) = 1$$

Use su gráfica para estimar el valor de $y(0.3)$.

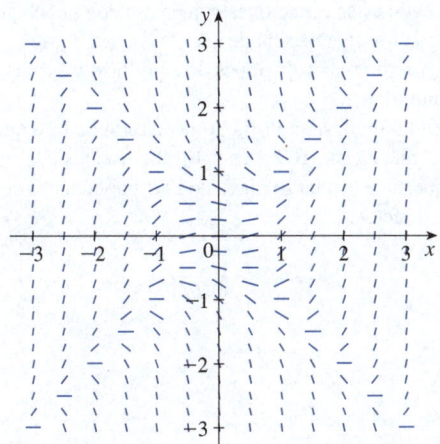

(b) Utilice el método de Euler con tamaño de paso 0.1 para estimar $y(0.3)$, donde $y(x)$ es la solución del problema de valor inicial en el inciso (a). Compárelo con su estimación del inciso (a).

(c) ¿En qué rectas se encuentran los centros de los segmentos de recta horizontal del campo direccional en el inciso (a)? ¿Qué sucede cuando una curva solución cruza estas rectas?

4. (a) Con el método de Euler con tamaño de paso 0.2 estime $y(0.4)$, donde $y(x)$ es la solución del problema de valor inicial

$$y' = 2xy^2 \qquad y(0) = 1$$

(b) Repita el inciso (a) con tamaño de paso 0.1.

(c) Encuentre la solución exacta de la ecuación diferencial y compare el valor en 0.4 con las aproximaciones de los incisos (a) y (b).

5-8 Resuelva la ecuación diferencial.

5. $y' = xe^{-\text{sen}\, x} - y \cos x$

6. $\dfrac{dx}{dt} = 1 - t + x - tx$

7. $2ye^{y^2}y' = 2x + 3\sqrt{x}$

8. $x^2 y' - y = 2x^3 e^{-1/x}$

9-11 Resuelva el problema de valor inicial.

9. $\dfrac{dr}{dt} + 2tr = r$, $\quad r(0) = 5$

10. $(1 + \cos x)y' = (1 + e^{-y})\,\text{sen}\, x$, $\quad y(0) = 0$

11. $xy' - y = x \ln x$, $\quad y(1) = 2$

12. Resuelva el problema de valor inicial $y' = 3x^2 e^y$, $y(0) = 1$, y grafique la solución.

13-14 Encuentre las trayectorias ortogonales de la familia de curvas.

13. $y = ke^x$

14. $y = e^{kx}$

15. (a) Escriba la solución del problema de valor inicial

$$\frac{dP}{dt} = 0.1P\left(1 - \frac{P}{2\,000}\right) \qquad P(0) = 100$$

y úselo para encontrar la población P cuando $t = 20$.

(b) ¿Cuándo alcanza la población 1 200?

16. (a) La población mundial era de 6 080 millones de habitantes en el año 2000 y de 7 350 millones en 2015. Encuentre un modelo exponencial para estos datos y utilice el modelo para predecir la población mundial en 2030.

(b) Según el modelo del inciso (a), ¿en qué año la población mundial superará 10 000 millones de habitantes?

(c) Con los datos del inciso (a), encuentre un modelo logístico para la población. Suponga una capacidad de carga de 20 000 millones. Luego pronostique, con el modelo logístico, la población en el año 2030. Compárelo con su predicción del modelo exponencial.

(d) De acuerdo con el modelo logístico, ¿en qué año superará la población mundial 10 000 millones? Compárelo con su predicción en el inciso (b).

17. El modelo de crecimiento de Von Bertalanffy se utiliza para predecir la longitud $L(t)$ de un pez a lo largo de un periodo. Si L_∞ es la mayor longitud de una especie, entonces la hipótesis es que la tasa de crecimiento en longitud es proporcional a $L_\infty - L$, la longitud por alcanzar.

(a) Formule y resuelva una ecuación diferencial para encontrar una expresión para $L(t)$.

(b) Para el eglefino del Mar del Norte se determinó que $L_\infty = 53$ cm, $L(0) = 10$ cm, y la constante de proporcionalidad es de 0.2. ¿En qué se convierte la expresión para $L(t)$ con estos datos?

18. Un tanque contiene 100 L de agua pura. Una salmuera que contiene 0.1 kg de sal por litro entra en el tanque a una tasa de 10 L/min. La solución se mantiene completamente mezclada y se drena del tanque a la misma velocidad. ¿Cuánta sal hay en el tanque después de 6 minutos?

19. Un modelo para la propagación de una epidemia es que la tasa de propagación es conjuntamente proporcional al número de personas infectadas y el número de personas no infectadas. En un pueblo aislado de 5 000 habitantes, 160 personas tienen una enfermedad al principio de la semana y 1 200 la tienen al final de la semana. ¿Cuántos días tarda 80% de la población en infectarse?

20. La ley Brentano-Stevens de psicología modela la forma en que un sujeto reacciona a un estímulo. Establece que, si R representa la reacción a una cantidad S de estímulo, entonces las razones de aumento relativas son proporcionales:

$$\frac{dR/dt}{R} = k \cdot \frac{dS/dt}{S}$$

donde k es una constante positiva. Encuentre R como función de S.

21. El transporte de una sustancia a través de una pared capilar en la fisiología pulmonar se modela por la ecuación diferencial

$$\frac{dh}{dt} = -\frac{R}{V}\left(\frac{h}{k+h}\right)$$

donde h es la concentración de hormonas en el torrente sanguíneo, t es el tiempo, R es la tasa máxima de transporte, V es el volumen del capilar y k es una constante positiva que mide la afinidad entre las hormonas y las enzimas que ayudan al proceso. Resuelva esta ecuación diferencial para encontrar una relación entre h y t.

22. Las poblaciones de aves e insectos se modelan mediante las ecuaciones

$$\frac{dx}{dt} = 0.4x - 0.002xy$$

$$\frac{dy}{dt} = -0.2y + 0.000008xy$$

(a) ¿Cuál de las variables, x o y, representa la población de aves y cuál representa la población de insectos? Explique.

(b) Encuentre las soluciones de equilibrio y explique su importancia.

(c) Encuentre una expresión para dy/dx.

(d) Se muestra el campo direccional para la ecuación diferencial del inciso (c). Úselo para trazar la trayectoria de fase correspondiente a las poblaciones iniciales

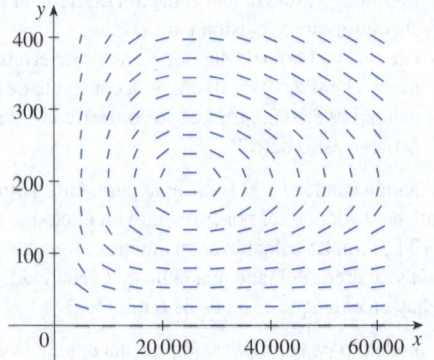

de 100 aves y 40 000 insectos. Después utilice la trayectoria de fase para describir cómo cambian ambas poblaciones.

(e) Con el inciso (d), trace bocetos aproximados de las poblaciones de aves e insectos como funciones del tiempo. ¿Cómo se relacionan estas gráficas entre sí?

23. Suponga que el modelo del ejercicio 22 se reemplaza por las ecuaciones

$$\frac{dx}{dt} = 0.4x(1 - 0.000005x) - 0.002xy$$

$$\frac{dy}{dt} = -0.2y + 0.000008xy$$

(a) Según estas ecuaciones, ¿qué pasa con la población de insectos en ausencia de aves?

(b) Encuentre las soluciones de equilibrio y explique su importancia.

(c) En la figura se muestra la trayectoria de fase que comienza con 100 aves y 40 000 insectos. Describa lo que sucede a largo plazo con las poblaciones de aves e insectos.

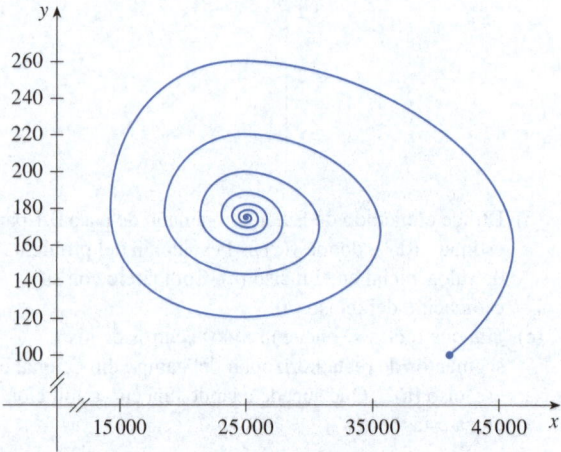

(d) Trace gráficas de las poblaciones de aves e insectos como funciones del tiempo.

24. Daniel pesa 85 kg y está a dieta de 2 200 calorías por día, de las cuales 1 200 son empleadas de forma automática por el metabolismo basal. Él gasta cerca de 15 cal/kg/día multiplicadas por su peso haciendo ejercicio. Si 1 kg de grasa contiene 10 000 calorías y se supone que el almacenamiento de calorías en forma de grasa es 100% eficiente, formule una ecuación diferencial y resuélvala para encontrar su peso como función del tiempo. ¿Su peso se aproxima en última instancia a un peso de equilibrio?

Problemas adicionales

1. Encuentre todas las funciones f tales que f' sea continua y

$$[f(x)]^2 = 100 + \int_0^x \{[f(t)]^2 + [f'(t)]^2\}\, dt \qquad \text{para toda } x \text{ real}$$

2. Un estudiante olvidó la regla del producto para la derivación y cometió el error de pensar que $(fg)' = f'\,g'$. Sin embargo, tuvo suerte y obtuvo la respuesta correcta. La función f que usó fue $f(x) = e^{x^2}$ y el dominio de su problema fue el intervalo $\left(\frac{1}{2}, \infty\right)$. ¿Cuál era la función g?

3. Sea f una función con la propiedad $f(0) = 1$, $f'(0) = 1$ y $f(a + b) = f(a)f(b)$ para todos los números reales a y b. Demuestre que $f'(x) = f(x)$ para toda x y deduzca que $f(x) = e^x$.

4. Encuentre todas las funciones f que satisfacen la ecuación

$$\left(\int f(x)\, dx\right)\left(\int \frac{1}{f(x)}\, dx\right) = -1$$

5. Encuentre la curva $y = f(x)$ tal que $f(x) \geq 0$, $f(0) = 0$, $f(1) = 1$ y el área debajo de la gráfica de f desde 0 hasta x sea proporcional a la $(n + 1)$-ésima potencia de $f(x)$.

6. Una *subtangente* es una parte del eje x que se encuentra directamente debajo del segmento de una recta tangente desde el punto de contacto hasta el eje x. Encuentre las curvas que pasan a través del punto $(c, 1)$ y cuyas subtangentes tienen longitud c.

7. Un pastel de durazno se saca del horno a las 5:00 p. m. A esa hora está muy caliente, 100 °C. A las 5:10 p. m. su temperatura es de 80 °C; a las 5:20 p. m. es de 65 °C. ¿Cuál es la temperatura de la habitación?

8. La nieve comenzó a caer durante la mañana del 2 de febrero y continuó constantemente hasta la tarde. Al mediodía, una barredora comenzó a remover la nieve de un camino a un ritmo constante. El vehículo recorrió 6 km desde el mediodía hasta la 1 p. m., pero solo 3 km desde la 1 p. m. hasta las 2 p. m. ¿Cuándo empezó a nevar? [*Sugerencias*: Para empezar, sea t el tiempo medido en horas después del mediodía; $x(t)$ la distancia recorrida por la barredora en el tiempo t; entonces la rapidez de la barredora es dx/dt. Sea b el número de horas antes del mediodía en que comenzó a nevar. Encuentre una expresión para la altura de la nieve en el tiempo t. Luego use la información dada de que la tasa de remoción R (en m³/h es constante].

9. Un perro ve un conejo corriendo en línea recta por un campo abierto y lo persigue. En un sistema de coordenadas rectangular (como se muestra en la figura), suponga:

   (i) El conejo está en el origen y el perro está en el punto $(L, 0)$ en el instante en que el perro ve por primera vez al conejo.

   (ii) El conejo sube por el eje y y el perro siempre corre directamente hacia el conejo.

   (iii) El perro corre con la misma rapidez que el conejo.

   (a) Demuestre que la trayectoria del perro es la gráfica de la función $y = f(x)$, donde y satisface la ecuación diferencial

   $$x\,\frac{d^2y}{dx^2} = \sqrt{1 + \left(\frac{dy}{dx}\right)^2}$$

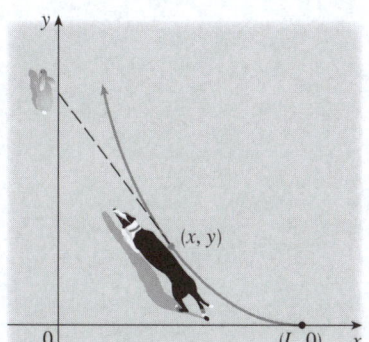

FIGURA PARA EL PROBLEMA 9

   (b) Determine la solución de la ecuación en el inciso (a) que satisface las condiciones iniciales $y = y' = 0$ cuando $x = L$. [*Sugerencia*: Sea $z = dy/dx$ en la ecuación diferencial y resuelva la ecuación de primer orden resultante para encontrar z; luego integre z para encontrar y].

   (c) ¿El perro logra atrapar al conejo?

10. (a) Suponga que el perro del problema 9 corre el doble de rápido que el conejo. Encuentre una ecuación diferencial para el trayecto del perro. Luego resuélvala para encontrar el punto donde el perro atrapa al conejo.

(b) Suponga que el perro corre la mitad de rápido que el conejo. ¿Qué tan cerca está el perro del conejo? ¿Cuáles son las posiciones en las que están más cerca?

11. Un ingeniero de planeación para una nueva planta de alumbre debe presentar algunas estimaciones a su compañía sobre la capacidad de un silo diseñado para almacenar el mineral de bauxita hasta que se procese en alumbre. El mineral se parece a un polvo de talco rosa y se vuelca desde una banda transportadora en la parte superior del silo. El silo es un cilindro de 30 m de altura con un radio de 60 m. La banda transporta el mineral a una velocidad de $1500\,\pi$ m^3/h y el mineral mantiene una forma cónica cuyo radio es 1.5 veces su altura.

(a) Si en un momento dado t la pila tiene 20 m de altura, ¿cuánto tarda la pila en llegar a la parte superior del silo?

(b) ¿Cuánto espacio quedará en el fondo del silo cuando la pila tenga 20 m de altura? ¿A qué velocidad crece el área del suelo de la pila a esa altura?

(c) Suponga que un cargador comienza a extraer el mineral a una velocidad de 500π m^3/h cuando la altura de la pila alcanza 27 m. Suponga también que la pila mantiene su forma. ¿Cuánto tarda la pila en llegar a la parte superior del silo en estas condiciones?

12. Encuentre la curva que pasa a través del punto (3, 2) y tiene la propiedad de que, al trazarse la recta tangente en cualquier punto P de la curva, la parte de la recta tangente que se encuentra en el primer cuadrante se biseca en P.

13. Recuerde que la recta normal de una curva en un punto P de la curva es la recta que pasa por P y es perpendicular a la recta tangente en P. Encuentre la curva que pasa por el punto (3, 2) y tiene la propiedad de que si la recta normal se traza en cualquier punto de la curva, entonces la intersección en el eje y de la recta normal es siempre 6.

14. Encuentre todas las curvas con la propiedad de que, cuando se traza la recta normal en cualquier punto P de la curva, entonces la parte de la recta normal entre P y el eje x es dividida por el eje y.

15. Encuentre todas las curvas con la propiedad de que, cuando se traza una recta desde el origen hasta cualquier punto (x, y) de la curva y luego se dibuja una tangente a la curva en ese punto y se extiende hasta encontrarse con el eje x, el resultado es un triángulo isósceles con lados iguales encontrándose en (x, y).

En la foto se aprecia el cometa Hale-Bopp cerca de la Tierra en 1997; se estima que regresará en el año 4380. Fue uno de los cometas más brillantes del siglo pasado; se pudo observar a simple vista en el cielo nocturno durante unos 18 meses. Debe su nombre a sus descubridores, Alan Hale y Thomas Bopp, quienes lo observaron por telescopio por primera vez en 1995 (Hale en Nuevo México y Bopp en Arizona). En la sección 10.6 se verá que las coordenadas polares proporcionan una ecuación adecuada para calcular la trayectoria elíptica de la órbita del cometa.

©Jeff Schneiderman/Moment Open/Getty Images

10 | Ecuaciones paramétricas y coordenadas polares

HASTA AHORA SE HAN DESCRITO las curvas en un plano con y como función de x [$y = f(x)$], con x como función de y [$x = g(y)$] o con una relación entre x y y que define y de manera implícita como función de x [$f(x, y) = 0$]. En este capítulo se analizan dos métodos nuevos para describir curvas.

Algunas curvas, como la cicloide, se analizan mejor si tanto x como y se expresan en términos de una tercera variable t llamada parámetro [$x = f(t)$, $y = g(t)$]. Otras curvas, como la cardioide, tienen una representación más conveniente cuando se utiliza un nuevo sistema de coordenadas: el sistema de coordenadas polares.

10.1 | Curvas definidas por ecuaciones paramétricas

Imagine que una partícula se mueve a lo largo de la curva C que se muestra en la figura 1. Es imposible describir C mediante una ecuación de la forma $y = f(x)$ porque C no pasa la prueba de la recta vertical. Sin embargo, las coordenadas x y y de la partícula son funciones del tiempo t y, por lo tanto, se puede escribir $x = f(t)$ y $y = g(t)$. Este par de ecuaciones suele ser una forma conveniente de describir una curva.

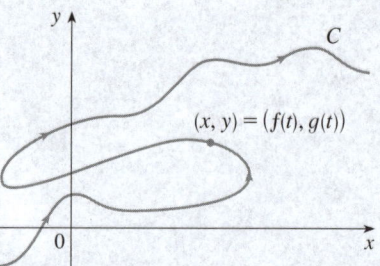

FIGURA 1

■ Ecuaciones paramétricas

Suponga que x y y se dan como funciones de una tercera variable t, llamada **parámetro**, por las ecuaciones

$$x = f(t) \qquad y = g(t)$$

que se conocen como **ecuaciones paramétricas**. Cada valor de t determina un punto (x, y), que se traza en un plano coordenado. Conforme t varía, el punto $(x, y) = (f(t), g(t))$ también varía y traza una curva que se denomina **curva paramétrica**. El parámetro t no representa necesariamente el tiempo; de hecho, podría usarse otra letra distinta de t para el parámetro. Sin embargo, en muchas aplicaciones de curvas paramétricas, t sí denota el tiempo y en este caso se puede interpretar $(x, y) = (f(t), g(t))$ como la posición de un objeto en movimiento en el tiempo t.

EJEMPLO 1 Trace e identifique la curva definida por las ecuaciones paramétricas

$$x = t^2 - 2t \qquad y = t + 1$$

SOLUCIÓN Cada valor de t indica un punto en la curva, como se muestra en la tabla. Por ejemplo, si $t = 1$, entonces $x = -1$, $y = 2$, de modo que el punto correspondiente es $(-1, 2)$. En la figura 2, se trazan los puntos (x, y) determinados por varios valores del parámetro y se unen para trazar una curva.

t	x	y
-2	8	-1
-1	3	0
0	0	1
1	-1	2
2	0	3
3	3	4
4	8	5

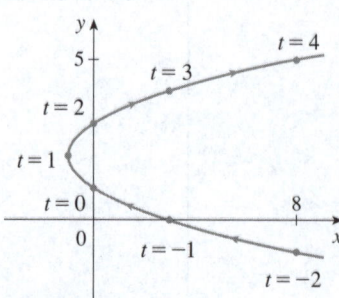

FIGURA 2

Una partícula, cuya posición en el tiempo t se define por ecuaciones paramétricas, se mueve a lo largo de la curva en la dirección de las flechas a medida que t aumenta. Observe que los puntos consecutivos marcados en la curva aparecen a intervalos de tiempo iguales pero no a distancias iguales. Esto se debe a que la partícula desacelera y luego acelera a medida que t aumenta.

A partir de la figura 2, se deduce que la curva trazada por la partícula puede ser una parábola. De hecho, de la segunda ecuación se obtiene $t = y - 1$ y la sustitución en la primera ecuación da

$$x = t^2 - 2t = (y - 1)^2 - 2(y - 1) = y^2 - 4y + 3$$

Como la ecuación $x = y^2 - 4y + 3$ se satisface para todos los pares de valores x y y definidos por las ecuaciones paramétricas, cada punto (x, y) de la curva paramétrica debe situarse en la parábola $x = y^2 - 4y + 3$, por lo que la curva paramétrica coincide con, al menos, una parte de esta parábola. Dado que se puede elegir t para hacer de y cualquier número real, se sabe que la curva paramétrica es la parábola completa. ∎

En el ejemplo 1 se encontró una ecuación cartesiana en x y y cuya gráfica coincidía con la curva representada por las ecuaciones paramétricas. Este proceso se llama **eliminación del parámetro**; es útil para identificar la forma de la curva paramétrica pero se pierde un poco de información al hacerlo. La ecuación en x y y describe la curva por la que viaja la partícula, mientras que las ecuaciones paramétricas tienen ventajas adicionales: indican *dónde* está la partícula en un *tiempo* dado y la *dirección* del movimiento. Si se piensa en la gráfica de una ecuación en x y y como una carretera, entonces las ecuaciones paramétricas podrían seguir el movimiento de un auto que viaja por la carretera.

No hay ninguna restricción para el parámetro t en el ejemplo 1, por lo que se supuso que t podría ser cualquier número real (incluso un número negativo). Sin embargo, a veces se restringe t para que se encuentre en un intervalo determinado. Por ejemplo, la curva paramétrica

$$x = t^2 - 2t \qquad y = t + 1 \qquad 0 \le t \le 4$$

que se muestra en la figura 3 es la parte de la parábola del ejemplo 1 que comienza en el punto $(0, 1)$ y termina en el punto $(8, 5)$. La punta de la flecha indica la dirección en la que se traza la curva a medida que t aumenta desde 0 hasta 4.

En general, la curva con las ecuaciones paramétricas

$$x = f(t) \qquad y = g(t) \qquad a \le t \le b$$

tiene un **punto inicial** $(f(a), g(a))$ y un **punto terminal** $(f(b), g(b))$.

EJEMPLO 2 ¿Qué curva está representada por las siguientes ecuaciones paramétricas?

$$x = \cos t \qquad y = \operatorname{sen} t \qquad 0 \le t \le 2\pi$$

SOLUCIÓN Si se trazan algunos puntos, parece que la curva es una circunferencia. Esto se confirma eliminando el parámetro t. Observe que

$$x^2 + y^2 = \cos^2 t + \operatorname{sen}^2 t = 1$$

Como $x^2 + y^2 = 1$ se satisface para todos los pares de valores de x y y generados por las ecuaciones paramétricas, el punto (x, y) se mueve a lo largo de la circunferencia unitaria $x^2 + y^2 = 1$. Note que en este ejemplo el parámetro t puede interpretarse como el ángulo (en radianes) que aparece en la figura 4. A medida que t aumenta desde 0 hasta 2π, el punto $(x, y) = (\cos t, \operatorname{sen} t)$ se mueve una vez alrededor de la circunferencia en sentido contrario a las manecillas del reloj a partir del punto $(1, 0)$. ∎

No siempre es posible eliminar el parámetro de las ecuaciones paramétricas. Hay muchas curvas paramétricas que no tienen una representación equivalente como una ecuación en x y y.

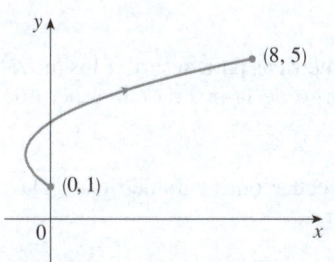

FIGURA 3

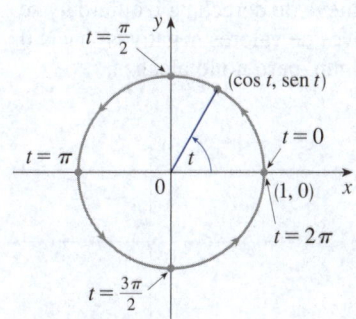

FIGURA 4

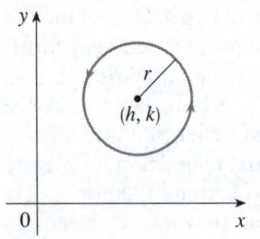

FIGURA 5

EJEMPLO 3 ¿Qué curva representan las ecuaciones paramétricas indicadas?

$$x = \operatorname{sen} 2t \qquad y = \cos 2t \qquad 0 \leq t \leq 2\pi$$

SOLUCIÓN Nuevamente se tiene

$$x^2 + y^2 = \operatorname{sen}^2(2t) + \cos^2(2t) = 1$$

por lo que las ecuaciones paramétricas representan, una vez más, la circunferencia unitaria $x^2 + y^2 = 1$. Pero a medida que t aumenta desde 0 hasta 2π, el punto $(x, y) = (\operatorname{sen} 2t, \cos 2t)$ comienza en $(0, 1)$ y se mueve *dos* veces alrededor de la circunferencia en el sentido de las manecillas del reloj, como se indica en la figura 5. ∎

EJEMPLO 4 Halle ecuaciones paramétricas para la circunferencia con centro (h, k) y radio r.

SOLUCIÓN Una forma es tomar las ecuaciones paramétricas de la circunferencia unitaria del ejemplo 2 y multiplicar las expresiones para x y y por r, lo que da $x = r \cos t$, $y = r \operatorname{sen} t$. Se puede verificar que estas ecuaciones representan una circunferencia con radio r y centro en el origen, trazado en el sentido contrario a las manecillas del reloj. Ahora se desplazan h unidades en la dirección x y k unidades en la dirección y, obteniendo las ecuaciones paramétricas de la circunferencia (figura 6) con centro (h, k) y radio r:

$$x = h + r \cos t \qquad y = k + r \operatorname{sen} t \qquad 0 \leq t \leq 2\pi$$ ∎

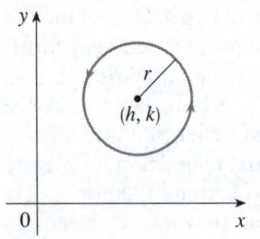

FIGURA 6
$x = h + r \cos t, y = k + r \operatorname{sen} t.$

NOTA En los ejemplos 2 y 3 se muestra que diferentes ecuaciones paramétricas pueden representar la misma curva. De este modo, se distingue entre una *curva*, que es un conjunto de puntos, y una *curva paramétrica*, en la que los puntos se trazan de una manera particular.

En el siguiente ejemplo, se aplican ecuaciones paramétricas para describir los movimientos de cuatro partículas que se desplazan a lo largo de la misma curva pero de diferentes maneras.

EJEMPLO 5 Cada uno de los siguientes conjuntos de ecuaciones paramétricas da la posición de una partícula en movimiento en el tiempo t.

(a) $x = t^3$, $y = t$ \qquad\qquad (b) $x = -t^3$, $y = -t$

(c) $x = t^{3/2}$, $y = \sqrt{t}$ \qquad\qquad (d) $x = e^{-3t}$, $y = e^{-t}$

En cada caso, al eliminar el parámetro se obtiene $x = y^3$, por lo que cada partícula se mueve a lo largo de la curva cúbica $x = y^3$; sin embargo, las partículas se mueven de diferentes maneras, como se ilustra en la figura 7.

(a) La partícula se mueve de izquierda a derecha a medida que t aumenta.

(b) La partícula se mueve de derecha a izquierda a medida que t aumenta.

(c) Las ecuaciones se definen solo para $t \geq 0$. La partícula comienza en el origen (donde $t = 0$) y se mueve hacia la derecha conforme t aumenta.

(d) Aquí $x > 0$ y $y > 0$ para toda t. La partícula se mueve de derecha a izquierda y se aproxima al punto $(1,1)$ a medida que t aumenta (a través de valores negativos) hacia 0. Cuanto más aumenta t, la partícula se aproxima al origen, pero no lo alcanza.

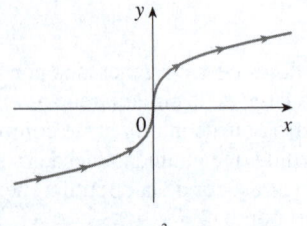

(a) $x = t^3$, $y = t$

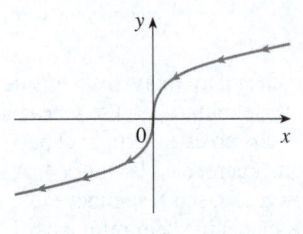

(b) $x = -t^3$, $y = -t$

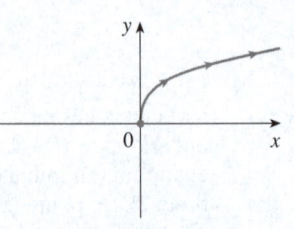

(c) $x = t^{3/2}$, $y = \sqrt{t}$

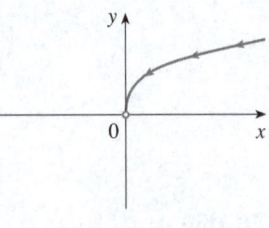

(d) $x = e^{-3t}$, $y = e^{-t}$

FIGURA 7 ∎

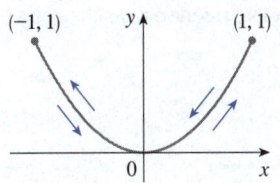

FIGURA 8

EJEMPLO 6 Trace la curva con las ecuaciones paramétricas $x = \operatorname{sen} t$, $y = \operatorname{sen}^2 t$.

SOLUCIÓN Observe que $y = (\operatorname{sen} t)^2 = x^2$ y, por lo tanto, el punto (x, y) se mueve en la parábola $y = x^2$. Pero observe también que, como $-1 \leq \operatorname{sen} t \leq 1$, se tiene $-1 \leq x \leq 1$, por lo que las ecuaciones paramétricas representan solo la parte de la parábola para la que $-1 \leq x \leq 1$. Dado que $\operatorname{sen} t$ es periódica, el punto $(x, y) = (\operatorname{sen} t, \operatorname{sen}^2 t)$ se mueve hacia adelante y hacia atrás infinitamente, a lo largo de la parábola, desde $(-1, 1)$ hasta $(1, 1)$ (vea la figura 8). ■

EJEMPLO 7 En la figura 9 se muestra la curva representada por las ecuaciones paramétricas $x = \cos t$, $y = \operatorname{sen} 2t$. Es un ejemplo de una *figura de Lissajous* (vea el ejercicio 63). Es posible eliminar el parámetro, pero la ecuación resultante $(y^2 = 4x^2 - 4x^4)$ no es muy útil. Otra forma de visualizar la curva es trazar primero las gráficas de x y y individualmente como funciones de t, como se muestra en la figura 10.

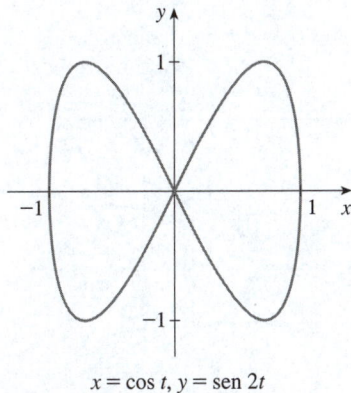

$x = \cos t$, $y = \operatorname{sen} 2t$

FIGURA 9

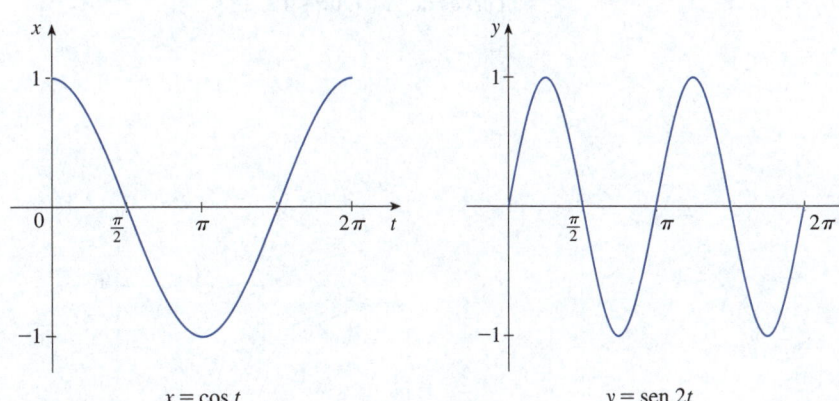

$x = \cos t$ · $y = \operatorname{sen} 2t$

FIGURA 10

Se ve que a medida que t aumenta desde 0 hasta $\pi/2$, x decrece desde 1 hasta 0 mientras que y comienza en 0, crece a 1 y luego vuelve a 0. Estas descripciones juntas producen la parte de la curva paramétrica que se ve en el primer cuadrante. Si se procede de manera similar, se obtiene la curva completa (vea los ejercicios 31–33 para practicar con esta técnica). ■

■ Gráficas de curvas paramétricas con tecnología

La mayoría de las aplicaciones computacionales y calculadoras graficadoras puede trazar curvas definidas por ecuaciones paramétricas. De hecho, es interesante ver cómo una calculadora graficadora traza una curva paramétrica porque los puntos aparecen en orden a medida que aumentan los valores de los parámetros correspondientes.

El siguiente ejemplo muestra que las ecuaciones paramétricas sirven para producir la gráfica de una ecuación cartesiana en la que x se expresa como función de y. (Algunas calculadoras, por ejemplo, requieren que y se exprese como función de x).

EJEMPLO 8 Con una calculadora o computadora, grafique la curva $x = y^4 - 3y^2$.

SOLUCIÓN Si el parámetro es $t = y$ se tienen las ecuaciones

$$x = t^4 - 3t^2 \qquad y = t$$

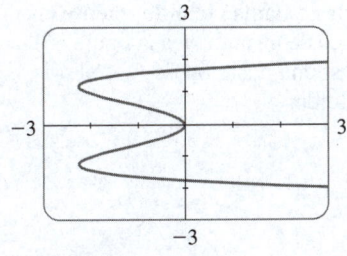

FIGURA 11

Al utilizar estas ecuaciones paramétricas para graficar la curva se obtiene la figura 11. Sería posible despejar y en la ecuación indicada $(x = y^4 - 3y^2)$ como cuatro funciones de x y graficarlas individualmente, pero las ecuaciones paramétricas proporcionan un método mucho más fácil. ■

En general, para graficar una ecuación de la forma $x = g(y)$ se pueden usar las ecuaciones paramétricas

$$x = g(t) \qquad y = t$$

En el mismo sentido, note que las curvas con las ecuaciones $y = f(x)$ (las más comunes: gráficas de funciones) también pueden considerarse como curvas con ecuaciones paramétricas

$$x = t \qquad y = f(t)$$

El software para graficación es particularmente útil para trazar curvas paramétricas complicadas. Por ejemplo, sería virtualmente imposible producir en forma manual las curvas de las figuras 12, 13 y 14.

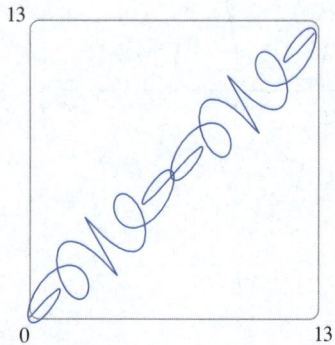

FIGURA 12
$x = t + \text{sen } 5t$
$y = t + \text{sen } 6t$

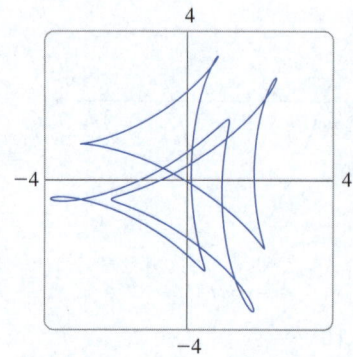

FIGURA 13
$x = \cos t + \cos 6t + 2 \text{ sen } 3t$
$y = \text{sen } t + \text{sen } 6t + 2 \cos 3t$

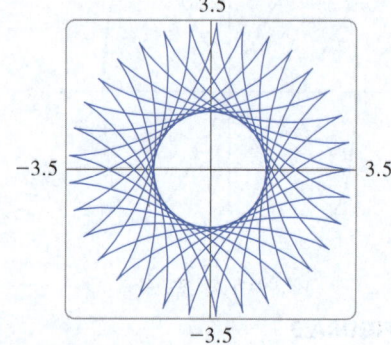

FIGURA 14
$x = 2.3 \cos 10t + \cos 23t$
$y = 2.3 \text{ sen } 10t - \text{sen } 23t$

Uno de los usos más importantes de las curvas paramétricas es el diseño asistido por computadora (CAD, *computer-aided design*). En el "Proyecto de descubrimiento" al final de la sección 10.2 se analizan las curvas paramétricas especiales, llamadas **curvas de Bézier**, muy comunes en procesos de fabricación, especialmente en la industria automotriz. Estas curvas también se emplean para especificar las formas de las letras y otros símbolos en documentos PDF e impresoras láser.

■ Cicloide

EJEMPLO 9   La curva trazada por un punto P en la circunferencia de un círculo a medida que el círculo rueda a lo largo de una línea recta se llama **cicloide** (piense en el camino trazado por un guijarro atascado en el neumático de un auto; vea la figura 15). Si el círculo tiene radio r y rueda a lo largo del eje x y si una posición de P es el origen, encuentre las ecuaciones paramétricas para la cicloide.

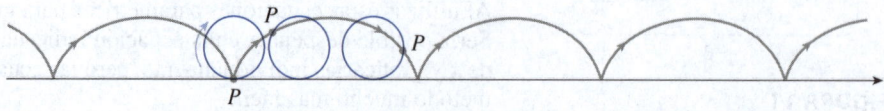

FIGURA 15

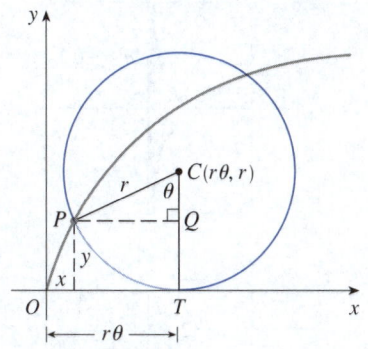

FIGURA 16

SOLUCIÓN Se elige como parámetro el ángulo de rotación θ del círculo ($\theta = 0$ cuando P está en el origen). Suponga que el círculo giró a través de θ radianes. Como el círculo ha estado en contacto con la recta, se ve en la figura 16 que la distancia que ha rodado desde el origen es

$$|OT| = \text{arc } PT = r\theta$$

Por lo tanto, el centro del círculo es $C(r\theta, r)$. Sean (x, y) las coordenadas de P. Entonces, de la figura 16 se observa que

$$x = |OT| - |PQ| = r\theta - r \operatorname{sen} \theta = r(\theta - \operatorname{sen} \theta)$$

$$y = |TC| - |QC| = r - r \cos \theta = r(1 - \cos \theta)$$

Por lo tanto, las ecuaciones paramétricas de la cicloide son

$$\boxed{1} \qquad x = r(\theta - \operatorname{sen} \theta) \qquad y = r(1 - \cos \theta) \qquad \theta \in \mathbb{R}$$

Un arco de la cicloide proviene de una rotación del círculo, por lo cual se describe por $0 \le \theta \le 2\pi$. Aunque las ecuaciones 1 se obtuvieron de la figura 16, que ilustra el caso donde $0 < \theta < \pi/2$, se ve que estas ecuaciones todavía son válidas para otros valores de θ (vea el ejercicio 48).

Aunque es posible eliminar el parámetro θ de las ecuaciones 1, la ecuación cartesiana resultante en x y y es muy complicada $[x = r \cos^{-1}(1 - y/r) - \sqrt{2ry - y^2}$ da solo la mitad de un arco] y no es tan conveniente para trabajar con ella como con las ecuaciones paramétricas. ∎

Una de las primeras personas en estudiar la cicloide fue Galileo; él propuso construir puentes en forma de cicloides y trató de encontrar el área debajo de un arco de una cicloide. Más tarde esta curva surgió en conexión con el **problema de la braquistócrona**: encontrar la curva a lo largo de la cual una partícula se desliza en el menor tiempo (por influencia de la gravedad) desde un punto A hasta un punto más bajo B no directamente debajo de A. El matemático suizo John Bernoulli, quien planteó este problema en 1696, mostró que entre todas las curvas posibles que unen A con B, como en la figura 17, la partícula tardará menos tiempo en deslizarse desde A hasta B si la curva es parte de un arco invertido de una cicloide.

En 1673, el físico holandés Huygens demostró que la cicloide es también la solución al **problema de la tautócrona**; es decir, sin importar dónde se coloque una partícula P en una cicloide invertida, tarda el mismo tiempo en deslizarse hasta el fondo (vea la figura 18). Huygens propuso que los relojes de péndulo (que él inventó) oscilaran en arcos cicloidales porque entonces el péndulo tardaría el mismo tiempo en completar una oscilación, ya sea que oscilara a través de un arco amplio o de un arco pequeño.

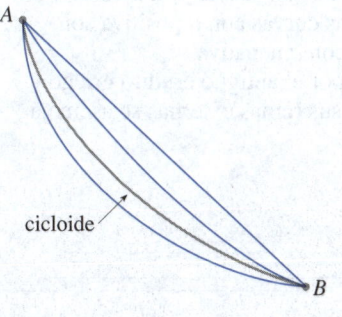

cicloide

FIGURA 17

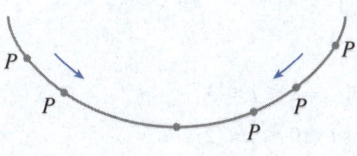

FIGURA 18

■ **Familias de curvas paramétricas**

EJEMPLO 10 Analice la familia de curvas con las ecuaciones paramétricas

$$x = a + \cos t \qquad y = a \tan t + \operatorname{sen} t$$

¿Qué tienen en común estas curvas? ¿Cómo cambia la forma a medida que a aumenta?

SOLUCIÓN Con una calculadora graficadora (o computadora) se producen las gráficas de los casos $a = -2, -1, -0.5, -0.2, 0, 0.5, 1$ y 2 que se muestran en la figura 19. Observe que todas estas curvas (excepto el caso $a = 0$) tienen dos ramas, y ambas ramas se aproximan a la asíntota vertical $x = a$ cuando x se aproxima a a por la izquierda o por la derecha.

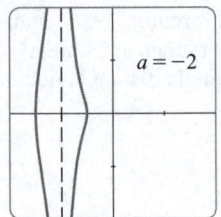 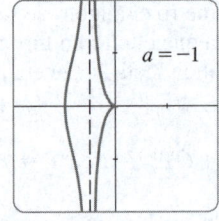 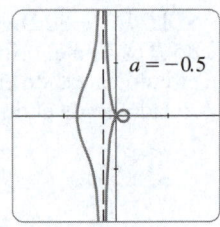 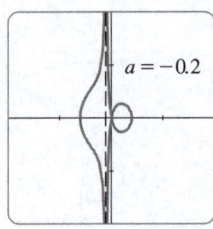

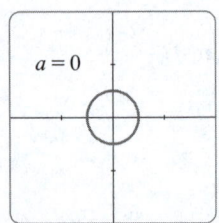 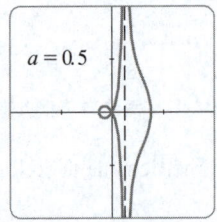 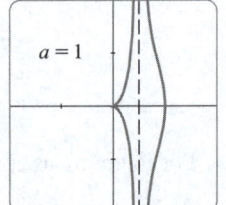 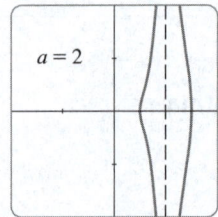

FIGURA 19
Miembros de la familia $x = a + \cos t$, $y = a \tan t + \operatorname{sen} t$, todos graficados en la vista rectangular $[-4, 4]$ por $[-4, 4]$.

Cuando $a < -1$, ambas ramas son suaves; pero cuando a llega a -1, la rama derecha adquiere un punto agudo, llamado *cúspide*. Para a entre -1 y 0, la cúspide se convierte en un bucle que crece a medida que a se aproxima a 0. Cuando $a = 0$, ambas ramas se juntan y forman una circunferencia (vea el ejemplo 2). Para a entre 0 y 1, la rama izquierda tiene un bucle que se encoge hasta convertirse en una cúspide cuando $a = 1$. Para $a > 1$, las ramas nuevamente se vuelven suaves, y a medida que a aumenta más, tienen menos curvatura. Observe que las curvas con a positiva son reflejos sobre el eje y de las curvas correspondientes con a negativa.

Estas curvas se llaman **concoides de Nicomedes**, por el antiguo erudito griego Nicomedes. Las llamó concoides porque la forma de sus ramas externas se asemeja a la de una concha de caracol o de mejillón.   ■

10.1 | Ejercicios

1-2 Para las ecuaciones paramétricas indicadas, encuentre los puntos (x, y) correspondientes a los valores de los parámetros $t = -2, -1, 0, 1$ y 2.

1. $x = t^2 + t$, $\quad y = 3^{t+1}$

2. $x = \ln(t^2 + 1)$, $\quad y = t/(t + 4)$

3-6 Trace la curva usando las ecuaciones paramétricas para obtener los puntos. Indique con una flecha la dirección en la que se traza la curva a medida que t incrementa.

3. $x = 1 - t^2$, $\quad y = 2t - t^2$, $\quad -1 \leqslant t \leqslant 2$

4. $x = t^3 + t$, $\quad y = t^2 + 2$, $\quad -2 \leqslant t \leqslant 2$

5. $x = 2^t - t$, $\quad y = 2^{-t} + t$, $\quad -3 \leqslant t \leqslant 3$

6. $x = \cos^2 t$, $\quad y = 1 + \cos t$, $\quad 0 \leqslant t \leqslant \pi$

7-12
(a) Trace la curva usando las ecuaciones paramétricas para obtener los puntos. Indique con una flecha la dirección en la que se traza la curva a medida que t aumenta.

(b) Elimine el parámetro para encontrar la ecuación cartesiana de la curva.

7. $x = 2t - 1$, $\quad y = \frac{1}{2}t + 1$

8. $x = 3t + 2$, $\quad y = 2t + 3$

9. $x = t^2 - 3$, $\quad y = t + 2$, $\quad -3 \leqslant t \leqslant 3$

10. $x = \operatorname{sen} t$, $\quad y = 1 - \cos t$, $\quad 0 \leqslant t \leqslant 2\pi$

11. $x = \sqrt{t}$, $\quad y = 1 - t$

12. $x = t^2$, $\quad y = t^3$

13-22
(a) Elimine el parámetro para encontrar una ecuación cartesiana de la curva.

(b) Trace la curva e indique con una flecha la dirección en la que se traza la curva a medida que el parámetro incrementa.

13. $x = 3 \cos t$, $\quad y = 3 \operatorname{sen} t$, $\quad 0 \leqslant t \leqslant \pi$

14. $x = \operatorname{sen} 4\theta$, $\quad y = \cos 4\theta$, $\quad 0 \leqslant \theta \leqslant \pi/2$

15. $x = \cos \theta$, $\quad y = \sec^2\theta$, $\quad 0 \leqslant \theta < \pi/2$

16. $x = \csc t$, $\quad y = \cot t$, $\quad 0 < t < \pi$

17. $x = e^{-t}$, $\quad y = e^{t}$

18. $x = t + 2$, $\quad y = 1/t$, $\quad t > 0$

19. $x = \ln t$, $\quad y = \sqrt{t}$, $\quad t \geq 1$

20. $x = |t|$, $\quad y = |1 - |t||$

21. $x = \text{sen}^2 t$, $\quad y = \cos^2 t$

22. $x = \text{senh } t$, $\quad y = \cosh t$

23-24 La posición de un objeto en movimiento circular se modela por las ecuaciones paramétricas indicadas, donde t se mide en segundos. ¿Cuánto tiempo tarda en completar una revolución? ¿El movimiento es en el sentido de las manecillas del reloj o en sentido inverso?

23. $x = 5 \cos t$, $\quad y = -5 \text{ sen } t$

24. $x = 3 \text{ sen}\left(\dfrac{\pi}{4}t\right)$, $\quad y = 3 \cos\left(\dfrac{\pi}{4}t\right)$

25-28 Describa el movimiento de una partícula con posición (x, y) a medida que t varía en el intervalo señalado.

25. $x = 5 + 2 \cos \pi t$, $\quad y = 3 + 2 \text{ sen } \pi t$, $\quad 1 \leq t \leq 2$

26. $x = 2 + \text{sen } t$, $\quad y = 1 + 3 \cos t$, $\quad \pi/2 \leq t \leq 2\pi$

27. $x = 5 \text{ sen } t$, $\quad y = 2 \cos t$, $\quad -\pi \leq t \leq 5\pi$

28. $x = \text{sen } t$, $\quad y = \cos^2 t$, $\quad -2\pi \leq t \leq 2\pi$

29. Suponga que una curva está dada por las ecuaciones paramétricas $x = f(t)$, $y = g(t)$, donde el rango de f es $[1, 4]$ y el rango de g es $[2, 3]$. ¿Qué puede decir de la curva?

30. Relacione cada par de gráficas de las funciones $x = f(t)$, $y = g(t)$ en (a)–(d) con una de las curvas paramétricas $x = f(t)$, $y = g(t)$ denotadas I–IV. Argumente sus respuestas.

(a)

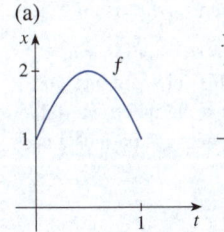 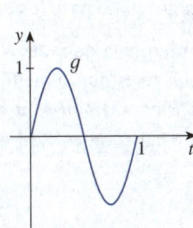

I

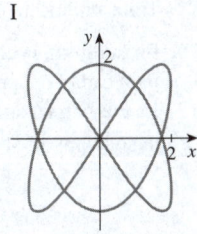

(b)

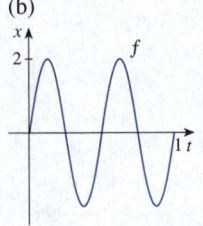 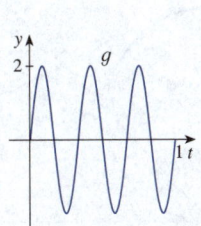

II

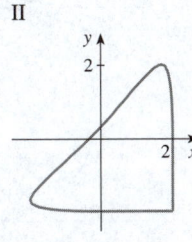

(c)

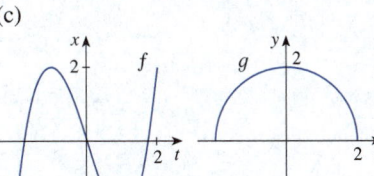

III

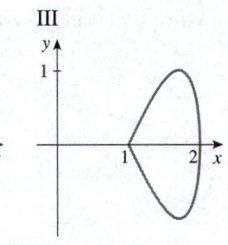

(d)

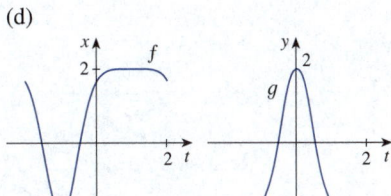

IV

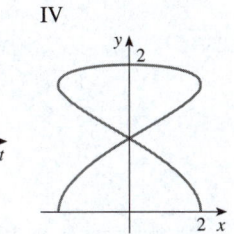

31-33 Con las gráficas de $x = f(t)$ y $y = g(t)$, trace la curva paramétrica $x = f(t)$, $y = g(t)$. Indique con flechas la dirección en la que se traza la curva a medida que t aumenta.

31.

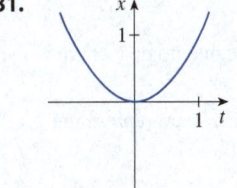 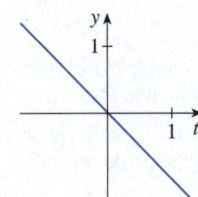

32.

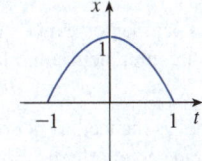 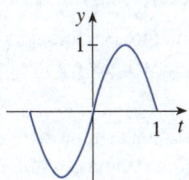

33.

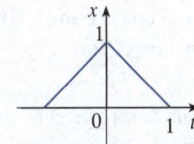 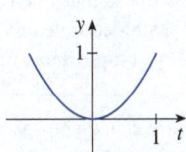

34. Relacione las ecuaciones paramétricas con las gráficas I–VI. Argumente sus respuestas.

(a) $x = t^4 - t + 1$, $\quad y = t^2$

(b) $x = t^2 - 2t$, $\quad y = \sqrt{t}$

(c) $x = t^3 - 2t$, $\quad y = t^2 - t$

(d) $x = \cos 5t$, $\quad y = \text{sen } 2t$

(e) $x = t + \text{sen } 4t$, $\quad y = t^2 + \cos 3t$

(f) $x = t + \operatorname{sen} 2t$, $y = t + \operatorname{sen} 3t$

I

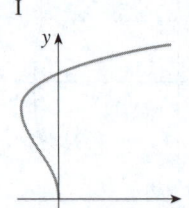

II

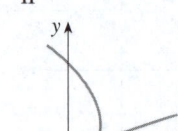

III

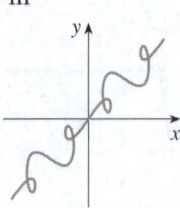

IV

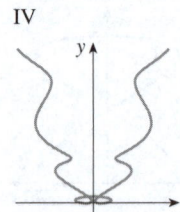

V

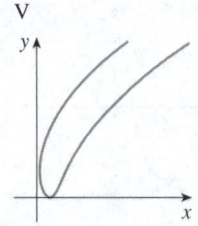

VI

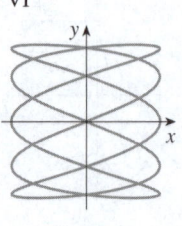

35. Grafique la curva $x = y - 2 \operatorname{sen} \pi y$.

36. Grafique las curvas $y = x^3 - 4x$ y $x = y^3 - 4y$; encuentre sus puntos de intersección con un decimal de precisión.

37. (a) Demuestre que las ecuaciones paramétricas
$$x = x_1 + (x_2 - x_1)t \qquad y = y_1 + (y_2 - y_1)t$$
donde $0 \le t \le 1$, describen el segmento de recta que une los puntos $P_1(x_1, y_1)$ y $P_2(x_2, y_2)$.

(b) Encuentre ecuaciones paramétricas para representar el segmento de recta de $(-2, 7)$ a $(3, -1)$.

38. Utilice una calculadora graficadora o una computadora y el resultado del ejercicio 37(a) para dibujar el triángulo con los vértices $A(1, 1)$, $B(4, 2)$ y $C(1, 5)$.

39-40 Encuentre ecuaciones paramétricas para la posición de una partícula que se mueve a lo largo de una circunferencia como la descrita.

39. La partícula se mueve en el sentido de las manecillas del reloj alrededor de una circunferencia centrada en el origen con radio 5 y completa una revolución en 4π segundos.

40. La partícula se mueve en sentido contrario a las manecillas del reloj alrededor de una circunferencia con centro $(1, 3)$ y radio 1, y completa una revolución en 3 segundos.

41. Encuentre ecuaciones paramétricas para la trayectoria de una partícula que se mueve a lo largo de la circunferencia $x^2 + (y - 1)^2 = 4$ de la manera descrita.
(a) Una vuelta en el sentido de las manecillas del reloj, a partir de $(2, 1)$.
(b) Tres vueltas en sentido contrario a las manecillas del reloj, a partir de $(2, 1)$.
(c) Media vuelta en sentido contrario a las manecillas del reloj, a partir de $(0, 3)$.

42. (a) Encuentre ecuaciones paramétricas para la elipse $x^2/a^2 + y^2/b^2 = 1$. [*Sugerencia*: Modifique las ecuaciones de la circunferencia del ejemplo 2].
(b) Use estas ecuaciones paramétricas para graficar la elipse cuando $a = 3$ y $b = 1, 2, 4$ y 8.
(c) ¿Cómo cambia la forma de la elipse a medida que varía b?

43-44 Utilice una calculadora graficadora o una computadora para reproducir la figura.

43.

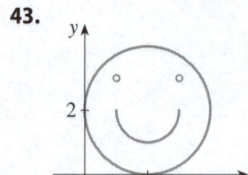

44.

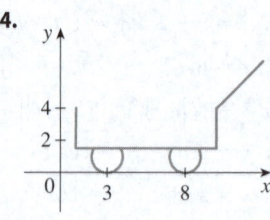

45. (a) Demuestre que los puntos de las cuatro curvas paramétricas indicadas satisfacen la misma ecuación cartesiana.

(i) $x = t^2$, $y = t$ 　　(ii) $x = t$, $y = \sqrt{t}$
(iii) $x = \cos^2 t$, $y = \cos t$ 　(iv) $x = 3^{2t}$, $y = 3^t$

(b) Trace la gráfica de cada curva del inciso (a) y explique cómo difieren las curvas entre sí.

46-47 Compare las curvas representadas por las ecuaciones paramétricas. ¿En qué difieren?

46. (a) $x = t$, $y = t^{-2}$ 　　(b) $x = \cos t$, $y = \sec^2 t$
(c) $x = e^t$, $y = e^{-2t}$

47. (a) $x = t^3$, $y = t^2$ 　　(b) $x = t^6$, $y = t^4$
(c) $x = e^{-3t}$, $y = e^{-2t}$

48. Derive las ecuaciones 1 para el caso $\pi/2 < \theta < \pi$.

49. Sea P un punto a una distancia d del centro de una circunferencia de radio r. La curva trazada por P a medida que la circunferencia rueda a lo largo de una línea recta llamada **trocoide** (piense en el movimiento de un punto en un radio de una rueda de bicicleta). La cicloide es el caso especial de una trocoide con $d = r$. Con el mismo parámetro θ que se utilizó para la cicloide y suponiendo que la recta es el eje x y $\theta = 0$ cuando P está en uno de sus puntos más bajos, demuestre que las ecuaciones paramétricas de la trocoide son
$$x = r\theta - d \operatorname{sen} \theta \qquad y = r - d \cos \theta$$
Trace un boceto de la trocoide para los casos $d < r$ y $d > r$.

50. En la figura, la circunferencia de radio a es estacionaria, y para cada θ, el punto P es el punto medio del segmento QR. La curva trazada por P para $0 < \theta < \pi$ se llama **curva del arco largo**. Encuentre ecuaciones paramétricas para esta curva.

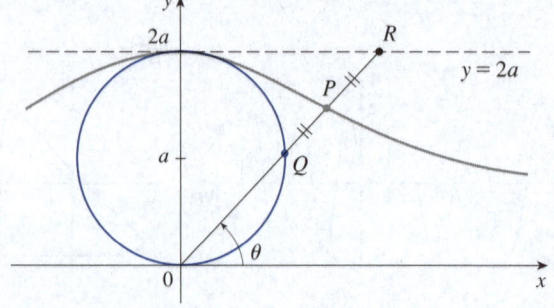

51. Si *a* y *b* son números fijos, encuentre ecuaciones paramétricas para la curva que consiste en todas las posiciones posibles del punto *P* de la figura, con el ángulo θ como parámetro. Luego elimine el parámetro e identifique la curva.

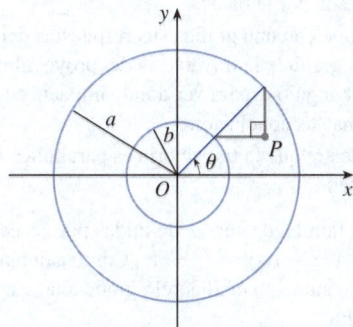

52. Si *a* y *b* son números fijos, encuentre ecuaciones paramétricas para la curva que consiste en todas las posiciones posibles del punto *P* de la figura, con el ángulo θ como parámetro. El segmento de recta *AB* es tangente a la circunferencia mayor.

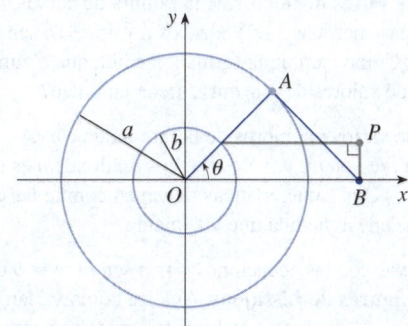

53. Una curva, llamada **bruja de María Agnesi**, consiste en todas las posiciones posibles del punto *P* de la figura. Demuestre que las ecuaciones paramétricas para esta curva se pueden escribir como

$$x = 2a \cot\theta \qquad y = 2a \operatorname{sen}^2\theta$$

Trace la curva.

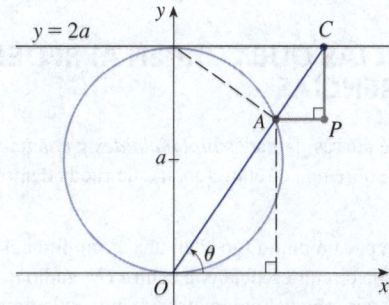

54. (a) Encuentre ecuaciones paramétricas para el conjunto de todos los puntos *P* como se muestra en la figura tales que $|OP| = |AB|$. (Esta curva se llama **cisoide de Diocles** en honor al erudito griego Diocles, que introdujo la cisoide como método gráfico para construir la arista de un cubo cuyo volumen es el doble del de un cubo determinado).

(b) Utilice la descripción geométrica de la curva para trazar la curva de forma manual. Verifique su trabajo mediante las ecuaciones paramétricas para graficar la curva.

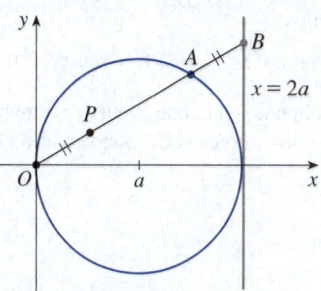

55-57 Intersección y colisión Suponga que la posición de cada una de las dos partículas se da por ecuaciones paramétricas. Un *punto de colisión* es aquel en el que las partículas están en el mismo lugar al mismo tiempo. Si las partículas pasan por el mismo punto, pero en tiempos diferentes, entonces las trayectorias se intersecan pero las partículas no colisionan.

55. Suponga que la posición de una partícula en un tiempo *t* está dada por

$$x = t + 5 \qquad y = t^2 + 4t + 6$$

y la posición de una segunda partícula, por

$$x = 2t + 1 \qquad y = 2t + 6$$

Sus trayectorias se muestran en la gráfica.

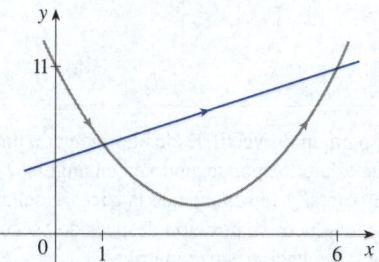

(a) Verifique que las trayectorias de las partículas se intersecan en los puntos (1, 6) y (6, 11). ¿Alguno de estos puntos es un punto de colisión? Si es así, ¿en qué tiempo colisionan ambas partículas?

(b) Suponga que la posición de una tercera partícula está dada por

$$x = 2t + 4 \qquad y = 2t + 9$$

Demuestre que esta se mueve a lo largo de la misma trayectoria que la segunda partícula. ¿Colisionan la primera y tercera partículas? Si es así, ¿en qué punto y en qué tiempo?

56. La posición de una partícula en el tiempo *t* se da por

$$x = 3 \operatorname{sen} t \qquad y = 2 \cos t \qquad 0 \le t \le 2\pi$$

y la posición de una segunda partícula se indica por

$$x = -3 + \cos t \qquad y = 1 + \operatorname{sen} t \qquad 0 \le t \le 2\pi$$

(a) Grafique las trayectorias de ambas partículas. ¿En cuántos puntos se intersecan las gráficas?

(b) ¿Colisionan las partículas? Si es así, encuentre los puntos de colisión.

(c) Describa qué sucede si el trayecto de la segunda partícula se da por

$$x = 3 + \cos t \qquad y = 1 + \operatorname{sen} t \qquad 0 \le t \le 2\pi$$

57. Encuentre el punto en el que curva paramétrica se interseca a sí misma y los valores corre pondientes de t.

(a) $x = 1 - t^2, \quad y = t - t^3$

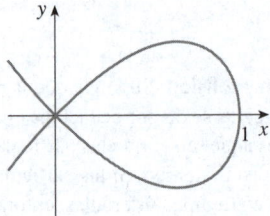

(b) $x = 2t - t^3, \quad y = t - t^2$

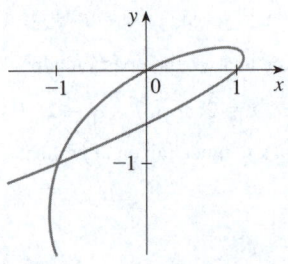

58. Si se dispara un proyectil desde el origen con una velocidad inicial de v_0 metros por segundo en un ángulo α por encima de la horizontal y se supone que la fricción del aire es insignificante, entonces su posición después de t segundos está dada por las ecuaciones paramétricas

$$x = (v_0 \cos \alpha)t \qquad y = (v_0 \operatorname{sen} \alpha)t - \tfrac{1}{2}gt^2$$

donde g es la aceleración debida a la gravedad (9.8 m/s^2).

(a) Si un arma se dispara con $\alpha = 30°$ y $v_0 = 500 \text{ m/s}$, ¿cuándo llegará la bala al suelo? ¿A qué distancia del arma golpeará el suelo? ¿Cuál es la altura máxima alcanzada por la bala?

(b) Verifique con una gráfica sus respuestas del inciso (a). Luego grafique la trayectoria del proyectil con otros valores del ángulo α para ver dónde impacta en el suelo. Resuma sus conclusiones.

(c) Demuestre que la trayectoria es parabólica eliminando el parámetro.

59. Analice la familia de curvas definidas por las ecuaciones paramétricas $x = t^2$, $y = t^3 - ct$. ¿Cómo cambia la forma a medida que aumenta c? Ilústrelo graficando varios miembros de la familia.

60. Las **curvas catastróficas cola de golondrina** se definen por las ecuaciones paramétricas $x = 2ct - 4t^3$, $y = -ct^2 + 3t^4$. Grafique varias de estas curvas. ¿Qué características tienen en común las curvas? ¿Cómo cambian cuando aumenta c?

61. Grafique varios miembros de la familia de curvas con ecuaciones paramétricas $x = t + a \cos t$, $y = t + a \operatorname{sen} t$, donde $a > 0$. ¿Cómo cambia la forma a medida que a aumenta? ¿Para qué valores de a la curva tiene un bucle?

62. Grafique varios miembros de la familia de curvas $x = \operatorname{sen} t + \operatorname{sen} nt$, $y = \cos t + \cos nt$, donde n es un entero positivo. ¿Qué características tienen en común las curvas? ¿Qué sucede a medida que n aumenta?

63. Las curvas con las ecuaciones $x = a \operatorname{sen} nt$, $y = b \cos t$ se llaman **figuras de Lissajous**. Analice cómo varían estas curvas cuando a, b y n cambian. (Considere n como un entero positivo).

64. Analice la familia de curvas definidas por las ecuaciones paramétricas $x = \cos t$, $y = \operatorname{sen} t - \operatorname{sen} ct$, donde $c > 0$. Empiece con c como entero positivo y vea qué sucede con la forma a medida que c aumenta. Luego explore algunas posibilidades cuando c es una fracción.

PROYECTO DE DESCUBRIMIENTO | **CIRCUNFERENCIAS QUE CORREN ALREDEDOR DE CIRCUNFERENCIAS**

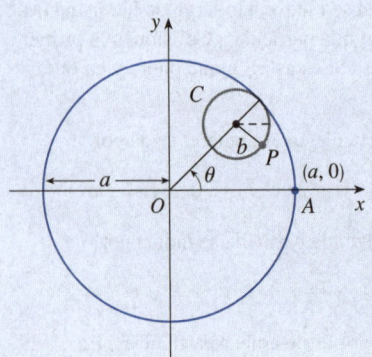

En este proyecto se analizan las familias de curvas llamadas *hipocicloides* y *epicicloides*, que se generan por el movimiento de un punto sobre una circunferencia que rueda dentro o fuera de otra.

1. Una **hipocicloide** es una curva trazada por un punto fijo P en una circunferencia C de radio b mientras C rueda por el interior de una circunferencia con centro O y radio a. Demuestre que si la posición inicial de P es $(a, 0)$ y se elige el parámetro θ como en la figura, entonces las ecuaciones paramétricas de la hipocicloide son

$$x = (a - b) \cos \theta + b \cos \left(\frac{a - b}{b} \theta \right) \qquad y = (a - b) \operatorname{sen} \theta - b \operatorname{sen} \left(\frac{a - b}{b} \theta \right)$$

2. Utilice una calculadora graficadora o una computadora para trazar las gráficas de las hipocicloides con a, un entero positivo y $b = 1$. ¿Cómo afecta a la gráfica el valor de a? Demuestre que si se toma $a = 4$, entonces las ecuaciones paramétricas de la hipocicloide se reducen a

$$x = 4\cos^3\theta \qquad y = 4\,\text{sen}^3\theta$$

Esta curva se llama **hipocicloide de cuatro cúspides**, o **astroide**.

3. Ahora intente $b = 1$ y $a = n/d$, una fracción donde n y d no tienen un factor común. Sea $n = 1$, intente determinar gráficamente el efecto del denominador d en la forma de la gráfica. Luego varíe n mientras se mantiene d constante. ¿Qué pasa cuando $n = d + 1$?

4. ¿Qué pasa si $b = 1$ y a es irracional? Experimente con un número irracional como $\sqrt{2}$ o $e - 2$. Tome valores cada vez más grandes para θ y conjeture sobre lo que pasaría si se grafica la hipocicloide para todos los valores reales de θ.

5. Si la circunferencia C rueda *por fuera* de la circunferencia fija, la curva trazada por P se llama **epicicloide**. Determine ecuaciones paramétricas para la epicicloide.

6. Analice las posibles formas de las epicicloides. Utilice métodos similares a los problemas 2–4.

10.2 | Cálculo con curvas paramétricas

Después de ver cómo representar las curvas mediante ecuaciones paramétricas, ahora se aplicarán los métodos de cálculo a dichas curvas. En particular, se resuelven problemas relacionados con tangentes, áreas, longitud de arco, rapidez y área de una superficie.

■ Tangentes

Suponga que f y g son funciones derivables y se desea encontrar la recta tangente en un punto de la curva paramétrica $x = f(t)$, $y = g(t)$, donde y también es una función derivable de x. Entonces, por la regla de la cadena, se obtiene

$$\frac{dy}{dt} = \frac{dy}{dx} \cdot \frac{dx}{dt}$$

Si $dx/dt \neq 0$, se puede despejar dy/dx:

Si se considera que una curva se traza por una partícula en movimiento, entonces dy/dt y dx/dt son las velocidades vertical y horizontal de esa partícula, y la fórmula 1 sostiene que la pendiente de la recta tangente es la razón de estas velocidades.

1
$$\frac{dy}{dx} = \frac{\dfrac{dy}{dt}}{\dfrac{dx}{dt}} \qquad \text{si} \quad \frac{dx}{dt} \neq 0$$

La ecuación 1 (que puede recordar al pensar en cancelar las dt) permite encontrar la pendiente dy/dx de la recta tangente a una curva paramétrica sin eliminar el parámetro t. En la ecuación (1) se observa que la curva tiene una tangente horizontal cuando $dy/dt = 0$ siempre que $dx/dt \neq 0$, y tiene una tangente vertical cuando $dx/dt = 0$ siempre que $dy/dt \neq 0$ (si tanto $dx/dt = 0$ como $dy/dt = 0$, entonces serían necesarios otros métodos para determinar la pendiente de la recta tangente). Esta información es útil para trazar curvas paramétricas.

Como se vio, también es útil considerar d^2y/dx^2. Esto se encuentra al sustituir y por dy/dx en la ecuación 1:

Observe que $\quad \dfrac{d^2y}{dx^2} \neq \dfrac{\dfrac{d^2y}{dt^2}}{\dfrac{d^2x}{dt^2}}$

$$\frac{d^2y}{dx^2} = \frac{d}{dx}\left(\frac{dy}{dx}\right) = \frac{\dfrac{d}{dt}\left(\dfrac{dy}{dx}\right)}{\dfrac{dx}{dt}}$$

EJEMPLO 1 Una curva C se define por las ecuaciones paramétricas $x = t^2$, $y = t^3 - 3t$.

(a) Demuestre que C tiene dos rectas tangentes en el punto $(3, 0)$ y encuentre sus ecuaciones.

(b) Encuentre los puntos en C donde la recta tangente es horizontal o vertical.

(c) Determine dónde la curva es cóncava hacia arriba o cóncava hacia abajo.

(d) Trace la curva.

SOLUCIÓN

(a) Observe que $x = 3$ para $t = \pm\sqrt{3}$ y, en ambos casos, $y = t(t^2 - 3) = 0$. Por lo tanto, el punto $(3, 0)$ en C proviene de dos valores del parámetro, $t = \sqrt{3}$ y $t = -\sqrt{3}$. Esto indica que C se cruza a sí misma en $(3, 0)$. Puesto que

$$\frac{dy}{dx} = \frac{dy/dt}{dx/dt} = \frac{3t^2 - 3}{2t}$$

la pendiente de la recta tangente cuando $t = \sqrt{3}$ es $dy/dx = 6/(2\sqrt{3}) = \sqrt{3}$, y cuando $t = -\sqrt{3}$ la pendiente es $dy/dx = -6/(2\sqrt{3}) = -\sqrt{3}$. Así, se tienen dos rectas tangentes en $(3, 0)$ con las ecuaciones

$$y = \sqrt{3}\,(x - 3) \qquad y \qquad y = -\sqrt{3}\,(x - 3)$$

(b) C tiene una recta tangente horizontal cuando $dy/dx = 0$; es decir, cuando $dy/dt = 0$ y $dx/dt \neq 0$. Puesto que $dy/dt = 3t^2 - 3$, esto ocurre cuando $t^2 = 1$; es decir, $t = \pm1$. Los puntos correspondientes en C son $(1, -2)$ y $(1, 2)$. C tiene una recta tangente vertical cuando $dx/dt = 2t = 0$; es decir, $t = 0$. (Observe que ahí $dy/dt \neq 0$). El punto correspondiente en C es $(0, 0)$.

(c) Para determinar la concavidad se calcula la segunda derivada:

$$\frac{d^2y}{dx^2} = \frac{\dfrac{d}{dt}\left(\dfrac{dy}{dx}\right)}{\dfrac{dx}{dt}} = \frac{\dfrac{d}{dt}\left(\dfrac{3t^2 - 3}{2t}\right)}{\dfrac{dx}{dt}} = \frac{\dfrac{6t^2 + 6}{4t^2}}{2t} = \frac{3t^2 + 3}{4t^3}$$

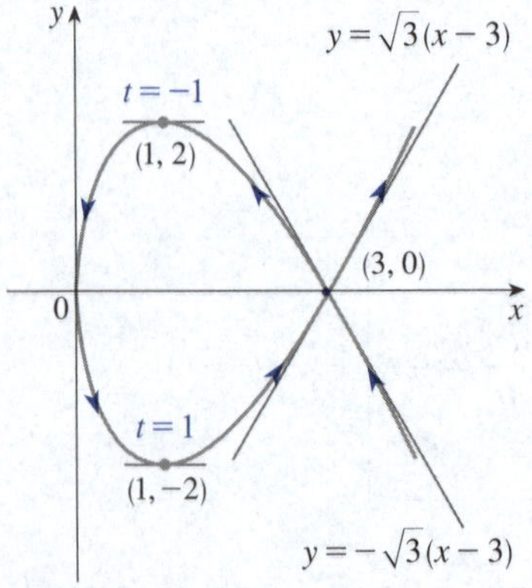

$y = \sqrt{3}\,(x - 3)$

$t = -1$
$(1, 2)$

$(3, 0)$

$t = 1$
$(1, -2)$

$y = -\sqrt{3}\,(x - 3)$

FIGURA 1

Por lo tanto, la curva es cóncava hacia arriba cuando $t > 0$ y cóncava hacia abajo cuando $t < 0$.

(d) Con base en los incisos (b) y (c), se traza C en la figura 1. ∎

EJEMPLO 2

(a) Encuentre la recta tangente a la cicloide $x = r(\theta - \text{sen}\,\theta)$, $y = r(1 - \cos\theta)$ en el punto donde $\theta = \pi/3$ (vea el ejemplo 10.1.9).

(b) ¿En qué puntos la recta tangente es horizontal? ¿Cuándo es vertical?

SOLUCIÓN

(a) La pendiente de la recta tangente es

$$\frac{dy}{dx} = \frac{dy/d\theta}{dx/d\theta} = \frac{r \operatorname{sen} \theta}{r(1 - \cos \theta)} = \frac{\operatorname{sen} \theta}{1 - \cos \theta}$$

Cuando $\theta = \pi/3$ se tiene

$$x = r\left(\frac{\pi}{3} - \operatorname{sen} \frac{\pi}{3}\right) = r\left(\frac{\pi}{3} - \frac{\sqrt{3}}{2}\right) \qquad y = r\left(1 - \cos \frac{\pi}{3}\right) = \frac{r}{2}$$

y

$$\frac{dy}{dx} = \frac{\operatorname{sen}(\pi/3)}{1 - \cos(\pi/3)} = \frac{\sqrt{3}/2}{1 - \frac{1}{2}} = \sqrt{3}$$

Por lo tanto, la pendiente de la tangente es $\sqrt{3}$ y su ecuación es

$$y - \frac{r}{2} = \sqrt{3}\left(x - \frac{r\pi}{3} + \frac{r\sqrt{3}}{2}\right) \qquad \text{o} \qquad \sqrt{3}x - y = r\left(\frac{\pi}{\sqrt{3}} - 2\right)$$

La recta tangente se muestra en la figura 2.

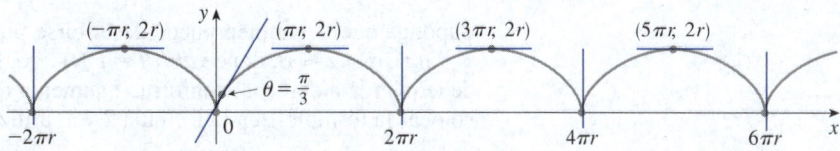

FIGURA 2

(b) La recta tangente es horizontal cuando $dy/dx = 0$, que se produce cuando sen $\theta = 0$ y $1 - \cos \theta \neq 0$; es decir, $\theta = (2n - 1)\pi$, con n como entero. El punto correspondiente en la cicloide es $((2n - 1)\pi r, 2r)$.

Cuando $\theta = 2n\pi$, tanto $dx/d\theta$ como $dy/d\theta$ son 0. En la gráfica parece que hay tangentes verticales en esos puntos. Esto se verifica con la regla de L'Hôpital de la siguiente manera:

$$\lim_{\theta \to 2n\pi^+} \frac{dy}{dx} = \lim_{\theta \to 2n\pi^+} \frac{\operatorname{sen} \theta}{1 - \cos \theta} = \lim_{\theta \to 2n\pi^+} \frac{\cos \theta}{\operatorname{sen} \theta} = \infty$$

Un cálculo similar muestra que $dy/dx \to -\infty$ a medida que $\theta \to 2n\pi^-$, por lo que de hecho hay tangentes verticales cuando $\theta = 2n\pi$; es decir, cuando $x = 2n\pi r$ (vea la figura 2). ∎

■ Áreas

Se sabe que el área bajo una curva $y = F(x)$ desde a hasta b es $A = \int_a^b F(x)\, dx$, donde $F(x) \geq 0$. Si la curva se traza una vez por las ecuaciones paramétricas $x = f(t)$ y $y = g(t)$, $\alpha \leq t \leq \beta$, entonces se puede calcular una fórmula para el área con la regla de la sustitución para integrales definidas como sigue:

Los límites de integración para t se encuentran, como es habitual, con la regla de la sustitución. Cuando $x = a$, t es α o β. Cuando $x = b$, t es el valor restante.

$$A = \int_a^b y\, dx = \int_\alpha^\beta g(t) f'(t)\, dt \qquad \text{o} \qquad \left[\int_\beta^\alpha g(t) f'(t)\, dt \right]$$

EJEMPLO 3 Encuentre el área bajo un arco de la cicloide

$$x = r(\theta - \operatorname{sen} \theta) \qquad y = r(1 - \cos \theta)$$

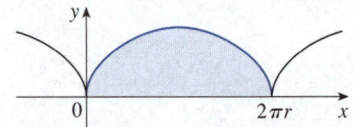

FIGURA 3

El resultado del ejemplo 3 dice que el área debajo de un arco de la cicloide es tres veces el área del círculo de rodamiento que genera la cicloide (vea el ejemplo 10.1.9). Galileo supuso este resultado, pero lo demostraron por primera vez el matemático francés Roberval y el matemático italiano Torricelli.

SOLUCIÓN Un arco de la cicloide (que se muestra en la figura 3) está dado por $0 \le \theta \le 2\pi$. Al usar la regla de la sustitución con $y = r(1 - \cos \theta)$ y $dx = r(1 - \cos \theta)\, d\theta$, se tiene

$$A = \int_0^{2\pi r} y\, dx = \int_0^{2\pi} r(1 - \cos \theta)\, r(1 - \cos \theta)\, d\theta$$

$$= r^2 \int_0^{2\pi} (1 - \cos \theta)^2\, d\theta = r^2 \int_0^{2\pi} (1 - 2\cos \theta + \cos^2\theta)\, d\theta$$

$$= r^2 \int_0^{2\pi} \left[1 - 2\cos \theta + \tfrac{1}{2}(1 + \cos 2\theta) \right] d\theta$$

$$= r^2 \left[\tfrac{3}{2}\theta - 2\,\text{sen}\,\theta + \tfrac{1}{4}\,\text{sen}\,2\theta \right]_0^{2\pi}$$

$$= r^2 \left(\tfrac{3}{2} \cdot 2\pi \right) = 3\pi r^2 \qquad \blacksquare$$

■ Longitud de arco

Se sabe cómo encontrar la longitud L de una curva C dada en la forma $y = F(x)$, $a \le x \le b$. La fórmula 8.1.3 indica que, si F' es continua, entonces

$$\boxed{2} \qquad L = \int_a^b \sqrt{1 + \left(\frac{dy}{dx} \right)^2}\, dx$$

Suponga que C también puede describirse por las ecuaciones paramétricas $x = f(t)$ y $y = g(t)$, $\alpha \le t \le \beta$, donde $dx/dt = f'(t) > 0$. Esto significa que C se atraviesa una vez, de izquierda a derecha, conforme t aumenta desde α hasta β y $f(\alpha) = a$, $f(\beta) = b$. Al colocar la fórmula 1 en la fórmula 2 y al utilizar la regla de la sustitución se obtiene

$$L = \int_a^b \sqrt{1 + \left(\frac{dy}{dx} \right)^2}\, dx = \int_\alpha^\beta \sqrt{1 + \left(\frac{dy/dt}{dx/dt} \right)^2}\, \frac{dx}{dt}\, dt$$

Como $dx/dt > 0$, se tiene

$$\boxed{3} \qquad L = \int_\alpha^\beta \sqrt{\left(\frac{dx}{dt} \right)^2 + \left(\frac{dy}{dt} \right)^2}\, dt$$

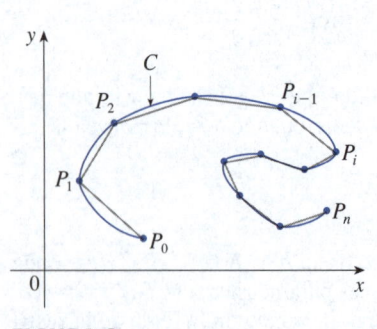

FIGURA 4

Aunque C no pueda expresarse en la forma $y = F(x)$, la fórmula 3 aún es válida pero se obtiene por aproximaciones poligonales. Se divide el intervalo del parámetro $[\alpha, \beta]$ en n subintervalos con el mismo ancho Δt. Si $t_0, t_1, t_2, \ldots, t_n$ son los puntos frontera, puntos finales o puntos extremos de estos subintervalos, entonces $x_i = f(t_i)$ y $y_i = g(t_i)$ son las coordenadas de los puntos $P_i(x_i, y_i)$ que se encuentran en C, y la trayectoria poligonal con los vértices $P_0, P_1, \ldots, P_n$ se aproxima a C (vea la figura 4).

Al igual que en la sección 8.1, se define que la longitud L de C es el límite de las longitudes de estas trayectorias poligonales de aproximación a medida que $n \to \infty$:

$$L = \lim_{n \to \infty} \sum_{i=1}^{n} \left| P_{i-1}P_i \right|$$

El teorema del valor medio, cuando se aplica a f en el intervalo $[t_{i-1}, t_i]$, da un número t_i^* en (t_{i-1}, t_i) tal que

$$f(t_i) - f(t_{i-1}) = f'(t_i^*)(t_i - t_{i-1})$$

Sean $\Delta x_i = x_i - x_{i-1}$ y $\Delta y_i = y_i - y_{i-1}$. Entonces, la ecuación anterior se convierte en

$$\Delta x_i = f'(t_i^*)\, \Delta t$$

De igual manera, cuando se aplica a g, el teorema del valor medio da un número en t_i^{**} en (t_{i-1}, t_i) tal que

$$\Delta y_i = g'(t_i^{**}) \, \Delta t$$

Por lo tanto,

$$|P_{i-1}P_i| = \sqrt{(\Delta x_i)^2 + (\Delta y_i)^2} = \sqrt{[f'(t_i^*) \, \Delta t]^2 + [g'(t_i^{**}) \, \Delta t]^2}$$
$$= \sqrt{[f'(t_i^*)]^2 + [g'(t_i^{**})]^2} \, \Delta t$$

y, de este modo,

$$\boxed{4} \qquad L = \lim_{n \to \infty} \sum_{i=1}^{n} \sqrt{[f'(t_i^*)]^2 + [g'(t_i^{**})]^2} \, \Delta t$$

La suma de la ecuación (4) se asemeja a una suma de Riemann para la función $\sqrt{[f'(t)]^2 + [g'(t)]^2}$, pero no es exactamente una suma de Riemann porque $t_i^* \neq t_i^{**}$, en general. Sin embargo, si f' y g' son continuas, se puede decir que el límite en la ecuación (4) es el mismo tal que si t_i^* y t_i^{**} fueran iguales, es decir,

$$L = \int_{\alpha}^{\beta} \sqrt{[f'(t)]^2 + [g'(t)]^2} \, dt$$

De este modo, con la notación de Leibniz, se tiene el siguiente resultado, que tiene la misma forma que la fórmula 3.

> **5 Teorema** Si una curva C se describe mediante las ecuaciones paramétricas $x = f(t)$, $y = g(t)$, $\alpha \leq t \leq \beta$, donde f' y g' son continuas en $[\alpha, \beta]$ y C se atraviesa exactamente una vez conforme t aumenta desde α hasta β, entonces la longitud de C es
>
> $$L = \int_{\alpha}^{\beta} \sqrt{\left(\frac{dx}{dt}\right)^2 + \left(\frac{dy}{dt}\right)^2} \, dt$$

Observe que la fórmula del teorema 5 es congruente con la fórmula general $L = \int ds$ de la sección 8.1, donde

$$\boxed{6} \qquad ds = \sqrt{\left(\frac{dx}{dt}\right)^2 + \left(\frac{dy}{dt}\right)^2} \, dt$$

EJEMPLO 4 Si se usa la representación de la circunferencia unitaria del ejemplo 10.1.2,

$$x = \cos t \qquad y = \operatorname{sen} t \qquad 0 \leq t \leq 2\pi$$

entonces $dx/dt = -\operatorname{sen} t$ y $dy/dt = \cos t$, así que el teorema 5 da

$$L = \int_{0}^{2\pi} \sqrt{\left(\frac{dx}{dt}\right)^2 + \left(\frac{dy}{dt}\right)^2} \, dt = \int_{0}^{2\pi} \sqrt{\operatorname{sen}^2 t + \cos^2 t} \, dt = \int_{0}^{2\pi} dt = 2\pi$$

como se esperaba. Si, por otro lado, se aplica la representación del ejemplo 10.1.3,

$$x = \operatorname{sen} 2t \qquad y = \cos 2t \qquad 0 \leq t \leq 2\pi$$

entonces $dx/dt = 2 \cos 2t$, $dy/dt = -2 \operatorname{sen} 2t$, y la integral del teorema 5 da

$$\int_{0}^{2\pi} \sqrt{\left(\frac{dx}{dt}\right)^2 + \left(\frac{dy}{dt}\right)^2} \, dt = \int_{0}^{2\pi} \sqrt{4 \cos^2 (2t) + 4 \operatorname{sen}^2 (2t)} \, dt = \int_{0}^{2\pi} 2 \, dt = 4\pi$$

☑ Observe que la integral da el doble de la longitud de arco de la circunferencia porque a medida que t aumenta desde 0 hasta 2π, el punto (sen $2t$, cos $2t$) atraviesa la circunferencia dos veces. En general, cuando se encuentra la longitud de una curva C a partir de una representación paramétrica, se debe tener cuidado de asegurar que C se atraviese solo una vez a medida que t aumenta desde α hasta β. ∎

EJEMPLO 5 Encuentre la longitud de un arco de la cicloide $x = r(\theta - \text{sen } \theta)$, $y = r(1 - \cos \theta)$.

SOLUCIÓN En el ejemplo 3 se ve que un arco se describe por el intervalo del parámetro $0 \le \theta \le 2\pi$. Como

$$\frac{dx}{d\theta} = r(1 - \cos \theta) \qquad \text{y} \qquad \frac{dy}{d\theta} = r \text{ sen } \theta$$

se tiene

$$L = \int_0^{2\pi} \sqrt{\left(\frac{dx}{d\theta}\right)^2 + \left(\frac{dy}{d\theta}\right)^2} \, d\theta = \int_0^{2\pi} \sqrt{r^2(1 - \cos \theta)^2 + r^2 \text{sen}^2\theta} \, d\theta$$

$$= \int_0^{2\pi} \sqrt{r^2(1 - 2\cos \theta + \cos^2\theta + \text{sen}^2\theta)} \, d\theta$$

$$= r \int_0^{2\pi} \sqrt{2(1 - \cos \theta)} \, d\theta$$

El resultado del ejemplo 5 indica que la longitud de un arco de una cicloide es ocho veces el radio de la circunferencia generadora (vea la figura 5). Esto lo demostró por primera vez en 1658 sir Christopher Wren, quien después fue el arquitecto de la Catedral de San Pablo en Londres.

Para evaluar esta integral, se usa la identidad $\text{sen}^2x = \frac{1}{2}(1 - \cos 2x)$ con $\theta = 2x$, lo que da $1 - \cos \theta = 2 \text{ sen}^2(\theta/2)$. Como $0 \le \theta \le 2\pi$, se tiene $0 \le \theta/2 \le \pi$, y así $\text{sen}(\theta/2) \ge 0$. Por lo tanto,

$$\sqrt{2(1 - \cos \theta)} = \sqrt{4 \text{ sen}^2(\theta/2)} = 2\left|\text{sen}(\theta/2)\right| = 2 \text{ sen}(\theta/2)$$

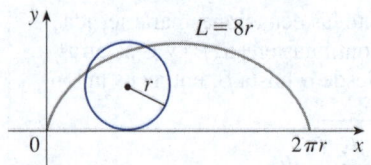

FIGURA 5

y así

$$L = 2r \int_0^{2\pi} \text{sen}(\theta/2) \, d\theta = 2r\left[-2 \cos(\theta/2)\right]_0^{2\pi}$$

$$= 2r[2 + 2] = 8r$$ ∎

La función longitud de arco y la rapidez.

Recuerde que la función longitud de arco (fórmula 8.1.5) da la longitud de una curva desde un punto inicial hasta cualquier otro punto de la curva. Para una curva paramétrica C dada por $x = f(t)$, $y = g(t)$, donde f' y g' son continuas, sea $s(t)$ la longitud de arco a lo largo de C desde un punto inicial $(f(\alpha), g(\alpha))$ a un punto $(f(t), g(t))$ en C. Según el teorema 5, la **función longitud de arco** s para las curvas paramétricas es

$$\boxed{7} \qquad s(t) = \int_\alpha^t \sqrt{\left(\frac{dx}{du}\right)^2 + \left(\frac{dy}{du}\right)^2} \, du$$

(Se sustituyó la variable de integración por u para que t no tuviera dos significados).

Si las ecuaciones paramétricas describen la posición de una partícula en movimiento (t representa el tiempo), entonces la **rapidez** de la partícula en el tiempo t, $v(t)$, es la razón de cambio de la distancia recorrida (longitud de arco) respecto al tiempo: $s'(t)$. Según la ecuación 7 y la parte 1 del teorema fundamental del cálculo, se tiene

$$\boxed{8} \qquad v(t) = s'(t) = \sqrt{\left(\frac{dx}{dt}\right)^2 + \left(\frac{dy}{dt}\right)^2}$$

EJEMPLO 6 La posición de una partícula en el tiempo t está dada por las ecuaciones paramétricas $x = 2t + 3$, $y = 4t^2$, $t \geq 0$. Encuentre la rapidez de la partícula cuando está en el punto $(5, 4)$.

SOLUCIÓN Según la ecuación 8, la rapidez de la partícula en cualquier tiempo t es

$$v(t) = \sqrt{2^2 + (8t)^2} = 2\sqrt{1 + 16t^2}$$

La partícula está en el punto $(5, 4)$ cuando $t = 1$, por lo que su rapidez en ese punto es $v(1) = 2\sqrt{17} \approx 8.25$. (Si la distancia se mide en metros y el tiempo en segundos, entonces la rapidez es de aproximadamente 8.25 m/s). ∎

■ Área de la superficie

Al igual que para la longitud de arco, se puede adaptar la fórmula 8.2.5 para obtener una fórmula para el área de la superficie. Suponga que una curva C se da por las ecuaciones paramétricas $x = f(t)$, $y = g(t)$, $\alpha \leq t \leq \beta$, donde f', g' son continuas, $g(t) \geq 0$ y C se atraviesa exactamente una vez a medida que t aumenta desde α hasta β. Si C se gira alrededor del eje x, entonces el área de la superficie resultante está dada por

$$\boxed{9} \qquad S = \int_\alpha^\beta 2\pi y \sqrt{\left(\frac{dx}{dt}\right)^2 + \left(\frac{dy}{dt}\right)^2} \, dt$$

Las fórmulas simbólicas generales $S = \int 2\pi y \, ds$ y $S = \int 2\pi x \, ds$ (fórmulas 8.2.7 y 8.2.8) aún son válidas, donde ds se da por la fórmula 6.

EJEMPLO 7 Demuestre que el área de la superficie de una esfera de radio r es $4\pi r^2$.

SOLUCIÓN La esfera se obtiene mediante la rotación de la semicircunferencia

$$x = r \cos t \qquad y = r \, \text{sen} \, t \qquad 0 \leq t \leq \pi$$

alrededor del eje x. Por lo tanto, de la fórmula 9, se obtiene

$$S = \int_0^\pi 2\pi r \, \text{sen} \, t \sqrt{(-r \, \text{sen} \, t)^2 + (r \cos t)^2} \, dt$$

$$= 2\pi \int_0^\pi r \, \text{sen} \, t \sqrt{r^2(\text{sen}^2 t + \cos^2 t)} \, dt = 2\pi \int_0^\pi r \, \text{sen} \, t \cdot r \, dt$$

$$= 2\pi r^2 \int_0^\pi \text{sen} \, t \, dt = 2\pi r^2 (-\cos t) \Big]_0^\pi = 4\pi r^2 \qquad ∎$$

10.2 | Ejercicios

1-4 Determine dx/dt, dy/dt y dy/dx.

1. $x = 2t^3 + 3t$, $\quad y = 4t - 5t^2$

2. $x = t - \ln t$, $\quad y = t^2 - t^{-2}$

3. $x = te^t$, $\quad y = t + \text{sen} \, t$

4. $x = t + \text{sen}(t^2 + 2)$, $\quad y = \tan(t^2 + 2)$

5-6 Determine la pendiente de la tangente a la curva paramétrica en el punto indicado.

5. $x = t^2 + 2t,\quad y = 2^t - 2t$

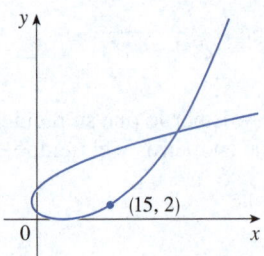

6. $x = t + \cos \pi t,\quad y = -t + \operatorname{sen} \pi t$

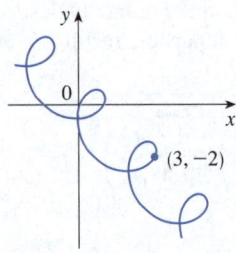

7-10 Obtenga una ecuación de la tangente a la curva en el punto correspondiente al valor dado del parámetro.

7. $x = t^3 + 1,\quad y = t^4 + t;\quad t = -1$

8. $x = \sqrt{t},\quad y = t^2 - 2t;\quad t = 4$

9. $x = \operatorname{sen} 2t + \cos t,\quad y = \cos 2t - \operatorname{sen} t;\quad t = \pi$

10. $x = e^t \operatorname{sen} \pi t,\quad y = e^{2t};\quad t = 0$

11-12 Obtenga una ecuación de la tangente a la curva en el punto dado por medio de dos métodos: (a) sin eliminar el parámetro y (b) eliminando primero el parámetro.

11. $x = \operatorname{sen} t,\quad y = \cos^2 t;\quad \left(\frac{1}{2}, \frac{3}{4}\right)$

12. $x = \sqrt{t + 4},\quad y = 1/(t + 4);\quad \left(2, \frac{1}{4}\right)$

13-14 Obtenga una ecuación de la tangente a la curva en el punto dado. Después grafique la curva y la tangente.

13. $x = t^2 - t,\quad y = t^2 + t + 1;\quad (0, 3)$

14. $x = \operatorname{sen} \pi t,\quad y = t^2 + t;\quad (0, 2)$

15-20 Determine dy/dx y d^2y/dx^2. ¿Para cuáles valores de t la curva es cóncava hacia arriba?

15. $x = t^2 + 1,\quad y = t^2 + t$

16. $x = t^3 + 1,\quad y = t^2 - t$

17. $x = e^t,\quad y = te^{-t}$

18. $x = t^2 + 1,\quad y = e^t - 1$

19. $x = t - \ln t,\quad y = t + \ln t$

20. $x = \cos t,\quad y = \operatorname{sen} 2t,\quad 0 < t < \pi$

21-24 Determine los puntos de la curva donde la tangente sea horizontal o vertical. Puede usar una gráfica de una calculadora o una computadora para comprobar su trabajo.

21. $x = t^3 - 3t,\quad y = t^2 - 3$

22. $x = t^3 - 3t,\quad y = t^3 - 3t^2$

23. $x = \cos \theta,\quad y = \cos 3\theta$

24. $x = e^{\operatorname{sen}\theta},\quad y = e^{\cos\theta}$

25. Con una gráfica, estime las coordenadas del punto más a la derecha de la curva $x = t - t^6,\, y = e^t$. Luego, mediante cálculo, encuentre las coordenadas exactas.

26. Con una gráfica, estime las coordenadas del punto más bajo y el punto más a la izquierda de la curva $x = t^4 - 2t,\, y = t + t^4$. Luego encuentre las coordenadas exactas.

27-28 Grafique la curva en un rectángulo de visión que muestre todos los aspectos importantes de la curva.

27. $x = t^4 - 2t^3 - 2t^2,\quad y = t^3 - t$

28. $x = t^4 + 4t^3 - 8t^2,\quad y = 2t^2 - t$

29. Demuestre que la curva $x = \cos t,\, y = \operatorname{sen} t \cos t$ tiene dos tangentes en $(0, 0)$ y encuentre sus ecuaciones. Grafique la curva.

30. Grafique la curva $x = -2 \cos t,\, y = \operatorname{sen} t + \operatorname{sen} 2t$ para ver dónde se cruza a sí misma. Luego encuentre las ecuaciones de ambas rectas tangentes en ese punto.

31. (a) Encuentre la pendiente de la recta tangente a la trocoide $x = r\theta - d \operatorname{sen} \theta,\, y = r - d \cos \theta$ en términos de θ. (Vea el ejercicio 10.1.49).
(b) Demuestre que si $d < r$, entonces la trocoide no tiene una tangente vertical.

32. (a) Encuentre la pendiente de la recta tangente a la astroide $x = a \cos^3\theta,\, y = a \operatorname{sen}^3\theta$ en términos de θ. (Las astroides se exploran en el "Proyecto de descubrimiento" después de la sección 10.1).
(b) ¿En qué puntos es la tangente horizontal o vertical?
(c) ¿En qué puntos tiene la tangente una pendiente 1 o -1?

33. ¿En qué punto(s) de la curva $x = 3t^2 + 1,\, y = t^3 - 1$ la recta tangente tiene una pendiente $\frac{1}{2}$?

34. Encuentre las ecuaciones de las rectas tangentes a la curva $x = 3t^2 + 1,\, y = 2t^3 + 1$ que pasan por el punto $(4, 3)$.

35-36 Encuentre el área delimitada por la curva paramétrica indicada y el eje x.

35. $x = t^3 + 1, \quad y = 2t - t^2$

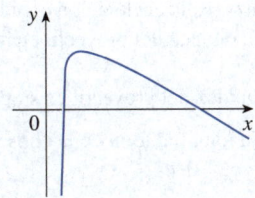

36. $x = \operatorname{sen} t, \quad y = \operatorname{sen} t \cos t, \quad 0 \leqslant t \leqslant \pi/2$

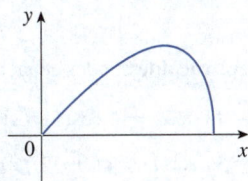

37-38 Calcule el área delimitada por la curva paramétrica indicada y el eje y.

37. $x = \operatorname{sen}^2 t,$
$\quad y = \cos t$

38. $x = t^2 - 2t,$
$\quad y = \sqrt{t}$

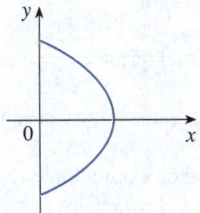
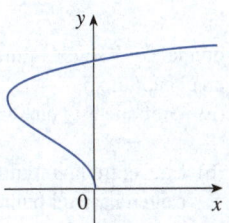

39. Use las ecuaciones paramétricas de una elipse, $x = a \cos \theta$, $y = b \operatorname{sen} \theta, 0 \leqslant \theta \leqslant 2\pi$, para encontrar el área que encierra.

40. Determine el área de la región delimitada por el bucle de la curva
$$x = 1 - t^2, \quad y = t - t^3$$

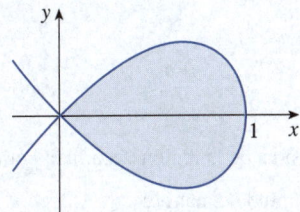

41. Encuentre el área bajo un arco de la trocoide del ejercicio 10.1.49 para el caso $d < r$.

42. Sea $\mathcal{R}$ la región delimitada por el bucle de la curva en el ejemplo 1.
   (a) Calcule el área de $\mathcal{R}$.
   (b) Si $\mathcal{R}$ se gira alrededor del eje x, encuentre el volumen del sólido resultante.
   (c) Determine el centroide de $\mathcal{R}$.

T **43-46** Calcule una integral que represente la longitud de la parte de la curva paramétrica que aparece en la gráfica. Luego use una calculadora (o computadora) para determinar la longitud con cuatro decimales de precisión.

43. $x = 3t^2 - t^3, \quad y = t^2 - 2t$

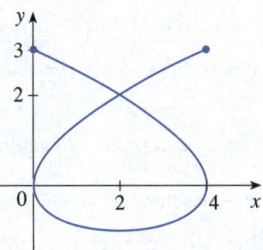

44. $x = t + e^{-t}, \quad y = t^2 + t$

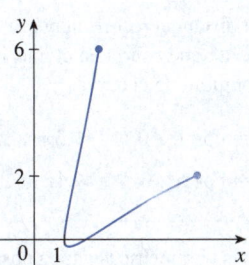

45. $x = t - 2 \operatorname{sen} t, \quad y = 1 - 2 \cos t, \quad 0 \leqslant t \leqslant 4\pi$

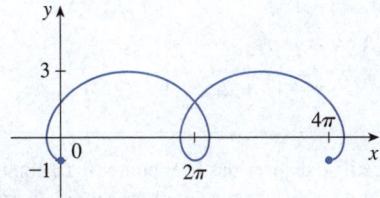

46. $x = t \cos t$, $\quad y = t - 5 \operatorname{sen} t$

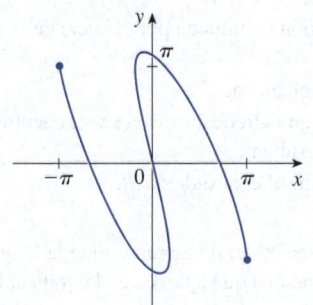

47-50 Determine la longitud exacta de la curva.

47. $x = \frac{2}{3}t^3$, $\quad y = t^2 - 2$, $\quad 0 \le t \le 3$

48. $x = e^t - t$, $\quad y = 4e^{t/2}$, $\quad 0 \le t \le 2$

49. $x = t \operatorname{sen} t$, $\quad y = t \cos t$, $\quad 0 \le t \le 1$

50. $x = 3 \cos t - \cos 3t$, $\quad y = 3 \operatorname{sen} t - \operatorname{sen} 3t$, $\quad 0 \le t \le \pi$

51-52 Grafique la curva y determine su longitud exacta.

51. $x = e^t \cos t$, $\quad y = e^t \operatorname{sen} t$, $\quad 0 \le t \le \pi$

52. $x = \cos t + \ln\left(\tan \frac{1}{2}t\right)$, $\quad y = \operatorname{sen} t$, $\quad \pi/4 \le t \le 3\pi/4$

53. Grafique la curva $x = \operatorname{sen} t + \operatorname{sen} 1.5t$, $y = \cos t$, y determine su longitud con cuatro decimales de precisión.

54. Determine la longitud del bucle de la curva $x = 3t - t^3$, $y = 3t^2$.

55-56 Encuentre la distancia recorrida por una partícula con la posición (x, y) a medida que t varía en el intervalo indicado. Compárelo con la longitud de la curva.

55. $x = \operatorname{sen}^2 t$, $\quad y = \cos^2 t$, $\quad 0 \le t \le 3\pi$

56. $x = \cos^2 t$, $\quad y = \cos t$, $\quad 0 \le t \le 4\pi$

57-60 Las ecuaciones paramétricas dan la posición (en metros) de una partícula en movimiento en el tiempo t (en segundos). Determine la rapidez de la partícula en el tiempo o punto indicado.

57. $x = 2t - 3$, $\quad y = 2t^2 - 3t + 6$; $\quad t = 5$

58. $x = 2 + 5\cos\left(\dfrac{\pi}{3}t\right)$, $\quad y = -2 + 7\operatorname{sen}\left(\dfrac{\pi}{3}t\right)$; $\quad t = 3$

59. $x = e^t$, $\quad y = te^t$; $\quad (e, e)$

60. $x = t^2 + 1$, $\quad y = t^4 + 2t^2 + 1$; $\quad (2, 4)$

61. Un proyectil se dispara desde el punto $(0, 0)$ con una velocidad inicial de v_0 m/s en un ángulo α sobre la horizontal (vea el ejercicio 10.1.58). Si se supone que la fricción del aire es insignificante, entonces la posición (en metros) del proyectil

después de t segundos está dada por las ecuaciones paramétricas

$$x = (v_0 \cos \alpha)t \qquad y = (v_0 \operatorname{sen} \alpha)t - \tfrac{1}{2}gt^2$$

donde $g = 9.8$ m/s^2 es la aceleración debida a la gravedad.
(a) Determine la rapidez del proyectil cuando impacta en el suelo.
(b) Calcule la rapidez del proyectil en su punto más alto.

62. Demuestre que la longitud total de la elipse $x = a \operatorname{sen} \theta$, $y = b \cos \theta$, $a > b > 0$, es

$$L = 4a \int_0^{\pi/2} \sqrt{1 - e^2 \operatorname{sen}^2 \theta}\, d\theta$$

donde e es la excentricidad de la elipse ($e = c/a$, donde $c = \sqrt{a^2 - b^2}$).

T **63.** (a) Grafique la **epitrocoide** con las ecuaciones

$$x = 11 \cos t - 4 \cos(11t/2)$$

$$y = 11 \operatorname{sen} t - 4 \operatorname{sen}(11t/2)$$

¿Qué intervalo del parámetro da la curva completa?
(b) Use una calculadora o computadora para determinar la longitud aproximada de esta curva.

T **64.** Una curva llamada **espiral de Cornu** se define por las ecuaciones paramétricas

$$x = C(t) = \int_0^t \cos(\pi u^2/2)\, du$$

$$y = S(t) = \int_0^t \operatorname{sen}(\pi u^2/2)\, du$$

donde C y S son las funciones de Fresnel que se presentaron en el capítulo 5.
(a) Grafique esta curva. ¿Qué pasa cuando $t \to \infty$ y cuando $t \to -\infty$?
(b) Encuentre la longitud de la espiral de Cornu desde el origen hasta el punto con el valor del parámetro t.

65-66 La curva que se presenta en la figura es el astroide $x = a \cos^3 \theta$, $y = a \operatorname{sen}^3 \theta$. (Las astroides se exploran en el "Proyecto de descubrimiento" después de la sección 10.1).

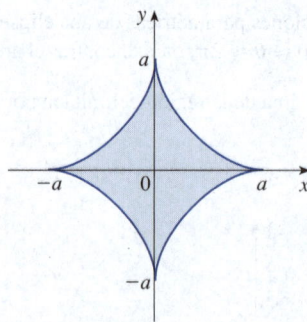

65. Establezca el área de la región encerrada por el astroide.

66. Calcule la longitud del astroide.

T **67-70** Establezca una integral que represente el área de la superficie obtenida al rotar la curva indicada alrededor del eje x. Luego use una calculadora o una computadora para calcular el área de la superficie con cuatro decimales de precisión.

67. $x = t \operatorname{sen} t$, $\quad y = t \cos t$, $\quad 0 \leqslant t \leqslant \pi/2$

68. $x = \operatorname{sen} t$, $\quad y = \operatorname{sen} 2t$, $\quad 0 \leqslant t \leqslant \pi/2$

69. $x = t + e^t$, $\quad y = e^{-t}$, $\quad 0 \leqslant t \leqslant 1$

70. $x = t^2 - t^3$, $\quad y = t + t^4$, $\quad 0 \leqslant t \leqslant 1$

71-73 Determine el área exacta de la superficie obtenida al rotar la curva dada alrededor del eje x.

71. $x = t^3$, $\quad y = t^2$, $\quad 0 \leqslant t \leqslant 1$

72. $x = 2t^2 + 1/t$, $\quad y = 8\sqrt{t}$, $\quad 1 \leqslant t \leqslant 3$

73. $x = a \cos^3\theta$, $\quad y = a \operatorname{sen}^3\theta$, $\quad 0 \leqslant \theta \leqslant \pi/2$

---

74. Grafique la curva

$$x = 2 \cos\theta - \cos 2\theta$$

$$y = 2 \operatorname{sen}\theta - \operatorname{sen} 2\theta$$

Si esta curva se gira alrededor del eje x, encuentre el área exacta de la superficie resultante. (Utilice su gráfica para encontrar el intervalo correcto del parámetro).

75-76 Determine el área de la superficie generada al girar la curva especificada alrededor del eje y.

75. $x = 3t^2$, $\quad y = 2t^3$, $\quad 0 \leqslant t \leqslant 5$

76. $x = e^t - t$, $\quad y = 4e^{t/2}$, $\quad 0 \leqslant t \leqslant 1$

---

77. Si f' es continua y $f'(t) \neq 0$ para $a \leqslant t \leqslant b$, demuestre que la curva paramétrica $x = f(t)$, $y = g(t)$, $a \leqslant t \leqslant b$, se puede expresar en la forma $y = F(x)$. [*Sugerencia*: Demuestre que f^{-1} existe].

78. A partir de la fórmula 1, derive la fórmula 9 de la fórmula 8.2.5 para el caso en que la curva se pueda representar en la forma $y = F(x)$, $a \leqslant x \leqslant b$.

79-83 Curvatura La *curvatura* en un punto P de una curva se define como

$$\kappa = \left| \frac{d\phi}{ds} \right|$$

donde ϕ es el ángulo de inclinación de la recta tangente en P, como se muestra en la figura. Por lo tanto, la curvatura es el valor absoluto de la razón de cambio de ϕ respecto a la longitud de arco. Se puede considerar una medida de la razón de cambio de

dirección de la curva en P y se estudiará con mayor detalle en el capítulo 13.

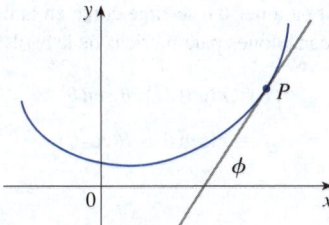

79. Para una curva paramétrica $x = x(t)$, $y = y(t)$, construya la fórmula

$$\kappa = \frac{|\dot{x}\ddot{y} - \ddot{x}\dot{y}|}{[\dot{x}^2 + \dot{y}^2]^{3/2}}$$

donde los puntos indican derivadas respecto a t, por lo que $\dot{x} = dx/dt$. [*Sugerencia*: Utilice $\phi = \tan^{-1}(dy/dx)$ y la fórmula 2 para encontrar $d\phi/dt$. Después encuentre $d\phi/ds$ con la regla de la cadena].

80. Al considerar una curva $y = f(x)$ como la curva paramétrica $x = x$, $y = f(x)$ con el parámetro x, demuestre que la fórmula del ejercicio 79 se convierte en

$$\kappa = \frac{|d^2y/dx^2|}{[1 + (dy/dx)^2]^{3/2}}$$

81. Utilice la fórmula del ejercicio 79 para encontrar la curvatura de la cicloide $x = \theta - \operatorname{sen}\theta$, $y = 1 - \cos\theta$ en la parte superior de uno de sus arcos.

82. (a) Con la fórmula del ejercicio 80, determine la curvatura de la parábola $y = x^2$ en el punto $(1, 1)$.

(b) ¿En qué punto esta parábola tiene su máxima curvatura?

83. (a) Demuestre que la curvatura en cada punto de una línea recta es $\kappa = 0$.

(b) Demuestre que la curvatura en cada punto de una circunferencia con radio r es $\kappa = 1/r$.

---

84. Una vaca está atada a un silo de radio r por una cuerda lo bastante larga para llegar al lado opuesto del silo. Determine el área de pastoreo disponible para la vaca.

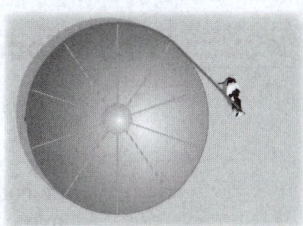

85. Una cuerda se enrolla alrededor de un círculo y luego se desenrolla mientras se mantiene tensa. La curva trazada por el punto P al final de la cuerda se llama la **evolvente** del círculo. Si el círculo tiene radio r y centro O, y la posición inicial de P es $(r, 0)$ y el parámetro θ se elige como en la figura, demuestre que las ecuaciones paramétricas de la evolvente son

$$x = r(\cos\theta + \theta \operatorname{sen}\theta)$$

$$y = r(\operatorname{sen}\theta - \theta \cos\theta)$$

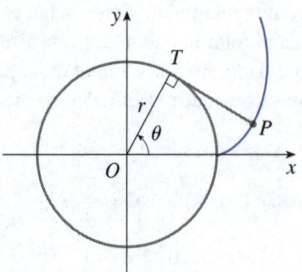

PROYECTO DE DESCUBRIMIENTO │ ⊞ CURVAS DE BÉZIER

Las **curvas de Bézier** se utilizan en el diseño asistido por computadora (CAD, *computer-aided design*) y llevan el nombre del matemático francés Pierre Bézier (1910-1999), quien trabajó en la industria automotriz. Una curva cúbica de Bézier está determinada por cuatro *puntos de control*, $P_0(x_0, y_0)$, $P_1(x_1, y_1)$, $P_2(x_2, y_2)$ y $P_3(x_3, y_3)$, y se define por las ecuaciones paramétricas

$$x = x_0(1-t)^3 + 3x_1 t(1-t)^2 + 3x_2 t^2(1-t) + x_3 t^3$$

$$y = y_0(1-t)^3 + 3y_1 t(1-t)^2 + 3y_2 t^2(1-t) + y_3 t^3$$

donde $0 \leq t \leq 1$. Observe que cuando $t = 0$ se tiene $(x, y) = (x_0, y_0)$ y cuando $t = 1$ se tiene $(x, y) = (x_3, y_3)$, por lo que la curva comienza en P_0 y termina en P_3.

1. Grafique la curva de Bézier con los puntos de control $P_0(4, 1)$, $P_1(28, 48)$, $P_2(50, 42)$ y $P_3(40, 5)$. Luego, en la misma pantalla, grafique los segmentos de recta P_0P_1, P_1P_2 y P_2P_3. (En el ejercicio 10.1.37 se muestra cómo hacerlo). Observe que los puntos de control centrales P_1 y P_2 no se encuentran en la curva; la curva comienza en P_0, se dirige hacia P_1 y P_2 sin llegar a ellos y termina en P_3.

2. A partir de la gráfica del problema 1, parece que la tangente en P_0 pasa por P_1 y la recta tangente en P_3 pasa por P_2. Demuéstrelo.

3. Intente producir una curva de Bézier con un bucle cambiando el segundo punto de control en el problema 1.

4. Algunas impresoras láser utilizan curvas de Bézier para representar letras y otros símbolos. Experimente con los puntos de control hasta encontrar una curva de Bézier que dé una representación razonable de la letra C.

5. Se pueden representar formas más complicadas uniendo dos o más curvas de Bézier. Suponga que la primera curva de Bézier tiene los puntos de control P_0, P_1, P_2, P_3 y la segunda tiene los puntos de control P_3, P_4, P_5, P_6. Si se desea que estas dos piezas se unan de forma suave, entonces las tangentes en P_3 deben coincidir y, por lo tanto, los puntos P_2, P_3 y P_4 tienen que estar en esta recta tangente común. Con este principio, determine puntos de control para un par de curvas de Bézier que representen la letra S.

10.3 │ Coordenadas polares

Un sistema de coordenadas representa un punto en el plano por medio de un par ordenado de números llamados coordenadas. Normalmente se usan coordenadas cartesianas, que son distancias dirigidas desde dos ejes perpendiculares. Aquí se describe un sistema de coordenadas descrito por Newton, llamado *sistema de coordenadas polares*, que es más conveniente para muchos propósitos.

Sistema de coordenadas polares

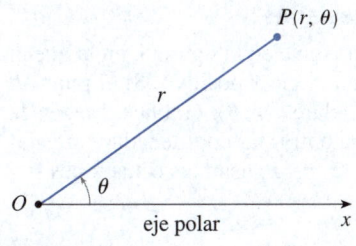

FIGURA 1

Se elige un punto en el plano que se llama **polo** (u origen) y se denota como O. Luego se traza un rayo (semirrecta) que comienza en O y se llama **eje polar**. Este eje se suele dibujar horizontalmente a la derecha y corresponde al eje x positivo en las coordenadas cartesianas.

Si P es cualquier otro punto del plano, sea r la distancia desde O hasta P y sea θ el ángulo (en general, medido en radianes) entre el eje polar y la recta OP, como en la figura 1. Entonces el punto P se representa mediante el par ordenado (r, θ) y r, θ, y se llaman **coordenadas polares** de P. Se usa la convención de que un ángulo es positivo si se mide en el sentido contrario a las manecillas del reloj desde el eje polar y es negativo si se mide en el sentido de las manecillas del reloj. Si $P = O$, entonces $r = 0$ y se establece que $(0, \theta)$ representa el polo para cualquier valor de θ.

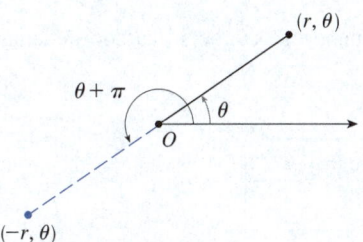

FIGURA 2

El significado de las coordenadas polares (r, θ) se extiende al caso en que r es negativo al acordar que, como en la figura 2, los puntos $(-r, \theta)$ y (r, θ) se encuentran en la misma recta a través de O y a la misma distancia $|r|$ de O, pero en lados opuestos de O. Si $r > 0$, el punto (r, θ) está en el mismo cuadrante que θ; si $r < 0$, está en el cuadrante del lado opuesto del polo. Note que $(-r, \theta)$ representa el mismo punto que $(r, \theta + \pi)$.

EJEMPLO 1   Trace los puntos cuyas coordenadas polares se indican.

(a) $(1, 5\pi/4)$ (b) $(2, 3\pi)$ (c) $(2, -2\pi/3)$ (d) $(-3, 3\pi/4)$

SOLUCIÓN   Los puntos se presentan en la figura 3. En el inciso (d), el punto $(-3, 3\pi/4)$ se ubica a tres unidades del polo en el cuarto cuadrante porque el ángulo $3\pi/4$ está en el segundo cuadrante y $r = -3$ es negativo.

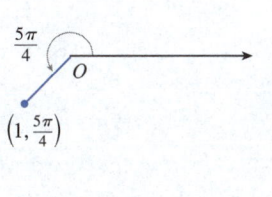

(a)

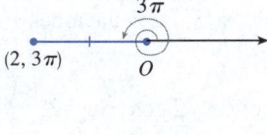

(b)

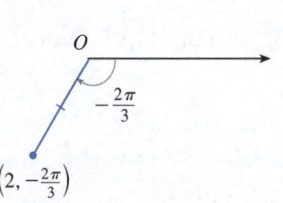

(c)

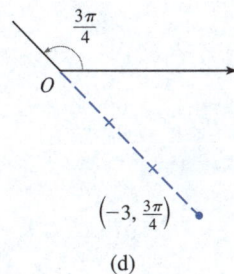

(d)   ■

FIGURA 3

En el sistema de coordenadas cartesianas, cada punto tiene una sola representación, pero en el sistema de coordenadas polares cada punto tiene muchas representaciones. Por ejemplo, el punto $(1, 5\pi/4)$ del ejemplo 1(a) podría escribirse como $(1, -3\pi/4)$, $(1, 13\pi/4)$ o $(-1, \pi/4)$ (vea la figura 4).

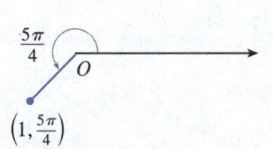

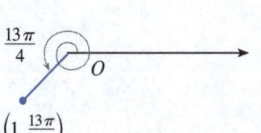

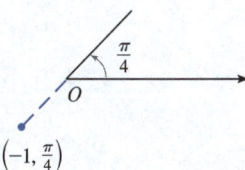

FIGURA 4

De hecho, como una rotación completa en sentido contrario a las manecillas del reloj está indicada por un ángulo 2π, el punto representado por las coordenadas polares (r, θ) también está representado por

$$(r, \theta + 2n\pi) \qquad \text{y} \qquad (-r, \theta + (2n + 1)\pi)$$

donde n es cualquier entero.

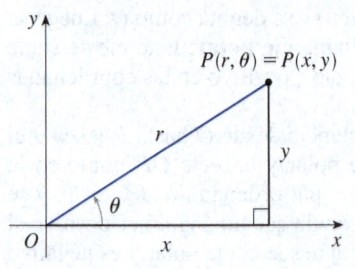

FIGURA 5

■ Relación entre coordenadas polares y cartesianas

La relación entre las coordenadas polares y cartesianas se ve en la figura 5, en la que el polo corresponde al origen y el eje polar coincide con el eje x positivo. Si el punto P tiene coordenadas cartesianas (x, y) y coordenadas polares (r, θ), entonces, según la figura, se tiene $\cos \theta = x/r$ y $\operatorname{sen} \theta = y/r$. Así, para encontrar las coordenadas cartesianas (x, y) cuando se conocen las coordenadas polares (r, θ), se usan las ecuaciones

$$\boxed{1} \qquad \boxed{\qquad x = r \cos \theta \qquad y = r \operatorname{sen} \theta \qquad}$$

Para encontrar las coordenadas polares (r, θ) cuando se conocen las coordenadas cartesianas (x, y) se usan las ecuaciones

$$\boxed{2} \qquad \boxed{\qquad r^2 = x^2 + y^2 \qquad \tan \theta = \frac{y}{x} \qquad}$$

que se deducen de las ecuaciones 1 o simplemente se obtienen de la figura 5.

Aunque las ecuaciones 1 y 2 se dedujeron de la figura 5, que ilustra el caso en que $r > 0$ y $0 < \theta < \pi/2$, estas ecuaciones son válidas para todos los valores de r y θ. (Vea la definición general de $\operatorname{sen} \theta$ y $\cos \theta$ en el apéndice D).

EJEMPLO 2 Convierta el punto $(2, \pi/3)$ de coordenadas polares a cartesianas.

SOLUCIÓN Como $r = 2$ y $\theta = \pi/3$, las ecuaciones 1 dan

$$x = r \cos \theta = 2 \cos \frac{\pi}{3} = 2 \cdot \frac{1}{2} = 1$$

$$y = r \operatorname{sen} \theta = 2 \operatorname{sen} \frac{\pi}{3} = 2 \cdot \frac{\sqrt{3}}{2} = \sqrt{3}$$

Por lo tanto, el punto es $\left(1, \sqrt{3}\right)$ en coordenadas cartesianas. ■

EJEMPLO 3 Represente el punto con coordenadas cartesianas $(1, -1)$ en términos de coordenadas polares.

SOLUCIÓN Si se elige que r sea positivo, entonces las ecuaciones 2 dan

$$r = \sqrt{x^2 + y^2} = \sqrt{1^2 + (-1)^2} = \sqrt{2}$$

$$\tan \theta = \frac{y}{x} = -1$$

Como el punto $(1, -1)$ está en el cuarto cuadrante, se puede elegir $\theta = -\pi/4$ o $\theta = 7\pi/4$. Por lo tanto, una posible respuesta es $\left(\sqrt{2}, -\pi/4\right)$; otra es $\left(\sqrt{2}, 7\pi/4\right)$. ■

NOTA Las ecuaciones 2 no determinan de manera única θ cuando se dan x y y porque, conforme θ aumenta a través del intervalo $0 \le \theta < 2\pi$, cada valor de $\tan \theta$ ocurre dos veces. Por lo tanto, al convertir de coordenadas cartesianas a polares, no basta con encontrar r y θ que satisfagan las ecuaciones 2. Como en el ejemplo 3, se debe elegir θ tal que el punto (r, θ) se encuentre en el cuadrante correcto.

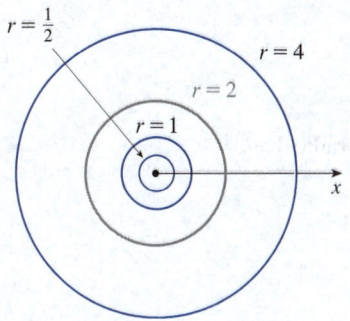

FIGURA 6

Curvas polares

La **gráfica de una ecuación polar** $r = f(\theta)$, o más generalmente $F(r, \theta) = 0$, consiste en todos los puntos P que tienen al menos una representación polar (r, θ) cuyas coordenadas satisfacen la ecuación.

EJEMPLO 4 ¿Qué curva está representada por la ecuación polar $r = 2$?

SOLUCIÓN La curva consiste en todos los puntos (r, θ) con $r = 2$. Como r representa la distancia del punto al polo, la curva $r = 2$ representa la circunferencia con centro O y radio 2. En general, la ecuación $r = a$ representa una circunferencia con centro O y radio $|a|$ (vea la figura 6). ■

EJEMPLO 5 Trace la curva polar $\theta = 1$.

SOLUCIÓN Esta curva consiste en todos los puntos (r, θ) tales que el ángulo polar θ es de 1 radián. Es la línea recta que pasa a través de O y forma un ángulo de 1 radián con el eje polar (vea la figura 7). Observe que los puntos $(r, 1)$ en la recta con $r > 0$ están en el primer cuadrante, mientras que los que tienen $r < 0$ están en el tercer cuadrante. ■

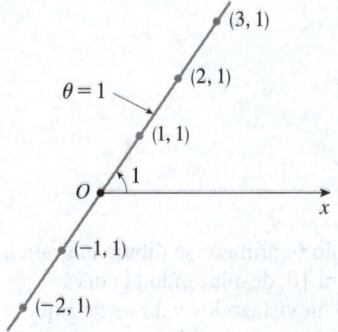

FIGURA 7

EJEMPLO 6
(a) Trace la curva con la ecuación polar $r = 2 \cos \theta$.
(b) Establezca una ecuación cartesiana para esta curva.

SOLUCIÓN
(a) En la figura 8 se encontraron los valores de r para algunos valores convenientes de θ y se trazaron los puntos correspondientes (r, θ). Luego se unen estos puntos para trazar la curva, que parece ser una circunferencia. Se usaron solo valores de θ entre 0 y π porque si θ aumenta más allá de π se obtienen los mismos puntos de nuevo.

θ	$r = 2 \cos \theta$
0	2
$\pi/6$	$\sqrt{3}$
$\pi/4$	$\sqrt{2}$
$\pi/3$	1
$\pi/2$	0
$2\pi/3$	-1
$3\pi/4$	$-\sqrt{2}$
$5\pi/6$	$-\sqrt{3}$
π	-2

FIGURA 8
Tabla de valores y gráfica de $r = 2 \cos \theta$.

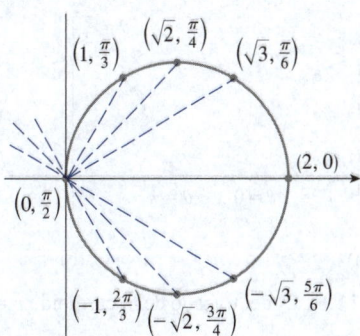

(b) Para convertir la ecuación dada en una ecuación cartesiana, se aplican las ecuaciones 1 y 2. De $x = r \cos \theta$ se tiene $\cos \theta = x/r$, por lo que la ecuación $r = 2 \cos \theta$ se convierte en $r = 2x/r$, lo que da

$$2x = r^2 = x^2 + y^2 \qquad \text{o} \qquad x^2 + y^2 - 2x = 0$$

Al completar el cuadrado se obtiene

$$(x - 1)^2 + y^2 = 1$$

que es una ecuación de un círculo con centro $(1, 0)$ y radio 1. ∎

En la figura 9 se presenta una ilustración geométrica de la circunferencia del ejemplo 6 de ecuación $r = 2 \cos \theta$. El ángulo OPQ es un ángulo recto (¿por qué?) y, por lo tanto, $r/2 = \cos \theta$.

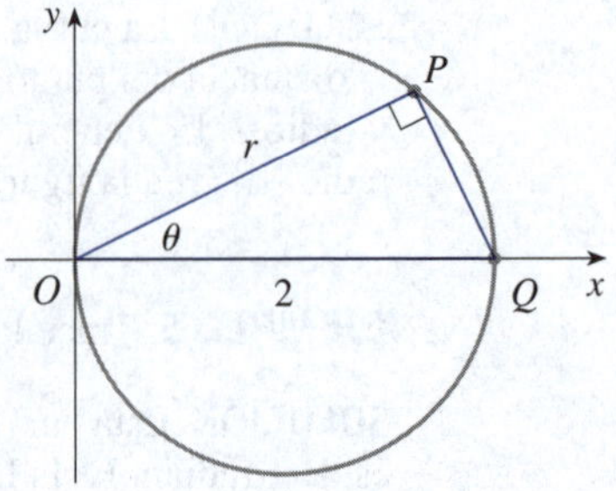

FIGURA 9

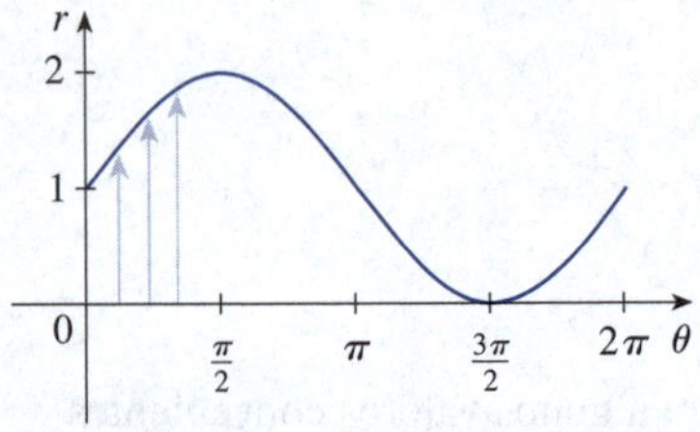

FIGURA 10

$r = 1 + \operatorname{sen} \theta$ en coordenadas cartesianas, $0 \le \theta \le 2\pi$.

EJEMPLO 7 Trace la curva $r = 1 + \operatorname{sen} \theta$.

SOLUCIÓN En lugar de trazar puntos como en el ejemplo 6, primero se dibuja la gráfica de $r = 1 + \operatorname{sen} \theta$ en coordenadas *cartesianas* de la figura 10, desplazando la curva sinusoidal hacia arriba una unidad. Esto permite leer de un vistazo los valores de r que corresponden a valores crecientes de θ. Por ejemplo, se ve que a medida que aumenta θ desde 0 hasta $\pi/2$, r (la distancia desde O) aumenta desde 1 hasta 2 (vea las flechas en azul claro correspondientes en las figuras 10 y 11), por lo que se traza la parte correspondiente de la curva polar en la figura 11(a). A medida que θ aumenta desde $\pi/2$ hasta π, en la figura 10 se aprecia que r disminuye desde 2 hasta 1, por lo que se traza la siguiente parte de la curva como en la figura 11(b). A medida que θ aumenta desde π hasta $3\pi/2$, r disminuye desde 1 hasta 0 como se muestra en el inciso (c). Por último, conforme θ aumenta desde $3\pi/2$ hasta 2π, r aumenta desde 0 hasta 1 como se muestra en el inciso (d). Si θ aumenta más allá de 2π o disminuye más allá de 0, simplemente se volvería a este camino. Al juntar los incisos de la curva de la figura 11 (a)–(d) se traza la curva completa en el inciso (e). Se llama **cardioide** porque tiene forma de corazón.

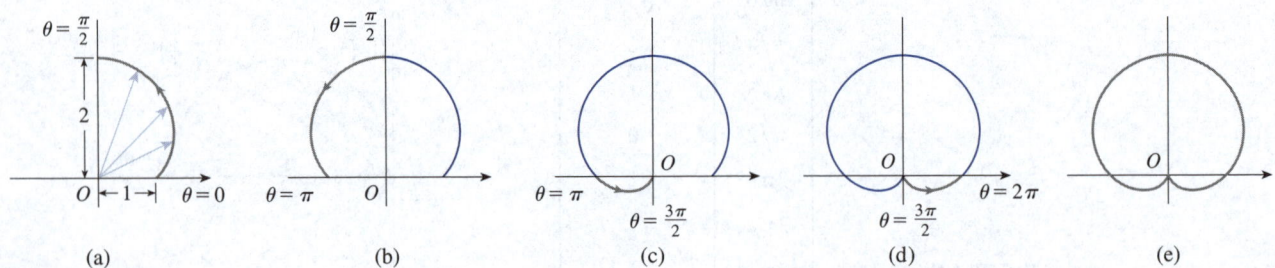

FIGURA 11 Fases del trazado de la cardioide $r = 1 + \operatorname{sen} \theta$. ∎

EJEMPLO 8 Trace la curva $r = \cos 2\theta$.

SOLUCIÓN Como en el ejemplo 7, primero se traza $r = \cos 2\theta$, $0 \le \theta \le 2\pi$, en coordenadas cartesianas de la figura 12. A medida que θ aumenta desde 0 hasta $\pi/4$, en la figura 12 se ve que r disminuye desde 1 hasta 0 y así se traza la parte correspondiente de la curva polar en la figura 13 (indicada por ①). A medida que θ aumenta desde $\pi/4$ hasta $\pi/2$, r disminuye desde 0 hasta -1. Esto significa que la distancia de O aumenta desde 0 hasta 1, pero en lugar de estar en el primer cuadrante, esta parte de la curva polar (indicada por ②) se encuentra en el lado opuesto del polo en el tercer cuadrante. El resto de la curva se dibuja en una forma similar, con las flechas y los números que indican el orden en que se trazan las porciones. La curva resultante tiene cuatro bucles y se llama **rosa de cuatro pétalos.**

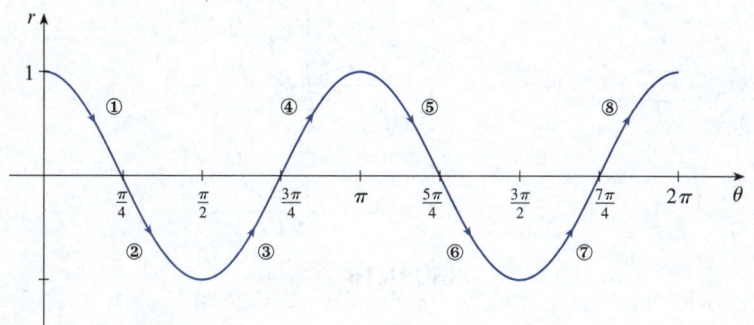

FIGURA 12
$r = \cos 2\theta$ en coordenadas cartesianas.

FIGURA 13
Rosa de cuatro pétalos $r = \cos 2\theta$.   ∎

■ Simetría

Cuando se trazan curvas polares, a veces es útil aprovechar la simetría. Las siguientes tres reglas se explican con la figura 14.

(a) Si una ecuación polar no cambia cuando se reemplaza θ por $-\theta$, la curva es simétrica respecto al eje polar.

(b) Si la ecuación no cambia cuando r se reemplaza por $-r$, o cuando θ se reemplaza por $\theta + \pi$, la curva es simétrica sobre el polo (esto significa que la curva permanece inalterada si se rota 180° alrededor del origen).

(c) Si la ecuación no cambia cuando θ se reemplaza por $\pi - \theta$, la curva es simétrica respecto a la recta vertical $\theta = \pi/2$.

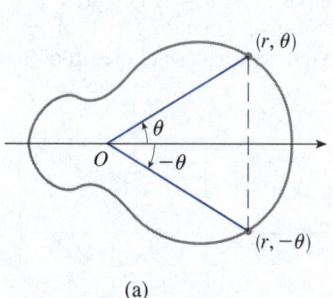

(a)

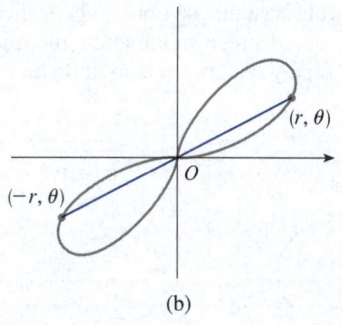

(b)

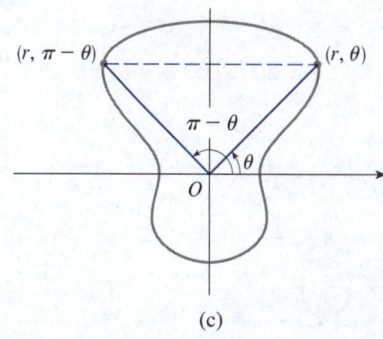

(c)

FIGURA 14

Las curvas dibujadas en los ejemplos 6 y 8 son simétricas respecto al eje polar, pues $\cos(-\theta) = \cos\theta$. Las curvas de los ejemplos 7 y 8 son simétricas respecto a $\theta = \pi/2$ porque $\text{sen}(\pi - \theta) = \text{sen}\,\theta$ y $\cos[2(\pi - \theta)] = \cos 2\theta$. La rosa de cuatro pétalos también es simétrica respecto al polo. Pudieron aplicarse estas propiedades de simetría al dibujar las curvas. Por ejemplo, en el ejemplo 6 solo es necesario tener puntos trazados para $0 \le \theta \le \pi/2$ y luego reflejarlos sobre el eje polar para obtener la circunferencia completa.

■ Gráficas de curvas polares con tecnología

Aunque es útil poder trazar a mano curvas polares sencillas, se necesita una calculadora graficadora o una computadora cuando se trata de una curva tan complicada como las que se muestran en las figuras 15 y 16.

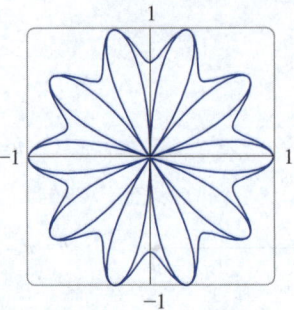

FIGURA 15
$r = \text{sen}^3(2.5\theta) + \cos^3(2.5\theta)$

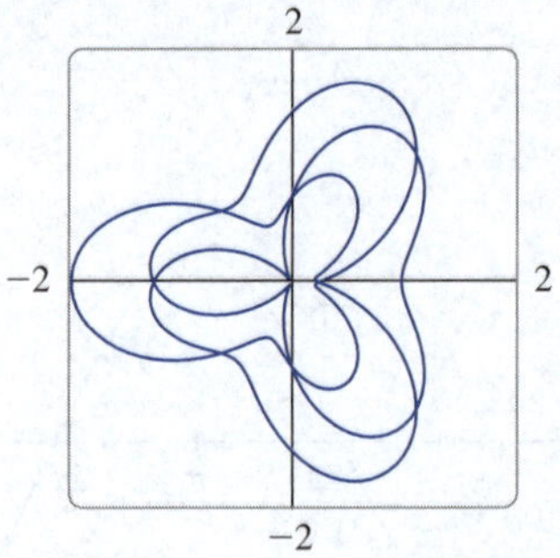

FIGURA 16
$r = \text{sen}^2(3\theta/2) + \cos^2(2\theta/3)$

EJEMPLO 9 Grafique la curva $r = \text{sen}(8\theta/5)$.

SOLUCIÓN Primero se debe determinar el dominio para θ. Así, se plantea la pregunta: ¿cuántas rotaciones completas se requieren para que la curva comience a repetirse? Si la respuesta es n, entonces

$$\text{sen}\,\frac{8(\theta + 2n\pi)}{5} = \text{sen}\left(\frac{8\theta}{5} + \frac{16n\pi}{5}\right) = \text{sen}\,\frac{8\theta}{5}$$

y, por lo tanto, se necesita que $16n\pi/5$ sea un múltiplo par de π. Esto ocurrirá primero cuando $n = 5$. Así que se grafica toda la curva si se especifica que $0 \le \theta \le 10\pi$. En la figura 17 se muestra la curva resultante. Observe que esta curva tiene 16 bucles. ■

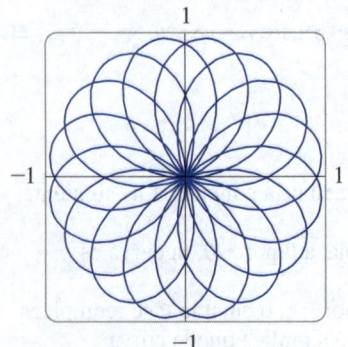

FIGURA 17
$r = \text{sen}(8\theta/5)$

EJEMPLO 10 Analice la familia de curvas polares dadas por $r = 1 + c\,\text{sen}\,\theta$. ¿Cómo cambia la forma a medida que cambia c? (Estas curvas se llaman **limaçons**, que significa *caracol* en francés, debido a la forma de las curvas para ciertos valores de c).

SOLUCIÓN En la figura 18 se presentan gráficas hechas por computadora con varios valores de c (observe que se obtiene la gráfica completa para $0 \le \theta \le 2\pi$). Para $c > 1$ hay un bucle que decrece su tamaño a medida que c disminuye. Cuando $c = 1$, el bucle desaparece y la curva se convierte en la cardioide que se trazó en el ejemplo 7.

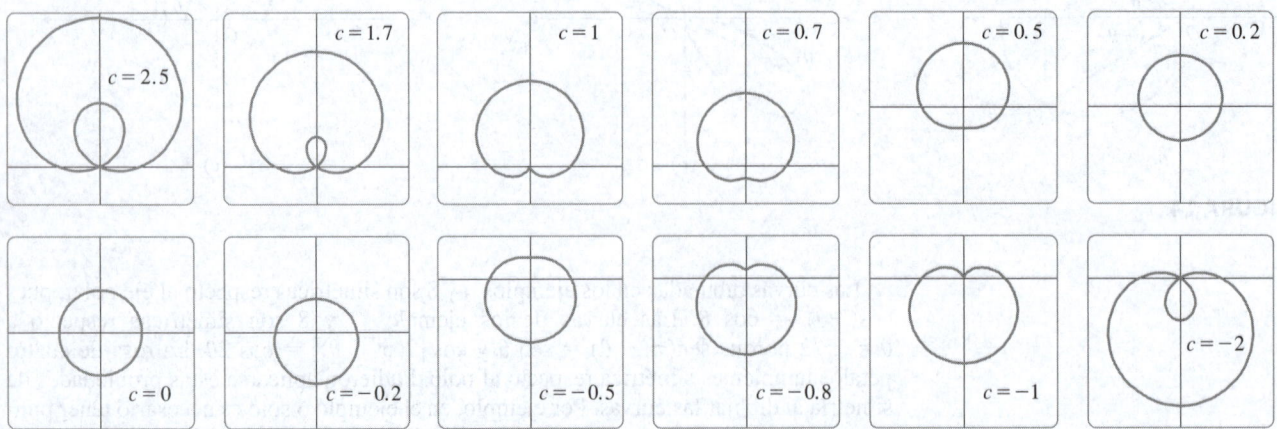

FIGURA 18 Miembros de la familia de *limaçons* $r = 1 + c\,\text{sen}\,\theta$.

En el ejercicio 55 se pide que demuestre analíticamente lo que se observó en las gráficas de la figura 18.

Para c entre 1 y $\frac{1}{2}$ la cúspide de la cardioide se alisa y se convierte en un "hoyuelo". Cuando c disminuye desde $\frac{1}{2}$ hasta 0, la *limaçon* tiene forma de óvalo. Este óvalo se vuelve más circular a medida que $c \rightarrow 0$, y cuando $c = 0$, la curva es solo el círculo $r = 1$.

Las partes restantes de la figura 18 muestran que a medida que c se convierte en negativa, las formas cambian en orden inverso. De hecho, estas curvas son reflejos sobre el eje horizontal de las curvas correspondientes con c positiva. ∎

Las *limaçons* surgen en el estudio del movimiento planetario. En particular, la trayectoria de Marte, vista desde el planeta Tierra, se modeló por una *limaçon* con un bucle, como en las partes de la figura 18 con $|c| > 1$.

En la tabla 1 se resumen algunas curvas polares comunes.

Tabla 1 **Curvas polares comunes**

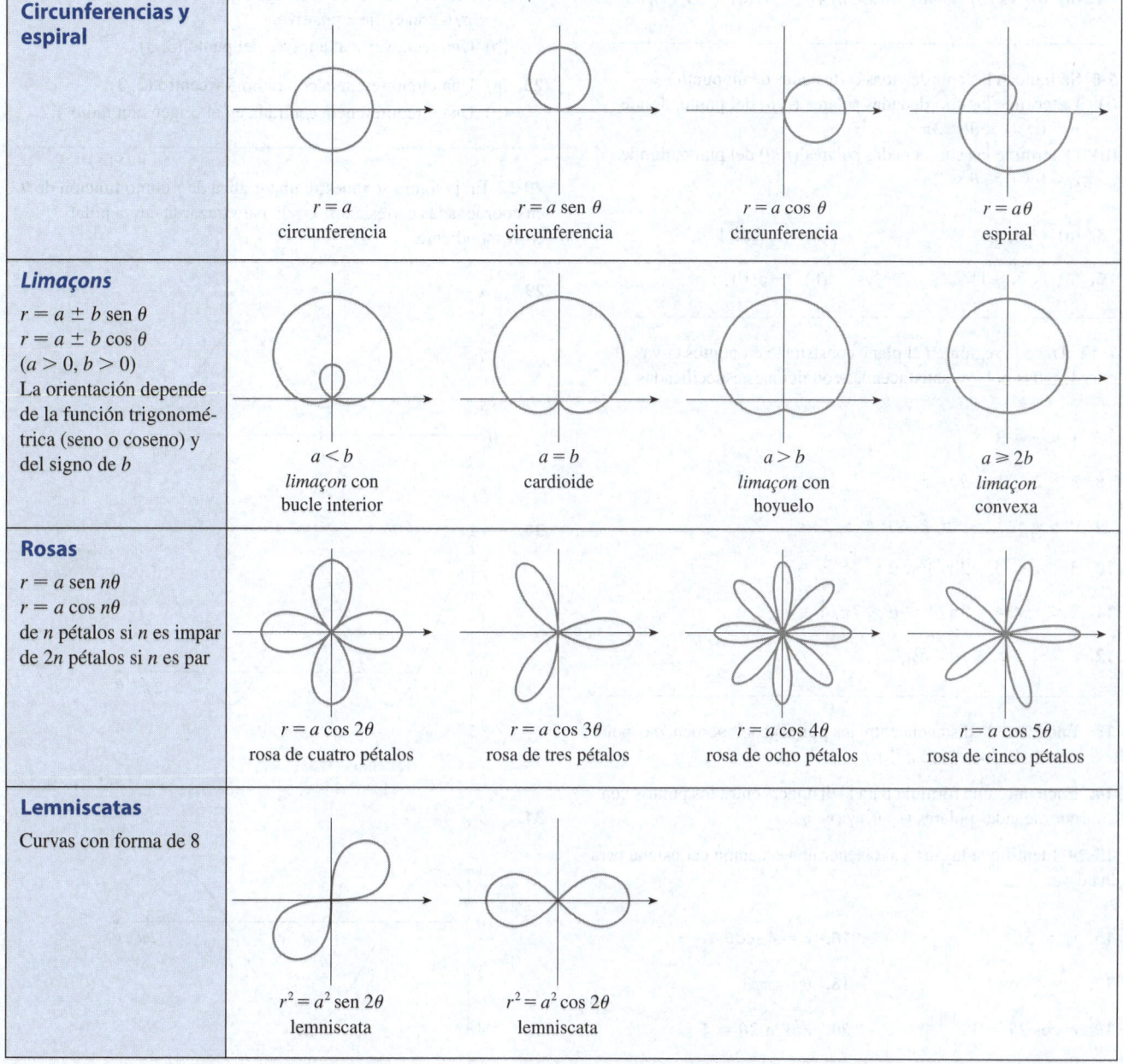

Circunferencias y espiral				
	$r = a$ circunferencia	$r = a$ sen θ circunferencia	$r = a \cos \theta$ circunferencia	$r = a\theta$ espiral

Limaçons				
$r = a \pm b$ sen θ $r = a \pm b \cos \theta$ $(a > 0, b > 0)$ La orientación depende de la función trigonométrica (seno o coseno) y del signo de b	$a < b$ *limaçon* con bucle interior	$a = b$ cardioide	$a > b$ *limaçon* con hoyuelo	$a \geq 2b$ *limaçon* convexa

Rosas				
$r = a$ sen $n\theta$ $r = a \cos n\theta$ de n pétalos si n es impar de $2n$ pétalos si n es par	$r = a \cos 2\theta$ rosa de cuatro pétalos	$r = a \cos 3\theta$ rosa de tres pétalos	$r = a \cos 4\theta$ rosa de ocho pétalos	$r = a \cos 5\theta$ rosa de cinco pétalos

Lemniscatas		
Curvas con forma de 8	$r^2 = a^2$ sen 2θ lemniscata	$r^2 = a^2 \cos 2\theta$ lemniscata

10.3 | Ejercicios

1-2 Trace el punto cuyas coordenadas polares se indican. Luego encuentre otros dos pares de coordenadas polares de este punto, con $r > 0$ y con $r < 0$.

1. (a) $(1, \pi/4)$ (b) $(-2, 3\pi/2)$ (c) $(3, -\pi/3)$

2. (a) $(2, 5\pi/6)$ (b) $(1, -2\pi/3)$ (c) $(-1, 5\pi/4)$

3-4 Trace el punto cuyas coordenadas polares se indican. Luego encuentre las coordenadas cartesianas del punto.

3. (a) $(2, 3\pi/2)$ (b) $\left(\sqrt{2}, \pi/4\right)$ (c) $(-1, -\pi/6)$

4. (a) $\left(4, 4\pi/3\right)$ (b) $(-2, 3\pi/4)$ (c) $(-3, -\pi/3)$

5-6 Se indican las coordenadas cartesianas de un punto.
(i) Determine las coordenadas polares (r, θ) del punto, donde $r > 0$ y $0 \leq \theta < 2\pi$.
(ii) Determine las coordenadas polares (r, θ) del punto, donde $r < 0$ y $0 \leq \theta < 2\pi$.

5. (a) $(-4, 4)$ (b) $\left(3, 3\sqrt{3}\right)$

6. (a) $\left(\sqrt{3}, -1\right)$ (b) $(-6, 0)$

7-12 Trace la región en el plano consistente en puntos cuyas coordenadas polares satisfacen las condiciones especificadas.

7. $1 < r \leq 3$

8. $r \geq 2, \quad 0 \leq \theta \leq \pi$

9. $0 \leq r \leq 1, \quad -\pi/2 \leq \theta \leq \pi/2$

10. $3 < r < 5, \quad 2\pi/3 \leq \theta \leq 4\pi/3$

11. $2 \leq r < 4, \quad 3\pi/4 \leq \theta \leq 7\pi/4$

12. $r \geq 0, \quad \pi \leq \theta \leq 5\pi/2$

13. Encuentre la distancia entre los puntos con coordenadas polares $(4, 4\pi/3)$ y $(6, 5\pi/3)$.

14. Encuentre una fórmula para la distancia entre los puntos con coordenadas polares (r_1, θ_1) y (r_2, θ_2).

15-20 Identifique la curva al obtener una ecuación cartesiana para la curva.

15. $r^2 = 5$ **16.** $r = 4 \sec \theta$

17. $r = 5 \cos \theta$ **18.** $\theta = \pi/3$

19. $r^2 \cos 2\theta = 1$ **20.** $r^2 \operatorname{sen} 2\theta = 1$

21-26 Encuentre una ecuación polar para la curva representada por la ecuación cartesiana dada.

21. $x^2 + y^2 = 7$ **22.** $x = -1$

23. $y = \sqrt{3}\, x$ **24.** $y = -2x^2$

25. $x^2 + y^2 = 4y$ **26.** $x^2 - y^2 = 4$

27-28 Para cada una de las curvas descritas, determine si la curva se indicaría más fácil con una ecuación polar o una ecuación cartesiana. Luego escriba una ecuación para la curva.

27. (a) Una recta a través del origen que forma un ángulo de $\pi/6$ con el eje x positivo.
(b) Una recta vertical a través del punto $(3, 3)$.

28. (a) Una circunferencia con radio 5 y centro $(2, 3)$.
(b) Una circunferencia centrada en el origen con radio 4.

29-32 En la figura se muestra una gráfica de r como función de θ en coordenadas cartesianas. Úsela para trazar la curva polar correspondiente.

29.
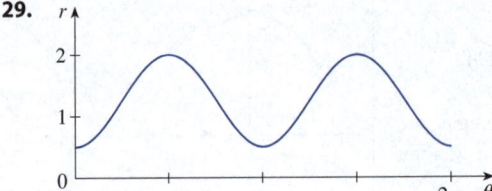

30.
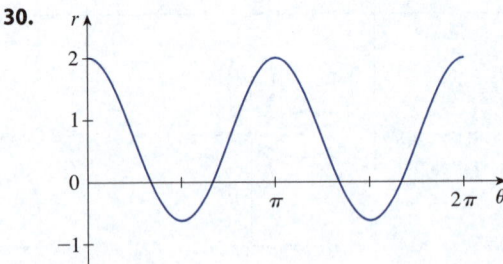

31.
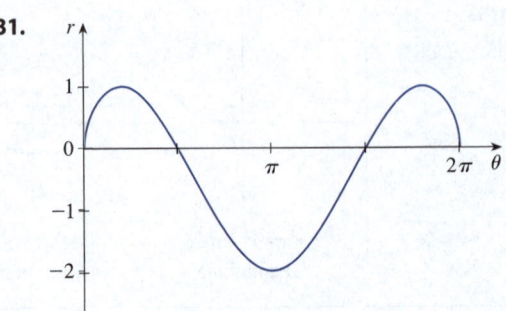

32.

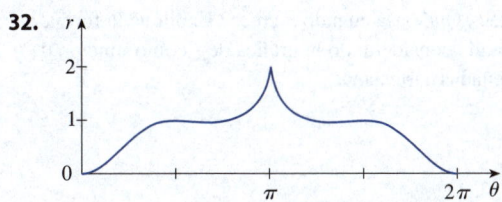

33-50 Trace la curva con la ecuación polar indicada trazando primero la gráfica de r como función de θ en coordenadas cartesianas.

33. $r = -2\,\text{sen}\,\theta$

34. $r = 1 - \cos\theta$

35. $r = 2(1 + \cos\theta)$

36. $r = 1 + 2\cos\theta$

37. $r = \theta,\ \theta \geqslant 0$

38. $r = \theta^2,\ -2\pi \leqslant \theta \leqslant 2\pi$

39. $r = 3\cos 3\theta$

40. $r = -\text{sen}\,5\theta$

41. $r = 2\cos 4\theta$

42. $r = 2\,\text{sen}\,6\theta$

43. $r = 1 + 3\cos\theta$

44. $r = 1 + 5\,\text{sen}\,\theta$

45. $r^2 = 9\,\text{sen}\,2\theta$

46. $r^2 = \cos 4\theta$

47. $r = 2 + \text{sen}\,3\theta$

48. $r^2\theta = 1$

49. $r = \text{sen}\,(\theta/2)$

50. $r = \cos(\theta/3)$

51. Demuestre que la curva polar $r = 4 + 2\sec\theta$ (llamada **concoide**) tiene la recta $x = 2$ como asíntota vertical mostrando que $\lim_{r \to \pm\infty} x = 2$. Use este hecho para facilitar el trazado de la concoide.

52. Demuestre que la curva $r = 2 - \csc\theta$ (una concoide) tiene la recta $y = -1$ como asíntota horizontal mostrando que $\lim_{r \to \pm\infty} y = -1$. Use este hecho para facilitar el trazado de la concoide.

53. Demuestre que la curva $r = \text{sen}\,\theta\,\tan\theta$ (llamada **cisoide de Diocles**) tiene la recta $x = 1$ como asíntota vertical. Demuestre también que la curva se encuentra completamente dentro de la franja vertical $0 \leqslant x < 1$. Use esto para trazar la cisoide.

54. Trace la curva $(x^2 + y^2)^3 = 4x^2y^2$.

55. (a) En el ejemplo 10 las gráficas sugieren que la *limaçon* $r = 1 + c\,\text{sen}\,\theta$ tiene un bucle interior cuando $|c| > 1$. Demuestre que esto es cierto, y encuentre los valores de θ que correspondan al bucle interior.

  (b) Según la figura 18 parece que la *limaçon* pierde su hoyuelo cuando $c = \frac{1}{2}$. Demuestre esto.

56. Relacione las ecuaciones polares con las gráficas I-IX. Argumente sus respuestas.

  (a) $r = \cos 3\theta$

  (b) $r = \ln\theta,\ \ 1 \leqslant \theta \leqslant 6\pi$

  (c) $r = \cos(\theta/2)$

  (d) $r = \cos(\theta/3)$

  (e) $r = \sec(\theta/3)$

  (f) $r = \sec\theta$

  (g) $r = \theta^2,\ \ 0 \leqslant \theta \leqslant 8\pi$

  (h) $r = 2 + \cos 3\theta$

  (i) $r = 2 + \cos(3\theta/2)$

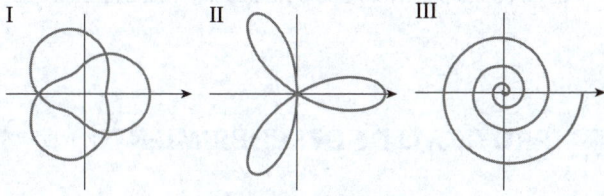

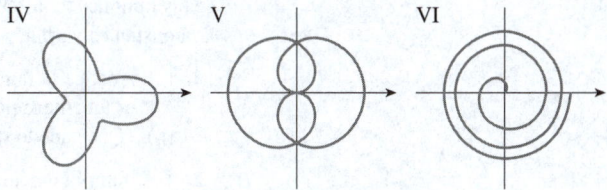

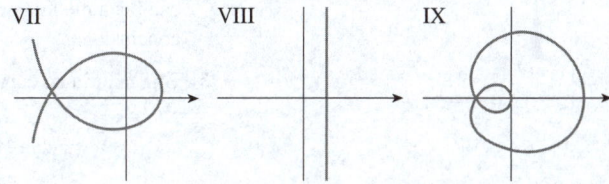

57. Demuestre que la ecuación polar $r = a\,\text{sen}\,\theta + b\cos\theta$, donde $ab \neq 0$, representa una circunferencia. Encuentre su centro y radio.

58. Demuestre que las curvas $r = a\,\text{sen}\,\theta$ y $r = a\cos\theta$ se intersecan en ángulos rectos.

59-64 Grafique la curva polar. Elija un intervalo del parámetro que produzca la curva completa.

59. $r = 1 + 2\,\text{sen}(\theta/2)$ (nefroide de Freeth)

60. $r = \sqrt{1 - 0.8\,\text{sen}^2\theta}$ (hipopoda)

61. $r = e^{\text{sen}\,\theta} - 2\cos(4\theta)$ (curva mariposa)

62. $r = |\tan\theta|^{|\cot\theta|}$ (curva valentina)

63. $r = 1 + \cos^{999}\theta$ (curva Pac-Man)

64. $r = 2 + \cos(9\theta/4)$

65. ¿Cómo se relacionan las gráficas de $r = 1 + \text{sen}(\theta - \pi/6)$ y $r = 1 + \text{sen}(\theta - \pi/3)$ con la gráfica de $r = 1 + \text{sen}\,\theta$? En general, ¿cómo se relaciona la gráfica de $r = f(\theta - \alpha)$ con la gráfica de $r = f(\theta)$?

66. Con una gráfica estime la coordenada y de los puntos más altos de la curva $r = \text{sen}\,2\theta$. Luego calcule el valor exacto.

67. Analice la familia de curvas con ecuaciones polares $r = 1 + c \cos \theta$, donde c es un número real. ¿Cómo cambia la forma a medida que cambia c?

68. Analice la familia de curvas polares $r = 1 + \cos^n\theta$, donde n es un entero positivo. ¿Cómo cambia la forma a medida que

n aumenta? ¿Qué pasa cuando n crece? Explique la forma para n grande considerando la gráfica de r como función de θ en coordenadas cartesianas.

PROYECTO DE DESCUBRIMIENTO FAMILIAS DE CURVAS POLARES

En este proyecto se descubren las formas interesantes y bellas que pueden tomar los miembros de las familias de las curvas polares. También se verá que la forma de la curva cambia cuando las constantes varían.

1. (a) Analice la familia de curvas definidas por las ecuaciones polares $r = \operatorname{sen} n\theta$, donde n es un entero positivo. ¿Cómo se relaciona el número de bucles con n?

(b) ¿Qué sucede si la ecuación del inciso (a) se reemplaza por $r = |\operatorname{sen} n\theta|$?

2. Una familia de curvas se da por las ecuaciones $r = 1 + c \operatorname{sen} n\theta$, donde c es un número real y n es un entero positivo. ¿Cómo cambia la gráfica a medida que n aumenta? ¿Cómo cambia a medida que c varía? Grafique suficientes miembros de la familia para apoyar sus conclusiones.

3. Una familia de curvas tiene las ecuaciones polares

$$r = \frac{1 - a \cos \theta}{1 + a \cos \theta}$$

Analice cómo cambia la gráfica conforme el número a varía. En particular, debe identificar los valores de transición de a con los cuales cambia la forma básica de la curva.

4. El astrónomo Giovanni Cassini (1625-1712) estudió la familia de las curvas con ecuaciones polares

$$r^4 - 2c^2r^2 \cos 2\theta + c^4 - a^4 = 0$$

donde a y c son números reales positivos. Estas curvas se llaman **óvalos de Cassini** aunque solo tienen forma ovalada con ciertos valores de a y c (Cassini pensó que estas curvas podrían representar las órbitas planetarias mejor que las elipses de Kepler). Analice las diversas formas que pueden tener estas curvas. En particular, ¿cómo se relacionan a y c entre sí cuando la curva se divide en dos partes?

10.4 | Cálculo en coordenadas polares

En esta sección se aplican los métodos de cálculo para encontrar áreas, longitudes de arco y tangentes que involucran curvas polares.

■ Área

Para calcular la fórmula para el área de una región cuyo límite se indica por una ecuación polar es necesario aplicar la fórmula para el área de un sector de una circunferencia:

$$A = \tfrac{1}{2}r^2\theta$$

donde, como en la figura 1, r es el radio y θ es la medida del radián del ángulo central. La fórmula 1 se deriva del hecho de que el área de un sector es proporcional a su ángulo central: $A = (\theta/2\pi)\pi r^2 = \tfrac{1}{2}r^2\theta$. (Vea también el ejercicio 7.3.41).

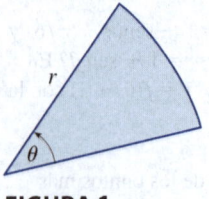

FIGURA 1

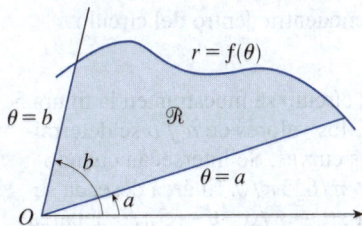

FIGURA 2

Sea $\mathcal{R}$ la región, ilustrada en la figura 2, delimitada por la curva polar $r = f(\theta)$ y por los rayos $\theta = a$ y $\theta = b$, donde f es una función continua positiva en la cual $0 < b - a \leq 2\pi$. Se divide el intervalo $[a, b]$ en subintervalos con puntos frontera $\theta_0, \theta_1, \theta_2, \ldots, \theta_n$ con el mismo ángulo $\Delta\theta$. Entonces, los rayos $\theta = \theta_i$ dividen $\mathcal{R}$ en n regiones más pequeñas con el ángulo central $\Delta\theta = \theta_i - \theta_{i-1}$. Si se elige θ_i^* en el i-ésimo subintervalo $[\theta_{i-1}, \theta_i]$, entonces el área ΔA_i de la i-ésima región se aproxima como el área del sector de un círculo con ángulo central $\Delta\theta$ y radio $f(\theta_i^*)$ (vea la figura 3).

Según la fórmula 1, se tiene

$$\Delta A_i \approx \tfrac{1}{2}[f(\theta_i^*)]^2 \, \Delta\theta$$

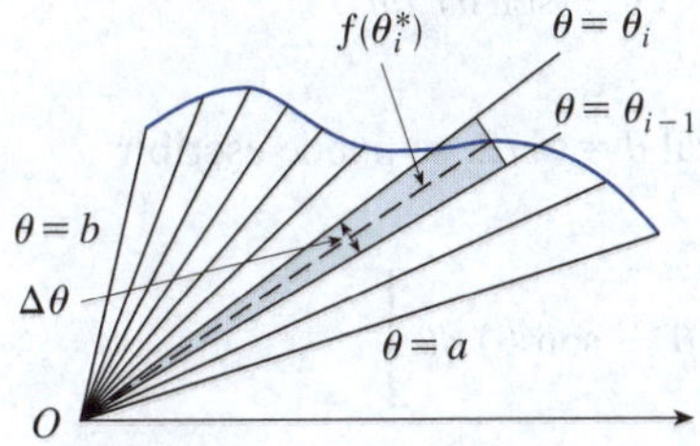

y, por tanto, una aproximación al área total A de $\mathcal{R}$ es

FIGURA 3

$$\boxed{2} \qquad A \approx \sum_{i=1}^{n} \tfrac{1}{2}[f(\theta_i^*)]^2 \, \Delta\theta$$

De la figura 3 se desprende que la aproximación en (2) mejora a medida que $n \to \infty$. Pero las sumas en (2) son sumas de Riemann para la función $g(\theta) = \tfrac{1}{2}[f(\theta)]^2$, así que

$$\lim_{n \to \infty} \sum_{i=1}^{n} \tfrac{1}{2}[f(\theta_i^*)]^2 \, \Delta\theta = \int_a^b \tfrac{1}{2}[f(\theta)]^2 \, d\theta$$

Por lo tanto, parece verosímil (de hecho, puede demostrarse) que la fórmula para calcular el área A de la región polar $\mathcal{R}$ es

$$\boxed{3} \qquad A = \int_a^b \tfrac{1}{2}[f(\theta)]^2 \, d\theta$$

La fórmula 3 se escribe a menudo como

$$\boxed{4} \qquad A = \int_a^b \tfrac{1}{2} r^2 \, d\theta$$

en el entendido de que $r = f(\theta)$. Observe la similitud entre las fórmulas 1 y 4.

Cuando se utilizan las fórmulas 3 o 4, es útil imaginar que la zona se barre con un rayo giratorio a través de O que comienza con el ángulo a y termina con el ángulo b.

EJEMPLO 1 Encuentre el área delimitada por un bucle de la rosa de cuatro pétalos $r = \cos 2\theta$.

SOLUCIÓN La curva $r = \cos 2\theta$ se trazó en el ejemplo 10.3.8. Observe en la figura 4 que la región delimitada por el bucle derecho se barre por un rayo que gira desde $\theta = -\pi/4$ hasta $\theta = \pi/4$. Por lo tanto, la fórmula 4 da

$$A = \int_{-\pi/4}^{\pi/4} \tfrac{1}{2} r^2 \, d\theta = \tfrac{1}{2} \int_{-\pi/4}^{\pi/4} \cos^2 2\theta \, d\theta$$

Como la región es simétrica alrededor del eje polar $\theta = 0$, se puede escribir

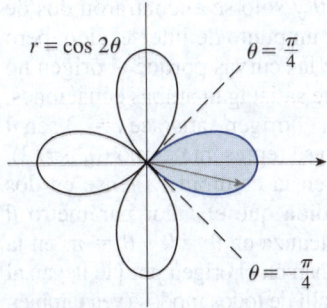

FIGURA 4

$$A = 2 \cdot \tfrac{1}{2} \int_0^{\pi/4} \cos^2 2\theta \, d\theta$$

$$= \int_0^{\pi/4} \tfrac{1}{2}(1 + \cos 4\theta) \, d\theta \qquad \left[\text{porque } \cos^2 u = \tfrac{1}{2}(1 + \cos 2u)\right]$$

$$= \tfrac{1}{2}\left[\theta + \tfrac{1}{4} \operatorname{sen} 4\theta\right]_0^{\pi/4} = \frac{\pi}{8} \qquad \blacksquare$$

EJEMPLO 2 Encuentre el área de la región que se encuentra dentro del círculo $r = 3$ sen θ y fuera de la cardioide $r = 1 +$ sen θ.

SOLUCIÓN La cardioide (vea el ejemplo 10.3.7) y el círculo se muestran en la figura 5 y la región deseada está sombreada. En la fórmula 4, los valores de a y b se determinan al encontrar los puntos de intersección de las dos curvas. Se intersecan cuando 3 sen $\theta = 1 +$ sen θ. Esto da sen $\theta = \frac{1}{2}$, así que $\theta = \pi/6, 5\pi/6$. El área deseada se determina al restar el área dentro de la cardioide entre $\theta = \pi/6$ y $\theta = 5\pi/6$ del área dentro del círculo desde $\pi/6$ hasta $5\pi/6$. De este modo,

$$A = \tfrac{1}{2}\int_{\pi/6}^{5\pi/6}(3\,\text{sen}\,\theta)^2\,d\theta - \tfrac{1}{2}\int_{\pi/6}^{5\pi/6}(1+\text{sen}\,\theta)^2\,d\theta$$

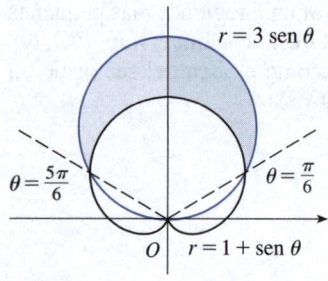

FIGURA 5

Como la región es simétrica alrededor del eje vertical $\theta = \pi/2$, se puede escribir

$$A = 2\left[\tfrac{1}{2}\int_{\pi/6}^{\pi/2}9\,\text{sen}^2\theta\,d\theta - \tfrac{1}{2}\int_{\pi/6}^{\pi/2}(1 + 2\,\text{sen}\,\theta + \text{sen}^2\theta)\,d\theta\right]$$

$$= \int_{\pi/6}^{\pi/2}(8\,\text{sen}^2\theta - 1 - 2\,\text{sen}\,\theta)\,d\theta$$

$$= \int_{\pi/6}^{\pi/2}(3 - 4\cos 2\theta - 2\,\text{sen}\,\theta)\,d\theta \quad \left[\text{porque sen}^2\theta = \tfrac{1}{2}(1 - \cos 2\theta)\right]$$

$$= 3\theta - 2\,\text{sen}\,2\theta + 2\cos\theta\Big]_{\pi/6}^{\pi/2} = \pi \qquad\blacksquare$$

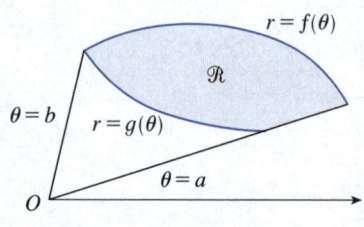

FIGURA 6

En el ejemplo 2 se ilustra el procedimiento para encontrar el área de la región delimitada por dos curvas polares. En general, sea $\mathcal{R}$ una región, como se ilustra en la figura 6, delimitada por curvas con las ecuaciones polares $r = f(\theta)$, $r = g(\theta)$, $\theta = a$ y $\theta = b$, donde $f(\theta) \geq g(\theta) \geq 0$ y $0 < b - a \leq 2\pi$. El área A de $\mathcal{R}$ se encuentra restando el área dentro de $r = g(\theta)$ del área dentro de $r = f(\theta)$, por lo que con la fórmula 3 se tiene

$$A = \int_a^b \tfrac{1}{2}[f(\theta)]^2\,d\theta - \int_a^b \tfrac{1}{2}[g(\theta)]^2\,d\theta$$

$$= \tfrac{1}{2}\int_a^b \left([f(\theta)]^2 - [g(\theta)]^2\right)d\theta$$

⊘ **PRECAUCIÓN** El hecho de que un solo punto tenga muchas representaciones en coordenadas polares a veces dificulta encontrar todos los puntos de intersección de dos curvas polares. Por ejemplo, es evidente, a partir de la figura 5 que la circunferencia y la cardioide tienen tres puntos de intersección; sin embargo, en el ejemplo 2 se resolvieron las ecuaciones $r = 3$ sen θ y $r = 1 +$ sen θ y solo se encontraron dos de esos puntos, $\left(\tfrac{3}{2}, \pi/6\right)$ y $\left(\tfrac{3}{2}, 5\pi/6\right)$. El origen también es un punto de intersección, pero no es posible determinarlo al resolver las ecuaciones de las curvas porque el origen no tiene una sola representación en coordenadas polares que satisfagan ambas ecuaciones. Observe que, cuando se representa como $(0, 0)$ o $(0, \pi)$, el origen satisface $r = 3$ sen θ y, por lo tanto, se encuentra en la circunferencia; cuando se representa como $(0, 3\pi/2)$, satisface $r = 1 +$ sen θ y, por lo tanto, se encuentra en la cardioide. Piense en dos puntos que se mueven a lo largo de las curvas a medida que el valor parámetro θ aumenta desde 0 hasta 2π. En una curva, el origen se alcanza en $\theta = 0$ y $\theta = \pi$; en la otra curva se alcanza en $\theta = 3\pi/2$. Los puntos no colisionan en el origen porque llegan al origen en diferentes tiempos, pero las curvas se intersecan allí de todos modos (vea también los ejercicios 10.1.55–57).

Así, para encontrar *todos* los puntos de intersección de dos curvas polares, se recomienda elaborar las gráficas de ambas curvas. En especial, conviene utilizar una calculadora graficadora o una computadora para esta tarea.

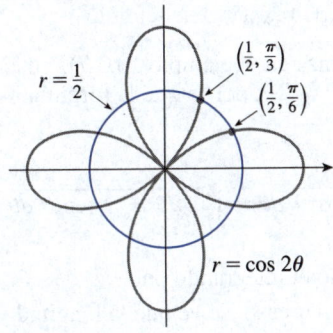

FIGURA 7

EJEMPLO 3 Encuentre todos los puntos de intersección de las curvas $r = \cos 2\theta$ y $r = \frac{1}{2}$.

SOLUCIÓN Si se resuelven al mismo tiempo las ecuaciones $r = \cos 2\theta$ y $r = \frac{1}{2}$ se obtiene $\cos 2\theta = \frac{1}{2}$ y, por lo tanto, $2\theta = \pi/3, 5\pi/3, 7\pi/3, 11\pi/3$. Así, los valores θ entre 0 y 2π que satisfacen ambas ecuaciones son $\theta = \pi/6, 5\pi/6, 7\pi/6, 11\pi/6$. Se encontraron cuatro puntos de intersección: $(\frac{1}{2}, \pi/6), (\frac{1}{2}, 5\pi/6), (\frac{1}{2}, 7\pi/6)$ y $(\frac{1}{2}, 11\pi/6)$.

Sin embargo, en la figura 7 se aprecia que las curvas tienen otros cuatro puntos de intersección, a saber: $(\frac{1}{2}, \pi/3), (\frac{1}{2}, 2\pi/3), (\frac{1}{2}, 4\pi/3)$ y $(\frac{1}{2}, 5\pi/3)$. Estos se determinan al aplicar la simetría o al notar que otra ecuación de la circunferencia es $r = -\frac{1}{2}$ y luego resolver las ecuaciones $r = \cos 2\theta$ y $r = -\frac{1}{2}$ simultáneamente. ∎

■ Longitud de arco

A partir de la sección 10.3, recuerde que las coordenadas rectangulares (x, y) y las coordenadas polares (r, θ) se relacionan por las ecuaciones $x = r \cos \theta$, $y = r \operatorname{sen} \theta$. Al considerar θ como un parámetro, esto permite escribir ecuaciones paramétricas para una curva polar $r = f(\theta)$ de la siguiente manera.

Ecuaciones paramétricas para una curva polar.

$$\boxed{5} \qquad x = r \cos \theta = f(\theta) \cos \theta \qquad y = r \operatorname{sen} \theta = f(\theta) \operatorname{sen} \theta$$

Para encontrar la longitud de una curva polar $r = f(\theta)$, $a \leq \theta \leq b$, se comienza con las ecuaciones 5 y se deriva con respecto a θ (mediante la regla del producto):

$$\frac{dx}{d\theta} = \frac{dr}{d\theta} \cos \theta - r \operatorname{sen} \theta \qquad \frac{dy}{d\theta} = \frac{dr}{d\theta} \operatorname{sen} \theta + r \cos \theta$$

Luego, con $\cos^2 \theta + \operatorname{sen}^2 \theta = 1$, se tiene

$$\left(\frac{dx}{d\theta} \right)^2 + \left(\frac{dy}{d\theta} \right)^2 = \left(\frac{dr}{d\theta} \right)^2 \cos^2\theta - 2r \frac{dr}{d\theta} \cos \theta \operatorname{sen} \theta + r^2 \operatorname{sen}^2\theta$$

$$+ \left(\frac{dr}{d\theta} \right)^2 \operatorname{sen}^2\theta + 2r \frac{dr}{d\theta} \operatorname{sen}\theta \cos \theta + r^2 \cos^2\theta$$

$$= \left(\frac{dr}{d\theta} \right)^2 + r^2$$

Suponiendo que f' es continua se puede aplicar el teorema 10.2.5 para escribir la longitud de arco como

$$L = \int_a^b \sqrt{\left(\frac{dx}{d\theta} \right)^2 + \left(\frac{dy}{d\theta} \right)^2}\, d\theta$$

Por lo tanto, la longitud de una curva con la ecuación polar $r = f(\theta)$, $a \leq \theta \leq b$, es

$$\boxed{6} \qquad L = \int_a^b \sqrt{r^2 + \left(\frac{dr}{d\theta} \right)^2}\, d\theta$$

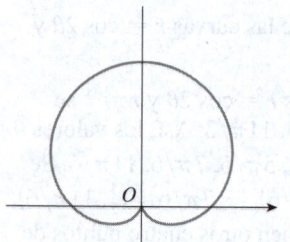

FIGURA 8
$r = 1 + \text{sen } \theta$

EJEMPLO 4 Encuentre la longitud de la cardioide $r = 1 + \text{sen } \theta$.

SOLUCIÓN La cardioide se muestra en la figura 8 (se traza en el ejemplo 10.3.7). Su longitud total se da por el intervalo del parámetro $0 \leqslant \theta \leqslant 2\pi$, por lo que la fórmula 6 da

$$L = \int_0^{2\pi} \sqrt{r^2 + \left(\frac{dr}{d\theta}\right)^2} \, d\theta = \int_0^{2\pi} \sqrt{(1 + \text{sen } \theta)^2 + \cos^2\theta} \, d\theta = \int_0^{2\pi} \sqrt{2 + 2\text{ sen } \theta} \, d\theta$$

Podría evaluarse esta integral multiplicando y dividiendo el integrando por $\sqrt{2 - 2\text{ sen } \theta}$ o con un software matemático. En cualquier caso, se ve que la longitud de la cardioide es $L = 8$. ∎

■ Tangentes

Para encontrar una recta tangente a una curva polar $r = f(\theta)$, se considera de nuevo θ como un parámetro y se escriben las ecuaciones paramétricas para la curva con las ecuaciones 5:

$$x = r \cos\theta = f(\theta) \cos\theta \qquad y = r \text{ sen } \theta = f(\theta) \text{ sen } \theta$$

Luego, con el método para encontrar la pendiente de una curva paramétrica (ecuación 10.2.1) y la regla del producto, se tiene

$$\boxed{7} \qquad \frac{dy}{dx} = \frac{\dfrac{dy}{d\theta}}{\dfrac{dx}{d\theta}} = \frac{\dfrac{dr}{d\theta} \text{ sen } \theta + r \cos\theta}{\dfrac{dr}{d\theta} \cos\theta - r \text{ sen } \theta}$$

Las tangentes horizontales se localizan al determinar los puntos donde $dy/d\theta = 0$ (siempre que $dx/d\theta \neq 0$). De la misma manera, las tangentes verticales se ubican en los puntos donde $dx/d\theta = 0$ (siempre que $dy/d\theta \neq 0$).

Observe que si se buscan rectas tangentes en el polo, entonces $r = 0$ y la ecuación 7 se simplifica a

$$\frac{dy}{dx} = \tan\theta \qquad \text{si} \quad \frac{dr}{d\theta} \neq 0$$

De esta manera, en el ejemplo 10.3.8 se vio que $r = \cos 2\theta = 0$ cuando $\theta = \pi/4$ o $3\pi/4$. Esto significa que las rectas $\theta = \pi/4$ y $\theta = 3\pi/4$ (o $y = x$, $y = -x$) son rectas tangentes a $r = \cos 2\theta$ en el origen.

EJEMPLO 5

(a) Para la cardioide $r = 1 + \text{sen } \theta$ del ejemplo 4, determine la pendiente de la recta tangente cuando $\theta = \pi/3$.
(b) Determine los puntos de la cardioide donde la recta tangente sea horizontal o vertical.

SOLUCIÓN Con la ecuación 7 y $r = 1 + \text{sen } \theta$ se tiene

$$\frac{dy}{dx} = \frac{\dfrac{dr}{d\theta} \text{ sen } \theta + r \cos\theta}{\dfrac{dr}{d\theta} \cos\theta - r \text{ sen } \theta} = \frac{\cos\theta \text{ sen } \theta + (1 + \text{sen } \theta) \cos\theta}{\cos\theta \cos\theta - (1 + \text{sen } \theta) \text{ sen } \theta}$$

$$= \frac{\cos\theta \, (1 + 2\text{ sen } \theta)}{1 - 2\text{ sen}^2\theta - \text{sen } \theta} = \frac{\cos\theta \, (1 + 2\text{ sen } \theta)}{(1 + \text{sen } \theta)(1 - 2\text{ sen } \theta)}$$

(a) La pendiente de la tangente en el punto donde $\theta = \pi/3$ es

$$\left.\frac{dy}{dx}\right|_{\theta=\pi/3} = \frac{\cos(\pi/3)[1 + 2\,\text{sen}(\pi/3)]}{[1 + \text{sen}(\pi/3)][1 - 2\,\text{sen}(\pi/3)]} = \frac{\frac{1}{2}(1 + \sqrt{3})}{(1 + \sqrt{3}/2)(1 - \sqrt{3})}$$

$$= \frac{1 + \sqrt{3}}{(2 + \sqrt{3})(1 - \sqrt{3})} = \frac{1 + \sqrt{3}}{-1 - \sqrt{3}} = -1$$

(b) Observe que

$$\frac{dy}{d\theta} = \cos\theta\,(1 + 2\,\text{sen}\,\theta) = 0 \qquad \text{cuando } \theta = \frac{\pi}{2}, \frac{3\pi}{2}, \frac{7\pi}{6}, \frac{11\pi}{6}$$

$$\frac{dx}{d\theta} = (1 + \text{sen}\,\theta)(1 - 2\,\text{sen}\,\theta) = 0 \quad \text{cuando } \theta = \frac{3\pi}{2}, \frac{\pi}{6}, \frac{5\pi}{6}$$

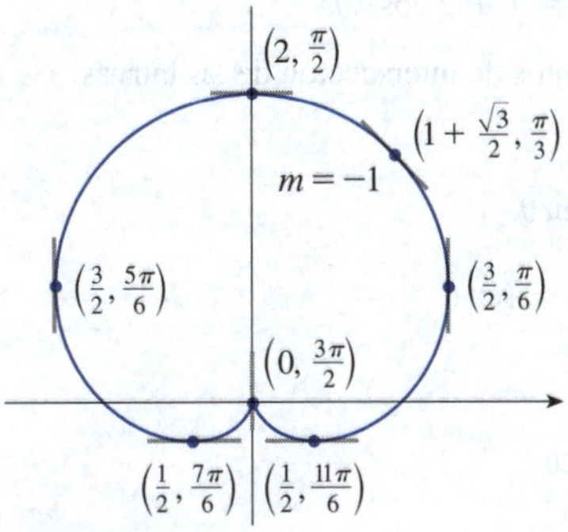

Por lo tanto, hay tangentes horizontales en los puntos $(2, \pi/2)$, $(\frac{1}{2}, 7\pi/6)$, $(\frac{1}{2}, 11\pi/6)$, y tangentes verticales en $(\frac{3}{2}, \pi/6)$ y $(\frac{3}{2}, 5\pi/6)$. Cuando $\theta = 3\pi/2$, tanto $dy/d\theta$ como $dx/d\theta$ son 0, así que se debe tener cuidado. Con la regla de L'Hôpital se tiene

$$\lim_{\theta \to (3\pi/2)^-} \frac{dy}{dx} = \left(\lim_{\theta \to (3\pi/2)^-} \frac{1 + 2\,\text{sen}\,\theta}{1 - 2\,\text{sen}\,\theta} \right)\left(\lim_{\theta \to (3\pi/2)^-} \frac{\cos\theta}{1 + \text{sen}\,\theta} \right)$$

$$= -\frac{1}{3} \lim_{\theta \to (3\pi/2)^-} \frac{\cos\theta}{1 + \text{sen}\,\theta} = -\frac{1}{3} \lim_{\theta \to (3\pi/2)^-} \frac{-\text{sen}\,\theta}{\cos\theta} = \infty$$

Por simetría,
$$\lim_{\theta \to (3\pi/2)^+} \frac{dy}{dx} = -\infty$$

Por lo tanto, hay una recta tangente vertical en el polo (vea la figura 9). ∎

NOTA En lugar de recordar la ecuación 7, puede emplearse el método con el que se obtuvo. Por ejemplo, en el ejemplo 5 se pudieron escribir ecuaciones paramétricas para la curva como

$$x = r\cos\theta = (1 + \text{sen}\,\theta)\cos\theta = \cos\theta + \tfrac{1}{2}\,\text{sen}\,2\theta$$

$$y = r\,\text{sen}\,\theta = (1 + \text{sen}\,\theta)\,\text{sen}\,\theta = \text{sen}\,\theta + \text{sen}^2\theta$$

Entonces se tiene

$$\frac{dy}{dx} = \frac{dy/d\theta}{dx/d\theta} = \frac{\cos\theta + 2\,\text{sen}\,\theta\cos\theta}{-\text{sen}\,\theta + \cos 2\theta} = \frac{\cos\theta + \text{sen}\,2\theta}{-\text{sen}\,\theta + \cos 2\theta}$$

que equivale a la expresión anterior.

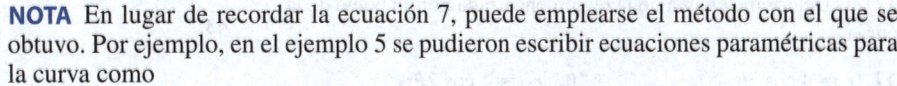

FIGURA 9
Rectas tangentes para $r = 1 + \text{sen}\,\theta$.

Puntos en la figura: $(2, \frac{\pi}{2})$, $(1 + \frac{\sqrt{3}}{2}, \frac{\pi}{3})$, $m = -1$, $(\frac{3}{2}, \frac{5\pi}{6})$, $(\frac{3}{2}, \frac{\pi}{6})$, $(0, \frac{3\pi}{2})$, $(\frac{1}{2}, \frac{7\pi}{6})$, $(\frac{1}{2}, \frac{11\pi}{6})$

10.4 | Ejercicios

1-4 Determine el área de la región que está delimitada por la curva indicada y se encuentra en el sector especificado.

1. $r = \sqrt{2\theta}, \quad 0 \le \theta \le \pi/2$

2. $r = e^\theta, \quad 3\pi/4 \le \theta \le 3\pi/2$

3. $r = \text{sen}\,\theta + \cos\theta, \quad 0 \le \theta \le \pi$

4. $r = 1/\theta, \quad \pi/2 \le \theta \le 2\pi$

5-8 Determine el área de la región sombreada.

5.

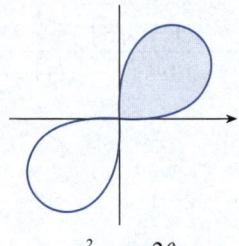

$r^2 = \operatorname{sen} 2\theta$

6.

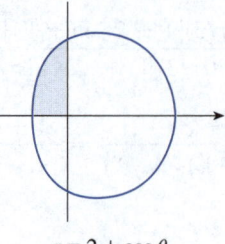

$r = 2 + \cos \theta$

7.

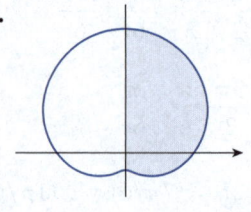

$r = 4 + 3 \operatorname{sen} \theta$

8.

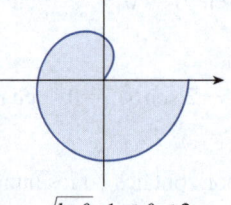

$r = \sqrt{\ln \theta}, \ 1 \leqslant \theta \leqslant 2\pi$

9-12 Trace la curva y determine el área que encierra.

9. $r = 4 \cos \theta$

10. $r = 2 + 2 \cos \theta$

11. $r = 3 - 2 \operatorname{sen} \theta$

12. $r = 2 \operatorname{sen} 3\theta$

13-16 Grafique la curva y determine el área que encierra.

13. $r = 2 + \operatorname{sen} 4\theta$

14. $r = 3 - 2 \cos 4\theta$

15. $r = \sqrt{1 + \cos^2(5\theta)}$

16. $r = 1 + 5 \operatorname{sen} 6\theta$

17-21 Determine el área de la región encerrada por un bucle de la curva.

17. $r = 4 \cos 3\theta$

18. $r^2 = 4 \cos 2\theta$

19. $r = \operatorname{sen} 4\theta$

20. $r = 2 \operatorname{sen} 5\theta$

21. $r = 1 + 2 \operatorname{sen} \theta$ (bucle interior)

22. Determine el área encerrada por el bucle de la **estrofoide** $r = 2 \cos \theta - \sec \theta$.

23-28 Determine el área de la región que está dentro de la primera curva y fuera de la segunda curva.

23. $r = 4 \operatorname{sen} \theta, \quad r = 2$

24. $r = 1 - \operatorname{sen} \theta, \quad r = 1$

25. $r^2 = 8 \cos 2\theta, \quad r = 2$

26. $r = 1 + \cos \theta, \quad r = 2 - \cos \theta$

27. $r = 3 \cos \theta, \quad r = 1 + \cos \theta$

28. $r = 3 \operatorname{sen} \theta, \quad r = 2 - \operatorname{sen} \theta$

29-34 Determine el área de la región que está dentro de ambas curvas.

29. $r = 3 \operatorname{sen} \theta, \quad r = 3 \cos \theta$

30. $r = 1 + \cos \theta, \quad r = 1 - \cos \theta$

31. $r = \operatorname{sen} 2\theta, \quad r = \cos 2\theta$

32. $r = 3 + 2 \cos \theta, \quad r = 3 + 2 \operatorname{sen} \theta$

33. $r^2 = 2 \operatorname{sen} 2\theta, \quad r = 1$

34. $r = a \operatorname{sen} \theta, \quad r = b \cos \theta, \quad a > 0, \ b > 0$

35. Determine el área dentro del bucle mayor y fuera del bucle menor de la *limaçon* $r = \frac{1}{2} + \cos \theta$.

36. Determine el área entre un bucle grande y el bucle pequeño encerrado de la curva $r = 1 + 2 \cos 3\theta$.

37-42 Calcule todos los puntos de intersección de las curvas dadas.

37. $r = \operatorname{sen} \theta, \quad r = 1 - \operatorname{sen} \theta$

38. $r = 1 + \cos \theta, \quad r = 1 - \operatorname{sen} \theta$

39. $r = 2 \operatorname{sen} 2\theta, \quad r = 1$

40. $r = \cos \theta, \quad r = \operatorname{sen} 2\theta$

41. $r^2 = 2 \cos 2\theta, \quad r = 1$

42. $r^2 = \operatorname{sen} 2\theta, \quad r^2 = \cos 2\theta$

43-46 Determine el área de la región sombreada.

43.

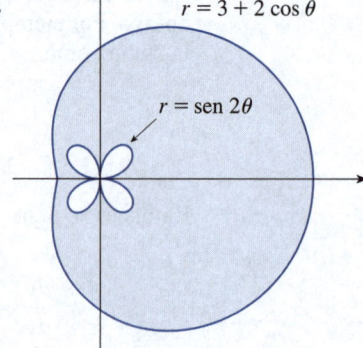

$r = 3 + 2 \cos \theta$

$r = \operatorname{sen} 2\theta$

44.

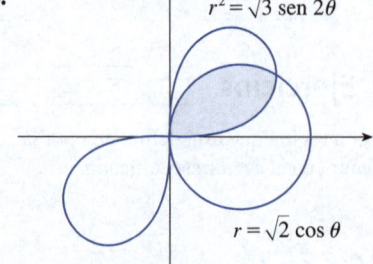

$r^2 = \sqrt{3} \operatorname{sen} 2\theta$

$r = \sqrt{2} \cos \theta$

45.

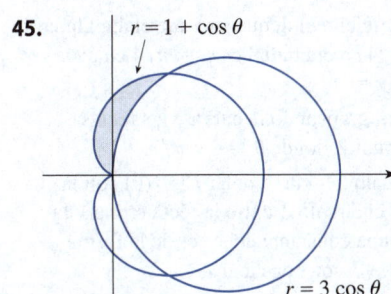

$r = 1 + \cos \theta$

$r = 3 \cos \theta$

46.

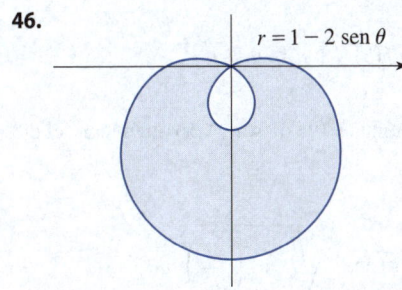

$r = 1 - 2 \, \text{sen} \, \theta$

47. Los puntos de intersección de la cardioide $r = 1 + \text{sen} \, \theta$ y el bucle espiral $r = 2\theta$, $-\pi/2 \leqslant \theta \leqslant \pi/2$, no se pueden encontrar con precisión. Con una gráfica encuentre los valores aproximados de θ en los que las curvas se intersecan. Luego use esos valores para estimar el área que se encuentra dentro de ambas curvas.

48. Cuando se graban actuaciones en vivo, los ingenieros de sonido suelen usar con frecuencia un micrófono con un patrón de captación cardioide porque suprime el ruido del público. Suponga que el micrófono se coloca a 4 m del frente del escenario (como en la figura) y el límite de la región óptima de captación está dado por la cardioide $r = 8 + 8 \, \text{sen} \, \theta$, donde r se mide en metros y el micrófono está en el polo. Los músicos quieren conocer el área que tendrán en el escenario dentro del rango óptimo de captación del micrófono. Responda esta pregunta.

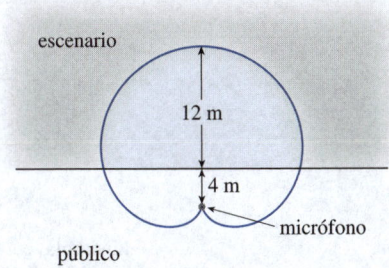

escenario

12 m

4 m

micrófono

público

49-52 Determine la longitud exacta de la curva polar.

49. $r = 2 \cos \theta$, $\quad 0 \leqslant \theta \leqslant \pi$ **50.** $r = e^{\theta/2}$, $\quad 0 \leqslant \theta \leqslant \pi/2$

51. $r = \theta^2$, $\quad 0 \leqslant \theta \leqslant 2\pi$ **52.** $r = 2(1 + \cos \theta)$

53-54 Determine la longitud exacta de la parte de la curva que se muestra en color azul.

53.

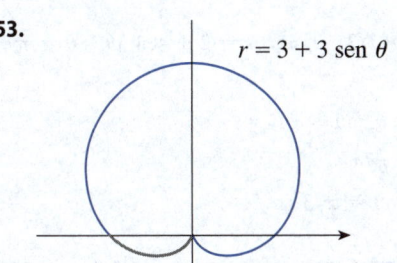

$r = 3 + 3 \, \text{sen} \, \theta$

54.

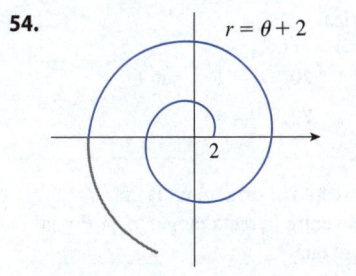

$r = \theta + 2$

2

55-56 Determine la longitud exacta de la curva. Utilice una gráfica para determinar el intervalo del parámetro.

55. $r = \cos^4(\theta/4)$ **56.** $r = \cos^2(\theta/2)$

57-58 Determine, pero no evalúe, una integral para encontrar la longitud de la parte de la curva que se muestra en color azul.

57.

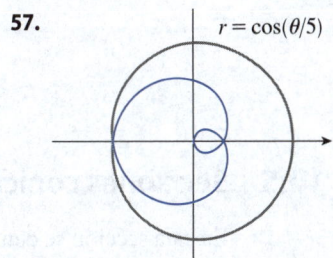

$r = \cos(\theta/5)$

58.

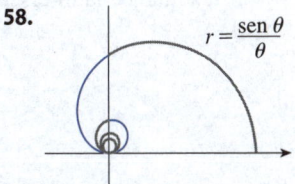

$r = \dfrac{\text{sen} \, \theta}{\theta}$

T **59-62** Use una calculadora o una computadora para encontrar la longitud de la curva correcta con cuatro decimales de precisión. Si es necesario, grafique la curva para determinar el intervalo del parámetro.

59. Un bucle de la curva $r = \cos 2\theta$

60. $r = \tan \theta$, $\quad \pi/6 \leqslant \theta \leqslant \pi/3$

61. $r = \text{sen}(6 \, \text{sen} \, \theta)$ **62.** $r = \text{sen}(\theta/4)$

63-68 Determine la pendiente de la recta tangente a la curva polar dada en el punto especificado por el valor de θ.

63. $r = 2 \cos \theta$, $\theta = \pi/3$ **64.** $r = 2 + \sin 3\theta$, $\theta = \pi/4$

65. $r = 1/\theta$, $\theta = \pi$

66. $r = \sin \theta + 2 \cos \theta$, $\theta = \pi/2$

67. $r = \cos 2\theta$, $\theta = \pi/4$

68. $r = 1 + 2 \cos \theta$, $\theta = \pi/3$

69-72 Encuentre los puntos de la curva indicada donde la recta tangente sea horizontal o vertical.

69. $r = \sin \theta$ **70.** $r = 1 - \sin \theta$

71. $r = 1 + \cos \theta$ **72.** $r = e^{\theta}$

---

73. Sea P cualquier punto (excepto el origen) en la curva $r = f(\theta)$. Si ψ es el ángulo entre la recta tangente en P y la recta radial OP, demuestre que

$$\tan \psi = \frac{r}{dr/d\theta}$$

[*Sugerencia*: Observe que $\psi = \phi - \theta$ en la figura].

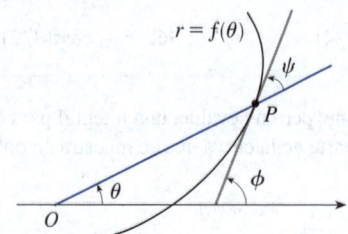

74. (a) Con base en el ejercicio 73 demuestre que el ángulo entre la recta tangente y la recta radial es $\psi = \pi/4$ en cada punto de la curva $r = e^{\theta}$.

(b) Ilustre el inciso (a) graficando la curva y las rectas tangentes en los puntos donde $\theta = 0$ y $\pi/2$.

(c) Demuestre que cualquier curva polar $r = f(\theta)$ con la propiedad de que el ángulo ψ entre la recta radial y la recta tangente es una constante debe ser de la forma $r = Ce^{k\theta}$, donde C y k son constantes.

75. (a) Utilice la fórmula 10.2.9 para demostrar que el área de la superficie generada por la rotación de la curva polar

$$r = f(\theta) \qquad a \leqslant \theta \leqslant b$$

(donde f' es continua y $0 \leqslant a < b \leqslant \pi$) alrededor del eje polar es

$$S = \int_a^b 2\pi r \sin \theta \sqrt{r^2 + \left(\frac{dr}{d\theta}\right)^2} \, d\theta$$

(b) Use la fórmula del inciso (a) para encontrar la superficie generada por la rotación de la lemniscata $r^2 = \cos 2\theta$ alrededor del eje polar.

76. (a) Calcule el área de una fórmula para el área de la superficie generada por la rotación de la curva polar $r = f(\theta)$, $a \leqslant \theta \leqslant b$ (donde f' es continua y $0 \leqslant a < b \leqslant \pi$), alrededor de la recta $\theta = \pi/2$.

(b) Calcule el área de la superficie generada al rotar la lemniscata $r^2 = \cos 2\theta$ alrededor de la recta $\theta = \pi/2$.

10.5 │ Secciones cónicas

En esta sección se dan definiciones geométricas de parábolas, elipses e hipérbolas, y se obtienen sus ecuaciones estándar. Se denominan **secciones cónicas**, o **cónicas**, porque resultan de la intersección de un cono con un plano, como se muestra en la figura 1.

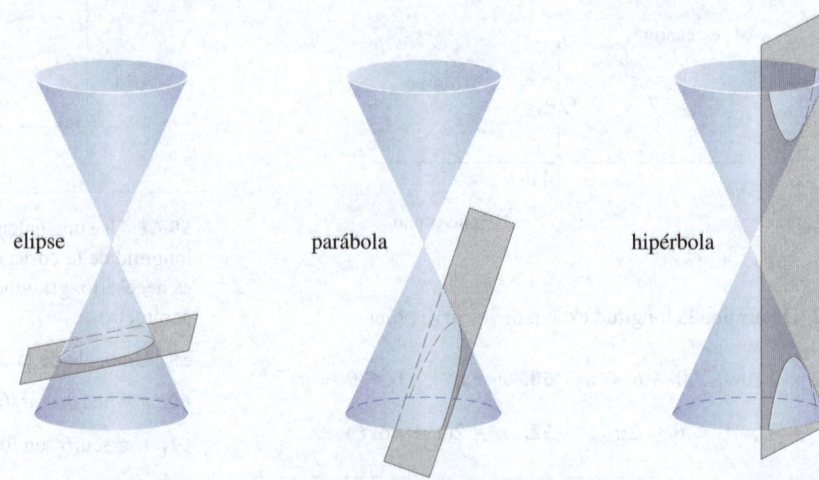

FIGURA 1
Cónicas.

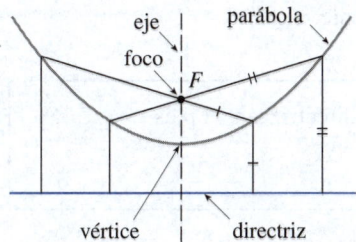

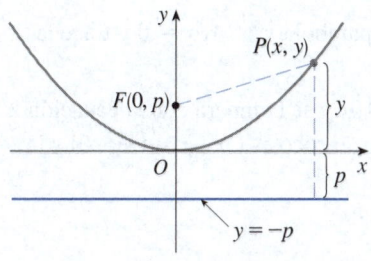

FIGURA 2

FIGURA 3

■ Parábolas

Una **parábola** es el conjunto de todos los puntos de un plano que son equidistantes a un punto fijo F (llamado **foco**) y una recta fija (llamada **directriz**). Esta definición se ilustra en la figura 2. Observe que el punto situado a la mitad entre el foco y la directriz está sobre la parábola y se llama **vértice**. La recta que pasa por el foco perpendicular a la directriz se llama **eje** de la parábola.

En el siglo xvi, Galileo demostró que la trayectoria de un proyectil que se dispara al aire en un ángulo respecto al suelo es una parábola. Desde entonces, las formas parabólicas se utilizan en el diseño de faros de automóviles, telescopios reflectores y puentes colgantes (en el problema 22 de los "Problemas adicionales" que se presentan al final del capítulo 3, vea la propiedad de reflexión de las parábolas que las hace tan útiles).

Se obtiene una ecuación particularmente sencilla para una parábola si se coloca su vértice en el origen O y su directriz paralela al eje x, como en la figura 3. Si el foco es el punto $(0, p)$, entonces la directriz tiene la ecuación $y = -p$. Si $P(x, y)$ es cualquier punto sobre la parábola, entonces la distancia de P al foco es

$$|PF| = \sqrt{x^2 + (y - p)^2}$$

y la distancia de P a la directriz es $|y + p|$. (En la figura 3 se ilustra el caso donde $p > 0$). La propiedad que define una parábola es que estas distancias son iguales:

$$\sqrt{x^2 + (y - p)^2} = |y + p|$$

Se obtiene una ecuación equivalente al elevar al cuadrado y simplificar:

$$x^2 + (y - p)^2 = |y + p|^2 = (y + p)^2$$

$$x^2 + y^2 - 2py + p^2 = y^2 + 2py + p^2$$

$$x^2 = 4py$$

---

1   Una ecuación de la parábola con foco $(0, p)$ y directriz $y = -p$ es

$$x^2 = 4py$$

Si se escribe $a = 1/(4p)$, entonces la ecuación estándar de una parábola (1) se convierte en $y = ax^2$. Se abre hacia arriba si $p > 0$ y hacia abajo si $p < 0$ [vea la figura 4, incisos (a) y (b)]. La gráfica es simétrica respecto al eje y porque (1) no cambia cuando x se reemplaza por $-x$.

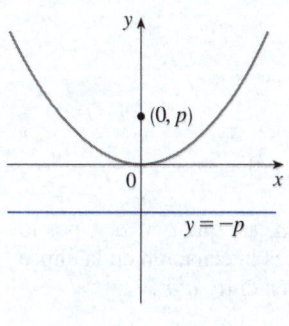

(a) $x^2 = 4py$, $p > 0$

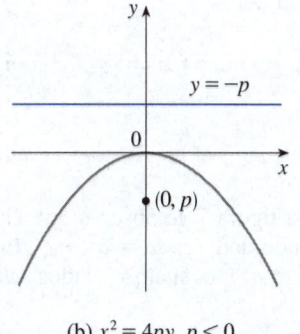

(b) $x^2 = 4py$, $p < 0$

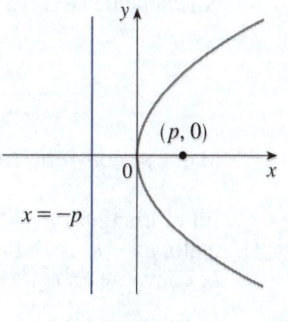

(c) $y^2 = 4px$, $p > 0$

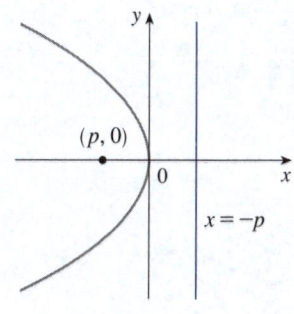

(d) $y^2 = 4px$, $p < 0$

FIGURA 4

Si se intercambian x y y en (1) se obtiene lo siguiente.

> **2** Una ecuación de la parábola con foco $(p, 0)$ y directriz $x = -p$ es
>
> $$y^2 = 4px$$

(Intercambiar x y y equivale a reflejar sobre la recta diagonal $y = x$). La parábola se abre a la derecha si $p > 0$ y a la izquierda si $p < 0$ [vea la figura 4, incisos (c) y (d)]. En ambos casos la gráfica es simétrica respecto al eje x, que es el eje de la parábola.

EJEMPLO 1 Encuentre el foco y la directriz de la parábola $y^2 + 10x = 0$ y trace la gráfica.

SOLUCIÓN Si la ecuación se escribe como $y^2 = -10x$ y se compara con la ecuación 2 se ve que $4p = -10$, entonces $p = -\frac{5}{2}$. Por lo tanto, el foco es $(p, 0) = \left(-\frac{5}{2}, 0\right)$ y la directriz es $x = \frac{5}{2}$. El trazado se muestra en la figura 5. ∎

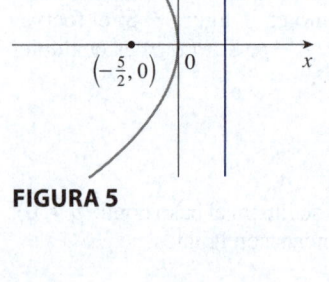

FIGURA 5

■ Elipses

Una **elipse** es el conjunto de todos los puntos de un plano cuya suma de las distancias de dos puntos fijos F_1 y F_2 es una constante (vea la figura 6). Estos dos puntos fijos se denominan **focos** (plural del lugar geométrico **foco**). Una de las leyes de Kepler sostiene que las órbitas de los planetas del sistema solar forman elipses con el Sol en un foco.

A fin de obtener la ecuación más sencilla para una elipse, se colocan los focos en el eje x en los puntos $(-c, 0)$ y $(c, 0)$ como en la figura 7, de modo que el origen se encuentre a la mitad entre los focos. Sea $2a > 0$ la suma de las distancias desde un punto de la elipse hasta los focos. Entonces $P(x, y)$ es un punto de la elipse cuando

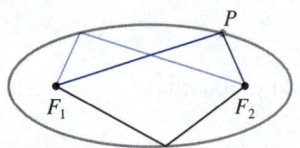

FIGURA 6

$$|PF_1| + |PF_2| = 2a$$

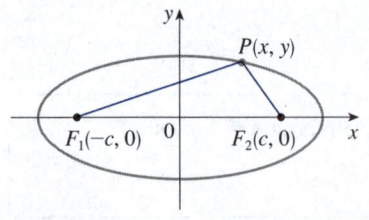

FIGURA 7

P está en la elipse cuando $|PF_1| + |PF_2| = 2a$.

es decir,

$$\sqrt{(x + c)^2 + y^2} + \sqrt{(x - c)^2 + y^2} = 2a$$

o

$$\sqrt{(x - c)^2 + y^2} = 2a - \sqrt{(x + c)^2 + y^2}$$

Si se elevan al cuadrado ambos lados, se tiene

$$x^2 - 2cx + c^2 + y^2 = 4a^2 - 4a\sqrt{(x + c)^2 + y^2} + x^2 + 2cx + c^2 + y^2$$

que se simplifica a

$$a\sqrt{(x + c)^2 + y^2} = a^2 + cx$$

Nuevamente se eleva al cuadrado:

$$a^2(x^2 + 2cx + c^2 + y^2) = a^4 + 2a^2cx + c^2x^2$$

lo que se convierte en

$$(a^2 - c^2)x^2 + a^2y^2 = a^2(a^2 - c^2)$$

En el triángulo F_1F_2P de la figura 7 se observa que $2c < 2a$, así que $c < a$ y, por lo tanto, $a^2 - c^2 > 0$. Por comodidad, sea $b^2 = a^2 - c^2$. Entonces la ecuación de la elipse se convierte en $b^2x^2 + a^2y^2 = a^2b^2$ o, si ambos lados se dividen entre a^2b^2,

$$\boxed{3} \qquad \frac{x^2}{a^2} + \frac{y^2}{b^2} = 1$$

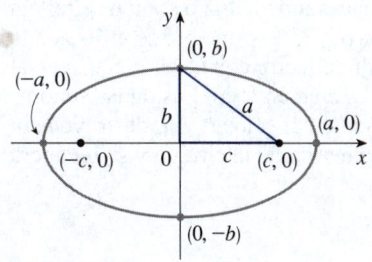

FIGURA 8
$\dfrac{x^2}{a^2} + \dfrac{y^2}{b^2} = 1,\ a \geqslant b$

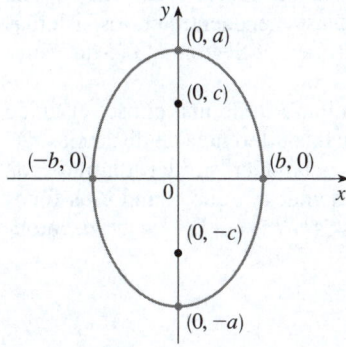

FIGURA 9
$\dfrac{x^2}{b^2} + \dfrac{y^2}{a^2} = 1,\ a \geqslant b$

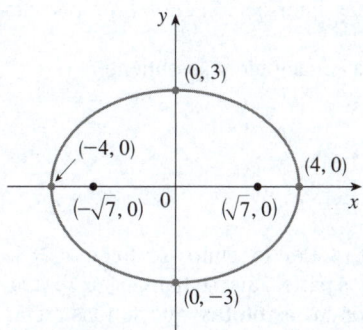

FIGURA 10
$9x^2 + 16y^2 = 144$

Dado que $b^2 = a^2 - c^2 < a^2$, se deduce que $b < a$. Las intersecciones en x se encuentran al establecer $y = 0$. Luego $x^2/a^2 = 1$, o $x^2 = a^2$, así que $x = \pm a$. Los puntos correspondientes $(a, 0)$ y $(-a, 0)$ se llaman **vértices** de la elipse y el segmento de recta que une los vértices se llama **eje mayor**. Para encontrar las intersecciones en y se establece $x = 0$ y se obtiene $y^2 = b^2$, así que $y = \pm b$. El segmento de recta que une $(0, b)$ y $(0, -b)$ es el **eje menor**. La ecuación 3 no cambia si x se sustituye por $-x$ o y se reemplaza por $-y$, por lo que la elipse es simétrica sobre ambos ejes. Observe que, si los focos coinciden, entonces $c = 0$, así que $a = b$ y la elipse se convierte en una circunferencia con radio $r = a = b$.

Este análisis se resume como sigue (vea también la figura 8).

---

4 La elipse

$$\frac{x^2}{a^2} + \frac{y^2}{b^2} = 1 \qquad a \geqslant b > 0$$

tiene los focos $(\pm c, 0)$, donde $c^2 = a^2 - b^2$, y los vértices $(\pm a, 0)$.

Si los focos de una elipse se encuentran en el eje y en $(0, \pm c)$, entonces su ecuación se determina al intercambiar x y y en (4) (vea la figura 9).

---

5 La elipse

$$\frac{x^2}{b^2} + \frac{y^2}{a^2} = 1 \qquad a \geqslant b > 0$$

tiene los focos $(0, \pm c)$, donde $c^2 = a^2 - b^2$, y los vértices $(0, \pm a)$.

EJEMPLO 2 Trace la gráfica de $9x^2 + 16y^2 = 144$ y localice los focos.

SOLUCIÓN Divida ambos lados de la ecuación entre 144:

$$\frac{x^2}{16} + \frac{y^2}{9} = 1$$

La ecuación está ahora en la forma estándar de una elipse, por lo que se tiene $a^2 = 16$, $b^2 = 9$, $a = 4$ y $b = 3$. Las intersecciones en x son ± 4 y las intersecciones en y son ± 3. Asimismo, $c^2 = a^2 - b^2 = 7$, así que $c = \sqrt{7}$ y los focos son $\left(\pm\sqrt{7}, 0\right)$ La gráfica se traza en la figura 10.

EJEMPLO 3 Encuentre una ecuación de la elipse con focos $(0, \pm 2)$ y vértices $(0, \pm 3)$.

SOLUCIÓN Con la notación de la ecuación (5) se tiene $c = 2$ y $a = 3$. Entonces se obtiene $b^2 = a^2 - c^2 = 9 - 4 = 5$, por lo que una ecuación de la elipse es

$$\frac{x^2}{5} + \frac{y^2}{9} = 1$$

Otra manera de escribir la ecuación es $9x^2 + 5y^2 = 45$. ∎

Como las parábolas, las elipses tienen una interesante propiedad de reflexión con consecuencias prácticas. Si una fuente de luz o de sonido se coloca en un foco de una superficie con secciones transversales elípticas, entonces toda la luz o sonido se refleja desde la superficie hacia el otro foco (vea el ejercicio 67). Este principio se utiliza en la *litotricia*, un tratamiento para los cálculos renales. Un reflector con sección transversal elíptica se coloca de tal manera que el cálculo renal está en un foco. Las ondas sonoras de alta intensidad generadas en el otro foco se reflejan en el cálculo y lo destruyen sin dañar el tejido circundante. El paciente se libra de la herida de la cirugía y se recupera en pocos días.

■ Hipérbolas

Una **hipérbola** es el conjunto de todos los puntos de un plano cuya diferencia de distancias desde dos puntos fijos F_1 y F_2 (los **focos**) es una constante. Esta definición se ilustra en la figura 11.

Las hipérbolas aparecen con frecuencia en gráficas de ecuaciones en química, física, biología y economía (ley de Boyle, ley de Ohm, curvas de oferta y demanda). Una aplicación particularmente significativa de las hipérbolas se encuentra en los sistemas de navegación de largo alcance desarrollados en la Primera y Segunda Guerras Mundiales (vea el ejercicio 53).

Observe que la definición de una hipérbola es similar a la de una elipse; el único cambio es que la suma de las distancias se convierte en una diferencia de distancias. De hecho, la obtención de la ecuación de una hipérbola es también similar a la indicada anteriormente para una elipse. En el ejercicio 54 se demuestra que cuando los focos están en el eje x en $(\pm c, 0)$ y la diferencia de distancias es $|PF_1| - |PF_2| = \pm 2a$, entonces la ecuación de la hipérbola es

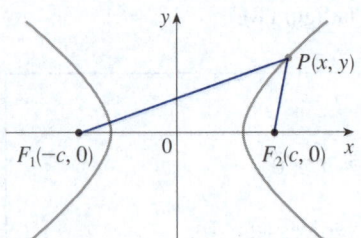

FIGURA 11 P se encuentra en la hipérbola cuando $|PF_1| - |PF_2| = \pm 2a$.

$$\boxed{6} \qquad \frac{x^2}{a^2} - \frac{y^2}{b^2} = 1$$

donde $c^2 = a^2 + b^2$. Note que las intersecciones en x son de nuevo $\pm a$ y los puntos $(a, 0)$ y $(-a, 0)$ son los **vértices** de la hipérbola. Pero si se coloca $x = 0$ en la ecuación 6 se obtiene $y^2 = -b^2$, lo cual es imposible, así que no hay intersección en y. La hipérbola es simétrica respecto a ambos ejes.

Para analizar la hipérbola con más detalle se ve la ecuación 6 y se obtiene

$$\frac{x^2}{a^2} = 1 + \frac{y^2}{b^2} \geq 1$$

Esto muestra que $x^2 \geq a^2$, así que $|x| = \sqrt{x^2} \geq a$. Por lo tanto, se tiene $x \geq a$ o $x \leq -a$. Esto significa que la hipérbola consta de dos partes, que se llaman sus *ramas*.

Cuando se traza una hipérbola, es útil empezar por sus **asíntotas**, que son las rectas discontinuas $y = (b/a)x$ y $y = -(b/a)x$, que aparecen en la figura 12. Ambas ramas de la hipérbola se aproximan a las asíntotas; es decir, son arbitrariamente cercanas a las asíntotas (vea el ejercicio 4.5.77, donde se muestra que estas rectas son asíntotas inclinadas).

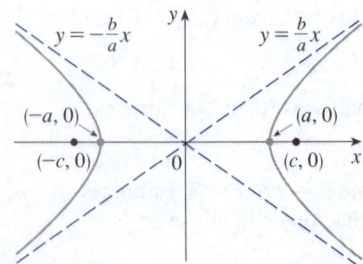

FIGURA 12
$\dfrac{x^2}{a^2} - \dfrac{y^2}{b^2} = 1$

$\boxed{7}$ La hipérbola

$$\frac{x^2}{a^2} - \frac{y^2}{b^2} = 1$$

tiene los focos $(\pm c, 0)$, donde $c^2 = a^2 + b^2$, vértices $(\pm a, 0)$ y asíntotas $y = \pm(b/a)x$.

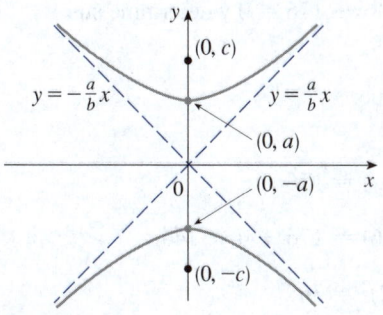

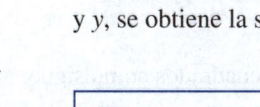

FIGURA 13
$$\frac{y^2}{a^2} - \frac{x^2}{b^2} = 1$$

Si los focos de una hipérbola están en el eje y, entonces, invirtiendo los papeles de x y y, se obtiene la siguiente información, que se ilustra en la figura 13.

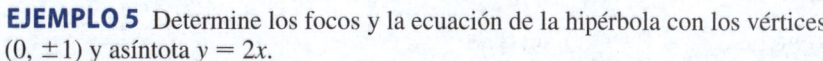

8 La hipérbola

$$\frac{y^2}{a^2} - \frac{x^2}{b^2} = 1$$

tiene los focos $(0, \pm c)$, donde $c^2 = a^2 + b^2$, vértices $(0, \pm a)$ y asíntotas $y = \pm(a/b)x$.

EJEMPLO 4 Determine los focos y asíntotas de la hipérbola $9x^2 - 16y^2 = 144$ y trace su gráfica.

SOLUCIÓN Si se dividen ambos lados de la ecuación entre 144, se convierte en

$$\frac{x^2}{16} - \frac{y^2}{9} = 1$$

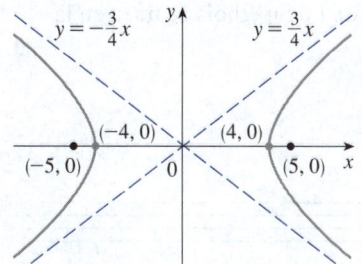

FIGURA 14
$9x^2 - 16y^2 = 144$

que es de la forma dada en (7) con $a = 4$ y $b = 3$. Como $c^2 = 16 + 9 = 25$, los focos son $(\pm 5, 0)$. Las asíntotas son las rectas $y = \frac{3}{4}x$ y $y = -\frac{3}{4}x$. La gráfica se muestra en la figura 14.

EJEMPLO 5 Determine los focos y la ecuación de la hipérbola con los vértices $(0, \pm 1)$ y asíntota $y = 2x$.

SOLUCIÓN A partir de (8) y la información dada se ve que $a = 1$ y $a/b = 2$. Por tanto, $b = a/2 = \frac{1}{2}$ y $c^2 = a^2 + b^2 = \frac{5}{4}$. Los focos son $\left(0, \pm\sqrt{5}/2\right)$ y la ecuación de la hipérbola es

$$y^2 - 4x^2 = 1$$ ∎

■ **Cónicas desplazadas**

Como se analizará en el apéndice C, las cónicas se desplazan al tomar las ecuaciones estándar (1), (2), (4), (5), (7) y (8), y reemplazar x y y por $x - h$ y $y - k$, respectivamente.

EJEMPLO 6 Establezca una ecuación de la elipse con los focos $(2, -2)$, $(4, -2)$ y los vértices $(1, -2)$, $(5, -2)$.

SOLUCIÓN El eje mayor es el segmento de recta que une los vértices $(1, -2)$, $(5, -2)$ y tiene una longitud 4, por lo que $a = 2$. La distancia entre los focos es 2, así que $c = 1$. Así, $b^2 = a^2 - c^2 = 3$. Como el centro de la elipse es $(3, -2)$, se sustituyen x y y en (4) por $x - 3$ y $y + 2$ para obtener

$$\frac{(x - 3)^2}{4} + \frac{(y + 2)^2}{3} = 1$$

como la ecuación de la elipse. ∎

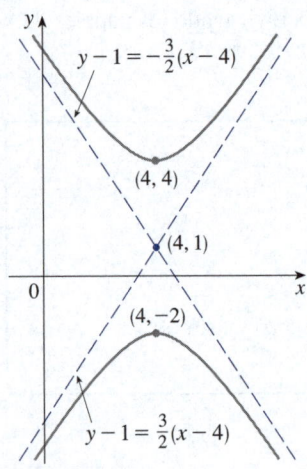

FIGURA 15
$9x^2 - 4y^2 - 72x + 8y + 176 = 0$

EJEMPLO 7 Trace la cónica $9x^2 - 4y^2 - 72x + 8y + 176 = 0$ y determine sus focos.

SOLUCIÓN Se completan los cuadrados como sigue:

$$4(y^2 - 2y) - 9(x^2 - 8x) = 176$$

$$4(y^2 - 2y + 1) - 9(x^2 - 8x + 16) = 176 + 4 - 144$$

$$4(y - 1)^2 - 9(x - 4)^2 = 36$$

$$\frac{(y - 1)^2}{9} - \frac{(x - 4)^2}{4} = 1$$

Esto es en la forma (8) excepto que x y y se reemplazan por $x - 4$ y $y - 1$. Así, $a^2 = 9$, $b^2 = 4$ y $c^2 = 13$. La hipérbola se desplaza cuatro unidades a la derecha y una unidad hacia arriba. Los focos son $\left(4, 1 + \sqrt{13}\right)$ y $\left(4, 1 - \sqrt{13}\right)$, y los vértices son $(4, 4)$ y $(4, -2)$. Las asíntotas son $y - 1 = \pm\frac{3}{2}(x - 4)$. La hipérbola se traza en la figura 15. ∎

10.5 | Ejercicios

1-8 Determine el vértice, foco y directriz de la parábola, y trace su gráfica.

1. $x^2 = 8y$

2. $9x = y^2$

3. $5x + 3y^2 = 0$

4. $x^2 + 12y = 0$

5. $(y + 1)^2 = 16(x - 3)$

6. $(x - 3)^2 = 8(y + 1)$

7. $y^2 + 6y + 2x + 1 = 0$

8. $2x^2 - 16x - 3y + 38 = 0$

9-10 Establezca una ecuación de la parábola. Luego determine el foco y la directriz.

9.

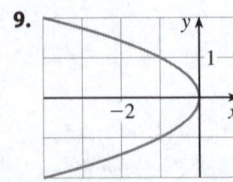

10.

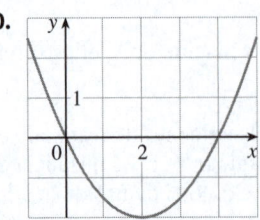

11-16 Determine los vértices y focos de la elipse, y trace su gráfica.

11. $\dfrac{x^2}{16} + \dfrac{y^2}{25} = 1$

12. $\dfrac{x^2}{4} + \dfrac{y^2}{3} = 1$

13. $x^2 + 3y^2 = 9$

14. $x^2 = 4 - 2y^2$

15. $4x^2 + 25y^2 - 50y = 75$

16. $9x^2 - 54x + y^2 + 2y + 46 = 0$

17-18 Establezca una ecuación de la elipse. Después determine sus focos.

17.

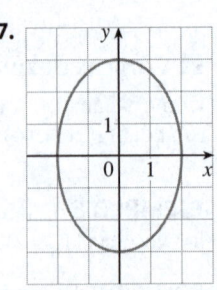

18.

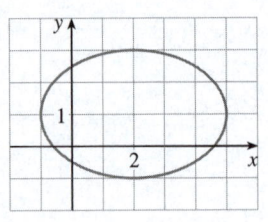

19-24 Determine los vértices, focos y asíntotas de la hipérbola y trace su gráfica.

19. $\dfrac{y^2}{25} - \dfrac{x^2}{9} = 1$

20. $\dfrac{x^2}{36} - \dfrac{y^2}{64} = 1$

21. $x^2 - y^2 = 100$

22. $y^2 - 16x^2 = 16$

23. $x^2 - y^2 + 2y = 2$

24. $9y^2 - 4x^2 - 36y - 8x = 4$

25-26 Establezca una ecuación para la hipérbola. Después determine los focos y las asíntotas.

25.

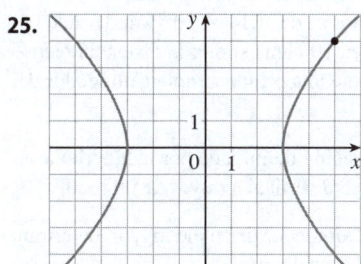

26.

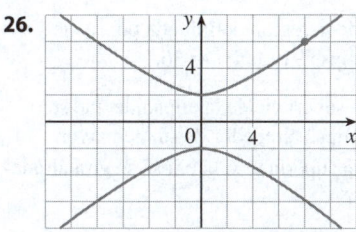

27-32 Identifique el tipo de sección cónica cuya ecuación se indica y determine los vértices y focos.

27. $4x^2 = y^2 + 4$ **28.** $4x^2 = y + 4$

29. $x^2 = 4y - 2y^2$

30. $y^2 - 2 = x^2 - 2x$

31. $3x^2 - 6x - 2y = 1$

32. $x^2 - 2x + 2y^2 - 8y + 7 = 0$

33-50 Determine una ecuación para la cónica que satisfacen las condiciones indicadas.

33. Parábola, vértice $(0, 0)$, foco $(1, 0)$.

34. Parábola, foco $(0, 0)$, directriz $y = 6$.

35. Parábola, foco $(-4, 0)$, directriz $x = 2$.

36. Parábola, foco $(2, -1)$, vértice $(2, 3)$.

37. Parábola, vértice $(3, -1)$, eje horizontal, pasando a través de $(-15, 2)$.

38. Parábola, eje vertical, pasando a través de $(0, 4)$, $(1, 3)$ y $(-2, -6)$.

39. Elipse, focos $(\pm 2, 0)$, vértices $(\pm 5, 0)$.

40. Elipse, focos $(0, \pm\sqrt{2})$, vértices $(0, \pm 2)$.

41. Elipse, focos $(0, 2)$, $(0, 6)$, vértices $(0, 0)$, $(0, 8)$.

42. Elipse, focos $(0, -1)$, $(8, -1)$, vértice $(9, -1)$.

43. Elipse, centro $(-1, 4)$, vértice $(-1, 0)$, foco $(-1, 6)$.

44. Elipse, focos $(\pm 4, 0)$, pasando a través de $(-4, 1.8)$.

45. Hipérbola, vértices $(\pm 3, 0)$, focos $(\pm 5, 0)$.

46. Hipérbola, vértices $(0, \pm 2)$, focos $(0, \pm 5)$.

47. Hipérbola, vértices $(-3, -4)$, $(-3, 6)$, focos $(-3, -7)$, $(-3, 9)$.

48. Hipérbola, vértices $(-1, 2)$, $(7, 2)$, focos $(-2, 2)$, $(8, 2)$.

49. Hipérbola, vértices $(\pm 3, 0)$, asíntotas $y = \pm 2x$.

50. Hipérbola, focos $(2, 0)$, $(2, 8)$, asíntotas $y = 3 + \frac{1}{2}x$ y $y = 5 - \frac{1}{2}x$.

---

51. El punto de la órbita lunar más cercano a la superficie de la Luna se llama *perilunio* y el punto más alejado de la superficie se llama *apolunio*. La nave espacial *Apolo 11* se colocó en una órbita lunar elíptica con una altitud de perilunio de 110 km y una altitud de apolunio de 314 km (sobre la Luna). Encuentre una ecuación de esta elipse si el radio de la Luna es de 1 728 km y el centro de la Luna está en un foco.

52. En la figura se muestra una sección transversal de un reflector parabólico. La bombilla está situada en el foco y la abertura en el foco es de 10 cm.

(a) Establezca una ecuación de la parábola.

(b) Determine el diámetro de la abertura $|CD|$, a 11 cm del vértice.

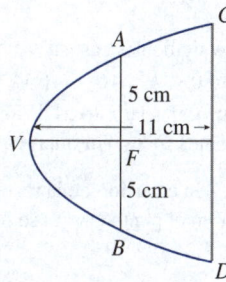

53. El LORAN (*LOng RAnge Navigation*), sistema de navegación por radio, fue muy común hasta la década de 1990 cuando se sustituyó por el sistema GPS. En el sistema LORAN, dos estaciones de radio ubicadas en A y B transmiten señales simultáneas a un barco o avión ubicado en P. La computadora a bordo convierte la diferencia de tiempo de recepción de estas señales en una diferencia de distancia $|PA| - |PB|$ y esto, según la definición de hipérbola, ubica la nave o aeronave en una rama de la hipérbola (vea la figura). Suponga que la estación B está a 640 km al este de la estación A en una línea costera. Un barco recibió la señal de la estación B 1 200 microsegundos (μs) antes de recibir la señal de la estación A.

(a) Suponga que las señales de radio se desplazan a una rapidez de 300 m/μs, establezca una ecuación de la hipérbola en la que se encuentra la nave.

(b) Si el barco está al norte de B, ¿a qué distancia de la costa está el barco?

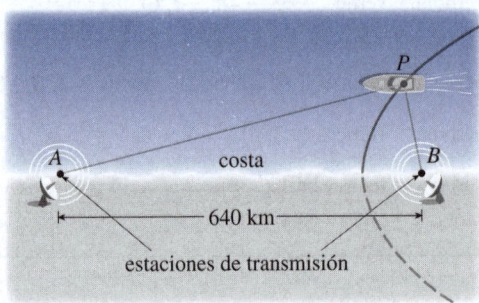

54. Con la definición de hipérbola obtenga la ecuación 6 para una hipérbola con focos ($\pm c$, 0) y vértices ($\pm a$, 0).

55. Demuestre que la función definida por la rama superior de la hipérbola $y^2/a^2 - x^2/b^2 = 1$ es cóncava hacia arriba.

56. Establezca una ecuación para la elipse con focos (1, 1) y (−1, −1), y eje mayor de longitud 4.

57. Determine el tipo de curva representada por la ecuación

$$\frac{x^2}{k} + \frac{y^2}{k - 16} = 1$$

en cada uno de los siguientes casos:

(a) $k > 16$ (b) $0 < k < 16$ (c) $k < 0$

(d) Demuestre que todas las curvas de los incisos (a) y (b) tienen los mismos focos, sin importar el valor de k.

58. (a) Demuestre que la ecuación de la recta tangente a la parábola $y^2 = 4px$ en el punto (x_0, y_0) se puede escribir como

$$y_0 y = 2p(x + x_0)$$

(b) ¿Cuál es la intersección en x de esta recta tangente? Utilice este hecho para trazar la recta tangente.

59. Demuestre que las rectas tangentes a la parábola $x^2 = 4py$ trazadas desde cualquier punto en la directriz son perpendiculares.

60. Demuestre que, si una elipse y una hipérbola tienen los mismos focos, entonces sus rectas tangentes en cada punto de intersección son perpendiculares.

61. Utilice ecuaciones paramétricas y la regla de Simpson con $n = 8$ para estimar la circunferencia de la elipse $9x^2 + 4y^2 = 36$.

62. El planeta enano Plutón viaja en una órbita elíptica alrededor del Sol (en un foco). La longitud del eje mayor es de 1.18×10^{10} km y la longitud del eje menor es de 1.14×10^{10} km. Utilice la regla de Simpson con $n = 10$ para estimar la distancia recorrida por el planeta durante una órbita completa alrededor del Sol.

63. Determine el área de la región delimitada por la hipérbola $x^2/a^2 - y^2/b^2 = 1$ y la recta vertical a través de un foco.

64. (a) Si se rota una elipse alrededor de su eje mayor, determine el volumen del sólido resultante.

(b) Si se gira alrededor de su eje menor, determine el volumen resultante.

65. Determine el centroide de la región delimitada por el eje x y la mitad superior de la elipse $9x^2 + 4y^2 = 36$.

66. (a) Calcule el área de la superficie de la elipsoide que se genera al girar una elipse alrededor de su eje mayor.

(b) ¿Cuál es el área de la superficie si la elipse se gira alrededor de su eje menor?

67-68 Propiedades de reflexión de las secciones cónicas Se vio la propiedad de reflexión de las parábolas en el problema 22 de "Problemas adicionales" al final del capítulo 3. Aquí se analizan las propiedades de reflexión de las elipses e hipérbolas.

67. Sea $P(x_1, y_1)$ un punto en la elipse $x^2/a^2 + y^2/b^2 = 1$ con los focos F_1 y F_2 y sean α y β los ángulos entre las rectas PF_1, PF_2 y la elipse, como se muestra en la figura. Demuestre que $\alpha = \beta$. Esto explica cómo funcionan las galerías susurrantes y la litotricia. El sonido que viene de un foco se refleja y pasa a través del otro foco. [*Sugerencia*: Use la fórmula en el problema 21 de "Problemas adicionales" al final del capítulo 3 para demostrar que tan α = tan β].

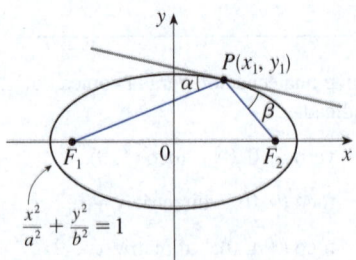

68. Sea $P(x_1, y_1)$ un punto en la hipérbola $x^2/a^2 - y^2/b^2 = 1$ con focos F_1 y F_2 y sean α y β los ángulos entre las rectas PF_1, PF_2 y la hipérbola, como se muestra en la figura. Demuestre que $\alpha = \beta$. Esto muestra que la luz que se apunta a un foco F_2 de un espejo hiperbólico se refleja hacia el otro foco F_1.

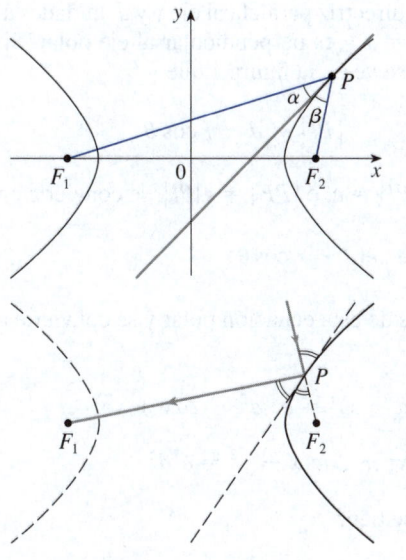

69. En la gráfica se muestran dos circunferencias grises con centros $(-1, 0)$ y $(1, 0)$ y radios 3 y 5, respectivamente. Considere la colección de todas las circunferencias tangentes a ambos círculos. (Algunos de ellos se muestran en azul). Demuestre que los centros de todas las circunferencias se encuentran en una elipse con focos $(\pm 1, 0)$. Establezca una ecuación de esta elipse.

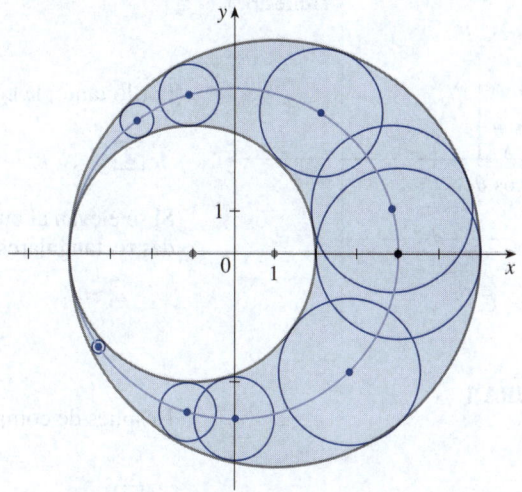

10.6 | Secciones cónicas en coordenadas polares

En la sección 10.5 se definió la parábola en términos de un foco y una directriz, pero la elipse y la hipérbola se definieron en términos de dos focos. En esta sección se brinda un tratamiento más unificado de los tres tipos de secciones cónicas en términos de un foco y una directriz.

■ Descripción unificada de las cónicas

Si el foco se coloca en el origen, entonces una sección cónica tiene una ecuación polar simple que proporciona una descripción conveniente del movimiento de los planetas, satélites y cometas.

---

1 Teorema Sea F un punto fijo (llamado **foco**) y l, una recta fija (llamada **directriz**) en un plano. Sea e un número positivo fijo (llamado **excentricidad**). El conjunto de todos los puntos P en el plano tal que

$$\frac{|PF|}{|Pl|} = e$$

(es decir, la relación entre la distancia desde F y la distancia desde l es la constante e) es una sección cónica. La cónica es

(a) una elipse si $e < 1$

(b) una parábola si $e = 1$

(c) una hipérbola si $e > 1$

DEMOSTRACIÓN Observe que si la excentricidad es $e = 1$, entonces $|PF| = |Pl|$ y así la condición dada se convierte simplemente en la definición de una parábola como se da en la sección 10.5.

Coloque el foco F en el origen, la directriz paralela al eje y y d unidades a la derecha. Así, la directriz tiene la ecuación $x = d$ y es perpendicular al eje polar. Si el punto P tiene las coordenadas polares (r, θ), se ve en la figura 1 que

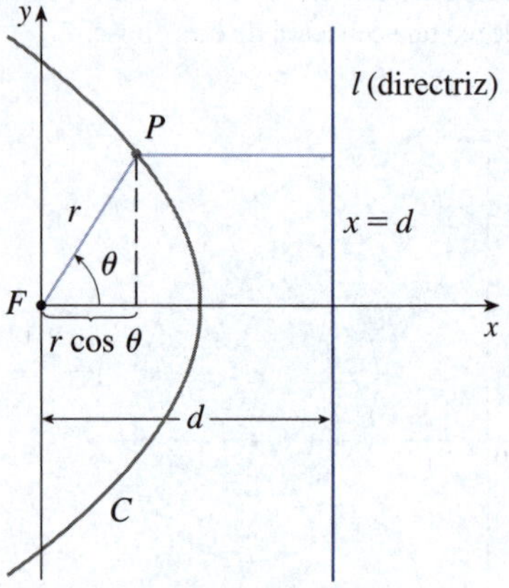

$$|PF| = r \qquad |Pl| = d - r \cos\theta$$

FIGURA 1

Por lo tanto, la condición de $|PF|/|Pl| = e$, o $|PF| = e|Pl|$, se convierte en

$$\boxed{2} \qquad\qquad r = e(d - r\cos\theta)$$

Si se elevan al cuadrado ambos lados de esta ecuación polar y se convierte a coordenadas rectangulares, se obtiene

$$x^2 + y^2 = e^2(d - x)^2 = e^2(d^2 - 2dx + x^2)$$

o

$$(1 - e^2)x^2 + 2de^2x + y^2 = e^2d^2$$

Después de completar el cuadrado, se tiene

$$\boxed{3} \qquad\qquad \left(x + \frac{e^2d}{1 - e^2}\right)^2 + \frac{y^2}{1 - e^2} = \frac{e^2d^2}{(1 - e^2)^2}$$

Si $e < 1$, la ecuación 3 se reconoce como la ecuación de una elipse. De hecho, es de la forma

$$\frac{(x - h)^2}{a^2} + \frac{y^2}{b^2} = 1$$

donde

$$\boxed{4} \qquad h = -\frac{e^2d}{1 - e^2} \qquad a^2 = \frac{e^2d^2}{(1 - e^2)^2} \qquad b^2 = \frac{e^2d^2}{1 - e^2}$$

En la sección 10.5 se vio que los focos de una elipse están a una distancia c desde el centro, donde

$$\boxed{5} \qquad\qquad c^2 = a^2 - b^2 = \frac{e^4d^2}{(1 - e^2)^2}$$

Eso demuestra que

$$c = \frac{e^2d}{1 - e^2} = -h$$

y confirma que el foco definido en el teorema 1 significa lo mismo que el foco definido en la sección 10.5. También se deduce de las ecuaciones 4 y 5 que la excentricidad está dada por

$$e = \frac{c}{a}$$

Si $e > 1$, entonces $1 - e^2 < 0$ y se ve que la ecuación 3 representa una hipérbola. Al igual que antes, la ecuación 3 puede reescribirse en la forma

$$\frac{(x - h)^2}{a^2} - \frac{y^2}{b^2} = 1$$

y se ve que

$$e = \frac{c}{a} \quad \text{donde} \quad c^2 = a^2 + b^2 \qquad \blacksquare$$

■ Ecuaciones polares de cónicas

En la figura 1, el foco de la sección cónica se encuentra en el origen y la directriz tiene la ecuación $x = d$. Al despejar r en la ecuación 2, se ve que la ecuación polar de esta cónica se puede escribir como

$$r = \frac{ed}{1 + e \cos \theta}$$

Si se elige que la directriz esté a la izquierda del foco como $x = -d$, o si se elige que la directriz sea paralela al eje polar como $y = \pm d$, entonces la ecuación polar de la cónica se da por el siguiente teorema que se ilustra en la figura 2 (vea los ejercicios 27–29).

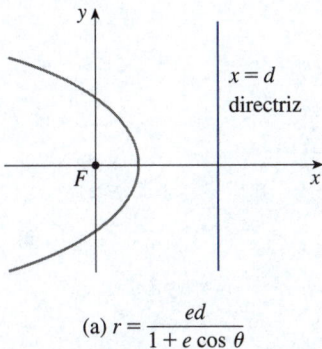

(a) $r = \dfrac{ed}{1 + e \cos \theta}$

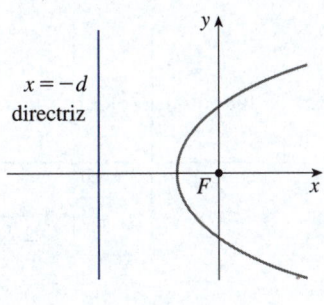
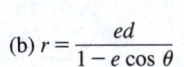

(b) $r = \dfrac{ed}{1 - e \cos \theta}$

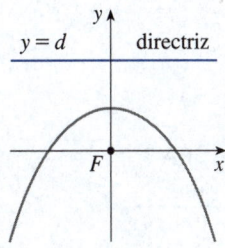
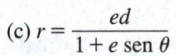

(c) $r = \dfrac{ed}{1 + e \operatorname{sen} \theta}$

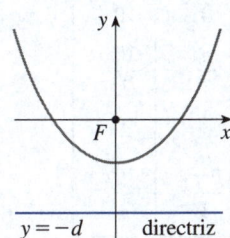

(d) $r = \dfrac{ed}{1 - e \operatorname{sen} \theta}$

FIGURA 2 Ecuaciones polares de cónicas.

---

6 **Teorema** Una ecuación polar de la forma

$$r = \frac{ed}{1 \pm e \cos \theta} \qquad \text{o} \qquad r = \frac{ed}{1 \pm e \operatorname{sen} \theta}$$

representa una sección cónica con excentricidad e. La cónica es una elipse si $e < 1$, una parábola si $e = 1$ o una hipérbola si $e > 1$.

EJEMPLO 1 Establezca una ecuación polar para una parábola que tiene su foco en el origen y cuya directriz es la recta $y = -6$.

SOLUCIÓN Mediante el teorema 6 con $e = 1$ y $d = 6$, y el inciso (d) de la figura 2, se observa que la ecuación de la parábola es

$$r = \frac{6}{1 - \operatorname{sen} \theta} \qquad \blacksquare$$

EJEMPLO 2 Una cónica se indica por la ecuación polar

$$r = \frac{10}{3 - 2 \cos \theta}$$

Encuentre la excentricidad, identifique la cónica, localice la directriz y trace la cónica.

SOLUCIÓN Al dividir el numerador y el denominador entre 3, la ecuación se escribe como

$$r = \frac{\frac{10}{3}}{1 - \frac{2}{3}\cos\theta}$$

En el teorema 6 se ve que esto representa una elipse con $e = \frac{2}{3}$. Como $ed = \frac{10}{3}$, se tiene

$$d = \frac{\frac{10}{3}}{e} = \frac{\frac{10}{3}}{\frac{2}{3}} = 5$$

y, entonces, la directriz tiene la ecuación cartesiana $x = -5$. Los valores de r se encuentran cuando $\theta = 0$, $\pi/2$, π y $3\pi/2$, como se muestra en la tabla. La elipse se presenta en la figura 3.

θ	r
0	10
$\dfrac{\pi}{2}$	$\dfrac{10}{3}$
π	2
$\dfrac{3\pi}{2}$	$\dfrac{10}{3}$

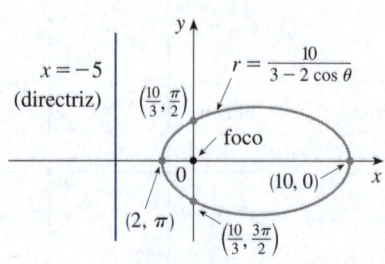

FIGURA 3

$$r = \frac{10}{3 - 2\cos\theta}$$

EJEMPLO 3 Trace la cónica $r = \dfrac{12}{2 + 4\,\mathrm{sen}\,\theta}$.

SOLUCIÓN Si la ecuación se escribe en la forma

$$r = \frac{6}{1 + 2\,\mathrm{sen}\,\theta}$$

se ve que la excentricidad es $e = 2$ y la ecuación, por lo tanto, representa una hipérbola. Como $ed = 6$, se tiene $d = 3$ y la directriz tiene la ecuación $y = 3$. Los valores de r se encuentran cuando $\theta = 0$, $\pi/2$, π y $3\pi/2$, como se muestra en la tabla. Los vértices se producen cuando $\theta = \pi/2$ y $3\pi/2$, por lo que son $(2, \pi/2)$ y $(-6, 3\pi/2) = (6, \pi/2)$. Las intersecciones en x ocurren cuando $\theta = 0$, π; en ambos casos $r = 6$. Para mayor precisión se trazan las asíntotas. Observe que $r \to \pm\infty$ cuando $1 + 2\,\mathrm{sen}\,\theta \to 0^+$ o 0^- y $1 + 2\,\mathrm{sen}\,\theta = 0$ cuando $\mathrm{sen}\,\theta = -\frac{1}{2}$. Así las asíntotas son paralelas a los rayos $\theta = 7\pi/6$ y $\theta = 11\pi/6$. La hipérbola se muestra en la figura 4.

θ	r
0	6
$\dfrac{\pi}{2}$	2
π	6
$\dfrac{3\pi}{2}$	-6

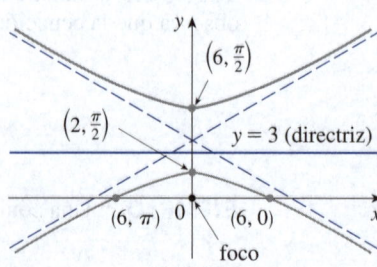

FIGURA 4

$$r = \frac{12}{2 + 4\,\mathrm{sen}\,\theta}$$

Al rotar las secciones cónicas, parece mucho más conveniente usar ecuaciones polares que ecuaciones cartesianas. Solo se usa el hecho (vea el ejercicio 10.3.65) de que la gráfica de $r = f(\theta - \alpha)$ es la gráfica de $r = f(\theta)$ girada en sentido contrario a las manecillas del reloj alrededor del origen a través de un ángulo α.

EJEMPLO 4 Si la elipse del ejemplo 2 se gira alrededor de su origen a través de un ángulo $\pi/4$, establezca una ecuación polar y grafique la elipse resultante.

SOLUCIÓN Se obtiene la ecuación de la elipse rotada al reemplazar θ con $\theta - \pi/4$ en la ecuación del ejemplo 2. Así, la nueva ecuación es

$$r = \frac{10}{3 - 2\cos(\theta - \pi/4)}$$

Con esta ecuación se grafica la elipse rotada de la figura 5. Note que la elipse se rotó alrededor de su foco izquierdo. ∎

En la figura 6 se traza una serie de cónicas con computadora para demostrar el efecto de la variación de la excentricidad e. Observe que cuando e está cerca de 0 la elipse es casi circular, mientras que se alarga conforme $e \to 1^-$. Cuando $e = 1$, por supuesto, la cónica es una parábola.

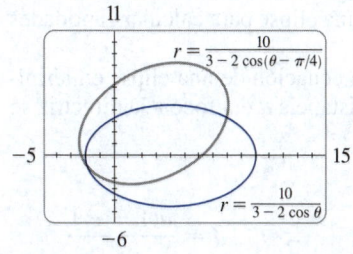

FIGURA 5

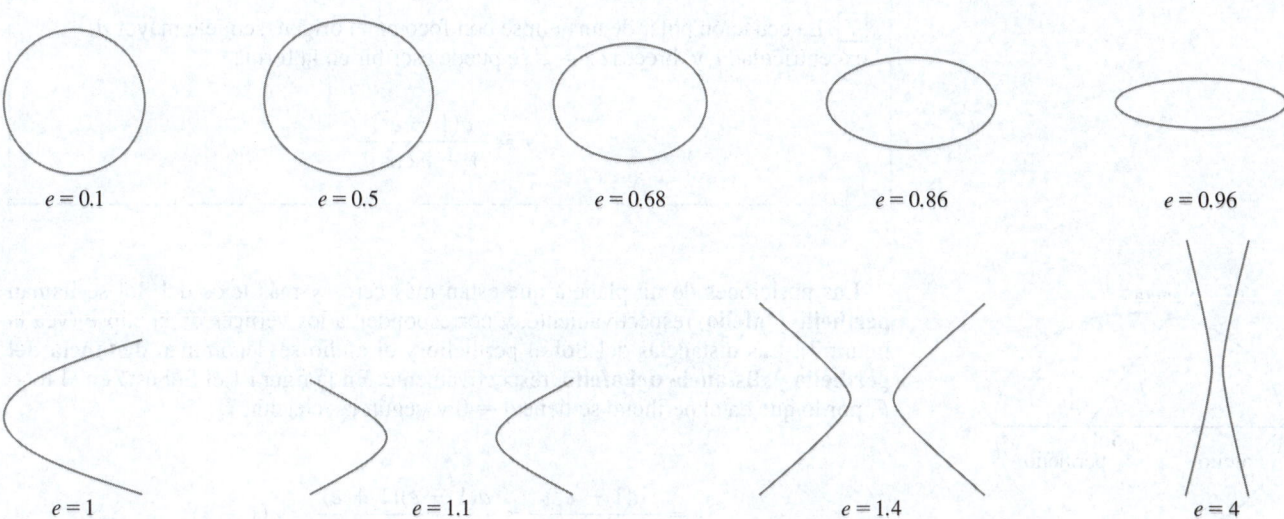

$e = 0.1$ $e = 0.5$ $e = 0.68$ $e = 0.86$ $e = 0.96$

$e = 1$ $e = 1.1$ $e = 1.4$ $e = 4$

FIGURA 6

■ Leyes de Kepler

En 1609, el matemático y astrónomo alemán Johannes Kepler, basándose en enormes cantidades de datos astronómicos, publicó las siguientes tres leyes del movimiento planetario.

Leyes de Kepler

1. Un planeta gira alrededor del Sol en una órbita elíptica con el Sol en un foco.

2. La recta que une al Sol con un planeta barre áreas iguales en tiempos iguales.

3. El cuadrado del periodo de revolución de un planeta es proporcional al cubo de la longitud del eje mayor de su órbita.

Aunque Kepler formuló sus leyes en términos del movimiento de los planetas alrededor del Sol, se aplican igualmente al movimiento de lunas, cometas, satélites y otros cuerpos que orbitan sujetos a una fuerza gravitatoria única. En la sección 13.4 se muestra cómo deducir las leyes de Kepler a partir de las leyes de Newton. Aquí se aplica la primera ley de Kepler junto con la ecuación polar de una elipse para calcular cantidades de interés en astronomía.

Para los cálculos astronómicos, es útil expresar la ecuación de una elipse en términos de su excentricidad e y su semieje mayor a. La distancia d del foco a la directriz se escribe en términos de a si se usa (4):

$$a^2 = \frac{e^2 d^2}{(1 - e^2)^2} \quad \Rightarrow \quad d^2 = \frac{a^2(1 - e^2)^2}{e^2} \quad \Rightarrow \quad d = \frac{a(1 - e^2)}{e}$$

Así, $ed = a(1 - e^2)$. Si la directriz es $x = d$, entonces la ecuación polar es

$$r = \frac{ed}{1 + e \cos \theta} = \frac{a(1 - e^2)}{1 + e \cos \theta}$$

> **7** La ecuación polar de una elipse con foco en el origen, semieje mayor a, excentricidad e y directriz $x = d$ se puede escribir en la forma
>
> $$r = \frac{a(1 - e^2)}{1 + e \cos \theta}$$

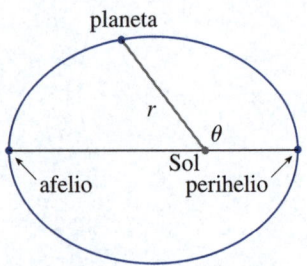

FIGURA 7

Las posiciones de un planeta que están más cerca y más lejos del Sol se llaman **perihelio** y **afelio**, respectivamente, y corresponden a los vértices de la elipse (vea la figura 7). Las distancias del Sol al perihelio y al afelio se denominan **distancia del perihelio** y **distancia del afelio**, respectivamente. En la figura 1 el Sol está en el foco F, por lo que en el perihelio se tiene $\theta = 0$ y, según la ecuación 7,

$$r = \frac{a(1 - e^2)}{1 + e \cos 0} = \frac{a(1 - e)(1 + e)}{1 + e} = a(1 - e)$$

De manera similar, en el afelio, $\theta = \pi$ y $r = a(1 + e)$.

> **8** La distancia del perihelio de un planeta al Sol es $a(1 - e)$, y la distancia del afelio es $a(1 + e)$.

EJEMPLO 5

(a) Establezca una ecuación polar aproximada para la órbita elíptica de la Tierra alrededor del Sol (en un foco); la excentricidad es de alrededor de 0.017 y la longitud del eje mayor es de alrededor de 2.99×10^8 km.

(b) Determine la distancia de la Tierra al Sol en el perihelio y en el afelio.

SOLUCIÓN

(a) La longitud del eje mayor es $2a = 2.99 \times 10^8$, por lo que $a = 1.495 \times 10^8$. Se indica que $e = 0.017$ y, por lo tanto, de acuerdo con la ecuación 7, una ecuación de la órbita de la Tierra alrededor del Sol es

$$r = \frac{a(1-e^2)}{1+e\cos\theta} = \frac{(1.495 \times 10^8)[1-(0.017)^2]}{1+0.017\cos\theta}$$

o, de manera aproximada,

$$r = \frac{1.49 \times 10^8}{1+0.017\cos\theta}$$

(b) Según (8), la distancia del perihelio de la Tierra al Sol es

$$a(1-e) \approx (1.495 \times 10^8)(1-0.017) \approx 1.47 \times 10^8 \text{ km}$$

y la distancia del afelio es

$$a(1+e) \approx (1.495 \times 10^8)(1+0.017) \approx 1.52 \times 10^8 \text{ km}$$

10.6 | Ejercicios

1-8 Escriba una ecuación polar de una cónica con el foco en el origen y los datos indicados.

1. Parábola, directriz $x = 2$.

2. Elipse, excentricidad $\frac{1}{3}$, directriz $y = 6$.

3. Hipérbola, excentricidad 2, directriz $y = -4$.

4. Hipérbola, excentricidad $\frac{5}{2}$, directriz $x = -3$.

5. Elipse, excentricidad $\frac{2}{3}$, vértice $(2, \pi)$.

6. Elipse, excentricidad 0.6, directriz $r = 4\csc\theta$.

7. Parábola, vértice $(3, \pi/2)$.

8. Hipérbola, excentricidad 2, directriz $r = -2\sec\theta$.

9-14 Relacione las ecuaciones polares con las gráficas I–VI. Argumente su respuesta.

9. $r = \dfrac{3}{1-\sin\theta}$

10. $r = \dfrac{9}{1+2\cos\theta}$

11. $r = \dfrac{12}{8-7\cos\theta}$

12. $r = \dfrac{12}{4+3\sin\theta}$

13. $r = \dfrac{5}{2+3\sin\theta}$

14. $r = \dfrac{3}{2-2\cos\theta}$

I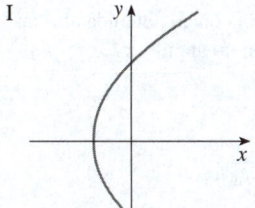

II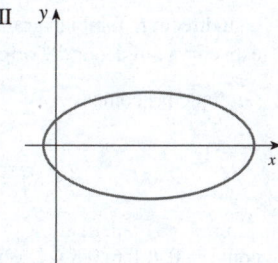

III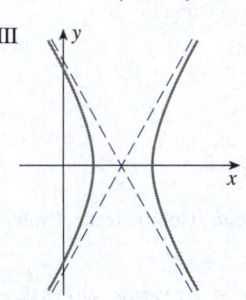

IV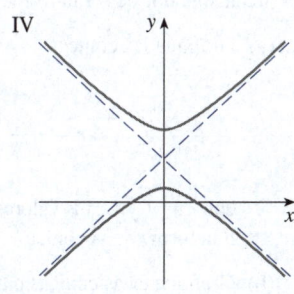

V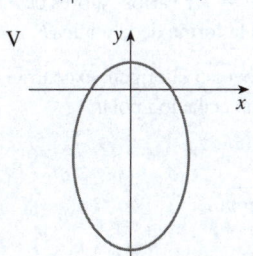

VI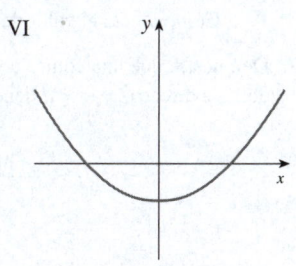

15-22 (a) Determine la excentricidad, (b) identifique la cónica, (c) dé una ecuación de la directriz y (d) trace la cónica.

15. $r = \dfrac{4}{5 - 4\,\text{sen}\,\theta}$

16. $r = \dfrac{1}{2 + \text{sen}\,\theta}$

17. $r = \dfrac{2}{3 + 3\,\text{sen}\,\theta}$

18. $r = \dfrac{5}{2 - 4\cos\theta}$

19. $r = \dfrac{9}{6 + 2\cos\theta}$

20. $r = \dfrac{1}{3 - 3\,\text{sen}\,\theta}$

21. $r = \dfrac{3}{4 - 8\cos\theta}$

22. $r = \dfrac{4}{2 + 3\cos\theta}$

---

23. (a) Determine la excentricidad y la directriz de la cónica $r = 1/(1 - 2\,\text{sen}\,\theta)$ y grafique la cónica y su directriz.

(b) Si esta cónica se gira en sentido contrario a las manecillas del reloj alrededor del origen a través de un ángulo $3\pi/4$, escriba la ecuación resultante y grafique su curva.

24. Grafique la cónica

$$r = \dfrac{4}{5 + 6\cos\theta}$$

y su directriz. También grafique la cónica obtenida al rotar esta curva alrededor del origen en un ángulo $\pi/3$.

25. Grafique las cónicas

$$r = \dfrac{e}{1 - e\cos\theta}$$

con $e = 0.4$, 0.6, 0.8 y 1.0 en una misma pantalla. ¿Cómo afecta el valor de e a la forma de la curva?

26. (a) Grafique las cónicas

$$r = \dfrac{ed}{1 + e\,\text{sen}\,\theta}$$

con $e = 1$ y varios valores de d. ¿Cómo afecta el valor de d la forma de la cónica?

(b) Grafique estas cónicas para $d = 1$ y varios valores de e. ¿Cómo afecta el valor de e a la forma de la cónica?

27. Demuestre que una cónica con foco en el origen, excentricidad e y directriz $x = -d$ tiene una ecuación polar

$$r = \dfrac{ed}{1 - e\cos\theta}$$

28. Demuestre que una cónica con foco en el origen, excentricidad e y directriz $y = d$ tiene una ecuación polar

$$r = \dfrac{ed}{1 + e\,\text{sen}\,\theta}$$

29. Demuestre que una cónica con foco en el origen, excentricidad e y directriz $y = -d$ tiene una ecuación polar

$$r = \dfrac{ed}{1 - e\,\text{sen}\,\theta}$$

30. Demuestre que las parábolas $r = c/(1 + \cos\theta)$ y $r = d/(1 - \cos\theta)$ se intersecan en ángulos rectos.

31. La órbita de Marte alrededor del Sol es una elipse con una excentricidad de 0.093 y un semieje mayor de 2.28×10^8 km. Escriba una ecuación polar para la órbita.

32. La órbita de Júpiter tiene una excentricidad de 0.048 y la longitud del eje principal es 1.56×10^9 km. Establezca una ecuación polar para la órbita.

33. La órbita del cometa Halley, visto por última vez en 1986 y cuyo regreso está previsto para 2061, es una elipse con una excentricidad de 0.97 y un foco en el Sol. La longitud de su eje principal es de 36.18 UA. [Una unidad astronómica (UA) es la distancia media entre la Tierra y el Sol, unos 150 millones de kilómetros]. Establezca una ecuación polar para la órbita del cometa Halley. ¿Cuál es la distancia máxima del cometa al Sol?

34. El cometa Hale-Bopp, descubierto en 1995, tiene una órbita elíptica con una excentricidad de 0.9951. La longitud del eje mayor de la órbita es de 356.6 UA. Escriba una ecuación polar para la órbita de este cometa. ¿Cuánto se acerca al Sol?

©Dean Ketelsen

35. El planeta Mercurio viaja en una órbita elíptica con una excentricidad de 0.206. Su distancia mínima al Sol es de 4.6×10^7 km. Determine su máxima distancia al Sol.

36. La distancia del planeta enano Plutón al Sol es de 4.43×10^9 km en el perihelio y 7.37×10^9 km en el afelio. Encuentre la excentricidad de la órbita de Plutón.

37. Con los datos del ejercicio 35, determine la distancia recorrida por el planeta Mercurio durante una órbita completa alrededor del Sol. (Evalúe la integral definida resultante numéricamente, con calculadora o computadora, o aplique la regla de Simpson).

10 REPASO

VERIFICACIÓN DE CONCEPTOS

Las respuestas de la sección "Verificación de conceptos" están disponibles en StewartCalculus.com

1. (a) ¿Qué es una curva paramétrica?

(b) ¿Cómo se traza una curva paramétrica?

2. (a) ¿Cómo determina la pendiente de una tangente a una curva paramétrica?

(b) ¿Cómo obtiene el área debajo de una curva paramétrica?

3. Escriba una expresión para cada uno de los siguientes enunciados;

(a) La longitud de una curva paramétrica.

(b) El área de la superficie obtenida por rotar una curva paramétrica alrededor del eje x.

(c) La rapidez de una partícula que se desplaza a lo largo de una curva paramétrica.

4. (a) Con un diagrama, explique el significado de las coordenadas polares (r, θ) de un punto.

(b) Escriba ecuaciones que expresen las coordenadas cartesianas (x, y) de un punto en términos de coordenadas polares.

(c) ¿Con qué ecuaciones determinaría las coordenadas polares de un punto si conociera las coordenadas cartesianas?

5. (a) ¿Cómo obtiene el área de una región delimitada por una curva polar?

(b) ¿Cómo determina la longitud de una curva polar?

(c) ¿Cómo determina la pendiente de una recta tangente a una curva polar?

6. (a) Indique la definición geométrica de una parábola.

(b) Escriba una ecuación de una parábola con foco $(0, p)$ y directriz $y = -p$. ¿Qué pasa si el foco es $(p, 0)$ y la directriz $x = -p$?

7. (a) Indique una definición de una elipse en términos de los focos.

(b) Escriba una ecuación para la elipse con focos $(\pm c, 0)$ y vértices $(\pm a, 0)$.

8. (a) Indique una definición de una hipérbola en términos de los focos.

(b) Escriba una ecuación para la hipérbola con focos $(\pm c, 0)$ y vértices $(\pm a, 0)$.

(c) Escriba ecuaciones para las asíntotas de la hipérbola del inciso (b).

9. (a) ¿Qué es la excentricidad de una sección cónica?

(b) ¿Qué puede decir de la excentricidad si la sección cónica es una elipse, una hipérbola o una parábola?

(c) Escriba una ecuación polar para una sección cónica con excentricidad e y directriz $x = d$. ¿Y si la directriz es $x = -d$, $y = d$ o $y = -d$?

PREGUNTAS DE VERDADERO O FALSO

Determine si el enunciado es verdadero o falso. Si es verdadero, explique por qué. Si es falso, explique por qué o dé un ejemplo que lo refute.

1. Si la curva paramétrica $x = f(t)$, $y = g(t)$ satisface $g'(1) = 0$, entonces tiene una tangente horizontal cuando $t = 1$.

2. Si $x = f(t)$ y $y = g(t)$ son dos veces derivables, entonces

$$\frac{d^2y}{dx^2} = \frac{d^2y/dt^2}{d^2x/dt^2}$$

3. La longitud de la curva $x = f(t)$, $y = g(t)$, $a \leq t \leq b$, es

$$\int_a^b \sqrt{[f'(t)]^2 + [g'(t)]^2}\, dt$$

4. Si la posición de una partícula en el tiempo t está dada por las ecuaciones paramétricas $x = 3t + 1$, $y = 2t^2 + 1$, entonces la rapidez de la partícula en el tiempo $t = 3$ es el valor de dy/dx cuando $t = 3$.

5. Si un punto está representado por (x, y) en coordenadas cartesianas (donde $x \neq 0$) y (r, θ) en coordenadas polares, entonces $\theta = \tan^{-1}(y/x)$.

6. Las curvas polares

$$r = 1 - \operatorname{sen} 2\theta \qquad r = \operatorname{sen} 2\theta - 1$$

tienen la misma gráfica.

7. Todas las ecuaciones $r = 2$, $x^2 + y^2 = 4$ y $x = 2\operatorname{sen} 3t$, $y = 2\cos 3t$ $(0 \leq t \leq 2\pi)$ tienen la misma gráfica.

8. Las ecuaciones paramétricas $x = t^2$, $y = t^4$ tienen la misma gráfica que $x = t^3$, $y = t^6$.

9. La gráfica de $y^2 = 2y + 3x$ es una parábola.

10. Una recta tangente a una parábola interseca la parábola solo una vez.

11. Una hipérbola nunca interseca su directriz.

EJERCICIOS

1-5 Trace la curva paramétrica y elimine el parámetro para escribir una ecuación cartesiana de la curva.

1. $x = t^2 + 4t$, $y = 2 - t$, $-4 \leq t \leq 1$

2. $x = 1 + e^{2t}$, $y = e^t$

3. $x = \ln t$, $y = t^2$

4. $x = 2 \cos \theta$, $y = 1 + \operatorname{sen} \theta$

5. $x = \cos \theta$, $y = \sec \theta$, $0 \leq \theta < \pi/2$

---

6. Describa el movimiento de una partícula con posición (x, y), donde $x = 2 + 4 \cos \pi t$ y $y = -3 + 4 \operatorname{sen} \pi t$, conforme t aumenta desde 0 hasta 4.

7. Escriba tres conjuntos de ecuaciones paramétricas para la curva $y = \sqrt{x}$.

8. Con las gráficas de $x = f(t)$ y $y = g(t)$, trace la curva paramétrica $x = f(t)$, $y = g(t)$. Indique con flechas la dirección en la que se traza la curva a medida que t aumenta.

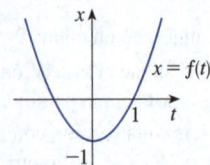 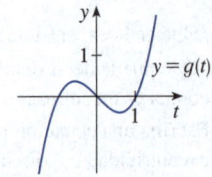

9. (a) Grafique el punto con las coordenadas polares $(4, 2\pi/3)$. Luego determine sus coordenadas cartesianas.

(b) Las coordenadas cartesianas de un punto son $(-3, 3)$. Escriba dos conjuntos de coordenadas polares para el punto.

10. Trace la región que consiste en puntos cuyas coordenadas polares satisfacen $1 \leq r < 2$ y $\pi/6 \leq \theta \leq 5\pi/6$.

11-18 Trace la curva polar.

11. $r = 1 + \operatorname{sen} \theta$ **12.** $r = \operatorname{sen} 4\theta$

13. $r = \cos 3\theta$ **14.** $r = 3 + \cos 3\theta$

15. $r = 1 + \cos 2\theta$ **16.** $r = 2 \cos(\theta/2)$

17. $r = \dfrac{3}{1 + 2 \operatorname{sen} \theta}$ **18.** $r = \dfrac{3}{2 - 2 \cos \theta}$

19-20 Establezca una ecuación polar para la curva representada por la ecuación cartesiana indicada.

19. $x + y = 2$ **20.** $x^2 + y^2 = 2$

---

21. La curva con la ecuación polar $r = (\operatorname{sen} \theta)/\theta$ se llama **cocleoide**. Con una gráfica de r como función de θ en coordenadas cartesianas trace la cocleoide a mano. Luego grafíquela con una calculadora o computadora para comprobar su boceto.

22. En la figura se presenta una gráfica de r como función de θ en coordenadas cartesianas. Con ella trace la curva polar correspondiente.

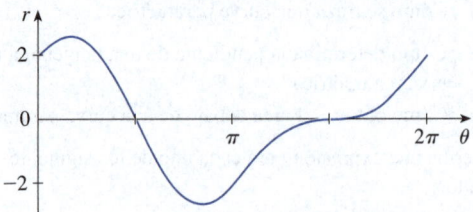

23-26 Determine la pendiente de la recta tangente a la curva indicada en el punto correspondiente al valor especificado del parámetro.

23. $x = \ln t$, $y = 1 + t^2$; $t = 1$

24. $x = t^3 + 6t + 1$, $y = 2t - t^2$; $t = -1$

25. $r = e^{-\theta}$; $\theta = \pi$

26. $r = 3 + \cos 3\theta$; $\theta = \pi/2$

27-28 Determine dy/dx y d^2y/dx^2.

27. $x = t + \operatorname{sen} t$, $y = t - \cos t$

28. $x = 1 + t^2$, $y = t - t^3$

---

29. Estime, con una gráfica, las coordenadas del punto más bajo de la curva $x = t^3 - 3t$, $y = t^2 + t + 1$. Luego use cálculo para determinar las coordenadas exactas.

30. Establezca el área contenida por el bucle de la curva del ejercicio 29.

31. ¿En qué puntos la curva

$x = 2a \cos t - a \cos 2t$ $y = 2a \operatorname{sen} t - a \operatorname{sen} 2t$

tiene tangentes verticales u horizontales? Con esta información trace la curva.

32. Determine el área encerrada por la curva del ejercicio 31.

33. Establezca el área encerrada por la curva $r^2 = 9 \cos 5\theta$.

34. Determine el área encerrada por el bucle interior de la curva $r = 1 - 3 \operatorname{sen} \theta$.

35. Determine los puntos de intersección de las curvas $r = 2$ y $r = 4 \cos \theta$.

36. Obtenga los puntos de intersección de las curvas $r = \cot \theta$ y $r = 2 \cos \theta$.

37. Determine el área de la región que se encuentra dentro de los dos círculos $r = 2 \operatorname{sen} \theta$ y $r = \operatorname{sen} \theta + \cos \theta$.

38. Obtenga el área de la región dentro de la curva $r = 2 + \cos 2\theta$ pero fuera de la curva $r = 2 + \operatorname{sen} \theta$.

39-42 Determine la longitud de la curva.

39. $x = 3t^2, \quad y = 2t^3, \quad 0 \le t \le 2$

40. $x = 2 + 3t, \quad y = \cosh 3t, \quad 0 \le t \le 1$

41. $r = 1/\theta, \quad \pi \le \theta \le 2\pi$

42. $r = \operatorname{sen}^3(\theta/3), \quad 0 \le \theta \le \pi$

43. La posición (en metros) de una partícula en el tiempo t segundos está dada por las ecuaciones paramétricas
$$x = \tfrac{1}{2}(t^2 + 3) \qquad y = 5 - \tfrac{1}{3}t^3$$

(a) Determine la rapidez de la partícula en el punto $(6, -4)$.

(b) ¿Cuál es la rapidez promedio de la partícula para $0 \le t \le 8$?

44. (a) Obtenga la longitud exacta de la parte de la curva que se muestra en color azul.

(b) Determine el área de la región sombreada.

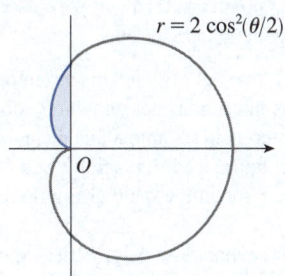

$r = 2\cos^2(\theta/2)$

45-46 Determine el área de la superficie obtenida al rotar la curva dada alrededor del eje x.

45. $x = 4\sqrt{t}, \quad y = \dfrac{t^3}{3} + \dfrac{1}{2t^2}, \quad 1 \le t \le 4$

46. $x = 2 + 3t, \quad y = \cosh 3t, \quad 0 \le t \le 1$

47. Las curvas definidas por las ecuaciones paramétricas
$$x = \frac{t^2 - c}{t^2 + 1} \qquad y = \frac{t(t^2 - c)}{t^2 + 1}$$
se llaman **estrofoides** (por una palabra griega que significa "voltear o torcer"). Analice cómo varían estas curvas a medida que varía c.

48. Una familia de curvas tiene las ecuaciones polares $r^a = |\operatorname{sen} 2\theta|$ donde a es un número positivo. Analice cómo cambian las curvas a medida que cambia a.

49-52 Determine los focos y vértices y trace la gráfica.

49. $\dfrac{x^2}{9} + \dfrac{y^2}{8} = 1$ **50.** $4x^2 - y^2 = 16$

51. $6y^2 + x - 36y + 55 = 0$

52. $25x^2 + 4y^2 + 50x - 16y = 59$

53. Escriba una ecuación de la elipse con focos $(\pm 4, 0)$ y vértices $(\pm 5, 0)$.

54. Establezca una ecuación de la parábola con focos $(2, 1)$ y directriz $x = -4$.

55. Determine una ecuación de la hipérbola con focos $(0, \pm 4)$ y asíntotas $y = \pm 3x$.

56. Escriba una ecuación de la elipse con focos $(3, \pm 2)$ y eje mayor de longitud 8.

57. Establezca una ecuación para la elipse que comparte un vértice y un foco con la parábola $x^2 + y = 100$ y que tiene su otro foco en el origen.

58. Demuestre que, si m es un número real, entonces hay exactamente dos rectas con pendiente m que son tangentes a la elipse $x^2/a^2 + y^2/b^2 = 1$, y sus ecuaciones son
$$y = mx \pm \sqrt{a^2m^2 + b^2}$$

59. Escriba una ecuación polar para la elipse con foco en el origen, excentricidad $\tfrac{1}{3}$ y directriz con la ecuación $r = 4\sec\theta$.

60. Grafique la elipse $r = 2/(4 - 3\cos\theta)$ y su directriz. También grafique la elipse obtenida por rotación alrededor del origen a través de un ángulo $2\pi/3$.

61. Demuestre que los ángulos entre el eje polar y las asíntotas de la hipérbola $r = ed/(1 - e\cos\theta)$, $e > 1$, están dados por $\cos^{-1}(\pm 1/e)$.

62. Una curva llamada **folium** u **hoja de Descartes** se define por las ecuaciones paramétricas
$$x = \frac{3t}{1 + t^3} \qquad y = \frac{3t^2}{1 + t^3}$$

(a) Demuestre que si (a, b) se encuentra en la curva, entonces también lo hace (b, a); es decir, la curva es simétrica respecto a la recta $y = x$. ¿Dónde interseca la curva a esta recta?

(b) Determine los puntos de la curva donde las rectas tangentes son horizontales o verticales.

(c) Demuestre que la recta $y = -x - 1$ es una asíntota inclinada.

(d) Trace la curva.

(e) Demuestre que una ecuación cartesiana de esta curva es $x^3 + y^3 = 3xy$.

(f) Demuestre que la ecuación polar se puede escribir en la forma
$$r = \frac{3\sec\theta\,\tan\theta}{1 + \tan^3\theta}$$

(g) Obtenga el área encerrada por el bucle de esta curva.

(h) Demuestre que el área del bucle es la misma que la que se encuentra entre la asíntota y las ramas infinitas de la curva. (Evalúe la integral con un sistema algebraico computacional).

Problemas adicionales

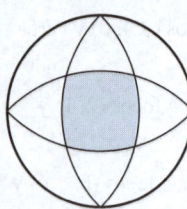

FIGURA PARA EL PROBLEMA 1

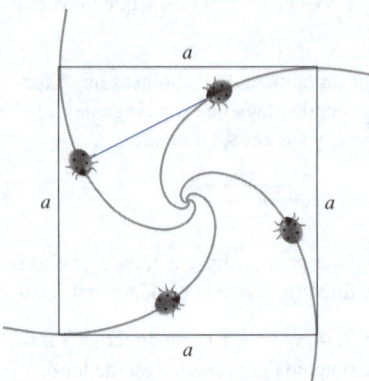

FIGURA PARA EL PROBLEMA 4

1. La circunferencia exterior de la figura tiene radio 1 y los centros de los arcos circulares interiores se encuentran en la circunferencia exterior. Determine el área de la región sombreada.

2. (a) Obtenga los puntos más altos y más bajos de la curva $x^4 + y^4 = x^2 + y^2$.
   (b) Trace la curva. (Observe que es simétrica respecto a ambos ejes y ambas rectas $y = \pm x$, por lo que basta considerar $y \geq x \geq 0$ inicialmente).

   T (c) Utilice coordenadas polares y un sistema algebraico computacional para encontrar el área delimitada por la curva.

3. ¿Cuál es el rectángulo de visión más pequeño que contiene cada miembro de la familia de curvas polares $r = 1 + c\,\operatorname{sen}\theta$, donde $0 \leq c \leq 1$? Ilustre su respuesta graficando varios miembros de la familia en este rectángulo de visión.

4. Se coloca un insecto en cada una de las esquinas de un cuadrado con longitud lateral a. Los insectos se arrastran en sentido contrario a las manecillas del reloj a la misma rapidez y cada insecto se arrastra directamente hacia el siguiente insecto todo el tiempo. Se aproximan al centro del cuadrado por trayectorias en espiral.
   (a) Establezca una ecuación polar de la trayectoria de un insecto suponiendo que el polo está en el centro del cuadrado. (Utilice el hecho de que la recta que une un insecto con el siguiente es tangente a la trayectoria del insecto).
   (b) Determine la distancia recorrida por un insecto cuando se encuentra con los otros insectos en el centro.

5. Demuestre que cualquier recta tangente a una hipérbola toca la hipérbola a mitad de camino entre los puntos de intersección de la tangente y las asíntotas.

6. Una circunferencia C de radio $2r$ tiene su centro en el origen. Una circunferencia de radio r rueda sin deslizarse en sentido contrario a las manecillas del reloj alrededor de C. Un punto P está situado en un radio fijo de la circunferencia rodante a una distancia b de su centro, $0 < b < r$. [Vea los incisos (i) y (ii) de la figura a continuación]. Sea L la recta desde el centro de C hasta el centro de la circunferencia rodante y sea θ el ángulo que L forma con el eje x positivo.
   (a) Con θ como parámetro, demuestre que las ecuaciones paramétricas del camino trazado por P son

   $$x = b\cos 3\theta + 3r\cos\theta \qquad y = b\operatorname{sen} 3\theta + 3r\operatorname{sen}\theta$$

   Nota: Si $b = 0$, la trayectoria es una circunferencia con radio $3r$; si $b = r$, la trayectoria es un *epicicloide*. La trayectoria trazada por P para $0 < b < r$ se llama *epitrocoide*.

   (b) Grafique la curva con varios valores de b entre 0 y r.
   (c) Demuestre que un triángulo equilátero puede inscribirse en la epitrocoide y que su centroide está en la circunferencia de radio b centrada en el origen.

   Nota: Este es el principio del motor rotativo de Wankel. Cuando el triángulo equilátero gira con sus vértices en la epitrocoide, su centroide barre una circunferencia cuyo centro está en el centro de la curva.

   (d) En la mayoría de los motores rotativos, los lados de los triángulos equiláteros se reemplazan por arcos de circunferencias centradas en los vértices opuestos, como en el inciso (iii) de la figura. (Entonces el diámetro del rotor es constante). Demuestre que el rotor encajará en la epitrocoide si $b \leq \frac{3}{2}(2 - \sqrt{3})r$.

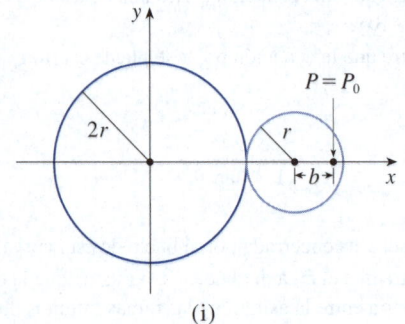

(i)

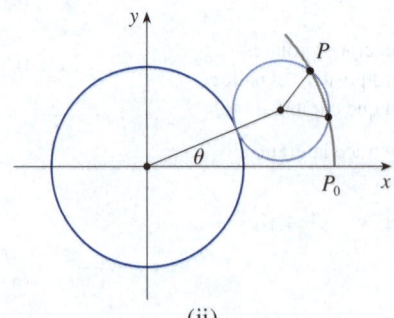

(ii)

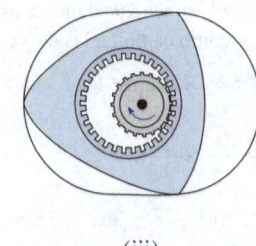

(iii)

FIGURA PARA EL PROBLEMA 6

Los astrónomos recopilan información sobre los objetos celestes distantes a partir de la radiación electromagnética que emiten. En el proyecto que sigue a la sección 11.11 se le pide comparar la radiación emitida por diferentes estrellas, como Betelgeuse (la más grande de las estrellas observables), Sirio y nuestro propio Sol.

©Antares StarExplorer/Shutterstock.com

11 Sucesiones, series y series de potencias

EN TODOS LOS CAPÍTULOS ANTERIORES se estudiaron las funciones que se definen en un intervalo. En este capítulo se comienza por estudiar las sucesiones de números. Una sucesión puede considerarse como una función cuyo dominio es un conjunto de números naturales. Después, se abordan las series infinitas (la suma de los números en una sucesión). Isaac Newton representaba las funciones definidas en un intervalo como sumas de series infinitas, en parte porque esas series se integran y se derivan con facilidad. En la sección 11.10 se verá que su idea permite integrar funciones para las cuales no se podían encontrar antiderivadas antes, por ejemplo, e^{-x^2}. Muchas funciones que surgen en la física matemática y la química, como las funciones de Bessel, se definen como sumas de series, por lo que es importante conocer los conceptos básicos de convergencia de sucesiones y series infinitas.

Los físicos también utilizan las series de otra manera, como se verá en la sección 11.11. Al estudiar campos tan diversos como la óptica, la relatividad especial, el electromagnetismo y la cosmología, analizan los fenómenos sustituyendo una función por los primeros términos de la serie que representa esa función.

11.1 | Sucesiones

Muchos conceptos en el cálculo implican listas de números que resultan de la aplicación de un proceso en etapas. Por ejemplo, si se aplica el método de Newton (sección 4.8) para aproximar el cero de una función, se genera una lista o *sucesión* de números. Si se calculan las razones de cambio promedio de una función en intervalos cada vez más breves para aproximar una razón de cambio instantánea (como en la sección 2.7), también se genera una sucesión de números.

En el siglo v a. C., el filósofo griego Zenón de Elea planteó cuatro problemas que ahora se conocen como las *paradojas de Zenón*, cuyo propósito era desafiar algunas ideas que predominaban en su época sobre el espacio y el tiempo. En una de sus paradojas, Zenón argumentaba que un hombre en una habitación nunca podría llegar a una pared siguiendo la metodología de caminar la mitad de la distancia hacia la pared, luego la mitad de la distancia restante, después, una vez más, la mitad de la distancia restante, y así indefinidamente (vea la figura 1). Las distancias que el hombre camina en cada etapa forman una sucesión:

$$\frac{1}{2}, \ \frac{1}{4}, \ \frac{1}{8}, \ \frac{1}{16}, \ \frac{1}{32}, \ \ldots, \ \frac{1}{2^n}, \ \ldots$$

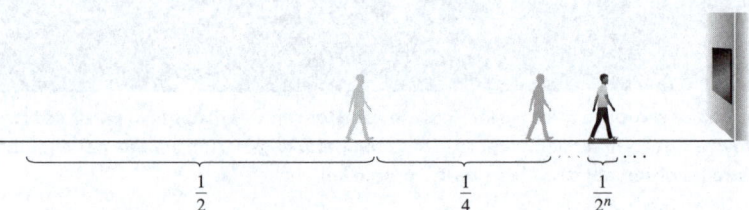

FIGURA 1
En la n-ésima etapa, el hombre camina una distancia de $1/2^n$.

■ Sucesiones infinitas

Una **sucesión infinita**, o simplemente una **sucesión**, puede considerarse como una lista de números escritos en un orden definido:

$$a_1, \ a_2, \ a_3, \ a_4, \ \ldots, \ a_n, \ldots$$

El número a_1 se llama *primer término*, a_2 es el *segundo término* y, en general, a_n es el *n-ésimo término*. Se abordarán exclusivamente sucesiones infinitas, así cada término a_n tendrá un sucesor a_{n+1}.

Observe que por cada número entero positivo n hay un número correspondiente a_n, y así una sucesión se puede definir como una función f cuyo dominio es el conjunto de enteros positivos. Sin embargo, es común escribir a_n en lugar de la notación de la función $f(n)$ para el valor de la función en el número n.

NOTACIÓN La sucesión $\{a_1, a_2, a_3, \ldots\}$ también se denota por

$$\{a_n\} \qquad \text{o} \qquad \{a_n\}_{n=1}^{\infty}$$

A menos que se indique lo contrario, se supone que n empieza en 1.

EJEMPLO 1 Algunas sucesiones se pueden definir mediante una fórmula para el n-ésimo término.

(a) Al principio de la sección, se describió una sucesión de distancias recorridas por un hombre en una habitación. Las siguientes son tres formas equivalentes de esta sucesión:

$$\left\{\frac{1}{2^n}\right\} \qquad a_n = \frac{1}{2^n} \qquad \left\{\frac{1}{2}, \frac{1}{4}, \frac{1}{8}, \frac{1}{16}, \frac{1}{32}, \ldots, \frac{1}{2^n}, \ldots\right\}$$

En la tercera descripción se escribieron los primeros términos de la sucesión como: $a_1 = 1/2^1$, $a_2 = 1/2^2$, etcétera.

(b) En la definición $\left\{\dfrac{n}{n+1}\right\}_{n=2}^{\infty}$ se indica que la fórmula para el n-ésimo término es $a_n = \dfrac{n}{n+1}$ y se empieza la sucesión con $n = 2$:

$$\left\{\frac{2}{3}, \frac{3}{4}, \frac{4}{5}, \frac{5}{6}, \ldots\right\}$$

(c) La sucesión $\{\sqrt{3}, \sqrt{4}, \sqrt{5}, \sqrt{6}, \ldots\}$ se puede describir mediante $\{\sqrt{n+2}\}_{n=1}^{\infty}$ si se comienza con $n = 1$. De manera equivalente, podría comenzarse con $n = 3$ y escribir $\{\sqrt{n}\}_{n=3}^{\infty}$ o $a_n = \sqrt{n}$, $n \geq 3$.

(d) La definición $\left\{(-1)^n \dfrac{(n+1)}{3^n}\right\}_{n=0}^{\infty}$ genera la sucesión

$$\left\{\frac{1}{1}, -\frac{2}{3}, \frac{3}{9}, -\frac{4}{27}, \frac{5}{81}, \ldots\right\}$$

Aquí, el primer término corresponde a $n = 0$ y el factor $(-1)^n$ en la definición crea términos que se alternan entre positivo y negativo. ∎

EJEMPLO 2 Encuentre una fórmula para el término general a_n de la sucesión

$$\left\{\frac{3}{5}, -\frac{4}{25}, \frac{5}{125}, -\frac{6}{625}, \frac{7}{3125}, \ldots\right\}$$

suponiendo que el patrón de los primeros términos continúa.

SOLUCIÓN Se indica que

$$a_1 = \frac{3}{5} \qquad a_2 = -\frac{4}{25} \qquad a_3 = \frac{5}{125} \qquad a_4 = -\frac{6}{625} \qquad a_5 = \frac{7}{3125}$$

Observe que los numeradores de estas fracciones empiezan con 3 y aumentan en 1 cada vez que se pasa al siguiente término. El segundo término tiene el numerador 4, el tercer término tiene el numerador 5; en general, el n-ésimo término tendrá el numerador $n + 2$. Los denominadores son las potencias de 5, así que a_n tiene el denominador 5^n. Los signos de los términos son alternadamente positivos y negativos, por lo que se debe multiplicar por una potencia de -1, como en el ejemplo 1(d). Aquí se desea que a_1 sea positivo y por eso se usa $(-1)^{n-1}$ o $(-1)^{n+1}$. Por lo tanto,

$$a_n = (-1)^{n-1} \frac{n+2}{5^n}$$ ∎

EJEMPLO 3 Aquí hay algunas sucesiones que no tienen una ecuación que las defina en forma sencilla.

(a) La sucesión $\{p_n\}$, donde p_n es la población del mundo el 1 de enero del año n.

(b) Si a_n es el dígito en el n-ésimo decimal del número e, entonces $\{a_n\}$ es una sucesión cuyos primeros términos son

$$\{7, 1, 8, 2, 8, 1, 8, 2, 8, 4, 5, \ldots\}$$

(c) La **sucesión de Fibonacci** $\{f_n\}$ se define *de manera recursiva* por las condiciones

$$f_1 = 1 \qquad f_2 = 1 \qquad f_n = f_{n-1} + f_{n-2} \qquad n \geq 3$$

Cada término es la suma de los dos términos anteriores. Los primeros términos son

$$\{1, 1, 2, 3, 5, 8, 13, 21, \ldots\}$$

Esta sucesión surgió en el siglo XIII, cuando el matemático italiano conocido como Fibonacci resolvió un problema relativo a la cría de conejos (vea el ejercicio 89). ∎

■ El límite de una sucesión

Una sucesión se representa trazando sus términos en una recta numérica o su gráfica. En las figuras 2 y 3 se ilustran estas representaciones para la sucesión

$$\left\{\frac{n}{n+1}\right\} = \left\{\frac{1}{2}, \frac{2}{3}, \frac{3}{4}, \frac{4}{5}, \ldots\right\}$$

Ya que una sucesión $\{a_n\}_{n=1}^{\infty}$ es una función cuyo dominio es el conjunto de enteros positivos, su gráfica consta de puntos discretos con las coordenadas

$$(1, a_1) \qquad (2, a_2) \qquad (3, a_3) \qquad \ldots \qquad (n, a_n) \qquad \ldots$$

En las figuras 2 o 3, parece que los términos de la sucesión $a_n = n/(n+1)$ se aproximan a 1 a medida que n aumenta. De hecho, la diferencia

$$1 - \frac{n}{n+1} = \frac{1}{n+1}$$

se puede hacer tan pequeña como se desee al tomar un valor de n suficientemente grande. Esto se indica por

$$\lim_{n \to \infty} \frac{n}{n+1} = 1$$

En general, la notación $\qquad \lim_{n \to \infty} a_n = L$

significa que los términos de la sucesión $\{a_n\}$ se aproximan a L a medida que n aumenta. Observe que la siguiente definición del límite de una sucesión es muy similar a la del límite de una función al infinito que se presenta en la sección 2.6.

---

1 **Definición intuitiva del límite de una sucesión** Una sucesión $\{a_n\}$ tiene **límite** L y se escribe

$$\lim_{n \to \infty} a_n = L \qquad \text{o} \qquad a_n \to L \text{ cuando } n \to \infty$$

si se logra que los términos a_n se aproximen tanto como sea posible a L tomando un valor suficientemente grande de n. Si $\lim_{n \to \infty} a_n$ existe, se dice que la sucesión **converge** (o es **convergente**); si no, que la sucesión **diverge** (o es **divergente**).

En la figura 4 se ilustra la definición 1 con las gráficas de dos sucesiones convergentes que tienen como límite L.

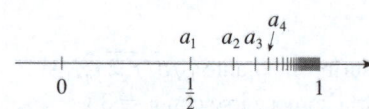

FIGURA 2

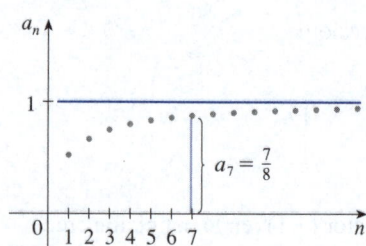

FIGURA 3

$a_7 = \frac{7}{8}$

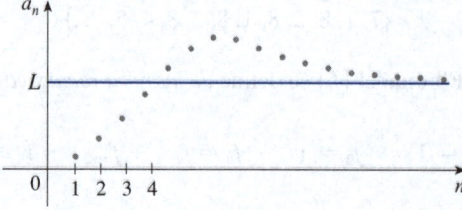
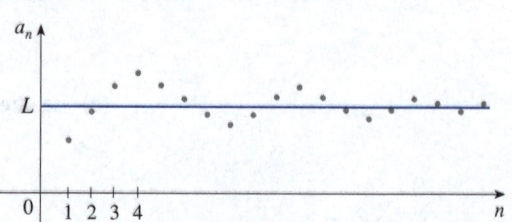

FIGURA 4
Gráficas de dos sucesiones convergentes con $\lim_{n \to \infty} a_n = L$.

Una versión más precisa de la definición 1 es la siguiente.

Compare esta definición con la 2.6.7.

> **2** **Definición precisa del límite de una sucesión** Una sucesión $\{a_n\}$ tiene **límite** L y se escribe
>
> $$\lim_{n \to \infty} a_n = L \qquad \text{o} \qquad a_n \to L \text{ cuando } n \to \infty$$
>
> si para toda $\varepsilon > 0$ existe un entero N correspondiente tal que
>
> $$\text{si} \quad n > N \quad \text{entonces} \quad |a_n - L| < \varepsilon$$

La definición 2 se ilustra en la figura 5, en la cual los términos a_1, a_2, a_3, ... se trazan en una recta numérica. Sin importar cuán pequeño sea el intervalo $(L - \varepsilon, L + \varepsilon)$ que se elija, existe una N tal que todos los términos de la sucesión a partir de a_{N+1} en adelante deben estar en ese intervalo.

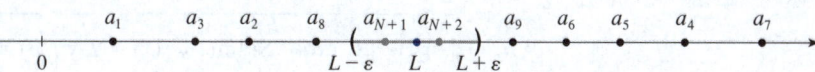

FIGURA 5

En la figura 6 se presenta otra ilustración de la definición 2. Los puntos de la gráfica de $\{a_n\}$ deben estar entre las rectas horizontales $y = L + \varepsilon$ y $y = L - \varepsilon$ si $n > N$. Esta figura debe ser válida sin importar cuán pequeño sea el valor elegido de ε; sin embargo, en general, un valor más pequeño de ε requiere un valor mayor de N.

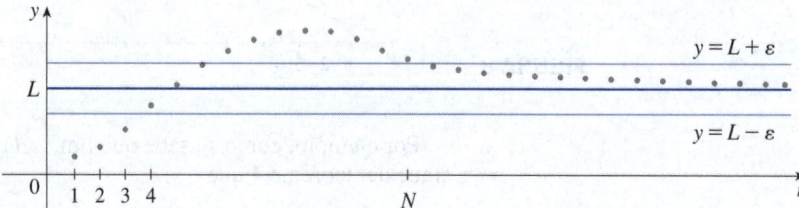

FIGURA 6

Una sucesión *diverge* si sus términos no se aproximan a un solo número. En la figura 7 se presentan dos formas diferentes de divergencia de una sucesión.

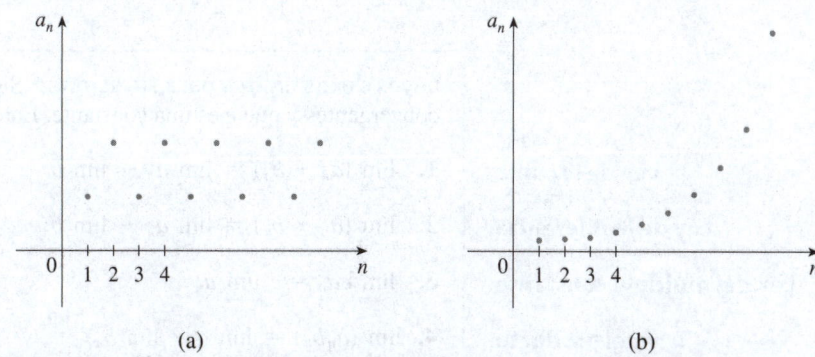

FIGURA 7
Gráficas de dos sucesiones divergentes.

(a)

(b)

La sucesión graficada en la figura 7(a) diverge porque oscila entre dos números diferentes y no se aproxima a un solo valor conforme $n \to \infty$. En la gráfica del inciso (b), a_n aumenta sin límite a medida que n aumenta. Se escribe $\lim_{n \to \infty} a_n = \infty$ para indicar la manera particular en que esta sucesión diverge, y se dice que la sucesión diverge a ∞. La siguiente definición precisa es similar a la definición 2.6.9.

> **3** **Definición precisa de un límite infinito**   La notación $\lim_{n \to \infty} a_n = \infty$ significa que, para todo número positivo M, existe un entero N tal que
>
> $$\text{si} \quad n > N \quad \text{entonces} \quad a_n > M$$

Una definición análoga aplica para $\lim_{n \to \infty} a_n = -\infty$.

■ Propiedades de sucesiones convergentes

Si se compara la definición 2 con la definición 2.6.7, se observa que la única diferencia entre $\lim_{n \to \infty} a_n = L$ y $\lim_{x \to \infty} f(x) = L$ es que se necesita que el valor de n sea un entero. Por lo tanto, se tiene el siguiente teorema, que se ilustra en la figura 8.

> **4** **Teorema**   Si $\lim_{x \to \infty} f(x) = L$ y $f(n) = a_n$ cuando n es un entero, entonces $\lim_{n \to \infty} a_n = L$.

FIGURA 8

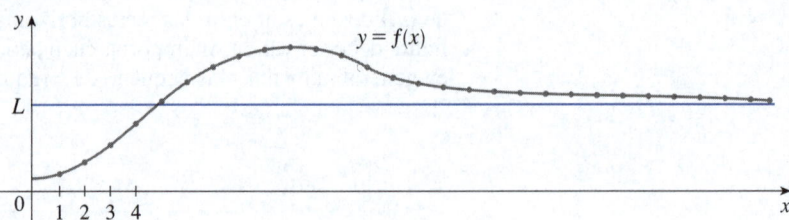

Por ejemplo, como se sabe que $\lim_{x \to \infty} (1/x^r) = 0$ cuando $r > 0$ (teorema 2.6.5), se sigue del teorema 4 que

$$\boxed{5} \qquad\qquad \lim_{n \to \infty} \frac{1}{n^r} = 0 \ \text{ si } r > 0$$

Las leyes de los límites, que se presentan en la sección 2.3, también son válidas para los límites de sucesiones, y sus demostraciones son similares.

> **Leyes de los límites para sucesiones**   Suponga que $\{a_n\}$ y $\{b_n\}$ son sucesiones convergentes y que c es una constante. Entonces
>
> **Ley de la suma**   **1.** $\displaystyle\lim_{n \to \infty} (a_n + b_n) = \lim_{n \to \infty} a_n + \lim_{n \to \infty} b_n$
>
> **Ley de la diferencia**   **2.** $\displaystyle\lim_{n \to \infty} (a_n - b_n) = \lim_{n \to \infty} a_n - \lim_{n \to \infty} b_n$
>
> **Ley del múltiplo constante**   **3.** $\displaystyle\lim_{n \to \infty} c a_n = c \lim_{n \to \infty} a_n$
>
> **Ley del producto**   **4.** $\displaystyle\lim_{n \to \infty} (a_n b_n) = \lim_{n \to \infty} a_n \cdot \lim_{n \to \infty} b_n$
>
> **Ley del cociente**   **5.** $\displaystyle\lim_{n \to \infty} \frac{a_n}{b_n} = \frac{\displaystyle\lim_{n \to \infty} a_n}{\displaystyle\lim_{n \to \infty} b_n} \ \text{ si } \lim_{n \to \infty} b_n \neq 0$

Otra propiedad útil de las sucesiones es la siguiente ley de la potencia, que se le pide demostrar en el ejercicio 94.

Ley de la potencia

$$\lim_{n\to\infty} a_n^p = \left[\lim_{n\to\infty} a_n\right]^p \ \text{si} \ p > 0 \ \text{y} \ a_n > 0$$

El teorema de la compresión también se puede adaptar para sucesiones como sigue (vea la figura 9).

Teorema de la compresión para sucesiones

Si $a_n \leq b_n \leq c_n$ para $n \geq n_0$ y $\lim\limits_{n\to\infty} a_n = \lim\limits_{n\to\infty} c_n = L$, entonces $\lim\limits_{n\to\infty} b_n = L$.

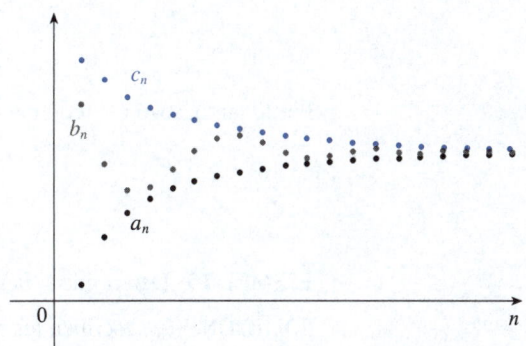

FIGURA 9
La sucesión $\{b_n\}$ se comprime entre las sucesiones $\{a_n\}$ y $\{c_n\}$.

Otro hecho útil sobre los límites de las sucesiones se establece en el siguiente teorema; la demostración se asigna en el ejercicio 93.

$\boxed{6}$ **Teorema**   Si $\lim\limits_{n\to\infty} |a_n| = 0$, entonces $\lim\limits_{n\to\infty} a_n = 0$.

EJEMPLO 4 Encuentre $\lim\limits_{n\to\infty} \dfrac{n}{n+1}$.

SOLUCIÓN El método es similar al que se utiliza en la sección 2.6: dividir el numerador y el denominador entre la potencia más alta de n que se presente en el denominador y luego aplicar las leyes de los límites para sucesiones.

En general, para cualquier constante c
$$\lim_{n\to\infty} c = c$$

Esto muestra que fue acertada la conjetura anterior a partir de las figuras 2 y 3.

$$\lim_{n\to\infty} \frac{n}{n+1} = \lim_{n\to\infty} \frac{1}{1+\dfrac{1}{n}} = \frac{\lim\limits_{n\to\infty} 1}{\lim\limits_{n\to\infty} 1 + \lim\limits_{n\to\infty} \dfrac{1}{n}}$$

$$= \frac{1}{1+0} = 1$$

Aquí se aplicó la ecuación 5 con $r = 1$.   ∎

EJEMPLO 5 ¿La sucesión $a_n = \dfrac{n}{\sqrt{10+n}}$ es convergente o divergente?

SOLUCIÓN Igual que en el ejemplo 4, se divide el numerador y el denominador entre n:

$$\lim_{n\to\infty}\frac{n}{\sqrt{10+n}} = \lim_{n\to\infty}\frac{1}{\sqrt{\dfrac{10}{n^2}+\dfrac{1}{n}}} = \infty$$

ya que el numerador es constante y el denominador (que es positivo) se aproxima a 0. Entonces $\{a_n\}$ es divergente. ∎

EJEMPLO 6 Calcule $\lim\limits_{n\to\infty}\dfrac{\ln n}{n}$.

SOLUCIÓN Observe que tanto el numerador como el denominador se aproximan a infinito cuando $n\to\infty$. No se puede aplicar la regla de L'Hôpital directamente porque no es válida para las sucesiones sino para las funciones de una variable real. Sin embargo, es posible aplicar la regla de L'Hôpital a la función relacionada $f(x) = (\ln x)/x$ y obtener

$$\lim_{x\to\infty}\frac{\ln x}{x} = \lim_{x\to\infty}\frac{1/x}{1} = 0$$

Por lo tanto, según el teorema 4, se tiene

$$\lim_{n\to\infty}\frac{\ln n}{n} = 0$$

∎

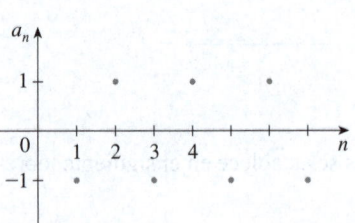

FIGURA 10 La sucesión $\{(-1)^n\}$.

EJEMPLO 7 Determine si la sucesión $a_n = (-1)^n$ es convergente o divergente.

SOLUCIÓN Si se escriben los términos de la sucesión, se obtiene

$$\{-1, 1, -1, 1, -1, 1, -1, \dots\}$$

En la figura 10 se muestra la gráfica de esta sucesión. Como los términos oscilan entre 1 y -1 de forma infinita, a_n no se aproxima a ningún número. Así, $\lim_{n\to\infty}(-1)^n$ no existe; es decir, la sucesión $\{(-1)^n\}$ es divergente. ∎

EJEMPLO 8 Evalúe $\lim\limits_{n\to\infty}\dfrac{(-1)^n}{n}$ si existe.

SOLUCIÓN Primero se calcula el límite del valor absoluto:

$$\lim_{n\to\infty}\left|\frac{(-1)^n}{n}\right| = \lim_{n\to\infty}\frac{1}{n} = 0$$

Por tanto, según el teorema 6,

$$\lim_{n\to\infty}\frac{(-1)^n}{n} = 0$$

La sucesión se grafica en la figura 11. ∎

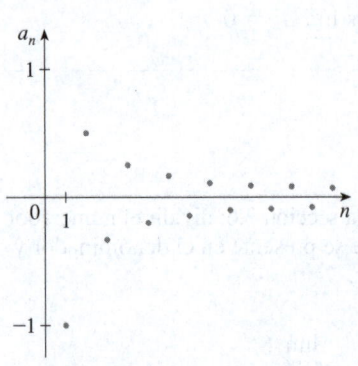

FIGURA 11 La sucesión $\left\{\dfrac{(-1)^n}{n}\right\}$.

El siguiente teorema establece que si se aplica una función continua a los términos de una sucesión convergente, el resultado también es convergente. La demostración se presenta en el apéndice F.

> **7** **Teorema** Si $\lim\limits_{n\to\infty} a_n = L$ y la función f es continua en L, entonces
> $$\lim_{n\to\infty} f(a_n) = f(L)$$

EJEMPLO 9 Encuentre $\lim\limits_{n \to \infty} \operatorname{sen} \dfrac{\pi}{n}$.

SOLUCIÓN Como la función seno es continua en 0, el teorema 7 permite escribir

$$\lim_{n \to \infty} \operatorname{sen} \frac{\pi}{n} = \operatorname{sen}\left(\lim_{n \to \infty} \frac{\pi}{n} \right) = \operatorname{sen} 0 = 0$$ ∎

EJEMPLO 10 Analice la convergencia de la sucesión $a_n = n!/n^n$, donde $n! = 1 \cdot 2 \cdot 3 \cdots \cdots n$.

SOLUCIÓN Tanto el numerador como el denominador se aproximan a infinito cuando $n \to \infty$, pero aquí no hay una función correspondiente para usar con la regla de L'Hôpital ($x!$ no está definido cuando x no es un entero). Escriba algunos términos para tener una idea de lo que le pasa a a_n cuando n aumenta:

$$a_1 = 1 \qquad a_2 = \frac{1 \cdot 2}{2 \cdot 2} \qquad a_3 = \frac{1 \cdot 2 \cdot 3}{3 \cdot 3 \cdot 3}$$

$$\boxed{8} \qquad a_n = \frac{1 \cdot 2 \cdot 3 \cdots \cdots n}{n \cdot n \cdot n \cdots \cdots n}$$

De estas expresiones y de la gráfica de la figura 12 se desprende que los términos son decrecientes y tal vez se aproximen a 0. Para confirmarlo, observe de la ecuación 8 que

$$a_n = \frac{1}{n} \left(\frac{2 \cdot 3 \cdots \cdots n}{n \cdot n \cdots \cdots n} \right)$$

Observe que la expresión entre paréntesis es como máximo 1 porque el numerador es menor (o igual) que el denominador. Así,

$$0 < a_n \leq \frac{1}{n}$$

Se sabe que $1/n \to 0$ a medida que $n \to \infty$. Por lo tanto, $a_n \to 0$ a medida que $n \to \infty$ según el teorema de la compresión. ∎

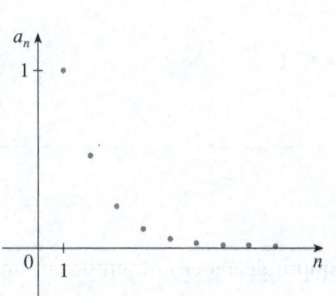

FIGURA 12 Sucesión $\{n!/n^n\}$.

EJEMPLO 11 ¿Para qué valores de r es convergente la sucesión $\{r^n\}$?

SOLUCIÓN Se sabe, por la sección 2.6 y las gráficas de las funciones exponenciales de la sección 1.4, que $\lim_{x \to \infty} b^x = \infty$ para $b > 1$ y $\lim_{x \to \infty} b^x = 0$ para $0 < b < 1$. Por lo tanto, al fijar $b = r$ y con el teorema 4 se tiene

$$\lim_{n \to \infty} r^n = \begin{cases} \infty & \text{si } r > 1 \\ 0 & \text{si } 0 < r < 1 \end{cases}$$

Es evidente que

$$\lim_{n \to \infty} 1^n = 1 \qquad \text{y} \qquad \lim_{n \to \infty} 0^n = 0$$

Si $-1 < r < 0$, entonces $0 < |r| < 1$, de modo que

$$\lim_{n \to \infty} |r^n| = \lim_{n \to \infty} |r|^n = 0$$

y por ende $\lim_{n \to \infty} r^n = 0$ según el teorema 6. Si $r \leq -1$, entonces $\{r^n\}$ diverge como en el ejemplo 7. En la figura 13 se ven las gráficas de varios valores de r. (El caso $r = -1$ se muestra en la figura 10).

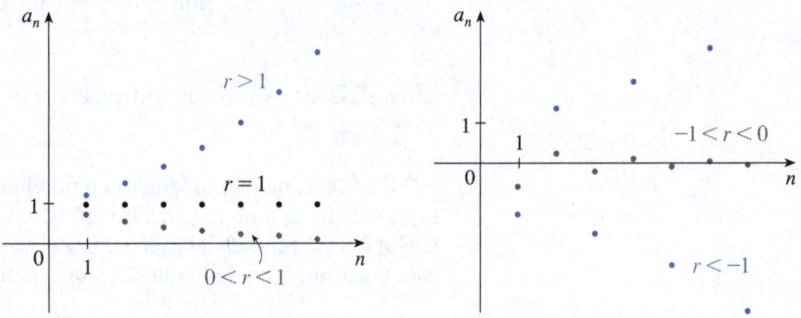

FIGURA 13
La sucesión $a_n = r^n$.

Los resultados del ejemplo 11 se resumen para su uso futuro de la siguiente manera.

> **9** La sucesión $\{r^n\}$ es convergente si $-1 < r \leq 1$ y divergente para todos los demás valores de r.
>
> $$\lim_{n \to \infty} r^n = \begin{cases} 0 & \text{si } -1 < r < 1 \\ 1 & \text{si } r = 1 \end{cases}$$

■ **Sucesiones monótonas y acotadas**

Las sucesiones cuyos términos siempre crecen (o siempre decrecen) desempeñan un papel especial en el estudio de las sucesiones.

> **10**   **Definición**   Una sucesión $\{a_n\}$ se llama **creciente** si $a_n < a_{n+1}$ para toda $n \geq 1$; es decir, $a_1 < a_2 < a_3 < \cdots$. Se denomina **decreciente** si $a_n > a_{n+1}$ para toda $n \geq 1$. Una sucesión es **monótona** si es creciente o decreciente.

EJEMPLO 12   La sucesión $\left\{ \dfrac{3}{n+5} \right\}$ es decreciente porque

En el ejemplo 12, $3/(n+6)$ es menor que $3/(n+5)$ porque su denominador es mayor.

$$a_n = \frac{3}{n+5} > \frac{3}{n+6} = \frac{3}{(n+1)+5} = a_{n+1}$$

para toda $n \geq 1$.   ■

EJEMPLO 13   Demuestre que la sucesión $a_n = \dfrac{n}{n^2 + 1}$ es decreciente.

SOLUCIÓN 1   Debe demostrarse que $a_n > a_{n+1}$; es decir,

$$\frac{n}{n^2 + 1} > \frac{n+1}{(n+1)^2 + 1}$$

Esta desigualdad equivale a la que se obtiene por multiplicación cruzada:

$$\frac{n}{n^2 + 1} > \frac{n + 1}{(n + 1)^2 + 1} \iff n[(n + 1)^2 + 1] > (n + 1)(n^2 + 1)$$

$$\iff n^3 + 2n^2 + 2n > n^3 + n^2 + n + 1$$

$$\iff n^2 + n > 1$$

Como $n \geq 1$, se sabe que la desigualdad $n^2 + n > 1$ es cierta. Por lo tanto, $a_n > a_{n+1}$ y por ende $\{a_n\}$ es decreciente.

SOLUCIÓN 2 Considere la función $f(x) = \dfrac{x}{x^2 + 1}$:

$$f'(x) = \frac{x^2 + 1 - x \cdot 2x}{(x^2 + 1)^2} = \frac{1 - x^2}{(x^2 + 1)^2} < 0 \qquad \text{siempre que } x^2 > 1$$

De este modo, f es decreciente en $(1, \infty)$ y, por tanto, $f(n) > f(n + 1)$. Así, $\{a_n\}$ es decreciente. ∎

---

11 Definición Una sucesión $\{a_n\}$ está **acotada por arriba** si existe un número M tal que

$$a_n \leq M \qquad \text{para toda } n \geq 1$$

Una sucesión está **acotada por abajo** si existe un número m tal que

$$m \leq a_n \qquad \text{para toda } n \geq 1$$

Si una sucesión está acotada por arriba y por abajo, se denomina **sucesión acotada**.

Por ejemplo, la sucesión $a_n = n$ está acotada por abajo ($a_n > 0$) pero no por arriba. La sucesión $a_n = n/(n + 1)$ está acotada porque $0 < a_n < 1$ para toda n.

Se sabe que no todas las sucesiones acotadas son convergentes [por ejemplo, la sucesión $a_n = (-1)^n$ satisface $-1 \leq a_n \leq 1$ pero es divergente según el ejemplo 7] y no todas las sucesiones monótonas son convergentes ($a_n = n \to \infty$). Sin embargo, si una sucesión está acotada y es monótona, entonces debe ser convergente. Esto se demuestra en el teorema 12, pero se puede observar por qué es verdad al apreciar la figura 14. Si $\{a_n\}$ es creciente y $a_n \leq M$ para toda n, entonces los términos están obligados a reunirse y aproximarse a algún número L.

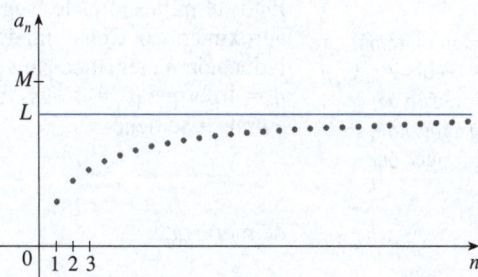

FIGURA 14

---

12 Teorema de la sucesión monótona Toda sucesión acotada y monótona es convergente.

En particular, una sucesión que es creciente y que está acotada por arriba converge, y una sucesión que es decreciente y que está acotada por abajo converge.

La demostración del teorema 12 se basa en el **axioma del supremo** o **axioma de completitud** para el conjunto $\mathbb{R}$ de los números reales, que sostiene que si S es un conjunto no vacío de números reales que tiene una cota superior M ($x \leq M$ para toda x en S), entonces S tiene una **mínima cota superior** b (esto significa que b es una cota superior para S, pero si M es cualquier otra cota superior, entonces $b \leq M$). El axioma del supremo es una expresión que indica que no hay brechas o agujeros en la recta de los números reales.

DEMOSTRACIÓN DEL TEOREMA 12   Suponga que $\{a_n\}$ es una sucesión creciente. Como $\{a_n\}$ está acotada, el conjunto $S = \{a_n \mid n \geq 1\}$ tiene una cota superior. Por el axioma del supremo tiene una mínima cota superior L. Dado que $\varepsilon > 0$, $L - \varepsilon$ no es una cota superior para S (pues L es la *mínima* cota superior). Por lo tanto,

$$a_N > L - \varepsilon \qquad \text{para algún entero } N$$

No obstante, la sucesión es creciente, así que $a_n \geq a_N$ para toda $n > N$. Así, si $n > N$, se tiene

$$a_n > L - \varepsilon$$

de modo que

$$0 \leq L - a_n < \varepsilon$$

porque $a_n \leq L$. Por tanto,

$$|L - a_n| < \varepsilon \qquad \text{siempre que } n > N$$

de modo que $\lim_{n \to \infty} a_n = L$.

Es válida una demostración semejante (con la máxima cota inferior) si $\{a_n\}$ es decreciente. ∎

EJEMPLO 14   Investigue la sucesión $\{a_n\}$ definida por la *relación de recurrencia*

$$a_1 = 2 \qquad a_{n+1} = \tfrac{1}{2}(a_n + 6) \qquad \text{para } n = 1, 2, 3, \ldots$$

SOLUCIÓN   Se comienza por calcular los primeros términos:

$$a_1 = 2 \qquad\qquad a_2 = \tfrac{1}{2}(2 + 6) = 4 \qquad a_3 = \tfrac{1}{2}(4 + 6) = 5$$

$$a_4 = \tfrac{1}{2}(5 + 6) = 5.5 \qquad a_5 = 5.75 \qquad\qquad a_6 = 5.875$$

$$a_7 = 5.9375 \qquad\qquad a_8 = 5.96875 \qquad\qquad a_9 = 5.984375$$

Estos términos iniciales sugieren que la sucesión es creciente y los términos se aproximan a 6. Con el fin de confirmar que la sucesión es creciente, se aplica la inducción matemática para mostrar que $a_{n+1} > a_n$ para toda $n \geq 1$. Esto es cierto para $n = 1$ porque $a_2 = 4 > a_1$. Si se parte del supuesto de que es cierto para $n = k$, entonces se tiene

> Suele aplicarse inducción matemática para tratar sucesiones recursivas. En "Principios para la resolución de problemas" al final del capítulo 1, se analiza el principio de inducción matemática.

$$a_{k+1} > a_k$$

de modo que

$$a_{k+1} + 6 > a_k + 6$$

y

$$\tfrac{1}{2}(a_{k+1} + 6) > \tfrac{1}{2}(a_k + 6)$$

Por lo cual,

$$a_{k+2} > a_{k+1}$$

Se dedujo que $a_{n+1} > a_n$ es cierto para $n = k + 1$. Por lo tanto, la desigualdad es verdadera para toda n por inducción.

A continuación, se verifica que $\{a_n\}$ está acotada al demostrar que $a_n < 6$ para toda n (como la sucesión es creciente, ya se sabe que tiene una cota inferior: $a_n \geq a_1 = 2$

para toda n). Se sabe que $a_1 < 6$, por lo que la afirmación es cierta para $n = 1$. Suponga que es cierta para $n = k$. Entonces

$$a_k < 6$$

de modo que

$$a_k + 6 < 12$$

y

$$\tfrac{1}{2}(a_k + 6) < \tfrac{1}{2}(12) = 6$$

así

$$a_{k+1} < 6$$

Esto muestra, por inducción matemática, que $a_n < 6$ para toda n.

Como la sucesión $\{a_n\}$ es creciente y está acotada, el teorema 12 garantiza que tiene un límite. El teorema no indica cuál es el valor del límite. Pero ahora que se sabe que existe $L = \lim_{n\to\infty} a_n$, se puede usar la relación de recurrencia indicada para escribir

$$\lim_{n\to\infty} a_{n+1} = \lim_{n\to\infty} \tfrac{1}{2}(a_n + 6) = \tfrac{1}{2}\left(\lim_{n\to\infty} a_n + 6\right) = \tfrac{1}{2}(L + 6)$$

En el ejercicio 76 se pide una demostración de este hecho.

Dado que $a_n \to L$, se deduce que $a_{n+1} \to L$ también (cuando $n \to \infty$, $n + 1 \to \infty$ también). Así, se tiene

$$L = \tfrac{1}{2}(L + 6)$$

Al despejar L en esta ecuación, se obtiene $L = 6$, como se pronosticó. ∎

11.1 | Ejercicios

1. (a) ¿Qué es una sucesión?

  (b) ¿Qué significa decir que $\lim_{n\to\infty} a_n = 8$?

  (c) ¿Qué significa decir que $\lim_{n\to\infty} a_n = \infty$?

2. (a) ¿Qué es una sucesión convergente? Indique dos ejemplos.

  (b) ¿Qué es una sucesión divergente? Indique dos ejemplos.

3-16 Enumere los cinco primeros términos de la sucesión.

3. $a_n = n^3 - 1$

4. $a_n = \dfrac{1}{3^n + 1}$

5. $\left\{2^n + n\right\}_{n=2}^{\infty}$

6. $\left\{\dfrac{n^2 - 1}{n^2 + 1}\right\}_{n=3}^{\infty}$

7. $a_n = \dfrac{(-1)^{n-1}}{n^2}$

8. $a_n = \dfrac{(-1)^n}{4^n}$

9. $a_n = \cos n\pi$

10. $a_n = 1 + (-1)^n$

11. $a_n = \dfrac{(-2)^n}{(n+1)!}$

12. $a_n = \dfrac{2n+1}{n! + 1}$

13. $a_1 = 1, \quad a_{n+1} = 2a_n + 1$

14. $a_1 = 6, \quad a_{n+1} = \dfrac{a_n}{n}$

15. $a_1 = 2, \quad a_{n+1} = \dfrac{a_n}{1 + a_n}$

16. $a_1 = 2, \quad a_2 = 1, \quad a_{n+1} = a_n - a_{n-1}$

17-22 Encuentre una fórmula para el término general a_n de la sucesión suponiendo que el patrón de los primeros términos continúa.

17. $\left\{\tfrac{1}{2}, \tfrac{1}{4}, \tfrac{1}{6}, \tfrac{1}{8}, \tfrac{1}{10}, \ldots\right\}$

18. $\left\{4, -1, \tfrac{1}{4}, -\tfrac{1}{16}, \tfrac{1}{64}, \ldots\right\}$

19. $\left\{-3, 2, -\tfrac{4}{3}, \tfrac{8}{9}, -\tfrac{16}{27}, \ldots\right\}$

20. $\{5, 8, 11, 14, 17, \ldots\}$

21. $\left\{\tfrac{1}{2}, -\tfrac{4}{3}, \tfrac{9}{4}, -\tfrac{16}{5}, \tfrac{25}{6}, \ldots\right\}$

22. $\{1, 0, -1, 0, 1, 0, -1, 0, \ldots\}$

23-26 Calcule, con cuatro decimales de precisión, los primeros diez términos de la sucesión y con ellos trace la gráfica de la sucesión a mano. ¿Parece que la sucesión tiene un límite? Si es así, calcúlelo. Si no, explique por qué.

23. $a_n = \dfrac{3n}{1 + 6n}$

24. $a_n = 2 + \dfrac{(-1)^n}{n}$

25. $a_n = 1 + \left(-\tfrac{1}{2}\right)^n$

26. $a_n = 1 + \dfrac{10^n}{9^n}$

27-62 Determine si la sucesión converge o diverge. Si converge, encuentre el límite.

27. $a_n = \dfrac{5}{n+2}$

28. $a_n = 5\sqrt{n+2}$

29. $a_n = \dfrac{4n^2 - 3n}{2n^2 + 1}$

30. $a_n = \dfrac{4n^2 - 3n}{2n + 1}$

31. $a_n = \dfrac{n^4}{n^3 - 2n}$

32. $a_n = 2 + (0.86)^n$

33. $a_n = 3^n 7^{-n}$

$a_n = \dfrac{3\sqrt{n}}{\sqrt{n} + 2}$

35. $a_n = e^{-1/\sqrt{n}}$

36. $a_n = \dfrac{4^n}{1 + 9^n}$

37. $a_n = \sqrt{\dfrac{1 + 4n^2}{1 + n^2}}$

38. $a_n = \cos\left(\dfrac{n\pi}{n + 1}\right)$

39. $a_n = \dfrac{n^2}{\sqrt{n^3 + 4n}}$

40. $a_n = e^{2n/(n+2)}$

41. $a_n = \dfrac{(-1)^n}{2\sqrt{n}}$

42. $a_n = \dfrac{(-1)^{n+1} n}{n + \sqrt{n}}$

43. $\left\{\dfrac{(2n - 1)!}{(2n + 1)!}\right\}$

44. $\left\{\dfrac{\ln n}{\ln(2n)}\right\}$

45. $\{\operatorname{sen} n\}$

46. $a_n = \dfrac{\tan^{-1} n}{n}$

47. $\{n^2 e^{-n}\}$

48. $a_n = \ln(n + 1) - \ln n$

49. $a_n = \dfrac{\cos^2 n}{2^n}$

50. $a_n = \sqrt[n]{2^{1+3n}}$

51. $a_n = n \operatorname{sen}(1/n)$

52. $a_n = 2^{-n} \cos n\pi$

53. $a_n = \left(1 + \dfrac{2}{n}\right)^n$

54. $a_n = n^{1/n}$

55. $a_n = \ln(2n^2 + 1) - \ln(n^2 + 1)$

56. $a_n = \dfrac{(\ln n)^2}{n}$

57. $a_n = \arctan(\ln n)$

58. $a_n = n - \sqrt{n + 1}\sqrt{n + 3}$

59. $\{0, 1, 0, 0, 1, 0, 0, 0, 1, \ldots\}$

60. $\left\{\dfrac{1}{1}, \dfrac{1}{3}, \dfrac{1}{2}, \dfrac{1}{4}, \dfrac{1}{3}, \dfrac{1}{5}, \dfrac{1}{4}, \dfrac{1}{6}, \ldots\right\}$

61. $a_n = \dfrac{n!}{2^n}$

62. $a_n = \dfrac{(-3)^n}{n!}$

63-69 Determine, con una gráfica de la sucesión, si es convergente o divergente. Si la sucesión es convergente, suponga el valor del límite de la gráfica y luego demuestre su suposición.

63. $a_n = (-1)^n \dfrac{n}{n + 1}$

64. $a_n = \dfrac{\operatorname{sen} n}{n}$

65. $a_n = \arctan\left(\dfrac{n^2}{n^2 + 4}\right)$

66. $a_n = \sqrt[n]{3^n + 5^n}$

67. $a_n = \dfrac{n^2 \cos n}{1 + n^2}$

68. $a_n = \dfrac{1 \cdot 3 \cdot 5 \cdot \cdots \cdot (2n - 1)}{n!}$

69. $a_n = \dfrac{1 \cdot 3 \cdot 5 \cdot \cdots \cdot (2n - 1)}{(2n)^n}$

70. (a) Determine si la sucesión definida a continuación es convergente o divergente:

$$a_1 = 1 \qquad a_{n+1} = 4 - a_n \qquad \text{para } n \geq 1$$

(b) ¿Qué pasa si el primer término es $a_1 = 2$?

71. Si se invierten \$1 000 con 6% de interés compuesto anualmente, después de n años la inversión vale $a_n = 1\,000(1.06)^n$ USD.

(a) Encuentre los primeros cinco términos de la sucesión $\{a_n\}$.

(b) ¿La sucesión es convergente o divergente? Explique.

72. Si se depositan \$100 al final de cada mes en una cuenta que paga 3% de interés anual compuesto mensualmente, el monto de los intereses acumulados después de n meses se da por la sucesión

$$I_n = 100\left(\dfrac{1.0025^n - 1}{0.0025} - n\right)$$

(a) Encuentre los primeros seis términos de la sucesión.

(b) ¿Cuánto interés habrá ganado después de dos años?

73. Un piscicultor tiene 5 000 bagres en su estanque. El número de bagres aumenta 8% por mes y el granjero cosecha 300 bagres por mes.

(a) Demuestre que la población de bagres P_n después de n meses se da recursivamente por

$$P_n = 1.08P_{n-1} - 300 \qquad P_0 = 5\,000$$

(b) Determine el número de bagres en el estanque después de seis meses.

74. Encuentre los primeros 40 términos de la sucesión definida por

$$a_{n+1} = \begin{cases} \tfrac{1}{2}a_n & \text{si } a_n \text{ es un número par} \\ 3a_n + 1 & \text{si } a_n \text{ es un número impar} \end{cases}$$

y $a_1 = 11$. Haga lo mismo si $a_1 = 25$. Deduzca sobre este tipo de sucesión.

75. ¿Para qué valores de r la sucesión $\{nr^n\}$ es convergente?

76. (a) Si $\{a_n\}$ es convergente, demuestre que

$$\lim_{n \to \infty} a_{n+1} = \lim_{n \to \infty} a_n$$

(b) Una sucesión $\{a_n\}$ se define por $a_1 = 1$ y $a_{n+1} = 1/(1 + a_n)$ para $n \geq 1$. Suponiendo que $\{a_n\}$ es convergente, encuentre su límite.

77. Suponga que sabe que $\{a_n\}$ es una sucesión decreciente y que todos sus términos se encuentran entre los números 5 y 8. Explique por qué la sucesión tiene un límite. ¿Qué puede decir sobre el valor del límite?

78-84 Determine si la sucesión es creciente, decreciente o no es monótona. ¿La sucesión está acotada?

78. $a_n = \cos n$

79. $a_n = \dfrac{1}{2n+3}$

80. $a_n = \dfrac{1-n}{2+n}$

81. $a_n = n(-1)^n$

82. $a_n = 2 + \dfrac{(-1)^n}{n}$

83. $a_n = 3 - 2ne^{-n}$

84. $a_n = n^3 - 3n + 3$

85. Determine el límite de la sucesión

$$\left\{ \sqrt{2}, \sqrt{2\sqrt{2}}, \sqrt{2\sqrt{2\sqrt{2}}}, \ldots \right\}$$

86. Una sucesión $\{a_n\}$ se indica por $a_1 = \sqrt{2}$, $a_{n+1} = \sqrt{2 + a_n}$.
(a) Por inducción o de otra manera, demuestre que $\{a_n\}$ es creciente y está acotada por arriba por 3. Aplique el teorema de la sucesión monótona para demostrar que existe $\lim_{n\to\infty} a_n$.
(b) Determine $\lim_{n\to\infty} a_n$.

87. Demuestre que la sucesión definida por

$$a_1 = 1 \qquad a_{n+1} = 3 - \dfrac{1}{a_n}$$

es creciente y $a_n < 3$ para toda n. Deduzca que $\{a_n\}$ es convergente y encuentre su límite.

88. Demuestre que la sucesión definida por

$$a_1 = 2 \qquad a_{n+1} = \dfrac{1}{3 - a_n}$$

satisface $0 < a_n \le 2$ y es decreciente. Deduzca que la sucesión es convergente y determine su límite.

89. (a) Fibonacci planteó el siguiente problema:

Suponga que los conejos viven para siempre y que al mes cada pareja produce una nueva pareja que se vuelve productiva a los 2 meses de edad. A partir de una pareja de recién nacidos, ¿cuántas parejas de conejos habrá en el n-ésimo mes?

Demuestre que la respuesta es f_n, donde $\{f_n\}$ es la sucesión de Fibonacci que se define en el ejemplo 3(c).
(b) Sea $a_n = f_{n+1}/f_n$ y demuestre que $a_{n-1} = 1 + 1/a_{n-2}$. Suponiendo que $\{a_n\}$ es convergente, halle su límite.

90. (a) Sean $a_1 = a$, $a_2 = f(a)$, $a_3 = f(a_2) = f(f(a)),\ldots$, $a_{n+1} = f(a_n)$, donde f es una función continua. Si $\lim_{n\to\infty} a_n = L$, demuestre que $f(L) = L$.
(b) Ilustre el inciso (a) con $f(x) = \cos x$, $a = 1$, y estime el valor de L con cinco decimales de precisión.

91. (a) Con una gráfica, determine el valor del límite

$$\lim_{n\to\infty} \dfrac{n^5}{n!}$$

(b) Encuentre, con una gráfica de la sucesión del inciso (a), los valores más pequeños de N que correspondan a $\varepsilon = 0.1$ y $\varepsilon = 0.001$ en la definición 2.

92. A partir directamente de la definición 2, demuestre que $\lim_{n\to\infty} r^n = 0$ cuando $|r| < 1$.

93. Demuestre el teorema 6.
[*Sugerencia*: Aplique la definición 2 o el teorema de la compresión].

94. Con el teorema 7 demuestre la ley de la potencia:

$$\lim_{n\to\infty} a_n^p = \left[\lim_{n\to\infty} a_n \right]^p \qquad \text{si } p > 0 \text{ y } a_n > 0$$

95. Demuestre que si $\lim_{n\to\infty} a_n = 0$ y $\{b_n\}$ está acotada, entonces $\lim_{n\to\infty} (a_n b_n) = 0$.

96. Sea $a_n = (1 + 1/n)^n$.
(a) Demuestre que si $0 \le a < b$, entonces

$$\dfrac{b^{n+1} - a^{n+1}}{b - a} < (n+1)b^n$$

(b) Deduzca que $b^n[(n+1)a - nb] < a^{n+1}$.
(c) Con $a = 1 + 1/(n+1)$ y $b = 1 + 1/n$ en el inciso (b) demuestre que $\{a_n\}$ es creciente.
(d) Utilice $a = 1$ y $b = 1 + 1/(2n)$ en el inciso (b) para demostrar que $a_{2n} < 4$.
(e) Demuestre, con los incisos (c) y (d), que $a_n < 4$ para toda n.
(f) Con el teorema 12 muestre que $\lim_{n\to\infty} (1 + 1/n)^n$ existe (el límite es e. Vea la ecuación 3.6.6).

97. Sean a y b números positivos con $a > b$. Sea a_1 su media aritmética y b_1 su media geométrica:

$$a_1 = \dfrac{a+b}{2} \qquad b_1 = \sqrt{ab}$$

Repita este proceso de modo que, en general,

$$a_{n+1} = \dfrac{a_n + b_n}{2} \qquad b_{n+1} = \sqrt{a_n b_n}$$

(a) Demuestre mediante inducción matemática que

$$a_n > a_{n+1} > b_{n+1} > b_n$$

(b) Deduzca que tanto $\{a_n\}$ como $\{b_n\}$ son convergentes.
(c) Demuestre que $\lim_{n\to\infty} a_n = \lim_{n\to\infty} b_n$. Gauss llamó al valor común de estos límites la **media aritmética-geométrica** de los números a y b.

98. (a) Demuestre que si $\lim_{n\to\infty} a_{2n} = L$ y $\lim_{n\to\infty} a_{2n+1} = L$, entonces $\{a_n\}$ es convergente y $\lim_{n\to\infty} a_n = L$.
(b) Si $a_1 = 1$ y

$$a_{n+1} = 1 + \dfrac{1}{1 + a_n}$$

encuentre los primeros ocho términos de la sucesión $\{a_n\}$.

Después use el inciso (a) para demostrar que $\lim_{n\to\infty} a_n = \sqrt{2}$. Esto da la **expansión en fracción continua**

$$\sqrt{2} = 1 + \cfrac{1}{2 + \cfrac{1}{2 + \cdots}}$$

99. El tamaño de una población de peces no alterada se modela por la fórmula

$$p_{n+1} = \frac{bp_n}{a + p_n}$$

donde p_n es la población de peces después de n años y a y b son constantes positivas que dependen de la especie

y su ambiente. Suponga que la población en el año 0 es $p_0 > 0$.

(a) Demuestre que si $\{p_n\}$ es convergente, entonces los únicos valores posibles para su límite son 0 y $b - a$.

(b) Demuestre que $p_{n+1} < (b/a)/p_n$.

(c) Con el inciso (b), muestre que si $a > b$, entonces $\lim_{n\to\infty} p_n = 0$; en otras palabras, la población se extingue.

(d) Ahora suponga que $a < b$. Demuestre que si $p_0 < b - a$, entonces $\{p_n\}$ es creciente y $0 < p_n < b - a$. También demuestre que si $p_0 > b - a$, entonces $\{p_n\}$ es decreciente y $p_n > b - a$. Deduzca que si $a < b$, entonces $\lim_{n\to\infty} p_n = b - a$.

PROYECTO DE DESCUBRIMIENTO ⒯ SUCESIONES LOGÍSTICAS

Una sucesión que surge en ecología como modelo de crecimiento poblacional se define por la **ecuación logística en diferencias**

$$p_{n+1} = kp_n(1 - p_n)$$

donde p_n mide el tamaño de la población de la n-ésima generación de una sola especie. Para mantener los números manejables, se toma p_n como una fracción del tamaño máximo de la población, por lo que $0 \leq p_n \leq 1$. Observe que la forma de esta ecuación es similar a la ecuación diferencial logística de la sección 9.4. Es preferible el modelo discreto —con sucesiones en lugar de funciones continuas— para modelar las poblaciones de insectos, en las que el apareamiento y la muerte se producen de forma periódica.

Un ecologista se interesa en predecir el tamaño de la población a medida que pasa el tiempo y se hace estas preguntas: ¿se estabilizará en un valor límite?, ¿cambiará de forma cíclica o mostrará un comportamiento aleatorio?

Escriba un programa para calcular los primeros n términos de esta sucesión comenzando con una población inicial p_0, donde $0 < p_0 < 1$. Use este programa para hacer lo siguiente:

1. Calcule 20 o 30 términos de la sucesión para $p_0 = \frac{1}{2}$ y para dos valores de k tales que $1 < k < 3$. Grafique cada sucesión. ¿Parece que las sucesiones convergen? Repita con un valor diferente de p_0 entre 0 y 1. ¿Depende el límite de la elección de p_0? ¿Depende de la elección de k?

2. Calcule los términos de la sucesión para un valor de k entre 3 y 3.4 y trácelos. ¿Qué nota sobre el comportamiento de los términos?

3. Experimente con valores de k entre 3.4 y 3.5. ¿Qué pasa con los términos?

4. Para valores de k entre 3.6 y 4, calcule y trace al menos 100 términos y comente sobre el comportamiento de la sucesión. ¿Qué pasa si se cambia p_0 por 0.001? Este tipo de comportamiento se llama *caótico* y lo exhiben las poblaciones de insectos en ciertas condiciones.

11.2 | Series

Recuerde de la sección 11.1 que Zenón, en una de sus paradojas, observó que para que un hombre camine a la pared de una habitación, primero tendría que caminar la mitad de la distancia hacia la pared, luego la mitad de la distancia restante ($\frac{1}{4}$ del total), y luego otra vez la mitad de lo que todavía queda $\left(\frac{1}{8}\right)$ y así sucesivamente (vea la figura 1). Como este proceso siempre puede continuar, Zenón argumentó que el hombre nunca puede llegar a la pared.

FIGURA 1

En la fase n, el hombre caminó una distancia total de
$$\frac{1}{2} + \frac{1}{4} + \frac{1}{8} + \cdots + \frac{1}{2^n}.$$

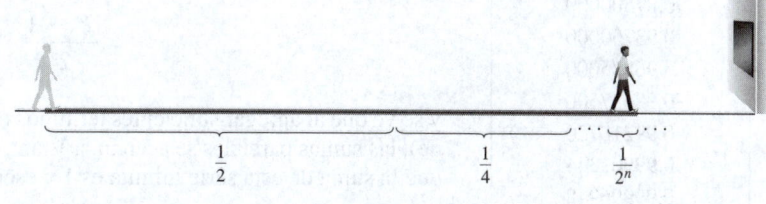

Por supuesto, se sabe que el hombre puede llegar a la pared, por lo que esto sugiere que tal vez la distancia total que el hombre camina puede expresarse como la suma de muchas distancias infinitamente más pequeñas como sigue:

$$1 = \frac{1}{2} + \frac{1}{4} + \frac{1}{8} + \frac{1}{16} + \cdots + \frac{1}{2^n} + \cdots$$

Zenón argumentaba que no tiene sentido sumar números de manera infinita. Pero hay otras situaciones en las que implícitamente se usan sumas infinitas. Por ejemplo, en notación decimal, el valor de π es

$$\pi = 3.14159\ 26535\ 89793\ 23846\ 26433\ 83279\ 50288\ldots$$

La convención de esta notación decimal es que este número puede escribirse como la suma infinita

$$\pi = 3 + \frac{1}{10} + \frac{4}{10^2} + \frac{1}{10^3} + \frac{5}{10^4} + \frac{9}{10^5} + \frac{2}{10^6} + \frac{6}{10^7} + \frac{5}{10^8} + \cdots$$

No es posible sumar literalmente un número infinito de términos, pero cuantos más términos se añaden, más cerca está el valor real de π.

Con ayuda de computadoras, los investigadores han encontrado aproximaciones decimales para π con decenas de billones de lugares decimales de precisión.

■ Series infinitas

Si se intenta sumar los términos de una sucesión infinita $\{a_n\}_{n=1}^{\infty}$ se obtiene una expresión de la forma

1 $$a_1 + a_2 + a_3 + \cdots + a_n + \cdots$$

que se llama **serie infinita** (o solo **serie**) y se denota con el símbolo

$$\sum_{n=1}^{\infty} a_n \quad \text{o} \quad \sum a_n$$

En general, ¿tiene sentido hablar de la suma de una infinidad de números? Por ejemplo, sería imposible encontrar una suma finita para la serie

$$1 + 2 + 3 + 4 + 5 + \cdots + n + \cdots$$

porque si se empieza a sumar los términos, entonces se obtienen sumas acumuladas que crecen cada vez más.

Sin embargo, considere la serie de distancias de la paradoja de Zenón:

$$\frac{1}{2} + \frac{1}{4} + \frac{1}{8} + \frac{1}{16} + \frac{1}{32} + \frac{1}{64} + \cdots + \frac{1}{2^n} + \cdots$$

n	Suma de los primeros n términos
1	0.50000000
2	0.75000000
3	0.87500000
4	0.93750000
5	0.96875000
6	0.98437500
7	0.99218750
10	0.99902344
15	0.99996948
20	0.99999905
25	0.99999997

Si empieza a sumar los términos siguiendo los subtotales a medida que avanza, obtiene $\frac{1}{2}$, $\frac{3}{4}$ (la suma de los dos primeros términos), $\frac{7}{8}$ (los tres primeros términos), $\frac{15}{16}$, $\frac{31}{32}$, $\frac{63}{64}$ y así sucesivamente. La tabla muestra que a medida que se añaden más y más términos, estas *sumas parciales* se acercan cada vez más a 1. De hecho, puede verificar que la n-ésima suma parcial está dada por

$$\frac{2^n - 1}{2^n} = 1 - \frac{1}{2^n}$$

y se ve que al agregar suficientes términos de la serie (haciendo n suficientemente grande), las sumas parciales se acercan a 1 tanto como se desee. Así, parece razonable decir que la suma de esta serie infinita es 1 y escribir

$$\sum_{n=1}^{\infty} \frac{1}{2^n} = \frac{1}{2} + \frac{1}{4} + \frac{1}{8} + \frac{1}{16} + \cdots + \frac{1}{2^n} + \cdots = 1$$

Con una idea semejante se determina si una serie general $\Sigma\, a_n$ tiene o no una suma. Se consideran las **sumas parciales**

$$s_1 = a_1$$

$$s_2 = a_1 + a_2$$

$$s_3 = a_1 + a_2 + a_3$$

$$s_4 = a_1 + a_2 + a_3 + a_4$$

y en general,

$$s_n = a_1 + a_2 + a_3 + \cdots + a_n = \sum_{i=1}^{n} a_i$$

Estas sumas parciales forman una nueva sucesión $\{s_n\}$, que puede o no tener un límite. Si existe $\lim_{n \to \infty} s_n$ (como un número finito), entonces se llama suma de la serie infinita $\Sigma\, a_n$.

---

2 Definición Dada una serie $\sum_{n=1}^{\infty} a_n = a_1 + a_2 + a_3 + \cdots$, entonces s_n denota su n-ésima suma parcial:

$$s_n = \sum_{i=1}^{n} a_i = a_1 + a_2 + \cdots + a_n$$

Si la sucesión $\{s_n\}$ es convergente y $\lim_{n \to \infty} s_n = s$ existe como un número real, entonces la serie Σa_n se llama **convergente** y se escribe

$$a_1 + a_2 + \cdots + a_n + \cdots = s \qquad \text{o} \qquad \sum_{n=1}^{\infty} a_n = s$$

El número s se llama la **suma** de la serie.
Si la sucesión $\{s_n\}$ es divergente, entonces la serie se llama **divergente**.

Compare con la integral impropia
$$\int_1^{\infty} f(x)\, dx = \lim_{t \to \infty} \int_1^t f(x)\, dx$$
Para encontrar esta integral, se integra de 1 a t y luego hacer $t \to \infty$. Para una serie, se suma de 1 a n y luego hacer $n \to \infty$.

Por lo tanto, la suma de una serie es el límite de la sucesión de las sumas parciales. Así, cuando se escribe $\sum_{n=1}^{\infty} a_n = s$, significa que al agregar suficientes términos de la serie es posible acercarse tanto como se desee al número s. Observe que

$$\sum_{n=1}^{\infty} a_n = \lim_{n \to \infty} \sum_{i=1}^{n} a_i$$

EJEMPLO 1 Suponga que sabe que la suma de los primeros n términos de la serie $\sum_{n=1}^{\infty} a_n$ es

$$s_n = a_1 + a_2 + \cdots + a_n = \frac{2n}{3n + 5}$$

Entonces la suma de la serie es el límite de la sucesión $\{s_n\}$:

$$\sum_{n=1}^{\infty} a_n = \lim_{n \to \infty} s_n = \lim_{n \to \infty} \frac{2n}{3n + 5} = \lim_{n \to \infty} \frac{2}{3 + \dfrac{5}{n}} = \frac{2}{3}$$

En el ejemplo 1 se *dio* una expresión para la suma de los primeros n términos. En el siguiente ejemplo se *encontrará* una expresión para la n-ésima suma parcial.

EJEMPLO 2 Demuestre que la serie $\sum_{n=1}^{\infty} \frac{1}{n(n + 1)}$ es convergente, y encuentre su suma.

SOLUCIÓN Se usa la definición de una serie convergente y se calculan las sumas parciales.

$$s_n = \sum_{i=1}^{n} \frac{1}{i(i + 1)} = \frac{1}{1 \cdot 2} + \frac{1}{2 \cdot 3} + \frac{1}{3 \cdot 4} + \cdots + \frac{1}{n(n + 1)}$$

Esta expresión se simplifica al aplicar la descomposición en fracciones parciales

$$\frac{1}{i(i + 1)} = \frac{1}{i} - \frac{1}{i + 1}$$

(vea la sección 7.4). Por lo tanto, se tiene

Observe que los términos se cancelan en pares. Este es un ejemplo de una **suma telescópica**: debido a todas las cancelaciones, la suma se colapsa (como el telescopio colapsado de un pirata) en solo dos términos.

$$s_n = \sum_{i=1}^{n} \frac{1}{i(i + 1)} = \sum_{i=1}^{n} \left(\frac{1}{i} - \frac{1}{i + 1} \right)$$

$$= \left(1 - \frac{1}{2} \right) + \left(\frac{1}{2} - \frac{1}{3} \right) + \left(\frac{1}{3} - \frac{1}{4} \right) + \cdots + \left(\frac{1}{n} - \frac{1}{n + 1} \right)$$

$$= 1 - \frac{1}{n + 1}$$

y así

$$\lim_{n \to \infty} s_n = \lim_{n \to \infty} \left(1 - \frac{1}{n + 1} \right) = 1 - 0 = 1$$

De este modo, la serie indicada es convergente y

$$\sum_{n=1}^{\infty} \frac{1}{n(n + 1)} = 1$$

En la figura 2 se ilustra el ejemplo 2 con las gráficas de la sucesión de términos $a_n = 1/[n(n + 1)]$ y la sucesión $\{s_n\}$ de sumas parciales. Observe que $a_n \to 0$ y $s_n \to 1$. Vea en los ejercicios 82 y 83 dos interpretaciones geométricas del ejemplo 2.

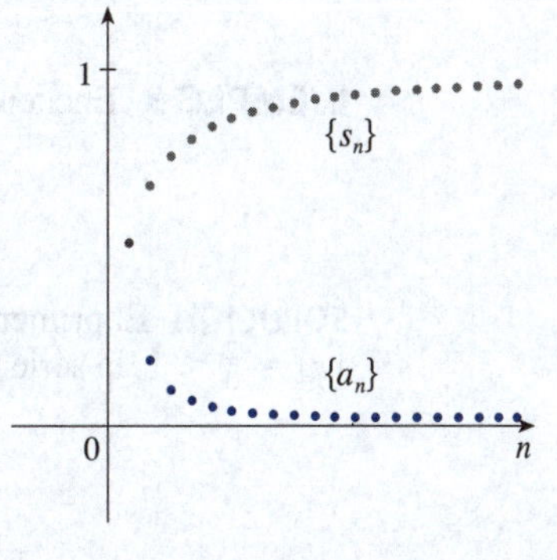

FIGURA 2

■ Suma de una serie geométrica

Un ejemplo importante de una serie infinita es la **serie geométrica**

$$a + ar + ar^2 + ar^3 + \cdots + ar^{n-1} + \cdots = \sum_{n=1}^{\infty} ar^{n-1} \qquad a \neq 0$$

Cada término se obtiene del anterior al multiplicarlo por la **razón común** r. (La serie que surge de la paradoja de Zenón es el caso especial donde $a = \frac{1}{2}$ y $r = \frac{1}{2}$).

Si $r = 1$, entonces $s_n = a + a + \cdots + a = na \to \pm\infty$. Como $\lim_{n\to\infty} s_n$ no existe, la serie geométrica diverge en este caso.

Si $r \neq 1$ se tiene

$$s_n = a + ar + ar^2 + \cdots + ar^{n-1}$$

y

$$rs_n = \qquad ar + ar^2 + \cdots + ar^{n-1} + ar^n$$

Al restar estas ecuaciones se obtiene

$$s_n - rs_n = a - ar^n$$

3
$$s_n = \frac{a(1 - r^n)}{1 - r}$$

Si $-1 < r < 1$, se sabe por (11.1.9) que $r^n \to 0$ cuando $n \to \infty$, por lo que

$$\lim_{n\to\infty} s_n = \lim_{n\to\infty} \frac{a(1 - r^n)}{1 - r} = \frac{a}{1 - r} - \frac{a}{1 - r} \cdot \lim_{n\to\infty} r^n = \frac{a}{1 - r}$$

Por tanto, cuando $|r| < 1$, la serie geométrica es convergente y su suma es $a/(1 - r)$.

Si $r \leq -1$ o $r > 1$, la sucesión $\{r^n\}$ es divergente según (11.1.9) y entonces, según la ecuación 3, $\lim_{n\to\infty} s_n$ no existe. De este modo, la serie geométrica diverge en esos casos. Estos resultados se resumen de la siguiente manera.

> **4** La serie geométrica
>
> $$\sum_{n=1}^{\infty} ar^{n-1} = a + ar + ar^2 + \cdots$$
>
> es convergente si $|r| < 1$ y su suma es
>
> $$\sum_{n=1}^{\infty} ar^{n-1} = \frac{a}{1 - r} \qquad |r| < 1$$
>
> Si $|r| \geq 1$, la serie geométrica es divergente.

EJEMPLO 3   Encuentre la suma de la serie geométrica

$$5 - \frac{10}{3} + \frac{20}{9} - \frac{40}{27} + \cdots$$

SOLUCIÓN   El primer término es $a = 5$ y la razón común es $r = -\frac{2}{3}$. Como $|r| = \frac{2}{3} < 1$, la serie es convergente según (4) y su suma es

$$\frac{5}{1 - \left(-\frac{2}{3}\right)} = \frac{5}{\frac{5}{3}} = 3$$ ■

En la figura 3 se proporciona una demostración geométrica de la fórmula de la suma de una serie geométrica. Si los triángulos se construyen como se muestra y s es la suma de la serie, entonces, por triángulos semejantes,

$$\frac{s}{a} = \frac{a}{a - ar} \quad \text{por lo que} \quad s = \frac{a}{1 - r}$$

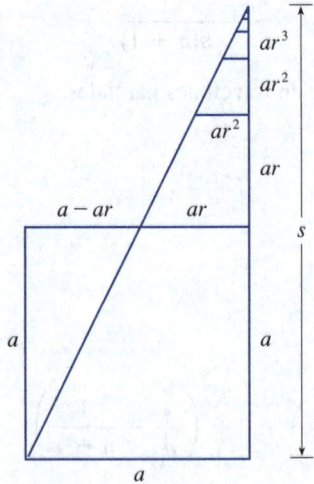

FIGURA 3

En palabras: la suma de una serie geométrica convergente es

$$\frac{\text{primer término}}{1 - \text{razón común}}$$

¿Qué significa realmente que la suma de la serie del ejemplo 3 sea 3? Por supuesto, no es posible literalmente sumar un número infinito de términos, uno por uno. Pero, de acuerdo con la definición 2, la suma total es el límite de la sucesión de sumas parciales. Así, tomando la suma de suficientes términos, se puede acercar tanto como se desee al número 3. En la tabla se muestran las primeras 10 sumas parciales s_n y en la gráfica de la figura 4 se muestra que la sucesión de sumas parciales se aproxima a 3.

n	S_n
1	5.000000
2	1.666667
3	3.888889
4	2.407407
5	3.395062
6	2.736626
7	3.175583
8	2.882945
9	3.078037
10	2.947975

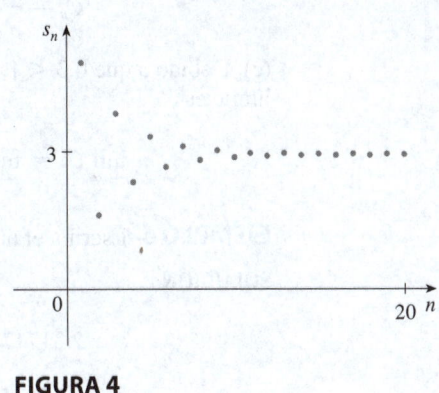

FIGURA 4

EJEMPLO 4 ¿La serie $\displaystyle\sum_{n=1}^{\infty} 2^{2n}3^{1-n}$ es convergente o divergente?

SOLUCIÓN Reescriba el n-ésimo término de la serie en la forma ar^{n-1}:

$$\sum_{n=1}^{\infty} 2^{2n}3^{1-n} = \sum_{n=1}^{\infty} (2^2)^n 3^{-(n-1)} = \sum_{n=1}^{\infty} \frac{4^n}{3^{n-1}} = \sum_{n=1}^{\infty} 4\left(\tfrac{4}{3}\right)^{n-1}$$

Otra manera de identificar a y r es escribir los primeros términos:
$$4 + \tfrac{16}{3} + \tfrac{64}{9} + \cdots$$

Esta serie se reconoce como una serie geométrica con $a = 4$ y $r = \tfrac{4}{3}$. Como $r > 1$, la serie diverge por (4). ∎

EJEMPLO 5 Se administra un medicamento a un paciente a la misma hora todos los días. Suponga que la concentración del medicamento es C_n (medida en mg/mL) después de la inyección en el n-ésimo día. Antes de la inyección del día siguiente, solo 30% del medicamento permanece en el torrente sanguíneo y la dosis diaria aumenta la concentración en 0.2 mg/mL.
(a) Encuentre la concentración justo después de la tercera inyección.
(b) ¿Cuál es la concentración justo después de la n-ésima dosis?
(c) ¿Cuál es la concentración límite?

SOLUCIÓN
(a) Justo antes de administrar la dosis diaria de la medicación, la concentración se reduce a 30% de la del día anterior, es decir, $0.3C_n$. Con la nueva dosis, la concentración incrementa en 0.2 mg/mL y así

$$C_{n+1} = 0.2 + 0.3C_n$$

A partir de $C_0 = 0$ y sustituyendo $n = 0, 1, 2$ en esta ecuación, se obtiene

$$C_1 = 0.2 + 0.3C_0 = 0.2$$

$$C_2 = 0.2 + 0.3C_1 = 0.2 + 0.2(0.3) = 0.26$$

$$C_3 = 0.2 + 0.3C_2 = 0.2 + 0.2(0.3) + 0.2(0.3)^2 = 0.278$$

La concentración después de tres días es 0.278 mg/mL.

(b) Después de la n-ésima dosis, la concentración es

$$C_n = 0.2 + 0.2(0.3) + 0.2(0.3)^2 + \cdots + 0.2(0.3)^{n-1}$$

Esta es una serie geométrica finita con $a = 0.2$ y $r = 0.3$, de modo que, según la fórmula 3, se tiene

$$C_n = \frac{0.2[1 - (0.3)^n]}{1 - 0.3} = \frac{2}{7}[1 - (0.3)^n] \, \text{mg/mL}$$

(c) Debido a que $0.3 < 1$, se sabe que $\lim_{n\to\infty} (0.3)^n = 0$. Por tanto, la concentración límite es

$$\lim_{n\to\infty} C_n = \lim_{n\to\infty} \frac{2}{7}[1 - (0.3)^n] = \frac{2}{7}(1 - 0) = \frac{2}{7} \, \text{mg/mL} \quad \blacksquare$$

EJEMPLO 6 Escriba el número $2.3\overline{17} = 2.3171717\ldots$ como una razón de enteros.

SOLUCIÓN

$$2.3171717\ldots = 2.3 + \frac{17}{10^3} + \frac{17}{10^5} + \frac{17}{10^7} + \cdots$$

Después del primer término se tiene una serie geométrica con $a = 17/10^3$ y $r = 1/10^2$. Por lo tanto,

$$2.3\overline{17} = 2.3 + \frac{\dfrac{17}{10^3}}{1 - \dfrac{1}{10^2}} = 2.3 + \frac{\dfrac{17}{1\,000}}{\dfrac{99}{100}}$$

$$= \frac{23}{10} + \frac{17}{990} = \frac{1\,147}{495} \quad \blacksquare$$

EJEMPLO 7 Encuentre la suma de la serie $\displaystyle\sum_{n=0}^{\infty} x^n$, donde $|x| < 1$.

SOLUCIÓN Note que esta serie comienza con $n = 0$ y, por lo tanto, el primer término es $x^0 = 1$ (con las series se adopta la convención de que $x^0 = 1$ incluso cuando $x = 0$). De este modo,

$$\sum_{n=0}^{\infty} x^n = 1 + x + x^2 + x^3 + x^4 + \cdots$$

Esta es una serie geométrica con $a = 1$ y $r = x$. Como $|r| = |x| < 1$, converge y (4) da

$$\boxed{5} \qquad \sum_{n=0}^{\infty} x^n = \frac{1}{1 - x} \quad \blacksquare$$

■ Prueba de la divergencia

Recuerde que una serie es divergente si la sucesión de las sumas parciales es divergente.

EJEMPLO 8 Demuestre que la **serie armónica**

$$\sum_{n=1}^{\infty} \frac{1}{n} = 1 + \frac{1}{2} + \frac{1}{3} + \frac{1}{4} + \cdots$$

es divergente.

SOLUCIÓN Para esta serie en particular es conveniente considerar las sumas parciales s_2, s_4, s_8, s_{16}, s_{32}, ... y mostrar que aumentan.

$$s_2 = 1 + \tfrac{1}{2}$$

$$s_4 = 1 + \tfrac{1}{2} + \left(\tfrac{1}{3} + \tfrac{1}{4}\right) > 1 + \tfrac{1}{2} + \left(\tfrac{1}{4} + \tfrac{1}{4}\right) = 1 + \tfrac{2}{2}$$

$$s_8 = 1 + \tfrac{1}{2} + \left(\tfrac{1}{3} + \tfrac{1}{4}\right) + \left(\tfrac{1}{5} + \tfrac{1}{6} + \tfrac{1}{7} + \tfrac{1}{8}\right)$$

$$> 1 + \tfrac{1}{2} + \left(\tfrac{1}{4} + \tfrac{1}{4}\right) + \left(\tfrac{1}{8} + \tfrac{1}{8} + \tfrac{1}{8} + \tfrac{1}{8}\right)$$

$$= 1 + \tfrac{1}{2} + \tfrac{1}{2} + \tfrac{1}{2} = 1 + \tfrac{3}{2}$$

$$s_{16} = 1 + \tfrac{1}{2} + \left(\tfrac{1}{3} + \tfrac{1}{4}\right) + \left(\tfrac{1}{5} + \cdots + \tfrac{1}{8}\right) + \left(\tfrac{1}{9} + \cdots + \tfrac{1}{16}\right)$$

$$> 1 + \tfrac{1}{2} + \left(\tfrac{1}{4} + \tfrac{1}{4}\right) + \left(\tfrac{1}{8} + \cdots + \tfrac{1}{8}\right) + \left(\tfrac{1}{16} + \cdots + \tfrac{1}{16}\right)$$

$$= 1 + \tfrac{1}{2} + \tfrac{1}{2} + \tfrac{1}{2} + \tfrac{1}{2} = 1 + \tfrac{4}{2}$$

De manera similar, $s_{32} > 1 + \tfrac{5}{2}$, $s_{64} > 1 + \tfrac{6}{2}$, y en general

$$s_{2^n} > 1 + \frac{n}{2}$$

El método del ejemplo 8 para demostrar que las series armónicas divergen lo desarrolló el erudito francés Nicole Oresme (1323-1382).

Esto muestra que $s_{2^n} \to \infty$ cuando $n \to \infty$ y así $\{s_n\}$ es divergente. Por lo tanto, la serie armónica es divergente. ∎

---

6 **Teorema** Si la serie $\displaystyle\sum_{n=1}^{\infty} a_n$ es convergente, entonces $\displaystyle\lim_{n \to \infty} a_n = 0$.

DEMOSTRACIÓN Sea $s_n = a_1 + a_2 + \ldots + a_n$. Entonces $a_n = s_n - s_{n-1}$. Como $\sum a_n$ es convergente, la sucesión $\{s_n\}$ es convergente. Sea $\lim_{n \to \infty} s_n = s$. Puesto que $n - 1 \to \infty$ cuando $n \to \infty$, también se tiene $\lim_{n \to \infty} s_{n-1} = s$. Por lo tanto,

$$\lim_{n \to \infty} a_n = \lim_{n \to \infty}(s_n - s_{n-1}) = \lim_{n \to \infty} s_n - \lim_{n \to \infty} s_{n-1} = s - s = 0 \qquad ∎$$

NOTA Con cualquier *serie* $\sum a_n$ se asocian dos *sucesiones*: la sucesión $\{s_n\}$ de sus sumas parciales y la sucesión $\{a_n\}$ de sus términos. Si $\sum a_n$ es convergente, entonces el límite de la sucesión $\{s_n\}$ es s (la suma de la serie) y, como afirma el teorema 6, el límite de la sucesión $\{a_n\}$ es 0.

⊘ **ADVERTENCIA** En general, el inverso del teorema 6 no es cierto. Si $\lim_{n \to \infty} a_n = 0$, no se puede concluir que $\sum a_n$ es convergente. Observe que para la serie armónica $\sum 1/n$ se tiene $a_n = 1/n \to 0$ a medida que $n \to \infty$, pero se demostró en el ejemplo 8 que $\sum 1/n$ es divergente.

---

7 **Prueba de la divergencia** Si $\displaystyle\lim_{n \to \infty} a_n$ no existe o si $\displaystyle\lim_{n \to \infty} a_n \neq 0$, entonces la serie $\displaystyle\sum_{n=1}^{\infty} a_n$ es divergente.

La prueba de la divergencia se deriva del teorema 6 porque, si la serie no es divergente, entonces es convergente y, por lo tanto, $\lim_{n \to \infty} a_n = 0$.

EJEMPLO 9 Demuestre que la serie $\displaystyle\sum_{n=1}^{\infty} \frac{n^2}{5n^2 + 4}$ diverge.

SOLUCIÓN

$$\lim_{n \to \infty} a_n = \lim_{n \to \infty} \frac{n^2}{5n^2 + 4} = \lim_{n \to \infty} \frac{1}{5 + 4/n^2} = \frac{1}{5} \neq 0$$

De este modo, la serie diverge según la prueba de la divergencia.   ∎

NOTA Si resulta que $\lim_{n \to \infty} a_n \neq 0$, se sabe que Σa_n es divergente. Si se encuentra que $\lim_{n \to \infty} a_n = 0$, este hecho no dice *nada* sobre la convergencia o divergencia de Σa_n. Recuerde la advertencia después del teorema 6: si $\lim_{n \to \infty} a_n = 0$, la serie Σa_n puede converger o puede divergir.

■ **Propiedades de las series convergentes**

Las siguientes propiedades de las series convergentes se desprenden de las correspondientes leyes de los límites para las sucesiones de la sección 11.1.

---

8 **Teorema** Si Σa_n y Σb_n son series convergentes, entonces también lo son las series $\Sigma c a_n$ (donde c es una constante), $\Sigma(a_n + b_n)$ y $\Sigma(a_n - b_n)$, y

(i) $\displaystyle\sum_{n=1}^{\infty} c a_n = c \sum_{n=1}^{\infty} a_n$

(ii) $\displaystyle\sum_{n=1}^{\infty} (a_n + b_n) = \sum_{n=1}^{\infty} a_n + \sum_{n=1}^{\infty} b_n$

(iii) $\displaystyle\sum_{n=1}^{\infty} (a_n - b_n) = \sum_{n=1}^{\infty} a_n - \sum_{n=1}^{\infty} b_n$

Se demuestra el inciso (ii); los otros incisos se dejan como ejercicios.

DEMOSTRACIÓN DEL INCISO (ii) Sean

$$s_n = \sum_{i=1}^{n} a_i \qquad s = \sum_{n=1}^{\infty} a_n \qquad t_n = \sum_{i=1}^{n} b_i \qquad t = \sum_{n=1}^{\infty} b_n$$

La n-ésima suma parcial para la serie $\Sigma(a_n + b_n)$ es

$$u_n = \sum_{i=1}^{n} (a_i + b_i)$$

y, con la ecuación 5.2.10, se tiene

$$\lim_{n \to \infty} u_n = \lim_{n \to \infty} \sum_{i=1}^{n} (a_i + b_i) = \lim_{n \to \infty} \left(\sum_{i=1}^{n} a_i + \sum_{i=1}^{n} b_i \right)$$

$$= \lim_{n \to \infty} \sum_{i=1}^{n} a_i + \lim_{n \to \infty} \sum_{i=1}^{n} b_i$$

$$= \lim_{n \to \infty} s_n + \lim_{n \to \infty} t_n = s + t$$

Por lo tanto, $\Sigma\,(a_n + b_n)$ es convergente y su suma es

$$\sum_{n=1}^{\infty} (a_n + b_n) = s + t = \sum_{n=1}^{\infty} a_n + \sum_{n=1}^{\infty} b_n$$

EJEMPLO 10 Encuentre la suma de la serie $\displaystyle\sum_{n=1}^{\infty} \left(\frac{3}{n(n+1)} + \frac{1}{2^n} \right)$.

SOLUCIÓN La serie $\Sigma\,1/2^n$ es una serie geométrica con $a = \frac{1}{2}$ y $r = \frac{1}{2}$, de modo que

$$\sum_{n=1}^{\infty} \frac{1}{2^n} = \frac{\frac{1}{2}}{1 - \frac{1}{2}} = 1$$

En el ejemplo 2 se vio que

$$\sum_{n=1}^{\infty} \frac{1}{n(n+1)} = 1$$

Entonces, según el teorema 8, la serie indicada es convergente y

$$\sum_{n=1}^{\infty} \left(\frac{3}{n(n+1)} + \frac{1}{2^n} \right) = 3\sum_{n=1}^{\infty} \frac{1}{n(n+1)} + \sum_{n=1}^{\infty} \frac{1}{2^n}$$

$$= 3 \cdot 1 + 1 = 4$$

NOTA Un número finito de términos no afecta la convergencia o divergencia de una serie. Por ejemplo, suponga que se puede demostrar que la serie

$$\sum_{n=4}^{\infty} \frac{n}{n^3 + 1}$$

es convergente. Puesto que

$$\sum_{n=1}^{\infty} \frac{n}{n^3 + 1} = \frac{1}{2} + \frac{2}{9} + \frac{3}{28} + \sum_{n=4}^{\infty} \frac{n}{n^3 + 1}$$

se deduce que toda la serie $\sum_{n=1}^{\infty} n/(n^3 + 1)$ es convergente. De igual manera, si se sabe que la serie $\sum_{n=N+1}^{\infty} a_n$ converge, entonces la serie completa

$$\sum_{n=1}^{\infty} a_n = \sum_{n=1}^{N} a_n + \sum_{n=N+1}^{\infty} a_n$$

también es convergente.

11.2 | Ejercicios

1. (a) ¿Cuál es la diferencia entre una sucesión y una serie?
(b) ¿Qué es una serie convergente? ¿Qué es una serie divergente?

2. Explique qué significa suponer que $\sum_{n=1}^{\infty} a_n = 5$.

3-4 Calcule la suma de la serie $\sum_{n=1}^{\infty} a_n$ cuyas sumas parciales se indican.

3. $s_n = 2 - 3(0.8)^n$

4. $s_n = \dfrac{n^2 - 1}{4n^2 + 1}$

5-10 Calcule los primeros ocho términos de la sucesión de sumas parciales con cuatro decimales de precisión. ¿Parece que la serie es convergente o divergente?

5. $\displaystyle\sum_{n=1}^{\infty} \frac{1}{n^3}$

6. $\displaystyle\sum_{n=1}^{\infty} \frac{1}{\sqrt[3]{n}}$

7. $\displaystyle\sum_{n=1}^{\infty} \operatorname{sen} n$

8. $\displaystyle\sum_{n=1}^{\infty} (-1)^n n$

9. $\sum_{n=1}^{\infty} \frac{1}{n^4 + n^2}$

10. $\sum_{n=1}^{\infty} \frac{(-1)^{n-1}}{n!}$

11-14 Encuentre al menos 10 sumas parciales de la serie. Grafique tanto la sucesión de términos como la sucesión de sumas parciales en la misma pantalla. ¿Parece que la serie es convergente o divergente? Si es convergente, encuentre la suma. Si es divergente, explique por qué.

11. $\sum_{n=1}^{\infty} \frac{6}{(-3)^n}$

12. $\sum_{n=1}^{\infty} \cos n$

13. $\sum_{n=1}^{\infty} \frac{n}{\sqrt{n^2 + 4}}$

14. $\sum_{n=1}^{\infty} \frac{7^{n+1}}{10^n}$

15. Sea $a_n = \frac{2n}{3n + 1}$.

   (a) Determine si $\{a_n\}$ es convergente.

   (b) Determine si $\sum_{n=1}^{\infty} a_n$ es convergente.

16. (a) Explique la diferencia entre

$$\sum_{i=1}^{n} a_i \quad \text{y} \quad \sum_{j=1}^{n} a_j$$

   (b) Explique la diferencia entre

$$\sum_{i=1}^{n} a_i \quad \text{y} \quad \sum_{i=1}^{n} a_j$$

17-22 Determine si la serie es convergente o divergente expresando s_n como una suma telescópica (como en el ejemplo 2). Si es convergente, encuentre su suma.

17. $\sum_{n=1}^{\infty} \left(\frac{1}{n + 2} - \frac{1}{n} \right)$

18. $\sum_{n=4}^{\infty} \left(\frac{1}{\sqrt{n}} - \frac{1}{\sqrt{n + 1}} \right)$

19. $\sum_{n=1}^{\infty} \frac{3}{n(n + 3)}$

20. $\sum_{n=1}^{\infty} \ln \frac{n}{n + 1}$

21. $\sum_{n=1}^{\infty} \left(e^{1/n} - e^{1/(n+1)} \right)$

22. $\sum_{n=2}^{\infty} \frac{1}{n^3 - n}$

23-32 Determine si la serie geométrica es convergente o divergente. Si es convergente, encuentre su suma.

23. $3 - 4 + \frac{16}{3} - \frac{64}{9} + \cdots$

24. $4 + 3 + \frac{9}{4} + \frac{27}{16} + \cdots$

25. $10 - 2 + 0.4 - 0.08 + \cdots$

26. $2 + 0.5 + 0.125 + 0.03125 + \cdots$

27. $\sum_{n=1}^{\infty} 12(0.73)^{n-1}$

28. $\sum_{n=1}^{\infty} \frac{5}{\pi^n}$

29. $\sum_{n=1}^{\infty} \frac{(-3)^{n-1}}{4^n}$

30. $\sum_{n=0}^{\infty} \frac{3^{n+1}}{(-2)^n}$

31. $\sum_{n=1}^{\infty} \frac{e^{2n}}{6^{n-1}}$

32. $\sum_{n=1}^{\infty} \frac{6 \cdot 2^{2n-1}}{3^n}$

33-50 Determine si la serie es convergente o divergente. Si es convergente, encuentre su suma.

33. $\frac{1}{3} + \frac{1}{6} + \frac{1}{9} + \frac{1}{12} + \frac{1}{15} + \cdots$

34. $\frac{1}{2} + \frac{2}{3} + \frac{3}{4} + \frac{4}{5} + \frac{5}{6} + \frac{6}{7} + \cdots$

35. $\frac{2}{5} + \frac{4}{25} + \frac{8}{125} + \frac{16}{625} + \frac{32}{3125} + \cdots$

36. $\frac{1}{3} + \frac{2}{9} + \frac{1}{27} + \frac{2}{81} + \frac{1}{243} + \frac{2}{729} + \cdots$

37. $\sum_{n=1}^{\infty} \frac{2 + n}{1 - 2n}$

38. $\sum_{k=1}^{\infty} \frac{k^2}{k^2 - 2k + 5}$

39. $\sum_{n=1}^{\infty} 3^{n+1} 4^{-n}$

40. $\sum_{n=1}^{\infty} [(-0.2)^n + (0.6)^{n-1}]$

41. $\sum_{n=1}^{\infty} \frac{1}{4 + e^{-n}}$

42. $\sum_{n=1}^{\infty} \frac{2^n + 4^n}{e^n}$

43. $\sum_{k=1}^{\infty} (\text{sen } 100)^k$

44. $\sum_{n=1}^{\infty} \frac{1}{1 + \left(\frac{2}{3} \right)^n}$

45. $\sum_{n=1}^{\infty} \ln \left(\frac{n^2 + 1}{2n^2 + 1} \right)$

46. $\sum_{k=0}^{\infty} \left(\sqrt{2} \right)^{-k}$

47. $\sum_{n=1}^{\infty} \arctan n$

48. $\sum_{n=1}^{\infty} \left(\frac{3}{5^n} + \frac{2}{n} \right)$

49. $\sum_{n=1}^{\infty} \left(\frac{1}{e^n} + \frac{1}{n(n + 1)} \right)$

50. $\sum_{n=1}^{\infty} \frac{e^n}{n^2}$

51. Sea $x = 0.99999\ldots$

   (a) ¿Cree que $x < 1$ o $x = 1$?

   (b) Sume una serie geométrica para encontrar el valor de x.

   (c) ¿Cuántas representaciones decimales tiene el número 1?

   (d) ¿Qué números tienen más de una representación decimal?

52. Una sucesión de términos se define por

$$a_1 = 1 \qquad a_n = (5 - n)a_{n-1}$$

   Calcule $\sum_{n=1}^{\infty} a_n$.

53-58 Exprese el número como razón de enteros.

53. $0.\overline{8} = 0.8888\ldots$

54. $0.\overline{46} = 0.46464646\ldots$

55. $2.\overline{516} = 2.516516516\ldots$

56. $10.1\overline{35} = 10.135353535\ldots$

57. $1.234\overline{567}$ **58.** $5.\overline{71358}$

59-66 Encuentre los valores de x para los cuales la serie converge. Encuentre la suma de la serie para esos valores de x.

59. $\displaystyle\sum_{n=1}^{\infty} (-5)^n x^n$

60. $\displaystyle\sum_{n=1}^{\infty} (x + 2)^n$

61. $\displaystyle\sum_{n=0}^{\infty} \frac{(x - 2)^n}{3^n}$

62. $\displaystyle\sum_{n=0}^{\infty} (-4)^n (x - 5)^n$

63. $\displaystyle\sum_{n=0}^{\infty} \frac{2^n}{x^n}$

64. $\displaystyle\sum_{n=0}^{\infty} \frac{x^n}{2^n}$

65. $\displaystyle\sum_{n=0}^{\infty} e^{nx}$

66. $\displaystyle\sum_{n=0}^{\infty} \frac{\operatorname{sen}^n x}{3^n}$

T **67-68** Con el comando de fracción parcial en un sistema algebraico computacional (SAC) encuentre una expresión conveniente para la suma parcial, y luego utilice esta expresión para encontrar la suma de la serie. Verifique su respuesta con el SAC para sumar la serie en forma directa.

67. $\displaystyle\sum_{n=1}^{\infty} \frac{3n^2 + 3n + 1}{(n^2 + n)^3}$

68. $\displaystyle\sum_{n=3}^{\infty} \frac{1}{n^5 - 5n^3 + 4n}$

69. Si la n-ésima suma parcial de una serie $\sum_{n=1}^{\infty} a_n$ es

$$s_n = \frac{n - 1}{n + 1}$$

encuentre a_n y $\sum_{n=1}^{\infty} a_n$.

70. Si la n-ésima suma parcial de una serie $\sum_{n=1}^{\infty} a_n$ es $s_n = 3 - n2^{-n}$, encuentre a_n y $\sum_{n=1}^{\infty} a_n$.

71. Un médico prescribe una tableta de antibiótico de 100 mg que se debe tomar cada 8 horas. Se sabe que el cuerpo elimina 75% del medicamento en 8 horas.
(a) ¿Cuánto medicamento hay en el cuerpo justo después de la segunda tableta? ¿Después de la tercera tableta?
(b) Si Q_n es la cantidad de antibiótico en el cuerpo justo después de tomar la n-ésima tableta, encuentre una ecuación que exprese Q_{n+1} en términos de Q_n.
(c) ¿Qué cantidad del antibiótico permanece en el cuerpo a largo plazo?

72. A un paciente se le inyecta un medicamento cada 12 horas. Inmediatamente antes de cada inyección la concentración de la medicina se reduce 90% y la nueva dosis aumenta la concentración en 1.5 mg/L.
(a) ¿Cuál es la concentración después de tres dosis?
(b) Si C_n es la concentración después de la n-ésima dosis, encuentre una fórmula para C_n como función de n.
(c) ¿Cuál es el valor límite de la concentración?

73. Un paciente toma 150 mg de un medicamento a la misma hora todos los días. Se sabe que el cuerpo elimina 95% del medicamento en 24 horas.
(a) ¿Qué cantidad del medicamento está en el cuerpo después de la tercera tableta? ¿Después de la n-ésima tableta?
(b) ¿Qué cantidad del medicamento permanece en el cuerpo a largo plazo?

74. Después de la inyección de una dosis D de insulina, la concentración de insulina en el sistema de un paciente decae exponencialmente y por eso se puede escribir como De^{-at}, donde t representa el tiempo en horas y a es una constante positiva.
(a) Si se inyecta una dosis D cada T horas, escriba una expresión para la suma de las concentraciones residuales justo antes de la inyección $(n + 1)$.
(b) Determine la concentración límite antes de las inyecciones.
(c) Si la concentración de insulina debe permanecer siempre en o por encima de un valor crítico C, determine una dosis mínima D en términos de C, a y T.

75. Cuando se gasta dinero en bienes y servicios, quienes reciben el dinero también gastan una parte. La gente que recibe parte del dinero gastado dos veces gastará algo de eso, y así sucesivamente. Los economistas llaman *efecto multiplicador* a esta reacción en cadena. En una comunidad aislada hipotética, el gobierno local comienza el proceso gastando USD D. Suponga que cada receptor de dinero gastado gasta $100c\%$ y ahorra $100s\%$ del dinero que recibe. Los valores c y s se llaman *propensión marginal a consumir* y *propensión marginal a ahorrar,* y, por supuesto, $c + s = 1$.
(a) Sea S_n el gasto total que se genera después de n transacciones. Encuentre una ecuación para S_n.
(b) Demuestre que $\lim_{n\to\infty} S_n = kD$, donde $k = 1/s$. El número k se llama *multiplicador.* ¿Cuál es el multiplicador si la propensión marginal a consumir es de 80%?

Nota: El gobierno federal estadounidense justifica con este principio el gasto deficitario y los bancos los préstamos de un gran porcentaje del dinero que reciben en depósitos.

76. Una cierta pelota tiene la propiedad de que cada vez que cae desde una altura h sobre una superficie dura y plana, rebota a una altura rh, donde $0 < r < 1$. Suponga que la pelota cae desde una altura inicial de H metros.
(a) Suponga que la pelota continúa rebotando indefinidamente y encuentre la distancia total que recorre.
(b) Calcule el tiempo total que la pelota viaja. (Utilice el hecho de que la pelota cae $\frac{1}{2}gt^2$ metros en t segundos).
(c) Suponga que cada vez que la pelota golpea la superficie con una velocidad v rebota con una velocidad de $-kv$, donde $0 < k < 1$. ¿Cuánto tiempo tardará la pelota en reposar?

77. Encuentre el valor de c si $\displaystyle\sum_{n=2}^{\infty} (1 + c)^{-n} = 2$.

78. Determine el valor de c tal que $\displaystyle\sum_{n=0}^{\infty} e^{nc} = 10$.

79-81 La serie armónica diverge En el ejemplo 8 se demostró que la serie armónica diverge; aquí se presentan otros métodos para demostrarlo. En cada caso, suponga que la serie converge con la suma S y muestre que esta suposición lleva a una contradicción.

79. $S = \left(1 + \frac{1}{2}\right) + \left(\frac{1}{3} + \frac{1}{4}\right) + \left(\frac{1}{5} + \frac{1}{6}\right) + \cdots$

$> \left(\frac{1}{2} + \frac{1}{2}\right) + \left(\frac{1}{4} + \frac{1}{4}\right) + \left(\frac{1}{6} + \frac{1}{6}\right) + \cdots = S$

80. $S = 1 + \left(\frac{1}{2} + \frac{1}{3} + \frac{1}{4}\right) + \left(\frac{1}{5} + \frac{1}{6} + \frac{1}{7}\right) +$

$\left(\frac{1}{8} + \frac{1}{9} + \frac{1}{10}\right) + \cdots > 1 + \frac{3}{3} + \frac{3}{6} + \frac{3}{9} + \cdots = 1 + S$

Sugerencia: Primero muestre que $\dfrac{1}{n-1} + \dfrac{1}{n+1} > \dfrac{2}{n}$.

81. $e^{1+(1/2)+(1/3)+\cdots+(1/n)} = e^1 \cdot e^{1/2} \cdot e^{1/3} \cdot \cdots \cdot e^{1/n}$

$> \left(1 + 1\right)\left(1 + \frac{1}{2}\right)\left(1 + \frac{1}{3}\right) \cdots \left(1 + \frac{1}{n}\right) = n + 1$

Sugerencia: Primero muestre que $e^x > 1 + x$.

82. Grafique las curvas $y = x^n$, $0 \leq x \leq 1$, para $n = 0, 1, 2, 3, 4, \ldots$ en una misma gráfica. Al encontrar las áreas entre las curvas sucesivas, dé una demostración geométrica del hecho, que se muestra en el ejemplo 2, de que

$$\sum_{n=1}^{\infty} \frac{1}{n(n+1)} = 1$$

83. En la figura se muestran dos círculos C y D de radio 1 que se tocan en P. La recta T es una recta tangente común; C_1 es el círculo que toca C, D y T; C_2 es el círculo que toca C, D y C_1; C_3 es el círculo que toca C, D y C_2. Este procedimiento puede continuar indefinidamente y produce una sucesión infinita de círculos $\{C_n\}$. Encuentre una expresión para el diámetro de C_n y proporcione así otra demostración geométrica del ejemplo 2.

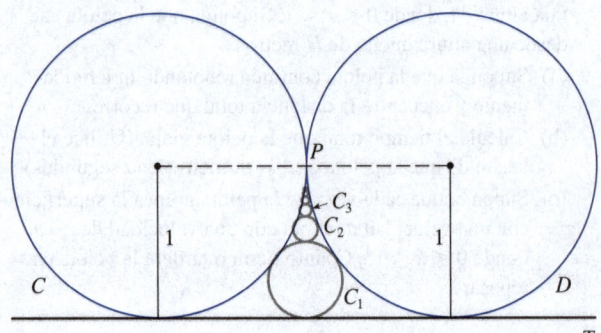

84. Un triángulo rectángulo ABC se da con $\angle A = \theta$ y $|AC| = b$. CD se traza perpendicularmente a AB, DE se dibuja perpen-

dicularmente a BC, $EF \perp AB$, y este proceso continúa indefinidamente, como se muestra en la figura. Encuentre la longitud total de todas las perpendiculares

$$|CD| + |DE| + |EF| + |FG| + \cdots$$

en términos de b y θ.

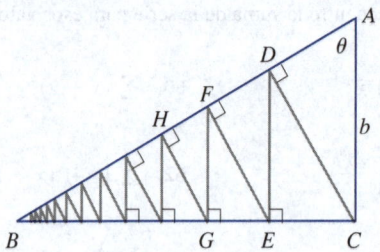

85. ¿Cuál es el error en el siguiente cálculo?

$0 = 0 + 0 + 0 + \cdots$

$= (1 - 1) + (1 - 1) + (1 - 1) + \cdots$

$= 1 - 1 + 1 - 1 + 1 - 1 + \cdots$

$= 1 + (-1 + 1) + (-1 + 1) + (-1 + 1) + \cdots$

$= 1 + 0 + 0 + 0 + \cdots = 1$

(Guido Ubaldus pensó que esto demostraba la existencia de Dios porque "se creó algo de la nada").

86. Suponga que de $\sum_{n=1}^{\infty} a_n$ $(a_n \neq 0)$ se sabe que es una serie convergente. Demuestre que $\sum_{n=1}^{\infty} 1/a_n$ es una serie divergente.

87. (a) Demuestre el inciso (i) del teorema 8.
(b) Demuestre el inciso (iii) del teorema 8.

88. Si Σa_n es divergente y $c \neq 0$, demuestre que $\Sigma c a_n$ es divergente.

89. Si Σa_n es convergente y Σb_n es divergente, demuestre que la serie $\Sigma (a_n + b_n)$ es divergente. [*Sugerencia*: Argumente por contradicción].

90. Si tanto Σa_n como Σb_n son divergentes, ¿es $\Sigma (a_n + b_n)$ necesariamente divergente?

91. Suponga que una serie Σa_n tiene términos positivos y sus sumas parciales s_n satisfacen la desigualdad $s_n \leq 1000$ para toda n. Explique por qué Σa_n debe ser convergente.

92. La sucesión de Fibonacci se definió en la sección 11.1 mediante las ecuaciones

$$f_1 = 1, \quad f_2 = 1, \quad f_n = f_{n-1} + f_{n-2} \quad n \geq 3$$

Muestre que cada uno de los siguientes enunciados es verdadero.

(a) $\dfrac{1}{f_{n-1} f_{n+1}} = \dfrac{1}{f_{n-1} f_n} - \dfrac{1}{f_n f_{n+1}}$

(b) $\displaystyle\sum_{n=2}^{\infty} \frac{1}{f_{n-1} f_{n+1}} = 1$ (c) $\displaystyle\sum_{n=2}^{\infty} \frac{f_n}{f_{n-1} f_{n+1}} = 2$

93. El **conjunto de Cantor**, llamado así por el matemático alemán Georg Cantor (1845-1918) se construye como sigue: se empieza con el intervalo cerrado $[0, 1]$ y se quita el intervalo abierto $(\frac{1}{3}, \frac{2}{3})$. Esto deja los dos intervalos $[0, \frac{1}{3}]$ y $[\frac{2}{3}, 1]$, y se quita el tercio central abierto de cada uno. Quedan cuatro intervalos y de nuevo se retira el tercio medio abierto de cada uno de ellos. Se continúa este procedimiento indefinidamente, en cada paso quitando el tercio medio abierto de cada intervalo que queda del paso anterior. El conjunto de Cantor consiste en los números que permanecen en $[0, 1]$ después de eliminar todos esos intervalos.

(a) Demuestre que la longitud total de todos los intervalos eliminados es 1. A pesar de eso, el conjunto de Cantor contiene infinitamente muchos números. Dé ejemplos de algunos números en el conjunto de Cantor.

(b) La **alfombra de Sierpinski** es una contraparte bidimensional del conjunto de Cantor. Se construye quitando el centro de una novena parte de un cuadrado de lado 1, luego quitando los centros de los ocho cuadrados más pequeños restantes, y así sucesivamente. (En la figura se ven los tres primeros pasos de la construcción). Demuestre que la suma de las áreas de los cuadrados eliminados es 1. Esto implica que la alfombra de Sierpinski tiene área 0.

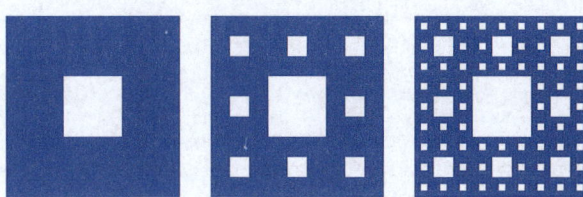

94. (a) Una sucesión $\{a_n\}$ se define de forma recursiva por la ecuación $a_n = \frac{1}{2}(a_{n-1} + a_{n-2})$ para $n \geq 3$, donde a_1 y a_2 pueden ser cualesquiera números reales. Experimente con varios valores de a_1 y a_2 y utilice una calculadora para suponer el límite de la sucesión.

(b) Halle $\lim_{n \to \infty} a_n$ en términos de a_1 y a_2 expresando $a_{n+1} - a_n$ en términos de $a_2 - a_1$ y sumando una serie.

95. Considere la serie $\sum_{n=1}^{\infty} n/(n + 1)!$.

(a) Encuentre las sumas parciales s_1, s_2, s_3 y s_4. ¿Reconoce los denominadores? Con este patrón, determine una fórmula para s_n.

(b) Use inducción matemática para demostrar su conjetura.

(c) Demuestre que la serie infinita indicada es convergente y determine su suma.

96. En la figura se aprecian infinitamente muchos círculos aproximándose a los vértices de un triángulo equilátero, donde cada círculo toca otros círculos y lados del triángulo. Si el triángulo tiene lados de longitud 1, encuentre el área total ocupada por los círculos.

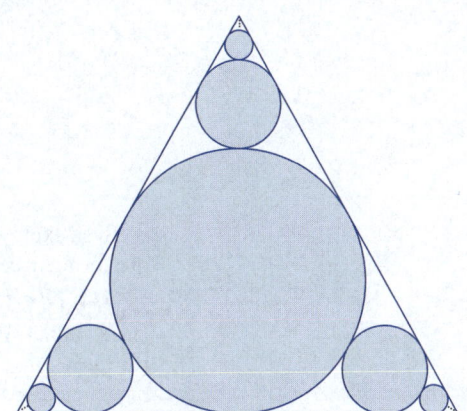

11.3 | La prueba de la integral y estimaciones de sumas

En general, es difícil encontrar la suma exacta de una serie. Esto se logró para series geométricas y para algunas series telescópicas porque en cada uno de esos casos fue posible encontrar una fórmula sencilla para la n-ésima suma parcial de s_n. Sin embargo, en general, no es fácil descubrir tal fórmula. Por lo tanto, en las siguientes secciones se desarrollan varias pruebas que permiten determinar si una serie es convergente o divergente sin encontrar su suma de manera explícita (en algunos casos, sin embargo, estos métodos permitirán encontrar buenas estimaciones de la suma). La primera prueba involucra integrales impropias.

■ La prueba de la integral

Se comienza por investigar la serie cuyos términos son los recíprocos de los cuadrados de los enteros positivos:

$$\sum_{n=1}^{\infty} \frac{1}{n^2} = \frac{1}{1^2} + \frac{1}{2^2} + \frac{1}{3^2} + \frac{1}{4^2} + \frac{1}{5^2} + \cdots$$

No hay una fórmula sencilla para la suma s_n de los primeros n términos, pero la tabla generada por computadora para calcular los valores aproximados, que se presenta al

n	$s_n = \displaystyle\sum_{i=1}^{n} \frac{1}{i^2}$
5	1.4636
10	1.5498
50	1.6251
100	1.6350
500	1.6429
1 000	1.6439
5 000	1.6447

margen del texto, sugiere que las sumas parciales se aproximan a un número cercano a 1.64 cuando $n \to \infty$, y de este modo parece que la serie es convergente.

Esta idea se confirma con un argumento geométrico. En la figura 1 se presenta la curva $y = 1/x^2$ y los rectángulos debajo de la curva. La base de cada rectángulo es un intervalo de longitud 1; la altura es igual al valor de la función $y = 1/x^2$ en el punto final derecho del intervalo.

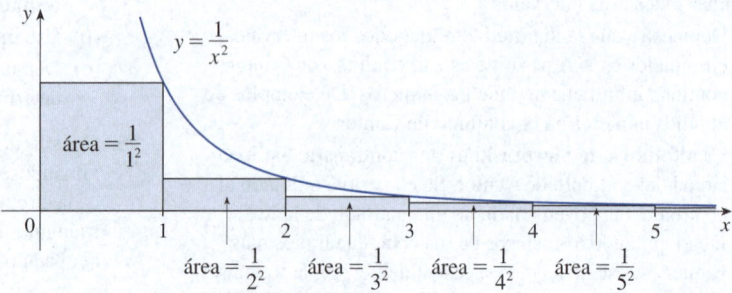

FIGURA 1

Por lo tanto, la suma de las áreas de los rectángulos es

$$\frac{1}{1^2} + \frac{1}{2^2} + \frac{1}{3^2} + \frac{1}{4^2} + \frac{1}{5^2} + \cdots = \sum_{n=1}^{\infty} \frac{1}{n^2}$$

Si se excluye el primer rectángulo, el área total de los rectángulos restantes es menor que el área debajo de la curva $y = 1/x^2$ para $x \geq 1$, que es el valor de la integral $\int_1^{\infty} (1/x^2)\, dx$. En la sección 7.8 se observó que esta integral impropia es convergente y tiene valor 1. Por lo que en la figura se muestra que todas las sumas parciales son menores que

$$\frac{1}{1^2} + \int_1^{\infty} \frac{1}{x^2}\, dx = 2$$

Así que las sumas parciales están acotadas. También se sabe que las sumas parciales son crecientes (porque todos los términos son positivos). De este modo, las sumas parciales convergen (por el teorema de la sucesión monótona) y por ende la serie es convergente. La suma de la serie (el límite de las sumas parciales) también es menor que 2:

$$\sum_{n=1}^{\infty} \frac{1}{n^2} = \frac{1}{1^2} + \frac{1}{2^2} + \frac{1}{3^2} + \frac{1}{4^2} + \cdots < 2$$

[El matemático suizo Leonhard Euler (1707-1783) encontró que la suma exacta de esta serie es $\pi^2/6$, pero la demostración es muy difícil (vea el problema 6 de los "Problemas adicionales" que se presentan al final del capítulo 15)].

Ahora vea la serie

$$\sum_{n=1}^{\infty} \frac{1}{\sqrt{n}} = \frac{1}{\sqrt{1}} + \frac{1}{\sqrt{2}} + \frac{1}{\sqrt{3}} + \frac{1}{\sqrt{4}} + \frac{1}{\sqrt{5}} + \cdots$$

n	$s_n = \displaystyle\sum_{i=1}^{n} \frac{1}{\sqrt{i}}$
5	3.2317
10	5.0210
50	12.7524
100	18.5896
500	43.2834
1 000	61.8010
5 000	139.9681

En la tabla de valores de s_n se sugiere que las sumas parciales no se aproximan a un número finito, por lo que se sospecha que la serie dada puede ser divergente. De nuevo se recurre a una figura para confirmarlo. En la figura 2 se muestra la curva $y = 1/\sqrt{x}$, pero esta vez se usan rectángulos cuya parte superior se encuentra por *encima* de la curva.

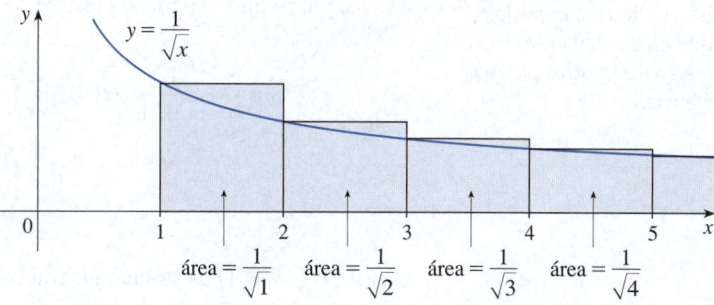

FIGURA 2

La base de cada rectángulo es un intervalo de longitud 1. La altura es igual al valor de la función $y = 1/\sqrt{x}$ en el punto final *izquierdo* del intervalo. Así, la suma de las áreas de todos los rectángulos es

$$\frac{1}{\sqrt{1}} + \frac{1}{\sqrt{2}} + \frac{1}{\sqrt{3}} + \frac{1}{\sqrt{4}} + \frac{1}{\sqrt{5}} + \cdots = \sum_{n=1}^{\infty} \frac{1}{\sqrt{n}}$$

Esta área total es mayor que el área debajo de la curva $y = 1/\sqrt{x}$ para $x \geq 1$, que es igual a la integral $\int_{1}^{\infty} \left(1/\sqrt{x}\right) dx$. Pero se sabe por el ejemplo 7.8.4 que esta integral impropia es divergente. En otras palabras, el área debajo de la curva es infinita. De este modo, la suma de la serie debe ser infinita; es decir, la serie es divergente.

El mismo tipo de razonamiento geométrico que se aplica en estas dos series es válido para la siguiente prueba (la demostración se presenta al final de esta sección).

Prueba de la integral Suponga que f es una función continua, positiva y decreciente en $[1, \infty)$ y sea $a_n = f(n)$. Entonces la serie $\sum_{n=1}^{\infty} a_n$ es convergente si y solo si la integral impropia $\int_{1}^{\infty} f(x) \, dx$ es convergente. En otras palabras:

(i) Si $\int_{1}^{\infty} f(x) \, dx$ es convergente, entonces $\sum_{n=1}^{\infty} a_n$ es convergente.

(ii) Si $\int_{1}^{\infty} f(x) \, dx$ es divergente, entonces $\sum_{n=1}^{\infty} a_n$ es divergente.

NOTA Cuando se usa la prueba de la integral no es necesario comenzar la serie o la integral en $n = 1$. Por ejemplo, al probar la serie

$$\sum_{n=4}^{\infty} \frac{1}{(n-3)^2} \qquad \text{se usa} \qquad \int_{4}^{\infty} \frac{1}{(x-3)^2} \, dx$$

Asimismo, no es necesario que f *siempre* disminuya. Lo importante es que f sea decreciente *en los extremos*, es decir, decreciente para una x mayor que algún número N. Entonces $\sum_{n=N}^{\infty} a_n$ es convergente, por lo que $\sum_{n=1}^{\infty} a_n$ es convergente (vea la nota al final de la sección 11.2).

A fin de utilizar la prueba de la integral, es necesario evaluar $\int_1^\infty f(x)\,dx$ y, por lo tanto, se debe encontrar una antiderivada de f. A menudo esto es difícil o imposible, de modo que en las siguientes tres secciones se analizan otras pruebas de convergencia.

EJEMPLO 1 Examine la serie $\displaystyle\sum_{n=1}^{\infty} \frac{1}{n^2 + 1}$ en cuanto a convergencia o divergencia.

SOLUCIÓN La función $f(x) = 1/(x^2 + 1)$ es continua, positiva y decreciente en $[1, \infty)$, por lo que se aplica la prueba de la integral:

$$\int_1^\infty \frac{1}{x^2 + 1}\,dx = \lim_{t\to\infty} \int_1^t \frac{1}{x^2 + 1}\,dx = \lim_{t\to\infty} \tan^{-1}x \Big]_1^t$$

$$= \lim_{t\to\infty} \left(\tan^{-1}t - \frac{\pi}{4} \right) = \frac{\pi}{2} - \frac{\pi}{4} = \frac{\pi}{4}$$

Así, $\int_1^\infty 1/(x^2 + 1)\,dx$ es una integral convergente y por ende, según la prueba de la integral, la serie $\Sigma\, 1/(n^2 + 1)$ es convergente. ■

EJEMPLO 2 ¿Para qué valores de p la serie $\displaystyle\sum_{n=1}^{\infty} \frac{1}{n^p}$ es convergente?

SOLUCIÓN Si $p < 0$, entonces $\lim_{n\to\infty} (1/n^p) = \infty$. Si $p = 0$, entonces $\lim_{n\to\infty} (1/n^p) = 1$. En cualquier caso, $\lim_{n\to\infty} (1/n^p) \neq 0$, por lo que la serie dada diverge por la prueba de la divergencia (11.2.7).

Si $p > 0$, entonces la función $f(x) = 1/x^p$ es claramente continua, positiva y decreciente en $[1, \infty)$. En la sección 7.8 se observó [vea (7.8.2)] que

$$\int_1^\infty \frac{1}{x^p}\,dx \quad \text{converge si } p > 1 \text{ y diverge si } p \leq 1$$

De la prueba de la integral se desprende que la serie $\Sigma\, 1/n^p$ converge si $p > 1$ y diverge si $0 < p \leq 1$. (Para $p = 1$, esta serie es la serie armónica del ejemplo 11.2.8). ■

La serie del ejemplo 2 se llama **serie p**; es importante en el resto de este capítulo, por lo que los resultados del ejemplo 2 se resumen para futuras referencias como sigue.

---

1 La serie p $\displaystyle\sum_{n=1}^{\infty} \frac{1}{n^p}$ es convergente si $p > 1$ y divergente si $p \leq 1$.

EJEMPLO 3

(a) La serie

$$\sum_{n=1}^{\infty} \frac{1}{n^3} = \frac{1}{1^3} + \frac{1}{2^3} + \frac{1}{3^3} + \frac{1}{4^3} + \cdots$$

Cabe pensar que la convergencia de una serie de términos positivos depende de la "rapidez" con que los términos de la serie se aproximen a cero. Para cualquier serie p (con $p > 0$) los términos $a_n = 1/n^p$ tienden a cero, pero lo hacen más rápido con valores mayores de p.

es convergente porque es una serie p con $p = 3 > 1$.

(b) La serie

$$\sum_{n=1}^{\infty} \frac{1}{n^{1/3}} = \sum_{n=1}^{\infty} \frac{1}{\sqrt[3]{n}} = 1 + \frac{1}{\sqrt[3]{2}} + \frac{1}{\sqrt[3]{3}} + \frac{1}{\sqrt[3]{4}} + \cdots$$

es divergente porque es una serie p con $p = \frac{1}{3} < 1$. ■

⊘ **NOTA** A partir de la prueba de la integral, *no* se debe inferir que la suma de la serie es igual al valor de la integral. De hecho,

$$\sum_{n=1}^{\infty} \frac{1}{n^2} = \frac{\pi^2}{6} \quad \text{mientras que} \quad \int_1^{\infty} \frac{1}{x^2}\, dx = 1$$

Por lo tanto, en general,

$$\sum_{n=1}^{\infty} a_n \neq \int_1^{\infty} f(x)\, dx$$

EJEMPLO 4 Determine si la serie $\displaystyle\sum_{n=1}^{\infty} \frac{\ln n}{n}$ converge o diverge.

SOLUCIÓN La función $f(x) = (\ln x)/x$ es positiva y continua para $x > 1$ porque la función logaritmo es continua. Pero no es evidente si f es decreciente o no, así que se calcula su derivada:

$$f'(x) = \frac{(1/x)x - \ln x}{x^2} = \frac{1 - \ln x}{x^2}$$

Así, $f'(x) < 0$ cuando $\ln x > 1$, es decir, cuando $x > e$. Se deduce que f es decreciente cuando $x > e$ y de este modo se aplica la prueba de la integral:

$$\int_1^{\infty} \frac{\ln x}{x}\, dx = \lim_{t \to \infty} \int_1^t \frac{\ln x}{x}\, dx = \lim_{t \to \infty} \left. \frac{(\ln x)^2}{2} \right]_1^t$$

$$= \lim_{t \to \infty} \frac{(\ln t)^2}{2} = \infty$$

Como esta integral impropia es divergente, la serie $\Sigma (\ln n)/n$ también es divergente según la prueba de la integral. ■

■ Estimación de la suma de una serie

Suponga que se logra aplicar la prueba de la integral para mostrar que una serie Σa_n es convergente y ahora se desea encontrar una aproximación a la suma s de la serie. Por supuesto, cualquier suma parcial s_n es una aproximación a s porque $\lim_{n \to \infty} s_n = s$. Pero, ¿qué tan buena es tal aproximación? Para averiguarlo, es necesario estimar el tamaño del **residuo**

$$R_n = s - s_n = a_{n+1} + a_{n+2} + a_{n+3} + \cdots$$

El residuo R_n es el error cometido cuando s_n, la suma de los primeros n términos, se utiliza como aproximación a la suma total.

Se usa la misma notación e ideas que en la prueba de la integral, suponiendo que f es decreciente en $[n, \infty)$. Al comparar las áreas de los rectángulos con el área debajo de $y = f(x)$ para $x \geq n$ en la figura 3, se ve que

$$R_n = a_{n+1} + a_{n+2} + \cdots \leq \int_n^{\infty} f(x)\, dx$$

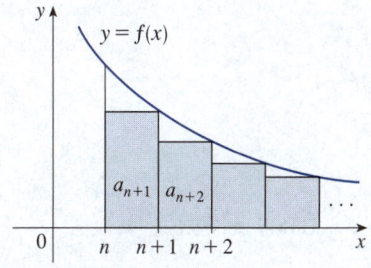

FIGURA 3

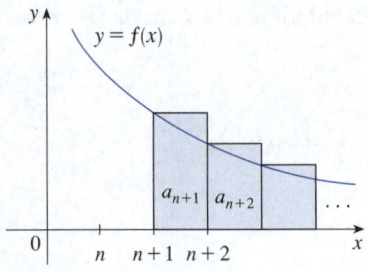

FIGURA 4

De igual manera, se ve en la figura 4 que

$$R_n = a_{n+1} + a_{n+2} + \cdots \geq \int_{n+1}^{\infty} f(x)\, dx$$

De este modo, se demostró la siguiente estimación de error.

---

2 **Estimación del residuo para la prueba de la integral** Suponga que $f(k) = a_k$, donde f es una función continua, positiva y decreciente para $x \geq n$ y $\Sigma\, a_n$ es convergente. Si $R_n = s - s_n$, entonces

$$\int_{n+1}^{\infty} f(x)\, dx \leq R_n \leq \int_{n}^{\infty} f(x)\, dx$$

EJEMPLO 5

(a) Aproxime la suma de la serie $\Sigma\, 1/n^3$ con la suma de los primeros 10 términos. Estime el error en esta aproximación.

(b) ¿Cuántos términos se requieren para asegurar que la suma sea exacta dentro de 0.0005?

SOLUCIÓN En los incisos (a) y (b) se necesita conocer $\int_{n}^{\infty} f(x)\, dx$. Con $f(x) = 1/x^3$, que satisface las condiciones de la prueba de la integral, se tiene

$$\int_{n}^{\infty} \frac{1}{x^3}\, dx = \lim_{t \to \infty} \left[-\frac{1}{2x^2} \right]_{n}^{t} = \lim_{t \to \infty} \left(-\frac{1}{2t^2} + \frac{1}{2n^2} \right) = \frac{1}{2n^2}$$

(a) Al aproximar la suma de la serie por la décima suma parcial, se tiene

$$\sum_{n=1}^{\infty} \frac{1}{n^3} \approx s_{10} = \frac{1}{1^3} + \frac{1}{2^3} + \frac{1}{3^3} + \cdots + \frac{1}{10^3} \approx 1.1975$$

De acuerdo con la estimación del residuo de (2), se tiene

$$R_{10} \leq \int_{10}^{\infty} \frac{1}{x^3}\, dx = \frac{1}{2(10)^2} = \frac{1}{200}$$

Por lo tanto, el tamaño del error es a lo mucho 0.005.

(b) La precisión dentro de 0.0005 significa que se debe encontrar un valor de n tal que $R_n \leq 0.0005$. Como

$$R_n \leq \int_{n}^{\infty} \frac{1}{x^3}\, dx = \frac{1}{2n^2}$$

se desea

$$\frac{1}{2n^2} < 0.0005$$

Al resolver esta desigualdad, se obtiene

$$n^2 > \frac{1}{0.001} = 1\,000 \qquad \text{o} \qquad n > \sqrt{1\,000} \approx 31.6$$

Se necesitan 32 términos para asegurar una precisión dentro de 0.0005. ∎

Si se suma s_n a cada lado de las desigualdades de (2) se obtiene

$$\boxed{3} \qquad s_n + \int_{n+1}^{\infty} f(x)\, dx \leqslant s \leqslant s_n + \int_{n}^{\infty} f(x)\, dx$$

porque $s_n + R_n = s$. Las desigualdades en (3) dan una cota inferior y una cota superior para s. Proporcionan una aproximación más precisa a la suma de la serie que la suma parcial s_n.

Aunque Euler calculó la suma exacta de la serie p para $p = 2$, nadie ha logrado encontrar la suma exacta para $p = 3$. En el ejemplo 6, sin embargo, se muestra cómo *estimar* esta suma.

EJEMPLO 6   Utilice (3) con $n = 10$ para estimar la suma de la serie $\displaystyle\sum_{n=1}^{\infty} \frac{1}{n^3}$.

SOLUCIÓN   Las desigualdades de (3) se convierten en

$$s_{10} + \int_{11}^{\infty} \frac{1}{x^3}\, dx \leqslant s \leqslant s_{10} + \int_{10}^{\infty} \frac{1}{x^3}\, dx$$

Del ejemplo 5 se sabe que

$$\int_{n}^{\infty} \frac{1}{x^3}\, dx = \frac{1}{2n^2}$$

de modo que

$$s_{10} + \frac{1}{2(11)^2} \leqslant s \leqslant s_{10} + \frac{1}{2(10)^2}$$

Con $s_{10} \approx 1.197532$ se obtiene

$$1.201664 \leqslant s \leqslant 1.202532$$

Si se aproxima s al punto medio de este intervalo, entonces el error es a lo sumo la mitad de la longitud del intervalo. Así,

$$\sum_{n=1}^{\infty} \frac{1}{n^3} \approx 1.2021 \qquad \text{con error } < 0.0005 \qquad\blacksquare$$

Si se compara el ejemplo 6 con el ejemplo 5, se ve que la estimación mejorada de (3) es mucho mejor que la estimación $s \approx s_n$. Para que el error sea menor que 0.0005 se utilizaron 32 términos en el ejemplo 5, pero solo 10 términos en el ejemplo 6.

■ Demostración de la prueba de la integral

Ya se vio la idea básica de la demostración de la prueba de la integral en las figuras 1 y 2 para las series $\sum 1/n^2$ y $\sum 1/\sqrt{n}$, para la serie general $\sum a_n$, observe las figuras 5 y 6. El área del primer rectángulo sombreado de la figura 5 es el valor de f en el punto final derecho de $[1, 2]$; es decir, $f(2) = a_2$. De este modo, al comparar las áreas de los rectángulos sombreados con el área debajo de $y = f(x)$ desde 1 hasta n, se ve que

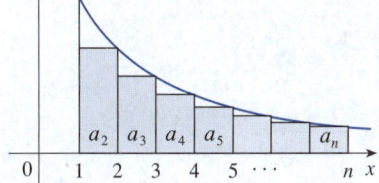

FIGURA 5

$$\boxed{4} \qquad a_2 + a_3 + \cdots + a_n \leqslant \int_{1}^{n} f(x)\, dx$$

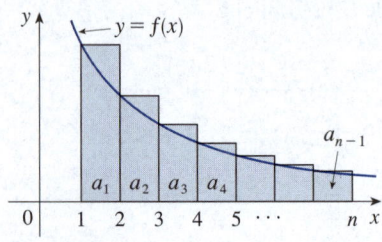

FIGURA 6

(Observe que esta desigualdad depende del hecho de que f es decreciente). De la misma manera, en la figura 6 se muestra que

5 $$\int_1^n f(x)\,dx \le a_1 + a_2 + \cdots + a_{n-1}$$

(i) Si $\int_1^\infty f(x)\,dx$ es convergente, entonces (4) da

$$\sum_{i=2}^n a_i \le \int_1^n f(x)\,dx \le \int_1^\infty f(x)\,dx$$

pues $f(x) \ge 0$. Por lo tanto,

$$s_n = a_1 + \sum_{i=2}^n a_i \le a_1 + \int_1^\infty f(x)\,dx = M, \text{ por decir.}$$

Como $s_n \le M$ para toda n, la sucesión $\{s_n\}$ está acotada por arriba. También

$$s_{n+1} = s_n + a_{n+1} \ge s_n$$

porque $a_{n+1} = f(n+1) \ge 0$. Por lo tanto, $\{s_n\}$ es una sucesión creciente acotada y, entonces, es convergente según el teorema de la sucesión monótona (11.1.12). Esto significa que $\Sigma\, a_n$ es convergente.

(ii) Si $\int_1^\infty f(x)\,dx$ es divergente, entonces $\int_1^n f(x)\,dx \to \infty$ cuando $n \to \infty$ porque $f(x) \ge 0$. Pero (5) da

$$\int_1^n f(x)\,dx \le \sum_{i=1}^{n-1} a_i = s_{n-1}$$

y así $s_{n-1} \to \infty$. Esto implica que $s_n \to \infty$ y así $\Sigma\, a_n$ diverge. ∎

11.3 | Ejercicios

1. Trace una imagen para mostrar que

$$\sum_{n=2}^\infty \frac{1}{n^{1.5}} < \int_1^\infty \frac{1}{x^{1.5}}\,dx$$

¿Qué puede concluir acerca de la serie?

2. Suponga que f es una función positiva continua decreciente para $x \ge 1$ y $a_n = f(n)$. Con un dibujo, clasifique las siguientes tres cantidades en orden creciente:

$$\int_1^6 f(x)\,dx \qquad \sum_{i=1}^5 a_i \qquad \sum_{i=2}^6 a_i$$

3-10 Con la prueba de la integral determine si la serie es convergente o divergente.

3. $\displaystyle\sum_{n=1}^\infty n^{-3}$

4. $\displaystyle\sum_{n=1}^\infty n^{-0.3}$

5. $\displaystyle\sum_{n=1}^\infty \frac{2}{5n-1}$

6. $\displaystyle\sum_{n=1}^\infty \frac{1}{(3n-1)^4}$

7. $\displaystyle\sum_{n=2}^\infty \frac{n^2}{n^3+1}$

8. $\displaystyle\sum_{n=1}^\infty n^2 e^{-n^3}$

9. $\displaystyle\sum_{n=2}^\infty \frac{1}{n(\ln n)^3}$

10. $\displaystyle\sum_{n=1}^\infty \frac{\tan^{-1} n}{1+n^2}$

11-28 Determine si la serie es convergente o divergente.

11. $\displaystyle\sum_{n=1}^\infty \frac{1}{n^{\sqrt 2}}$

12. $\displaystyle\sum_{n=3}^\infty n^{-0.9999}$

13. $1 + \dfrac{1}{8} + \dfrac{1}{27} + \dfrac{1}{64} + \dfrac{1}{125} + \cdots$

14. $\dfrac{1}{5} + \dfrac{1}{7} + \dfrac{1}{9} + \dfrac{1}{11} + \dfrac{1}{13} + \cdots$

15. $\dfrac{1}{3} + \dfrac{1}{7} + \dfrac{1}{11} + \dfrac{1}{15} + \dfrac{1}{19} + \cdots$

16. $1 + \dfrac{1}{2\sqrt 2} + \dfrac{1}{3\sqrt 3} + \dfrac{1}{4\sqrt 4} + \dfrac{1}{5\sqrt 5} + \cdots$

17. $\displaystyle\sum_{n=1}^{\infty} \frac{\sqrt{n}+4}{n^2}$

18. $\displaystyle\sum_{n=1}^{\infty} \frac{\sqrt{n}}{1+n^{3/2}}$

19. $\displaystyle\sum_{n=1}^{\infty} \frac{1}{n^2+4}$

20. $\displaystyle\sum_{n=1}^{\infty} \frac{1}{n^2+2n+2}$

21. $\displaystyle\sum_{n=1}^{\infty} \frac{n^3}{n^4+4}$

22. $\displaystyle\sum_{n=3}^{\infty} \frac{3n-4}{n^2-2n}$

23. $\displaystyle\sum_{n=2}^{\infty} \frac{1}{n\ln n}$

24. $\displaystyle\sum_{n=2}^{\infty} \frac{\ln n}{n^2}$

25. $\displaystyle\sum_{k=1}^{\infty} ke^{-k}$

26. $\displaystyle\sum_{k=1}^{\infty} ke^{-k^2}$

27. $\displaystyle\sum_{n=1}^{\infty} \frac{1}{n^2+n^3}$

28. $\displaystyle\sum_{n=1}^{\infty} \frac{n}{n^4+1}$

29-30 Explique por qué la prueba de la integral no se puede usar para determinar si la serie es convergente o divergente.

29. $\displaystyle\sum_{n=1}^{\infty} \frac{\cos \pi n}{\sqrt{n}}$

30. $\displaystyle\sum_{n=1}^{\infty} \frac{\cos^2 n}{1+n^2}$

31-34 Encuentre los valores de p para los que la serie es convergente.

31. $\displaystyle\sum_{n=2}^{\infty} \frac{1}{n(\ln n)^p}$

32. $\displaystyle\sum_{n=3}^{\infty} \frac{1}{n\ln n\,[\ln(\ln n)]^p}$

33. $\displaystyle\sum_{n=1}^{\infty} n(1+n^2)^p$

34. $\displaystyle\sum_{n=1}^{\infty} \frac{\ln n}{n^p}$

35-37 Función zeta de Riemann La función ζ, definida por

$$\zeta(s) = \sum_{n=1}^{\infty} \frac{1}{n^s}$$

donde s es un número complejo, se llama *función zeta de Riemann*.

35. ¿Con qué números reales de x se define $\zeta(x)$?

36. Leonhard Euler logró calcular la suma exacta de la serie p con $p = 2$:

$$\zeta(2) = \sum_{n=1}^{\infty} \frac{1}{n^2} = \frac{\pi^2}{6}$$

Utilice este hecho para encontrar la suma de cada serie.

(a) $\displaystyle\sum_{n=2}^{\infty} \frac{1}{n^2}$

(b) $\displaystyle\sum_{n=3}^{\infty} \frac{1}{(n+1)^2}$

(c) $\displaystyle\sum_{n=1}^{\infty} \frac{1}{(2n)^2}$

37. Euler también encontró la suma de la serie p con $p = 4$:

$$\zeta(4) = \sum_{n=1}^{\infty} \frac{1}{n^4} = \frac{\pi^4}{90}$$

Con el resultado de Euler encuentre la suma de la serie.

(a) $\displaystyle\sum_{n=1}^{\infty} \left(\frac{3}{n}\right)^4$

(b) $\displaystyle\sum_{k=5}^{\infty} \frac{1}{(k-2)^4}$

38. (a) Encuentre la suma parcial s_{10} de la serie $\sum_{n=1}^{\infty} 1/n^4$. Estime el error en el uso de s_{10} como aproximación a la suma de la serie.

(b) Utilice (3) con $n = 10$ para dar una estimación mejorada de la suma.

(c) Compare su estimación del inciso (b) con el valor exacto que se da en el ejercicio 37.

(d) Encuentre un valor de n tal que s_n esté dentro de 0.00001 de la suma.

39. (a) Utilice la suma de los primeros 10 términos para estimar la suma de la serie $\sum_{n=1}^{\infty} 1/n^2$. ¿Qué tan buena es esta estimación?

(b) Mejore esta estimación con (3) y $n = 10$.

(c) Compare su estimación del inciso (b) con el valor exacto que se indica en el ejercicio 36.

(d) Determine un valor de n que garantice que el error en la aproximación $s \approx s_n$ sea menor que 0.001.

40. Encuentre la suma de la serie $\sum_{n=1}^{\infty} ne^{-2n}$ con cuatro decimales de precisión.

41. Estime $\sum_{n=1}^{\infty} (2n+1)^{-6}$ con cinco decimales de precisión.

42. ¿Cuántos términos de la serie $\sum_{n=2}^{\infty} 1/[n(\ln n)^2]$ necesitaría sumar para encontrar su suma dentro de 0.01?

43. Demuestre que si se desea aproximar la suma de la serie $\sum_{n=1}^{\infty} n^{-1.001}$ de modo que el error sea menor que 5 en el noveno decimal de precisión, ¡se deben sumar más de 10^{11301} términos!

T **44.** (a) Demuestre que la serie $\sum_{n=1}^{\infty} (\ln n)^2/n^2$ es convergente.

(b) Encuentre una cota superior para el error en la aproximación $s \approx s_n$.

(c) ¿Cuál es el valor más pequeño de n tal que esta cota superior sea inferior a 0.05?

(d) Encuentre s_n para este valor de n.

45. (a) Con (4) muestre que si s_n es la n-ésima suma parcial de la serie armónica, entonces

$$s_n \leq 1 + \ln n$$

(b) La serie armónica diverge, pero muy lentamente. Utilice el inciso (a) para demostrar que la suma del primer millón de términos es inferior a 15 y la suma de los primeros mil millones de términos es inferior a 22.

46. Con los siguientes pasos demuestre que la sucesión

$$t_n = 1 + \frac{1}{2} + \frac{1}{3} + \cdots + \frac{1}{n} - \ln n$$

tiene un límite (el valor del límite se denota por γ y se llama constante de Euler).

(a) Trace una imagen como la de la figura 6 con $f(x) = 1/x$ e interprete t_n como un área [o utilice (5)] para demostrar que $t_n > 0$ para toda n.

(b) Interprete

$$t_n - t_{n+1} = [\ln(n + 1) - \ln n] - \frac{1}{n + 1}$$

como una diferencia de áreas para demostrar que $t_n - t_{n+1} > 0$. Por lo tanto, $\{t_n\}$ es una sucesión decreciente.

(c) Demuestre, con el teorema de la sucesión monótona, que $\{t_n\}$ es convergente.

47. Encuentre todos los valores positivos de b para los cuales converge la serie $\sum_{n=1}^{\infty} b^{\ln n}$.

48. Encuentre todos los valores de c para los cuales converge la siguiente serie.

$$\sum_{n=1}^{\infty} \left(\frac{c}{n} - \frac{1}{n + 1} \right)$$

11.4 | Pruebas por comparación

En las pruebas por comparación, se busca comparar una serie determinada con otra serie que se sabe que es convergente o divergente. Si dos series solo tienen términos positivos, se pueden comparar directamente los términos correspondientes para ver cuáles son más grandes (prueba por comparación directa) o investigar el límite de las razones de los términos correspondientes (prueba por comparación de límites).

■ Prueba por comparación directa

Considere las dos series

$$\sum_{n=1}^{\infty} \frac{1}{2^n + 1} \qquad \text{y} \qquad \sum_{n=1}^{\infty} \frac{1}{2^n}$$

La segunda serie $\sum_{n=1}^{\infty} 1/2^n$ es una serie geométrica con $a = \frac{1}{2}$ y $r = \frac{1}{2}$, y por ende es convergente. Como estas series son tan similares, es posible tener la sensación de que la primera serie también debe converger. De hecho, así es. La desigualdad

$$\frac{1}{2^n + 1} < \frac{1}{2^n}$$

muestra que la serie $\sum 1/(2^n + 1)$ tiene términos más pequeños que los de la serie geométrica $\sum 1/2^n$ y, por lo tanto, todas sus sumas parciales también son más pequeñas que 1 (la suma de la serie geométrica). Esto significa que sus sumas parciales forman una sucesión creciente acotada, que es convergente. También se deduce que la suma de la serie es menor que la suma de la serie geométrica:

$$\sum_{n=1}^{\infty} \frac{1}{2^n + 1} < 1$$

Con un razonamiento semejante se demuestra la siguiente prueba, que solo se aplica a las series cuyos términos son positivos. La primera parte indica que si hay una serie cuyos términos son *más pequeños* que los de una serie *convergente* conocida, entonces esa serie también es convergente. La segunda parte establece que si se empieza con una serie cuyos términos sean *más grandes* que los de una serie *divergente* conocida, entonces también será divergente.

Prueba por comparación directa Suponga que $\sum a_n$ y $\sum b_n$ son series con términos positivos.

(i) Si $\sum b_n$ es convergente y $a_n \leq b_n$ para toda n, entonces $\sum a_n$ también es convergente.

(ii) Si $\sum b_n$ es divergente y $a_n \geq b_n$ para toda n, entonces $\sum a_n$ también es divergente.

DEMOSTRACIÓN

Es importante tener en cuenta la distinción entre una sucesión y una serie. Una sucesión es una lista de números, mientras que una serie es una suma. Con cada serie $\Sigma\, a_n$ hay dos sucesiones asociadas: la sucesión $\{a_n\}$ de términos y la sucesión $\{s_n\}$ de sumas parciales.

(i) Sean
$$s_n = \sum_{i=1}^{n} a_i \qquad t_n = \sum_{i=1}^{n} b_i \qquad t = \sum_{n=1}^{\infty} b_n$$

Como ambas series tienen términos positivos, las sucesiones $\{s_n\}$ y $\{t_n\}$ son crecientes $(s_{n+1} = s_n + a_{n+1} \geq s_n)$. También $t_n \to t$, de modo que $t_n \leq t$ para toda n. Debido a que $a_i \leq b_i$, se tiene $s_n \leq t_n$. Así, $s_n \leq t$ para toda n. Esto significa que $\{s_n\}$ es creciente y está acotada por arriba y por ende, converge según el teorema de la sucesión monótona. Así $\Sigma\, a_n$ converge.

(ii) Si $\Sigma\, b_n$ es divergente, entonces $t_n \to \infty$ (pues $\{t_n\}$ es creciente). Pero $a_i \geq b_i$, por lo que $s_n \geq t_n$. Entonces, $s_n \to \infty$. Por lo tanto, $\Sigma\, a_n$ diverge. ■

Serie estándar para las pruebas por comparación.

Desde luego, al aplicar la prueba por comparación directa se deben tener algunas series conocidas $\Sigma\, b_n$ con fines comparativos. La mayoría de las veces se usa una de estas series:

- Una serie p $[\Sigma\, 1/n^p$ converge si $p > 1$ y diverge si $p \leq 1$ (vea 11.3.1)].
- Una serie geométrica $[\Sigma\, ar^{n-1}$ converge si $|r| < 1$ y diverge si $|r| \geq 1$; (vea 11.2.4)].

EJEMPLO 1 Determine si la serie $\displaystyle\sum_{n=1}^{\infty} \frac{5}{2n^2 + 4n + 3}$ converge o diverge.

SOLUCIÓN Para un valor grande de n, el término dominante en el denominador es $2n^2$, por lo que la serie dada se compara con la serie $\Sigma\, 5/(2n^2)$. Observe que
$$\frac{5}{2n^2 + 4n + 3} < \frac{5}{2n^2}$$
porque el lado izquierdo tiene un denominador mayor (en la notación de la prueba por comparación directa, a_n es el lado izquierdo y b_n es el lado derecho). Se sabe que
$$\sum_{n=1}^{\infty} \frac{5}{2n^2} = \frac{5}{2} \sum_{n=1}^{\infty} \frac{1}{n^2}$$
es convergente porque es una constante multiplicada por una serie p con $p = 2 > 1$. Por lo tanto,
$$\sum_{n=1}^{\infty} \frac{5}{2n^2 + 4n + 3}$$
es convergente según el inciso (i) de la prueba por comparación directa. ■

NOTA Aunque la condición $a_n \leq b_n$ o $a_n \geq b_n$ en la prueba por comparación directa se da para toda n, solo se necesita verificar que se mantiene para $n \geq N$, donde N es algún entero fijo, porque la convergencia de una serie no se ve afectada por un número finito de términos. Esto se ilustra en el siguiente ejemplo.

EJEMPLO 2 Examine la serie $\displaystyle\sum_{k=1}^{\infty} \frac{\ln k}{k}$ en cuanto a convergencia o divergencia.

SOLUCIÓN Se aplica la prueba de la integral para probar esta serie en el ejemplo 11.3.4, pero también se puede analizar comparándola con la serie armónica. Observe que $\ln k > 1$ para $k \geq 3$ y así
$$\frac{\ln k}{k} > \frac{1}{k} \qquad k \geq 3$$

Se sabe que $\Sigma 1/k$ es divergente (serie p con $p = 1$). Por lo tanto, la serie dada es divergente según la prueba por comparación directa. ∎

Prueba por comparación de límites

La prueba por comparación directa es concluyente solo si los términos de la serie que se prueba son más pequeños que los de una serie convergente o más grandes que los de una serie divergente. Si los términos son más grandes que los términos de una serie convergente o más pequeños que los de una serie divergente, entonces la prueba por comparación directa no se aplica. Considere, por ejemplo, la serie

$$\sum_{n=1}^{\infty} \frac{1}{2^n - 1}$$

La desigualdad

$$\frac{1}{2^n - 1} > \frac{1}{2^n}$$

es inútil en lo que se refiere a la prueba por comparación directa porque $\Sigma b_n = \Sigma \left(\frac{1}{2}\right)^n$ es convergente y $a_n > b_n$. Sin embargo, se tiene la sensación de que $\Sigma 1/(2^n - 1)$ debe ser convergente porque es muy similar a la serie geométrica convergente $\Sigma \left(\frac{1}{2}\right)^n$. En estos casos se utiliza la siguiente prueba.

En los ejercicios 48 y 49 se abordan casos con $c = 0$ y $c = \infty$.

> **Prueba por comparación de límites** Suponga que Σa_n y Σb_n son series con términos positivos. Si
>
> $$\lim_{n \to \infty} \frac{a_n}{b_n} = c$$
>
> donde c es un número finito y $c > 0$, entonces ambas series convergen o ambas divergen.

DEMOSTRACIÓN Sean m y M números positivos tales que $m < c < M$. Como a_n/b_n está cerca de c para n grande, hay un entero N tal que

$$m < \frac{a_n}{b_n} < M \qquad \text{cuando } n > N$$

y, así, $\qquad\qquad m b_n < a_n < M b_n \qquad \text{cuando } n > N$

Si Σb_n converge, también lo hace $\Sigma M b_n$. Por lo tanto, Σa_n converge según el inciso (i) de la prueba por comparación directa. Si Σb_n diverge, también lo hace $\Sigma m b_n$ y el inciso (ii) de la prueba por comparación directa muestra que Σa_n diverge. ∎

EJEMPLO 3 Examine la serie $\displaystyle\sum_{n=1}^{\infty} \frac{1}{2^n - 1}$ en cuanto a convergencia o divergencia.

SOLUCIÓN Se usa la prueba por comparación de límites con

$$a_n = \frac{1}{2^n - 1} \qquad\qquad b_n = \frac{1}{2^n}$$

y se obtiene

$$\lim_{n \to \infty} \frac{a_n}{b_n} = \lim_{n \to \infty} \frac{1/(2^n - 1)}{1/2^n} = \lim_{n \to \infty} \frac{2^n}{2^n - 1} = \lim_{n \to \infty} \frac{1}{1 - 1/2^n} = 1 > 0$$

Como este límite existe y $\Sigma\,1/2^n$ es una serie geométrica convergente, la serie indicada converge según la prueba por comparación de límites.

EJEMPLO 4 Determine si la serie $\displaystyle\sum_{n=1}^{\infty}\frac{2n^2+3n}{\sqrt{5+n^5}}$ converge o diverge.

SOLUCIÓN La parte dominante del numerador es $2n^2$ y la parte dominante del denominador es $\sqrt{n^5}=n^{5/2}$. Esto sugiere que se toma

$$a_n=\frac{2n^2+3n}{\sqrt{5+n^5}}\qquad b_n=\frac{2n^2}{n^{5/2}}=\frac{2}{n^{1/2}}$$

$$\lim_{n\to\infty}\frac{a_n}{b_n}=\lim_{n\to\infty}\frac{2n^2+3n}{\sqrt{5+n^5}}\cdot\frac{n^{1/2}}{2}=\lim_{n\to\infty}\frac{2n^{5/2}+3n^{3/2}}{2\sqrt{5+n^5}}$$

$$=\lim_{n\to\infty}\frac{2+\dfrac{3}{n}}{2\sqrt{\dfrac{5}{n^5}+1}}=\frac{2+0}{2\sqrt{0+1}}=1$$

Debido a que $\Sigma\,b_n=2\,\Sigma\,1/n^{1/2}$ es divergente (serie p con $p=\frac{1}{2}<1$), la serie indicada diverge según la prueba por comparación de límites.

Observe que, al evaluar muchas series, se encuentra una serie de comparación $\Sigma\,b_n$ adecuada al mantener solo las potencias más altas en el numerador y el denominador.

■ Estimación de sumas

Si se utiliza la prueba por comparación directa para mostrar que una serie $\Sigma\,a_n$ converge por comparación con una serie $\Sigma\,b_n$, entonces es posible estimar la suma $\Sigma\,a_n$ comparando los residuos. Al igual que en la sección 11.3, se considera que el residuo

$$R_n=s-s_n=a_{n+1}+a_{n+2}+\cdots$$

Para la serie de comparación $\Sigma\,b_n$ se considera el residuo correspondiente

$$T_n=t-t_n=b_{n+1}+b_{n+2}+\cdots$$

Como $a_n\le b_n$ para toda n, se tiene $R_n\le T_n$. Si $\Sigma\,b_n$ es una serie p, se puede estimar su residuo T_n como en la sección 11.3. Si $\Sigma\,b_n$ es una serie geométrica, entonces T_n es la suma de una serie geométrica y se puede sumar con exactitud (vea los ejercicios 43 y 44). En cualquier caso, se sabe que R_n es más pequeño que T_n.

EJEMPLO 5 Aproxime con la suma de los primeros 100 términos la suma de la serie $\Sigma\,1/(n^3+1)$. Estime el error que involucra esta aproximación.

SOLUCIÓN Debido a que

$$\frac{1}{n^3+1}<\frac{1}{n^3}$$

la serie dada es convergente según la prueba por comparación directa. El residuo de T_n para la serie de comparación $\Sigma\,1/n^3$ se estimó en el ejemplo 11.3.5 mediante la estimación del residuo para la prueba de la integral. Allí se observó que

$$T_n\le\int_n^{\infty}\frac{1}{x^3}\,dx=\frac{1}{2n^2}$$

Por lo tanto, el residuo R_n para la serie indicada satisface

$$R_n \leq T_n \leq \frac{1}{2n^2}$$

Con $n = 100$ se tiene

$$R_{100} \leq \frac{1}{2(100)^2} = 0.00005$$

Con una calculadora o computadora se encuentra que

$$\sum_{n=1}^{\infty} \frac{1}{n^3 + 1} \approx \sum_{n=1}^{100} \frac{1}{n^3 + 1} \approx 0.6864538$$

con un error menor a 0.00005. ∎

11.4 | Ejercicios

1. Suponga que Σa_n y Σb_n son series con términos positivos y se sabe que Σb_n es convergente.
   (a) Si $a_n > b_n$ para toda n, ¿qué puede decir sobre Σa_n? ¿Por qué?
   (b) Si $a_n < b_n$ para toda n, ¿qué puede decir sobre Σa_n? ¿Por qué?

2. Suponga que Σa_n y Σb_n son series con términos positivos y se sabe que Σb_n es divergente.
   (a) Si $a_n > b_n$ para toda n, ¿qué puede decir sobre Σa_n? ¿Por qué?
   (b) Si $a_n < b_n$ para toda n, ¿qué puede decir sobre Σa_n? ¿Por qué?

3. (a) Demuestre con la prueba por comparación directa que la primera serie converge al compararla con la segunda.
$$\sum_{n=2}^{\infty} \frac{n}{n^3 + 5} \qquad \sum_{n=2}^{\infty} \frac{1}{n^2}$$
   (b) Demuestre, con la prueba por comparación de límites, que la primera serie converge al compararla con la segunda.
$$\sum_{n=2}^{\infty} \frac{n}{n^3 - 5} \qquad \sum_{n=2}^{\infty} \frac{1}{n^2}$$

4. (a) Utilice la prueba por comparación directa para demostrar que la primera serie diverge al compararla con la segunda.
$$\sum_{n=2}^{\infty} \frac{n^2 + n}{n^3 - 2} \qquad \sum_{n=2}^{\infty} \frac{1}{n}$$
   (b) Demuestre con la prueba por comparación de límites que la primera serie diverge al compararla con la segunda.
$$\sum_{n=2}^{\infty} \frac{n^2 - n}{n^3 + 2} \qquad \sum_{n=2}^{\infty} \frac{1}{n}$$

5. ¿Cuál de las siguientes desigualdades se puede usar para demostrar que $\sum_{n=1}^{\infty} n/(n^3 + 1)$ converge?
   (a) $\dfrac{n}{n^3 + 1} \geq \dfrac{1}{n^3 + 1}$ (b) $\dfrac{n}{n^3 + 1} \leq \dfrac{1}{n}$
   (c) $\dfrac{n}{n^3 + 1} \leq \dfrac{1}{n^2}$

6. ¿Cuál de las siguientes desigualdades se puede usar para demostrar que $\sum_{n=1}^{\infty} n/(n^2 + 1)$ diverge?
   (a) $\dfrac{n}{n^2 + 1} \geq \dfrac{1}{n^2 + 1}$ (b) $\dfrac{n}{n^2 + 1} \leq \dfrac{1}{n}$
   (c) $\dfrac{n}{n^2 + 1} \geq \dfrac{1}{2n}$

7-40 Determine si la serie converge o diverge.

7. $\displaystyle\sum_{n=1}^{\infty} \frac{1}{n^3 + 8}$ **8.** $\displaystyle\sum_{n=2}^{\infty} \frac{1}{\sqrt{n} - 1}$

9. $\displaystyle\sum_{n=1}^{\infty} \frac{n + 1}{n\sqrt{n}}$ **10.** $\displaystyle\sum_{n=1}^{\infty} \frac{n - 1}{n^3 + 1}$

11. $\displaystyle\sum_{n=1}^{\infty} \frac{9^n}{3 + 10^n}$ **12.** $\displaystyle\sum_{n=1}^{\infty} \frac{6^n}{5^n - 1}$

13. $\displaystyle\sum_{n=2}^{\infty} \frac{1}{\ln n}$ **14.** $\displaystyle\sum_{k=1}^{\infty} \frac{k \operatorname{sen}^2 k}{1 + k^3}$

15. $\displaystyle\sum_{k=1}^{\infty} \frac{\sqrt[3]{k}}{\sqrt{k^3 + 4k + 3}}$ **16.** $\displaystyle\sum_{k=1}^{\infty} \frac{(2k - 1)(k^2 - 1)}{(k + 1)(k^2 + 4)^2}$

17. $\displaystyle\sum_{n=1}^{\infty} \frac{1 + \cos n}{e^n}$ **18.** $\displaystyle\sum_{n=1}^{\infty} \frac{1}{\sqrt[3]{3n^4 + 1}}$

19. $\displaystyle\sum_{n=1}^{\infty} \frac{4^{n+1}}{3^n - 2}$ **20.** $\displaystyle\sum_{n=1}^{\infty} \frac{1}{n^n}$

21. $\displaystyle\sum_{n=1}^{\infty} \frac{1}{\sqrt{n^2 + 1}}$ **22.** $\displaystyle\sum_{n=1}^{\infty} \frac{2}{\sqrt{n} + 2}$

23. $\displaystyle\sum_{n=1}^{\infty} \frac{n + 1}{n^3 + n}$ **24.** $\displaystyle\sum_{n=1}^{\infty} \frac{n^2 + n + 1}{n^4 + n^2}$

25. $\displaystyle\sum_{n=1}^{\infty} \frac{\sqrt{1+n}}{2+n}$

26. $\displaystyle\sum_{n=3}^{\infty} \frac{n+2}{(n+1)^3}$

27. $\displaystyle\sum_{n=1}^{\infty} \frac{5+2n}{(1+n^2)^2}$

28. $\displaystyle\sum_{n=1}^{\infty} \frac{n+3^n}{n+2^n}$

29. $\displaystyle\sum_{n=1}^{\infty} \frac{e^n+1}{ne^n+1}$

30. $\displaystyle\sum_{n=2}^{\infty} \frac{1}{n\sqrt{n^2-1}}$

31. $\displaystyle\sum_{n=1}^{\infty} \frac{2+\operatorname{sen} n}{n^2}$

32. $\displaystyle\sum_{n=1}^{\infty} \frac{n^2+\cos^2 n}{n^3}$

33. $\displaystyle\sum_{n=1}^{\infty} \left(1+\frac{1}{n}\right)^2 e^{-n}$

34. $\displaystyle\sum_{n=1}^{\infty} \frac{e^{1/n}}{n}$

35. $\displaystyle\sum_{n=1}^{\infty} \frac{1}{n!}$

36. $\displaystyle\sum_{n=1}^{\infty} \frac{n!}{n^n}$

37. $\displaystyle\sum_{n=1}^{\infty} \operatorname{sen}\left(\frac{1}{n}\right)$

38. $\displaystyle\sum_{n=1}^{\infty} \operatorname{sen}^2\left(\frac{1}{n}\right)$

39. $\displaystyle\sum_{n=1}^{\infty} \frac{1}{n}\tan\frac{1}{n}$

40. $\displaystyle\sum_{n=1}^{\infty} \frac{1}{n^{1+1/n}}$

41-44 Utilice la suma de los primeros 10 términos para aproximar la suma de la serie. Estime el error.

41. $\displaystyle\sum_{n=1}^{\infty} \frac{1}{5+n^5}$

42. $\displaystyle\sum_{n=1}^{\infty} \frac{e^{1/n}}{n^4}$

43. $\displaystyle\sum_{n=1}^{\infty} 5^{-n}\cos^2 n$

44. $\displaystyle\sum_{n=1}^{\infty} \frac{1}{3^n+4^n}$

45. El significado de la representación decimal de un número $0.d_1 d_2 d_3\ldots$ (donde el dígito d_i es uno de los números $0, 1, 2, \ldots, 9$) es que

$$0.d_1 d_2 d_3 d_4 \ldots = \frac{d_1}{10} + \frac{d_2}{10^2} + \frac{d_3}{10^3} + \frac{d_4}{10^4} + \cdots$$

Demuestre que esta serie converge para todas las elecciones de $d_1, d_2, \ldots$

46. ¿Para qué valores de p converge la serie $\sum_{n=2}^{\infty} 1/(n^p \ln n)$?

47. Demuestre que

$$\sum_{n=2}^{\infty} \frac{1}{(\ln n)^{\ln \ln n}}$$

diverge. [*Sugerencia*: Utilice la fórmula 1.5.10 ($x^r = e^{r\ln x}$) y el hecho de que $\ln x < \sqrt{x}$ para $x \geqslant 1$].

48. (a) Suponga que $\sum a_n$ y $\sum b_n$ son series con términos positivos y $\sum b_n$ es convergente. Demuestre que si

$$\lim_{n\to\infty} \frac{a_n}{b_n} = 0$$

entonces $\sum a_n$ también es convergente.
(b) Utilice el inciso (a) para demostrar que la serie converge.

(i) $\displaystyle\sum_{n=1}^{\infty} \frac{\ln n}{n^3}$

(ii) $\displaystyle\sum_{n=1}^{\infty} \left(1-\cos\frac{1}{n^2}\right)$

49. (a) Suponga que $\sum a_n$ y $\sum b_n$ son series con términos positivos y $\sum b_n$ es divergente. Demuestre que si

$$\lim_{n\to\infty} \frac{a_n}{b_n} = \infty$$

entonces $\sum a_n$ también es divergente.
(b) Utilice el inciso (a) para demostrar que la serie diverge.

(i) $\displaystyle\sum_{n=2}^{\infty} \frac{1}{\ln n}$

(ii) $\displaystyle\sum_{n=1}^{\infty} \frac{\ln n}{n}$

50. Proporcione un ejemplo de un par de series $\sum a_n$ y $\sum b_n$ con términos positivos donde $\lim_{n\to\infty}(a_n/b_n)=0$ y $\sum b_n$ diverge, pero $\sum a_n$ converge (compare con el ejercicio 48).

51. Demuestre que si $a_n > 0$ y $\lim_{n\to\infty} na_n \neq 0$, entonces $\sum a_n$ es divergente.

52. Demuestre que si $a_n > 0$ y $\sum a_n$ es convergente, entonces $\sum \ln(1+a_n)$ es convergente.

53. Si $\sum a_n$ es una serie convergente con términos positivos, ¿es cierto que $\sum \operatorname{sen}(a_n)$ también es convergente?

54. Demuestre que si $a_n \geqslant 0$ y $\sum a_n$ converge, entonces $\sum a_n^2$ también converge.

55. Sean $\sum a_n$ y $\sum b_n$ dos series de términos positivos. ¿Es verdadero o falso cada uno de los siguientes enunciados? Si es falso, proporcione un ejemplo que lo refute.
(a) Si $\sum a_n$ y $\sum b_n$ son divergentes, entonces $\sum a_n b_n$ es divergente.
(b) Si $\sum a_n$ converge y $\sum b_n$ diverge, entonces $\sum a_n b_n$ diverge.
(c) Si $\sum a_n$ y $\sum b_n$ son convergentes, entonces $\sum a_n b_n$ es convergente.

11.5 | Series alternantes y convergencia absoluta

Las pruebas de convergencia vistas hasta ahora se aplican solo a las series con términos positivos. En esta sección y en la siguiente se trata con series cuyos términos no son necesariamente positivos. Son de particular importancia las *series alternantes*, cuyos términos se alternan de signo.

◼ Series alternantes

Una **serie alternante** es una serie cuyos términos son positivos y negativos de manera alternada. A continuación se presentan dos ejemplos:

$$1 - \frac{1}{2} + \frac{1}{3} - \frac{1}{4} + \frac{1}{5} - \frac{1}{6} + \cdots = \sum_{n=1}^{\infty} (-1)^{n-1} \frac{1}{n}$$

$$-\frac{1}{2} + \frac{2}{3} - \frac{3}{4} + \frac{4}{5} - \frac{5}{6} + \frac{6}{7} - \cdots = \sum_{n=1}^{\infty} (-1)^n \frac{n}{n+1}$$

En estos ejemplos se ve que el n-ésimo término de una serie alternante es de la forma

$$a_n = (-1)^{n-1} b_n \qquad \text{o} \qquad a_n = (-1)^n b_n$$

donde b_n es un número positivo. (De hecho, $b_n = |a_n|$).

En la siguiente prueba se establece que si los términos de una serie alternante disminuyen hacia 0 en su valor absoluto, entonces la serie converge.

Prueba de series alternantes   Si la serie alternante

$$\sum_{n=1}^{\infty} (-1)^{n-1} b_n = b_1 - b_2 + b_3 - b_4 + b_5 - b_6 + \cdots \qquad (b_n > 0)$$

satisface las condiciones

$$\text{(i)} \quad b_{n+1} \le b_n \qquad \text{para toda } n$$

$$\text{(ii)} \quad \lim_{n \to \infty} b_n = 0$$

entonces la serie es convergente.

Antes de dar la demostración, vea la figura 1, en la que hay una imagen de la idea general. Primero se traza $s_1 = b_1$ en una recta numérica. Para encontrar s_2, se resta b_2, así que s_2 se encuentra a la izquierda de s_1. Entonces para encontrar s_3 se suma b_3, de modo que s_3 está a la derecha de s_2. Pero, como $b_3 < b_2$, s_3 está a la izquierda de s_1. Al continuar de esta manera se ve que las sumas parciales oscilan de un lado a otro. Como $b_n \to 0$, los pasos sucesivos son cada vez más pequeños. Las sumas parciales pares s_2, s_4, s_6, ... son crecientes y las sumas parciales impares s_1, s_3, s_5, ... son decrecientes. Por lo tanto, parece plausible que ambas converjan a algún número s, que es la suma de la serie. Por ello, se consideran las sumas pares e impares por separado en la siguiente demostración.

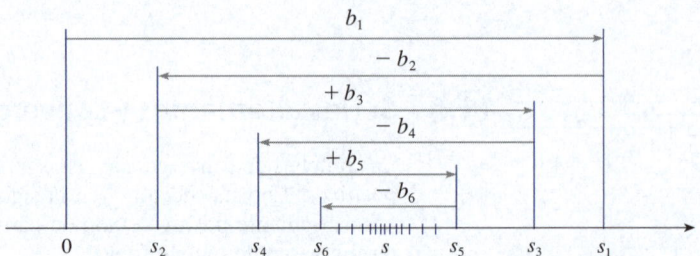

FIGURA 1

DEMOSTRACIÓN DE LA PRUEBA DE SERIES ALTERNANTES Primero se consideran las sumas parciales pares:

$$s_2 = b_1 - b_2 \geq 0 \qquad \text{pues } b_2 \leq b_1$$

$$s_4 = s_2 + (b_3 - b_4) \geq s_2 \qquad \text{pues } b_4 \leq b_3$$

En general, $s_{2n} = s_{2n-2} + (b_{2n-1} - b_{2n}) \geq s_{2n-2}$ pues $b_{2n} \leq b_{2n-1}$

De este modo, $0 \leq s_2 \leq s_4 \leq s_6 \leq \cdots \leq s_{2n} \leq \cdots$

Pero también es posible escribir

$$s_{2n} = b_1 - (b_2 - b_3) - (b_4 - b_5) - \cdots - (b_{2n-2} - b_{2n-1}) - b_{2n}$$

Cada término entre paréntesis es positivo, por lo que $s_{2n} \leq b_1$ para toda n. Por lo tanto, la sucesión $\{s_{2n}\}$ de las sumas parciales pares es creciente y está acotada por arriba. Por lo tanto, es convergente por el teorema de la sucesión monótona. Su límite se llama s, es decir,

$$\lim_{n \to \infty} s_{2n} = s$$

Ahora se calcula el límite de las sumas parciales impares:

$$\lim_{n \to \infty} s_{2n+1} = \lim_{n \to \infty} (s_{2n} + b_{2n+1})$$

$$= \lim_{n \to \infty} s_{2n} + \lim_{n \to \infty} b_{2n+1}$$

$$= s + 0 \qquad\qquad \text{[por la condición (ii)]}$$

$$= s$$

En la figura 2 se ilustra el ejemplo 1 con las gráficas de los términos $a_n = (-1)^{n-1}/n$ y las sumas parciales s_n. Observe que los valores de s_n zigzaguean a través del valor límite, que parece ser alrededor de 0.7. De hecho, se puede demostrar que la suma exacta de la serie es $\ln 2 \approx 0.693$ (vea el ejercicio 50).

Como las sumas pares e impares convergen en s, se tiene $\lim_{n \to \infty} s_n = s$ [vea el ejercicio 11.1.98(a)] y, por lo tanto, la serie es convergente. ■

EJEMPLO 1 La serie armónica alternante

$$1 - \frac{1}{2} + \frac{1}{3} - \frac{1}{4} + \cdots = \sum_{n=1}^{\infty} \frac{(-1)^{n-1}}{n}$$

satisface las condiciones

$$\text{(i) } b_{n+1} < b_n \qquad \text{porque} \qquad \frac{1}{n+1} < \frac{1}{n}$$

$$\text{(ii) } \lim_{n \to \infty} b_n = \lim_{n \to \infty} \frac{1}{n} = 0$$

así que la serie es convergente según la prueba de series alternantes. ■

EJEMPLO 2 La serie $\displaystyle\sum_{n=1}^{\infty} \frac{(-1)^n 3n}{4n - 1}$ es alternante, pero

$$\lim_{n \to \infty} b_n = \lim_{n \to \infty} \frac{3n}{4n - 1} = \lim_{n \to \infty} \frac{3}{4 - \dfrac{1}{n}} = \frac{3}{4}$$

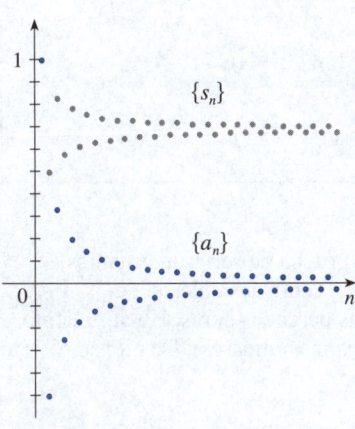

FIGURA 2

por lo que no se satisface la condición (ii). Por lo tanto, la prueba de series alternantes no aplica. En su lugar, se dirige la atención al límite del n-ésimo término de la serie:

$$\lim_{n \to \infty} a_n = \lim_{n \to \infty} \frac{(-1)^n 3n}{4n - 1}$$

Este límite no existe, por lo que la serie diverge según la prueba de la divergencia. ∎

EJEMPLO 3 Examine la serie $\displaystyle\sum_{n=1}^{\infty} (-1)^{n+1} \frac{n^2}{n^3 + 1}$ en cuanto a convergencia o divergencia.

SOLUCIÓN La serie dada es alternante, por lo que se intenta verificar las condiciones (i) y (ii) de la prueba de series alternantes.

Condición (i): A diferencia de la situación del ejemplo 1, no es evidente que la sucesión dada por $b_n = n^2/(n^3 + 1)$ sea decreciente. Sin embargo, si se considera la función relacionada $f(x) = x^2/(x^3 + 1)$, se encuentra que

$$f'(x) = \frac{x(2 - x^3)}{(x^3 + 1)^2}$$

Como solo se consideran x positivas, se ve que $f'(x) < 0$ si $2 - x^3 < 0$; es decir, $x > \sqrt[3]{2}$. Por lo tanto, f es decreciente en el intervalo $\left(\sqrt[3]{2}, \infty\right)$. Esto significa que $f(n + 1) < f(n)$ y, por lo tanto, $b_{n+1} < b_n$ cuando $n \geqslant 2$. (La desigualdad $b_2 < b_1$ puede verificarse de forma directa, pero lo único que realmente importa es que la sucesión $\{b_n\}$ es estrictamente decreciente).

La condición (ii) se verifica fácilmente:

$$\lim_{n \to \infty} b_n = \lim_{n \to \infty} \frac{n^2}{n^3 + 1} = \lim_{n \to \infty} \frac{1/n}{1 + 1/n^3} = 0$$

Así, la serie dada es convergente según la prueba de series alternantes. ∎

En lugar de verificar la condición (i) de la prueba de series alternantes mediante el cálculo de una derivada, se puede verificar que $b_{n+1} < b_n$ directamente mediante la técnica de la solución 1 del ejemplo 11.1.13.

■ Estimación de sumas de series alternantes

Una suma parcial s_n de cualquier serie convergente sirve como aproximación a la suma total s, pero esto no es de mucha utilidad a menos que se pueda estimar la exactitud de la aproximación. El error involucrado en el uso de $s \approx s_n$ es el residuo $R_n = s - s_n$. El siguiente teorema establece que para las series que satisfacen las condiciones de la prueba de series alternantes, el tamaño del error es menor que b_{n+1}, que es el valor absoluto del primer término despreciado.

Geométricamente se aprecia por qué el teorema de estimación de series alternantes es cierto al ver la figura 1. Note que $s - s_4 < b_5$, $|s - s_5| < b_6$, y así sucesivamente. Observe también que s se encuentra entre dos sumas parciales consecutivas.

Teorema de estimación para series alternantes Si $s = \sum (-1)^{n-1} b_n$, donde $b_n > 0$, es la suma de una serie alternante que satisface

(i) $b_{n+1} \leqslant b_n$ y   (ii) $\displaystyle\lim_{n \to \infty} b_n = 0$

entonces

$$|R_n| = |s - s_n| \leqslant b_{n+1}$$

DEMOSTRACIÓN A partir de la demostración de la prueba de series alternantes, se sabe que s se encuentra entre dos sumas parciales consecutivas cualesquiera, s_n y s_{n+1}. (Ahí se demostró que s es mayor que todas las sumas parciales pares. Un argumento similar muestra que s es más pequeña que todas las sumas impares). De ello se deduce que

$$|s - s_n| \leqslant |s_{n+1} - s_n| = b_{n+1}$$

∎

Por definición, $0! = 1$.

EJEMPLO 4 Encuentre la suma de la serie $\displaystyle\sum_{n=0}^{\infty} \frac{(-1)^n}{n!}$ con tres decimales de precisión.

SOLUCIÓN Primero se observa que la serie es convergente según la prueba de series alternantes porque

(i) $\quad b_{n+1} = \dfrac{1}{(n+1)!} = \dfrac{1}{n!\,(n+1)} < \dfrac{1}{n!} = b_n$

(ii) $\quad 0 < \dfrac{1}{n!} < \dfrac{1}{n} \to 0$ entonces $b_n = \dfrac{1}{n!} \to 0$ cuando $n \to \infty$

Para tener una idea de cuántos términos se deben usar en la aproximación, escriba los primeros términos de la serie:

$$s = \frac{1}{0!} - \frac{1}{1!} + \frac{1}{2!} - \frac{1}{3!} + \frac{1}{4!} - \frac{1}{5!} + \frac{1}{6!} - \frac{1}{7!} + \cdots$$

$$= 1 - 1 + \tfrac{1}{2} - \tfrac{1}{6} + \tfrac{1}{24} - \tfrac{1}{120} + \tfrac{1}{720} - \tfrac{1}{5\,040} + \cdots$$

Observe que $\qquad\qquad b_7 = \tfrac{1}{5\,040} < \tfrac{1}{5\,000} = 0.0002$

y $\qquad\qquad s_6 = 1 - 1 + \tfrac{1}{2} - \tfrac{1}{6} + \tfrac{1}{24} - \tfrac{1}{120} + \tfrac{1}{720} \approx 0.368056$

En la sección 11.10 se demostrará que $e^x = \sum_{n=0}^{\infty} x^n/n!$ para toda x, así que el resultado del ejemplo 4 es en realidad una aproximación al número e^{-1}.

Por el teorema de estimación de series alternantes se sabe que

$$|s - s_6| \leq b_7 < 0.0002$$

Este error de menos de 0.0002 no afecta al tercer decimal, por lo que se tiene $s \approx 0.368$ con tres decimales de precisión. ∎

⊘ **NOTA** La regla de que el error (al usar s_n para aproximar s) es menor que el primer término despreciado es, en general, válida solo para las series alternantes que satisfacen las condiciones del teorema de estimación de series alternantes. La regla no se aplica a otros tipos de series.

■ Convergencia absoluta y convergencia condicional

Dada cualquier serie $\Sigma\, a_n$, se puede considerar que la serie correspondiente

$$\sum_{n=1}^{\infty} |a_n| = |a_1| + |a_2| + |a_3| + \cdots$$

cuyos términos son los valores absolutos de los términos de la serie original.

> **1 Definición** Una serie $\Sigma\, a_n$ se llama **absolutamente convergente** si la serie de valores absolutos $\Sigma\, |a_n|$ es convergente.

Se han analizado pruebas de convergencia para las series con términos positivos y para las series alternantes. ¿Pero qué pasa si los signos de los términos cambian de un lado a otro de forma irregular? En el ejemplo 7 se verá que la idea de la convergencia absoluta a veces ayuda en tales casos.

Observe que si $\Sigma\, a_n$ es una serie con términos positivos, entonces $|a_n| = a_n$, así que la convergencia absoluta es lo mismo que la convergencia en este caso.

EJEMPLO 5 La serie alternante

$$\sum_{n=1}^{\infty} \frac{(-1)^{n-1}}{n^2} = 1 - \frac{1}{2^2} + \frac{1}{3^2} - \frac{1}{4^2} + \cdots$$

es absolutamente convergente porque

$$\sum_{n=1}^{\infty} \left| \frac{(-1)^{n-1}}{n^2} \right| = \sum_{n=1}^{\infty} \frac{1}{n^2} = 1 + \frac{1}{2^2} + \frac{1}{3^2} + \frac{1}{4^2} + \cdots$$

es una serie p convergente ($p = 2$). ∎

---

2 **Definición** Una serie $\Sigma\, a_n$ se llama **condicionalmente convergente** si es convergente pero no absolutamente convergente; es decir, si $\Sigma\, a_n$ converge, pero $\Sigma\, |a_n|$ diverge.

EJEMPLO 6 Se sabe por el ejemplo 1 que la serie armónica alternante

$$\sum_{n=1}^{\infty} \frac{(-1)^{n-1}}{n} = 1 - \frac{1}{2} + \frac{1}{3} - \frac{1}{4} + \cdots$$

es convergente, pero no es absolutamente convergente porque la correspondiente serie de valores absolutos es

$$\sum_{n=1}^{\infty} \left| \frac{(-1)^{n-1}}{n} \right| = \sum_{n=1}^{\infty} \frac{1}{n} = 1 + \frac{1}{2} + \frac{1}{3} + \frac{1}{4} + \cdots$$

que es la serie armónica (serie p con $p = 1$) y por lo tanto es divergente. Así, la serie armónica alternante es condicionalmente convergente. ∎

En el ejemplo 6 se muestra que es posible que una serie sea convergente pero no absolutamente convergente. Sin embargo, el siguiente teorema afirma que la convergencia absoluta implica convergencia.

Se puede pensar en la convergencia absoluta como un tipo más fuerte de convergencia. Una serie absolutamente convergente, como la del ejemplo 5, convergerá independientemente de los signos de sus términos, mientras que la serie del ejemplo 6 no convergerá si se cambian todos sus términos negativos a positivos.

3 **Teorema** Si una serie $\Sigma\, a_n$ es absolutamente convergente, entonces es convergente.

DEMOSTRACIÓN Observe que la desigualdad

$$0 \leqslant a_n + |a_n| \leqslant 2|a_n|$$

es cierta porque $|a_n|$ es a_n o $-a_n$. Si $\Sigma\, a_n$ es absolutamente convergente, entonces $\Sigma\, |a_n|$ es convergente, de modo que $\Sigma\, 2|a_n|$ es convergente. Así, por la prueba por comparación directa, $\Sigma\, (a_n + |a_n|)$ es convergente. Entonces

$$\sum a_n = \sum \left(a_n + |a_n| \right) - \sum |a_n|$$

es la diferencia de dos series convergentes y por lo tanto es convergente. ∎

EJEMPLO 7 Determine si la serie

$$\sum_{n=1}^{\infty} \frac{\cos n}{n^2} = \frac{\cos 1}{1^2} + \frac{\cos 2}{2^2} + \frac{\cos 3}{3^2} + \cdots$$

es convergente o divergente.

En la figura 3 se presentan las gráficas de los términos a_n y las sumas parciales s_n de la serie del ejemplo 7. Observe que la serie no es alternante pero tiene términos positivos y negativos.

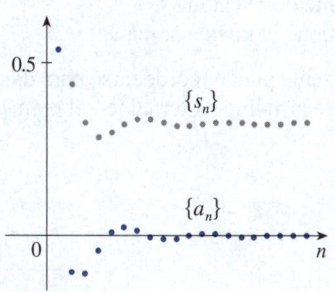

FIGURA 3

SOLUCIÓN Esta serie tiene términos positivos y negativos pero no es alternante (el primer término es positivo, los tres siguientes son negativos y los tres siguientes son positivos: los signos cambian de forma irregular). Se puede aplicar la prueba por comparación directa a la serie de valores absolutos

$$\sum_{n=1}^{\infty} \left| \frac{\cos n}{n^2} \right| = \sum_{n=1}^{\infty} \frac{|\cos n|}{n^2}$$

Como $|\cos n| \leq 1$ para toda n, se tiene

$$\frac{|\cos n|}{n^2} \leq \frac{1}{n^2}$$

Se sabe que $\Sigma 1/n^2$ es convergente (serie p con $p = 2$) y, por lo tanto, $\Sigma |\cos n|/n^2$ es convergente según la prueba por comparación directa. Así, la serie dada $\Sigma (\cos n)/n^2$ es absolutamente convergente y, por ende, convergente según el teorema 3. ■

EJEMPLO 8 Determine si la serie es absolutamente convergente, condicionalmente convergente o divergente.

(a) $\displaystyle\sum_{n=1}^{\infty} \frac{(-1)^n}{n^3}$ (b) $\displaystyle\sum_{n=1}^{\infty} \frac{(-1)^n}{\sqrt[3]{n}}$ (c) $\displaystyle\sum_{n=1}^{\infty} (-1)^n \frac{n}{2n+1}$

SOLUCIÓN

(a) Debido a que la serie

$$\sum_{n=1}^{\infty} \left| \frac{(-1)^n}{n^3} \right| = \sum_{n=1}^{\infty} \frac{1}{n^3}$$

converge (serie p con $p = 3$), la serie dada es absolutamente convergente.

(b) Primero se prueba la convergencia absoluta. La serie

$$\sum_{n=1}^{\infty} \left| \frac{(-1)^n}{\sqrt[3]{n}} \right| = \sum_{n=1}^{\infty} \frac{1}{\sqrt[3]{n}}$$

diverge (serie p con $p = \frac{1}{3}$), por lo que la serie dada *no* es absolutamente convergente. La serie dada converge según la prueba de series alternantes ($b_{n+1} \leq b_n$ y $\lim_{n \to \infty} b_n = 0$). Como la serie converge pero no es absolutamente convergente, es condicionalmente convergente.

(c) Esta serie es alternante, pero

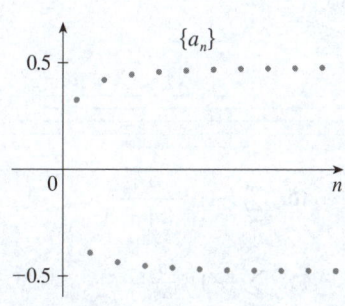

FIGURA 4

Los términos de $\{a_n\}$ son alternadamente cercanos a 0.5 y -0.5.

$$\lim_{n \to \infty} a_n = \lim_{n \to \infty} (-1)^n \frac{n}{2n+1}$$

no existe (vea la figura 4), así que la serie diverge según la prueba de la divergencia. ■

■ Reordenamientos

La cuestión de que una serie convergente dada sea absolutamente convergente o condicionalmente convergente tiene que ver con la cuestión de si las sumas infinitas se comportan como sumas finitas.

Si se reordenan los términos en una suma finita, entonces el valor de la suma permanece igual. Pero esto no siempre es así para una serie infinita. Por **reordenamiento** de una serie infinita Σa_n se entiende una serie obtenida por el simple hecho de cambiar el orden de los términos. Por ejemplo, un reordenamiento de Σa_n podría iniciar como sigue:

$$a_1 + a_2 + a_5 + a_3 + a_4 + a_{15} + a_6 + a_7 + a_{20} + \cdots$$

Resulta que

> si Σa_n es una serie absolutamente convergente con la suma s, entonces cualquier reordenamiento de Σa_n tiene la misma suma s.

Sin embargo, cualquier serie condicionalmente convergente puede reordenarse para dar una suma diferente. Para ilustrar esto, considere la serie armónica alternante del ejemplo 1. En el ejercicio 50 se le pide que muestre que

$$\boxed{4} \qquad 1 - \tfrac{1}{2} + \tfrac{1}{3} - \tfrac{1}{4} + \tfrac{1}{5} - \tfrac{1}{6} + \tfrac{1}{7} - \tfrac{1}{8} + \cdots = \ln 2$$

Si esta serie se multiplica por $\tfrac{1}{2}$, se obtiene

$$\tfrac{1}{2} - \tfrac{1}{4} + \tfrac{1}{6} - \tfrac{1}{8} + \cdots = \tfrac{1}{2}\ln 2$$

Al insertar ceros entre los términos de esta serie se tiene

Agregar estos ceros no afecta la suma de la serie; cada término de la sucesión de sumas parciales se repite, pero el límite es el mismo.

$$\boxed{5} \qquad 0 + \tfrac{1}{2} + 0 - \tfrac{1}{4} + 0 + \tfrac{1}{6} + 0 - \tfrac{1}{8} + \cdots = \tfrac{1}{2}\ln 2$$

Ahora se agrega la serie en las ecuaciones 4 y 5 mediante el teorema 11.2.8:

$$\boxed{6} \qquad 1 + \tfrac{1}{3} - \tfrac{1}{2} + \tfrac{1}{5} + \tfrac{1}{7} - \tfrac{1}{4} + \cdots = \tfrac{3}{2}\ln 2$$

Note que la serie en (6) contiene los mismos términos que en (4), pero reordenados de manera que un término negativo se produce después de cada par de términos positivos. Sin embargo, las sumas de estas series son diferentes. De hecho, Riemann demostró que

> si Σa_n es una serie condicionalmente convergente y r es cualquier número real, entonces hay un reordenamiento de Σa_n que tiene una suma igual a r.

En el ejercicio 52 se presenta una demostración de esto.

11.5 | Ejercicios

1. (a) ¿Qué es una serie alternante?
  (b) ¿En qué condiciones converge una serie alternante?
  (c) Si se satisfacen estas condiciones, ¿qué puede decir acerca del residuo después de n términos?

2-20 Pruebe la serie en cuanto a convergencia o divergencia.

2. $\tfrac{2}{3} - \tfrac{2}{5} + \tfrac{2}{7} - \tfrac{2}{9} + \tfrac{2}{11} - \cdots$

3. $-\tfrac{2}{5} + \tfrac{4}{6} - \tfrac{6}{7} + \tfrac{8}{8} - \tfrac{10}{9} + \cdots$

4. $\dfrac{1}{\ln 3} - \dfrac{1}{\ln 4} + \dfrac{1}{\ln 5} - \dfrac{1}{\ln 6} + \dfrac{1}{\ln 7} - \cdots$

5. $\displaystyle\sum_{n=1}^{\infty} \frac{(-1)^{n-1}}{3 + 5n}$

6. $\displaystyle\sum_{n=0}^{\infty} \frac{(-1)^{n+1}}{\sqrt{n+1}}$

7. $\displaystyle\sum_{n=1}^{\infty} (-1)^n \frac{3n-1}{2n+1}$

8. $\displaystyle\sum_{n=1}^{\infty} (-1)^n \frac{n^2}{n^2+n+1}$

9. $\displaystyle\sum_{n=1}^{\infty} (-1)^n e^{-n}$

10. $\displaystyle\sum_{n=1}^{\infty} (-1)^n \frac{\sqrt{n}}{2n+3}$

11. $\displaystyle\sum_{n=1}^{\infty} (-1)^{n+1} \frac{n^2}{n^3+4}$

12. $\displaystyle\sum_{n=1}^{\infty} (-1)^n \frac{n}{2^n}$

13. $\displaystyle\sum_{n=1}^{\infty} (-1)^{n-1} e^{2/n}$

14. $\displaystyle\sum_{n=1}^{\infty} (-1)^{n-1} \arctan n$

15. $\displaystyle\sum_{n=0}^{\infty} \frac{\operatorname{sen}\left(n + \tfrac{1}{2}\right)\pi}{1 + \sqrt{n}}$

16. $\displaystyle\sum_{n=1}^{\infty} \frac{n \cos n\pi}{2^n}$

17. $\displaystyle\sum_{n=1}^{\infty} (-1)^n \operatorname{sen} \frac{\pi}{n}$

18. $\displaystyle\sum_{n=1}^{\infty} (-1)^n \cos \frac{\pi}{n}$

19. $\displaystyle\sum_{n=1}^{\infty} (-1)^n \frac{n^2}{5^n}$

20. $\displaystyle\sum_{n=1}^{\infty} (-1)^n \left(\sqrt{n+1} - \sqrt{n}\right)$

21. (a) ¿Qué significa que una serie sea absolutamente convergente?

(b) ¿Qué significa que una serie sea condicionalmente convergente?

(c) Si la serie de términos positivos $\sum_{n=1}^{\infty} b_n$ converge, ¿qué puede decir de la serie $\sum_{n=1}^{\infty} (-1)^n b_n$?

22-34 Determine si la serie es absolutamente convergente, condicionalmente convergente o divergente.

22. $\displaystyle\sum_{n=1}^{\infty} \frac{(-1)^n}{n^4}$

23. $\displaystyle\sum_{n=1}^{\infty} \frac{(-1)^{n-1}}{\sqrt[3]{n^2}}$

24. $\displaystyle\sum_{n=0}^{\infty} (-1)^{n+1} \frac{n^2}{n^2+1}$

25. $\displaystyle\sum_{n=1}^{\infty} \frac{(-1)^n}{5n+1}$

26. $\displaystyle\sum_{n=1}^{\infty} \frac{-n}{n^2+1}$

27. $\displaystyle\sum_{n=1}^{\infty} \frac{(-1)^n}{n^2+1}$

28. $\displaystyle\sum_{n=1}^{\infty} \frac{\operatorname{sen} n}{2^n}$

29. $\displaystyle\sum_{n=1}^{\infty} \frac{1+2\operatorname{sen} n}{n^3}$

30. $\displaystyle\sum_{n=1}^{\infty} (-1)^{n-1} \frac{n}{n^2+4}$

31. $\displaystyle\sum_{n=2}^{\infty} \frac{(-1)^n}{\ln n}$

32. $\displaystyle\sum_{n=1}^{\infty} (-1)^n \frac{n}{\sqrt{n^3+2}}$

33. $\displaystyle\sum_{n=1}^{\infty} \frac{\cos n\pi}{3n+2}$

34. $\displaystyle\sum_{n=2}^{\infty} \frac{(-1)^n}{n \ln n}$

35-36 Grafique tanto la sucesión de términos como la sucesión de sumas parciales en la misma pantalla. Con la gráfica, haga una estimación aproximada de la suma de la serie. Luego use el teorema de estimación de series alternantes para estimar la suma con cuatro decimales de precisión.

35. $\displaystyle\sum_{n=1}^{\infty} \frac{(-0.8)^n}{n!}$

36. $\displaystyle\sum_{n=1}^{\infty} (-1)^{n-1} \frac{n}{8^n}$

37-40 Demuestre que la serie es convergente. ¿Cuántos términos de la serie se deben añadir para encontrar la suma con la precisión indicada?

37. $\displaystyle\sum_{n=1}^{\infty} \frac{(-1)^{n+1}}{n^6}$ $\quad (|\,\text{error}\,| < 0.00005)$

38. $\displaystyle\sum_{n=1}^{\infty} \frac{\left(-\frac{1}{3}\right)^n}{n}$ $\quad (|\,\text{error}\,| < 0.0005)$

39. $\displaystyle\sum_{n=1}^{\infty} \frac{(-1)^{n-1}}{n^2 2^n}$ $\quad (|\,\text{error}\,| < 0.0005)$

40. $\displaystyle\sum_{n=1}^{\infty} \left(-\frac{1}{n}\right)^n$ $\quad (|\,\text{error}\,| < 0.00005)$

41-44 Aproxime la suma de la serie con cuatro decimales de precisión.

41. $\displaystyle\sum_{n=1}^{\infty} \frac{(-1)^n}{(2n)!}$

42. $\displaystyle\sum_{n=1}^{\infty} \frac{(-1)^{n+1}}{n^6}$

43. $\displaystyle\sum_{n=1}^{\infty} (-1)^n n e^{-2n}$

44. $\displaystyle\sum_{n=1}^{\infty} \frac{(-1)^{n-1}}{n 4^n}$

45. ¿Es la 50 suma parcial s_{50} de la serie alternante $\sum_{n=1}^{\infty} (-1)^{n-1}/n$ una sobreestimación o una subestimación de la suma total? Explique.

46-48 ¿Para qué valores de p son convergentes las series?

46. $\displaystyle\sum_{n=1}^{\infty} \frac{(-1)^{n-1}}{n^p}$

47. $\displaystyle\sum_{n=1}^{\infty} \frac{(-1)^n}{n+p}$

48. $\displaystyle\sum_{n=2}^{\infty} (-1)^{n-1} \frac{(\ln n)^p}{n}$

49. Demuestre que la serie $\sum (-1)^{n-1} b_n$, donde $b_n = 1/n$ si n es impar y $b_n = 1/n^2$ si n es par, es divergente. ¿Por qué no aplica la prueba de la serie alternante?

50. Utilice los siguientes pasos para demostrar que

$$\sum_{n=1}^{\infty} \frac{(-1)^{n-1}}{n} = \ln 2$$

Sean h_n y s_n las sumas parciales de las series armónica y armónica alternante.

(a) Demuestre que $s_{2n} = h_{2n} - h_n$.

(b) Del ejercicio 11.3.46 se tiene

$$h_n - \ln n \to \gamma \quad \text{cuando } n \to \infty$$

y por lo tanto

$$h_{2n} - \ln(2n) \to \gamma \quad \text{cuando } n \to \infty$$

Con estos datos y el inciso (a) demuestre que $s_{2n} \to \ln 2$ cuando $n \to \infty$.

51. Dada cualquier serie $\sum a_n$, se define una serie $\sum a_n^+$ cuyos términos son los positivos de $\sum a_n$ y una serie $\sum a_n^-$ cuyos términos son los negativos de $\sum a_n$. Para ser específicos, sea

$$a_n^+ = \frac{a_n + |a_n|}{2} \qquad a_n^- = \frac{a_n - |a_n|}{2}$$

Observe que si $a_n > 0$, entonces $a_n^+ = a_n$ y $a_n^- = 0$, mientras que si $a_n < 0$, entonces $a_n^- = a_n$ y $a_n^+ = 0$.

(a) Si $\sum a_n$ es absolutamente convergente, demuestre que ambas series $\sum a_n^+$ y $\sum a_n^-$ son convergentes.

(b) Si $\sum a_n$ es condicionalmente convergente, demuestre que ambas series $\sum a_n^+$ y $\sum a_n^-$ son divergentes.

52. Demuestre que si Σa_n es una serie condicionalmente convergente y r es un número real, entonces hay un reordenamiento de Σa_n cuya suma es r. [*Sugerencias*: Use la notación del ejercicio 51. Tome solo suficientes términos positivos a_n^+ para que su suma sea mayor que r. Luego agregue solo suficientes términos negativos a_n^- para que la suma acumulada sea menor que r. Continúe de esta manera y utilice el teorema 11.2.6].

53. Suponga que la serie Σa_n es condicionalmente convergente.
(a) Demuestre que la serie $\Sigma n^2 a_n$ es divergente.
(b) La convergencia condicional de Σa_n no es suficiente para determinar si $\Sigma n a_n$ es convergente. Demuéstrelo dando un ejemplo de una serie condicionalmente convergente tal que $\Sigma n a_n$ converja y un ejemplo donde $\Sigma n a_n$ diverja.

11.6 | Pruebas de la razón y de la raíz

Una forma para determinar con qué rapidez disminuyen (o aumentan) los términos de una serie es calcular las razones de los términos consecutivos. Para una serie geométrica $\Sigma a r^{n-1}$ se tiene $|a_{n+1}/a_n| = |r|$ para toda n, y la serie converge si $|r| < 1$. La prueba de la razón sostiene que, con cualquier serie, si la razón $|a_{n+1}/a_n|$ se aproxima a un número menor que 1 cuando $n \rightarrow \infty$, entonces la serie converge. Las demostraciones tanto de la prueba de la razón como de la prueba de la raíz implican la comparación de una serie con una serie geométrica.

■ Prueba de la razón

La siguiente prueba es muy útil para determinar si una serie dada es absolutamente convergente.

Prueba de la razón

(i) Si $\displaystyle\lim_{n\to\infty} \left| \frac{a_{n+1}}{a_n} \right| = L < 1$, entonces la serie $\displaystyle\sum_{n=1}^{\infty} a_n$ es absolutamente convergente (y, por lo tanto, convergente).

(ii) Si $\displaystyle\lim_{n\to\infty} \left| \frac{a_{n+1}}{a_n} \right| = L > 1$ o $\displaystyle\lim_{n\to\infty} \left| \frac{a_{n+1}}{a_n} \right| = \infty$, entonces la serie $\displaystyle\sum_{n=1}^{\infty} a_n$ es divergente.

(iii) Si $\displaystyle\lim_{n\to\infty} \left| \frac{a_{n+1}}{a_n} \right| = 1$, la prueba de la razón no es concluyente; es decir, no se puede sacar ninguna conclusión sobre la convergencia o divergencia de Σa_n.

DEMOSTRACIÓN

(i) La idea es comparar la serie dada con una serie geométrica convergente. Como $L < 1$, se puede elegir un número r tal que $L < r < 1$. Puesto que

$$\lim_{n \to \infty} \left| \frac{a_{n+1}}{a_n} \right| = L \quad \text{y} \quad L < r$$

la razón $|a_{n+1}/a_n|$ a la larga será menor que r; es decir, existe un entero N tal que

$$\left| \frac{a_{n+1}}{a_n} \right| < r \qquad \text{siempre que } n \geqslant N$$

o, de forma equivalente,

$$\boxed{1} \qquad\qquad |a_{n+1}| < |a_n| r \qquad \text{siempre que } n \geqslant N$$

Al establecer n sucesivamente igual a $N, N + 1, N + 2, \ldots$ en (1) se obtiene

$$|a_{N+1}| < |a_N|\,r$$

$$|a_{N+2}| < |a_{N+1}|\,r < |a_N|\,r^2$$

$$|a_{N+3}| < |a_{N+2}|\,r < |a_N|\,r^3$$

y, en general,

$$\boxed{2} \qquad\qquad |a_{N+k}| < |a_N|\,r^k \qquad \text{para toda } k \geq 1$$

Ahora la serie

$$\sum_{k=1}^{\infty} |a_N|\,r^k = |a_N|\,r + |a_N|\,r^2 + |a_N|\,r^3 + \cdots$$

es convergente porque es una serie geométrica con $0 < r < 1$. Así, la desigualdad (2), junto con la prueba por comparación directa, muestra que la serie

$$\sum_{n=N+1}^{\infty} |a_n| = \sum_{k=1}^{\infty} |a_{N+k}| = |a_{N+1}| + |a_{N+2}| + |a_{N+3}| + \cdots$$

también es convergente. Se desprende que la serie $\sum_{n=1}^{\infty} |a_n|$ es convergente (recuerde que un número finito de términos no afecta la convergencia). Por lo tanto, $\sum a_n$ es absolutamente convergente.

(ii)   Si $|a_{n+1}/a_n| \to L > 1$ o $|a_{n+1}/a_n| \to \infty$, entonces la razón $|a_{n+1}/a_n|$ será a la larga mayor que 1; es decir, existe un entero N tal que

$$\left| \frac{a_{n+1}}{a_n} \right| > 1 \qquad \text{siempre que } n \geq N$$

Esto significa que $|a_{n+1}| > |a_n|$ siempre que $n \geq N$ y, por tanto,

$$\lim_{n \to \infty} a_n \neq 0$$

De este modo, $\sum a_n$ diverge según la prueba de la divergencia.   ∎

EJEMPLO 1   Examine la serie $\displaystyle\sum_{n=1}^{\infty} (-1)^n \frac{n^3}{3^n}$ en cuanto a convergencia absoluta.

SOLUCIÓN   Se utiliza la prueba de la razón con $a_n = (-1)^n\, n^3/3^n$:

$$\left| \frac{a_{n+1}}{a_n} \right| = \left| \frac{\dfrac{(-1)^{n+1}(n+1)^3}{3^{n+1}}}{\dfrac{(-1)^n n^3}{3^n}} \right| = \frac{(n+1)^3}{3^{n+1}} \cdot \frac{3^n}{n^3}$$

$$= \frac{1}{3}\left(\frac{n+1}{n} \right)^3 = \frac{1}{3}\left(1 + \frac{1}{n} \right)^3 \to \frac{1}{3} < 1$$

Por lo tanto, según la prueba de la razón, la serie indicada es absolutamente convergente.   ∎

Estimación de sumas

En las tres secciones anteriores se utilizaron diversos métodos para estimar la suma de una serie; el método dependía de qué prueba se utilizaba para demostrar la convergencia. ¿Qué hay de las series para las que funciona la prueba de la razón? Hay dos posibilidades: si la serie resulta ser una serie alternante, como en el ejemplo 1, entonces es mejor utilizar los métodos de la sección 11.5. Si todos los términos son positivos, entonces utilice el método especial que se explica en el ejercicio 42.

EJEMPLO 2 Examine la convergencia de la serie $\displaystyle\sum_{n=1}^{\infty} \frac{n^n}{n!}$.

SOLUCIÓN Como los términos $a_n = n^n/n!$ son positivos, no se necesitan los signos de valor absoluto.

$$\frac{a_{n+1}}{a_n} = \frac{(n+1)^{n+1}}{(n+1)!} \cdot \frac{n!}{n^n} = \frac{(n+1)(n+1)^n}{(n+1)\,n!} \cdot \frac{n!}{n^n}$$

$$= \left(\frac{n+1}{n}\right)^n = \left(1 + \frac{1}{n}\right)^n \to e \quad \text{cuando } n \to \infty$$

(vea la ecuación 3.6.6). Puesto que $e > 1$, la serie indicada es divergente según la prueba de la razón. ∎

NOTA Aunque la prueba de la razón funciona en el ejemplo 2, un método más fácil es la prueba de la divergencia. Como

$$a_n = \frac{n^n}{n!} = \frac{n \cdot n \cdot n \cdot \dots \cdot n}{1 \cdot 2 \cdot 3 \cdot \dots \cdot n} \geq n$$

se deduce que a_n no se aproxima a 0 cuando $n \to \infty$. Por lo tanto, la serie indicada es divergente según la prueba de la divergencia.

EJEMPLO 3 En el inciso (iii) de la prueba de la razón se indica que si $\lim_{n\to\infty} |a_{n+1}/a_n| = 1$, entonces la prueba no da ninguna información. Por ejemplo, aplique la prueba de la razón a cada una de las siguientes series:

$$\sum_{n=1}^{\infty} \frac{1}{n} \qquad \sum_{n=1}^{\infty} \frac{1}{n^2}$$

En la primera serie $a_n = 1/n$ y

$$\left| \frac{a_{n+1}}{a_n} \right| = \frac{1/(n+1)}{1/n} = \frac{n}{n+1} \to 1 \quad \text{cuando } n \to \infty$$

En la segunda serie $a_n = 1/n^2$ y

$$\left| \frac{a_{n+1}}{a_n} \right| = \frac{1/(n+1)^2}{1/n^2} = \left(\frac{n}{n+1}\right)^2 \to 1 \quad \text{a medida que } n \to \infty$$

La prueba de la razón suele ser concluyente si el n-ésimo término de la serie contiene un exponencial o un factorial, como en los ejemplos 1 y 2. La prueba siempre fallará para la serie p, como en el ejemplo 3.

En ninguno de los casos la prueba de la razón determina si la serie converge o diverge, por lo que se debe intentar otra prueba. Aquí la primera serie es la serie armónica, de la que se sabe que diverge; la segunda serie es una serie p con $p > 1$, por lo que converge. ∎

■ Prueba de la raíz

Conviene aplicar la siguiente prueba cuando se presentan n-ésimas potencias. Su demostración es similar a la de la prueba de la razón y se presenta como el ejercicio 45.

Prueba de la raíz

(i) Si $\lim\limits_{n\to\infty} \sqrt[n]{|a_n|} = L < 1$, entonces la serie $\sum\limits_{n=1}^{\infty} a_n$ es absolutamente convergente (y por lo tanto convergente).

(ii) Si $\lim\limits_{n\to\infty} \sqrt[n]{|a_n|} = L > 1$ o $\lim\limits_{n\to\infty} \sqrt[n]{|a_n|} = \infty$, entonces la serie $\sum\limits_{n=1}^{\infty} a_n$ es divergente.

(iii) Si $\lim\limits_{n\to\infty} \sqrt[n]{|a_n|} = 1$, la prueba de la raíz no es concluyente.

Si $\lim_{n\to\infty} \sqrt[n]{|a_n|} = 1$, entonces el inciso (iii) de la prueba de la raíz dice que la prueba no da ninguna información. La serie $\Sigma\, a_n$ podría converger o divergir. (Si $L = 1$ en la prueba de la razón, no intente la prueba de la raíz porque L volverá a ser 1. Y si $L = 1$ en la prueba de la raíz, no intente la prueba de la razón porque también fallará).

EJEMPLO 4 Examine la convergencia de la serie $\sum\limits_{n=1}^{\infty} \left(\dfrac{2n+3}{3n+2}\right)^n$.

SOLUCIÓN

$$a_n = \left(\frac{2n+3}{3n+2}\right)^n$$

$$\sqrt[n]{|a_n|} = \frac{2n+3}{3n+2} = \frac{2 + \dfrac{3}{n}}{3 + \dfrac{2}{n}} \to \frac{2}{3} < 1$$

Así, la serie indicada es absolutamente convergente (y por lo tanto convergente) según la prueba de la raíz. ∎

EJEMPLO 5 Determine si la serie $\sum\limits_{n=1}^{\infty} \left(\dfrac{n}{n+1}\right)^n$ converge o diverge.

SOLUCIÓN Aquí parece natural aplicar la prueba de la raíz:

$$\sqrt[n]{|a_n|} = \frac{n}{n+1} \to 1 \quad \text{cuando } n \to \infty$$

Como este límite es 1, la prueba de la raíz no es concluyente. Sin embargo, con la ecuación 3.6.6 se ve que

$$a_n = \left(\frac{n}{n+1}\right)^n = \frac{1}{\left(\dfrac{n+1}{n}\right)^n} \to \frac{1}{e} \quad \text{cuando } n \to \infty$$

Como este límite es diferente de cero, la serie diverge según la prueba de la divergencia. ∎

El ejemplo 5 sirve como recordatorio de que, cuando se prueba una serie para la convergencia o divergencia, a menudo es útil aplicar la prueba de la divergencia antes de intentar otras pruebas.

11.6 | Ejercicios

1. ¿Qué puede decir de la serie $\Sigma\, a_n$ en cada uno de los siguientes casos?

   (a) $\displaystyle \lim_{n\to\infty}\left|\frac{a_{n+1}}{a_n}\right| = 8$

   (b) $\displaystyle \lim_{n\to\infty}\left|\frac{a_{n+1}}{a_n}\right| = 0.8$

   (c) $\displaystyle \lim_{n\to\infty}\left|\frac{a_{n+1}}{a_n}\right| = 1$

2. Suponga que para la serie $\Sigma\, a_n$ se tiene $\lim_{n\to\infty}|\,a_n/a_{n+1}\,| = 2$. ¿Cuál es $\lim_{n\to\infty}|\,a_{n+1}/a_n\,|$? ¿La serie converge?

3-20 Utilice la prueba de la razón para determinar si la serie es convergente o divergente.

3. $\displaystyle \sum_{n=1}^{\infty} \frac{n}{5^n}$

4. $\displaystyle \sum_{n=1}^{\infty} \frac{(-2)^n}{n^2}$

5. $\displaystyle \sum_{n=1}^{\infty} (-1)^{n-1}\frac{3^n}{2^n n^3}$

6. $\displaystyle \sum_{n=0}^{\infty} \frac{(-3)^n}{(2n+1)!}$

7. $\displaystyle \sum_{k=1}^{\infty} \frac{1}{k!}$

8. $\displaystyle \sum_{k=1}^{\infty} k e^{-k}$

9. $\displaystyle \sum_{n=1}^{\infty} \frac{10^n}{(n+1)\,4^{2n+1}}$

10. $\displaystyle \sum_{n=1}^{\infty} \frac{n!}{100^n}$

11. $\displaystyle \sum_{n=1}^{\infty} \frac{n\pi^n}{(-3)^{n-1}}$

12. $\displaystyle \sum_{n=1}^{\infty} \frac{n^{10}}{(-10)^{n+1}}$

13. $\displaystyle \sum_{n=1}^{\infty} \frac{\cos(n\pi/3)}{n!}$

14. $\displaystyle \sum_{n=1}^{\infty} \frac{n!}{n^n}$

15. $\displaystyle \sum_{n=1}^{\infty} \frac{n^{100} 100^n}{n!}$

16. $\displaystyle \sum_{n=1}^{\infty} \frac{(2n)!}{(n!)^2}$

17. $1 - \dfrac{2!}{1\cdot 3} + \dfrac{3!}{1\cdot 3\cdot 5} - \dfrac{4!}{1\cdot 3\cdot 5\cdot 7} + \cdots$

    $+ (-1)^{n-1}\dfrac{n!}{1\cdot 3\cdot 5\cdot \,\cdots\, \cdot (2n-1)} + \cdots$

18. $\dfrac{2}{3} + \dfrac{2\cdot 5}{3\cdot 5} + \dfrac{2\cdot 5\cdot 8}{3\cdot 5\cdot 7} + \dfrac{2\cdot 5\cdot 8\cdot 11}{3\cdot 5\cdot 7\cdot 9} + \cdots$

19. $\displaystyle \sum_{n=1}^{\infty} \frac{2\cdot 4\cdot 6\cdot \,\cdots\, \cdot (2n)}{n!}$

20. $\displaystyle \sum_{n=1}^{\infty} (-1)^n \frac{2^n n!}{5\cdot 8\cdot 11\cdot \,\cdots\, \cdot (3n+2)}$

21-26 Con la prueba de la raíz determine si la serie es convergente o divergente.

21. $\displaystyle \sum_{n=1}^{\infty} \left(\frac{n^2+1}{2n^2+1}\right)^n$

22. $\displaystyle \sum_{n=1}^{\infty} \frac{(-2)^n}{n^n}$

23. $\displaystyle \sum_{n=2}^{\infty} \frac{(-1)^{n-1}}{(\ln n)^n}$

24. $\displaystyle \sum_{n=1}^{\infty} \left(\frac{-2n}{n+1}\right)^{5n}$

25. $\displaystyle \sum_{n=1}^{\infty} \left(1+\frac{1}{n}\right)^{n^2}$

26. $\displaystyle \sum_{n=0}^{\infty} (\arctan n)^n$

27-34 Utilice cualquier prueba para determinar si la serie es absolutamente convergente, condicionalmente convergente o divergente.

27. $\displaystyle \sum_{n=2}^{\infty} \frac{(-1)^n \ln n}{n}$

28. $\displaystyle \sum_{n=1}^{\infty} \left(\frac{1-n}{2+3n}\right)^n$

29. $\displaystyle \sum_{n=1}^{\infty} \frac{(-9)^n}{n 10^{n+1}}$

30. $\displaystyle \sum_{n=1}^{\infty} \frac{n 5^{2n}}{10^{n+1}}$

31. $\displaystyle \sum_{n=2}^{\infty} \left(\frac{n}{\ln n}\right)^n$

32. $\displaystyle \sum_{n=1}^{\infty} \frac{\operatorname{sen}(n\pi/6)}{1+n\sqrt{n}}$

33. $\displaystyle \sum_{n=1}^{\infty} \frac{(-1)^n \arctan n}{n^2}$

34. $\displaystyle \sum_{n=2}^{\infty} \frac{(-1)^n}{\sqrt{n}\,\ln n}$ $\quad [\,Sugerencia:\ \ln x < \sqrt{x}\,].$

35. Los términos de una serie se definen de manera recursiva por las ecuaciones

    $$a_1 = 2 \qquad a_{n+1} = \frac{5n+1}{4n+3}\, a_n$$

    Determine si $\Sigma\, a_n$ converge o diverge.

36. Una serie $\Sigma\, a_n$ se define por las ecuaciones

    $$a_1 = 1 \qquad a_{n+1} = \frac{2+\cos n}{\sqrt{n}}\, a_n$$

    Determine si $\Sigma\, a_n$ converge o diverge.

37-38 Sea $\{b_n\}$ una sucesión de números positivos que converge a $\frac{1}{2}$. Determine si la serie dada es absolutamente convergente.

37. $\displaystyle \sum_{n=1}^{\infty} \frac{b_n^n \cos n\pi}{n}$

38. $\displaystyle \sum_{n=1}^{\infty} \frac{(-1)^n n!}{n^n b_1 b_2 b_3 \cdots b_n}$

39. ¿En cuál de las siguientes series la prueba de la razón no es concluyente (es decir, no da una respuesta definitiva)?

   (a) $\displaystyle \sum_{n=1}^{\infty} \frac{1}{n^3}$

   (b) $\displaystyle \sum_{n=1}^{\infty} \frac{n}{2^n}$

   (c) $\displaystyle \sum_{n=1}^{\infty} \frac{(-3)^{n-1}}{\sqrt{n}}$

   (d) $\displaystyle \sum_{n=1}^{\infty} \frac{\sqrt{n}}{1+n^2}$

40. ¿Con qué enteros positivos k la siguiente serie es convergente?

$$\sum_{n=1}^{\infty} \frac{(n!)^2}{(kn)!}$$

41. (a) Demuestre que $\sum_{n=0}^{\infty} x^n/n!$ converge para toda x.

(b) Deduzca que $\lim_{n\to\infty} x^n/n! = 0$ para toda x.

42. Sean Σa_n una serie con términos positivos y $r_n = a_{n+1}/a_n$. Suponga que $\lim_{n\to\infty} r_n = L < 1$, de modo que Σa_n converge según la prueba de la razón. Como de costumbre, sea R_n el residuo después de n términos, es decir,

$$R_n = a_{n+1} + a_{n+2} + a_{n+3} + \cdots$$

(a) Si $\{r_n\}$ es una sucesión decreciente y $r_{n+1} < 1$, muestre, mediante la adición de una serie geométrica, que

$$R_n \leqslant \frac{a_{n+1}}{1 - r_{n+1}}$$

(b) Si $\{r_n\}$ es una sucesión creciente, muestre que

$$R_n \leqslant \frac{a_{n+1}}{1 - L}$$

43. (a) Encuentre la suma parcial s_5 de la serie $\sum_{n=1}^{\infty} 1/(n2^n)$. Use el ejercicio 42 para estimar el error en el uso de s_5 como aproximación a la suma de la serie.

(b) Encuentre un valor de n para que s_n esté dentro de 0.00005 de la suma. Use este valor de n para aproximar la suma de la serie.

44. Use la suma de los primeros 10 términos para aproximar la suma de la serie

$$\sum_{n=1}^{\infty} \frac{n}{2^n}$$

Estime el error con el ejercicio 42.

45. Demuestre la prueba de la raíz. [*Sugerencia para el inciso (i)*: Tome cualquier número r tal que $L < r < 1$ y utilice el hecho de que hay un entero N tal que $\sqrt[n]{|a_n|} < r$ siempre que $n \geqslant N$].

46. Alrededor del año 1910, el matemático indio Srinivasa Ramanujan descubrió la fórmula

$$\frac{1}{\pi} = \frac{2\sqrt{2}}{9801} \sum_{n=0}^{\infty} \frac{(4n)!(1103 + 26390n)}{(n!)^4 396^{4n}}$$

William Gosper usó esta serie en 1985 para calcular los primeros 17 millones de dígitos de π.

(a) Verifique que la serie es convergente.

(b) ¿Cuántos decimales de precisión de π se obtienen si se usa solo el primer término de la serie? ¿Y si se usan dos términos?

11.7 | Estrategia para pruebas de series

Ahora se tienen varias maneras de probar la convergencia o divergencia de una serie; el problema es determinar qué prueba usar en qué serie. En este sentido, probar una serie es similar a integrar funciones. Una vez más, no hay reglas rígidas sobre qué prueba aplicar a una serie determinada, pero los siguientes consejos pueden ser de utilidad.

No es prudente aplicar una lista de las pruebas en un orden específico hasta que una finalmente funcione pues sería una pérdida de tiempo y esfuerzo. En cambio, como en la integración, la estrategia principal es clasificar la serie según su *forma*.

1. **Prueba de la divergencia** Si se ve que $\lim_{n\to\infty} a_n$ puede ser diferente de 0, entonces aplique la prueba de la divergencia.

2. **Serie p** Si la serie es de la forma $\Sigma 1/n^p$, entonces es una serie p, la cual se sabe que es convergente si $p > 1$ y divergente si $p \leqslant 1$.

3. **Serie geométrica** Si la serie tiene la forma Σar^{n-1} o Σar^n, entonces es una serie geométrica, que converge si $|r| < 1$ y diverge si $|r| \geqslant 1$. Puede ser necesaria alguna manipulación algebraica preliminar para llevar la serie a esta forma.

4. **Pruebas por comparación** Si la serie tiene una forma similar a una serie p o a una serie geométrica, entonces se debe considerar una de las pruebas por comparación. En particular, si a_n es una función racional o una función algebraica de n (que implica raíces de polinomios), entonces la serie debe compararse con una serie p. Observe que la mayoría de las series de los ejercicios 11.4 tiene esta forma. (El valor de p debe elegirse como en la sección 11.4, manteniendo solo las potencias más altas de n en el numerador y en el denominador). Las pruebas por comparación solo se aplican a las series con términos positivos, pero si Σa_n tiene algunos términos negativos, entonces se puede aplicar una prueba por comparación a $\Sigma |a_n|$ y comprobar la convergencia absoluta.

5. **Prueba de series alternantes** Si la serie es de la forma $\Sigma(-1)^{n-1}b_n$ o $\Sigma(-1)^n b_n$, entonces la prueba de series alternantes es una posibilidad evidente. Observe que si Σb_n converge, entonces la serie dada es absolutamente convergente y, por lo tanto, convergente.

6. **Prueba de la razón** Las series en las que intervienen factoriales u otros productos (incluyendo una constante elevada a la n-ésima potencia) suelen probarse de manera conveniente mediante la prueba de la razón. Tenga en cuenta que $|a_{n+1}/a_n| \to 1$ cuando $n \to \infty$ para todas las series p y, por ende, todas las funciones racionales o algebraicas de n. Por lo tanto, la prueba de la razón no debe aplicarse para tales series.

7. **Prueba de la raíz** Si a_n es de la forma $(b_n)^n$, entonces la prueba de la raíz puede ser útil.

8. **Prueba de la integral** Si $a_n = f(n)$, donde $\int_1^\infty f(x)\,dx$ se evalúa con facilidad, entonces la prueba de la integral es eficaz (suponiendo que se cumplan las hipótesis de esta prueba).

En los siguientes ejemplos no se elaboran todos los detalles, sino simplemente se indica qué pruebas deben utilizarse.

EJEMPLO 1 $\displaystyle\sum_{n=1}^{\infty} \frac{n-1}{2n+1}$

Como $a_n \to \frac{1}{2} \neq 0$ cuando $n \to \infty$, se debe usar la prueba de la divergencia. ∎

EJEMPLO 2 $\displaystyle\sum_{n=1}^{\infty} \frac{\sqrt{n^3+1}}{3n^3+4n^2+2}$

Como a_n es una función algebraica de n, la serie dada se compara con una serie p. La serie de comparación para la prueba por comparación de límites es Σb_n, donde

$$b_n = \frac{\sqrt{n^3}}{3n^3} = \frac{n^{3/2}}{3n^3} = \frac{1}{3n^{3/2}}$$ ∎

EJEMPLO 3 $\displaystyle\sum_{n=1}^{\infty} ne^{-n^2}$

Como la integral $\int_1^\infty xe^{-x^2}\,dx$ se evalúa fácilmente, se utiliza la prueba de la integral. La prueba de la razón también funciona. ∎

EJEMPLO 4 $\displaystyle\sum_{n=1}^{\infty} (-1)^n \frac{n^2}{n^4+1}$

Como la serie es alternante, se aplica la prueba de series alternantes. También cabe observar que $\Sigma|a_n|$ converge (compare con $\Sigma 1/n^2$), por lo que la serie indicada converge de manera absoluta y por lo tanto converge. ∎

EJEMPLO 5 $\displaystyle\sum_{k=1}^{\infty} \frac{2^k}{k!}$

Dado que la serie involucra $k!$, se aplica la prueba de la razón. ∎

EJEMPLO 6 $\displaystyle\sum_{n=1}^{\infty} \frac{1}{2+3^n}$

Como la serie está estrechamente relacionada con la serie geométrica $\Sigma 1/3^n$, se utiliza la prueba por comparación directa o la prueba por comparación de límites. ∎

11.7 | Ejercicios

1-8 Se indican dos series de aspecto parecido. Examine cada una en cuanto a convergencia o divergencia.

1. (a) $\displaystyle\sum_{n=1}^{\infty} \frac{1}{5^n}$ (b) $\displaystyle\sum_{n=1}^{\infty} \frac{1}{5^n + n}$

2. (a) $\displaystyle\sum_{n=1}^{\infty} \frac{(-1)^n}{n^{3/2}}$ (b) $\displaystyle\sum_{n=1}^{\infty} \frac{1}{n^{3/2}}$

3. (a) $\displaystyle\sum_{n=1}^{\infty} \frac{n}{3^n}$ (b) $\displaystyle\sum_{n=1}^{\infty} \frac{3^n}{n}$

4. (a) $\displaystyle\sum_{n=1}^{\infty} \frac{n+1}{n}$ (b) $\displaystyle\sum_{n=1}^{\infty} (-1)^n \frac{n+1}{n}$

5. (a) $\displaystyle\sum_{n=1}^{\infty} \frac{n}{n^2 + 1}$ (b) $\displaystyle\sum_{n=1}^{\infty} \left(\frac{n}{n^2 + 1}\right)^n$

6. (a) $\displaystyle\sum_{n=1}^{\infty} \frac{\ln n}{n}$ (b) $\displaystyle\sum_{n=10}^{\infty} \frac{1}{n \ln n}$

7. (a) $\displaystyle\sum_{n=1}^{\infty} \frac{1}{n + n!}$ (b) $\displaystyle\sum_{n=1}^{\infty} \left(\frac{1}{n} + \frac{1}{n!}\right)$

8. (a) $\displaystyle\sum_{n=1}^{\infty} \frac{1}{\sqrt{n^2 + 1}}$ (b) $\displaystyle\sum_{n=1}^{\infty} \frac{1}{n\sqrt{n^2 + 1}}$

9-48 Examine las series en cuanto a convergencia o divergencia.

9. $\displaystyle\sum_{n=1}^{\infty} \frac{n^2 - 1}{n^3 + 1}$ **10.** $\displaystyle\sum_{n=1}^{\infty} \frac{n-1}{n^3 + 1}$

11. $\displaystyle\sum_{n=1}^{\infty} (-1)^n \frac{n^2 - 1}{n^3 + 1}$ **12.** $\displaystyle\sum_{n=1}^{\infty} (-1)^n \frac{n^2 - 1}{n^2 + 1}$

13. $\displaystyle\sum_{n=1}^{\infty} \frac{e^n}{n^2}$ **14.** $\displaystyle\sum_{n=1}^{\infty} \frac{n^{2n}}{(1 + n)^{3n}}$

15. $\displaystyle\sum_{n=2}^{\infty} \frac{1}{n\sqrt{\ln n}}$ **16.** $\displaystyle\sum_{n=1}^{\infty} (-1)^{n-1} \frac{n^4}{4^n}$

17. $\displaystyle\sum_{n=0}^{\infty} (-1)^n \frac{\pi^{2n}}{(2n)!}$ **18.** $\displaystyle\sum_{n=1}^{\infty} n^2 e^{-n^3}$

19. $\displaystyle\sum_{n=1}^{\infty} \left(\frac{1}{n^3} + \frac{1}{3^n}\right)$ **20.** $\displaystyle\sum_{k=1}^{\infty} \frac{1}{k\sqrt{k^2 + 1}}$

21. $\displaystyle\sum_{n=1}^{\infty} \frac{3^n n^2}{n!}$ **22.** $\displaystyle\sum_{n=1}^{\infty} \frac{\operatorname{sen} 2n}{1 + 2^n}$

23. $\displaystyle\sum_{k=1}^{\infty} \frac{2^{k-1} 3^{k+1}}{k^k}$ **24.** $\displaystyle\sum_{n=1}^{\infty} \frac{\sqrt{n^4 + 1}}{n^3 + n}$

25. $\displaystyle\sum_{n=1}^{\infty} \frac{1 \cdot 3 \cdot 5 \cdot \cdots \cdot (2n - 1)}{2 \cdot 5 \cdot 8 \cdot \cdots \cdot (3n - 1)}$

26. $\displaystyle\sum_{n=2}^{\infty} \frac{(-1)^{n-1}}{\sqrt{n} - 1}$

27. $\displaystyle\sum_{n=1}^{\infty} (-1)^n \frac{\ln n}{\sqrt{n}}$ **28.** $\displaystyle\sum_{k=1}^{\infty} \frac{\sqrt[3]{k} - 1}{k(\sqrt{k} + 1)}$

29. $\displaystyle\sum_{n=1}^{\infty} (-1)^n \cos(1/n^2)$ **30.** $\displaystyle\sum_{k=1}^{\infty} \frac{1}{2 + \operatorname{sen} k}$

31. $\displaystyle\sum_{n=1}^{\infty} \tan(1/n)$ **32.** $\displaystyle\sum_{n=1}^{\infty} n \operatorname{sen}(1/n)$

33. $\displaystyle\sum_{n=1}^{\infty} \frac{4 - \cos n}{\sqrt{n}}$ **34.** $\displaystyle\sum_{n=1}^{\infty} \frac{8 + (-1)^n n}{n}$

35. $\displaystyle\sum_{n=1}^{\infty} \frac{n!}{e^{n^2}}$ **36.** $\displaystyle\sum_{n=1}^{\infty} \frac{n^2 + 1}{5^n}$

37. $\displaystyle\sum_{k=1}^{\infty} \frac{k \ln k}{(k + 1)^3}$ **38.** $\displaystyle\sum_{n=1}^{\infty} \frac{e^{1/n}}{n^2}$

39. $\displaystyle\sum_{n=1}^{\infty} \frac{(-1)^n}{\cosh n}$ **40.** $\displaystyle\sum_{j=1}^{\infty} (-1)^j \frac{\sqrt{j}}{j + 5}$

41. $\displaystyle\sum_{k=1}^{\infty} \frac{5^k}{3^k + 4^k}$ **42.** $\displaystyle\sum_{n=1}^{\infty} \frac{(n!)^n}{n^{4n}}$

43. $\displaystyle\sum_{n=1}^{\infty} \left(\frac{n}{n + 1}\right)^{n^2}$ **44.** $\displaystyle\sum_{n=1}^{\infty} \frac{1}{n + n \cos^2 n}$

45. $\displaystyle\sum_{n=1}^{\infty} \frac{1}{n^{1 + 1/n}}$ **46.** $\displaystyle\sum_{n=2}^{\infty} \frac{1}{(\ln n)^{\ln n}}$

47. $\displaystyle\sum_{n=1}^{\infty} \left(\sqrt[n]{2} - 1\right)^n$ **48.** $\displaystyle\sum_{n=1}^{\infty} \left(\sqrt[n]{2} - 1\right)$

11.8 | Series de potencias

Hasta ahora, se han estudiado series de números: $\Sigma\, a_n$. Aquí se consideran series, llamadas *series de potencias*, en las que cada término incluye una potencia de la variable x: $\Sigma\, c_n x^n$.

■ Serie de potencias

Una **serie de potencias** es una serie de la forma

$$\boxed{1} \qquad \sum_{n=0}^{\infty} c_n x^n = c_0 + c_1 x + c_2 x^2 + c_3 x^3 + \cdots$$

Series trigonométricas
Una serie de potencias es aquella en la que cada término es una función potencia o función potencial. Una **serie trigonométrica**

$$\sum_{n=0}^{\infty} (a_n \cos nx + b_n \operatorname{sen} nx)$$

es una serie cuyos términos son funciones trigonométricas. Ese tipo de series se analiza en el sitio web

www.StewartCalculus.com

Para más información, haga clic en *Additional Topics* y luego en *Fourier Series*.

donde x es una variable y c_n son constantes llamadas **coeficientes** de la serie. Por cada número que se sustituye por x, la serie (1) es una serie de constantes que se puede probar para convergencia o divergencia. Una serie de potencias puede converger con algunos valores de x y divergir con otros valores de x. La suma de la serie es una función

$$f(x) = c_0 + c_1 x + c_2 x^2 + \cdots + c_n x^n + \cdots$$

cuyo dominio es el conjunto de toda x en la que converge la serie. Observe que f se parece a un polinomio. La única diferencia es que f tiene un número infinito de términos.

Por ejemplo, si se toma $c_n = 1$ para toda n, la serie de potencias se convierte en la serie geométrica

$$\boxed{2} \qquad \sum_{n=0}^{\infty} x^n = 1 + x + x^2 + \cdots + x^n + \cdots$$

que converge cuando $-1 < x < 1$ y diverge cuando $|x| \geqslant 1$. (Vea la ecuación 11.2.5). De hecho, si se establece $x = \frac{1}{2}$ en la serie geométrica (2), se obtiene la serie convergente

$$\sum_{n=0}^{\infty} \left(\frac{1}{2}\right)^n = 1 + \frac{1}{2} + \frac{1}{4} + \frac{1}{8} + \frac{1}{16} + \cdots$$

pero si se establece $x = 2$ en (2), se obtiene la serie divergente

$$\sum_{n=0}^{\infty} 2^n = 1 + 2 + 4 + 8 + 16 + \cdots$$

En forma más general, una serie de la forma

$$\boxed{3} \qquad \sum_{n=0}^{\infty} c_n(x - a)^n = c_0 + c_1(x - a) + c_2(x - a)^2 + \cdots$$

se llama **serie de potencias en $(x - a)$**, **serie de potencias centradas en a** o **serie de potencias en torno a a**. Observe que al escribir el término correspondiente a $n = 0$ en las ecuaciones 1 y 3 se adopta la convención de que $(x - a)^0 = 1$ incluso cuando $x = a$. Observe también que cuando $x = a$, todos los términos son 0 para $n \geqslant 1$ y así la serie de potencias (3) siempre converge cuando $x = a$.

Para determinar los valores de x con los cuales converge una serie de potencias, se suele aplicar la prueba de la razón (o la prueba de la raíz).

EJEMPLO 1 ¿Para cuáles valores de x converge la serie $\displaystyle\sum_{n=1}^{\infty} \frac{(x - 3)^n}{n}$?

SOLUCIÓN Si a_n denota el n-ésimo término de la serie, como de costumbre, entonces $a_n = (x - 3)^n/n$, y

$$\left| \frac{a_{n+1}}{a_n} \right| = \left| \frac{(x - 3)^{n+1}}{n + 1} \cdot \frac{n}{(x - 3)^n} \right|$$

$$= \frac{1}{1 + \dfrac{1}{n}} |x - 3| \to |x - 3| \qquad \text{cuando } n \to \infty$$

Según la prueba de la razón, la serie indicada es absolutamente convergente, y por lo tanto convergente, cuando $|x - 3| < 1$ y divergente cuando $|x - 3| > 1$. Ahora,

$$|x - 3| < 1 \quad \Longleftrightarrow \quad -1 < x - 3 < 1 \quad \Longleftrightarrow \quad 2 < x < 4$$

de modo que la serie converge cuando $2 < x < 4$ y diverge cuando $x < 2$ o $x > 4$.

La prueba de la razón no da ninguna información cuando $|x - 3| = 1$, por lo que se deben considerar $x = 2$ y $x = 4$ por separado. Si se establece $x = 4$ en la serie, se convierte en $\sum 1/n$, la serie armónica, que es divergente. Si $x = 2$, la serie es $\sum (-1)^n/n$, que converge según la prueba de series alternantes. Así, la serie de potencias dada converge para $2 \leq x < 4$. ∎

EJEMPLO 2 ¿Para qué valores de x la serie $\sum_{n=0}^{\infty} n!\,x^n$ es convergente?

SOLUCIÓN Nuevamente se aplica la prueba de la razón. Sea $a_n = n!\,x^n$. Si $x \neq 0$, se tiene

$$\lim_{n\to\infty}\left|\frac{a_{n+1}}{a_n}\right| = \lim_{n\to\infty}\left|\frac{(n+1)!\,x^{n+1}}{n!\,x^n}\right| = \lim_{n\to\infty}(n+1)|x| = \infty$$

Observe que
$(n+1)! = (n+1)n(n-1)\cdots\cdots 3\cdot 2\cdot 1$
$\qquad = (n+1)n!$

Según la prueba de la razón, la serie diverge cuando $x \neq 0$. Así, la serie indicada solo converge cuando $x = 0$. ∎

EJEMPLO 3 ¿Para qué valores de x converge la serie $\sum_{n=0}^{\infty}\dfrac{x^n}{(2n)!}$?

SOLUCIÓN Aquí $a_n = x^n/(2n)!$ y, cuando $n \to \infty$,

$$\left|\frac{a_{n+1}}{a_n}\right| = \left|\frac{x^{n+1}}{[2(n+1)]!}\cdot\frac{(2n)!}{x^n}\right| = \frac{(2n)!}{(2n+2)!}|x|$$

$$= \frac{(2n)!}{(2n)!(2n+1)(2n+2)}|x| = \frac{|x|}{(2n+1)(2n+2)} \to 0 < 1$$

para toda x. Así, según la prueba de la razón, la serie indicada converge para todos los valores de x. ∎

■ Intervalo de convergencia

Para las series de potencias vistas hasta ahora, el conjunto de valores de x para el que la serie es convergente siempre ha resultado ser un intervalo [un intervalo finito para la serie geométrica y la serie en el ejemplo 1, el intervalo infinito $(-\infty, \infty)$ en el ejemplo 3 y un intervalo colapsado $[0, 0] = \{0\}$ en el ejemplo 2]. El siguiente teorema, demostrado en el apéndice F, afirma que esto es cierto en general.

> **4 Teorema** Para una serie de potencias $\sum_{n=0}^{\infty} c_n(x - a)^n$ solo hay tres posibilidades:
>
> (i)   La serie solo converge cuando $x = a$.
> (ii) La serie converge para toda x.
> (iii) Hay un número positivo R tal que la serie converge si $|x - a| < R$ y diverge si $|x - a| > R$.

El número R en el caso (iii) se llama **radio de convergencia** de las series de potencias. Por convención, el radio de convergencia es $R = 0$ en el caso (i) y $R = \infty$ en el caso (ii). El **intervalo de convergencia** de una serie de potencias es el intervalo que consiste en todos los valores de x en los que la serie converge. En el caso (i), el intervalo consiste en un solo punto a. En el caso (ii) el intervalo es $(-\infty, \infty)$. En el caso (iii) note que la desigualdad $|x - a| < R$ se puede reescribir como $a - R < x < a + R$. Cuando x es un *punto frontera*, *punto final*, *punto extremo* del intervalo, es decir,

$x = a \pm R$, cualquier cosa puede suceder; la serie puede converger en uno o ambos puntos frontera o puede divergir en ambos. Así, en el caso (iii) hay cuatro posibilidades para el intervalo de convergencia:

$$(a - R, a + R) \qquad (a - R, a + R] \qquad [a - R, a + R) \qquad [a - R, a + R]$$

La situación se ilustra en la figura 1.

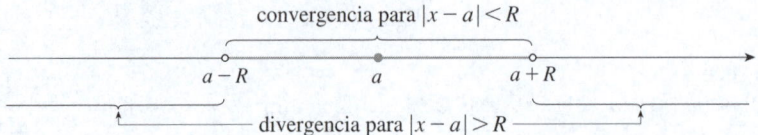

FIGURA 1

Aquí se resumen el radio y el intervalo de convergencia de cada uno de los ejemplos ya considerados en esta sección.

	Serie	Radio de convergencia	Intervalo de convergencia
Serie geométrica	$\displaystyle\sum_{n=0}^{\infty} x^n$	$R = 1$	$(-1, 1)$
Ejemplo 1	$\displaystyle\sum_{n=1}^{\infty} \frac{(x - 3)^n}{n}$	$R = 1$	$[2, 4)$
Ejemplo 2	$\displaystyle\sum_{n=0}^{\infty} n!\, x^n$	$R = 0$	$\{0\}$
Ejemplo 3	$\displaystyle\sum_{n=0}^{\infty} \frac{x^n}{(2n)!}$	$R = \infty$	$(-\infty, \infty)$

NOTA Por lo general, debe aplicarse la prueba de la razón (o, a veces, la prueba de la raíz) para determinar el radio de convergencia R. La prueba de la razón y la de la raíz siempre fallan cuando x es un punto frontera del intervalo de convergencia, por lo que se deben comprobar los puntos frontera con alguna otra prueba.

EJEMPLO 4 Encuentre el radio de convergencia y el intervalo de convergencia de la serie

$$\sum_{n=0}^{\infty} \frac{(-3)^n x^n}{\sqrt{n + 1}}$$

SOLUCIÓN Sea $a_n = (-3)^n x^n / \sqrt{n + 1}$. Luego

$$\left| \frac{a_{n+1}}{a_n} \right| = \left| \frac{(-3)^{n+1} x^{n+1}}{\sqrt{n + 2}} \cdot \frac{\sqrt{n + 1}}{(-3)^n x^n} \right| = \left| -3x \sqrt{\frac{n + 1}{n + 2}} \right|$$

$$= 3 \sqrt{\frac{1 + (1/n)}{1 + (2/n)}} \, |x| \to 3\, |x| \qquad \text{cuando } n \to \infty$$

Según la prueba de la razón, la serie indicada converge si $3\,|\,x\,| < 1$ y diverge si $3\,|\,x\,| > 1$. Por lo tanto, converge si $|\,x\,| < \frac{1}{3}$ y diverge si $|\,x\,| > \frac{1}{3}$. Esto significa que el radio de convergencia es $R = \frac{1}{3}$.

Se sabe que la serie converge en el intervalo $\left(-\frac{1}{3}, \frac{1}{3}\right)$ pero ahora se debe probar la convergencia en los puntos frontera de este intervalo. Si $x = -\frac{1}{3}$, la serie se convierte en

$$\sum_{n=0}^{\infty} \frac{(-3)^n\left(-\frac{1}{3}\right)^n}{\sqrt{n+1}} = \sum_{n=0}^{\infty} \frac{1}{\sqrt{n+1}} = \frac{1}{\sqrt{1}} + \frac{1}{\sqrt{2}} + \frac{1}{\sqrt{3}} + \frac{1}{\sqrt{4}} + \cdots$$

que diverge (es una serie p con $p = \frac{1}{2} < 1$). Si $x = \frac{1}{3}$, la serie es

$$\sum_{n=0}^{\infty} \frac{(-3)^n\left(\frac{1}{3}\right)^n}{\sqrt{n+1}} = \sum_{n=0}^{\infty} \frac{(-1)^n}{\sqrt{n+1}}$$

que converge según la prueba de series alternantes. Por lo tanto, la serie de potencias indicada converge cuando $-\frac{1}{3} < x \le \frac{1}{3}$, así que el intervalo de convergencia es $\left(-\frac{1}{3}, \frac{1}{3}\right]$. ∎

EJEMPLO 5 Encuentre el radio de convergencia y el intervalo de convergencia de la serie

$$\sum_{n=0}^{\infty} \frac{n(x+2)^n}{3^{n+1}}$$

SOLUCIÓN Si $a_n = n(x+2)^n/3^{n+1}$, entonces

$$\left| \frac{a_{n+1}}{a_n} \right| = \left| \frac{(n+1)(x+2)^{n+1}}{3^{n+2}} \cdot \frac{3^{n+1}}{n(x+2)^n} \right|$$

$$= \left(1 + \frac{1}{n}\right) \frac{|x+2|}{3} \rightarrow \frac{|x+2|}{3} \quad \text{cuando } n \rightarrow \infty$$

Con la prueba de la razón es claro que la serie converge si $|x+2|/3 < 1$ y diverge si $|x+2|/3 > 1$. De este modo, converge si $|x+2| < 3$ y diverge si $|x+2| > 3$. Por lo tanto, el radio de convergencia es $R = 3$.

La desigualdad $|x+2| < 3$ se puede escribir como $-5 < x < 1$, por lo que se prueba la serie en los puntos frontera -5 y 1. Cuando $x = -5$, la serie es

$$\sum_{n=0}^{\infty} \frac{n(-3)^n}{3^{n+1}} = \frac{1}{3} \sum_{n=0}^{\infty} (-1)^n n$$

que diverge según la prueba de la divergencia $[(-1)^n n$ no converge a $0]$. Cuando $x = 1$, la serie es

$$\sum_{n=0}^{\infty} \frac{n(3)^n}{3^{n+1}} = \frac{1}{3} \sum_{n=0}^{\infty} n$$

que también diverge según la prueba de la divergencia. De este modo la serie converge solamente cuando $-5 < x < 1$, así que el intervalo de convergencia es $(-5, 1)$. ∎

11.8 | Ejercicios

1. ¿Qué es una serie de potencias?

2. (a) ¿Cuál es el radio de convergencia de una serie de potencias? ¿Cómo lo encuentra?

(b) ¿Qué es el intervalo de convergencia de una serie de potencias? ¿Cómo lo encuentra?

3-36 Encuentre el radio de convergencia y el intervalo de convergencia de la serie de potencias.

3. $\displaystyle\sum_{n=1}^{\infty} \frac{x^n}{n}$

4. $\displaystyle\sum_{n=1}^{\infty} (-1)^n n x^n$

5. $\displaystyle\sum_{n=1}^{\infty} \sqrt{n}\, x^n$

6. $\displaystyle\sum_{n=1}^{\infty} \frac{(-1)^n x^n}{\sqrt[3]{n}}$

7. $\displaystyle\sum_{n=1}^{\infty} \frac{n}{5^n} x^n$

8. $\displaystyle\sum_{n=2}^{\infty} \frac{5^n}{n} x^n$

9. $\displaystyle\sum_{n=1}^{\infty} \frac{x^n}{n 3^n}$

10. $\displaystyle\sum_{n=1}^{\infty} \frac{n}{n+1} x^n$

11. $\displaystyle\sum_{n=1}^{\infty} \frac{x^n}{2n-1}$

12. $\displaystyle\sum_{n=1}^{\infty} \frac{(-1)^n x^n}{n^2}$

13. $\displaystyle\sum_{n=0}^{\infty} \frac{x^n}{n!}$

14. $\displaystyle\sum_{n=1}^{\infty} n^n x^n$

15. $\displaystyle\sum_{n=1}^{\infty} \frac{x^n}{n^4 4^n}$

16. $\displaystyle\sum_{n=1}^{\infty} 2^n n^2 x^n$

17. $\displaystyle\sum_{n=1}^{\infty} \frac{(-1)^n 4^n}{\sqrt{n}} x^n$

18. $\displaystyle\sum_{n=1}^{\infty} \frac{(-1)^{n-1}}{n 5^n} x^n$

19. $\displaystyle\sum_{n=1}^{\infty} \frac{n}{2^n(n^2+1)} x^n$

20. $\displaystyle\sum_{n=1}^{\infty} \frac{x^{2n}}{n!}$

21. $\displaystyle\sum_{n=0}^{\infty} \frac{(x-2)^n}{n^2+1}$

22. $\displaystyle\sum_{n=1}^{\infty} \frac{(-1)^n}{(2n-1)2^n} (x-1)^n$

23. $\displaystyle\sum_{n=2}^{\infty} \frac{(x+2)^n}{2^n \ln n}$

24. $\displaystyle\sum_{n=1}^{\infty} \frac{\sqrt{n}}{8^n} (x+6)^n$

25. $\displaystyle\sum_{n=1}^{\infty} \frac{(x-2)^n}{n^n}$

26. $\displaystyle\sum_{n=1}^{\infty} \frac{(2x-1)^n}{5^n \sqrt{n}}$

27. $\displaystyle\sum_{n=4}^{\infty} \frac{\ln n}{n} x^n$

28. $\displaystyle\sum_{n=2}^{\infty} \frac{(-1)^n}{n \ln n} x^n$

29. $\displaystyle\sum_{n=1}^{\infty} \frac{n}{b^n} (x-a)^n, \quad b > 0$

30. $\displaystyle\sum_{n=2}^{\infty} \frac{b^n}{\ln n} (x-a)^n, \quad b > 0$

31. $\displaystyle\sum_{n=1}^{\infty} n!(2x-1)^n$

32. $\displaystyle\sum_{n=1}^{\infty} \frac{n^2 x^n}{2 \cdot 4 \cdot 6 \cdot \cdots \cdot (2n)}$

33. $\displaystyle\sum_{n=1}^{\infty} \frac{(5x-4)^n}{n^3}$

34. $\displaystyle\sum_{n=2}^{\infty} \frac{x^{2n}}{n(\ln n)^2}$

35. $\displaystyle\sum_{n=1}^{\infty} \frac{x^n}{1 \cdot 3 \cdot 5 \cdot \cdots \cdot (2n-1)}$

36. $\displaystyle\sum_{n=1}^{\infty} \frac{n! x^n}{1 \cdot 3 \cdot 5 \cdot \cdots \cdot (2n-1)}$

37. Si $\sum_{n=0}^{\infty} c_n 4^n$ es convergente, ¿se puede concluir que cada una de las siguientes series es convergente?

(a) $\displaystyle\sum_{n=0}^{\infty} c_n(-2)^n$

(b) $\displaystyle\sum_{n=0}^{\infty} c_n(-4)^n$

38. Suponga que $\sum_{n=0}^{\infty} c_n x^n$ converge cuando $x = -4$ y diverge cuando $x = 6$. ¿Qué puede decir de la convergencia o divergencia de las siguientes series?

(a) $\displaystyle\sum_{n=0}^{\infty} c_n$

(b) $\displaystyle\sum_{n=0}^{\infty} c_n 8^n$

(c) $\displaystyle\sum_{n=0}^{\infty} c_n(-3)^n$

(d) $\displaystyle\sum_{n=0}^{\infty} (-1)^n c_n 9^n$

39. Si k es un entero positivo, determine el radio de convergencia de la serie

$$\sum_{n=0}^{\infty} \frac{(n!)^k}{(kn)!} x^n$$

40. Sean p y q números reales con $p < q$. Encuentre una serie de potencias cuyo intervalo de convergencia sea

(a) (p, q) (b) $(p, q]$ (c) $[p, q)$ (d) $[p, q]$

41. ¿Es posible encontrar una serie de potencias cuyo intervalo de convergencia sea $[0, \infty)$? Explique.

42. Grafique las primeras sumas parciales $s_n(x)$ de la serie $\sum_{n=0}^{\infty} x^n$, junto con la función de suma $f(x) = 1/(1-x)$, en una misma gráfica. ¿En qué intervalo parecen converger estas sumas parciales hacia $f(x)$?

43. Demuestre que si $\lim_{n \to \infty} \sqrt[n]{|c_n|} = c$, donde $c \neq 0$, entonces el radio de convergencia de la serie de potencias $\sum c_n x^n$ es $R = 1/c$.

44. Suponga que la serie de potencias $\sum c_n(x-a)^n$ satisface $c_n \neq 0$ para toda n. Demuestre que si existe $\lim_{n \to \infty} |c_n/c_{n+1}|$, entonces es igual al radio de convergencia de la serie de potencias.

45. Suponga que la serie $\sum c_n x^n$ tiene un radio de convergencia 2 y la serie $\sum d_n x^n$ tiene un radio de convergencia 3. ¿Cuál es el radio de convergencia de la serie $\sum (c_n + d_n) x^n$?

46. Suponga que el radio de convergencia de la serie de potencias $\sum c_n x^n$ es R. ¿Cuál es el radio de convergencia de la serie de potencias $\sum c_n x^{2n}$?

11.9 | Representaciones de funciones como series de potencias

En esta sección se aprenderá a representar algunas funciones ya conocidas como sumas de series de potencias. Se preguntará por qué se desearía expresar una función conocida como una suma de términos infinitos. Más adelante se verá que esta estrategia es útil para integrar funciones que no tienen antiderivadas elementales y para aproximar funciones por polinomios (los científicos hacen esto para simplificar las expresiones con las que tratan; los científicos computacionales lo hacen para evaluar las funciones en calculadoras y computadoras).

■ Representaciones de funciones con series geométricas

Se obtendrán representaciones de series de potencias de varias funciones manipulando series geométricas. Se empieza con una ecuación antes vista.

$$\boxed{\textbf{1} \quad \frac{1}{1-x} = 1 + x + x^2 + x^3 + \cdots = \sum_{n=0}^{\infty} x^n \qquad |x| < 1}$$

Esta ecuación aparece por primera vez en el ejemplo 11.2.7, donde se obtuvo al observar que la serie es una serie geométrica con $a = 1$ y $r = x$. Aquí el punto de vista es diferente: ahora se considera que la ecuación 1 expresa la función $f(x) = 1/(1-x)$ como suma de una serie de potencias. Se dice que $\sum_{n=0}^{\infty} x^n$, $|x| < 1$, es una *representación en serie de potencias* de $1/(1-x)$ en el intervalo $(-1, 1)$.

En la figura 1 se muestra una ilustración geométrica de la ecuación 1. Debido a que la suma de una serie es el límite de la sucesión de sumas parciales, se tiene

$$\frac{1}{1-x} = \lim_{n \to \infty} s_n(x)$$

donde

$$s_n(x) = 1 + x + x^2 + \cdots + x^n$$

es la n-ésima suma parcial. Observe que conforme aumenta n, $s_n(x)$ se vuelve una mejor aproximación a $f(x)$ para $-1 < x < 1$.

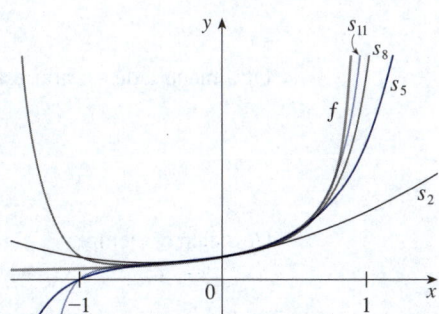

FIGURA 1
$f(x) = \dfrac{1}{1-x}$ y algunas de sus sumas parciales.

La serie de potencias (1) que representa la función $f(x) = 1/(1-x)$ es útil para obtener representaciones de series de potencias de muchas otras funciones, como se observa en los siguientes ejemplos.

EJEMPLO 1 Exprese $1/(1 + x^2)$ como la suma de una serie de potencias y encuentre el intervalo de convergencia.

SOLUCIÓN Al reemplazar x por $-x^2$ en la ecuación 1 se tiene

$$\frac{1}{1 + x^2} = \frac{1}{1 - (-x^2)} = \sum_{n=0}^{\infty} (-x^2)^n$$

$$= \sum_{n=0}^{\infty} (-1)^n x^{2n} = 1 - x^2 + x^4 - x^6 + x^8 - \cdots$$

Como es una serie geométrica, converge cuando $|-x^2| < 1$, es decir, $x^2 < 1$, o $|x| < 1$. Por lo tanto, el intervalo de convergencia es $(-1, 1)$. (Por supuesto, se podría haber determinado el radio de convergencia con la prueba de la razón, pero esa cantidad de trabajo no es necesaria aquí). ∎

EJEMPLO 2 Encuentre una representación en serie de potencias para $1/(x + 2)$.

SOLUCIÓN A fin de poner esta función en la forma del lado izquierdo de la ecuación 1, primero se factoriza un 2 del denominador:

$$\frac{1}{2 + x} = \frac{1}{2\left(1 + \dfrac{x}{2}\right)} = \frac{1}{2\left[1 - \left(-\dfrac{x}{2}\right)\right]}$$

$$= \frac{1}{2} \sum_{n=0}^{\infty} \left(-\frac{x}{2}\right)^n = \sum_{n=0}^{\infty} \frac{(-1)^n}{2^{n+1}} x^n$$

Esta serie converge cuando $|-x/2| < 1$, es decir, $|x| < 2$. Por lo tanto, el intervalo de convergencia es $(-2, 2)$. ∎

EJEMPLO 3 Encuentre una representación en serie de potencias de $x^3/(x + 2)$.

SOLUCIÓN Como esta función es solo x^3 veces la función del ejemplo 2, todo lo que hay que hacer es multiplicar esa serie por x^3:

Es válido mover x^3 a través del signo sigma porque no depende de n. [Use el teorema 11.2.8(i) con $c = x^3$].

$$\frac{x^3}{x + 2} = x^3 \cdot \frac{1}{x + 2} = x^3 \sum_{n=0}^{\infty} \frac{(-1)^n}{2^{n+1}} x^n = \sum_{n=0}^{\infty} \frac{(-1)^n}{2^{n+1}} x^{n+3}$$

$$= \tfrac{1}{2} x^3 - \tfrac{1}{4} x^4 + \tfrac{1}{8} x^5 - \tfrac{1}{16} x^6 + \cdots$$

Otra manera de escribir esta serie es la siguiente:

$$\frac{x^3}{x + 2} = \sum_{n=3}^{\infty} \frac{(-1)^{n-1}}{2^{n-2}} x^n$$

Como en el ejemplo 2, el intervalo de convergencia es $(-2, 2)$. ∎

■ Derivación e integración de series de potencias

La suma de una serie de potencias es una función $f(x) = \sum_{n=0}^{\infty} c_n(x - a)^n$ cuyo dominio es el intervalo de convergencia de la serie. Se desea poder derivar e integrar tales funciones, y el siguiente teorema (que no se va a demostrar) afirma que esto es posible derivando o integrando cada término individual de la serie, tal como se haría para un polinomio. Esto se llama **derivación e integración término a término**.

2 **Teorema** Si la serie de potencias $\sum c_n(x - a)^n$ tiene un radio de convergencia $R > 0$, entonces la función f definida por

$$f(x) = c_0 + c_1(x - a) + c_2(x - a)^2 + \cdots = \sum_{n=0}^{\infty} c_n(x - a)^n$$

es derivable (y, por lo tanto, continua) en el intervalo $(a - R, a + R)$ y

(i) $f'(x) = c_1 + 2c_2(x - a) + 3c_3(x - a)^2 + \cdots = \sum_{n=1}^{\infty} nc_n(x - a)^{n-1}$

(ii) $\displaystyle\int f(x)\, dx = C + c_0(x - a) + c_1\frac{(x - a)^2}{2} + c_2\frac{(x - a)^3}{3} + \cdots$

$$= C + \sum_{n=0}^{\infty} c_n\frac{(x - a)^{n+1}}{n + 1}$$

Ambos radios de convergencia de la serie de potencias en las ecuaciones (i) y (ii) son R.

En el inciso (i), la suma comienza en $n = 1$ porque la derivada de c_0, el término constante de f, es 0.

En el inciso (ii), $\int c_0\, dx = c_0 x + C_1$ se escribe $c_0(x - a) + C$, donde $C = C_1 + ac_0$, por lo que todos los términos de la serie tienen la misma forma.

NOTA 1 Las ecuaciones (i) y (ii) del teorema 2 se pueden reescribir en la forma

(iii) $\displaystyle\frac{d}{dx}\left[\sum_{n=0}^{\infty} c_n(x - a)^n\right] = \sum_{n=0}^{\infty} \frac{d}{dx}\left[c_n(x - a)^n\right]$

(iv) $\displaystyle\int\left[\sum_{n=0}^{\infty} c_n(x - a)^n\right] dx = \sum_{n=0}^{\infty} \int c_n(x - a)^n\, dx$

Se sabe que, para las sumas finitas, la derivada de una suma es la suma de las derivadas y la integral de una suma es la suma de las integrales. Las ecuaciones (iii) y (iv) afirman que lo mismo ocurre con las sumas infinitas, siempre que se trate de *series de potencias*. (Para otros tipos de series de funciones la situación no es tan simple; vea el ejercicio 44).

NOTA 2 Aunque el teorema 2 sostiene que el radio de convergencia permanece igual cuando una serie de potencias es derivada o integrada, esto no significa que el *intervalo* de convergencia permanezca igual. Puede ocurrir que la serie original converja en un punto frontera, mientras que la serie derivada diverja allí (vea el ejercicio 45).

EJEMPLO 4 Exprese $1/(1 - x)^2$ como una serie de potencias derivando la ecuación 1. ¿Cuál es el radio de convergencia?

La derivación de una serie de potencias término a término es la base de un método muy útil para resolver ecuaciones diferenciales. En los ejercicios 37–40 verá que una función expresada como serie de potencias puede ser una solución para una ecuación diferencial.

SOLUCIÓN Se empieza con

$$\frac{1}{1 - x} = 1 + x + x^2 + x^3 + \cdots = \sum_{n=0}^{\infty} x^n$$

Al derivar cada lado se obtiene

$$\frac{1}{(1 - x)^2} = 1 + 2x + 3x^2 + \cdots = \sum_{n=1}^{\infty} nx^{n-1}$$

Si se desea, es posible reemplazar n por $n + 1$ y escribir la respuesta como

$$\frac{1}{(1 - x)^2} = \sum_{n=0}^{\infty} (n + 1)x^n$$

Según el teorema 2, el radio de convergencia de la serie derivada es el mismo que el radio de convergencia de la serie original, a saber, $R = 1$. ∎

EJEMPLO 5 Encuentre una representación en serie de potencias para $\ln(1 + x)$ y su radio de convergencia.

SOLUCIÓN Se observa que la derivada de esta función es $1/(1 + x)$. A partir de la ecuación 1 se tiene

$$\frac{1}{1 + x} = \frac{1}{1 - (-x)} = 1 - x + x^2 - x^3 + \cdots \qquad |x| < 1$$

Al integrar ambos lados de esta ecuación, se obtiene

$$\ln(1 + x) = \int \frac{1}{1 + x}\, dx = \int (1 - x + x^2 - x^3 + \cdots)\, dx$$

$$= x - \frac{x^2}{2} + \frac{x^3}{3} - \frac{x^4}{4} + \cdots + C$$

$$= \sum_{n=1}^{\infty} (-1)^{n-1} \frac{x^n}{n} + C \qquad |x| < 1$$

Para determinar el valor de C se coloca $x = 0$ en esta ecuación y se obtiene $\ln(1 + 0) = C$. De este modo, $C = 0$ y

$$\ln(1 + x) = x - \frac{x^2}{2} + \frac{x^3}{3} - \frac{x^4}{4} + \cdots = \sum_{n=1}^{\infty} (-1)^{n-1} \frac{x^n}{n} \qquad |x| < 1$$

El radio de convergencia es el mismo que para la serie original: $R = 1$. ∎

EJEMPLO 6 Encuentre una representación en serie de potencias para $f(x) = \tan^{-1} x$.

SOLUCIÓN Se observa que $f'(x) = 1/(1 + x^2)$ y la serie requerida se encuentra al integrar la serie de potencias para $1/(1 + x^2)$ que se obtuvo en el ejemplo 1.

$$\tan^{-1} x = \int \frac{1}{1 + x^2}\, dx = \int (1 - x^2 + x^4 - x^6 + \cdots)\, dx$$

$$= C + x - \frac{x^3}{3} + \frac{x^5}{5} - \frac{x^7}{7} + \cdots$$

Para encontrar C se establece $x = 0$ y se obtiene $C = \tan^{-1} 0 = 0$. Por lo tanto,

$$\tan^{-1} x = x - \frac{x^3}{3} + \frac{x^5}{5} - \frac{x^7}{7} + \cdots$$

$$= \sum_{n=0}^{\infty} (-1)^n \frac{x^{2n+1}}{2n + 1}$$

Como el radio de convergencia de la serie para $1/(1 + x^2)$ es 1, el radio de convergencia de esta serie para $\tan^{-1} x$ también es 1. ∎

La serie de potencias para $\tan^{-1} x$ obtenida en el ejemplo 6 se denomina *serie de Gregory* en honor al matemático escocés James Gregory (1638–1675), quien anticipó algunos descubrimientos de Newton. Se mostró que la serie de Gregory es válida cuando $-1 < x < 1$, pero resulta (aunque no es fácil de demostrar) que también es válida cuando $x = \pm 1$. Observe que cuando $x = 1$ la serie se convierte en

$$\frac{\pi}{4} = 1 - \frac{1}{3} + \frac{1}{5} - \frac{1}{7} + \cdots$$

Este hermoso resultado se conoce como la fórmula de Leibniz para π.

EJEMPLO 7

(a) Evalúe $\int [1/(1 + x^7)]\,dx$ como una serie de potencias.

(b) Utilice el inciso (a) para aproximar la serie $\int_0^{0.5} [1/(1 + x^7)]\,dx$ con 10^{-7} de precisión.

SOLUCIÓN

(a) El primer paso es expresar el integrando, $1/(1 + x^7)$, como la suma de una serie de potencias. Tal como en el ejemplo 1, se empieza con la ecuación 1 y se reemplaza x por $-x^7$:

Este ejemplo demuestra una forma en la que las representaciones en series de potencias son útiles. Integrar $1/(1 + x^7)$ de forma manual es increíblemente difícil. Diferentes sistemas algebraicos computacionales dan distintas formas de la respuesta, pero todas son extremadamente complicadas. La respuesta de las series infinitas que se obtienen en el ejemplo 7(a) es en realidad mucho más fácil de tratar que la respuesta finita proporcionada por una computadora.

$$\frac{1}{1 + x^7} = \frac{1}{1 - (-x^7)} = \sum_{n=0}^{\infty} (-x^7)^n$$

$$= \sum_{n=0}^{\infty} (-1)^n x^{7n} = 1 - x^7 + x^{14} - \cdots$$

Ahora se integra término a término:

$$\int \frac{1}{1 + x^7}\,dx = \int \sum_{n=0}^{\infty} (-1)^n x^{7n}\,dx = C + \sum_{n=0}^{\infty} (-1)^n \frac{x^{7n+1}}{7n + 1}$$

$$= C + x - \frac{x^8}{8} + \frac{x^{15}}{15} - \frac{x^{22}}{22} + \cdots$$

Esta serie converge para $|-x^7| < 1$, es decir, para $|x| < 1$.

(b) Al aplicar el teorema fundamental del cálculo no importa qué antiderivada se use, así que se utiliza la antiderivada del inciso (a) con $C = 0$:

$$\int_0^{0.5} \frac{1}{1 + x^7}\,dx = \left[x - \frac{x^8}{8} + \frac{x^{15}}{15} - \frac{x^{22}}{22} + \cdots \right]_0^{1/2}$$

$$= \frac{1}{2} - \frac{1}{8 \cdot 2^8} + \frac{1}{15 \cdot 2^{15}} - \frac{1}{22 \cdot 2^{22}} + \cdots + \frac{(-1)^n}{(7n + 1)2^{7n+1}} + \cdots$$

Esta serie infinita es el valor exacto de la integral definida, pero como es una serie alternante, se puede aproximar la suma con el teorema de estimación de series alternantes. Si se deja de sumar después del término con $n = 3$, el error es menor que el término con $n = 4$:

$$\frac{1}{29 \cdot 2^{29}} \approx 6.4 \times 10^{-11}$$

De este modo se tiene

$$\int_0^{0.5} \frac{1}{1 + x^7}\,dx \approx \frac{1}{2} - \frac{1}{8 \cdot 2^8} + \frac{1}{15 \cdot 2^{15}} - \frac{1}{22 \cdot 2^{22}} \approx 0.49951374 \qquad \blacksquare$$

◼ Funciones definidas por series de potencias

Algunas de las funciones más importantes de las ciencias se definen por series de potencias y no se pueden expresar en términos de funciones elementales (como se describe en la sección 7.5). Muchas de ellas surgen naturalmente como soluciones de ecuaciones diferenciales. Una de estas clases de funciones son las **funciones de Bessel**, llamadas así en honor al astrónomo alemán Friedrich Bessel (1784–1846). Estas funciones surgieron por primera vez cuando Bessel resolvió la ecuación de Kepler para describir el movimiento planetario. Desde entonces, las funciones de Bessel se aplican en muchas situaciones físicas, como la distribución de la temperatura en una placa circular y la forma del parche o membrana de un tambor que vibra. Las funciones de Bessel aparecen en el siguiente ejemplo, así como en los ejercicios 39 y 40. En los ejercicios 38 y 41 figuran otros ejemplos de funciones definidas por series de potencias.

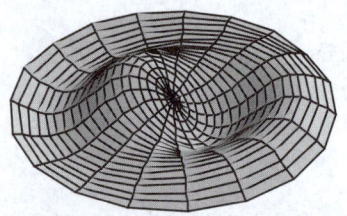

Modelo generado por computadora, con funciones de Bessel y funciones coseno, de un modelo vibratorio de una membrana que vibra.

EJEMPLO 8 La función de Bessel de orden 0 se define por

$$J_0(x) = \sum_{n=0}^{\infty} \frac{(-1)^n x^{2n}}{2^{2n}(n!)^2}$$

(a) Encuentre el dominio de J_0.

(b) Determine la derivada de J_0.

SOLUCIÓN

(a) Sea $a_n = (-1)^n x^{2n}/[2^{2n}(n!)^2]$. Luego

$$\left| \frac{a_{n+1}}{a_n} \right| = \left| \frac{(-1)^{n+1} x^{2(n+1)}}{2^{2(n+1)}[(n+1)!]^2} \cdot \frac{2^{2n}(n!)^2}{(-1)^n x^{2n}} \right|$$

$$= \frac{x^{2n+2}}{2^{2n+2}(n+1)^2(n!)^2} \cdot \frac{2^{2n}(n!)^2}{x^{2n}}$$

$$= \frac{x^2}{4(n+1)^2} \to 0 < 1 \qquad \text{para toda } x$$

Así, por la prueba de la razón, la serie indicada converge para todos los valores de x. En otras palabras, el dominio de la función de Bessel J_0 es $(-\infty, \infty) = \mathbb{R}$.

(b) Por el teorema 2, J_0 es derivable para toda x y su derivada se encuentra por derivación término a término como sigue:

$$J_0'(x) = \sum_{n=0}^{\infty} \frac{d}{dx} \frac{(-1)^n x^{2n}}{2^{2n}(n!)^2} = \sum_{n=1}^{\infty} \frac{(-1)^n 2n x^{2n-1}}{2^{2n}(n!)^2} \qquad ■$$

Recuerde que la suma de una serie es igual al límite de la sucesión de sumas parciales. Así, cuando se define la función de Bessel en el ejemplo 8 como la suma de una serie significa que, para cada número real x,

$$J_0(x) = \lim_{n \to \infty} s_n(x) \qquad \text{donde} \qquad s_n(x) = \sum_{i=0}^{n} \frac{(-1)^i x^{2i}}{2^{2i}(i!)^2}$$

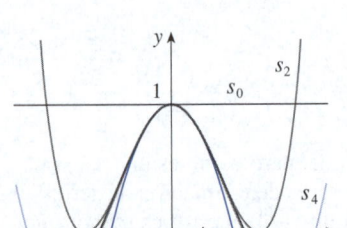

FIGURA 2
Sumas parciales de la función de Bessel J_0.

Las primeras sumas parciales son

$$s_0(x) = 1$$

$$s_1(x) = 1 - \frac{x^2}{4}$$

$$s_2(x) = 1 - \frac{x^2}{4} + \frac{x^4}{64}$$

$$s_3(x) = 1 - \frac{x^2}{4} + \frac{x^4}{64} - \frac{x^6}{2\,304}$$

$$s_4(x) = 1 - \frac{x^2}{4} + \frac{x^4}{64} - \frac{x^6}{2\,304} + \frac{x^8}{147\,456}$$

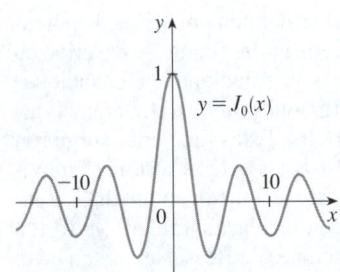

FIGURA 3

En la figura 2 se presentan las gráficas de estas sumas parciales, que son polinomios. Todas son aproximaciones a la función J_0, pero las aproximaciones mejoran cuando se incluyen más términos. En la figura 3 se ve una gráfica más completa de la función de Bessel.

11.9 | Ejercicios

1. Si el radio de convergencia de la serie de potencias $\sum_{n=0}^{\infty} c_n x^n$ es 10, ¿cuál es el radio de convergencia de la serie $\sum_{n=1}^{\infty} n c_n x^{n-1}$? ¿Por qué?

2. Suponga que sabe que la serie $\sum_{n=0}^{\infty} b_n x^n$ converge para $|x| < 2$. ¿Qué puede decir de la siguiente serie? ¿Por qué?

$$\sum_{n=0}^{\infty} \frac{b_n}{n+1} x^{n+1}$$

3-12 Encuentre una representación en serie de potencias para la función y determine el intervalo de convergencia.

3. $f(x) = \dfrac{1}{1+x}$

4. $f(x) = \dfrac{x}{1+x}$

5. $f(x) = \dfrac{1}{1-x^2}$

6. $f(x) = \dfrac{5}{1-4x^2}$

7. $f(x) = \dfrac{2}{3-x}$

8. $f(x) = \dfrac{4}{2x+3}$

9. $f(x) = \dfrac{x^2}{x^4+16}$

10. $f(x) = \dfrac{x}{2x^2+1}$

11. $f(x) = \dfrac{x-1}{x+2}$

12. $f(x) = \dfrac{x+a}{x^2+a^2}, \quad a > 0$

13-14 Exprese la función como la suma de una serie de potencias usando primero fracciones parciales. Determine el intervalo de convergencia.

13. $f(x) = \dfrac{2x-4}{x^2-4x+3}$

14. $f(x) = \dfrac{2x+3}{x^2+3x+2}$

15. (a) Derive para encontrar una representación en serie de potencias para

$$f(x) = \frac{1}{(1+x)^2}$$

¿Cuál es el radio de convergencia?

(b) Utilice el inciso (a) para encontrar una serie de potencias para

$$f(x) = \frac{1}{(1+x)^3}$$

(c) Con el inciso (b) encuentre una serie de potencias para

$$f(x) = \frac{x^2}{(1+x)^3}$$

16. (a) Utilice la ecuación 1 para encontrar una representación en serie de potencias para $f(x) = \ln(1-x)$. ¿Cuál es el radio de convergencia?

(b) Encuentre, con el inciso (a), una serie de potencias para $f(x) = x \ln(1-x)$.

(c) Poniendo $x = \frac{1}{2}$ en su resultado del inciso (a), exprese $\ln 2$ como la suma de una serie infinita.

17-22 Encuentre una representación en serie de potencias para la función y determine el radio de convergencia.

17. $f(x) = \dfrac{x}{(1+4x)^2}$

18. $f(x) = \left(\dfrac{x}{2-x}\right)^3$

19. $f(x) = \dfrac{1+x}{(1-x)^2}$

20. $f(x) = \dfrac{x^2+x}{(1-x)^3}$

21. $f(x) = \ln(5-x)$

22. $f(x) = x^2 \tan^{-1}(x^3)$

23-26 Encuentre una representación en serie de potencias para f, y grafique f y varias sumas parciales $s_n(x)$ en la misma pantalla. ¿Qué pasa a medida que n aumenta?

23. $f(x) = \dfrac{x^2}{x^2+1}$

24. $f(x) = \ln(1+x^4)$

25. $f(x) = \ln\left(\dfrac{1+x}{1-x}\right)$

26. $f(x) = \tan^{-1}(2x)$

27-30 Evalúe la integral indefinida como una serie de potencias. ¿Cuál es el radio de convergencia?

27. $\displaystyle\int \frac{t}{1-t^8}\, dt$

28. $\displaystyle\int \frac{t}{1+t^3}\, dt$

29. $\displaystyle\int x^2 \ln(1+x)\, dx$

30. $\displaystyle\int \frac{\tan^{-1} x}{x}\, dx$

31-34 Utilice una serie de potencias para aproximar la integral definida con seis decimales de precisión.

31. $\displaystyle\int_0^{0.3} \frac{x}{1+x^3}\, dx$

32. $\displaystyle\int_0^{1/2} \arctan \frac{x}{2}\, dx$

33. $\displaystyle\int_0^{0.2} x \ln(1+x^2)\, dx$

34. $\displaystyle\int_0^{0.3} \frac{x^2}{1+x^4}\, dx$

35. Con el resultado del ejemplo 6 calcule arctan 0.2 con cinco decimales de precisión.

36. Utilice el resultado del ejemplo 5 para calcular ln 1.1 con cuatro decimales de precisión.

37. (a) Demuestre que la función

$$f(x) = \sum_{n=0}^{\infty} \frac{x^n}{n!}$$

es una solución de la ecuación diferencial

$$f'(x) = f(x)$$

(b) Demuestre que $f(x) = e^x$.

38. Demuestre que la función

$$f(x) = \sum_{n=0}^{\infty} \frac{(-1)^n x^{2n}}{(2n)!}$$

es una solución de la ecuación diferencial

$$f''(x) + f(x) = 0$$

39. (a) Demuestre que J_0 (la función de Bessel de orden 0 dada en el ejemplo 8) satisface la ecuación diferencial

$$x^2 J_0''(x) + x J_0'(x) + x^2 J_0(x) = 0$$

(b) Evalúe $\int_0^1 J_0(x)\, dx$ con tres decimales de precisión.

40. La función de Bessel de orden 1 se define por

$$J_1(x) = \sum_{n=0}^{\infty} \frac{(-1)^n x^{2n+1}}{n!\,(n+1)!\,2^{2n+1}}$$

(a) Encuentre el dominio de J_1.

(b) Demuestre que J_1 satisface la ecuación diferencial

$$x^2 J_1''(x) + x J_1'(x) + (x^2 - 1) J_1(x) = 0$$

(c) Demuestre que $J_0'(x) = -J_1(x)$.

41. La función A definida como:

$$A(x) = 1 + \frac{x^3}{2 \cdot 3} + \frac{x^6}{2 \cdot 3 \cdot 5 \cdot 6} + \frac{x^9}{2 \cdot 3 \cdot 5 \cdot 6 \cdot 8 \cdot 9} + \cdots$$

fue llamada *función de Airy* por el matemático y astrónomo inglés sir George Airy (1801–1892).

(a) Encuentre el dominio de la función de Airy.

(b) Grafique las primeras sumas parciales en una misma gráfica.

(c) Utilice un sistema algebraico computacional que tenga incorporadas las funciones de Airy para graficar A en la misma pantalla que las sumas parciales del inciso (b) y observe cómo las sumas parciales se aproximan a A.

42. Si $f(x) = \sum_{n=0}^{\infty} c_n x^n$, donde $c_{n+4} = c_n$ para toda $n \geqslant 0$, encuentre el intervalo de convergencia de la serie y una fórmula para $f(x)$.

43. Una función f se define por

$$f(x) = 1 + 2x + x^2 + 2x^3 + x^4 + \cdots$$

es decir, sus coeficientes son $c_{2n} = 1$ y $c_{2n+1} = 2$ para toda $n \geqslant 0$. Determine el intervalo de convergencia de la serie y encuentre una fórmula explícita para $f(x)$.

44. Sea $f_n(x) = (\operatorname{sen} nx)/n^2$. Demuestre que la serie $\sum f_n(x)$ converge para todos los valores de x pero la serie de derivadas $\sum f_n'(x)$ diverge cuando $x = 2n\pi$, n es un entero. ¿Para qué valores de x converge la serie $\sum f_n''(x)$?

45. Sea

$$f(x) = \sum_{n=1}^{\infty} \frac{x^n}{n^2}$$

Encuentre los intervalos de convergencia para f, f' y f''.

46. (a) Empezando con la serie geométrica $\sum_{n=0}^{\infty} x^n$, encuentre la suma de la serie

$$\sum_{n=1}^{\infty} n x^{n-1} \qquad |x| < 1$$

(b) Encuentre la suma de cada una de las siguientes series.

(i) $\displaystyle\sum_{n=1}^{\infty} n x^n, \quad |x| < 1$ (ii) $\displaystyle\sum_{n=1}^{\infty} \frac{n}{2^n}$

(c) Halle la suma de cada una de las siguientes series.

(i) $\displaystyle\sum_{n=2}^{\infty} n(n-1)x^n, \quad |x| < 1$

(ii) $\displaystyle\sum_{n=2}^{\infty} \frac{n^2 - n}{2^n}$ (iii) $\displaystyle\sum_{n=1}^{\infty} \frac{n^2}{2^n}$

47. Si $f(x) = 1/(1 - x)$, encuentre una representación en serie de potencias para $h(x) = x f'(x) + x^2 f''(x)$ y determine el radio de convergencia. Utilice esto para demostrar que

$$\sum_{n=1}^{\infty} \frac{n^2}{2^n} = 6$$

48. Con la representación de la serie de potencias de $f(x) = 1/(1 - x)^2$ y el hecho de que $9\,801 = 99^2$, demuestre que $1/9\,801$ es un decimal repetido que contiene cada número de dos dígitos en orden, excepto el 98, como se muestra.

$$\frac{1}{9\,801} = \overline{0.00\ 01\ 02\ 03\ \ldots\ 96\ 97\ 99}$$

[*Sugerencia*: Considere $x = \frac{1}{100}$].

49. Utilice la serie de potencias para $\tan^{-1} x$ para demostrar la siguiente expresión para π como suma de una serie infinita:

$$\pi = 2\sqrt{3} \sum_{n=0}^{\infty} \frac{(-1)^n}{(2n+1)3^n}$$

50. (a) Al completar el cuadrado, demuestre que

$$\int_0^{1/2} \frac{dx}{x^2 - x + 1} = \frac{\pi}{3\sqrt{3}}$$

(b) Al factorizar $x^3 + 1$ como una suma de cubos, reescriba la integral del inciso (a). Luego exprese $1/(x^3 + 1)$ como la suma de una serie de potencias y úsela para demostrar la siguiente fórmula para π:

$$\pi = \frac{3\sqrt{3}}{4} \sum_{n=0}^{\infty} \frac{(-1)^n}{8^n}\left(\frac{2}{3n+1} + \frac{1}{3n+2}\right)$$

51. Con la prueba de la razón demuestre que si la serie $\sum_{n=0}^{\infty} c_n x^n$ tiene un radio de convergencia R, entonces cada una de las series

$$\sum_{n=1}^{\infty} n c_n x^{n-1} \qquad \text{y} \qquad \sum_{n=0}^{\infty} c_n \frac{x^{n+1}}{n+1}$$

también tiene un radio de convergencia R.

11.10 | Series de Taylor y de Maclaurin

En la sección 11.9 se encontraron representaciones en serie de potencias para una cierta clase restringida de funciones, a saber, las que se obtienen de series geométricas. Aquí se investigan problemas más generales: ¿qué funciones tienen representaciones en serie de potencias?, ¿cómo se encuentran tales representaciones? Se verá que algunas de las funciones más importantes del cálculo, como e^x y sen x, pueden representarse como series de potencias.

■ Definiciones de la serie de Taylor y la serie de Maclaurin

Se empieza por suponer que f es una función que puede representarse por una serie de potencias

$$\boxed{1} \quad f(x) = c_0 + c_1(x - a) + c_2(x - a)^2 + c_3(x - a)^3 + c_4(x - a)^4 + \cdots \quad |x - a| < R$$

Se determina cuáles deben ser los coeficientes c_n en términos de f. Para comenzar, note que si se coloca $x = a$ en la ecuación 1, entonces todos los términos después del primero son 0 y se obtiene

$$f(a) = c_0$$

Según el teorema 11.9.2, es posible derivar la serie de la ecuación 1 término a término:

$$\boxed{2} \quad f'(x) = c_1 + 2c_2(x - a) + 3c_3(x - a)^2 + 4c_4(x - a)^3 + \cdots \quad |x - a| < R$$

y la sustitución de $x = a$ en la ecuación 2 da

$$f'(a) = c_1$$

Ahora se derivan ambos lados de la ecuación 2 y se obtiene

$$\boxed{3} \quad f''(x) = 2c_2 + 2 \cdot 3c_3(x - a) + 3 \cdot 4c_4(x - a)^2 + \cdots \quad |x - a| < R$$

Nuevamente se pone $x = a$ en la ecuación 3. El resultado es

$$f''(a) = 2c_2$$

Se aplica el procedimiento una vez más. La derivación de la serie en la ecuación 3 da

$$\boxed{4} \quad f'''(x) = 2 \cdot 3c_3 + 2 \cdot 3 \cdot 4c_4(x - a) + 3 \cdot 4 \cdot 5c_5(x - a)^2 + \cdots \quad |x - a| < R$$

y la sustitución de $x = a$ en la ecuación 4 da

$$f'''(a) = 2 \cdot 3c_3 = 3!c_3$$

Ahora puede ver el patrón. Si se continúa derivando y sustituyendo $x = a$ se obtiene

$$f^{(n)}(a) = 2 \cdot 3 \cdot 4 \cdot \cdots \cdot nc_n = n!c_n$$

Si en esta ecuación se despeja el n-ésimo coeficiente c_n, se obtiene

$$c_n = \frac{f^{(n)}(a)}{n!}$$

Esta fórmula aún es válida incluso para $n = 0$ si se adoptan las convenciones de que $0! = 1$ y $f^{(0)} = f$. Así, se demostró el siguiente teorema.

5 ▸ **Teorema** Si f se puede representar como una serie de potencias (expansión) en a, es decir, si

$$f(x) = \sum_{n=0}^{\infty} c_n(x-a)^n \qquad |x-a| < R$$

entonces sus coeficientes están dados por la fórmula

$$c_n = \frac{f^{(n)}(a)}{n!}$$

Al sustituir esta fórmula por c_n de nuevo a la serie, se ve que *si f tiene una expansión en serie de potencias en a*, entonces debe ser de la siguiente forma.

6
$$f(x) = \sum_{n=0}^{\infty} \frac{f^{(n)}(a)}{n!}(x-a)^n$$
$$= f(a) + \frac{f'(a)}{1!}(x-a) + \frac{f''(a)}{2!}(x-a)^2 + \frac{f'''(a)}{3!}(x-a)^3 + \cdots$$

La serie en la ecuación 6 se llama **serie de Taylor de la función f en a** (o **en torno a a** o **centrada en a**). Para el caso especial $a = 0$, la serie de Taylor se vuelve

7
$$f(x) = \sum_{n=0}^{\infty} \frac{f^{(n)}(0)}{n!}x^n = f(0) + \frac{f'(0)}{1!}x + \frac{f''(0)}{2!}x^2 + \cdots$$

Este caso surge con suficiente frecuencia para que se le dé el nombre especial de **serie de Maclaurin**.

NOTA 1 Cuando se presenta una serie de Taylor para una función f no hay garantía de que la suma de la serie de Taylor sea igual a f. El teorema 5 indica que si f tiene una representación en serie de potencias en a, entonces esa serie de potencias debe ser la serie de Taylor de f. Existen funciones que no son iguales a la suma de su serie de Taylor, como la función que se da en el ejercicio 96.

NOTA 2 La representación en serie de potencias en a de una función es única, independientemente de cómo se encuentre, porque el teorema 5 establece que si f tiene una representación en serie de potencias $f(x) = \sum c_n(x-a)^n$, entonces c_n debe ser $f^{(n)}(a)/n!$. Por lo tanto, todas las representaciones en serie de potencias que se desarrollaron en la sección 11.9 son de hecho las series de Taylor de las funciones que representan.

EJEMPLO 1 Se sabe, por la ecuación 11.9.1, que la función $f(x) = 1/(1-x)$ tiene una representación en serie de potencias

$$\frac{1}{1-x} = \sum_{n=0}^{\infty} x^n = 1 + x + x^2 + x^3 + \cdots \qquad |x| < 1$$

Taylor y Maclaurin

La serie de Taylor se llama así por el matemático inglés Brook Taylor (1685–1731) y la serie de Maclaurin en honor al matemático escocés Colin Maclaurin (1698–1746) a pesar de que la serie de Maclaurin es en realidad solo un caso especial de la serie de Taylor. Sin embargo, la idea de representar funciones particulares como sumas de series de potencias se remonta a Newton, y el matemático escocés James Gregory en 1668 y el matemático suizo John Bernoulli ya conocían la serie general de Taylor en la década de 1690. Taylor aparentemente no conocía el trabajo de Gregory y Bernoulli cuando publicó sus descubrimientos sobre las series en 1715 en su libro *Methodus incrementorum directa et inversa*. Las series de Maclaurin llevan su nombre porque él las popularizó en su libro de texto de cálculo *Treatise of Fluxions*, publicado en 1742.

De acuerdo con el teorema 5, esta serie debe ser la serie de Maclaurin de f con coeficientes c_n dados por $f^{(n)}(0)/n!$. Para confirmarlo, se calcula

$$f(x) = \frac{1}{1-x} \qquad f(0) = 1$$

$$f'(x) = \frac{1}{(1-x)^2} \qquad f'(0) = 1$$

$$f''(x) = \frac{1 \cdot 2}{(1-x)^3} \qquad f''(0) = 1 \cdot 2$$

$$f'''(x) = \frac{1 \cdot 2 \cdot 3}{(1-x)^4} \qquad f'''(0) = 1 \cdot 2 \cdot 3$$

y, en general,

$$f^{(n)}(x) = \frac{n!}{(1-x)^{n+1}} \quad f^{(n)}(0) = n!$$

Por lo tanto,

$$c_n = \frac{f^{(n)}(0)}{n!} = \frac{n!}{n!} = 1$$

y, de la ecuación 7,

$$\frac{1}{1-x} = \sum_{n=0}^{\infty} \frac{f^{(n)}(0)}{n!} x^n = \sum_{n=0}^{\infty} x^n \qquad\qquad ■$$

EJEMPLO 2 Para la función $f(x) = e^x$, encuentre la serie de Maclaurin y su radio de convergencia.

SOLUCIÓN Si $f(x) = e^x$, entonces $f^{(n)}(x) = e^x$, de modo que $f^{(n)}(0) = e^0 = 1$ para toda n. Por lo tanto, la serie de Taylor para f en 0 (es decir, la serie de Maclaurin) es

$$\sum_{n=0}^{\infty} \frac{f^{(n)}(0)}{n!} x^n = \sum_{n=0}^{\infty} \frac{x^n}{n!} = 1 + \frac{x}{1!} + \frac{x^2}{2!} + \frac{x^3}{3!} + \cdots$$

Para encontrar el radio de convergencia, sea $a_n = x^n/n!$. Luego

$$\left| \frac{a_{n+1}}{a_n} \right| = \left| \frac{x^{n+1}}{(n+1)!} \cdot \frac{n!}{x^n} \right| = \frac{|x|}{n+1} \to 0 < 1$$

por lo que, según la prueba de la razón, la serie converge para toda x y el radio de convergencia es $R = \infty$.   ■

■ ¿Cuándo se representa una función por su serie de Taylor?

A partir del teorema 5 y del ejemplo 2 cabe concluir que *si se sabe que* e^x tiene una representación en serie de potencias en 0, entonces esta serie de potencias debe ser su serie de Maclaurin

$$e^x = \sum_{n=0}^{\infty} \frac{x^n}{n!}$$

Entonces, ¿cómo determinar si e^x *sí* tiene una representación en serie de potencias?

Ahora se inquiere sobre una pregunta más general: ¿en qué circunstancias una función es igual a la suma de su serie de Taylor? En otras palabras, si f tiene derivadas de todos los órdenes, ¿cuándo es cierto que

$$f(x) = \sum_{n=0}^{\infty} \frac{f^{(n)}(a)}{n!}(x-a)^n$$

Como con cualquier serie convergente, esto significa que $f(x)$ es el límite de la sucesión de sumas parciales. En el caso de la serie de Taylor, las sumas parciales son

$$T_n(x) = \sum_{i=0}^{n} \frac{f^{(i)}(a)}{i!}(x-a)^i$$

$$= f(a) + \frac{f'(a)}{1!}(x-a) + \frac{f''(a)}{2!}(x-a)^2 + \cdots + \frac{f^{(n)}(a)}{n!}(x-a)^n$$

Observe que T_n es un polinomio de grado n llamado **polinomio de Taylor de grado n-ésimo de f en a**. Por ejemplo, para la función exponencial $f(x) = e^x$, el resultado del ejemplo 2 demuestra que los polinomios de Taylor en 0 (o polinomios de Maclaurin) con $n = 1, 2$ y 3 son

$$T_1(x) = 1 + x \qquad T_2(x) = 1 + x + \frac{x^2}{2!} \qquad T_3(x) = 1 + x + \frac{x^2}{2!} + \frac{x^3}{3!}$$

En la figura 1 se presentan las gráficas de la función exponencial y estos tres polinomios de Taylor.

En general, $f(x)$ es la suma de su serie de Taylor si

$$f(x) = \lim_{n \to \infty} T_n(x)$$

Si

$$R_n(x) = f(x) - T_n(x) \quad \text{de manera que} \quad f(x) = T_n(x) + R_n(x)$$

entonces $R_n(x)$ se llama **residuo** de la serie de Taylor. Si de alguna manera se puede demostrar que $\lim_{n \to \infty} R_n(x) = 0$, entonces se deduce que

$$\lim_{n \to \infty} T_n(x) = \lim_{n \to \infty} [f(x) - R_n(x)] = f(x) - \lim_{n \to \infty} R_n(x) = f(x)$$

De este modo se demostró el siguiente teorema.

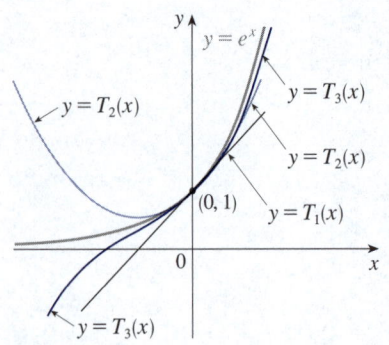

FIGURA 1

A medida que n aumenta, $T_n(x)$ parece aproximarse a e^x en la figura 1. Esto sugiere que e^x es igual a la suma de su serie de Taylor.

---

8 Teorema Si $f(x) = T_n(x) + R_n(x)$, donde T_n es el polinomio de Taylor de grado n-ésimo de f en a, y si

$$\lim_{n \to \infty} R_n(x) = 0$$

para $|x - a| < R$, entonces f es igual a la suma de su serie de Taylor en el intervalo $|x - a| < R$.

Al tratar de demostrar que $\lim_{n \to \infty} R_n(x) = 0$ para una función específica f, normalmente se usa el siguiente teorema.

---

9 Desigualdad de Taylor Si $|f^{(n+1)}(x)| \le M$ para $|x - a| \le d$, entonces el residuo $R_n(x)$ de la serie de Taylor satisface la desigualdad

$$|R_n(x)| \le \frac{M}{(n+1)!}|x-a|^{n+1} \qquad \text{para } |x-a| \le d$$

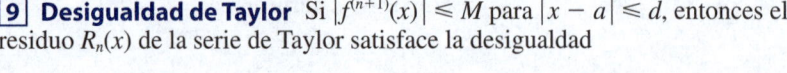

DEMOSTRACIÓN Primero se demuestra la desigualdad de Taylor para $n = 1$. Suponga que $|f''(x)| \leq M$. En particular, se tiene $f''(x) \leq M$, así que para $a \leq x \leq a + d$ se tiene

$$\int_a^x f''(t)\, dt \leq \int_a^x M\, dt$$

Una antiderivada de f'' es f', así que según la parte 2 del teorema fundamental del cálculo se tiene

$$f'(x) - f'(a) \leq M(x - a) \qquad \text{o} \qquad f'(x) \leq f'(a) + M(x - a)$$

Por lo tanto,

$$\int_a^x f'(t)\, dt \leq \int_a^x [f'(a) + M(t - a)]\, dt$$

$$f(x) - f(a) \leq f'(a)(x - a) + M \frac{(x - a)^2}{2}$$

$$f(x) - f(a) - f'(a)(x - a) \leq \frac{M}{2}(x - a)^2$$

Pero $R_1(x) = f(x) - T_1(x) = f(x) - f(a) - f'(a)(x - a)$. De modo que

$$R_1(x) \leq \frac{M}{2}(x - a)^2$$

Un argumento similar, con $f''(x) \geq -M$, demuestra que

$$R_1(x) \geq -\frac{M}{2}(x - a)^2$$

Así que

$$|R_1(x)| \leq \frac{M}{2}|x - a|^2$$

Aunque se supuso que $x > a$, cálculos similares muestran que esta desigualdad también es cierta para $x < a$.

Esto demuestra la desigualdad de Taylor para el caso en que $n = 1$. El resultado para cualquier n se demuestra de manera similar integrando $n + 1$ veces (vea el ejercicio 95 para el caso $n = 2$). ∎

NOTA En la sección 11.11 se explorará el uso de la desigualdad de Taylor para aproximar funciones. El uso inmediato es en conjunción con el teorema 8.

Cuando se aplican los teoremas 8 y 9, a menudo es útil hacer uso del siguiente hecho.

$$\boxed{10} \qquad \lim_{n \to \infty} \frac{x^n}{n!} = 0 \qquad \text{para cada número real } x$$

Esto es cierto porque se sabe por el ejemplo 2 que la serie $\sum x^n/n!$ converge para toda x y así su n-ésimo término se aproxima a 0.

Fórmulas para el término del residuo de Taylor

Como alternativas a la desigualdad de Taylor se tienen las siguientes fórmulas para el término del residuo. Si $f^{(n+1)}$ es continua en un intervalo I y $x \in I$, entonces

$$R_n(x) = \frac{1}{n!} \int_a^x (x - t)^n f^{(n+1)}(t)\, dt$$

Esto se llama *forma integral del término del residuo*. Otra fórmula, llamada *forma de Lagrange del término del residuo*, establece que hay un número z entre x y a tal que

$$R_n(x) = \frac{f^{(n+1)}(z)}{(n + 1)!}(x - a)^{n+1}$$

Esta versión es una extensión del teorema del valor medio (que es el caso $n = 0$).

Las demostraciones de estas fórmulas, junto con los debates sobre cómo utilizarlas para resolver los ejemplos de las secciones 11.10 y 11.11, figuran en el sitio web

www.StewartCalculus.com

Dé un clic en *Additional Topics* y luego en *Formulas for the Remainder Term in Taylor series*.

EJEMPLO 3 Demuestre que e^x es igual a la suma de su serie de Maclaurin.

SOLUCIÓN Si $f(x) = e^x$, entonces $f^{(n+1)}(x) = e^x$ para toda n. Si d es cualquier número positivo y $|x| \leq d$, entonces $|f^{(n+1)}(x)| = e^x \leq e^d$. Así, la desigualdad de Taylor, con $a = 0$ y $M = e^d$, dice que

$$|R_n(x)| \leq \frac{e^d}{(n+1)!} |x|^{n+1} \quad \text{para } |x| \leq d$$

Observe que la misma constante $M = e^d$ funciona para cada valor de n. Pero, de la ecuación 10, se tiene

$$\lim_{n \to \infty} \frac{e^d}{(n+1)!} |x|^{n+1} = e^d \lim_{n \to \infty} \frac{|x|^{n+1}}{(n+1)!} = 0$$

Del teorema de la compresión se deduce que $\lim_{n \to \infty} |R_n(x)| = 0$ y por lo tanto $\lim_{n \to \infty} R_n(x) = 0$ para todos los valores de x. Según el teorema 8, e^x es igual a la suma de su serie de Maclaurin, es decir,

$$\boxed{11} \qquad \boxed{\quad e^x = \sum_{n=0}^{\infty} \frac{x^n}{n!} \quad \text{para toda } x \quad} \qquad \blacksquare$$

En particular, si se pone $x = 1$ en la ecuación 11, se obtiene la siguiente expresión para el número e como suma de una serie infinita:

Con ayuda de las computadoras, los investigadores han calculado con precisión el valor de e con billones de decimales de precisión.

$$\boxed{12} \qquad \boxed{\quad e = \sum_{n=0}^{\infty} \frac{1}{n!} = 1 + \frac{1}{1!} + \frac{1}{2!} + \frac{1}{3!} + \cdots \quad}$$

EJEMPLO 4 Encuentre la serie de Taylor para $f(x) = e^x$ en $a = 2$.

SOLUCIÓN Se tiene $f^{(n)}(2) = e^2$ y así, al colocar $a = 2$ en la definición de una serie de Taylor (6), se obtiene

$$\sum_{n=0}^{\infty} \frac{f^{(n)}(2)}{n!} (x-2)^n = \sum_{n=0}^{\infty} \frac{e^2}{n!} (x-2)^n$$

De nuevo se puede verificar, como en el ejemplo 2, que el radio de convergencia es $R = \infty$. Al igual que en el ejemplo 3 se puede verificar que $\lim_{n \to \infty} R_n(x) = 0$, de modo que

$$\boxed{13} \qquad e^x = \sum_{n=0}^{\infty} \frac{e^2}{n!} (x-2)^n \qquad \text{para toda } x \qquad \blacksquare$$

Se tienen dos expansiones en serie de potencias para e^x, la serie de Maclaurin en la ecuación 11 y la serie de Taylor en la ecuación 13. La primera es mejor si se desean valores de x cercanos a 0 y la segunda es mejor si x está cerca de 2.

■ Series de Taylor de funciones importantes

En los ejemplos 2 y 4 se desarrollaron representaciones en serie de potencias de la función e^x, y en la sección 11.9 se encontraron representaciones en serie de potencias de varias funciones más, como $\ln(1+x)$ y $\tan^{-1}x$. Ahora se verán representaciones para algunas funciones importantes adicionales, incluyendo sen x y cos x.

EJEMPLO 5 Encuentre la serie de Maclaurin para sen x y demuestre que representa sen x para toda x.

SOLUCIÓN Se organizan los cálculos en dos columnas:

$$f(x) = \text{sen } x \qquad f(0) = 0$$

$$f'(x) = \cos x \qquad f'(0) = 1$$

$$f''(x) = -\text{sen } x \qquad f''(0) = 0$$

$$f'''(x) = -\cos x \qquad f'''(0) = -1$$

$$f^{(4)}(x) = \text{sen } x \qquad f^{(4)}(0) = 0$$

Como las derivadas se repiten en un ciclo de cuatro, se puede escribir la serie de Maclaurin de la siguiente manera:

$$f(0) + \frac{f'(0)}{1!}x + \frac{f''(0)}{2!}x^2 + \frac{f'''(0)}{3!}x^3 + \cdots$$

$$= x - \frac{x^3}{3!} + \frac{x^5}{5!} - \frac{x^7}{7!} + \cdots = \sum_{n=0}^{\infty}(-1)^n \frac{x^{2n+1}}{(2n+1)!}$$

Puesto que $f^{(n+1)}(x)$ es $\pm\text{sen } x$ o $\pm\cos x$, se sabe que $|f^{(n+1)}(x)| \leq 1$ para toda x. Así, se puede tomar $M = 1$ en la desigualdad de Taylor:

$$\boxed{14} \qquad |R_n(x)| \leq \frac{M}{(n+1)!}|x^{n+1}| = \frac{|x|^{n+1}}{(n+1)!}$$

Según la ecuación 10, el lado derecho de esta desigualdad se aproxima a 0 cuando $n \to \infty$, por lo que $|R_n(x)| \to 0$ según el teorema de la compresión. Se sigue que $R_n(x) \to 0$ cuando $n \to \infty$, así que sen x es igual a la suma de su serie de Maclaurin según el teorema 8. ∎

Se establece el resultado del ejemplo 5 para referencia futura.

$$\boxed{15} \qquad \text{sen } x = x - \frac{x^3}{3!} + \frac{x^5}{5!} - \frac{x^7}{7!} + \cdots$$

$$= \sum_{n=0}^{\infty}(-1)^n \frac{x^{2n+1}}{(2n+1)!} \qquad \text{para toda } x$$

EJEMPLO 6 Encuentre la serie de Maclaurin para cos x.

SOLUCIÓN Se podría proceder directamente como en el ejemplo 5, pero es más fácil utilizar el teorema 11.9.2 para derivar la serie de Maclaurin para sen x dada por la ecuación 15:

$$\cos x = \frac{d}{dx}(\text{sen } x) = \frac{d}{dx}\left(x - \frac{x^3}{3!} + \frac{x^5}{5!} - \frac{x^7}{7!} + \cdots\right)$$

$$= 1 - \frac{3x^2}{3!} + \frac{5x^4}{5!} - \frac{7x^6}{7!} + \cdots = 1 - \frac{x^2}{2!} + \frac{x^4}{4!} - \frac{x^6}{6!} + \cdots$$

En la figura 2 se muestra la gráfica de sen x junto con sus polinomios de Taylor (o de Maclaurin).

$$T_1(x) = x$$

$$T_3(x) = x - \frac{x^3}{3!}$$

$$T_5(x) = x - \frac{x^3}{3!} + \frac{x^5}{5!}$$

Observe que, a medida que n aumenta, $T_n(x)$ se convierte en una mejor aproximación a sen x.

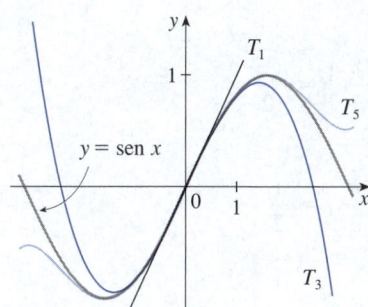

FIGURA 2

Newton descubrió, con diferentes métodos, las series de Maclaurin para e^x, sen x y cos x que se presentan en los ejemplos 3, 5 y 6. Estas ecuaciones son notables porque indican que se sabe todo acerca de cada una de estas funciones si se conocen todas sus derivadas en el único número 0.

El teorema 11.9.2 establece que la serie derivada para sen x converge en la derivada de sen x, a saber cos x, y el radio de convergencia permanece inalterado, por lo que la serie converge para toda x. ∎

Se indica el resultado del ejemplo 6 para referencia futura.

$$\boxed{16} \qquad \boxed{\begin{array}{l} \cos x = 1 - \dfrac{x^2}{2!} + \dfrac{x^4}{4!} - \dfrac{x^6}{6!} + \cdots \\[2mm] \qquad = \displaystyle\sum_{n=0}^{\infty} (-1)^n \dfrac{x^{2n}}{(2n)!} \ \text{ para toda } x \end{array}}$$

EJEMPLO 7 Represente $f(x) = $ sen x como la suma de su serie de Taylor centrada en $\pi/3$.

SOLUCIÓN Si se organiza el trabajo en columnas se tiene

$$f(x) = \text{sen } x \qquad\qquad f\left(\frac{\pi}{3}\right) = \frac{\sqrt{3}}{2}$$

$$f'(x) = \cos x \qquad\qquad f'\left(\frac{\pi}{3}\right) = \frac{1}{2}$$

$$f''(x) = -\text{sen } x \qquad\qquad f''\left(\frac{\pi}{3}\right) = -\frac{\sqrt{3}}{2}$$

$$f'''(x) = -\cos x \qquad\qquad f'''\left(\frac{\pi}{3}\right) = -\frac{1}{2}$$

Se obtuvieron dos representaciones de series para sen x, la serie de Maclaurin en el ejemplo 5 y la serie de Taylor en el ejemplo 7. Es mejor utilizar la serie de Maclaurin para los valores de x cerca de 0 y la serie de Taylor para x cerca de $\pi/3$. Observe que el tercer polinomio de Taylor T_3 de la figura 3 es una buena aproximación a sen x cerca de $\pi/3$ pero no tan exacta cerca de 0. Compárelo con el tercer polinomio de Maclaurin T_3 en la figura 2, donde lo contrario es cierto.

y este patrón se repite en forma indefinida. Por lo tanto, la serie de Taylor en $\pi/3$ es

$$f\left(\frac{\pi}{3}\right) + \frac{f'\left(\dfrac{\pi}{3}\right)}{1!}\left(x - \frac{\pi}{3}\right) + \frac{f''\left(\dfrac{\pi}{3}\right)}{2!}\left(x - \frac{\pi}{3}\right)^2 + \frac{f'''\left(\dfrac{\pi}{3}\right)}{3!}\left(x - \frac{\pi}{3}\right)^3 + \cdots$$

$$= \frac{\sqrt{3}}{2} + \frac{1}{2 \cdot 1!}\left(x - \frac{\pi}{3}\right) - \frac{\sqrt{3}}{2 \cdot 2!}\left(x - \frac{\pi}{3}\right)^2 - \frac{1}{2 \cdot 3!}\left(x - \frac{\pi}{3}\right)^3 + \cdots$$

La demostración de que esta serie representa sen x para toda x es muy similar a la del ejemplo 5. [Solo sustituya x por $x - \pi/3$ en (14)]. Se puede escribir la serie en notación sigma si se separan los términos que contienen $\sqrt{3}$:

$$\text{sen } x = \sum_{n=0}^{\infty} \frac{(-1)^n\sqrt{3}}{2(2n)!}\left(x - \frac{\pi}{3}\right)^{2n} + \sum_{n=0}^{\infty} \frac{(-1)^n}{2(2n+1)!}\left(x - \frac{\pi}{3}\right)^{2n+1}$$ ∎

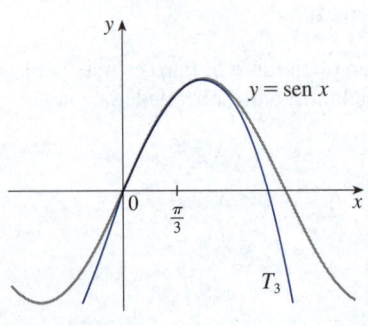

FIGURA 3

EJEMPLO 8 Encuentre la serie de Maclaurin para $f(x) = (1 + x)^k$, donde k es cualquier número real.

SOLUCIÓN Se empieza por calcular las derivadas:

$$f(x) = (1 + x)^k \qquad\qquad f(0) = 1$$

$$f'(x) = k(1 + x)^{k-1} \qquad\qquad f'(0) = k$$

$$f''(x) = k(k - 1)(1 + x)^{k-2} \qquad\qquad f''(0) = k(k - 1)$$

$$f'''(x) = k(k - 1)(k - 2)(1 + x)^{k-3} \qquad\qquad f'''(0) = k(k - 1)(k - 2)$$

$$\vdots \qquad\qquad\qquad\qquad\qquad\qquad \vdots$$

$$f^{(n)}(x) = k(k - 1) \cdots (k - n + 1)(1 + x)^{k-n} \qquad f^{(n)}(0) = k(k - 1) \cdots (k - n + 1)$$

Por lo tanto, la serie de Maclaurin de $f(x) = (1 + x)^k$ es

$$\sum_{n=0}^{\infty} \frac{f^{(n)}(0)}{n!} x^n = \sum_{n=0}^{\infty} \frac{k(k - 1) \cdots (k - n + 1)}{n!} x^n$$

Esta serie se llama **serie binomial**. Observe que si k es un entero no negativo, entonces los términos a la larga son 0 y por lo tanto la serie es finita. Para otros valores de k ninguno de los términos es 0 y por ende se puede investigar la convergencia de la serie con la prueba de la razón. Si el n-ésimo término es a_n, entonces

$$\left| \frac{a_{n+1}}{a_n} \right| = \left| \frac{k(k - 1) \cdots (k - n + 1)(k - n)x^{n+1}}{(n + 1)!} \cdot \frac{n!}{k(k - 1) \cdots (k - n + 1)x^n} \right|$$

$$= \frac{|k - n|}{n + 1} |x| = \frac{\left| 1 - \dfrac{k}{n} \right|}{1 + \dfrac{1}{n}} |x| \to |x| \quad \text{cuando } n \to \infty$$

De este modo, por la prueba de la razón, la serie binomial converge si $|x| < 1$ y diverge si $|x| > 1$. ∎

La notación tradicional para los coeficientes en las series binomiales es

$$\binom{k}{n} = \frac{k(k - 1)(k - 2) \cdots (k - n + 1)}{n!}$$

y estos números se llaman **coeficientes binomiales**.

El siguiente teorema afirma que $(1 + x)^k$ es igual a la suma de su serie de Maclaurin. Esto se demuestra al mostrar que el término del residuo $R_n(x)$ se aproxima a 0, pero eso resulta muy difícil. La demostración que se presenta en el ejercicio 97 es mucho más fácil.

---

17 **Serie binomial** Si k es cualquier número real y $|x| < 1$, entonces

$$(1 + x)^k = \sum_{n=0}^{\infty} \binom{k}{n} x^n = 1 + kx + \frac{k(k - 1)}{2!} x^2 + \frac{k(k - 1)(k - 2)}{3!} x^3 + \cdots$$

Aunque la serie binomial siempre converge cuando $|x| < 1$, la cuestión de si converge o no en los puntos frontera, ± 1, depende del valor de k. Resulta que la serie converge en 1 si $-1 < k \le 0$ y en ambos puntos frontera si $k \ge 0$. Observe que si k es un entero positivo y $n > k$, entonces la expresión para $\binom{k}{n}$ contiene un factor $(k - k)$, así que $\binom{k}{n} = 0$ para $n > k$. Esto significa que la serie termina y se reduce al teorema del binomio común cuando k es un entero positivo (vea la página de referencia 1).

EJEMPLO 9 Para la función $f(x) = \dfrac{1}{\sqrt{4 - x}}$, encuentre la serie de Maclaurin y su radio de convergencia.

SOLUCIÓN Se reescribe $f(x)$ en una forma donde se pueda usar la serie binomial:

$$\frac{1}{\sqrt{4 - x}} = \frac{1}{\sqrt{4\left(1 - \dfrac{x}{4}\right)}} = \frac{1}{2\sqrt{1 - \dfrac{x}{4}}} = \frac{1}{2}\left(1 - \frac{x}{4}\right)^{-1/2}$$

Con la serie binomial y $k = -\frac{1}{2}$, y con x reemplazado por $-x/4$, se tiene

$$\frac{1}{\sqrt{4 - x}} = \frac{1}{2}\left(1 - \frac{x}{4}\right)^{-1/2} = \frac{1}{2}\sum_{n=0}^{\infty}\binom{-\frac{1}{2}}{n}\left(-\frac{x}{4}\right)^n$$

$$= \frac{1}{2}\left[1 + \left(-\frac{1}{2}\right)\left(-\frac{x}{4}\right) + \frac{(-\frac{1}{2})(-\frac{3}{2})}{2!}\left(-\frac{x}{4}\right)^2 + \frac{(-\frac{1}{2})(-\frac{3}{2})(-\frac{5}{2})}{3!}\left(-\frac{x}{4}\right)^3 \right.$$

$$\left. + \cdots + \frac{(-\frac{1}{2})(-\frac{3}{2})(-\frac{5}{2}) \cdots (-\frac{1}{2} - n + 1)}{n!}\left(-\frac{x}{4}\right)^n + \cdots \right]$$

$$= \frac{1}{2}\left[1 + \frac{1}{8}x + \frac{1 \cdot 3}{2!8^2}x^2 + \frac{1 \cdot 3 \cdot 5}{3!8^3}x^3 + \cdots + \frac{1 \cdot 3 \cdot 5 \cdot \cdots \cdot (2n - 1)}{n!8^n}x^n + \cdots\right]$$

Se sabe por (17) que esta serie converge cuando $\left|-x/4\right| < 1$, es decir, $|x| < 4$, por lo que el radio de convergencia es $R = 4$. ∎

Para referencia futura se reúnen en la siguiente tabla algunas series de Maclaurin importantes que se derivaron en esta sección y en la sección 11.9.

TABLA 1
Series de Maclaurin importantes y sus radios de convergencia.

$$\frac{1}{1 - x} = \sum_{n=0}^{\infty} x^n = 1 + x + x^2 + x^3 + \cdots \qquad R = 1$$

$$e^x = \sum_{n=0}^{\infty} \frac{x^n}{n!} = 1 + \frac{x}{1!} + \frac{x^2}{2!} + \frac{x^3}{3!} + \cdots \qquad R = \infty$$

$$\operatorname{sen} x = \sum_{n=0}^{\infty} (-1)^n \frac{x^{2n+1}}{(2n + 1)!} = x - \frac{x^3}{3!} + \frac{x^5}{5!} - \frac{x^7}{7!} + \cdots \qquad R = \infty$$

$$\cos x = \sum_{n=0}^{\infty} (-1)^n \frac{x^{2n}}{(2n)!} = 1 - \frac{x^2}{2!} + \frac{x^4}{4!} - \frac{x^6}{6!} + \cdots \qquad R = \infty$$

$$\tan^{-1}x = \sum_{n=0}^{\infty} (-1)^n \frac{x^{2n+1}}{2n + 1} = x - \frac{x^3}{3} + \frac{x^5}{5} - \frac{x^7}{7} + \cdots \qquad R = 1$$

$$\ln(1 + x) = \sum_{n=1}^{\infty} (-1)^{n-1} \frac{x^n}{n} = x - \frac{x^2}{2} + \frac{x^3}{3} - \frac{x^4}{4} + \cdots \qquad R = 1$$

$$(1 + x)^k = \sum_{n=0}^{\infty} \binom{k}{n} x^n = 1 + kx + \frac{k(k - 1)}{2!}x^2 + \frac{k(k - 1)(k - 2)}{3!}x^3 + \cdots \qquad R = 1$$

■ Series de Taylor nuevas a partir de anteriores

Como se observó en la nota 2 de la sección 11.10, si una función tiene una representación en serie de potencias en a, entonces la serie se determina de manera única. Es decir, no importa cómo se obtenga una representación en serie de potencias para una función f, debe ser la serie de Taylor de f. Por lo tanto, se pueden obtener nuevas representaciones de las series de Taylor manipulando las series de la tabla 1 en lugar de usar la fórmula de coeficientes del teorema 5.

Como se vio en los ejemplos de la sección 11.9, es posible sustituir x en una serie de Taylor determinada por una expresión de la forma cx^m, multiplicar (o dividir) la serie por dicha expresión y derivar o integrar término a término (teorema 11.9.2). Se puede demostrar que también se obtienen nuevas series de Taylor sumando, restando, multiplicando o dividiendo las series de Taylor.

EJEMPLO 10 Encuentre la serie de Maclaurin para (a) $f(x) = x \cos x$ y (b) $f(x) = \ln(1 + 3x^2)$.

SOLUCIÓN
(a) Se multiplica la serie de Maclaurin para $\cos x$ (vea la tabla 1) por x:

$$x \cos x = x \sum_{n=0}^{\infty} (-1)^n \frac{x^{2n}}{(2n)!} = \sum_{n=0}^{\infty} (-1)^n \frac{x^{2n+1}}{(2n)!} \qquad \text{para toda } x$$

(b) Si se reemplaza x por $3x^2$ en la serie de Maclaurin para $\ln(1 + x)$, da

$$\ln(1 + 3x^2) = \sum_{n=1}^{\infty} (-1)^{n-1} \frac{(3x^2)^n}{n} = \sum_{n=1}^{\infty} (-1)^{n-1} \frac{3^n x^{2n}}{n}$$

Se sabe por la tabla 1 que esta serie converge para $|3x^2| < 1$, es decir $|x| < 1/\sqrt{3}$, por lo que el radio de convergencia es $R = 1/\sqrt{3}$. ■

EJEMPLO 11 Encuentre la función representada por la serie de potencias $\sum_{n=0}^{\infty} (-1)^n \frac{2^n x^n}{n!}$.

SOLUCIÓN Al escribir

$$\sum_{n=0}^{\infty} (-1)^n \frac{2^n x^n}{n!} = \sum_{n=0}^{\infty} \frac{(-2x)^n}{n!}$$

se ve que esta serie se obtiene al sustituir x por $-2x$ en la serie para e^x (en la tabla 1). Así, la serie representa la función e^{-2x}. ■

EJEMPLO 12 Halle la suma de la serie $\dfrac{1}{1 \cdot 2} - \dfrac{1}{2 \cdot 2^2} + \dfrac{1}{3 \cdot 2^3} - \dfrac{1}{4 \cdot 2^4} + \cdots$.

SOLUCIÓN Mediante la notación sigma la serie indicada se escribe como

$$\sum_{n=1}^{\infty} (-1)^{n-1} \frac{1}{n \cdot 2^n} = \sum_{n=1}^{\infty} (-1)^{n-1} \frac{\left(\frac{1}{2}\right)^n}{n}$$

Luego se ve en la tabla 1 que esta serie coincide con la entrada de $\ln(1 + x)$ con $x = \frac{1}{2}$. Así,

$$\sum_{n=1}^{\infty} (-1)^{n-1} \frac{1}{n \cdot 2^n} = \ln\left(1 + \tfrac{1}{2}\right) = \ln \tfrac{3}{2}$$ ■

Una razón por la que las series de Taylor son importantes es que permiten integrar funciones que antes no se podían manejar. De hecho, en la introducción de este capítulo se menciona que Newton a menudo integraba funciones expresándolas primero como series de potencias y luego integrando las series término a término. La función

$f(x) = e^{-x^2}$ no puede integrarse por las técnicas analizadas hasta ahora porque su antiderivada no es una función elemental (vea la sección 7.5). En el siguiente ejemplo se aplica la idea de Newton para integrar esta función.

EJEMPLO 13

(a) Evalúe $\int e^{-x^2}\, dx$ como una serie infinita.

(b) Evalúe $\int_0^1 e^{-x^2}\, dx$ con un error de hasta 0.001.

SOLUCIÓN

(a) Primero se encuentra la serie de Maclaurin para $f(x) = e^{-x^2}$. Aunque es posible utilizar el método directo, se hará simplemente sustituyendo x por $-x^2$ en la serie para e^x dada en la tabla 1. Así, para todos los valores de x,

$$e^{-x^2} = \sum_{n=0}^{\infty} \frac{(-x^2)^n}{n!} = \sum_{n=0}^{\infty} (-1)^n \frac{x^{2n}}{n!} = 1 - \frac{x^2}{1!} + \frac{x^4}{2!} - \frac{x^6}{3!} + \cdots$$

Ahora se integra término a término:

$$\int e^{-x^2}\, dx = \int \left(1 - \frac{x^2}{1!} + \frac{x^4}{2!} - \frac{x^6}{3!} + \cdots + (-1)^n \frac{x^{2n}}{n!} + \cdots \right) dx$$

$$= C + x - \frac{x^3}{3 \cdot 1!} + \frac{x^5}{5 \cdot 2!} - \frac{x^7}{7 \cdot 3!} + \cdots + (-1)^n \frac{x^{2n+1}}{(2n+1)n!} + \cdots$$

Esta serie converge para toda x porque la serie original para e^{-x^2} converge para toda x.

(b) El teorema fundamental del cálculo da

Se puede tomar $C = 0$ en la antiderivada del inciso (a).

$$\int_0^1 e^{-x^2}\, dx = \left[x - \frac{x^3}{3 \cdot 1!} + \frac{x^5}{5 \cdot 2!} - \frac{x^7}{7 \cdot 3!} + \frac{x^9}{9 \cdot 4!} - \cdots \right]_0^1$$

$$= 1 - \tfrac{1}{3} + \tfrac{1}{10} - \tfrac{1}{42} + \tfrac{1}{216} - \cdots \approx 1 - \tfrac{1}{3} + \tfrac{1}{10} - \tfrac{1}{42} + \tfrac{1}{216} \approx 0.7475$$

El teorema de estimación de series alternantes demuestra que el error involucrado en esta aproximación es menor que

$$\frac{1}{11 \cdot 5!} = \frac{1}{1320} < 0.001 \qquad \blacksquare$$

Las series de Taylor también son útiles para evaluar límites, como se ilustra en el siguiente ejemplo. (Algunos programas matemáticos calculan los límites de esta manera).

EJEMPLO 14 Evalúe $\displaystyle \lim_{x \to 0} \frac{e^x - 1 - x}{x^2}$.

SOLUCIÓN En la serie de Maclaurin para e^x de la tabla 1 se ve que la serie de Maclaurin para $(e^x - 1 - x)/x^2$ es

El límite del ejemplo 14 también se podría calcular con la regla de L'Hôpital.

$$\frac{e^x - 1 - x}{x^2} = \left[\left(1 + \frac{x}{1!} + \frac{x^2}{2!} + \frac{x^3}{3!} + \cdots \right) - 1 - x \right] / x^2$$

$$= \frac{1}{x^2} \left(\frac{x^2}{2!} + \frac{x^3}{3!} + \frac{x^4}{4!} + \cdots \right) = \frac{1}{2!} + \frac{x}{3!} + \frac{x^2}{4!} + \cdots$$

Por lo tanto,

$$\lim_{x \to 0} \frac{e^x - 1 - x}{x^2} = \lim_{x \to 0} \left(\frac{1}{2!} + \frac{x}{3!} + \frac{x^2}{4!} + \cdots \right)$$

$$= \frac{1}{2!} + 0 + 0 + \cdots = \frac{1}{2}$$

porque las series de potencias son funciones continuas. ■

■ Multiplicación y división de series de potencias

Si se suman o restan series de potencias, se comportan como polinomios (el teorema 11.2.8 demuestra esto). De hecho, como ilustra el siguiente ejemplo, también pueden multiplicarse y dividirse como polinomios. Se encuentran solo los primeros términos porque los cálculos para los términos posteriores se vuelven tediosos y los términos iniciales son los más significativos.

EJEMPLO 15 Encuentre los primeros tres términos distintos de cero en la serie de Maclaurin para (a) e^x sen x y (b) tan x.

SOLUCIÓN
(a) Con la serie de Maclaurin para e^x y sen x en la tabla 1, se tiene

$$e^x \operatorname{sen} x = \left(1 + \frac{x}{1!} + \frac{x^2}{2!} + \frac{x^3}{3!} + \cdots \right)\left(x - \frac{x^3}{3!} + \cdots \right)$$

Se multiplican estas expresiones, recopilando términos similares a los de los polinomios:

$$
\begin{array}{r}
1 + x + \frac{1}{2}x^2 + \frac{1}{6}x^3 + \cdots \\
\times \quad\quad x \quad\quad - \frac{1}{6}x^3 + \cdots \\
\hline
x + x^2 + \frac{1}{2}x^3 + \frac{1}{6}x^4 + \cdots \\
+ \quad\quad\quad\quad - \frac{1}{6}x^3 - \frac{1}{6}x^4 - \cdots \\
\hline
x + x^2 + \frac{1}{3}x^3 + \cdots
\end{array}
$$

Por lo tanto, $\quad\quad\quad e^x \operatorname{sen} x = x + x^2 + \frac{1}{3}x^3 + \cdots$

(b) Con la serie de Maclaurin de la tabla 1 se tiene

$$\tan x = \frac{\operatorname{sen} x}{\cos x} = \frac{x - \dfrac{x^3}{3!} + \dfrac{x^5}{5!} - \cdots}{1 - \dfrac{x^2}{2!} + \dfrac{x^4}{4!} - \cdots}$$

Se aplica un procedimiento como la división larga:

$$
\begin{array}{r}
x + \frac{1}{3}x^3 + \frac{2}{15}x^5 + \cdots \\
1 - \frac{1}{2}x^2 + \frac{1}{24}x^4 - \cdots \overline{\smash{)}\, x - \frac{1}{6}x^3 + \frac{1}{120}x^5 - \cdots} \\
x - \frac{1}{2}x^3 + \frac{1}{24}x^5 - \cdots \\
\hline
\frac{1}{3}x^3 - \frac{1}{30}x^5 + \cdots \\
\frac{1}{3}x^3 - \frac{1}{6}x^5 + \cdots \\
\hline
\frac{2}{15}x^5 + \cdots
\end{array}
$$

De este modo, $\quad\quad\quad\quad \tan x = x + \frac{1}{3}x^3 + \frac{2}{15}x^5 + \cdots$ ■

Aunque no se justifican las manipulaciones formales que se utilizaron en el ejemplo 15, estas son válidas. Existe un teorema que establece que si tanto $f(x) = \sum c_n x^n$ como $g(x) = \sum b_n x^n$ convergen para $|x| < R$ y las series se multiplican como si fueran polinomios, entonces la serie resultante también converge para $|x| < R$ y representa $f(x)g(x)$. Para la división se requiere que $b_0 \neq 0$; la serie resultante converge para un $|x|$ lo bastante pequeño.

11.10 | Ejercicios

1. Si $f(x) = \sum_{n=0}^{\infty} b_n(x - 5)^n$ para toda x, escriba una fórmula para b_8.

2. Se muestra la gráfica de f.

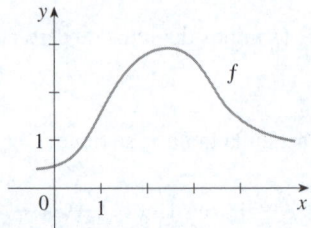

(a) Explique por qué la serie $1.1 + 0.7x^2 + 2.2x^3 + \cdots$ *no* es la serie de Maclaurin de f.

(b) Explique por qué la serie

$$1.6 - 0.8(x - 1) + 0.4(x - 1)^2 - 0.1(x - 1)^3 + \cdots$$

no es la serie de Taylor de f centrada en 1.

(c) Explique por qué la serie

$$2.8 + 0.5(x - 2) + 1.5(x - 2)^2 - 0.1(x - 2)^3 + \cdots$$

no es la serie de Taylor de f centrada en 2.

3. Si $f^{(n)}(0) = (n + 1)!$ para $n = 0, 1, 2, \ldots$, encuentre la serie de Maclaurin para f y su radio de convergencia.

4. Encuentre la serie de Taylor para f centrada en 4 si

$$f^{(n)}(4) = \frac{(-1)^n n!}{3^n(n + 1)}$$

¿Cuál es el radio de convergencia de la serie de Taylor?

5-10 Con la definición de una serie de Taylor encuentre los primeros cuatro términos distintos de cero para $f(x)$ centrada en el valor indicado de a.

5. $f(x) = xe^x$, $\quad a = 0$

6. $f(x) = \dfrac{1}{1 + x}$, $\quad a = 2$

7. $f(x) = \sqrt[3]{x}$, $\quad a = 8$

8. $f(x) = \ln x$, $\quad a = 1$

9. $f(x) = \operatorname{sen} x$, $\quad a = \pi/6$

10. $f(x) = \cos^2 x$, $\quad a = 0$

11-20 Determine la serie de Maclaurin para $f(x)$ con la definición de una serie de Maclaurin. [Suponga que f tiene una expansión en serie de potencias. No muestre que $R_n(x) \to 0$]. También encuentre el radio de convergencia asociado.

11. $f(x) = (1 - x)^{-2}$

12. $f(x) = \ln(1 + x)$

13. $f(x) = \cos x$

14. $f(x) = e^{-2x}$

15. $f(x) = 2x^4 - 3x^2 + 3$

16. $f(x) = \operatorname{sen} 3x$

17. $f(x) = 2^x$

18. $f(x) = x \cos x$

19. $f(x) = \operatorname{senh} x$

20. $f(x) = \cosh x$

21-30 Encuentre la serie de Taylor para $f(x)$ centrada en el valor dado de a. [Suponga que f tiene una expansión en serie de potencias. No muestre que $R_n(x) \to 0$]. También encuentre el radio de convergencia asociado.

21. $f(x) = x^5 + 2x^3 + x$, $\quad a = 2$

22. $f(x) = x^6 - x^4 + 2$, $\quad a = -2$

23. $f(x) = \ln x$, $\quad a = 2$

24. $f(x) = 1/x$, $\quad a = -3$

25. $f(x) = e^{2x}$, $\quad a = 3$

26. $f(x) = 1/x^2$, $\quad a = 1$

27. $f(x) = \operatorname{sen} x$, $\quad a = \pi$

28. $f(x) = \cos x$, $\quad a = \pi/2$

29. $f(x) = \operatorname{sen} 2x$, $\quad a = \pi$

30. $f(x) = \sqrt{x}$, $\quad a = 16$

31. Demuestre que la serie obtenida en el ejercicio 13 representa $\cos x$ para toda x.

32. Demuestre que la serie obtenida en el ejercicio 27 representa $\operatorname{sen} x$ para toda x.

33. Demuestre que la serie obtenida en el ejercicio 19 representa $\operatorname{senh} x$ para toda x.

34. Demuestre que la serie obtenida en el ejercicio 20 representa $\cosh x$ para toda x.

35-38 Con la serie binomial expanda la función dada como serie de potencias. Indique el radio de convergencia.

35. $\sqrt[4]{1 - x}$

36. $\sqrt[3]{8 + x}$

37. $\dfrac{1}{(2 + x)^3}$

38. $(1 - x)^{3/4}$

39-48 Obtenga, con una serie de Maclaurin de la tabla 1, la serie de Maclaurin para la función indicada.

39. $f(x) = \arctan(x^2)$

40. $f(x) = \operatorname{sen}(\pi x/4)$

41. $f(x) = x \cos 2x$

42. $f(x) = e^{3x} - e^{2x}$

43. $f(x) = x \cos(\tfrac{1}{2}x^2)$

44. $f(x) = x^2 \ln(1 + x^3)$

45. $f(x) = \dfrac{x}{\sqrt{4 + x^2}}$ **46.** $f(x) = \dfrac{x^2}{\sqrt{2 + x}}$

47. $f(x) = \text{sen}^2 x$ $\left[\textit{Sugerencia}: \text{Use sen}^2 x = \frac{1}{2}(1 - \cos 2x)\right].$

48. $f(x) = \begin{cases} \dfrac{x - \text{sen } x}{x^3} & \text{si } x \neq 0 \\ \dfrac{1}{6} & \text{si } x = 0 \end{cases}$

49. Utilice las definiciones

$$\text{senh } x = \frac{e^x - e^{-x}}{2} \qquad \cosh x = \frac{e^x + e^{-x}}{2}$$

y la serie de Maclaurin para e^x para mostrar que

(a) $\text{senh } x = \displaystyle\sum_{n=0}^{\infty} \frac{x^{2n+1}}{(2n + 1)!}$

(b) $\cosh x = \displaystyle\sum_{n=0}^{\infty} \frac{x^{2n}}{(2n)!}$

50. Utilice la fórmula

$$\tanh^{-1} x = \frac{1}{2} \ln\left(\frac{1 + x}{1 - x}\right) \qquad -1 < x < 1$$

y la serie de Maclaurin para $\ln(1 + x)$ para mostrar que

$$\tanh^{-1} x = \sum_{n=0}^{\infty} \frac{x^{2n+1}}{2n + 1}$$

51-54 Encuentre la serie Maclaurin de f (por cualquier método) y el radio de convergencia asociado. Grafique f y sus primeros polinomios de Taylor en la misma pantalla. ¿Qué nota sobre la relación entre estos polinomios y f?

51. $f(x) = \cos(x^2)$ **52.** $f(x) = \ln(1 + x^2)$

53. $f(x) = xe^{-x}$ **54.** $f(x) = \tan^{-1}(x^3)$

55. Con la serie de Maclaurin para $\cos x$ calcule $\cos 5°$ con cinco decimales de precisión.

56. Con la serie de Maclaurin para e^x calcule $1/\sqrt[10]{e}$ con cinco decimales de precisión.

57. (a) Utilice la serie binomial para expandir $1/\sqrt{1 - x^2}$.
(b) Con el inciso (a) encuentre la serie de Maclaurin para $\text{sen}^{-1} x$.

58. (a) Expanda $1/\sqrt[4]{1 + x}$ como una serie de potencias.
(b) Utilice el inciso (a) para estimar $1/\sqrt[4]{1.1}$ con tres decimales de precisión.

59-62 Evalúe la integral indefinida como una serie infinita.

59. $\displaystyle\int \sqrt{1 + x^3}\, dx$ **60.** $\displaystyle\int x^2 \text{sen}(x^2)\, dx$

61. $\displaystyle\int \frac{\cos x - 1}{x}\, dx$ **62.** $\displaystyle\int \arctan(x^2)\, dx$

63-66 Mediante series, aproxime la integral definida con la precisión indicada.

63. $\displaystyle\int_0^{1/2} x^3 \arctan x\, dx$ (cuatro decimales de precisión)

64. $\displaystyle\int_0^1 \text{sen}(x^4)\, dx$ (cuatro decimales de precisión)

65. $\displaystyle\int_0^{0.4} \sqrt{1 + x^4}\, dx$ $(|\,\text{error}\,| < 5 \times 10^{-6})$

66. $\displaystyle\int_0^{0.5} x^2 e^{-x^2}\, dx$ $(|\,\text{error}\,| < 0.001)$

67-71 Utilice series para evaluar el límite.

67. $\displaystyle\lim_{x \to 0} \frac{x - \ln(1 + x)}{x^2}$ **68.** $\displaystyle\lim_{x \to 0} \frac{1 - \cos x}{1 + x - e^x}$

69. $\displaystyle\lim_{x \to 0} \frac{\text{sen } x - x + \frac{1}{6} x^3}{x^5}$

70. $\displaystyle\lim_{x \to 0} \frac{\sqrt{1 + x} - 1 - \frac{1}{2} x}{x^2}$

71. $\displaystyle\lim_{x \to 0} \frac{x^3 - 3x + 3\tan^{-1} x}{x^5}$

72. Utilice la serie del ejemplo 15(b) para evaluar

$$\lim_{x \to 0} \frac{\tan x - x}{x^3}$$

Este límite se encuentra en el ejemplo 4.4.4 al aplicar la regla de L'Hôpital tres veces. ¿Qué método prefiere?

73-78 Mediante multiplicación o división de series de potencias, encuentre los tres primeros términos distintos de cero en la serie de Maclaurin para cada función.

73. $y = e^{-x^2} \cos x$ **74.** $y = \sec x$

75. $y = \dfrac{x}{\text{sen } x}$ **76.** $y = e^x \ln(1 + x)$

77. $y = (\arctan x)^2$ **78.** $y = e^x \text{sen}^2 x$

79-82 Encuentre la función representada por la serie de potencias indicada.

79. $\displaystyle\sum_{n=0}^{\infty} (-1)^n \frac{x^{4n}}{n!}$ **80.** $\displaystyle\sum_{n=1}^{\infty} (-1)^{n-1} \frac{x^{4n}}{n}$

81. $\displaystyle\sum_{n=0}^{\infty} (-1)^n \frac{x^{2n+1}}{2^{2n+1}(2n + 1)}$ **82.** $\displaystyle\sum_{n=0}^{\infty} (-1)^n \frac{x^{2n+1}}{2^{2n+1}(2n + 1)!}$

83-90 Determine la suma de la serie.

83. $\displaystyle\sum_{n=0}^{\infty} \frac{(-1)^n}{n!}$ **84.** $\displaystyle\sum_{n=0}^{\infty} \frac{(-1)^n \pi^{2n}}{6^{2n}(2n)!}$

85. $\displaystyle\sum_{n=1}^{\infty} (-1)^{n-1} \frac{3^n}{n\, 5^n}$ **86.** $\displaystyle\sum_{n=0}^{\infty} \frac{3^n}{5^n n!}$

87. $\displaystyle\sum_{n=0}^{\infty} \frac{(-1)^n \pi^{2n+1}}{4^{2n+1}(2n+1)!}$

88. $1 - \ln 2 + \dfrac{(\ln 2)^2}{2!} - \dfrac{(\ln 2)^3}{3!} + \cdots$

89. $3 + \dfrac{9}{2!} + \dfrac{27}{3!} + \dfrac{81}{4!} + \cdots$

90. $\dfrac{1}{1 \cdot 2} - \dfrac{1}{3 \cdot 2^3} + \dfrac{1}{5 \cdot 2^5} - \dfrac{1}{7 \cdot 2^7} + \cdots$

---

91. Demuestre que si p es un polinomio de n-ésimo grado, entonces

$$p(x + 1) = \sum_{i=0}^{n} \frac{p^{(i)}(x)}{i!}$$

92. Con la serie de Maclaurin para $f(x) = x/(1 + x^2)$ encuentre $f^{(101)}(0)$.

93. Encuentre, con la serie de Maclaurin para $f(x) = x \,\mathrm{sen}(x^2)$, $f^{(203)}(0)$.

94. Si $f(x) = (1 + x^3)^{30}$, ¿qué es $f^{(58)}(0)$?

95. Demuestre la desigualdad de Taylor para $n = 2$, es decir, demuestre que si $|f'''(x)| \le M$ para $|x - a| \le d$, entonces

$$|R_2(x)| \le \frac{M}{6}|x - a|^3 \quad \text{para } |x - a| \le d$$

96. (a) Demuestre que la función definida por

$$f(x) = \begin{cases} e^{-1/x^2} & \text{si } x \ne 0 \\ 0 & \text{si } x = 0 \end{cases}$$

no es igual a su serie de Maclaurin.

(b) Grafique la función del inciso (a) y comente acerca de su comportamiento cerca del origen.

97. Utilice los siguientes pasos para demostrar el teorema 17.
(a) Sea $g(x) = \sum_{n=0}^{\infty} \binom{k}{n} x^n$. Derive esta serie para mostrar que

$$g'(x) = \frac{kg(x)}{1 + x} \qquad -1 < x < 1$$

(b) Sea $h(x) = (1 + x)^{-k} g(x)$ y muestre que $h'(x) = 0$.
(c) Deduzca que $g(x) = (1 + x)^k$.

98. En el ejercicio 10.2.62 se mostró que la longitud de la elipse $x = a \,\mathrm{sen}\,\theta$, $y = b \cos\theta$, donde $a > b > 0$, es

$$L = 4a \int_0^{\pi/2} \sqrt{1 - e^2 \,\mathrm{sen}^2\theta} \; d\theta$$

donde $e = \sqrt{a^2 - b^2}/a$ es la excentricidad de la elipse.

Expanda el integrando como una serie binomial y utilice el resultado del ejercicio 7.1.56 para expresar L como una serie de potencias desde la excentricidad hasta el término en e^6.

PROYECTO DE DESCUBRIMIENTO | Ⓣ UN LÍMITE ELUSIVO

Este proyecto trata de la función

$$f(x) = \frac{\mathrm{sen}(\tan x) - \tan(\mathrm{sen}\, x)}{\mathrm{arcsen}(\arctan x) - \arctan(\mathrm{arcsen}\, x)}$$

1. Utilice un sistema algebraico computacional (SAC) para evaluar $f(x)$ para $x = 1, 0.1, 0.01,$ 0.001 y 0.0001. (Es posible que una calculadora no proporcione valores exactos). ¿Parece que f tiene un límite cuando $x \to 0$?

2. Utilice SAC para graficar f cerca de $x = 0$. ¿Parece que f tiene un límite cuando $x \to 0$?

3. Intente evaluar $\lim_{x \to 0} f(x)$ con la regla de L'Hôpital, usando SAC para encontrar las derivadas del numerador y el denominador. ¿Qué descubre? ¿Cuántas aplicaciones de la regla de L'Hôpital son necesarias?

4. Evalúe $\lim_{x \to 0} f(x)$ con SAC para encontrar suficientes términos en la serie de Taylor del numerador y el denominador.

5. Utilice el comando de límite en SAC para encontrar $\lim_{x \to 0} f(x)$ directamente (la mayoría de los sistemas algebraicos computacionales usa el método del problema 4 para calcular límites).

6. En vista de las respuestas a los problemas 4 y 5, ¿cómo explica los resultados de los problemas 1 y 2?

PROYECTO DE REDACCIÓN | CÓMO DESCUBRIÓ NEWTON LAS SERIES BINOMIALES

El teorema del binomio, que da la expansión de $(a + b)^k$, era conocido por matemáticos chinos muchos siglos antes de la época de Newton para el caso en que el exponente k es un entero positivo. En 1665, cuando tenía 22 años, Newton fue el primero en descubrir la expansión de la serie infinita de $(a + b)^k$ cuando k es un exponente fraccionario (positivo o negativo). No publicó su descubrimiento, pero lo declaró y dio ejemplos de cómo usarlo en una carta (ahora llamada *epistola prior*) fechada el 13 de junio de 1676 que envió a Henry Oldenburg, secretario de la Royal Society of London, para que la transmitiese a Leibniz. Cuando Leibniz respondió, preguntó cómo había descubierto Newton la serie de binomios. Newton escribió una segunda carta, la *epistola posterior,* el 24 de octubre de 1676, en la cual explicó con gran detalle cómo llegó a su descubrimiento por una vía muy indirecta. Estaba investigando las áreas debajo de las curvas $y = (1 - x^2)^{n/2}$ desde 0 hasta x para $n = 0, 1, 2, 3, 4, \ldots$. Esto es fácil de calcular si n es par. Al observar los patrones e interpolando, Newton logró suponer las respuestas para valores impares de n. Entonces se dio cuenta de que obtendría las mismas respuestas si expresaba $(1 - x^2)^{n/2}$ como una serie infinita.

Escriba un ensayo sobre el descubrimiento de Newton de la serie de binomios. Empiece por dar la declaración de la serie de binomios en la notación de Newton (vea la *epistola prior* en la página 285 de la fuente [4] o la página 402 de la referencia [2]). Explique por qué la versión de Newton es equivalente al teorema 11.10.17. Luego lea la *epistola posterior* de Newton (página 287 de la fuente [4] o página 404 de la referencia [2]) y explique los patrones que descubrió Newton en las áreas debajo de las curvas $y = (1 - x^2)^{n/2}$. Demuestre cómo determinó las áreas debajo de las curvas restantes y cómo verificó sus respuestas. Finalmente, explique cómo estos descubrimientos condujeron a la serie binomial. Las obras de Edwards y de Katz [fuentes 1 y 3] contienen comentarios sobre las cartas de Newton.

1. C. H. Edwards, Jr., *The Historical Development of the Calculus* (New York: Springer-Verlag, 1979), pp. 178–87.

2. Jahn Fauvel y Jeremy Gray, eds., *The History of Mathematics: A Reader* (Basingstoke, UK: MacMillan Education, 1987).

3. Victor Katz, *A History of Mathematics: An Introduction*, 3.ª ed. (Boston: Addison-Wesley, 2009), pp. 543–82.

4. D. J. Struik, ed., *A Source Book in Mathematics, 1200-1800* (Cambridge, MA: Harvard University Press, 1969).

11.11 | Aplicaciones de los polinomios de Taylor

En esta sección se exploran dos tipos de aplicaciones de los polinomios de Taylor. Primero se ve cómo se utilizan para aproximar funciones: los científicos informáticos los emplean porque los polinomios son las funciones más sencillas. Luego se investigará cómo los físicos e ingenieros los utilizan en campos como relatividad, óptica, radiación de cuerpos negros, dipolos eléctricos, velocidad de las ondas de agua y construcción de carreteras a través de un desierto.

■ Aproximación de funciones mediante polinomios

Suponga que $f(x)$ es igual a la suma de su serie de Taylor en a:

$$f(x) = \sum_{n=0}^{\infty} \frac{f^{(n)}(a)}{n!}(x - a)^n$$

En la sección 11.10 se presentó la notación $T_n(x)$ para la n-ésima suma parcial de esta serie: el polinomio de Taylor de grado n-ésimo de f en a. Así,

$$T_n(x) = \sum_{i=0}^{n} \frac{f^{(i)}(a)}{i!} (x - a)^i$$

$$= f(a) + \frac{f'(a)}{1!} (x - a) + \frac{f''(a)}{2!} (x - a)^2 + \cdots + \frac{f^{(n)}(a)}{n!} (x - a)^n$$

Como f es la suma de su serie de Taylor, se sabe que $T_n(x) \to f(x)$ cuando $n \to \infty$ y por ende T_n puede servir como aproximación a f: $f(x) \approx T_n(x)$.

Observe que el polinomio de Taylor de primer grado

$$T_1(x) = f(a) + f'(a)(x - a)$$

es el mismo que la linealización de f en a que se analizó en la sección 3.10. Note también que T_1 y su derivada tienen los mismos valores en a que tienen f y f'. En general, puede demostrarse que las derivadas de T_n en a concuerdan con las de f hasta incluir las derivadas de orden n.

Para ilustrar estas ideas, se verán de nuevo las gráficas de $y = e^x$ y sus primeros polinomios de Taylor, como se muestra en la figura 1. La gráfica de T_1 es la recta tangente a $y = e^x$ en $(0, 1)$; esta recta tangente es la mejor aproximación lineal a e^x cerca de $(0, 1)$. La gráfica de T_2 es la parábola $y = 1 + x + x^2/2$, y la gráfica de T_3 es la curva cúbica $y = 1 + x + x^2/2 + x^3/6$, que se ajusta mejor a la curva exponencial $y = e^x$ que T_2. El siguiente polinomio de Taylor T_4 sería una aproximación aún mejor, y así sucesivamente.

Los valores de la tabla dan una demostración numérica de la convergencia de los polinomios $T_n(x)$ a la función $y = e^x$. Se ve que cuando $x = 0.2$ la convergencia es muy rápida, pero cuando $x = 3$ es un poco más lenta. De hecho, cuanto más lejos esté x de 0, más lentamente converge $T_n(x)$ a e^x.

Cuando se utiliza un polinomio de Taylor T_n para aproximar una función f, debe preguntarse: ¿es buena la aproximación?, ¿qué tan grande se debe tomar n para alcanzar la precisión deseada? Para responder se tiene que examinar el valor absoluto del residuo:

$$|R_n(x)| = |f(x) - T_n(x)|$$

Hay tres métodos para estimar el tamaño del error:

1. Con calculadora o computadora se grafica $|R_n(x)| = |f(x) - T_n(x)|$ y así estimar el error.

2. Si la serie resulta alternante, se puede aplicar el teorema de estimación de series alternantes.

3. En todos los casos es útil la desigualdad de Taylor (teorema 11.10.9), que dice que si $|f^{(n+1)}(x)| \leq M$, entonces

$$|R_n(x)| \leq \frac{M}{(n + 1)!} |x - a|^{n+1}$$

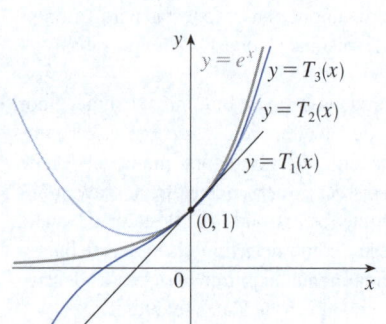

FIGURA 1

	$x = 2.0$	$x = 3.0$
$T_2(x)$	1.220000	8.500000
$T_4(x)$	1.221400	16.375000
$T_6(x)$	1.221403	19.412500
$T_8(x)$	1.221403	20.009152
$T_{10}(x)$	1.221403	20.079665
e^x	1.221403	20.085537

EJEMPLO 1

(a) Aproxime la función $f(x) = \sqrt[3]{x}$ mediante un polinomio de Taylor de grado 2 en $a = 8$.

(b) ¿Qué tan precisa es esta aproximación cuando $7 \leq x \leq 9$?

SOLUCIÓN

(a)

$$f(x) = \sqrt[3]{x} = x^{1/3} \qquad f(8) = 2$$

$$f'(x) = \tfrac{1}{3}x^{-2/3} \qquad f'(8) = \tfrac{1}{12}$$

$$f''(x) = -\tfrac{2}{9}x^{-5/3} \qquad f''(8) = \tfrac{1}{144}$$

$$f'''(x) = \tfrac{10}{27}x^{-8/3}$$

Por lo tanto, el polinomio de Taylor de segundo grado es

$$T_2(x) = f(8) + \frac{f'(8)}{1!}(x-8) + \frac{f''(8)}{2!}(x-8)^2$$

$$= 2 + \tfrac{1}{12}(x-8) - \tfrac{1}{288}(x-8)^2$$

La aproximación deseada es

$$\sqrt[3]{x} \approx T_2(x) = 2 + \tfrac{1}{12}(x-8) - \tfrac{1}{288}(x-8)^2$$

(b) La serie de Taylor no es alternante cuando $x < 8$, por lo que no se puede aplicar el teorema de estimación de series alternantes en este ejemplo, pero sí la desigualdad de Taylor con $n = 2$ y $a = 8$:

$$|R_2(x)| \le \frac{M}{3!}|x-8|^3$$

donde $|f'''(x)| \le M$. Como $x \ge 7$, se tiene $x^{8/3} \ge 7^{8/3}$, y por ende

$$f'''(x) = \frac{10}{27} \cdot \frac{1}{x^{8/3}} \le \frac{10}{27} \cdot \frac{1}{7^{8/3}} < 0.0021$$

De este modo, se puede tomar $M = 0.0021$. Asimismo, $7 \le x \le 9$, por lo que $-1 \le x - 8 \le 1$ y $|x-8| \le 1$. Entonces, la desigualdad de Taylor da

$$|R_2(x)| \le \frac{0.0021}{3!} \cdot 1^3 = \frac{0.0021}{6} < 0.0004$$

Así, si $7 \le x \le 9$, la aproximación del inciso (a) es precisa hasta 0.0004. ■

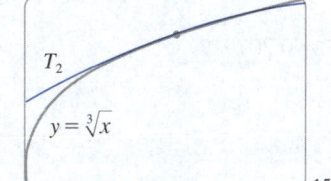

FIGURA 2

Verifique de manera gráfica el cálculo del ejemplo 1. En la figura 2 se ve que las gráficas de $y = \sqrt[3]{x}$ y $y = T_2(x)$ están muy cerca una de la otra cuando x está cerca de 8. En la figura 3 se aprecia la gráfica de $|R_2(x)|$ calculada a partir de la expresión

$$|R_2(x)| = |\sqrt[3]{x} - T_2(x)|$$

En la gráfica se ve que

$$|R_2(x)| < 0.0003$$

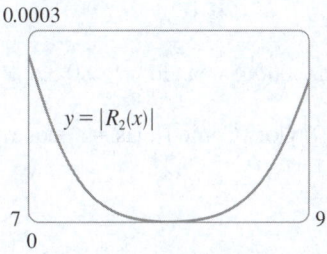

FIGURA 3

cuando $7 \le x \le 9$. Por lo tanto, en este caso la estimación del error con los métodos gráficos es levemente mejor que la estimación del error con la desigualdad de Taylor.

EJEMPLO 2

(a) ¿Cuál es el máximo error posible cuando se usa esta aproximación

$$\operatorname{sen} x \approx x - \frac{x^3}{3!} + \frac{x^5}{5!}$$

cuando $-0.3 \le x \le 0.3$? Con esta aproximación encuentre sen 12° con seis decimales de precisión.

(b) ¿Para qué valores de x esta aproximación es precisa hasta 0.00005?

SOLUCIÓN

(a) Observe que la serie de Maclaurin

$$\operatorname{sen} x = x - \frac{x^3}{3!} + \frac{x^5}{5!} - \frac{x^7}{7!} + \cdots$$

se alterna para todos los valores de x distintos de cero, y los términos sucesivos disminuyen de tamaño porque $|x| < 1$, así que se puede usar el teorema de estimación de series alternantes. El error en la aproximación de sen x por los tres primeros términos de su serie de Maclaurin es a lo sumo

$$\left| \frac{x^7}{7!} \right| = \frac{|x|^7}{5\,040}$$

Si $-0.3 \leqslant x \leqslant 0.3$, entonces $|x| \leqslant 0.3$, por lo que el error es menor que

$$\frac{(0.3)^7}{5040} \approx 4.3 \times 10^{-8}$$

Para encontrar sen $12°$, primero se convierte a radianes:

$$\operatorname{sen} 12° = \operatorname{sen}\left(\frac{12\pi}{180} \right) = \operatorname{sen}\left(\frac{\pi}{15} \right)$$

$$\approx \frac{\pi}{15} - \left(\frac{\pi}{15} \right)^3 \frac{1}{3!} + \left(\frac{\pi}{15} \right)^5 \frac{1}{5!} \approx 0.20791169$$

De este modo, con seis decimales de precisión, sen $12° \approx 0.207912$.

(b) El error será menor que 0.00005 si

$$\frac{|x|^7}{5\,040} < 0.00005$$

Si se despeja x en esta desigualdad, se obtiene

$$|x|^7 < 0.252 \qquad \text{o} \qquad |x| < (0.252)^{1/7} \approx 0.821$$

Por lo tanto, la aproximación indicada es correcta hasta 0.00005 cuando $|x| < 0.82$. ∎

¿Y si se resuelve el ejemplo 2 con la desigualdad de Taylor? Como $f^{(7)}(x) = -\cos x$, se tiene $|f^{(7)}(x)| \leqslant 1$ y así

$$|R_6(x)| \leqslant \frac{1}{7!} |x|^7$$

Así, se obtienen las mismas estimaciones que con el teorema de estimación de series alternantes.

¿Qué hay de los métodos gráficos? En la figura 4 se presenta la gráfica de

$$|R_6(x)| = \left| \operatorname{sen} x - \left(x - \tfrac{1}{6}x^3 + \tfrac{1}{120}x^5 \right) \right|$$

y se ve en ella que $|R_6(x)| < 4.3 \times 10^{-8}$ cuando $|x| \leqslant 0.3$. Esta es la misma estimación del ejemplo 2. Para el inciso (b) se desea que $|R_6(x)| < 0.00005$, así que se grafica tanto $y = |R_6(x)|$ como $y = 0.00005$ en la figura 5. A partir de las coordenadas del punto de intersección derecho, se encuentra que la desigualdad se satisface cuando $|x| < 0.82$. Nuevamente, esta es la misma estimación que la de la solución del ejemplo 2.

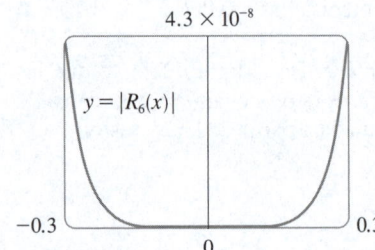

FIGURA 4

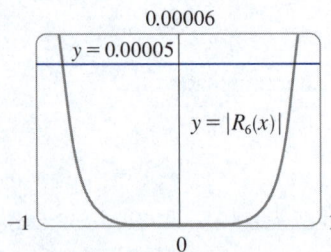

FIGURA 5

Si se le hubiese pedido aproximar sen 72° en lugar de sen 12° en el ejemplo 2, habría sido prudente utilizar los polinomios de Taylor en $a = \pi/3$ (en lugar de $a = 0$) porque son mejores aproximaciones a sen x para valores de x cercanos a $\pi/3$. Observe que 72° está cerca de 60° (o $\pi/3$ radianes) y que las derivadas de sen x son fáciles de calcular en $\pi/3$.

En la figura 6 se ven las gráficas de las aproximaciones del polinomio de Maclaurin

$$T_1(x) = x \qquad\qquad T_3(x) = x - \frac{x^3}{3!}$$

$$T_5(x) = x - \frac{x^3}{3!} + \frac{x^5}{5!} \qquad T_7(x) = x - \frac{x^3}{3!} + \frac{x^5}{5!} - \frac{x^7}{7!}$$

a la curva seno. Se ve que, a medida que n aumenta, $T_n(x)$ es una buena aproximación a sen x en un intervalo cada vez más grande.

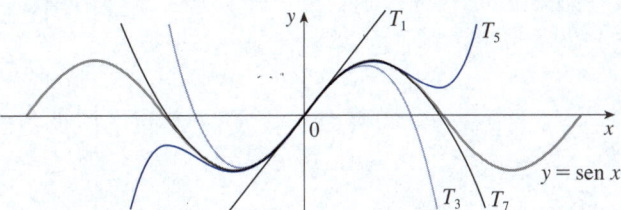

FIGURA 6

Un uso del tipo de cálculo realizado en los ejemplos 1 y 2 ocurre en las calculadoras y computadoras. Por ejemplo, cuando se pulsa la tecla sen o e^x en la calculadora, o cuando un programador informático utiliza una subrutina para una función trigonométrica, exponencial o de Bessel, en muchas máquinas se calcula una aproximación polinómica. El polinomio suele ser un polinomio de Taylor modificado para que el error se reparta más uniformemente a lo largo de un intervalo.

■ Aplicaciones en la física

Los polinomios de Taylor también se utilizan con frecuencia en la física. Para comprender una ecuación, un físico a menudo simplifica una función considerando solo los dos o tres primeros términos de su serie de Taylor. En otras palabras, el físico utiliza un polinomio de Taylor como aproximación a la función. La desigualdad de Taylor es útil entonces para medir la precisión de la aproximación. El siguiente ejemplo muestra una forma en la que se aplica esta idea en la relatividad especial.

EJEMPLO 3 En la teoría de la relatividad especial de Einstein, la masa m de un objeto que se mueve a una velocidad v es

$$m = \frac{m_0}{\sqrt{1 - v^2/c^2}}$$

donde m_0 es la masa del objeto en reposo y c es la velocidad de la luz. La energía cinética k del objeto es la diferencia entre su energía total y su energía en reposo:

$$K = mc^2 - m_0 c^2$$

(a) Demuestre que cuando v es muy pequeña comparada con c, esta expresión para K concuerda con la física clásica newtoniana: $K = \frac{1}{2} m_0 v^2$.

(b) Con la desigualdad de Taylor estime la diferencia en estas expresiones para K cuando $|v| \leqslant 100$ m/s.

SOLUCIÓN

(a) Con las expresiones indicadas para K y m se obtiene

$$K = mc^2 - m_0 c^2 = \frac{m_0 c^2}{\sqrt{1 - v^2/c^2}} - m_0 c^2 = m_0 c^2 \left[\left(1 - \frac{v^2}{c^2} \right)^{-1/2} - 1 \right]$$

Con $x = -v^2/c^2$ es más fácil calcular la serie de Maclaurin para $(1 + x)^{-1/2}$ como una serie binomial con $k = -\frac{1}{2}$. (Observe que $|x| < 1$ porque $v < c$). Por lo tanto, se tiene

$$(1 + x)^{-1/2} = 1 - \frac{1}{2}x + \frac{\left(-\frac{1}{2}\right)\left(-\frac{3}{2}\right)}{2!}x^2 + \frac{\left(-\frac{1}{2}\right)\left(-\frac{3}{2}\right)\left(-\frac{5}{2}\right)}{3!}x^3 + \cdots$$

$$= 1 - \frac{1}{2}x + \frac{3}{8}x^2 - \frac{5}{16}x^3 + \cdots$$

La curva superior de la figura 7 es la gráfica de la expresión de la energía cinética K de un objeto con velocidad v en relatividad especial. La curva inferior muestra la función utilizada para K en la física clásica newtoniana. Cuando v es mucho más pequeña que la velocidad de la luz, las curvas son prácticamente idénticas.

y

$$K = m_0 c^2 \left[\left(1 + \frac{1}{2}\frac{v^2}{c^2} + \frac{3}{8}\frac{v^4}{c^4} + \frac{5}{16}\frac{v^6}{c^6} + \cdots \right) - 1 \right]$$

$$= m_0 c^2 \left(\frac{1}{2}\frac{v^2}{c^2} + \frac{3}{8}\frac{v^4}{c^4} + \frac{5}{16}\frac{v^6}{c^6} + \cdots \right)$$

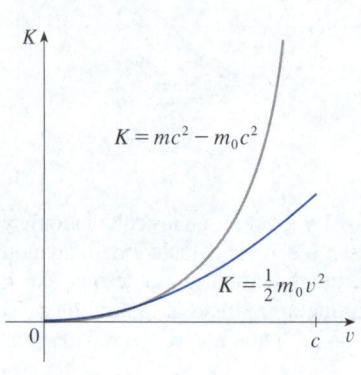

FIGURA 7

Si v es mucho más pequeña que c, entonces todos los términos después del primero son muy pequeños cuando se comparan con el primer término. Si se omiten, se obtiene

$$K \approx m_0 c^2 \left(\frac{1}{2}\frac{v^2}{c^2} \right) = \frac{1}{2}m_0 v^2$$

(b) Si $x = -v^2/c^2$, $f(x) = m_0 c^2 [(1 + x)^{-1/2} - 1]$, y M es un número tal que $|f''(x)| \leqslant M$, entonces se puede usar la desigualdad de Taylor para escribir

$$|R_1(x)| \leqslant \frac{M}{2!}x^2$$

Se tiene $f''(x) = \frac{3}{4}m_0 c^2 (1 + x)^{-5/2}$ y se indica que $|v| \leqslant 100$ m/s, así que

$$|f''(x)| = \frac{3m_0 c^2}{4(1 - v^2/c^2)^{5/2}} \leqslant \frac{3m_0 c^2}{4(1 - 100^2/c^2)^{5/2}} \quad (=M)$$

De este modo, con $c = 3 \times 10^8$ m/s,

$$|R_1(x)| \leqslant \frac{1}{2} \cdot \frac{3m_0 c^2}{4(1 - 100^2/c^2)^{5/2}} \cdot \frac{100^4}{c^4} < (4.17 \times 10^{-10})m_0$$

Por lo que, cuando $|v| \leqslant 100$ m/s, la magnitud del error en el uso de la expresión newtoniana para la energía cinética es a lo sumo $(4.2 \times 10^{-10})m_0$. ∎

Otra aplicación en la física se da en la óptica. En la figura 8 se representa una onda de la fuente puntual S que se encuentra con una interfaz esférica de radio R centrada en C. El rayo SA se refracta hacia P.

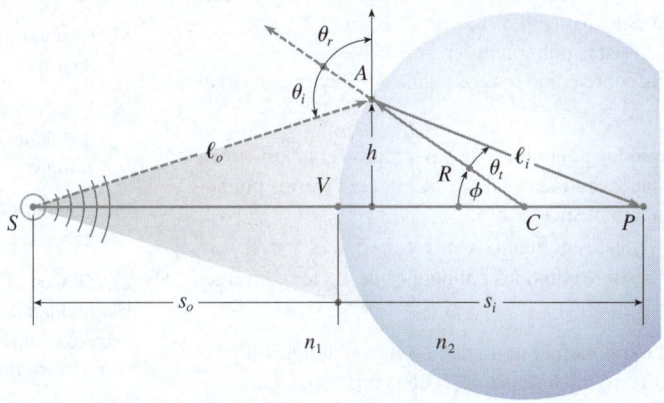

FIGURA 8
Refracción en una interfaz esférica.

Mediante el principio de Fermat de que la luz viaja para reducir al mínimo el tiempo que tarda, se deriva la ecuación

$$\boxed{1} \qquad \frac{n_1}{\ell_o} + \frac{n_2}{\ell_i} = \frac{1}{R}\left(\frac{n_2 s_i}{\ell_i} - \frac{n_1 s_o}{\ell_o} \right)$$

donde n_1 y n_2 son índices de refracción y ℓ_o, ℓ_i, s_o y s_i son las distancias indicadas en la figura 8. Por la ley de cosenos, aplicada a los triángulos ACS y ACP, se tiene

Aquí se utiliza la identidad

$$\cos(\pi - \phi) = -\cos\phi$$

$$\boxed{2} \qquad \ell_o = \sqrt{R^2 + (s_o + R)^2 - 2R(s_o + R)\cos\phi}$$

$$\ell_i = \sqrt{R^2 + (s_i - R)^2 + 2R(s_i - R)\cos\phi}$$

Como es engorroso trabajar con la ecuación 1, Gauss, en 1841, la simplificó mediante la aproximación lineal $\cos\phi \approx 1$ para valores pequeños de ϕ. (Esto equivale a utilizar el polinomio de Taylor de grado 1). Entonces, la ecuación 1 se convierte en la siguiente ecuación más sencilla [como se le pide que muestre en el ejercicio 34(a)]:

$$\boxed{3} \qquad \frac{n_1}{s_o} + \frac{n_2}{s_i} = \frac{n_2 - n_1}{R}$$

La teoría óptica resultante se conoce como *óptica de Gauss*, u *óptica de primer orden*, y se ha convertido en la herramienta teórica básica para diseñar lentes.

Una teoría más precisa se obtiene aproximando $\cos\phi$ por su polinomio de Taylor de grado 3 (que es el mismo que el polinomio de Taylor de grado 2). Esto tiene en cuenta los rayos para los que ϕ no es tan pequeño, es decir, los rayos que golpean la superficie a mayores distancias h por encima del eje. En el ejercicio 34(b) se le pide que utilice esta aproximación para derivar la ecuación más precisa

$$\boxed{4} \qquad \frac{n_1}{s_o} + \frac{n_2}{s_i} = \frac{n_2 - n_1}{R} + h^2\left[\frac{n_1}{2s_o}\left(\frac{1}{s_o} + \frac{1}{R}\right)^2 + \frac{n_2}{2s_i}\left(\frac{1}{R} - \frac{1}{s_i}\right)^2 \right]$$

La teoría óptica resultante se conoce como *óptica de tercer orden*.

Otras aplicaciones de los polinomios de Taylor en la física y la ingeniería se exploran en los ejercicios 32, 33, 35, 36, 37 y 38, y en el "Proyecto de aplicación" que sigue a esta sección.

11.11 | Ejercicios

1. (a) Encuentre los polinomios de Taylor hasta el grado 5 para $f(x) = \operatorname{sen} x$ centrada en $a = 0$. Grafique f y estos polinomios en una misma gráfica.
   (b) Evalúe f y estos polinomios en $x = \pi/4$, $\pi/2$ y π.
   (c) Comente sobre cómo los polinomios de Taylor convergen a $f(x)$.

2. (a) Encuentre los polinomios de Taylor hasta el grado 3 para $f(x) = \tan x$ centrada en $a = 0$. Grafique f y estos polinomios en una misma gráfica.
   (b) Evalúe f y estos polinomios en $x = \pi/6$, $\pi/4$ y $\pi/3$.
   (c) Comente sobre cómo los polinomios de Taylor convergen a $f(x)$.

3-10 Encuentre el polinomio de Taylor $T_3(x)$ para la función f centrada en el número a. Grafique f y T_3 en la misma pantalla.

3. $f(x) = e^x$, $\quad a = 1$

4. $f(x) = \operatorname{sen} x$, $\quad a = \pi/6$

5. $f(x) = \cos x$, $\quad a = \pi/2$

6. $f(x) = e^{-x} \operatorname{sen} x$, $\quad a = 0$

7. $f(x) = \ln x$, $\quad a = 1$

8. $f(x) = x \cos x$, $\quad a = 0$

9. $f(x) = xe^{-2x}$, $\quad a = 0$

10. $f(x) = \tan^{-1}x$, $\quad a = 1$

11-12 Con un sistema algebraico computacional, encuentre los polinomios de Taylor T_n centrados en a para $n = 2, 3, 4$ y 5. Luego grafique estos polinomios y f en la misma pantalla.

11. $f(x) = \cot x$, $\quad a = \pi/4$

12. $f(x) = \sqrt[3]{1 + x^2}$, $\quad a = 0$

13-22

(a) Aproxime f mediante un polinomio de Taylor con grado n en el número a.

(b) Con la desigualdad de Taylor, estime la precisión de la aproximación $f(x) \approx T_n(x)$ cuando x está en el intervalo especificado.

(c) Verifique su resultado del inciso (b) graficando $|R_n(x)|$.

13. $f(x) = 1/x$, $\quad a = 1$, $\quad n = 2$, $\quad 0.7 \leqslant x \leqslant 1.3$

14. $f(x) = x^{-1/2}$, $\quad a = 4$, $\quad n = 2$, $\quad 3.5 \leqslant x \leqslant 4.5$

15. $f(x) = x^{2/3}$, $\quad a = 1$, $\quad n = 3$, $\quad 0.8 \leqslant x \leqslant 1.2$

16. $f(x) = \operatorname{sen} x$, $\quad a = \pi/6$, $\quad n = 4$, $\quad 0 \leqslant x \leqslant \pi/3$

17. $f(x) = \sec x$, $\quad a = 0$, $\quad n = 2$, $\quad -0.2 \leqslant x \leqslant 0.2$

18. $f(x) = \ln(1 + 2x)$, $\quad a = 1$, $\quad n = 3$, $\quad 0.5 \leqslant x \leqslant 1.5$

19. $f(x) = e^{x^2}$, $\quad a = 0$, $\quad n = 3$, $\quad 0 \leqslant x \leqslant 0.1$

20. $f(x) = x \ln x$, $\quad a = 1$, $\quad n = 3$, $\quad 0.5 \leqslant x \leqslant 1.5$

21. $f(x) = x \operatorname{sen} x$, $\quad a = 0$, $\quad n = 4$, $\quad -1 \leqslant x \leqslant 1$

22. $f(x) = \operatorname{senh} 2x$, $\quad a = 0$, $\quad n = 5$, $\quad -1 \leqslant x \leqslant 1$

23. Utilice la información del ejercicio 5 para estimar $\cos 80°$ con cinco decimales de precisión.

24. Con la información del ejercicio 16 estime $\operatorname{sen} 38°$ con cinco decimales de precisión.

25. Determine, con la desigualdad de Taylor, el número de términos de la serie de Maclaurin para e^x que se deben usar para estimar $e^{0.1}$ hasta 0.00001.

26. ¿Cuántos términos de la serie de Maclaurin para $\ln(1 + x)$ necesita para estimar $\ln 1.4$ hasta 0.001?

27-29 Con el teorema de estimación de series alternantes o la desigualdad de Taylor estime el rango de valores de x para el cual la aproximación dada es exacta dentro del error declarado. Verifique su respuesta gráficamente.

27. $\operatorname{sen} x \approx x - \dfrac{x^3}{6}$ $\quad (|\,\text{error}\,| < 0.01)$

28. $\cos x \approx 1 - \dfrac{x^2}{2} + \dfrac{x^4}{24}$ $\quad (|\,\text{error}\,| < 0.005)$

29. $\arctan x \approx x - \dfrac{x^3}{3} + \dfrac{x^5}{5}$ $\quad (|\,\text{error}\,| < 0.05)$

30. Suponga que sabe que

$$f^{(n)}(4) = \frac{(-1)^n n!}{3^n(n + 1)}$$

y la serie de Taylor de f centrada en 4 converge a $f(x)$ para toda x en el intervalo de convergencia. Demuestre que el polinomio de quinto grado de Taylor se aproxima a $f(5)$ con un error menor que 0.0002.

31. Un auto se desplaza con una rapidez de 20 m/s y una aceleración de 2 m/s² en un instante dado. Con un polinomio de Taylor de segundo grado, estime cuán lejos se mueve el auto en el siguiente segundo. ¿Sería razonable usar este polinomio para estimar la distancia recorrida durante el siguiente minuto?

32. La resistividad ρ de un cable conductor es el recíproco de la conductividad y se mide en unidades de ohm-metros (Ω-m). La resistividad de un metal determinado depende de la temperatura según la ecuación

$$\rho(t) = \rho_{20} e^{\alpha(t-20)}$$

donde t es la temperatura en °C. Hay tablas que enumeran los valores de α (llamado coeficiente de temperatura) y ρ_{20} (la resistividad a 20 °C) de varios metales. Excepto a temperaturas muy bajas, la resistividad varía casi linealmente con la temperatura y, por lo tanto, es común aproximar la expresión de $\rho(t)$ por su polinomio de Taylor de primer o segundo grado en $t = 20$.

(a) Encuentre expresiones para estas aproximaciones lineales y cuadráticas.

(b) Para el cobre, las tablas dan $\alpha = 0.0039/°C$ y $\rho_{20} = 1.7 \times 10^{-8}$ Ω-m. Grafique la resistividad del cobre y las aproximaciones lineales y cuadráticas para $-250\ °C \leqslant t \leqslant 1\,000\ °C$.

(c) ¿Para qué valores de t la aproximación lineal concuerda con la expresión exponencial hasta 1%?

33. Un dipolo eléctrico consiste en dos cargas eléctricas de igual magnitud y signo opuesto. Si las cargas son q y $-q$ y están a una distancia d entre sí, entonces el campo eléctrico E en el punto P de la figura es

$$E = \frac{q}{D^2} - \frac{q}{(D+d)^2}$$

Al expandir esta expresión para E como una serie en potencias de d/D, muestre que E es aproximadamente proporcional a $1/D^3$ cuando P está lejos del dipolo.

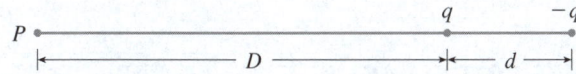

34. (a) Derive la ecuación 3 para la óptica de Gauss de la ecuación 1 aproximando $\cos \phi$ en la ecuación 2 por su polinomio de Taylor de primer grado.

(b) Demuestre que si $\cos \phi$ se reemplaza por su polinomio de Taylor de tercer grado en la ecuación 2, entonces la ecuación 1 se convierte en la ecuación 4 para la óptica de tercer orden. [*Sugerencia*: Use los primeros dos términos en la serie binomial para ℓ_o^{-1} y ℓ_i^{-1}. Asimismo, use $\phi \approx \text{sen } \phi$].

35. Si una ola de agua con longitud L se mueve con velocidad v a través de una masa de agua con profundidad d, como se muestra en la figura, entonces

$$v^2 = \frac{gL}{2\pi} \tanh \frac{2\pi d}{L}$$

(a) Si el agua es profunda, muestre que $v \approx \sqrt{gL/(2\pi)}$.

(b) Si el agua es poco profunda, utilice la serie de Maclaurin para tanh para demostrar que $v \approx \sqrt{gd}$. (Por lo tanto, en agua poco profunda la velocidad de una ola tiende a ser independiente de la longitud de la ola).

(c) Utilice el teorema de estimación de series alternantes para demostrar que si $L > 10d$, entonces la estimación $v^2 \approx gd$ es correcta hasta $0.014gL$.

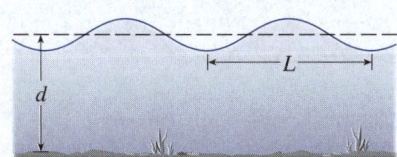

36. Un disco cargado uniformemente tiene radio R y una densidad de carga superficial σ como se muestra en la figura. El potencial eléctrico V en un punto P a una distancia d a lo largo del eje central perpendicular del disco es

$$V = 2\pi k_e \sigma \left(\sqrt{d^2 + R^2} - d \right)$$

donde k_e es una constante (llamada constante de Coulomb). Demuestre que

$$V \approx \frac{\pi k_e R^2 \sigma}{d} \qquad \text{para una } d \text{ grande}$$

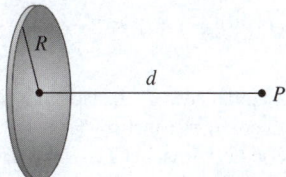

37. Si un topógrafo mide las diferencias de elevación al hacer planos para una autopista a través de un desierto, se deben hacer correcciones para la curvatura de la Tierra.

(a) Si R es el radio de la Tierra y L es la longitud de la autopista, demuestre que la corrección es

$$C = R \sec(L/R) - R$$

(b) Utilice un polinomio de Taylor para demostrar que

$$C \approx \frac{L^2}{2R} + \frac{5L^4}{24R^3}$$

(c) Compare las correcciones indicadas por las fórmulas en los incisos (a) y (b) para una autopista de 100 km de longitud. (Establezca el radio de la Tierra de $6\,370$ km).

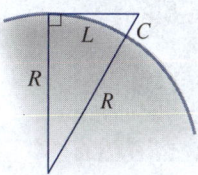

38. El periodo de un péndulo con longitud L que hace un ángulo máximo θ_0 con la vertical es

$$T = 4 \sqrt{\frac{L}{g}} \int_0^{\pi/2} \frac{dx}{\sqrt{1 - k^2 \text{ sen}^2 x}}$$

donde $k = \text{sen}\left(\frac{1}{2}\theta_0\right)$ y g es la aceleración debida a la gravedad. (En el ejercicio 7.7.42 se aproximó a esta integral con la regla de Simpson).

(a) Expanda el integrando como una serie binomial y utilice el resultado del ejercicio 7.1.56 para mostrar que

$$T = 2\pi \sqrt{\frac{L}{g}} \left[1 + \frac{1^2}{2^2} k^2 + \frac{1^2 3^2}{2^2 4^2} k^4 + \frac{1^2 3^2 5^2}{2^2 4^2 6^2} k^6 + \cdots \right]$$

Si θ_0 no es demasiado grande, se usa a menudo la aproximación $T \approx 2\pi \sqrt{L/g}$, que se obtiene al utilizar solo el primer término de la serie. Se produce una mejor aproximación con dos términos:

$$T \approx 2\pi \sqrt{\frac{L}{g}} \left(1 + \tfrac{1}{4}k^2\right)$$

(b) Note que todos los términos de la serie después del primero tienen coeficientes que son como máximo de $\frac{1}{4}$. Use este hecho para comparar esta serie con una serie geométrica y demostrar que

$$2\pi\sqrt{\frac{L}{g}}\left(1 + \tfrac{1}{4}k^2\right) \leqslant T \leqslant 2\pi\sqrt{\frac{L}{g}}\,\frac{4 - 3k^2}{4 - 4k^2}$$

(c) Con las desigualdades del inciso (b) estime el periodo de un péndulo con $L = 1$ metro y $\theta_0 = 10°$. ¿Cómo se compara con la estimación $T \approx 2\pi\sqrt{L/g}$? ¿Y si $\theta_0 = 42°$?

39. En la sección 4.8 se consideró el método de Newton para aproximar una solución r de la ecuación $f(x) = 0$, y de una aproximación inicial x_1 se obtuvieron aproximaciones sucesivas $x_2, x_3, \ldots$, donde

$$x_{n+1} = x_n - \frac{f(x_n)}{f'(x_n)}$$

Con la desigualdad de Taylor y $n = 1$, $a = x_n$ y $x = r$ muestre que si $f''(x)$ existe en un intervalo I que contenga r, x_n y x_{n+1}, y $|f''(x)| \leqslant M$, $|f'(x)| \geqslant K$ para toda $x \in I$, entonces

$$|x_{n+1} - r| \leqslant \frac{M}{2K}|x_n - r|^2$$

[Esto significa que si x_n tiene una precisión de d decimales, entonces x_{n+1} tiene $2d$ decimales de precisión. Con más exactitud, si el error en la etapa n es a lo sumo 10^{-m}, entonces el error en la etapa $n + 1$ es a lo sumo $(M/2K)10^{-2m}$].

PROYECTO DE APLICACIÓN | RADIACIÓN DE LAS ESTRELLAS

Todo objeto emite radiación cuando se calienta. Un *cuerpo negro* es un sistema que absorbe toda la radiación que cae sobre él. Por ejemplo, una superficie negra mate o una gran cavidad con un pequeño agujero en su pared (como un alto horno) es un cuerpo negro y emite radiación de cuerpo negro. Incluso la radiación del Sol está cerca de ser radiación de cuerpo negro.

Propuesta a finales del siglo xix, la ley de Rayleigh-Jeans expresa la densidad de energía de radiación de cuerpo negro de una longitud de onda λ como

$$f(\lambda) = \frac{8\pi kT}{\lambda^4}$$

donde λ se mide en metros, T es la temperatura en kelvins (K) y k es la constante de Boltzmann. La ley de Rayleigh-Jeans coincide con las mediciones experimentales para las longitudes de onda largas, pero está drásticamente en desacuerdo para las longitudes de onda cortas. [La ley predice que $f(\lambda) \to \infty$ cuando $\lambda \to 0^+$, pero los experimentos han demostrado que $f(\lambda) \to 0$]. Este hecho se conoce como *catástrofe ultravioleta*.

En 1900 Max Planck encontró un modelo mejor (conocido ahora como ley de Planck) para la radiación de cuerpo negro:

$$f(\lambda) = \frac{8\pi hc\lambda^{-5}}{e^{hc/(\lambda kT)} - 1}$$

donde λ se mide en metros, T es la temperatura (en kelvins) y

$$h = \text{constante de Planck} = 6.6262 \times 10^{-34}\,\text{J} \cdot \text{s}$$

$$c = \text{velocidad de la luz} = 2.997925 \times 10^8\,\text{m/s}$$

$$k = \text{constante de Boltzmann} = 1.3807 \times 10^{-23}\,\text{J/K}$$

1. Con la regla de L′Hôpital demuestre que

$$\lim_{\lambda \to 0^+} f(\lambda) = 0 \qquad \text{y} \qquad \lim_{\lambda \to \infty} f(\lambda) = 0$$

para la ley de Planck. Por lo tanto, esta ley modela la radiación de cuerpo negro mejor que la ley de Rayleigh-Jeans para longitudes de onda cortas.

2. Con un polinomio de Taylor demuestre que, para longitudes de onda largas, la ley de Planck da aproximadamente los mismos valores que la ley de Rayleigh-Jeans.

3. Grafique f como lo dan ambas leyes en la misma pantalla y comente las similitudes y diferencias. Utilice $T = 5\,700$ K (la temperatura del Sol). (Tal vez desee cambiar de metros a la unidad más conveniente de micrómetros: 1 μm = 10^{-6} m).

4. Use su gráfica del problema 3 para estimar el valor de λ para el cual $f(\lambda)$ es un máximo según la ley de Planck.

5. Investigue cómo cambia la gráfica de f al variar T. (Use la ley de Planck). En particular, grafique f para las estrellas Betelgeuse ($T = 3\,400$ K), Procyon ($T = 6\,400$ K) y Sirio ($T = 9\,200$ K), así como el Sol. ¿Cómo varía la radiación total emitida (el área bajo la curva) con T? Use la gráfica para comentar por qué Sirio se conoce como una estrella azul y Betelgeuse como una estrella roja.

11 REPASO

VERIFICACIÓN DE CONCEPTOS

Las respuestas de la sección "Verificación de conceptos" están disponibles en StewartCalculus.com

1. (a) ¿Qué es una sucesión convergente?
(b) ¿Qué es una serie convergente?
(c) ¿Qué significa $\lim_{n\to\infty} a_n = 3$?
(d) ¿Qué significa $\sum_{n=1}^{\infty} a_n = 3$?

2. (a) ¿Qué es una sucesión acotada?
(b) ¿Qué es una sucesión monótona?
(c) ¿Qué puede decir acerca de una sucesión monótona acotada?

3. (a) ¿Qué es una sucesión geométrica? ¿En qué circunstancias es convergente? ¿Cuál es su suma?
(b) ¿Qué es una serie p? ¿En qué circunstancias es convergente?

4. Suponga que $\sum a_n = 3$ y s_n es la n-ésima suma parcial de la serie. ¿Cuál es $\lim_{n\to\infty} a_n$? ¿Cuál es $\lim_{n\to\infty} s_n$?

5. Enuncie lo siguiente:
(a) Prueba de la divergencia
(b) Prueba de la integral
(c) Prueba por comparación directa
(d) Prueba por comparación de límites
(e) Prueba de series alternantes
(f) Prueba de la razón
(g) Prueba de la raíz

6. (a) ¿Qué es una serie absolutamente convergente?
(b) ¿Qué puede decir sobre este tipo de serie?
(c) ¿Qué es una serie condicionalmente convergente?

7. (a) Si una serie es convergente según la prueba de la integral, ¿cómo estima su suma?
(b) Si una serie es convergente según la prueba por comparación directa, ¿cómo estima su suma?

(c) Si una serie es convergente según la prueba de series alternantes, ¿cómo estima su suma?

8. (a) Escriba la forma general de una serie de potencias.
(b) ¿Cuál es el radio de convergencia de una serie de potencias?
(c) ¿Cuál es el intervalo de convergencia de una serie de potencias?

9. Suponga que $f(x)$ es la suma de una serie de potencias con radio de convergencia R.
(a) ¿Cómo se deriva f? ¿Cuál es el radio de convergencia de la serie para f'?
(b) ¿Cómo integra f? ¿Cuál es el radio de convergencia de la serie para $\int f(x)\,dx$?

10. (a) Escriba una expresión para el polinomio de Taylor de grado n-ésimo de f en a.
(b) Escriba una expresión para la serie de Taylor de f centrada en a.
(c) Escriba una expresión para la serie de Maclaurin de f.
(d) ¿Cómo muestra que $f(x)$ es igual a la suma de su serie de Taylor?
(e) Enuncie la desigualdad de Taylor.

11. Escriba la serie de Maclaurin y el intervalo de convergencia para cada una de las siguientes funciones.

(a) $1/(1 - x)$ (b) e^x (c) sen x
(d) cos x (e) $\tan^{-1} x$ (f) $\ln(1 + x)$

12. Escriba la expansión de la serie binomial de $(1 + x)^k$. ¿Cuál es el radio de convergencia de esta serie?

PREGUNTAS DE VERDADERO O FALSO

Determine si el enunciado es verdadero o falso. Si es verdadero, explique por qué. Si es falso, explique por qué o dé un ejemplo que lo refute.

1. Si $\lim_{n\to\infty} a_n = 0$, entonces Σa_n es convergente.

2. La serie $\Sigma_{n=1}^{\infty} n^{-\text{sen} 1}$ es convergente.

3. Si $\lim_{n\to\infty} a_n = L$, entonces $\lim_{n\to\infty} a_{2n+1} = L$.

4. Si $\Sigma c_n 6^n$ es convergente, entonces $\Sigma c_n(-2)^n$ es convergente.

5. Si $\Sigma c_n 6^n$ es convergente, entonces $\Sigma c_n(-6)^n$ es convergente.

6. Si $\Sigma c_n x^n$ diverge cuando $x = 6$, entonces diverge cuando $x = 10$.

7. La prueba de la razón se puede usar para determinar si $\Sigma 1/n^3$ converge.

8. La prueba de la razón se puede usar para determinar si $\Sigma 1/n!$ converge.

9. Si $0 \leq a_n \leq b_n$ y Σb_n diverge, entonces Σa_n diverge.

10. $\displaystyle\sum_{n=0}^{\infty} \frac{(-1)^n}{n!} = \frac{1}{e}$

11. Si $-1 < \alpha < 1$, entonces $\lim_{n\to\infty} \alpha^n = 0$.

12. Si Σa_n es divergente, entonces $\Sigma |a_n|$ es divergente.

13. Si $f(x) = 2x - x^2 + \frac{1}{3}x^3 - \cdots$ converge para toda x, entonces $f'''(0) = 2$.

14. Si $\{a_n\}$ y $\{b_n\}$ son divergentes, entonces $\{a_n + b_n\}$ es divergente.

15. Si $\{a_n\}$ y $\{b_n\}$ son divergentes, entonces $\{a_n b_n\}$ es divergente.

16. Si $\{a_n\}$ es decreciente y $a_n > 0$ para toda n, entonces $\{a_n\}$ es convergente.

17. Si $a_n > 0$ y Σa_n converge, entonces $\Sigma (-1)^n a_n$ converge.

18. Si $a_n > 0$ y $\lim_{n\to\infty}(a_{n+1}/a_n) < 1$, entonces $\lim_{n\to\infty} a_n = 0$.

19. $0.99999\ldots = 1$

20. Si $\lim_{n\to\infty} a_n = 2$, entonces $\lim_{n\to\infty} (a_{n+3} - a_n) = 0$.

21. Si se agrega un número finito de términos a una serie convergente, entonces la nueva serie sigue siendo convergente.

22. Si $\displaystyle\sum_{n=1}^{\infty} a_n = A$ y $\displaystyle\sum_{n=1}^{\infty} b_n = B$, entonces $\displaystyle\sum_{n=1}^{\infty} a_n b_n = AB$.

EJERCICIOS

1-8 Determine si la sucesión es convergente o divergente. Si es convergente, encuentre su límite.

1. $a_n = \dfrac{2 + n^3}{1 + 2n^3}$

2. $a_n = \dfrac{9^{n+1}}{10^n}$

3. $a_n = \dfrac{n^3}{1 + n^2}$

4. $a_n = \cos(n\pi/2)$

5. $a_n = \dfrac{n \operatorname{sen} n}{n^2 + 1}$

6. $a_n = \dfrac{\ln n}{\sqrt{n}}$

7. $\{(1 + 3/n)^{4n}\}$

8. $\{(-10)^n/n!\}$

9. Una sucesión se define recursivamente por las ecuaciones $a_1 = 1$, $a_{n+1} = \frac{1}{3}(a_n + 4)$. Muestre que $\{a_n\}$ es creciente y $a_n < 2$ para toda n. Deduzca que $\{a_n\}$ es convergente y encuentre su límite.

10. Demuestre que $\lim_{n\to\infty} n^4 e^{-n} = 0$ y utilice una gráfica para encontrar el valor más pequeño de N que corresponde a $\varepsilon = 0.1$ en la definición precisa de un límite.

11-22 Determine si la serie es convergente o divergente.

11. $\displaystyle\sum_{n=1}^{\infty} \frac{n}{n^3 + 1}$

12. $\displaystyle\sum_{n=1}^{\infty} \frac{n^2 + 1}{n^3 + 1}$

13. $\displaystyle\sum_{n=1}^{\infty} \frac{n^3}{5^n}$

14. $\displaystyle\sum_{n=1}^{\infty} \frac{(-1)^n}{\sqrt{n + 1}}$

15. $\displaystyle\sum_{n=2}^{\infty} \frac{1}{n\sqrt{\ln n}}$

16. $\displaystyle\sum_{n=1}^{\infty} \ln\left(\frac{n}{3n + 1}\right)$

17. $\displaystyle\sum_{n=1}^{\infty} \frac{\cos 3n}{1 + (1.2)^n}$

18. $\displaystyle\sum_{n=1}^{\infty} \frac{n^{2n}}{(1 + 2n^2)^n}$

19. $\displaystyle\sum_{n=1}^{\infty} \frac{1 \cdot 3 \cdot 5 \cdot \cdots \cdot (2n - 1)}{5^n n!}$

20. $\displaystyle\sum_{n=1}^{\infty} \frac{(-5)^{2n}}{n^2 9^n}$

21. $\displaystyle\sum_{n=1}^{\infty} (-1)^{n-1} \frac{\sqrt{n}}{n + 1}$

22. $\displaystyle\sum_{n=1}^{\infty} \frac{\sqrt{n + 1} - \sqrt{n - 1}}{n}$

23-26 Determine si la serie es absolutamente convergente, condicionalmente convergente o divergente.

23. $\displaystyle\sum_{n=1}^{\infty} (-1)^{n-1} n^{-1/3}$

24. $\displaystyle\sum_{n=1}^{\infty} (-1)^{n-1} n^{-3}$

25. $\displaystyle\sum_{n=1}^{\infty} \frac{(-1)^n (n + 1) 3^n}{2^{2n+1}}$

26. $\displaystyle\sum_{n=2}^{\infty} \frac{(-1)^n \sqrt{n}}{\ln n}$

27-31 Encuentre la suma de la serie.

27. $\displaystyle\sum_{n=1}^{\infty} \frac{(-3)^{n-1}}{2^{3n}}$

28. $\displaystyle\sum_{n=1}^{\infty} \frac{1}{n(n+3)}$

29. $\displaystyle\sum_{n=1}^{\infty} [\tan^{-1}(n+1) - \tan^{-1}n]$

30. $\displaystyle\sum_{n=0}^{\infty} \frac{(-1)^n \pi^n}{3^{2n}(2n)!}$

31. $1 - e + \dfrac{e^2}{2!} - \dfrac{e^3}{3!} + \dfrac{e^4}{4!} - \cdots$

32. Exprese el decimal repetitivo $4.17326326326\ldots$ como una fracción.

33. Demuestre que $\cosh x \geqslant 1 + \frac{1}{2}x^2$ para toda x.

34. ¿Para qué valores de x converge la serie $\sum_{n=1}^{\infty} (\ln x)^n$?

35. Encuentre la suma de la serie

$$\sum_{n=1}^{\infty} \frac{(-1)^{n+1}}{n^5}$$

con cuatro decimales de precisión.

36. (a) Encuentre la suma parcial s_5 de $\sum_{n=1}^{\infty} 1/n^6$ y estime el error al usarla como aproximación a la suma de la serie.
(b) Encuentre la suma de esta serie con cinco decimales de precisión.

37. Use la suma de los primeros ocho términos para aproximar la suma de la serie $\sum_{n=1}^{\infty} (2 + 5^n)^{-1}$. Estime el error involucrado en esta aproximación.

38. (a) Demuestre que la serie $\displaystyle\sum_{n=1}^{\infty} \frac{n^n}{(2n)!}$ es convergente.
(b) Deduzca que $\displaystyle\lim_{n\to\infty} \frac{n^n}{(2n)!} = 0$.

39. Demuestre que si la serie $\sum_{n=1}^{\infty} a_n$ es absolutamente convergente, entonces la serie

$$\sum_{n=1}^{\infty} \left(\frac{n+1}{n}\right) a_n$$

también es absolutamente convergente.

40-43 Determine el radio de convergencia y el intervalo de convergencia de la serie.

40. $\displaystyle\sum_{n=1}^{\infty} (-1)^n \frac{x^n}{n^2 5^n}$

41. $\displaystyle\sum_{n=1}^{\infty} \frac{(x+2)^n}{n 4^n}$

42. $\displaystyle\sum_{n=1}^{\infty} \frac{2^n(x-2)^n}{(n+2)!}$

43. $\displaystyle\sum_{n=0}^{\infty} \frac{2^n(x-3)^n}{\sqrt{n+3}}$

44. Encuentre el radio de convergencia de la serie

$$\sum_{n=1}^{\infty} \frac{(2n)!}{(n!)^2} x^n$$

45. Encuentre la serie de Taylor de $f(x) = \operatorname{sen} x$ en $a = \pi/6$.

46. Determine la serie de Taylor de $f(x) = \cos x$ en $a = \pi/3$.

47-54 Encuentre la serie de Maclaurin para f y el radio de convergencia asociado. Puede usar el método directo (definición de una serie de Maclaurin) o la serie de Maclaurin que aparece en la tabla 11.10.1.

47. $f(x) = \dfrac{x^2}{1+x}$

48. $f(x) = \tan^{-1}(x^2)$

49. $f(x) = \ln(4-x)$

50. $f(x) = xe^{2x}$

51. $f(x) = \operatorname{sen}(x^4)$

52. $f(x) = 10^x$

53. $f(x) = 1/\sqrt[4]{16-x}$

54. $f(x) = (1-3x)^{-5}$

55. Evalúe $\displaystyle\int \frac{e^x}{x}\,dx$ como una serie infinita.

56. Utilice series para aproximar $\int_0^1 \sqrt{1+x^4}\,dx$ con dos decimales de precisión.

57-58

(a) Aproxime f mediante un polinomio de Taylor con grado n en el número a.
(b) Grafique f y T_n en una misma gráfica.
(c) Con la desigualdad de Taylor estime la precisión de la aproximación $f(x) \approx T_n(x)$ cuando x está en el intervalo dado.
(d) Verifique su resultado del inciso (c) graficando $|R_n(x)|$.

57. $f(x) = \sqrt{x}$, $\quad a = 1$, $\quad n = 3$, $\quad 0.9 \leqslant x \leqslant 1.1$

58. $f(x) = \sec x$, $\quad a = 0$, $\quad n = 2$, $\quad 0 \leqslant x \leqslant \pi/6$

59. Utilice series para evaluar el siguiente límite.

$$\lim_{x\to 0} \frac{\operatorname{sen} x - x}{x^3}$$

60. La fuerza debida a la gravedad sobre un objeto con masa m a una altura h sobre la superficie de la Tierra es

$$F = \frac{mgR^2}{(R+h)^2}$$

donde R es el radio de la Tierra y g es la aceleración debida a la gravedad para un objeto sobre la superficie de la Tierra.

(a) Exprese F como una serie de potencias de h/R.

 (b) Observe que si se aproxima a F por el primer término de la serie, obtiene la expresión $F \approx mg$ que se suele utilizar cuando h es mucho más pequeña que R. Utilice el teorema de estimación de series alternantes para estimar el rango de valores de h para el que la aproximación $F \approx mg$ es exacta hasta 1%. (Use $R = 6\,400$ km).

61. Suponga que $f(x) = \sum_{n=0}^{\infty} c_n x^n$ para toda x.

(a) Si f es una función impar, muestre que

$$c_0 = c_2 = c_4 = \cdots = 0$$

(b) Si f es una función par, muestre que

$$c_1 = c_3 = c_5 = \cdots = 0$$

62. Si $f(x) = e^{x^2}$, muestre que $f^{(2n)}(0) = \dfrac{(2n)!}{n!}$.

Problemas adicionales

Antes de mirar la solución del ejemplo, cúbrala e intente resolverlo usted mismo.

EJEMPLO Encuentre la suma de la serie $\displaystyle\sum_{n=0}^{\infty} \frac{(x+2)^n}{(n+3)!}$.

SOLUCIÓN El principio para la resolución de problemas que es relevante aquí es *reconocer algo conocido*. ¿Se parece la serie dada a una serie que ya conoce? Bueno, tiene algunos ingredientes en común con la serie de Maclaurin para la función exponencial:

$$e^x = \sum_{n=0}^{\infty} \frac{x^n}{n!} = 1 + x + \frac{x^2}{2!} + \frac{x^3}{3!} + \cdots$$

Se puede hacer que esta serie se parezca más a la serie dada reemplazando x por $x+2$:

$$e^{x+2} = \sum_{n=0}^{\infty} \frac{(x+2)^n}{n!} = 1 + (x+2) + \frac{(x+2)^2}{2!} + \frac{(x+2)^3}{3!} + \cdots$$

Pero aquí el exponente en el numerador coincide con el número en el denominador cuyo factorial se toma. Para que eso suceda en la serie dada, multiplique y divida entre $(x+2)^3$:

$$\sum_{n=0}^{\infty} \frac{(x+2)^n}{(n+3)!} = \frac{1}{(x+2)^3} \sum_{n=0}^{\infty} \frac{(x+2)^{n+3}}{(n+3)!}$$

$$= (x+2)^{-3} \left[\frac{(x+2)^3}{3!} + \frac{(x+2)^4}{4!} + \cdots \right]$$

Se ve que la serie entre paréntesis es solo la serie para e^{x+2} sin los tres primeros términos. De este modo,

$$\sum_{n=0}^{\infty} \frac{(x+2)^n}{(n+3)!} = (x+2)^{-3} \left[e^{x+2} - 1 - (x+2) - \frac{(x+2)^2}{2!} \right] \quad \blacksquare$$

Problemas

1. (a) Demuestre que $\tan \frac{1}{2}x = \cot \frac{1}{2}x - 2\cot x$.

(b) Encuentre la suma de la serie

$$\sum_{n=1}^{\infty} \frac{1}{2^n} \tan \frac{x}{2^n}$$

2. Sea $\{P_n\}$ una sucesión de puntos determinados como en la figura. Por lo tanto, $|AP_1| = 1$, $|P_n P_{n+1}| = 2^{n-1}$, y el ángulo $AP_n P_{n+1}$ es un ángulo recto. Encuentre $\lim_{n \to \infty} \angle P_n A P_{n+1}$.

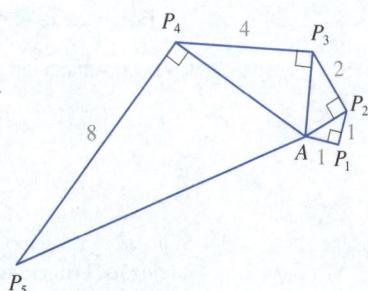

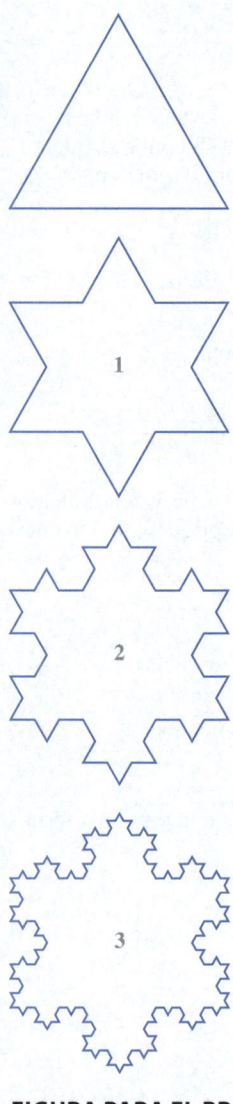

FIGURA PARA EL PROBLEMA 3

3. Para construir la **curva del copo de nieve**, empiece con un triángulo equilátero con lados de longitud 1. El paso 1 de la construcción consiste en dividir cada lado en tres partes iguales, construya un triángulo equilátero en la parte central y luego elimine la parte central (vea la figura). El paso 2 es repetir el paso 1 con cada lado del polígono resultante. Este proceso se repite en cada paso sucesivo. La curva del copo de nieve es la curva que resulta de repetir este proceso indefinidamente.

(a) s_n, l_n y p_n representan el número de lados, la longitud de un lado y la longitud total de la n-ésima curva aproximada (la curva obtenida después del paso n de la construcción), respectivamente. Encuentre fórmulas para s_n, l_n y p_n.

(b) Demuestre que $p_n \to \infty$ cuando $n \to \infty$.

(c) Sume una serie infinita para encontrar el área encerrada por la curva del copo de nieve.

Nota: En los incisos (b) y (c) se muestra que la curva del copo de nieve es infinitamente larga pero solo encierra un área finita.

4. Encuentre la suma de la serie

$$1 + \frac{1}{2} + \frac{1}{3} + \frac{1}{4} + \frac{1}{6} + \frac{1}{8} + \frac{1}{9} + \frac{1}{12} + \cdots$$

donde los términos son los recíprocos de los enteros positivos cuyos únicos factores primos son 2s y 3s.

5. (a) Demuestre que para $xy \neq -1$,

$$\arctan x - \arctan y = \arctan \frac{x - y}{1 + xy}$$

si el lado izquierdo se encuentra entre $-\pi/2$ y $\pi/2$.

(b) Demuestre que $\arctan \frac{120}{119} - \arctan \frac{1}{239} = \pi/4$.

(c) Deduzca la siguiente fórmula de John Machin (1680–1751):

$$4 \arctan \frac{1}{5} - \arctan \frac{1}{239} = \frac{\pi}{4}$$

(d) Con la serie de Maclaurin para arctan demuestre que

$$0.1973955597 < \arctan \frac{1}{5} < 0.1973955616$$

(e) Demuestre que

$$0.004184075 < \arctan \frac{1}{239} < 0.004184077$$

(f) Deduzca que, con siete decimales de precisión, $\pi \approx 3.1415927$.

Machin aplicó este método en 1706 para encontrar π con 100 decimales de precisión. Recientemente, con ayuda de computadoras, se calculó el valor de π con una precisión cada vez mayor, con billones de decimales.

6. (a) Demuestre una fórmula similar a la del problema 5(a) pero con arccot en lugar de arctan.

(b) Encuentre la suma de la serie $\sum_{n=0}^{\infty} \operatorname{arccot}(n^2 + n + 1)$.

7. Con el resultado del problema 5(a), encuentre la suma de la serie $\sum_{n=1}^{\infty} \arctan(2/n^2)$.

8. Si $a_0 + a_1 + a_2 + \cdots + a_k = 0$, muestre que

$$\lim_{n \to \infty} \left(a_0 \sqrt{n} + a_1 \sqrt{n+1} + a_2 \sqrt{n+2} + \cdots + a_k \sqrt{n+k} \right) = 0$$

Si no ve cómo demostrar esto, pruebe la estrategia de resolución de problemas de *utilizar analogías*. Primero intente los casos especiales $k = 1$ y $k = 2$. Si observa cómo demostrar la afirmación para estos casos, entonces probablemente verá cómo demostrarlo en forma general.

RP Vea "Principios para la resolución de problemas" al final del capítulo 1.

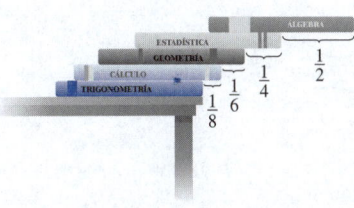

FIGURA PARA EL PROBLEMA 10

9. Determine el intervalo de convergencia de $\sum_{n=1}^{\infty} n^3 x^n$ y encuentre su suma.

10. Suponga que tiene una gran cantidad de libros, todos del mismo tamaño, y los apila en el borde de una mesa, cada libro extendiéndose más allá del borde de la mesa que el que está debajo de él. Demuestre que es posible hacer esto para que el libro superior se extienda completamente más allá de la mesa. De hecho, muestre que el libro superior puede extenderse a cualquier distancia más allá del borde de la mesa si la pila es lo bastante alta. Utilice el siguiente método de apilamiento: extienda la mitad de la longitud del libro superior más allá del segundo libro; extienda un cuarto de la longitud del segundo libro más allá del tercero; extienda una sexta parte de la longitud del tercer libro más allá del cuarto y así sucesivamente (inténtelo con una baraja). Considere los centros de masa.

11. Encuentre la suma de la serie $\sum_{n=2}^{\infty} \ln\left(1 - \dfrac{1}{n^2}\right)$.

12. Si $p > 1$, evalúe la expresión

$$\frac{1 + \dfrac{1}{2^p} + \dfrac{1}{3^p} + \dfrac{1}{4^p} + \cdots}{1 - \dfrac{1}{2^p} + \dfrac{1}{3^p} - \dfrac{1}{4^p} + \cdots}$$

13. Suponga que se compactan círculos de igual diámetro en n filas dentro de un triángulo equilátero (en la figura se ilustra el caso $n = 4$). Si A es el área del triángulo y A_n es el área total ocupada por las n filas de círculos, demuestre que

$$\lim_{n \to \infty} \frac{A_n}{A} = \frac{\pi}{2\sqrt{3}}$$

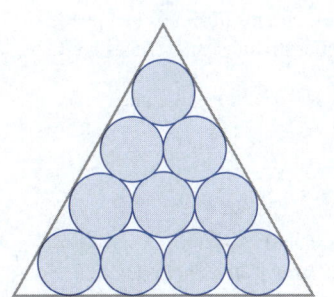

FIGURA PARA EL PROBLEMA 13

14. Una sucesión $\{a_n\}$ se define en forma recursiva por las ecuaciones

$$a_0 = a_1 = 1 \qquad n(n-1)a_n = (n-1)(n-2)a_{n-1} - (n-3)a_{n-2}$$

Encuentre la suma de la serie $\sum_{n=0}^{\infty} a_n$.

15. Si la curva $y = e^{-x/10} \operatorname{sen} x$, $x \geq 0$, se gira alrededor del eje x, el sólido resultante parece una cadena decreciente infinita de cuentas.
   (a) Encuentre el volumen exacto de la n-ésima cuenta. (Utilice una tabla de integrales o un sistema algebraico computacional).
   (b) Encuentre el volumen total de las cuentas.

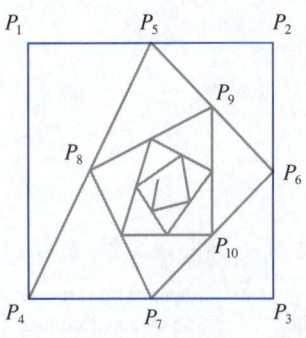

FIGURA PARA EL PROBLEMA 16

16. A partir de los vértices $P_1(0, 1)$, $P_2(1, 1)$, $P_3(1, 0)$, $P_4(0, 0)$ de un cuadrado, se construyen más puntos como se muestra en la figura: P_5 es el punto medio de P_1P_2, P_6 es el punto medio de P_2P_3, P_7 es el punto medio de P_3P_4, y así sucesivamente. La trayectoria de la espiral poligonal $P_1P_2P_3P_4P_5P_6P_7 \ldots$ se aproxima a un punto P dentro del cuadrado.
   (a) Si las coordenadas de P_n son (x_n, y_n), demuestre que $\frac{1}{2}x_n + x_{n+1} + x_{n+2} + x_{n+3} = 2$ y encuentre una ecuación similar para las coordenadas y.
   (b) Determine las coordenadas de P.

17. Encuentre la suma de la serie $\sum_{n=1}^{\infty} \dfrac{(-1)^n}{(2n+1)3^n}$.

18. Realice los siguientes pasos para mostrar que

$$\frac{1}{1 \cdot 2} + \frac{1}{3 \cdot 4} + \frac{1}{5 \cdot 6} + \frac{1}{7 \cdot 8} + \cdots = \ln 2$$

   (a) Con la fórmula para la suma de una serie geométrica finita (11.2.3) obtenga una expresión para

$$1 - x + x^2 - x^3 + \cdots + x^{2n-2} - x^{2n-1}$$

(b) Integre el resultado del inciso (a) desde 0 hasta 1 para obtener una expresión para

$$1 - \frac{1}{2} + \frac{1}{3} - \frac{1}{4} + \cdots + \frac{1}{2n-1} - \frac{1}{2n}$$

como una integral.

(c) Deduzca del inciso (b) que

$$\left| \frac{1}{1 \cdot 2} + \frac{1}{3 \cdot 4} + \frac{1}{5 \cdot 6} + \cdots + \frac{1}{(2n-1)(2n)} - \int_0^1 \frac{dx}{1+x} \right| < \int_0^1 x^{2n} \, dx$$

(d) Utilice el inciso (c) para demostrar que la suma de la serie indicada es ln 2.

19. Encuentre todas las soluciones de la ecuación

$$1 + \frac{x}{2!} + \frac{x^2}{4!} + \frac{x^3}{6!} + \frac{x^4}{8!} + \cdots = 0$$

[*Sugerencia*: Considere los casos $x \geq 0$ y $x < 0$ por separado].

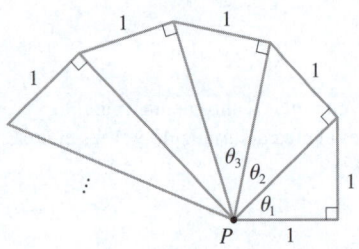

FIGURA PARA EL PROBLEMA 20

20. Los triángulos rectángulos se construyen como en la figura. Cada triángulo tiene una altura 1 y su base es la hipotenusa del triángulo precedente. Demuestre que esta sucesión de triángulos da infinitas vueltas alrededor de P mostrando que $\sum \theta_n$ es una serie divergente.

21. Considere la serie cuyos términos son los recíprocos de los enteros positivos que pueden escribirse en notación de base 10 sin usar el dígito 0. Demuestre que esta serie es convergente y la suma es menor que 90.

22. (a) Demuestre que la serie de Maclaurin de la función

$$f(x) = \frac{x}{1 - x - x^2} \qquad \text{es} \qquad \sum_{n=1}^{\infty} f_n x^n$$

donde f_n es el n-ésimo número de Fibonacci, es decir, $f_1 = 1$, $f_2 = 1$ y $f_n = f_{n-1} + f_{n-2}$ para $n \geq 3$. Determine el radio de convergencia de la serie. [*Sugerencia*: Escriba $x/(1 - x - x^2) = c_0 + c_1 x + c_2 x^2 + \cdots$ y multiplique ambos lados de esta ecuación por $1 - x - x^2$].

(b) Al escribir $f(x)$ como una suma de fracciones parciales y obteniendo así la serie de Maclaurin de una manera diferente, encuentre una fórmula explícita para el n-ésimo número de Fibonacci.

23. Sea

$$u = 1 + \frac{x^3}{3!} + \frac{x^6}{6!} + \frac{x^9}{9!} + \cdots$$

$$v = x + \frac{x^4}{4!} + \frac{x^7}{7!} + \frac{x^{10}}{10!} + \cdots$$

$$w = \frac{x^2}{2!} + \frac{x^5}{5!} + \frac{x^8}{8!} + \cdots$$

Demuestre que $u^3 + v^3 + w^3 - 3uvw = 1$.

24. Demuestre que si $n > 1$, la n-ésima suma parcial de la serie armónica no es un entero.

Sugerencia: Sea 2^k la mayor potencia de 2 que es menor o igual a n y sea M el producto de todos los enteros impares menores o iguales a n. Suponga que $s_n = m$, un entero. Entonces $M2^k s_n = M2^k m$. El lado derecho de esta ecuación es par. Demuestre que el lado izquierdo es impar mostrando que cada uno de sus términos es un entero par, excepto uno.

Las fuerzas creadas por el viento y el agua sobre las velas y la quilla del velero determinan la dirección que sigue la embarcación. Estas fuerzas se representan adecuadamente con vectores porque tienen magnitud y dirección. En el ejercicio 12.3.52 se le pide que calcule el trabajo que realiza el viento al mover un velero a lo largo de una trayectoria determinada.

©Gaborturcsi/Shutterstock.com.

12

Vectores y geometría del espacio

EN ESTE CAPÍTULO SE INTRODUCEN los vectores y sistemas de coordenadas para el espacio tridimensional. Este será el escenario para estudiar el cálculo de las curvas en el espacio y las funciones de dos variables (cuyos gráficos son superficies en el espacio) en los capítulos 13-16. Aquí también se verá que los vectores proporcionan descripciones sencillas de líneas y planos en el espacio.

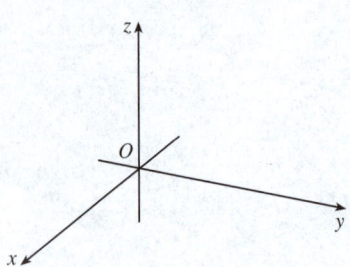

FIGURA 1
Ejes de coordenadas.

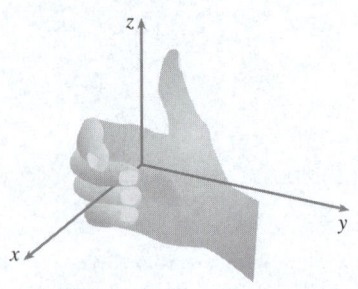

FIGURA 2
Regla de la mano derecha.

12.1 | Sistemas de coordenadas tridimensionales

Para localizar un punto en un plano, se necesitan dos números. Se sabe que cualquier punto en el plano se puede representar como un par ordenado (a, b) de números reales, donde a es la coordenada x y b es la coordenada y. Por esta razón, el plano se llama bidimensional. Para localizar un punto en el espacio, se necesitan tres números. Cualquier punto en el espacio se representa por una terna ordenada (a, b, c) de números reales.

■ Espacio tridimensional

Para representar los puntos en el espacio, primero se elige un punto fijo O (el origen) y tres rectas dirigidas que pasan por O y que son perpendiculares entre sí, llamadas **ejes coordenados** y denominadas eje x, eje y y eje z. Es común pensar que los ejes x y y son horizontales y que el eje z es vertical y la orientación de los ejes se traza como en la figura 1. La dirección del eje z se determina por la **regla de la mano derecha**, como se ilustra en la figura 2: si cierra los dedos de la mano derecha alrededor del eje z en la dirección de una rotación de 90° en sentido contrario a las manecillas del reloj desde el eje x positivo al eje y positivo, entonces su pulgar apunta en la dirección positiva del eje z.

Los tres ejes coordenados determinan los tres **planos coordenados** ilustrados en la figura 3(a). El plano xy es el plano que contiene los ejes x y y; el plano yz comprende los ejes y y z; el plano xz engloba los ejes x y z. Estos tres planos coordenados dividen el espacio en ocho partes, llamadas **octantes**. El **primer octante**, en primer plano, está determinado por los ejes positivos.

FIGURA 3

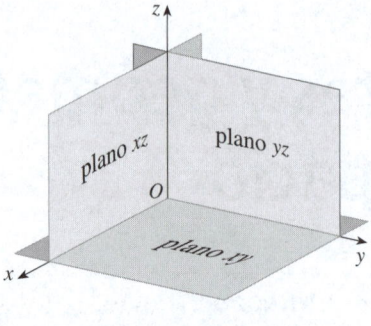

(a) Planos coordenados.

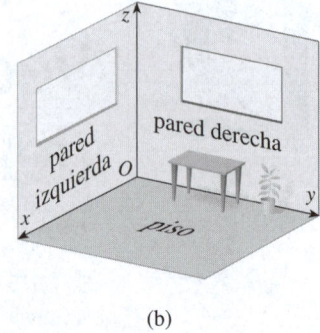

(b)

Debido a que muchas personas tienen alguna dificultad para visualizar los diagramas de las figuras tridimensionales, les puede resultar útil hacer lo siguiente [vea la figura 3(b)]. Busque cualquier esquina inferior en una habitación y llámela origen. La pared que está a su izquierda está en el plano xz, mientras que la pared de la derecha está en el plano yz y el piso en el plano xy. El eje x corre a lo largo de la intersección del piso y la pared izquierda. El eje y corre a lo largo de la intersección del piso y la pared derecha. El eje z sube desde el suelo hacia el techo a lo largo de la intersección de las dos paredes. Usted está situado en el primer octante y ahora puede imaginar otras siete habitaciones situadas en los otros siete octantes (tres en el mismo piso y cuatro en el piso de abajo), todas conectadas por el punto común de la esquina O.

Ahora bien, si P es cualquier punto en el espacio, sea a la distancia (dirigida) del plano yz a P, sea b la distancia del plano xz a P, y sea c la distancia del plano xy a P. Se representa el punto P por la terna ordenada (a, b, c) de números reales y se dice que a, b y c son las **coordenadas** de P; a es la coordenada x, b es la coordenada y, y c es la coordenada z. Así, para localizar el punto (a, b, c), se puede empezar en el origen O y mover a unidades a lo largo del eje x, luego b unidades paralelas al eje y, y después c unidades paralelas al eje z como en la figura 4.

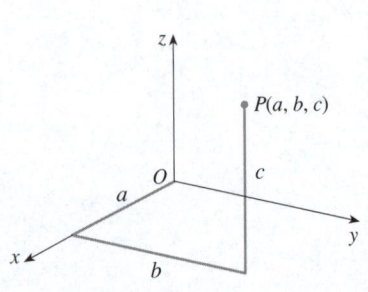

FIGURA 4

El punto $P(a, b, c)$ determina una caja rectangular como en la figura 5. Si se traza una perpendicular de P al plano xy, se obtiene un punto Q con las coordenadas $(a, b, 0)$ llamado **proyección** de P sobre el plano xy. De manera similar, $R(0, b, c)$ y $S(a, 0, c)$ son proyecciones de P en el plano yz y el plano xz, respectivamente.

Como ilustraciones numéricas, los puntos $(-4, 3, -5)$ y $(3, -2, -6)$ se representan en la figura 6.

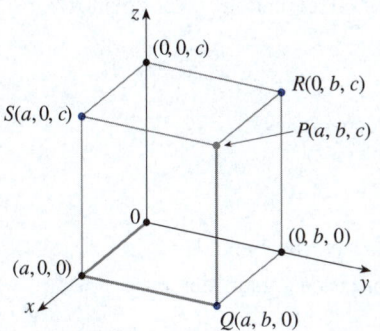

FIGURA 5

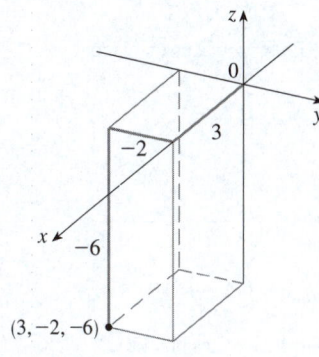

FIGURA 6

El producto cartesiano $\mathbb{R} \times \mathbb{R} \times \mathbb{R} = \{(x, y, z) \mid x, y, z \in \mathbb{R}\}$ es el conjunto de todas las ternas ordenadas de números reales y se denota por $\mathbb{R}^3$. Se ha dado una correspondencia uno a uno entre los puntos P en el espacio y las ternas ordenadas (a, b, c) en $\mathbb{R}^3$. Esto se conoce como **sistema tridimensional de coordenadas rectangulares**. Observe que, en términos de coordenadas, el primer octante puede describirse como el conjunto de puntos cuyas coordenadas son todas positivas.

■ Superficies y sólidos

En geometría analítica bidimensional, el gráfico de una ecuación que incluye x y y es una curva en $\mathbb{R}^2$. En geometría analítica tridimensional, una ecuación con x, y y z representa una *superficie* en $\mathbb{R}^3$.

EJEMPLO 1 ¿Qué superficie en $\mathbb{R}^3$ está representada por cada una de las siguientes ecuaciones?

(a) $z = 3$ (b) $y = 5$

SOLUCIÓN

(a) La ecuación $z = 3$ representa el conjunto $\{(x, y, z) \mid z = 3\}$, que es el conjunto de todos los puntos en $\mathbb{R}^3$ cuya coordenada z es 3 (x y y pueden tener cualquier valor cada una). Este es el plano horizontal paralelo al plano xy y está tres unidades por encima de él como en la figura 7(a).

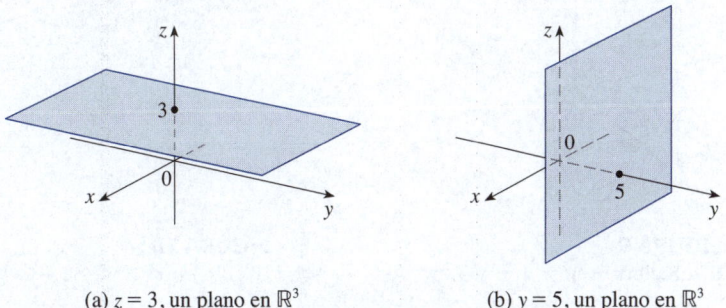

FIGURA 7   (a) $z = 3$, un plano en $\mathbb{R}^3$ (b) $y = 5$, un plano en $\mathbb{R}^3$

(b) La ecuación $y = 5$ representa el conjunto de todos los puntos en $\mathbb{R}^3$ cuya coordenada y es 5. Este es el plano vertical paralelo al plano xz y está ubicado cinco unidades a su derecha como en la figura 7(b).

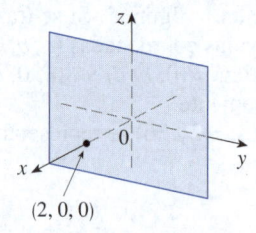

(a) En $\mathbb{R}^3$, $x = 2$ es un plano.

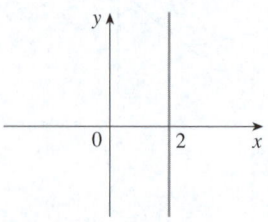

(b) En $\mathbb{R}^2$, $x = 2$ es una recta.

FIGURA 8

NOTA Cuando se da una ecuación, se debe entender por el contexto si representa una curva en $\mathbb{R}^2$ o una superficie en $\mathbb{R}^3$. Por ejemplo, $x = 2$ representa un plano en $\mathbb{R}^3$, pero, por supuesto, $x = 2$ también puede representar una recta en $\mathbb{R}^2$ si se trata de geometría analítica bidimensional (vea la figura 8).

En general, si k es una constante, entonces $x = k$ representa un plano paralelo al plano yz, $y = k$ es un plano paralelo al plano xz y $z = k$ es un plano paralelo al plano xy. En la figura 5, las caras de la caja rectangular están formadas por los tres planos coordenados $x = 0$ (el plano yz), $y = 0$ (el plano xz) y $z = 0$ (el plano xy), y los planos $x = a$, $y = b$ y $z = c$.

EJEMPLO 2

(a) ¿Qué puntos (x, y, z) satisfacen las siguientes ecuaciones?

$$x^2 + y^2 = 1 \qquad \text{y} \qquad z = 3$$

(b) ¿Qué representa la ecuación $x^2 + y^2 = 1$ como superficie en $\mathbb{R}^3$?

(c) ¿Qué región sólida en $\mathbb{R}^3$ está representada por las desigualdades $x^2 + y^2 \leq 1$, $2 \leq z \leq 4$?

SOLUCIÓN

(a) Debido a que $z = 3$, los puntos se encuentran en el plano horizontal $z = 3$ del ejemplo 1(a). Puesto que $x^2 + y^2 = 1$, los puntos se encuentran en el círculo con radio 1 y centro en el eje z (vea la figura 9).

(b) Dado que $x^2 + y^2 = 1$, sin restricción en z, se observa que el punto (x, y, z) podría estar en un círculo en cualquier plano horizontal $z = k$. Así que la superficie $x^2 + y^2 = 1$ en $\mathbb{R}^3$ consta de todos los círculos horizontales posibles $x^2 + y^2 = 1$, $z = k$ y, por lo tanto, es el cilindro circular con radio 1 cuyo eje es el eje z (vea la figura 10).

(c) Como $x^2 + y^2 \leq 1$, cualquier punto (x, y, z) de la región debe estar sobre o dentro del círculo de radio 1, centrado en el eje z, en un plano horizontal $z = k$. Se tiene que $2 \leq z \leq 4$, por lo que las desigualdades dadas representan la parte del cilindro circular sólido de radio 1, con eje sobre el eje z, que se encuentra en o entre los planos $z = 2$ y $z = 4$ (vea la figura 11).

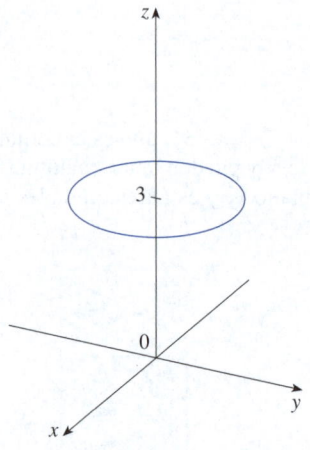

FIGURA 9
El círculo $x^2 + y^2 = 1$, $z = 3$.

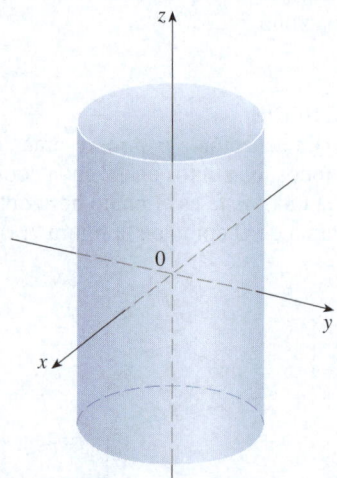

FIGURA 10
El cilindro $x^2 + y^2 = 1$.

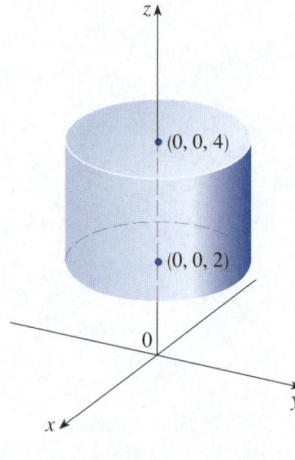

FIGURA 11
La región sólida $x^2 + y^2 \leq 1$, $2 \leq z \leq 4$.

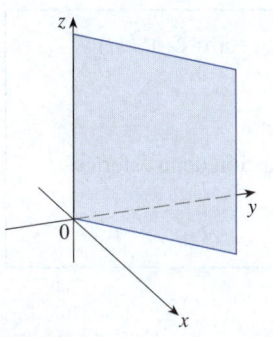

FIGURA 12
Parte del plano $y = x$.

EJEMPLO 3 Describa y dibuje la superficie en $\mathbb{R}^3$ representada por la ecuación $y = x$.

SOLUCIÓN La ecuación representa el conjunto de todos los puntos en $\mathbb{R}^3$ cuyas coordenadas x y y son iguales, es decir, $\{(x, x, z) \mid x \in \mathbb{R}, z \in \mathbb{R}\}$. Este es un plano vertical que interseca el plano xy en la recta $y = x$, $z = 0$. La parte de este plano que se encuentra en el primer octante está trazada en la figura 12. ∎

■ Distancia y esferas

La fórmula conocida para la distancia entre dos puntos en un plano se extiende fácilmente a la siguiente fórmula tridimensional.

> **Fórmula de la distancia en tres dimensiones** La distancia $|P_1P_2|$ entre los puntos $P_1(x_1, y_1, z_1)$ y $P_2(x_2, y_2, z_2)$ es
>
> $$|P_1P_2| = \sqrt{(x_2 - x_1)^2 + (y_2 - y_1)^2 + (z_2 - z_1)^2}$$

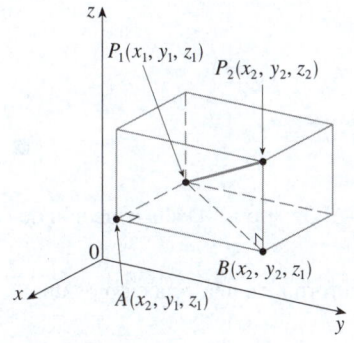

FIGURA 13

Para entender por qué esta fórmula es verdadera, se ha construido una caja rectangular como en la figura 13, donde P_1 y P_2 son vértices opuestos y las caras de la caja son paralelas a los planos coordenados. Si $A(x_2, y_1, z_1)$ y $B(x_2, y_2, z_1)$ son los vértices de la caja indicada en la figura, entonces

$$|P_1A| = |x_2 - x_1| \qquad |AB| = |y_2 - y_1| \qquad |BP_2| = |z_2 - z_1|$$

Debido a que P_1BP_2 y P_1AB son triángulos rectángulos, dos aplicaciones del teorema de Pitágoras dan

$$|P_1P_2|^2 = |P_1B|^2 + |BP_2|^2$$

y

$$|P_1B|^2 = |P_1A|^2 + |AB|^2$$

Estas ecuaciones se combinan para obtener

$$|P_1P_2|^2 = |P_1A|^2 + |AB|^2 + |BP_2|^2$$

$$= |x_2 - x_1|^2 + |y_2 - y_1|^2 + |z_2 - z_1|^2$$

$$= (x_2 - x_1)^2 + (y_2 - y_1)^2 + (z_2 - z_1)^2$$

Por lo tanto, $|P_1P_2| = \sqrt{(x_2 - x_1)^2 + (y_2 - y_1)^2 + (z_2 - z_1)^2}$

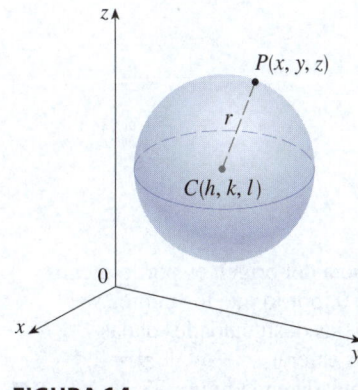

FIGURA 14

EJEMPLO 4 La distancia desde el punto $P(2, -1, 7)$ hasta el punto $Q(1, -3, 5)$ es

$$|PQ| = \sqrt{(1 - 2)^2 + (-3 + 1)^2 + (5 - 7)^2} = \sqrt{1 + 4 + 4} = 3 \qquad ∎$$

Una esfera con radio r y centro $C(h, k, l)$ se define como el conjunto de todos los puntos $P(x, y, z)$ cuya distancia de C es r (vea la figura 14). Por lo tanto, P está en la esfera si y solo si $|PC| = r$, es decir,

$$\sqrt{(x - h)^2 + (y - k)^2 + (z - l)^2} = r$$

Se elevan al cuadrado ambos lados de la ecuación y se obtiene el siguiente resultado.

> **Ecuación de una esfera** Una ecuación de una esfera con centro $C(h, k, l)$ y radio r es
>
> $$(x - h)^2 + (y - k)^2 + (z - l)^2 = r^2$$
>
> En particular, si el centro es el origen O, entonces una ecuación de la esfera es
>
> $$x^2 + y^2 + z^2 = r^2$$

EJEMPLO 5 Encuentre una ecuación de la esfera con centro $(3, -1, 6)$ que pase por el punto $(5, 2, 3)$.

SOLUCIÓN El radio r de la esfera es la distancia entre los puntos $(3, -1, 6)$ y $(5, 2, 3)$:

$$r = \sqrt{(5 - 3)^2 + [2 - (-1)]^2 + (3 - 6)^2} = \sqrt{22}$$

Entonces, una ecuación de la esfera es

$$(x - 3)^2 + [y - (-1)]^2 + (z - 6)^2 = \left(\sqrt{22}\right)^2$$

o $$(x - 3)^2 + (y + 1)^2 + (z - 6)^2 = 22 \qquad \blacksquare$$

EJEMPLO 6 Demuestre que $x^2 + y^2 + z^2 + 4x - 6y + 2z + 6 = 0$ es la ecuación de una esfera y obtenga su centro y radio.

SOLUCIÓN Se puede reescribir la ecuación dada en la forma de una ecuación de una esfera si se completan los cuadrados:

$$(x^2 + 4x + 4) + (y^2 - 6y + 9) + (z^2 + 2z + 1) = -6 + 4 + 9 + 1$$

$$(x + 2)^2 + (y - 3)^2 + (z + 1)^2 = 8$$

Al comparar esta ecuación con la forma estándar, se observa que es la ecuación de una esfera con centro $(-2, 3, -1)$ y radio $\sqrt{8} = 2\sqrt{2}$. $\qquad \blacksquare$

EJEMPLO 7 ¿Qué región de $\mathbb{R}^3$ está representada por las siguientes desigualdades?

$$1 \leqslant x^2 + y^2 + z^2 \leqslant 4 \qquad z \leqslant 0$$

SOLUCIÓN Las desigualdades

$$1 \leqslant x^2 + y^2 + z^2 \leqslant 4$$

pueden reescribirse como

$$1 \leqslant \sqrt{x^2 + y^2 + z^2} \leqslant 2$$

por lo que representan los puntos (x, y, z) cuya distancia del origen es por lo menos 1 y cuando mucho 2. Pero también se indica que $z \leqslant 0$, por lo que los puntos se encuentran en o por debajo del plano xy. Por lo tanto, las desigualdades dadas representan la región que se encuentra entre (o en) las esferas $x^2 + y^2 + z^2 = 1$ y $x^2 + y^2 + z^2 = 4$ y debajo (o en) el plano xy. Está dibujada en la figura 15. $\qquad \blacksquare$

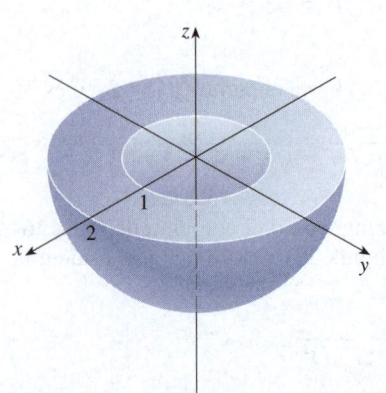

FIGURA 15

12.1 | Ejercicios

1. Suponga que empieza en el origen y que se mueve a lo largo del eje x una distancia de 4 unidades en dirección positiva, y luego se mueve hacia abajo una distancia de 3 unidades. ¿Cuáles son las coordenadas de su posición?

2. Trace los puntos $(1, 5, 3)$, $(0, 2, -3)$, $(-3, 0, 2)$ y $(2, -2, -1)$ en un solo conjunto de ejes coordenados.

3. ¿Cuál de los puntos $A(-4, 0, -1)$, $B(3, 1, -5)$ y $C(2, 4, 6)$ está más cerca del plano yz? ¿Cuál punto se encuentra en el plano xz?

4. ¿Cuáles son las proyecciones del punto $(2, 3, 5)$ en los planos xy, yz, y xz? Dibuje una caja rectangular con el origen y $(2, 3, 5)$ como vértices opuestos con las caras paralelas a los planos coordenados. Etiquete todos los vértices de la caja. Encuentre la longitud de la diagonal de la caja.

5. ¿Qué representa la ecuación $x = 4$ en $\mathbb{R}^2$? ¿Qué representa en $\mathbb{R}^3$? Ilustre con gráficas.

6. ¿Qué representa la ecuación $y = 3$ en $\mathbb{R}^3$? ¿Qué representa $z = 5$? ¿Qué representa el par de ecuaciones $y = 3$, $z = 5$? En otras palabras, describa el conjunto de puntos (x, y, z) de tal forma que $y = 3$ y $z = 5$. Ilustre con una gráfica.

7. Describa y dibuje la superficie en $\mathbb{R}^3$ representada por la ecuación $x + y = 2$.

8. Describa y dibuje la superficie en $\mathbb{R}^3$ representada por la ecuación $x^2 + z^2 = 9$.

9-10 Encuentre la distancia entre los puntos dados.

9. $(3, 5, -2)$, $(-1, 1, -4)$ **10.** $(-6, -3, 0)$, $(2, 4, 5)$

11-12 Obtenga las medidas de los lados del triángulo PQR. ¿Es un triángulo rectángulo? ¿Es un triángulo isósceles?

11. $P(3, -2, -3)$, $Q(7, 0, 1)$, $R(1, 2, 1)$

12. $P(2, -1, 0)$, $Q(4, 1, 1)$, $R(4, -5, 4)$

13. Determine si los puntos se encuentran en línea recta.
(a) $A(2, 4, 2)$, $B(3, 7, -2)$, $C(1, 3, 3)$
(b) $D(0, -5, 5)$, $E(1, -2, 4)$, $F(3, 4, 2)$

14. Calcule la distancia de $(4, -2, 6)$ a cada uno de los siguientes:
(a) El plano xy (b) El plano yz
(c) El plano xz (d) El eje x
(e) El eje y (f) El eje z

15. Encuentre la ecuación de la esfera con centro $(-3, 2, 5)$ y radio 4. ¿Cuál es la intersección de esta esfera con el plano yz?

16. Obtenga la ecuación de la esfera con centro $(2, -6, 4)$ y radio 5. Describa su intersección con cada uno de los planos coordenados.

17. Encuentre la ecuación de la esfera que pasa por el punto $(4, 3, -1)$ y tiene el centro $(3, 8, 1)$.

18. Obtenga la ecuación de la esfera que pasa por el origen y cuyo centro es $(1, 2, 3)$.

19-22 Demuestre que la ecuación representa una esfera y encuentre su centro y radio.

19. $x^2 + y^2 + z^2 + 8x - 2z = 8$

20. $x^2 + y^2 + z^2 = 6x - 4y - 10z$

21. $2x^2 + 2y^2 + 2z^2 - 2x + 4y + 1 = 0$

22. $4x^2 + 4y^2 + 4z^2 = 16x - 6y - 12$

23. Fórmula del punto medio Pruebe que el punto medio del segmento de recta que va de $P_1(x_1, y_1, z_1)$ a $P_2(x_2, y_2, z_2)$ es

$$\left(\frac{x_1 + x_2}{2}, \frac{y_1 + y_2}{2}, \frac{z_1 + z_2}{2} \right)$$

24. Use la fórmula del punto medio del ejercicio 23 para encontrar el centro de una esfera si uno de sus diámetros tiene extremos $(5, 4, 3)$ y $(1, 6, -9)$. Luego halle una ecuación de la esfera.

25. Encuentre la ecuación de la esfera con centro $(-1, 4, 5)$ que apenas toque (en un punto) (a) el plano xy, (b) el plano yz y (c) el plano xz.

26. ¿Qué plano coordenado es el más cercano al punto $(7, 3, 8)$? Obtenga la ecuación de la esfera con centro $(7, 3, 8)$ que apenas toque (en un punto) ese plano coordenado.

27-42 Describa en palabras la región de $\mathbb{R}^3$ representada por las ecuaciones o desigualdades.

27. $z = -2$ **28.** $x = 3$

29. $y \geq 1$ **30.** $x < 4$

31. $-1 \leq x \leq 2$ **32.** $z = y$

33. $x^2 + y^2 = 4$, $z = -1$ **34.** $x^2 + y^2 = 4$

35. $y^2 + z^2 \leq 25$ **36.** $x^2 + z^2 \leq 25$, $0 \leq y \leq 2$

37. $x^2 + y^2 + z^2 = 4$ **38.** $x^2 + y^2 + z^2 \leq 4$

39. $1 \leq x^2 + y^2 + z^2 \leq 5$ **40.** $1 \leq x^2 + y^2 \leq 5$

41. $0 \leq x \leq 3$, $0 \leq y \leq 3$, $0 \leq z \leq 3$

42. $x^2 + y^2 + z^2 > 2z$

43-46 Utilice desigualdades para describir la región.

43. La región entre el plano yz y el plano vertical $x = 5$.

44. El cilindro sólido que se encuentra en o debajo del plano $z = 8$ y en o encima del disco en el plano xy con el centro en el origen y radio 2.

45. La región que consiste de todos los puntos entre (pero no en) las esferas de radio r y R centradas en el origen, donde $r < R$.

46. El hemisferio superior sólido de la esfera de radio 2 centrado en el origen.

47. En la figura se muestra una recta L_1 en el espacio y una segunda recta L_2, que es la proyección de L_1 en el plano xy. (En otras palabras, los puntos de L_2 están directamente debajo o encima de los puntos de L_1).
   (a) Encuentre las coordenadas del punto P en la recta L_1.
   (b) Localice en el diagrama los puntos A, B y C, donde la recta L_1 interseca el plano xy, el plano yz y el plano xz, respectivamente.

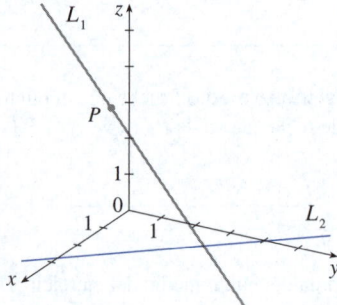

48. Considere los puntos P de tal manera que la distancia de P a $A(-1, 5, 3)$ sea el doble de la distancia de P a $B(6, 2, -2)$. Demuestre que el conjunto de todos esos puntos es una esfera y localice su centro y radio.

49. Determine una ecuación del conjunto de todos los puntos equidistantes de los puntos $A(-1, 5, 3)$ y $B(6, 2, -2)$. Describa el conjunto.

50. Encuentre el volumen del sólido que se encuentra dentro de ambas esferas.

$$x^2 + y^2 + z^2 + 4x - 2y + 4z + 5 = 0$$

y
$$x^2 + y^2 + z^2 = 4$$

51. Obtenga la distancia entre las esferas $x^2 + y^2 + z^2 = 4$ y $x^2 + y^2 + z^2 = 4x + 4y + 4z - 11$.

52. Describa y dibuje un sólido con las siguientes propiedades: cuando se ilumina con rayos paralelos al eje z, su sombra es un disco circular. Si los rayos son paralelos al eje y, su sombra es un cuadrado. Si los rayos son paralelos al eje x, su sombra es un triángulo isósceles.

12.2 | Vectores

El término **vector** se utiliza en matemáticas y en ciencias para indicar una cantidad que tiene tanto magnitud como dirección. Por ejemplo, para describir la velocidad de un objeto en movimiento, se debe especificar tanto la velocidad del objeto como la dirección del recorrido. Otros ejemplos de vectores incluyen fuerza, desplazamiento y aceleración.

■ Descripción geométrica de vectores

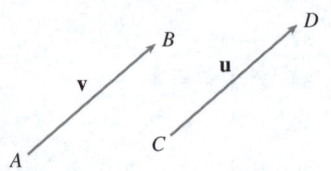

FIGURA 1
Vectores equivalentes.

Un vector suele representarse con una flecha o un segmento de recta dirigido. La longitud de la flecha representa la magnitud del vector y la flecha apunta en la dirección del vector. Para denotar un vector, se escribe una letra en negrita (**v**) o se coloca una flecha encima de la letra ($\vec{v}$).

Por ejemplo, suponga que una partícula se mueve a lo largo de un segmento de recta del punto A al punto B. El **vector de desplazamiento v** correspondiente, que se muestra en la figura 1, tiene el **punto inicial** A (la cola) y el **punto terminal** B (la punta) y se indica al escribir $\mathbf{v} = \overrightarrow{AB}$. Tenga en cuenta que el vector $\mathbf{u} = \overrightarrow{CD}$ tiene la misma longitud y dirección que **v**, aunque está en una posición diferente. Se dice que **u** y **v** son **equivalentes** (o **iguales**) y se escribe $\mathbf{u} = \mathbf{v}$. El **vector cero**, que se denota con **0**, tiene una longitud 0. Es el único vector sin dirección específica.

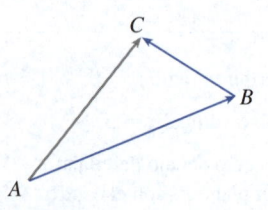

FIGURA 2

A menudo es útil combinar los vectores. Por ejemplo, suponga que una partícula se mueve de A a B con un vector de desplazamiento $\overrightarrow{AB}$, y luego la partícula cambia de dirección y se mueve de B a C, con un vector de desplazamiento $\overrightarrow{BC}$, como se muestra en la figura 2. El efecto combinado de estos desplazamientos es que la partícula se ha movido de A a C. El vector de desplazamiento resultante $\overrightarrow{AC}$ es la *suma* de $\overrightarrow{AB}$ y $\overrightarrow{BC}$ y se escribe

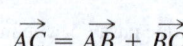

$$\overrightarrow{AC} = \overrightarrow{AB} + \overrightarrow{BC}$$

En general, si se inicia con los vectores **u** y **v**, primero se coloca **v** de modo que su cola coincida con la punta de **u** y la suma de **u** y **v** se define como sigue.

> **Definición de la suma de vectores** Si **u** y **v** son vectores posicionados de tal manera que el punto inicial de **v** está en el punto terminal de **u**, entonces la **suma u + v** es el vector del punto inicial de **u** al punto terminal de **v**.

La definición de la suma de vectores se ilustra en la figura 3; en ella se puede ver por qué esta definición se conoce en ocasiones como la **ley del triángulo**.

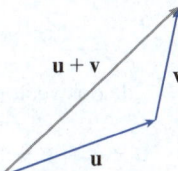

FIGURA 3
Ley del triángulo.

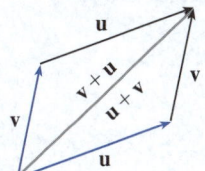

FIGURA 4
Ley del paralelogramo.

En la figura 4 se empieza con los mismos vectores **u** y **v** que en la figura 3 y se dibuja otra copia de **v** con el mismo punto inicial que **u**. Al completar el paralelogramo, se observa que **u + v = v + u**. Esto también da otra forma de construir la suma: si se coloca **u** y **v** de tal modo que empiecen en el mismo punto, entonces **u + v** se encuentra a lo largo de la diagonal del paralelogramo con **u** y **v** como lados. (Esto se llama **ley del paralelogramo**).

EJEMPLO 1 Dibuje la suma de los vectores **a** y **b** que se muestran en la figura 5.

SOLUCIÓN En primer lugar se coloca **b** con la cola en la punta de **a**, teniendo cuidado de dibujar una copia de **b** que tenga la misma longitud y dirección. Luego se dibuja el vector **a + b** [vea la figura 6(a)] empezando en el punto inicial de **a** y terminando en el punto terminal de la copia de **b**.

Por otra parte, también se puede colocar **b** de manera que comience donde empieza **a** y construir **a + b** siguiendo la ley del paralelogramo como se muestra en la figura 6(b).

FIGURA 5

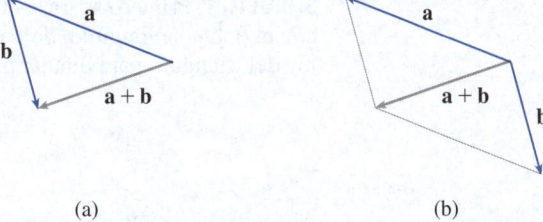

FIGURA 6   (a)   (b)

Ahora se define la multiplicación de un vector **v** por un número real c. En este contexto el número real c se llama **escalar** para distinguirlo de un vector. Por ejemplo, se desea que el *múltiplo escalar* 2**v** sea el mismo vector de la suma **v + v**, que tiene la misma dirección que **v**, pero tiene el doble de largo. En general, un vector se multiplica por un escalar de la siguiente manera.

> **Definición de multiplicación escalar** Si c es un escalar y **v** es un vector, el **múltiplo escalar** c**v** es el vector cuya longitud es $|c|$ veces la longitud de **v** y cuya dirección es la misma que la de **v** si $c > 0$ y es contraria a la de **v** si $c < 0$. Si $c = 0$ o **v = 0**, entonces c**v = 0**.

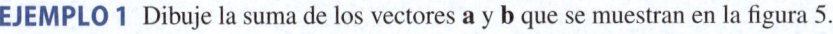

Esta definición se ilustra en la figura 7. Cabe señalar que los números reales funcionan como factores de escalamiento en este caso; por eso se conocen como escalares. Tenga en cuenta que dos vectores diferentes de cero son **paralelos** si son múltiplos escalares del otro. En particular, el vector $-\mathbf{v} = (-1)\mathbf{v}$ tiene la misma longitud que $\mathbf{v}$, pero apunta en la dirección opuesta. Se conoce como el **negativo** de $\mathbf{v}$.

FIGURA 7
Múltiplos escalares de $\mathbf{v}$.

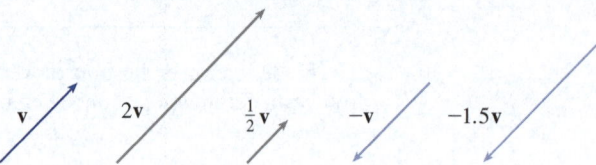

Por la **resta o diferencia** $\mathbf{u} - \mathbf{v}$ de dos vectores se entiende

$$\mathbf{u} - \mathbf{v} = \mathbf{u} + (-\mathbf{v})$$

Para los vectores $\mathbf{u}$ y $\mathbf{v}$ que se muestran en la figura 8(a), es posible construir la diferencia $\mathbf{u} - \mathbf{v}$ dibujando primero el negativo de $\mathbf{v}$, $-\mathbf{v}$, y luego sumándolo a $\mathbf{u}$ por la ley del paralelogramo como en la figura 8(b). Por otra parte, ya que $\mathbf{v} + (\mathbf{u} - \mathbf{v}) = \mathbf{u}$, el vector $\mathbf{u} - \mathbf{v}$, cuando se suma a $\mathbf{v}$, da $\mathbf{u}$. Por consiguiente, se podría construir $\mathbf{u} - \mathbf{v}$ como en la figura 8(c) siguiendo la ley del triángulo. Observe que si tanto $\mathbf{u}$ como $\mathbf{v}$ comienzan en el mismo punto inicial, entonces $\mathbf{u} - \mathbf{v}$ conecta la punta de $\mathbf{v}$ a la punta de $\mathbf{u}$.

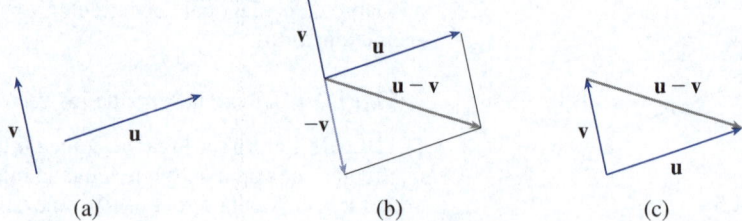

FIGURA 8
Trazo de la diferencia $\mathbf{u} - \mathbf{v}$.

(a)   (b)   (c)

EJEMPLO 2 Si $\mathbf{a}$ y $\mathbf{b}$ son los vectores mostrados en la figura 9, dibuje $\mathbf{a} - 2\mathbf{b}$.

SOLUCIÓN Primero se traza el vector $-2\mathbf{b}$ apuntando en la dirección opuesta a $\mathbf{b}$ y con el doble de longitud. Se coloca con la cola en la punta de $\mathbf{a}$ y luego se aplica la ley del triángulo para dibujar $\mathbf{a} + (-2\mathbf{b})$ como se muestra en la figura 10.

FIGURA 9   **FIGURA 10**   ∎

▪ Componentes de un vector

Para algunos fines es conveniente introducir un sistema de coordenadas que permita tratar vectores algebraicamente. Si se coloca el punto inicial de un vector $\mathbf{a}$ en el origen de un sistema de coordenadas rectangular, entonces el punto terminal de $\mathbf{a}$ tiene coordenadas de la forma (a_1, a_2) o (a_1, a_2, a_3), dependiendo de si el sistema de coordenadas es bidimensional o tridimensional (vea la figura 11). Estas coordenadas se llaman **componentes** de $\mathbf{a}$ y se escriben

$$\mathbf{a} = \langle a_1, a_2 \rangle \qquad \text{o} \qquad \mathbf{a} = \langle a_1, a_2, a_3 \rangle$$

Se usa la notación $\langle a_1, a_2 \rangle$ para el par ordenado que se refiere a un vector para no confundirlo con el par ordenado (a_1, a_2) que se refiere a un punto en el plano.

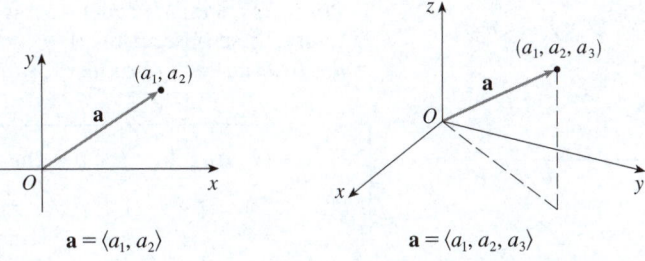

FIGURA 11

$$\mathbf{a} = \langle a_1, a_2 \rangle \qquad\qquad \mathbf{a} = \langle a_1, a_2, a_3 \rangle$$

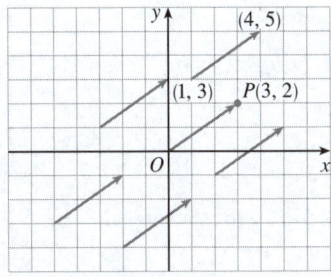

FIGURA 12
Representaciones de $\mathbf{a} = \langle 3, 2 \rangle$.

Por ejemplo, todos los vectores que se muestran en la figura 12 son equivalentes al vector $\overrightarrow{OP} = \langle 3, 2 \rangle$ cuyo punto terminal es $P(3, 2)$. Tienen en común que el punto terminal se alcanza desde el punto inicial al desplazar tres unidades a la derecha y dos hacia arriba. Se puede pensar en todos estos vectores geométricos como **representaciones** del vector algebraico $\mathbf{a} = \langle 3, 2 \rangle$. La representación particular $\overrightarrow{OP}$ del origen al punto $P(3, 2)$ se llama **vector de posición** del punto P.

En tres dimensiones, el vector $\mathbf{a} = \overrightarrow{OP} = \langle a_1, a_2, a_3 \rangle$ es el **vector de posición** del punto $P(a_1, a_2, a_3)$ (vea la figura 13). Considere cualquier otra representación de $\mathbf{a}$ por un segmento de recta dirigido $\overrightarrow{AB}$ con punto inicial $A(x_1, y_1, z_1)$ y punto terminal $B(x_2, y_2, z_2)$. Entonces se debe tener $x_1 + a_1 = x_2$, $y_1 + a_2 = y_2$, y $z_1 + a_3 = z_2$ y, por lo tanto, $a_1 = x_2 - x_1$, $a_2 = y_2 - y_1$ y $a_3 = z_2 - z_1$. En consecuencia, se tiene el siguiente resultado.

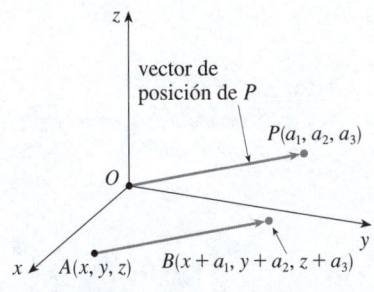

FIGURA 13
Representaciones de $\mathbf{a} = \langle a_1, a_2, a_3 \rangle$.

1 Dados los puntos $A(x_1, y_1, z_1)$ y $B(x_2, y_2, z_2)$, el vector $\mathbf{a}$ con representación $\overrightarrow{AB}$ es

$$\mathbf{a} = \langle x_2 - x_1, y_2 - y_1, z_2 - z_1 \rangle$$

EJEMPLO 3 Encuentre el vector representado por el segmento de recta dirigido con punto inicial $A(2, -3, 4)$ y punto terminal $B(-2, 1, 1)$.

SOLUCIÓN Por (1), el vector correspondiente a $\overrightarrow{AB}$ es

$$\mathbf{a} = \langle -2 - 2, 1 - (-3), 1 - 4 \rangle = \langle -4, 4, -3 \rangle \qquad ■$$

La **magnitud** o **longitud** del vector $\mathbf{v}$ es la longitud de cualquiera de sus representaciones y se denota por el símbolo $|\mathbf{v}|$ o $\|\mathbf{v}\|$. Se usa la fórmula de la distancia para calcular la longitud de un segmento OP y obtener las siguientes fórmulas.

La longitud del vector bidimensional $\mathbf{a} = \langle a_1, a_2 \rangle$ es

$$|\mathbf{a}| = \sqrt{a_1^2 + a_2^2}$$

La longitud del vector tridimensional $\mathbf{a} = \langle a_1, a_2, a_3 \rangle$ es

$$|\mathbf{a}| = \sqrt{a_1^2 + a_2^2 + a_3^2}$$

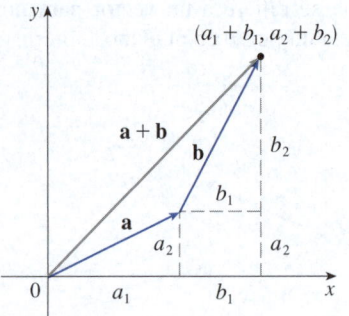

FIGURA 14

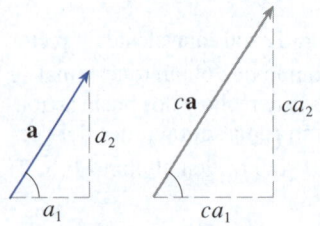

FIGURA 15

¿Cómo se suman vectores de manera algebraica? En la figura 14 se muestra que si $\mathbf{a} = \langle a_1, a_2 \rangle$ y $\mathbf{b} = \langle b_1, b_2 \rangle$, entonces su suma es $\mathbf{a} + \mathbf{b} = \langle a_1 + b_1, a_2 + b_2 \rangle$, al menos cuando los componentes son positivos. En otras palabras, *para sumar vectores algebraicos se suman los componentes correspondientes*. Del mismo modo, *para restar vectores, se restan los componentes correspondientes*. En los triángulos semejantes de la figura 15 se observa que los componentes de $c\mathbf{a}$ son ca_1 y ca_2. Por lo tanto, *para multiplicar un vector por un escalar se multiplica cada componente por ese escalar*.

Si $\mathbf{a} = \langle a_1, a_2 \rangle$ y $\mathbf{b} = \langle b_1, b_2 \rangle$, entonces

$$\mathbf{a} + \mathbf{b} = \langle a_1 + b_1, a_2 + b_2 \rangle \qquad \mathbf{a} - \mathbf{b} = \langle a_1 - b_1, a_2 - b_2 \rangle$$

$$c\mathbf{a} = \langle ca_1, ca_2 \rangle$$

Asimismo, para los vectores tridimensionales,

$$\langle a_1, a_2, a_3 \rangle + \langle b_1, b_2, b_3 \rangle = \langle a_1 + b_1, a_2 + b_2, a_3 + b_3 \rangle$$

$$\langle a_1, a_2, a_3 \rangle - \langle b_1, b_2, b_3 \rangle = \langle a_1 - b_1, a_2 - b_2, a_3 - b_3 \rangle$$

$$c\langle a_1, a_2, a_3 \rangle = \langle ca_1, ca_2, ca_3 \rangle$$

EJEMPLO 4   Si $\mathbf{a} = \langle 4, 0, 3 \rangle$ y $\mathbf{b} = \langle -2, 1, 5 \rangle$, encuentre $|\mathbf{a}|$ y los vectores $\mathbf{a} + \mathbf{b}$, $\mathbf{a} - \mathbf{b}$, $3\mathbf{b}$ y $2\mathbf{a} + 5\mathbf{b}$.

SOLUCIÓN
$$|\mathbf{a}| = \sqrt{4^2 + 0^2 + 3^2} = \sqrt{25} = 5$$

$$\mathbf{a} + \mathbf{b} = \langle 4, 0, 3 \rangle + \langle -2, 1, 5 \rangle$$
$$= \langle 4 + (-2), 0 + 1, 3 + 5 \rangle = \langle 2, 1, 8 \rangle$$

$$\mathbf{a} - \mathbf{b} = \langle 4, 0, 3 \rangle - \langle -2, 1, 5 \rangle$$
$$= \langle 4 - (-2), 0 - 1, 3 - 5 \rangle = \langle 6, -1, -2 \rangle$$

$$3\mathbf{b} = 3\langle -2, 1, 5 \rangle = \langle 3(-2), 3(1), 3(5) \rangle = \langle -6, 3, 15 \rangle$$

$$2\mathbf{a} + 5\mathbf{b} = 2\langle 4, 0, 3 \rangle + 5\langle -2, 1, 5 \rangle$$
$$= \langle 8, 0, 6 \rangle + \langle -10, 5, 25 \rangle = \langle -2, 5, 31 \rangle \qquad \blacksquare$$

V_2 denota el conjunto de todos los vectores bidimensionales y V_3, el conjunto de todos los vectores tridimensionales. Más adelante se considerará el conjunto V_n de todos los vectores n-dimensionales. Un vector n-dimensional es una n-tupla ordenada:

$$\mathbf{a} = \langle a_1, a_2, \ldots, a_n \rangle$$

donde $a_1, a_2, \ldots, a_n$ son números reales que se denominan componentes de $\mathbf{a}$. La suma y la multiplicación escalar en V_n se definen en términos de componentes al igual que para los casos $n = 2$ y $n = 3$.

Los vectores en n dimensiones se utilizan para enumerar diversas cantidades en una lista organizada. Por ejemplo, los componentes de un vector de seis dimensiones

$$\mathbf{p} = \langle p_1, p_2, p_3, p_4, p_5, p_6 \rangle$$

podrían representar los precios de seis ingredientes distintos, necesarios para fabricar un producto específico. En la teoría de la relatividad se utilizan vectores cuatridimensionales $\langle x, y, z, t \rangle$, donde los tres primeros especifican una posición en el espacio y el último representa el tiempo.

Propiedades de los vectores   Si $\mathbf{a}$, $\mathbf{b}$ y $\mathbf{c}$ son vectores en V_n y c y d son escalares, entonces

1. $\mathbf{a} + \mathbf{b} = \mathbf{b} + \mathbf{a}$ **2.** $\mathbf{a} + (\mathbf{b} + \mathbf{c}) = (\mathbf{a} + \mathbf{b}) + \mathbf{c}$

3. $\mathbf{a} + \mathbf{0} = \mathbf{a}$ **4.** $\mathbf{a} + (-\mathbf{a}) = \mathbf{0}$

5. $c(\mathbf{a} + \mathbf{b}) = c\mathbf{a} + c\mathbf{b}$ **6.** $(c + d)\mathbf{a} = c\mathbf{a} + d\mathbf{a}$

7. $(cd)\mathbf{a} = c(d\mathbf{a})$ **8.** $1\mathbf{a} = \mathbf{a}$

Estas ocho propiedades de los vectores pueden comprobarse fácilmente por métodos geométricos o algebraicos. Por ejemplo, la propiedad 1 puede observarse en la figura 4 (es equivalente a la ley del paralelogramo) o como sigue para el caso $n = 2$:

$$\mathbf{a} + \mathbf{b} = \langle a_1, a_2 \rangle + \langle b_1, b_2 \rangle = \langle a_1 + b_1, a_2 + b_2 \rangle$$
$$= \langle b_1 + a_1, b_2 + a_2 \rangle = \langle b_1, b_2 \rangle + \langle a_1, a_2 \rangle$$
$$= \mathbf{b} + \mathbf{a}$$

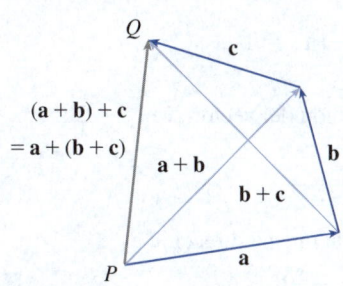

FIGURA 16

Es posible ver por qué la propiedad 2 (la ley asociativa) es verdadera si se observa la figura 16 y se aplica la ley del triángulo varias veces: el vector $\overrightarrow{PQ}$ se obtiene ya sea construyendo primero $\mathbf{a} + \mathbf{b}$ y luego sumando $\mathbf{c}$, o sumando $\mathbf{a}$ al vector $\mathbf{b} + \mathbf{c}$.

Tres vectores en V_3 desempeñan un papel especial. Sea

$$\mathbf{i} = \langle 1, 0, 0 \rangle \qquad \mathbf{j} = \langle 0, 1, 0 \rangle \qquad \mathbf{k} = \langle 0, 0, 1 \rangle$$

Estos vectores $\mathbf{i}$, $\mathbf{j}$ y $\mathbf{k}$ se llaman **vectores de base estándar** o **canónica.** Su longitud es 1 y apuntan en las direcciones de los ejes x, y y z positivos. De forma similar, en dos dimensiones se define $\mathbf{i} = \langle 1, 0 \rangle$ y $\mathbf{j} = \langle 0, 1 \rangle$ (vea la figura 17).

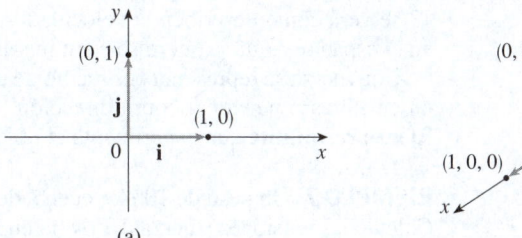

(a)   (b)

FIGURA 17
Vectores de base estándar en V_2 y V_3.

Si $\mathbf{a} = \langle a_1, a_2, a_3 \rangle$, entonces es posible escribir

$$\mathbf{a} = \langle a_1, a_2, a_3 \rangle = \langle a_1, 0, 0 \rangle + \langle 0, a_2, 0 \rangle + \langle 0, 0, a_3 \rangle$$
$$= a_1 \langle 1, 0, 0 \rangle + a_2 \langle 0, 1, 0 \rangle + a_3 \langle 0, 0, 1 \rangle$$

$$\boxed{2} \qquad \mathbf{a} = a_1 \mathbf{i} + a_2 \mathbf{j} + a_3 \mathbf{k}$$

Así, cualquier vector en V_3 puede expresarse en términos de $\mathbf{i}$, $\mathbf{j}$ y $\mathbf{k}$. Por ejemplo,

$$\langle 1, -2, 6 \rangle = \mathbf{i} - 2\mathbf{j} + 6\mathbf{k}$$

De manera similar, en dos dimensiones se puede escribir

$$\boxed{3} \qquad \mathbf{a} = \langle a_1, a_2 \rangle = a_1 \mathbf{i} + a_2 \mathbf{j}$$

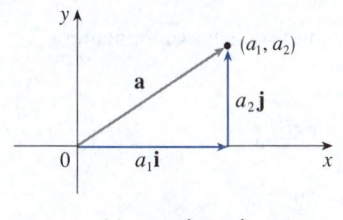

(a) $\mathbf{a} = a_1 \mathbf{i} + a_2 \mathbf{j}$

Vea la figura 18 para la interpretación geométrica de las ecuaciones 3 y 2 y compare con la figura 17.

EJEMPLO 5 Si $\mathbf{a} = \mathbf{i} + 2\mathbf{j} - 3\mathbf{k}$ y $\mathbf{b} = 4\mathbf{i} + 7\mathbf{k}$, exprese el vector $2\mathbf{a} + 3\mathbf{b}$ en términos de $\mathbf{i}$, $\mathbf{j}$ y $\mathbf{k}$.

SOLUCIÓN Al usar las propiedades 1, 2, 5, 6 y 7 de los vectores, se tiene

$$2\mathbf{a} + 3\mathbf{b} = 2(\mathbf{i} + 2\mathbf{j} - 3\mathbf{k}) + 3(4\mathbf{i} + 7\mathbf{k})$$
$$= 2\mathbf{i} + 4\mathbf{j} - 6\mathbf{k} + 12\mathbf{i} + 21\mathbf{k} = 14\mathbf{i} + 4\mathbf{j} + 15\mathbf{k} \quad \blacksquare$$

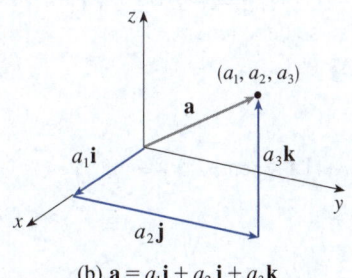

(b) $\mathbf{a} = a_1 \mathbf{i} + a_2 \mathbf{j} + a_3 \mathbf{k}$

FIGURA 18

Un **vector unitario** es un vector cuya longitud es 1. Por ejemplo, **i**, **j** y **k** son todos vectores unitarios. En general, si $\mathbf{a} \neq \mathbf{0}$, entonces el vector unitario que tiene la misma dirección que **a** es

$$\boxed{4} \qquad \mathbf{u} = \frac{1}{|\mathbf{a}|}\,\mathbf{a} = \frac{\mathbf{a}}{|\mathbf{a}|}$$

Para verificar esto, sea $c = 1/|\mathbf{a}|$. Entonces $\mathbf{u} = c\mathbf{a}$ y c es un escalar positivo, por lo que **u** tiene la misma dirección que **a**. Además,

$$|\mathbf{u}| = |c\mathbf{a}| = |c||\mathbf{a}| = \frac{1}{|\mathbf{a}|}\,|\mathbf{a}| = 1$$

EJEMPLO 6 Encuentre el vector unitario en la dirección del vector $2\mathbf{i} - \mathbf{j} - 2\mathbf{k}$.

SOLUCIÓN El vector dado tiene longitud

$$|2\mathbf{i} - \mathbf{j} - 2\mathbf{k}| = \sqrt{2^2 + (-1)^2 + (-2)^2} = \sqrt{9} = 3$$

por lo tanto, por la ecuación 4, el vector unitario con la misma dirección es

$$\tfrac{1}{3}(2\mathbf{i} - \mathbf{j} - 2\mathbf{k}) = \tfrac{2}{3}\mathbf{i} - \tfrac{1}{3}\mathbf{j} - \tfrac{2}{3}\mathbf{k} \qquad \blacksquare$$

■ Aplicaciones

Los vectores son útiles en muchos aspectos de la física y la ingeniería. En el capítulo 13 se verá cómo describen la velocidad y la aceleración de los objetos que se mueven en el espacio. Aquí, primero se examinarán las fuerzas.

Una fuerza se representa por medio de un vector porque tiene tanto magnitud (medida en libras o newtons) como dirección. Si varias fuerzas actúan sobre un objeto, la **fuerza resultante** que experimenta el objeto es la suma vectorial de estas fuerzas.

EJEMPLO 7 Un peso de 100 kg cuelga de dos cables como se muestra en la figura 19. Calcule las tensiones (fuerzas) $\mathbf{T}_1$ y $\mathbf{T}_2$ en los cables y las magnitudes de estas tensiones.

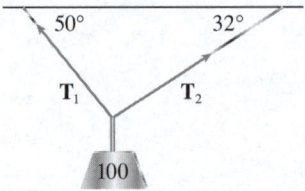

FIGURA 19

SOLUCIÓN En primer lugar, $\mathbf{T}_1$ y $\mathbf{T}_2$ se expresan en términos de sus componentes horizontales y verticales. En la figura 20 se observa que

$$\boxed{5} \qquad \mathbf{T}_1 = -|\mathbf{T}_1|\cos 50°\,\mathbf{i} + |\mathbf{T}_1|\operatorname{sen} 50°\,\mathbf{j}$$

$$\boxed{6} \qquad \mathbf{T}_2 = |\mathbf{T}_2|\cos 32°\,\mathbf{i} + |\mathbf{T}_2|\operatorname{sen} 32°\,\mathbf{j}$$

La fuerza de gravedad que actúa sobre la carga es $\mathbf{F} = -100(9.8)\mathbf{j} = -980\,\mathbf{j}$. La $\mathbf{T}_1 + \mathbf{T}_2$ resultante de las tensiones contrarresta **F** y, por lo tanto, se debe tener

$$\mathbf{T}_1 + \mathbf{T}_2 = -\mathbf{F} = 980\,\mathbf{j}$$

Así,

$$\big(-|\mathbf{T}_1|\cos 50° + |\mathbf{T}_2|\cos 32°\big)\mathbf{i} + \big(|\mathbf{T}_1|\operatorname{sen} 50° + |\mathbf{T}_2|\operatorname{sen} 32°\big)\mathbf{j} = 980\,\mathbf{j}$$

Al igualar los componentes, se obtiene

$$-|\mathbf{T}_1|\cos 50° + |\mathbf{T}_2|\cos 32° = 0$$

$$|\mathbf{T}_1|\operatorname{sen} 50° + |\mathbf{T}_2|\operatorname{sen} 32° = 980$$

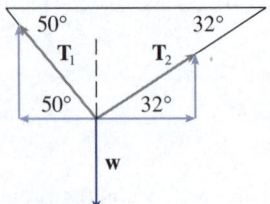

FIGURA 20

Se despeja $|\mathbf{T}_2|$ en la primera de estas ecuaciones y se sustituye en la segunda para obtener

$$|\mathbf{T}_1| \operatorname{sen} 50° + \frac{|\mathbf{T}_1| \cos 50°}{\cos 32°} \operatorname{sen} 32° = 980$$

$$|\mathbf{T}_1| \left(\operatorname{sen} 50° + \cos 50° \frac{\operatorname{sen} 32°}{\cos 32°} \right) = 980$$

Por consiguiente, las magnitudes de las tensiones son

$$|\mathbf{T}_1| = \frac{980}{\operatorname{sen} 50° + \tan 32° \cos 50°} \approx 839 \text{ N}$$

y

$$|\mathbf{T}_2| = \frac{|\mathbf{T}_1| \cos 50°}{\cos 32°} \approx 636 \text{ N}$$

Se sustituyen estos valores en (5) y (6) y se obtienen los vectores de tensión en newtons

$$\mathbf{T}_1 \approx -539\,\mathbf{i} + 643\,\mathbf{j}$$

$$\mathbf{T}_2 \approx 539\,\mathbf{i} + 337\,\mathbf{j} \qquad \blacksquare$$

Si un avión vuela con viento, el *curso verdadero*, o *rumbo*, del avión es la dirección de la resultante de los vectores de velocidad del avión con respecto al viento y la velocidad del viento respecto a la Tierra. La rapidez del avión respecto a la Tierra es la magnitud de la resultante. Del mismo modo, un barco que navega en una corriente de agua sigue su verdadero curso en la dirección de la resultante de los vectores de velocidad del barco y de la corriente de agua.

EJEMPLO 8 Una mujer zarpa en un bote desde la orilla sur de un río recto que fluye directamente hacia el oeste a 4 km/h. Quiere atracar en el punto que se encuentra directamente enfrente en la orilla opuesta. Si la velocidad del barco (en relación con el agua) es de 8 km/h, ¿en qué dirección debe dirigir el barco para llegar al punto de desembarque deseado?

SOLUCIÓN Seleccione los ejes coordenados con el origen en la posición inicial del barco, como se muestra en la figura 21. La velocidad de la corriente del río es $\mathbf{v}_c = -4\mathbf{i}$ y, como la velocidad del barco (en aguas tranquilas) es de 8 km/h, la velocidad del barco es $\mathbf{v}_b = 8(\cos \theta\, \mathbf{i} + \operatorname{sen} \theta\, \mathbf{j})$, donde θ es como se muestra en la figura. La velocidad resultante es

$$\mathbf{v} = \mathbf{v}_b + \mathbf{v}_c$$

$$= 8 \cos \theta\, \mathbf{i} + 8 \operatorname{sen} \theta\, \mathbf{j} - 4\mathbf{i} = (-4 + 8 \cos \theta)\mathbf{i} + (8 \operatorname{sen} \theta)\mathbf{j}$$

Se requiere que el verdadero curso del barco sea directamente hacia el norte, por lo que el componente x de $\mathbf{v}$ debe ser cero:

$$-4 + 8 \cos \theta = 0 \quad \Longrightarrow \quad \cos \theta = \tfrac{1}{2} \quad \Longrightarrow \quad \theta = 60°$$

Por consiguiente, la mujer debe dirigir el barco en la dirección $\theta = 60°$, o N 30° E. $\blacksquare$

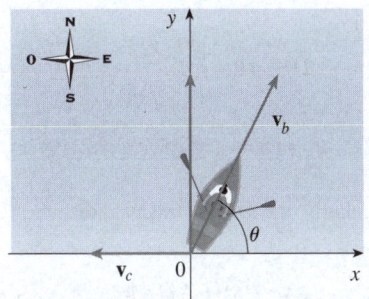

FIGURA 21

Al describir las instrucciones para navegar, a menudo se usa un *rumbo*, como N 20° O, que significa: desde la dirección norte, girar 20° hacia el oeste (observe que un rumbo siempre comienza con norte o sur).

12.2 │ Ejercicios

1. ¿Cada una de las siguientes cantidades es un vector o un escalar? Explique.
  (a) El costo de una entrada al teatro.
  (b) La corriente de un río.

  (c) La ruta de vuelo inicial de Houston a Dallas.
  (d) La población del mundo.

2. ¿Cuál es la relación entre el punto $(4, 7)$ y el vector $\langle 4, 7 \rangle$? Ilustre con una gráfica.

3. Nombre todos los vectores iguales en el paralelogramo mostrado.

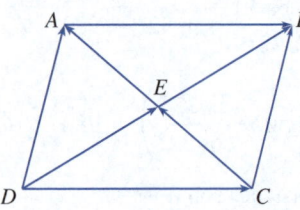

4. Usando los vectores mostrados en la figura, escriba cada suma o resta como un solo vector.

(a) $\overrightarrow{AB} + \overrightarrow{BC}$ (b) $\overrightarrow{CD} + \overrightarrow{DB}$

(c) $\overrightarrow{DB} - \overrightarrow{AB}$ (d) $\overrightarrow{DC} + \overrightarrow{CA} + \overrightarrow{AB}$

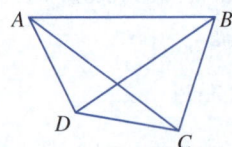

5. Copie los vectores de la figura y úselos para dibujar los siguientes vectores.

(a) $\mathbf{a} + \mathbf{b}$ (b) $\mathbf{b} + \mathbf{c}$
(c) $\mathbf{a} + \mathbf{c}$ (d) $\mathbf{a} - \mathbf{c}$
(e) $\mathbf{b} + \mathbf{a} + \mathbf{c}$ (f) $\mathbf{a} - \mathbf{b} - \mathbf{c}$

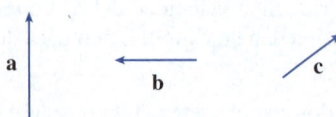

6. Copie los vectores de la figura y úselos para dibujar los siguientes vectores.

(a) $\mathbf{u} + \mathbf{v}$ (b) $\mathbf{u} - \mathbf{v}$
(c) $2\mathbf{u}$ (d) $-\frac{1}{2}\mathbf{v}$
(e) $3\mathbf{u} + \mathbf{v}$ (f) $\mathbf{v} - 2\mathbf{u}$

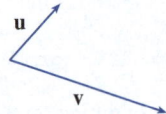

7. En la figura, la punta de **c** y la cola de **d** forman el punto medio de QR. Exprese **c** y **d** en términos de **a** y **b**.

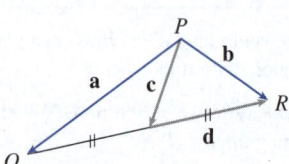

8. Si los vectores de la figura satisfacen $|\mathbf{u}| = |\mathbf{v}| = 1$ y $\mathbf{u} + \mathbf{v} + \mathbf{w} = \mathbf{0}$, ¿qué valor tiene $|\mathbf{w}|$?

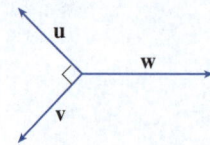

9-14 Encuentre un vector **a** con la representación dada por el segmento de recta dirigido $\overrightarrow{AB}$. Dibuje $\overrightarrow{AB}$ y la representación equivalente empezando en el origen.

9. $A(-2, 1)$, $B(1, 2)$ **10.** $A(-5, -1)$, $B(-3, 3)$

11. $A(3, -1)$, $B(2, 3)$ **12.** $A(3, 2)$, $B(1, 0)$

13. $A(1, -2, 4)$, $B(-2, 3, 0)$ **14.** $A(3, 0, -2)$, $B(0, 5, 0)$

15-18 Obtenga la suma de los vectores dados e ilustre geométricamente.

15. $\langle -1, 4 \rangle$, $\langle 6, -2 \rangle$ **16.** $\langle 3, -1 \rangle$, $\langle -1, 5 \rangle$

17. $\langle 3, 0, 1 \rangle$, $\langle 0, 8, 0 \rangle$ **18.** $\langle 1, 3, -2 \rangle$, $\langle 0, 0, 6 \rangle$

19-22 Calcule $\mathbf{a} + \mathbf{b}$, $4\mathbf{a} + 2\mathbf{b}$, $|\mathbf{a}|$ y $|\mathbf{a} - \mathbf{b}|$.

19. $\mathbf{a} = \langle -3, 4 \rangle$, $\mathbf{b} = \langle 9, -1 \rangle$

20. $\mathbf{a} = 5\mathbf{i} + 3\mathbf{j}$, $\mathbf{b} = -\mathbf{i} - 2\mathbf{j}$

21. $\mathbf{a} = 4\mathbf{i} - 3\mathbf{j} + 2\mathbf{k}$, $\mathbf{b} = 2\mathbf{i} - 4\mathbf{k}$

22. $\mathbf{a} = \langle 8, 1, -4 \rangle$, $\mathbf{b} = \langle 5, -2, 1 \rangle$

23-25 Obtenga un vector unitario que tenga la misma dirección que el vector dado.

23. $\langle 6, -2 \rangle$ **24.** $-5\mathbf{i} + 3\mathbf{j} - \mathbf{k}$

25. $8\mathbf{i} - \mathbf{j} + 4\mathbf{k}$

---

26. Encuentre el vector que tiene la misma dirección que $\langle 6, 2, -3 \rangle$ pero cuya longitud es 4.

27-28 ¿Cuál es el ángulo entre el vector dado y la dirección positiva del eje x?

27. $\mathbf{i} + \sqrt{3}\,\mathbf{j}$ **28.** $8\mathbf{i} + 6\mathbf{j}$

---

29. El punto inicial de un vector **v** en V_2 es el origen y el punto terminal está en el cuadrante II. Si **v** hace un ángulo de $5\pi/6$ con el eje positivo x y $|\mathbf{v}| = 4$, calcule **v** en forma de componentes.

30. Si un niño tira de un trineo por la nieve en un camino nivelado con una fuerza de 50 N ejercida en un ángulo de 38° sobre la horizontal, encuentre los componentes horizontal y vertical de la fuerza.

31. Un mariscal de campo lanza un balón de futbol americano con un ángulo de elevación de 40° y velocidad de 20 m/s. Obtenga los componentes horizontal y vertical del vector de velocidad.

32-33 Calcule la magnitud de la fuerza resultante y el ángulo que forma con el eje x positivo.

32.
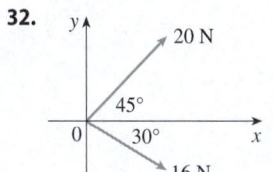

33.
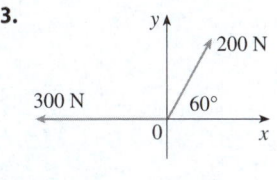

34. Una grúa suspende una viga de acero de 500 kg horizontalmente por medio de cables de soporte (con peso insignificante) conectados desde un gancho a cada extremo de la viga. Cada uno de los cables de soporte forma un ángulo de 60° con la viga. Encuentre el vector de tensión en cada cable de soporte y la magnitud de cada tensión.

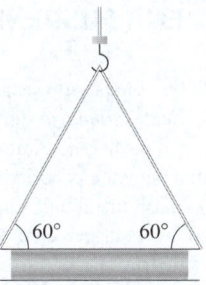

35. Un polipasto elevador está suspendido en un almacén por cuerdas de 2 y 3 metros de longitud. El elevador pesa 350 N. Las cuerdas, fijadas a diferentes alturas, forman ángulos de 50° y 38° con la horizontal. Calcule la tensión en cada cuerda y la magnitud de cada tensión.

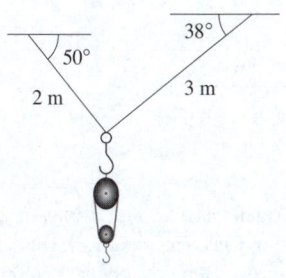

36. El vector de tensión en cada extremo de una cadena tiene una magnitud de 25 N (vea la figura). ¿Cuánto pesa la cadena?

37. Tres fuerzas actúan sobre un objeto. Dos de las fuerzas están en un ángulo de 100° entre sí y tienen magnitudes de 25 N y 12 N. La tercera es perpendicular al plano de estas dos fuerzas y tiene una magnitud de 4 N. Calcule la magnitud de la fuerza que contrarrestaría exactamente estas tres fuerzas.

38. Un remero quiere remar en su kayak por un canal que tiene 400 m de ancho y llegar a un punto 250 m río arriba de su punto de partida. Puede remar (en aguas tranquilas) a 2 m/s y la corriente del canal fluye a 0.5 m/s.
(a) ¿En qué dirección debe dirigir el kayak?
(b) ¿Cuánto tiempo durará el recorrido?

39. Un piloto dirige un avión en dirección N 45° O a una velocidad aerodinámica (velocidad en aire inmóvil) de 290 km/h. Un viento sopla en dirección S 30° E a una velocidad de 55 km/h con respecto a la Tierra. Determine el curso verdadero y la rapidez del avión respecto a la Tierra.

40. Un barco navega hacia el oeste a una velocidad de 32 km/h y un perro corre hacia el norte en la cubierta del barco a 4 km/h. Calcule la velocidad y dirección del perro en relación con la superficie del agua.

41. Encuentre los vectores unitarios que son paralelos a la recta tangente a la parábola $y = x^2$ en el punto $(2, 4)$.

42. (a) Determine los vectores unitarios que son paralelos a la recta tangente a la curva $y = 2 \operatorname{sen} x$ en el punto $(\pi/6, 1)$.
(b) Obtenga los vectores unitarios que son perpendiculares a la recta tangente.
(c) Dibuje la curva $y = 2 \operatorname{sen} x$ y los vectores de los incisos (a) y (b), todos empezando en $(\pi/6, 1)$.

43. Si A, B y C son los vértices de un triángulo, calcule

$$\overrightarrow{AB} + \overrightarrow{BC} + \overrightarrow{CA}$$

44. Sea C el punto en el segmento de recta AB que está dos veces más lejos de B que de A. Si $\mathbf{a} = \overrightarrow{OA}$, $\mathbf{b} = \overrightarrow{OB}$ y $\mathbf{c} = \overrightarrow{OC}$, demuestre que $\mathbf{c} = \frac{2}{3}\mathbf{a} + \frac{1}{3}\mathbf{b}$.

45. (a) Trace los vectores $\mathbf{a} = \langle 3, 2 \rangle$, $\mathbf{b} = \langle 2, -1 \rangle$ y $\mathbf{c} = \langle 7, 1 \rangle$.
(b) Demuestre, mediante un diagrama, que hay escalares s y t tales que $\mathbf{c} = s\mathbf{a} + t\mathbf{b}$.
(c) Utilice el diagrama para estimar los valores de s y t.
(d) Encuentre los valores exactos de s y t.

46. Suponga que $\mathbf{a}$ y $\mathbf{b}$ son vectores diferentes de cero que no son paralelos y que $\mathbf{c}$ es cualquier vector en el plano determinado por $\mathbf{a}$ y $\mathbf{b}$. Dé un argumento geométrico para demostrar que $\mathbf{c}$ se puede escribir así: $\mathbf{c} = s\mathbf{a} + t\mathbf{b}$ para los escalares correspondientes s y t. Luego ofrezca un argumento usando componentes.

47. Si $\mathbf{r} = \langle x, y, z \rangle$ y $\mathbf{r}_0 = \langle x_0, y_0, z_0 \rangle$, describa el conjunto de todos los puntos (x, y, z) tal que $|\mathbf{r} - \mathbf{r}_0| = 1$.

48. Si $\mathbf{r} = \langle x, y \rangle$, $\mathbf{r}_1 = \langle x_1, y_1 \rangle$ y $\mathbf{r}_2 = \langle x_2, y_2 \rangle$, describa el conjunto de todos los puntos (x, y) de tal manera que $|\mathbf{r} - \mathbf{r}_1| + |\mathbf{r} - \mathbf{r}_2| = k$, donde $k > |\mathbf{r}_1 - \mathbf{r}_2|$.

49. En la figura 16 se presenta una demostración geométrica de la propiedad 2 de los vectores. Utilice componentes para ofrecer una prueba algebraica de este hecho para el caso $n = 2$.

50. Demuestre la propiedad 5 de los vectores algebraicamente para el caso $n = 3$. Luego use triángulos semejantes para ofrecer una demostración geométrica.

51. Use vectores para demostrar que la recta que une los puntos medios de dos lados de un triángulo es paralela al tercer lado y tiene la mitad de su longitud.

52. Reflectores de esquina Suponga que tres planos coordenados son espejos perpendiculares que forman un *reflector de esquina*, y que un rayo de luz dado por el vector $\mathbf{a} = \langle a_1, a_2, a_3 \rangle$ ilumina primero el plano xz, como se muestra en la figura. Utilice el hecho de que el ángulo de incidencia es igual al ángulo de reflexión para mostrar que la dirección del rayo reflejado está dada por $\mathbf{b} = \langle a_1, -a_2, a_3 \rangle$. Deduzca que, des-

pués de ser reflejado por los tres espejos mutuamente perpendiculares, el rayo resultante es paralelo al rayo inicial. (Los científicos han aplicado este principio, junto con rayos láser y una serie de reflectores de esquina en la Luna, para calcular con gran precisión la distancia de la Tierra a la Luna).

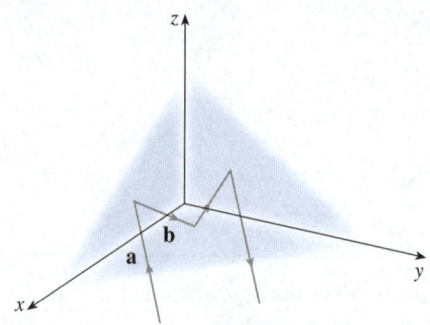

PROYECTO DE DESCUBRIMIENTO | **LA FORMA DE UNA CADENA SUSPENDIDA**

En la sección 3.11 se explica que una cadena o cable flexible pesado suspendido entre dos puntos a la misma altura adopta la forma de una curva llamada *catenaria* (un término supuestamente acuñado por Thomas Jefferson) con la ecuación $y = a \cosh(x/a)$. Aquí se aplica la interpretación de la derivada como la pendiente de una tangente para derivar esta ecuación.

Suponga que una cadena (o cable) de densidad de masa lineal uniforme ρ está suspendida entre dos puntos, como se muestra en la figura. Se coloca el origen en el vértice de la catenaria, y sea (x, y) cualquier punto de la curva, $x > 0$. (Por simetría, si $x < 0$ se obtiene un resultado similar).

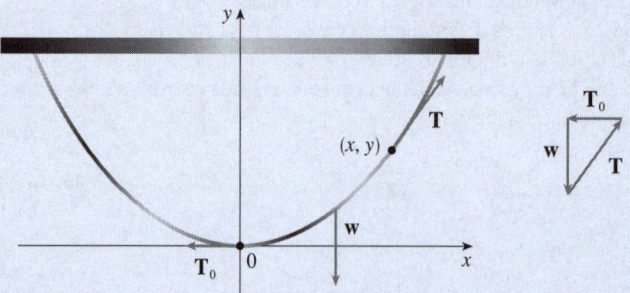

Considere la sección de la cadena desde el origen hasta (x, y). Las fuerzas que actúan sobre la sección son la fuerza gravitatoria descendente $\mathbf{w}$ y las tensiones $\mathbf{T_0}$ y $\mathbf{T}$ en cada extremo de la sección, cada una de las cuales es tangente a la curva. Debido a que la sección de la cadena está en equilibrio, se sabe que

$$\mathbf{T_0} + \mathbf{T} + \mathbf{w} = \mathbf{0}$$

1. Sea $y = f(x)$ la ecuación de la curva y $s(x)$ la función de longitud de arco (ecuación 8.1.5) desde el origen hasta el punto (x, y). Demuestre que $\mathbf{T} = \langle |\mathbf{T_0}|, g\rho s(x) \rangle$, donde g es la aceleración debida a la gravedad.

2. Al interpretar dy/dx como la pendiente de una tangente en (x, y), demuestre que

$$\frac{dy}{dx} = \frac{s(x)}{a}$$

donde $a = |\mathbf{T}_0|/(g\rho)$ es una constante.

3. Derive ambos lados de la ecuación diferencial en el problema 2 y use la ecuación 8.1.6 para obtener la ecuación diferencial de segundo orden

$$\frac{d^2y}{dx^2} = \frac{1}{a}\sqrt{1 + \left(\frac{dy}{dx}\right)^2}$$

con condiciones iniciales $y(0) = 0$ (la curva pasa por el origen) y $y'(0) = 0$ (la tangente en el origen es horizontal). Para resolver esta ecuación, sustituya primero $z = dy/dx$ y luego resuelva la ecuación diferencial de primer orden resultante. Concluya que la ecuación de la curva es

$$y = a \cosh\frac{x}{a} - a$$

4. Grafique $y = a \cosh(x/a) - a$ para $a = \frac{1}{2}$, $a = 1$ y $a = 3$. ¿Cómo afecta el valor de a la forma de la curva?

12.3 | Producto punto

Hasta ahora se ha visto cómo sumar dos vectores y cómo multiplicar un vector por un escalar. Surge la pregunta: ¿es posible multiplicar dos vectores para que su producto sea una cantidad útil? Uno de estos productos es el producto punto, que se definirá enseguida. Otro es el producto cruz, que se explicará en la siguiente sección.

■ Producto punto de dos vectores

Para encontrar el producto punto de los vectores $\mathbf{a}$ y $\mathbf{b}$ se multiplican los componentes correspondientes y se suman.

> **1 Definición del producto punto** Si $\mathbf{a} = \langle a_1, a_2, a_3 \rangle$ y $\mathbf{b} = \langle b_1, b_2, b_3 \rangle$, entonces el **producto punto** de $\mathbf{a}$ y $\mathbf{b}$ es el número $\mathbf{a} \cdot \mathbf{b}$ dado por
>
> $$\mathbf{a} \cdot \mathbf{b} = a_1b_1 + a_2b_2 + a_3b_3$$

El producto punto de dos vectores es un número real, no un vector. Por esta razón, el producto punto se conoce a veces como **producto escalar** (o **producto interno**). Aunque la definición 1 se da para los vectores tridimensionales, el producto punto de los vectores bidimensionales se define de manera similar:

$$\langle a_1, a_2 \rangle \cdot \langle b_1, b_2 \rangle = a_1b_1 + a_2b_2$$

EJEMPLO 1

$$\langle 2, 4 \rangle \cdot \langle 3, -1 \rangle = 2(3) + 4(-1) = 2$$

$$\langle -1, 7, 4 \rangle \cdot \left\langle 6, 2, -\tfrac{1}{2} \right\rangle = (-1)(6) + 7(2) + 4\left(-\tfrac{1}{2}\right) = 6$$

$$(\mathbf{i} + 2\mathbf{j} - 3\mathbf{k}) \cdot (2\mathbf{j} - \mathbf{k}) = 1(0) + 2(2) + (-3)(-1) = 7$$

■

El producto punto obedece muchas de las leyes que rigen los productos ordinarios de números reales. Estas se expresan en el siguiente teorema.

---

2 Propiedades del producto punto Si **a**, **b** y **c** son vectores en V_3 y c es un escalar, entonces

1. $\mathbf{a} \cdot \mathbf{a} = |\mathbf{a}|^2$
2. $\mathbf{a} \cdot \mathbf{b} = \mathbf{b} \cdot \mathbf{a}$
3. $\mathbf{a} \cdot (\mathbf{b} + \mathbf{c}) = \mathbf{a} \cdot \mathbf{b} + \mathbf{a} \cdot \mathbf{c}$
4. $(c\mathbf{a}) \cdot \mathbf{b} = c(\mathbf{a} \cdot \mathbf{b}) = \mathbf{a} \cdot (c\mathbf{b})$
5. $\mathbf{0} \cdot \mathbf{a} = 0$

DEMOSTRACIÓN Estas propiedades se pueden demostrar fácilmente con la definición 1. Por ejemplo, a continuación se presentan las comprobaciones de las propiedades 1 y 3.

1. $\mathbf{a} \cdot \mathbf{a} = a_1^2 + a_2^2 + a_3^2 = |\mathbf{a}|^2$

3. $\mathbf{a} \cdot (\mathbf{b} + \mathbf{c}) = \langle a_1, a_2, a_3 \rangle \cdot \langle b_1 + c_1, b_2 + c_2, b_3 + c_3 \rangle$

$$= a_1(b_1 + c_1) + a_2(b_2 + c_2) + a_3(b_3 + c_3)$$

$$= a_1 b_1 + a_1 c_1 + a_2 b_2 + a_2 c_2 + a_3 b_3 + a_3 c_3$$

$$= (a_1 b_1 + a_2 b_2 + a_3 b_3) + (a_1 c_1 + a_2 c_2 + a_3 c_3)$$

$$= \mathbf{a} \cdot \mathbf{b} + \mathbf{a} \cdot \mathbf{c}$$

Las demostraciones de las propiedades restantes se dejan como ejercicios. ■

El producto punto $\mathbf{a} \cdot \mathbf{b}$ puede ser interpretado geométricamente en términos del **ángulo θ entre a y b**, que se define como el ángulo entre las representaciones de **a** y **b** que comienzan en el origen, donde $0 \leq \theta \leq \pi$. En otras palabras, θ es el ángulo entre los segmentos de recta $\overrightarrow{OA}$ y $\overrightarrow{OB}$ en la figura 1. Observe que si **a** y **b** son vectores paralelos, entonces $\theta = 0$ o $\theta = \pi$.

La fórmula del siguiente teorema la utilizan los físicos como la *definición* del producto punto.

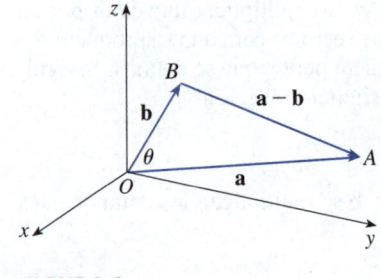

FIGURA 1

Para una revisión de la ley de los cosenos, vea el apéndice D.

---

3 Teorema Si θ es el ángulo entre los vectores **a** y **b**, entonces

$$\mathbf{a} \cdot \mathbf{b} = |\mathbf{a}||\mathbf{b}| \cos \theta$$

DEMOSTRACIÓN Si se aplica la ley de los cosenos al triángulo OAB en la figura 1, se obtiene

$$\boxed{4} \qquad |AB|^2 = |OA|^2 + |OB|^2 - 2|OA||OB| \cos \theta$$

(Observe que la ley de los cosenos sigue siendo aplicable en los casos límite cuando $\theta = 0$ o π, o $\mathbf{a} = \mathbf{0}$ o $\mathbf{b} = 0$). Pero $|OA| = |\mathbf{a}|$, $|OB| = |\mathbf{b}|$ y $|AB| = |\mathbf{a} - \mathbf{b}|$, de modo que la ecuación 4 se convierte en

$$\boxed{5} \qquad |\mathbf{a} - \mathbf{b}|^2 = |\mathbf{a}|^2 + |\mathbf{b}|^2 - 2|\mathbf{a}||\mathbf{b}| \cos \theta$$

Usando las propiedades 1, 2 y 3 del producto punto, se puede reescribir el lado izquierdo de esta ecuación como sigue:

$$|\mathbf{a} - \mathbf{b}|^2 = (\mathbf{a} - \mathbf{b}) \cdot (\mathbf{a} - \mathbf{b})$$

$$= \mathbf{a} \cdot \mathbf{a} - \mathbf{a} \cdot \mathbf{b} - \mathbf{b} \cdot \mathbf{a} + \mathbf{b} \cdot \mathbf{b}$$

$$= |\mathbf{a}|^2 - 2\mathbf{a} \cdot \mathbf{b} + |\mathbf{b}|^2$$

Por lo tanto, la ecuación 5 da

$$|\mathbf{a}|^2 - 2\mathbf{a} \cdot \mathbf{b} + |\mathbf{b}|^2 = |\mathbf{a}|^2 + |\mathbf{b}|^2 - 2|\mathbf{a}||\mathbf{b}|\cos\theta$$

Así,

$$-2\mathbf{a} \cdot \mathbf{b} = -2|\mathbf{a}||\mathbf{b}|\cos\theta$$

o

$$\mathbf{a} \cdot \mathbf{b} = |\mathbf{a}||\mathbf{b}|\cos\theta \qquad \blacksquare$$

EJEMPLO 2 Si los vectores $\mathbf{a}$ y $\mathbf{b}$ tienen longitudes 4 y 6, y el ángulo entre ellos es $\pi/3$, encuentre $\mathbf{a} \cdot \mathbf{b}$.

SOLUCIÓN Por el teorema 3, se tiene

$$\mathbf{a} \cdot \mathbf{b} = |\mathbf{a}||\mathbf{b}|\cos(\pi/3) = 4 \cdot 6 \cdot \tfrac{1}{2} = 12 \qquad \blacksquare$$

La fórmula del teorema 3 también permite encontrar el ángulo entre dos vectores.

---

6 **Corolario** Si θ es el ángulo entre los vectores diferentes de cero $\mathbf{a}$ y $\mathbf{b}$, entonces

$$\cos\theta = \frac{\mathbf{a} \cdot \mathbf{b}}{|\mathbf{a}||\mathbf{b}|}$$

EJEMPLO 3 Encuentre el ángulo entre los vectores $\mathbf{a} = \langle 2, 2, -1 \rangle$ y $\mathbf{b} = \langle 5, -3, 2 \rangle$.

SOLUCIÓN Sea

$$|\mathbf{a}| = \sqrt{2^2 + 2^2 + (-1)^2} = 3 \qquad \text{y} \qquad |\mathbf{b}| = \sqrt{5^2 + (-3)^2 + 2^2} = \sqrt{38}$$

y puesto que

$$\mathbf{a} \cdot \mathbf{b} = 2(5) + 2(-3) + (-1)(2) = 2$$

se tiene, por el corolario 6,

$$\cos\theta = \frac{\mathbf{a} \cdot \mathbf{b}}{|\mathbf{a}||\mathbf{b}|} = \frac{2}{3\sqrt{38}}$$

Por lo que el ángulo entre $\mathbf{a}$ y $\mathbf{b}$ es

$$\theta = \cos^{-1}\left(\frac{2}{3\sqrt{38}}\right) \approx 1.46 \quad (\text{u } 84°) \qquad \blacksquare$$

Se dice que dos vectores diferentes de cero $\mathbf{a}$ y $\mathbf{b}$ son **perpendiculares** u **ortogonales** si el ángulo entre ellos es $\theta = \pi/2$. Entonces el teorema 3 produce

$$\mathbf{a} \cdot \mathbf{b} = |\mathbf{a}||\mathbf{b}|\cos(\pi/2) = 0$$

y a la inversa, si $\mathbf{a} \cdot \mathbf{b} = 0$, entonces $\cos\theta = 0$, por consiguiente $\theta = \pi/2$. Se considera que el vector $\mathbf{0}$ es perpendicular a todos los vectores. Por lo tanto, se tiene el siguiente método para determinar si dos vectores son ortogonales.

---

7   Dos vectores $\mathbf{a}$ y $\mathbf{b}$ son ortogonales si y solo si $\mathbf{a} \cdot \mathbf{b} = 0$.

EJEMPLO 4 Demuestre que $2\mathbf{i} + 2\mathbf{j} - \mathbf{k}$ es perpendicular a $5\mathbf{i} - 4\mathbf{j} + 2\mathbf{k}$.

SOLUCIÓN Sea

$$(2\mathbf{i} + 2\mathbf{j} - \mathbf{k}) \cdot (5\mathbf{i} - 4\mathbf{j} + 2\mathbf{k}) = 2(5) + 2(-4) + (-1)(2) = 0$$

estos vectores son perpendiculares según (7). ■

Debido a que $\cos\theta > 0$ si $0 \leqslant \theta < \pi/2$ y $\cos\theta < 0$ si $\pi/2 < \theta \leqslant \pi$, se observa que $\mathbf{a} \cdot \mathbf{b}$ es positivo para $\theta < \pi/2$ y negativo para $\theta > \pi/2$. Se puede pensar que $\mathbf{a} \cdot \mathbf{b}$ es la medida en que $\mathbf{a}$ y $\mathbf{b}$ apuntan en la misma dirección. El producto punto $\mathbf{a} \cdot \mathbf{b}$ es positivo si $\mathbf{a}$ y $\mathbf{b}$ apuntan en la misma dirección general, 0 si son perpendiculares y negativo si apuntan en direcciones generalmente opuestas (vea la figura 2). En el caso extremo en que $\mathbf{a}$ y $\mathbf{b}$ apuntan exactamente en la misma dirección, se tiene $\theta = 0$, por lo que $\cos\theta = 1$ y

$$\mathbf{a} \cdot \mathbf{b} = |\mathbf{a}|\,|\mathbf{b}|$$

Si $\mathbf{a}$ y $\mathbf{b}$ apuntan exactamente en direcciones opuestas, entonces se tiene que $\theta = \pi$ y, por lo tanto, $\cos\theta = -1$ y $\mathbf{a} \cdot \mathbf{b} = -|\mathbf{a}|\,|\mathbf{b}|$.

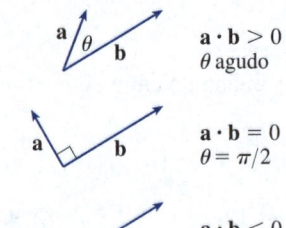

$\mathbf{a} \cdot \mathbf{b} > 0$
θ agudo

$\mathbf{a} \cdot \mathbf{b} = 0$
$\theta = \pi/2$

$\mathbf{a} \cdot \mathbf{b} < 0$
θ obtuso

FIGURA 2

■ Ángulos de dirección y cosenos de dirección

Los **ángulos de dirección** de un vector diferente de cero $\mathbf{a}$ son los ángulos α, β y γ (en el intervalo $[0, \pi]$) que $\mathbf{a}$ forma con los ejes x, y y z positivos, respectivamente (vea la figura 3).

Los cosenos de estos ángulos de dirección, $\cos\alpha$, $\cos\beta$ y $\cos\gamma$ se denominan **cosenos de dirección** del vector $\mathbf{a}$. Usando el corolario 6 y reemplazando $\mathbf{b}$ por $\mathbf{i}$, se obtiene

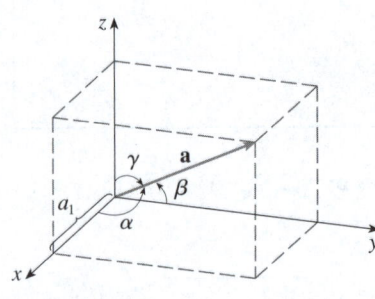

FIGURA 3

$$\boxed{8} \qquad \cos\alpha = \frac{\mathbf{a} \cdot \mathbf{i}}{|\mathbf{a}|\,|\mathbf{i}|} = \frac{a_1}{|\mathbf{a}|}$$

(Esto también puede verse directamente en la figura 3).

De manera similar, también se tiene

$$\boxed{9} \qquad \cos\beta = \frac{a_2}{|\mathbf{a}|} \qquad \cos\gamma = \frac{a_3}{|\mathbf{a}|}$$

Al elevar al cuadrado las expresiones de las ecuaciones 8 y 9 y sumarlas, se observa que

$$\boxed{10} \qquad \cos^2\alpha + \cos^2\beta + \cos^2\gamma = 1$$

También se pueden usar las ecuaciones 8 y 9 para escribir

$$\mathbf{a} = \langle a_1, a_2, a_3 \rangle = \langle |\mathbf{a}|\cos\alpha, |\mathbf{a}|\cos\beta, |\mathbf{a}|\cos\gamma \rangle$$
$$= |\mathbf{a}|\langle \cos\alpha, \cos\beta, \cos\gamma \rangle$$

Por lo tanto,

$$\boxed{11} \qquad \frac{1}{|\mathbf{a}|}\mathbf{a} = \langle \cos\alpha, \cos\beta, \cos\gamma \rangle$$

que indica que los cosenos de dirección de $\mathbf{a}$ son los componentes del vector unitario en la dirección de $\mathbf{a}$.

EJEMPLO 5 Obtenga los ángulos de dirección del vector $\mathbf{a} = \langle 1, 2, 3 \rangle$.

SOLUCIÓN Puesto que $|\mathbf{a}| = \sqrt{1^2 + 2^2 + 3^2} = \sqrt{14}$, las ecuaciones 8 y 9 dan

$$\cos\alpha = \frac{1}{\sqrt{14}} \qquad \cos\beta = \frac{2}{\sqrt{14}} \qquad \cos\gamma = \frac{3}{\sqrt{14}}$$

y así,

$$\alpha = \cos^{-1}\left(\frac{1}{\sqrt{14}}\right) \approx 74° \qquad \beta = \cos^{-1}\left(\frac{2}{\sqrt{14}}\right) \approx 58° \qquad \gamma = \cos^{-1}\left(\frac{3}{\sqrt{14}}\right) \approx 37°$$

■

▪ Proyecciones

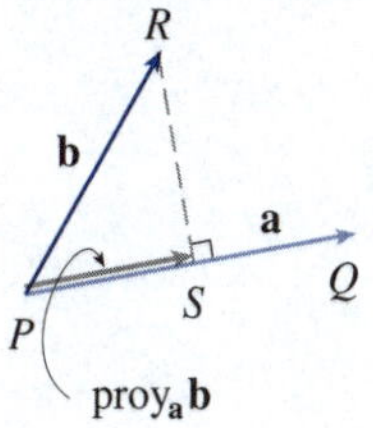

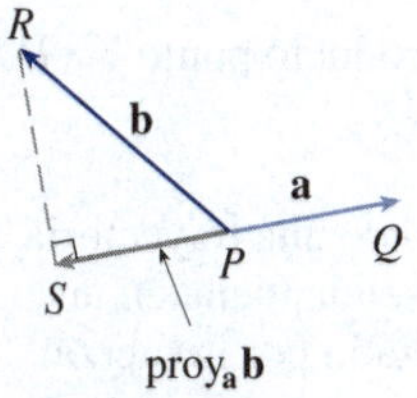

En la figura 4 se muestran las representaciones $\overrightarrow{PQ}$ y $\overrightarrow{PR}$ de dos vectores **a** y **b** con el mismo punto inicial P. Si S es el pie de la perpendicular de R a la recta que contiene $\overrightarrow{PQ}$, entonces el vector con representación $\overrightarrow{PS}$ se llama **proyección vectorial** de **b** sobre **a** y se denota con $\text{proy}_{\mathbf{a}}\,\mathbf{b}$. (Se puede considerar una sombra de **b**).

La **proyección escalar** de **b** sobre **a** (también llamada **componente de b a lo largo de a**) se define como la magnitud con signo de la proyección vectorial, que es el número $|\mathbf{b}|\cos\theta$, donde θ es el ángulo entre **a** y **b** (vea la figura 5). Esto se denota con $\text{comp}_{\mathbf{a}}\,\mathbf{b}$. Observe que es negativo si $\pi/2 < \theta \leq \pi$. La ecuación

$$\mathbf{a} \cdot \mathbf{b} = |\mathbf{a}||\mathbf{b}|\cos\theta = |\mathbf{a}|(|\mathbf{b}|\cos\theta)$$

muestra que el producto punto de **a** y **b** puede interpretarse como la longitud de **a** multiplicada por la proyección escalar de **b** sobre **a**. Ya que

$$|\mathbf{b}|\cos\theta = \frac{\mathbf{a} \cdot \mathbf{b}}{|\mathbf{a}|} = \frac{\mathbf{a}}{|\mathbf{a}|} \cdot \mathbf{b}$$

el componente de **b** a lo largo de **a** puede calcularse obteniendo el producto punto de **b** y el vector unitario en la dirección de **a**. Estas ideas se resumen de la siguiente manera.

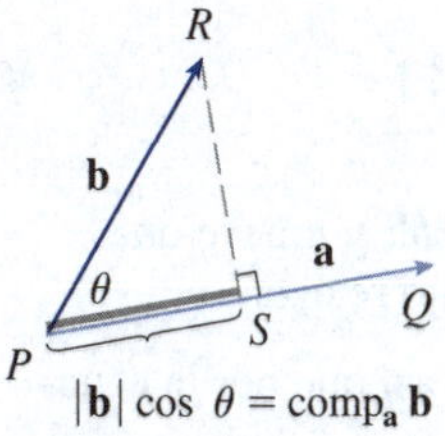

Proyección escalar de **b** sobre **a**: $\qquad \text{comp}_{\mathbf{a}}\,\mathbf{b} = \dfrac{\mathbf{a} \cdot \mathbf{b}}{|\mathbf{a}|}$

Proyección vectorial de **b** sobre **a**: $\qquad \text{proy}_{\mathbf{a}}\,\mathbf{b} = \left(\dfrac{\mathbf{a} \cdot \mathbf{b}}{|\mathbf{a}|}\right)\dfrac{\mathbf{a}}{|\mathbf{a}|} = \dfrac{\mathbf{a} \cdot \mathbf{b}}{|\mathbf{a}|^2}\,\mathbf{a}$

Observe que la proyección vectorial es la proyección escalar multiplicada por el vector unitario en la dirección de **a**.

EJEMPLO 6 Encuentre la proyección escalar y la proyección vectorial de $\mathbf{b} = \langle 1, 1, 2\rangle$ sobre $\mathbf{a} = \langle -2, 3, 1\rangle$.

SOLUCIÓN Puesto que $|\mathbf{a}| = \sqrt{(-2)^2 + 3^2 + 1^2} = \sqrt{14}$, la proyección escalar de **b** sobre **a** es

$$\text{comp}_{\mathbf{a}}\,\mathbf{b} = \frac{\mathbf{a} \cdot \mathbf{b}}{|\mathbf{a}|} = \frac{(-2)(1) + 3(1) + 1(2)}{\sqrt{14}} = \frac{3}{\sqrt{14}}$$

La proyección vectorial es esta proyección escalar multiplicada por el vector unitario en la dirección de **a**:

$$\text{proy}_{\mathbf{a}}\,\mathbf{b} = \frac{3}{\sqrt{14}}\,\frac{\mathbf{a}}{|\mathbf{a}|} = \frac{3}{14}\,\mathbf{a} = \left\langle -\frac{3}{7}, \frac{9}{14}, \frac{3}{14}\right\rangle$$

■

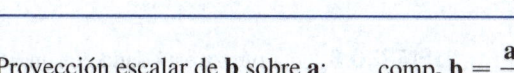

FIGURA 4
Proyecciones vectoriales.

FIGURA 5
Proyección escalar.

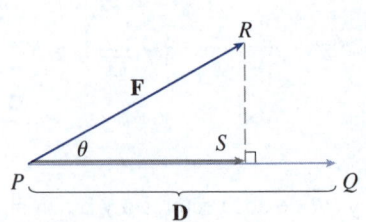

FIGURA 6

■ Aplicación: trabajo

En la física se usan las proyecciones para calcular el trabajo. En la sección 6.4 se definió el trabajo realizado por una fuerza constante F para mover un objeto a través de la distancia d como $W = Fd$, pero esto aplica solo cuando la fuerza se dirige a lo largo de la línea de movimiento del objeto. Sin embargo, suponga que la fuerza constante es un vector $\mathbf{F} = \overrightarrow{PR}$ que apunta en otra dirección, como se ilustra en la figura 6. Si la fuerza mueve el objeto de P a Q, entonces el **vector de desplazamiento** es $\mathbf{D} = \overrightarrow{PQ}$. El **trabajo** realizado por esta fuerza se define como el producto del componente de la fuerza a lo largo de $\mathbf{D}$ y la distancia recorrida:

$$W = (|\mathbf{F}| \cos \theta)|\mathbf{D}|$$

Pero entonces, por el teorema 3, se tiene

$$\boxed{12} \qquad W = |\mathbf{F}||\mathbf{D}| \cos \theta = \mathbf{F} \cdot \mathbf{D}$$

Por lo tanto, el trabajo realizado por una fuerza constante $\mathbf{F}$ es el producto punto $\mathbf{F} \cdot \mathbf{D}$, donde $\mathbf{D}$ es el vector de desplazamiento.

EJEMPLO 7 Un vagón es tirado una distancia de 100 m a lo largo de una trayectoria horizontal por una fuerza constante de 70 N. El mango del vagón se mantiene en un ángulo de 35° por encima de la horizontal. Calcule el trabajo realizado por la fuerza.

SOLUCIÓN Si $\mathbf{F}$ y $\mathbf{D}$ son los vectores de fuerza y desplazamiento, como se muestra en la figura 7, entonces el trabajo realizado es

$$W = \mathbf{F} \cdot \mathbf{D} = |\mathbf{F}||\mathbf{D}| \cos 35°$$

$$= (70)(100) \cos 35° \approx 5\,734 \text{ N·m} = 5\,734 \text{ J} \qquad ■$$

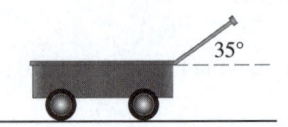

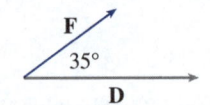

FIGURA 7

EJEMPLO 8 Una fuerza está dada por un vector $\mathbf{F} = 3\mathbf{i} + 4\mathbf{j} + 5\mathbf{k}$ y mueve una partícula del punto $P(2, 1, 0)$ al punto $Q(4, 6, 2)$. Calcule el trabajo realizado.

SOLUCIÓN El vector de desplazamiento es $\mathbf{D} = \overrightarrow{PQ} = \langle 2, 5, 2 \rangle$, así que por la ecuación 12, el trabajo realizado es

$$W = \mathbf{F} \cdot \mathbf{D} = \langle 3, 4, 5 \rangle \cdot \langle 2, 5, 2 \rangle$$

$$= 6 + 20 + 10 = 36$$

Si la unidad de longitud es el metro y la magnitud de la fuerza se mide en newtons, el trabajo realizado es de 36 J. ■

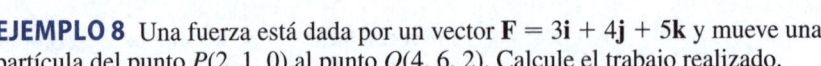

12.3 │ Ejercicios

1. ¿Cuáles de las siguientes expresiones tienen significado? ¿Cuáles no lo tienen? Explique su respuesta.

  (a) $(\mathbf{a} \cdot \mathbf{b}) \cdot \mathbf{c}$ (b) $(\mathbf{a} \cdot \mathbf{b})\mathbf{c}$

  (c) $|\mathbf{a}|(\mathbf{b} \cdot \mathbf{c})$ (d) $\mathbf{a} \cdot (\mathbf{b} + \mathbf{c})$

  (e) $\mathbf{a} \cdot \mathbf{b} + \mathbf{c}$ (f) $|\mathbf{a}| \cdot (\mathbf{b} + \mathbf{c})$

2-10 Calcule $\mathbf{a} \cdot \mathbf{b}$.

2. $\mathbf{a} = \langle 5, -2 \rangle$, $\mathbf{b} = \langle 3, 4 \rangle$

3. $\mathbf{a} = \langle 1.5, 0.4 \rangle$, $\mathbf{b} = \langle -4, 6 \rangle$

4. $\mathbf{a} = \langle 6, -2, 3 \rangle$, $\mathbf{b} = \langle 2, 5, -1 \rangle$

5. $\mathbf{a} = \left\langle 4, 1, \frac{1}{4} \right\rangle$, $\mathbf{b} = \langle 6, -3, -8 \rangle$

6. $\mathbf{a} = \langle p, -p, 2p \rangle$, $\mathbf{b} = \langle 2q, q, -q \rangle$

7. $\mathbf{a} = 2\mathbf{i} + \mathbf{j}$, $\mathbf{b} = \mathbf{i} - \mathbf{j} + \mathbf{k}$

8. $\mathbf{a} = 3\mathbf{i} + 2\mathbf{j} - \mathbf{k}, \mathbf{b} = 4\mathbf{i} + 5\mathbf{k}$

9. $|\mathbf{a}| = 7, |\mathbf{b}| = 4$, el ángulo entre $\mathbf{a}$ y $\mathbf{b}$ es de $30°$.

10. $|\mathbf{a}| = 80, |\mathbf{b}| = 50$, el ángulo entre $\mathbf{a}$ y $\mathbf{b}$ es de $3\pi/4$.

11-12 Si $\mathbf{u}$ es un vector unitario, encuentre $\mathbf{u} \cdot \mathbf{v}$ y $\mathbf{u} \cdot \mathbf{w}$.

11.

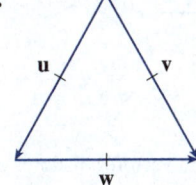

12.

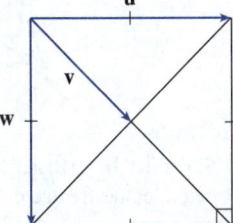

13. (a) Demuestre que $\mathbf{i} \cdot \mathbf{j} = \mathbf{j} \cdot \mathbf{k} = \mathbf{k} \cdot \mathbf{i} = 0$.
　　(b) Demuestre que $\mathbf{i} \cdot \mathbf{i} = \mathbf{j} \cdot \mathbf{j} = \mathbf{k} \cdot \mathbf{k} = 1$.

14. Un vendedor ambulante vende a hamburguesas, b hot dogs y c botellas de agua en un día determinado. Cobra \$4 por una hamburguesa, \$2.50 por un hot dog y \$1 por una botella de agua. Si $\mathbf{A} = \langle a, b, c \rangle$ y $\mathbf{P} = \langle 4, 2.5, 1 \rangle$, ¿qué significado tiene el producto punto $\mathbf{A} \cdot \mathbf{P}$?

15-20 Determine el ángulo entre los vectores. (Primero encuentre una expresión exacta y luego aproxime al grado más cercano).

15. $\mathbf{u} = \langle 5, 1 \rangle, \quad \mathbf{v} = \langle 3, 2 \rangle$

16. $\mathbf{a} = \mathbf{i} - 3\mathbf{j}, \quad \mathbf{b} = -3\mathbf{i} + 4\mathbf{j}$

17. $\mathbf{a} = \langle 1, -4, 1 \rangle, \quad \mathbf{b} = \langle 0, 2, -2 \rangle$

18. $\mathbf{a} = \langle -1, 3, 4 \rangle, \quad \mathbf{b} = \langle 5, 2, 1 \rangle$

19. $\mathbf{u} = \mathbf{i} - 4\mathbf{j} + \mathbf{k}, \quad \mathbf{v} = -3\mathbf{i} + \mathbf{j} + 5\mathbf{k}$

20. $\mathbf{a} = 8\mathbf{i} - \mathbf{j} + 4\mathbf{k}, \quad \mathbf{b} = 4\mathbf{j} + 2\mathbf{k}$

21-22 Encuentre y corrija hasta el grado más cercano los tres ángulos del triángulo con los vértices dados.

21. $P(2, 0), Q(0, 3), R(3, 4)$

22. $A(1, 0, -1), B(3, -2, 0), C(1, 3, 3)$

23-24 Determine si los vectores dados son ortogonales, paralelos, o ninguno de los dos.

23. (a) $\mathbf{a} = \langle 9, 3 \rangle, \quad \mathbf{b} = \langle -2, 6 \rangle$
　　(b) $\mathbf{a} = \langle 4, 5, -2 \rangle, \quad \mathbf{b} = \langle 3, -1, 5 \rangle$
　　(c) $\mathbf{a} = -8\mathbf{i} + 12\mathbf{j} + 4\mathbf{k}, \quad \mathbf{b} = 6\mathbf{i} - 9\mathbf{j} - 3\mathbf{k}$
　　(d) $\mathbf{a} = 3\mathbf{i} - \mathbf{j} + 3\mathbf{k}, \quad \mathbf{b} = 5\mathbf{i} + 9\mathbf{j} - 2\mathbf{k}$

24. (a) $\mathbf{u} = \langle -5, 4, -2 \rangle, \quad \mathbf{v} = \langle 3, 4, -1 \rangle$
　　(b) $\mathbf{u} = 9\mathbf{i} - 6\mathbf{j} + 3\mathbf{k}, \quad \mathbf{v} = -6\mathbf{i} + 4\mathbf{j} - 2\mathbf{k}$
　　(c) $\mathbf{u} = \langle c, c, c \rangle, \quad \mathbf{v} = \langle c, 0, -c \rangle$

25. Use vectores para determinar si el triángulo con vértices $P(1, -3, -2), Q(2, 0, -4)$ y $R(6, -2, -5)$ es un triángulo rectángulo.

26. Obtenga los valores de x de tal manera que el ángulo entre los vectores $\langle 2, 1, -1 \rangle$ y $\langle 1, x, 0 \rangle$ sea de $45°$.

27. Determine un vector unitario que sea ortogonal tanto a $\mathbf{i} + \mathbf{j}$ como a $\mathbf{i} + \mathbf{k}$.

28. Encuentre dos vectores unitarios que formen un ángulo de $60°$ con $\mathbf{v} = \langle 3, 4 \rangle$.

29-30 Halle el ángulo agudo entre las rectas. Use grados redondeados a un decimal.

29. $y = 4 - 3x, y = 3x + 2$

30. $5x - y = 8, x + 3y = 15$

31-32 Obtenga los ángulos agudos entre las curvas en sus puntos de intersección. Use grados redondeados a un decimal. (El ángulo entre dos curvas es el ángulo entre sus rectas tangentes en el punto de intersección).

31. $y = x^2, y = x^3$

32. $y = \operatorname{sen} x, y = \cos x, 0 \leq x \leq \pi/2$

33-37 Calcule los cosenos de dirección y los ángulos de dirección del vector. (Presente los ángulos de dirección corregidos a la décima más cercana de un grado).

33. $\langle 4, 1, 8 \rangle$ 　　　　　　**34.** $\langle -6, 2, 9 \rangle$

35. $3\mathbf{i} - \mathbf{j} - 2\mathbf{k}$ 　　　　　**36.** $-0.7\mathbf{i} + 1.2\mathbf{j} - 0.8\mathbf{k}$

37. $\langle c, c, c \rangle, \quad$ donde $c > 0$

38. Si un vector tiene ángulos de dirección $\alpha = \pi/4$ y $\beta = \pi/3$, calcule el tercer ángulo de dirección γ.

39-44 Encuentre las proyecciones escalares y vectoriales de $\mathbf{b}$ sobre $\mathbf{a}$.

39. $\mathbf{a} = \langle -5, 12 \rangle, \quad \mathbf{b} = \langle 4, 6 \rangle$

40. $\mathbf{a} = \langle 1, 4 \rangle, \quad \mathbf{b} = \langle 2, 3 \rangle$

41. $\mathbf{a} = \langle 4, 7, -4 \rangle, \quad \mathbf{b} = \langle 3, -1, 1 \rangle$

42. $\mathbf{a} = \langle -1, 4, 8 \rangle, \quad \mathbf{b} = \langle 12, 1, 2 \rangle$

43. $\mathbf{a} = 3\mathbf{i} - 3\mathbf{j} + \mathbf{k}, \quad \mathbf{b} = 2\mathbf{i} + 4\mathbf{j} - \mathbf{k}$

44. $\mathbf{a} = \mathbf{i} + 2\mathbf{j} + 3\mathbf{k}, \quad \mathbf{b} = 5\mathbf{i} - \mathbf{k}$

45. Demuestre que el vector $\text{ort}_a\, \mathbf{b} = \mathbf{b} - \text{proy}_a\, \mathbf{b}$ es ortogonal a $\mathbf{a}$. (Se llama **proyección ortogonal** de $\mathbf{b}$).

46. Para los vectores del ejercicio 40, calcule el vector $\text{ort}_a\, \mathbf{b}$ e ilustre con un diagrama los vectores $\mathbf{a}$, $\mathbf{b}$, $\text{proy}_a\, \mathbf{b}$ y $\text{ort}_a\, \mathbf{b}$.

47. Si $\mathbf{a} = \langle 3, 0, -1\rangle$, encuentre un vector $\mathbf{b}$ tal que $\text{comp}_a\, \mathbf{b} = 2$.

48. Suponga que $\mathbf{a}$ y $\mathbf{b}$ son vectores distintos de cero.
(a) ¿En qué circunstancias es $\text{comp}_a\, \mathbf{b} = \text{comp}_b\, \mathbf{a}$?
(b) ¿En qué circunstancias es $\text{proy}_a\, \mathbf{b} = \text{proy}_b\, \mathbf{a}$?

49. Calcule el trabajo realizado por una fuerza $\mathbf{F} = 8\mathbf{i} - 6\mathbf{j} + 9\mathbf{k}$ que mueve un objeto del punto $(0, 10, 8)$ a lo largo de una línea recta al punto $(6, 12, 20)$. La distancia se mide en metros y la fuerza en newtons.

50. Un camión de remolque arrastra un automóvil que estaba detenido en una calle. La cadena hace un ángulo de 30° con la calle y la tensión en la cadena es de 1 500 N. ¿Cuánto trabajo realiza el camión al arrastrar el vehículo 1 km?

51. Un trineo es tirado por una cuerda a través de un camino llano nevado. Una fuerza de 30 N que actúa en un ángulo de 40° sobre la horizontal mueve el trineo 80 m. Calcule el trabajo realizado por la fuerza.

52. Un barco navega hacia el sur con la ayuda del viento que sopla en dirección S 36° E con magnitud de 2 000 N. Calcule el trabajo realizado por el viento cuando el barco se mueve 40 m.

53. Distancia de un punto a una recta Utilice una proyección escalar para demostrar que la distancia desde un punto $P_1(x_1, y_1)$ a la recta $ax + by + c = 0$ es

$$\frac{|ax_1 + by_1 + c|}{\sqrt{a^2 + b^2}}$$

Use esta fórmula para calcular la distancia desde el punto $(-2, 3)$ hasta la recta $3x - 4y + 5 = 0$.

54. Si $\mathbf{r} = \langle x, y, z\rangle$, $\mathbf{a} = \langle a_1, a_2, a_3\rangle$ y $\mathbf{b} = \langle b_1, b_2, b_3\rangle$, demuestre que la ecuación vectorial $(\mathbf{r} - \mathbf{a}) \cdot (\mathbf{r} - \mathbf{b}) = 0$ representa una esfera y encuentre su centro y radio.

55. Obtenga el ángulo, en grados redondeados a un decimal, entre la diagonal de un cubo y uno de sus bordes.

56. Calcule el ángulo, en grados redondeados a un decimal, entre la diagonal de un cubo y la diagonal de una de sus caras.

57. Una molécula de metano, CH_4, está estructurada con los cuatro átomos de hidrógeno en los vértices de un tetraedro regular y el átomo de carbono en el centroide. El *ángulo de unión* es el ángulo formado por la combinación H—C—H; es el ángulo entre las líneas que unen el átomo de carbono a dos de los átomos de hidrógeno. Demuestre que el ángulo de unión es de unos 109.5°.

[*Sugerencia*: Tome los vértices del tetraedro como los puntos $(1, 0, 0)$, $(0, 1, 0)$, $(0, 0, 1)$ y $(1, 1, 1)$, como se muestra en la figura. Entonces el centroide es $\left(\frac{1}{2}, \frac{1}{2}, \frac{1}{2}\right)$].

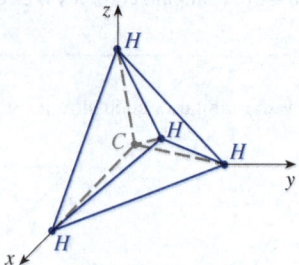

58. Si $\mathbf{c} = |\mathbf{a}|\mathbf{b} + |\mathbf{b}|\mathbf{a}$, donde $\mathbf{a}$, $\mathbf{b}$ y $\mathbf{c}$ son vectores distintos de cero, demuestre que $\mathbf{c}$ divide el ángulo entre $\mathbf{a}$ y $\mathbf{b}$.

59. Demuestre las propiedades 2, 4 y 5 del producto punto (teorema 2).

60. Suponga que todos los lados de un cuadrilátero son iguales en longitud y los lados opuestos son paralelos. Utilice métodos vectoriales para mostrar que las diagonales son perpendiculares.

61. Desigualdad de Cauchy-Schwarz Aplique el teorema 3 para demostrar la desigualdad de Cauchy-Schwarz:

$$|\mathbf{a} \cdot \mathbf{b}| \leq |\mathbf{a}|\,|\mathbf{b}|$$

62. Desigualdad del triángulo La desigualdad del triángulo para los vectores es

$$|\mathbf{a} + \mathbf{b}| \leq |\mathbf{a}| + |\mathbf{b}|$$

(a) Ofrezca una interpretación geométrica de la desigualdad del triángulo.
(b) Utilice la desigualdad de Cauchy-Schwarz del ejercicio 61 para demostrar la desigualdad del triángulo. [*Sugerencia*: Utilice el hecho de que $|\mathbf{a} + \mathbf{b}|^2 = (\mathbf{a} + \mathbf{b}) \cdot (\mathbf{a} + \mathbf{b})$ y aplique la propiedad 3 del producto punto].

63. Identidad del paralelogramo La identidad del paralelogramo establece que

$$|\mathbf{a} + \mathbf{b}|^2 + |\mathbf{a} - \mathbf{b}|^2 = 2|\mathbf{a}|^2 + 2|\mathbf{b}|^2$$

(a) Ofrezca una interpretación geométrica de la identidad del paralelogramo.
(b) Demuestre la identidad del paralelogramo (vea la sugerencia del ejercicio 62).

64. Demuestre que si $\mathbf{u} + \mathbf{v}$ y $\mathbf{u} - \mathbf{v}$ son ortogonales, entonces los vectores $\mathbf{u}$ y $\mathbf{v}$ deben tener la misma longitud.

65. Si θ es el ángulo entre los vectores $\mathbf{a}$ y $\mathbf{b}$, demuestre que

$$\text{proy}_a\, \mathbf{b} \cdot \text{proy}_b\, \mathbf{a} = (\mathbf{a} \cdot \mathbf{b})\cos^2\theta$$

66. (a) Demuestre que si $\mathbf{u}$ y $\mathbf{v}$ son vectores ortogonales distintos de cero, entonces $|\mathbf{u} + \mathbf{v}|^2 = |\mathbf{u}|^2 + |\mathbf{v}|^2$.
(b) Demuestre que lo contrario del inciso (a) también es verdadero: si $|\mathbf{u} + \mathbf{v}|^2 = |\mathbf{u}|^2 + |\mathbf{v}|^2$, entonces $\mathbf{u}$ y $\mathbf{v}$ son ortogonales.

12.4 | Producto cruz

Como se verá en la siguiente sección y en los capítulos 13 y 14, dados dos vectores distintos de cero, es muy útil encontrar un vector diferente de cero que sea perpendicular a ambos. A continuación se define una operación, llamada producto cruz, que produce tal vector.

■ Producto cruz de dos vectores

Dados dos vectores distintos de cero $\mathbf{a} = \langle a_1, a_2, a_3 \rangle$ y $\mathbf{b} = \langle b_1, b_2, b_3 \rangle$, suponga que un vector distinto de cero $\mathbf{c} = \langle c_1, c_2, c_3 \rangle$ es perpendicular a $\mathbf{a}$ y $\mathbf{b}$. Entonces $\mathbf{a} \cdot \mathbf{c} = 0$ y $\mathbf{b} \cdot \mathbf{c} = 0$; por lo tanto

$$\boxed{1} \qquad a_1 c_1 + a_2 c_2 + a_3 c_3 = 0$$

$$\boxed{2} \qquad b_1 c_1 + b_2 c_2 + b_3 c_3 = 0$$

Para eliminar c_3 se multiplica (1) por b_3 y (2) por a_3 y se resta:

$$\boxed{3} \qquad (a_1 b_3 - a_3 b_1) c_1 + (a_2 b_3 - a_3 b_2) c_2 = 0$$

La ecuación 3 tiene la forma $p c_1 + q c_2 = 0$, para la cual una solución evidente es $c_1 = q$ y $c_2 = -p$. Así, una solución de (3) es

$$c_1 = a_2 b_3 - a_3 b_2 \qquad c_2 = a_3 b_1 - a_1 b_3$$

Al sustituir estos valores en (1) y (2), se obtiene

$$c_3 = a_1 b_2 - a_2 b_1$$

Esto significa que un vector perpendicular tanto a $\mathbf{a}$ como a $\mathbf{b}$ es

$$\langle c_1, c_2, c_3 \rangle = \langle a_2 b_3 - a_3 b_2, \, a_3 b_1 - a_1 b_3, \, a_1 b_2 - a_2 b_1 \rangle$$

El vector resultante se denomina *producto cruz* de $\mathbf{a}$ y $\mathbf{b}$ y se denota con $\mathbf{a} \times \mathbf{b}$.

Hamilton

El producto cruz fue inventado por el matemático irlandés sir William Rowan Hamilton (1805-1865), quien había creado un precursor de los vectores, llamados cuaterniones. Cuando tenía cinco años Hamilton sabía leer en latín, griego y hebreo. A la edad de ocho años conocía el francés y el italiano, y a los 10 sabía leer en árabe y sánscrito. A la edad de 21 años, cuando todavía era estudiante en el Trinity College de Dublín, Hamilton fue nombrado profesor de astronomía de la universidad y ¡astrónomo real de Irlanda!

> $\boxed{4}$ **Definición del producto cruz** Si $\mathbf{a} = \langle a_1, a_2, a_3 \rangle$ y $\mathbf{b} = \langle b_1, b_2, b_3 \rangle$, entonces el **producto cruz** de $\mathbf{a}$ y $\mathbf{b}$ es el vector
>
> $$\mathbf{a} \times \mathbf{b} = \langle a_2 b_3 - a_3 b_2, \, a_3 b_1 - a_1 b_3, \, a_1 b_2 - a_2 b_1 \rangle$$

Observe que el producto cruz $\mathbf{a} \times \mathbf{b}$ de dos vectores $\mathbf{a}$ y $\mathbf{b}$ es un vector (mientras que el producto punto es un escalar). Por este motivo también se conoce como **producto vectorial**. Tenga en cuenta que $\mathbf{a} \times \mathbf{b}$ se define solo cuando $\mathbf{a}$ y $\mathbf{b}$ son vectores *tridimensionales*.

Para que la definición 4 sea más fácil de recordar, se utiliza la notación de determinantes. Un **determinante de orden 2** se define por

$$\begin{vmatrix} a & b \\ c & d \end{vmatrix} = ad - bc$$

(Se multiplica a través de las diagonales y se resta). Por ejemplo:

$$\begin{vmatrix} 2 & 1 \\ -6 & 4 \end{vmatrix} = 2(4) - 1(-6) = 14$$

Un **determinante de orden 3** se puede definir en función de los determinantes de segundo orden:

$$\boxed{5} \qquad \begin{vmatrix} a_1 & a_2 & a_3 \\ b_1 & b_2 & b_3 \\ c_1 & c_2 & c_3 \end{vmatrix} = a_1 \begin{vmatrix} b_2 & b_3 \\ c_2 & c_3 \end{vmatrix} - a_2 \begin{vmatrix} b_1 & b_3 \\ c_1 & c_3 \end{vmatrix} + a_3 \begin{vmatrix} b_1 & b_2 \\ c_1 & c_2 \end{vmatrix}$$

Observe que cada término en el lado derecho de la ecuación 5 implica un número a_i en la primera fila del determinante, y a_i se multiplica por el determinante de segundo orden obtenido del lado izquierdo suprimiendo la fila y la columna en la que aparece a_i. Note también el signo menos en el segundo término. Por ejemplo,

$$\begin{vmatrix} 1 & 2 & -1 \\ 3 & 0 & 1 \\ -5 & 4 & 2 \end{vmatrix} = 1 \begin{vmatrix} 0 & 1 \\ 4 & 2 \end{vmatrix} - 2 \begin{vmatrix} 3 & 1 \\ -5 & 2 \end{vmatrix} + (-1) \begin{vmatrix} 3 & 0 \\ -5 & 4 \end{vmatrix}$$

$$= 1(0 - 4) - 2(6 + 5) + (-1)(12 - 0) = -38$$

Si ahora se reescribe la definición 4 usando determinantes de segundo orden y los vectores de base estándar **i**, **j** y **k**, se ve que el producto cruz de los vectores $\mathbf{a} = a_1\mathbf{i} + a_2\mathbf{j} + a_3\mathbf{k}$ y $\mathbf{b} = b_1\mathbf{i} + b_2\mathbf{j} + b_3\mathbf{k}$ es

$$\boxed{6} \qquad \mathbf{a} \times \mathbf{b} = \begin{vmatrix} a_2 & a_3 \\ b_2 & b_3 \end{vmatrix} \mathbf{i} - \begin{vmatrix} a_1 & a_3 \\ b_1 & b_3 \end{vmatrix} \mathbf{j} + \begin{vmatrix} a_1 & a_2 \\ b_1 & b_2 \end{vmatrix} \mathbf{k}$$

En vista de la semejanza entre las ecuaciones 5 y 6, a menudo se escribe

$$\boxed{7} \qquad \mathbf{a} \times \mathbf{b} = \begin{vmatrix} \mathbf{i} & \mathbf{j} & \mathbf{k} \\ a_1 & a_2 & a_3 \\ b_1 & b_2 & b_3 \end{vmatrix}$$

Aunque la primera fila del determinante simbólico de la ecuación 7 consta de vectores, si se expande como si fuera un determinante ordinario siguiendo la regla de la ecuación 5, se obtiene la ecuación 6. La fórmula simbólica de la ecuación 7 es probablemente la forma más fácil de recordar y calcular productos cruz.

EJEMPLO 1 Si $\mathbf{a} = \langle 1, 3, 4 \rangle$ y $\mathbf{b} = \langle 2, 7, -5 \rangle$, entonces

$$\mathbf{a} \times \mathbf{b} = \begin{vmatrix} \mathbf{i} & \mathbf{j} & \mathbf{k} \\ 1 & 3 & 4 \\ 2 & 7 & -5 \end{vmatrix}$$

$$= \begin{vmatrix} 3 & 4 \\ 7 & -5 \end{vmatrix} \mathbf{i} - \begin{vmatrix} 1 & 4 \\ 2 & -5 \end{vmatrix} \mathbf{j} + \begin{vmatrix} 1 & 3 \\ 2 & 7 \end{vmatrix} \mathbf{k}$$

$$= (-15 - 28)\mathbf{i} - (-5 - 8)\mathbf{j} + (7 - 6)\mathbf{k} = -43\mathbf{i} + 13\mathbf{j} + \mathbf{k} \qquad \blacksquare$$

EJEMPLO 2 Demuestre que $\mathbf{a} \times \mathbf{a} = \mathbf{0}$ para cualquier vector $\mathbf{a}$ en V_3.

SOLUCIÓN Si $\mathbf{a} = \langle a_1, a_2, a_3 \rangle$, entonces

$$\mathbf{a} \times \mathbf{a} = \begin{vmatrix} \mathbf{i} & \mathbf{j} & \mathbf{k} \\ a_1 & a_2 & a_3 \\ a_1 & a_2 & a_3 \end{vmatrix}$$

$$= (a_2 a_3 - a_3 a_2)\,\mathbf{i} - (a_1 a_3 - a_3 a_1)\,\mathbf{j} + (a_1 a_2 - a_2 a_1)\,\mathbf{k}$$

$$= 0\mathbf{i} - 0\mathbf{j} + 0\mathbf{k} = \mathbf{0}$$ ∎

■ Propiedades del producto cruz

Se construye el producto cruz $\mathbf{a} \times \mathbf{b}$ para que sea perpendicular tanto a $\mathbf{a}$ como a $\mathbf{b}$. Esta es una de las propiedades más importantes de un producto cruz, así que se recalca y comprueba en el siguiente teorema y se presenta una demostración formal.

> **8** **Teorema** El vector $\mathbf{a} \times \mathbf{b}$ es ortogonal tanto a $\mathbf{a}$ como a $\mathbf{b}$.

DEMOSTRACIÓN Para demostrar que $\mathbf{a} \times \mathbf{b}$ es ortogonal a $\mathbf{a}$, se calcula su producto punto de la siguiente manera:

$$(\mathbf{a} \times \mathbf{b}) \cdot \mathbf{a} = \begin{vmatrix} a_2 & a_3 \\ b_2 & b_3 \end{vmatrix} a_1 - \begin{vmatrix} a_1 & a_3 \\ b_1 & b_3 \end{vmatrix} a_2 + \begin{vmatrix} a_1 & a_2 \\ b_1 & b_2 \end{vmatrix} a_3$$

$$= a_1(a_2 b_3 - a_3 b_2) - a_2(a_1 b_3 - a_3 b_1) + a_3(a_1 b_2 - a_2 b_1)$$

$$= a_1 a_2 b_3 - a_1 b_2 a_3 - a_1 a_2 b_3 + b_1 a_2 a_3 + a_1 b_2 a_3 - b_1 a_2 a_3$$

$$= 0$$

Un cálculo similar muestra que $(\mathbf{a} \times \mathbf{b}) \cdot \mathbf{b} = 0$. Por lo tanto, $\mathbf{a} \times \mathbf{b}$ es ortogonal tanto a $\mathbf{a}$ como a $\mathbf{b}$. ∎

Si $\mathbf{a}$ y $\mathbf{b}$ están representados por segmentos de recta dirigidos con el mismo punto inicial (como en la figura 1), entonces el teorema 8 indica que el producto cruz $\mathbf{a} \times \mathbf{b}$ apunta en una dirección perpendicular al plano a través de $\mathbf{a}$ y $\mathbf{b}$. Resulta que la dirección de $\mathbf{a} \times \mathbf{b}$ está dada por la *regla de la mano derecha*: si los dedos de la mano derecha se curvan en la dirección de una rotación (a través de un ángulo menor que 180°) de $\mathbf{a}$ a $\mathbf{b}$, el pulgar apunta en la dirección de $\mathbf{a} \times \mathbf{b}$.

Ahora que se sabe la dirección del vector $\mathbf{a} \times \mathbf{b}$, lo que falta para completar su descripción geométrica es su longitud $|\mathbf{a} \times \mathbf{b}|$. Esto lo da el siguiente teorema.

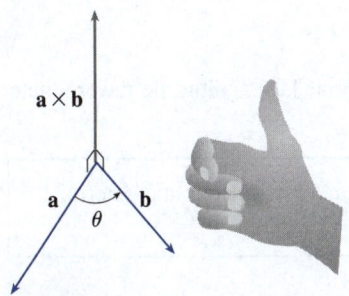

FIGURA 1
La regla de la mano derecha da la dirección de $\mathbf{a} \times \mathbf{b}$.

> **9** **Teorema** Si θ es el ángulo entre $\mathbf{a}$ y $\mathbf{b}$ (de modo que $0 \leq \theta \leq \pi$), entonces la longitud del producto cruz $\mathbf{a} \times \mathbf{b}$ está dada por
>
> $$|\mathbf{a} \times \mathbf{b}| = |\mathbf{a}||\mathbf{b}|\,\operatorname{sen}\theta$$

DEMOSTRACIÓN A partir de las definiciones del producto cruz y la longitud de un vector, se tiene que

$$|\mathbf{a} \times \mathbf{b}|^2 = (a_2b_3 - a_3b_2)^2 + (a_3b_1 - a_1b_3)^2 + (a_1b_2 - a_2b_1)^2$$

$$= a_2^2b_3^2 - 2a_2a_3b_2b_3 + a_3^2b_2^2 + a_3^2b_1^2 - 2a_1a_3b_1b_3 + a_1^2b_3^2$$

$$+ a_1^2b_2^2 - 2a_1a_2b_1b_2 + a_2^2b_1^2$$

$$= (a_1^2 + a_2^2 + a_3^2)(b_1^2 + b_2^2 + b_3^2) - (a_1b_1 + a_2b_2 + a_3b_3)^2$$

$$= |\mathbf{a}|^2|\mathbf{b}|^2 - (\mathbf{a} \cdot \mathbf{b})^2$$

$$= |\mathbf{a}|^2|\mathbf{b}|^2 - |\mathbf{a}|^2|\mathbf{b}|^2\cos^2\theta \qquad \text{(por el teorema 12.3.3)}$$

$$= |\mathbf{a}|^2|\mathbf{b}|^2(1 - \cos^2\theta)$$

$$= |\mathbf{a}|^2|\mathbf{b}|^2\operatorname{sen}^2\theta$$

Si se obtienen las raíces cuadradas y se observa que $\sqrt{\operatorname{sen}^2\theta} = \operatorname{sen}\theta$ porque $\operatorname{sen}\theta \geqslant 0$ cuando $0 \leqslant \theta \leqslant \pi$, se tiene

$$|\mathbf{a} \times \mathbf{b}| = |\mathbf{a}||\mathbf{b}|\operatorname{sen}\theta \qquad \blacksquare$$

> **10   Corolario** Dos vectores distintos de cero $\mathbf{a}$ y $\mathbf{b}$ son paralelos si y solo si
> $$\mathbf{a} \times \mathbf{b} = \mathbf{0}$$

DEMOSTRACIÓN Dos vectores distintos de cero $\mathbf{a}$ y $\mathbf{b}$ son paralelos si y solo si $\theta = 0$ o π. En cualquier caso $\operatorname{sen}\theta = 0$, por lo que $|\mathbf{a} \times \mathbf{b}| = 0$ y, por consiguiente, $\mathbf{a} \times \mathbf{b} = \mathbf{0}$. $\blacksquare$

Caracterización geométrica de $\mathbf{a} \times \mathbf{b}$

Dado que un vector está completamente determinado por su magnitud y dirección, ahora se puede decir que para los vectores no paralelos $\mathbf{a}$ y $\mathbf{b}$, $\mathbf{a} \times \mathbf{b}$ es el vector que es perpendicular tanto a $\mathbf{a}$ como a $\mathbf{b}$, cuya orientación está determinada por la regla de la mano derecha, y cuya longitud es $|\mathbf{a}||\mathbf{b}|\operatorname{sen}\theta$. De hecho, así es exactamente como los físicos *definen* $\mathbf{a} \times \mathbf{b}$.

La interpretación geométrica del teorema 9 puede verse en la figura 2. Si $\mathbf{a}$ y $\mathbf{b}$ están representados por segmentos de recta dirigidos con el mismo punto inicial, entonces determinan un paralelogramo con base $|\mathbf{a}|$, altitud $|\mathbf{b}|\operatorname{sen}\theta$ y área

$$A = |\mathbf{a}|(|\mathbf{b}|\operatorname{sen}\theta) = |\mathbf{a} \times \mathbf{b}|$$

Por lo tanto, se tiene la siguiente manera de interpretar la magnitud de un producto cruz.

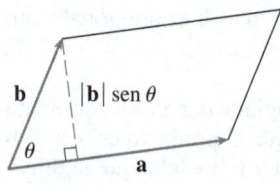

FIGURA 2

> La longitud del producto cruz $\mathbf{a} \times \mathbf{b}$ es igual al área del paralelogramo determinado por $\mathbf{a}$ y $\mathbf{b}$.

EJEMPLO 3 Encuentre un vector perpendicular al plano que pasa por los puntos $P(1, 4, 6)$, $Q(-2, 5, -1)$ y $R(1, -1, 1)$.

SOLUCIÓN El vector $\overrightarrow{PQ} \times \overrightarrow{PR}$ es perpendicular a $\overrightarrow{PQ}$ y $\overrightarrow{PR}$ y, por lo tanto, es perpendicular al plano formado por P, Q y R. Se sabe por (12.2.1) que

$$\overrightarrow{PQ} = (-2 - 1)\mathbf{i} + (5 - 4)\mathbf{j} + (-1 - 6)\mathbf{k} = -3\mathbf{i} + \mathbf{j} - 7\mathbf{k}$$

$$\overrightarrow{PR} = (1 - 1)\mathbf{i} + (-1 - 4)\mathbf{j} + (1 - 6)\mathbf{k} = -5\mathbf{j} - 5\mathbf{k}$$

El producto cruz de estos vectores se calcula así:

$$\vec{PQ} \times \vec{PR} = \begin{vmatrix} \mathbf{i} & \mathbf{j} & \mathbf{k} \\ -3 & 1 & -7 \\ 0 & -5 & -5 \end{vmatrix}$$

$$= (-5 - 35)\mathbf{i} - (15 - 0)\mathbf{j} + (15 - 0)\mathbf{k} = -40\mathbf{i} - 15\mathbf{j} + 15\mathbf{k}$$

Por lo tanto, el vector $\langle -40, -15, 15 \rangle$ es perpendicular al plano dado. Todo múltiplo escalar de este vector, que sea distinto de cero, como $\langle -8, -3. 3 \rangle$, también es perpendicular al plano. ∎

EJEMPLO 4   Calcule el área del triángulo con vértices $P(1, 4, 6)$, $Q(-2, 5, -1)$ y $R(1, -1, 1)$.

SOLUCIÓN   En el ejemplo 3 se calcula que $\vec{PQ} \times \vec{PR} = \langle -40, -15, 15 \rangle$. El área del paralelogramo con lados adyacentes PQ y PR es la longitud de este producto cruz:

$$\left| \vec{PQ} \times \vec{PR} \right| = \sqrt{(-40)^2 + (-15)^2 + 15^2} = 5\sqrt{82}$$

El área A del triángulo PQR es la mitad del área de este paralelogramo, es decir, $\frac{5}{2}\sqrt{82}$. ∎

Si se aplican los teoremas 8 y 9 a los vectores de base estándar $\mathbf{i}$, $\mathbf{j}$ y $\mathbf{k}$ usando $\theta = \pi/2$, se obtiene

$$\mathbf{i} \times \mathbf{j} = \mathbf{k} \qquad \mathbf{j} \times \mathbf{k} = \mathbf{i} \qquad \mathbf{k} \times \mathbf{i} = \mathbf{j}$$

$$\mathbf{j} \times \mathbf{i} = -\mathbf{k} \qquad \mathbf{k} \times \mathbf{j} = -\mathbf{i} \qquad \mathbf{i} \times \mathbf{k} = -\mathbf{j}$$

Observe que

$$\mathbf{i} \times \mathbf{j} \neq \mathbf{j} \times \mathbf{i}$$

⊘ Por consiguiente, el producto cruz no es conmutativo. Además,

$$\mathbf{i} \times (\mathbf{i} \times \mathbf{j}) = \mathbf{i} \times \mathbf{k} = -\mathbf{j}$$

mientras que

$$(\mathbf{i} \times \mathbf{i}) \times \mathbf{j} = \mathbf{0} \times \mathbf{j} = \mathbf{0}$$

⊘ Así, la ley asociativa de la multiplicación no se sostiene normalmente; es decir, en general,

$$(\mathbf{a} \times \mathbf{b}) \times \mathbf{c} \neq \mathbf{a} \times (\mathbf{b} \times \mathbf{c})$$

Sin embargo, algunas de las leyes habituales del álgebra *sí* se aplican a los productos cruz. El siguiente teorema resume las propiedades de los productos vectoriales.

---

11   **Propiedades del producto cruz**   Si $\mathbf{a}$, $\mathbf{b}$ y $\mathbf{c}$ son vectores y c es un escalar, entonces

1. $\mathbf{a} \times \mathbf{b} = -\mathbf{b} \times \mathbf{a}$
2. $(c\mathbf{a}) \times \mathbf{b} = c(\mathbf{a} \times \mathbf{b}) = \mathbf{a} \times (c\mathbf{b})$
3. $\mathbf{a} \times (\mathbf{b} + \mathbf{c}) = \mathbf{a} \times \mathbf{b} + \mathbf{a} \times \mathbf{c}$
4. $(\mathbf{a} + \mathbf{b}) \times \mathbf{c} = \mathbf{a} \times \mathbf{c} + \mathbf{b} \times \mathbf{c}$
5. $\mathbf{a} \cdot (\mathbf{b} \times \mathbf{c}) = (\mathbf{a} \times \mathbf{b}) \cdot \mathbf{c}$
6. $\mathbf{a} \times (\mathbf{b} \times \mathbf{c}) = (\mathbf{a} \cdot \mathbf{c})\mathbf{b} - (\mathbf{a} \cdot \mathbf{b})\mathbf{c}$

Estas propiedades pueden demostrarse si los vectores se escriben en función de sus componentes y se aplica la definición de producto cruz. Se demuestra la propiedad 5 y se deja el resto de las demostraciones como ejercicios.

DEMOSTRACIÓN DE LA PROPIEDAD 5 Si $\mathbf{a} = \langle a_1, a_2, a_3 \rangle$, $\mathbf{b} = \langle b_1, b_2, b_3 \rangle$ y $\mathbf{c} = \langle c_1, c_2, c_3 \rangle$, entonces

$$\boxed{12} \quad \mathbf{a} \cdot (\mathbf{b} \times \mathbf{c}) = a_1(b_2 c_3 - b_3 c_2) + a_2(b_3 c_1 - b_1 c_3) + a_3(b_1 c_2 - b_2 c_1)$$

$$= a_1 b_2 c_3 - a_1 b_3 c_2 + a_2 b_3 c_1 - a_2 b_1 c_3 + a_3 b_1 c_2 - a_3 b_2 c_1$$

$$= (a_2 b_3 - a_3 b_2) c_1 + (a_3 b_1 - a_1 b_3) c_2 + (a_1 b_2 - a_2 b_1) c_3$$

$$= (\mathbf{a} \times \mathbf{b}) \cdot \mathbf{c} \qquad \blacksquare$$

■ Productos triples

El producto $\mathbf{a} \cdot (\mathbf{b} \times \mathbf{c})$ que se produce en la propiedad 5 se conoce como **triple producto escalar** de los vectores $\mathbf{a}$, $\mathbf{b}$ y $\mathbf{c}$. Tenga en cuenta que, por la ecuación 12, se puede escribir el triple producto escalar como un determinante:

$$\boxed{13} \quad \mathbf{a} \cdot (\mathbf{b} \times \mathbf{c}) = \begin{vmatrix} a_1 & a_2 & a_3 \\ b_1 & b_2 & b_3 \\ c_1 & c_2 & c_3 \end{vmatrix}$$

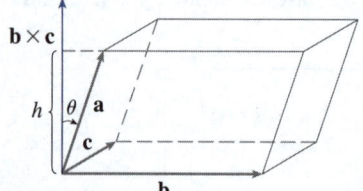

FIGURA 3

La importancia geométrica del triple producto escalar se puede apreciar cuando se considera el paralelepípedo determinado por los vectores $\mathbf{a}$, $\mathbf{b}$ y $\mathbf{c}$ (vea la figura 3). El área del paralelogramo de base es $A = |\mathbf{b} \times \mathbf{c}|$. Si θ es el ángulo entre $\mathbf{a}$ y $\mathbf{b} \times \mathbf{c}$, entonces la altura h del paralelepípedo es $h = |\mathbf{a}||\cos \theta|$. (Se debe usar $|\cos \theta|$ en lugar de $\cos \theta$ en caso de que $\theta > \pi/2$). Por lo tanto, el volumen del paralelepípedo es

$$V = Ah = |\mathbf{b} \times \mathbf{c}||\mathbf{a}||\cos \theta| = |\mathbf{a} \cdot (\mathbf{b} \times \mathbf{c})| \qquad \text{(por el teorema 12.3.3)}$$

Así, se ha demostrado la siguiente fórmula:

> $\boxed{14}$ El volumen del paralelepípedo determinado por los vectores $\mathbf{a}$, $\mathbf{b}$ y $\mathbf{c}$ es la magnitud de su triple producto escalar:
>
> $$V = |\mathbf{a} \cdot (\mathbf{b} \times \mathbf{c})|$$

Si se usa la fórmula (14) y se descubre que el volumen del paralelepípedo determinado por $\mathbf{a}$, $\mathbf{b}$ y $\mathbf{c}$ es 0, entonces los vectores deben estar situados en el mismo plano; es decir, son **coplanares**.

EJEMPLO 5 Use el triple producto escalar para demostrar que los vectores $\mathbf{a} = \langle 1, 4, -7 \rangle$, $\mathbf{b} = \langle 2, -1, 4 \rangle$ y $\mathbf{c} = \langle 0, -9, 18 \rangle$ son coplanares.

SOLUCIÓN Se usa la ecuación 13 para calcular su triple producto escalar:

$$\mathbf{a} \cdot (\mathbf{b} \times \mathbf{c}) = \begin{vmatrix} 1 & 4 & -7 \\ 2 & -1 & 4 \\ 0 & -9 & 18 \end{vmatrix}$$

$$= 1 \begin{vmatrix} -1 & 4 \\ -9 & 18 \end{vmatrix} - 4 \begin{vmatrix} 2 & 4 \\ 0 & 18 \end{vmatrix} - 7 \begin{vmatrix} 2 & -1 \\ 0 & -9 \end{vmatrix}$$

$$= 1(18) - 4(36) - 7(-18) = 0$$

Por lo tanto, por (14), el volumen del paralelepípedo determinado por **a**, **b** y **c** es 0. Esto significa que **a**, **b** y **c** son coplanares. ∎

El producto **a** × (**b** × **c**) que se produce en la propiedad 6 se llama **triple producto vectorial** de **a**, **b** y **c**. La propiedad 6 se utilizará para derivar la primera ley de Kepler del movimiento planetario en el capítulo 13. Su demostración queda como ejercicio 50.

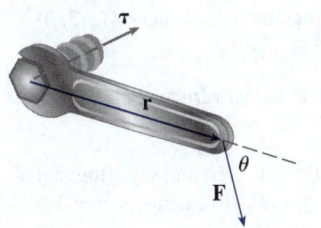

FIGURA 4

◼ Aplicación: par de torsión*

La idea de un producto cruz se presenta a menudo en física. En particular, se considera una fuerza **F** que actúa sobre un cuerpo rígido en un punto dado por un vector de posición **r**. (Por ejemplo, si se aprieta un perno aplicando una fuerza a una llave inglesa como en la figura 4, se produce un efecto de giro). El **par de torsión** $\boldsymbol{\tau}$ (relativo al origen) se define como el producto cruz de los vectores de posición y fuerza:

$$\boldsymbol{\tau} = \mathbf{r} \times \mathbf{F}$$

y mide la tendencia del cuerpo a girar sobre el origen. La dirección del vector del par de torsión indica el eje de rotación. Según el teorema 9, la magnitud del vector de torsión es

$$|\boldsymbol{\tau}| = |\mathbf{r} \times \mathbf{F}| = |\mathbf{r}||\mathbf{F}|\operatorname{sen}\theta$$

donde θ es el ángulo entre los vectores de posición y fuerza. Observe que el único componente de **F** que puede causar rotación es la perpendicular a **r**, es decir, $|\mathbf{F}|\operatorname{sen}\theta$. La magnitud del par de torsión es igual al área del paralelogramo determinada por **r** y **F**.

EJEMPLO 6 Para apretar un perno se aplica una fuerza de 40 N a una llave inglesa de 0.25 m, como se ilustra en la figura 5. Calcule la magnitud del par de torsión alrededor del centro del perno.

SOLUCIÓN La magnitud del vector de par de torsión es

$$|\boldsymbol{\tau}| = |\mathbf{r} \times \mathbf{F}| = |\mathbf{r}||\mathbf{F}|\operatorname{sen}75° = (0.25)(40)\operatorname{sen}75°$$
$$= 10\operatorname{sen}75° \approx 9.66 \text{ N·m}$$

Si el perno es de rosca derecha, entonces el vector de par de torsión es

$$\boldsymbol{\tau} = |\boldsymbol{\tau}|\mathbf{n} \approx 9.66\,\mathbf{n}$$

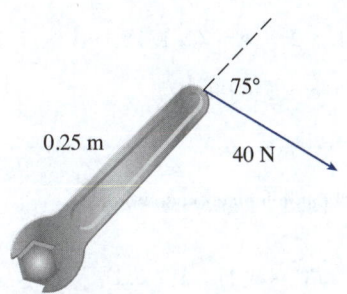

FIGURA 5

donde **n** es un vector unitario dirigido hacia la parte inferior de la página (por la regla de la mano derecha). ∎

12.4 | Ejercicios

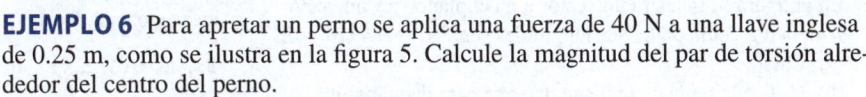

1-7 Obtenga el producto cruz **a** × **b** y verifique que sea ortogonal tanto a **a** como a **b**.

1. $\mathbf{a} = \langle 2, 3, 0 \rangle$, $\mathbf{b} = \langle 1, 0, 5 \rangle$

2. $\mathbf{a} = \langle 4, 3, -2 \rangle$, $\mathbf{b} = \langle 2, -1, 1 \rangle$

3. $\mathbf{a} = 2\mathbf{j} - 4\mathbf{k}$, $\mathbf{b} = -\mathbf{i} + 3\mathbf{j} + \mathbf{k}$

4. $\mathbf{a} = 3\mathbf{i} + 3\mathbf{j} - 3\mathbf{k}$, $\mathbf{b} = 3\mathbf{i} - 3\mathbf{j} + 3\mathbf{k}$

5. $\mathbf{a} = \frac{1}{2}\mathbf{i} + \frac{1}{3}\mathbf{j} + \frac{1}{4}\mathbf{k}$, $\mathbf{b} = \mathbf{i} + 2\mathbf{j} - 3\mathbf{k}$

6. $\mathbf{a} = t\mathbf{i} + \cos t\mathbf{j} + \operatorname{sen}t\mathbf{k}$, $\mathbf{b} = \mathbf{i} - \operatorname{sen}t\mathbf{j} + \cos t\mathbf{k}$

7. $\mathbf{a} = \langle t^3, t^2, t \rangle$, $\mathbf{b} = \langle t, 2t, 3t \rangle$

8. Si $\mathbf{a} = \mathbf{i} - 2\mathbf{k}$ y $\mathbf{b} = \mathbf{j} + \mathbf{k}$, encuentre $\mathbf{a} \times \mathbf{b}$. Trace **a**, **b** y $\mathbf{a} \times \mathbf{b}$ como vectores comenzando en el origen.

9-12 Obtenga el vector, no con determinantes, sino aplicando las propiedades de los productos cruz.

9. $(\mathbf{i} \times \mathbf{j}) \times \mathbf{k}$

10. $\mathbf{k} \times (\mathbf{i} - 2\mathbf{j})$

---

*Nota del RT: El término *torque* también se traduce como "torca", "momento de una fuerza", o bien "momento de torsión".

11. $(\mathbf{j} - \mathbf{k}) \times (\mathbf{k} - \mathbf{i})$ **12.** $(\mathbf{i} + \mathbf{j}) \times (\mathbf{i} - \mathbf{j})$

---

13. Indique si cada expresión tiene significado. Si no lo tienen, explique por qué. En caso afirmativo, indique si es un vector o un escalar.

  (a) $\mathbf{a} \cdot (\mathbf{b} \times \mathbf{c})$ (b) $\mathbf{a} \times (\mathbf{b} \cdot \mathbf{c})$
  (c) $\mathbf{a} \times (\mathbf{b} \times \mathbf{c})$ (d) $\mathbf{a} \cdot (\mathbf{b} \cdot \mathbf{c})$
  (e) $(\mathbf{a} \cdot \mathbf{b}) \times (\mathbf{c} \cdot \mathbf{d})$ (f) $(\mathbf{a} \times \mathbf{b}) \cdot (\mathbf{c} \times \mathbf{d})$

14-15 Encuentre $|\mathbf{u} \times \mathbf{v}|$ y determine si $\mathbf{u} \times \mathbf{v}$ se dirige hacia dentro o hacia afuera de la página.

14.

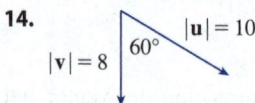

15.

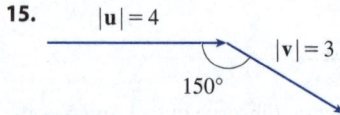

16. En la figura se muestra un vector $\mathbf{a}$ en el plano xy y un vector $\mathbf{b}$ en la dirección de $\mathbf{k}$. Sus longitudes son: $|\mathbf{a}| = 3$ y $|\mathbf{b}| = 2$.
  (a) Calcule $|\mathbf{a} \times \mathbf{b}|$.
  (b) Utilice la regla de la mano derecha para decidir si los componentes de $\mathbf{a} \times \mathbf{b}$ son positivos, negativos o 0.

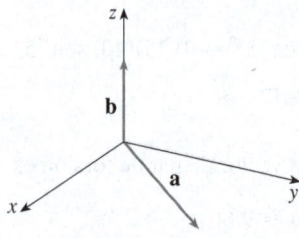

17. Si $\mathbf{a} = \langle 2, -1, 3 \rangle$ y $\mathbf{b} = \langle 4, 2, 1 \rangle$, encuentre $\mathbf{a} \times \mathbf{b}$ y $\mathbf{b} \times \mathbf{a}$.

18. Si $\mathbf{a} = \langle 1, 0, 1 \rangle$, $\mathbf{b} = \langle 2, 1, -1 \rangle$ y $\mathbf{c} = \langle 0, 1, 3 \rangle$, demuestre que $\mathbf{a} \times (\mathbf{b} \times \mathbf{c}) \neq (\mathbf{a} \times \mathbf{b}) \times \mathbf{c}$.

19. Obtenga dos vectores unitarios ortogonales tanto para $\langle 3, 2, 1 \rangle$ como para $\langle -1, 1, 0 \rangle$.

20. Encuentre dos vectores unitarios ortogonales tanto a $\mathbf{j} - \mathbf{k}$ como a $\mathbf{i} + \mathbf{j}$.

21. Demuestre que $\mathbf{0} \times \mathbf{a} = \mathbf{0} = \mathbf{a} \times \mathbf{0}$ para cualquier vector $\mathbf{a}$ en V_3.

22. Demuestre que $(\mathbf{a} \times \mathbf{b}) \cdot \mathbf{b} = 0$ para todos los vectores $\mathbf{a}$ y $\mathbf{b}$ en V_3.

23-26 Demuestre la propiedad especificada de los productos cruz (teorema 11).

23. Propiedad 1: $\mathbf{a} \times \mathbf{b} = -\mathbf{b} \times \mathbf{a}$

24. Propiedad 2: $(c\mathbf{a}) \times \mathbf{b} = c(\mathbf{a} \times \mathbf{b}) = \mathbf{a} \times (c\mathbf{b})$

25. Propiedad 3: $\mathbf{a} \times (\mathbf{b} + \mathbf{c}) = \mathbf{a} \times \mathbf{b} + \mathbf{a} \times \mathbf{c}$

26. Propiedad 4: $(\mathbf{a} + \mathbf{b}) \times \mathbf{c} = \mathbf{a} \times \mathbf{c} + \mathbf{b} \times \mathbf{c}$

---

27. Encuentre el área del paralelogramo con vértices $A(-3, 0)$, $B(-1, 3)$, $C(5, 2)$ y $D(3, -1)$.

28. Calcule el área del paralelogramo con vértices $P(1, 0, 2)$, $Q(3, 3, 3)$, $R(7, 5, 8)$ y $S(5, 2, 7)$.

29-32 (a) Obtenga un vector distinto de cero que sea ortogonal al plano que pasa por los puntos P, Q y R y (b) calcule el área del triángulo PQR.

29. $P(3, 1, 1)$, $Q(5, 2, 4)$, $R(8, 5, 3)$

30. $P(-2, 0, 4)$, $Q(1, 3, -2)$, $R(0, 3, 5)$

31. $P(7, -2, 0)$, $Q(3, 1, 3)$, $R(4, -4, 2)$

32. $P(2, -3, 4)$, $Q(-1, -2, 2)$, $R(3, 1, -3)$

33-34 Obtenga el volumen del paralelepípedo determinado por los vectores $\mathbf{a}$, $\mathbf{b}$ y $\mathbf{c}$.

33. $\mathbf{a} = \langle 1, 2, 3 \rangle$, $\mathbf{b} = \langle -1, 1, 2 \rangle$, $\mathbf{c} = \langle 2, 1, 4 \rangle$

34. $\mathbf{a} = \mathbf{i} + \mathbf{j}$, $\mathbf{b} = \mathbf{j} + \mathbf{k}$, $\mathbf{c} = \mathbf{i} + \mathbf{j} + \mathbf{k}$

35-36 Obtenga el volumen del paralelepípedo con bordes adyacentes PQ, PR y PS.

35. $P(-2, 1, 0)$, $Q(2, 3, 2)$, $R(1, 4, -1)$, $S(3, 6, 1)$

36. $P(3, 0, 1)$, $Q(-1, 2, 5)$, $R(5, 1, -1)$, $S(0, 4, 2)$

---

37. Use el triple producto escalar para verificar que los vectores $\mathbf{u} = \mathbf{i} + 5\mathbf{j} - 2\mathbf{k}$, $\mathbf{v} = 3\mathbf{i} - \mathbf{j}$ y $\mathbf{w} = 5\mathbf{i} + 9\mathbf{j} - 4\mathbf{k}$ son coplanares.

38. Use el triple producto escalar para determinar si los puntos $A(1, 3, 2)$, $B(3, -1, 6)$, $C(5, 2, 0)$ y $D(3, 6, -4)$ están situados en el mismo plano.

39. Un pie empuja un pedal de bicicleta con una fuerza de 60 N como se muestra en la figura. El eje del pedal es de 18 cm de largo. Calcule la magnitud del par de torsión sobre P.

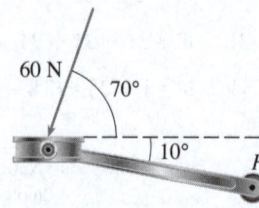

40. (a) Se aplica una fuerza horizontal de 90 N al mango de una palanca de cambios como se muestra en la figura. Encuentre la magnitud del par de torsión sobre el punto de pivote P.

(b) Calcule la magnitud del par de torsión sobre P si se aplica la misma fuerza en el codo Q de la palanca.

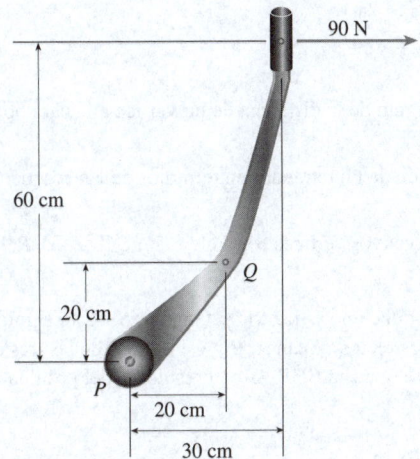

41. Una llave de 30 cm de largo se encuentra en el eje y positivo y sujeta un perno en el origen. Se aplica una fuerza en la dirección $\langle 0, 3, -4 \rangle$ al final de la llave. Calcule la magnitud de la fuerza necesaria para suministrar 100 N · m de torsión al perno.

42. Sea $\mathbf{v} = 5\mathbf{j}$ y sea $\mathbf{u}$ un vector con longitud 3 que comienza en el origen y gira en el plano xy. Calcule los valores máximo y mínimo de la longitud del vector $\mathbf{u} \times \mathbf{v}$. ¿En qué dirección apunta $\mathbf{u} \times \mathbf{v}$?

43. Si $\mathbf{a} \cdot \mathbf{b} = \sqrt{3}$ y $\mathbf{a} \times \mathbf{b} = \langle 1, 2, 2 \rangle$, encuentre el ángulo entre $\mathbf{a}$ y $\mathbf{b}$.

44. (a) Calcule todos los vectores $\mathbf{v}$ tales que

$$\langle 1, 2, 1 \rangle \times \mathbf{v} = \langle 3, 1, -5 \rangle$$

(b) Explique por qué no hay un vector $\mathbf{v}$ tal que

$$\langle 1, 2, 1 \rangle \times \mathbf{v} = \langle 3, 1, 5 \rangle$$

45. Distancia de un punto a una recta Sea P un punto que no está sobre la recta L que pasa por los puntos Q y R.

(a) Demuestre que la distancia d del punto P a la recta L es

$$d = \frac{|\mathbf{a} \times \mathbf{b}|}{|\mathbf{a}|}$$

donde $\mathbf{a} = \overrightarrow{QR}$ y $\mathbf{b} = \overrightarrow{QP}$.

(b) Use la fórmula del inciso (a) para calcular la distancia del punto $P(1, 1, 1)$ a la recta a través de $Q(0, 6, 8)$ y $R(-1, 4, 7)$.

46. Distancia de un punto a un plano Sea P un punto que no está en el plano que pasa por los puntos Q, R y S.

(a) Demuestre que la distancia d de P al plano es

$$d = \frac{|\mathbf{a} \cdot (\mathbf{b} \times \mathbf{c})|}{|\mathbf{a} \times \mathbf{b}|}$$

donde $\mathbf{a} = \overrightarrow{QR}$, $\mathbf{b} = \overrightarrow{QS}$ y $\mathbf{c} = \overrightarrow{QP}$.

(b) Use la fórmula del inciso (a) para calcular la distancia del punto $P(2, 1, 4)$ al plano a través de los puntos $Q(1, 0, 0)$, $R(0, 2, 0)$ y $S(0, 0, 3)$.

47. Demuestre que $|\mathbf{a} \times \mathbf{b}|^2 = |\mathbf{a}|^2 |\mathbf{b}|^2 - (\mathbf{a} \cdot \mathbf{b})^2$.

48. Si $\mathbf{a} + \mathbf{b} + \mathbf{c} = \mathbf{0}$, demuestre que

$$\mathbf{a} \times \mathbf{b} = \mathbf{b} \times \mathbf{c} = \mathbf{c} \times \mathbf{a}$$

49. Demuestre que $(\mathbf{a} - \mathbf{b}) \times (\mathbf{a} + \mathbf{b}) = 2(\mathbf{a} \times \mathbf{b})$.

50. Demuestre la propiedad 6 de los productos cruz, es decir,

$$\mathbf{a} \times (\mathbf{b} \times \mathbf{c}) = (\mathbf{a} \cdot \mathbf{c})\mathbf{b} - (\mathbf{a} \cdot \mathbf{b})\mathbf{c}$$

51. Use el ejercicio 50 para demostrar que

$$\mathbf{a} \times (\mathbf{b} \times \mathbf{c}) + \mathbf{b} \times (\mathbf{c} \times \mathbf{a}) + \mathbf{c} \times (\mathbf{a} \times \mathbf{b}) = \mathbf{0}$$

52. Demuestre que

$$(\mathbf{a} \times \mathbf{b}) \cdot (\mathbf{c} \times \mathbf{d}) = \begin{vmatrix} \mathbf{a} \cdot \mathbf{c} & \mathbf{b} \cdot \mathbf{c} \\ \mathbf{a} \cdot \mathbf{d} & \mathbf{b} \cdot \mathbf{d} \end{vmatrix}$$

53. Suponga que $\mathbf{a} \neq \mathbf{0}$.

(a) Si $\mathbf{a} \cdot \mathbf{b} = \mathbf{a} \cdot \mathbf{c}$, ¿se deduce de esto que $\mathbf{b} = \mathbf{c}$?

(b) Si $\mathbf{a} \times \mathbf{b} = \mathbf{a} \times \mathbf{c}$, ¿se deduce de esto que $\mathbf{b} = \mathbf{c}$?

(c) Si $\mathbf{a} \cdot \mathbf{b} = \mathbf{a} \cdot \mathbf{c}$ y $\mathbf{a} \times \mathbf{b} = \mathbf{a} \times \mathbf{c}$, ¿se deduce de esto que $\mathbf{b} = \mathbf{c}$?

54. Si $\mathbf{v}_1$, $\mathbf{v}_2$ y $\mathbf{v}_3$ son vectores no coplanares, sea

$$\mathbf{k}_1 = \frac{\mathbf{v}_2 \times \mathbf{v}_3}{\mathbf{v}_1 \cdot (\mathbf{v}_2 \times \mathbf{v}_3)} \qquad \mathbf{k}_2 = \frac{\mathbf{v}_3 \times \mathbf{v}_1}{\mathbf{v}_1 \cdot (\mathbf{v}_2 \times \mathbf{v}_3)}$$

$$\mathbf{k}_3 = \frac{\mathbf{v}_1 \times \mathbf{v}_2}{\mathbf{v}_1 \cdot (\mathbf{v}_2 \times \mathbf{v}_3)}$$

(Estos vectores se presentan en el estudio de la cristalografía. Vectores de la forma $n_1 \mathbf{v}_1 + n_2 \mathbf{v}_2 + n_3 \mathbf{v}_3$, donde cada n_i es un entero, forman una *red* en un cristal. Vectores escritos de manera similar en términos de $\mathbf{k}_1$, $\mathbf{k}_2$ y $\mathbf{k}_3$ forman la *red recíproca*).

(a) Demuestre que $\mathbf{k}_i$ es perpendicular a $\mathbf{v}_j$ si $i \neq j$.

(b) Demuestre que $\mathbf{k}_i \cdot \mathbf{v}_i = 1$ para $i = 1, 2, 3$.

(c) Demuestre que $\mathbf{k}_1 \cdot (\mathbf{k}_2 \times \mathbf{k}_3) = \dfrac{1}{\mathbf{v}_1 \cdot (\mathbf{v}_2 \times \mathbf{v}_3)}$.

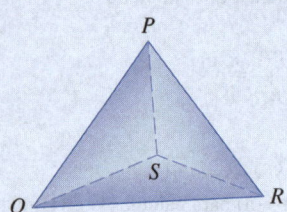

Un tetraedro es un objeto sólido con cuatro vértices, *P*, *Q*, *R* y *S*, y cuatro caras triangulares, como se muestra en la figura.

1. Sean $\mathbf{v}_1$, $\mathbf{v}_2$, $\mathbf{v}_3$ y $\mathbf{v}_4$ vectores con longitudes iguales a las áreas de las caras opuestas a los vértices *P*, *Q*, *R* y *S*, respectivamente, y direcciones perpendiculares a las respectivas caras y apuntando hacia fuera. Demuestre que

$$\mathbf{v}_1 + \mathbf{v}_2 + \mathbf{v}_3 + \mathbf{v}_4 = \mathbf{0}$$

2. El volumen *V* de un tetraedro es un tercio de la distancia de un vértice a la cara opuesta multiplicado por el área de esa cara.

  (a) Encuentre la fórmula del volumen de un tetraedro en términos de las coordenadas de sus vértices *P*, *Q*, *R* y *S*.

  (b) Calcule el volumen del tetraedro cuyos vértices son $P(1, 1, 1)$, $Q(1, 2, 3)$, $R(1, 1, 2)$ y $S(3, -1, 2)$.

3. Suponga que el tetraedro de la figura tiene un vértice trirrectangular *S*. (Esto significa que los tres ángulos en *S* son todos ángulos rectos). Sean *A*, *B* y *C* las áreas de las tres caras que se unen en *S*, y sea *D* el área de la cara opuesta *PQR*. Use el resultado del problema 1, o de otra manera, demuestre que

$$D^2 = A^2 + B^2 + C^2$$

(Esta es una versión tridimensional del teorema de Pitágoras).

12.5 | **Ecuaciones de rectas y planos**

■ Rectas

Una recta en el plano *xy* queda determinada cuando se conoce un punto en la recta y la dirección de esta (su pendiente o ángulo de inclinación). La ecuación de la recta puede entonces escribirse usando la forma punto-pendiente.

Asimismo, una recta *L* en el espacio tridimensional se determina cuando se conocen un punto $P_0(x_0, y_0, z_0)$ en *L* y una dirección de *L*, que se describe adecuadamente con un vector $\mathbf{v}$ paralelo a la recta. Sea $P(x, y, z)$ un punto arbitrario en *L* y sean $\mathbf{r}_0$ y $\mathbf{r}$ los vectores de posición de P_0 y *P* (es decir, tienen representaciones $\overrightarrow{OP_0}$ y $\overrightarrow{OP}$). Si $\mathbf{a}$ es el vector con representación $\overrightarrow{P_0P}$, como en la figura 1, entonces la ley del triángulo para la suma de vectores da $\mathbf{r} = \mathbf{r}_0 + \mathbf{a}$.

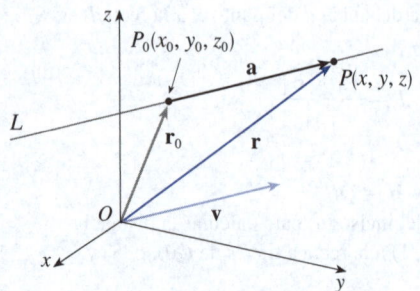

FIGURA 1

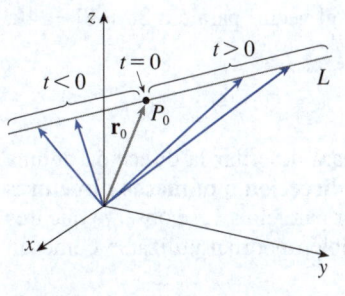

FIGURA 2

En vista de que **a** y **v** son vectores paralelos, hay un escalar t tal que $\mathbf{a} = t\mathbf{v}$. Así,

$$\boxed{1} \qquad \boxed{\mathbf{r} = \mathbf{r}_0 + t\mathbf{v}}$$

que es una **ecuación vectorial** de L. Cada valor del **parámetro** t da el vector de posición $\mathbf{r}$ de un punto en L. En otras palabras, cuando t varía, la recta se traza desde la punta del vector $\mathbf{r}$. Como indica la figura 2, los valores positivos de t corresponden a los puntos de L que se encuentran en un lado de P_0, mientras que los valores negativos de t corresponden a puntos que se ubican en el otro lado de P_0.

Si el vector $\mathbf{v}$ que indica la dirección de la recta L se escribe en forma de componentes, como $\mathbf{v} = \langle a, b, c \rangle$, entonces se tiene $t\mathbf{v} = \langle ta, tb, tc \rangle$. También es posible escribir $\mathbf{r} = \langle x, y, z \rangle$ y $\mathbf{r}_0 = \langle x_0, y_0, z_0 \rangle$, por lo que la ecuación vectorial (1) se convierte en

$$\langle x, y, z \rangle = \langle x_0 + ta, y_0 + tb, z_0 + tc \rangle$$

Dos vectores son iguales si y solo si los componentes correspondientes son iguales. Por lo tanto, se tienen las tres ecuaciones escalares:

$$x = x_0 + at \qquad y = y_0 + bt \qquad z = z_0 + ct$$

donde $t \in \mathbb{R}$. Estas ecuaciones se llaman **ecuaciones paramétricas** de la recta L que pasa por el punto $P_0(x_0, y_0, z_0)$ y es paralela al vector $\mathbf{v} = \langle a, b, c \rangle$. Cada valor del parámetro t da un punto (x, y, z) en L.

$\boxed{2}$ Las ecuaciones paramétricas de una recta que pasa por el punto (x_0, y_0, z_0) y es paralela al vector de dirección $\langle a, b, c \rangle$ son:

$$x = x_0 + at \qquad y = y_0 + bt \qquad z = z_0 + ct$$

En la figura 3 se muestra la recta L del ejemplo 1 y su relación con el punto dado y con el vector que le da su dirección.

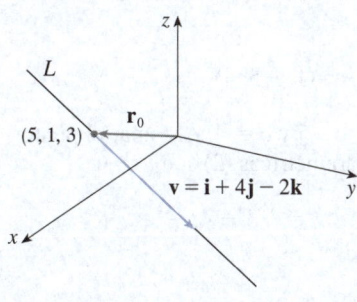

FIGURA 3

EJEMPLO 1

(a) Encuentre una ecuación vectorial y ecuaciones paramétricas de la recta que pasa por el punto $(5, 1, 3)$ y es paralela al vector $\mathbf{i} + 4\mathbf{j} - 2\mathbf{k}$.

(b) Halle otros dos puntos en la recta.

SOLUCIÓN

(a) En este caso $\mathbf{r}_0 = \langle 5, 1, 3 \rangle = 5\mathbf{i} + \mathbf{j} + 3\mathbf{k}$ y $\mathbf{v} = \mathbf{i} + 4\mathbf{j} - 2\mathbf{k}$, por lo que la ecuación vectorial (1) se convierte en

$$\mathbf{r} = (5\mathbf{i} + \mathbf{j} + 3\mathbf{k}) + t(\mathbf{i} + 4\mathbf{j} - 2\mathbf{k})$$

o

$$\mathbf{r} = (5 + t)\mathbf{i} + (1 + 4t)\mathbf{j} + (3 - 2t)\mathbf{k}$$

Las ecuaciones paramétricas son:

$$x = 5 + t \qquad y = 1 + 4t \qquad z = 3 - 2t$$

(b) Si se selecciona el valor del parámetro $t = 1$ se obtiene $x = 6$, $y = 5$ y $z = 1$, por lo que $(6, 5, 1)$ es un punto en la recta. De manera similar, $t = -1$ da el punto $(4, -3, 5)$. ∎

La ecuación vectorial y las ecuaciones paramétricas de una recta no son únicas. Si se cambia el punto o el parámetro o se selecciona un vector paralelo diferente, las ecuaciones cambian. Por ejemplo, si en lugar de $(5, 1, 3)$, se elige el punto $(6, 5, 1)$ del ejemplo 1, las ecuaciones paramétricas de la recta son:

$$x = 6 + t \qquad y = 5 + 4t \qquad z = 1 - 2t$$

O si se permanece en el punto $(5, 1, 3)$, pero se elige el vector paralelo $2\mathbf{i} + 8\mathbf{j} - 4\mathbf{k}$, se llega a las ecuaciones

$$x = 5 + 2t \qquad y = 1 + 8t \qquad z = 3 - 4t$$

En general, si un vector $\mathbf{v} = \langle a, b, c \rangle$ se utiliza para describir la dirección de una recta L, los números a, b y c se llaman **números de dirección** o **números directores** de L. Ya que también podría utilizarse cualquier vector paralelo a $\mathbf{v}$, se observa que tres números cualesquiera proporcionales a a, b y c también podrían utilizarse como un conjunto de números de dirección de L.

Otra forma de describir una recta L es eliminar el parámetro t de las ecuaciones 2. Si ninguno de a, b o c es 0, se puede despejar t en cada una de estas ecuaciones:

$$t = \frac{x - x_0}{a} \qquad t = \frac{y - y_0}{b} \qquad t = \frac{z - z_0}{c}$$

Al igualar los resultados, se obtiene

3
$$\frac{x - x_0}{a} = \frac{y - y_0}{b} = \frac{z - z_0}{c}$$

Estas ecuaciones se llaman **ecuaciones simétricas** de L. Observe que los números a, b y c que aparecen en los denominadores de la ecuación 3 son números de dirección de L, es decir, componentes de un vector paralelo a L. Si uno de a, b o c es 0, todavía se puede eliminar t. Por ejemplo, si $a = 0$, se podrían escribir las ecuaciones de L como

$$x = x_0 \qquad \frac{y - y_0}{b} = \frac{z - z_0}{c}$$

Esto significa que L está situada en el plano vertical $x = x_0$.

EJEMPLO 2

(a) Encuentre ecuaciones paramétricas y simétricas de la recta que pasa por los puntos $A(2, 4, -3)$ y $B(3, -1, 1)$.

(b) ¿En qué punto interseca esta recta el plano xy?

SOLUCIÓN

(a) No se da explícitamente un vector paralelo a la recta, pero se observa que el vector $\mathbf{v}$ con representación $\overrightarrow{AB}$ es paralelo a la recta y

$$\mathbf{v} = \langle 3 - 2, -1 - 4, 1 - (-3) \rangle = \langle 1, -5, 4 \rangle$$

Por lo tanto, los números de dirección son $a = 1$, $b = -5$ y $c = 4$. Al tomar el punto $(2, 4, -3)$ como P_0, se observa que las ecuaciones paramétricas (2) son

$$x = 2 + t \qquad y = 4 - 5t \qquad z = -3 + 4t$$

y las ecuaciones simétricas (3) son

$$\frac{x - 2}{1} = \frac{y - 4}{-5} = \frac{z + 3}{4}$$

(b) La recta interseca el plano xy cuando $z = 0$. Por las ecuaciones paramétricas se tiene que $z = -3 + 4t = 0$, lo que da $t = \frac{3}{4}$. Con este valor de t, se obtiene $x = 2 + \frac{3}{4} = \frac{11}{4}$ y $y = 4 - 5\left(\frac{3}{4}\right) = \frac{1}{4}$. Por consiguiente, la recta interseca el plano xy en el punto $\left(\frac{11}{4}, \frac{1}{4}, 0\right)$.

En la figura 4 se muestra la recta L del ejemplo 2 y el punto P donde interseca el plano xy.

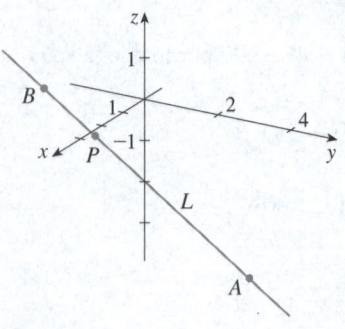

FIGURA 4

Alternativamente, se puede poner $z = 0$ en las ecuaciones simétricas y obtener

$$\frac{x - 2}{1} = \frac{y - 4}{-5} = \frac{3}{4}$$

que de nuevo produce $x = \frac{11}{4}$ y $y = \frac{1}{4}$. ■

En general, el procedimiento del ejemplo 2 muestra que los números de dirección de la recta L a través de los puntos $P_0(x_0, y_0, z_0)$ y $P_1(x_1, y_1, z_1)$ son $x_1 - x_0$, $y_1 - y_0$ y $z_1 - z_0$ y, por lo tanto, las ecuaciones simétricas de L son

$$\frac{x - x_0}{x_1 - x_0} = \frac{y - y_0}{y_1 - y_0} = \frac{z - z_0}{z_1 - z_0}$$

A menudo, es necesaria una descripción, no de una recta entera, sino de un segmento de recta. ¿Cómo, por ejemplo, se podría describir el segmento de recta AB en el ejemplo 2? Si se pone $t = 0$ en las ecuaciones paramétricas del ejemplo 2(a), se obtiene el punto $(2, 4, -3)$ y si se pone $t = 1$ se obtiene $(3, -1, 1)$. Por lo tanto, el segmento de recta AB está descrito por las ecuaciones paramétricas

$$x = 2 + t \qquad y = 4 - 5t \qquad z = -3 + 4t \qquad 0 \le t \le 1$$

o por la ecuación vectorial correspondiente

$$\mathbf{r}(t) = \langle 2 + t, 4 - 5t, -3 + 4t \rangle \qquad 0 \le t \le 1$$

En general, se sabe por la ecuación 1 que la ecuación vectorial de una recta que pasa por (la punta del) vector $\mathbf{r}_0$ en la dirección de un vector $\mathbf{v}$ es $\mathbf{r} = \mathbf{r}_0 + t\mathbf{v}$. Si la recta también pasa por (la punta de) $\mathbf{r}_1$, entonces se deduce que $\mathbf{v} = \mathbf{r}_1 - \mathbf{r}_0$ y, por consiguiente, su ecuación vectorial es

$$\mathbf{r} = \mathbf{r}_0 + t(\mathbf{r}_1 - \mathbf{r}_0) = (1 - t)\mathbf{r}_0 + t\mathbf{r}_1$$

El segmento de recta de $\mathbf{r}_0$ a $\mathbf{r}_1$ está dado por el intervalo de parámetros $0 \le t \le 1$.

---

4 El segmento de recta de $\mathbf{r}_0$ a $\mathbf{r}_1$ está dado por la ecuación vectorial

$$\mathbf{r}(t) = (1 - t)\mathbf{r}_0 + t\mathbf{r}_1 \qquad 0 \le t \le 1$$

Las rectas L_1 y L_2 en el ejemplo 3, que se muestran en la figura 5, son rectas sesgadas.

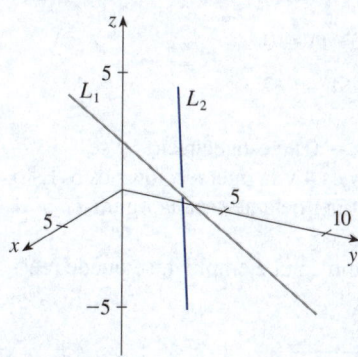

FIGURA 5

EJEMPLO 3 Demuestre que las rectas L_1 y L_2 con ecuaciones paramétricas

$$L_1: \quad x = 1 + t \qquad y = -2 + 3t \qquad z = 4 - t$$
$$L_2: \quad x = 2s \qquad\quad y = 3 + s \qquad\quad z = -3 + 4s$$

son **rectas sesgadas** o **rectas cruzadas**; es decir, no se intersecan y no son paralelas (y, por consiguiente, no están situadas en el mismo plano).

SOLUCIÓN Las rectas no son paralelas porque los vectores de dirección correspondientes $\langle 1, 3, -1 \rangle$ y $\langle 2, 1, 4 \rangle$ no son paralelos. (Sus componentes no son proporcionales). Si L_1 y L_2 tuvieran un punto de intersección, t y s tendrían valores tales que

$$1 + \ \ t = 2s$$
$$-2 + 3t = 3 + s$$
$$4 - \ \ t = -3 + 4s$$

Sin embargo, si se resuelven las primeras dos ecuaciones, se obtiene $t = \frac{11}{5}$ y $s = \frac{8}{5}$ y estos valores no satisfacen la tercera ecuación. Por lo tanto, no existen valores de t y s que satisfagan las tres ecuaciones, por lo que L_1 y L_2 no se intersecan. En consecuencia, L_1 y L_2 son rectas sesgadas. ■

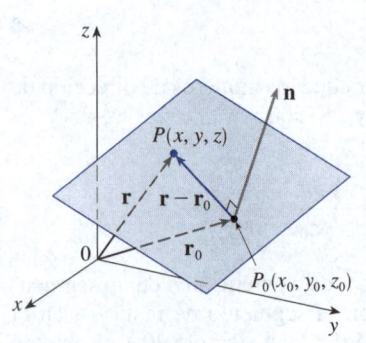

FIGURA 6

Planos

Aunque una recta en el espacio está determinada por un punto y una dirección, un plano en el espacio es más difícil de describir. Un solo vector paralelo a un plano no es suficiente para transmitir la "dirección" del plano, pero un vector perpendicular al plano especifica por completo su dirección. Por lo tanto, un plano en el espacio está determinado por un punto $P_0(x_0, y_0, z_0)$ en el plano y un vector $\mathbf{n}$ que es ortogonal al plano. Este vector ortogonal $\mathbf{n}$ se denomina **vector normal**. Sea $P(x, y, z)$ un punto arbitrario en el plano y sean $\mathbf{r}_0$ y $\mathbf{r}$ los vectores de posición de P_0 y P. Entonces el vector $\mathbf{r} - \mathbf{r}_0$ está representado por $\overrightarrow{P_0P}$ (vea la figura 6). El vector normal $\mathbf{n}$ es ortogonal a cada vector en el plano dado. En particular, $\mathbf{n}$ es ortogonal a $\mathbf{r} - \mathbf{r}_0$ y así se tiene

$$\boxed{5} \qquad \boxed{\mathbf{n} \cdot (\mathbf{r} - \mathbf{r}_0) = 0}$$

que puede reescribirse como

$$\boxed{6} \qquad \boxed{\mathbf{n} \cdot \mathbf{r} = \mathbf{n} \cdot \mathbf{r}_0}$$

La ecuación 5 o la ecuación 6 se conocen como **ecuación vectorial del plano**.

Para obtener una ecuación escalar del plano, se escribe $\mathbf{n} = \langle a, b, c \rangle$, $\mathbf{r} = \langle x, y, z \rangle$ y $\mathbf{r}_0 = \langle x_0, y_0, z_0 \rangle$. Entonces la ecuación vectorial (5) se convierte en

$$\langle a, b, c \rangle \cdot \langle x - x_0, y - y_0, z - z_0 \rangle = 0$$

Si se amplía el lado izquierdo de esta ecuación se obtiene lo siguiente.

> $\boxed{7}$ Una **ecuación escalar del plano** que pasa por el punto $P_0(x_0, y_0, z_0)$ con vector normal $\mathbf{n} = \langle a, b, c \rangle$ es
>
> $$a(x - x_0) + b(y - y_0) + c(z - z_0) = 0$$

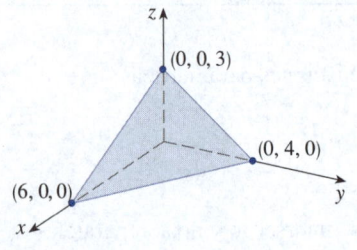

FIGURA 7

EJEMPLO 4 Encuentre una ecuación del plano que pasa por el punto $(2, 4, -1)$ con vector normal $\mathbf{n} = \langle 2, 3, 4 \rangle$. Determine las intersecciones y dibuje el plano.

SOLUCIÓN Si $a = 2$, $b = 3$, $c = 4$, $x_0 = 2$, $y_0 = 4$ y $z_0 = -1$ en la ecuación 7, se ve que una ecuación del plano es

$$2(x - 2) + 3(y - 4) + 4(z + 1) = 0$$

o $$2x + 3y + 4z = 12$$

Para encontrar la intersección en x, se establece $y = z = 0$ en esta ecuación y se obtiene $x = 6$. De manera similar, la intersección en y es 4 y la intersección z es 3. Esto permite trazar la parte del plano que se ubica en el primer octante (vea la figura 7). ∎

Si se simplifican los términos de la ecuación 7 como en el ejemplo 4, se puede reescribir la ecuación de un plano como

$$\boxed{8} \qquad \boxed{ax + by + cz + d = 0}$$

donde $d = -(ax_0 + by_0 + cz_0)$. La ecuación 8 se llama **ecuación lineal** en x, y y z. A la inversa, se puede demostrar que si a, b y c no son todos 0, entonces la ecuación lineal (8) representa un plano con vector normal $\langle a, b, c \rangle$ (vea el ejercicio 83).

En la figura 8 se muestra la parte del plano del ejemplo 5 que está delimitada por el triángulo *PQR*.

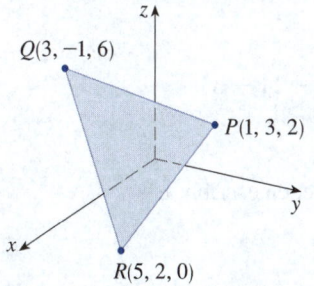

FIGURA 8

EJEMPLO 5 Encuentre una ecuación del plano que pasa por los puntos $P(1, 3, 2)$, $Q(3, -1, 6)$ y $R(5, 2, 0)$.

SOLUCIÓN Los vectores **a** y **b** correspondientes a $\overrightarrow{PQ}$ y $\overrightarrow{PR}$ son

$$\mathbf{a} = \langle 2, -4, 4 \rangle \qquad \mathbf{b} = \langle 4, -1, -2 \rangle$$

Puesto que tanto **a** como **b** están situados en el plano, su producto cruz $\mathbf{a} \times \mathbf{b}$ es ortogonal al plano y puede tomarse como el vector normal. Por lo tanto,

$$\mathbf{n} = \mathbf{a} \times \mathbf{b} = \begin{vmatrix} \mathbf{i} & \mathbf{j} & \mathbf{k} \\ 2 & -4 & 4 \\ 4 & -1 & -2 \end{vmatrix} = 12\mathbf{i} + 20\mathbf{j} + 14\mathbf{k}$$

Con el punto $P(1, 3, 2)$ y el vector normal **n**, una ecuación del plano es

$$12(x - 1) + 20(y - 3) + 14(z - 2) = 0$$

o $$6x + 10y + 7z = 50 \qquad\blacksquare$$

EJEMPLO 6 Encuentre el punto en el que la recta con ecuaciones paramétricas $x = 2 + 3t$, $y = -4t$, $z = 5 + t$ interseca el plano $4x + 5y - 2z = 18$.

SOLUCIÓN Se sustituyen x, y y z por las expresiones de las ecuaciones paramétricas en la ecuación del plano:

$$4(2 + 3t) + 5(-4t) - 2(5 + t) = 18$$

Esto se simplifica a $-10t = 20$, por lo que $t = -2$. En consecuencia, el punto de intersección ocurre cuando el valor paramétrico es $t = -2$. Entonces $x = 2 + 3(-2) = -4$, $y = -4(-2) = 8$, $z = 5 - 2 = 3$ y, por lo tanto, el punto de intersección es $(-4, 8, 3)$. $\qquad\blacksquare$

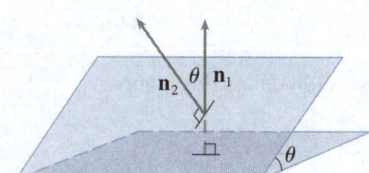

FIGURA 9

Dos planos son **paralelos** si sus vectores normales son paralelos. Por ejemplo, los planos $x + 2y - 3z = 4$ y $2x + 4y - 6z = 3$ son paralelos porque sus vectores normales son $\mathbf{n}_1 = \langle 1, 2, -3 \rangle$, $\mathbf{n}_2 = \langle 2, 4, -6 \rangle$ y $\mathbf{n}_2 = 2\mathbf{n}_1$. Si dos planos no son paralelos, se intersecan en una línea recta y el ángulo entre los dos planos se define como el ángulo agudo entre sus vectores normales (vea el ángulo θ en la figura 9).

EJEMPLO 7

(a) Determine el ángulo entre los planos $x + y + z = 1$ y $x - 2y + 3z = 1$.

(b) Encuentre las ecuaciones simétricas de la recta de intersección L de estos dos planos.

SOLUCIÓN

(a) Los vectores normales de estos planos son

$$\mathbf{n}_1 = \langle 1, 1, 1 \rangle \qquad \mathbf{n}_2 = \langle 1, -2, 3 \rangle$$

y, por lo tanto, si θ es el ángulo entre los planos, por el corolario 12.3.6, se obtiene

$$\cos \theta = \frac{\mathbf{n}_1 \cdot \mathbf{n}_2}{|\mathbf{n}_1| \, |\mathbf{n}_2|} = \frac{1(1) + 1(-2) + 1(3)}{\sqrt{1 + 1 + 1} \, \sqrt{1 + 4 + 9}} = \frac{2}{\sqrt{42}}$$

$$\theta = \cos^{-1}\left(\frac{2}{\sqrt{42}}\right) \approx 72°$$

(b) En primer lugar, es preciso encontrar un punto en *L*. Por ejemplo, para ubicar el punto donde la recta interseca el plano *xy*, se establece $z = 0$ en las ecuaciones de

En la figura 10 se muestran los planos del ejemplo 7 y su recta de intersección *L*.

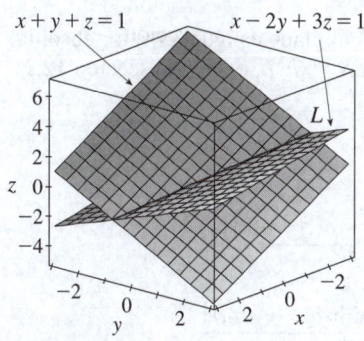

FIGURA 10

ambos planos. Esto da las ecuaciones $x + y = 1$ y $x - 2y = 1$, cuya solución es $x = 1$, $y = 0$. Por lo tanto, el punto $(1, 0, 0)$ se encuentra en L.

Ahora se observa que, dado que L está situada en los dos planos, es perpendicular a los dos vectores normales. Así, un vector $\mathbf{v}$ paralelo a L está dado por el producto cruz

Otra forma de obtener la recta de intersección es resolver las ecuaciones de los planos y despejar dos de las variables en función de la tercera, que puede tomarse como el parámetro.

$$\mathbf{v} = \mathbf{n}_1 \times \mathbf{n}_2 = \begin{vmatrix} \mathbf{i} & \mathbf{j} & \mathbf{k} \\ 1 & 1 & 1 \\ 1 & -2 & 3 \end{vmatrix} = 5\mathbf{i} - 2\mathbf{j} - 3\mathbf{k}$$

y, por consiguiente, las ecuaciones simétricas de L se pueden escribir así:

$$\frac{x - 1}{5} = \frac{y}{-2} = \frac{z}{-3}$$

NOTA En vista de que una ecuación lineal en x, y y z representa un plano y dos planos no paralelos se intersecan en una recta, se deduce que dos ecuaciones lineales pueden representar una recta. Los puntos (x, y, z) que satisfacen tanto $a_1 x + b_1 y + c_1 z + d_1 = 0$ como $a_2 x + b_2 y + c_2 z + d_2 = 0$ se encuentran en ambos planos, por lo que el par de ecuaciones lineales representa la recta de intersección de los planos (si no son paralelos). En el ejemplo 7 se dio la recta L como recta de intersección de los planos $x + y + z = 1$ y $x - 2y + 3z = 1$. Las ecuaciones simétricas que se encontraron para L podrían escribirse como

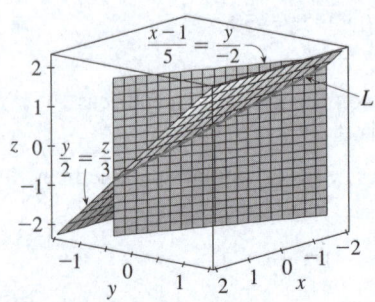

FIGURA 11

En la figura 11 se muestra cómo la recta L del ejemplo 7 también puede considerarse como la recta de intersección de los planos por sus ecuaciones simétricas.

$$\frac{x - 1}{5} = \frac{y}{-2} \qquad \text{y} \qquad \frac{y}{-2} = \frac{z}{-3}$$

lo que de nuevo es un par de ecuaciones lineales. Muestran que L es la recta de intersección de los planos $(x - 1)/5 = y/(-2)$ y $y/(-2) = z/(-3)$ (vea la figura 11).

En general, cuando se escriben las ecuaciones de una recta en la forma simétrica

$$\frac{x - x_0}{a} = \frac{y - y_0}{b} = \frac{z - z_0}{c}$$

es posible considerar que la recta es la recta de intersección de los dos planos

$$\frac{x - x_0}{a} = \frac{y - y_0}{b} \qquad \text{y} \qquad \frac{y - y_0}{b} = \frac{z - z_0}{c}$$

■ Distancias

Para obtener una fórmula de la distancia D desde un punto $P_1(x_1, y_1, z_1)$ al plano $ax + by + cz + d = 0$, sea $P_0(x_0, y_0, z_0)$ cualquier punto en el plano dado y $\mathbf{b}$ el vector correspondiente a $\overrightarrow{P_0 P_1}$. Entonces

$$\mathbf{b} = \langle x_1 - x_0, y_1 - y_0, z_1 - z_0 \rangle$$

En la figura 12 se puede ver que la distancia D de P_1 al plano es igual al valor absoluto de la proyección escalar de $\mathbf{b}$ sobre el vector normal $\mathbf{n} = \langle a, b, c \rangle$ (vea la sección 12.3). Así,

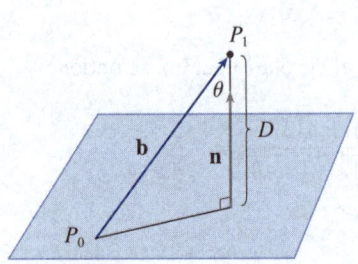

FIGURA 12

$$D = |\text{comp}_{\mathbf{n}} \mathbf{b}| = \frac{|\mathbf{n} \cdot \mathbf{b}|}{|\mathbf{n}|}$$

$$= \frac{|a(x_1 - x_0) + b(y_1 - y_0) + c(z_1 - z_0)|}{\sqrt{a^2 + b^2 + c^2}}$$

$$= \frac{|(ax_1 + by_1 + cz_1) - (ax_0 + by_0 + cz_0)|}{\sqrt{a^2 + b^2 + c^2}}$$

Ya que P_0 se encuentra en el plano, sus coordenadas satisfacen la ecuación del plano y, por lo tanto, se tiene que $ax_0 + by_0 + cz_0 + d = 0$. En consecuencia, se obtiene la siguiente fórmula.

> **9** La distancia D del punto $P_1(x_1, y_1, z_1)$ al plano $ax + by + cz + d = 0$ es
>
> $$D = \frac{|ax_1 + by_1 + cz_1 + d|}{\sqrt{a^2 + b^2 + c^2}}$$

EJEMPLO 8 Encuentre la distancia entre los planos paralelos $10x + 2y - 2z = 5$ y $5x + y - z = 1$.

SOLUCIÓN Primero se observa que los planos son paralelos porque sus vectores normales $\langle 10, 2, -2 \rangle$ y $\langle 5, 1, -1 \rangle$ son paralelos. Para encontrar la distancia D entre los planos, se selecciona cualquier punto de un plano y se calcula su distancia al otro plano. En particular, si se establece que $y = z = 0$ en la ecuación del primer plano, se obtiene $10x = 5$ y así $\left(\frac{1}{2}, 0, 0\right)$ es un punto en este plano. Por la fórmula 9, la distancia entre $\left(\frac{1}{2}, 0, 0\right)$ y el plano $5x + y - z - 1 = 0$ es

$$D = \frac{\left|5\left(\frac{1}{2}\right) + 1(0) - 1(0) - 1\right|}{\sqrt{5^2 + 1^2 + (-1)^2}} = \frac{\frac{3}{2}}{3\sqrt{3}} = \frac{\sqrt{3}}{6}$$

Por lo tanto, la distancia entre los planos es $\sqrt{3}/6$. ■

EJEMPLO 9 En el ejemplo 3 se demostró que las rectas

$$L_1: \quad x = 1 + t \quad\quad y = -2 + 3t \quad\quad z = 4 - t$$
$$L_2: \quad x = 2s \quad\quad\quad y = 3 + s \quad\quad\quad z = -3 + 4s$$

son sesgadas. Calcule la distancia entre ellas.

SOLUCIÓN Dado que las dos rectas L_1 y L_2 son sesgadas, se observa que se encuentran en dos planos paralelos P_1 y P_2. La distancia entre L_1 y L_2 es la misma que la distancia entre P_1 y P_2, que se puede calcular como en el ejemplo 8. El vector normal común de los dos planos debe ser ortogonal tanto a $\mathbf{v}_1 = \langle 1, 3, -1 \rangle$ (la dirección de L_1) como a $\mathbf{v}_2 = \langle 2, 1, 4 \rangle$ (la dirección de L_2). Así, un vector normal es

$$\mathbf{n} = \mathbf{v}_1 \times \mathbf{v}_2 = \begin{vmatrix} \mathbf{i} & \mathbf{j} & \mathbf{k} \\ 1 & 3 & -1 \\ 2 & 1 & 4 \end{vmatrix} = 13\mathbf{i} - 6\mathbf{j} - 5\mathbf{k}$$

Si se supone que $s = 0$ en las ecuaciones de L_2, se obtiene el punto $(0, 3, -3)$ en L_2 y, por lo tanto, una ecuación de P_2 es

$$13(x - 0) - 6(y - 3) - 5(z + 3) = 0 \quad\quad \text{o} \quad\quad 13x - 6y - 5z + 3 = 0$$

Si ahora se establece que $t = 0$ en las ecuaciones de L_1, se obtiene el punto $(1, -2, 4)$ en P_1. Por consiguiente, la distancia entre L_1 y L_2 es igual a la distancia de $(1, -2, 4)$ a $13x - 6y - 5z + 3 = 0$. Por la fórmula 9, esta distancia es

$$D = \frac{|13(1) - 6(-2) - 5(4) + 3|}{\sqrt{13^2 + (-6)^2 + (-5)^2}} = \frac{8}{\sqrt{230}} \approx 0.53$$ ■

FIGURA 13
Las rectas sesgadas, como las del ejemplo 9, siempre están situadas en planos paralelos (no idénticos).

12.5 | Ejercicios

1. Determine si cada enunciado es verdadero o falso en $\mathbb{R}^3$.

(a) Dos rectas paralelas a una tercera recta son paralelas.

(b) Dos rectas perpendiculares a una tercera recta son paralelas.

(c) Dos planos paralelos a un tercer plano son paralelos.

(d) Dos planos perpendiculares a un tercer plano son paralelos.

(e) Dos rectas paralelas a un plano son paralelas.

(f) Dos rectas perpendiculares a un plano son paralelas.

(g) Dos planos paralelos a una recta son paralelos.

(h) Dos planos perpendiculares a una recta son paralelos.

(i) Dos planos se intersecan o son paralelos.

(j) Dos rectas se intersecan o son paralelas.

(k) Un plano y una recta se intersecan o son paralelos.

2-5 Encuentre una ecuación vectorial y ecuaciones paramétricas de la recta.

2. La recta que pasa por el punto $(4, 2, -3)$ y es paralela al vector $2\mathbf{i} - \mathbf{j} + 6\mathbf{k}$.

3. La recta que pasa por el punto $(-1, 8, 7)$ y es paralela al vector $\left\langle \frac{1}{2}, \frac{1}{3}, \frac{1}{4} \right\rangle$.

4. La recta que pasa por el punto $(6, 0, -2)$ y es paralela a la recta
$$x = 4 - 3t \qquad y = -1 + 4t \qquad z = 6 + 5t$$

5. La recta que pasa por el punto $(5, 7, 1)$ y es perpendicular al plano $3x - 2y + 2z = 8$.

6-12 Encuentre ecuaciones paramétricas y simétricas de la recta.

6. La recta que pasa por los puntos $(-5, 2, 5)$ y $(1, 6, -2)$.

7. La recta que pasa por el origen y el punto $(8, -1, 3)$.

8. La recta que pasa por los puntos $(0.4, -0.2, 1.1)$ y $(1.3, 0.8, -2.3)$.

9. La recta que pasa por los puntos $(12, 9, -13)$ y $(-7, 9, 11)$.

10. La recta que pasa por $(2, 1, 0)$ y es perpendicular a $\mathbf{i} + \mathbf{j}$ y $\mathbf{j} + \mathbf{k}$.

11. La recta que pasa por $(-6, 2, 3)$ y es paralela a la recta $\frac{1}{2}x = \frac{1}{3}y = z + 1$.

12. La recta de intersección de los planos $x + 2y + 3z = 1$ y $x - y + z = 1$.

13. ¿La recta que pasa por $(-4, -6, 1)$ y $(-2, 0, -3)$ es paralela a la recta que pasa por $(10, 18, 4)$ y $(5, 3, 14)$?

14. ¿La recta que pasa por $(-2, 4, 0)$ y $(1, 1, 1)$ es perpendicular a la que pasa por $(2, 3, 4)$ y $(3, -1, -8)$?

15. (a) Encuentre ecuaciones simétricas para la recta que pasa por el punto $(1, -5, 6)$ y es paralela al vector $\langle -1, 2, -3 \rangle$.

(b) Localice los puntos en los que la recta requerida en el inciso (a) interseca los planos coordenados.

16. (a) Obtenga ecuaciones paramétricas para la recta que pasa por $(2, 4, 6)$ que es perpendicular al plano $x - y + 3z = 7$.

(b) ¿En qué puntos esta recta interseca los planos coordenados?

17. Obtenga una ecuación vectorial para el segmento de recta de $(6, -1, 9)$ a $(7, 6, 0)$.

18. Encuentre ecuaciones paramétricas para el segmento de recta de $(-2, 18, 31)$ a $(11, -4, 48)$.

19-22 Determine si las rectas L_1 y L_2 son paralelas, sesgadas, o se intersecan. Si se intersecan, localice el punto de intersección.

19. L_1: $x = 3 + 2t$, $y = 4 - t$, $z = 1 + 3t$

L_2: $x = 1 + 4s$, $y = 3 - 2s$, $z = 4 + 5s$

20. L_1: $x = 5 - 12t$, $y = 3 + 9t$, $z = 1 - 3t$

L_2: $x = 3 + 8s$, $y = -6s$, $z = 7 + 2s$

21. L_1: $\dfrac{x - 2}{1} = \dfrac{y - 3}{-2} = \dfrac{z - 1}{-3}$

L_2: $\dfrac{x - 3}{1} = \dfrac{y + 4}{3} = \dfrac{z - 2}{-7}$

22. L_1: $\dfrac{x}{1} = \dfrac{y - 1}{-1} = \dfrac{z - 2}{3}$

L_2: $\dfrac{x - 2}{2} = \dfrac{y - 3}{-2} = \dfrac{z}{7}$

23-40 Encuentre una ecuación del plano.

23. El plano que pasa por el punto $(3, 2, 1)$ y tiene vector normal $5\mathbf{i} + 4\mathbf{j} + 6\mathbf{k}$.

24. El plano que pasa por el punto $(-3, 4, 2)$ y tiene vector normal $\langle 6, 1, -1 \rangle$.

25. El plano que pasa por el punto $(5, -2, 4)$ y es perpendicular al vector $-\mathbf{i} + 2\mathbf{j} + 3\mathbf{k}$.

26. El plano que pasa por el origen y es perpendicular a la recta
$$x = 1 - 8t \qquad y = -1 - 7t \qquad z = 4 + 2t$$

27. El plano que pasa por el punto $(1, 3, -1)$ y es perpendicular a la recta
$$\frac{x + 3}{4} = -y = \frac{z - 1}{5}$$

28. El plano que pasa por el punto $(9, -4, -5)$ y es paralelo al plano $z = 2x - 3y$.

29. El plano que pasa por el punto $(2.1, 1.7, -0.9)$ y es paralelo al plano $2x - y + 3z = 1$.

30. El plano que contiene la recta $x = 1 + t$, $y = 2 - t$, $z = 4 - 3t$ y es paralelo al plano $5x + 2y + z = 1$.

31. El plano que pasa por los puntos $(0, 1, 1)$, $(1, 0, 1)$ y $(1, 1, 0)$.

32. El plano que pasa por el origen y los puntos $(3, -2, 1)$ y $(1, 1, 1)$.

33. El plano que pasa por los puntos $(2, 1, 2)$, $(3, -8, 6)$ y $(-2, -3, 1)$.

34. El plano que pasa por los puntos $(3, 0, -1)$, $(-2, -2, 3)$ y $(7, 1, -4)$.

35. El plano que pasa por el punto $(3, 5, -1)$ y contiene la recta $x = 4 - t$, $y = 2t - 1$, $z = -3t$.

36. El plano que pasa por el punto $(6, -1, 3)$ y contiene la recta con ecuaciones simétricas $x/3 = y + 4 = z/2$.

37. El plano que pasa por el punto $(3, 1, 4)$ y contiene la recta de intersección de los planos $x + 2y + 3z = 1$ y $2x - y + z = -3$.

38. El plano que pasa por los puntos $(0, -2, 5)$ y $(-1, 3, 1)$ y es perpendicular al plano $2z = 5x + 4y$.

39. El plano que pasa por el punto $(1, 5, 1)$ y es perpendicular a los planos $2x + y - 2z = 2$ y $x + 3z = 4$.

40. El plano que pasa por la recta de intersección de los planos $x - z = 1$ y $y + 2z = 3$ y es perpendicular al plano $x + y - 2z = 1$.

41-44 Use intercepciones como ayuda para trazar el plano.

41. $2x + 5y + z = 10$ **42.** $3x + y + 2z = 6$

43. $6x - 3y + 4z = 6$ **44.** $6x + 5y - 3z = 15$

45-47 Localice el punto en el que la recta interseca el plano dado.

45. $x = 2 - 2t$, $y = 3t$, $z = 1 + t$; $x + 2y - z = 7$

46. $x = t - 1$, $y = 1 + 2t$, $z = 3 - t$; $3x - y + 2z = 5$

47. $5x = y/2 = z + 2$; $10x - 7y + 3z + 24 = 0$

---

48. ¿Dónde interseca la recta que pasa por $(-3, 1, 0)$ y $(-1, 5, 6)$ el plano $2x + y - z = -2$?

49. Encuentre los números de dirección de la recta de intersección de los planos $x + y + z = 1$ y $x + z = 0$.

50. Obtenga el coseno del ángulo entre los planos $x + y + z = 0$ y $x + 2y + 3z = 1$.

51-56 Determine si los planos son paralelos, perpendiculares o ninguna de las dos cosas. En este último caso, obtenga el ángulo entre ellos (use grados y redondee a un decimal).

51. $x + 4y - 3z = 1$, $-3x + 6y + 7z = 0$

52. $9x - 3y + 6z = 2$, $2y = 6x + 4z$

53. $x + 2y - z = 2$, $2x - 2y + z = 1$

54. $x - y + 3z = 1$, $3x + y - z = 2$

55. $2x - 3y = z$, $4x = 3 + 6y + 2z$

56. $5x + 2y + 3z = 2$, $y = 4x - 6z$

57-58

(a) Obtenga ecuaciones paramétricas para la recta de intersección de los planos.

(b) Calcule el ángulo, en grados redondeados a un decimal, entre los planos.

57. $x + y + z = 1$, $x + 2y + 2z = 1$

58. $3x - 2y + z = 1$, $2x + y - 3z = 3$

59-60 Encuentre ecuaciones simétricas para la recta de intersección de los planos.

59. $5x - 2y - 2z = 1$, $4x + y + z = 6$

60. $z = 2x - y - 5$, $z = 4x + 3y - 5$

---

61. Determine una ecuación para el plano que comprenda todos los puntos que son equidistantes de los puntos $(1, 0, -2)$ y $(3, 4, 0)$.

62. Obtenga una ecuación para el plano que comprenda todos los puntos que son equidistantes de los puntos $(2, 5, 5)$ y $(-6, 3, 1)$.

63. Encuentre una ecuación del plano con intersección a en x, intersección b en y e intersección c en z.

64. (a) Determine el punto en el que se intersecan las rectas dadas:

$$\mathbf{r} = \langle 1, 1, 0 \rangle + t\langle 1, -1, 2 \rangle$$

$$\mathbf{r} = \langle 2, 0, 2 \rangle + s\langle -1, 1, 0 \rangle$$

(b) Obtenga una ecuación del plano que contiene estas rectas.

65. Encuentre ecuaciones paramétricas para la recta que pasa por el punto $(0, 1, 2)$ y es paralela al plano $x + y + z = 2$ y perpendicular a la recta $x = 1 + t$, $y = 1 - t$, $z = 2t$.

66. Obtenga ecuaciones paramétricas para la recta que pasa por el punto $(0, 1, 2)$ que es perpendicular a la recta $x = 1 + t$, $y = 1 - t$, $z = 2t$ e interseca esta recta.

67. ¿Cuáles de los siguientes cuatro planos son paralelos? ¿Algunos de ellos son idénticos?

P_1: $3x + 6y - 3z = 6$ P_2: $4x - 12y + 8z = 5$

P_3: $9y = 1 + 3x + 6z$ P_4: $z = x + 2y - 2$

68. ¿Cuáles de las siguientes cuatro rectas son paralelas? ¿Algunas de ellas son idénticas?

L_1: $x = 1 + 6t$, $y = 1 - 3t$, $z = 12t + 5$

L_2: $x = 1 + 2t$, $y = t$, $z = 1 + 4t$

L_3: $2x - 2 = 4 - 4y = z + 1$

L_4: $\mathbf{r} = \langle 3, 1, 5 \rangle + t\langle 4, 2, 8 \rangle$

69-70 Use la fórmula del ejercicio 12.4.45 para calcular la distancia del punto a la recta dada.

69. $(4, 1, -2);$ $x = 1 + t,$ $y = 3 - 2t,$ $z = 4 - 3t$

70. $(0, 1, 3);$ $x = 2t,$ $y = 6 - 2t,$ $z = 3 + t$

71-72 Calcule la distancia del punto al plano dado.

71. $(1, -2, 4),$ $3x + 2y + 6z = 5$

72. $(-6, 3, 5),$ $x - 2y - 4z = 8$

73-74 Calcule la distancia en los planos paralelos dados.

73. $2x - 3y + z = 4,$ $4x - 6y + 2z = 3$

74. $6z = 4y - 2x,$ $9z = 1 - 3x + 6y$

75. Distancia entre planos paralelos Demuestre que la distancia entre los planos paralelos $ax + by + cz + d_1 = 0$ y $ax + by + cz + d_2 = 0$ es

$$D = \frac{|d_1 - d_2|}{\sqrt{a^2 + b^2 + c^2}}$$

76. Encuentre las ecuaciones de los planos que son paralelos al plano $x + 2y - 2z = 1$ y están a dos unidades de distancia de este.

77. Demuestre que las rectas con ecuaciones simétricas $x = y = z$ y $x + 1 = y/2 = z/3$ son sesgadas, y calcule la distancia entre estas rectas.

78. Calcule la distancia entre las rectas sesgadas con las ecuaciones paramétricas $x = 1 + t, y = 1 + 6t, z = 2t$ y $x = 1 + 2s, y = 5 + 15s, z = -2 + 6s.$

79. Sea L_1 la recta que pasa por el origen y por el punto $(2, 0, -1).$ Sea L_2 la recta que pasa por los puntos $(1, -1, 1)$ y $(4, 1, 3).$ Calcule la distancia entre L_1 y $L_2.$

80. Sea L_1 la recta que pasa por los puntos $(1, 2, 6)$ y $(2, 4, 8).$ Sea L_2 la recta de intersección de los planos P_1 y $P_2,$ donde P_1 es el plano $x - y + 2z + 1 = 0$ y P_2 es el plano que pasa por los puntos $(3, 2, -1), (0, 0, 1)$ y $(1, 2, 1).$ Calcule la distancia entre L_1 y $L_2.$

81. Dos tanques participan en un simulacro de batalla. El tanque A está en el punto $(325, 810, 561)$ y el tanque B está posicionado en el punto $(765, 675, 599).$
   (a) Encuentre las ecuaciones paramétricas para la línea de visión entre los tanques.
   (b) Si se divide la línea de visión en cinco segmentos iguales, las elevaciones del terreno en los cuatro puntos intermedios del tanque A al B son 549, 566, 586 y 589. ¿Se pueden ver los tanques uno a otro?

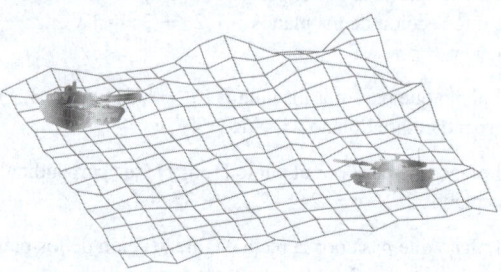

82. Dé una descripción geométrica de cada familia de planos.
   (a) $x + y + z = c$ (b) $x + y + cz = 1$
   (c) $y \cos \theta + z \sin \theta = 1$

83. Si a, b y c no son todos 0, demuestre que la ecuación $ax + by + cz + d = 0$ representa un plano y $\langle a, b, c \rangle$ es un vector normal del plano.

   Sugerencia: Suponga que $a \neq 0$ y reescriba la ecuación en la forma

$$a\left(x + \frac{d}{a}\right) + b(y - 0) + c(z - 0) = 0$$

PROYECTO DE DESCUBRIMIENTO | CÓMO PONER LA TERCERA DIMENSIÓN EN PERSPECTIVA

Los programadores de gráficos por computadora se enfrentan al mismo reto que los grandes pintores del pasado: cómo representar una escena tridimensional como una imagen plana en un plano bidimensional (una pantalla o un lienzo). Para crear la ilusión de perspectiva, en la que los objetos más cercanos parecen más grandes que aquellos que están más lejanos, los objetos tridimensionales en la memoria de la computadora se proyectan sobre una ventana rectangular de la pantalla desde el punto de vista en el que se encuentra el ojo, o la cámara. El volumen de visualización, es decir, la parte del espacio que será visible, es la región contenida en los cuatro planos que pasan por el punto de vista y un borde de la ventana de la pantalla. Si los objetos en la escena se extienden más allá de estos cuatro planos, hay que truncarlos antes de que los datos de los pixeles sean enviados a la pantalla. Por lo tanto, estos planos se llaman *planos de recorte*.

1. Suponga que la pantalla está representada por un rectángulo en el plano yz con los vértices $(0, \pm 400, 0)$ y $(0, \pm 400, 600),$ y la cámara se coloca en $(1\,000, 0, 0).$ Una recta L en la escena pasa por los puntos $(230, -285, 102)$ y $(860, 105, 264).$ ¿En qué puntos debería cortarse L en los planos de recorte?

2. Si el segmento de recta recortado se proyecta en la ventana de la pantalla, identifique el segmento de recta resultante.

3. Utilice ecuaciones paramétricas para trazar los bordes de la ventana de la pantalla, el segmento de recta recortado y su proyección en la ventana de la pantalla. Luego agregue las líneas de visión que conecten el punto de vista con cada extremo de los segmentos recortados para verificar que la proyección sea correcta.

4. Un rectángulo con vértices $(621, -147, 206)$, $(563, 31, 242)$, $(657, -111, 86)$ y $(599, 67, 122)$ se añade a la escena. La recta L interseca este rectángulo. Para hacer que el rectángulo se vea opaco, un programador puede usar la *representación de líneas ocultas*, que elimina las partes de los objetos que están detrás de otros objetos. Identifique la parte de L que debe eliminarse.

12.6 | Cilindros y superficies cuádricas

Ya se han estudiado dos tipos especiales de superficies: los planos (en la sección 12.5) y las esferas (en la sección 12.1). Aquí se investigan otros dos tipos de superficies: cilindros y superficies cuádricas.

Para dibujar el gráfico de una superficie, es útil determinar las curvas de intersección de la superficie con planos paralelos a los planos coordenados. Estas curvas se llaman **trazas** (o secciones transversales) de la superficie.

■ Cilindros

Un **cilindro** es una superficie formada por todas las rectas (llamadas **generatrices**) que son paralelas a una recta determinada y pasan por una curva dada en un plano.

EJEMPLO 1 Dibuje el gráfico de la superficie $z = x^2$.

SOLUCIÓN Observe que la ecuación del gráfico, $z = x^2$, no incluye a y. Esto significa que todo plano vertical con la ecuación $y = k$ (paralelo al plano xz) interseca el gráfico en una curva con la ecuación $z = x^2$. Así, estas trazas verticales son parábolas. En la figura 1 se muestra cómo se forma el gráfico tomando la parábola $z = x^2$ en el plano xz y moviéndola en la dirección del eje y. El gráfico es una superficie, llamada **cilindro parabólico**, compuesta de infinitas copias desplazadas de la misma parábola. En este caso, las generatrices del cilindro son paralelas al eje y. ■

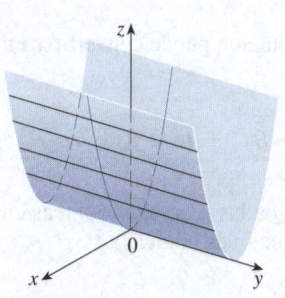

FIGURA 1
La superficie $z = x^2$ es un cilindro parabólico.

En el ejemplo 1 falta la variable y en la ecuación del cilindro. Esto es típico de una superficie cuyas generatrices son paralelas a uno de los ejes coordenados. Si una de las variables x, y o z faltan en la ecuación de una superficie, entonces la superficie es un cilindro.

EJEMPLO 2 Identifique y dibuje las superficies.

(a) $x^2 + y^2 = 1$ (b) $y^2 + z^2 = 1$

SOLUCIÓN
(a) Como falta z y las ecuaciones $x^2 + y^2 = 1$, $z = k$ representan un círculo con radio 1 en el plano $z = k$, la superficie $x^2 + y^2 = 1$ es un cilindro circular cuyo eje es

el eje z (vea la figura 2). Se encuentra antes esta superficie en el ejemplo 12.1.2). Aquí, las generatrices son rectas verticales.

(b) En este caso falta x y la superficie es un cilindro circular cuyo eje es el eje x (vea la figura 3). Se obtiene tomando el círculo $y^2 + z^2 = 1$, $x = 0$ en el plano yz y moviéndolo de forma paralela al eje x.

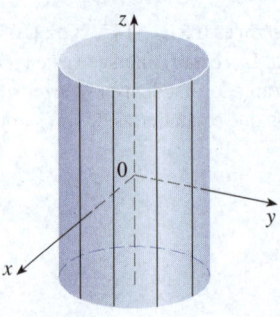

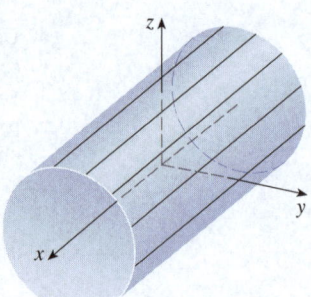

FIGURA 2
$x^2 + y^2 = 1$

FIGURA 3
$y^2 + z^2 = 1$

NOTA Cuando se trata de superficies, es importante reconocer que una ecuación como $x^2 + y^2 = 1$ representa un cilindro y no un círculo. La traza del cilindro $x^2 + y^2 = 1$ en el plano xy es el círculo con las ecuaciones $x^2 + y^2 = 1$, $z = 0$.

■ Superficies cuádricas

Una **superficie cuádrica** es el gráfico de una ecuación de segundo grado con tres variables x, y y z. La ecuación más general de este tipo es

$$Ax^2 + By^2 + Cz^2 + Dxy + Eyz + Fxz + Gx + Hy + Iz + J = 0$$

donde A, B, C, …, J son constantes, pero por traslación y rotación puede convertirse en una de las dos *formas estándar*

$$Ax^2 + By^2 + Cz^2 + J = 0 \qquad \text{o} \qquad Ax^2 + By^2 + Iz = 0$$

Las superficies cuádricas son la contraparte tridimensional de las secciones cónicas en el plano (vea la sección 10.5 para hacer un repaso de las secciones cónicas).

EJEMPLO 3 Utilice trazas para dibujar la superficie cuádrica con la ecuación

$$x^2 + \frac{y^2}{9} + \frac{z^2}{4} = 1$$

SOLUCIÓN Se sustituye $z = 0$ y se determina que la traza en el plano xy es $x^2 + y^2/9 = 1$, que se reconoce como la ecuación de una elipse. En general, la traza horizontal en el plano $z = k$ es

$$x^2 + \frac{y^2}{9} = 1 - \frac{k^2}{4} \qquad z = k$$

que es una elipse, siempre que $k^2 < 4$, es decir, $-2 < k < 2$. (Si $|k| = 2$, la traza consta de un solo punto, y la traza está vacía para $|k| > 2$).

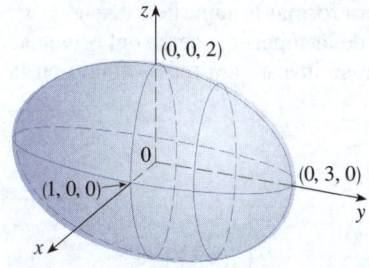

FIGURA 4
Elipsoide $x^2 + \dfrac{y^2}{9} + \dfrac{z^2}{4} = 1$

Asimismo, las trazas verticales a los planos yz y xz también son elipses:

$$\frac{y^2}{9} + \frac{z^2}{4} = 1 - k^2 \qquad x = k \qquad (\text{si} -1 < k < 1)$$

$$x^2 + \frac{z^2}{4} = 1 - \frac{k^2}{9} \qquad y = k \qquad (\text{si} -3 < k < 3)$$

En la figura 4 se muestra cómo el dibujo de algunas trazas indica la forma de la superficie. Se llama **elipsoide** porque todas sus trazas son elipses. Observe que es simétrico respecto a cada plano coordenado; esto es porque su ecuación contiene solo potencias pares de x, y y z. ∎

EJEMPLO 4   Utilice trazas para dibujar la superficie $z = 4x^2 + y^2$.

SOLUCIÓN   Si $x = 0$, se obtiene $z = y^2$, por lo que el plano yz interseca la superficie en una parábola. Si $x = k$ (una constante), se obtiene $z = y^2 + 4k^2$. Esto significa que si se corta el gráfico en cualquier plano paralelo al plano yz, se obtiene una parábola que se abre hacia arriba. De manera similar, si $y = k$, la traza es $z = 4x^2 + k^2$, que es de nuevo una parábola que se abre hacia arriba. Si $z = k$, se obtienen las trazas horizontales $4x^2 + y^2 = k$, que se reconocen como una familia de elipses ($k > 0$). Al conocer las formas de las trazas, es posible dibujar el gráfico de la figura 5. Debido a las trazas elípticas y parabólicas, la superficie cuádrica $z = 4x^2 + y^2$ se llama **paraboloide elíptico**. ∎

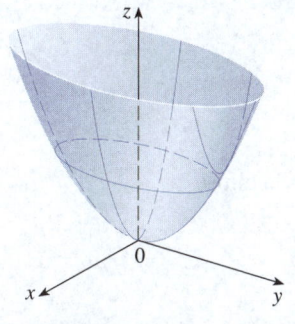

FIGURA 5
La superficie $z = 4x^2 + y^2$ es un paraboloide elíptico. Las trazas horizontales son elipses; las trazas verticales son parábolas.

EJEMPLO 5   Dibuje la superficie $z = y^2 - x^2$.

SOLUCIÓN   Las trazas en los planos verticales $x = k$ son las parábolas $z = y^2 - k^2$, que se abren hacia arriba. Las trazas en $y = k$ son las parábolas $z = -x^2 + k^2$, que se abren hacia abajo. Las trazas horizontales son $y^2 - x^2 = k$, una familia de hipérbolas. Se dibujan las familias de trazas en la figura 6, y se muestra cómo se ven las trazas cuando se colocan en sus planos correctos en la figura 7.

FIGURA 6
Las trazas verticales son parábolas; las trazas horizontales son hipérbolas. Todas las trazas están rotuladas con el valor de k.

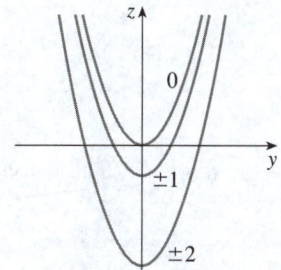

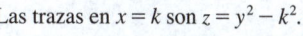

Las trazas en $x = k$ son $z = y^2 - k^2$.

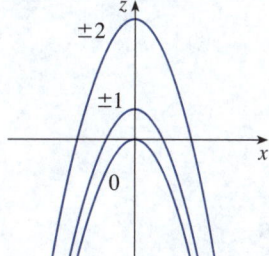

Las trazas en $y = k$ son $z = -x^2 + k^2$.

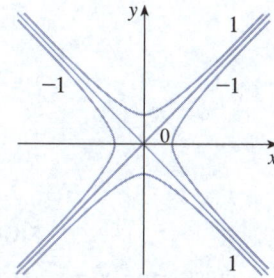

Las trazas en $z = k$ son $y^2 - x^2 = k$.

FIGURA 7
Las trazas movidas a sus planos correctos.

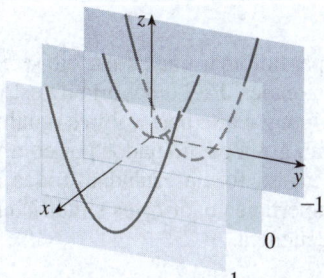

Trazas en $x = k$.

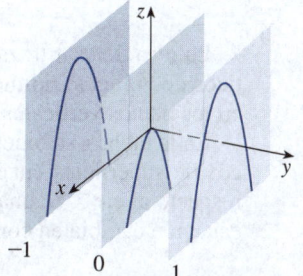

Trazas en $y = k$.

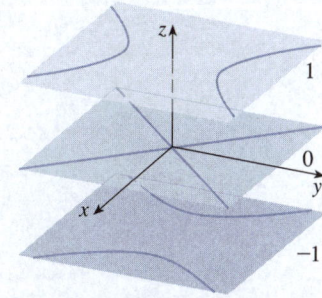

Trazas en $z = k$.

En la figura 8 se juntan las trazas de la figura 7 para formar la superficie $z = y^2 - x^2$, un **paraboloide hiperbólico**. Observe que la forma de la superficie cerca del origen se asemeja a la de una silla de montar. Esta superficie se investigará más a fondo en la sección 14.7 cuando se estudien los puntos de silla.

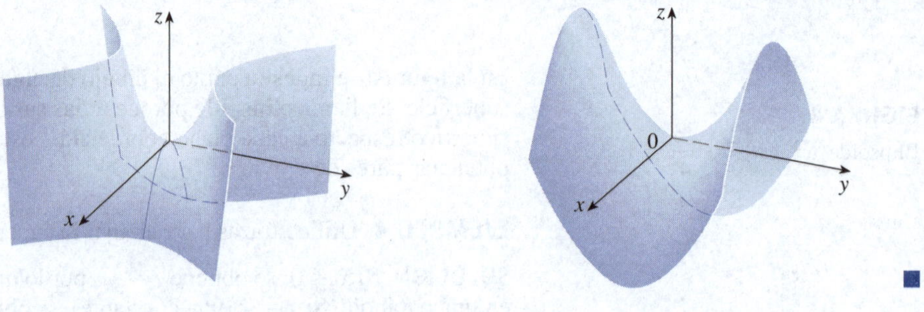

FIGURA 8
Dos vistas de la superficie
$z = y^2 - x^2$, un paraboloide
hiperbólico.

EJEMPLO 6 Dibuje la superficie $\dfrac{x^2}{4} + y^2 - \dfrac{z^2}{4} = 1$.

SOLUCIÓN La traza en cualquier plano horizontal $z = k$ es la elipse

$$\frac{x^2}{4} + y^2 = 1 + \frac{k^2}{4} \qquad z = k$$

pero las trazas en los planos xz y yz son las hipérbolas

$$\frac{x^2}{4} - \frac{z^2}{4} = 1 \qquad y = 0 \qquad \text{y} \qquad y^2 - \frac{z^2}{4} = 1 \qquad x = 0$$

Esta superficie se llama **hiperboloide de una hoja** y se representa en la figura 9.

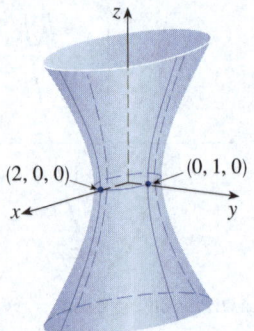

FIGURA 9
La superficie $\dfrac{x^2}{4} + y^2 - \dfrac{z^2}{4} = 1$, es
un hiperboloide de una hoja.

La idea de usar trazas para dibujar una superficie se emplea en programas informáticos de gráficos tridimensionales. En la mayoría de estos programas se dibujan trazas en los planos verticales $x = k$ y $y = k$ para valores igualmente espaciados de k.

En la tabla 1 se muestran gráficos dibujados por computadora de los seis tipos básicos de superficies cuádricas en forma estándar. Todas las superficies son simétricas respecto al eje z. Si una superficie cuádrica es simétrica respecto a un eje diferente, su ecuación cambia en consecuencia.

Tabla 1 Gráficos de superficies cuádricas.

Superficie	Ecuación	Superficie	Ecuación
Elipsoide	$\dfrac{x^2}{a^2} + \dfrac{y^2}{b^2} + \dfrac{z^2}{c^2} = 1$ Todas las trazas son elipses. Si $a = b = c$, el elipsoide es una esfera.	**Cono**	$\dfrac{z^2}{c^2} = \dfrac{x^2}{a^2} + \dfrac{y^2}{b^2}$ Las trazas horizontales son elipses. Las trazas verticales en los planos $x = k$ y $y = k$ son hipérbolas si $k \neq 0$, pero son pares de rectas si $k = 0$.
Paraboloide elíptico	$\dfrac{z}{c} = \dfrac{x^2}{a^2} + \dfrac{y^2}{b^2}$ Las trazas horizontales son elipses. Las trazas verticales son parábolas. La variable elevada a la primera potencia indica el eje del paraboloide.	**Hiperboloide de una hoja**	$\dfrac{x^2}{a^2} + \dfrac{y^2}{b^2} - \dfrac{z^2}{c^2} = 1$ Las trazas horizontales son elipses. Las trazas verticales son hipérbolas. El eje de simetría corresponde a la variable cuyo coeficiente es negativo.
Paraboloide hiperbólico	$\dfrac{z}{c} = \dfrac{x^2}{a^2} - \dfrac{y^2}{b^2}$ Las trazas horizontales son hipérbolas. Las trazas verticales son parábolas. Se ilustra el caso donde $c < 0$.	**Hiperboloide de dos hojas**	$-\dfrac{x^2}{a^2} - \dfrac{y^2}{b^2} + \dfrac{z^2}{c^2} = 1$ Las trazas horizontales en $z = k$ son elipses si $k > c$ o $k < -c$. Las trazas verticales son hipérbolas. Los dos signos menos indican dos hojas.

EJEMPLO 7 Identifique y dibuje la superficie $4x^2 - y^2 + 2z^2 + 4 = 0$.

SOLUCIÓN En primer lugar, se divide entre -4 y se pone la ecuación en forma estándar:

$$-x^2 + \frac{y^2}{4} - \frac{z^2}{2} = 1$$

Al comparar esta ecuación con la tabla 1, se observa que representa un hiperboloide de dos hojas; la única diferencia es que en este caso el eje del hiperboloide es el eje y. Las trazas en los planos xy y yz son las hipérbolas.

$$-x^2 + \frac{y^2}{4} = 1 \qquad z = 0 \qquad \text{y} \qquad \frac{y^2}{4} - \frac{z^2}{2} = 1 \qquad x = 0$$

La superficie no tiene trazas en el plano xz, pero las trazas en los planos verticales $y = k$ para $|k| > 2$ son las elipses

$$x^2 + \frac{z^2}{2} = \frac{k^2}{4} - 1 \qquad y = k$$

que puede escribirse así:

$$\frac{x^2}{\dfrac{k^2}{4} - 1} + \frac{z^2}{2\left(\dfrac{k^2}{4} - 1\right)} = 1 \qquad y = k$$

Estas trazas se utilizan para hacer el dibujo de la figura 10.

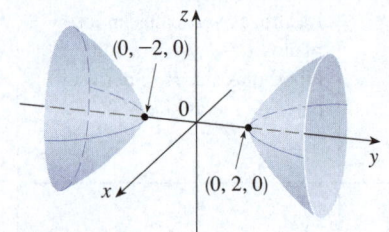

FIGURA 10
La superficie $4x^2 - y^2 + 2z^2 + 4 = 0$ es un hiperboloide de dos hojas.

EJEMPLO 8 Clasifique la superficie cuádrica $x^2 + 2z^2 - 6x - y + 10 = 0$.

SOLUCIÓN Al completar el cuadrado, la ecuación se reescribe

$$y - 1 = (x - 3)^2 + 2z^2$$

Al comparar esta ecuación con la tabla 1, se observa que representa un paraboloide elíptico. Aquí, sin embargo, el eje del paraboloide es paralelo al eje y, y se ha desplazado de tal manera que su vértice es el punto $(3, 1, 0)$. Las trazas en el plano $y = k$ ($k > 1$) son las elipses

$$(x - 3)^2 + 2z^2 = k - 1 \qquad y = k$$

La traza en el plano xy es la parábola con ecuación $y = 1 + (x - 3)^2$, $z = 0$. El paraboloide se ilustra en la figura 11.

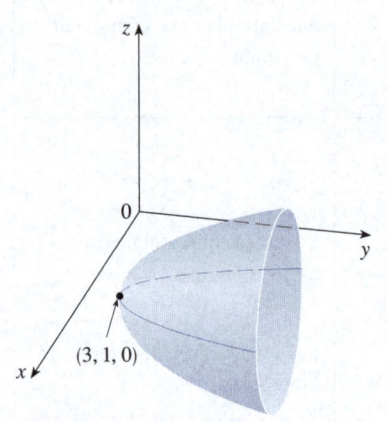

FIGURA 11
$x^2 + 2z^2 - 6x - y + 10 = 0$, un paraboloide.

◼ Aplicaciones de las superficies cuádricas

En el mundo hay ejemplos de superficies cuádricas. De hecho, el planeta mismo es un buen ejemplo. Aunque la Tierra comúnmente se modela como una esfera, un modelo más acertado es un elipsoide porque la rotación de la Tierra ha causado un aplanamiento en los polos (vea el ejercicio 51).

Los paraboloides circulares, obtenidos por la rotación de una parábola sobre su eje, se utilizan para captar y reflejar la luz, el sonido y las señales de radio y televisión [vea la figura 12(a)]. En un radiotelescopio, por ejemplo, las señales de las estrellas lejanas que llegan al plato de la antena se reflejan al receptor en el foco y, por lo tanto, se amplifican. (La idea se explica en el problema 22 en los "Problemas adicionales" que se presentan después del capítulo 3). El mismo principio se aplica a los micrófonos y antenas satelitales en forma de paraboloides.

Las torres de refrigeración de los reactores nucleares suelen diseñarse en forma de hiperboloides de una hoja [figura 12(b)] por razones de estabilidad estructural. Se utilizan pares de hiperboloides para transmitir el movimiento de rotación entre los ejes sesgados [vea la figura 12(c); las ruedas de los engranajes son las líneas generadoras de los hiperboloides. Vea el ejercicio 53].

(a) Una antena parabólica refleja las señales al foco de un paraboloide.

(b) Los reactores nucleares tienen torres de refrigeración en forma de hiperboloides.

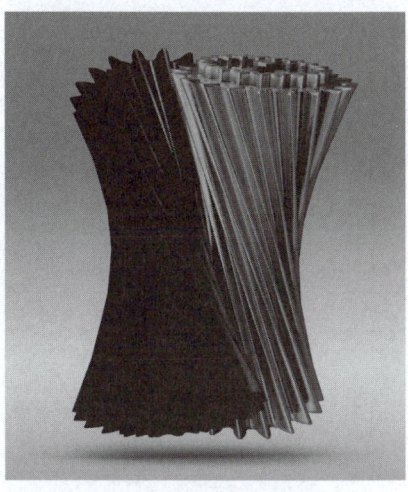

(c) Los engranes en forma de hiperboloides encajan entre sí y giran sobre ejes sesgados.

FIGURA 12 Aplicaciones de superficies cuádricas.

12.6 | Ejercicios

1. (a) ¿Qué representa la ecuación $y = x^2$ como curva en $\mathbb{R}^2$?
 (b) ¿Qué representa como superficie en $\mathbb{R}^3$?
 (c) ¿Qué representa la ecuación $z = y^2$?

2. (a) Dibuje el gráfico de $y = e^x$ como curva en $\mathbb{R}^2$.
 (b) Dibuje el gráfico de $y = e^x$ como superficie en $\mathbb{R}^3$.
 (c) Describa y dibuje la superficie $z = e^y$.

3-8 Describa y dibuje la superficie.

3. $x^2 + z^2 = 4$ **4.** $y^2 + 9z^2 = 9$

5. $x^2 + y + 1 = 0$ **6.** $z = -\sqrt{x}$

7. $xy = 1$ **8.** $z = \text{sen}\, y$

9-10 Escriba una ecuación cuyo gráfico corresponda a la superficie mostrada.

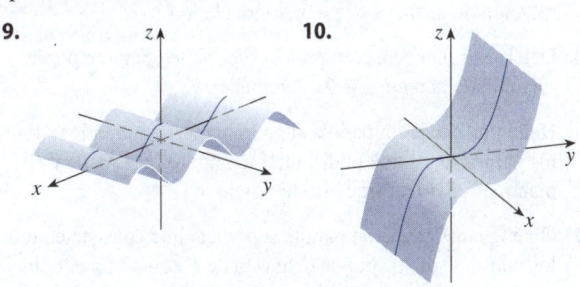

9.   **10.**

11. (a) Calcule e identifique las trazas de la superficie cuádrica $x^2 + y^2 - z^2 = 1$ y explique por qué el gráfico se ve como el del hiperboloide de una hoja de la tabla 1.
 (b) Si se cambia la ecuación del inciso (a) a $x^2 - y^2 + z^2 = 1$, ¿cómo se ve afectado el gráfico?
 (c) ¿Qué sucede si se cambia la ecuación del inciso (a) a $x^2 + y^2 + 2y - z^2 = 0$?

12. (a) Encuentre e identifique las trazas de la superficie cuádrica $-x^2 - y^2 + z^2 = 1$ y explique por qué el gráfico se ve como el del hiperboloide de dos hojas de la tabla 1.
 (b) Si la ecuación del inciso (a) se cambia a $x^2 - y^2 - z^2 = 1$, ¿qué pasa con el gráfico? Dibuje el nuevo gráfico.

13-22 Utilice trazas para dibujar e identificar la superficie.

13. $x = y^2 + 4z^2$

14. $4x^2 + 9y^2 + 9z^2 = 36$

15. $x^2 = 4y^2 + z^2$ **16.** $z^2 - 4x^2 - y^2 = 4$

17. $9y^2 + 4z^2 = x^2 + 36$ **18.** $3x^2 + y + 3z^2 = 0$

19. $\dfrac{x^2}{9} + \dfrac{y^2}{25} + \dfrac{z^2}{4} = 1$ **20.** $3x^2 - y^2 + 3z^2 = 0$

21. $y = z^2 - x^2$ **22.** $x = y^2 - z^2$

23-30 Relacione la ecuación con su gráfico (rotulados I-VIII). Dé razones que expliquen su elección.

23. $x^2 + 4y^2 + 9z^2 = 1$ **24.** $9x^2 + 4y^2 + z^2 = 1$

25. $x^2 - y^2 + z^2 = 1$ **26.** $-x^2 + y^2 - z^2 = 1$

27. $y = 2x^2 + z^2$ **28.** $y^2 = x^2 + 2z^2$

29. $x^2 + 2z^2 = 1$ **30.** $y = x^2 - z^2$

I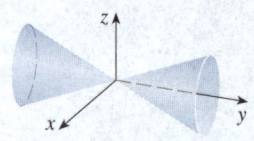

II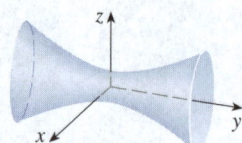

III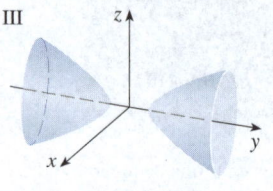

IV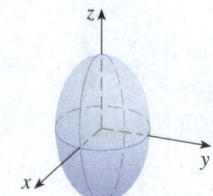

V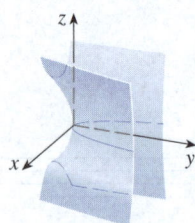

VI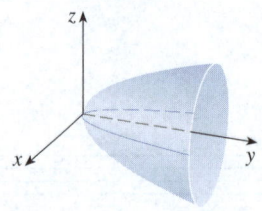

VII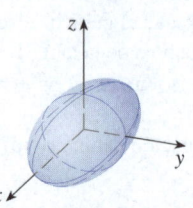

VIII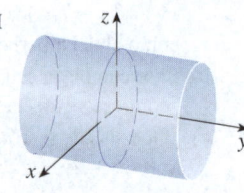

31-32 Dibuje e identifique una superficie cuádrica que podría tener las trazas mostradas.

31. Trazas en $x = k$ Trazas en $y = k$

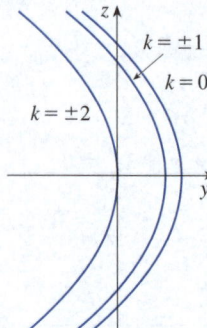

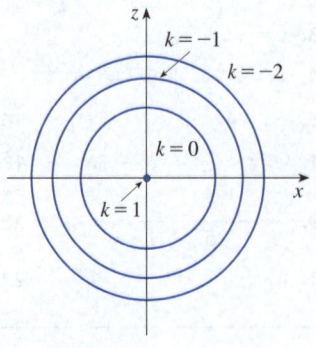

32. Trazas en $x = k$ Trazas en $z = k$

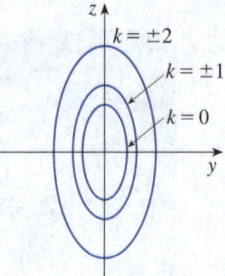

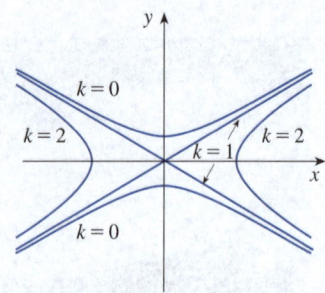

33-40 Reduzca la ecuación a una de las formas estándar, clasifique la superficie y dibújela.

33. $y^2 = x^2 + \frac{1}{9}z^2$ **34.** $4x^2 - y + 2z^2 = 0$

35. $x^2 + 2y - 2z^2 = 0$ **36.** $y^2 = x^2 + 4z^2 + 4$

37. $x^2 + y^2 - 2x - 6y - z + 10 = 0$

38. $x^2 - y^2 - z^2 - 4x - 2z + 3 = 0$

39. $x^2 - y^2 + z^2 - 4x - 2z = 0$

40. $4x^2 + y^2 + z^2 - 24x - 8y + 4z + 55 = 0$

41-44 Grafique la superficie. Experimente con puntos de vista y dominios para las variables hasta obtener una buena vista de la superficie.

41. $-4x^2 - y^2 + z^2 = 1$ **42.** $x^2 - y^2 - z = 0$

43. $-4x^2 - y^2 + z^2 = 0$ **44.** $x^2 - 6x + 4y^2 - z = 0$

45. Dibuje la región delimitada por las superficies $z = \sqrt{x^2 + y^2}$ y $x^2 + y^2 = 1$ para $1 \le z \le 2$.

46. Trace la región delimitada por los paraboloides $z = x^2 + y^2$ y $z = 2 - x^2 - y^2$.

47. Encuentre una ecuación para la superficie obtenida por la rotación de la curva $y = \sqrt{x}$ sobre el eje x.

48. Determine una ecuación para la superficie obtenida por la rotación de la recta $z = 2y$ sobre el eje z.

49. Halle una ecuación para la superficie que comprende todos los puntos que son equidistantes del punto $(-1, 0, 0)$ y el plano $x = 1$. Identifique la superficie.

50. Obtenga una ecuación para la superficie que consiste en todos los puntos P en los que la distancia de P al eje x es el doble de la distancia de P al plano yz. Identifique la superficie.

51. Tradicionalmente, la superficie de la Tierra se ha modelado como una esfera, pero el Sistema Geodésico Mundial de 1984 (WGS-84, *World Geodetic System of 1984*) utiliza un elipsoide como un modelo más preciso. Coloca el centro de la Tierra en el origen y el Polo Norte, en el eje z positivo. La distancia del centro a los polos es de 6 356.523 km y la distancia a un punto en el ecuador es de 6 378.137 km.

   (a) Encuentre una ecuación de la superficie de la Tierra como la utilizada por WGS-84.

   (b) Las curvas de igual latitud son trazas en los planos $z = k$. ¿Qué forma tienen estas curvas?

   (c) Los meridianos (curvas de igual longitud) son trazas en planos de la forma $y = mx$. ¿Qué forma tienen estos meridianos?

52. Se va a construir una torre de refrigeración para un reactor nuclear en la forma de un hiperboloide de una hoja [vea la figura 12(b)]. El diámetro en la base es de 280 m y el diámetro mínimo, 500 m sobre la base, es de 200 m. Encuentre una ecuación para la torre.

53. Demuestre que si el punto (a, b, c) se encuentra en el paraboloide hiperbólico $z = y^2 - x^2$, entonces las rectas con ecuaciones paramétricas $x = a + t$, $y = b + t$, $z = c + 2(b - a)t$ y $x = a + t$, $y = b - t$, $z = c - 2(b + a)t$ se encuentran enteramente en este paraboloide. (Esto demuestra que el paraboloide hiperbólico es lo que se llama una **superficie generatriz**; es decir, se puede generar por el movimiento de una línea recta. De hecho, este ejercicio demuestra que a través de cada punto del paraboloide hiperbólico hay dos rectas generadoras. Las únicas otras superficies cuádricas que son superficies generatrices son cilindros, conos e hiperboloides de una hoja).

54. Demuestre que la curva de intersección de las superficies $x^2 + 2y^2 - z^2 + 3x = 1$ y $2x^2 + 4y^2 - 2z^2 - 5y = 0$ se encuentra en un plano.

55. Grafique las superficies $z = x^2 + y^2$ y $z = 1 - y^2$ en una misma ventana usando el dominio $|x| \leq 1.2$, $|y| \leq 1.2$ y observe la curva de intersección de estas superficies. Demuestre que la proyección de esta curva en el plano xy es una elipse.

---

12 REPASO

VERIFICACIÓN DE CONCEPTOS   Las respuestas de la sección "Verificación de conceptos" están disponibles en StewartCalculus.com

1. ¿Cuál es la diferencia entre un vector y un escalar?

2. ¿Cómo se suman dos vectores geométricamente? ¿Cómo se suman de manera algebraica?

3. Si $\mathbf{a}$ es un vector y c es un escalar, ¿cómo se relaciona $c\mathbf{a}$ con $\mathbf{a}$ geométricamente? ¿Cómo se encuentra $c\mathbf{a}$ algebraicamente?

4. ¿Cómo se encuentra el vector de un punto a otro?

5. ¿Cómo se obtiene el producto punto $\mathbf{a} \cdot \mathbf{b}$ de dos vectores si se conocen sus longitudes y el ángulo entre ellos? ¿Qué pasa si se conocen sus componentes?

6. ¿Por qué son útiles los productos punto?

7. Escriba expresiones para las proyecciones escalar y vectorial de $\mathbf{b}$ sobre $\mathbf{a}$. Ilustre con diagramas.

8. ¿Cómo se encuentra el producto cruz $\mathbf{a} \times \mathbf{b}$ de dos vectores si se conocen sus longitudes y el ángulo entre ellos? ¿Y si se conocen sus componentes?

9. ¿Por qué son útiles los productos cruz?

10. (a) ¿Cómo se calcula el área del paralelogramo determinado por $\mathbf{a}$ y $\mathbf{b}$?

   (b) ¿Cómo se calcula el volumen del paralelepípedo determinado por $\mathbf{a}$, $\mathbf{b}$ y $\mathbf{c}$?

11. ¿Cómo se encuentra un vector perpendicular a un plano?

12. ¿Cómo se encuentra el ángulo entre dos planos que se intersecan?

13. Escriba una ecuación vectorial, ecuaciones paramétricas y ecuaciones simétricas para una recta.

14. Escriba una ecuación vectorial y una ecuación escalar para un plano.

15. (a) ¿Cómo se sabe si dos vectores son paralelos?

   (b) ¿Cómo se sabe si dos vectores son perpendiculares?

   (c) ¿Cómo se sabe si dos planos son paralelos?

16. (a) Describa un método para determinar si tres puntos P, Q y R están en la misma recta.

   (b) Describa un método para determinar si cuatro puntos P, Q, R y S están en el mismo plano.

17. (a) ¿Cómo se calcula la distancia de un punto a una recta?

   (b) ¿Cómo se calcula la distancia de un punto a un plano?

   (c) ¿Cómo se calcula la distancia entre dos rectas?

18. ¿Qué son las trazas de una superficie? ¿Cómo se encuentran?

19. Escriba ecuaciones en forma estándar de los seis tipos de superficies cuádricas.

PREGUNTAS DE VERDADERO O FALSO

Determine si el enunciado es verdadero o falso. Si es verdadero, explique por qué. Si es falso, explique la razón o dé un ejemplo que refute el enunciado.

1. Si $\mathbf{u} = \langle u_1, u_2 \rangle$ y $\mathbf{v} = \langle v_1, v_2 \rangle$, entonces $\mathbf{u} \cdot \mathbf{v} = \langle u_1 v_1, u_2 v_2 \rangle$.

2. Para cualesquiera vectores $\mathbf{u}$ y $\mathbf{v}$ en V_3, $|\mathbf{u} + \mathbf{v}| = |\mathbf{u}| + |\mathbf{v}|$.

3. Para cualesquiera vectores $\mathbf{u}$ y $\mathbf{v}$ en V_3, $|\mathbf{u} \cdot \mathbf{v}| = |\mathbf{u}| |\mathbf{v}|$.

4. Para cualesquiera vectores $\mathbf{u}$ y $\mathbf{v}$ en V_3, $|\mathbf{u} \times \mathbf{v}| = |\mathbf{u}| |\mathbf{v}|$.

5. Para cualesquiera vectores $\mathbf{u}$ y $\mathbf{v}$ en V_3, $\mathbf{u} \cdot \mathbf{v} = \mathbf{v} \cdot \mathbf{u}$.

6. Para cualesquiera vectores $\mathbf{u}$ y $\mathbf{v}$ en V_3, $\mathbf{u} \times \mathbf{v} = \mathbf{v} \times \mathbf{u}$.

7. Para cualesquiera vectores $\mathbf{u}$ y $\mathbf{v}$ en V_3, $|\mathbf{u} \times \mathbf{v}| = |\mathbf{v} \times \mathbf{u}|$.

8. Para cualesquiera vectores $\mathbf{u}$ y $\mathbf{v}$ en V_3 y cualquier escalar k,

$$k(\mathbf{u} \cdot \mathbf{v}) = (k\mathbf{u}) \cdot \mathbf{v}$$

9. Para cualesquiera vectores $\mathbf{u}$ y $\mathbf{v}$ en V_3 y cualquier escalar k,

$$k(\mathbf{u} \times \mathbf{v}) = (k\mathbf{u}) \times \mathbf{v}$$

10. Para cualesquiera vectores $\mathbf{u}$, $\mathbf{v}$ y $\mathbf{w}$ en V_3,

$$(\mathbf{u} + \mathbf{v}) \times \mathbf{w} = \mathbf{u} \times \mathbf{w} + \mathbf{v} \times \mathbf{w}$$

11. Para cualesquiera vectores $\mathbf{u}$, $\mathbf{v}$ y $\mathbf{w}$ en V_3,

$$\mathbf{u} \cdot (\mathbf{v} \times \mathbf{w}) = (\mathbf{u} \times \mathbf{v}) \cdot \mathbf{w}$$

12. Para cualesquiera vectores $\mathbf{u}$, $\mathbf{v}$ y $\mathbf{w}$ en V_3,

$$\mathbf{u} \times (\mathbf{v} \times \mathbf{w}) = (\mathbf{u} \times \mathbf{v}) \times \mathbf{w}$$

13. Para cualesquiera vectores $\mathbf{u}$ y $\mathbf{v}$ en V_3, $(\mathbf{u} \times \mathbf{v}) \cdot \mathbf{u} = 0$.

14. Para cualesquiera vectores $\mathbf{u}$ y $\mathbf{v}$ en V_3, $(\mathbf{u} + \mathbf{v}) \times \mathbf{v} = \mathbf{u} \times \mathbf{v}$.

15. El vector $\langle 3, -1, 2 \rangle$ es paralelo al plano

$$6x - 2y + 4z = 1$$

16. Una ecuación lineal $Ax + By + Cz + D = 0$ representa una recta en el espacio.

17. El conjunto de puntos $\{(x, y, z) \mid x^2 + y^2 = 1\}$ es un círculo.

18. En $\mathbb{R}^3$ el gráfico de $y = x^2$ es un paraboloide.

19. Si $\mathbf{u} \cdot \mathbf{v} = 0$, entonces $\mathbf{u} = \mathbf{0}$ o $\mathbf{v} = \mathbf{0}$.

20. Si $\mathbf{u} \times \mathbf{v} = \mathbf{0}$, entonces $\mathbf{u} = \mathbf{0}$ o $\mathbf{v} = \mathbf{0}$.

21. Si $\mathbf{u} \cdot \mathbf{v} = 0$ y $\mathbf{u} \times \mathbf{v} = \mathbf{0}$, entonces $\mathbf{u} = \mathbf{0}$ o $\mathbf{v} = \mathbf{0}$.

22. Si $\mathbf{u}$ y $\mathbf{v}$ están en V_3, entonces $|\mathbf{u} \cdot \mathbf{v}| \leq |\mathbf{u}| |\mathbf{v}|$.

EJERCICIOS

1. (a) Encuentre una ecuación de la esfera que pasa por el punto $(6, -2, 3)$ y tiene su centro en $(-1, 2, 1)$.
(b) Calcule la curva en la que esta esfera interseca el plano yz.
(c) Obtenga el centro y el radio de la esfera

$$x^2 + y^2 + z^2 - 8x + 2y + 6z + 1 = 0$$

2. Copie los vectores de la figura y utilícelos para dibujar cada uno de los siguientes vectores.

(a) $\mathbf{a} + \mathbf{b}$
(b) $\mathbf{a} - \mathbf{b}$
(c) $-\frac{1}{2}\mathbf{a}$
(d) $2\mathbf{a} + \mathbf{b}$

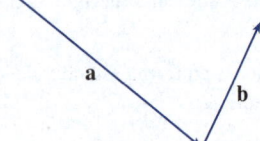

3. Si $\mathbf{u}$ y $\mathbf{v}$ son los vectores que se muestran en la figura, encuentre $\mathbf{u} \cdot \mathbf{v}$ y $|\mathbf{u} \times \mathbf{v}|$. ¿Está $\mathbf{u} \times \mathbf{v}$ dirigido hacia dentro o fuera de la página?

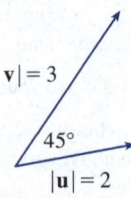

$|\mathbf{v}| = 3$

$45°$

$|\mathbf{u}| = 2$

4. Calcule la cantidad dada si

$$\mathbf{a} = \mathbf{i} + \mathbf{j} - 2\mathbf{k}$$

$$\mathbf{b} = 3\mathbf{i} - 2\mathbf{j} + \mathbf{k}$$

$$\mathbf{c} = \mathbf{j} - 5\mathbf{k}$$

(a) $2\mathbf{a} + 3\mathbf{b}$
(b) $|\mathbf{b}|$
(c) $\mathbf{a} \cdot \mathbf{b}$
(d) $\mathbf{a} \times \mathbf{b}$

(e) $|\mathbf{b} \times \mathbf{c}|$

(f) $\mathbf{a} \cdot (\mathbf{b} \times \mathbf{c})$

(g) $\mathbf{c} \times \mathbf{c}$

(h) $\mathbf{a} \times (\mathbf{b} \times \mathbf{c})$

(i) $\text{comp}_\mathbf{a}\mathbf{b}$

(j) $\text{proy}_\mathbf{a}\mathbf{b}$

(k) El ángulo entre $\mathbf{a}$ y $\mathbf{b}$ (corregido al grado más próximo).

5. Calcule los valores de x tales que los vectores $\langle 3, 2, x \rangle$ y $\langle 2x, 4, x \rangle$ sean ortogonales.

6. Encuentre dos vectores unitarios que sean ortogonales tanto a $\mathbf{j} + 2\mathbf{k}$ como a $\mathbf{i} - 2\mathbf{j} + 3\mathbf{k}$.

7. Suponga que $\mathbf{u} \cdot (\mathbf{v} \times \mathbf{w}) = 2$. Obtenga el valor de cada uno de los siguientes.

(a) $(\mathbf{u} \times \mathbf{v}) \cdot \mathbf{w}$

(b) $\mathbf{u} \cdot (\mathbf{w} \times \mathbf{v})$

(c) $\mathbf{v} \cdot (\mathbf{u} \times \mathbf{w})$

(d) $(\mathbf{u} \times \mathbf{v}) \cdot \mathbf{v}$

8. Demuestre que si $\mathbf{a}$, $\mathbf{b}$ y $\mathbf{c}$ se encuentran en V_3, entonces

$$(\mathbf{a} \times \mathbf{b}) \cdot [(\mathbf{b} \times \mathbf{c}) \times (\mathbf{c} \times \mathbf{a})] = [\mathbf{a} \cdot (\mathbf{b} \times \mathbf{c})]^2$$

9. Encuentre el ángulo agudo entre dos diagonales de un cubo.

10. Dados los puntos $A(1, 0, 1)$, $B(2, 3, 0)$, $C(-1, 1, 4)$ y $D(0, 3, 2)$, calcule el volumen del paralelepípedo con bordes adyacentes AB, AC y AD.

11. (a) Obtenga un vector perpendicular al plano que pasa por los puntos $A(1, 0, 0)$, $B(2, 0, -1)$ y $C(1, 4, 3)$.

(b) Calcule el área del triángulo ABC.

12. Una fuerza constante $\mathbf{F} = 3\mathbf{i} + 5\mathbf{j} + 10\mathbf{k}$ mueve un objeto a lo largo de un segmento de recta de $(1, 0, 2)$ a $(5, 3, 8)$. Calcule el trabajo realizado si la distancia se mide en metros y la fuerza en newtons.

13. Un bote es remolcado a la orilla de la playa utilizando dos cuerdas, como se muestra en el diagrama. Si se necesita una fuerza de 255 N, calcule la magnitud de la fuerza en cada cuerda.

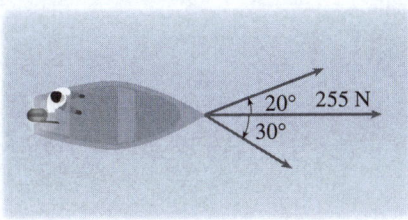

14. Calcule la magnitud del par de torsión alrededor de P si se aplica una fuerza de 50 N como se muestra.

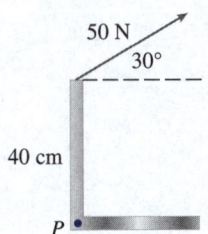

15-17 Encuentre las ecuaciones paramétricas de la recta.

15. La recta que va de $(4, -1, 2)$ a $(1, 1, 5)$.

16. La recta que pasa por $(1, 0, -1)$ y es paralela a la recta $\frac{1}{3}(x - 4) = \frac{1}{2}y = z + 2$.

17. La recta que pasa por $(-2, 2, 4)$ y es perpendicular al plano $2x - y + 5z = 12$.

18-20 Obtenga una ecuación del plano.

18. El plano que cruza $(2, 1, 0)$ y es paralelo a $x + 4y - 3z = 1$.

19. El plano que pasa por $(3, -1, 1)$, $(4, 0, 2)$ y $(6, 3, 1)$.

20. El plano que pasa por $(1, 2, -2)$ y contiene la recta $x = 2t$, $y = 3 - t$, $z = 1 + 3t$.

21. Encuentre el punto en el que la recta con ecuaciones paramétricas $x = 2 - t$, $y = 1 + 3t$, $z = 4t$ interseca el plano $2x - y + z = 2$.

22. Calcule la distancia del origen a la recta $x = 1 + t$, $y = 2 - t$, $z = -1 + 2t$.

23. Determine si las rectas dadas por las ecuaciones simétricas

$$\frac{x - 1}{2} = \frac{y - 2}{3} = \frac{z - 3}{4}$$

y

$$\frac{x + 1}{6} = \frac{y - 3}{-1} = \frac{z + 5}{2}$$

son paralelas, sesgadas o se intersecan.

24. (a) Demuestre que los planos $x + y - z = 1$ y $2x - 3y + 4z = 5$ no son ni paralelos ni perpendiculares.

(b) Obtenga y corrija al grado más cercano el ángulo entre estos planos.

25. Encuentre una ecuación del plano que pasa por la línea de intersección de los planos $x - z = 1$ y $y + 2z = 3$ y es perpendicular al plano $x + y - 2z = 1$.

26. (a) Determine una ecuación del plano que pasa por los puntos $A(2, 1, 1)$, $B(-1, -1, 10)$ y $C(1, 3, -4)$.

(b) Obtenga ecuaciones simétricas de la recta que pasa por B y es perpendicular al plano del inciso (a).

(c) Un segundo plano pasa por $(2, 0, 4)$ y tiene vector normal $\langle 2, -4, -3 \rangle$. Demuestre que el ángulo agudo entre los planos es de aproximadamente $43°$.

(d) Obtenga ecuaciones paramétricas de la línea de intersección de los dos planos.

27. Calcule la distancia entre los planos $3x + y - 4z = 2$ y $3x + y - 4z = 24$.

28-36 Identifique y dibuje el gráfico de cada superficie.

28. $x = 3$

29. $x = z$

30. $y = z^2$

31. $x^2 = y^2 + 4z^2$

32. $4x - y + 2z = 4$

33. $-4x^2 + y^2 - 4z^2 = 4$

34. $y^2 + z^2 = 1 + x^2$

35. $4x^2 + 4y^2 - 8y + z^2 = 0$

36. $x = y^2 + z^2 - 2y - 4z + 5$

---

37. Para crear un elipsoide, se gira la elipse $4x^2 + y^2 = 16$ sobre el eje x. Obtenga una ecuación del elipsoide.

38. Una superficie está compuesta por todos los puntos P tales que la distancia de P al plano $y = 1$ es el doble de la distancia de P al punto $(0, -1, 0)$. Encuentre una ecuación para esta superficie e identifíquela.

Problemas adicionales

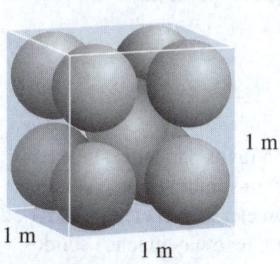

FIGURA PARA EL PROBLEMA 1

1. Cada borde de una caja cúbica tiene una longitud de 1 m. La caja contiene nueve bolas esféricas con el mismo radio r. El centro de una bola está en el centro del cubo y toca las otras ocho bolas. Cada una de las otras ocho bolas toca tres lados de la caja. Por lo tanto, las bolas están empaquetadas de manera muy compacta dentro de la caja (vea la figura). Encuentre r. (Si tiene dificultad para resolver este problema, lea la estrategia de resolución de problemas titulada "Utilice analogías" en la sección "Principios para la resolución de problemas" que se presenta después del capítulo 1).

2. Sea B una caja sólida con longitud L, anchura W y altura H. Sea S el conjunto de todos los puntos que se encuentran a una distancia máxima de 1 de algún punto de B. Exprese el volumen de S en términos de L, W y H.

3. Sea L la línea de intersección de los planos $cx + y + z = c$ y $x - cy + cz = -1$, donde c es un número real.
   (a) Encuentre ecuaciones simétricas para L.
   (b) A medida que el número c varía, la recta L va barriendo una superficie S. Obtenga una ecuación para la curva de la intersección de S con el plano horizontal $z = t$ (la traza de S en el plano $z = t$).
   (c) Calcule el volumen del sólido delimitado por S y los planos $z = 0$ y $z = 1$.

4. Un avión es capaz de volar a una velocidad de 180 km/h en aire en calma. El piloto despega de un aeródromo y se dirige hacia el norte según la brújula del avión. Después de 30 minutos de vuelo, el piloto se da cuenta de que, debido al viento, el avión ha recorrido 80 km en dirección N 5° E.
   (a) ¿Cuál es la velocidad del viento?
   (b) ¿En qué dirección debería haberse dirigido el piloto para llegar al destino previsto?

5. Suponga que $\mathbf{v}_1$ y $\mathbf{v}_2$ son vectores con $|\mathbf{v}_1| = 2$, $|\mathbf{v}_2| = 3$ y $\mathbf{v}_1 \cdot \mathbf{v}_2 = 5$. Sea $\mathbf{v}_3 = \text{proy}_{\mathbf{v}_1} \mathbf{v}_2$, $\mathbf{v}_4 = \text{proy}_{\mathbf{v}_2} \mathbf{v}_3$, $\mathbf{v}_5 = \text{proy}_{\mathbf{v}_3} \mathbf{v}_4$, y así sucesivamente. Calcule $\sum_{n=1}^{\infty} |\mathbf{v}_n|$.

6. Encuentre una ecuación de la esfera más grande que pasa por el punto $(-1, 1, 4)$ y es tal que cada uno de los puntos (x, y, z) dentro de la esfera satisface la condición

$$x^2 + y^2 + z^2 < 136 + 2(x + 2y + 3z)$$

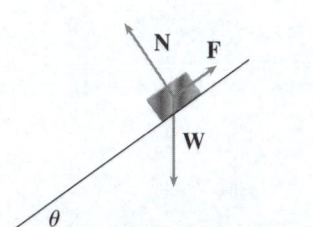

FIGURA PARA EL PROBLEMA 7

7. Suponga que un bloque de masa m se coloca en un plano inclinado, como se muestra en la figura. El descenso del bloque por el plano se ralentiza por la fricción; si θ no es demasiado grande, la fricción impedirá que el bloque se mueva en absoluto. Las fuerzas que actúan sobre el bloque son el peso $\mathbf{W}$, donde $|\mathbf{W}| = mg$ (g es la aceleración debida a la gravedad); la fuerza normal $\mathbf{N}$ (el componente normal de la fuerza de reacción del plano sobre el bloque), donde $|\mathbf{N}| = n$, y la fuerza $\mathbf{F}$ debida a la fricción, que actúa de manera paralela al plano inclinado, oponiéndose a la dirección del movimiento. Si el bloque está en reposo y se aumenta el ángulo θ, $|\mathbf{F}|$ también debe aumentar hasta que finalmente $|\mathbf{F}|$ alcance su máximo valor, más allá del cual el bloque comienza a deslizarse. En este ángulo θ_s se ha observado que $|\mathbf{F}|$ es proporcional a n. Por lo tanto, cuando $|\mathbf{F}|$ alcanza su máximo, se puede decir que $|\mathbf{F}| = \mu_s n$, donde μ_s es el *coeficiente de fricción estática* y depende de los materiales que están en contacto.
   (a) Observe que $\mathbf{N} + \mathbf{F} + \mathbf{W} = \mathbf{0}$ y deduzca que $\mu_s = \tan \theta_s$.
   (b) Suponga que, para $\theta > \theta_s$, se aplica una fuerza externa adicional $\mathbf{H}$ al bloque en dirección horizontal desde la izquierda, y sea $|\mathbf{H}| = h$. Si h es pequeña, el bloque aún puede deslizarse por el plano; si h es lo suficientemente grande, el bloque se moverá hacia arriba del plano. Sea $h_{\text{mín}}$ el valor más pequeño de h que permite que el bloque permanezca inmóvil (para que $|\mathbf{F}|$ sea máxima).
   Al elegir los ejes coordenados de modo que $\mathbf{F}$ se encuentre en el eje x, se resuelve cada fuerza en componentes paralelos y perpendiculares al plano inclinado, que muestran que

$$h_{\text{mín}} \,\text{sen}\,\theta + mg \cos \theta = n \qquad \text{y} \qquad h_{\text{mín}} \cos \theta + \mu_s n = mg \,\text{sen}\,\theta$$

   (c) Demuestre que $\qquad h_{\text{mín}} = mg \tan(\theta - \theta_s)$

   ¿Esta ecuación parece razonable? ¿Tiene sentido para $\theta = \theta_s$? ¿Tiene sentido conforme $\theta \to 90°$? Explique.

(d) Sea $h_{máx}$ el valor más grande de h que permite que el bloque se quede inmóvil. (¿En qué dirección se dirige **F**?). Demuestre que

$$h_{máx} = mg \tan(\theta + \theta_s)$$

¿Esta ecuación parece razonable? Explique.

8. Un sólido tiene las siguientes propiedades. Cuando lo iluminan rayos paralelos al eje z, su sombra es un disco circular. Si los rayos son paralelos al eje y, su sombra es un cuadrado. Si los rayos son paralelos al eje x, su sombra es un triángulo isósceles. (En el ejercicio 12.1.52 se le pidió que describiera y dibujara un ejemplo de este sólido, pero hay muchos sólidos como este). Suponga que la proyección sobre el plano xz es un cuadrado cuyos lados tienen longitud 1.
(a) ¿Cuál es el volumen del mayor de estos sólidos?
(b) ¿Existe un volumen más pequeño?

Las trayectorias de los objetos que se mueven por el espacio, como los aviones que se muestran en la fotografía, pueden describirse mediante funciones vectoriales. En la sección 13.1 se verá cómo utilizar estas funciones vectoriales para determinar si dos de esos objetos chocarán o no.

©Magdalena Zeglen/EyeEm/Getty Images

13 Funciones vectoriales

LAS FUNCIONES UTILIZADAS hasta ahora han sido funciones de variable real. Ahora se estudian funciones cuyos valores son vectores, las cuales son necesarias para describir curvas y superficies en el espacio. También se usan funciones con valor vectorial para describir el movimiento de objetos en el espacio. En particular, se utilizan para derivar las leyes de Kepler sobre el movimiento planetario.

13.1 | Funciones vectoriales y curvas en el espacio

■ Funciones con valor vectorial

En general, una función es una regla que asigna a cada elemento del dominio un elemento en el rango. Una **función con valor vectorial**, o **función vectorial**, es simplemente una función cuyo dominio[1] es un conjunto de números reales y cuyo rango[2] es un conjunto de vectores. Son de especial interés las funciones vectoriales **r** cuyos valores son vectores tridimensionales. Esto significa que para todo número t en el dominio de **r** hay un vector único en V_3 que se denota con $\mathbf{r}(t)$. Si $f(t)$, $g(t)$ y $h(t)$ son las componentes del vector $\mathbf{r}(t)$, entonces f, g y h son funciones de variable real llamadas **funciones componentes** de **r** y es posible escribir

$$\mathbf{r}(t) = \langle\, f(t), g(t), h(t) \rangle = f(t)\,\mathbf{i} + g(t)\,\mathbf{j} + h(t)\,\mathbf{k}$$

Se usa la letra t para denotar la variable independiente porque representa el tiempo en la mayoría de las aplicaciones de las funciones vectoriales.

EJEMPLO 1 Si

$$\mathbf{r}(t) = \left\langle\, t^3, \ln(3 - t), \sqrt{t}\, \right\rangle$$

entonces las funciones componentes son

$$f(t) = t^3 \qquad g(t) = \ln(3 - t) \qquad h(t) = \sqrt{t}$$

Siguiendo la convención habitual, el dominio de **r** está compuesto por todos los valores de t para los que la expresión $\mathbf{r}(t)$ es definida. Las expresiones t^3, $\ln(3 - t)$ y $\sqrt{t}$ están todas definidas cuando $3 - t > 0$ y $t \geq 0$. Por lo tanto, el dominio de **r** es el intervalo $[0, 3)$. ∎

■ Límites y continuidad

El **límite** de una función vectorial **r** se define tomando los límites de las funciones componentes de la siguiente manera.

Si $\lim_{t \to a} \mathbf{r}(t) = \mathbf{L}$, esta definición es equivalente a decir que la longitud y dirección del vector $\mathbf{r}(t)$ se aproximan a la longitud y dirección del vector **L**.

> **1** Si $\mathbf{r}(t) = \langle f(t), g(t), h(t) \rangle$, entonces
>
> $$\lim_{t \to a} \mathbf{r}(t) = \left\langle \lim_{t \to a} f(t),\ \lim_{t \to a} g(t),\ \lim_{t \to a} h(t) \right\rangle$$
>
> siempre y cuando existan los límites de las funciones componentes.

De igual manera, se podría haber utilizado una definición de ε-δ (vea el ejercicio 62). Los límites de las funciones vectoriales obedecen las mismas reglas que los límites de las funciones de variable real (vea el ejercicio 61).

EJEMPLO 2 Determine $\lim_{t \to 0} \mathbf{r}(t)$, donde $\mathbf{r}(t) = (1 + t^3)\,\mathbf{i} + te^{-t}\,\mathbf{j} + \dfrac{\operatorname{sen} t}{t}\,\mathbf{k}$.

SOLUCIÓN De acuerdo con la definición 1, el límite de **r** es el vector cuyas componentes son los límites de las funciones componentes de **r**:

$$\lim_{t \to 0} \mathbf{r}(t) = \left[\lim_{t \to 0} (1 + t^3) \right]\mathbf{i} + \left[\lim_{t \to 0} te^{-t} \right]\mathbf{j} + \left[\lim_{t \to 0} \frac{\operatorname{sen} t}{t} \right]\mathbf{k}$$

$$= \mathbf{i} + \mathbf{k} \qquad \text{(por la ecuación 3.3.5)}$$ ∎

---

[1] Nota del RT: El término *dominio* también se conoce como *preimagen*.
[2] Nota del RT: El término *rango* también se conoce como *imagen*.

Una función vectorial **r** es **continua en** a si

$$\lim_{t \to a} \mathbf{r}(t) = \mathbf{r}(a)$$

En vista de la definición 1, se observa que **r** es continua en el punto a si y solo si sus funciones componentes f, g y h son continuas en el punto a.

■ Curvas en el espacio

Existe una estrecha conexión entre las funciones vectoriales continuas y las curvas en el espacio. Suponga que f, g y h son funciones continuas de variable real en un intervalo I. Entonces, el conjunto C de todos los puntos (x, y, z) en el espacio, donde

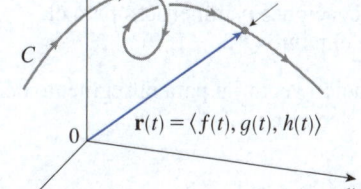

z

$P(f(t), g(t), h(t))$

C

0

$\mathbf{r}(t) = \langle f(t), g(t), h(t) \rangle$

x

y

FIGURA 1
C sigue una trayectoria descrita por la punta de un vector de posición $\mathbf{r}(t)$.

$$\boxed{2} \qquad x = f(t) \qquad y = g(t) \qquad z = h(t)$$

y t varía a lo largo del intervalo I, se llama **curva en el espacio**. Las ecuaciones en (2) se llaman **ecuaciones paramétricas de** C y t se denomina **parámetro**. Imagine que C sigue una trayectoria descrita por una partícula en movimiento cuya posición en el tiempo t es $(f(t), g(t), h(t))$. Si ahora se considera la función vectorial $\mathbf{r}(t) = \langle f(t), g(t), h(t) \rangle$, entonces $\mathbf{r}(t)$ es el vector de posición del punto $P(f(t), g(t), h(t))$ en C. Así, cualquier función vectorial continua **r** define una curva en el espacio C que sigue una trayectoria trazada por la punta del vector móvil $\mathbf{r}(t)$, como se muestra en la figura 1.

EJEMPLO 3 Describa la curva definida por la función vectorial

$$\mathbf{r}(t) = \langle 1 + t, 2 + 5t, -1 + 6t \rangle$$

SOLUCIÓN Las ecuaciones paramétricas correspondientes son

$$x = 1 + t \qquad y = 2 + 5t \qquad z = -1 + 6t$$

que se reconocen por las ecuaciones 12.5.2 como ecuaciones paramétricas de una recta que pasa por el punto $(1, 2, -1)$ y es paralela al vector $\langle 1, 5, 6 \rangle$. De manera alternativa, se observa también que la función puede escribirse como $\mathbf{r} = \mathbf{r}_0 + t\mathbf{v}$, donde $\mathbf{r}_0 = \langle 1, 2, -1 \rangle$ y $\mathbf{v} = \langle 1, 5, 6 \rangle$, y esta es la ecuación vectorial de una recta dada por la ecuación 12.5.1. ■

Las curvas en un plano también pueden representarse en notación vectorial. Por ejemplo, la curva dada por las ecuaciones paramétricas $x = t^2 - 2t$ y $y = t + 1$ (vea el ejemplo 10.1.1) también podría describirse mediante la ecuación vectorial

$$\mathbf{r}(t) = \langle t^2 - 2t, t + 1 \rangle = (t^2 - 2t)\,\mathbf{i} + (t + 1)\,\mathbf{j}$$

donde $\mathbf{i} = \langle 1, 0 \rangle$ y $\mathbf{j} = \langle 0, 1 \rangle$.

EJEMPLO 4 Trace la curva cuya ecuación vectorial es

$$\mathbf{r}(t) = \cos t\,\mathbf{i} + \operatorname{sen} t\,\mathbf{j} + t\,\mathbf{k}$$

SOLUCIÓN Las ecuaciones paramétricas de esta curva son

$$x = \cos t \qquad y = \operatorname{sen} t \qquad z = t$$

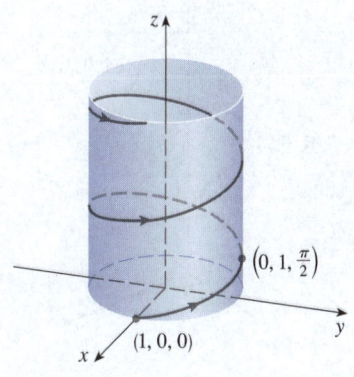

z

$\left(0, 1, \frac{\pi}{2}\right)$

x $(1, 0, 0)$

y

FIGURA 2

Como $x^2 + y^2 = \cos^2 t + \operatorname{sen}^2 t = 1$ para todos los valores de t, la curva debe estar en el cilindro circular $x^2 + y^2 = 1$. El punto (x, y, z) se encuentra directamente encima del punto $(x, y, 0)$, que se mueve en sentido contrario a las manecillas del reloj alrededor del círculo $x^2 + y^2 = 1$ en el plano xy. (La proyección de la curva en el plano xy tiene ecuación vectorial $\mathbf{r}(t) = \langle \cos t, \operatorname{sen} t, 0 \rangle$. Vea el ejemplo 10.1.2). Puesto que $z = t$, la curva gira en espiral hacia arriba alrededor del cilindro conforme t aumenta. La curva, que se muestra en la figura 2, se llama **hélice**. ■

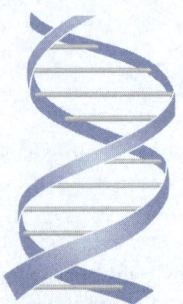

FIGURA 3
Doble hélice.

La forma de sacacorchos de la hélice del ejemplo 4 es ampliamente conocida pues se observa frecuentemente en resortes en espiral. También se observa en el modelo de ADN (ácido desoxirribonucleico, el material genético de las células vivas). En 1953 James Watson y Francis Crick demostraron que la estructura de la molécula de ADN es la de dos hélices paralelas unidas que están entrelazadas como se ilustra en la figura 3.

En los ejemplos 3 y 4 se dieron ecuaciones vectoriales de curvas y se pidió una descripción geométrica o diagrama. En los siguientes tres ejemplos se da la descripción geométrica de una curva y se pide encontrar las ecuaciones paramétricas de la curva.

EJEMPLO 5   Determine una ecuación vectorial y ecuaciones paramétricas para el segmento de recta que une el punto $P(1, 3, -2)$ con el punto $Q(2, -1, 3)$.

SOLUCIÓN   En la sección 12.5 se encontró una ecuación vectorial para el segmento de recta que une la punta del vector $\mathbf{r}_0$ con la punta del vector $\mathbf{r}_1$:

$$\mathbf{r}(t) = (1 - t)\mathbf{r}_0 + t\mathbf{r}_1 \qquad 0 \leq t \leq 1$$

En la figura 4 se muestra el segmento de recta PQ del ejemplo 5.

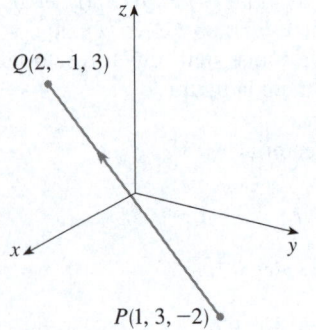

FIGURA 4

(Vea la ecuación 12.5.4). Aquí se toma $\mathbf{r}_0 = \langle 1, 3, -2 \rangle$ y $\mathbf{r}_1 = \langle 2, -1, 3 \rangle$ para obtener una ecuación vectorial del segmento de recta que va de P a Q:

$$\mathbf{r}(t) = (1 - t)\langle 1, 3, -2 \rangle + t\langle 2, -1, 3 \rangle \qquad 0 \leq t \leq 1$$

o
$$\mathbf{r}(t) = \langle 1 + t, 3 - 4t, -2 + 5t \rangle \qquad 0 \leq t \leq 1$$

Las ecuaciones paramétricas correspondientes son

$$x = 1 + t \qquad y = 3 - 4t \qquad z = -2 + 5t \qquad 0 \leq t \leq 1 \qquad ∎$$

EJEMPLO 6   Determine una función vectorial que represente la curva de intersección del cilindro $x^2 + y^2 = 1$ y el plano $y + z = 2$.

SOLUCIÓN   En la figura 5 se muestra cómo se intersecan el plano y el cilindro, y en la figura 6 se muestra la curva de intersección C, que resulta en una elipse.

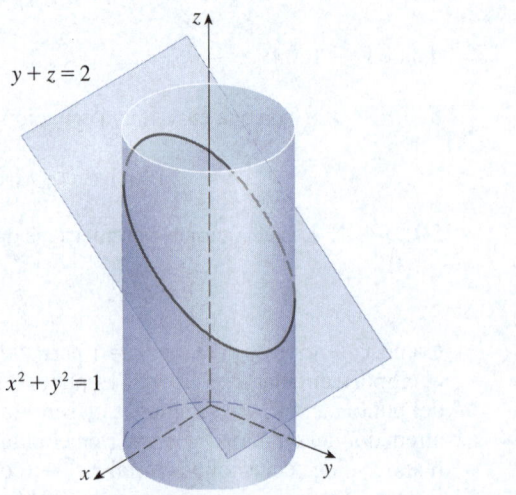

FIGURA 5

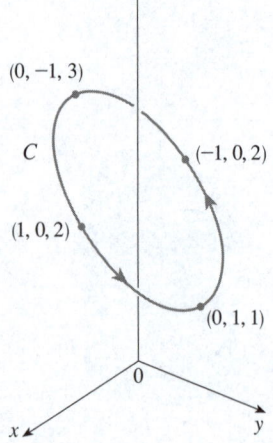

FIGURA 6

La proyección de C en el plano xy es el círculo $x^2 + y^2 = 1$, $z = 0$. Así, se sabe por el ejemplo 10.1.2 que se puede escribir

$$x = \cos t \qquad y = \operatorname{sen} t \qquad 0 \leq t \leq 2\pi$$

De la ecuación del plano, se tiene

$$z = 2 - y = 2 - \operatorname{sen} t$$

Por lo que se pueden escribir ecuaciones paramétricas para C como

$$x = \cos t \qquad y = \operatorname{sen} t \qquad z = 2 - \operatorname{sen} t \qquad 0 \leq t \leq 2\pi$$

La ecuación vectorial correspondiente es

$$\mathbf{r}(t) = \cos t\,\mathbf{i} + \operatorname{sen} t\,\mathbf{j} + (2 - \operatorname{sen} t)\,\mathbf{k} \qquad 0 \leq t \leq 2\pi$$

Esta ecuación se conoce como una *parametrización* de la curva C. Las flechas de la figura 6 indican la dirección en la que se traza C a medida que el parámetro t aumenta. ∎

En la figura 7 se muestran las superficies del ejemplo 7 y su curva de intersección.

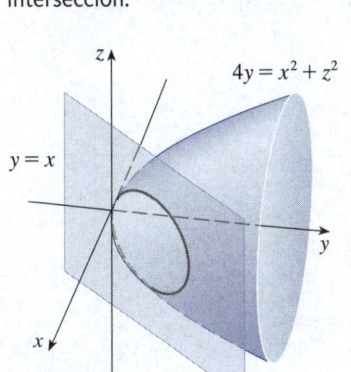

$4y = x^2 + z^2$

$y = x$

FIGURA 7

EJEMPLO 7 Determine las ecuaciones paramétricas de la curva de intersección del paraboloide $4y = x^2 + z^2$ y el plano $y = x$.

SOLUCIÓN En virtud de que cualquier punto de la curva C de intersección satisface las ecuaciones de las dos superficies, se puede sustituir $y = x$ en la ecuación del paraboloide, lo que da $4x = x^2 + z^2$. Después de completar el cuadrado en x se obtiene $(x - 2)^2 + z^2 = 4$, por lo que C debe estar contenida en el cilindro circular $(x - 2)^2 + z^2 = 4$, y la proyección de C en el plano xz es el círculo $(x - 2)^2 + z^2 = 4$, $y = 0$ [con centro $(2, 0, 0)$ y radio 2]. Por el ejemplo 10.1.4, se puede escribir $x = 2 + 2\cos t$, $z = 2\operatorname{sen} t$, $0 \leq t \leq 2\pi$, y debido a que $y = x$, las ecuaciones paramétricas de C son

$$x = 2 + 2\cos t \qquad y = 2 + 2\cos t \qquad z = 2\operatorname{sen} t \qquad 0 \leq t \leq 2\pi \qquad ∎$$

■ Uso de la tecnología para trazar curvas en el espacio

Las curvas en el espacio son intrínsecamente más difíciles de dibujar a mano que las curvas de los planos; para una representación exacta, es necesario usar la tecnología. Por ejemplo, en la figura 8 se muestra una gráfica generada por computadora de la curva cuyas ecuaciones paramétricas son:

$$x = (4 + \operatorname{sen} 20t)\cos t \qquad y = (4 + \operatorname{sen} 20t)\operatorname{sen} t \qquad z = \cos 20t$$

Se llama **espiral toroidal** porque se encuentra sobre una superficie llamada *toro*. Otra curva interesante, conocida como **nudo de trébol**, con ecuaciones

$$x = (2 + \cos 1.5t)\cos t \qquad y = (2 + \cos 1.5t)\operatorname{sen} t \qquad z = \operatorname{sen} 1.5t$$

se presenta en la figura 9. No es fácil trazar ninguna de estas curvas a mano.

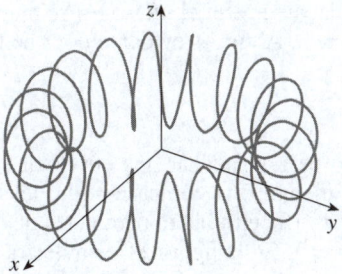

FIGURA 8
Espiral toroidal.

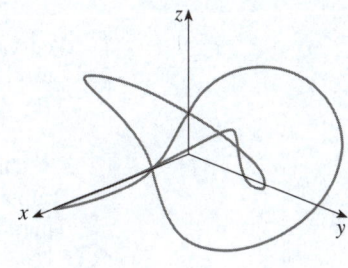

FIGURA 9
Nudo de trébol.

Incluso cuando se usa una computadora para trazar una curva en el espacio, la perspectiva desde la que se visualiza la gráfica dificulta obtener una buena impresión de cómo luce la curva en realidad. (Esto es especialmente cierto en la figura 9. Vea el ejercicio 60). En el siguiente ejemplo se muestra cómo resolver este problema.

EJEMPLO 8 Use una calculadora o una computadora para trazar la curva con la ecuación vectorial $\mathbf{r}(t) = \langle t, t^2, t^3 \rangle$. Esta curva se llama **cúbica torcida**.

SOLUCIÓN Para empezar, se traza la curva con ecuaciones paramétricas $x = t$, $y = t^2$, $z = t^3$ para $-2 \le t \le 2$. El resultado se muestra en la figura 10(a), pero es difícil apreciar la verdadera naturaleza de la curva solamente con esa gráfica. Algunos programas de gráficas tridimensionales permiten al usuario trazar una curva o superficie dentro de un cubo en lugar de mostrar los ejes coordenados. Cuando se examina la misma curva en un cubo en la figura 10(b), se tiene una imagen mucho más clara de la curva. Se observa que sube desde la esquina inferior del cubo hacia la esquina superior más cercana y se tuerce al subir.

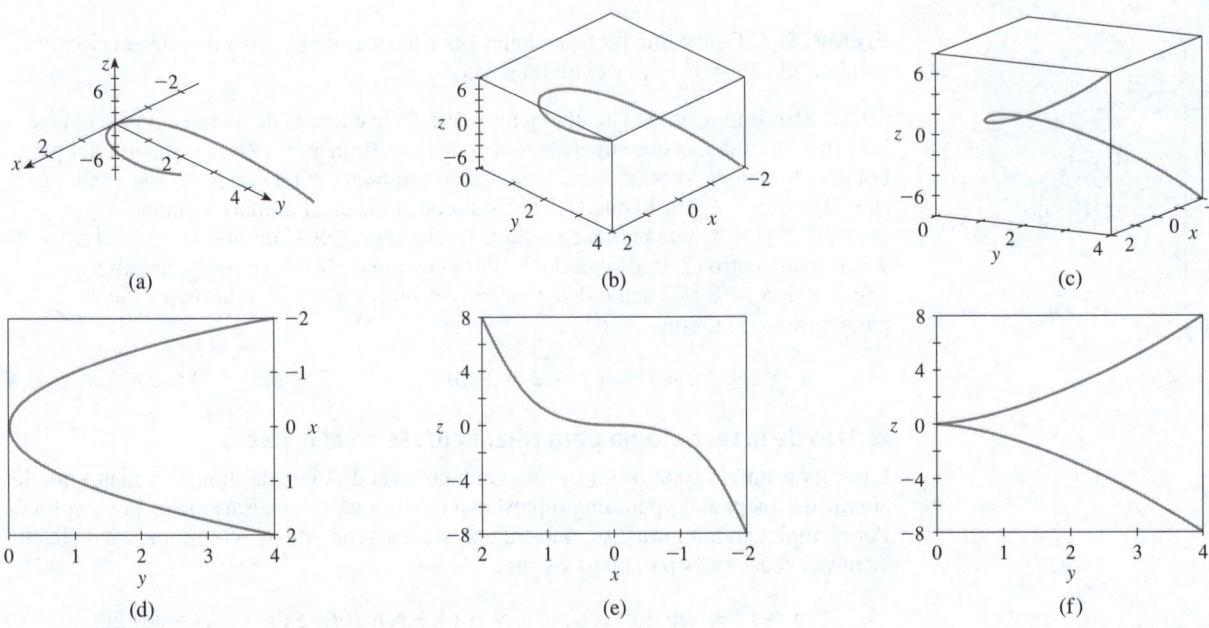

FIGURA 10 Vistas de la cúbica torcida.

Se tiene una idea aún mejor de la curva cuando se ve desde una perspectiva diferente. En el inciso (c) se muestra el resultado de girar el cubo para dar otro punto de vista. En los incisos (d), (e) y (f) se muestran las vistas que se obtienen cuando se ve directamente una cara del cubo. En particular, en el inciso (d) se muestra la vista directamente desde arriba del cubo. Es la proyección de la curva en el plano xy, es decir, la parábola $y = x^2$. En el inciso (e) se muestra la proyección en el plano xz, la curva cúbica $z = x^3$. Ahora es evidente por qué la curva dada se conoce como cúbica torcida. ∎

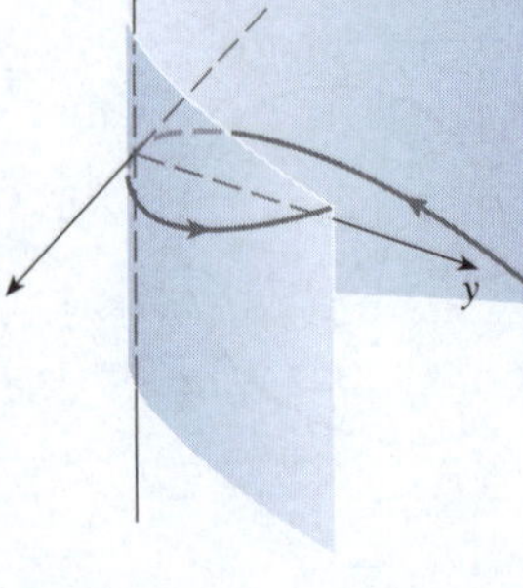

FIGURA 11

Otro método para visualizar una curva en el espacio consiste en dibujarla en una superficie. Por ejemplo, la cúbica torcida del ejemplo 8 se encuentra en el cilindro parabólico $y = x^2$. (Se elimina el parámetro de las dos primeras ecuaciones paramétricas, $x = t$ y $y = t^2$). En la figura 11 se muestra tanto el cilindro como la curva cúbica torcida, y se ve que la curva se mueve hacia arriba a través del origen a lo largo de la superficie del cilindro. También se emplea este método en el ejemplo 4 para visualizar la hélice que se encuentra en el cilindro circular (vea la figura 2).

Un tercer método para visualizar la cúbica torcida es darse cuenta de que también se encuentra en el cilindro $z = x^3$. Por consiguiente, puede verse como la curva de intersección de los cilindros $y = x^2$ y $z = x^3$ (vea la figura 12).

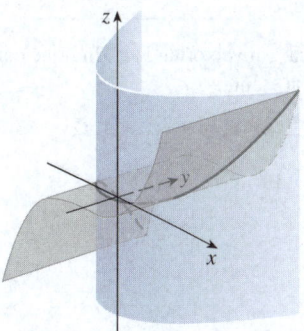

FIGURA 12

Algunos programas de gráficas dan una imagen más clara de una curva en el espacio porque la encierran en un tubo. Una gráfica así permite ver si una parte de una curva pasa por delante o por detrás de otra parte de la curva. Por ejemplo, en la figura 14 se muestra la curva de la figura 13(b) como se representa con el comando `tube-plot` en Maple.

Se ha visto que una curva espacial interesante, la hélice, se produce en el modelo del ADN. Otro ejemplo notable de una curva espacial en las ciencias es la trayectoria de una partícula con carga positiva en los campos eléctrico y magnético **E** y **B** de orientación ortogonal. Dependiendo de la velocidad inicial que se imprima a la partícula en el origen, la trayectoria de la partícula es una curva en el espacio cuya proyección en el plano horizontal es la cicloide que se estudió en la sección 10.1 [figura 13(a)] o una curva cuya proyección es la trocoide investigada en el ejercicio 10.1.49 [figura 13(b)].

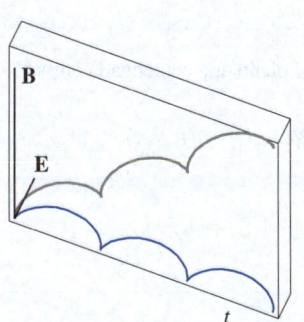

(a) $\mathbf{r}(t) = \langle t - \operatorname{sen} t, 1 - \cos t, t \rangle$

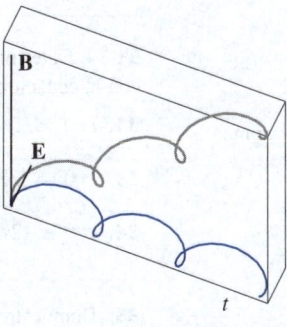

(b) $\mathbf{r}(t) = \langle t - \frac{3}{2} \operatorname{sen} t, 1 - \frac{3}{2} \cos t, t \rangle$

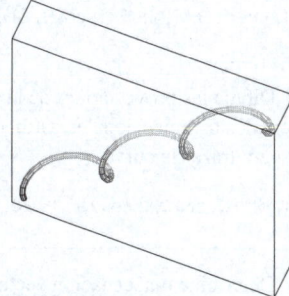

FIGURA 14

FIGURA 13
Movimiento de una partícula cargada en campos eléctrico y magnético de orientación ortogonal.

Para obtener más detalles sobre las bases de la física y las animaciones de las trayectorias de las partículas, vea los siguientes sitios web:

- www.physics.ucla.edu/plasma-exp/Beam/
- www.phy.ntnu.edu.tw/ntnujava/index.php?topic=36

13.1 | Ejercicios

1-2 Determine el dominio de la función vectorial.

1. $\mathbf{r}(t) = \left\langle \ln(t + 1), \dfrac{t}{\sqrt{9 - t^2}}, 2^t \right\rangle$

2. $\mathbf{r}(t) = \cos t\,\mathbf{i} + \ln t\,\mathbf{j} + \dfrac{1}{t - 2}\,\mathbf{k}$

3-6 Encuentre el límite

3. $\lim\limits_{t \to 0} \left(e^{-3t}\,\mathbf{i} + \dfrac{t^2}{\operatorname{sen}^2 t}\,\mathbf{j} + \cos 2t\,\mathbf{k} \right)$

4. $\lim\limits_{t \to 1} \left(\dfrac{t^2 - t}{t - 1}\,\mathbf{i} + \sqrt{t + 8}\,\mathbf{j} + \dfrac{\operatorname{sen} \pi t}{\ln t}\,\mathbf{k} \right)$

5. $\lim\limits_{t \to \infty} \left\langle \dfrac{1 + t^2}{1 - t^2}, \tan^{-1} t, \dfrac{1 - e^{-2t}}{t} \right\rangle$

6. $\lim\limits_{t \to \infty} \left\langle t e^{-t}, \dfrac{t^3 + t}{2t^3 - 1}, t \operatorname{sen} \dfrac{1}{t} \right\rangle$

7-16 Dibuje la curva con la ecuación vectorial dada. Indique con una flecha la dirección en que t aumenta.

7. $\mathbf{r}(t) = \langle -\cos t, t \rangle$ **8.** $\mathbf{r}(t) = \langle t^2 - 1, t \rangle$

9. $\mathbf{r}(t) = \langle 3 \operatorname{sen} t, 2 \cos t \rangle$ **10.** $\mathbf{r}(t) = e^t \mathbf{i} + e^{-t} \mathbf{j}$

11. $\mathbf{r}(t) = \langle t, 2 - t, 2t \rangle$

12. $\mathbf{r}(t) = \langle \operatorname{sen} \pi t, t, \cos \pi t \rangle$

13. $\mathbf{r}(t) = \langle 3, t, 2 - t^2 \rangle$

14. $\mathbf{r}(t) = 2 \cos t \mathbf{i} + 2 \operatorname{sen} t \mathbf{j} + \mathbf{k}$

15. $\mathbf{r}(t) = t^2 \mathbf{i} + t^4 \mathbf{j} + t^6 \mathbf{k}$

16. $\mathbf{r}(t) = \cos t \mathbf{i} - \cos t \mathbf{j} + \operatorname{sen} t \mathbf{k}$

17-18 Dibuje la proyección de la curva en el plano dado.

17. $\mathbf{r}(t) = \langle t^2, t^3, t^{-3} \rangle$,   plano yz

18. $\mathbf{r}(t) = \langle t + 1, 3t + 1, \cos(t/2) \rangle$,   plano xy

19-20 Dibuje las proyecciones de la curva en los planos coordenados tridimensionales. Utilice estas proyecciones como ayuda para trazar la curva.

19. $\mathbf{r}(t) = \langle t, \operatorname{sen} t, 2 \cos t \rangle$ **20.** $\mathbf{r}(t) = \langle t, t, t^2 \rangle$

21-24 Determine una ecuación vectorial y ecuaciones paramétricas para el segmento de recta que une P a Q.

21. $P(-2, 1, 0)$, $Q(5, 2, -3)$

22. $P(0, 0, 0)$, $Q(-7, 4, 6)$

23. $P(3.5, -1.4, 2.1)$, $Q(1.8, 0.3, 2.1)$

24. $P(a, b, c)$, $Q(u, v, w)$

25-30 Relacione las ecuaciones paramétricas con las gráficas (rotuladas I-VI). Ofrezca razones que expliquen sus selecciones.

25. $x = t \cos t$, $y = t$, $z = t \operatorname{sen} t$, $t \geq 0$

26. $x = \cos t$, $y = \operatorname{sen} t$, $z = 1/(1 + t^2)$

27. $x = t$, $y = 1/(1 + t^2)$, $z = t^2$

28. $x = \cos t$, $y = \operatorname{sen} t$, $z = \cos 2t$

29. $x = \cos 8t$, $y = \operatorname{sen} 8t$, $z = e^{0.8t}$, $t \geq 0$

30. $x = \cos^2 t$, $y = \operatorname{sen}^2 t$, $z = t$

I
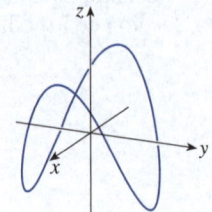
II
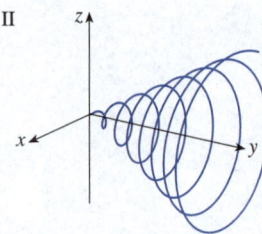

III
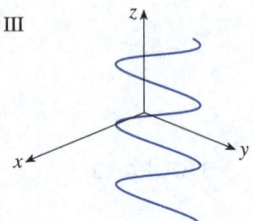
IV
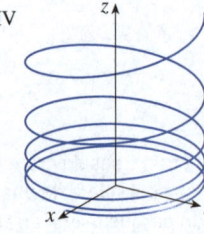

V
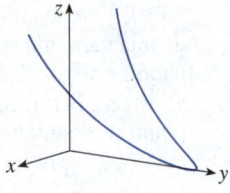
VI
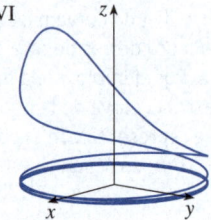

31-34 Determine una ecuación del plano que contenga la curva con la ecuación vectorial dada.

31. $\mathbf{r}(t) = \langle t, 4, t^2 \rangle$ **32.** $\mathbf{r}(t) = \langle t, t^2, t \rangle$

33. $\mathbf{r}(t) = \langle \operatorname{sen} t, \cos t, -\cos t \rangle$

34. $\mathbf{r}(t) = \langle 2t, \operatorname{sen} t, t + 1 \rangle$

35. Demuestre que la curva con ecuaciones paramétricas $x = t \cos t$, $y = t \operatorname{sen} t$, $z = t$ se encuentra en el cono $z^2 = x^2 + y^2$, y use este hecho como ayuda para dibujar la curva.

36. Pruebe que la curva con ecuaciones paramétricas $x = \operatorname{sen} t$, $y = \cos t$, $z = \operatorname{sen}^2 t$ es la curva de intersección de las superficies $z = x^2$ y $x^2 + y^2 = 1$. Use este hecho como ayuda para dibujar la curva.

37. Determine tres superficies diferentes que contengan la curva

$$\mathbf{r}(t) = 2t \mathbf{i} + e^t \mathbf{j} + e^{2t} \mathbf{k}$$

38. Obtenga tres superficies diferentes que contengan la curva

$$\mathbf{r}(t) = t^2 \mathbf{i} + \ln t \mathbf{j} + (1/t) \mathbf{k}$$

39. ¿En qué puntos la curva $\mathbf{r}(t) = t \mathbf{i} + (2t - t^2) \mathbf{k}$ interseca el paraboloide $z = x^2 + y^2$?

40. ¿En qué puntos la hélice $\mathbf{r}(t) = \langle \operatorname{sen} t, \cos t, t \rangle$ interseca la esfera $x^2 + y^2 + z^2 = 5$?

41-45 Grafique la curva con la ecuación vectorial dada. Asegúrese de seleccionar un dominio de parámetros y puntos de vista que revelen la verdadera naturaleza de la curva.

41. $\mathbf{r}(t) = \langle \cos t \operatorname{sen} 2t, \operatorname{sen} t \operatorname{sen} 2t, \cos 2t \rangle$

42. $\mathbf{r}(t) = \langle te^t, e^{-t}, t \rangle$

43. $\mathbf{r}(t) = \langle \operatorname{sen} 3t \cos t, \frac{1}{4}t, \operatorname{sen} 3t \operatorname{sen} t \rangle$

44. $\mathbf{r}(t) = \langle \cos(8 \cos t) \operatorname{sen} t, \operatorname{sen}(8 \cos t) \operatorname{sen} t, \cos t \rangle$

45. $\mathbf{r}(t) = \langle \cos 2t, \cos 3t, \cos 4t \rangle$

46. Grafique la curva con ecuaciones paramétricas

$$x = \operatorname{sen} t \qquad y = \operatorname{sen} 2t \qquad z = \cos 4t$$

Explique su forma mediante una gráfica de sus proyecciones en los tres planos coordenados.

47. Grafique la curva con ecuaciones paramétricas

$$x = (1 + \cos 16t) \cos t$$

$$y = (1 + \cos 16t) \operatorname{sen} t$$

$$z = 1 + \cos 16t$$

Para explicar el aspecto de la gráfica, demuestre que se encuentra en un cono.

48. Grafique la curva con ecuaciones paramétricas

$$x = \sqrt{1 - 0.25 \cos^2 10t} \cos t$$
$$y = \sqrt{1 - 0.25 \cos^2 10t} \operatorname{sen} t$$
$$z = 0.5 \cos 10t$$

Para explicar el aspecto de la gráfica, demuestre que se encuentra en una esfera.

49. Demuestre que la curva con ecuaciones paramétricas $x = t^2$, $y = 1 - 3t$, $z = 1 + t^3$ pasa por los puntos $(1, 4, 0)$ y $(9, -8, 28)$, pero no por el punto $(4, 7, -6)$.

50-54 Determine una función vectorial que represente la curva de la intersección de las dos superficies.

50. El cilindro $x^2 + y^2 = 4$ y la superficie $z = xy$

51. El cono $z = \sqrt{x^2 + y^2}$ y el plano $z = 1 + y$

52. El paraboloide $z = 4x^2 + y^2$ y el cilindro parabólico $y = x^2$

53. El paraboloide hiperbólico $z = x^2 - y^2$ y el cilindro $x^2 + y^2 = 1$

54. El semielipsoide $x^2 + y^2 + 4z^2 = 4$, $y \geqslant 0$, y el cilindro $x^2 + z^2 = 1$

55. Trate de dibujar a mano la curva de intersección del cilindro circular $x^2 + y^2 = 4$ y el cilindro parabólico $z = x^2$. A continuación determine ecuaciones paramétricas para esta curva y utilice estas ecuaciones y una computadora para graficar la curva.

56. Intente dibujar a mano la curva de intersección del cilindro parabólico $y = x^2$ y la mitad superior del elipsoide $x^2 + 4y^2 + 4z^2 = 16$. Luego determine ecuaciones paramétricas para esta curva y utilice estas ecuaciones para graficar la curva por computadora.

57-58 Intersección y colisión Si dos objetos viajan por el espacio a lo largo de dos curvas diferentes, a menudo es importante saber si van a chocar. (¿Un misil alcanzará su objetivo en movimiento? ¿Chocarán dos aviones?). Sus trayectorias pueden cruzarse, pero es necesario saber si los objetos estarán en la misma posición *al mismo tiempo*. (Vea los ejercicios 10.1.55-57).

57. Las trayectorias de dos partículas están dadas por las funciones vectoriales

$$\mathbf{r}_1(t) = \langle t^2, 7t - 12, t^2 \rangle \qquad \mathbf{r}_2(t) = \langle 4t - 3, t^2, 5t - 6 \rangle$$

para $t \geqslant 0$. ¿Chocarán las partículas?

58. Dos partículas viajan a lo largo de las curvas en el espacio

$$\mathbf{r}_1(t) = \langle t, t^2, t^3 \rangle \qquad \mathbf{r}_2(t) = \langle 1 + 2t, 1 + 6t, 1 + 14t \rangle$$

¿Chocarán las partículas? ¿Se cruzarán sus trayectorias?

59. (a) Grafique la curva con ecuaciones paramétricas

$$x = \tfrac{27}{26} \operatorname{sen} 8t - \tfrac{8}{39} \operatorname{sen} 18t$$
$$y = -\tfrac{27}{26} \cos 8t + \tfrac{8}{39} \cos 18t$$
$$z = \tfrac{144}{65} \operatorname{sen} 5t$$

(b) Demuestre que la curva se encuentra en el hiperboloide de una hoja $144x^2 + 144y^2 - 25z^2 = 100$.

60. Nudo de trébol La vista del nudo de trébol que se muestra en la figura 9 es correcta, pero no revela todo. Utilice las ecuaciones paramétricas

$$x = (2 + \cos 1.5t) \cos t$$

$$y = (2 + \cos 1.5t) \operatorname{sen} t$$

$$z = \operatorname{sen} 1.5t$$

para dibujar a mano la curva vista desde arriba, con espacios que indiquen dónde pasa la curva sobre sí misma. Empiece por mostrar que la proyección de la curva en el plano xy tiene coordenadas polares $r = 2 + \cos 1.5t$ y $\theta = t$, por lo que r varía entre 1 y 3. Luego demuestre que z tiene valores máximos y mínimos cuando la proyección está a mitad de camino entre $r = 1$ y $r = 3$.

Cuando haya terminado su dibujo, use una computadora para trazar la curva vista directamente desde arriba y compárela con su boceto. Luego trace la curva desde otros puntos de vista. Obtendrá una mejor impresión de la curva si traza un tubo con radio de 0.2 alrededor de la curva. (Utilice los comandos `tubeplot` en Maple y `tubecurve` o `Tube`, en Mathematica).

61. Propiedades de los límites Suponga que **u** y **v** son
funciones vectoriales que tienen límites cuando $t \to a$ y sea c
una constante. Demuestre las siguientes propiedades de los
límites.

(a) $\displaystyle\lim_{t\to a} [\mathbf{u}(t) + \mathbf{v}(t)] = \lim_{t\to a}\mathbf{u}(t) + \lim_{t\to a}\mathbf{v}(t)$

(b) $\displaystyle\lim_{t\to a} c\mathbf{u}(t) = c\lim_{t\to a}\mathbf{u}(t)$

(c) $\displaystyle\lim_{t\to a} [\mathbf{u}(t) \cdot \mathbf{v}(t)] = \lim_{t\to a}\mathbf{u}(t) \cdot \lim_{t\to a}\mathbf{v}(t)$

(d) $\displaystyle\lim_{t\to a} [\mathbf{u}(t) \times \mathbf{v}(t)] = \lim_{t\to a}\mathbf{u}(t) \times \lim_{t\to a}\mathbf{v}(t)$

62. Demuestre que $\lim_{t\to a}\mathbf{r}(t) = \mathbf{b}$ si y solo si para toda $\varepsilon > 0$
existe un número $\delta > 0$ tal que

si $0 < |t - a| < \delta$ entonces $|\mathbf{r}(t) - \mathbf{b}| < \varepsilon$

13.2 | Derivadas e integrales de funciones vectoriales

Más adelante en este capítulo se usarán las funciones vectoriales para describir el movimiento de los planetas y otros objetos en el espacio. Esta sección sirve como preparación ya que aborda el cálculo de funciones vectoriales.

■ Derivadas

La derivada $\mathbf{r}'$ de una función vectorial $\mathbf{r}$ se define de manera muy similar a la de las funciones con valores reales:

$$\boxed{1} \qquad \frac{d\mathbf{r}}{dt} = \mathbf{r}'(t) = \lim_{h\to 0} \frac{\mathbf{r}(t+h) - \mathbf{r}(t)}{h}$$

si este límite existe. La importancia geométrica de esta definición se ilustra en la figura 1.
Si los puntos P y Q tienen vectores de posición $\mathbf{r}(t)$ y $\mathbf{r}(t+h)$, entonces $\overrightarrow{PQ}$ representa
el vector $\mathbf{r}(t+h) - \mathbf{r}(t)$ que, por lo tanto, puede considerarse un vector secante. Si
$h > 0$, el múltiplo escalar $(1/h)(\mathbf{r}(t+h) - \mathbf{r}(t))$ tiene la misma dirección que $\mathbf{r}(t+h) - \mathbf{r}(t)$.
Como $h \to 0$, parece que este vector se aproxima a un vector que se encuentra en la
recta tangente. Por esta razón, el vector $\mathbf{r}'(t)$ se llama **vector tangente** a la curva defi-
nida por $\mathbf{r}$ en el punto P, siempre que exista $\mathbf{r}'(t)$ y $\mathbf{r}'(t) \neq \mathbf{0}$. La **recta tangente** a C en
P se define como la recta que atraviesa P paralela al vector tangente $\mathbf{r}'(t)$.

Observe que cuando $0 < h < 1$,
multiplicar el vector secante por $1/h$
extiende el vector, como se muestra en
la figura 1(b).

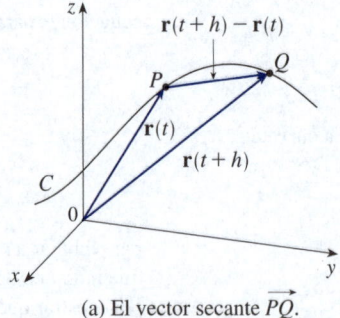

(a) El vector secante $\overrightarrow{PQ}$.

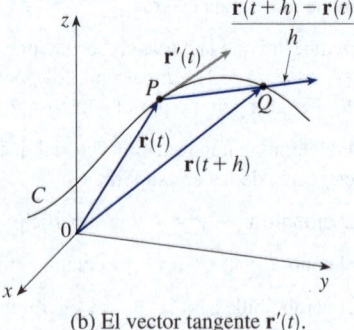

(b) El vector tangente $\mathbf{r}'(t)$.

FIGURA 1

El siguiente teorema proporciona un método práctico para calcular la derivada de
una función vectorial $\mathbf{r}$: solo hay que derivar cada componente de $\mathbf{r}$.

$\boxed{2}$ **Teorema** Si $\mathbf{r}(t) = \langle f(t), g(t), h(t) \rangle = f(t)\,\mathbf{i} + g(t)\,\mathbf{j} + h(t)\,\mathbf{k}$, donde f, g y h
son funciones derivables, entonces

$$\mathbf{r}'(t) = \langle f'(t), g'(t), h'(t) \rangle = f'(t)\,\mathbf{i} + g'(t)\,\mathbf{j} + h'(t)\,\mathbf{k}$$

DEMOSTRACIÓN

$$\mathbf{r}'(t) = \lim_{\Delta t \to 0} \frac{1}{\Delta t} \left[\mathbf{r}(t + \Delta t) - \mathbf{r}(t) \right]$$

$$= \lim_{\Delta t \to 0} \frac{1}{\Delta t} \left[\langle f(t + \Delta t), g(t + \Delta t), h(t + \Delta t) \rangle - \langle f(t), g(t), h(t) \rangle \right]$$

$$= \lim_{\Delta t \to 0} \left\langle \frac{f(t + \Delta t) - f(t)}{\Delta t}, \frac{g(t + \Delta t) - g(t)}{\Delta t}, \frac{h(t + \Delta t) - h(t)}{\Delta t} \right\rangle$$

$$= \left\langle \lim_{\Delta t \to 0} \frac{f(t + \Delta t) - f(t)}{\Delta t}, \lim_{\Delta t \to 0} \frac{g(t + \Delta t) - g(t)}{\Delta t}, \lim_{\Delta t \to 0} \frac{h(t + \Delta t) - h(t)}{\Delta t} \right\rangle$$

$$= \langle f'(t), g'(t), h'(t) \rangle \qquad ■$$

Un vector unitario que tiene la misma dirección que el vector tangente se conoce como **vector tangente unitario T** y se define por

$$\mathbf{T}(t) = \frac{\mathbf{r}'(t)}{|\mathbf{r}'(t)|}$$

EJEMPLO 1

(a) Determine la derivada de $\mathbf{r}(t) = (1 + t^3)\,\mathbf{i} + te^{-t}\mathbf{j} + \operatorname{sen} 2t\,\mathbf{k}$.
(b) Encuentre el vector tangente unitario en el punto donde $t = 0$.

SOLUCIÓN

(a) Según el teorema 2, se deriva cada componente de $\mathbf{r}$:

$$\mathbf{r}'(t) = 3t^2\,\mathbf{i} + (1 - t)e^{-t}\mathbf{j} + 2 \cos 2t\,\mathbf{k}$$

(b) Ya que $\mathbf{r}(0) = \mathbf{i}$ y $\mathbf{r}'(0) = \mathbf{j} + 2\,\mathbf{k}$, el vector tangente unitario en el punto $(1, 0, 0)$ es

$$\mathbf{T}(0) = \frac{\mathbf{r}'(0)}{|\mathbf{r}'(0)|} = \frac{\mathbf{j} + 2\mathbf{k}}{\sqrt{1 + 4}} = \frac{1}{\sqrt{5}}\mathbf{j} + \frac{2}{\sqrt{5}}\mathbf{k} \qquad ■$$

EJEMPLO 2 Para la curva $\mathbf{r}(t) = \sqrt{t}\,\mathbf{i} + (2 - t)\,\mathbf{j}$, determine $\mathbf{r}'(t)$ y dibuje el vector de posición $\mathbf{r}(1)$ y el vector tangente $\mathbf{r}'(1)$.

SOLUCIÓN Se tiene

$$\mathbf{r}'(t) = \frac{1}{2\sqrt{t}}\mathbf{i} - \mathbf{j} \qquad \text{y} \qquad \mathbf{r}'(1) = \frac{1}{2}\mathbf{i} - \mathbf{j}$$

La curva es plana y la eliminación del parámetro de las ecuaciones $x = \sqrt{t}$, $y = 2 - t$ da $y = 2 - x^2$, $x \geqslant 0$. En la figura 2 se dibuja el vector de posición $\mathbf{r}(1) = \mathbf{i} + \mathbf{j}$ a partir del origen y el vector tangente $\mathbf{r}'(1)$ a partir del punto correspondiente $(1, 1)$. ■

EJEMPLO 3 Determine ecuaciones paramétricas para la recta tangente a la hélice con ecuaciones paramétricas

$$x = 2 \cos t \qquad y = \operatorname{sen} t \qquad z = t$$

en el punto $(0, 1, \pi/2)$.

SOLUCIÓN La ecuación vectorial de la hélice es $\mathbf{r}(t) - \langle 2 \cos t, \operatorname{sen} t, t \rangle$, por lo que

$$\mathbf{r}'(t) = \langle -2 \operatorname{sen} t, \cos t, 1 \rangle$$

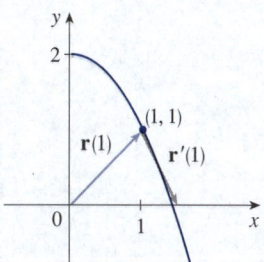

FIGURA 2

Observe en la figura 2 que el vector tangente apunta en la dirección de t creciente (vea el ejercicio 60).

El valor del parámetro correspondiente al punto $(0, 1, \pi/2)$ es $t = \pi/2$, por lo que el vector tangente es $\mathbf{r}'(\pi/2) = \langle -2, 0, 1 \rangle$. La recta tangente es la que pasa por $(0, 1, \pi/2)$ paralela al vector $\langle -2, 0, 1 \rangle$, así que por las ecuaciones 12.5.2, sus ecuaciones paramétricas, son

$$x = -2t \qquad y = 1 \qquad z = \frac{\pi}{2} + t$$ ∎

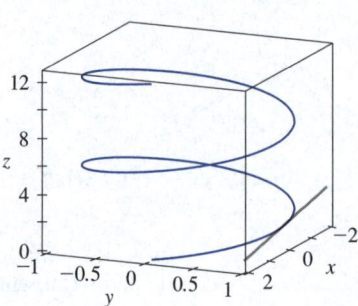

La hélice y la recta tangente del ejemplo 3 se muestran en la figura 3.

FIGURA 3

En la sección 13.4 se explica cómo $\mathbf{r}'(t)$ y $\mathbf{r}''(t)$ pueden interpretarse como los vectores de velocidad y aceleración de una partícula en movimiento en el espacio con vector de posición $\mathbf{r}(t)$ en el tiempo t.

Al igual que con las funciones de variable real, la **segunda derivada** de una función vectorial $\mathbf{r}$ es la derivada de $\mathbf{r}'$, es decir, $\mathbf{r}'' = (\mathbf{r}')'$. Por ejemplo, la segunda derivada de la función del ejemplo 3 es

$$\mathbf{r}''(t) = \langle -2 \cos t, -\operatorname{sen} t, 0 \rangle$$

■ Reglas de derivación

El siguiente teorema muestra que las fórmulas de derivación para las funciones de variable real tienen sus contrapartes para las funciones con valor vectorial.

---

3 Teorema Suponga que $\mathbf{u}$ y $\mathbf{v}$ son funciones vectoriales derivables, c es un escalar y f es una función de variable real. Entonces

1. $\dfrac{d}{dt}[\mathbf{u}(t) + \mathbf{v}(t)] = \mathbf{u}'(t) + \mathbf{v}'(t)$

2. $\dfrac{d}{dt}[c\mathbf{u}(t)] = c\mathbf{u}'(t)$

3. $\dfrac{d}{dt}[f(t)\,\mathbf{u}(t)] = f'(t)\,\mathbf{u}(t) + f(t)\,\mathbf{u}'(t)$

4. $\dfrac{d}{dt}[\mathbf{u}(t) \cdot \mathbf{v}(t)] = \mathbf{u}'(t) \cdot \mathbf{v}(t) + \mathbf{u}(t) \cdot \mathbf{v}'(t)$

5. $\dfrac{d}{dt}[\mathbf{u}(t) \times \mathbf{v}(t)] = \mathbf{u}'(t) \times \mathbf{v}(t) + \mathbf{u}(t) \times \mathbf{v}'(t)$

6. $\dfrac{d}{dt}[\mathbf{u}(f(t))] = f'(t)\mathbf{u}'(f(t))$ (Regla de la cadena)

Este teorema puede demostrarse directamente con la definición 1 o usando el teorema 2 y las fórmulas de derivación correspondientes para las funciones de variable real. A continuación se presenta la demostración de la fórmula 4; las del resto de las fórmulas se presentan como ejercicios.

DEMOSTRACIÓN DE LA FÓRMULA 4 Sea

$$\mathbf{u}(t) = \langle f_1(t), f_2(t), f_3(t) \rangle \qquad \mathbf{v}(t) = \langle g_1(t), g_2(t), g_3(t) \rangle$$

Entonces
$$\mathbf{u}(t) \cdot \mathbf{v}(t) = f_1(t)\,g_1(t) + f_2(t)\,g_2(t) + f_3(t)\,g_3(t) = \sum_{i=1}^{3} f_i(t)\,g_i(t)$$

por lo que la regla del producto común da

$$\frac{d}{dt}\big[\mathbf{u}(t) \cdot \mathbf{v}(t)\big] = \frac{d}{dt}\sum_{i=1}^{3} f_i(t)\,g_i(t) = \sum_{i=1}^{3}\frac{d}{dt}\big[f_i(t)\,g_i(t)\big]$$

$$= \sum_{i=1}^{3}\big[f_i'(t)\,g_i(t) + f_i(t)\,g_i'(t)\big]$$

$$= \sum_{i=1}^{3} f_i'(t)\,g_i(t) + \sum_{i=1}^{3} f_i(t)\,g_i'(t)$$

$$= \mathbf{u}'(t) \cdot \mathbf{v}(t) + \mathbf{u}(t) \cdot \mathbf{v}'(t) \qquad \blacksquare$$

La fórmula 4 se utiliza para demostrar el siguiente teorema.

---

4   Teorema Si $|\mathbf{r}(t)| = c$ (una constante), entonces $\mathbf{r}'(t)$ es ortogonal a $\mathbf{r}(t)$ para todos los valores de t.

DEMOSTRACIÓN Puesto que

$$\mathbf{r}(t) \cdot \mathbf{r}(t) = |\mathbf{r}(t)|^2 = c^2$$

y c^2 es una constante, la fórmula 4 del teorema 3 da

$$0 = \frac{d}{dt}\big[\mathbf{r}(t) \cdot \mathbf{r}(t)\big] = \mathbf{r}'(t) \cdot \mathbf{r}(t) + \mathbf{r}(t) \cdot \mathbf{r}'(t) = 2\mathbf{r}'(t) \cdot \mathbf{r}(t)$$

Por lo tanto, $\mathbf{r}'(t) \cdot \mathbf{r}(t) = 0$, lo que indica que $\mathbf{r}'(t)$ es ortogonal a $\mathbf{r}(t)$. $\blacksquare$

En términos geométricos, el teorema 4 indica que si una curva está situada en una esfera con centro en el origen, entonces el vector tangente $\mathbf{r}'(t)$ siempre es perpendicular al vector de posición $\mathbf{r}(t)$ (vea la figura 4).

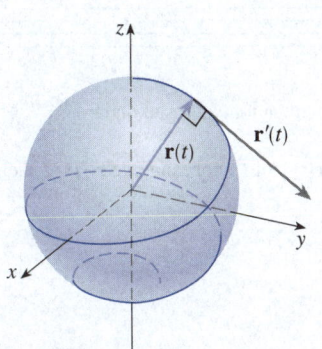

FIGURA 4

■ Integrales

La **integral definida** de una función vectorial continua $\mathbf{r}(t)$ puede definirse prácticamente de la misma forma que la de las funciones de variable real, excepto que la integral es un vector. Pero entonces se puede expresar la integral de $\mathbf{r}$ en términos de las integrales de sus funciones componentes f, g y h de la siguiente manera (se utiliza la notación del capítulo 5).

$$\int_a^b \mathbf{r}(t)\,dt = \lim_{n\to\infty}\sum_{i=1}^{n}\mathbf{r}(t_i^*)\,\Delta t$$

$$= \lim_{n\to\infty}\left[\left(\sum_{i=1}^{n} f(t_i^*)\,\Delta t\right)\mathbf{i} + \left(\sum_{i=1}^{n} g(t_i^*)\,\Delta t\right)\mathbf{j} + \left(\sum_{i=1}^{n} h(t_i^*)\,\Delta t\right)\mathbf{k}\right]$$

y, por consiguiente,

$$\int_a^b \mathbf{r}(t)\,dt = \left(\int_a^b f(t)\,dt\right)\mathbf{i} + \left(\int_a^b g(t)\,dt\right)\mathbf{j} + \left(\int_a^b h(t)\,dt\right)\mathbf{k}$$

Esto significa que la integral de una función vectorial se puede evaluar mediante la integración de cada función componente.

El teorema fundamental del cálculo se puede ampliar a las funciones vectoriales continuas como sigue:

$$\int_a^b \mathbf{r}(t)\, dt = \mathbf{R}(t)\Big]_a^b = \mathbf{R}(b) - \mathbf{R}(a)$$

donde $\mathbf{R}$ es una antiderivada de $\mathbf{r}$, es decir, $\mathbf{R}'(t) = \mathbf{r}(t)$. Se usa la notación $\int \mathbf{r}(t)\, dt$ para las integrales indefinidas (antiderivadas).

EJEMPLO 4 Si $\mathbf{r}(t) = 2\cos t\, \mathbf{i} + \operatorname{sen} t\, \mathbf{j} + 2t\, \mathbf{k}$, entonces

$$\int \mathbf{r}(t)\, dt = \left(\int 2\cos t\, dt\right)\mathbf{i} + \left(\int \operatorname{sen} t\, dt\right)\mathbf{j} + \left(\int 2t\, dt\right)\mathbf{k}$$

$$= 2\operatorname{sen} t\, \mathbf{i} - \cos t\, \mathbf{j} + t^2\, \mathbf{k} + \mathbf{C}$$

donde $\mathbf{C}$ es una constante vectorial de integración, y

$$\int_0^{\pi/2} \mathbf{r}(t)\, dt = \Big[2\operatorname{sen} t\, \mathbf{i} - \cos t\, \mathbf{j} + t^2\, \mathbf{k}\Big]_0^{\pi/2} = 2\mathbf{i} + \mathbf{j} + \frac{\pi^2}{4}\mathbf{k} \qquad ■$$

13.2 | Ejercicios

1. En la figura se muestra una curva C dada por una función vectorial $\mathbf{r}(t)$.
 (a) Trace los vectores $\mathbf{r}(4.5) - \mathbf{r}(4)$ y $\mathbf{r}(4.2) - \mathbf{r}(4)$.
 (b) Dibuje los vectores.

$$\frac{\mathbf{r}(4.5) - \mathbf{r}(4)}{0.5} \qquad \text{y} \qquad \frac{\mathbf{r}(4.2) - \mathbf{r}(4)}{0.2}$$

 (c) Escriba expresiones para $\mathbf{r}'(4)$ y el vector tangente unitario $\mathbf{T}(4)$.
 (d) Dibuje el vector $\mathbf{T}(4)$.

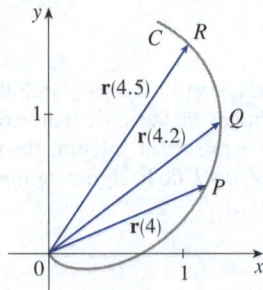

2. (a) Haga un diagrama grande de la curva descrita por la función vectorial $\mathbf{r}(t) = \langle t^2, t\rangle$, $0 \le t \le 2$, y dibuje los vectores $\mathbf{r}(1)$, $\mathbf{r}(1.1)$ y $\mathbf{r}(1.1) - \mathbf{r}(1)$.

 (b) Dibuje el vector $\mathbf{r}'(1)$ empezando en $(1, 1)$ y compárelo con el vector

$$\frac{\mathbf{r}(1.1) - \mathbf{r}(1)}{0.1}$$

 Explique por qué estos vectores están tan próximos uno del otro en longitud y dirección.

3-8
 (a) Dibuje la curva plana con la ecuación vectorial dada.
 (b) Determine $\mathbf{r}'(t)$.
 (c) Trace el vector de posición $\mathbf{r}(t)$ y el vector tangente $\mathbf{r}'(t)$ para el valor dado de t.

3. $\mathbf{r}(t) = \langle t - 2, t^2 + 1\rangle$, $t = -1$

4. $\mathbf{r}(t) = \langle t^2, t^3\rangle$, $t = 1$

5. $\mathbf{r}(t) = e^{2t}\mathbf{i} + e^t\mathbf{j}$, $t = 0$

6. $\mathbf{r}(t) = e^t\mathbf{i} + 2t\mathbf{j}$, $t = 0$

7. $\mathbf{r}(t) = 4\operatorname{sen} t\, \mathbf{i} - 2\cos t\, \mathbf{j}$, $t = 3\pi/4$

8. $\mathbf{r}(t) = (\cos t + 1)\mathbf{i} + (\operatorname{sen} t - 1)\mathbf{j}$, $t = -\pi/3$

9-16 Determine la derivada de la función vectorial.

9. $\mathbf{r}(t) = \left\langle \sqrt{t - 2}, 3, 1/t^2\right\rangle$

10. $\mathbf{r}(t) = \langle e^{-t}, t - t^3, \ln t\rangle$

11. $\mathbf{r}(t) = t^2\mathbf{i} + \cos(t^2)\mathbf{j} + \operatorname{sen}^2 t\, \mathbf{k}$

12. $\mathbf{r}(t) = \dfrac{1}{1+t}\mathbf{i} + \dfrac{t}{1+t}\mathbf{j} + \dfrac{t^2}{1+t}\mathbf{k}$

13. $\mathbf{r}(t) = t\operatorname{sen} t\, \mathbf{i} + e^t\cos t\, \mathbf{j} + \operatorname{sen} t\cos t\, \mathbf{k}$

14. $\mathbf{r}(t) = \operatorname{sen}^2 at\, \mathbf{i} + te^{bt}\mathbf{j} + \cos^2 ct\, \mathbf{k}$

15. $\mathbf{r}(t) = \mathbf{a} + t\,\mathbf{b} + t^2\mathbf{c}$

16. $\mathbf{r}(t) = t\,\mathbf{a} \times (\mathbf{b} + t\,\mathbf{c})$

17-20 Encuentre el vector tangente unitario $\mathbf{T}(t)$ en el punto con el valor dado del parámetro t.

17. $\mathbf{r}(t) = \left\langle t^2 - 2t, 1 + 3t, \frac{1}{3}t^3 + \frac{1}{2}t^2 \right\rangle$, $t = 2$

18. $\mathbf{r}(t) = \langle \tan^{-1} t, 2e^{2t}, 8te^t \rangle$, $t = 0$

19. $\mathbf{r}(t) = \cos t\,\mathbf{i} + 3t\,\mathbf{j} + 2\,\mathrm{sen}\,2t\,\mathbf{k}$, $t = 0$

20. $\mathbf{r}(t) = \mathrm{sen}^2 t\,\mathbf{i} + \cos^2 t\,\mathbf{j} + \tan^2 t\,\mathbf{k}$, $t = \pi/4$

21-22 Determine el vector tangente unitario $\mathbf{T}(t)$ en el punto dado en la curva.

21. $\mathbf{r}(t) = \langle t^3 + 1, 3t - 5, 4/t \rangle$, $(2, -2, 4)$

22. $\mathbf{r}(t) = \mathrm{sen}\, t\,\mathbf{i} + 5t\,\mathbf{j} + \cos t\,\mathbf{k}$, $(0, 0, 1)$

23. Si $\mathbf{r}(t) = \langle t^4, t, t^2 \rangle$, encuentre $\mathbf{r}'(t)$, $\mathbf{T}(1)$, $\mathbf{r}''(t)$ y $\mathbf{r}'(t) \times \mathbf{r}''(t)$.

24. Si $\mathbf{r}(t) = \langle e^{2t}, e^{-3t}, t \rangle$, determine $\mathbf{r}'(0)$, $\mathbf{T}(0)$, $\mathbf{r}''(0)$ y $\mathbf{r}'(0) \times \mathbf{r}''(0)$.

25-28 Obtenga ecuaciones paramétricas para la recta tangente a la curva con las ecuaciones paramétricas dadas en el punto especificado.

25. $x = t^2 + 1$, $y = 4\sqrt{t}$, $z = e^{t^2 - t}$; $(2, 4, 1)$

26. $x = \ln(t + 1)$, $y = t \cos 2t$, $z = 2^t$; $(0, 0, 1)$

27. $x = e^{-t} \cos t$, $y = e^{-t} \,\mathrm{sen}\, t$, $z = e^{-t}$; $(1, 0, 1)$

28. $x = \sqrt{t^2 + 3}$, $y = \ln(t^2 + 3)$, $z = t$; $(2, \ln 4, 1)$

29. Obtenga una ecuación vectorial para la recta tangente a la curva de intersección de los cilindros $x^2 + y^2 = 25$ y $y^2 + z^2 = 20$ en el punto $(3, 4, 2)$.

30. Determine el punto en la curva $\mathbf{r}(t) = \langle 2 \cos t, 2\,\mathrm{sen}\, t, e^t \rangle$, $0 \le t \le \pi$, donde la recta tangente es paralela al plano $\sqrt{3}\, x + y = 1$.

31-33 Encuentre ecuaciones paramétricas para la recta tangente a la curva con las ecuaciones paramétricas dadas en el punto especificado. Ilustre con una gráfica de la curva y de la recta tangente en una misma pantalla.

31. $x = t$, $y = e^{-t}$, $z = 2t - t^2$; $(0, 1, 0)$

32. $x = 2 \cos t$, $y = 2\,\mathrm{sen}\, t$, $z = 4 \cos 2t$; $(\sqrt{3}, 1, 2)$

33. $x = t \cos t$, $y = t$, $z = t\,\mathrm{sen}\, t$; $(-\pi, \pi, 0)$

34. (a) Determine el punto de intersección de las rectas tangentes a la curva $\mathbf{r}(t) = \langle \mathrm{sen}\, \pi t, 2\,\mathrm{sen}\, \pi t, \cos \pi t \rangle$ en los puntos donde $t = 0$ y $t = 0.5$.

   (b) Ilustre graficando la curva y las dos rectas tangentes.

35. Las curvas $\mathbf{r}_1(t) = \langle t, t^2, t^3 \rangle$ y $\mathbf{r}_2(t) = \langle \mathrm{sen}\, t, \mathrm{sen}\, 2t, t \rangle$ se intersecan en el origen. Calcule su ángulo de intersección corregido al grado más cercano.

36. ¿En qué punto se intersecan las curvas $\mathbf{r}_1(t) = \langle t, 1 - t, 3 + t^2 \rangle$ y $\mathbf{r}_2(s) = \langle 3 - s, s - 2, s^2 \rangle$? Calcule su ángulo de intersección corregido al grado más cercano.

37-42 Evalúe la integral.

37. $\displaystyle\int_0^2 (t\,\mathbf{i} - t^3\,\mathbf{j} + 3t^5\,\mathbf{k})\, dt$

38. $\displaystyle\int_1^4 \left(2t^{3/2}\,\mathbf{i} + (t + 1)\sqrt{t}\,\mathbf{k} \right) dt$

39. $\displaystyle\int_0^1 \left(\frac{1}{t + 1}\,\mathbf{i} + \frac{1}{t^2 + 1}\,\mathbf{j} + \frac{t}{t^2 + 1}\,\mathbf{k} \right) dt$

40. $\displaystyle\int_0^{\pi/4} \left(\sec t \tan t\,\mathbf{i} + t \cos 2t\,\mathbf{j} + \mathrm{sen}^2 2t \cos 2t\,\mathbf{k} \right) dt$

41. $\displaystyle\int \left(\frac{1}{1 + t^2}\,\mathbf{i} + te^{t^2}\,\mathbf{j} + \sqrt{t}\,\mathbf{k} \right) dt$

42. $\displaystyle\int \left(t \cos t^2\,\mathbf{i} + \frac{1}{t}\,\mathbf{j} + \sec^2 t\,\mathbf{k} \right) dt$

43. Determine $\mathbf{r}(t)$ si $\mathbf{r}'(t) = 2t\,\mathbf{i} + 3t^2\,\mathbf{j} + \sqrt{t}\,\mathbf{k}$ y $\mathbf{r}(1) = \mathbf{i} + \mathbf{j}$.

44. Encuentre $\mathbf{r}(t)$ si $\mathbf{r}'(t) = t\,\mathbf{i} + e^t\,\mathbf{j} + te^t\,\mathbf{k}$ y $\mathbf{r}(0) = \mathbf{i} + \mathbf{j} + \mathbf{k}$.

45. Demuestre la fórmula 1 del teorema 3.

46. Demuestre la fórmula 3 del teorema 3.

47. Demuestre la fórmula 5 del teorema 3.

48. Demuestre la fórmula 6 del teorema 3.

49. Si $\mathbf{u}(t) = \langle \mathrm{sen}\, t, \cos t, t \rangle$ y $\mathbf{v}(t) = \langle t, \cos t, \mathrm{sen}\, t \rangle$, use la fórmula 4 del teorema 3 para encontrar

$$\frac{d}{dt}\left[\mathbf{u}(t) \cdot \mathbf{v}(t)\right]$$

50. Si $\mathbf{u}$ y $\mathbf{v}$ son las funciones vectoriales del ejercicio 49, use la fórmula 5 del teorema 3 para encontrar

$$\frac{d}{dt}\left[\mathbf{u}(t) \times \mathbf{v}(t)\right]$$

51. Determine $f'(2)$, donde $f(t) = \mathbf{u}(t) \cdot \mathbf{v}(t)$, $\mathbf{u}(2) = \langle 1, 2, -1 \rangle$, $\mathbf{u}'(2) = \langle 3, 0, 4 \rangle$ y $\mathbf{v}(t) = \langle t, t^2, t^3 \rangle$.

52. Si $\mathbf{r}(t) = \mathbf{u}(t) \times \mathbf{v}(t)$, donde $\mathbf{u}$ y $\mathbf{v}$ son las funciones vectoriales del ejercicio 51, encuentre $\mathbf{r}'(2)$.

53. Si $\mathbf{r}(t) = \mathbf{a} \cos \omega t + \mathbf{b}\,\mathrm{sen}\, \omega t$, donde $\mathbf{a}$ y $\mathbf{b}$ son vectores constantes, demuestre que $\mathbf{r}(t) \times \mathbf{r}'(t) = \omega\,\mathbf{a} \times \mathbf{b}$.

54. Si $\mathbf{r}$ es la función vectorial del ejercicio 53, demuestre que $\mathbf{r}''(t) + \omega^2 \mathbf{r}(t) = \mathbf{0}$.

55. Demuestre que si $\mathbf{r}$ es una función vectorial tal que $\mathbf{r}''$ existe, entonces

$$\frac{d}{dt}\left[\mathbf{r}(t) \times \mathbf{r}'(t)\right] = \mathbf{r}(t) \times \mathbf{r}''(t)$$

56. Determine una expresión para $\dfrac{d}{dt}[\mathbf{u}(t) \cdot (\mathbf{v}(t) \times \mathbf{w}(t))]$.

57. Si $\mathbf{r}(t) \neq \mathbf{0}$, demuestre que $\dfrac{d}{dt}|\mathbf{r}(t)| = \dfrac{1}{|\mathbf{r}(t)|}\mathbf{r}(t) \cdot \mathbf{r}'(t)$.

[*Sugerencia*: $|\mathbf{r}(t)|^2 = \mathbf{r}(t) \cdot \mathbf{r}(t)$]

58. Demuestre el converso del teorema 4: si una curva tiene la propiedad de que el vector de posición $\mathbf{r}(t)$ siempre sea ortogonal al vector tangente $\mathbf{r}'(t)$, entonces $|\mathbf{r}(t)|$ es constante y,

por consiguiente, la curva se encuentra en una esfera con centro en el origen.

59. Si $\mathbf{u}(t) = \mathbf{r}(t) \cdot [\mathbf{r}'(t) \times \mathbf{r}''(t)]$, demuestre que

$$\mathbf{u}'(t) = \mathbf{r}(t) \cdot [\mathbf{r}'(t) \times \mathbf{r}'''(t)]$$

60. Demuestre que el vector tangente a una curva definida por una función vectorial $\mathbf{r}(t)$ apunta en la dirección de t creciente.
[*Sugerencia*: Consulte la figura 1 y considere los casos $h > 0$ y $h < 0$ por separado].

13.3 | Longitud de arco y curvatura

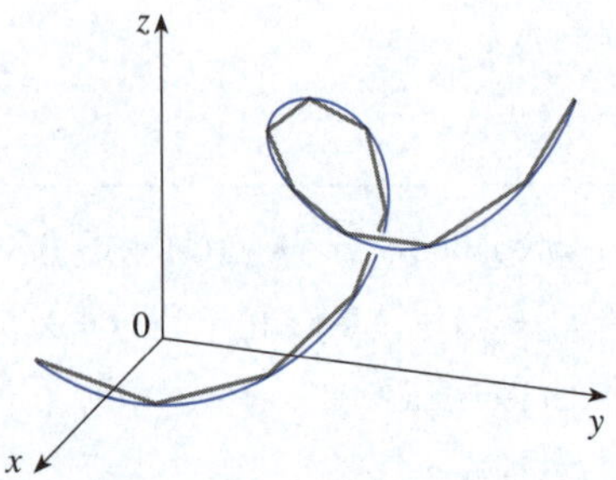

■ Longitud de arco

En la sección 10.2 se define la longitud de una curva plana con ecuaciones paramétricas $x = f(t)$, $y = g(t)$, $a \leq t \leq b$, como el límite de las longitudes de trayectorias poligonales que se aproximan y, en el caso donde f' y g' son continuas, se llega a la fórmula

$$\boxed{1} \qquad L = \int_a^b \sqrt{[f'(t)]^2 + [g'(t)]^2}\, dt = \int_a^b \sqrt{\left(\frac{dx}{dt}\right)^2 + \left(\frac{dy}{dt}\right)^2}\, dt$$

FIGURA 1
La longitud de una curva en el espacio es el límite de las longitudes de trayectorias poligonales que se aproximan.

La longitud de una curva en el espacio se define exactamente de la misma manera (vea la figura 1). Suponga que la curva tiene la ecuación vectorial $\mathbf{r}(t) = \langle f(t), g(t), h(t)\rangle$, $a \leq t \leq b$, o, de forma equivalente, las ecuaciones paramétricas $x = f(t)$, $y = g(t)$, $z = h(t)$, donde f', g' y h' son continuas. Si la curva se recorre exactamente una vez cuando t aumenta de a a b, entonces se puede demostrar que su longitud es

$$\boxed{2} \qquad L = \int_a^b \sqrt{[f'(t)]^2 + [g'(t)]^2 + [h'(t)]^2}\, dt$$

$$= \int_a^b \sqrt{\left(\frac{dx}{dt}\right)^2 + \left(\frac{dy}{dt}\right)^2 + \left(\frac{dz}{dt}\right)^2}\, dt$$

Observe que las dos fórmulas de longitud de arco (1) y (2) pueden plantearse de manera más compacta:

En la sección 13.4 se verá que si $\mathbf{r}(t)$ es el vector de posición de un objeto en movimiento en el tiempo t, entonces $\mathbf{r}'(t)$ es el vector de velocidad y $|\mathbf{r}'(t)|$ es la rapidez. Por lo tanto, la ecuación 3 indica que para calcular la distancia recorrida, se integra la rapidez.

$$\boxed{3} \qquad L = \int_a^b |\mathbf{r}'(t)|\, dt$$

porque para curvas planas $\mathbf{r}(t) = f(t)\,\mathbf{i} + g(t)\,\mathbf{j}$,

$$|\mathbf{r}'(t)| = |f'(t)\,\mathbf{i} + g'(t)\,\mathbf{j}| = \sqrt{[f'(t)]^2 + [g'(t)]^2}$$

y para curvas en el espacio $\mathbf{r}(t) = f(t)\,\mathbf{i} + g(t)\,\mathbf{j} + h(t)\,\mathbf{k}$,

$$|\mathbf{r}'(t)| = |f'(t)\,\mathbf{i} + g'(t)\,\mathbf{j} + h'(t)\,\mathbf{k}| = \sqrt{[f'(t)]^2 + [g'(t)]^2 + [h'(t)]^2}$$

En la figura 2 se muestra el arco de la hélice cuya longitud se calcula en el ejemplo 1.

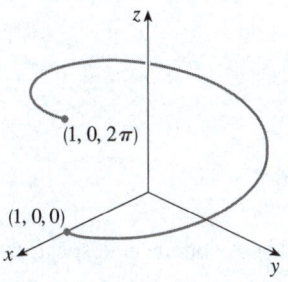

FIGURA 2

EJEMPLO 1 Determine la longitud de arco de la hélice circular con ecuación vectorial $\mathbf{r}(t) = \cos t\,\mathbf{i} + \operatorname{sen} t\,\mathbf{j} + t\,\mathbf{k}$ del punto $(1, 0, 0)$ al punto $(1, 0, 2\pi)$.

SOLUCIÓN Ya que $\mathbf{r}'(t) = -\operatorname{sen} t\,\mathbf{i} + \cos t\,\mathbf{j} + \mathbf{k}$, se tiene

$$|\mathbf{r}'(t)| = \sqrt{(-\operatorname{sen} t)^2 + \cos^2 t + 1} = \sqrt{2}$$

El arco de $(1, 0, 0)$ a $(1, 0, 2\pi)$ queda descrito por el intervalo paramétrico $0 \le t \le 2\pi$ y, en consecuencia, por la fórmula 3, se tiene

$$L = \int_0^{2\pi} |\mathbf{r}'(t)|\,dt = \int_0^{2\pi} \sqrt{2}\,dt = 2\sqrt{2}\,\pi \qquad \blacksquare$$

Una sola curva C puede representarse con más de una función vectorial. Por ejemplo, la cúbica torcida

$$\boxed{4} \qquad \mathbf{r}_1(t) = \langle t, t^2, t^3 \rangle \qquad 1 \le t \le 2$$

también puede representarse con la función

$$\boxed{5} \qquad \mathbf{r}_2(u) = \langle e^u, e^{2u}, e^{3u} \rangle \qquad 0 \le u \le \ln 2$$

donde la conexión entre los parámetros t y u está dada por $t = e^u$. Se dice que las ecuaciones 4 y 5 son **parametrizaciones** de la curva C. Si se usa la ecuación 3 para calcular la longitud de C usando las ecuaciones 4 y 5, se obtiene la misma respuesta. Esto se debe a que la longitud de arco es una propiedad geométrica de la curva y, por lo tanto, es independiente de la parametrización que se utilice.

■ Función de longitud de arco

Ahora suponga que C es una curva dada por una función vectorial

$$\mathbf{r}(t) = f(t)\,\mathbf{i} + g(t)\,\mathbf{j} + h(t)\,\mathbf{k} \qquad a \le t \le b$$

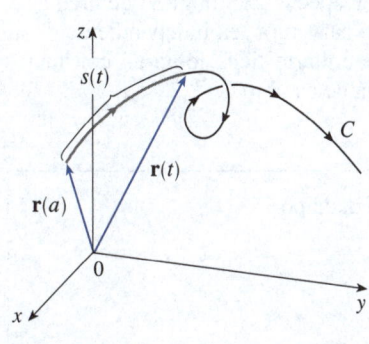

FIGURA 3

donde $\mathbf{r}'$ es continua y recorre C exactamente una vez conforme t aumenta de a a b. Su **función de longitud de arco** s se define por

$$\boxed{6} \qquad s(t) = \int_a^t |\mathbf{r}'(u)|\,du = \int_a^t \sqrt{\left(\frac{dx}{du}\right)^2 + \left(\frac{dy}{du}\right)^2 + \left(\frac{dz}{du}\right)^2}\,du$$

(Compare con la ecuación 10.2.7). Así pues, $s(t)$ es la longitud de la parte de C entre $\mathbf{r}(a)$ y $\mathbf{r}(t)$ (vea la figura 3). Si se derivan ambos lados de la ecuación 6 usando la parte 1 del teorema fundamental del cálculo, se obtiene

$$\boxed{7} \qquad \frac{ds}{dt} = |\mathbf{r}'(t)|$$

A menudo es útil **parametrizar una curva respecto a la longitud de arco** porque la longitud de arco surge naturalmente de la forma de la curva y no depende de un sistema de coordenadas ni de una parametrización en específico. Si una curva $\mathbf{r}(t)$ ya está dada en términos de un parámetro t y $s(t)$ es la función de longitud de arco dada por la ecuación 6, entonces se puede despejar t como función de s: $t = t(s)$. Entonces la curva puede volver a parametrizarse en términos de s sustituyendo por t: $\mathbf{r} = \mathbf{r}(t(s))$. Así, si $s = 3$, por ejemplo, $\mathbf{r}(t(3))$ es el vector de posición del punto 3 unidades de longitud a lo largo de la curva desde su punto de partida.

EJEMPLO 2 Reparametrice la hélice $\mathbf{r}(t) = \cos t\,\mathbf{i} + \operatorname{sen} t\,\mathbf{j} + t\,\mathbf{k}$ respecto a la longitud de arco medida desde $(1, 0, 0)$ en la dirección en que t es creciente.

SOLUCIÓN El punto de inicio $(1, 0, 0)$ corresponde al valor paramétrico $t = 0$. En el ejemplo 1 se tiene

$$\frac{ds}{dt} = |\,\mathbf{r}'(t)\,| = \sqrt{2}$$

y, por lo tanto, $\qquad s = s(t) = \displaystyle\int_0^t |\,\mathbf{r}'(u)\,|\,du = \int_0^t \sqrt{2}\,du = \sqrt{2}\,t$

En consecuencia, $t = s/\sqrt{2}$ y la reparametrización requerida se obtiene al despejar t:

$$\mathbf{r}(t(s)) = \cos(s/\sqrt{2})\,\mathbf{i} + \operatorname{sen}(s/\sqrt{2})\,\mathbf{j} + (s/\sqrt{2})\,\mathbf{k} \qquad \blacksquare$$

■ Curvatura

Una parametrización de $\mathbf{r}(t)$ se llama **suave** en un intervalo I si $\mathbf{r}'$ es continua y $\mathbf{r}'(t) \neq \mathbf{0}$ en I. Se dice que una curva es **suave** si tiene una parametrización suave. Una curva suave no tiene una esquina afilada ni una cúspide; cuando el vector tangente gira, lo hace de forma continua.

Si C es una curva suave definida por la función vectorial $\mathbf{r}$, entonces el vector tangente unitario $\mathbf{T}(t)$ está dado por

$$\mathbf{T}(t) = \frac{\mathbf{r}'(t)}{|\,\mathbf{r}'(t)\,|}$$

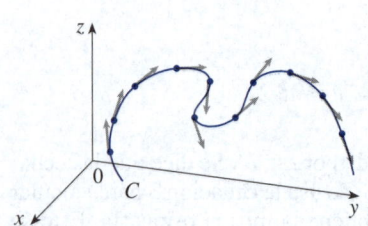

FIGURA 4
Vectores tangentes unitarios en puntos separados por espacios iguales en C.

e indica la dirección de la curva. En la figura 4 se observa que $\mathbf{T}(t)$ cambia de dirección muy despacio cuando C es relativamente recta, pero cambia de dirección con mayor rapidez cuando C se curva o gira más bruscamente.

La curvatura de C en un punto determinado es una medida de la rapidez con la que la curva cambia de dirección en ese punto. En específico, se define como la magnitud de la razón de cambio del vector tangente unitario respecto a la longitud de arco. (Se utiliza la longitud de arco para que la definición de curvatura sea independiente de la parametrización). Debido a que el vector tangente unitario tiene longitud constante, solo los cambios de dirección contribuyen a la razón de cambio de $\mathbf{T}$.

---

8 **Definición** La **curvatura** de una curva está dada por

$$\kappa = \left| \frac{d\mathbf{T}}{ds} \right|$$

donde $\mathbf{T}$ es el vector tangente unitario.

Es más fácil calcular la curvatura si esta se expresa en términos del parámetro t en lugar de s, por lo que se utiliza la regla de la cadena (teorema 13.2.3, fórmula 6) para escribir

$$\frac{d\mathbf{T}}{dt} = \frac{d\mathbf{T}}{ds}\,\frac{ds}{dt} \qquad \Longrightarrow \qquad \kappa = \left| \frac{d\mathbf{T}}{ds} \right| = \left| \frac{d\mathbf{T}/dt}{ds/dt} \right|$$

Sin embargo, $ds/dt = |\mathbf{r}'(t)|$ en la ecuación 7, por lo que

9
$$\kappa(t) = \frac{|\mathbf{T}'(t)|}{|\mathbf{r}'(t)|}$$

EJEMPLO 3 Demuestre que la curvatura de un círculo de radio a es $1/a$.

SOLUCIÓN Se supone que el círculo tiene su centro en el origen y, entonces, una parametrización es

$$\mathbf{r}(t) = a \cos t \, \mathbf{i} + a \operatorname{sen} t \, \mathbf{j}$$

Por lo tanto, $\mathbf{r}'(t) = -a \operatorname{sen} t \, \mathbf{i} + a \cos t \, \mathbf{j}$ y $|\mathbf{r}'(t)| = a$

así, $$\mathbf{T}(t) = \frac{\mathbf{r}'(t)}{|\mathbf{r}'(t)|} = -\operatorname{sen} t \, \mathbf{i} + \cos t \, \mathbf{j}$$

y $$\mathbf{T}'(t) = -\cos t \, \mathbf{i} - \operatorname{sen} t \, \mathbf{j}$$

Esto da $|\mathbf{T}'(t)| = 1$, por lo que al aplicar la fórmula 9, se tiene

$$\kappa(t) = \frac{|\mathbf{T}'(t)|}{|\mathbf{r}'(t)|} = \frac{1}{a}$$ ∎

El resultado del ejemplo 3 muestra que los círculos pequeños tienen curvatura grande, al contrario de los círculos grandes que tienen curvatura pequeña, según indica la intuición. La definición de curvatura permite advertir directamente que la curvatura de una línea recta es siempre 0 porque el vector tangente es constante.

Aunque la fórmula 9 puede usarse en todos los casos para calcular la curvatura, a menudo es más práctico aplicar la fórmula dada por el siguiente teorema.

10 Teorema La curvatura de la curva dada por la función vectorial $\mathbf{r}$ es

$$\kappa(t) = \frac{|\mathbf{r}'(t) \times \mathbf{r}''(t)|}{|\mathbf{r}'(t)|^3}$$

DEMOSTRACIÓN Puesto que $\mathbf{T} = \mathbf{r}'/|\mathbf{r}'|$ y $|\mathbf{r}'| = ds/dt$, se tiene

$$\mathbf{r}' = |\mathbf{r}'|\mathbf{T} = \frac{ds}{dt} \, \mathbf{T}$$

por lo que la regla del producto (teorema 13.2.3, fórmula 3) da

$$\mathbf{r}'' = \frac{d^2 s}{dt^2} \, \mathbf{T} + \frac{ds}{dt} \, \mathbf{T}'$$

Aplicando el hecho de que $\mathbf{T} \times \mathbf{T} = \mathbf{0}$ (vea el ejemplo 12.4.2), se tiene

$$\mathbf{r}' \times \mathbf{r}'' = \left(\frac{ds}{dt}\right)^2 (\mathbf{T} \times \mathbf{T}')$$

Ahora bien, $|\mathbf{T}(t)| = 1$ para todo valor de t, por lo que $\mathbf{T}$ y $\mathbf{T}'$ son ortogonales por el teorema 13.2.4. Por consiguiente, por el teorema 12.4.9,

$$|\mathbf{r}' \times \mathbf{r}''| = \left(\frac{ds}{dt}\right)^2 |\mathbf{T} \times \mathbf{T}'| = \left(\frac{ds}{dt}\right)^2 |\mathbf{T}||\mathbf{T}'| = \left(\frac{ds}{dt}\right)^2 |\mathbf{T}'|$$

Así

$$|\mathbf{T}'| = \frac{|\mathbf{r}' \times \mathbf{r}''|}{(ds/dt)^2} = \frac{|\mathbf{r}' \times \mathbf{r}''|}{|\mathbf{r}'|^2}$$

y

$$\kappa = \frac{|\mathbf{T}'|}{|\mathbf{r}'|} = \frac{|\mathbf{r}' \times \mathbf{r}''|}{|\mathbf{r}'|^3}$$ ∎

EJEMPLO 4 Determine la curvatura de la cúbica torcida $\mathbf{r}(t) = \langle t, t^2, t^3 \rangle$ en un punto general y en $(0, 0, 0)$.

SOLUCIÓN En primer lugar se calculan los elementos necesarios:

$$\mathbf{r}'(t) = \langle 1, 2t, 3t^2 \rangle \qquad \mathbf{r}''(t) = \langle 0, 2, 6t \rangle$$

$$|\mathbf{r}'(t)| = \sqrt{1 + 4t^2 + 9t^4}$$

$$\mathbf{r}'(t) \times \mathbf{r}''(t) = \begin{vmatrix} \mathbf{i} & \mathbf{j} & \mathbf{k} \\ 1 & 2t & 3t^2 \\ 0 & 2 & 6t \end{vmatrix} = 6t^2\,\mathbf{i} - 6t\,\mathbf{j} + 2\,\mathbf{k}$$

$$|\mathbf{r}'(t) \times \mathbf{r}''(t)| = \sqrt{36t^4 + 36t^2 + 4} = 2\sqrt{9t^4 + 9t^2 + 1}$$

El teorema 10 da entonces

$$\kappa(t) = \frac{|\mathbf{r}'(t) \times \mathbf{r}''(t)|}{|\mathbf{r}'(t)|^3} = \frac{2\sqrt{1 + 9t^2 + 9t^4}}{(1 + 4t^2 + 9t^4)^{3/2}}$$

En el origen, donde $t = 0$, la curvatura es $\kappa(0) = 2$. ∎

Para el caso especial de una curva plana con la ecuación $y = f(x)$, se selecciona x como el parámetro y se escribe $\mathbf{r}(x) = x\mathbf{i} + f(x)\,\mathbf{j}$. Luego, $\mathbf{r}'(x) = \mathbf{i} + f'(x)\,\mathbf{j}$ y $\mathbf{r}''(x) = f''(x)\,\mathbf{j}$. Como $\mathbf{i} \times \mathbf{j} = \mathbf{k}$ y $\mathbf{j} \times \mathbf{j} = \mathbf{0}$, se deduce que $\mathbf{r}'(x) \times \mathbf{r}''(x) = f''(x)\,\mathbf{k}$. También se tiene $|\mathbf{r}'(x)| = \sqrt{1 + [f'(x)]^2}$ y, por lo tanto, por el teorema 10,

$$\boxed{11} \qquad \kappa(x) = \frac{|f''(x)|}{[1 + (f'(x))^2]^{3/2}}$$

EJEMPLO 5 Determine la curvatura de la parábola $y = x^2$ en los puntos $(0, 0)$, $(1, 1)$ y $(2, 4)$.

SOLUCIÓN Puesto que $y' = 2x$ y $y'' = 2$, la fórmula 11 da por resultado

$$\kappa(x) = \frac{|y''|}{[1 + (y')^2]^{3/2}} = \frac{2}{(1 + 4x^2)^{3/2}}$$

La curvatura en $(0, 0)$ es $\kappa(0) = 2$. En $(1, 1)$ es $\kappa(1) = 2/5^{3/2} \approx 0.18$. En $(2, 4)$ es $\kappa(2) = 2/17^{3/2} \approx 0.03$. Observe en la expresión de $\kappa(x)$ o la gráfica de κ en la figura 5 que $\kappa(x) \to 0$ a medida que $x \to \pm\infty$. Esto corresponde al hecho de que parece que la parábola se vuelve casi recta cuando $x \to \pm\infty$. ∎

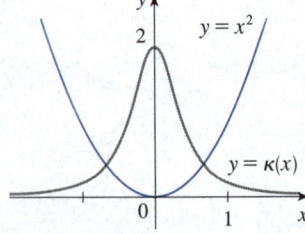

FIGURA 5
La parábola $y = x^2$ y su función de curvatura.

■ Vectores normal y binormal

En un punto determinado de una curva suave en el espacio $\mathbf{r}(t)$, hay muchos vectores que son ortogonales al vector tangente unitario $\mathbf{T}(t)$. Se destaca uno al observar que, debido a que $|\mathbf{T}(t)| = 1$ para todos los valores de t, se tiene que $\mathbf{T}(t) \cdot \mathbf{T}'(t) = 0$ por el teorema 13.2.4, de modo que $\mathbf{T}'(t)$ es ortogonal a $\mathbf{T}(t)$. Considere que, por lo general, $\mathbf{T}'(t)$ no es en sí mismo un vector unitario. Pero en cualquier punto donde $\kappa \neq 0$ se puede definir el **vector normal unitario principal** $\mathbf{N}(t)$ (o simplemente **normal unitario**) como

$$\mathbf{N}(t) = \frac{\mathbf{T}'(t)}{|\mathbf{T}'(t)|}$$

Se puede decir que el vector normal unitario indica la dirección de giro en cada punto. El vector

$$\mathbf{B}(t) = \mathbf{T}(t) \times \mathbf{N}(t)$$

se llama **vector binormal**. Es perpendicular tanto a $\mathbf{T}$ como a $\mathbf{N}$ y también es un vector unitario (vea la figura 6).

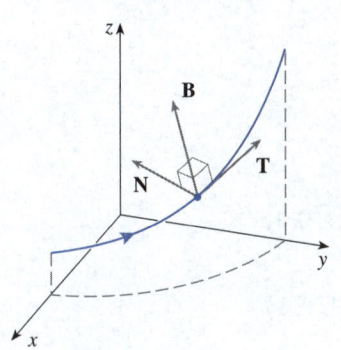

FIGURA 6

En la figura 7 se ilustra el ejemplo 6 mostrando los vectores $\mathbf{T}$, $\mathbf{N}$ y $\mathbf{B}$ en dos lugares de la hélice. En general, los vectores $\mathbf{T}$, $\mathbf{N}$ y $\mathbf{B}$, que empiezan en diversos puntos de una curva, forman un conjunto de vectores ortogonales, llamado marco **TNB**, que se mueve a lo largo de la curva conforme t varía. Esta estructura **TNB** desempeña un papel importante en la rama de las matemáticas conocida como *geometría diferencial* y en sus aplicaciones en el movimiento de las naves espaciales.

EJEMPLO 6 Determine los vectores normal unitario y binormal de la hélice circular

$$\mathbf{r}(t) = \cos t \, \mathbf{i} + \operatorname{sen} t \, \mathbf{j} + t \, \mathbf{k}$$

SOLUCIÓN En primer término se calculan los elementos necesarios para el vector normal unitario:

$$\mathbf{r}'(t) = -\operatorname{sen} t \, \mathbf{i} + \cos t \, \mathbf{j} + \mathbf{k} \qquad |\mathbf{r}'(t)| = \sqrt{2}$$

$$\mathbf{T}(t) = \frac{\mathbf{r}'(t)}{|\mathbf{r}'(t)|} = \frac{1}{\sqrt{2}} (-\operatorname{sen} t \, \mathbf{i} + \cos t \, \mathbf{j} + \mathbf{k})$$

$$\mathbf{T}'(t) = \frac{1}{\sqrt{2}} (-\cos t \, \mathbf{i} - \operatorname{sen} t \, \mathbf{j}) \qquad |\mathbf{T}'(t)| = \frac{1}{\sqrt{2}}$$

$$\mathbf{N}(t) = \frac{\mathbf{T}'(t)}{|\mathbf{T}'(t)|} = -\cos t \, \mathbf{i} - \operatorname{sen} t \, \mathbf{j} = \langle -\cos t, \, -\operatorname{sen} t, \, 0 \rangle$$

Esto muestra que el vector normal unitario en cualquier punto de la hélice es horizontal y apunta hacia el eje z. El vector binormal es

$$\mathbf{B}(t) = \mathbf{T}(t) \times \mathbf{N}(t) = \frac{1}{\sqrt{2}} \begin{bmatrix} \mathbf{i} & \mathbf{j} & \mathbf{k} \\ -\operatorname{sen} t & \cos t & 1 \\ -\cos t & -\operatorname{sen} t & 0 \end{bmatrix} = \frac{1}{\sqrt{2}} \langle \operatorname{sen} t, \, -\cos t, \, 1 \rangle \quad ■$$

EJEMPLO 7 Determine los vectores tangente unitario, normal unitario y binormal y la curvatura de la curva $\mathbf{r}(t) = \langle t, \sqrt{2} \ln t, 1/t \rangle$ en el punto $(1, 0, 1)$.

SOLUCIÓN Se empieza por encontrar $\mathbf{T}$ y $\mathbf{T}'$ como funciones de t.

$$\mathbf{r}'(t) = \langle 1, \sqrt{2}/t, -1/t^2 \rangle$$

$$|\mathbf{r}'(t)| = \sqrt{1 + \frac{2}{t^2} + \frac{1}{t^4}} = \frac{1}{t^2} \sqrt{t^4 + 2t^2 + 1}$$

$$= \frac{1}{t^2} \sqrt{(t^2 + 1)^2} = \frac{1}{t^2}(t^2 + 1) \qquad \text{(debido a que } t^2 + 1 > 0)$$

$$\mathbf{T}(t) = \frac{\mathbf{r}'(t)}{|\mathbf{r}'(t)|} = \frac{t^2}{(t^2 + 1)} \left\langle 1, \frac{\sqrt{2}}{t}, -\frac{1}{t^2} \right\rangle = \frac{1}{(t^2 + 1)} \langle t^2, \sqrt{2} t, -1 \rangle$$

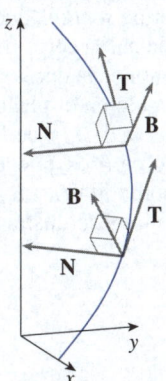

FIGURA 7

Se aplica la fórmula 3 del teorema 13.2.3 para derivar **T**:

$$\mathbf{T}'(t) = \frac{-2t}{(t^2+1)^2} \langle t^2, \sqrt{2}t, -1 \rangle + \frac{1}{(t^2+1)} \langle 2t, \sqrt{2}, 0 \rangle$$

El punto $(1, 0, 1)$ corresponde a $t = 1$, por lo que se tiene

$$\mathbf{T}(1) = \tfrac{1}{2} \langle 1, \sqrt{2}, -1 \rangle$$

$$\mathbf{T}'(1) = -\tfrac{1}{2} \langle 1, \sqrt{2}, -1 \rangle + \tfrac{1}{2} \langle 2, \sqrt{2}, 0 \rangle = \tfrac{1}{2} \langle 1, 0, 1 \rangle$$

$$\mathbf{N}(1) = \frac{\mathbf{T}'(1)}{|\mathbf{T}'(1)|} = \frac{\tfrac{1}{2} \langle 1, 0, 1 \rangle}{\tfrac{1}{2}\sqrt{1+0+1}} = \frac{1}{\sqrt{2}} \langle 1, 0, 1 \rangle$$

$$\mathbf{B}(1) = \mathbf{T}(1) \times \mathbf{N}(1) = \frac{1}{2\sqrt{2}} \langle \sqrt{2}, -2, -\sqrt{2} \rangle = \tfrac{1}{2} \langle 1, -\sqrt{2}, -1 \rangle$$

y por la fórmula 9, la curvatura es

$$\kappa(1) = \frac{|\mathbf{T}'(1)|}{|\mathbf{r}'(1)|} = \frac{\sqrt{2}/2}{2} = \frac{\sqrt{2}}{4}$$

También se podría usar el teorema 10 para calcular $\kappa(1)$; compruebe que se obtiene la misma respuesta. ∎

El plano determinado por los vectores normal y binormal **N** y **B** en un punto P de la curva C se llama **plano normal** de C en P y comprende todas las rectas que son ortogonales al vector tangente **T**. El plano determinado por los vectores **T** y **N** se llama **plano osculador** de C en P (vea la figura 8). El nombre proviene del latín *osculum*, que significa "beso". Es el plano que más se acerca a contener la parte de la curva cerca de P. (Para una curva plana, el plano osculador es simplemente el que contiene la curva).

El **círculo de curvatura**, o **círculo osculador**, de C en P es el círculo en el plano osculador que pasa por P con radio $1/\kappa$ y cuyo centro está a una distancia de $1/\kappa$ de P en el vector **N**. El centro del círculo se llama **centro de curvatura** de C en P. Se puede pensar que el círculo de curvatura es el que mejor describe cómo se comporta C cerca de P (comparte la misma tangente, normal y curvatura en P). En la figura 9 se ilustran dos círculos de curvatura de una curva plana.

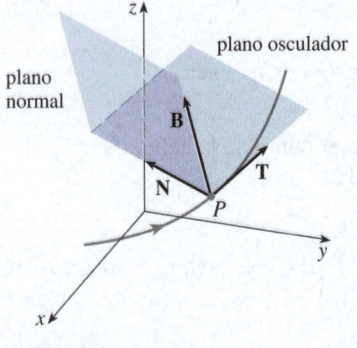

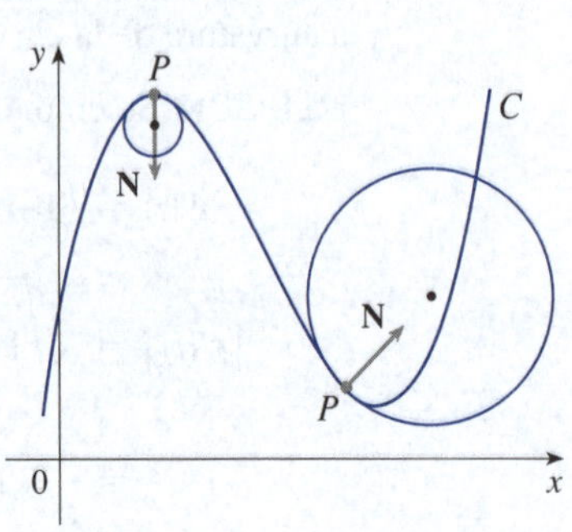

FIGURA 8

FIGURA 9

EJEMPLO 8 Determine las ecuaciones de los planos normal y osculador de la hélice del ejemplo 6 en el punto $P(0, 1, \pi/2)$.

En la figura 10 se muestra la hélice y el plano osculador del ejemplo 8.

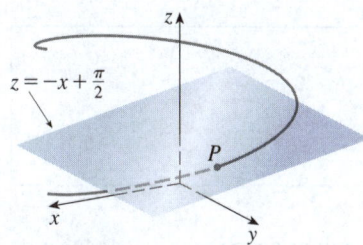

FIGURA 10

SOLUCIÓN El punto P corresponde a $t = \pi/2$ y el plano normal tiene vector normal $\mathbf{r}'(\pi/2) = \langle -1, 0, 1 \rangle$, por lo que una ecuación del plano normal es

$$-1(x - 0) + 0(y - 1) + 1\left(z - \frac{\pi}{2}\right) = 0 \qquad \text{o} \qquad z = x + \frac{\pi}{2}$$

El plano osculador en P contiene los vectores $\mathbf{T}$ y $\mathbf{N}$, por lo que un vector normal del plano osculador es $\mathbf{T} \times \mathbf{N} = \mathbf{B}$. Por el ejemplo 6, se tiene que

$$\mathbf{B}(t) = \frac{1}{\sqrt{2}} \langle \operatorname{sen} t, -\cos t, 1 \rangle \qquad \mathbf{B}\left(\frac{\pi}{2}\right) = \left\langle \frac{1}{\sqrt{2}}, 0, \frac{1}{\sqrt{2}} \right\rangle$$

El vector $\langle 1, 0, 1 \rangle$ es paralelo a $\mathbf{B}(\pi/2)$ (de modo que también es normal en el plano osculador). Por lo tanto, una ecuación del plano osculador es

$$1(x - 0) + 0(y - 1) + 1\left(z - \frac{\pi}{2}\right) = 0 \qquad \text{o} \qquad z = -x + \frac{\pi}{2} \qquad ■$$

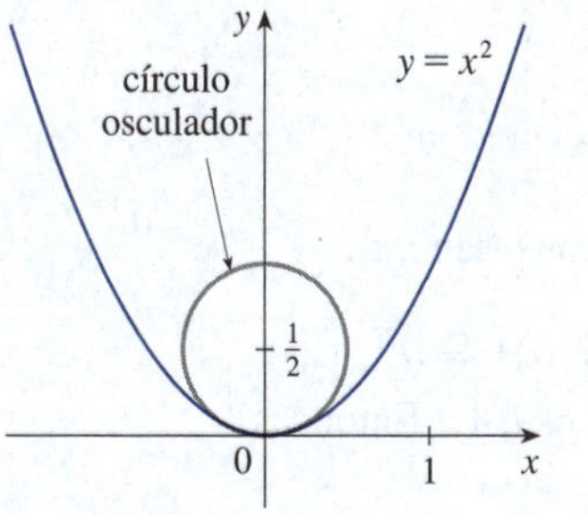

EJEMPLO 9 Determine y grafique el círculo osculador de la parábola $y = x^2$ en el origen.

SOLUCIÓN Por el ejemplo 5, la curvatura de la parábola en el origen es $\kappa(0) = 2$ por lo que el radio del círculo osculador ahí es $1/\kappa = \frac{1}{2}$. Mover esta distancia en la dirección de $\mathbf{N} = \langle 0, 1 \rangle$ (el vector tangente es horizontal en el origen, por lo que el vector normal es vertical) lleva al centro de la curvatura en $(0, \frac{1}{2})$, así que una ecuación del círculo de curvatura es

$$x^2 + \left(y - \tfrac{1}{2}\right)^2 = \tfrac{1}{4}$$

Este círculo se ilustra en la figura 11.   ■

FIGURA 11
Observe que el círculo y la parábola parecen curvarse de manera similar en el origen.

Se muestran de nuevo las fórmulas de los vectores tangente unitario, normal unitario, binormal y de la curvatura.

$$\mathbf{T}(t) = \frac{\mathbf{r}'(t)}{|\mathbf{r}'(t)|} \qquad \mathbf{N}(t) = \frac{\mathbf{T}'(t)}{|\mathbf{T}'(t)|} \qquad \mathbf{B}(t) = \mathbf{T}(t) \times \mathbf{N}(t)$$

$$\kappa = \left|\frac{d\mathbf{T}}{ds}\right| = \frac{|\mathbf{T}'(t)|}{|\mathbf{r}'(t)|} = \frac{|\mathbf{r}'(t) \times \mathbf{r}''(t)|}{|\mathbf{r}'(t)|^3}$$

■ Torsión

La curvatura $\kappa = |d\mathbf{T}/ds|$ en el punto P de una curva C indica cuánto "se dobla" la curva. Dado que $\mathbf{T}$ es un vector normal para el plano normal, $d\mathbf{T}/ds$ indica cómo cambia el plano normal a medida que P se mueve a lo largo de C. [Tenga en cuenta que el vector $d\mathbf{T}/ds$ es paralelo a $\mathbf{N}$ (ejercicio 63), de modo que a medida que P se mueve a lo largo de C, el vector tangente en P gira en la dirección de $\mathbf{N}$. Una curva en el espacio también puede levantarse o "torcerse" fuera del plano osculador en P]. Ya que $\mathbf{B}$ es normal al plano osculador, $d\mathbf{B}/ds$ da información sobre cómo cambia el plano osculador a medida que P se mueve a lo largo de C (vea la figura 12).

En el ejercicio 65 se le pide que demuestre que $d\mathbf{B}/ds$ es paralelo a $\mathbf{N}$. Por lo tanto, hay un escalar τ tal que

$$\boxed{12} \qquad \frac{d\mathbf{B}}{ds} = -\tau \mathbf{N}$$

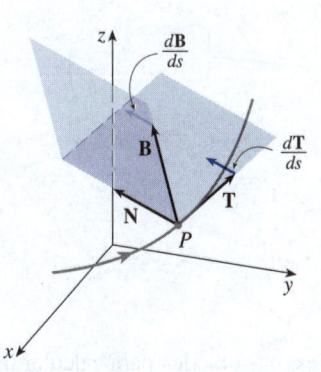

FIGURA 12

(Es habitual incluir el signo negativo en la ecuación 12). El número τ se llama *torsión* de C en P. Si se toma el producto punto con $\mathbf{N}$ en cada lado de la ecuación 12 y se tiene en cuenta que $\mathbf{N} \cdot \mathbf{N} = 1$, se obtiene la siguiente definición.

> **13 Definición** La **torsión** de una curva es
> $$\tau = -\frac{d\mathbf{B}}{ds} \cdot \mathbf{N}$$

Intuitivamente, la torsión τ en el punto P de una curva es una medida de cuánto "se tuerce" la curva en P. Si τ es positiva, la curva se tuerce fuera del plano osculador en P en dirección del vector binormal $\mathbf{B}$; si τ es negativa, la curva se tuerce en la dirección contraria.

Es más fácil calcular la torsión si se expresa en términos del parámetro t en lugar de s, por lo que se sigue la regla de la cadena para escribir

$$\frac{d\mathbf{B}}{dt} = \frac{d\mathbf{B}}{ds}\frac{ds}{dt} \quad \text{de modo que} \quad \frac{d\mathbf{B}}{ds} = \frac{d\mathbf{B}/dt}{ds/dt} = \frac{\mathbf{B}'(t)}{|\mathbf{r}'(t)|}$$

Ahora, por la definición 13 se tiene

$$\boxed{14} \qquad \tau(t) = -\frac{\mathbf{B}'(t) \cdot \mathbf{N}(t)}{|\mathbf{r}'(t)|}$$

EJEMPLO 10 Calcule la torsión de la hélice $\mathbf{r}(t) = \langle \cos t, \operatorname{sen} t, t \rangle$.

SOLUCIÓN En el ejemplo 6 se calcula que $ds/dt = |\mathbf{r}'(t)| = \sqrt{2}$, $\mathbf{N}(t) = \langle -\cos t, -\operatorname{sen} t, 0 \rangle$ y $\mathbf{B}(t) = (1/\sqrt{2})\langle \operatorname{sen} t, -\cos t, 1 \rangle$. Entonces, $\mathbf{B}'(t) = (1/\sqrt{2})\langle \cos t, \operatorname{sen} t, 0 \rangle$ y la fórmula 14 da

$$\tau(t) = -\frac{\mathbf{B}'(t) \cdot \mathbf{N}(t)}{|\mathbf{r}'(t)|} = -\frac{1}{2}\langle \cos t, \operatorname{sen} t, 0 \rangle \cdot \langle -\cos t, -\operatorname{sen} t, 0 \rangle = \frac{1}{2} \qquad \blacksquare$$

En la figura 13 se muestra la circunferencia unitaria $\mathbf{r}(t) = \langle \cos t, \operatorname{sen} t, 0 \rangle$ en el plano xy y en la figura 14 se muestra la hélice del ejemplo 10. Ambas curvas tienen una curvatura constante, pero el círculo tiene torsión constante 0, mientras que la hélice tiene torsión constante $\frac{1}{2}$. Se puede pensar que el círculo se dobla en cada punto, pero nunca gira, mientras que la hélice se dobla y *además* gira (hacia arriba) en cada punto.

Se puede demostrar que, en ciertas condiciones, la forma de una curva en el espacio está determinada en su totalidad por los valores de curvatura y torsión en cada punto de la curva.

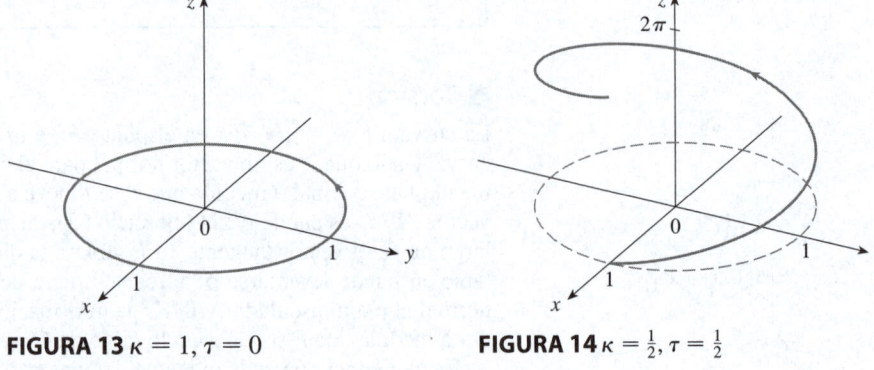

FIGURA 13 $\kappa = 1, \tau = 0$ **FIGURA 14** $\kappa = \frac{1}{2}, \tau = \frac{1}{2}$

El siguiente teorema da una fórmula que a menudo es más práctica para calcular la torsión; la demostración se resume en el ejercicio 72.

15 **Teorema**   La torsión de la curva dada por la función vectorial **r** es

$$\tau(t) = \frac{[\mathbf{r}'(t) \times \mathbf{r}''(t)] \cdot \mathbf{r}'''(t)}{|\mathbf{r}'(t) \times \mathbf{r}''(t)|^2}$$

En los ejercicios 68-70 se le pide que aplique el teorema 15 para calcular la torsión de una curva.

13.3 | Ejercicios

1-2
(a) Utilice la ecuación 2 para calcular la longitud del segmento de recta dado.
(b) Calcule la longitud mediante la fórmula de la distancia y compare su respuesta con la del inciso (a).

1. $\mathbf{r}(t) = \langle 3 - t, 2t, 4t + 1 \rangle$, $\quad 1 \le t \le 3$

2. $\mathbf{r}(t) = (t + 2)\mathbf{i} - t\mathbf{j} + (3t - 5)\mathbf{k}$, $\quad -1 \le t \le 2$

3-8 Determine la longitud de la curva.

3. $\mathbf{r}(t) = \langle t, 3\cos t, 3\operatorname{sen} t \rangle$, $\quad -5 \le t \le 5$

4. $\mathbf{r}(t) = \langle 2t, t^2, \frac{1}{3}t^3 \rangle$, $\quad 0 \le t \le 1$

5. $\mathbf{r}(t) = \sqrt{2}\,t\,\mathbf{i} + e^t\,\mathbf{j} + e^{-t}\,\mathbf{k}$, $\quad 0 \le t \le 1$

6. $\mathbf{r}(t) = \cos t\,\mathbf{i} + \operatorname{sen} t\,\mathbf{j} + \ln\cos t\,\mathbf{k}$, $\quad 0 \le t \le \pi/4$

7. $\mathbf{r}(t) = \mathbf{i} + t^2\,\mathbf{j} + t^3\,\mathbf{k}$, $\quad 0 \le t \le 1$

8. $\mathbf{r}(t) = t^2\,\mathbf{i} + 9t\,\mathbf{j} + 4t^{3/2}\,\mathbf{k}$, $\quad 1 \le t \le 4$

[T] **9-11** Calcule la longitud de la curva con cuatro decimales de precisión. (Use una calculadora o computadora para aproximar la integral).

9. $\mathbf{r}(t) = \langle t^2, t^3, t^4 \rangle$, $\quad 0 \le t \le 2$

10. $\mathbf{r}(t) = \langle t, e^{-t}, te^{-t} \rangle$, $\quad 1 \le t \le 3$

11. $\mathbf{r}(t) = \langle \cos \pi t, 2t, \operatorname{sen} 2\pi t \rangle$, de $(1, 0, 0)$ a $(1, 4, 0)$

[T] **12.** Grafique la curva con ecuaciones paramétricas $x = \operatorname{sen} t$, $y = \operatorname{sen} 2t$, $z = \operatorname{sen} 3t$. Determine la longitud total de esta curva con cuatro decimales de precisión.

13. Sea C la curva de intersección del cilindro parabólico $x^2 = 2y$ y la superficie $3z = xy$. Encuentre la longitud exacta de C desde el origen hasta el punto $(6, 18, 36)$.

[T] **14.** Determine, con cuatro decimales de precisión, la longitud de la curva de intersección del cilindro $4x^2 + y^2 = 4$ y el plano $x + y + z = 2$.

15-16
(a) Obtenga la función de longitud de arco para la curva medida desde el punto P en la dirección en que t es creciente y después reparametrice la curva con respecto a la longitud de arco a partir de P.
(b) Determine el punto 4 unidades a lo largo de la curva (en la dirección en que t es creciente) desde P.

15. $\mathbf{r}(t) = (5 - t)\mathbf{i} + (4t - 3)\mathbf{j} + 3t\,\mathbf{k}$, $\quad P(4, 1, 3)$

16. $\mathbf{r}(t) = e^t \operatorname{sen} t\,\mathbf{i} + e^t \cos t\,\mathbf{j} + \sqrt{2}e^t\,\mathbf{k}$, $\quad P(0, 1, \sqrt{2})$

17. Suponga que parte del punto $(0, 0, 3)$ y se mueve 5 unidades a lo largo de la curva $x = 3\operatorname{sen} t$, $y = 4t$, $z = 3\cos t$ en la dirección positiva. ¿Dónde se encuentra ahora?

18. Reparametrice la curva

$$\mathbf{r}(t) = \left(\frac{2}{t^2 + 1} - 1 \right)\mathbf{i} + \frac{2t}{t^2 + 1}\mathbf{j}$$

respecto a la longitud de arco medida desde el punto $(1, 0)$ en la dirección de t creciente. Exprese la reparametrización en su forma más simple. ¿Qué puede concluir acerca de la curva?

19-24
(a) Determine los vectores tangente unitario y normal unitario $\mathbf{T}(t)$ y $\mathbf{N}(t)$.
(b) Use la fórmula 9 para determinar la curvatura.

19. $\mathbf{r}(t) = \langle t^2, \operatorname{sen} t - t \cos t, \cos t + t \operatorname{sen} t \rangle$, $\quad t > 0$

20. $\mathbf{r}(t) = \langle 5\operatorname{sen} t, t, 5\cos t \rangle$

21. $\mathbf{r}(t) = \langle t, t^2, 4 \rangle$

22. $\mathbf{r}(t) = \langle t, t, \frac{1}{2}t^2 \rangle$

23. $\mathbf{r}(t) = \langle t, \frac{1}{2}t^2, t^2 \rangle$

24. $\mathbf{r}(t) = \langle \sqrt{2}t, e^t, e^{-t} \rangle$

25-27 Use el teorema 10 para encontrar la curvatura.

25. $\mathbf{r}(t) = t^3\,\mathbf{j} + t^2\,\mathbf{k}$ $\qquad$ **26.** $\mathbf{r}(t) = t\,\mathbf{i} + t^2\,\mathbf{j} + e^t\,\mathbf{k}$

27. $\mathbf{r}(t) = \sqrt{6}\,t^2\,\mathbf{i} + 2t\,\mathbf{j} + 2t^3\,\mathbf{k}$

28. Encuentre la curvatura de $\mathbf{r}(t) = \langle t^2, \ln t, t \ln t \rangle$ en el punto $(1, 0, 0)$.

29. Calcule la curvatura de $\mathbf{r}(t) = \langle t, t^2, t^3 \rangle$ en el punto $(1, 1, 1)$.

30. Grafique la curva con ecuaciones paramétricas $x = \cos t$, $y = \operatorname{sen} t$, $z = \operatorname{sen} 5t$ y determine la curvatura en el punto $(1, 0, 0)$.

31-33 Use la fórmula 11 para determinar la curvatura.

31. $y = x^4$ **32.** $y = \tan x$

33. $y = xe^x$

34-35 ¿En qué punto tiene la curva su máxima curvatura? ¿Qué sucede con la curvatura cuando $x \to \infty$?

34. $y = \ln x$ **35.** $y = e^x$

36. Encuentre una ecuación de una parábola con curvatura 4 en el origen.

37. (a) ¿La curvatura de la curva C que se muestra en la figura es mayor en P o en Q? Explique su respuesta.
    (b) Estime la curvatura en P y en Q trazando los círculos osculadores en esos puntos.

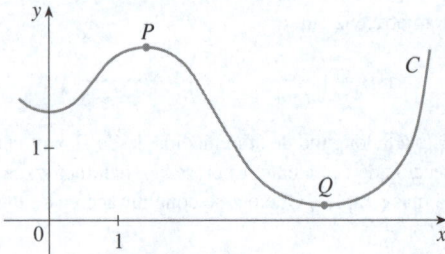

38-39 Use una calculadora graficadora o una computadora para graficar tanto la curva como su función de curvatura $\kappa(x)$ en la misma pantalla. ¿La gráfica de κ es la que se esperaría?

38. $y = x^4 - 2x^2$ **39.** $y = x^{-2}$

T **40-41** Use un sistema algebraico computarizado para calcular la función de curvatura $\kappa(t)$. A continuación, grafique la curva en el espacio y su función de curvatura. Comente cómo refleja la curvatura la forma de la curva.

40. $\mathbf{r}(t) = \langle t - \operatorname{sen} t, 1 - \cos t, 4 \cos(t/2) \rangle$, $0 \leq t \leq 8\pi$

41. $\mathbf{r}(t) = \langle te^t, e^{-t}, \sqrt{2}\,t \rangle$, $-5 \leq t \leq 5$

42-43 Se muestran dos gráficas, a y b. Una es de una curva $y = f(x)$ y la otra es la gráfica de su función de curvatura $y = \kappa(x)$. Identifique cada curva y explique sus selecciones.

42.
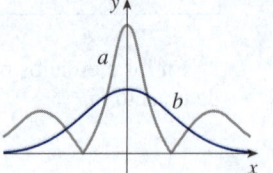

43.
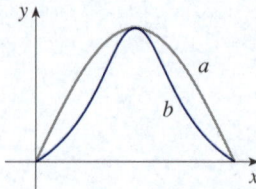

T **44.** (a) Grafique la curva $\mathbf{r}(t) = \langle \operatorname{sen} 3t, \operatorname{sen} 2t, \operatorname{sen} 3t \rangle$. ¿En cuántos puntos en la curva parece que la curvatura tiene un máximo local o absoluto?
    (b) Use un sistema algebraico computarizado para determinar y graficar la función de curvatura. ¿Esta gráfica confirma su conclusión del inciso (a)?

T **45.** La gráfica de $\mathbf{r}(t) = \langle t - \frac{3}{2} \operatorname{sen} t, 1 - \frac{3}{2} \cos t, t \rangle$ se muestra en la figura 13.1.13(b). ¿Dónde piensa usted que la curvatura es mayor? Use un sistema algebraico computarizado para encontrar y graficar la función de curvatura. ¿Para cuáles valores de t es mayor la curvatura?

46-49 Curvatura de curvas paramétricas planas La curvatura de una curva paramétrica plana $x = f(t)$, $y = g(t)$ está dada por

$$\kappa = \frac{|\dot{x}\ddot{y} - \dot{y}\ddot{x}|}{[\dot{x}^2 + \dot{y}^2]^{3/2}}$$

donde los puntos indican derivadas respecto a t.

46. Use el teorema 10 para demostrar la fórmula dada de la curvatura.

47. Determine la curvatura de la curva $x = t^2$, $y = t^3$.

48. Encuentre la curvatura de la curva $x = a \cos \omega t$, $y = b \operatorname{sen} \omega t$.

49. Calcule la curvatura de la curva $x = e^t \cos t$, $y = e^t \operatorname{sen} t$.

50. Considere la curvatura en $x = 0$ para cada miembro de la familia de funciones $f(x) = e^{cx}$. ¿Para cuáles miembros $\kappa(0)$ es mayor?

51-52 Determine los vectores $\mathbf{T}$, $\mathbf{N}$ y $\mathbf{B}$ en el punto dado.

51. $\mathbf{r}(t) = \langle t^2, \frac{2}{3}t^3, t \rangle$, $(1, \frac{2}{3}, 1)$

52. $\mathbf{r}(t) = \langle \cos t, \operatorname{sen} t, \ln \cos t \rangle$, $(1, 0, 0)$

53-54 Encuentre ecuaciones del plano normal y del plano osculador de la curva en el punto dado.

53. $x = \operatorname{sen} 2t$, $y = -\cos 2t$, $z = 4t$; $(0, 1, 2\pi)$

54. $x = \ln t$, $y = 2t$, $z = t^2$; $(0, 2, 1)$

55. Determine ecuaciones de los círculos osculadores de la elipse $9x^2 + 4y^2 = 36$ en los puntos $(2, 0)$ y $(0, 3)$. Use una calculadora graficadora o computadora para graficar la elipse y los dos círculos osculadores en la misma pantalla.

56. Encuentre ecuaciones de los círculos osculadores de la parábola $y = \frac{1}{2}x^2$ en los puntos $(0, 0)$ y $\left(1, \frac{1}{2}\right)$. Grafique ambos círculos osculadores y la parábola en la misma pantalla.

57. ¿En qué punto de la curva $x = t^3$, $y = 3t$, $z = t^4$ el plano normal es paralelo al plano $6x + 6y - 8z = 1$?

58. ¿Hay un punto en la curva del ejercicio 57 donde el plano osculador sea paralelo al plano $x + y + z = 1$? [*Nota*: Necesitará un sistema algebraico computarizado para derivar, simplificar y calcular un producto cruz].

59. Encuentre ecuaciones de los planos normal y osculador de la curva de intersección de los cilindros parabólicos $x = y^2$ y $z = x^2$ en el punto $(1, 1, 1)$.

60. Demuestre que el plano osculador en cada punto en la curva $\mathbf{r}(t) = \left\langle t + 2, 1 - t, \frac{1}{2}t^2 \right\rangle$ es el mismo plano. ¿Qué puede concluir acerca de la curva?

61. Demuestre que en cada punto en la curva

$$\mathbf{r}(t) = \langle e^t \cos t, e^t \operatorname{sen} t, e^t \rangle$$

el ángulo entre el vector tangente unitario y el eje z es igual. Luego demuestre que el mismo resultado es válido para los vectores normal unitario y binormal.

62. El plano rectificador El *plano rectificador* de una curva en un punto es el plano que contiene los vectores $\mathbf{T}$ y $\mathbf{B}$ en ese punto. Determine el plano rectificador de la curva $\mathbf{r}(t) = \operatorname{sen} t\,\mathbf{i} + \cos t\,\mathbf{j} + \tan t\,\mathbf{k}$ en el punto $\left(\sqrt{2}/2, \sqrt{2}/2, 1\right)$.

63. Demuestre que la curvatura κ se relaciona con los vectores tangente y normal por la ecuación

$$\frac{d\mathbf{T}}{ds} = \kappa \mathbf{N}$$

64. Demuestre que la curvatura de una curva en un plano es $\kappa = |d\phi/ds|$, donde ϕ es el ángulo entre $\mathbf{T}$ e $\mathbf{i}$; es decir, ϕ es el ángulo de inclinación de la recta tangente. (Esto demuestra que la definición de curvatura es congruente con la definición de curvas en un plano dada en los ejercicios 10.2.79-83).

65. (a) Demuestre que $d\mathbf{B}/ds$ es perpendicular a $\mathbf{B}$.
   (b) Demuestre que $d\mathbf{B}/ds$ es perpendicular a $\mathbf{T}$.
   (c) Deduzca de los incisos (a) y (b) que $d\mathbf{B}/ds$ es paralelo a $\mathbf{N}$.

66-67 Use la fórmula 14 para determinar la torsión al valor dado de t.

66. $\mathbf{r}(t) = \langle \operatorname{sen} t, 3t, \cos t \rangle$, $t = \pi/2$

67. $\mathbf{r}(t) = \left\langle \frac{1}{2}t^2, 2t, t \right\rangle$, $t = 1$

68-70 Use el teorema 15 para calcular la torsión de la curva dada en un punto general y en el punto correspondiente a $t = 0$.

68. $\mathbf{r}(t) = \left\langle t, \frac{1}{2}t^2, \frac{1}{3}t^3 \right\rangle$ **69.** $\mathbf{r}(t) = \langle e^t, e^{-t}, t \rangle$

70. $\mathbf{r}(t) = \langle \cos t, \operatorname{sen} t, \operatorname{sen} t \rangle$

71-72 Fórmulas de Frenet-Serret Las fórmulas siguientes, llamadas *fórmulas de Frenet-Serret*, son de importancia fundamental en la geometría diferencial:

1. $d\mathbf{T}/ds = \kappa \mathbf{N}$
2. $d\mathbf{N}/ds = -\kappa \mathbf{T} + \tau \mathbf{B}$
3. $d\mathbf{B}/ds = -\tau \mathbf{N}$

(La fórmula 1 procede del ejercicio 63 y la fórmula 3 es la ecuación 12).

71. Con base en que $\mathbf{N} = \mathbf{B} \times \mathbf{T}$, deduzca la fórmula 2 de las fórmulas 1 y 3.

72. Use las fórmulas de Frenet-Serret para demostrar cada una de las ecuaciones siguientes. (Las primas denotan derivadas respecto a t. Comience como en la demostración del teorema 10).
   (a) $\mathbf{r}'' = s''\mathbf{T} + \kappa(s')^2\mathbf{N}$
   (b) $\mathbf{r}' \times \mathbf{r}'' = \kappa(s')^3\mathbf{B}$
   (c) $\mathbf{r}''' = [s''' - \kappa^2(s')^3]\mathbf{T} + [3\kappa s's'' + \kappa'(s')^2]\mathbf{N} + \kappa\tau(s')^3\mathbf{B}$
   (d) $\tau = \dfrac{(\mathbf{r}' \times \mathbf{r}'') \cdot \mathbf{r}'''}{|\mathbf{r}' \times \mathbf{r}''|^2}$

73. Demuestre que la hélice circular $\mathbf{r}(t) = \langle a \cos t, a \operatorname{sen} t, bt \rangle$, donde a y b son constantes positivas, tiene curvatura y torsión constantes. (Use el teorema 15).

74. Determine la curvatura y torsión de la curva $x = \operatorname{senh} t$, $y = \cosh t$, $z = t$ en el punto $(0, 1, 0)$.

75. Evoluta de una curva La *evoluta* de una curva suave C es la curva generada por los centros de curvatura de C.
   (a) Explique por qué la evoluta de una curva dada por $\mathbf{r}$ es

$$\mathbf{r}_e(t) = \mathbf{r}(t) + \frac{1}{\kappa(t)}\mathbf{N}(t) \qquad \kappa(t) \neq 0$$

   (b) Determine la evoluta de la hélice del ejemplo 6.
   (c) Encuentre la evoluta de la parábola del ejemplo 5.

76. Curvas planas Una curva en el espacio C dada por $\mathbf{r}(t) = \langle x(t), y(t), z(t) \rangle$ se llama *plana* si está contenida en un plano.
   (a) Demuestre que C es plana si y solo si existen escalares a, b, c y d, no todas cero, de tal manera que $ax(t) + by(t) + cz(t) = d$ para todos los valores de t.
   (b) Compruebe que si C es plana, entonces el vector binormal $\mathbf{B}$ es normal en el plano que contiene C.
   (c) Demuestre que si C es una curva plana, entonces la torsión de C es cero para todos los valores de t.
   (d) Compruebe que la curva $\mathbf{r}(t) = \langle t, 2t, t^2 \rangle$ es plana y determine una ecuación del plano que contiene la curva. Utilice esta ecuación para encontrar el vector binormal $\mathbf{B}$.

77. La molécula del ADN tiene la forma de una hélice doble (vea la figura 13.1.3). El radio de cada hélice es de alrededor de 10 ángstroms ($1 \text{ Å} = 10^{-8}$ cm). Cada hélice se eleva alrededor de 34 Å durante cada vuelta completa, y hay unas 2.9×10^{8} vueltas completas. Calcule la longitud de cada hélice.

78. Considere el problema de diseñar un riel de ferrocarril para hacer una transición suave entre secciones de vías rectas. Los rieles existentes en el eje x negativo deberán unirse armoniosamente con un riel a lo largo de la recta $y = 1$ para $x \geq 1$.

(a) Obtenga un polinomio $P = P(x)$ de grado 5 tal que la función F definida por

$$F(x) = \begin{cases} 0 & \text{si } x \leq 0 \\ P(x) & \text{si } 0 < x < 1 \\ 1 & \text{si } x \geq 1 \end{cases}$$

sea continua y tenga pendiente y curvatura continuas.

(b) Grafique F.

13.4 | Movimiento en el espacio: velocidad y aceleración

En esta sección se mostrará cómo utilizar en física los vectores tangente y normal y de curvatura para estudiar el movimiento de un objeto, incluidas su velocidad y aceleración, a lo largo de una curva en el espacio. En particular, se seguirán los pasos de Newton al usar estos métodos para derivar la primera ley de Kepler sobre el movimiento planetario.

■ Velocidad, rapidez y aceleración

Suponga que una partícula se mueve en el espacio de tal forma que su vector de posición en el momento t es $\mathbf{r}(t)$. Observe en la figura 1 que, para valores reducidos de h, el vector

$$\boxed{1} \qquad \frac{\mathbf{r}(t + h) - \mathbf{r}(t)}{h}$$

aproxima la dirección de la partícula que se mueve a lo largo de la curva $\mathbf{r}(t)$. Su magnitud mide el tamaño del vector de desplazamiento por unidad de tiempo. El vector (1) proporciona la velocidad promedio durante un intervalo de tiempo de longitud h y su límite es el **vector de velocidad** $\mathbf{v}(t)$ en el tiempo t:

$$\boxed{2} \qquad \mathbf{v}(t) = \lim_{h \to 0} \frac{\mathbf{r}(t + h) - \mathbf{r}(t)}{h} = \mathbf{r}'(t)$$

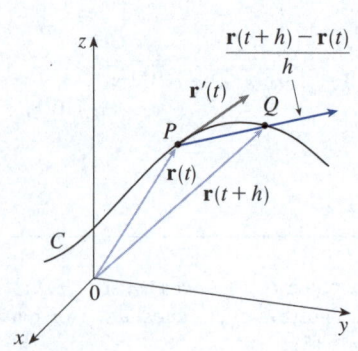

FIGURA 1

Así, el vector de velocidad es también el vector tangente y apunta en la dirección de la recta tangente.

La **rapidez** de la partícula en el momento t es la magnitud del vector de velocidad, es decir, $|\mathbf{v}(t)|$. Esto es apropiado porque a partir de (2) y de la ecuación 13.3.7 se tiene que

Compare con la ecuación 10.2.8, donde se define la rapidez de curvas paramétricas en un plano.

$$|\mathbf{v}(t)| = |\mathbf{r}'(t)| = \frac{ds}{dt} = \text{razón de cambio de la distancia respecto al tiempo.}$$

Como en el caso del movimiento unidimensional, la **aceleración** de la partícula se define como la derivada de la velocidad:

$$\mathbf{a}(t) = \mathbf{v}'(t) = \mathbf{r}''(t)$$

EJEMPLO 1 El vector de posición de un objeto que se mueve en un plano está dado por $\mathbf{r}(t) = t^3 \, \mathbf{i} + t^2 \, \mathbf{j}$. Determine su velocidad, rapidez y aceleración cuando $t = 1$ e ilustre geométricamente.

SOLUCIÓN La velocidad y aceleración en el tiempo t son

$$\mathbf{v}(t) = \mathbf{r}'(t) = 3t^2 \, \mathbf{i} + 2t \, \mathbf{j} \qquad \mathbf{a}(t) = \mathbf{r}''(t) = 6t \, \mathbf{i} + 2 \, \mathbf{j}$$

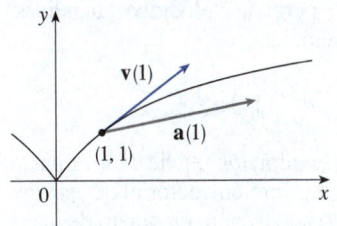

FIGURA 2

En la figura 3 se muestra la trayectoria de la partícula del ejemplo 2 con los vectores de velocidad y aceleración cuando $t = 1$.

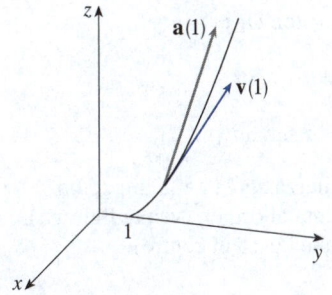

FIGURA 3

y la rapidez es

$$|\mathbf{v}(t)| = \sqrt{(3t^2)^2 + (2t)^2} = \sqrt{9t^4 + 4t^2}$$

Cuando $t = 1$, se tiene

$$\mathbf{v}(1) = 3\mathbf{i} + 2\mathbf{j} \qquad \mathbf{a}(1) = 6\mathbf{i} + 2\mathbf{j} \qquad |\mathbf{v}(1)| = \sqrt{13}$$

Estos vectores de velocidad y aceleración se muestran en la figura 2. ∎

EJEMPLO 2 Determine la velocidad, aceleración y rapidez de una partícula con vector de posición $\mathbf{r}(t) = \langle t^2, e^t, te^t \rangle$.

SOLUCIÓN
$$\mathbf{v}(t) = \mathbf{r}'(t) = \langle 2t, e^t, (1 + t)e^t \rangle$$

$$\mathbf{a}(t) = \mathbf{v}'(t) = \langle 2, e^t, (2 + t)e^t \rangle$$

$$|\mathbf{v}(t)| = \sqrt{4t^2 + e^{2t} + (1 + t)^2 e^{2t}}$$ ∎

NOTA Antes en este capítulo se vio que una curva puede parametrizarse de diferentes maneras, pero las propiedades geométricas de la curva (longitud de arco, curvatura y torsión) son independientes de la parametrización seleccionada. Por otro lado, la velocidad, la rapidez y la aceleración *sí* dependen de las parametrizaciones utilizadas. Se puede pensar que la curva es un camino y que una parametrización describe cómo se viaja por ese camino. La longitud y la curvatura del camino no dependen de cómo se viaja en él pero la velocidad y aceleración, sí.

Las integrales vectoriales que se introdujeron en la sección 13.2 pueden usarse para encontrar vectores de posición cuando se conocen los vectores de velocidad o aceleración, como en el ejemplo siguiente.

EJEMPLO 3 Una partícula en movimiento parte de una posición inicial $\mathbf{r}(0) = \langle 1, 0, 0 \rangle$, con velocidad inicial $\mathbf{v}(0) = \mathbf{i} - \mathbf{j} + \mathbf{k}$. Su aceleración es $\mathbf{a}(t) = 4t\mathbf{i} + 6t\mathbf{j} + \mathbf{k}$. Calcule su velocidad y posición en el momento t.

SOLUCIÓN Como $\mathbf{a}(t) = \mathbf{v}'(t)$, se tiene

$$\mathbf{v}(t) = \int \mathbf{a}(t)\, dt = \int (4t\mathbf{i} + 6t\mathbf{j} + \mathbf{k})\, dt$$

$$= 2t^2\mathbf{i} + 3t^2\mathbf{j} + t\mathbf{k} + \mathbf{C}$$

Para determinar el valor del vector constante $\mathbf{C}$ se parte de que $\mathbf{v}(0) = \mathbf{i} - \mathbf{j} + \mathbf{k}$. La ecuación precedente da $\mathbf{v}(0) = \mathbf{C}$, por lo que $\mathbf{C} = \mathbf{i} - \mathbf{j} + \mathbf{k}$ y

$$\mathbf{v}(t) = 2t^2\mathbf{i} + 3t^2\mathbf{j} + t\mathbf{k} + \mathbf{i} - \mathbf{j} + \mathbf{k}$$

$$= (2t^2 + 1)\mathbf{i} + (3t^2 - 1)\mathbf{j} + (t + 1)\mathbf{k}$$

Como $\mathbf{v}(t) = \mathbf{r}'(t)$, se tiene

$$\mathbf{r}(t) = \int \mathbf{v}(t)\, dt$$

$$= \int [(2t^2 + 1)\mathbf{i} + (3t^2 - 1)\mathbf{j} + (t + 1)\mathbf{k}]\, dt$$

$$= \left(\tfrac{2}{3}t^3 + t\right)\mathbf{i} + (t^3 - t)\mathbf{j} + \left(\tfrac{1}{2}t^2 + t\right)\mathbf{k} + \mathbf{D}$$

Con $t = 0$, se ve que $\mathbf{D} = \mathbf{r}(0) = \mathbf{i}$, así que la posición en el tiempo t está dada por

$$\mathbf{r}(t) = \left(\tfrac{2}{3}t^3 + t + 1\right)\mathbf{i} + (t^3 - t)\mathbf{j} + \left(\tfrac{1}{2}t^2 + t\right)\mathbf{k}$$ ∎

La expresión para $\mathbf{r}(t)$ que se obtuvo en el ejemplo 3 se usó para trazar la trayectoria de la partícula en la figura 4 para $0 \le t \le 3$.

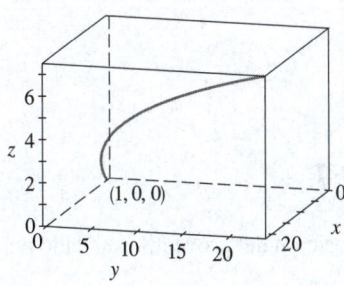

FIGURA 4

En general, las integrales vectoriales permiten recuperar la velocidad cuando se conoce la aceleración y la posición cuando se sabe la velocidad:

$$\mathbf{v}(t) = \mathbf{v}(t_0) + \int_{t_0}^{t} \mathbf{a}(u)\, du \qquad \mathbf{r}(t) = \mathbf{r}(t_0) + \int_{t_0}^{t} \mathbf{v}(u)\, du$$

Si se conoce la fuerza que actúa sobre una partícula, la aceleración puede determinarse a partir de la **segunda ley del movimiento de Newton**. La versión vectorial de esta ley establece que si, en cualquier momento t, una fuerza $\mathbf{F}(t)$ actúa sobre un objeto de masa m y produce una aceleración $\mathbf{a}(t)$, entonces

$$\mathbf{F}(t) = m\mathbf{a}(t)$$

EJEMPLO 4 Un objeto con masa m que se mueve en una trayectoria circular con rapidez angular constante ω tiene el vector de posición $\mathbf{r}(t) = a \cos \omega t\, \mathbf{i} + a \operatorname{sen} \omega t\, \mathbf{j}$. Determine la fuerza que actúa sobre el objeto y demuestre que se dirige al origen.

SOLUCIÓN Para determinar la fuerza, primero se debe conocer la aceleración:

$$\mathbf{v}(t) = \mathbf{r}'(t) = -a\omega \operatorname{sen} \omega t\, \mathbf{i} + a\omega \cos \omega t\, \mathbf{j}$$

$$\mathbf{a}(t) = \mathbf{v}'(t) = -a\omega^2 \cos \omega t\, \mathbf{i} - a\omega^2 \operatorname{sen} \omega t\, \mathbf{j}$$

Por lo tanto, la segunda ley de Newton da la fuerza como

$$\mathbf{F}(t) = m\mathbf{a}(t) = -m\omega^2(a \cos \omega t\, \mathbf{i} + a \operatorname{sen} \omega t\, \mathbf{j})$$

Observe que $\mathbf{F}(t) = -m\omega^2 \mathbf{r}(t)$. Esto demuestra que la fuerza actúa en la dirección opuesta al vector radio $\mathbf{r}(t)$ y que, por consiguiente, apunta al origen (vea la figura 5). A una fuerza así se le conoce como fuerza *centrípeta* (que busca el centro). ∎

El objeto en movimiento con posición P tiene rapidez angular $\omega = d\theta/dt$, donde θ es el ángulo que se muestra en la figura 5.

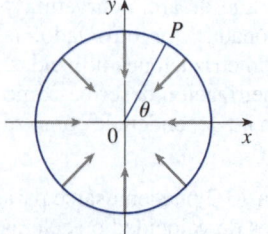

FIGURA 5

Movimiento de proyectiles

EJEMPLO 5 Un proyectil es disparado con un ángulo de elevación α y velocidad inicial $\mathbf{v}_0$ (vea la figura 6). Suponiendo que la resistencia del viento es insignificante y que la única fuerza externa se debe a la gravedad, determine la función de posición $\mathbf{r}(t)$ del proyectil. ¿Qué valor de α maximiza el rango (la distancia horizontal recorrida)?

SOLUCIÓN Se establecen los ejes de tal manera que el proyectil parta del origen. Dado que la fuerza debida a la gravedad actúa hacia abajo, se tiene

$$\mathbf{F} = m\mathbf{a} = -mg\, \mathbf{j}$$

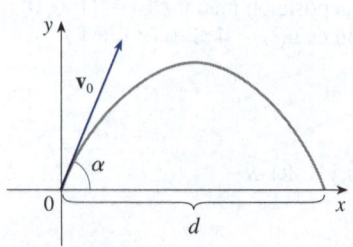

FIGURA 6

donde $g = |\mathbf{a}| \approx 9.8$ m/s². Así,

$$\mathbf{a} = -g\, \mathbf{j}$$

Como $\mathbf{v}'(t) = \mathbf{a}$, se tiene $\mathbf{v}(t) = -gt\, \mathbf{j} + \mathbf{C}$

donde $\mathbf{C} = \mathbf{v}(0) = \mathbf{v}_0$. Por lo tanto,

$$\mathbf{r}'(t) = \mathbf{v}(t) = -gt\, \mathbf{j} + \mathbf{v}_0$$

Al integrar otra vez, se obtiene

$$\mathbf{r}(t) = -\tfrac{1}{2}gt^2\, \mathbf{j} + t\, \mathbf{v}_0 + \mathbf{D}$$

Sin embargo, $\mathbf{D} = \mathbf{r}(0) = \mathbf{0}$, por lo que el vector de posición del proyectil está dado por

3 $$\mathbf{r}(t) = -\tfrac{1}{2}gt^2\, \mathbf{j} + t\, \mathbf{v}_0$$

Si se escribe $|\mathbf{v}_0| = v_0$ (la rapidez inicial del proyectil), entonces

$$\mathbf{v}_0 = v_0 \cos \alpha \, \mathbf{i} + v_0 \operatorname{sen} \alpha \, \mathbf{j}$$

y la ecuación 3 se convierte en

$$\mathbf{r}(t) = (v_0 \cos \alpha)t \, \mathbf{i} + \left[(v_0 \operatorname{sen} \alpha)t - \tfrac{1}{2}gt^2 \right] \mathbf{j}$$

Entonces, las ecuaciones paramétricas de la trayectoria son

> Si se elimina t de las ecuaciones 4, se verá que y es una función cuadrática de x. De modo que la trayectoria del proyectil forma parte de una parábola.

$$\boxed{4} \qquad \boxed{\quad x = (v_0 \cos \alpha)t \qquad y = (v_0 \operatorname{sen} \alpha)t - \tfrac{1}{2}gt^2 \quad}$$

La distancia horizontal d es el valor de x cuando $y = 0$. Si se establece $y = 0$, se obtiene $t = 0$ o $t = (2v_0 \operatorname{sen} \alpha)/g$. Este segundo valor de t da entonces

$$d = x = (v_0 \cos \alpha) \frac{2v_0 \operatorname{sen} \alpha}{g} = \frac{v_0^2(2 \operatorname{sen} \alpha \cos \alpha)}{g} = \frac{v_0^2 \operatorname{sen} 2\alpha}{g}$$

Es evidente que d alcanza su valor máximo cuando $\operatorname{sen} 2\alpha = 1$, es decir, $\alpha = 45°$. ∎

EJEMPLO 6 Un proyectil es disparado con rapidez inicial de 150 m/s y ángulo de elevación de 30° desde una posición de 10 m sobre la superficie. ¿Dónde impacta el proyectil la superficie y con qué rapidez?

SOLUCIÓN Si se coloca el origen en la superficie, la posición inicial del proyectil es $(0, 10)$, así que es necesario ajustar las ecuaciones 4 sumando 10 a la expresión para y. Con $v_0 = 150$ m/s, $\alpha = 30°$ y $g = 9.8$ m/s², se tiene

$$x = 150 \cos(30°)t = 75\sqrt{3}\, t$$

$$y = 10 + 150 \operatorname{sen}(30°)t - \tfrac{1}{2}(9.8)t^2 = 10 + 75t - 4.9t^2$$

El impacto ocurre cuando $y = 0$, es decir $4.9t^2 - 75t - 10 = 0$. Al usar la fórmula cuadrática para resolver esta ecuación (y tomar solo el valor positivo de t), se obtiene

$$t = \frac{75 + \sqrt{5625 + 196}}{9.8} \approx 15.44$$

Entonces $x \approx 75\sqrt{3}\,(15.44) \approx 2\,006$, por lo que el proyectil impacta la superficie a una distancia de alrededor de $2\,006$ m.

 La velocidad del proyectil es

$$\mathbf{v}(t) = \mathbf{r}'(t) = 75\sqrt{3}\, \mathbf{i} + (75 - 9.8t)\, \mathbf{j}$$

Por consiguiente, su rapidez en el momento de impacto es

$$|\mathbf{v}(15.44)| = \sqrt{(75\sqrt{3}\,)^2 + (75 - 9.8 \cdot 15.44)^2} \approx 151 \text{ m/s} \qquad ∎$$

■ Componentes tangencial y normal de la aceleración

Cuando se estudia el movimiento de una partícula, a menudo es útil resolver la aceleración en dos componentes, una en la dirección de la tangente y otra en la dirección de la normal. Si se escribe $v = |\mathbf{v}|$ para la rapidez de la partícula, entonces

$$\mathbf{T}(t) = \frac{\mathbf{r}'(t)}{|\mathbf{r}'(t)|} = \frac{\mathbf{v}(t)}{|\mathbf{v}(t)|} = \frac{\mathbf{v}}{v}$$

y, por lo tanto, $\qquad\qquad\qquad\qquad \mathbf{v} = v\mathbf{T}$

Si se derivan ambos miembros de esta ecuación respecto a t se obtiene

$$\boxed{5} \qquad \mathbf{a} = \mathbf{v}' = v'\mathbf{T} + v\mathbf{T}'$$

Si se usa la expresión para la curvatura dada por la ecuación 13.3.9 se tiene

$$\boxed{6} \qquad \kappa = \frac{|\mathbf{T}'|}{|\mathbf{r}'|} = \frac{|\mathbf{T}'|}{v} \quad \text{por lo que} \quad |\mathbf{T}'| = \kappa v$$

El vector normal unitario se definió en la sección 13.3 como $\mathbf{N} = \mathbf{T}'/|\mathbf{T}'|$ de modo que (6) da

$$\mathbf{T}' = |\mathbf{T}'|\mathbf{N} = \kappa v \mathbf{N}$$

y la ecuación 5 se convierte en

$$\boxed{7} \qquad \boxed{\mathbf{a} = v'\mathbf{T} + \kappa v^2 \mathbf{N}}$$

Si las componentes tangencial y normal de la aceleración se escriben como a_T y a_N, se tiene

$$\mathbf{a} = a_T \mathbf{T} + a_N \mathbf{N}$$

donde

$$\boxed{8} \qquad a_T = v' \qquad \text{y} \qquad a_N = \kappa v^2$$

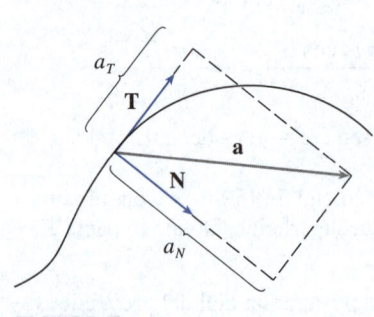

FIGURA 7

Esta resolución se ilustra en la figura 7.

Hay que examinar qué indica la fórmula 7. El primer aspecto a observar es que el vector binormal $\mathbf{B}$ está ausente. Sin importar cómo se mueva un objeto en el espacio, su aceleración siempre reside en el plano de $\mathbf{T}$ y $\mathbf{N}$ (el plano osculador). (Recuerde que $\mathbf{T}$ indica la dirección del movimiento y $\mathbf{N}$ apunta en la dirección de giro de la curva). A continuación se observa que la componente tangencial de la aceleración es v', la razón de cambio de la rapidez, y que la componente normal de la aceleración es κv^2, la curvatura multiplicada por el cuadrado de la rapidez. Esto tiene sentido si se piensa en un pasajero en un automóvil: en un camino, una curva pronunciada significa un valor grande dentro de la curvatura κ, por lo que la componente de la aceleración perpendicular al movimiento es grande y el pasajero es lanzado contra la puerta del auto. Una alta rapidez en el giro al doblar la curva tiene el mismo efecto; de hecho, si se duplica la rapidez, a_N aumenta en un factor de 4.

Aunque se tienen expresiones para las componentes tangencial y normal de la aceleración en las ecuaciones 8, es deseable tener expresiones que solo dependan de $\mathbf{r}$, $\mathbf{r}'$ y $\mathbf{r}''$. Con este fin se obtiene el producto punto de $\mathbf{v} = v\mathbf{T}$ con $\mathbf{a}$ como está dada en la ecuación 7:

$$\mathbf{v} \cdot \mathbf{a} = v\mathbf{T} \cdot (v'\mathbf{T} + \kappa v^2 \mathbf{N})$$
$$= vv'\mathbf{T} \cdot \mathbf{T} + \kappa v^3 \mathbf{T} \cdot \mathbf{N}$$
$$= vv' \qquad \text{(puesto que } \mathbf{T} \cdot \mathbf{T} = 1 \text{ y } \mathbf{T} \cdot \mathbf{N} = 0)$$

Por lo tanto,

$$\boxed{9} \qquad a_T = v' = \frac{\mathbf{v} \cdot \mathbf{a}}{v} = \frac{\mathbf{r}'(t) \cdot \mathbf{r}''(t)}{|\mathbf{r}'(t)|}$$

Al usar la fórmula para la curvatura dada por el teorema 13.3.10, se tiene

$$\boxed{10} \qquad a_N = \kappa v^2 = \frac{|\mathbf{r}'(t) \times \mathbf{r}''(t)|}{|\mathbf{r}'(t)|^3} |\mathbf{r}'(t)|^2 = \frac{|\mathbf{r}'(t) \times \mathbf{r}''(t)|}{|\mathbf{r}'(t)|}$$

EJEMPLO 7 Una partícula se mueve con una función de posición $\mathbf{r}(t) = \langle t^2, t^2, t^3 \rangle$. Determine las componentes tangencial y normal de la aceleración.

SOLUCIÓN

$$\mathbf{r}(t) = t^2\,\mathbf{i} + t^2\,\mathbf{j} + t^3\,\mathbf{k}$$

$$\mathbf{r}'(t) = 2t\,\mathbf{i} + 2t\,\mathbf{j} + 3t^2\,\mathbf{k}$$

$$\mathbf{r}''(t) = 2\,\mathbf{i} + 2\,\mathbf{j} + 6t\,\mathbf{k}$$

$$|\mathbf{r}'(t)| = \sqrt{8t^2 + 9t^4}$$

Por lo tanto, la ecuación 9 da la componente tangencial como

$$a_T = \frac{\mathbf{r}'(t) \cdot \mathbf{r}''(t)}{|\mathbf{r}'(t)|} = \frac{8t + 18t^3}{\sqrt{8t^2 + 9t^4}}$$

Puesto que
$$\mathbf{r}'(t) \times \mathbf{r}''(t) = \begin{vmatrix} \mathbf{i} & \mathbf{j} & \mathbf{k} \\ 2t & 2t & 3t^2 \\ 2 & 2 & 6t \end{vmatrix} = 6t^2\,\mathbf{i} - 6t^2\,\mathbf{j}$$

La ecuación 10 da la componente normal como

$$a_N = \frac{|\mathbf{r}'(t) \times \mathbf{r}''(t)|}{|\mathbf{r}'(t)|} = \frac{6\sqrt{2}\,t^2}{\sqrt{8t^2 + 9t^4}}$$

■ Leyes de Kepler sobre el movimiento planetario

Ahora se describirá uno de los grandes logros del cálculo al mostrar cómo se puede usar el material de este capítulo para demostrar las leyes de Kepler sobre el movimiento planetario. Después de 20 años de estudiar las observaciones astronómicas del astrónomo danés Tycho Brahe, el matemático y astrónomo alemán Johannes Kepler (1571-1630) formuló las tres leyes siguientes.

Leyes de Kepler

1. Un planeta gira alrededor del Sol en una órbita elíptica con el Sol en un foco.
2. La recta que une al Sol con un planeta recorre áreas iguales en tiempos iguales.
3. El cuadrado del periodo de revolución de un planeta es proporcional al cubo de la longitud del eje mayor de su órbita.

En su libro *Principia Mathematica* de 1687, sir Isaac Newton demostró que estas tres leyes son consecuencia de dos de sus propias leyes, la segunda ley del movimiento y la ley de la gravitación universal. A continuación se demostrará la primera ley de Kepler. Las leyes restantes se dejan como ejercicios (con sugerencias).

Como la fuerza gravitacional del Sol sobre un planeta es mucho mayor que las fuerzas que ejercen otros cuerpos celestes, se pueden ignorar sin riesgo todos los cuerpos en el universo excepto el Sol y un planeta que gira alrededor de él. Se usa un sistema de coordenadas con el Sol en el origen y sea $\mathbf{r} = \mathbf{r}(t)$ el vector de posición del planeta. (De manera igualmente correcta, $\mathbf{r}$ podría ser el vector de posición de la Luna o de un satélite que se mueve alrededor de la Tierra o de un cometa que lo hace alrededor de una estrella). El vector de velocidad es $\mathbf{v} = \mathbf{r}'$ y el vector de aceleración es $\mathbf{a} = \mathbf{r}''$. Se usan las siguientes leyes de Newton:

$$\text{Segunda ley del movimiento: } \mathbf{F} = m\mathbf{a}$$

$$\text{Ley de gravitación:} \qquad \mathbf{F} = -\frac{GMm}{r^3}\mathbf{r} = -\frac{GMm}{r^2}\mathbf{u}$$

donde $\mathbf{F}$ es la fuerza gravitacional sobre el planeta, m y M son las masas del planeta y del Sol, G es la constante gravitacional, $r = |\mathbf{r}|$, y $\mathbf{u} = (1/r)\mathbf{r}$ es el vector unitario en la dirección de $\mathbf{r}$.

Primero se demostrará que el planeta se mueve en un plano. Se igualan las expresiones para $\mathbf{F}$ en las dos leyes de Newton y se determina que

$$\mathbf{a} = -\frac{GM}{r^3}\mathbf{r}$$

por lo que $\mathbf{a}$ es paralela a $\mathbf{r}$. De esto se desprende que $\mathbf{r} \times \mathbf{a} = \mathbf{0}$. Se usa la fórmula 5 del teorema 13.2.3 para escribir

$$\frac{d}{dt}(\mathbf{r} \times \mathbf{v}) = \mathbf{r}' \times \mathbf{v} + \mathbf{r} \times \mathbf{v}'$$

$$= \mathbf{v} \times \mathbf{v} + \mathbf{r} \times \mathbf{a} = \mathbf{0} + \mathbf{0} = \mathbf{0}$$

Por lo tanto, $$\mathbf{r} \times \mathbf{v} = \mathbf{h}$$

donde $\mathbf{h}$ es un vector constante. (Se puede suponer que $\mathbf{h} \neq \mathbf{0}$; es decir, que $\mathbf{r}$ y $\mathbf{v}$ no son paralelos). Esto significa que el vector $\mathbf{r} = \mathbf{r}(t)$ es perpendicular a $\mathbf{h}$ para todos los valores de t, así que el planeta siempre está situado en el plano que pasa por el origen perpendicular a $\mathbf{h}$. Por lo tanto, la órbita del planeta es una curva en un plano.

Para demostrar la primera ley de Kepler se reescribe el vector $\mathbf{h}$ como sigue:

$$\mathbf{h} = \mathbf{r} \times \mathbf{v} = \mathbf{r} \times \mathbf{r}' = r\mathbf{u} \times (r\mathbf{u})'$$

$$= r\mathbf{u} \times (r\mathbf{u}' + r'\mathbf{u}) = r^2(\mathbf{u} \times \mathbf{u}') + rr'(\mathbf{u} \times \mathbf{u})$$

$$= r^2(\mathbf{u} \times \mathbf{u}')$$

Entonces,

$$\mathbf{a} \times \mathbf{h} = \frac{-GM}{r^2}\mathbf{u} \times (r^2\mathbf{u} \times \mathbf{u}') = -GM\,\mathbf{u} \times (\mathbf{u} \times \mathbf{u}')$$

$$= -GM[(\mathbf{u} \cdot \mathbf{u}')\mathbf{u} - (\mathbf{u} \cdot \mathbf{u})\mathbf{u}'] \qquad \text{(por el teorema 12.4.11, propiedad 6)}$$

Pero $\mathbf{u} \cdot \mathbf{u} = |\mathbf{u}|^2 = 1$ y, puesto que $|\mathbf{u}(t)| = 1$, se deduce del teorema 13.2.4 que

$$\mathbf{u} \cdot \mathbf{u}' = 0$$

Por lo tanto, $$\mathbf{a} \times \mathbf{h} = GM\,\mathbf{u}'$$

y, en consecuencia, $(\mathbf{v} \times \mathbf{h})' = \mathbf{v}' \times \mathbf{h} + \mathbf{v} \times \mathbf{h}' = \mathbf{v}' \times \mathbf{h} = \mathbf{a} \times \mathbf{h} = GM\,\mathbf{u}'$

Al integrar ambos miembros de esta ecuación se obtiene

11 $$\mathbf{v} \times \mathbf{h} = GM\,\mathbf{u} + \mathbf{c}$$

donde $\mathbf{c}$ es un vector constante.

En este punto es conveniente elegir los ejes coordenados para que el vector de base estándar o canónica $\mathbf{k}$ apunte en la dirección del vector $\mathbf{h}$. Entonces, el planeta se mueve

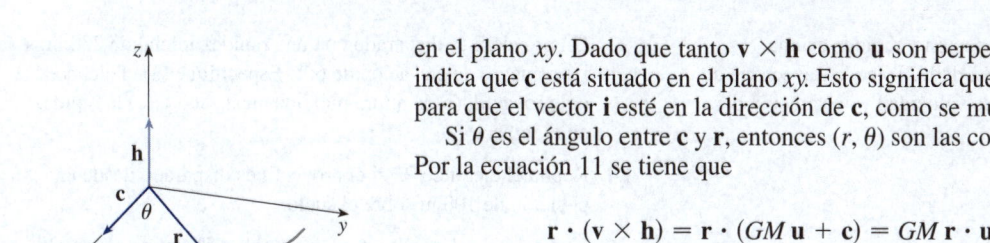

en el plano xy. Dado que tanto $\mathbf{v} \times \mathbf{h}$ como $\mathbf{u}$ son perpendiculares a $\mathbf{h}$, la ecuación 11 indica que $\mathbf{c}$ está situado en el plano xy. Esto significa que se pueden elegir los ejes x y y para que el vector $\mathbf{i}$ esté en la dirección de $\mathbf{c}$, como se muestra en la figura 8.

Si θ es el ángulo entre $\mathbf{c}$ y $\mathbf{r}$, entonces (r, θ) son las coordenadas polares del planeta. Por la ecuación 11 se tiene que

$$\mathbf{r} \cdot (\mathbf{v} \times \mathbf{h}) = \mathbf{r} \cdot (GM\,\mathbf{u} + \mathbf{c}) = GM\,\mathbf{r} \cdot \mathbf{u} + \mathbf{r} \cdot \mathbf{c}$$

$$= GMr\,\mathbf{u} \cdot \mathbf{u} + |\mathbf{r}||\mathbf{c}|\cos\theta = GMr + rc\cos\theta$$

donde $c = |\mathbf{c}|$. Entonces

$$r = \frac{\mathbf{r} \cdot (\mathbf{v} \times \mathbf{h})}{GM + c\cos\theta} = \frac{1}{GM}\frac{\mathbf{r} \cdot (\mathbf{v} \times \mathbf{h})}{1 + e\cos\theta}$$

donde $e = c/(GM)$. Pero

$$\mathbf{r} \cdot (\mathbf{v} \times \mathbf{h}) = (\mathbf{r} \times \mathbf{v}) \cdot \mathbf{h} = \mathbf{h} \cdot \mathbf{h} = |\mathbf{h}|^2 = h^2$$

donde $h = |\mathbf{h}|$. Entonces

$$r = \frac{h^2/(GM)}{1 + e\cos\theta} = \frac{eh^2/c}{1 + e\cos\theta}$$

Se escribe $d = h^2/c$ para obtener la ecuación

12
$$r = \frac{ed}{1 + e\cos\theta}$$

Al comparar con el teorema 10.6.6, se observa que la ecuación 12 es la ecuación polar de una sección cónica con foco en el origen y excentricidad e. Se sabe que la órbita de un planeta es una curva cerrada y, por lo tanto, que la cónica debe ser una elipse.

Esto completa la derivación de la primera ley de Kepler. El lector tendrá una guía en la derivación de la segunda y tercera leyes en el "Proyecto de aplicación" que se presenta después de esta sección. Las demostraciones de estas tres leyes muestran que los métodos de este capítulo ofrecen una herramienta eficaz para describir algunas de las leyes de la naturaleza.

13.4 | Ejercicios

1. En la tabla se presentan las coordenadas de una partícula que se mueve en el espacio a lo largo de una curva suave.

(a) Determine las velocidades promedio durante los intervalos de tiempo [0, 1], [0.5, 1], [1, 2] y [1, 1.5].

(b) Estime la velocidad y rapidez de la partícula en $t = 1$.

t	x	y	z
0	2.7	9.8	3.7
0.5	3.5	7.2	3.3
1.0	4.5	6.0	3.0
1.5	5.9	6.4	2.8
2.0	7.3	7.8	2.7

2. En la figura se muestra la trayectoria de una partícula que se mueve con el vector de posición $\mathbf{r}(t)$ en el tiempo t.

(a) Dibuje un vector que represente la velocidad promedio de la partícula en el intervalo de tiempo $2 \leq t \leq 2.4$.

(b) Dibuje un vector que represente la velocidad promedio en el intervalo de tiempo $1.5 \leq t \leq 2$.

(c) Escriba una expresión para el vector de velocidad $\mathbf{v}(2)$.

(d) Dibuje una aproximación al vector $\mathbf{v}(2)$ y calcule la rapidez de la partícula en $t = 2$.

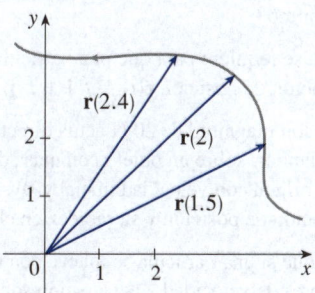

3-8 Determine la velocidad, aceleración y rapidez de una partícula con la función de posición dada. Trace la trayectoria de la partícula y dibuje los vectores de velocidad y aceleración para el valor especificado de t.

3. $\mathbf{r}(t) = \left\langle -\frac{1}{2}t^2, t \right\rangle, \quad t = 2$

4. $\mathbf{r}(t) = \langle t^2, 1/t^2 \rangle, \quad t = 1$

5. $\mathbf{r}(t) = 3\cos t\,\mathbf{i} + 2\,\text{sen}\,t\,\mathbf{j}, \quad t = \pi/3$

6. $\mathbf{r}(t) = e^t\,\mathbf{i} + e^{2t}\,\mathbf{j}, \quad t = 0$

7. $\mathbf{r}(t) = t\,\mathbf{i} + t^2\,\mathbf{j} + 2\,\mathbf{k}, \quad t = 1$

8. $\mathbf{r}(t) = t\,\mathbf{i} + 2\cos t\,\mathbf{j} + \text{sen}\,t\,\mathbf{k}, \quad t = 0$

9-14 Calcule la velocidad, aceleración y rapidez de una partícula con la función de posición dada.

9. $\mathbf{r}(t) = \langle t^2 + t, t^2 - t, t^3 \rangle$

10. $\mathbf{r}(t) = \langle 2\cos t, 3t, 2\,\text{sen}\,t \rangle$

11. $\mathbf{r}(t) = \sqrt{2}\,t\,\mathbf{i} + e^t\,\mathbf{j} + e^{-t}\,\mathbf{k}$

12. $\mathbf{r}(t) = t^2\,\mathbf{i} + 2t\,\mathbf{j} + \ln t\,\mathbf{k}$

13. $\mathbf{r}(t) = e^t(\cos t\,\mathbf{i} + \text{sen}\,t\,\mathbf{j} + t\,\mathbf{k})$

14. $\mathbf{r}(t) = \langle t^2, \text{sen}\,t - t\cos t, \cos t + t\,\text{sen}\,t \rangle, \quad t \geq 0$

15-16 Determine los vectores de velocidad y posición de una partícula a partir de su aceleración; donde velocidad y posición iniciales están dadas.

15. $\mathbf{a}(t) = 2\,\mathbf{i} + 2t\,\mathbf{k}, \quad \mathbf{v}(0) = 3\,\mathbf{i} - \mathbf{j}, \quad \mathbf{r}(0) = \mathbf{j} + \mathbf{k}$

16. $\mathbf{a}(t) = \text{sen}\,t\,\mathbf{i} + 2\cos t\,\mathbf{j} + 6t\,\mathbf{k}, \quad \mathbf{v}(0) = -\mathbf{k},$
$\mathbf{r}(0) = \mathbf{j} - 4\,\mathbf{k}$

17-18

(a) Encuentre el vector de posición de una partícula a partir de su aceleración; donde velocidad y posición iniciales están dadas.

(b) Grafique la trayectoria de la partícula.

17. $\mathbf{a}(t) = 2t\,\mathbf{i} + \text{sen}\,t\,\mathbf{j} + \cos 2t\,\mathbf{k}, \quad \mathbf{v}(0) = \mathbf{i}, \quad \mathbf{r}(0) = \mathbf{j}$

18. $\mathbf{a}(t) = t\,\mathbf{i} + e^t\,\mathbf{j} + e^{-t}\,\mathbf{k}, \quad \mathbf{v}(0) = \mathbf{k}, \quad \mathbf{r}(0) = \mathbf{j} + \mathbf{k}$

19. La función de posición de una partícula está dada por $\mathbf{r}(t) = \langle t^2, 5t, t^2 - 16t \rangle$. ¿En qué momento su rapidez alcanza un valor mínimo?

20. ¿Qué fuerza se requiere para que una partícula de masa m tenga la función de posición $\mathbf{r}(t) = t^3\,\mathbf{i} + t^2\,\mathbf{j} + t^3\,\mathbf{k}$?

21. Una fuerza con magnitud de 20 N actúa directamente hacia arriba del plano xy sobre un objeto con masa de 4 kg. El objeto parte del origen con velocidad inicial $\mathbf{v}(0) = \mathbf{i} - \mathbf{j}$. Determine su función de posición y su rapidez en el momento t.

22. Demuestre que si una partícula se mueve con rapidez constante, los vectores de velocidad y aceleración son ortogonales.

23. Un proyectil es disparado con una rapidez inicial de 200 m/s y un ángulo de elevación de 60°. Especifique (a) el alcance del proyectil, (b) la altura máxima alcanzada y (c) la rapidez en el impacto.

24. Repita el ejercicio 23 si el proyectil es disparado desde una posición de 100 m sobre el suelo.

25. Una pelota es lanzada en un ángulo de 45° respecto al suelo. Si aterriza a una distancia de 90 m, ¿cuál era su rapidez inicial?

26. Un proyectil es disparado desde un tanque con rapidez inicial de 400 m/s. Determine dos ángulos de elevación que puedan usarse para impactar un blanco a una distancia de 3 000 m.

27. Un rifle es disparado con un ángulo de elevación de 36°. ¿Cuál es la rapidez inicial si la altura máxima de la bala es de 500 m?

28. Un bateador golpea una pelota 1 m sobre el nivel del suelo hacia la cerca del jardín central, la cual tiene 4 m de altura y se encuentra a 120 m de *home*. La pelota se separa del bate con una rapidez de 35 m/s en un ángulo de 50° sobre la horizontal. ¿Es un jonrón? (En otras palabras, ¿la pelota sale del campo?).

29. Una ciudad medieval tiene la forma de un cuadrado y está protegida por murallas que tienen 500 m de longitud y 15 m de altura. Usted es el comandante de un ejército enemigo y lo más que puede acercarse a la muralla son 100 m. Su plan es prender fuego a la ciudad catapultando rocas incandescentes sobre la muralla (con una rapidez inicial de 80 m/s). ¿A qué rango de ángulos debe ordenar a sus hombres que coloquen la catapulta? (Suponga que la trayectoria de las rocas es perpendicular a la muralla).

30. Demuestre que un proyectil llega a tres cuartos de su altura máxima en la mitad del tiempo necesario para alcanzar su altura máxima.

31. Una pelota es lanzada al aire en dirección este desde el origen (en la dirección del eje x positivo). La velocidad inicial es $50\,\mathbf{i} + 80\,\mathbf{k}$, con rapidez medida en metros por segundo. El giro de la pelota produce una aceleración al sur de 4 m/s², por lo que el vector de aceleración es $\mathbf{a} = -4\,\mathbf{j} - 32\,\mathbf{k}$. ¿Dónde caerá la pelota y con qué rapidez?

32. Una pelota con masa de 0.8 kg es lanzada al aire con dirección sur y rapidez de 30 m/s en un ángulo de 30° respecto al suelo. Un viento del oeste aplica una fuerza constante de 4 N sobre la pelota en dirección este. ¿Dónde caerá la pelota y con qué rapidez?

33. El agua que corre a lo largo de una parte recta de un río normalmente lo hace más rápido en medio, y la rapidez se reduce a casi cero en las orillas. Considere un tramo largo y recto de un río que corre hacia el norte con orillas paralelas a 40 m de distancia una de otra. Si la rapidez máxima del agua es de 3 m/s, se puede usar una función cuadrática como modelo básico de la razón del caudal de agua a x unidades de la orilla occidental: $f(x) = \frac{3}{400}x(40 - x)$.

(a) Un bote avanza a una rapidez constante de 5 m/s desde un punto A en la orilla occidental mientras mantiene una dirección perpendicular a la orilla. ¿A qué distancia río abajo en la orilla opuesta tocará tierra? Grafique la trayectoria del bote.

(b) Suponga que se desea conducir el bote a tierra en el punto B de la orilla oriental, directamente frente a A. Si se mantiene una rapidez constante de 5 m/s y una dirección constante, calcule el ángulo en el que el bote debe orientarse. Luego grafique la trayectoria real que sigue el bote. ¿La trayectoria parece realista?

34. Otro modelo razonable para medir la rapidez del agua del río del ejercicio 33 es una función seno: $f(x) = 3\,\text{sen}(\pi x/40)$. Si un barquero quisiera cruzar el río de A a B con dirección constante y rapidez constante de 5 m/s, determine el ángulo en el que el bote debe orientarse.

35. Una partícula tiene una función de posición $\mathbf{r}(t)$. Si $\mathbf{r}'(t) = \mathbf{c} \times \mathbf{r}(t)$, donde $\mathbf{c}$ es un vector constante, describa la trayectoria de la partícula.

36. (a) Si una partícula se mueve a lo largo de una línea recta, ¿qué se puede decir sobre su vector de aceleración?

(b) Si una partícula se mueve con rapidez constante a lo largo de una curva, ¿qué se puede decir sobre su vector de aceleración?

37-40 Determine las componentes tangencial y normal del vector de aceleración.

37. $\mathbf{r}(t) = (t^2 + 1)\,\mathbf{i} + t^3\,\mathbf{j}, \quad t \geq 0$

38. $\mathbf{r}(t) = 2t^2\,\mathbf{i} + \left(\tfrac{2}{3}t^3 - 2t\right)\mathbf{j}$

39. $\mathbf{r}(t) = \cos t\,\mathbf{i} + \text{sen}\, t\,\mathbf{j} + t\,\mathbf{k}$

40. $\mathbf{r}(t) = t\,\mathbf{i} + 2e^t\,\mathbf{j} + e^{2t}\,\mathbf{k}$

41-42 Especifique las componentes tangencial y normal del vector de aceleración en el punto dado.

41. $\mathbf{r}(t) = \ln t\,\mathbf{i} + (t^2 + 3t)\,\mathbf{j} + 4\sqrt{t}\,\mathbf{k}, \quad (0, 4, 4)$

42. $\mathbf{r}(t) = \dfrac{1}{t}\,\mathbf{i} + \dfrac{1}{t^2}\,\mathbf{j} + \dfrac{1}{t^3}\,\mathbf{k}, \quad (1, 1, 1)$

43. La magnitud del vector de aceleración $\mathbf{a}$ es de 10 cm/s². Use la figura para estimar las componentes tangencial y normal de $\mathbf{a}$.

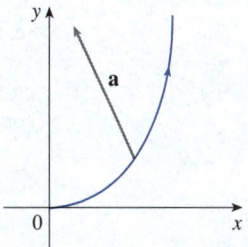

44. Movimiento angular y momento de torsión Si una partícula con masa m se mueve con un vector de posición $\mathbf{r}(t)$, su cantidad de *movimiento angular* se define como $\mathbf{L}(t) = m\mathbf{r}(t) \times \mathbf{v}(t)$ y su *momento de torsión* como $\tau(t) = m\mathbf{r}(t) \times \mathbf{a}(t)$. Demuestre que $\mathbf{L}'(t) = \tau(t)$. Deduzca que si $\tau(t) = \mathbf{0}$ para todos los valores de t, entonces $\mathbf{L}(t)$ es constante. (Esta es la *ley de la conservación de la cantidad de movimiento angular*).

45. La función de posición de una nave espacial es

$$\mathbf{r}(t) = (3 + t)\,\mathbf{i} + (2 + \ln t)\,\mathbf{j} + \left(7 - \frac{4}{t^2 + 1}\right)\mathbf{k}$$

y las coordenadas de una estación espacial son $(6, 4, 9)$. El capitán desea que la nave se deslice hasta la estación espacial. ¿Cuándo deben apagarse los motores?

46. Un cohete que consume su combustible al moverse en el espacio tiene velocidad $\mathbf{v}(t)$ y una masa $m(t)$ en el momento t. Si los gases escapan con una velocidad $\mathbf{v}_e$ en relación con el cohete, puede deducirse de la segunda ley del movimiento de Newton que

$$m\,\frac{d\mathbf{v}}{dt} = \frac{dm}{dt}\,\mathbf{v}_e$$

(a) Demuestre que $\mathbf{v}(t) = \mathbf{v}(0) - \ln \dfrac{m(0)}{m(t)}\,\mathbf{v}_e$.

(b) Para que el cohete acelere en una línea recta desde su estado de reposo hasta dos veces la rapidez de sus gases de escape, ¿qué fracción de su masa inicial tendría que consumir como combustible?

PROYECTO DE APLICACIÓN | LAS LEYES DE KEPLER

Johannes Kepler enunció las siguientes tres leyes sobre el movimiento planetario con base en inmensas cantidades de datos acerca de las posiciones de los planetas en diversos momentos.

Leyes de Kepler

1. Un planeta gira alrededor del Sol en una órbita elíptica con el Sol en un foco.
2. La recta que une al Sol con un planeta recorre áreas iguales en tiempos iguales.
3. El cuadrado del periodo de revolución de un planeta es proporcional al cubo de la longitud del eje mayor de su órbita.

(continúa)

Kepler formuló estas leyes porque se ajustaban a los datos astronómicos. No logró entender por qué eran ciertas o cómo se relacionaban entre sí. Pero sir Isaac Newton, en su *Principia Mathematica* de 1687, demostró cómo deducir las tres leyes de Kepler de dos de sus propias leyes, la segunda ley del movimiento y la ley de la gravitación universal. En la sección 13.4 se demostró la primera ley de Kepler usando el cálculo de funciones vectoriales. En este proyecto se le guiará en las demostraciones de la segunda y tercera leyes de Kepler y se explorarán algunas de sus consecuencias.

1. Siga los pasos que se indican a continuación para demostrar la segunda ley de Kepler. La notación es la misma que la de la demostración de la primera ley en la sección 13.4. En particular, use coordenadas polares para que $\mathbf{r} = (r\cos\theta)\,\mathbf{i} + (r\sin\theta)\,\mathbf{j}$.

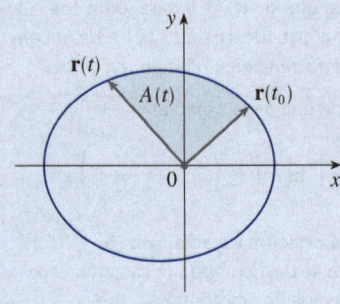

(a) Demuestre que $\mathbf{h} = r^2\dfrac{d\theta}{dt}\,\mathbf{k}$.

(b) Deduzca que $r^2\dfrac{d\theta}{dt} = h$.

(c) Si $A = A(t)$ es el área recorrida por el vector de radio $\mathbf{r} = \mathbf{r}(t)$ en el intervalo de tiempo $[t_0, t]$, como en la figura, demuestre que

$$\frac{dA}{dt} = \tfrac{1}{2}r^2\frac{d\theta}{dt}$$

(d) Deduzca que

$$\frac{dA}{dt} = \tfrac{1}{2}h = \text{constante}$$

Esto indica que la razón a la que se recorre A es constante y demuestra la segunda ley de Kepler.

2. Sea T el periodo de un planeta alrededor del Sol; es decir, T es el tiempo requerido para que recorra una vez su órbita elíptica. Suponga que las longitudes del eje mayor y menor de la elipse son $2a$ y $2b$.

(a) Use el inciso (d) del problema 1 para demostrar que $T = 2\pi ab/h$.

(b) Demuestre que $\dfrac{h^2}{GM} = ed = \dfrac{b^2}{a}$.

(c) Use los incisos (a) y (b) para demostrar que $T^2 = \dfrac{4\pi^2}{GM}a^3$.

Esto demuestra la tercera ley de Kepler. [Observe que la constante de proporcionalidad $4\pi^2/(GM)$ es independiente del planeta].

3. El periodo de la órbita de la Tierra es de aproximadamente 365.25 días. Use este hecho y la tercera ley de Kepler para encontrar la longitud del eje mayor de la órbita terrestre. Necesitará la masa del Sol, $M = 1.99 \times 10^{30}$ kg, y la constante gravitacional, $G = 6.67 \times 10^{-11}$ N · m²/kg².

4. Es posible poner un satélite en órbita alrededor de la Tierra de modo que permanezca fijo sobre un lugar determinado sobre el ecuador. Calcule la altitud necesaria para ese satélite. La masa de la Tierra es de 5.98×10^{24} kg y su radio es de 6.37×10^6 m. (Esta órbita se llama órbita geoestacionaria Clarke, en honor a Arthur C. Clarke, quien fue el primero en proponer esta idea en 1945. El primer satélite de este tipo, *Syncom II*, se lanzó en julio de 1963).

VERIFICACIÓN DE CONCEPTOS   Las respuestas de la sección "Verificación de conceptos" están disponibles en StewartCalculus.com

1. ¿Qué es una función vectorial? ¿Cómo se encuentra su derivada y su integral?

2. ¿Cuál es la relación entre funciones vectoriales y curvas en el espacio?

3. ¿Cómo se determina el vector tangente a una curva suave en un punto? ¿Cómo se encuentra la recta tangente? ¿Y el vector tangente unitario?

4. Si **u** y **v** son funciones vectoriales derivables, c un escalar y f una función de variable real, escriba las reglas para derivar las siguientes funciones vectoriales.

   (a) $\mathbf{u}(t) + \mathbf{v}(t)$ (b) $c\mathbf{u}(t)$ (c) $f(t)\mathbf{u}(t)$

   (d) $\mathbf{u}(t) \cdot \mathbf{v}(t)$ (e) $\mathbf{u}(t) \times \mathbf{v}(t)$ (f) $\mathbf{u}(f(t))$

5. ¿Cómo se determina la longitud de una curva en el espacio dada por una función vectorial $\mathbf{r}(t)$?

6. (a) ¿Cuál es la definición de curvatura?

   (b) Escriba una fórmula para la curvatura en términos de $\mathbf{r}'(t)$ y $\mathbf{T}'(t)$.

   (c) Escriba una fórmula para la curvatura en términos de $\mathbf{r}'(t)$ y $\mathbf{r}''(t)$.

   (d) Escriba una fórmula para la curvatura de una curva en un plano con ecuación $y = f(x)$.

7. (a) Escriba fórmulas para los vectores normal unitario y binormal de una curva suave $\mathbf{r}(t)$ en el espacio.

   (b) ¿Qué es el plano normal de una curva en un punto? ¿Qué es el plano osculador? ¿Qué es el círculo osculador?

8. (a) ¿Cómo se determina la velocidad, rapidez y aceleración de una partícula que se mueve a lo largo de una curva en el espacio?

   (b) Escriba la aceleración en términos de sus componentes tangencial y normal.

9. Enuncie las leyes de Kepler.

PREGUNTAS DE VERDADERO O FALSO

Determine si el enunciado es verdadero o falso. Si es verdadero, explique por qué. Si es falso, explique por qué o dé un ejemplo que lo refute.

1. La curva con ecuación vectorial $\mathbf{r}(t) = t^3\mathbf{i} + 2t^3\mathbf{j} + 3t^3\mathbf{k}$ es una recta.

2. La curva $\mathbf{r}(t) = \langle 0, t^2, 4t \rangle$ es una parábola.

3. La curva $\mathbf{r}(t) = \langle 2t, 3 - t, 0 \rangle$ es una recta que pasa por el origen.

4. La derivada de una función vectorial se obtiene al derivar cada función componente.

5. Si $\mathbf{u}(t)$ y $\mathbf{v}(t)$ son funciones vectoriales derivables, entonces

$$\frac{d}{dt}[\mathbf{u}(t) \times \mathbf{v}(t)] = \mathbf{u}'(t) \times \mathbf{v}'(t)$$

6. Si $\mathbf{r}(t)$ es una función vectorial derivable, entonces

$$\frac{d}{dt}|\mathbf{r}(t)| = |\mathbf{r}'(t)|$$

7. Si $\mathbf{T}(t)$ es el vector tangente unitario de una curva suave, la curvatura es $\kappa = |d\mathbf{T}/dt|$.

8. El vector binormal es $\mathbf{B}(t) = \mathbf{N}(t) \times \mathbf{T}(t)$.

9. Suponga que f es dos veces continuamente derivable. En un punto de inflexión de la curva $y = f(x)$, la curvatura es 0.

10. Si $\kappa(t) = 0$ para todos los valores de t, la curva es una línea recta.

11. Si $|\mathbf{r}(t)| = 1$ para todos los valores de t, entonces $|\mathbf{r}'(t)|$ es una constante.

12. Si $|\mathbf{r}(t)| = 1$ para todos los valores de t, entonces $\mathbf{r}'(t)$ es ortogonal a $\mathbf{r}(t)$ para todos los valores de t.

13. El círculo osculador de una curva C en un punto tiene el mismo vector tangente, vector normal y curvatura que C en ese punto.

14. Diferentes parametrizaciones de la misma curva resultan en vectores tangentes idénticos en un punto dado en la curva.

15. La proyección de la curva $\mathbf{r}(t) = \langle \cos 2t, t, \sin 2t \rangle$ sobre el plano xz es un círculo.

16. Las ecuaciones vectoriales $\mathbf{r}(t) = \langle t, 2t, t + 1 \rangle$ y $\mathbf{r}(t) = \langle t - 1, 2t - 2, t \rangle$ son parametrizaciones de la misma recta.

EJERCICIOS

1. (a) Trace la curva con función vectorial

$$\mathbf{r}(t) = t\mathbf{i} + \cos \pi t \, \mathbf{j} + \operatorname{sen} \pi t \, \mathbf{k} \qquad t \geq 0$$

(b) Encuentre $\mathbf{r}'(t)$ y $\mathbf{r}''(t)$.

2. Sea $\mathbf{r}(t) = \left\langle \sqrt{2 - t}, (e^t - 1), \ln(t + 1) \right\rangle$.

(a) Determine el dominio de .

(b) Calcule $\lim_{t \to 0} \mathbf{r}(t)$.

(c) Encuentre $\mathbf{r}'(t)$.

3. Determine una función vectorial que represente la curva de intersección del cilindro $x^2 + y^2 = 16$ y el plano $x + z = 5$.

 4. Encuentre ecuaciones paramétricas para la recta tangente a la curva $x = 2 \operatorname{sen} t$, $y = 2 \operatorname{sen} 2t$, $z = 2 \operatorname{sen} 3t$ en el punto $\left(1, \sqrt{3}, 2\right)$. Grafique la curva y la recta tangente en una misma pantalla.

5. Si $\mathbf{r}(t) = t^2 \mathbf{i} + t \cos \pi t \, \mathbf{j} + \operatorname{sen} \pi t \, \mathbf{k}$, evalúe $\int_0^1 \mathbf{r}(t) \, dt$.

6. Sea C la curva con ecuaciones $x = 2 - t^3$, $y = 2t - 1$, $z = \ln t$. Determine (a) el punto donde C interseca el plano xz, (b) ecuaciones paramétricas de la recta tangente en $(1, 1, 0)$ y (c) una ecuación del plano normal a C en $(1, 1, 0)$.

7. Use la regla de Simpson con $n = 6$ para estimar la longitud de arco de la curva con ecuaciones $x = t^2$, $y = t^3$, $z = t^4$, $0 \leq t \leq 3$.

8. Calcule la longitud de la curva $\mathbf{r}(t) = \langle 2t^{3/2}, \cos 2t, \operatorname{sen} 2t \rangle$, $0 \leq t \leq 1$.

9. La hélice $\mathbf{r}_1(t) = \cos t \, \mathbf{i} + \operatorname{sen} t \, \mathbf{j} + t \mathbf{k}$ interseca la curva $\mathbf{r}_2(t) = (1 + t)\mathbf{i} + t^2 \mathbf{j} + t^3 \mathbf{k}$ en el punto $(1, 0, 0)$. Determine el ángulo de intersección de estas curvas.

10. Reparametrice la curva $\mathbf{r}(t) = e^t \mathbf{i} + e^t \operatorname{sen} t \, \mathbf{j} + e^t \cos t \, \mathbf{k}$ respecto a la longitud de arco medida desde el punto $(1, 0, 1)$ en la dirección de t creciente.

11. Para la curva dada por $\mathbf{r}(t) = \langle \operatorname{sen}^3 t, \cos^3 t, \operatorname{sen}^2 t \rangle$, $0 \leq t \leq \pi/2$, especifique

(a) el vector tangente unitario,

(b) el vector normal unitario,

(c) el vector binormal unitario,

(d) la curvatura,

(e) la torsión.

12. Calcule la curvatura de la elipse $x = 3 \cos t$, $y = 4 \operatorname{sen} t$ en los puntos $(3, 0)$ y $(0, 4)$.

13. Determine la curvatura de la curva $y = x^4$ en el punto $(1, 1)$.

 14. Encuentre una ecuación del círculo osculador de la curva $y = x^4 - x^2$ en el origen. Grafique tanto la curva como su círculo osculador.

15. Determine una ecuación del plano osculador de la curva $x = \operatorname{sen} 2t$, $y = t$, $z = \cos 2t$ en el punto $(0, \pi, 1)$.

16. En la figura se muestra la curva C que describe una partícula con vector de posición $\mathbf{r}(t)$ en el tiempo t.

(a) Trace un vector que represente la velocidad promedio de la partícula en el intervalo de tiempo $3 \leq t \leq 3.2$.

(b) Escriba una expresión para la velocidad $\mathbf{v}(3)$.

(c) Anote una expresión para el vector tangente unitario $\mathbf{T}(3)$ y dibújelo.

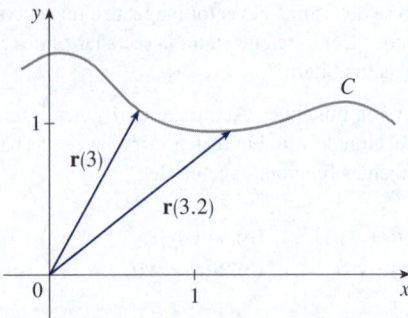

17. Una partícula se mueve con la función de posición $\mathbf{r}(t) = t \ln t \, \mathbf{i} + t \, \mathbf{j} + e^{-t} \mathbf{k}$. Calcule la velocidad, rapidez y aceleración de la partícula.

18. Encuentre la velocidad, rapidez y aceleración de la partícula en movimiento que tiene la función de posición $\mathbf{r}(t) = (2t^2 - 3)\mathbf{i} + 2t \mathbf{j}$. Trace la trayectoria de la partícula y dibuje los vectores de posición, velocidad y aceleración para $t = 1$.

19. Una partícula parte del origen con velocidad inicial $\mathbf{i} - \mathbf{j} + 3\mathbf{k}$. Su aceleración es $\mathbf{a}(t) = 6t \mathbf{i} + 12t^2 \mathbf{j} - 6t \mathbf{k}$. Determine su función de posición.

20. Un atleta lanza una bala en un ángulo de 45° con la horizontal y una rapidez inicial de 13 m/s. Esta se separa de la mano del atleta 2 m arriba del suelo.

(a) ¿Dónde está la bala 2 segundos después?

(b) ¿Hasta qué altura llegará la bala?

(c) ¿Dónde caerá la bala?

21. Un proyectil se lanza con una rapidez inicial de 40 m/s desde el piso de un túnel cuya altura es de 30 m. ¿Qué ángulo de elevación debe usarse para lograr el máximo alcance horizontal posible del proyectil? ¿Cuál es el alcance máximo?

22. Determine las componentes tangencial y normal del vector de aceleración de una partícula con función de posición

$$\mathbf{r}(t) = t \, \mathbf{i} + 2t \, \mathbf{j} + t^2 \, \mathbf{k}$$

23. Un disco de radio 1 gira en dirección contraria al movimiento de las manecillas del reloj a una rapidez angular constante de ω. Una partícula parte del centro del disco y se mueve hacia el extremo a lo largo de un radio fijo de tal manera que su posición en el tiempo t, $t \geq 0$, está dada por $\mathbf{r}(t) = t\mathbf{R}(t)$, donde

$$\mathbf{R}(t) = \cos \omega t \, \mathbf{i} + \text{sen} \, \omega t \, \mathbf{j}$$

(a) Demuestre que la velocidad $\mathbf{v}$ de la partícula es

$$\mathbf{v} = \cos \omega t \, \mathbf{i} + \text{sen} \, \omega t \, \mathbf{j} + t\mathbf{v}_d$$

donde $\mathbf{v}_d = \mathbf{R}'(t)$ es la velocidad de un punto en el borde del disco.

(b) Demuestre que la aceleración $\mathbf{a}$ de la partícula es

$$\mathbf{a} = 2\mathbf{v}_d + t\mathbf{a}_d$$

donde $\mathbf{a}_d = \mathbf{R}''(t)$ es la aceleración de un punto en el borde del disco. El término extra $2\mathbf{v}_d$ se llama *aceleración de Coriolis*; es resultado de la interacción de la rotación del disco y el movimiento de la partícula. Para obtener una demostración física de esta aceleración, camine hacia la orilla de un carrusel en movimiento.

(c) Determine la aceleración de Coriolis de una partícula que se mueve en un disco en rotación de acuerdo con la ecuación

$$\mathbf{r}(t) = e^{-t} \cos \omega t \, \mathbf{i} + e^{-t} \, \text{sen} \, \omega t \, \mathbf{j}$$

24. Al diseñar *curvas de transferencia* para unir secciones de vías de ferrocarril rectas, es importante comprender que la aceleración del tren debe ser continua para que la fuerza reactiva ejercida por el tren sobre la vía también sea continua. Debido a las fórmulas para las componentes de la aceleración en la sección 13.4, este será el caso si la curvatura varía continuamente.

(a) Un candidato lógico para que una curva de transferencia una vías existentes dado por $y = 1$ para $x \leq 0$ y $y = \sqrt{2} - x$ para $x \geq 1/\sqrt{2}$ podría ser la función $f(x) = \sqrt{1 - x^2}$, $0 < x < 1/\sqrt{2}$, cuya gráfica es el arco del círculo que se muestra en la figura. Esto parece razonable a primera vista. Demuestre que la función

$$F(x) = \begin{cases} 1 & \text{si } x \leq 0 \\ \sqrt{1 - x^2} & \text{si } 0 < x < 1/\sqrt{2} \\ \sqrt{2} - x & \text{si } x \geq 1/\sqrt{2} \end{cases}$$

es continua y tiene pendiente continua, pero no tiene curvatura continua. Por lo tanto, f no es una curva de transferencia apropiada.

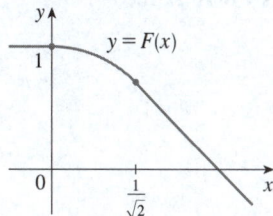

(b) Determine un polinomio de quinto grado que sirva como curva de transferencia entre los siguientes segmentos de recta: $y = 0$ para $x \leq 0$ y $y = x$ para $x \geq 1$. ¿Podría hacerse esto con un polinomio de cuarto grado? Use una calculadora graficadora o computadora para trazar la gráfica de la función "conectada" y compruebe que se vea como la de la figura.

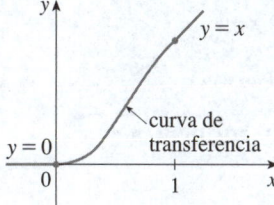

Problemas adicionales

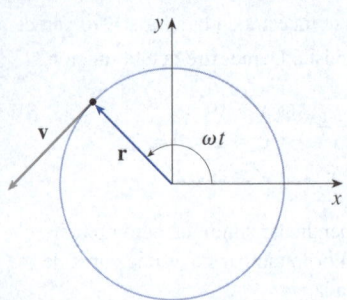

FIGURA PARA EL PROBLEMA 1

1. Una partícula P se mueve con rapidez angular constante ω alrededor de un círculo cuyo centro está en el origen y cuyo radio es R. Se dice que esta partícula está en *movimiento circular uniforme*. Suponga que el movimiento es en el sentido contrario a las manecillas del reloj y que la partícula está en el punto $(R, 0)$ cuando $t = 0$. El vector de posición en el momento $t \geqslant 0$ es $\mathbf{r}(t) = R \cos \omega t\, \mathbf{i} + R \operatorname{sen} \omega t\, \mathbf{j}$.
  (a) Determine el vector de velocidad $\mathbf{v}$ y demuestre que $\mathbf{v} \cdot \mathbf{r} = 0$. Concluya que $\mathbf{v}$ es tangente al círculo y apunta en la dirección del movimiento.
  (b) Demuestre que la rapidez $|\mathbf{v}|$ de la partícula es la constante ωR. El *periodo* T de la partícula es el tiempo requerido para realizar una revolución completa. Concluya que

$$T = \frac{2\pi R}{|\mathbf{v}|} = \frac{2\pi}{\omega}$$

  (c) Determine el vector de aceleración $\mathbf{a}$. Demuestre que es proporcional a $\mathbf{r}$ y que apunta al origen. Una aceleración con esta propiedad se llama *aceleración centrípeta*. Demuestre que la magnitud del vector de aceleración es $|\mathbf{a}| = R\omega^2$.
  (d) Suponga que la partícula tiene masa m. Demuestre que la magnitud de la fuerza $\mathbf{F}$ que se necesita para producir este movimiento, llamada *fuerza centrípeta*, es

$$|\mathbf{F}| = \frac{m|\mathbf{v}|^2}{R}$$

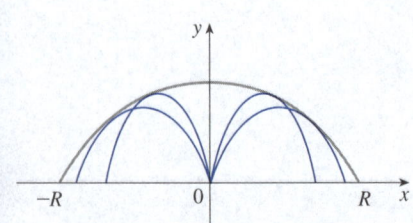

FIGURA PARA EL PROBLEMA 2

2. El peralte de una curva circular de radio R en una autopista tiene un ángulo θ para que un automóvil pueda pasar por la curva sin derrapar cuando no hay fricción entre el pavimento y los neumáticos. La pérdida de fricción podría ocurrir, por ejemplo, si el pavimento estuviera cubierto por una capa fina de agua o hielo. La rapidez nominal v_R de la curva es la rapidez máxima que un auto puede alcanzar sin derrapar. Suponga que un automóvil de masa m pasa por la curva a la rapidez nominal v_R. Dos fuerzas actúan sobre el vehículo: la fuerza vertical, mg, debida al peso del automóvil, y una fuerza $\mathbf{F}$ ejercida por el camino, la cual es normal (vea la figura).

  La componente vertical de $\mathbf{F}$ equilibra el peso del auto, de manera que $|\mathbf{F}| \cos \theta = mg$. La componente horizontal de $\mathbf{F}$ produce una fuerza centrípeta sobre el auto, así que, por la segunda ley de Newton y el inciso (d) del problema 1,

$$|\mathbf{F}| \operatorname{sen} \theta = \frac{mv_R^2}{R}$$

  (a) Demuestre que $v_R^2 = Rg \tan \theta$.
  (b) Calcule la rapidez nominal de una curva circular con radio de 120 m peraltada en un ángulo de 12°.
  (c) Suponga que los ingenieros diseñadores desean mantener el peralte en 12°, pero quieren aumentar la rapidez nominal 50%. ¿Cuál debe ser el radio de la curva?

3. Un proyectil es disparado desde el origen con ángulo de elevación α y rapidez inicial v_0. Suponiendo que la resistencia del aire es insignificante y que la única fuerza que actúa sobre el proyectil es la gravedad, g, en el ejemplo 13.4.5 se demostró que el vector de posición del proyectil es

$$\mathbf{r}(t) = (v_0 \cos \alpha)t\, \mathbf{i} + \left[(v_0 \operatorname{sen} \alpha)t - \tfrac{1}{2}gt^2\right] \mathbf{j}$$

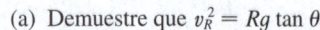

FIGURA PARA EL PROBLEMA 3

También se demostró que la distancia horizontal máxima del proyectil se alcanza cuando $\alpha = 45°$ y en este caso el alcance es $R = v_0^2/g$.
  (a) ¿En qué ángulo debe dispararse el proyectil para alcanzar su altura máxima y cuál es la altura máxima?
  (b) Establezca la rapidez inicial v_0 y considere la parábola $x^2 + 2Ry - R^2 = 0$, cuya gráfica se presenta en la figura de la izquierda. Demuestre que el proyectil puede impactar cualquier blanco dentro o en la frontera de la región delimitada por la parábola y el eje x, y que no puede impactar ningún blanco fuera de esta región.

(c) Suponga que el arma es elevada a un ángulo de inclinación α para apuntar a un objetivo suspendido a una altura h directamente sobre un punto D unidades bajo el rango de alcance (vea la figura siguiente). El objetivo es liberado en el instante en que se dispara el arma. Demuestre que el proyectil siempre impacta el objetivo, sea cual fuere el valor de v_0, siempre y cuando el proyectil no impacte la superficie "antes" de D.

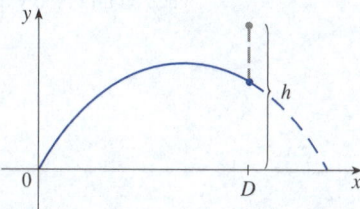

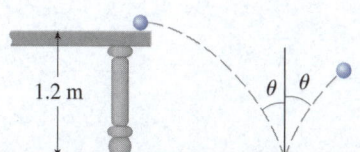

FIGURA PARA EL PROBLEMA 4

4. (a) Un proyectil es disparado desde el origen en un plano inclinado que forma un ángulo θ con la horizontal. El ángulo de elevación del arma y la rapidez inicial del proyectil son α y v_0, respectivamente. Encuentre el vector de posición del proyectil y las ecuaciones paramétricas de la trayectoria del proyectil como funciones del tiempo t. (Pase por alto la resistencia del aire).

(b) Demuestre que el ángulo de elevación α que maximizará el alcance cuesta abajo es el ángulo a medio camino entre el plano y la vertical.

(c) Suponga que el proyectil es disparado hacia arriba en un plano inclinado cuyo ángulo de inclinación es θ. Demuestre que, para maximizar el alcance (de ascenso), el proyectil debe dispararse en la dirección a medio camino entre el plano y la vertical.

(d) En un ensayo presentado en 1686, Edmond Halley resumió las leyes de la gravedad y el movimiento de proyectiles y las aplicó a la artillería. Uno de los problemas que planteó implicaba disparar un proyectil para que impactara un objetivo a una distancia R en lo alto de un plano inclinado. Demuestre que el ángulo en que el proyectil debe dispararse para impactar el objetivo usando la menor cantidad de energía es el mismo que en el inciso (c). (Use el hecho de que la energía necesaria para disparar el proyectil es proporcional al cuadrado de la rapidez inicial, por lo que reducir la energía equivale a disminuir la rapidez inicial).

5. Una pelota rueda desde una mesa con una rapidez de 0.5 m/s. La mesa mide 1.2 m de altura.

(a) Determine el punto en el que la pelota llega al suelo y calcule su rapidez en el instante del impacto.

(b) Encuentre el ángulo θ entre la trayectoria de la pelota y la recta vertical que pasa por el punto de impacto (vea la figura).

(c) Suponga que la pelota rebota desde el suelo en el mismo ángulo con que lo alcanzó, pero pierde 20% de su rapidez debido a la energía absorbida por la pelota en el impacto. ¿Dónde alcanzará la pelota el suelo en el segundo rebote?

FIGURA PARA EL PROBLEMA 5

6. Calcule la curvatura de la curva con ecuaciones paramétricas

$$x = \int_0^t \operatorname{sen}\left(\tfrac{1}{2}\pi\theta^2\right) d\theta \qquad y = \int_0^t \cos\left(\tfrac{1}{2}\pi\theta^2\right) d\theta$$

T **7.** Si un proyectil es disparado con ángulo de elevación α y rapidez inicial v, entonces las ecuaciones paramétricas de esta trayectoria son

$$x = (v\cos\alpha)t \qquad y = (v\operatorname{sen}\alpha)t - \tfrac{1}{2}gt^2$$

(Vea el ejemplo 13.4.5). Se sabe que el rango (distancia horizontal recorrida) se maximiza cuando $\alpha = 45°$. ¿Qué valor de α maximiza la distancia total recorrida por el proyectil? (Dé su respuesta corregida al grado más cercano).

8. Un cable tiene radio r y longitud L y se enrolla en un carrete con radio R sin empalmar. ¿Cuál es la longitud más corta a lo largo del carrete que cubre el cable?

9. Demuestre que la curva con ecuación vectorial

$$\mathbf{r}(t) = \langle a_1 t^2 + b_1 t + c_1, \, a_2 t^2 + b_2 t + c_2, \, a_3 t^2 + b_3 t + c_3 \rangle$$

yace en un plano y determine una ecuación del plano.

Una función de dos variables puede describir la forma de una superficie como la que tienen estas dunas. En el ejercicio 14.6.40 se utilizarán derivadas parciales para calcular la razón de cambio de la elevación cuando un excursionista camina en diferentes direcciones.

©SeppFriedhuber/E+/Getty Images

14 | Derivadas parciales

HASTA EL MOMENTO SE HA ESTUDIADO el cálculo de funciones de una variable. Sin embargo, en el mundo real, las cantidades físicas dependen a menudo de dos o más variables, por lo que en este capítulo se abordan las funciones de varias variables y se amplían las ideas básicas del cálculo diferencial a dichas funciones.

14.1 | Funciones de varias variables

En esta sección se estudiarán funciones de dos o más variables desde cuatro puntos de vista:

- verbal   (mediante una descripción)
- numérico   (con una tabla de valores)
- algebraico   (mediante una fórmula explícita)
- visual   (con una gráfica o curvas de nivel)

■ Funciones de dos variables

La temperatura T en un punto de la superficie de la Tierra en cualquier momento dado depende de la longitud x y de la latitud y del punto. Se puede concebir T como una función de dos variables, x y y, o como una función del par (x, y). Para indicar esta dependencia funcional se escribe $T = f(x, y)$.

El volumen V de un cilindro circular depende de su radio r y su altura h. De hecho, se sabe que $V = \pi r^2 h$. Se dice que V es una función de r y h y se escribe $V(r, h) = \pi r^2 h$.

> **Definición** Una **función** f **de dos variables** es una regla que asigna a cada par ordenado de números reales (x, y) en un conjunto D un número real único denotado por $f(x, y)$. El conjunto D es el **dominio** de f y su **rango** es el conjunto de valores que f adopta, es decir $\{f(x, y) \mid (x, y) \in D\}$.

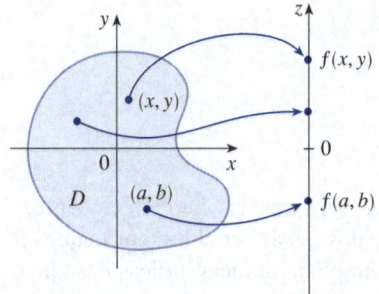

FIGURA 1

Con frecuencia se escribe $z = f(x, y)$ para hacer explícito el valor adoptado por f en el punto general (x, y). Las variables x y y son **variables independientes** y z es la **variable dependiente**. [Compare con la notación $y = f(x)$ para funciones de una sola variable].

Una función de dos variables es sencillamente una función cuyo dominio es un subconjunto de $\mathbb{R}^2$ y cuyo rango es un subconjunto de $\mathbb{R}$. Una manera de visualizar una función de este tipo es por medio de un diagrama de flechas (vea la figura 1), donde el dominio D está representado como un subconjunto del plano xy y el rango como un conjunto de números en una recta real, mostrada como eje z. Por ejemplo, si $f(x, y)$ representa la temperatura en un punto (x, y) en una placa metálica plana con la forma de D, el eje z puede concebirse como un termómetro que muestra las temperaturas registradas.

Si una función f está dada por una fórmula y no se especifica ningún dominio, se entiende que el dominio de f es el conjunto de todos los pares (x, y) para los cuales la expresión dada define un número real.

EJEMPLO 1 En cada una de las funciones siguientes, evalúe $f(3, 2)$; determine y trace el dominio.

(a) $f(x, y) = \dfrac{\sqrt{x + y + 1}}{x - 1}$ (b) $f(x, y) = x \ln(y^2 - x)$

SOLUCIÓN

(a) $f(3, 2) = \dfrac{\sqrt{3 + 2 + 1}}{3 - 1} = \dfrac{\sqrt{6}}{2}$

La expresión para f tiene sentido si el denominador no es 0 y la cantidad dentro del signo de raíz cuadrada no es negativa. Por lo tanto, el dominio de f es

$$D = \{(x, y) \mid x + y + 1 \geq 0, x \neq 1\}$$

La desigualdad $x + y + 1 \geq 0$, o $y \geq -x - 1$ describe los puntos que se encuentran sobre o encima de la recta $y = -x - 1$, mientras que $x \neq 1$ significa que los puntos en la recta $x = 1$ deben excluirse del dominio (vea la figura 2).

(b) $f(3, 2) = 3 \ln(2^2 - 3) = 3 \ln 1 = 0$

Como $\ln(y^2 - x)$ está definido solo cuando $y^2 - x > 0$, es decir $x < y^2$, el dominio de f es $D = \{(x, y) \mid x < y^2\}$. Este es el conjunto de puntos a la izquierda de la parábola $x = y^2$ (vea la figura 3).

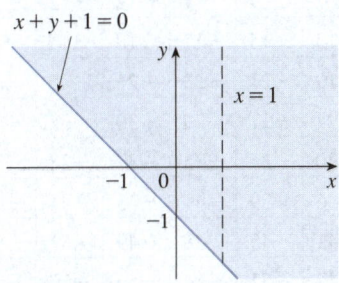

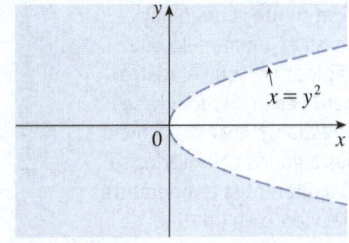

FIGURA 2
Dominio de $f(x, y) = \dfrac{\sqrt{x + y + 1}}{x - 1}$

FIGURA 3
Dominio de $f(x, y) = x \ln(y^2 - x)$

EJEMPLO 2 Determine el dominio y el rango de $g(x, y) = \sqrt{9 - x^2 - y^2}$.

SOLUCIÓN El dominio de g es

$$D = \{(x, y) \mid 9 - x^2 - y^2 \geq 0\} = \{(x, y) \mid x^2 + y^2 \leq 9\}$$

que es el disco con centro $(0, 0)$ y radio 3 (vea la figura 4). El rango de g es

$$\left\{z \mid z = \sqrt{9 - x^2 - y^2}, (x, y) \in D\right\}$$

Puesto que z es una raíz cuadrada positiva, $z \geq 0$. Además, debido a que $9 - x^2 - y^2 \leq 9$, se tiene

$$\sqrt{9 - x^2 - y^2} \leq 3$$

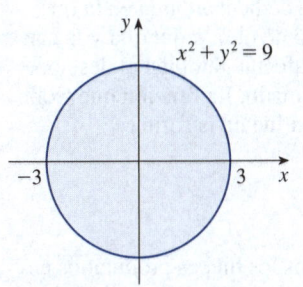

FIGURA 4
Dominio de $g(x, y) = \sqrt{9 - x^2 - y^2}$

Por lo que el rango es

$$\{z \mid 0 \leq z \leq 3\} = [0, 3]$$

No todas las funciones pueden representarse con fórmulas explícitas. La función en el ejemplo siguiente se describe verbalmente y mediante estimaciones numéricas de sus valores.

EJEMPLO 3 En regiones con clima extremo en invierno, el *índice de sensación térmica* suele usarse para describir la aparente intensidad del frío. Este índice W es una temperatura subjetiva que depende de la temperatura real T y la rapidez del viento v. Por consiguiente, W es una función de T y v, y se puede escribir así: $W = f(T, v)$. La tabla 1 registra valores de W compilados por el US National Weather Service y el Meteorological Service of Canada.

Tabla 1 Índice de sensación térmica como función de la temperatura del aire y la rapidez del viento

Rapidez del viento (km /h)

T ∖ v	5	10	15	20	25	30	40	50	60	70	80
5	4	3	2	1	1	0	−1	−1	−2	−2	−3
0	−2	−3	−4	−5	−6	−6	−7	−8	−9	−9	−10
−5	−7	−9	−11	−12	−12	−13	−14	−15	−16	−16	−17
−10	−13	−15	−17	−18	−19	−20	−21	−22	−23	−23	−24
−15	−19	−21	−23	−24	−25	−26	−27	−29	−30	−30	−31
−20	−24	−27	−29	−30	−32	−33	−34	−35	−36	−37	−38
−25	−30	−33	−35	−37	−38	−39	−41	−42	−43	−44	−45
−30	−36	−39	−41	−43	−44	−46	−48	−49	−50	−51	−52
−35	−41	−45	−48	−49	−51	−52	−54	−56	−57	−58	−60
−40	−47	−51	−54	−56	−57	−59	−61	−63	−64	−65	−67

Temperatura real (°C)

Índice de sensación térmica

El índice de sensación térmica mide cuánto frío se siente cuando hay viento. Se basa en un modelo que calcula la rapidez con que el rostro humano pierde calor. El modelo se desarrolló mediante ensayos clínicos en los cuales algunos voluntarios se expusieron a diferentes temperaturas y rapidez del viento en un túnel de viento refrigerado.

Por ejemplo, en la tabla se muestra que si la temperatura real es de -5 °C y la rapidez del viento es de 50 km/h, subjetivamente se sentiría tanto frío como con una temperatura cercana a -15 °C sin viento. Así,

$$f(-5, 50) = -15$$

EJEMPLO 4 En 1928, Charles Cobb y Paul Douglas publicaron un estudio en el que presentaron un modelo del crecimiento de la economía estadounidense durante el periodo 1899-1922. Consideraron una visión simplificada de la economía en la que la producción estaba determinada por la cantidad de mano de obra requerida y la cantidad de capital invertido. Aunque muchos otros factores afectan también el desempeño económico, este modelo demostró ser notablemente atinado. La función que Cobb y Douglas usaron para establecer el modelo de producción fue de la forma

Tabla 2

Año	P	L	K
1899	100	100	100
1900	101	105	107
1901	112	110	114
1902	122	117	122
1903	124	122	131
1904	122	121	138
1905	143	125	149
1906	152	134	163
1907	151	140	176
1908	126	123	185
1909	155	143	198
1910	159	147	208
1911	153	148	216
1912	177	155	226
1913	184	156	236
1914	169	152	244
1915	189	156	266
1916	225	183	298
1917	227	198	335
1918	223	201	366
1919	218	196	387
1920	231	194	407
1921	179	146	417
1922	240	161	431

$$\boxed{1} \qquad P(L, K) = bL^\alpha K^{1-\alpha}$$

donde P es la producción total (el valor monetario de todos los bienes producidos en un año), L la cantidad de mano de obra (el número total de horas-hombre trabajadas en un año) y K la cantidad de capital invertido (el valor monetario de toda la maquinaria, equipo y edificios requeridos). En el "Proyecto de descubrimiento", de la sección 14.3, se mostrará cómo la forma de la ecuación 1 se desprende de ciertos supuestos económicos.

Cobb y Douglas utilizaron datos económicos publicados por el gobierno para obtener la tabla 2. Tomaron el año de 1899 como línea base y a P, L y K se les asignó el valor de 100 para ese año. Los valores de los demás años se expresaron como porcentajes de las cifras de 1899.

Cobb y Douglas usaron el método de mínimos cuadrados para ajustar los datos de la tabla 2 a la función

$$\boxed{2} \qquad P(L, K) = 1.01 L^{0.75} K^{0.25}$$

(Vea el ejercicio 81 para más detalles).

Si se usa el modelo dado por la función de la ecuación 2 para calcular la producción de los años 1910 y 1920, se obtienen los valores

$$P(147, 208) = 1.01(147)^{0.75}(208)^{0.25} \approx 161.9$$

$$P(194, 407) = 1.01(194)^{0.75}(407)^{0.25} \approx 235.8$$

los cuales están muy cerca de los valores reales, 159 y 231.

La función de producción (1) se ha utilizado posteriormente en muchos campos, desde empresas particulares hasta la economía global, y se le conoce como **función de producción de Cobb-Douglas**. Su dominio es $\{(L, K) \mid L \geq 0, K \geq 0\}$ porque L y K representan la mano de obra y el capital y, por lo tanto, nunca son negativas. ∎

■ Gráficas

Otra forma de visualizar el comportamiento de una función de dos variables es mediante su gráfica.

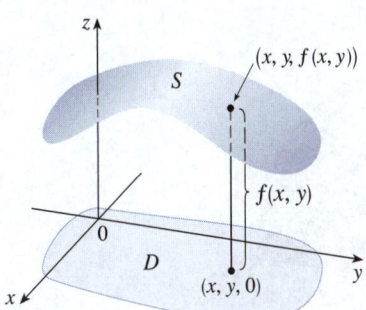

FIGURA 5

> **Definición** Si f es una función de dos variables con dominio D, entonces la **gráfica** de f es el conjunto de todos los puntos (x, y, z) en $\mathbb{R}^3$ de tal manera que $z = f(x, y)$ y (x, y) está en D.

La gráfica de una función f de dos variables es una superficie S con la ecuación $z = f(x, y)$. Se puede visualizar la gráfica S de f como si estuviera situada justo encima o debajo de su dominio D en el plano xy (vea la figura 5).

EJEMPLO 5 Trace la gráfica de la función $f(x, y) = 6 - 3x - 2y$.

SOLUCIÓN La gráfica de f tiene la ecuación $z = 6 - 3x - 2y$, o $3x + 2y + z = 6$, que representa un plano. Para graficar el plano, primero se determinan las intersecciones. Al poner $y = z = 0$ en la ecuación, se obtiene $x = 2$ como intersección en x. De forma similar, la intersección con el eje y es 3 y la intersección con el eje z es 6. Esto ayuda a trazar la parte de la gráfica que se encuentra en el primer octante en la figura 6. ∎

FIGURA 6

La función del ejemplo 5 es un caso especial de la función

$$f(x, y) = ax + by + c$$

que se denomina **función lineal**. La gráfica de una función de este tipo tiene la ecuación

$$z = ax + by + c \qquad \text{o} \qquad ax + by - z + c = 0$$

por lo que es un plano (vea la sección 12.5). Al igual que las funciones lineales de una variable son importantes en el cálculo de una sola variable, se verá que las funciones lineales de dos variables desempeñan un papel central en el cálculo de varias variables.

EJEMPLO 6 Trace la gráfica de $g(x, y) = \sqrt{9 - x^2 - y^2}$.

SOLUCIÓN En el ejemplo 2 se determinó que el dominio de g es el disco con centro $(0, 0)$ y radio 3. La gráfica de g tiene la ecuación $z = \sqrt{9 - x^2 - y^2}$. Ambos lados de esta ecuación se elevan al cuadrado para obtener $z^2 = 9 - x^2 - y^2$, o $x^2 + y^2 + z^2 = 9$, que se reconoce como una ecuación de la esfera con centro en el origen y radio 3. Pero, como $z \geq 0$, la gráfica de g es solo la mitad superior de esta esfera (vea la figura 7). ∎

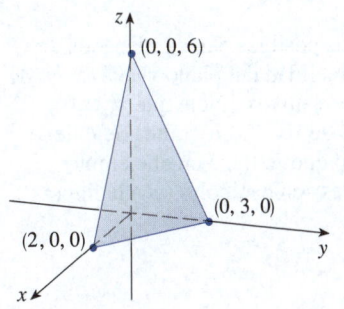

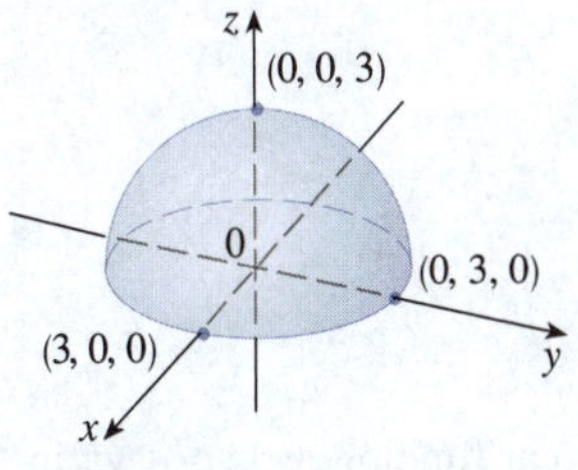

FIGURA 7
Gráfica de $g(x, y) = \sqrt{9 - x^2 - y^2}$

NOTA Una esfera entera no se puede representar con una sola función de x y y. Como se vio en el ejemplo 6, el hemisferio superior de la esfera $x^2 + y^2 + z^2 = 9$ está representado por la función $g(x, y) = \sqrt{9 - x^2 - y^2}$. El hemisferio inferior está representado por la función $h(x, y) = -\sqrt{9 - x^2 - y^2}$.

EJEMPLO 7 Use una computadora para dibujar la gráfica de la función de producción de Cobb-Douglas $P(L, K) = 1.01L^{0.75}K^{0.25}$.

SOLUCIÓN En la figura 8 se muestra la gráfica de P para valores de la mano de obra L y del capital K que están entre 0 y 300. La computadora dibuja la superficie mediante trazas verticales. De estas trazas se deduce que el valor de la producción P aumenta cuando L o K incrementan, como se esperaba.

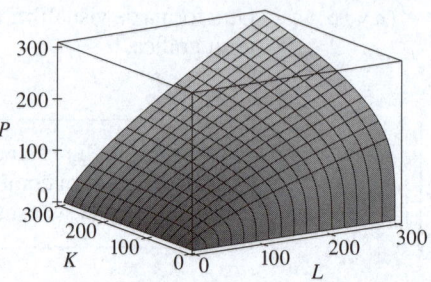

FIGURA 8

EJEMPLO 8 Determine el dominio, el rango, y trace la gráfica de $h(x, y) = 4x^2 + y^2$.

SOLUCIÓN Observe que $h(x, y)$ se define para todos los posibles pares ordenados de números reales (x, y), por lo que el dominio es $\mathbb{R}^2$, la totalidad del plano xy. El rango de h es el conjunto $[0, \infty)$ de todos los números reales no negativos. [Note que $x^2 \geq 0$ y $y^2 \geq 0$, de modo que $h(x, y) \geq 0$ para todos los valores de x y y]. La gráfica de h tiene la ecuación $z = 4x^2 + y^2$, que es el paraboloide elíptico que se trazó en el ejemplo 12.6.4. Las trazas horizontales son elipses y las verticales son parábolas (vea la figura 9).

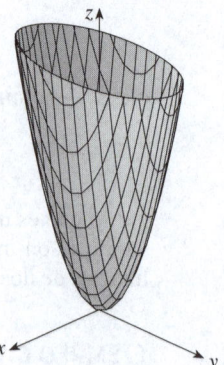

FIGURA 9
Gráfica de $h(x, y) = 4x^2 + y^2$

Hay numerosas aplicaciones computacionales para graficar funciones de dos variables. En algunas de ellas, las trazas en los planos verticales $x = k$ y $y = k$ se dibujan para valores de k igualmente espaciados.

En la figura 10 se muestran gráficas generadas por computadora de varias funciones. Observe que se obtiene una imagen especialmente buena de una función cuando se usa la rotación para mostrar vistas desde diferentes perspectivas. En los incisos (a) y (b), la gráfica de f es muy plana y cercana al plano xy, salvo cerca del origen; esto se debe a que $e^{-x^2-y^2}$ es muy pequeña cuando x o y es grande.

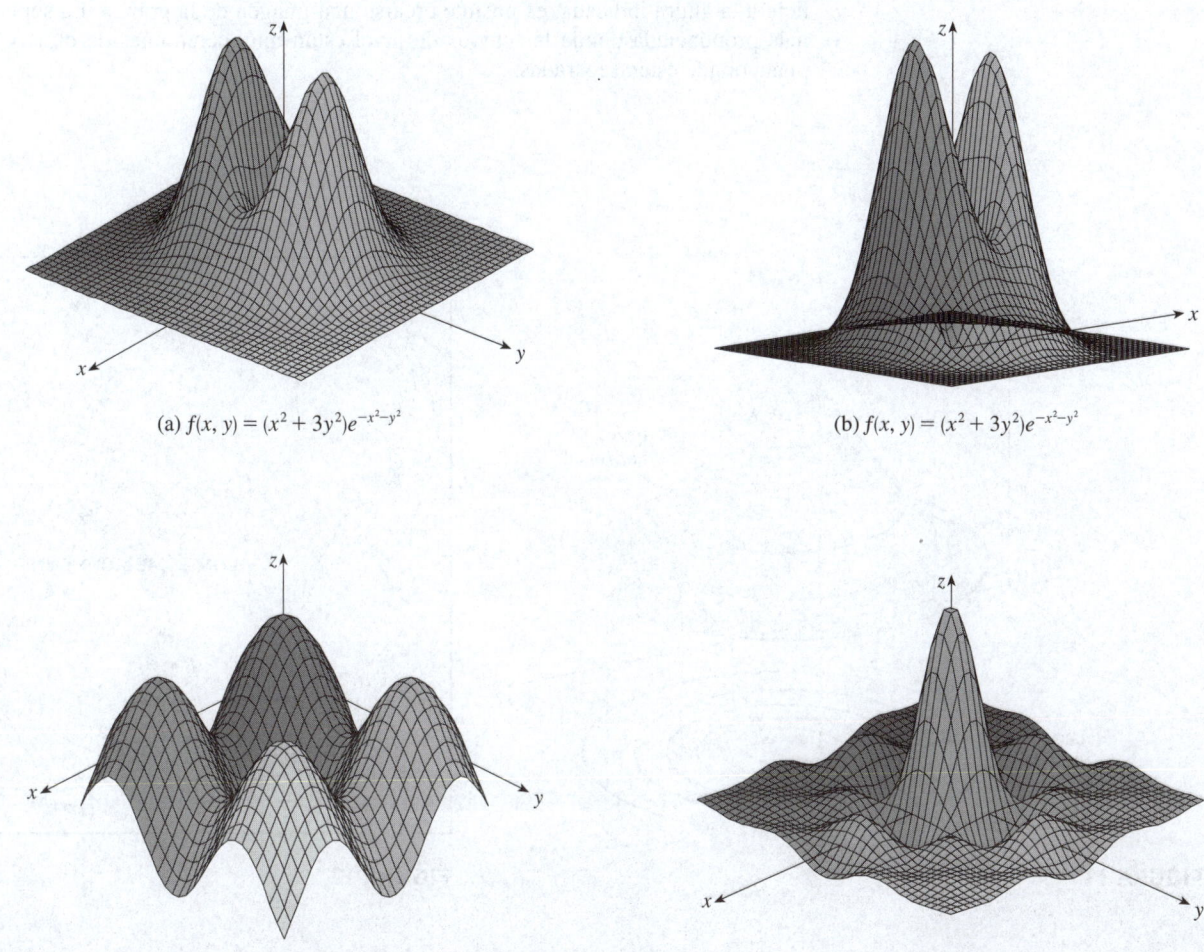

(a) $f(x, y) = (x^2 + 3y^2)e^{-x^2-y^2}$

(b) $f(x, y) = (x^2 + 3y^2)e^{-x^2-y^2}$

(c) $f(x, y) = \operatorname{sen} x + \operatorname{sen} y$

(d) $f(x, y) = \dfrac{\operatorname{sen} x \operatorname{sen} y}{xy}$

FIGURA 10

■ Curvas de nivel y mapas de contorno

Hasta ahora se han estudiado dos métodos para visualizar funciones: diagramas de flechas y gráficas. Un tercer método, tomado de los cartógrafos, es un *mapa de contorno* en el que puntos de elevación constante se unen para formar *curvas de contorno* o *curvas de nivel*.

Definición Las **curvas de nivel** de una función f de dos variables son las curvas con ecuaciones $f(x, y) = k$, donde k es una constante (en el rango de f).

Una curva de nivel $f(x, y) = k$ es el conjunto de todos los puntos en el dominio de f en los que f adopta un valor k dado. En otras palabras, es una curva en el plano xy que muestra dónde la gráfica de f tiene altura k (arriba o abajo del plano xy). Un conjunto de curvas de nivel se denomina **mapa de contorno**. Estos mapas son más descriptivos cuando las curvas de nivel $f(x, y) = k$ se dibujan para valores igualmente espaciados de k, y se supone que así ocurre a menos que se indique lo contrario.

En la figura 11 se observa la relación entre las curvas de nivel y las trazas horizontales. Las curvas de nivel $f(x, y) = k$ son las trazas de la gráfica de f en el plano horizontal $z = k$ proyectadas en el plano xy. Por consiguiente, si se dibuja el mapa de contorno de una función y se visualizan las curvas de nivel de una función que se elevan sobre la superficie a la altura indicada, es posible crearse una imagen de la gráfica. La superficie es más pronunciada donde las curvas de nivel están muy cerca unas de otras y es más plana donde están separadas.

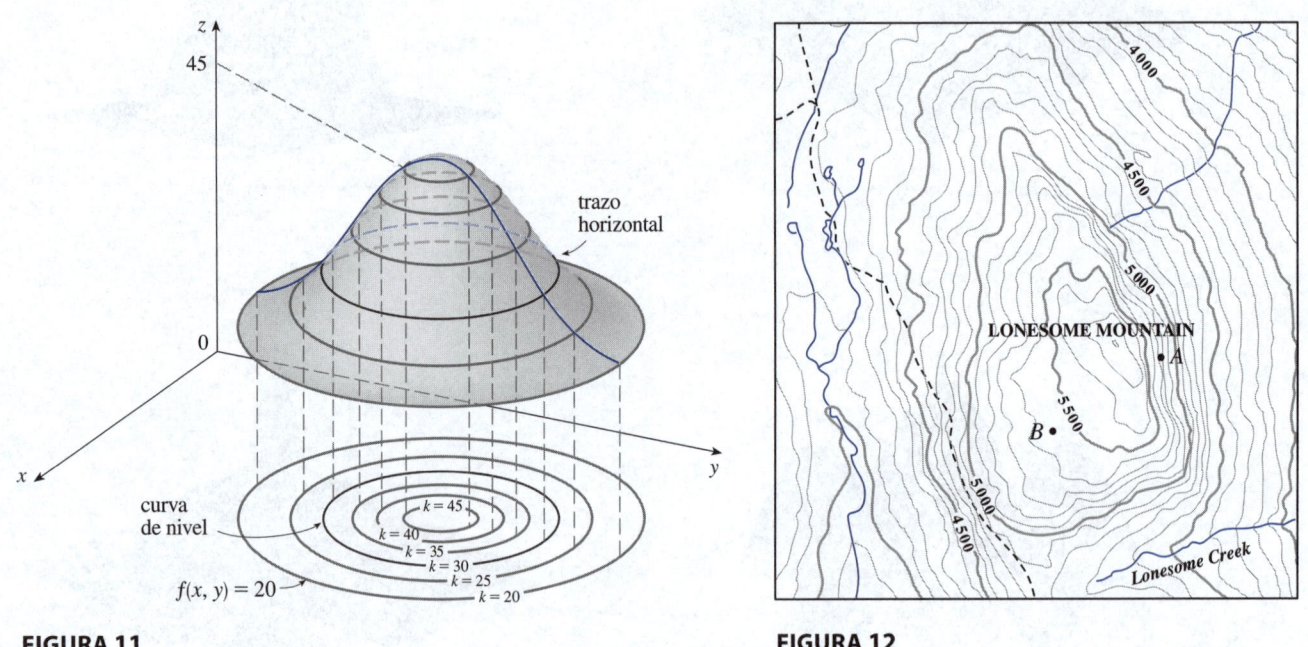

FIGURA 11

FIGURA 12

Un ejemplo común de curvas de nivel se observa en mapas topográficos de regiones montañosas, como el mapa de la figura 12. Las curvas de nivel son curvas de elevación constante sobre el nivel del mar. Si uno recorre una de esas líneas de contorno, no asciende ni desciende. Otro ejemplo común es la función de temperatura que se presentó en el párrafo introductorio de esta sección. En este caso, las curvas de nivel se llaman **isotermas** y unen lugares con la misma temperatura. En la figura 13 se presenta un mapa meteorológico del mundo que indica las temperaturas promedio en julio. Las isotermas son las curvas que separan las bandas de distinto tono.

En mapas meteorológicos de presión atmosférica en un momento determinado, como función de la longitud y la latitud, las curvas de nivel se llaman **isobaras** y unen lugares con la misma presión (vea el ejercicio 34). Los vientos superficiales tienden a fluir de áreas de alta presión a través de las isobaras hacia áreas de baja presión y son más fuertes donde las isobaras están muy cerca unas de otras.

En el mapa de contorno de la precipitación mundial que se muestra en la figura 14, las curvas de nivel no están rotuladas, pero dividen las regiones ilustradas con distintas tonalidades y la cantidad de precipitación en cada región se indica en las acotaciones.

90
0
90
180
60
30
0
30
60
Latitud
Longitud

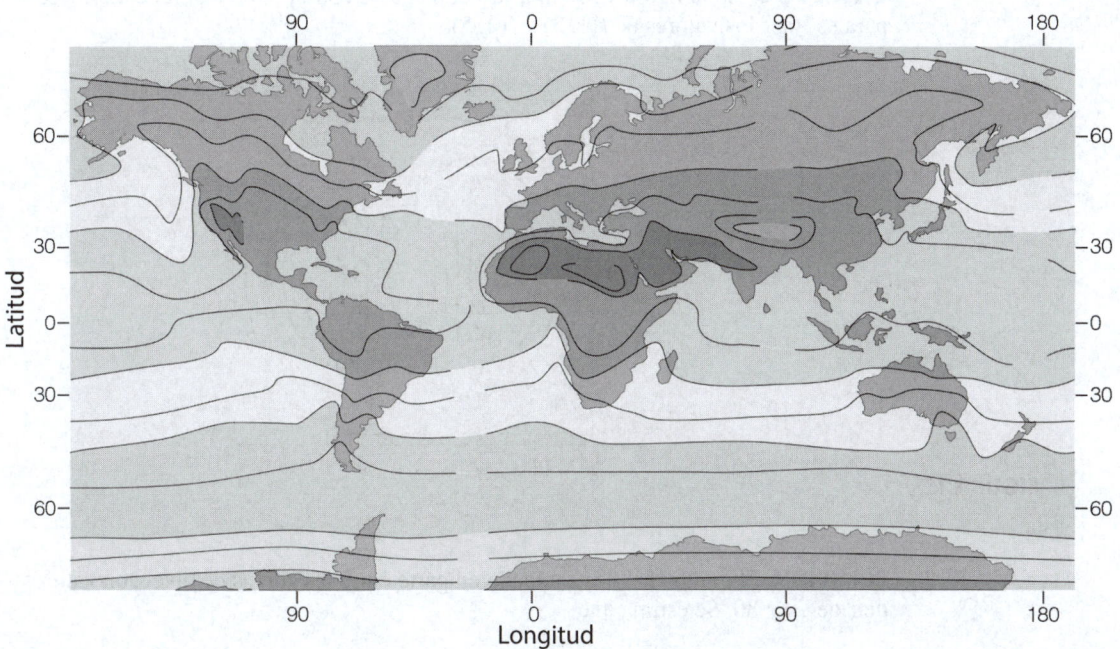

FIGURA 13 Temperatura promedio del aire cerca del nivel del mar en julio (grados Celsius).

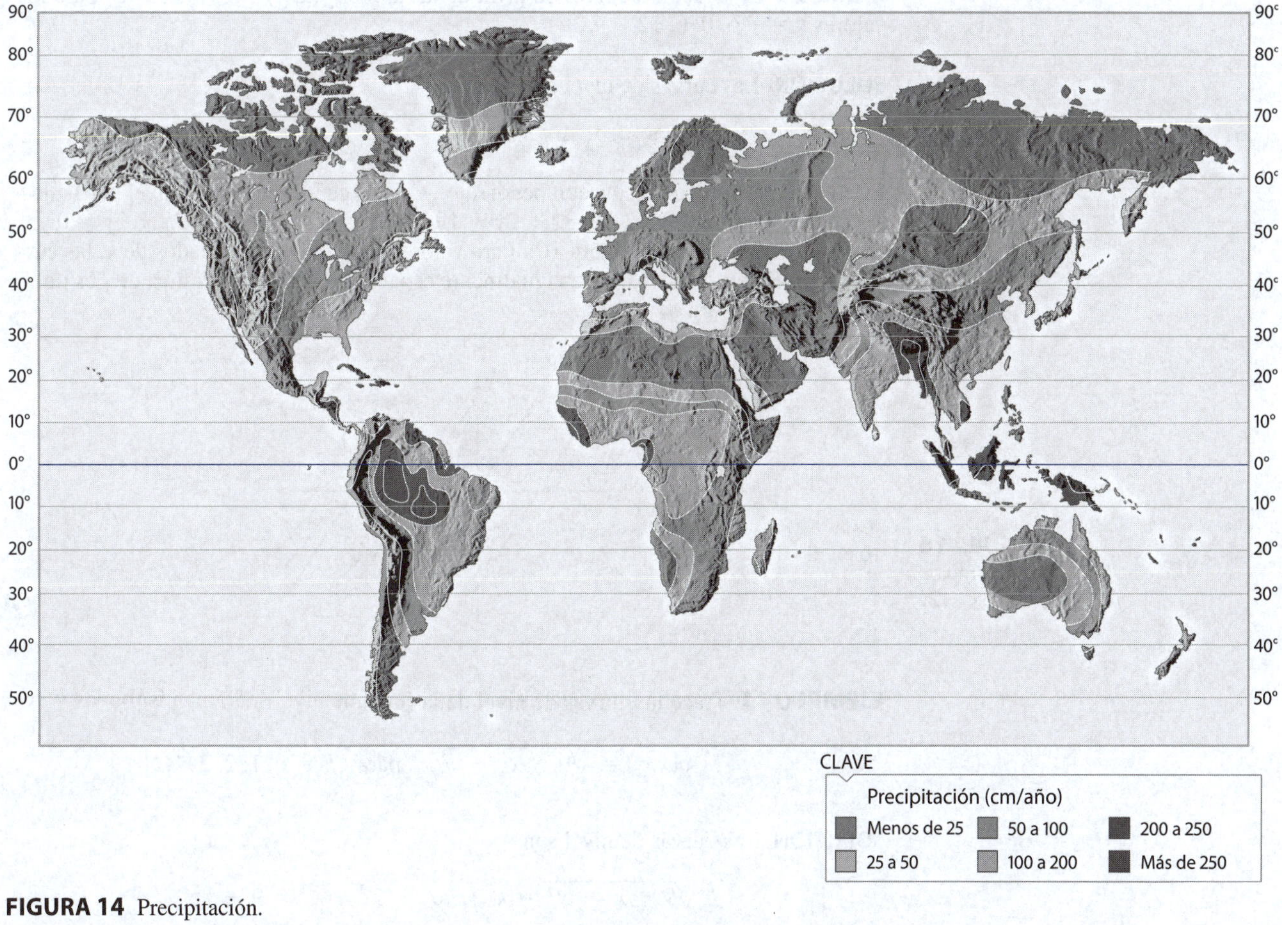

90°
80°
70°
60°
50°
40°
30°
20°
10°
0°
10°
20°
30°
40°
50°
CLAVE
Precipitación (cm/año)
Menos de 25
25 a 50
50 a 100
100 a 200
200 a 250
Más de 250

FIGURA 14 Precipitación.

EJEMPLO 9 En la figura 15 se muestra el mapa de contorno de una función f. Úselo para estimar los valores de $f(1, 3)$ y $f(4, 5)$.

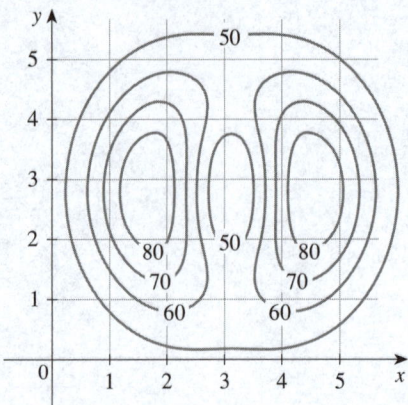

FIGURA 15

SOLUCIÓN El punto $(1, 3)$ está situado en parte entre las curvas de nivel con valores de z de 70 y 80. Se estima que

$$f(1, 3) \approx 73$$

Asimismo, se estima que $f(4, 5) \approx 56$ ∎

EJEMPLO 10 Trace las curvas de nivel de la función $f(x, y) = 6 - 3x - 2y$ para los valores $k = -6, 0, 6, 12$.

SOLUCIÓN Las curvas de nivel son

$$6 - 3x - 2y = k \qquad \text{o} \qquad 3x + 2y + (k - 6) = 0$$

Esta es una familia de rectas con pendiente $-\frac{3}{2}$. Las cuatro curvas de nivel particulares con $k = -6, 0, 6$ y 12 son $3x + 2y - 12 = 0$, $3x + 2y - 6 = 0$, $3x + 2y = 0$ y $3x + 2y + 6 = 0$ (vea la figura 16). Para valores igualmente espaciados de k, las curvas de nivel son rectas paralelas igualmente espaciadas porque la gráfica de f es un plano (vea la figura 6).

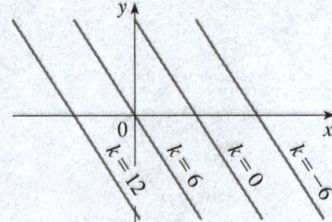

FIGURA 16
Mapa de contorno de
$f(x, y) = 6 - 3x - 2y$ ∎

EJEMPLO 11 Trace las curvas de nivel de la función

$$g(x, y) = \sqrt{9 - x^2 - y^2} \quad \text{para} \quad k = 0, 1, 2, 3$$

SOLUCIÓN Las curvas de nivel son

$$\sqrt{9 - x^2 - y^2} = k \qquad \text{o} \qquad x^2 + y^2 = 9 - k^2$$

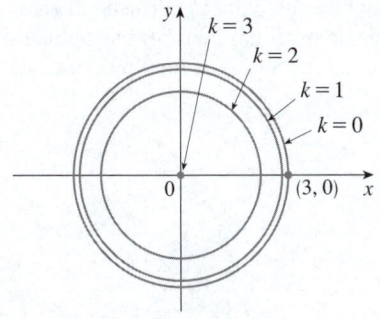

FIGURA 17
Mapa de contorno de
$g(x, y) = \sqrt{9 - x^2 - y^2}$

Esta es una familia de círculos concéntricos con centro $(0, 0)$ y radio $\sqrt{9 - k^2}$. Los casos $k = 0, 1, 2, 3$ se muestran en la figura 17. Intente visualizar estas curvas de nivel elevadas para formar una superficie y compárelas con la gráfica de g (hemisferio) de la figura 7. ∎

EJEMPLO 12 Trace algunas curvas de nivel de la función $h(x, y) = 4x^2 + y^2 + 1$.

SOLUCIÓN Las curvas de nivel son

$$4x^2 + y^2 + 1 = k \qquad \text{o} \qquad \frac{x^2}{\frac{1}{4}(k - 1)} + \frac{y^2}{k - 1} = 1$$

lo que, para $k > 1$, describe una familia de elipses con semiejes $\frac{1}{2}\sqrt{k - 1}$ y $\sqrt{k - 1}$. En la figura 18(a) se muestra un mapa de contorno de h dibujado en computadora. En la figura 18(b) se presentan estas curvas de nivel elevadas para componer la gráfica de h (un paraboloide elíptico), donde se convierten en trazas horizontales. En la figura 18 se ve cómo la gráfica de h se forma a partir de las curvas de nivel.

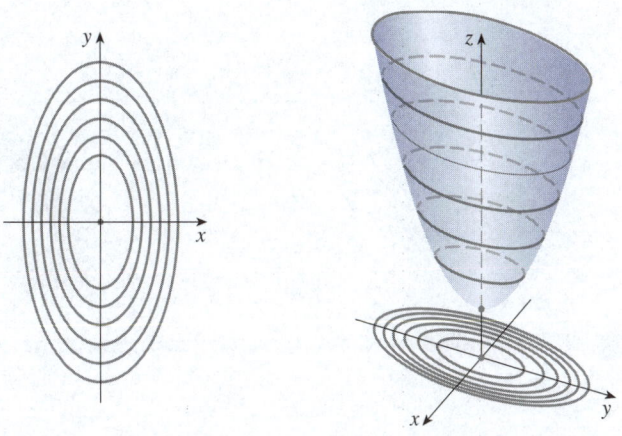

FIGURA 18
La gráfica de $h(x, y) = 4x^2 + y^2 + 1$ se forma elevando las curvas de nivel.

(a) Mapa de contorno.   (b) Las trazas horizontales son curvas de nivel elevado. ∎

EJEMPLO 13 Trace curvas de nivel para la función de producción de Cobb-Douglas del ejemplo 4.

SOLUCIÓN En la figura 19 se usa una computadora para dibujar un diagrama de contorno de la función de producción de Cobb-Douglas

$$P(L, K) = 1.01L^{0.75}K^{0.25}$$

Las curvas de nivel se han denotado con el valor de la producción P. Por ejemplo, la curva de nivel señalada como 140 muestra todos los valores de la mano de obra L y la inversión de capital K que dan por resultado una producción de $P = 140$. Se observa que, para un valor fijo de P, cuando L aumenta, K disminuye y viceversa. ∎

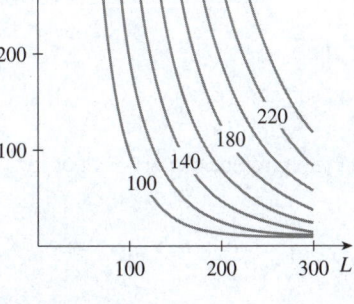

FIGURA 19

Para algunos propósitos, un mapa de contorno es más útil que una gráfica. Esto es ciertamente válido en el ejemplo 13. (Compare la figura 19 con la figura 8). También es válido para estimar valores de funciones, como en el ejemplo 9.

En la figura 20 se muestran algunas curvas de nivel y sus gráficas correspondientes generadas por computadora. Observe que las curvas de nivel del inciso (c) se aglomeran cerca del origen. Esto se debe a que la gráfica en el inciso (d) es muy pronunciada cerca del origen.

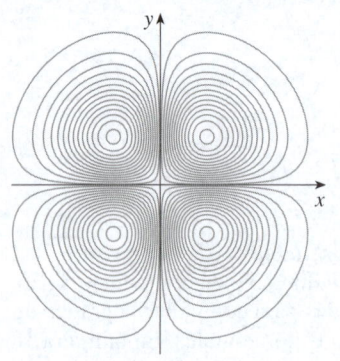

(a) Curvas de nivel de $f(x, y) = -xye^{-x^2-y^2}$

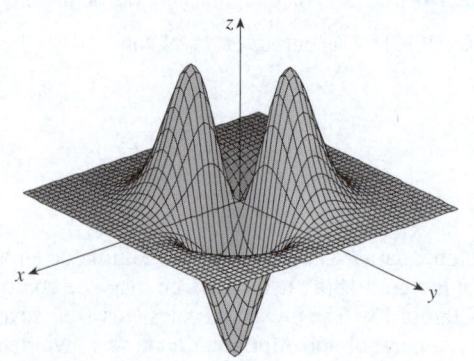
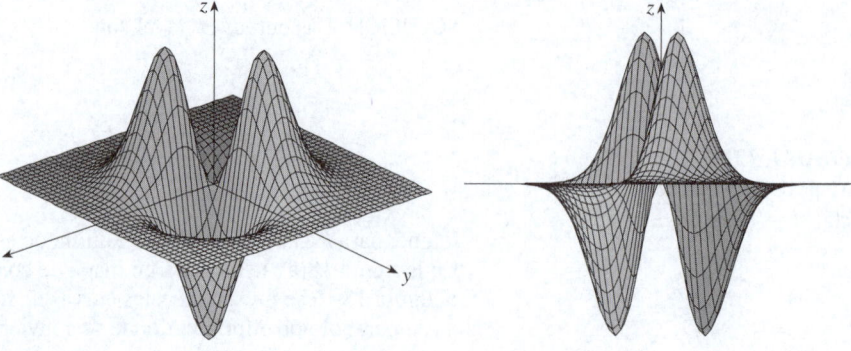

(b) Dos vistas de $f(x, y) = -xye^{-x^2-y^2}$

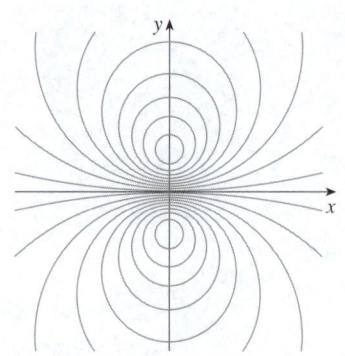

(c) Curvas de nivel de $f(x, y) = \dfrac{-3y}{x^2 + y^2 + 1}$

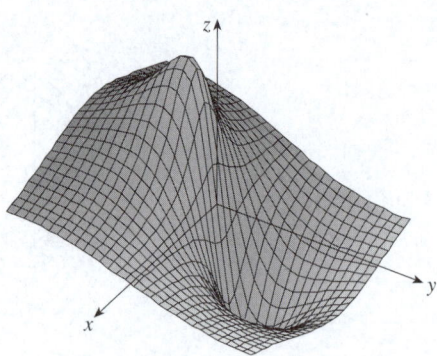

(d) $f(x, y) = \dfrac{-3y}{x^2 + y^2 + 1}$

FIGURA 20

■ Funciones de tres o más variables

Una **función de tres variables**, f, es una regla que asigna a cada terna ordenada (x, y, z) en un dominio $D \subset \mathbb{R}^3$ un número real único denotado por $f(x, y, z)$. Por ejemplo, la temperatura T en un punto de la superficie terrestre depende de la longitud x y de la latitud y del punto y del tiempo t, por lo que se puede escribir como $T = f(x, y, t)$.

EJEMPLO 14 Determine el dominio de f si

$$f(x, y, z) = \ln(z - y) + xy \operatorname{sen} z$$

SOLUCIÓN La expresión para $f(x, y, z)$ está definida siempre que $z - y > 0$, por lo que el dominio de f es

$$D = \{(x, y, z) \in \mathbb{R}^3 \mid z > y\}$$

Este es un **semiespacio** que consta de todos los puntos situados arriba del plano $z = y$. ■

Es muy difícil visualizar una función f de tres variables porque su gráfica tendría que representarse en un espacio tetradimensional. Sin embargo, puede darse una idea de f si examina sus **superficies de nivel**, las cuales son las superficies con ecuaciones $f(x, y, z) = k$, donde k es una constante. Si el punto (x, y, z) se mueve a lo largo de una superficie de nivel, el valor de $f(x, y, z)$ se mantiene fijo.

EJEMPLO 15 Determine las superficies de nivel de la función

$$f(x, y, z) = x^2 + y^2 + z^2$$

SOLUCIÓN Las superficies de nivel son $x^2 + y^2 + z^2 = k$, donde $k \geqslant 0$. Estas forman una familia de esferas concéntricas con radio $\sqrt{k}$ (vea la figura 21). Así, cuando (x, y, z) varía en cualquier esfera con centro O, el valor de $f(x, y, z)$ se mantiene fijo.

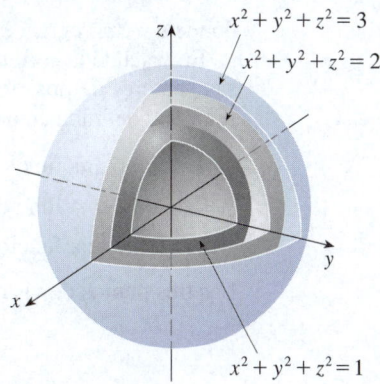

$x^2 + y^2 + z^2 = 3$

$x^2 + y^2 + z^2 = 2$

$x^2 + y^2 + z^2 = 1$

FIGURA 21

EJEMPLO 16 Describa las superficies de nivel de la función

$$f(x, y, z) = x^2 - y - z^2$$

SOLUCIÓN Las superficies de nivel son $x^2 - y - z^2 = k$, o $y = x^2 - z^2 - k$, una familia de paraboloides hiperbólicos. En la figura 22 se muestran las superficies de nivel para $k = 0$ y $k = \pm 5$.

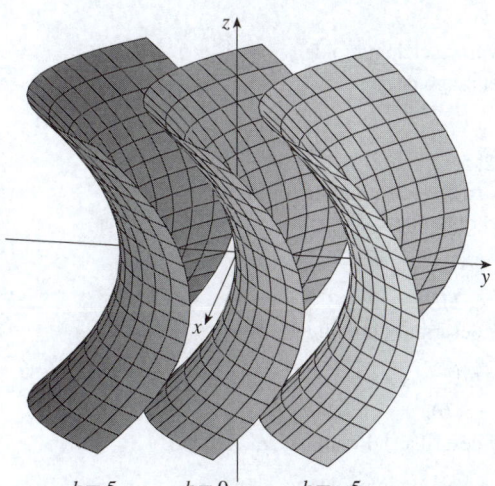

$k = 5$ $k = 0$ $k = -5$

FIGURA 22

Se pueden considerar funciones con cualquier cantidad de variables. Una **función de n variables** es una regla que asigna un número $z = f(x_1, x_2, \ldots, x_n)$ a una n-tupla $(x_1, x_2, \ldots, x_n)$ de números reales. El conjunto de todas esas n-tuplas se denota por $\mathbb{R}^n$. Por ejemplo, si una empresa usa n ingredientes diferentes para hacer un producto alimenticio, c_i es el costo unitario del i-ésimo ingrediente y x_i son las unidades usadas del i-ésimo ingrediente, entonces el costo total C de los ingredientes es una función de las n variables $x_1, x_2, \ldots, x_n$:

$$\boxed{3} \qquad C = f(x_1, x_2, \ldots, x_n) = c_1 x_1 + c_2 x_2 + \cdots + c_n x_n$$

La función f es una función de variable real cuyo dominio es un subconjunto de $\mathbb{R}^n$. A veces se usará la notación vectorial para escribir tales funciones en forma más compacta: si $\mathbf{x} = \langle x_1, x_2, \ldots, x_n \rangle$, a menudo se escribe $f(\mathbf{x})$ en lugar de $f(x_1, x_2, \ldots, x_n)$. Con esta notación se puede reescribir la función definida en la ecuación 3 como

$$f(\mathbf{x}) = \mathbf{c} \cdot \mathbf{x}$$

donde $\mathbf{c} = \langle c_1, c_2, \ldots, c_n \rangle$ y $\mathbf{c} \cdot \mathbf{x}$ denota el producto punto de los vectores $\mathbf{c}$ y $\mathbf{x}$ en V_n.

En vista de la correspondencia de uno a uno entre los puntos $(x_1, x_2, \ldots, x_n)$ en $\mathbb{R}^n$ y sus vectores de posición $\mathbf{x} = \langle x_1, x_2, \ldots, x_n \rangle$ en V_n, hay tres maneras de examinar una función f definida en un subconjunto de $\mathbb{R}^n$:

1. Como una función de n variables reales $x_1, x_2, \ldots, x_n$
2. Como una función de una variable puntual $(x_1, x_2, \ldots, x_n)$
3. Como una función de una variable vectorial única $\mathbf{x} = \langle x_1, x_2, \ldots, x_n \rangle$

Los tres puntos de vista son igualmente útiles.

14.1 | Ejercicios

1. Si $f(x, y) = x^2 y/(2x - y^2)$, determine
   (a) $f(1, 3)$ (b) $f(-2, -1)$
   (c) $f(x + h, y)$ (d) $f(x, x)$

2. Si $g(x, y) = x \operatorname{sen} y + y \operatorname{sen} x$, encuentre
   (a) $g(\pi, 0)$ (b) $g(\pi/2, \pi/4)$
   (c) $g(0, y)$ (d) $g(x, y + h)$

3. Sea $g(x, y) = x^2 \ln(x + y)$.
   (a) Evalúe $g(3, 1)$.
   (b) Determine y trace el dominio de g.
   (c) Determine el rango de g.

4. Sea $h(x, y) = e^{\sqrt{y - x^2}}$.
   (a) Evalúe $h(-2, 5)$.
   (b) Determine y trace el dominio de h.
   (c) Determine el rango de h.

5. Sea $F(x, y, z) = \sqrt{y} - \sqrt{x - 2z}$.
   (a) Evalúe $F(3, 4, 1)$.
   (b) Determine y describa el dominio de F.

6. Sea $f(x, y, z) = \ln(z - \sqrt{x^2 + y^2})$.
   (a) Evalúe $f(4, -3, 6)$.
   (b) Determine y describa el dominio de f.

7-16 Determine y trace el dominio de la función.

7. $f(x, y) = \sqrt{x - 2} + \sqrt{y - 1}$
8. $f(x, y) = \sqrt[4]{x - 3y}$

9. $q(x, y) = \sqrt{x} + \sqrt{4 - 4x^2 - y^2}$

10. $g(x, y) = \ln(x^2 + y^2 - 9)$

11. $g(x, y) = \dfrac{x - y}{x + y}$

12. $g(x, y) = \dfrac{\ln(2 - x)}{1 - x^2 - y^2}$

13. $p(x, y) = \dfrac{\sqrt{xy}}{x + 1}$

14. $f(x, y) = \operatorname{sen}^{-1}(x + y)$

15. $f(x, y, z) = \sqrt{4 - x^2} + \sqrt{9 - y^2} + \sqrt{1 - z^2}$

16. $f(x, y, z) = \ln(16 - 4x^2 - 4y^2 - z^2)$

17. Un modelo del área superficial de un cuerpo humano está dado por la función

$$S = f(w, h) = 0.0072 w^{0.425} h^{0.725}$$

donde w es el peso (en kilogramos), h es la altura (en centímetros) y S se mide en metros cuadrados.
   (a) Determine e interprete $f(73, 178)$.
   (b) ¿Cuál es el área superficial de su propio cuerpo?

18. Un fabricante ha modelado su función de producción anual P (el valor monetario de toda su producción en millones de dólares) como una función de Cobb-Douglas

$$P(L, K) = 1.47L^{0.65}K^{0.35}$$

donde L es el número de horas de trabajo (en millares) y K es el capital invertido (en millones de dólares). Determine e interprete $P(120, 20)$.

19. En el ejemplo 3 se consideró la función $W = f(T, v)$, donde W es el índice de sensación térmica; T, la temperatura real y v, la rapidez del viento. En la tabla 1 se presenta una representación numérica.

(a) ¿Cuál es el valor de $f(-15, 40)$? ¿Qué significa?

(b) Explique el significado de la pregunta "¿Para qué valor de v es $f(-20, v) = -30$?" Después responda la interrogante.

(c) Explique el significado de la pregunta "¿Para qué valor de T es $f(T, 20) = -49$?" Después responda la interrogante.

(d) ¿Cuál es el significado de la función $W = f(-5, v)$? Describa el comportamiento de esta función.

(e) ¿Qué significa la función $W = f(T, 50)$? Describa el comportamiento de esta función.

20. El *índice I de temperatura-humedad* (o *humidex*, para abreviar) es la temperatura percibida del aire cuando la temperatura real es T y la humedad relativa es h, por lo que se puede escribir $I = f(T, h)$. La siguiente tabla de valores de I es un fragmento de una tabla compilada por la National Oceanic & Atmospheric Administration.

Tabla 3 Temperatura aparente como función de la temperatura y la humedad

Humedad relativa (%)

T \ h	20	30	40	50	60	70
20	20	20	20	21	22	23
25	25	25	26	28	30	32
30	30	31	34	36	38	41
35	36	39	42	45	48	51
40	43	47	51	55	59	63

Temperatura actual (°C)

(a) ¿Cuál es el valor de $f(35, 60)$? ¿Qué significa?

(b) ¿Para qué valor de h es $f(30, h) = 38$?

(c) ¿Para qué valor de T es $f(T, 50) = 31$?

(d) ¿Qué significan las funciones $I = f(26, h)$ e $I = f(38, h)$? Compare el comportamiento de estas dos funciones de h.

21. La altura de las olas h en mar abierto depende de la velocidad v del viento y el tiempo t durante el cual el viento ha soplado a esa rapidez. En la tabla 4 se registran, en pies, los valores de la función $h = f(v, t)$.

(a) ¿Cuál es el valor de $f(40, 15)$? ¿Qué significa?

(b) ¿Qué significa la función $h = f(30, t)$? Describa el comportamiento de esta función.

(c) ¿Qué significa la función $h = f(v, 30)$? Explique el comportamiento de esta función.

Tabla 4 Altura de las olas como función de la rapidez y duración del viento

Duración (horas)

v \ t	5	10	15	20	30	40	50
20	0.6	0.6	0.6	0.6	0.6	0.6	0.6
30	1.2	1.3	1.5	1.5	1.5	1.6	1.6
40	1.5	2.2	2.4	2.5	2.7	2.8	2.8
60	2.8	4.0	4.9	5.2	5.5	5.8	5.9
80	4.3	6.4	7.7	8.6	9.5	10.1	10.2
100	5.8	8.9	11.0	12.2	13.8	14.7	15.3
120	7.4	11.3	14.4	16.6	19.0	20.5	21.1

Rapidez del viento (km/h)

22. Una empresa fabrica cajas de cartón de tres tamaños: pequeña, mediana y grande con un costo de \$2.50, \$4.00 y \$4.50, respectivamente. Los costos fijos son de \$8 000.

(a) Exprese el costo de fabricar x cajas pequeñas, y cajas medianas y z cajas grandes como una función de tres variables: $C = f(x, y, z)$.

(b) Determine e interprete $f(3\,000, 5\,000, 4\,000)$.

(c) ¿Cuál es el dominio de f?

23-31 Trace la gráfica de la función.

23. $f(x, y) = y$

24. $f(x, y) = x^2$

25. $f(x, y) = 10 - 4x - 5y$

26. $f(x, y) = \cos y$

27. $f(x, y) = \operatorname{sen} x$

28. $f(x, y) = 2 - x^2 - y^2$

29. $f(x, y) = x^2 + 4y^2 + 1$

30. $f(x, y) = \sqrt{4x^2 + y^2}$

31. $f(x, y) = \sqrt{4 - 4x^2 - y^2}$

32. Relacione cada función con su gráfica (denotadas I-VI). Explique sus selecciones.

(a) $f(x, y) = \dfrac{1}{1 + x^2 + y^2}$ (b) $f(x, y) = \dfrac{1}{1 + x^2 y^2}$

(c) $f(x, y) = \ln(x^2 + y^2)$ (d) $f(x, y) = \cos \sqrt{x^2 + y^2}$

(e) $f(x, y) = |xy|$ (f) $f(x, y) = \cos(xy)$

I

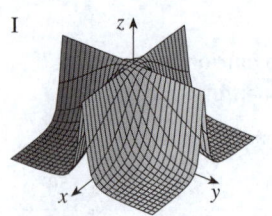

II

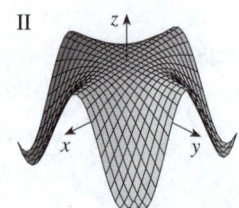

III

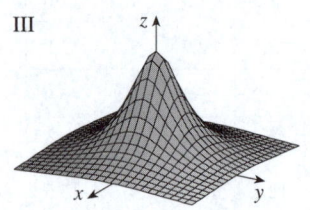

IV

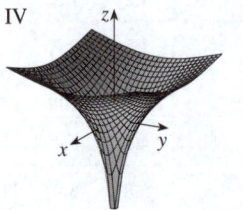

V

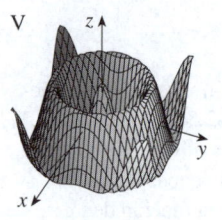

VI

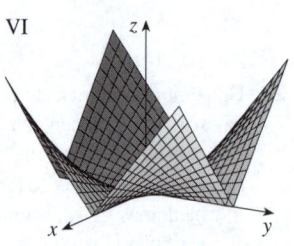

33. A continuación se muestra el mapa de contorno de una función f. Úselo para estimar los valores de $f(-3, 3)$ y $f(3, -2)$. ¿Qué puede decir sobre la forma de la gráfica?

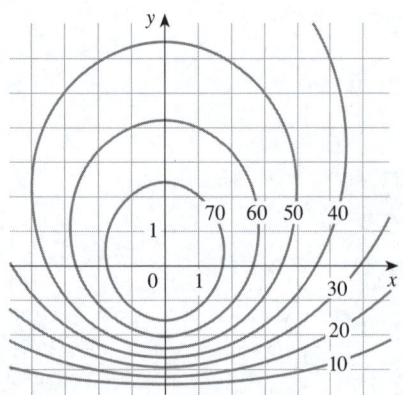

34. Se muestra un mapa de contorno de la presión atmosférica en América del Norte en un día concreto. En las curvas de nivel (isobaras), la presión se indica en milibares (mb).

(a) Estime la presión en C (Chicago), N (Nashville), S (San Francisco) y V (Vancouver).

(b) ¿En cuál de estos lugares los vientos fueron más fuertes? (Vea la explicación que precede al ejemplo 9).

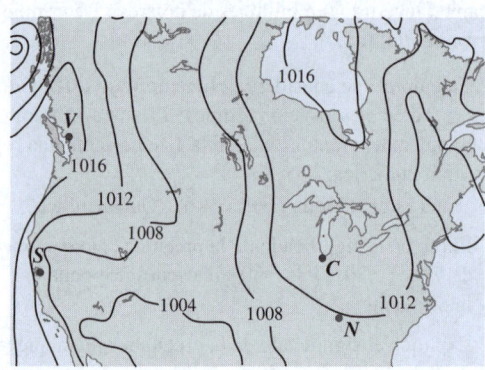

35. Se muestran las curvas de nivel (isotermas) para la temperatura habitual del agua (en °C) en Long Lake, Minnesota, como función de la profundidad y la época del año. Estime la temperatura del lago el 9 de junio (día 160) a una profundidad de 10 m y el 29 de junio (día 180) a una profundidad de 5 m.

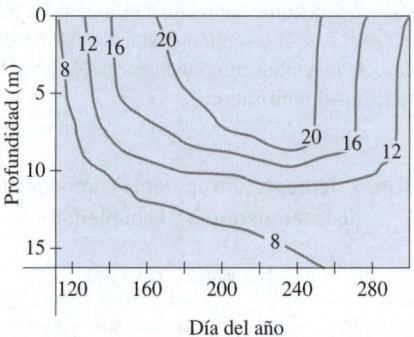

Día del año

36. Se presentan dos mapas de contorno: uno es para una función f cuya gráfica es un cono; el otro es para una función g cuya gráfica es un paraboloide. ¿Cuál corresponde a cada función y por qué?

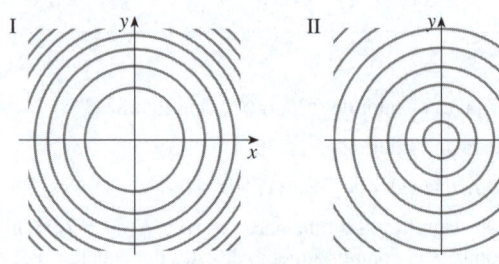

37. Localice los puntos A y B en el mapa de Lonesome Mountain (figura 12). ¿Cómo describiría el terreno cerca de A? ¿Cerca de B?

38. Haga un dibujo aproximado de un mapa de contorno de la función que se representa en la gráfica siguiente.

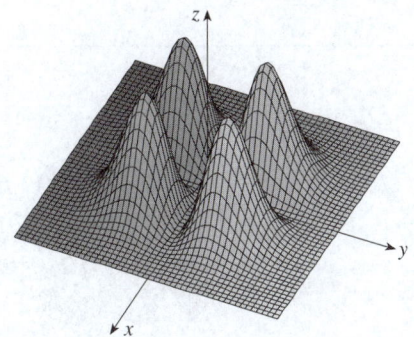

39. El *índice de masa corporal* (IMC) de una persona está definido por

$$B(m, h) = \frac{m}{h^2}$$

donde m es la masa de la persona (en kilogramos) y h la altura de la persona (en metros). Dibuje las curvas de nivel $B(m, h) = 18.5$, $B(m, h) = 25$, $B(m, h) = 30$, $B(m, h) = 40$. Una pauta general es que una persona tiene bajo peso si su IMC es menor que 18.5; se encuentra en un estado óptimo si su IMC está entre 18.5 y 25; tiene sobrepeso si su IMC está entre 25 y 30, y es obesa si su IMC excede de 30. Sombree la región correspondiente al IMC óptimo. ¿Si una persona pesa 62 kg y mide 152 cm se clasifica dentro de esta categoría?

40. El índice de masa corporal se define en el ejercicio 39. Dibuje la curva de nivel de esta función correspondiente a una persona que mide 200 cm de altura y pesa 80 kg. Determine el peso y la altura de otras dos personas con esa misma curva de nivel.

41-44 Se muestra el mapa de contorno de una función. Úselo para hacer un boceto aproximado de la gráfica de f.

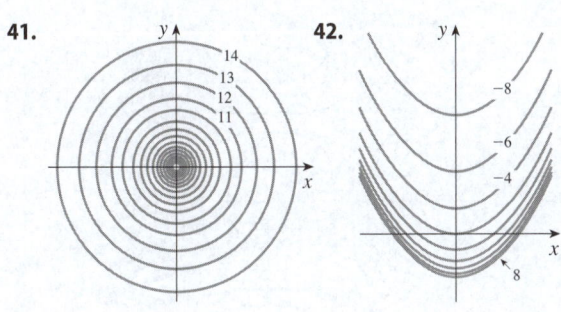

43. 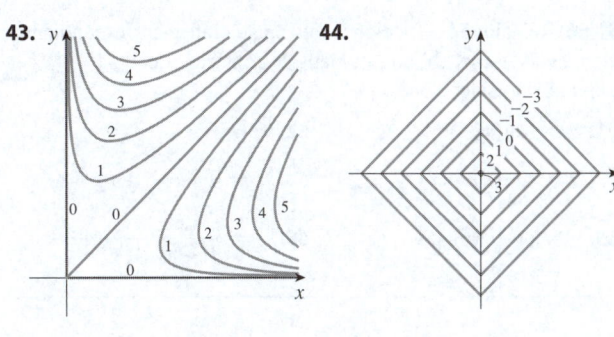 **44.**

45-52 Dibuje un mapa de contorno de la función que muestre varias curvas de nivel.

45. $f(x, y) = x^2 - y^2$ **46.** $f(x, y) = xy$

47. $f(x, y) = \sqrt{x} + y$ **48.** $f(x, y) = \ln(x^2 + 4y^2)$

49. $f(x, y) = ye^x$ **50.** $f(x, y) = y - \arctan x$

51. $f(x, y) = \sqrt[3]{x^2 + y^2}$ **52.** $f(x, y) = y/(x^2 + y^2)$

53-54 Trace un mapa de contorno y una gráfica de la función dada y compárelos.

53. $f(x, y) = x^2 + 9y^2$

54. $f(x, y) = \sqrt{36 - 9x^2 - 4y^2}$

55. Una placa metálica delgada, situada en el plano xy, tiene temperatura $T(x, y)$ en el punto (x, y). Trace algunas curvas de nivel (isotermas) si la función temperatura está dada por

$$T(x, y) = \frac{100}{1 + x^2 + 2y^2}$$

56. Si $V(x, y)$ es el potencial eléctrico en un punto (x, y) en el plano xy, las curvas de nivel de V se llaman *curvas equipotenciales*, porque en todos los puntos de estas curvas el potencial eléctrico es el mismo. Trace algunas curvas equipotenciales si $V(x, y) = c/\sqrt{r^2 - x^2 - y^2}$, donde c es una constante positiva.

57-60 Grafique la función usando varios dominios y distintos puntos de vista. Si con su software puede crear curvas de nivel, trace algunas líneas de contorno de la misma función y compárelas con la gráfica.

57. $f(x, y) = xy^2 - x^3$ (silla de mono)

58. $f(x, y) = xy^3 - yx^3$ (silla de perro)

59. $f(x, y) = e^{-(x^2+y^2)/3}(\text{sen}(x^2) + \cos(y^2))$

60. $f(x, y) = \cos x \cos y$

61-66 Relacione las funciones (a) con su gráfica correspondiente (denotadas A-F) y (b) con su mapa de contorno (denotados I-VI). Explique sus selecciones.

61. $z = \operatorname{sen}(xy)$

62. $z = e^x \cos y$

63. $z = \operatorname{sen}(x - y)$

64. $z = \operatorname{sen} x - \operatorname{sen} y$

65. $z = (1 - x^2)(1 - y^2)$

66. $z = \dfrac{x - y}{1 + x^2 + y^2}$

67-70 Describa las superficies de nivel de cada función.

67. $f(x, y, z) = 2y - z + 1$

68. $g(x, y, z) = x + y^2 - z^2$

69. $g(x, y, z) = x^2 + y^2 - z^2$

70. $f(x, y, z) = x^2 + 2y^2 + 3z^2$

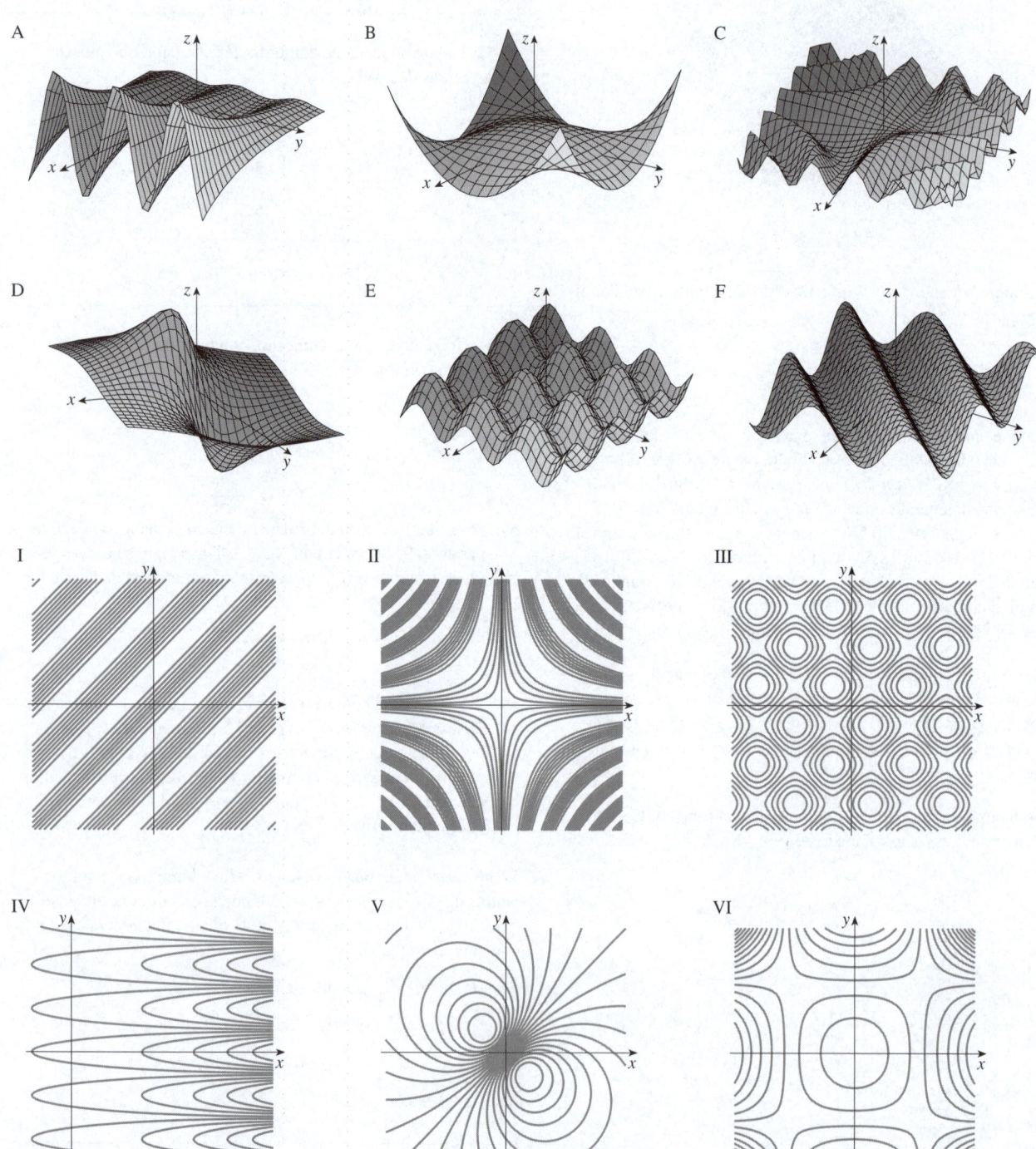

71-72 Describa cómo la gráfica de g se obtiene de la gráfica de f.

71. (a) $g(x, y) = f(x, y) + 2$
(b) $g(x, y) = 2f(x, y)$
(c) $g(x, y) = -f(x, y)$
(d) $g(x, y) = 2 - f(x, y)$

72. (a) $g(x, y) = f(x - 2, y)$
(b) $g(x, y) = f(x, y + 2)$
(c) $g(x, y) = f(x + 3, y - 4)$

73-74 Grafique la función usando varios dominios y perspectivas que ofrezcan buenas vistas de los "picos y valles". ¿Puede afirmarse que la función tiene un valor máximo? ¿Puede identificar puntos en la gráfica que podrían considerarse "puntos máximos locales"? ¿Y "puntos mínimos locales"?

73. $f(x, y) = 3x - x^4 - 4y^2 - 10xy$

74. $f(x, y) = xye^{-x^2-y^2}$

75-76 Grafique la función usando varios dominios y perspectivas. Comente el comportamiento límite de la función. ¿Qué sucede cuando x y y aumentan? ¿Qué sucede cuando (x, y) se aproxima al origen?

75. $f(x, y) = \dfrac{x + y}{x^2 + y^2}$
76. $f(x, y) = \dfrac{xy}{x^2 + y^2}$

77. Investigue la familia de funciones $f(x, y) = e^{cx^2+y^2}$. ¿Cómo depende de c la forma de la gráfica?

78. Investigue la familia de superficies

$$z = (ax^2 + by^2)e^{-x^2-y^2}$$

¿Cómo depende la forma de la gráfica en los números a y b?

79. Investigue la familia de superficies $z = x^2 + y^2 + cxy$. En particular, determine los valores de transición de c en los que la superficie cambia de un tipo de superficie cuádrica a otro.

80. Grafique las funciones.

$$f(x, y) = \sqrt{x^2 + y^2}$$
$$f(x, y) = e^{\sqrt{x^2+y^2}}$$
$$f(x, y) = \ln\sqrt{x^2 + y^2}$$
$$f(x, y) = \text{sen}\left(\sqrt{x^2 + y^2}\right)$$
y $$f(x, y) = \dfrac{1}{\sqrt{x^2 + y^2}}$$

En general, si g es una función de una variable, ¿cómo se obtiene la gráfica de

$$f(x, y) = g\left(\sqrt{x^2 + y^2}\right)$$

de la gráfica de g?

81. (a) Demuestre que, si se toman logaritmos, la función general de Cobb-Douglas $P = bL^\alpha K^{1-\alpha}$ puede expresarse como

$$\ln\frac{P}{K} = \ln b + \alpha \ln\frac{L}{K}$$

(b) Si $x = \ln(L/K)$ y $y = \ln(P/K)$, la ecuación del inciso (a) se convierte en la ecuación lineal $y = \alpha x + \ln b$. Use la tabla 2 del ejemplo 4 para hacer una tabla de valores de $\ln(L/K)$ y $\ln(P/K)$ para los años 1899-1922. Luego determine la recta de regresión de mínimos cuadrados que pasa por los puntos $(\ln(L/K), \ln(P/K))$.

(c) Deduzca que la función de producción de Cobb-Douglas es $P = 1.01L^{0.75}K^{0.25}$.

14.2 | Límites y continuidad

■ Límites de las funciones de dos variables

Compare el comportamiento de las funciones

$$f(x, y) = \frac{\text{sen}(x^2 + y^2)}{x^2 + y^2} \quad y \quad g(x, y) = \frac{x^2 - y^2}{x^2 + y^2}$$

cuando x y y se aproximan a 0 [y por lo tanto, el punto (x, y) se aproxima al origen].

En las tablas 1 y 2 se muestran valores de $f(x, y)$ y $g(x, y)$ con tres decimales de precisión para los puntos (x, y) cerca del origen. (Observe que ninguna función está definida en el origen).

Tabla 1 Valores de $f(x, y)$

x \ y	−1.0	−0.5	−0.2	0	0.2	0.5	1.0
−1.0	0.455	0.759	0.829	0.841	0.829	0.759	0.455
−0.5	0.759	0.959	0.986	0.990	0.986	0.959	0.759
−0.2	0.829	0.986	0.999	1.000	0.999	0.986	0.829
0	0.841	0.990	1.000		1.000	0.990	0.841
0.2	0.829	0.986	0.999	1.000	0.999	0.986	0.829
0.5	0.759	0.959	0.986	0.990	0.986	0.959	0.759
1.0	0.455	0.759	0.829	0.841	0.829	0.759	0.455

Tabla 2 Valores de $g(x, y)$

x \ y	−1.0	−0.5	−0.2	0	0.2	0.5	1.0
−1.0	0.000	0.600	0.923	1.000	0.923	0.600	0.000
−0.5	−0.600	0.000	0.724	1.000	0.724	0.000	−0.600
−0.2	−0.923	−0.724	0.000	1.000	0.000	−0.724	−0.923
0	−1.000	−1.000	−1.000		−1.000	−1.000	−1.000
0.2	−0.923	−0.724	0.000	1.000	0.000	−0.724	−0.923
0.5	−0.600	0.000	0.724	1.000	0.724	0.000	−0.600
1.0	0.000	0.600	0.923	1.000	0.923	0.600	0.000

Parece que cuando (x, y) se aproxima a $(0, 0)$, los valores de $f(x, y)$ se acercan a 1, mientras que los valores de $g(x, y)$ no se aproximan a ningún número en particular. Resulta que estas conjeturas basadas en datos numéricos son correctas, y se escribe

$$\lim_{(x, y) \to (0, 0)} \frac{\text{sen}(x^2 + y^2)}{x^2 + y^2} = 1 \quad \text{y} \quad \lim_{(x, y) \to (0, 0)} \frac{x^2 - y^2}{x^2 + y^2} \quad \text{no existe}$$

En general, se usa la notación

$$\lim_{(x, y) \to (a, b)} f(x, y) = L$$

para indicar que los valores de $f(x, y)$ se aproximan al número L cuando el punto (x, y) se aproxima al punto (a, b) (sin salir del dominio de f). En otras palabras, se puede hacer que los valores de $f(x, y)$ se acerquen a L tanto como se desee si el punto (x, y) se lleva lo suficientemente cerca al punto (a, b), pero no se hace igual a (a, b). A continuación se ofrece una definición más precisa.

1 Definición Sea f una función de dos variables cuyo dominio D incluye puntos arbitrariamente cercanos de (a, b). Se dice entonces que el **límite de $f(x, y)$ cuando (x, y) se aproxima a (a, b)** es L y se escribe

$$\lim_{(x, y) \to (a, b)} f(x, y) = L$$

si para todo número $\varepsilon > 0$ hay un correspondiente número $\delta > 0$ tal que si $(x, y) \in D$ y $0 < \sqrt{(x - a)^2 + (y - b)^2} < \delta$, entonces $|f(x, y) - L| < \varepsilon$

Otras notaciones para el límite de la definición 1 son

$$\lim_{\substack{x \to a \\ y \to b}} f(x, y) = L \quad \text{y} \quad f(x, y) \to L \quad \text{cuando} \quad (x, y) \to (a, b)$$

Observe que $|f(x, y) - L|$ es la distancia entre los números $f(x, y)$ y L, y que $\sqrt{(x - a)^2 + (y - b)^2}$ es la distancia entre el punto (x, y) y el punto (a, b). Así, la definición 1 indica que la distancia entre $f(x, y)$ y L puede reducirse arbitrariamente hasta que la distancia de (x, y) a (a, b) sea lo suficientemente pequeña, pero no 0. (Compare con la definición de límite para una función de una sola variable, definición 2.4.2). En la figura 1 se ilustra la definición 1 por medio de un diagrama de flechas. Si cualquier intervalo pequeño $(L - \varepsilon, L + \varepsilon)$ se da alrededor de L, se puede determinar un disco D_δ con centro en (a, b) y radio $\delta > 0$ tal que f incluya todos los puntos en D_δ [con la posible excepción de (a, b)] en el intervalo $(L - \varepsilon, L + \varepsilon)$.

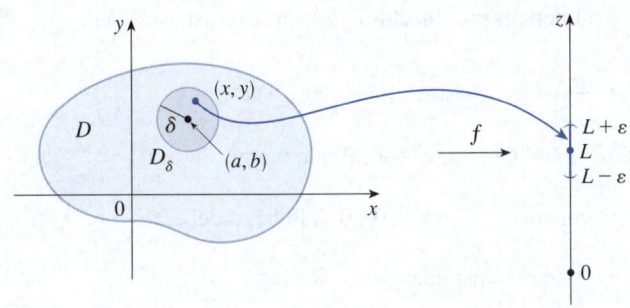

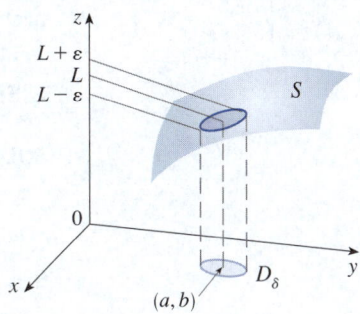

FIGURA 1   **FIGURA 2**

Otra ilustración de la definición 1 se presenta en la figura 2, donde la superficie S es la gráfica de f. Si $\varepsilon > 0$ está dado, se puede determinar $\delta > 0$ tal que si (x, y) se restringe a situarse dentro del disco D_δ y $(x, y) \neq (a, b)$, entonces la parte correspondiente de S está situada entre los planos horizontales $z = L - \varepsilon$ y $z = L + \varepsilon$.

■ ¿Cómo demostrar que no existe un límite?

Para funciones de una variable, cuando x se aproxima a a, solo hay dos posibles direcciones de aproximación: por la izquierda o por la derecha. Recuerde del capítulo 2 que si $\lim_{x \to a^-} f(x) \neq \lim_{x \to a^+} f(x)$, entonces $\lim_{x \to a} f(x)$ no existe.

Para funciones de dos variables, la situación no es tan sencilla porque (x, y) puede aproximarse a (a, b) desde un número infinito de direcciones en cualquier trayectoria (vea la figura 3), siempre que (x, y) esté dentro del dominio de f.

La definición 1 establece que la distancia entre $f(x, y)$ y L puede reducirse de manera arbitraria haciendo que la distancia de (x, y) a (a, b) sea lo suficientemente pequeña (pero diferente de 0). Esta definición solo se refiere a la *distancia* entre (x, y) y (a, b), no a la dirección de la aproximación. Por lo tanto, si el límite existe, $f(x, y)$ debe aproximarse al mismo límite *sin importar cómo* se aproxime (x, y) a (a, b). Por consiguiente, una manera de demostrar que $\lim_{(x, y) \to (a, b)} f(x, y)$ no existe consiste en determinar trayectorias de aproximación diferentes en las que la función $f(x, y)$ tenga límites distintos.

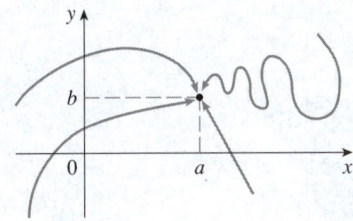

FIGURA 3
Trayectorias diferentes de aproximación a (a, b).

Si $f(x, y) \to L_1$ cuando $(x, y) \to (a, b)$ a lo largo de una trayectoria C_1 y $f(x, y) \to L_2$ cuando $(x, y) \to (a, b)$ a lo largo de una trayectoria C_2, donde $L_1 \neq L_2$, entonces $\lim_{(x, y) \to (a, b)} f(x, y)$ no existe.

EJEMPLO 1 Demuestre que $\displaystyle \lim_{(x, y) \to (0, 0)} \frac{x^2 - y^2}{x^2 + y^2}$ no existe.

SOLUCIÓN Sea $f(x, y) = (x^2 - y^2)/(x^2 + y^2)$. Primero, se aproxima a $(0, 0)$ a lo largo del eje x. En esta trayectoria $y = 0$ para cada punto (x, y), por lo que la función se convierte en $f(x, 0) = x^2/x^2 = 1$ para todos los valores de $x \neq 0$ y, por lo tanto,

$$f(x, y) \to 1 \quad \text{cuando} \quad (x, y) \to (0, 0) \text{ a lo largo del eje } x$$

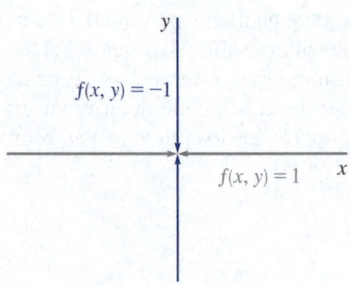

FIGURA 4

Enseguida se aproxima a lo largo del eje y estableciendo $x = 0$. Entonces

$$f(0, y) = \frac{-y^2}{y^2} = -1 \text{ para todos los valores de } y \neq 0, \text{ de modo que}$$

$$f(x, y) \to -1 \quad \text{cuando} \quad (x, y) \to (0, 0) \text{ a lo largo del eje } y$$

(Vea la figura 4). Como f tiene dos límites diferentes cuando (x, y) se aproxima a $(0, 0)$ a lo largo de dos rectas diferentes, el límite dado no existe. (Esto confirma la conjetura hecha con base en los datos numéricos presentados al principio de esta sección). ∎

EJEMPLO 2   Si $f(x, y) = \dfrac{xy}{x^2 + y^2}$, ¿existe $\lim\limits_{(x, y) \to (0, 0)} f(x, y)$?

SOLUCIÓN   Si $y = 0$, entonces $f(x, 0) = 0/x^2 = 0$. Por lo tanto,

$$f(x, y) \to 0 \quad \text{cuando} \quad (x, y) \to (0, 0) \text{ a lo largo del eje } x$$

Si $x = 0$, entonces $f(0, y) = 0/y^2 = 0$, así que

$$f(x, y) \to 0 \quad \text{cuando} \quad (x, y) \to (0, 0) \text{ a lo largo del eje } y$$

Aunque se han obtenido límites idénticos en los dos ejes, eso *no* demuestra que el límite dado sea 0. Aproxime ahora a $(0, 0)$ a lo largo de otra recta, por ejemplo, $y = x$. Para todos los valores de $x \neq 0$,

$$f(x, x) = \frac{x^2}{x^2 + x^2} = \frac{1}{2}$$

Por lo tanto, $f(x, y) \to \frac{1}{2}$ cuando $(x, y) \to (0, 0)$ a lo largo de $y = x$

(Vea la figura 5). Como se han obtenido límites distintos con trayectorias diferentes, el límite dado no existe. ∎

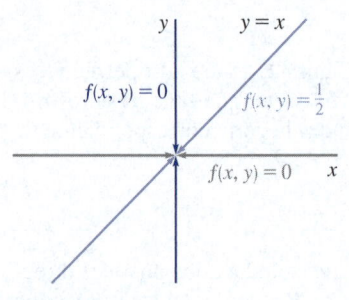

FIGURA 5

La figura 6 ayuda a comprender el ejemplo 2. La cresta que se forma arriba de la recta $y = x$ corresponde a que $f(x, y) = \frac{1}{2}$ para todos los puntos (x, y) en esa recta, excepto el origen.

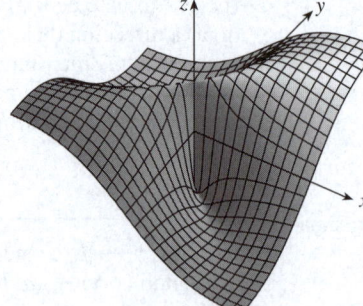

FIGURA 6
$$f(x, y) = \frac{xy}{x^2 + y^2}$$

EJEMPLO 3   Si $f(x, y) = \dfrac{xy^2}{x^2 + y^4}$, ¿existe $\lim\limits_{(x, y) \to (0, 0)} f(x, y)$?

SOLUCIÓN   Con base en la solución del ejemplo 2, trate de ahorrar tiempo con $(x, y) \to (0, 0)$ a lo largo de cualquier recta que pase por el origen. Si la recta no es el eje y, entonces $y = mx$, donde m es la pendiente, y

$$f(x, y) = f(x, mx) = \frac{x(mx)^2}{x^2 + (mx)^4} = \frac{m^2 x^3}{x^2 + m^4 x^4} = \frac{m^2 x}{1 + m^4 x^2}$$

En la figura 7 se muestra la gráfica de la función del ejemplo 3. Observe la cresta arriba de la parábola $x = y^2$.

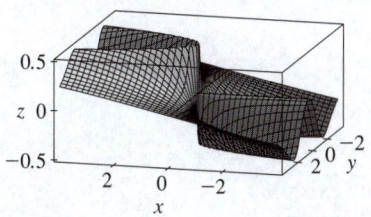

FIGURA 7

Así, $\qquad f(x, y) \to 0 \qquad$ cuando $\qquad (x, y) \to (0, 0)$ a lo largo de $y = mx$

Se obtiene el mismo resultado que $(x, y) \to (0, 0)$ a lo largo de la recta $x = 0$. Por lo tanto, f tiene el mismo valor límite a lo largo de todas las rectas que pasan por el origen. Sin embargo, eso no demuestra que el límite dado sea 0, porque si ahora se permite que $(x, y) \to (0, 0)$ a lo largo de la parábola $x = y^2$, se tiene

$$f(x, y) = f(y^2, y) = \frac{y^2 \cdot y^2}{(y^2)^2 + y^4} = \frac{y^4}{2y^4} = \frac{1}{2}$$

por lo tanto, $\qquad f(x, y) \to \frac{1}{2} \qquad$ cuando $\qquad (x, y) \to (0, 0)$ a lo largo de $x = y^2$

Como trayectorias distintas conducen a valores límite diferentes, el límite dado no existe.   ∎

■ Propiedades de los límites

Al igual que en las funciones de una variable, el cálculo de límites para funciones de dos variables puede simplificarse en gran medida si se usan las propiedades de los límites. Las leyes de los límites que se enunciaron en la sección 2.3 pueden aplicarse a las funciones de dos variables. Suponiendo que los límites indicados existen, se pueden enunciar estas leyes verbalmente como sigue:

Ley de la suma **1.** El límite de una suma es la suma de los límites.

Ley de la diferencia **2.** El límite de una diferencia es la diferencia de los límites.

Ley del múltiplo constante **3.** El límite de una constante multiplicada por una función es la constante multiplicada por el límite de la función.

Ley del producto **4.** El límite de un producto es el producto de los límites.

Ley del cociente **5.** El límite de un cociente es el cociente de los límites (siempre que el límite del denominador no sea 0).

En el ejercicio 54 se le pide que demuestre los siguientes límites especiales:

$$\boxed{2} \qquad \lim_{(x, y) \to (a, b)} x = a \qquad \lim_{(x, y) \to (a, b)} y = b \qquad \lim_{(x, y) \to (a, b)} c = c$$

Una **función polinómica** de dos variables (también conocida como función polinomial o polinómica, para abreviar) es una suma de términos de la forma $cx^m y^n$, donde c es una constante y m y n son números enteros no negativos. Una **función racional** es una razón de dos polinomios. Por ejemplo,

$$p(x, y) = x^4 + 5x^3 y^2 + 6xy^4 - 7y + 6$$

es polinómica, mientras que

$$q(x, y) = \frac{2xy + 1}{x^2 + y^2}$$

es una función racional.

Los límites especiales en (2) junto con las leyes de los límites permiten evaluar el límite de cualquier función polinómica p por sustitución directa:

$$\boxed{3} \qquad \lim_{(x, y) \to (a, b)} p(x, y) = p(a, b)$$

Asimismo, para cualquier función racional $q(x, y) = p(x, y)/r(x, y)$ se tiene

$$\boxed{4} \qquad \lim_{(x, y) \to (a, b)} q(x, y) = \lim_{(x, y) \to (a, b)} \frac{p(x, y)}{r(x, y)} = \frac{p(a, b)}{r(a, b)} = q(a, b)$$

siempre que (a, b) esté situado en el dominio de q.

EJEMPLO 4 Evalúe $\lim\limits_{(x,\,y)\to(1,\,2)} (x^2y^3 - x^3y^2 + 3x + 2y)$.

SOLUCIÓN Puesto que $f(x, y) = x^2y^3 - x^3y^2 + 3x + 2y$ es una función polinómica, el límite se puede determinar por sustitución directa:

$$\lim\limits_{(x,\,y)\to(1,\,2)} (x^2y^3 - x^3y^2 + 3x + 2y) = 1^2 \cdot 2^3 - 1^3 \cdot 2^2 + 3 \cdot 1 + 2 \cdot 2 = 11 \quad\blacksquare$$

EJEMPLO 5 Evalúe $\lim\limits_{(x,\,y)\to(-2,\,3)} \dfrac{x^2y + 1}{x^3y^2 - 2x}$ si es que existe.

SOLUCIÓN La función $f(x, y) = (x^2y + 1)/(x^3y^2 - 2x)$ es una función racional y el punto $(-2, 3)$ está en su dominio (el denominador no es 0), así que el límite se puede evaluar por sustitución directa:

$$\lim\limits_{(x,\,y)\to(-2,\,3)} \frac{x^2y + 1}{x^3y^2 - 2x} = \frac{(-2)^2(3) + 1}{(-2)^3(3)^2 - 2(-2)} = -\frac{13}{68} \quad\blacksquare$$

El teorema de compresión, o teorema del emparedado, también se aplica a las funciones de dos o más variables. En el siguiente ejemplo se determinará un límite de dos maneras diferentes: utilizando la definición de límite y mediante el teorema de compresión.

EJEMPLO 6 Determine $\lim\limits_{(x,\,y)\to(0,\,0)} \dfrac{3x^2y}{x^2 + y^2}$ si es que existe.

SOLUCIÓN 1 Como en el ejemplo 3, se podría demostrar que el límite a lo largo de cualquier recta que pasa por el origen es 0. Esto no demuestra que el límite dado sea 0, pero los límites a lo largo de las parábolas $y = x^2$ y $x = y^2$ también resultan ser 0, por lo que se empieza a sospechar que ese límite sí existe y es igual a 0.

Sea $\varepsilon > 0$. Se desea encontrar $\delta > 0$ tal que

$$\text{si} \quad 0 < \sqrt{x^2 + y^2} < \delta \quad \text{entonces} \quad \left| \frac{3x^2y}{x^2 + y^2} - 0 \right| < \varepsilon$$

es decir que   si $0 < \sqrt{x^2 + y^2} < \delta$ entonces $\dfrac{3x^2|y|}{x^2 + y^2} < \varepsilon$

Pero $x^2 \le x^2 + y^2$ puesto que $y^2 \ge 0$, de modo que $x^2/(x^2 + y^2) \le 1$ y por lo tanto

$$\boxed{5} \qquad\qquad \frac{3x^2|y|}{x^2 + y^2} \le 3|y| = 3\sqrt{y^2} \le 3\sqrt{x^2 + y^2}$$

Así, si se elige $\delta = \varepsilon/3$ y se considera $0 < \sqrt{x^2 + y^2} < \delta$, entonces por (5) se tiene

$$\left| \frac{3x^2y}{x^2 + y^2} - 0 \right| \le 3\sqrt{x^2 + y^2} < 3\delta = 3\left(\frac{\varepsilon}{3}\right) = \varepsilon$$

De ahí que, por la definición 1,

$$\lim\limits_{(x,\,y)\to(0,\,0)} \frac{3x^2y}{x^2 + y^2} = 0$$

SOLUCIÓN 2 Como en la solución 1,

$$\left| \frac{3x^2 y}{x^2 + y^2} \right| = \frac{3x^2 |y|}{x^2 + y^2} \leqslant 3|y|$$

por lo que

$$-3|y| \leqslant \frac{3x^2 y}{x^2 + y^2} \leqslant 3|y|$$

Ahora bien, si $|y| \to 0$ cuando $y \to 0$, entonces $\lim\limits_{(x,\,y)\to(0,\,0)} \left(-3|y|\right) = 0$ y $\lim\limits_{(x,\,y)\to(0,\,0)}$ $\left(3|y|\right) = 0$ (aplicando la ley 3 de los límites). Por consiguiente, por el teorema de compresión,

$$\lim_{(x,\,y)\to(0,\,0)} \frac{3x^2 y}{x^2 + y^2} = 0 \qquad \blacksquare$$

■ Continuidad

Recuerde que evaluar límites de funciones *continuas* de una variable es fácil. Eso puede hacerse mediante sustitución directa porque la propiedad que define una función continua es $\lim_{x \to a} f(x) = f(a)$. Las funciones continuas de dos variables también se definen mediante la propiedad de sustitución directa.

---

6 Definición Una función f de dos variables se llama **continua en** (a, b) si

$$\lim_{(x,\,y)\to(a,\,b)} f(x, y) = f(a, b)$$

Se dice que f es **continua en** D si f es continua en cada punto (a, b) en D.

El significado intuitivo de continuidad es que si el punto (x, y) cambia un poco, entonces el valor de $f(x, y)$ también varía un poco. Esto significa que una superficie con la gráfica de una función continua no tiene agujeros ni cortes.

Ya se explicó que los límites de las funciones polinómicas se pueden evaluar por medio de sustitución directa (ecuación 3). De la definición de continuidad se desprende que *todos los polinomios son continuos* en $\mathbb{R}^2$. Asimismo, la ecuación 4 muestra que *cualquier función racional es continua en su dominio*. En general, aplicando las propiedades de los límites, se puede ver que las sumas, diferencias, productos y cocientes de funciones continuas son continuos en sus dominios.

EJEMPLO 7 ¿Dónde es continua la función $f(x, y) = \dfrac{x^2 - y^2}{x^2 + y^2}$?

SOLUCIÓN La función f es discontinua en $(0, 0)$ porque no está definida ahí. Como f es una función racional, es continua en su dominio, el cual es el conjunto $D = \{(x, y) \mid (x, y) \neq (0, 0)\}$. $\qquad \blacksquare$

EJEMPLO 8 Sea

$$g(x, y) = \begin{cases} \dfrac{x^2 - y^2}{x^2 + y^2} & \text{si } (x, y) \neq (0, 0) \\ 0 & \text{si } (x, y) = (0, 0) \end{cases}$$

Aquí g es definida en $(0, 0)$, pero g sigue siendo discontinua ahí porque $\lim_{(x,\,y)\to(0,\,0)} g(x, y)$ no existe (vea el ejemplo 1). $\qquad \blacksquare$

En la figura 8 se muestra la gráfica de la función continua del ejemplo 9.

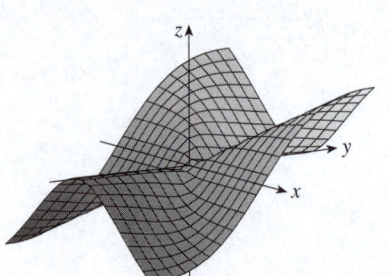

FIGURA 8

EJEMPLO 9   Sea

$$f(x, y) = \begin{cases} \dfrac{3x^2 y}{x^2 + y^2} & \text{si } (x, y) \neq (0, 0) \\ 0 & \text{si } (x, y) = (0, 0) \end{cases}$$

Se sabe que f es continua para $(x, y) \neq (0, 0)$, ya que ahí es igual a una función racional. Además, del ejemplo 6 se tiene

$$\lim_{(x, y) \to (0, 0)} f(x, y) = \lim_{(x, y) \to (0, 0)} \frac{3x^2 y}{x^2 + y^2} = 0 = f(0, 0)$$

Por lo tanto, f es continua en $(0, 0)$, y en consecuencia es continua en $\mathbb{R}^2$.   ∎

Al igual que en las funciones de una variable, la composición es otra manera de combinar dos funciones continuas para obtener una tercera. De hecho, puede demostrarse que si f es una función continua de dos variables y g es una función continua de una variable definida en el rango de f, la función compuesta $h = g \circ f$ definida por $h(x, y) = g(f(x, y))$ es también una función continua.

EJEMPLO 10   ¿Dónde es continua la función $h(x, y) = e^{-(x^2 + y^2)}$?

SOLUCIÓN   La función $f(x, y) = x^2 + y^2$ es un polinomio y, por lo tanto, es continua en $\mathbb{R}^2$. Como la función $g(t) = e^{-t}$ es continua para todos los valores de t, la función compuesta

$$h(x, y) = g(f(x, y)) = e^{-(x^2 + y^2)}$$

es continua en $\mathbb{R}^2$. La gráfica de la función h se presenta en la figura 9.

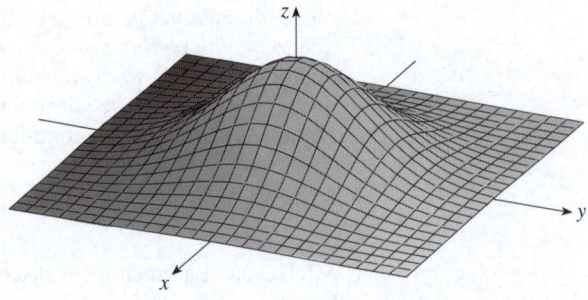

FIGURA 9
La función $h(x, y) = e^{-(x^2 + y^2)}$ es continua en todas partes.   ∎

EJEMPLO 11   ¿Dónde es continua la función $h(x, y) = \arctan(y/x)$?

SOLUCIÓN   La función $f(x, y) = y/x$ es una función racional y, por lo tanto, continua excepto en la recta $x = 0$. La función $g(t) = \arctan t$ es continua en todas partes. Así, la función compuesta

$$g(f(x, y)) = \arctan(y/x) = h(x, y)$$

es continua excepto en $x = 0$. La gráfica de la figura 10 muestra la interrupción en la gráfica de h arriba del eje y.

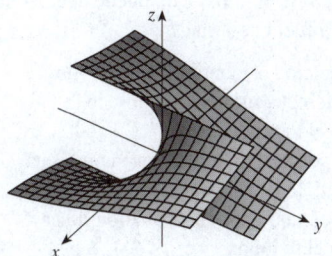

FIGURA 10
La función $h(x, y) = \arctan(y/x)$ es discontinua donde $x = 0$.

■ Funciones de tres o más variables

Todo lo realizado en esta sección puede aplicarse a funciones de tres o más variables. La notación

$$\lim_{(x,\,y,\,z)\to(a,\,b,\,c)} f(x, y, z) = L$$

significa que los valores de $f(x, y, z)$ se aproximan al número L cuando el punto (x, y, z) se aproxima al punto (a, b, c) (sin salir del dominio de f). Dado que la distancia entre dos puntos (x, y, z) y (a, b, c) en $\mathbb{R}^3$ está dada por $\sqrt{(x-a)^2 + (y-b)^2 + (z-c)^2}$, se puede escribir la definición precisa como sigue: para todo número $\varepsilon > 0$ hay un número correspondiente $\delta > 0$ tal que

si (x, y, z) está en el dominio de f y $0 < \sqrt{(x-a)^2 + (y-b)^2 + (z-c)^2} < \delta$,

$$\text{entonces } |f(x, y, z) - L| < \varepsilon$$

La función f es **continua** en (a, b, c) si

$$\lim_{(x,\,y,\,z)\to(a,\,b,\,c)} f(x, y, z) = f(a, b, c)$$

Por ejemplo, la función

$$f(x, y, z) = \frac{1}{x^2 + y^2 + z^2 - 1}$$

es una función racional de tres variables y, por lo tanto, es continua en cualquier punto en $\mathbb{R}^3$ excepto donde $x^2 + y^2 + z^2 = 1$. En otras palabras, es discontinua en la esfera con centro en el origen y radio 1.

Si se usa la notación vectorial que se presentó al final de la sección 14.1, las definiciones de un límite para funciones de dos o tres variables pueden escribirse en forma compacta, como se muestra a continuación.

> **7** Si f está definida en un subconjunto D de $\mathbb{R}^n$, entonces $\lim_{x \to a} f(\mathbf{x}) = L$ significa que para todo número $\varepsilon > 0$ hay un número correspondiente $\delta > 0$ tal que
>
> si $\mathbf{x} \in D$ y $0 < |\mathbf{x} - \mathbf{a}| < \delta$, entonces $|f(\mathbf{x}) - L| < \varepsilon$

Observe que si $n = 1$, entonces $\mathbf{x} = x$ y $\mathbf{a} = a$, y (7) es solo la definición de un límite para funciones de una variable (definición 2.4.2). Para el caso $n = 2$, se tiene $\mathbf{x} = \langle x, y \rangle$, $\mathbf{a} = \langle a, b \rangle$ y $|\mathbf{x} - \mathbf{a}| = \sqrt{(x-a)^2 + (y-b)^2}$ de manera que (7) se convierte en la definición 1. Si $n = 3$, entonces $\mathbf{x} = \langle x, y, z \rangle$, $\mathbf{a} = \langle a, b, c \rangle$ y (7) se convierte en la definición de un límite de una función de tres variables. En cada caso, la definición de continuidad puede escribirse así

$$\lim_{\mathbf{x} \to \mathbf{a}} f(\mathbf{x}) = f(\mathbf{a})$$

14.2 | Ejercicios

1. Suponga que $\lim_{(x,y)\to(3,1)} f(x, y) = 6$. ¿Qué puede decir sobre el valor de $f(3, 1)$? ¿Y si f fuera continua?

2. Explique por qué cada función es continua o discontinua.
   (a) La temperatura ambiente como una función de la longitud, la latitud y el tiempo.
   (b) La elevación (altura sobre el nivel del mar) como una función de la longitud, la latitud y el tiempo.
   (c) El costo de un viaje en taxi como una función de la distancia recorrida y el tiempo.

3-4 Use una tabla de valores numéricos de $f(x, y)$ para (x, y) cerca del origen para hacer una conjetura sobre el valor del límite de $f(x, y)$ cuando $(x, y) \to (0, 0)$. Luego explique por qué su suposición es correcta.

3. $f(x, y) = \dfrac{x^2 y^3 + x^3 y^2 - 5}{2 - xy}$ **4.** $f(x, y) = \dfrac{2xy}{x^2 + 2y^2}$

5-12 Determine el límite.

5. $\displaystyle\lim_{(x,y)\to(3,2)} (x^2 y^3 - 4y^2)$

6. $\displaystyle\lim_{(x,y)\to(5,-2)} (x^2 y + 3xy^2 + 4)$

7. $\displaystyle\lim_{(x,y)\to(-3,1)} \dfrac{x^2 y - xy^3}{x - y + 2}$ **8.** $\displaystyle\lim_{(x,y)\to(2,-1)} \dfrac{x^2 y + xy^2}{x^2 - y^2}$

9. $\displaystyle\lim_{(x,y)\to(\pi, \pi/2)} y \operatorname{sen}(x - y)$ **10.** $\displaystyle\lim_{(x,y)\to(3,2)} e^{\sqrt{2x-y}}$

11. $\displaystyle\lim_{(x,y)\to(1,1)} \left(\dfrac{x^2 y^3 - x^3 y^2}{x^2 - y^2} \right)$ **12.** $\displaystyle\lim_{(x,y)\to(\pi, \pi/2)} \dfrac{\cos y - \operatorname{sen} 2y}{\cos x \cos y}$

13-18 Demuestre que el límite no existe.

13. $\displaystyle\lim_{(x,y)\to(0,0)} \dfrac{y^2}{x^2 + y^2}$ **14.** $\displaystyle\lim_{(x,y)\to(0,0)} \dfrac{2xy}{x^2 + 3y^2}$

15. $\displaystyle\lim_{(x,y)\to(0,0)} \dfrac{(x + y)^2}{x^2 + y^2}$ **16.** $\displaystyle\lim_{(x,y)\to(0,0)} \dfrac{x^2 + xy^2}{x^4 + y^2}$

17. $\displaystyle\lim_{(x,y)\to(0,0)} \dfrac{y^2 \operatorname{sen}^2 x}{x^4 + y^4}$ **18.** $\displaystyle\lim_{(x,y)\to(1,1)} \dfrac{y - x}{1 - y + \ln x}$

19-30 Encuentre el límite, si existe, o demuestre que el límite no existe.

19. $\displaystyle\lim_{(x,y)\to(-1,-2)} (x^2 y - xy^2 + 3)^3$

20. $\displaystyle\lim_{(x,y)\to(\pi, 1/2)} e^{xy} \operatorname{sen} xy$

21. $\displaystyle\lim_{(x,y)\to(2,3)} \dfrac{3x - 2y}{4x^2 - y^2}$ **22.** $\displaystyle\lim_{(x,y)\to(1,2)} \dfrac{2x - y}{4x^2 - y^2}$

23. $\displaystyle\lim_{(x,y)\to(0,0)} \dfrac{xy^2 \cos y}{x^2 + y^4}$ **24.** $\displaystyle\lim_{(x,y)\to(0,0)} \dfrac{x^3 - y^3}{x^2 + xy + y^2}$

25. $\displaystyle\lim_{(x,y)\to(0,0)} \dfrac{x^2 + y^2}{\sqrt{x^2 + y^2 + 1} - 1}$

26. $\displaystyle\lim_{(x,y)\to(0,0)} \dfrac{xy^4}{x^2 + y^8}$

27. $\displaystyle\lim_{(x,y,z)\to(6,1,-2)} \sqrt{x + z} \cos(\pi y)$

28. $\displaystyle\lim_{(x,y,z)\to(0,0,0)} \dfrac{xy + yz}{x^2 + y^2 + z^2}$

29. $\displaystyle\lim_{(x,y,z)\to(0,0,0)} \dfrac{xy + yz^2 + xz^2}{x^2 + y^2 + z^4}$

30. $\displaystyle\lim_{(x,y,z)\to(0,0,0)} \dfrac{x^4 + y^2 + z^3}{x^4 + 2y^2 + z}$

31-34 Use el teorema de compresión para determinar el límite.

31. $\displaystyle\lim_{(x,y)\to(0,0)} xy \operatorname{sen} \dfrac{1}{x^2 + y^2}$ **32.** $\displaystyle\lim_{(x,y)\to(0,0)} \dfrac{xy}{\sqrt{x^2 + y^2}}$

33. $\displaystyle\lim_{(x,y)\to(0,0)} \dfrac{xy^4}{x^4 + y^4}$

34. $\displaystyle\lim_{(x,y,z)\to(0,0,0)} \dfrac{x^2 y^2 z^2}{x^2 + y^2 + z^2}$

35-36 Use una gráfica de la función para explicar por qué el límite no existe.

35. $\displaystyle\lim_{(x,y)\to(0,0)} \dfrac{2x^2 + 3xy + 4y^2}{3x^2 + 5y^2}$ **36.** $\displaystyle\lim_{(x,y)\to(0,0)} \dfrac{xy^3}{x^2 + y^6}$

37-38 Determine $h(x, y) = g(f(x, y))$ y el conjunto de puntos en el que h es continua.

37. $g(t) = t^2 + \sqrt{t}$, $f(x, y) = 2x + 3y - 6$

38. $g(t) = t + \ln t$, $f(x, y) = \dfrac{1 - xy}{1 + x^2 y^2}$

39-40 Grafique la función y observe dónde es discontinua. Después, use la fórmula para explicar lo que observó.

39. $f(x, y) = e^{1/(x-y)}$ **40.** $f(x, y) = \dfrac{1}{1 - x^2 - y^2}$

41-50 Determine el conjunto de puntos en el que la función es continua.

41. $F(x, y) = \dfrac{xy}{1 + e^{x-y}}$ **42.** $F(x, y) = \cos\sqrt{1 + x - y}$

43. $F(x, y) = \dfrac{1 + x^2 + y^2}{1 - x^2 - y^2}$ **44.** $H(x, y) = \dfrac{e^x + e^y}{e^{xy} - 1}$

45. $G(x, y) = \sqrt{x} + \sqrt{1 - x^2 - y^2}$

46. $G(x, y) = \ln(1 + x - y)$

47. $f(x, y, z) = \arcsin(x^2 + y^2 + z^2)$

48. $f(x, y, z) = \sqrt{y - x^2} \ln z$

49. $f(x, y) = \begin{cases} \dfrac{x^2 y^3}{2x^2 + y^2} & \text{si } (x, y) \neq (0, 0) \\ 1 & \text{si } (x, y) = (0, 0) \end{cases}$

50. $f(x, y) = \begin{cases} \dfrac{xy}{x^2 + xy + y^2} & \text{si } (x, y) \neq (0, 0) \\ 0 & \text{si } (x, y) = (0, 0) \end{cases}$

51-53 Use coordenadas polares para encontrar el límite. [Si (r, θ) son coordenadas polares del punto (x, y), con $r \geqslant 0$, tenga en cuenta que $r \to 0^+$ cuando $(x, y) \to (0, 0)$].

51. $\displaystyle\lim_{(x, y) \to (0, 0)} \frac{x^3 + y^3}{x^2 + y^2}$

52. $\displaystyle\lim_{(x, y) \to (0, 0)} (x^2 + y^2) \ln(x^2 + y^2)$

53. $\displaystyle\lim_{(x, y) \to (0, 0)} \frac{e^{-x^2 - y^2} - 1}{x^2 + y^2}$

54. Demuestre los tres límites especiales en (2).

55. Al principio de esta sección se consideró la función

$$f(x, y) = \frac{\operatorname{sen}(x^2 + y^2)}{x^2 + y^2}$$

y se supuso, con base en datos numéricos, que $f(x, y) \to 1$ cuando $(x, y) \to (0, 0)$. Use coordenadas polares para confirmar el valor del límite. Después grafique la función.

56. Grafique y valore la continuidad de la función

$$f(x, y) = \begin{cases} \dfrac{\operatorname{sen} xy}{xy} & \text{si } xy \neq 0 \\ 1 & \text{si } xy = 0 \end{cases}$$

57. Sea

$$f(x, y) = \begin{cases} 0 & \text{si } y \leqslant 0 \quad \text{o} \quad y \geqslant x^4 \\ 1 & \text{si } 0 < y < x^4 \end{cases}$$

(a) Demuestre que $f(x, y) \to 0$ cuando $(x, y) \to (0, 0)$ a lo largo de cualquier trayectoria que pasa por $(0, 0)$ de la forma $y = mx^a$ con $0 < a < 4$.

(b) A pesar del inciso (a), demuestre que f es discontinua en $(0, 0)$.

(c) Demuestre que f es discontinua en dos curvas completas.

58. Demuestre que la función f dada por $f(\mathbf{x}) = |\mathbf{x}|$ es continua en $\mathbb{R}^n$. [*Sugerencia*: Considere $|\mathbf{x} - \mathbf{a}|^2 = (\mathbf{x} - \mathbf{a}) \cdot (\mathbf{x} - \mathbf{a})$].

59. Si $\mathbf{c} \in V_n$, demuestre que la función f dada por $f(\mathbf{x}) = \mathbf{c} \cdot \mathbf{x}$ es continua en $\mathbb{R}^n$.

14.3 | Derivadas parciales

■ Derivadas parciales de funciones de dos variables

En un día caluroso, la humedad extrema nos hace creer que la temperatura es más alta de lo que realmente es, mientras que en un día muy seco percibimos que la temperatura es más baja de lo que indica el termómetro. El National Weather Service inventó el *índice térmico* (también conocido como *índice de temperatura-humedad*, o *humidex*, en algunos países) para describir los efectos combinados de la temperatura y la humedad. El índice térmico I es la temperatura percibida del aire cuando la temperatura real es T y la humedad relativa es H. Así, I es una función de T y H y se puede escribir $I = f(T, H)$. La tabla de valores de I que se presenta a continuación es un fragmento de una tabla compilada por el National Weather Service.

Tabla 1 Índice térmico *I* como una función de la temperatura y la humedad

Humedad relativa (%)

T \ H	40	45	50	55	60	65	70	75	80
26	28	28	29	31	31	32	33	34	35
28	31	32	33	34	35	36	37	38	39
30	34	35	36	37	38	40	41	42	43
32	37	38	39	41	42	43	45	46	47
34	41	42	43	45	47	48	49	51	52
36	43	45	47	48	50	51	53	54	56

Temperatura actual (°C)

Si se concentra en la columna resaltada de la tabla, que corresponde a la humedad relativa de $H = 60\%$, el índice térmico se considera como una función de la variable T para un valor fijo de H. Escriba $g(T) = f(T, 60)$. Entonces, $g(T)$ describe cómo aumenta el índice térmico I conforme la temperatura real T se incrementa en un momento en que la humedad relativa es de 60%. La derivada de g cuando $T = 30$ °C es la razón de cambio de I con respecto a T cuando $T = 30$ °C:

$$g'(30) = \lim_{h \to 0} \frac{g(30 + h) - g(30)}{h} = \lim_{h \to 0} \frac{f(30 + h, 60) - f(30, 60)}{h}$$

Se puede aproximar $g'(30)$ usando los valores de la tabla 1 y tomando $h = 2$ y -2:

$$g'(30) \approx \frac{g(32) - g(30)}{2} = \frac{f(32, 60) - f(30, 60)}{2} = \frac{42 - 38}{2} = 2$$

$$g'(30) \approx \frac{g(28) - g(30)}{-2} = \frac{f(28, 60) - f(30, 60)}{-2} = \frac{35 - 38}{-2} = 1.5$$

Al promediar estos valores se puede decir que la derivada $g'(30)$ es de aproximadamente 1.75. Esto significa que cuando la temperatura real es de 30 °C y la humedad relativa es de 60%, la temperatura aparente (índice térmico) aumenta alrededor de 1.75 °C por cada grado que se incrementa la temperatura real.

Analice ahora la fila resaltada de la tabla 1, que corresponde a una temperatura fija de $T = 30$ °C. Los números de esta fila son valores de la función $G(H) = f(30, H)$, que describe cómo aumenta el índice térmico cuando se incrementa la humedad relativa H en un momento en que la temperatura real es de $T = 30$ °C. La derivada de esta función, cuando $H = 60\%$, es la razón de cambio de I con respecto a H cuando $H = 60\%$:

$$G'(60) = \lim_{h \to 0} \frac{G(60 + h) - G(60)}{h} = \lim_{h \to 0} \frac{f(30, 60 + h) - f(30, 60)}{h}$$

Si se toma $h = 5$ y -5, se aproxima $G'(60)$ usando los valores tabulares:

$$G'(60) \approx \frac{G(65) - G(60)}{5} = \frac{f(30, 65) - f(30, 60)}{5} = \frac{42 - 38}{5} = 0.4$$

$$G'(60) \approx \frac{G(55) - G(60)}{-5} = \frac{f(30, 55) - f(30, 60)}{-5} = \frac{37 - 38}{-5} = 0.2$$

Al promediar estos valores se obtiene la estimación $G'(60) \approx 0.3$. Esto indica que cuando la temperatura es de 30 °C y la humedad relativa es de 60%, el índice térmico aumenta alrededor de 0.3 °C por cada punto porcentual en que se incrementa la humedad relativa.

En general, si f es una función de dos variables x y y, suponga que solo x varía mientras que y se mantiene fija, por ejemplo, $y = b$, donde b es una constante. En este caso en realidad se está considerando una función de una variable x, a saber $g(x) = f(x, b)$. Si g tiene una derivada en a, se llama **derivada parcial de f con respecto a x en (a, b)** y se denota con $f_x(a, b)$. Así,

$$\boxed{1 \qquad f_x(a, b) = g'(a) \qquad \text{donde} \qquad g(x) = f(x, b)}$$

Por la definición de una derivada, se tiene

$$g'(a) = \lim_{h \to 0} \frac{g(a + h) - g(a)}{h}$$

y, por lo tanto, la ecuación 1 se convierte en

$$\boxed{2} \qquad f_x(a, b) = \lim_{h \to 0} \frac{f(a + h, b) - f(a, b)}{h}$$

De igual forma, la **derivada parcial de f con respecto a y en (a, b)**, que se denota con $f_y(a, b)$, se obtiene manteniendo fijo el valor de x ($x = a$) y determinando la derivada ordinaria en b de la función $G(y) = f(a, y)$:

$$\boxed{3} \qquad f_y(a, b) = \lim_{h \to 0} \frac{f(a, b + h) - f(a, b)}{h}$$

Con esta notación para las derivadas parciales se pueden escribir las razones de cambio del índice térmico I con respecto a la temperatura real T y la humedad relativa H cuando $T = 30\ °C$ y $H = 60\%$ como sigue:

$$f_T(30, 60) \approx 1.75 \qquad f_H(30, 60) \approx 0.3$$

Ahora, si el punto (a, b) varía en las ecuaciones 2 y 3, f_x y f_y se convierten en funciones de dos variables.

> **4 Definición** Si f es una función de dos variables, sus **derivadas parciales** son las funciones f_x y f_y definidas por
>
> $$f_x(x, y) = \lim_{h \to 0} \frac{f(x + h, y) - f(x, y)}{h}$$
>
> $$f_y(x, y) = \lim_{h \to 0} \frac{f(x, y + h) - f(x, y)}{h}$$

Hay muchas alternativas de notación para derivadas parciales. Por ejemplo, en lugar de f_x se puede escribir f_1 o $D_1 f$ (para indicar derivación con respecto a la *primera* variable), o $\partial f / \partial x$. Pero aquí $\partial f / \partial x$ no puede interpretarse como una razón de diferenciales.

> **Notaciones para derivadas parciales** Si $z = f(x, y)$, se escribe
>
> $$f_x(x, y) = f_x = \frac{\partial f}{\partial x} = \frac{\partial}{\partial x} f(x, y) = \frac{\partial z}{\partial x} = f_1 = D_1 f = D_x f$$
>
> $$f_y(x, y) = f_y = \frac{\partial f}{\partial y} = \frac{\partial}{\partial y} f(x, y) = \frac{\partial z}{\partial y} = f_2 = D_2 f = D_y f$$

Para calcular derivadas parciales, solo hay que recordar de la ecuación 1 que la derivada parcial con respecto a x es sencillamente la derivada *ordinaria* de la función g de una variable que se obtiene manteniendo fija y. Entonces se tiene la regla siguiente.

> **Regla para determinar derivadas parciales de $z = f(x, y)$**
>
> **1.** Para determinar f_x, considere y como una constante y derive $f(x, y)$ con respecto a x.
>
> **2.** Para determinar f_y, considere x como una constante y derive $f(x, y)$ con respecto a y.

EJEMPLO 1 Si $f(x, y) = x^3 + x^2y^3 - 2y^2$, determine $f_x(2, 1)$ y $f_y(2, 1)$.

SOLUCIÓN Al mantener y constante y al derivar con respecto a x, se obtiene

$$f_x(x, y) = 3x^2 + 2xy^3$$

y, por lo tanto, $$f_x(2, 1) = 3 \cdot 2^2 + 2 \cdot 2 \cdot 1^3 = 16$$

Al mantener x constante y al derivar con respecto a y, se obtiene

$$f_y(x, y) = 3x^2y^2 - 4y$$

$$f_y(2, 1) = 3 \cdot 2^2 \cdot 1^2 - 4 \cdot 1 = 8$$ ■

EJEMPLO 2 Si $f(x, y) = \mathrm{sen}\left(\dfrac{x}{1 + y}\right)$, calcule $\dfrac{\partial f}{\partial x}$ y $\dfrac{\partial f}{\partial y}$.

SOLUCIÓN Al aplicar la regla de la cadena para funciones de una variable, se tiene

$$\frac{\partial f}{\partial x} = \cos\left(\frac{x}{1 + y}\right) \cdot \frac{\partial}{\partial x}\left(\frac{x}{1 + y}\right) = \cos\left(\frac{x}{1 + y}\right) \cdot \frac{1}{1 + y}$$

$$\frac{\partial f}{\partial y} = \cos\left(\frac{x}{1 + y}\right) \cdot \frac{\partial}{\partial y}\left(\frac{x}{1 + y}\right) = -\cos\left(\frac{x}{1 + y}\right) \cdot \frac{x}{(1 + y)^2}$$ ■

■ Interpretaciones de las derivadas parciales

Para dar una interpretación geométrica de las derivadas parciales, recuerde que la ecuación $z = f(x, y)$ representa una superficie S (la gráfica de f). Si $f(a, b) = c$, entonces el punto $P(a, b, c)$ está en S. Al fijar $y = b$, se restringe la atención a la curva C_1 en la que el plano vertical $y = b$ interseca S. (En otras palabras, C_1 es la traza de S en el plano $y = b$). De igual manera, el plano vertical $x = a$ interseca S en una curva C_2. Ambas curvas C_1 y C_2 pasan por el punto P (vea la figura 1).

Observe que la curva C_1 es la gráfica de la función $g(x) = f(x, b)$, así que la pendiente de su tangente T_1 en P es $g'(a) = f_x(a, b)$. La curva C_2 es la gráfica de la función $G(y) = f(a, y)$, de manera que la pendiente de su tangente T_2 en P es $G'(b) = f_y(a, b)$.

Así, las derivadas parciales $f_x(a, b)$ y $f_y(a, b)$ pueden interpretarse geométricamente como las pendientes de las rectas tangentes en $P(a, b, c)$ a las trazas C_1 y C_2 de S en los planos $y = b$ y $x = a$.

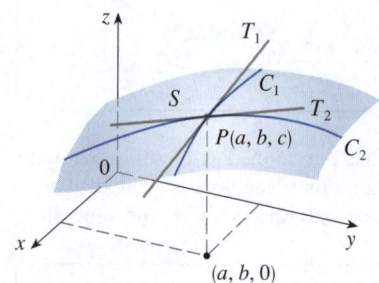

FIGURA 1
Las derivadas parciales de f en (a, b) son las pendientes de las tangentes a C_1 y C_2.

EJEMPLO 3 Si $f(x, y) = 4 - x^2 - 2y^2$, determine $f_x(1, 1)$ y $f_y(1, 1)$ e interprete estos números como pendientes.

SOLUCIÓN Se tiene

$$f_x(x, y) = -2x \qquad f_y(x, y) = -4y$$

$$f_x(1, 1) = -2 \qquad f_y(1, 1) = -4$$

La gráfica de f es el paraboloide $z = 4 - x^2 - 2y^2$ y el plano vertical $y = 1$ lo interseca en la parábola $z = 2 - x^2$, $y = 1$. (Como en el análisis anterior, se denomina C_1 en la figura 2). La pendiente de la recta tangente a esta parábola en el punto $(1, 1, 1)$ es $f_x(1, 1) = -2$. (Observe que la recta tangente se inclina hacia abajo en la dirección x positiva). Asimismo, la curva C_2 en la que el plano $x = 1$ interseca el paraboloide es la parábola $z = 3 - 2y^2$, $x = 1$, y la pendiente de la recta tangente en $(1, 1, 1)$ es $f_y(1, 1) = -4$ (vea la figura 3).

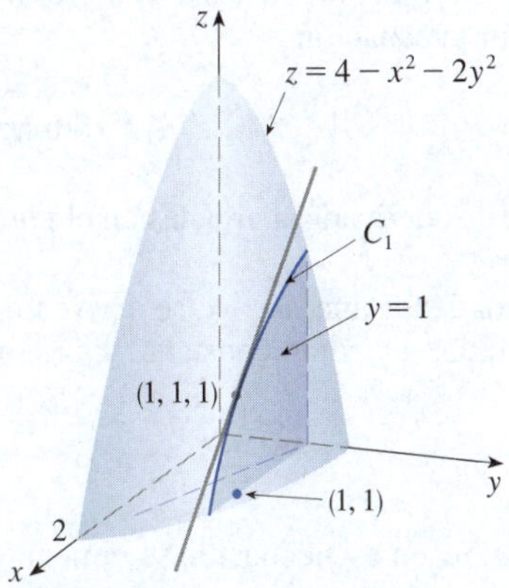

FIGURA 2

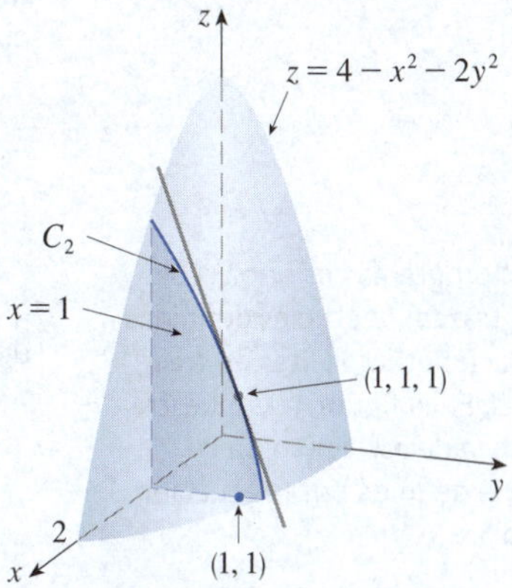

FIGURA 3

Como se vio en el caso de la función del índice térmico al principio de esta sección, las derivadas parciales también pueden interpretarse como *razones de cambio*. Si $z = f(x, y)$, entonces $\partial z / \partial x$ representa la razón de cambio de z con respecto a x cuando y es fija. De igual manera, $\partial z / \partial y$ representa la razón de cambio de z con respecto a y cuando x es fija.

EJEMPLO 4 En el ejercicio 14.1.39 se definió el índice de masa corporal (IMC) de una persona como

$$B(m, h) = \frac{m}{h^2}$$

Calcule las derivadas parciales de B para un joven con $m = 64$ kg y $h = 1.68$ m e interprételas.

SOLUCIÓN Considerando h como una constante, se observa que la derivada parcial con respecto a m es

$$\frac{\partial B}{\partial m}(m, h) = \frac{\partial}{\partial m}\left(\frac{m}{h^2}\right) = \frac{1}{h^2}$$

por lo que

$$\frac{\partial B}{\partial m}(64, 1.68) = \frac{1}{(1.68)^2} \approx 0.35 \ (\text{kg/m}^2)/\text{kg}$$

Esta es la razón a la que aumenta el IMC de este hombre con respecto a su peso cuando pesa 64 kg y su altura es de 1.68 m. Por consiguiente, si su peso aumenta un poco, un kilogramo por ejemplo, y su altura se mantiene sin cambios, su IMC aumentará de $B(64, 168) \approx 22.68$ alrededor de 0.35.

Ahora se considerará m como constante. La derivada parcial con respecto a h es

$$\frac{\partial B}{\partial h}(m, h) = \frac{\partial}{\partial h}\left(\frac{m}{h^2}\right) = m\left(-\frac{2}{h^3}\right) = -\frac{2m}{h^3}$$

así que

$$\frac{\partial B}{\partial h}(64, 1.68) = -\frac{2 \cdot 64}{(1.68)^3} \approx -27 \ (\text{kg/m}^2)/\text{m}$$

Esta es la razón a la que aumenta el IMC de este hombre con respecto a su altura cuando pesa 64 kg y su altura es de 1.68 m. Entonces, si este hombre sigue creciendo y su peso se mantiene sin cambio mientras su altura se incrementa en una cantidad reducida, por decir 1 cm, su IMC *decrecerá* alrededor de 27(0.01) = 0.27.

EJEMPLO 5 Determine $\partial z/\partial x$ y $\partial z/\partial y$ si z está implícitamente definida como función de x y y por la ecuación

$$x^3 + y^3 + z^3 + 6xyz + 4 = 0$$

Luego evalúe estas derivadas parciales en el punto $(-1, 1, 2)$.

SOLUCIÓN Para determinar $\partial z/\partial x$, se deriva implícitamente con respecto a x, teniendo cuidado de tratar a y como constante y a z como función (de x):

$$3x^2 + 3z^2 \frac{\partial z}{\partial x} + 6yz + 6xy \frac{\partial z}{\partial x} = 0$$

Si se despeja $\partial z/\partial x$ en esta ecuación se obtiene

$$\frac{\partial z}{\partial x} = -\frac{x^2 + 2yz}{z^2 + 2xy}$$

De igual forma, la derivación implícita con respecto a y da

$$\frac{\partial z}{\partial y} = -\frac{y^2 + 2xz}{z^2 + 2xy}$$

Observe que el punto $(-1, 1, 2)$ satisface la ecuación $x^3 + y^3 + z^3 + 6xyz + 4 = 0$, por lo que está situado dentro de la superficie. En este punto,

$$\frac{\partial z}{\partial x} = -\frac{(-1)^2 + 2 \cdot 1 \cdot 2}{2^2 + 2(-1) \cdot 1} = -\frac{5}{2} \qquad \text{y} \qquad \frac{\partial z}{\partial y} = -\frac{1^2 + 2(-1) \cdot 2}{2^2 + 2(-1) \cdot 1} = \frac{3}{2} \qquad \blacksquare$$

Algunos programas informáticos pueden trazar superficies definidas por ecuaciones implícitas en tres variables. En la figura 4 se muestra una gráfica de ese tipo para la superficie definida por la ecuación del ejemplo 5.

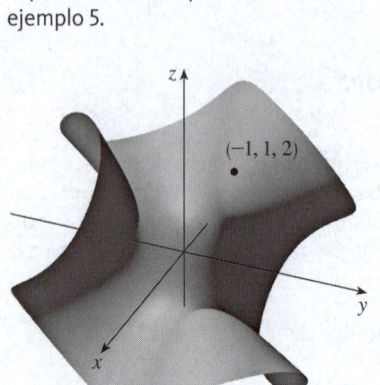

FIGURA 4

Funciones de tres o más variables

Las derivadas parciales también pueden definirse para funciones de tres o más variables. Por ejemplo, si f es una función de tres variables x, y y z, su derivada parcial con respecto a x se define como

$$f_x(x, y, z) = \lim_{h \to 0} \frac{f(x + h, y, z) - f(x, y, z)}{h}$$

y se determina al considerar y y z como constantes y derivando $f(x, y, z)$ con respecto a x. Si $w = f(x, y, z)$, entonces $f_x = \partial w/\partial x$ puede interpretarse como la razón de cambio de w con respecto a x cuando y y z se mantienen fijas. Pero no se puede interpretar geométricamente, porque la gráfica de f reside en el espacio tetradimensional.

En general, si u es una función de n variables, $u = f(x_1, x_2, ..., x_n)$, su derivada parcial con respecto a la i-ésima variable x_i, es

$$\frac{\partial u}{\partial x_i} = \lim_{h \to 0} \frac{f(x_1,...,x_{i-1}, x_i + h, x_{i+1},...,x_n) - f(x_1,...,x_i,...,x_n)}{h}$$

y también se escribe

$$\frac{\partial u}{\partial x_i} = \frac{\partial f}{\partial x_i} = f_{x_i} = f_i = D_i f$$

EJEMPLO 6 Determine f_x, f_y y f_z si $f(x, y, z) = e^{xy} \ln z$.

SOLUCIÓN Al mantener constantes y y z y derivando con respecto a x se tiene

$$f_x = ye^{xy} \ln z$$

Asimismo, $$f_y = xe^{xy} \ln z \qquad \text{y} \qquad f_z = \frac{e^{xy}}{z} \qquad \blacksquare$$

■ Derivadas de orden superior

Si f es una función de dos variables, sus derivadas parciales f_x y f_y también son funciones de dos variables, por lo que se pueden considerar sus derivadas parciales $(f_x)_x$, $(f_x)_y$, $(f_y)_x$ y $(f_y)_y$, llamadas **segundas derivadas parciales** de f. Si $z = f(x, y)$, se usa la notación siguiente:

$$(f_x)_x = f_{xx} = f_{11} = \frac{\partial}{\partial x}\left(\frac{\partial f}{\partial x}\right) = \frac{\partial^2 f}{\partial x^2} = \frac{\partial^2 z}{\partial x^2}$$

$$(f_x)_y = f_{xy} = f_{12} = \frac{\partial}{\partial y}\left(\frac{\partial f}{\partial x}\right) = \frac{\partial^2 f}{\partial y\,\partial x} = \frac{\partial^2 z}{\partial y\,\partial x}$$

$$(f_y)_x = f_{yx} = f_{21} = \frac{\partial}{\partial x}\left(\frac{\partial f}{\partial y}\right) = \frac{\partial^2 f}{\partial x\,\partial y} = \frac{\partial^2 z}{\partial x\,\partial y}$$

$$(f_y)_y = f_{yy} = f_{22} = \frac{\partial}{\partial y}\left(\frac{\partial f}{\partial y}\right) = \frac{\partial^2 f}{\partial y^2} = \frac{\partial^2 z}{\partial y^2}$$

Así, la notación f_{xy} (o $\partial^2 f/\partial y\,\partial x$) significa que primero se deriva con respecto a x y después con respecto a y, en tanto que para calcular f_{yx} se invierte el orden.

EJEMPLO 7   Determine las segundas derivadas parciales de

$$f(x, y) = x^3 + x^2 y^3 - 2y^2$$

SOLUCIÓN   En el ejemplo 1 se encontró que

$$f_x(x, y) = 3x^2 + 2xy^3 \qquad f_y(x, y) = 3x^2 y^2 - 4y$$

Por lo tanto,

$$f_{xx} = \frac{\partial}{\partial x}(3x^2 + 2xy^3) = 6x + 2y^3 \qquad f_{xy} = \frac{\partial}{\partial y}(3x^2 + 2xy^3) = 6xy^2$$

$$f_{yx} = \frac{\partial}{\partial x}(3x^2 y^2 - 4y) = 6xy^2 \qquad f_{yy} = \frac{\partial}{\partial y}(3x^2 y^2 - 4y) = 6x^2 y - 4 \quad ■$$

Observe que $f_{xy} = f_{yx}$ en el ejemplo 7. Esto no es mera coincidencia. Resulta que las derivadas parciales mixtas f_{xy} y f_{yx} son iguales para la mayoría de las funciones que se encuentran en la práctica. El teorema siguiente, descubierto por el matemático francés Alexis Clairaut (1713-1765), establece las condiciones en las que puede afirmarse que $f_{xy} = f_{yx}$. La demostración se encuentra en el apéndice F.

> **Teorema de Clairaut**   Suponga que f está definida en un disco D que contiene el punto (a, b). Si las funciones f_{xy} y f_{yx} son continuas en D, entonces
>
> $$f_{xy}(a, b) = f_{yx}(a, b)$$

Las derivadas parciales de orden 3 o superior también pueden definirse. Por ejemplo,

$$f_{xyy} = (f_{xy})_y = \frac{\partial}{\partial y}\left(\frac{\partial^2 f}{\partial y\,\partial x}\right) = \frac{\partial^3 f}{\partial y^2\,\partial x}$$

y al usar el teorema de Clairaut se puede demostrar que $f_{xyy} = f_{yxy} = f_{yyx}$ si estas funciones son continuas.

Clairaut

Alexis Clairaut fue un niño prodigio en matemáticas: leyó el libro de cálculo de L'Hôpital cuando tenía 10 años y presentó un ensayo sobre geometría a la Academia Francesa de Ciencias cuando tenía 13. A los 18 años, Clairaut publicó *Recherches sur les courbes à double courbure*, que fue el primer tratado sistemático de geometría analítica tridimensional, el cual incluía el cálculo de curvas en el espacio.

EJEMPLO 8 Calcule f_{xxyz} si $f(x, y, z) = \operatorname{sen}(3x + yz)$.

SOLUCIÓN
$$f_x = 3\cos(3x + yz)$$
$$f_{xx} = -9\operatorname{sen}(3x + yz)$$
$$f_{xxy} = -9z\cos(3x + yz)$$
$$f_{xxyz} = -9\cos(3x + yz) + 9yz\operatorname{sen}(3x + yz)$$ ■

■ Ecuaciones diferenciales parciales

Las derivadas parciales aparecen en *ecuaciones diferenciales parciales* que expresan ciertas leyes físicas. Por ejemplo, la ecuación diferencial parcial

$$\frac{\partial^2 u}{\partial x^2} + \frac{\partial^2 u}{\partial y^2} = 0$$

se llama **ecuación de Laplace**, en honor a Pierre Laplace (1749-1827). Las soluciones de esta ecuación se llaman **funciones armónicas**; desempeñan un papel importante en problemas de conducción de calor, caudal de fluidos y potencial eléctrico.

EJEMPLO 9 Demuestre que la función $u(x, y) = e^x \operatorname{sen} y$ es una solución de la ecuación de Laplace.

SOLUCIÓN Primero se calculan las derivadas parciales de segundo orden necesarias:

$$u_x = e^x \operatorname{sen} y \qquad u_y = e^x \cos y$$
$$u_{xx} = e^x \operatorname{sen} y \qquad u_{yy} = -e^x \operatorname{sen} y$$

De esta manera, $u_{xx} + u_{yy} = e^x \operatorname{sen} y - e^x \operatorname{sen} y = 0$

Por lo tanto, u satisface la ecuación de Laplace.   ■

La **ecuación de onda**

$$\frac{\partial^2 u}{\partial t^2} = a^2 \frac{\partial^2 u}{\partial x^2}$$

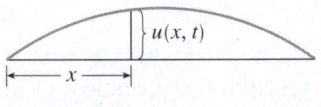

FIGURA 5

describe el movimiento en forma de onda, por ejemplo, una ola marina, una onda de sonido, una onda luminosa o una onda que viaja a lo largo de una cuerda vibrante. Es decir, si $u(x, t)$ representa el desplazamiento de una cuerda vibrante de violín en el momento t y a una distancia x de un extremo de la cuerda (como en la figura 5), entonces $u(x, t)$ satisface la ecuación de onda. Aquí, la constante a depende de la densidad de la cuerda y la tensión en ella.

EJEMPLO 10 Verifique que la función $u(x, t) = \operatorname{sen}(x - at)$ satisface la ecuación de onda.

SOLUCIÓN $u_x = \cos(x - at) \qquad u_t = -a\cos(x - at)$

$$u_{xx} = -\operatorname{sen}(x - at) \qquad u_{tt} = -a^2 \operatorname{sen}(x - at) = a^2 u_{xx}$$

Por lo tanto, u satisface la ecuación de onda.   ■

Las ecuaciones diferenciales parciales que incluyen funciones de tres variables también son muy importantes en las ciencias y la ingeniería. La ecuación tridimensional de Laplace es

$$\boxed{5} \qquad \frac{\partial^2 u}{\partial x^2} + \frac{\partial^2 u}{\partial y^2} + \frac{\partial^2 u}{\partial z^2} = 0$$

y una de sus aplicaciones se encuentra en geofísica. Si $u(x, y, z)$ representa la fuerza del campo magnético en la posición (x, y, z), entonces satisface la ecuación 5. La intensidad del campo magnético indica la distribución de minerales ricos en hierro y refleja diferentes tipos de rocas y la ubicación de fallas.

14.3 | Ejercicios

1. Al principio de esta sección se analizó la función $I = f(T, H)$, donde I es el índice térmico, T la temperatura real y H la humedad relativa. Use la tabla 1 para estimar $f_T(34, 75)$ y $f_H(34, 75)$. ¿Cuáles son las interpretaciones prácticas de estos valores?

2. La altura de las olas h en mar abierto depende de la rapidez v del viento y el tiempo t durante el cual el viento ha estado soplando con esa rapidez. Los valores de la función $h = f(v, t)$ se registran en pies en la tabla siguiente.

Duración (horas)

v \\ t	5	10	15	20	30	40	50
20	0.6	0.6	0.6	0.6	0.6	0.6	0.6
30	1.2	1.3	1.5	1.5	1.5	1.6	1.6
40	1.5	2.2	2.4	2.5	2.7	2.8	2.8
60	2.8	4.0	4.9	5.2	5.5	5.8	5.9
80	4.3	6.4	7.7	8.6	9.5	10.1	10.2
100	5.8	8.9	11.0	12.2	13.8	14.7	15.3
120	7.4	11.3	14.4	16.6	19.0	20.5	21.1

Rapidez del viento (km/h)

(a) ¿Qué significan las derivadas parciales $\partial h/\partial v$ y $\partial h/\partial t$?

(b) Estime los valores de $f_v(40, 15)$ y $f_t(40, 15)$. ¿Cuáles son las interpretaciones prácticas de estos valores?

(c) ¿Cuál será el valor del límite siguiente?

$$\lim_{t \to \infty} \frac{\partial h}{\partial t}$$

3. La temperatura T (en °C) en un lugar del hemisferio norte depende de la longitud x, la latitud y y el tiempo t, por lo que se puede escribir $T = f(x, y, t)$. Mida el tiempo en horas desde principios de enero.

(a) ¿Qué significan las derivadas parciales $\partial T/\partial x$, $\partial T/\partial y$ y $\partial T/\partial t$?

(b) Honolulú tiene una longitud de 158° O y una latitud de 21° N. Suponga que a las nueve de la mañana del 1° de enero el viento sopla aire caliente hacia el noreste, de manera que el aire al oeste y el sur es templado y el aire del norte y el este es fresco. ¿Se esperaría que $f_x(158, 21, 9)$, $f_y(158, 21, 9)$ y $f_t(158, 21, 9)$ fueran positivas o negativas? Explique su respuesta.

4-5 Determine los signos de las derivadas parciales de la función f cuya gráfica se presenta a continuación.

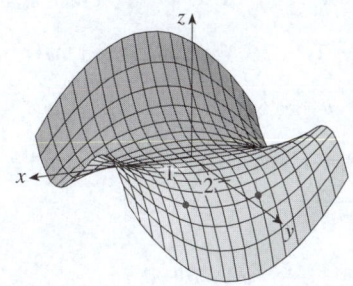

4. (a) $f_x(1, 2)$ (b) $f_y(1, 2)$

5. (a) $f_x(-1, 2)$ (b) $f_y(-1, 2)$

6. Se presenta un mapa de contorno de la función f. Úselo para estimar $f_x(2, 1)$ y $f_y(2, 1)$.

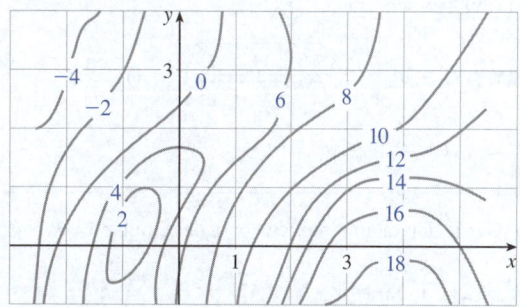

7. Si $f(x, y) = 16 - 4x^2 - y^2$, encuentre $f_x(1, 2)$ y $f_y(1, 2)$ e interprete estos números como pendientes. Ilustre con dibujos a mano o gráficas en computadora.

8. Si $f(x, y) = \sqrt{4 - x^2 - 4y^2}$, encuentre $f_x(1, 0)$ y $f_y(1, 0)$ e interprete estos números como pendientes. Ilustre con dibujos a mano o con gráficas en computadora.

9-36 Determine las primeras derivadas parciales de la función.

9. $f(x, y) = x^4 + 5xy^3$

10. $f(x, y) = x^2y - 3y^4$

11. $g(x, y) = x^3 \operatorname{sen} y$

12. $g(x, t) = e^{xt}$

13. $z = \ln(x + t^2)$

14. $w = \dfrac{u}{v^2}$

15. $f(x, y) = ye^{xy}$

16. $g(x, y) = (x^2 + xy)^3$

17. $g(x, y) = y(x + x^2y)^5$

18. $f(x, y) = \dfrac{x}{(x + y)^2}$

19. $f(x, y) = \dfrac{ax + by}{cx + dy}$

20. $w = \dfrac{e^v}{u + v^2}$

21. $g(u, v) = (u^2v - v^3)^5$

22. $u(r, \theta) = \operatorname{sen}(r \cos \theta)$

23. $R(p, q) = \tan^{-1}(pq^2)$

24. $f(x, y) = x^y$

25. $F(x, y) = \displaystyle\int_y^x \cos(e^t)\, dt$

26. $F(\alpha, \beta) = \displaystyle\int_\alpha^\beta \sqrt{t^3 + 1}\, dt$

27. $f(x, y, z) = x^3yz^2 + 2yz$

28. $f(x, y, z) = xy^2e^{-xz}$

29. $w = \ln(x + 2y + 3z)$

30. $w = y \tan(x + 2z)$

31. $p = \sqrt{t^4 + u^2 \cos v}$

32. $u = x^{y/z}$

33. $h(x, y, z, t) = x^2y \cos(z/t)$

34. $\phi(x, y, z, t) = \dfrac{\alpha x + \beta y^2}{\gamma z + \delta t^2}$

35. $u = \sqrt{x_1^2 + x_2^2 + \cdots + x_n^2}$

36. $u = \operatorname{sen}(x_1 + 2x_2 + \cdots + nx_n)$

37-40 Establezca la derivada parcial indicada.

37. $R(s, t) = te^{s/t}$; $R_t(0, 1)$

38. $f(x, y) = y \operatorname{sen}^{-1}(xy)$; $f_y\left(1, \tfrac{1}{2}\right)$

39. $f(x, y, z) = \ln \dfrac{1 - \sqrt{x^2 + y^2 + z^2}}{1 + \sqrt{x^2 + y^2 + z^2}}$; $f_y(1, 2, 2)$

40. $f(x, y, z) = x^{yz}$; $f_z(e, 1, 0)$

41-44 Use la derivación implícita para determinar $\partial z/\partial x$ y $\partial z/\partial y$.

41. $x^2 + 2y^2 + 3z^2 = 1$

42. $x^2 - y^2 + z^2 - 2z = 4$

43. $e^z = xyz$

44. $yz + x \ln y = z^2$

45-46 Determine $\partial z/\partial x$ y $\partial z/\partial y$.

45. (a) $z = f(x) + g(y)$ (b) $z = f(x + y)$

46. (a) $z = f(x)g(y)$ (b) $z = f(xy)$

(c) $z = f(x/y)$

47-52 Determine todas las segundas derivadas parciales.

47. $f(x, y) = x^4y - 2x^3y^2$

48. $f(x, y) = \ln(ax + by)$

49. $z = \dfrac{y}{2x + 3y}$

50. $T = e^{-2r} \cos \theta$

51. $v = \operatorname{sen}(s^2 - t^2)$

52. $z = \arctan \dfrac{x + y}{1 - xy}$

53-56 Verifique que la conclusión del teorema de Clairaut es válida, es decir, $u_{xy} = u_{yx}$.

53. $u = x^4y^3 - y^4$

54. $u = e^{xy} \operatorname{sen} y$

55. $u = \cos(x^2y)$

56. $u = \ln(x + 2y)$

57-64 Determine las derivadas parciales indicadas.

57. $f(x, y) = x^4y^2 - x^3y$; f_{xxx}, f_{xyx}

58. $f(x, y) = \operatorname{sen}(2x + 5y)$; f_{yxy}

59. $f(x, y, z) = e^{xyz^2}$; f_{xyz}

60. $g(r, s, t) = e^r \operatorname{sen}(st)$; g_{rst}

61. $W = \sqrt{u + v^2}$; $\dfrac{\partial^3 W}{\partial u^2 \partial v}$

62. $V = \ln(r + s^2 + t^3)$; $\dfrac{\partial^3 V}{\partial r \partial s \partial t}$

63. $w = \dfrac{x}{y + 2z}$; $\dfrac{\partial^3 w}{\partial z \partial y \partial x}$, $\dfrac{\partial^3 w}{\partial x^2 \partial y}$

64. $u = x^a y^b z^c$; $\dfrac{\partial^6 u}{\partial x \partial y^2 \partial z^3}$

65-66 Use la definición 4 para determinar $f_x(x, y)$ y $f_y(x, y)$.

65. $f(x, y) = xy^2 - x^3y$

66. $f(x, y) = \dfrac{x}{x + y^2}$

67. Si $f(x, y, z) = xy^2z^3 + \arcsin(x\sqrt{z})$, encuentre f_{xzy}. [*Sugerencia*: ¿Qué orden de derivación es el más sencillo?]

68. Si $g(x, y, z) = \sqrt{1 + xz} + \sqrt{1 - xy}$, encuentre g_{xyz}. [*Sugerencia*: Use un orden de derivación diferente para cada término].

69. Las siguientes superficies (denotadas a, b y c) son gráficas de una función f y sus derivadas parciales f_x y f_y. Identifique cada superficie y explique sus selecciones.

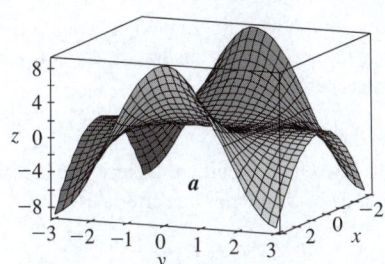

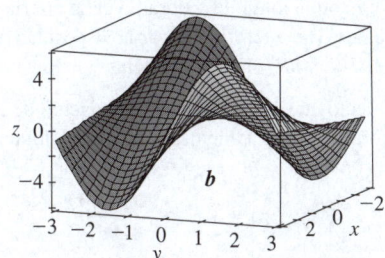

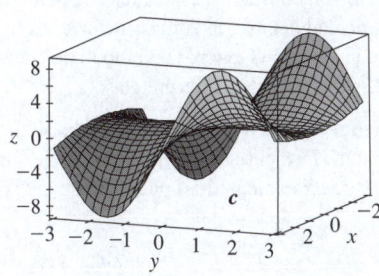

70-71 Encuentre f_x y f_y y grafique f, f_x y f_y con dominios y perspectivas que permitan ver las relaciones entre ellas.

70. $f(x, y) = \dfrac{y}{1 + x^2 y^2}$ **71.** $f(x, y) = x^2 y^3$

72. Determine los signos de las derivadas parciales de la función f cuya gráfica se presenta en los ejercicios 4-5.

(a) $f_{xx}(-1, 2)$ (b) $f_{yy}(-1, 2)$
(c) $f_{xy}(1, 2)$ (d) $f_{xy}(-1, 2)$

73. Use la tabla de valores de $f(x, y)$ para estimar los valores de $f_x(3, 2)$, $f_x(3, 2.2)$ y $f_{xy}(3, 2)$.

x \ y	1.8	2.0	2.2
2.5	12.5	10.2	9.3
3.0	18.1	17.5	15.9
3.5	20.0	22.4	26.1

74. Se muestran curvas de nivel de una función f. Determine si las derivadas parciales siguientes son positivas o negativas en el punto P.

(a) f_x (b) f_y (c) f_{xx} (d) f_{xy} (e) f_{yy}

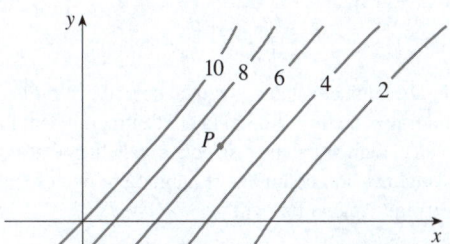

75. (a) En el ejemplo 3 se determinó que $f_x(1, 1) = -2$ para la función $f(x, y) = 4 - x^2 - 2y^2$. Este resultado se interpreta geométricamente como la pendiente de la recta tangente a la curva C_1 en el punto $P(1, 1, 1)$, donde C_1 es la traza de la gráfica de f en el plano $y = 1$ (vea la figura). Para verificar esta interpretación, determine una ecuación vectorial para C_1, calcule el vector tangente a C_1 en P y luego encuentre la pendiente de la recta tangente a C_1 en P en el plano $y = 1$.
(b) Utilice un método similar para verificar que $f_y(1, 1) = -4$.

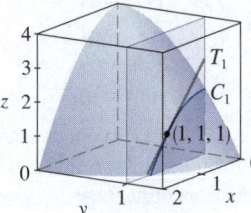 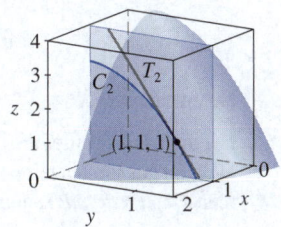

76. Si $u = e^{a_1 x_1 + a_2 x_2 + \cdots + a_n x_n}$, donde $a_1^2 + a_2^2 + \cdots + a_n^2 = 1$, demuestre que

$$\frac{\partial^2 u}{\partial x_1^2} + \frac{\partial^2 u}{\partial x_2^2} + \cdots + \frac{\partial^2 u}{\partial x_n^2} = u$$

77. Demuestre que la función $u = u(x, t)$ es una solución de la ecuación de onda $u_{tt} = a^2 u_{xx}$.

(a) $u = \operatorname{sen}(kx)\operatorname{sen}(akt)$
(b) $u = t/(a^2 t^2 - x^2)$
(c) $u = (x - at)^6 + (x + at)^6$
(d) $u = \operatorname{sen}(x - at) + \ln(x + at)$

78. Determine si cada una de las funciones siguientes es una solución de la ecuación de Laplace $u_{xx} + u_{yy} = 0$.

(a) $u = x^2 + y^2$ (b) $u = x^2 - y^2$
(c) $u = x^3 + 3xy^2$ (d) $u = \ln\sqrt{x^2 + y^2}$
(e) $u = \operatorname{sen} x \cosh y + \cos x \operatorname{senh} y$
(f) $u = e^{-x}\cos y - e^{-y}\cos x$

79. Verifique que la función $u = 1/\sqrt{x^2 + y^2 + z^2}$ es una solución de la ecuación tridimensional de Laplace $u_{xx} + u_{yy} + u_{zz} = 0$.

80. Ecuación de conducción de calor Verifique que la función $u = e^{-\alpha^2 k^2 t}$ sen kx es una solución de la *ecuación de conducción de calor* $u_t = \alpha^2 u_{xx}$.

81. Ecuación de difusión La *ecuación de difusión*

$$\frac{\partial c}{\partial t} = D \frac{\partial^2 c}{\partial x^2}$$

donde D es una constante positiva, describe la difusión de calor a través de un sólido, o la concentración de un contaminante en el tiempo t a una distancia x de la fuente de contaminación, o la invasión de un nuevo hábitat por una especie extraña. Verifique que la función

$$c(x, t) = \frac{1}{\sqrt{4\pi Dt}} e^{-x^2/(4Dt)}$$

es una solución de la ecuación de difusión.

82. La temperatura en un punto (x, y) en una placa metálica plana está dada por $T(x, y) = 60/(1 + x^2 + y^2)$, donde T se mide en °C y x, y en metros. Calcule la razón de cambio de la temperatura con respecto a la distancia en el punto $(2, 1)$ en (a) la dirección de x y (b) la dirección de y.

83. La resistencia total R producida por tres conductores con resistencias R_1, R_2, R_3 conectadas en un circuito eléctrico paralelo está dada por la fórmula

$$\frac{1}{R} = \frac{1}{R_1} + \frac{1}{R_2} + \frac{1}{R_3}$$

Determine $\partial R/\partial R_1$.

84. Ley de los gases ideales La ley de los gases para una masa fija m de un gas ideal a temperatura absoluta T, presión P y volumen V es $PV = mRT$, donde R es la constante de los gases.

(a) Muestre que $\dfrac{\partial P}{\partial V} \dfrac{\partial V}{\partial T} \dfrac{\partial T}{\partial P} = -1$.

(b) Muestre que $T \dfrac{\partial P}{\partial T} \dfrac{\partial V}{\partial T} = mR$.

85. Ecuación de Van der Waals La *ecuación de Van der Waals* para n moles de un gas es

$$\left(P + \frac{n^2 a}{V^2} \right)(V - nb) = nRT$$

donde P es la presión, V el volumen y T la temperatura del gas. La constante R es la constante de gas universal y a y b son constantes positivas características de un gas específico. Calcule $\partial T/\partial P$ y $\partial P/\partial V$.

86. El modelo del índice de sensación térmica es la función

$$W = 13.12 + 0.6215T - 11.37v^{0.16} + 0.3965Tv^{0.16}$$

donde T es la temperatura (°C) y v es la rapidez del viento (en km/h). Cuando $T = -15$ °C y $v = 30$ km/h, ¿cuánto se esperaría que se redujera la temperatura aparente W si la temperatura real disminuye 1 °C? ¿Y si la rapidez del viento aumenta 1 km/h?

87. Un modelo del área del cuerpo humano está dado por la función

$$S = f(w, h) = 0.0072w^{0.425}h^{0.725}$$

donde w es el peso (en kilogramos), h la altura (en centímetros) y S se mide en metros cuadrados. Calcule e interprete las derivadas parciales.

(a) $\dfrac{\partial S}{\partial w}$ (73, 178) (b) $\dfrac{\partial S}{\partial h}$ (73, 178)

88. Una de las leyes de Poiseuille establece que la resistencia a la circulación de la sangre por una arteria es

$$R = C \frac{L}{r^4}$$

donde L y r son la longitud y el radio de la arteria y C es una constante positiva determinada por la viscosidad de la sangre. Calcule $\partial R/\partial L$ y $\partial R/\partial r$ e interprételas.

89. En el proyecto que se presenta a continuación de la sección 4.7 se expresa la fuerza que necesita un ave durante el modo de aleteo como

$$P(v, x, m) = Av^3 + \frac{B(mg/x)^2}{v}$$

donde A y B son constantes específicas de una especie de ave, v es la velocidad del ave, m la masa del ave y x la fracción del tiempo de vuelo que el ave pasa en modo de aleteo. Calcule $\partial P/\partial v$, $\partial P/\partial x$ y $\partial P/\partial m$ e interprételas.

90. En un estudio de penetración de la escarcha se descubrió que la temperatura T en el tiempo t (medido en días) a una profundidad x (medida en metros) puede modelarse con la función

$$T(x, t) = T_0 + T_1 e^{-\lambda x} \text{sen}(\omega t - \lambda x)$$

donde $\omega = 2\pi/365$ y λ es una constante positiva.
(a) Encuentre $\partial T/\partial x$. ¿Cuál es su importancia física?
(b) Determine $\partial T/\partial t$. ¿Cuál es su importancia física?
(c) Demuestre que T satisface la ecuación de calor $T_t = kT_{xx}$ para cierta constante k.
(d) Grafique $T(x, t)$ para $\lambda = 0.2$, $T_0 = 0$ y $T_1 = 10$.
(e) ¿Cuál es la importancia física del término $-\lambda x$ en la expresión sen$(\omega t - \lambda x)$?

91. La energía cinética de un cuerpo con masa m y velocidad v es $K = \frac{1}{2}mv^2$. Demuestre que

$$\frac{\partial K}{\partial m} \frac{\partial^2 K}{\partial v^2} = K$$

92. La energía promedio E (en kcal) que necesita una lagartija para caminar o correr una distancia de un kilómetro se ha modelado con la ecuación

$$E(m, v) = 2.65m^{0.66} + \frac{3.5m^{0.75}}{v}$$

donde m es la masa corporal de la lagartija (en gramos) y v su rapidez en km/h. Calcule $E_m(400, 8)$ y $E_v(400, 8)$ e interprete sus respuestas.

Fuente: C. Robbins, *Wildlife Feeding and Nutrition*, segunda edición (San Diego, Academic Press, 1993).

93. El elipsoide $4x^2 + 2y^2 + z^2 = 16$ interseca el plano $y = 2$ en una elipse. Determine ecuaciones paramétricas para la recta tangente a esta elipse en el punto $(1, 2, 2)$.

94. El paraboloide $z = 6 - x - x^2 - 2y^2$ interseca el plano $x = 1$ en una parábola. Determine ecuaciones paramétricas para la recta tangente a esta parábola en el punto $(1, 2, -4)$. Use una computadora para graficar el paraboloide, la parábola y la recta tangente en la misma pantalla.

95. Se dice que hay una función f cuyas derivadas parciales son $f_x(x, y) = x + 4y$ y $f_y(x, y) = 3x - y$. ¿Usted lo creería?

96. Si a, b, c son los lados de un triángulo y A, B, C los ángulos opuestos, determine $\partial A/\partial a$, $\partial A/\partial b$, $\partial A/\partial c$ por derivación implícita de la ley de los cosenos.

97. Use el teorema de Clairaut para demostrar que si las derivadas parciales de tercer orden de f son continuas, entonces

$$f_{xyy} = f_{yxy} = f_{yyx}$$

98. (a) ¿Cuántas derivadas parciales de n-ésimo orden tiene una función de dos variables?

(b) Si todas esas derivadas parciales son continuas, ¿cuántas de ellas pueden ser distintas?

(c) Responda la pregunta del inciso (a) para una función de tres variables.

99. Si

$$f(x, y) = x(x^2 + y^2)^{-3/2} e^{\operatorname{sen}(x^2 y)}$$

determine $f_x(1, 0)$. [*Sugerencia*: En lugar de encontrar primero $f_x(x, y)$, tenga en cuenta que es más fácil usar la ecuación 1 o la ecuación 2].

100. Si $f(x, y) = \sqrt[3]{x^3 + y^3}$, calcule $f_x(0, 0)$.

101. Sea

$$f(x, y) = \begin{cases} \dfrac{x^3 y - xy^3}{x^2 + y^2} & \text{si} \quad (x, y) \neq (0, 0) \\ 0 & \text{si} \quad (x, y) = (0, 0) \end{cases}$$

(a) Grafique f.

(b) Determine $f_x(x, y)$ y $f_y(x, y)$ cuando $(x, y) \neq (0, 0)$.

(c) Encuentre $f_x(0, 0)$ y $f_y(0, 0)$ usando las ecuaciones 2 y 3.

(d) Demuestre que $f_{xy}(0, 0) = -1$ y $f_{yx}(0, 0) = 1$.

(e) ¿El resultado del inciso (d) contradice el teorema de Clairaut? Use gráficas de f_{xy} y f_{yx} para ilustrar su respuesta.

PROYECTO DE DESCUBRIMIENTO | DERIVACIÓN DE LA FUNCIÓN DE PRODUCCIÓN DE COBB-DOUGLAS

En el ejemplo 14.1.4 se describió el trabajo de Cobb y Douglas en la elaboración del modelo de la producción total P de un sistema económico en función de la cantidad de trabajo L y la inversión de capital K. Si la función de producción se denota por $P = P(L, K)$, entonces $\partial P/\partial L$, la tasa a la que la producción cambia con respecto a la cantidad de trabajo, se llama la **productividad marginal del trabajo**. Del mismo modo, $\partial P/\partial K$ es la **productividad marginal del capital**.

Aquí se usan estas derivadas parciales para demostrar cómo la forma particular del modelo usado por Cobb y Douglas se desprende de los siguientes supuestos que hicieron sobre la economía:

(i) Si el trabajo o el capital desaparecen, entonces también lo hará la producción.

(ii) La productividad marginal del trabajo es proporcional a la cantidad de producción por unidad de trabajo (P/L).

(iii) La productividad marginal del capital es proporcional a la cantidad de producción por unidad de capital (P/K).

1. El supuesto (ii) dice que

$$\frac{\partial P}{\partial L} = \alpha \frac{P}{L}$$

para alguna constante α. Si K se mantiene constante ($K = K_0$), entonces esta ecuación diferencial parcial se convierte en una ecuación diferencial ordinaria

$$\frac{dP}{dL} = \alpha \frac{P}{L}$$

Resuelva esta ecuación diferencial separable por los métodos de la sección 9.3 para obtener $P(L, K_0) = C_1(K_0)L^\alpha$, donde la constante C_1 se escribe $C_1(K_0)$ porque podría depender del valor de K_0.

(*continúa*)

2. De manera similar, demuestre que el supuesto (iii) implica que si L se mantiene constante $(L = L_0)$, entonces $P(L_0, K) = C_2(L_0)K^\beta$.

3. Al comparar los resultados de los problemas 1 y 2, se concluye que

$$P(L, K) = bL^\alpha K^\beta$$

donde b es una constante independiente de L y K. Cobb y Douglas supusieron que $\alpha + \beta = 1$, de modo que

$$P(L, K) = bL^\alpha K^{1-\alpha}$$

En este caso, si tanto el trabajo como el capital se incrementan en un factor m, entonces, ¿en qué factor aumenta la producción?

4. Demuestre que $P(L, K) = bL^\alpha K^{1-\alpha}$ satisface la ecuación diferencial parcial

$$L\,\frac{\partial P}{\partial L} + K\,\frac{\partial P}{\partial K} = P$$

5. Cobb y Douglas utilizaron la función $P(L, K) = 1.01L^{0.75}K^{0.25}$ para modelar la economía estadounidense de 1899 a 1922. Determine la productividad marginal del trabajo y del capital en el año 1920, cuando $L = 194$ y $K = 407$, e interprete los resultados. En ese año, ¿qué habría beneficiado más a la producción: un aumento de la inversión de capital o un incremento del gasto en mano de obra?

14.4 | Planos tangentes y aproximaciones lineales

Una de las ideas más importantes en el cálculo de una variable es que al acercarse a un punto en la gráfica de una función derivable, la gráfica se vuelve indistinguible de su recta tangente y se puede aproximar la función mediante una función lineal (vea la sección 3.10). Aquí se desarrollarán ideas similares en tres dimensiones. Al acercarse a un punto en una superficie que es la gráfica de una función derivable de dos variables, la superficie parece cada vez más un plano (su plano tangente) y se puede aproximar la función mediante una función lineal de dos variables. También se extiende esta idea de un diferencial o una diferencial a funciones de dos o más variables.

■ Planos tangentes

Suponga que una superficie S tiene la ecuación $z = f(x, y)$, donde f tiene primeras derivadas parciales continuas y sea $P(x_0, y_0, z_0)$ un punto en S. Como en la sección 14.3, sean C_1 y C_2 las curvas obtenidas de la intersección de los planos verticales $y = y_0$ y $x = x_0$ con la superficie S. Por lo tanto, el punto P está situado tanto en C_1 como en C_2. Sean T_1 y T_2 las rectas tangentes a las curvas C_1 y C_2 en el punto P. Entonces el **plano tangente** a la superficie S en el punto P se define como el plano que contiene a ambas rectas tangentes T_1 y T_2 (vea la figura 1).

En la sección 14.6 se verá que si C es cualquier otra curva situada en la superficie S y pasa por P, su recta tangente en P también está situada en el plano tangente. Por lo tanto, el plano tangente a S en P puede concebirse como compuesto por todas las posibles rectas tangentes en P a curvas que residen en S y pasan por P. El plano tangente en P es el plano que más se aproxima a la superficie S cerca del punto P.

Se sabe por la ecuación 12.5.7 que todo plano que pasa por el punto $P(x_0, y_0, z_0)$ tiene una ecuación de la forma

$$A(x - x_0) + B(y - y_0) + C(z - z_0) = 0$$

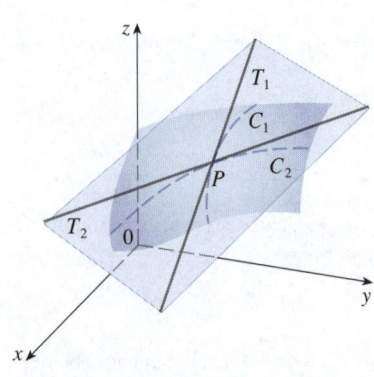

FIGURA 1
El plano tangente contiene las rectas tangentes T_1 y T_2.

Si se divide esta ecuación entre C y si $a = -A/C$ y $b = -B/C$, se puede escribir en la forma

$\boxed{1}$ $$z - z_0 = a(x - x_0) + b(y - y_0)$$

Si la ecuación 1 representa el plano tangente en P, su intersección con el plano $y = y_0$ debe ser la recta tangente T_1. Al establecer $y = y_0$ en la ecuación 1 da

$$z - z_0 = a(x - x_0) \qquad \text{donde } y = y_0$$

y esta se reconoce como la ecuación (en forma punto-pendiente) de una recta con pendiente a. Pero por la sección 14.3 se sabe que la pendiente de la tangente T_1 es $f_x(x_0, y_0)$. Por lo tanto, $a = f_x(x_0, y_0)$.

De igual forma, si se establece que $x = x_0$ en la ecuación 1, se obtiene $z - z_0 = b(y - y_0)$, que debe representar a la recta tangente T_2, así que $b = f_y(x_0, y_0)$.

Observe la semejanza entre la ecuación de un plano tangente y la ecuación de una recta tangente:

$$y - y_0 = f'(x_0)(x - x_0)$$

$\boxed{2}$ **Ecuación de un plano tangente** Suponga que f tiene derivadas parciales continuas. Una ecuación del plano tangente a la superficie $z = f(x, y)$ en el punto $P(x_0, y_0, z_0)$ es

$$z - z_0 = f_x(x_0, y_0)(x - x_0) + f_y(x_0, y_0)(y - y_0)$$

EJEMPLO 1 Determine el plano tangente al paraboloide elíptico $z = 2x^2 + y^2$ en el punto $(1, 1, 3)$.

SOLUCIÓN Sea $f(x, y) = 2x^2 + y^2$. Entonces,

$$f_x(x, y) = 4x \qquad f_y(x, y) = 2y$$

$$f_x(1, 1) = 4 \qquad f_y(1, 1) = 2$$

Así, (2) da la ecuación del plano tangente en $(1, 1, 3)$ como

$$z - 3 = 4(x - 1) + 2(y - 1)$$

o $$z = 4x + 2y - 3 \qquad\blacksquare$$

En la figura 2(a) se muestra el paraboloide elíptico y su plano tangente en $(1, 1, 3)$ que se encontró en el ejemplo 1. En los incisos (b) y (c) se acerca al punto $(1, 1, 3)$. Observe que cuanto más se acerca, más plana parece la gráfica y más se asemeja a su plano tangente.

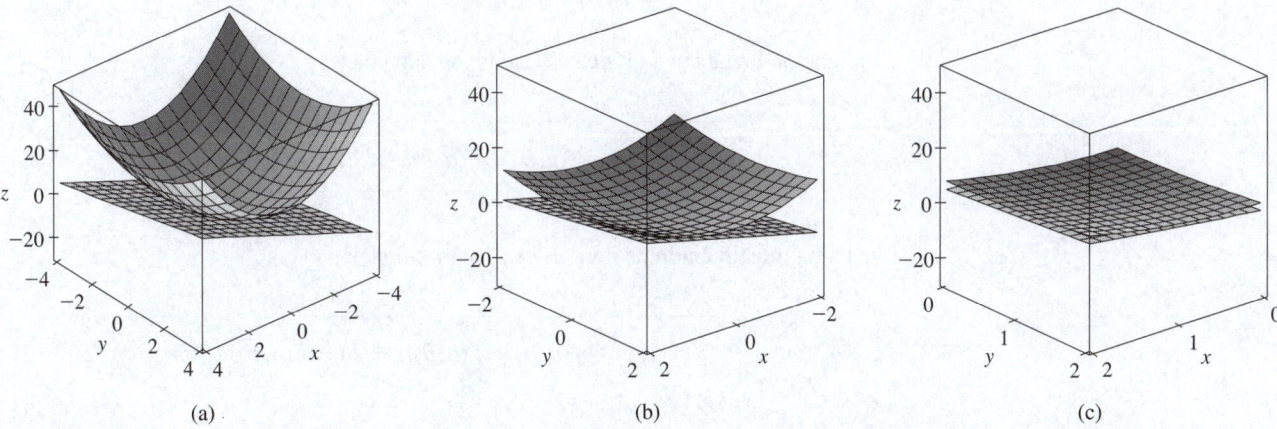

(a) (b) (c)

FIGURA 2 El paraboloide elíptico $z = 2x^2 + y^2$ parece coincidir con su plano tangente cuando se acerca a $(1, 1, 3)$.

En la figura 3 se corrobora esta impresión al acercarse al punto $(1, 1)$ en un mapa de contorno de la función $f(x, y) = 2x^2 + y^2$. Observe que cuanto más se acerca, las curvas de nivel se parecen cada vez más a rectas paralelas igualmente espaciadas, lo que es característico de un plano.

FIGURA 3

Acercamiento a $(1, 1)$ en un mapa de contorno de $f(x, y) = 2x^2 + y^2$

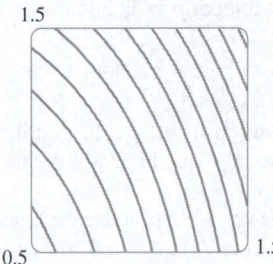
1.5
0.5   1.5

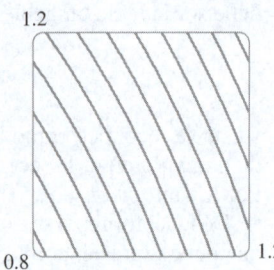
1.2
0.8   1.2

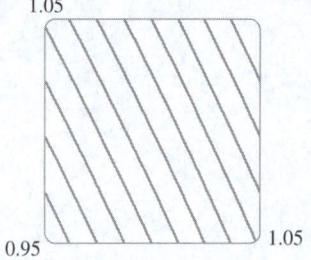
1.05
0.95   1.05

■ Aproximaciones lineales

En el ejemplo 1 se determinó que una ecuación del plano tangente a la gráfica de la función $f(x, y) = 2x^2 + y^2$ en el punto $(1, 1, 3)$ es $z = 4x + 2y - 3$. Por lo tanto, con base en la prueba visual en las figuras 2 y 3, la función lineal de dos variables

$$L(x, y) = 4x + 2y - 3$$

es una aproximación satisfactoria a $f(x, y)$ cuando (x, y) está cerca de $(1, 1)$. La función L se llama *linealización* de f en $(1, 1)$ y la aproximación

$$f(x, y) \approx 4x + 2y - 3$$

se llama *aproximación lineal* o *aproximación del plano tangente* de f en $(1, 1)$.

Por ejemplo, en el punto $(1.1, 0.95)$ la aproximación lineal da

$$f(1.1, 0.95) \approx 4(1.1) + 2(0.95) - 3 = 3.3$$

que está muy cerca del valor real de $f(1.1, 0.95) = 2(1.1)^2 + (0.95)^2 = 3.3225$. Pero si se toma un punto más alejado de $(1, 1)$, como $(2, 3)$, ya no se obtiene una buena aproximación. De hecho, $L(2, 3) = 11$, mientras que $f(2, 3) = 17$.

En general, se sabe por (2) que una ecuación del plano tangente a la gráfica de una función f de dos variables en el punto $(a, b, f(a, b))$ es

$$z = f(a, b) + f_x(a, b)(x - a) + f_y(a, b)(y - b)$$

La función lineal cuya gráfica es este plano tangente es

3
$$L(x, y) = f(a, b) + f_x(a, b)(x - a) + f_y(a, b)(y - b)$$

se llama **linealización** de f en (a, b) y la aproximación

4
$$f(x, y) \approx f(a, b) + f_x(a, b)(x - a) + f_y(a, b)(y - b)$$

se llama **aproximación lineal** o **aproximación del plano tangente** de f en (a, b).

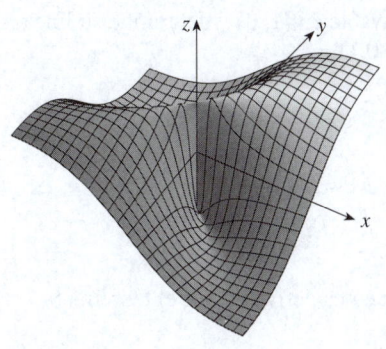

FIGURA 4

$f(x, y) = \dfrac{xy}{x^2 + y^2}$ si $(x, y) \neq (0, 0)$,

$f(0, 0) = 0$

Se han definido planos tangentes para superficies $z = f(x, y)$, donde f tiene primeras derivadas parciales continuas. ¿Qué sucede si f_x y f_y no son continuas? En la figura 4 se presenta esa función; su ecuación es

$$f(x, y) = \begin{cases} \dfrac{xy}{x^2 + y^2} & \text{si } (x, y) \neq (0, 0) \\ 0 & \text{si } (x, y) = (0, 0) \end{cases}$$

Se puede verificar (vea el ejercicio 54) que sus derivadas parciales existen en el origen y que, de hecho, $f_x(0, 0) = 0$ y $f_y(0, 0) = 0$, pero que f_x y f_y no son continuas. La aproximación lineal sería $f(x, y) \approx 0$, pero $f(x, y) = \frac{1}{2}$ en todos los puntos en la recta $y = x$. Así, una función de dos variables puede desviarse pese a que sus dos derivadas parciales existan. Para descartar este comportamiento, formule la idea de una función derivable de dos variables.

Cabe recordar que para la función de una variable, $y = f(x)$, si x cambia de a a $a + \Delta x$, se define el incremento de y como

$$\Delta y = f(a + \Delta x) - f(a)$$

En el capítulo 3 se demostró que si f es derivable en a, entonces

Esta es la ecuación 3.4.7.

5 $\quad \Delta y = f'(a)\,\Delta x + \varepsilon\,\Delta x \quad$ donde $\varepsilon \to 0$ cuando $\Delta x \to 0$

Considere ahora una función de dos variables, $z = f(x, y)$, y suponga que x cambia de a a $a + \Delta x$ y que y cambia de b a $b + \Delta y$. Entonces el **incremento** correspondiente de z es

6 $\qquad\qquad\qquad \Delta z = f(a + \Delta x, b + \Delta y) - f(a, b)$

Por consiguiente, el incremento Δz representa el cambio de valor de f cuando (x, y) cambia de (a, b) a $(a + \Delta x, b + \Delta y)$. Por analogía con (5), se define la derivabilidad de una función de dos variables como sigue.

---

7 Definición Si $z = f(x, y)$, f es **derivable** en (a, b) si Δz puede expresarse en la forma

$$\Delta z = f_x(a, b)\,\Delta x + f_y(a, b)\,\Delta y + \varepsilon_1\,\Delta x + \varepsilon_2\,\Delta y$$

donde ε_1 y ε_2 son funciones de Δx y Δy de tal modo que ε_1 y $\varepsilon_2 \to 0$ cuando $(\Delta x, \Delta y) \to (0, 0)$.

La definición 7 establece que una función derivable es aquella para la cual la aproximación lineal (4) es una buena aproximación cuando (x, y) está cerca de (a, b). En otras palabras, el plano tangente aproxima a la gráfica de f muy cerca del punto de tangencia.

A veces es difícil usar la definición 7 directamente para comprobar la derivabilidad de una función, pero el teorema siguiente ofrece una condición práctica suficiente para la derivabilidad.

Para una demostración del teorema 8, vea el apéndice F.

---

8 Teorema Si las derivadas parciales f_x y f_y existen cerca de (a, b) y son continuas en (a, b), entonces f es derivable en (a, b).

EJEMPLO 2 Demuestre que $f(x, y) = xe^{xy}$ es derivable en $(1, 0)$ y determine su linealización ahí. Luego úsela para aproximar $f(1.1, -0.1)$.

En la figura 5 se muestran las gráficas de la función f y la linealización L del ejemplo 2.

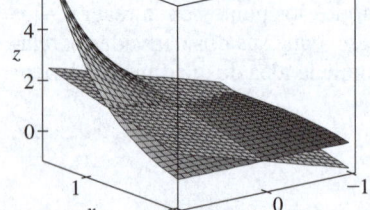

FIGURA 5

SOLUCIÓN Las derivadas parciales son

$$f_x(x, y) = e^{xy} + xye^{xy} \qquad f_y(x, y) = x^2e^{xy}$$
$$f_x(1, 0) = 1 \qquad\qquad f_y(1, 0) = 1$$

Tanto f_x como f_y son funciones continuas, por lo que f es derivable por el teorema 8. La linealización es

$$L(x, y) = f(1, 0) + f_x(1, 0)(x - 1) + f_y(1, 0)(y - 0)$$
$$= 1 + 1(x - 1) + 1 \cdot y = x + y$$

La correspondiente aproximación lineal es

$$xe^{xy} \approx x + y$$

por lo tanto, $\qquad\qquad f(1.1, -0.1) \approx 1.1 - 0.1 = 1$

Compare esto con el valor real de $f(1.1, -0.1) = 1.1e^{-0.11} \approx 0.98542$. ∎

EJEMPLO 3 Al principio de la sección 14.3 se habló del índice térmico (temperatura percibida) I como función de la temperatura real T y la humedad relativa H y se presentó la siguiente tabla de valores del National Weather Service.

Humedad relativa (%)

$\quad\quad H$ T	40	45	50	55	60	65	70	75	80
26	28	28	29	31	31	32	33	34	35
28	31	32	33	34	35	36	37	38	39
30	34	35	36	37	38	40	41	42	43
32	37	38	39	41	42	43	45	46	47
34	41	42	43	45	47	48	49	51	52
36	43	45	47	48	50	51	53	54	56

Temperatura actual (°C) (columna vertical a la izquierda de la tabla)

Determine una aproximación lineal para el índice térmico $I = f(T, H)$ cuando T está cerca de 30 °C y H cerca de 60%. Úsela para estimar el índice térmico cuando la temperatura es de 31 °C y la humedad relativa de 62%.

SOLUCIÓN En la tabla se lee que $f(30, 60) = 38$. Al principio de la sección 14.3 se usaron los valores tabulares para estimar que $f_T(30, 60) \approx 1.75$ y $f_H(30, 60) \approx 0.3$. En consecuencia, la aproximación lineal es

$$f(T, H) \approx f(30, 60) + f_T(30, 60)(T - 30) + f_H(30, 60)(H - 60)$$
$$\approx 38 + 1.75(T - 30) + 0.3(H - 60)$$

En particular,

$$f(31, 62) \approx 38 + 1.75(1) + 0.3(2) = 40.35$$

Por lo tanto, cuando $T = 31$ °C y $H = 62\%$, el índice térmico es

$$I \approx 40.4 \text{ °C} \qquad ∎$$

■ Diferenciales

Para una función derivable de una variable, $y = f(x)$, el diferencial o la diferencial dx se define como una variable independiente; es decir, dx puede tener el valor de cualquier número real. El diferencial de y se define entonces como

$$\boxed{9} \qquad dy = f'(x)\,dx$$

(Vea la sección 3.10). En la figura 6 se muestra la relación entre el incremento Δy y el diferencial dy: Δy representa el cambio de altura de la curva $y = f(x)$ y dy representa el cambio de altura de la recta tangente cuando x cambia por una cantidad $dx = \Delta x$.

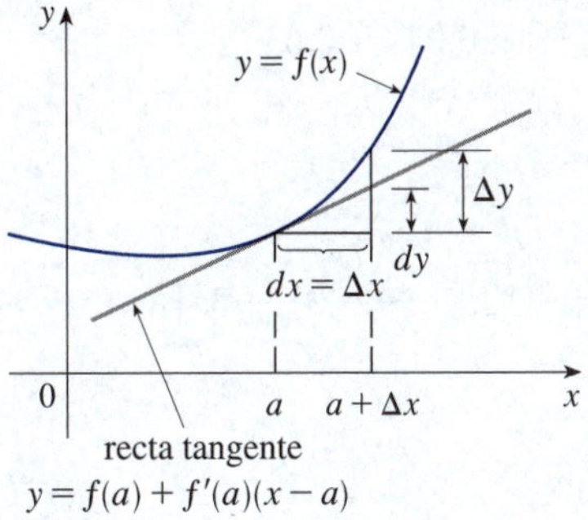

Para una función derivable de dos variables, $z = f(x, y)$, los **diferenciales** dx y dy se definen como variables independientes; es decir, pueden recibir cualquier valor. Entonces, el **diferencial** dz, también llamado **diferencial total**, se define mediante

$$\boxed{10} \qquad dz = f_x(x, y)\,dx + f_y(x, y)\,dy = \frac{\partial z}{\partial x}\,dx + \frac{\partial z}{\partial y}\,dy$$

(Compare con la ecuación 9). A veces se usa la notación df en lugar de dz.

Si se toma $dx = \Delta x = x - a$ y $dy = \Delta y = y - b$ en la ecuación 10, el diferencial de z es

$$dz = f_x(a, b)(x - a) + f_y(a, b)(y - b)$$

Por lo tanto, en la notación de diferenciales, la aproximación lineal (4) puede escribirse como

$$f(x, y) \approx f(a, b) + dz$$

En la figura 7 se muestra la contraparte tridimensional de la figura 6 y la interpretación geométrica del diferencial dz y el incremento Δz: dz representa el cambio de altura del plano tangente, mientras que Δz representa el cambio de altura de la superficie $z = f(x, y)$ cuando (x, y) cambia de (a, b) a $(a + \Delta x, b + \Delta y)$.

FIGURA 6

y = f(a) + f'(a)(x − a)

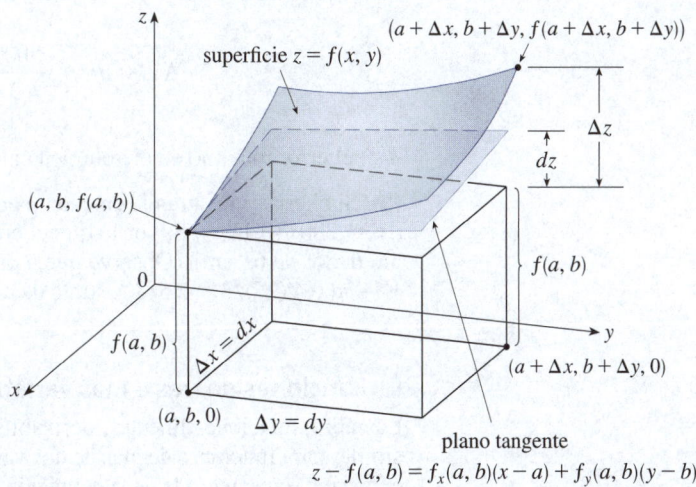

FIGURA 7

EJEMPLO 4

(a) Si $z = f(x, y) = x^2 + 3xy - y^2$, determine el diferencial dz.

(b) Si x cambia de 2 a 2.05 y y varía de 3 a 2.96, compare los valores de Δz y dz.

En el ejemplo 4, dz está cerca de Δz porque el plano tangente es una buena aproximación de la superficie $z = x^2 + 3xy - y^2$ cerca de $(2, 3, 13)$ (vea la figura 8).

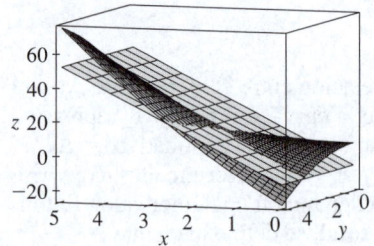

FIGURA 8

SOLUCIÓN

(a) La definición 10 da

$$dz = \frac{\partial z}{\partial x}\, dx + \frac{\partial z}{\partial y}\, dy = (2x + 3y)\, dx + (3x - 2y)\, dy$$

(b) Al poner $x = 2$, $dx = \Delta x = 0.05$, $y = 3$ y $dy = \Delta y = -0.04$ se obtiene

$$dz = [2(2) + 3(3)]0.05 + [3(2) - 2(3)](-0.04) = 0.65$$

El incremento de z es

$$\begin{aligned}
\Delta z &= f(2.05, 2.96) - f(2, 3)\\
&= [(2.05)^2 + 3(2.05)(2.96) - (2.96)^2] - [2^2 + 3(2)(3) - 3^2]\\
&= 0.6449
\end{aligned}$$

Observe que $\Delta z \approx dz$, pero dz es más fácil de calcular. ∎

EJEMPLO 5 El radio de la base y la altura de un cono circular recto miden 10 cm y 25 cm, respectivamente, con un posible error de medición de hasta ε cm en cada uno. (a) Use diferenciales para estimar el error máximo en el volumen calculado del cono. (b) ¿Cuál es el error estimado máximo en el volumen si el radio y la altura se miden con errores de hasta 0.1 cm?

SOLUCIÓN

(a) El volumen V de un cono con radio de la base r y altura h es $V = \pi r^2 h/3$. Así, el diferencial de V es

$$dV = \frac{\partial V}{\partial r}\, dr + \frac{\partial V}{\partial h}\, dh = \frac{2\pi r h}{3}\, dr + \frac{\pi r^2}{3}\, dh$$

Dado que cada error es a lo sumo de ε cm, se tiene $|\Delta r| \leq \varepsilon$, $|\Delta h| \leq \varepsilon$. Para estimar el mayor error en el volumen, se toma el error mayor en la medición de r y h. Por lo tanto, se toma $dr = \varepsilon$ y $dh = \varepsilon$ junto con $r = 10$, $h = 25$. Esto da

$$\Delta V \approx dV = \frac{500\pi}{3}\varepsilon + \frac{100\pi}{3}\varepsilon = 200\pi\varepsilon$$

Así, el error máximo en el volumen calculado es de alrededor de $200\pi\varepsilon$ cm^3.

(b) Si el error más grande en cada medición es de $\varepsilon = 0.1$ cm, entonces $dV = 200\pi(0.1) \approx 63$, por lo que el error estimado máximo en el volumen es de alrededor de 63 cm^3. (Observe que, como el volumen medido del cono es $V = \pi(10)^2(25)/3 \approx 2\,618$, se trata de un error relativo de $63/2\,618 \approx 0.024$ o 2.4%). ∎

■ Funciones de tres o más variables

Las aproximaciones lineales, derivabilidad y diferenciales pueden definirse en forma similar para funciones de más de dos variables. Una función derivable se define con una expresión semejante a la de la definición 7. Para esas funciones la **aproximación lineal** es

$$f(x, y, z) \approx f(a, b, c) + f_x(a, b, c)(x - a) + f_y(a, b, c)(y - b) + f_z(a, b, c)(z - c)$$

y la linealización $L(x, y, z)$ es el miembro derecho de esta expresión.

Si $w = f(x, y, z)$, el **incremento** de w es

$$\Delta w = f(x + \Delta x, y + \Delta y, z + \Delta z) - f(x, y, z)$$

El **diferencial** dw se define en términos de los diferenciales dx, dy y dz de las variables independientes con

$$dw = \frac{\partial w}{\partial x}\, dx + \frac{\partial w}{\partial y}\, dy + \frac{\partial w}{\partial z}\, dz$$

EJEMPLO 6 Las dimensiones de una caja rectangular son 75 cm, 60 cm y 40 cm y cada medida es correcta con un margen de error de ε cm.
(a) Use diferenciales para estimar el mayor error posible cuando el volumen de la caja se calcula con estas medidas.
(b) ¿Cuál es el error estimado máximo en el volumen calculado si las dimensiones medidas son correctas hasta 0.2 cm?

SOLUCIÓN
(a) Si las dimensiones de la caja son x, y y z, su volumen es $V = xyz$, así que

$$dV = \frac{\partial V}{\partial x}\, dx + \frac{\partial V}{\partial y}\, dy + \frac{\partial V}{\partial z}\, dz = yz\, dx + xz\, dy + xy\, dz$$

Se dio que $|\Delta x| \leq \varepsilon$, $|\Delta y| \leq \varepsilon$ y $|\Delta z| \leq \varepsilon$. Para estimar el mayor error en el volumen, se usa por tanto $dx = \varepsilon$, $dy = \varepsilon$ y $dz = \varepsilon$ junto con $x = 75$, $y = 60$ y $z = 40$:

$$\Delta V \approx dV = (60)(40)\varepsilon + (75)(40)\varepsilon + (75)(60)\varepsilon = 9\,900\varepsilon$$

Por consiguiente, el error máximo en el volumen calculado es alrededor de 9 900 veces mayor que el error en cada medición tomada.
(b) Si el error más grande en cada medida es de $\varepsilon = 0.2$ cm, entonces $dV = 9\,900(0.2) = 1\,980$, por lo que un error de solo 0.2 cm en la medición de cada dimensión podría conducir a un error de aproximadamente 1 980 cm^3 en el volumen calculado. (Puede parecer que es un error considerable, pero se puede comprobar que es de apenas alrededor de 1% del volumen de la caja). ∎

14.4 | Ejercicios

1-2 Se muestra la gráfica de una función f. Determine una ecuación del plano tangente a la superficie $z = f(x, y)$ en el punto especificado.

1. $f(x, y) = 16 - x^2 - y^2$ **2.** $f(x, y) = y^2 \operatorname{sen} x$

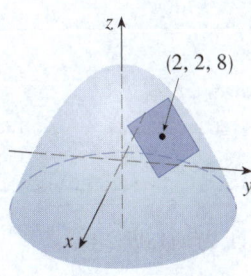

$z = 16 - x^2 - y^2$

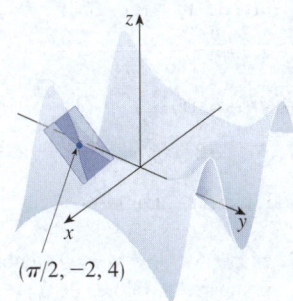

$z = y^2 \operatorname{sen} x$

3-10 Determine una ecuación del plano tangente a la superficie dada en el punto especificado.

3. $z = 2x^2 + y^2 - 5y$, $(1, 2, -4)$

4. $z = (x + 2)^2 - 2(y - 1)^2 - 5$, $(2, 3, 3)$

5. $z = e^{x-y}$, $(2, 2, 1)$

6. $z = y^2 e^x$, $(0, 3, 9)$

7. $z = 2\sqrt{y}/x$, $(-1, 1, -2)$

8. $z = x/y^2$, $(-4, 2, -1)$

9. $z = x \operatorname{sen}(x + y)$, $(-1, 1, 0)$

10. $z = \ln(x - 2y)$, $(3, 1, 0)$

11-12 Grafique la superficie y el plano tangente en el punto dado. (Elija el dominio y la perspectiva de tal forma que obtenga una vista satisfactoria tanto de la superficie como del plano tangente). Acérquese después hasta que la superficie y el plano tangente se vuelvan indistinguibles.

11. $z = x^2 + xy + 3y^2$, $(1, 1, 5)$

12. $z = \sqrt{9 + x^2 y^2}$, $(2, 2, 5)$

13-14 Dibuje la gráfica de f y su plano tangente en el punto dado. (Use una computadora para calcular las derivadas parciales). Luego acérquese hasta que la superficie y el plano tangente se vuelvan indistinguibles.

13. $f(x, y) = \dfrac{1 + \cos^2(x - y)}{1 + \cos^2(x + y)}$, $\left(\dfrac{\pi}{3}, \dfrac{\pi}{6}, \dfrac{7}{4} \right)$

14. $f(x, y) = e^{-xy/10}\left(\sqrt{x} + \sqrt{y} + \sqrt{xy} \right)$, $(1, 1, 3e^{-0.1})$

15-22 Explique por qué la función es derivable en el punto dado. Determine después la linealización $L(x, y)$ de la función en ese punto.

15. $f(x, y) = x^3 y^2$, $(-2, 1)$

16. $f(x, y) = y \tan x$, $(\pi/4, 2)$

17. $f(x, y) = 1 + x \ln(xy - 5)$, $(2, 3)$

18. $f(x, y) = \sqrt{xy}$, $(1, 4)$

19. $f(x, y) = x^2 e^y$, $(1, 0)$

20. $f(x, y) = \dfrac{1 + y}{1 + x}$, $(1, 3)$

21. $f(x, y) = 4 \arctan(xy)$, $(1, 1)$

22. $f(x, y) = y + \mathrm{sen}(x/y)$, $(0, 3)$

23-24 Verifique la aproximación lineal en $(0, 0)$.

23. $e^x \cos(xy) \approx x + 1$

24. $\dfrac{y - 1}{x + 1} \approx x + y - 1$

25. Dado que f es una función derivable con $f(2, 5) = 6$, $f_x(2, 5) = 1$ y $f_y(2, 5) = -1$, use una aproximación lineal para estimar $f(2.2, 4.9)$.

26. Encuentre la aproximación lineal de la función $f(x, y) = 1 - xy \cos \pi y$ en $(1, 1)$ y úsela para aproximar $f(1.02, 0.97)$. Para ilustrar, grafique f y el plano tangente.

27. Encuentre la aproximación lineal de la función $f(x, y, z) = \sqrt{x^2 + y^2 + z^2}$ en $(3, 2, 6)$ y úsela para aproximar el número $\sqrt{(3.02)^2 + (1.97)^2 + (5.99)^2}$.

28. La altura de las olas h en mar abierto depende de la rapidez v del viento y el tiempo t durante el cual el viento ha soplado a esa rapidez. Valores de la función $h = f(v, t)$ se registran en metros en la tabla siguiente. Use la tabla para determinar una aproximación lineal de la función de altura de las olas cuando v está cerca de 40 km/h y t está cerca de 20 horas. Luego estime la altura de las olas cuando el viento ha soplado durante 24 horas a 43 km/h.

Duración (horas)

v \ t	5	10	15	20	30	40	50
40	1.5	2.2	2.4	2.5	2.7	2.8	2.8
60	2.8	4.0	4.9	5.2	5.5	5.8	5.9
80	4.3	6.4	7.7	8.6	9.5	10.1	10.2
100	5.8	8.9	11.0	12.2	13.8	14.7	15.3
120	7.4	11.3	14.4	16.6	19.0	20.5	21.1

Rapidez del viento (km/h)

29. Use la tabla del ejemplo 3 para determinar una aproximación lineal de la función del índice térmico cuando la temperatura real se acerca a los 32 °C y la humedad relativa es cercana a 65%. Estime después el índice térmico cuando la temperatura real es de 33 °C y la humedad relativa de 63%.

30. El índice de sensación térmica W es la temperatura percibida cuando la temperatura real es T y la rapidez del viento es v, por lo que se puede escribir $W = f(T, v)$. La tabla de valores siguiente es un fragmento de la tabla 1 de la sección 14.1. Úsela para determinar una aproximación lineal de la función del índice de sensación térmica cuando T se acerca a -15 °C y v se acerca a 50 km/h. Estime después el índice de sensación térmica cuando la temperatura es de -17 °C y la rapidez del viento es de 55 km/h.

Rapidez del viento (km/h)

T \ v	20	30	40	50	60	70
-10	-18	-20	-21	-22	-23	-23
-15	-24	-26	-27	-29	-30	-30
-20	-30	-33	-34	-35	-36	-37
-25	-37	-39	-41	-42	-43	-44

Temperatura actual (°C)

31-38 Determine el diferencial de la función.

31. $m = p^5 q^3$

32. $z = x \ln(y^2 + 1)$

33. $z = e^{-2x} \cos 2\pi t$

34. $u = \sqrt{x^2 + 3y^2}$

35. $H = x^2 y^4 + y^3 z^5$

36. $w = xz e^{-y^2 - z^2}$

37. $R = \alpha \beta^2 \cos \gamma$

38. $T = \dfrac{v}{1 + uvw}$

39. Si $z = 5x^2 + y^2$ y (x, y) cambia de $(1, 2)$ a $(1.05, 2.1)$, compare los valores de Δz y dz.

40. Si $z = x^2 - xy + 3y^2$ y (x, y) cambia de $(3, -1)$ a $(2.96, -0.95)$, compare los valores de Δz y dz.

41. La longitud y ancho de un rectángulo miden 30 cm y 24 cm, respectivamente, con un error de medición de cuando mucho 0.1 cm en cada uno. Use diferenciales para estimar el error máximo en el área calculada del rectángulo.

42. Use diferenciales para estimar la cantidad de metal en una lata cilíndrica cerrada de 10 cm de alto y 4 cm de diámetro si el metal en la tapa y el fondo es de 0.1 cm de grosor y el metal en los lados es de 0.05 cm de grosor.

43. Use diferenciales para estimar la cantidad de estaño en una lata cerrada con diámetro de 8 cm y altura de 12 cm si el estaño mide 0.04 cm de grosor.

44. La base y la altura de un triángulo miden 70 cm y 40 cm, respectivamente. Suponga que cada medida tiene un posible error de a lo sumo ε pulgadas.
(a) Use diferenciales para estimar el error máximo en el área calculada del triángulo.
(b) ¿Cuál es el error estimado máximo en el área del triángulo si la base y la altura se miden con errores de 0.64 cm a lo sumo?

45. El radio de un cilindro circular recto mide 1 m, y la altura mide 4 m. Suponga que cada medida tiene un posible error de a lo sumo ε pies.
(a) Use diferenciales para estimar el error máximo en el volumen calculado del cilindro.
(b) Si el volumen calculado debe ser correcto dentro de un margen de error de un pie cúbico, determine el mayor valor permitido de ε.

46. El índice de sensación térmica se modela con la función

$$W = 13.12 + 0.6215T - 11.37v^{0.16} + 0.3965Tv^{0.16}$$

donde T es la temperatura real (en °C) y v la rapidez del viento (en km/h). La rapidez del viento se mide en 26 km/h, con un posible error de ± 2 km/h, y la temperatura real se mide en -11 °C, con un posible error de ± 1 °C. Use diferenciales para estimar el error máximo en el valor calculado de W debido a los errores de medición de T y v.

47. La tensión T en la cuerda del yoyo de la figura es

$$T = \frac{mgR}{2r^2 + R^2}$$

donde m es la masa del yoyo y g la aceleración debida a la gravedad. Use diferenciales para estimar el cambio en la tensión si R aumenta de 3 cm a 3.1 cm y r aumenta de 0.7 cm a 0.8 cm. ¿La tensión aumenta o disminuye?

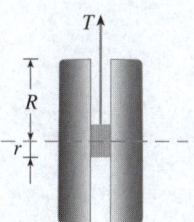

48. La presión, volumen y temperatura de un mol de un gas ideal están relacionados por la ecuación $PV = 8.31T$, donde P se mide en kilopascales, V en litros y T en kelvines. Use diferenciales para determinar el cambio aproximado en la presión si el volumen aumenta de 12 L a 12.3 L y la temperatura disminuye de 310 K a 305 K.

49. Si R es la resistencia total de tres resistores, conectados en paralelo, con resistencias R_1, R_2, R_3, entonces

$$\frac{1}{R} = \frac{1}{R_1} + \frac{1}{R_2} + \frac{1}{R_3}$$

Si las resistencias se miden en ohms como $R_1 = 25\ \Omega$, $R_2 = 40\ \Omega$ y $R_3 = 50\ \Omega$, con un posible error de 0.5% en cada caso, estime el error máximo en el valor calculado de R.

50. Un modelo del área superficial del cuerpo humano está dado por $S = 0.0072w^{0.425}h^{0.725}$, donde w es el peso (en kilogramos), h la altura (en centímetros) y S se mide en centímetros cuadrados. Si los errores de medición de w y h son a lo sumo de 2%, use diferenciales para estimar el máximo error porcentual en el área superficial calculada.

51. En el ejercicio 14.1.39 y el ejemplo 14.3.4, el índice de masa corporal de una persona se definió como $B(m, h) = m/h^2$ donde m es la masa en kilogramos y h la altura en metros.
(a) ¿Cuál es la aproximación lineal de $B(m, h)$ para un niño con masa de 23 kg y altura de 1.10 m?
(b) Si la masa del niño aumenta 1 kg y la altura 3 cm, use la aproximación lineal para estimar el nuevo IMC. Compare con el nuevo IMC real.

52. Suponga que debe conocer una ecuación del plano tangente a la superficie S en el punto $P(2, 1, 3)$. No tiene una ecuación para S, pero sabe que las curvas

$$\mathbf{r}_1(t) = \langle 2 + 3t,\ 1 - t^2,\ 3 - 4t + t^2 \rangle$$

$$\mathbf{r}_2(u) = \langle 1 + u^2,\ 2u^3 - 1,\ 2u + 1 \rangle$$

están situadas en S. Determine una ecuación del plano tangente en P.

53. Demuestre que si f es una función de dos variables derivable en (a, b), entonces f es continua en (a, b).

Sugerencia: Demuestre que

$$\lim_{(\Delta x, \Delta y) \to (0, 0)} f(a + \Delta x, b + \Delta y) = f(a, b)$$

54. (a) La función

$$f(x, y) = \begin{cases} \dfrac{xy}{x^2 + y^2} & \text{si } (x, y) \neq (0, 0) \\ 0 & \text{si } (x, y) = (0, 0) \end{cases}$$

se graficó en la figura 4. Demuestre que $f_x(0, 0)$ y $f_y(0, 0)$ existen, pero que f no es derivable en $(0, 0)$. [*Sugerencia*: Use el resultado del ejercicio 53].
(b) Explique por qué f_x y f_y no son continuas en $(0, 0)$.

PROYECTO DE APLICACIÓN | EL SPEEDO LZR RACER

Ha habido muchos avances tecnológicos en los deportes que han contribuido a un mejor rendimiento atlético. Uno de los más conocidos es el lanzamiento, en 2008, del Speedo LZR Racer. Se dijo entonces que este traje de baño de cuerpo entero reducía la fricción del nadador en el agua. En la figura 1 se muestra el número de récords mundiales rotos en pruebas de resistencia, estilo libre, en natación para hombres y mujeres entre 1990 y 2011.[1] El drástico incremento en 2008, cuando se lanzó ese traje de baño, llevó a algunas personas a afirmar que esos trajes eran una forma de doping tecnológico. En consecuencia, se prohibieron todos los trajes de baño de cuerpo entero en las competencias a partir de 2010.

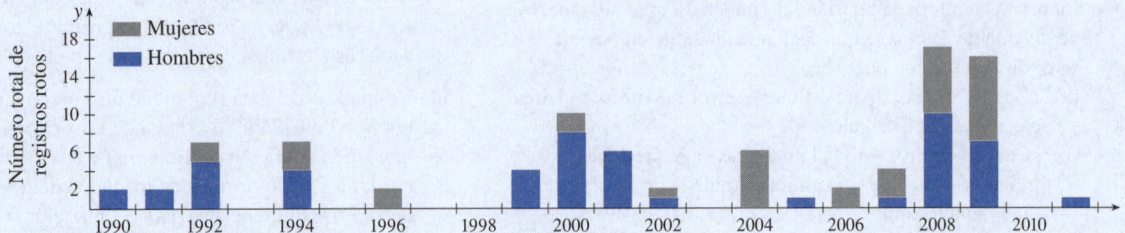

FIGURA 1 Número de récords mundiales impuestos en pruebas en natación de resistencia, de estilo libre para hombres y mujeres, 1990-2011.

Quizá sorprenda que una simple reducción de fricción tenga un efecto tan importante en el rendimiento. Para entenderlo mejor, se puede usar un modelo matemático simple.[2]

La rapidez v de un objeto propulsado en el agua está dada por

$$v(P, C) = \left(\frac{2P}{kC}\right)^{1/3}$$

donde P es la potencia usada para propulsar el objeto, C el coeficiente de fricción y k una constante positiva. Por lo tanto, los atletas pueden aumentar su rapidez al nadar si aumentan su potencia o reducen sus coeficientes de fricción. Pero, ¿qué eficacia tiene cada uno de estos factores?

Para comparar el efecto de aumentar la potencia frente al de reducir la fricción, es necesario comparar de alguna manera ambos factores en unidades comunes. El método más usual consiste en determinar el cambio porcentual en la rapidez que produce un cambio porcentual dado en potencia y fricción.

Si se trabaja con porcentajes como fracciones, cuando la potencia cambia en una fracción x (donde x corresponde a $100x$ por ciento), P cambia de P a $P + xP$. Asimismo, si el coeficiente de fricción cambia en una fracción y, esto significa que ha cambiado de C a $C + yC$. Por último, el cambio fraccionario en la rapidez resultante de ambos efectos es

$$\boxed{1} \qquad \frac{v(P + xP, C + yC) - v(P, C)}{v(P, C)}$$

1. La expresión 1 da el cambio fraccional en la rapidez que produce un cambio x en potencia y un cambio y en fricción. Demuestre que esto se reduce a la función

$$f(x, y) = \left(\frac{1 + x}{1 + y}\right)^{1/3} - 1$$

Dado el contexto, ¿cuál es el dominio de f?

[1] L. Foster *et al.* "Influence of Full Body Swimsuits on Competitive Performance", *Procedia Engineering* 34 (2012): 712-717.

[2] Adaptado de http://plus.maths.org/content/swimming.

2. Suponga que los posibles cambios en potencia x y fricción y son pequeños. Determine la aproximación lineal de la función $f(x, y)$. ¿Qué puede decirse de esa aproximación sobre el efecto de un aumento pequeño en potencia frente a una disminución reducida en fricción?

3. Calcule $f_{xx}(x, y)$ y $f_{yy}(x, y)$. Con base en los signos de estas derivadas, ¿la aproximación lineal del problema 2 produce una sobrestimación o una subestimación para un aumento de potencia? ¿Y para una disminución de fricción? Use su respuesta para explicar por qué, para cambios en potencia o fricción que no son muy pequeños una disminución en fricción es más eficaz.

4. Grafique las curvas de nivel de $f(x, y)$. Explique cómo se relacionan las formas de estas curvas con sus respuestas a los problemas 2 y 3.

14.5 | La regla de la cadena

Recuerde que la regla de la cadena para funciones de una variable da la regla para derivar una función compuesta: si $y = f(x)$ y $x = g(t)$, donde f y g son funciones derivables, entonces y es indirectamente una función derivable de t y

$$\frac{dy}{dt} = \frac{dy}{dx}\frac{dx}{dt}$$

En esta sección se amplía la regla de la cadena a funciones de más de una variable.

■ La regla de la cadena: caso 1

Para funciones con más de una variable, la regla de la cadena tiene varias versiones, cada una de las cuales da una regla para derivar una función compuesta. La primera versión (teorema 1) se refiere al caso donde $z = f(x, y)$ y cada una de las variables x y y es a su vez una función de una variable t. Esto significa que z es indirectamente una función de t, $z = f(g(t), h(t))$ y la regla de la cadena da una fórmula para derivar z como una función de t. Suponga que f es derivable (definición 14.4.7). Recuerde que así sucede cuando f_x y f_y son continuas (teorema 14.4.8).

---

1 La regla de la cadena (caso 1) Suponga que $z = f(x, y)$ es una función derivable de x y y, donde $x = g(t)$ y $y = h(t)$ son funciones derivables de t. Entonces z es una función derivable de t y

$$\frac{dz}{dt} = \frac{\partial f}{\partial x}\frac{dx}{dt} + \frac{\partial f}{\partial y}\frac{dy}{dt}$$

DEMOSTRACIÓN   Un cambio de Δt en t produce cambios de Δx en x y de Δy en y. Estos, a su vez, producen un cambio de Δz en z, y por la definición 14.4.7 se tiene

$$\Delta z = \frac{\partial f}{\partial x}\Delta x + \frac{\partial f}{\partial y}\Delta y + \varepsilon_1\,\Delta x + \varepsilon_2\,\Delta y$$

donde $\varepsilon_1 \to 0$ y $\varepsilon_2 \to 0$ cuando $(\Delta x, \Delta y) \to (0, 0)$. [Si las funciones ε_1 y ε_2 no están definidas en $(0, 0)$, pueden definirse como 0 ahí]. Al dividir ambos miembros de esta ecuación entre Δt, se tiene

$$\frac{\Delta z}{\Delta t} = \frac{\partial f}{\partial x}\frac{\Delta x}{\Delta t} + \frac{\partial f}{\partial y}\frac{\Delta y}{\Delta t} + \varepsilon_1\frac{\Delta x}{\Delta t} + \varepsilon_2\frac{\Delta y}{\Delta t}$$

Sea ahora $\Delta t \to 0$, entonces $\Delta x = g(t + \Delta t) - g(t) \to 0$, porque g es derivable y, por lo tanto, continua. De igual forma, $\Delta y \to 0$. Esto significa a su vez que $\varepsilon_1 \to 0$ y $\varepsilon_2 \to 0$, por lo que

$$\frac{dz}{dt} = \lim_{\Delta t \to 0} \frac{\Delta z}{\Delta t}$$

$$= \frac{\partial f}{\partial x} \lim_{\Delta t \to 0} \frac{\Delta x}{\Delta t} + \frac{\partial f}{\partial y} \lim_{\Delta t \to 0} \frac{\Delta y}{\Delta t} + \left(\lim_{\Delta t \to 0} \varepsilon_1\right) \lim_{\Delta t \to 0} \frac{\Delta x}{\Delta t} + \left(\lim_{\Delta t \to 0} \varepsilon_2\right) \lim_{\Delta t \to 0} \frac{\Delta y}{\Delta t}$$

$$= \frac{\partial f}{\partial x} \frac{dx}{dt} + \frac{\partial f}{\partial y} \frac{dy}{dt} + 0 \cdot \frac{dx}{dt} + 0 \cdot \frac{dy}{dt}$$

$$= \frac{\partial f}{\partial x} \frac{dx}{dt} + \frac{\partial f}{\partial y} \frac{dy}{dt}$$ ∎

En vista de que se suele escribir $\partial z / \partial x$ en vez de $\partial f / \partial x$, se puede reescribir la regla de la cadena en la forma

$$\boxed{\frac{dz}{dt} = \frac{\partial z}{\partial x} \frac{dx}{dt} + \frac{\partial z}{\partial y} \frac{dy}{dt}}$$

Observe la semejanza con la definición del diferencial:

$$dz = \frac{\partial z}{\partial x} dx + \frac{\partial z}{\partial y} dy$$

EJEMPLO 1 Si $z = x^2 y + 3xy^4$, donde $x = \operatorname{sen} 2t$, y $y = \cos t$ determine dz/dt cuando $t = 0$.

SOLUCIÓN La regla de la cadena da

$$\frac{dz}{dt} = \frac{\partial z}{\partial x} \frac{dx}{dt} + \frac{\partial z}{\partial y} \frac{dy}{dt}$$

$$= (2xy + 3y^4)(2 \cos 2t) + (x^2 + 12xy^3)(-\operatorname{sen} t)$$

No es necesario sustituir las expresiones para x y y en términos de t. Simplemente observe que cuando $t = 0$, se tiene $x = \operatorname{sen} 0 = 0$ y $y = \cos 0 = 1$. En consecuencia,

$$\left.\frac{dz}{dt}\right|_{t=0} = (0 + 3)(2 \cos 0) + (0 + 0)(-\operatorname{sen} 0) = 6$$ ∎

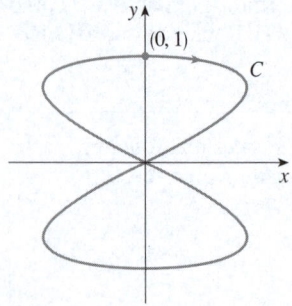

FIGURA 1
La curva $x = \operatorname{sen} 2t$, $y = \cos t$

La derivada del ejemplo 1 puede interpretarse como la razón de cambio de z con respecto a t cuando el punto (x, y) se mueve a lo largo de la curva C con ecuaciones paramétricas $x = \operatorname{sen} 2t$, $y = \cos t$ (vea la figura 1). Cuando $t = 0$, el punto (x, y) es $(0, 1)$ y $dz/dt = 6$ es la razón de aumento cuando se mueve a lo largo de la curva C que pasa por $(0, 1)$. Si, por ejemplo, $z = T(x, y) = x^2 y + 3xy^4$ representa la temperatura en el punto (x, y), la función compuesta $z = T(\operatorname{sen} 2t, \cos t)$ representa la temperatura en los puntos en C y la derivada dz/dt representa la razón a la que la temperatura cambia a lo largo de C.

EJEMPLO 2 La presión P (en kilopascales), volumen V (en litros) y temperatura T (en kelvines) de un mol de un gas ideal se relacionan por medio de la ecuación $PV = 8.31T$. Determine la razón a la que cambia la presión cuando la temperatura es de 300 K y aumenta a razón de 0.1 K/s y el volumen es de 100 L y aumenta a razón de 0.2 L/s.

SOLUCIÓN Si t representa el tiempo transcurrido en segundos, en el instante dado se tiene $T = 300$, $dT/dt = 0.1$, $V = 100$, $dV/dt = 0.2$. Puesto que

$$P = 8.31 \frac{T}{V}$$

la regla de la cadena da

$$\frac{dP}{dt} = \frac{\partial P}{\partial T}\frac{dT}{dt} + \frac{\partial P}{\partial V}\frac{dV}{dt} = \frac{8.31}{V}\frac{dT}{dt} - \frac{8.31T}{V^2}\frac{dV}{dt}$$

$$= \frac{8.31}{100}(0.1) - \frac{8.31(300)}{100^2}(0.2) = -0.04155$$

La presión disminuye a razón de alrededor de 0.042 kPa/s. ◼

◼ La regla de la cadena: caso 2

Considere ahora la situación en la que $z = f(x, y)$, solo que tanto x como y son una función de dos variables s y t: $x = g(s, t)$, $y = h(s, t)$. Entonces, z es indirectamente una función de s y t y se desea encontrar $\partial z/\partial s$ y $\partial z/\partial t$. Recuerde que al calcular $\partial z/\partial t$ se mantiene fija s y se calcula la derivada ordinaria de z con respecto a t. Por lo tanto, se puede aplicar el teorema 1 para obtener

$$\frac{\partial z}{\partial t} = \frac{\partial z}{\partial x}\frac{\partial x}{\partial t} + \frac{\partial z}{\partial y}\frac{\partial y}{\partial t}$$

Un argumento similar es válido para $\partial z/\partial s$ y así se demuestra la versión siguiente de la regla de la cadena.

> **2 La regla de la cadena (caso 2)** Suponga que $z = f(x, y)$ es una función derivable de x y y, donde $x = g(s, t)$ y $y = h(s, t)$ son funciones derivables de s y t. Así pues,
> $$\frac{\partial z}{\partial s} = \frac{\partial z}{\partial x}\frac{\partial x}{\partial s} + \frac{\partial z}{\partial y}\frac{\partial y}{\partial s} \qquad \frac{\partial z}{\partial t} = \frac{\partial z}{\partial x}\frac{\partial x}{\partial t} + \frac{\partial z}{\partial y}\frac{\partial y}{\partial t}$$

EJEMPLO 3 Si $z = e^x \operatorname{sen} y$, donde $x = st^2$ y $y = s^2t$, determine $\partial z/\partial s$ y $\partial z/\partial t$.

SOLUCIÓN Al aplicar el caso 2 de la regla de la cadena se obtiene

$$\frac{\partial z}{\partial s} = \frac{\partial z}{\partial x}\frac{\partial x}{\partial s} + \frac{\partial z}{\partial y}\frac{\partial y}{\partial s} = (e^x \operatorname{sen} y)(t^2) + (e^x \cos y)(2st)$$

$$\frac{\partial z}{\partial t} = \frac{\partial z}{\partial x}\frac{\partial x}{\partial t} + \frac{\partial z}{\partial y}\frac{\partial y}{\partial t} = (e^x \operatorname{sen} y)(2st) + (e^x \cos y)(s^2)$$

Si se desea, ahora se pueden expresar $\partial z/\partial s$ y $\partial z/\partial t$ únicamente en términos de s y t si se sustituyen $x = st^2$ y $y = s^2t$ para obtener

$$\frac{\partial z}{\partial s} = t^2 e^{st^2} \operatorname{sen}(s^2t) + 2ste^{st^2}\cos(s^2t)$$

$$\frac{\partial z}{\partial t} = 2ste^{st^2}\operatorname{sen}(s^2t) + s^2e^{st^2}\cos(s^2t)$$ ◼

El caso 2 de la regla de la cadena contiene tres tipos de variables: s y t son variables **independientes**, x y y se llaman variables **intermedias** y z es la variable **dependiente**. Tenga en cuenta que el teorema 2 tiene un término para cada variable intermedia y que cada uno de estos términos se asemeja a la regla de la cadena unidimensional (vea la ecuación 3.4.2).

Para recordar la regla de la cadena es útil dibujar el **diagrama de árbol** de la figura 2. Se trazan ramas de la variable dependiente z a las variables intermedias x y y para

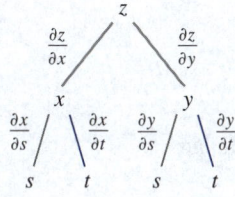

FIGURA 2

indicar que z es una función de x y y. Luego se trazan ramas de x y y a las variables independientes s y t. En cada rama se escribe la derivada parcial correspondiente. Para obtener $\partial z/\partial s$, se calcula el producto de las derivadas parciales a lo largo de cada trayectoria de z a s y después se suman esos productos:

$$\frac{\partial z}{\partial s} = \frac{\partial z}{\partial x}\frac{\partial x}{\partial s} + \frac{\partial z}{\partial y}\frac{\partial y}{\partial s}$$

De manera similar se obtiene $\partial z/\partial t$ usando las trayectorias de z a t.

■ La regla de la cadena: versión general

Considere ahora la situación general en la que una variable dependiente u es una función de n variables intermedias $x_1, ..., x_n$, cada una de las cuales es a su vez una función de m variables independientes $t_1, ..., t_m$. Observe que hay n términos, uno para cada variable intermedia. La demostración es similar a la del caso 1.

---

3 **La regla de la cadena (versión general)** Suponga que u es una función derivable de las n variables $x_1, x_2, ..., x_n$ y que cada x_j es una función derivable de las m variables $t_1, t_2, ..., t_m$. Entonces, u es una función de $t_1, t_2, ..., t_m$ y

$$\frac{\partial u}{\partial t_i} = \frac{\partial u}{\partial x_1}\frac{\partial x_1}{\partial t_i} + \frac{\partial u}{\partial x_2}\frac{\partial x_2}{\partial t_i} + \cdots + \frac{\partial u}{\partial x_n}\frac{\partial x_n}{\partial t_i}$$

para cada $i = 1, 2, ..., m$.

EJEMPLO 4 Escriba la regla de la cadena para el caso donde $w = f(x, y, z, t)$ y $x = x(u, v), y = y(u, v), z = z(u, v)$ y $t = t(u, v)$.

SOLUCIÓN Se aplica el teorema 3 con $n = 4$ y $m = 2$. En la figura 3 se muestra el diagrama de árbol. Aunque no se han escrito las derivadas en las ramas, se entiende que si una rama lleva de y a u, la derivada parcial de esa rama es $\partial y/\partial u$. Con la ayuda del diagrama de árbol, ahora se pueden escribir las expresiones requeridas:

$$\frac{\partial w}{\partial u} = \frac{\partial w}{\partial x}\frac{\partial x}{\partial u} + \frac{\partial w}{\partial y}\frac{\partial y}{\partial u} + \frac{\partial w}{\partial z}\frac{\partial z}{\partial u} + \frac{\partial w}{\partial t}\frac{\partial t}{\partial u}$$

$$\frac{\partial w}{\partial v} = \frac{\partial w}{\partial x}\frac{\partial x}{\partial v} + \frac{\partial w}{\partial y}\frac{\partial y}{\partial v} + \frac{\partial w}{\partial z}\frac{\partial z}{\partial v} + \frac{\partial w}{\partial t}\frac{\partial t}{\partial v}$$

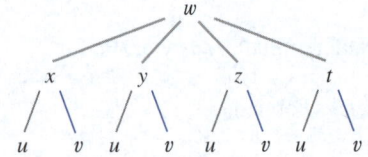

FIGURA 3

EJEMPLO 5 Si $u = x^4 y + y^2 z^3$, donde $x = rse^t$, $y = rs^2 e^{-t}$ y $z = r^2 s$ sen t, determine el valor de $\partial u/\partial s$ cuando $r = 2, s = 1, t = 0$.

SOLUCIÓN Con la ayuda del diagrama de árbol de la figura 4 se tiene

$$\frac{\partial u}{\partial s} = \frac{\partial u}{\partial x}\frac{\partial x}{\partial s} + \frac{\partial u}{\partial y}\frac{\partial y}{\partial s} + \frac{\partial u}{\partial z}\frac{\partial z}{\partial s}$$

$$= (4x^3 y)(re^t) + (x^4 + 2yz^3)(2rse^{-t}) + (3y^2 z^2)(r^2 \operatorname{sen} t)$$

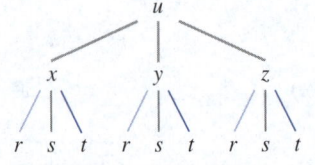

FIGURA 4

Cuando $r = 2, s = 1$ y $t = 0$, se tiene $x = 2, y = 2$ y $z = 0$, por lo que

$$\frac{\partial u}{\partial s} = (64)(2) + (16)(4) + (0)(0) = 192$$

EJEMPLO 6 Si $g(s, t) = f(s^2 - t^2, t^2 - s^2)$ y f es derivable, demuestre que g satisface la ecuación

$$t\frac{\partial g}{\partial s} + s\frac{\partial g}{\partial t} = 0$$

SOLUCIÓN Sea $x = s^2 - t^2$ y $y = t^2 - s^2$. Entonces $g(s, t) = f(x, y)$ y la regla de la cadena da

$$\frac{\partial g}{\partial s} = \frac{\partial f}{\partial x}\frac{\partial x}{\partial s} + \frac{\partial f}{\partial y}\frac{\partial y}{\partial s} = \frac{\partial f}{\partial x}(2s) + \frac{\partial f}{\partial y}(-2s)$$

$$\frac{\partial g}{\partial t} = \frac{\partial f}{\partial x}\frac{\partial x}{\partial t} + \frac{\partial f}{\partial y}\frac{\partial y}{\partial t} = \frac{\partial f}{\partial x}(-2t) + \frac{\partial f}{\partial y}(2t)$$

Por lo tanto

$$t\frac{\partial g}{\partial s} + s\frac{\partial g}{\partial t} = \left(2st\frac{\partial f}{\partial x} - 2st\frac{\partial f}{\partial y}\right) + \left(-2st\frac{\partial f}{\partial x} + 2st\frac{\partial f}{\partial y}\right) = 0 \qquad \blacksquare$$

EJEMPLO 7 Si $z = f(x, y)$ tiene derivadas parciales continuas de segundo orden y $x = r^2 + s^2$ y $y = 2rs$, encuentre expresiones para (a) $\partial z/\partial r$ y (b) $\partial^2 z/\partial r^2$.

SOLUCIÓN
(a) La regla de la cadena da

$$\frac{\partial z}{\partial r} = \frac{\partial z}{\partial x}\frac{\partial x}{\partial r} + \frac{\partial z}{\partial y}\frac{\partial y}{\partial r} = \frac{\partial z}{\partial x}(2r) + \frac{\partial z}{\partial y}(2s)$$

(b) Al aplicar la regla del producto a la expresión del inciso (a), se obtiene

$$\frac{\partial^2 z}{\partial r^2} = \frac{\partial}{\partial r}\left(2r\frac{\partial z}{\partial x} + 2s\frac{\partial z}{\partial y}\right)$$

$$\boxed{4}$$

$$= 2\frac{\partial z}{\partial x} + 2r\frac{\partial}{\partial r}\left(\frac{\partial z}{\partial x}\right) + 2s\frac{\partial}{\partial r}\left(\frac{\partial z}{\partial y}\right)$$

Pero usando de nuevo la regla de la cadena (vea la figura 5) se tiene

$$\frac{\partial}{\partial r}\left(\frac{\partial z}{\partial x}\right) = \frac{\partial}{\partial x}\left(\frac{\partial z}{\partial x}\right)\frac{\partial x}{\partial r} + \frac{\partial}{\partial y}\left(\frac{\partial z}{\partial x}\right)\frac{\partial y}{\partial r} = \frac{\partial^2 z}{\partial x^2}(2r) + \frac{\partial^2 z}{\partial y\,\partial x}(2s)$$

$$\frac{\partial}{\partial r}\left(\frac{\partial z}{\partial y}\right) = \frac{\partial}{\partial x}\left(\frac{\partial z}{\partial y}\right)\frac{\partial x}{\partial r} + \frac{\partial}{\partial y}\left(\frac{\partial z}{\partial y}\right)\frac{\partial y}{\partial r} = \frac{\partial^2 z}{\partial x\,\partial y}(2r) + \frac{\partial^2 z}{\partial y^2}(2s)$$

Al poner estas expresiones en la ecuación 4 y usar la igualdad de las derivadas mixtas de segundo orden, se obtiene

$$\frac{\partial^2 z}{\partial r^2} = 2\frac{\partial z}{\partial x} + 2r\left(2r\frac{\partial^2 z}{\partial x^2} + 2s\frac{\partial^2 z}{\partial y\,\partial x}\right) + 2s\left(2r\frac{\partial^2 z}{\partial x\,\partial y} + 2s\frac{\partial^2 z}{\partial y^2}\right)$$

$$= 2\frac{\partial z}{\partial x} + 4r^2\frac{\partial^2 z}{\partial x^2} + 8rs\frac{\partial^2 z}{\partial x\,\partial y} + 4s^2\frac{\partial^2 z}{\partial y^2} \qquad \blacksquare$$

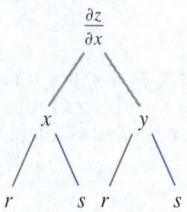

FIGURA 5

■ Derivación implícita

La regla de la cadena puede usarse para obtener una descripción más completa del proceso de la derivación implícita que se presentó en las secciones 3.5 y 14.3. Suponga que una ecuación de la forma $F(x, y) = 0$ define implícitamente a y como una función derivable de x, es decir, $y = f(x)$, donde $F(x, f(x)) = 0$ para todos los valores de x en el dominio de f. Si F es derivable, se puede aplicar el caso 1 de la regla de la cadena para derivar ambos miembros de la ecuación $F(x, y) = 0$ con respecto a x. Puesto que tanto x como y son funciones de x, se obtiene

$$\frac{\partial F}{\partial x} \frac{dx}{dx} + \frac{\partial F}{\partial y} \frac{dy}{dx} = 0$$

Pero $dx/dx = 1$, de modo que si $\partial F/\partial y \neq 0$, se despeja dy/dx y se obtiene

$$\boxed{5} \qquad \frac{dy}{dx} = -\frac{\dfrac{\partial F}{\partial x}}{\dfrac{\partial F}{\partial y}} = -\frac{F_x}{F_y}$$

Para derivar esta ecuación, suponga que $F(x, y) = 0$ define implícitamente a y como una función de x. El **teorema de la función implícita**, que se demuestra en cálculo avanzado, establece condiciones en las cuales este supuesto es válido: sostiene que si F se define en un disco que contiene (a, b), donde $F(a, b) = 0$, $F_y(a, b) \neq 0$, y F_x y F_y son continuas en el disco, la ecuación $F(x, y) = 0$ define a y como una función de x cerca del punto (a, b) y la derivada de esta función está dada por la ecuación 5.

EJEMPLO 8 Determine y' si $x^3 + y^3 = 6xy$.

SOLUCIÓN La ecuación dada puede escribirse como

$$F(x, y) = x^3 + y^3 - 6xy = 0$$

así que la ecuación 5 da

La solución del ejemplo 8 debe compararse con la respuesta del ejemplo 3.5.2.

$$\frac{dy}{dx} = -\frac{F_x}{F_y} = -\frac{3x^2 - 6y}{3y^2 - 6x} = -\frac{x^2 - 2y}{y^2 - 2x}$$ ■

Ahora suponga que z está dada implícitamente como una función $z = f(x, y)$ por una ecuación de la forma $F(x, y, z) = 0$. Esto significa que $F(x, y, f(x, y)) = 0$ para todas las (x, y) en el dominio de f. Si F y f son derivables, se puede usar la regla de la cadena para derivar la ecuación $F(x, y, z) = 0$ como sigue:

$$\frac{\partial F}{\partial x} \frac{\partial x}{\partial x} + \frac{\partial F}{\partial y} \frac{\partial y}{\partial x} + \frac{\partial F}{\partial z} \frac{\partial z}{\partial x} = 0$$

Pero $\qquad \dfrac{\partial}{\partial x}(x) = 1 \qquad$ y $\qquad \dfrac{\partial}{\partial x}(y) = 0$

por lo que esta ecuación se convierte en

$$\frac{\partial F}{\partial x} + \frac{\partial F}{\partial z} \frac{\partial z}{\partial x} = 0$$

Si $\partial F/\partial z \neq 0$, despeje $\partial z/\partial x$ y obtenga la primera fórmula en las ecuaciones 6. La fórmula de $\partial z/\partial y$ se obtiene de forma similar.

$$\boxed{6} \qquad \frac{\partial z}{\partial x} = -\frac{\dfrac{\partial F}{\partial x}}{\dfrac{\partial F}{\partial z}} = -\frac{F_x}{F_z} \qquad\qquad \frac{\partial z}{\partial y} = -\frac{\dfrac{\partial F}{\partial y}}{\dfrac{\partial F}{\partial z}} = -\frac{F_y}{F_z}$$

De nueva cuenta, una versión del **teorema de la función implícita** estipula condiciones en las cuales este supuesto es válido: si F se define dentro de una esfera que contiene a (a, b, c), donde $F(a, b, c) = 0$, $F_z(a, b, c) \neq 0$, y F_x, F_y y F_z son continuas dentro de la esfera, la ecuación $F(x, y, z) = 0$ define a z como una función de x y y cerca del punto (a, b, c); esta función es derivable y sus derivadas parciales están dadas por (6).

EJEMPLO 9 Determine $\dfrac{\partial z}{\partial x}$ y $\dfrac{\partial z}{\partial y}$ si $x^3 + y^3 + z^3 + 6xyz + 4 = 0$.

SOLUCIÓN Sea $F(x, y, z) = x^3 + y^3 + z^3 + 6xyz + 4$. Entonces, por las ecuaciones 6, se tiene

$$\frac{\partial z}{\partial x} = -\frac{F_x}{F_z} = -\frac{3x^2 + 6yz}{3z^2 + 6xy} = -\frac{x^2 + 2yz}{z^2 + 2xy}$$

La solución del ejemplo 9 debe compararse con la respuesta del ejemplo 14.3.5.

$$\frac{\partial z}{\partial y} = -\frac{F_y}{F_z} = -\frac{3y^2 + 6xz}{3z^2 + 6xy} = -\frac{y^2 + 2xz}{z^2 + 2xy} \qquad\blacksquare$$

14.5 | Ejercicios

1-2 Determine dz/dt de dos maneras: usando la regla de la cadena y sustituyendo primero las expresiones de x y y para escribir z como una función de t. ¿Las respuestas concuerdan?

1. $z = x^2 y + xy^2$, $x = 3t$, $y = t^2$

2. $z = xye^y$, $x = t^2$, $y = 5t$

3-8 Use la regla de la cadena para determinar dz/dt o dw/dt.

3. $z = xy^3 - x^2 y$, $x = t^2 + 1$, $y = t^2 - 1$

4. $z = \dfrac{x - y}{x + 2y}$, $x = e^{\pi t}$, $y = e^{-\pi t}$

5. $z = \operatorname{sen} x \cos y$, $x = \sqrt{t}$, $y = 1/t$

6. $z = \sqrt{1 + xy}$, $x = \tan t$, $y = \arctan t$

7. $w = xe^{y/z}$, $x = t^2$, $y = 1 - t$, $z = 1 + 2t$

8. $w = \ln\sqrt{x^2 + y^2 + z^2}$, $x = \operatorname{sen} t$, $y = \cos t$, $z = \tan t$

9-10 Determine $\partial z/\partial s$ y $\partial z/\partial t$ de dos maneras: usando la regla de la cadena y sustituyendo primero las expresiones de x y y para escribir z como función de s y t. ¿Las respuestas concuerdan?

9. $z = x^2 + y^2$, $x = 2s + 3t$, $y = s + t$

10. $z = x^2 \operatorname{sen} y$, $x = s^2 t$, $y = st$

11-16 Use la regla de la cadena para encontrar $\partial z/\partial s$ y $\partial z/\partial t$.

11. $z = (x - y)^5$, $x = s^2 t$, $y = st^2$

12. $z = \tan^{-1}(x^2 + y^2)$, $x = s \ln t$, $y = te^s$

13. $z = \ln(3x + 2y)$, $x = s \operatorname{sen} t$, $y = t \cos s$

14. $z = \sqrt{x}\, e^{xy}$, $x = 1 + st$, $y = s^2 - t^2$

15. $z = (\operatorname{sen}\theta)/r$, $r = st$, $\theta = s^2 + t^2$

16. $z = \tan(u/v)$, $u = 2s + 3t$, $v = 3s - 2t$

17. Suponga que f es una función derivable de x y y, y que $p(t) = (g(t), h(t))$, $g(2) = 4$, $g'(2) = -3$, $h(2) = 5$, $h'(2) = 6$, $f_x(4, 5) = 2$, $f_y(4, 5) = 8$. Determine $p'(2)$.

18. Sea $R(s, t) = G(u(s, t), v(s, t))$, donde G, u y v son derivables, $u(1, 2) = 5$, $u_s(1, 2) = 4$, $u_t(1, 2) = -3$, $v(1, 2) = 7$, $v_s(1, 2) = 2$, $v_t(1, 2) = 6$, $G_u(5, 7) = 9$, $G_v(5, 7) = -2$. Determine $R_s(1, 2)$ y $R_t(1, 2)$.

19. Suponga que f es una función derivable de x y y, y que $g(u, v) = f(e^u + \operatorname{sen} v, e^u + \cos v)$. Use la tabla de valores para calcular $g_u(0, 0)$ y $g_v(0, 0)$.

	f	g	f_x	f_y
$(0, 0)$	3	6	4	8
$(1, 2)$	6	3	2	5

20. Suponga que f es una función derivable de x y y, y que $g(r, s) = f(2r - s, s^2 - 4r)$. Use la tabla de valores del ejercicio 19 para calcular $g_r(1, 2)$ y $g_s(1, 2)$.

21-24 Use un diagrama de árbol para escribir la regla de la cadena para el caso dado. Suponga que todas las funciones son derivables.

21. $u = f(x, y)$, donde $x = x(r, s, t)$, $y = y(r, s, t)$

22. $w = f(x, y, z)$, donde $x = x(u, v)$, $y = y(u, v)$, $z = z(u, v)$

23. $T = F(p, q, r)$, donde $p = p(x, y, z)$, $q = q(x, y, z)$, $r = r(x, y, z)$

24. $R = F(t, u)$ donde $t = t(w, x, y, z)$, $u = u(w, x, y, z)$

25-30 Use la regla de la cadena para determinar las derivadas parciales indicadas.

25. $z = x^4 + x^2 y$, $x = s + 2t - u$, $y = stu^2$;

$\dfrac{\partial z}{\partial s}$, $\dfrac{\partial z}{\partial t}$, $\dfrac{\partial z}{\partial u}$ cuando $s = 4, t = 2, u = 1$

26. $T = \dfrac{v}{2u + v}$, $u = pq\sqrt{r}$, $v = p\sqrt{q}\, r$;

$\dfrac{\partial T}{\partial p}$, $\dfrac{\partial T}{\partial q}$, $\dfrac{\partial T}{\partial r}$ cuando $p = 2, q = 1, r = 4$

27. $w = xy + yz + zx$, $x = r\cos\theta$, $y = r\operatorname{sen}\theta$, $z = r\theta$;

$\dfrac{\partial w}{\partial r}$, $\dfrac{\partial w}{\partial \theta}$ cuando $r = 2, \theta = \pi/2$

28. $P = \sqrt{u^2 + v^2 + w^2}$, $u = xe^y$, $v = ye^x$, $w = e^{xy}$;

$\dfrac{\partial P}{\partial x}$, $\dfrac{\partial P}{\partial y}$ cuando $x = 0, y = 2$

29. $N = \dfrac{p + q}{p + r}$, $p = u + vw$, $q = v + uw$, $r = w + uv$;

$\dfrac{\partial N}{\partial u}$, $\dfrac{\partial N}{\partial v}$, $\dfrac{\partial N}{\partial w}$ cuando $u = 2, v = 3, w = 4$

30. $u = xe^{ty}$, $x = \alpha^2\beta$, $y = \beta^2\gamma$, $t = \gamma^2\alpha$;

$\dfrac{\partial u}{\partial\alpha}$, $\dfrac{\partial u}{\partial\beta}$, $\dfrac{\partial u}{\partial\gamma}$ cuando $\alpha = -1, \beta = 2, \gamma = 1$

31-34 Use la ecuación 5 para encontrar dy/dx.

31. $y\cos x = x^2 + y^2$

32. $\cos(xy) = 1 + \operatorname{sen} y$

33. $\tan^{-1}(x^2 y) = x + xy^2$

34. $e^y \operatorname{sen} x = x + xy$

35-38 Use las ecuaciones 6 para obtener $\partial z/\partial x$ y $\partial z/\partial y$.

35. $x^2 + 2y^2 + 3z^2 = 1$

36. $x^2 - y^2 + z^2 - 2z = 4$

37. $e^z = xyz$

38. $yz + x\ln y = z^2$

39. La temperatura en el punto (x, y) es $T(x, y)$, medida en grados Celsius. Un bicho se arrastra de tal manera que su posición después de t segundos está dada por $x = \sqrt{1 + t}$, $y = 2 + \frac{1}{3}t$, donde x y y se miden en centímetros. La función de temperatura satisface $T_x(2, 3) = 4$ y $T_y(2, 3) = 3$. ¿Con qué rapidez aumenta la temperatura en la trayectoria del bicho después de 3 segundos?

40. La producción de trigo W en un año dado depende de la temperatura promedio T y la precipitación anual R. Los científicos estiman que la temperatura promedio aumenta a razón de 0.15 °C/año y la precipitación disminuye a razón de 0.1 cm/año. También estiman que a los niveles de producción actuales, $\partial W/\partial T = -2$ y $\partial W/\partial R = 8$.
(a) ¿Cuál es el significado de los signos de estas derivadas parciales?
(b) Estime la razón de cambio actual de la producción de trigo, dW/dt.

41. La rapidez del sonido que viaja a través de aguas oceánicas con salinidad de 35 partes por millar se modela con la ecuación

$$C = 1\,449.2 + 4.6T - 0.055T^2 + 0.00029T^3 + 0.016D$$

donde C es la rapidez del sonido (en metros por segundo), T la temperatura (en grados Celsius) y D la profundidad bajo la superficie del océano (en metros). Un buzo inició una inmersión recreativa en aguas marinas; su profundidad y la temperatura del agua circundante con el paso del tiempo se registran en las gráficas siguientes. Estime la razón de cambio (con respecto al tiempo) de la rapidez del sonido a través de agua marina que experimenta el buzo luego de 20 minutos de inmersión. ¿Cuáles son las unidades?

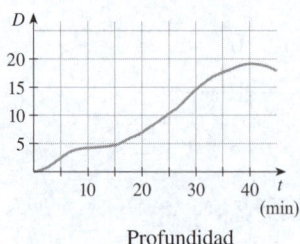

Profundidad

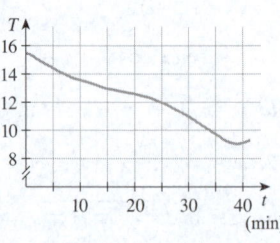

Temperatura del agua

42. El radio de un cono circular recto aumenta a razón de 4.6 cm/s mientras que su altura disminuye a razón de 6.5 cm/s. ¿A qué razón cambia el volumen del cono cuando el radio es de 300 cm y la altura de 350 cm?

43. La longitud ℓ, ancho w y altura h de una caja cambian con el tiempo. En cierto instante las dimensiones son $\ell = 1$ m y $w = h = 2$ m, y ℓ y w aumentan a razón de 2 m/s mientras que h disminuye a razón de 3 m/s. Determine en ese instante las razones a las que cambian las cantidades siguientes.

   (a) El volumen.

   (b) El área superficial.

   (c) La longitud de una diagonal.

44. El voltaje V en un circuito eléctrico simple disminuye poco a poco conforme se va agotando la pila. La resistencia R se reduce con lentitud cuando el resistor se calienta. Use la ley de Ohm, $V = IR$, para determinar cómo cambia la corriente I en el momento en que $R = 400 \ \Omega$, $I = 0.08$ A, $dV/dt = -0.01$ V/s, y $dR/dt = 0.03 \ \Omega$/s.

45. La presión de 1 mol de un gas ideal aumenta a razón de 0.05 kPa/s y la temperatura aumenta a razón de 0.15 K/s. Use la ecuación $PV = 8.31T$ del ejemplo 2 para calcular la razón de cambio del volumen cuando la presión es de 20 kPa y la temperatura de 320 K.

46. Un fabricante ha modelado su función de producción anual P (el valor de toda su producción, en millones de dólares) como una función de Cobb-Douglas

$$P(L, K) = 1.47 L^{0.65} K^{0.35}$$

donde L es el número de horas de trabajo (en miles) y K es el capital invertido (en millones de dólares). Suponga que cuando $L = 30$ y $K = 8$, la fuerza de trabajo disminuye a razón de 2 000 horas de trabajo al año y el capital aumenta a razón de $500\,000$ al año. Determine la razón de cambio de la producción.

47. Un lado de un triángulo aumenta a razón de 3 cm/s y un segundo lado disminuye a razón de 2 cm/s. Si el área del triángulo se mantiene constante, ¿a qué razón cambia el ángulo entre los lados cuando el primer lado es de 20 cm de largo, el segundo de 30 cm y el ángulo es de $\pi/6$?

48. Efecto Doppler Un sonido con frecuencia f_s es producido por una fuente que viaja a lo largo de una línea con rapidez v_s. Si un observador viaja con rapidez v_o a lo largo de la misma línea en la dirección opuesta a la fuente, la frecuencia del sonido que oye el observador es

$$f_o = \left(\frac{c + v_o}{c - v_s} \right) f_s$$

donde c es la rapidez del sonido, de alrededor de 332 m/s. (Este es el *efecto Doppler*). Suponga que, en un momento dado, usted viaja en un tren a 34 m/s que acelera a 1.2 m/s².

Un tren se aproxima al suyo en sentido contrario por la otra vía a 40 m/s, acelerando a 1.4 m/s² y hace sonar su bocina, que tiene una frecuencia de 460 Hz. En ese instante, ¿cuál es la frecuencia percibida que usted oye y con qué rapidez cambia?

49-50 Suponga que todas las funciones dadas son derivables.

49. Si $z = f(x, y)$, donde $x = r \cos \theta$ y $y = r \, \text{sen} \, \theta$, (a) encuentre $\partial z / \partial r$ y $\partial z / \partial \theta$ y (b) demuestre que

$$\left(\frac{\partial z}{\partial x} \right)^2 + \left(\frac{\partial z}{\partial y} \right)^2 = \left(\frac{\partial z}{\partial r} \right)^2 + \frac{1}{r^2} \left(\frac{\partial z}{\partial \theta} \right)^2$$

50. Si $u = f(x, y)$, donde $x = e^s \cos t$ y $y = e^s \, \text{sen} \, t$, demuestre que

$$\left(\frac{\partial u}{\partial x} \right)^2 + \left(\frac{\partial u}{\partial y} \right)^2 = e^{-2s} \left[\left(\frac{\partial u}{\partial s} \right)^2 + \left(\frac{\partial u}{\partial t} \right)^2 \right]$$

51-55 Suponga que todas las funciones dadas tienen derivadas parciales continuas de segundo orden.

51. Demuestre que cualquier función de la forma

$$z = f(x + at) + g(x - at)$$

es una solución de la ecuación de onda

$$\frac{\partial^2 z}{\partial t^2} = a^2 \frac{\partial^2 z}{\partial x^2}$$

[*Sugerencia*: Sea $u = x + at$, $v = x - at$].

52. Si $u = f(x, y)$, donde $x = e^s \cos t$ y $y = e^s \, \text{sen} \, t$, demuestre que

$$\frac{\partial^2 u}{\partial x^2} + \frac{\partial^2 u}{\partial y^2} = e^{-2s} \left[\frac{\partial^2 u}{\partial s^2} + \frac{\partial^2 u}{\partial t^2} \right]$$

53. Si $z = f(x, y)$, donde $x = r^2 + s^2$ y $y = 2rs$, determine $\partial^2 z / \partial r \, \partial s$. (Compare con el ejemplo 7).

54. Si $z = f(x, y)$, donde $x = r \cos \theta$ y $y = r \, \text{sen} \, \theta$, determine (a) $\partial z / \partial r$, (b) $\partial z / \partial \theta$ y (c) $\partial^2 z / \partial r \, \partial \theta$.

55. Si $z = f(x, y)$, donde $x = r \cos \theta$ y $y = r \, \text{sen} \, \theta$, demuestre que

$$\frac{\partial^2 z}{\partial x^2} + \frac{\partial^2 z}{\partial y^2} = \frac{\partial^2 z}{\partial r^2} + \frac{1}{r^2} \frac{\partial^2 z}{\partial \theta^2} + \frac{1}{r} \frac{\partial z}{\partial r}$$

56-58 Funciones homogéneas Una función f se llama *homogénea de grado n* si satisface la ecuación

$$f(tx, ty) = t^n f(x, y)$$

para todos los valores de t, donde n es un entero positivo y f tiene derivadas parciales continuas de segundo orden.

56. Verifique que $f(x, y) = x^2 y + 2xy^2 + 5y^3$ es homogénea de grado 3.

57. Demuestre que si f es homogénea de grado n, entonces

(a) $x \dfrac{\partial f}{\partial x} + y \dfrac{\partial f}{\partial y} = nf(x, y)$

[*Sugerencia*: Use la regla de la cadena para derivar $f(tx, ty)$ con respecto a t].

(b) $x^2 \dfrac{\partial^2 f}{\partial x^2} + 2xy \dfrac{\partial^2 f}{\partial x \, \partial y} + y^2 \dfrac{\partial^2 f}{\partial y^2} = n(n-1)f(x, y)$

58. Si f es homogénea de grado n, demuestre que

$$f_x(tx, ty) = t^{n-1}f_x(x, y)$$

59. Suponga que la ecuación $F(x, y, z) = 0$ define implícitamente a cada una de las tres variables x, y y z como funciones de las

otras dos: $z = f(x, y)$, $y = g(x, z)$, $x = h(y, z)$. Si F es derivable y F_x, F_y y F_z son diferentes de cero, demuestre que

$$\frac{\partial z}{\partial x} \frac{\partial x}{\partial y} \frac{\partial y}{\partial z} = -1$$

60. La ecuación 5 es una fórmula para la derivada dy/dx de una función definida implícitamente por una ecuación $F(x, y) = 0$, siempre y cuando F sea derivable y $F_y \neq 0$. Demuestre que si F tiene segundas derivadas continuas, una fórmula para la segunda derivada de y es

$$\frac{d^2 y}{dx^2} = -\frac{F_{xx}F_y^2 - 2F_{xy}F_x F_y + F_{yy}F_x^2}{F_y^3}$$

14.6 | Derivadas direccionales y el vector gradiente

El mapa meteorológico que se presenta en la figura 1 muestra un mapa de contorno de la función de temperatura $T(x, y)$ para los estados de California y Nevada a las tres de la tarde de un día de octubre. Las curvas de nivel, o isotermas, unen lugares con la misma temperatura. La derivada parcial T_x en un lugar como Reno es la razón de cambio de la temperatura con respecto a la distancia si se viaja al este desde Reno; T_y es la razón de cambio de la temperatura si se viaja al norte. Pero, ¿y si se desea conocer la razón de cambio de la temperatura cuando se viaja al sureste (hacia Las Vegas), o en alguna otra dirección? En esta sección se presentará un tipo de derivada, conocida como *derivada direccional*, que permite determinar la razón de cambio de una función de dos o más variables en cualquier dirección.

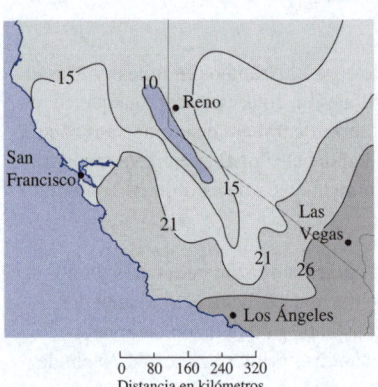

FIGURA 1

■ Derivadas direccionales

Recuerde que si $z = f(x, y)$, las derivadas parciales f_x y f_y se definen como

1

$$f_x(x_0, y_0) = \lim_{h \to 0} \frac{f(x_0 + h, y_0) - f(x_0, y_0)}{h}$$

$$f_y(x_0, y_0) = \lim_{h \to 0} \frac{f(x_0, y_0 + h) - f(x_0, y_0)}{h}$$

y representan las razones de cambio de z en las direcciones de x y y, es decir, en las direcciones de los vectores unitarios $\mathbf{i}$ y $\mathbf{j}$.

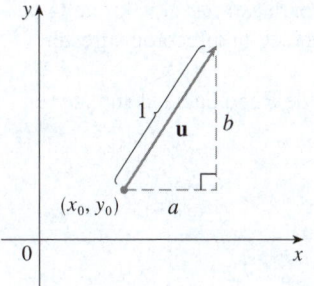

FIGURA 2
Un vector unitario $\mathbf{u} = \langle a, b \rangle$

Suponga que ahora desea determinar la razón de cambio de z en (x_0, y_0) en la dirección de un vector unitario arbitrario $\mathbf{u} = \langle a, b \rangle$ (vea la figura 2). Para hacer esto se considera la superficie S con la ecuación $z = f(x, y)$ (la gráfica de f) y sea $z_0 = f(x_0, y_0)$. Entonces, el punto $P(x_0, y_0, z_0)$ está situado en S. El plano vertical que pasa por P en la dirección de $\mathbf{u}$ interseca S en una curva C (vea la figura 3). La pendiente de la recta tangente T a C en el punto P es la razón de cambio de z en la dirección de $\mathbf{u}$.

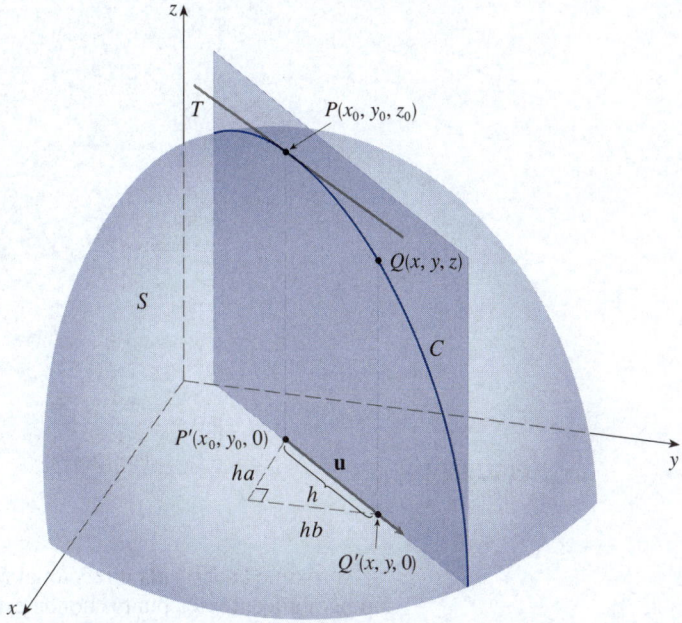

FIGURA 3

Si $Q(x, y, z)$ es otro punto en C y P', Q' son las proyecciones de P, Q en el plano xy, el vector $\overrightarrow{P'Q'}$ es paralelo a $\mathbf{u}$ y por lo tanto

$$\overrightarrow{P'Q'} = h\mathbf{u} = \langle ha, hb \rangle$$

para algún escalar h. En consecuencia, $x - x_0 = ha$, $y - y_0 = hb$, de modo que $x = x_0 + ha$, $y = y_0 + hb$, y

$$\frac{\Delta z}{h} = \frac{z - z_0}{h} = \frac{f(x_0 + ha, y_0 + hb) - f(x_0, y_0)}{h}$$

Si toma el límite cuando $h \to 0$, se obtiene la razón de cambio de z (con respecto a la distancia) en la dirección de $\mathbf{u}$, que se denomina derivada direccional de f en la dirección de $\mathbf{u}$.

---

2 Definición La **derivada direccional** de f en (x_0, y_0) en la dirección de un vector unitario $\mathbf{u} = \langle a, b \rangle$ es

$$D_{\mathbf{u}}f(x_0, y_0) = \lim_{h \to 0} \frac{f(x_0 + ha, y_0 + hb) - f(x_0, y_0)}{h}$$

si este límite existe.

Al comparar la definición 2 con las ecuaciones 1 se observa que si $\mathbf{u} = \mathbf{i} = \langle 1, 0 \rangle$, entonces $D_{\mathbf{i}}f = f_x$ y que si $\mathbf{u} = \mathbf{j} = \langle 0, 1 \rangle$, entonces $D_{\mathbf{j}}f = f_y$. En otras palabras, las derivadas parciales de f con respecto a x y y son sencillamente casos especiales de la derivada direccional.

EJEMPLO 1 Use el mapa meteorológico de la figura 1 para estimar el valor de la derivada direccional de la función de temperatura en Reno en la dirección sureste.

SOLUCIÓN En primer lugar se dibuja una recta a través de Reno hacia el sureste [en dirección de $\mathbf{u} = (\mathbf{i} - \mathbf{j})/\sqrt{2}$; vea la figura 4].

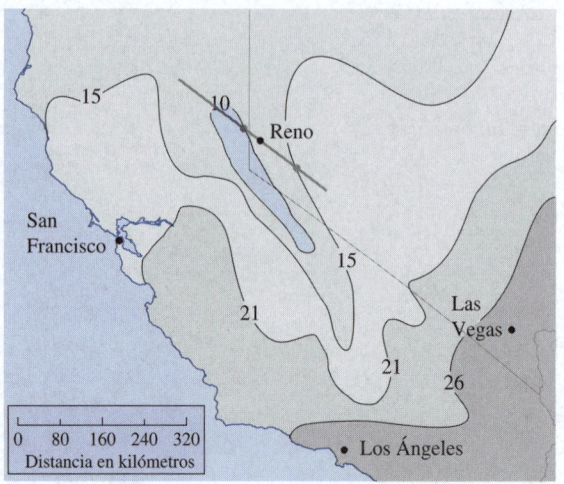

FIGURA 4

Aproxime la derivada direccional $D_\mathbf{u}T$ mediante la razón de cambio promedio de la temperatura entre los puntos donde esta recta interseca las isotermas $T = 10$ y $T = 15$. La temperatura en el punto sureste de Reno es de $T = 15\ °C$ y la temperatura en el punto noroeste de Reno es de $T = 10\ °C$. La distancia entre estos puntos parece ser de alrededor de 120 km. Así, la razón de cambio de la temperatura en la dirección sureste es

$$D_\mathbf{u}T \approx \frac{15 - 10}{120} = \frac{1}{24} \approx 0.04\ °\text{C/km}$$ ■

Cuando se calcula la derivada direccional de una función definida por una fórmula, por lo general se emplea el teorema siguiente.

---

3 **Teorema** Si f es una función derivable de x y y, entonces f tiene una derivada direccional en la dirección de cualquier vector unitario $\mathbf{u} = \langle a, b \rangle$ y

$$D_\mathbf{u}f(x, y) = f_x(x, y)a + f_y(x, y)\,b$$

DEMOSTRACIÓN Si se define una función g de la variable h mediante

$$g(h) = f(x_0 + ha, y_0 + hb)$$

entonces, por la definición de la derivada, se tiene

4 $$g'(0) = \lim_{h \to 0} \frac{g(h) - g(0)}{h} = \lim_{h \to 0} \frac{f(x_0 + ha, y_0 + hb) - f(x_0, y_0)}{h}$$

$$= D_\mathbf{u}f(x_0, y_0)$$

Por otro lado, se puede escribir $g(h) = f(x, y)$, donde $x = x_0 + ha$, $y = y_0 + hb$, por lo que el caso 1 de la regla de la cadena (teorema 14.5.1) da

$$g'(h) = \frac{\partial f}{\partial x}\frac{dx}{dh} + \frac{\partial f}{\partial y}\frac{dy}{dh} = f_x(x, y)\, a + f_y(x, y)\, b$$

Si ahora se pone $h = 0$, entonces $x = x_0$, $y = y_0$ y

$$\boxed{5} \qquad g'(0) = f_x(x_0, y_0)\, a + f_y(x_0, y_0)\, b$$

Al comparar las ecuaciones 4 y 5 se observa que

$$D_{\mathbf{u}} f(x_0, y_0) = f_x(x_0, y_0)\, a + f_y(x_0, y_0)\, b \qquad\blacksquare$$

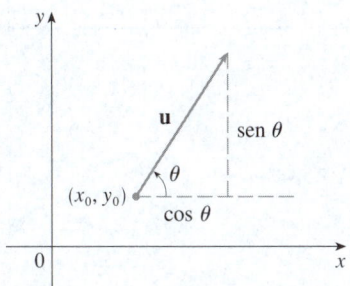

FIGURA 5
Un vector unitario $\mathbf{u} = \langle \cos\theta,\ \mathrm{sen}\,\theta \rangle$

Si el vector unitario $\mathbf{u}$ forma un ángulo θ con el eje x positivo (como en la figura 5), se puede escribir $\mathbf{u} = \langle \cos\theta,\ \mathrm{sen}\,\theta \rangle$ y la fórmula del teorema 3 se convierte en

$$\boxed{6} \qquad D_{\mathbf{u}} f(x, y) = f_x(x, y)\, \cos\theta + f_y(x, y)\, \mathrm{sen}\,\theta$$

La derivada direccional $D_{\mathbf{u}}f(1, 2)$ del ejemplo 2 representa la razón de cambio de z en la dirección de $\mathbf{u}$. Esta es la pendiente de la recta tangente a la curva de intersección de la superficie $z = x^3 - 3xy + 4y^2$ y el plano vertical que pasa por $(1, 2, 0)$ en la dirección de $\mathbf{u}$ que se muestra en la figura 6.

EJEMPLO 2 Determine la derivada direccional $D_{\mathbf{u}}f(x, y)$ si

$$f(x, y) = x^3 - 3xy + 4y^2$$

y $\mathbf{u}$ es el vector unitario con ángulo $\theta = \pi/6$, medido desde el eje x positivo. ¿Qué es $D_{\mathbf{u}}f(1, 2)$?

SOLUCIÓN La fórmula 6 da

$$D_{\mathbf{u}} f(x, y) = f_x(x, y)\, \cos\frac{\pi}{6} + f_y(x, y)\, \mathrm{sen}\,\frac{\pi}{6}$$

$$= (3x^2 - 3y)\,\frac{\sqrt{3}}{2} + (-3x + 8y)\,\frac{1}{2}$$

$$= \tfrac{1}{2}\left[3\sqrt{3}\, x^2 - 3x + (8 - 3\sqrt{3})y \right]$$

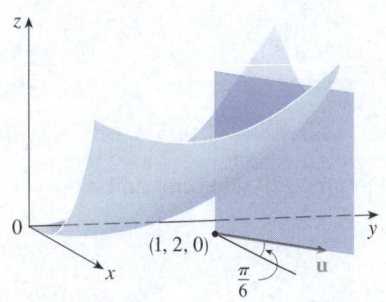

FIGURA 6

Por lo tanto,

$$D_{\mathbf{u}} f(1, 2) = \tfrac{1}{2}\left[3\sqrt{3}(1)^2 - 3(1) + (8 - 3\sqrt{3})(2) \right] = \frac{13 - 3\sqrt{3}}{2} \qquad\blacksquare$$

◼ El vector gradiente

Observe en el teorema 3 que la derivada direccional de una función derivable puede escribirse como el producto punto de dos vectores:

$$\boxed{7} \qquad D_{\mathbf{u}} f(x, y) = f_x(x, y)\, a + f_y(x, y)\, b$$

$$= \langle f_x(x, y), f_y(x, y) \rangle \cdot \langle a, b \rangle$$

$$= \langle f_x(x, y), f_y(x, y) \rangle \cdot \mathbf{u}$$

El primer vector en este producto punto no solo ocurre en el cálculo de derivadas direccionales, sino también en muchos otros contextos. Por consiguiente, se le da un nombre especial (el *gradiente* de f) y una notación especial (**grad** f o ∇f, que se lee "del f").

8   Definición   Si f es una función de dos variables x y y, entonces el **gradiente** de f es la función vectorial ∇f definida por

$$\nabla f(x, y) = \langle f_x(x, y), f_y(x, y) \rangle = \frac{\partial f}{\partial x}\,\mathbf{i} + \frac{\partial f}{\partial y}\,\mathbf{j}$$

EJEMPLO 3   Si $f(x, y) = \operatorname{sen} x + e^{xy}$, entonces

$$\nabla f(x, y) = \langle f_x, f_y \rangle = \langle \cos x + ye^{xy}, xe^{xy} \rangle$$

y $\qquad\qquad \nabla f(0, 1) = \langle 2, 0 \rangle$ ∎

Con esta notación para el vector gradiente se puede reescribir la ecuación 7 para la derivada direccional de una función derivable como

9 $$D_{\mathbf{u}}f(x, y) = \nabla f(x, y) \cdot \mathbf{u}$$

Esto expresa la derivada direccional en la dirección de un vector unitario $\mathbf{u}$ como la proyección escalar del vector gradiente en $\mathbf{u}$.

EJEMPLO 4   Determine la derivada direccional de la función $f(x, y) = x^2y^3 - 4y$ en el punto $(2, -1)$ en la dirección del vector $\mathbf{v} = 2\mathbf{i} + 5\mathbf{j}$.

SOLUCIÓN   Primero se calcula el vector gradiente en $(2, -1)$:

$$\nabla f(x, y) = 2xy^3\mathbf{i} + (3x^2y^2 - 4)\mathbf{j}$$

$$\nabla f(2, -1) = -4\mathbf{i} + 8\mathbf{j}$$

Observe que $\mathbf{v}$ no es un vector unitario, pero como $|\mathbf{v}| = \sqrt{29}$, el vector unitario en la dirección de $\mathbf{v}$ es

$$\mathbf{u} = \frac{\mathbf{v}}{|\mathbf{v}|} = \frac{2}{\sqrt{29}}\,\mathbf{i} + \frac{5}{\sqrt{29}}\,\mathbf{j}$$

Por lo tanto, por la ecuación 9 se tiene

$$D_{\mathbf{u}}f(2, -1) = \nabla f(2, -1) \cdot \mathbf{u} = (-4\mathbf{i} + 8\mathbf{j}) \cdot \left(\frac{2}{\sqrt{29}}\,\mathbf{i} + \frac{5}{\sqrt{29}}\,\mathbf{j} \right)$$

$$= \frac{-4 \cdot 2 + 8 \cdot 5}{\sqrt{29}} = \frac{32}{\sqrt{29}}$$ ∎

El vector gradiente $\nabla f(2, -1)$ del ejemplo 4 se muestra en la figura 7 con punto inicial $(2, -1)$. También se presenta el vector $\mathbf{v}$ que indica la dirección de la derivada direccional. Ambos vectores se superponen en un mapa de contorno de la gráfica de f.

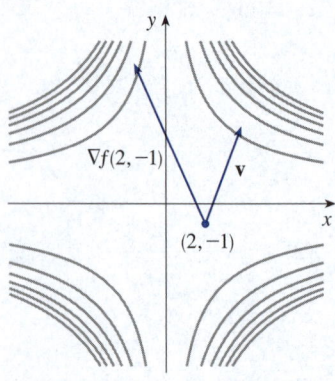

FIGURA 7

Funciones de tres variables

Para funciones de tres variables se pueden definir derivadas direccionales en forma similar. De nueva cuenta, $D_{\mathbf{u}}f(x, y, z)$ puede interpretarse como la razón de cambio de la función en la dirección de un vector unitario $\mathbf{u}$.

10 Definición La **derivada direccional** de f en (x_0, y_0, z_0) en la dirección de un vector unitario $\mathbf{u} = \langle a, b, c \rangle$ es

$$D_{\mathbf{u}} f(x_0, y_0, z_0) = \lim_{h \to 0} \frac{f(x_0 + ha, y_0 + hb, z_0 + hc) - f(x_0, y_0, z_0)}{h}$$

si este límite existe.

Si se usa la notación vectorial, pueden escribirse ambas definiciones (2 y 10) de la derivada direccional en la forma compacta

$$\boxed{11} \qquad D_{\mathbf{u}} f(\mathbf{x}_0) = \lim_{h \to 0} \frac{f(\mathbf{x}_0 + h\mathbf{u}) - f(\mathbf{x}_0)}{h}$$

donde $\mathbf{x}_0 = \langle x_0, y_0 \rangle$ si $n = 2$ y $\mathbf{x}_0 = \langle x_0, y_0, z_0 \rangle$ si $n = 3$. Esto es razonable porque la ecuación vectorial de la recta que pasa por $\mathbf{x}_0$ en la dirección del vector $\mathbf{u}$ está dada por $\mathbf{x} = \mathbf{x}_0 + t\mathbf{u}$ (ecuación 12.5.1) y, por lo tanto, $f(\mathbf{x}_0 + h\mathbf{u})$ representa el valor de f en un punto en esta recta.

Si $f(x, y, z)$ es derivable y $\mathbf{u} = \langle a, b, c \rangle$, el mismo método que se usó para demostrar el teorema 3 puede emplearse para demostrar que

$$\boxed{12} \qquad D_{\mathbf{u}} f(x, y, z) = f_x(x, y, z)\, a + f_y(x, y, z)\, b + f_z(x, y, z)\, c$$

Para una función f de tres variables, el **vector gradiente**, denotado por ∇f o **grad** f, es

$$\nabla f(x, y, z) = \langle f_x(x, y, z), f_y(x, y, z), f_z(x, y, z) \rangle$$

o, para abreviar,

$$\boxed{13} \qquad \nabla f = \langle f_x, f_y, f_z \rangle = \frac{\partial f}{\partial x} \mathbf{i} + \frac{\partial f}{\partial y} \mathbf{j} + \frac{\partial f}{\partial z} \mathbf{k}$$

Entonces, lo mismo que en el caso de funciones de dos variables, la fórmula 12 para la derivada direccional puede reescribirse como

$$\boxed{14} \qquad D_{\mathbf{u}} f(x, y, z) = \nabla f(x, y, z) \cdot \mathbf{u}$$

EJEMPLO 5 Si $f(x, y, z) = x \operatorname{sen} yz$, (a) determine el gradiente de f y (b) determine la derivada direccional de f en $(1, 3, 0)$ en la dirección de $\mathbf{v} = \mathbf{i} + 2\mathbf{j} - \mathbf{k}$.

SOLUCIÓN
(a) El gradiente de f es

$$\nabla f(x, y, z) = \langle f_x(x, y, z), f_y(x, y, z), f_z(x, y, z) \rangle$$

$$= \langle \operatorname{sen} yz, xz \cos yz, xy \cos yz \rangle$$

(b) En $(1, 3, 0)$ se tiene $\nabla f(1, 3, 0) = \langle 0, 0, 3 \rangle$. El vector unitario en la dirección de $\mathbf{v} = \mathbf{i} + 2\mathbf{j} - \mathbf{k}$ es

$$\mathbf{u} = \frac{1}{\sqrt{6}}\mathbf{i} + \frac{2}{\sqrt{6}}\mathbf{j} - \frac{1}{\sqrt{6}}\mathbf{k}$$

Por lo tanto, la ecuación 14 da

$$D_{\mathbf{u}} f(1, 3, 0) = \nabla f(1, 3, 0) \cdot \mathbf{u}$$

$$= 3\mathbf{k} \cdot \left(\frac{1}{\sqrt{6}}\mathbf{i} + \frac{2}{\sqrt{6}}\mathbf{j} - \frac{1}{\sqrt{6}}\mathbf{k} \right)$$

$$= 3\left(-\frac{1}{\sqrt{6}} \right) = -\sqrt{\frac{3}{2}}$$ ■

◼ Maximización de la derivada direccional

Suponga que se tiene una función f de dos o tres variables y se consideran todas las posibles derivadas direccionales de f en un punto dado. Estas dan las razones de cambio de f en todas las direcciones posibles. Entonces se pueden hacer estas preguntas: ¿en cuál de esas direcciones cambia más rápido f y cuál es la máxima razón de cambio? Las respuestas se dan en el teorema siguiente.

---

15 Teorema Suponga que f es una función derivable de dos o tres variables. El valor máximo de la derivada direccional $D_{\mathbf{u}} f(\mathbf{x})$ es $|\nabla f(\mathbf{x})|$ y ocurre cuando $\mathbf{u}$ tiene la misma dirección que el vector gradiente $\nabla f(\mathbf{x})$.

DEMOSTRACIÓN De la ecuación 9 o 14 y aplicando el teorema 12.3.3 se tiene

$$D_{\mathbf{u}} f = \nabla f \cdot \mathbf{u} = |\nabla f| |\mathbf{u}| \cos \theta = |\nabla f| \cos \theta$$

donde θ es el ángulo entre ∇f y $\mathbf{u}$. El valor máximo de $\cos \theta$ es 1 y ocurre cuando $\theta = 0$. Por lo tanto, el valor máximo de $D_{\mathbf{u}} f$ es $|\nabla f|$ y se presenta cuando $\theta = 0$, es decir, cuando $\mathbf{u}$ tiene la misma dirección que ∇f. ■

EJEMPLO 6

(a) Si $f(x, y) = xe^y$, determine la razón de cambio de f en el punto $P(2, 0)$ en la dirección de P a $Q(\frac{1}{2}, 2)$.

(b) ¿En qué dirección tiene f la máxima razón de cambio? ¿Cuál es la máxima razón de cambio?

SOLUCIÓN

(a) Primero se calcula el vector gradiente:

$$\nabla f(x, y) = \langle f_x, f_y \rangle = \langle e^y, xe^y \rangle$$

$$\nabla f(2, 0) = \langle 1, 2 \rangle$$

El vector unitario en la dirección de $\overrightarrow{PQ} = \left\langle -\frac{3}{2}, 2 \right\rangle$ es $\mathbf{u} = \left\langle -\frac{3}{5}, \frac{4}{5} \right\rangle$, por lo que la razón de cambio de f en la dirección de P a Q es

$$D_{\mathbf{u}} f(2, 0) = \nabla f(2, 0) \cdot \mathbf{u} = \langle 1, 2 \rangle \cdot \left\langle -\frac{3}{5}, \frac{4}{5} \right\rangle = 1$$

(b) De acuerdo con el teorema 15, f aumenta más rápido en la dirección del vector gradiente $\nabla f(2, 0) = \langle 1, 2 \rangle$. La máxima razón de cambio es

$$|\nabla f(2, 0)| = |\langle 1, 2 \rangle| = \sqrt{5}$$

∎

En $(2, 0)$, la función del ejemplo 6 aumenta más rápido en la dirección del vector gradiente $\nabla f(2, 0) = \langle 1, 2 \rangle$. En la figura 8, considere que este vector parece ser perpendicular a la curva de nivel que pasa por $(2, 0)$. En la figura 9 se muestra la gráfica de f y el vector gradiente.

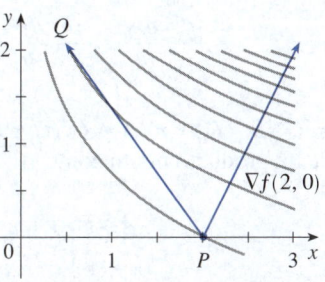

FIGURA 8

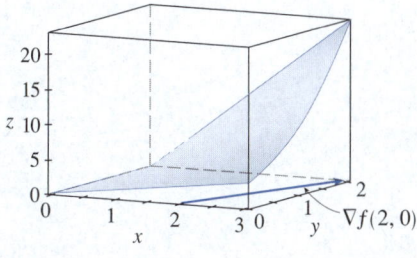

FIGURA 9

EJEMPLO 7 Suponga que la temperatura en el punto (x, y, z) en el espacio está dada por $T(x, y, z) = 80/(1 + x^2 + 2y^2 + 3z^2)$, donde T se mide en grados Celsius y x, y, z en metros. ¿En qué dirección aumenta más rápido la temperatura en el punto $(1, 1, -2)$? ¿Cuál es la razón de aumento máxima?

SOLUCIÓN El gradiente de T es

$$\nabla T = \frac{\partial T}{\partial x} \mathbf{i} + \frac{\partial T}{\partial y} \mathbf{j} + \frac{\partial T}{\partial z} \mathbf{k}$$

$$= -\frac{160x}{(1 + x^2 + 2y^2 + 3z^2)^2} \mathbf{i} - \frac{320y}{(1 + x^2 + 2y^2 + 3z^2)^2} \mathbf{j} - \frac{480z}{(1 + x^2 + 2y^2 + 3z^2)^2} \mathbf{k}$$

$$= \frac{160}{(1 + x^2 + 2y^2 + 3z^2)^2} (-x \mathbf{i} - 2y \mathbf{j} - 3z \mathbf{k})$$

En el punto $(1, 1, -2)$ el vector gradiente es

$$\nabla T(1, 1, -2) = \tfrac{160}{256}(-\mathbf{i} - 2\mathbf{j} + 6\mathbf{k}) = \tfrac{5}{8}(-\mathbf{i} - 2\mathbf{j} + 6\mathbf{k})$$

Por el teorema 15 la temperatura aumenta más rápido en la dirección del vector gradiente $\nabla T(1, 1, -2) = \frac{5}{8}(-\mathbf{i} - 2\mathbf{j} + 6\mathbf{k})$ o, en forma equivalente, en la dirección de $-\mathbf{i} - 2\mathbf{j} + 6\mathbf{k}$ o el vector unitario $(-\mathbf{i} - 2\mathbf{j} + 6\mathbf{k})/\sqrt{41}$. La razón de aumento máxima es la longitud del vector gradiente:

$$|\nabla T(1, 1, -2)| = \tfrac{5}{8}|-\mathbf{i} - 2\mathbf{j} + 6\mathbf{k}| = \tfrac{5}{8}\sqrt{41}$$

Por lo tanto, la razón de aumento máxima de temperatura es $\frac{5}{8}\sqrt{41} \approx 4\,°\text{C/m}$.

∎

■ Planos tangentes a superficies de nivel

Suponga que S es una superficie con ecuación $F(x, y, z) = k$, es decir, es una superficie de nivel de una función F de tres variables y sea $P(x_0, y_0, z_0)$ un punto en S. Sea C cualquier curva sobre la superficie S que pasa por el punto P. Recuerde de la sección 13.1 que la curva C es descrita por una función vectorial continua $\mathbf{r}(t) = \langle x(t), y(t), z(t) \rangle$. Sea t_0 el valor paramétrico correspondiente a P; es decir, $\mathbf{r}(t_0) = \langle x_0, y_0, z_0 \rangle$. Puesto que C reside en S, cualquier punto $(x(t), y(t), z(t))$ debe satisfacer la ecuación de S, es decir

$$\boxed{16} \qquad F(x(t), y(t), z(t)) = k$$

Si x, y y z son funciones derivables de t y F también es derivable, se puede usar la regla de la cadena para derivar ambos miembros de la ecuación 16 como sigue:

$$\boxed{17} \qquad \frac{\partial F}{\partial x}\frac{dx}{dt} + \frac{\partial F}{\partial y}\frac{dy}{dt} + \frac{\partial F}{\partial z}\frac{dz}{dt} = 0$$

Pero como $\nabla F = \langle F_x, F_y, F_z \rangle$ y $\mathbf{r}'(t) = \langle x'(t), y'(t), z'(t) \rangle$, la ecuación 17 puede escribirse en términos de un producto punto como

$$\nabla F \cdot \mathbf{r}'(t) = 0$$

En particular, cuando $t = t_0$ se tiene $\mathbf{r}(t_0) = \langle x_0, y_0, z_0 \rangle$, por lo que

$$\boxed{18} \qquad \nabla F(x_0, y_0, z_0) \cdot \mathbf{r}'(t_0) = 0$$

La ecuación 18 establece que *el vector gradiente en P*, $\nabla F = (x_0, y_0, z_0)$, *es perpendicular al vector tangente* $\mathbf{r}'(t_0)$ *a cualquier curva C en S que pase por P* (vea la figura 10). Si $\nabla F(x_0, y_0, z_0) \neq \mathbf{0}$, es natural entonces definir el **plano tangente a la superficie de nivel** $F(x, y, z) = k$ **en** $P(x_0, y_0, z_0)$ como el plano que pasa por P y tiene vector normal $\nabla F(x_0, y_0, z_0)$. Mediante la ecuación estándar de un plano (ecuación 12.5.7), se puede escribir la ecuación de este plano tangente como

$$\boxed{19} \quad F_x(x_0, y_0, z_0)(x - x_0) + F_y(x_0, y_0, z_0)(y - y_0) + F_z(x_0, y_0, z_0)(z - z_0) = 0$$

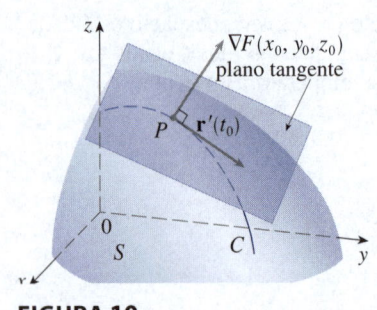

FIGURA 10

La **recta normal** a S en P es la recta que pasa por P y es perpendicular al plano tangente. La dirección de la recta normal está dada entonces por el vector gradiente $\nabla F(x_0, y_0, z_0)$ y, por lo tanto, por la ecuación 12.5.3, sus ecuaciones simétricas son

$$\boxed{20} \qquad \frac{x - x_0}{F_x(x_0, y_0, z_0)} = \frac{y - y_0}{F_y(x_0, y_0, z_0)} = \frac{z - z_0}{F_z(x_0, y_0, z_0)}$$

EJEMPLO 8 Encuentre las ecuaciones del plano tangente y la recta normal al elipsoide

$$\frac{x^2}{4} + y^2 + \frac{z^2}{9} = 3$$

en el punto $(-2, 1, -3)$.

SOLUCIÓN El elipsoide es la superficie de nivel (con $k = 3$) de la función

$$F(x, y, z) = \frac{x^2}{4} + y^2 + \frac{z^2}{9}$$

En la figura 11 se muestra el elipsoide, el plano tangente y la recta normal del ejemplo 8.

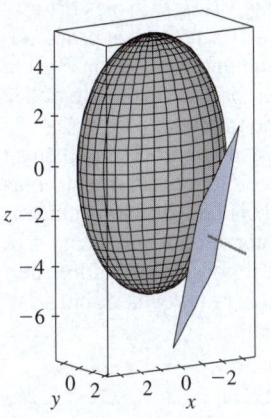

FIGURA 11

Por consiguiente, se tiene

$$F_x(x, y, z) = \frac{x}{2} \qquad F_y(x, y, z) = 2y \qquad F_z(x, y, z) = \frac{2z}{9}$$

$$F_x(-2, 1, -3) = -1 \qquad F_y(-2, 1, -3) = 2 \qquad F_z(-2, 1, -3) = -\tfrac{2}{3}$$

Entonces, la ecuación 19 da la ecuación del plano tangente en $(-2, 1, -3)$ como

$$-1(x + 2) + 2(y - 1) - \tfrac{2}{3}(z + 3) = 0$$

lo que se simplifica a $3x - 6y + 2z + 18 = 0$.

Por la ecuación 20, las ecuaciones simétricas de la recta normal son

$$\frac{x + 2}{-1} = \frac{y - 1}{2} = \frac{z + 3}{-\tfrac{2}{3}} \qquad \blacksquare$$

En el caso especial en el que la ecuación de una superficie S es de la forma $z = f(x, y)$ (es decir, S es la gráfica de una función f de dos variables), es posible reescribir la ecuación como

$$F(x, y, z) = f(x, y) - z = 0$$

y considerar a S como una superficie de nivel (con $k = 0$) de F. Así pues,

$$F_x(x_0, y_0, z_0) = f_x(x_0, y_0)$$

$$F_y(x_0, y_0, z_0) = f_y(x_0, y_0)$$

$$F_z(x_0, y_0, z_0) = -1$$

de manera que la ecuación 19 se convierte en

$$f_x(x_0, y_0)(x - x_0) + f_y(x_0, y_0)(y - y_0) - (z - z_0) = 0$$

lo cual es equivalente a la ecuación 14.4.2. Por lo tanto, esta nueva definición más general de un plano tangente es congruente con la definición que se dio para el caso especial de la sección 14.4.

EJEMPLO 9 Determine el plano tangente a la superficie $z = 2x^2 + y^2$ en el punto $(1, 1, 3)$.

SOLUCIÓN La superficie $z = 2x^2 + y^2$ o, de forma equivalente, $2x^2 + y^2 - z = 0$ es una superficie de nivel (con $k = 0$) de la función

$$F(x, y, z) = 2x^2 + y^2 - z$$

Entonces,

$$F_x(x, y, z) = 4x \qquad F_y(x, y, z) = 2y \qquad F_z(x, y, z) = -1$$

$$F_x(1, 1, 3) = 4 \qquad F_y(1, 1, 3) = 2 \qquad F_z(1, 1, 3) = -1$$

Por la ecuación 19 la ecuación del plano tangente en $(1, 1, 3)$ es

Compare la solución del ejemplo 9 con la del ejemplo 14.4.1.

$$4(x - 1) + 2(y - 1) - (z - 3) = 0$$

que se simplifica a $z = 4x + 2y - 3$. $\qquad \blacksquare$

■ Importancia del vector gradiente

En primer lugar considere una función f de tres variables y un punto $P(x_0, y_0, z_0)$ en su dominio. A partir del teorema 15 se sabe que el vector gradiente $\nabla f(x_0, y_0, z_0)$ indica la dirección del incremento más rápido de f. También se sabe que $\nabla f(x_0, y_0, z_0)$ es ortogonal a la superficie de nivel S de f que pasa por P (vea la figura 10). Estas dos propiedades son muy compatibles intuitivamente porque, a medida que uno se aleja de P en la superficie de nivel S, el valor de f no cambia en absoluto. Así, parece razonable que si se mueve en dirección perpendicular, se obtiene el incremento máximo.

De igual manera, considere una función f de dos variables y un punto $P(x_0, y_0)$ en su dominio. De nuevo, el vector gradiente $\nabla f(x_0, y_0)$ da la dirección del incremento más rápido de f. Asimismo, por consideraciones similares al análisis de los planos tangentes, se puede demostrar que $\nabla f(x_0, y_0)$ es perpendicular a la curva de nivel $f(x, y) = k$ que pasa por P. Una vez más, esto es intuitivamente verosímil porque los valores de f se mantienen constantes conforme se mueven a lo largo de la curva (vea la figura 12).

A continuación se resume la importancia del vector gradiente.

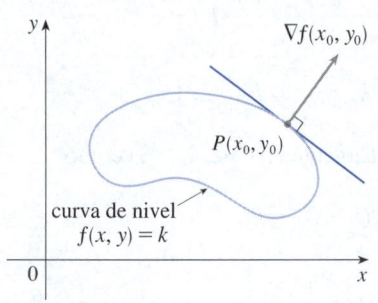

FIGURA 12

Propiedades del vector gradiente Sea f una función derivable de dos o tres variables y suponga que $\nabla f(\mathbf{x}) \neq \mathbf{0}$.

- La derivada direccional de f en $\mathbf{x}$ en la dirección de un vector unitario $\mathbf{u}$ se da por $D_{\mathbf{u}} f(\mathbf{x}) = \nabla f(\mathbf{x}) \cdot \mathbf{u}$.

- $\nabla f(\mathbf{x})$ apunta en la dirección de la máxima razón de aumento de f en $\mathbf{x}$, y que la máxima razón de cambio es $|\nabla f(\mathbf{x})|$.

- $\nabla f(\mathbf{x})$ es perpendicular a la curva de nivel o superficie de nivel de f que pasa por $\mathbf{x}$.

Si se considera un mapa topográfico de una montaña y si $f(x, y)$ representa la altura sobre el nivel del mar en un punto con coordenadas (x, y), se puede dibujar la curva de ascenso más pronunciada como en la figura 13 volviéndola perpendicular a todas las rectas de contorno. Este fenómeno también puede percibirse en la figura 14.1.12, donde Lonesome Creek sigue una curva de descenso muy pronunciada.

Algunos softwares matemáticos permiten trazar muestras de vectores gradientes, donde cada vector gradiente $\nabla f(a, b)$ se traza a partir del punto (a, b). En la figura 14 se muestra un diagrama de este tipo (llamado *campo de vectores gradientes*) para la función $f(x, y) = x^2 - y^2$ superpuesta a un mapa de contorno de f. Como era de esperarse, los vectores gradientes apuntan "cuesta arriba" y son perpendiculares a las curvas de nivel.

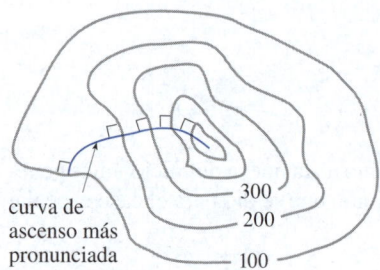

FIGURA 13

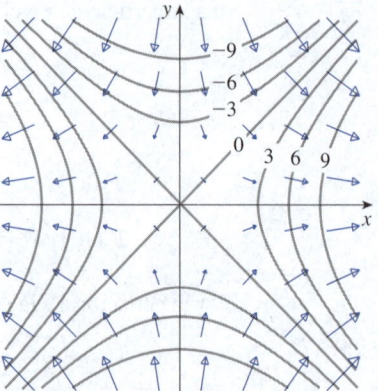

FIGURA 14

14.6 | Ejercicios

1. Se muestran curvas de nivel para la presión barométrica (en milibares) a las 6:00 a. m. de un día de noviembre. Una profunda depresión con presión de 972 mb se mueve sobre el noreste de Iowa. La distancia a lo largo de la recta gris de K (Kearney, Nebraska) a S (Sioux City, Iowa) es de 300 km. Estime el valor de la derivada direccional de la función de presión en Kearney en dirección de Sioux City. ¿Cuáles son las unidades de la derivada direccional?

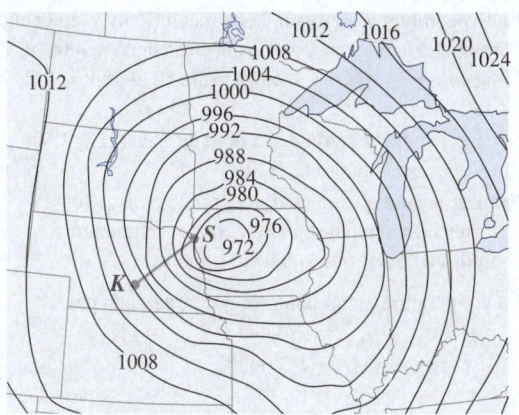

2. El mapa de contorno muestra la temperatura máxima promedio en noviembre de 2004 (en °C). Estime el valor de la derivada direccional de esta función de temperatura en Dubbo, Nueva Gales del Sur, en la dirección de Sídney. ¿Cuáles son las unidades?

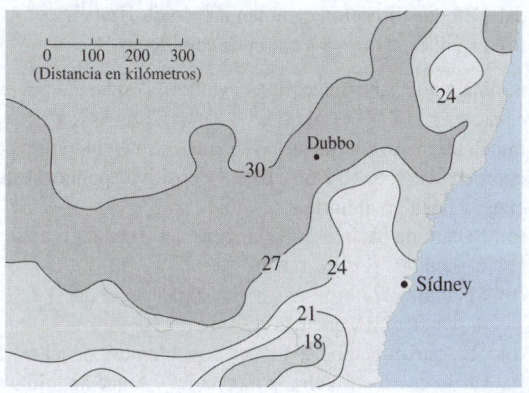

3. El índice de sensación térmica, W, es la temperatura percibida cuando la temperatura real es T y la rapidez del viento es v, por lo que se puede escribir $W = f(T, v)$. La siguiente tabla de valores es un fragmento de la tabla 1 en la sección 14.1.

Use esta tabla para estimar el valor de $D_{\mathbf{u}}f(-20, 30)$, donde $\mathbf{u} = (\mathbf{i} + \mathbf{j})/\sqrt{2}$.

	Rapidez del viento (km/h)					
T \ v	20	30	40	50	60	70
−10	−18	−20	−21	−22	−23	−23
−15	−24	−26	−27	−29	−30	−30
−20	−30	−33	−34	−35	−36	−37
−25	−37	−39	−41	−42	−43	−44

(Temperatura real (°C) en el eje vertical)

4-7 Determine la derivada direccional de f en el punto dado en la dirección indicada por el ángulo θ.

4. $f(x, y) = xy^3 - x^2$, $(1, 2)$, $\theta = \pi/3$

5. $f(x, y) = y\cos(xy)$, $(0, 1)$, $\theta = \pi/4$

6. $f(x, y) = \sqrt{2x + 3y}$, $(3, 1)$, $\theta = -\pi/6$

7. $f(x, y) = \arctan(xy)$, $(2, -3)$, $\theta = 3\pi/4$

8-12

(a) Determine el gradiente de f.

(b) Evalúe el gradiente en el punto P.

(c) Determine la razón de cambio de f en P en la dirección del vector $\mathbf{u}$.

8. $f(x, y) = x^2 e^y$, $P(3, 0)$, $\mathbf{u} = \frac{1}{5}(3\mathbf{i} - 4\mathbf{j})$

9. $f(x, y) = x/y$, $P(2, 1)$, $\mathbf{u} = \frac{3}{5}\mathbf{i} + \frac{4}{5}\mathbf{j}$

10. $f(x, y) = x^2 \ln y$, $P(3, 1)$, $\mathbf{u} = -\frac{5}{13}\mathbf{i} + \frac{12}{13}\mathbf{j}$

11. $f(x, y, z) = x^2yz - xyz^3$, $P(2, -1, 1)$, $\mathbf{u} = \left\langle 0, \frac{4}{5}, -\frac{3}{5} \right\rangle$

12. $f(x, y, z) = y^2 e^{xyz}$, $P(0, 1, -1)$, $\mathbf{u} = \left\langle \frac{3}{13}, \frac{4}{13}, \frac{12}{13} \right\rangle$

13-19 Determine la derivada direccional de la función en el punto dado en la dirección del vector $\mathbf{v}$.

13. $f(x, y) = e^x \operatorname{sen} y$, $(0, \pi/3)$, $\mathbf{v} = \langle -6, 8 \rangle$

14. $f(x, y) = \dfrac{x}{x^2 + y^2}$, $(1, 2)$, $\mathbf{v} = \langle 3, 5 \rangle$

15. $g(s, t) = s\sqrt{t}$, $(2, 4)$, $\mathbf{v} = 2\mathbf{i} - \mathbf{j}$

16. $g(u, v) = u^2 e^{-v}$, $(3, 0)$, $\mathbf{v} = 3\mathbf{i} + 4\mathbf{j}$

17. $f(x, y, z) = x^2y + y^2z$, $(1, 2, 3)$, $\mathbf{v} = \langle 2, -1, 2 \rangle$

18. $f(x, y, z) = xy^2 \tan^{-1}z$, $(2, 1, 1)$, $\mathbf{v} = \langle 1, 1, 1 \rangle$

19. $h(r, s, t) = \ln(3r + 6s + 9t)$, $(1, 1, 1)$, $\mathbf{v} = 4\mathbf{i} + 12\mathbf{j} + 6\mathbf{k}$

20. Use la figura para estimar $D_{\mathbf{u}}f(2, 2)$.

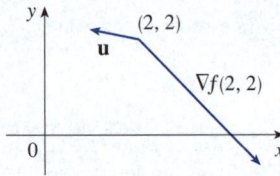

21-25 Determine la derivada direccional de la función f en el punto P en la dirección del punto Q.

21. $f(x, y) = x^2y^2 - y^3$, $\quad P(1, 2)$, $\quad Q(-3, 5)$

22. $f(x, y) = \dfrac{x}{y^2}$, $\quad P(3, -1)$, $\quad Q(-2, 11)$

23. $f(x, y) = \sqrt{xy}$, $\quad P(2, 8)$, $\quad Q(5, 4)$

24. $f(x, y, z) = xy^2z^3$, $\quad P(2, 1, 1)$, $\quad Q(0, -3, 5)$

25. $f(x, y, z) = xy - xy^2z^2$, $\quad P(2, -1, 1)$, $\quad Q(5, 1, 7)$

26. Se muestra el mapa de contorno de una función f. En los puntos P, Q y R, dibuje una flecha para indicar la dirección del vector gradiente.

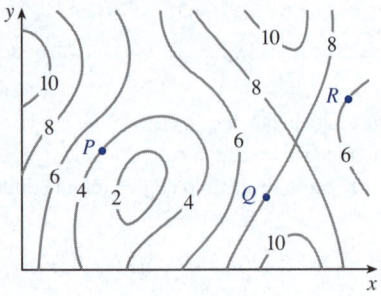

27-32 Determine la máxima razón de cambio de f en el punto dado y la dirección en la que ocurre.

27. $f(x, y) = 5xy^2$, $\quad (3, -2)$

28. $f(s, t) = \dfrac{s}{s^2 + t^2}$, $\quad (-1, 1)$

29. $f(x, y) = \operatorname{sen}(xy)$, $\quad (1, 0)$

30. $f(x, y, z) = x\ln(yz)$, $\quad \left(1, 2, \tfrac{1}{2}\right)$

31. $f(x, y, z) = x/(y + z)$, $\quad (8, 1, 3)$

32. $f(p, q, r) = \arctan(pqr)$, $\quad (1, 2, 1)$

33. Dirección de la disminución más rápida
   (a) Demuestre que una función derivable f disminuye de manera más rápida en $\mathbf{x}$ en la dirección opuesta al vector gradiente, es decir, en la dirección de $-\nabla f(\mathbf{x})$ y que la razón máxima de disminución es $-|\nabla f(\mathbf{x})|$.
   (b) Use el resultado del inciso (a) para determinar la dirección en la que la función $f(x, y) = x^4y - x^2y^3$ disminuye a máxima velocidad en el punto $(2, -3)$. ¿Cuál es la razón de disminución?

34. Encuentre las direcciones en las que la derivada direccional de $f(x, y) = x^2 + xy^3$ en el punto $(2, 1)$ tiene el valor 2.

35. Encuentre todos los puntos en los que la dirección de la razón de cambio más rápida de la función $f(x, y) = x^2 + y^2 - 2x - 4y$ es $\mathbf{i} + \mathbf{j}$.

36. Cerca de una boya, la profundidad de un lago en el punto con coordenadas (x, y) es $z = 200 + 0.02x^2 - 0.001y^3$, donde x, y y z se miden en metros. Un pescador en un pequeño bote parte del punto $(80, 60)$ y se mueve hacia la boya, la cual está situada en $(0, 0)$. ¿El agua bajo el bote es más profunda o más superficial cuando partió? Explique su respuesta.

37. La temperatura T en una bola de metal es inversamente proporcional a la distancia desde el centro de la pelota, que se toma como el origen. La temperatura en el punto $(1, 2, 2)$ es de $120°$.
   (a) Determine la razón de cambio de T en $(1, 2, 2)$ en dirección al punto $(2, 1, 3)$.
   (b) Demuestre que en cualquier punto en la pelota la dirección de mayor incremento en temperatura está dada por un vector que apunta al origen.

38. La temperatura en un punto (x, y, z) está dada por

$$T(x, y, z) = 200e^{-x^2 - 3y^2 - 9z^2}$$

donde T se mide en $°C$ y x, y, z en metros.
   (a) Determine la razón de cambio de temperatura en el punto $P(2, -1, 2)$ en dirección al punto $(3, -3, 3)$.
   (b) ¿En qué dirección aumenta más rápido la temperatura en P?
   (c) Determine la razón de aumento máxima en P.

39. Suponga que en cierta región del espacio el potencial eléctrico V está dado por $V(x, y, z) = 5x^2 - 3xy + xyz$.
   (a) Encuentre la razón de cambio de potencial en $P(3, 4, 5)$ en la dirección del vector $\mathbf{v} = \mathbf{i} + \mathbf{j} - \mathbf{k}$.
   (b) ¿En qué dirección cambia más rápido V en P?
   (c) ¿Cuál es la máxima razón de cambio en P?

40. Suponga que sube una colina cuya forma está dada por la ecuación $z = 1\,000 - 0.005x^2 - 0.01y^2$, donde x, y y z se miden en metros, y que usted se encuentra en un punto con coordenadas $(60, 40, 966)$. El eje x positivo apunta al este y el eje y positivo al norte.
   (a) Si camina hacia el sur, ¿empezará a ascender o a descender? ¿A qué razón?
   (b) Si camina al noroeste, ¿comenzará a ascender o a descender? ¿A qué razón?
   (c) ¿En qué dirección es mayor la pendiente? ¿Cuál es la razón de ascenso en esa dirección? ¿A qué ángulo sobre la horizontal comienza la trayectoria en esa dirección?

41. Sea f una función de dos variables que tiene derivadas parciales continuas y considere los puntos $A(1, 3)$, $B(3, 3)$, $C(1, 7)$ y $D(6, 15)$. La derivada direccional de f en A en la dirección del vector $\overrightarrow{AB}$ es 3 y la derivada direccional en A en la dirección de $\overrightarrow{AC}$ es 26. Determine la derivada direccional de f en A en la dirección del vector $\overrightarrow{AD}$.

42. Se muestra un mapa topográfico del Parque Provincial Blue River Pine en British Columbia. Dibuje las curvas de descenso más pronunciadas desde el punto A (descenso al Mud Lake) y desde el punto B.

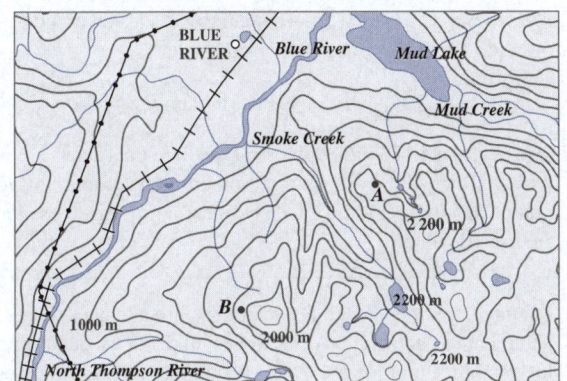

43. Demuestre que la operación de tomar el gradiente de una función tiene la propiedad dada. Suponga que u y v son funciones derivables de x y y y que a, b son constantes.

(a) $\nabla(au + bv) = a\,\nabla u + b\,\nabla v$

(b) $\nabla(uv) = u\,\nabla v + v\,\nabla u$

(c) $\nabla\!\left(\dfrac{u}{v}\right) = \dfrac{v\,\nabla u - u\,\nabla v}{v^2}$ (d) $\nabla u^n = nu^{n-1}\,\nabla u$

44. Trace el vector gradiente $\nabla f(4, 6)$ para la función f cuyas curvas de nivel se muestran. Explique cómo determinó la dirección y longitud de este vector.

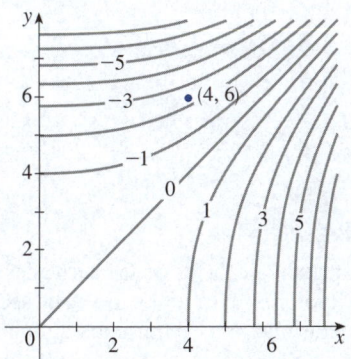

45-46 Segundas derivadas direccionales La *segunda derivada direccional* de $f(x, y)$ es

$$D_{\mathbf{u}}^2 f(x, y) = D_{\mathbf{u}}[D_{\mathbf{u}} f(x, y)]$$

45. Si $f(x, y) = x^3 + 5x^2y + y^3$ y $\mathbf{u} = \left\langle \frac{3}{5}, \frac{4}{5} \right\rangle$, calcule $D_{\mathbf{u}}^2 f(2, 1)$.

46. (a) Si $\mathbf{u} = \langle a, b \rangle$ es un vector unitario y f tiene segundas derivadas parciales continuas, demuestre que

$$D_{\mathbf{u}}^2 f = f_{xx}a^2 + 2f_{xy}ab + f_{yy}b^2$$

(b) Encuentre la segunda derivada direccional de $f(x, y) = xe^{2y}$ en la dirección de $\mathbf{v} = \langle 4, 6 \rangle$.

47-52 Encuentre ecuaciones de (a) el plano tangente y (b) la recta normal a la superficie dada, en el punto especificado.

47. $2(x - 2)^2 + (y - 1)^2 + (z - 3)^2 = 10$, $(3, 3, 5)$

48. $x = y^2 + z^2 + 1$, $(3, 1, -1)$

49. $xy^2z^3 = 8$, $(2, 2, 1)$

50. $xy + yz + zx = 5$, $(1, 2, 1)$

51. $x + y + z = e^{xyz}$, $(0, 0, 1)$

52. $x^4 + y^4 + z^4 = 3x^2y^2z^2$, $(1, 1, 1)$

53-54 Grafique la superficie, el plano tangente y la recta normal en el punto dado en la misma pantalla. Elija una perspectiva que le permita obtener una buena vista de los tres objetos.

53. $xy + yz + zx = 3$, $(1, 1, 1)$ **54.** $xyz = 6$, $(1, 2, 3)$

55. Si $f(x, y) = xy$, determine el vector gradiente $\nabla f(3, 2)$ y úselo para encontrar la recta tangente a la curva de nivel $f(x, y) = 6$ en el punto $(3, 2)$. Trace la curva de nivel, la recta tangente y el vector gradiente.

56. Si $g(x, y) = x^2 + y^2 - 4x$, determine el vector gradiente $\nabla g(1, 2)$ y úselo para hallar la recta tangente a la curva de nivel $g(x, y) = 1$ en el punto $(1, 2)$. Trace la curva de nivel, la recta tangente y el vector gradiente.

57. Demuestre que la ecuación del plano tangente al elipsoide $x^2/a^2 + y^2/b^2 + z^2/c^2 = 1$ en el punto (x_0, y_0, z_0) puede escribirse así:

$$\frac{xx_0}{a^2} + \frac{yy_0}{b^2} + \frac{zz_0}{c^2} = 1$$

58. Determine la ecuación del plano tangente al hiperboloide $x^2/a^2 + y^2/b^2 - z^2/c^2 = 1$ en (x_0, y_0, z_0) y exprésela en una forma similar a la del ejercicio 57.

59. Demuestre que la ecuación del plano tangente al paraboloide elíptico $z/c = x^2/a^2 + y^2/b^2$ en el punto (x_0, y_0, z_0) puede escribirse así:

$$\frac{2xx_0}{a^2} + \frac{2yy_0}{b^2} = \frac{z + z_0}{c}$$

60. ¿En qué punto en el elipsoide $x^2 + y^2 + 2z^2 = 1$ el plano tangente es paralelo al plano $x + 2y + z = 1$?

61. ¿Hay puntos en el hiperboloide $x^2 - y^2 - z^2 = 1$ donde el plano tangente sea paralelo al plano $z = x + y$?

62. Demuestre que el elipsoide $3x^2 + 2y^2 + z^2 = 9$ y la esfera $x^2 + y^2 + z^2 - 8x - 6y - 8z + 24 = 0$ son tangentes entre sí en el punto $(1, 1, 2)$. (Esto significa que tienen un plano tangente común en este punto).

63. Demuestre que todos los planos tangentes al cono $x^2 + y^2 = z^2$ pasan por el origen.

64. Demuestre que todas las rectas normales a la esfera $x^2 + y^2 + z^2 = r^2$ pasan por el centro de la esfera.

65. ¿Dónde ocurre que la recta normal al paraboloide $z = x^2 + y^2$ en el punto $(1, 1, 2)$ interseca al paraboloide por segunda vez?

66. ¿En qué puntos la recta normal que pasa por el punto $(1, 2, 1)$ en el elipsoide $4x^2 + y^2 + 4z^2 = 12$ interseca la esfera $x^2 + y^2 + z^2 = 102$?

67. Demuestre que la suma de las intersecciones en x, y y z de cualquiera de los planos tangentes a la superficie $\sqrt{x} + \sqrt{y} + \sqrt{z} = \sqrt{c}$ es una constante.

68. Demuestre que las pirámides divididas del primer octante por cualquier plano tangente a la superficie $xyz = 1$ en puntos situados en el primer octante deben tener el mismo volumen.

69. Determine ecuaciones paramétricas para la recta tangente a la curva de intersección del paraboloide $z = x^2 + y^2$ y el elipsoide $4x^2 + y^2 + z^2 = 9$ en el punto $(-1, 1, 2)$.

70. (a) El plano $y + z = 3$ interseca el cilindro $x^2 + y^2 = 5$ en una elipse. Encuentre ecuaciones paramétricas para la recta tangente a esta elipse en el punto $(1, 2, 1)$.

(b) Grafique el cilindro, el plano y la recta tangente en la misma pantalla.

71. ¿Dónde interseca la hélice $\mathbf{r}(t) = \langle \cos \pi t, \operatorname{sen} \pi t, t \rangle$ el paraboloide $z = x^2 + y^2$? ¿Cuál es el ángulo de intersección entre la hélice y el paraboloide? (Se trata del ángulo entre el vector tangente a la curva y el plano tangente al paraboloide).

72. La hélice $\mathbf{r}(t) = \langle \cos(\pi t/2), \operatorname{sen}(\pi t/2), t \rangle$ interseca la esfera $x^2 + y^2 + z^2 = 2$ en dos puntos. Determine el ángulo de intersección en cada punto.

73-74 Superficies ortogonales Se dice que dos superficies son *ortogonales* en un punto de intersección si sus rectas normales son perpendiculares en ese punto.

73. Demuestre que las superficies con las ecuaciones $F(x, y, z) = 0$ y $G(x, y, z) = 0$ son ortogonales en un punto P donde $\nabla F \neq \mathbf{0}$ y $\nabla G \neq \mathbf{0}$ si y solo si

$$F_x G_x + F_y G_y + F_z G_z = 0 \text{ en } P$$

74. Use el ejercicio 73 para demostrar que las superficies $z^2 = x^2 + y^2$ y $x^2 + y^2 + z^2 = r^2$ son ortogonales en todos los puntos de intersección. ¿Puede explicar por qué esto es cierto sin usar el cálculo?

75. Suponga que se conocen las derivadas direccionales de $f(x, y)$ en un punto dado en dos direcciones no paralelas dadas por los vectores unitarios $\mathbf{u}$ y $\mathbf{v}$. ¿Es posible determinar ∇f en este punto? De ser así, ¿cómo lo haría?

76. (a) Demuestre que la función $f(x, y) = \sqrt[3]{xy}$ es continua y que las derivadas parciales f_x y f_y existen en el origen, pero que las derivadas direccionales en todas las demás direcciones no existen.

(b) Grafique f cerca del origen y comente cómo esta gráfica confirma el inciso (a).

77. Demuestre que si $z = f(x, y)$ es derivable en $\mathbf{x}_0 = \langle x_0, y_0 \rangle$, entonces

$$\lim_{\mathbf{x} \to \mathbf{x}_0} \frac{f(\mathbf{x}) - [f(\mathbf{x}_0) + \nabla f(\mathbf{x}_0) \cdot (\mathbf{x} - \mathbf{x}_0)]}{|\mathbf{x} - \mathbf{x}_0|} = 0$$

[*Sugerencia*: Use la definición 14.4.7 directamente].

14.7 | Valores máximo y mínimo

■ Valores máximo y mínimo locales

FIGURA 1

Como se vio en el capítulo 4, uno de los principales usos de las derivadas ordinarias es encontrar valores máximos y mínimos (valores extremos). En esta sección se verá cómo usar derivadas parciales para localizar máximos y mínimos de funciones de dos variables. En particular, en el ejemplo 6 se verá cómo maximizar el volumen de una caja sin tapa si se tiene una cantidad fija de cartón para trabajar.

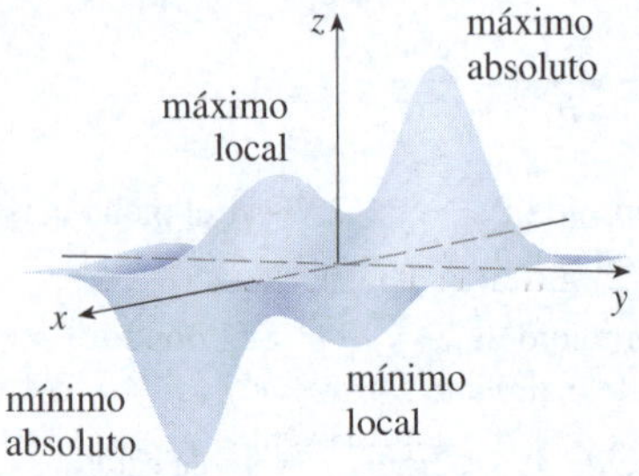

Examine los picos y valles de la gráfica de f que aparece en la figura 1. Hay dos puntos (a, b) donde f tiene un *máximo local*, es decir, donde $f(a, b)$ es mayor que los valores cercanos de $f(x, y)$. Asimismo, f tiene dos *mínimos locales*, donde $f(a, b)$ es menor que los valores cercanos. El valor más grande de $f(x, y)$ en el dominio de f es el *máximo absoluto*, y el menor de estos dos valores es el *mínimo absoluto*.

> **1 Definición** Una función de dos variables tiene un **máximo local** en (a, b) si $f(x, y) \leq f(a, b)$ cuando (x, y) está cerca de (a, b). [Esto significa que $f(x, y) \leq f(a, b)$ para todos los puntos (x, y) en algún disco con centro (a, b)]. El número $f(a, b)$ se llama **valor máximo local**. Si $f(x, y) \geq f(a, b)$ cuando (x, y) está cerca de (a, b), f tiene un **mínimo local** en (a, b) y $f(a, b)$ es un **valor mínimo local**.

El teorema de Fermat (sección 4.1) establece que, para funciones de una variable, si f tiene un máximo o mínimo local en c, y si $f'(c)$ existe, entonces $f'(c) = 0$. El teorema siguiente establece un resultado similar para funciones de dos variables.

> **2 Teorema** Si f tiene un máximo o mínimo local en (a, b) y ahí existen derivadas parciales de primer orden de f, entonces $f_x(a, b) = 0$ y $f_y(a, b) = 0$.

Observe que la conclusión del teorema 2 puede enunciarse en la notación de vectores gradiente como $\nabla f(a, b) = \mathbf{0}$.

DEMOSTRACIÓN Sea $g(x) = f(x, b)$. Si f tiene un máximo (o mínimo) local en (a, b), g tiene un máximo (o mínimo) local en a, por lo que $g'(a) = 0$ por el teorema de Fermat (vea el teorema 4.1.4). Sin embargo, $g'(a) = f_x(a, b)$ (vea la ecuación 14.3.1), de manera que $f_x(a, b) = 0$. De igual forma, al aplicar el teorema de Fermat a la función $G(y) = f(a, y)$ se obtiene $f_y(a, b) = 0$. ∎

Si $f_x(a, b) = 0$ y $f_y(a, b) = 0$ en la ecuación de un plano tangente (ecuación 14.4.2), se obtiene $z = z_0$. Por lo tanto, la interpretación geométrica del teorema 2 es que si la gráfica de f tiene un plano tangente en un máximo o mínimo local, el plano tangente debe ser horizontal.

Un punto (a, b) se denomina **punto crítico** (o *punto estacionario*) de f si $f_x(a, b) = 0$ y $f_y(a, b) = 0$, o si una de estas derivadas parciales no existe. El teorema 2 indica que si f tiene un máximo o mínimo local en (a, b), entonces (a, b) es un punto crítico de f. Sin embargo, como en el cálculo de una variable, no todos los puntos críticos dan origen a máximos o mínimos.

EJEMPLO 1 Sea $f(x, y) = x^2 + y^2 - 2x - 6y + 14$. Entonces,

$$f_x(x, y) = 2x - 2 \qquad f_y(x, y) = 2y - 6$$

Estas derivadas parciales son iguales a 0 cuando $x = 1$ y $y = 3$, por lo que el único punto crítico es $(1, 3)$. Al completar el cuadrado se observa que

$$f(x, y) = 4 + (x - 1)^2 + (y - 3)^2$$

Como $(x - 1)^2 \geq 0$ y $(y - 3)^2 \geq 0$, se tiene $f(x, y) \geq 4$ para todos los valores de x y y. Por lo tanto, $f(1, 3) = 4$ es un mínimo local y, de hecho, es el mínimo absoluto de f. Esto puede confirmarse geométricamente con la gráfica de f, que es el paraboloide elíptico con vértice $(1, 3, 4)$ que aparece en la figura 2. ∎

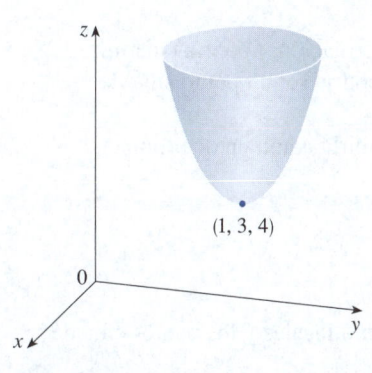

FIGURA 2
$z = x^2 + y^2 - 2x - 6y + 14$

EJEMPLO 2 Determine los valores extremos de $f(x, y) = y^2 - x^2$.

SOLUCIÓN Como $f_x = -2x$ y $f_y = 2y$, el único punto crítico es $(0, 0)$. Observe que para puntos en el eje x se tiene $y = 0$, por lo que $f(x, y) = -x^2 < 0$ (si $x \neq 0$). Sin embargo, para puntos en el eje y se tiene $x = 0$, por lo que $f(x, y) = y^2 > 0$ (si $y \neq 0$). En consecuencia, todos los discos con centro $(0, 0)$ contienen puntos donde f adopta valores positivos, así como puntos en los que f adopta valores negativos. Por lo tanto, $f(0, 0) = 0$ no puede ser un valor extremo de f, por lo que f no tiene ningún valor extremo. ∎

En el ejemplo 2 se ilustra el hecho de que una función no necesariamente debe tener un valor máximo o mínimo en un punto crítico. En la figura 3 se muestra una manera en que esto puede suceder. La gráfica de f es el paraboloide hiperbólico $z = y^2 - x^2$, que tiene un plano tangente horizontal ($z = 0$) en el origen. Puede verse que $f(0, 0) = 0$ es un máximo en la dirección del eje x, pero un mínimo en la dirección del eje y.

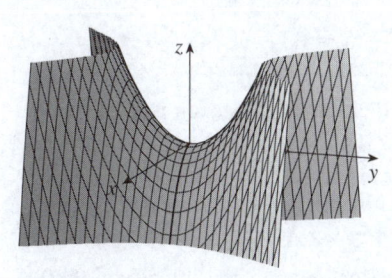

FIGURA 3
$z = y^2 - x^2$

Un paso de montaña también tiene forma de silla de montar; para quienes escalan en una dirección, el punto silla es el punto más bajo en su ruta, mientras que para quienes viajan en una dirección diferente el punto silla es el punto más alto.

Recuerde que para las funciones de una sola variable, un número crítico c donde $f'(c) = 0$ puede corresponder a un máximo local, un mínimo local, o ninguno de los dos. Una situación análoga se produce con funciones de dos variables. Si (a, b) es un punto crítico de una función f, donde $f_x(a, b) = 0$ y $f_y(a, b) = 0$, entonces $f(a, b)$ puede ser un máximo local, un mínimo local, o ninguna de las dos cosas. En el último caso, se dice que (a, b) es un **punto silla** de f. La forma de la superficie en la figura 3 cerca del origen sugiere el nombre. En general, la gráfica de una función en un punto silla no tiene por qué parecerse a una verdadera silla de montar, pero la gráfica cruza el plano tangente en ese punto.

Usted debe ser capaz de determinar si una función tiene o no un valor extremo en un punto crítico. La prueba siguiente, que se demostrará al final de esta sección, es análoga a la prueba de la segunda derivada para funciones de una variable.

---

3 **Prueba de la segunda derivada** Suponga que las segundas derivadas parciales de f son continuas en un disco con centro (a, b) y que $f_x(a, b) = 0$ y $f_y(a, b) = 0$ [es decir, (a, b) es un punto crítico de f]. Sea

$$D = D(a, b) = f_{xx}(a, b)\, f_{yy}(a, b) - [f_{xy}(a, b)]^2$$

(a) Si $D > 0$ y $f_{xx}(a, b) > 0$, entonces $f(a, b)$ es un mínimo local.
(b) Si $D > 0$ y $f_{xx}(a, b) < 0$, entonces $f(a, b)$ es un máximo local.
(c) Si $D < 0$, entonces (a, b) es un punto silla de f.

NOTA 1 Si $D = 0$, la prueba no aporta ninguna información: f podría tener un máximo local o un mínimo local en (a, b), o (a, b) podría ser un punto silla de f.

NOTA 2 Para recordar la fórmula de D, es útil escribirla como un determinante:

$$D = \begin{vmatrix} f_{xx} & f_{xy} \\ f_{yx} & f_{yy} \end{vmatrix} = f_{xx}f_{yy} - (f_{xy})^2$$

EJEMPLO 3 Encuentre los valores máximo y mínimo locales y los puntos silla de $f(x, y) = x^4 + y^4 - 4xy + 1$.

SOLUCIÓN Primero se obtienen las derivadas parciales:

$$f_x = 4x^3 - 4y \qquad f_y = 4y^3 - 4x$$

Como estas derivadas parciales existen en todas partes, los puntos críticos se presentan donde ambas derivadas parciales son cero:

$$x^3 - y = 0 \qquad \text{y} \qquad y^3 - x = 0$$

Para resolver estas ecuaciones, se sustituye $y = x^3$ de la primera ecuación en la segunda. Esto da

$$0 = x^9 - x = x(x^8 - 1) = x(x^4 - 1)(x^4 + 1) = x(x^2 - 1)(x^2 + 1)(x^4 + 1)$$

por lo que hay tres soluciones reales: $x = 0, 1, -1$. Los tres puntos críticos son $(0, 0)$, $(1, 1)$ y $(-1, -1)$.

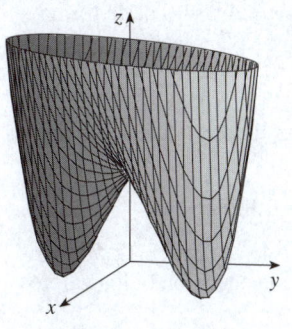

FIGURA 4

$z = x^4 + y^4 - 4xy + 1$

Un mapa de contorno de la función f del ejemplo 3 se muestra en la figura 5. Las curvas de nivel cerca de $(1, 1)$ y $(-1, -1)$ tienen forma ovalada e indican que a medida que se alejan de $(1, 1)$ o $(-1, -1)$ en cualquier dirección, los valores de f aumentan. Por otro lado, las curvas de nivel cerca de $(0, 0)$ parecen hipérbolas. Revelan que conforme se alejan del origen (donde el valor de f es 1), los valores de f disminuyen en algunas direcciones, pero aumentan en otras. Así, el mapa de contorno indica la presencia de los mínimos y el punto silla que se determinaron en el ejemplo 3.

FIGURA 5

A continuación se calculan las segundas derivadas parciales y $D(x, y)$:

$$f_{xx} = 12x^2 \qquad f_{xy} = -4 \qquad f_{yy} = 12y^2$$

$$D(x, y) = f_{xx}f_{yy} - (f_{xy})^2 = 144x^2y^2 - 16$$

Como $D(0, 0) = -16 < 0$, se desprende del caso (c) de la prueba de las segundas derivadas cuyo origen es un punto silla. Como $D(1, 1) = 128 > 0$ y $f_{xx}(1, 1) = 12 > 0$, con base en el caso (a) de la prueba se observa que $f(1, 1) = -1$ es un mínimo local. Esto significa que -1 es un valor mínimo local y se presenta en el punto $(1, 1)$. De igual forma, se tiene $D(-1, -1) = 128 > 0$ y $f_{xx}(-1, -1) = 12 > 0$, así que $f(-1, -1) = -1$ también es un mínimo local.

La gráfica de f se presenta en la figura 4. ∎

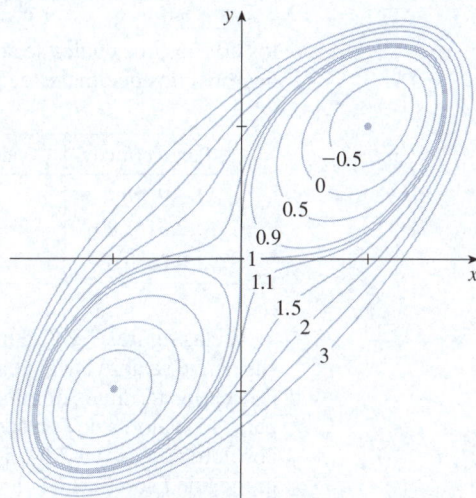

EJEMPLO 4 Determine y clasifique los puntos críticos de la función

$$f(x, y) = 10x^2y - 5x^2 - 4y^2 - x^4 - 2y^4$$

Además, determine el punto más alto en la gráfica de f.

SOLUCIÓN Las derivadas parciales de primer orden son

$$f_x = 20xy - 10x - 4x^3 \qquad f_y = 10x^2 - 8y - 8y^3$$

Por consiguiente, para determinar los puntos críticos es necesario resolver las ecuaciones

$$\boxed{4} \qquad\qquad 2x(10y - 5 - 2x^2) = 0$$

$$\boxed{5} \qquad\qquad 5x^2 - 4y - 4y^3 = 0$$

En la ecuación 4 se observa que

$$x = 0 \qquad \text{o} \qquad 10y - 5 - 2x^2 = 0$$

En el primer caso ($x = 0$), la ecuación 5 se convierte en $-4y(1 + y^2) = 0$, por lo que $y = 0$ y se tiene el punto crítico $(0, 0)$.

En el segundo caso ($10y - 5 - 2x^2 = 0$), se obtiene

$$\boxed{6} \qquad\qquad x^2 = 5y - 2.5$$

y al insertar esto en la ecuación 5, se tiene $25y - 12.5 - 4y - 4y^3 = 0$ o, de forma equivalente,

$$4y^3 - 21y + 12.5 = 0$$

Usando una calculadora graficadora o computadora para resolver esta ecuación numéricamente, se obtiene

$$y \approx -2.5452 \qquad y \approx 0.6468 \qquad y \approx 1.8984$$

(Por otra parte, también se puede graficar la función $g(y) = 4y^3 - 21y + 12.5$ como en la figura 6 y determinar las intersecciones). Con base en la ecuación 6, los valores correspondientes de x están dados por

$$x = \pm\sqrt{5y - 2.5}$$

Si $y \approx -2.5452$, x no tiene valores reales correspondientes. Si $y \approx 0.6468$, entonces $x \approx \pm 0.8567$. Si $y \approx 1.8984$, entonces $x \approx \pm 2.6442$. Así, hay un total de cinco puntos críticos, los cuales se analizan en la tabla siguiente. Todas las cantidades se redondearon a dos decimales de precisión.

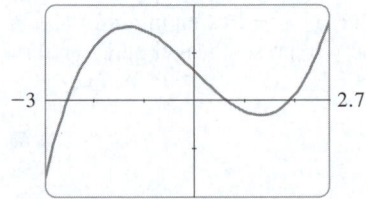

FIGURA 6

Punto crítico	Valor de f	f_{xx}	D	Conclusión
$(0, 0)$	0.00	-10.00	80.00	máximo local
$(\pm 2.64, 1.90)$	8.50	-55.93	2488.72	máximo local
$(\pm 0.86, 0.65)$	-1.48	-5.87	-187.64	punto silla

En las figuras 7 y 8 se muestran dos vistas de la gráfica de f y se observa que la superficie se abre hacia abajo. [Esto también puede apreciarse en la expresión para $f(x, y)$: los términos dominantes son $-x^4 - 2y^4$ cuando $|x|$ y $|y|$ son grandes]. Al comparar los valores de f en sus puntos máximos locales, se advierte que el valor máximo absoluto de f es $f(\pm 2.64, 1.90) \approx 8.50$. En otras palabras, los puntos más altos en la gráfica de f son $(\pm 2.64, 1.90, 8.50)$.

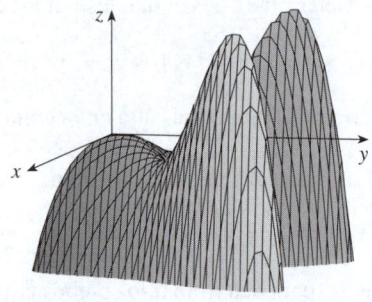

FIGURA 7   **FIGURA 8**

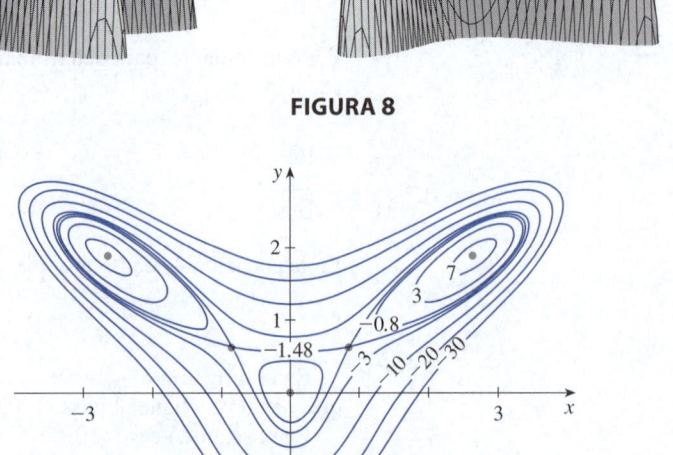

Los cinco puntos críticos de la función f del ejemplo 4 aparecen en gris en el mapa de contorno de f de la figura 9.

FIGURA 9

EJEMPLO 5 Determine la distancia más corta del punto $(1, 0, -2)$ al plano $x + 2y + z = 4$.

SOLUCIÓN La distancia desde cualquier punto (x, y, z) al punto $(1, 0, -2)$ es

$$d = \sqrt{(x-1)^2 + y^2 + (z+2)^2}$$

pero si (x, y, z) está situado en el plano $x + 2y + z = 4$, entonces $z = 4 - x - 2y$ y entonces se tiene $d = \sqrt{(x-1)^2 + y^2 + (6 - x - 2y)^2}$. Para minimizar d se puede minimizar la expresión más simple

$$d^2 = f(x, y) = (x-1)^2 + y^2 + (6 - x - 2y)^2$$

Al resolver las ecuaciones

$$f_x = 2(x-1) - 2(6 - x - 2y) = 4x + 4y - 14 = 0$$
$$f_y = 2y - 4(6 - x - 2y) = 4x + 10y - 24 = 0$$

se observa que el único punto crítico es $\left(\frac{11}{6}, \frac{5}{3}\right)$. Como $f_{xx} = 4$, $f_{xy} = 4$ y $f_{yy} = 10$, se tiene $D(x, y) = f_{xx}f_{yy} - (f_{xy})^2 = 24 > 0$ y $f_{xx} > 0$, así que por la prueba de la segunda derivada f tiene un mínimo local en $\left(\frac{11}{6}, \frac{5}{3}\right)$. Intuitivamente, se observa que este mínimo local es en realidad un mínimo absoluto porque debe haber un punto en el plano dado que sea el más cercano a $(1, 0, -2)$. Si $x = \frac{11}{6}$ y $y = \frac{5}{3}$, entonces

$$d = \sqrt{(x-1)^2 + y^2 + (6 - x - 2y)^2} = \sqrt{\left(\tfrac{5}{6}\right)^2 + \left(\tfrac{5}{3}\right)^2 + \left(\tfrac{5}{6}\right)^2} = \tfrac{5}{6}\sqrt{6}$$

La distancia más corta de $(1, 0 -2)$ al plano $x + 2y + z = 4$ es $\frac{5}{6}\sqrt{6}$. ∎

El ejemplo 5 también podría resolverse por medio de vectores. Compare con los métodos de la sección 12.5.

EJEMPLO 6 Una caja rectangular sin tapa debe hacerse con 12 m^2 de cartón. Determine el volumen máximo de esa caja.

SOLUCIÓN Sean la longitud, ancho y alto de la caja (en metros) x, y y z, como se muestra en la figura 10. Entonces el volumen de la caja es

$$V = xyz$$

Se puede expresar V como una función de solo dos variables x y y usando el hecho de que el área de los cuatro lados y el fondo de la caja es

$$2xz + 2yz + xy = 12$$

Al despejar z en esta ecuación se obtiene $z = (12 - xy)/[2(x + y)]$, de modo que la expresión para V se convierte en

$$V = xy\,\frac{12 - xy}{2(x + y)} = \frac{12xy - x^2 y^2}{2(x + y)}$$

Se calculan las derivadas parciales:

$$\frac{\partial V}{\partial x} = \frac{y^2(12 - 2xy - x^2)}{2(x + y)^2} \qquad \frac{\partial V}{\partial y} = \frac{x^2(12 - 2xy - y^2)}{2(x + y)^2}$$

Si V es un máximo, entonces $\partial V/\partial x = \partial V/\partial y = 0$, pero $x = 0$ o $y = 0$ da $V = 0$. Falta resolver las ecuaciones

$$12 - 2xy - x^2 = 0 \qquad 12 - 2xy - y^2 = 0$$

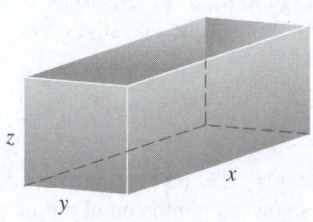

FIGURA 10

Estas implican que $x^2 = y^2$, por lo tanto, $x = y$. (Observe que x y y deben ser positivas en este problema). Si se pone $x = y$ en cualquiera de las dos ecuaciones se obtiene $12 - 3x^2 = 0$, lo que da $x = 2$, $y = 2$ y $z = (12 - 2 \cdot 2)/[2(2 + 2)] = 1$.

Se puede usar la prueba de la segunda derivada para demostrar que esto da un máximo local de V, o simplemente argumentar, con base en la naturaleza física de este problema, que debe haber un volumen máximo absoluto, el cual debe ocurrir en un punto crítico de V, de manera que debe ocurrir cuando $x = 2$, $y = 2$, $z = 1$. Entonces $V = 2 \cdot 2 \cdot 1 = 4$, por lo que el volumen máximo de la caja es 4 m³. ∎

■ Valores máximos y mínimos absolutos

Al igual que para funciones de una sola variable, los valores máximo y mínimo absolutos de una función f de dos variables son el mayor y el menor valor que alcanza f en su dominio.

> **7 Definición**   Sea (a, b) un punto en el dominio D de una función f de dos variables. Entonces $f(a, b)$ es el
> - valor **máximo absoluto** de f en D si $f(a, b) \geq f(x, y)$ para todos los valores de (x, y) en D.
> - valor **mínimo absoluto** de f en D si $f(a, b) \leq f(x, y)$ para todos los valores de (x, y) en D.

Para una función f de una variable, el teorema de los valores extremos establece que si f es continua en un intervalo cerrado $[a, b]$, f tiene un valor mínimo absoluto y un valor máximo absoluto. De acuerdo con el método del intervalo cerrado de la sección 4.1, esos valores se determinan al evaluar f no solo en los números críticos, sino también en los puntos frontera, puntos finales o puntos extremos a y b.

Existe una situación similar para funciones de dos variables. Así como un intervalo cerrado contiene sus puntos frontera, un **conjunto cerrado** en $\mathbb{R}^2$ es aquel que contiene todos sus puntos frontera. [Un punto frontera de D es un punto (a, b) tal que todos los discos con centro (a, b) contienen puntos en D y también puntos que no están en D]. Por ejemplo, el disco

$$D = \{(x, y) \mid x^2 + y^2 \leq 1\}$$

que consta de todos los puntos en o dentro del círculo $x^2 + y^2 = 1$, es un conjunto cerrado porque contiene todos sus puntos frontera (los cuales son los puntos en el círculo $x^2 + y^2 = 1$). Pero si se omitiera incluso un solo punto en la curva frontera, el conjunto no sería cerrado (vea la figura 11).

Un **conjunto acotado** en $\mathbb{R}^2$ es aquel que está contenido en un disco. En otras palabras, tiene extensión finita. Así, en términos de conjuntos cerrados y acotados, se puede enunciar la contraparte del teorema de los valores extremos en dos dimensiones.

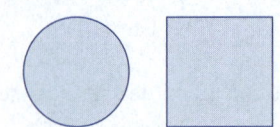

(a) Conjuntos cerrados

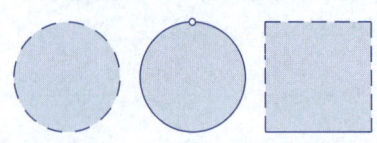

(b) Conjuntos que no son cerrados

FIGURA 11

> **8 Teorema de valores extremos para funciones de dos variables**   Si f es continua en un conjunto cerrado y acotado D en $\mathbb{R}^2$, entonces f alcanza un valor máximo absoluto $f(x_1, y_1)$ y un valor mínimo absoluto $f(x_2, y_2)$ en algunos puntos (x_1, y_1) y (x_2, y_2) en D.

Para encontrar los valores extremos garantizados por el teorema 8, hay que señalar que, por el teorema 2, si f tiene un valor extremo en (x_1, y_1), entonces (x_1, y_1) es un punto crítico de f o un punto frontera de D. Así, se tiene la siguiente extensión del método del intervalo cerrado.

9 Para determinar los valores máximo y mínimo absolutos de una función continua f en un conjunto cerrado y acotado D:

1. Determine los valores de f en los puntos críticos de f en D.

2. Encuentre los valores extremos de f en la frontera de D.

3. El mayor de los valores de los pasos 1 y 2 es el valor máximo absoluto; el menor de esos valores es el valor mínimo absoluto.

EJEMPLO 7 Calcule los valores máximo y mínimo absolutos de la función $f(x, y) = x^2 - 2xy + 2y$ en el rectángulo $D = \{(x, y) \mid 0 \leqslant x \leqslant 3, 0 \leqslant y \leqslant 2\}$.

SOLUCIÓN Como f es un polinomio, es continua en el rectángulo cerrado y acotado D, por lo que el teorema 8 indica que hay tanto un máximo absoluto como un mínimo absoluto. De acuerdo con el paso 1 en (9), primero se determinan los puntos críticos. Estos ocurren cuando

$$f_x = 2x - 2y = 0$$

$$f_y = -2x + 2 = 0$$

así que el único punto crítico es $(1, 1)$. Este punto está en D y el valor de f ahí es $f(1, 1) = 1$.

En el paso 2 se examinan los valores de f en la frontera de D, los que constan de los cuatro segmentos de recta L_1, L_2, L_3, L_4 que aparecen en la figura 12. En L_1 se tiene $y = 0$ y

$$f(x, 0) = x^2 \qquad 0 \leqslant x \leqslant 3$$

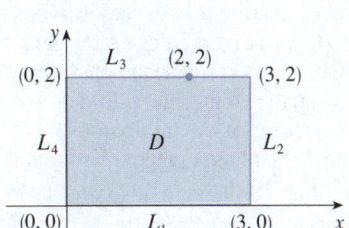

FIGURA 12

Esta es una función creciente de x, por lo que su valor mínimo es $f(0, 0) = 0$ y su valor máximo es $f(3, 0) = 9$. En L_2 se tiene $x = 3$ y

$$f(3, y) = 9 - 4y \qquad 0 \leqslant y \leqslant 2$$

Esta es una función decreciente de y, por lo que su valor máximo es $f(3, 0) = 9$ y su valor mínimo es $f(3, 2) = 1$. En L_3 se tiene $y = 2$ y

$$f(x, 2) = x^2 - 4x + 4 \qquad 0 \leqslant x \leqslant 3$$

Por los métodos del capítulo 4, o simplemente observando que $f(x, 2) = (x - 2)^2$, se observa que el valor mínimo de esta función es $f(2, 2) = 0$ y el valor máximo es $f(0, 2) = 4$. Por último, en L_4 se tiene $x = 0$ y

$$f(0, y) = 2y \qquad 0 \leqslant y \leqslant 2$$

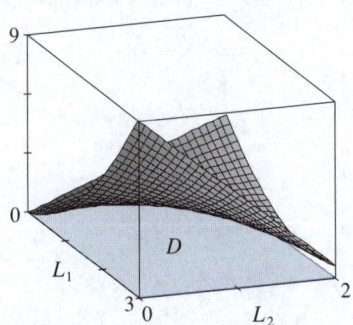

FIGURA 13
$f(x, y) = x^2 - 2xy + 2y$

con valor máximo $f(0, 2) = 4$ y valor mínimo $f(0, 0) = 0$. Así, en la frontera, el valor mínimo de f es 0 y el máximo es 9.

En el paso 3 se comparan estos valores con el valor $f(1, 1) = 1$ en el punto crítico y se concluye que el valor máximo absoluto de f en D es $f(3, 0) = 9$ y el valor mínimo absoluto es $f(0, 0) = f(2, 2) = 0$. En la figura 13 se muestra la gráfica de f. ■

■ Demostración de la prueba de la segunda derivada

Para cerrar esta sección se presenta una demostración de la primera parte de la prueba de la segunda derivada. El inciso (b) tiene una demostración similar.

DEMOSTRACIÓN DEL TEOREMA 3, INCISO (a) Se calcula la derivada direccional de segundo orden de f en la dirección de $\mathbf{u} = \langle h, k \rangle$. La derivada de primer orden está dada por el teorema 14.6.3:

$$D_{\mathbf{u}}f = f_x h + f_y k$$

Al aplicar este teorema por segunda vez se tiene

$$D_{\mathbf{u}}^2 f = D_{\mathbf{u}}(D_{\mathbf{u}}f) = \frac{\partial}{\partial x}(D_{\mathbf{u}}f)h + \frac{\partial}{\partial y}(D_{\mathbf{u}}f)k$$

$$= (f_{xx}h + f_{yx}k)h + (f_{xy}h + f_{yy}k)k$$

$$= f_{xx}h^2 + 2f_{xy}hk + f_{yy}k^2 \quad \text{(por el teorema de Clairaut)}$$

Si se completa el cuadrado en esta expresión se obtiene

$$\boxed{10} \qquad D_{\mathbf{u}}^2 f = f_{xx}\left(h + \frac{f_{xy}}{f_{xx}}k \right)^2 + \frac{k^2}{f_{xx}}(f_{xx}f_{yy} - f_{xy}^2)$$

Se dio que $f_{xx}(a, b) > 0$ y $D(a, b) > 0$. Pero f_{xx} y $D = f_{xx}f_{yy} - f_{xy}^2$ son funciones continuas, por lo que existe un disco B con centro (a, b) y radio $\delta > 0$ tal que $f_{xx}(x, y) > 0$ y $D(x, y) > 0$ siempre que (x, y) está en B. Por lo tanto, al examinar la ecuación 10 se observa que $D_{\mathbf{u}}^2 f(x, y) > 0$ cada vez que (x, y) está en B. Esto significa que si C es la curva obtenida de la intersección de la gráfica de f con el plano vertical que pasa por $P(a, b, f(a, b))$ en la dirección de $\mathbf{u}$, C es cóncava hacia arriba en un intervalo de longitud 2δ. Esto es cierto en la dirección de todos los vectores $\mathbf{u}$, de modo que si (x, y) se restringe a B, la gráfica de f queda situada arriba de su plano tangente horizontal en P. Así, $f(x, y) \geq f(a, b)$ siempre que (x, y) está en B. Esto demuestra que $f(a, b)$ es un mínimo local. ∎

14.7 | Ejercicios

1. Suponga que $(1, 1)$ es un punto crítico de una función f con segundas derivadas continuas. En cada caso, ¿qué puede decirse acerca de f?

(a) $f_{xx}(1, 1) = 4$, $f_{xy}(1, 1) = 1$, $f_{yy}(1, 1) = 2$

(b) $f_{xx}(1, 1) = 4$, $f_{xy}(1, 1) = 3$, $f_{yy}(1, 1) = 2$

2. Estime que $(0, 2)$ es un punto crítico de una función g con segundas derivadas continuas. En cada caso, ¿qué puede decirse acerca de g?

(a) $g_{xx}(0, 2) = -1$, $g_{xy}(0, 2) = 6$, $g_{yy}(0, 2) = 1$

(b) $g_{xx}(0, 2) = -1$, $g_{xy}(0, 2) = 2$, $g_{yy}(0, 2) = -8$

(c) $g_{xx}(0, 2) = 4$, $g_{xy}(0, 2) = 6$, $g_{yy}(0, 2) = 9$

3-4 Use las curvas de nivel en la figura para predecir la ubicación de los puntos críticos de f y si f tiene un punto silla o un máximo o mínimo local en cada punto crítico. Explique su razonamiento.

Use después la prueba de la segunda derivada para confirmar sus predicciones.

3. $f(x, y) = 4 + x^3 + y^3 - 3xy$

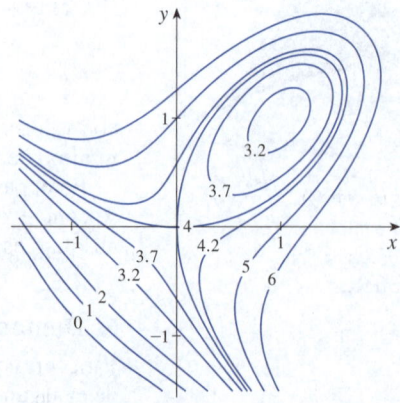

4. $f(x, y) = 3x - x^3 - 2y^2 + y^4$

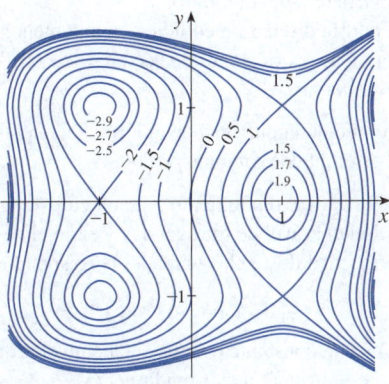

5-22 Determine los valores máximos y mínimos locales y el o los puntos silla de la función. Se recomienda usar una calculadora o computadora para graficar la función con un dominio y una perspectiva que revelen todos los aspectos importantes de la función.

5. $f(x, y) = x^2 + xy + y^2 + y$

6. $f(x, y) = xy - 2x - 2y - x^2 - y^2$

7. $f(x, y) = 2x^2 - 8xy + y^4 - 4y^3$

8. $f(x, y) = x^3 + y^3 + 3xy$

9. $f(x, y) = (x - y)(1 - xy)$

10. $f(x, y) = y(e^x - 1)$

11. $f(x, y) = y\sqrt{x} - y^2 - 2x + 7y$

12. $f(x, y) = 2 - x^4 + 2x^2 - y^2$

13. $f(x, y) = x^3 - 3x + 3xy^2$

14. $f(x, y) = x^3 + y^3 - 3x^2 - 3y^2 - 9x$

15. $f(x, y) = x^4 - 2x^2 + y^3 - 3y$

16. $f(x, y) = x^2 + y^4 + 2xy$

17. $f(x, y) = xy - x^2y - xy^2$

18. $f(x, y) = (6x - x^2)(4y - y^2)$

19. $f(x, y) = e^x \cos y$

20. $f(x, y) = (x^2 + y^2)e^{-x}$

21. $f(x, y) = y^2 - 2y \cos x, \quad -1 \le x \le 7$

22. $f(x, y) = \operatorname{sen} x \operatorname{sen} y, \quad -\pi < x < \pi, \quad -\pi < y < \pi$

23. Demuestre que $f(x, y) = x^2 + 4y^2 - 4xy + 2$ tiene un número infinito de puntos críticos y que $D = 0$ en cada uno. Luego demuestre que f tiene un mínimo local (y absoluto) en cada punto crítico.

24. Compruebe que $f(x, y) = x^2 y e^{-x^2 - y^2}$ tiene valores máximos en $\left(\pm 1, 1/\sqrt{2}\right)$ y valores mínimos en $\left(\pm 1, -1/\sqrt{2}\right)$. Demuestre también que f tiene una infinidad de otros puntos

críticos y que $D = 0$ en cada uno de ellos. ¿Cuáles dan origen a valores máximos? ¿A valores mínimos? ¿A puntos silla?

25-28 Use una gráfica o curvas de nivel, o las dos cosas, para estimar los valores máximos y mínimos locales y el o los puntos silla de la función. Luego use el cálculo para determinar esos valores con precisión.

25. $f(x, y) = x^2 + y^2 + x^{-2}y^{-2}$

26. $f(x, y) = (x - y)e^{-x^2 - y^2}$

27. $f(x, y) = \operatorname{sen} x + \operatorname{sen} y + \operatorname{sen}(x + y)$,
$0 \le x \le 2\pi, \ 0 \le y \le 2\pi$

28. $f(x, y) = \operatorname{sen} x + \operatorname{sen} y + \cos(x + y)$,
$0 \le x \le \pi/4, \ 0 \le y \le \pi/4$

T **29-32** Determine los puntos críticos de f con tres decimales de precisión (como en el ejemplo 4). Clasifique después los puntos críticos y encuentre los puntos más altos o bajos en la gráfica, si los hay.

29. $f(x, y) = x^4 + y^4 - 4x^2y + 2y$

30. $f(x, y) = y^6 - 2y^4 + x^2 - y^2 + y$

31. $f(x, y) = x^4 + y^3 - 3x^2 + y^2 + x - 2y + 1$

32. $f(x, y) = 20e^{-x^2 - y^2} \operatorname{sen} 3x \cos 3y, \quad |x| \le 1, \quad |y| \le 1$

33-40 Determine los valores absolutos máximo y mínimo de f en el conjunto D.

33. $f(x, y) = x^2 + y^2 - 2x$, D es la región triangular cerrada con vértices $(2, 0)$, $(0, 2)$ y $(0, -2)$

34. $f(x, y) = x + y - xy$, D es la región triangular cerrada con vértices $(0, 0)$, $(0, 2)$ y $(4, 0)$.

35. $f(x, y) = x^2 + y^2 + x^2y + 4$,
$D = \{(x, y) \mid |x| \le 1, |y| \le 1\}$

36. $f(x, y) = x^2 + xy + y^2 - 6y$,
$D = \{(x, y) \mid -3 \le x \le 3, 0 \le y \le 5\}$

37. $f(x, y) = x^2 + 2y^2 - 2x - 4y + 1$,
$D = \{(x, y) \mid 0 \le x \le 2, 0 \le y \le 3\}$

38. $f(x, y) = xy^2, \quad D = \{(x, y) \mid x \ge 0, y \ge 0, x^2 + y^2 \le 3\}$

39. $f(x, y) = 2x^3 + y^4, \quad D = \{(x, y) \mid x^2 + y^2 \le 1\}$

40. $f(x, y) = x^3 - 3x - y^3 + 12y$, D es el cuadrilátero cuyos vértices son $(-2, 3)$, $(2, 3)$, $(2, 2)$ y $(-2, -2)$

41. Para funciones de una variable es imposible que una función continua tenga dos máximos locales y ningún mínimo local. Pero para funciones de dos variables, tales funciones existen. Demuestre que la función

$$f(x, y) = -(x^2 - 1)^2 - (x^2y - x - 1)^2$$

solo tiene dos puntos críticos, pero tiene máximos locales en los dos. Luego produzca una gráfica con un dominio y una perspectiva cuidadosamente seleccionados para ver cómo es posible esto.

42. Si una función de una variable es continua en un intervalo y solo tiene un número crítico, un máximo local debe ser un máximo absoluto. Pero esto no es válido para funciones de dos variables. Demuestre que la función

$$f(x, y) = 3xe^y - x^3 - e^{3y}$$

tiene exactamente un punto crítico, y que f tiene un máximo local ahí que no es un máximo absoluto. Produzca una gráfica con dominio y una perspectiva cuidadosamente seleccionado para ver cómo es posible esto.

43. Encuentre la distancia más corta del punto $(2, 0, -3)$ al plano $x + y + z = 1$.

44. Determine el punto en el plano $x - 2y + 3z = 6$ más cercano al punto $(0, 1, 1)$.

45. Encuentre los puntos en el cono $z^2 = x^2 + y^2$ más cercanos al punto $(4, 2, 0)$.

46. Ubique los puntos en la superficie $y^2 = 9 + xz$ más cercanos al origen.

47. Encuentre tres números positivos cuya suma sea 100 y cuyo producto sea un máximo.

48. Determine tres números positivos cuya suma sea 12 y la suma de cuyos cuadrados sea lo más pequeña posible.

49. Encuentre el volumen máximo de una caja rectangular inscrita en una esfera de radio r.

50. Determine las dimensiones de la caja con volumen $1\,000$ cm³ que tiene área superficial mínima.

51. Encuentre el volumen de la caja rectangular más grande en el primer octante con tres caras en los planos coordenados y un vértice en el plano $x + 2y + 3z = 6$.

52. Ubique las dimensiones de la caja rectangular con el volumen más grande si el área superficial total está dada como 64 cm².

53. Encuentre las dimensiones de una caja rectangular de volumen máximo tal que la suma de las longitudes de sus 12 aristas sea una constante c.

54. La base de una pecera con volumen dado V está hecha de pizarra y los lados están hechos de vidrio. Si la pizarra cuesta cinco veces más (por unidad de área) que el vidrio, encuentre las dimensiones de la pecera que minimicen el costo de los materiales.

55. Una caja de cartón sin tapa debe tener un volumen de $32\,000$ cm³. Determine las dimensiones que minimicen la cantidad de cartón usado.

56. Un edificio rectangular se diseña para minimizar la pérdida de calor. Las paredes este y oeste pierden calor a razón de 10 unidades/m² al día, las paredes norte y sur a razón de 8 unidades/m² al día, el piso a razón de 1 unidad/m² al día y el techo a razón de 5 unidades/m² al día. Cada pared debe ser de al menos 30 m de largo, la altura debe ser de al menos 4 m y el volumen debe ser de exactamente $4\,000$ m³.
(a) Determine y trace el dominio de la pérdida de calor como una función de las longitudes de los lados.

(b) Calcule las dimensiones que minimicen la pérdida de calor. (Verifique tanto los puntos críticos como los puntos en la frontera del dominio).
(c) ¿Se podría diseñar un edificio con aún menos pérdida de calor si las restricciones de las longitudes de las paredes se eliminaran?

57. Si la longitud de la diagonal de una caja rectangular debe ser L, ¿cuál es el mayor volumen posible?

58. Un modelo para el rendimiento Y de un cultivo agrícola como una función del nivel de nitrógeno N y el nivel de fósforo P en la tierra (medidos en las unidades correspondientes) es

$$Y(N, P) = kNPe^{-N-P}$$

donde k es una constante positiva. ¿Qué niveles de nitrógeno y fósforo producen el mejor rendimiento?

59. El índice de Shannon (también llamado índice de Shannon-Wiener o índice de Shannon-Weaver) es una medida de la diversidad en un ecosistema. Para el caso de tres especies, se define como

$$H = -p_1 \ln p_1 - p_2 \ln p_2 - p_3 \ln p_3$$

donde p_i es la proporción de especies i en el ecosistema.
(a) Exprese H como una función de dos variables usando el hecho de que $p_1 + p_2 + p_3 = 1$.
(b) ¿Cuál es el dominio de H?
(c) Determine el valor máximo de H. ¿Para cuáles valores de p_1, p_2, p_3 ocurre?

60. Tres alelos (versiones alternativas de un gen) A, B y O determinan los cuatro tipos de sangre A (AA o AO), B (BB o BO), O (OO) y AB. La ley de Hardy-Weinberg establece que la proporción de individuos en una población que portan dos alelos diferentes es

$$P = 2pq + 2pr + 2rq$$

donde p, q y r son las proporciones de A, B y O en la población. Use el hecho de que $p + q + r = 1$ para demostrar que P es a lo sumo de $\frac{2}{3}$.

61. Método de mínimos cuadrados Suponga que un científico tiene razones para creer que dos cantidades x y y están relacionadas linealmente, es decir que $y = mx + b$, al menos aproximadamente, para algunos valores de m y b. El científico realiza un experimento y reúne datos en la forma de puntos (x_1, y_1), (x_2, y_2), ..., (x_n, y_n) y luego traza estos puntos. Los puntos no se sitúan exactamente en una recta, por lo que el científico quiere determinar las constantes m y b de tal forma que la recta $y = mx + b$ "se ajuste" lo más posible a los puntos (vea la figura).

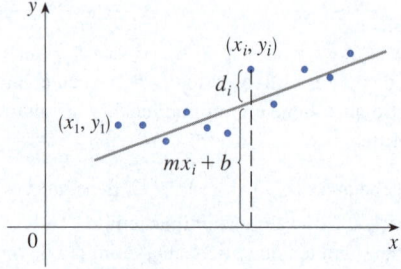

Sea $d_i = y_i - (mx_i + b)$ la desviación vertical del punto (x_i, y_i) respecto a la recta. El *método de mínimos cuadrados* determina m y b de tal modo que se minimice $\sum_{i=1}^{n} d_i^2$, la suma de los cuadrados de estas desviaciones. Demuestre que, según este método, la recta de mejor ajuste se obtiene cuando

$$m \sum_{i=1}^{n} x_i + bn = \sum_{i=1}^{n} y_i$$

y

$$m \sum_{i=1}^{n} x_i^2 + b \sum_{i=1}^{n} x_i = \sum_{i=1}^{n} x_i y_i$$

Así, la recta se determina resolviendo en estas dos ecuaciones las dos incógnitas m y b. (Vea la sección 1.2 para un análisis más a fondo y otras aplicaciones del método de mínimos cuadrados).

62. Determine una ecuación del plano que pasa por el punto $(1, 2, 3)$ y corta el menor volumen en el primer octante.

PROYECTO DE DESCUBRIMIENTO | APROXIMACIONES CUADRÁTICAS Y PUNTOS CRÍTICOS

La aproximación polinómica de Taylor de funciones de una variable que se estudió en el capítulo 11 puede aplicarse a funciones de dos o más variables. Aquí se investigan las aproximaciones cuadráticas de funciones de dos variables y se usan para comprender mejor la prueba de la segunda derivada para la clasificación de puntos críticos.

En la sección 14.4 se analizó la linealización de una función f de dos variables en un punto (a, b):

$$L(x, y) = f(a, b) + f_x(a, b)(x - a) + f_y(a, b)(y - b)$$

Recuerde que la gráfica de L es el plano tangente a la superficie $z = f(x, y)$ en $(a, b, f(a, b))$ y que la aproximación lineal correspondiente es $f(x, y) \approx L(x, y)$. La linealización L también se conoce como **polinomio de Taylor de primer grado** de f en (a, b).

1. Si f tiene derivadas parciales continuas de segundo orden en (a, b), el **polinomio de Taylor de segundo grado** de f en (a, b) es

$$\begin{aligned} Q(x, y) = {} & f(a, b) + f_x(a, b)(x - a) + f_y(a, b)(y - b) \\ & + \tfrac{1}{2} f_{xx}(a, b)(x - a)^2 + f_{xy}(a, b)(x - a)(y - b) + \tfrac{1}{2} f_{yy}(a, b)(y - b)^2 \end{aligned}$$

y la aproximación $f(x, y) \approx Q(x, y)$ se llama **aproximación cuadrática** de f en (a, b). Verifique que Q tiene las mismas derivadas parciales de primero y segundo orden que f en (a, b).

2. (a) Determine los polinomios de Taylor de primero y segundo grado L y Q de $f(x, y) = e^{-x^2 - y^2}$ en $(0, 0)$.

    (b) Grafique f, L y Q. Comente sobre qué tanto L y Q se aproximan a f.

3. (a) Encuentre los polinomios de Taylor de primero y segundo grado L y Q para $f(x, y) = xe^y$ en $(1, 0)$.

    (b) Compare los valores de L, Q y f en $(0.9, 0.1)$.

    (c) Grafique f, L y Q. Comente sobre qué tanto L y Q se aproximan a f.

4. En este problema se analizará el comportamiento del polinomio $f(x, y) = ax^2 + bxy + cy^2$ (sin usar la prueba de la segunda derivada); para ello, se identificará la gráfica como un paraboloide.

    (a) Al completar el cuadrado, demuestre que si $a \neq 0$, entonces

$$f(x, y) = ax^2 + bxy + cy^2 = a\left[\left(x + \frac{b}{2a} y \right)^2 + \left(\frac{4ac - b^2}{4a^2} \right) y^2 \right]$$

    (b) Sea $D = 4ac - b^2$. Demuestre que si $D > 0$ y $a > 0$, entonces f tiene un mínimo local en $(0, 0)$.

    (c) Demuestre que si $D > 0$ y $a < 0$, f tiene un máximo local en $(0, 0)$.

    (d) Compruebe que si $D < 0$, entonces $(0, 0)$ es un punto silla.

(continúa)

5. (a)   Suponga que f es cualquier función con derivadas parciales continuas de segundo orden tales que $f(0, 0) = 0$ y $(0, 0)$ es un punto crítico de f. Escriba una expresión para el polinomio de Taylor de segundo grado Q de f en $(0, 0)$.

(b)   ¿Qué puede concluir sobre Q con base en el problema 4?

(c)   En vista de la aproximación cuadrática $f(x, y) \approx Q(x, y)$, ¿qué indica el inciso (b) acerca de f?

14.8 | Multiplicadores de Lagrange

En el ejemplo 14.7.6 se maximizó una función de volumen $V = xyz$ sujeta a la restricción $2xz + 2yz + xy = 12$, que expresaba la condición secundaria de que el área superficial era de 12 m². En esta sección se presentará el método de Lagrange para maximizar o minimizar una función general $f(x, y, z)$ sujeta a una restricción (o condición secundaria) de la forma $g(x, y, z) = k$.

◼ Multiplicadores de Lagrange: una restricción

En primer lugar se explicará la base geométrica del método de Lagrange para funciones de dos variables. Para empezar, se trata de determinar los valores extremos de $f(x, y)$ sujetos a una restricción de la forma $g(x, y) = k$. En otras palabras, se busca los valores extremos de $f(x, y)$ cuando el punto (x, y) está limitado a residir en la curva de nivel $g(x, y) = k$. En la figura 1 se muestra esta curva junto con varias curvas de nivel de f. Estas tienen las ecuaciones $f(x, y) = c$, donde $c = 7, 8, 9, 10, 11$. Para maximizar $f(x, y)$ sujeta a $g(x, y) = k$ es necesario determinar el mayor valor de c tal que la curva de nivel $f(x, y) = c$ interseque $g(x, y) = k$. En la figura 1 parece que esto sucede cuando estas curvas apenas se tocan entre sí, es decir, cuando tienen una recta tangente común. (De lo contrario, el valor de c podría aumentar más). Esto significa que las rectas normales en el punto (x_0, y_0) donde se tocan son idénticas. Por consiguiente, los vectores gradiente son paralelos; es decir, $\nabla f(x_0, y_0) = \lambda \nabla g(x_0, y_0)$ para algún escalar λ.

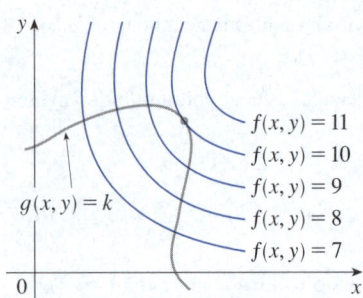

FIGURA 1

Este tipo de argumento también aplica al problema de encontrar los valores extremos de $f(x, y, z)$ sujetos a la restricción $g(x, y, z) = k$. Así, el punto (x, y, z) está limitado a residir en la superficie de nivel S con la ecuación $g(x, y, z) = k$. En vez de las curvas de nivel de la figura 1, se consideran las superficies de nivel $f(x, y, z) = c$ y se argumenta que si el valor máximo de f es $f(x_0, y_0, z_0) = c$, la superficie de nivel $f(x, y, z) = c$ es tangente a la superficie de nivel $g(x, y, z) = k$; por lo tanto, los correspondientes vectores gradiente son paralelos.

Este argumento intuitivo puede precisarse de la forma siguiente. Suponga que una función f tiene un valor extremo en un punto $P(x_0, y_0, z_0)$ en la superficie S y sea C una curva con ecuación vectorial $\mathbf{r}(t) = \langle x(t), y(t), z(t) \rangle$ que está situada en S y pasa por P. Si t_0 es el valor paramétrico correspondiente al punto P, entonces $\mathbf{r}(t_0) = \langle x_0, y_0, z_0 \rangle$. La función compuesta $h(t) = f(x(t), y(t), z(t))$ representa los valores que toma f en la curva C. Como f tiene un valor extremo en (x_0, y_0, z_0), se desprende que h tiene un valor extremo en t_0, por lo que $h'(t_0) = 0$. Pero si f es derivable, se puede usar la regla de la cadena para escribir

$$0 = h'(t_0)$$

$$= f_x(x_0, y_0, z_0)x'(t_0) + f_y(x_0, y_0, z_0)y'(t_0) + f_z(x_0, y_0, z_0)z'(t_0)$$

$$= \nabla f(x_0, y_0, z_0) \cdot \mathbf{r}'(t_0)$$

Esto demuestra que el vector gradiente $\nabla f(x_0, y_0, z_0)$ es ortogonal al vector tangente $\mathbf{r}'(t_0)$ a todas esas curvas C. Pero por la sección 14.6 se sabe que el vector gradiente de g, $\nabla g(x_0, y_0, z_0)$ también es ortogonal a $\mathbf{r}'(t_0)$ para todas esas curvas (vea la ecuación 14.6.18). Esto significa que los vectores gradiente $\nabla f(x_0, y_0, z_0)$ y $\nabla g(x_0, y_0, z_0)$ deben ser paralelos. Por tanto, si $\nabla g(x_0, y_0, z_0) \neq \mathbf{0}$, existe un número λ tal que

$$\boxed{1} \qquad \boxed{\nabla f(x_0, y_0, z_0) = \lambda \nabla g(x_0, y_0, z_0)}$$

Los multiplicadores de Lagrange deben su nombre al matemático italofrancés Joseph-Louis Lagrange (1736-1813). Vea un resumen biográfico de Lagrange en la sección 4.2.

El número λ en la ecuación 1 se llama **multiplicador de Lagrange**. El procedimiento basado en la ecuación 1 es como sigue.

Al derivar el método de Lagrange se supuso que $\nabla g \neq \mathbf{0}$. En cada uno de los ejemplos puede verificar que $\nabla g \neq \mathbf{0}$ en todos los puntos donde $g(x, y, z) = k$. Vea el ejercicio 35 para revisar qué puede fallar si $\nabla g = \mathbf{0}$. En el ejercicio 34 se muestra lo que puede suceder si ∇g es indefinido.

> **Método de multiplicadores de Lagrange** Para determinar los valores máximo y mínimo de $f(x, y, z)$ sujetos a la restricción $g(x, y, z) = k$ [suponiendo que estos valores extremos existen y que $\nabla g \neq \mathbf{0}$ en la superficie $g(x, y, z) = k$]:
>
> **1.** Determine todos los valores de x, y, z y λ tales que
>
> $$\nabla f(x, y, z) = \lambda \nabla g(x, y, z)$$
>
> y $\qquad\qquad g(x, y, z) = k$
>
> **2.** Evalúe f en todos los puntos (x, y, z) que dé por resultado el paso 1. El mayor de estos valores es el valor máximo de f; el menor es el valor mínimo de f.

Si se escribe la ecuación vectorial $\nabla f = \lambda \nabla g$ en términos de componentes, las ecuaciones del paso 1 se convierten en

$$f_x = \lambda g_x \qquad f_y = \lambda g_y \qquad f_z = \lambda g_z \qquad g(x, y, z) = k$$

Se trata de un sistema de cuatro ecuaciones con las cuatro incógnitas x, y, z y λ y se deben encontrar *todas* las posibles soluciones (aunque los valores explícitos de λ no son necesarios para la conclusión del método). Si $x = x_0$, $y = y_0$, $z = z_0$ es una solución de este sistema de ecuaciones y el valor correspondiente de λ no es 0, entonces $\nabla f(x_0, y_0, z_0)$ y $\nabla g(x_0, y_0, z_0)$ son paralelos (como se argumentó geométricamente al principio de la sección). Si el valor de λ es 0, entonces $\nabla f(x_0, y_0, z_0) = \mathbf{0}$ y, por lo tanto, (x_0, y_0, z_0) es un punto crítico de f. Se desprende que $f(x_0, y_0, z_0)$ es un posible valor extremo local de f en su dominio y, en consecuencia, también un posible valor extremo de f sujeto a la restricción dada (vea el ejercicio 61).

Para funciones de dos variables, el método de multiplicadores de Lagrange es similar al método que se acaba de describir. Para determinar los valores extremos de $f(x, y)$ sujetos a la restricción $g(x, y) = k$ se buscan valores de x, y y λ tales que

$$\nabla f(x, y) = \lambda \nabla g(x, y) \qquad y \qquad g(x, y) = k$$

Esto equivale a resolver tres ecuaciones con tres incógnitas:

$$f_x = \lambda g_x \qquad f_y = \lambda g_y \qquad g(x, y) = k$$

EJEMPLO 1 Determine los valores extremos de la función $f(x, y) = x^2 + 2y^2$ en el círculo $x^2 + y^2 = 1$.

SOLUCIÓN Se piden los valores extremos de f sujetos a la restricción $g(x, y) = x^2 + y^2 = 1$. Usando multiplicadores de Lagrange, se resuelven las ecuaciones $\nabla f = \lambda \nabla g$ y $g(x, y) = 1$, que se pueden escribir así

$$f_x = \lambda\, g_x \qquad f_y = \lambda\, g_y \qquad g(x, y) = 1$$

o así

2
$$2x = 2x\lambda$$

3
$$4y = 2y\lambda$$

4
$$x^2 + y^2 = 1$$

Con base en (2) se tiene $2x(1 - \lambda) = 0$, así que $x = 0$ o $\lambda = 1$. Si $x = 0$, entonces (4) da $y = \pm 1$. Si $\lambda = 1$, entonces $y = 0$ por (3), y así (4) da $x = \pm 1$. Por lo tanto, f tiene posibles valores extremos en los puntos $(0, 1)$, $(0, -1)$, $(1, 0)$ y $(-1, 0)$. Si se evalúa f en estos cuatro puntos, se determina que

$$f(0, 1) = 2 \qquad f(0, -1) = 2 \qquad f(1, 0) = 1 \qquad f(-1, 0) = 1$$

Por lo tanto, el valor máximo de f en el círculo $x^2 + y^2 = 1$ es $f(0, \pm 1) = 2$ y el valor mínimo es $f(\pm 1, 0) = 1$. En términos geométricos, estos corresponden a los puntos más altos y bajos de la curva C de la figura 2, donde C consiste en esos puntos en el paraboloide $z = x^2 + 2y^2$ que están directamente encima del círculo de restricción $x^2 + y^2 = 1$.

En la figura 3 se muestra un mapa de contorno de f. Los valores extremos de $f(x, y) = x^2 + 2y^2$ corresponden a las curvas de nivel de f que apenas tocan el círculo $x^2 + y^2 = 1$.

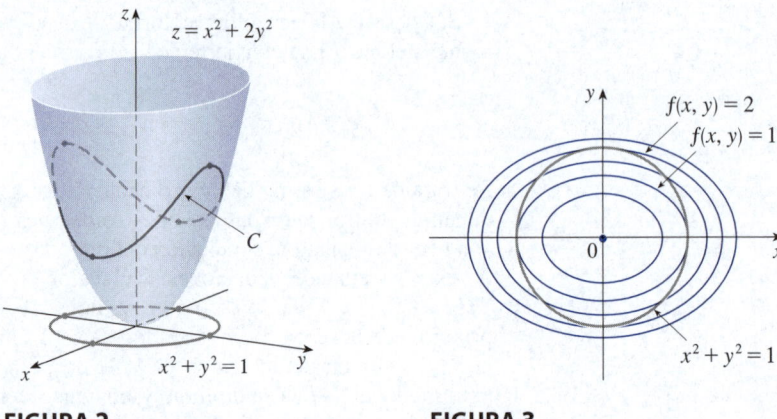

FIGURA 2   **FIGURA 3**

La siguiente explicación del método de Lagrange consiste en reconsiderar el problema dado en el ejemplo 14.7.6.

Muchos de los problemas de optimización que aparecen en la sección 4.7 pueden considerarse como la optimización de una función de dos variables sujeta a una restricción. En los ejercicios 17-22 se le pedirá que revise varios problemas de la sección 4.7 y que los resuelva usando el método de multiplicadores de Lagrange.

EJEMPLO 2 Una caja rectangular sin tapa debe hacerse con 12 m² de cartón. Determine el volumen máximo de esa caja.

SOLUCIÓN Como en el ejemplo 14.7.6, sean x, y y z la longitud, ancho y altura, respectivamente, de la caja en metros. Entonces, se desea maximizar

$$V = xyz$$

sujeto a la restricción

$$g(x, y, z) = 2xz + 2yz + xy = 12$$

Con el método de multiplicadores de Lagrange, busque valores de x, y, z y λ tales que $\nabla V = \lambda \nabla g$ y $g(x, y, z) = 12$. Esto da las ecuaciones

$$V_x = \lambda g_x$$

$$V_y = \lambda g_y$$

$$V_z = \lambda g_z$$

$$2xz + 2yz + xy = 12$$

que se convierten en

| 5 | | $yz = \lambda(2z + y)$ |

| 6 | | $xz = \lambda(2z + x)$ |

| 7 | | $xy = \lambda(2x + 2y)$ |

| 8 | | $2xz + 2yz + xy = 12$ |

No existen reglas generales para resolver sistemas de ecuaciones. A veces se requiere un poco de ingenio. En el presente ejemplo notará que si se multiplica (5) por x, (6) por y y (7) por z, los miembros izquierdos de estas ecuaciones serán idénticos. Al hacer esto, se tiene

Otro método para resolver el sistema de ecuaciones (5-8) es despejar λ en cada una de las ecuaciones 5, 6 y 7 e igualar después las expresiones resultantes.

| 9 | | $xyz = \lambda(2xz + xy)$ |

| 10 | | $xyz = \lambda(2yz + xy)$ |

| 11 | | $xyz = \lambda(2xz + yz)$ |

En general λ puede ser 0, pero aquí se observa que $\lambda \neq 0$ porque $\lambda = 0$ implicaría que $yz = xz = xy = 0$ por (5), (6) y (7) y esto sería una contradicción de (8). Por lo tanto, con base en (9) y (10) se tiene

$$2xz + xy = 2yz + xy$$

lo que da $xz = yz$. Pero $z \neq 0$ (ya que $z = 0$ daría $V = 0$), por lo que $x = y$. Por (10) y (11) se tiene

$$2yz + xy = 2xz + 2yz$$

lo que da $2xz = xy$ y, por lo tanto (ya que $x \neq 0$) $y = 2z$. Si se pone ahora $x = y = 2z$ en (8), se obtiene

$$4z^2 + 4z^2 + 4z^2 = 12$$

Como x, y y z son valores positivos, se tiene $z = 1$, por lo que $x = 2$ y $y = 2$. En consecuencia, solo hay un punto en el que f puede tener un valor extremo. ¿Cómo saber si este punto corresponde a un máximo o a un mínimo? Como en el ejemplo 14.7.6, se argumenta que tiene que haber un volumen máximo, lo que debe ocurrir en el punto que se determinó. ∎

EJEMPLO 3 Encuentre los puntos de la esfera $x^2 + y^2 + z^2 = 4$ que están más cerca y más lejos del punto $(3, 1, -1)$.

SOLUCIÓN La distancia de un punto (x, y, z) al punto $(3, 1, -1)$ es

$$d = \sqrt{(x - 3)^2 + (y - 1)^2 + (z + 1)^2}$$

pero el álgebra es más sencilla si en vez de eso se maximiza y minimiza el cuadrado de la distancia:

$$d^2 = f(x, y, z) = (x - 3)^2 + (y - 1)^2 + (z + 1)^2$$

La restricción es que el punto (x, y, z) reside en la esfera, es decir

$$g(x, y, z) = x^2 + y^2 + z^2 = 4$$

Según el método de multiplicadores de Lagrange, se resuelve $\nabla f = \lambda \nabla g$, $g = 4$. Esto da

$$\boxed{12} \qquad\qquad\qquad 2(x - 3) = 2x\lambda$$

$$\boxed{13} \qquad\qquad\qquad 2(y - 1) = 2y\lambda$$

$$\boxed{14} \qquad\qquad\qquad 2(z + 1) = 2z\lambda$$

$$\boxed{15} \qquad\qquad\qquad x^2 + y^2 + z^2 = 4$$

La manera más sencilla de resolver estas ecuaciones es despejar x, y y z en términos de λ por (12), (13) y (14) y sustituir después esos valores en (15). De (12) se tiene

$$x - 3 = x\lambda \quad \Longrightarrow \quad x(1 - \lambda) = 3 \quad \Longrightarrow \quad x = \frac{3}{1 - \lambda}$$

[Considere que $1 - \lambda \neq 0$, porque $\lambda = 1$ es imposible debido a (12)]. De igual manera, (13) y (14) dan

$$y = \frac{1}{1 - \lambda} \qquad z = -\frac{1}{1 - \lambda}$$

En consecuencia, por (15) se tiene

$$\frac{3^2}{(1 - \lambda)^2} + \frac{1^2}{(1 - \lambda)^2} + \frac{(-1)^2}{(1 - \lambda)^2} = 4$$

lo que da $(1 - \lambda)^2 = \frac{11}{4}$, $1 - \lambda = \pm\sqrt{11}/2$, por lo que

$$\lambda = 1 \pm \frac{\sqrt{11}}{2}$$

Estos valores de λ dan entonces los puntos (x, y, z) correspondientes:

$$\left(\frac{6}{\sqrt{11}}, \frac{2}{\sqrt{11}}, -\frac{2}{\sqrt{11}} \right) \quad \text{y} \quad \left(-\frac{6}{\sqrt{11}}, -\frac{2}{\sqrt{11}}, \frac{2}{\sqrt{11}} \right)$$

Es fácil darse cuenta de que f tiene un valor menor en el primero de estos puntos, así que el punto más cercano es $\left(6/\sqrt{11}, 2/\sqrt{11}, -2/\sqrt{11}\right)$ y el más alejado es $\left(-6/\sqrt{11}, -2/\sqrt{11}, 2/\sqrt{11}\right)$. ∎

En la figura 4 se muestra la esfera y el punto P más cercano del ejemplo 3. ¿Cómo podría determinar las coordenadas de P sin usar cálculo?

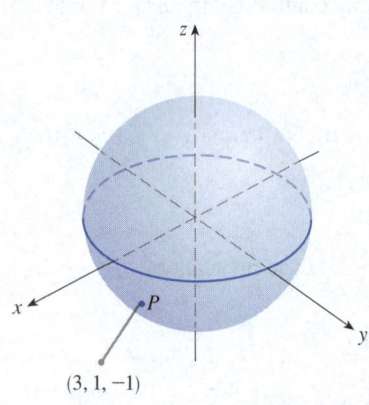

$(3, 1, -1)$

FIGURA 4

EJEMPLO 4   Encuentre los valores extremos de $f(x, y) = x^2 + 2y^2$ en el disco $D = \{(x, y) \mid x^2 + y^2 \leq 1\}$.

SOLUCIÓN   De acuerdo con el procedimiento en (14.7.9), se comparan los valores de f en los puntos críticos en D con los valores extremos de f en la frontera de D. Puesto que $f_x = 2x$ y $f_y = 4y$, el único punto crítico es $(0, 0)$. Se compara el valor de f en ese punto con los valores extremos en el límite que se determinó en el ejemplo 1 usando multiplicadores de Lagrange:

$$f(0, 0) = 0 \qquad f(\pm 1, 0) = 1 \qquad f(0, \pm 1) = 2$$

Por lo tanto, el valor máximo de f en D es $f(0, \pm 1) = 2$ y el valor mínimo es $f(0, 0) = 0$. En la figura 5 se presenta una parte de la gráfica de f sobre el disco D. Se puede ver que el punto más alto de la superficie ocurre en $(0, \pm 1)$ y el punto más bajo está en el origen. En la figura 6 se muestra un mapa de contorno de f superpuesto en el disco D.

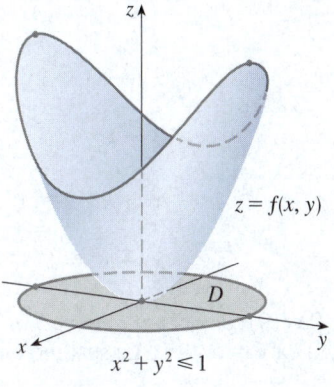

FIGURA 5

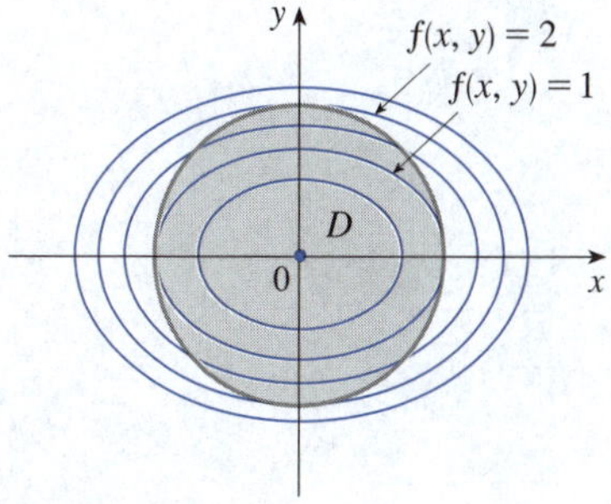

FIGURA 6

Multiplicadores de Lagrange: dos restricciones

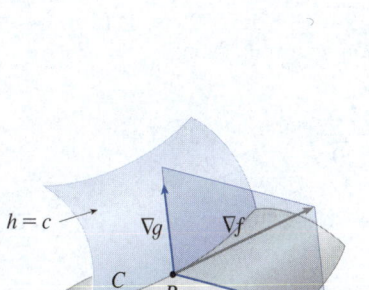

FIGURA 7

Suponga ahora que se desea encontrar los valores máximo y mínimo de una función $f(x, y, z)$ sujetos a dos restricciones (condiciones secundarias) de la forma $g(x, y, z) = k$ y $h(x, y, z) = c$. Geométricamente, esto significa que se buscan los valores extremos de f cuando (x, y, z) está restringido a residir en la curva de intersección C de las superficies de nivel $g(x, y, z) = k$ y $h(x, y, z) = c$ (vea la figura 7). Suponga que f tiene ese valor extremo en un punto $P(x_0, y_0, z_0)$. Se sabe desde el principio de esta sección que ∇f es ortogonal a C en P. Pero también se sabe que ∇g es ortogonal a $g(x, y, z) = k$ y que ∇h es ortogonal a $h(x, y, z) = c$, por lo que ∇g y ∇h son por igual ortogonales a C. Esto significa que el vector gradiente $\nabla f(x_0, y_0, z_0)$ está en el plano determinado por $\nabla g(x_0, y_0, z_0)$ y $\nabla h(x_0, y_0, z_0)$. (Suponga que estos vectores gradiente no son cero ni paralelos). Así, existen números λ y μ (llamados multiplicadores de Lagrange) tales que

$$\boxed{16} \qquad \nabla f(x_0, y_0, z_0) = \lambda \, \nabla g(x_0, y_0, z_0) + \mu \, \nabla h(x_0, y_0, z_0)$$

En este caso, el método de Lagrange consiste en buscar valores extremos y para ello, se resuelven cinco ecuaciones con las cinco incógnitas x, y, z, λ y μ. Estas ecuaciones se obtienen escribiendo la ecuación 16 en términos de sus componentes y usando las ecuaciones de restricción:

$$f_x = \lambda \, g_x + \mu h_x$$

$$f_y = \lambda \, g_y + \mu h_y$$

$$f_z = \lambda \, g_z + \mu h_z$$

$$g(x, y, z) = k$$

$$h(x, y, z) = c$$

El cilindro $x^2 + y^2 = 1$ interseca el plano $x - y + z = 1$ en una elipse (figura 8). En el ejemplo 5 se pide el valor máximo de f cuando (x, y, z) está restringido a residir en la elipse.

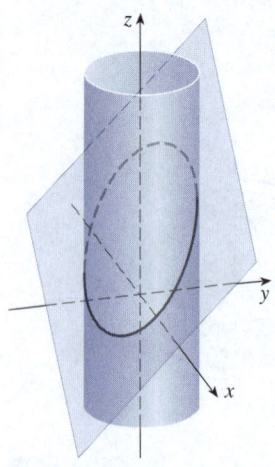

FIGURA 8

EJEMPLO 5 Encuentre el valor máximo de la función $f(x, y, z) = x + 2y + 3z$ en la curva de intersección del plano $x - y + z = 1$ y el cilindro $x^2 + y^2 = 1$.

SOLUCIÓN Maximice la función $f(x, y, z) = x + 2y + 3z$ sujeta a las restricciones $g(x, y, z) = x - y + z = 1$ y $h(x, y, z) = x^2 + y^2 = 1$. La condición de Lagrange es $\nabla f = \lambda \nabla g + \mu \nabla h$, así que se resuelven las ecuaciones

$$\boxed{17} \qquad\qquad 1 = \lambda + 2x\mu$$

$$\boxed{18} \qquad\qquad 2 = -\lambda + 2y\mu$$

$$\boxed{19} \qquad\qquad 3 = \lambda$$

$$\boxed{20} \qquad\qquad x - y + z = 1$$

$$\boxed{21} \qquad\qquad x^2 + y^2 = 1$$

Al poner $\lambda = 3$ [de (19)] en (17) se obtiene $2x\mu = -2$, por lo que $x = -1/\mu$. De igual manera, (18) da $y = 5/(2\mu)$. La sustitución en (21) da entonces

$$\frac{1}{\mu^2} + \frac{25}{4\mu^2} = 1$$

y así, $\mu^2 = \frac{29}{4}$, $\mu = \pm\sqrt{29}/2$. Entonces, $x = \mp 2/\sqrt{29}$, $y = \pm 5/\sqrt{29}$ y, de (20), $z = 1 - x + y = 1 \pm 7/\sqrt{29}$. Los valores correspondientes de f son:

$$\mp \frac{2}{\sqrt{29}} + 2\left(\pm\frac{5}{\sqrt{29}}\right) + 3\left(1 \pm \frac{7}{\sqrt{29}}\right) = 3 \pm \sqrt{29}$$

Por lo tanto, el valor máximo de f en la curva dada es $3 + \sqrt{29}$. ∎

14.8 | Ejercicios

1. Se presenta un mapa de contorno de f y una curva con ecuación $g(x, y) = 8$. Estime los valores máximo y mínimo de f sujetos a la restricción de $g(x, y) = 8$. Explique su razonamiento.

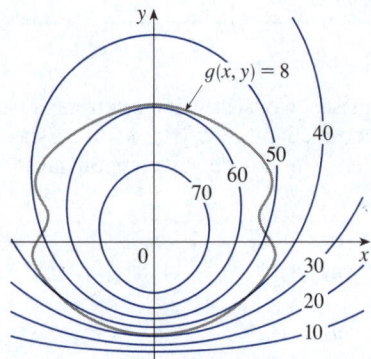

📷 **2.** (a) Use una calculadora graficadora o computadora para graficar el círculo $x^2 + y^2 = 1$. En la misma pantalla, grafique varias curvas de la forma $x^2 + y = c$ hasta encontrar

dos que apenas toquen el círculo. ¿Cuál es la importancia de los valores de c para estas dos curvas?

(b) Use los multiplicadores de Lagrange para determinar los valores extremos de $f(x, y) = x^2 + y$ sujetos a la restricción $x^2 + y^2 = 1$. Compare sus respuestas con las del inciso (a).

3-16 Cada uno de estos problemas de valores extremos tiene una solución tanto con un valor máximo como con un valor mínimo. Use multiplicadores de Lagrange para calcular los valores extremos de la función sujeta a la restricción dada.

3. $f(x, y) = x^2 - y^2$, $\quad x^2 + y^2 = 1$

4. $f(x, y) = x^2 y$, $\quad x^2 + y^4 = 5$

5. $f(x, y) = xy$, $\quad 4x^2 + y^2 = 8$

6. $f(x, y) = xe^y$, $\quad x^2 + y^2 = 2$

7. $f(x, y) = 2x^2 + 6y^2$, $\quad x^4 + 3y^4 = 1$

8. $f(x, y) = xye^{-x^2-y^2}$, $\quad 2x - y = 0$

9. $f(x, y, z) = 2x + 2y + z$, $\quad x^2 + y^2 + z^2 = 9$

10. $f(x, y, z) = e^{xyz}$, $\quad 2x^2 + y^2 + z^2 = 24$

11. $f(x, y, z) = xy^2z, \quad x^2 + y^2 + z^2 = 4$

12. $f(x, y, z) = x^2 + y^2 + z^2, \quad x^2 + y^2 + z^2 + xy = 12$

13. $f(x, y, z) = x^2 + y^2 + z^2, \quad x^4 + y^4 + z^4 = 1$

14. $f(x, y, z) = x^4 + y^4 + z^4, \quad x^2 + y^2 + z^2 = 1$

15. $f(x, y, z, t) = x + y + z + t, \quad x^2 + y^2 + z^2 + t^2 = 1$

16. $f(x_1, x_2, ..., x_n) = x_1 + x_2 + ... + x_n,$

$x_1^2 + x_2^2 + ... + x_n^2 = 1$

17-22 Use multiplicadores de Lagrange para ofrecer una solución alternativa a la del ejercicio indicado en la sección 4.7.

17. Ejercicio 3

18. Ejercicio 8

19. Ejercicio 7

20. Ejercicio 18

21. Ejercicio 25

22. Ejercicio 24

23-24 El método de multiplicadores de Lagrange supone que los valores extremos existen, pero no siempre es así. Demuestre que el problema de encontrar el valor mínimo de f sujeto a la restricción dada puede resolverse usando multiplicadores de Lagrange, pero que f no tiene un valor máximo con esa restricción.

23. $f(x, y) = x^2 + y^2, \quad xy = 1$

24. $f(x, y, z) = x^2 + 2y^2 + 3z^2, \quad x + 2y + 3z = 10$

25-26 Use multiplicadores de Lagrange para encontrar el valor máximo de f sujeto a la restricción dada. Luego demuestre que f no tiene valor mínimo con dicha restricción.

25. $f(x, y) = e^{xy}, \quad x^3 + y^3 = 16$

26. $f(x, y, z) = 4x + 2y + z, \quad x^2 + y + z^2 = 1$

27-29 Encuentre los valores extremos de f en la región descrita por la desigualdad.

27. $f(x, y) = x^2 + y^2 + 4x - 4y, \quad x^2 + y^2 \leq 9$

28. $f(x, y) = 2x^2 + 3y^2 - 4x - 5, \quad x^2 + y^2 \leq 16$

29. $f(x, y) = e^{-xy}, \quad x^2 + 4y^2 \leq 1$

30-33 Determine los valores extremos de f sujetos a ambas restricciones.

30. $f(x, y, z) = z; \quad x^2 + y^2 = z^2, \quad x + y + z = 24$

31. $f(x, y, z) = x + y + z; \quad x^2 + z^2 = 2, \quad x + y = 1$

32. $f(x, y, z) = x^2 + y^2 + z^2; \quad x - y = 1, \quad y^2 - z^2 = 1$

33. $f(x, y, z) = yz + xy; \quad xy = 1, \quad y^2 + z^2 = 1$

34. Considere el problema de maximizar la función

$f(x, y) = 2x + 3y$ sujeta a la restricción $\sqrt{x} + \sqrt{y} = 5$.

(a) Intente usar multiplicadores de Lagrange para resolver el problema.

(b) ¿Podría $f(25, 0)$ dar un valor mayor que el del inciso (a)?

(c) Resuelva el problema graficando la ecuación de restricción y varias curvas de nivel de f.

(d) Explique por qué el método de multiplicadores de Lagrange no resuelve este problema.

(e) ¿Cuál es la importancia de $f(9, 4)$?

35. Considere el problema de minimizar la función $f(x, y) = x$ en la curva $y^2 + x^4 - x^3 = 0$ (un piriforme).

(a) Intente usar multiplicadores de Lagrange para resolver este problema.

(b) Demuestre que el valor mínimo es $f(0, 0) = 0$, pero que la condición de Lagrange $\nabla f(0, 0) = \lambda \nabla g(0, 0)$ no se satisface con ningún valor de λ.

(c) Explique por qué los multiplicadores de Lagrange no se pueden usar para obtener el valor mínimo en este caso.

T **36.** (a) Use un programa informático que trace curvas definidas implícitamente para estimar los valores mínimo y máximo de $f(x, y) = x^3 + y^3 + 3xy$ sujetos a la restricción $(x - 3)^2 + (y - 3)^2 = 9$ mediante métodos gráficos.

(b) Resuelva el problema del inciso (a) con ayuda de los multiplicadores de Lagrange. Deberá resolver la ecuación numéricamente. Compare sus respuestas con las del inciso (a).

37. La producción total P de cierto producto depende de la cantidad de mano de obra utilizada L y de la cantidad de inversión de capital K. En la sección 14.1 y el proyecto presentado después de la sección 14.3 se explicó que el modelo de Cobb-Douglas $P = bL^\alpha K^{1-\alpha}$ sigue ciertos supuestos económicos, donde b y α son constantes positivas y $\alpha < 1$. Si el costo de una unidad de trabajo es m y el costo de una unidad de capital es n, y si la empresa solo puede gastar p dólares como su presupuesto total, maximizar la producción P está sujeto a la restricción $mL + nK = p$. Demuestre que la producción máxima ocurre cuando

$$L = \frac{\alpha p}{m} \quad \text{y} \quad K = \frac{(1 - \alpha)p}{n}$$

38. En referencia al ejercicio 37, suponga ahora que la producción se fija en $bL^\alpha K^{1-\alpha} = Q$, donde Q es una constante. ¿Qué valores de L y K minimizan la función de costo $C(L, K) = mL + nK$?

39. Use multiplicadores de Lagrange para demostrar que el rectángulo con área máxima que tiene un perímetro dado p es un cuadrado.

40. Use multiplicadores de Lagrange para demostrar que el triángulo con área máxima que tiene un perímetro dado p es equilátero.

Sugerencia: Use la fórmula de Herón para el área:

$$A = \sqrt{s(s - x)(s - y)(s - z)}$$

donde $s = p/2$ y x, y, z son las longitudes de los lados.

41-53 Use multiplicadores de Lagrange para ofrecer una solución alternativa a la del ejercicio indicado de la sección 14.7.

41. Ejercicio 43   **42.** Ejercicio 44

43. Ejercicio 45   **44.** Ejercicio 46

45. Ejercicio 47   **46.** Ejercicio 48

47. Ejercicio 49   **48.** Ejercicio 50

49. Ejercicio 51   **50.** Ejercicio 52

51. Ejercicio 53   **52.** Ejercicio 54

53. Ejercicio 57

---

54. Un paquete en forma de caja rectangular puede enviarse por correo en el Servicio Postal de Estados Unidos si la suma de su longitud y contorno (el perímetro de una sección transversal perpendicular a la longitud; vea el ejercicio 4.7.23) es como máximo de 108 pulgadas. Use multiplicadores de Lagrange para calcular las dimensiones del paquete con el mayor volumen que es posible enviar por correo.

55. Un silo de grano debe construirse fijando un techo semiesférico y un piso plano a un cilindro circular. Use multiplicadores de Lagrange para demostrar que para un área superficial total S, el volumen del silo se maximiza cuando el radio y la altura del cilindro son iguales.

56. Determine los volúmenes máximo y mínimo de una caja rectangular cuya área superficial es de $1\,500$ cm^2 y cuya longitud de aristas total es de 200 cm.

57. El plano $x + y + 2z = 2$ interseca el paraboloide $z = x^2 + y^2$ en una elipse. Encuentre los puntos en esta elipse que están más cerca y más lejos del origen.

58. El plano $4x - 3y + 8z = 5$ interseca el cono $z^2 = x^2 + y^2$ en una elipse.

  (a) Grafique el cono y el plano y observe la intersección elíptica.

  (b) Use multiplicadores de Lagrange para determinar el punto más alto y el más bajo en la elipse.

T **59-60** Encuentre los valores máximo y mínimo de f sujetos a las restricciones dadas. Use un sistema algebraico computacional para resolver el sistema de ecuaciones que produce el uso de multiplicadores de Lagrange. (Si solo encuentra una solución en el SAC, es posible que deba usar otros comandos).

59. $f(x, y, z) = ye^{x-z}$; $9x^2 + 4y^2 + 36z^2 = 36$, $xy + yz = 1$

60. $f(x, y, z) = x + y + z$; $x^2 - y^2 = z$, $x^2 + z^2 = 4$

---

61. Use multiplicadores de Lagrange para calcular los valores extremos de $f(x, y) = 3x^2 + y^2$ sujetos a la restricción $x^2 + y^2 = 4y$. Demuestre que el valor mínimo corresponde a $\lambda = 0$.

62. (a) Maximice $\sum_{i=1}^{n} x_i y_i$ sujeto a las restricciones $\sum_{i=1}^{n} x_i^2 = 1$ y $\sum_{i=1}^{n} y_i^2 = 1$.

  (b) Use

$$x_i = \frac{a_i}{\sqrt{\sum a_j^2}} \quad y \quad y_i = \frac{b_i}{\sqrt{\sum b_j^2}}$$

para demostrar que

$$\sum a_i b_i \le \sqrt{\sum a_j^2} \, \sqrt{\sum b_j^2}$$

para cualesquiera números $a_1, \ldots, a_n$, $b_1, \ldots, b_n$. Esta desigualdad se conoce como *desigualdad de Cauchy-Schwarz*.

63. (a) Encuentre el valor máximo de

$$f(x_1, x_2, \ldots, x_n) = \sqrt[n]{x_1 x_2 \cdots x_n}$$

dado que $x_1, x_2, \ldots, x_n$ son números positivos y $x_1 + x_2 + \cdots + x_n = c$, donde c es una constante.

  (b) Deduzca del inciso (a) que si $x_1, x_2, \ldots, x_n$ son números positivos, entonces

$$\sqrt[n]{x_1 x_2 \cdots x_n} \le \frac{x_1 + x_2 + \cdots + x_n}{n}$$

Esta desigualdad indica que la media geométrica de n números no es mayor que la media aritmética de los números. ¿En qué circunstancias estas dos medias son iguales?

PROYECTO DE APLICACIÓN | LA CIENCIA DE LOS COHETES ESPACIALES

Muchos cohetes, como el *Saturno V* que fue el primero en llevar al ser humano a la Luna, están diseñados para usar tres etapas en su ascenso al espacio. Una primera etapa grande propulsa inicialmente al cohete hasta que el combustible se agota, momento en el cual esta etapa es expulsada para reducir la masa del cohete. Las etapas segunda y tercera son menores y funcionan de manera similar para poner en órbita la carga útil del cohete alrededor de la Tierra. (Con este diseño, se requieren al menos dos etapas para alcanzar las velocidades necesarias y usar tres etapas ha demostrado ser un buen equilibrio entre costo y rendimiento). La meta aquí es determinar las masas de cada una de las tres etapas, las que deben diseñarse para reducir al mínimo la masa total del cohete y permitir, al mismo tiempo, que alcance la velocidad deseada.

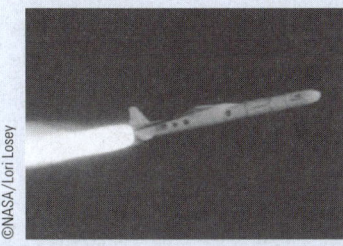

©NASA/Lori Losey

Para un cohete de una etapa que consume combustible a razón constante, el cambio en velocidad que produce la aceleración del vehículo del cohete se ha modelado como

$$\Delta V = -c \ln\left(1 - \frac{(1 - S)M_r}{P + M_r} \right)$$

donde M_r es la masa del motor del cohete incluido el combustible inicial, P es la masa de la carga útil, S es un *factor estructural* determinado por el diseño del cohete (específicamente, la razón entre la masa del vehículo del cohete sin combustible y la masa total del cohete con combustible) y c es la rapidez (constante) de escape en relación con el cohete.

Considere ahora un cohete con tres etapas y una carga útil de masa A. Suponga que las fuerzas externas son mínimas y que c y S se mantienen constantes en cada etapa. Si M_i es la masa de la i-ésima etapa, se puede considerar inicialmente que el motor del cohete tiene masa M_1 y que su carga útil tiene masa $M_2 + M_3 + A$; la segunda y tercera etapas pueden manejarse de forma similar.

1. Demuestre que la velocidad alcanzada después de que se han desechado las tres etapas está dada por

$$v_f = c\left[\ln\left(\frac{M_1 + M_2 + M_3 + A}{SM_1 + M_2 + M_3 + A} \right) + \ln\left(\frac{M_2 + M_3 + A}{SM_2 + M_3 + A} \right) + \ln\left(\frac{M_3 + A}{SM_3 + A} \right) \right]$$

2. Se desea minimizar la masa total $M = M_1 + M_2 + M_3$ del motor del cohete sujeta a la restricción que se alcance la velocidad deseada v_f del problema 1. El método de multiplicadores de Lagrange es apropiado aquí, pero difícil de implementar usando las expresiones actuales. Para simplificar, se definen variables N_i de tal forma que la ecuación de restricción pueda expresarse como $v_f = c(\ln N_1 + \ln N_2 + \ln N_3)$. Dado que M es ahora difícil de expresar en términos de N_i, es deseable usar una función más sencilla que se minimizará en el mismo lugar que M. Demuestre que

$$\frac{M_1 + M_2 + M_3 + A}{M_2 + M_3 + A} = \frac{(1 - S)N_1}{1 - SN_1}$$

$$\frac{M_2 + M_3 + A}{M_3 + A} = \frac{(1 - S)N_2}{1 - SN_2}$$

$$\frac{M_3 + A}{A} = \frac{(1 - S)N_3}{1 - SN_3}$$

y concluya que

$$\frac{M + A}{A} = \frac{(1 - S)^3 N_1 N_2 N_3}{(1 - SN_1)(1 - SN_2)(1 - SN_3)}$$

3. Verifique que $\ln((M + A)/A)$ se minimiza en el mismo lugar que M; use multiplicadores de Lagrange y los resultados del problema 2 para encontrar expresiones para los valores de N_i donde el mínimo ocurre sujeto a la restricción $v_f = c(\ln N_1 + \ln N_2 + \ln N_3)$. [*Sugerencia*: Use las propiedades de los logaritmos para simplificar las expresiones].

4. Determine una expresión para el valor mínimo de M como función de v_f.

5. Si se quiere colocar un cohete de tres etapas en órbita a 160 km de la superficie terrestre, se requiere una velocidad final de aproximadamente 28 000 km/h. Suponga que cada etapa integra un factor estructural $S = 0.2$ y una rapidez de escape de $c = 9600$ km/h.

   (a) Determine la masa mínima total M de los motores del cohete como una función de A.

   (b) Determine la masa de cada etapa en lo individual como una función de A. (No son del mismo tamaño).

6. El mismo cohete requeriría una velocidad final de aproximadamente 39 700 km/h para escapar de la gravedad de la Tierra. Determine la masa de cada etapa que minimizaría la masa total de los motores del cohete y que permitiría al cohete propulsar una sonda de 200 kg en el espacio exterior.

PROYECTO DE APLICACIÓN | OPTIMIZACIÓN DE HIDROTURBINAS

©Romaset/Shutterstock.com

En una estación generadora de energía hidroeléctrica el agua se transporta por tuberías desde una presa hasta la central de energía. La razón a la que fluye el agua por la tubería varía, dependiendo de condiciones externas.

La central de energía tiene tres turbinas hidroeléctricas diferentes, cada una de ellas con una función potencia o función potencial conocida (y única) que define la cantidad de energía eléctrica generada como función del caudal de agua que llega a la turbina. El agua entrante puede repartirse en diferentes volúmenes a cada turbina, por lo que la meta es determinar cómo distribuir el agua entre las turbinas para establecer la máxima producción de energía total a cualquier razón de flujo.

Con base en datos experimentales y la *ecuación de Bernoulli*, se determinaron los modelos cuadráticos siguientes para la producción de energía de cada turbina, además de los flujos permisibles de operación:

$$KW_1 = (-18.89 + 0.1277Q_1 - 4.08 \cdot 10^{-5}Q_1^2)(170 - 1.6 \cdot 10^{-6}Q_T^2)$$

$$KW_2 = (-24.51 + 0.1358Q_2 - 4.69 \cdot 10^{-5}Q_2^2)(170 - 1.6 \cdot 10^{-6}Q_T^2)$$

$$KW_3 = (-27.02 + 0.1380Q_3 - 3.84 \cdot 10^{-5}Q_3^2)(170 - 1.6 \cdot 10^{-6}Q_T^2)$$

$$250 \leqslant Q_1 \leqslant 1\,110, \quad 250 \leqslant Q_2 \leqslant 1\,110, \quad 250 \leqslant Q_3 \leqslant 1\,225$$

donde

Q_i = flujo que pasa por la turbina i en metros cúbicos por segundo

KW_i = energía generada por la turbina i en kilowatts

Q_T = flujo total que pasa por la central en metros cúbicos por segundo

1. Si se usan las tres turbinas, se desea determinar el flujo Q_i de cada turbina que dará por resultado la producción total máxima de energía. Las limitaciones son que los flujos deben sumar el flujo de entrada total y hay que observar las restricciones dadas del dominio. En consecuencia, use multiplicadores de Lagrange para determinar los valores de cada uno de los flujos (como funciones de Q_T) que maximicen la producción total de energía

$$KW_1 + KW_2 + KW_3$$

sujeto a las restricciones

$$Q_1 + Q_2 + Q_3 = Q_T$$

y a las restricciones del dominio en cada Q_i.

2. ¿Para cuáles valores de Q_T es válido su resultado?

3. Para un flujo de entrada de 70 m³/s, determine la distribución a las turbinas y verifique (probando algunas distribuciones cercanas) que su resultado sea efectivamente un máximo.

4. Hasta ahora se ha supuesto que las tres turbinas están en operación; ¿es posible en algunas situaciones que se produzca más energía usando solo una turbina? Haga una gráfica de las tres funciones potencia y úsela para decidir si un flujo de entrada de 30 m³/s debería distribuirse a las tres turbinas o encauzarse solo a una. (Si determina que solo debería usarse una turbina, ¿cuál de ellas sería?) ¿Qué pasaría si el flujo fuera de únicamente 17 m³/s?

5. Quizá para algunos niveles de flujo sería provechoso usar dos turbinas. Si el flujo de entrada es de 40 m³/s, ¿cuáles dos turbinas recomendaría usar? Use multiplicadores de Lagrange para determinar cómo debe distribuirse el flujo entre las dos turbinas para maximizar la energía producida. Para este flujo, ¿emplear dos turbinas es más eficiente que usar las tres?

6. Si el flujo de entrada es de 96 m³/s, ¿qué recomendaría a la gerencia de la estación?

14 REPASO

VERIFICACIÓN DE CONCEPTOS

Las respuestas de la sección "Verificación de conceptos" están disponibles en StewartCalculus.com

1. (a) ¿Qué es una función de dos variables?

(b) Describa tres métodos para visualizar una función de dos variables.

2. ¿Qué es una función de tres variables? ¿Cómo puede visualizarse una función de ese tipo?

3. ¿Qué significa la expresión siguiente?

$$\lim_{(x,\,y)\to(a,\,b)} f(x, y) = L$$

¿Cómo podría demostrar que ese límite no existe?

4. (a) ¿Qué significa decir que f es continua en (a, b)?

(b) Si f es continua en $\mathbb{R}^2$, ¿qué se puede decir sobre su gráfica?

5. (a) Escriba expresiones para las derivadas parciales $f_x(a, b)$ y $f_y(a, b)$ como límites.

(b) ¿Cómo se interpretan $f_x(a, b)$ y $f_y(a, b)$ geométricamente? ¿Cómo se interpretan como razones de cambio?

(c) Si $f(x, y)$ está dada por una fórmula, ¿cómo se calculan f_x y f_y?

6. ¿Qué dice el teorema de Clairaut?

7. ¿Cómo se determina un plano tangente a cada uno de los siguientes tipos de superficies?

(a) Una gráfica de una función de dos variables, $z = f(x, y)$

(b) Una superficie de nivel de una función de tres variables $F(x, y, z) = k$

8. Defina la linealización de f en (a, b). ¿Cuál es la correspondiente aproximación lineal? ¿Cuál es la interpretación geométrica de la aproximación lineal?

9. (a) ¿Qué significa decir que f es derivable en (a, b)?

(b) ¿Cómo suele verificarse que f es derivable?

10. Si $z = f(x, y)$, ¿qué son los diferenciales dx, dy y dz?

11. Enuncie la regla de la cadena para el caso en el que $z = f(x, y)$ y x y y son funciones de una variable. ¿Y si x y y fueran funciones de dos variables?

12. Si z es definida implícitamente como una función de x y y por una ecuación de la forma $F(x, y, z) = 0$, ¿cómo se determinan $\partial z/\partial x$ y $\partial z/\partial y$?

13. (a) Escriba una expresión como un límite para la derivada direccional de f en (x_0, y_0) en la dirección de un vector unitario $\mathbf{u} = \langle a, b\rangle$. ¿Cómo se interpreta como una razón? ¿Cómo se interpreta geométricamente?

(b) Si f es derivable, escriba una expresión para $D_{\mathbf{u}} f(x_0, y_0)$ en términos de f_x y f_y.

14. (a) Defina el vector gradiente ∇f para una función f de dos o tres variables.

(b) Exprese $D_{\mathbf{u}} f$ en términos de ∇f.

(c) Explique la importancia geométrica del gradiente.

15. ¿Qué significan los enunciados siguientes?

(a) f tiene un máximo local en (a, b).

(b) f tiene un máximo absoluto en (a, b).

(c) f tiene un mínimo local en (a, b).

(d) f tiene un mínimo absoluto en (a, b).

(e) f tiene un punto silla en (a, b).

16. (a) Si f tiene un máximo local en (a, b), ¿qué puede decir sobre sus derivadas parciales en (a, b)?

(b) ¿Qué es un punto crítico de f?

17. Enuncie la prueba de la segunda derivada.

18. (a) ¿Qué es un conjunto cerrado en $\mathbb{R}^2$? ¿Qué es un conjunto acotado?

(b) Enuncie el teorema de valores extremos para funciones de dos variables.

(c) ¿Cómo se determinan los valores que garantiza el teorema de valores extremos?

19. Explique cómo funciona el método de multiplicadores de Lagrange para determinar los valores extremos de $f(x, y, z)$ sujetos a la restricción $g(x, y, z) = k$. ¿Y si hubiera una segunda restricción $h(x, y, z) = c$?

PREGUNTAS DE VERDADERO O FALSO

Determine si el enunciado es verdadero o falso. Si es verdadero, explique por qué. Si es falso, explique por qué o dé un ejemplo que lo refute.

1. $f_y(a, b) = \lim\limits_{y\to b} \dfrac{f(a, y) - f(a, b)}{y - b}$

2. Existe una función f con derivadas parciales continuas de segundo orden tales que $f_x(x, y) = x + y^2$ y $f_y(x, y) = x - y^2$.

3. $f_{xy} = \dfrac{\partial^2 f}{\partial x\, \partial y}$

4. $D_{\mathbf{k}} f(x, y, z) = f_z(x, y, z)$

5. Si $f(x, y) \to L$ cuando $(x, y) \to (a, b)$ a lo largo de todas las rectas que pasan por (a, b), entonces $\lim_{(x,\,y)\to(a,\,b)} f(x, y) = L$.

6. Si $f_x(a, b)$ y $f_y(a, b)$ existen, f es derivable en (a, b).

7. Si f tiene un mínimo local en (a, b) y f es derivable en (a, b), entonces $\nabla f(a, b) = \mathbf{0}$.

8. Si f es una función, entonces

$$\lim_{(x,\,y) \to (2,\,5)} f(x, y) = f(2, 5)$$

9. Si $f(x, y) = \ln y$, entonces $\nabla f(x, y) = 1/y$.

10. Si $(2, 1)$ es un punto crítico de f y

$$f_{xx}(2, 1)\, f_{yy}(2, 1) < [f_{xy}(2, 1)]^2$$

entonces f tiene un punto silla en $(2, 1)$.

11. Si $f(x, y) = \operatorname{sen} x + \operatorname{sen} y$, entonces $-\sqrt{2} \leq D_{\mathbf{u}} f(x, y) \leq \sqrt{2}$.

12. Si $f(x, y)$ tiene dos máximos locales, f debe tener un mínimo local.

EJERCICIOS

1-2 Determine y trace el dominio de la función.

1. $f(x, y) = \ln(x + y + 1)$

2. $f(x, y) = \sqrt{4 - x^2 - y^2} + \sqrt{1 - x^2}$

3-4 Trace la gráfica de la función.

3. $f(x, y) = 1 - y^2$ **4.** $f(x, y) = x^2 + (y - 2)^2$

5-6 Trace varias curvas de nivel de la función.

5. $f(x, y) = \sqrt{4x^2 + y^2}$ **6.** $f(x, y) = e^x + y$

7. Haga un diagrama aproximado de un mapa de contorno para la función cuya gráfica se muestra.

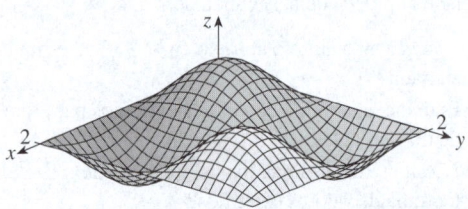

8. Se muestra el mapa de contorno de una función f.
  (a) Estime el valor de $f(3, 2)$.
  (b) ¿Es $f_x(3, 2)$ positiva o negativa? Explique su respuesta.
  (c) ¿Cuál es mayor: $f_y(2, 1)$ o $f_y(2, 2)$? Explique su respuesta.

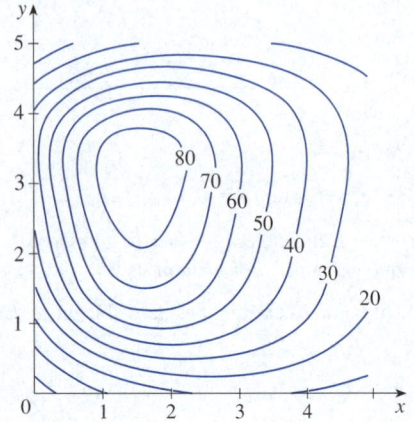

9-10 Evalúe el límite o demuestre que no existe.

9. $\displaystyle\lim_{(x,\,y) \to (1,\,1)} \frac{2xy}{x^2 + 2y^2}$ **10.** $\displaystyle\lim_{(x,\,y) \to (0,\,0)} \frac{2xy}{x^2 + 2y^2}$

11. Una placa de metal está situada en el plano xy y ocupa el rectángulo $0 \leq x \leq 10$, $0 \leq y \leq 8$, donde x y y se miden en metros. La temperatura en el punto (x, y) en la placa es $T(x, y)$, donde T se mide en grados Celsius. Se miden las temperaturas en puntos igualmente espaciados y se registran en la tabla.
  (a) Estime los valores de las derivadas parciales $T_x(6, 4)$ y $T_y(6, 4)$. ¿Cuáles son las unidades?
  (b) Estime el valor de $D_{\mathbf{u}} T(6, 4)$, donde $\mathbf{u} = (\mathbf{i} + \mathbf{j})/\sqrt{2}$. Interprete su resultado.
  (c) Estime el valor de $T_{xy}(6, 4)$.

x \ y	0	2	4	6	8
0	30	38	45	51	55
2	52	56	60	62	61
4	78	74	72	68	66
6	98	87	80	75	71
8	96	90	86	80	75
10	92	92	91	87	78

12. Encuentre una aproximación lineal de la función de temperatura $T(x, y)$ del ejercicio 11 cerca del punto $(6, 4)$. Úsela después para estimar la temperatura en el punto $(5, 3.8)$.

13-17 Determine las primeras derivadas parciales.

13. $f(x, y) = (5y^3 + 2x^2 y)^8$ **14.** $g(u, v) = \dfrac{u + 2v}{u^2 + v^2}$

15. $F(\alpha, \beta) = \alpha^2 \ln(\alpha^2 + \beta^2)$

16. $G(x, y, z) = e^{xz} \operatorname{sen}(y/z)$

17. $S(u, v, w) = u \arctan\left(v \sqrt{w}\,\right)$

18. La rapidez del sonido a través de aguas oceánicas es una función de la temperatura, la salinidad y la presión, que se representa con la función

$$C = 1449.2 + 4.6T - 0.055T^2 + 0.00029T^3$$
$$+ (1.34 - 0.01T)(S - 35) + 0.016D$$

donde C es la rapidez del sonido (en metros por segundo), T la temperatura (en grados Celsius), S la salinidad (la concentración de sales en partes por millar, lo que significa el número de gramos de sólidos disueltos por cada $1\,000$ g de agua) y D la profundidad bajo la superficie marina (en metros). Calcule $\partial C/\partial T$, $\partial C/\partial S$ y $\partial C/\partial D$ cuando $T = 10$ °C, $S = 35$ partes por millar y $D = 100$ m. Explique el significado físico de estas derivadas parciales.

19-22 Determine todas las segundas derivadas parciales de f.

19. $f(x, y) = 4x^3 - xy^2$ **20.** $z = xe^{-2y}$

21. $f(x, y, z) = x^k y^l z^m$ **22.** $v = r \cos(s + 2t)$

23. Si $z = xy + xe^{y/x}$, demuestre que $x \dfrac{\partial z}{\partial x} + y \dfrac{\partial z}{\partial y} = xy + z$.

24. Si $z = \operatorname{sen}(x + \operatorname{sen} t)$, demuestre que

$$\frac{\partial z}{\partial x} \frac{\partial^2 z}{\partial x\, \partial t} = \frac{\partial z}{\partial t} \frac{\partial^2 z}{\partial x^2}$$

25-29 Determine ecuaciones de (a) el plano tangente y (b) la recta normal a la superficie dada en el punto especificado.

25. $z = 3x^2 - y^2 + 2x$, $(1, -2, 1)$

26. $z = e^x \cos y$, $(0, 0, 1)$

27. $x^2 + 2y^2 - 3z^2 = 3$, $(2, -1, 1)$

28. $xy + yz + zx = 3$, $(1, 1, 1)$

29. $\operatorname{sen}(xyz) = x + 2y + 3z$, $(2, -1, 0)$

30. Use una computadora para graficar la superficie $z = x^2 + y^4$ y su plano tangente y recta normal en $(1, 1, 2)$ en la misma pantalla. Elija el dominio y la perspectiva de tal forma que obtenga una buena vista de los tres objetos.

31. Encuentre los puntos en el hiperboloide

$$x^2 + 4y^2 - z^2 = 4$$

donde el plano tangente es paralelo al plano

$$2x + 2y + z = 5.$$

32. Determine du si $u = \ln(1 + se^{2t})$.

33. Encuentre la aproximación lineal de la función $f(x, y, z) = x^3 \sqrt{y^2 + z^2}$ en el punto $(2, 3, 4)$ y úsela para estimar el número $(1.98)^3 \sqrt{(3.01)^2 + (3.97)^2}$.

34. Los dos catetos de un triángulo rectángulo se miden como 5 m y 12 m con un posible error de medición de a lo sumo 0.2 cm en cada uno. Use diferenciales para estimar el error máximo en el valor calculado de (a) el área del triángulo y (b) la longitud de la hipotenusa.

35. Si $u = x^2 y^3 + z^4$, donde $x = p + 3p^2$, $y = pe^p$ y $z = p\operatorname{sen} p$, use la regla de la cadena para determinar du/dp.

36. Si $v = x^2 \operatorname{sen} y + ye^{xy}$, donde $x = s + 2t$ y $y = st$, use la regla de la cadena para determinar $\partial v/\partial s$ y $\partial v/\partial t$ cuando $s = 0$ y $t = 1$.

37. Suponga que $z = f(x, y)$, donde $x = g(s, t)$, $y = h(s, t)$, $g(1, 2) = 3$, $g_s(1, 2) = -1$, $g_t(1, 2) = 4$, $h(1, 2) = 6$, $h_s(1, 2) = -5$, $h_t(1, 2) = 10$, $f_x(3, 6) = 7$ y $f_y(3, 6) = 8$. Determine $\partial z/\partial s$ y $\partial z/\partial t$ cuando $s = 1$ y $t = 2$.

38. Use un diagrama de árbol para escribir la regla de la cadena para el caso en el que $w = f(t, u, v)$, $t = t(p, q, r, s)$, $u = u(p, q, r, s)$ y $v = v(p, q, r, s)$ sean todas ellas funciones derivables.

39. Si $z = y + f(x^2 - y^2)$, donde f es derivable, demuestre que

$$y \frac{\partial z}{\partial x} + x \frac{\partial z}{\partial y} = x$$

40. La longitud x de un lado de un triángulo aumenta a razón de 3 in/s, la longitud y de otro lado disminuye a razón de 2 in/s y el ángulo contenido θ aumenta a razón de 0.05 radianes/s. ¿Con qué rapidez cambia el área del triángulo cuando $x = 40$ pulgadas, $y = 50$ pulgadas y $\theta = \pi/6$?

41. Si $z = f(u, v)$, donde $u = xy$, $v = y/x$ y f tiene segundas derivadas parciales continuas, demuestre que

$$x^2 \frac{\partial^2 z}{\partial x^2} - y^2 \frac{\partial^2 z}{\partial y^2} = -4uv \frac{\partial^2 z}{\partial u\, \partial v} + 2v \frac{\partial z}{\partial v}$$

42. Si $\cos(xyz) = 1 + x^2 y^2 + z^2$, determine $\dfrac{\partial z}{\partial x}$ y $\dfrac{\partial z}{\partial y}$.

43. Encuentre el gradiente de la función $f(x, y, z) = x^2 e^{yz^2}$.

44. (a) ¿Cuándo es un máximo la derivada direccional de f?

(b) ¿Cuándo es un mínimo?

(c) ¿Cuándo es 0?

(d) ¿Cuándo es la mitad de su valor máximo?

45-46 Determine la derivada direccional de f en el punto dado en la dirección indicada.

45. $f(x, y) = x^2 e^{-y}$, $(-2, 0)$, en dirección al punto $(2, -3)$

46. $f(x, y, z) = x^2 y + x\sqrt{1 + z}$, $(1, 2, 3)$, en la dirección de $\mathbf{v} = 2\mathbf{i} + \mathbf{j} - 2\mathbf{k}$

47. Determine la máxima razón de cambio de $f(x, y) = x^2 y + \sqrt{y}$ en el punto $(2, 1)$. ¿En qué dirección ocurre?

48. Determine la dirección en la que $f(x, y, z) = ze^{xy}$ aumenta más rápido en el punto $(0, 1, 2)$. ¿Cuál es la razón de aumento máxima?

49. El mapa de contorno muestra la rapidez del viento en km/h durante el huracán Andrew el 24 de agosto de 1992. Úselo para estimar el valor de la derivada direccional de la rapidez del viento en Homestead, Florida, en la dirección del ojo del huracán.

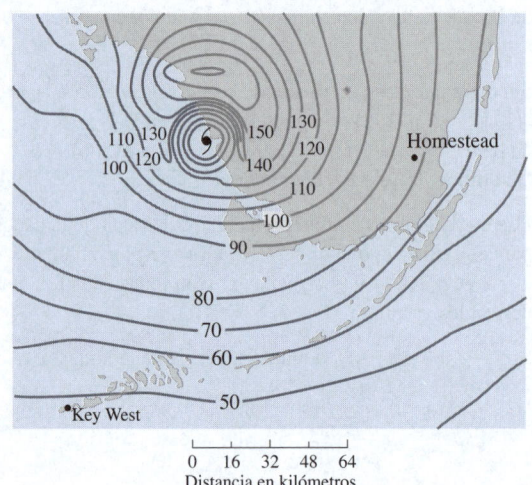

50. Encuentre ecuaciones paramétricas de la recta tangente en el punto $(-2, 2, 4)$ a la curva de intersección de la superficie $z = 2x^2 - y^2$ y el plano $z = 4$.

51-54 Calcule los valores máximo y mínimo locales y los puntos silla de la función. Se recomienda graficar la función con un dominio y perspectiva que revele todos los aspectos importantes de la función.

51. $f(x, y) = x^2 - xy + y^2 + 9x - 6y + 10$

52. $f(x, y) = x^3 - 6xy + 8y^3$

53. $f(x, y) = 3xy - x^2y - xy^2$

54. $f(x, y) = (x^2 + y)e^{y/2}$

55-56 Encuentre los valores máximo y mínimo absolutos de f en el conjunto D.

55. $f(x, y) = 4xy^2 - x^2y^2 - xy^3$; D es la región triangular cerrada en el plano xy con vértices $(0, 0)$, $(0, 6)$ y $(6, 0)$.

56. $f(x, y) = e^{-x^2-y^2}(x^2 + 2y^2)$; D es el disco $x^2 + y^2 \le 4$

57. Use una gráfica o curvas de nivel, o ambas, para estimar los valores máximos y mínimos locales y puntos silla de $f(x, y) = x^3 - 3x + y^4 - 2y^2$. Use cálculo después para determinar con precisión esos valores.

58. Use una calculadora graficadora o computadora (o el método de Newton) para determinar los puntos críticos de

$$f(x, y) = 12 + 10y - 2x^2 - 8xy - y^4$$

con tres decimales de precisión. Clasifique después los puntos críticos y determine el punto más alto en la gráfica.

59-62 Use multiplicadores de Lagrange para determinar los valores máximos y mínimos de f sujetos a las restricciones dadas.

59. $f(x, y) = x^2y$, $\quad x^2 + y^2 = 1$

60. $f(x, y) = \dfrac{1}{x} + \dfrac{1}{y}$, $\quad \dfrac{1}{x^2} + \dfrac{1}{y^2} = 1$

61. $f(x, y, z) = xyz$, $\quad x^2 + y^2 + z^2 = 3$

62. $f(x, y, z) = x^2 + 2y^2 + 3z^2$; $\quad x + y + z = 1$, $\quad x - y + 2z = 2$

63. Encuentre los puntos en la superficie $xy^2z^3 = 2$ que están más cerca del origen.

64. En este problema se identifica un punto (a, b) en la recta $16x + 15y = 100$ tal que la suma de las distancias de $(-3, 0)$ a (a, b) y de (a, b) a $(3, 0)$ es un mínimo.
  (a) Escriba una función f que dé la suma de las distancias de $(-3, 0)$ a un punto (x, y) y de (x, y) a $(3, 0)$. Sea $g(x, y) = 16x + 15y$. Siguiendo el método de multiplicadores de Lagrange, se desea determinar el valor mínimo de f sujeto a la restricción $g(x, y) = 100$. Grafique la curva de restricción junto con varias curvas de nivel de f, y luego use la gráfica para estimar el valor mínimo de f. ¿Qué punto (a, b) en la recta minimiza f?
  (b) Verifique que los vectores gradiente $\nabla f(a, b)$ y $\nabla g(a, b)$ son paralelos.

65. Un pentágono se forma al colocar un triángulo isósceles sobre un rectángulo, como se muestra en la figura. Si el pentágono tiene perímetro fijo P, calcule las longitudes de los lados del pentágono que maximicen su área.

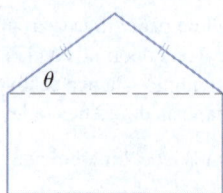

Problemas adicionales

1. Un rectángulo con longitud L y ancho W se divide en cuatro rectángulos más pequeños por dos rectas paralelas a los lados. Determine los valores máximo y mínimo de la suma de los cuadrados de las áreas de los rectángulos menores.

2. Los biólogos marinos han determinado que cuando un tiburón se percata de la presencia de sangre en el agua, nada en la dirección en la que la concentración de la sangre aumenta más rápido. Con base en ciertas pruebas, la concentración de sangre (en partes por millón) en un punto $P(x, y)$ en la superficie del mar se aproxima mediante

$$C(x, y) = e^{-(x^2 + 2y^2)/10^4}$$

donde x y y se miden en metros en un sistema de coordenadas rectangulares con la fuente de sangre en el origen.
   (a) Identifique las curvas de nivel de la función de concentración y trace varios miembros de esta familia junto con una trayectoria que un tiburón seguirá a la fuente.
   (b) Suponga que un tiburón se encuentra en el punto (x_0, y_0) cuando se percata por primera vez de la presencia de sangre en el agua. Determine una ecuación de la trayectoria del tiburón estableciendo y resolviendo una ecuación diferencial.

3. Una pieza larga de una hoja metálica galvanizada con ancho w debe doblarse en forma simétrica con tres lados rectos para hacer una canaleta de agua pluvial. Una sección transversal se muestra en la figura.
   (a) Determine las dimensiones que permitan el máximo flujo posible; es decir, encuentre las dimensiones que den por resultado la máxima área transversal posible.
   (b) ¿Sería mejor doblar el metal para formar la canaleta con una sección transversal semicircular?

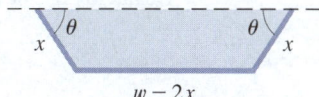

4. ¿Para cuáles valores del número r la función

$$f(x, y, z) = \begin{cases} \dfrac{(x + y + z)^r}{x^2 + y^2 + z^2} & \text{si } (x, y, z) \neq (0, 0, 0) \\ 0 & \text{si } (x, y, z) = (0, 0, 0) \end{cases}$$

es continua en $\mathbb{R}^3$?

5. Suponga que f es una función derivable de una variable. Demuestre que todos los planos tangentes a la superficie $z = xf(y/x)$ se intersecan en un punto común.

6. (a) El método de Newton para aproximar una solución de una ecuación $f(x) = 0$ (vea la sección 4.8) puede adaptarse para aproximar una solución de un sistema de ecuaciones $f(x, y) = 0$ y $g(x, y) = 0$. Las superficies $z = f(x, y)$ y $z = g(x, y)$ se intersecan en una curva que a su vez interseca el plano xy en el punto (r, s), la cual es la solución del sistema. Si una aproximación inicial (x_1, y_1) está cerca de este punto, los planos tangentes a las superficies en (x_1, y_1) se intersecan en una recta que interseca el plano xy en un punto (x_2, y_2), que debe estar más cerca de (r, s). (Compare con la figura 4.8.2). Demuestre que

$$x_2 = x_1 - \frac{fg_y - f_y g}{f_x g_y - f_y g_x} \qquad \text{y} \qquad y_2 = y_1 - \frac{f_x g - fg_x}{f_x g_y - f_y g_x}$$

donde f, g y sus derivadas parciales se evalúan en (x_1, y_1). Si continúa con este procedimiento, obtendrá aproximaciones sucesivas (x_n, y_n).
   (b) Fue Thomas Simpson (1710-1761) quien formuló el método de Newton tal como se conoce en la actualidad y quien lo extendió a funciones de dos variables como en el inciso (a) (vea la biografía de Simpson en la sección 7.7). El ejemplo que dio

para ilustrar el método fue resolver el sistema de ecuaciones

$$x^x + y^y = 1000 \qquad x^y + y^x = 100$$

En otras palabras, determinó los puntos de intersección de las curvas en la figura. Use el método del inciso (a) para determinar las coordenadas de los puntos de intersección con seis decimales de precisión.

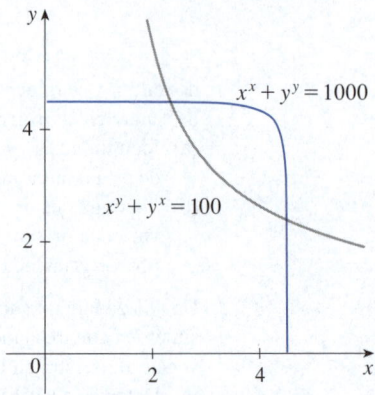

7. Si la elipse $x^2/a^2 + y^2/b^2 = 1$ debe encerrar al círculo $x^2 + y^2 = 2y$, ¿qué valores de a y b minimizan el área de la elipse?

8. Demuestre que el valor máximo de la función

$$f(x, y) = \frac{(ax + by + c)^2}{x^2 + y^2 + 1}$$

es $a^2 + b^2 + c^2$.

Sugerencia: Un método para abordar este problema es usar la desigualdad de Cauchy-Schwarz:

$$|\mathbf{a} \cdot \mathbf{b}| \leq |\mathbf{a}||\mathbf{b}|$$

(Vea el ejercicio 12.3.61).

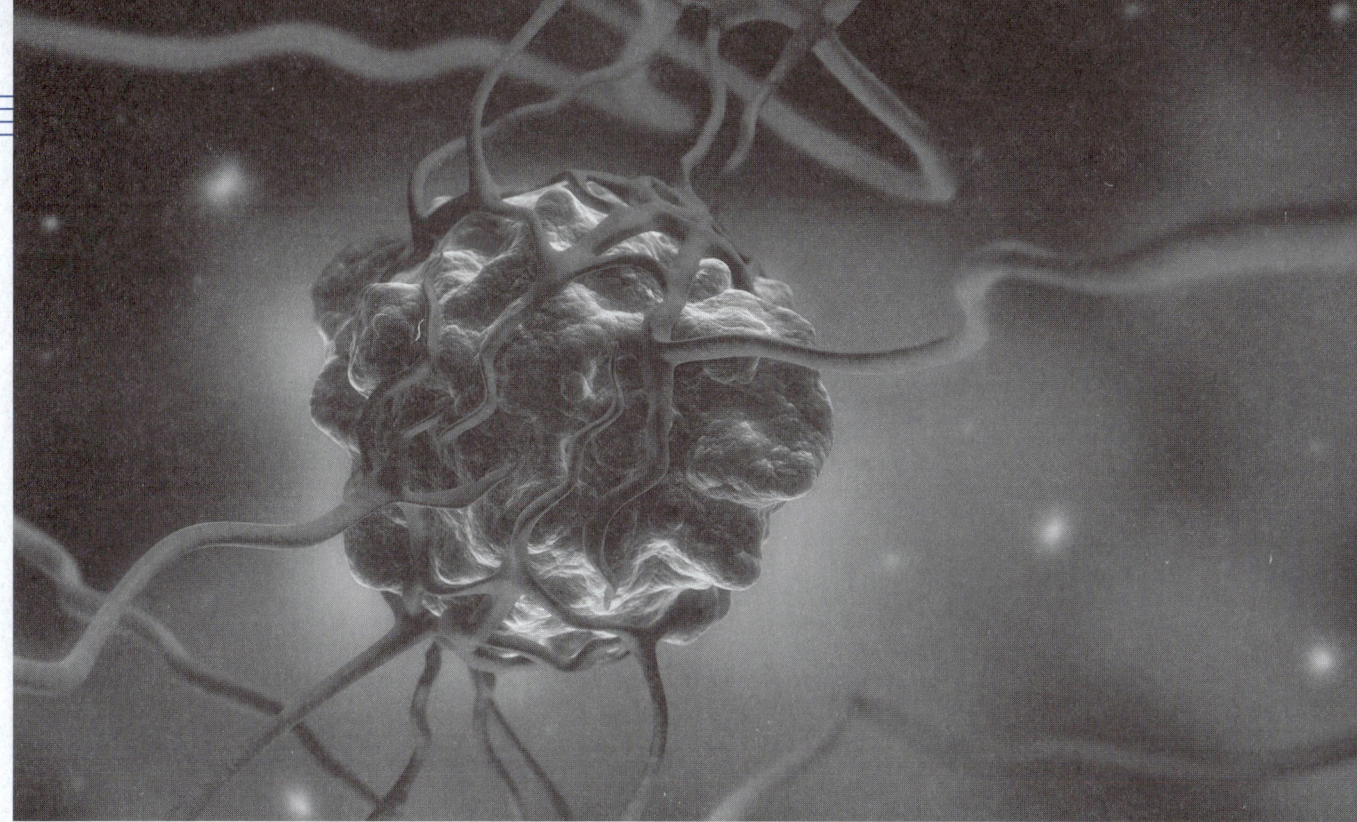

Los tumores, como el que se ilustra aquí, han sido modelados como "esferas con protuberancias". En el ejercicio 15.8.49 se le pedirá calcular el volumen que contiene una superficie de este tipo.

©peterschreiber media/Shutterstock.com

15 Integrales múltiples

EN ESTE CAPÍTULO SE PROFUNDIZA la noción de una integral definida a integrales dobles y triples de funciones de dos o tres variables. Estos conceptos se usan después para calcular volúmenes, masas y centroides de regiones más generales que aquellas que se consideraron en los capítulos 6 y 8. También se utilizan integrales dobles para calcular probabilidades cuando hay dos variables aleatorias implicadas.

Se verá que las coordenadas polares son útiles para calcular integrales dobles en algunos tipos de regiones. Asimismo, se presentan dos nuevos sistemas de coordenadas en el espacio tridimensional: las coordenadas cilíndricas y las coordenadas esféricas, que simplifican enormemente el cálculo de integrales triples en ciertas regiones sólidas de uso común.

15.1 | Integrales dobles en rectángulos

De manera semejante a la aplicación de la definición de integrar definida para el cálculo del área, ahora se tratará de determinar el volumen de un sólido y llegar en el proceso a la definición de una integral doble.

■ Repaso de la integral definida

Recuerde en primer lugar los elementos básicos concernientes a las integrales definidas de funciones de una variable. Si $f(x)$ se define para $a \leqslant x \leqslant b$, para empezar se divide el intervalo $[a, b]$ en n subintervalos $[x_{i-1}, x_i]$ de igual ancho $\Delta x = (b - a)/n$ y se seleccionan puntos muestra x_i^* en estos subintervalos. Luego se forma la suma de Riemann

$$\boxed{1} \qquad \sum_{i=1}^{n} f(x_i^*)\,\Delta x$$

y se toma el límite de tales sumas cuando $n \to \infty$ para obtener la integral definida de f desde a hasta b:

$$\boxed{2} \qquad \int_a^b f(x)\,dx = \lim_{n \to \infty} \sum_{i=1}^{n} f(x_i^*)\,\Delta x$$

En el caso particular en el que $f(x) \geqslant 0$, la suma de Riemann puede interpretarse como la suma de las áreas de los rectángulos de aproximación de la figura 1, y $\int_a^b f(x)\,dx$ representa el área bajo la curva $y = f(x)$ desde a hasta b.

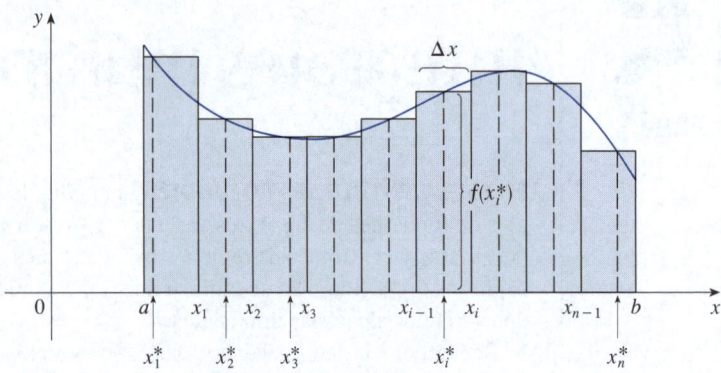

FIGURA 1

■ Volúmenes e integrales dobles

De manera similar, se considera una función f de dos variables definida en un rectángulo cerrado

$$R = [a, b] \times [c, d] = \left\{ (x, y) \in \mathbb{R}^2 \mid a \leqslant x \leqslant b, c \leqslant y \leqslant d \right\}$$

y se supone primero que $f(x, y) \geqslant 0$. La gráfica de f es una superficie con ecuación $z = f(x, y)$. Sea S el sólido que se encuentra encima de R y debajo de la gráfica de f, es decir

$$S = \left\{ (x, y, z) \in \mathbb{R}^3 \mid 0 \leqslant z \leqslant f(x, y),\ (x, y) \in R \right\}$$

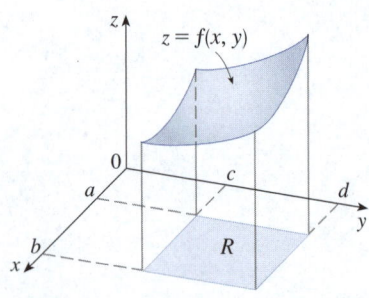

FIGURA 2

(Vea la figura 2). El objetivo es determinar el volumen de S.

El primer paso consiste en dividir el rectángulo R en subrectángulos. Para hacerlo, se divide el intervalo $[a, b]$ en m subintervalos $[x_{i-1}, x_i]$ de igual ancho $\Delta x = (b - a)/m$

y $[c, d]$ se divide en n subintervalos $[y_{j-1}, y_j]$ de igual ancho $\Delta y = (d - c)/n$. Al dibujar rectas paralelas a los ejes coordenados que pasan por los puntos frontera, puntos finales o puntos extremos de esos subintervalos, como en la figura 3, se forman los subrectángulos

$$R_{ij} = [x_{i-1}, x_i] \times [y_{j-1}, y_j] = \left\{(x, y) \mid x_{i-1} \leqslant x \leqslant x_i, \ y_{j-1} \leqslant y \leqslant y_j\right\}$$

cada uno con área $\Delta A = \Delta x \, \Delta y$.

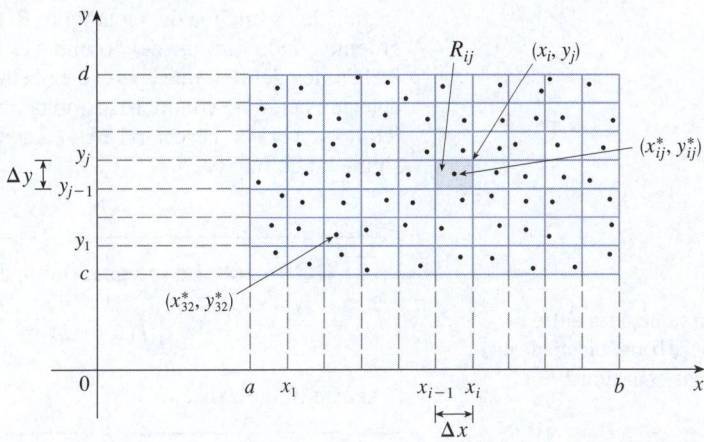

FIGURA 3
División de R en subrectángulos.

Si se elige un **punto muestra** (x_{ij}^*, y_{ij}^*) en cada R_{ij}, se puede aproximar la parte de S situada encima de cada R_{ij} mediante una caja rectangular delgada (o "columna") con base R_{ij} y altura $f(x_{ij}^*, y_{ij}^*)$, como se muestra en la figura 4 (compare con la figura 1). El volumen de esta caja es la altura de la caja multiplicada por el área de la base rectangular:

$$f(x_{ij}^*, y_{ij}^*) \, \Delta A$$

Si se sigue este procedimiento con todos los rectángulos y se suman los volúmenes de las cajas correspondientes, se obtendrá una aproximación del volumen total de S:

$$\boxed{3} \qquad V \approx \sum_{i=1}^{m} \sum_{j=1}^{n} f(x_{ij}^*, y_{ij}^*) \, \Delta A$$

(Vea la figura 5). Esta doble suma significa que para cada subrectángulo se evalúa f en el punto elegido y se multiplica por el área del subrectángulo y después se suman los resultados.

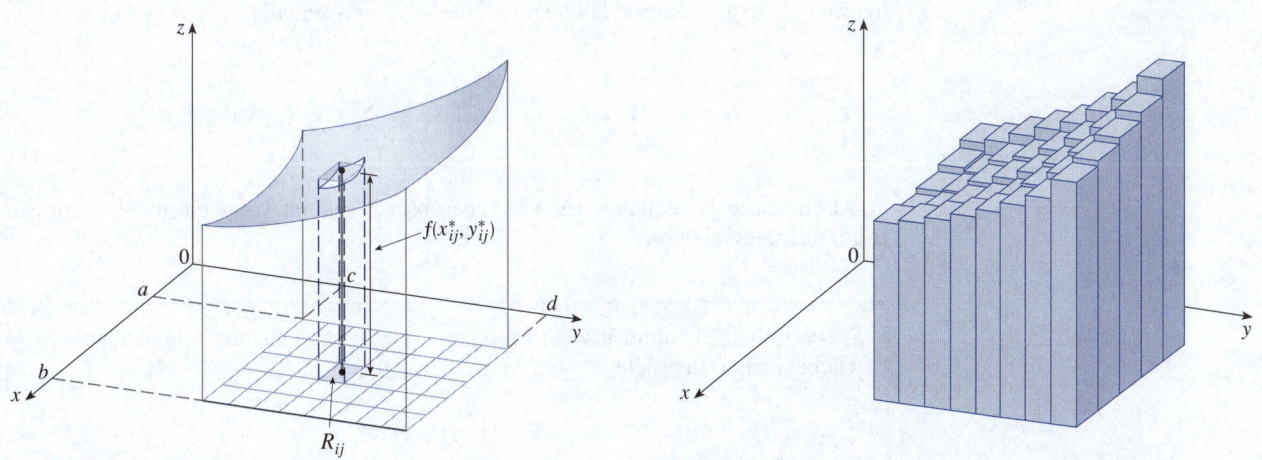

FIGURA 4   **FIGURA 5**

El significado del doble límite en la ecuación 4 es que se puede hacer la doble suma lo más cercana que se quiera al número V [para cualquier selección de (x_{ij}^*, y_{ij}^*) en R_{ij}] si m y n son lo suficientemente grandes.

La intuición indica que la aproximación dada en (3) mejora cuando m y n aumentan y, por consiguiente, sería de esperar que

$$\boxed{4} \qquad V = \lim_{m, n \to \infty} \sum_{i=1}^{m} \sum_{j=1}^{n} f(x_{ij}^*, y_{ij}^*) \, \Delta A$$

La ecuación 4 se usa para definir el **volumen** del sólido S que se encuentra debajo de la gráfica de f y encima del rectángulo R. (Se puede demostrar que esta definición es congruente con la fórmula del volumen en la sección 6.2).

Límites del tipo que aparece en la ecuación 4 ocurren con frecuencia, no solo en la determinación de volúmenes, sino también en una amplia variedad de otras situaciones (como se verá en la sección 15.4) aun si f no es una función positiva. Así, se plantea la siguiente definición.

Observe la semejanza entre la definición 5 y la definición de una integral en la ecuación 2.

> $\boxed{5}$ **Definición** La **integral doble** de f en el rectángulo R es
>
> $$\iint_R f(x, y) \, dA = \lim_{m, n \to \infty} \sum_{i=1}^{m} \sum_{j=1}^{n} f(x_{ij}^*, y_{ij}^*) \, \Delta A$$
>
> si este límite existe.

Aunque se ha definido la integral doble dividiendo R en subrectángulos de igual tamaño, se podrían haber usado subrectángulos R_{ij} de tamaño desigual. Aunque luego habría sido necesario cerciorarse de que todas sus dimensiones se aproximaran a cero en el proceso al límite.

El significado preciso del límite en la definición 5 es que para todo número $\varepsilon > 0$ existe un entero N tal que

$$\left| \iint_R f(x, y) \, dA - \sum_{i=1}^{m} \sum_{j=1}^{n} f(x_{ij}^*, y_{ij}^*) \, \Delta A \right| < \varepsilon$$

para todos los enteros m y n mayores que N y para cualquier selección de puntos muestra (x_{ij}^*, y_{ij}^*) en R_{ij}.

Se dice que una función f es **integrable** si existe el límite de la definición 5. En cursos de cálculo avanzado se demuestra que todas las funciones continuas son integrables. De hecho, la integral doble de f existe siempre y cuando f "no sea demasiado discontinua". En particular, si f está acotada en R [es decir, si hay una constante M tal que $|f(x, y)| \leqslant M$ para todos los valores de (x, y) en R] y f es continua ahí, excepto posiblemente en un número finito de curvas suaves, entonces f es integrable en R.

Cualquier punto en el subrectángulo R_{ij} puede seleccionarse como punto muestra (x_{ij}^*, y_{ij}^*), pero si se elige en el extremo superior derecho de R_{ij} [es decir (x_i, y_j), vea la figura 3], la expresión para la integral doble se ve más sencilla:

$$\boxed{6} \qquad \iint_R f(x, y) \, dA = \lim_{m, n \to \infty} \sum_{i=1}^{m} \sum_{j=1}^{n} f(x_i, y_j) \, \Delta A$$

Al comparar las definiciones 4 y 5, se observa que un volumen puede escribirse como una integral doble:

> Si $f(x, y) \geqslant 0$, el volumen V del sólido que se encuentra encima del rectángulo R y debajo de la superficie $z = f(x, y)$ es
>
> $$V = \iint_R f(x, y) \, dA$$

La suma de la definición 5,

$$\sum_{i=1}^{m} \sum_{j=1}^{n} f(x_{ij}^{*}, y_{ij}^{*})\, \Delta A$$

se llama **doble suma de Riemann** y se usa como una aproximación del valor de la integral doble. [Observe el gran parecido que tiene con la suma de Riemann en (1) para una función de una variable]. Si f resulta ser una función *positiva*, la doble suma de Riemann representa la suma de los volúmenes de las columnas, como en la figura 5, y es una aproximación del volumen debajo de la gráfica de f.

EJEMPLO 1   Estime el volumen del sólido que se encuentra encima del cuadrado $R = [0, 2] \times [0, 2]$ y debajo del paraboloide elíptico $z = 16 - x^2 - 2y^2$. Divida R en cuatro cuadrados iguales y elija como punto muestra la esquina superior derecha de cada cuadrado R_{ij}. Trace el sólido y las cajas rectangulares de aproximación.

SOLUCIÓN   Los cuadrados se muestran en la figura 6. El paraboloide es la gráfica de $f(x, y) = 16 - x^2 - 2y^2$ y el área de cada cuadrado es $\Delta A = 1$. Al aproximar el volumen por la suma de Riemann con $m = n = 2$, se tiene

$$V \approx \sum_{i=1}^{2} \sum_{j=1}^{2} f(x_i, y_j)\, \Delta A$$

$$= f(1, 1)\, \Delta A + f(1, 2)\, \Delta A + f(2, 1)\, \Delta A + f(2, 2)\, \Delta A$$

$$= 13(1) + 7(1) + 10(1) + 4(1) = 34$$

Este es el volumen de las cajas rectangulares de aproximación que se muestran en la figura 7.   ■

Se obtienen mejores aproximaciones del volumen en el ejemplo 1 si se aumenta el número de cuadrados. En la figura 8 se muestra cómo las columnas comienzan a parecerse más al sólido real y las aproximaciones correspondientes se vuelven cada vez más acertadas cuando se usan 16, 64 y 256 cuadrados. En el ejemplo 7 se demostrará que el volumen exacto es 48.

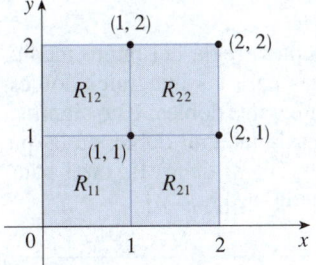

FIGURA 6

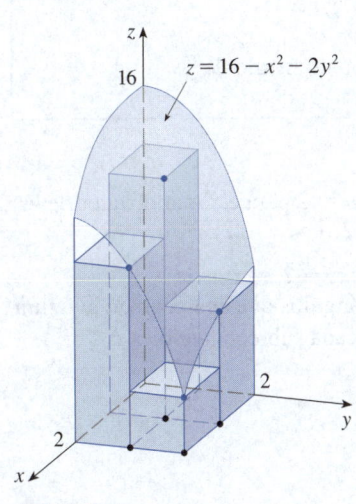

FIGURA 7

FIGURA 8
Las aproximaciones por la suma de Riemann del volumen debajo de $z = 16 - x^2 - 2y^2$ se vuelven más acertadas a medida que m y n aumentan.

   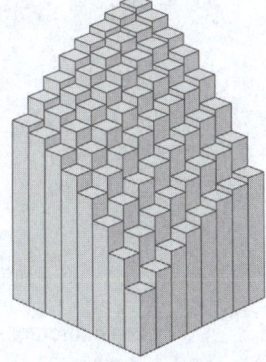   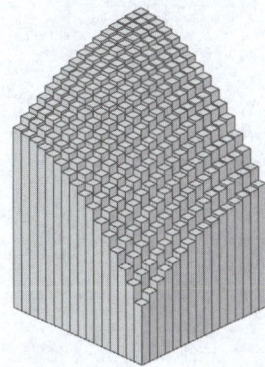

(a) $m = n = 4$, $V \approx 41.5$ (b) $m = n = 8$, $V \approx 44.875$ (c) $m = n = 16$, $V \approx 46.46875$

EJEMPLO 2   Si $R = \{(x, y) \mid -1 \leq x \leq 1,\ -2 \leq y \leq 2\}$, evalúe la integral

$$\iint_{R} \sqrt{1 - x^2}\ dA$$

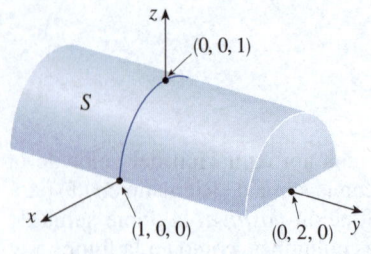

FIGURA 9

SOLUCIÓN Sería muy difícil evaluar directamente esta integral a partir de la definición 5 pero, debido a que $\sqrt{1 - x^2} \geq 0$, se puede calcular la integral interpretándola como un volumen. Si $z = \sqrt{1 - x^2}$, entonces $x^2 + z^2 = 1$ y $z \geq 0$, así que la integral doble dada representa el volumen del sólido S que se encuentra debajo del cilindro circular $x^2 + z^2 = 1$ y encima del rectángulo R (vea la figura 9). El volumen de S es el área de un semicírculo con radio 1 multiplicada por la longitud del cilindro. Por lo tanto,

$$\iint_R \sqrt{1 - x^2} \, dA = \tfrac{1}{2}\pi(1)^2 \times 4 = 2\pi$$

■ La regla del punto medio

Los métodos que se usan para aproximar integrales simples (regla del punto medio, regla del trapecio, regla de Simpson) tienen contrapartes para las integrales dobles. Aquí solo se considerará la regla del punto medio para integrales dobles. Esto significa que se usará una doble suma de Riemann para aproximar la integral doble, en la que como punto muestra (x_{ij}^*, y_{ij}^*) en R_{ij} se selecciona el centro $(\bar{x}_i, \bar{y}_j)$ de R_{ij}. En otras palabras, $\bar{x}_i$ es el punto medio de $[x_{i-1}, x_i]$ y $\bar{y}_j$ es el punto medio de $[y_{j-1}, y_j]$.

> **Regla del punto medio para integrales dobles**
>
> $$\iint_R f(x, y) \, dA \approx \sum_{i=1}^{m} \sum_{j=1}^{n} f(\bar{x}_i, \bar{y}_j) \, \Delta A$$
>
> donde $\bar{x}_i$ es el punto medio de $[x_{i-1}, x_i]$ y $\bar{y}_j$ es el punto medio de $[y_{j-1}, y_j]$.

EJEMPLO 3   Use la regla del punto medio con $m = n = 2$ para estimar el valor de la integral $\iint_R (x - 3y^2) \, dA$, donde $R = \{(x, y) \mid 0 \leq x \leq 2, 1 \leq y \leq 2\}$.

SOLUCIÓN Al usar la regla del punto medio con $m = n = 2$, se evalúa $f(x, y) = x - 3y^2$ en los centros de los cuatro subrectángulos que aparecen en la figura 10. Así, $\bar{x}_1 = \tfrac{1}{2}$, $\bar{x}_2 = \tfrac{3}{2}$, $\bar{y}_1 = \tfrac{5}{4}$ y $\bar{y}_2 = \tfrac{7}{4}$. El área de cada subrectángulo es $\Delta A = \tfrac{1}{2}$. En consecuencia,

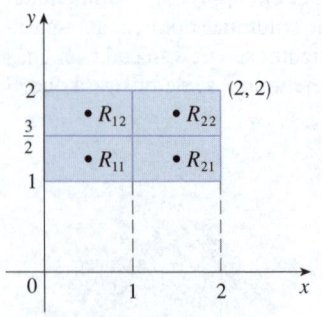

FIGURA 10

$$\iint_R (x - 3y^2) \, dA \approx \sum_{i=1}^{2} \sum_{j=1}^{2} f(\bar{x}_i, \bar{y}_j) \, \Delta A$$

$$= f(\bar{x}_1, \bar{y}_1) \, \Delta A + f(\bar{x}_1, \bar{y}_2) \, \Delta A + f(\bar{x}_2, \bar{y}_1) \, \Delta A + f(\bar{x}_2, \bar{y}_2) \, \Delta A$$

$$= f\left(\tfrac{1}{2}, \tfrac{5}{4}\right) \Delta A + f\left(\tfrac{1}{2}, \tfrac{7}{4}\right) \Delta A + f\left(\tfrac{3}{2}, \tfrac{5}{4}\right) \Delta A + f\left(\tfrac{3}{2}, \tfrac{7}{4}\right) \Delta A$$

$$= \left(-\tfrac{67}{16}\right)\tfrac{1}{2} + \left(-\tfrac{139}{16}\right)\tfrac{1}{2} + \left(-\tfrac{51}{16}\right)\tfrac{1}{2} + \left(-\tfrac{123}{16}\right)\tfrac{1}{2}$$

$$= -\tfrac{95}{8} = -11.875$$

Por consiguiente, se tiene
$$\iint_R (x - 3y^2) \, dA \approx -11.875$$

NOTA En el ejemplo 5 se verá que el valor exacto de la integral doble del ejemplo 3 es -12. (Recuerde que la interpretación de una integral doble como un volumen es válida solo cuando el integrando f es una función *positiva*. El integrando del ejemplo 3 no es una función positiva, por lo que su integral no es un volumen. En los ejemplos 5 y 6 se estudiará cómo interpretar integrales de funciones que no siempre son positivas en términos de volúmenes). Si se sigue dividiendo cada subrectángulo de la figura 10 en cuatro más pequeños de forma similar, se obtendrán las aproximaciones por la regla

Número de subrectángulos	Aproximación por la regla del punto medio
1	-11.5000
4	-11.8750
16	-11.9687
64	-11.9922
256	-11.9980
1 024	-11.9995

del punto medio que se presentan en la tabla al margen. Note cómo estas aproximaciones se acercan al valor exacto de la integral doble, -12.

■ Integrales iteradas

Recuerde que por lo general es difícil evaluar directamente integrales simples a partir de la definición de una integral, pero el Teorema Fundamental del Cálculo (TFC) ofrece un método mucho más sencillo. La evaluación de integrales dobles con base en los principios elementales es aún más difícil, pero aquí se verá cómo expresar una integral doble como una integral iterada, la que después puede evaluarse calculando dos integrales simples.

Suponga que f es una función de dos variables, integrable en el rectángulo $R = [a, b] \times [c, d]$. Se usa la notación $\int_c^d f(x, y)\, dy$ para indicar que x se mantiene fija y que $f(x, y)$ se integra con respecto a y desde $y = c$ hasta $y = d$. Este procedimiento se llama *integración parcial con respecto a y* (observe su semejanza con la derivación parcial). Ahora $\int_c^d f(x, y)\, dy$ es un número que depende del valor de x, por lo que define a una función de x:

$$A(x) = \int_c^d f(x, y)\, dy$$

Si ahora se integra la función A con respecto a x desde $x = a$ hasta $x = b$, se obtiene

$$\boxed{7} \qquad \int_a^b A(x)\, dx = \int_a^b \left[\int_c^d f(x, y)\, dy \right] dx$$

La integral en el miembro derecho de la ecuación 7 se llama **integral iterada**. Por lo general se omiten los corchetes. Así,

$$\boxed{8} \qquad \int_a^b \int_c^d f(x, y)\, dy\, dx = \int_a^b \left[\int_c^d f(x, y)\, dy \right] dx$$

significa que primero se integra con respecto a y (manteniendo x fija) desde $y = c$ hasta $y = d$, y después se integra la función resultante de x con respecto a x desde $x = a$ hasta $x = b$.

De igual forma, la integral iterada

$$\boxed{9} \qquad \int_c^d \int_a^b f(x, y)\, dx\, dy = \int_c^d \left[\int_a^b f(x, y)\, dx \right] dy$$

significa que primero se integra con respecto a x (manteniendo y fija) desde $x = a$ hasta $x = b$, y después se integra la función resultante de y con respecto a y desde $y = c$ hasta $y = d$. Note que en las ecuaciones 8 y 9 se trabaja de *dentro hacia fuera*.

EJEMPLO 4   Evalúe las integrales iteradas.

(a) $\displaystyle \int_0^3 \int_1^2 x^2 y\, dy\, dx$
(b) $\displaystyle \int_1^2 \int_0^3 x^2 y\, dx\, dy$

SOLUCIÓN

(a) Considerando x como una constante, se obtiene

$$\int_1^2 x^2 y\, dy = \left[x^2 \frac{y^2}{2} \right]_{y=1}^{y=2} = x^2 \left(\frac{2^2}{2} \right) - x^2 \left(\frac{1^2}{2} \right) = \tfrac{3}{2} x^2$$

Por lo tanto, la función A en el análisis precedente está dada por $A(x) = \frac{3}{2} x^2$ en este ejemplo. Ahora se integra esta función de x de 0 a 3:

$$\int_0^3 \int_1^2 x^2 y\, dy\, dx = \int_0^3 \left[\int_1^2 x^2 y\, dy \right] dx = \int_0^3 \tfrac{3}{2} x^2\, dx = \frac{x^3}{2} \bigg]_0^3 = \frac{27}{2}$$

(b) Aquí se integra primero con respecto a x, considerando y como una constante:

$$\int_1^2 \int_0^3 x^2 y \, dx \, dy = \int_1^2 \left[\int_0^3 x^2 y \, dx \right] dy = \int_1^2 \left[\frac{x^3}{3} y \right]_{x=0}^{x=3} dy$$

$$= \int_1^2 9y \, dy = 9 \frac{y^2}{2} \bigg]_1^2 = \frac{27}{2}$$

Observe que en el ejemplo 4 se obtuvo la misma respuesta ya sea que se integrara primero con respecto a y o x. En general, resulta que las dos integrales iteradas de las ecuaciones 8 y 9 siempre son iguales (vea el teorema 10); es decir, el orden de la integración no importa. (Esto es similar al teorema de Clairaut sobre la igualdad de las derivadas parciales mixtas).

El siguiente teorema da un método práctico para evaluar una integral doble expresándola como una integral iterada (en cualquier orden).

---

10 Teorema de Fubini Si f es continua en el rectángulo

$$R = \{(x, y) \mid a \le x \le b, c \le y \le d\}$$

entonces

$$\iint_R f(x, y) \, dA = \int_a^b \int_c^d f(x, y) \, dy \, dx = \int_c^d \int_a^b f(x, y) \, dx \, dy$$

En términos más generales, esto es válido si se supone que f está acotada en R, f es discontinua solo en un número finito de curvas suaves y las integrales iteradas existen.

La demostración del teorema de Fubini es demasiado difícil para incluirla en este libro, pero se puede dar al menos una indicación intuitiva de por qué es válido para el caso en el que $f(x, y) \ge 0$. Recuerde que si f es positiva, se puede interpretar la integral doble $\iint_R f(x, y) \, dA$ como el volumen V del sólido S que se encuentra encima de R y debajo de la superficie $z = f(x, y)$. Pero hay otra fórmula que se usó para determinar el volumen en la sección 6.2, a saber

$$V = \int_a^b A(x) \, dx$$

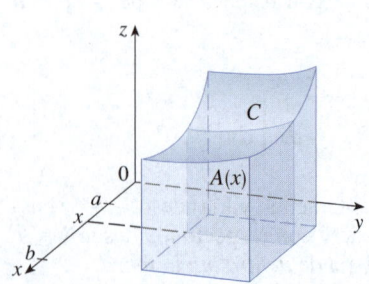

FIGURA 11

donde $A(x)$ es el área de una sección transversal de S en el plano que pasa por x perpendicular al eje x. En la figura 11 se muestra que $A(x)$ es el área bajo la curva C cuya ecuación es $z = f(x, y)$, donde x se mantiene constante y $c \le y \le d$. Por lo tanto,

$$A(x) = \int_c^d f(x, y) \, dy$$

y se tiene

$$\iint_R f(x, y) \, dA = V = \int_a^b A(x) \, dx = \int_a^b \int_c^d f(x, y) \, dy \, dx$$

Un argumento parecido, usando secciones transversales perpendiculares al eje y como el que se muestra en la figura 12, demuestra que

$$\iint_R f(x, y) \, dA = \int_c^d \int_a^b f(x, y) \, dx \, dy$$

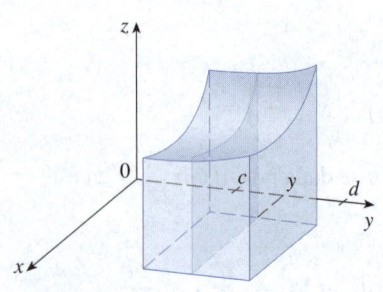

FIGURA 12

EJEMPLO 5 Evalúe la integral doble $\iint_R (x - 3y^2)\, dA$, donde $R = \{(x, y) \mid 0 \le x \le 2,\, 1 \le y \le 2\}$. (Compare con el ejemplo 3).

SOLUCIÓN 1 Por el teorema de Fubini se obtiene

$$\iint_R (x - 3y^2)\, dA = \int_0^2 \int_1^2 (x - 3y^2)\, dy\, dx = \int_0^2 \Big[xy - y^3 \Big]_{y=1}^{y=2} dx$$

$$= \int_0^2 (x - 7)\, dx = \frac{x^2}{2} - 7x \bigg]_0^2 = -12$$

SOLUCIÓN 2 Al aplicar de nuevo el teorema de Fubini, pero esta vez integrando primero con respecto a x, se tiene

$$\iint_R (x - 3y^2)\, dA = \int_1^2 \int_0^2 (x - 3y^2)\, dx\, dy = \int_1^2 \left[\frac{x^2}{2} - 3xy^2 \right]_{x=0}^{x=2} dy$$

$$= \int_1^2 (2 - 6y^2)\, dy = 2y - 2y^3 \Big]_1^2 = -12 \qquad \blacksquare$$

Observe la respuesta negativa en el ejemplo 5; no hay nada incorrecto en ella. La función f no es una función positiva, por lo que su integral no representa un volumen. En la figura 13 se ve que f siempre es negativa en R, de manera que el valor de la integral es el *negativo* del volumen que está *encima* de la gráfica de f y *debajo* de R.

FIGURA 13

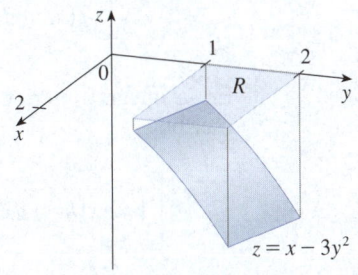

$z = x - 3y^2$

Para una función f que adopta valores tanto positivos como negativos, $\iint_R f(x, y)\, dA$ es una diferencia de volúmenes: $V_1 - V_2$, donde V_1 es el volumen encima de R y debajo de la gráfica de f y V_2 es el volumen debajo de R y encima de la gráfica. El hecho de que la integral del ejemplo 6 sea 0 significa que volúmenes V_1 y V_2 son iguales (vea la figura 14).

EJEMPLO 6 Evalúe $\iint_R y\, \text{sen}(xy)\, dA$, donde $R = [1, 2] \times [0, \pi]$.

SOLUCIÓN Si se integra primero con respecto a x, se obtiene

$$\iint_R y\, \text{sen}(xy)\, dA = \int_0^\pi \int_1^2 y\, \text{sen}(xy)\, dx\, dy$$

$$= \int_0^\pi y \left[-\frac{1}{y} \cos(xy) \right]_{x=1}^{x=2} dy$$

$$= \int_0^\pi (-\cos 2y + \cos y)\, dy$$

$$= -\tfrac{1}{2}\, \text{sen}\, 2y + \text{sen}\, y \Big]_0^\pi = 0 \qquad \blacksquare$$

NOTA Si se invierte el orden de integración y se integra primero con respecto a y en el ejemplo 6, se obtiene

$$\iint_R y\, \text{sen}(xy)\, dA = \int_1^2 \int_0^\pi y\, \text{sen}(xy)\, dy\, dx$$

pero este orden de integración es mucho más difícil que el método dado en el ejemplo, porque implica integración por partes dos veces. Así, al evaluar integrales dobles es prudente elegir el orden de integración que producirá las integrales más simples.

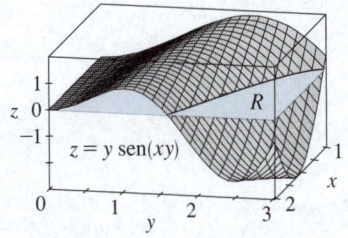

$z = y\, \text{sen}(xy)$

FIGURA 14

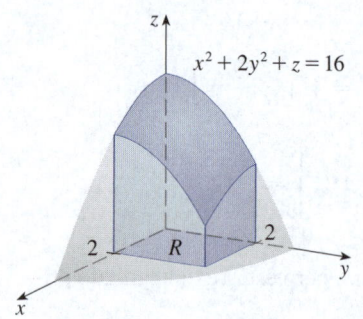

$x^2 + 2y^2 + z = 16$

2   R 2

FIGURA 15

EJEMPLO 7 Determine el volumen del sólido S acotado por el paraboloide elíptico $x^2 + 2y^2 + z = 16$, los planos $x = 2$ y $y = 2$, y los tres planos coordenados.

SOLUCIÓN Se observa en primer lugar que S es el sólido que está situado debajo de la superficie $z = 16 - x^2 - 2y^2$ y encima del cuadrado $R = [0, 2] \times [0, 2]$. (Vea la figura 15). Este sólido se consideró en el ejemplo 1, pero ahora se está en condiciones de evaluar la integral doble usando el teorema de Fubini. Por lo tanto,

$$V = \iint_R (16 - x^2 - 2y^2)\, dA = \int_0^2 \int_0^2 (16 - x^2 - 2y^2)\, dx\, dy$$

$$= \int_0^2 \left[16x - \tfrac{1}{3}x^3 - 2y^2 x \right]_{x=0}^{x=2} dy$$

$$= \int_0^2 \left(\tfrac{88}{3} - 4y^2 \right) dy = \left[\tfrac{88}{3}y - \tfrac{4}{3}y^3 \right]_0^2 = 48$$

En el caso especial en que $f(x, y)$ pueda factorizarse como el producto de una función solo de x y una función solo de y, la integral doble de f puede escribirse en una forma particularmente sencilla. En específico, suponga que $f(x, y) = g(x)h(y)$ y $R = [a, b] \times [c, d]$. Entonces, el teorema de Fubini da

$$\iint_R f(x, y)\, dA = \int_c^d \int_a^b g(x)h(y)\, dx\, dy = \int_c^d \left[\int_a^b g(x)h(y)\, dx \right] dy$$

En la integral interior, y es una constante, así que $h(y)$ es una constante y se puede escribir

$$\int_c^d \left[\int_a^b g(x)h(y)\, dx \right] dy = \int_c^d \left[h(y) \left(\int_a^b g(x)\, dx \right) \right] dy = \int_a^b g(x)\, dx \int_c^d h(y)\, dy$$

puesto que $\int_a^b g(x)\, dx$ es una constante. Por lo tanto, en este caso la integral doble de f puede escribirse como el producto de dos integrales simples:

$$\boxed{11} \qquad \iint_R g(x)\, h(y)\, dA = \int_a^b g(x)\, dx \int_c^d h(y)\, dy \quad \text{donde } R = [a, b] \times [c, d]$$

EJEMPLO 8 Si $R = [0, \pi/2] \times [0, \pi/2]$, entonces, por la ecuación 11,

$$\iint_R \operatorname{sen} x \, \cos y \, dA = \int_0^{\pi/2} \operatorname{sen} x\, dx \int_0^{\pi/2} \cos y \, dy$$

$$= \left[-\cos x \right]_0^{\pi/2} \left[\operatorname{sen} y \right]_0^{\pi/2} = 1 \cdot 1 = 1$$

La función $f(x, y) = \operatorname{sen} x \cos y$ del ejemplo 8 es positiva en R, por lo que la integral representa el volumen del sólido situado encima de R y debajo de la gráfica de f que aparece en la figura 16.

FIGURA 16

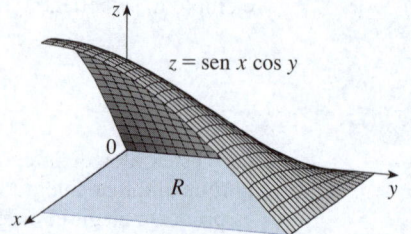

$z = \operatorname{sen} x \cos y$

R

■ Valor promedio

Recuerde de la sección 6.5 que el valor promedio de una función f de una variable definida en un intervalo $[a, b]$ es

$$f_{\text{prom}} = \frac{1}{b-a} \int_a^b f(x)\, dx$$

Asimismo, el **valor promedio** de una función f de dos variables delimitadas en un rectángulo R se define como

$$f_{\text{prom}} = \frac{1}{A(R)} \iint_R f(x, y)\, dA$$

donde $A(R)$ es el área de R.

Si $f(x, y) \geq 0$, la ecuación

$$A(R) \times f_{\text{prom}} = \iint_R f(x, y)\, dA$$

indica que la caja con base R y altura f_{prom} tiene el mismo volumen que el sólido situado debajo de la gráfica de f. [Si $z = f(x, y)$ describe una región montañosa y se cortan las cimas de las montañas a la altura f_{prom}, se pueden usar para rellenar los valles a fin de que la región se vuelva completamente plana. Vea la figura 17].

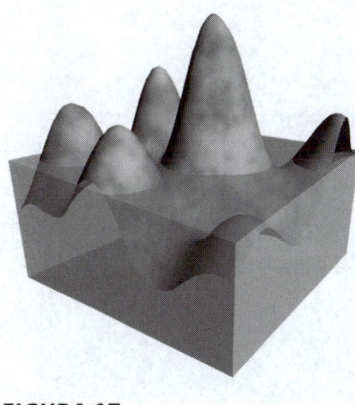

FIGURA 17

EJEMPLO 9 El mapa de contorno de la figura 18 muestra la altura en centímetros de la nieve que cayó en el estado de Colorado los días 20 y 21 de diciembre de 2006 (ese estado tiene la forma de un rectángulo que mide 624 km de oeste a este y 444 km de sur a norte). Use el mapa de contorno para estimar la precipitación promedio de nieve en todo el estado de Colorado en esos días.

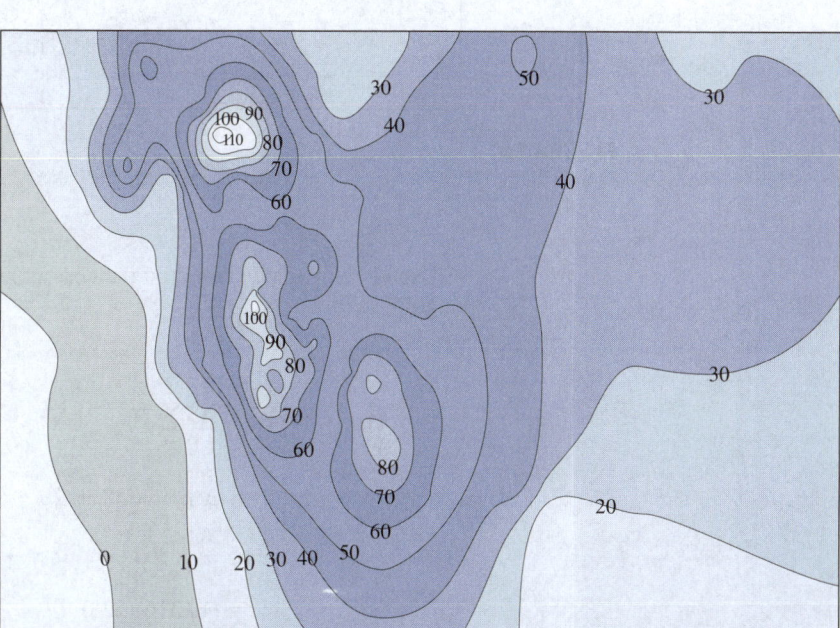

FIGURA 18

SOLUCIÓN Sitúe el origen en la esquina suroeste de ese estado. Así, $0 \leq x \leq 624$, $0 \leq y \leq 444$ y $f(x, y)$ es la precipitación de nieve, en centímetros, en un lugar a x kilómetros al este y y kilómetros al norte del origen. Si R es el rectángulo que representa a Colorado, la precipitación promedio de nieve para ese estado los días 20 y 21 de diciembre fue

$$f_{\text{prom}} = \frac{1}{A(R)} \iint_R f(x, y)\, dA$$

donde $A(R) = 624 \cdot 444$. Para estimar el valor de esta integral doble, se usa la regla del punto medio con $m = n = 4$. En otras palabras, R se divide en 16 subrectángulos de igual tamaño, como en la figura 19. El área de cada subrectángulo es

$$\Delta A = \tfrac{1}{16}(624)(444) = 17\,316 \text{ km}^2$$

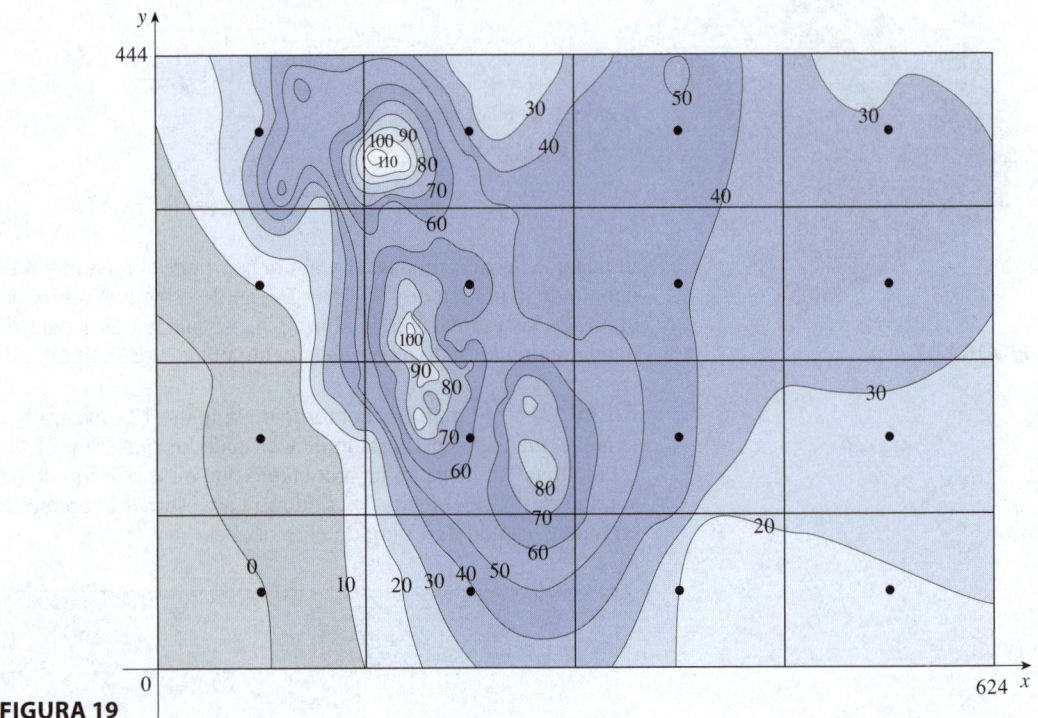

FIGURA 19

Usando el mapa de contorno para estimar el valor de f en el centro de cada subrectángulo, se obtiene

$$\iint\limits_{R} f(x,\, y)\, dA \approx \sum_{i=1}^{4} \sum_{j=1}^{4} f(\overline{x}_i,\, \overline{y}_j)\, \Delta A$$

$$\approx \Delta A[0 + 38 + 20 + 18 + 5 + 64 + 47 + 28$$

$$+ 11 + 70 + 43 + 34 + 30 + 38 + 44 + 33]$$

$$= (17\,316)(523)$$

Por lo tanto, $$f_{\text{prom}} \approx \frac{(17\,316)(523)}{(624)(444)} \approx 32.7$$

El 20 y 21 de diciembre de 2006, Colorado recibió un promedio de aproximadamente 32.7 centímetros de nieve. ∎

15.1 | Ejercicios

1. (a) Estime el volumen del sólido que se encuentra bajo la superficie $z = xy$ y encima del rectángulo

$$R = \{(x, y) \mid 0 \leqslant x \leqslant 6, 0 \leqslant y \leqslant 4\}$$

Use la suma de Riemann con $m = 3$, $n = 2$ y elija como punto muestra la esquina superior derecha de cada cuadrado.

(b) Use la regla del punto medio para estimar el volumen del sólido del inciso (a).

2. Si $R = [0, 4] \times [-1, 2]$, use la suma de Riemann con $m = 2$, $n = 3$ para estimar el valor de $\iint_R (1 - xy^2)\, dA$. Tome como puntos muestra (a) las esquinas inferiores derechas y (b) las esquinas superiores izquierdas de los rectángulos.

3. (a) Use la suma de Riemann con $m = n = 2$ para estimar el valor de $\iint_R xe^{-xy}\, dA$, donde $R = [0, 2] \times [0, 1]$. Elija como puntos muestra las esquinas superiores derechas.

(b) Use la regla del punto medio para estimar la integral del inciso (a).

4. (a) Estime el volumen del sólido que se encuentra bajo la superficie $z = 1 + x^2 + 3y$ y encima del rectángulo $R = [1, 2] \times [0, 3]$. Use la suma de Riemann con $m = n = 2$ y elija como puntos muestra las esquinas inferiores izquierdas.

(b) Use la regla del punto medio para estimar el volumen del inciso (a).

5. Sea V el volumen del sólido que se encuentra bajo la gráfica de $f(x, y) = \sqrt{52 - x^2 - y^2}$ y encima del rectángulo dado por $2 \leqslant x \leqslant 4$, $2 \leqslant y \leqslant 6$. Use las rectas $x = 3$ y $y = 4$ para dividir R en subrectángulos. Sean L y U las sumas de Riemann calculadas usando las esquinas inferiores izquierdas y las esquinas superiores derechas, respectivamente. Sin calcular los números V, L y U, organícelos en orden creciente y explique su razonamiento.

6. Una piscina de 8 por 12 metros se llena de agua. La profundidad se mide en intervalos de 2 m a partir de una esquina de la piscina y los valores se registran en la tabla. Estime el volumen de agua en la piscina.

	0	2	4	6	8	10	12
0	1	1.5	2	2.4	2.8	3	3
2	1	1.5	2	2.8	3	3.6	3
4	1	1.8	2.7	3	3.6	4	3.2
6	1	1.5	2	2.3	2.7	3	2.5
8	1	1	1	1	1.5	2	2

7. Se muestra un mapa de contorno para una función f en el cuadrado $R = [0, 4] \times [0, 4]$.

(a) Use la regla del punto medio con $m = n = 2$ para estimar el valor de $\iint_R f(x, y)\, dA$.

(b) Estime el valor promedio de f.

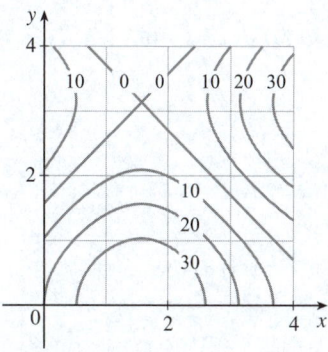

8. El mapa de contorno muestra la temperatura, en grados Celsius, a las cuatro de la tarde de un día de febrero en Colorado. (Este estado mide 624 km de oeste a este y 444 km de sur a norte). Use la regla del punto medio con $m = n = 4$ para estimar la temperatura promedio en Colorado a esa hora.

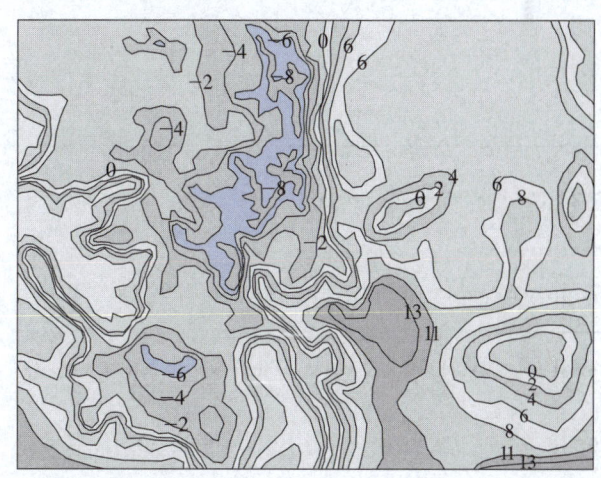

9-11 Evalúe la integral doble identificándola primero como el volumen de un sólido.

9. $\iint_R \sqrt{2}\, dA$, $R = \{(x, y) \mid 2 \leqslant x \leqslant 6, -1 \leqslant y \leqslant 5\}$

10. $\iint_R (2x + 1)\, dA$, $R = \{(x, y) \mid 0 \leqslant x \leqslant 2, 0 \leqslant y \leqslant 4\}$

11. $\iint_R (4 - 2y)\, dA$, $R = [0, 1] \times [0, 1]$

12. La integral $\iint_R \sqrt{9 - y^2}\, dA$, donde $R = [0, 4] \times [0, 2]$, representa el volumen de un sólido. Trace el sólido.

13-14 Determine $\int_0^2 f(x, y)\, dx$ y $\int_0^3 f(x, y)\, dy$

13. $f(x, y) = x + 3x^2y^2$ **14.** $f(x, y) = y\sqrt{x + 2}$

15-26 Calcule la integral iterada.

15. $\int_1^4 \int_0^2 (6x^2y - 2x)\, dy\, dx$ **16.** $\int_0^1 \int_0^1 (x+y)^2\, dx\, dy$

17. $\int_0^1 \int_1^2 (x + e^{-y})\, dx\, dy$

18. $\int_{-3}^1 \int_1^2 (x^2 + y^{-2})\, dy\, dx$

19. $\int_{-3}^3 \int_0^{\pi/2} (y + y^2 \cos x)\, dx\, dy$

20. $\int_1^3 \int_1^5 \frac{\ln y}{xy}\, dy\, dx$

21. $\int_1^4 \int_1^2 \left(\frac{x}{y} + \frac{y}{x} \right) dy\, dx$ **22.** $\int_0^1 \int_0^2 ye^{x-y}\, dx\, dy$

23. $\int_0^3 \int_0^{\pi/2} t^2 \operatorname{sen}^3 \phi\, d\phi\, dt$ **24.** $\int_0^1 \int_0^1 xy\sqrt{x^2 + y^2}\, dy\, dx$

25. $\int_0^1 \int_0^1 v(u + v^2)^4\, du\, dv$

26. $\int_0^1 \int_0^1 \sqrt{s+t}\, ds\, dt$

27-34 Calcule la integral doble.

27. $\iint_R x \sec^2 y\, dA, \quad R = \{(x, y) \mid 0 \leq x \leq 2, 0 \leq y \leq \pi/4\}$

28. $\iint_R (y + xy^{-2})\, dA, \quad R = \{(x, y) \mid 0 \leq x \leq 2, 1 \leq y \leq 2\}$

29. $\iint_R \frac{xy^2}{x^2 + 1}\, dA, \quad R = \{(x, y) \mid 0 \leq x \leq 1, -3 \leq y \leq 3\}$

30. $\iint_R \frac{\tan \theta}{\sqrt{1 - t^2}}\, dA, \quad R = \left\{ (\theta, t) \mid 0 \leq \theta \leq \pi/3, 0 \leq t \leq \tfrac{1}{2} \right\}$

31. $\iint_R x \operatorname{sen}(x + y)\, dA, \quad R = [0, \pi/6] \times [0, \pi/3]$

32. $\iint_R \frac{x}{1 + xy}\, dA, \quad R = [0, 1] \times [0, 1]$

33. $\iint_R ye^{-xy}\, dA, \quad R = [0, 2] \times [0, 3]$

34. $\iint_R \frac{1}{1 + x + y}\, dA, \quad R = [1, 3] \times [1, 2]$

35-37 Trace el sólido cuyo volumen está dado por la integral iterada.

35. $\int_0^1 \int_0^1 (4 - x - 2y)\, dx\, dy$

36. $\int_0^1 \int_0^1 (2 - x^2 - y^2)\, dy\, dx$

37. $\int_{-2}^2 \int_{-1}^3 (4 - x^2)\, dy\, dx$

38. Considere la región sólida S que se encuentra debajo de la superficie $z = x^2\sqrt{y}$ y encima del rectángulo $R = [0, 2] \times [1, 4]$.
(a) Encuentre la fórmula del área de una sección transversal de S en el plano perpendicular al eje x en x para $0 \leq x \leq 2$. A continuación, use la fórmula para calcular las áreas de las secciones transversales ilustradas.

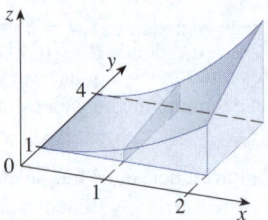

(b) Determine la fórmula del área de una sección transversal de S en el plano perpendicular al eje y en y para $1 \leq y \leq 4$. A continuación, use la fórmula para calcular las áreas de las secciones transversales ilustradas.

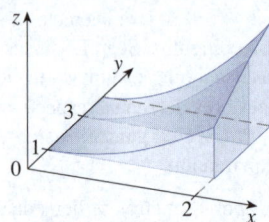

(c) Obtenga el volumen de S.

39-42 En la figura se muestra una superficie y un rectángulo R en el plano xy.
(a) Plantee una integral iterada para el volumen del sólido que se encuentra debajo de la superficie y encima de R.
(b) Evalúe la integral iterada para calcular el volumen del sólido.

39.

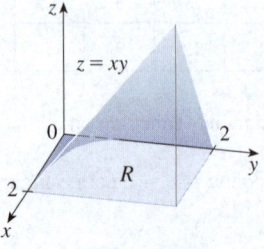

40.

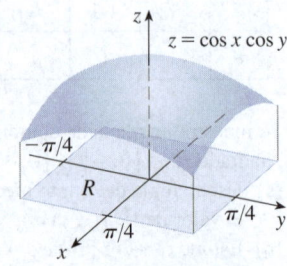

41.

$z = 1 + ye^{xy}$

42.

$z = x^2 + y^2$

43. Determine el volumen del sólido que se encuentra debajo del plano $4x + 6y - 2z + 15 = 0$ y encima del rectángulo $R = \{(x, y) \mid -1 \leqslant x \leqslant 2, -1 \leqslant y \leqslant 1\}$.

44. Encuentre el volumen del sólido que se ubica debajo del paraboloide hiperbólico $z = 3y^2 - x^2 + 2$ y encima del rectángulo $R = [-1, 1] \times [1, 2]$.

45. Determine el volumen del sólido situado debajo del paraboloide elíptico $x^2/4 + y^2/9 + z = 1$ y encima del rectángulo $R = [-1, 1] \times [-2, 2]$.

46. Calcule el volumen del sólido encerrado por la superficie $z = x^2 + xy^2$ y los planos $z = 0$, $x = 0$, $x = 5$ y $y = \pm 2$.

47. Determine el volumen del sólido encerrado por la superficie $z = 1 + x^2ye^y$ y los planos $z = 0$, $x = \pm 1$, $y = 0$ y $y = 1$.

48. Calcule el volumen del sólido en el primer octante acotado por el cilindro $z = 16 - x^2$ y el plano $y = 5$.

49. Determine el volumen del sólido encerrado por el paraboloide $z = 2 + x^2 + (y - 2)^2$ y los planos $z = 1$, $x = 1$, $x = -1$, $y = 0$ y $y = 4$.

50. Grafique el sólido situado entre la superficie $z = 2xy/(x^2 + 1)$ y el plano $z = x + 2y$ que está acotado por los planos $x = 0$, $x = 2$, $y = 0$ y $y = 4$. Encuentre después su volumen.

T **51.** Use un sistema algebraico computacional (SAC) para determinar el valor exacto de la integral $\iint_R x^5 y^3 e^{xy}\, dA$, donde

$R = [0, 1] \times [0, 1]$. Use después el SAC para dibujar el sólido cuyo volumen está dado por la integral.

T **52.** Grafique el sólido que se encuentra entre las superficies $z = e^{-x^2}\cos(x^2 + y^2)$ y $z = 2 - x^2 - y^2$ para $|x| \leqslant 1$, $|y| \leqslant 1$. Use un sistema algebraico computacional para aproximar el volumen de este sólido con cuatro decimales de precisión.

53-54 Determine el valor promedio de f en el rectángulo dado.

53. $f(x, y) = x^2 y$,
R con vértices $(-1, 0)$, $(-1, 5)$, $(1, 5)$, $(1, 0)$

54. $f(x, y) = e^y\sqrt{x + e^y}$, $\quad R = [0, 4] \times [0, 1]$

55-56 Use simetría para evaluar la integral doble.

55. $\displaystyle\iint_R \frac{xy}{1 + x^4}\, dA, \quad R = \{(x, y) \mid -1 \leqslant x \leqslant 1, 0 \leqslant y \leqslant 1\}$

56. $\displaystyle\iint_R (1 + x^2 \operatorname{sen} y + y^2 \operatorname{sen} x)\, dA, \quad R = [-\pi, \pi] \times [-\pi, \pi]$

T **57.** Use un sistema algebraico computacional para calcular las integrales iteradas

$$\int_0^1 \int_0^1 \frac{x - y}{(x + y)^3}\, dy\, dx \qquad \text{y} \qquad \int_0^1 \int_0^1 \frac{x - y}{(x + y)^3}\, dx\, dy$$

¿Las respuestas contradicen el teorema de Fubini? Explique lo que sucede.

58. (a) ¿En qué sentido son similares los teoremas de Fubini y Clairaut?
(b) Si $f(x, y)$ es continua en $[a, b] \times [c, d]$ y

$$g(x, y) = \int_a^x \int_c^y f(s, t)\, dt\, ds$$

para $a < x < b$, $c < y < d$, demuestre que

$$g_{xy} = g_{yx} = f(x, y)$$

15.2 | Integrales dobles en regiones generales

Para integrales simples, la región en la que se integra es siempre un intervalo. Pero para integrales dobles, es necesario poder integrar una función no solo en rectángulos, sino también en regiones con una forma más general.

■ **Regiones generales**

Considere una región general D como la que se ilustra en la figura 1. Se supone que D es una región acotada, lo que significa que D puede encerrarse dentro de una región rectangular R como en la figura 2. Para integrar una función f en D, se define una nueva función F con dominio R mediante

$$\boxed{1} \qquad F(x, y) = \begin{cases} f(x, y) & \text{si } (x, y) \text{ pertenece a } D \\ 0 & \text{si } (x, y) \text{ pertenece a } R \text{ pero no a } D \end{cases}$$

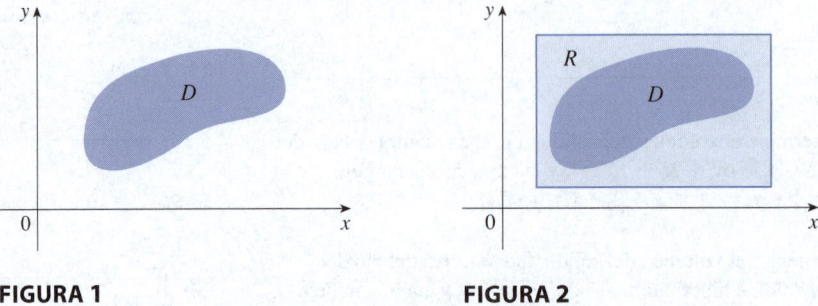

FIGURA 1   **FIGURA 2**

Si F es integrable en R, se define la **integral doble de f en D** mediante

$$\boxed{2} \qquad \iint_D f(x, y)\, dA = \iint_R F(x, y)\, dA \qquad \text{donde } F \text{ está dada por la ecuación 1}$$

La definición 2 tiene sentido porque R es un rectángulo, por lo que $\iint_R F(x, y)\, dA$ se definió anteriormente en la sección 15.1. El procedimiento que se ha usado es razonable porque los valores de $F(x, y)$ son 0 cuando (x, y) se encuentra fuera de D y, por lo tanto, no hacen ninguna contribución a la integral. Esto significa que no importa qué rectángulo R se use en tanto contenga a D.

En el caso en el que $f(x, y) \geqslant 0$, aún se puede interpretar $\iint_D f(x, y)\, dA$ como el volumen del sólido que se encuentra arriba de D y debajo de la superficie $z = f(x, y)$ (la gráfica de f). Puede verse que esto es razonable comparando las gráficas de f y F en las figuras 3 y 4, respectivamente, y al recordar que $\iint_R F(x, y)\, dA$ es el volumen debajo de la gráfica de F.

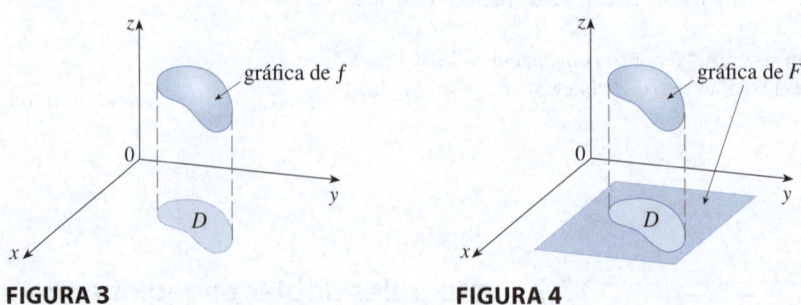

FIGURA 3   **FIGURA 4**

En la figura 4 también se muestra que es probable que F tenga discontinuidades en los puntos frontera de D. No obstante, si f es continua en D y la curva frontera de D "se comporta bien" (en un sentido que está fuera del alcance de este libro), se puede demostrar que $\iint_R F(x, y)\, dA$ existe y, por lo tanto, que $\iint_D f(x, y)\, dA$ existe. En particular, así sucede en los dos tipos de regiones siguientes.

Se dice que una región D en un plano es de **tipo I** si está situada entre las gráficas de dos funciones continuas de x, es decir

$$D = \{(x, y) \mid a \leqslant x \leqslant b, g_1(x) \leqslant y \leqslant g_2(x)\}$$

donde g_1 y g_2 son continuas en $[a, b]$. Algunos ejemplos de regiones de tipo I se muestran en la figura 5.

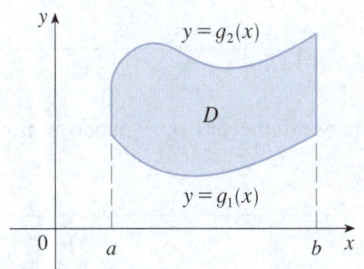
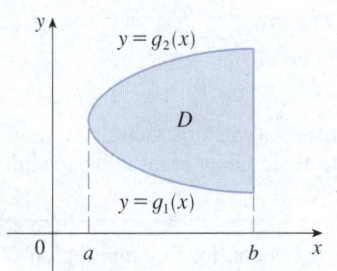
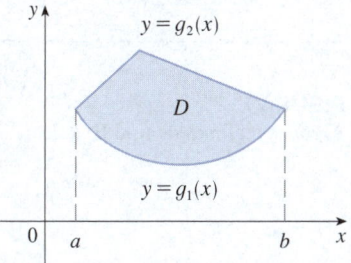

FIGURA 5
Algunas regiones de tipo I.

NOTA En una región de tipo I, las funciones g_1 y g_2 deben ser continuas, pero no es necesario que una sola fórmula las defina. Por ejemplo, en la tercera región de la figura 5, g_2 es una función continua definida por partes o definida a trozos.

Para evaluar $\iint_D f(x, y)\, dA$ cuando D es una región de tipo I, se elige un rectángulo $R = [a, b] \times [c, d]$ que contenga a D, como en la figura 6, y sea F la función dada por la ecuación 1; es decir, F coincide con f en D y F es 0 fuera de D. Entonces, por el teorema de Fubini,

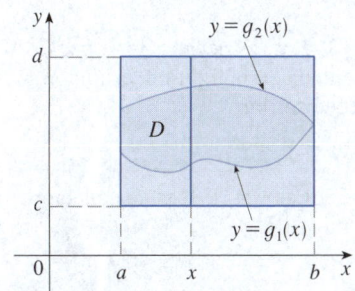

FIGURA 6

$$\iint_D f(x, y)\, dA = \iint_R F(x, y)\, dA = \int_a^b \int_c^d F(x, y)\, dy\, dx$$

Observe que $F(x, y) = 0$ si $y < g_1(x)$ o $y > g_2(x)$ porque (x, y) se encuentra entonces fuera de D. Por consiguiente,

$$\int_c^d F(x, y)\, dy = \int_{g_1(x)}^{g_2(x)} F(x, y)\, dy = \int_{g_1(x)}^{g_2(x)} f(x, y)\, dy$$

porque $F(x, y) = f(x, y)$ cuando $g_1(x) \leqslant y \leqslant g_2(x)$. Así se tiene la fórmula siguiente que permite evaluar la integral doble como una integral iterada.

> **3** Si f es continua en una región D de tipo I descrita por
>
> $$D = \{(x, y) \mid a \leqslant x \leqslant b, g_1(x) \leqslant y \leqslant g_2(x)\}$$
>
> entonces $\displaystyle \iint_D f(x, y)\, dA = \int_a^b \int_{g_1(x)}^{g_2(x)} f(x, y)\, dy\, dx$

La integral en el miembro derecho de (3) es una integral iterada similar a las que se consideraron en la sección 15.1, excepto que en la integral interior se considera a x como constante no solo en $f(x, y)$, sino también en los límites de integración, $g_1(x)$ y $g_2(x)$.

También se consideran regiones en un plano de **tipo II**, que pueden expresarse como

$$D = \{(x, y) \mid c \leq y \leq d, h_1(y) \leq x \leq h_2(y)\}$$

donde h_1 y h_2 son continuas. Tres de esas regiones se ilustran en la figura 7.

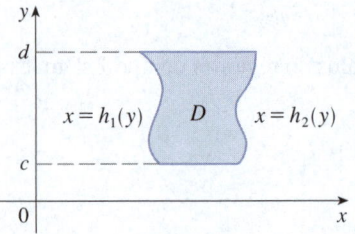

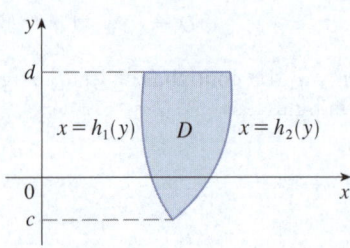

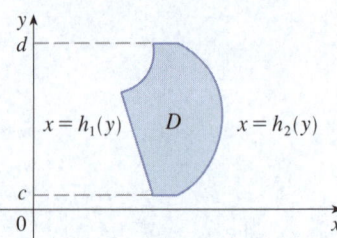

FIGURA 7
Algunas regiones de tipo II.

Al usar los mismos métodos que se emplearon para establecer (3), se puede demostrar que el siguiente resultado es válido.

---

4 Si f es continua en una región D de tipo II descrita por

$$D = \{(x, y) \mid c \leq y \leq d, h_1(y) \leq x \leq h_2(y)\}$$

entonces $$\iint\limits_D f(x, y)\, dA = \int_c^d \int_{h_1(y)}^{h_2(y)} f(x, y)\, dx\, dy$$

EJEMPLO 1 Evalúe $\iint_D (x + 2y)\, dA$, donde D es la región acotada por las parábolas $y = 2x^2$ y $y = 1 + x^2$.

SOLUCIÓN Las parábolas se intersecan cuando $2x^2 = 1 + x^2$, es decir $x^2 = 1$, por lo que $x = \pm 1$. Cabe hace notar que la región D, representada en la figura 8, es una región de tipo I pero no una región de tipo II y se puede escribir

$$D = \{(x, y) \mid -1 \leq x \leq 1, 2x^2 \leq y \leq 1 + x^2\}$$

Como la frontera inferior es $y = 2x^2$ y la frontera superior es $y = 1 + x^2$, la ecuación 3 da

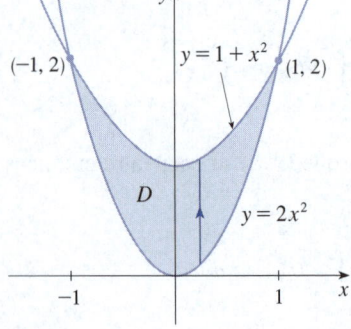

FIGURA 8

$$\iint\limits_D (x + 2y)\, dA = \int_{-1}^1 \int_{2x^2}^{1+x^2} (x + 2y)\, dy\, dx$$

$$= \int_{-1}^1 \left[xy + y^2 \right]_{y=2x^2}^{y=1+x^2} dx$$

$$= \int_{-1}^1 \left[x(1 + x^2) + (1 + x^2)^2 - x(2x^2) - (2x^2)^2 \right] dx$$

$$= \int_{-1}^1 (-3x^4 - x^3 + 2x^2 + x + 1)\, dx$$

$$= -3\,\frac{x^5}{5} - \frac{x^4}{4} + 2\,\frac{x^3}{3} + \frac{x^2}{2} + x \Bigg]_{-1}^1 = \frac{32}{15}$$ ∎

NOTA Cuando se plantea una integral doble como en el ejemplo 1, es esencial trazar un diagrama. A menudo es útil dibujar una flecha vertical como en la figura 8. Entonces, los límites de integración para la integral *interior* pueden tomarse del diagrama, como sigue: la flecha comienza en la frontera inferior $y = g_1(x)$, que da el límite inferior de la integral, y termina en la frontera superior $y = g_2(x)$, que da el límite superior de integración. Para una región de tipo II, la flecha se traza horizontalmente, de la frontera izquierda a la frontera derecha.

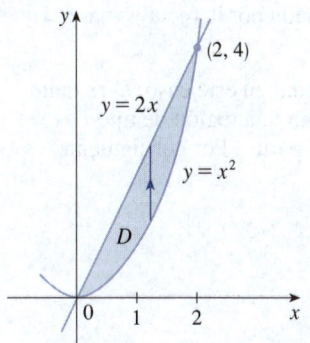

FIGURA 9
D como región de tipo I.

EJEMPLO 2 Determine el volumen del sólido que se encuentra debajo del paraboloide $z = x^2 + y^2$ y encima de la región D en el plano xy acotado por la recta $y = 2x$ y la parábola $y = x^2$.

SOLUCIÓN 1 En la figura 9 se muestra que D es una región de tipo I y que

$$D = \{(x, y) \mid 0 \leqslant x \leqslant 2, x^2 \leqslant y \leqslant 2x\}$$

Por lo tanto, el volumen debajo de $z = x^2 + y^2$ y encima de D es

$$V = \iint_D (x^2 + y^2)\, dA = \int_0^2 \int_{x^2}^{2x} (x^2 + y^2)\, dy\, dx$$

$$= \int_0^2 \left[x^2 y + \frac{y^3}{3} \right]_{y=x^2}^{y=2x} dx$$

$$= \int_0^2 \left[x^2(2x) + \frac{(2x)^3}{3} - x^2 x^2 - \frac{(x^2)^3}{3} \right] dx$$

$$= \int_0^2 \left(-\frac{x^6}{3} - x^4 + \frac{14x^3}{3} \right) dx$$

$$= -\frac{x^7}{21} - \frac{x^5}{5} + \frac{7x^4}{6} \bigg]_0^2 = \frac{216}{35}$$

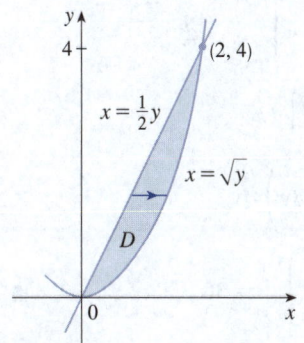

FIGURA 10
D como región de tipo II.

SOLUCIÓN 2 En la figura 10 se observa que D puede escribirse también como una región de tipo II:

$$D = \left\{ (x, y) \mid 0 \leqslant y \leqslant 4, \tfrac{1}{2}y \leqslant x \leqslant \sqrt{y} \right\}$$

Por lo tanto, otra expresión de V es

$$V = \iint_D (x^2 + y^2)\, dA = \int_0^4 \int_{\frac{1}{2}y}^{\sqrt{y}} (x^2 + y^2)\, dx\, dy$$

$$= \int_0^4 \left[\frac{x^3}{3} + y^2 x \right]_{x=\frac{1}{2}y}^{x=\sqrt{y}} dy = \int_0^4 \left(\frac{y^{3/2}}{3} + y^{5/2} - \frac{y^3}{24} - \frac{y^3}{2} \right) dy$$

$$= \frac{2}{15} y^{5/2} + \frac{2}{7} y^{7/2} - \frac{13}{96} y^4 \bigg]_0^4 = \frac{216}{35} \qquad \blacksquare$$

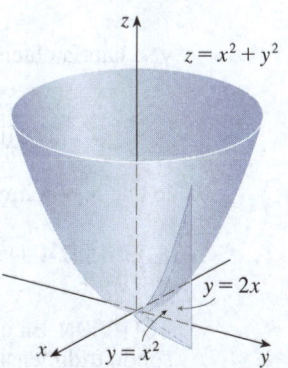

FIGURA 11

En la figura 11 se muestra el sólido cuyo volumen se calculó en el ejemplo 2, el cual está situado encima del plano xy, debajo del paraboloide $z = x^2 + y^2$ y entre el plano $y = 2x$ y el cilindro parabólico $y = x^2$.

EJEMPLO 3 Evalúe $\iint_D xy\, dA$, donde D es la región acotada por la recta $y = x - 1$ y la parábola $y^2 = 2x + 6$.

SOLUCIÓN La región D se muestra en la figura 12. También en este caso, D es tanto de tipo I como de tipo II, aunque la descripción de D como una región de tipo I es más complicada porque la frontera inferior consta de dos partes. Por consiguiente, es preferible expresar D como una región de tipo II:

$$D = \left\{ (x, y) \mid -2 \leqslant y \leqslant 4, \tfrac{1}{2}y^2 - 3 \leqslant x \leqslant y + 1 \right\}$$

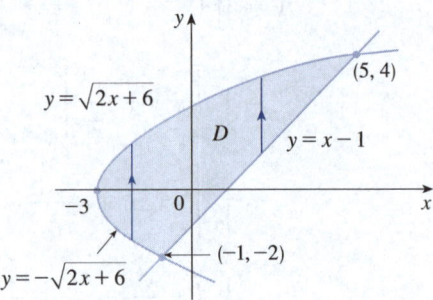

(a) D como una región de tipo I.

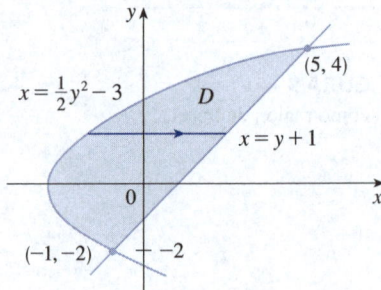

(b) D como una región de tipo II.

FIGURA 12

Entonces (4) da

$$\iint_D xy\, dA = \int_{-2}^{4} \int_{\frac{1}{2}y^2 - 3}^{y+1} xy\, dx\, dy = \int_{-2}^{4} \left[\frac{x^2}{2}\, y \right]_{x = \frac{1}{2}y^2 - 3}^{x = y + 1} dy$$

$$= \tfrac{1}{2} \int_{-2}^{4} y \left[(y + 1)^2 - \left(\tfrac{1}{2}y^2 - 3 \right)^2 \right] dy$$

$$= \tfrac{1}{2} \int_{-2}^{4} \left(-\frac{y^5}{4} + 4y^3 + 2y^2 - 8y \right) dy$$

$$= \frac{1}{2} \left[-\frac{y^6}{24} + y^4 + 2\,\frac{y^3}{3} - 4y^2 \right]_{-2}^{4} = 36$$

En el ejemplo 3, si se hubiera expresado D como región de tipo I usando la figura 12(a), entonces la curva de la frontera inferior sería

$$g_1(x) = \begin{cases} -\sqrt{2x + 6} & \text{si } -3 \leqslant x \leqslant -1 \\ x - 1 & \text{si } -1 < x \leqslant 5 \end{cases}$$

y se habría obtenido

$$\iint_D xy\, dA = \int_{-3}^{-1} \int_{-\sqrt{2x+6}}^{\sqrt{2x+6}} xy\, dy\, dx + \int_{-1}^{5} \int_{x-1}^{\sqrt{2x+6}} xy\, dy\, dx$$

lo que habría implicado más trabajo que el otro método.

EJEMPLO 4 Determine el volumen del tetraedro acotado por los planos $x + 2y + z = 2$, $x = 2y$, $x = 0$ y $z = 0$.

SOLUCIÓN En un ejercicio como este, es prudente dibujar dos diagramas: uno del sólido tridimensional y otro de la región D en un plano sobre la que se encuentra. En la figura 13 se muestra el tetraedro T acotado por los planos coordenados $x = 0$, $z = 0$, el plano vertical $x = 2y$ y el plano $x + 2y + z = 2$. Como el plano $x + 2y + z = 2$ interseca el plano xy (cuya ecuación es $z = 0$) en la recta $x + 2y = 2$, se observa que

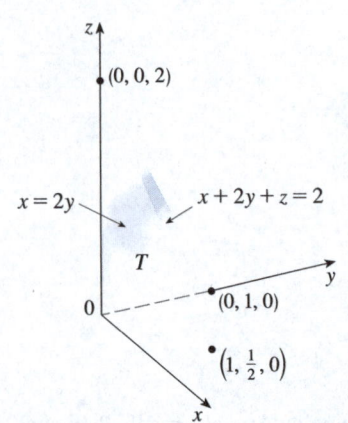

FIGURA 13

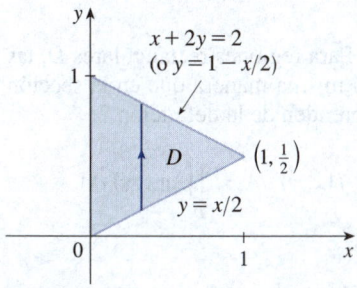

FIGURA 14

T está situado sobre la región triangular *D* en el plano *xy* acotada por las rectas $x = 2y$, $x + 2y = 2$ y $x = 0$ (vea la figura 14).

El plano $x + 2y + z = 2$ puede escribirse como $z = 2 - x - 2y$, por lo que el volumen requerido se encuentra debajo de la gráfica de la función $z = 2 - x - 2y$ y encima de

$$D = \{(x, y) \mid 0 \le x \le 1, x/2 \le y \le 1 - x/2\}$$

Por consiguiente,

$$V = \iint_D (2 - x - 2y)\, dA$$

$$= \int_0^1 \int_{x/2}^{1-x/2} (2 - x - 2y)\, dy\, dx$$

$$= \int_0^1 \left[2y - xy - y^2 \right]_{y=x/2}^{y=1-x/2} dx$$

$$= \int_0^1 \left[2 - x - x\left(1 - \frac{x}{2}\right) - \left(1 - \frac{x}{2}\right)^2 - x + \frac{x^2}{2} + \frac{x^2}{4} \right] dx$$

$$= \int_0^1 (x^2 - 2x + 1)\, dx = \frac{x^3}{3} - x^2 + x \Big]_0^1 = \frac{1}{3}$$

■

■ Cambio del orden de integración

El teorema de Fubini establece que se puede expresar una integral doble como una integral iterada en dos órdenes diferentes. A veces un orden es mucho más difícil de evaluar que el otro, o incluso imposible. En el siguiente ejemplo se muestra cómo cambiar el orden de integración cuando se presenta una integral iterada que es difícil de evaluar.

EJEMPLO 5 Evalúe la integral iterada $\int_0^1 \int_x^1 \operatorname{sen}(y^2)\, dy\, dx$.

SOLUCIÓN Si se intenta evaluar la integral tal como está, se enfrenta a la tarea de evaluar primero $\int \operatorname{sen}(y^2)\, dy$. Pero es imposible hacerlo en términos finitos, ya que $\int \operatorname{sen}(y^2)\, dy$ no es una función elemental (vea el final de la sección 7.5). En consecuencia, es preciso cambiar el orden de integración. Para ello, se expresa en primer lugar la integral iterada dada como una integral doble. Si (3) se escribe al revés, se tiene

$$\int_0^1 \int_x^1 \operatorname{sen}(y^2)\, dy\, dx = \iint_D \operatorname{sen}(y^2)\, dA$$

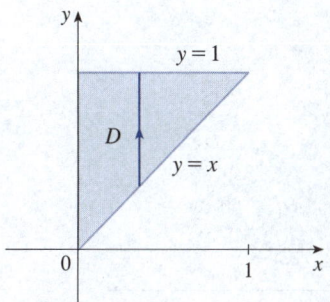

FIGURA 15

D como una región de tipo I.

donde

$$D = \{(x, y) \mid 0 \le x \le 1, x \le y \le 1\}$$

La región *D* se representa en la figura 15. En la figura 16 se observa que una descripción alternativa de *D* es

$$D = \{(x, y) \mid 0 \le y \le 1, 0 \le x \le y\}$$

Esto permite usar (4) para expresar la integral doble como una integral iterada en el orden inverso:

$$\int_0^1 \int_x^1 \operatorname{sen}(y^2)\, dy\, dx = \iint_D \operatorname{sen}(y^2)\, dA$$

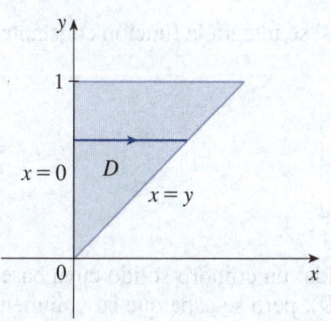

FIGURA 16

D como una región de tipo II.

$$= \int_0^1 \int_0^y \operatorname{sen}(y^2)\, dx\, dy = \int_0^1 \left[x \operatorname{sen}(y^2) \right]_{x=0}^{x=y} dy$$

$$= \int_0^1 y \operatorname{sen}(y^2)\, dy = -\tfrac{1}{2} \cos(y^2) \Big]_0^1 = \tfrac{1}{2}(1 - \cos 1)$$

■

Propiedades de las integrales dobles

Suponga que todas las integrales siguientes existen. Para regiones rectangulares D, las tres primeras propiedades pueden demostrarse de la misma manera que en la sección 5.2. Para regiones generales, las propiedades se desprenden de la definición 2.

$$\boxed{5} \qquad \iint\limits_{D} [f(x, y) + g(x, y)]\, dA = \iint\limits_{D} f(x, y)\, dA + \iint\limits_{D} g(x, y)\, dA$$

$$\boxed{6} \qquad \iint\limits_{D} c f(x, y)\, dA = c \iint\limits_{D} f(x, y)\, dA \quad \text{donde } c \text{ es una constante}$$

Si $f(x, y) \geq g(x, y)$ para todos los valores de (x, y) en D, entonces

$$\boxed{7} \qquad \iint\limits_{D} f(x, y)\, dA \geq \iint\limits_{D} g(x, y)\, dA$$

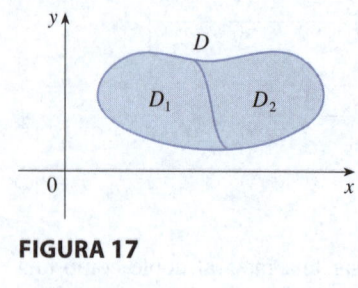

FIGURA 17

La siguiente propiedad de las integrales dobles es similar a la propiedad de las integrales simples dada por la ecuación $\int_a^b f(x)\, dx = \int_a^c f(x)\, dx + \int_c^b f(x)\, dx$ (propiedad 5 en la sección 5.2).

Si $D = D_1 \cup D_2$, donde D_1 y D_2 no se intersecan excepto quizá en sus fronteras (vea la figura 17), entonces

$$\boxed{8} \qquad \boxed{\iint\limits_{D} f(x, y)\, dA = \iint\limits_{D_1} f(x, y)\, dA + \iint\limits_{D_2} f(x, y)\, dA}$$

La propiedad 8 puede usarse para evaluar integrales dobles en regiones D que no son de tipo I ni de tipo II, pero que pueden expresarse como una unión de regiones de tipo I o de tipo II. En la figura 18 se ilustra este procedimiento (vea los ejercicios 67 y 68).

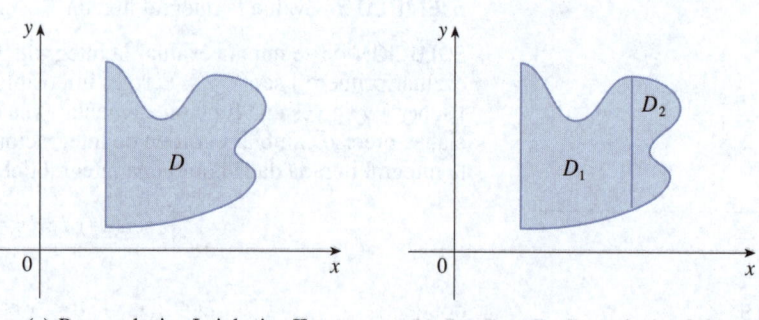

FIGURA 18   (a) D no es de tipo I ni de tipo II.   (b) $D = D_1 \cup D_2$, D_1 es de tipo I, D_2 es de tipo II.

La siguiente propiedad de las integrales indica que si se integra la función constante $f(x, y) = 1$ en una región D, se obtiene el área de D:

$$\boxed{9} \qquad \boxed{\iint\limits_{D} 1\, dA = A(D)}$$

FIGURA 19
Cilindro con base D y altura 1.

En la figura 19 se ilustra por qué la ecuación 9 es válida: un cilindro sólido cuya base es D y cuya altura es 1 tiene volumen $A(D) \cdot 1 = A(D)$, pero se sabe que su volumen también se puede escribir como $\iint_D 1\, dA$.

Por último, se pueden combinar las propiedades 6, 7 y 9 para demostrar la siguiente propiedad (vea el ejercicio 73).

> **10** Si $m \leqslant f(x, y) \leqslant M$ para todos los valores de (x, y) en D, entonces
>
> $$m \cdot A(D) \leqslant \iint\limits_{D} f(x, y)\, dA \leqslant M \cdot A(D)$$

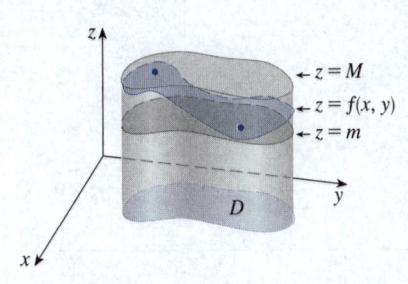

FIGURA 20

En la figura 20 se ilustra la propiedad 10 para el caso $m > 0$. El volumen del sólido debajo de la gráfica de $z = f(x, y)$ y encima de D está entre los volúmenes de los cilindros con base D y alturas m y M. (Compare con la figura 5.2.17, en la que se ilustra la propiedad análoga para integrales simples).

EJEMPLO 6 Use la propiedad 10 para estimar la integral $\iint_{D} e^{\operatorname{sen} x \cos y}\, dA$, donde D es el disco con centro en el origen y radio 2.

SOLUCIÓN Como $-1 \leqslant \operatorname{sen} x \leqslant 1$ y $-1 \leqslant \cos y \leqslant 1$, se tiene $-1 \leqslant \operatorname{sen} x \cos y \leqslant 1$ y, debido a que la función exponencial natural es creciente, se tiene

$$e^{-1} \leqslant e^{\operatorname{sen} x \cos y} \leqslant e^{1} = e$$

Por lo tanto, usando $m = e^{-1} = 1/e$, $M = e$ y $A(D) = \pi(2)^2$ en la propiedad 10, se obtiene

$$\frac{4\pi}{e} \leqslant \iint\limits_{D} e^{\operatorname{sen} x \cos y}\, dA \leqslant 4\pi e \qquad ∎$$

15.2 | Ejercicios

1-6 Evalúe la integral iterada.

1. $\displaystyle\int_{1}^{5} \int_{0}^{x} (8x - 2y)\, dy\, dx$

2. $\displaystyle\int_{0}^{2} \int_{0}^{y^2} x^2 y\, dx\, dy$

3. $\displaystyle\int_{0}^{1} \int_{0}^{y} x e^{y^3}\, dx\, dy$

4. $\displaystyle\int_{0}^{\pi/2} \int_{0}^{x} x \operatorname{sen} y\, dy\, dx$

5. $\displaystyle\int_{0}^{1} \int_{0}^{s^2} \cos(s^3)\, dt\, ds$

6. $\displaystyle\int_{0}^{1} \int_{0}^{e^v} \sqrt{1 + e^v}\, dw\, dv$

7-10

(a) Exprese la integral doble $\iint_{D} f(x, y)\, dA$ como una integral iterada para la función f dada y la región D.

(b) Evalúe la integral iterada.

7. $f(x, y) = 2y$

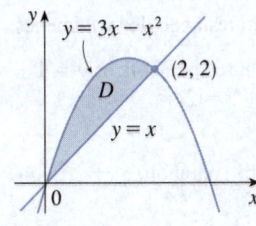

8. $f(x, y) = x + y$

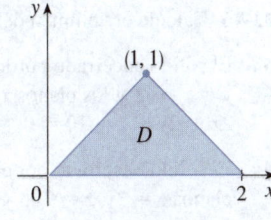

9. $f(x, y) = xy$

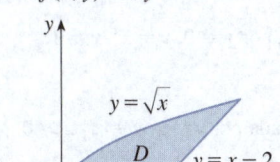

10. $f(x, y) = x$

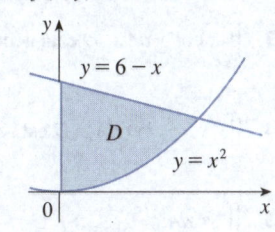

11-14 Evalúe la integral doble.

11. $\displaystyle\iint\limits_{D} \frac{y}{x^2 + 1}\, dA, \quad D = \left\{(x, y) \mid 0 \leqslant x \leqslant 4, 0 \leqslant y \leqslant \sqrt{x}\right\}$

12. $\displaystyle\iint\limits_{D} (2x + y)\, dA, \quad D = \{(x, y) \mid 1 \leqslant y \leqslant 2, y - 1 \leqslant x \leqslant 1\}$

13. $\displaystyle\iint\limits_{D} e^{-y^2}\, dA, \quad D = \{(x, y) \mid 0 \leqslant y \leqslant 3, 0 \leqslant x \leqslant y\}$

14. $\displaystyle\iint\limits_{D} y\sqrt{x^2 - y^2}\, dA, \quad D = \{(x, y) \mid 0 \leqslant x \leqslant 2, 0 \leqslant y \leqslant x\}$

15. Dibuje un ejemplo de una región que sea:
   (a) de tipo I, pero no de tipo II.
   (b) de tipo II, pero no de tipo I.

16. Dibuje un ejemplo de una región que sea:
   (a) tanto de tipo I como de tipo II.
   (b) ni de tipo I ni de tipo II.

17-18 Exprese D como una región de tipo I y también como una región de tipo II. Evalúe después la integral doble de las dos maneras.

17. $\iint\limits_{D} x \, dA$, D está encerrada por las rectas $y = x$, $y = 0$, $x = 1$.

18. $\iint\limits_{D} xy \, dA$, D está encerrada por las curvas $y = x^2$, $y = 3x$.

19-22 Plantee integrales iteradas para ambos órdenes de integración. Evalúe después la integral doble usando el orden más sencillo y explique por qué es más fácil.

19. $\iint\limits_{D} y \, dA$, D está acotada por $y = x - 2$, $x = y^2$.

20. $\iint\limits_{D} y^2 e^{xy} \, dA$, D está acotada por $y = x$, $y = 4$, $x = 0$.

21. $\iint\limits_{D} \operatorname{sen}^2 x \, dA$,

   D está acotada por $y = \cos x$, $0 \le x \le \pi/2$, $y = 0$, $x = 0$.

22. $\iint\limits_{D} 6x^2 \, dA$, D está acotada por $y = x^3$, $y = 2x + 4$, $x = 0$.

23-28 Evalúe la integral doble.

23. $\iint\limits_{D} x \cos y \, dA$, D está acotada por $y = 0$, $y = x^2$, $x = 1$.

24. $\iint\limits_{D} (x^2 + 2y) \, dA$, D está acotada por $y = x$, $y = x^3$, $x \ge 0$.

25. $\iint\limits_{D} y^2 \, dA$,

   D es la región triangular con vértices $(0, 1)$, $(1, 2)$, $(4, 1)$.

26. $\iint\limits_{D} xy \, dA$, D está encerrada por el cuarto de círculo

   $y = \sqrt{1 - x^2}$, $x \ge 0$ y los ejes.

27. $\iint\limits_{D} (2x - y) \, dA$,

   D está acotada por la circunferencia con centro en el origen y radio 2.

28. $\iint\limits_{D} y \, dA$, D es la región triangular con vértices $(0, 0)$, $(1, 1)$ y $(4, 0)$.

29-30 En la figura se muestra una superficie y una región D en el plano xy.
(a) Plantee una integral doble iterada para el volumen del sólido situado debajo de la superficie y encima de D.
(b) Evalúe la integral iterada para encontrar el volumen del sólido.

29. **30.**

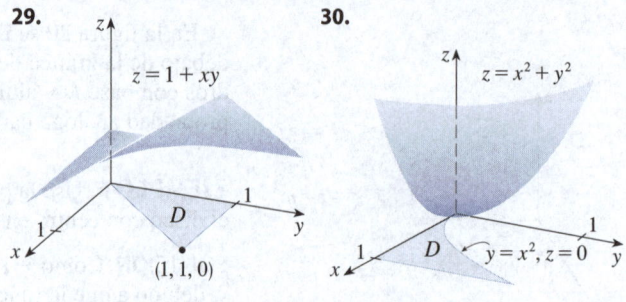

31-40 Determine el volumen del sólido dado.

31. Debajo del plano $3x + 2y - z = 0$ y encima de la región encerrada por las parábolas $y = x^2$ y $x = y^2$.

32. Debajo de la superficie $z = 1 + x^2 y^2$ y arriba de la región encerrada por $x = y^2$ y $x = 4$.

33. Debajo de la superficie $z = xy$ y encima del triángulo con vértices $(1, 1)$, $(4, 1)$ y $(1, 2)$.

34. Encerrado por el paraboloide $z = x^2 + y^2 + 1$ y los planos $x = 0$, $y = 0$, $z = 0$ y $x + y = 2$.

35. El tetraedro encerrado por los planos coordenados y el plano $2x + y + z = 4$.

36. Acotado por los planos $z = x$, $y = x$, $x + y = 2$ y $z = 0$.

37. Encerrado por los cilindros $z = x^2$, $y = x^2$ y los planos $z = 0$, $y = 4$.

38. Acotado por el cilindro $y^2 + z^2 = 4$ y los planos $x = 2y$, $x = 0$, $z = 0$ en el primer octante.

39. Acotado por el cilindro $x^2 + y^2 = 1$ y los planos $y = z$, $x = 0$, $z = 0$ en el primer octante.

40. Acotado por los cilindros $x^2 + y^2 = r^2$ y $y^2 + z^2 = r^2$.

---

41. Use una gráfica para estimar las coordenadas x de los puntos de intersección de las curvas $y = x^4$ y $y = 3x - x^2$. Si D es la región acotada por estas curvas, estime $\iint_D x \, dA$.

42. Determine el volumen aproximado del sólido en el primer octante acotado por los planos $y = x$, $z = 0$ y $z = x$ y el cilindro $y = \cos x$. (Use una gráfica para estimar los puntos de intersección).

43-46 Calcule el volumen del sólido restando dos volúmenes.

43. El sólido encerrado por los cilindros parabólicos $y = 1 - x^2$, $y = x^2 - 1$ y los planos $x + y + z = 2$, $2x + 2y - z + 10 = 0$.

44. El sólido encerrado por el cilindro parabólico $y = x^2$ y los planos $z = 3y$, $z = 2 + y$.

45. El sólido debajo del plano $z = 3$, encima del plano $z = y$, y entre los cilindros parabólicos $y = x^2$ y $y = 1 - x^2$.

46. El sólido en el primer octante debajo del plano $z = x + y$, sobre la superficie $z = xy$, y encerrado por las superficies $x = 0$, $y = 0$ y $x^2 + y^2 = 4$.

47-50 Trace el sólido cuyo volumen está dado por la integral iterada.

47. $\displaystyle\int_0^1 \int_0^{1-x} (1 - x - y)\, dy\, dx$ **48.** $\displaystyle\int_0^1 \int_0^{1-x^2} (1 - x)\, dy\, dx$

49. $\displaystyle\int_0^3 \int_0^y \sqrt{9 - x^2}\, dx\, dy$ **50.** $\displaystyle\int_{-2}^2 \int_{-1}^{3-x^2} e^{-y}\, dy\, dx$

T **51-54** Use un sistema algebraico computacional para calcular el volumen exacto del sólido.

51. Debajo de la superficie $z = x^3 y^4 + xy^2$ y encima de la región acotada por las curvas $y = x^3 - x$ y $y = x^2 + x$ para $x \geq 0$.

52. Entre los paraboloides $z = 2x^2 + y^2$ y $z = 8 - x^2 - 2y^2$ y dentro del cilindro $x^2 + y^2 = 1$.

53. Encerrado por $z = 1 - x^2 - y^2$ y $z = 0$.

54. Encerrado por $z = x^2 + y^2$ y $z = 2y$.

55-60 Trace la región de integración y cambie el orden de integración.

55. $\displaystyle\int_0^1 \int_0^y f(x, y)\, dx\, dy$ **56.** $\displaystyle\int_0^2 \int_{x^2}^4 f(x, y)\, dy\, dx$

57. $\displaystyle\int_0^{\pi/2} \int_{\operatorname{sen} x}^1 f(x, y)\, dy\, dx$ **58.** $\displaystyle\int_{-2}^2 \int_0^{\sqrt{4-y^2}} f(x, y)\, dx\, dy$

59. $\displaystyle\int_1^2 \int_0^{\ln x} f(x, y)\, dy\, dx$ **60.** $\displaystyle\int_0^1 \int_{\arctan x}^{\pi/4} f(x, y)\, dy\, dx$

61-66 Evalúe la integral invirtiendo el orden de integración.

61. $\displaystyle\int_0^1 \int_{3y}^3 e^{x^2}\, dx\, dy$ **62.** $\displaystyle\int_0^1 \int_{x^2}^1 \sqrt{y}\, \operatorname{sen} y\, dy\, dx$

63. $\displaystyle\int_0^1 \int_{\sqrt{x}}^1 \sqrt{y^3 + 1}\, dy\, dx$

64. $\displaystyle\int_0^2 \int_{y/2}^1 y \cos(x^3 - 1)\, dx\, dy$

65. $\displaystyle\int_0^1 \int_{\operatorname{arcsen} y}^{\pi/2} \cos x \sqrt{1 + \cos^2 x}\, dx\, dy$

66. $\displaystyle\int_0^8 \int_{\sqrt[3]{y}}^2 e^{x^4}\, dx\, dy$

67-68 Exprese D como una unión de regiones de tipo I o tipo II y evalúe la integral.

67. $\displaystyle\iint\limits_D x^2\, dA$ **68.** $\displaystyle\iint\limits_D y\, dA$

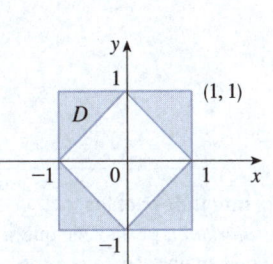
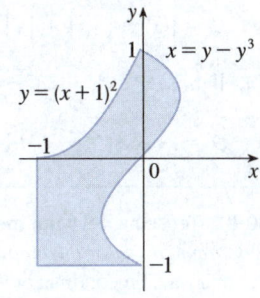

69-70 Use la propiedad 10 para estimar el valor de la integral.

69. $\displaystyle\iint\limits_S \sqrt{4 - x^2 y^2}\, dA$,

$S = \{(x, y) \mid x^2 + y^2 \leq 1, x \geq 0\}$

70. $\displaystyle\iint\limits_T \operatorname{sen}^4(x + y)\, dA$, T es el triángulo encerrado por las rectas $y = 0$, $y = 2x$ y $x = 1$.

71-72 Determine el valor promedio de f en la región D.

71. $f(x, y) = xy$, D es el triángulo con vértices $(0, 0)$, $(1, 0)$ y $(1, 3)$.

72. $f(x, y) = x \operatorname{sen} y$, D está encerrada por las curvas $y = 0$, $y = x^2$ y $x = 1$.

---

73. Demuestre la propiedad 10.

74. Al evaluar una integral doble en una región D, se obtuvo una suma de integrales iteradas como sigue:

$$\iint\limits_D f(x, y)\, dA = \int_0^1 \int_0^{2y} f(x, y)\, dx\, dy + \int_1^3 \int_0^{3-y} f(x, y)\, dx\, dy$$

Trace la región D y exprese la integral doble como una integral iterada con orden de integración inverso.

75-79 Use geometría o simetría, o las dos cosas, para evaluar la integral doble.

75. $\displaystyle\iint\limits_D (x + 2)\, dA$,

$D = \{(x, y) \mid 0 \leq y \leq \sqrt{9 - x^2}\}$

76. $\displaystyle\iint\limits_D \sqrt{R^2 - x^2 - y^2}\, dA$,

D es el disco con centro en el origen y radio R.

77. $\iint\limits_{D} (2x + 3y)\, dA,$

D es el rectángulo $0 \leq x \leq a, 0 \leq y \leq b$

78. $\iint\limits_{D} (2 + x^2 y^3 - y^2 \operatorname{sen} x)\, dA,$

$D = \{(x, y) \mid |x| + |y| \leq 1\}$

79. $\iint\limits_{D} \left(ax^3 + by^3 + \sqrt{a^2 - x^2}\right) dA,$

$D = [-a, a] \times [-b, b]$

80-81 Teorema del valor medio para integrales dobles

El *teorema de valor medio para integrales dobles* establece que si f es una función continua en una región D en un plano que es de tipo I o tipo II, entonces ahí existe un punto (x_0, y_0) en D tal que

$$\iint\limits_{D} f(x, y)\, dA = f(x_0, y_0) A(D)$$

80. Use el teorema del valor extremo (14.7.8) y la propiedad 15.2.10 de las integrales para demostrar el teorema del valor medio para integrales dobles (utilice la demostración de la versión de una variable en la sección 6.5 como guía).

81. Suponga que f es continua en un disco que contiene el punto (a, b). Sea D_r el disco cerrado con centro (a, b) y radio r. Use el teorema del valor medio para integrales dobles para demostrar que

$$\lim_{r \to 0} \frac{1}{\pi r^2} \iint\limits_{D_r} f(x, y)\, dA = f(a, b)$$

T **82.** Grafique el sólido acotado por el plano $x + y + z = 1$ y el paraboloide $z = 4 - x^2 - y^2$ y determine su volumen exacto. (Use un sistema algebraico computacional para encontrar las ecuaciones de las curvas frontera de la región de integración y para evaluar la integral doble).

15.3 | Integrales dobles en coordenadas polares

Suponga que se desea evaluar una integral doble $\iint_R f(x, y)\, dA$, donde la región R es un disco circular centrado en el origen. En ese caso, la descripción de R en términos de coordenadas rectangulares es bastante complicada, pero R es fácil de describir usando coordenadas polares. En general, si R es una región que se describe con mayor facilidad usando coordenadas polares, a menudo es ventajoso evaluar la integral doble convirtiéndola primero a coordenadas polares.

■ Repaso de las coordenadas polares

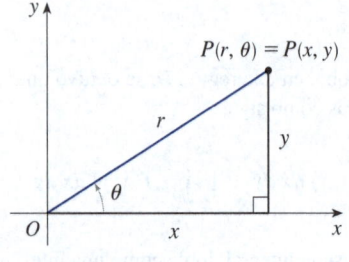

FIGURA 1

Las coordenadas polares se introdujeron en la sección 10.3. Recuerde de la figura 1 que las coordenadas polares (r, θ) de un punto se relacionan con las coordenadas rectangulares (x, y) de ese punto mediante las ecuaciones

$$r^2 = x^2 + y^2 \qquad x = r \cos \theta \qquad y = r \operatorname{sen} \theta$$

Las ecuaciones de círculos centrados en el origen son especialmente sencillas en coordenadas polares. La circunferencia unitaria tiene la ecuación $r = 1$; la región encerrada por esta circunferencia se muestra en la figura 2(a). En la figura 2(b) se ilustra otra región que se describe cómodamente en coordenadas polares.

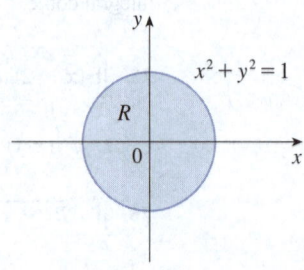

FIGURA 2   (a) $R = \{(r, \theta) \mid 0 \leq r \leq 1, 0 \leq \theta \leq 2\pi\}$ (b) $R = \{(r, \theta) \mid 1 \leq r \leq 2, 0 \leq \theta \leq \pi\}$

Es conveniente que revise la tabla 10.3.1 donde encontrará otras curvas comunes que se describen de forma adecuada en coordenadas polares.

■ Integrales dobles en coordenadas polares

Las regiones en la figura 2 son casos especiales de un **rectángulo polar**

$$R = \{(r, \theta) \mid a \le r \le b, \alpha \le \theta \le \beta\}$$

que se muestra en la figura 3. Para calcular la integral doble $\iint_R f(x, y) \, dA$, donde R es un rectángulo polar, se divide el intervalo $[a, b]$ en m subintervalos $[r_{i-1}, r_i]$ de igual ancho $\Delta r = (b - a)/m$ y se divide el intervalo $[\alpha, \beta]$ en n subintervalos $[\theta_{j-1}, \theta_j]$ de igual ancho $\Delta\theta = (\beta - \alpha)/n$. Entonces los círculos $r = r_i$ y los rayos $\theta = \theta_j$ dividen el rectángulo polar R en rectángulos polares pequeños R_{ij} que se muestran en la figura 4.

Compare la figura 4 con la figura 15.1.3.

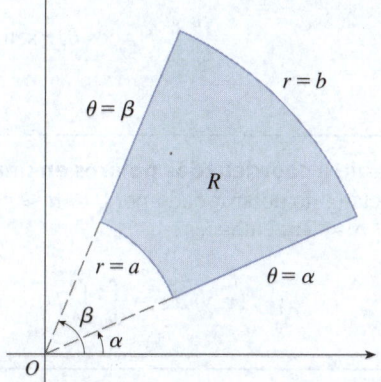

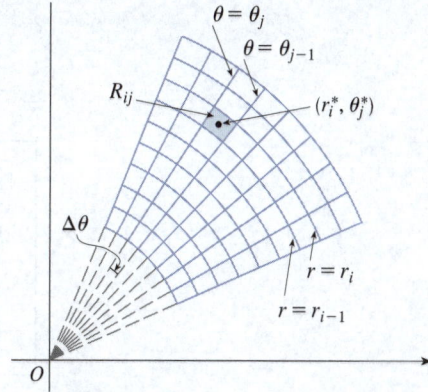

FIGURA 3 Rectángulo polar.

FIGURA 4 División de R en subrectángulos polares.

El "centro" del subrectángulo polar

$$R_{ij} = \{(r, \theta) \mid r_{i-1} \le r \le r_i, \theta_{j-1} \le \theta \le \theta_j\}$$

tiene coordenadas polares

$$r_i^* = \tfrac{1}{2}(r_{i-1} + r_i) \qquad \theta_j^* = \tfrac{1}{2}(\theta_{j-1} + \theta_j)$$

Para calcular el área de R_{ij} se usa el hecho de que el área de un sector de un círculo con radio r y ángulo central θ es $\tfrac{1}{2}r^2\theta$. Al restar las áreas de dos de esos sectores, cada uno de los cuales tiene un ángulo central $\Delta\theta = \theta_j - \theta_{j-1}$, se determina que el área de R_{ij} es

$$\Delta A_i = \tfrac{1}{2}r_i^2\Delta\theta - \tfrac{1}{2}r_{i-1}^2\Delta\theta = \tfrac{1}{2}\left(r_i^2 - r_{i-1}^2\right)\Delta\theta$$
$$= \tfrac{1}{2}(r_i + r_{i-1})(r_i - r_{i-1})\,\Delta\theta = r_i^*\,\Delta r\,\Delta\theta$$

Aunque se ha definido la integral doble $\iint_R f(x, y) \, dA$ en términos de rectángulos ordinarios, se puede demostrar que, para funciones continuas f, siempre se obtiene la misma respuesta usando rectángulos polares. Las coordenadas rectangulares del centro de R_{ij} son $(r_i^* \cos\theta_j^*, r_i^* \operatorname{sen}\theta_j^*)$, por lo que una típica suma de Riemann es

$$\boxed{1} \quad \sum_{i=1}^{m} \sum_{j=1}^{n} f(r_i^* \cos\theta_j^*, r_i^* \operatorname{sen}\theta_j^*)\,\Delta A_i = \sum_{i=1}^{m} \sum_{j=1}^{n} f(r_i^* \cos\theta_j^*, r_i^* \operatorname{sen}\theta_j^*)\,r_i^*\,\Delta r\,\Delta\theta$$

Si se escribe $g(r, \theta) = rf(r\cos\theta, r\operatorname{sen}\theta)$, la suma de Riemann de la ecuación 1 puede escribirse como

$$\sum_{i=1}^{m} \sum_{j=1}^{n} g(r_i^*, \theta_j^*)\,\Delta r\,\Delta\theta$$

que es una suma de Riemann para la integral doble

$$\int_\alpha^\beta \int_a^b g(r, \theta) \, dr \, d\theta$$

Por lo tanto, se tiene

$$\iint\limits_R f(x, y) \, dA = \lim_{m, n \to \infty} \sum_{i=1}^m \sum_{j=1}^n f(r_i^* \cos \theta_j^*, \, r_i^* \operatorname{sen} \theta_j^*) \, \Delta A_i$$

$$= \lim_{m, n \to \infty} \sum_{i=1}^m \sum_{j=1}^n g(r_i^*, \theta_j^*) \, \Delta r \, \Delta \theta = \int_\alpha^\beta \int_a^b g(r, \theta) \, dr \, d\theta$$

$$= \int_\alpha^\beta \int_a^b f(r \cos \theta, \, r \operatorname{sen} \theta) \, r \, dr \, d\theta$$

> **2 Cambio a coordenadas polares en una integral doble** Si f es continua
> en un rectángulo polar R dado por $0 \leqslant a \leqslant r \leqslant b$, $\alpha \leqslant \theta \leqslant \beta$, donde
> $0 \leqslant \beta - \alpha \leqslant 2\pi$, entonces
>
> $$\iint\limits_R f(x, y) \, dA = \int_\alpha^\beta \int_a^b f(r \cos \theta, \, r \operatorname{sen} \theta) \, r \, dr \, d\theta$$

La fórmula en (2) establece que para convertir coordenadas rectangulares a polares
en una integral doble se escribe $x = r \cos \theta$ y $y = r \operatorname{sen} \theta$, usando los límites de integración apropiados para r y θ y reemplazando dA por $r \, dr \, d\theta$. Tenga cuidado de no olvidar
el factor adicional r en el miembro derecho de la fórmula 2. Un método clásico para
recordar esto se muestra en la figura 5, donde el rectángulo polar "infinitesimal" puede
concebirse como un rectángulo ordinario con dimensiones $r \, d\theta$ y dr y que, por lo tanto,
tiene un área $dA = r \, dr \, d\theta$.

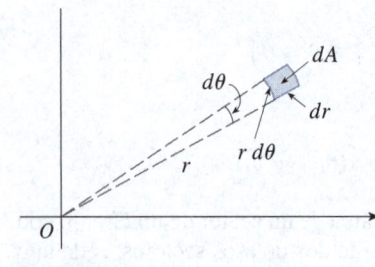

FIGURA 5

EJEMPLO 1 Evalúe $\iint_R (3x + 4y^2) \, dA$, donde R es la región en el semiplano superior
acotado por las circunferencias $x^2 + y^2 = 1$ y $x^2 + y^2 = 4$.

SOLUCIÓN La región R puede describirse así:

$$R = \{(x, y) \mid y \geqslant 0, \, 1 \leqslant x^2 + y^2 \leqslant 4\}$$

Este es el semianillo que se mostró en la figura 2(b), y en coordenadas polares está
dado por $1 \leqslant r \leqslant 2$, $0 \leqslant \theta \leqslant \pi$. Por lo tanto, por la fórmula 2,

$$\iint\limits_R (3x + 4y^2) \, dA = \int_0^\pi \int_1^2 [3(r \cos \theta) + 4(r \operatorname{sen} \theta)^2] \, r \, dr \, d\theta$$

$$= \int_0^\pi \int_1^2 (3r^2 \cos \theta + 4r^3 \operatorname{sen}^2\theta) \, dr \, d\theta$$

$$= \int_0^\pi \left[r^3 \cos \theta + r^4 \operatorname{sen}^2\theta \right]_{r=1}^{r=2} d\theta = \int_0^\pi (7 \cos \theta + 15 \operatorname{sen}^2\theta) \, d\theta$$

Aquí se usa la identidad
trigonométrica

$\operatorname{sen}^2\theta = \frac{1}{2}(1 - \cos 2\theta)$

Vea la sección 7.2, donde encontrará
recomendaciones para la integración
de funciones trigonométricas.

$$= \int_0^\pi \left[7 \cos \theta + \frac{15}{2}(1 - \cos 2\theta) \right] d\theta$$

$$= 7 \operatorname{sen} \theta + \frac{15\theta}{2} - \frac{15}{4} \operatorname{sen} 2\theta \Big]_0^\pi = \frac{15\pi}{2} \qquad \blacksquare$$

EJEMPLO 2 Evalúe la integral doble

$$\int_{-1}^{1} \int_{0}^{\sqrt{1-x^2}} (x^2 + y^2) \, dy \, dx$$

SOLUCIÓN Esta integral iterada es una integral doble en la región R que se muestra en la figura 6 y se describe mediante

$$R = \left\{ (x, y) \mid -1 \le x \le 1, 0 \le y \le \sqrt{1-x^2} \right\}$$

La región es un semidisco, por lo que es más sencillo describirla en coordenadas polares:

$$R = \{ (r, \theta) \mid 0 \le \theta \le \pi, 0 \le r \le 1 \}$$

Por consiguiente, se tiene

$$\int_{-1}^{1} \int_{0}^{\sqrt{1-x^2}} (x^2 + y^2) \, dy \, dx = \int_{0}^{\pi} \int_{0}^{1} (r^2) \, r \, dr \, d\theta$$

$$= \int_{0}^{\pi} \left[\frac{r^4}{4} \right]_{r=0}^{r=1} d\theta = \frac{1}{4} \int_{0}^{\pi} d\theta = \frac{\pi}{4} \qquad \blacksquare$$

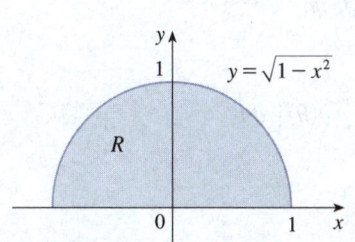

FIGURA 6

EJEMPLO 3 Calcule el volumen del sólido acotado por el plano $z = 0$ y el paraboloide $z = 1 - x^2 - y^2$.

SOLUCIÓN Si se establece que $z = 0$ en la ecuación del paraboloide, se obtiene $x^2 + y^2 = 1$. Esto significa que el plano interseca el paraboloide en la circunferencia $x^2 + y^2 = 1$, por lo que el sólido se encuentra debajo del paraboloide y encima del disco circular D dado por $x^2 + y^2 \le 1$ [vea las figuras 7 y 2(a)]. En coordenadas polares, D está dado por $0 \le r \le 1$, $0 \le \theta \le 2\pi$. Puesto que $1 - x^2 - y^2 = 1 - r^2$, el volumen es

$$V = \iint\limits_{D} (1 - x^2 - y^2) \, dA = \int_{0}^{2\pi} \int_{0}^{1} (1 - r^2) \, r \, dr \, d\theta$$

$$= \int_{0}^{2\pi} d\theta \int_{0}^{1} (r - r^3) \, dr = 2\pi \left[\frac{r^2}{2} - \frac{r^4}{4} \right]_{0}^{1} = \frac{\pi}{2} \qquad \blacksquare$$

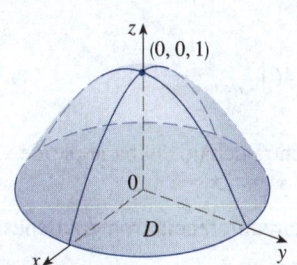

FIGURA 7

Si se hubieran usado coordenadas rectangulares en vez de coordenadas polares en el ejemplo 3, se habría obtenido

$$V = \iint\limits_{D} (1 - x^2 - y^2) \, dA = \int_{-1}^{1} \int_{-\sqrt{1-x^2}}^{\sqrt{1-x^2}} (1 - x^2 - y^2) \, dy \, dx$$

que no es fácil de evaluar porque implica determinar $\int (1 - x^2)^{3/2} dx$.

Lo que se ha hecho hasta aquí puede ampliarse al tipo de región más complicado que se muestra en la figura 8, que es similar a las regiones rectangulares de tipo II consideradas en la sección 15.2. De hecho, al combinar la fórmula 2 de esta sección con la fórmula 15.2.4, se obtiene la fórmula siguiente.

3 Si f es continua en una región polar de la forma

$$D = \{ (r, \theta) \mid \alpha \le \theta \le \beta, h_1(\theta) \le r \le h_2(\theta) \}$$

entonces $\displaystyle \iint\limits_{D} f(x, y) \, dA = \int_{\alpha}^{\beta} \int_{h_1(\theta)}^{h_2(\theta)} f(r \cos \theta, r \, \text{sen} \, \theta) \, r \, dr \, d\theta$

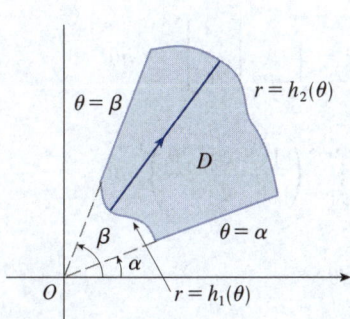

FIGURA 8
$D = \{ (r, \theta) \mid \alpha \le \theta \le \beta, h_1(\theta) \le r \le h_2(\theta) \}$

En particular, al tomar $f(x, y) = 1$, $h_1(\theta) = 0$ y $h_2(\theta) = h(\theta)$ en esta fórmula, se ve que el área de la región D acotada por $\theta = \alpha$, $\theta = \beta$ y $r = h(\theta)$ es

$$A(D) = \iint_D 1 \, dA = \int_\alpha^\beta \int_0^{h(\theta)} r \, dr \, d\theta$$

$$= \int_\alpha^\beta \left[\frac{r^2}{2} \right]_0^{h(\theta)} d\theta = \int_\alpha^\beta \tfrac{1}{2}[h(\theta)]^2 \, d\theta$$

y esto coincide con la fórmula 10.4.3.

EJEMPLO 4   Use una integral doble para encontrar el área encerrada por un lazo de la rosa de cuatro pétalos $r = \cos 2\theta$.

SOLUCIÓN   En el trazo de la curva en la figura 9 se observa que un lazo está dado por la región

$$D = \{(r, \theta) \mid -\pi/4 \leq \theta \leq \pi/4, 0 \leq r \leq \cos 2\theta\}$$

Por lo tanto, el área es

$$A(D) = \iint_D dA = \int_{-\pi/4}^{\pi/4} \int_0^{\cos 2\theta} r \, dr \, d\theta$$

$$= \int_{-\pi/4}^{\pi/4} \left[\tfrac{1}{2} r^2 \right]_0^{\cos 2\theta} d\theta = \tfrac{1}{2} \int_{-\pi/4}^{\pi/4} \cos^2 2\theta \, d\theta$$

$$= \tfrac{1}{4} \int_{-\pi/4}^{\pi/4} (1 + \cos 4\theta) \, d\theta = \tfrac{1}{4}\Big[\theta + \tfrac{1}{4} \operatorname{sen} 4\theta\Big]_{-\pi/4}^{\pi/4} = \frac{\pi}{8} \qquad \blacksquare$$

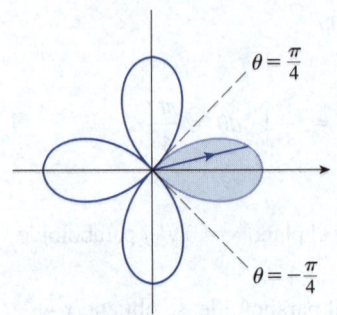

$\theta = \dfrac{\pi}{4}$

$\theta = -\dfrac{\pi}{4}$

FIGURA 9

EJEMPLO 5   Determine el volumen del sólido que se encuentra debajo del paraboloide $z = x^2 + y^2$, encima del plano xy y dentro del cilindro $x^2 + y^2 = 2x$.

SOLUCIÓN   El sólido está situado arriba del disco D cuya circunferencia frontera tiene ecuación $x^2 + y^2 = 2x$ o, tras completar el cuadrado,

$$(x - 1)^2 + y^2 = 1$$

(Vea las figuras 10 y 11).

En coordenadas polares se tiene $x^2 + y^2 = r^2$ y $x = r \cos \theta$, así que la circunferencia frontera $x^2 + y^2 = 2x$ se convierte en $r^2 = 2r \cos \theta$, o $r = 2 \cos \theta$. De este modo, el disco D está dado por

$$D = \{(r, \theta) \mid -\pi/2 \leq \theta \leq \pi/2, 0 \leq r \leq 2 \cos \theta\}$$

y, por la fórmula 3, se tiene

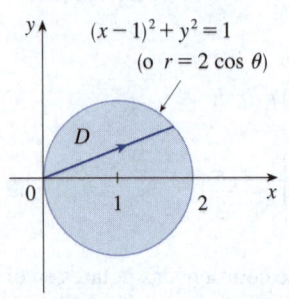

$(x-1)^2 + y^2 = 1$

(o $r = 2 \cos \theta$)

D

FIGURA 10

$$V = \iint_D (x^2 + y^2) \, dA = \int_{-\pi/2}^{\pi/2} \int_0^{2\cos\theta} r^2 \, r \, dr \, d\theta = \int_{-\pi/2}^{\pi/2} \left[\frac{r^4}{4} \right]_0^{2\cos\theta} d\theta$$

$$= 4 \int_{-\pi/2}^{\pi/2} \cos^4\theta \, d\theta = 8 \int_0^{\pi/2} \cos^4\theta \, d\theta = 8 \int_0^{\pi/2} \left(\frac{1 + \cos 2\theta}{2} \right)^2 d\theta$$

$$= 2 \int_0^{\pi/2} \Big[1 + 2 \cos 2\theta + \tfrac{1}{2}(1 + \cos 4\theta) \Big] d\theta$$

$$= 2\Big[\tfrac{3}{2}\theta + \operatorname{sen} 2\theta + \tfrac{1}{8} \operatorname{sen} 4\theta \Big]_0^{\pi/2} = 2\left(\frac{3}{2} \right)\left(\frac{\pi}{2} \right) = \frac{3\pi}{2} \qquad \blacksquare$$

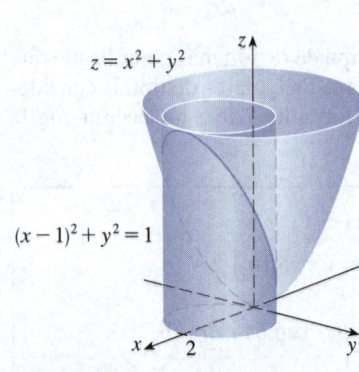

$z = x^2 + y^2$

$(x-1)^2 + y^2 = 1$

FIGURA 11

15.3 | Ejercicios

1-6 Se muestra una región R. Decida si debe usar coordenadas polares o coordenadas rectangulares y escriba $\iint_R f(x, y) \, dA$ como una integral iterada, donde f es una función continua arbitraria en R.

1.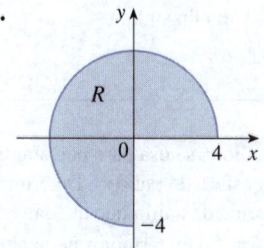

2.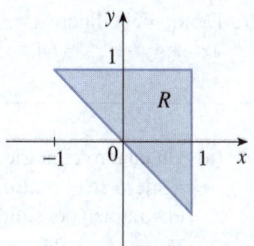

3.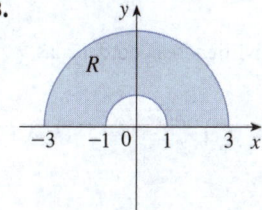

4.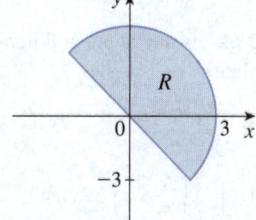

5.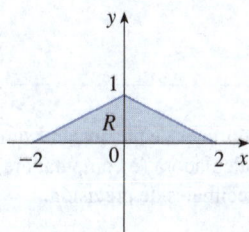

6.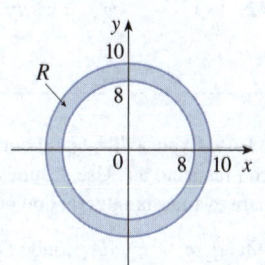

7-8 Trace la región cuya área está dada por la integral y evalúe la integral.

7. $\displaystyle\int_{\pi/4}^{3\pi/4} \int_{1}^{2} r \, dr \, d\theta$

8. $\displaystyle\int_{\pi/2}^{\pi} \int_{0}^{2\,\mathrm{sen}\,\theta} r \, dr \, d\theta$

9-16 Evalúe la integral dada cambiando a coordenadas polares.

9. $\iint_D x^2 y \, dA$, donde D es la mitad superior del disco con centro en el origen y radio 5.

10. $\iint_R (2x - y) \, dA$, donde R es la región en el primer cuadrante encerrada por la circunferencia $x^2 + y^2 = 4$ y las rectas $x = 0$ y $y = x$.

11. $\iint_R \mathrm{sen}(x^2 + y^2) \, dA$, donde R es la región en el primer cuadrante entre las circunferencias con centro en el origen y radios 1 y 3.

12. $\displaystyle\iint_R \frac{y^2}{x^2 + y^2} \, dA$, donde R es la región que se encuentra entre los círculos $x^2 + y^2 = a^2$ y $x^2 + y^2 = b^2$ con $0 < a < b$.

13. $\iint_D e^{-x^2 - y^2} \, dA$, donde D es la región acotada por el semicírculo $x = \sqrt{4 - y^2}$ y el eje y.

14. $\iint_D \cos\sqrt{x^2 + y^2} \, dA$, donde D es el disco con centro en el origen y radio 2.

15. $\iint_R \arctan(y/x) \, dA$, donde $R = \{(x, y) \mid 1 \le x^2 + y^2 \le 4, 0 \le y \le x\}$.

16. $\iint_D x \, dA$, donde D es la región en el primer cuadrante que se encuentra entre los círculos $x^2 + y^2 = 4$ y $x^2 + y^2 = 2x$.

17-22 Use una integral doble para calcular el área de la región D.

17.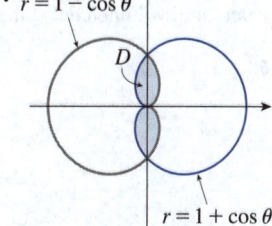

$r = 1 - \cos\theta$

$r = 1 + \cos\theta$

18.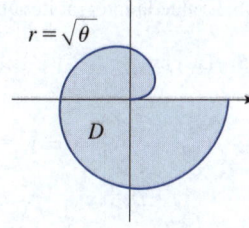

$r = \sqrt{\theta}$

19.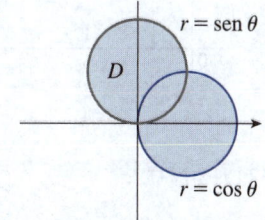

$r = \mathrm{sen}\,\theta$

$r = \cos\theta$

20.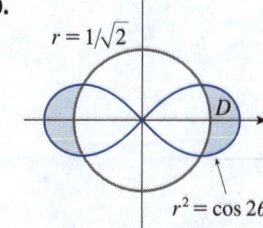

$r = 1/\sqrt{2}$

$r^2 = \cos 2\theta$

21. D es el lazo de la rosa $r = \mathrm{sen}\, 3\theta$ en el primer cuadrante.

22. D es la región dentro de la circunferencia $(x - 1)^2 + y^2 = 1$ y fuera del círculo $x^2 + y^2 = 1$.

23-24

(a) Plantee una integral iterada en coordenadas polares para el volumen del sólido debajo de la superficie y encima de la región D.

(b) Evalúe la integral iterada para calcular el volumen del sólido.

23.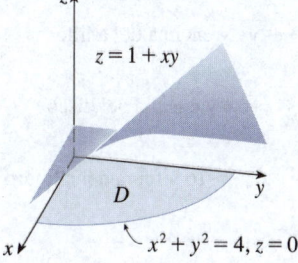

$z = 1 + xy$

$x^2 + y^2 = 4, \; z = 0$

24.

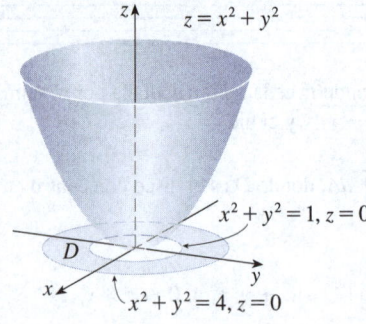

25-28

(a) Plantee una integral iterada en coordenadas polares para el volumen del sólido debajo de la gráfica de la función dada y encima de la región D.

(b) Evalúe la integral iterada para calcular el volumen del sólido.

25. $f(x, y) = y$

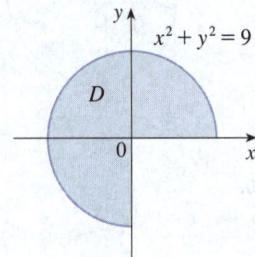

26. $f(x, y) = xy^2$

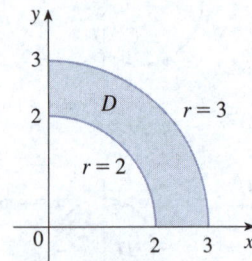

27. $f(x, y) = x$

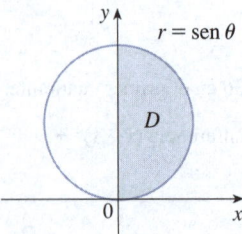

28. $f(x, y) = 1$

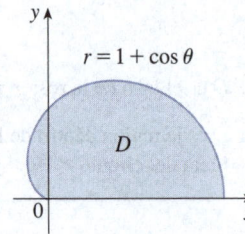

29-37 Use coordenadas polares para determinar el volumen del sólido dado.

29. Debajo del paraboloide $z = x^2 + y^2$ y encima del disco $x^2 + y^2 \leq 25$.

30. Debajo del cono $z = \sqrt{x^2 + y^2}$ y encima del anillo $1 \leq x^2 + y^2 \leq 4$.

31. Debajo del plano $2x + y + z = 4$ y encima del disco $x^2 + y^2 \leq 1$.

32. Dentro de la esfera $x^2 + y^2 + z^2 = 16$ y fuera del cilindro $x^2 + y^2 = 4$.

33. Una esfera de radio a.

34. Acotado por el paraboloide $z = 1 + 2x^2 + 2y^2$ y el plano $z = 7$ en el primer octante.

35. Sobre el cono $z = \sqrt{x^2 + y^2}$ y debajo de la esfera $x^2 + y^2 + z^2 = 1$.

36. Acotado por los paraboloides $z = 6 - x^2 - y^2$ y $z = 2x^2 + 2y^2$.

37. Dentro del cilindro $x^2 + y^2 = 4$ y el elipsoide $4x^2 + 4y^2 + z^2 = 64$.

38. (a) Un taladro cilíndrico con radio r_1 se usa para perforar un agujero en el centro de una esfera de radio r_2. Determine el volumen del sólido en forma de anillo que queda.

(b) Exprese el volumen del inciso (a) en términos de la altura h del anillo. Note que el volumen depende solo de h, no de r_1 ni r_2.

39-42 Evalúe la integral iterada convirtiendo a coordenadas polares.

39. $\int_0^2 \int_0^{\sqrt{4-x^2}} e^{-x^2-y^2} \, dy \, dx$

40. $\int_0^a \int_{-\sqrt{a^2-y^2}}^{\sqrt{a^2-y^2}} (2x + y) \, dx \, dy$

41. $\int_0^{1/2} \int_{\sqrt{3}y}^{\sqrt{1-y^2}} xy^2 \, dx \, dy$

42. $\int_0^2 \int_0^{\sqrt{2x-x^2}} \sqrt{x^2 + y^2} \, dy \, dx$

T **43-44** Exprese la integral doble en términos de una integral simple con respecto a r. Use después una calculadora (o computadora) para evaluar la integral con cuatro decimales de precisión.

43. $\iint_D e^{(x^2+y^2)^2} \, dA$, donde D es el disco con centro en el origen y radio 1.

44. $\iint_D xy\sqrt{1 + x^2 + y^2} \, dA$, donde D es la parte del disco $x^2 + y^2 \leq 1$ que está en el primer cuadrante.

45. Una piscina es circular con un diámetro de 10 metros. La profundidad es constante a lo largo de las rectas este-oeste y aumenta linealmente de 1 m en el extremo sur a 2 m en el extremo norte. Calcule el volumen de agua en la piscina.

46. Un aspersor agrícola distribuye agua en un patrón circular de 50 m de radio. Suministra agua a una profundidad de e^{-r} metros por hora a una distancia de r metros del aspersor.

(a) Si $0 < R \leq 50$, ¿cuál es la cantidad total de agua suministrada por hora a la región dentro de la circunferencia de radio R centrado en el aspersor?

(b) Determine una expresión para la cantidad promedio de agua por hora por metro cuadrado suministrada a la región dentro de la circunferencia de radio R.

47. Calcule el valor promedio de la función $f(x, y) = 1/\sqrt{x^2 + y^2}$ en la región anular $a^2 \leq x^2 + y^2 \leq b^2$, donde $0 < a < b$.

48. Sea D el disco con centro en el origen y radio a. ¿Cuál es la distancia promedio de los puntos en D al origen?

49. Use coordenadas polares para combinar la suma

$$\int_{1/\sqrt{2}}^{1} \int_{\sqrt{1-x^2}}^{x} xy\, dy\, dx + \int_{1}^{\sqrt{2}} \int_{0}^{x} xy\, dy\, dx + \int_{\sqrt{2}}^{2} \int_{0}^{\sqrt{4-x^2}} xy\, dy\, dx$$

en una integral doble. Evalúe después la integral doble.

50. (a) Se define la integral impropia (en todo el plano $\mathbb{R}^2$)

$$I = \iint_{\mathbb{R}^2} e^{-(x^2+y^2)}\, dA$$

$$= \int_{-\infty}^{\infty} \int_{-\infty}^{\infty} e^{-(x^2+y^2)}\, dy\, dx$$

$$= \lim_{a \to \infty} \iint_{D_a} e^{-(x^2+y^2)}\, dA$$

donde D_a es el disco con radio a y centro en el origen. Demuestre que

$$\int_{-\infty}^{\infty} \int_{-\infty}^{\infty} e^{-(x^2+y^2)}\, dA = \pi$$

(b) Una definición equivalente de la integral impropia del inciso (a) es

$$\iint_{\mathbb{R}^2} e^{-(x^2+y^2)}\, dA = \lim_{a \to \infty} \iint_{S_a} e^{-(x^2+y^2)}\, dA$$

donde S_a es el cuadrado con vértices $(\pm a, \pm a)$. Use esto para demostrar que

$$\int_{-\infty}^{\infty} e^{-x^2}\, dx \int_{-\infty}^{\infty} e^{-y^2}\, dy = \pi$$

(c) Deduzca que

$$\int_{-\infty}^{\infty} e^{-x^2}\, dx = \sqrt{\pi}$$

(d) Haciendo el cambio de variable $t = \sqrt{2}\, x$, demuestre que

$$\int_{-\infty}^{\infty} e^{-x^2/2}\, dx = \sqrt{2\pi}$$

(Este es un resultado fundamental en probabilidad y estadística).

51. Use el resultado del ejercicio 50(c), para evaluar las siguientes integrales.

(a) $\displaystyle\int_{0}^{\infty} x^2 e^{-x^2}\, dx$ (b) $\displaystyle\int_{0}^{\infty} \sqrt{x}\, e^{-x}\, dx$

15.4 | Aplicaciones de las integrales dobles

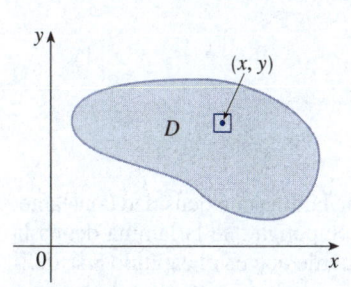

FIGURA 1

Ya se estudió una aplicación de las integrales dobles: calcular volúmenes. Otra aplicación geométrica es determinar áreas de superficies y esto se hará en la siguiente sección. Aquí se exploran aplicaciones físicas como el cálculo de masa, carga eléctrica, centro de masa y momento de inercia. Se verá que estas ideas físicas también son importantes cuando se aplican a funciones de densidad de probabilidad de dos variables aleatorias.

◼ Densidad y masa

En la sección 8.3 se usaron integrales simples para calcular momentos y el centro de masa de una placa o lámina delgada con densidad constante. Pero ahora, equipado con la integral doble, puede considerar una lámina con densidad variable. Suponga que la lámina ocupa una región D del plano xy y que su **densidad** (en unidades de masa por unidad de área) en un punto (x, y) en D está dada por $\rho(x, y)$, donde ρ es una función continua en D. Esto significa que

$$\rho(x, y) = \lim \frac{\Delta m}{\Delta A}$$

donde Δm y ΔA son la masa y el área de un rectángulo pequeño que contiene a (x, y) y el límite se toma a medida que las dimensiones del rectángulo se aproximan a 0 (vea la figura 1).

Para determinar la masa total m de la lámina, se divide un rectángulo R que contiene a D en subrectángulos R_{ij} del mismo tamaño (como en la figura 2) y se considera que $\rho(x, y)$ es 0 fuera de D. Si se elige un punto (x_{ij}^*, y_{ij}^*) en R_{ij}, la masa de la parte de la lámina que ocupa R_{ij} es aproximadamente $\rho(x_{ij}^*, y_{ij}^*)\, \Delta A$, donde ΔA es el área de R_{ij}. Si se suman todas estas masas, se obtiene una aproximación de la masa total:

$$m \approx \sum_{i=1}^{k} \sum_{j=1}^{l} \rho(x_{ij}^*, y_{ij}^*)\, \Delta A$$

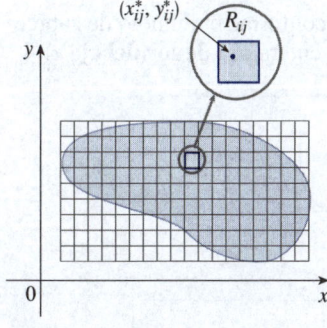

FIGURA 2 La masa de cada subrectángulo R_{ij} se aproxima por $\rho(x_{ij}^*, y_{ij}^*)\, \Delta A$.

Si ahora se incrementa el número de subrectángulos, se obtiene la masa total m de la lámina como el valor límite de las aproximaciones:

$$\boxed{1} \qquad m = \lim_{k,\, l \to \infty} \sum_{i=1}^{k} \sum_{j=1}^{l} \rho(x_{ij}^*, y_{ij}^*)\, \Delta A = \iint_D \rho(x, y)\, dA$$

Los físicos también consideran otros tipos de densidad que pueden tratarse de la misma manera. Por ejemplo, si una carga eléctrica se distribuye en una región D y la densidad de carga (en unidades de carga por unidad de área) está dada por $\sigma(x, y)$ en un punto (x, y) en D, la **carga eléctrica** total Q está dada por

$$\boxed{2} \qquad Q = \iint_D \sigma(x, y)\, dA$$

EJEMPLO 1 La carga se distribuye en la región triangular D de la figura 3 de tal forma que la densidad de carga en (x, y) es $\sigma(x, y) = xy$, medida en culombios o *coulombs* por metro cuadrado (C/m^2). Determine la carga total.

SOLUCIÓN De la ecuación 2 y la figura 3 se tiene

$$Q = \iint_D \sigma(x, y)\, dA = \int_0^1 \int_{1-x}^1 xy\, dy\, dx = \int_0^1 \left[x\, \frac{y^2}{2} \right]_{y=1-x}^{y=1} dx = \int_0^1 \frac{x}{2}\left[1^2 - (1-x)^2 \right] dx$$

$$= \tfrac{1}{2} \int_0^1 (2x^2 - x^3)\, dx = \frac{1}{2}\left[\frac{2x^3}{3} - \frac{x^4}{4} \right]_0^1 = \frac{5}{24}$$

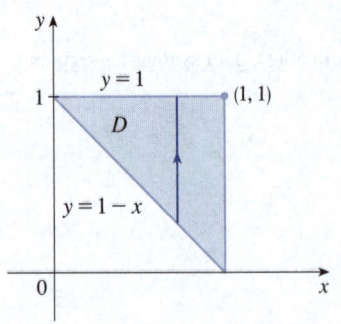

FIGURA 3

Por lo tanto, la carga total es $\frac{5}{24}$ C. ∎

■ Momentos y centros de masa

En la sección 8.3 se determinó el centro de masa de una lámina con densidad constante; aquí se considera una lámina con densidad variable. Suponga que la lámina ocupa la región D y tiene una función de densidad $\rho(x, y)$. Recuerde que en el capítulo 8 se definió el momento de una partícula alrededor de un eje como el producto de su masa y su distancia dirigida desde el eje. Se dividió D en pequeños rectángulos como en la figura 2. Entonces, la masa de R_{ij} es aproximadamente $\rho(x_{ij}^*, y_{ij}^*)\, \Delta A$, de modo que se puede aproximar el momento de R_{ij} con respecto al eje x mediante

$$[\rho(x_{ij}^*, y_{ij}^*)\, \Delta A]\, y_{ij}^*$$

Si se suman ahora estas cantidades y se toma el límite conforme el número de subrectángulos aumenta, se obtiene el **momento** de la lámina entera **alrededor del eje x**:

$$\boxed{3} \qquad M_x = \lim_{m,\, n \to \infty} \sum_{i=1}^{m} \sum_{j=1}^{n} y_{ij}^*\, \rho(x_{ij}^*, y_{ij}^*)\, \Delta A = \iint_D y\, \rho(x, y)\, dA$$

Asimismo, el **momento alrededor del eje y** es

$$\boxed{4} \qquad M_y = \lim_{m,\, n \to \infty} \sum_{i=1}^{m} \sum_{j=1}^{n} x_{ij}^*\, \rho(x_{ij}^*, y_{ij}^*)\, \Delta A = \iint_D x\, \rho(x, y)\, dA$$

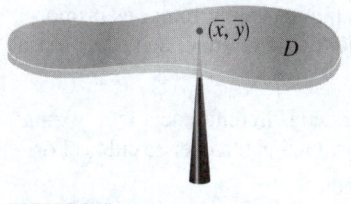

FIGURA 4

Como en el caso anterior, se define el centro de masa $(\bar{x}, \bar{y})$ de tal modo que $m\bar{x} = M_y$ y $m\bar{y} = M_x$. La importancia para la física es que la lámina se comporta como si toda su masa se concentrara en su centro de masa. Por lo tanto, la lámina se balancea horizontalmente cuando está sostenida en su centro de masa (vea la figura 4).

---

5 Las coordenadas $(\bar{x}, \bar{y})$ del centro de masa de la lámina que ocupa la región D y tiene función de densidad $\rho(x, y)$ son

$$\bar{x} = \frac{M_y}{m} = \frac{1}{m} \iint\limits_D x\rho(x, y)\, dA \qquad \bar{y} = \frac{M_x}{m} = \frac{1}{m} \iint\limits_D y\rho(x, y)\, dA$$

donde la masa m está dada por

$$m = \iint\limits_D \rho(x, y)\, dA$$

EJEMPLO 2 Calcule la masa y centro de masa de una lámina triangular con vértices $(0, 0)$, $(1, 0)$ y $(0, 2)$ si la función de densidad es $\rho(x, y) = 1 + 3x + y$.

SOLUCIÓN El triángulo se muestra en la figura 5. (Note que la ecuación de la frontera superior es $y = 2 - 2x$). La masa de la lámina es

$$m = \iint\limits_D \rho(x, y)\, dA = \int_0^1 \int_0^{2-2x} (1 + 3x + y)\, dy\, dx$$

$$= \int_0^1 \left[y + 3xy + \frac{y^2}{2} \right]_{y=0}^{y=2-2x} dx$$

$$= 4\int_0^1 (1 - x^2)\, dx = 4\left[x - \frac{x^3}{3} \right]_0^1 = \frac{8}{3}$$

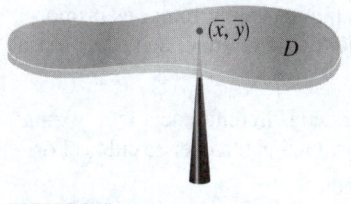

$y = 2 - 2x$

$\left(\frac{3}{8}, \frac{11}{16}\right)$

D

FIGURA 5

Así, las fórmulas en (5) dan

$$\bar{x} = \frac{1}{m} \iint\limits_D x\rho(x, y)\, dA = \frac{3}{8} \int_0^1 \int_0^{2-2x} (x + 3x^2 + xy)\, dy\, dx$$

$$= \frac{3}{8} \int_0^1 \left[xy + 3x^2 y + x\frac{y^2}{2} \right]_{y=0}^{y=2-2x} dx$$

$$= \frac{3}{2} \int_0^1 (x - x^3)\, dx = \frac{3}{2} \left[\frac{x^2}{2} - \frac{x^4}{4} \right]_0^1 = \frac{3}{8}$$

$$\bar{y} = \frac{1}{m} \iint\limits_D y\rho(x, y)\, dA = \frac{3}{8} \int_0^1 \int_0^{2-2x} (y + 3xy + y^2)\, dy\, dx$$

$$= \frac{3}{8} \int_0^1 \left[\frac{y^2}{2} + 3x\frac{y^2}{2} + \frac{y^3}{3} \right]_{y=0}^{y=2-2x} dx = \frac{1}{4} \int_0^1 (7 - 9x - 3x^2 + 5x^3)\, dx$$

$$= \frac{1}{4} \left[7x - 9\frac{x^2}{2} - x^3 + 5\frac{x^4}{4} \right]_0^1 = \frac{11}{16}$$

El centro de masa está en el punto $\left(\frac{3}{8}, \frac{11}{16}\right)$.

EJEMPLO 3 La densidad en cualquier punto en una lámina semicircular es proporcional a la distancia desde el centro de la circunferencia. Encuentre el centro de masa de la lámina.

SOLUCIÓN Suponga que la lámina es la mitad superior de la circunferencia $x^2 + y^2 = a^2$ (vea la figura 6). Entonces, la distancia de un punto (x, y) al centro del círculo (el origen) es $\sqrt{x^2 + y^2}$. Por lo tanto, la función de densidad es

$$\rho(x, y) = K\sqrt{x^2 + y^2}$$

donde K es una constante. Tanto la función de densidad como la forma de la lámina indican la conversión a coordenadas polares. Entonces, $\sqrt{x^2 + y^2} = r$ y la región D está dada por $0 \le r \le a$, $0 \le \theta \le \pi$. Por consiguiente, la masa de la lámina es

$$m = \iint_D \rho(x, y)\, dA = \iint_D K\sqrt{x^2 + y^2}\, dA$$

$$= \int_0^\pi \int_0^a (Kr)\, r\, dr\, d\theta = K \int_0^\pi d\theta \int_0^a r^2\, dr = K\pi \frac{r^3}{3}\bigg]_0^a = \frac{K\pi a^3}{3}$$

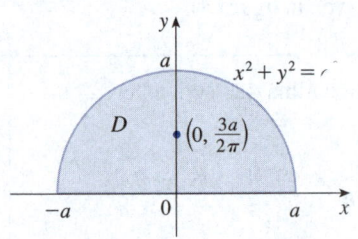

FIGURA 6

Tanto la lámina como la función de densidad son simétricas con respecto al eje y, por lo que el centro de masa debe estar en el eje y, es decir, $\bar{x} = 0$. La coordenada y está dada por

Compare la ubicación del centro de masa del ejemplo 3 con el ejemplo 8.3.4, donde se determinó que el centro de masa de una lámina de la misma forma pero con densidad uniforme se situaba en el punto $(0, 4a/(3\pi))$.

$$\bar{y} = \frac{1}{m}\iint_D y\rho(x, y)\, dA = \frac{3}{K\pi a^3}\int_0^\pi \int_0^a r\operatorname{sen}\theta\,(Kr)\, r\, dr\, d\theta$$

$$= \frac{3}{\pi a^3}\int_0^\pi \operatorname{sen}\theta\, d\theta \int_0^a r^3\, dr = \frac{3}{\pi a^3}\Big[-\cos\theta\Big]_0^\pi \left[\frac{r^4}{4}\right]_0^a$$

$$= \frac{3}{\pi a^3}\frac{2a^4}{4} = \frac{3a}{2\pi}$$

En consecuencia, el centro de masa se localiza en el punto $(0, 3a/(2\pi))$. ∎

■ Momento de inercia

El **momento de inercia** (también llamado **segundo momento**) de una partícula de masa m alrededor de un eje se define como mr^2, donde r es la distancia de la partícula al eje. Este concepto se aplica también a una lámina con función de densidad $\rho(x, y)$, que ocupa una región D y se procede como se hizo con los momentos ordinarios. D se divide en pequeños rectángulos, se aproxima el momento de inercia de cada subrectángulo alrededor del eje x y se toma el límite de la suma cuando el número de subrectángulos aumenta. El resultado es el **momento de inercia** de la lámina **alrededor del eje x**:

$$\boxed{6} \qquad I_x = \lim_{m,\,n \to \infty} \sum_{i=1}^m \sum_{j=1}^n (y_{ij}^*)^2 \rho(x_{ij}^*, y_{ij}^*)\, \Delta A = \iint_D y^2 \rho(x, y)\, dA$$

De igual manera, el **momento de inercia alrededor del eje y** es:

$$\boxed{7} \qquad I_y = \lim_{m,\,n \to \infty} \sum_{i=1}^m \sum_{j=1}^n (x_{ij}^*)^2 \rho(x_{ij}^*, y_{ij}^*)\, \Delta A = \iint_D x^2 \rho(x, y)\, dA$$

También se considera el **momento de inercia alrededor del origen**, llamado asimismo **momento polar de inercia**:

$$\boxed{8} \quad I_0 = \lim_{m,\, n \to \infty} \sum_{i=1}^{m} \sum_{j=1}^{n} \left[(x_{ij}^*)^2 + (y_{ij}^*)^2 \right] \rho(x_{ij}^*, y_{ij}^*)\, \Delta A = \iint_D (x^2 + y^2)\, \rho(x, y)\, dA$$

Observe que $I_0 = I_x + I_y$.

EJEMPLO 4 Encuentre los momentos de inercia I_x, I_y e I_0 de un disco homogéneo D con densidad $\rho(x, y) = \rho$, centro en el origen y radio a.

SOLUCIÓN La frontera de D es la circunferencia $x^2 + y^2 = a^2$ y en coordenadas polares D se describe por $0 \le \theta \le 2\pi$, $0 \le r \le a$. Por la fórmula 6,

$$I_x = \iint_D y^2 \rho\, dA = \rho \int_0^{2\pi} \int_0^a (r \,\text{sen}\, \theta)^2\, r \, dr \, d\theta$$

$$= \rho \int_0^{2\pi} \text{sen}^2\theta \, d\theta \int_0^a r^3 \, dr = \rho \int_0^{2\pi} \tfrac{1}{2}(1 - \cos 2\theta) \, d\theta \int_0^a r^3 \, dr$$

$$= \frac{\rho}{2} \left[\theta - \tfrac{1}{2}\,\text{sen}\, 2\theta \right]_0^{2\pi} \left[\frac{r^4}{4} \right]_0^a = \frac{\pi \rho a^4}{4}$$

Del mismo modo, la fórmula 7 da

$$I_y = \iint_D x^2 \rho \, dA = \rho \int_0^{2\pi} \int_0^a (r \cos \theta)^2\, r \, dr \, d\theta$$

$$= \rho \int_0^{2\pi} \tfrac{1}{2}(1 + \cos 2\theta) \, d\theta \int_0^a r^3 \, dr = \frac{\pi \rho a^4}{4}$$

(De la simetría del problema, se espera que $I_x = I_y$). Se puede usar la fórmula 8 para calcular I_0 directamente, o usar

$$I_0 = I_x + I_y = \frac{\pi \rho a^4}{4} + \frac{\pi \rho a^4}{4} = \frac{\pi \rho a^4}{2} \qquad \blacksquare$$

En el ejemplo 4 se observa que la masa del disco es

$$m = \text{densidad} \times \text{área} = \rho(\pi a^2)$$

por lo que el momento de inercia del disco alrededor del origen (como una rueda alrededor de su eje) puede escribirse así:

$$I_0 = \frac{\pi \rho a^4}{2} = \tfrac{1}{2}(\rho \pi a^2) a^2 = \tfrac{1}{2} m a^2$$

Por lo tanto, si se aumenta la masa o el radio del disco, se incrementa el momento de inercia. En general, el momento de inercia desempeña casi el mismo papel en el movimiento rotacional que el que realiza la masa en el movimiento lineal. El momento de inercia de una rueda es lo que dificulta iniciar o detener la rotación de la rueda, así como la masa de un automóvil es lo que dificulta iniciar o detener el movimiento del vehículo.

El **radio de giro de una lámina alrededor de un eje** es el número R, tal que

$$\boxed{9} \qquad mR^2 = I$$

donde m es la masa de la lámina e I es el momento de inercia alrededor del eje dado. La ecuación 9 indica que si la masa de la lámina se concentrara a una distancia R del eje, el momento de inercia de esta "masa de punto" sería igual al momento de inercia de la lámina.

En particular, el radio de giro $\bar{\bar{y}}$ con respecto al eje x y el radio de giro $\bar{\bar{x}}$ en relación con el eje y están dados por las ecuaciones

$$\boxed{10} \qquad m\bar{\bar{y}}^2 = I_x \qquad\qquad m\bar{\bar{x}}^2 = I_y$$

Por lo tanto, $(\bar{\bar{x}}, \bar{\bar{y}})$ es el punto en el que la masa de la lámina puede concentrarse sin cambiar los momentos de inercia con respecto a los ejes coordenados (observe la analogía con el centro de masa).

EJEMPLO 5 Determine el radio de giro alrededor del eje x del disco del ejemplo 4.

SOLUCIÓN Como se indicó, la masa del disco es $m = \rho\pi a^2$, así que de las ecuaciones 10 se tiene

$$\bar{\bar{y}}^2 = \frac{I_x}{m} = \frac{\frac{1}{4}\pi\rho a^4}{\rho\pi a^2} = \frac{a^2}{4}$$

Por consiguiente, el radio de giro alrededor del eje x es $\bar{\bar{y}} = \frac{1}{2}a$, que equivale a la mitad del radio del disco. ∎

■ Probabilidad

En la sección 8.5 se consideró la *función de densidad de probabilidad f* de una variable aleatoria continua X. Esto significa que $f(x) \geqslant 0$ para todos los valores de x, $\int_{-\infty}^{\infty} f(x)\, dx = 1$, y la probabilidad de que X se encuentre entre a y b se determina integrando f de a a b:

$$P(a \leqslant X \leqslant b) = \int_a^b f(x)\, dx$$

Ahora se considera un par de variables aleatorias continuas X y Y, como el periodo de vida útil de dos componentes de una máquina o la altura y peso de una mujer adulta elegidos al azar. La **función de densidad conjunta** de X y Y es una función f de dos variables tales que la probabilidad de que (X, Y) esté en una región D es

$$P((X, Y) \in D) = \iint_D f(x, y)\, dA$$

En particular, si la región es un rectángulo, la probabilidad de que X esté situada entre a y b, y Y se ubique entre c y d es

$$P(a \leqslant X \leqslant b,\ c \leqslant Y \leqslant d) = \int_a^b \int_c^d f(x, y)\, dy\, dx$$

(Vea la figura 7).

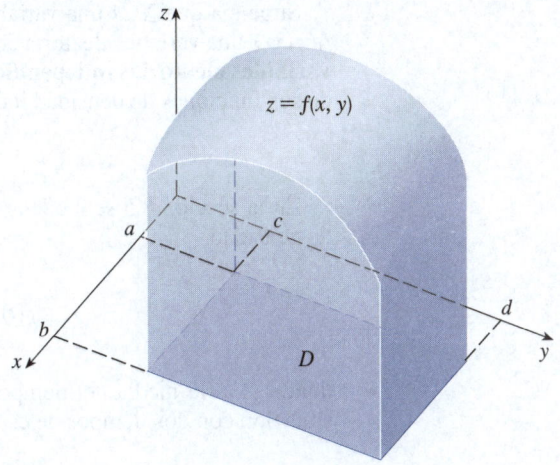

FIGURA 7
La probabilidad de que X se ubique entre a y b y Y entre c y d, es el volumen que se encuentra arriba del rectángulo $D = [a, b] \times [c, d]$ y debajo de la gráfica de la función de densidad conjunta.

Como las probabilidades no son negativas y se miden en una escala de 0 a 1, la función de densidad conjunta tiene las siguientes propiedades:

$$f(x, y) \geq 0 \qquad \iint_{\mathbb{R}^2} f(x, y)\, dA = 1$$

Al igual que en el ejercicio 15.3.50, la integral doble en $\mathbb{R}^2$ es una integral impropia definida como el límite de las integrales dobles en círculos o cuadrados en expansión, y se puede escribir

$$\iint_{\mathbb{R}^2} f(x, y)\, dA = \int_{-\infty}^{\infty} \int_{-\infty}^{\infty} f(x, y)\, dx\, dy = 1$$

EJEMPLO 6 Si la función de densidad conjunta para X y Y está dada por

$$f(x, y) = \begin{cases} C(x + 2y) & \text{si } 0 \leq x \leq 10, \ 0 \leq y \leq 10 \\ 0 & \text{en caso contrario} \end{cases}$$

encuentre el valor de la constante C. Determine después $P(X \leq 7, Y \geq 2)$.

SOLUCIÓN Para determinar el valor de C hay que asegurarse de que la integral doble de f en $\mathbb{R}^2$ sea igual a 1. Como $f(x, y) = 0$ fuera del rectángulo $[0, 10] \times [0, 10]$, se tiene

$$\int_{-\infty}^{\infty} \int_{-\infty}^{\infty} f(x, y)\, dy\, dx = \int_0^{10} \int_0^{10} C(x + 2y)\, dy\, dx = C \int_0^{10} \left[xy + y^2 \right]_{y=0}^{y=10} dx$$

$$= C \int_0^{10} (10x + 100)\, dx = 1500C$$

Por lo tanto, $1\,500C = 1$ y, en consecuencia, $C = \frac{1}{1500}$.

Ahora es posible calcular la probabilidad de que X sea como máximo 7 y Y por lo menos 2:

$$P(X \leq 7, Y \geq 2) = \int_{-\infty}^{7} \int_2^{\infty} f(x, y)\, dy\, dx = \int_0^7 \int_2^{10} \tfrac{1}{1500}(x + 2y)\, dy\, dx$$

$$= \tfrac{1}{1500} \int_0^7 \left[xy + y^2 \right]_{y=2}^{y=10} dx = \tfrac{1}{1500} \int_0^7 (8x + 96)\, dx$$

$$= \tfrac{868}{1500} \approx 0.5787 \qquad \blacksquare$$

Suponga que X es una variable aleatoria con función de densidad de probabilidad $f_1(x)$ y Y una variable aleatoria con función de densidad $f_2(y)$. Entonces, X y Y se llaman **variables aleatorias independientes** si su función de densidad conjunta es el producto de sus funciones de densidad individuales:

$$f(x, y) = f_1(x)f_2(y)$$

En la sección 8.5 se modelaron tiempos de espera usando funciones exponenciales de densidad

$$f(t) = \begin{cases} 0 & \text{si } t < 0 \\ \mu^{-1}e^{-t/\mu} & \text{si } t \geq 0 \end{cases}$$

donde μ es la media del tiempo de espera. En el ejemplo siguiente se considera una situación con dos tiempos de espera independientes.

EJEMPLO 7 El gerente de una sala de cine determina que el tiempo promedio que los espectadores esperan en fila para comprar un boleto y ver la película es de 10 minutos, y que el tiempo promedio que esperan para comprar palomitas es de 5 minutos. Suponiendo que los tiempos de espera son independientes, determine la probabilidad de que un cinéfilo espere un total de menos de 20 minutos antes de ocupar su butaca.

SOLUCIÓN Suponiendo que tanto el tiempo de espera X para la compra del boleto como el tiempo de espera Y en la fila de la dulcería están modelados por funciones exponenciales de densidad de probabilidad, se pueden escribir las funciones de densidad individuales como

$$f_1(x) = \begin{cases} 0 & \text{si } x < 0 \\ \frac{1}{10}e^{-x/10} & \text{si } x \geq 0 \end{cases} \qquad f_2(y) = \begin{cases} 0 & \text{si } y < 0 \\ \frac{1}{5}e^{-y/5} & \text{si } y \geq 0 \end{cases}$$

Puesto que X y Y son independientes, la función de densidad conjunta es el producto:

$$f(x, y) = f_1(x)f_2(y) = \begin{cases} \frac{1}{50}e^{-x/10}e^{-y/5} & \text{si } x \geq 0, y \geq 0 \\ 0 & \text{en caso contrario} \end{cases}$$

Se pide determinar la probabilidad de que $X + Y < 20$:

$$P(X + Y < 20) = P((X, Y) \in D)$$

donde D es la región triangular que se muestra en la figura 8. Así,

$$P(X + Y < 20) = \iint_D f(x, y)\, dA = \int_0^{20} \int_0^{20-x} \tfrac{1}{50} e^{-x/10}e^{-y/5}\, dy\, dx$$

$$= \tfrac{1}{50} \int_0^{20} \left[e^{-x/10}(-5)e^{-y/5} \right]_{y=0}^{y=20-x} dx = \tfrac{1}{10} \int_0^{20} e^{-x/10}(1 - e^{(x-20)/5})\, dx$$

$$= \tfrac{1}{10} \int_0^{20} (e^{-x/10} - e^{-4}e^{x/10})\, dx = 1 + e^{-4} - 2e^{-2} \approx 0.7476$$

Esto significa que aproximadamente 75% del público espectador espera menos de 20 minutos antes de ocupar su asiento. ■

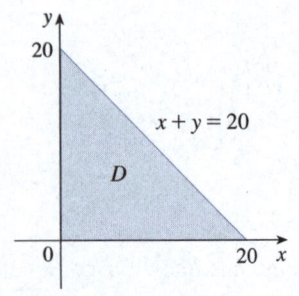

FIGURA 8

■ Valores esperados

Recuerde de la sección 8.5 que si X es una variable aleatoria con función de densidad de probabilidad f, su *media* es

$$\mu = \int_{-\infty}^{\infty} x f(x)\, dx$$

Ahora bien, si X y Y son variables aleatorias con función de densidad conjunta f, se definen la **media de X** y la **media de Y**, también conocidas como **valores esperados** de X y Y, como

$$\boxed{11} \qquad \mu_1 = \iint_{\mathbb{R}^2} x f(x, y) \, dA \qquad \mu_2 = \iint_{\mathbb{R}^2} y f(x, y) \, dA$$

Observe qué parecidas son las expresiones para μ_1 y μ_2 en (11) a los momentos M_x y M_y de una lámina con función de densidad ρ en las ecuaciones 3 y 4. De hecho, se puede pensar que la probabilidad es una masa continuamente distribuida. La probabilidad se determina como se calculó la masa: integrando una función de densidad. Y como la "masa de probabilidad" total es 1, las expresiones para $\bar{x}$ y $\bar{y}$ en (5) indican que los valores esperados de X y Y, μ_1 y μ_2, se pueden concebir como las coordenadas del "centro de masa" de la distribución de probabilidad.

En el ejemplo siguiente se trabajará con distribuciones normales. Como en la sección 8.5, una variable aleatoria está *normalmente distribuida* si su función de densidad de probabilidad es de la forma

$$f(x) = \frac{1}{\sigma\sqrt{2\pi}} e^{-(x-\mu)^2/(2\sigma^2)}$$

donde μ es la media y σ es la desviación estándar.

EJEMPLO 8   Una fábrica produce cojinetes de rodillos (de forma cilíndrica) que se venden con un diámetro de 4.0 cm y longitud de 6.0 cm. De hecho, los diámetros X están normalmente distribuidos con una media de 4.0 cm y una desviación estándar de 0.01 cm; mientras que las longitudes Y están normalmente distribuidas con una media de 6.0 cm y desviación estándar de 0.01 cm. Suponiendo que X y Y son independientes, escriba la función de densidad conjunta y grafíquela. Determine la probabilidad de que un cojinete seleccionado aleatoriamente de la línea de producción tenga una longitud o diámetro que difiera de la media más de 0.02 cm.

SOLUCIÓN   Se da que X y Y están normalmente distribuidas con $\mu_1 = 4.0$, $\mu_2 = 6.0$ y $\sigma_1 = \sigma_2 = 0.01$. Por lo tanto, las funciones de densidad individuales de X y Y son

$$f_1(x) = \frac{1}{0.01\sqrt{2\pi}} e^{-(x-4)^2/0.0002} \qquad f_2(y) = \frac{1}{0.01\sqrt{2\pi}} e^{-(y-6)^2/0.0002}$$

Como X y Y son independientes, la función de densidad conjunta es el producto:

$$f(x, y) = f_1(x) f_2(y) = \frac{1}{0.0002\pi} e^{-(x-4)^2/0.0002} e^{-(y-6)^2/0.0002}$$

$$= \frac{5\,000}{\pi} e^{-5\,000[(x-4)^2+(y-6)^2]}$$

Una gráfica de esta función se presenta en la figura 9.

Primero, calcule la probabilidad de que tanto X como Y difieran de sus medias menos de 0.02 cm. Use una calculadora o computadora para estimar la integral y obtener

$$P(3.98 < X < 4.02,\ 5.98 < Y < 6.02) = \int_{3.98}^{4.02} \int_{5.98}^{6.02} f(x, y) \, dy \, dx$$

$$= \frac{5\,000}{\pi} \int_{3.98}^{4.02} \int_{5.98}^{6.02} e^{-5\,000[(x-4)^2+(y-6)^2]} \, dy \, dx$$

$$\approx 0.91$$

Entonces, la probabilidad de que X o Y difiera de su media más de 0.02 cm es aproximadamente de

$$1 - 0.91 = 0.09 \qquad \blacksquare$$

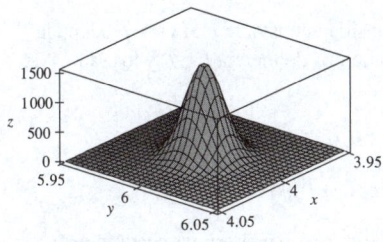

FIGURA 9
Gráfica de la función de densidad conjunta normal bivariada.

15.4 | Ejercicios

1. La carga eléctrica se distribuye en el rectángulo $0 \leq x \leq 5$, $2 \leq y \leq 5$ de tal forma que la densidad de carga en (x, y) es $\sigma(x, y) = 2x + 4y$ (medida en culombios por metro cuadrado). Determine la carga total en el rectángulo.

2. La carga eléctrica se distribuye en el disco $x^2 + y^2 \leq 1$ de tal forma que la densidad de carga en (x, y) es $\sigma(x, y) = \sqrt{x^2 + y^2}$ (medida en culombios por metro cuadrado). Determine la carga total en el disco.

3-4 En la figura se muestra una lámina sombreada según la función de densidad dada: el sombreado más oscuro indica mayor densidad. Estime la ubicación del centro de masa de la lámina y luego calcule su posición exacta.

3. $\rho(x, y) = x^2$

4. $\rho(x, y) = xy$

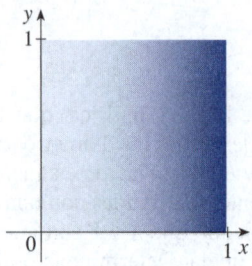
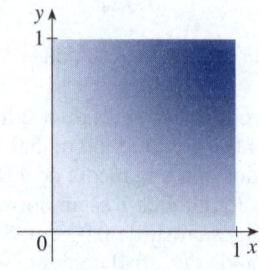

5-12 Determine la masa y el centro de masa de la lámina que ocupa la región D y que tiene la función de densidad ρ dada.

5. $D = \{(x, y) \mid 1 \leq x \leq 3, 1 \leq y \leq 4\}$; $\rho(x, y) = ky^2$

6. $D = \{(x, y) \mid 0 \leq x \leq a, 0 \leq y \leq b\}$;
$\rho(x, y) = 1 + x^2 + y^2$

7. D es la región triangular con vértices $(0, 0)$, $(2, 1)$, $(0, 3)$;
$\rho(x, y) = x + y$.

8. D es la región triangular encerrada por las rectas $y = 0$,
$y = 2x$ y $x + 2y = 1$; $\rho(x, y) = x$.

9. D está acotada por $y = 1 - x^2$ y $y = 0$; $\rho(x, y) = ky$.

10. D está acotada por $y = x + 2$ y $y = x^2$; $\rho(x, y) = kx^2$.

11. D está acotada por las curvas $y = e^{-x}$, $y = 0$, $x = 0$, $x = 1$;
$\rho(x, y) = xy$.

12. D está encerrada por las curvas $y = 0$ y $y = \cos x$,
$-\pi/2 \leq x \leq \pi/2$; $\rho(x, y) = y$.

13. Una lámina ocupa la parte del disco $x^2 + y^2 \leq 1$ en el primer cuadrante. Determine su centro de masa si la densidad en cualquier punto es proporcional a su distancia del eje x.

14. Determine el centro de masa de la lámina del ejercicio 13 si la densidad en cualquier punto es proporcional al cuadrado de su distancia del origen.

15. La frontera de una lámina consta de los semicírculos $y = \sqrt{1 - x^2}$ y $y = \sqrt{4 - x^2}$ junto con las partes del eje x que los unen. Determine el centro de masa de la lámina si la densidad en cualquier punto es proporcional a su distancia del origen.

16. Calcule el centro de masa de la lámina del ejercicio 15 si la densidad en cualquier punto es inversamente proporcional a su distancia del origen.

17. Determine el centro de masa de una lámina en forma de un triángulo rectángulo isósceles con lados iguales de longitud a si la densidad en cualquier punto es proporcional al cuadrado de la distancia desde el vértice opuesto de la hipotenusa.

18. Una lámina ocupa la región dentro de la circunferencia $x^2 + y^2 = 2y$ pero fuera del círculo $x^2 + y^2 = 1$. Calcule el centro de masa si la densidad en cualquier punto es inversamente proporcional a su distancia del origen.

19. Encuentre los momentos de inercia I_x, I_y, I_0 para la lámina del ejercicio 5.

20. Determine los momentos de inercia I_x, I_y, I_0 para la lámina del ejercicio 8.

21. Calcule los momentos de inercia I_x, I_y, I_0 para la lámina del ejercicio 17.

22. Considere un aspa de ventilador cuadrada con lados de longitud 2 y la esquina inferior izquierda situada en el origen. Si la densidad del aspa es $\rho(x, y) = 1 + 0.1x$, ¿es más difícil girar el aspa alrededor del eje x o alrededor del eje y?

23-26 Una lámina con densidad constante $\rho(x, y) = \rho$ ocupa la región dada. Halle los momentos de inercia I_x e I_y y los radios de giro $\bar{\bar{x}}$ y $\bar{\bar{y}}$.

23. El rectángulo $0 \leq x \leq b$, $0 \leq y \leq h$.

24. El triángulo con vértices $(0, 0)$, $(b, 0)$ y $(0, h)$.

25. La parte del disco $x^2 + y^2 \leq a^2$ en el primer cuadrante.

26. La región bajo la curva $y = \operatorname{sen} x$ de $x = 0$ a $x = \pi$.

T **27-28** Use un sistema algebraico computacional para calcular la masa, centro de masa y momentos de inercia de la lámina que ocupa la región D y tiene la función de densidad dada.

27. D está encerrada por el lazo derecho de la rosa de cuatro pétalos $r = \cos 2\theta$; $\rho(x, y) = x^2 + y^2$

28. $D = \{(x, y) \mid 0 \leq y \leq xe^{-x}, 0 \leq x \leq 2\}$; $\rho(x, y) = x^2y^2$

29. La función de densidad conjunta para un par de variables aleatorias X y Y es

$$f(x, y) = \begin{cases} Cx(1 + y) & \text{si } 0 \leq x \leq 1,\ 0 \leq y \leq 2 \\ 0 & \text{en caso contrario} \end{cases}$$

(a) Calcule el valor de la constante C.
(b) Determine $P(X \leq 1, Y \leq 1)$.
(c) Calcule $P(X + Y \leq 1)$.

30. (a) Verifique que

$$f(x, y) = \begin{cases} 4xy & \text{si } 0 \leq x \leq 1,\ 0 \leq y \leq 1 \\ 0 & \text{en caso contrario} \end{cases}$$

es una función de densidad conjunta.
(b) Si X y Y son variables aleatorias cuya función de densidad conjunta es la función f del inciso (a), determine
(i) $P\left(X \geq \tfrac{1}{2}\right)$ (ii) $P\left(X \geq \tfrac{1}{2}, Y \leq \tfrac{1}{2}\right)$
(c) Obtenga los valores esperados de X y Y.

31. Suponga que X y Y son variables aleatorias con función de densidad conjunta

$$f(x, y) = \begin{cases} 0.1e^{-(0.5x+0.2y)} & \text{si } x \geq 0,\ y \geq 0 \\ 0 & \text{en caso contrario} \end{cases}$$

(a) Verifique que f sea en efecto una función de densidad conjunta.
(b) Determine las siguientes probabilidades:
(i) $P(Y \geq 1)$ (ii) $P(X \leq 2, Y \leq 4)$
(c) Encuentre los valores esperados de X y Y.

32. (a) Una lámpara tiene dos focos, cada uno de un tipo con vida útil promedio de $1\,000$ horas. Suponiendo que se puede calcular la probabilidad de falla de un foco mediante una función exponencial de densidad con media $\mu = 1\,000$, determine la probabilidad de que ambos focos de la lámpara se fundan en menos de $1\,000$ horas.
(b) Otra lámpara tiene un solo foco del mismo tipo que en el inciso (a). Si un foco se funde y es reemplazado por otro del mismo tipo, encuentre la probabilidad de que los dos focos se fundan en menos de un total de $1\,000$ horas.

[T] **33.** Suponga que X y Y son variables aleatorias independientes, donde X está normalmente distribuida con una media de 45 y desviación estándar de 0.5, y Y está normalmente distribuida con una media de 20 y desviación estándar de 0.1. Evalúe una integral doble numéricamente para obtener la probabilidad dada con tres decimales de precisión.
(a) $P(40 \leq X \leq 50, 20 \leq Y \leq 25)$.
(b) $P(4(X - 45)^2 + 100(Y - 20)^2 \leq 2)$.

34. Xavier y Yolanda tienen clases que terminan al mediodía y quedan en reunirse todos los días después de clases. Llegan a la cafetería cada uno por su cuenta. La hora de llegada de Xavier es X y la hora de llegada de Yolanda es Y, donde X y Y se miden en minutos después del mediodía. Las funciones de densidad individuales son

$$f_1(x) = \begin{cases} e^{-x} & \text{si } x \geq 0 \\ 0 & \text{si } x < 0 \end{cases} \qquad f_2(y) = \begin{cases} \frac{1}{50}y & \text{si } 0 \leq y \leq 10 \\ 0 & \text{en caso contrario} \end{cases}$$

(Xavier llega un poco después de mediodía y es más probable que llegue a tiempo que tarde. Yolanda siempre llega a las 12:10 de la tarde y es más probable que llegue tarde que a tiempo). Después de su llegada, Yolanda espera a Xavier hasta media hora, pero él no la espera. Determine la probabilidad de que se reúnan.

35. Al estudiar la propagación de una epidemia, se supone que la probabilidad de que una persona infectada propague la enfermedad a otra sana es una función de la distancia entre ellos. Considere una ciudad circular con 10 km de radio, donde la población está uniformemente distribuida. Para una persona no contagiada en un punto fijo $A(x_0, y_0)$, suponga que la función de probabilidad está dada por

$$f(P) = \tfrac{1}{20}[20 - d(P, A)]$$

donde $d(P, A)$ denota la distancia entre los puntos P y A.
(a) Suponga que la exposición de una persona a la enfermedad es la suma de las probabilidades de contraer la enfermedad de todos los miembros de la población. Suponga que las personas contagiadas están uniformemente distribuidas en la ciudad, con k individuos infectados por kilómetro cuadrado. Determine una integral doble que represente la exposición de una persona que vive en A.
(b) Evalúe la integral para el caso en el que A es el centro de la ciudad y para el caso en que A se localiza en el extremo de la ciudad. ¿Dónde preferiría vivir usted?

15.5 | Área de una superficie

En la sección 16.6 se estudiarán áreas de superficies más generales, conocidas como superficies paramétricas, por lo que esta sección puede omitirse si se estudiará esa sección posterior.

En esta sección se aplican integrales dobles al problema de calcular el área de una superficie. En la sección 8.2 se determinó el área de un tipo muy especial de superficie (una superficie de revolución) por los métodos de cálculo de una variable. Aquí se calculará el área de una superficie con ecuación $z = f(x, y)$, la gráfica de una función de dos variables.

Sea S una superficie con ecuación $z = f(x, y)$, donde f tiene derivadas parciales continuas. Para mayor facilidad en la derivación de la fórmula del área de superficie, se supondrá que $f(x, y) \geq 0$ y el dominio D de f es un rectángulo. Se divide D en pequeños rectángulos R_{ij} con área $\Delta A = \Delta x\, \Delta y$. Si (x_i, y_j) es la esquina de R_{ij} más cercana al ori-

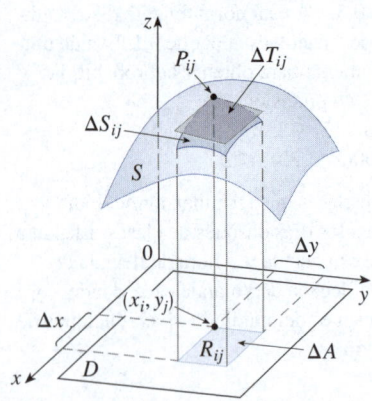

FIGURA 1

gen, sea $P_{ij}(x_i, y_j, f(x_i, y_j))$ el punto en S directamente arriba de él (vea la figura 1). El plano tangente a S en P_{ij} es una aproximación de S cerca de P_{ij}. Por lo tanto, el área ΔT_{ij} de la parte de este plano tangente (un paralelogramo) que se encuentra directamente arriba de R_{ij} es una aproximación del área ΔS_{ij} de la parte de S que está situada directamente arriba de R_{ij}. De este modo, la suma $\Sigma\Sigma \, \Delta T_{ij}$ es una aproximación del área total de S, y esta aproximación parece mejorar conforme aumenta el número de rectángulos. En consecuencia, el **área de superficie** de S se define como

$$\boxed{1} \qquad A(S) = \lim_{m,\,n\to\infty} \sum_{i=1}^{m} \sum_{j=1}^{n} \Delta T_{ij}$$

Para determinar una fórmula más práctica que la ecuación 1 para efectos de cálculo, sean **a** y **b** los vectores que parten de P_{ij} y están situados a lo largo de los lados del paralelogramo con área ΔT_{ij} (vea la figura 2). Entonces, $\Delta T_{ij} = |\mathbf{a} \times \mathbf{b}|$. Recuerde de la sección 14.3 que $f_x(x_i, y_j)$ y $f_y(x_i, y_j)$ son las pendientes de las rectas tangentes que pasan por P_{ij} en las direcciones de **a** y **b**. Por lo tanto,

$$\mathbf{a} = \Delta x \, \mathbf{i} + f_x(x_i, y_j) \, \Delta x \, \mathbf{k}$$

$$\mathbf{b} = \Delta y \, \mathbf{j} + f_y(x_i, y_j) \, \Delta y \, \mathbf{k}$$

y

$$\mathbf{a} \times \mathbf{b} = \begin{vmatrix} \mathbf{i} & \mathbf{j} & \mathbf{k} \\ \Delta x & 0 & f_x(x_i, y_j) \, \Delta x \\ 0 & \Delta y & f_y(x_i, y_j) \, \Delta y \end{vmatrix}$$

$$= -f_x(x_i, y_j) \, \Delta x \, \Delta y \, \mathbf{i} - f_y(x_i, y_j) \, \Delta x \, \Delta y \, \mathbf{j} + \Delta x \, \Delta y \, \mathbf{k}$$

$$= [-f_x(x_i, y_j)\mathbf{i} - f_y(x_i, y_j)\mathbf{j} + \mathbf{k}] \, \Delta A$$

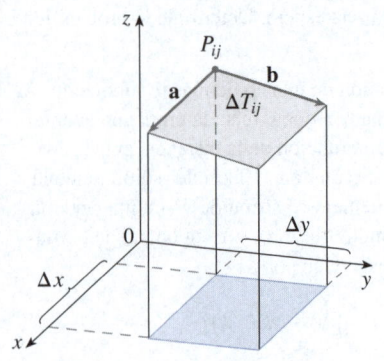

FIGURA 2

Por consiguiente, $\qquad \Delta T_{ij} = |\mathbf{a} \times \mathbf{b}| = \sqrt{[f_x(x_i, y_j)]^2 + [f_y(x_i, y_j)]^2 + 1}\ \Delta A$

De la definición 1 se tiene entonces

$$A(S) = \lim_{m,n\to\infty} \sum_{i=1}^{m} \sum_{j=1}^{n} \Delta T_{ij}$$

$$= \lim_{m,n\to\infty} \sum_{i=1}^{m} \sum_{j=1}^{n} \sqrt{[f_x(x_i, y_j)]^2 + [f_y(x_i, y_j)]^2 + 1}\ \Delta A$$

y por la definición de integral doble se obtiene la siguiente fórmula:

$\boxed{2}$ El área de la superficie con ecuación $z = f(x, y)$, $(x, y) \in D$, donde f_x y f_y son continuas, es

$$A(S) = \iint_D \sqrt{[f_x(x, y)]^2 + [f_y(x, y)]^2 + 1}\ dA$$

Observe la semejanza entre la fórmula del área de superficie en la ecuación 3 y la fórmula de longitud de arco de la sección 8.1:

$$L = \int_a^b \sqrt{1 + \left(\frac{dy}{dx}\right)^2}\ dx$$

En la sección 16.6 se verificará que esta fórmula es congruente con la fórmula anterior para el área de una superficie de revolución. Si se usa la notación alternativa para derivadas parciales, se puede reescribir la fórmula 2 como sigue:

$\boxed{3}$
$$A(S) = \iint_D \sqrt{1 + \left(\frac{\partial z}{\partial x}\right)^2 + \left(\frac{\partial z}{\partial y}\right)^2}\ dA$$

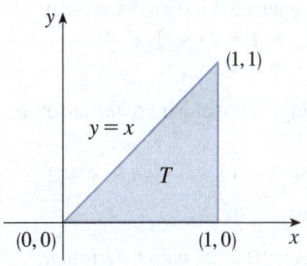

FIGURA 3

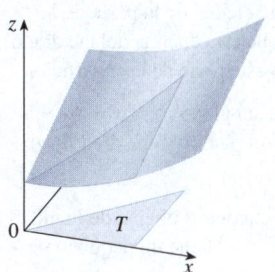

FIGURA 4

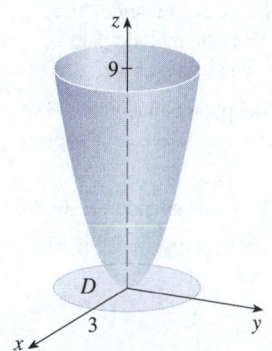

FIGURA 5

EJEMPLO 1 Determine el área de la superficie $z = x^2 + 2y + 2$ que se encuentra sobre la región triangular T en el plano xy con vértices $(0, 0)$, $(1, 0)$ y $(1, 1)$.

SOLUCIÓN En la figura 3 se muestra la región T, que se describe así:

$$T = \{(x, y) \mid 0 \leq x \leq 1,\ 0 \leq y \leq x\}$$

Usando la fórmula 2 con $f(x, y) = x^2 + 2y + 2$, se obtiene

$$A = \iint_T \sqrt{(2x)^2 + (2)^2 + 1}\ dA = \int_0^1 \int_0^x \sqrt{4x^2 + 5}\ dy\ dx$$

$$= \int_0^1 x\sqrt{4x^2 + 5}\ dx = \tfrac{1}{8} \cdot \tfrac{2}{3}(4x^2 + 5)^{3/2}\Big]_0^1 = \tfrac{1}{12}\big(27 - 5\sqrt{5}\big)$$

En la figura 4 se muestra la parte de la superficie cuya área se acaba de calcular. ∎

EJEMPLO 2 Calcule el área del paraboloide $z = x^2 + y^2$ que se encuentra debajo del plano $z = 9$.

SOLUCIÓN El plano interseca el paraboloide en la circunferencia $x^2 + y^2 = 9$, $z = 9$. Por lo tanto, la superficie dada se encuentra arriba del disco D con centro en el origen y radio 3 (vea la figura 5). Al usar la fórmula 3 se tiene

$$A = \iint_D \sqrt{1 + \left(\frac{\partial z}{\partial x}\right)^2 + \left(\frac{\partial z}{\partial y}\right)^2}\ dA = \iint_D \sqrt{1 + (2x)^2 + (2y)^2}\ dA$$

$$= \iint_D \sqrt{1 + 4(x^2 + y^2)}\ dA$$

Al convertir a coordenadas polares se obtiene

$$A = \int_0^{2\pi} \int_0^3 \sqrt{1 + 4r^2}\ r\ dr\ d\theta = \int_0^{2\pi} d\theta \int_0^3 \tfrac{1}{8}\sqrt{1 + 4r^2}\ (8r)\ dr$$

$$= 2\pi\big(\tfrac{1}{8}\big)\tfrac{2}{3}(1 + 4r^2)^{3/2}\Big]_0^3 = \frac{\pi}{6}\big(37\sqrt{37} - 1\big)$$ ∎

15.5 | Ejercicios

1-2 Determine el área de la parte indicada de la superficie (encima de la región D).

1. **2.**

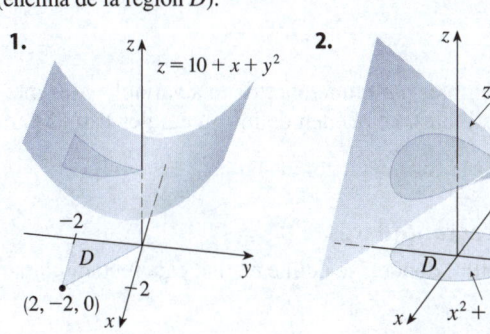

3-14 Determine el área de la superficie.

3. La parte del plano $5x + 3y - z + 6 = 0$ que está sobre el rectángulo $[1, 4] \times [2, 6]$.

4. La parte del plano $6x + 4y + 2z = 1$ que está dentro del cilindro $x^2 + y^2 = 25$.

5. La parte del plano $3x + 2y + z = 6$ que está en el primer octante.

6. La parte de la superficie $2y + 4z - x^2 = 5$ que está arriba del triángulo con vértices $(0, 0)$, $(2, 0)$ y $(2, 4)$.

7. La parte del paraboloide $z = 1 - x^2 - y^2$ que está arriba del plano $z = -2$.

8. La parte del cilindro $x^2 + z^2 = 4$ que está sobre el cuadrado con vértices $(0, 0)$, $(1, 0)$, $(0, 1)$ y $(1, 1)$.

9. La parte del paraboloide hiperbólico $z = y^2 - x^2$ que se encuentra entre los cilindros $x^2 + y^2 = 1$ y $x^2 + y^2 = 4$.

10. La superficie $z = \frac{2}{3}(x^{3/2} + y^{3/2})$, $0 \le x \le 1$, $0 \le y \le 1$.

11. La parte de la superficie $z = xy$ que está dentro del cilindro $x^2 + y^2 = 1$.

12. La parte de la esfera $x^2 + y^2 + z^2 = 4$ que está arriba del plano $z = 1$.

13. La parte de la esfera $x^2 + y^2 + z^2 = a^2$ que está dentro del cilindro $x^2 + y^2 = ax$ y arriba del plano xy.

14. La parte de la esfera $x^2 + y^2 + z^2 = 4z$ que está dentro del paraboloide $z = x^2 + y^2$.

T **15-16** Determine el área de la superficie con cuatro decimales de precisión simplificando en primer lugar la expresión del área a una en términos de una integral simple y después evalúe numéricamente la integral.

15. La parte de la superficie $z = 1/(1 + x^2 + y^2)$ que está sobre el disco $x^2 + y^2 \le 1$.

16. La parte de la superficie $z = \cos(x^2 + y^2)$ que está dentro del cilindro $x^2 + y^2 = 1$.

---

17. (a) Use la regla del punto medio para integrales dobles (vea la sección 15.1) con cuatro cuadrados para estimar el área de la superficie de la parte del paraboloide $z = x^2 + y^2$ que está encima del cuadrado $[0, 1] \times [0, 1]$.

T (b) Use un sistema algebraico computacional para aproximar el área de la superficie del inciso (a) con cuatro decimales de precisión. Compare con la respuesta del inciso (a).

18. (a) Use la regla del punto medio para integrales dobles con $m = n = 2$ para estimar el área de la superficie $z = xy + x^2 + y^2$, $0 \le x \le 2$, $0 \le y \le 2$.

T (b) Use un sistema algebraico computacional para aproximar el área de la superficie del inciso (a) con cuatro decimales de precisión. Compare con la respuesta del inciso (a).

T **19.** Use un sistema algebraico computacional para determinar el área exacta de la superficie $z = 1 + 2x + 3y + 4y^2$, $1 \le x \le 4$, $0 \le y \le 1$.

T **20.** Use un sistema algebraico computacional para determinar el área exacta de la superficie

$$z = 1 + x + y + x^2 \qquad -2 \le x \le 1 \qquad -1 \le y \le 1$$

Ilustre graficando la superficie.

T **21.** Use un sistema algebraico computacional para determinar, con cuatro decimales de precisión, el área de la parte de la superficie $z = 1 + x^2 y^2$ que está sobre el disco $x^2 + y^2 \le 1$.

T **22.** Use un sistema algebraico computacional para determinar, con cuatro decimales de precisión, el área de la parte de la superficie $z = (1 + x^2)/(1 + y^2)$ que está encima del cuadrado $|x| + |y| \le 1$. Ilustre graficando esta parte de la superficie.

23. Demuestre que el área de la parte del plano $z = ax + by + c$ que se proyecta en la región D en el plano xy con área $A(D)$ es $\sqrt{a^2 + b^2 + 1}\, A(D)$.

24. Si trata de usar la fórmula 2 para encontrar el área de la mitad superior de la esfera $x^2 + y^2 + z^2 = a^2$, tiene un pequeño problema, porque la integral doble es impropia. De hecho, el integrando tiene una discontinuidad infinita en cada punto de la circunferencia frontera $x^2 + y^2 = a^2$. Sin embargo, la integral puede calcularse como el límite de la integral en el disco $x^2 + y^2 \le t^2$ cuando $t \to a^-$. Use este método para demostrar que el área de una esfera de radio a es $4\pi a^2$.

25. Determine el área de la parte finita del paraboloide $y = x^2 + z^2$ cortado por el plano $y = 25$. [*Sugerencia*: Proyecte la superficie en el plano xz].

26. En la figura se muestra la superficie creada cuando el cilindro $y^2 + z^2 = 1$ interseca el cilindro $x^2 + z^2 = 1$. Determine el área de esta superficie.

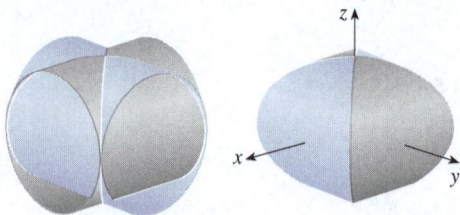

15.6 | Integrales triples

Así como se definieron las integrales simples para funciones de una variable y las integrales dobles para funciones de dos variables, se pueden definir integrales triples para funciones de tres variables.

■ Integrales triples sobre cajas rectangulares

Se tratará primero el caso más sencillo, donde f se define en una caja rectangular:

$$\boxed{1} \qquad B = \{(x, y, z) \mid a \le x \le b, c \le y \le d, r \le z \le s\}$$

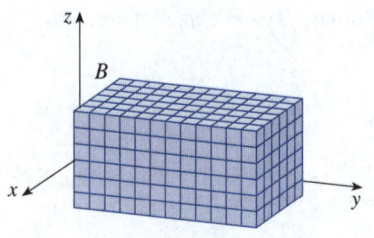

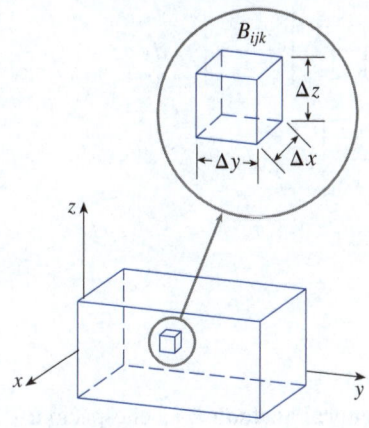

FIGURA 1

El primer paso consiste en dividir B en subcajas. Para ello, se divide el intervalo $[a, b]$ en l subintervalos $[x_{i-1}, x_i]$ de igual ancho Δx, se divide $[c, d]$ en m subintervalos de ancho Δy y se divide $[r, s]$ en n subintervalos de ancho Δz. Los planos que pasan por los puntos frontera de estos subintervalos paralelos a los planos coordenados dividen la caja B en lmn subcajas

$$B_{ijk} = [x_{i-1}, x_i] \times [y_{j-1}, y_j] \times [z_{k-1}, z_k]$$

que se ilustran en la figura 1. Cada subcaja tiene volumen $\Delta V = \Delta x \, \Delta y \, \Delta z$.

Luego se forma la **triple suma de Riemann**

$$\boxed{2} \qquad \sum_{i=1}^{l} \sum_{j=1}^{m} \sum_{k=1}^{n} f(x_{ijk}^*, y_{ijk}^*, z_{ijk}^*) \, \Delta V$$

donde el punto muestra $(x_{ijk}^*, y_{ijk}^*, z_{ijk}^*)$ está en B_{ijk}. Por analogía con la definición de la integral doble (15.1.5), se define la integral triple como el límite de las triples sumas de Riemann en (2).

$\boxed{3}$ **Definición** La **integral triple** de f sobre la caja B es

$$\iiint\limits_{B} f(x, y, z) \, dV = \lim_{l, m, n \to \infty} \sum_{i=1}^{l} \sum_{j=1}^{m} \sum_{k=1}^{n} f(x_{ijk}^*, y_{ijk}^*, z_{ijk}^*) \, \Delta V$$

si este límite existe.

De nuevo, la integral triple siempre existe si f es continua. Se puede elegir como punto muestra cualquier punto en la subcaja, pero si se selecciona el punto (x_i, y_j, z_k) se obtiene una expresión de apariencia más sencilla para la integral triple:

$$\iiint\limits_{B} f(x, y, z) \, dV = \lim_{l, m, n \to \infty} \sum_{i=1}^{l} \sum_{j=1}^{m} \sum_{k=1}^{n} f(x_i, y_j, z_k) \, \Delta V$$

Al igual que en el caso de las integrales dobles, el método práctico para evaluar las integrales triples es expresarlas como integrales iteradas, de esta manera:

$\boxed{4}$ **Teorema de Fubini para integrales triples** Si f es continua en la caja rectangular $B = [a, b] \times [c, d] \times [r, s]$, entonces

$$\iiint\limits_{B} f(x, y, z) \, dV = \int_{r}^{s} \int_{c}^{d} \int_{a}^{b} f(x, y, z) \, dx \, dy \, dz$$

La integral iterada del miembro derecho del teorema de Fubini significa que primero se integra con respecto a x (manteniendo fijas y y z), luego se integra con respecto a y (manteniendo fija z) y finalmente se integra con respecto a z. Hay otros cinco órdenes posibles en que se puede integrar, todos los cuales dan el mismo valor. Por ejemplo, si se integra con respecto a y, luego a z y después a x, se tiene

$$\iiint\limits_{B} f(x, y, z) \, dV = \int_{a}^{b} \int_{r}^{s} \int_{c}^{d} f(x, y, z) \, dy \, dz \, dx$$

EJEMPLO 1 Evalúe la integral triple $\iiint_B xyz^2\,dV$, donde B es la caja rectangular dada por

$$B = \{(x, y, z) \mid 0 \le x \le 1,\, -1 \le y \le 2,\, 0 \le z \le 3\}$$

SOLUCIÓN Se puede usar cualquiera de los seis posibles órdenes de integración. Si se decide integrar con respecto a x, luego a y, y después a z, se obtiene

$$\iiint_B xyz^2\,dV = \int_0^3 \int_{-1}^2 \int_0^1 xyz^2\,dx\,dy\,dz = \int_0^3 \int_{-1}^2 \left[\frac{x^2 yz^2}{2}\right]_{x=0}^{x=1} dy\,dz$$

$$= \int_0^3 \int_{-1}^2 \frac{yz^2}{2}\,dy\,dz = \int_0^3 \left[\frac{y^2 z^2}{4}\right]_{y=-1}^{y=2} dz$$

$$= \int_0^3 \frac{3z^2}{4}\,dz = \frac{z^3}{4}\bigg]_0^3 = \frac{27}{4} \qquad\blacksquare$$

Integrales triples sobre regiones generales

Ahora se define la **integral triple en una región general acotada E** en el espacio tridimensional (un sólido) siguiendo casi el mismo procedimiento que se usó para las integrales dobles (15.2.2). Se encierra E en una caja B del tipo dado por la ecuación 1. Luego se define F de tal forma que coincida con f en E, aunque sea 0 para puntos en B fuera de E. Por definición,

$$\iiint_E f(x, y, z)\,dV = \iiint_B F(x, y, z)\,dV$$

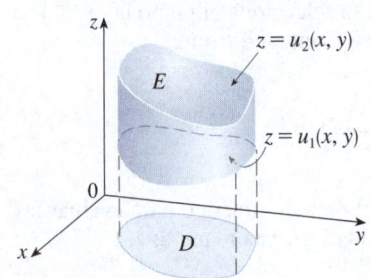

FIGURA 2
Región sólida de tipo 1.

Esta integral existe si f es continua y la frontera de E es "razonablemente suave". La integral triple tiene en esencia las mismas propiedades que la integral doble (propiedades 5-8 en la sección 15.2).

La atención se centrará en funciones continuas f y en ciertos tipos simples de regiones. Se dice que una región sólida E es de **tipo 1** si se sitúa entre las gráficas de dos funciones continuas de x y y, es decir

$$\boxed{5} \qquad E = \{(x, y, z) \mid (x, y) \in D,\, u_1(x, y) \le z \le u_2(x, y)\}$$

donde D es la proyección de E en el plano xy, como se muestra en la figura 2. Note que la frontera superior del sólido E es la superficie con ecuación $z = u_2(x, y)$, mientras que la frontera inferior es la superficie $z = u_1(x, y)$.

Por el mismo tipo de argumento que condujo a (15.2.3), se puede demostrar que si E es una región tipo 1 dada por la ecuación 5, entonces

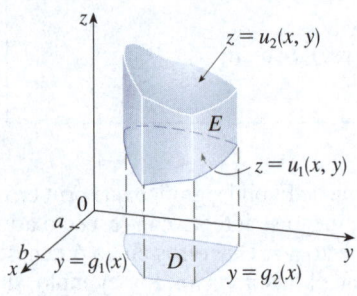

FIGURA 3
Región sólida de tipo 1 donde la proyección D es una región plana de tipo I.

$$\boxed{6} \qquad \iiint_E f(x, y, z)\,dV = \iint_D \left[\int_{u_1(x, y)}^{u_2(x, y)} f(x, y, z)\,dz\right] dA$$

El significado de la integral interior en el miembro derecho de la ecuación 6 es que x y y se mantienen fijas y, por lo tanto, $u_1(x, y)$ y $u_2(x, y)$ se consideran constantes, mientras que $f(x, y, z)$ se integra con respecto a z.

En particular, si la proyección D de E en el plano xy es una región plana de tipo I (como en la figura 3), entonces

$$E = \{(x, y, z) \mid a \le x \le b,\, g_1(x) \le y \le g_2(x),\, u_1(x, y) \le z \le u_2(x, y)\}$$

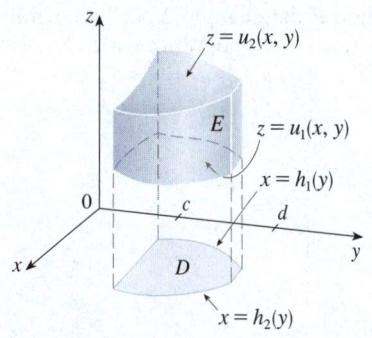

FIGURA 4
Región sólida de tipo 1 con una
proyección de tipo II.

y la ecuación 6 se convierte en

$$\boxed{7} \qquad \iiint\limits_{E} f(x, y, z)\,dV = \int_{a}^{b} \int_{g_1(x)}^{g_2(x)} \int_{u_1(x, y)}^{u_2(x, y)} f(x, y, z)\,dz\,dy\,dx$$

Si por otro lado, D es una región plana de tipo II (como en la figura 4), entonces

$$E = \{(x, y, z) \mid c \leq y \leq d,\, h_1(y) \leq x \leq h_2(y),\, u_1(x, y) \leq z \leq u_2(x, y)\}$$

y la ecuación 6 se convierte en

$$\boxed{8} \qquad \iiint\limits_{E} f(x, y, z)\,dV = \int_{c}^{d} \int_{h_1(y)}^{h_2(y)} \int_{u_1(x, y)}^{u_2(x, y)} f(x, y, z)\,dz\,dx\,dy$$

EJEMPLO 2 Evalúe $\iiint_E z\,dV$, donde E es el sólido en el primer octante acotado por
la superficie $z = 12xy$ y los planos $y = x$, $x = 1$.

SOLUCIÓN Cuando se plantea una integral triple, es prudente dibujar *dos* diagramas:
uno de la región sólida E (vea la figura 5) y, para una región de tipo 1, otro de su proyección D en el plano xy (vea la figura 6). La frontera inferior del sólido E es el plano
$z = 0$ y la frontera superior es la superficie $z = 12xy$, por lo que se usa $u_1(x, y) = 0$ y
$u_2(x, y) = 12xy$ en la fórmula 7. Observe que la proyección de E en el plano xy es la
región triangular que se muestra en la figura 6 y se tiene

$$\boxed{9} \qquad E = \{(x, y, z) \mid 0 \leq x \leq 1,\, 0 \leq y \leq x,\, 0 \leq z \leq 12xy\}$$

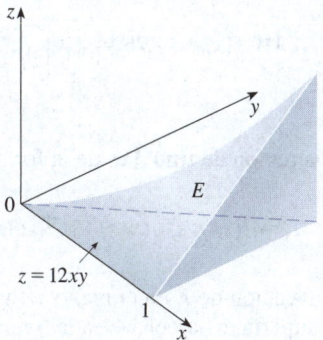

FIGURA 5

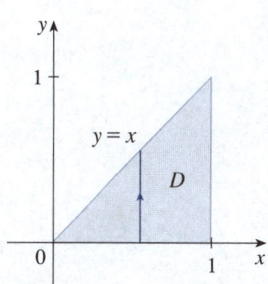

FIGURA 6

Esta descripción de E como región de tipo 1 permite evaluar la integral como sigue:

$$\iiint\limits_{E} z\,dV = \int_{0}^{1} \int_{0}^{x} \int_{0}^{12xy} z\,dz\,dy\,dx = \int_{0}^{1} \int_{0}^{x} \left[\frac{z^2}{2}\right]_{z=0}^{z=12xy} dy\,dx$$

$$= \tfrac{1}{2} \int_{0}^{1} \int_{0}^{x} (12xy)^2\,dy\,dx = 72 \int_{0}^{1} \int_{0}^{x} x^2 y^2\,dy\,dx$$

$$= 72 \int_{0}^{1} \left[x^2 \frac{y^3}{3}\right]_{y=0}^{y=x} dx = 24 \int_{0}^{1} x^5\,dx = 24 \left[\frac{x^6}{6}\right]_{x=0}^{x=1} = 4 \qquad \blacksquare$$

En la figura 7 se muestra cómo se recorre el sólido E del ejemplo 2 por la integral triple iterada si primero se integra con respecto a z, luego a y y, por último, a x.

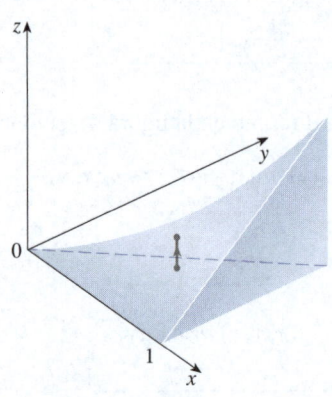

z varía de 0 a xy en tanto que x
y y se mantienen constantes.

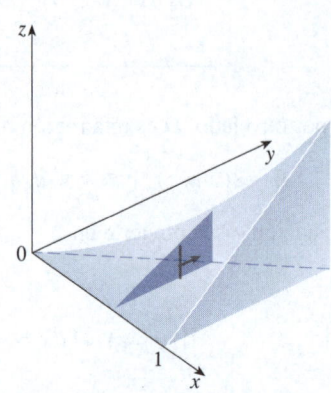

y varía de 0 a x en tanto que x
se mantiene constante.

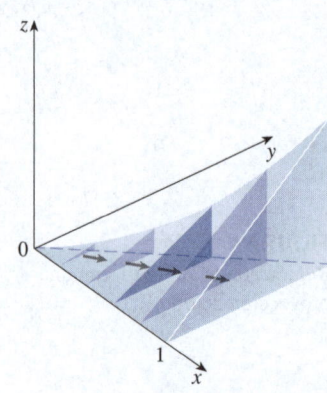

x varía de 0 a 1.

FIGURA 7

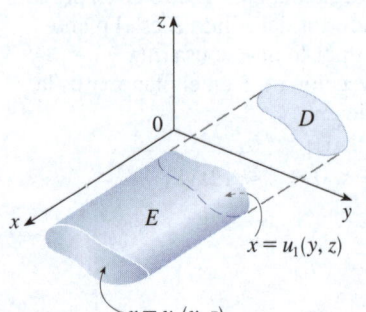

FIGURA 8
Región de tipo 2.

Una región sólida E es de **tipo 2** si es de la forma

$$E = \{(x, y, z) \mid (y, z) \in D, u_1(y, z) \leqslant x \leqslant u_2(y, z)\}$$

donde, esta vez, D es la proyección de E en el plano yz (vea la figura 8). La superficie posterior es $x = u_1(y, z)$, la superficie anterior es $x = u_2(y, z)$ y se tiene

10
$$\iiint_E f(x, y, z)\, dV = \iint_D \left[\int_{u_1(y, z)}^{u_2(y, z)} f(x, y, z)\, dx \right] dA$$

Por último, una región de **tipo 3** es de la forma

$$E = \{(x, y, z) \mid (x, z) \in D, u_1(x, z) \leqslant y \leqslant u_2(x, z)\}$$

donde D es la proyección de E en el plano xz, $y = u_1(x, z)$ es la superficie izquierda y $y = u_2(x, z)$ es la superficie derecha (vea la figura 9). Para este tipo de región se tiene

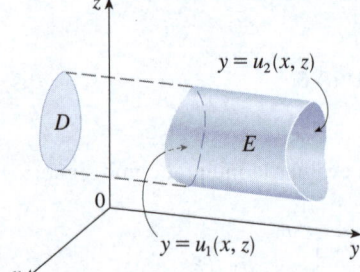

FIGURA 9
Región de tipo 3.

11
$$\iiint_E f(x, y, z)\, dV = \iint_D \left[\int_{u_1(x, z)}^{u_2(x, z)} f(x, y, z)\, dy \right] dA$$

En cada una de las ecuaciones 10 y 11 hay dos posibles expresiones para la integral, dependiendo de si D es una región plana de tipo I o tipo II (en correspondencia con las ecuaciones 7 y 8).

EJEMPLO 3 Evalúe $\iiint_E \sqrt{x^2 + z^2}\, dV$, donde E es la región acotada por el paraboloide $y = x^2 + z^2$ y el plano $y = 4$.

SOLUCIÓN El sólido E se muestra en la figura 10. Si se considera una región de tipo 1, se debe considerar su proyección D_1 en el plano xy, que es la región parabólica que se ilustra en las figuras 10 y 11. (La traza de $y = x^2 + z^2$ en el plano $z = 0$ es la parábola $y = x^2$).

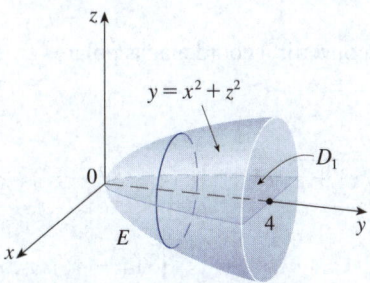

FIGURA 10
Región de integración.

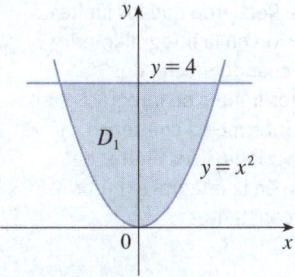

FIGURA 11
Proyección en el plano xy.

De $y = x^2 + z^2$ se obtiene $z = \pm\sqrt{y - x^2}$, así que la superficie frontera inferior de E es $z = -\sqrt{y - x^2}$ y la superficie superior es $z = \sqrt{y - x^2}$. Por lo tanto, la descripción de E como región de tipo 1 es

$$E = \left\{(x, y, z) \mid -2 \leq x \leq 2, \ x^2 \leq y \leq 4, \ -\sqrt{y - x^2} \leq z \leq \sqrt{y - x^2}\right\}$$

y así se obtiene

$$\iiint_E \sqrt{x^2 + z^2} \, dV = \int_{-2}^{2} \int_{x^2}^{4} \int_{-\sqrt{y-x^2}}^{\sqrt{y-x^2}} \sqrt{x^2 + z^2} \, dz \, dy \, dx$$

Aunque esta expresión es correcta, es sumamente difícil de evaluar. Por consiguiente, es mejor considerar E como una región de otro tipo. Si se considera que E es una región de tipo 3, es necesario tener en cuenta su proyección D_3 en el plano xz, que es el disco $x^2 + z^2 \leq 4$ que aparece en las figuras 12 y 13. (La traza de $y = x^2 + z^2$ en el plano $y = 4$ es la circunferencia $x^2 + z^2 = 4$).

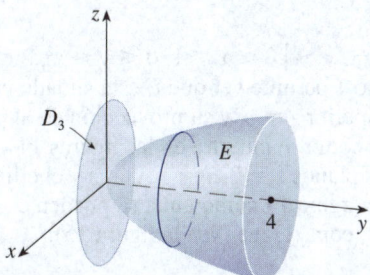

FIGURA 12
Región de integración.

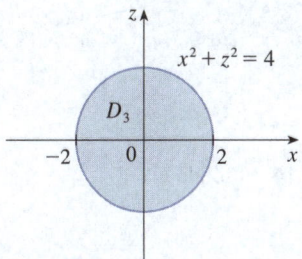

FIGURA 13
Proyección en el plano xz.

Entonces la frontera izquierda de E es el paraboloide $y = x^2 + z^2$ y la frontera derecha es el plano $y = 4$, por lo que si se toma $u_1(x, z) = x^2 + z^2$ y $u_2(x, z) = 4$ en la ecuación 11 se tiene

$$\iiint_E \sqrt{x^2 + z^2} \, dV = \iint_{D_3} \left[\int_{x^2+z^2}^{4} \sqrt{x^2 + z^2} \, dy \right] dA = \iint_{D_3} (4 - x^2 - z^2)\sqrt{x^2 + z^2} \, dA$$

📝 El paso más difícil para evaluar una integral triple es plantear una expresión para la región de integración (como la ecuación 9 del ejemplo 2). Recuerde que los límites de integración en la integral interior contienen cuando mucho dos variables, los límites de integración en la integral intermedia contienen a lo sumo una variable y los límites de integración en la integral exterior deben ser constantes.

Aunque esta integral podría escribirse como

$$\int_{-2}^{2} \int_{-\sqrt{4-x^2}}^{\sqrt{4-x^2}} (4 - x^2 - z^2)\sqrt{x^2 + z^2} \, dz \, dx$$

es más fácil convertir a coordenadas polares en el plano xz: $x = r \cos\theta$, $z = r \operatorname{sen}\theta$. Esto da

$$\iiint_{E} \sqrt{x^2 + z^2} \, dV = \iint_{D_3} (4 - x^2 - z^2)\sqrt{x^2 + z^2} \, dA$$

$$= \int_{0}^{2\pi} \int_{0}^{2} (4 - r^2) r \, r \, dr \, d\theta = \int_{0}^{2\pi} d\theta \int_{0}^{2} (4r^2 - r^4) \, dr$$

$$= 2\pi \left[\frac{4r^3}{3} - \frac{r^5}{5} \right]_{0}^{2} = \frac{128\pi}{15}$$ ∎

Cambio del orden de la integración

El teorema de Fubini para integrales triples permite expresar una integral triple como una integral iterada y existen seis órdenes diferentes de integración en los que se puede hacer esto. Dada una integral iterada, puede ser ventajoso cambiar el orden de la integración porque puede ser más sencillo evaluar una integral iterada en un orden que en otro. En el siguiente ejemplo se investigarán integrales iteradas equivalentes utilizando diferentes órdenes de integración.

EJEMPLO 4 Exprese la integral iterada $\int_{0}^{1} \int_{0}^{x^2} \int_{0}^{y} f(x, y, z) \, dz \, dy \, dx$ como una integral triple y después reescríbala como una integral iterada en los siguientes órdenes:
(a) Integre primero con respecto a x, luego a z y después a y.
(b) Integre primero con respecto a y, luego a x y después a z.

SOLUCIÓN Se puede escribir

$$\int_{0}^{1} \int_{0}^{x^2} \int_{0}^{y} f(x, y, z) \, dz \, dy \, dx = \iiint_{E} f(x, y, z) \, dV$$

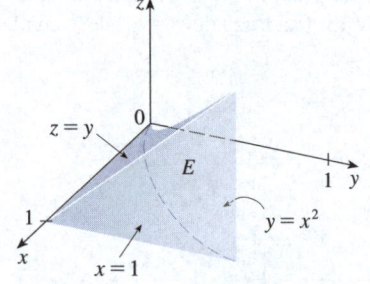

FIGURA 14 El sólido E.

donde $E = \{(x, y, z) \mid 0 \leq x \leq 1, 0 \leq y \leq x^2, 0 \leq z \leq y\}$. Esta descripción de E como región de tipo 1 permite ver que E está situado entre la superficie inferior $z = 0$ y la superficie superior $z = y$, y su proyección en el plano xy es $\{(x, y) \mid 0 \leq x \leq 1, 0 \leq y \leq x^2\}$, como se muestra en las figuras 14 y 15. Por lo tanto, E es el sólido encerrado por los planos $z = 0$, $x = 1$, $y = z$ y el cilindro parabólico $y = x^2$ (o $x = \sqrt{y}$).

Usando la figura 14 como guía, se pueden escribir proyecciones en los tres planos coordenados, como sigue (vea la figura 15):

en el plano xy: $D_1 = \{(x, y) \mid 0 \leq x \leq 1, 0 \leq y \leq x^2\}$

$$= \{(x, y) \mid 0 \leq y \leq 1, \sqrt{y} \leq x \leq 1\}$$

en el plano yz: $D_2 = \{(y, z) \mid 0 \leq y \leq 1, 0 \leq z \leq y\}$

$$= \{(y, z) \mid 0 \leq z \leq 1, z \leq y \leq 1\}$$

en el plano xz: $D_3 = \{(x, z) \mid 0 \leq x \leq 1, 0 \leq z \leq x^2\}$

$$= \{(x, z) \mid 0 \leq z \leq 1, \sqrt{z} \leq x \leq 1\}$$

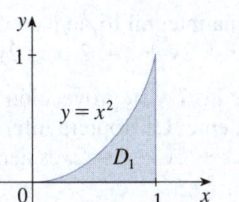
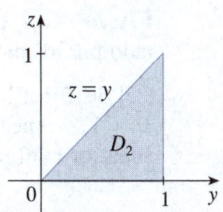
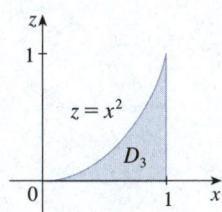

FIGURA 15
Proyecciones de E.

(a) Para integrar primero con respecto a x, luego a z y después a y, es necesario considerar a E como una región de tipo 2 donde la frontera posterior es la superficie $x = \sqrt{y}$ y la frontera anterior es el plano $x = 1$; la proyección en el plano yz es D_2. Así, E se describe como sigue:

$$E = \left\{ (x, y, z) \mid 0 \leqslant y \leqslant 1, 0 \leqslant z \leqslant y, \sqrt{y} \leqslant x \leqslant 1 \right\}$$

y entonces $$\iiint_E f(x, y, z)\, dV = \int_0^1 \int_0^y \int_{\sqrt{y}}^1 f(x, y, z)\, dx\, dz\, dy$$

(b) Para integrar primero con respecto a y, luego a x y después a z, es necesario considerar a E como una región de tipo 3 donde la frontera izquierda es el plano $y = z$ y la frontera derecha es la superficie $y = x^2$. La proyección en el plano xz es D_3, y

$$E = \left\{ (x, y, z) \mid 0 \leqslant z \leqslant 1, \sqrt{z} \leqslant x \leqslant 1, z \leqslant y \leqslant x^2 \right\}$$

Por lo tanto, $$\iiint_E f(x, y, z)\, dV = \int_0^1 \int_{\sqrt{z}}^1 \int_z^{x^2} f(x, y, z)\, dy\, dx\, dz \qquad \blacksquare$$

■ Aplicaciones de integrales triples

Recuerde que si $f(x) \geqslant 0$, la integral simple $\int_a^b f(x)\, dx$ representa el área debajo de la curva $y = f(x)$ de a a b, y si $f(x, y) \geqslant 0$, la integral doble $\iint_D f(x, y)\, dA$ representa el volumen bajo la superficie $z = f(x, y)$ y encima de D. La interpretación correspondiente de una integral triple $\iiint_E f(x, y, z)\, dV$, donde $f(x, y, z) \geqslant 0$, no es muy útil, porque sería el "hipervolumen" de un objeto tetradimensional y, desde luego, eso es muy difícil de visualizar. (Recuerde que E es solo el *dominio* de la función f; la gráfica de f reside en el espacio tetradimensional). No obstante, la integral triple $\iiint_E f(x, y, y)\, dV$ puede interpretarse de diferentes maneras en diversas situaciones físicas, dependiendo de las interpretaciones físicas de x, y, z y $f(x, y, z)$.

En primer lugar se estudiará el caso especial en el que $f(x, y, z) = 1$ para todos los puntos en E. La integral triple representa entonces el volumen de E:

12
$$V(E) = \iiint_E dV$$

Por ejemplo, esto puede verse en el caso de una región de tipo 1 poniendo $f(x, y, z) = 1$ en la fórmula 6:

$$\iiint_E 1\, dV = \iint_D \left[\int_{u_1(x, y)}^{u_2(x, y)} dz \right] dA = \iint_D \left[u_2(x, y) - u_1(x, y) \right] dA$$

y por la sección 15.2 se sabe que esto representa el volumen que se encuentra entre las superficies $z = u_1(x, y)$ y $z = u_2(x, y)$.

EJEMPLO 5 Use una integral triple para determinar el volumen del tetraedro T acotado por los planos $x + 2y + z = 2$, $x = 2y$, $x = 0$ y $z = 0$.

SOLUCIÓN El tetraedro T y su proyección D en el plano xy se muestran en las figuras 16 y 17, respectivamente. La frontera inferior de T es el plano $z = 0$ y la frontera superior es el plano $x + 2y + z = 2$, es decir, $z = 2 - x - 2y$.

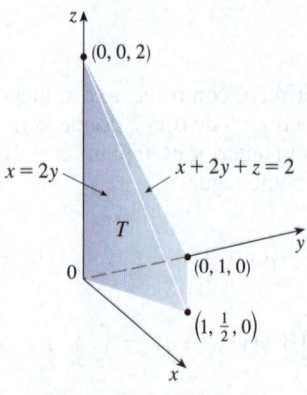

FIGURA 16   **FIGURA 17**

Por lo tanto, se tiene

$$V(T) = \iiint_T dV = \int_0^1 \int_{x/2}^{1-x/2} \int_0^{2-x-2y} dz\, dy\, dx$$

$$= \int_0^1 \int_{x/2}^{1-x/2} (2 - x - 2y)\, dy\, dx = \tfrac{1}{3}$$

por el mismo cálculo del ejemplo 15.2.4.

(Tenga en cuenta que no es necesario usar integrales triples para calcular volúmenes. Simplemente ofrecen un método alternativo para plantear el cálculo). ∎

Todas las aplicaciones de las integrales dobles de la sección 15.4 pueden extenderse de inmediato a las integrales triples siguiendo un razonamiento análogo. Por ejemplo, suponga que un objeto sólido que ocupa una región E tiene densidad $\rho(x, y, z)$, en unidades de masa por volumen unitario, en cada punto (x, y, z) en E. Para calcular la masa total m de E se divide una caja rectangular B que contiene a E en subcajas B_{ijk} del mismo tamaño (como en la figura 18) y se considera que $\rho(x, y, z)$ es 0 fuera de E. Si se selecciona un punto $(x_{ijk}^*, y_{ijk}^*, z_{ijk}^*)$ en B_{ijk}, entonces la masa de la parte de E que ocupa B_{ijk} es de aproximadamente $\rho(x_{ijk}^*, y_{ijk}^*, z_{ijk}^*)\, \Delta V$, donde ΔV es el volumen de B_{ijk}. Para obtener una aproximación de la masa total, se suman las masas (aproximadas) de todas las subcajas y si aumenta el número de subcajas, se obtiene la masa total m de E como el valor límite de las aproximaciones:

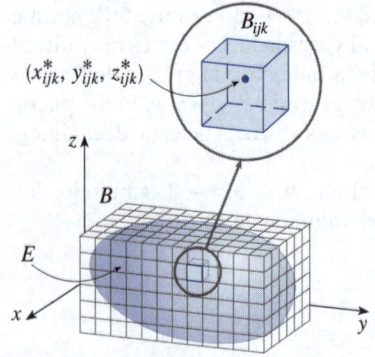

FIGURA 18
$\rho(x_{ijk}^*, y_{ijk}^*, z_{ijk}^*)\, \Delta V$ aproxima la masa de cada subcaja B_{ijk}.

$\boxed{13}$ $$m = \lim_{l, m, n \to \infty} \sum_{i=1}^{l} \sum_{j=1}^{m} \sum_{k=1}^{n} \rho(x_{ijk}^*, y_{ijk}^*, z_{ijk}^*)\, \Delta V = \iiint_E \rho(x, y, z)\, dV$$

Asimismo, los **momentos** de E alrededor de los tres planos coordenados son

$\boxed{14}$ $$M_{yz} = \iiint_E x\rho(x, y, z)\, dV \qquad M_{xz} = \iiint_E y\rho(x, y, z)\, dV$$

$$M_{xy} = \iiint_E z\rho(x, y, z)\, dV$$

El **centro de masa** se sitúa en el punto $(\bar{x}, \bar{y}, \bar{z})$, donde

$$\boxed{15} \qquad \bar{x} = \frac{M_{yz}}{m} \qquad \bar{y} = \frac{M_{xz}}{m} \qquad \bar{z} = \frac{M_{xy}}{m}$$

Si la densidad es constante, el centro de masa del sólido se llama **centroide** de E. Los **momentos de inercia** alrededor de los tres ejes coordenados son

$$\boxed{16} \qquad I_x = \iiint\limits_E (y^2 + z^2)\,\rho(x, y, z)\,dV \qquad I_y = \iiint\limits_E (x^2 + z^2)\,\rho(x, y, z)\,dV$$

$$I_z = \iiint\limits_E (x^2 + y^2)\,\rho(x, y, z)\,dV$$

Como en la sección 15.4, la **carga eléctrica** total en un objeto sólido que ocupa una región E y tiene densidad de carga $\sigma(x, y, z)$ es

$$Q = \iiint\limits_E \sigma(x, y, z)\,dV$$

Si se tienen tres variables aleatorias continuas X, Y y Z, su **función de densidad conjunta** es una función de tres variables tal que la probabilidad de que (X, Y, Z) resida en E es

$$P((X, Y, Z) \in E) = \iiint\limits_E f(x, y, z)\,dV$$

En particular,

$$P(a \le X \le b, \ c \le Y \le d, \ r \le Z \le s) = \int_a^b \int_c^d \int_r^s f(x, y, z)\,dz\,dy\,dx$$

La función de densidad conjunta satisface

$$f(x, y, z) \ge 0 \qquad \int_{-\infty}^{\infty} \int_{-\infty}^{\infty} \int_{-\infty}^{\infty} f(x, y, z)\,dz\,dy\,dx = 1$$

EJEMPLO 6 Determine el centro de masa de un sólido de densidad constante acotado por el cilindro parabólico $x = y^2$ y los planos $x = z$, $z = 0$ y $x = 1$.

SOLUCIÓN El sólido E y su proyección en el plano xy se presentan en la figura 19. Las superficies inferior y superior de E son los planos $z = 0$ y $z = x$, así que se describe E como una región de tipo 1:

$$E = \{(x, y, z) \mid -1 \le y \le 1, y^2 \le x \le 1, 0 \le z \le x\}$$

Entonces, si la densidad es $\rho(x, y, z) = \rho$, la masa es

$$m = \iiint\limits_E \rho\,dV = \int_{-1}^1 \int_{y^2}^1 \int_0^x \rho\,dz\,dx\,dy$$

$$= \rho \int_{-1}^1 \int_{y^2}^1 x\,dx\,dy = \rho \int_{-1}^1 \left[\frac{x^2}{2}\right]_{x=y^2}^{x=1}\,dy$$

$$= \frac{\rho}{2} \int_{-1}^1 (1 - y^4)\,dy = \rho \int_0^1 (1 - y^4)\,dy$$

$$= \rho \left[y - \frac{y^5}{5}\right]_0^1 = \frac{4\rho}{5}$$

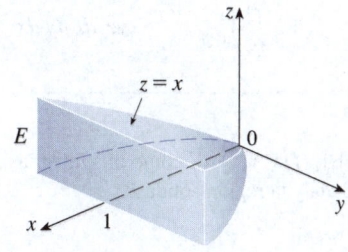

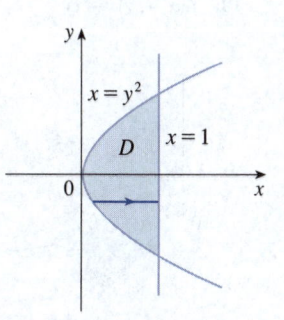

FIGURA 19

Debido a la simetría de E y ρ respecto al plano xz, se puede decir de inmediato que $M_{xz} = 0$ y, por lo tanto, $\bar{y} = 0$. Los otros momentos son

$$M_{yz} = \iiint_E x\rho \, dV = \int_{-1}^{1} \int_{y^2}^{1} \int_{0}^{x} x\rho \, dz \, dx \, dy$$

$$= \rho \int_{-1}^{1} \int_{y^2}^{1} x^2 \, dx \, dy = \rho \int_{-1}^{1} \left[\frac{x^3}{3} \right]_{x=y^2}^{x=1} dy$$

$$= \frac{2\rho}{3} \int_{0}^{1} (1 - y^6) \, dy = \frac{2\rho}{3} \left[y - \frac{y^7}{7} \right]_{0}^{1} = \frac{4\rho}{7}$$

$$M_{xy} = \iiint_E z\rho \, dV = \int_{-1}^{1} \int_{y^2}^{1} \int_{0}^{x} z\rho \, dz \, dx \, dy$$

$$= \rho \int_{-1}^{1} \int_{y^2}^{1} \left[\frac{z^2}{2} \right]_{z=0}^{z=x} dx \, dy = \frac{\rho}{2} \int_{-1}^{1} \int_{y^2}^{1} x^2 \, dx \, dy$$

$$= \frac{\rho}{3} \int_{0}^{1} (1 - y^6) \, dy = \frac{2\rho}{7}$$

En consecuencia, el centro de masa es

$$(\bar{x}, \bar{y}, \bar{z}) = \left(\frac{M_{yz}}{m}, \frac{M_{xz}}{m}, \frac{M_{xy}}{m} \right) = \left(\tfrac{5}{7}, 0, \tfrac{5}{14} \right) \quad \blacksquare$$

15.6 | Ejercicios

1. Evalúe la integral del ejemplo 1 integrando primero con respecto a y, luego a z y después a x.

2. Determine la integral $\iiint_E (xy + z^2) \, dV$, donde

$$E = \{(x, y, z) \mid 0 \leq x \leq 2, 0 \leq y \leq 1, 0 \leq z \leq 3\}$$

usando tres órdenes de integración diferentes.

3-8 Evalúe la integral iterada.

3. $\int_{0}^{2} \int_{0}^{z^2} \int_{0}^{y-z} (2x - y) \, dx \, dy \, dz$

4. $\int_{0}^{1} \int_{y}^{2y} \int_{0}^{x+y} 6xy \, dz \, dx \, dy$

5. $\int_{1}^{2} \int_{0}^{2z} \int_{0}^{\ln x} xe^{-y} \, dy \, dx \, dz$

6. $\int_{0}^{\pi/2} \int_{0}^{2x} \int_{0}^{x+z} \cos(x - 2y + z) \, dy \, dz \, dx$

7. $\int_{1}^{3} \int_{-1}^{2} \int_{-y}^{z} \frac{z}{y} \, dx \, dz \, dy$

8. $\int_{0}^{1} \int_{0}^{1} \int_{0}^{2-x^2-y^2} xye^z \, dz \, dy \, dx$

9-12

(a) Exprese la integral triple $\iiint_E f(x, y, z) \, dV$ como una integral iterada para la función f dada y la región sólida E.

(b) Evalúe la integral iterada.

9. $f(x, y, z) = x$

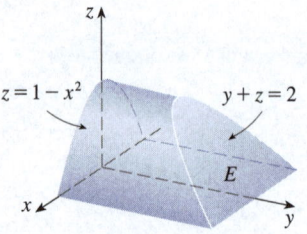

10. $f(x, y, z) = xy$

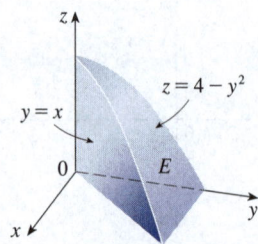

11. $f(x, y, z) = x + y$

12. $f(x, y, z) = 2$

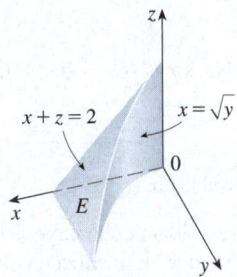

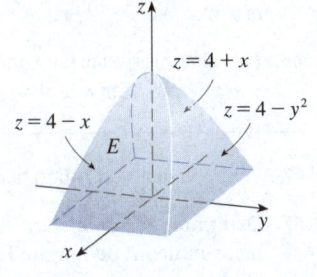

13-22 Evalúe la integral triple.

13. $\iiint_E y \, dV$, donde
$E = \{(x, y, z) \mid 0 \leqslant x \leqslant 3, 0 \leqslant y \leqslant x, x - y \leqslant z \leqslant x + y\}$

14. $\iiint_E e^{z/y} \, dV$, donde
$E = \{(x, y, z) \mid 0 \leqslant y \leqslant 1, y \leqslant x \leqslant 1, 0 \leqslant z \leqslant xy\}$

15. $\iiint_E (1/x^3) \, dV$, donde
$E = \{(x, y, z) \mid 0 \leqslant y \leqslant 1, 0 \leqslant z \leqslant y^2, 1 \leqslant x \leqslant z + 1\}$

16. $\iiint_E \operatorname{sen} y \, dV$, donde E está situado debajo del plano $z = x$ y encima de la región triangular con vértices $(0, 0, 0)$, $(\pi, 0, 0)$ y $(0, \pi, 0)$.

17. $\iiint_E 6xy \, dV$, donde E está situado debajo del plano $z = 1 + x + y$ y encima de la región en el plano xy acotada por las curvas $y = \sqrt{x}$, $y = 0$ y $x = 1$.

18. $\iiint_E (x - y) \, dV$, donde E está encerrado por las superficies $z = x^2 - 1$, $z = 1 - x^2$, $y = 0$ y $y = 2$.

19. $\iiint_T y^2 \, dV$, donde T es el tetraedro sólido con vértices $(0, 0, 0)$, $(2, 0, 0)$, $(0, 2, 0)$ y $(0, 0, 2)$.

20. $\iiint_T xz \, dV$, donde T es el tetraedro sólido con vértices $(0, 0, 0)$, $(1, 0, 1)$, $(0, 1, 1)$ y $(0, 0, 1)$.

21. $\iiint_E x \, dV$, donde E está acotado por el paraboloide $x = 4y^2 + 4z^2$ y el plano $x = 4$.

22. $\iiint_E z \, dV$, donde E está acotado por el cilindro $y^2 + z^2 = 9$ y los planos $x = 0$, $y = 3x$ y $z = 0$ en el primer octante.

23-26 Use una integral triple para calcular el volumen del sólido dado.

23. El tetraedro encerrado por los planos coordenados y el plano $2x + y + z = 4$.

24. El sólido encerrado por los paraboloides $y = x^2 + z^2$ y $y = 8 - x^2 - z^2$.

25. El sólido encerrado por el cilindro $y = x^2$ y los planos $z = 0$ y $y + z = 1$.

26. El sólido encerrado por el cilindro $x^2 + z^2 = 4$ y los planos $y = -1$ y $y + z = 4$.

27. (a) Exprese el volumen de la cuña en el primer octante cortada del cilindro $y^2 + z^2 = 1$ por los planos $y = x$ y $x = 1$ como una integral triple.

⊤ (b) Use la tabla de integrales (en las páginas de referencia 6-10) o un sistema algebraico computacional para determinar el valor exacto de la integral triple del inciso (a).

28-30 Regla del punto medio para integrales triples En la *regla del punto medio para integrales triples* se usa una triple suma de Riemann para aproximar una integral triple en una caja B, donde $f(x, y, z)$ se evalúa en el centro $(\bar{x}_i, \bar{y}_j, \bar{z}_k)$ de la caja B_{ijk}. Use la regla del punto medio para estimar el valor de la integral. Divida B en ocho subcajas del mismo tamaño.

28. $\iiint_B \sqrt{x^2 + y^2 + z^2} \, dV$,   donde
$B = \{(x, y, z) \mid 0 \leqslant x \leqslant 4, 0 \leqslant y \leqslant 4, 0 \leqslant z \leqslant 4\}$

29. $\iiint_B \cos(xyz) \, dV$, donde
$B = \{(x, y, z) \mid 0 \leqslant x \leqslant 1, 0 \leqslant y \leqslant 1, 0 \leqslant z \leqslant 1\}$

30. $\iiint_B \sqrt{x} \, e^{xyz} \, dV$, donde
$B = \{(x, y, z) \mid 0 \leqslant x \leqslant 4, 0 \leqslant y \leqslant 1, 0 \leqslant z \leqslant 2\}$

31-32 Dibuje el sólido cuyo volumen está dado por la integral iterada.

31. $\displaystyle\int_0^1 \int_0^{1-x} \int_0^{2-2z} dy \, dz \, dx$

32. $\displaystyle\int_0^2 \int_0^{2-y} \int_0^{4-y^2} dx \, dz \, dy$

33-36 Exprese la integral $\iiint_E f(x, y, z) \, dV$ como una integral iterada de seis maneras diferentes, donde E es el sólido acotado por las superficies dadas.

33. $y = 4 - x^2 - 4z^2$, $y = 0$

34. $y^2 + z^2 = 9$, $x = -2$, $x = 2$

35. $y = x^2$, $z = 0$, $y + 2z = 4$

36. $x = 2$, $y = 2$, $z = 0$, $x + y - 2z = 2$

37. En la figura se muestra la región de integración para la integral

$$\int_0^1 \int_{\sqrt{x}}^1 \int_0^{1-y} f(x, y, z) \, dz \, dy \, dx$$

Reescriba esta integral como una integral iterada equivalente en los otros cinco órdenes.

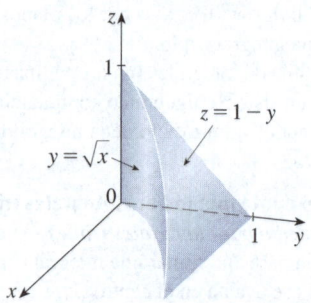

38. En la figura se muestra la región de integración para la integral

$$\int_0^1 \int_0^{1-x^2} \int_0^{1-x} f(x, y, z) \, dy \, dz \, dx$$

Reescriba esta integral como una integral iterada equivalente en los otros cinco órdenes.

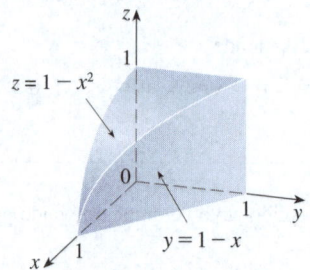

39-40 Escriba otras cinco integrales iteradas que sean iguales a la integral iterada dada.

39. $\displaystyle\int_0^1 \int_y^1 \int_0^y f(x, y, z) \, dz \, dx \, dy$ **40.** $\displaystyle\int_0^1 \int_y^1 \int_0^z f(x, y, z) \, dx \, dz \, dy$

41-42 Evalúe la integral triple usando solo interpretación geométrica y simetría.

41. $\displaystyle\iiint_C (4 + 5x^2yz^2) \, dV$, donde C es la región cilíndrica $x^2 + y^2 \leq 4$, $-2 \leq z \leq 2$.

42. $\displaystyle\iiint_B (z^3 + \text{sen } y + 3) \, dV$, donde B es la pelota unitaria $x^2 + y^2 + z^2 \leq 1$.

43-46 Determine la masa y el centro de masa del sólido E con la función de densidad ρ dada.

43. E se encuentra sobre el plano xy y debajo del paraboloide $z = 1 - x^2 - y^2$; $\rho(x, y, z) = 3$.

44. E está acotado por el cilindro parabólico $z = 1 - y^2$ y los planos $x + z = 1$, $x = 0$ y $z = 0$; $\rho(x, y, z) = 4$.

45. E es el cubo dado por $0 \leq x \leq a$, $0 \leq y \leq a$, $0 \leq z \leq a$; $\rho(x, y, z) = x^2 + y^2 + z^2$.

46. E es el tetraedro acotado por los planos $x = 0$, $y = 0$, $z = 0$, $x + y + z = 1$; $\rho(x, y, z) = y$.

47-50 Suponga que el sólido tiene densidad constante k.

47. Determine los momentos de inercia de un cubo cuyos lados miden L de longitud si un vértice se localiza en el origen y tres aristas se encuentran a lo largo de los ejes coordenados.

48. Calcule los momentos de inercia de un ladrillo rectangular con dimensiones a, b y c, y masa M si el centro del ladrillo está situado en el origen y las aristas son paralelas a los ejes coordenados.

49. Encuentre el momento de inercia alrededor del eje z del cilindro sólido $x^2 + y^2 \leq a^2$, $0 \leq z \leq h$.

50. Determine el momento de inercia alrededor del eje z del cono sólido $\sqrt{x^2 + y^2} \leq z \leq h$.

51-52 Plantee, pero no evalúe, expresiones integrales para (a) la masa, (b) el centro de masa y (c) el momento de inercia alrededor del eje z.

51. El sólido del ejercicio 25; $\rho(x, y, z) = \sqrt{x^2 + y^2}$

52. El hemisferio $x^2 + y^2 + z^2 \leq 1$, $z \geq 0$; $\rho(x, y, z) = \sqrt{x^2 + y^2 + z^2}$

T **53.** Sea E el sólido en el primer octante acotado por el cilindro $x^2 + y^2 = 1$ y los planos $y = z$, $x = 0$ y $z = 0$ con la función de densidad $\rho(x, y, z) = 1 + x + y + z$. Use un sistema algebraico computacional para determinar los valores exactos de las siguientes cantidades para E.
  (a) La masa.
  (b) El centro de masa.
  (c) El momento de inercia alrededor del eje z.

T **54.** Si E es el sólido del ejercicio 22 con función de densidad $\rho(x, y, z) = x^2 + y^2$, determine las cantidades siguientes, con tres decimales de precisión.
  (a) La masa.
  (b) El centro de masa.
  (c) El momento de inercia alrededor del eje z.

55. La función de densidad conjunta de las variables aleatorias X, Y y Z es $f(x, y, z) = Cxyz$ si $0 \leq x \leq 2$, $0 \leq y \leq 2$, $0 \leq z \leq 2$ y $f(x, y, z) = 0$ en otros casos.
  (a) Halle el valor de la constante C.
  (b) Calcule $P(X \leq 1, Y \leq 1, Z \leq 1)$.
  (c) Determine $P(X + Y + Z \leq 1)$.

56. Suponga que X, Y y Z son variables aleatorias con función de densidad conjunta $f(x, y, z) = Ce^{-(0.5x+0.2y+0.1z)}$ si $x \geqslant 0$, $y \geqslant 0$, $z \geqslant 0$ y $f(x, y, z) = 0$ en otros casos.

(a) Encuentre el valor de la constante C.

(b) Calcule $P(X \leqslant 1, Y \leqslant 1)$.

(c) Determine $P(X \leqslant 1, Y \leqslant 1, Z \leqslant 1)$.

57-58 Valor promedio El *valor promedio* de una función $f(x, y, z)$ en una región sólida E se define como

$$f_{\text{prom}} = \frac{1}{V(E)} \iiint_E f(x, y, z)\, dV$$

donde $V(E)$ es el volumen de E. Por ejemplo, si ρ es una función de densidad, entonces ρ_{prom} es la densidad promedio de E.

57. Determine el valor promedio de la función $f(x, y, z) = xyz$ en el cubo con lados de longitud L que está situado en el primer octante con un vértice en el origen y aristas paralelas a los ejes coordenados.

58. Calcule la altura promedio de los puntos en el hemisferio sólido $x^2 + y^2 + z^2 \leqslant 1$, $z \geqslant 0$.

59. (a) Encuentre la región E para la cual la integral triple

$$\iiint_E (1 - x^2 - 2y^2 - 3z^2)\, dV$$

es un máximo.

$\boxed{\text{T}}$ (b) Use un sistema algebraico computacional para calcular el valor máximo exacto de la integral triple del inciso (a).

PROYECTO DE DESCUBRIMIENTO | VOLÚMENES DE HIPERESFERAS

En este proyecto se determinarán fórmulas para el volumen encerrado por una hiperesfera en el espacio n dimensional. La hiperesfera en $\mathbb{R}^n$ de radio r centrada en el origen tiene la ecuación

$$x_1^2 + x_2^2 + x_3^2 + \cdots + x_n^2 = r^2$$

$V_n(r)$ denota el volumen encerrado por esta hiperesfera. Una hiperesfera en $\mathbb{R}^2$ es una circunferencia y en $\mathbb{R}^3$, una esfera.

1. Use una integral doble y sustitución trigonométrica, junto con la fórmula 64 de la tabla de integrales, para determinar el área de una circunferencia con radio r en $\mathbb{R}^2$.

2. Utilice una integral triple y sustitución trigonométrica para determinar el volumen $V_3(r)$ contenido en una esfera con radio r en $\mathbb{R}^3$.

3. Use una integral cuádruple para determinar el volumen $V_4(r)$ (tetradimensional) contenido en la hiperesfera de radio r en $\mathbb{R}^4$ (use solo sustitución trigonométrica y las fórmulas de reducción para $\int \text{sen}^n x\, dx$ o $\int \cos^n x\, dx$).

4. Use una n-tupla integral para determinar el volumen $V_n(r)$ contenido en una hiperesfera de radio r en $\mathbb{R}^n$. [*Sugerencia*: Las fórmulas son diferentes para n par y n impar].

5. Demuestre que el volumen $V_n(1)$ contenido en la hiperesfera unitaria en $\mathbb{R}^n$ se aproxima a cero a medida que n aumenta.

15.7 | Integrales triples en coordenadas cilíndricas

En geometría plana, el sistema de coordenadas polares se usa para dar una descripción práctica de ciertas curvas y regiones (vea la sección 10.3). En la figura 1 se recuerda la relación entre coordenadas polares y cartesianas. Si el punto P tiene coordenadas cartesianas (x, y) y coordenadas polares (r, θ), de la figura se deduce que

$$x = r \cos \theta \qquad\qquad y = r \,\text{sen}\, \theta$$

$$r^2 = x^2 + y^2 \qquad\qquad \tan \theta = \frac{y}{x}$$

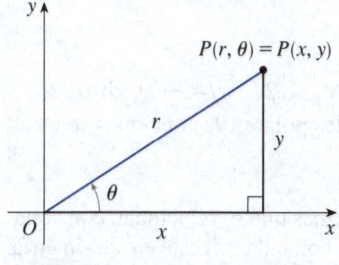

FIGURA 1

En tres dimensiones hay un sistema de coordenadas, llamadas *coordenadas cilíndricas*, que es semejante a las coordenadas polares y da descripciones prácticas de algunas

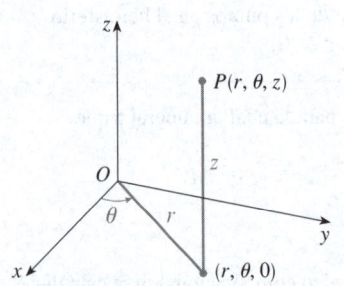

FIGURA 2
Coordenadas cilíndricas de un punto.

superficies y sólidos comunes. Como se verá, algunas integrales triples son mucho más fáciles de evaluar en coordenadas cilíndricas.

■ Coordenadas cilíndricas

En el **sistema de coordenadas cilíndricas**, un punto P en el espacio tridimensional es representado por la terna ordenada (r, θ, z), donde r y θ son coordenadas polares de la proyección de P en el plano xy, y z es la distancia dirigida del plano xy a P (vea la figura 2).

Para convertir de coordenadas cilíndricas a rectangulares, se usan las ecuaciones

$$\boxed{1} \qquad \boxed{\quad x = r \cos \theta \qquad y = r \operatorname{sen} \theta \qquad z = z \quad}$$

mientras que para convertir de coordenadas rectangulares a cilíndricas se usan

$$\boxed{2} \qquad \boxed{\quad r^2 = x^2 + y^2 \qquad \tan \theta = \frac{y}{x} \qquad z = z \quad}$$

EJEMPLO 1
(a) Trace el punto con coordenadas cilíndricas $(2, 2\pi/3, 1)$ y determine sus coordenadas rectangulares.
(b) Encuentre las coordenadas cilíndricas del punto con coordenadas rectangulares $(3, -3, -7)$.

SOLUCIÓN
(a) El punto con coordenadas cilíndricas $(2, 2\pi/3, 1)$ se traza en la figura 3. De las ecuaciones 1, sus coordenadas rectangulares son

$$x = 2 \cos \frac{2\pi}{3} = 2\left(-\frac{1}{2}\right) = -1$$

$$y = 2 \operatorname{sen} \frac{2\pi}{3} = 2\left(\frac{\sqrt{3}}{2}\right) = \sqrt{3}$$

$$z = 1$$

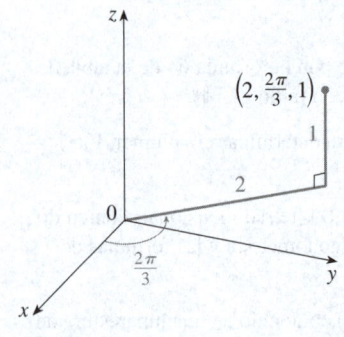

FIGURA 3

Por lo tanto, el punto es $\left(-1, \sqrt{3}, 1\right)$ en coordenadas rectangulares.
(b) De las ecuaciones 2 y teniendo en cuenta que θ está en el cuadrante IV del plano xy, se tiene

$$r = \sqrt{3^2 + (-3)^2} = 3\sqrt{2}$$

$$\tan \theta = \frac{-3}{3} = -1 \quad \text{así que} \quad \theta = \frac{7\pi}{4} + 2n\pi$$

$$z = -7$$

Por lo tanto, un conjunto de coordenadas cilíndricas es $\left(3\sqrt{2}, 7\pi/4, -7\right)$. Otro es $\left(3\sqrt{2}, -\pi/4, -7\right)$. Como en el caso de las coordenadas polares, las opciones son infinitas. ∎

Las coordenadas cilíndricas son útiles en los problemas que se relacionan con simetría alrededor de un eje, y se selecciona el eje z para que coincida con este eje de simetría. Por ejemplo, el eje del cilindro circular con ecuación cartesiana $x^2 + y^2 = c^2$ es el eje z.

En coordenadas cilíndricas este cilindro tiene la ecuación muy sencilla $r = c$ (vea la figura 4). Esta es la razón del nombre coordenadas "cilíndricas". La gráfica de la ecuación $\theta = c$ es un plano vertical que pasa por el origen (vea la figura 5) y la gráfica de la ecuación $z = c$ es un plano horizontal (vea la figura 6).

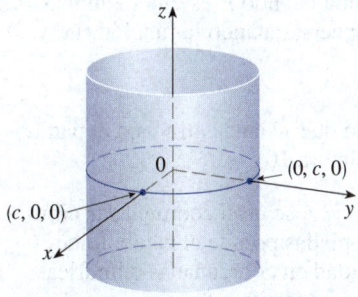

FIGURA 4
$r = c$, un cilindro.

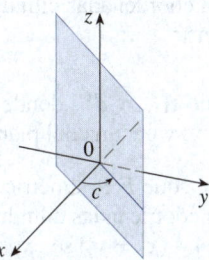

FIGURA 5
$\theta = c$, un plano vertical.

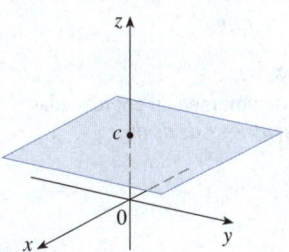

FIGURA 6
$z = c$, un plano horizontal.

EJEMPLO 2 Describa la superficie cuya ecuación en coordenadas cilíndricas es $z = r$.

SOLUCIÓN La ecuación indica que el valor de z, o altura, de cada punto en la superficie es el mismo que r, la distancia del punto al eje z. Como θ no aparece, puede variar. Por consiguiente, toda traza horizontal en el plano $z = k$ ($k > 0$) es una circunferencia de radio k. Estas trazas indican que la superficie es un cono. Esta predicción puede confirmarse si la ecuación se convierte a coordenadas rectangulares. De esta primera ecuación en (2) se tiene

$$z^2 = r^2 = x^2 + y^2$$

Se reconoce la ecuación $z^2 = x^2 + y^2$ (en comparación con la tabla 1 de la sección 12.6) como un cono circular cuyo eje es el eje z (vea la figura 7). ■

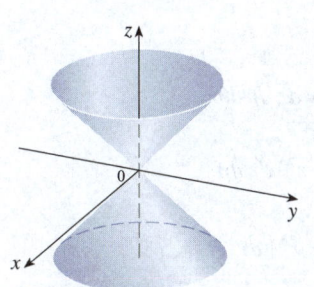

FIGURA 7
$z = r$, un cono.

Integrales triples en coordenadas cilíndricas

Suponga que E es una región de tipo 1 cuya proyección D en el plano xy se describe convenientemente en coordenadas polares (vea la figura 8). En particular, suponga que f es continua y que

$$E = \{(x, y, z) \mid (x, y) \in D, u_1(x, y) \leq z \leq u_2(x, y)\}$$

donde D está dada en coordenadas polares por

$$D = \{(r, \theta) \mid \alpha \leq \theta \leq \beta, h_1(\theta) \leq r \leq h_2(\theta)\}$$

Por la ecuación 15.6.6 se sabe que

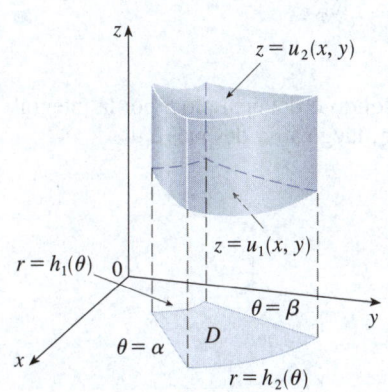

FIGURA 8

$$\boxed{3} \qquad \iiint_E f(x, y, z)\, dV = \iint_D \left[\int_{u_1(x, y)}^{u_2(x, y)} f(x, y, z)\, dz \right] dA$$

Pero también se sabe cómo evaluar integrales dobles en coordenadas polares. De hecho, al combinar la ecuación 3 con la ecuación 15.3.3 se obtiene

$$\boxed{4} \qquad \iiint_E f(x, y, z)\, dV = \int_\alpha^\beta \int_{h_1(\theta)}^{h_2(\theta)} \int_{u_1(r\cos\theta,\, r\,\mathrm{sen}\,\theta)}^{u_2(r\cos\theta,\, r\,\mathrm{sen}\,\theta)} f(r\cos\theta,\, r\,\mathrm{sen}\,\theta,\, z)\, r\, dz\, dr\, d\theta$$

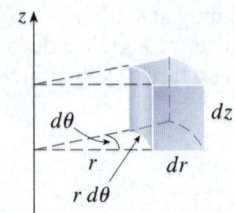

FIGURA 9
Elemento de volumen en coordenadas cilíndricas; $dV = r\,dz\,dr\,d\theta$.

La fórmula 4 es la **fórmula de integración triple en coordenadas cilíndricas**. Indica que para convertir una integral triple de coordenadas rectangulares a cilíndricas se escribe $x = r\cos\theta$, $y = r\,\text{sen}\,\theta$, se deja z como está, se usan los límites de integración correspondientes para z, r y θ y se reemplaza dV por $r\,dz\,dr\,d\theta$ (en la figura 9 se muestra cómo recordar esto). Vale la pena usar esta fórmula cuando E es una región sólida fácil de describir en coordenadas cilíndricas y, en especial, cuando la función $f(x, y, z)$ incluye la expresión $x^2 + y^2$.

EJEMPLO 3 Evalúe $\iiint_E x^2\,dV$, donde E es el sólido que se encuentra bajo el paraboloide $z = 4 - x^2 - y^2$ y encima del plano xy (vea la figura 10).

SOLUCIÓN Debido a que E es simétrico respecto al eje z, se usan coordenadas cilíndricas. Además, las coordenadas cilíndricas son apropiadas porque el paraboloide $z = 4 - x^2 - y^2 = 4 - (x^2 + y^2)$ se expresa con facilidad en coordenadas cilíndricas como $z = 4 - r^2$. El paraboloide interseca el plano xy en la circunferencia $r^2 = 4$ o, de forma equivalente, $r = 2$, por lo que la proyección de E en el plano xy es el disco $r \leq 2$. Por lo tanto, la región E está dada por

$$\{(r, \theta, z) \mid 0 \leq \theta \leq 2\pi, 0 \leq r \leq 2, 0 \leq z \leq 4 - r^2\}$$

y de la fórmula 4 se obtiene

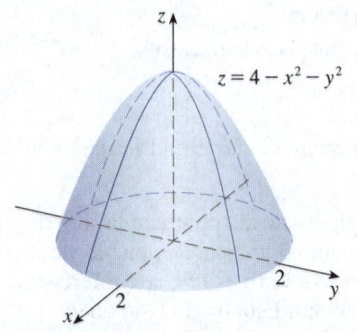

FIGURA 10

$$\iiint_E x^2\,dV = \int_0^{2\pi}\int_0^2\int_0^{4-r^2}(r\cos\theta)^2\,r\,dz\,dr\,d\theta$$

$$= \int_0^{2\pi}\int_0^2 (r^3\cos^2\theta)](4 - r^2)\,dr\,d\theta$$

$$= \int_0^{2\pi}\cos^2\theta\,d\theta\int_0^2 (4r^3 - r^5)\,dr$$

$$= \tfrac{1}{2}\left[\theta + \tfrac{1}{2}\,\text{sen}\,2\theta\right]_0^{2\pi}\left[r^4 - \tfrac{1}{6}r^6\right]_0^2$$

$$= \tfrac{1}{2}(2\pi)\left(16 - \tfrac{32}{3}\right) = \tfrac{16}{3}\pi \qquad\blacksquare$$

En la figura 11 se muestra cómo se recorre el sólido E del ejemplo 3 por la integral triple iterada si primero se integra con respecto a z, luego a r y después a θ.

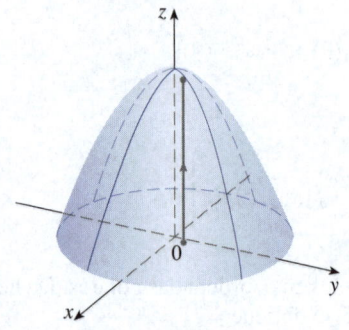

z varía de 0 a $4 - r^2$ mientras que r y θ se mantienen constantes.

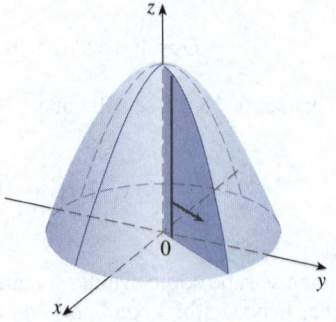

r varía de 0 a 2 mientras que θ se mantiene constante.

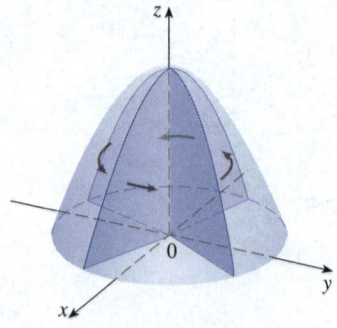

θ varía de 0 a 2π.

FIGURA 11

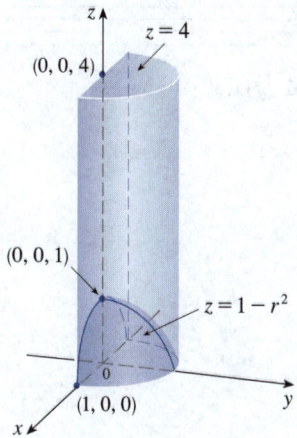

FIGURA 12

EJEMPLO 4 Un sólido E se encuentra dentro del cilindro $x^2 + y^2 = 1$ a la derecha del plano xz, debajo del plano $z = 4$ y encima del paraboloide $z = 1 - x^2 - y^2$ (vea la figura 12). La densidad en cualquier punto es proporcional a su distancia desde el eje del cilindro. Determine la masa de E.

SOLUCIÓN En coordenadas cilíndricas, el cilindro es $r = 1$ y el paraboloide es $z = 1 - r^2$, por lo que se puede escribir

$$E = \left\{ (r, \theta, z) \mid 0 \leqslant \theta \leqslant \pi, \ 0 \leqslant r \leqslant 1, \ 1 - r^2 \leqslant z \leqslant 4 \right\}$$

Como la densidad en (x, y, z) es proporcional a la distancia desde el eje z, la función de densidad es

$$\rho(x, y, z) = K\sqrt{x^2 + y^2} = Kr$$

donde K es la constante de proporcionalidad. Por lo tanto, con base en la fórmula 15.6.13, la masa de E es

$$m = \iiint_E K\sqrt{x^2 + y^2}\, dV = \int_0^\pi \int_0^1 \int_{1-r^2}^4 (Kr)\, r\, dz\, dr\, d\theta$$

$$= \int_0^\pi \int_0^1 Kr^2 [4 - (1 - r^2)]\, dr\, d\theta = K \int_0^\pi d\theta \int_0^1 (3r^2 + r^4)\, dr$$

$$= \pi K \left[r^3 + \frac{r^5}{5} \right]_0^1 = \frac{6\pi K}{5} \quad \blacksquare$$

EJEMPLO 5 Evalúe $\displaystyle\int_{-2}^2 \int_{-\sqrt{4-x^2}}^{\sqrt{4-x^2}} \int_{\sqrt{x^2+y^2}}^2 (x^2 + y^2)\, dz\, dy\, dx$.

SOLUCIÓN Esta integral iterada es una integral triple en la región sólida

$$E = \left\{ (x, y, z) \mid -2 \leqslant x \leqslant 2, \ -\sqrt{4 - x^2} \leqslant y \leqslant \sqrt{4 - x^2}, \ \sqrt{x^2 + y^2} \leqslant z \leqslant 2 \right\}$$

y la proyección de E en el plano xy es el disco $x^2 + y^2 \leqslant 4$. La superficie inferior de E es el cono $z = \sqrt{x^2 + y^2}$ y su superficie superior es el plano $z = 2$ (vea la figura 13). Esta región tiene una descripción mucho más sencilla en coordenadas cilíndricas:

$$E = \left\{ (r, \theta, z) \mid 0 \leqslant \theta \leqslant 2\pi, \ 0 \leqslant r \leqslant 2, \ r \leqslant z \leqslant 2 \right\}$$

Por lo tanto, se tiene

$$\int_{-2}^2 \int_{-\sqrt{4-x^2}}^{\sqrt{4-x^2}} \int_{\sqrt{x^2+y^2}}^2 (x^2 + y^2)\, dz\, dy\, dx = \iiint_E (x^2 + y^2)\, dV$$

$$= \int_0^{2\pi} \int_0^2 \int_r^2 r^2\, r\, dz\, dr\, d\theta$$

$$= \int_0^{2\pi} d\theta \int_0^2 r^3 (2 - r)\, dr$$

$$= 2\pi \left[\tfrac{1}{2} r^4 - \tfrac{1}{5} r^5 \right]_0^2 = \tfrac{16}{5}\pi \quad \blacksquare$$

FIGURA 13

15.7 | Ejercicios

1-2 Trace el punto cuyas coordenadas cilíndricas se dan. Determine después las coordenadas rectangulares del punto.

1. (a) $(5, \pi/2, 2)$
   (b) $(6, -\pi/4, -3)$

2. (a) $(2, 5\pi/6, 1)$
   (b) $(8, -2\pi/3, 5)$

3-4 Cambie de coordenadas rectangulares a cilíndricas.

3. (a) $(4, 4, -3)$
   (b) $(5\sqrt{3}, -5, \sqrt{3})$

4. (a) $(0, -2, 9)$
   (b) $(-1, \sqrt{3}, 6)$

5-6 Describa con palabras la superficie cuya ecuación se da.

5. $r = 2$ **6.** $\theta = \pi/6$

7-8 Identifique la superficie cuya ecuación se da.

7. $r^2 + z^2 = 4$ **8.** $r = 2 \operatorname{sen} \theta$

9-10 Escriba las ecuaciones en coordenadas cilíndricas.

9. (a) $x^2 - x + y^2 + z^2 = 1$
   (b) $z = x^2 - y^2$

10. (a) $2x^2 + 2y^2 - z^2 = 4$
   (b) $2x - y + z = 1$

11-12 Trace el sólido descrito por las desigualdades dadas.

11. $r^2 \leqslant z \leqslant 8 - r^2$

12. $0 \leqslant \theta \leqslant \pi/2, \quad r \leqslant z \leqslant 2$

13. Un cascarón cilíndrico es de 20 cm de largo, con radio interno de 6 cm y radio externo de 7 cm. Escriba desigualdades que describan el cascarón en un sistema de coordenadas apropiado. Explique cómo posicionó el sistema de coordenadas con respecto al cascarón.

14. Use un software para dibujar el sólido encerrado por los paraboloides $z = x^2 + y^2$ y $z = 5 - x^2 - y^2$.

15-16
(a) Exprese la integral triple $\iiint_E f(x, y, z)\, dV$ como una integral iterada en coordenadas cilíndricas para la función f dada y la región sólida E.
(b) Evalúe la integral iterada.

15. $f(x, y, z) = x^2 + y^2$ **16.** $f(x, y, z) = xy$

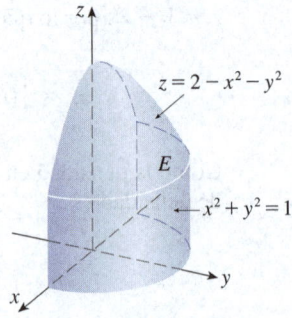 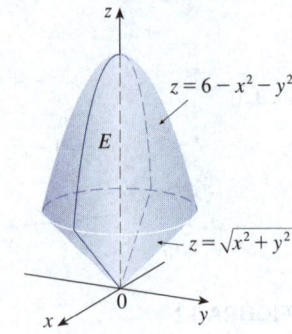

17-18 Trace el sólido cuyo volumen está dado por la integral y evalúe la integral.

17. $\int_{\pi/2}^{3\pi/2} \int_0^3 \int_{r^2}^9 r\, dz\, dr\, d\theta$

18. $\int_0^2 \int_0^{2\pi} \int_0^r r\, dz\, d\theta\, dr$

19-30 Use coordenadas cilíndricas.

19. Evalúe $\iiint_E \sqrt{x^2 + y^2}\, dV$, donde E es la región que está dentro del cilindro $x^2 + y^2 = 16$ y entre los planos $z = -5$ y $z = 4$.

20. Determine $\iiint_E z\, dV$, donde E está encerrado por el paraboloide $z = x^2 + y^2$ y el plano $z = 4$.

21. Evalúe $\iiint_E (x + y + z)\, dV$, donde E es el sólido en el primer octante que está debajo del paraboloide $z = 4 - x^2 - y^2$.

22. Calcule $\iiint_E (x - y)\, dV$, donde E es el sólido que está entre los cilindros $x^2 + y^2 = 1$ y $x^2 + y^2 = 16$, encima del plano xy, y debajo del plano $z = y + 4$.

23. Evalúe $\iiint_E x^2\, dV$, donde E es el sólido que está dentro del cilindro $x^2 + y^2 = 1$, sobre el plano $z = 0$ y debajo del cono $z^2 = 4x^2 + 4y^2$.

24. Determine el volumen del sólido que está dentro del cilindro $x^2 + y^2 = 1$ y la esfera $x^2 + y^2 + z^2 = 4$.

25. Calcule el volumen del sólido que está encerrado por el cono $z = \sqrt{x^2 + y^2}$ y la esfera $x^2 + y^2 + z^2 = 2$.

26. Halle el volumen del sólido que está entre el paraboloide $z = x^2 + y^2$ y la esfera $x^2 + y^2 + z^2 = 2$.

27. (a) Calcule el volumen de la región E que está entre el paraboloide $z = 24 - x^2 - y^2$ y el cono $z = 2\sqrt{x^2 + y^2}$.
   (b) Determine el centroide de E (el centro de masa en el caso en que la densidad es constante).

28. (a) Calcule el volumen del sólido que el cilindro $r = a \cos \theta$ corta de la esfera de radio a centrada en el origen.

(b) Ilustre el sólido del inciso (a) graficando la esfera y el cilindro en la misma pantalla.

29. Determine la masa y el centro de masa del sólido S acotado por el paraboloide $z = 4x^2 + 4y^2$ y el plano $z = a$ $(a > 0)$ si S tiene una densidad constante K.

30. Determine la masa de una pelota B dada por $x^2 + y^2 + z^2 \leq a^2$ si la densidad en cualquier punto es proporcional a su distancia del eje z.

31-32 Evalúe la integral cambiando a coordenadas cilíndricas.

31. $\int_{-2}^{2} \int_{-\sqrt{4-y^2}}^{\sqrt{4-y^2}} \int_{\sqrt{x^2+y^2}}^{2} xz \, dz \, dx \, dy$

32. $\int_{-3}^{3} \int_{0}^{\sqrt{9-x^2}} \int_{0}^{9-x^2-y^2} \sqrt{x^2 + y^2} \, dz \, dy \, dx$

33. Cuando estudian la formación de cadenas montañosas, los geólogos estiman la cantidad de trabajo requerido para levantar una montaña desde el nivel del mar. Considere una monta-

ña que tiene esencialmente la forma de un cono circular recto. Suponga que la densidad de peso del material alrededor de un punto P es $g(P)$ y la altura $h(P)$.

(a) Determine una integral definida que represente el trabajo total realizado para formar la montaña.

(b) Suponga que el Monte Fuji en Japón tiene la forma de un cono circular recto con radio de $19\,000$ m, altura de $3\,800$ m y densidad constante de $3\,200$ kg/m³. ¿Cuánto trabajo se realizó para formar el Monte Fuji si el terreno estaba inicialmente al nivel del mar?

PROYECTO DE DESCUBRIMIENTO | LA INTERSECCIÓN DE TRES CILINDROS

En la figura se muestra el sólido encerrado por tres cilindros circulares con el mismo diámetro que se intersecan en ángulos rectos. En este proyecto se calculará su volumen y se determinará cómo cambia su forma si los cilindros tienen diferentes diámetros.

1. Trace cuidadosamente el sólido encerrado por los tres cilindros $x^2 + y^2 = 1$, $x^2 + z^2 = 1$ y $y^2 + z^2 = 1$. Indique las posiciones de los ejes coordenados y rotule las caras con las ecuaciones de los cilindros correspondientes.

2. Determine el volumen del sólido del problema 1.

T 3. Use un software para dibujar las aristas del sólido.

4. ¿Qué sucede con el sólido del problema 1 si el radio del primer cilindro es diferente a 1? Ilustre con un diagrama a mano o una gráfica hecha por computadora.

5. Si el primer cilindro es $x^2 + y^2 = a^2$, donde $a < 1$, plantee, pero no evalúe, una integral doble para el volumen del sólido. ¿Qué sucede si $a > 1$?

15.8 | Integrales triples en coordenadas esféricas

Otro sistema útil de coordenadas en tres dimensiones es el *sistema de coordenadas esféricas*. Este sistema simplifica la evaluación de integrales triples en regiones acotadas por esferas o conos.

■ Coordenadas esféricas

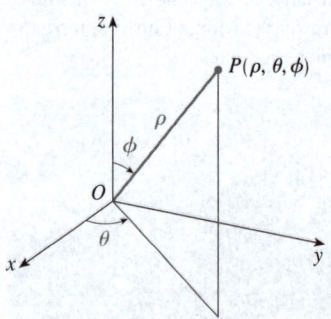

FIGURA 1
Coordenadas esféricas de un punto.

Las **coordenadas esféricas** (ρ, θ, ϕ) de un punto P en el espacio se muestran en la figura 1, donde $\rho = |OP|$ es la distancia del origen a P, θ es el mismo ángulo que en las coordenadas cilíndricas y ϕ es el ángulo entre el eje z positivo y el segmento de recta OP. Note que

$$\rho \geqslant 0 \qquad 0 \leqslant \phi \leqslant \pi$$

El sistema de coordenadas esféricas es especialmente útil en problemas en los que hay simetría en torno a un punto y el origen se encuentra en ese punto. Por ejemplo, la esfera con centro en el origen y radio c tiene la ecuación simple $\rho = c$ (vea la figura 2); esta es la razón del nombre coordenadas "esféricas". La gráfica de la ecuación $\theta = c$ es un semiplano vertical (vea la figura 3) y la ecuación $\phi = c$ representa un semicono con el eje z como su eje (vea la figura 4).

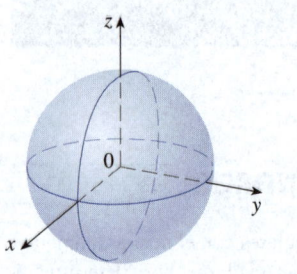

FIGURA 2 $\rho = c$, una esfera.

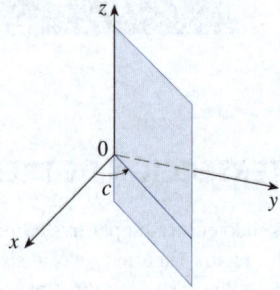

FIGURA 3 $\theta = c$, un semiplano.

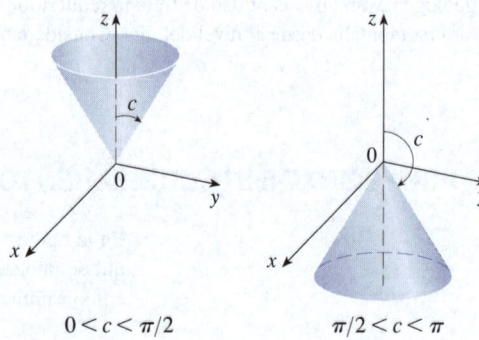

$$0 < c < \pi/2 \qquad \pi/2 < c < \pi$$

FIGURA 4 $\phi = c$, un semicono.

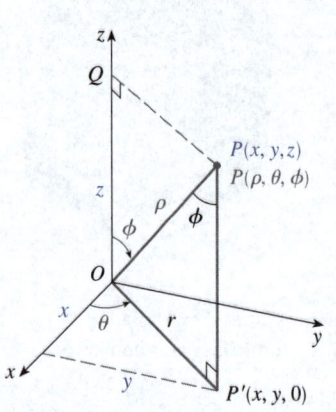

FIGURA 5

La relación entre las coordenadas rectangulares y esféricas puede verse en la figura 5. De los triángulos OPQ y OPP' se tiene

$$z = \rho \cos \phi \qquad r = \rho \,\text{sen}\, \phi$$

Pero, $x = r \cos \theta$ y $y = r \,\text{sen}\, \theta$, así que para convertir de coordenadas esféricas a rectangulares se usan las ecuaciones

$$\boxed{1} \qquad \boxed{x = \rho \,\text{sen}\, \phi \, \cos \theta \qquad y = \rho \,\text{sen}\, \phi \,\text{sen}\, \theta \qquad z = \rho \cos \phi}$$

Además, la fórmula de la distancia indica que

$$\boxed{2} \qquad \boxed{\rho^2 = x^2 + y^2 + z^2}$$

Esta ecuación se usa para convertir de coordenadas rectangulares a esféricas.

EJEMPLO 1 El punto $(2, \pi/4, \pi/3)$ está dado en coordenadas esféricas. Trace el punto y determine sus coordenadas rectangulares.

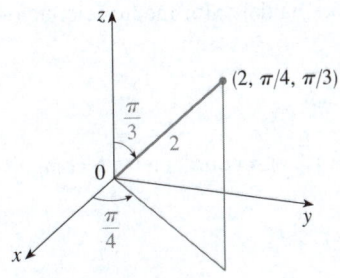

FIGURA 6

SOLUCIÓN El punto se muestra en la figura 6. De las ecuaciones 1 se tiene

$$x = \rho \operatorname{sen} \phi \cos \theta = 2 \operatorname{sen} \frac{\pi}{3} \cos \frac{\pi}{4} = 2\left(\frac{\sqrt{3}}{2}\right)\left(\frac{1}{\sqrt{2}}\right) = \sqrt{\frac{3}{2}}$$

$$y = \rho \operatorname{sen} \phi \operatorname{sen} \theta = 2 \operatorname{sen} \frac{\pi}{3} \operatorname{sen} \frac{\pi}{4} = 2\left(\frac{\sqrt{3}}{2}\right)\left(\frac{1}{\sqrt{2}}\right) = \sqrt{\frac{3}{2}}$$

$$z = \rho \cos \phi = 2 \cos \frac{\pi}{3} = 2\left(\tfrac{1}{2}\right) = 1$$

Por lo tanto, el punto $(2, \pi/4, \pi/3)$ es $\left(\sqrt{3/2}, \sqrt{3/2}, 1\right)$ en coordenadas rectangulares. ■

EJEMPLO 2 El punto $\left(0, 2\sqrt{3}, -2\right)$ está dado en coordenadas rectangulares. Determine las coordenadas esféricas de este punto.

SOLUCIÓN De la ecuación 2 se tiene $\rho = \sqrt{x^2 + y^2 + z^2} = \sqrt{0 + 12 + 4} = 4$ y, por lo tanto, las ecuaciones 1 dan

$$\cos \phi = \frac{z}{\rho} = \frac{-2}{4} = -\frac{1}{2} \qquad \phi = \frac{2\pi}{3}$$

$$\cos \theta = \frac{x}{\rho \operatorname{sen} \phi} = 0 \qquad \theta = \frac{\pi}{2}$$

(Observe que $\theta \neq 3\pi/2$ porque $y = 2\sqrt{3} > 0$). Por consiguiente, las coordenadas esféricas del punto dado son $(4, \pi/2, 2\pi/3)$. ■

■ Integrales triples en coordenadas esféricas

En el sistema de coordenadas esféricas la contraparte de una caja rectangular es una **cuña esférica**

$$E = \left\{ (\rho, \theta, \phi) \mid a \leq \rho \leq b, \ \alpha \leq \theta \leq \beta, \ c \leq \phi \leq d \right\}$$

donde $a \geq 0$ y $\beta - \alpha \leq 2\pi$, y $d - c \leq \pi$. Aunque las integrales triples se definen dividiendo sólidos en cajas pequeñas, se puede demostrar que dividir un sólido en pequeñas cuñas esféricas siempre da el mismo resultado. Así, se divide E en cuñas esféricas más pequeñas E_{ijk} por medio de esferas igualmente espaciadas $\rho = \rho_i$, semiplanos $\theta = \theta_j$ y semiconos $\phi = \phi_k$. En la figura 7 se muestra que E_{ijk} es aproximadamente una caja rectangular con dimensiones $\Delta\rho$, $\rho_i \Delta\phi$ (arco de una circunferencia con radio ρ_i, ángulo $\Delta\phi$) y $\rho_i \operatorname{sen} \phi_k \Delta\theta$ (arco de una circunferencia con radio $\rho_i \operatorname{sen} \phi_k$, ángulo $\Delta\theta$). Entonces, una aproximación del volumen de E_{ijk} está dada por

$$\Delta V_{ijk} \approx (\Delta\rho)(\rho_i \Delta\phi)(\rho_i \operatorname{sen} \phi_k \Delta\theta) = \rho_i^2 \operatorname{sen} \phi_k \Delta\rho \Delta\theta \Delta\phi$$

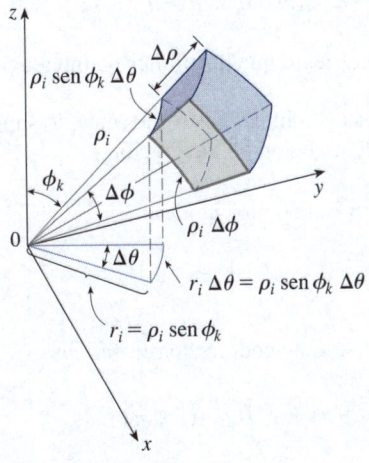

(a) Cuña esférica.

FIGURA 7

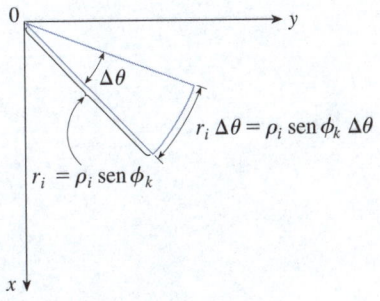

(b) Vista lateral.

(c) Vista superior.

De hecho, se puede demostrar, con la ayuda del teorema del valor medio (ejercicio 51), que el volumen de E_{ijk} está dado exactamente por

$$\Delta V_{ijk} = \tilde{\rho}_i^2 \operatorname{sen} \tilde{\phi}_k \, \Delta\rho \, \Delta\theta \, \Delta\phi$$

donde $(\tilde{\rho}_i, \tilde{\theta}_j, \tilde{\phi}_k)$ es algún punto en E_{ijk}. Sean $(x_{ijk}^*, y_{ijk}^*, z_{ijk}^*)$ las coordenadas rectangulares de este punto. Entonces,

$$\iiint_E f(x, y, z)\, dV = \lim_{l, m, n \to \infty} \sum_{i=1}^{l} \sum_{j=1}^{m} \sum_{k=1}^{n} f(x_{ijk}^*, y_{ijk}^*, z_{ijk}^*)\, \Delta V_{ijk}$$

$$= \lim_{l, m, n \to \infty} \sum_{i=1}^{l} \sum_{j=1}^{m} \sum_{k=1}^{n} f(\tilde{\rho}_i \operatorname{sen} \tilde{\phi}_k \cos \tilde{\theta}_j, \, \tilde{\rho}_i \operatorname{sen} \tilde{\phi}_k \operatorname{sen} \tilde{\theta}_j, \, \tilde{\rho}_i \cos \tilde{\phi}_k)\, \tilde{\rho}_i^2 \operatorname{sen} \tilde{\phi}_k \, \Delta\rho \, \Delta\theta \, \Delta\phi$$

Pero esta suma es una suma de Riemann para la función

$$F(\rho, \theta, \phi) = f(\rho \operatorname{sen} \phi \, \cos \theta, \, \rho \operatorname{sen} \phi \, \operatorname{sen} \theta, \, \rho \cos \phi)\, \rho^2 \operatorname{sen} \phi$$

En consecuencia, se ha llegado a la siguiente **fórmula para la integración triple con coordenadas esféricas**.

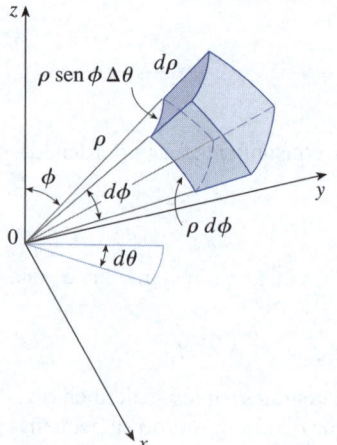

FIGURA 8

Elemento de volumen en coordenadas esféricas: $dV = \rho^2 \operatorname{sen} \phi \, d\rho \, d\theta \, d\phi$

> **3** $$\iiint_E f(x, y, z)\, dV$$
>
> $$= \int_c^d \int_\alpha^\beta \int_a^b f(\rho \operatorname{sen} \phi \, \cos \theta, \, \rho \operatorname{sen} \phi \, \operatorname{sen} \theta, \, \rho \cos \phi)\, \rho^2 \operatorname{sen} \phi \, d\rho \, d\theta \, d\phi$$
>
> donde E es una cuña esférica dada por
>
> $$E = \left\{ (\rho, \theta, \phi) \mid a \leq \rho \leq b, \; \alpha \leq \theta \leq \beta, \; c \leq \phi \leq d \right\}$$

La fórmula 3 indica que para convertir una integral triple de coordenadas rectangulares a coordenadas esféricas se escribe

$$x = \rho \operatorname{sen} \phi \, \cos \theta \qquad y = \rho \operatorname{sen} \phi \, \operatorname{sen} \theta \qquad z = \rho \cos \phi$$

usando los límites apropiados de integración y se reemplaza dV por $\rho^2 \operatorname{sen} \phi \, d\rho \, d\theta \, d\phi$. Esto se ilustra en la figura 8.

Esta fórmula puede ampliarse para incluir regiones esféricas más generales, como

$$E = \left\{ (\rho, \theta, \phi) \mid \alpha \leq \theta \leq \beta, \; c \leq \phi \leq d, \; g_1(\theta, \phi) \leq \rho \leq g_2(\theta, \phi) \right\}$$

En este caso, la fórmula es la misma que en (3), excepto que los límites de integración para ρ son $g_1(\theta, \phi)$ y $g_2(\theta, \phi)$.

Por lo general, las coordenadas esféricas se usan en integrales triples cuando superficies como conos y esferas forman la frontera de la región de integración.

EJEMPLO 3   Evalúe $\iiint_B e^{(x^2 + y^2 + z^2)^{3/2}}\, dV$, donde B es la pelota unitaria:

$$B = \left\{ (x, y, z) \mid x^2 + y^2 + z^2 \leq 1 \right\}$$

SOLUCIÓN   Como la frontera de B es una esfera, se usan coordenadas esféricas:

$$B = \left\{ (\rho, \theta, \phi) \mid 0 \leq \rho \leq 1, \; 0 \leq \theta \leq 2\pi, \; 0 \leq \phi \leq \pi \right\}$$

Además, las coordenadas esféricas son apropiadas porque

$$x^2 + y^2 + z^2 = \rho^2$$

Así, (3) da

$$\iiint_B e^{(x^2+y^2+z^2)^{3/2}}\, dV = \int_0^\pi \int_0^{2\pi} \int_0^1 e^{(\rho^2)^{3/2}} \rho^2 \operatorname{sen} \phi \, d\rho \, d\theta \, d\phi$$

$$= \int_0^\pi \operatorname{sen} \phi \, d\phi \int_0^{2\pi} d\theta \int_0^1 \rho^2 e^{\rho^3} d\rho$$

$$= \Big[-\cos \phi\Big]_0^\pi (2\pi) \Big[\tfrac{1}{3} e^{\rho^3}\Big]_0^1 = \tfrac{4}{3}\pi (e-1)$$ ∎

NOTA Habría sido extremadamente complejo evaluar la integral del ejemplo 3 sin coordenadas esféricas. En coordenadas rectangulares la integral iterada habría sido

$$\int_{-1}^1 \int_{-\sqrt{1-x^2}}^{\sqrt{1-x^2}} \int_{-\sqrt{1-x^2-y^2}}^{\sqrt{1-x^2-y^2}} e^{(x^2+y^2+z^2)^{3/2}}\, dz \, dy \, dx$$

EJEMPLO 4 Use coordenadas esféricas para determinar el volumen del sólido que se encuentra arriba del cono $z = \sqrt{x^2 + y^2}$ y debajo de la esfera $x^2 + y^2 + z^2 = z$ (vea la figura 9).

SOLUCIÓN Tenga en cuenta que la esfera pasa por el origen y tiene centro $\left(0, 0, \tfrac{1}{2}\right)$. Se escribe la ecuación de la esfera en coordenadas esféricas como

$$\rho^2 = \rho \cos \phi \qquad \text{o} \qquad \rho = \cos \phi$$

La ecuación del cono puede escribirse como

$$\rho \cos \phi = \sqrt{\rho^2 \operatorname{sen}^2\phi \, \cos^2\theta + \rho^2 \operatorname{sen}^2\phi \, \operatorname{sen}^2\theta} = \rho \operatorname{sen} \phi$$

Esto da $\operatorname{sen} \phi = \cos \phi$, o $\phi = \pi/4$. Por lo tanto, la descripción del sólido E en coordenadas esféricas es

$$E = \big\{ (\rho, \theta, \phi) \mid 0 \le \theta \le 2\pi, \ 0 \le \phi \le \pi/4, \ 0 \le \rho \le \cos \phi \big\}$$

En la figura 10 se muestra cómo se recorre E si se integra primero con respecto a ρ, luego a ϕ y después a θ. El volumen de E es

$$V(E) = \iiint_E dV = \int_0^{2\pi} \int_0^{\pi/4} \int_0^{\cos \phi} \rho^2 \operatorname{sen} \phi \, d\rho \, d\phi \, d\theta$$

$$= \int_0^{2\pi} d\theta \int_0^{\pi/4} \operatorname{sen} \phi \left[\frac{\rho^3}{3}\right]_{\rho=0}^{\rho=\cos \phi} d\phi$$

$$= \frac{2\pi}{3} \int_0^{\pi/4} \operatorname{sen} \phi \, \cos^3 \phi \, d\phi = \frac{2\pi}{3} \left[-\frac{\cos^4 \phi}{4}\right]_0^{\pi/4} = \frac{\pi}{8}$$ ∎

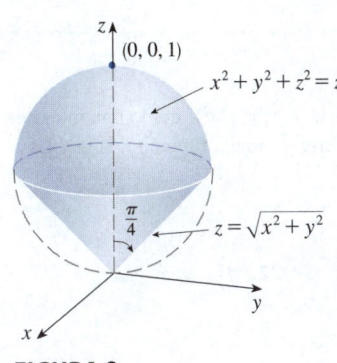

FIGURA 9

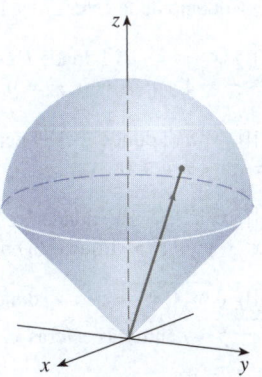

ρ varía de 0 a $\cos \phi$ mientras que ϕ y θ se mantienen constantes.

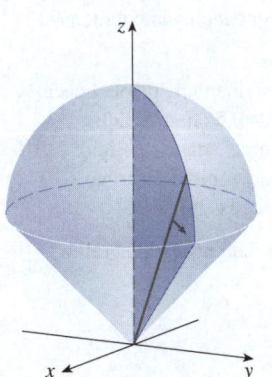

ϕ varía de 0 a $\pi/4$ mientras que θ se mantiene constante.

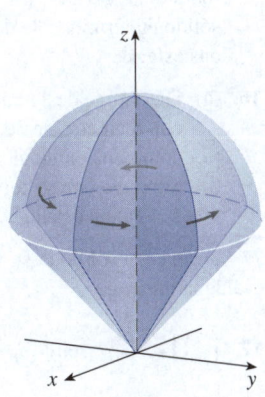

θ varía de 0 a 2π.

FIGURA 10

15.8 │ Ejercicios

1-2 Trace el punto cuyas coordenadas esféricas se dan. Determine después las coordenadas rectangulares del punto.

1. (a) $(2, 3\pi/4, \pi/2)$ (b) $(4, -\pi/3, \pi/4)$

2. (a) $(5, \pi/2, \pi/3)$ (b) $(6, 0, 5\pi/6)$

3-4 Cambie de coordenadas rectangulares a esféricas.

3. (a) $(3, 3, 0)$ (b) $\left(1, -\sqrt{3}, 2\sqrt{3}\right)$

4. (a) $(0, 4, -4)$ (b) $\left(-2, 2, 2\sqrt{6}\right)$

5-6 Describa con palabras la superficie cuya ecuación se da.

5. $\phi = 3\pi/4$ **6.** $\rho^2 - 3\rho + 2 = 0$

7-8 Identifique la superficie cuya ecuación se da.

7. $\rho \cos \phi = 1$ **8.** $\rho = \cos \phi$

9-10 Escriba la ecuación en coordenadas esféricas.

9. (a) $x^2 + y^2 + z^2 = 9$ (b) $x^2 - y^2 - z^2 = 1$

10. (a) $z = x^2 + y^2$ (b) $z = x^2 - y^2$

11-14 Trace el sólido descrito por las desigualdades dadas.

11. $\rho \le 1$, $0 \le \phi \le \pi/6$, $0 \le \theta \le \pi$

12. $1 \le \rho \le 2$, $\pi/2 \le \phi \le \pi$

13. $1 \le \rho \le 3$, $0 \le \phi \le \pi/2$, $\pi \le \theta \le 3\pi/2$

14. $\rho \le 2$, $\rho \le \csc \phi$

15. Un sólido está situado dentro de la esfera $x^2 + y^2 + z^2 = 4z$ y fuera del cono $z = \sqrt{x^2 + y^2}$. Escriba una descripción del sólido en términos de desigualdades que incluyan coordenadas esféricas.

16. (a) Determine desigualdades que describan una pelota hueca con diámetro de 30 cm y grosor de 0.5 cm. Explique cómo posicionó el sistema de coordenadas que eligió.
(b) Suponga que se corta la pelota por la mitad. Escriba desigualdades que describan una de las mitades.

17-18 Trace el sólido cuyo volumen está dado por la integral y evalúe la integral.

17. $\displaystyle \int_0^{\pi/6} \int_0^{\pi/2} \int_0^3 \rho^2 \operatorname{sen}\phi \; d\rho \, d\theta \, d\phi$

18. $\displaystyle \int_0^{\pi/4} \int_0^{2\pi} \int_0^{\sec\phi} \rho^2 \operatorname{sen}\phi \; d\rho \, d\theta \, d\phi$

19-20 Plantee la integral triple de una función continua arbitraria $f(x, y, z)$ en coordenadas cilíndricas o esféricas en el sólido que se muestra.

19.
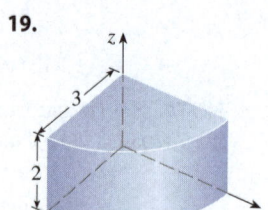

20.
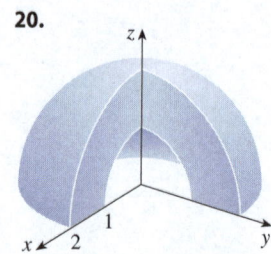

21-22
(a) Exprese la integral triple $\iiint_E f(x, y, z)\, dV$ como una integral iterada en coordenadas esféricas para la función f dada y la región sólida E.
(b) Evalúe la integral iterada.

21. $f(x, y, z) = \sqrt{x^2 + y^2 + z^2}$ **22.** $f(x, y, z) = xy$

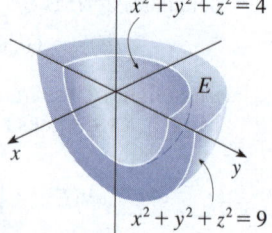

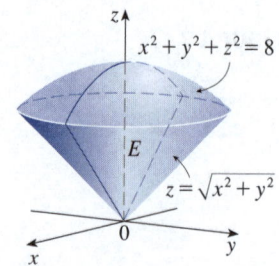

23-36 Use coordenadas esféricas.

23. Evalúe $\iiint_B (x^2 + y^2 + z^2)^2\, dV$, donde B es la pelota con centro en el origen y radio 5.

24. Determine $\iiint_E y^2 z^2\, dV$, donde E está arriba del cono $\phi = \pi/3$ y debajo de la esfera $\rho = 1$.

25. Evalúe $\iiint_E (x^2 + y^2)\, dV$, donde E está entre las esferas $x^2 + y^2 + z^2 = 4$ y $x^2 + y^2 + z^2 = 9$.

26. Calcule $\iiint_E y^2\, dV$, donde E es el hemisferio sólido $x^2 + y^2 + z^2 \le 9$, $y \ge 0$.

27. Evalúe $\iiint_E xe^{x^2+y^2+z^2}\, dV$, donde E es la parte de la pelota unitaria $x^2 + y^2 + z^2 \le 1$ que está en el primer octante.

28. Evalúe $\iiint_E \sqrt{x^2 + y^2 + z^2}\, dV$, donde E está arriba del cono $z = \sqrt{x^2 + y^2}$ y entre las esferas $x^2 + y^2 + z^2 = 1$ y $x^2 + y^2 + z^2 = 4$.

29. Determine el volumen de la parte de la pelota $\rho \le a$ que está entre los conos $\phi = \pi/6$ y $\phi = \pi/3$.

30. Calcule la distancia promedio de un punto en una pelota de radio a a su centro.

31. (a) Determine el volumen del sólido que está encima del cono $\phi = \pi/3$ y bajo la esfera $\rho = 4 \cos \phi$.
   (b) Calcule el centroide del sólido del inciso (a).

32. Determine el volumen del sólido que está dentro de la esfera $x^2 + y^2 + z^2 = 4$, encima del plano xy y debajo del cono $z = \sqrt{x^2 + y^2}$.

33. (a) Halle el centroide del sólido del ejemplo 4. (Suponga una densidad constante K).
   (b) Determine el momento de inercia alrededor del eje z en este sólido.

34. Sea H un hemisferio sólido de radio a cuya densidad en cualquier punto es proporcional a su distancia del centro de la base.
   (a) Calcule la masa de H.
   (b) Halle el centro de masa de H.
   (c) Determine el momento de inercia de H alrededor de su eje.

35. (a) Encuentre el centroide de un hemisferio homogéneo sólido de radio a.
   (b) Halle el momento de inercia del sólido del inciso (a) respecto a un diámetro de su base.

36. Calcule la masa y el centro de masa de un hemisferio sólido de radio a si la densidad en cualquier punto es proporcional a su distancia de la base.

37-42 Use coordenadas cilíndricas o esféricas, lo que parezca más apropiado.

37. Determine el volumen y centroide del sólido E que está sobre el cono $z = \sqrt{x^2 + y^2}$ y debajo de la esfera $x^2 + y^2 + z^2 = 1$.

38. Calcule el volumen de la cuña pequeña cortada de una esfera de radio a por dos planos que se intersecan a lo largo de un diámetro en un ángulo de $\pi/6$.

39. Un cilindro sólido con densidad constante tiene radio de base a y altura h.
   (a) Determine el momento de inercia del cilindro alrededor de su eje.
   (b) Calcule el momento de inercia del cilindro respecto a un diámetro de su base.

40. Un cono circular recto sólido con densidad constante tiene radio de base a y altura h.
   (a) Determine el momento de inercia del cono alrededor de su eje.
   (b) Encuentre el momento de inercia del cono respecto a un diámetro de su base.

T 41. Evalúe $\iiint_E z\, dV$, donde E está sobre el paraboloide $z = x^2 + y^2$ y debajo del plano $z = 2y$. Use la tabla de integrales (en las páginas de referencia 6-10) o un sistema algebraico computacional para evaluar la integral.

42. (a) Determine el volumen encerrado por el toro $\rho = \text{sen } \phi$.
   (b) Use un software para dibujar el toro.

43-45 Evalúe la integral cambiando a coordenadas esféricas.

43. $\displaystyle\int_0^1 \int_0^{\sqrt{1-x^2}} \int_{\sqrt{x^2+y^2}}^{\sqrt{2-x^2-y^2}} xy\, dz\, dy\, dx$

44. $\displaystyle\int_{-a}^a \int_{-\sqrt{a^2-y^2}}^{\sqrt{a^2-y^2}} \int_{-\sqrt{a^2-x^2-y^2}}^{\sqrt{a^2-x^2-y^2}} (x^2z + y^2z + z^3)\, dz\, dx\, dy$

45. $\displaystyle\int_{-2}^2 \int_{-\sqrt{4-x^2}}^{\sqrt{4-x^2}} \int_{2-\sqrt{4-x^2-y^2}}^{2+\sqrt{4-x^2-y^2}} (x^2 + y^2 + z^2)^{3/2}\, dz\, dy\, dx$

46. Un modelo para la densidad δ de la atmósfera de la Tierra cerca de su superficie es

$$\delta = 619.09 - 0.000097\rho$$

donde ρ (la distancia desde el centro de la Tierra) se mide en metros y δ en kilogramos por metro cúbico. Si se toma la superficie de la Tierra como una esfera con radio de 6 370 km, este modelo es razonable para $6.370 \times 10^6 \leq \rho \leq 6.375 \times 10^6$. Use este modelo para estimar la masa de la atmósfera entre el suelo y una altitud de 5 km.

47. Use un software para dibujar un silo formado por un cilindro de radio 3 y altura 10 rematado por un hemisferio.

48. La latitud y longitud de un punto P en el hemisferio norte se relacionan con las coordenadas esféricas ρ, θ, ϕ como sigue. Se toma el centro de la Tierra como el origen y el eje z positivo pasa por el Polo Norte. El eje x positivo pasa por el punto donde el primer meridiano (el meridiano que pasa por Greenwich, Inglaterra) interseca el ecuador. Entonces, la latitud de P es $\alpha = 90° - \phi°$ y la longitud es $\beta = 360° - \theta°$. Determine la distancia de gran círculo de Los Ángeles (lat. 34.06° N, long. 118.25° O) a Montreal (lat. 45.50° N, long. 73.60° O). Tome el radio de la Tierra como 6 370 km. (Un *gran círculo* es la circunferencia de intersección de una esfera y un plano que pasa por el centro de la esfera).

T 49. Las superficies $\rho = 1 + \frac{1}{5}\,\text{sen } m\theta\, \text{sen } n\phi$ se han usado como modelos para tumores. Se muestra la "esfera con protuberancias" con $m = 6$ y $n = 5$. Use un sistema algebraico computacional para determinar el volumen que encierra.

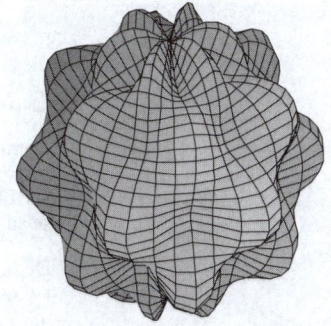

50. Demuestre que

$$\int_{-\infty}^{\infty}\int_{-\infty}^{\infty}\int_{-\infty}^{\infty} \sqrt{x^2 + y^2 + z^2}\ e^{-(x^2+y^2+z^2)}\ dx\ dy\ dz = 2\pi$$

(La integral triple impropia se define como el límite de una integral triple en una esfera sólida cuando el radio de la esfera aumenta indefinidamente).

51. (a) Use coordenadas cilíndricas para demostrar que el volumen de un sólido acotado arriba por la esfera $r^2 + z^2 = a^2$ y debajo del cono $z = r \cot \phi_0$ (o $\phi = \phi_0$), donde $0 < \phi_0 < \pi/2$, es

$$V = \frac{2\pi a^3}{3}(1 - \cos\phi_0)$$

(b) Deduzca que el volumen de la cuña esférica dada por $\rho_1 \le \rho \le \rho_2$, $\theta_1 \le \theta \le \theta_2$, $\phi_1 \le \phi \le \phi_2$ es

$$\Delta V = \frac{\rho_2^3 - \rho_1^3}{3}(\cos\phi_1 - \cos\phi_2)(\theta_2 - \theta_1)$$

(c) Use el teorema del valor medio para demostrar que el volumen del inciso (b) puede escribirse como

$$\Delta V = \tilde{\rho}^2 \operatorname{sen}\tilde{\phi}\ \Delta\rho\ \Delta\theta\ \Delta\phi$$

donde $\tilde{\rho}$ está entre ρ_1 y ρ_2, $\tilde{\phi}$ entre ϕ_1 y ϕ_2, $\Delta\rho = \rho_2 - \rho_1$, $\Delta\theta = \theta_2 - \theta_1$ y $\Delta\phi = \phi_2 - \phi_1$.

PROYECTO DE APLICACIÓN | CARRERA SOBRE RUEDAS

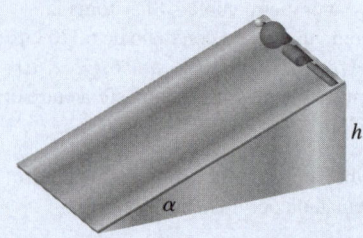

Suponga que una pelota sólida (una canica), una pelota hueca (una pelota de *squash*), un cilindro sólido (una barra de acero) y un cilindro hueco (un tubo de plomo) rueden por una pendiente. ¿Cuál de estos objetos llegará primero al suelo? (Haga una conjetura antes de proceder).

Para responder esta pregunta, se considera una pelota o cilindro con masa m, radio r y momento de inercia I (alrededor del eje de rotación). Si la caída vertical es h, la energía potencial en la cima es mgh. Suponga que el objeto llega al suelo con velocidad v y velocidad angular ω, así que $v = \omega r$. La energía cinética en la base consta de dos partes: $\frac{1}{2}mv^2$ de traslación (bajar la pendiente) y $\frac{1}{2}I\omega^2$ de rotación. Si se supone que la pérdida de energía por la fricción de rodamiento es insignificante, la conservación de energía da

$$mgh = \tfrac{1}{2}mv^2 + \tfrac{1}{2}I\omega^2$$

1. Demuestre que

$$v^2 = \frac{2gh}{1 + I^*} \qquad \text{donde } I^* = \frac{I}{mr^2}$$

2. Si $y(t)$ es la distancia vertical recorrida en el momento t, el mismo razonamiento que se siguió en el problema 1 indica que $v^2 = 2gy/(1 + I^*)$ en cualquier tiempo t. Use este resultado para demostrar que y satisface la ecuación diferencial

$$\frac{dy}{dt} = \sqrt{\frac{2g}{1 + I^*}}\ (\operatorname{sen}\alpha)\sqrt{y}$$

donde α es el ángulo de inclinación del plano.

3. Al resolver la ecuación diferencial del problema 2, demuestre que el tiempo de recorrido total es

$$T = \sqrt{\frac{2h(1 + I^*)}{g \operatorname{sen}^2\alpha}}$$

Esto demuestra que el objeto con menor valor de I^* gana la carrera.

4. Demuestre que $I^* = \frac{1}{2}$ para un cilindro sólido e $I^* = 1$ para un cilindro hueco.

5. Calcule I^* para una pelota parcialmente hueca con radio interno a y radio externo r. Exprese su respuesta en términos de $b = a/r$. ¿Qué sucede cuando $a \to 0$ y cuando $a \to r$?

6. Demuestre que $I^* = \frac{2}{5}$ para una pelota sólida e $I^* = \frac{2}{3}$ para una pelota hueca. Por lo tanto, los objetos terminan en el orden siguiente: pelota sólida, cilindro sólido, pelota hueca, cilindro hueco.

15.9 | Cambio de variables en integrales múltiples

Con frecuencia, el cambio de variable se usa en el cálculo unidimensional (una sustitución) para simplificar una integral. Al cambiar los roles de x y u, se puede escribir la regla de la sustitución (5.5.6) como

$$\boxed{1} \qquad \int_a^b f(x)\,dx = \int_c^d f(g(u))\,g'(u)\,du$$

donde $x = g(u)$ y $a = g(c)$, $b = g(d)$. También se puede escribir la fórmula 1 como sigue:

$$\boxed{2} \qquad \int_a^b f(x)\,dx = \int_c^d f(x(u))\,\frac{dx}{du}\,du$$

Un cambio de variable también puede ser útil al evaluar integrales dobles y triples.

■ Cambio de variables en integrales dobles

Ya se ha visto un ejemplo de un cambio de variables para integrales dobles: la conversión a coordenadas polares. Las nuevas variables r y θ se relacionan con las conocidas variables x y y por las ecuaciones

$$x = r\cos\theta \qquad y = r\,\mathrm{sen}\,\theta$$

y la fórmula para el cambio de variables (15.3.2) puede escribirse como

$$\iint\limits_R f(x, y)\,dA = \iint\limits_S f(r\cos\theta,\, r\,\mathrm{sen}\,\theta)\, r\,dr\,d\theta$$

donde S es la región en el plano $r\theta$ que corresponde a la región R en el plano xy.

En términos más generales, se considera un cambio de variables dado por una **transformación** T del plano uv al plano xy:

$$T(u, v) = (x, y)$$

donde x y y se relacionan con u y v por medio de las ecuaciones

$$\boxed{3} \qquad x = g(u, v) \qquad y = h(u, v)$$

o, como a veces se escribe,

$$x = x(u, v) \qquad y = y(u, v)$$

Por lo general, se supone que T es una **transformación C^1**, lo que significa que g y h tienen derivadas parciales continuas de primer orden.

Una transformación T es, simplemente, una función cuyo dominio y rango son subconjuntos de $\mathbb{R}^2$. Si $T(u_1, v_1) = (x_1, y_1)$, el punto (x_1, y_1) se llama **imagen** del punto (u_1, v_1). Si no hay dos puntos con la misma imagen, T se llama **uno a uno** o **inyectiva**. En la figura 1 se muestra el efecto de una transformación T sobre una región S en el plano uv. T transforma S en una región R en el plano xy llamada **imagen de S**, la cual está compuesta por las imágenes de todos los puntos en S.

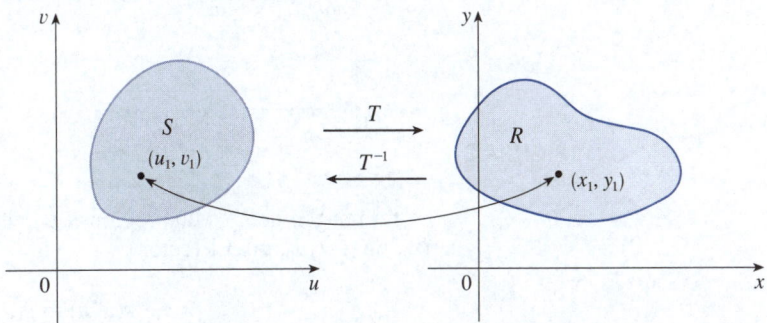

FIGURA 1

Si T es una transformación inyectiva, tiene una **transformación inversa** T^{-1} del plano xy al plano uv y es posible resolver las ecuaciones 3 para u y v en términos de x y y:

$$u = G(x, y) \qquad v = H(x, y)$$

EJEMPLO 1 Una transformación se define por las ecuaciones

$$x = u^2 - v^2 \qquad y = 2uv$$

Determine la imagen del cuadrado $S = \{(u, v) \mid 0 \le u \le 1, 0 \le v \le 1\}$.

SOLUCIÓN La transformación traza la frontera de S en la frontera de la imagen. Así, lo primero es determinar las imágenes de los lados de S. El primer lado, S_1, está dado por $v = 0$ ($0 \le u \le 1$) (vea la figura 2). A partir de las ecuaciones dadas se tiene $x = u^2$, $y = 0$, así que $0 \le x \le 1$. Por lo tanto, S_1 se convierte en el segmento de recta de $(0, 0)$ a $(1, 0)$ en el plano xy. El segundo lado, S_2, es $u = 1$ ($0 \le v \le 1$) y al poner $u = 1$ en las ecuaciones dadas se obtiene

$$x = 1 - v^2 \qquad y = 2v$$

Al eliminar v se obtiene

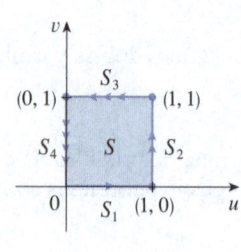

$$\boxed{4} \qquad x = 1 - \frac{y^2}{4} \qquad 0 \le x \le 1$$

que es parte de una parábola. De igual forma, S_3 está dado por $v = 1$ ($0 \le u \le 1$), cuya imagen es el arco parabólico

$$\boxed{5} \qquad x = \frac{y^2}{4} - 1 \qquad -1 \le x \le 0$$

Por último, S_4 está dado por $u = 0$ ($0 \le v \le 1$), cuya imagen es $x = -v^2$, $y = 0$, es decir, $-1 \le x \le 0$. (Observe que, al desplazarse por el cuadrado en sentido contrario a las manecillas del reloj, también se mueve por la región parabólica en la misma dirección). La imagen de S es la región R (que se muestra en la figura 2) acotada por el eje x y las parábolas dadas por las ecuaciones 4 y 5. ∎

Ahora se verá cómo un cambio de variables afecta la integral doble. Se comienza con un pequeño rectángulo S en el plano uv cuya esquina inferior izquierda es el punto (u_0, v_0) y cuyas dimensiones son Δu y Δv (vea la figura 3).

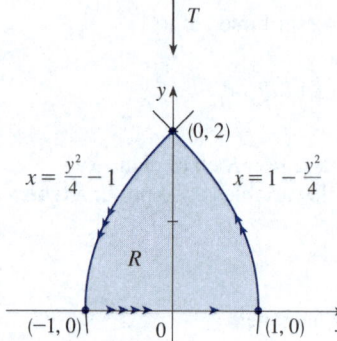

FIGURA 2

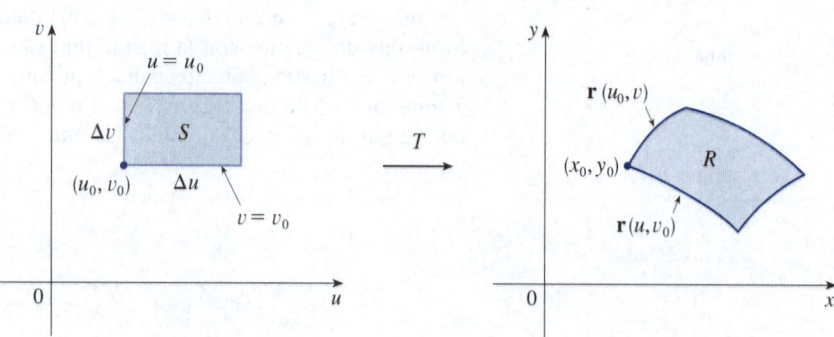

FIGURA 3

La imagen de S es una región R en el plano xy, uno de cuyos puntos frontera son $(x_0, y_0) = T(u_0, v_0)$. El vector

$$\mathbf{r}(u, v) = g(u, v)\mathbf{i} + h(u, v)\mathbf{j}$$

es el vector de posición de la imagen del punto (u, v). La ecuación del lado inferior de S es $v = v_0$, cuya curva imagen está dada por la función vectorial $\mathbf{r}(u, v_0)$. El vector tangente en (x_0, y_0) a esta curva imagen es

$$\mathbf{r}_u = g_u(u_0, v_0)\,\mathbf{i} + h_u(u_0, v_0)\,\mathbf{j} = \frac{\partial x}{\partial u}\,\mathbf{i} + \frac{\partial y}{\partial u}\,\mathbf{j}$$

De igual forma, el vector tangente en (x_0, y_0) a la curva imagen del lado izquierdo de S (es decir, $u = u_0$) es

$$\mathbf{r}_v = g_v(u_0, v_0)\,\mathbf{i} + h_v(u_0, v_0)\,\mathbf{j} = \frac{\partial x}{\partial v}\,\mathbf{i} + \frac{\partial y}{\partial v}\,\mathbf{j}$$

Se puede aproximar la región de imagen $R = T(S)$ con un paralelogramo determinado por los vectores secantes

$$\mathbf{a} = \mathbf{r}(u_0 + \Delta u, v_0) - \mathbf{r}(u_0, v_0) \qquad \mathbf{b} = \mathbf{r}(u_0, v_0 + \Delta v) - \mathbf{r}(u_0, v_0)$$

que se muestran en la figura 4. Pero

$$\mathbf{r}_u = \lim_{\Delta u \to 0} \frac{\mathbf{r}(u_0 + \Delta u, v_0) - \mathbf{r}(u_0, v_0)}{\Delta u}$$

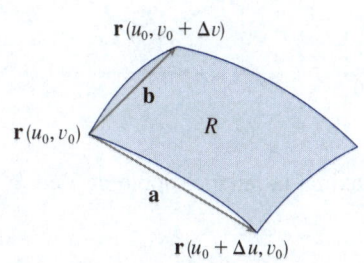

FIGURA 4

y, por lo tanto, $\qquad \mathbf{r}(u_0 + \Delta u, v_0) - \mathbf{r}(u_0, v_0) \approx \Delta u\,\mathbf{r}_u$

De igual manera, $\qquad \mathbf{r}(u_0, v_0 + \Delta v) - \mathbf{r}(u_0, v_0) \approx \Delta v\,\mathbf{r}_v$

Esto significa que se puede aproximar R con un paralelogramo determinado por los vectores $\Delta u\,\mathbf{r}_u$ y $\Delta v\,\mathbf{r}_v$ (vea la figura 5). Por consiguiente, se puede aproximar el área de R mediante el área de este paralelogramo, la que, con base en la sección 12.4, es

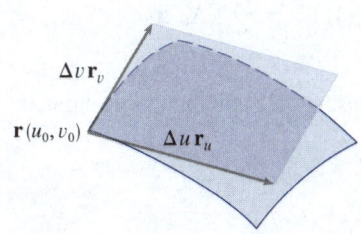

FIGURA 5

$$\boxed{6} \qquad \left| (\Delta u\,\mathbf{r}_u) \times (\Delta v\,\mathbf{r}_v) \right| = \left| \mathbf{r}_u \times \mathbf{r}_v \right| \Delta u\,\Delta v$$

Al calcular el producto cruz se obtiene

$$\mathbf{r}_u \times \mathbf{r}_v = \begin{vmatrix} \mathbf{i} & \mathbf{j} & \mathbf{k} \\ \dfrac{\partial x}{\partial u} & \dfrac{\partial y}{\partial u} & 0 \\ \dfrac{\partial x}{\partial v} & \dfrac{\partial y}{\partial v} & 0 \end{vmatrix} = \begin{vmatrix} \dfrac{\partial x}{\partial u} & \dfrac{\partial y}{\partial u} \\ \dfrac{\partial x}{\partial v} & \dfrac{\partial y}{\partial v} \end{vmatrix}\mathbf{k} = \begin{vmatrix} \dfrac{\partial x}{\partial u} & \dfrac{\partial x}{\partial v} \\ \dfrac{\partial y}{\partial u} & \dfrac{\partial y}{\partial v} \end{vmatrix}\mathbf{k}$$

El determinante que resulta de este cálculo se llama *jacobiano* de la transformación y se le da una notación especial.

El jacobiano debe su nombre al matemático alemán Carl Gustav Jacob Jacobi (1804-1851). Aunque el matemático francés Cauchy fue el primero en emplear estos determinantes especiales que incluyen derivadas parciales, Jacobi las convirtió en un método para evaluar integrales múltiples.

$\boxed{7}$ **Definición** El **jacobiano** de la transformación T dada por $x = g(u, v)$ y $y = h(u, v)$ es

$$\frac{\partial(x, y)}{\partial(u, v)} = \begin{vmatrix} \dfrac{\partial x}{\partial u} & \dfrac{\partial x}{\partial v} \\ \dfrac{\partial y}{\partial u} & \dfrac{\partial y}{\partial v} \end{vmatrix} = \frac{\partial x}{\partial u}\frac{\partial y}{\partial v} - \frac{\partial x}{\partial v}\frac{\partial y}{\partial u}$$

Con esta notación puede usarse la ecuación 6 para dar una aproximación del área ΔA de R:

$$\boxed{8} \qquad \Delta A \approx \left| \frac{\partial(x, y)}{\partial(u, v)} \right| \Delta u\,\Delta v$$

donde el jacobiano se evalúa en (u_0, v_0).

A continuación se divide una región S en el plano uv en rectángulos S_{ij} y se llama R_{ij} a sus imágenes en el plano xy (vea la figura 6).

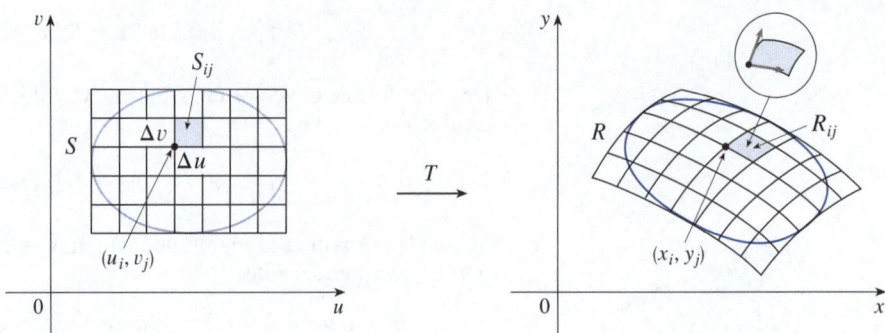

FIGURA 6

Al aplicar la aproximación (8) a cada R_{ij}, se aproxima la integral doble de f en R como sigue:

$$\iint\limits_{R} f(x, y)\, dA \approx \sum_{i=1}^{m} \sum_{j=1}^{n} f(x_i, y_j)\, \Delta A$$

$$\approx \sum_{i=1}^{m} \sum_{j=1}^{n} f(g(u_i, v_j), h(u_i, v_j)) \left| \frac{\partial(x, y)}{\partial(u, v)} \right| \Delta u\, \Delta v$$

donde el jacobiano se evalúa en (u_i, v_j). Observe que esta doble adición es una suma de Riemann para la integral

$$\iint\limits_{S} f(g(u, v), h(u, v)) \left| \frac{\partial(x, y)}{\partial(u, v)} \right| du\, dv$$

El argumento precedente indica que el teorema siguiente es válido (la demostración completa se presenta en libros de cálculo avanzado).

> **9 Cambio de variables en una integral doble** Suponga que T es una transformación C^1 cuyo jacobiano es diferente de cero y que T correlaciona una región S en el plano uv con una región R en el plano xy. Suponga que f es continua en R y que R y S son regiones planas de tipo I o tipo II. Suponga también que T es inyectiva excepto, quizá, en la frontera de S. Así,
>
> $$\iint\limits_{R} f(x, y)\, dA = \iint\limits_{S} f(x(u, v), y(u, v)) \left| \frac{\partial(x, y)}{\partial(u, v)} \right| du\, dv$$

En el teorema 9 se establece que se cambia de una integral en x y y a una integral en u y v, expresando x y y en términos de u y v y escribiendo

$$dA = \left| \frac{\partial(x, y)}{\partial(u, v)} \right| du\, dv$$

Observe la semejanza entre el teorema 9 y la fórmula unidimensional de la ecuación 2. En vez de la derivada dx/du, se tiene el valor absoluto del jacobiano, es decir, $\left| \partial(x, y)/\partial(u, v) \right|$.

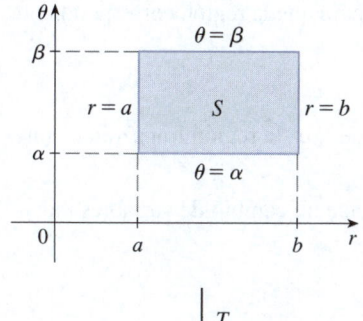

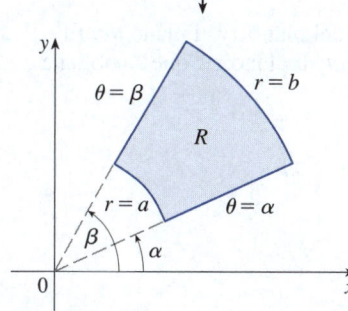

FIGURA 7
La transformación en coordenadas polares.

Como una primera ilustración del teorema 9, se demuestra que la fórmula para la integración en coordenadas polares es solo un caso especial. Aquí la transformación T del plano $r\theta$ al plano xy está dada por

$$x = g(r, \theta) = r\cos\theta \qquad y = h(r, \theta) = r\,\text{sen}\,\theta$$

y la geometría de la transformación se presenta en la figura 7. T correlaciona un rectángulo ordinario en el plano $r\theta$ con un rectángulo polar en el plano xy. El jacobiano de T es

$$\frac{\partial(x, y)}{\partial(r, \theta)} = \begin{vmatrix} \dfrac{\partial x}{\partial r} & \dfrac{\partial x}{\partial \theta} \\[2mm] \dfrac{\partial y}{\partial r} & \dfrac{\partial y}{\partial \theta} \end{vmatrix} = \begin{vmatrix} \cos\theta & -r\,\text{sen}\,\theta \\ \text{sen}\,\theta & r\cos\theta \end{vmatrix} = r\cos^2\theta + r\,\text{sen}^2\,\theta = r > 0$$

Así, el teorema 9 da

$$\iint_R f(x, y)\, dx\, dy = \iint_S f(r\cos\theta, r\,\text{sen}\,\theta) \left| \frac{\partial(x, y)}{\partial(r, \theta)} \right| dr\, d\theta$$

$$= \int_\alpha^\beta \int_a^b f(r\cos\theta, r\,\text{sen}\,\theta)\, r\, dr\, d\theta$$

lo que es igual a la fórmula 15.3.2.

EJEMPLO 2 Use el cambio de variables $x = u^2 - v^2$, $y = 2uv$ para evaluar la integral $\iint_R y\, dA$, donde R es la región acotada por el eje x y las parábolas $y^2 = 4 - 4x$ y $y^2 = 4 + 4x$, $y \geq 0$.

SOLUCIÓN La región R se representa en la figura 8. Es la región del ejemplo 1 (vea la figura 2); en ese ejemplo se descubrió que $T(S) = R$, donde S es el cuadrado $[0, 1] \times [0, 1]$. De hecho, la razón de hacer el cambio de variables para evaluar la integral es que S es una región mucho más sencilla que R. Primero se tiene que calcular el jacobiano:

$$\frac{\partial(x, y)}{\partial(u, v)} = \begin{vmatrix} \dfrac{\partial x}{\partial u} & \dfrac{\partial x}{\partial v} \\[2mm] \dfrac{\partial y}{\partial u} & \dfrac{\partial y}{\partial v} \end{vmatrix} = \begin{vmatrix} 2u & -2v \\ 2v & 2u \end{vmatrix} = 4u^2 + 4v^2 > 0$$

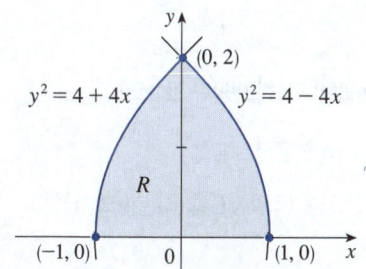

FIGURA 8

Por lo tanto, por el teorema 9,

$$\iint_R y\, dA = \iint_S 2uv \left| \frac{\partial(x, y)}{\partial(u, v)} \right| dA = \int_0^1 \int_0^1 (2uv)4(u^2 + v^2)\, du\, dv$$

$$= 8 \int_0^1 \int_0^1 (u^3v + uv^3)\, du\, dv = 8 \int_0^1 \left[\tfrac{1}{4}u^4v + \tfrac{1}{2}u^2v^3\right]_{u=0}^{u=1} dv$$

$$= \int_0^1 (2v + 4v^3)\, dv = \left[v^2 + v^4\right]_0^1 = 2 \qquad \blacksquare$$

NOTA El ejemplo 2 no fue un problema muy difícil de resolver porque se dio un cambio adecuado de variables. De no haberse proporcionado la transformación, el primer paso sería pensar en un cambio apropiado de variables. Si $f(x, y)$ es difícil de integrar, la forma de $f(x, y)$ puede sugerir una transformación. Si la región de integración

R es complicada, debe optarse por la transformación para que la región correspondiente S en el plano uv tenga una descripción conveniente.

EJEMPLO 3 Evalúe la integral $\iint_R e^{(x+y)/(x-y)}dA$, donde R es la región trapezoidal con vértices $(1, 0)$, $(2, 0)$, $(0, -2)$ y $(0, -1)$.

SOLUCIÓN Como no es fácil integrar $e^{(x+y)/(x-y)}$, se hace un cambio de variables indicado por la forma de esta función:

$$\boxed{10} \qquad u = x + y \qquad v = x - y$$

En estas ecuaciones se define una transformación T^{-1} del plano xy al plano uv. El teorema 9 se refiere a una transformación T del plano uv al plano xy, que se obtiene despejando x y y en las ecuaciones 10:

$$\boxed{11} \qquad x = \tfrac{1}{2}(u + v) \qquad y = \tfrac{1}{2}(u - v)$$

El jacobiano de T es

$$\frac{\partial(x, y)}{\partial(u, v)} = \begin{vmatrix} \dfrac{\partial x}{\partial u} & \dfrac{\partial x}{\partial v} \\ \dfrac{\partial y}{\partial u} & \dfrac{\partial y}{\partial v} \end{vmatrix} = \begin{vmatrix} \tfrac{1}{2} & \tfrac{1}{2} \\ \tfrac{1}{2} & -\tfrac{1}{2} \end{vmatrix} = -\tfrac{1}{2}$$

Para hallar la región S en el plano uv correspondiente a R, se hace notar que los lados de R se sitúan en las rectas

$$y = 0 \qquad x - y = 2 \qquad x = 0 \qquad x - y = 1$$

y, de las ecuaciones 10 u 11, las rectas que son su imagen en el plano uv son

$$u = v \qquad v = 2 \qquad u = -v \qquad v = 1$$

Así, la región S es la región trapezoidal con vértices $(1, 1)$, $(2, 2)$, $(-2, 2)$ y $(-1, 1)$ que se muestra en la figura 9. Como

$$S = \{(u, v) \mid 1 \leq v \leq 2, \, -v \leq u \leq v\}$$

El teorema 9 da

$$\iint_R e^{(x+y)/(x-y)}\, dA = \iint_S e^{u/v} \left| \frac{\partial(x, y)}{\partial(u, v)} \right| du\, dv$$

$$= \int_1^2 \int_{-v}^{v} e^{u/v}\left(\tfrac{1}{2}\right) du\, dv = \tfrac{1}{2}\int_1^2 \left[v e^{u/v}\right]_{u=-v}^{u=v} dv$$

$$= \tfrac{1}{2}\int_1^2 (e - e^{-1})v\, dv = \tfrac{3}{4}(e - e^{-1}) \qquad \blacksquare$$

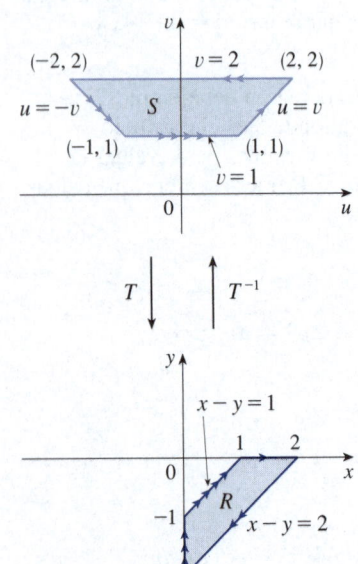

FIGURA 9

■ Cambio de variables en integrales triples

Hay una fórmula similar de cambio de variables para las integrales triples. Sea T la transformación inyectiva que correlaciona una región S en el espacio uvw con una región R en el espacio xyz por medio de las ecuaciones

$$x = g(u, v, w) \qquad y = h(u, v, w) \qquad z = k(u, v, w)$$

El **jacobiano** de T es el siguiente determinante 3×3:

$$\boxed{12} \qquad \frac{\partial(x, y, z)}{\partial(u, v, w)} = \begin{vmatrix} \dfrac{\partial x}{\partial u} & \dfrac{\partial x}{\partial v} & \dfrac{\partial x}{\partial w} \\[2mm] \dfrac{\partial y}{\partial u} & \dfrac{\partial y}{\partial v} & \dfrac{\partial y}{\partial w} \\[2mm] \dfrac{\partial z}{\partial u} & \dfrac{\partial z}{\partial v} & \dfrac{\partial z}{\partial w} \end{vmatrix}$$

Con hipótesis similares a las del teorema 9, se obtiene la siguiente fórmula para integrales triples:

$$\boxed{13} \quad \iiint\limits_{R} f(x, y, z) \, dV = \iiint\limits_{S} f(x(u, v, w), y(u, v, w), z(u, v, w)) \left| \frac{\partial(x, y, z)}{\partial(u, v, w)} \right| du \, dv \, dw$$

EJEMPLO 4 Use la fórmula 13 para derivar la fórmula para la integración triple en coordenadas esféricas.

SOLUCIÓN Aquí el cambio de variables está dado por

$$x = \rho \operatorname{sen} \phi \cos \theta \qquad y = \rho \operatorname{sen} \phi \operatorname{sen} \theta \qquad z = \rho \cos \phi$$

El jacobiano se calcula como sigue:

$$\frac{\partial(x, y, z)}{\partial(\rho, \theta, \phi)} = \begin{vmatrix} \operatorname{sen} \phi \cos \theta & -\rho \operatorname{sen} \phi \operatorname{sen} \theta & \rho \cos \phi \cos \theta \\ \operatorname{sen} \phi \operatorname{sen} \theta & \rho \operatorname{sen} \phi \cos \theta & \rho \cos \phi \operatorname{sen} \theta \\ \cos \phi & 0 & -\rho \operatorname{sen} \phi \end{vmatrix}$$

$$= \cos \phi \begin{vmatrix} -\rho \operatorname{sen} \phi \operatorname{sen} \theta & \rho \cos \phi \cos \theta \\ \rho \operatorname{sen} \phi \cos \theta & \rho \cos \phi \operatorname{sen} \theta \end{vmatrix} - \rho \operatorname{sen} \phi \begin{vmatrix} \operatorname{sen} \phi \cos \theta & -\rho \operatorname{sen} \phi \operatorname{sen} \theta \\ \operatorname{sen} \phi \operatorname{sen} \theta & \rho \operatorname{sen} \phi \cos \theta \end{vmatrix}$$

$$= \cos \phi \, (-\rho^2 \operatorname{sen} \phi \cos \phi \operatorname{sen}^2\theta - \rho^2 \operatorname{sen} \phi \cos \phi \cos^2\theta)$$

$$\quad - \rho \operatorname{sen} \phi \, (\rho \operatorname{sen}^2\phi \cos^2\theta + \rho \operatorname{sen}^2 \phi \operatorname{sen}^2\theta)$$

$$= -\rho^2 \operatorname{sen} \phi \cos^2\phi - \rho^2 \operatorname{sen} \phi \operatorname{sen}^2\phi = -\rho^2 \operatorname{sen} \phi$$

Puesto que $0 \leqslant \phi \leqslant \pi$, se tiene $\operatorname{sen} \phi \geqslant 0$. Por lo tanto,

$$\left| \frac{\partial(x, y, z)}{\partial(\rho, \theta, \phi)} \right| = |-\rho^2 \operatorname{sen} \phi| = \rho^2 \operatorname{sen} \phi$$

y la fórmula 13 da

$$\iiint\limits_{R} f(x, y, z) \, dV = \iiint\limits_{S} f(\rho \operatorname{sen} \phi \cos \theta, \rho \operatorname{sen} \phi \operatorname{sen} \theta, \rho \cos \phi) \, \rho^2 \operatorname{sen} \phi \, d\rho \, d\theta \, d\phi$$

que es equivalente a la fórmula 15.8.3. ∎

15.9 | Ejercicios

1. Relacione la transformación dada con la imagen (numeradas I-VI) del conjunto $S = \{(u, v) \mid 0 \leqslant u \leqslant 1, 0 \leqslant v \leqslant 1\}$ en la transformación. Ofrezca razones que expliquen sus selecciones.

(a) $x = u + v$
$y = u - v$

(b) $x = u - v$
$y = uv$

(c) $x = u \cos v$
$y = u \operatorname{sen} v$

(d) $x = u - v$
$y = u + v^2$

(e) $x = u + v$
$y = 2v$

(f) $x = uv$
$y = u^3 - v^3$

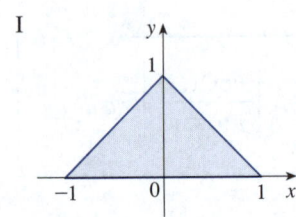

2-6 Encuentre la imagen del conjunto S en la transformación dada.

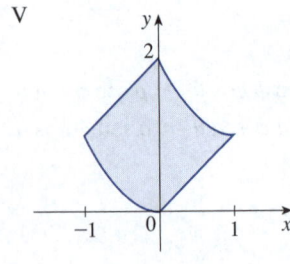

2. $S = \{(u, v) \mid 0 \leqslant u \leqslant 1, 0 \leqslant v \leqslant 2\}$;
$x = u + v, y = -v$

3. $S = \{(u, v) \mid 0 \leqslant u \leqslant 3, \ 0 \leqslant v \leqslant 2\}$;
$x = 2u + 3v, \ y = u - v$

4. S es el cuadrado acotado por las rectas $u = 0$, $u = 1$, $v = 0$, $v = 1$; $x = v, y = u(1 + v^2)$.

5. S es la región triangular con vértices $(0, 0)$, $(1, 1)$, $(0, 1)$; $x = u^2, y = v$.

6. S es el disco dado por $u^2 + v^2 \leqslant 1$; $x = au, y = bv$.

7-10 Se da una región R en el plano xy. Encuentre ecuaciones para una transformación T que correlacione una región rectangular S en el plano uv con R, donde los lados de S son paralelos a los ejes u y v.

7. R está acotada por $y = 2x - 1$, $y = 2x + 1$, $y = 1 - x$, $y = 3 - x$.

8. R es el paralelogramo con vértices $(0, 0)$, $(4, 3)$, $(2, 4)$, $(-2, 1)$.

9. R se encuentra entre las circunferencias $x^2 + y^2 = 1$ y $x^2 + y^2 = 2$ en el primer cuadrante.

10. R está acotada por las hipérbolas $y = 1/x$, $y = 4/x$ y las rectas $y = x$, $y = 4x$ en el primer cuadrante.

11-16 Obtenga el jacobiano de la transformación.

11. $x = 2u + v, \quad y = 4u - v$

12. $x = u^2 + uv, \quad y = uv^2$

13. $x = s \cos t, \quad y = s \operatorname{sen} t$

14. $x = pe^q, \quad y = qe^p$

15. $x = uv, \quad y = vw, \quad z = wu$

16. $x = u + vw, \quad y = v + wu, \quad z = w + uv$

17-22 Use la transformación dada para evaluar la integral.

17. $\iint_R (x - 3y) \, dA$, donde R es la región triangular con vértices $(0, 0)$, $(2, 1)$ y $(1, 2)$; $x = 2u + v, y = u + 2v$.

18. $\iint_R (4x + 8y) \, dA$, donde R es el paralelogramo con vértices $(-1, 3), (1, -3), (3, -1)$ y $(1, 5)$; $x = \frac{1}{4}(u + v)$, $y = \frac{1}{4}(v - 3u)$.

19. $\iint_R x^2 \, dA$, donde R es la región acotada por la elipse $9x^2 + 4y^2 = 36$; $x = 2u, y = 3v$.

20. $\iint_R (x^2 - xy + y^2) \, dA$, donde R es la región acotada por la elipse $x^2 - xy + y^2 = 2$; $x = \sqrt{2}\, u - \sqrt{2/3}\, v, \ y = \sqrt{2}\, u + \sqrt{2/3}\, v$.

21. $\iint_R xy \, dA$, donde R es la región en el primer cuadrante acotada por las rectas $y = x$ y $y = 3x$, y las hipérbolas $xy = 1$, $xy = 3$, $x = u/v, y = v$.

22. $\iint_R y^2 \, dA$, donde R es la región acotada por las curvas $xy = 1$, $xy = 2$, $xy^2 = 1$, $xy^2 = 2$; $u = xy, v = xy^2$. Ilustre usando una calculadora graficadora o computadora para dibujar R.

23. (a) Evalúe $\iiint_E dV$, donde E es el sólido encerrado por el elipsoide $x^2/a^2 + y^2/b^2 + z^2/c^2 = 1$. Use la transformación $x = au, y = bv, z = cw$.

(b) La Tierra no es una esfera perfecta; la rotación ha provocado el aplanamiento de los polos. Por lo tanto, su forma puede aproximarse por medio de un elipsoide con $a = b = 6\,378$ km y $c = 6\,356$ km. Use el inciso (a) para estimar el volumen de la Tierra.

(c) Si el sólido del inciso (a) tiene densidad constante k, determine su momento de inercia alrededor del eje z.

24. Un problema importante en termodinámica es encontrar el trabajo realizado por un motor de Carnot ideal. Un ciclo consiste en alternar una expansión y una compresión de gas en un pistón. El trabajo realizado por el motor es igual al área de la región R encerrada por dos curvas isotérmicas $xy = a$, $xy = b$ y dos curvas adiabáticas $xy^{1.4} = c$, $xy^{1.4} = d$, donde $0 < a < b$ y $0 < c < d$. Calcule el trabajo realizado determinando el área de R.

25-30 Evalúe la integral haciendo un cambio de variables apropiado.

25. $\iint_R \dfrac{x - 2y}{3x - y}\, dA$, donde R es el paralelogramo encerrado por las rectas $x - 2y = 0$, $x - 2y = 4$, $3x - y = 1$ y $3x - y = 8$.

26. $\iint_R (x + y)e^{x^2 - y^2}dA$, donde R es el rectángulo encerrado por las rectas $x - y = 0$, $x - y = 2$, $x + y = 0$ y $x + y = 3$.

27. $\iint_R \cos\left(\dfrac{y - x}{y + x}\right) dA$, donde R es la región trapezoidal con vértices $(1, 0)$, $(2, 0)$, $(0, 2)$ y $(0, 1)$.

28. $\iint_R \operatorname{sen}(9x^2 + 4y^2)\, dA$, donde R es la región en el primer cuadrante acotada por la elipse $9x^2 + 4y^2 = 1$.

29. $\iint_R e^{x+y}\, dA$, donde R está dada por la desigualdad $|x| + |y| \le 1$.

30. $\iint_R \dfrac{y}{x}\, dA$, donde R es la región encerrada por las rectas $x + y = 1$, $x + y = 3$, $y = 2x$, $y = x/2$.

31. Sea f continua en $[0, 1]$ y R la región triangular con vértices $(0, 0)$, $(1, 0)$ y $(0, 1)$. Demuestre que

$$\iint_R f(x + y)\, dA = \int_0^1 u f(u)\, du$$

15   REPASO

VERIFICACIÓN DE CONCEPTOS   Las respuestas de la sección "Verificación de conceptos" están disponibles en StewartCalculus.com

1. Suponga que f es una función continua definida en un rectángulo $R = [a, b] \times [c, d]$.
  (a) Escriba una expresión para una doble suma de Riemann de f. Si $f(x, y) \ge 0$, ¿qué representa la suma?
  (b) Escriba la definición de $\iint_R f(x, y)\, dA$ como un límite.
  (c) ¿Cuál es la interpretación geométrica de $\iint_R f(x, y)\, dA$ si $f(x, y) \ge 0$? ¿Y si f adoptara valores tanto positivos como negativos?
  (d) ¿Cómo se evalúa $\iint_R f(x, y)\, dA$?
  (e) ¿Qué indica la regla del punto medio para las integrales dobles?
  (f) Escriba una expresión para el valor promedio de f.

2. (a) ¿Cómo se define $\iint_D f(x, y)\, dA$ si D es una región acotada que no es un rectángulo?
  (b) ¿Qué es una región de tipo I? ¿Cómo se evalúa $\iint_D f(x, y)\, dA$ si D es una región de tipo I?
  (c) ¿Qué es una región de tipo II? ¿Cómo se evalúa $\iint_D f(x, y)\, dA$ si D es una región de tipo II?
  (d) ¿Qué propiedades tienen las integrales dobles?

3. ¿Cómo se cambia de coordenadas rectangulares a coordenadas polares en una integral doble? ¿Por qué se necesitaría hacer ese cambio?

4. Si una lámina ocupa una región plana D y tiene una función de densidad $\rho(x, y)$, escriba expresiones para cada uno de lo siguiente en términos de integrales dobles.
  (a) La masa.
  (b) Los momentos alrededor de los ejes.
  (c) El centro de masa.
  (d) Los momentos de inercia alrededor de los ejes y el origen.

5. Sea f una función de densidad conjunta de un par de variables aleatorias continuas X y Y.
  (a) Escriba una integral doble para la probabilidad de que X se sitúe entre a y b y Y se ubique entre c y d.
  (b) ¿Qué propiedades posee f?
  (c) ¿Cuáles son los valores esperados de X y Y?

6. Escriba una expresión para el área de una superficie con ecuación $z = f(x, y)$, $(x, y) \in D$.

7. (a) Escriba la definición de la integral triple de f en una caja rectangular B.
  (b) ¿Cómo se evalúa $\iiint_B f(x, y, z)\, dV$?
  (c) ¿Cómo se define $\iiint_E f(x, y, z)\, dV$ si E es una región sólida acotada que no es una caja?
  (d) ¿Qué es una región sólida de tipo 1? ¿Cómo se evalúa $\iiint_E f(x, y, z)\, dV$ si E es una región de ese tipo?
  (e) ¿Qué es una región sólida de tipo 2? ¿Cómo se evalúa $\iiint_E f(x, y, z)\, dV$ si E es una región de ese tipo?
  (f) ¿Qué es una región sólida de tipo 3? ¿Cómo se evalúa $\iiint_E f(x, y, z)\, dV$ si E es una región de ese tipo?

8. Suponga que un objeto sólido ocupa la región E y tiene función de densidad $\rho(x, y, z)$. Escriba expresiones para cada uno de los elementos siguientes.
  (a) La masa.
  (b) Los momentos alrededor de los planos coordenados.
  (c) Las coordenadas del centro de masa.
  (d) Los momentos de inercia alrededor de los ejes.

9. (a) ¿Cómo se cambia de coordenadas rectangulares a coordenadas cilíndricas en una integral triple?

(b) ¿Cómo se cambia de coordenadas rectangulares a coordenadas esféricas en una integral triple?

(c) ¿En qué situaciones sería conveniente cambiar a coordenadas cilíndricas o esféricas?

10. (a) Si una transformación T está dada por

$$x = g(u, v) \qquad y = h(u, v)$$

¿cuál es el jacobiano de T?

(b) ¿Cómo se cambian variables en una integral doble?

(c) ¿Cómo se cambian variables en una integral triple?

PREGUNTAS DE VERDADERO O FALSO

Determine si el enunciado es verdadero o falso. Si es verdadero explique por qué. Si es falso, explique por qué o dé un ejemplo que lo refute.

1. $\int_{-1}^{2} \int_{0}^{6} x^2 \operatorname{sen}(x - y)\, dx\, dy = \int_{0}^{6} \int_{-1}^{2} x^2 \operatorname{sen}(x - y)\, dy\, dx$

2. $\int_{0}^{1} \int_{0}^{x} \sqrt{x + y^2}\, dy\, dx = \int_{0}^{x} \int_{0}^{1} \sqrt{x + y^2}\, dx\, dy$

3. $\int_{1}^{2} \int_{3}^{4} x^2 e^y\, dy\, dx = \int_{1}^{2} x^2\, dx \int_{3}^{4} e^y\, dy$

4. $\int_{-1}^{1} \int_{0}^{1} e^{x^2 + y^2} \operatorname{sen} y\, dx\, dy = 0$

5. Si f es continua en $[0, 1]$, entonces

$$\int_{0}^{1} \int_{0}^{1} f(x)\, f(y)\, dy\, dx = \left[\int_{0}^{1} f(x)\, dx \right]^2$$

6. $\int_{1}^{4} \int_{0}^{1} \left(x^2 + \sqrt{y} \right) \operatorname{sen}(x^2 y^2)\, dx\, dy \le 9$

7. Si D es el disco dado por $x^2 + y^2 \le 4$, entonces

$$\iint_{D} \sqrt{4 - x^2 - y^2}\, dA = \tfrac{16}{3} \pi$$

8. La integral $\iiint_{E} kr^3\, dz\, dr\, d\theta$ representa el momento de inercia alrededor del eje z de un sólido E con densidad constante k.

9. La integral

$$\int_{0}^{2\pi} \int_{0}^{2} \int_{r}^{2} dz\, dr\, d\theta$$

representa el volumen encerrado por el cono $z = \sqrt{x^2 + y^2}$ y el plano $z = 2$.

EJERCICIOS

1. Se muestra un mapa de contorno para una función f en el cuadrado $R = [0, 3] \times [0, 3]$. Use una suma de Riemann con nueve términos para estimar el valor de $\iint_R f(x, y)\, dA$. Tome como puntos muestra las esquinas superiores derechas de los cuadrados.

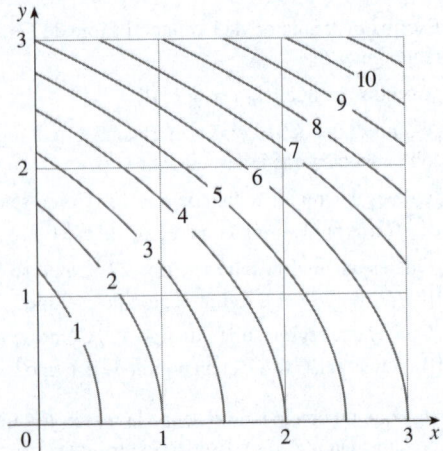

2. Use la regla del punto medio para estimar la integral del ejercicio 1.

3-8 Calcule la integral iterada.

3. $\int_{1}^{2} \int_{0}^{2} (y + 2xe^y)\, dx\, dy$

4. $\int_{0}^{1} \int_{0}^{1} ye^{xy}\, dx\, dy$

5. $\int_{0}^{1} \int_{0}^{x} \cos(x^2)\, dy\, dx$

6. $\int_{0}^{1} \int_{x}^{e^x} 3xy^2\, dy\, dx$

7. $\int_{0}^{\pi} \int_{0}^{1} \int_{0}^{\sqrt{1 - y^2}} y \operatorname{sen} x\, dz\, dy\, dx$

8. $\int_{0}^{1} \int_{0}^{y} \int_{x}^{1} 6xyz\, dz\, dx\, dy$

9-10 Escriba $\iint_R f(x, y)\, dA$ como una integral iterada, donde R es la región que se muestra y f una función continua arbitraria en R.

9. **10.**

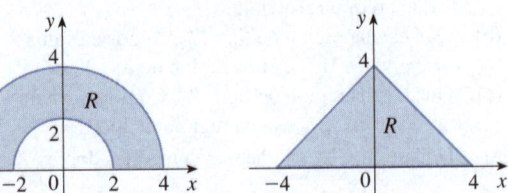

11. Las coordenadas cilíndricas de un punto son $(2\sqrt{3}, \pi/3, 2)$. Determine las coordenadas rectangulares y esféricas del punto.

12. Las coordenadas rectangulares de un punto son $(2, 2, -1)$. Encuentre las coordenadas cilíndricas y esféricas del punto.

13. Las coordenadas esféricas de un punto son $(8, \pi/4, \pi/6)$. Determine las coordenadas rectangulares y cilíndricas del punto.

14. Identifique las superficies cuyas ecuaciones se dan.

    (a) $\theta = \pi/4$ (b) $\phi = \pi/4$

15. Escriba la ecuación en coordenadas cilíndricas y en coordenadas esféricas.

    (a) $x^2 + y^2 + z^2 = 4$ (b) $x^2 + y^2 = 4$

16. Trace el sólido formado por todos los puntos con coordenadas esféricas (ρ, θ, ϕ) tales que $0 \le \theta \le \pi/2$, $0 \le \phi \le \pi/6$ y $0 \le \rho \le 2\cos\phi$.

17. Describa la región cuya área está dada por la integral

$$\int_0^{\pi/2} \int_0^{\text{sen } 2\theta} r\, dr\, d\theta$$

18. Describa el sólido cuyo volumen está dado por la integral

$$\int_0^{\pi/2} \int_0^{\pi/2} \int_1^2 \rho^2 \operatorname{sen} \phi \, d\rho \, d\phi \, d\theta$$

y evalúe la integral.

19-20 Calcule la integral iterada invirtiendo primero el orden de integración.

19. $\displaystyle\int_0^1 \int_x^1 \cos(y^2)\, dy\, dx$ **20.** $\displaystyle\int_0^1 \int_{\sqrt{y}}^1 \frac{ye^{x^2}}{x^3}\, dx\, dy$

21-34 Calcule el valor de la integral múltiple.

21. $\iint_R y e^{xy}\, dA$, donde $R = \{(x, y) \mid 0 \le x \le 2, 0 \le y \le 3\}$

22. $\iint_D xy\, dA$, donde $D = \{(x, y) \mid 0 \le y \le 1, y^2 \le x \le y + 2\}$

23. $\displaystyle\iint_D \frac{y}{1 + x^2}\, dA$,

    donde D está acotada por $y = \sqrt{x}$, $y = 0$, $x = 1$.

24. $\displaystyle\iint_D \frac{1}{1 + x^2}\, dA$, donde D es la región triangular con vértices $(0, 0)$, $(1, 1)$ y $(0, 1)$.

25. $\iint_D y\, dA$, donde D es la región en el primer cuadrante acotada por las parábolas $x = y^2$ y $x = 8 - y^2$.

26. $\iint_D y\, dA$, donde D es la región en el primer cuadrante que está sobre la hipérbola $xy = 1$ y la recta $y = x$ y debajo de la recta $y = 2$.

27. $\iint_D (x^2 + y^2)^{3/2}\, dA$, donde D es la región en el primer cuadrante acotada por las rectas $y = 0$ y $y = \sqrt{3}\,x$ y la circunferencia $x^2 + y^2 = 9$.

28. $\iint_D x\, dA$, donde D es la región en el primer cuadrante que está entre las circunferencias $x^2 + y^2 = 1$ y $x^2 + y^2 = 2$.

29. $\iiint_E xy\, dV$, donde

    $E = \{(x, y, z) \mid 0 \le x \le 3, 0 \le y \le x, 0 \le z \le x + y\}$

30. $\iiint_T xy\, dV$, donde T es el tetraedro sólido con vértices $(0, 0, 0)$, $(\frac{1}{3}, 0, 0)$, $(0, 1, 0)$ y $(0, 0, 1)$.

31. $\iiint_E y^2z^2\, dV$, donde E está acotada por el paraboloide $x = 1 - y^2 - z^2$ y el plano $x = 0$.

32. $\iiint_E z\, dV$, donde E está acotada por los planos $y = 0$, $z = 0$, $x + y = 2$ y el cilindro $y^2 + z^2 = 1$ en el primer octante.

33. $\iiint_E yz\, dV$, donde E está arriba del plano $z = 0$, debajo del plano $z = y$ y dentro del cilindro $x^2 + y^2 = 4$.

34. $\iiint_H z^3\sqrt{x^2 + y^2 + z^2}\, dV$, donde H es el hemisferio sólido que está arriba del plano xy y tiene centro en el origen y radio 1.

35-40 Determine el volumen del sólido dado.

35. Debajo del paraboloide $z = x^2 + 4y^2$ y arriba del rectángulo $R = [0, 2] \times [1, 4]$.

36. Debajo de la superficie $z = x^2y$ y arriba del triángulo en el plano xy con vértices $(1, 0)$, $(2, 1)$ y $(4, 0)$.

37. El tetraedro sólido con vértices $(0, 0, 0)$, $(0, 0, 1)$, $(0, 2, 0)$ y $(2, 2, 0)$.

38. Acotado por el cilindro $x^2 + y^2 = 4$ y los planos $z = 0$ y $y + z = 3$.

39. Una de las cuñas cortadas del cilindro $x^2 + 9y^2 = a^2$ por los planos $z = 0$ y $z = mx$.

40. Arriba del paraboloide $z = x^2 + y^2$ y debajo del semicono $z = \sqrt{x^2 + y^2}$.

---

41. Considere una lámina que ocupa la región D acotada por la parábola $x = 1 - y^2$ y los ejes coordenados en el primer cuadrante con función de densidad $\rho(x, y) = y$.

    (a) Determine la masa de la lámina.

    (b) Calcule el centro de masa.

    (c) Encuentre los momentos de inercia y radios de giro alrededor de los ejes x y y.

42. Una lámina ocupa la parte del disco $x^2 + y^2 \le a^2$ que está situada en el primer cuadrante.

    (a) Determine el centroide de la lámina.

    (b) Encuentre el centro de masa de la lámina si la función de densidad es $\rho(x, y) = xy^2$.

43. (a) Determine el centroide de un cono circular recto sólido con altura h y radio de base a. (Coloque el cono de tal forma que su base esté en el plano xy con centro en el origen y su eje a lo largo del eje z positivo).

    (b) Si el cono tiene función de densidad $\rho(x, y, z) = \sqrt{x^2 + y^2}$, determine el momento de inercia del cono alrededor de su eje (el eje z).

44. Encuentre el área de la parte del cono $z^2 = a^2(x^2 + y^2)$ entre los planos $z = 1$ y $z = 2$.

45. Halle el área de la parte de la superficie $z = x^2 + y$ que se encuentra arriba del triángulo con vértices $(0, 0)$, $(1, 0)$ y $(0, 2)$.

T **46.** Use un sistema algebraico computacional para graficar la superficie $z = x\operatorname{sen} y$, $-3 \le x \le 3$, $-\pi \le y \le \pi$ y encuentre su área con cuatro decimales de precisión.

47. Use coordenadas polares para evaluar

$$\int_0^3 \int_{-\sqrt{9-x^2}}^{\sqrt{9-x^2}} (x^3 + xy^2)\, dy\, dx$$

48. Use coordenadas esféricas para evaluar

$$\int_{-2}^2 \int_0^{\sqrt{4-y^2}} \int_{-\sqrt{4-x^2-y^2}}^{\sqrt{4-x^2-y^2}} y^2\sqrt{+ y^2 + z^2}\, dz\, dx\, dy$$

49. Si D es la región acotada por las curvas $y = 1 - x^2$ y $y = e^x$, determine el valor aproximado de la integral $\iint_D y^2\, dA$. (Use una gráfica para estimar los puntos de intersección de las curvas).

50. Use un sistema algebraico computacional para determinar el centro de masa del tetraedro sólido con vértices $(0, 0, 0)$, $(1, 0, 0)$, $(0, 2, 0)$, $(0, 0, 3)$ y función de densidad $\rho(x, y, z) = x^2 + y^2 + z^2$.

51. La función de densidad conjunta para las variables aleatorias X y Y es

$$f(x, y) = \begin{cases} C(x + y) & \text{si } 0 \leq x \leq 3,\ 0 \leq y \leq 2 \\ 0 & \text{en caso contrario} \end{cases}$$

(a) Encuentre el valor de la constante C.
(b) Calcule $P(X \leq 2, Y \geq 1)$.
(c) Determine $P(X + Y \leq 1)$.

52. Una lámpara tiene tres focos, cada uno de un tipo con vida útil promedio de 800 horas. Si se modela la probabilidad de que un foco se funda mediante una función exponencial de densidad con media de 800, calcule la probabilidad de que los tres focos se fundan en menos de un total de 1 000 horas.

53. Reescriba la integral

$$\int_{-1}^1 \int_{x^2}^1 \int_0^{1-y} f(x, y, z)\, dz\, dy\, dx$$

como una integral iterada en el orden $dx\, dy\, dz$.

54. Proporcione otras cinco integrales iteradas que sean iguales a

$$\int_0^2 \int_0^{y^3} \int_0^{y^2} f(x, y, z)\, dz\, dx\, dy$$

55. Use la transformación $u = x - y$, $v = x + y$ para evaluar

$$\iint_R \frac{x - y}{x + y}\, dA$$

donde R es el cuadrado con vértices $(0, 2)$, $(1, 1)$, $(2, 2)$ y $(1, 3)$.

56. Use la transformación $x = u^2$, $y = v^2$, $z = w^2$ para calcular el volumen de la región acotada por la superficie $\sqrt{x} + \sqrt{y} + \sqrt{z} = 1$ y los planos coordenados.

57. Use la fórmula de cambio de variables y una transformación apropiada para evaluar $\iint_R xy\, dA$, donde R es el cuadrado con vértices $(0, 0)$, $(1, 1)$, $(2, 0)$ y $(1, -1)$.

58. (a) Evalúe

$$\iint_D \frac{1}{(x^2 + y^2)^{n/2}}\, dA$$

donde n es un entero y D es la región acotada por los círculos con centro en el origen y radios r y R, $0 < r < R$.

(b) ¿Para qué valores de n la integral del inciso (a) tiene un límite cuando $r \to 0^+$?

(c) Determine

$$\iiint_E \frac{1}{(x^2 + y^2 + z^2)^{n/2}}\, dV$$

donde E es la región acotada por las esferas con centro en el origen y radios r y R, $0 < r < R$.

(d) ¿Para qué valores de n la integral del inciso (c) tiene un límite cuando $r \to 0^+$?

Problemas adicionales

1. Si $[\![x]\!]$ denota el entero más grande en x, evalúe la integral

$$\iint_R [\![x + y]\!]\, dA$$

donde $R = \{(x, y) \mid 1 \le x \le 3, 2 \le y \le 5\}$.

2. Evalúe la integral

$$\int_0^1 \int_0^1 e^{\text{máx}\{x^2, y^2\}}\, dy\, dx$$

donde máx$\{x^2, y^2\}$ significa el mayor de los números x^2 y y^2.

3. Determine el valor promedio de la función $f(x) = \int_x^1 \cos(t^2)\, dt$ en el intervalo $[0, 1]$.

4. Demuestre que

$$\int_0^2 \int_0^x 2e^{x^2 - y^2}\, dy\, dx = \int_0^2 \int_y^{4-y} e^{xy}\, dx\, dy$$

5. La integral doble $\displaystyle\int_0^1 \int_0^1 \frac{1}{1 - xy}\, dx\, dy$ es una integral impropia y podría definirse como el límite de integrales dobles en el rectángulo $[0, t] \times [0, t]$ cuando $t \to 1^-$. Pero si se desarrolla el integrando como una serie geométrica, se puede expresar la integral como la suma de una serie infinita. Demuestre que

$$\int_0^1 \int_0^1 \frac{1}{1 - xy}\, dx\, dy = \sum_{n=1}^{\infty} \frac{1}{n^2}$$

6. Leonhard Euler logró determinar la suma exacta de la serie en el problema 5. En 1736 demostró que

$$\sum_{n=1}^{\infty} \frac{1}{n^2} = \frac{\pi^2}{6}$$

En este problema se pide demostrar este hecho mediante la evaluación de la integral doble del problema 5. Para empezar, realice el cambio de variables

$$x = \frac{u - v}{\sqrt{2}} \qquad y = \frac{u + v}{\sqrt{2}}$$

Esto da una rotación alrededor del origen por el ángulo $\pi/4$. Deberá trazar la región correspondiente en el plano uv.

[*Sugerencia*: Si al evaluar la integral encuentra alguna de las dos expresiones $(1 - \text{sen}\,\theta)/\cos\theta$ o $(\cos\theta)/(1 + \text{sen}\,\theta)$, puede utilizar la identidad $\cos\theta = \text{sen}((\pi/2) - \theta)$ y la identidad correspondiente para sen θ].

7. (a) Demuestre que

$$\int_0^1 \int_0^1 \int_0^1 \frac{1}{1 - xyz}\, dx\, dy\, dz = \sum_{n=1}^{\infty} \frac{1}{n^3}$$

(Nadie ha podido encontrar el valor exacto de la suma de esta serie).

(b) Demuestre que

$$\int_0^1 \int_0^1 \int_0^1 \frac{1}{1 + xyz}\, dx\, dy\, dz = \sum_{n=1}^{\infty} \frac{(-1)^{n-1}}{n^3}$$

Use esta ecuación para evaluar la integral triple correcta con dos decimales de precisión.

8. Demuestre que

$$\int_0^\infty \frac{\arctan \pi x - \arctan x}{x}\, dx = \frac{\pi}{2} \ln \pi$$

expresando primero la integral como una integral iterada.

9. (a) Demuestre que cuando la ecuación de Laplace

$$\frac{\partial^2 u}{\partial x^2} + \frac{\partial^2 u}{\partial y^2} + \frac{\partial^2 u}{\partial z^2} = 0$$

se escribe en coordenadas cilíndricas se convierte en

$$\frac{\partial^2 u}{\partial r^2} + \frac{1}{r}\frac{\partial u}{\partial r} + \frac{1}{r^2}\frac{\partial^2 u}{\partial \theta^2} + \frac{\partial^2 u}{\partial z^2} = 0$$

(b) Demuestre que cuando la ecuación de Laplace se escribe en coordenadas esféricas se convierte en

$$\frac{\partial^2 u}{\partial \rho^2} + \frac{2}{\rho}\frac{\partial u}{\partial \rho} + \frac{\cot \phi}{\rho^2}\frac{\partial u}{\partial \phi} + \frac{1}{\rho^2}\frac{\partial^2 u}{\partial \phi^2} + \frac{1}{\rho^2 \operatorname{sen}^2\phi}\frac{\partial^2 u}{\partial \theta^2} = 0$$

10. (a) Una lámina tiene densidad constante ρ y adopta la forma de un disco con centro en el origen y radio R. Use la ley de gravitación de Newton (vea la sección 13.4) para demostrar que la magnitud de la fuerza de atracción que la lámina ejerce sobre un cuerpo con masa m situado en el punto $(0, 0, d)$ en el eje z positivo es

$$F = 2\pi Gm\rho d\left(\frac{1}{d} - \frac{1}{\sqrt{R^2 + d^2}}\right)$$

[*Sugerencia*: Divida el disco como en la figura 15.3.4 y calcule primero el componente vertical de la fuerza ejercida por el subrectángulo polar R_{ij}].

(b) Demuestre que la magnitud de la fuerza de atracción de una lámina con densidad ρ que ocupa un plano entero sobre un objeto con masa m situado a una distancia d del plano es

$$F = 2\pi Gm\rho$$

Tenga en cuenta que esta expresión no depende de d.

11. Si f es continua, demuestre que

$$\int_0^x \int_0^y \int_0^z f(t)\, dt\, dz\, dy = \frac{1}{2}\int_0^x (x - t)^2 f(t)\, dt$$

12. Evalúe $\displaystyle \lim_{n \to \infty} n^{-2} \sum_{i=1}^{n} \sum_{j=1}^{n^2} \frac{1}{\sqrt{n^2 + ni + j}}$.

13. El plano

$$\frac{x}{a} + \frac{y}{b} + \frac{z}{c} = 1 \qquad a > 0, \quad b > 0, \quad c > 0$$

corta el elipsoide sólido

$$\frac{x^2}{a^2} + \frac{y^2}{b^2} + \frac{z^2}{c^2} \leqslant 1$$

en dos partes. Determine el volumen de la parte menor.

Los campos vectoriales se pueden usar para modelar fenómenos tan diversos como la gravedad, la electricidad, el magnetismo y el flujo de fluidos. Por ejemplo, un huracán se puede modelar con una función que describe los vectores de velocidad en cada punto en el espacio. El cálculo vectorial se usa para calcular cantidades como la circulación, torsión (rotación), caudal (flujo), o las expansiones y compresiones (divergencia) del viento, así como las relaciones entre estas cantidades.

16 Cálculo vectorial

EN ESTE CAPÍTULO SE ESTUDIA el cálculo de campos vectoriales (que son funciones que asignan vectores a puntos en el espacio). En particular, se definen las integrales de línea (que se usan para determinar el trabajo realizado por un campo de fuerzas para mover un objeto a lo largo de una curva). Después se definen las integrales de superficie (que se usan para determinar la tasa de flujo de un fluido en una superficie). Las relaciones entre estos nuevos tipos de integrales y las integrales simples, dobles y triples que ya se conocen están dadas por las versiones de dimensiones superiores del teorema fundamental del cálculo: el teorema de Green, el teorema de Stokes y el teorema de la divergencia.

16.1 | Campos vectoriales

■ Campos vectoriales en $\mathbb{R}^2$ y $\mathbb{R}^3$

Los vectores de la figura 1 son vectores de la velocidad del aire que indican la rapidez y la dirección del viento en puntos ubicados a 10 m por encima de la elevación superficial en la bahía de San Francisco. Basta echar un vistazo a las flechas más grandes del inciso (a) de la figura 1 para saber que las mayores velocidades del viento ocurrieron a esa hora, cuando el viento entró en la bahía por el puente Golden Gate. En el inciso (b) se muestra un patrón del viento muy diferente del ocurrido 12 horas antes. Los dos patrones difieren mucho entre sí. Se puede pensar que el vector de velocidad del viento se relaciona con cada punto en el aire. Este es un ejemplo de un *campo vectorial de velocidad*.

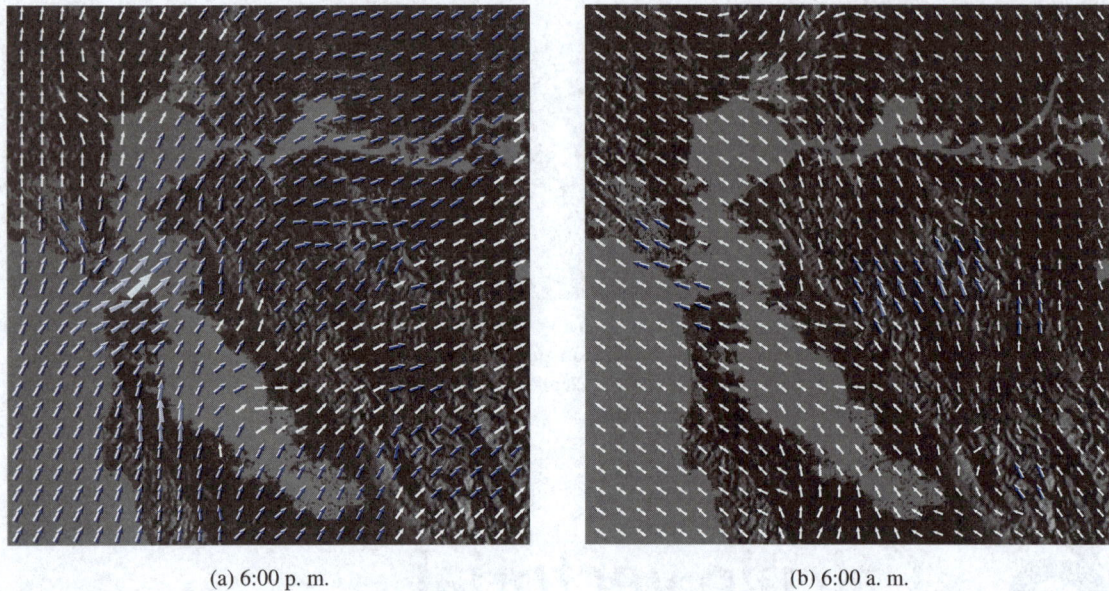

(a) 6:00 p. m.   (b) 6:00 a. m.

FIGURA 1   Campos vectoriales de velocidad que muestran los patrones de viento de la bahía de San Francisco en un día particular de primavera.

Otros ejemplos de campos vectoriales de velocidad se ilustran en la figura 2: corrientes marinas y la circulación de aire por un alerón.

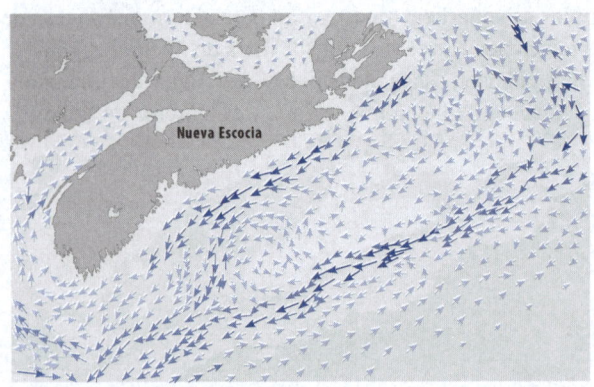

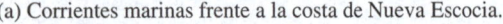

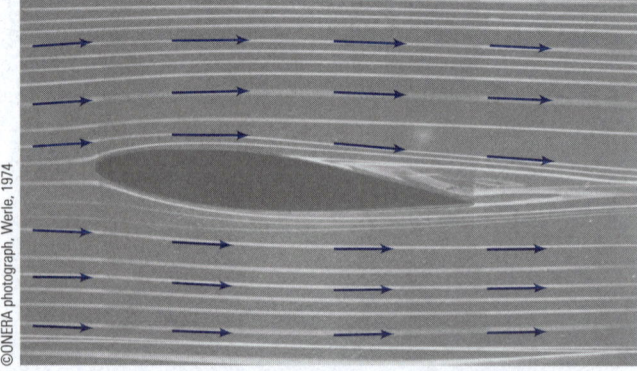

(a) Corrientes marinas frente a la costa de Nueva Escocia.   (b) Circulación de aire por un alerón inclinado.

FIGURA 2
Campos vectoriales de velocidad.

Otro tipo de campo vectorial, llamado *campo de fuerza*, asocia un vector de fuerza con cada punto en una región. Un ejemplo es el campo de fuerza gravitacional que se examinará en el ejemplo 4.

En general, un campo vectorial es una función cuyo dominio es un conjunto de puntos en $\mathbb{R}^2$ (o $\mathbb{R}^3$) y cuyo rango es un conjunto de vectores en V_2 (o V_3).

> **1** **Definición** Sea D un conjunto en $\mathbb{R}^2$ (una región plana). Un **campo vectorial en** $\mathbb{R}^2$ es una función $\mathbf{F}$ que asigna a cada punto (x, y) en D un vector bidimensional $\mathbf{F}(x, y)$.

La mejor manera de representar un campo vectorial es dibujar la flecha que representa al vector $\mathbf{F}(x, y)$ a partir del punto (x, y). Desde luego, esto es imposible de hacer con todos los puntos (x, y), pero se puede obtener una imagen razonable de $\mathbf{F}$ al dibujar vectores para algunos puntos representativos en D, como en la figura 3. Puesto que $\mathbf{F}(x, y)$ es un vector bidimensional, puede escribirse en términos de sus **funciones componentes** P y Q como sigue:

$$\mathbf{F}(x, y) = P(x, y)\,\mathbf{i} + Q(x, y)\,\mathbf{j} = \langle P(x, y), Q(x, y)\rangle$$

o, para abreviar, $\qquad\qquad\qquad \mathbf{F} = P\,\mathbf{i} + Q\,\mathbf{j}$

Observe que P y Q son funciones escalares de dos variables, también llamadas en ocasiones **campos escalares** para distinguirlas de los campos vectoriales.

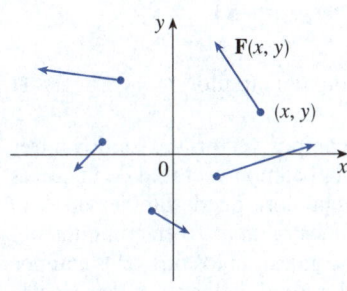

FIGURA 3
Campo vectorial en $\mathbb{R}^2$.

> **2** **Definición** Sea E un subconjunto de $\mathbb{R}^3$. Un **campo vectorial en** $\mathbb{R}^3$ es una función $\mathbf{F}$ que asigna a cada punto (x, y, z) en E un vector tridimensional $\mathbf{F}(x, y, z)$.

Un campo vectorial $\mathbf{F}$ en $\mathbb{R}^3$ se presenta en la figura 4. Puede expresarse en términos de sus funciones componentes P, Q y R como

$$\mathbf{F}(x, y, z) = P(x, y, z)\,\mathbf{i} + Q(x, y, z)\,\mathbf{j} + R(x, y, z)\,\mathbf{k}$$

Al igual que con las funciones vectoriales en la sección 13.1, se puede definir la continuidad de los campos vectoriales y mostrar que $\mathbf{F}$ es continuo si y solo si sus funciones componentes P, Q y R son continuas.

A veces se identifica un punto (x, y, z) con su vector de posición $\mathbf{x} = \langle x, y, z\rangle$ y se escribe $\mathbf{F}(\mathbf{x})$ en lugar de $\mathbf{F}(x, y, z)$. Entonces, $\mathbf{F}$ se convierte en una función que asigna un vector $\mathbf{F}(\mathbf{x})$ a un vector $\mathbf{x}$.

EJEMPLO 1 Un campo vectorial en $\mathbb{R}^2$ está definido por $\mathbf{F}(x, y) = -y\,\mathbf{i} + x\,\mathbf{j}$. Describa $\mathbf{F}$ al trazar algunos de los vectores $\mathbf{F}(x, y)$ como en la figura 3.

SOLUCIÓN Puesto que $\mathbf{F}(1, 0) = \mathbf{j}$, se dibuja el vector $\mathbf{j} = \langle 0, 1\rangle$ a partir del punto $(1, 0)$ en la figura 5. Ya que $\mathbf{F}(0, 1) = -\mathbf{i}$, se dibuja el vector $\langle -1, 0\rangle$ a partir del punto $(0, 1)$. Continuando de esta manera, se calculan otros valores representativos de $\mathbf{F}(x, y)$ en la tabla y se dibujan los vectores correspondientes para representar el campo vectorial en la figura 5.

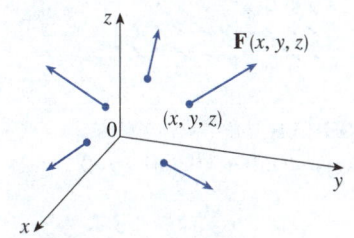

FIGURA 4
Campo vectorial en $\mathbb{R}^3$.

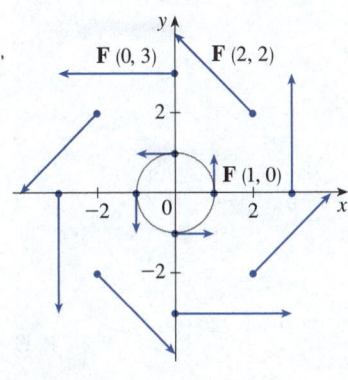

FIGURA 5
$\mathbf{F}(x, y) = -y\,\mathbf{i} + x\,\mathbf{j}$

(x, y)	$\mathbf{F}(x, y)$	(x, y)	$\mathbf{F}(x, y)$
$(1, 0)$	$\langle 0, 1\rangle$	$(-1, 0)$	$\langle 0, -1\rangle$
$(2, 2)$	$\langle -2, 2\rangle$	$(-2, -2)$	$\langle 2, -2\rangle$
$(3, 0)$	$\langle 0, 3\rangle$	$(-3, 0)$	$\langle 0, -3\rangle$
$(0, 1)$	$\langle -1, 0\rangle$	$(0, -1)$	$\langle 1, 0\rangle$
$(-2, 2)$	$\langle -2, -2\rangle$	$(2, -2)$	$\langle 2, 2\rangle$
$(0, 3)$	$\langle -3, 0\rangle$	$(0, -3)$	$\langle 3, 0\rangle$

En la figura 5 parece que cada flecha es tangente a un círculo con centro en el origen. Para confirmar esto, se toma el producto punto del vector de posición $\mathbf{x} = x\,\mathbf{i} + y\,\mathbf{j}$ con el vector $\mathbf{F}(\mathbf{x}) = \mathbf{F}(x, y)$:

$$\mathbf{x} \cdot \mathbf{F}(\mathbf{x}) = (x\,\mathbf{i} + y\,\mathbf{j}) \cdot (-y\,\mathbf{i} + x\,\mathbf{j}) = -xy + yx = 0$$

Esto demuestra que $\mathbf{F}(x, y)$ es perpendicular al vector de posición $\langle x, y \rangle$ y, por lo tanto, es tangente a un círculo con centro en el origen y radio $|\mathbf{x}| = \sqrt{x^2 + y^2}$. Observe también que

$$|\mathbf{F}(x, y)| = \sqrt{(-y)^2 + x^2} = \sqrt{x^2 + y^2} = |\mathbf{x}|$$

por lo que la magnitud del vector $\mathbf{F}(x, y)$ es igual al radio del círculo. ∎

Algunos softwares graficadores son capaces de crear campos vectoriales en dos o tres dimensiones. Los resultados dan una mejor impresión del campo vectorial de la que es posible obtener con un trazo a mano, porque la computadora puede dibujar un gran número de vectores representativos. En la figura 6 se muestra un trazo en computadora del campo vectorial del ejemplo 1; en las figuras 7 y 8 se muestran los otros dos campos vectoriales. Cabe señalar que la computadora traza la longitud de los vectores a escala para que no sean demasiado largos, aunque sin dejar de ser proporcionales a sus longitudes verdaderas.

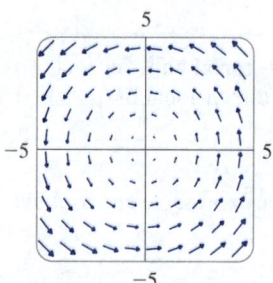

FIGURA 6
$\mathbf{F}(x, y) = \langle -y, x \rangle$

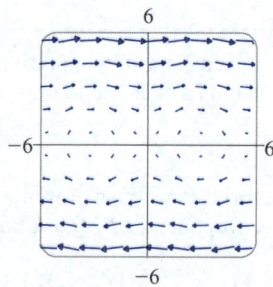

FIGURA 7
$\mathbf{F}(x, y) = \langle y, \operatorname{sen} x \rangle$

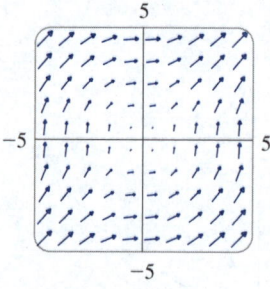

FIGURA 8
$\mathbf{F}(x, y) = \langle \ln(1 + y^2), \ln(1 + x^2) \rangle$

EJEMPLO 2 Trace el campo vectorial en $\mathbb{R}^3$ dado por $\mathbf{F}(x, y, z) = z\,\mathbf{k}$.

SOLUCIÓN En la figura 9 se muestra un trazo. Observe que todos los vectores son verticales y apuntan hacia arriba encima del plano xy, o hacia abajo debajo de él. La magnitud aumenta con la distancia al plano xy.

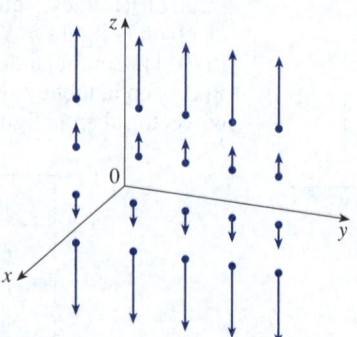

FIGURA 9
$\mathbf{F}(x, y, z) = z\,\mathbf{k}$

∎

Se puede dibujar a mano el campo vectorial del ejemplo 2 gracias a que su fórmula es particularmente simple. Sin embargo, en la práctica la mayoría de los campos vectoriales tridimensionales son imposibles de trazar a mano, por lo que es necesario recurrir a programas informáticos. Se muestran ejemplos en las figuras 10, 11 y 12. Observe que los campos vectoriales en las figuras 10 y 11 tienen fórmulas similares, pero todos los vectores en la figura 11 apuntan en la dirección general del eje y negativo, porque todos sus componentes y son -2. Si el campo vectorial en la figura 12 representa un campo de velocidad, entonces una partícula sería arrastrada hacia arriba y giraría en espiral alrededor del eje z en el sentido de las manecillas del reloj al verla desde arriba.

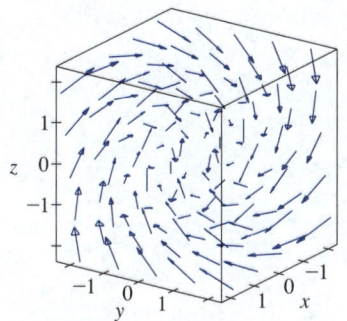

FIGURA 10
$\mathbf{F}(x, y, z) = y\,\mathbf{i} + z\,\mathbf{j} + x\,\mathbf{k}$

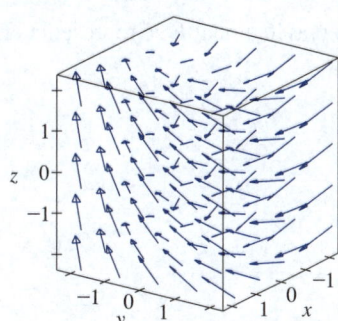

FIGURA 11
$\mathbf{F}(x, y, z) = y\,\mathbf{i} - 2\,\mathbf{j} + x\,\mathbf{k}$

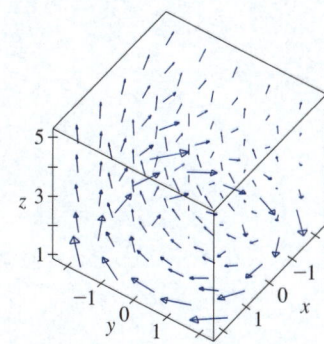

FIGURA 12
$\mathbf{F}(x, y, z) = \dfrac{y}{z}\,\mathbf{i} - \dfrac{x}{z}\,\mathbf{j} + \dfrac{z}{4}\,\mathbf{k}$

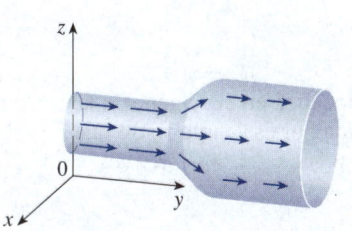

FIGURA 13
Campo de velocidad en el flujo de un fluido.

EJEMPLO 3 Imagine un fluido en movimiento que fluye constantemente por un tubo y sea $\mathbf{V}(x, y, z)$ el vector de velocidad en un punto (x, y, z). Entonces $\mathbf{V}$ asigna un vector a cada punto (x, y, z) en cierto dominio E (el interior del tubo) y, por lo tanto, $\mathbf{V}$ es un campo vectorial en $\mathbb{R}^3$ llamado **campo de velocidad**. Un posible campo de velocidad se ilustra en la figura 13. La rapidez en cualquier punto dado está indicada por la longitud de la flecha.

Los campos de velocidad también se presentan en otras áreas de la física. Por ejemplo, el campo vectorial del ejemplo 1 podría usarse como el campo de velocidad que describe la rotación de una rueda en sentido contrario a las manecillas del reloj. Se han visto otros ejemplos de campos de velocidad en las figuras 1 y 2. ∎

EJEMPLO 4 La ley de gravitación de Newton establece que la magnitud de la fuerza gravitacional entre dos objetos con masas m y M es

$$|\mathbf{F}| = \frac{mMG}{r^2}$$

donde r es la distancia entre los objetos y G la constante gravitacional. (Este es un ejemplo de una ley cuadrática inversa; vea la sección 1.2). Suponga que el objeto con masa M se localiza en el origen en $\mathbb{R}^3$ (por ejemplo, M podría ser la masa de la Tierra y el origen estaría en su centro). Sea $\mathbf{x} = \langle x, y, z \rangle$ el vector de posición del objeto con masa m. Entonces, $r = |\mathbf{x}|$, por lo que $r^2 = |\mathbf{x}|^2$. La fuerza gravitacional ejercida sobre este segundo objeto actúa hacia el origen y el vector unitario en esta dirección es

$$-\frac{\mathbf{x}}{|\mathbf{x}|}$$

Por consiguiente, la fuerza gravitacional que actúa sobre el objeto en $\mathbf{x} = \langle x, y, z \rangle$ es

$$\boxed{3} \qquad\qquad \mathbf{F}(\mathbf{x}) = -\frac{mMG}{|\mathbf{x}|^3}\,\mathbf{x}$$

[Los físicos suelen usar la notación $\mathbf{r}$ en vez de $\mathbf{x}$ para el vector de posición, por lo que podría ver la fórmula 3 escrita en la forma $\mathbf{F} = -(mMG/r^3)\mathbf{r}$]. La función dada por la ecuación 3 es un ejemplo de un campo vectorial llamado **campo gravitacional**, debido a que asocia un vector [la fuerza $\mathbf{F}(\mathbf{x})$] con cada punto $\mathbf{x}$ en el espacio.

La fórmula 3 es un modo compacto de escribir el campo gravitacional, pero también se puede escribir en términos de sus funciones componentes con base en que $\mathbf{x} = x\,\mathbf{i} + y\,\mathbf{j} + z\,\mathbf{k}$ y $|\mathbf{x}| = \sqrt{x^2 + y^2 + z^2}$:

$$\mathbf{F}(x, y, z) = \frac{-mMGx}{(x^2 + y^2 + z^2)^{3/2}}\,\mathbf{i} + \frac{-mMGy}{(x^2 + y^2 + z^2)^{3/2}}\,\mathbf{j} + \frac{-mMGz}{(x^2 + y^2 + z^2)^{3/2}}\,\mathbf{k}$$

El campo gravitacional $\mathbf{F}$ se representa en la figura 14.

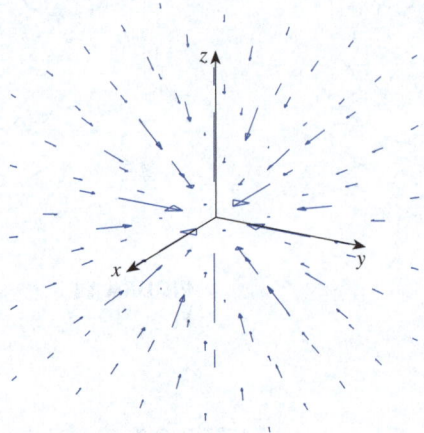

FIGURA 14
Campo de fuerzas gravitacionales.

EJEMPLO 5 Suponga que una carga eléctrica Q se localiza en el origen. De acuerdo con la ley de Coulomb, la fuerza eléctrica $\mathbf{F}(\mathbf{x})$ ejercida por esa carga sobre una carga q localizada en un punto (x, y, z) con vector de posición $\mathbf{x} = \langle x, y, z \rangle$ es

$$\boxed{4} \qquad \mathbf{F}(\mathbf{x}) = \frac{\varepsilon q Q}{|\mathbf{x}|^3}\,\mathbf{x}$$

donde ε es una constante (que depende de las unidades utilizadas). Para cargas iguales, se tiene $qQ > 0$ y la fuerza es de repulsión; para cargas desiguales se tiene $qQ < 0$ y la fuerza es de atracción. Observe la semejanza entre las fórmulas 3 y 4. Los dos campos vectoriales son ejemplos de **campos de fuerzas**.

En lugar de considerar la fuerza eléctrica $\mathbf{F}$, los físicos a menudo consideran la fuerza por unidad de carga:

$$\mathbf{E}(\mathbf{x}) = \frac{1}{q}\,\mathbf{F}(\mathbf{x}) = \frac{\varepsilon Q}{|\mathbf{x}|^3}\,\mathbf{x}$$

Entonces $\mathbf{E}$ es un campo vectorial en $\mathbb{R}^3$ llamado **campo eléctrico** de Q.

■ Campos gradientes

Si f es una función escalar de dos variables, recuerde de la sección 14.6 que su gradiente ∇f (o grad f) está definido por

$$\nabla f(x, y) = f_x(x, y)\,\mathbf{i} + f_y(x, y)\,\mathbf{j}$$

Por lo tanto, ∇f es en realidad un campo vectorial en $\mathbb{R}^2$ llamado **campo vectorial gradiente**. Asimismo, si f es una función escalar de tres variables, su gradiente es un campo vectorial en $\mathbb{R}^3$ dado por

$$\nabla f(x, y, z) = f_x(x, y, z)\,\mathbf{i} + f_y(x, y, z)\,\mathbf{j} + f_z(x, y, z)\,\mathbf{k}$$

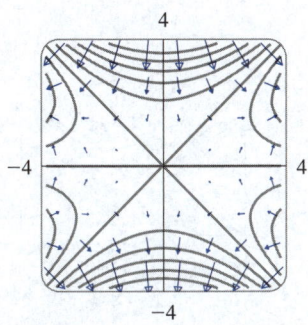

FIGURA 15

EJEMPLO 6 Determine el campo vectorial gradiente de $f(x, y) = x^2y - y^3$. Trace el campo vectorial gradiente junto con un mapa de contorno de f. ¿Cómo se relacionan?

SOLUCIÓN El campo vectorial gradiente está dado por

$$\nabla f(x, y) = \frac{\partial f}{\partial x}\mathbf{i} + \frac{\partial f}{\partial y}\mathbf{j} = 2xy\,\mathbf{i} + (x^2 - 3y^2)\mathbf{j}$$

En la figura 15 se muestra un mapa de contorno de f con el campo vectorial gradiente. Observe que los vectores gradientes son perpendiculares a las curvas de nivel, como cabría esperar por la sección 14.6. Observe también que los vectores gradientes son largos donde las curvas de nivel están muy cerca unas de otras y cortos donde las curvas están separadas. Esto se debe a que la longitud del vector gradiente es el valor de la derivada direccional de f y las curvas de nivel estrechamente espaciadas indican una gráfica pronunciada. ■

Un campo vectorial $\mathbf{F}$ se llama **campo vectorial conservativo** si es el gradiente de alguna función escalar, es decir, si existe una función f tal que $\mathbf{F} = \nabla f$. En esta situación, f se llama **función potencial** de $\mathbf{F}$.

No todos los campos vectoriales son conservativos, pero tales campos surgen con frecuencia en física. Por ejemplo, el campo gravitacional $\mathbf{F}$ en el ejemplo 4 es conservativo, porque si se define

$$f(x, y, z) = \frac{mMG}{\sqrt{x^2 + y^2 + z^2}}$$

entonces

$$\begin{aligned}
\nabla f(x, y, z) &= \frac{\partial f}{\partial x}\mathbf{i} + \frac{\partial f}{\partial y}\mathbf{j} + \frac{\partial f}{\partial z}\mathbf{k} \\
&= \frac{-mMGx}{(x^2 + y^2 + z^2)^{3/2}}\mathbf{i} + \frac{-mMGy}{(x^2 + y^2 + z^2)^{3/2}}\mathbf{j} + \frac{-mMGz}{(x^2 + y^2 + z^2)^{3/2}}\mathbf{k} \\
&= \mathbf{F}(x, y, z)
\end{aligned}$$

En las secciones 16.3 y 16.5 aprenderá a distinguir si un campo vectorial dado es conservativo o no.

16.1 | Ejercicios

1-12 Trace el campo vectorial $\mathbf{F}$ en un diagrama como el de la figura 5 o la figura 9.

1. $\mathbf{F}(x, y) = \mathbf{i} + \tfrac{1}{2}\mathbf{j}$

2. $\mathbf{F}(x, y) = 2\,\mathbf{i} - \mathbf{j}$

3. $\mathbf{F}(x, y) = \mathbf{i} + \tfrac{1}{2}y\,\mathbf{j}$

4. $\mathbf{F}(x, y) = x\,\mathbf{i} + \tfrac{1}{2}y\,\mathbf{j}$

5. $\mathbf{F}(x, y) = -\tfrac{1}{2}\mathbf{i} + (y - x)\mathbf{j}$

6. $\mathbf{F}(x, y) = y\,\mathbf{i} + (x + y)\mathbf{j}$

7. $\mathbf{F}(x, y) = \dfrac{y\,\mathbf{i} + x\,\mathbf{j}}{\sqrt{x^2 + y^2}}$

8. $\mathbf{F}(x, y) = \dfrac{y\,\mathbf{i} - x\,\mathbf{j}}{\sqrt{x^2 + y^2}}$

9. $\mathbf{F}(x, y, z) = \mathbf{i}$

10. $\mathbf{F}(x, y, z) = z\,\mathbf{i}$

11. $\mathbf{F}(x, y, z) = -y\,\mathbf{i}$

12. $\mathbf{F}(x, y, z) = \mathbf{i} + \mathbf{k}$

13-18 Relacione los campos vectoriales **F** con los diagramas rotulados I–VI. Ofrezca razones que expliquen sus decisiones.

13. $\mathbf{F}(x, y) = \langle x, -y \rangle$

14. $\mathbf{F}(x, y) = \langle y, x - y \rangle$

15. $\mathbf{F}(x, y) = \langle y, y + 2 \rangle$

16. $\mathbf{F}(x, y) = \langle y, 2x \rangle$

17. $\mathbf{F}(x, y) = \langle \text{sen } y, \cos x \rangle$

18. $\mathbf{F}(x, y) = \langle \cos(x + y), x \rangle$

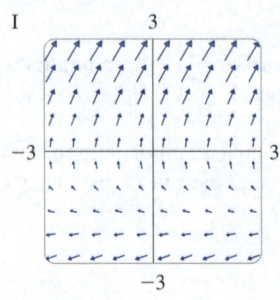

I

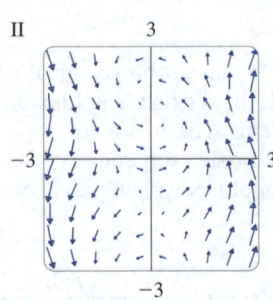

II

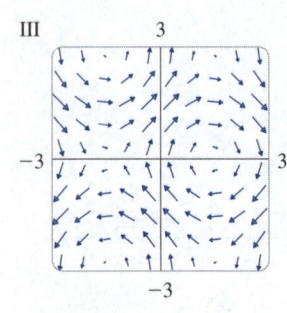

III

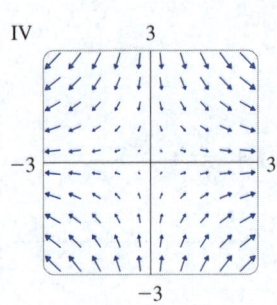

IV

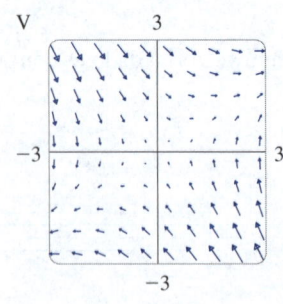

V

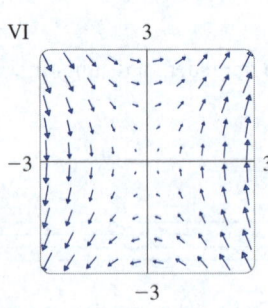

VI

19-22 Relacione los campos vectoriales **F** en $\mathbb{R}^3$ con los diagramas rotulados I–IV. Ofrezca razones que expliquen sus decisiones.

19. $\mathbf{F}(x, y, z) = \mathbf{i} + 2\,\mathbf{j} + 3\,\mathbf{k}$

20. $\mathbf{F}(x, y, z) = \mathbf{i} + 2\,\mathbf{j} + z\,\mathbf{k}$

21. $\mathbf{F}(x, y, z) = x\,\mathbf{i} + y\,\mathbf{j} + 3\,\mathbf{k}$

22. $\mathbf{F}(x, y, z) = x\,\mathbf{i} + y\,\mathbf{j} + z\,\mathbf{k}$

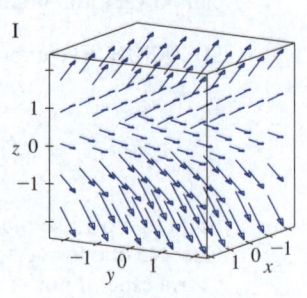

I

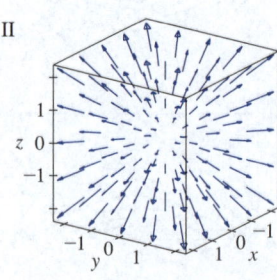

II

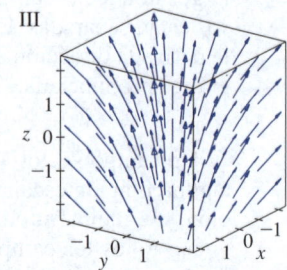

III

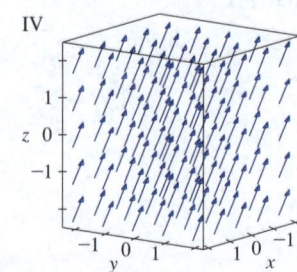

IV

23. Use un programa de gráficas para trazar el campo vectorial

$$\mathbf{F}(x, y) = (y^2 - 2xy)\,\mathbf{i} + (3xy - 6x^2)\,\mathbf{j}$$

Explique la apariencia al determinar el conjunto de puntos (x, y) tales que $\mathbf{F}(x, y) = \mathbf{0}$.

24. Sea $\mathbf{F}(\mathbf{x}) = (r^2 - 2r)\mathbf{x}$, donde $\mathbf{x} = \langle x, y \rangle$ y $r = |\mathbf{x}|$. Use un software para trazar este campo vectorial en varios dominios hasta que pueda ver qué sucede. Describa la apariencia del diagrama y explíquela al determinar los puntos donde $\mathbf{F}(\mathbf{x}) = \mathbf{0}$.

25-28 Encuentre el campo vectorial gradiente ∇f de f.

25. $f(x, y) = y \,\text{sen}(xy)$

26. $f(s, t) = \sqrt{2s + 3t}$

27. $f(x, y, z) = \sqrt{x^2 + y^2 + z^2}$

28. $f(x, y, z) = x^2 y e^{y/z}$

29-30 Ubique el campo vectorial gradiente ∇f de f y trácelo.

29. $f(x, y) = \frac{1}{2}(x - y)^2$

30. $f(x, y) = \frac{1}{2}(x^2 - y^2)$

31-34 Relacione las funciones f con los diagramas de sus campos vectoriales gradientes rotulados I–IV. Ofrezca razones que expliquen sus decisiones.

31. $f(x, y) = x^2 + y^2$

32. $f(x, y) = x(x + y)$

33. $f(x, y) = (x + y)^2$ **34.** $f(x, y) = \text{sen} \sqrt{x^2 + y^2}$

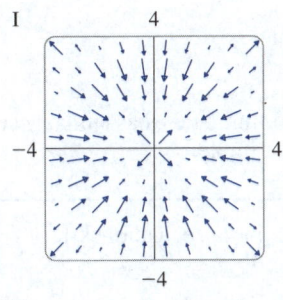

I

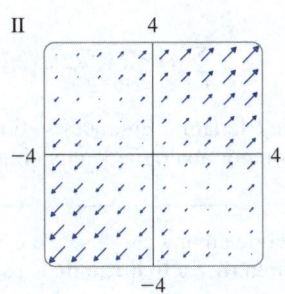

II

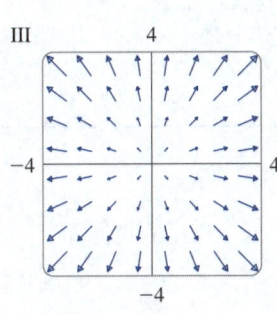

III

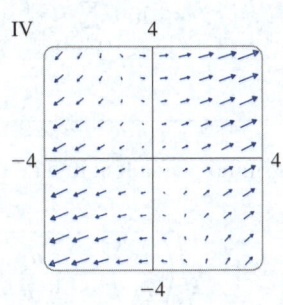

IV

📊 **35-36** Trace el campo vectorial gradiente de f junto con un mapa de contorno de f. Explique cómo se interrelacionan.

35. $f(x, y) = \ln(1 + x^2 + 2y^2)$

36. $f(x, y) = \cos x - 2 \, \text{sen} \, y$

37. Una partícula se mueve en un campo de velocidad $\mathbf{V}(x, y) = \langle x^2, x + y^2 \rangle$. Si está en la posición (2, 1) en el tiempo $t = 3$, estime su ubicación en el tiempo $t = 3.01$.

38. En el tiempo $t = 1$, una partícula se encuentra en la posición (1, 3). Si se mueve en un campo de velocidad

$$\mathbf{F}(x, y) = \langle xy - 2, y^2 - 10 \rangle$$

determine su ubicación aproximada en el tiempo $t = 1.05$.

39-40 Líneas de flujo Las *líneas de flujo* (o *líneas de corriente*) de un campo vectorial son las trayectorias seguidas por una partícula cuyo campo de velocidad es el campo vectorial dado. Así, los vectores en un campo vectorial son tangentes a las líneas de flujo.

39. (a) Use un diagrama del campo vectorial $\mathbf{F}(x, y) = x\mathbf{i} - y\mathbf{j}$ para dibujar algunas líneas de flujo. ¿Puede deducir de sus bocetos las ecuaciones de las líneas de flujo?

   (b) Si las ecuaciones paramétricas de una línea de flujo son $x = x(t)$, $y = y(t)$, explique por qué estas funciones satisfacen las ecuaciones diferenciales $dx/dt = x$ y $dy/dt = -y$. Resuelva después las ecuaciones diferenciales para determinar una ecuación de la línea de flujo que pasa por el punto (1, 1).

40. (a) Trace el campo vectorial $\mathbf{F}(x, y) = \mathbf{i} + x\mathbf{j}$ y dibuje después algunas líneas de flujo. ¿Qué forma parecen tener estas líneas de flujo?

   (b) Si las ecuaciones paramétricas de las líneas de flujo son $x = x(t)$, $y = y(t)$, ¿qué ecuaciones diferenciales satisfacen estas funciones? Deduzca que $dy/dx = x$.

   (c) Si una partícula parte del origen en el campo de velocidad dado por $\mathbf{F}$, determine una ecuación de la trayectoria que sigue.

16.2 | Integrales de línea

En esta sección se definirá una integral similar a una integral simple, salvo que en vez de integrar en un intervalo $[a, b]$, se integra en una curva C. Tales integrales se llaman *integrales de línea*, aunque "integrales de curva" sería un mejor término. Fueron inventadas a principios del siglo XIX para resolver problemas relacionados con el flujo de fluidos, fuerzas, electricidad y magnetismo.

■ Integrales de línea en el plano

Se empieza con una curva plana C dada por las ecuaciones paramétricas

$$\boxed{1} \qquad x = x(t) \qquad y = y(t) \qquad a \le t \le b$$

o, lo que es lo mismo, por la ecuación vectorial $\mathbf{r}(t) = x(t)\,\mathbf{i} + y(t)\,\mathbf{j}$, y se supone que C es una curva suave. [Esto significa que $\mathbf{r}'$ es continua y que $\mathbf{r}'(t) \ne \mathbf{0}$. Vea la sección 13.3]. Si se divide el intervalo paramétrico $[a, b]$ en n subintervalos $[t_{i-1}, t_i]$ de igual ancho y sea $x_i = x(t_i)$ y $y_i = y(t_i)$, entonces los puntos $P_i(x_i, y_i)$ correspondientes dividen a C en n subarcos de longitudes $\Delta s_1, \Delta s_2, \ldots, \Delta s_n$ (vea la figura 1). Se selecciona cualquier punto $P_i^*(x_i^*, y_i^*)$ en el i-ésimo subarco (esto corresponde al punto t_i^* en $[t_{i-1}, t_i]$).

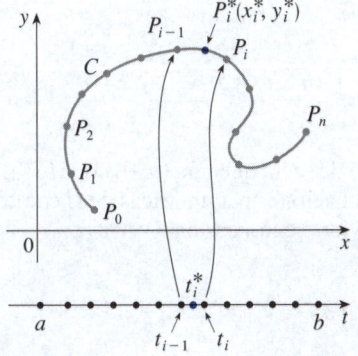

FIGURA 1

Ahora, si f es cualquier función de dos variables cuyo dominio incluye la curva C, se evalúa f en el punto (x_i^*, y_i^*), se multiplica por la longitud Δs_i del subarco y se forma la suma

$$\sum_{i=1}^{n} f(x_i^*, y_i^*)\,\Delta s_i$$

que es similar a una suma de Riemann. Entonces se toma el límite de estas sumas y se plantea la siguiente definición por analogía con una integral simple.

> **2 Definición** Si f se define en una curva suave C dada por las ecuaciones 1, entonces la **integral de línea de f a lo largo de C** es
>
> $$\int_C f(x, y)\,ds = \lim_{n\to\infty} \sum_{i=1}^{n} f(x_i^*, y_i^*)\,\Delta s_i$$
>
> si este límite existe.

En la sección 10.2 se determinó que la longitud de C es

$$L = \int_a^b \sqrt{\left(\frac{dx}{dt}\right)^2 + \left(\frac{dy}{dt}\right)^2}\,dt$$

Se puede argumentar algo similar para mostrar que si f es una función continua, el límite de la definición 2 siempre existe y la fórmula siguiente puede usarse para evaluar la integral de línea:

$$\boxed{3} \qquad \int_C f(x, y)\,ds = \int_a^b f(x(t), y(t)) \sqrt{\left(\frac{dx}{dt}\right)^2 + \left(\frac{dy}{dt}\right)^2}\,dt$$

El valor de la integral de línea no depende de la parametrización de la curva, siempre que la curva se atraviese exactamente una vez cuando t aumenta de a a b.

La función de longitud de arco s se estudia en la sección 13.3.

Si $s(t)$ es la longitud de C entre $\mathbf{r}(a)$ y $\mathbf{r}(t)$, entonces

$$\frac{ds}{dt} = |\mathbf{r}'(t)| = \sqrt{\left(\frac{dx}{dt}\right)^2 + \left(\frac{dy}{dt}\right)^2}$$

(Vea la ecuación 13.3.7). Así, la manera de recordar la fórmula 3 es expresar todo en términos del parámetro t: use las ecuaciones paramétricas para expresar x y y en términos de t y escriba ds como

$$ds = \sqrt{\left(\frac{dx}{dt}\right)^2 + \left(\frac{dy}{dt}\right)^2}\,dt$$

NOTA En el caso especial en el que C es el segmento de recta que une $(a, 0)$ con $(b, 0)$, usando x como el parámetro, se pueden escribir las ecuaciones paramétricas de C como sigue: $x = x$, $y = 0$, $a \le x \le b$. La fórmula 3 se convierte entonces en

$$\int_C f(x, y)\,ds = \int_a^b f(x, 0)\,dx$$

y, por lo tanto, la integral de línea en este caso se reduce a una integral simple ordinaria.

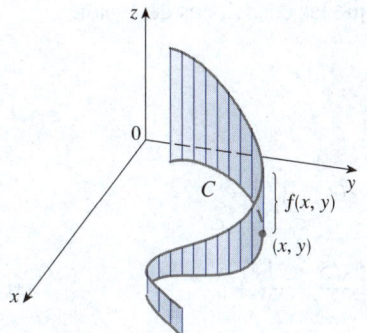

FIGURA 2

Igual que en el caso de una integral simple ordinaria, la integral de línea de una función *positiva* se puede interpretar como un área. De hecho, si $f(x, y) \geq 0$, $\int_C f(x, y)\, ds$ representa el área de un lado de la "cerca" o "cortina" de la figura 2, cuya base es C y cuya altura arriba del punto (x, y) es $f(x, y)$.

EJEMPLO 1 Evalúe $\int_C (2 + x^2 y)\, ds$, donde C es la mitad superior de la circunferencia unitaria $x^2 + y^2 = 1$.

SOLUCIÓN Para usar la fórmula 3, se necesitan primero ecuaciones paramétricas que representen a C. Recuerde que la circunferencia unitaria puede parametrizarse por medio de las ecuaciones

$$x = \cos t \qquad y = \operatorname{sen} t$$

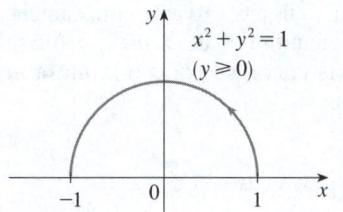

FIGURA 3

y la mitad superior del círculo la describe el intervalo paramétrico $0 \leq t \leq \pi$ (vea la figura 3). Por lo tanto, la fórmula 3 da

$$\int_C (2 + x^2 y)\, ds = \int_0^\pi (2 + \cos^2 t \operatorname{sen} t) \sqrt{\left(\frac{dx}{dt}\right)^2 + \left(\frac{dy}{dt}\right)^2}\, dt$$

$$= \int_0^\pi (2 + \cos^2 t \operatorname{sen} t) \sqrt{\operatorname{sen}^2 t + \cos^2 t}\, dt$$

$$= \int_0^\pi (2 + \cos^2 t \operatorname{sen} t)\, dt = \left[2t - \frac{\cos^3 t}{3} \right]_0^\pi$$

$$= 2\pi + \tfrac{2}{3} \qquad \blacksquare$$

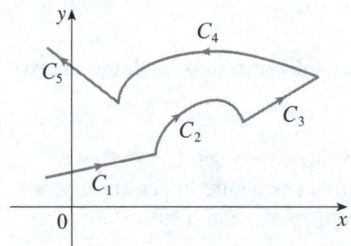

FIGURA 4
Curva suave por partes.

Suponga ahora que C es una **curva suave por partes**; es decir, C es la unión de un número finito de curvas suaves $C_1, C_2, \ldots, C_n$, donde, como se ilustra en la figura 4, el punto inicial de C_{i+1} es el punto terminal de C_i. Se define entonces la integral de f a lo largo de C como la suma de las integrales de f a lo largo de cada una de las piezas suaves de C:

$$\int_C f(x, y)\, ds = \int_{C_1} f(x, y)\, ds + \int_{C_2} f(x, y)\, ds + \cdots + \int_{C_n} f(x, y)\, ds$$

EJEMPLO 2 Evalúe $\int_C 2x\, ds$, donde C está compuesta por el arco C_1 de la parábola $y = x^2$ de $(0, 0)$ a $(1, 1)$ seguido por el segmento de recta vertical C_2 de $(1, 1)$ a $(1, 2)$.

SOLUCIÓN La curva C se presenta en la figura 5. C_1 es la gráfica de una función de x, por lo que es posible elegir x como el parámetro y las ecuaciones de C_1 se convierten en

$$x = x \qquad y = x^2 \qquad 0 \leq x \leq 1$$

Por lo tanto

$$\int_{C_1} 2x\, ds = \int_0^1 2x \sqrt{\left(\frac{dx}{dx}\right)^2 + \left(\frac{dy}{dx}\right)^2}\, dx$$

$$= \int_0^1 2x \sqrt{1 + 4x^2}\, dx$$

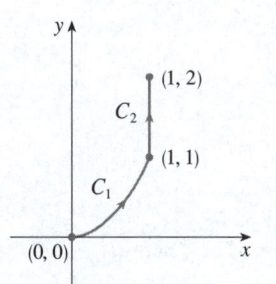

FIGURA 5
$C = C_1 \cup C_2$

$$= \tfrac{1}{4} \cdot \tfrac{2}{3} (1 + 4x^2)^{3/2} \Big]_0^1 = \frac{5\sqrt{5} - 1}{6}$$

En C_2 se selecciona y como el parámetro, de modo que las ecuaciones de C_2 son

$$x = 1 \qquad y = y \qquad 1 \leqslant y \leqslant 2$$

y

$$\int_{C_2} 2x\, ds = \int_1^2 2(1) \sqrt{\left(\frac{dx}{dy}\right)^2 + \left(\frac{dy}{dy}\right)^2}\, dy = \int_1^2 2\, dy = 2$$

Por lo tanto, $\quad \displaystyle\int_C 2x\, ds = \int_{C_1} 2x\, ds + \int_{C_2} 2x\, ds = \frac{5\sqrt{5} - 1}{6} + 2$ ∎

Toda interpretación física de una integral de línea $\int_C f(x, y)\, ds$ depende de la interpretación física de la función f. Suponga que $\rho(x, y)$ representa la densidad lineal en un punto (x, y) de un alambre delgado en forma de una curva C (vea el ejemplo 3.7.2). Entonces, la masa de la parte del alambre de P_{i-1} a P_i en la figura 1 es aproximadamente $\rho(x_i^*, y_i^*)\, \Delta s_i$ y, en consecuencia, la masa total del alambre es de $\sum \rho(x_i^*, y_i^*)\, \Delta s_i$, aproximadamente. Al tomar cada vez más puntos en la curva, se obtiene la **masa** m del alambre como el valor límite de estas aproximaciones:

$$m = \lim_{n \to \infty} \sum_{i=1}^{n} \rho(x_i^*, y_i^*)\, \Delta s_i = \int_C \rho(x, y)\, ds$$

[Por ejemplo, si $f(x, y) = 2 + x^2 y$ representa la densidad de un alambre en forma de semicírculo, la integral del ejemplo 1 representaría la masa del alambre]. El **centro de masa** del alambre con función de densidad ρ se localiza en el punto $(\bar{x}, \bar{y})$, donde

$$\boxed{4} \qquad \bar{x} = \frac{1}{m} \int_C x \rho(x, y)\, ds \qquad \bar{y} = \frac{1}{m} \int_C y \rho(x, y)\, ds$$

Otras interpretaciones físicas de integrales de línea se analizarán más adelante en este mismo capítulo.

EJEMPLO 3   Un alambre adopta la forma del semicírculo $x^2 + y^2 = 1$, $y \geqslant 0$, y es más grueso cerca de su base que cerca de la parte más alta. Encuentre el centro de masa del alambre si la densidad lineal en cualquier punto es proporcional a su distancia de la recta $y = 1$.

SOLUCIÓN   Como en el ejemplo 1, se usa la parametrización $x = \cos t$, $y = \operatorname{sen} t$, $0 \leqslant t \leqslant \pi$, y se determina que $ds = dt$. La densidad lineal es

$$\rho(x, y) = k(1 - y)$$

donde k es una constante, por lo que la masa del alambre es

$$m = \int_C k(1 - y)\, ds = \int_0^\pi k(1 - \operatorname{sen} t)\, dt = k\big[t + \cos t \big]_0^\pi = k(\pi - 2)$$

De las ecuaciones 4 se tiene

$$\bar{y} = \frac{1}{m} \int_C y \rho(x, y)\, ds = \frac{1}{k(\pi - 2)} \int_C y\, k(1 - y)\, ds$$

$$= \frac{1}{\pi - 2} \int_0^\pi (\operatorname{sen} t - \operatorname{sen}^2 t)\, dt = \frac{1}{\pi - 2} \left[-\cos t - \tfrac{1}{2} t + \tfrac{1}{4} \operatorname{sen} 2t \right]_0^\pi$$

$$= \frac{4 - \pi}{2(\pi - 2)}$$

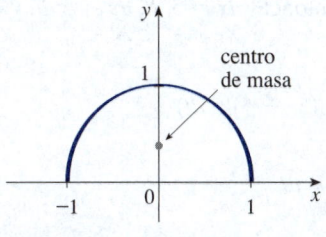

FIGURA 6

Por simetría se observa que $\bar{x} = 0$, de modo que el centro de masa es

$$\left(0, \frac{4 - \pi}{2(\pi - 2)}\right) \approx (0, 0.38)$$

Vea la figura 6.   ■

■ Integrales de línea con respecto a x o y

Otros dos tipos de integrales de línea se obtienen al reemplazar Δs_i por $\Delta x_i = x_i - x_{i-1}$ o por $\Delta y_i = y_i - y_{i-1}$ en la definición 2. Se llaman **integrales de línea de f a lo largo de C con respecto a x y y**:

$$\boxed{5} \qquad \int_C f(x, y)\, dx = \lim_{n \to \infty} \sum_{i=1}^{n} f(x_i^*, y_i^*)\, \Delta x_i$$

$$\boxed{6} \qquad \int_C f(x, y)\, dy = \lim_{n \to \infty} \sum_{i=1}^{n} f(x_i^*, y_i^*)\, \Delta y_i$$

Cuando es necesario distinguir la integral de línea original $\int_C f(x, y)\, ds$ de las ecuaciones 5 y 6, se llama **integral de línea con respecto a la longitud de arco**.

Las fórmulas siguientes establecen que las integrales de línea con respecto a x y y también pueden evaluarse expresando todo en términos de t: $x = x(t)$, $y = y(t)$, $dx = x'(t)\, dt$, $dy = y'(t)\, dt$.

$$\boxed{7} \qquad \begin{aligned} \int_C f(x, y)\, dx &= \int_a^b f(x(t), y(t))\, x'(t)\, dt \\[1em] \int_C f(x, y)\, dy &= \int_a^b f(x(t), y(t))\, y'(t)\, dt \end{aligned}$$

A lo largo de este capítulo se verá que las integrales de línea con respecto a x y y ocurren juntas (vea, por ejemplo, la ecuación 14). Cuando esto pasa, es común abreviar escribiendo

$$\int_C P(x, y)\, dx + \int_C Q(x, y)\, dy = \int_C P(x, y)\, dx + Q(x, y)\, dy$$

Cuando se plantea una integral de línea, a veces, lo más difícil es pensar en una representación paramétrica de una curva cuya descripción geométrica está dada. En particular, a menudo se requiere parametrizar un segmento de recta, así que resulta útil recordar que una representación vectorial del segmento de recta que parte de $\mathbf{r}_0$ y termina en $\mathbf{r}_1$ está dada por

$$\boxed{8} \qquad \boxed{\mathbf{r}(t) = (1 - t)\mathbf{r}_0 + t\,\mathbf{r}_1 \qquad 0 \leqslant t \leqslant 1}$$

(Vea la ecuación 12.5.4).

EJEMPLO 4 Evalúe $\int_C y^2\, dx + x\, dy$ para dos trayectorias diferentes de C.

(a) $C = C_1$ es el segmento de recta de $(-5, -3)$ a $(0, 2)$.

(b) $C = C_2$ es el arco de la parábola $x = 4 - y^2$ de $(-5, -3)$ a $(0, 2)$. (Vea la figura 7).

SOLUCIÓN

(a) Una representación paramétrica del segmento de recta es

$$x = 5t - 5 \qquad y = 5t - 3 \qquad 0 \leqslant t \leqslant 1$$

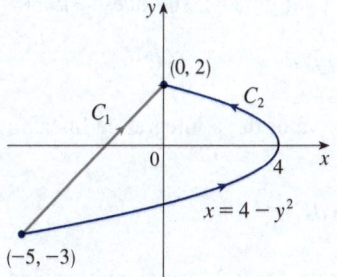

FIGURA 7

(Use la ecuación 8 con $r_0 = \langle -5, -3 \rangle$ y $r_1 = \langle 0, 2 \rangle$). Entonces $dx = 5\,dt$, $dy = 5\,dt$, y las fórmulas 7 dan

$$\int_{C_1} y^2\,dx + x\,dy = \int_0^1 (5t - 3)^2(5\,dt) + (5t - 5)(5\,dt)$$

$$= 5\int_0^1 (25t^2 - 25t + 4)\,dt$$

$$= 5\left[\frac{25t^3}{3} - \frac{25t^2}{2} + 4t\right]_0^1 = -\frac{5}{6}$$

(b) Puesto que la parábola está dada como una función de y, se toma y como el parámetro y C_2 se escribe como

$$x = 4 - y^2 \qquad y = y \qquad -3 \leqslant y \leqslant 2$$

Así, $dx = -2y\,dy$, y por las fórmulas 7 se tiene

$$\int_{C_2} y^2\,dx + x\,dy = \int_{-3}^2 y^2(-2y)\,dy + (4 - y^2)\,dy$$

$$= \int_{-3}^2 (-2y^3 - y^2 + 4)\,dy$$

$$= \left[-\frac{y^4}{2} - \frac{y^3}{3} + 4y\right]_{-3}^2 = 40\tfrac{5}{6}$$ ∎

Observe que se obtuvieron respuestas diferentes en los incisos (a) y (b) del ejemplo 4 aunque las dos curvas tienen los mismos puntos frontera, puntos finales o puntos extremos. Por lo tanto, en general, el valor de una integral de línea depende no solo de los puntos frontera de la curva, sino también de la trayectoria. (Sin embargo, vea la sección 16.3 para condiciones en las que la integral es independiente de la trayectoria).

Observe también que las respuestas del ejemplo 4 dependen de la dirección u orientación de la curva. Si $-C_1$ denota el segmento de recta de $(0, 2)$ a $(-5, -3)$, se puede verificar al usar la parametrización

$$x = -5t \qquad y = 2 - 5t \qquad 0 \leqslant t \leqslant 1$$

que

$$\int_{-C_1} y^2\,dx + x\,dy = \tfrac{5}{6}$$

En general, una parametrización dada $x = x(t)$, $y = y(t)$, $a \leqslant t \leqslant b$, determina una **orientación** de una curva C, y la dirección positiva corresponde a valores crecientes del parámetro t (vea la figura 8, donde el punto inicial A corresponde al valor paramétrico a y el punto terminal B a $t = b$).

Si $-C$ denota la curva que consta de los mismos puntos que C pero con la orientación opuesta (del punto inicial B al punto terminal A en la figura 8), entonces se tiene

$$\int_{-C} f(x, y)\,dx = -\int_C f(x, y)\,dx \qquad \int_{-C} f(x, y)\,dy = -\int_C f(x, y)\,dy$$

Pero si se integra con respecto a la longitud de arco, el valor de la integral de línea *no* cambia cuando se invierte la orientación de la curva:

$$\int_{-C} f(x, y)\,ds = \int_C f(x, y)\,ds$$

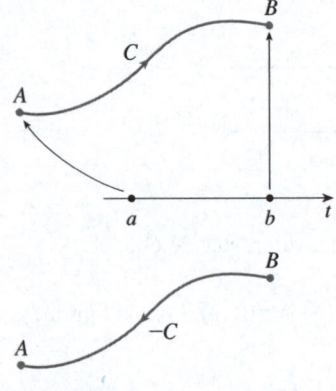

FIGURA 8

Esto se debe a que Δs_i siempre es positiva, mientras que Δx_i y Δy_i cambian de signo cuando se invierte la orientación de C.

Integrales de línea en el espacio

Suponga ahora que C es una curva suave en el espacio dada por las ecuaciones paramétricas

$$x = x(t) \qquad y = y(t) \qquad z = z(t) \qquad a \leq t \leq b$$

o por una ecuación vectorial $\mathbf{r}(t) = x(t)\,\mathbf{i} + y(t)\,\mathbf{j} + z(t)\,\mathbf{k}$. Si f es una función de tres variables que es continua en alguna región que contiene C, se define la **integral de línea de f a lo largo de C** (con respecto a la longitud de arco) en forma similar a la de las curvas planas:

$$\int_C f(x, y, z)\, ds = \lim_{n \to \infty} \sum_{i=1}^{n} f(x_i^*, y_i^*, z_i^*)\, \Delta s_i$$

Se evalúa usando una fórmula semejante a la fórmula 3:

$$\boxed{9} \quad \int_C f(x, y, z)\, ds = \int_a^b f(x(t), y(t), z(t)) \sqrt{\left(\frac{dx}{dt}\right)^2 + \left(\frac{dy}{dt}\right)^2 + \left(\frac{dz}{dt}\right)^2}\, dt$$

Observe que las integrales de las fórmulas 3 y 9 pueden escribirse con la notación vectorial más compacta

$$\int_a^b f(\mathbf{r}(t))\, |\mathbf{r}'(t)|\, dt$$

Para el caso especial $f(x, y, z) = 1$ se obtiene

$$\int_C ds = \int_a^b |\mathbf{r}'(t)|\, dt = L$$

donde L es la longitud de la curva C (vea la fórmula 13.3.3).

También pueden definirse integrales de línea a lo largo de C con respecto a x, y y z. Por ejemplo,

$$\int_C f(x, y, z)\, dz = \lim_{n \to \infty} \sum_{i=1}^{n} f(x_i^*, y_i^*, z_i^*)\, \Delta z_i$$

$$= \int_a^b f(x(t), y(t), z(t))\, z'(t)\, dt$$

Por lo tanto, como en el caso de las integrales de línea en el plano, se evalúan integrales de la forma

$$\boxed{10} \qquad \int_C P(x, y, z)\, dx + Q(x, y, z)\, dy + R(x, y, z)\, dz$$

expresando todo (x, y, z, dx, dy, dz) en términos del parámetro t.

EJEMPLO 5 Evalúe $\int_C y\, \operatorname{sen} z\, ds$, donde C es la hélice circular dada por las ecuaciones $x = \cos t$, $y = \operatorname{sen} t$, $z = t$, $0 \leq t \leq 2\pi$ (vea la figura 9).

SOLUCIÓN La fórmula 9 da

$$\int_C y\, \operatorname{sen} z\, ds = \int_0^{2\pi} (\operatorname{sen} t)\, \operatorname{sen} t \sqrt{\left(\frac{dx}{dt}\right)^2 + \left(\frac{dy}{dt}\right)^2 + \left(\frac{dz}{dt}\right)^2}\, dt$$

$$= \int_0^{2\pi} \operatorname{sen}^2 t \sqrt{\operatorname{sen}^2 t + \cos^2 t + 1}\, dt = \sqrt{2} \int_0^{2\pi} \tfrac{1}{2}(1 - \cos 2t)\, dt$$

$$= \frac{\sqrt{2}}{2} \left[t - \tfrac{1}{2} \operatorname{sen} 2t \right]_0^{2\pi} = \sqrt{2}\, \pi$$

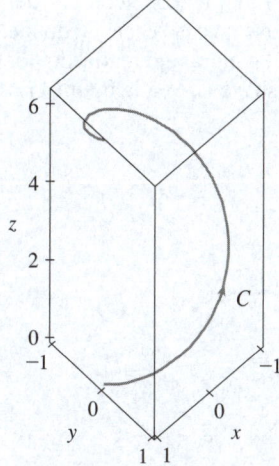

FIGURA 9

EJEMPLO 6 Evalúe $\int_C y\,dx + z\,dy + x\,dz$, donde C consta del segmento de recta C_1 de $(2, 0, 0)$ a $(3, 4, 5)$, seguido por el segmento de recta vertical C_2 de $(3, 4, 5)$ a $(3, 4, 0)$.

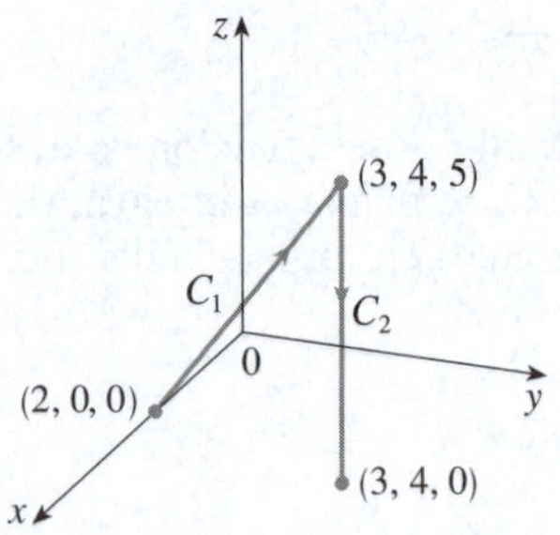

SOLUCIÓN La curva C se ilustra en la figura 10. Usando la ecuación 8, C_1 se escribe como

$$\mathbf{r}(t) = (1 - t)\langle 2, 0, 0\rangle + t\langle 3, 4, 5\rangle = \langle 2 + t, 4t, 5t\rangle$$

o, en forma paramétrica, como

$$x = 2 + t \qquad y = 4t \qquad z = 5t \qquad 0 \le t \le 1$$

Así

$$\int_{C_1} y\,dx + z\,dy + x\,dz = \int_0^1 (4t)\,dt + (5t)4\,dt + (2 + t)5\,dt$$

$$= \int_0^1 (10 + 29t)\,dt = 10t + 29\frac{t^2}{2}\Big]_0^1 = 24.5$$

Asimismo, C_2 puede escribirse en la forma

$$\mathbf{r}(t) = (1 - t)\langle 3, 4, 5\rangle + t\langle 3, 4, 0\rangle = \langle 3, 4, 5 - 5t\rangle$$

o $\qquad\qquad x = 3 \qquad y = 4 \qquad z = 5 - 5t \qquad 0 \le t \le 1$

Entonces, $dx = 0 = dy$, por lo que

$$\int_{C_2} y\,dx + z\,dy + x\,dz = \int_0^1 3(-5)\,dt = -15$$

Se suman los valores de estas integrales y se obtiene

$$\int_C y\,dx + z\,dy + x\,dz = 24.5 - 15 = 9.5 \qquad\blacksquare$$

FIGURA 10

(figura con puntos $(2, 0, 0)$, $(3, 4, 5)$, $(3, 4, 0)$, curvas C_1 y C_2)

◼ Integrales de línea de campos vectoriales; trabajo

Recuerde de la sección 6.4 que el trabajo realizado por una fuerza variable $f(x)$ para mover una partícula de a a b a lo largo del eje x es $W = \int_a^b f(x)\,dx$. Luego, en la sección 12.3 se determinó que el trabajo realizado por una fuerza constante $\mathbf{F}$ para mover un objeto de un punto P a otro punto Q en el espacio es $W = \mathbf{F} \cdot \mathbf{D}$, donde $\mathbf{D} = \vec{PQ}$ es el vector de desplazamiento.

Suponga ahora que $\mathbf{F} = P\,\mathbf{i} + Q\,\mathbf{j} + R\,\mathbf{k}$ es un campo continuo de fuerzas en $\mathbb{R}^3$, como el campo gravitacional del ejemplo 16.1.4 o el campo de fuerzas eléctricas del ejemplo 16.1.5. (Un campo de fuerzas en $\mathbb{R}^2$ podría considerarse un caso especial donde $R = 0$ y P y Q dependen únicamente de x y y). Se desea calcular el trabajo realizado por esta fuerza para mover una partícula a lo largo de una curva suave C. Vea la figura 11.

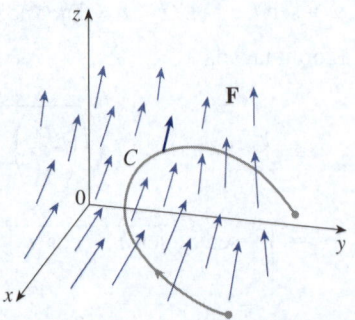

FIGURA 11

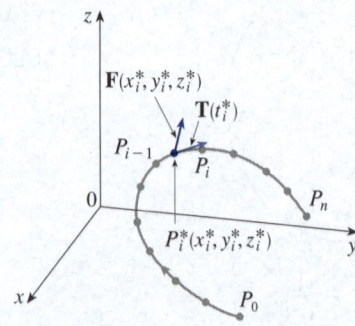

FIGURA 12

Para calcular el trabajo realizado por $\mathbf{F}$ para mover una partícula a lo largo de C, se divide C en subarcos $P_{i-1}P_i$ con longitudes Δs_i dividiendo el intervalo paramétrico $[a, b]$ en subintervalos de igual ancho (vea la figura 1 para el caso bidimensional o la figura 12 para el caso tridimensional). Se selecciona un punto $P_i^*(x_i^*, y_i^*, z_i^*)$ en el i-ésimo subarco correspondiente al valor paramétrico t_i^*. Si Δs_i es pequeña, entonces cuando la partícula se mueve de P_{i-1} a P_i a lo largo de la curva, avanza aproximadamente en la dirección de $\mathbf{T}(t_i^*)$, el vector tangente unitario en P_i^*. Así, el trabajo realizado por la fuerza $\mathbf{F}$ para mover la partícula de P_{i-1} a P_i es aproximadamente

$$\mathbf{F}(x_i^*, y_i^*, z_i^*) \cdot [\Delta s_i \, \mathbf{T}(t_i^*)] = [\mathbf{F}(x_i^*, y_i^*, z_i^*) \cdot \mathbf{T}(t_i^*)] \, \Delta s_i$$

y el trabajo total realizado para mover la partícula a lo largo de C es de manera aproximada

$$\boxed{11} \qquad \sum_{i=1}^{n} [\mathbf{F}(x_i^*, y_i^*, z_i^*) \cdot \mathbf{T}(x_i^*, y_i^*, z_i^*)] \, \Delta s_i$$

donde $\mathbf{T}(x, y, z)$ es el vector tangente unitario en el punto (x, y, z) en C. De manera intuitiva se advierte que estas aproximaciones deben mejorar a medida que n aumenta. Por lo tanto, el **trabajo** W realizado por el campo de fuerzas $\mathbf{F}$ se define como el límite de las sumas de Riemann en la ecuación (11), es decir,

$$\boxed{12} \qquad W = \int_C \mathbf{F}(x, y, z) \cdot \mathbf{T}(x, y, z) \, ds = \int_C \mathbf{F} \cdot \mathbf{T} \, ds$$

La ecuación 12 indica que *el trabajo es la integral de línea con respecto a la longitud de arco del componente tangencial de la fuerza*.

Si la curva C está dada por la ecuación vectorial $\mathbf{r}(t) = x(t)\,\mathbf{i} + y(t)\,\mathbf{j} + z(t)\,\mathbf{k}$, entonces $\mathbf{T}(t) = \mathbf{r}'(t)/|\mathbf{r}'(t)|$, así que usando la ecuación 9 se puede reescribir la ecuación 12 en la forma

$$W = \int_a^b \left[\mathbf{F}(\mathbf{r}(t)) \cdot \frac{\mathbf{r}'(t)}{|\mathbf{r}'(t)|} \right] |\mathbf{r}'(t)| \, dt = \int_a^b \mathbf{F}(\mathbf{r}(t)) \cdot \mathbf{r}'(t) \, dt$$

Esta integral suele abreviarse así: $\int_C \mathbf{F} \cdot d\mathbf{r}$ y se usa también en otras áreas de la física. En consecuencia, se da la definición siguiente de la integral de línea de *cualquier* campo vectorial continuo.

$\boxed{13}$ **Definición** Sea $\mathbf{F}$ un campo vectorial continuo definido en una curva suave C dada por una función vectorial $\mathbf{r}(t)$, $a \leq t \leq b$. Entonces, la **integral de línea de $\mathbf{F}$ a lo largo de C** es

$$\int_C \mathbf{F} \cdot d\mathbf{r} = \int_a^b \mathbf{F}(\mathbf{r}(t)) \cdot \mathbf{r}'(t) \, dt = \int_C \mathbf{F} \cdot \mathbf{T} \, ds$$

Al utilizar la definición 13, recuerde que $\mathbf{F}(\mathbf{r}(t))$ es solo una abreviatura del campo vectorial $\mathbf{F}(x(t), y(t), z(t))$, por lo que $\mathbf{F}(\mathbf{r}(t))$ se evalúa poniendo simplemente $x = x(t)$, $y = y(t)$ y $z = z(t)$ en la expresión para $\mathbf{F}(x, y, z)$. Observe también que se puede escribir formalmente $d\mathbf{r} = \mathbf{r}'(t)\, dt$.

En la figura 13 se muestra el campo de fuerzas y la curva del ejemplo 7. El trabajo realizado es negativo porque el campo impide el movimiento a lo largo de la curva.

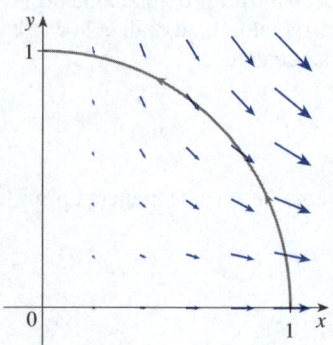

FIGURA 13

En la figura 14 se muestra la cúbica torcida C del ejemplo 8 y algunos vectores típicos que actúan en tres puntos en C.

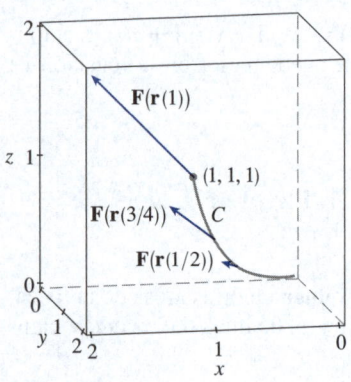

FIGURA 14

EJEMPLO 7 Calcule el trabajo realizado por el campo de fuerzas $\mathbf{F}(x, y) = x^2\,\mathbf{i} - xy\,\mathbf{j}$ para mover una partícula a lo largo del cuarto de la circunferencia $\mathbf{r}(t) = \cos t\,\mathbf{i} + \operatorname{sen} t\,\mathbf{j}$, $0 \le t \le \pi/2$.

SOLUCIÓN Como $x = \cos t$ y $y = \operatorname{sen} t$, se tiene

$$\mathbf{F}(\mathbf{r}(t)) = \cos^2 t\,\mathbf{i} - \cos t \operatorname{sen} t\,\mathbf{j}$$

y

$$\mathbf{r}'(t) = -\operatorname{sen} t\,\mathbf{i} + \cos t\,\mathbf{j}$$

Por lo tanto, el trabajo realizado es

$$\int_C \mathbf{F} \cdot d\mathbf{r} = \int_0^{\pi/2} \mathbf{F}(\mathbf{r}(t)) \cdot \mathbf{r}'(t)\,dt = \int_0^{\pi/2} (-\cos^2 t \operatorname{sen} t - \cos^2 t \operatorname{sen} t)\,dt$$

$$= \int_0^{\pi/2} (-2\cos^2 t \operatorname{sen} t)\,dt = 2\,\frac{\cos^3 t}{3}\Big]_0^{\pi/2} = -\frac{2}{3} \qquad \blacksquare$$

NOTA Aunque $\int_C \mathbf{F} \cdot d\mathbf{r} = \int_C \mathbf{F} \cdot \mathbf{T}\,ds$ y las integrales con respecto a la longitud de arco no cambian cuando se invierte la orientación, sigue siendo válido que

$$\int_{-C} \mathbf{F} \cdot d\mathbf{r} = -\int_C \mathbf{F} \cdot d\mathbf{r}$$

porque el vector tangente unitario $\mathbf{T}$ es reemplazado por su negativo cuando C es reemplazada por $-C$.

EJEMPLO 8 Evalúe $\int_C \mathbf{F} \cdot d\mathbf{r}$, donde $\mathbf{F}(x, y, z) = xy\,\mathbf{i} + yz\,\mathbf{j} + zx\,\mathbf{k}$ y C es la cúbica torcida dada por

$$x = t \qquad y = t^2 \qquad z = t^3 \qquad 0 \le t \le 1$$

SOLUCIÓN Se tiene

$$\mathbf{r}(t) = t\,\mathbf{i} + t^2\,\mathbf{j} + t^3\,\mathbf{k}$$

$$\mathbf{r}'(t) = \mathbf{i} + 2t\,\mathbf{j} + 3t^2\,\mathbf{k}$$

$$\mathbf{F}(\mathbf{r}(t)) = t^3\,\mathbf{i} + t^5\,\mathbf{j} + t^4\,\mathbf{k}$$

Por lo tanto, $\quad \displaystyle\int_C \mathbf{F} \cdot d\mathbf{r} = \int_0^1 \mathbf{F}(\mathbf{r}(t)) \cdot \mathbf{r}'(t)\,dt$

$$= \int_0^1 (t^3 + 5t^6)\,dt = \frac{t^4}{4} + \frac{5t^7}{7}\Big]_0^1 = \frac{27}{28}$$

Por último, se observa la relación entre integrales de línea de campos vectoriales e integrales de línea de campos escalares. Suponga que el campo vectorial $\mathbf{F}$ en $\mathbb{R}^3$ está dado en forma de componentes por la ecuación $\mathbf{F} = P\,\mathbf{i} + Q\,\mathbf{j} + R\,\mathbf{k}$. Se usa la definición 13 para calcular su integral de línea a lo largo de C:

$$\int_C \mathbf{F} \cdot d\mathbf{r} = \int_a^b \mathbf{F}(\mathbf{r}(t)) \cdot \mathbf{r}'(t)\,dt$$

$$= \int_a^b (P\,\mathbf{i} + Q\,\mathbf{j} + R\,\mathbf{k}) \cdot (x'(t)\,\mathbf{i} + y'(t)\,\mathbf{j} + z'(t)\,\mathbf{k})\,dt$$

$$= \int_a^b \left[P(x(t), y(t), z(t))\,x'(t) + Q(x(t), y(t), z(t))\,y'(t) + R(x(t), y(t), z(t))\,z'(t) \right]dt$$

Pero esta última integral es precisamente la integral de línea en la ecuación (10). Por consiguiente, se tiene

$$\int_C \mathbf{F} \cdot d\mathbf{r} = \int_C P\, dx + Q\, dy + R\, dz \quad \text{donde } \mathbf{F} = P\,\mathbf{i} + Q\,\mathbf{j} + R\,\mathbf{k}$$

Por ejemplo, la integral $\int_C y\, dx + z\, dy + x\, dz$ en el ejemplo 6 podría expresarse como $\int_C \mathbf{F} \cdot d\mathbf{r}$ donde

$$\mathbf{F}(x, y, z) = y\,\mathbf{i} + z\,\mathbf{j} + x\,\mathbf{k}$$

Un resultado similar es válido para los campos vectoriales $\mathbf{F}$ en $\mathbb{R}^2$:

$$\boxed{14} \qquad \int_C \mathbf{F} \cdot d\mathbf{r} = \int_C P\, dx + Q\, dy$$

donde $\mathbf{F} = P\,\mathbf{i} + Q\,\mathbf{j}$.

16.2 | Ejercicios

1-8 Evalúe la integral de línea, donde C es la curva plana dada.

1. $\int_C y\, ds$, $\quad C: x = t^2,\ y = 2t,\ 0 \leq t \leq 3$

2. $\int_C (x/y)\, ds$, $\quad C: x = t^3,\ y = t^4,\ 1 \leq t \leq 2$

3. $\int_C xy^4\, ds$, $\quad C$ es la mitad derecha de la circunferencia $x^2 + y^2 = 16$

4. $\int_C xe^y\, ds$, $\quad C$ es el segmento de recta de $(2, 0)$ a $(5, 4)$

5. $\int_C (x^2 y + \operatorname{sen} x)\, dy$,
C es el arco de la parábola $y = x^2$ de $(0, 0)$ a (π, π^2)

6. $\int_C e^x\, dx$,
C es el arco de la curva $x = y^3$ de $(-1, -1)$ a $(1, 1)$

7. $\int_C (x + 2y)\, dx + x^2\, dy$

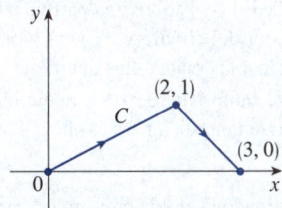

8. $\int_C x^2\, dx + y^2\, dy$

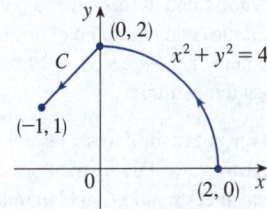

9-18 Evalúe la integral de línea, donde C es la curva en el espacio dada

9. $\int_C x^2 y\, ds$,
$C: x = \cos t,\ y = \operatorname{sen} t,\ z = t,\ 0 \leq t \leq \pi/2$

10. $\int_C y^2 z\, ds$,
C es el segmento de recta de $(3, 1, 2)$ a $(1, 2, 5)$

11. $\int_C xe^{yz}\, ds$,
C es el segmento de recta de $(0, 0, 0)$ a $(1, 2, 3)$

12. $\int_C (x^2 + y^2 + z^2)\, ds$,
$C: x = t,\ y = \cos 2t,\ z = \operatorname{sen} 2t,\ 0 \leq t \leq 2\pi$

13. $\int_C xye^{yz}\, dy$, $\quad C: x = t,\ y = t^2,\ z = t^3,\ 0 \leq t \leq 1$

14. $\int_C ye^z\, dz + x \ln x\, dy - y\, dx$,
$C: x = e^t,\ y = 2t,\ z = \ln t,\ 1 \leq t \leq 2$

15. $\int_C z\, dx + xy\, dy + y^2\, dz$,
$C: x = \operatorname{sen} t,\ y = \cos t,\ z = \tan t,\ -\pi/4 \leq t \leq \pi/4$

16. $\int_C y\, dx + z\, dy + x\, dz$,
$C: x = \sqrt{t},\ y = t,\ z = t^2,\ 1 \leq t \leq 4$

17. $\int_C z^2\, dx + x^2\, dy + y^2\, dz$,
C es el segmento de recta de $(1, 0, 0)$ a $(4, 1, 2)$

18. $\int_C (y + z)\, dx + (x + z)\, dy + (x + y)\, dz$,
C está compuesta por segmentos de recta de $(0, 0, 0)$ a $(1, 0, 1)$ y de $(1, 0, 1)$ a $(0, 1, 2)$

19. Sea **F** el campo vectorial que se muestra en la figura.

   (a) Si C_1 es el segmento de recta vertical de $(-3, -3)$ a $(-3, 3)$, determine si $\int_{C_1} \mathbf{F} \cdot d\mathbf{r}$ es positiva, negativa o cero.

   (b) Si C_2 es el círculo orientado en sentido contrario a las manecillas del reloj, con radio 3 y centro en el origen, determine si $\int_{C_2} \mathbf{F} \cdot d\mathbf{r}$ es positiva, negativa o cero.

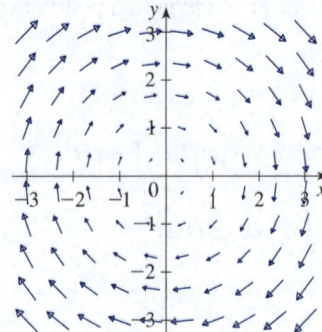

20. En la figura se muestra un campo vectorial **F** y dos curvas C_1 y C_2. ¿Las integrales de línea de **F** sobre C_1 y C_2 son positivas, negativas o cero? Explique su respuesta.

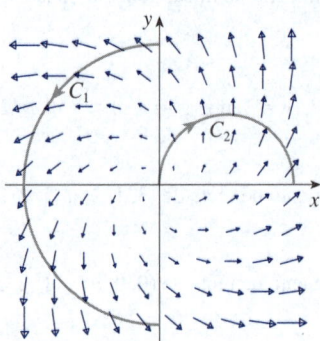

21-24 Evalúe la integral de línea $\int_C \mathbf{F} \cdot d\mathbf{r}$, donde C está dada por la función vectorial $\mathbf{r}(t)$.

21. $\mathbf{F}(x, y) = xy^2\,\mathbf{i} - x^2\,\mathbf{j}$,
$\mathbf{r}(t) = t^3\,\mathbf{i} + t^2\,\mathbf{j}, \quad 0 \le t \le 1$

22. $\mathbf{F}(x, y, z) = (x + y^2)\,\mathbf{i} + xz\,\mathbf{j} + (y + z)\,\mathbf{k}$,
$\mathbf{r}(t) = t^2\,\mathbf{i} + t^3\,\mathbf{j} - 2t\,\mathbf{k}, \quad 0 \le t \le 2$

23. $\mathbf{F}(x, y, z) = \operatorname{sen} x\,\mathbf{i} + \cos y\,\mathbf{j} + xz\,\mathbf{k}$,
$\mathbf{r}(t) = t^3\,\mathbf{i} - t^2\,\mathbf{j} + t\,\mathbf{k}, \quad 0 \le t \le 1$

24. $\mathbf{F}(x, y, z) = xz\,\mathbf{i} + z^3\,\mathbf{j} + y\,\mathbf{k}$,
$\mathbf{r}(t) = e^t\,\mathbf{i} + e^{2t}\,\mathbf{j} + e^{-t}\,\mathbf{k}, \quad -1 \le t \le 1$

T **25-28** Use una calculadora o computadora para evaluar la integral de línea con cuatro decimales de precisión.

25. $\int_C \mathbf{F} \cdot d\mathbf{r}$, donde $\mathbf{F}(x, y) = \sqrt{x + y}\,\mathbf{i} + (y/x)\,\mathbf{j}$ y
$\mathbf{r}(t) = \operatorname{sen}^2 t\,\mathbf{i} + \operatorname{sen} t \cos t\,\mathbf{j}, \quad \pi/6 \le t \le \pi/3$

26. $\int_C \mathbf{F} \cdot d\mathbf{r}$, donde $\mathbf{F}(x, y, z) = yze^x\,\mathbf{i} + zxe^y\,\mathbf{j} + xye^z\,\mathbf{k}$ y
$\mathbf{r}(t) = \operatorname{sen} t\,\mathbf{i} + \cos t\,\mathbf{j} + \tan t\,\mathbf{k}, \quad 0 \le t \le \pi/4$

27. $\int_C xy \arctan z\,ds$, donde C tiene ecuaciones paramétricas
$x = t^2,\, y = t^3,\, z = \sqrt{t}, \quad 1 \le t \le 2$

28. $\int_C z \ln(x + y)\,ds$, donde C tiene ecuaciones paramétricas
$x = 1 + 3t,\, y = 2 + t^2,\, z = t^4, \quad -1 \le t \le 1$

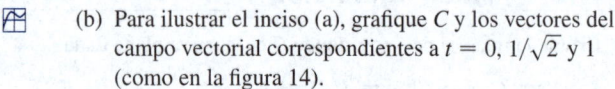 **29-30** Use una gráfica del campo vectorial **F** y la curva C para conjeturar si la integral de línea **F** en C es positiva, negativa o cero. Evalúe después la integral de línea.

29. $\mathbf{F}(x, y) = (x - y)\,\mathbf{i} + xy\,\mathbf{j}$,
C es el arco del círculo $x^2 + y^2 = 4$ descrito en sentido contrario a las manecillas del reloj de $(2, 0)$ a $(0, -2)$

30. $\mathbf{F}(x, y) = \dfrac{x}{\sqrt{x^2 + y^2}}\,\mathbf{i} + \dfrac{y}{\sqrt{x^2 + y^2}}\,\mathbf{j}$,

   C es la parábola $y = 1 + x^2$ de $(-1, 2)$ a $(1, 2)$

---

31. (a) Evalúe la integral de línea $\int_C \mathbf{F} \cdot d\mathbf{r}$, donde
$\mathbf{F}(x, y) = e^{x-1}\,\mathbf{i} + xy\,\mathbf{j}$ y C está dada por $\mathbf{r}(t) = t^2\,\mathbf{i} + t^3\,\mathbf{j}$,
$0 \le t \le 1$.

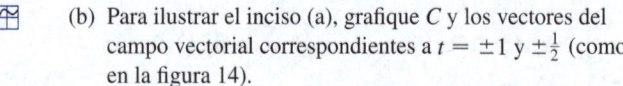   (b) Para ilustrar el inciso (a), grafique C y los vectores del campo vectorial correspondientes a $t = 0$, $1/\sqrt{2}$ y 1 (como en la figura 14).

32. (a) Evalúe la integral de línea $\int_C \mathbf{F} \cdot d\mathbf{r}$, donde
$\mathbf{F}(x, y, z) = x\,\mathbf{i} - z\,\mathbf{j} + y\,\mathbf{k}$ y C está dada por
$\mathbf{r}(t) = 2t\,\mathbf{i} + 3t\,\mathbf{j} - t^2\,\mathbf{k}, -1 \le t \le 1$.

   (b) Para ilustrar el inciso (a), grafique C y los vectores del campo vectorial correspondientes a $t = \pm1$ y $\pm\frac{1}{2}$ (como en la figura 14).

T **33.** Use un sistema algebraico computacional para determinar el valor exacto de $\int_C x^3 y^2 z\,ds$, donde C es la curva con ecuaciones paramétricas $x = e^{-t}\cos 4t$, $y = e^{-t}\operatorname{sen} 4t$, $z = e^{-t}$, $0 \le t \le 2\pi$.

34. (a) Calcule el trabajo realizado por el campo de fuerzas $\mathbf{F}(x, y) = x^2\,\mathbf{i} + xy\,\mathbf{j}$ sobre una partícula que se mueve una vez alrededor del círculo $x^2 + y^2 = 4$ orientado en sentido contrario a las manecillas del reloj.

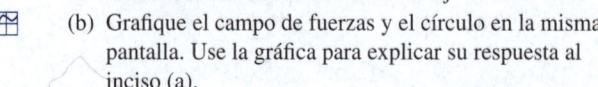   (b) Grafique el campo de fuerzas y el círculo en la misma pantalla. Use la gráfica para explicar su respuesta al inciso (a).

35. Un alambre delgado se dobla en forma de un semicírculo $x^2 + y^2 = 4$, $x \ge 0$. Si la densidad lineal es una constante k, determine la masa y el centro de masa del alambre.

36. Un alambre delgado tiene la forma de la parte del primer cuadrante del círculo, con centro en el origen y radio a. Si la función de densidad es $\rho(x, y) = kxy$, calcule la masa y el centro de masa del alambre.

37. (a) Escriba las fórmulas similares a las ecuaciones 4 para el centro de masa $(\overline{x}, \overline{y}, \overline{z})$ de un alambre delgado en forma de una curva en el espacio C si el alambre tiene una función de densidad $\rho(x, y, z)$.

(b) Determine el centro de masa de un alambre en forma de la hélice $x = 2\,\text{sen}\,t$, $y = 2\cos t$, $z = 3t$, $0 \le t \le 2\pi$, si la densidad es una constante k.

38. Encuentre la masa y el centro de masa de un alambre en forma de la hélice $x = t$, $y = \cos t$, $z = \text{sen}\,t$, $0 \le t \le 2\pi$ si la densidad en cualquier punto es igual al cuadrado de la distancia desde el origen.

39. Si un alambre con densidad lineal $\rho(x, y)$ se tiende a lo largo de una curva plana C, sus **momentos de inercia** alrededor de los ejes x y y se definen como

$$I_x = \int_C y^2 \rho(x, y)\, ds \qquad I_y = \int_C x^2 \rho(x, y)\, ds$$

Determine los momentos de inercia para el alambre del ejemplo 3.

40. Si un alambre con densidad lineal $\rho(x, y, z)$ se tiende a lo largo de una curva en el espacio C, sus **momentos de inercia** alrededor de los ejes x, y y z se definen como

$$I_x = \int_C (y^2 + z^2)\rho(x, y, z)\, ds$$

$$I_y = \int_C (x^2 + z^2)\rho(x, y, z)\, ds$$

$$I_z = \int_C (x^2 + y^2)\rho(x, y, z)\, ds$$

Determine los momentos de inercia para el alambre del ejercicio 37(b).

41. Calcule el trabajo realizado por el campo de fuerzas

$$\mathbf{F}(x, y) = x\,\mathbf{i} + (y + 2)\,\mathbf{j}$$

para mover un objeto a lo largo de un arco del cicloide

$$\mathbf{r}(t) = (t - \text{sen}\,t)\,\mathbf{i} + (1 - \cos t)\,\mathbf{j} \qquad 0 \le t \le 2\pi$$

42. Calcule el trabajo realizado por el campo de fuerzas $\mathbf{F}(x, y) = x^2\,\mathbf{i} + ye^x\,\mathbf{j}$ sobre una partícula que se mueve a lo largo de la parábola $x = y^2 + 1$ de $(1, 0)$ a $(2, 1)$.

43. Encuentre el trabajo realizado por el campo de fuerzas

$$\mathbf{F}(x, y, z) = \langle x - y^2, y - z^2, z - x^2 \rangle$$

sobre una partícula que se mueve a lo largo del segmento de recta de $(0, 0, 1)$ a $(2, 1, 0)$.

44. La fuerza ejercida por una carga eléctrica en el origen sobre una partícula cargada en un punto (x, y, z) con vector de posición $\mathbf{r} = \langle x, y, z \rangle$ es $\mathbf{F}(\mathbf{r}) = K\mathbf{r}/|\mathbf{r}|^3$, donde K es una constante. (Vea el ejemplo 16.1.5). Calcule el trabajo realizado cuando la partícula se mueve a lo largo de una recta de $(2, 0, 0)$ a $(2, 1, 5)$.

45. La posición de un objeto con masa m en el tiempo t es $\mathbf{r}(t) = at^2\,\mathbf{i} + bt^3\,\mathbf{j}$, $0 \le t \le 1$.

(a) ¿Cuál es la fuerza que actúa sobre el objeto en el tiempo t?

(b) ¿Cuál es el trabajo realizado por la fuerza durante el intervalo $0 \le t \le 1$?

46. Un objeto con masa m se mueve con función de posición $\mathbf{r}(t) = a\,\text{sen}\,t\,\mathbf{i} + b\cos t\,\mathbf{j} + ct\,\mathbf{k}$, $0 \le t \le \pi/2$. Calcule el trabajo realizado sobre el objeto durante este periodo.

47. Un hombre que pesa 72.5 kg sube una lata de pintura de 11 kg por una escalera de caracol que rodea un silo con un radio de 6 m. Si el silo mide 27 m de alto y el hombre hace exactamente tres revoluciones completas para llegar a la cima, ¿cuánto trabajo realiza contra la gravedad?

48. Suponga que hay un agujero en la lata de pintura del ejercicio 47 y que 4 kg de pintura se derraman constantemente de la lata durante el ascenso del hombre. ¿Cuánto trabajo se realiza?

49. (a) Demuestre que el valor del trabajo que un campo de fuerzas constante hace sobre una partícula que se mueve una vez de manera uniforme alrededor del círculo $x^2 + y^2 = 1$ es cero.

(b) ¿Esto también es válido para un campo de fuerzas $\mathbf{F}(\mathbf{x}) = k\mathbf{x}$, donde k es una constante y $\mathbf{x} = \langle x, y \rangle$?

50. La base de una cerca circular con radio de 10 m está dada por $x = 10\cos t$, $y = 10\,\text{sen}\,t$. La altura de la cerca en la posición (x, y) está dada por la función $h(x, y) = 4 + 0.01(x^2 - y^2)$, de manera que la altura varía de 3 a 5 m. Suponga que 1 L de pintura cubre 100 m². Dibuje la cerca y determine cuánta pintura necesitará si pinta ambos lados de la cerca.

51. Si C es una curva suave dada por la función vectorial $\mathbf{r}(t)$, $a \le t \le b$ y $\mathbf{v}$ es un vector constante, demuestre que

$$\int_C \mathbf{v} \cdot d\mathbf{r} = \mathbf{v} \cdot [\mathbf{r}(b) - \mathbf{r}(a)]$$

52. Si C es una curva suave dada por la función vectorial $\mathbf{r}(t)$, $a \le t \le b$, demuestre que

$$\int_C \mathbf{r} \cdot d\mathbf{r} = \tfrac{1}{2}\big[\,|\mathbf{r}(b)|^2 - |\mathbf{r}(a)|^2\,\big]$$

53. Un objeto se mueve a lo largo de la curva C que se muestra en la figura, de $(1, 2)$ a $(9, 8)$. Las longitudes de los vectores en el campo de fuerzas $\mathbf{F}$ se miden en newtons por las escalas de los ejes. Estime el trabajo realizado por $\mathbf{F}$ sobre el objeto.

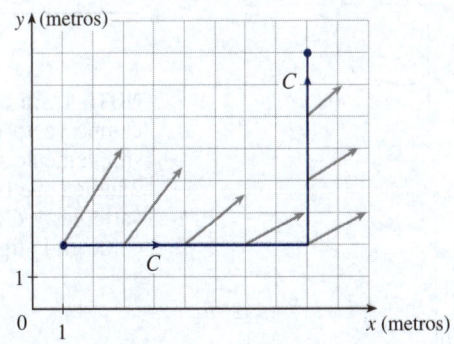

54. Experimentos demuestran que una corriente constante I en un alambre largo produce un campo magnético $\mathbf{B}$ que es tangente a cualquier círculo situado en el plano perpendicular al alambre y cuyo centro es el eje del alambre (como en la figura). La *ley de Ampère* relaciona la corriente eléctrica con sus efectos magnéticos y establece que

$$\int_C \mathbf{B} \cdot d\mathbf{r} = \mu_0 I$$

donde I es la corriente neta que pasa por cualquier superficie acotada por una curva cerrada C y μ_0 es una constante llamada permeabilidad del espacio libre. Tomando C como un círculo con radio r, demuestre que la magnitud $B = |\mathbf{B}|$ del campo magnético a una distancia r del centro del alambre es

$$B = \frac{\mu_0 I}{2\pi r}$$

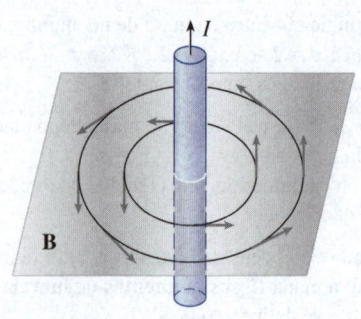

16.3 | Teorema fundamental para integrales de línea

Recuerde que en la sección 5.3 se explicó que la parte 2 del teorema fundamental del cálculo puede escribirse como

$$\boxed{1} \qquad \int_a^b F'(x)\, dx = F(b) - F(a)$$

donde F' es continua en $[a, b]$. En la ecuación 1 se indica que para evaluar la integral definida de F' en $[a, b]$ solo es necesario conocer los valores de F en a y b, los puntos frontera del intervalo. En esta sección se formula un resultado semejante para integrales de línea.

■ Teorema fundamental para integrales de línea

Si se concibe al vector gradiente ∇f de una función f de dos o tres variables como un tipo de derivada de f, el siguiente teorema puede considerarse una versión del teorema fundamental para integrales de línea.

> **2 Teorema** Sea C una curva suave dada por la función vectorial $\mathbf{r}(t)$, $a \le t \le b$. Sea f una función derivable de dos o tres variables cuyo vector gradiente ∇f es continuo en C. Entonces
>
> $$\int_C \nabla f \cdot d\mathbf{r} = f(\mathbf{r}(b)) - f(\mathbf{r}(a))$$

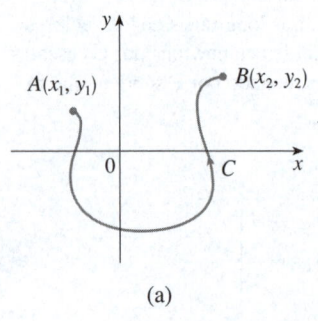

(a)

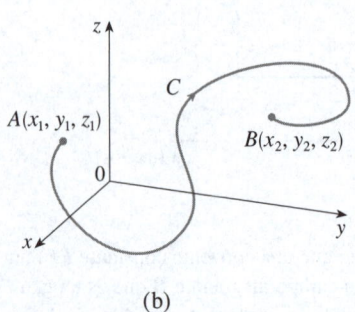

(b)

FIGURA 1

NOTA 1 En el teorema 2 se establece que se puede evaluar la integral de línea de un campo vectorial conservativo (el campo vectorial gradiente de la función potencial f) simplemente si se conoce el valor de f en los puntos frontera de C. De hecho, el teorema 2 indica que la integral de línea de ∇f es el cambio neto en f. Si f es una función de dos variables y C es una curva plana con punto inicial $A(x_1, y_1)$ y punto terminal $B(x_2, y_2)$, como en la figura 1(a), el teorema 2 se convierte en

$$\int_C \nabla f \cdot d\mathbf{r} = f(x_2, y_2) - f(x_1, y_1)$$

Si f es una función de tres variables y C es la curva en el espacio que une al punto $A(x_1, y_1, z_1)$ con el punto $B(x_2, y_2, z_2)$, como en la figura 1(b), se tiene

$$\int_C \nabla f \cdot d\mathbf{r} = f(x_2, y_2, z_2) - f(x_1, y_1, z_1)$$

NOTA 2 De acuerdo con las hipótesis del teorema 2, si C_1 y C_2 son curvas suaves con los mismos puntos iniciales y terminales, se puede concluir que

$$\int_{C_1} \nabla f \cdot d\mathbf{r} = \int_{C_2} \nabla f \cdot d\mathbf{r}$$

Se demuestra el teorema 2 para el caso en el que f es una función de tres variables.

DEMOSTRACIÓN DEL TEOREMA 2 Cuando se usa la definición 16.2.13, se tiene

$$\int_C \nabla f \cdot d\mathbf{r} = \int_a^b \nabla f(\mathbf{r}(t)) \cdot \mathbf{r}'(t)\, dt$$

$$= \int_a^b \left(\frac{\partial f}{\partial x}\frac{dx}{dt} + \frac{\partial f}{\partial y}\frac{dy}{dt} + \frac{\partial f}{\partial z}\frac{dz}{dt} \right) dt$$

$$= \int_a^b \frac{d}{dt} f(\mathbf{r}(t))\, dt \qquad \text{(por la regla de la cadena)}$$

$$= f(\mathbf{r}(b)) - f(\mathbf{r}(a))$$

El último paso se desprende del teorema fundamental del cálculo (ecuación 1). ∎

NOTA 3 Aunque se ha demostrado el teorema 2 para curvas suaves, también es válido para curvas suaves por partes. Esto se observa al subdividir C en un número finito de curvas suaves y sumar las integrales resultantes.

EJEMPLO 1 Determine el trabajo realizado por el campo gravitacional

$$\mathbf{F}(\mathbf{x}) = -\frac{mMG}{|\mathbf{x}|^3}\, \mathbf{x}$$

para mover una partícula con masa m del punto $(3, 4, 12)$ al punto $(2, 2, 0)$ a lo largo de una curva suave por partes C (vea el ejemplo 16.1.4).

SOLUCIÓN Por la sección 16.1 se sabe que $\mathbf{F}$ es un campo vectorial conservativo y que, de hecho, $\mathbf{F} = \nabla f$, donde

$$f(x, y, z) = \frac{mMG}{\sqrt{x^2 + y^2 + z^2}}$$

Por consiguiente, por el teorema 2, el trabajo realizado es

$$W = \int_C \mathbf{F} \cdot d\mathbf{r} = \int_C \nabla f \cdot d\mathbf{r}$$

$$= f(2, 2, 0) - f(3, 4, 12)$$

$$= \frac{mMG}{\sqrt{2^2 + 2^2}} - \frac{mMG}{\sqrt{3^2 + 4^2 + 12^2}} = mMG\left(\frac{1}{2\sqrt{2}} - \frac{1}{13} \right) \qquad ■$$

■ Independencia de la trayectoria

Suponga que C_1 y C_2 son dos curvas suaves por partes (llamadas **trayectorias**) que tienen el mismo punto inicial A y el mismo punto terminal B. Se sabe por el ejemplo 16.2.4 que, en general, $\int_{C_1} \mathbf{F} \cdot d\mathbf{r} \neq \int_{C_2} \mathbf{F} \cdot d\mathbf{r}$. Pero en la nota 2 se observó que

$$\int_{C_1} \nabla f \cdot d\mathbf{r} = \int_{C_2} \nabla f \cdot d\mathbf{r}$$

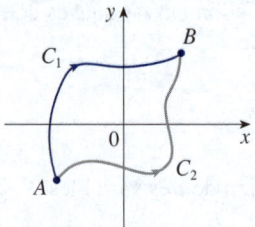

FIGURA 2

$$\int_{C_1} \nabla f \cdot d\mathbf{r} = \int_{C_2} \nabla f \cdot d\mathbf{r}$$

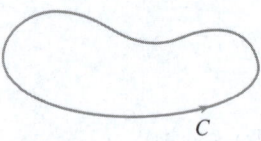

FIGURA 3

Una curva cerrada.

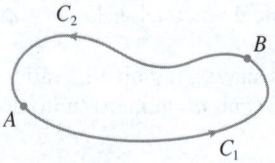

FIGURA 4

siempre que ∇f es continua (vea la figura 2). En otras palabras, la integral de línea de un campo vectorial *conservativo* solo depende del punto inicial y el punto terminal de una curva.

En general, si $\mathbf{F}$ es un campo vectorial continuo con dominio D, se dice que la integral de línea $\int_C \mathbf{F} \cdot d\mathbf{r}$ es **independiente de la trayectoria** si $\int_{C_1} \mathbf{F} \cdot d\mathbf{r} = \int_{C_2} \mathbf{F} \cdot d\mathbf{r}$ para cualesquiera dos trayectorias C_1 y C_2 en D que tienen los mismos puntos iniciales y los mismos puntos terminales. Con esta terminología se puede decir que las *integrales de línea de campos vectoriales conservativos son independientes de la trayectoria*.

Una curva se llama **cerrada** si su punto terminal coincide con su punto inicial, es decir $\mathbf{r}(b) = \mathbf{r}(a)$ (vea la figura 3). Si $\int_C \mathbf{F} \cdot d\mathbf{r}$ es independiente de la trayectoria en D y C es cualquier trayectoria cerrada en D, se pueden elegir dos puntos cualesquiera A y B en C y considerar a C como compuesta por la trayectoria C_1 de A a B seguida por la trayectoria C_2 de B a A (vea la figura 4). Así pues,

$$\int_C \mathbf{F} \cdot d\mathbf{r} = \int_{C_1} \mathbf{F} \cdot d\mathbf{r} + \int_{C_2} \mathbf{F} \cdot d\mathbf{r} = \int_{C_1} \mathbf{F} \cdot d\mathbf{r} - \int_{-C_2} \mathbf{F} \cdot d\mathbf{r} = 0$$

ya que C_1 y $-C_2$ tienen los mismos puntos inicial y terminal.

A la inversa, si es cierto que $\int_C \mathbf{F} \cdot d\mathbf{r} = 0$ siempre que C es una trayectoria cerrada en D, la independencia de la trayectoria se demuestra como sigue. Tome dos trayectorias cualesquiera C_1 y C_2 de A a B en D y defina C como la curva compuesta por C_1 seguida de $-C_2$. Entonces

$$0 = \int_C \mathbf{F} \cdot d\mathbf{r} = \int_{C_1} \mathbf{F} \cdot d\mathbf{r} + \int_{-C_2} \mathbf{F} \cdot d\mathbf{r} = \int_{C_1} \mathbf{F} \cdot d\mathbf{r} - \int_{C_2} \mathbf{F} \cdot d\mathbf{r}$$

y, por lo tanto, $\int_{C_1} \mathbf{F} \cdot d\mathbf{r} = \int_{C_2} \mathbf{F} \cdot d\mathbf{r}$. Se ha demostrado así el teorema siguiente.

> **3** **Teorema** $\int_C \mathbf{F} \cdot d\mathbf{r}$ es independiente de la trayectoria en D si y solo si $\int_C \mathbf{F} \cdot d\mathbf{r} = 0$ para cada trayectoria cerrada C en D.

Como se sabe que la integral de línea de todo campo vectorial conservativo $\mathbf{F}$ es independiente de la trayectoria, de esto se desprende que $\int_C \mathbf{F} \cdot d\mathbf{r} = 0$ para cualquier trayectoria cerrada. La interpretación física es que el trabajo realizado por un campo de fuerzas conservativo (como el campo gravitacional o eléctrico de la sección 16.1), cuando mueve un objeto por una trayectoria cerrada, es 0.

En el siguiente teorema se establece que los *únicos* campos vectoriales que son independientes de la trayectoria son los conservativos. Esto se afirma y se demuestra para curvas planas, pero existe una versión similar para curvas en el espacio. Suponga que D es **abierta**, lo que significa que para cada punto P en D hay un disco con centro P que reside enteramente en D (así, D no contiene ninguno de sus puntos frontera). Además, suponga que D está **conectada**: esto significa que dos puntos cualesquiera en D pueden unirse por una trayectoria que resida en D.

> **4** **Teorema** Suponga que $\mathbf{F}$ es un campo vectorial continuo en una región abierta y conectada D. Si $\int_C \mathbf{F} \cdot d\mathbf{r}$ es independiente de la trayectoria en D, entonces $\mathbf{F}$ es un campo vectorial conservativo en D; es decir, existe una función f tal que $\nabla f = \mathbf{F}$.

DEMOSTRACIÓN Sea $A(a, b)$ un punto fijo en D. Se construye la función potencial f deseada al definir

$$f(x, y) = \int_{(a, b)}^{(x, y)} \mathbf{F} \cdot d\mathbf{r}$$

para cualquier punto (x, y) en D. Como $\int_C \mathbf{F} \cdot d\mathbf{r}$ es independiente de la trayectoria, no importa qué trayectoria C de (a, b) a (x, y) se use para evaluar $f(x, y)$. Dado que D

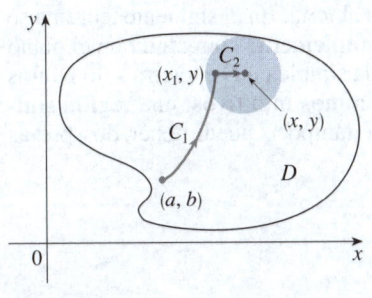

FIGURA 5

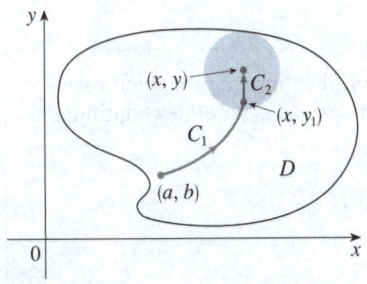

FIGURA 6

es abierta, existe un disco contenido en D con centro (x, y). Elija cualquier punto (x_1, y) en el disco con $x_1 < x$ y si C consta de cualquier trayectoria C_1 desde (a, b) hasta (x_1, y) seguida por el segmento de recta horizontal C_2 desde (x_1, y) hasta (x, y) (vea la figura 5). Entonces

$$f(x, y) = \int_{C_1} \mathbf{F} \cdot d\mathbf{r} + \int_{C_2} \mathbf{F} \cdot d\mathbf{r} = \int_{(a, b)}^{(x_1, y)} \mathbf{F} \cdot d\mathbf{r} + \int_{C_2} \mathbf{F} \cdot d\mathbf{r}$$

Observe que la primera de estas integrales no depende de x, por lo que

$$\frac{\partial}{\partial x} f(x, y) = 0 + \frac{\partial}{\partial x} \int_{C_2} \mathbf{F} \cdot d\mathbf{r}$$

Si se escribe $\mathbf{F} = P\,\mathbf{i} + Q\,\mathbf{j}$, entonces

$$\int_{C_2} \mathbf{F} \cdot d\mathbf{r} = \int_{C_2} P\, dx + Q\, dy$$

En C_2, y es constante, así que $dy = 0$. Usando t como el parámetro, donde $x_1 \leqslant t \leqslant x$, se tiene

$$\frac{\partial}{\partial x} f(x, y) = \frac{\partial}{\partial x} \int_{C_2} P\, dx + Q\, dy = \frac{\partial}{\partial x} \int_{x_1}^{x} P(t, y)\, dt = P(x, y)$$

por la parte 1 del teorema fundamental del cálculo (vea la sección 5.3). Un argumento similar, usando un segmento de recta vertical (vea la figura 6), demuestra que

$$\frac{\partial}{\partial y} f(x, y) = \frac{\partial}{\partial y} \int_{C_2} P\, dx + Q\, dy = \frac{\partial}{\partial y} \int_{y_1}^{y} Q(x, t)\, dt = Q(x, y)$$

Por lo tanto, $$\mathbf{F} = P\,\mathbf{i} + Q\,\mathbf{j} = \frac{\partial f}{\partial x}\mathbf{i} + \frac{\partial f}{\partial y}\mathbf{j} = \nabla f$$

lo que indica que $\mathbf{F}$ es conservativo.   ∎

Campos vectoriales conservativos y funciones potenciales

La pregunta persiste: ¿cómo se puede determinar si un campo vectorial $\mathbf{F}$ es conservativo o no? Y si se sabe que el campo $\mathbf{F}$ es conservativo, ¿cómo se encuentra una función potencial f?

Suponga que se sabe que $\mathbf{F} = P\,\mathbf{i} + Q\,\mathbf{j}$ es conservativo, donde P y Q tienen derivadas parciales continuas de primer orden. Entonces hay una función f tal que $\mathbf{F} = \nabla f$, es decir,

$$P = \frac{\partial f}{\partial x} \qquad y \qquad Q = \frac{\partial f}{\partial y}$$

Por lo tanto, por el teorema de Clairaut,

$$\frac{\partial P}{\partial y} = \frac{\partial^2 f}{\partial y\, \partial x} = \frac{\partial^2 f}{\partial x\, \partial y} = \frac{\partial Q}{\partial x}$$

> **5   Teorema** Si $\mathbf{F}(x, y) = P(x, y)\,\mathbf{i} + Q(x, y)\,\mathbf{j}$ es un campo vectorial conservativo, donde P y Q tienen derivadas parciales continuas de primer orden en un dominio D, entonces en todo D se tiene
>
> $$\frac{\partial P}{\partial y} = \frac{\partial Q}{\partial x}$$

La contraparte del teorema 5 es válida solo para un tipo especial de región. Para explicar esto, se necesita primero el concepto de **curva simple**, que es una curva que no se interseca en ningún punto entre sus puntos frontera. [Vea la figura 7; $\mathbf{r}(a) = \mathbf{r}(b)$ para una curva cerrada simple, pero $\mathbf{r}(t_1) \neq \mathbf{r}(t_2)$ cuando $a < t_1 < t_2 < b$].

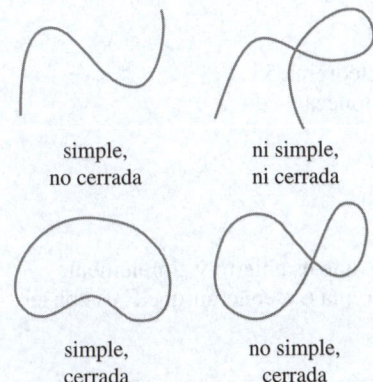

simple, no cerrada   ni simple, ni cerrada

simple, cerrada   no simple, cerrada

FIGURA 7
Tipos de curvas.

En el teorema 4 se necesitó una región conectada abierta. En el siguiente teorema se necesita una condición más rigurosa. Una **región simplemente conectada** en el plano es una región conectada D tal que cada curva cerrada simple en D encierra solo puntos que están en D. Observe en la figura 8 que, en términos intuitivos, una región simplemente conectada no contiene ningún agujero y tampoco puede tener dos piezas separadas.

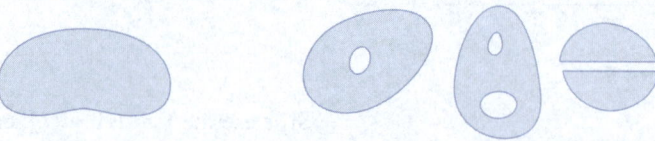

FIGURA 8   Región simplemente conectada.   Regiones que no están simplemente conectadas.

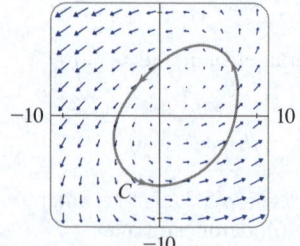

FIGURA 9

En las figuras 9 y 10 se muestran los campos vectoriales de los ejemplos 2(a) y 2(b), respectivamente. Todos los vectores de la figura 9 que parten de la curva cerrada C parecen apuntar de manera aproximada en la misma dirección que C. Así, parece que $\int_C \mathbf{F} \cdot d\mathbf{r} > 0$ y, por lo tanto, $\mathbf{F}$ no es conservativo. El cálculo en el ejemplo 2(a) confirma esta impresión. Algunos de los vectores cerca de las curvas C_1 y C_2 en la figura 10 apuntan aproximadamente en la misma dirección que las curvas, mientras que otros apuntan en la dirección contraria. Así, parece factible que las integrales de línea alrededor de todas las trayectorias cerradas son 0. En el ejemplo 2(b) se muestra que $\mathbf{F}$ es, en efecto, conservativo.

En términos de regiones simplemente conectadas, ahora se puede enunciar una recíproca parcial del teorema 5 que dé un método práctico y útil para verificar que un campo vectorial en $\mathbb{R}^2$ es conservativo. La demostración se presenta en la siguiente sección como consecuencia del teorema de Green.

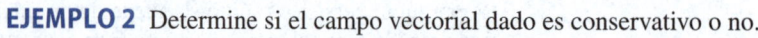

> **6** **Teorema** Sea $\mathbf{F} = P\,\mathbf{i} + Q\,\mathbf{j}$ un campo vectorial en una región abierta simplemente conectada D. Suponga que P y Q tienen derivadas parciales continuas de primer orden y que
>
> $$\frac{\partial P}{\partial y} = \frac{\partial Q}{\partial x} \quad \text{en toda } D$$
>
> Entonces $\mathbf{F}$ es conservativo.

EJEMPLO 2 Determine si el campo vectorial dado es conservativo o no.

(a) $\mathbf{F}(x, y) = (x - y)\,\mathbf{i} + (x - 2)\,\mathbf{j}$

(b) $\mathbf{F}(x, y) = (3 + 2xy)\,\mathbf{i} + (x^2 - 3y^2)\,\mathbf{j}$

SOLUCIÓN

(a) Sea $P(x, y) = x - y$ y $Q(x, y) = x - 2$. Entonces

$$\frac{\partial P}{\partial y} = -1 \qquad \frac{\partial Q}{\partial x} = 1$$

Como $\partial P/\partial y \neq \partial Q/\partial x$, $\mathbf{F}$ no es conservativo por el teorema 5.

(b) Sea $P(x, y) = 3 + 2xy$ y $Q(x, y) = x^2 - 3y^2$. Entonces

$$\frac{\partial P}{\partial y} = 2x = \frac{\partial Q}{\partial x}$$

Además, el dominio de $\mathbf{F}$ es todo el plano ($D = \mathbb{R}^2$), que es abierto y simplemente conectado. Por consiguiente, se puede aplicar el teorema 6 y concluir que $\mathbf{F}$ es conservativo. ∎

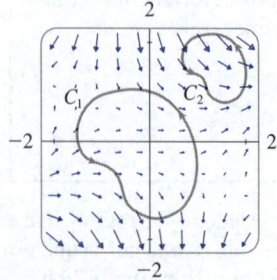

FIGURA 10

En el ejemplo 2(b), el teorema 6 indica que $\mathbf{F}$ es conservativo, pero no indica cómo hallar la función (potencial) f tal que $\mathbf{F} = \nabla f$. La demostración del teorema 4 da un indicio de cómo hallar f. Se usa "integración parcial", como en el siguiente ejemplo.

EJEMPLO 3 Si $\mathbf{F}(x, y) = (3 + 2xy)\,\mathbf{i} + (x^2 - 3y^2)\,\mathbf{j}$, halle una función f tal que $\mathbf{F} = \nabla f$.

SOLUCIÓN Por el ejemplo 2(b) se sabe que $\mathbf{F}$ es conservativo y, por lo tanto, existe una función f con $\nabla f = \mathbf{F}$, es decir,

$$\boxed{7} \qquad\qquad f_x(x, y) = 3 + 2xy$$

$$\boxed{8} \qquad\qquad f_y(x, y) = x^2 - 3y^2$$

Al integrar la ecuación (7) con respecto a x, se obtiene

$$\boxed{9} \qquad\qquad f(x, y) = 3x + x^2 y + g(y)$$

Observe que la constante de integración es una constante con respecto a x, es decir, una función de y, que se ha denominado $g(y)$. Ahora se derivan ambos miembros de la ecuación (9) con respecto a y:

$$\boxed{10} \qquad\qquad f_y(x, y) = x^2 + g'(y)$$

Al comparar las ecuaciones (8) y (10) se observa que

$$g'(y) = -3y^2$$

Al integrar con respecto a y, se tiene

$$g(y) = -y^3 + K$$

donde K es una constante. Al poner esto en la ecuación (9) se tiene

$$f(x, y) = 3x + x^2 y - y^3 + K$$

como la función potencial deseada. ∎

EJEMPLO 4 Evalúe la integral de línea $\int_C \mathbf{F} \cdot d\mathbf{r}$, donde

$$\mathbf{F}(x, y) = (3 + 2xy)\,\mathbf{i} + (x^2 - 3y^2)\,\mathbf{j}$$

y C es la curva dada por

$$\mathbf{r}(t) = e^t \operatorname{sen} t\,\mathbf{i} + e^t \cos t\,\mathbf{j} \qquad 0 \le t \le \pi$$

SOLUCIÓN 1 Por el ejemplo 2(b) se sabe que $\mathbf{F}$ es conservativo, por lo que se puede usar el teorema 2. En el ejemplo 3 se determinó que una función potencial de $\mathbf{F}$ era $f(x, y) = 3x + x^2 y - y^3$ (seleccionando $K = 0$). Según el teorema 2 es necesario conocer solo los puntos inicial y terminal de C, es decir, $\mathbf{r}(0) = (0, 1)$ y $\mathbf{r}(\pi) = (0, -e^\pi)$. Entonces

$$\int_C \mathbf{F} \cdot d\mathbf{r} = \int_C \nabla f \cdot d\mathbf{r} = f(0, -e^\pi) - f(0, 1) = e^{3\pi} - (-1) = e^{3\pi} + 1$$

Este método es mucho más corto que el método directo para evaluar integrales de línea que se estudió en la sección 16.2.

SOLUCIÓN 2 Debido a que $\mathbf{F}$ es conservativo, se sabe que $\int_C \mathbf{F} \cdot d\mathbf{r}$ es independiente de la trayectoria. Se reemplaza la curva C por otra curva (más simple) C_1 que tiene el mismo punto inicial y el mismo punto terminal que C. Sea C_1 el segmento de recta

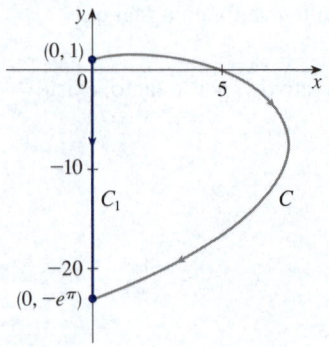

FIGURA 11

que va de $(0, 1)$ a $(0, -e^{\pi})$ como se muestra en la figura 11. Entonces C_1 está representado por

$$\mathbf{r}(t) = -t\mathbf{j} \qquad -1 \leq t \leq e^{\pi}$$

y

$$\int_C \mathbf{F} \cdot d\mathbf{r} = \int_{C_1} \mathbf{F} \cdot d\mathbf{r} = \int_{-1}^{e^{\pi}} \mathbf{F}(\mathbf{r}(t)) \cdot \mathbf{r}'(t)\, dt$$

$$= \int_{-1}^{e^{\pi}} (3\mathbf{i} - 3t^2\mathbf{j}) \cdot (-\mathbf{j})\, dt$$

$$= \int_{-1}^{e^{\pi}} 3t^2\, dt = t^3\Big|_{-1}^{e^{\pi}} = e^{3\pi} + 1 \qquad \blacksquare$$

Un criterio para determinar si un campo vectorial $\mathbf{F}$ en $\mathbb{R}^3$ es conservativo o no, se presenta en la sección 16.5. Mientras tanto, el siguiente ejemplo muestra que la técnica para determinar la función potencial es casi la misma que para campos vectoriales en $\mathbb{R}^2$.

EJEMPLO 5 Si $\mathbf{F}(x, y, z) = y^2\,\mathbf{i} + (2xy + e^{3z})\,\mathbf{j} + 3ye^{3z}\,\mathbf{k}$, determine una función f tal que $\nabla f = \mathbf{F}$.

SOLUCIÓN Si esa función f existe, entonces

$$\boxed{11} \qquad\qquad f_x(x, y, z) = y^2$$

$$\boxed{12} \qquad\qquad f_y(x, y, z) = 2xy + e^{3z}$$

$$\boxed{13} \qquad\qquad f_z(x, y, z) = 3ye^{3z}$$

Al integrar (11) con respecto a x, se obtiene

$$\boxed{14} \qquad\qquad f(x, y, z) = xy^2 + g(y, z)$$

donde $g(y, z)$ es una constante con respecto a x. Entonces, al derivar (14) con respecto a y se tiene

$$f_y(x, y, z) = 2xy + g_y(y, z)$$

y la comparación con (12) da

$$g_y(y, z) = e^{3z}$$

Así $g(y, z) = ye^{3z} + h(z)$ y se reescribe (14) como

$$f(x, y, z) = xy^2 + ye^{3z} + h(z)$$

Por último, al derivar con respecto a z y comparar con (13) se obtiene $h'(z) = 0$ y, por lo tanto, $h(z) = K$, una constante. La función deseada es

$$f(x, y, z) = xy^2 + ye^{3z} + K$$

Es fácil verificar que $\nabla f = \mathbf{F}$. $\qquad \blacksquare$

■ Conservación de energía

Ahora se aplicarán las ideas de este capítulo a un campo de fuerzas continuo $\mathbf{F}$ que mueve un objeto a lo largo de una trayectoria C dada por $\mathbf{r}(t)$, $a \leq t \leq b$, donde $\mathbf{r}(a) = A$ es el punto inicial y $\mathbf{r}(b) = B$ el punto terminal de C. De acuerdo con la segunda ley del movimiento de Newton (vea la sección 13.4), la fuerza $\mathbf{F}(\mathbf{r}(t))$ en un punto en C se relaciona con la aceleración $\mathbf{a}(t) = \mathbf{r}''(t)$ por la ecuación

$$\mathbf{F}(\mathbf{r}(t)) = m\mathbf{r}''(t)$$

Así, el trabajo realizado por la fuerza sobre el objeto es

$$W = \int_C \mathbf{F} \cdot d\mathbf{r} = \int_a^b \mathbf{F}(\mathbf{r}(t)) \cdot \mathbf{r}'(t)\, dt = \int_a^b m\mathbf{r}''(t) \cdot \mathbf{r}'(t)\, dt$$

$$= \frac{m}{2} \int_a^b \frac{d}{dt}\left[\mathbf{r}'(t) \cdot \mathbf{r}'(t)\right] dt \qquad \text{(teorema 13.2.3, fórmula 4)}$$

$$= \frac{m}{2} \int_a^b \frac{d}{dt}\,|\,\mathbf{r}'(t)\,|^2\, dt = \frac{m}{2}\left[\,|\,\mathbf{r}'(t)\,|^2\,\right]_a^b \qquad \text{(teorema fundamental del cálculo)}$$

$$= \frac{m}{2}\left(\,|\,\mathbf{r}'(b)\,|^2 - |\,\mathbf{r}'(a)\,|^2\right)$$

Por lo tanto

$$\boxed{15} \qquad\qquad W = \tfrac{1}{2}m\,|\,\mathbf{v}(b)\,|^2 - \tfrac{1}{2}m\,|\,\mathbf{v}(a)\,|^2$$

donde $\mathbf{v} = \mathbf{r}'$ es la velocidad.

La cantidad $\tfrac{1}{2}m\,|\,\mathbf{v}(t)\,|^2$, es decir, la mitad de la masa multiplicada por el cuadrado de la rapidez, se llama **energía cinética** del objeto. En consecuencia, la ecuación 15 se puede reescribir como

$$\boxed{16} \qquad\qquad W = K(B) - K(A)$$

lo que indica que el trabajo realizado por el campo de fuerzas a lo largo de C es igual al cambio en energía cinética en los puntos frontera de C.

Suponga ahora, además, que $\mathbf{F}$ es un campo de fuerzas conservativo; es decir, que se puede escribir $\mathbf{F} = \nabla f$. En física, la **energía potencial** de un objeto en el punto (x, y, z) se define como $P(x, y, z) = -f(x, y, z)$, por lo que se tiene $\mathbf{F} = -\nabla P$. Entonces, por el teorema 2 se tiene

$$W = \int_C \mathbf{F} \cdot d\mathbf{r} = -\int_C \nabla P \cdot d\mathbf{r} = -[P(\mathbf{r}(b)) - P(\mathbf{r}(a))] = P(A) - P(B)$$

Al comparar esta ecuación con la ecuación 16, se advierte que

$$P(A) + K(A) = P(B) + K(B)$$

lo que indica que si un objeto se mueve de un punto A a otro punto B bajo la influencia de un campo de fuerzas conservativo, la suma de su energía potencial y su energía cinética se mantiene constante. Esto se llama **ley de conservación de la energía** y es la razón por la que al campo vectorial se le llama *conservativo*.

16.3 | Ejercicios

1. En la figura se muestra una curva C y un mapa de contorno de una función f cuyo gradiente es continuo. Determine $\int_C \nabla f \cdot d\mathbf{r}$.

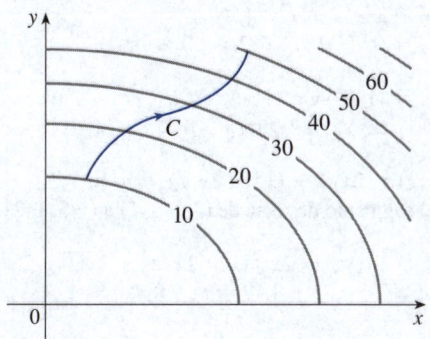

2. Se da una tabla de valores de una función f con gradiente continuo. Determine $\int_C \nabla f \cdot d\mathbf{r}$, donde C tiene ecuaciones paramétricas

$$x = t^2 + 1 \qquad y = t^3 + t \qquad 0 \leq t \leq 1$$

x \ y	0	1	2
0	1	6	4
1	3	5	7
2	8	2	9

3-10 Determine si **F** es un campo vectorial conservativo o no. Si lo es, encuentre una función f tal que $\mathbf{F} = \nabla f$.

3. $\mathbf{F}(x, y) = (xy + y^2)\mathbf{i} + (x^2 + 2xy)\mathbf{j}$

4. $\mathbf{F}(x, y) = (y^2 - 2x)\mathbf{i} + 2xy\mathbf{j}$

5. $\mathbf{F}(x, y) = y^2 e^{xy}\mathbf{i} + (1 + xy)e^{xy}\mathbf{j}$

6. $\mathbf{F}(x, y) = ye^x\mathbf{i} + (e^x + e^y)\mathbf{j}$

7. $\mathbf{F}(x, y) = (ye^x + \operatorname{sen} y)\mathbf{i} + (e^x + x \cos y)\mathbf{j}$

8. $\mathbf{F}(x, y) = (2xy + y^{-2})\mathbf{i} + (x^2 - 2xy^{-3})\mathbf{j}, \quad y > 0$

9. $\mathbf{F}(x, y) = (y^2 \cos x + \cos y)\mathbf{i} + (2y \operatorname{sen} x - x \operatorname{sen} y)\mathbf{j}$

10. $\mathbf{F}(x, y) = (\ln y + y/x)\mathbf{i} + (\ln x + x/y)\mathbf{j}$

---

11. En la figura se muestra el campo vectorial $\mathbf{F}(x, y) = \langle 2xy, x^2 \rangle$ y tres curvas que parten de $(1, 2)$ y terminan en $(3, 2)$.

(a) Explique por qué $\int_C \mathbf{F} \cdot d\mathbf{r}$ tiene el mismo valor en las tres curvas.

(b) ¿Cuál es ese valor común?

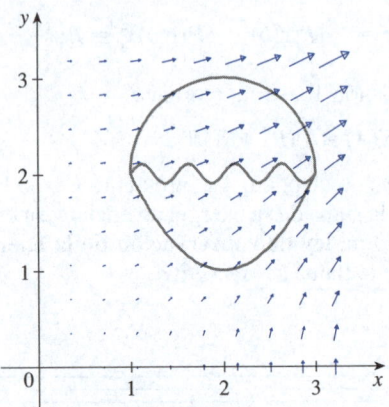

12. Evalúe $\int_C \mathbf{F} \cdot d\mathbf{r}$ para el campo vectorial $\mathbf{F}(x, y) = 2xy\mathbf{i} + (x^2 + \operatorname{sen} y)\mathbf{j}$ y la curva C mostrada.

(a)   (b)

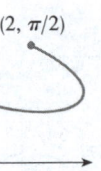 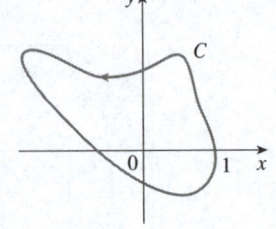

13. Sea $\mathbf{F}(x, y) = (3x^2 + y^2)\mathbf{i} + 2xy\mathbf{j}$ y C la curva mostrada.

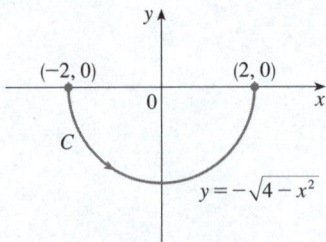

(a) Evalúe $\int_C \mathbf{F} \cdot d\mathbf{r}$ directamente.

(b) Demuestre que **F** es conservativo y determine una función f tal que $\mathbf{F} = \nabla f$.

(c) Determine $\int_C \mathbf{F} \cdot d\mathbf{r}$ utilizando el teorema 2.

(d) Evalúe $\int_C \mathbf{F} \cdot d\mathbf{r}$ reemplazando primero C por una curva más simple que tenga los mismos puntos inicial y terminal.

14-15 Se dan un campo vectorial **F** y una curva C.

(a) Demuestre que **F** es conservativo y encuentre una función potencial f.

(b) Evalúe $\int_C \mathbf{F} \cdot d\mathbf{r}$ utilizando el teorema 2.

(c) Determine $\int_C \mathbf{F} \cdot d\mathbf{r}$ reemplazando primero C por un segmento de recta que tenga los mismos puntos inicial y terminal.

14. $\mathbf{F}(x, y) = \langle \operatorname{sen} y + e^x, x \cos y \rangle$,
$C: x = t, \ y = t(3 - t), \ 0 \le t \le 3$

15. $\mathbf{F}(x, y) = \langle ye^{xy}, xe^{xy} \rangle$,
$C: x = \operatorname{sen} \dfrac{\pi}{2} t, \ y = e^{t-1}(1 - \cos \pi t), \ 0 \le t \le 1$

---

16. Evalúe $\int_C \nabla f \cdot d\mathbf{r}$, donde $f(x, y, z) = xy^2 z + x^2$ y C es la curva $x = t^2, y = e^{t^2 - 1}, z = t^2 + t, -1 \le t \le 1$.

17-24 (a) Determine una función f tal que $\mathbf{F} = \nabla f$ y (b) use el inciso (a) para evaluar $\int_C \mathbf{F} \cdot d\mathbf{r}$ a lo largo de la curva C dada.

17. $\mathbf{F}(x, y) = \langle 2x, 4y \rangle$,
C es el arco de la parábola $x = y^2$ de $(4, -2)$ a $(1, 1)$

18. $\mathbf{F}(x, y) = (3 + 2xy^2)\mathbf{i} + 2x^2 y\mathbf{j}$,
C es el arco de la hipérbola $y = 1/x$ de $(1, 1)$ a $\left(4, \tfrac{1}{4}\right)$

19. $\mathbf{F}(x, y) = x^2 y^3\mathbf{i} + x^3 y^2\mathbf{j}$,
$C: \mathbf{r}(t) = \langle t^3 - 2t, t^3 + 2t \rangle, \quad 0 \le t \le 1$

20. $\mathbf{F}(x, y) = (1 + xy)e^{xy}\mathbf{i} + x^2 e^{xy}\mathbf{j}$,
$C: \mathbf{r}(t) = \cos t\,\mathbf{i} + 2 \operatorname{sen} t\,\mathbf{j}, \quad 0 \le t \le \pi/2$

21. $\mathbf{F}(x, y, z) = 2xy\mathbf{i} + (x^2 + 2yz)\mathbf{j} + y^2\mathbf{k}$,
C es el segmento de recta de $(2, -3, 1)$ a $(-5, 1, 2)$

22. $\mathbf{F}(x, y, z) = (y^2 z + 2xz^2)\mathbf{i} + 2xyz\mathbf{j} + (xy^2 + 2x^2 z)\mathbf{k}$,
$C: x = \sqrt{t}, \ y = t + 1, \ z = t^2, \quad 0 \le t \le 1$

23. $\mathbf{F}(x, y, z) = yze^{xz}\,\mathbf{i} + e^{xz}\,\mathbf{j} + xye^{xz}\,\mathbf{k}$,
C: $\mathbf{r}(t) = (t^2 + 1)\,\mathbf{i} + (t^2 - 1)\,\mathbf{j} + (t^2 - 2t)\,\mathbf{k}$,
$0 \le t \le 2$

24. $\mathbf{F}(x, y, z) = \text{sen } y\,\mathbf{i} + (x \cos y + \cos z)\,\mathbf{j} - y \text{ sen } z\,\mathbf{k}$,
C: $\mathbf{r}(t) = \text{sen } t\,\mathbf{i} + t\,\mathbf{j} + 2t\,\mathbf{k}$, $0 \le t \le \pi/2$

25-26 Demuestre que la integral de línea es independiente de la trayectoria y evalúe la integral.

25. $\int_C 2xe^{-y}\,dx + (2y - x^2e^{-y})\,dy$,
C es cualquier trayectoria de $(1, 0)$ a $(2, 1)$

26. $\int_C \text{sen } y\,dx + (x \cos y - \text{sen } y)\,dy$,
C es cualquier trayectoria de $(2, 0)$ a $(1, \pi)$

---

27. Suponga que se le pide determinar la curva que requiere el menor trabajo para que un campo de fuerzas $\mathbf{F}$ mueva una partícula de un punto a otro. Usted decide verificar primero si $\mathbf{F}$ es conservativo y resulta que, en efecto, sí lo es. ¿Cómo respondería a esa petición?

28. Suponga que un experimento determina que la cantidad de trabajo requerido para que un campo de fuerzas $\mathbf{F}$ mueva una partícula del punto $(1, 2)$ al punto $(5, -3)$ a lo largo de una curva C_1 es 1.2 J, y que el trabajo realizado por $\mathbf{F}$ para mover la partícula a lo largo de otra curva C_2 entre los mismos dos puntos es 1.4 J. ¿Qué puede decir de $\mathbf{F}$? ¿Por qué?

29-30 Calcule el trabajo realizado por el campo de fuerzas $\mathbf{F}$ para mover un objeto de P a Q.

29. $\mathbf{F}(x, y) = x^3\,\mathbf{i} + y^3\,\mathbf{j}$; $P(1, 0)$, $Q(2, 2)$

30. $\mathbf{F}(x, y) = (2x + y)\,\mathbf{i} + x\,\mathbf{j}$; $P(1, 1)$, $Q(4, 3)$

31-32 ¿El campo vectorial que se muestra en la figura es conservativo? Explique su respuesta.

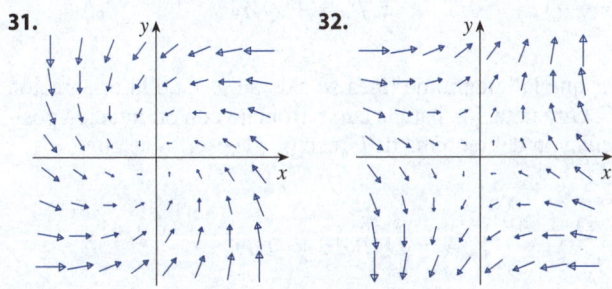

31.   **32.**

33. **33.** Si $\mathbf{F}(x, y) = \text{sen } y\,\mathbf{i} + (1 + x \cos y)\,\mathbf{j}$, use una gráfica para conjeturar si $\mathbf{F}$ es conservativo. Determine después si su conjetura es correcta.

34. Sea $\mathbf{F} = \nabla f$, donde $f(x, y) = \text{sen}(x - 2y)$. Encuentre las curvas C_1 y C_2 que no son cerradas y satisfacen la ecuación.

(a) $\int_{C_1} \mathbf{F} \cdot d\mathbf{r} = 0$ (b) $\int_{C_2} \mathbf{F} \cdot d\mathbf{r} = 1$

35. Demuestre que si el campo vectorial $\mathbf{F} = P\,\mathbf{i} + Q\,\mathbf{j} + R\,\mathbf{k}$ es conservativo y P, Q, R tienen derivadas parciales continuas de primer orden, entonces

$$\frac{\partial P}{\partial y} = \frac{\partial Q}{\partial x} \qquad \frac{\partial P}{\partial z} = \frac{\partial R}{\partial x} \qquad \frac{\partial Q}{\partial z} = \frac{\partial R}{\partial y}$$

36. Use el ejercicio 35 para demostrar que la integral de línea $\int_C y\,dx + x\,dy + xyz\,dz$ no es independiente de la trayectoria.

37-40 Determine si el conjunto dado es o no (a) abierto, (b) conectado y (c) simplemente conectado.

37. $\{(x, y) \mid 0 < y < 3\}$

38. $\{(x, y) \mid 1 < |x| < 2\}$

39. $\{(x, y) \mid 1 \le x^2 + y^2 \le 4, y \ge 0\}$

40. $\{(x, y) \mid (x, y) \ne (2, 3)\}$

---

41. Sea $\mathbf{F}(x, y) = \dfrac{-y\,\mathbf{i} + x\,\mathbf{j}}{x^2 + y^2}$.

(a) Demuestre que $\partial P/\partial y = \partial Q/\partial x$.
(b) Demuestre que $\int_C \mathbf{F} \cdot d\mathbf{r}$ no es independiente de la trayectoria. [*Sugerencia*: Calcule $\int_{C_1} \mathbf{F} \cdot d\mathbf{r}$ y $\int_{C_2} \mathbf{F} \cdot d\mathbf{r}$, donde C_1 y C_2 son las mitades superior e inferior del círculo $x^2 + y^2 = 1$ de $(1, 0)$ a $(-1, 0)$]. ¿Esto contradice el teorema 6?

42. Campos cuadrados inversos Suponga que $\mathbf{F}$ es un *campo de fuerzas cuadrado inverso*, es decir,

$$\mathbf{F}(\mathbf{r}) = \frac{c\mathbf{r}}{|\mathbf{r}|^3}$$

para alguna constante c, donde $\mathbf{r} = x\,\mathbf{i} + y\,\mathbf{j} + z\,\mathbf{k}$.
(a) Determine el trabajo realizado por $\mathbf{F}$ para mover un objeto de un punto P_1 a lo largo de una trayectoria a un punto P_2 en términos de las distancias d_1 y d_2 desde estos puntos al origen.
(b) Un ejemplo de un campo cuadrado inverso es el campo gravitacional $\mathbf{F} = -(mMG)\mathbf{r}/|\mathbf{r}|^3$, explicado en el ejemplo 16.1.4. Use el inciso (a) para calcular el trabajo realizado por el campo gravitacional cuando la Tierra se mueve del afelio (a una distancia máxima de 1.52×10^8 km del Sol) al perihelio (a una distancia mínima de 1.47×10^8 km). (Use los valores $m = 5.97 \times 10^{24}$ kg, $M = 1.99 \times 10^{30}$ kg y $G = 6.67 \times 10^{-11}$ N·m²/kg²).
(c) Otro ejemplo de un campo cuadrado inverso es el campo de fuerzas eléctricas $\mathbf{F} = \varepsilon qQ\mathbf{r}/|\mathbf{r}|^3$, explicado en el ejemplo 16.1.5. Suponga que un electrón con una carga de -1.6×10^{-19} C se encuentra en el origen. Una unidad de carga positiva está posicionada a una distancia de 10^{-12} m del electrón y se mueve a una posición a la mitad de esa distancia del electrón. Use el inciso (a) para determinar el trabajo realizado por el campo de fuerzas eléctricas (use el valor $\varepsilon = 8.985 \times 10^9$).

16.4 | Teorema de Green

El teorema de Green proporciona la relación entre una integral de línea alrededor de una curva cerrada simple y una integral doble en la región plana acotada por la curva.

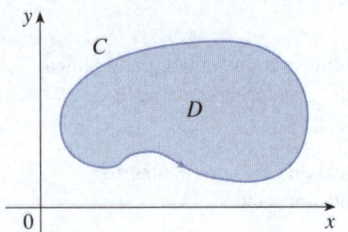

FIGURA 1

■ Teorema de Green

Sea C una curva cerrada simple y D la región acotada por C, como en la figura 1 (suponga que D consta de todos los puntos dentro de C, así como de todos los puntos en C). En el teorema de Green se usa la convención de que la **orientación positiva** de una curva cerrada simple C se refiere a un recorrido simple *en sentido contrario a las manecillas del reloj* de C. De modo que si C está dada por la función vectorial $\mathbf{r}(t)$, $a \le t \le b$, entonces la región D siempre está a la izquierda cuando el punto $\mathbf{r}(t)$ viaja a lo largo de C (vea la figura 2).

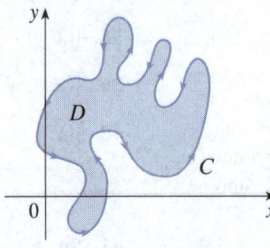   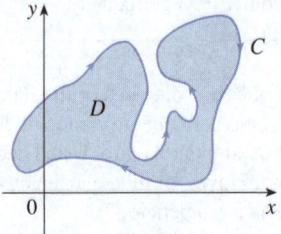

FIGURA 2   (a) Orientación positiva.   (b) Orientación negativa.

> **Teorema de Green** Sea C una curva cerrada simple y suave por partes con orientación positiva en el plano y sea D la región acotada por C. Si P y Q tienen derivadas parciales continuas en una región abierta que contiene D, entonces
>
> $$\int_C P\,dx + Q\,dy = \iint_D \left(\frac{\partial Q}{\partial x} - \frac{\partial P}{\partial y} \right) dA$$

Recuerde que el miembro izquierdo de esta ecuación es otra manera de escribir $\int_C \mathbf{F} \cdot d\mathbf{r}$, donde $\mathbf{F} = P\,\mathbf{i} + Q\,\mathbf{j}$.

NOTA La notación

$$\oint_C P\,dx + Q\,dy \qquad \text{o} \qquad \oint_C P\,dx + Q\,dy$$

se utiliza a veces para indicar que la integral de línea se calcula usando la orientación positiva de la curva cerrada C. Otra notación para la curva frontera con orientación positiva de D es ∂D, así que la ecuación del teorema de Green puede escribirse como

$$\boxed{1} \qquad \iint_D \left(\frac{\partial Q}{\partial x} - \frac{\partial P}{\partial y} \right) dA = \int_{\partial D} P\,dx + Q\,dy$$

El teorema de Green debe considerarse la contraparte del teorema fundamental del cálculo para las integrales dobles. Compare la ecuación 1 con el enunciado del teorema fundamental del cálculo, parte 2, en la ecuación siguiente:

$$\int_a^b F'(x)\,dx = F(b) - F(a)$$

En ambos casos hay una integral que requiere derivadas (F', $\partial Q/\partial x$ y $\partial P/\partial y$) en el lado izquierdo de la ecuación. En ambos casos, el lado derecho incluye los valores de las funciones originales (F, Q y P) solo en la *frontera* del dominio (en el caso unidimensional, el dominio es un intervalo $[a, b]$ cuya frontera consta de solo dos puntos, a y b).

En general, el teorema de Green no es fácil de demostrar pero se puede realizar para el caso especial en el que la región es tanto de tipo I como de tipo II (vea la sección 15.2). Esas regiones se denominan **regiones simples**.

DEMOSTRACIÓN DEL TEOREMA DE GREEN PARA EL CASO EN EL QUE D ES UNA REGIÓN SIMPLE

Observe que el teorema de Green se demuestra si se puede demostrar que

$$\boxed{2} \qquad \int_C P \, dx = -\iint_D \frac{\partial P}{\partial y} \, dA$$

y

$$\boxed{3} \qquad \int_C Q \, dy = \iint_D \frac{\partial Q}{\partial x} \, dA$$

Para demostrar la ecuación 2, D se expresa como una región de tipo I:

$$D = \{(x, y) \mid a \leq x \leq b, g_1(x) \leq y \leq g_2(x)\}$$

donde g_1 y g_2 son funciones continuas. Esto permite calcular la integral doble en el lado derecho de la ecuación 2 como sigue:

$$\boxed{4} \qquad \iint_D \frac{\partial P}{\partial y} \, dA = \int_a^b \int_{g_1(x)}^{g_2(x)} \frac{\partial P}{\partial y}(x, y) \, dy \, dx = \int_a^b [P(x, g_2(x)) - P(x, g_1(x))] \, dx$$

donde el último paso se desprende del teorema fundamental del cálculo.

Ahora, para calcular el miembro izquierdo de la ecuación 2, se subdivide C como la unión de las cuatro curvas C_1, C_2, C_3 y C_4 que se muestran en la figura 3. En C_1 se toma x como el parámetro y se escriben las ecuaciones paramétricas como $x = x$, $y = g_1(x)$, $a \leq x \leq b$. Así,

$$\int_{C_1} P(x, y) \, dx = \int_a^b P(x, g_1(x)) \, dx$$

Observe que C_3 va de derecha a izquierda, pero $-C_3$ va de izquierda a derecha, por lo que se pueden escribir las ecuaciones paramétricas de $-C_3$ como $x = x$, $y = g_2(x)$, $a \leq x \leq b$. Por consiguiente,

$$\int_{C_3} P(x, y) \, dx = -\int_{-C_3} P(x, y) \, dx = -\int_a^b P(x, g_2(x)) \, dx$$

En C_2 o C_4 (cualquiera de las cuales podría reducirse a un solo punto), x es constante y, por lo tanto, $dx = 0$ y

$$\int_{C_2} P(x, y) \, dx = 0 = \int_{C_4} P(x, y) \, dx$$

De ahí que

$$\int_C P(x, y) \, dx = \int_{C_1} P(x, y) \, dx + \int_{C_2} P(x, y) \, dx + \int_{C_3} P(x, y) \, dx + \int_{C_4} P(x, y) \, dx$$

$$= \int_a^b P(x, g_1(x)) \, dx - \int_a^b P(x, g_2(x)) \, dx$$

Al comparar esta expresión con la de la ecuación 4 se advierte que

$$\int_C P(x, y) \, dx = -\iint_D \frac{\partial P}{\partial y} \, dA$$

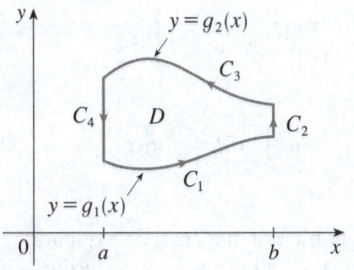

FIGURA 3

La ecuación 3 puede demostrarse de la misma manera, expresando D como una región de tipo II (vea el ejercicio 34). Luego, sumando las ecuaciones 2 y 3, se obtiene el teorema de Green. ∎

EJEMPLO 1 Evalúe $\int_C x^4 dx + xy\, dy$, donde C es la curva triangular formada por los segmentos de recta de $(0, 0)$ a $(1, 0)$, de $(1, 0)$ a $(0, 1)$ y de $(0, 1)$ a $(0, 0)$.

SOLUCIÓN Aunque la integral de línea dada podría evaluarse como de costumbre por los métodos de la sección 16.2, eso implicaría plantear tres integrales diferentes a lo largo de los tres lados del triángulo, por lo que mejor se usará el teorema de Green. Observe que la región D encerrada por C es simple y que C tiene orientación positiva (vea la figura 4). Si $P(x, y) = x^4$ y $Q(x, y) = xy$, se tiene

$$\int_C x^4 dx + xy\, dy = \iint_D \left(\frac{\partial Q}{\partial x} - \frac{\partial P}{\partial y} \right) dA = \int_0^1 \int_0^{1-x} (y - 0)\, dy\, dx$$

$$= \int_0^1 \left[\tfrac{1}{2} y^2 \right]_{y=0}^{y=1-x} dx = \tfrac{1}{2} \int_0^1 (1 - x)^2\, dx$$

$$= -\tfrac{1}{6}(1 - x)^3 \Big]_0^1 = \tfrac{1}{6}$$ ∎

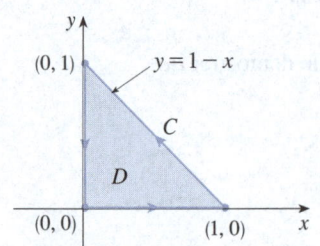

FIGURA 4

EJEMPLO 2 Evalúe $\oint_C (3y - e^{\operatorname{sen} x})\, dx + \left(7x + \sqrt{y^4 + 1}\right) dy$, donde C es el círculo $x^2 + y^2 = 9$.

SOLUCIÓN La región D acotada por C es el disco $x^2 + y^2 \leq 9$, por lo que se cambiará a coordenadas polares después de aplicar el teorema de Green:

$$\oint_C (3y - e^{\operatorname{sen} x})\, dx + \left(7x + \sqrt{y^4 + 1}\right) dy$$

En vez de usar coordenadas polares, se podría simplemente usar el hecho de que D es un disco de radio 3 y escribir

$$\iint_D 4\, dA = 4 \cdot \pi(3)^2 = 36\pi$$

$$= \iint_D \left[\frac{\partial}{\partial x} \left(7x + \sqrt{y^4 + 1}\right) - \frac{\partial}{\partial y} \left(3y - e^{\operatorname{sen} x}\right) \right] dA$$

$$= \int_0^{2\pi} \int_0^3 (7 - 3)\, r\, dr\, d\theta = 4 \int_0^{2\pi} d\theta \int_0^3 r\, dr = 36\pi$$ ∎

En los ejemplos 1 y 2 se determina que la integral doble era más fácil de evaluar que la integral de línea (trate de plantear la integral de línea del ejemplo 2, ¡y no tardará en convencerse!). Pero a veces es más fácil evaluar la integral de línea, y el teorema de Green se usa en la dirección inversa. Por ejemplo, si se sabe que $P(x, y) = Q(x, y) = 0$ en la curva C, el teorema de Green da

$$\iint_D \left(\frac{\partial Q}{\partial x} - \frac{\partial P}{\partial y} \right) dA = \int_C P\, dx + Q\, dy = 0$$

sin importar qué valores adopten P y Q en la región D.

■ Cálculo de áreas con el teorema de Green

Otra aplicación de la dirección inversa del teorema de Green es en el cálculo de áreas. Como el área de D es $\iint_D 1\, dA$, se desea seleccionar P y Q de tal manera que

$$\frac{\partial Q}{\partial x} - \frac{\partial P}{\partial y} = 1$$

Hay varias posibilidades:

$$P(x, y) = 0 \qquad P(x, y) = -y \qquad P(x, y) = -\tfrac{1}{2}y$$
$$Q(x, y) = x \qquad Q(x, y) = 0 \qquad Q(x, y) = \tfrac{1}{2}x$$

El teorema de Green da entonces las fórmulas siguientes para el área de D:

$$\boxed{5} \qquad \boxed{A = \oint_C x \, dy = -\oint_C y \, dx = \tfrac{1}{2} \oint_C x \, dy - y \, dx}$$

EJEMPLO 3 Determine el área encerrada por la elipse $\dfrac{x^2}{a^2} + \dfrac{y^2}{b^2} = 1$.

SOLUCIÓN La elipse tiene ecuaciones paramétricas $x = a \cos t$ y $y = b$ sen t, donde $0 \leqslant t \leqslant 2\pi$. Al usar la tercera fórmula de la ecuación 5, se tiene

$$A = \tfrac{1}{2} \int_C x \, dy - y \, dx$$

$$= \tfrac{1}{2} \int_0^{2\pi} (a \cos t)(b \cos t) \, dt - (b \text{ sen } t)(-a \text{ sen } t) \, dt$$

$$= \frac{ab}{2} \int_0^{2\pi} dt = \pi ab \qquad\blacksquare$$

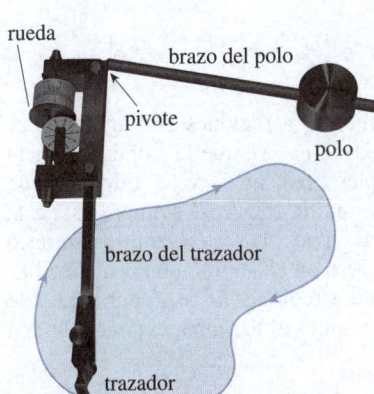

rueda · brazo del polo · pivote · polo · brazo del trazador · trazador

FIGURA 5
Planímetro polar de Keuffel y Esser.

La fórmula 5 puede usarse para explicar cómo funcionan los planímetros. Un **planímetro** es un ingenioso instrumento mecánico que se inventó en el siglo XIX para medir el área de una región trazando su curva frontera. Por ejemplo, un biólogo podría utilizar uno de estos instrumentos para medir el área superficial de una hoja o del ala de un pájaro.

En la figura 5 se muestra el funcionamiento de un planímetro polar: el polo está fijo y cuando el trazador se mueve a lo largo de la curva frontera de la región, la rueda se desliza en parte y en parte gira en posición perpendicular al brazo del trazador. El planímetro mide la distancia que la rueda gira, la cual es proporcional al área de la región encerrada. La explicación como consecuencia de la fórmula 5 puede encontrarse en los artículos siguientes:

- R. W. Gatterman, "The planimeter as an example of Green's Theorem", *Amer. Math. Monthly*, vol. 88 (1981), pp. 701-704.

- Tanya Leise, "As the planimeter wheel turns", *College Math. Journal*, vol. 38 (2007), pp. 24–31.

■ Versiones ampliadas del teorema de Green

Aunque se ha demostrado el teorema de Green solo para el caso en el que D es simple, ahora se ampliará al caso en el que D es una unión finita de regiones simples. Por ejemplo, si D es la región que se muestra en la figura 6, se puede escribir $D = D_1 \cup D_2$, donde tanto D_1 como D_2 son simples. La frontera de D_1 es $C_1 \cup C_3$ y la frontera de D_2 es $C_2 \cup (-C_3)$, así que, aplicando el teorema de Green a D_1 y D_2 por separado, se obtiene

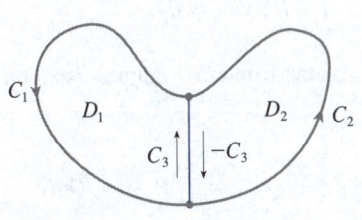

C_1 · D_1 · C_3 · $-C_3$ · D_2 · C_2

FIGURA 6

$$\int_{C_1 \cup C_3} P \, dx + Q \, dy = \iint_{D_1} \left(\frac{\partial Q}{\partial x} - \frac{\partial P}{\partial y} \right) dA$$

$$\int_{C_2 \cup (-C_3)} P \, dx + Q \, dy = \iint_{D_2} \left(\frac{\partial Q}{\partial x} - \frac{\partial P}{\partial y} \right) dA$$

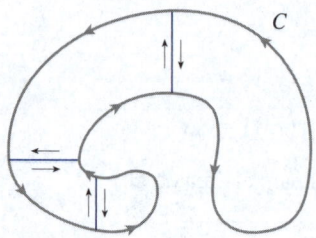

FIGURA 7

Si se suman estas dos ecuaciones, las integrales de línea a lo largo de C_3 y $-C_3$ se cancelan, así que se obtiene

$$\int_{C_1 \cup C_2} P \, dx + Q \, dy = \iint_D \left(\frac{\partial Q}{\partial x} - \frac{\partial P}{\partial y} \right) dA$$

que es el teorema de Green para $D = D_1 \cup D_2$, ya que su frontera es $C = C_1 \cup C_2$.

El mismo tipo de argumento permite establecer el teorema de Green para cualquier unión finita de regiones simples que no se traslapan (vea la figura 7).

EJEMPLO 4 Evalúe $\oint_C y^2 \, dx + 3xy \, dy$, donde C es la frontera de la región semianular D en el semiplano superior entre los círculos $x^2 + y^2 = 1$ y $x^2 + y^2 = 4$.

SOLUCIÓN Observe que aunque D no es simple, el eje y la divide en dos regiones simples (vea la figura 8). En coordenadas polares se puede escribir

$$D = \{(r, \theta) \mid 1 \leqslant r \leqslant 2, 0 \leqslant \theta \leqslant \pi\}$$

Por lo tanto, el teorema de Green da

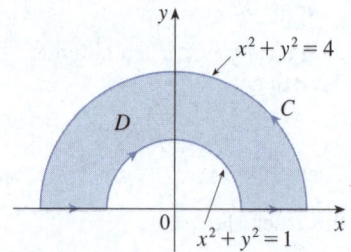

FIGURA 8

$$\oint_C y^2 \, dx + 3xy \, dy = \iint_D \left[\frac{\partial}{\partial x}(3xy) - \frac{\partial}{\partial y}(y^2) \right] dA$$

$$= \iint_D y \, dA = \int_0^\pi \int_1^2 (r \operatorname{sen} \theta) \, r \, dr \, d\theta$$

$$= \int_0^\pi \operatorname{sen} \theta \, d\theta \int_1^2 r^2 \, dr = \left[-\cos \theta \right]_0^\pi \left[\tfrac{1}{3} r^3 \right]_1^2 = \tfrac{14}{3} \quad\blacksquare$$

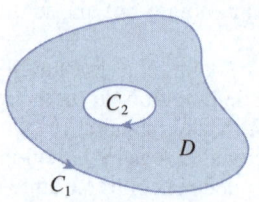

FIGURA 9

El teorema de Green puede ampliarse para aplicarse a regiones con agujeros, es decir, regiones que no están simplemente conectadas. Observe que la frontera C de la región D en la figura 9 consta de dos curvas simples cerradas C_1 y C_2. Suponga que estas curvas frontera están orientadas de tal forma que la región D siempre está a la izquierda cuando se recorre la curva C. Así, la dirección positiva es en sentido contrario a las manecillas del reloj para la curva externa C_1, pero en el sentido de las manecillas del reloj para la curva interna C_2. Si se divide D en dos regiones D' y D'' por medio de las líneas que se muestran en la figura 10 y luego se aplica el teorema de Green tanto a D' como a D'', se obtiene

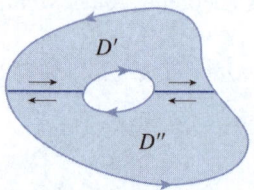

FIGURA 10

$$\iint_D \left(\frac{\partial Q}{\partial x} - \frac{\partial P}{\partial y} \right) dA = \iint_{D'} \left(\frac{\partial Q}{\partial x} - \frac{\partial P}{\partial y} \right) dA + \iint_{D''} \left(\frac{\partial Q}{\partial x} - \frac{\partial P}{\partial y} \right) dA$$

$$= \int_{\partial D'} P \, dx + Q \, dy + \int_{\partial D''} P \, dx + Q \, dy$$

Puesto que las integrales de línea a lo largo de las rectas frontera comunes están en direcciones opuestas, se cancelan y se obtiene

$$\iint_D \left(\frac{\partial Q}{\partial x} - \frac{\partial P}{\partial y} \right) dA = \int_{C_1} P \, dx + Q \, dy + \int_{C_2} P \, dx + Q \, dy = \int_C P \, dx + Q \, dy$$

que es el teorema de Green para la región D.

EJEMPLO 5 Si $\mathbf{F}(x, y) = (-y \, \mathbf{i} + x \, \mathbf{j})/(x^2 + y^2)$, demuestre que $\int_C \mathbf{F} \cdot d\mathbf{r} = 2\pi$ para cada trayectoria cerrada simple con orientación positiva que encierra al origen.

SOLUCIÓN Como C es una trayectoria cerrada *arbitraria* que encierra al origen, es difícil calcular directamente la integral dada. Por lo tanto, se considerará un círculo C'

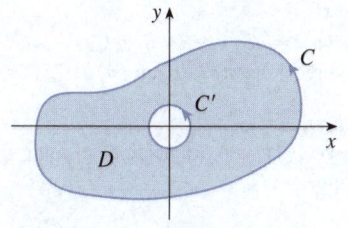

FIGURA 11

orientado en sentido contrario a las manecillas del reloj con centro en el origen y radio a, donde se elige a de modo que sea lo suficientemente reducido para que C' resida dentro de C (vea la figura 11). Sea D la región acotada por C y C'. Entonces, su frontera en orientación positiva es $C \cup (-C')$, así que la versión general del teorema de Green da

$$\int_C P\,dx + Q\,dy + \int_{-C'} P\,dx + Q\,dy = \iint_D \left(\frac{\partial Q}{\partial x} - \frac{\partial P}{\partial y} \right) dA$$

$$= \iint_D \left[\frac{y^2 - x^2}{(x^2 + y^2)^2} - \frac{y^2 - x^2}{(x^2 + y^2)^2} \right] dA = 0$$

Por lo tanto

$$\int_C P\,dx + Q\,dy = \int_{C'} P\,dx + Q\,dy$$

es decir,

$$\int_C \mathbf{F} \cdot d\mathbf{r} = \int_{C'} \mathbf{F} \cdot d\mathbf{r}$$

Ahora calcule fácilmente esta última integral usando la parametrización dada por $\mathbf{r}(t) = a \cos t\,\mathbf{i} + a \,\text{sen}\, t\,\mathbf{j}$, $0 \leq t \leq 2\pi$. Así,

$$\int_C \mathbf{F} \cdot d\mathbf{r} = \int_{C'} \mathbf{F} \cdot d\mathbf{r} = \int_0^{2\pi} \mathbf{F}(\mathbf{r}(t)) \cdot \mathbf{r}'(t)\,dt$$

$$= \int_0^{2\pi} \frac{(-a \,\text{sen}\, t)(-a \,\text{sen}\, t) + (a \cos t)(a \cos t)}{a^2 \cos^2 t + a^2 \,\text{sen}^2 t}\,dt = \int_0^{2\pi} dt = 2\pi \quad \blacksquare$$

Para concluir esta sección se usa el teorema de Green para examinar un resultado que se enunció en la sección precedente.

TRAZO DE LA DEMOSTRACIÓN DEL TEOREMA 16.3.6 Suponga que $\mathbf{F} = P\,\mathbf{i} + Q\,\mathbf{j}$ es un campo vectorial en una región abierta simplemente conectada D, que P y Q tienen derivadas parciales continuas de primer orden y que

$$\frac{\partial P}{\partial y} = \frac{\partial Q}{\partial x} \qquad \text{a todo lo largo de } D$$

Si C es cualquier trayectoria cerrada simple en D y R es la región que C encierra, el teorema de Green da

$$\oint_C \mathbf{F} \cdot d\mathbf{r} = \oint_C P\,dx + Q\,dy = \iint_R \left(\frac{\partial Q}{\partial x} - \frac{\partial P}{\partial y} \right) dA = \iint_R 0\,dA = 0$$

Una curva que no es simple se cruza en uno o más puntos y puede dividirse en varias curvas simples. Se ha demostrado que las integrales de línea de $\mathbf{F}$ alrededor de estas curvas simples son todas ellas 0 y sumando estas integrales se ve que $\int_C \mathbf{F} \cdot d\mathbf{r} = 0$ para cualquier curva cerrada C. En consecuencia, $\int_C \mathbf{F} \cdot d\mathbf{r}$ es independiente de la trayectoria en D por el teorema 16.3.3. De esto se desprende que $\mathbf{F}$ es un campo vectorial conservativo. $\quad \blacksquare$

16.4 | Ejercicios

1-4 Evalúe la integral de línea por dos métodos: (a) directamente y (b) usando el teorema de Green.

1. $\oint_C y^2\,dx + x^2 y\,dy$,

C es el rectángulo con vértices $(0, 0)$, $(5, 0)$, $(5, 4)$ y $(0, 4)$

2. $\oint_C y\,dx - x\,dy$,

C es el círculo con centro en el origen y radio 4

3. $\oint_C xy\,dx + x^2 y^3\,dy$,

C es el triángulo con vértices $(0, 0)$, $(1, 0)$ y $(1, 2)$

4. $\oint_C x^2 y^2\,dx + xy\,dy$, C consiste en el arco de la parábola $y = x^2$ de $(0, 0)$ a $(1, 1)$ y de los segmentos de recta de $(1, 1)$ a $(0, 1)$ y de $(0, 1)$ a $(0, 0)$

5-12 Use el teorema de Green para evaluar la integral de línea a lo largo de la curva con orientación positiva dada.

5. $\int_C ye^x\,dx + 2e^x\,dy$,
C es el rectángulo con vértices $(0, 0)$, $(3, 0)$, $(3, 4)$ y $(0, 4)$

6. $\int_C \ln(xy)\,dx + (y/x)\,dy$,
C es el rectángulo con vértices $(1, 1)$, $(1, 4)$, $(2, 4)$ y $(2, 1)$

7. $\int_C x^2 y^2\,dx + y\tan^{-1}y\,dy$,
C es el triángulo con vértices $(0, 0)$, $(1, 0)$ y $(1, 3)$

8. $\int_C (x^2 + y^2)\,dx + (x^2 - y^2)\,dy$,
C es el triángulo con vértices $(0, 0)$, $(2, 1)$ y $(0, 1)$

9. $\int_C (y + e^{\sqrt{x}})\,dx + (2x + \cos y^2)\,dy$,
C es la frontera de la región encerrada por las parábolas $y = x^2$ y $x = y^2$

10. $\int_C y^4\,dx + 2xy^3\,dy$, C es la elipse $x^2 + 2y^2 = 2$

11. $\int_C y^3\,dx - x^3\,dy$, C es el círculo $x^2 + y^2 = 4$

12. $\int_C (1 - y^3)\,dx + (x^3 + e^{y^2})\,dy$, C es la frontera de la región entre los círculos $x^2 + y^2 = 4$ y $x^2 + y^2 = 9$

13-18 Use el teorema de Green para evaluar $\int_C \mathbf{F} \cdot d\mathbf{r}$. (Verifique la orientación de la curva antes de aplicar el teorema).

13. $\int_C (3 + e^{x^2})\,dx + (\tan^{-1}y + 3x^2)\,dy$

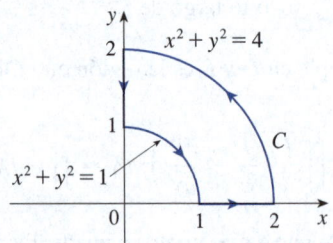

14. $\int_C (x^{2/3} + y^2)\,dx + (y^{4/3} - x^2)\,dy$

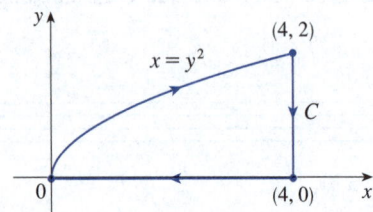

15. $\mathbf{F}(x, y) = \langle y\cos x - xy\sin x, xy + x\cos x\rangle$,
C es el triángulo de $(0, 0)$ a $(0, 4)$ a $(2, 0)$ a $(0, 0)$

16. $\mathbf{F}(x, y) = \langle e^{-x} + y^2, e^{-y} + x^2\rangle$,
C consta del arco de la curva $y = \cos x$ de $(-\pi/2, 0)$ a $(\pi/2, 0)$ y del segmento de recta de $(\pi/2, 0)$ a $(-\pi/2, 0)$

17. $\mathbf{F}(x, y) = \langle y - \cos y, x\sin y\rangle$,
C es el círculo $(x - 3)^2 + (y + 4)^2 = 4$ orientado en el sentido de las manecillas del reloj

18. $\mathbf{F}(x, y) = \langle \sqrt{x^2 + 1}, \tan^{-1}x\rangle$, C es el triángulo de $(0, 0)$ a $(1, 1)$ a $(0, 1)$ a $(0, 0)$

T **19-20** Verifique el teorema de Green usando un sistema algebraico computacional para evaluar tanto la integral de línea como la integral doble.

19. $P(x, y) = x^3 y^4$, $Q(x, y) = x^5 y^4$,
C consta del segmento de recta de $(-\pi/2, 0)$ a $(\pi/2, 0)$ seguido por el arco de la curva $y = \cos x$ de $(\pi/2, 0)$ a $(-\pi/2, 0)$

20. $P(x, y) = 2x - x^3 y^5$, $Q(x, y) = x^3 y^8$,
C es la elipse $4x^2 + y^2 = 4$

21. Use el teorema de Green para determinar el trabajo realizado por la fuerza $\mathbf{F}(x, y) = x(x + y)\mathbf{i} + xy^2\mathbf{j}$ para mover una partícula del origen a lo largo del eje x hacia $(1, 0)$, después a lo largo del segmento de recta hacia $(0, 1)$, y luego de regreso al origen a lo largo del eje y.

22. Una partícula parte del origen, se mueve a lo largo del eje x hasta $(5, 0)$, luego a lo largo del cuarto de círculo $x^2 + y^2 = 25$, $x \geq 0$, $y \geq 0$ hasta el punto $(0, 5)$ y después por el eje y de vuelta al origen. Use el teorema de Green para calcular el trabajo realizado sobre esta partícula por el campo de fuerzas $\mathbf{F}(x, y) = \langle \sin x, \sin y + xy^2 + \frac{1}{3}x^3\rangle$.

23. Use una de las fórmulas en (5) para determinar el área bajo un arco del cicloide $x = t - \sin t$, $y = 1 - \cos t$.

24. Si un círculo C con radio 1 rueda por la parte exterior del círculo $x^2 + y^2 = 16$, un punto fijo P en C traza una curva llamada *epicicloide*, con ecuaciones paramétricas $x = 5\cos t - \cos 5t$, $y = 5\sin t - \sin 5t$. Grafique el epicicloide y use (5) para determinar el área que encierra.

25. (a) Si C es el segmento de recta que une el punto (x_1, y_1) con el punto (x_2, y_2), demuestre que

$$\int_C x\,dy - y\,dx = x_1 y_2 - x_2 y_1$$

(b) Si los vértices de un polígono, en sentido contrario a las manecillas del reloj, son (x_1, y_1), (x_2, y_2), ..., (x_n, y_n), demuestre que el área del polígono es

$$A = \tfrac{1}{2}[(x_1 y_2 - x_2 y_1) + (x_2 y_3 - x_3 y_2) + \cdots + (x_{n-1}y_n - x_n y_{n-1}) + (x_n y_1 - x_1 y_n)]$$

(c) Determine el área del pentágono con vértices $(0, 0)$, $(2, 1)$, $(1, 3)$, $(0, 2)$ y $(-1, 1)$.

26. Sea D una región acotada por una trayectoria cerrada simple C en el plano xy. Use el teorema de Green para demostrar que las coordenadas del centroide $(\bar{x}, \bar{y})$ de D son

$$\bar{x} = \frac{1}{2A} \oint_C x^2 \, dy \qquad \bar{y} = -\frac{1}{2A} \oint_C y^2 \, dx$$

donde A es el área de D.

27. Use el ejercicio 26 para determinar el centroide de una región de un cuarto de círculo de radio a.

28. Use el ejercicio 26 para determinar el centroide del triángulo con vértices $(0, 0)$, $(a, 0)$ y (a, b), donde $a > 0$ y $b > 0$.

29. Una lámina plana con densidad constante $\rho(x, y) = \rho$ ocupa una región en el plano xy acotada por una trayectoria cerrada simple C. Demuestre que sus momentos de inercia alrededor de los ejes son

$$I_x = -\frac{\rho}{3} \oint_C y^3 \, dx \qquad I_y = \frac{\rho}{3} \oint_C x^3 \, dy$$

(Vea la sección 15.4).

30. Use el ejercicio 29 para determinar el momento de inercia de un disco circular de radio a con densidad constante ρ alrededor de un diámetro (compare con el ejemplo 15.4.4).

31. Use el método del ejemplo 5 para calcular $\int_C \mathbf{F} \cdot d\mathbf{r}$, donde

$$\mathbf{F}(x, y) = \frac{2xy \, \mathbf{i} + (y^2 - x^2) \, \mathbf{j}}{(x^2 + y^2)^2}$$

y C es cualquier curva cerrada simple con orientación positiva que encierra al origen.

32. Calcule $\int_C \mathbf{F} \cdot d\mathbf{r}$, donde $\mathbf{F}(x, y) = \langle x^2 + y, 3x - y^2 \rangle$ y C es la curva frontera con orientación positiva de una región D que tiene área 6.

33. Si $\mathbf{F}$ es el campo vectorial del ejemplo 5, demuestre que $\int_C \mathbf{F} \cdot d\mathbf{r} = 0$ para todas las trayectorias cerradas simples que no pasan por el origen ni lo encierran.

34. Complete la demostración del caso especial del teorema de Green al comprobar la ecuación 3.

35. Use el teorema de Green para demostrar la fórmula de cambio de variables para una integral doble (fórmula 15.9.9) para el caso donde $f(x, y) = 1$:

$$\iint\limits_R dx \, dy = \iint\limits_S \left| \frac{\partial(x, y)}{\partial(u, v)} \right| \, du \, dv$$

En este caso, R es la región en el plano xy que corresponde a la región S en el plano uv según la transformación dada por $x = g(u, v)$, $y = h(u, v)$.

[*Sugerencia*: Tenga en cuenta que el miembro izquierdo es $A(R)$ y aplique la primera parte de la ecuación 5. Convierta la integral de línea sobre ∂R en una integral de línea sobre ∂S y aplique el teorema de Green en el plano uv].

16.5 | Rotacional y divergencia

En esta sección se definen dos operaciones que pueden realizarse en campos vectoriales y que desempeñan un papel básico en las aplicaciones del cálculo vectorial al flujo de fluidos y la electricidad y magnetismo. Cada una de estas operaciones se asemeja a la derivación, pero una de ellas produce un campo vectorial, mientras que la otra produce un campo escalar.

■ Rotacional

Si $\mathbf{F} = P \, \mathbf{i} + Q \, \mathbf{j} + R \, \mathbf{k}$ es un campo vectorial en $\mathbb{R}^3$ y todas las derivadas parciales de P, Q y R existen, entonces el rotacional de $\mathbf{F}$ es el campo vectorial en $\mathbb{R}^3$ definido por

$$\boxed{1 \qquad \text{rot } \mathbf{F} = \left(\frac{\partial R}{\partial y} - \frac{\partial Q}{\partial z} \right) \mathbf{i} + \left(\frac{\partial P}{\partial z} - \frac{\partial R}{\partial x} \right) \mathbf{j} + \left(\frac{\partial Q}{\partial x} - \frac{\partial P}{\partial y} \right) \mathbf{k}}$$

Para ayudarle a recordar, reescriba la ecuación 1 usando la notación del operador. Introduzca el operador diferencial de vectores ∇ ("nabla" u operador "del") como

$$\nabla = \mathbf{i} \frac{\partial}{\partial x} + \mathbf{j} \frac{\partial}{\partial y} + \mathbf{k} \frac{\partial}{\partial z}$$

Este elemento tiene sentido cuando opera en una función escalar para producir el gradiente de f:

$$\nabla f = \mathbf{i} \frac{\partial f}{\partial x} + \mathbf{j} \frac{\partial f}{\partial y} + \mathbf{k} \frac{\partial f}{\partial z} = \frac{\partial f}{\partial x} \mathbf{i} + \frac{\partial f}{\partial y} \mathbf{j} + \frac{\partial f}{\partial z} \mathbf{k}$$

Si se piensa en ∇ como un vector con componentes $\partial/\partial x$, $\partial/\partial y$ y $\partial/\partial z$, se puede considerar también el producto cruz formal de ∇ con el campo vectorial $\mathbf{F}$ como sigue:

$$\nabla \times \mathbf{F} = \begin{vmatrix} \mathbf{i} & \mathbf{j} & \mathbf{k} \\ \dfrac{\partial}{\partial x} & \dfrac{\partial}{\partial y} & \dfrac{\partial}{\partial z} \\ P & Q & R \end{vmatrix}$$

$$= \left(\frac{\partial R}{\partial y} - \frac{\partial Q}{\partial z} \right) \mathbf{i} + \left(\frac{\partial P}{\partial z} - \frac{\partial R}{\partial x} \right) \mathbf{j} + \left(\frac{\partial Q}{\partial x} - \frac{\partial P}{\partial y} \right) \mathbf{k}$$

$$= \text{rot } \mathbf{F}$$

Así, la manera más fácil de recordar la definición 1 es por medio de la expresión simbólica

2
$$\boxed{\text{rot } \mathbf{F} = \nabla \times \mathbf{F}}$$

EJEMPLO 1 Si $\mathbf{F}(x, y, z) = xz\,\mathbf{i} + xyz\,\mathbf{j} - y^2\,\mathbf{k}$, determine rot $\mathbf{F}$.

SOLUCIÓN Usando la ecuación 2, se tiene

$$\text{rot } \mathbf{F} = \nabla \times \mathbf{F} = \begin{vmatrix} \mathbf{i} & \mathbf{j} & \mathbf{k} \\ \dfrac{\partial}{\partial x} & \dfrac{\partial}{\partial y} & \dfrac{\partial}{\partial z} \\ xz & xyz & -y^2 \end{vmatrix}$$

$$= \left[\frac{\partial}{\partial y}(-y^2) - \frac{\partial}{\partial z}(xyz) \right] \mathbf{i} - \left[\frac{\partial}{\partial x}(-y^2) - \frac{\partial}{\partial z}(xz) \right] \mathbf{j}$$

$$+ \left[\frac{\partial}{\partial x}(xyz) - \frac{\partial}{\partial y}(xz) \right] \mathbf{k}$$

$$= (-2y - xy)\,\mathbf{i} - (0 - x)\,\mathbf{j} + (yz - 0)\,\mathbf{k}$$

$$= -y(2 + x)\,\mathbf{i} + x\,\mathbf{j} + yz\,\mathbf{k} \qquad \blacksquare$$

$\boxed{\text{T}}$ La mayoría de los sistemas algebraicos computacionales tiene comandos que calculan el rotacional y la divergencia de campos vectoriales. Si usted tiene acceso a un SAC, use esos comandos para verificar las respuestas de los ejemplos y ejercicios de esta sección.

Recuerde que el gradiente de una función f de tres variables es un campo vectorial en $\mathbb{R}^3$ y, por lo tanto, se puede calcular su rotacional. El teorema siguiente indica que el rotacional de un campo vectorial gradiente es $\mathbf{0}$.

3 Teorema Si f es una función de tres variables que tiene derivadas parciales de segundo orden continuas, entonces

$$\text{rot}(\nabla f) = \mathbf{0}$$

DEMOSTRACIÓN Se tiene

Observe la semejanza con lo que se sabe por la sección 12.4: $\mathbf{a} \times \mathbf{a} = \mathbf{0}$ para todos los vectores tridimensionales $\mathbf{a}$.

$$\operatorname{rot}(\nabla f) = \nabla \times (\nabla f) = \begin{vmatrix} \mathbf{i} & \mathbf{j} & \mathbf{k} \\ \dfrac{\partial}{\partial x} & \dfrac{\partial}{\partial y} & \dfrac{\partial}{\partial z} \\ \dfrac{\partial f}{\partial x} & \dfrac{\partial f}{\partial y} & \dfrac{\partial f}{\partial z} \end{vmatrix}$$

$$= \left(\frac{\partial^2 f}{\partial y\, \partial z} - \frac{\partial^2 f}{\partial z\, \partial y} \right) \mathbf{i} + \left(\frac{\partial^2 f}{\partial z\, \partial x} - \frac{\partial^2 f}{\partial x\, \partial z} \right) \mathbf{j} + \left(\frac{\partial^2 f}{\partial x\, \partial y} - \frac{\partial^2 f}{\partial y\, \partial x} \right) \mathbf{k}$$

$$= 0\, \mathbf{i} + 0\, \mathbf{j} + 0\, \mathbf{k} = \mathbf{0}$$

por el teorema de Clairaut. ∎

Como un campo vectorial conservativo es aquel en el cual $\mathbf{F} = \nabla f$, el teorema 3 puede reformularse como sigue:

Compare esto con el ejercicio 16.3.35.

Si $\mathbf{F}$ es conservativo, entonces $\operatorname{rot} \mathbf{F} = \mathbf{0}$.

Esto da una manera de verificar que un campo vectorial *no* es conservativo.

EJEMPLO 2 Demuestre que el campo vectorial $\mathbf{F}(x, y, z) = xz\, \mathbf{i} + xyz\, \mathbf{j} - y^2 \mathbf{k}$ no es conservativo.

SOLUCIÓN En el ejemplo 1 se demostró que

$$\operatorname{rot} \mathbf{F} = -y(2 + x)\, \mathbf{i} + x\, \mathbf{j} + yz\, \mathbf{k}$$

Esto demuestra que $\operatorname{rot} \mathbf{F} \neq \mathbf{0}$ y, en consecuencia, por lo visto antes de este ejemplo, $\mathbf{F}$ no es conservativo. ∎

Lo contrario del teorema 3 no es válido en general, pero el teorema siguiente establece que es válido si $\mathbf{F}$ está definida en todas partes (en términos más generales, es válido si el dominio está simplemente conectado, es decir, si "no tiene agujeros"). El teorema 4 es la versión tridimensional del teorema 16.3.6. Para demostrarlo, se requiere el teorema de Stokes que se explicará en la sección 16.8.

---

4 Teorema Si $\mathbf{F}$ es un campo vectorial definido en la totalidad de $\mathbb{R}^3$ cuyas funciones componentes tienen derivadas parciales continuas y $\operatorname{rot} \mathbf{F} = \mathbf{0}$, entonces $\mathbf{F}$ es un campo vectorial conservativo.

EJEMPLO 3

(a) Demuestre que

$$\mathbf{F}(x, y, z) = y^2 z^3\, \mathbf{i} + 2xyz^3\, \mathbf{j} + 3xy^2 z^2\, \mathbf{k}$$

es un campo vectorial conservativo.

(b) Determine una función f tal que $\mathbf{F} = \nabla f$.

SOLUCIÓN

(a) Calcule el rotacional de **F**:

$$\operatorname{rot}\mathbf{F}=\nabla\times\mathbf{F}=\begin{vmatrix}\mathbf{i}&\mathbf{j}&\mathbf{k}\\[4pt]\dfrac{\partial}{\partial x}&\dfrac{\partial}{\partial y}&\dfrac{\partial}{\partial z}\\[6pt]y^{2}z^{3}&2xyz^{3}&3xy^{2}z^{2}\end{vmatrix}$$

$$=(6xyz^{2}-6xyz^{2})\mathbf{i}-(3y^{2}z^{2}-3y^{2}z^{2})\mathbf{j}+(2yz^{3}-2yz^{3})\mathbf{k}$$

$$=\mathbf{0}$$

Como rot **F** = **0** y el dominio de **F** es $\mathbb{R}^{3}$, **F** es un campo vectorial conservativo por el teorema 4.

(b) La técnica para determinar f se explicó en la sección 16.3. Se tiene

> **5** $\qquad\qquad f_{x}(x,y,z)=y^{2}z^{3}$

> **6** $\qquad\qquad f_{y}(x,y,z)=2xyz^{3}$

> **7** $\qquad\qquad f_{z}(x,y,z)=3xy^{2}z^{2}$

Al integrar (5) con respecto a x, se obtiene

> **8** $\qquad\qquad f(x,y,z)=xy^{2}z^{3}+g(y,z)$

Al derivar la ecuación (8) con respecto a y, se obtiene $f_{y}(x,y,z)=2xyz^{3}+g_{y}(y,z)$, por lo que la comparación con (6) da $g_{y}(y,z)=0$. Por lo tanto, $g(y,z)=h(z)$ y

$$f_{z}(x,y,z)=3xy^{2}z^{2}+h'(z)$$

Entonces (7) da $h'(z)=0$. Por consiguiente,

$$f(x,y,z)=xy^{2}z^{3}+K\qquad\qquad\blacksquare$$

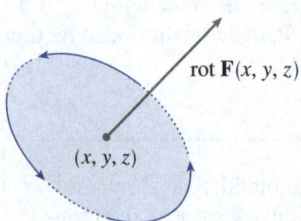

rot **F**(x,y,z)

(x,y,z)

FIGURA 1

La razón del nombre *rotacional* es que el vector rotacional se asocia con rotaciones. Una relación se explica en el ejercicio 39. Otra ocurre cuando **F** representa el campo de velocidad en el flujo de fluidos (vea el ejemplo 16.1.3). En la sección 16.8 se demuestra que las partículas cerca de (x,y,z) en el fluido tienden a girar alrededor del eje que apunta en la dirección del rot **F**(x,y,z), siguiendo la regla de la mano derecha, y la longitud de este vector rotacional es una medida de la rapidez con que se mueven las partículas alrededor del eje (vea la figura 1). Si rot **F** = **0** en un punto P, el fluido está libre de rotaciones en P y **F** se llama **irrotacional** en P. En este caso, una pequeñísima rueda de paletas se mueve con el fluido, pero no gira alrededor de su eje. Si rot **F** ≠ **0**, la rueda de paletas gira alrededor de su eje.

A modo de ilustración, cada campo vectorial **F** de la figura 2 representa el campo de velocidad de un fluido. En la figura 2(a), rot **F** ≠ **0** en la mayoría de los puntos, incluidos P_{1} y P_{2}. Una pequeña rueda de paletas colocada en P_{1} giraría en sentido contrario a las manecillas del reloj alrededor de su eje (el fluido cerca de P_{1} fluye aproximadamente en la misma dirección, pero con mayor velocidad en un lado del punto que en el otro), por lo que el vector rotacional en P_{1} apunta en la dirección de **k**. De manera similar, una rueda de paletas en P_{2} giraría en el sentido de las manecillas del reloj y el vector rotacional ahí apuntaría en la dirección de −**k**. En la figura 2(b), rot **F** = **0** en todas partes. Una rueda de paletas colocada en P se mueve con el fluido, pero no gira alrededor de su eje.

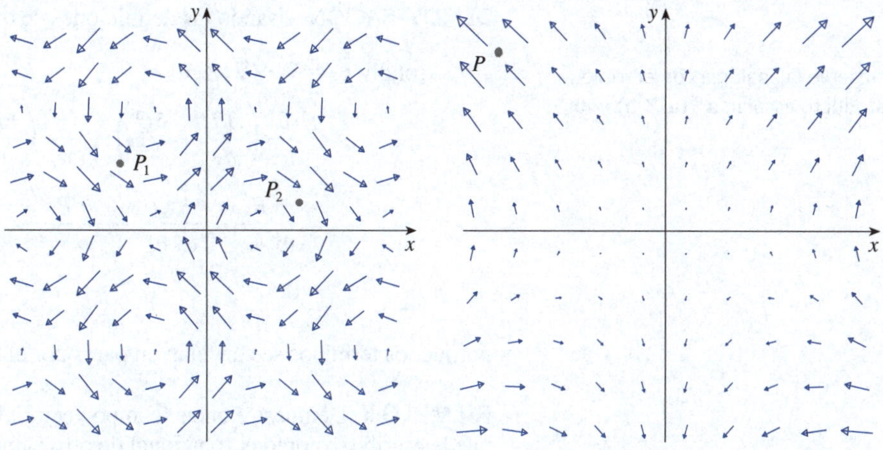

(a) $\mathbf{F}(x, y, z) = \operatorname{sen} y \, \mathbf{i} + \cos x \, \mathbf{j}$
$\operatorname{rot} \mathbf{F}(x, y, z) = -(\operatorname{sen} x + \cos y) \, \mathbf{k}$

(b) $\mathbf{F}(x, y, z) = 2xy \, \mathbf{i} + (x^2 + y) \, \mathbf{j}$
$\operatorname{rot} \mathbf{F}(x, y, z) = \mathbf{0}$

FIGURA 2 Campos de velocidad en el flujo de fluidos (solo se muestra la parte de $\mathbf{F}$ en el plano xy; el campo vectorial se ve igual en todos los planos horizontales porque $\mathbf{F}$ es independiente de z y el componente z es 0).

En la sección 16.8 se presenta una explicación más detallada del rotacional y su interpretación (como consecuencia del teorema de Stokes).

■ Divergencia

Si $\mathbf{F} = P \, \mathbf{i} + Q \, \mathbf{j} + R \, \mathbf{k}$ es un campo vectorial en $\mathbb{R}^3$ y $\partial P / \partial x$, $\partial Q / \partial y$ y $\partial R / \partial z$ existen, entonces la **divergencia de F** es la función de tres variables definida por

$$\boxed{9} \qquad \operatorname{div} \mathbf{F} = \frac{\partial P}{\partial x} + \frac{\partial Q}{\partial y} + \frac{\partial R}{\partial z}$$

(Si $\mathbf{F}$ es un campo vectorial en $\mathbb{R}^2$, div $\mathbf{F}$ es una función de dos variables que se define de manera semejante al caso de tres variables). Observe que rot $\mathbf{F}$ es un campo vectorial, mientras que div $\mathbf{F}$ es un campo escalar. En términos del operador nabla $\nabla = (\partial / \partial x) \, \mathbf{i} + (\partial / \partial y) \, \mathbf{j} + (\partial / \partial z) \, \mathbf{k}$, la divergencia de $\mathbf{F}$ puede escribirse simbólicamente como el producto punto de ∇ y $\mathbf{F}$:

$$\boxed{10} \qquad \operatorname{div} \mathbf{F} = \nabla \cdot \mathbf{F}$$

EJEMPLO 4 Si $\mathbf{F}(x, y, z) = xz \, \mathbf{i} + xyz \, \mathbf{j} - y^2 \, \mathbf{k}$, determine div $\mathbf{F}$.

SOLUCIÓN Por la definición de divergencia (ecuación 9 o 10), se tiene

$$\operatorname{div} \mathbf{F} = \nabla \cdot \mathbf{F} = \frac{\partial}{\partial x} (xz) + \frac{\partial}{\partial y} (xyz) + \frac{\partial}{\partial z} (-y^2) = z + xz \qquad \blacksquare$$

Si $\mathbf{F}$ es un campo vectorial en $\mathbb{R}^3$, entonces rot $\mathbf{F}$ es también un campo vectorial en $\mathbb{R}^3$. En consecuencia, se puede calcular su divergencia. El teorema siguiente muestra que el resultado es 0.

$\boxed{11}$ **Teorema** Si $\mathbf{F} = P \, \mathbf{i} + Q \, \mathbf{j} + R \, \mathbf{k}$ es un campo vectorial en $\mathbb{R}^3$ y P, Q y R tienen derivadas parciales continuas de segundo orden, entonces

$$\operatorname{rot} \operatorname{div} \mathbf{F} = 0$$

Observe la analogía con el triple producto escalar: $\mathbf{a} \cdot (\mathbf{a} \times \mathbf{b}) = \mathbf{0}$.

DEMOSTRACIÓN Usando las definiciones de divergencia y rotacional, se tiene

$$\text{rot div } \mathbf{F} = \nabla \cdot (\nabla \times \mathbf{F})$$

$$= \frac{\partial}{\partial x}\left(\frac{\partial R}{\partial y} - \frac{\partial Q}{\partial z}\right) + \frac{\partial}{\partial y}\left(\frac{\partial P}{\partial z} - \frac{\partial R}{\partial x}\right) + \frac{\partial}{\partial z}\left(\frac{\partial Q}{\partial x} - \frac{\partial P}{\partial y}\right)$$

$$= \frac{\partial^2 R}{\partial x \, \partial y} - \frac{\partial^2 Q}{\partial x \, \partial z} + \frac{\partial^2 P}{\partial y \, \partial z} - \frac{\partial^2 R}{\partial y \, \partial x} + \frac{\partial^2 Q}{\partial z \, \partial x} - \frac{\partial^2 P}{\partial z \, \partial y}$$

$$= 0$$

porque los términos se cancelan en pares por el teorema de Clairaut. ∎

EJEMPLO 5 Demuestre que el campo vectorial $\mathbf{F}(x, y, z) = xz\,\mathbf{i} + xyz\,\mathbf{j} - y^2\,\mathbf{k}$ no puede escribirse como el rotacional de otro campo vectorial, es decir, $\mathbf{F} \neq \text{rot } \mathbf{G}$ para cualquier campo vectorial $\mathbf{G}$.

SOLUCIÓN En el ejemplo 4 se demostró que

$$\text{div } \mathbf{F} = z + xz$$

y, por lo tanto, div $\mathbf{F} \neq 0$. Si fuera cierto que $\mathbf{F} = \text{rot } \mathbf{G}$, el teorema 11 daría por resultado

$$\text{div } \mathbf{F} = \text{rot div } \mathbf{G} = 0$$

lo que contradice div $\mathbf{F} \neq 0$. En consecuencia, $\mathbf{F}$ no es el rotacional de otro campo vectorial. ∎

La razón de esta interpretación de div $\mathbf{F}$ se explicará al final de la sección 16.9 como consecuencia del teorema de la divergencia.

Una vez más, la razón del nombre *divergencia* se entiende dentro del contexto del flujo de fluidos. Si $\mathbf{F}(x, y, z)$ es la velocidad de un fluido (o gas), entonces div $\mathbf{F}(x, y, z)$ representa la razón de cambio neta (con respecto al tiempo) de la masa del fluido (o gas) que fluye desde el punto (x, y, z) por unidad de volumen. En otras palabras, div $\mathbf{F}(x, y, z)$ mide la tendencia del fluido a divergir del punto (x, y, z). Si div $\mathbf{F} = 0$, se dice que $\mathbf{F}$ es **incompresible**.

A modo de ilustración, cada campo vectorial $\mathbf{F}$ en la figura 3 representa el campo de velocidad de un fluido. En la figura 3(a), div $\mathbf{F} \neq 0$ en general. Por ejemplo, en el punto P_1, la div $\mathbf{F}$ es negativa (los vectores que comienzan cerca de P_1 son más cortos que los que terminan cerca de P_1, por lo que el flujo neto es hacia dentro). En el punto P_2, la div $\mathbf{F}$ es positiva (los vectores que comienzan cerca de P_2 son más largos que los que terminan cerca de P_2, por lo que el flujo neto es hacia fuera ahí). En la figura 3(b), div $\mathbf{F} = 0$ en todas partes (los vectores que empiezan y terminan cerca de cualquier punto P tienen aproximadamente la misma longitud).

FIGURA 3

Campos de velocidad en el flujo de fluidos. (Solo se muestra la parte de $\mathbf{F}$ en el plano xy; el campo vectorial se ve igual en todos los planos horizontales porque $\mathbf{F}$ es independiente de z y el componente z es 0).

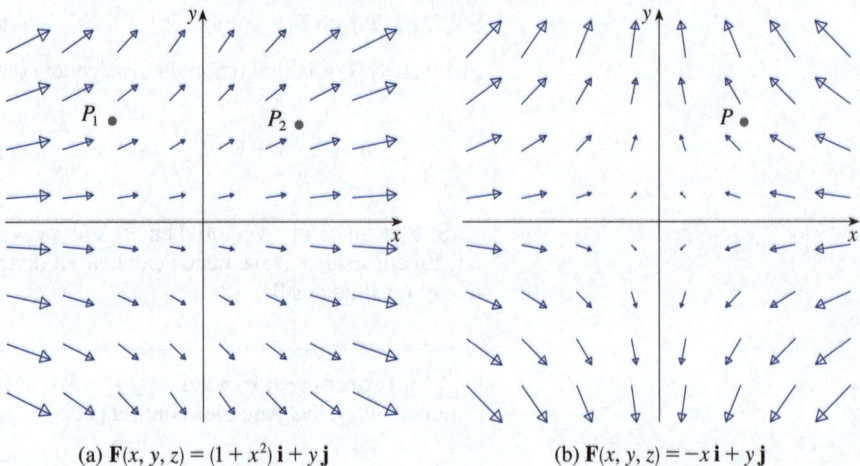

(a) $\mathbf{F}(x, y, z) = (1 + x^2)\,\mathbf{i} + y\,\mathbf{j}$
   div $\mathbf{F}(x, y, z) = 2x + 1$

(b) $\mathbf{F}(x, y, z) = -x\,\mathbf{i} + y\,\mathbf{j}$
   div $\mathbf{F}(x, y, z) = 0$

Otro operador diferencial ocurre cuando se calcula la divergencia de un campo vectorial gradiente ∇f. Si f es una función de tres variables, se tiene

$$\operatorname{div}(\nabla f) = \nabla \cdot (\nabla f) = \frac{\partial^2 f}{\partial x^2} + \frac{\partial^2 f}{\partial y^2} + \frac{\partial^2 f}{\partial z^2}$$

y esta expresión ocurre tan a menudo que se abrevia $\nabla^2 f$. El operador

$$\nabla^2 = \nabla \cdot \nabla$$

se conoce como **operador de Laplace** u **operador Laplaciano** a causa de su relación con la **ecuación de Laplace**

$$\nabla^2 f = \frac{\partial^2 f}{\partial x^2} + \frac{\partial^2 f}{\partial y^2} + \frac{\partial^2 f}{\partial z^2} = 0$$

El operador de Laplace ∇^2 también se puede aplicar a un campo vectorial

$$\mathbf{F} = P\,\mathbf{i} + Q\,\mathbf{j} + R\,\mathbf{k}$$

en términos de sus componentes:

$$\nabla^2 \mathbf{F} = \nabla^2 P\,\mathbf{i} + \nabla^2 Q\,\mathbf{j} + \nabla^2 R\,\mathbf{k}$$

■ Formas vectoriales del teorema de Green

Los operadores rotacional y divergencia permiten reescribir el teorema de Green en versiones que serán útiles en el trabajo posterior. Suponga que la región plana D, su curva frontera C y las funciones P y Q satisfacen las hipótesis del teorema de Green. Entonces se considera el campo vectorial $\mathbf{F} = P\,\mathbf{i} + Q\,\mathbf{j}$. Su integral de línea es

$$\oint_C \mathbf{F} \cdot d\mathbf{r} = \oint_C P\,dx + Q\,dy$$

y considerando a $\mathbf{F}$ como un campo vectorial en $\mathbb{R}^3$ con tercer componente 0, se tiene

$$\operatorname{rot} \mathbf{F} = \begin{vmatrix} \mathbf{i} & \mathbf{j} & \mathbf{k} \\ \dfrac{\partial}{\partial x} & \dfrac{\partial}{\partial y} & \dfrac{\partial}{\partial z} \\ P(x,y) & Q(x,y) & 0 \end{vmatrix} = \left(\frac{\partial Q}{\partial x} - \frac{\partial P}{\partial y} \right) \mathbf{k}$$

Por lo tanto

$$(\operatorname{rot} \mathbf{F}) \cdot \mathbf{k} = \left(\frac{\partial Q}{\partial x} - \frac{\partial P}{\partial y} \right) \mathbf{k} \cdot \mathbf{k} = \frac{\partial Q}{\partial x} - \frac{\partial P}{\partial y}$$

y ahora se puede reescribir la ecuación del teorema de Green en la forma vectorial

$$\boxed{\;\oint_C \mathbf{F} \cdot d\mathbf{r} = \oint_C \mathbf{F} \cdot \mathbf{T}\,ds = \iint_D (\operatorname{rot} \mathbf{F}) \cdot \mathbf{k}\,dA\;}$$

12

En la ecuación 12 se expresa la integral de línea del componente tangencial de $\mathbf{F}$ a lo largo de C como la integral doble del componente vertical de rot $\mathbf{F}$ en la región D encerrada por C. Ahora se deriva una fórmula similar que comprende el componente *normal* de $\mathbf{F}$.

Si C está dada por la ecuación vectorial

$$\mathbf{r}(t) = x(t)\,\mathbf{i} + y(t)\,\mathbf{j} \qquad a \le t \le b$$

entonces el vector tangente unitario (vea la sección 13.2) es

$$\mathbf{T}(t) = \frac{x'(t)}{|\mathbf{r}'(t)|}\,\mathbf{i} + \frac{y'(t)}{|\mathbf{r}'(t)|}\,\mathbf{j}$$

Se puede verificar que el vector normal unitario externo a C está dado por

$$\mathbf{n}(t) = \frac{y'(t)}{|\mathbf{r}'(t)|}\,\mathbf{i} - \frac{x'(t)}{|\mathbf{r}'(t)|}\,\mathbf{j}$$

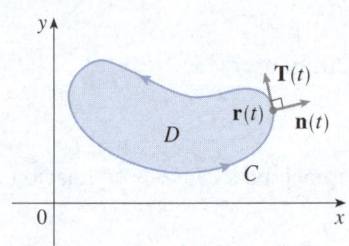

FIGURA 4

(Vea la figura 4). Así, por la ecuación 16.2.3 se tiene

$$\oint_C \mathbf{F} \cdot \mathbf{n}\,ds = \int_a^b (\mathbf{F} \cdot \mathbf{n})(t)\,|\mathbf{r}'(t)|\,dt$$

$$= \int_a^b \left[\frac{P(x(t), y(t))\,y'(t)}{|\mathbf{r}'(t)|} - \frac{Q(x(t), y(t))\,x'(t)}{|\mathbf{r}'(t)|} \right] |\mathbf{r}'(t)|\,dt$$

$$= \int_a^b P(x(t), y(t))\,y'(t)\,dt - Q(x(t), y(t))\,x'(t)\,dt$$

$$= \int_C P\,dy - Q\,dx = \iint_D \left(\frac{\partial P}{\partial x} + \frac{\partial Q}{\partial y} \right) dA$$

por el teorema de Green. Sin embargo, el integrando en esta integral doble es solo la divergencia de $\mathbf{F}$. Por consiguiente, se tiene una segunda forma vectorial del teorema de Green.

$$\boxed{13} \qquad \oint_C \mathbf{F} \cdot \mathbf{n}\,ds = \iint_D \operatorname{div} \mathbf{F}(x, y)\,dA$$

Esta versión indica que la integral de línea del componente normal de $\mathbf{F}$ a lo largo de C es igual a la integral doble de la divergencia de $\mathbf{F}$ en la región D encerrada por C.

16.5 | Ejercicios

1-8 Determine (a) el rotacional y (b) la divergencia del campo vectorial.

1. $\mathbf{F}(x, y, z) = xy^2z^2\,\mathbf{i} + x^2yz^2\,\mathbf{j} + x^2y^2z\,\mathbf{k}$

2. $\mathbf{F}(x, y, z) = x^3yz^2\,\mathbf{j} + y^4z^3\,\mathbf{k}$

3. $\mathbf{F}(x, y, z) = xye^z\,\mathbf{i} + yze^x\,\mathbf{k}$

4. $\mathbf{F}(x, y, z) = \operatorname{sen} yz\,\mathbf{i} + \operatorname{sen} zx\,\mathbf{j} + \operatorname{sen} xy\,\mathbf{k}$

5. $\mathbf{F}(x, y, z) = \dfrac{\sqrt{x}}{1+z}\,\mathbf{i} + \dfrac{\sqrt{y}}{1+x}\,\mathbf{j} + \dfrac{\sqrt{z}}{1+y}\,\mathbf{k}$

6. $\mathbf{F}(x, y, z) = \ln(2y + 3z)\,\mathbf{i} + \ln(x + 3z)\,\mathbf{j} + \ln(x + 2y)\,\mathbf{k}$

7. $\mathbf{F}(x, y, z) = \langle e^x \operatorname{sen} y, e^y \operatorname{sen} z, e^z \operatorname{sen} x \rangle$

8. $\mathbf{F}(x, y, z) = \langle \arctan(xy), \arctan(yz), \arctan(zx) \rangle$

9-12 El campo vectorial $\mathbf{F}$ se muestra en el plano xy y se ve igual en todos los demás planos horizontales. (En otras palabras, $\mathbf{F}$ es independiente de z y su componente z es 0).

(a) ¿Es div $\mathbf{F}$ positiva, negativa o cero en P? Explique su respuesta.

(b) Determine si rot $\mathbf{F} = \mathbf{0}$. Si no, ¿en qué dirección apunta rot $\mathbf{F}$ en P?

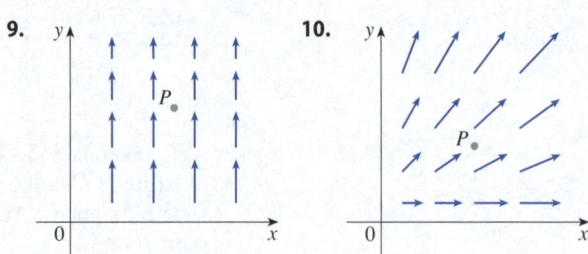

11.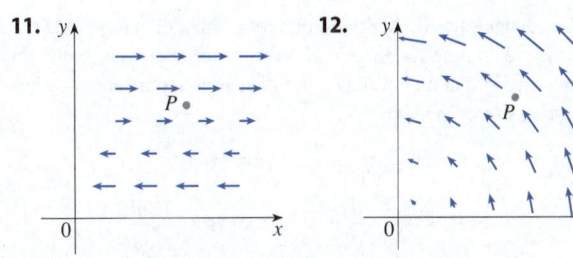

12.

13. (a) Verifique la fórmula 3 para $f(x, y, z) = $ sen xyz.
   (b) Verifique la fórmula 11 para
   $\mathbf{F}(x, y, z) = xyz^2\mathbf{i} + x^2yz^3\mathbf{j} + y^2\mathbf{k}$.

14. Sea f un campo escalar y $\mathbf{F}$ un campo vectorial. Indique si cada expresión es significativa. Si no, explique por qué. De ser así, diga si es un campo escalar o un campo vectorial.
   (a) rot f (b) grad f
   (c) div $\mathbf{F}$ (d) rot(grad f)
   (e) grad $\mathbf{F}$ (f) grad(div $\mathbf{F}$)
   (g) div(grad f)   (h) grad(div f)
   (i) rot(rot $\mathbf{F}$)   (j) div(div $\mathbf{F}$)
   (k) (grad f) $\times$ (div $\mathbf{F}$) (l) div(rot(grad f))

15-20 Determine si el campo vectorial es conservativo o no. Si lo es, encuentre una función f tal que $\mathbf{F} = \nabla f$.

15. $\mathbf{F}(x, y, z) = \langle 2xy^3z^2, 3x^2y^2z^2, 2x^2y^3z \rangle$

16. $\mathbf{F}(x, y, z) = \langle yz, xz + y, xy - x \rangle$

17. $\mathbf{F}(x, y, z) = \langle \ln y, (x/y) + \ln z, y/z \rangle$

18. $\mathbf{F}(x, y, z) = yz$ sen $xy\,\mathbf{i} + xz$ sen $xy\,\mathbf{j} - \cos xy\,\mathbf{k}$

19. $\mathbf{F}(x, y, z) = yz^2e^{xz}\mathbf{i} + ze^{xz}\mathbf{j} + xyze^{xz}\mathbf{k}$

20. $\mathbf{F}(x, y, z) = e^z \cos x\,\mathbf{i} + e^y \cos z\,\mathbf{j} + (e^z$ sen $x - e^y$ sen $z)\,\mathbf{k}$

21. ¿Existe un campo vectorial $\mathbf{G}$ en $\mathbb{R}^3$ tal que rot $\mathbf{G} = \langle x$ sen $y, \cos y, z - xy \rangle$? Explique su respuesta.

22. ¿Existe un campo vectorial $\mathbf{G}$ en $\mathbb{R}^3$ tal que rot $\mathbf{G} = \langle x, y, z \rangle$? Explique su respuesta.

23. Demuestre que todo campo vectorial de la forma
$$\mathbf{F}(x, y, z) = f(x)\,\mathbf{i} + g(y)\,\mathbf{j} + h(z)\,\mathbf{k}$$
donde f, g, h son funciones derivables, es irrotacional.

24. Demuestre que todo campo vectorial de la forma
$$\mathbf{F}(x, y, z) = f(y, z)\,\mathbf{i} + g(x, z)\,\mathbf{j} + h(x, y)\,\mathbf{k}$$
es incompresible.

25-31 Demuestre la identidad, suponiendo que las derivadas parciales correspondientes existen y son continuas. Si f es un campo escalar y $\mathbf{F}$, $\mathbf{G}$ son campos vectoriales, entonces $f\mathbf{F}$, $\mathbf{F} \cdot \mathbf{G}$ y $\mathbf{F} \times \mathbf{G}$ pueden definirse por
$$(f\mathbf{F})(x, y, z) = f(x, y, z)\,\mathbf{F}(x, y, z)$$
$$(\mathbf{F} \cdot \mathbf{G})(x, y, z) = \mathbf{F}(x, y, z) \cdot \mathbf{G}(x, y, z)$$
$$(\mathbf{F} \times \mathbf{G})(x, y, z) = \mathbf{F}(x, y, z) \times \mathbf{G}(x, y, z)$$

25. div$(\mathbf{F} + \mathbf{G}) = $ div $\mathbf{F} + $ div $\mathbf{G}$

26. rot$(\mathbf{F} + \mathbf{G}) = $ rot $\mathbf{F} + $ rot $\mathbf{G}$

27. div$(f\mathbf{F}) = f$ div $\mathbf{F} + \mathbf{F} \cdot \nabla f$

28. rot$(f\mathbf{F}) = f$ rot $\mathbf{F} + (\nabla f) \times \mathbf{F}$

29. div$(\mathbf{F} \times \mathbf{G}) = \mathbf{G} \cdot $ rot $\mathbf{F} - \mathbf{F} \cdot $ rot $\mathbf{G}$

30. div$(\nabla f \times \nabla g) = 0$

31. rot(rot $\mathbf{F}$) = grad (div $\mathbf{F}$) $- \nabla^2\mathbf{F}$

32-34 Sea $\mathbf{r} = x\,\mathbf{i} + y\,\mathbf{j} + z\,\mathbf{k}$ y $r = |\mathbf{r}|$.

32. Verifique cada identidad.
   (a) $\nabla \cdot \mathbf{r} = 3$ (b) $\nabla \cdot (r\mathbf{r}) = 4r$
   (c) $\nabla^2 r^3 = 12r$

33. Verifique cada identidad.
   (a) $\nabla r = \mathbf{r}/r$ (b) $\nabla \times \mathbf{r} = \mathbf{0}$
   (c) $\nabla(1/r) = -\mathbf{r}/r^3$ (d) $\nabla \ln r = \mathbf{r}/r^2$

34. Si $\mathbf{F} = \mathbf{r}/r^p$, determine div $\mathbf{F}$. ¿Existe un valor de p para el cual div $\mathbf{F} = 0$?

35. Use el teorema de Green en la forma de la ecuación 13 para demostrar la **primera identidad de Green**:
$$\iint_D f\nabla^2 g\,dA = \oint_C f(\nabla g) \cdot \mathbf{n}\,ds - \iint_D \nabla f \cdot \nabla g\,dA$$
donde D y C satisfacen las hipótesis del teorema de Green y las derivadas parciales correspondientes de f y g existen y son continuas (la cantidad $\nabla g \cdot \mathbf{n} = D_\mathbf{n}g$ se presenta en la integral de línea; se trata de la derivada direccional en la dirección del vector normal $\mathbf{n}$ y se llama **derivada normal** de g).

36. Use la primera identidad de Green (ejercicio 35) para demostrar la **segunda identidad de Green**:
$$\iint_D (f\nabla^2 g - g\nabla^2 f)\,dA = \oint_C (f\nabla g - g\nabla f) \cdot \mathbf{n}\,ds$$
donde D y C satisfacen las hipótesis del teorema de Green y las derivadas parciales correspondientes de f y g existen y son continuas.

37. Recuerde que en la sección 14.3 se explicó que una función g se llama *armónica* en D si satisface la ecuación de Laplace, es decir, $\nabla^2 g = 0$ en D. Use la primera identidad de Green (con las mismas hipótesis que en el ejercicio 35) para demostrar que si g es armónica en D, entonces $\oint_C D_\mathbf{n}\,g\,ds = 0$. Aquí $D_\mathbf{n}g$ es la derivada normal de g definida en el ejercicio 35.

38. Use la primera identidad de Green para demostrar que si f es armónica en D y si $f(x, y) = 0$ en la curva frontera C, entonces $\iint_D |\nabla f|^2\,dA = 0$. (Suponga las mismas hipótesis que en el ejercicio 35).

39. Este ejercicio demuestra una relación entre el vector rotacional y las rotaciones. Sea B un cuerpo rígido que gira sobre el eje z. La rotación puede describirse por el vector $\mathbf{w} = \omega\,\mathbf{k}$, donde ω es la rapidez angular de B, es decir, la rapidez tangencial de cualquier punto P en B dividida entre la distancia d del eje de rotación. Sea $\mathbf{r} = \langle x, y, z \rangle$ el vector de posición de P.

(a) Considerando el ángulo θ de la figura, demuestre que el campo de velocidad de B está dado por $\mathbf{v} = \mathbf{w} \times \mathbf{r}$.

(b) Demuestre que $\mathbf{v} = -\omega y\,\mathbf{i} + \omega x\,\mathbf{j}$.

(c) Demuestre que rot $\mathbf{v} = 2\mathbf{w}$.

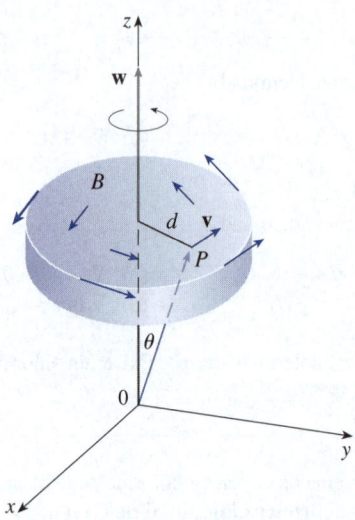

40. Las ecuaciones de Maxwell que relacionan el campo eléctrico $\mathbf{E}$ y el campo magnético $\mathbf{H}$ cuando varían con el tiempo en una región que no contiene ninguna carga ni corriente pueden enunciarse como sigue:

$$\text{div } \mathbf{E} = 0 \qquad\qquad \text{div } \mathbf{H} = 0$$

$$\text{rot } \mathbf{E} = -\frac{1}{c}\frac{\partial \mathbf{H}}{\partial t} \qquad \text{rot } \mathbf{H} = \frac{1}{c}\frac{\partial \mathbf{E}}{\partial t}$$

donde c es la rapidez de la luz. Use estas ecuaciones para demostrar lo siguiente:

(a) $\nabla \times (\nabla \times \mathbf{E}) = -\dfrac{1}{c^2}\dfrac{\partial^2 \mathbf{E}}{\partial t^2}$

(b) $\nabla \times (\nabla \times \mathbf{H}) = -\dfrac{1}{c^2}\dfrac{\partial^2 \mathbf{H}}{\partial t^2}$

(c) $\nabla^2 \mathbf{E} = \dfrac{1}{c^2}\dfrac{\partial^2 \mathbf{E}}{\partial t^2}$ [*Sugerencia*: Use el ejercicio 31].

(d) $\nabla^2 \mathbf{H} = \dfrac{1}{c^2}\dfrac{\partial^2 \mathbf{H}}{\partial t^2}$

41. Se ha visto que todos los campos vectoriales de la forma $\mathbf{F} = \nabla g$ satisfacen la ecuación rot $\mathbf{F} = \mathbf{0}$ y que todos los campos vectoriales de la forma $\mathbf{F} = \text{rot } \mathbf{G}$ satisfacen la ecuación div $\mathbf{F} = 0$ (suponiendo continuidad de las derivadas parciales correspondientes). Esto plantea la pregunta: ¿existen ecuaciones que todas las funciones de la forma $f = \text{div } \mathbf{G}$ deban satisfacer? Demuestre que la respuesta a esta pregunta es "No" comprobando que *cada* función continua f en $\mathbb{R}^3$ es la divergencia de algún campo vectorial.

[*Sugerencia*: Sea $\mathbf{G}(x, y, z) = \langle g(x, y, z), 0, 0 \rangle$, donde $g(x, y, z) = \int_0^x f(t, y, z)\, dt$].

16.6 | Superficies paramétricas y sus áreas

Hasta el momento se han considerado tipos especiales de superficies: cilindros, superficies cuádricas, gráficas de funciones de dos variables y superficies de nivel de funciones de tres variables. Aquí se usarán funciones vectoriales para describir superficies más generales, llamadas *superficies paramétricas*, y se calcularán sus áreas. Luego se tomará la fórmula general del área de una superficie y se verá cómo se aplica a superficies especiales.

■ Superficies paramétricas

Igual que como se describió una curva en el espacio mediante una función vectorial $\mathbf{r}(t)$ de un parámetro t, se puede describir una superficie mediante una función vectorial $\mathbf{r}(u, v)$ de dos parámetros u y v. Suponga que

$$\boxed{1} \qquad \mathbf{r}(u, v) = x(u, v)\,\mathbf{i} + y(u, v)\,\mathbf{j} + z(u, v)\,\mathbf{k}$$

es una función con valor vectorial definida en una región D en el plano uv. Por lo tanto, x, y y z, las funciones componentes de $\mathbf{r}$, son funciones de dos variables u y v con dominio D. El conjunto de todos los puntos (x, y, z) en $\mathbb{R}^3$ es tal que

$$\boxed{2} \qquad x = x(u, v) \qquad y = y(u, v) \qquad z = z(u, v)$$

y (u, v) varía a todo lo largo de D, se llama **superficie paramétrica** S y las ecuaciones 2 se llaman **ecuaciones paramétricas** de S. Cada elección de u y v da un punto en S; si se hacen todas las elecciones, se obtiene la totalidad de S. En otras palabras, la superficie S es trazada por la punta del vector de posición $\mathbf{r}(u, v)$ conforme (u, v) se mueve por la región D (vea la figura 1).

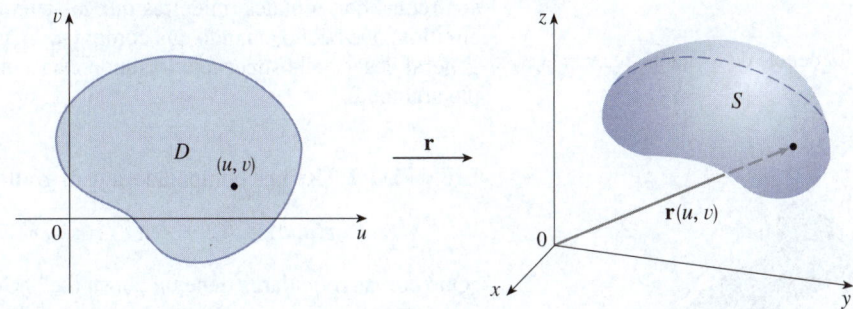

FIGURA 1
Una superficie paramétrica.

EJEMPLO 1 Identifique y dibuje la superficie con la ecuación vectorial

$$\mathbf{r}(u, v) = 2 \cos u \, \mathbf{i} + v \, \mathbf{j} + 2 \operatorname{sen} u \, \mathbf{k}$$

SOLUCIÓN Las ecuaciones paramétricas de esta superficie son

$$x = 2 \cos u \qquad y = v \qquad z = 2 \operatorname{sen} u$$

Así, para cualquier punto (x, y, z) en la superficie, se tiene

$$x^2 + z^2 = 4 \cos^2 u + 4 \operatorname{sen}^2 u = 4$$

Esto significa que las secciones transversales verticales paralelas al plano xz (es decir, con y constante) son todos los círculos con radio 2. Como $y = v$ y no hay ninguna restricción sobre v, la superficie es un cilindro circular con radio 2 cuyo eje es el eje y (vea la figura 2). ∎

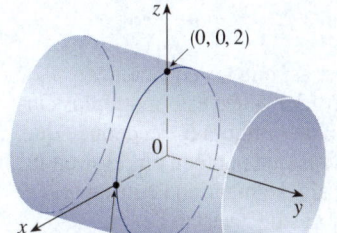

FIGURA 2

En el ejemplo 1 no se pusieron restricciones a los parámetros u y v y, por lo tanto, se obtuvo el cilindro entero. Si, por ejemplo, se restringen u y v escribiendo el dominio paramétrico como

$$0 \leqslant u \leqslant \pi/2 \qquad 0 \leqslant v \leqslant 3$$

entonces $x \geqslant 0$, $z \geqslant 0$, $0 \leqslant y \leqslant 3$, y se obtiene el cuarto de cilindro con longitud 3 que se ilustra en la figura 3.

Si una superficie paramétrica S está dada por una función vectorial $\mathbf{r}(u, v)$, entonces hay dos familias útiles de curvas que residen en S, una familia con u constante y otra con v constante. Estas familias corresponden a las rectas verticales y horizontales en el plano uv. Si se mantiene u constante poniendo $u = u_0$, entonces $\mathbf{r}(u_0, v)$ se convierte en una función vectorial del parámetro v y define una curva C_1 que está situada en S (vea la figura 4).

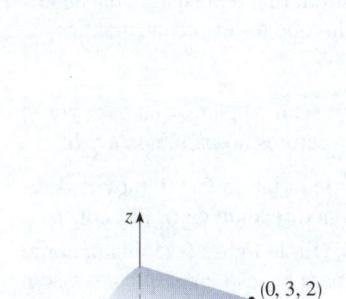

FIGURA 3

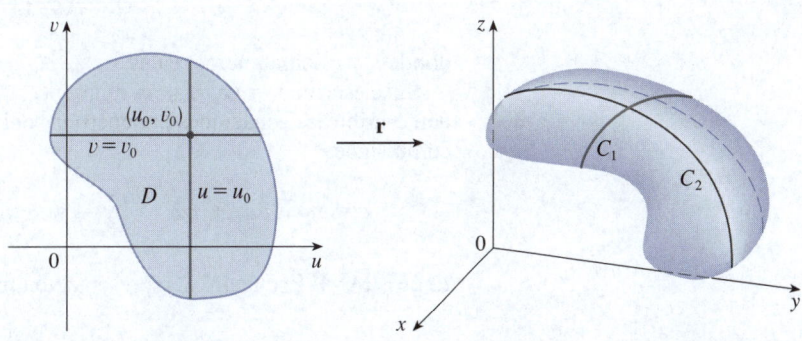

FIGURA 4

De igual forma, si se mantiene v constante poniendo $v = v_0$, se obtiene una curva C_2 dada por $\mathbf{r}(u, v_0)$ que reside en S. Estas curvas se conocen como **curvas reticulares** (en el ejemplo 1, por citar un caso, las curvas reticulares obtenidas cuando u es constante son rectas horizontales, mientras que las curvas reticulares cuando v es constante son círculos). De hecho, cuando una computadora grafica una superficie paramétrica, por lo general describe la superficie trazando estas curvas reticulares, como se ve en el ejemplo siguiente.

EJEMPLO 2 Use una computadora para graficar la superficie

$$\mathbf{r}(u, v) = \langle (2 + \text{sen } v)\cos u, (2 + \text{sen } v)\,\text{sen }u, u + \cos v \rangle$$

¿Qué curvas reticulares tienen u constante? ¿Cuáles tienen v constante?

SOLUCIÓN Se grafica la parte de la superficie con dominio paramétrico $0 \le u \le 4\pi$, $0 \le v \le 2\pi$ en la figura 5. Tiene la apariencia de un tubo en espiral. Para identificar las curvas reticulares, se escriben las ecuaciones paramétricas correspondientes:

$$x = (2 + \text{sen }v)\cos u \qquad y = (2 + \text{sen }v)\,\text{sen }u \qquad z = u + \cos v$$

Si v es constante, entonces sen v y cos v son constantes, así que las ecuaciones paramétricas se asemejan a las de la hélice del ejemplo 13.1.4. De este modo, las curvas reticulares con v constante son las curvas en espiral de la figura 5. Se deduce que las curvas reticulares con u constante deben ser las curvas que parecen círculos en la figura. Una prueba adicional de esta afirmación es que si u se mantiene constante, $u = u_0$, la ecuación $z = u_0 + \cos v$ muestra que los valores de z varían de $u_0 - 1$ a $u_0 + 1$. ■

En los ejemplos 1 y 2 se dio una ecuación vectorial y se pidió graficar la superficie paramétrica correspondiente. Sin embargo, en los ejemplos siguientes se presenta el problema más complejo de encontrar una función vectorial que represente una superficie dada. En el resto de este capítulo a menudo se tendrá que hacer precisamente eso.

EJEMPLO 3 Encuentre una función vectorial que represente el plano que pasa por el punto P_0 con vector de posición $\mathbf{r}_0$ y que contiene dos vectores no paralelos $\mathbf{a}$ y $\mathbf{b}$.

SOLUCIÓN Si P es cualquier punto en el plano, se puede pasar de P_0 a P moviéndose cierta distancia en la dirección de $\mathbf{a}$ y otra distancia en la dirección de $\mathbf{b}$. Por consiguiente, hay escalares u y v tales que $\overrightarrow{P_0P} = u\mathbf{a} + v\mathbf{b}$. (En la figura 6 se ilustra cómo funciona esto, por medio de la ley del paralelogramo, para el caso en el que u y v son positivas. Vea también el ejercicio 12.2.46). Si $\mathbf{r}$ es el vector de posición de P, entonces

$$\mathbf{r} = \overrightarrow{OP_0} + \overrightarrow{P_0P} = \mathbf{r}_0 + u\mathbf{a} + v\mathbf{b}$$

Así, la ecuación vectorial del plano puede escribirse como

$$\mathbf{r}(u, v) = \mathbf{r}_0 + u\mathbf{a} + v\mathbf{b}$$

donde u y v son números reales.

Si se escribe $\mathbf{r} = \langle x, y, z \rangle$, $\mathbf{r}_0 = \langle x_0, y_0, z_0 \rangle$, $\mathbf{a} = \langle a_1, a_2, a_3 \rangle$ y $\mathbf{b} = \langle b_1, b_2, b_3 \rangle$, se pueden escribir las ecuaciones paramétricas del plano que pasa por el punto (x_0, y_0, z_0) como sigue:

$$x = x_0 + ua_1 + vb_1 \qquad y = y_0 + ua_2 + vb_2 \qquad z = z_0 + ua_3 + vb_3 \qquad ■$$

EJEMPLO 4 Encuentre la representación paramétrica de la esfera

$$x^2 + y^2 + z^2 = a^2$$

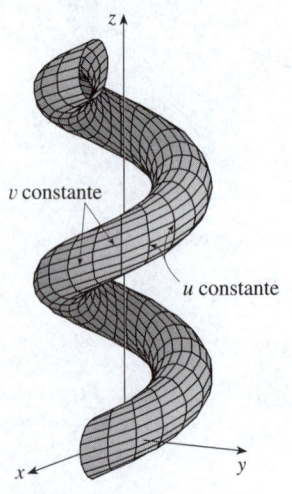

FIGURA 5

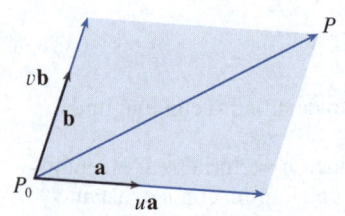

FIGURA 6

SOLUCIÓN La esfera tiene una representación simple $\rho = a$ en coordenadas esféricas, por lo que se eligen los ángulos ϕ y θ en coordenadas esféricas como los parámetros (vea la sección 15.8). Luego, al poner $\rho = a$ en las ecuaciones para la conversión de coordenadas esféricas a rectangulares (ecuaciones 15.8.1), se obtienen

$$x = a \operatorname{sen} \phi \cos \theta \qquad y = a \operatorname{sen} \phi \operatorname{sen} \theta \qquad z = a \cos \phi$$

como las ecuaciones paramétricas de la esfera. La ecuación vectorial correspondiente es

$$\mathbf{r}(\phi, \theta) = a \operatorname{sen} \phi \cos \theta \, \mathbf{i} + a \operatorname{sen} \phi \operatorname{sen} \theta \, \mathbf{j} + a \cos \phi \, \mathbf{k}$$

Se tiene $0 \leq \phi \leq \pi$ y $0 \leq \theta \leq 2\pi$, por lo que el dominio paramétrico es el rectángulo $D = [0, \pi] \times [0, 2\pi]$. Las curvas reticulares con ϕ constante son los círculos de latitud constante (incluido el ecuador). Las curvas reticulares con θ constante son los meridianos (semicírculos), los cuales unen los polos norte y sur (vea la figura 7).

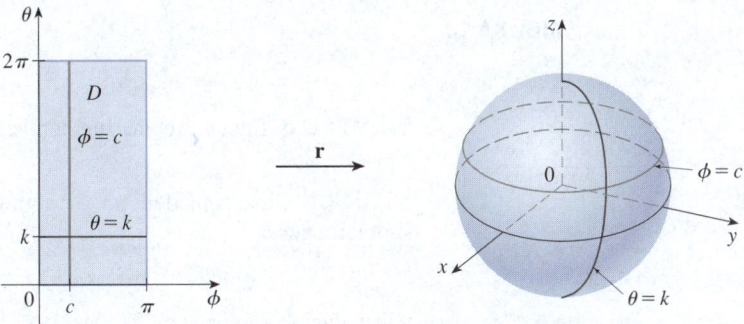

FIGURA 7

NOTA En el ejemplo 4 se vio que las curvas reticulares de una esfera son curvas de latitud o longitud constantes. Para una superficie paramétrica general, lo que en realidad se hace es un mapa y las curvas reticulares son similares a líneas de latitud y longitud. Describir un punto en una superficie paramétrica (como la de la figura 5) al dar valores específicos de u y v es como dar la latitud y longitud de un punto.

Uno de los usos de las superficies paramétricas es el de gráficas por computadora. En la figura 8 se muestra el resultado de tratar de graficar la esfera $x^2 + y^2 + z^2 = 1$ despejando z en la ecuación y graficando los hemisferios superior e inferior por separado. Parte de la esfera parece faltar a causa del sistema reticular rectangular utilizado por el programa informático. La imagen que tiene mucho mejor aspecto en la figura 9 fue producida por una computadora usando las ecuaciones paramétricas determinadas en el ejemplo 4.

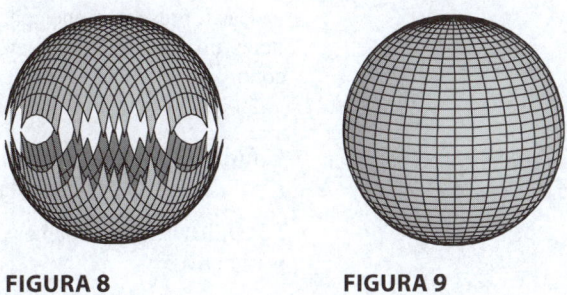

FIGURA 8   **FIGURA 9**

EJEMPLO 5 Encuentre una representación paramétrica del cilindro

$$x^2 + y^2 = 4 \qquad 0 \leq z \leq 1$$

SOLUCIÓN El cilindro tiene una representación simple $r = 2$ en coordenadas cilíndricas, por lo que se eligen como parámetros θ y z en coordenadas cilíndricas. Entonces, las ecuaciones paramétricas del cilindro son

$$x = 2 \cos \theta \qquad y = 2 \operatorname{sen} \theta \qquad z = z$$

donde $0 \leq \theta \leq 2\pi$ y $0 \leq z \leq 1$. En notación vectorial,

$$\mathbf{r}(\theta, z) = 2 \cos \theta \, \mathbf{i} + 2 \operatorname{sen} \theta \, \mathbf{j} + z \, \mathbf{k}$$

y la función vectorial **r** asigna el dominio paramétrico

$$D = \{(\theta, z) \mid 0 \leq \theta \leq 2\pi, 0 \leq z \leq 1\}$$

a un cilindro, como se muestra en la figura 10.

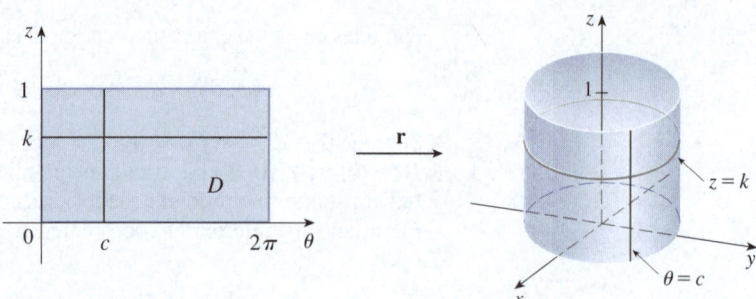

FIGURA 10

EJEMPLO 6   Encuentre una función vectorial que represente el paraboloide elíptico $z = x^2 + 2y^2$.

SOLUCIÓN   Si se considera a x y y como parámetros, las ecuaciones paramétricas son simplemente

$$x = x \qquad y = y \qquad z = x^2 + 2y^2$$

y la ecuación vectorial es

$$\mathbf{r}(x, y) = x\,\mathbf{i} + y\,\mathbf{j} + (x^2 + 2y^2)\,\mathbf{k}$$

En general, una superficie dada como la gráfica de una función de x y y, es decir, con una ecuación de la forma $z = f(x, y)$, siempre puede considerarse una superficie paramétrica si x y y se toman como parámetros y se escriben las ecuaciones paramétricas como

$$x = x \qquad y = y \qquad z = f(x, y)$$

Las representaciones paramétricas (también llamadas *parametrizaciones*) de superficies no son únicas. El ejemplo siguiente muestra dos maneras de parametrizar un cono.

EJEMPLO 7   Determine una representación paramétrica de la superficie $z = 2\sqrt{x^2 + y^2}$, es decir, la mitad superior del cono $z^2 = 4x^2 + 4y^2$.

SOLUCIÓN 1   Para obtener una posible representación se seleccionan x y y como parámetros:

$$x = x \qquad y = y \qquad z = 2\sqrt{x^2 + y^2}$$

Así, la ecuación vectorial es

$$\mathbf{r}(x, y) = x\,\mathbf{i} + y\,\mathbf{j} + 2\sqrt{x^2 + y^2}\,\mathbf{k}$$

SOLUCIÓN 2   Otra representación resulta de elegir como parámetros las coordenadas polares r y θ. Un punto (x, y, z) en el cono satisface $x = r\cos\theta$, $y = r\,\text{sen}\,\theta$ y $z = 2\sqrt{x^2 + y^2} = 2r$. Por lo tanto, una ecuación vectorial para el cono es

$$\mathbf{r}(r, \theta) = r\cos\theta\,\mathbf{i} + r\,\text{sen}\,\theta\,\mathbf{j} + 2r\,\mathbf{k}$$

donde $r \geq 0$ y $0 \leq \theta \leq 2\pi$.

Para algunos propósitos, las representaciones paramétricas de las soluciones 1 y 2 del ejemplo 7 son igualmente buenas, pero la solución 2 puede ser preferible en ciertas situaciones. Si solo interesa la parte del cono que está debajo del plano $z = 1$, por ejemplo, lo único que hay que hacer en la solución 2 es cambiar el dominio paramétrico a

$$D = \left\{(r, \theta) \mid 0 \leqslant r \leqslant \tfrac{1}{2}, 0 \leqslant \theta \leqslant 2\pi\right\}$$

Entonces, la función vectorial **r** asigna la región D a la mitad del cono que se muestra en la figura 11.

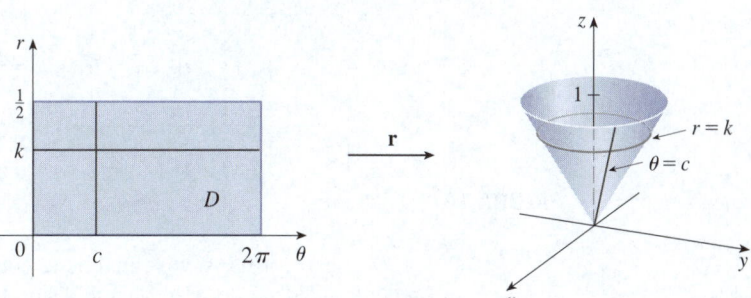

FIGURA 11

Superficies de revolución

Las superficies de revolución pueden representarse paramétricamente. Por ejemplo, considere la superficie S obtenida al girar la curva $y = f(x)$, $a \leqslant x \leqslant b$, alrededor del eje x, donde $f(x) \geqslant 0$. Sea θ el ángulo de rotación que se muestra en la figura 12. Si (x, y, z) es un punto en S, entonces

$$\boxed{3} \qquad x = x \qquad y = f(x) \cos \theta \qquad z = f(x) \operatorname{sen} \theta$$

Por lo tanto, x y θ se toman como parámetros y las ecuaciones 3 se consideran ecuaciones paramétricas de S. El dominio paramétrico está dado por $a \leqslant x \leqslant b$, $0 \leqslant \theta \leqslant 2\pi$.

EJEMPLO 8   Determine ecuaciones paramétricas para la superficie generada al girar la curva $y = \operatorname{sen} x$, $0 \leqslant x \leqslant 2\pi$, alrededor del eje x. Use estas ecuaciones para graficar la superficie de revolución.

SOLUCIÓN   Con base en las ecuaciones 3, las ecuaciones paramétricas son

$$x = x \qquad y = \operatorname{sen} x \cos \theta \qquad z = \operatorname{sen} x \operatorname{sen} \theta$$

y el dominio paramétrico es $0 \leqslant x \leqslant 2\pi$, $0 \leqslant \theta \leqslant 2\pi$. Al usar una computadora para trazar estas ecuaciones, se obtiene la gráfica de la figura 13. ■

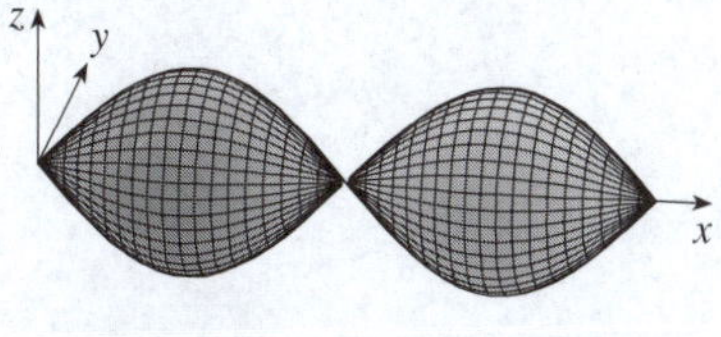

Las ecuaciones 3 se pueden adaptar para representar una superficie obtenida mediante revolución alrededor del eje y o z (vea el ejercicio 30).

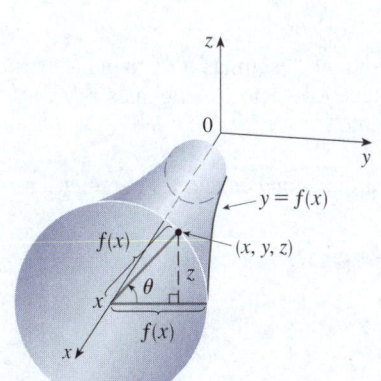

FIGURA 12

FIGURA 13

Planos tangentes

Ahora se determinará el plano tangente a una superficie paramétrica S trazada por una función vectorial

$$\mathbf{r}(u, v) = x(u, v)\, \mathbf{i} + y(u, v)\, \mathbf{j} + z(u, v)\, \mathbf{k}$$

en un punto P_0 con vector de posición $\mathbf{r}(u_0, v_0)$. Si u se mantiene constante poniendo $u = u_0$, entonces $\mathbf{r}(u_0, v)$ se convierte en una función vectorial del parámetro v y define una curva reticular C_1 que está en S (vea la figura 14). El vector tangente a C_1 en P_0 se obtiene tomando la derivada parcial de $\mathbf{r}$ con respecto a v:

$$\boxed{4} \qquad \mathbf{r}_v = \frac{\partial x}{\partial v}(u_0, v_0)\,\mathbf{i} + \frac{\partial y}{\partial v}(u_0, v_0)\,\mathbf{j} + \frac{\partial z}{\partial v}(u_0, v_0)\,\mathbf{k}$$

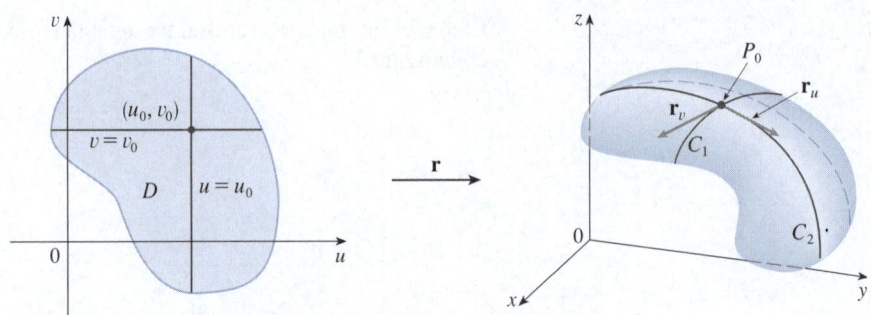

FIGURA 14

De igual forma, si v se mantiene constante poniendo $v = v_0$, se obtiene la curva reticular C_2 dada por $\mathbf{r}(u, v_0)$ que reside en S, y su vector tangente en P_0 es

$$\boxed{5} \qquad \mathbf{r}_u = \frac{\partial x}{\partial u}(u_0, v_0)\,\mathbf{i} + \frac{\partial y}{\partial u}(u_0, v_0)\,\mathbf{j} + \frac{\partial z}{\partial u}(u_0, v_0)\,\mathbf{k}$$

Si $\mathbf{r}_u \times \mathbf{r}_v$ no es $\mathbf{0}$, la superficie S se llama **suave** (no tiene "esquinas"). Para una superficie suave, el **plano tangente** es el plano que contiene los vectores tangentes $\mathbf{r}_u$ y $\mathbf{r}_v$, y el vector $\mathbf{r}_u \times \mathbf{r}_v$ es un vector normal al plano tangente.

En la figura 15 se muestra la superficie que se interseca a sí misma del ejemplo 9 y su plano tangente en $(1, 1, 3)$.

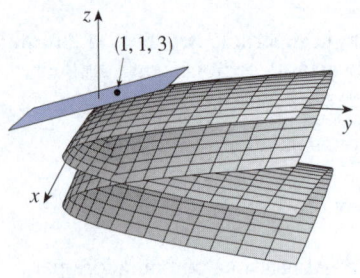

FIGURA 15

EJEMPLO 9 Determine el plano tangente a la superficie con ecuaciones paramétricas $x = u^2$, $y = v^2$, $z = u + 2v$ en el punto $(1, 1, 3)$.

SOLUCIÓN Calcule primero los vectores tangentes:

$$\mathbf{r}_u = \frac{\partial x}{\partial u}\,\mathbf{i} + \frac{\partial y}{\partial u}\,\mathbf{j} + \frac{\partial z}{\partial u}\,\mathbf{k} = 2u\,\mathbf{i} + \mathbf{k}$$

$$\mathbf{r}_v = \frac{\partial x}{\partial v}\,\mathbf{i} + \frac{\partial y}{\partial v}\,\mathbf{j} + \frac{\partial z}{\partial v}\,\mathbf{k} = 2v\,\mathbf{j} + 2\,\mathbf{k}$$

Así, un vector normal al plano tangente es

$$\mathbf{r}_u \times \mathbf{r}_v = \begin{vmatrix} \mathbf{i} & \mathbf{j} & \mathbf{k} \\ 2u & 0 & 1 \\ 0 & 2v & 2 \end{vmatrix} = -2v\,\mathbf{i} - 4u\,\mathbf{j} + 4uv\,\mathbf{k}$$

Observe que el punto $(1, 1, 3)$ corresponde a los valores paramétricos $u = 1$ y $v = 1$, por lo que el vector paramétrico ahí es

$$-2\,\mathbf{i} - 4\,\mathbf{j} + 4\,\mathbf{k}$$

Por lo tanto, una ecuación del plano tangente en $(1, 1, 3)$ es

$$-2(x - 1) - 4(y - 1) + 4(z - 3) = 0$$

o

$$x + 2y - 2z + 3 = 0 \qquad \blacksquare$$

■ Área de una superficie

Ahora se define el área de una superficie paramétrica general dada por la ecuación 1. Para simplificar, en primer lugar se considerará una superficie S cuyo dominio paramétrico D es un rectángulo que se divide en subrectángulos R_{ij}. Se selecciona (u_i^*, v_j^*) como la esquina inferior izquierda de R_{ij} (vea la figura 16).

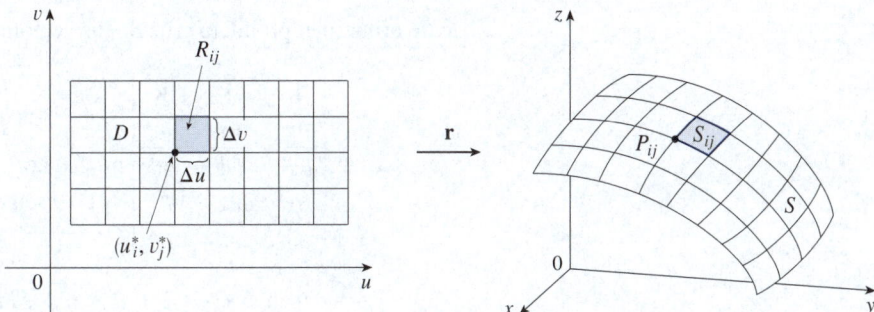

FIGURA 16
La imagen del subrectángulo R_{ij} es la parcela S_{ij}.

La parte S_{ij} de la superficie S que corresponde a R_{ij} se llama *parcela* y tiene el punto P_{ij} con vector de posición $\mathbf{r}(u_i^*, v_j^*)$ como una de sus esquinas. Sean

$$\mathbf{r}_u^* = \mathbf{r}_u(u_i^*, v_j^*) \qquad \text{y} \qquad \mathbf{r}_v^* = \mathbf{r}_v(u_i^*, v_j^*)$$

los vectores tangentes en P_{ij}, dados por las ecuaciones 5 y 4.

En la figura 17(a) se muestra cómo las dos orillas de la parcela que se encuentran en P_{ij} pueden aproximarse por medio de vectores. Estos vectores, a su vez, pueden aproximarse por los vectores $\Delta u\, \mathbf{r}_u^*$ y $\Delta v\, \mathbf{r}_v^*$, porque las derivadas parciales pueden aproximarse por cocientes de diferencias. Así, se aproxima S_{ij} mediante el paralelogramo determinado por los vectores $\Delta u\, \mathbf{r}_u^*$ y $\Delta v\, \mathbf{r}_v^*$. Este paralelogramo se muestra en la figura 17(b) y está situado en el plano tangente a S en P_{ij}. El área de este paralelogramo es

$$\left| (\Delta u\, \mathbf{r}_u^*) \times (\Delta v\, \mathbf{r}_v^*) \right| = \left| \mathbf{r}_u^* \times \mathbf{r}_v^* \right| \Delta u\, \Delta v$$

así que una aproximación al área de S es

$$\sum_{i=1}^{m} \sum_{j=1}^{n} \left| \mathbf{r}_u^* \times \mathbf{r}_v^* \right| \Delta u\, \Delta v$$

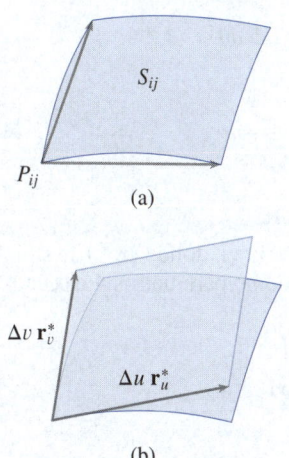

(a)

(b)

FIGURA 17
Aproximación de una parcela por medio de un paralelogramo.

La intuición dice que esta aproximación mejora cuando se aumenta el número de subrectángulos, y se reconoce la doble suma como una suma de Riemann para la integral doble $\iint_D \left| \mathbf{r}_u \times \mathbf{r}_v \right| du\, dv$. Esto motiva la siguiente definición.

> **6   Definición** Si una superficie paramétrica suave S está dada por la ecuación
>
> $$\mathbf{r}(u, v) = x(u, v)\, \mathbf{i} + y(u, v)\, \mathbf{j} + z(u, v)\, \mathbf{k} \qquad (u, v) \in D$$
>
> y S se cubre solo una vez cuando (u, v) abarca todo el dominio paramétrico D, entonces el **área de la superficie** S es
>
> $$A(S) = \iint_D \left| \mathbf{r}_u \times \mathbf{r}_v \right| dA$$
>
> donde $\qquad \mathbf{r}_u = \dfrac{\partial x}{\partial u}\, \mathbf{i} + \dfrac{\partial y}{\partial u}\, \mathbf{j} + \dfrac{\partial z}{\partial u}\, \mathbf{k} \qquad\qquad \mathbf{r}_v = \dfrac{\partial x}{\partial v}\, \mathbf{i} + \dfrac{\partial y}{\partial v}\, \mathbf{j} + \dfrac{\partial z}{\partial v}\, \mathbf{k}$

EJEMPLO 10 Determine el área de una esfera de radio a.

SOLUCIÓN En el ejemplo 4 se determinó la representación paramétrica

$$x = a \operatorname{sen} \phi \cos \theta \qquad y = a \operatorname{sen} \phi \operatorname{sen} \theta \qquad z = a \cos \phi$$

donde el dominio paramétrico es

$$D = \{(\phi, \theta) \mid 0 \leq \phi \leq \pi, 0 \leq \theta \leq 2\pi\}$$

Calcule primero el producto cruz de los vectores tangentes:

$$\mathbf{r}_\phi \times \mathbf{r}_\theta = \begin{vmatrix} \mathbf{i} & \mathbf{j} & \mathbf{k} \\ \dfrac{\partial x}{\partial \phi} & \dfrac{\partial y}{\partial \phi} & \dfrac{\partial z}{\partial \phi} \\ \dfrac{\partial x}{\partial \theta} & \dfrac{\partial y}{\partial \theta} & \dfrac{\partial z}{\partial \theta} \end{vmatrix} = \begin{vmatrix} \mathbf{i} & \mathbf{j} & \mathbf{k} \\ a \cos \phi \cos \theta & a \cos \phi \operatorname{sen} \theta & -a \operatorname{sen} \phi \\ -a \operatorname{sen} \phi \operatorname{sen} \theta & a \operatorname{sen} \phi \cos \theta & 0 \end{vmatrix}$$

$$= a^2 \operatorname{sen}^2\phi \, \cos \theta \, \mathbf{i} + a^2 \operatorname{sen}^2\phi \, \operatorname{sen} \theta \, \mathbf{j} + a^2 \operatorname{sen} \phi \, \cos \phi \, \mathbf{k}$$

Así

$$|\mathbf{r}_\phi \times \mathbf{r}_\theta| = \sqrt{a^4 \operatorname{sen}^4\phi \, \cos^2\theta + a^4 \operatorname{sen}^4\phi \, \operatorname{sen}^2\theta + a^4 \operatorname{sen}^2\phi \, \cos^2\phi}$$

$$= \sqrt{a^4 \operatorname{sen}^4\phi + a^4 \operatorname{sen}^2\phi \, \cos^2\phi} = a^2 \sqrt{\operatorname{sen}^2\phi} = a^2 \operatorname{sen} \phi$$

ya que $\operatorname{sen} \phi \geq 0$ para $0 \leq \phi \leq \pi$. Por lo tanto, por la definición 6, el área de la esfera es

$$A = \iint\limits_{D} |\mathbf{r}_\phi \times \mathbf{r}_\theta| \, dA = \int_0^{2\pi} \int_0^{\pi} a^2 \operatorname{sen} \phi \, d\phi \, d\theta$$

$$= a^2 \int_0^{2\pi} d\theta \int_0^{\pi} \operatorname{sen} \phi \, d\phi = a^2 (2\pi) 2 = 4\pi a^2 \qquad \blacksquare$$

■ Área de la superficie de la gráfica de una función

Para el caso especial de una superficie S con ecuación $z = f(x, y)$, donde (x, y) se sitúa en D y f tiene derivadas parciales continuas, se toman x y y como parámetros. Las ecuaciones paramétricas son

$$x = x \qquad y = y \qquad z = f(x, y)$$

por lo que

$$\mathbf{r}_x = \mathbf{i} + \left(\frac{\partial f}{\partial x}\right) \mathbf{k} \qquad \mathbf{r}_y = \mathbf{j} + \left(\frac{\partial f}{\partial y}\right) \mathbf{k}$$

y

$$\boxed{7} \qquad \mathbf{r}_x \times \mathbf{r}_y = \begin{vmatrix} \mathbf{i} & \mathbf{j} & \mathbf{k} \\ 1 & 0 & \dfrac{\partial f}{\partial x} \\ 0 & 1 & \dfrac{\partial f}{\partial y} \end{vmatrix} = -\frac{\partial f}{\partial x} \mathbf{i} - \frac{\partial f}{\partial y} \mathbf{j} + \mathbf{k}$$

Por lo tanto, se tiene

$$\boxed{8} \qquad |\mathbf{r}_x \times \mathbf{r}_y| = \sqrt{\left(\frac{\partial f}{\partial x}\right)^2 + \left(\frac{\partial f}{\partial y}\right)^2 + 1} = \sqrt{1 + \left(\frac{\partial z}{\partial x}\right)^2 + \left(\frac{\partial z}{\partial y}\right)^2}$$

y la fórmula del área de la superficie en la definición 6 se convierte en

Observe la semejanza entre la fórmula del área de la ecuación 9 y la fórmula de la longitud de arco

$$L = \int_a^b \sqrt{1 + \left(\frac{dy}{dx}\right)^2} \, dx$$

de la sección 8.1.

9
$$A(S) = \iint_D \sqrt{1 + \left(\frac{\partial z}{\partial x}\right)^2 + \left(\frac{\partial z}{\partial y}\right)^2} \, dA$$

EJEMPLO 11 Encuentre el área de la superficie de la parte del paraboloide $z = x^2 + y^2$ que está situada debajo del plano $z = 9$.

SOLUCIÓN El plano interseca el paraboloide en el círculo $x^2 + y^2 = 9$, $z = 9$. Por lo tanto, la superficie dada se encuentra arriba del disco D con centro en el origen y radio 3 (vea la figura 18). Usando la fórmula 9, se tiene

$$A = \iint_D \sqrt{1 + \left(\frac{\partial z}{\partial x}\right)^2 + \left(\frac{\partial z}{\partial y}\right)^2} \, dA$$

$$= \iint_D \sqrt{1 + (2x)^2 + (2y)^2} \, dA = \iint_D \sqrt{1 + 4(x^2 + y^2)} \, dA$$

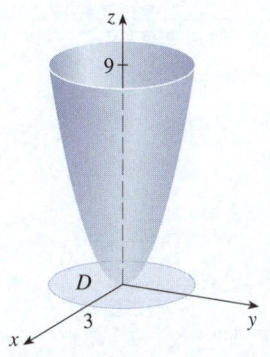

FIGURA 18

Al convertir a coordenadas polares se obtiene

$$A = \int_0^{2\pi} \int_0^3 \sqrt{1 + 4r^2} \, r \, dr \, d\theta = \int_0^{2\pi} d\theta \int_0^3 r\sqrt{1 + 4r^2} \, dr$$

$$= 2\pi\left(\tfrac{1}{8}\right)\tfrac{2}{3}(1 + 4r^2)^{3/2}\Big]_0^3 = \frac{\pi}{6}\left(37\sqrt{37} - 1\right)$$ ∎

Persiste la pregunta de si la definición (6) del área es congruente con la fórmula del área del cálculo de una variable (8.2.4).

Considere la superficie S obtenida al girar la curva $y = f(x)$, $a \leq x \leq b$ alrededor del eje x, donde $f(x) \geq 0$ y f' es continua. Por las ecuaciones 3 se sabe que las ecuaciones paramétricas de S son

$$x = x \qquad y = f(x)\cos\theta \qquad z = f(x)\,\text{sen}\,\theta \qquad a \leq x \leq b \qquad 0 \leq \theta \leq 2\pi$$

Para calcular el área de S se necesitan los vectores tangentes

$$\mathbf{r}_x = \mathbf{i} + f'(x)\cos\theta\,\mathbf{j} + f'(x)\,\text{sen}\,\theta\,\mathbf{k}$$

$$\mathbf{r}_\theta = -f(x)\,\text{sen}\,\theta\,\mathbf{j} + f(x)\cos\theta\,\mathbf{k}$$

Así

$$\mathbf{r}_x \times \mathbf{r}_\theta = \begin{vmatrix} \mathbf{i} & \mathbf{j} & \mathbf{k} \\ 1 & f'(x)\cos\theta & f'(x)\,\text{sen}\,\theta \\ 0 & -f(x)\,\text{sen}\,\theta & f(x)\cos\theta \end{vmatrix}$$

$$= f(x)f'(x)\,\mathbf{i} - f(x)\cos\theta\,\mathbf{j} - f(x)\,\text{sen}\,\theta\,\mathbf{k}$$

y, por lo tanto,

$$|\mathbf{r}_x \times \mathbf{r}_\theta| = \sqrt{[f(x)]^2[f'(x)]^2 + [f(x)]^2\cos^2\theta + [f(x)]^2\,\text{sen}^2\theta}$$

$$= \sqrt{[f(x)]^2[1 + [f'(x)]^2]} = f(x)\sqrt{1 + [f'(x)]^2}$$

porque $f(x) \geq 0$. En consecuencia, el área de la superficie S es

$$
\begin{aligned}
A &= \iint\limits_{D} |\mathbf{r}_x \times \mathbf{r}_\theta|\, dA \\
&= \int_0^{2\pi} \int_a^b f(x)\sqrt{1 + [f'(x)]^2}\; dx\, d\theta \\
&= 2\pi \int_a^b f(x)\sqrt{1 + [f'(x)]^2}\; dx
\end{aligned}
$$

Esta es precisamente la fórmula que se usó para definir el área de una superficie de revolución en el cálculo de una variable (8.2.4).

16.6 | Ejercicios

1-2 Determine si los puntos P y Q están en la superficie dada.

1. $\mathbf{r}(u, v) = \langle u + v, u - 2v, 3 + u - v \rangle$
$P(4, -5, 1)$, $Q(0, 4, 6)$

2. $\mathbf{r}(u, v) = \langle 1 + u - v, u + v^2, u^2 - v^2 \rangle$
$P(1, 2, 1)$, $Q(2, 3, 3)$

3-6 Identifique la superficie con la ecuación vectorial dada.

3. $\mathbf{r}(u, v) = (u + v)\,\mathbf{i} + (3 - v)\,\mathbf{j} + (1 + 4u + 5v)\,\mathbf{k}$

4. $\mathbf{r}(u, v) = u^2\,\mathbf{i} + u\cos v\,\mathbf{j} + u\sin v\,\mathbf{k}$

5. $\mathbf{r}(s, t) = \langle s\cos t, s\sin t, s \rangle$

6. $\mathbf{r}(s, t) = \langle 3\cos t, s, \sin t \rangle$, $-1 \leq s \leq 1$

⊞ 7-12 Use una computadora para graficar la superficie paramétrica. Indique en la gráfica cuáles curvas reticulares tienen u constante y cuáles tienen v constante.

7. $\mathbf{r}(u, v) = \langle u^2, v^2, u + v \rangle$,
$-1 \leq u \leq 1$, $-1 \leq v \leq 1$

8. $\mathbf{r}(u, v) = \langle u, v^3, -v \rangle$,
$-2 \leq u \leq 2$, $-2 \leq v \leq 2$

9. $\mathbf{r}(u, v) = \langle u^3, u\sin v, u\cos v \rangle$,
$-1 \leq u \leq 1$, $0 \leq v \leq 2\pi$

10. $\mathbf{r}(u, v) = \langle u, \sin(u + v), \sin v \rangle$,
$-\pi \leq u \leq \pi$, $-\pi \leq v \leq \pi$

11. $x = \sin v$, $y = \cos u \sin 4v$, $z = \sin 2u \sin 4v$,
$0 \leq u \leq 2\pi$, $-\pi/2 \leq v \leq \pi/2$

12. $x = \cos u$, $y = \sin u \sin v$, $z = \cos v$,
$0 \leq u \leq 2\pi$, $0 \leq v \leq 2\pi$

13-18 Relacione las ecuaciones con las gráficas rotuladas I–VI y dé razones que expliquen sus respuestas. Determine qué familias de curvas reticulares tienen u constante y cuáles tienen v constante.

13. $\mathbf{r}(u, v) = u\cos v\,\mathbf{i} + u\sin v\,\mathbf{j} + v\,\mathbf{k}$

14. $\mathbf{r}(u, v) = uv^2\,\mathbf{i} + u^2 v\,\mathbf{j} + (u^2 - v^2)\,\mathbf{k}$

15. $\mathbf{r}(u, v) = (u^3 - u)\,\mathbf{i} + v^2\,\mathbf{j} + u^2\,\mathbf{k}$

16. $x = (1 - u)(3 + \cos v)\cos 4\pi u$,
$y = (1 - u)(3 + \cos v)\sin 4\pi u$,
$z = 3u + (1 - u)\sin v$

17. $x = \cos^3 u \cos^3 v$, $y = \sin^3 u \cos^3 v$, $z = \sin^3 v$

18. $x = \sin u$, $y = \cos u \sin v$, $z = \sin v$

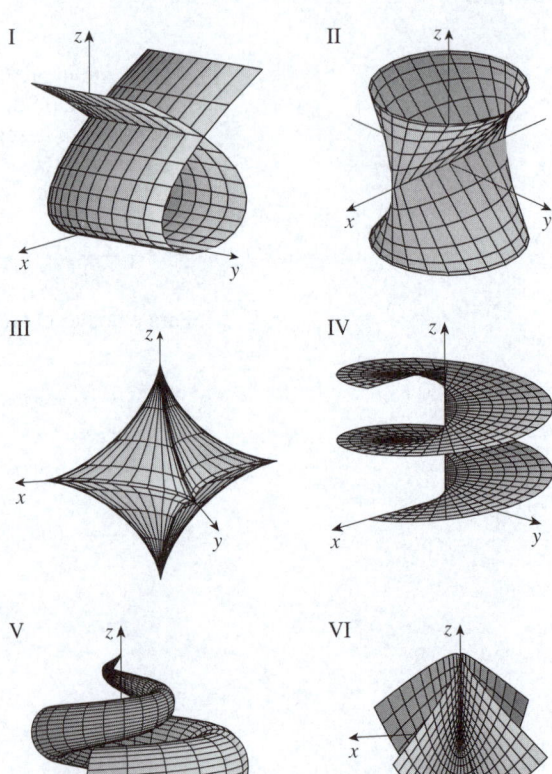

I   II   III   IV   V   VI

19-26 Encuentre una representación paramétrica para la superficie.

19. El plano que pasa por el origen y que contiene los vectores $\mathbf{i} - \mathbf{j}$ y $\mathbf{j} - \mathbf{k}$

20. El plano que pasa por el punto $(0, -1, 5)$ y que contiene los vectores $\langle 2, 1, 4 \rangle$ y $\langle -3, 2, 5 \rangle$

21. La parte del hiperboloide $4x^2 - 4y^2 - z^2 = 4$ que está situado frente al plano yz.

22. La parte del elipsoide $x^2 + 2y^2 + 3z^2 = 1$ que está situado a la izquierda del plano xz.

23. La parte de la esfera $x^2 + y^2 + z^2 = 4$ que está sobre el cono $z = \sqrt{x^2 + y^2}$

24. La parte del cilindro $x^2 + z^2 = 9$ que está arriba del plano xy y entre los planos $y = -4$ y $y = 4$

25. La parte de la esfera $x^2 + y^2 + z^2 = 36$ que está entre los planos $z = 0$ y $z = 3\sqrt{3}$

26. La parte del plano $z = x + 3$ que está dentro del cilindro $x^2 + y^2 = 1$

27-28 Use una computadora para producir una gráfica que se vea como la que se da.

27.

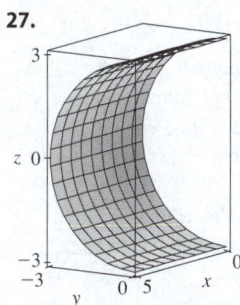

28.

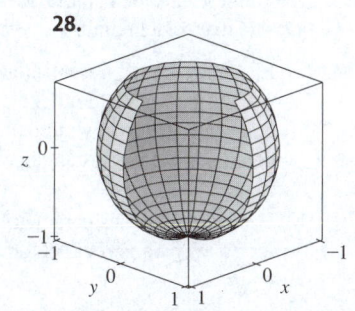

29. Encuentre ecuaciones paramétricas para la superficie obtenida al girar la curva $y = 1/(1 + x^2)$, $-2 \leq x \leq 2$ alrededor del eje x y úselas para graficar la superficie.

30. Determine ecuaciones paramétricas para la superficie obtenida al girar la curva $x = 1/y$, $y \geq 1$ alrededor del eje y y úselas para graficar la superficie.

31. (a) ¿Qué sucede con el tubo en espiral del ejemplo 2 (vea la figura 5) si se reemplaza cos u por sen u y sen u por cos u?
(b) ¿Qué sucede si se reemplaza cos u por cos $2u$ y sen u por sen $2u$?

32. La superficie con ecuaciones paramétricas

$$x = 2 \cos \theta + r \cos(\theta/2)$$
$$y = 2 \sin \theta + r \cos(\theta/2)$$
$$z = r \sin(\theta/2)$$

donde $-\frac{1}{2} \leq r \leq \frac{1}{2}$ y $0 \leq \theta \leq 2\pi$, se llama **banda de Möbius**. Grafique esta superficie desde varios puntos de vista. ¿Qué es inusual en ella?

33-36 Determine una ecuación del plano tangente a la superficie paramétrica dada en el punto especificado.

33. $x = u + v$, $y = 3u^2$, $z = u - v$; $(2, 3, 0)$

34. $x = u^2 + 1$, $y = v^3 + 1$, $z = u + v$; $(5, 2, 3)$

35. $\mathbf{r}(u, v) = u \cos v \, \mathbf{i} + u \sin v \, \mathbf{j} + v \, \mathbf{k}$; $u = 1$, $v = \pi/3$

36. $\mathbf{r}(u, v) = \sin u \, \mathbf{i} + \cos u \sin v \, \mathbf{j} + \sin v \, \mathbf{k}$; $u = \pi/6$, $v = \pi/6$

37-38 Determine una ecuación del plano tangente a la superficie paramétrica dada en el punto especificado. Grafique la superficie y el plano tangente.

37. $\mathbf{r}(u, v) = u^2 \mathbf{i} + 2u \sin v \, \mathbf{j} + u \cos v \, \mathbf{k}$; $u = 1$, $v = 0$

38. $\mathbf{r}(u, v) = (1 - u^2 - v^2) \mathbf{i} - v \, \mathbf{j} - u \, \mathbf{k}$; $(-1, -1, -1)$

39-50 Calcule el área de la superficie.

39. La parte del plano $3x + 2y + z = 6$ que está en el primer octante

40. La parte del plano con ecuación vectorial $\mathbf{r}(u, v) = \langle u + v, 2 - 3u, 1 + u - v \rangle$ que está dada por $0 \leq u \leq 2$, $-1 \leq v \leq 1$

41. La parte del plano $x + 2y + 3z = 1$ que está dentro del cilindro $x^2 + y^2 = 3$

42. La parte del cono $z = \sqrt{x^2 + y^2}$ que está entre el plano $y = x$ y el cilindro $y = x^2$

43. La superficie $z = \frac{2}{3}(x^{3/2} + y^{3/2})$, $0 \leq x \leq 1$, $0 \leq y \leq 1$

44. La parte de la superficie $z = 4 - 2x^2 + y$ que está arriba del triángulo con vértices $(0, 0)$, $(1, 0)$ y $(1, 1)$

45. La parte de la superficie $z = xy$ que está dentro del cilindro $x^2 + y^2 = 1$

46. La parte de la superficie $x = z^2 + y$ que está entre los planos $y = 0$, $y = 2$, $z = 0$ y $z = 2$

47. La parte del paraboloide $y = x^2 + z^2$ que está dentro del cilindro $x^2 + z^2 = 16$

48. El helicoide (o rampa espiral) con ecuación vectorial $\mathbf{r}(u, v) = u \cos v \, \mathbf{i} + u \sin v \, \mathbf{j} + v \, \mathbf{k}$, $0 \leq u \leq 1$, $0 \leq v \leq \pi$

49. La superficie con ecuaciones paramétricas $x = u^2$, $y = uv$, $z = \frac{1}{2}v^2$, $0 \leq u \leq 1$, $0 \leq v \leq 2$

50. La parte de la esfera $x^2 + y^2 + z^2 = b^2$ que está dentro del cilindro $x^2 + y^2 = a^2$, donde $0 < a < b$

51. Si la ecuación de una superficie S es $z = f(x, y)$, donde $x^2 + y^2 \leq R^2$, y usted sabe que $|f_x| \leq 1$ y $|f_y| \leq 1$, ¿qué puede decir de $A(S)$?

T **52-53** Determine el área de la superficie con cuatro decimales de precisión; primero simplifique una expresión del área en términos de una integral simple y luego evalúe la integral numéricamente.

52. La parte de la superficie $z = \cos(x^2 + y^2)$ que está dentro del cilindro $x^2 + y^2 = 1$

53. La parte de la superficie $z = \ln(x^2 + y^2 + 2)$ que está sobre el disco $x^2 + y^2 \leqslant 1$

T **54.** Use un sistema algebraico computacional para determinar, con cuatro decimales de precisión, el área de la parte de la superficie $z = (1 + x^2)/(1 + y^2)$ que está arriba del cuadrado $|x| + |y| \leqslant 1$. Para ilustrar, grafique esta parte de la superficie.

55. (a) Use la regla del punto medio para integrales dobles (vea la sección 15.1) con seis cuadrados para estimar el área de la superficie $z = 1/(1 + x^2 + y^2)$, $0 \leqslant x \leqslant 6$, $0 \leqslant y \leqslant 4$.

T (b) Use un sistema algebraico computacional para aproximar el área de la superficie del inciso (a) con cuatro decimales de precisión. Compare con la respuesta del inciso (a).

T **56.** Use un sistema algebraico computacional para determinar el área de la superficie con ecuación vectorial

$$\mathbf{r}(u, v) = \langle \cos^3 u \cos^3 v, \operatorname{sen}^3 u \cos^3 v, \operatorname{sen}^3 v \rangle,$$

$0 \leqslant u \leqslant \pi$, $0 \leqslant v \leqslant 2\pi$. Enuncie su respuesta con cuatro decimales de precisión.

T **57.** Use un sistema algebraico computacional para determinar el área exacta de la superficie $z = 1 + 2x + 3y + 4y^2$, $1 \leqslant x \leqslant 4$, $0 \leqslant y \leqslant 1$.

58. (a) Plantee, pero no evalúe, una integral doble para el área de la superficie con ecuaciones paramétricas $x = au \cos v$, $y = bu \operatorname{sen} v$, $z = u^2$, $0 \leqslant u \leqslant 2$, $0 \leqslant v \leqslant 2\pi$.

(b) Elimine los parámetros para demostrar que la superficie es un paraboloide elíptico y plantee otra integral doble para el área de la superficie.

(c) Use las ecuaciones paramétricas del inciso (a) con $a = 2$ y $b = 3$ para graficar la superficie.

T (d) Para el caso $a = 2$, $b = 3$, use un sistema algebraico computacional para determinar el área con cuatro decimales de precisión.

59. (a) Demuestre que las ecuaciones paramétricas $x = a \operatorname{sen} u \cos v$, $y = b \operatorname{sen} u \operatorname{sen} v$, $z = c \cos u$, $0 \leqslant u \leqslant \pi$, $0 \leqslant v \leqslant 2\pi$ representan un elipsoide.

(b) Use las ecuaciones paramétricas del inciso (a) para graficar el elipsoide para el caso $a = 1$, $b = 2$, $c = 3$.

(c) Plantee, pero no evalúe, una integral doble para el área del elipsoide del inciso (b).

60. (a) Demuestre que las ecuaciones paramétricas $x = a \cosh u \cos v$, $y = b \cosh u \operatorname{sen} v$, $z = c \operatorname{senh} u$, representan un hiperboloide de una hoja.

(b) Use las ecuaciones paramétricas del inciso (a) para graficar el hiperboloide para el caso $a = 1$, $b = 2$, $c = 3$.

(c) Plantee, pero no evalúe, una integral doble para el área de la parte del hiperboloide del inciso (b) que está entre los planos $z = -3$ y $z = 3$.

61. Determine el área de la parte de la esfera $x^2 + y^2 + z^2 = 4z$ que está dentro del paraboloide $z = x^2 + y^2$.

62. En la figura se muestra la superficie creada cuando el cilindro $y^2 + z^2 = 1$ interseca el cilindro $x^2 + z^2 = 1$. Determine el área de esta superficie.

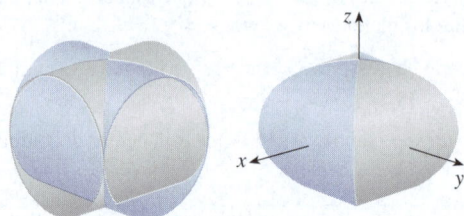

63. Determine el área de la parte de la esfera $x^2 + y^2 + z^2 = a^2$ que está dentro del cilindro $x^2 + y^2 = ax$.

64. (a) Encuentre una representación paramétrica del toro obtenido al girar alrededor del eje z el círculo en el plano xz con centro $(b, 0, 0)$ y radio $a < b$. [*Sugerencia*: Tome como parámetros los ángulos θ y α que se muestran en la figura].

(b) Use las ecuaciones paramétricas determinadas en el inciso (a) para graficar el toro para varios valores de a y b.

(c) Use la representación paramétrica del inciso (a) para determinar el área del toro.

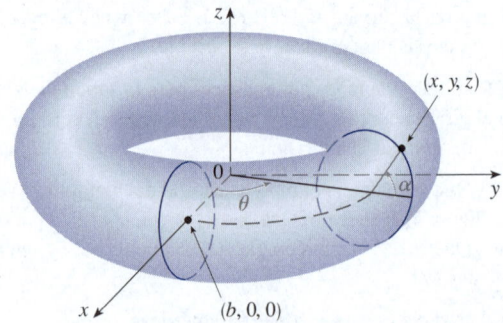

16.7 | Integrales de superficie

La relación entre integrales de superficie y el área de una superficie es muy parecida a la relación entre integrales de línea y longitud de arco. Suponga que f es una función de tres variables cuyo dominio incluye una superficie S. Se definirá la integral de superficie de f en S de tal modo que, en el caso en el que $f(x, y, z) = 1$, el valor de la integral de superficie sea igual al área de S. En primer lugar se examinarán las superficies paramétricas y después se tratará el caso especial donde S es la gráfica de una función de dos variables.

■ Superficies paramétricas

Suponga que una superficie S tiene una ecuación vectorial

$$\mathbf{r}(u, v) = x(u, v)\,\mathbf{i} + y(u, v)\,\mathbf{j} + z(u, v)\,\mathbf{k} \qquad (u, v) \in D$$

Suponga primero que el dominio paramétrico D es un rectángulo que se divide en subrectángulos R_{ij} con dimensiones Δu y Δv. En seguida se divide la superficie S en las correspondientes parcelas S_{ij} como en la figura 1.

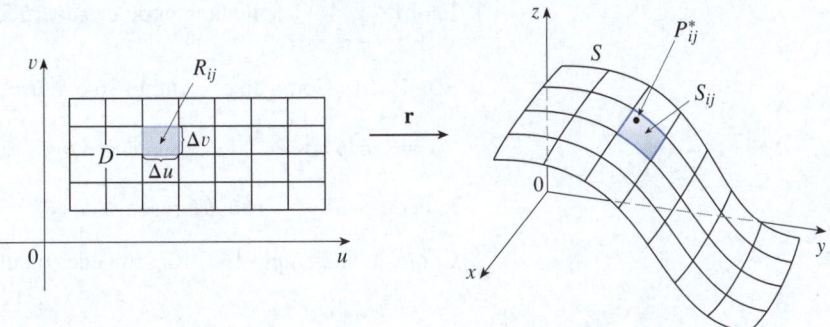

FIGURA 1

f se evalúa en un punto P_{ij}^* en cada parcela, se multiplica por el área ΔS_{ij} de la parcela y se forma la suma de Riemann

$$\sum_{i=1}^{m} \sum_{j=1}^{n} f(P_{ij}^*)\,\Delta S_{ij}$$

Se toma entonces como límite el número de aumentos de parcelas y se define la **integral de superficie de f en la superficie S** como

$$\boxed{1} \qquad \iint\limits_{S} f(x, y, z)\, dS = \lim_{m,\, n \to \infty} \sum_{i=1}^{m} \sum_{j=1}^{n} f(P_{ij}^*)\,\Delta S_{ij}$$

Observe la analogía con la definición de una integral de línea (16.2.2) y también la analogía con la definición de una integral doble (15.1.5).

Para evaluar la integral de superficie de la ecuación 1 se aproxima el área de la parcela ΔS_{ij} por medio del área de un paralelogramo de aproximación en el plano tangente. En el análisis del área de una superficie en la sección 16.6 se hizo la aproximación

$$\Delta S_{ij} \approx |\mathbf{r}_u \times \mathbf{r}_v|\,\Delta u\,\Delta v$$

donde $\qquad \mathbf{r}_u = \dfrac{\partial x}{\partial u}\,\mathbf{i} + \dfrac{\partial y}{\partial u}\,\mathbf{j} + \dfrac{\partial z}{\partial u}\,\mathbf{k} \qquad\qquad \mathbf{r}_v = \dfrac{\partial x}{\partial v}\,\mathbf{i} + \dfrac{\partial y}{\partial v}\,\mathbf{j} + \dfrac{\partial z}{\partial v}\,\mathbf{k}$

son los vectores tangentes en una esquina de S_{ij}. Si los componentes son continuos y $\mathbf{r}_u$ y $\mathbf{r}_v$ son diferentes de cero y no paralelos en el interior de D, se puede demostrar con base en la definición 1, aun si D no es un rectángulo, que

Se supone que la superficie se cubre solo una vez cuando (u, v) abarca D. El valor de la integral de superficie no depende de la parametrización usada.

$$\boxed{2} \qquad \iint\limits_{S} f(x, y, z)\, dS = \iint\limits_{D} f(\mathbf{r}(u, v))\,|\mathbf{r}_u \times \mathbf{r}_v|\, dA$$

Esto debe compararse con la fórmula de una integral de línea:

$$\int_C f(x, y, z) \, ds = \int_a^b f(\mathbf{r}(t)) \, |\mathbf{r}'(t)| \, dt$$

Observe también que

$$\iint_S 1 \, dS = \iint_D |\mathbf{r}_u \times \mathbf{r}_v| \, dA = A(S)$$

La fórmula 2 permite calcular una integral de superficie si se convierte en una integral doble en el dominio paramétrico D. Al usar esta fórmula, recuerde que $f(\mathbf{r}(u, v))$ se evalúa escribiendo $x = x(u, v)$, $y = y(u, v)$ y $z = z(u, v)$ en la fórmula para $f(x, y, z)$.

EJEMPLO 1 Calcule la integral de superficie $\iint_S x^2 \, dS$, donde S es la esfera unitaria $x^2 + y^2 + z^2 = 1$.

SOLUCIÓN Como en el ejemplo 16.6.4, use la representación paramétrica

$$x = \text{sen } \phi \cos \theta \qquad y = \text{sen } \phi \text{ sen } \theta \qquad z = \cos \phi \qquad 0 \le \phi \le \pi \quad 0 \le \theta \le 2\pi$$

es decir, $\qquad \mathbf{r}(\phi, \theta) = \text{sen } \phi \cos \theta \, \mathbf{i} + \text{sen } \phi \text{ sen } \theta \, \mathbf{j} + \cos \phi \, \mathbf{k}$

Como en el ejemplo 16.6.10, se puede calcular que

$$|\mathbf{r}_\phi \times \mathbf{r}_\theta| = \text{sen } \phi$$

Así, por la fórmula 2,

Aquí se usan las identidades

$$\cos^2\theta = \tfrac{1}{2}(1 + \cos 2\theta)$$

$$\text{sen}^2\phi = 1 - \cos^2\phi$$

En su lugar, se podrían usar las fórmulas 64 y 67 de la tabla de integrales.

$$\iint_S x^2 \, dS = \iint_D (\text{sen } \phi \, \cos \theta)^2 \, |\mathbf{r}_\phi \times \mathbf{r}_\theta| \, dA$$

$$= \int_0^{2\pi} \int_0^\pi \text{sen}^2\phi \, \cos^2\theta \, \text{sen } \phi \, d\phi \, d\theta = \int_0^{2\pi} \cos^2\theta \, d\theta \int_0^\pi \text{sen}^3\phi \, d\phi$$

$$= \int_0^{2\pi} \tfrac{1}{2}(1 + \cos 2\theta) \, d\theta \int_0^\pi (\text{sen } \phi - \text{sen } \phi \cos^2\phi) \, d\phi$$

$$= \tfrac{1}{2}\Big[\theta + \tfrac{1}{2}\text{sen } 2\theta\Big]_0^{2\pi} \Big[-\cos \phi + \tfrac{1}{3}\cos^3\phi\Big]_0^\pi = \frac{4\pi}{3} \qquad \blacksquare$$

Las integrales de superficie tienen aplicaciones similares a las de las integrales que ya se consideraron. Por ejemplo, si una lámina delgada (por ejemplo, papel de aluminio) tiene la forma de una superficie S y la densidad (masa por unidad de área) en el punto (x, y, z) es $\rho(x, y, z)$, entonces la **masa** total de la lámina es

$$m = \iint_S \rho(x, y, z) \, dS$$

y el **centro de masa** es $(\bar{x}, \bar{y}, \bar{z})$, donde

$$\bar{x} = \frac{1}{m} \iint_S x \rho(x, y, z) \, dS \qquad \bar{y} = \frac{1}{m} \iint_S y \rho(x, y, z) \, dS \qquad \bar{z} = \frac{1}{m} \iint_S z \rho(x, y, z) \, dS$$

También pueden definirse momentos de inercia, como se hizo antes (vea el ejercicio 41).

■ Gráficas de funciones

Toda superficie S con ecuación $z = g(x, y)$ puede considerarse una superficie paramétrica con ecuaciones paramétricas

$$x = x \qquad y = y \qquad z = g(x, y)$$

y así se tiene $\mathbf{r}_x = \mathbf{i} + \left(\dfrac{\partial g}{\partial x}\right)\mathbf{k}$ $\mathbf{r}_y = \mathbf{j} + \left(\dfrac{\partial g}{\partial y}\right)\mathbf{k}$

Por lo tanto,

$$\boxed{3} \qquad \mathbf{r}_x \times \mathbf{r}_y = -\frac{\partial g}{\partial x}\mathbf{i} - \frac{\partial g}{\partial y}\mathbf{j} + \mathbf{k}$$

y

$$|\,\mathbf{r}_x \times \mathbf{r}_y\,| = \sqrt{\left(\frac{\partial z}{\partial x}\right)^2 + \left(\frac{\partial z}{\partial y}\right)^2 + 1}$$

Por consiguiente, en este caso, la fórmula 2 se convierte en

$$\boxed{4} \qquad \iint_S f(x, y, z)\, dS = \iint_D f(x, y, g(x, y)) \sqrt{\left(\frac{\partial z}{\partial x}\right)^2 + \left(\frac{\partial z}{\partial y}\right)^2 + 1}\; dA$$

Fórmulas similares se aplican cuando es más conveniente proyectar S en el plano yz o el plano xz. Por ejemplo, si S es una superficie con ecuación $y = h(x, z)$ y D es su proyección en el plano xz, entonces

$$\iint_S f(x, y, z)\, dS = \iint_D f(x, h(x, z), z) \sqrt{\left(\frac{\partial y}{\partial x}\right)^2 + \left(\frac{\partial y}{\partial z}\right)^2 + 1}\; dA$$

EJEMPLO 2 Evalúe $\iint_S y\, dS$, donde S es la superficie $z = x + y^2,\, 0 \leqslant x \leqslant 1,\, 0 \leqslant y \leqslant 2$ (vea la figura 2).

SOLUCIÓN Como

$$\frac{\partial z}{\partial x} = 1 \qquad \text{y} \qquad \frac{\partial z}{\partial y} = 2y$$

en la fórmula 4 se da

$$\iint_S y\, dS = \iint_D y \sqrt{1 + \left(\frac{\partial z}{\partial x}\right)^2 + \left(\frac{\partial z}{\partial y}\right)^2}\; dA$$

$$= \int_0^1 \int_0^2 y \sqrt{1 + 1 + 4y^2}\; dy\, dx$$

$$= \int_0^1 dx\, \sqrt{2} \int_0^2 y \sqrt{1 + 2y^2}\; dy$$

$$= \sqrt{2}\, \left(\tfrac{1}{4}\right)\tfrac{2}{3}(1 + 2y^2)^{3/2}\Big]_0^2 = \frac{13\sqrt{2}}{3} \qquad \blacksquare$$

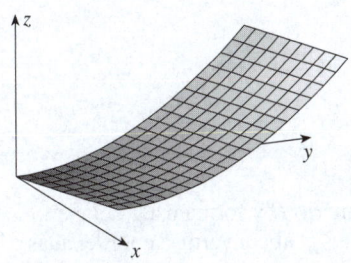

FIGURA 2

Si S es una superficie suave por partes, es decir, una unión finita de superficies suaves $S_1, S_2, \ldots, S_n$ que se intersecan solo a lo largo de sus fronteras, la integral de superficie de f en S está definida por

$$\iint_S f(x, y, z)\, dS = \iint_{S_1} f(x, y, z)\, dS + \cdots + \iint_{S_n} f(x, y, z)\, dS$$

EJEMPLO 3 Evalúe $\iint_S z\, dS$, donde S es la superficie cuyos lados S_1 están dados por el cilindro $x^2 + y^2 = 1$, cuya base S_2 es el disco $x^2 + y^2 \leqslant 1$ en el plano $z = 0$ y cuya parte superior S_3 es la parte del plano $z = 1 + x$ que se sitúa arriba de S_2.

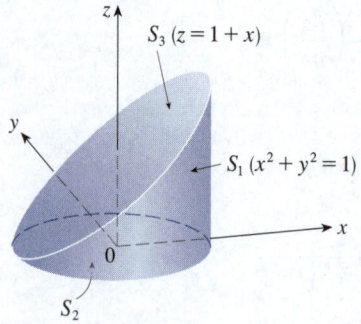

FIGURA 3

SOLUCIÓN La superficie S se muestra en la figura 3 (se ha cambiado la posición habitual de los ejes para obtener un mejor aspecto de S). Para S_1 se usan θ y z como parámetros (vea el ejemplo 16.6.5) y sus ecuaciones paramétricas se escriben como

$$x = \cos\theta \qquad y = \operatorname{sen}\theta \qquad z = z$$

donde

$$0 \leqslant \theta \leqslant 2\pi \quad \text{y} \quad 0 \leqslant z \leqslant 1 + x = 1 + \cos\theta$$

Por lo tanto,

$$\mathbf{r}_\theta \times \mathbf{r}_z = \begin{vmatrix} \mathbf{i} & \mathbf{j} & \mathbf{k} \\ -\operatorname{sen}\theta & \cos\theta & 0 \\ 0 & 0 & 1 \end{vmatrix} = \cos\theta\,\mathbf{i} + \operatorname{sen}\theta\,\mathbf{j}$$

y

$$|\mathbf{r}_\theta \times \mathbf{r}_z| = \sqrt{\cos^2\theta + \operatorname{sen}^2\theta} = 1$$

Así, la integral de superficie en S_1 es

$$\iint_{S_1} z\,dS = \iint_D z\,|\mathbf{r}_\theta \times \mathbf{r}_z|\,dA$$

$$= \int_0^{2\pi} \int_0^{1+\cos\theta} z\,dz\,d\theta = \int_0^{2\pi} \tfrac{1}{2}(1 + \cos\theta)^2\,d\theta$$

$$= \tfrac{1}{2}\int_0^{2\pi} \left[1 + 2\cos\theta + \tfrac{1}{2}(1 + \cos 2\theta)\right] d\theta$$

$$= \tfrac{1}{2}\left[\tfrac{3}{2}\theta + 2\operatorname{sen}\theta + \tfrac{1}{4}\operatorname{sen}2\theta\right]_0^{2\pi} = \frac{3\pi}{2}$$

Como S_2 está en el plano $z = 0$, se tiene

$$\iint_{S_2} z\,dS = \iint_{S_2} 0\,dS = 0$$

La superficie superior S_3 se encuentra sobre el disco unitario D y forma parte del plano $z = 1 + x$. Así, tomando $g(x, y) = 1 + x$ de la fórmula 4 y al convertir a coordenadas polares, se tiene

$$\iint_{S_3} z\,dS = \iint_D (1 + x)\sqrt{1 + \left(\frac{\partial z}{\partial x}\right)^2 + \left(\frac{\partial z}{\partial y}\right)^2}\,dA$$

$$= \int_0^{2\pi}\int_0^1 (1 + r\cos\theta)\sqrt{1 + 1 + 0}\,r\,dr\,d\theta$$

$$= \sqrt{2}\int_0^{2\pi}\int_0^1 (r + r^2\cos\theta)\,dr\,d\theta = \sqrt{2}\int_0^{2\pi}\left(\tfrac{1}{2} + \tfrac{1}{3}\cos\theta\right)d\theta$$

$$= \sqrt{2}\left[\frac{\theta}{2} + \frac{\operatorname{sen}\theta}{3}\right]_0^{2\pi} = \sqrt{2}\,\pi$$

Por lo tanto

$$\iint_S z\,dS = \iint_{S_1} z\,dS + \iint_{S_2} z\,dS + \iint_{S_3} z\,dS$$

$$= \frac{3\pi}{2} + 0 + \sqrt{2}\,\pi = \left(\tfrac{3}{2} + \sqrt{2}\right)\pi \qquad \blacksquare$$

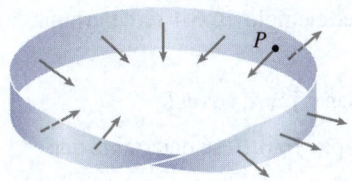

FIGURA 4
Banda de Möbius.

■ Superficies orientadas

Para definir integrales de superficie de campos vectoriales, se deben descartar las superficies no orientables como la banda de Möbius que se presenta en la figura 4. [Se llama así por el geómetra alemán August Möbius (1790–1868)]. Para construir una, tome una tira de papel larga de forma rectangular, dele media vuelta y una las orillas como en la figura 5. Si una hormiga recorriera la banda de Möbius a todo lo largo partiendo del punto P, terminaría del "otro lado" de la banda (es decir, con el lado superior apuntado en la dirección opuesta). Entonces, si la hormiga siguiera avanzando en la misma dirección, acabaría de vuelta en el mismo punto P sin haber cruzado nunca una orilla. (Si crea una banda de Möbius, trate de dibujar a lápiz una línea intermedia). Por lo tanto, una banda de Möbius tiene en realidad una cara. Para graficar la banda de Möbius, utilice las ecuaciones paramétricas del ejercicio 16.6.32.

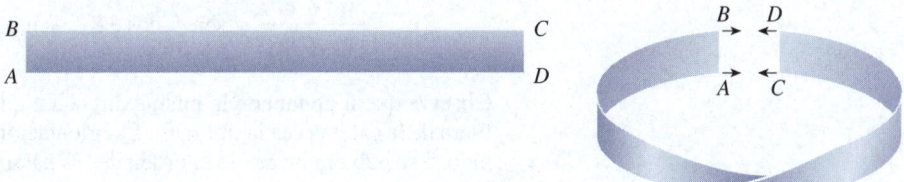

FIGURA 5
Creación de una banda de Möbius.

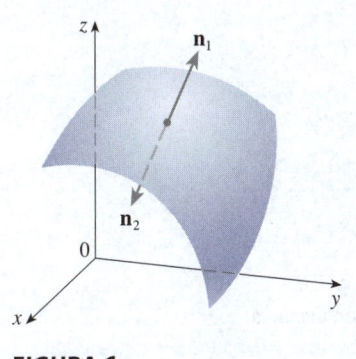

FIGURA 6

En lo sucesivo solo se considerarán superficies orientables (de dos lados o caras). Por principio de cuentas, se considera una superficie S que tiene un plano tangente en cada punto (x, y, z) en S (excepto en cualquier punto frontera). Hay dos vectores normales unitarios $\mathbf{n}_1$ y $\mathbf{n}_2 = -\mathbf{n}_1$ en (x, y, z) (vea la figura 6).

Si es posible elegir un vector normal unitario $\mathbf{n}$ en cada uno de estos puntos (x, y, z) de tal forma que $\mathbf{n}$ varíe continuamente en S, entonces S se llama **superficie orientada** y la selección dada de $\mathbf{n}$ proporciona a S una **orientación**. Existen dos orientaciones posibles para cualquier superficie orientable (vea la figura 7).

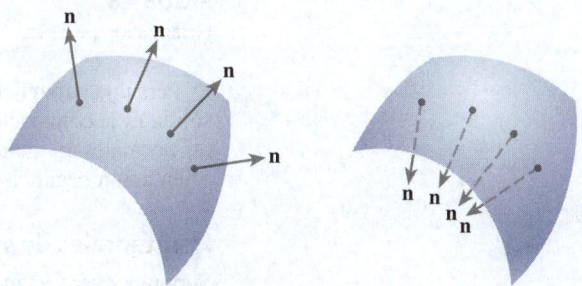

FIGURA 7
Las dos orientaciones de
una superficie orientable.

Para una superficie $z = g(x, y)$ dada como la gráfica de g, se usa la ecuación 3 para asociar con la superficie una orientación natural dada por el vector normal unitario

$$\boxed{5} \qquad \mathbf{n} = \frac{-\dfrac{\partial g}{\partial x}\mathbf{i} - \dfrac{\partial g}{\partial y}\mathbf{j} + \mathbf{k}}{\sqrt{1 + \left(\dfrac{\partial g}{\partial x}\right)^2 + \left(\dfrac{\partial g}{\partial y}\right)^2}}$$

Como el componente $\mathbf{k}$ es positivo, esto da la orientación *hacia arriba* de la superficie.

Si S es una superficie orientable suave dada en forma paramétrica por una función vectorial $\mathbf{r}(u, v)$, automáticamente adquiere la orientación del vector normal unitario

$$\boxed{6} \qquad \mathbf{n} = \frac{\mathbf{r}_u \times \mathbf{r}_v}{|\mathbf{r}_u \times \mathbf{r}_v|}$$

y la orientación opuesta está dada por $-\mathbf{n}$. Así, en el ejemplo 16.6.4 se determina la representación paramétrica

$$\mathbf{r}(\phi, \theta) = a \operatorname{sen} \phi \cos \theta \,\mathbf{i} + a \operatorname{sen} \phi \operatorname{sen} \theta \,\mathbf{j} + a \cos \phi \,\mathbf{k}$$

para la esfera $x^2 + y^2 + z^2 = a^2$. Entonces, en el ejemplo 16.6.10 se determina que

$$\mathbf{r}_\phi \times \mathbf{r}_\theta = a^2 \operatorname{sen}^2\phi \cos \theta \,\mathbf{i} + a^2 \operatorname{sen}^2\phi \operatorname{sen} \theta \,\mathbf{j} + a^2 \operatorname{sen} \phi \cos \phi \,\mathbf{k}$$

y
$$|\mathbf{r}_\phi \times \mathbf{r}_\theta| = a^2 \operatorname{sen} \phi$$

Por lo tanto, la orientación inducida por $\mathbf{r}(\phi, \theta)$ está definida por el vector normal unitario

$$\mathbf{n} = \frac{\mathbf{r}_\phi \times \mathbf{r}_\theta}{|\mathbf{r}_\phi \times \mathbf{r}_\theta|} = \operatorname{sen} \phi \cos \theta \,\mathbf{i} + \operatorname{sen} \phi \operatorname{sen} \theta \,\mathbf{j} + \cos \phi \,\mathbf{k} = \frac{1}{a}\mathbf{r}(\phi, \theta)$$

Observe que $\mathbf{n}$ apunta en la misma dirección que el vector de posición, es decir, hacia fuera de la esfera (vea la figura 8). La orientación opuesta (hacia dentro) se habría obtenido si se hubiera invertido el orden de los parámetros porque $\mathbf{r}_\theta \times \mathbf{r}_\phi = -\mathbf{r}_\phi \times \mathbf{r}_\theta$ (vea la figura 9).

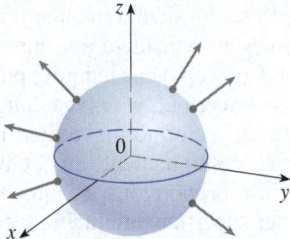

FIGURA 8
Orientación positiva.

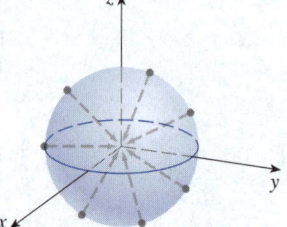

FIGURA 9
Orientación negativa.

Para una **superficie cerrada**, es decir, una superficie que es la frontera de una región sólida E, la convención es que la **orientación positiva** es aquella para la que los vectores normales apuntan *hacia fuera* de E, y los normales que apuntan hacia dentro dan la orientación negativa (vea las figuras 8 y 9).

■ Integrales de superficie de campos vectoriales; flujo

Suponga que S es una superficie orientada con vector normal unitario $\mathbf{n}$ e imagine un fluido con densidad $\rho(x, y, z)$ y campo de velocidad $\mathbf{v}(x, y, z)$ que fluye a través de S. (Piense en S como una superficie imaginaria que no impide que el líquido fluya, como una red de pescar tendida de un lado a otro de un río). Entonces, la razón de flujo o caudal (masa por unidad de tiempo) por unidad de área está dada por el campo vectorial $\rho\mathbf{v}$ (vea la figura 10).

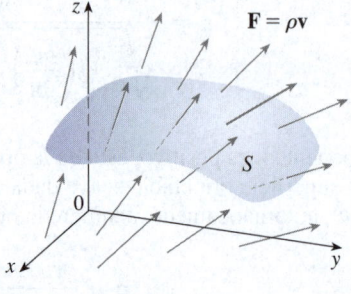

FIGURA 10

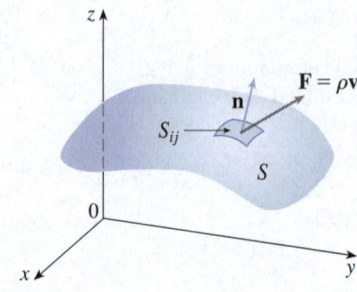

FIGURA 11

Si se divide S en pequeñas parcelas S_{ij}, como en la figura 11 (compare con la figura 1), S_{ij} es casi planar y, por consiguiente, se puede aproximar la masa de fluido por unidad de tiempo que cruza S_{ij} en la dirección del normal $\mathbf{n}$ mediante la cantidad

$$(\rho\mathbf{v}\cdot\mathbf{n})A(S_{ij})$$

donde ρ, $\mathbf{v}$ y $\mathbf{n}$ son evaluados en algún punto en S_{ij}. (Recuerde que el componente del vector $\rho\mathbf{v}$ en la dirección del vector unitario $\mathbf{n}$ es $\rho\mathbf{v}\cdot\mathbf{n}$). Al sumar estas cantidades y tomar el límite se obtiene, de acuerdo con la definición 1, la integral de superficie de la función $\rho\mathbf{v}\cdot\mathbf{n}$ en S:

$$\boxed{7}\qquad \iint_S \rho\mathbf{v}\cdot\mathbf{n}\,dS = \iint_S \rho(x,y,z)\mathbf{v}(x,y,z)\cdot\mathbf{n}(x,y,z)\,dS$$

y esto se interpreta físicamente como la razón de flujo a través de S.

Si se escribe $\mathbf{F}=\rho\mathbf{v}$, entonces $\mathbf{F}$ es también un campo vectorial en $\mathbb{R}^3$ y la integral de la ecuación 7 se convierte en

$$\iint_S \mathbf{F}\cdot\mathbf{n}\,dS$$

Una integral de superficie de esta forma ocurre con frecuencia en física, aun si $\mathbf{F}$ no es $\rho\mathbf{v}$, y se llama *integral de superficie* (o *integral de flujo*) de $\mathbf{F}$ en S.

> $\boxed{8}$ **Definición** Si $\mathbf{F}$ es un campo vectorial continuo definido en una superficie orientada S con vector normal unitario $\mathbf{n}$, entonces la **integral de superficie de $\mathbf{F}$ en S** es
>
> $$\iint_S \mathbf{F}\cdot d\mathbf{S} = \iint_S \mathbf{F}\cdot\mathbf{n}\,dS$$
>
> Esta integral también se llama **flujo** de $\mathbf{F}$ por S.

En palabras, la definición 8 establece que la integral de superficie de un campo vectorial en S es igual a la integral de superficie de su componente normal en S (como se definió antes).

Si S está dada por una función vectorial $\mathbf{r}(u,v)$, entonces $\mathbf{n}$ está dado por la ecuación 6, y de la definición 8 y la ecuación 2 se tiene

$$\iint_S \mathbf{F}\cdot d\mathbf{S} = \iint_S \mathbf{F}\cdot\mathbf{n}\,dS = \iint_S \mathbf{F}\cdot\frac{\mathbf{r}_u\times\mathbf{r}_v}{|\mathbf{r}_u\times\mathbf{r}_v|}\,dS$$

$$= \iint_D \left[\mathbf{F}(\mathbf{r}(u,v))\cdot\frac{\mathbf{r}_u\times\mathbf{r}_v}{|\mathbf{r}_u\times\mathbf{r}_v|}\right]|\mathbf{r}_u\times\mathbf{r}_v|\,dA$$

donde D es el dominio paramétrico. Así, se tiene

Compare la ecuación 9 con la expresión similar para evaluar integrales de línea de campos vectoriales en la definición 16.2.13:

$$\int_C \mathbf{F}\cdot d\mathbf{r} = \int_a^b \mathbf{F}(\mathbf{r}(t))\cdot\mathbf{r}'(t)\,dt$$

$$\boxed{9}\qquad \boxed{\iint_S \mathbf{F}\cdot d\mathbf{S} = \iint_D \mathbf{F}\cdot(\mathbf{r}_u\times\mathbf{r}_v)\,dA}$$

La fórmula 9 supone la orientación de S inducida por $\mathbf{r}_u\times\mathbf{r}_v$, como en la ecuación 6. Para la orientación contraria se multiplica por -1.

EJEMPLO 4 Determine el flujo del campo vectorial $\mathbf{F}(x, y, z) = z\,\mathbf{i} + y\,\mathbf{j} + x\,\mathbf{k}$ a través de la esfera unitaria $x^2 + y^2 + z^2 = 1$.

SOLUCIÓN Como en el ejemplo 1, use la representación paramétrica

$$\mathbf{r}(\phi, \theta) = \operatorname{sen}\phi\,\cos\theta\,\mathbf{i} + \operatorname{sen}\phi\,\operatorname{sen}\theta\,\mathbf{j} + \cos\phi\,\mathbf{k} \qquad 0 \le \phi \le \pi \qquad 0 \le \theta \le 2\pi$$

En la figura 12 se muestra el campo vectorial **F** del ejemplo 4 en puntos de la esfera unitaria.

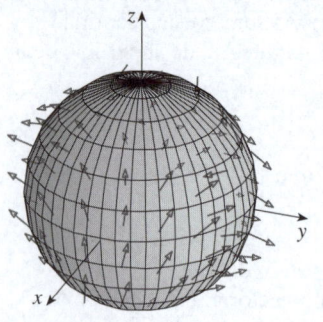

FIGURA 12

Entonces

$$\mathbf{F}(\mathbf{r}(\phi, \theta)) = \cos\phi\,\mathbf{i} + \operatorname{sen}\phi\,\operatorname{sen}\theta\,\mathbf{j} + \operatorname{sen}\phi\,\cos\theta\,\mathbf{k}$$

y, del ejemplo 16.6.10,

$$\mathbf{r}_\phi \times \mathbf{r}_\theta = \operatorname{sen}^2\phi\,\cos\theta\,\mathbf{i} + \operatorname{sen}^2\phi\,\operatorname{sen}\theta\,\mathbf{j} + \operatorname{sen}\phi\,\cos\phi\,\mathbf{k}$$

(Se puede comprobar que estos vectores corresponden a la orientación hacia fuera de la esfera). Por lo tanto,

$$\mathbf{F}(\mathbf{r}(\phi, \theta)) \cdot (\mathbf{r}_\phi \times \mathbf{r}_\theta) = \cos\phi\,\operatorname{sen}^2\phi\,\cos\theta + \operatorname{sen}^3\phi\,\operatorname{sen}^2\theta + \operatorname{sen}^2\phi\,\cos\phi\,\cos\theta$$

y, por la fórmula 9, el flujo es

$$\iint_S \mathbf{F} \cdot d\mathbf{S} = \iint_D \mathbf{F} \cdot (\mathbf{r}_\phi \times \mathbf{r}_\theta)\,dA$$

$$= \int_0^{2\pi} \int_0^{\pi} (2\operatorname{sen}^2\phi\,\cos\phi\,\cos\theta + \operatorname{sen}^3\phi\,\operatorname{sen}^2\theta)\,d\phi\,d\theta$$

$$= 2\int_0^{\pi} \operatorname{sen}^2\phi\,\cos\phi\,d\phi \int_0^{2\pi}\cos\theta\,d\theta + \int_0^{\pi}\operatorname{sen}^3\phi\,d\phi \int_0^{2\pi}\operatorname{sen}^2\theta\,d\theta$$

$$= 0 + \int_0^{\pi}\operatorname{sen}^3\phi\,d\phi \int_0^{2\pi}\operatorname{sen}^2\theta\,d\theta \qquad \left(\text{ya que } \int_0^{2\pi}\cos\theta\,d\theta = 0\right)$$

$$= \frac{4\pi}{3}$$

por el mismo cálculo que en el ejemplo 1. ∎

Si, por ejemplo, el campo vectorial del ejemplo 4 es un campo de velocidad que describe el flujo de un fluido con densidad 1, la respuesta, $4\pi/3$, representa la razón de flujo por la esfera unitaria en unidades de masa por unidad de tiempo.

En el caso de una superficie S dada por una gráfica $z = g(x, y)$, se puede concebir a x y y como parámetros y usar la ecuación 3 para escribir

$$\mathbf{F} \cdot (\mathbf{r}_x \times \mathbf{r}_y) = (P\,\mathbf{i} + Q\,\mathbf{j} + R\,\mathbf{k}) \cdot \left(-\frac{\partial g}{\partial x}\mathbf{i} - \frac{\partial g}{\partial y}\mathbf{j} + \mathbf{k}\right)$$

Por lo que la fórmula 9 se convierte en

$$\boxed{10 \qquad \iint_S \mathbf{F} \cdot d\mathbf{S} = \iint_D \left(-P\frac{\partial g}{\partial x} - Q\frac{\partial g}{\partial y} + R\right)dA}$$

Esta fórmula supone la orientación hacia arriba de S; para una orientación hacia abajo se multiplica por -1. Pueden elaborarse fórmulas similares si S está dada por $y = h(x, z)$ o $x = k(y, z)$. (Vea los ejercicios 37 y 38).

EJEMPLO 5 Evalúe $\iint_S \mathbf{F} \cdot d\mathbf{S}$, donde $\mathbf{F}(x, y, z) = y\,\mathbf{i} + x\,\mathbf{j} + z\,\mathbf{k}$ y S es la frontera de la región sólida E encerrada por el paraboloide $z = 1 - x^2 - y^2$ y el plano $z = 0$.

SOLUCIÓN S consta de una superficie parabólica superior S_1 y una superficie circular inferior S_2 (vea la figura 13). Como S es una superficie cerrada, use la convención de orientación positiva (hacia fuera). Esto significa que S_1 está orientada hacia arriba y se puede usar la ecuación 10, en la que D es la proyección de S_1 en el plano xy, es decir, el disco $x^2 + y^2 \leq 1$. Puesto que

$$P(x, y, z) = y \qquad Q(x, y, z) = x \qquad R(x, y, z) = z = 1 - x^2 - y^2$$

en S_1 y

$$\frac{\partial g}{\partial x} = -2x \qquad \frac{\partial g}{\partial y} = -2y$$

se tiene

$$\iint_{S_1} \mathbf{F} \cdot d\mathbf{S} = \iint_D \left(-P\frac{\partial g}{\partial x} - Q\frac{\partial g}{\partial y} + R \right) dA$$

$$= \iint_D \left[-y(-2x) - x(-2y) + 1 - x^2 - y^2 \right] dA$$

$$= \iint_D (1 + 4xy - x^2 - y^2)\, dA$$

$$= \int_0^{2\pi} \int_0^1 (1 + 4r^2 \cos\theta\, \text{sen}\,\theta - r^2)\, r\, dr\, d\theta$$

$$= \int_0^{2\pi} \int_0^1 (r - r^3 + 4r^3 \cos\theta\, \text{sen}\,\theta)\, dr\, d\theta$$

$$= \int_0^{2\pi} \left(\tfrac{1}{4} + \cos\theta\, \text{sen}\,\theta \right) d\theta = \tfrac{1}{4}(2\pi) + 0 = \frac{\pi}{2}$$

El disco S_2 está orientado hacia abajo, por lo que su vector normal unitario es $\mathbf{n} = -\mathbf{k}$ y se tiene

$$\iint_{S_2} \mathbf{F} \cdot d\mathbf{S} = \iint_{S_2} \mathbf{F} \cdot (-\mathbf{k})\, dS = \iint_D (-z)\, dA = \iint_D 0\, dA = 0$$

ya que $z = 0$ en S_2. Por último, por definición se calcula $\iint_S \mathbf{F} \cdot d\mathbf{S}$ como la suma de las integrales de superficie de $\mathbf{F}$ en las piezas S_1 y S_2:

$$\iint_S \mathbf{F} \cdot d\mathbf{S} = \iint_{S_1} \mathbf{F} \cdot d\mathbf{S} + \iint_{S_2} \mathbf{F} \cdot d\mathbf{S} = \frac{\pi}{2} + 0 = \frac{\pi}{2} \qquad \blacksquare$$

Aunque se motiva la integral de superficie de un campo vectorial con el ejemplo de flujo de un fluido, este concepto también surge en otras situaciones físicas. Por ejemplo, si $\mathbf{E}$ es un campo eléctrico (vea el ejemplo 16.1.5), la integral de superficie

$$\iint_S \mathbf{E} \cdot d\mathbf{S}$$

se llama **flujo eléctrico** de $\mathbf{E}$ a través de la superficie S. Una de las leyes más importantes de la electrostática es la **ley de Gauss**, la cual establece que la carga neta encerrada por una superficie cerrada S es

$$\boxed{11} \qquad\qquad Q = \varepsilon_0 \iint_S \mathbf{E} \cdot d\mathbf{S}$$

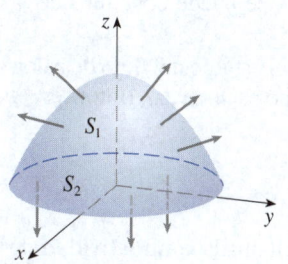

FIGURA 13

donde ε_0 es una constante (llamada *permitividad del espacio libre*) que depende de las unidades empleadas. (En el SI, $\varepsilon_0 \approx 8.8542 \times 10^{-12} \, C^2/N \cdot m^2$). Por tanto, si el campo vectorial **F** en el ejemplo 4 representa un campo eléctrico, se puede concluir que la carga encerrada por S es $Q = \frac{4}{3}\pi\varepsilon_0$.

Otra aplicación de integrales de superficie se presenta en el estudio del flujo de calor. Suponga que la temperatura en un punto (x, y, z) en un cuerpo es $u(x, y, z)$. Entonces, el **flujo de calor** se define como el campo vectorial

$$\mathbf{F} = -K\,\nabla u$$

donde K es una constante determinada experimentalmente llamada **conductividad** de la sustancia. La razón de flujo de calor por la superficie S en el cuerpo está dada entonces por la integral de superficie

$$\iint_S \mathbf{F} \cdot d\mathbf{S} = -K \iint_S \nabla u \cdot d\mathbf{S}$$

EJEMPLO 6 La temperatura u en una bola de metal es proporcional al cuadrado de la distancia desde el centro de la bola. Determine la razón de flujo de calor por una esfera S de radio a con centro en el centro de la bola.

SOLUCIÓN Al tomar el origen como el centro de la bola, se tiene

$$u(x, y, z) = C(x^2 + y^2 + z^2)$$

donde C es la constante de proporcionalidad. Entonces, el flujo de calor es

$$\mathbf{F}(x, y, z) = -K\,\nabla u = -KC(2x\,\mathbf{i} + 2y\,\mathbf{j} + 2z\,\mathbf{k})$$

donde K es la conductividad del metal. En vez de emplear la parametrización usual de la esfera como en el ejemplo 4, se observa que el vector normal unitario hacia fuera respecto a la esfera $x^2 + y^2 + z^2 = a^2$ en el punto (x, y, z) es

$$\mathbf{n} = \frac{1}{a}(x\,\mathbf{i} + y\,\mathbf{j} + z\,\mathbf{k})$$

y, por lo tanto, $$\mathbf{F} \cdot \mathbf{n} = -\frac{2KC}{a}(x^2 + y^2 + z^2)$$

Pero en S se tiene $x^2 + y^2 + z^2 = a^2$, de manera que $\mathbf{F} \cdot \mathbf{n} = -2aKC$. En consecuencia, la razón de flujo de calor por S es

$$\iint_S \mathbf{F} \cdot d\mathbf{S} = \iint_S \mathbf{F} \cdot \mathbf{n}\, dS = -2aKC \iint_S dS$$

$$= -2aKCA(S) = -2aKC(4\pi a^2) = -8KC\pi a^3 \quad \blacksquare$$

16.7 | Ejercicios

1. Sea S la superficie de la caja encerrada por los planos $x = \pm1$, $y = \pm1$, $z = \pm1$. Aproxime $\iint_S \cos(x + 2y + 3z)\, dS$ con una suma de Riemann como en la definición 1, tomando las parcelas S_{ij} como los cuadrados que son las caras de la caja S y los puntos P_{ij}^* como los centros de los cuadrados.

2. Una superficie S consta del cilindro $x^2 + y^2 = 1$, $-1 \le z \le 1$, junto con sus discos superior e inferior. Suponga que sabe que f es una función continua con

$$f(\pm1, 0, 0) = 2 \qquad f(0, \pm1, 0) = 3 \qquad f(0, 0, \pm1) = 4$$

Estime el valor de $\iint_S f(x, y, z)\,dS$ con una suma de Riemann, tomando las parcelas S_{ij} como los cuatro cuartos de cilindro y los discos superior e inferior.

3. Sea H el hemisferio $x^2 + y^2 + z^2 = 50$, $z \geq 0$, y suponga que f es una función continua con $f(3, 4, 5) = 7$, $f(3, -4, 5) = 8$, $f(-3, 4, 5) = 9$ y $f(-3, -4, 5) = 12$. Divida H en cuatro parcelas y estime el valor de $\iint_H f(x, y, z)\,dS$.

4. Suponga que $f(x, y, z) = g\left(\sqrt{x^2 + y^2 + z^2}\right)$, donde g es una función de una variable tal que $g(2) = -5$. Evalúe $\iint_S f(x, y, z)\,dS$, donde S es la esfera $x^2 + y^2 + z^2 = 4$.

5-20 Evalúe la integral de superficie.

5. $\iint_S (x + y + z)\,dS$,
S es el paralelogramo con ecuaciones paramétricas $x = u + v$, $y = u - v$, $z = 1 + 2u + v$, $0 \leq u \leq 2$, $0 \leq v \leq 1$

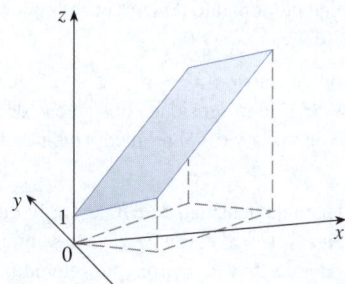

6. $\iint_S xyz\,dS$,
S es el cono con ecuaciones paramétricas $x = u \cos v$, $y = u \operatorname{sen} v$, $z = u$, $0 \leq u \leq 1$, $0 \leq v \leq \pi/2$

7. $\iint_S y\,dS$, S es el helicoide con ecuación vectorial $\mathbf{r}(u, v) = \langle u \cos v, u \operatorname{sen} v, v \rangle$, $0 \leq u \leq 1$, $0 \leq v \leq \pi$

8. $\iint_S (x^2 + y^2)\,dS$,
S es la superficie con ecuación vectorial $\mathbf{r}(u, v) = \langle 2uv, u^2 - v^2, u^2 + v^2 \rangle$, $u^2 + v^2 \leq 1$

9. $\iint_S x^2 yz\,dS$, S es la parte del plano $z = 1 + 2x + 3y$ que está sobre el rectángulo $[0, 3] \times [0, 2]$

10. $\iint_S xz\,dS$, S es la parte del plano $2x + 2y + z = 4$ que está en el primer octante

11. $\iint_S x\,dS$,
S es la región triangular con vértices $(1, 0, 0)$, $(0, -2, 0)$ y $(0, 0, 4)$

12. $\iint_S y\,dS$,
S es la superficie $z = \frac{2}{3}(x^{3/2} + y^{3/2})$, $0 \leq x \leq 1$, $0 \leq y \leq 1$

13. $\iint_S z^2\,dS$,
S es la parte del paraboloide $x = y^2 + z^2$ dada por $0 \leq x \leq 1$

14. $\iint_S y^2 z^2\,dS$,
S es la parte del cono $y = \sqrt{x^2 + z^2}$ dado por $0 \leq y \leq 5$

15. $\iint_S x\,dS$,
S es la superficie $y = x^2 + 4z$, $0 \leq x \leq 1$, $0 \leq z \leq 1$

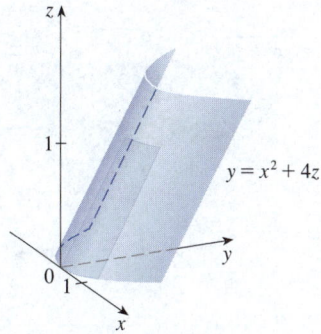

16. $\iint_S y^2\,dS$,
S es la parte de la esfera $x^2 + y^2 + z^2 = 1$ que está sobre el cono $z = \sqrt{x^2 + y^2}$

17. $\iint_S (x^2 z + y^2 z)\,dS$,
S es el hemisferio $x^2 + y^2 + z^2 = 4$, $z \geq 0$

18. $\iint_S (x + y + z)\,dS$,
S es la parte del medio cilindro $x^2 + z^2 = 1$, $z \geq 0$, que está entre los planos $y = 0$ y $y = 2$

19. $\iint_S xz\,dS$,
S es la frontera de la región encerrada por el cilindro $y^2 + z^2 = 9$ y los planos $x = 0$ y $x + y = 5$

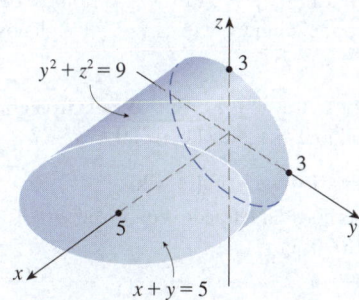

20. $\iint_S (x^2 + y^2 + z^2)\,dS$,
S es la parte del cilindro $x^2 + y^2 = 9$ entre los planos $z = 0$ y $z = 2$, junto con sus discos superior e inferior

21-32 Evalúe la integral de superficie $\iint_S \mathbf{F} \cdot d\mathbf{S}$ para el campo vectorial dado $\mathbf{F}$ y la superficie orientada S. En otras palabras, determine el flujo de $\mathbf{F}$ por S. Para superficies cerradas, use la orientación positiva (hacia fuera).

21. $\mathbf{F}(x, y, z) = z e^{xy}\,\mathbf{i} - 3z e^{xy}\,\mathbf{j} + xy\,\mathbf{k}$,
S es el paralelogramo del ejercicio 5 con orientación hacia arriba

22. $\mathbf{F}(x, y, z) = z\,\mathbf{i} + y\,\mathbf{j} + x\,\mathbf{k}$,
S es el helicoide del ejercicio 7 con orientación hacia arriba

23. $\mathbf{F}(x, y, z) = xy\,\mathbf{i} + yz\,\mathbf{j} + zx\,\mathbf{k}$, S es la parte del paraboloide $z = 4 - x^2 - y^2$ que está sobre el cuadrado $0 \leq x \leq 1$, $0 \leq y \leq 1$ y tiene orientación hacia arriba

24. $\mathbf{F}(x, y, z) = -x\,\mathbf{i} - y\,\mathbf{j} + z^3\,\mathbf{k}$, S es la parte del cono $z = \sqrt{x^2 + y^2}$ entre los planos $z = 1$ y $z = 3$ con orientación hacia abajo

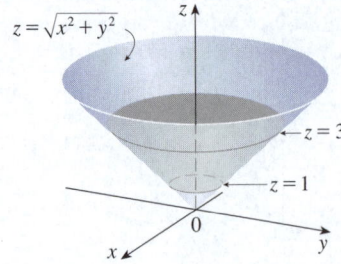

25. $\mathbf{F}(x, y, z) = x\,\mathbf{i} + y\,\mathbf{j} + z^2\,\mathbf{k}$, S es la esfera con radio 1 y centro en el origen

26. $\mathbf{F}(x, y, z) = y\,\mathbf{i} - x\,\mathbf{j} + 2z\,\mathbf{k}$, S es el hemisferio $x^2 + y^2 + z^2 = 4$, $z \geq 0$, orientado hacia abajo

27. $\mathbf{F}(x, y, z) = y\,\mathbf{j} - z\,\mathbf{k}$,
S consta del paraboloide $y = x^2 + z^2$, $0 \leq y \leq 1$ y el disco $x^2 + z^2 \leq 1$, $y = 1$

28. $\mathbf{F}(x, y, z) = yz\,\mathbf{i} + zx\,\mathbf{j} + xy\,\mathbf{k}$, S es la superficie $z = x$ sen y, $0 \leq x \leq 2$, $0 \leq y \leq \pi$, con orientación hacia arriba

29. $\mathbf{F}(x, y, z) = x\,\mathbf{i} + 2y\,\mathbf{j} + 3z\,\mathbf{k}$,
S es el cubo con vértices $(\pm 1, \pm 1, \pm 1)$

30. $\mathbf{F}(x, y, z) = x\,\mathbf{i} + y\,\mathbf{j} + 5\,\mathbf{k}$, S es la frontera de la región encerrada por el cilindro $x^2 + z^2 = 1$ y los planos $y = 0$ y $x + y = 2$

31. $\mathbf{F}(x, y, z) = x^2\,\mathbf{i} + y^2\,\mathbf{j} + z^2\,\mathbf{k}$, S es la frontera del medio cilindro sólido $0 \leq z \leq \sqrt{1 - y^2}$, $0 \leq x \leq 2$

32. $\mathbf{F}(x, y, z) = y\,\mathbf{i} + (z - y)\,\mathbf{j} + x\,\mathbf{k}$,
S es la superficie del tetraedro con vértices $(0, 0, 0)$, $(1, 0, 0)$, $(0, 1, 0)$ y $(0, 0, 1)$

T **33.** Use un sistema algebraico computacional para evaluar $\iint_S (x^2 + y^2 + z^2)\, dS$ con cuatro decimales de precisión, donde S es la superficie $z = xe^y$, $0 \leq x \leq 1$, $0 \leq y \leq 1$.

T **34.** Use un sistema algebraico computacional para determinar el valor exacto de $\iint_S xyz\, dS$, donde S es la superficie $z = x^2 y^2$, $0 \leq x \leq 1$, $0 \leq y \leq 2$.

T **35.** Use un sistema algebraico computacional para determinar el valor de $\iint_S x^2 y^2 z^2\, dS$ con cuatro decimales de precisión, donde S es la parte del paraboloide $z = 3 - 2x^2 - y^2$ que está arriba del plano xy.

T **36.** Use un sistema algebraico computacional para calcular el flujo de

$$\mathbf{F}(x, y, z) = \text{sen}(xyz)\,\mathbf{i} + x^2 y\,\mathbf{j} + z^2 e^{x/5}\,\mathbf{k}$$

a través de la parte del cilindro $4y^2 + z^2 = 4$ que está arriba del plano xy y entre los planos $x = -2$ y $x = 2$ con orientación hacia arriba. Para ilustrar, grafique el cilindro y el campo vectorial en la misma pantalla.

37. Encuentre una fórmula para $\iint_S \mathbf{F} \cdot d\mathbf{S}$ similar a la fórmula 10 para el caso en que S está dada por $y = h(x, z)$ y $\mathbf{n}$ es el vector normal unitario que apunta hacia la izquierda (cuando los ejes se dibujan en la forma habitual).

38. Determine una fórmula para $\iint_S \mathbf{F} \cdot d\mathbf{S}$ similar a la fórmula 10 para el caso en que S está dada por $x = k(y, z)$ y $\mathbf{n}$ es el vector normal unitario que apunta hacia el frente (es decir, hacia el espectador cuando los ejes se dibujan en la forma habitual).

39. Encuentre el centro de masa del hemisferio $x^2 + y^2 + z^2 = a^2$, $z \geq 0$ si tiene densidad constante.

40. Determine la masa de un embudo delgado en forma de un cono $z = \sqrt{x^2 + y^2}$, $1 \leq z \leq 4$, si su función de densidad es $\rho(x, y, z) = 10 - z$.

41. (a) Dé una expresión integral para el momento de inercia I_z alrededor del eje z de una hoja delgada en forma de una superficie S, si la función de densidad es ρ.
(b) Determine el momento de inercia alrededor del eje z del embudo del ejercicio 40.

42. Sea S la parte de la esfera $x^2 + y^2 + z^2 = 25$ que está sobre el plano $z = 4$. Si S tiene densidad constante k, determine (a) el centro de masa y (b) el momento de inercia alrededor del eje z.

43. Un fluido tiene una densidad de 870 kg/m³ y fluye con velocidad $\mathbf{v} = z\,\mathbf{i} + y^2\,\mathbf{j} + x^2\,\mathbf{k}$, donde x, y y z se miden en metros y los componentes de $\mathbf{v}$ en metros por segundo. Determine la razón de flujo hacia fuera por el cilindro $x^2 + y^2 = 4$, $0 \leq z \leq 1$.

44. El agua de mar tiene una densidad de 1 025 kg/m³ y fluye en un campo de velocidad $\mathbf{v} = y\,\mathbf{i} + x\,\mathbf{j}$, donde x, y y z se miden en metros y los componentes de $\mathbf{v}$ en metros por segundo. Determine la razón de flujo hacia fuera por el hemisferio $x^2 + y^2 + z^2 = 9$, $z \geq 0$.

45. Use la ley de Gauss para determinar la carga contenida en el hemisferio sólido $x^2 + y^2 + z^2 \leq a^2$, $z \geq 0$ si el campo eléctrico es

$$\mathbf{E}(x, y, z) = x\,\mathbf{i} + y\,\mathbf{j} + 2z\,\mathbf{k}$$

46. Use la ley de Gauss para determinar la carga encerrada por el cubo con vértices $(\pm 1, \pm 1, \pm 1)$ si el campo eléctrico es

$$\mathbf{E}(x, y, z) = x\,\mathbf{i} + y\,\mathbf{j} + z\,\mathbf{k}$$

47. La temperatura en el punto (x, y, z) en una sustancia con conductividad $K = 6.5$ es $u(x, y, z) = 2y^2 + 2z^2$. Determine la razón de flujo de calor hacia dentro por la superficie cilíndrica $y^2 + z^2 = 6$, $0 \leq x \leq 4$.

48. La temperatura en un punto de una pelota con conductividad K es inversamente proporcional a la distancia del centro de la pelota. Determine la razón de flujo de calor por una esfera S de radio a con centro en el centro de la pelota.

49. Sea $\mathbf{F}$ un campo cuadrado inverso, es decir, $\mathbf{F}(\mathbf{r}) = c\mathbf{r}/|\mathbf{r}|^3$ para alguna constante c, donde $\mathbf{r} = x\,\mathbf{i} + y\,\mathbf{j} + z\,\mathbf{k}$. Demuestre que el flujo de $\mathbf{F}$ por una esfera S con centro en el origen es independiente del radio de S.

16.8 | Teorema de Stokes

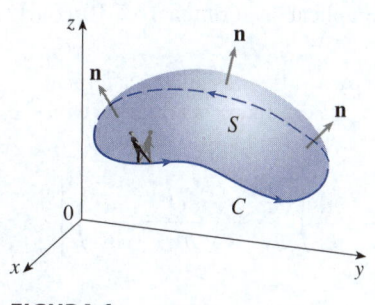

FIGURA 1

El teorema de Stokes puede considerarse una versión en dimensiones superiores del teorema de Green. Mientras que el teorema de Green relaciona una integral doble en una región plana D con una integral de línea alrededor de su curva frontera plana, el teorema de Stokes relaciona una integral de superficie en una superficie S con una integral de línea alrededor de la curva frontera de S (que es una curva en el espacio). En la figura 1 se muestra una superficie orientada con vector normal unitario **n**. La orientación de S induce la **orientación positiva de la curva frontera C** que aparece en la figura. Esto significa que si uno camina en la dirección positiva alrededor de C con la cabeza apuntando en la dirección de **n**, la superficie siempre estará a su izquierda.

> **Teorema de Stokes**   Sea S una superficie orientada, suave por partes, acotada por una curva frontera cerrada simple, suave por partes C con orientación positiva. Sea **F** un campo vectorial cuyos componentes tienen derivadas parciales continuas en una región abierta en $\mathbb{R}^3$ que contiene a S. Entonces
>
> $$\int_C \mathbf{F} \cdot d\mathbf{r} = \iint_S \operatorname{rot} \mathbf{F} \cdot d\mathbf{S}$$

Puesto que

$$\int_C \mathbf{F} \cdot d\mathbf{r} = \int_C \mathbf{F} \cdot \mathbf{T}\, ds \qquad \text{y} \qquad \iint_S \operatorname{rot}\mathbf{F} \cdot d\mathbf{S} = \iint_S \operatorname{rot}\mathbf{F} \cdot \mathbf{n}\, dS$$

El teorema de Stokes establece que la integral de línea alrededor de la curva frontera de S del componente tangencial de **F** es igual a la integral de superficie en S del componente normal del rotacional de **F**.

La curva frontera con orientación positiva de la superficie orientada S suele escribirse como ∂S, por lo que el teorema de Stokes puede expresarse así:

1
$$\iint_S \operatorname{rot}\mathbf{F} \cdot d\mathbf{S} = \int_{\partial S} \mathbf{F} \cdot d\mathbf{r}$$

Existe una analogía entre el teorema de Stokes, el teorema de Green y el teorema fundamental del cálculo. Como antes, hay una integral que requiere derivadas en el miembro izquierdo de la ecuación 1 (recuerde que rot **F** es una especie de derivada de **F**) y que el miembro derecho implica los valores de **F** solo en la *frontera* de S.

De hecho, en el caso especial en el que la superficie S es plana y está situada en el plano xy con orientación hacia arriba, el vector normal unitario es **k**, la integral de superficie se convierte en una integral doble y el teorema de Stokes se convierte en

$$\int_C \mathbf{F} \cdot d\mathbf{r} = \iint_S \operatorname{rot}\mathbf{F} \cdot d\mathbf{S} = \iint_S (\operatorname{rot}\mathbf{F}) \cdot \mathbf{k}\, dA$$

Esta es precisamente la forma vectorial del teorema de Green dado en la ecuación 16.5.12. De este modo se advierte que el teorema de Green es en realidad un caso especial del teorema de Stokes.

Aunque el teorema de Stokes es demasiado difícil de comprobar en su plena generalidad, aquí se demuestra cuando S es una gráfica y **F**, S y C se comportan sin irregularidades.

DEMOSTRACIÓN DE UN CASO ESPECIAL DEL TEOREMA DE STOKES   Suponga que la ecuación de S es $z = g(x, y)$, $(x, y) \in D$, donde g tiene derivadas parciales continuas de segundo orden y D es una región plana simple cuya curva frontera C_1 corresponde a C. Si la orientación de S es hacia arriba, entonces la orientación positiva de C corresponde

George Stokes

El teorema de Stokes toma su nombre del físico matemático irlandés Sir George Stokes (1819–1903). Stokes fue profesor de la Universidad de Cambridge (de hecho, ocupó el mismo puesto que Newton, profesor de la Cátedra Lucasiana de matemáticas) y se destacó en especial por sus estudios de flujo de fluidos y luz. Lo que se conoce como teorema de Stokes en realidad fue descubierto por el físico escocés sir William Thomson (1824–1907, conocido como Lord Kelvin). En 1850, Stokes se enteró de este teorema en una carta de Thomson y pidió a sus alumnos demostrarlo en un examen en la Universidad de Cambridge en 1854. No se sabe si alguno de esos estudiantes fue capaz de lograrlo.

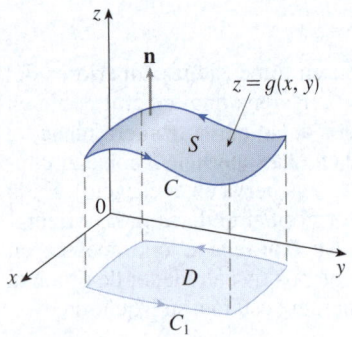

FIGURA 2

a la orientación positiva de C_1 (vea la figura 2). También se da que $\mathbf{F} = P\,\mathbf{i} + Q\,\mathbf{j} + R\,\mathbf{k}$, donde las derivadas parciales de P, Q y R son continuas.

Como S es la gráfica de una función, se puede aplicar la fórmula 16.7.10 con $\mathbf{F}$ reemplazada por rot $\mathbf{F}$. El resultado es

$$\boxed{2} \quad \iint_S \text{rot } \mathbf{F} \cdot d\mathbf{S}$$

$$= \iint_D \left[-\left(\frac{\partial R}{\partial y} - \frac{\partial Q}{\partial z} \right) \frac{\partial z}{\partial x} - \left(\frac{\partial P}{\partial z} - \frac{\partial R}{\partial x} \right) \frac{\partial z}{\partial y} + \left(\frac{\partial Q}{\partial x} - \frac{\partial P}{\partial y} \right) \right] dA$$

donde las derivadas parciales de P, Q y R se evalúan en $(x, y, g(x, y))$. Si

$$x = x(t) \qquad y = y(t) \qquad a \leqslant t \leqslant b$$

es una representación paramétrica de C_1, entonces una representación paramétrica de C es

$$x = x(t) \qquad y = y(t) \qquad z = g(x(t), y(t)) \qquad a \leqslant t \leqslant b$$

Esto permite, con la ayuda de la regla de la cadena, evaluar la integral de línea como sigue:

$$\int_C \mathbf{F} \cdot d\mathbf{r} = \int_a^b \left(P\frac{dx}{dt} + Q\frac{dy}{dt} + R\frac{dz}{dt} \right) dt$$

$$= \int_a^b \left[P\frac{dx}{dt} + Q\frac{dy}{dt} + R\left(\frac{\partial z}{\partial x}\frac{dx}{dt} + \frac{\partial z}{\partial y}\frac{dy}{dt} \right) \right] dt$$

$$= \int_a^b \left[\left(P + R\frac{\partial z}{\partial x} \right)\frac{dx}{dt} + \left(Q + R\frac{\partial z}{\partial y} \right)\frac{dy}{dt} \right] dt$$

$$= \int_{C_1} \left(P + R\frac{\partial z}{\partial x} \right) dx + \left(Q + R\frac{\partial z}{\partial y} \right) dy$$

$$= \iint_D \left[\frac{\partial}{\partial x}\left(Q + R\frac{\partial z}{\partial y} \right) - \frac{\partial}{\partial y}\left(P + R\frac{\partial z}{\partial x} \right) \right] dA$$

donde se ha usado el teorema de Green en el último paso. Luego, al usar de nuevo la regla de la cadena y al recordar que P, Q y R son funciones de x, y y z, además de que z es en sí misma una función de x y y, se obtiene

$$\int_C \mathbf{F} \cdot d\mathbf{r} = \iint_D \left[\left(\frac{\partial Q}{\partial x} + \frac{\partial Q}{\partial z}\frac{\partial z}{\partial x} + \frac{\partial R}{\partial x}\frac{\partial z}{\partial y} + \frac{\partial R}{\partial z}\frac{\partial z}{\partial x}\frac{\partial z}{\partial y} + R\frac{\partial^2 z}{\partial x\,\partial y} \right) \right.$$

$$\left. - \left(\frac{\partial P}{\partial y} + \frac{\partial P}{\partial z}\frac{\partial z}{\partial y} + \frac{\partial R}{\partial y}\frac{\partial z}{\partial x} + \frac{\partial R}{\partial z}\frac{\partial z}{\partial y}\frac{\partial z}{\partial x} + R\frac{\partial^2 z}{\partial y\,\partial x} \right) \right] dA$$

Cuatro de los términos de esta integral doble se eliminan y los seis términos restantes se organizan para que coincidan con el lado derecho de la ecuación 2. Por consiguiente,

$$\int_C \mathbf{F} \cdot d\mathbf{r} = \iint_S \text{rot } \mathbf{F} \cdot d\mathbf{S} \qquad \blacksquare$$

EJEMPLO 1   Evalúe $\int_C \mathbf{F} \cdot d\mathbf{r}$, donde $\mathbf{F}(x, y, z) = -y^2\,\mathbf{i} + x\,\mathbf{j} + z^2\,\mathbf{k}$ y C es la curva de intersección del plano $y + z = 2$ y el cilindro $x^2 + y^2 = 1$. (Oriente C en sentido contrario a las manecillas del reloj cuando se ve desde arriba).

SOLUCIÓN   La curva C (una elipse) aparece en la figura 3. Aunque $\int_C \mathbf{F} \cdot d\mathbf{r}$ podría evaluarse directamente, es más fácil usar el teorema de Stokes. Primero se calcula

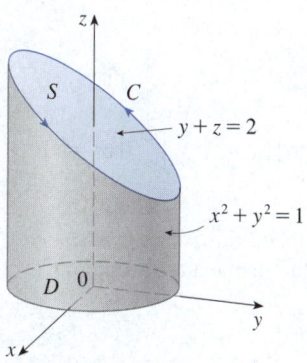

$$\operatorname{rot} \mathbf{F} = \begin{vmatrix} \mathbf{i} & \mathbf{j} & \mathbf{k} \\ \dfrac{\partial}{\partial x} & \dfrac{\partial}{\partial y} & \dfrac{\partial}{\partial z} \\ -y^2 & x & z^2 \end{vmatrix} = (1 + 2y)\,\mathbf{k}$$

El teorema de Stokes permite elegir cualquier superficie (orientada, suave por partes) con una curva frontera C. Entre las numerosas posibilidades de tales superficies, la más práctica es la región elíptica S en el plano $y + z = 2$ que está acotada por C. Si S se orienta hacia arriba, entonces C tiene la orientación positiva inducida. La proyección D de S sobre el plano xy es el disco $x^2 + y^2 \leq 1$ y, por lo tanto, usando la ecuación 16.7.10 con $z = g(x, y) = 2 - y$, se tiene

$$\int_C \mathbf{F} \cdot d\mathbf{r} = \iint_S \operatorname{rot} \mathbf{F} \cdot d\mathbf{S} = \iint_D (1 + 2y)\,dA$$

$$= \int_0^{2\pi} \int_0^1 (1 + 2r\operatorname{sen}\theta)\,r\,dr\,d\theta$$

$$= \int_0^{2\pi} \left[\frac{r^2}{2} + 2\frac{r^3}{3}\operatorname{sen}\theta \right]_0^1 d\theta = \int_0^{2\pi} \left(\tfrac{1}{2} + \tfrac{2}{3}\operatorname{sen}\theta \right) d\theta$$

$$= \tfrac{1}{2}(2\pi) + 0 = \pi \qquad\blacksquare$$

NOTA   El teorema de Stokes permite calcular una integral de superficie si simplemente se conocen los valores de $\mathbf{F}$ en la curva frontera C. Esto significa que si se tiene otra superficie orientada con la misma curva frontera C, se obtiene exactamente el mismo valor para la integral de superficie. En general, si S_1 y S_2 son superficies orientadas con la misma curva frontera orientada C y ambas satisfacen la hipótesis del teorema de Stokes, entonces

$$\boxed{3} \qquad \iint_{S_1} \operatorname{rot} \mathbf{F} \cdot d\mathbf{S} = \int_C \mathbf{F} \cdot d\mathbf{r} = \iint_{S_2} \operatorname{rot} \mathbf{F} \cdot d\mathbf{S}$$

Este hecho es útil cuando es difícil integrar en una superficie, pero fácil en la otra.

EJEMPLO 2   Use el teorema de Stokes para calcular la integral $\iint_S \operatorname{rot} \mathbf{F} \cdot d\mathbf{S}$, donde $\mathbf{F}(x, y, z) = xz\,\mathbf{i} + yz\,\mathbf{j} + xy\,\mathbf{k}$ y S es la parte de la esfera $x^2 + y^2 + z^2 = 4$ que está dentro del cilindro $x^2 + y^2 = 1$ y arriba del plano xy (vea la figura 4).

SOLUCIÓN 1   Para hallar la curva frontera C se resuelven las ecuaciones $x^2 + y^2 + z^2 = 4$ y $x^2 + y^2 = 1$. Al restar, se obtiene $z^2 = 3$, así que $z = \sqrt{3}$ (ya que $z > 0$). Así, C es el círculo dado por las ecuaciones $x^2 + y^2 = 1$, $z = \sqrt{3}$. Una ecuación vectorial de C es

$$\mathbf{r}(t) = \cos t\,\mathbf{i} + \operatorname{sen} t\,\mathbf{j} + \sqrt{3}\,\mathbf{k} \qquad 0 \leq t \leq 2\pi$$

por lo que $\qquad \mathbf{r}'(t) = -\operatorname{sen} t\,\mathbf{i} + \cos t\,\mathbf{j}$

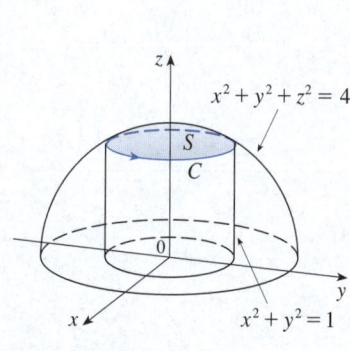

FIGURA 3

FIGURA 4

Igualmente se tiene

$$\mathbf{F}(\mathbf{r}(t)) = \sqrt{3}\,\cos t\,\mathbf{i} + \sqrt{3}\,\operatorname{sen} t\,\mathbf{j} + \cos t\,\operatorname{sen} t\,\mathbf{k}$$

Por lo tanto, por el teorema de Stokes,

$$\iint_S \operatorname{rot}\mathbf{F}\cdot d\mathbf{S} = \int_C \mathbf{F}\cdot d\mathbf{r} = \int_0^{2\pi} \mathbf{F}(\mathbf{r}(t))\cdot \mathbf{r}'(t)\,dt$$

$$= \int_0^{2\pi}\left(-\sqrt{3}\,\cos t\,\operatorname{sen} t + \sqrt{3}\,\operatorname{sen} t\,\cos t\right)dt = \sqrt{3}\int_0^{2\pi} 0\,dt = 0$$

SOLUCIÓN 2 Sea S_1 el disco en el plano $z = \sqrt{3}$ dentro del cilindro $x^2 + y^2 = 1$, como se muestra en la figura 5. Puesto que S_1 y S tienen la misma curva frontera C, se desprende del teorema de Stokes que

$$\iint_S \operatorname{rot}\mathbf{F}\cdot d\mathbf{S} = \iint_{S_1} \operatorname{rot}\mathbf{F}\cdot d\mathbf{S}$$

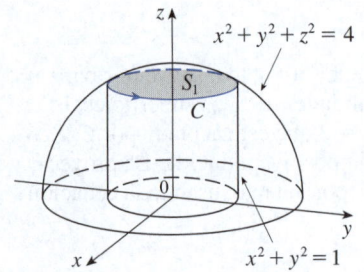

FIGURA 5

Debido a que S_1 es parte de un plano horizontal, su vector normal hacia arriba es $\mathbf{k}$. Se calcula que $\operatorname{rot}\mathbf{F} = (x - y)\mathbf{i} + (x - y)\mathbf{j}$, por lo que

$$\iint_S \operatorname{rot}\mathbf{F}\cdot d\mathbf{S} = \iint_{S_1} \operatorname{rot}\mathbf{F}\cdot d\mathbf{S} = \iint_{S_1} \operatorname{rot}\mathbf{F}\cdot \mathbf{n}\,dS$$

$$= \iint_{S_1}\left[(x - y)\mathbf{i} + (x - y)\mathbf{j}\right]\cdot \mathbf{k}\,dS = \iint_{S_1} 0\,dS = 0 \qquad \blacksquare$$

Ahora se usa el teorema de Stokes para arrojar un poco de luz sobre el significado del vector rotacional. Suponga que C es una curva cerrada orientada y $\mathbf{v}$ representa el campo de velocidad en el flujo de fluidos. Considere la integral de línea

$$\int_C \mathbf{v}\cdot d\mathbf{r} = \int_C \mathbf{v}\cdot \mathbf{T}\,ds$$

y recuerde que $\mathbf{v}\cdot\mathbf{T}$ es el componente de $\mathbf{v}$ en la dirección del vector tangente unitario $\mathbf{T}$. Esto significa que cuanto más se acerque la dirección de $\mathbf{v}$ a la dirección de $\mathbf{T}$, mayor será el valor de $\mathbf{v}\cdot\mathbf{T}$. (Recuerde que si $\mathbf{v}$ y $\mathbf{T}$ apuntan generalmente en direcciones opuestas, entonces $\mathbf{v}\cdot\mathbf{T}$ es negativo). Por consiguiente, $\int_C \mathbf{v}\cdot d\mathbf{r}$ es una medida de la tendencia del fluido a moverse alrededor de C en la misma dirección que la orientación de C y se llama **circulación** de $\mathbf{v}$ alrededor de C (vea la figura 6).

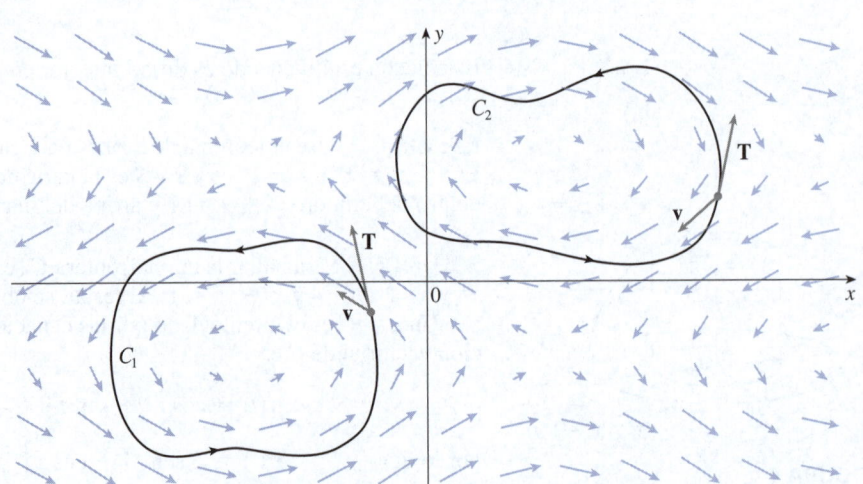

FIGURA 6

$\int_{C_1} \mathbf{v}\cdot d\mathbf{r} > 0$, circulación positiva

$\int_{C_2} \mathbf{v}\cdot d\mathbf{r} < 0$, circulación negativa

Sea ahora $P_0(x_0, y_0, z_0)$ un punto en el fluido y S_a un disco pequeño con radio a y centro P_0. Entonces $(\text{rot } \mathbf{F})(P) \approx (\text{rot } \mathbf{F})(P_0)$ para todos los puntos P en S_a, porque rot $\mathbf{F}$ es continuo. Así, por el teorema de Stokes, se obtiene la aproximación de la circulación alrededor del círculo frontera C_a:

$$\int_{C_a} \mathbf{v} \cdot d\mathbf{r} = \iint_{S_a} \text{rot } \mathbf{v} \cdot d\mathbf{S} = \iint_{S_a} \text{rot } \mathbf{v} \cdot \mathbf{n} \, dS$$

$$\approx \iint_{S_a} \text{rot } \mathbf{v}(P_0) \cdot \mathbf{n}(P_0) \, dS = \text{rot } \mathbf{v}(P_0) \cdot \mathbf{n}(P_0)\pi a^2$$

Imagine una pequeña rueda de paletas colocada en el fluido en un punto P, como en la figura 7; la rueda de paletas gira más rápido cuando su eje es paralelo a rot $\mathbf{v}$.

Esta aproximación mejora cuando $a \to 0$ y se tiene

$$\boxed{4} \qquad \text{rot } \mathbf{v}(P_0) \cdot \mathbf{n}(P_0) = \lim_{a \to 0} \frac{1}{\pi a^2} \int_{C_a} \mathbf{v} \cdot d\mathbf{r}$$

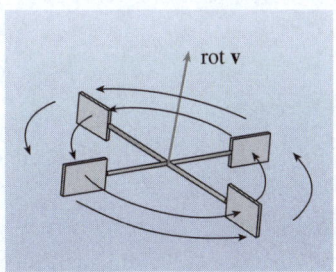

En la ecuación 4 se da la relación entre el rotacional y la circulación. Indica que rot $\mathbf{v} \cdot \mathbf{n}$ es una medida del efecto de rotación del fluido alrededor del eje $\mathbf{n}$. El efecto rotacional es mayor alrededor del eje paralelo a rot $\mathbf{v}$.

Por último, cabe mencionar que el teorema de Stokes puede usarse para demostrar el teorema 16.5.4 (que establece que si $\mathbf{F} = \mathbf{0}$ en la totalidad de $\mathbb{R}^3$, entonces $\mathbf{F}$ es conservativo). Por el trabajo previo (teoremas 16.3.3 y 16.3.4) se sabe que $\mathbf{F}$ es conservativo si $\int_C \mathbf{F} \cdot d\mathbf{r} = 0$ para todas las trayectorias cerradas C. Dada C, suponga que se puede encontrar una superficie orientable S cuya frontera sea C. (Se puede hacer, pero la demostración requiere técnicas avanzadas). Entonces, el teorema de Stokes da

FIGURA 7

$$\int_C \mathbf{F} \cdot d\mathbf{r} = \iint_S \text{rot } \mathbf{F} \cdot d\mathbf{S} = \iint_S \mathbf{0} \cdot d\mathbf{S} = 0$$

Una curva que no es simple puede dividirse en varias curvas simples, y las integrales en torno a esas curvas simples son todas ellas 0. Sumando esas integrales se obtiene $\int_C \mathbf{F} \cdot d\mathbf{r} = 0$ para cualquier curva cerrada C.

16.8 | Ejercicios

1. Se muestran un disco D, un hemisferio H y una parte P de un paraboloide. Suponga que $\mathbf{F}$ es un campo vectorial en $\mathbb{R}^3$ cuyos componentes tienen derivadas parciales continuas. Explique por qué este enunciado es verdadero:

$$\iint_D \text{rot } \mathbf{F} \cdot d\mathbf{S} = \iint_H \text{rot } \mathbf{F} \cdot d\mathbf{S} = \iint_P \text{rot } \mathbf{F} \cdot d\mathbf{S}$$

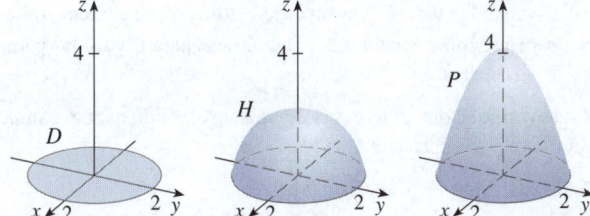

2-6 Use el teorema de Stokes para evaluar $\iint_S \text{rot } \mathbf{F} \cdot d\mathbf{S}$.

2. $\mathbf{F}(x, y, z) = x^2 \operatorname{sen} z \, \mathbf{i} + y^2 \mathbf{j} + xy \, \mathbf{k}$,
S es la parte del paraboloide $z = 1 - x^2 - y^2$ que está arriba del plano xy, orientado hacia arriba

3. $\mathbf{F}(x, y, z) = ze^y \mathbf{i} + x \cos y \, \mathbf{j} + xz \operatorname{sen} y \, \mathbf{k}$,
S es el hemisferio $x^2 + y^2 + z^2 = 16$, $y \geq 0$ orientado en la dirección del eje y positivo

4. $\mathbf{F}(x, y, z) = \tan^{-1}(x^2 y z^2) \mathbf{i} + x^2 y \mathbf{j} + x^2 z^2 \mathbf{k}$,
S es el cono $x = \sqrt{y^2 + z^2}$, $0 \leq x \leq 2$, orientado en la dirección del eje x positivo

5. $\mathbf{F}(x, y, z) = xyz \, \mathbf{i} + xy \, \mathbf{j} + x^2 yz \, \mathbf{k}$,
S consta de la parte superior y los cuatro lados (pero no la base) del cubo con vértices $(\pm 1, \pm 1, \pm 1)$, orientado hacia fuera

6. $\mathbf{F}(x, y, z) = e^{xy}\mathbf{i} + e^{xz}\mathbf{j} + x^2z\,\mathbf{k}$,

S es la mitad del elipsoide $4x^2 + y^2 + 4z^2 = 4$ que está a la derecha del plano xz, orientado en la dirección del eje y positivo.

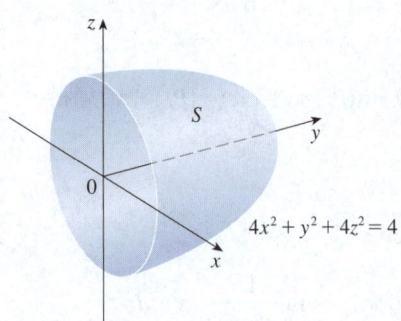

7-14 Use el teorema de Stokes para evaluar $\int_C \mathbf{F} \cdot d\mathbf{r}$. En cada caso C está orientada en sentido contrario a las manecillas del reloj, vista desde arriba, a menos que se indique otra cosa.

7. $\mathbf{F}(x, y, z) = (x + y^2)\mathbf{i} + (y + z^2)\mathbf{j} + (z + x^2)\,\mathbf{k}$,

C es el triángulo con vértices $(1, 0, 0)$, $(0, 1, 0)$ y $(0, 0, 1)$

8. $\mathbf{F}(x, y, z) = \mathbf{i} + (x + yz)\mathbf{j} + (xy - \sqrt{z})\,\mathbf{k}$,

C es la frontera de la parte del plano $3x + 2y + z = 1$ en el primer octante

9. $\mathbf{F}(x, y, z) = xy\,\mathbf{i} + yz\,\mathbf{j} + zx\,\mathbf{k}$,

C es la frontera de la parte del paraboloide $z = 1 - x^2 - y^2$ en el primer octante

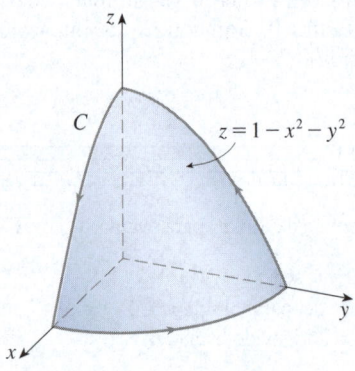

10. $\mathbf{F}(x, y, z) = 2y\,\mathbf{i} + xz\,\mathbf{j} + (x + y)\,\mathbf{k}$,

C es la curva de intersección del plano $z = y + 2$ y el cilindro $x^2 + y^2 = 1$

11. $\mathbf{F}(x, y, z) = \langle -yx^2, xy^2, e^{xy} \rangle$, C es el círculo en el plano xy de radio 2 centrado en el origen

12. $\mathbf{F}(x, y, z) = e^x\mathbf{i} + (z - y^3)\mathbf{j} + (x - z^3)\,\mathbf{k}$,

C es el círculo $y^2 + z^2 = 4$, $x = 3$, orientado en el sentido de las manecillas del reloj cuando se ve desde el origen

13. $\mathbf{F}(x, y, z) = x^2y\,\mathbf{i} + x^3\mathbf{j} + e^z\tan^{-1}z\,\mathbf{k}$,

C es la curva con ecuaciones paramétricas $x = \cos t$, $y = \operatorname{sen} t$, $z = \operatorname{sen} t$, $0 \le t \le 2\pi$

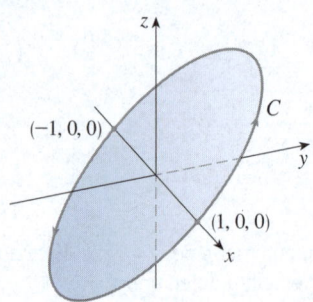

14. $\mathbf{F}(x, y, z) = \langle x^3 - z, xy, y + z^2 \rangle$, C es la curva de intersección del paraboloide $z = x^2 + y^2$ y el plano $z = x$

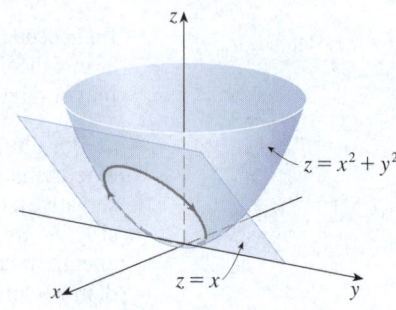

15. (a) Use el teorema de Stokes para evaluar $\int_C \mathbf{F} \cdot d\mathbf{r}$, donde

$$\mathbf{F}(x, y, z) = x^2z\,\mathbf{i} + xy^2\mathbf{j} + z^2\,\mathbf{k}$$

y C es la curva de intersección del plano $x + y + z = 1$ y el cilindro $x^2 + y^2 = 9$, orientada en sentido contrario a las manecillas del reloj cuando se ve desde arriba.

(b) Grafique tanto el plano como el cilindro con dominios seleccionados de tal forma que se pueda ver la curva C y la superficie utilizada en el inciso (a).

(c) Determine ecuaciones paramétricas para C y úselas para graficar C.

16. (a) Use el teorema de Stokes para evaluar $\int_C \mathbf{F} \cdot d\mathbf{r}$, donde $\mathbf{F}(x, y, z) = x^2y\,\mathbf{i} + \frac{1}{3}x^3\mathbf{j} + xy\,\mathbf{k}$ y C es la curva de intersección del paraboloide hiperbólico $z = y^2 - x^2$ y el cilindro $x^2 + y^2 = 1$, orientada en sentido contrario a las manecillas del reloj cuando se ve desde arriba.

(b) Grafique tanto el paraboloide hiperbólico como el cilindro con dominios seleccionados de tal forma que se vean la curva C y la superficie utilizada en el inciso (a).

(c) Determine ecuaciones paramétricas para C y úselas para graficar C.

17-19 Verifique que el teorema de Stokes es válido para el campo vectorial $\mathbf{F}$ y la superficie S dados.

17. $\mathbf{F}(x, y, z) = -y\,\mathbf{i} + x\,\mathbf{j} - 2\,\mathbf{k}$,

S es el cono $z^2 = x^2 + y^2$, $0 \le z \le 4$ orientado hacia abajo

18. $\mathbf{F}(x, y, z) = -2yz\,\mathbf{i} + y\,\mathbf{j} + 3x\,\mathbf{k}$,
S es la parte del paraboloide $z = 5 - x^2 - y^2$ que está sobre el plano $z = 1$, orientado hacia arriba

19. $\mathbf{F}(x, y, z) = y\,\mathbf{i} + z\,\mathbf{j} + x\,\mathbf{k}$,
S es el hemisferio $x^2 + y^2 + z^2 = 1$, $y \geq 0$, orientado en la dirección del eje y positivo

20. Sea C una curva suave cerrada simple que se encuentra en el plano $x + y + z = 1$. Demuestre que la integral de línea

$$\int_C z\,dx - 2x\,dy + 3y\,dz$$

depende solo del área de la región encerrada por C y no de la forma de C ni de su ubicación en el plano.

21. Una partícula se mueve a lo largo de segmentos de recta del origen a los puntos $(1, 0, 0)$, $(1, 2, 1)$, $(0, 2, 1)$ y de vuelta al origen bajo la influencia del campo de fuerzas

$$\mathbf{F}(x, y, z) = z^2\,\mathbf{i} + 2xy\,\mathbf{j} + 4y^2\,\mathbf{k}$$

Calcule el trabajo realizado.

22. Evalúe

$$\int_C (y + \operatorname{sen} x)\,dx + (z^2 + \cos y)\,dy + x^3\,dz$$

donde C es la curva $\mathbf{r}(t) = \langle \operatorname{sen} t, \cos t, \operatorname{sen} 2t \rangle$, $0 \leq t \leq 2\pi$. [*Sugerencia*: Observe que C está situada en la superficie $z = 2xy$].

23. Si S es una esfera y $\mathbf{F}$ satisface las hipótesis del teorema de Stokes, demuestre que $\iint_S \operatorname{rot} \mathbf{F} \cdot d\mathbf{S} = 0$.

24. Suponga que S y C satisfacen las hipótesis del teorema de Stokes y que f, g tienen derivadas parciales continuas de segundo orden. Use los ejercicios 26 y 28 de la sección 16.5 para demostrar lo siguiente.

(a) $\int_C (f\,\nabla g) \cdot d\mathbf{r} = \iint_S (\nabla f \times \nabla g) \cdot d\mathbf{S}$

(b) $\int_C (f\,\nabla f) \cdot d\mathbf{r} = 0$

(c) $\int_C (f\,\nabla g + g\,\nabla f) \cdot d\mathbf{r} = 0$

16.9 | Teorema de la divergencia

En la sección 16.5 se reescribió el teorema de Green en una versión vectorial como

$$\int_C \mathbf{F} \cdot \mathbf{n}\,ds = \iint_D \operatorname{div} \mathbf{F}(x, y)\,dA$$

donde C es la curva frontera con orientación positiva de la región plana D. Si se quisiera extender este teorema a campos vectoriales en $\mathbb{R}^3$, se podría conjeturar que

$$\boxed{1} \qquad \iint_S \mathbf{F} \cdot \mathbf{n}\,dS = \iiint_E \operatorname{div} \mathbf{F}(x, y, z)\,dV$$

donde S es la superficie frontera de la región sólida E. Resulta que la ecuación 1 es válida, bajo hipótesis apropiadas, y se llama teorema de la divergencia. Observe su semejanza con el teorema de Green y el teorema de Stokes en cuanto a que relaciona la integral de una derivada de una función (div $\mathbf{F}$ en este caso) en una región con la integral de la función original $\mathbf{F}$ en la frontera de la región.

En esta etapa sería conveniente que repasara los distintos tipos de regiones en los que fue posible evaluar integrales triples en la sección 15.6. Se enunciará y demostrará el teorema de la divergencia para regiones E que son simultáneamente de los tipos 1, 2 y 3 y que se conocen como **regiones sólidas simples** (por ejemplo, regiones acotadas por elipsoides o cajas rectangulares son regiones sólidas simples). La frontera de E es una superficie cerrada y se usa la convención, presentada en la sección 16.7, de que la orientación positiva es hacia fuera; es decir, que el vector normal unitario $\mathbf{n}$ está dirigido hacia fuera de E.

El teorema de la divergencia también se conoce como teorema de Gauss, en honor al gran matemático alemán Karl Friedrich Gauss (1777–1855), que descubrió este teorema durante su investigación sobre la electrostática. En Europa Oriental el teorema de la divergencia se conoce como teorema de Ostrogradsky, en honor al matemático ruso Mijaíl Ostrogradsky (1801–1862), quien publicó este resultado en 1826.

> **El teorema de la divergencia** Sea E una región sólida simple y S la superficie frontera de E, dada con orientación positiva (hacia fuera). Sea $\mathbf{F}$ un campo vectorial cuyas funciones componentes tienen derivadas parciales continuas en una región abierta que contiene a E. Entonces
>
> $$\iint_S \mathbf{F} \cdot d\mathbf{S} = \iiint_E \operatorname{div} \mathbf{F}\,dV$$

Por lo tanto, el teorema de la divergencia establece que, en las condiciones dadas, el flujo de **F** por la superficie frontera E es igual a la integral triple de la divergencia de **F** en E.

DEMOSTRACIÓN   Sea $\mathbf{F} = P\,\mathbf{i} + Q\,\mathbf{j} + R\,\mathbf{k}$. Entonces

$$\text{div } \mathbf{F} = \frac{\partial P}{\partial x} + \frac{\partial Q}{\partial y} + \frac{\partial R}{\partial z}$$

así que

$$\iiint_E \text{div } \mathbf{F}\, dV = \iiint_E \frac{\partial P}{\partial x}\, dV + \iiint_E \frac{\partial Q}{\partial y}\, dV + \iiint_E \frac{\partial R}{\partial z}\, dV$$

Si **n** es el vector normal unitario hacia fuera de S, la integral de superficie en el miembro izquierdo del teorema de la divergencia es

$$\iint_S \mathbf{F} \cdot d\mathbf{S} = \iint_S \mathbf{F} \cdot \mathbf{n}\, dS = \iint_S (P\,\mathbf{i} + Q\,\mathbf{j} + R\,\mathbf{k}) \cdot \mathbf{n}\, dS$$

$$= \iint_S P\,\mathbf{i} \cdot \mathbf{n}\, dS + \iint_S Q\,\mathbf{j} \cdot \mathbf{n}\, dS + \iint_S R\,\mathbf{k} \cdot \mathbf{n}\, dS$$

Por lo tanto, para demostrar el teorema de la divergencia basta comprobar las tres ecuaciones siguientes:

$$\boxed{2} \qquad \iint_S P\,\mathbf{i} \cdot \mathbf{n}\, dS = \iiint_E \frac{\partial P}{\partial x}\, dV$$

$$\boxed{3} \qquad \iint_S Q\,\mathbf{j} \cdot \mathbf{n}\, dS = \iiint_E \frac{\partial Q}{\partial y}\, dV$$

$$\boxed{4} \qquad \iint_S R\,\mathbf{k} \cdot \mathbf{n}\, dS = \iiint_E \frac{\partial R}{\partial z}\, dV$$

Para demostrar la ecuación 4 se parte del hecho de que E es una región de tipo 1:

$$E = \{(x, y, z) \mid (x, y) \in D, u_1(x, y) \le z \le u_2(x, y)\}$$

donde D es la proyección de E en el plano xy. Por la ecuación 15.6.6 se tiene

$$\iiint_E \frac{\partial R}{\partial z}\, dV = \iint_D \left[\int_{u_1(x, y)}^{u_2(x, y)} \frac{\partial R}{\partial z}(x, y, z)\, dz \right] dA$$

y, por lo tanto, por el teorema fundamental del cálculo,

$$\boxed{5} \qquad \iiint_E \frac{\partial R}{\partial z}\, dV = \iint_D \left[R(x, y, u_2(x, y)) - R(x, y, u_1(x, y)) \right] dA$$

La superficie frontera S consta de tres partes: la superficie inferior S_1, la superficie superior S_2 y posiblemente una superficie vertical S_3, ubicada sobre la curva frontera de D (vea la figura 1; podría ocurrir que S_3 no apareciera, como en el caso de una esfera). Tenga en cuenta que en S_3 se tiene $\mathbf{k} \cdot \mathbf{n} = 0$, porque **k** es vertical y **n** horizontal, de modo que

$$\iint_{S_3} R\,\mathbf{k} \cdot \mathbf{n}\, dS = \iint_{S_3} 0\, dS = 0$$

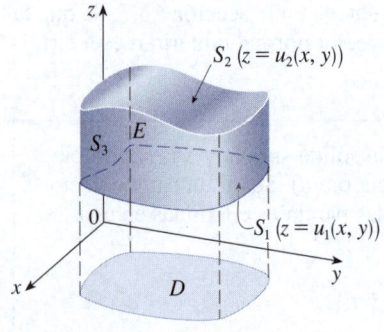

FIGURA 1

En consecuencia, independientemente de si hay una superficie vertical o no, se puede escribir

$$\boxed{6} \qquad \iint_S R\,\mathbf{k} \cdot \mathbf{n}\, dS = \iint_{S_1} R\,\mathbf{k} \cdot \mathbf{n}\, dS + \iint_{S_2} R\,\mathbf{k} \cdot \mathbf{n}\, dS$$

La ecuación de S_2 es $z = u_2(x, y)$, $(x, y) \in D$, y el vector normal hacia fuera $\mathbf{n}$ apunta hacia arriba, así que de la ecuación 16.7.10 (con $\mathbf{F}$ reemplazada por $R\mathbf{k}$) se tiene

$$\iint_{S_2} R\,\mathbf{k} \cdot \mathbf{n}\, dS = \iint_D R(x, y, u_2(x, y))\, dA$$

En S_1 se tiene $z = u_1(x, y)$, pero aquí el normal hacia fuera $\mathbf{n}$ apunta hacia abajo, así que se multiplica por -1:

$$\iint_{S_1} R\,\mathbf{k} \cdot \mathbf{n}\, dS = -\iint_D R(x, y, u_1(x, y))\, dA$$

Por consiguiente, la ecuación 6 da

$$\iint_S R\,\mathbf{k} \cdot \mathbf{n}\, dS = \iint_D \left[R(x, y, u_2(x, y)) - R(x, y, u_1(x, y)) \right] dA$$

La comparación con la ecuación 5 muestra que

$$\iint_S R\,\mathbf{k} \cdot \mathbf{n}\, dS = \iiint_E \frac{\partial R}{\partial z}\, dV$$

Las ecuaciones 2 y 3 se demuestran del mismo modo usando las expresiones para E como región de tipo 2 o tipo 3, respectivamente. ∎

Observe que el método de demostración del teorema de la divergencia es muy similar al del teorema de Green.

EJEMPLO 1   Determine el flujo del campo vectorial $\mathbf{F}(x, y, z) = z\,\mathbf{i} + y\,\mathbf{j} + x\,\mathbf{k}$ en la esfera unitaria $x^2 + y^2 + z^2 = 1$.

SOLUCIÓN   Primero se calcula la divergencia de $\mathbf{F}$:

$$\operatorname{div} \mathbf{F} = \frac{\partial}{\partial x}(z) + \frac{\partial}{\partial y}(y) + \frac{\partial}{\partial z}(x) = 1$$

La esfera unitaria S es la frontera de la pelota unitaria B dada por $x^2 + y^2 + z^2 \leqslant 1$. Así, el teorema de la divergencia da el flujo como

La solución del ejemplo 1 debe compararse con la solución del ejemplo 16.7.4.

$$\iint_S \mathbf{F} \cdot d\mathbf{S} = \iiint_B \operatorname{div} \mathbf{F}\, dV = \iiint_B 1\, dV = V(B) = \tfrac{4}{3}\pi(1)^3 = \frac{4\pi}{3}$$ ∎

EJEMPLO 2   Evalúe $\iint_S \mathbf{F} \cdot d\mathbf{S}$, donde

$$\mathbf{F}(x, y, z) = xy\,\mathbf{i} + \left(y^2 + e^{xz^2}\right)\mathbf{j} + \operatorname{sen}(xy)\,\mathbf{k}$$

y S es la superficie de la región E acotada por el cilindro parabólico $z = 1 - x^2$ y los planos $z = 0$, $y = 0$ y $y + z = 2$ (vea la figura 2).

SOLUCIÓN   Sería sumamente difícil evaluar de manera directa la integral de superficie dada (se tendrían que evaluar cuatro integrales de superficie correspondientes a las cuatro partes de S). Además, la divergencia de $\mathbf{F}$ es mucho menos complicada que la propia $\mathbf{F}$:

$$\operatorname{div} \mathbf{F} = \frac{\partial}{\partial x}(xy) + \frac{\partial}{\partial y}\left(y^2 + e^{xz^2}\right) + \frac{\partial}{\partial z}(\operatorname{sen} xy) = y + 2y = 3y$$

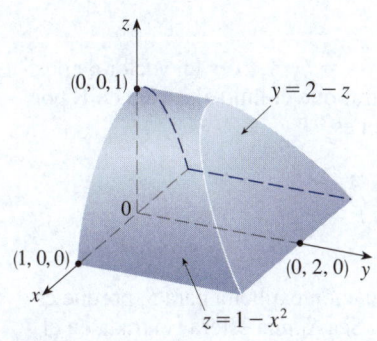

FIGURA 2

Por lo tanto, se usa el teorema de la divergencia para transformar la integral de superficie dada en una integral triple. La manera más fácil de evaluar la integral triple es expresar E como una región de tipo 3:

$$E = \left\{ (x, y, z) \mid -1 \leqslant x \leqslant 1, \ 0 \leqslant z \leqslant 1 - x^2, \ 0 \leqslant y \leqslant 2 - z \right\}$$

Entonces se tiene

$$\iint\limits_{S} \mathbf{F} \cdot d\mathbf{S} = \iiint\limits_{E} \operatorname{div} \mathbf{F} \, dV = \iiint\limits_{E} 3y \, dV$$

$$= 3 \int_{-1}^{1} \int_{0}^{1-x^2} \int_{0}^{2-z} y \, dy \, dz \, dx = 3 \int_{-1}^{1} \int_{0}^{1-x^2} \frac{(2-z)^2}{2} \, dz \, dx$$

$$= \frac{3}{2} \int_{-1}^{1} \left[-\frac{(2-z)^3}{3} \right]_{0}^{1-x^2} dx = -\tfrac{1}{2} \int_{-1}^{1} \left[(x^2 + 1)^3 - 8 \right] dx$$

$$= -\int_{0}^{1} (x^6 + 3x^4 + 3x^2 - 7) \, dx = \frac{184}{35} \qquad \blacksquare$$

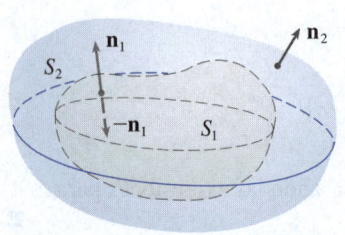

FIGURA 3

Aunque se ha comprobado el teorema de la divergencia solo para regiones sólidas simples, puede demostrarse para regiones que son uniones finitas de regiones sólidas simples (el procedimiento es similar al que se usó en la sección 16.4 para ampliar el teorema de Green).

Por ejemplo, considere la región E que está situada entre las superficies cerradas S_1 y S_2, donde S_1 está dentro de S_2. Sean $\mathbf{n}_1$ y $\mathbf{n}_2$ los vectores normales hacia fuera de S_1 y S_2. Entonces, la superficie frontera de E es $S = S_1 \cup S_2$ y su vector normal $\mathbf{n}$ está dado por $\mathbf{n} = -\mathbf{n}_1$ en S_1 y por $\mathbf{n} = \mathbf{n}_2$ en S_2 (vea la figura 3). Al aplicar el teorema de la divergencia a S se obtiene

$$\boxed{7} \qquad \iiint\limits_{E} \operatorname{div} \mathbf{F} \, dV = \iint\limits_{S} \mathbf{F} \cdot d\mathbf{S} = \iint\limits_{S} \mathbf{F} \cdot \mathbf{n} \, dS$$

$$= \iint\limits_{S_1} \mathbf{F} \cdot (-\mathbf{n}_1) \, dS + \iint\limits_{S_2} \mathbf{F} \cdot \mathbf{n}_2 \, dS$$

$$= -\iint\limits_{S_1} \mathbf{F} \cdot d\mathbf{S} + \iint\limits_{S_2} \mathbf{F} \cdot d\mathbf{S}$$

EJEMPLO 3 En el ejemplo 16.1.5 se considera el campo eléctrico

$$\mathbf{E}(\mathbf{x}) = \frac{\varepsilon Q}{|\mathbf{x}|^3} \mathbf{x}$$

donde la carga eléctrica Q se localiza en el origen y $\mathbf{x} = \langle x, y, z \rangle$ es un vector de posición. Use el teorema de la divergencia para demostrar que el flujo eléctrico de $\mathbf{E}$ por cualquier superficie cerrada S que encierra al origen es

$$\iint\limits_{S} \mathbf{E} \cdot d\mathbf{S} = 4\pi\varepsilon Q$$

SOLUCIÓN La dificultad es que no se tiene una ecuación explícita para S, porque es *cualquier* superficie cerrada que encierra el origen. Sea S_1 una esfera centrada en el origen con radio a, donde a se selecciona de modo que sea lo suficientemente pequeño para que S_1 quede contenida dentro de S. Sea E la región que está situada entre S_1 y S. Entonces, la ecuación 7 da

$$\boxed{8} \qquad \iiint_E \operatorname{div} \mathbf{E}\, dV = -\iint_{S_1} \mathbf{E} \cdot d\mathbf{S} + \iint_S \mathbf{E} \cdot d\mathbf{S}$$

Usted puede verificar que div $\mathbf{E} = 0$ (vea el ejercicio 25). Por lo tanto, con base en la ecuación (8) se tiene

$$\iint_S \mathbf{E} \cdot d\mathbf{S} = \iint_{S_1} \mathbf{E} \cdot d\mathbf{S}$$

La cuestión de este cálculo es que se puede calcular la integral de superficie en S_1 porque S_1 es una esfera. El vector normal en $\mathbf{x}$ es $\mathbf{x}/|\mathbf{x}|$. Por lo tanto,

$$\mathbf{E} \cdot \mathbf{n} = \frac{\varepsilon Q}{|\mathbf{x}|^3} \mathbf{x} \cdot \left(\frac{\mathbf{x}}{|\mathbf{x}|} \right) = \frac{\varepsilon Q}{|\mathbf{x}|^4} \mathbf{x} \cdot \mathbf{x} = \frac{\varepsilon Q}{|\mathbf{x}|^2} = \frac{\varepsilon Q}{a^2}$$

ya que la ecuación de S_1 es $|\mathbf{x}| = a$. Así, se tiene

$$\iint_S \mathbf{E} \cdot d\mathbf{S} = \iint_{S_1} \mathbf{E} \cdot \mathbf{n}\, dS = \frac{\varepsilon Q}{a^2} \iint_{S_1} dS = \frac{\varepsilon Q}{a^2} A(S_1) = \frac{\varepsilon Q}{a^2} 4\pi a^2 = 4\pi\varepsilon Q$$

Esto indica que el flujo eléctrico de E es $4\,\pi\varepsilon Q$ a través de *cualquier* superficie cerrada S que contenga el origen. [Este es un caso especial de la ley de Gauss (ecuación 16.7.11) para una carga. La relación entre ε y ε_0 es $\varepsilon = 1/(4\pi\varepsilon_0)$]. ∎

Otra aplicación del teorema de la divergencia se presenta en el flujo de fluidos. Sea $\mathbf{v}(x, y, z)$ el campo de velocidad de un fluido con densidad constante ρ. Entonces $\mathbf{F} = \rho\mathbf{v}$ es la razón de flujo por unidad de área. Si $P_0(x_0, y_0, z_0)$ es un punto en el fluido y B_a una pelota con centro P_0 y radio a muy pequeño, entonces div $\mathbf{F}(P) \approx$ div $\mathbf{F}(P_0)$ para todos los puntos P en B_a, ya que div $\mathbf{F}$ es continua. Se aproxima el flujo en la esfera frontera S_a como sigue:

$$\iint_{S_a} \mathbf{F} \cdot d\mathbf{S} = \iiint_{B_a} \operatorname{div} \mathbf{F}\, dV \approx \iiint_{B_a} \operatorname{div} \mathbf{F}(P_0)\, dV = \operatorname{div} \mathbf{F}(P_0) V(B_a)$$

Esta aproximación mejora cuando $a \to 0$ e indica que

$$\boxed{9} \qquad \operatorname{div} \mathbf{F}(P_0) = \lim_{a \to 0} \frac{1}{V(B_a)} \iint_{S_a} \mathbf{F} \cdot d\mathbf{S}$$

La ecuación 9 indica que div $\mathbf{F}(P_0)$ es la razón neta de flujo hacia fuera por unidad de volumen en P_0. (Es por ello que se llama *divergencia*). Si div $\mathbf{F}(P) > 0$, el flujo neto es hacia fuera cerca de P y P se llama **fuente**. Si div $\mathbf{F}(P) < 0$, el flujo neto es hacia dentro cerca de P y P se llama **sumidero**.

Para el campo vectorial de la figura 4, parece que los vectores que terminan cerca de P_1 son más cortos que los vectores que empiezan cerca de P_1. Así, el flujo neto es hacia fuera cerca de P_1, de modo que div $\mathbf{F}(P_1) > 0$ y P_1 es una fuente. Cerca de P_2, por otra parte, las flechas entrantes son más largas que las salientes. Aquí el flujo neto es hacia dentro, así que div $\mathbf{F}(P_2) < 0$ y P_2 es un sumidero. Se puede usar la fórmula de $\mathbf{F}$ para confirmar esta impresión. Como $\mathbf{F} = x^2\,\mathbf{i} + y^2\,\mathbf{j}$, se tiene div $\mathbf{F} = 2x + 2y$, que es positiva cuando $y > -x$. Por lo tanto, los puntos arriba de la recta $y = -x$ son fuentes y los que están abajo son sumideros.

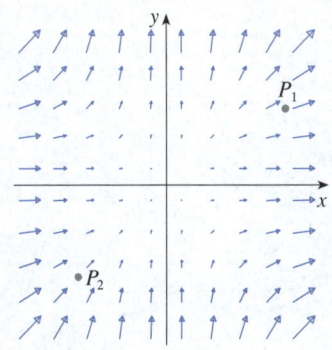

FIGURA 4
El campo vectorial $\mathbf{F} = x^2\,\mathbf{i} + y^2\,\mathbf{j}$.

16.9 | Ejercicios

1-4 Verifique que el teorema de la divergencia es válido para el campo vectorial **F** en la región E.

1. $\mathbf{F}(x, y, z) = 3x\,\mathbf{i} + xy\,\mathbf{j} + 2xz\,\mathbf{k}$,
E es el cubo acotado por los planos $x = 0$, $x = 1$, $y = 0$, $y = 1$, $z = 0$ y $z = 1$

2. $\mathbf{F}(x, y, z) = y^2z^3\,\mathbf{i} + 2yz\,\mathbf{j} + 4z^2\,\mathbf{k}$,
E es el sólido encerrado por el paraboloide $z = x^2 + y^2$ y el plano $z = 9$

3. $\mathbf{F}(x, y, z) = \langle z, y, x \rangle$,
E es la bola sólida $x^2 + y^2 + z^2 \le 16$

4. $\mathbf{F}(x, y, z) = \langle x^2, -y, z \rangle$,
E es el cilindro sólido $y^2 + z^2 \le 9$, $0 \le x \le 2$

5-17 Use el teorema de la divergencia para calcular la integral de superficie $\iint_S \mathbf{F} \cdot d\mathbf{S}$; es decir, calcule el flujo de **F** a través de S.

5. $\mathbf{F}(x, y, z) = xye^z\,\mathbf{i} + xy^2z^3\,\mathbf{j} - ye^z\,\mathbf{k}$,
S es la superficie de la caja acotada por los planos coordenados y los planos $x = 3$, $y = 2$ y $z = 1$

6. $\mathbf{F}(x, y, z) = x^2yz\,\mathbf{i} + xy^2z\,\mathbf{j} + xyz^2\,\mathbf{k}$,
S es la superficie de la caja encerrada por los planos $x = 0$, $x = a$, $y = 0$, $y = b$, $z = 0$ y $z = c$, donde a, b y c son números positivos

7. $\mathbf{F}(x, y, z) = 3xy^2\,\mathbf{i} + xe^z\,\mathbf{j} + z^3\,\mathbf{k}$,
S es la superficie del sólido acotado por el cilindro $y^2 + z^2 = 1$ y los planos $x = -1$ y $x = 2$

8. $\mathbf{F}(x, y, z) = (x^3 + y^3)\,\mathbf{i} + (y^3 + z^3)\,\mathbf{j} + (z^3 + x^3)\,\mathbf{k}$,
S es la esfera con centro en el origen y radio 2

9. $\mathbf{F}(x, y, z) = xe^y\,\mathbf{i} + (z - e^y)\,\mathbf{j} - xy\,\mathbf{k}$,
S es el elipsoide $x^2 + 2y^2 + 3z^2 = 4$

10. $\mathbf{F}(x, y, z) = e^y \tan z\,\mathbf{i} + x^2y\,\mathbf{j} + e^x \cos y\,\mathbf{k}$,
S es la superficie del sólido situado arriba del plano xy y debajo de la superficie $z = 2 - x - y^3$, $-1 \le x \le 1$, $-1 \le y \le 1$

11. $\mathbf{F}(x, y, z) = (2x^3 + y^3)\,\mathbf{i} + (y^3 + z^3)\,\mathbf{j} + 3y^2z\,\mathbf{k}$,
S es la superficie del sólido acotado por el paraboloide $z = 1 - x^2 - y^2$ y el plano xy

12. $\mathbf{F}(x, y, z) = (xy + 2xz)\,\mathbf{i} + (x^2 + y^2)\,\mathbf{j} + (xy - z^2)\,\mathbf{k}$,
S es la superficie del sólido acotado por el cilindro $x^2 + y^2 = 4$ y los planos $z = y - 2$ y $z = 0$

13. $\mathbf{F}(x, y, z) = x^2z\,\mathbf{i} + xz^3\,\mathbf{j} + y\ln(x + 1)\,\mathbf{k}$,
S es la superficie del sólido acotado por los planos $x + 2z = 4$, $y = 3$, $x = 0$, $y = 0$ y $z = 0$

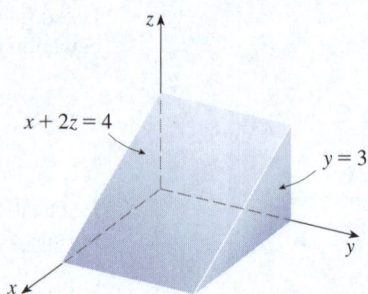

14. $\mathbf{F}(x, y, z) = (xy - z^2)\,\mathbf{i} + x^3\sqrt{z}\,\mathbf{j} + (xy + z^2)\,\mathbf{k}$,
S es la superficie del sólido acotado por el cilindro $x = y^2$ y los planos $x + z = 1$ y $z = 0$

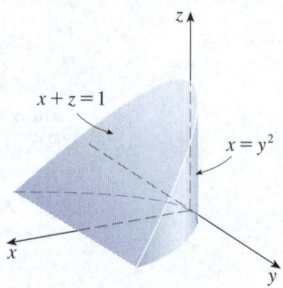

15. $\mathbf{F}(x, y, z) = z\,\mathbf{i} + y\,\mathbf{j} + zx\,\mathbf{k}$,
S es la superficie del tetraedro encerrado por los planos coordenados y el plano

$$\frac{x}{a} + \frac{y}{b} + \frac{z}{c} = 1$$

donde a, b y c son números positivos

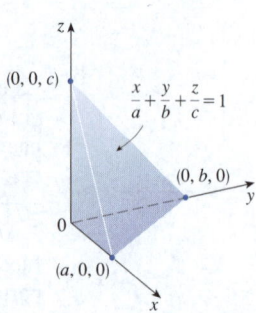

16. $\mathbf{F} = |\mathbf{r}|^2\mathbf{r}$, donde $\mathbf{r} = x\,\mathbf{i} + y\,\mathbf{j} + z\,\mathbf{k}$,
S es la esfera con radio R y centro en el origen

17. $\mathbf{F} = |\mathbf{r}|\,\mathbf{r}$, donde $\mathbf{r} = x\,\mathbf{i} + y\,\mathbf{j} + z\,\mathbf{k}$,
S está formada por el hemisferio $z = \sqrt{1 - x^2 - y^2}$ y el disco $x^2 + y^2 \leq 1$ en el plano xy

T **18.** Trace el campo vectorial

$\mathbf{F}(x, y, z) = \operatorname{sen} x \cos^2 y\,\mathbf{i} + \operatorname{sen}^3 y \cos^4 z\,\mathbf{j} + \operatorname{sen}^5 z \cos^6 x\,\mathbf{k}$

en el cubo cortado del primer octante por los planos $x = \pi/2$, $y = \pi/2$ y $z = \pi/2$. Use después un sistema algebraico computacional para calcular el flujo por la superficie del cubo.

19. Use el teorema de la divergencia para evaluar $\iint_S \mathbf{F} \cdot d\mathbf{S}$, donde $\mathbf{F}(x, y, z) = z^2 x\,\mathbf{i} + \left(\frac{1}{3} y^3 + \tan^{-1} z\right)\mathbf{j} + (x^2 z + y^2)\,\mathbf{k}$ y S es la mitad superior de la esfera $x^2 + y^2 + z^2 = 1$.
[*Sugerencia*: Observe que S no es una superficie cerrada. Calcule primero integrales en S_1 y S_2, donde S_1 es el disco $x^2 + y^2 \leq 1$, orientado hacia abajo, y $S_2 = S \cup S_1$].

20. Sea $\mathbf{F}(x, y, z) = z \tan^{-1}(y^2)\,\mathbf{i} + z^3 \ln(x^2 + 1)\,\mathbf{j} + z\,\mathbf{k}$. Determine el flujo de $\mathbf{F}$ por la parte del paraboloide $x^2 + y^2 + z = 2$ que está situada arriba del plano $z = 1$ y orientada hacia arriba.

21. Se muestra un campo vectorial $\mathbf{F}$. Use la interpretación de divergencia derivada en esta sección para determinar si los puntos P_1 y P_2 son fuentes o sumideros.

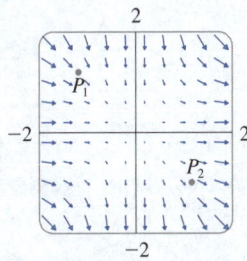

22. (a) ¿Los puntos P_1 y P_2 son fuentes o sumideros para el campo vectorial $\mathbf{F}$ que se muestra en la figura? Ofrezca una explicación basada exclusivamente en la imagen.

(b) Dado que $\mathbf{F}(x, y) = \langle x, y^2 \rangle$, use la definición de divergencia para verificar su respuesta en el inciso (a).

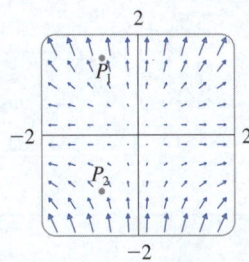

23-24 Trace el campo vectorial y conjeture dónde div $\mathbf{F} > 0$ y dónde div $\mathbf{F} < 0$. Calcule después div $\mathbf{F}$ para verificar sus conjeturas.

23. $\mathbf{F}(x, y) = \langle xy, x + y^2 \rangle$ **24.** $\mathbf{F}(x, y) = \langle x^2, y^2 \rangle$

25. Verifique que div $\mathbf{E} = 0$ para el campo eléctrico

$$\mathbf{E}(\mathbf{x}) = \frac{\varepsilon Q}{|\mathbf{x}|^3}\,\mathbf{x}.$$

26. Use el teorema de la divergencia para evaluar

$$\iint_S (2x + 2y + z^2)\,dS$$

donde S es la esfera $x^2 + y^2 + z^2 = 1$.

27-32 Demuestre cada identidad, suponiendo que S y E satisfacen las condiciones del teorema de la divergencia y que las funciones escalares y componentes de los campos vectoriales tienen derivadas parciales continuas de segundo orden.

27. $\iint_S \mathbf{a} \cdot \mathbf{n}\, dS = 0$, donde $\mathbf{a}$ es un vector constante

28. $V(E) = \frac{1}{3} \iint_S \mathbf{F} \cdot d\mathbf{S}$, donde $\mathbf{F}(x, y, z) = x\,\mathbf{i} + y\,\mathbf{j} + z\,\mathbf{k}$

29. $\iint_S \operatorname{rot} \mathbf{F} \cdot d\mathbf{S} = 0$ **30.** $\iint_S D_{\mathbf{n}} f\, dS = \iiint_E \nabla^2 f\, dV$

31. $\iint_S (f \nabla g) \cdot \mathbf{n}\, dS = \iiint_E (f \nabla^2 g + \nabla f \cdot \nabla g)\, dV$

32. $\iint_S (f \nabla g - g \nabla f) \cdot \mathbf{n}\, dS = \iiint_E (f \nabla^2 g - g \nabla^2 f)\, dV$

33. Suponga que S y E satisfacen las condiciones del teorema de la divergencia y que f es una función escalar con derivadas parciales continuas. Demuestre que

$$\iint_S f\mathbf{n}\, dS = \iiint_E \nabla f\, dV$$

Esta superficie y las integrales triples de funciones vectoriales son vectores que se definen mediante la integración de cada función componente. [*Sugerencia*: Comience por aplicar el teorema de la divergencia a $\mathbf{F} = f\mathbf{c}$, donde $\mathbf{c}$ es un vector constante arbitrario].

34. Un sólido ocupa una región E con superficie S y está sumergido en un líquido con densidad constante ρ. Se plantea un sistema de coordenadas tal que el plano xy coincide con la superficie del líquido, y los valores positivos de z se miden hacia abajo en el líquido. Entonces, la presión a la profundidad z es $p = \rho g z$, donde g es la aceleración debida a la gravedad (vea la sección 8.3). La fuerza de flotación total sobre el sólido debida a la distribución de la presión está dada por la integral de superficie

$$\mathbf{F} = -\iint_S p\mathbf{n}\, dS$$

donde $\mathbf{n}$ es el vector normal unitario externo. Use el resultado del ejercicio 33 para demostrar que $\mathbf{F} = -W\mathbf{k}$, donde W es el peso del líquido desplazado por el sólido (observe que $\mathbf{F}$ está dirigido hacia arriba porque z está dirigida hacia abajo). El resultado es el *principio de Arquímedes*: la fuerza de flotación sobre un objeto es igual al peso del líquido desplazado.

16.10 | Resumen

Los principales resultados de este capítulo son todos ellos versiones en dimensiones superiores del teorema fundamental del cálculo. Para ayudarle a recordarlos, se han reunido aquí (sin hipótesis) para que pueda advertir con mayor facilidad su semejanza esencial. Observe que en cada caso se tiene una integral de una "derivada" en una región del miembro izquierdo, y el miembro derecho incluye los valores de la función original solo en la *frontera* de la región.

Curvas y sus fronteras (puntos frontera)

Teorema fundamental del cálculo
$$\int_a^b F'(x)\, dx = F(b) - F(a)$$

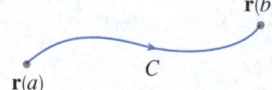

Teorema fundamental para integrales de línea
$$\int_C \nabla f \cdot d\mathbf{r} = f(\mathbf{r}(b)) - f(\mathbf{r}(a))$$

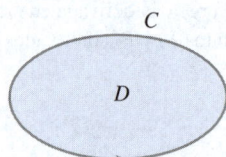

Superficies y sus fronteras

Teorema de Green
$$\iint_D \left(\frac{\partial Q}{\partial x} - \frac{\partial P}{\partial y} \right) dA = \int_C P\, dx + Q\, dy$$

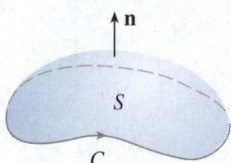

Teorema de Stokes
$$\iint_S \operatorname{rot} \mathbf{F} \cdot d\mathbf{S} = \int_C \mathbf{F} \cdot d\mathbf{r}$$

Sólidos y sus fronteras

Teorema de la divergencia
$$\iiint_E \operatorname{div} \mathbf{F}\, dV = \iint_S \mathbf{F} \cdot d\mathbf{S}$$

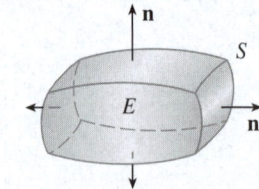

16 REPASO

VERIFICACIÓN DE CONCEPTOS

Las respuestas de la sección "Verificación de conceptos" están disponibles en StewartCalculus.com

1. ¿Qué es un campo vectorial? Dé tres ejemplos que tengan significado físico.

2. (a) ¿Qué es un campo vectorial conservativo?
(b) ¿Qué es una función potencial?

3. (a) Escriba la definición de la integral de línea de una función escalar f a lo largo de una curva suave C con respecto a la longitud de arco.
(b) ¿Cómo se evalúa esta integral de línea?
(c) Escriba expresiones para la masa y centro de masa de un alambre delgado en forma de una curva C si el alambre tiene función de densidad lineal $\rho(x, y)$.
(d) Escriba las definiciones de las integrales de línea a lo largo de C de una función escalar f con respecto a x, y y z.
(e) ¿Cómo se evalúan estas integrales de línea?

4. (a) Defina la integral de línea de un campo vectorial $\mathbf{F}$ a lo largo de una curva suave C dada por una función vectorial $\mathbf{r}(t)$.
(b) Si $\mathbf{F}$ es un campo de fuerzas, ¿qué representa esta integral de línea?
(c) Si $\mathbf{F} = \langle P, Q, R \rangle$, ¿qué relación hay entre la integral de línea de $\mathbf{F}$ y las integrales de línea de las funciones componentes P, Q y R?

5. Enuncie el teorema fundamental para las integrales de línea.

6. (a) ¿Qué significa decir que $\int_C \mathbf{F} \cdot d\mathbf{r}$ es independiente de la trayectoria?
(b) Si se sabe que $\int_C \mathbf{F} \cdot d\mathbf{r}$ es independiente de la trayectoria, ¿qué se puede decir de $\mathbf{F}$?

7. Enuncie el teorema de Green.

8. Escriba expresiones para el área encerrada por una curva C en términos de las integrales de línea alrededor de C.

9. Suponga que $\mathbf{F}$ es un campo vectorial en $\mathbb{R}^3$.
(a) Defina rot $\mathbf{F}$.   (b) Defina div $\mathbf{F}$.

(c) Si $\mathbf{F}$ es un campo de velocidad en flujo de fluidos, ¿cuáles son las interpretaciones físicas de rot $\mathbf{F}$ y div $\mathbf{F}$?

10. Si $\mathbf{F} = P\,\mathbf{i} + Q\,\mathbf{j}$, ¿cómo se determina si $\mathbf{F}$ es conservativo? ¿Y si $\mathbf{F}$ fuera un campo vectorial en $\mathbb{R}^3$?

11. (a) ¿Qué es una superficie paramétrica? ¿Qué son sus curvas reticulares?
(b) Escriba una expresión para el área de una superficie paramétrica.
(c) ¿Cuál es el área de una superficie dada por una ecuación $z = g(x, y)$?

12. (a) Escriba la definición de la integral de superficie de una función escalar f en una superficie S.
(b) ¿Cómo se evalúa esa integral si S es una superficie paramétrica dada por una función vectorial $\mathbf{r}(u, v)$?
(c) ¿Y si S estuviera dada por la ecuación $z = g(x, y)$?
(d) Si una lámina delgada tiene la forma de una superficie S y la densidad en (x, y, z) es $\rho(x, y, z)$, escriba expresiones para la masa y centro de masa de la lámina.

13. (a) ¿Qué es una superficie orientada? Dé un ejemplo de una superficie no orientable.
(b) Defina la integral de superficie (o flujo) de un campo vectorial $\mathbf{F}$ en una superficie orientada S con vector normal unitario $\mathbf{n}$.
(c) ¿Cómo se evalúa esta integral si S es una superficie paramétrica dada por una función vectorial $\mathbf{r}(u, v)$?
(d) ¿Y si S está dada por una ecuación $z = g(x, y)$?

14. Enuncie el teorema de Stokes.

15. Enuncie el teorema de la divergencia.

16. ¿En qué sentidos son similares el teorema fundamental para las integrales de línea, el teorema de Green, el teorema de Stokes y el teorema de la divergencia?

PREGUNTAS DE VERDADERO O FALSO

Determine si el enunciado es verdadero o falso. Si es verdadero, explique por qué. Si es falso, explique por qué o dé un ejemplo que lo refute.

1. Si $\mathbf{F}$ es un campo vectorial, entonces div $\mathbf{F}$ es un campo vectorial.

2. Si $\mathbf{F}$ es un campo vectorial, entonces rot $\mathbf{F}$ es un campo vectorial.

3. Si f tiene derivadas parciales continuas de todos los órdenes en $\mathbb{R}^3$, entonces div(rot ∇f) = 0.

4. Si f tiene derivadas parciales continuas en $\mathbb{R}^3$ y C es cualquier círculo, entonces $\int_C \nabla f \cdot d\mathbf{r} = 0$.

5. Si $\mathbf{F} = P\,\mathbf{i} + Q\,\mathbf{j}$ y $P_y = Q_x$ en una región abierta D, entonces $\mathbf{F}$ es conservativo.

6. $\int_{-C} f(x, y)\, ds = -\int_C f(x, y)\, ds$

7. Si $\mathbf{F}$ y $\mathbf{G}$ son campos vectoriales y div $\mathbf{F}$ = div $\mathbf{G}$, entonces $\mathbf{F} = \mathbf{G}$.

8. El trabajo realizado por un campo de fuerzas conservativo para mover una partícula alrededor de una trayectoria cerrada es cero.

9. Si $\mathbf{F}$ y $\mathbf{G}$ son campos vectoriales, entonces

$$\text{rot}(\mathbf{F} + \mathbf{G}) = \text{rot } \mathbf{F} + \text{rot } \mathbf{G}$$

10. Si **F** y **G** son campos vectoriales, entonces

$$\text{rot}(\mathbf{F} \cdot \mathbf{G}) = \text{rot } \mathbf{F} \cdot \text{rot } \mathbf{G}$$

11. Si S es una esfera y **F** un campo vectorial constante, entonces $\iint_S \mathbf{F} \cdot d\mathbf{S} = 0$.

12. Hay un campo vectorial **F** tal que

$$\text{rot } \mathbf{F} = x\mathbf{i} + y\mathbf{j} + z\mathbf{k}$$

13. El área de la región acotada por la curva cerrada simple con orientación positiva y suave por partes C es $A = \oint_C y\, dx$.

EJERCICIOS

1. Se muestran un campo vectorial **F**, una curva C y un punto P.
   (a) ¿$\int_C \mathbf{F} \cdot d\mathbf{r}$ es positiva, negativa o cero? Explique su respuesta.
   (b) ¿Es div $\mathbf{F}(P)$ positiva, negativa o cero? Explique su respuesta.

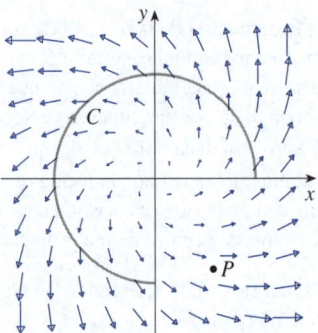

2-9 Evalúe la integral de línea.

2. $\int_C x\, ds$,
   C es el arco de la parábola $y = x^2$ de $(0, 0)$ a $(1, 1)$

3. $\int_C yz \cos x\, ds$,
   C: $x = t, y = 3 \cos t, z = 3 \operatorname{sen} t, 0 \le t \le \pi$

4. $\int_C y\, dx + (x + y^2)\, dy$, C es la elipse $4x^2 + 9y^2 = 36$ con orientación en sentido contrario a las manecillas del reloj

5. $\int_C y^3\, dx + x^2\, dy$, C es el arco de la parábola $x = 1 - y^2$ de $(0, -1)$ a $(0, 1)$

6. $\int_C \sqrt{xy}\, dx + e^y\, dy + xz\, dz$,
   C está dada por $\mathbf{r}(t) = t^4\mathbf{i} + t^2\mathbf{j} + t^3\mathbf{k}, 0 \le t \le 1$

7. $\int_C xy\, dx + y^2\, dy + yz\, dz$,
   C es el segmento de recta de $(1, 0, -1)$ a $(3, 4, 2)$

8. $\int_C \mathbf{F} \cdot d\mathbf{r}$, donde $\mathbf{F}(x, y) = xy\mathbf{i} \, 1 \, x^2\mathbf{j}$ y C está dada por $\mathbf{r}(t) = \operatorname{sen} t\mathbf{i} + (1 + t)\mathbf{j}, 0 \le t \le \pi$

9. $\int_C \mathbf{F} \cdot d\mathbf{r}$, donde $\mathbf{F}(x, y, z) = e^z\mathbf{i} + xz\mathbf{j} + (x + y)\mathbf{k}$ y C está dada por $\mathbf{r}(t) = t^2\mathbf{i} + t^3\mathbf{j} - t\mathbf{k}, 0 \le t \le 1$

10. Determine el trabajo realizado por el campo de fuerzas

$$\mathbf{F}(x, y, z) = z\mathbf{i} + x\mathbf{j} + y\mathbf{k}$$

para mover una partícula del punto $(3, 0, 0)$ al punto $(0, \pi/2, 3)$ a lo largo de cada trayectoria.
   (a) una recta
   (b) la hélice $x = 3 \cos t, y = t, z = 3 \operatorname{sen} t$

11-12 Demuestre que **F** es un campo vectorial conservativo. Determine después una función f tal que $\mathbf{F} = \nabla f$.

11. $\mathbf{F}(x, y) = (1 + xy)e^{xy}\mathbf{i} + (e^y + x^2e^{xy})\mathbf{j}$

12. $\mathbf{F}(x, y, z) = \operatorname{sen} y\mathbf{i} + x \cos y\mathbf{j} - \operatorname{sen} z\mathbf{k}$

13-14 Demuestre que **F** es conservativo y use este hecho para evaluar $\int_C \mathbf{F} \cdot d\mathbf{r}$ a lo largo de la curva dada.

13. $\mathbf{F}(x, y) = (4x^3y^2 - 2xy^3)\mathbf{i} + (2x^4y - 3x^2y^2 + 4y^3)\mathbf{j}$,
   C: $\mathbf{r}(t) = (t + \operatorname{sen} \pi t)\mathbf{i} + (2t + \cos \pi t)\mathbf{j}, 0 \le t \le 1$

14. $\mathbf{F}(x, y, z) = e^y\mathbf{i} + (xe^y + e^z)\mathbf{j} + ye^z\mathbf{k}$,
   C es el segmento de recta de $(0, 2, 0)$ a $(4, 0, 3)$

15. Verifique que el teorema de Green es válido para la integral de línea $\int_C xy^2\, dx - x^2y\, dy$, donde C consta de la parábola $y = x^2$ de $(-1, 1)$ a $(1, 1)$ y del segmento de recta de $(1, 1)$ a $(-1, 1)$.

16. Use el teorema de Green para evaluar

$$\int_C \sqrt{1 + x^3}\, dx + 2xy\, dy$$

donde C es el triángulo con vértices $(0, 0)$, $(1, 0)$ y $(1, 3)$.

17. Use el teorema de Green para evaluar $\int_C x^2y\, dx - xy^2\, dy$, donde C es el círculo $x^2 + y^2 = 4$ con orientación en sentido contrario a las manecillas del reloj.

18. Determine rot **F** y div **F** si

$$\mathbf{F}(x, y, z) = e^{-x} \operatorname{sen} y\mathbf{i} + e^{-y} \operatorname{sen} z\mathbf{j} + e^{-z} \operatorname{sen} x\mathbf{k}$$

19. Demuestre que no existe un campo vectorial **G** tal que

$$\text{rot } \mathbf{G} = 2x\mathbf{i} + 3yz\mathbf{j} - xz^2\mathbf{k}$$

20. Si **F** y **G** son campos vectoriales cuyas funciones componentes tienen primeras derivadas parciales continuas, demuestre que

$$\text{rot } (\mathbf{F} \times \mathbf{G}) = \mathbf{F} \text{ div } \mathbf{G} - \mathbf{G} \text{ div } \mathbf{F} + (\mathbf{G} \cdot \nabla)\mathbf{F} - (\mathbf{F} \cdot \nabla)\mathbf{G}$$

21. Si C es cualquier curva simple plana cerrada suave por partes y f y g son funciones derivables, demuestre que $\int_C f(x)\, dx + g(y)\, dy = 0$.

22. Si f y g son funciones dos veces derivables, demuestre que

$$\nabla^2(fg) = f\nabla^2 g + g\nabla^2 f + 2\nabla f \cdot \nabla g$$

23. Si f es una función armónica, es decir $\nabla^2 f = 0$, demuestre que la integral de línea $\int f_y\, dx - f_x\, dy$ es independiente de la trayectoria en cualquier región simple D.

24. (a) Trace la curva C con ecuaciones paramétricas

$$x = \cos t \qquad y = \operatorname{sen} t \qquad z = \operatorname{sen} t \qquad 0 \leq t \leq 2\pi$$

(b) Determine $\int_C 2xe^{2y}\, dx + (2x^2 e^{2y} + 2y \cot z)$
$dy - y^2 \csc^2 z\, dz$.

25. Encuentre el área de la parte de la superficie $z = x^2 + 2y$ que está arriba del triángulo con vértices $(0, 0)$, $(1, 0)$ y $(1, 2)$.

26. (a) Determine una ecuación del plano tangente en el punto $(4, -2, 1)$ a la superficie paramétrica S dada por

$$\mathbf{r}(u, v) = v^2\,\mathbf{i} - uv\,\mathbf{j} + u^2\,\mathbf{k}$$
$$0 \leq u \leq 3,\ -3 \leq v \leq 3$$

(b) Grafique la superficie S y el plano tangente determinado en el inciso (a).

(c) Plantee, pero no evalúe, una integral para el área de la superficie S.

(d) Si

$$\mathbf{F}(x, y, z) = \frac{z^2}{1 + x^2}\,\mathbf{i} + \frac{x^2}{1 + y^2}\,\mathbf{j} + \frac{y^2}{1 + z^2}\,\mathbf{k}$$

use un sistema algebraico computacional para determinar $\iint_S \mathbf{F} \cdot d\mathbf{S}$ con cuatro decimales de precisión.

27-30 Evalúe la integral de superficie.

27. $\iint_S z\, dS$, donde S es la parte del paraboloide $z = x^2 + y^2$ que está debajo del plano $z = 4$

28. $\iint_S (x^2 z + y^2 z)\, dS$, donde S es la parte del plano $z = 4 + x + y$ que está dentro del cilindro $x^2 + y^2 = 4$

29. $\iint_S \mathbf{F} \cdot d\mathbf{S}$, donde $\mathbf{F}(x, y, z) = xz\,\mathbf{i} - 2y\,\mathbf{j} + 3x\,\mathbf{k}$ y S es la esfera $x^2 + y^2 + z^2 = 4$ con orientación hacia fuera

30. $\iint_S \mathbf{F} \cdot d\mathbf{S}$, donde $\mathbf{F}(x, y, z) = x^2\,\mathbf{i} + xy\,\mathbf{j} + z\,\mathbf{k}$ y S es la parte del paraboloide $z = x^2 + y^2$ debajo del plano $z = 1$ con orientación hacia arriba

31. Verifique que el teorema de Stokes es válido para el campo vectorial $\mathbf{F}(x, y, z) = x^2\,\mathbf{i} + y^2\,\mathbf{j} + z^2\,\mathbf{k}$, donde S es la parte del paraboloide $z = 1 - x^2 - y^2$ que está sobre el plano xy y S tiene orientación hacia arriba.

32. Use el teorema de Stokes para evaluar $\iint_S \operatorname{rot} \mathbf{F} \cdot d\mathbf{S}$, donde $\mathbf{F}(x, y, z) = x^2 yz\,\mathbf{i} + yz^2\,\mathbf{j} + z^3 e^{xy}\,\mathbf{k}$, S es la parte de la esfera $x^2 + y^2 + z^2 = 5$ que está arriba del plano $z = 1$ y S está orientada hacia arriba.

33. Use el teorema de Stokes para evaluar $\int_C \mathbf{F} \cdot d\mathbf{r}$, donde $\mathbf{F}(x, y, z) = xy\,\mathbf{i} + yz\,\mathbf{j} + zx\,\mathbf{k}$ y C es el triángulo con vértices $(1, 0, 0)$, $(0, 1, 0)$ y $(0, 0, 1)$, orientado en sentido contrario a las manecillas del reloj cuando se ve desde arriba.

34. Use el teorema de la divergencia para calcular la integral de superficie $\iint_S \mathbf{F} \cdot d\mathbf{S}$, donde $\mathbf{F}(x, y, z) = x^3\,\mathbf{i} + y^3\,\mathbf{j} + z^3\,\mathbf{k}$ y S es la superficie del sólido acotado por el cilindro $x^2 + y^2 = 1$ y los planos $z = 0$ y $z = 2$.

35. Verifique que el teorema de la divergencia es válido para el campo vectorial $\mathbf{F}(x, y, z) = x\,\mathbf{i} + y\,\mathbf{j} + z\,\mathbf{k}$, donde E es la pelota unitaria $x^2 + y^2 + z^2 \leq 1$.

36. Calcule el flujo hacia fuera de

$$\mathbf{F}(x, y, z) = \frac{x\,\mathbf{i} + y\,\mathbf{j} + z\,\mathbf{k}}{(x^2 + y^2 + z^2)^{3/2}}$$

que pasa por el elipsoide $4x^2 + 9y^2 + 6z^2 = 36$.

37. Sea

$$\mathbf{F}(x, y, z) = (3x^2 yz - 3y)\,\mathbf{i} + (x^3 z - 3x)\,\mathbf{j} + (x^3 y + 2z)\,\mathbf{k}$$

Evalúe $\int_C \mathbf{F} \cdot d\mathbf{r}$, donde C es la curva con punto inicial $(0, 0, 2)$ y punto terminal $(0, 3, 0)$ que se muestra en la figura.

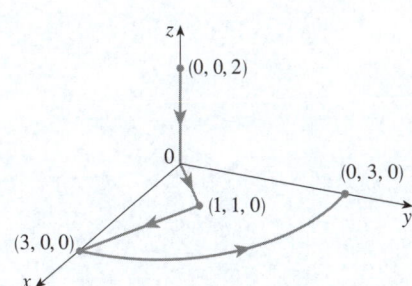

38. Sea

$$\mathbf{F}(x, y) = \frac{(2x^3 + 2xy^2 - 2y)\,\mathbf{i} + (2y^3 + 2x^2 y + 2x)\,\mathbf{j}}{x^2 + y^2}$$

Evalúe $\oint_C \mathbf{F} \cdot d\mathbf{r}$, donde C se muestra en la figura.

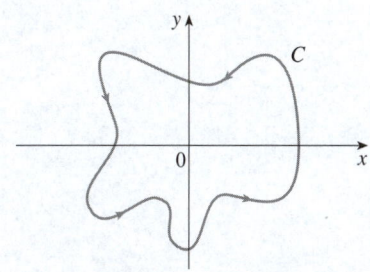

39. Determine $\iint_S \mathbf{F} \cdot \mathbf{n} \, dS$, donde $\mathbf{F}(x, y, z) = x\mathbf{i} + y\mathbf{j} + z\mathbf{k}$ y S es la superficie orientada hacia fuera que se muestra en la figura (la superficie frontera de un cubo al que se le ha quitado un cubo unitario de esquina).

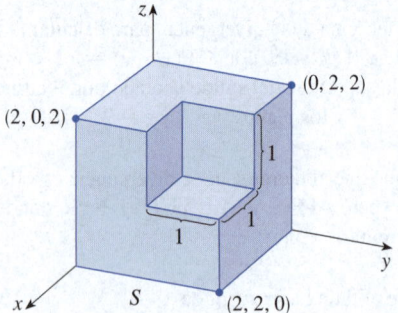

40. Si los componentes de $\mathbf{F}$ tienen segundas derivadas parciales continuas y S es la superficie frontera de una región sólida simple, demuestre que $\iint_S \text{rot } \mathbf{F} \cdot d\mathbf{S} = 0$.

41. Si $\mathbf{a}$ es un vector constante, $\mathbf{r} = x\mathbf{i} + y\mathbf{j} + z\mathbf{k}$, y S es una superficie suave orientada con una curva frontera simple cerrada suave con orientación positiva C, demuestre que

$$\iint_S 2\mathbf{a} \cdot d\mathbf{S} = \int_C (\mathbf{a} \times \mathbf{r}) \cdot d\mathbf{r}$$

Problemas adicionales

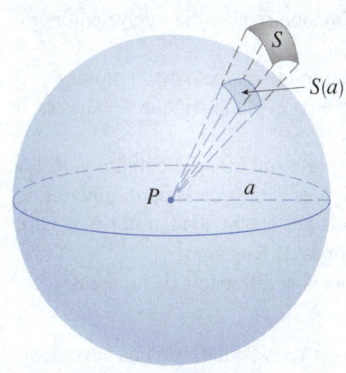

FIGURA PARA EL PROBLEMA 1

1. Sea S una superficie paramétrica suave y P un punto tal que cada recta que parte de P interseca S a lo sumo una vez. El **ángulo sólido** $\Omega(S)$ subtendido por S en P es un conjunto de rectas que parten de P y pasan por S. Sea $S(a)$ la intersección de $\Omega(S)$ con la superficie de la esfera con centro P y radio a. Entonces, la medida del ángulo sólido (en *estereorradianes*) se define como

$$|\,\Omega(S)\,| = \frac{\text{área de } S(a)}{a^2}$$

Aplique el teorema de la divergencia a la parte de $\Omega(S)$ entre $S(a)$ y S para demostrar que

$$|\,\Omega(S)\,| = \iint\limits_{S} \frac{\mathbf{r} \cdot \mathbf{n}}{r^3}\, dS$$

donde $\mathbf{r}$ es el vector radio de P a cualquier punto en S, $r = |\,\mathbf{r}\,|$, y el vector normal unitario $\mathbf{n}$ está dirigido en sentido contrario a P.

Esto demuestra que la definición de la medida de un ángulo sólido es independiente del radio a de la esfera. Por lo tanto, la medida del ángulo sólido es igual al área subtendida sobre una esfera *unitaria* (observe la analogía con la definición de la medida radián). El ángulo sólido total subtendido por una esfera en su centro es entonces de 4π estereorradianes.

2. Determine la curva cerrada simple con orientación positiva C en la que el valor de la integral de línea

$$\int_{C} (y^3 - y)\, dx - 2x^3\, dy$$

es un máximo.

3. Sea C una curva cerrada simple en el espacio, suave por partes, situada en un plano con vector normal unitario $\mathbf{n} = \langle a, b, c \rangle$ y con orientación positiva con respecto a $\mathbf{n}$. Demuestre que el área del plano encerrada por C es

$$\tfrac{1}{2}\int_{C} (bz - cy)\, dx + (cx - az)\, dy + (ay - bx)\, dz$$

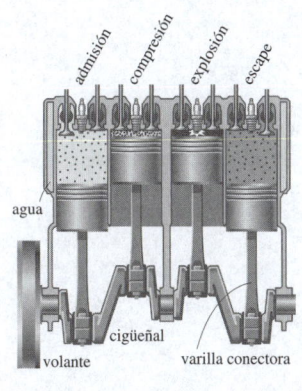

4. Investigue la forma de la superficie con ecuaciones paramétricas $x = \operatorname{sen} u$, $y = \operatorname{sen} v$, $z = \operatorname{sen}(u + v)$. Para empezar, grafique la superficie desde varios puntos de vista. Explique la apariencia de las gráficas determinando las trazas en los planos horizontales $z = 0$, $z = \pm 1$ y $z = \pm\tfrac{1}{2}$.

5. Demuestre la identidad siguiente:

$$\nabla(\mathbf{F} \cdot \mathbf{G}) = (\mathbf{F} \cdot \nabla)\mathbf{G} + (\mathbf{G} \cdot \nabla)\mathbf{F} + \mathbf{F} \times \operatorname{rot} \mathbf{G} + \mathbf{G} \times \operatorname{rot} \mathbf{F}$$

6. En la figura se representa la sucesión de acontecimientos en cada cilindro de un motor de combustión interna de cuatro cilindros. Cada pistón sube y baja y está conectado mediante un brazo de báscula a un cigüeñal giratorio. Sean $P(t)$ y $V(t)$ la presión y el volumen dentro de un cilindro en el tiempo t, donde $a \leqslant t \leqslant b$ da el tiempo requerido para un ciclo completo. La gráfica muestra cómo varían P y V en un ciclo de un motor de cuatro tiempos.

Durante el tiempo de admisión (de ① a ②) una mezcla de aire y gasolina a presión atmosférica entra en un cilindro por la válvula de admisión cuando el pistón baja. Entonces el pistón comprime rápidamente la mezcla con las válvulas cerradas en el tiempo de compresión (de ② a ③), durante el cual la presión aumenta y el volumen disminuye. En ③ la bujía inflama el combustible, lo que eleva la temperatura y la presión a un volumen casi constante en ④. Luego, con las válvulas cerradas, la expansión rápida obliga a bajar al pistón durante el tiempo de potencia (de ④ a ⑤). La válvula de escape se abre, la temperatura y presión descienden y la energía mecánica almacenada en un volante giratorio empuja el pistón hacia arriba, expulsando los productos residuales de la válvula de escape en el tiem-

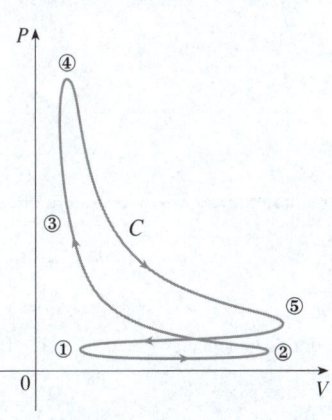

FIGURA PARA EL PROBLEMA 6

po de escape. La válvula de escape se cierra y la de admisión se abre. Se vuelve entonces a ① y el ciclo comienza de nuevo.

(a) Demuestre que el trabajo realizado sobre el pistón durante un ciclo de un motor de cuatro tiempos es $W = \int_C P\, dV$, donde C es la curva en el plano PV que se muestra en la figura.

[*Sugerencia*: Sea $x(t)$ la distancia del pistón a la parte superior del cilindro y observe que la fuerza sobre el pistón es $\mathbf{F} = AP(t)\,\mathbf{i}$, donde A es el área de la parte superior del pistón. Entonces $W = \int_{C_1} \mathbf{F} \cdot d\mathbf{r}$, donde C_1 está dada por $\mathbf{r}(t) = x(t)\,\mathbf{i}$, $a \le t \le b$. Otro método consistiría en trabajar directamente con sumas de Riemann].

(b) Use la fórmula 16.4.5 para demostrar que el trabajo es la diferencia de las áreas encerradas por los dos lazos de C.

7. El conjunto de todos los puntos dentro de una distancia perpendicular r de una curva simple suave C en $\mathbb{R}^3$ forma un "tubo", que se denota como tubo(C, r); vea la figura de la izquierda. (Se supone que r es tan pequeña que el tubo no se interseca). Puede parecer que el volumen de tal tubo dependería de los giros y vueltas de C, pero en este problema determinará una fórmula para el volumen del tubo(C, r) que, por sorprendente que parezca, depende solo de r y la longitud de C. Se supone que C se parametriza con respecto a la longitud de arco s como $\mathbf{r}(s)$, donde $a \le s \le b$, por lo que la longitud de arco de C es $L = b - a$.

(a) Demuestre que la superficie del tubo(C, q) está parametrizada por

$$\mathbf{X}(u, v) = \mathbf{r}(u) + q \cos v\, \mathbf{N}(u) + q \operatorname{sen} v\, \mathbf{B}(u) \qquad a \le u \le b,\ 0 \le v \le 2\pi$$

donde $\mathbf{N}$ y $\mathbf{B}$ son los vectores unitarios normal y binormal de C.

(b) Utilice las fórmulas de Frenet–Serret (ejercicios 13.3.71–72) y el teorema de Pitágoras para vectores (ejercicio 12.3.66) para demostrar que

$$|\mathbf{X}_u(u, v) \times \mathbf{X}_v(u, v)| = q[1 - \kappa(u)\, q \cos v]$$

y, por lo tanto, el área del tubo(C, q) es

$$S(q) = \int_a^b \int_0^{2\pi} |\mathbf{X}_u(u, v) \times \mathbf{X}_v(u, v)|\, dv\, du = 2\pi q L$$

(c) Considere un cascarón tubular delgado de radio q y espesor Δq a lo largo de C, cuya sección transversal se muestra en la figura.

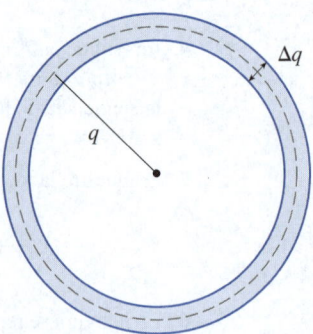

Observe que el volumen del cascarón es de aproximadamente $\Delta q\, S(q)$ y concluya que el volumen del tubo(C, r) es

$$\int_0^r S(q)\, dq = \pi r^2 L$$

(d) Calcule el volumen de un tubo de radio $r = 0.2$ alrededor de la hélice $\mathbf{r}(t) = \langle \cos t, \operatorname{sen} t, t \rangle$, $0 \le t \le 4\pi$.

(e) Determine el volumen del toro en el ejemplo 8.3.7.

Fuente: Adaptado de A. Gray, *Tubes*, 2ª ed. (Basilea; Boston: Birkhäuser, 2004).

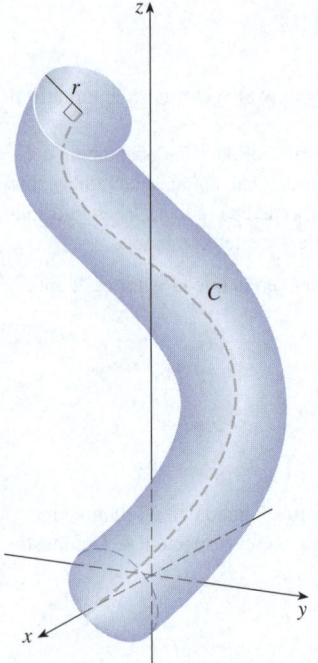

FIGURA PARA EL PROBLEMA 7

Apéndices

A │ Números, desigualdades y valores absolutos

El cálculo se basa en el sistema de números reales. Comienza con los **números enteros**:

$$\ldots, \quad -3, \quad -2, \quad -1, \quad 0, \quad 1, \quad 2, \quad 3, \quad 4, \quad \ldots$$

Luego se construyen los **números racionales**, que son razones de números enteros. Así, cualquier número racional r se expresa como

$$r = \frac{m}{n} \qquad \text{donde } m \text{ y } n \text{ son enteros y } n \neq 0$$

Por ejemplo,

$$\tfrac{1}{2} \qquad -\tfrac{3}{7} \qquad 46 = \tfrac{46}{1} \qquad 0.17 = \tfrac{17}{100}$$

(Recuerde que la división entre 0 siempre se descarta, por lo que expresiones como $\frac{3}{0}$ y $\frac{0}{0}$ son indefinidas). Algunos números reales, como $\sqrt{2}$, no pueden expresarse como una razón de números enteros y, por lo tanto, se llaman **números irracionales**. Es posible mostrar, con diversos grados de dificultad, que los siguientes también son números irracionales:

$$\sqrt{3} \qquad \sqrt{5} \qquad \sqrt[3]{2} \qquad \pi \qquad \text{sen } 1° \qquad \log_{10} 2$$

El conjunto de todos los números reales se suele denotar con el símbolo $\mathbb{R}$. Cuando se utiliza la palabra *número* sin calificativo, se entiende como referencia a un "número real".

Todo número tiene una representación decimal. Si el número es racional, entonces se repite el decimal correspondiente. Por ejemplo,

$$\tfrac{1}{2} = 0.5000\ldots = 0.5\overline{0} \qquad\qquad \tfrac{2}{3} = 0.66666\ldots = 0.\overline{6}$$

$$\tfrac{157}{495} = 0.317171717\ldots = 0.3\overline{17} \qquad \tfrac{9}{7} = 1.285714285714\ldots = 1.\overline{285714}$$

(La barra indica que la sucesión de dígitos se repite indefinidamente). Por otro lado, si el número es irracional, el decimal no se repite:

$$\sqrt{2} = 1.414213562373095\ldots \qquad\qquad \pi = 3.141592653589793\ldots$$

Si se detiene la expansión decimal de cualquier número en un lugar determinado, se obtiene una aproximación al número. Por ejemplo, se escribe

$$\pi \approx 3.14159265$$

donde el símbolo $\approx$ se lee "es aproximadamente igual a". Cuantos más decimales se retengan, más precisa será la aproximación resultante.

Los números reales pueden representarse por puntos en una recta, como en la figura 1. La dirección positiva (a la derecha) se indica con una flecha. Se elige un punto de referencia arbitrario O, llamado **origen**, que corresponde al número real 0. Con cualquier unidad conveniente de medición, cada número positivo x se representa con el punto de la recta a una distancia de x unidades a la derecha del origen, y cada número negativo $-x$ se simboliza por el punto x unidades a la izquierda del origen. Así, todo número real se representa con un punto sobre la recta, y todo punto P en la recta corresponde exactamente a un número real. El número asociado al punto P se llama **coordenada** de P y la recta se denomina entonces **recta coordenada**, **recta de números reales** o, simplemente, **recta real**. A menudo, el punto se identifica con su coordenada y se piensa en un número como si fuera un punto en la recta real.

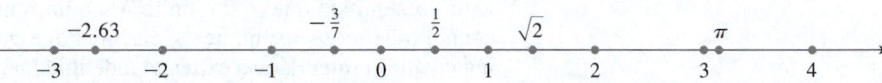

FIGURA 1

Los números reales están ordenados. Se dice que *a es menor que b* y se escribe $a < b$ si $b - a$ es un número positivo. Geométricamente, esto significa que a se ubica a la izquierda de b en la recta numérica (de igual manera, se dice que *b es mayor que a* y se escribe $b > a$). El símbolo $a \leq b$ (o $b \geq a$) significa que $a < b$ o $a = b$ y se lee "*a es menor o igual que b*". Por ejemplo, las siguientes desigualdades son verdaderas:

$$7 < 7.4 < 7.5 \qquad -3 > -\pi \qquad \sqrt{2} < 2 \qquad \sqrt{2} \leq 2 \qquad 2 \leq 2$$

En adelante, se utilizará el concepto *notación de conjuntos*. Un **conjunto** es una colección de objetos, y estos objetos se llaman **elementos** del conjunto. Si S es un conjunto, la notación $a \in S$ significa que a es un elemento de S, y $a \notin S$ significa que a no es un elemento de S. Por ejemplo, si Z representa el conjunto de enteros, entonces $-3 \in Z$ pero $\pi \notin Z$. Si S y T son conjuntos, entonces su **unión** $S \cup T$ es el conjunto de todos los elementos que están en S o T (o en ambos). La **intersección** de S y T es el conjunto $S \cap T$ que consta de todos los elementos que están en S y también en T. En otras palabras, $S \cap T$ es la parte común de S y T. El conjunto vacío, denotado por $\varnothing$, es el conjunto que no contiene ningún elemento.

Algunos conjuntos se describen enlistando sus elementos entre llaves. Por ejemplo, el conjunto A que consta de todos los enteros positivos menores que 7 se puede escribir como

$$A = \{1, 2, 3, 4, 5, 6\}$$

También podría escribirse A en *notación de construcción de conjuntos* como

$$A = \{x \mid x \text{ es un entero y } 0 < x < 7\}$$

que se lee "A es el conjunto de x tal que x es un número entero y $0 < x < 7$".

■ Intervalos

Algunos conjuntos de números reales, llamados **intervalos**, se presentan con frecuencia en el cálculo y corresponden geométricamente a segmentos de recta. Por ejemplo, si $a < b$, el **intervalo abierto** de a a b consta de todos los números entre a y b, y se indica con el símbolo (a, b). Usando la notación de construcción de conjuntos, se puede escribir

$$(a, b) = \{x \mid a < x < b\}$$

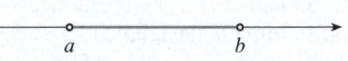

FIGURA 2
Intervalo abierto (a, b).

Observe que los puntos frontera del intervalo (es decir, a y b) se excluyen. Esto se indica con los paréntesis ( ) y con los puntos abiertos de la figura 2. El **intervalo cerrado** de a a b es el conjunto

$$[a, b] = \{x \mid a \leq x \leq b\}$$

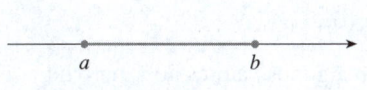

FIGURA 3
Intervalo cerrado $[a, b]$.

Aquí se incluyen los puntos frontera del intervalo. Esto se indica con los corchetes [ ] y con los puntos sólidos de la figura 3. También es posible incluir únicamente un punto frontera en un intervalo, como se muestra en la tabla 1.

También hay que considerar los intervalos infinitos, como

$$(a, \infty) = \{x \mid x > a\}$$

Esto no significa que ∞ ("infinito") sea un número. La notación (a, ∞) representa el conjunto de todos los números mayores que a, por lo que el símbolo ∞ simplemente indica que el intervalo se extiende indefinidamente lejos en dirección positiva.

1 **Tabla de intervalos**

En la tabla 1 se presentan los nueve tipos de intervalos posibles. Cuando se analizan estos intervalos siempre se asume que a es menor que b.

Notación	Descripción del conjunto	Gráfica
(a, b)	$\{x \mid a < x < b\}$	
$[a, b]$	$\{x \mid a \leq x \leq b\}$	
$[a, b)$	$\{x \mid a \leq x < b\}$	
$(a, b]$	$\{x \mid a < x \leq b\}$	
(a, ∞)	$\{x \mid x > a\}$	
$[a, \infty)$	$\{x \mid x \geq a\}$	
$(-\infty, b)$	$\{x \mid x < b\}$	
$(-\infty, b]$	$\{x \mid x \leq b\}$	
$(-\infty, \infty)$	$\mathbb{R}$ (conjunto de todos los números reales)	

◼ Desigualdades

Al trabajar con desigualdades, observe las siguientes reglas.

2 **Reglas para desigualdades**

1. Si $a < b$, entonces $a + c < b + c$.

2. Si $a < b$ y $c < d$, entonces $a + c < b + d$.

3. Si $a < b$ y $c > 0$, entonces $ac < bc$.

4. Si $a < b$ y $c < 0$, entonces $ac > bc$.

5. Si $0 < a < b$, entonces $1/a > 1/b$.

La regla 1 establece que es posible sumar cualquier número a ambos lados de una desigualdad, y la regla 2, que se pueden sumar dos desigualdades. Sin embargo, hay que tener cuidado con la multiplicación. La regla 3 indica que es posible multiplicar ambos lados de una desigualdad por un número *positivo*, pero la regla 4 sostiene que si se multiplican ambos miembros de una desigualdad por un número negativo, entonces se invierte la dirección de la desigualdad. Por ejemplo, si se toma la desigualdad $3 < 5$ y se multiplica por 2, se obtiene $6 < 10$, pero si se multiplica por -2, resulta $-6 > -10$. Finalmente, la regla 5 dice que si se toman recíprocos, entonces se invierte la dirección de una desigualdad (siempre que los números sean positivos).

EJEMPLO 1 Resuelva la desigualdad $1 + x < 7x + 5$.

SOLUCIÓN La desigualdad señalada se satisface con algunos valores de x, pero no con otros. *Resolver* una desigualdad significa determinar el conjunto de números x para los cuales la desigualdad es verdadera. Esto se llama *conjunto de soluciones*.

Primero, se resta 1 de cada miembro de la desigualdad (con la regla 1 y $c = -1$):

$$x < 7x + 4$$

Después, se resta $7x$ de ambos miembros (regla 1 con $c = -7x$):

$$-6x < 4$$

Ahora se dividen ambos miembros entre -6 (regla 4 con $c = -\frac{1}{6}$):

$$x > -\tfrac{4}{6} = -\tfrac{2}{3}$$

Todos estos pasos pueden invertirse, por lo que el conjunto de soluciones consta de todos los números mayores que $-\frac{2}{3}$. En otras palabras, la solución de la desigualdad es el intervalo $\left(-\frac{2}{3}, \infty\right)$. ∎

EJEMPLO 2   Resuelva las desigualdades $4 \leq 3x - 2 < 13$.

SOLUCIÓN   Aquí, el conjunto de soluciones consta de todos los valores de x que satisfacen ambas desigualdades. Al utilizar las reglas indicadas en la ecuación (2) se ve que las siguientes desigualdades son equivalentes:

$$4 \leq 3x - 2 < 13$$

$$6 \leq 3x < 15 \qquad \text{(se suma 2)}$$

$$2 \leq x < 5 \qquad \text{(se divide entre 3)}$$

Por lo tanto, el conjunto de soluciones es $[2, 5)$. ∎

EJEMPLO 3   Resuelva la desigualdad $x^2 - 5x + 6 \leq 0$.

SOLUCIÓN   Primero se factoriza el miembro izquierdo:

$$(x - 2)(x - 3) \leq 0$$

Se sabe que la ecuación correspondiente $(x - 2)(x - 3) = 0$ tiene las soluciones 2 y 3. Los números 2 y 3 dividen la recta real en tres intervalos:

$$(-\infty, 2) \qquad (2, 3) \qquad (3, \infty)$$

En cada uno de estos intervalos se determinan los signos de los valores. Por ejemplo,

$$x \in (-\infty, 2) \quad \Rightarrow \quad x < 2 \quad \Rightarrow \quad x - 2 < 0$$

Después, se registran estos signos en la tabla siguiente:

Intervalo	$x - 2$	$x - 3$	$(x - 2)(x - 3)$
$x < 2$	−	−	+
$2 < x < 3$	+	−	−
$x > 3$	+	+	+

Otro método para obtener la información en la tabla es por medio de *valores de prueba*. Por ejemplo, si se usa el valor de prueba $x = 1$ para el intervalo $(-\infty, 2)$, entonces la sustitución en $x^2 - 5x + 6$ da

$$1^2 - 5(1) + 6 = 2$$

Un método visual para resolver el ejemplo 3 es graficar la parábola $y = x^2 - 5x + 6$ (como en la figura 4; vea el apéndice C) y observar que la curva se ubique sobre o debajo del eje x cuando $2 \leq x \leq 3$.

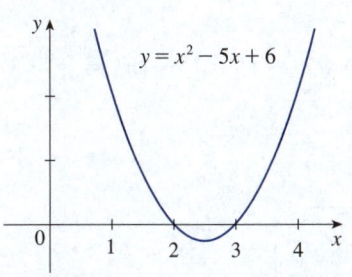

FIGURA 4

El polinomio $x^2 - 5x + 6$ no cambia de signo en ninguno de los tres intervalos, por lo que se concluye que es positivo en $(-\infty, 2)$.

Después, en la tabla se lee que $(x - 2)(x - 3)$ es negativo cuando $2 < x < 3$. Por lo tanto, la solución de la desigualdad $(x - 2)(x - 3) \leq 0$ es

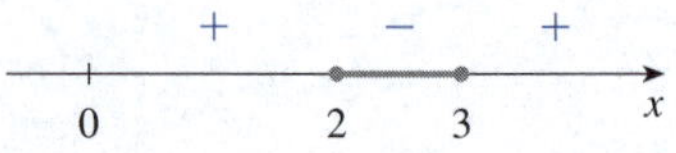

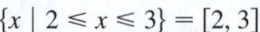

$$\{x \mid 2 \leq x \leq 3\} = [2, 3]$$

Observe que se incluyeron los puntos frontera 2 y 3 porque se buscan valores de x tales que el producto sea negativo o cero. La solución se ilustra en la figura 5. ∎

FIGURA 5

EJEMPLO 4 Resuelva $x^3 + 3x^2 > 4x$.

SOLUCIÓN Primero se trasladan todos los términos diferentes de cero a un lado del signo de desigualdad y se factoriza la expresión resultante:

$$x^3 + 3x^2 - 4x > 0 \qquad \text{o} \qquad x(x - 1)(x + 4) > 0$$

Al igual que en el ejemplo 3, se resuelve la ecuación correspondiente $x(x - 1)(x + 4) = 0$ y se usan las soluciones $x = -4$, $x = 0$ y $x = 1$ para dividir la recta real en cuatro intervalos $(-\infty, -4)$, $(-4, 0)$, $(0, 1)$ y $(1, \infty)$. En cada intervalo, el producto mantiene un signo constante, que se enlista en la siguiente tabla:

Intervalo	x	$x - 1$	$x + 4$	$x(x - 1)(x + 4)$
$x < -4$	$-$	$-$	$-$	$-$
$-4 < x < 0$	$-$	$-$	$+$	$+$
$0 < x < 1$	$+$	$-$	$+$	$-$
$x > 1$	$+$	$+$	$+$	$+$

Luego, se lee en la tabla que el conjunto de soluciones es

$$\{x \mid -4 < x < 0 \quad \text{o} \quad x > 1\} = (-4, 0) \cup (1, \infty)$$

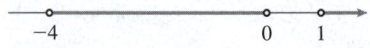

FIGURA 6

La solución se ilustra en la figura 6. ∎

■ Valor absoluto

El **valor absoluto** de un número a, denotado por $|a|$, es la distancia desde a hasta 0 en la recta de números reales. Las distancias son siempre positivas o 0, así que se tiene

$$|a| \geq 0 \qquad \text{para todo número } a$$

Por ejemplo,

$$|3| = 3 \qquad |-3| = 3 \qquad |0| = 0 \qquad |\sqrt{2} - 1| = \sqrt{2} - 1 \qquad |3 - \pi| = \pi - 3$$

En general, se tiene

Recuerde que si a es negativo, entonces $-a$ es positivo.

$\boxed{3}$

$$|a| = a \qquad \text{si } a \geq 0$$
$$|a| = -a \qquad \text{si } a < 0$$

EJEMPLO 5 Exprese $|3x - 2|$ sin usar el símbolo de valor absoluto.

SOLUCIÓN

$$|3x - 2| = \begin{cases} 3x - 2 & \text{si } 3x - 2 \geq 0 \\ -(3x - 2) & \text{si } 3x - 2 < 0 \end{cases}$$

$$= \begin{cases} 3x - 2 & \text{si } x \geq \frac{2}{3} \\ 2 - 3x & \text{si } x < \frac{2}{3} \end{cases}$$ ∎

Recuerde que el símbolo $\sqrt{}$ significa "raíz cuadrada positiva de". De modo que $\sqrt{r} = s$ significa $s^2 = r$ y $s \geq 0$. Por lo tanto, la ecuación $\sqrt{a^2} = a$ no siempre es verdadera. Solo es verdadera cuando $a \geq 0$. Si $a < 0$, entonces $-a > 0$, así que se tiene $\sqrt{a^2} = -a$. A partir de la ecuación (3), se tiene entonces

$$\boxed{4} \qquad \boxed{\sqrt{a^2} = |a|}$$

que es verdadera para todos los valores de a.

En los ejercicios hay sugerencias para las demostraciones de las siguientes propiedades.

---

5 **Propiedades de los valores absolutos** Suponga que a y b son cualesquiera números reales y que n es un entero. Entonces

1. $|ab| = |a||b|$ **2.** $\left|\dfrac{a}{b}\right| = \dfrac{|a|}{|b|}$ $(b \neq 0)$ **3.** $|a^n| = |a|^n$

Para resolver ecuaciones o desigualdades con valores absolutos suele ser muy útil aplicar lo siguiente.

---

6 Suponga que $a > 0$. Entonces

4. $|x| = a$ si y solo si $x = \pm a$

5. $|x| < a$ si y solo si $-a < x < a$

6. $|x| > a$ si y solo si $x > a$ o $x < -a$

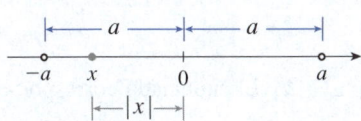

FIGURA 7

Por ejemplo, la desigualdad $|x| < a$ indica que la distancia de x al origen es menor que a, y en la figura 7 se observa que esto es cierto si y solo si x se encuentra entre $-a$ y a.

Si a y b son números reales, entonces la distancia entre a y b es el valor absoluto de la diferencia, es decir, $|a - b|$, que también es igual a $|b - a|$ (vea la figura 8).

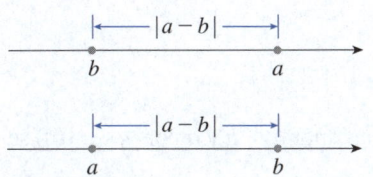

FIGURA 8
Longitud de un segmento de recta $= |a - b|$.

EJEMPLO 6 Resuelva $|2x - 5| = 3$.

SOLUCIÓN Según la propiedad 4 de la fórmula (6), $|2x - 5| = 3$ es equivalente a

$$2x - 5 = 3 \qquad \text{o} \qquad 2x - 5 = -3$$

Así, $2x = 8$ o $2x = 2$. Por tanto, $x = 4$ o $x = 1$. ∎

EJEMPLO 7   Resuelva $|x - 5| < 2$.

SOLUCIÓN 1   Según la propiedad 5 de la fórmula (6), $|x - 5| < 2$ es equivalente a

$$-2 < x - 5 < 2$$

Por lo tanto, al sumar 5 a cada lado se tiene

$$3 < x < 7$$

y el conjunto de soluciones es el intervalo abierto $(3, 7)$.

SOLUCIÓN 2   Geométricamente, el conjunto de soluciones consiste en todos los números x cuya distancia desde 5 es menor que 2. En la figura 9 se observa que este es el intervalo $(3, 7)$.   ■

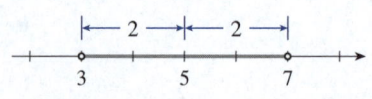

FIGURA 9

EJEMPLO 8   Resuelva $|3x + 2| \geq 4$.

SOLUCIÓN   Según las propiedades 4 y 6 de la fórmula (6), $|3x + 2| \geq 4$ es equivalente a

$$3x + 2 \geq 4 \qquad \text{o} \qquad 3x + 2 \leq -4$$

En el primer caso $3x \geq 2$, lo que da $x \geq \frac{2}{3}$. En el segundo caso $3x \leq -6$, lo que da $x \leq -2$. Así, el conjunto de soluciones es

$$\left\{ x \mid x \leq -2 \text{ o } x \geq \tfrac{2}{3} \right\} = (-\infty, -2] \cup \left[\tfrac{2}{3}, \infty\right) \qquad ■$$

Otra importante propiedad de valor absoluto, llamada desigualdad del triángulo, se usa frecuentemente en el cálculo y en las matemáticas en general.

---

7   Desigualdad del triángulo   Si a y b son cualesquiera números reales, entonces

$$|a + b| \leq |a| + |b|$$

Observe que si los números a y b son positivos o negativos, entonces los dos lados de la desigualdad del triángulo son iguales. Pero si a y b tienen signos opuestos, el lado izquierdo implica una resta y el derecho, no. Esto hace que la desigualdad del triángulo parezca razonable, pero se demuestra de la siguiente manera.

Observe que

$$-|a| \leq a \leq |a|$$

siempre es verdadera porque a es igual ya sea a $|a|$ o a $-|a|$. El enunciado correspondiente para b es

$$-|b| \leq b \leq |b|$$

Al sumar estas desigualdades se obtiene

$$-(|a| + |b|) \leq a + b \leq |a| + |b|$$

Si ahora se aplican las propiedades 4 y 5 (reemplazar x por $a + b$ y a por $|a| + |b|$) se obtiene

$$|a + b| \leq |a| + |b|$$

lo cual se quería demostrar.

EJEMPLO 9 Si $|x - 4| < 0.1$ y $|y - 7| < 0.2$, utilice la desigualdad del triángulo para estimar $|(x + y) - 11|$.

SOLUCIÓN A fin de usar la información indicada, se aplica la desigualdad del triángulo con $a = x - 4$ y $b = y - 7$:

$$|(x + y) - 11| = |(x - 4) + (y - 7)|$$
$$\leq |x - 4| + |y - 7|$$
$$< 0.1 + 0.2 = 0.3$$

De este modo, $\qquad\qquad$ $|(x + y) - 11| < 0.3$ ■

A │ Ejercicios

1-12 Reescriba la expresión sin usar el símbolo de valor absoluto.

1. $|5 - 23|$ **2.** $|5| - |-23|$

3. $|-\pi|$ **4.** $|\pi - 2|$

5. $|\sqrt{5} - 5|$ **6.** $||-2| - |-3||$

7. $|x - 2|$ si $x < 2$ **8.** $|x - 2|$ si $x > 2$

9. $|x + 1|$ **10.** $|2x - 1|$

11. $|x^2 + 1|$ **12.** $|1 - 2x^2|$

13-38 Resuelva la desigualdad en términos de intervalos e ilustre la solución establecida en la recta de números reales.

13. $2x + 7 > 3$ **14.** $3x - 11 < 4$

15. $1 - x \leq 2$ **16.** $4 - 3x \geq 6$

17. $2x + 1 < 5x - 8$ **18.** $1 + 5x > 5 - 3x$

19. $-1 < 2x - 5 < 7$ **20.** $1 < 3x + 4 \leq 16$

21. $0 \leq 1 - x < 1$ **22.** $-5 \leq 3 - 2x \leq 9$

23. $4x < 2x + 1 \leq 3x + 2$ **24.** $2x - 3 < x + 4 < 3x - 2$

25. $(x - 1)(x - 2) > 0$ **26.** $(2x + 3)(x - 1) \geq 0$

27. $2x^2 + x \leq 1$ **28.** $x^2 < 2x + 8$

29. $x^2 + x + 1 > 0$ **30.** $x^2 + x > 1$

31. $x^2 < 3$ **32.** $x^2 \geq 5$

33. $x^3 - x^2 \leq 0$

34. $(x + 1)(x - 2)(x + 3) \geq 0$

35. $x^3 > x$ **36.** $x^3 + 3x < 4x^2$

37. $\dfrac{1}{x} < 4$ **38.** $-3 < \dfrac{1}{x} \leq 1$

39. La relación entre las escalas de temperatura en grados Celsius y Fahrenheit se da por $C = \frac{5}{9}(F - 32)$, donde C es la temperatura en grados Celsius y F es la temperatura en grados Fahrenheit. ¿Qué intervalo en la escala de Celsius corresponde al rango de temperatura $50 \leq F \leq 95$?

40. Con la relación entre C y F del ejercicio 39, encuentre el intervalo en la escala de Fahrenheit correspondiente al rango de temperatura $20 \leq C \leq 30$.

41. A medida que el aire seco se desplaza hacia arriba, se expande, y al hacerlo se enfría a una tasa de alrededor de 1 °C por cada 100 metros de ascenso, hasta unos 12 km.
(a) Si la temperatura del suelo es de 20 °C, escriba una fórmula para la temperatura en la altura h.
(b) ¿Qué rango de temperatura puede esperarse si un avión despega y alcanza una altura máxima de 5 km?

42. Si se lanza una pelota hacia arriba desde la parte superior de un edificio de 30 m de altura con una velocidad inicial de 10 m/s, entonces la altura h sobre el suelo t segundos después será

$$h = 30 + 10t - 5t^2$$

¿Durante qué intervalo estará la pelota al menos a 15 m del suelo?

43-46 Despeje x de la ecuación.

43. $|2x| = 3$ **44.** $|3x + 5| = 1$

45. $|x + 3| = |2x + 1|$ **46.** $\left|\dfrac{2x - 1}{x + 1}\right| = 3$

47-56 Resuelva la desigualdad.

47. $|x| < 3$ **48.** $|x| \geq 3$

49. $|x - 4| < 1$ **50.** $|x - 6| < 0.1$

51. $|x + 5| \geq 2$ **52.** $|x + 1| \geq 3$

53. $|2x - 3| \leq 0.4$ **54.** $|5x - 2| < 6$

55. $1 \leq |x| \leq 4$ **56.** $0 < |x - 5| < \frac{1}{2}$

57-58 Despeje x asumiendo que a, b y c son constantes positivas.

57. $a(bx - c) \geq bc$ **58.** $a \leq bx + c < 2a$

59-60 Despeje x asumiendo que a, b y c son constantes negativas.

59. $ax + b < c$ **60.** $\dfrac{ax + b}{c} \leq b$

---

61. Suponga que $|x - 2| < 0.01$ y $|y - 3| < 0.04$. Use la desigualdad del triángulo para demostrar que $|(x + y) - 5| < 0.05$.

62. Demuestre que si $|x + 3| < \frac{1}{2}$, entonces $|4x + 13| < 3$.

63. Demuestre que si $a < b$, entonces $a < \dfrac{a + b}{2} < b$.

64. Con la regla 3 demuestre la regla 5 de (2).

65. Demuestre que $|ab| = |a|\,|b|$. [*Sugerencia*: Utilice la ecuación 4].

66. Demuestre que $\left| \dfrac{a}{b} \right| = \dfrac{|a|}{|b|}$.

67. Demuestre que si $0 < a < b$, entonces $a^2 < b^2$.

68. Demuestre que $|x - y| \geq |x| - |y|$. [*Sugerencia*: Utilice la desigualdad del triángulo con $a = x - y$ y $b = y$].

69. Muestre que la suma, la diferencia y el producto de números racionales son números racionales.

70. (a) ¿La suma de dos números irracionales siempre es un número irracional?

(b) ¿El producto de dos números irracionales siempre es un número irracional?

B | Geometría usando coordenadas y rectas

Así como los puntos de una recta pueden identificarse con números reales asignándoles coordenadas, como se describe en el apéndice A, los puntos de un plano pueden reconocerse con pares ordenados de números reales. Se empieza por trazar dos rectas de coordenadas perpendiculares que se intersecan en el origen O en cada recta. Usualmente una recta es horizontal con dirección positiva hacia la derecha y se llama eje x; la otra recta es vertical con dirección positiva hacia arriba y se denomina eje y.

Cualquier punto P en el plano puede localizarse mediante un par ordenado único de números como sigue: trace rectas que pasan por P perpendiculares a los ejes x y y. Estas rectas intersecan los ejes en puntos con coordenadas a y b, como se muestra en la figura 1. Entonces, al punto P se le asigna el par ordenado (a, b). El primer número a se llama **coordenada x** de P; el segundo número b se denomina **coordenada y** de P. Se dice que P es el punto con coordenadas (a, b) y se denota el punto mediante el símbolo $P(a, b)$. En la figura 2 se presentan varios puntos con sus respectivas coordenadas.

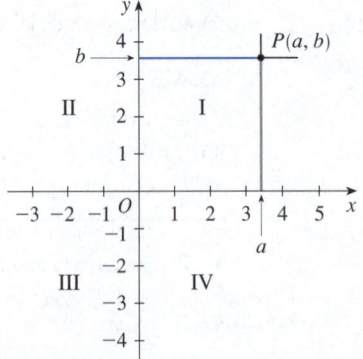

FIGURA 1   **FIGURA 2**

Al invertir el proceso anterior, se puede empezar con un par ordenado (a, b) y llegar al punto P correspondiente. A menudo, el punto P se identifica con el par ordenado (a, b) y se le llama "punto (a, b)". [Aunque la notación utilizada para un intervalo abierto (a, b) es la misma que la notación para un punto (a, b), por el contexto se infiere el significado].

Este sistema de coordenadas se llama **sistema de coordenadas rectangulares** o **sistema de coordenadas cartesianas** en honor al matemático francés René Descartes (1596–1650), aunque otro francés, Pierre Fermat (1601–1665), inventó los principios de la geometría analítica en la misma época que Descartes. El plano provisto con este sistema de coordenadas se llama **plano coordenado** o **plano cartesiano** y se denota con $\mathbb{R}^2$.

Los ejes x y y se denominan **ejes coordenados** y dividen el plano cartesiano en cuatro cuadrantes, que se presentan en la figura 1 como I, II, III y IV. Note que el primer cuadrante consiste en los puntos cuyas coordenadas x y y son positivas.

EJEMPLO 1   Describa y trace las regiones señaladas por los siguientes conjuntos.

(a) $\{(x, y) \mid x \geqslant 0\}$ (b) $\{(x, y) \mid y = 1\}$ (c) $\{(x, y) \mid |y| < 1\}$

SOLUCIÓN

(a) Los puntos cuyas coordenadas x son 0 o positivas se encuentran en el eje y o a su derecha, como indica la región sombreada de la figura 3(a).

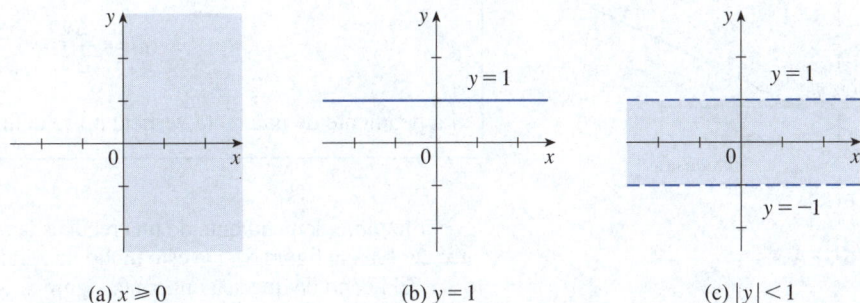

(a) $x \geqslant 0$ (b) $y = 1$ (c) $|y| < 1$

FIGURA 3

(b) El conjunto de todos los puntos con la coordenada $y = 1$ es una recta horizontal una unidad arriba del eje x [vea la figura 3(b)].

(c) Recuerde del apéndice A que

$$|y| < 1 \quad \text{si y solo si} \quad -1 < y < 1$$

La región indicada consiste en los puntos del plano cuyas coordenadas y se encuentran entre -1 y 1. Por lo tanto, la región consiste en todos los puntos que se ubican entre las rectas horizontales (pero no en ellas) $y = 1$ y $y = -1$. [Estas rectas se muestran discontinuas en la figura 3(c) para indicar que sus puntos no están en el conjunto]. ■

Recuerde del apéndice A que la distancia entre los puntos a y b en una recta numérica es $|a - b| = |b - a|$. Así, la distancia entre los puntos $P_1(x_1, y_1)$ y $P_3(x_2, y_1)$ en una recta horizontal debe ser $|x_2 - x_1|$, y la distancia entre $P_2(x_2, y_2)$ y $P_3(x_2, y_1)$ en una recta vertical debe ser $|y_2 - y_1|$ (vea la figura 4).

Para encontrar la distancia $|P_1 P_2|$ entre dos puntos cualesquiera $P_1(x_1, y_1)$ y $P_2(x_2, y_2)$ se observa que el triángulo $P_1 P_2 P_3$ de la figura 4 es un triángulo recto, y según el teorema de Pitágoras se tiene

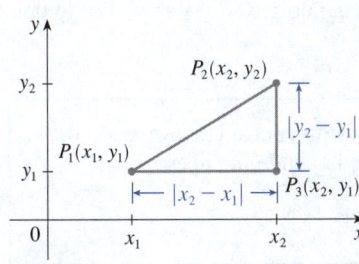

FIGURA 4

$$|P_1 P_2| = \sqrt{|P_1 P_3|^2 + |P_2 P_3|^2} = \sqrt{|x_2 - x_1|^2 + |y_2 - y_1|^2}$$
$$= \sqrt{(x_2 - x_1)^2 + (y_2 - y_1)^2}$$

> **1** **Fórmula de distancia** La distancia entre los puntos $P_1(x_1, y_1)$ y $P_2(x_2, y_2)$ es
>
> $$|P_1P_2| = \sqrt{(x_2 - x_1)^2 + (y_2 - y_1)^2}$$

EJEMPLO 2 La distancia entre $(1, -2)$ y $(5, 3)$ es

$$\sqrt{(5 - 1)^2 + [3 - (-2)]^2} = \sqrt{4^2 + 5^2} = \sqrt{41}$$ ■

■ Rectas

Se desea encontrar una ecuación de una recta dada L; tal ecuación se satisface por las coordenadas de los puntos de L y por ningún otro punto. Para encontrar la ecuación de L se utiliza su *pendiente*, que es una medida de la inclinación de la recta.

> **2** **Definición** La **pendiente** de una recta no vertical que pasa por los puntos $P_1(x_1, y_1)$ y $P_2(x_2, y_2)$ es
>
> $$m = \frac{\Delta y}{\Delta x} = \frac{y_2 - y_1}{x_2 - x_1}$$
>
> La pendiente de una recta vertical no se define.

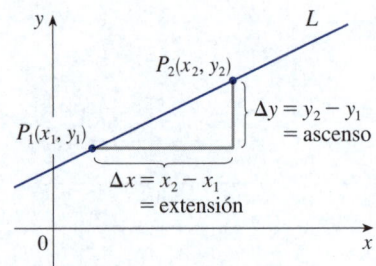

FIGURA 5

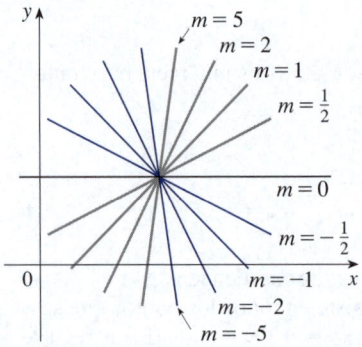

FIGURA 6

Por lo tanto, la pendiente de una recta es la razón de cambio en y, Δy; con el cambio en x, Δx (vea la figura 5). De este modo, la pendiente es la razón de cambio de y respecto a x. El hecho de que sea una recta significa que la razón de cambio es constante.

En la figura 6 se muestran varias rectas marcadas con sus pendientes. Observe que las rectas con pendiente positiva se inclinan hacia arriba a la derecha, mientras que las rectas de pendiente negativa se inclinan hacia abajo a la derecha. Note también que las más pronunciadas son aquellas para las cuales el valor absoluto de la pendiente es mayor, y una recta horizontal tiene pendiente 0.

Ahora se busca una ecuación de la recta que pase a través de un punto determinado $P_1(x_1, y_1)$ y tenga una pendiente m. Un punto $P(x, y)$ con $x \neq x_1$ se encuentra en esta recta si y solo si su pendiente pasa a través de P_1 y P es igual a m; es decir,

$$\frac{y - y_1}{x - x_1} = m$$

Esta ecuación se puede reescribir en la forma

$$y - y_1 = m(x - x_1)$$

y se observa que esta ecuación también se satisface cuando $x = x_1$ y $y = y_1$. Por lo tanto, es una ecuación de la recta indicada.

> **3** **Forma punto-pendiente de la ecuación de una recta** Una ecuación de la recta que pasa por el punto $P_1(x_1, y_1)$ y que tiene la pendiente m es
>
> $$y - y_1 = m(x - x_1)$$

EJEMPLO 3 Halle una ecuación de la recta a través de $(1, -7)$ con la pendiente $-\frac{1}{2}$.

SOLUCIÓN Si se utiliza (3) con $m = -\frac{1}{2}$, $x_1 = 1$ y $y_1 = -7$ se obtiene una ecuación de la recta así:

$$y + 7 = -\tfrac{1}{2}(x - 1)$$

que se puede reescribir como

$$2y + 14 = -x + 1 \quad \text{o} \quad x + 2y + 13 = 0$$ ∎

EJEMPLO 4 Determine una ecuación de la recta a través de los puntos $(-1, 2)$ y $(3, -4)$.

SOLUCIÓN Según la definición 2, la pendiente de la recta es

$$m = \frac{-4 - 2}{3 - (-1)} = -\frac{3}{2}$$

Al emplear la forma punto-pendiente con $x_1 = -1$ y $y_1 = 2$ se obtiene

$$y - 2 = -\tfrac{3}{2}(x + 1)$$

que se simplifica a $3x + 2y = 1$ ∎

Suponga que una recta no vertical tiene una pendiente m y una intersección en $y = b$ (vea la figura 7). Esto significa que interseca el eje y en el punto $(0, b)$, de modo que la forma punto-pendiente de la ecuación de la recta, con $x_1 = 0$ y $y_1 = b$, se convierte en

$$y - b = m(x - 0)$$

Esto se simplifica de la siguiente manera.

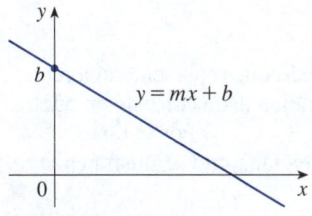

FIGURA 7

---

4 **Forma de pendiente-intersección de la ecuación de una recta** Una ecuación de la recta con pendiente m e intersección en $y = b$ es

$$y = mx + b$$

En particular, si una recta es horizontal, su pendiente es $m = 0$, por lo que su ecuación es $y = b$, donde b es la intersección en el eje y (vea la figura 8). Una recta vertical no tiene pendiente, pero se puede escribir su ecuación como $x = a$, donde a es la intersección en x, porque la coordenada x de cada punto en la recta es a.

Observe que la ecuación de cada recta se puede escribir en la forma

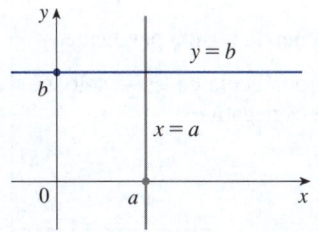

FIGURA 8

5 $$Ax + By + C = 0$$

porque una recta vertical tiene la ecuación $x = a$ o $x - a = 0$ ($A = 1$, $B = 0$, $C = -a$) y una no vertical tiene la ecuación $y = mx + b$ o $-mx + y - b = 0$ ($A = -m$, $B = 1$, $C = -b$). Por el contrario, si se empieza con una ecuación general de primer grado, es decir, una de la forma (5), donde A, B y C son constantes y A y B no son ambos 0, entonces se puede mostrar que es la ecuación de una recta. Si $B = 0$, la ecuación se convierte en $Ax + C = 0$ o $x = -C/A$, que representa una recta vertical con la intersección en $x - C/A$. Si $B \neq 0$, la ecuación se puede reescribir al despejar y:

$$y = -\frac{A}{B}x - \frac{C}{B}$$

y esto se reconoce como la forma de pendiente-intersección de la ecuación de una recta ($m = -A/B$, $b = -C/B$). Por lo tanto, una ecuación de la forma (5) se llama **ecuación lineal** o **ecuación general de una recta**. Por brevedad, a menudo se dice "la recta $Ax + By + C = 0$" en lugar de "la recta cuya ecuación es $Ax + By + C = 0$".

EJEMPLO 5 Trace la gráfica de la ecuación $3x - 5y = 15$.

SOLUCIÓN Como la ecuación es lineal, su gráfica es una recta. Para dibujar la gráfica es posible simplemente encontrar dos puntos en la recta. Lo más fácil es encontrar las intersecciones. Al sustituir $y = 0$ (la ecuación del eje x) en la ecuación dada se obtiene $3x = 15$, por lo que $x = 5$ es la intersección en x. Se sustituye $x = 0$ en la ecuación y se ve que la intersección en y es -3. Esto permite trazar la gráfica como en la figura 9. ∎

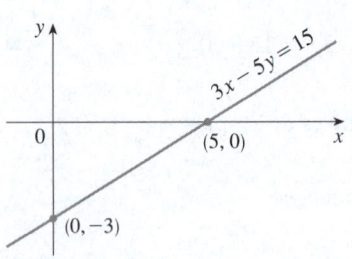

FIGURA 9

EJEMPLO 6 Grafique la desigualdad $x + 2y > 5$.

SOLUCIÓN Se pide trazar la gráfica del conjunto $\{(x, y) \mid x + 2y > 5\}$ y se comienza por despejar y en la desigualdad:

$$x + 2y > 5$$
$$2y > -x + 5$$
$$y > -\tfrac{1}{2}x + \tfrac{5}{2}$$

Compare esta desigualdad con la ecuación $y = -\tfrac{1}{2}x + \tfrac{5}{2}$, lo que representa una recta con pendiente $-\tfrac{1}{2}$ e intersección en $y = \tfrac{5}{2}$. Se ve que la gráfica dada consiste en puntos cuyas coordenadas y son *mayores* que las de la recta $y = -\tfrac{1}{2}x + \tfrac{5}{2}$. Por lo tanto, la gráfica es la región que se encuentra *por encima* de la recta, como se ilustra en la figura 10. ∎

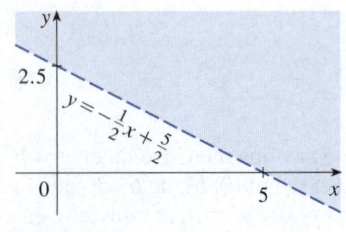

FIGURA 10

Rectas paralelas y perpendiculares

Las pendientes sirven para mostrar que las rectas son paralelas o perpendiculares. Los hechos siguientes se demuestran, por ejemplo, en el libro *Precalculus: Mathematics for Calculus*, 7.ª edición, de Stewart, Redlin y Watson (Boston, 2016).

> **6** **Rectas paralelas y perpendiculares**
>
> **1.** Dos rectas no verticales son paralelas si y solo si tienen la misma pendiente.
>
> **2.** Dos rectas con las pendientes m_1 y m_2 son perpendiculares si y solo si $m_1 m_2 = -1$; es decir, si sus pendientes son recíprocos negativos:
>
> $$m_2 = -\frac{1}{m_1}$$

EJEMPLO 7 Encuentre una ecuación de la recta a través del punto $(5, 2)$ que sea paralela a la recta $4x + 6y + 5 = 0$.

SOLUCIÓN La recta indicada se puede escribir en la forma

$$y = -\tfrac{2}{3}x - \tfrac{5}{6}$$

que es en la forma de pendiente-intersección con $m = -\frac{2}{3}$. Las rectas paralelas tienen la misma pendiente, así que la recta requerida tiene una pendiente de $-\frac{2}{3}$ y su ecuación en forma punto-pendiente es

$$y - 2 = -\frac{2}{3}(x - 5)$$

Esta ecuación se puede escribir como $2x + 3y = 16$. ∎

EJEMPLO 8 Demuestre que las rectas $2x + 3y = 1$ y $6x - 4y - 1 = 0$ son perpendiculares.

SOLUCIÓN Las ecuaciones se pueden escribir como

$$y = -\frac{2}{3}x + \frac{1}{3} \qquad \text{y} \qquad y = \frac{3}{2}x - \frac{1}{4}$$

de lo cual se deduce que las pendientes son

$$m_1 = -\frac{2}{3} \qquad \text{y} \qquad m_2 = \frac{3}{2}$$

Como $m_1 m_2 = -1$, las rectas son perpendiculares. ∎

B │ Ejercicios

1-6 Determine la distancia entre los puntos.

1. $(1, 1)$, $(4, 5)$

2. $(1, -3)$, $(5, 7)$

3. $(6, -2)$, $(-1, 3)$

4. $(1, -6)$, $(-1, -3)$

5. $(2, 5)$, $(4, -7)$

6. (a, b), (b, a)

7-10 Encuentre la pendiente de la recta a través de P y Q.

7. $P(1, 5)$, $Q(4, 11)$

8. $P(-1, 6)$, $Q(4, -3)$

9. $P(-3, 3)$, $Q(-1, -6)$

10. $P(-1, -4)$, $Q(6, 0)$

11. Muestre que el triángulo con los vértices $A(0, 2)$, $B(-3, -1)$ y $C(-4, 3)$ es isósceles.

12. (a) Muestre que el triángulo con los vértices $A(6, -7)$, $B(11, -3)$ y $C(2, -2)$ es un triángulo recto mediante la inversión del teorema de Pitágoras.
  (b) Utilice las pendientes para mostrar que ABC es un triángulo recto.
  (c) Encuentre el área del triángulo.

13. Muestre que los puntos $(-2, 9)$, $(4, 6)$, $(1, 0)$ y $(-5, 3)$ son los vértices de un cuadrado.

14. (a) Muestre que los puntos $A(-1, 3)$, $B(3, 11)$ y $C(5, 15)$ son colineales (se encuentran en la misma recta), demostrando que $|AB| + |BC| = |AC|$.
  (b) Utilice pendientes para mostrar que A, B y C son colineales.

15. Muestre que $A(1, 1)$, $B(7, 4)$, $C(5, 10)$ y $D(-1, 7)$ son los vértices de un paralelogramo.

16. Muestre que $A(1, 1)$, $B(11, 3)$, $C(10, 8)$ y $D(0, 6)$ son los vértices de un rectángulo.

17-20 Trace la gráfica de la ecuación.

17. $x = 3$

18. $y = -2$

19. $xy = 0$

20. $|y| = 1$

21-36 Encuentre una ecuación de la recta que satisfaga las condiciones especificadas.

21. A través de $(2, -3)$,   pendiente 6.

22. A través de $(-1, 4)$,   pendiente -3.

23. A través de $(1, 7)$,   pendiente $\frac{2}{3}$.

24. A través de $(-3, -5)$,   pendiente $-\frac{7}{2}$.

25. A través de $(2, 1)$ y $(1, 6)$.

26. A través de $(-1, -2)$ y $(4, 3)$.

27. Pendiente 3,   intersección en $y = -2$.

28. Pendiente $\frac{2}{5}$,   intersección en $y = 4$.

29. Intersección en $x = 1$,   intersección en $y = -3$.

30. Intersección en $x = -8$,   intersección en $y = 6$.

31. A través de $(4, 5)$,   paralela al eje x.

32. A través de $(4, 5)$,   paralela al eje y.

33. A través de $(1, -6)$,   paralela a la recta $x + 2y = 6$.

34. Intersección en $y = 6$,   paralela a la recta $2x + 3y + 4 = 0$.

35. A través de $(-1, -2)$,   perpendicular a la recta $2x + 5y + 8 = 0$.

36. A través de $\left(\frac{1}{2}, -\frac{2}{3}\right)$,   perpendicular a la recta $4x - 8y = 1$.

37-42 Encuentre la pendiente y la intersección en el eje y de la recta, y trace su gráfica.

37. $x + 3y = 0$

38. $2x - 5y = 0$

39. $y = -2$

40. $2x - 3y + 6 = 0$

41. $3x - 4y = 12$

42. $4x + 5y = 10$

43-52 Trace la región en el plano xy.

43. $\{(x, y) \mid x < 0\}$

44. $\{(x, y) \mid y > 0\}$

45. $\{(x, y) \mid xy < 0\}$

46. $\{(x, y) \mid x \geq 1 \text{ y } y < 3\}$

47. $\{(x, y) \mid |x| \leq 2\}$

48. $\{(x, y) \mid |x| < 3 \text{ y } |y| < 2\}$

49. $\{(x, y) \mid 0 \leq y \leq 4 \text{ y } x \leq 2\}$

50. $\{(x, y) \mid y > 2x - 1\}$

51. $\{(x, y) \mid 1 + x \leq y \leq 1 - 2x\}$

52. $\{(x, y) \mid -x \leq y < \frac{1}{2}(x + 3)\}$

---

53. Determine un punto en el eje y que sea equidistante de $(5, -5)$ y $(1, 1)$.

54. Muestre que el punto medio del segmento de recta de $P_1(x_1, y_1)$ a $P_2(x_2, y_2)$ es

$$\left(\frac{x_1 + x_2}{2}, \frac{y_1 + y_2}{2} \right)$$

55. Encuentre el punto medio del segmento de recta que une los puntos indicados.
(a) $(1, 3)$ y $(7, 15)$ (b) $(-1, 6)$ y $(8, -12)$

56. Encuentre las longitudes de las medianas del triángulo con los vértices $A(1, 0)$, $B(3, 6)$ y $C(8, 2)$. (Una mediana es un segmento de recta desde un vértice hasta el punto medio del lado opuesto).

57. Muestre que las rectas $2x - y = 4$ y $6x - 2y = 10$ no son paralelas, y encuentre su punto de intersección.

58. Muestre que las rectas

$$3x - 5y + 19 = 0 \qquad y \qquad 10x + 6y - 50 = 0$$

son perpendiculares y encuentre su punto de intersección.

59. Encuentre una ecuación del bisector perpendicular del segmento de recta que une los puntos $A(1, 4)$ y $B(7, -2)$.

60. (a) Determine ecuaciones para los lados del triángulo con vértices $P(1, 0)$, $Q(3, 4)$ y $R(-1, 6)$.
(b) Encuentre ecuaciones para las medianas de este triángulo. ¿Dónde se intersecan?

61. (a) Muestre que si las intersecciones x y y de una recta son los números no cero a y b, entonces la ecuación de la recta se puede poner en la forma

$$\frac{x}{a} + \frac{y}{b} = 1$$

Esta ecuación se llama **forma de dos intersecciones** de una ecuación de una recta.
(b) Con el inciso (a) encuentre una ecuación de la recta cuya intersección en x sea 6 y cuya intersección en y sea -8.

62. Un auto sale de Detroit a las 2 p. m. viajando con una rapidez constante hacia el poniente sobre la I-96. Pasa por Ann Arbor, a 65 km de Detroit, a las 2:50 p. m.
(a) Exprese la distancia recorrida en términos del tiempo transcurrido.
(b) Trace la gráfica de la ecuación del inciso (a).
(c) ¿Cuál es la pendiente de esta recta? ¿Qué representa?

C | Gráficas de ecuaciones de segundo grado

En el apéndice B se vio que una ecuación de primer grado, o lineal, $Ax + By + C = 0$ representa una recta. En esta sección se analizan las ecuaciones de segundo grado como

$$x^2 + y^2 = 1 \qquad y = x^2 + 1 \qquad \frac{x^2}{9} + \frac{y^2}{4} = 1 \qquad x^2 - y^2 = 1$$

que representan un círculo, una parábola, una elipse y una hipérbola, respectivamente.

La gráfica de tal ecuación en x y y es el conjunto de todos los puntos (x, y) que satisfacen la ecuación; da una representación visual de la ecuación. A la inversa, dada una curva en el plano xy, tal vez se deba encontrar una ecuación que lo represente, es decir, una ecuación que satisfaga las coordenadas de los puntos de la curva y con ninguno otro. Esta es la otra mitad del principio básico de la geometría analítica tal como lo formularon Descartes y Fermat. La idea es que si una curva geométrica puede representarse mediante una ecuación algebraica, entonces se pueden utilizar las reglas de álgebra para analizar el problema geométrico.

■ Círculos

Como ejemplo de este tipo de problema, encuentre una ecuación del círculo con radio r y centro (h, k). Por definición, el círculo es el conjunto de todos los puntos $P(x, y)$

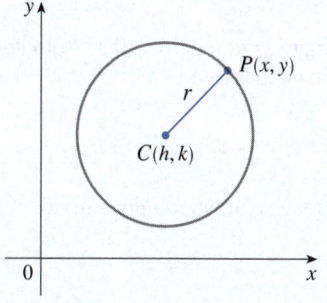

FIGURA 1

cuya distancia del centro $C(h, k)$ es r (vea la figura 1). Por lo tanto, P está en el círculo si y solo si $|PC| = r$. Por la fórmula de la distancia se tiene

$$\sqrt{(x - h)^2 + (y - k)^2} = r$$

o, de forma equivalente, cuadrando ambos lados, se obtiene

$$(x - h)^2 + (y - k)^2 = r^2$$

Esta es la ecuación deseada.

---

1   **Ecuación de un círculo**   Una ecuación de un círculo con centro (h, k) y radio r es

$$(x - h)^2 + (y - k)^2 = r^2$$

En particular, si el centro es el origen $(0, 0)$, la ecuación es

$$x^2 + y^2 = r^2$$

EJEMPLO 1   Encuentre una ecuación del círculo con radio 3 y centro $(2, -5)$.

SOLUCIÓN   Por la ecuación 1 con $r = 3$, $h = 2$ y $k = -5$ se obtiene

$$(x - 2)^2 + (y + 5)^2 = 9$$

EJEMPLO 2   Trace la gráfica de la ecuación $x^2 + y^2 + 2x - 6y + 7 = 0$ mostrando primero que representa un círculo y luego encontrando su centro y radio.

SOLUCIÓN   Primero se agrupan los términos x y los términos y de la siguiente forma:

$$(x^2 + 2x) + (y^2 - 6y) = -7$$

Luego se completa el cuadrado dentro de cada agrupación, agregando las constantes apropiadas (los cuadrados de la mitad de los coeficientes de x y y) a ambos lados de la ecuación:

$$(x^2 + 2x + 1) + (y^2 - 6y + 9) = -7 + 1 + 9$$

o
$$(x + 1)^2 + (y - 3)^2 = 3$$

Al comparar esta ecuación con la ecuación estándar de un círculo (1) se ve que $h = -1$, $k = 3$ y $r = \sqrt{3}$ por lo que la ecuación dada representa un círculo con centro $(-1, 3)$ y radio $\sqrt{3}$. Se traza en la figura 2.

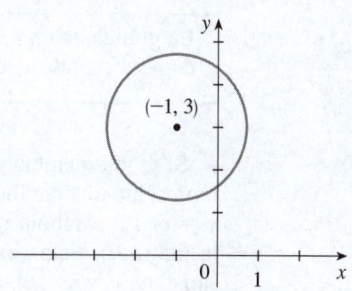

FIGURA 2
$x^2 + y^2 + 2x - 6y + 7 = 0$

■ Parábolas

Las propiedades geométricas de las parábolas se examinan en la sección 10.5. Aquí se considera una parábola como una gráfica de una ecuación de la forma $y = ax^2 + bx + c$.

EJEMPLO 3 Dibuje la gráfica de la parábola $y = x^2$.

SOLUCIÓN Se crea una tabla de valores, se trazan puntos y se unen con una curva suave para obtener la gráfica de la figura 3.

x	$y = x^2$
0	0
$\pm\frac{1}{2}$	$\frac{1}{4}$
± 1	1
± 2	4
± 3	9

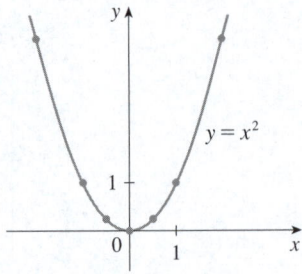

FIGURA 3

En la figura 4 se ven las gráficas de varias parábolas con ecuaciones de la forma $y = ax^2$ para varios valores del número a. En cada caso el *vértice* —el punto donde la parábola cambia de dirección— es el origen. Se ve que la parábola $y = ax^2$ se abre hacia arriba si $a > 0$ y hacia abajo si $a < 0$ (como en la figura 5).

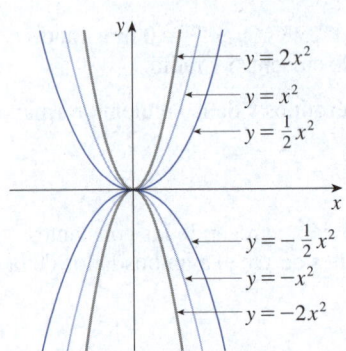

FIGURA 4

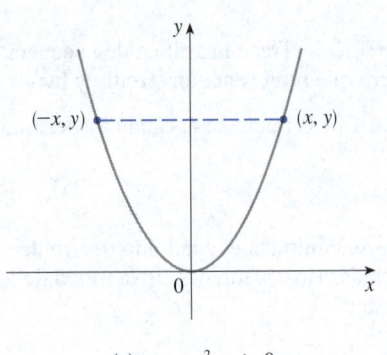

(a) $y = ax^2, \ a > 0$

FIGURA 5

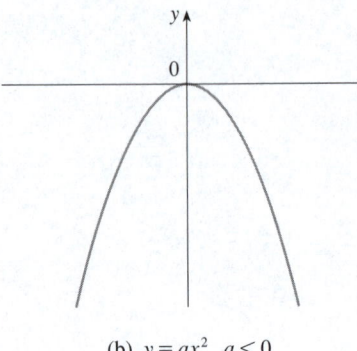

(b) $y = ax^2, \ a < 0$

Observe que si (x, y) satisface $y = ax^2$, entonces también lo hace $(-x, y)$. Esto corresponde al hecho geométrico de que si la mitad derecha de la gráfica se refleja sobre el eje y, entonces se obtiene la mitad izquierda de la gráfica. Se dice que la gráfica es **simétrica con respecto al eje y**.

> La gráfica de una ecuación es simétrica con respecto al eje y si la ecuación no cambia cuando x se reemplaza por $-x$.

Si se intercambian x y y en la ecuación $y = ax^2$, el resultado es $x = ay^2$, que también representa una parábola. (Intercambiar x y y equivale a reflejar sobre la recta diagonal $y = x$). La parábola $x = ay^2$ se abre a la derecha si $a > 0$ y a la izquierda si $a < 0$ (vea la figura 6). Esta vez la parábola es simétrica con respecto al eje x porque si (x, y) satisface $x = ay^2$, entonces también lo hace $(x, -y)$.

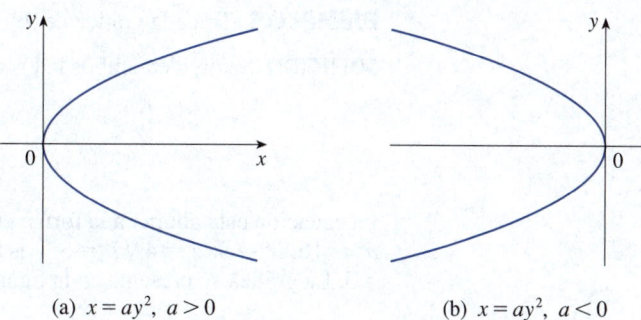

FIGURA 6   (a) $x = ay^2$, $a > 0$ (b) $x = ay^2$, $a < 0$

La gráfica de una ecuación es simétrica con respecto al eje x si la ecuación no cambia cuando y se reemplaza por $-y$.

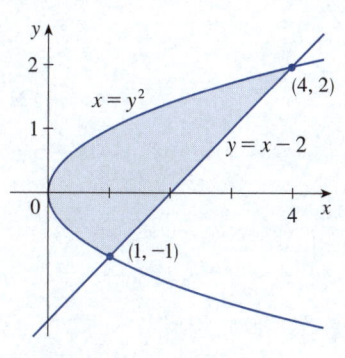

FIGURA 7

EJEMPLO 4   Trace la región delimitada por la parábola $x = y^2$ y la recta $y = x - 2$.

SOLUCIÓN   Primero se encuentran los puntos de intersección resolviendo las dos ecuaciones simultáneamente. Al sustituir $x = y + 2$ en la ecuación $x = y^2$ se obtiene $y + 2 = y^2$, lo que da

$$0 = y^2 - y - 2 = (y - 2)(y + 1)$$

así que $y = 2$ o -1. Además, los puntos de intersección son $(4, 2)$ y $(1, -1)$, y se traza la recta $y = x - 2$ que pasa a través de estos puntos. Luego se traza la parábola $x = y^2$ consultando la figura 6(a) y haciendo que la parábola pase a través de $(4, 2)$ y $(1, -1)$. La región delimitada por $x = y^2$ y $y = x - 2$ significa la región finita cuyos límites son estas curvas. Se traza en la figura 7. ■

■ Elipses

La curva con la ecuación

2          $$\frac{x^2}{a^2} + \frac{y^2}{b^2} = 1$$

donde a y b son números positivos, se llama **elipse** en posición estándar. (Las propiedades geométricas de las elipses se analizan en la sección 10.5). Observe que la ecuación 2 no cambia si x se reemplaza por $-x$ o si y se reemplaza por $-y$, por lo que la elipse es simétrica respecto a ambos ejes. Como una ayuda más para trazar la elipse, se determinan sus intersecciones.

Las **intersecciones en x** de una gráfica son las coordenadas x de los puntos donde la gráfica interseca el eje x. Se determinan al establecer $y = 0$ en la ecuación de la gráfica.

Las **intersecciones en y** son las coordenadas y de los puntos donde la gráfica interseca el eje y. Se determinan al establecer $x = 0$ en su ecuación.

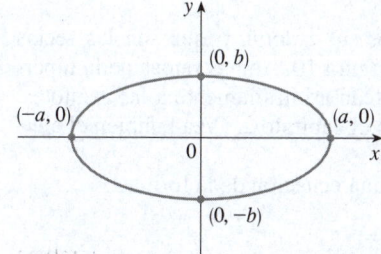

FIGURA 8

$$\frac{x^2}{a^2} + \frac{y^2}{b^2} = 1$$

Si se establece $y = 0$ en la ecuación 2, se obtiene $x^2 = a^2$ y así las intersecciones x son $\pm a$. Si se fija $x = 0$ se obtiene $y^2 = b^2$, por lo que las intersecciones de y son $\pm b$. Con esta información, junto con la simetría, se traza la elipse en la figura 8. Si $a = b$, la elipse es un círculo con radio a.

EJEMPLO 5 Trace la gráfica de $9x^2 + 16y^2 = 144$.

SOLUCIÓN Se dividen ambos lados de la ecuación entre 144:

$$\frac{x^2}{16} + \frac{y^2}{9} = 1$$

La ecuación está ahora en la forma estándar de una elipse (2), por lo que se tiene $a^2 = 16$, $b^2 = 9$, $a = 4$ y $b = 3$. Las intersecciones x son ± 4; las intersecciones y son ± 3. La gráfica se presenta en la figura 9.

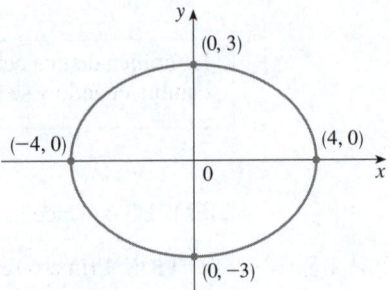

FIGURA 9
$9x^2 + 16y^2 = 144$

Hipérbolas

La curva con la ecuación

$$\boxed{3} \qquad \frac{x^2}{a^2} - \frac{y^2}{b^2} = 1$$

se llama **hipérbola** en posición estándar. Una vez más, la ecuación 3 no cambia cuando x se reemplaza por $-x$ o y se reemplaza por $-y$, por lo que la hipérbola es simétrica respecto a ambos ejes. Para encontrar las intersecciones x, se establece $y = 0$ y se obtiene $x^2 = a^2$ y $x = \pm a$. Sin embargo, si se pone $x = 0$ en la ecuación 3 se obtiene $y^2 = -b^2$, lo cual es imposible, por lo que no hay una intersección en y. De hecho, de la ecuación 3 se obtiene

$$\frac{x^2}{a^2} = 1 + \frac{y^2}{b^2} \geqslant 1$$

lo que muestra que $x^2 \geqslant a^2$ y así $|x| = \sqrt{x^2} \geqslant a$. Por lo tanto, se tiene $x \geqslant a$ o $x \leqslant -a$. Esto significa que la hipérbola consta de dos partes, llamadas sus *ramas*. Se traza en la figura 10.

Al dibujar una hipérbola, es útil comenzar por sus *asíntotas*, que son las rectas $y = (b/a)x$ y $y = -(b/a)x$ que se muestran en la figura 10. Ambas ramas de la hipérbola se aproximan a las asíntotas; es decir, se acercan arbitrariamente a las asíntotas. Esto implica la idea de un límite, que se analiza en el capítulo 2. (Vea también el ejercicio 4.5.77).

Al intercambiar los papeles de x y y se obtiene una ecuación de la forma

$$\boxed{\frac{y^2}{a^2} - \frac{x^2}{b^2} = 1}$$

que también representa una hipérbola y se traza en la figura 11.

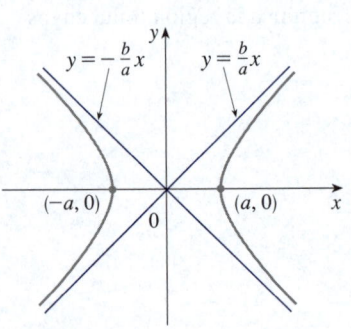

FIGURA 10
Hipérbola $\dfrac{x^2}{a^2} - \dfrac{y^2}{b^2} = 1$.

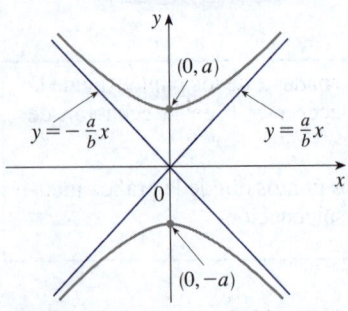

FIGURA 11
Hipérbola $\dfrac{y^2}{a^2} - \dfrac{x^2}{b^2} = 1$.

EJEMPLO 6   Trace la curva $9x^2 - 4y^2 = 36$.

SOLUCIÓN   Al dividir ambos lados entre 36 se obtiene

$$\frac{x^2}{4} - \frac{y^2}{9} = 1$$

que es la forma estándar de la ecuación de una hipérbola (ecuación 3). Como $a^2 = 4$, las intersecciones x son ± 2. Dado que $b^2 = 9$, se tiene $b = 3$ y las asíntotas son $y = \pm\frac{3}{2}x$. La hipérbola se traza en la figura 12.

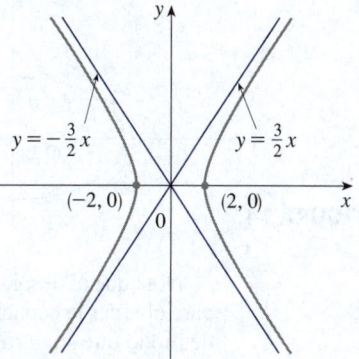

FIGURA 12
Hipérbola $9x^2 - 4y^2 = 36$.

Si $b = a$, una hipérbola tiene la ecuación $x^2 - y^2 = a^2$ (o $y^2 - x^2 = a^2$) y se denomina *hipérbola equilátera* [vea la figura 13(a)]. Sus asíntotas son $y = \pm x$, que son perpendiculares. Si se rota una hipérbola equilátera 45°, las asíntotas se convierten en los ejes x y y, y se puede demostrar que la nueva ecuación de la hipérbola es $xy = k$, donde k es una constante [vea la figura 13(b)].

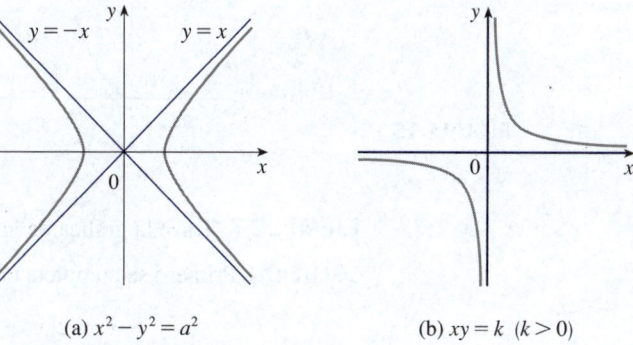

FIGURA 13
Hipérbola equilátera.

(a) $x^2 - y^2 = a^2$

(b) $xy = k$ $(k > 0)$

■ **Cónicas desplazadas**

Recuerde que una ecuación del círculo con el centro como origen y radio r es $x^2 + y^2 = r^2$, pero si el centro es el punto (h, k), entonces la ecuación del círculo se vuelve

$$(x - h)^2 + (y - k)^2 = r^2$$

De igual manera, si se toma la elipse con la ecuación

4

$$\frac{x^2}{a^2} + \frac{y^2}{b^2} = 1$$

y se traslada (se desplaza) de forma que su centro sea el punto (h, k), entonces su ecuación se vuelve

5
$$\frac{(x - h)^2}{a^2} + \frac{(y - k)^2}{b^2} = 1$$

(Vea la figura 14).

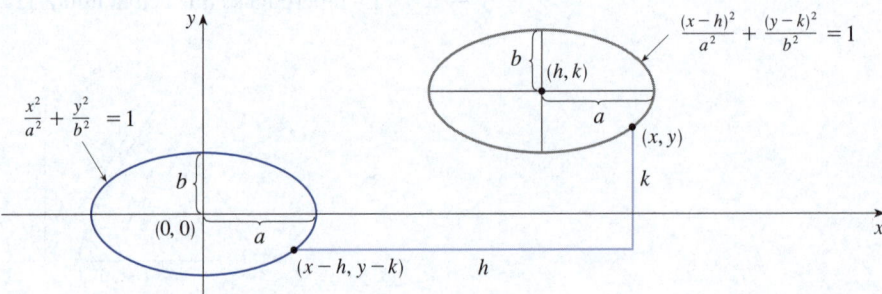

FIGURA 14

Note que al desplazar la elipse se reemplaza x por $x - h$ y y por $y - k$ en la ecuación 4 para obtener la ecuación 5. Con el mismo procedimiento se desplaza la parábola $y = ax^2$ de modo que su vértice (el origen) se convierta en el punto (h, k) como en la figura 15. Al sustituir x por $x - h$ y y por $y - k$, se ve que la nueva ecuación es

$$y - k = a(x - h)^2 \qquad \text{o} \qquad y = a(x - h)^2 + k$$

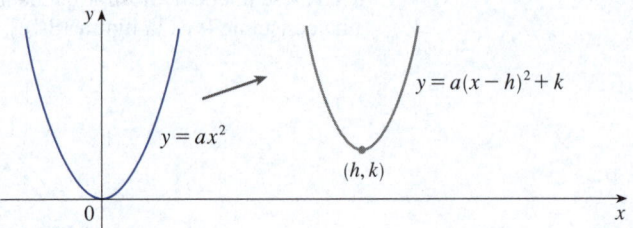

FIGURA 15

EJEMPLO 7 Trace la gráfica de la ecuación $y = 2x^2 - 4x + 1$.

SOLUCIÓN Primero se completa el cuadrado:

$$y = 2(x^2 - 2x) + 1 = 2(x - 1)^2 - 1$$

En esta forma, se ve que la ecuación representa la parábola obtenida al desplazar $y = 2x^2$ de modo que su vértice esté en el punto $(1, -1)$. La gráfica se muestra en la figura 16.

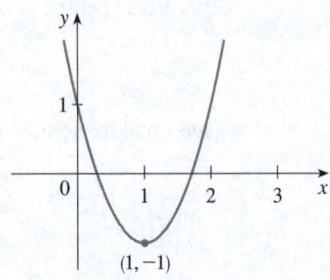

FIGURA 16
$y = 2x^2 - 4x + 1$

EJEMPLO 8 Trace la curva $x = 1 - y^2$.

SOLUCIÓN Esta vez se empieza con la parábola $x = -y^2$ (como en la figura 6 con $a = -1$) y se desplaza una unidad a la derecha para obtener la gráfica de $x = 1 - y^2$ (vea la figura 17).

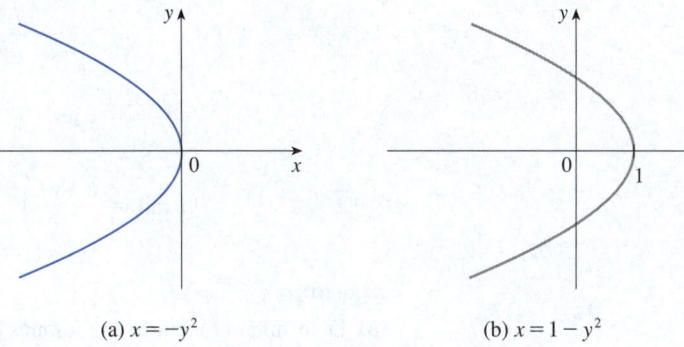

FIGURA 17

(a) $x = -y^2$ (b) $x = 1 - y^2$

C | Ejercicios

1-4 Encuentre una ecuación de un círculo que satisfaga las condiciones dadas.

1. Centro $(3, -1)$, radio 5.

2. Centro $(-2, -8)$, radio 10.

3. Centro en el origen, pasa a través de $(4, 7)$.

4. Centro $(-1, 5)$, pasa a través de $(-4, -6)$.

5-9 Demuestre que la ecuación representa un círculo y encuentre el centro y el radio.

5. $x^2 + y^2 - 4x + 10y + 13 = 0$

6. $x^2 + y^2 + 6y + 2 = 0$

7. $x^2 + y^2 + x = 0$

8. $16x^2 + 16y^2 + 8x + 32y + 1 = 0$

9. $2x^2 + 2y^2 - x + y = 1$

---

10. ¿En qué condición de los coeficientes a, b y c la ecuación $x^2 + y^2 + ax + by + c = 0$ representa un círculo? Cuando se satisfaga esa condición, encuentre el centro y el radio del círculo.

11-32 Identifique el tipo de curva y trace la gráfica. No siga puntos. Solo utilice las gráficas estándar dadas en las figuras 5, 6, 8, 10 y 11, y desplace si es necesario.

11. $y = -x^2$

12. $y^2 - x^2 = 1$

13. $x^2 + 4y^2 = 16$

14. $x = -2y^2$

15. $16x^2 - 25y^2 = 400$

16. $25x^2 + 4y^2 = 100$

17. $4x^2 + y^2 = 1$

18. $y = x^2 + 2$

19. $x = y^2 - 1$

20. $9x^2 - 25y^2 = 225$

21. $9y^2 - x^2 = 9$

22. $2x^2 + 5y^2 = 10$

23. $xy = 4$

24. $y = x^2 + 2x$

25. $9(x - 1)^2 + 4(y - 2)^2 = 36$

26. $16x^2 + 9y^2 - 36y = 108$

27. $y = x^2 - 6x + 13$

28. $x^2 - y^2 - 4x + 3 = 0$

29. $x = 4 - y^2$

30. $y^2 - 2x + 6y + 5 = 0$

31. $x^2 + 4y^2 - 6x + 5 = 0$

32. $4x^2 + 9y^2 - 16x + 54y + 61 = 0$

33-34 Trace la región delimitada por las curvas.

33. $y = 3x$, $y = x^2$

34. $y = 4 - x^2$, $x - 2y = 2$

35. Determine una ecuación de la parábola con vértice $(1, -1)$ que pase a través de los puntos $(-1, 3)$ y $(3, 3)$.

36. Halle una ecuación de la elipse con el centro en el origen que pase a través de los puntos $\left(1, -10\sqrt{2}/3\right)$ y $\left(-2, 5\sqrt{5}/3\right)$.

37-40 Trace la gráfica del conjunto.

37. $\{(x, y) \mid x^2 + y^2 \le 1\}$

38. $\{(x, y) \mid x^2 + y^2 > 4\}$

39. $\{(x, y) \mid y \ge x^2 - 1\}$

40. $\{(x, y) \mid x^2 + 4y^2 \le 4\}$

D | Trigonometría

■ Ángulos

Los ángulos se miden en grados o en radianes (abreviados como rad). El ángulo dado por una revolución completa contiene 360°, que es lo mismo que 2π rad. Por lo tanto,

$$\boxed{1}\qquad \boxed{\pi \text{ rad} = 180°}$$

y

$$\boxed{2}\qquad 1 \text{ rad} = \left(\frac{180}{\pi}\right)° \approx 57.3° \qquad 1° = \frac{\pi}{180}\text{ rad} \approx 0.017 \text{ rad}$$

EJEMPLO 1

(a) Determine la medida en radianes de 60°.   (b) Exprese $5\pi/4$ rad en grados.

SOLUCIÓN

(a) De la ecuación 1 o la 2 se observa que para convertir de grados a radianes se multiplica por $\pi/180$. Por lo tanto,

$$60° = 60\left(\frac{\pi}{180}\right) = \frac{\pi}{3}\text{ rad}$$

(b) Para convertir radianes a grados se multiplica por $180/\pi$. De este modo,

$$\frac{5\pi}{4}\text{ rad} = \frac{5\pi}{4}\left(\frac{180}{\pi}\right) = 225° \qquad\blacksquare$$

En cálculo se usan radianes para medir ángulos, excepto cuando se indique lo contrario. En la tabla siguiente se muestra la correspondencia entre las medidas de grados y radianes de algunos ángulos comunes.

Grados	0°	30°	45°	60°	90°	120°	135°	150°	180°	270°	360°
Radianes	0	$\dfrac{\pi}{6}$	$\dfrac{\pi}{4}$	$\dfrac{\pi}{3}$	$\dfrac{\pi}{2}$	$\dfrac{2\pi}{3}$	$\dfrac{3\pi}{4}$	$\dfrac{5\pi}{6}$	π	$\dfrac{3\pi}{2}$	2π

En la figura 1 se muestra un sector de un círculo con ángulo central θ y radio r que subtiende un arco de longitud a. Como la longitud del arco es proporcional al tamaño del ángulo y como todo el círculo tiene una circunferencia $2\pi r$ y un ángulo central 2π, se tiene

$$\frac{\theta}{2\pi} = \frac{a}{2\pi r}$$

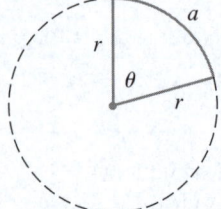

FIGURA 1

Al despejar θ y a en esta ecuación se obtiene

$$\boxed{3}\qquad \boxed{\theta = \frac{a}{r}}\qquad \boxed{a = r\theta}$$

Recuerde que las ecuaciones 3 solo son válidas cuando θ se mide en radianes.

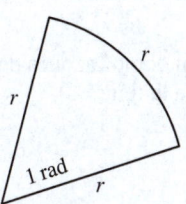

FIGURA 2

En particular, al establecer $a = r$ en la ecuación 3 se ve que un ángulo de 1 rad es el ángulo subtendido en el centro de un círculo por un arco de longitud igual al radio del círculo (vea la figura 2).

EJEMPLO 2

(a) Si el radio de un círculo es de 5 cm, ¿qué ángulo es subtendido por un arco de 6 cm?
(b) Si un círculo tiene un radio de 3 cm, ¿cuál es la longitud de un arco subtendido por un ángulo central de $3\pi/8$ rad?

SOLUCIÓN

(a) Con la ecuación 3 y $a = 6$ y $r = 5$ se ve que el ángulo es

$$\theta = \tfrac{6}{5} = 1.2 \text{ rad}$$

(b) Con $r = 3$ cm y $\theta = 3\pi/8$ rad, la longitud de arco es

$$a = r\theta = 3\left(\frac{3\pi}{8}\right) = \frac{9\pi}{8}\text{ cm}$$ ■

La **posición estándar** de un ángulo ocurre cuando se coloca su vértice en el origen de un sistema de coordenadas y su lado inicial en el eje x positivo, como en la figura 3. Un ángulo **positivo** se obtiene al rotar el lado inicial en sentido contrario a las agujas del reloj hasta que coincide con el lado terminal. Del mismo modo, los ángulos **negativos** se obtienen girando en el sentido de las agujas del reloj, como en la figura 4.

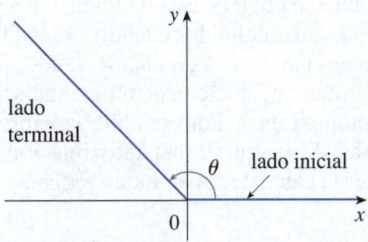

FIGURA 3 $\theta \geqslant 0$

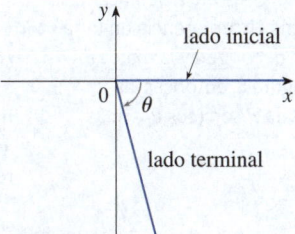

FIGURA 4 $\theta < 0$

En la figura 5 se muestran varios ejemplos de ángulos en posición estándar. Observe que diferentes ángulos pueden tener el mismo lado terminal. Por ejemplo, los ángulos $3\pi/4$, $-5\pi/4$ y $11\pi/4$ tienen los mismos lados inicial y terminal porque

$$\frac{3\pi}{4} - 2\pi = -\frac{5\pi}{4} \qquad \frac{3\pi}{4} + 2\pi = \frac{11\pi}{4}$$

y 2π rad representa una revolución completa.

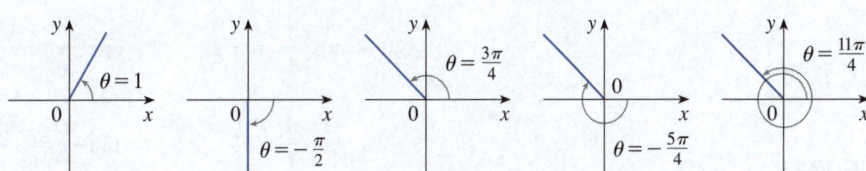

FIGURA 5
Ángulos en posición estándar.

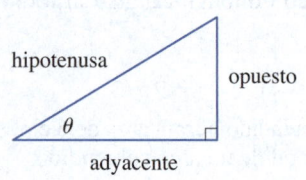

FIGURA 6

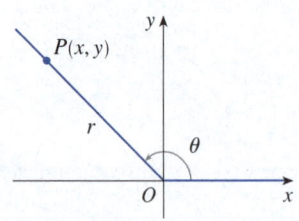

FIGURA 7

Si se establece $r = 1$ en la definición 5 y se traza una circunferencia unitaria con el centro del origen y la marca θ, como en la figura 8, entonces las coordenadas de P son $(\cos \theta, \operatorname{sen} \theta)$.

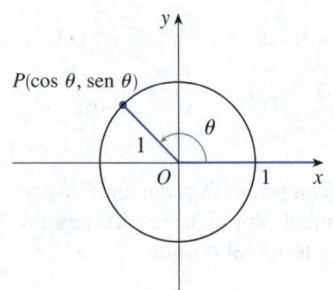

FIGURA 8

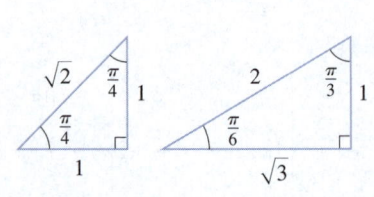

FIGURA 9

Funciones trigonométricas

Para un ángulo agudo θ, las seis funciones trigonométricas se definen como razones de las longitudes de los lados de un triángulo rectángulo como sigue (vea la figura 6).

$$\boxed{4}$$

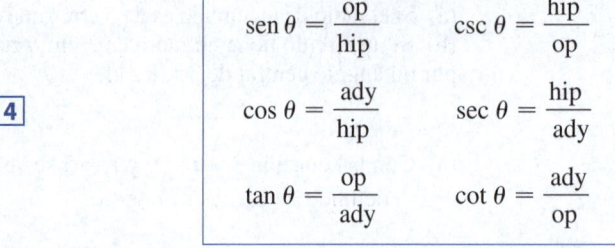

Esta definición no se aplica a los ángulos obtusos o negativos, así que, para un ángulo general en posición estándar, se establece $P(x, y)$ como cualquier punto en el lado terminal de θ y r como la distancia $|OP|$, como en la figura 7. Luego se define

$$\boxed{5}$$

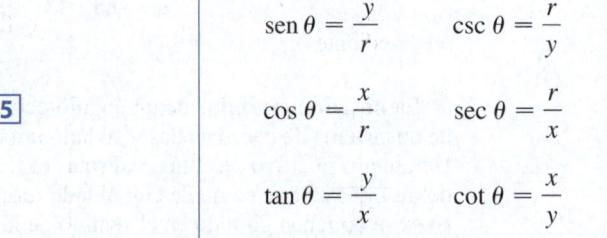

Como la división por 0 no está definida, $\tan \theta$ y $\sec \theta$ están indefinidos cuando $x = 0$, y $\csc \theta$ y $\cot \theta$ están indefinidos cuando $y = 0$. Observe que las definiciones en (4) y (5) son congruentes cuando θ es un ángulo agudo.

Si θ es un número, la convención es que $\operatorname{sen} \theta$ significa el seno del ángulo cuya medida en *radianes* es θ. Por ejemplo, la expresión $\operatorname{sen} 3$ implica que se trata de un ángulo de 3 rad. Al encontrar una aproximación por calculadora a este número se debe recordar poner la calculadora en modo radián, y entonces se obtiene

$$\operatorname{sen} 3 \approx 0.14112$$

Si se desea conocer el seno del ángulo 3° se escribiría $\operatorname{sen} 3°$ y, con la calculadora en modo de grados se ve que

$$\operatorname{sen} 3° \approx 0.05234$$

Las razones trigonométricas exactas para ciertos ángulos se leen en los triángulos de la figura 9. Por ejemplo,

$$\operatorname{sen} \frac{\pi}{4} = \frac{1}{\sqrt{2}} \qquad \operatorname{sen} \frac{\pi}{6} = \frac{1}{2} \qquad \operatorname{sen} \frac{\pi}{3} = \frac{\sqrt{3}}{2}$$

$$\cos \frac{\pi}{4} = \frac{1}{\sqrt{2}} \qquad \cos \frac{\pi}{6} = \frac{\sqrt{3}}{2} \qquad \cos \frac{\pi}{3} = \frac{1}{2}$$

$$\tan \frac{\pi}{4} = 1 \qquad \tan \frac{\pi}{6} = \frac{1}{\sqrt{3}} \qquad \tan \frac{\pi}{3} = \sqrt{3}$$

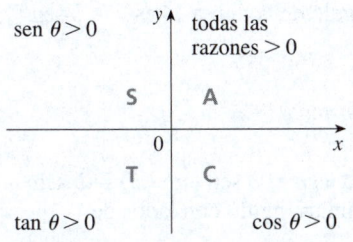

FIGURA 10

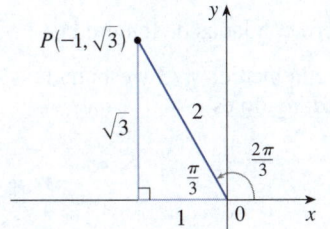

Los signos de las funciones trigonométricas para los ángulos en cada uno de los cuatro cuadrantes se recuerdan con la regla "**A**ntes **S**olo **T**omaba **C**álculo", que se muestra en la figura 10.

EJEMPLO 3   Encuentre las razones trigonométricas exactas para $\theta = 2\pi/3$.

SOLUCIÓN   En la figura 11 se ve que un punto en la recta terminal para $\theta = 2\pi/3$ es $P(-1, \sqrt{3}\,)$. Por lo tanto, al tomar

$$x = -1 \qquad y = \sqrt{3} \qquad r = 2$$

en las definiciones de las razones trigonométricas se tiene

$$\operatorname{sen}\frac{2\pi}{3} = \frac{\sqrt{3}}{2} \qquad \cos\frac{2\pi}{3} = -\frac{1}{2} \qquad \tan\frac{2\pi}{3} = -\sqrt{3}$$

$$\csc\frac{2\pi}{3} = \frac{2}{\sqrt{3}} \qquad \sec\frac{2\pi}{3} = -2 \qquad \cot\frac{2\pi}{3} = -\frac{1}{\sqrt{3}} \qquad ∎$$

En la siguiente tabla se presentan algunos valores de $\operatorname{sen}\theta$ y $\cos\theta$ que se encontraron mediante el método del ejemplo 3.

θ	0	$\dfrac{\pi}{6}$	$\dfrac{\pi}{4}$	$\dfrac{\pi}{3}$	$\dfrac{\pi}{2}$	$\dfrac{2\pi}{3}$	$\dfrac{3\pi}{4}$	$\dfrac{5\pi}{6}$	π	$\dfrac{3\pi}{2}$	2π
$\operatorname{sen}\theta$	0	$\dfrac{1}{2}$	$\dfrac{1}{\sqrt{2}}$	$\dfrac{\sqrt{3}}{2}$	1	$\dfrac{\sqrt{3}}{2}$	$\dfrac{1}{\sqrt{2}}$	$\dfrac{1}{2}$	0	-1	0
$\cos\theta$	1	$\dfrac{\sqrt{3}}{2}$	$\dfrac{1}{\sqrt{2}}$	$\dfrac{1}{2}$	0	$-\dfrac{1}{2}$	$-\dfrac{1}{\sqrt{2}}$	$-\dfrac{\sqrt{3}}{2}$	-1	0	1

EJEMPLO 4   Si $\cos\theta = \frac{2}{5}$ y $0 < \theta < \pi/2$, encuentre las otras cinco funciones trigonométricas de θ.

SOLUCIÓN   Como $\cos\theta = \frac{2}{5}$, se puede marcar la hipotenusa de longitud 5 y el lado adyacente como de longitud 2 en la figura 12. Si el lado opuesto tiene la longitud x, entonces el teorema de Pitágoras da $x^2 + 4 = 25$ y así $x^2 = 21$, $x = \sqrt{21}$. Ahora es posible usar el diagrama para escribir las otras cinco funciones trigonométricas:

$$\operatorname{sen}\theta = \frac{\sqrt{21}}{5} \qquad \tan\theta = \frac{\sqrt{21}}{2}$$

$$\csc\theta = \frac{5}{\sqrt{21}} \qquad \sec\theta = \frac{5}{2} \qquad \cot\theta = \frac{2}{\sqrt{21}} \qquad ∎$$

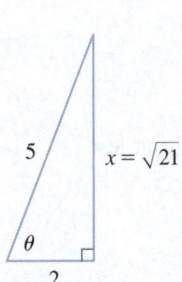

FIGURA 12

EJEMPLO 5   Con una calculadora, aproxime el valor de x en la figura 13.

SOLUCIÓN   En el diagrama se ve que

$$\tan 40° = \frac{16}{x}$$

Por lo tanto $\qquad x = \dfrac{16}{\tan 40°} \approx 19.07 \qquad ∎$

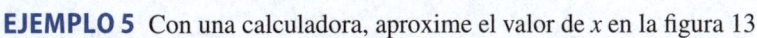

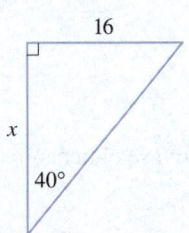

FIGURA 13

FIGURA 11

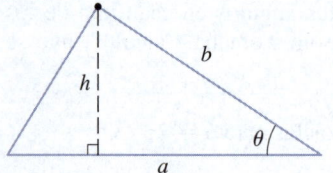

FIGURA 14

Si θ es un ángulo agudo, entonces la altura del triángulo de la figura 14 es $h = b$ sen θ, por lo que el área $\mathcal{A}$ del triángulo es

$$\mathcal{A} = \tfrac{1}{2}(\text{base})(\text{altura}) = \tfrac{1}{2}\,ab\,\text{sen}\,\theta$$

Si θ es obtuso, como en la figura 15, entonces la altura es $h = b$ sen $(\pi - \theta) = b$ sen θ (vea el ejercicio 44). Así, en ambos casos, el área de un triángulo con lados de longitudes a y b y con ángulo θ incluido es

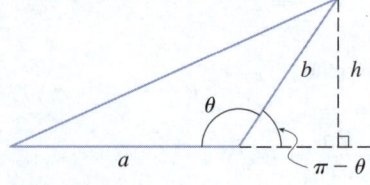

FIGURA 15

$$\boxed{6} \qquad\qquad \mathcal{A} = \tfrac{1}{2}\,ab\,\text{sen}\,\theta$$

EJEMPLO 6 Encuentre el área de un triángulo equilátero con lados de longitud a.

SOLUCIÓN Cada ángulo de un triángulo equilátero tiene la medida $\pi/3$ y está incluido por los lados de longitudes a, por lo que el área del triángulo es

$$\mathcal{A} = \frac{1}{2}a^2\,\text{sen}\,\frac{\pi}{3} = \frac{\sqrt{3}}{4}a^2 \qquad ■$$

■ Identidades trigonométricas

Una identidad trigonométrica es una relación entre funciones trigonométricas. Las más elementales son las siguientes, las cuales son consecuencias inmediatas de las definiciones de las funciones trigonométricas:

$$\boxed{7}$$

$$\csc\theta = \frac{1}{\text{sen}\,\theta} \qquad \sec\theta = \frac{1}{\cos\theta} \qquad \cot\theta = \frac{1}{\tan\theta}$$

$$\tan\theta = \frac{\text{sen}\,\theta}{\cos\theta} \qquad \cot\theta = \frac{\cos\theta}{\text{sen}\,\theta}$$

Para la siguiente identidad, observe la figura 7. La fórmula de la distancia (o, de modo equivalente, el teorema de Pitágoras) indica que $x^2 + y^2 = r^2$. Por lo tanto,

$$\text{sen}^2\theta + \cos^2\theta = \frac{y^2}{r^2} + \frac{x^2}{r^2} = \frac{x^2 + y^2}{r^2} = \frac{r^2}{r^2} = 1$$

De este modo se demuestra una de las identidades trigonométricas más útiles:

$$\boxed{8} \qquad\qquad \text{sen}^2\theta + \cos^2\theta = 1$$

Si ahora se dividen ambos lados de la ecuación 8 entre $\cos^2\theta$ y se aplica la ecuación 7, se obtiene

$$\boxed{9} \qquad\qquad \tan^2\theta + 1 = \sec^2\theta$$

De igual manera, si se dividen ambos lados de la ecuación 8 entre $\text{sen}^2\theta$ se obtiene

$$\boxed{10} \qquad\qquad 1 + \cot^2\theta = \csc^2\theta$$

Las identidades

11a
11b

$$\operatorname{sen}(-\theta) = -\operatorname{sen}\theta$$
$$\cos(-\theta) = \cos\theta$$

Las funciones impares y pares se analizan en la sección 1.1.

muestran que el seno es una función impar y el coseno es una función par. Esto se demuestra fácilmente dibujando un diagrama que muestre θ y $-\theta$ en posición estándar (vea el ejercicio 39).

Como los ángulos θ y $\theta + 2\pi$ tienen el mismo lado terminal, se tiene

12
$$\operatorname{sen}(\theta + 2\pi) = \operatorname{sen}\theta \qquad \cos(\theta + 2\pi) = \cos\theta$$

Estas identidades muestran que las funciones seno y coseno son periódicas con periodo 2π.

Todas las identidades trigonométricas restantes son consecuencia de dos identidades básicas llamadas **fórmulas de la adición**:

13a
13b

$$\operatorname{sen}(x + y) = \operatorname{sen} x \cos y + \cos x \operatorname{sen} y$$
$$\cos(x + y) = \cos x \cos y - \operatorname{sen} x \operatorname{sen} y$$

Las demostraciones de estas fórmulas de la adición se describen en los ejercicios 89, 90 y 91.

Al sustituir $-y$ por y en las ecuaciones 13a y 13b y con las ecuaciones 11a y 11b, se obtienen las siguientes **fórmulas de la sustracción**:

14a
14b

$$\operatorname{sen}(x - y) = \operatorname{sen} x \cos y - \cos x \operatorname{sen} y$$
$$\cos(x - y) = \cos x \cos y + \operatorname{sen} x \operatorname{sen} y$$

Luego, al dividir las fórmulas de las ecuaciones 13 o las ecuaciones 14, se obtienen las fórmulas correspondientes para $\tan(x \pm y)$:

15a
$$\tan(x + y) = \frac{\tan x + \tan y}{1 - \tan x \tan y}$$

15b
$$\tan(x - y) = \frac{\tan x - \tan y}{1 + \tan x \tan y}$$

Si se establece $y = x$ en las fórmulas de la adición (13), se obtienen **fórmulas del ángulo doble**:

16a
16b

$$\operatorname{sen} 2x = 2 \operatorname{sen} x \cos x$$
$$\cos 2x = \cos^2 x - \operatorname{sen}^2 x$$

Entonces, con la identidad $\operatorname{sen}^2 x + \cos^2 x = 1$, se llega a las siguientes formas alternativas de las fórmulas del ángulo doble para $\cos 2x$:

17a
17b

$$\cos 2x = 2\cos^2 x - 1$$
$$\cos 2x = 1 - 2\operatorname{sen}^2 x$$

Si ahora se despejan en estas ecuaciones $\cos^2 x$ y $\text{sen}^2 x$, se obtienen las siguientes **fórmulas del ángulo medio**, que son útiles en el cálculo integral:

| 18a |
$$\cos^2 x = \frac{1 + \cos 2x}{2}$$

| 18b |
$$\text{sen}^2 x = \frac{1 - \cos 2x}{2}$$

Finalmente se establecen las **identidades de los productos**, que se deducen de las ecuaciones 13 y 14:

| 19a |
$$\text{sen } x \cos y = \tfrac{1}{2}[\text{sen}(x + y) + \text{sen}(x - y)]$$

| 19b |
$$\cos x \cos y = \tfrac{1}{2}[\cos(x + y) + \cos(x - y)]$$

| 19c |
$$\text{sen } x \text{ sen } y = \tfrac{1}{2}[\cos(x - y) - \cos(x + y)]$$

Hay muchas otras identidades trigonométricas, pero las que se presentan aquí son las más comunes en cálculo. Si olvida alguna de las identidades 14–19, recuerde que todas se deducen de las ecuaciones 13a y 13b.

EJEMPLO 7 Encuentre todos los valores de x en el intervalo $[0, 2\pi]$ tales que $\text{sen } x = \text{sen } 2x$.

SOLUCIÓN Al usar la fórmula del ángulo doble (16a), se reescribe la ecuación dada como

$$\text{sen } x = 2 \text{ sen } x \cos x \qquad \text{o} \qquad \text{sen } x(1 - 2 \cos x) = 0$$

Por ende, existen dos posibilidades:

$$\text{sen } x = 0 \qquad\qquad \text{o} \qquad 1 - 2 \cos x = 0$$
$$x = 0, \pi, 2\pi \qquad\qquad\qquad \cos x = \tfrac{1}{2}$$
$$x = \frac{\pi}{3}, \frac{5\pi}{3}$$

La ecuación señalada tiene cinco soluciones: 0, $\pi/3$, π, $5\pi/3$ y 2π. ∎

■ Ley de los senos y ley de los cosenos

La **ley de los senos** establece que, en cualquier triángulo, las longitudes de los lados son proporcionales a los senos de los ángulos opuestos correspondientes. A, B y C denotan los vértices del triángulo, así como los ángulos en estos vértices, según corresponda, y se sigue la convención de marcar las longitudes de los lados opuestos correspondientes como a, b y c, como se muestra en la figura 16.

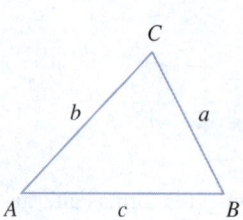

FIGURA 16

Ley de los senos En cualquier triángulo ABC

$$\frac{\text{sen } A}{a} = \frac{\text{sen } B}{b} = \frac{\text{sen } C}{c}$$

DEMOSTRACIÓN Según la fórmula 6, el área del triángulo ABC de la figura 16 es $\frac{1}{2}ab$ sen C. Según la misma fórmula, el área es también $\frac{1}{2}ac$ sen B y $\frac{1}{2}bc$ sen A. Por lo tanto,

$$\tfrac{1}{2}bc \text{ sen } A = \tfrac{1}{2}ac \text{ sen } B = \tfrac{1}{2}ab \text{ sen } C$$

y la multiplicación por $2/abc$ resulta en la ley de los senos. ▪

La **ley de los cosenos** indica la longitud de un lado de un triángulo en términos de las otras dos longitudes de lado y el ángulo incluido.

Ley de los cosenos En cualquier triángulo ABC

$$a^2 = b^2 + c^2 - 2bc \cos A$$

$$b^2 = a^2 + c^2 - 2ac \cos B$$

$$c^2 = a^2 + b^2 - 2ab \cos C$$

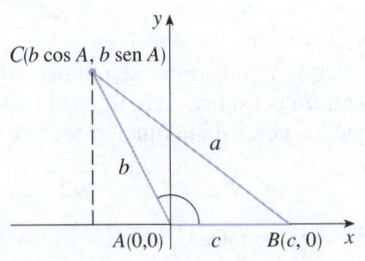

FIGURA 17

DEMOSTRACIÓN Se demuestra la primera fórmula; las dos restantes se demuestran de forma similar. Coloque el triángulo en el plano coordenado de modo que el vértice A esté en el origen, como en la figura 17. Las coordenadas de los vértices B y C son $(c, 0)$ y $(b \cos A, b \text{ sen } A)$, respectivamente. (Debe verificar que las coordenadas de estos puntos sean las mismas si se traza el ángulo A como ángulo agudo). Por la fórmula de la distancia se tiene

$$
\begin{aligned}
a^2 &= (b \cos A - c)^2 + (b \text{ sen } A - 0)^2 \\
&= b^2 \cos^2 A - 2bc \cos A + c^2 + b^2 \text{ sen}^2 A \\
&= b^2(\cos^2 A + \text{ sen}^2 A) - 2bc \cos A + c^2 \\
&= b^2 + c^2 - 2bc \cos A \qquad \text{(según la fórmula 8)} \quad ▪
\end{aligned}
$$

La ley de los cosenos es útil para demostrar la siguiente fórmula de área en la que solo se necesitan conocer las longitudes de los lados de un triángulo.

Fórmula de Herón El área $\mathcal{A}$ de cualquier triángulo ABC se indica por

$$\mathcal{A} = \sqrt{s(s - a)(s - b)(s - c)}$$

donde $s = \frac{1}{2}(a + b + c)$ es el *semiperímetro* del triángulo.

DEMOSTRACIÓN Primero, según la ley de los cosenos,

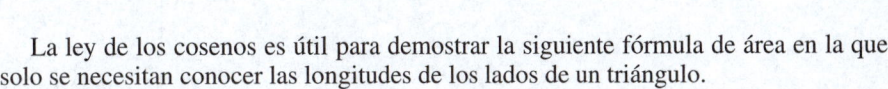

$$
\begin{aligned}
1 + \cos C &= 1 + \frac{a^2 + b^2 - c^2}{2ab} = \frac{2ab + a^2 + b^2 - c^2}{2ab} \\
&= \frac{(a + b)^2 - c^2}{2ab} = \frac{(a + b + c)(a + b - c)}{2ab}
\end{aligned}
$$

De igual manera,

$$1 - \cos C = \frac{(c + a - b)(c - a + b)}{2ab}$$

Luego, según la fórmula 6,

$$\mathcal{A}^2 = \tfrac{1}{4}a^2b^2 \operatorname{sen}^2\theta = \tfrac{1}{4}a^2b^2(1 - \cos^2\theta)$$

$$= \tfrac{1}{4}a^2b^2(1 + \cos\theta)(1 - \cos\theta)$$

$$= \tfrac{1}{4}a^2b^2 \frac{(a + b + c)(a + b - c)}{2ab} \frac{(c + a - b)(c - a + b)}{2ab}$$

$$= \frac{(a + b + c)}{2} \frac{(a + b - c)}{2} \frac{(c + a - b)}{2} \frac{(c - a + b)}{2}$$

$$= s(s - c)(s - b)(s - a)$$

Tomar la raíz cuadrada de cada lado da la fórmula de Herón. ■

■ Gráficas de las funciones trigonométricas

La gráfica de la función $f(x) = \operatorname{sen} x$, que se muestra en la figura 18(a), se obtiene al trazar puntos para $0 \leqslant x \leqslant 2\pi$ y luego aplicar la naturaleza periódica de la función (de la ecuación 12) para completar la gráfica. Observe que los ceros de la función seno se presentan en los múltiplos enteros de π, es decir,

$$\operatorname{sen} x = 0 \qquad \text{siempre que } x = n\pi, \qquad n \text{ un entero}$$

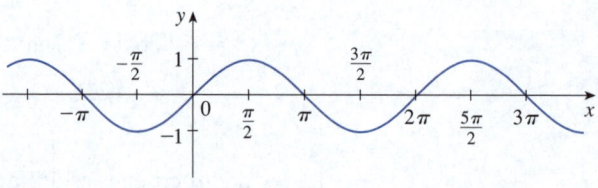

(a) $f(x) = \operatorname{sen} x$

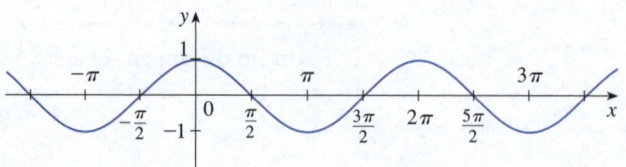

(b) $g(x) = \cos x$

FIGURA 18

Debido a la identidad

$$\cos x = \operatorname{sen}\left(x + \frac{\pi}{2}\right)$$

(que se verifica mediante la ecuación 13a), la gráfica del coseno se obtiene al desplazar la gráfica del seno por una cantidad $\pi/2$ a la izquierda [vea la figura 18(b)]. Note que tanto para la función seno como para la función coseno, el dominio es $(-\infty, \infty)$ y el rango es el intervalo cerrado $[-1, 1]$. Por lo tanto, para todos los valores de x se tiene

$$-1 \leqslant \operatorname{sen} x \leqslant 1 \qquad -1 \leqslant \cos x \leqslant 1$$

Las gráficas de las cuatro funciones trigonométricas restantes se muestran en la figura 19 y sus dominios se indican allí. Observe que la tangente y la cotangente tienen un rango $(-\infty, \infty)$, mientras que la cosecante y la secante tienen un rango $(-\infty, -1] \cup [1, \infty)$. Las cuatro funciones son periódicas: tangente y cotangente tienen periodo π, en tanto que cosecante y secante tienen el periodo 2π.

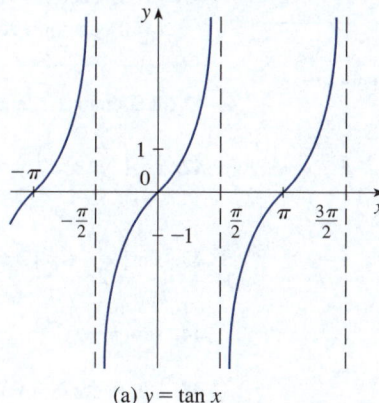

(a) $y = \tan x$

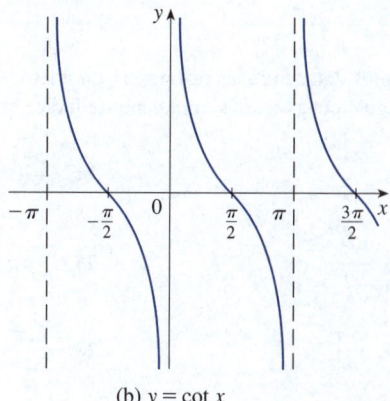

(b) $y = \cot x$

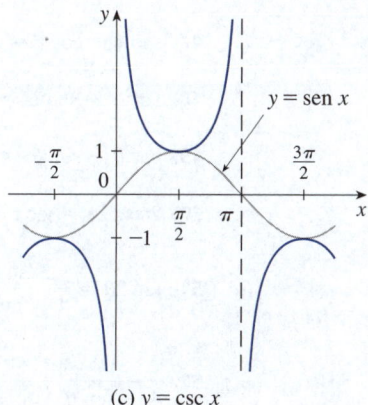

(c) $y = \csc x$

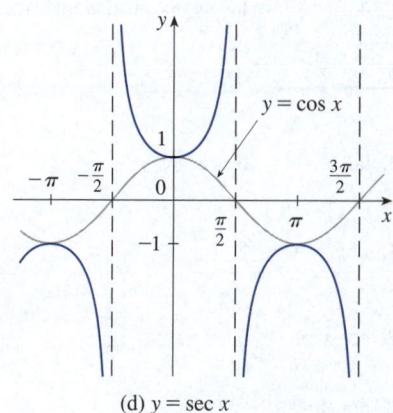

(d) $y = \sec x$

FIGURA 19

D | Ejercicios

1-6 Convierta de grados a radianes.

1. $210°$

2. $300°$

3. $9°$

4. $-315°$

5. $900°$

6. $36°$

7-12 Convierta de radianes a grados.

7. 4π

8. $-\dfrac{7\pi}{2}$

9. $\dfrac{5\pi}{12}$

10. $\dfrac{8\pi}{3}$

11. $-\dfrac{3\pi}{8}$

12. 5

13. Encuentre la longitud de un arco circular subtendido por un ángulo de $\pi/12$ rad si el radio del círculo es de 36 cm.

14. Si un círculo tiene un radio de 10 cm, encuentre la longitud del arco subtendido por un ángulo central de $72°$.

15. Un círculo tiene un radio de 1.5 m. ¿Qué ángulo está subtendido en el centro del círculo por un arco de 1 m de largo?

16. Encuentre el radio de un sector circular con un ángulo de $3\pi/4$ y una longitud de arco de 6 cm.

17-22 Trace, en posición estándar, el ángulo cuya medida se indica.

17. $315°$

18. $-150°$

19. $-\dfrac{3\pi}{4}$ rad

20. $\dfrac{7\pi}{3}$ rad

21. 2 rad

22. -3 rad

23-28 Encuentre las razones trigonométricas exactas para el ángulo cuya medida en radianes se indica.

23. $\dfrac{3\pi}{4}$

24. $\dfrac{4\pi}{3}$

25. $\dfrac{9\pi}{2}$

26. -5π

27. $\dfrac{5\pi}{6}$

28. $\dfrac{11\pi}{4}$

29-34 Encuentre las razones trigonométricas restantes.

29. $\operatorname{sen}\theta = \dfrac{3}{5}, \quad 0 < \theta < \dfrac{\pi}{2}$

30. $\tan\alpha = 2, \quad 0 < \alpha < \dfrac{\pi}{2}$

31. $\sec\phi = -1.5, \quad \dfrac{\pi}{2} < \phi < \pi$

32. $\cos x = -\dfrac{1}{3}, \quad \pi < x < \dfrac{3\pi}{2}$

33. $\cot\beta = 3, \quad \pi < \beta < 2\pi$

34. $\csc\theta = -\dfrac{4}{3}, \quad \dfrac{3\pi}{2} < \theta < 2\pi$

35-38 Encuentre, con cinco decimales de precisión, la longitud del lado marcado x.

35.

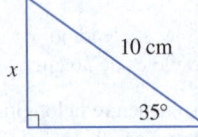

36.

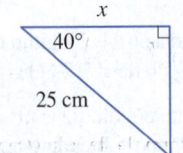

37.

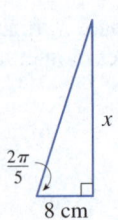

38.

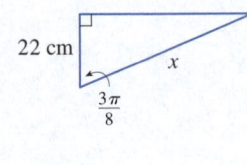

39-41 Demuestre cada ecuación.

39. (a) Ecuación 11a.   (b) Ecuación 11b.

40. (a) Ecuación 15a.   (b) Ecuación 15b.

41. (a) Ecuación 19a.   (b) Ecuación 19b.
     (c) Ecuación 19c.

42-58 Demuestre la identidad.

42. $\cos\left(\dfrac{\pi}{2} - x\right) = \operatorname{sen} x$

43. $\operatorname{sen}\left(\dfrac{\pi}{2} + x\right) = \cos x$

44. $\operatorname{sen}(\pi - x) = \operatorname{sen} x$

45. $\operatorname{sen}\theta \, \cot\theta = \cos\theta$

46. $(\operatorname{sen} x + \cos x)^2 = 1 + \operatorname{sen} 2x$

47. $\sec y - \cos y = \tan y \operatorname{sen} y$

48. $\tan^2\alpha - \operatorname{sen}^2\alpha = \tan^2\alpha \operatorname{sen}^2\alpha$

49. $\cot^2\theta + \sec^2\theta = \tan^2\theta + \csc^2\theta$

50. $2\csc 2t = \sec t \csc t$

51. $\tan 2\theta = \dfrac{2\tan\theta}{1 - \tan^2\theta}$

52. $\dfrac{1}{1 - \operatorname{sen}\theta} + \dfrac{1}{1 + \operatorname{sen}\theta} = 2\sec^2\theta$

53. $\operatorname{sen} x \operatorname{sen} 2x + \cos x \cos 2x = \cos x$

54. $\operatorname{sen}^2 x - \operatorname{sen}^2 y = \operatorname{sen}(x + y) \operatorname{sen}(x - y)$

55. $\dfrac{\operatorname{sen}\phi}{1 - \cos\phi} = \csc\phi + \cot\phi$

56. $\tan x + \tan y = \dfrac{\operatorname{sen}(x + y)}{\cos x \cos y}$

57. $\operatorname{sen} 3\theta + \operatorname{sen}\theta = 2\operatorname{sen} 2\theta \cos\theta$

58. $\cos 3\theta = 4\cos^3\theta - 3\cos\theta$

59-64 Si sen $x = \frac{1}{3}$ y sec $y = \frac{5}{4}$, donde x y y se encuentran entre 0 y $\pi/2$, evalúe la expresión.

59. $\text{sen}(x + y)$

60. $\cos(x + y)$

61. $\cos(x - y)$

62. $\text{sen}(x - y)$

63. $\text{sen } 2y$

64. $\cos 2y$

65-72 Encuentre todos los valores de x en el intervalo $[0, 2\pi]$ que satisfacen la ecuación.

65. $2 \cos x - 1 = 0$

66. $3 \cot^2 x = 1$

67. $2 \text{ sen}^2 x = 1$

68. $|\tan x| = 1$

69. $\text{sen } 2x = \cos x$

70. $2 \cos x + \text{sen } 2x = 0$

71. $\text{sen } x = \tan x$

72. $2 + \cos 2x = 3 \cos x$

73-76 Encuentre todos los valores de x en el intervalo $[0, 2\pi]$ que satisfacen la desigualdad.

73. $\text{sen } x \leq \frac{1}{2}$

74. $2 \cos x + 1 > 0$

75. $-1 < \tan x < 1$

76. $\text{sen } x > \cos x$

---

77. En el triángulo ABC, $\angle A = 50°$, $\angle B = 68°$ y $c = 230$. Con la ley de los senos encuentre las longitudes y ángulos restantes de los lados con dos decimales de precisión.

78. En el triángulo ABC, $a = 3.0$, $b = 4.0$ y $\angle C = 53°$, utilice la ley de los cosenos para encontrar c, con dos decimales de precisión.

79. A fin de encontrar la distancia $|AB|$ a través de una caleta, se ubicó un punto C como se muestra en la figura y se registraron las siguientes medidas:

$$\angle C = 103° \qquad |AC| = 820 \text{ m} \qquad |BC| = 910 \text{ m}$$

Encuentre la distancia requerida con la ley de los cosenos.

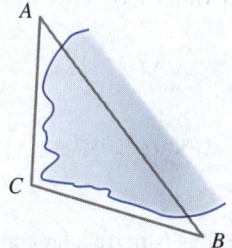

80. En el triángulo ABC, $a = 100$, $c = 200$ y $\angle B = 160°$ encuentre b y $\angle A$ con dos decimales de precisión.

81. Encuentre el área del triángulo ABC con cinco decimales de precisión, si

$$|AB| = 10 \text{ cm} \qquad |BC| = 3 \text{ cm} \qquad \angle B = 107°$$

82. En el triángulo ABC, $a = 4$, $b = 5$ y $c = 7$ encuentre el área del triángulo.

83-88 Grafique la función a partir de las figuras 18 y 19 y aplique las transformaciones de la sección 1.3 cuando sea apropiado.

83. $y = \cos\left(x - \dfrac{\pi}{3}\right)$

84. $y = \tan 2x$

85. $y = \dfrac{1}{3} \tan\left(x - \dfrac{\pi}{2}\right)$

86. $y = 1 + \sec x$

87. $y = |\text{sen } x|$

88. $y = 2 + \text{sen}\left(x + \dfrac{\pi}{4}\right)$

---

89. Con la figura, demuestre la fórmula de la sustracción

$$\cos(\alpha - \beta) = \cos \alpha \, \cos \beta + \text{sen } \alpha \, \text{sen } \beta$$

[*Sugerencia*: Calcule c^2 de dos maneras (con la ley de los cosenos y con la fórmula de distancia) y compare las dos expresiones].

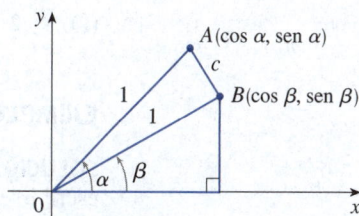

90. Use la fórmula del ejercicio 89 para demostrar la fórmula de la adición para coseno (13b).

91. Demuestre, con la fórmula para coseno y las identidades

$$\cos\left(\dfrac{\pi}{2} - \theta\right) = \text{sen } \theta \qquad \text{sen}\left(\dfrac{\pi}{2} - \theta\right) = \cos \theta$$

la fórmula de la sustracción (14a) para la función seno.

E | Notación sigma

Una forma conveniente de escribir sumas es mediante la letra griega Σ (sigma mayúscula, que corresponde a nuestra letra S) y se llama **notación sigma**.

Esto indica que hay que terminar con $i = n$.

Esto indica que hay que sumar. $\longrightarrow \displaystyle\sum_{i=m}^{n} a_i$

Esto indica que hay que iniciar

> **1**   **Definición**   Si $a_m, a_{m+1}, \ldots, a_n$ son números reales, y m y n son números enteros tales que $m \leq n$, entonces
>
> $$\sum_{i=m}^{n} a_i = a_m + a_{m+1} + a_{m+2} + \cdots + a_{n-1} + a_n$$

Con la notación de funciones, la definición 1 se escribe como

$$\sum_{i=m}^{n} f(i) = f(m) + f(m + 1) + f(m + 2) + \cdots + f(n - 1) + f(n)$$

Así, el símbolo $\sum_{i=m}^{n}$ indica una suma en la que la letra i (llamada **índice de sumatoria**) toma valores enteros consecutivos que comienzan con m y terminan con n, es decir, m, $m + 1, \ldots, n$. Otras letras también sirven como índice de sumatoria.

EJEMPLO 1

(a) $\displaystyle\sum_{i=1}^{4} i^2 = 1^2 + 2^2 + 3^2 + 4^2 = 30$

(b) $\displaystyle\sum_{i=3}^{n} i = 3 + 4 + 5 + \cdots + (n - 1) + n$

(c) $\displaystyle\sum_{j=0}^{5} 2^j = 2^0 + 2^1 + 2^2 + 2^3 + 2^4 + 2^5 = 63$

(d) $\displaystyle\sum_{k=1}^{n} \frac{1}{k} = 1 + \frac{1}{2} + \frac{1}{3} + \cdots + \frac{1}{n}$

(e) $\displaystyle\sum_{i=1}^{3} \frac{i - 1}{i^2 + 3} = \frac{1 - 1}{1^2 + 3} + \frac{2 - 1}{2^2 + 3} + \frac{3 - 1}{3^2 + 3} = 0 + \frac{1}{7} + \frac{1}{6} = \frac{13}{42}$

(f) $\displaystyle\sum_{i=1}^{4} 2 = 2 + 2 + 2 + 2 = 8$ ∎

EJEMPLO 2   Escriba la suma $2^3 + 3^3 + \ldots + n^3$ en notación sigma.

SOLUCIÓN   No hay una forma única de escribir una suma en notación sigma. Podría escribirse

$$2^3 + 3^3 + \cdots + n^3 = \sum_{i=2}^{n} i^3$$

o

$$2^3 + 3^3 + \cdots + n^3 = \sum_{j=1}^{n-1} (j + 1)^3$$

o

$$2^3 + 3^3 + \cdots + n^3 = \sum_{k=0}^{n-2} (k + 2)^3$$ ∎

El siguiente teorema ofrece tres reglas sencillas para trabajar con notación sigma.

2 **Teorema** Si c es cualquier constante (es decir, que no depende de i), entonces

(a) $\displaystyle\sum_{i=m}^{n} ca_i = c \sum_{i=m}^{n} a_i$ $\qquad$ (b) $\displaystyle\sum_{i=m}^{n} (a_i + b_i) = \sum_{i=m}^{n} a_i + \sum_{i=m}^{n} b_i$

(c) $\displaystyle\sum_{i=m}^{n} (a_i - b_i) = \sum_{i=m}^{n} a_i - \sum_{i=m}^{n} b_i$

DEMOSTRACIÓN Para ver por qué estas reglas son verdaderas, todo lo que se debe hacer es escribir ambos lados en forma expandida. La regla (a) es solo la propiedad distributiva de los números reales:

$$ca_m + ca_{m+1} + \cdots + ca_n = c(a_m + a_{m+1} + \cdots + a_n)$$

La regla (b) se colige de las mismas propiedades asociativas y conmutativas:

$$(a_m + b_m) + (a_{m+1} + b_{m+1}) + \cdots + (a_n + b_n)$$
$$= (a_m + a_{m+1} + \cdots + a_n) + (b_m + b_{m+1} + \cdots + b_n)$$

La regla (c) se demuestra de manera similar. ∎

EJEMPLO 3 Encuentre $\displaystyle\sum_{i=1}^{n} 1$.

SOLUCIÓN $\displaystyle\sum_{i=1}^{n} 1 = \underbrace{1 + 1 + \cdots + 1}_{\text{términos } n} = n$ ∎

EJEMPLO 4 Demuestre la fórmula para la suma de los primeros enteros positivos n:

$$\sum_{i=1}^{n} i = 1 + 2 + 3 + \cdots + n = \frac{n(n+1)}{2}$$

La inducción matemática se analiza en "Principios para la resolución de problemas", que se presenta después del capítulo 1.

SOLUCIÓN Esta fórmula se demuestra por inducción matemática o por el siguiente método que aplicaba el matemático alemán Karl Friedrich Gauss (1777–1855) cuando tenía 10 años.

Escriba la suma S dos veces, una vez en el orden usual y una vez en orden inverso:

$$S = 1 + \quad 2 \quad + \quad 3 \quad + \cdots + (n-1) + n$$
$$S = n + (n-1) + (n-2) + \cdots + \quad 2 \quad + 1$$

Al sumar todas las columnas en forma vertical se obtiene

$$2S = (n+1) + (n+1) + (n+1) + \cdots + (n+1) + (n+1)$$

En el lado derecho hay n términos, cada uno de los cuales es $n+1$, así que

$$2S = n(n+1) \qquad \text{o} \qquad S = \frac{n(n+1)}{2}$$
∎

EJEMPLO 5 Demuestre la fórmula para la suma de los cuadrados de los primeros enteros positivos n:

$$\sum_{i=1}^{n} i^2 = 1^2 + 2^2 + 3^2 + \cdots + n^2 = \frac{n(n+1)(2n+1)}{6}$$

SOLUCIÓN 1 Sea S la suma deseada. Se empieza con la *suma telescópica* (o suma colapsante):

$$\sum_{i=1}^{n} \left[(1 + i)^3 - i^3 \right] = (2^3 - 1^3) + (3^3 - 2^3) + (4^3 - 3^3) + \cdots + \left[(n + 1)^3 - n^3 \right]$$

$$= (n + 1)^3 - 1^3 = n^3 + 3n^2 + 3n$$

La mayoría de los términos se cancela por pares.

Por otra parte, con el teorema 2 y los ejemplos 3 y 4 se tiene

$$\sum_{i=1}^{n} \left[(1 + i)^3 - i^3 \right] = \sum_{i=1}^{n} \left[3i^2 + 3i + 1 \right] = 3\sum_{i=1}^{n} i^2 + 3\sum_{i=1}^{n} i + \sum_{i=1}^{n} 1$$

$$= 3S + 3\,\frac{n(n + 1)}{2} + n = 3S + \tfrac{3}{2}n^2 + \tfrac{5}{2}n$$

Por lo tanto, se tiene

$$n^3 + 3n^2 + 3n = 3S + \tfrac{3}{2}n^2 + \tfrac{5}{2}n$$

Se despeja S en esta ecuación y se tiene

$$3S = n^3 + \tfrac{3}{2}n^2 + \tfrac{1}{2}n$$

o

$$S = \frac{2n^3 + 3n^2 + n}{6} = \frac{n(n + 1)(2n + 1)}{6}$$

Principio de inducción matemática
Sea S_n un enunciado que involucra el entero positivo n. Suponga que
1. S_1 es verdadero.
2. Si S_k es verdadero, entonces S_{k+1} es verdadero.
Entonces S_n es verdadero para todos los enteros positivos n.

SOLUCIÓN 2 Sea S_n la fórmula señalada.

1. S_1 es verdadero porque $\quad 1^2 = \dfrac{1(1 + 1)(2 \cdot 1 + 1)}{6}$

2. Suponga que S_k es verdadero; es decir,

$$1^2 + 2^2 + 3^2 + \cdots + k^2 = \frac{k(k + 1)(2k + 1)}{6}$$

Entonces

$$1^2 + 2^2 + 3^2 + \cdots + (k + 1)^2 = (1^2 + 2^2 + 3^2 + \cdots + k^2) + (k + 1)^2$$

$$= \frac{k(k + 1)(2k + 1)}{6} + (k + 1)^2$$

$$= (k + 1)\,\frac{k(2k + 1) + 6(k + 1)}{6}$$

$$= (k + 1)\,\frac{2k^2 + 7k + 6}{6}$$

$$= \frac{(k + 1)(k + 2)(2k + 3)}{6}$$

$$= \frac{(k + 1)[(k + 1) + 1][2(k + 1) + 1]}{6}$$

Así que S_{k+1} es verdadero.

Según el principio de inducción matemática, S_n es verdadero para todo valor n.

Se enlistan los resultados de los ejemplos 3, 4 y 5 junto con un resultado similar para los cubos (vea los ejercicios 37–40) como teorema 3. Estas fórmulas son necesarias para encontrar áreas y evaluar integrales en el capítulo 5.

3 **Teorema** Sea c una constante y n un entero positivo. Entonces

(a) $\displaystyle\sum_{i=1}^{n} 1 = n$

(b) $\displaystyle\sum_{i=1}^{n} c = nc$

(c) $\displaystyle\sum_{i=1}^{n} i = \frac{n(n+1)}{2}$

(d) $\displaystyle\sum_{i=1}^{n} i^2 = \frac{n(n+1)(2n+1)}{6}$

(e) $\displaystyle\sum_{i=1}^{n} i^3 = \left[\frac{n(n+1)}{2}\right]^2$

EJEMPLO 6 Evalúe $\displaystyle\sum_{i=1}^{n} i(4i^2 - 3)$.

SOLUCIÓN Con los teoremas 2 y 3 se tiene

$$\sum_{i=1}^{n} i(4i^2 - 3) = \sum_{i=1}^{n} (4i^3 - 3i) = 4\sum_{i=1}^{n} i^3 - 3\sum_{i=1}^{n} i$$

$$= 4\left[\frac{n(n+1)}{2}\right]^2 - 3\,\frac{n(n+1)}{2}$$

$$= \frac{n(n+1)[2n(n+1) - 3]}{2}$$

$$= \frac{n(n+1)(2n^2 + 2n - 3)}{2}$$

EJEMPLO 7 Encuentre $\displaystyle\lim_{n\to\infty} \sum_{i=1}^{n} \frac{3}{n}\left[\left(\frac{i}{n}\right)^2 + 1\right]$.

El tipo de cálculo del ejemplo 7 se presenta en el capítulo 5 cuando se calculan áreas.

SOLUCIÓN

$$\lim_{n\to\infty} \sum_{i=1}^{n} \frac{3}{n}\left[\left(\frac{i}{n}\right)^2 + 1\right] = \lim_{n\to\infty} \sum_{i=1}^{n}\left[\frac{3}{n^3}i^2 + \frac{3}{n}\right]$$

$$= \lim_{n\to\infty}\left[\frac{3}{n^3}\sum_{i=1}^{n} i^2 + \frac{3}{n}\sum_{i=1}^{n} 1\right]$$

$$= \lim_{n\to\infty}\left[\frac{3}{n^3}\,\frac{n(n+1)(2n+1)}{6} + \frac{3}{n}\cdot n\right]$$

$$= \lim_{n\to\infty}\left[\frac{1}{2}\cdot\frac{n}{n}\cdot\left(\frac{n+1}{n}\right)\left(\frac{2n+1}{n}\right) + 3\right]$$

$$= \lim_{n\to\infty}\left[\frac{1}{2}\cdot 1\left(1 + \frac{1}{n}\right)\left(2 + \frac{1}{n}\right) + 3\right]$$

$$= \tfrac{1}{2}\cdot 1 \cdot 1 \cdot 2 + 3 = 4$$

E | Ejercicios

1-10 Escriba las sumas en forma expandida.

1. $\displaystyle\sum_{i=1}^{5} \sqrt{i}$

2. $\displaystyle\sum_{i=1}^{6} \frac{1}{i+1}$

3. $\displaystyle\sum_{i=4}^{6} 3^i$

4. $\displaystyle\sum_{i=4}^{6} i^3$

5. $\displaystyle\sum_{k=0}^{4} \frac{2k-1}{2k+1}$

6. $\displaystyle\sum_{k=5}^{8} x^k$

7. $\displaystyle\sum_{i=1}^{n} i^{10}$

8. $\displaystyle\sum_{j=n}^{n+3} j^2$

9. $\displaystyle\sum_{j=0}^{n-1} (-1)^j$

10. $\displaystyle\sum_{i=1}^{n} f(x_i)\,\Delta x_i$

11-20 Escriba las sumas en notación sigma.

11. $1 + 2 + 3 + 4 + \cdots + 10$

12. $\sqrt{3} + \sqrt{4} + \sqrt{5} + \sqrt{6} + \sqrt{7}$

13. $\frac{1}{2} + \frac{2}{3} + \frac{3}{4} + \frac{4}{5} + \cdots + \frac{19}{20}$

14. $\frac{3}{7} + \frac{4}{8} + \frac{5}{9} + \frac{6}{10} + \cdots + \frac{23}{27}$

15. $2 + 4 + 6 + 8 + \cdots + 2n$

16. $1 + 3 + 5 + 7 + \cdots + (2n-1)$

17. $1 + 2 + 4 + 8 + 16 + 32$

18. $\frac{1}{1} + \frac{1}{4} + \frac{1}{9} + \frac{1}{16} + \frac{1}{25} + \frac{1}{36}$

19. $x + x^2 + x^3 + \cdots + x^n$

20. $1 - x + x^2 - x^3 + \cdots + (-1)^n x^n$

21-35 Encuentre el valor de cada suma.

21. $\displaystyle\sum_{i=4}^{8} (3i - 2)$

22. $\displaystyle\sum_{i=3}^{6} i(i + 2)$

23. $\displaystyle\sum_{j=1}^{6} 3^{j+1}$

24. $\displaystyle\sum_{k=0}^{8} \cos k\pi$

25. $\displaystyle\sum_{n=1}^{20} (-1)^n$

26. $\displaystyle\sum_{i=1}^{100} 4$

27. $\displaystyle\sum_{i=0}^{4} (2^i + i^2)$

28. $\displaystyle\sum_{i=-2}^{4} 2^{3-i}$

29. $\displaystyle\sum_{i=1}^{n} 2i$

30. $\displaystyle\sum_{i=1}^{n} (2 - 5i)$

31. $\displaystyle\sum_{i=1}^{n} (i^2 + 3i + 4)$

32. $\displaystyle\sum_{i=1}^{n} (3 + 2i)^2$

33. $\displaystyle\sum_{i=1}^{n} (i + 1)(i + 2)$

34. $\displaystyle\sum_{i=1}^{n} i(i + 1)(i + 2)$

35. $\displaystyle\sum_{i=1}^{n} (i^3 - i - 2)$

36. Encuentre el número n tal que $\displaystyle\sum_{i=1}^{n} i = 78$.

37. Demuestre la fórmula (b) del teorema 3.

38. Demuestre la fórmula (e) del teorema 3 mediante inducción matemática.

39. Demuestre la fórmula (e) del teorema 3 con un método parecido al del ejemplo 5, solución 1 [empiece con $(1 + i)^4 - i^4$].

40. Demuestre la fórmula (e) del teorema 3 mediante el siguiente método publicado por Abu Bekr Mohammed ibn Alhusain Alkarchi en aproximadamente el año 1010. En la figura se ve un cuadrado $ABCD$ en el que los lados AB y AD se dividieron en segmentos de longitudes 1, 2, 3, . . . , n. Por lo tanto, el lado del cuadrado tiene una longitud $n(n + 1)/2$ por lo que el área es $[n(n + 1)/2]^2$. Pero el área es también la suma de las áreas de los "gnomos" n $G_1, G_2, \ldots, G_n$ que se muestran en la figura. Muestre que el área de G_i es i^3 y concluya que la fórmula (e) es verdadera.

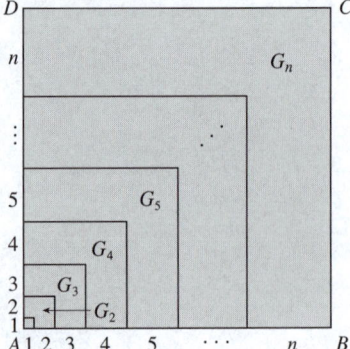

41. Evalúe cada suma telescópica.

(a) $\displaystyle\sum_{i=1}^{n} [i^4 - (i - 1)^4]$

(b) $\displaystyle\sum_{i=1}^{100} (5^i - 5^{i-1})$

(c) $\displaystyle\sum_{i=3}^{99} \left(\frac{1}{i} - \frac{1}{i + 1}\right)$

(d) $\displaystyle\sum_{i=1}^{n} (a_i - a_{i-1})$

42. Demuestre la desigualdad del triángulo generalizada:

$$\left|\sum_{i=1}^{n} a_i\right| \le \sum_{i=1}^{n} |a_i|$$

43-46 Encuentre los siguientes límites.

43. $\displaystyle\lim_{n\to\infty} \sum_{i=1}^{n} \frac{1}{n}\left(\frac{i}{n}\right)^2$

44. $\displaystyle\lim_{n\to\infty} \sum_{i=1}^{n} \frac{1}{n}\left[\left(\frac{i}{n}\right)^3 + 1\right]$

45. $\displaystyle\lim_{n\to\infty} \sum_{i=1}^{n} \frac{2}{n}\left[\left(\frac{2i}{n}\right)^3 + 5\left(\frac{2i}{n}\right)\right]$

46. $\displaystyle \lim_{n \to \infty} \sum_{i=1}^{n} \frac{3}{n} \left[\left(1 + \frac{3i}{n} \right)^3 - 2\left(1 + \frac{3i}{n} \right) \right]$

48. Evalúe $\displaystyle \sum_{i=1}^{n} \frac{3}{2^{i-1}}$.

47. Demuestre la fórmula de la suma de una serie geométrica finita con el primer término a y la razón común $r \neq 1$:

$$\sum_{i=1}^{n} ar^{i-1} = a + ar + ar^2 + \cdots + ar^{n-1} = \frac{a(r^n - 1)}{r - 1}$$

49. Evalúe $\displaystyle \sum_{i=1}^{n} (2i + 2^i)$.

50. Evalúe $\displaystyle \sum_{i=1}^{m} \left[\sum_{j=1}^{n} (i + j) \right]$.

F | Demostración de teoremas

En este apéndice se presentan demostraciones de varios teoremas que se enuncian en el cuerpo principal del libro. Al margen se indican las secciones a las que corresponden.

Sección 2.3

Leyes de los límites Suponga que c es una constante y que los límites

$$\lim_{x \to a} f(x) = L \qquad \text{y} \qquad \lim_{x \to a} g(x) = M$$

existen. Entonces

1. $\displaystyle \lim_{x \to a} [f(x) + g(x)] = L + M$
　　　　　　　　　　　　　　　　　2. $\displaystyle \lim_{x \to a} [f(x) - g(x)] = L - M$

3. $\displaystyle \lim_{x \to a} [cf(x)] = cL$
　　　　　　　　　　　　　　　　　4. $\displaystyle \lim_{x \to a} [f(x)g(x)] = LM$

5. $\displaystyle \lim_{x \to a} \frac{f(x)}{g(x)} = \frac{L}{M}$ si $M \neq 0$

DEMOSTRACIÓN DE LA LEY 4 Sea $\varepsilon > 0$. Se desea encontrar $\delta > 0$ tal que

$$\text{si} \quad 0 < |x - a| < \delta \quad \text{luego} \quad |f(x)g(x) - LM| < \varepsilon$$

A fin de obtener términos que contengan $|f(x) - L|$ y $|g(x) - M|$, se suma y resta $Lg(x)$ así:

$$|f(x)g(x) - LM| = |f(x)g(x) - Lg(x) + Lg(x) - LM|$$

$$= |[f(x) - L]g(x) + L[g(x) - M]|$$

$$\leq |[f(x) - L]g(x)| + |L[g(x) - M]| \quad \text{(desigualdad del triángulo)}$$

$$= |f(x) - L||g(x)| + |L||g(x) - M|$$

Se desea que cada uno de estos términos sea menor que $\varepsilon/2$.

Como $\lim_{x \to a} g(x) = M$, hay un número $\delta_1 > 0$ tal que

$$\text{si} \quad 0 < |x - a| < \delta_1 \quad \text{entonces} \quad |g(x) - M| < \frac{\varepsilon}{2(1 + |L|)}$$

También hay un número $\delta_2 > 0$ tal que si $0 < |x - a| < \delta_2$, entonces

$$|g(x) - M| < 1$$

y por lo tanto

$$|g(x)| = |g(x) - M + M| \leq |g(x) - M| + |M| < 1 + |M|$$

Como $\lim_{x \to a} f(x) = L$, hay un número $\delta_3 > 0$ tal que

$$\text{si} \qquad 0 < |x - a| < \delta_3 \qquad \text{entonces} \qquad |f(x) - L| < \frac{\varepsilon}{2(1 + |M|)}$$

Sea $\delta = \min\{\delta_1, \delta_2, \delta_3\}$. Si $0 < |x - a| < \delta$, entonces se tiene $0 < |x - a| < \delta_1$, $0 < |x - a| < \delta_2$ y $0 < |x - a| < \delta_3$ así que es posible combinar las desigualdades para obtener

$$|f(x)g(x) - LM| \leq |f(x) - L||g(x)| + |L||g(x) - M|$$
$$< \frac{\varepsilon}{2(1 + |M|)}(1 + |M|) + |L|\frac{\varepsilon}{2(1 + |L|)}$$
$$< \frac{\varepsilon}{2} + \frac{\varepsilon}{2} = \varepsilon$$

Esto muestra que $\lim_{x \to a}[f(x)g(x)] = LM$.   ∎

DEMOSTRACIÓN DE LA LEY 3   Si $g(x) = c$ en la ley 4 se obtiene

$$\lim_{x \to a}[cf(x)] = \lim_{x \to a}[g(x)f(x)] = \lim_{x \to a}g(x) \cdot \lim_{x \to a}f(x)$$
$$= \lim_{x \to a}c \cdot \lim_{x \to a}f(x)$$
$$= c\lim_{x \to a}f(x) \qquad \text{(según la ley 8)}$$ ∎

DEMOSTRACIÓN DE LA LEY 2   Al usar la ley 1 y la ley 3 con $c = -1$ se tiene

$$\lim_{x \to a}[f(x) - g(x)] = \lim_{x \to a}[f(x) + (-1)g(x)] = \lim_{x \to a}f(x) + \lim_{x \to a}(-1)g(x)$$
$$= \lim_{x \to a}f(x) + (-1)\lim_{x \to a}g(x) = \lim_{x \to a}f(x) - \lim_{x \to a}g(x)$$ ∎

DEMOSTRACIÓN DE LA LEY 5   Primero se muestra que

$$\lim_{x \to a}\frac{1}{g(x)} = \frac{1}{M}$$

Para ello, se debe mostrar que, con $\varepsilon > 0$, existe $\delta > 0$ tal que

$$\text{si} \qquad 0 < |x - a| < \delta \qquad \text{entonces} \qquad \left|\frac{1}{g(x)} - \frac{1}{M}\right| < \varepsilon$$

Observe que
$$\left|\frac{1}{g(x)} - \frac{1}{M}\right| = \frac{|M - g(x)|}{|Mg(x)|}$$

Se sabe que es posible hacer que el numerador sea pequeño. Pero también es necesario saber que el denominador no es pequeño cuando x está cerca de a. Como $\lim_{x \to a} g(x) = M$, hay un número $\delta_1 > 0$ tal que, siempre que $0 < |x - a| < \delta_1$, se tiene

$$|g(x) - M| < \frac{|M|}{2}$$

y por lo tanto $$|M| = |M - g(x) + g(x)| \leq |M - g(x)| + |g(x)|$$
$$< \frac{|M|}{2} + |g(x)|$$

Esto muestra que

$$\text{si} \quad 0 < |x - a| < \delta_1 \quad \text{entonces} \quad |g(x)| > \frac{|M|}{2}$$

y así, para estos valores de x,

$$\frac{1}{|Mg(x)|} = \frac{1}{|M||g(x)|} < \frac{1}{|M|} \cdot \frac{2}{|M|} = \frac{2}{M^2}$$

También existe $\delta_2 > 0$ tal que

$$\text{si} \quad 0 < |x - a| < \delta_2 \quad \text{entonces} \quad |g(x) - M| < \frac{M^2}{2} \varepsilon$$

Sea $\delta = \text{mín}\{\delta_1, \delta_2\}$. Entonces, para $0 < |x - a| < \delta$, se tiene

$$\left| \frac{1}{g(x)} - \frac{1}{M} \right| = \frac{|M - g(x)|}{|Mg(x)|} < \frac{2}{M^2} \frac{M^2}{2} \varepsilon = \varepsilon$$

De ello se deduce que $\lim_{x \to a} 1/g(x) = 1/M$. Finalmente, con la ley 4 se obtiene

$$\lim_{x \to a} \frac{f(x)}{g(x)} = \lim_{x \to a} \left(f(x) \cdot \frac{1}{g(x)} \right) = \lim_{x \to a} f(x) \lim_{x \to a} \frac{1}{g(x)} = L \cdot \frac{1}{M} = \frac{L}{M} \qquad \blacksquare$$

---

2 Teorema Si $f(x) \leq g(x)$ para toda x en un intervalo abierto que contiene a (excepto posiblemente en a) y

$$\lim_{x \to a} f(x) = L \qquad \text{y} \qquad \lim_{x \to a} g(x) = M$$

entonces $L \leq M$.

DEMOSTRACIÓN Se aplica el método de prueba por reducción al absurdo. Suponga, si es posible, que $L > M$. La ley 2 de los límites dice que

$$\lim_{x \to a} [g(x) - f(x)] = M - L$$

Por lo tanto, para toda $\varepsilon > 0$ existe $\delta > 0$ tal que

$$\text{si} \quad 0 < |x - a| < \delta \quad \text{entonces} \quad |[g(x) - f(x)] - (M - L)| < \varepsilon$$

En particular, al tomar $\varepsilon = L - M$ (observando que $L - M > 0$ por hipótesis), se tiene un número $\delta > 0$ tal que

$$\text{si} \quad 0 < |x - a| < \delta \quad \text{entonces} \quad |[g(x) - f(x)] - (M - L)| < L - M$$

Como $b \leq |b|$ para cualquier número b, se tiene

$$\text{si} \quad 0 < |x - a| < \delta \quad \text{entonces} \quad [g(x) - f(x)] - (M - L) < L - M$$

lo que se simplifica a

$$\text{si} \quad 0 < |x - a| < \delta \quad \text{entonces} \quad g(x) < f(x)$$

Pero esto contradice $f(x) \leq g(x)$. Por tanto, la desigualdad $L > M$ debe ser falsa. Así, $L \leq M$. $\blacksquare$

> **3** **Teorema de la compresión** Si $f(x) \leqslant g(x) \leqslant h(x)$ para toda x en un intervalo abierto que contiene a (excepto posiblemente en a) y
>
> $$\lim_{x \to a} f(x) = \lim_{x \to a} h(x) = L$$
>
> entonces $\lim_{x \to a} g(x) = L$

DEMOSTRACIÓN Sea $\varepsilon > 0$. Como $\lim_{x \to a} f(x) = L$, hay un número $\delta_1 > 0$ tal que

$$\text{si} \quad 0 < |x - a| < \delta_1 \quad \text{entonces} \quad |f(x) - L| < \varepsilon$$

es decir,

$$\text{si} \quad 0 < |x - a| < \delta_1 \quad \text{entonces} \quad L - \varepsilon < f(x) < L + \varepsilon$$

Como $\lim_{x \to a} h(x) = L$, hay un número $\delta_2 > 0$ tal que

$$\text{si} \quad 0 < |x - a| < \delta_2 \quad \text{entonces} \quad |h(x) - L| < \varepsilon$$

es decir,

$$\text{si} \quad 0 < |x - a| < \delta_2 \quad \text{entonces} \quad L - \varepsilon < h(x) < L + \varepsilon$$

Sea $\delta = \text{mín}\{\delta_1, \delta_2\}$. Si $0 < |x - a| < \delta$, entonces $0 < |x - a| < \delta_1$ y $0 < |x - a| < \delta_2$, así que

$$L - \varepsilon < f(x) \leqslant g(x) \leqslant h(x) < L + \varepsilon$$

En particular, $L - \varepsilon < g(x) < L + \varepsilon$

y por lo tanto, $|g(x) - L| < \varepsilon$. Así $\lim_{x \to a} g(x) = L$. ∎

Sección 2.5

> **Teorema** Si f es una función continua uno a uno definida en un intervalo (a, b), entonces su función inversa f^{-1} también es continua.

DEMOSTRACIÓN Primero se muestra que si f es una función uno a uno o función inyectiva y, a la vez, continua en (a, b), entonces debe aumentar o disminuir en (a, b). Si no aumenta ni disminuye, entonces existirían los números x_1, x_2 y x_3 en (a, b) con $x_1 < x_2 < x_3$ tales que $f(x_2)$ no se encontrara entre $f(x_1)$ y $f(x_3)$. Hay dos posibilidades: ya sea (1) $f(x_3)$ está entre $f(x_1)$ y $f(x_2)$ o (2) $f(x_1)$ se encuentra entre $f(x_2)$ y $f(x_3)$. (Dibuje una imagen). En el caso (1) se aplica el teorema del valor intermedio a la función continua f para obtener un número c entre x_1 y x_2 tal que $f(c) = f(x_3)$. En el caso (2) el teorema del valor intermedio da un número c entre x_2 y x_3 tal que $f(c) = f(x_1)$. En cualquier caso, se contradice el hecho de que f sea una función uno a uno.

Asuma, para mayor claridad, que f es creciente en (a, b). Se toma cualquier número y_0 en el dominio de f^{-1} y sea $f^{-1}(y_0) = x_0$; es decir, x_0 es el número en (a, b) tal que $f(x_0) = y_0$. Para mostrar que f^{-1} es continua en y_0, se toma cualquier $\varepsilon > 0$ tal que el intervalo $(x_0 - \varepsilon, x_0 + \varepsilon)$ esté contenido en el intervalo (a, b). Como f es creciente, se ubican los números del intervalo $(x_0 - \varepsilon, x_0 + \varepsilon)$ en los números en el intervalo $(f(x_0 - \varepsilon), f(x_0 + \varepsilon))$ y f^{-1} invierte la correspondencia. Si δ denota el menor de los números $\delta_1 = y_0 - f(x_0 - \varepsilon)$ y $\delta_2 = f(x_0 + \varepsilon) - y_0$, entonces el intervalo $(y_0 - \delta, y_0 + \delta)$ está contenido en el intervalo $(f(x_0 - \varepsilon), f(x_0 + \varepsilon))$ y de este modo queda ubicado en el intervalo $(x_0 - \varepsilon, x_0 + \varepsilon)$ por f^{-1}. (Vea el diagrama de flechas en la figura 1). Por lo tanto, se encontró un número $\delta > 0$ tal que

$$\text{si} \quad |y - y_0| < \delta \quad \text{entonces} \quad |f^{-1}(y) - f^{-1}(y_0)| < \varepsilon$$

Esto muestra que $\lim_{y \to y_0} f^{-1}(y) = f^{-1}(y_0)$ y por lo tanto f^{-1} es continua en cualquier número y_0 de su dominio.

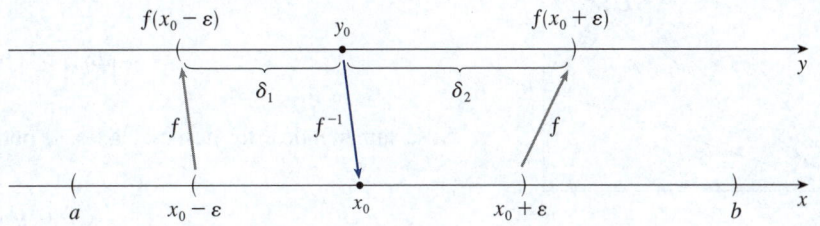

FIGURA 1

---

8 **Teorema** Si f es continua en b y $\lim_{x \to a} g(x) = b$, entonces

$$\lim_{x \to a} f(g(x)) = f(b)$$

DEMOSTRACIÓN Sea $\varepsilon > 0$. Se desea encontrar un número $\delta > 0$ tal que

$$\text{si} \quad 0 < |x - a| < \delta \quad \text{entonces} \quad |f(g(x)) - f(b)| < \varepsilon$$

Como f es continua en b, se tiene

$$\lim_{y \to b} f(y) = f(b)$$

y por lo tanto existe $\delta_1 > 0$ tal que

$$\text{si} \quad 0 < |y - b| < \delta_1 \quad \text{entonces} \quad |f(y) - f(b)| < \varepsilon$$

Dado que $\lim_{x \to a} g(x) = b$, existe $\delta > 0$ tal que

$$\text{si} \quad 0 < |x - a| < \delta \quad \text{entonces} \quad |g(x) - b| < \delta_1$$

Al combinar estos dos enunciados, se ve que siempre que $0 < |x - a| < \delta$ se tiene $|g(x) - b| < \delta_1$, lo que implica que $|f(g(x)) - f(b)| < \varepsilon$. Por lo tanto, se demostró que $\lim_{x \to a} f(g(x)) = f(b)$. ∎

Sección 3.3

La demostración del siguiente resultado se prometió cuando se demostró que $\lim_{\theta \to 0} \dfrac{\operatorname{sen} \theta}{\theta} = 1$.

Teorema Si $0 < \theta < \pi/2$, entonces $\theta \leqslant \tan \theta$.

DEMOSTRACIÓN En la figura 2 se ve un sector de un círculo con centro O, ángulo central θ y radio 1. Entonces,

$$|AD| = |OA| \tan \theta = \tan \theta$$

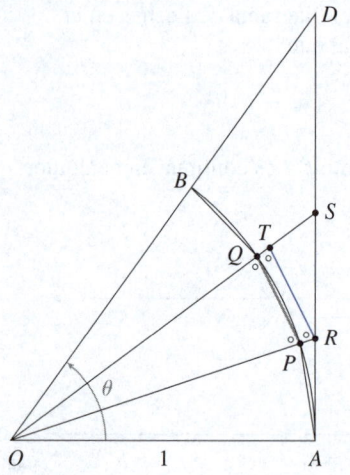

FIGURA 2

El arco AB se aproxima por medio de una ruta poligonal inscrita que consiste en n segmentos de rectas iguales, y se ve un segmento PQ habitual. Se extienden las rectas OP y OQ para que encuentren AD en los puntos R y S. Luego se traza $RT \parallel PQ$ como en la figura 2. Observe que

$$\angle RTO = \angle PQO < 90°$$

y de este modo $\angle RTS > 90°$. Por lo tanto, se tiene

$$|PQ| < |RT| < |RS|$$

Si se suman n de estas desigualdades, se obtiene

$$L_n < |AD| = \tan\theta$$

donde L_n es la longitud de la ruta poligonal inscrita. Por ende, según el teorema 2.3.2, se tiene

$$\lim_{n\to\infty} L_n \leq \tan\theta$$

Pero la longitud de arco se define en la ecuación 8.1.1 como el límite de las longitudes de las rutas poligonales inscritas, por lo que

$$\theta = \lim_{n\to\infty} L_n \leq \tan\theta \qquad ■$$

Sección 3.6

> **Teorema** Si f es una función uno a uno con la función inversa f^{-1} y $f'(f^{-1}(a)) \neq 0$, entonces la función inversa es derivable en a y
>
> $$(f^{-1})'(a) = \frac{1}{f'(f^{-1}(a))}$$

DEMOSTRACIÓN Escriba la definición de la derivada como en la ecuación 2.7.5:

$$(f^{-1})'(a) = \lim_{x\to a} \frac{f^{-1}(x) - f^{-1}(a)}{x - a}$$

Si $f(b) = a$, entonces $f^{-1}(a) = b$. Y si $y = f^{-1}(x)$, entonces $f(y) = x$. Como f es derivable, es continua, así que f^{-1} es continua (vea la sección 2.5). En efecto, si $x \to a$, entonces $f^{-1}(x) \to f^{-1}(a)$, es decir, $y \to b$. Por ende,

$$(f^{-1})'(a) = \lim_{x\to a} \frac{f^{-1}(x) - f^{-1}(a)}{x - a} = \lim_{x\to b} \frac{y - b}{f(y) - f(b)}$$

$$= \lim_{y\to b} \frac{1}{\dfrac{f(y) - f(b)}{y - b}} = \frac{1}{\displaystyle\lim_{y\to b} \frac{f(y) - f(b)}{y - b}}$$

$$= \frac{1}{f'(b)} = \frac{1}{f'(f^{-1}(a))} \qquad ■$$

Sección 4.3

> **Prueba de concavidad**
> (a) Si $f''(x) > 0$ en un intervalo I, entonces la gráfica de f es cóncava hacia arriba en I.
> (b) Si $f''(x) < 0$ en un intervalo I, entonces la gráfica de f es cóncava hacia abajo en I.

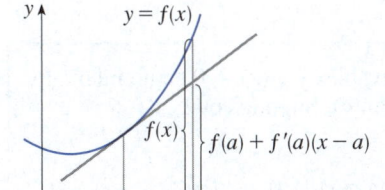

FIGURA 3

DEMOSTRACIÓN DE (a) Sea a cualquier número en I. Se debe mostrar que la curva $y = f(x)$ se encuentra arriba de la recta tangente en el punto $(a, f(a))$. La ecuación de esta tangente es

$$y = f(a) + f'(a)(x - a)$$

Así que hay que mostrar que

$$f(x) > f(a) + f'(a)(x - a)$$

siempre que $x \in I$ $(x \neq a)$ (vea la figura 3).

Primero tome el caso donde $x > a$. Al aplicar el teorema del valor medio a f en el intervalo $[a, x]$ se obtiene un número c, con $a < c < x$, tal que

$$\boxed{1} \qquad f(x) - f(a) = f'(c)(x - a)$$

Como $f'' > 0$ en I, se sabe por la prueba creciente/decreciente que f' es creciente en I. Por lo tanto, ya que $a < c$, se tiene

$$f'(a) < f'(c)$$

y así, al multiplicar esta desigualdad por el número positivo $x - a$, se obtiene

$$\boxed{2} \qquad f'(a)(x - a) < f'(c)(x - a)$$

Ahora se suma $f(a)$ a ambos lados de esta desigualdad:

$$f(a) + f'(a)(x - a) < f(a) + f'(c)(x - a)$$

Pero según la ecuación 1 se tiene $f(x) = f(a) + f'(c)(x - a)$. Por lo tanto, esta desigualdad se vuelve

$$\boxed{3} \qquad f(x) > f(a) + f'(a)(x - a)$$

que es lo que se deseaba demostrar.

Para el caso donde $x < a$, se tiene $f'(c) < f'(a)$, pero la multiplicación por el número negativo $x - a$ invierte la desigualdad, por lo que se obtiene (2) y (3) como antes. ∎

Sección 4.4

Para dar la demostración prometida de la regla de L'Hôpital, se necesita primero una generalización del teorema del valor medio. El siguiente teorema lleva el nombre de otro matemático francés, Augustin-Louis Cauchy (1789–1857).

Vea la semblanza biográfica de Cauchy en la sección 2.4.

> **1** **Teorema del valor medio de Cauchy** Suponga que las funciones f y g son continuas en $[a, b]$ y derivables en (a, b), y $g'(x) \neq 0$ para toda x en (a, b). Luego hay un número c en (a, b) tal que
>
> $$\frac{f'(c)}{g'(c)} = \frac{f(b) - f(a)}{g(b) - g(a)}$$

Observe que si se toma el caso especial en el que $g(x) = x$, entonces $g'(c) = 1$ y el teorema 1 es simplemente el teorema del valor medio común. Además, el teorema 1 se demuestra de manera similar. Puede verificar que todo lo que hay que hacer es cambiar la función h dada por la ecuación 4.2.4 a la función

$$h(x) = f(x) - f(a) - \frac{f(b) - f(a)}{g(b) - g(a)} [g(x) - g(a)]$$

y aplicar el teorema de Rolle como antes.

Regla de L'Hôpital Suponga que f y g son derivables y $g'(x) \neq 0$ en un intervalo abierto I que contiene a (excepto posiblemente en a). Suponga que

$$\lim_{x \to a} f(x) = 0 \qquad \text{y} \qquad \lim_{x \to a} g(x) = 0$$

o que $\qquad \lim_{x \to a} f(x) = \pm\infty \qquad$ y $\qquad \lim_{x \to a} g(x) = \pm\infty$

(En otras palabras, se tiene una forma indeterminada del tipo $\frac{0}{0}$ o $\frac{\infty}{\infty}$). Entonces

$$\lim_{x \to a} \frac{f(x)}{g(x)} = \lim_{x \to a} \frac{f'(x)}{g'(x)}$$

si el límite del lado derecho existe (o es ∞ o $-\infty$).

DEMOSTRACIÓN DE LA REGLA DE L'HÔPITAL Se asume que $\lim_{x \to a} f(x) = 0$ y $\lim_{x \to a} g(x) = 0$. Sea

$$L = \lim_{x \to a} \frac{f'(x)}{g'(x)}$$

Se tiene que mostrar que $\lim_{x \to a} f(x)/g(x) = L$. Defina

$$F(x) = \begin{cases} f(x) & \text{si } x \neq a \\ 0 & \text{si } x = a \end{cases} \qquad G(x) = \begin{cases} g(x) & \text{si } x \neq a \\ 0 & \text{si } x = a \end{cases}$$

Entonces F es continua en I porque f es continua en $\{x \in I \mid x \neq a\}$ y

$$\lim_{x \to a} F(x) = \lim_{x \to a} f(x) = 0 = F(a)$$

De la misma manera, G es continua en I. Sean $x \in I$ y $x > a$. Entonces F y G son continuas en $[a, x]$ y derivables en (a, x) y $G' \neq 0$ allí (pues $F' = f'$ y $G' = g'$). Por lo tanto, mediante el teorema del valor medio de Cauchy, hay un número y tal que $a < y < x$ y

$$\frac{F'(y)}{G'(y)} = \frac{F(x) - F(a)}{G(x) - G(a)} = \frac{F(x)}{G(x)}$$

Aquí se partió del hecho de que, por definición, $F(a) = 0$ y $G(a) = 0$. Ahora, si $x \to a^+$, entonces $y \to a^+$ (porque $a < y < x$), entonces

$$\lim_{x \to a^+} \frac{f(x)}{g(x)} = \lim_{x \to a^+} \frac{F(x)}{G(x)} = \lim_{y \to a^+} \frac{F'(y)}{G'(y)} = \lim_{y \to a^+} \frac{f'(y)}{g'(y)} = L$$

Un argumento similar muestra que el límite por la izquierda también es L. Por lo tanto,

$$\lim_{x \to a} \frac{f(x)}{g(x)} = L$$

Esto demuestra la regla de L'Hôpital para el caso donde a es finito.

Si a es infinito, sea $t = 1/x$. Luego $t \to 0^+$ a medida que $x \to \infty$, así que se tiene

$$\lim_{x \to \infty} \frac{f(x)}{g(x)} = \lim_{t \to 0^+} \frac{f(1/t)}{g(1/t)}$$

$$= \lim_{t \to 0^+} \frac{f'(1/t)(-1/t^2)}{g'(1/t)(-1/t^2)} \quad \text{(según la regla de L'Hôpital para } a \text{ finito)}$$

$$= \lim_{t \to 0^+} \frac{f'(1/t)}{g'(1/t)} = \lim_{x \to \infty} \frac{f'(x)}{g'(x)} \qquad \blacksquare$$

Sección 11.1

> **7** **Teorema**   Si $\lim\limits_{n \to \infty} a_n = L$ y la función f es continua en L, entonces
>
> $$\lim_{n \to \infty} f(a_n) = f(L).$$

DEMOSTRACIÓN   Sea $\varepsilon > 0$ que se toma como dado. Puesto que f es continua en L, se tiene $\lim\limits_{x \to L} f(x) = f(L)$. Por lo tanto, existe $\delta > 0$ tal que

> **1**   si $0 < |x - L| < \delta$ entonces $|f(x) - f(L)| < \varepsilon$

Ahora bien, como $\lim\limits_{n \to \infty} a_n = L$ y δ es un número positivo, existe un entero N tal que

> **2**   si $n > N$ entonces $|a_n - L| < \delta$

Al combinar las ecuaciones (1) y (2) se tiene

$$\text{si} \quad n > N \quad \text{entonces} \quad |f(a_n) - f(L)| < \varepsilon$$

así, por la definición 11.1.2, $\lim\limits_{n \to \infty} f(a_n) = f(L)$. $\qquad \blacksquare$

Sección 11.8

Para demostrar el teorema 11.8.4, primero se necesitan los siguientes resultados.

> **Teorema**
> 1. Si una serie de potencias $\sum c_n x^n$ converge cuando $x = b$ (donde $b \neq 0$), entonces converge siempre que $|x| < |b|$.
> 2. Si una serie de potencias $\sum c_n x^n$ diverge cuando $x = d$ (donde $d \neq 0$), entonces converge siempre que $|x| > |d|$.

DEMOSTRACIÓN DE 1 Suponga que $\sum c_n b^n$ converge. Entonces, por el teorema 11.2.6, se tiene $\lim_{n \to \infty} c_n b^n = 0$. De acuerdo con la definición 11.1.2 con $\varepsilon = 1$, hay un entero positivo N tal que $|c_n b^n| < 1$ siempre que $n \geqslant N$. Así, para $n \geqslant N$, se tiene

$$\left| c_n x^n \right| = \left| \frac{c_n b^n x^n}{b^n} \right| = \left| c_n b^n \right| \left| \frac{x}{b} \right|^n < \left| \frac{x}{b} \right|^n$$

Si $|x| < |b|$, entonces $|x/b| < 1$, así que $\sum |x/b|^n$ es una serie geométrica convergente. Por lo que, con base en la prueba por comparación directa, la serie $\sum_{n=N}^{\infty} |c_n x^n|$ es convergente. De este modo, la serie $\sum c_n x^n$ es absolutamente convergente y, por tanto, convergente. ∎

DEMOSTRACIÓN DE 2 Suponga que $\sum c_n d^n$ diverge. Si x es cualquier número tal que $|x| > |d|$, entonces $\sum c_n x^n$ no puede converger porque, con base en la parte 1, la convergencia de $\sum c_n x^n$ implicaría la convergencia de $\sum c_n d^n$. Por lo tanto, $\sum c_n x^n$ diverge cada vez que $|x| > |d|$. ∎

Teorema Para una serie de potencias $\sum c_n x^n$ hay únicamente tres posibilidades:

(i) La serie converge solo cuando $x = 0$.

(ii) La serie converge para toda x.

(iii) Hay un número positivo R tal que la serie converge si $|x| < R$ y diverge si $|x| > R$.

DEMOSTRACIÓN Suponga que ni el caso (i) ni el caso (ii) son verdaderos. Entonces, hay números distintos de cero b y d tales que $\sum c_n x^n$ converge para $x = b$ y diverge para $x = d$. Por lo tanto, el conjunto $S = \{x \mid \sum c_n x^n$ converge$\}$ no está vacío. Según el teorema anterior, la serie diverge si $|x| > |d|$, por lo que $|x| \leqslant |d|$ para todos los valores de $x \in S$. Esto indica que $|d|$ es una cota superior para el conjunto S. Así, por el axioma de completitud (vea la sección 11.1), S tiene una mínima cota superior R. Si $|x| > R$, entonces $x \notin S$, por lo que $\sum c_n x^n$ diverge. Si $|x| < R$, entonces $|x|$ no es una cota superior para S y, por lo tanto, existe $b \in S$ tal que $b > |x|$. Como $b \in S$, $\sum c_n x^n$ converge, así que, con base en el teorema anterior, $\sum c_n x^n$ converge. ∎

Ahora se puede demostrar el teorema 11.8.4.

---

4 Teorema Para una serie de potencias $\sum c_n(x - a)^n$ solo hay tres posibilidades:

(i) La serie converge solo cuando $x = a$.

(ii) La serie converge para toda x.

(iii) Hay un número positivo R tal que la serie converge si $|x - a| < R$ y diverge si $|x - a| > R$.

DEMOSTRACIÓN Si se cambia de variable $u = x - a$, la serie de potencias se convierte en $\sum c_n u^n$ y se puede aplicar el teorema precedente a esta serie. En el caso (iii) se tiene convergencia para $|u| < R$ y divergencia para $|u| > R$. Así, se tiene convergencia para $|x - a| < R$ y divergencia para $|x - a| > R$. ∎

Sección 14.3

> **Teorema de Clairaut.** Suponga que f se define en un disco D que contiene el punto (a, b). Si las funciones f_{xy} y f_{yx} son continuas en D, entonces $f_{xy}(a, b) = f_{yx}(a, b)$.

DEMOSTRACIÓN Para valores pequeños de h, $h \neq 0$, considere la diferencia

$$\Delta(h) = [f(a + h, b + h) - f(a + h, b)] - [f(a, b + h) - f(a, b)]$$

Observe que si $g(x) = f(x, b + h) - f(x, b)$, entonces

$$\Delta(h) = g(a + h) - g(a)$$

Por el teorema del valor medio, hay un número c entre a y $a + h$ tal que

$$g(a + h) - g(a) = g'(c)h = h[f_x(c, b + h) - f_x(c, b)]$$

Al aplicar de nueva cuenta el teorema del valor medio, esta vez a f_x, se obtiene un número d entre b y $b + h$ tal que

$$f_x(c, b + h) - f_x(c, b) = f_{xy}(c, d)h$$

Al combinar estas ecuaciones, se obtiene

$$\Delta(h) = h^2 f_{xy}(c, d)$$

Si $h \to 0$, entonces $(c, d) \to (a, b)$, por lo que la continuidad de f_{xy} en (a, b) da

$$\lim_{h \to 0} \frac{\Delta(h)}{h^2} = \lim_{(c, d) \to (a, b)} f_{xy}(c, d) = f_{xy}(a, b)$$

Asimismo, al escribir

$$\Delta(h) = [f(a + h, b + h) - f(a, b + h)] - [f(a + h, b) - f(a, b)]$$

y al usar el teorema del valor medio dos veces y la continuidad de f_{yx} en (a, b), se obtiene

$$\lim_{h \to 0} \frac{\Delta(h)}{h^2} = f_{yx}(a, b)$$

Se desprende de esto que $f_{xy}(a, b) = f_{yx}(a, b)$. ∎

Sección 14.4

> **8 Teorema** Si las derivadas parciales f_x y f_y existen cerca de (a, b) y son continuas en (a, b), entonces f es derivable en (a, b).

DEMOSTRACIÓN Sea

$$\Delta z = f(a + \Delta x, b + \Delta y) - f(a, b)$$

Según la definición 14.4.7, para demostrar que f es derivable en (a, b) hay que demostrar que Δz puede escribirse en la forma

$$\Delta z = f_x(a, b)\, \Delta x + f_y(a, b)\, \Delta y + \varepsilon_1 \,\Delta x + \varepsilon_2 \,\Delta y$$

donde ε_1 y $\varepsilon_2 \to 0$ cuando $(\Delta x, \Delta y) \to (0, 0)$.

En referencia a la figura 4, se plantea

$\boxed{1}$ $\Delta z = [f(a + \Delta x, b + \Delta y) - f(a, b + \Delta y)] + [f(a, b + \Delta y) - f(a, b)]$

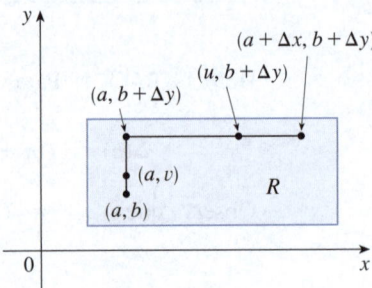

FIGURA 4

Observe que la función de una variable

$$g(x) = f(x, b + \Delta y)$$

está definida en el intervalo $[a, a + \Delta x]$ y $g'(x) = f_x(x, b + \Delta y)$. Si se aplica el teorema del valor medio a g, se obtiene

$$g(a + \Delta x) - g(a) = g'(u) \, \Delta x$$

donde u es algún número entre a y $a + \Delta x$. En términos de f, esta ecuación se convierte en

$$f(a + \Delta x, b + \Delta y) - f(a, b + \Delta y) = f_x(u, b + \Delta y) \, \Delta x$$

Esta ecuación ofrece una expresión para la primera parte del miembro derecho de la ecuación 1. Para la segunda parte, sea $h(y) = f(a, y)$. Entonces, h es una función de una variable definida en el intervalo $[b, b + \Delta y]$ y $h'(y) = f_y(a, y)$. Una segunda aplicación del teorema del valor medio da entonces

$$h(b + \Delta y) - h(b) = h'(v) \, \Delta y$$

donde v es algún número entre b y $b + \Delta y$. En términos de f, esto se convierte en

$$f(a, b + \Delta y) - f(a, b) = f_y(a, v) \, \Delta y$$

Ahora se sustituyen estas expresiones en la ecuación 1 y se obtiene

$$\Delta z = f_x(u, b + \Delta y) \, \Delta x + f_y(a, v) \, \Delta y$$

$$= f_x(a, b) \, \Delta x + [f_x(u, b + \Delta y) - f_x(a, b)] \, \Delta x + f_y(a, b) \, \Delta y$$

$$+ [f_y(a, v) - f_y(a, b)] \, \Delta y$$

$$= f_x(a, b) \, \Delta x + f_y(a, b) \, \Delta y + \varepsilon_1 \, \Delta x + \varepsilon_2 \, \Delta y$$

donde
$$\varepsilon_1 = f_x(u, b + \Delta y) - f_x(a, b)$$

$$\varepsilon_2 = f_y(a, v) - f_y(a, b)$$

Como $(u, b + \Delta y) \to (a, b)$ y $(a, v) \to (a, b)$ cuando $(\Delta x, \Delta y) \to (0, 0)$ y como f_x y f_y son continuas en (a, b), se observa que $\varepsilon_1 \to 0$ y $\varepsilon_2 \to 0$ cuando $(\Delta x, \Delta y) \to (0, 0)$.

Por consiguiente, f es derivable en (a, b). $\blacksquare$

G | El logaritmo definido como una integral

El tratamiento de las funciones exponenciales y logarítmicas ha dependido hasta ahora de la intuición, que se basa en evidencias numéricas y visuales (vea secciones 1.4, 1.5 y 3.1). Aquí se aplica el teorema fundamental del cálculo para dar un tratamiento alternativo que proporcione una base más segura para estas funciones.

En lugar de empezar con b^x y definir $\log_b x$ como su inversa, esta vez se empieza por definir $\ln x$ como una integral y luego se define la función exponencial como su inversa. Debe tener en cuenta que no se usa ninguna de las definiciones y resultados anteriores relativos a las funciones exponenciales y logarítmicas.

■ El logaritmo natural

Primero se define $\ln x$ como una integral.

> **1 Definición** La **función logarítmica natural** es la función definida por
>
> $$\ln x = \int_1^x \frac{1}{t}\, dt \qquad x > 0$$

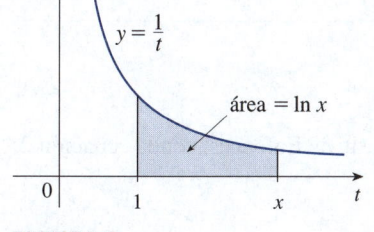

FIGURA 1

La existencia de esta función depende del hecho de que la integral de una función continua siempre existe. Si $x > 1$, entonces $\ln x$ se puede interpretar geométricamente como el área debajo de la hipérbola $y = 1/t$ desde $t = 1$ hasta $t = x$ (vea la figura 1). Para $x = 1$ se tiene

$$\ln 1 = \int_1^1 \frac{1}{t}\, dt = 0$$

Para $0 < x < 1$, $\qquad \ln x = \int_1^x \frac{1}{t}\, dt = -\int_x^1 \frac{1}{t}\, dt < 0$

y así $\ln x$ es el negativo del área que se muestra en la figura 2.

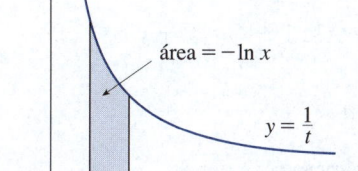

FIGURA 2

EJEMPLO 1
(a) Mediante comparación de áreas, demuestre que $\frac{1}{2} < \ln 2 < \frac{3}{4}$.
(b) Utilice la regla del punto medio con $n = 10$ para estimar el valor de $\ln 2$.

SOLUCIÓN
(a) Podemos interpretar $\ln 2$ como el área bajo la curva $y = 1/t$ desde 1 hasta 2. En la figura 3 se ve que esta área es mayor que el área del rectángulo $BCDE$ y menor que el área del trapezoide $ABCD$. Por lo tanto, se tiene

$$\tfrac{1}{2} \cdot 1 < \ln 2 < 1 \cdot \tfrac{1}{2}\left(1 + \tfrac{1}{2}\right)$$

$$\tfrac{1}{2} < \ln 2 < \tfrac{3}{4}$$

(b) Si se usa la regla del punto medio con $f(t) = 1/t$, $n = 10$ y $\Delta t = 0.1$, se obtiene

$$\ln 2 = \int_1^2 \frac{1}{t}\, dt \approx (0.1)[f(1.05) + f(1.15) + \cdots + f(1.95)]$$

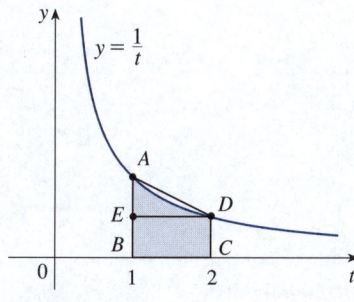

FIGURA 3

$$= (0.1)\left(\frac{1}{1.05} + \frac{1}{1.15} + \cdots + \frac{1}{1.95}\right) \approx 0.693 \qquad ■$$

Observe que la integral que define ln x es exactamente el tipo de integral que se analiza en la parte 1 del teorema fundamental del cálculo (vea la sección 5.3). De hecho, con ese teorema se tiene

$$\frac{d}{dx} \int_1^x \frac{1}{t}\, dt = \frac{1}{x}$$

y, por ende,

$$\boxed{2} \qquad \boxed{\frac{d}{dx}(\ln x) = \frac{1}{x}}$$

Ahora se usa esta regla de derivación para demostrar las siguientes propiedades de la función logarítmica.

$\boxed{3}$ **Leyes de los logaritmos** Si x y y son números positivos y r es un número racional, entonces

1. $\ln(xy) = \ln x + \ln y$ **2.** $\ln\left(\dfrac{x}{y}\right) = \ln x - \ln y$ **3.** $\ln(x^r) = r \ln x$

DEMOSTRACIÓN

1. Sea $f(x) = \ln(ax)$, donde a es una constante positiva. Entonces, con la ecuación 2 y la regla de la cadena, se tiene

$$f'(x) = \frac{1}{ax} \frac{d}{dx}(ax) = \frac{1}{ax} \cdot a = \frac{1}{x}$$

Por lo tanto, $f(x)$ y $\ln x$ tienen la misma derivada y entonces se deben diferir por una constante:

$$\ln(ax) = \ln x + C$$

Al establecer $x = 1$ en esta ecuación, se obtiene $\ln a = \ln 1 + C = 0 + C = C$. Por ende,

$$\ln(ax) = \ln x + \ln a$$

Si ahora se reemplaza la constante a por cualquier número y, se tiene

$$\ln(xy) = \ln x + \ln y$$

2. Con la ley 1 y $x = 1/y$ se tiene

$$\ln \frac{1}{y} + \ln y = \ln\left(\frac{1}{y} \cdot y\right) = \ln 1 = 0$$

y, por ende,

$$\ln \frac{1}{y} = -\ln y$$

De nuevo con la regla 1 se tiene

$$\ln\left(\frac{x}{y}\right) = \ln\left(x \cdot \frac{1}{y}\right) = \ln x + \ln \frac{1}{y} = \ln x - \ln y$$

La demostración de la ley 3 se deja como ejercicio. ∎

A fin de graficar $y = \ln x$, primero se determinan sus límites:

$$\boxed{4} \qquad \text{(a) } \lim_{x \to \infty} \ln x = \infty \qquad \text{(b) } \lim_{x \to 0^+} \ln x = -\infty$$

DEMOSTRACIÓN

(a) Con la ley 3 y $x = 2$ y $r = n$ (donde n es cualquier número entero positivo), se tiene $\ln(2^n) = n \ln 2$. Ahora $\ln 2 > 0$, así que esto muestra que $\ln(2^n) \to \infty$ a medida que $n \to \infty$. Pero $\ln x$ es una función creciente porque su derivada $1/x > 0$. Por lo tanto, $\ln x \to \infty$ a medida que $x \to \infty$.

(b) Si $t = 1/x$, entonces $t \to \infty$ a medida que $x \to 0^+$. Así, con (a), se tiene

$$\lim_{x \to 0^+} \ln x = \lim_{t \to \infty} \ln\left(\frac{1}{t}\right) = \lim_{t \to \infty} (-\ln t) = -\infty \qquad \blacksquare$$

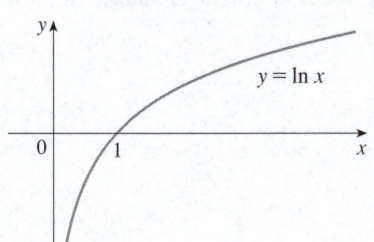

FIGURA 4

Si $y = \ln x, x > 0$, entonces

$$\frac{dy}{dx} = \frac{1}{x} > 0 \qquad y \qquad \frac{d^2 y}{dx^2} = -\frac{1}{x^2} < 0$$

lo cual muestra que $\ln x$ es creciente y es cóncava hacia abajo en $(0, \infty)$. Se reúne esta información con (4) y se traza la gráfica de $y = \ln x$ de la figura 4.

Como $\ln 1 = 0$ y $\ln x$ es una función continua creciente que toma valores arbitrariamente grandes, el teorema del valor intermedio muestra que hay un número en el que $\ln x$ toma el valor 1 (vea la figura 5). Este importante número se denota con e.

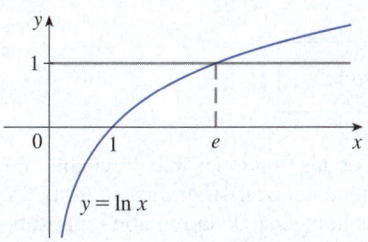

FIGURA 5

$$\boxed{5} \;\; \textbf{Definición} \;\; e \text{ es el número tal que } \ln e = 1.$$

Se mostrará (en el teorema 19) que esta definición es consistente con nuestra anterior definición de e.

■ La función exponencial natural

Como $\ln$ es una función creciente, es uno a uno y, por lo tanto, tiene una función inversa, se denota con exp. Así, según la definición de una función inversa,

$$f^{-1}(x) = y \iff f(y) = x$$

$$\boxed{6} \qquad \exp(x) = y \iff \ln y = x$$

y las ecuaciones de eliminación son

$$f^{-1}(f(x)) = x$$
$$f(f^{-1}(x)) = x$$

$$\boxed{7} \qquad \exp(\ln x) = x \qquad y \qquad \ln(\exp x) = x$$

En particular, se tiene

$$\exp(0) = 1 \quad \text{puesto que } \ln 1 = 0$$

$$\exp(1) = e \quad \text{puesto que } \ln e = 1$$

Se obtiene la gráfica de $y = \exp x$ al reflejar la gráfica de $y = \ln x$ alrededor de la recta

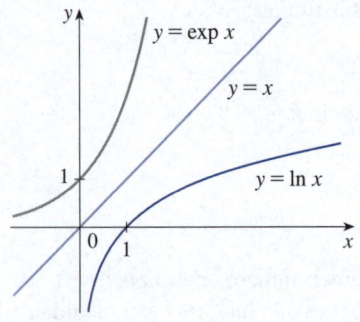

FIGURA 6

$y = x$ (vea la figura 6). El dominio de exp es el rango de ln, es decir $(-\infty, \infty)$; el rango de exp es el dominio de ln, es decir $(0, \infty)$.

Si r es cualquier número racional, entonces la tercera ley de los logaritmos da

$$\ln(e^r) = r \ln e = r$$

Por lo tanto, según (6), $\exp(r) = e^r$

De esta manera, $\exp(x) = e^x$ siempre que x sea un número racional. Esto lleva a definir e^x, incluso para valores irracionales de x, según la ecuación

$$e^x = \exp(x)$$

En otras palabras, por las razones dadas, se define e^x como la inversa de la función $\ln x$. En esta notación, (6) se convierte en

8 $\boxed{e^x = y \iff \ln y = x}$

y las ecuaciones de eliminación (7) se convierten en

9 $\boxed{e^{\ln x} = x \qquad x > 0}$

10 $\boxed{\ln(e^x) = x \qquad \text{para toda } x}$

La función exponencial natural $f(x) = e^x$ es una de las funciones más frecuentes en el cálculo y sus aplicaciones, por lo que es importante conocer su gráfica (figura 7) y sus propiedades (que se derivan del hecho de que es la inversa de la función logarítmica natural).

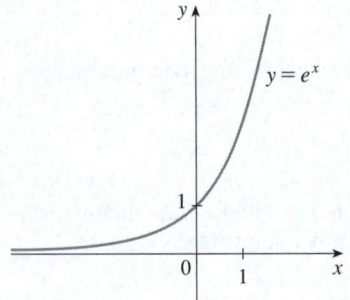

FIGURA 7
La función exponencial natural.

> **Propiedades de la función exponencial**   La función exponencial $f(x) = e^x$ es una función creciente continua con dominio $\mathbb{R}$ y rango $(0, \infty)$. Por lo que, $e^x > 0$ para toda x. También
>
> $$\lim_{x \to -\infty} e^x = 0 \qquad\qquad \lim_{x \to \infty} e^x = \infty$$
>
> Así que el eje x es una asíntota horizontal de $f(x) = e^x$.

Ahora se verifica que f tenga las demás propiedades que se esperan de una función exponencial.

> **11**   **Leyes de los exponentes**   Si x y y son números reales y r es racional, entonces
>
> **1.** $e^{x+y} = e^x e^y$ **2.** $e^{x-y} = \dfrac{e^x}{e^y}$ **3.** $(e^x)^r = e^{rx}$

DEMOSTRACIÓN DE LA LEY 1   Con la primera ley de los logaritmos y la ecuación 10 se tiene

$$\ln(e^x e^y) = \ln(e^x) + \ln(e^y) = x + y = \ln(e^{x+y})$$

Como ln es una función uno a uno, se concluye que $e^x e^y = e^{x+y}$.

Las leyes 2 y 3 se demuestran de manera similar (vea los ejercicios 6 y 7). Como se verá pronto, la ley 3 realmente se mantiene cuando r es cualquier número real.   ■

Ahora se demuestra la fórmula de derivación para e^x.

12
$$\frac{d}{dx}(e^x) = e^x$$

DEMOSTRACIÓN   La función $y = e^x$ es derivable porque es la función inversa de $y = \ln x$, que se sabe que es así con la derivada no nula. Para encontrar su derivada se aplica el método de la función inversa. Sea $y = e^x$. Entonces $\ln y = x$ y, al derivar esta última ecuación implícitamente respecto a x, se obtiene

$$\frac{1}{y}\frac{dy}{dx} = 1$$

$$\frac{dy}{dx} = y = e^x$$ ■

■ Funciones exponenciales generales

Si $b > 0$ y r es cualquier número racional, entonces según las fórmulas (9) y (11),

$$b^r = (e^{\ln b})^r = e^{r\ln b}$$

Por lo tanto, incluso para números irracionales x, se *define*

13
$$b^x = e^{x\ln b}$$

De este modo, por ejemplo,

$$2^{\sqrt{3}} = e^{\sqrt{3}\ln 2} \approx e^{1.20} \approx 3.32$$

La función de $f(x) = b^x$ se llama **función exponencial con base b**. Observe que b^x es positiva para toda x porque e^x es positiva para toda x.

La definición 13 permite extender una de las leyes de los logaritmos. Ya se sabe que $\ln(b^r) = r\ln b$ cuando r es racional. Pero si ahora r es *cualquier* número real, se tiene según la definición 13,

$$\ln b^r = \ln(e^{r\ln b}) = r\ln b$$

Por lo tanto,

14
$$\ln b^r = r\ln b \quad \text{para cualquier número real } r$$

Las leyes generales de los exponentes provienen de la definición 13 junto con las leyes de los exponentes para e^x.

> **15** **Leyes de los exponentes** Si x y y son números reales y $a, b > 0$, entonces
>
> **1.** $b^{x+y} = b^x b^y$ **2.** $b^{x-y} = b^x/b^y$ **3.** $(b^x)^y = b^{xy}$ **4.** $(ab)^x = a^x b^x$

DEMOSTRACIÓN

1. Con la definición 13 y las leyes de los exponentes para e^x, se tiene

$$b^{x+y} = e^{(x+y)\ln b} = e^{x\ln b + y\ln b}$$

$$= e^{x\ln b} e^{y\ln b} = b^x b^y$$

2. Con la ecuación 14 se obtiene

$$(b^x)^y = e^{y\ln(b^x)} = e^{yx\ln b} = e^{xy\ln b} = b^{xy}$$

Las demostraciones restantes se dejan como ejercicios. ∎

La fórmula de derivación para funciones exponenciales también es una consecuencia de la definición 13.

16
$$\frac{d}{dx}(b^x) = b^x \ln b$$

DEMOSTRACIÓN

$$\frac{d}{dx}(b^x) = \frac{d}{dx}(e^{x\ln b}) = e^{x\ln b}\frac{d}{dx}(x\ln b) = b^x \ln b \quad ∎$$

Si $b > 1$, entonces $\ln b > 0$, así que $(d/dx)\, b^x = b^x \ln b > 0$, lo cual muestra que $y = b^x$ es creciente (vea la figura 8). Si $0 < b < 1$, entonces $\ln b < 0$ y así $y = b^x$ es decreciente (vea la figura 9).

Funciones logarítmicas generales

Si $b > 0$ y $b \neq 1$, entonces $f(x) = b^x$ es una función uno a uno. Su función inversa se llama **función logarítmica con base b** y se denota con $\log_b$. Por lo tanto,

17
$$\log_b x = y \iff b^y = x$$

En particular, se ve que

$$\log_e x = \ln x$$

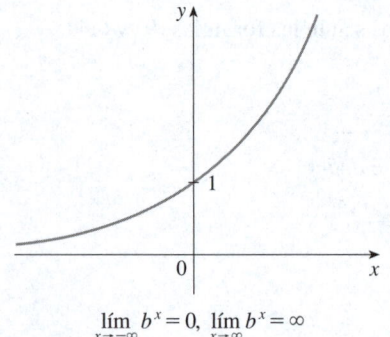

$$\lim_{x \to -\infty} b^x = 0, \; \lim_{x \to \infty} b^x = \infty$$

FIGURA 8 $y = b^x, b > 1$

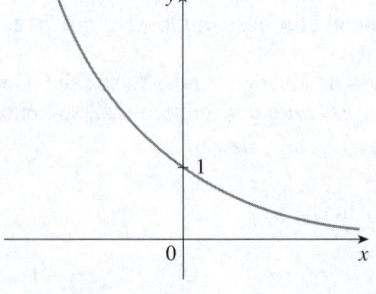

$$\lim_{x \to -\infty} b^x = \infty, \; \lim_{x \to \infty} b^x = 0$$

FIGURA 9 $y = b^x, 0 < b < 1$

Las leyes de los logaritmos son similares a las del logaritmo natural y se deducen de las leyes de los exponentes (vea el ejercicio 10).

Para derivar $y = \log_b x$, se escribe la ecuación como $b^y = x$. De la ecuación 14 se tiene $y \ln b = \ln x$, así que

$$\log_b x = y = \frac{\ln x}{\ln b}$$

Como $\ln b$ es una constante, se deriva de esta forma:

$$\frac{d}{dx}(\log_b x) = \frac{d}{dx}\frac{\ln x}{\ln b} = \frac{1}{\ln b}\frac{d}{dx}(\ln x) = \frac{1}{x \ln b}$$

$$\boxed{18} \qquad \frac{d}{dx}(\log_b x) = \frac{1}{x \ln b}$$

◼ El número *e* expresado como un límite

En este apéndice, e se define como el número tal que $\ln e = 1$. El siguiente teorema muestra que es el mismo que el número e definido en la sección 3.1 (vea la ecuación 3.6.5).

$$\boxed{19} \qquad e = \lim_{x \to 0}(1 + x)^{1/x}$$

DEMOSTRACIÓN Sea $f(x) = \ln x$. Entonces $f'(x) = 1/x$, así que $f'(1) = 1$. Pero, según la definición de la derivada,

$$f'(1) = \lim_{h \to 0}\frac{f(1 + h) - f(1)}{h} = \lim_{x \to 0}\frac{f(1 + x) - f(1)}{x}$$

$$= \lim_{x \to 0}\frac{\ln(1 + x) - \ln 1}{x} = \lim_{x \to 0}\frac{1}{x}\ln(1 + x) = \lim_{x \to 0}\ln(1 + x)^{1/x}$$

Debido a que $f'(1) = 1$, se tiene

$$\lim_{x \to 0}\ln(1 + x)^{1/x} = 1$$

Entonces, según el teorema 2.5.8 y la continuidad de la función exponencial, se tiene

$$e = e^1 = e^{\lim_{x \to 0}\ln(1+x)^{1/x}} = \lim_{x \to 0}e^{\ln(1+x)^{1/x}} = \lim_{x \to 0}(1 + x)^{1/x} \qquad \blacksquare$$

G | Ejercicios

1. (a) Comparando áreas, demuestre que

$$\tfrac{1}{3} < \ln 1.5 < \tfrac{5}{12}$$

(b) Con la regla del punto medio y $n = 10$, estime $\ln 1.5$.

2. Consulte el ejemplo 1.

(a) Encuentre la ecuación de la recta tangente a la curva $y = 1/t$ que sea paralela a la recta secante AD.

(b) Demuestre, con el inciso (a), que $\ln 2 > 0.66$.

3. Comparando áreas, demuestre que

$$\frac{1}{2} + \frac{1}{3} + \cdots + \frac{1}{n} < \ln n < 1 + \frac{1}{2} + \frac{1}{3} + \cdots + \frac{1}{n - 1}$$

4. (a) Comparando áreas, demuestre que $\ln 2 < 1 < \ln 3$.

(b) Deduzca que $2 < e < 3$.

5. Demuestre la tercera ley de los logaritmos. [*Sugerencia*: Empiece por mostrar que ambos lados de la ecuación tienen la misma derivada].

6. Demuestre la segunda ley de los exponentes para e^x [vea (11)].

7. Demuestre la tercera ley de los exponentes para e^x [vea (11)].

8. Demuestre la segunda ley de los exponentes [vea (15)].

9. Demuestre la cuarta ley de los exponentes [vea (15)].

10. Deduzca las siguientes leyes de los logaritmos de (15):

(a) $\log_b(xy) = \log_b x + \log_b y$

(b) $\log_b(x/y) = \log_b x - \log_b y$

(c) $\log_b(x^y) = y \log_b x$

H | Respuestas a ejercicios con números impares

CAPÍTULO 1

EJERCICIOS 1.1 ▪ PÁGINA 17

1. Sí

3. (a) $2, -2, 1, 2.5$ (b) -4 (c) $[-4, 4]$
(d) $[-4, 4], [-2, 3]$ (e) $[0, 2]$

5. $[-85, 115]$ **7.** Sí   **9.** No   **11.** Sí   **13.** No

15. No   **17.** Sí, $[-3, 2], [-3, -2) \cup [-1, 3]$

19. (a) $13.8\ °C$ (b) 1990   (c) 1910, 2000
(d) $[13.5, 14.4]$

21.

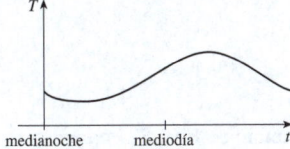

23. (a) 500 MW; 730 MW   (b) 4 a. m.; mediodía; sí

25.

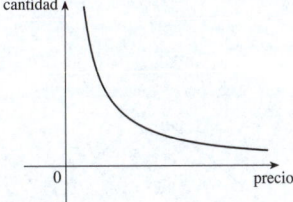

27.

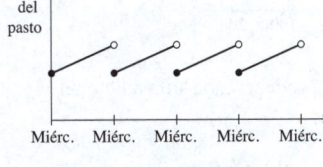

29.

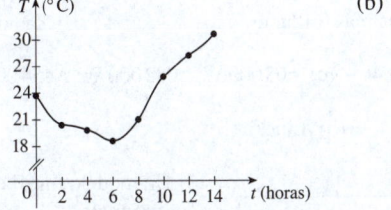

31. (a)   (b) $23\ °C$

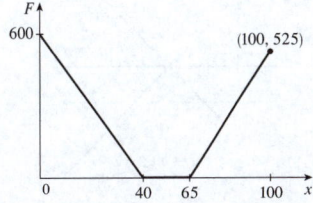

33. $12, 16, 3a^2 - a + 2, 3a^2 + a + 2, 3a^2 + 5a + 4,$
$6a^2 - 2a + 4, 12a^2 - 2a + 2, 3a^4 - a^2 + 2,$
$9a^4 - 6a^3 + 13a^2 - 4a + 4, 3a^2 + 6ah + 3h^2 - a - h + 2$

35. $-3 - h$ **37.** $-1/(ax)$

39. $(-\infty, -3) \cup (-3, 3) \cup (3, \infty)$ **41.** $(-\infty, \infty)$

43. $(-\infty, 0) \cup (5, \infty)$ **45.** $[0, 4]$

47. $[-2, 2], [0, 2]$ **49.** $11, 0, 2$

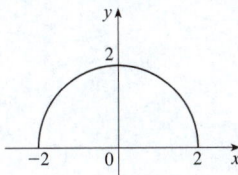

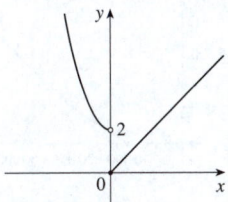

51. $-2, 0, 4$ **53.**

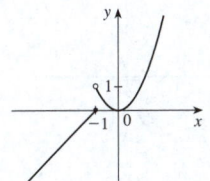

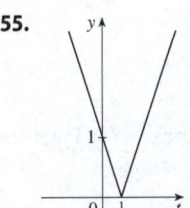

55.   **57.**

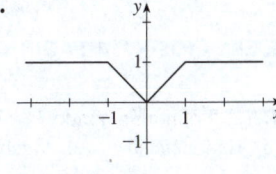

59. $f(x) = \frac{5}{2}x - \frac{11}{2}, 1 \le x \le 5$ **61.** $f(x) = 1 - \sqrt{-x}$

63. $f(x) = \begin{cases} -x + 3 & \text{si } 0 \le x \le 3 \\ 2x - 6 & \text{si } 3 < x \le 5 \end{cases}$

65. $A(L) = 10L - L^2, 0 < L < 10$

67. $A(x) = \sqrt{3}x^2/4, x > 0$ **69.** $S(x) = x^2 + (8/x), x > 0$

71. $V(x) = 4x^3 - 64x^2 + 240x, 0 < x < 6$

73. $F(x) = \begin{cases} 15(40 - x) & \text{si } 0 \le x < 40 \\ 0 & \text{si } 40 \le x \le 65 \\ 15(x - 65) & \text{si } x > 65 \end{cases}$

75. (a) $R\,(\%)$

(b) \$400, \$1 900

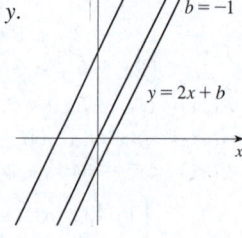

(c) $T\,(\text{en USD})$

77. f es impar, g es par

79. (a)

(b)

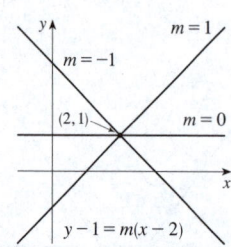

81. Impar   **83.** Ninguno   **85.** Par

87. Par; impar; ninguno (a menos que $f = 0$ o $g = 0$)

EJERCICIOS 1.2 ■ PÁGINA 33

1. (a) Polinomio, grado 3   (b) Trigonométrica   (c) Potencia
(d) Exponencial   (e) Algebraica   (f) Logarítmica

3. (a) h (b) f (c) g

5. $\{x \mid x \neq \pi/2 + 2n\pi\}$, n un entero

7. (a) $y = 2x + b$,
donde b es la intersección con el eje y.

(b) $y = mx + 1 - 2m$,
donde m es la pendiente.

(c) $y = 2x - 3$

9. Sus gráficas tienen pendiente -1.

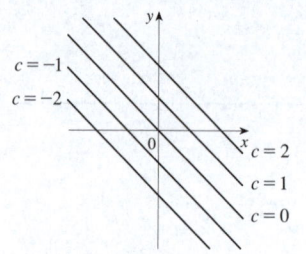

11. $f(x) = 2x^2 - 12x + 18$
13. $f(x) = -3x(x + 1)(x - 2)$

15. (a) 8.34, cambio en mg por cada año de cambio
(b) 8.34 mg

17. (a)

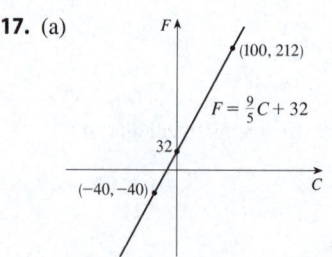

(b) $\frac{9}{5}$, cambio en °F por cada cambio de 1 °C; 32, temperatura en Fahrenheit correspondiente a 0 °C

19. (a) $C = 13x + 900$

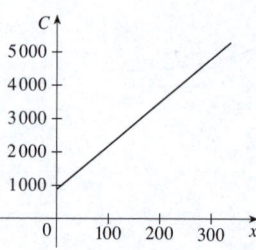

(b) 13; costo (en USD) de producir cada silla adicional
(c) 900; costos fijos diarios

21. (a) $P = 0.1d + 1.05$ (b) 59.5 m

23. Cuatro veces más brillante

25. (a) 8   (b) 4   (c) 605 000 W; 2 042 000 W; 9 454 000 W

27. (a) Coseno   (b) Lineal

29. (a) 15

Un modelo lineal es apropiado.

(b) $y = -0.000105x + 14.521$

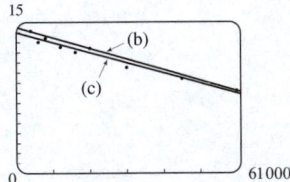

(c) $y = -0.00009979x + 13.951$

(d) Alrededor de 11.5 por 100 de población

(e) Alrededor de 6%   (f) No

31. (a) Vea la gráfica del inciso (b).

(b) $y = 1.88074 + 82.64974$

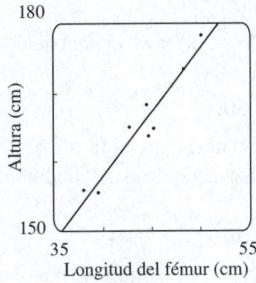

(c) 182.3 cm

33. (a) Un modelo lineal es apropiado. Vea la gráfica del inciso (b).

(b) $y = 1\,124.86x + 60\,119.86$

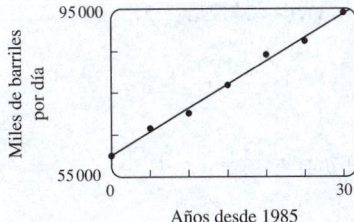

(c) En miles de barriles por día: $79\,242$ y $96\,115$

35. (a) 2   (b) $334\ \text{m}^2$

EJERCICIOS 1.3 ■ PÁGINA 42

1. (a) $y = f(x) + 3$ (b) $y = f(x) - 3$ (c) $y = f(x - 3)$
(d) $y = f(x + 3)$ (e) $y = -f(x)$ (f) $y = f(-x)$
(g) $y = 3f(x)$ (h) $y = \frac{1}{3}f(x)$

3. (a) 3   (b) 1   (c) 4   (d) 5   (e) 2

5. (a)   (b)

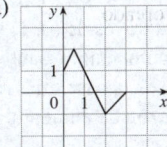
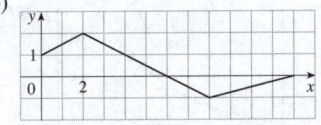

(c) 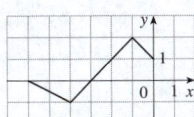   (d)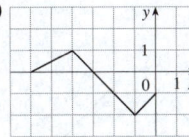

7. $y = -\sqrt{-x^2 - 5x - 4} - 1$

9.

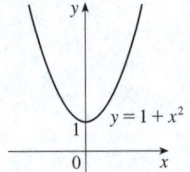

11.

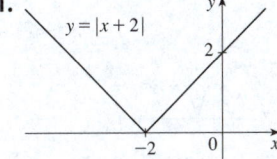

13.

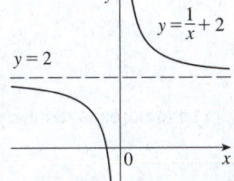

15.

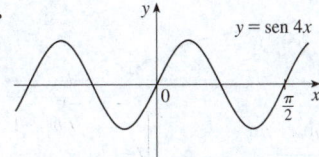

17.

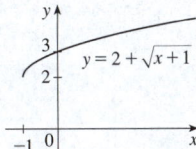

19.

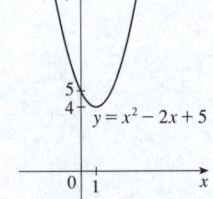

21.

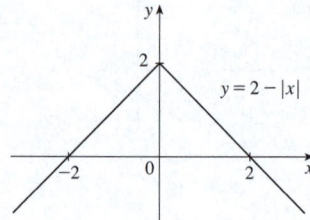

$y = 2 - |x|$

23.

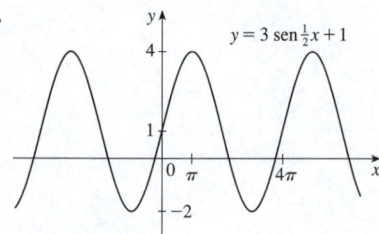

$y = 3 \operatorname{sen} \frac{1}{2}x + 1$

25.

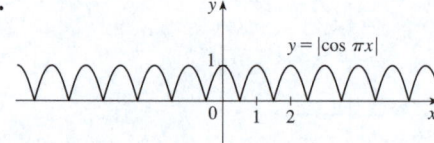

$y = |\cos \pi x|$

27. $L(t) = 12 + 2 \operatorname{sen}\left[\dfrac{2\pi}{365}(t - 80)\right]$

29. $D(t) = 5\cos[(\pi/6)(t - 6.75)] + 7$

31. (a) La parte de la gráfica de $y = f(x)$ a la derecha del eje y se refleja alrededor del eje y.

(b)   (c)

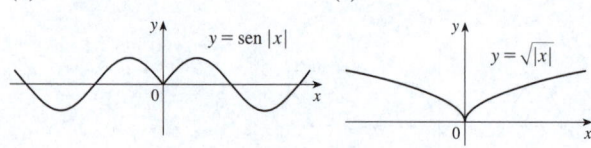

$y = \operatorname{sen}|x|$ $y = \sqrt{|x|}$

33. (a) $(f + g)(x) = \sqrt{25 - x^2} + \sqrt{x + 1}, [-1, 5]$

(b) $(f - g)(x) = \sqrt{25 - x^2} - \sqrt{x + 1}, [-1, 5]$

(c) $(fg)(x) = \sqrt{-x^3 - x^2 + 25x + 25}, [-1, 5]$

(d) $(f/g)(x) = \sqrt{\dfrac{25 - x^2}{x + 1}}, (-1, 5]$

35. (a) $(f \circ g)(x) = x + 5, (-\infty, \infty)$

(b) $(g \circ f)(x) = \sqrt[3]{x^3 + 5}, (-\infty, \infty)$

(c) $(f \circ f)(x) = (x^3 + 5)^3 + 5, (-\infty, \infty)$

(d) $(g \circ g)(x) = \sqrt[9]{x}, (-\infty, \infty)$

37. (a) $(f \circ g)(x) = \dfrac{1}{\sqrt{x + 1}}, (-1, \infty)$

(b) $(g \circ f)(x) = \dfrac{1}{\sqrt{x}} + 1, (0, \infty)$

(c) $(f \circ f)(x) = \sqrt[4]{x}, (0, \infty)$

(d) $(g \circ g)(x) = x + 2, (-\infty, \infty)$

39. (a) $(f \circ g)(x) = \dfrac{2}{\operatorname{sen} x}, \{x \mid x \neq n\pi\}, n$ un entero

(b) $(g \circ f)(x) = \operatorname{sen}\left(\dfrac{2}{x}\right), \{x \mid x \neq 0\}$

(c) $(f \circ f)(x) = x, \{x \mid x \neq 0\}$

(d) $(g \circ g)(x) = \operatorname{sen}(\operatorname{sen} x), \mathbb{R}$

41. $(f \circ g \circ h)(x) = 3\operatorname{sen}(x^2) - 2$

43. $(f \circ g \circ h)(x) = \sqrt{x^6 + 4x^3 + 1}$

45. $g(x) = 2x + x^2, f(x) = x^4$

47. $g(x) = \sqrt[3]{x}, f(x) = x/(1 + x)$

49. $g(t) = t^2, f(t) = \sec t \tan t$

51. $h(x) = \sqrt{x}, g(x) = x - 1, f(x) = \sqrt{x}$

53. $h(t) = \cos t, g(t) = \operatorname{sen} t, f(t) = t^2$

55. (a) 6   (b) 5   (c) 5   (d) 3

57. (a) 4   (b) 3   (c) 0   (d) No existe; $f(6) = 6$ no está en el dominio de g.   (e) 4   (f) -2

59. (a) $r(t) = 60t$ (b) $(A \circ r)(t) = 3600\pi t^2$; el área del círculo como función del tiempo

61. (a) $s = \sqrt{d^2 + 36}$ (b) $d = 30t$

(c) $(f \circ g)(t) = \sqrt{900t^2 + 36}$; la distancia entre el faro y el barco como función del tiempo transcurrido desde el mediodía

63. (a)   (b)

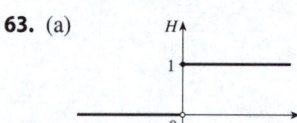   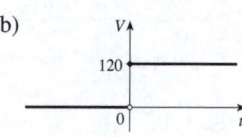

$V(t) = 120\, H(t)$

(c)

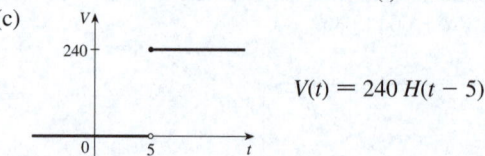

$V(t) = 240\, H(t - 5)$

65. Sí; $m_1 m_2$

67. (a) $f(x) = x^2 + 6$ (b) $g(x) = x^2 + x - 1$

69. Sí

71. (d) $f(x) = \frac{1}{2}E(x) + \frac{1}{2}O(x)$, donde
$E(x) = 2^x + 2^{-x} + (x - 3)^2 + (x + 3)^2$ y
$O(x) = 2^x - 2^{-x} + (x - 3)^2 - (x + 3)^2$

EJERCICIOS 1.4 ■ PÁGINA 52

1. (a) -1 (b) $3^{-6} = \frac{1}{729}$ (c) $x^{-5/4} = 1/\left(x\sqrt[4]{x}\right)$ (d) x^2
(e) $b^5/9$ (f) $2x^6/(9y)$

3. (a) $f(x) = b^x, b > 0$ (b) $\mathbb{R}$ (c) $(0, \infty)$

(d) Vea las figuras 4(c), 4 (b) y 4(a), respectivamente.

5.

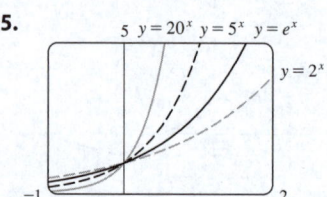

$5\ y = 20^x\ \ y = 5^x\ \ y = e^x$

$y = 2^x$

Todos se aproximan a 0 cuando $x \to -\infty$, todos pasan a través de $(0, 1)$ y todos aumentan. Cuanto más grande es la base, más rápida es la razón de aumento.

7.

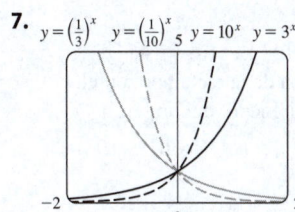

$y = \left(\frac{1}{3}\right)^x$ $y = \left(\frac{1}{10}\right)^x$ 5 $y = 10^x$ $y = 3^x$

Las funciones con base mayor que 1 son crecientes y las que tienen base menor que 1 son decrecientes. Las últimas son reflejos de las primeras sobre el eje y.

9.

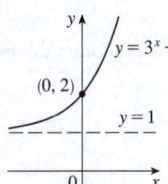

$y = 3^x + 1$
$(0, 2)$
$y = 1$

11.

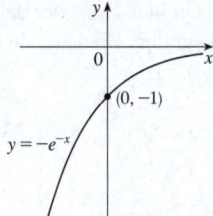

$(0, -1)$
$y = -e^{-x}$

13.

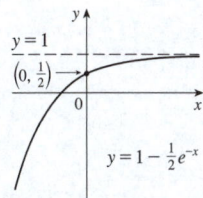

$y = 1$
$\left(0, \frac{1}{2}\right)$
$y = 1 - \frac{1}{2}e^{-x}$

15. (a) $y = e^x - 2$ (b) $y = e^{x-2}$ (c) $y = -e^x$
(d) $y = e^{-x}$ (e) $y = -e^{-x}$
17. (a) $(-\infty, -1) \cup (-1, 1) \cup (1, \infty)$ (b) $(-\infty, \infty)$
19. $f(x) = 3 \cdot 2^x$ **25.** En $x \approx 35.8$
27. (a) Vea la gráfica del inciso (c).

(b) $f(t) = 36.89301 \cdot (1.06614)^t$

(c)

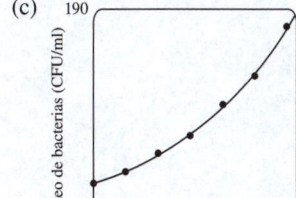

Conteo de bacterias (CFU/ml)
t (horas)

Alrededor de 10.87 horas

29. (a) $32\,000$ (b) $y = 500 \cdot 2^{2t}$ (c) $\approx 1\,260$ (d) 3.82 h

31. 3.5 días

35. El valor mínimo es a, y la gráfica se hace más plana cerca del eje y a medida que aumenta a.

EJERCICIOS 1.5 ▪ PÁGINA 64

1. (a) Vea la definición 1.
(b) Debe pasar la prueba de la recta horizontal.

3. No   **5.** No   **7.** Sí   **9.** Sí   **11.** Sí   **13.** No

15. No   **17.** (a) 6   (b) 3   **19.** 0

21. $F = \frac{9}{5}C + 32$; la temperatura Fahrenheit como función de la temperatura Celsius; $[-273.15, \infty)$

23. $f^{-1}(x) = \sqrt{1 - x}$ **25.** $g^{-1}(x) = (x - 2)^2 - 1, x \geqslant 2$
27. $y = 1 - \ln x$ **29.** $y = (\sqrt[3]{x} - 2)^3$
31. $f^{-1}(x) = \frac{1}{4}(x^2 - 3), x \geqslant 0$

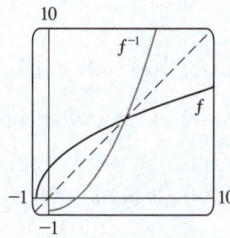

f^{-1}
f

33.

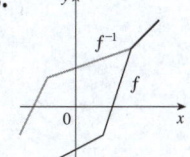

f^{-1}
f

35. (a) $f^{-1}(x) = \sqrt{1 - x^2}, 0 \leqslant x \leqslant 1; f^{-1}$ y f son la misma función.   (b) Un cuarto de círculo en el primer cuadrante

37. (a) Está definida como el inverso de la función exponencial con base b, es decir, $\log_b x = y \Longleftrightarrow b^y = x$.
(b) $(0, \infty)$ (c) $\mathbb{R}$ (d) Vea la figura 11.

39. (a) 4   (b) -4 (c) $\frac{1}{2}$
41. (a) 1   (b) -2 (c) -4
43. (a) $2 \log_{10} x + 3 \log_{10} y + \log_{10} z$
(b) $4 \ln x - \frac{1}{2} \ln(x + 2) - \frac{1}{2} \ln(x - 2)$

45. (a) $\log_{10} 2$ (b) $\ln \dfrac{ac^3}{b^2}$

47. (a) 1.430677 (b) 0.917600

49.

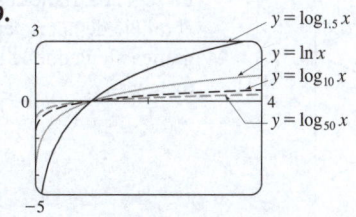

$y = \log_{1.5} x$
$y = \ln x$
$y = \log_{10} x$
$y = \log_{50} x$

Todas las gráficas se aproximan a $-\infty$ cuando $x \to 0^+$, todas pasan a través de $(1, 0)$ y todas son crecientes. Cuanto mayor sea la base, más lenta será la razón de aumento.

51. Alrededor de $335\,544$ km

53. (a)

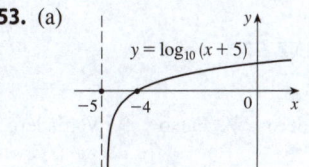

$y = \log_{10}(x + 5)$

(b)

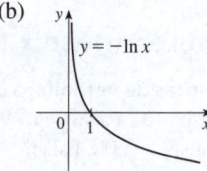

$y = -\ln x$

55. (a) $(0, \infty)$; $(-\infty, \infty)$ (b) e^{-2}

(c)
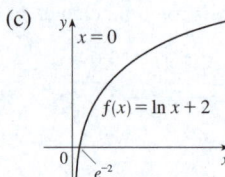

57. (a) $\frac{1}{4}(e^3 - 2) \approx 4.521$ (b) $\frac{1}{2}(3 + \ln 12) \approx 2.742$

59. (a) $\frac{1}{2}(1 + \sqrt{5}) \approx 1.618$ (b) $\dfrac{1}{2} - \dfrac{\ln 9}{2 \ln 5} \approx -0.183$

61. (a) $0 < x < 1$ (b) $x > \ln 5$

63. (a) $(\ln 3, \infty)$ (b) $f^{-1}(x) = \ln(e^x + 3)$; $\mathbb{R}$

65. La gráfica pasa la prueba de la recta horizontal.

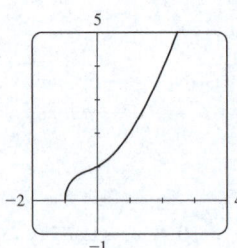

$f^{-1}(x) = -\frac{1}{6}\sqrt[3]{4}\left(\sqrt[3]{D - 27x^2 + 20} - \sqrt[3]{D + 27x^2 - 20} + \sqrt[3]{2}\right),$

donde $D = 3\sqrt{3}\sqrt{27x^4 - 40x^2 + 16}$; dos de las expresiones son complejas.

67. (a) $f^{-1}(n) = (3/\ln 2) \ln(n/100)$; el tiempo transcurrido cuando hay n bacterias   (b) Después de aprox. 26.9 horas

69. (a) π (b) $\pi/6$

71. (a) $\pi/4$ (b) $\pi/2$

73. (a) $5\pi/6$ (b) $\pi/3$

77. $x/\sqrt{1 + x^2}$

79.
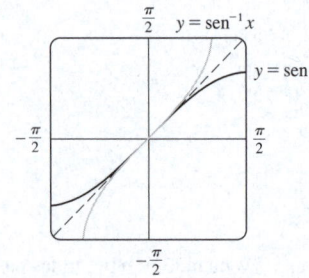

La segunda gráfica es el reflejo de la primera gráfica alrededor de la recta $y = x$.

81. $\left[-\frac{2}{3}, 0\right]$, $[-\pi/2, \pi/2]$

83. (a) Se desplaza hacia abajo; $g^{-1}(x) = f^{-1}(x) - c$
(b) $h^{-1}(x) = (1/c)f^{-1}(x)$

CAPÍTULO 1 REPASO ▪ PÁGINA 67

Preguntas de verdadero o falso

1. Falso   **3.** Falso   **5.** Verdadero   **7.** Falso   **9.** Verdadero
11. Falso   **13.** Falso

Ejercicios

1. (a) 2.7   (b) 2.3, 5.6   (c) $[-6, 6]$ (d) $[-4, 4]$
(e) $[-4, 4]$ (f) No; falla la prueba de la recta horizontal.
(g) Impar; su gráfica es simétrica alrededor del origen.

3. $2a + h - 2$ **5.** $\left(-\infty, \frac{1}{3}\right) \cup \left(\frac{1}{3}, \infty\right)$, $(-\infty, 0) \cup (0, \infty)$

7. $(-6, \infty)$, $(-\infty, \infty)$

9. (a) Desplaza la gráfica 5 unidades hacia arriba.
(b) Desplaza la gráfica 5 unidades hacia la izquierda.
(c) Extiende la gráfica verticalmente por un factor de 2, luego se desplaza 1 unidad hacia arriba.
(d) Desplaza la gráfica 2 unidades hacia la derecha y 2 unidades hacia abajo.
(e) Refleja la gráfica alrededor del eje x.
(f) Refleja la gráfica alrededor de la recta $y = x$ (suponiendo que f sea uno a uno).

11.
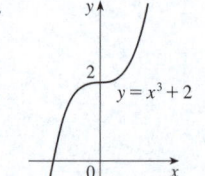

13.
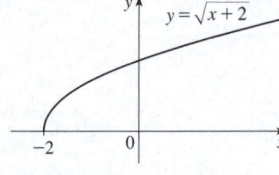

15.
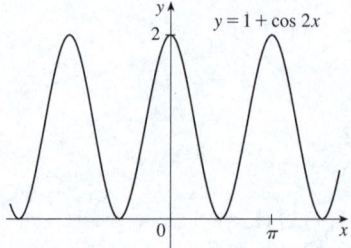

17.
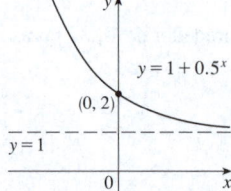

19. (a) Ninguno   (b) Impar   (c) Par   (d) Ninguno
(e) Par   (f) Ninguno

21. (a) $(f \circ g)(x) = \ln(x^2 - 9)$, $(-\infty, -3) \cup (3, \infty)$
(b) $(g \circ f)(x) = (\ln x)^2 - 9$, $(0, \infty)$
(c) $(f \circ f)(x) = \ln \ln x$, $(1, \infty)$
(d) $(g \circ g)(x) = (x^2 - 9)^2 - 9$, $(-\infty, \infty)$

23. $y = 0.2441x - 413.3960$; alrededor de 82.1 años

25. 1

27. (a) $\ln x + \frac{1}{2}\ln(x + 1)$ (b) $\frac{1}{2}\log_2(x^2 + 1) - \frac{1}{2}\log_2(x - 1)$

29. (a) 25   (b) 3   (c) $\frac{4}{3}$

31. $\frac{1}{2}\ln 3 \approx 0.549$

33. $\ln(\ln 10) \approx 0.834$

35. $\pm 1/\sqrt{3} \approx \pm 0.577$

37. (a) 6.5 copias de ARN/mL   (b) $V(t) = 52.0\left(\frac{1}{2}\right)^{t/8}$
(c) $t(V) = -8 \log_2(V/52.0)$; el tiempo requerido para que la carga viral alcance un número V dado
(d) 37.6 días

PRINCIPIOS PARA LA RESOLUCIÓN DE PROBLEMAS ■ PÁGINA 75

1. $a = 4\sqrt{h^2 - 16}/h$, donde a es la longitud de la altitud y h es la longitud de la hipotenusa

3. $-\frac{2}{3}, \frac{4}{3}$

5. 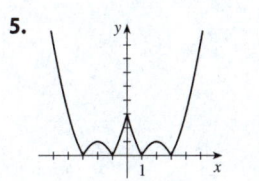   **7.**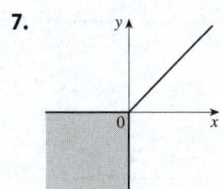

9. (a)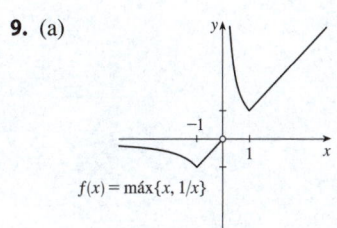
$f(x) = \text{máx}\{x, 1/x\}$

(b)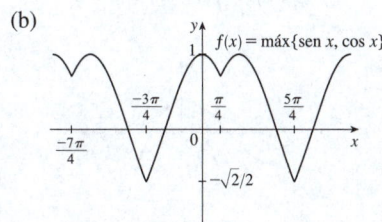
$f(x) = \text{máx}\{\text{sen } x, \cos x\}$

(c)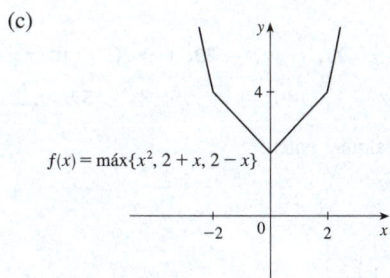
$f(x) = \text{máx}\{x^2, 2 + x, 2 - x\}$

13. 0   **15.** $x \in \left[-1, 1 - \sqrt{3}\right) \cup \left(1 + \sqrt{3}, 3\right]$

17. 66.7 km/h   **21.** $f_n(x) = x^{2^{n+1}}$

CAPÍTULO 2

EJERCICIOS 2.1 ■ PÁGINA 82

1. (a) $-44.4, -38.8, -27.8, -22.2, -16.\overline{6}$
(b) -33.3 (c) $-33\frac{1}{3}$

3. (a) (i) 2   (ii) 1.111111   (iii) 1.010101   (iv) 1.001001
(v) 0.666667   (vi) 0.909091   (vii) 0.990099
(viii) 0.999001   (b) 1   (c) $y = x - 3$

5. (a) (i) -40 m/s   (ii) -39.4 m/s   (iii) -39.3 m/s
(b) -39 m/s

7. (a) (i) 8.9 m/s   (ii) 9.9 m/s   (iii) 13.9 m/s
(iv) 14.9 m/s   (b) 8.9 m/s

9. (a) 0, 1.7321, $-1.0847, -2.7433, 4.3301, -2.8173, 0$,
$-2.1651, -2.6061, -5, 3.4202$; no   (c) -31.4

EJERCICIOS 2.2 ■ PÁGINA 92

1. Sí
3. (a) $\lim_{x \to -3} f(x) = \infty$ significa que los valores de $f(x)$ se pueden hacer arbitrariamente grandes (lo más grande que se desee) tomando x lo bastante cerca de -3 (pero no igual a -3).
(b) $\lim_{x \to 4^+} f(x) = -\infty$ significa que los valores de $f(x)$ se pueden hacer arbitrariamente grandes y negativos tomando x lo bastante cerca de 4 mediante valores mayores que 4.

5. (a) 2   (b) 1   (c) 4   (d) No existe   (e) 3
7. (a) 4   (b) 5   (c) 2, 4   (d) 4
9. (a) $-\infty$ (b) ∞ (c) ∞ (d) $-\infty$ (e) ∞
(f) $x = -7, x = -3, x = 0, x = 6$

11. $\lim_{x \to a} f(x)$ existe para toda a excepto $a = 0$.

13. (a) -1 (b) 1   (c) No existe

15. 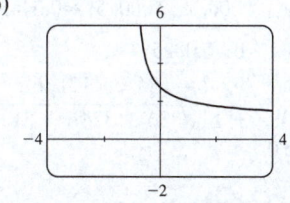   **17.**

19. $\frac{1}{2}$ **21.** 5   **23.** 0.25   **25.** 1.5   **27.** 1
29. ∞ **31.** ∞ **33.** $-\infty$ **35.** $-\infty$ **37.** ∞
39. $-\infty$ **41.** $x = -2$ **43.** $-\infty; \infty$
45. (a) 2.71828   (b)

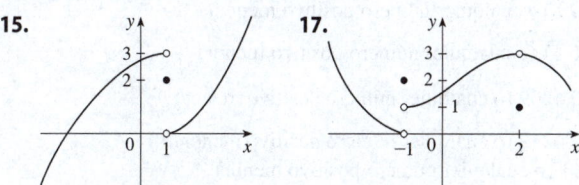

47. (a) 0.998000, 0.638259, 0.358484, 0.158680, 0.038851, 0.008928, 0.001465; 0
(b) 0.000572, $-0.000614, -0.000907, -0.000978, -0.000993$, $-0.001000; -0.001$

49. $x \approx \pm 0.90, \pm 2.24; x = \pm \text{sen}^{-1}(\pi/4), \pm(\pi - \text{sen}^{-1}(\pi/4))$

51. $m \to \infty$

EJERCICIOS 2.3 ■ PÁGINA 102

1. (a) −6 (b) −8 (c) 2 (d) −6
(e) No existe (f) 0

3. 75 **5.** 88 **7.** 5 **9.** $-\frac{1}{27}$ **11.** −13

13. 6 **15.** No existe **17.** $\frac{5}{7}$ **19.** $\frac{9}{2}$

21. −6 **23.** $\frac{1}{6}$ **25.** $-\frac{1}{9}$ **27.** 1 **29.** $\frac{1}{128}$

31. $-\frac{1}{2}$ **33.** $3x^2$ **35.** (a), (b) $\frac{2}{3}$ **39.** 7 **43.** 8

45. −4 **47.** No existe

49. (a)

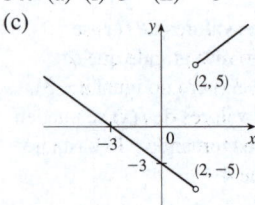

(b) (i) 1
(ii) −1
(iii) No existe
(iv) 1

51. (a) (i) 5 (ii) −5 (b) No existe
(c)

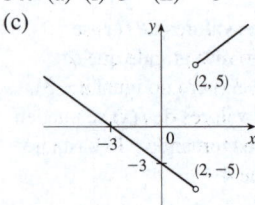

53. 7

55. (a) (i) −2 (ii) No existe (iii) −3
(b) (i) $n − 1$ (ii) n (c) a no es un entero.

61. 8 **67.** 15; −1

EJERCICIOS 2.4 ■ PÁGINA 113

1. 0.1 (o cualquier número positivo menor)

3. 1.44 (o cualquier número positivo menor)

5. 0.4269 (o cualquier número positivo menor)

7. 0.0219 (o cualquier número positivo menor);
0.011 (o cualquier número positivo menor)

9. (a) 0.01 (o cualquier número positivo menor)

(b) $\lim\limits_{x\to 2^+} \dfrac{1}{\ln(x − 1)} = \infty$

11. (a) $\sqrt{1000/\pi}$ cm (b) Dentro de aprox. 0.0445 cm
(c) Radio; área: $\sqrt{1000/\pi}$; 1000; 5; ≈0.0445

13. (a) 0.025 (b) 0.0025

35. (a) 0.093 (b) $d = (B^{2/3} − 12)/(6B^{1/3}) − 1$, donde
$B = 216 + 108\varepsilon + 12\sqrt{336 + 324\varepsilon + 81\varepsilon^2}$

41. Dentro de 0.1

EJERCICIOS 2.5 ■ PÁGINA 124

1. $\lim_{x\to 4} f(x) = f(4)$

3. (a) −4, −2, 2, 4; $f(−4)$ no está definido y $\lim\limits_{x\to a} f(x)$ no existe
para $a = $ −2, 2 y 4
(b) −4; ninguno; −2, izquierda; 2, derecha; 4, derecha

5. (a) 1 (b) 1, 3 (c) 3

7.

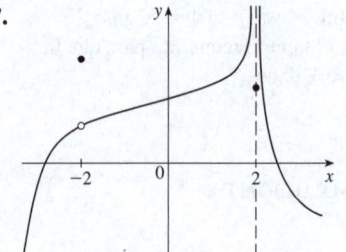

9.

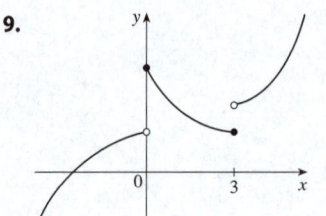

11. (a)

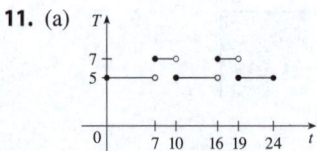

19. $f(−2)$ no está definida.

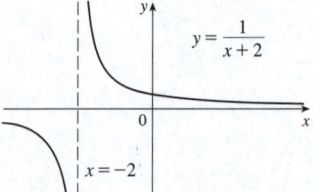

21. $\lim\limits_{x\to -1} f(x)$ no existe. **23.** $\lim\limits_{x\to 0} f(x) \neq f(0)$

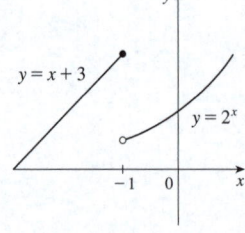 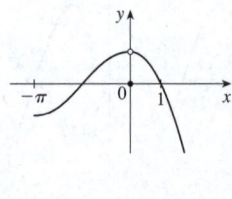

25. (b) Se define $f(3) = \frac{1}{6}$ **27.** $(−\infty, \infty)$ **29.** $(−\infty, 0) \cup (0, \infty)$

31. $(−1, 1)$ **33.** $(−\infty, −1] \cup (0, \infty)$ **35.** 8 **37.** ln 2

39. $x = \dfrac{\pi}{2} + 2n\pi$, n cualquier entero

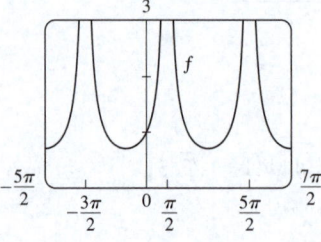

43. -1, derecha

45. 0, derecha; 1, izquierda

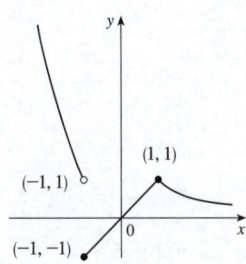

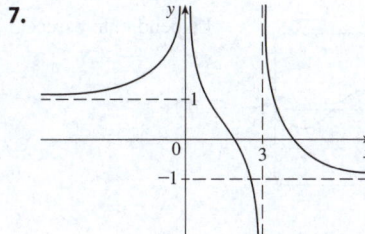

47. $\frac{2}{3}$ **49.** 4

51. (a) $g(x) = x^3 + x^2 + x + 1$ (b) $g(x) = x^2 + x$

59. (b) $(0.86, 0.87)$ **61.** (b) 70.347 **71.** Ninguno

EJERCICIOS 2.6 ■ PÁGINA 137

1. (a) A medida que x se hace grande, $f(x)$ se aproxima a 5.
(b) A medida que x se hace grande negativo, $f(x)$ se acerca a 3.

3. (a) -2 (b) 2 (c) ∞ (d) $-\infty$
(e) $x = 1, x = 3, y = -2, y = 2$

5.

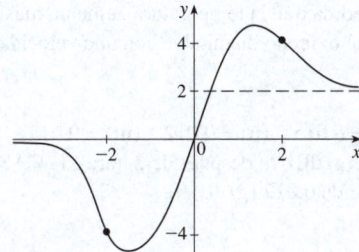

7.

9.

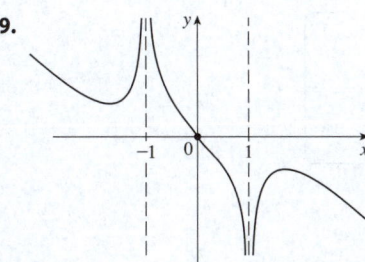

11. 0 **13.** $\frac{2}{5}$ **15.** $\frac{4}{5}$ **17.** 0 **19.** $-\frac{1}{3}$ **21.** -1

23. $\dfrac{\sqrt{3}}{4}$ **25.** -2 **27.** $-\infty$ **29.** 0 **31.** $\frac{1}{2}(a - b)$

33. $-\infty$ **35.** 0 **37.** $-\frac{1}{2}$ **39.** 0 **41.** ∞

43. (a) (i) 0 (ii) $-\infty$ (iii) ∞ (b) ∞

(c)

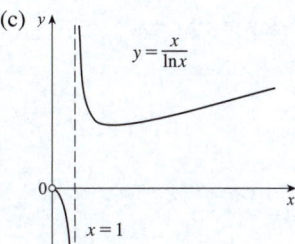

45. (a), (b) $-\frac{1}{2}$ **47.** $y = 4, x = -3$

49. $y = 2; x = -2, x = 1$ **51.** $x = 5$ **53.** $y = 3$

55. (a) 0 (b) $\pm\infty$

57. $f(x) = \dfrac{2 - x}{x^2(x - 3)}$ **59.** (a) $\frac{5}{4}$ (b) 5

61. $-\infty, -\infty$

63. $-\infty, \infty$

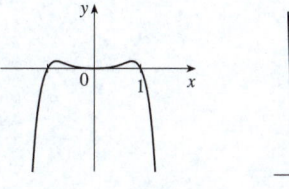   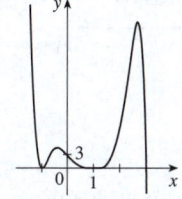

65. (a) 0 (b) Un infinito número de veces

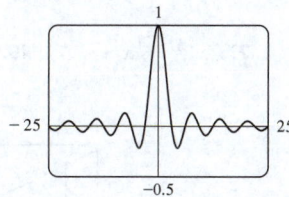

67. 5

69. (a) v^* (b) 1.2 ≈ 0.47 s

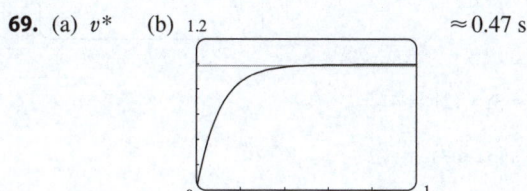

71. $N \geqslant 15$ **73.** $N \leqslant -9, N \leqslant -19$

75. (a) $x > 100$

EJERCICIOS 2.7 ■ PÁGINA 149

1. (a) $\dfrac{f(x) - f(3)}{x - 3}$ (b) $\lim\limits_{x \to 3} \dfrac{f(x) - f(3)}{x - 3}$

3. (a) 1 (b) $y = x - 1$ (c)

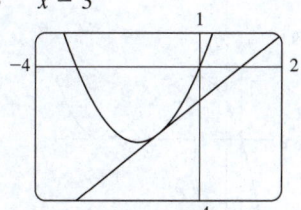

5. $y = 7x - 17$ **7.** $y = -5x + 6$

9. (a) $8a - 6a^2$ (b) $y = 2x + 3, y = -8x + 19$
(c)

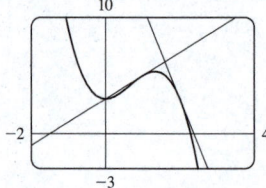

11. (a) 2.5 s   (b) 24.5 m/s

13. $-2/a^3$ m/s; -2 m/s; $-\frac{1}{4}$ m/s; $-\frac{2}{27}$ m/s

15. (a) Derecha: $0 < t < 1$ y $4 < t < 6$; izquierda: $2 < t < 3$; en reposo: $1 < t < 2$ y $3 < t < 4$
(b)

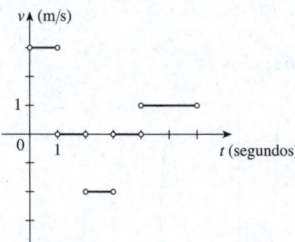

17. $g'(0), 0, g'(4), g'(2), g'(-2)$

19. $\frac{2}{5}$ **21.** $\frac{5}{9}$ **23.** $4a - 5$

25. $-\dfrac{2a}{(a^2 + 1)^2}$ **27.** $y = -\frac{1}{2}x + 3$ **29.** $y = 3x - 1$

31. (a) $-\frac{3}{5}$; $y = -\frac{3}{5}x + \frac{16}{5}$ (b)

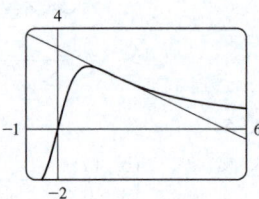

33. $f(2) = 3; f'(2) = 4$

35. 32 m/s; 32 m/s

37.

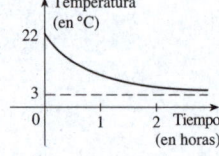

Mayor (en magnitud)

39.

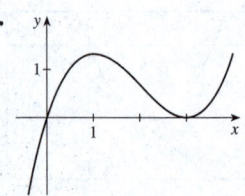

41.

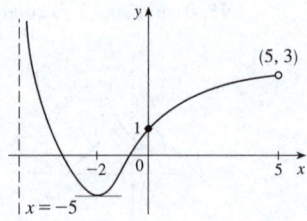

43. $f(x) = \sqrt{x}, a = 9$ **45.** $f(x) = x^6, a = 2$

47. $f(x) = \tan x, a = \pi/4$

49. (a) (i) $20.25/unidad (ii) $20.05/unidad (b) $20/unidad

51. (a) La tasa de cambio del costo por kilogramo de oro producido; USD/kg.
(b) Cuando se produce el 22.° kilogramo de oro, el costo de producción es de $17/kg.
(c) Disminuye en el corto plazo; aumenta en el largo plazo.

53. (a) La velocidad a la que la solubilidad del oxígeno cambia respecto a la temperatura del agua; (mg/L)/°C.
(b) $S'(16) \approx -0.25$; a medida que la temperatura aumenta más de 16 °C, la solubilidad del oxígeno disminuye con una velocidad de 0.25 (mg/L)/°C.

55. (a) En (g/dL)/h: (i) -0.015 (ii) -0.012 (iii) -0.012
(iv) -0.011 (b) -0.012 (g/dL)/h; después de 2 horas, la CAS disminuye a una velocidad de 0.012 (g/dL)/h.

57. No existe

59. (a)

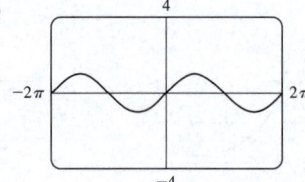

La pendiente parece ser 1

(b)

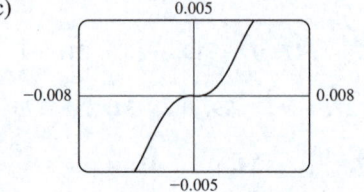

Sí

(c)

Sí; 0

EJERCICIOS 2.8 ▪ PÁGINA 161

1. (a) 0.5   (b) 0   (c) −1   (d) −1.5
(e) −1   (f) 0   (g) 1   (h) 1

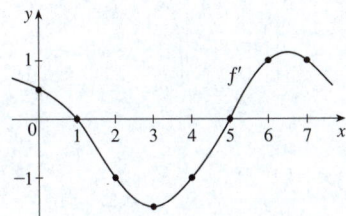

3. (a) II   (b) IV   (c) I   (d) III

5.

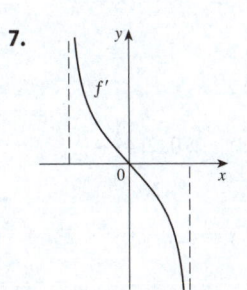

7.

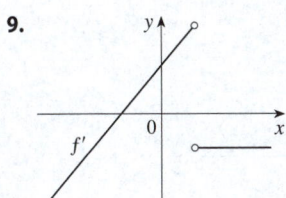

9.

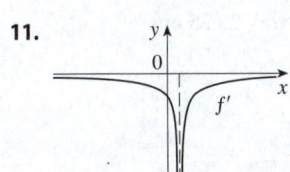

11.

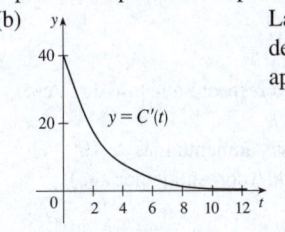

13. (a) La razón de cambio instantánea del porcentaje de plena capacidad respecto al tiempo transcurrido en horas.
(b)

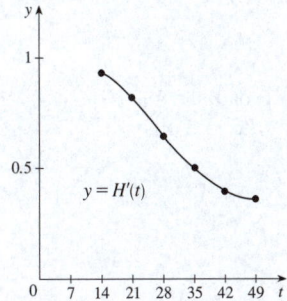

La razón de cambio del porcentaje de plena capacidad disminuye y se aproxima a 0.

15.   Cuando $t \approx 5.25$

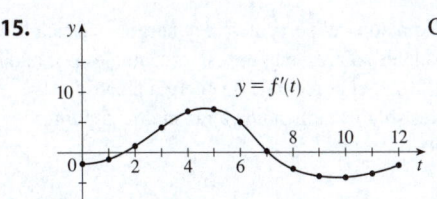

17. $f'(x) = e^x$

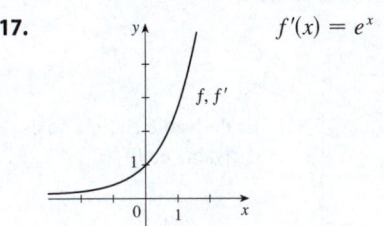

19. (a) 0, 1, 2, 4   (b) −1, −2, −4   (c) $f'(x) = 2x$

21. $f'(x) = 3$, $\mathbb{R}, \mathbb{R}$ **23.** $f'(t) = 5t + 6$, $\mathbb{R}, \mathbb{R}$

25. $A'(p) = 12p^2 + 3$, $\mathbb{R}, \mathbb{R}$

27. $f'(x) = -\dfrac{2x}{(x^2 - 4)^2}$, $(-\infty, -2) \cup (-2, 2) \cup (2, \infty)$,
$(-\infty, -2) \cup (-2, 2) \cup (2, \infty)$

29. $g'(u) = -\dfrac{5}{(4u - 1)^2}$, $\left(-\infty, \frac{1}{4}\right) \cup \left(\frac{1}{4}, \infty\right)$, $\left(-\infty, \frac{1}{4}\right) \cup \left(\frac{1}{4}, \infty\right)$

31. $f'(x) = -\dfrac{1}{2(1 + x)^{3/2}}$, $(-1, \infty)$, $(-1, \infty)$

33. (a)   (b), (d)

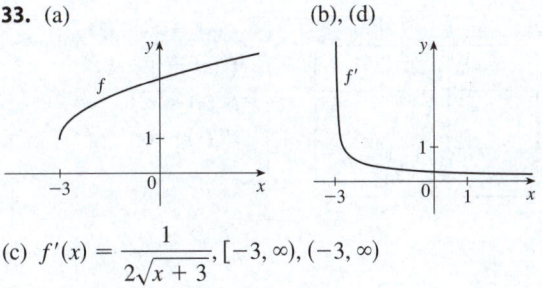

(c) $f'(x) = \dfrac{1}{2\sqrt{x + 3}}$, $[-3, \infty)$, $(-3, \infty)$

35. (a) $f'(x) = 4x^3 + 2$

37.

t	14	21	28	35	42	49
$H'(t)$	0.57	0.43	0.33	0.29	0.14	0.5

39. (a) La tasa de variación del porcentaje de energía eléctrica producida por los paneles solares, en puntos porcentuales por año. (b) El 1 de enero de 2022, el porcentaje de energía eléctrica producida por paneles solares aumentaba a razón de 3.5 puntos porcentuales por año.

41. -4 (esquina); 0 (discontinuidad)

43. 1 (no definido); 5 (tangente vertical)

45.

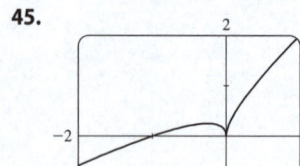

Es derivable en -1; no es derivable en 0

47. $f''(1)$ **49.** $a = f, b = f', c = f''$

51. $a =$ aceleración; $b =$ velocidad; $c =$ posición

53. $6x + 2$; 6

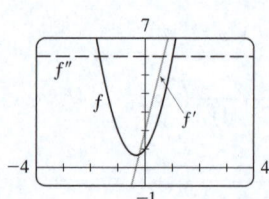

55.

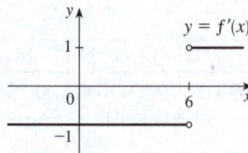

$f'(x) = 4x - 3x^2$,
$f''(x) = 4 - 6x$,
$f'''(x) = -6$,
$f^{(4)}(x) = 0$

57. (a) $\frac{1}{3}a^{-2/3}$

59. $f'(x) = \begin{cases} -1 & \text{si } x < 6 \\ 1 & \text{si } x > 6 \end{cases}$

o $f'(x) = \dfrac{x - 6}{|x - 6|}$

61. (a)   (b) Toda x
(c) $f'(x) = 2|x|$

65. (a) $-1, 1$ (b)

(c) $0, 5$ (d) $0, 4, 5$

67. (a)   (b)

Preguntas de verdadero o falso

1. Falso   **3.** Verdadero   **5.** Verdadero   **7.** Falso   **9.** Verdadero

11. Falso   **13.** Falso   **15.** Falso   **17.** Verdadero

19. Falso   **21.** Verdadero   **23.** Verdadero   **25.** Falso

Ejercicios

1. (a) (i) 3   (ii) 0   (iii) No existe   (iv) 2
(v) ∞ (vi) $-\infty$ (vii) 4   (viii) -1
(b) $y = 4, y = -1$ (c) $x = 0, x = 2$ (d) $-3, 0, 2, 4$

3. 1   **5.** $\frac{3}{2}$ **7.** 3   **9.** ∞ **11.** $\frac{5}{7}$ **13.** $\frac{1}{2}$

15. $-\infty$ **17.** 2   **19.** $\pi/2$ **21.** $x = 0, y = 0$ **23.** 1

29. (a) (i) 3   (ii) 0   (iii) No existe
(iv) 0   (v) 0   (vi) 0
(b) En 0 y 3   (c)

31. $\mathbb{R}$ **35.** (a) -8 (b) $y = -8x + 17$

37. (a) (i) 3 m/s   (ii) 2.75 m/s   (iii) 2.625 m/s
(iv) 2.525 m/s   (b) 2.5 m/s

39. (a) 10   (b) $y = 10x - 16$
(c)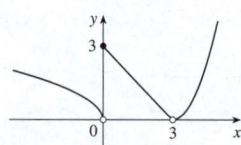

41. (a) La tasa de cambio del costo respecto a la tasa de interés; USD/(porcentaje por año).
(b) A medida que la tasa de intereses aumenta más de 10%, el costo aumenta a una razón de \$1 200/(porcentaje por año).
(c) Siempre positivo.

43.

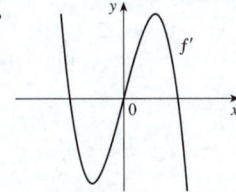

45. $f'(x) = -4/x^3, (-\infty, 0) \cup (0, \infty)$

47. (a) $f'(x) = -\frac{5}{2}(3 - 5x)^{-1/2}$ (b) $\left(-\infty, \frac{3}{5}\right], \left(-\infty, \frac{3}{5}\right)$

(c)

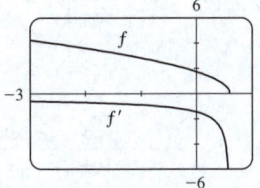

49. -4 (discontinuidad), -1 (esquina), 2 (discontinuidad), 5 (tangente vertical)

51.

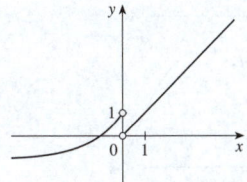

53. La tasa a la que el número de billetes de 20 USD en circulación cambia respecto al tiempo; 0.28 mil millones de billetes por año

55. 0

PROBLEMAS ADICIONALES ■ PÁGINA 171

1. $\frac{2}{3}$ **3.** -4 **5.** (a) No existe   (b) 1

7. (a) $(-\infty, 0) \cup [1, \infty), (0, 2)$ (b) 1   **9.** $\frac{3}{4}$

11. (b) Sí   (c) Sí; no

13. (a) 0   (b) 1   (c) $f'(x) = x^2 + 1$

CAPÍTULO 3

EJERCICIOS 3.1 ■ PÁGINA 181

1. (a) e es el número tal que $\lim\limits_{h \to 0} \dfrac{e^h - 1}{h} = 1$.

(b) 0.99, 1.03; $2.7 < e < 2.8$

3. $g'(x) = 4$ **5.** $f'(x) = 75x^{74} - 1$

7. $f'(t) = -2e^t$ **9.** $W'(v) = -5.4v^{-4}$

11. $f'(x) = \frac{3}{2}x^{1/2} - 3x^{-4}$ **13.** $s'(t) = -\dfrac{1}{t^2} - \dfrac{2}{t^3}$

15. $y' = 2 + 1/(2\sqrt{x})$ **17.** $g'(x) = -\frac{1}{2}x^{-3/2} + \frac{1}{4}x^{-3/4}$

19. $f'(x) = 4x^3 + 9x^2$ **21.** $y' = 3e^x - \frac{4}{3}x^{-4/3}$

23. $f'(x) = 3 + 2x$ **25.** $G'(r) = \frac{3}{2}r^{-1/2} + \frac{3}{2}r^{1/2}$

27. $j'(x) = 2.4x^{1.4}$ **29.** $F'(z) = -\dfrac{2A}{z^3} - \dfrac{B}{z^2}$

31. $D'(t) = -\dfrac{3}{64t^4} - \dfrac{1}{4t^2}$

33. $P'(w) = 3\sqrt{w} - \frac{1}{2}w^{-1/2} - 2w^{-3/2}$

35. $dy/dx = 2tx + t^3; dy/dt = x^2 + 3t^2x$

37. $y = 4x - 1$ **39.** $y = \frac{1}{2}x + 2$

41. Tangente: $y = 2x + 2$; normal: $y = -\frac{1}{2}x + 2$

43. $y = 3x - 1$ **45.** $f'(x) = 4x^3 - 6x^2 + 2x$

47. (a)

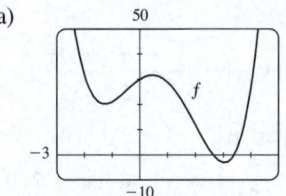

(c) $4x^3 - 9x^2 - 12x + 7$

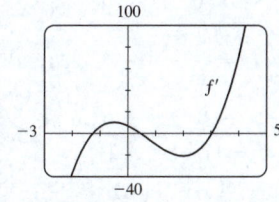

49. $f'(x) = 0.005x^4 - 0.06x^2, f''(x) = 0.02x^3 - 0.12x$

51. $f'(x) = 2 - \frac{15}{4}x^{-1/4}, f''(x) = \frac{15}{16}x^{-5/4}$

53. (a) $v(t) = 3t^2 - 3, a(t) = 6t$ (b) 12 m/s^2
(c) $a(1) = 6$ m/s^2

55. 4.198; en 12 años, la longitud de los peces aumenta a una razón de 4.198 cm/año

57. (a) $V = 5.3/P$
(b) -0.00212; razón de cambio instantánea del volumen respecto a la presión a 25 °C; m^3/kPa

59. $(-3, 37), (1, 5)$ **63.** $y = 3x - 3, y = 3x - 7$

65. $y = -2x + 3$ **67.** $(\pm 2, 4)$ **71.** $P(x) = x^2 - x + 3$

73. $y = \frac{3}{16}x^3 - \frac{9}{4}x + 3$

75. No

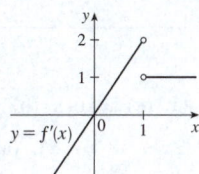

77. (a) No derivable en 3 o -3

$f'(x) = \begin{cases} 2x & \text{si } |x| > 3 \\ -2x & \text{si } |x| < 3 \end{cases}$

(b)

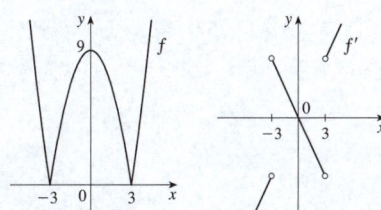

79. $y = 2x^2 - x$ **81.** $a = -\frac{1}{2}, b = 2$ **83.** $-\frac{1}{3}$

85. $m = 4, b = -4$ **87.** 1000   **89.** $\left(0, -\frac{1}{4}\right)$ **91.** 3; 1

EJERCICIOS 3.2 ■ PÁGINA 189

1. $1 - 2x + 6x^2 - 8x^3$ **3.** $y' = 24x^2 + 40x + 6$

5. $y' = e^x(x^3 + 3x^2)$ **7.** $f'(x) = e^x(3x^2 + x - 5)$

9. $y' = \dfrac{1 - x}{e^x}$ **11.** $g'(t) = \dfrac{-17}{(5t + 1)^2}$

13. $f'(t) = \dfrac{-10t^3 - 5}{(t^3 - t - 1)^2}$ **15.** $y' = \dfrac{3 - 2\sqrt{s}}{2s^{5/2}}$

17. $J'(u) = -\left(\dfrac{1}{u^2} + \dfrac{2}{u^3} + \dfrac{3}{u^4}\right)$

19. $H'(u) = 2u - 1$ **21.** $V'(t) = \dfrac{3t + 2e^t + 4te^t}{2\sqrt{t}}$

23. $y' = e^p\left(1 + \tfrac{3}{2}\sqrt{p} + p + p\sqrt{p}\right)$

25. $f'(t) = \dfrac{-2t - 3}{3t^{2/3}(t - 3)^2}$ **27.** $f'(x) = \dfrac{xe^x(x^3 + 2e^x)}{(x^2 + e^x)^2}$

29. $f'(x) = \dfrac{2cx}{(x^2 + c)^2}$ **31.** $e^x(x^2 + 2x); e^x(x^2 + 4x + 2)$

33. $\dfrac{-x^2 - 1}{(x^2 - 1)^2}; \dfrac{2x^3 + 6x}{(x^2 - 1)^3}$ **35.** $y = \tfrac{3}{4}x - \tfrac{1}{4}$

37. $y = -\tfrac{1}{3}x + \tfrac{5}{6}; y = 3x - \tfrac{5}{2}$

39. (a) $y = \tfrac{1}{2}x + 1$ (b)

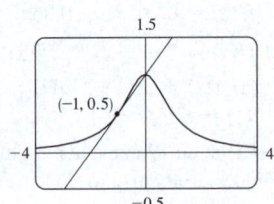

41. (a) $e^x(x^3 + 3x^2 - x - 1)$

(b)

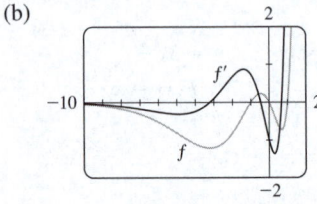

43. $\tfrac{1}{4}$ **45.** (a) -16 (b) $-\tfrac{20}{9}$ (c) 20 **47.** 7

49. $y = -2x + 18$ **51.** (a) 3 (b) $-\tfrac{7}{12}$

53. (a) $y' = xg'(x) + g(x)$ (b) $y' = \dfrac{g(x) - xg'(x)}{[g(x)]^2}$

(c) $y' = \dfrac{xg'(x) - g(x)}{x^2}$

55. Dos, $\left(-2 \pm \sqrt{3}, \tfrac{1}{2}(1 \mp \sqrt{3})\right)$ **57.** 1

59. \$359.6 millones/año

61. $\dfrac{0.0021}{(0.015 + [S])^2};$

la razón de cambio de la velocidad de una reacción enzimática respecto a la concentración de un sustrato S.

63. (c) $3e^{3x}$

65. $f'(x) = (x^2 + 2x)e^x, f''(x) = (x^2 + 4x + 2)e^x,$
$f'''(x) = (x^2 + 6x + 6)e^x, f^{(4)}(x) = (x^2 + 8x + 12)e^x,$
$f^{(5)}(x) = (x^2 + 10x + 20)e^x; f^{(n)}(x) = [x^2 + 2nx + n(n - 1)]e^x$

EJERCICIOS 3.3 ■ PÁGINA 197

1. $f'(x) = 3\cos x + 2\sin x$ **3.** $y' = 2x - \csc^2 x$

5. $h'(\theta) = \theta(\theta\cos\theta + 2\sin\theta)$

7. $y' = \sec\theta\,(\sec^2\theta + \tan^2\theta)$

9. $f'(\theta) = \theta\cos\theta - \cos^2\theta + \sin\theta + \sin^2\theta$

11. $H'(t) = -2\sin t\cos t$ **13.** $f'(\theta) = \dfrac{1}{1 + \cos\theta}$

15. $y' = \dfrac{2 - \tan x + x\sec^2 x}{(2 - \tan x)^2}$

17. $f'(w) = \dfrac{2\sec w\tan w}{(1 - \sec w)^2}$ **19.** $y' = \dfrac{(t^2 + t)\cos t + \sin t}{(1 + t)^2}$

21. $f'(\theta) = \tfrac{1}{2}\sin 2\theta + \theta\cos 2\theta$

27. $y = x + 1$ **29.** $y = 2x + 1$

31. (a) $y = 2x$ (b) $\dfrac{3\pi}{2}$

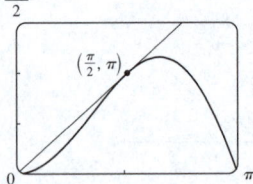

33. (a) $\sec x\tan x - 1$

35. $\dfrac{\theta\cos\theta - \sin\theta}{\theta^2}; \dfrac{-\theta^2\sin\theta - 2\theta\cos\theta + 2\sin\theta}{\theta^3}$

37. (a) $f'(x) = (1 + \tan x)/\sec x$ (b) $f'(x) = \cos x + \sin x$

39. $(2n + 1)\pi \pm \tfrac{1}{3}\pi$, n un entero

41. (a) $v(t) = 8\cos t, a(t) = -8\sin t$
(b) $4\sqrt{3}, -4, -4\sqrt{3}$; a la izquierda

43. 3 m/rad **45.** $\tfrac{5}{3}$ **47.** 3 **49.** 0 **51.** 2

53. $-\tfrac{3}{4}$ **55.** $\tfrac{1}{2}$ **57.** $-\tfrac{1}{4}$ **59.** $-\sqrt{2}$

61. $-\cos x$ **63.** $A = -\tfrac{3}{10}, B = -\tfrac{1}{10}$

65. (a) $\sec^2 x = \dfrac{1}{\cos^2 x}$ (b) $\sec x\tan x = \dfrac{\sin x}{\cos^2 x}$

(c) $\cos x - \sin x = \dfrac{\cot x - 1}{\csc x}$ **67.** 1

EJERCICIOS 3.4 ■ PÁGINA 206

1. $dy/dx = -12x^3(5 - x^4)^2$ **3.** $dy/dx = -\sin x\cos(\cos x)$

5. $dy/dx = \dfrac{e^{\sqrt{x}}}{2\sqrt{x}}$ **7.** $f'(x) = 10x(2x^3 - 5x^2 + 4)^4(3x - 5)$

9. $f'(x) = \dfrac{5}{2\sqrt{5x + 1}}$ **11.** $g'(t) = \dfrac{-4}{(2t + 1)^3}$

13. $f'(\theta) = -2\theta\sin(\theta^2)$ **15.** $g'(x) = e^{x^2 - x}(2x - 1)$

17. $y' = xe^{-3x}(2 - 3x)$ **19.** $f'(t) = e^{at}(b \cos bt + a \text{ sen } bt)$

21. $F'(x) = 4(4x + 5)^2(x^2 - 2x + 5)^3(11x^2 - 4x + 5)$

23. $y' = \dfrac{1}{2\sqrt{x}\,(x + 1)^{3/2}}$ **25.** $y' = (\sec^2\theta)\,e^{\tan\theta}$

27. $g'(u) = \dfrac{48u^2(u^3 - 1)^7}{(u^3 + 1)^9}$ **29.** $r'(t) = \dfrac{(\ln 10)10^{2\sqrt{t}}}{\sqrt{t}}$

31. $H'(r) = \dfrac{2(r^2 - 1)^2(r^2 + 3r + 5)}{(2r + 1)^6}$

33. $F'(t) = e^{t\,\text{sen}\,2t}(2t \cos 2t + \text{sen } 2t)$

35. $G'(x) = -C(\ln 4)\dfrac{4^{C/x}}{x^2}$

37. $f'(x) = 2x \text{ sen } x \text{ sen}(1 - x^2) + \cos x \cos(1 - x^2)$

39. $F'(t) = \dfrac{t \sec^2\sqrt{1 + t^2}}{\sqrt{1 + t^2}}$

41. $y' = 4x \text{ sen}(x^2 + 1) \cos(x^2 + 1)$

43. $g'(x) = \dfrac{e^x}{(1 + e^x)^2}\cos\left(\dfrac{e^x}{1 + e^x}\right)$

45. $f'(t) = -\sec^2(\sec(\cos t))\sec(\cos t)\tan(\cos t)\text{ sen } t$

47. $f'(x) = 4x \text{ sen}(x^2)\cos(x^2)e^{\text{sen}^2(x^2)}$

49. $y' = -8x\,(\ln 3)\,\text{sen}(x^2)\,3^{\cos(x^2)}(3^{\cos(x^2)} - 1)^3$

51. $y' = -\dfrac{\pi \cos(\tan \pi x)\sec^2(\pi x)\,\text{sen}\sqrt{\text{sen}(\tan \pi x)}}{2\sqrt{\text{sen}(\tan \pi x)}}$

53. $y' = -3 \cos 3\theta\,\text{sen}(\text{sen } 3\theta)$;
$y'' = -9 \cos^2(3\theta)\cos(\text{sen } 3\theta) + 9(\text{sen } 3\theta)\text{sen}(\text{sen } 3\theta)$

55. $y' = \dfrac{-\text{sen } x}{2\sqrt{\cos x}}$; $y'' = -\dfrac{1 + \cos^2 x}{4(\cos x)^{3/2}}$

57. $y = (\ln 2)x + 1$ **59.** $y = -x + \pi$

61. (a) $y = \frac{1}{2}x + 1$ (b)

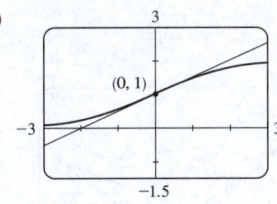

63. (a) $f'(x) = \dfrac{2 - 2x^2}{\sqrt{2 - x^2}}$

65. $((\pi/2) + 2n\pi, 3), ((3\pi/2) + 2n\pi, -1)$, n un entero

67. 24 **69.** (a) 30 (b) 36

71. (a) $\frac{1}{4}$ (b) -2 (c) $-\frac{1}{2}$ **73.** $-\frac{1}{6}\sqrt{2}$

75. (a) $F'(x) = e^x f'(e^x)$ (b) $G'(x) = e^{f(x)}f'(x)$

77. 120 **79.** 96

83. $-2^{50}\cos 2x$ **85.** $v(t) = \frac{5}{2}\pi \cos(10\pi t)$ cm/s

87. (a) $\dfrac{dB}{dt} = \dfrac{7\pi}{54}\cos\dfrac{2\pi t}{5.4}$ (b) 0.16

89. $v(t) = 2e^{-1.5t}(2\pi \cos 2\pi t - 1.5 \text{ sen } 2\pi t)$

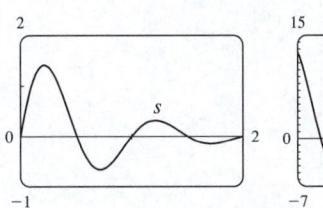 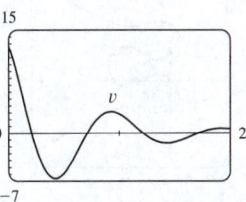

91. (a) 0.00075 (g/dL)/min (b) 0.00030 (g/dL)/min

93. dv/dt es la razón de cambio de velocidad con respecto al tiempo; dv/ds es la razón de cambio de velocidad con respecto al desplazamiento

EJERCICIOS 3.5 ■ PÁGINA 214

1. (a) $y' = \dfrac{10x}{3y^2}$ (b) $y = \sqrt[3]{5x^2 - 7}, y' = \dfrac{10x}{3(5x^2 - 7)^{2/3}}$

3. (a) $y' = -\sqrt{y}/\sqrt{x}$ (b) $y = (1 - \sqrt{x})^2, y' = 1 - 1/\sqrt{x}$

5. $y' = \dfrac{2y - x}{y - 2x}$ **7.** $y' = -\dfrac{2x(2x^2 + y^2)}{y(2x^2 + 3y)}$

9. $y' = \dfrac{x(x + 2y)}{2x^2y + 4xy^2 + 2y^3 + x^2}$ **11.** $y' = \dfrac{2 - \cos x}{3 - \text{sen } y}$

13. $y' = -\dfrac{\cos(x + y) + \text{sen } x}{\cos(x + y) + \text{sen } y}$ **15.** $y' = \dfrac{2x + y \text{ sen } x}{\cos x - 2y}$

17. $y' = -\dfrac{2e^y + ye^x}{2xe^y + e^x}$ **19.** $y' = \dfrac{1 - 8x^3\sqrt{x + y}}{8y^3\sqrt{x + y} - 1}$

21. $y' = \dfrac{y(y - e^{x/y})}{y^2 - xe^{x/y}}$ **23.** $-\frac{16}{13}$

25. $x' = \dfrac{-2x^4y + x^3 - 6xy^2}{4x^3y^2 - 3x^2y + 2y^3}$ **27.** $y = x$

29. $y = \dfrac{1}{\sqrt{3}}x + 4$ **31.** $y = \frac{3}{4}x - \frac{1}{2}$ **33.** $y = x + \frac{1}{2}$

35. $y = -\frac{9}{13}x + \frac{40}{13}$

37. (a) $y = \frac{9}{2}x - \frac{5}{2}$ (b)

39. $-1/(4y^3)$ **41.** $\dfrac{\cos^2 y \cos x + \text{sen}^2 x \text{ sen } y}{\cos^3 y}$ **43.** $1/e^2$

45. (a)

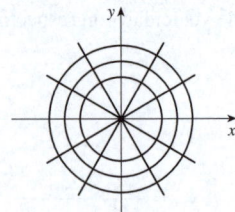

Ocho; $x \approx 0.42, 1.58$

(b) $y = -x + 1; y = \frac{1}{3}x + 2$ (c) $1 \mp \frac{1}{3}\sqrt{3}$

47. $\left(\pm\frac{5}{4}\sqrt{3}, \pm\frac{5}{4}\right)$ **49.** $(x_0 x/a^2) - (y_0 y/b^2) = 1$

53.

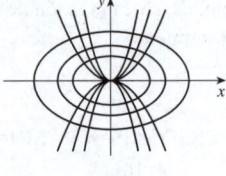

55.

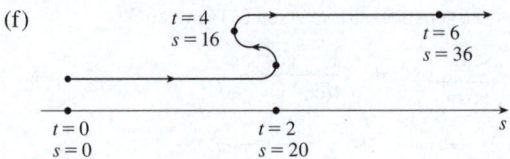

59. (a) $\dfrac{V^3(nb - V)}{PV^3 - n^2aV + 2n^3ab}$ (b) ≈ -4.04 L/atm

61. $\left(\pm\sqrt{3}, 0\right)$ **63.** $(-1, -1), (1, 1)$

65. $y' = \dfrac{y}{x + 2y^3}; y' = \dfrac{1}{3y^2 + 1}$

67. 2 unidades

EJERCICIOS 3.6 ■ PÁGINA 224

1. La fórmula de derivación es la más sencilla.

3. $f'(x) = \dfrac{2x + 3}{x^2 + 3x + 5}$ **5.** $f'(x) = \dfrac{\cos(\ln x)}{x}$

7. $f'(x) = -\dfrac{1}{x}$ **9.** $g'(x) = \dfrac{1}{x} - 2$

11. $F'(t) = \ln t \left(\ln t \cos t + \dfrac{2 \operatorname{sen} t}{t} \right)$

13. $y' = \dfrac{2x + 3}{(x^2 + 3x) \ln 8}$ **15.** $F'(s) = \dfrac{1}{s \ln s}$

17. $T'(z) = 2^z \left(\dfrac{1}{z \ln 2} + \ln z \right)$ **19.** $y' = \dfrac{-10x^4}{3 - 2x^5}$

21. $y' = \dfrac{-x}{1 + x}$ **23.** $h'(x) = e^{x^2}(2x^2 + 1)$

25. $y' = \dfrac{a}{x} - \ln b$

29. $y' = (2 + \ln x)/(2\sqrt{x}); y'' = -\ln x/(4x\sqrt{x})$

31. $y' = \tan x; y'' = \sec^2 x$

33. $f'(x) = \dfrac{2x - 1 - (x - 1) \ln(x - 1)}{(x - 1)[1 - \ln(x - 1)]^2};$
$(1, 1 + e) \cup (1 + e, \infty)$

35. $f'(x) = \dfrac{2(x - 1)}{x(x - 2)}; (-\infty, 0) \cup (2, \infty)$ **37.** 2

39. $y = 3x - 9$ **41.** $\cos x + 1/x$ **43.** 7

45. $y' = (x^2 + 2)^2(x^4 + 4)^4 \left(\dfrac{4x}{x^2 + 2} + \dfrac{16x^3}{x^4 + 4} \right)$

47. $y' = \sqrt{\dfrac{x - 1}{x^4 + 1}} \left(\dfrac{1}{2x - 2} - \dfrac{2x^3}{x^4 + 1} \right)$

49. $y' = x^x(1 + \ln x)$

51. $y' = x^{\operatorname{sen} x} \left(\dfrac{\operatorname{sen} x}{x} + \ln x \cos x \right)$

53. $y' = (\cos x)^x(-x \tan x + \ln \cos x)$

55. $y' = \dfrac{(2x^{\ln x}) \ln x}{x}$ **57.** $y' = \dfrac{2x}{x^2 + y^2 - 2y}$

59. $f^{(n)}(x) = \dfrac{(-1)^{n-1}(n - 1)!}{(x - 1)^n}$ **63.** $f'(x) = \dfrac{5}{\sqrt{1 - 25x^2}}$

65. $y' = \dfrac{1}{2x\sqrt{x - 1}}$ **67.** $y' = \dfrac{2 \tan^{-1} x}{1 + x^2}$

69. $h'(x) = \dfrac{\arcsen x}{x} + \dfrac{\ln x}{\sqrt{1 - x^2}}$ **71.** $f'(z) = \dfrac{2ze^{\arcsen(z^2)}}{\sqrt{1 - z^4}}$

73. $h'(t) = 0$ **75.** $y' = \operatorname{sen}^{-1} x$

77. $y' = \dfrac{a}{x^2 + a^2} + \dfrac{a}{x^2 - a^2}$ **79.** $1 - \dfrac{x \arcsen x}{\sqrt{1 - x^2}}$ **85.** $\frac{1}{2}$

EJERCICIOS 3.7 ■ PÁGINA 235

1. (a) $3t^2 - 18t + 24$ (b) 9 m/s   (c) $t = 2, 4$
(d) $0 \le t < 2, t > 4$ (e) 44 m
(f)

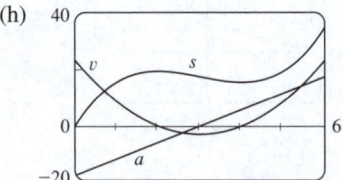

(g) $6t - 18; -12$ m/s^2

(h)

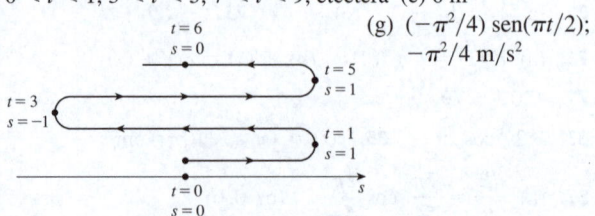

(i) Acelera cuando
$2 < t < 3$ y $t > 4$;
desacelera cuando
$0 \le t < 2$ y $3 < t < 4$

3. (a) $(\pi/2) \cos(\pi t/2)$ (b) 0 m/s
(c) $t = 2n + 1$, n un entero no negativo
(d) $0 < t < 1, 3 < t < 5, 7 < t < 9$, etcétera (e) 6 m
(f)

(g) $(-\pi^2/4) \operatorname{sen}(\pi t/2)$;
$-\pi^2/4$ m/s^2

(h)

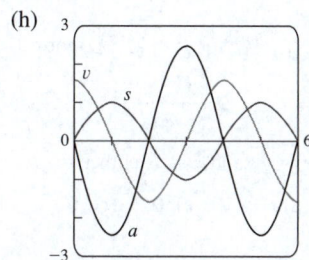

(i) Acelera cuando $1 < t < 2$, $3 < t < 4$ y $5 < t < 6$; desacelera cuando $0 < t < 1$, $2 < t < 3$ y $4 < t < 5$

5. (a) Acelera cuando $0 < t < 1$ y $2 < t < 3$; desacelera cuando $1 < t < 2$

(b) Acelera cuando $1 < t < 2$ y $3 < t < 4$; desacelera cuando $0 < t < 1$ y $2 < t < 3$

7. Avanza cuando $0 < t < 5$; retrocede cuando $7 < t < 8$; no se mueve

9. (a) 4.9 m/s; -14.7 m/s   (b) Después 2.5 s   (c) $32\frac{5}{8}$ m
(d) ≈ 5.08 s   (e) ≈ -25.3 m/s

11. (a) 7.56 m/s   (b) ≈ 6.24 m/s; ≈ -6.24 m/s

13. (a) 30 mm^2/mm; la velocidad a la que el área aumenta respecto a la longitud de lado a medida que x alcanza 15 mm.
(b) $\Delta A \approx 2x\,\Delta x$

15. (a) (i) 5π (ii) 4.5π (iii) 4.1π
(b) 4π (c) $\Delta A \approx 2\pi r\,\Delta r$

17. (a) 160π cm^2/cm   (b) 320π cm^2/cm   (c) 480π cm^2/cm
La velocidad aumenta conforme aumenta el radio.

19. (a) 6 kg/m   (b) 12 kg/m   (c) 18 kg/m
En el extremo derecho; en el extremo izquierdo

21. (a) 4.75 A   (b) 5 A; $t = \frac{2}{3}$ s

25. (a) $dV/dP = -C/P^2$ (b) Al principio

27. $400(3^t)$; ≈ 6850 bacterias/h

29. (a) 16 millones/año; 78.5 millones/año
(b) $P(t) = at^3 + bt^2 + ct + d$, donde $a \approx -0.0002849$, $b \approx 0.5224331$, $c \approx -6.395641$, $d \approx 1720.586$
(c) $P'(t) = 3at^2 + 2bt + c$
(d) 14.16 millones/año (más pequeño); 71.72 millones/año (más pequeño)
(e) $f'(t) = (1.43653 \times 10^9) \cdot (1.01395)^t \ln 1.01395$
(f) 26.25 millones/año (más grande); 60.28 millones/año (más pequeño)
(g) $P'(85) \approx 76.24$ millones/año, $f'(85) = 64.61$ millones/año

31. (a) 0.926 cm/s; 0.694 cm/s; 0
(b) 0; -92.6 (cm/s)/cm; -185.2 (cm/s)/cm
(c) En el centro; en el borde

33. (a) $C'(x) = 3 + 0.02x + 0.0006x^2$
(b) $\$11$/par; la razón a la que cambia el costo cuando se produce el centésimo par de jeans; el costo del par 101.
(c) $\$11.07$

35. (a) $[xp'(x) - p(x)]/x^2$; el promedio de productividad aumenta a medida que se agregan nuevos trabajadores.

37. $\dfrac{dt}{dc} = \dfrac{3\sqrt{9c^2 - 8c} + 9c - 4}{\sqrt{9c^2 - 8c}\,(3c + \sqrt{9c^2 - 8c}\,)}$; la razón de cambio
de la duración de la diálisis requerida respecto a la concentración inicial de urea.

39. ≈ -0.2436 K/min

41. (a) 0 y 0 (b) $C = 0$
(c) $(0, 0)$, $(500, 50)$; es posible que la especie coexista.

43. (a) $\dfrac{1}{D \ln 2}$; disminuye

(b) $-\dfrac{1}{W \ln 2}$; la dificultad disminuye conforme aumenta el ancho; aumenta.

EJERCICIOS 3.8 ■ PÁGINA 245

1. Alrededor de 8.7 millones

3. (a) $50e^{1.9803t}$ (b) $\approx 19\,014$ (c) $\approx 37\,653$ células/h
(d) ≈ 4.30 h

5. (a) $1\,508$ millones, $1\,871$ millones   (b) $2\,161$ millones
(c) $3\,972$ millones; guerras en la primera mitad del siglo, esperanza de vida aumentada en la segunda mitad

7. (a) $Ce^{-0.0005t}$ (b) $-2\,000 \ln 0.9 \approx 211$ s

9. (a) $100 \times 2^{-t/30}$ mg   (b) ≈ 9.92 mg   (c) ≈ 199.3 años

11. $\approx 2\,500$ años   **13.** Sí; 12.5 mil millones de años

15. (a) ≈ 58 °C   (b) ≈ 89 min
17. (a) $13.\overline{3}$ °C   (b) ≈ 67.74 min
19. (a) ≈ 64.5 kPa   (b) ≈ 39.9 kPa
21. (a) (i) $\$4\,362.47$ (ii) $\$4\,364.11$ (iii) $\$4\,365.49$
(iv) $\$4\,365.70$ (v) $\$4\,365.76$ (vi) $\$4\,365.77$
(b) $dA/dt = 0.0175A$, $A(0) = 4000$

EJERCICIOS 3.9 ■ PÁGINA 251

1. (a) $dV/dt = 3x^2\,dx/dt$ (b) 2700 cm^3/s   **3.** 48 cm^2/s
5. 128π cm^2/min   **7.** $3/(25\pi)$ m/min
9. (a) $-\frac{3}{8}$ (b) $\frac{8}{3}$ **11.** -3.41 N/s

13. (a) La altitud del avión es de 2 km y su rapidez es de 800 km/h.
(b) La razón a la que la distancia del avión a la estación aumenta cuando el avión está a 3 km de la estación.

(c) 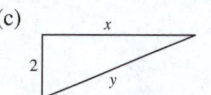   (d) $y^2 = x^2 + 4$

(e) $800/3\sqrt{5}$ km/h

15. (a) La altura del poste (6 m), la altura del hombre (2 m) y la rapidez del hombre (1.5 m/s).
(b) La velocidad a la que se mueve la punta de la sombra del hombre cuando está a 10 m del poste.

(c) 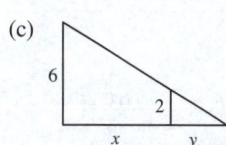   (d) $\dfrac{6}{2} = \dfrac{x + y}{y}$ (e) $\frac{9}{4}$ m/s

17. 78 km/h   **19.** $8064/\sqrt{8\,334\,400} \approx 2.79$ m/s
21. -1.6 cm/min   **23.** 9.8 m/s
25. $(10\,000 + 800\,000\,\pi/9) \approx 2.89 \times 10^5$ cm^3/min
27. $\frac{10}{3}$ cm/min   **29.** $4/(3\pi) \approx 0.42$ m/min
31. $150\sqrt{3}$ cm^2/min   **33.** ≈ 20.3 m/s   **35.** $-\frac{1}{2}$ rad/s
37. 80 cm^3/min   **39.** $\frac{107}{810} \approx 0.132$ Ω/s   **41.** ≈ 87.2 km/h
43. $\sqrt{7}\,\pi/21 \approx 0.396$ m/min
45. (a) 120 ms/s   (b) ≈ 0.107 rad/s

47. $\frac{10}{9}\pi$ km/min   **49.** $1650/\sqrt{31} \approx 296$ km/h

51. $\frac{7}{4}\sqrt{15} \approx 6.78$ m/s

EJERCICIOS 3.10 ■ PÁGINA 258

1. $L(x) = 16x + 23$ **3.** $L(x) = \frac{1}{12}x + \frac{4}{3}$

5. $\sqrt{1-x} \approx 1 - \frac{1}{2}x;$
$\sqrt{0.9} \approx 0.95,$
$\sqrt{0.99} \approx 0.995$

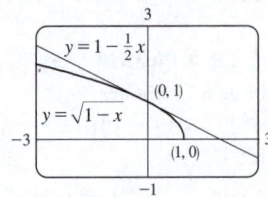

7. $-0.731 < x < 0.731$ **9.** $-0.368 < x < 0.677$

11. $dy = 5e^{5x}dx$ **13.** $dy = \dfrac{-1}{(1+3u)^2}\,du$

15. $dy = \dfrac{3-2x}{(x^2-3x)^2}\,dx$ **17.** $dy = \cot\theta\,d\theta$

19. (a) $dy = \frac{1}{10}e^{x/10}\,dx$ (b) 0.01

21. (a) $dy = \dfrac{x}{\sqrt{3+x^2}}\,dx$ (b) -0.05

23. $\Delta y = 1.25,\ dy = 1$

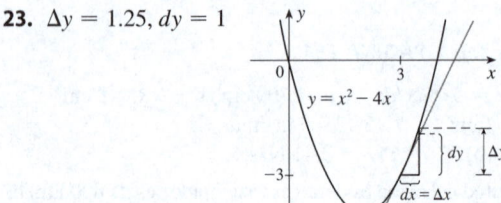

25. $\Delta y \approx 0.34,\ dy = 0.4$

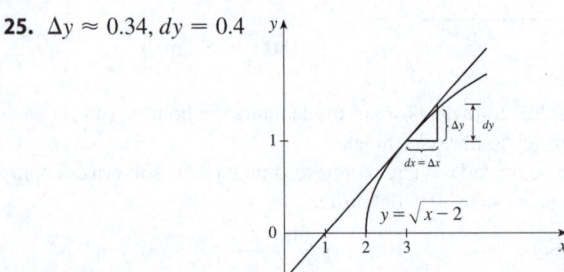

27. $\Delta y \approx 0.1655,\ dy = 0.15;\ \Delta y \approx 0.0306,\ dy = 0.03;$ sí

29. $\Delta y \approx -0.012539,\ dy = -0.0125;$
$\Delta y \approx -0.002502,\ dy = -0.0025;$ sí

31. 15.968 **33.** $10.00\overline{3}$ **35.** 1.1

41. (a) 270 cm^3, 0.01, 1% (b) 36 cm^2, $0.00\overline{6}$, $0.\overline{6}\%$

43. (a) $84/\pi \approx 27$ cm^2; $\frac{1}{84} \approx 0.012 = 1.2\%$
(b) $1764/\pi^2 \approx 179$ cm^3; $\frac{1}{56} \approx 0.018 = 1.8\%$

45. (a) $2\pi rh\,\Delta r$ (b) $\pi(\Delta r)^2 h$

51. (a) $4.8,\ 5.2$ (b) Demasiado grande

EJERCICIOS 3.11 ■ PÁGINA 266

1. (a) 0 (b) 1 **3.** (a) $\frac{13}{5}$ (b) $\frac{1}{2}(e^5 + e^{-5}) \approx 74.20995$

5. (a) 1 (b) 0 **7.** $\frac{13}{2}e^x - \frac{3}{2}e^{-x}$ **9.** $\dfrac{x^2-1}{2x}$

25. $\operatorname{sech} x = \frac{3}{5}$, $\operatorname{senh} x = \frac{4}{3}$, $\operatorname{csch} x = \frac{3}{4}$, $\tanh x = \frac{4}{5}$, $\coth x = \frac{5}{4}$

27. (a) 1 (b) -1 (c) ∞ (d) $-\infty$ (e) 0 (f) 1
(g) ∞ (h) $-\infty$ (i) 0 (j) $\frac{1}{2}$

35. $f'(x) = 3\operatorname{senh} 3x$ **37.** $h'(x) = 2x\cosh(x^2)$

39. $G'(t) = \dfrac{t^2+1}{2t^2}$ **41.** $f'(x) = \dfrac{\operatorname{sech}^2\sqrt{x}}{2\sqrt{x}}$

43. $y' = \operatorname{sech}^3 x - \operatorname{sech} x \tanh^2 x$

45. $g'(t) = \coth\sqrt{t^2+1} - \dfrac{t^2}{\sqrt{t^2+1}}\operatorname{csch}^2\sqrt{t^2+1}$

47. $f'(x) = \dfrac{-2}{\sqrt{1+4x^2}}$ **49.** $y' = \sec\theta$

51. $G'(u) = \dfrac{1}{\sqrt{1+u^2}}$ **53.** $y' = \operatorname{senh}^{-1}(x/3)$

59. (a) 0.3572 (b) $70.34°$

61. (a) 1176 N; 164.50 m   (b) 120 m; 164.13 m

63. (b) $y = 2\operatorname{senh} 3x - 4\cosh 3x$

65. $\left(\ln\left(1 + \sqrt{2}\right), \sqrt{2}\right)$

CAPÍTULO 3 REPASO ■ PÁGINA 269

Preguntas de verdadero o falso

1. Verdadero   **3.** Verdadero   **5.** Falso   **7.** Falso
9. Verdadero   **11.** Verdadero   **13.** Verdadero   **15.** Verdadero

Ejercicios

1. $4x^7(x+1)^3(3x+2)$ **3.** $\dfrac{3}{2}\sqrt{x} - \dfrac{1}{2\sqrt{x}} - \dfrac{1}{\sqrt{x^3}}$

5. $x(\pi x\cos\pi x + 2\operatorname{sen}\pi x)$

7. $\dfrac{8t^3}{(t^4+1)^2}$ **9.** $\dfrac{1+\ln x}{x\ln x}$ **11.** $\dfrac{\cos\sqrt{x} - \sqrt{x}\operatorname{sen}\sqrt{x}}{2\sqrt{x}}$

13. $-\dfrac{e^{1/x}(1+2x)}{x^4}$ **15.** $\dfrac{2xy - \cos y}{1 - x\operatorname{sen} y - x^2}$

17. $\dfrac{1}{2\sqrt{\arctan x}(1+x^2)}$ **19.** $\dfrac{1-t^2}{(1+t^2)^2}\sec^2\!\left(\dfrac{t}{1+t^2}\right)$

21. $3^{x\ln x}(\ln 3)(1+\ln x)$ **23.** $-(x-1)^{-2}$

25. $\dfrac{2x - y\cos(xy)}{x\cos(xy) + 1}$ **27.** $\dfrac{2}{(1+2x)\ln 5}$

29. $\cot x - \operatorname{sen} x\cos x$ **31.** $\dfrac{4x}{1+16x^2} + \tan^{-1}(4x)$

33. $5\sec 5x$ **35.** $-6x\csc^2(3x^2+5)$

37. $\cos(\tan\sqrt{1+x^3})(\sec^2\sqrt{1+x^3})\dfrac{3x^2}{2\sqrt{1+x^3}}$

39. $\dfrac{-5}{x^2+1}$ **41.** $\tan^{-1}x$ **43.** $2\cos\theta\tan(\operatorname{sen}\theta)\sec^2(\operatorname{sen}\theta)$

45. $\dfrac{(2-x)^4(3x^2 - 55x - 52)}{2\sqrt{x+1}(x+3)^8}$ **47.** $2x^2\cosh(x^2) + \operatorname{senh}(x^2)$

49. $3\tanh 3x$ **51.** $\dfrac{\cosh x}{\sqrt{\operatorname{senh}^2 x - 1}}$

53. $\dfrac{-3\operatorname{sen}\!\left(e^{\sqrt{\tan 3x}}\right)e^{\sqrt{\tan 3x}}\sec^2(3x)}{2\sqrt{\tan 3x}}$ **55.** $-\tfrac{4}{27}$

57. $-5x^4/y^{11}$ **61.** $y = 2\sqrt{3}\,x + 1 - \pi\sqrt{3}/3$

63. $y = 2x + 1$ **65.** $y = -x + 2;\ y = x + 2$

67. (a) $\dfrac{10 - 3x}{2\sqrt{5 - x}}$ (b) $y = \tfrac{7}{4}x + \tfrac{1}{4},\ y = -x + 8$

(c)

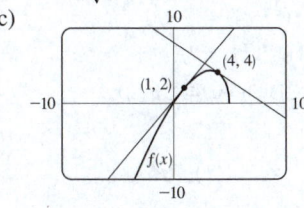

69. $\left(\pi/4,\ \sqrt{2}\,\right),\ \left(5\pi/4,\ -\sqrt{2}\,\right)$

73. (a) 4   (b) 6   (c) $\tfrac{7}{9}$ (d) 12

75. $x^2 g'(x) + 2x g(x)$ **77.** $2g(x)g'(x)$ **79.** $g'(e^x)e^x$

81. $g'(x)/g(x)$ **83.** $\dfrac{f'(x)[g(x)]^2 + g'(x)\,[f(x)]^2}{[f(x) + g(x)]^2}$

85. $f'(g(\operatorname{sen} 4x))g'(\operatorname{sen} 4x)(\cos 4x)(4)$

87. $(-3, 0)$ **89.** $y = -\tfrac{2}{3}x^2 + \tfrac{14}{3}x$

91. $v(t) = -Ae^{-ct}[\omega\operatorname{sen}(\omega t + \delta) + c\cos(\omega t + \delta)]$,
$a(t) = Ae^{-ct}[(c^2 - \omega^2)\cos(\omega t + \delta) + 2c\omega\operatorname{sen}(\omega t + \delta)]$

93. (a) $v(t) = 3t^2 - 12;\ a(t) = 6t$ (b) $t > 2;\ 0 \leq t < 2$
(c) 23   (d)

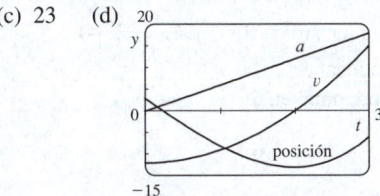

(e) $t > 2;\ 0 < t < 2$

95. $4\ \text{kg/m}$

97. (a) $200(3.24)^t$ (b) $\approx 22\,040$
(c) $\approx 25\,910$ células/h   (d) $(\ln 50)/(\ln 3.24) \approx 3.33$ h

99. (a) $C_0 e^{-kt}$ (b) ≈ 100 h   **101.** $\tfrac{4}{3}\ \text{cm}^2/\text{min}$

103. $117/\sqrt{666} \approx 4.53$ m/s   **105.** 400 m/h

107. (a) $L(x) = 1 + x;\ \sqrt[3]{1 + 3x} \approx 1 + x;\ \sqrt[3]{1.03} \approx 1.01$
(b) $-0.235 < x < 0.401$

109. $12 + \tfrac{3}{2}\pi \approx 16.7\ \text{cm}^2$ **111.** $\left[\dfrac{d}{dx}\sqrt[4]{x}\,\right]_{x=16} = \dfrac{1}{32}$

113. $\tfrac{1}{4}$ **115.** $\tfrac{1}{8}x^2$

PROBLEMAS ADICIONALES ■ PÁGINA 275

1. $\left(\pm\sqrt{3}/2,\ \tfrac{1}{4}\right)$ **5.** $3\sqrt{2}$ **11.** $\left(0,\ \tfrac{5}{4}\right)$

13. Tres rectas: $(0, 2),\ \left(\tfrac{4}{3}\sqrt{2},\ \tfrac{2}{3}\right)$ y $\left(\tfrac{2}{3}\sqrt{2},\ \tfrac{10}{3}\right),\ \left(-\tfrac{4}{3}\sqrt{2},\ \tfrac{2}{3}\right)$ y $\left(-\tfrac{2}{3}\sqrt{2},\ \tfrac{10}{3}\right)$

15. (a) $4\pi\sqrt{3}/\sqrt{11}$ rad/s   (b) $40\left(\cos\theta + \sqrt{8 + \cos^2\theta}\,\right)$ cm
(c) $-480\pi\operatorname{sen}\theta\left(1 + (\cos\theta/)\sqrt{8 + \cos^2\theta}\,\right)$ cm/s

19. $x_T \in (3, \infty),\ y_T \in (2, \infty),\ x_N \in \left(0, \tfrac{5}{3}\right),\ y_N \in \left(-\tfrac{5}{2}, 0\right)$

21. (b) (i) $53°$ (o $127°$)   (ii) $63°$ (o $117°$)

23. R se aproxima al punto medio del radio AO.

25. $-\operatorname{sen} a$ **27.** $2\sqrt{e}$ **31.** $(1, -2),\ (-1, 0)$

33. $\sqrt{29}/58$ **35.** $2 + \tfrac{375}{128}\pi \approx 11.204\ \text{cm}^3/\text{min}$

CAPÍTULO 4

EJERCICIOS 4.1 ■ PÁGINA 286

Abreviaturas: abs, absoluto; loc, local; máx, máximo; mín, mínimo.

1. Mín abs: valor de función más pequeño en el dominio completo de la función; mín loc en c: valor de función más pequeño cuando x está cerca de c

3. Máx abs en s, mín abs en r, máx loc en c, mín loc en b y r, ni un máx ni un mín en a y d

5. Máx abs $f(4) = 5$, máx loc $f(4) = 5$ y $f(6) = 4$, mín loc $f(2) = 2$ y $f(1) = f(5) = 3$

7.

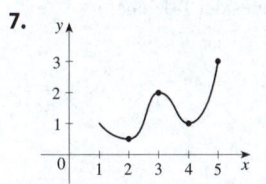

9.

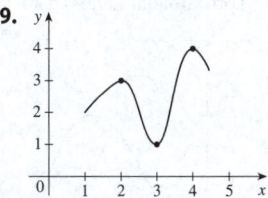

11. (a)

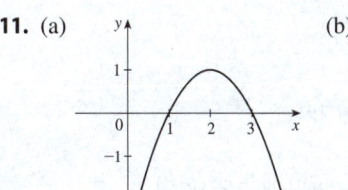

(b)

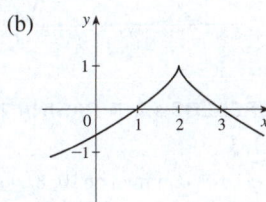

(c)

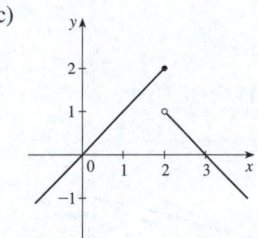

13. (a)   (b)

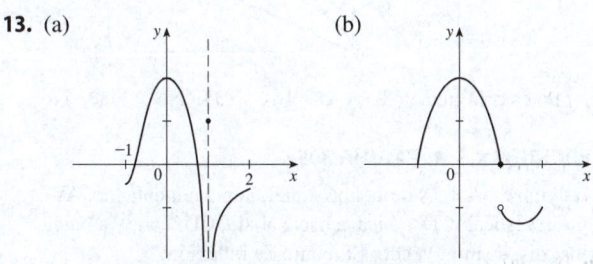

15. Máx abs $f(-1) = 5$ **17.** Máx abs $f(1) = 1$

19. Mín abs $f(0) = 0$

21. Máx abs $f(\pi/2) = 1$; mín abs $f(-\pi/2) = -1$

23. Máx abs $f(2) = \ln 2$ **25.** Máx abs $f(0) = 1$

27. Mín abs $f(1) = -1$; mín loc $f(0) = 0$ **29.** $-\frac{1}{6}$

31. $-4, 0, 2$ **33.** Ninguno **35.** $0, 2$ **37.** $-1, 2$

39. $0, \frac{4}{9}$ **41.** $0, \frac{8}{7}, 4$ **43.** $0, \frac{4}{3}, 4$

45. $n\pi$ (n un entero) **47.** $1/\sqrt{e}$ **49.** 10

51. $f(2) = 16, f(5) = 7$ **53.** $f(-1) = 8, f(2) = -19$

55. $f(-2) = 33, f(2) = -31$ **57.** $f(0.2) = 5.2, f(1) = 2$

59. $f(4) = 4 - \sqrt[3]{4}, f(\sqrt{3}/9) = -2\sqrt{3}/9$

61. $f(\pi/6) = \frac{3}{2}\sqrt{3}, f(\pi/2) = 0$

63. $f(e^{1/2}) = 1/(2e), f\left(\frac{1}{2}\right) = -4 \ln 2$

65. $f(1) = \ln 3, f\left(-\frac{1}{2}\right) = \ln \frac{3}{4}$

67. $f\left(\dfrac{a}{a+b}\right) = \dfrac{a^a b^b}{(a+b)^{a+b}}$

69. (a) $2.19, 1.81$ (b) $\frac{6}{25}\sqrt{\frac{3}{5}} + 2, -\frac{6}{25}\sqrt{\frac{3}{5}} + 2$

71. (a) $0.32, 0.00$ (b) $\frac{3}{16}\sqrt{3}, 0$

73. 0.0177 g/dL; 21.4 min **75.** $\approx 3.9665\,°C$

77. Aproximadamente 4.1 meses después del 1 de enero

79. (a) $r = \frac{2}{3}r_0$ (b) $v = \frac{4}{27}kr_0^3$

(c)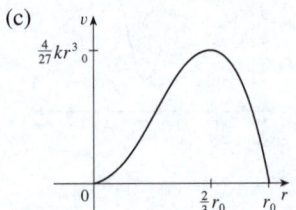

EJERCICIOS 4.2 ■ **PÁGINA 295**

1. $1, 5$

3. (a) g es continua en $[0, 8]$ y derivable en $(0, 8)$.
(b) $2.2, 6.4$ (c) $3.7, 5.5$

5. No **7.** Sí; ≈ 3.8

9. 1 **11.** π

13. f no es derivable en $(-1, 1)$ **15.** 1

17. $3/\ln 4$ **19.** 1; sí

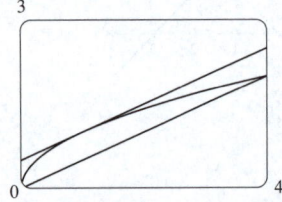

21. f no es continua en 3 **29.** 16 **31.** No **33.** No

EJERCICIOS 4.3 ■ **PÁGINA 305**

Abreviaturas: AH, asíntota horizontal; aum, aumentando; AV, asíntota vertical; CD, cóncava hacia abajo, CU; cóncava hacia arriba; dis, disminuyendo; PI, punto de inflexión.

1. (a) $(1, 3), (4, 6)$ (b) $(0, 1), (3, 4)$ (c) $(0, 2)$
(d) $(2, 4), (4, 6)$ (e) $(2, 3)$

3. (a) Prueba C/D (b) Prueba de concavidad
(c) Hallar puntos donde cambia la concavidad.

5. (a) Aum en $(0, 1), (3, 5)$; dis en $(1, 3), (5, 6)$
(b) Máx loc en $x = 1, x = 5$; mín loc en $x = 3$

7. (a) $3, 5$ (b) $2, 4, 6$ (c) $1, 7$

9. Aum en $(-\infty, 1), (4, \infty)$; dis en $(1, 4)$; máx loc $f(1) = 6$;
mín loc $f(4) = -21$

11. Aum en $(2, \infty)$; dis en $(-\infty, 2)$; mín loc $f(2) = -31$

13. Aum en $(-\infty, 4), (6, \infty)$; dis en $(4, 5), (5, 6)$;
máx loc $f(4) = 8$; mín loc $f(6) = 12$

15. Aum en $(0, \pi/4), (5\pi/4, 2\pi)$; dis en $(\pi/4, 5\pi/4)$;
máx loc $f(\pi/4) = \sqrt{2}$; mín loc $f(5\pi/4) = -\sqrt{2}$

17. CU en $(1, \infty)$; CD en $(-\infty, 1)$; PI $(1, -7)$

19. CU en $(0, \pi/4), (3\pi/4, \pi)$; CD en $(\pi/4, 3\pi/4)$;
PI $\left(\pi/4, \frac{1}{2}\right), \left(3\pi/4, \frac{1}{2}\right)$

21. CU en $\left(-\sqrt{5}, \sqrt{5}\right)$; CD en $\left(-\infty, -\sqrt{5}\right), \left(\sqrt{5}, \infty\right)$;
PI $\left(\pm\sqrt{5}, \ln 10\right)$

23. (a) Aum en $(-1, 0), (1, \infty)$; dis en $(-\infty, -1), (0, 1)$
(b) Máx loc $f(0) = 3$; mín loc $f(\pm 1) = 2$
(c) CU en $\left(-\infty, -\sqrt{3}/3\right), \left(\sqrt{3}/3, \infty\right)$;
CD en $\left(-\sqrt{3}/3, \sqrt{3}/3\right)$; PI $\left(\pm\sqrt{3}/3, \frac{22}{9}\right)$

25. (a) Aum en $(1, \infty)$; dis en $(0, 1)$ (b) Mín loc $f(1) = 0$
(c) CU en $(0, \infty)$; No PI

27. (a) Aum en $\left(-\frac{1}{2}, \infty\right)$; dis en $\left(-\infty, -\frac{1}{2}\right)$

(b) Mín loc $f\left(-\frac{1}{2}\right) = -\dfrac{1}{2e}$

(c) CU en $(-1, \infty)$; CD en $(-\infty, -1)$; PI $\left(-1, -\dfrac{1}{e^2}\right)$

29. Máx loc $f(1) = 2$; mín loc $f(0) = 1$ **31.** $(-3, \infty)$

33. (a) f tiene un máximo local en 2.
(b) f tiene una tangente horizontal en 6.

35. (a) (b)

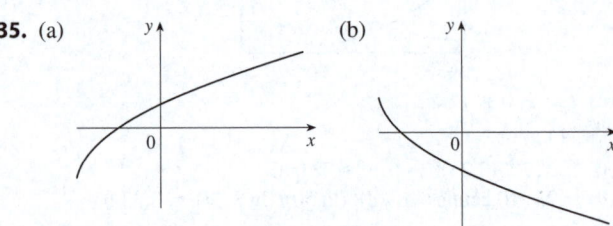

37. **39.**

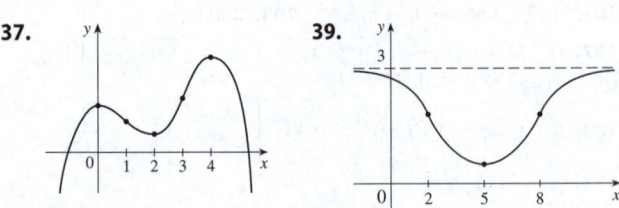

41.

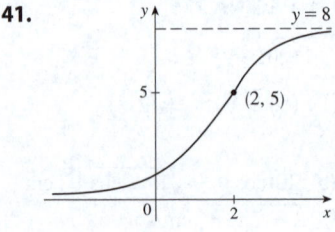

43. (a) Aum en $(0, 2)$, $(4, 6)$, $(8, \infty)$;
dis en $(2, 4)$, $(6, 8)$
(b) Máx loc en $x = 2, 6$;
mín loc en $x = 4,8$
(c) CU en $(3, 6)$, $(6, \infty)$;
CD en $(0, 3)$ (d) 3
(e) Vea la gráfica.

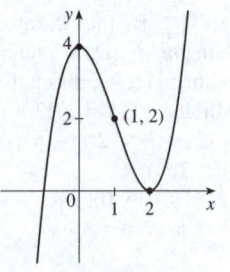

45. (a) Aum en $(-\infty, 0)$, $(2, \infty)$;
dis en $(0, 2)$
(b) Máx loc $f(0) = 4$; mín loc
$f(2) = 0$
(c) CU en $(1, \infty)$; CD en $(-\infty, 1)$;
PI $(1, 2)$
(d) Vea la gráfica.

47. (a) Aum en $(-2, 0)$, $(2, \infty)$; dis en $(-\infty, -2)$, $(0, 2)$
(b) Máx loc $f(0) = 3$; mín loc $f(\pm 2) = -5$

(c) CU en $\left(-\infty, -\dfrac{2}{\sqrt{3}}\right)$, $\left(\dfrac{2}{\sqrt{3}}, \infty\right)$; CD en $\left(-\dfrac{2}{\sqrt{3}}, \dfrac{2}{\sqrt{3}}\right)$;

PI $\left(\pm\dfrac{2}{\sqrt{3}}, -\dfrac{13}{9}\right)$

(d)

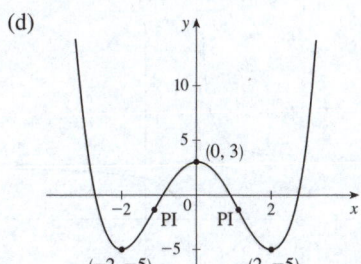

49. (a) Aum en $(2, \infty)$; dis en $(-\infty, 2)$
(b) Mín loc $f(2) = -4$
(c) CU en $(-\infty, 0)$, $\left(\frac{4}{3}, \infty\right)$;
CD en $\left(0, \frac{4}{3}\right)$; PI $(0, 12)$, $\left(\frac{4}{3}, \frac{68}{27}\right)$
(d) Vea la gráfica.

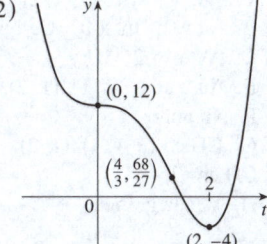

51. (a) Aum en $(-\infty, 0)$, $(2, \infty)$;
dis en $(0, 2)$
(b) Máx loc $f(0) = 0$; mín loc
$f(2) = -320$
(c) CU en $\left(\sqrt[5]{\frac{16}{3}}, \infty\right)$;
CD en $\left(-\infty, \sqrt[5]{\frac{16}{3}}\right)$;
PI $\left(\sqrt[5]{\frac{16}{3}}, -\frac{320}{3}\sqrt[5]{\frac{256}{9}}\right) \approx (1.398, -208.4)$
(d) Vea la gráfica.

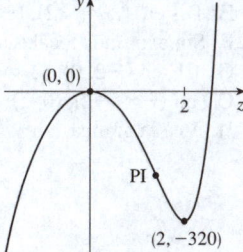

53. (a) Aum en $(-\infty, 4)$;
dis en $(4, 6)$
(b) Máx loc $F(4) = 4\sqrt{2}$
(c) CD en $(-\infty, 6)$; No PI
(d) Vea la gráfica.

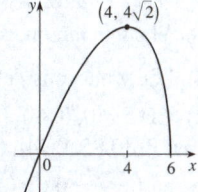

55. (a) Aum en $(-1, \infty)$;
dis en $(-\infty, -1)$
(b) Mín loc $C(-1) = -3$
(c) CU en $(-\infty, 0)$, $(2, \infty)$;
CD en $(0, 2)$;
PI $(0, 0)$, $\left(2, 6\sqrt[3]{2}\right)$
(d) Vea la gráfica.

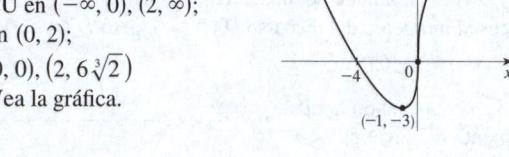

57. (a) Aum en $(\pi, 2\pi)$;
dis en $(0, \pi)$
(b) Mín loc $f(\pi) = -1$
(c) CU en $(\pi/3, 5\pi/3)$;
CD en $(0, \pi/3)$, $(5\pi/3, 2\pi)$;
PI $\left(\pi/3, \frac{5}{4}\right)$, $\left(5\pi/3, \frac{5}{4}\right)$
(d) Vea la gráfica.

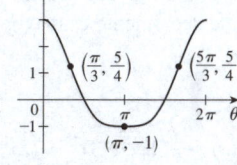

59. (a) AV $x = 0$; AH $y = 1$
(b) Aum en $(0, 2)$;
dis en $(-\infty, 0)$, $(2, \infty)$
(c) Máx loc $f(2) = \frac{5}{4}$
(d) CU en $(3, \infty)$;
CD en $(-\infty, 0)$, $(0, 3)$; PI $\left(3, \frac{11}{9}\right)$
(e) Vea la gráfica.

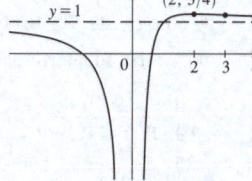

61. (a) AV $x = 0$; AH $y = 1$
(b) Aum en $(-\infty, 0)$, $(0, \infty)$
(c) Ninguno
(d) CU en $(-\infty, 0)$, $(0, 1)$;
CD en $(1, \infty)$;
PI $(1, 1/e^2)$
(e) Vea la gráfica.

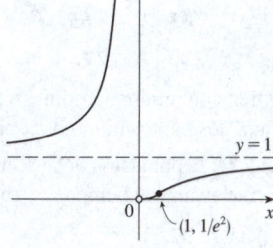

63. (a) AH $y = 0$
(b) Aum en $(-\infty, 0)$;
dis en $(0, \infty)$
(c) Máx loc $f(0) = 1$
(d) CU en $\left(-\infty, -1/\sqrt{2}\right)$,
$\left(1/\sqrt{2}, \infty\right)$; CD en $\left(-1/\sqrt{2}, 1/\sqrt{2}\right)$; PI $\left(\pm 1/\sqrt{2}, e^{-1/2}\right)$
(e) Vea la gráfica.

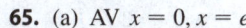

65. (a) AV $x = 0$, $x = e$
(b) Dis en $(0, e)$
(c) Ninguno
(d) CU en $(0, 1)$; CD en $(1, e)$;
PI $(1, 0)$
(e) Vea la gráfica.

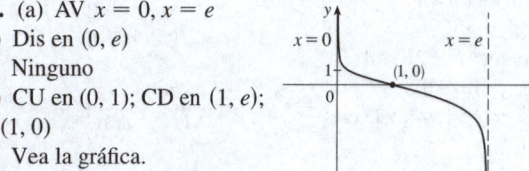

67. f es CU en $(-\infty, \infty)$ para todo $c > 0$. A medida que c aumenta, el punto mínimo se aleja del origen.

69. (a) Loc y máx abs $f(1) = \sqrt{2}$, no mín   (b) $\frac{1}{4}(3 - \sqrt{17})$

71. (b) CD en $(0, 0.85)$, $(1.57, 2.29)$; CU en $(0.85, 1.57)$, $(2.29, \pi)$; PI $(0.85, 0.74)$, $(1.57, 0)$, $(2.29, -0.74)$

73. CU en $(-\infty, -0.6)$, $(0.0, \infty)$; CD en $(-0.6, 0.0)$

75. (a) La razón de aumento es inicialmente muy pequeña, aumenta a un máximo en t $\approx$ 8 h, luego disminuye hacia 0.
(b) Cuando $t = 8$ (c) CU en $(0, 8)$; CD en $(8, 18)$ (d) $(8, 350)$

77. Si $D(t)$ es el tamaño del déficit como función del tiempo, entonces al momento del discurso $D'(t) > 0$, pero $D''(t) < 0$.

79. $K(3) - K(2)$; CD

81. 28.57 min cuando la razón de aumento del nivel de medicamento en la sangre es mayor; 85.71 min cuando la razón de decremento es mayor.

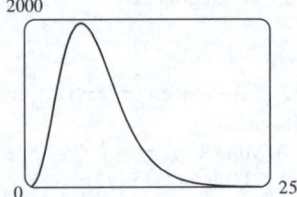

83. $f(x) = \frac{1}{9}(2x^3 + 3x^2 - 12x + 7)$

EJERCICIOS 4.4 ■ PÁGINA 316

1. (a) Indeterminado   (b) 0   (c) 0
(d) ∞, $-\infty$, o no existe   (e) Indeterminado

3. (a) $-\infty$ (b) Indeterminado   (c) ∞

5. $\frac{9}{4}$ **7.** 1   **9.** 6   **11.** $\frac{7}{3}$ **13.** $\sqrt{2}/2$ **15.** 2
17. $\frac{1}{4}$ **19.** 0   **21.** $-\infty$ **23.** $-\frac{1}{3}$ **25.** 3   **27.** 2
29. 1   **31.** 1   **33.** $1/\ln 3$ **35.** 0   **37.** 0
39. a/b **41.** $\frac{1}{24}$ **43.** π **45.** $\frac{5}{3}$ **47.** 0
49. $-2/\pi$ **51.** $\frac{1}{2}$ **53.** $\frac{1}{2}$ **55.** 0   **57.** 1   **59.** e^{-2}
61. $1/e$ **63.** 1   **65.** e^4 **67.** e^3 **69.** 0
71. e^2 **73.** $\frac{1}{4}$ **77.** 1

79. f tiene un mínimo absoluto para $c > 0$. A medida que c aumenta, los puntos mínimos se alejan del origen.

83. (a) M; la población debe acercarse a su tamaño máximo conforme avanza el tiempo   (b) $P_0 e^{kt}$; exponencial

85. $\frac{16}{9}a$ **87.** $\frac{1}{2}$

89. (a) Una posibilidad: $f(x) = 7/x^2$, $g(x) = 1/x^2$
(b) Una posibilidad: $f(x) = 7 + (1/x^2)$, $g(x) = 1/x^2$

91. (a) 0

EJERCICIOS 4.5 ■ PÁGINA 327
Abreviaturas: AI, asíntota inclinada; int, intersección.

1. A. $\mathbb{R}$ B. Int y 0; Int x -3, 0
C. Ninguno   D. Ninguno
E. Aum en $(-\infty, -2)$, $(0, \infty)$;
dis en $(-2, 0)$
F. Máx loc $f(-2) = 4$;
mín loc $f(0) = 0$
G. CU en $(-1, \infty)$; CD en $(-\infty, -1)$;
PI $(-1, 2)$
H. Vea la gráfica.

3. A. $\mathbb{R}$ B. Int y 0; Int x 0, $\sqrt[3]{4}$
C. Ninguno   D. Ninguno
E. Aum en $(1, \infty)$; dis en $(-\infty, 1)$
F. Mín loc $f(1) = -3$
G. CU en $(-\infty, \infty)$
H. Vea la gráfica.

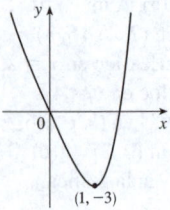

5. A. $\mathbb{R}$ B. Int y 0; Int x 0, 4
C. Ninguno   D. Ninguno
E. Aum en $(1, \infty)$; dis en $(-\infty, 1)$
F. Mín loc $f(1) = -27$
G. CU en $(-\infty, 2)$, $(4, \infty)$;
CD en $(2, 4)$;
PI $(2, -16)$, $(4, 0)$
H. Vea la gráfica.

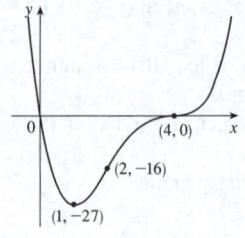

7. A. $\mathbb{R}$ B. Int y 0; Int x 0
C. Cerca de $(0, 0)$ D. Ninguno
E. Aum en $(-\infty, \infty)$
F. Ninguno
G. CU en $(-2, 0)$, $(2, \infty)$;
CD en $(-\infty, -2)$, $(0, 2)$;
PI $\left(-2, -\frac{256}{15}\right)$, $(0, 0)$, $\left(2, \frac{256}{15}\right)$
H. Vea la gráfica.

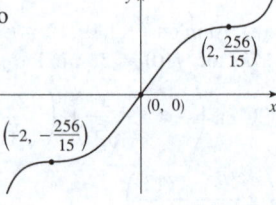

9. A. $(-\infty, -2) \cup (-2, \infty)$
B. Int y $\frac{3}{2}$; Int x $-\frac{3}{2}$
C. Ninguno   D. AV $x = -2$,
AH $y = 2$
E. Aum en $(-\infty, -2)$, $(-2, \infty)$
F. Ninguno
G. CU en $(-\infty, -2)$;
CD en $(-2, \infty)$
H. Vea la gráfica.

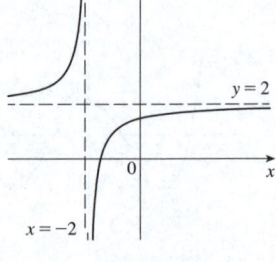

11. A. $(-\infty, 1) \cup (1, 2) \cup (2, \infty)$
B. Int y 0;   Int x 0   C. Ninguno
D. AV $x = 2$; AH $y = -1$
E. Aum en $(-\infty, 1)$, $(1, 2)$, $(2, \infty)$
F. Ninguno
G. CU en $(-\infty, 1)$, $(1, 2)$;
CD en $(2, \infty)$
H. Vea la gráfica.

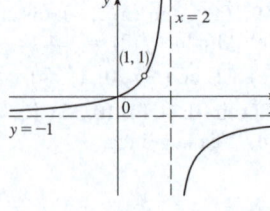

13. A. $(-\infty, -2) \cup (-2, 2) \cup (2, \infty)$ B. Int y 0; Int x 0
C. Cerca de $(0, 0)$ D. AV $x = \pm 2$; AH $y = 0$
E. Dis en $(-\infty, -2)$, $(-2, 2)$, $(2, \infty)$
F. Sin extremos locales
G. CU en $(-2, 0)$, $(2, \infty)$;
CD en $(-\infty, -2)$, $(0, 2)$; PI $(0, 0)$
H. Vea la gráfica.

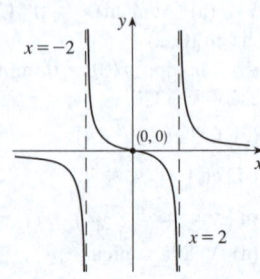

15. A. $\mathbb{R}$ B. Int y 0; Int x 0
C. Cerca del eje y D. AH $y = 1$
E. Aum en $(0, \infty)$; dis en $(-\infty, 0)$
F. Mín loc $f(0) = 0$
G. CU en $(-1, 1)$;
CD en $(-\infty, -1), (1, \infty)$; PI $\left(\pm 1, \frac{1}{4}\right)$
H. Vea la gráfica.

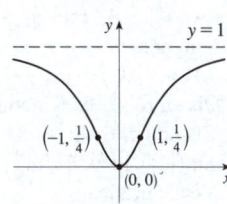

17. A. $(-\infty, 0) \cup (0, \infty)$ B. Int x 1
C. Ninguno   D. AV $x = 0$; AH $y = 0$
E. Aum en $(0, 2)$;
dis en $(-\infty, 0), (2, \infty)$
F. Máx loc $f(2) = \frac{1}{4}$
G. CU en $(3, \infty)$;
CD en $(-\infty, 0), (0, 3)$; PI $\left(3, \frac{2}{9}\right)$
H. Vea la gráfica.

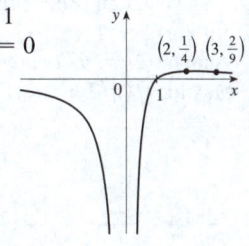

19. A. $(-\infty, -1) \cup (-1, \infty)$
B. Int y 0; Int x 0   C. Ninguno
D. AV $x = -1$; AH $y = 1$
E. Aum en $(-\infty, -1), (-1, \infty)$;
F. Ninguno
G. CU en $(-\infty, -1), \left(0, \sqrt[3]{\frac{1}{2}}\right)$;
CD en $(-1, 0), \left(\sqrt[3]{\frac{1}{2}}, \infty\right)$;
PI $(0, 0), \left(\sqrt[3]{\frac{1}{2}}, \frac{1}{3}\right)$
H. Vea la gráfica.

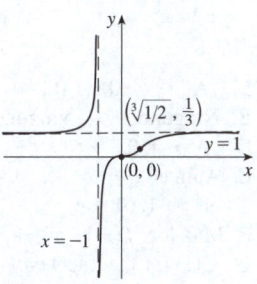

21. A. $[0, \infty)$ B. Int y 0; Int x 0, 3
C. Ninguno   D. Ninguno
E. Aum en $(1, \infty)$; dis en $(0, 1)$
F. Mín loc $f(1) = -2$
G. CU en $(0, \infty)$
H. Vea la gráfica.

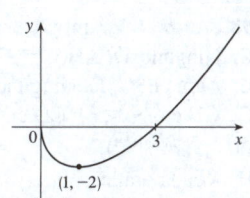

23. A. $(-\infty, -2] \cup [1, \infty)$
B. Int x −2, 1   C. Ninguno
D. Ninguno
E. Aum en $(1, \infty)$; dis en $(-\infty, -2)$
F. Ninguno
G. CD en $(-\infty, -2), (1, \infty)$
H. Vea la gráfica.

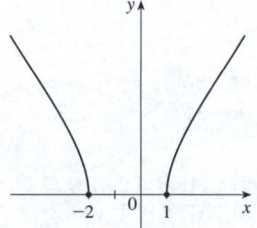

25. A. $\mathbb{R}$ B. Int y 0; Int x 0
C. Cerca de $(0, 0)$
D. AH $y = \pm 1$
E. Aum en $(-\infty, \infty)$ F. Ninguno
G. CU en $(-\infty, 0)$;
CD en $(0, \infty)$; PI $(0, 0)$
H. Vea la gráfica.

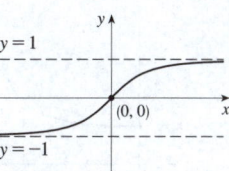

27. A. $[-1, 0) \cup (0, 1]$ B. Int x ±1   C. Cerca de $(0, 0)$
D. AV $x = 0$
E. Dis en $(-1, 0), (0, 1)$
F. Ninguno
G. CU en $\left(-1, -\sqrt{2/3}\right), \left(0, \sqrt{2/3}\right)$;
CD en $\left(-\sqrt{2/3}, 0\right), \left(\sqrt{2/3}, 1\right)$;
PI $\left(\pm\sqrt{2/3}, \pm 1/\sqrt{2}\right)$
H. Vea la gráfica.

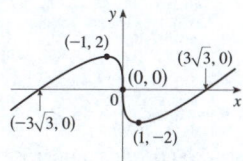

29. A. $\mathbb{R}$ B. Int y 0; Int x $\pm 3\sqrt{3}$, 0   C. Cerca de $(0, 0)$
D. Ninguno   E. Aum en $(-\infty, -1), (1, \infty)$; dis en $(-1, 1)$
F. Máx loc $f(-1) = 2$;
mín loc $f(1) = -2$
G. CU en $(0, \infty)$;
CD en $(-\infty, 0)$; PI $(0, 0)$
H. Vea la gráfica.

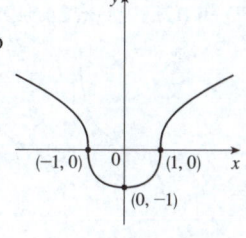

31. A. $\mathbb{R}$ B. Int y −1; Int x ±1
C. Alrededor del eje y D. Ninguno
E. Aum en $(0, \infty)$; dis en $(-\infty, 0)$
F. Mín loc $f(0) = -1$
G. CU en $(-1, 1)$;
CD en $(-\infty, -1), (1, \infty)$; PI $(\pm 1, 0)$
H. Vea la gráfica.

33. A. $\mathbb{R}$ B. Int y 0; Int x $n\pi$ (n un entero)
C. Cerca de $(0, 0)$, periodo 2π D. Ninguno
Respuestas E-G para $0 \le x \le \pi$:
E. Aum en $(0, \pi/2)$; dis en $(\pi/2, \pi)$ F. Máx loc $f(\pi/2) = 1$
G. Sea $\alpha = \operatorname{sen}^{-1}\sqrt{2/3}$; CU en $(0, \alpha), (\pi - \alpha, \pi)$;
CD en $(\alpha, \pi - \alpha)$; PI en $x = 0, \pi, \alpha, \pi - \alpha$

H.

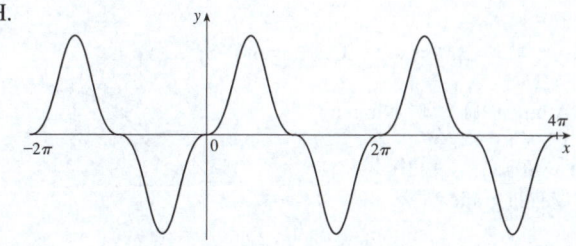

35. A. $(-\pi/2, \pi/2)$ B. Int y 0; Int x 0   C. Cerca del eje y
D. AV $x = \pm\pi/2$
E. Aum en $(0, \pi/2)$;
dis en $(-\pi/2, 0)$
F. Mín loc $f(0) = 0$
G. CU en $(-\pi/2, \pi/2)$
H. Vea la gráfica.

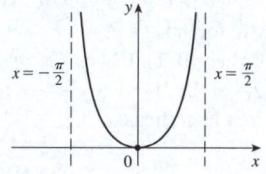

37. A. $[-2\pi, 2\pi]$
B. Int y $\sqrt{3}$; Int x $-4\pi/3, -\pi/3, 2\pi/3, 5\pi/3$
C. Periodo 2π D. Ninguno
E. Aum en $(-2\pi, -11\pi/6), (-5\pi/6, \pi/6), (7\pi/6, 2\pi)$;
dis en $(-11\pi/6, -5\pi/6)$ $(\pi/6, 7\pi/6)$
F. Máx loc $f(-11\pi/6) = f(\pi/6) = 2$;
mín loc $f(-5\pi/6) = f(7\pi/6) = -2$
G. CU en $(-4\pi/3, -\pi/3)$,
$(2\pi/3, 5\pi/3)$;
CD en $(-2\pi, -4\pi/3)$,
$(-\pi/3, 2\pi/3), (5\pi/3, 2\pi)$;
PI $(-4\pi/3, 0), (-\pi/3, 0)$,
$(2\pi/3, 0), (5\pi/3, 0)$
H. Vea la gráfica.

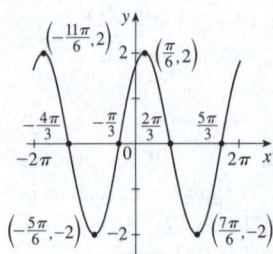

39. A. Todos los números reales excepto $(2n + 1)\pi$ (n un entero)
B. Int y 0; Int x $2n\pi$ C. Cerca del origen, periodo 2π
D. AV $x = (2n + 1)\pi$ E. Aum en $((2n - 1)\pi, (2n + 1)\pi)$
F. Ninguno G. CU en $(2n\pi, (2n + 1)\pi)$;
CD en $((2n - 1)\pi, 2n\pi)$; PI $(2n\pi, 0)$
H.

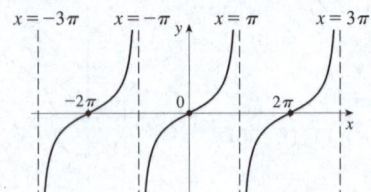

41. A. $\mathbb{R}$ B. Int y $\pi/4$
C. Ninguno
D. AH $y = 0, y = \pi/2$
E. Aum en $(-\infty, \infty)$ F. Ninguno
G. CU en $(-\infty, 0)$;
CD en $(0, \infty)$; PI $(0, \pi/4)$
H. Vea la gráfica.

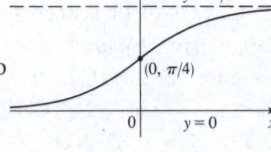

43. A. $\mathbb{R}$ B. Int y $\frac{1}{2}$ C. Ninguno
D. AH $y = 0, y = 1$
E. Aum en $\mathbb{R}$ F. Ninguno
G. CU en $(-\infty, 0)$;
CD en $(0, \infty)$;   PI $(0, \frac{1}{2})$
H. Vea la gráfica.

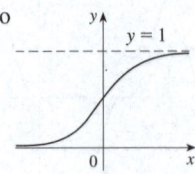

45. A. $(0, \infty)$ B. Ninguno
C. Ninguno   D. AV $x = 0$
E. Aum en $(1, \infty)$; dis en $(0, 1)$
F. Mín loc $f(1) = 1$
G. CU en $(0, 2)$; CD en $(2, \infty)$;
PI $(2, \frac{1}{2} + \ln 2)$
H. Vea la gráfica.

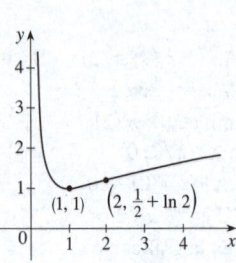

47. A. $\mathbb{R}$ B. Int y $\frac{1}{4}$
C. Ninguno
D. AH $y = 0, y = 1$
E. Dis en $\mathbb{R}$ F. Ninguno
G. CU en $(\ln \frac{1}{2}, \infty)$;
CD en $(-\infty, \ln \frac{1}{2})$; PI $(\ln \frac{1}{2}, \frac{4}{9})$
H. Vea la gráfica.

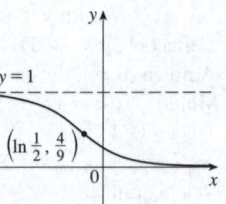

49. A. Toda x en $(2n\pi, (2n + 1)\pi)$ (n un entero)
B. Int x $\pi/2 + 2n\pi$ C. Periodo 2π D. AV $x = n\pi$
E. Aum en $(2n\pi, \pi/2 + 2n\pi)$; dis en $(\pi/2 + 2n\pi, (2n + 1)\pi)$
F. Máx loc $f(\pi/2 + 2n\pi) = 0$ G. CD en $(2n\pi, (2n + 1)\pi)$
H.

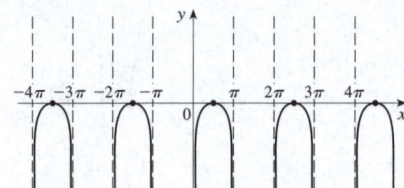

51. A. $(-\infty, 0) \cup (0, \infty)$
B. Ninguno   C. Ninguno
D. AV $x = 0$
E. Aum en $(-\infty, -1), (0, \infty)$;
dis en $(-1, 0)$
F. Máx loc $f(-1) = -e$
G. CU en $(0, \infty)$; CD en $(-\infty, 0)$
H. Vea la gráfica.

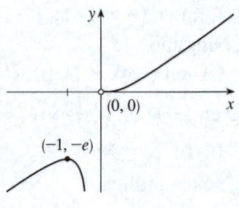

53. A. $\mathbb{R}$ B. Int y 1
C. Ninguno D. AH $y = e^{\pm\pi/2}$
E. Aum en $\mathbb{R}$ F. Ninguno
G. CU en $(-\infty, \frac{1}{2})$; CD en $(\frac{1}{2}, \infty)$;
PI $(\frac{1}{2}, e^{\arctan(1/2)})$
H. Vea la gráfica.

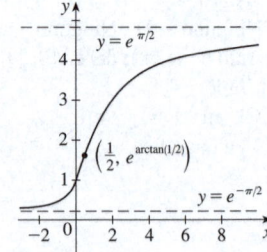

55. (a) $(-\infty, 7]$; $(-\infty, 3) \cup (3, 7)$ (b) 3, 5
(c) $-1/\sqrt{3} \approx -0.58$ (d) AH $y = \sqrt{2}$

57. (a) $\mathbb{R}$; $(-\infty, 3) \cup (3, 7) \cup (7, \infty)$ (b) 3, 5, 7, 9   (c) -2
(d) AH $y = 1, y = 2$

59.

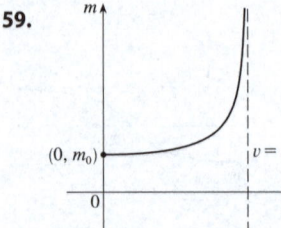

61. (a) Cuando $t = (\ln a)/k$ (b) Cuando $t = (\ln a)/k$
(c)

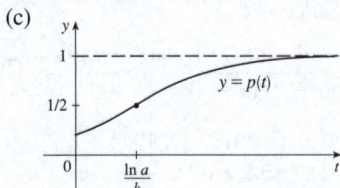

63.

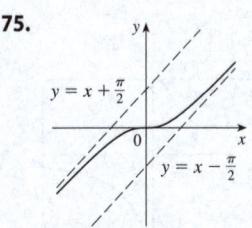

65. $y = x - 1$ **67.** $y = 2x - 3$

69. A. $(-\infty, 1) \cup (1, \infty)$
B. Int y 0; Int x 0
C. Ninguno
D. AV $x = 1$; AI $y = x + 1$
E. Aum en $(-\infty, 0)$, $(2, \infty)$;
dis en $(0, 1)$, $(1, 2)$
F. Máx loc $f(0) = 0$;
mín loc $f(2) = 4$
G. CU en $(1, \infty)$; CD en
$(-\infty, 1)$
H. Vea la gráfica.

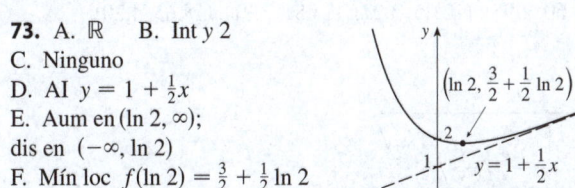

71. A. $(-\infty, 0) \cup (0, \infty)$
B. Int x $-\sqrt[3]{4}$ C. Ninguno
D. AV $x = 0$; AI $y = x$
E. Aum en $(-\infty, 0)$, $(2, \infty)$;
dis en $(0, 2)$
F. Mín loc $f(2) = 3$
G. CU en $(-\infty, 0)$, $(0, \infty)$
H. Vea la gráfica.

73. A. $\mathbb{R}$ B. Int y 2
C. Ninguno
D. AI $y = 1 + \frac{1}{2}x$
E. Aum en $(\ln 2, \infty)$;
dis en $(-\infty, \ln 2)$
F. Mín loc $f(\ln 2) = \frac{3}{2} + \frac{1}{2}\ln 2$
G. CU en $(-\infty, \infty)$
H. Vea la gráfica.

75.

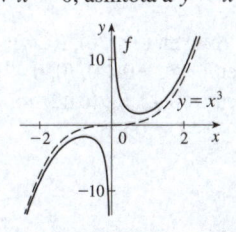

79. AV $x = 0$, asíntota a $y = x^3$

---

1. Aum en $(-\infty, -1.50)$, $(0.04, 2.62)$, $(2.84, \infty)$; dis en
$(-1.50, 0.04)$, $(2.62, 2.84)$; máx loc $f(-1.50) \approx 36.47$,
$f(2.62) \approx 56.83$; mín loc $f(0.04) \approx -0.04$, $f(2.84) \approx 56.73$;
CU en $(-0.89, 1.15)$, $(2.74, \infty)$; CD en $(-\infty, -0.89)$, $(1.15, 2.74)$;
PI $(-0.89, 20.90)$, $(1.15, 26.57)$, $(2.74, 56.78)$

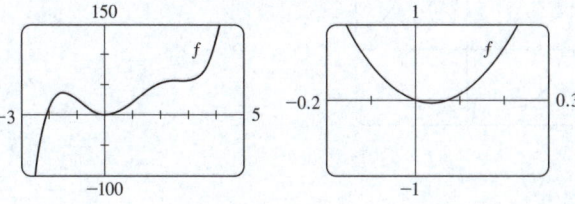

3. Aum en $(-1.31, -0.84)$, $(1.06, 2.50)$, $(2.75, \infty)$;
dis en $(-\infty, -1.31)$, $(-0.84, 1.06)$, $(2.50, 2.75)$;
máx loc $f(-0.84) \approx 23.71$, $f(2.50) \approx -11.02$; mín loc
$f(-1.31) \approx 20.72$, $f(1.06) \approx -33.12$, $f(2.75) \approx -11.33$;
CU en $(-\infty, -1.10)$, $(0.08, 1.72)$, $(2.64, \infty)$;
CD en $(-1.10, 0.08)$, $(1.72, 2.64)$;
PI $(-1.10, 22.09)$, $(0.08, -3.88)$, $(1.72, -22.53)$, $(2.64, -11.18)$

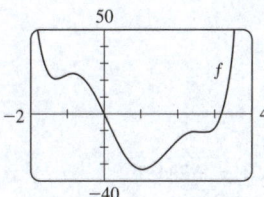

5. Aum en $(-\infty, -1.47)$, $(-1.47, 0.66)$; dis en $(0.66, \infty)$;
máx loc $f(0.66) \approx 0.38$; CU en $(-\infty, -1.47)$, $(-0.49, 0)$,
$(1.10, \infty)$; CD en $(-1.47, -0.49)$, $(0, 1.10)$;
PI $(-0.49, -0.44)$, $(1.10, 0.31)$, $(0, 0)$

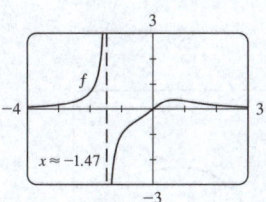

7. Aum en $(-1.40, -0.44)$, $(0.44, 1.40)$; dis en $(-\pi, -1.40)$, $(-0.44, 0)$, $(0, 0.44)$, $(1.40, \pi)$; máx loc $f(-0.44) \approx -4.68$, $f(1.40) \approx 6.09$; mín loc $f(-1.40) \approx -6.09$, $f(0.44) \approx 4.68$; CU en $(-\pi, -0.77)$, $(0, 0.77)$; CD en $(-0.77, 0)$, $(0.77, \pi)$; PI $(-0.77, -5.22)$, $(0.77, 5.22)$

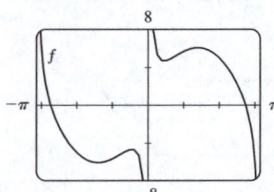

9. Aum en $\left(-8 - \sqrt{61}, -8 + \sqrt{61}\right)$; dis en $\left(-\infty, -8 - \sqrt{61}\right)$, $\left(-8 + \sqrt{61}, 0\right)$, $(0, \infty)$; CU en $\left(-12 - \sqrt{138}, -12 + \sqrt{138}\right)$, $(0, \infty)$; CD en $\left(-\infty, -12 - \sqrt{138}\right)$, $\left(-12 + \sqrt{138}, 0\right)$

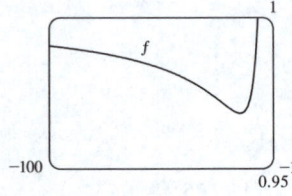 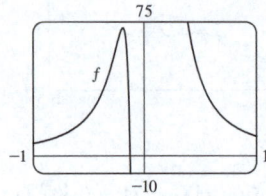

11. (a)

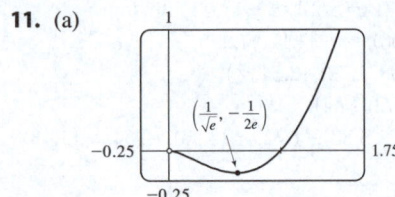

(b) $\lim_{x \to 0^+} f(x) = 0$
(c) Mín loc $f\left(1/\sqrt{e}\right) = -1/(2e)$;
CD en $\left(0, e^{-3/2}\right)$; CU en $\left(e^{-3/2}, \infty\right)$

13. Máx loc $f(-5.6) \approx 0.018$, $f(0.82) \approx -281.5$, $f(5.2) \approx 0.0145$; mín loc $f(3) = 0$

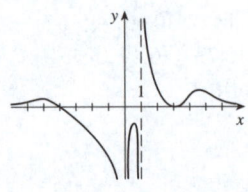 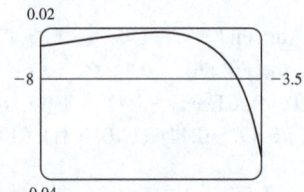

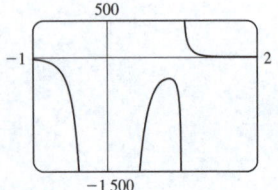 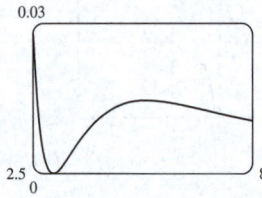

15. $f'(x) = -\dfrac{x(x+1)^2(x^3 + 18x^2 - 44x - 16)}{(x-2)^3(x-4)^5}$

$f''(x) = 2\dfrac{(x+1)(x^6 + 36x^5 + 6x^4 - 628x^3 + 684x^2 + 672x + 64)}{(x-2)^4(x-4)^6}$

CU en $(-35.3, -5.0)$, $(-1, -0.5)$, $(-0.1, 2)$, $(2, 4)$, $(4, \infty)$;
CD en $(-\infty, -35.3)$, $(-5.0, -1)$, $(-0.5, -0.1)$;
PI $(-35.3, -0.015)$, $(-5.0, -0.005)$, $(-1, 0)$, $(-0.5, 0.00001)$, $(-0.1, 0.0000066)$

17. Aum en $(-9.41, -1.29)$, $(0, 1.05)$;
dis en $(-\infty, -9.41)$, $(-1.29, 0)$, $(1.05, \infty)$;
máx loc $f(-1.29) \approx 7.49$, $f(1.05) \approx 2.35$;
mín loc $f(-9.41) \approx -0.056$, $f(0) = 0.5$;
CU en $(-13.81, -1.55)$, $(-1.03, 0.60)$, $(1.48, \infty)$;
CD en $(-\infty, -13.81)$, $(-1.55, -1.03)$, $(0.60, 1.48)$;
PI $(-13.81, -0.05)$, $(-1.55, 5.64)$, $(-1.03, 5.39)$, $(0.60, 1.52)$, $(1.48, 1.93)$

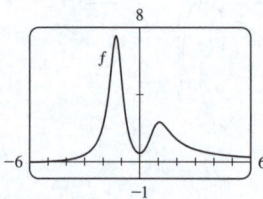 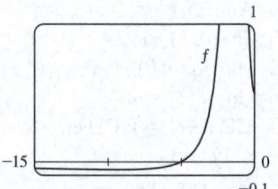

19. Aum en $(-4.91, -4.51)$, $(0, 1.77)$, $(4.91, 8.06)$, $(10.79, 14.34)$, $(17.08, 20)$;
dis en $(-4.51, -4.10)$, $(1.77, 4.10)$, $(8.06, 10.79)$, $(14.34, 17.08)$;
máx loc $f(-4.51) \approx 0.62$, $f(1.77) \approx 2.58$, $f(8.06) \approx 3.60$, $f(14.34) \approx 4.39$;
mín loc $f(10.79) \approx 2.43$, $f(17.08) \approx 3.49$;
CU en $(9.60, 12.25)$, $(15.81, 18.65)$;
CD en $(-4.91, -4.10)$, $(0, 4.10)$, $(4.91, 9.60)$, $(12.25, 15.81)$, $(18.65, 20)$;
PI $(9.60, 2.95)$, $(12.25, 3.27)$, $(15.81, 3.91)$, $(18.65, 4.20)$

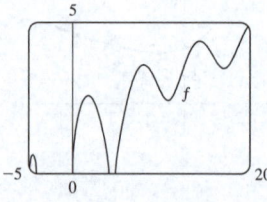

21. Aum en $(-\infty, 0)$, $(0, \infty)$;
CU en $(-\infty, -0.42)$, $(0, 0.42)$;
CD en $(-0.42, 0)$, $(0.42, \infty)$;
PI $(\mp 0.42, \pm 0.83)$

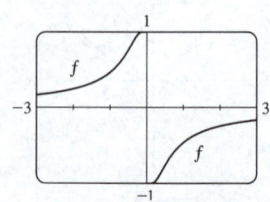

23.

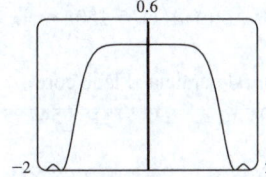

25. (a)

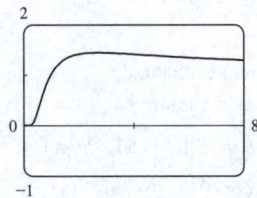

(b) $\lim_{x \to 0^+} x^{1/x} = 0$, $\lim_{x \to \infty} x^{1/x} = 1$

(c) Máx loc $f(e) = e^{1/e}$ (d) PI en $x \approx 0.58, 4.37$

27. Máx $f(0.59) \approx 1$, $f(0.68) \approx 1$, $f(1.96) \approx 1$;
mín $f(0.64) \approx 0.99996$, $f(1.46) \approx 0.49$, $f(2.73) \approx -0.51$;
PI $(0.61, 0.99998)$, $(0.66, 0.99998)$, $(1.17, 0.72)$,
$(1.75, 0.77)$, $(2.28, 0.34)$

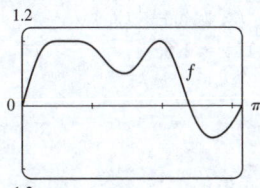

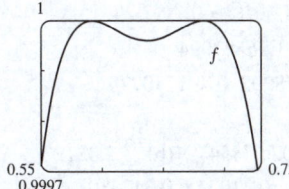

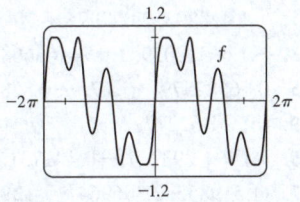

29. Para $c < 0$, hay un mín loc que se mueve hacia $(-3, -9)$ a medida que c aumenta. Para $0 < c < 8$, hay un mín loc que avanza hacia $(-3, -9)$ y un máx loc que avanza hacia el origen a medida que c disminuye. Para todo $c > 0$, hay un mín loc de primer cuadrante que se mueve hacia el origen a medida que c disminuye. $c = 0$ es un valor de transición que da la gráfica de una parábola. Para todos los c no cero, el eje y es una AV y hay un PI que se mueve hacia el origen a medida que $|c| \to 0$.

$c \leqslant 0$:

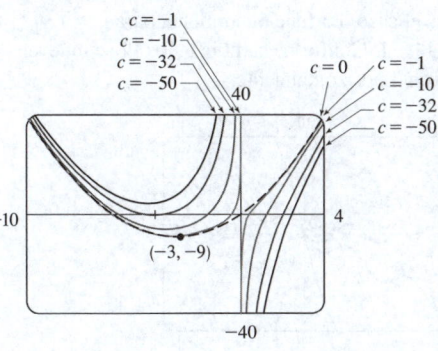

$c \geqslant 0$:

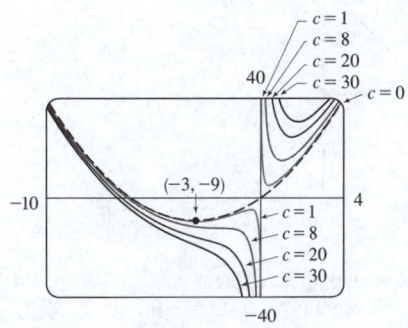

31. Para $c < 0$, no hay punto extremo y un PI, que disminuye a lo largo del eje x. Para $c > 0$, no hay PI, y un punto mínimo.

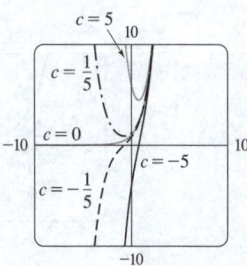

33. Para $c > 0$, los valores máximo y mínimo son siempre $\pm\frac{1}{2}$, pero los puntos extremos y los PI se acercan al eje y a medida que c aumenta. $c = 0$ es un valor de transición: cuando c se reemplaza por $-c$, la curva se refleja en el eje x.

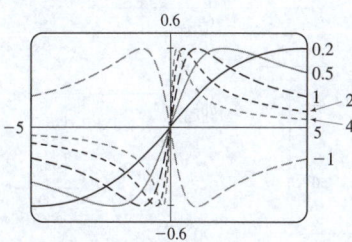

35. Para $|c| < 1$, la gráfica tiene valores máx y mín loc; para $|c| \geq 1$, esto no es el caso. La función aumenta para $c \geq 1$ y disminuye para $c \leq -1$. Conforme cambia c, los PI se mueven verticalmente, pero no horizontalmente.

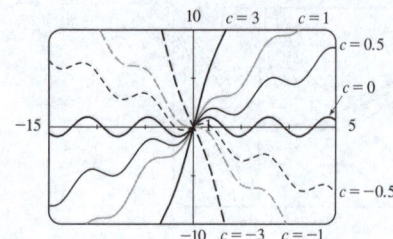

37.

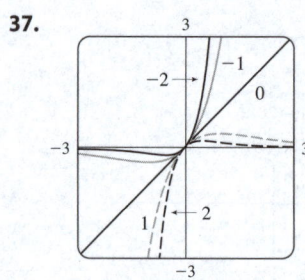

Para $c > 0$, $\lim_{x \to \infty} f(x) = 0$, y $\lim_{x \to -\infty} f(x) = -\infty$.
Para $c < 0$, $\lim_{x \to \infty} f(x) = \infty$, y $\lim_{x \to -\infty} f(x) = -0$.
A medida que $|c|$ aumenta, los puntos máx y mín y los PI se acercan al origen.

39. $c = 0$; $c = -1.5$

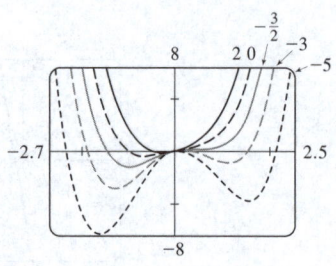

EJERCICIOS 4.7 ■ PÁGINA 342

1. (a) 11, 12 (b) 11.5, 11.5 **3.** 10, 10 **5.** $\frac{9}{4}$

7. 25 m por 25 m **9.** $N = 1$

11. (a)

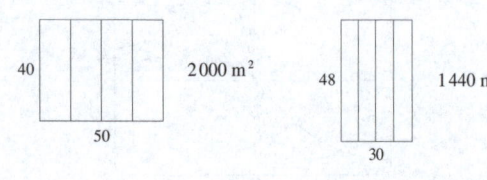

(b)

(c) $A = xy$ (d) $5x + 2y = 300$ (e) $A(x) = 150x - \frac{5}{2}x^2$
(f) 2250 m^2

13. 100 m por 150 m, la cerca central paralela al lado corto.

15. 20 m por 600 m **19.** 4000 cm^3 **21.** $\approx\$163.54$

23. 45 cm por 45 cm por 90 cm.

25. $\left(-\frac{6}{5}, \frac{3}{5}\right)$ **27.** $\left(-\frac{1}{3}, \pm\frac{4}{3}\sqrt{2}\right)$ **29.** Cuadrado, lado $\sqrt{2}\,r$

31. $L/2$, $\sqrt{3}\,L/4$ **33.** Base $\sqrt{3}\,r$, altura $3r/2$

37. $4\pi r^3/(3\sqrt{3})$ **39.** $\pi r^2(1 + \sqrt{5})$

41. 24 cm por 36 cm

43. (a) Usar todo el alambre para el cuadrado
(b) $40\sqrt{3}/(9 + 4\sqrt{3})$ m para el cuadrado

45. 30 cm **47.** $V = 2\pi R^3/(9\sqrt{3})$ **51.** $E^2/(4r)$

53. (a) $\frac{3}{2}s^2\csc\theta\,(\csc\theta - \sqrt{3}\cot\theta)$ (b) $\cos^{-1}(1/\sqrt{3}) \approx 55°$
(c) $6s\left[h + s/(2\sqrt{2})\right]$

55. Remar directamente a B **57.** ≈ 4.85 km al este de la refinería

59. $10\sqrt[3]{3}/(1 + \sqrt[3]{3}) \approx 5.91$ m de la fuente más fuerte

61. $(a^{2/3} + b^{2/3})^{3/2}$ **63.** $2\sqrt{6}$

65. (b) (i) $\$342491$; $\$342.49$/unidad; $\$389.74$/unidad
(ii) 400 (iii) $\$320$/unidad

67. (a) $p(x) = 19 - \frac{1}{3000}x$ (b) $\$9.50$

69. (a) $p(x) = 500 - \frac{1}{8}x$ (b) $\$250$ (c) $\$310$

75. 9.35 m **79.** $x = 15$ cm **81.** $\pi/6$

83. A una distancia de $5 - 2\sqrt{5} \approx 0.53$ de A **85.** $\frac{1}{2}(L + W)^2$

87. (a) Aproximadamente 5.1 km de B (b) C está cerca de B;
C está cerca de D; $W/L = \sqrt{25 + x^2}/x$, de $x = |BC|$
(c) ≈ 1.07; no hay tal valor (d) $\sqrt{41}/4 \approx 1.6$

EJERCICIOS 4.8 ■ PÁGINA 354

1. (a) $x_2 \approx 7.3$, $x_3 \approx 6.8$ (b) Sí

3. $\frac{9}{2}$ **5.** a, b, c **7.** 1.5215 **9.** -1.25

11. 2.94283096 **13.** (b) 2.630020 **15.** -1.914021

17. 1.934563 **19.** -1.257691, 0.653483

21. -1.428293, 2.027975

23. -1.69312029, -0.74466668, 1.26587094

25. 0.76682579 **27.** -0.87828292, 0.79177077

29. (b) 31.622777

35. (a) -1.293227, -0.441731, 0.507854 (b) -2.0212

37. (1.519855, 2.306964) **39.** (0.410245, 0.347810)

41. 0.76286%

EJERCICIOS 4.9 ■ PÁGINA 361

1. (a) $F(x) = 6x$ (b) $G(t) = t^3$

3. (a) $H(q) = \text{sen } q$ (b) $F(x) = e^x$

5. $F(x) = 2x^2 + 7x + C$ **7.** $F(x) = \frac{1}{2}x^4 - \frac{2}{9}x^3 + \frac{5}{2}x^2 + C$

9. $F(x) = 4x^3 + 4x^2 + C$ **11.** $G(x) = 12x^{1/3} - \frac{3}{4}x^{8/3} + C$

13. $F(x) = 2x^{3/2} - \frac{3}{2}x^{4/3} + C$

15. $F(t) = \frac{4}{3}t^{3/2} - 8\sqrt{t} + 3t + C$

17. $F(x) = \frac{2}{5}\ln|x| + \frac{3}{x} + C$

19. $G(t) = 7e^t - e^3t + C$

21. $F(\theta) = -2\cos\theta - 3\sec\theta + C$

23. $F(r) = 4\tan^{-1}r - \frac{5}{9}r^{9/5} + C$

25. $F(x) = 2^x/\ln 2 + 4\cosh x + C$

27. $F(x) = 2e^x - 3x^2 - 1$

29. $f(x) = 4x^3 + Cx + D$

31. $f(x) = \frac{1}{5}x^5 + 4x^3 - \frac{1}{2}x^2 + Cx + D$

33. $f(x) = \frac{1}{3}x^3 + 3e^x + Cx + D$

35. $f(t) = 2t^3 + \cos t + Ct^2 + Dt + E$

37. $f(x) = 2x^4 + \ln x - 5$

39. $f(t) = 4\arctan t - \pi$

41. $f(x) = 3x^{5/3} - 75$

43. $f(t) = \tan t + \sec t - 2 - \sqrt{2}$

45. $f(x) = -x^2 + 2x^3 - x^4 + 12x + 4$

47. $f(\theta) = -\operatorname{sen}\theta - \cos\theta + 5\theta + 4$

49. $f(x) = 2x^2 + x^3 + 2x^4 + 2x + 3$

51. $f(x) = e^x + 2\operatorname{sen} x - \dfrac{2}{\pi}\left(e^{\pi/2} + 4\right)x + 2$

53. $f(x) = -\ln x + (\ln 2)x - \ln 2$

55. 8   **57.** b

59.

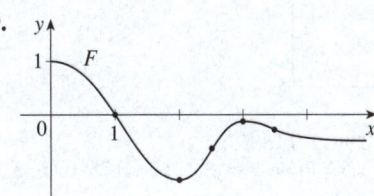

61.   **63.**

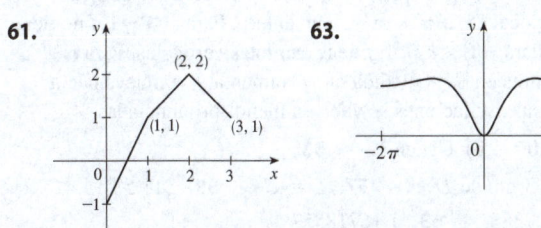

65. $s(t) = 2\operatorname{sen} t - 4\cos t + 7$

67. $s(t) = \frac{1}{3}t^3 + \frac{1}{2}t^2 - 2t + 3$

69. $s(t) = -\operatorname{sen} t + \cos t + \dfrac{8}{\pi}t - 1$

71. (a) $s(t) = 450 - 4.9t^2$ (b) $\sqrt{450/4.9} \approx 9.58$ s
(c) $-9.8\sqrt{450/4.9} \approx -93.9$ m/s   (d) Alrededor de 9.09 s

75. 81.6 m   **77.** \$742.08   **79.** $\frac{130}{11} \approx 11.8$ s

81. 1.79 m/s²   **83.** 62500 km/h² ≈ 4.82 m/s²

85. (a) 101.0 km   (b) 87.7 km   (c) 21 min 50 s
(d) 172 km

CAPÍTULO 4 REPASO ■ PÁGINA 364

Preguntas de verdadero o falso

1. Falso   **3.** Falso   **5.** Verdadero   **7.** Falso   **9.** Verdadero

11. Verdadero   **13.** Falso   **15.** Verdadero   **17.** Verdadero

19. Verdadero   **21.** Falso

Ejercicios

1. Máx abs $f(2) = f(5) = 18$, mín abs $f(0) = -2$,
máx loc $f(2) = 18$, mín loc $f(4) = 14$

3. Máx abs $f(2) = \frac{2}{5}$, mín abs y loc $f\left(-\frac{1}{3}\right) = -\frac{9}{2}$

5. Máx abs y loc $f(\pi/6) = \pi/6 + \sqrt{3}$,
mín abs $f(-\pi) = -\pi - 2$, mín loc $f(5\pi/6) = 5\pi/6 - \sqrt{3}$

7. 1   **9.** 4   **11.** 0   **13.** $\frac{1}{2}$

15.

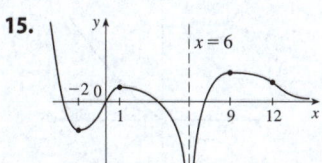

17.

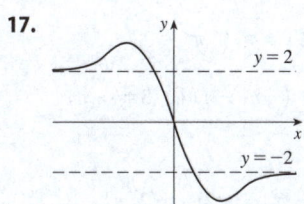

19. A. $\mathbb{R}$ B. Int y 2
C. Ninguno D. Ninguno
E. Dis en $(-\infty, \infty)$ F. Ninguno
G. CU en $(-\infty, 0)$;
CD en $(0, \infty)$; PI $(0, 2)$
H. Vea la gráfica.

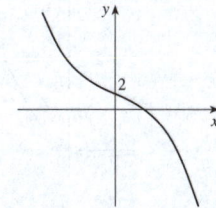

21. A. $\mathbb{R}$ B. Int y 2
C. Ninguno   D. Ninguno
E. Aum en $(1, \infty)$; dis en $(-\infty, 1)$
F. Mín loc $f(1) = 1$
G. CU en $(-\infty, 0)$, $\left(\frac{2}{3}, \infty\right)$;
CD en $\left(0, \frac{2}{3}\right)$; PI $(0, 2)$, $\left(\frac{2}{3}, \frac{38}{27}\right)$
H. Vea la gráfica.

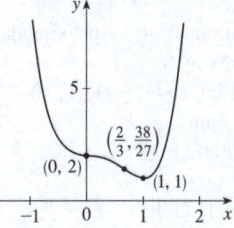

23. A. $(-\infty, 0) \cup (0, 3) \cup (3, \infty)$
B. Ninguno   C. Ninguno
D. AH $y = 0$; AV $x = 0$, $x = 3$
E. Aum en $(1, 3)$;
dis en $(-\infty, 0)$, $(0, 1)$, $(3, \infty)$
F. Mín loc $f(1) = \frac{1}{4}$
G. CU en $(0, 3)$, $(3, \infty)$;
CD en $(-\infty, 0)$
H. Vea la gráfica.

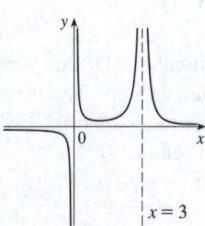

25. A. $(-\infty, 0) \cup (0, \infty)$
B. Int x 1   C. Ninguno
D. AV $x = 0$; AI $y = x - 3$
E. Aum en $(-\infty, -2)$, $(0, \infty)$;
dis en $(-2, 0)$
F. Máx loc $f(-2) = -\frac{27}{4}$
G. CU en $(1, \infty)$; CD en $(-\infty, 0)$,
$(0, 1)$; PI $(1, 0)$
H. Vea la gráfica.

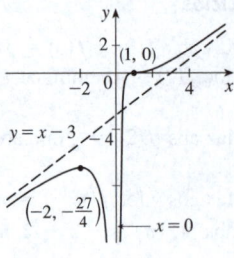

27. A. $[-2, \infty)$
B. Int y 0; Int x $-2, 0$
C. Ninguno   D. Ninguno
E. Aum en $\left(-\frac{4}{3}, \infty\right)$, dis en $\left(-2, -\frac{4}{3}\right)$
F. Mín loc $f\left(-\frac{4}{3}\right) = -\frac{4}{9}\sqrt{6}$
G. CU en $(-2, \infty)$
H. Vea la gráfica.

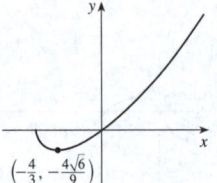

29. A. $[-\pi, \pi]$ B. Int y 0; Int x $-\pi, 0, \pi$
C. Ninguno   D. Ninguno
E. Aum en $(-\pi/4, 3\pi/4)$; dis en $(-\pi, -\pi/4)$, $(3\pi/4, \pi)$
F. Máx loc $f(3\pi/4) = \frac{1}{2}\sqrt{2}\,e^{3\pi/4}$,
mín loc $f(-\pi/4) = -\frac{1}{2}\sqrt{2}\,e^{-\pi/4}$
G. CU en $(-\pi/2, \pi/2)$; CD en $(-\pi, -\pi/2)$, $(\pi/2, \pi)$;
PI $(-\pi/2, -e^{-\pi/2})$, $(\pi/2, e^{\pi/2})$

H.

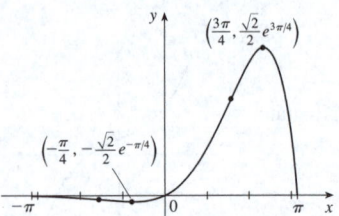

31. A. $(-\infty, -1] \cup [1, \infty)$
B. Ninguno   C. Aproximadamente $(0, 0)$
D. AH $y = 0$
E. Dis en $(-\infty, -1)$, $(1, \infty)$
F. Ninguno
G. CU en $(1, \infty)$;
CD en $(-\infty, -1)$
H. Vea la gráfica.

33. A. $\mathbb{R}$
B. Int y -2; Int x 2
C. Ninguno   D. AH $y = 0$
E. Aum en $(-\infty, 3)$; dis en $(3, \infty)$
F. Máx loc $f(3) = e^{-3}$
G. CU en $(4, \infty)$;
CD en $(-\infty, 4)$;
PI $(4, 2e^{-4})$
H. Vea la gráfica.

35. Aum en $(-\sqrt{3}, 0)$, $(0, \sqrt{3})$;
dis en $(-\infty, -\sqrt{3})$, $(\sqrt{3}, \infty)$;
máx loc $f(\sqrt{3}) = \frac{2}{9}\sqrt{3}$,
mín loc $f(-\sqrt{3}) = -\frac{2}{9}\sqrt{3}$;
CU en $(-\sqrt{6}, 0)$, $(\sqrt{6}, \infty)$;
CD en $(-\infty, -\sqrt{6})$, $(0, \sqrt{6})$;
PI $\left(\sqrt{6}, \frac{5}{36}\sqrt{6}\right)$, $\left(-\sqrt{6}, -\frac{5}{36}\sqrt{6}\right)$

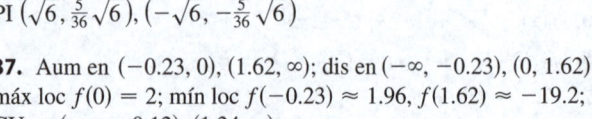

37. Aum en $(-0.23, 0)$, $(1.62, \infty)$; dis en $(-\infty, -0.23)$, $(0, 1.62)$;
máx loc $f(0) = 2$; mín loc $f(-0.23) \approx 1.96$, $f(1.62) \approx -19.2$;
CU en $(-\infty, -0.12)$, $(1.24, \infty)$;
CD en $(-0.12, 1.24)$; PI $(-0.12, 1.98)$, $(1.24, -12.1)$

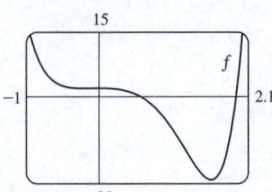 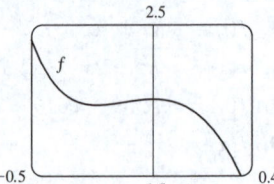

39. $(\pm 0.82, 0.22)$; $\left(\pm\sqrt{2/3}, e^{-3/2}\right)$

41. Máx loc en $x \approx -2.96, -0.18, 3.01$;
mín loc en $x \approx -1.57, 1.57$; PI en $x \approx -2.16, -0.75, 0.46, 2.21$
43. Para $c > -1$, f es periódica con el periodo 2π y tiene un máximo local en $2n\pi + \pi/2$, n un entero. Para $c \le -1$, f no tiene gráfica. Para $-1 < c \le 1$, f tiene asíntotas verticales. Para $c > 1$, f es continua en $\mathbb{R}$. A medida que c aumenta, f se mueve hacia arriba y sus oscilaciones se vuelven menos pronunciadas.
49. (a) 0   (b) CU en $\mathbb{R}$ **53.** $3\sqrt{3}\,r^2$
55. $4/\sqrt{3}$ cm de D **57.** $L = C$ **59.** $\$11.50$
61. 1.297383   **63.** 1.16718557
65. $F(x) = \frac{8}{3}x^{3/2} - 2x^3 + 3x + C$
67. $F(t) = -2\cos t - 3e^t + C$
69. $f(t) = t^2 + 3\cos t + 2$
71. $f(x) = \frac{1}{2}x^2 - x^3 + 4x^4 + 2x + 1$
73. $s(t) = t^2 - \tan^{-1} t + 1$
75. (b) $0.1e^x - \cos x + 0.9$
(c)

77. No
79. (b) Aproximadamente 25.44 cm por 5.96 cm
(c) $2\sqrt{300}$ cm por $2\sqrt{600}$ cm

85. $\tan^{-1}\left(-\dfrac{2}{\pi}\right) + 180° \approx 147.5°$

87. (a) $10\sqrt{2} \approx 14$ m

(b) $\dfrac{dI}{dt} = \dfrac{-60k(h-1)}{[(h-1)^2 + 400]^{-5/2}}$, donde k es la constante de proporcionalidad

PROBLEMAS ADICIONALES ■ PÁGINA 369

3. Máx abs $f(-5) = e^{45}$, no mín abs   **7.** 24

9. $(-2, 4), (2, -4)$ **13.** $\left(1 + \sqrt{5}\right)/2$ **15.** $(m/2, m^2/4)$

17. $a \le e^{1/e}$

21. (a) $T_1 = D/c_1$, $T_2 = (2h \sec \theta)/c_1 + (D - 2h \tan \theta)/c_2$, $T_3 = \sqrt{4h^2 + D^2}/c_1$

(c) $c_1 \approx 3.85$ km/s, $c_2 \approx 7.66$ km/s, $h \approx 0.42$ km

25. $3/\left(\sqrt[3]{2} - 1\right) \approx 11\frac{1}{2}$ h

CAPÍTULO 5

EJERCICIOS 5.1 ■ PÁGINA 381

1. (a) Inferior ≈ 12, superior ≈ 22

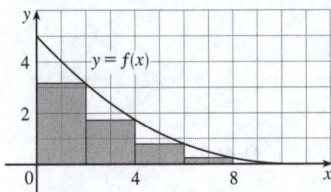

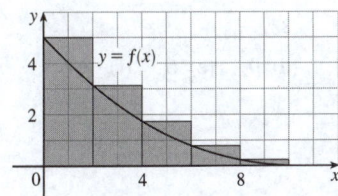

(b) Inferior ≈ 14.4, superior ≈ 19.4

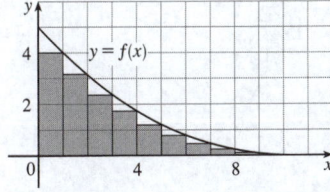

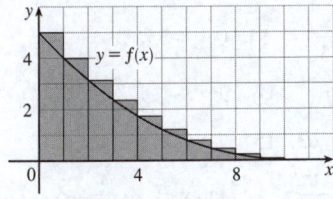

3. (a) 0.6345, subestimado   (b) 0.7595, sobreestimado

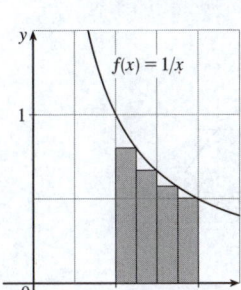   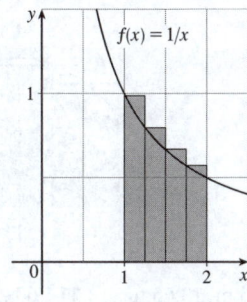

5. (a) 8, 6.875   (b) 5, 5.375

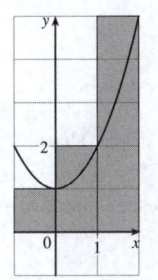 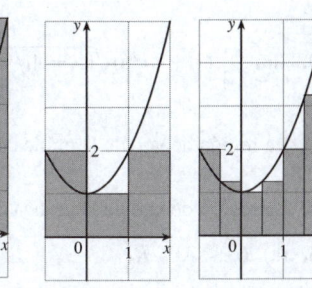

(c) 5.75, 5.9375

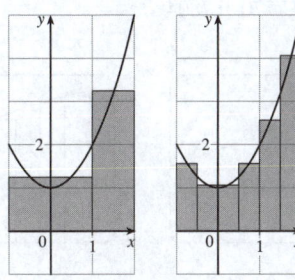

(d) M_6

7. $n = 2$; superior = 24, inferior = 8

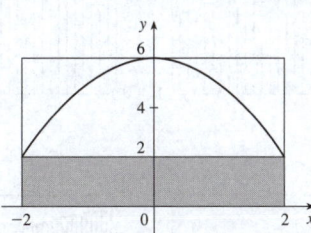

$n = 4$; superior = 22, inferior = 14

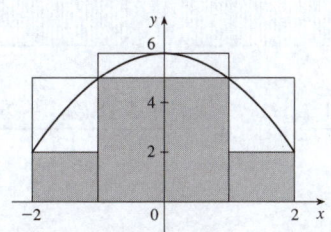

$n = 8$; superior $= 20.5$, inferior $= 16.5$

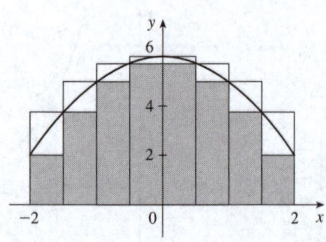

9. 10.55 m, 13.65 m   **11.** 63.2 L, 70 L   **13.** 39 m

15. 7840   **17.** $\displaystyle\lim_{n\to\infty} \sum_{i=1}^{n} [2 + \text{sen}^2(\pi i/n)] \cdot \frac{\pi}{n}$

19. $\displaystyle\lim_{n\to\infty} \sum_{i=1}^{n} (1 + 4i/n)\sqrt{(1 + 4i/n)^3 + 8} \cdot \frac{4}{n}$

21. La región debajo de la gráfica de $y = \dfrac{1}{1 + x}$ desde 0 hasta 2

23. La región debajo de la gráfica de $y = \tan x$ desde 0 hasta $\pi/4$

25. (a) $L_n < A < R_n$

27. 0.2533, 0.2170, 0.2101, 0.2050; 0.2

29. (a) Izquierda: 0.8100, 0.7937, 0.7904; derecha: 0.7600, 0.7770, 0.7804

(b)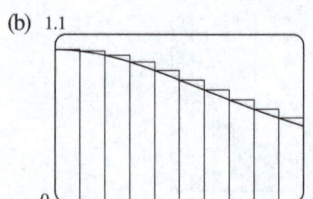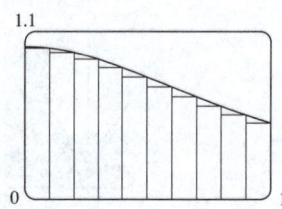

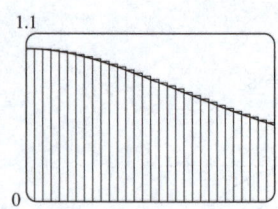 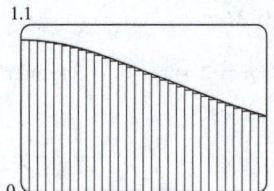

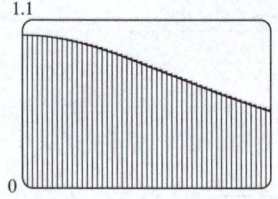 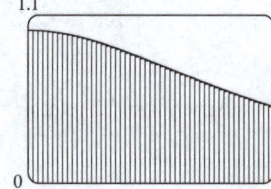

31. (a) $\displaystyle\lim_{n\to\infty} \frac{64}{n^6} \sum_{i=1}^{n} i^5$ (b) $\dfrac{n^2(n + 1)^2(2n^2 + 2n - 1)}{12}$

(c) $\frac{32}{3}$

33. sen b, 1

---

1. -10

La suma de Riemann representa la suma de las áreas de los dos rectángulos por encima del eje x menos la suma de las áreas de los tres rectángulos por debajo del eje x; es decir, el *área neta* de los rectángulos respecto al eje x.

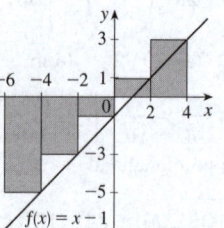

3. $-\frac{49}{16}$

La suma de Riemann representa la suma de las áreas de los dos rectángulos por encima del eje x menos la suma de las áreas de los cuatro rectángulos por debajo del eje x.

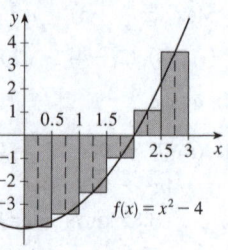

5. (a) 4   (b) 2   (c) 6

7. Inferior $= -64$; superior $= 16$ **9.** 168

11. 10.2857   **13.** 0.3186   **15.** 0.3181, 0.3180

17.

n	R_n
5	1.933766
10	1.983524
50	1.999342
100	1.999836

Los valores de R_n parecen aproximarse a 2.

19. $\displaystyle\int_0^1 \frac{e^x}{1 + x} \, dx$ **21.** $\displaystyle\int_2^7 (5x^3 - 4x) \, dx$

23. $-\frac{40}{3}$ **25.** $\displaystyle\lim_{n\to\infty} \sum_{i=1}^{n} \sqrt{4 + (1 + 2i/n)} \cdot \frac{2}{n}$

27. 6   **29.** $\frac{57}{2}$ **31.** 208   **33.** $-\frac{3}{4}$

35. (a) 4   (b) 10   (c) -3 (d) 0   (e) 6   (f) -4

37. (a) 18

39. (a) -48 (b)   (c) -40

41. $\frac{35}{2}$ **43.** $\frac{25}{4}$ **45.** $3 + \frac{9}{4}\pi$

49. $\displaystyle\lim_{n\to\infty} \sum_{i=1}^{n} \left(\text{sen}\frac{5\pi i}{n}\right) \frac{\pi}{n} = \frac{2}{5}$ **51.** 0   **53.** 3

55. $e^5 - e^3$ **57.** $\displaystyle\int_{-1}^{5} f(x) \, dx$ **59.** 122

61. B $<$ E $<$ A $<$ D $<$ C   **63.** 15

69. $0 \le \displaystyle\int_0^1 x^3 \, dx \le 1$ **71.** $\dfrac{\pi}{12} \le \displaystyle\int_{\pi/4}^{\pi/3} \tan x \, dx \le \dfrac{\pi}{12}\sqrt{3}$

73. $0 \le \int_0^2 xe^{-x}\,dx \le 2/e$ **77.** $\int_1^2 \arctan x\,dx$

83. $\int_0^1 x^4\,dx$ **85.** $\frac{1}{2}$

EJERCICIOS 5.3 ▪ PÁGINA 406

1. Un proceso deshace lo que el otro hace. Vea el teorema fundamental del cálculo (TFC).

3. (a) $0, 2, 5, 7, 3$ (d)
(b) $(0, 3)$
(c) $x = 3$

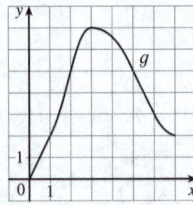

5. (a) $g(x) = 3x$

7.

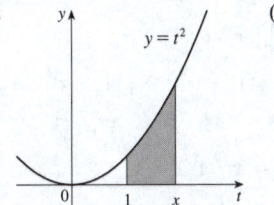

(a), (b) x^2

9. $g'(x) = \sqrt{x + x^3}$ **11.** $g'(w) = \operatorname{sen}(1 + w^3)$

13. $F'(x) = -\sqrt{1 + \sec x}$ **15.** $h'(x) = xe^x$

17. $y' = \dfrac{3(3x + 2)}{1 + (3x + 2)^3}$ **19.** $y' = -\frac{1}{2}\tan\sqrt{x}$

21. 3.75

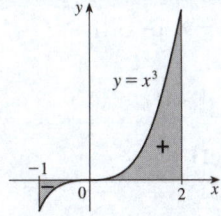

23. -2

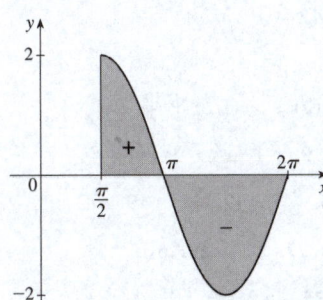

25. $\frac{26}{3}$ **27.** 2 **29.** $\frac{52}{3}$ **31.** $\frac{512}{15}$ **33.** -1

35. $-\frac{37}{6}$ **37.** $\frac{82}{5}$ **39.** $8 + \ln 3$ **41.** 1

43. $\frac{15}{4}$ **45.** $\ln 2 + 7$ **47.** $\dfrac{1}{e + 1} + e - 1$

49. $4\pi/3$ **51.** $\dfrac{15}{\ln 2}$ **53.** 0 **55.** $\frac{16}{3}$

57. $\frac{32}{3}$ **59.** $\frac{243}{4}$ **61.** 2

63. La función $f(x) = x^{-4}$ no es continua en el intervalo $[-2, 1]$, así que el TFC2 no se puede aplicar.

65. La función $f(\theta) = \sec\theta\tan\theta$ no es continua en el intervalo $[\pi/3. \pi]$, así que el TFC2 no se puede aplicar.

67. $g'(x) = \dfrac{-2(4x^2 - 1)}{4x^2 + 1} + \dfrac{3(9x^2 - 1)}{9x^2 + 1}$

69. $F'(x) = 2xe^{x^4} - e^{x^2}$

71. $y' = \operatorname{sen} x \ln(1 + 2\cos x) + \cos x \ln(1 + 2\operatorname{sen} x)$

73. $(-4, 0)$ **75.** $y = e^4 x - 2e^4$ **77.** 1 **79.** 29

81. (a) $-2\sqrt{n}, \sqrt{4n - 2}, n$ un entero > 0
(b) $(0, 1), \left(-\sqrt{4n - 1}, -\sqrt{4n - 3}\right)$ y $\left(\sqrt{4n - 1}, \sqrt{4n + 1}\right)$, n un entero > 0 (c) 0.74

83. (a) Máx loc en 1 y 5; mín loc a 3 y 7
(b) $x = 9$
(c) $\left(\frac{1}{2}, 2\right), (4, 6), (8, 9)$
(d) Vea la gráfica.

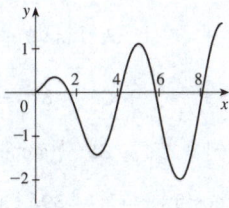

85. $\frac{7}{10}$ **93.** $f(x) = x^{3/2}, a = 9$

95. (b) Gasto promedio durante $[0, t]$; reducir al mínimo el gasto promedio

EJERCICIOS 5.4 ▪ PÁGINA 415

5. $x^3 + 2x^2 + x + C$ **7.** $\frac{1}{2}x^2 + \operatorname{sen} x + C$

9. $\frac{1}{2.3}x^{2.3} + 2x^{3.5} + C$ **11.** $5x + \frac{2}{9}x^3 + \frac{3}{16}x^4 + C$

13. $\frac{2}{3}u^3 + \frac{9}{2}u^2 + 4u + C$ **15.** $\ln|x| + 2\sqrt{x} + x + C$

17. $e^x + \ln|x| + C$ **19.** $-\cos x + \cosh x + C$

21. $\theta + \tan\theta + C$ **23.** $-3\cot t + C$

25. $\operatorname{sen} x + \frac{1}{4}x^2 + C$

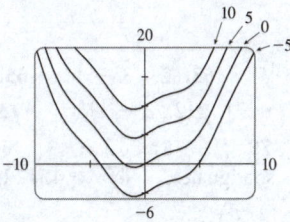

27. $-\frac{10}{3}$ **29.** 505.5 **31.** -2 **33.** $20 + \ln 3$

35. 36 **37.** $8/\sqrt{3}$ **39.** $\frac{55}{63}$ **41.** $\frac{3}{4} - 2\ln 2$

43. $2\operatorname{senh} 2$ **45.** $1 + \pi/4$ **47.** $4\sqrt{3} - 6$

49. $\pi/3$ **51.** $\pi/6$ **53.** -3.5 **55.** ≈ 1.36 **57.** $\frac{4}{3}$

59. El aumento de peso del niño (en kilogramos) entre 5 y 10 años de edad

61. Número de litros de petróleo derramados en las primeras 2 horas (120 minutos)

63. Aumento de los ingresos cuando se incrementa la producción de 1000 a 5000 unidades

65. Número total de latidos del corazón durante los primeros 30 min de ejercicio.

67. Newton-metros (o julios) **69.** (a) $-\frac{3}{2}$ m (b) $\frac{41}{6}$ m

71. (a) $v(t) = \frac{1}{2}t^2 + 4t + 5$ m/s (b) $416\frac{2}{3}$ m

73. $46\frac{2}{3}$ kg **75.** 2.3 km **77.** $58000

79. 12.1 m/s

81. 5443 bacterias **83.** 332.6 gigawatts-horas

EJERCICIOS 5.5 ▪ PÁGINA 425

1. $\frac{1}{2}$ sen $2x + C$ **3.** $\frac{2}{9}(x^3 + 1)^{3/2} + C$

5. $\frac{1}{4}\ln|x^4 - 5| + C$ **7.** 2 sen $\sqrt{t} + C$

9. $-\frac{1}{3}(1 - x^2)^{3/2} + C$ **11.** $-\frac{1}{4}e^{-t^4} + C$

13. $-(3/\pi)\cos(\pi t/3) + C$ **15.** $\frac{1}{4}\ln|4x + 7| + C$

17. $\ln|1 + \text{sen }\theta| + C$ **19.** $-\frac{1}{4}\cos^4\theta + C$

21. $\dfrac{1}{1 - e^u} + C$ **23.** $\frac{2}{3}\sqrt{3ax + bx^3} + C$

25. $\frac{1}{3}(\ln x)^3 + C$ **27.** $\frac{1}{4}\tan^4\theta + C$

29. $\dfrac{1}{12}\left(x^2 + \dfrac{2}{x}\right)^6 + C$ **31.** $\dfrac{2}{15}(2 + 3e^r)^{5/2} + C$

33. $\ln|\tan\theta| + C$ **35.** $\frac{1}{3}(\arctan x)^3 + C$

37. $-\dfrac{1}{\ln 5}\cos(5^t) + C$ **39.** $\frac{1}{5}$ sen $(1 + 5t) + C$

41. $-\frac{2}{3}(\cot x)^{3/2} + C$ **43.** $\frac{1}{3}\text{senh}^3 x + C$

45. $-\ln(1 + \cos^2 x) + C$ **47.** $\ln|\text{sen } x| + C$

49. $\ln|\text{sen}^{-1}x| + C$ **51.** $\tan^{-1}x + \frac{1}{2}\ln(1 + x^2) + C$

53. $\frac{1}{40}(2x + 5)^{10} - \frac{5}{36}(2x + 5)^9 + C$

55. $\frac{1}{8}(x^2 - 1)^4 + C$ **57.** $-e^{\cos x} + C$

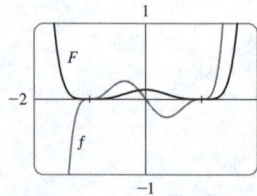

59. $2/\pi$ **61.** $\frac{45}{28}$ **63.** $2/\sqrt{3} - 1$ **65.** $e - \sqrt{e}$

67. 0 **69.** 3 **71.** $\frac{1}{3}(2\sqrt{2} - 1)a^3$ **73.** $\frac{16}{15}$ **75.** 2

77. $\ln(e + 1)$ **79.** $\frac{1}{6}$ **81.** $\sqrt{3} - \frac{1}{3}$ **83.** 6π

85. Las tres áreas son iguales. **87.** ≈ 4512 L

89. $\dfrac{5}{4\pi}\left(1 - \cos\dfrac{2\pi t}{5}\right)$ L

91. $C_0(1 - e^{-30r/V})$; la cantidad total de urea extraída de la sangre en los primeros 30 minutos de tratamiento de diálisis

93. 5 **99.** $\pi^2/4$

CAPÍTULO 5 REPASO ▪ PÁGINA 428

Preguntas de verdadero o falso

1. Verdadero **3.** Verdadero **5.** Falso **7.** Verdadero

9. Falso **11.** Verdadero **13.** Falso **15.** Verdadero

17. Falso **19.** Falso

Ejercicios

1. (a) 8 (b) 5.7

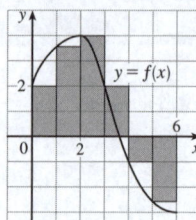 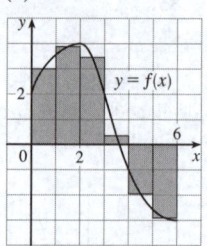

3. $\frac{1}{2} + \pi/4$ **5.** 3 **7.** f es c, f' es b, $\int_0^x f(t)\,dt$ es a.

9. 3, 0 **11.** $-\frac{13}{6}$ **13.** $\frac{9}{10}$ **15.** -76 **17.** $\frac{21}{4}$

19. No existe **21.** $\frac{1}{3}$ sen 1 **23.** 0

25. $\frac{1}{2}\ln(x^2 + 1) + C$ **27.** $\sqrt{x^2 + 4x} + C$

29. $[1/(2\pi)]$ sen$^2\pi t + C$ **31.** $2e^{\sqrt{x}} + C$

33. $-\frac{1}{2}[\ln(\cos x)]^2 + C$ **35.** $\frac{1}{4}\ln(1 + x^4) + C$

37. $\ln|1 + \sec\theta| + C$ **39.** $-\frac{3}{5}(1 - x)^{5/3} + \frac{3}{8}(1 - x)^{8/3} + C$

41. $\frac{23}{3}$ **43.** $2\sqrt{1 + \text{sen } x} + C$ **45.** $\frac{64}{5}$ **47.** $\frac{124}{3}$

49. (a) 2 (b) 6 **51.** $F'(x) = x^2/(1 + x^3)$

53. $g'(x) = 4x^3\cos(x^8)$ **55.** $y' = (2e^x - e^{\sqrt{x}})/(2x)$

57. $4 \le \int_1^3 \sqrt{x^2 + 3}\,dx \le 4\sqrt{3}$ **63.** 0.2810

65. Número de barriles de petróleo consumido desde el 1 de enero de 2015 hasta el 1 de enero de 2020

67. 72 400 **69.** 3 **71.** $c \approx 1.62$

73. $f(x) = e^{2x}(2x - 1)/(1 - e^{-x})$

PROBLEMAS ADICIONALES ▪ PÁGINA 433

1. $\pi/2$ **3.** $2k$ **5.** -1 **7.** e^{-2} **9.** $[-1, 2]$

11. (a) $\frac{1}{2}(n - 1)n$

(b) $\frac{1}{2}[\![b]\!](2b - [\![b]\!] - 1) - \frac{1}{2}[\![a]\!](2a - [\![a]\!] - 1)$

17. $y = -\dfrac{2b}{a^2}x^2 + \dfrac{3b}{a}x$ **19.** $2(\sqrt{2} - 1)$

CAPÍTULO 6

EJERCICIOS 6.1 ▪ PÁGINA 442

1. (a) $\int_0^2 (2x - x^2)\,dx$ (b) $\frac{4}{3}$

3. (a) $\int_{-1}^1 (e^y - y^2 + 2)\,dy$ (b) $e - (1/e) + \frac{10}{3}$

5. 8 **7.** $\int_0^1 (3^x - 2^x)\,dx$ **9.** $\int_1^2 (-x^2 + 3x - 2)\,dx$

11. $\frac{23}{6}$ **13.** $\ln 2 - \frac{1}{2}$ **15.** $\frac{9}{2}$ **17.** $\frac{8}{3}$ **19.** 72

21. $\frac{32}{3}$ **23.** 4 **25.** 9 **27.** $\frac{1}{2}$ **29.** $6\sqrt{3}$

31. $\frac{13}{5}$ **33.** $(4/\pi) - \frac{1}{2}$ **35.** $\ln 2$

37. (a) 39 (b) 15 **39.** $\frac{1}{6}\ln 2$ **41.** $\frac{5}{2}$

43. $\frac{3}{2}\sqrt{3} - 1$ **45.** 0, 0.896; 0.037

47. $-1.11, 1.25, 2.86; 8.38$ **49.** 2.80123 **51.** 0.25142

53. $12\sqrt{6} - 9$ **55.** 36 m **57.** 4232 cm²

59. (a) Día 12 ($t \approx 11.26$)   (b) Día 18 ($t \approx 17.18$)
(c) 706 (células/mL) · días

61. (a) Auto A   (b) La distancia en la que el auto A está por
delante del auto B después de 1 minuto   (c) Auto A
(d) $t \approx 2.2$ min

63. $\frac{24}{5}\sqrt{3}$ **65.** $4^{2/3}$ **67.** ± 6 **69.** $\frac{32}{27}$

EJERCICIOS 6.2 ▪ PÁGINA 456

1. (a)

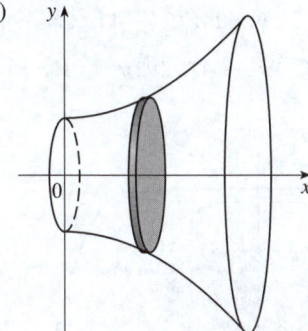

(b) $\int_0^3 \pi(x^4 + 10x^2 + 25)\, dx$ (c) $1068\pi/5$

3. (a)

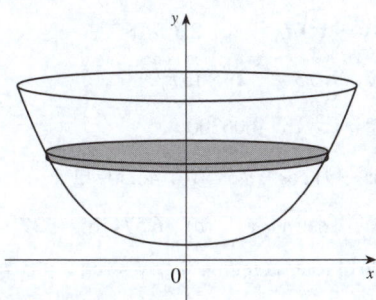

(b) $\int_1^9 \pi(y - 1)^{2/3}\, dy$ (c) $96\pi/5$

5. $\int_1^3 \pi(\ln x)^2\, dx$ **7.** $\int_0^2 \pi(8y - y^4)\, dy$

9. $\int_0^\pi \pi[(2 + \operatorname{sen} x)^2 - 4]\, dx$

11. $26\pi/3$

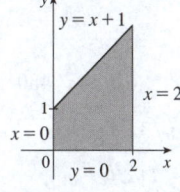
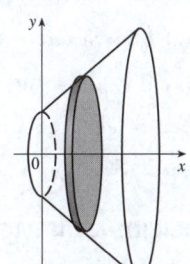

13. 8π

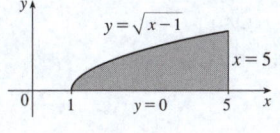
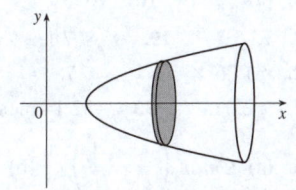

15. 162π

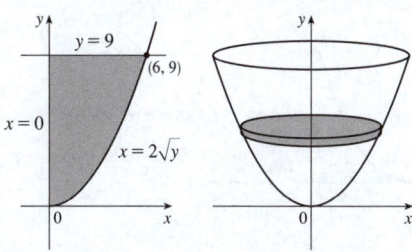

17. $8\pi/3$

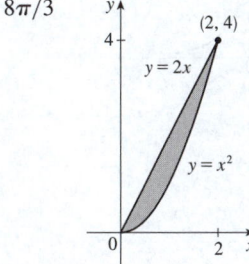
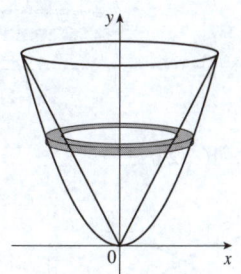

19. $5\pi/14$

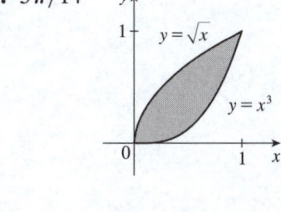
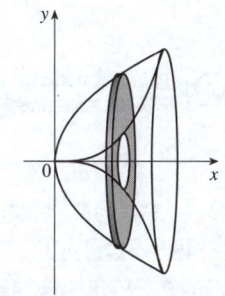

21. $11\pi/30$

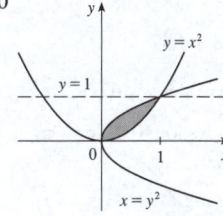
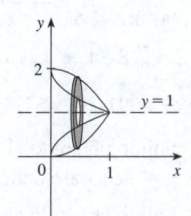

23. $2\pi\left(\frac{4}{3}\pi - \sqrt{3}\right)$

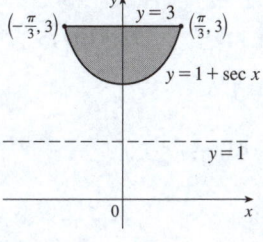
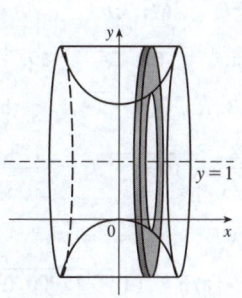

25. $3\pi/5$

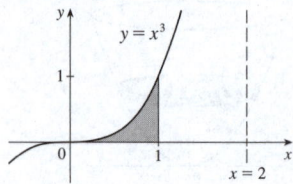

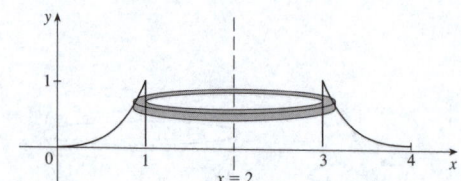

27. $10\sqrt{2}\,\pi/3$

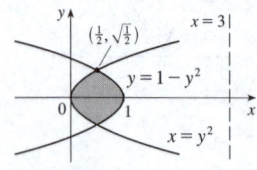

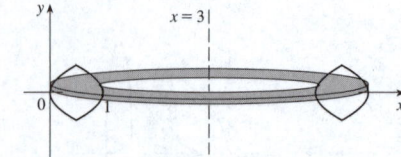

29. $\pi/3$ **31.** $\pi/3$ **33.** $\pi/3$

35. $13\pi/45$ **37.** $\pi/3$ **39.** $17\pi/45$

41. (a) $2\pi\int_0^1 e^{-2x^2}\,dx \approx 3.75825$

(b) $2\pi\int_0^1 \left(e^{-2x^2}+2e^{-x^2}\right)dx \approx 13.14312$

43. (a) $2\pi\int_0^2 8\sqrt{1-x^2/4}\ dx \approx 78.95684$

(b) $2\pi\int_0^1 8\sqrt{4-4y^2}\ dy \approx 78.95684$

45. $-4.091, -1.467, 1.091; 89.023$ **47.** $\frac{11}{8}\pi^2$

49. Sólido obtenido al rotar la región $0 \le x \le \pi/2$, $0 \le y \le$ sen x alrededor del eje x

51. Sólido obtenido al rotar la región $0 \le x \le 1$, $x^3 \le y \le x^2$ alrededor del eje x

53. Sólido obtenido al rotar la región $0 \le y \le 4$, $0 \le x \le \sqrt{y}$ alrededor del eje y

55. $1110\ \text{cm}^3$ **57.** (a) 196 (b) 838

59. $\frac{1}{3}\pi r^2 h$ **61.** $\pi h^2\left(r - \frac{1}{3}h\right)$ **63.** $\frac{2}{3}b^2 h$

65. $10\ \text{cm}^3$ **67.** 24 **69.** $\frac{1}{3}$ **71.** $\frac{8}{15}$ **73.** $4\pi/15$

75. (a) $8\pi R\int_0^r \sqrt{r^2-y^2}\ dy$ (b) $2\pi^2 r^2 R$

77. $\int_0^4 \dfrac{2}{\sqrt{3}}y\sqrt{16-y^2}\,dy = \dfrac{128}{3\sqrt{3}}$ **81.** $\frac{5}{12}\pi r^3$

83. $8\int_0^r \sqrt{R^2-y^2}\,\sqrt{r^2-y^2}\ dy$

87. (a) $93\pi/5$ (d) $\sqrt[3]{25000/(93\pi)} \approx 4.41$

EJERCICIOS 6.3 ■ PÁGINA 464

1. Circunferencia $= 2\pi x$, altura $= x(x-1)^2$; $\pi/15$

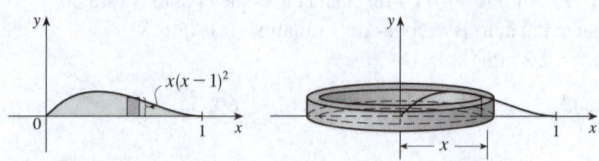

3. (a) $\int_0^{\sqrt{\pi/2}} 2\pi x\cos(x^2)\,dx$ (b) π **5.** $\int_1^2 2\pi x\ln x\,dx$

7. $\int_0^{\pi/2} 2\pi(3-y)$ sen $y\,dy$ **9.** $128\pi/5$ **11.** 6π

13. $\frac{2}{3}\pi\left(27 - 5\sqrt{5}\right)$ **15.** 4π **17.** 192π **19.** $16\pi/3$

21. $384\pi/5$

23. (a)

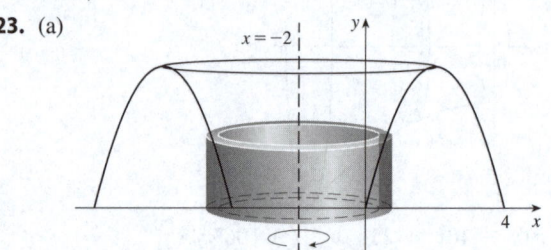

(b) $\int_0^4 2\pi(x+2)(4x-x^2)\,dx$ (c) $256\pi/3$

25. $264\pi/5$ **27.** $8\pi/3$ **29.** $13\pi/3$

31. (a) $2\pi\int_0^2 x^2 e^{-x}\,dx$ (b) 4.06300

33. (a) $4\pi\int_{-\pi/2}^{\pi/2}(\pi - x)\cos^4 x\,dx$ (b) 46.50942

35. (a) $\int_0^\pi 2\pi(4-y)\sqrt{\text{sen }y}\,dy$ (b) 36.57476 **37.** 3.68

39. Sólido obtenido al rotar la región $0 \le y \le x^4$, $0 \le x \le 3$ alrededor del eje y

41. Sólido obtenido (con cascarones) al rotar la región $0 \le x \le 1/y^2$, $1 \le y \le 4$ alrededor de la recta $y = -2$

43. $0, 2.175; 14.450$ **45.** $\frac{1}{32}\pi^3$

47. (a) $\int_0^1 2\pi x\left(\dfrac{1}{1+x^2} - \dfrac{x}{2}\right)dx$ (b) $\pi\left(\ln 2 - \frac{1}{3}\right)$

49. (a) $\int_0^\pi \pi$ sen $x\,dx$ (b) 2π

51. (a) $\int_0^{1/2} 2\pi(x+2)(x^2 - x^3)\,dx$ (b) $59\pi/480$

53. 8π **55.** $4\sqrt{3}\,\pi$ **57.** $4\pi/3$

59. $117\pi/5$ **61.** $\frac{4}{3}\pi r^3$ **63.** $\frac{1}{3}\pi r^2 h$

EJERCICIOS 6.4 ■ PÁGINA 470

1. $980\ \text{J}$ **3.** $4.5\ \text{J}$ **5.** $180\ \text{J}$ **7.** $\frac{81}{16}\ \text{J}$

9. (a) $\frac{25}{24} \approx 1.04\ \text{J}$ (b) $10.8\ \text{cm}$ **11.** $W_2 = 3W_1$

13. (a) $\frac{6615}{8}\ \text{J}$ (b) $\approx 620\ \text{J}$ **15.** $845\,250\ \text{J}$

17. $73.5\ \text{J}$ **19.** $\approx 3857\ \text{J}$ **21.** $2450\ \text{J}$

23. $\approx 1.06 \times 10^6\ \text{J}$ **25.** $\approx 176\,000\ \text{J}$

27. $\approx 2.0\ \text{m}$ **33.** $\approx 32.14\ \text{m/s}$

35. (a) $Gm_1 m_2\left(\dfrac{1}{a} - \dfrac{1}{b}\right)$ (b) $\approx 8.50 \times 10^9\ \text{J}$

EJERCICIOS 6.5 ■ PÁGINA 475

1. 7   **3.** $6/\pi$ **5.** $\frac{9}{2}\tan^{-1}2$ **7.** $2/(5\pi)$

9. (a) $\frac{1}{3}$ (b) $\sqrt{3}$ (c)

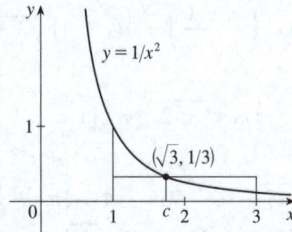

11. (a) $4/\pi$ (b) $\approx 1.24, 2.81$

(c)

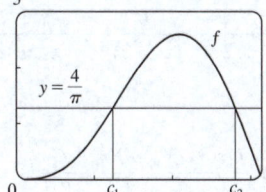

15. $\frac{9}{8}$ **17.** $(10 + 8/\pi)°C \approx 12.5\ °C$ **19.** 6 kg/m

21. Alrededor de 4 056 millones (o 4 mil millones) de personas

23. $5/(4\pi) \approx 0.40$ L

CAPÍTULO 6 REPASO ■ PÁGINA 479

Preguntas de verdadero o falso

1. Falso   **3.** Falso   **5.** Verdadero   **7.** Falso   **9.** Verdadero
11. Verdadero

Ejercicios

1. $\frac{64}{3}$ **3.** $\frac{7}{12}$ **5.** $\frac{4}{3} + 4/\pi$ **7.** $64\pi/15$ **9.** $1656\pi/5$

11. $\frac{4}{3}\pi(2ah + h^2)^{3/2}$ **13.** $\int_{-\pi/3}^{\pi/3} 2\pi(\pi/2 - x)(\cos^2 x - \frac{1}{4})\,dx$

15. $189\pi/5$ **17.** (a) $2\pi/15$ (b) $\pi/6$ (c) $8\pi/15$

19. (a) 0.38   (b) 0.87

21. Sólido obtenido al rotar la región $0 \leq y \leq \cos x$,
$0 \leq x \leq \pi/2$ alrededor del eje y

23. Sólido obtenido al rotar la región $0 \leq y \leq 2 - \text{sen } x$,
$0 \leq x \leq \pi$ alrededor del eje x

25. 36   **27.** $\frac{125}{3}\sqrt{3}$ m^3 **29.** 3.2 J

31. (a) 10640 J   (b) 0.7 m

33. $4/\pi$ **35.** (a) No   (b) Sí   (c) No   (d) Sí

PROBLEMAS ADICIONALES ■ PÁGINA 481

1. $f(x) = \sqrt{2x/\pi}$ **3.** $y = \frac{32}{9}x^2$ **7.** $2/\sqrt{5}$

9. (a) $V = \int_0^h \pi[f(y)]^2\,dy$

(c) $f(y) = \sqrt{kA/(\pi C)}\ y^{1/4}$. Ventaja: las marcas en
el contenedor están igualmente espaciadas.

11. $b = 2a$ **13.** $B = 16A$

CAPÍTULO 7

EJERCICIOS 7.1 ■ PÁGINA 490

1. $\frac{1}{2}xe^{2x} - \frac{1}{4}e^{2x} + C$ **3.** $\frac{1}{4}x\,\text{sen }4x + \frac{1}{16}\cos 4x + C$

5. $\frac{1}{2}te^{2t} - \frac{1}{4}e^{2t} + C$ **7.** $-\frac{1}{10}x\cos 10x + \frac{1}{100}\text{sen }10x + C$

9. $\frac{1}{2}w^2 \ln w - \frac{1}{4}w^2 + C$

11. $(x^2 + 2x)\,\text{sen }x + (2x + 2)\cos x - 2\,\text{sen }x + C$

13. $x\cos^{-1}x - \sqrt{1 - x^2} + C$ **15.** $\frac{1}{5}t^5 \ln t - \frac{1}{25}t^5 + C$

17. $-t\cot t + \ln|\text{sen }t| + C$

19. $x(\ln x)^2 - 2x\ln x + 2x + C$

21. $\frac{1}{10}e^{3x}\,\text{sen }x + \frac{3}{10}e^{3x}\cos x + C$

23. $\frac{1}{13}e^{2\theta}(2\,\text{sen }3\theta - 3\cos 3\theta) + C$

25. $z^3e^z - 3z^2e^z + 6ze^z - 6e^z + C$

27. $\frac{1}{3}x^2e^{3x} - \frac{2}{9}xe^{3x} + \frac{11}{27}e^{3x} + C$ **29.** $\dfrac{3}{\ln 3} - \dfrac{2}{(\ln 3)^2}$

31. $2\cosh 2 - \text{senh }2$ **33.** $\frac{4}{5} - \frac{1}{5}\ln 5$ **35.** $-\pi/4$

37. $2e^{-1} - 6e^{-5}$ **39.** $\frac{1}{2}\ln 2 - \frac{1}{2}$

41. $-\frac{1}{2}(1 + \cosh \pi) = -\frac{1}{4}(2 + e^\pi + e^{-\pi})$

43. $2(\sqrt{x} - 1)e^{\sqrt{x}} + C$ **45.** $-\frac{1}{2} - \pi/4$

47. $\frac{1}{2}(x^2 - 1)\ln(1 + x) - \frac{1}{4}x^2 + \frac{1}{2}x + \frac{3}{4} + C$

49. $-\frac{1}{2}xe^{-2x} - \frac{1}{4}e^{-2x} + C$

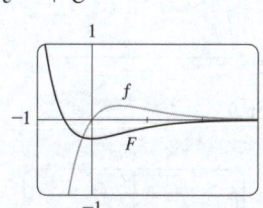

51. $\frac{1}{3}x^2(1 + x^2)^{3/2} - \frac{2}{15}(1 + x^2)^{5/2} + C$

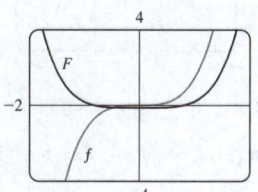

53. (b) $-\frac{1}{4}\cos x\,\text{sen}^3x + \frac{3}{8}x - \frac{3}{16}\text{sen }2x + C$

55. (b) $\frac{2}{3}, \frac{8}{15}$

61. $x[(\ln x)^3 - 3(\ln x)^2 + 6\ln x - 6] + C$

63. $\frac{16}{3}\ln 2 - \frac{29}{9}$ **65.** $-1.75119, 1.17210;\ 3.99926$

67. $4 - 8/\pi$ **69.** $2\pi e$

71. (a) $2\pi(2\ln 2 - \frac{3}{4})$ (b) $2\pi[(\ln 2)^2 - 2\ln 2 + 1]$

73. $xS(x) + \dfrac{1}{\pi}\cos(\frac{1}{2}\pi x^2) + C$

75. $2 - e^{-t}(t^2 + 2t + 2)$ m   **77.** 2

79. (b) $-\dfrac{\ln x}{x} - \dfrac{1}{x} + C$

EJERCICIOS 7.2 ▪ PÁGINA 498

1. $\frac{1}{5}\cos^5 x - \frac{1}{3}\cos^3 x + C$ **3.** $\frac{1}{210}$

5. $-\frac{1}{14}\cos^7(2t) + \frac{1}{5}\cos^5(2t) - \frac{1}{6}\cos^3(2t) + C$

7. $\pi/4$ **9.** $3\pi/8$ **11.** $\pi/16$

13. $\frac{2}{7}(\cos\theta)^{7/2} - \frac{2}{3}(\cos\theta)^{3/2} + C$ **15.** $\frac{1}{4}\sec^4 x + C$

17. $\ln|\operatorname{sen} x| - \frac{1}{2}\operatorname{sen}^2 x + C$ **19.** $\frac{1}{2}\operatorname{sen}^4 x + C$

21. $\frac{1}{3}\sec^3 x + C$ **23.** $\tan x - x + C$

25. $\frac{1}{9}\tan^9 x + \frac{2}{7}\tan^7 x + \frac{1}{5}\tan^5 x + C$

27. $\frac{1}{3}\sec^3 x - \sec x + C$ **29.** $\frac{1}{8}\tan^8 x + \frac{1}{3}\tan^6 x + \frac{1}{4}\tan^4 x + C$

31. $\frac{1}{4}\sec^4 x - \tan^2 x + \ln|\sec x| + C$ **33.** $\frac{1}{2}\operatorname{sen} 2x + C$

35. $-\frac{1}{4} - \ln\left(\sqrt{2}/2\right)$ **37.** $\sqrt{3} - \frac{1}{3}\pi$

39. $\frac{22}{105}\sqrt{2} - \frac{8}{105}$ **41.** $\ln|\csc x - \cot x| + C$

43. $-\frac{1}{6}\cos 3x - \frac{1}{26}\cos 13x + C$ **45.** $\frac{1}{15}$

47. $-1/(2t) + \frac{1}{4}\operatorname{sen}(2/t) + C$ **49.** $\frac{1}{2}\sqrt{2}$

51. $\frac{1}{4}t^2 - \frac{1}{4}t\operatorname{sen} 2t - \frac{1}{8}\cos 2t + C$

53. $x\tan x - \ln|\sec x| - \frac{1}{2}x^2 + C$ **55.** $\csc x + \cot x + C$

57. $\frac{1}{4}x^2 - \frac{1}{4}\operatorname{sen}(x^2)\cos(x^2) + C$

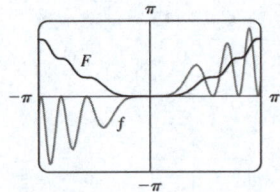

59. $\frac{1}{6}\operatorname{sen} 3x - \frac{1}{18}\operatorname{sen} 9x + C$

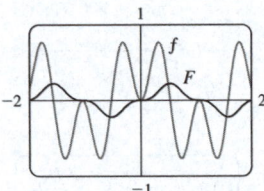

61. $\frac{1}{8}(\sqrt{2} - 7t)$ **63.** 0 **65.** $\frac{1}{2}\pi - \frac{4}{3}$ **67.** 0

69. $\pi^2/4$ **71.** $\pi\left(2\sqrt{2} - \frac{5}{2}\right)$ **73.** $s = (1 - \cos^3\omega t)/(3\omega)$

EJERCICIOS 7.3 ▪ PÁGINA 505

1. (a) $x = \tan\theta$ (b) $\int \tan^3\theta \sec\theta\, d\theta$

3. (a) $x = \sqrt{2}\sec\theta$ (b) $\int 2\sec^3\theta\, d\theta$

5. $-\sqrt{1-x^2} + \frac{1}{3}(1-x^2)^{3/2} + C$

7. $\sqrt{4x^2 - 25} - 5\sec^{-1}(\frac{2}{5}x) + C$

9. $\frac{1}{15}(16 + x^2)^{3/2}(3x^2 - 32) + C$

11. $\frac{1}{3}\dfrac{(x^2-1)^{3/2}}{x^3} + C$ **13.** $\dfrac{1}{\sqrt{2}a^2}$

15. $\frac{2}{3}\sqrt{3} - \frac{3}{4}\sqrt{2}$ **17.** $\frac{1}{12}$

19. $\frac{1}{6}\sec^{-1}(x/3) - \sqrt{x^2-9}/(2x^2) + C$

21. $\frac{1}{16}\pi a^4$ **23.** $\sqrt{x^2 - 7} + C$

25. $\ln\left|(\sqrt{1+x^2} - 1)/x\right| + \sqrt{1+x^2} + C$ **27.** $\frac{9}{500}\pi$

29. $\ln\left|\sqrt{x^2 + 2x + 5} + x + 1\right| + C$

31. $4\operatorname{sen}^{-1}\left(\dfrac{x-1}{2}\right) + \frac{1}{4}(x-1)^3\sqrt{3 + 2x - x^2}$
$\qquad\qquad\qquad - \frac{2}{3}(3 + 2x - x^2)^{3/2} + C$

33. $\frac{1}{2}(x+1)\sqrt{x^2 + 2x} - \frac{1}{2}\ln\left|x + 1 + \sqrt{x^2 + 2x}\right| + C$

35. $\frac{1}{4}\operatorname{sen}^{-1}(x^2) + \frac{1}{4}x^2\sqrt{1-x^4} + C$

39. $\frac{1}{6}\left(\sqrt{48} - \sec^{-1} 7\right)$ **43.** $\frac{3}{8}\pi^2 + \frac{3}{4}\pi$

47. $2\pi^2 R r^2$ **49.** $r\sqrt{R^2 - r^2} + \pi r^2/2 - R^2\arcsen(r/R)$

EJERCICIOS 7.4 ▪ PÁGINA 515

1. (a) $\dfrac{A}{x-3} + \dfrac{B}{x+5}$ (b) $\dfrac{A}{x-2} + \dfrac{B}{(x-2)^2} + \dfrac{Cx+D}{x^2+2}$

3. (a) $\dfrac{A}{x} + \dfrac{B}{x-1} + \dfrac{C}{x-2}$

(b) $\dfrac{A}{x} + \dfrac{B}{2x-1} + \dfrac{C}{(2x-1)^2} + \dfrac{Dx+E}{x^2+3} + \dfrac{Fx+G}{(x^2+3)^2}$

5. (a) $\dfrac{A}{x} + \dfrac{B}{x-1} + \dfrac{Cx+D}{x^2+1} + \dfrac{Ex+F}{(x^2+1)^2}$

(b) $1 + \dfrac{A}{x-2} + \dfrac{B}{x+3}$ **7.** $\ln|x-1| - \ln|x+4| + C$

9. $\frac{1}{2}\ln|2x+1| + 2\ln|x-1| + C$ **11.** $2\ln\frac{3}{2}$

13. $-\dfrac{1}{a}\ln|x| + \dfrac{1}{a}\ln|x-a| + C$

15. $\frac{1}{2}x^2 + x + \ln|x-1| + C$

17. $\frac{27}{5}\ln 2 - \frac{9}{5}\ln 3 \left(\text{o } \frac{9}{5}\ln\frac{8}{3}\right)$

19. $\frac{1}{2} - 5\ln 2 + 3\ln 3 \left(\text{o } \frac{1}{2} + \ln\frac{27}{32}\right)$

21. $\dfrac{1}{4}\left[\ln|t+1| - \dfrac{1}{t+1} - \ln|t-1| - \dfrac{1}{t-1}\right] + C$

23. $\ln|x-1| - \frac{1}{2}\ln(x^2+9) - \frac{1}{3}\tan^{-1}(x/3) + C$

25. $\frac{5}{2} - \ln 2 - \ln 3 \left(\text{o } \frac{5}{2} - \ln 6\right)$

27. $-2\ln|x+1| + \ln(x^2+1) + 2\tan^{-1}x + C$

29. $\frac{1}{2}\ln(x^2+1) + \tan^{-1}x - \frac{1}{2}\tan^{-1}(x/2) + C$

31. $\frac{1}{2}\ln(x^2 + 2x + 5) + \frac{3}{2}\tan^{-1}\left(\dfrac{x+1}{2}\right) + C$

33. $\frac{1}{3}\ln|x-1| - \frac{1}{6}\ln(x^2 + x + 1) - \dfrac{1}{\sqrt{3}}\tan^{-1}\dfrac{2x+1}{\sqrt{3}} + C$

35. $\frac{1}{4}\ln\frac{8}{3}$

37. $2\ln|x| + \frac{3}{2}\ln(x^2+1) + \frac{1}{2}\tan^{-1}x + \dfrac{x}{2(x^2+1)} + C$

39. $\frac{7}{8}\sqrt{2}\,\tan^{-1}\left(\dfrac{x-2}{\sqrt{2}}\right) + \dfrac{3x-8}{4(x^2 - 4x + 6)} + C$

41. $2\tan^{-1}\sqrt{x-1} + C$

43. $-2\ln\sqrt{x} - \dfrac{2}{\sqrt{x}} + 2\ln(\sqrt{x} + 1) + C$

45. $\frac{3}{10}(x^2 + 1)^{5/3} - \frac{3}{4}(x^2 + 1)^{2/3} + C$

47. $2\sqrt{x} + 3\sqrt[3]{x} + 6\sqrt[6]{x} + 6\ln|\sqrt[6]{x} - 1| + C$

49. $4\ln|\sqrt{x} - 2| - 2\ln|\sqrt{x} - 1| + C$

51. $\ln\dfrac{(e^x + 2)^2}{e^x + 1} + C$

53. $\ln|\tan t + 1| - \ln|\tan t + 2| + C$

55. $x - \ln(e^x + 1) + C$

57. $\left(x - \frac{1}{2}\right)\ln(x^2 - x + 2) - 2x + \sqrt{7}\tan^{-1}\left(\dfrac{2x - 1}{\sqrt{7}}\right) + C$

59. $-\frac{1}{2}\ln 3 \approx -0.55$

61. $\frac{1}{2}\ln\left|\dfrac{x - 2}{x}\right| + C$ **65.** $\frac{1}{5}\ln\left|\dfrac{2\tan(x/2) - 1}{\tan(x/2) + 2}\right| + C$

67. $4\ln\frac{2}{3} + 2$ **69.** $-1 + \frac{11}{3}\ln 2$

71. $t = \ln\dfrac{10\,000}{P} + 11\ln\dfrac{P - 9\,000}{1000}$

73. (a) $\dfrac{24\,110}{4\,879}\dfrac{1}{5x + 2} - \dfrac{668}{323}\dfrac{1}{2x + 1} - \dfrac{9\,438}{80\,155}\dfrac{1}{3x - 7}$
$\qquad + \dfrac{1}{260\,015}\dfrac{22\,098\,x + 48\,935}{x^2 + x + 5}$

(b) $\dfrac{4\,822}{4\,879}\ln|5x + 2| - \dfrac{334}{323}\ln|2x + 1|$

$\qquad - \dfrac{3146}{80155}\ln|3x - 7| + \dfrac{11049}{260015}\ln(x^2 + x + 5)$

$\qquad + \dfrac{75772}{260015\sqrt{19}}\tan^{-1}\dfrac{2x + 1}{\sqrt{19}} + C$

El SAC omite los signos de valor absoluto y la constante de integración.

77. $\dfrac{1}{a^n(x - a)} - \dfrac{1}{a^n x} - \dfrac{1}{a^{n-1}x^2} - \cdots - \dfrac{1}{ax^n}$

EJERCICIOS 7.5 ■ PÁGINA 521

1. (a) $\frac{1}{2}\ln(1 + x^2) + C$ (b) $\tan^{-1}x + C$

(c) $\frac{1}{2}\ln|1 + x| - \frac{1}{2}\ln|1 - x| + C$

3. (a) $\frac{1}{2}(\ln x)^2 + C$ (b) $x\ln(2x) - x + C$

(c) $\frac{1}{2}x^2 \ln x - \frac{1}{4}x^2 + C$

5. (a) $\frac{1}{2}\ln|x - 3| - \frac{1}{2}\ln|x - 1| + C$ (b) $-\dfrac{1}{x - 2} + C$

(c) $\tan^{-1}(x - 2) + C$

7. (a) $\frac{1}{3}e^{x^3} + C$ (b) $e^x(x^2 - 2x + 2) + C$

(c) $\frac{1}{2}e^{x^2}(x^2 - 1) + C$

9. $-\ln(1 - \operatorname{sen} x) + C$ **11.** $\frac{32}{3}\ln 2 - \frac{28}{9}$

13. $\ln y\,[\ln(\ln y) - 1] + C$ **15.** $\frac{1}{6}\tan^{-1}\left(\frac{1}{3}x^2\right) + C$

17. $\frac{4}{5}\ln 2 + \frac{1}{5}\ln 3$ $\left(\text{o } \frac{1}{5}\ln 48\right)$ **19.** $\frac{1}{2}\sec^{-1}x + \dfrac{\sqrt{x^2 - 1}}{2x^2} + C$

21. $-\frac{1}{4}\cos^4 x + C$ **23.** $x\sec x - \ln|\sec x + \tan x| + C$

25. $\frac{1}{4}\pi^2$ **27.** $e^{e^x} + C$ **29.** $(x + 1)\arctan\sqrt{x} - \sqrt{x} + C$

31. $\frac{4097}{45}$ **33.** $4 - \ln 4$ **35.** $x - \ln(1 + e^x) + C$

37. $x\ln(x + \sqrt{x^2 - 1}) - \sqrt{x^2 - 1} + C$

39. $\operatorname{sen}^{-1}x - \sqrt{1 - x^2} + C$

41. $2\operatorname{sen}^{-1}\left(\dfrac{x + 1}{2}\right) + \dfrac{x + 1}{2}\sqrt{3 - 2x - x^2} + C$

43. 0 **45.** $\frac{1}{4}$ **47.** $\ln|\sec\theta - 1| - \ln|\sec\theta| + C$

49. $\theta\tan\theta - \frac{1}{2}\theta^2 - \ln|\sec\theta| + C$ **51.** $\frac{2}{3}\tan^{-1}(x^{3/2}) + C$

53. $\frac{2}{3}x^{3/2} - x + 2\sqrt{x} - 2\ln(1 + \sqrt{x}) + C$

55. $\ln|x - 1| - 3(x - 1)^{-1} - \frac{3}{2}(x - 1)^{-2} - \frac{1}{3}(x - 1)^{-3} + C$

57. $\ln\left|\dfrac{\sqrt{4x + 1} - 1}{\sqrt{4x + 1} + 1}\right| + C$

59. $-\ln\left|\dfrac{\sqrt{4x^2 + 1} + 1}{2x}\right| + C$

61. $\dfrac{1}{m}x^2 \cosh mx - \dfrac{2}{m^2}x\operatorname{senh} mx + \dfrac{2}{m^3}\cosh mx + C$

63. $2\ln\sqrt{x} - 2\ln(1 + \sqrt{x}) + C$

65. $\frac{3}{7}(x + c)^{7/3} - \frac{3}{4}c(x + c)^{4/3} + C$

67. $\dfrac{1}{32}\ln\left|\dfrac{x - 2}{x + 2}\right| - \dfrac{1}{16}\tan^{-1}\left(\dfrac{x}{2}\right) + C$

69. $\csc\theta - \cot\theta + C$ o $\tan(\theta/2) + C$

71. $2\left(x - 2\sqrt{x} + 2\right)e^{\sqrt{x}} + C$

73. $-\tan^{-1}(\cos^2 x) + C$ **75.** $\frac{2}{3}[(x + 1)^{3/2} - x^{3/2}] + C$

77. $\sqrt{2} - 2/\sqrt{3} + \ln(2 + \sqrt{3}) - \ln(1 + \sqrt{2})$

79. $e^x - \ln(1 + e^x) + C$

81. $-\sqrt{1 - x^2} + \frac{1}{2}(\arcsin x)^2 + C$ **83.** $\ln|\ln x - 1| + C$

85. $2(x - 2)\sqrt{1 + e^x} + 2\ln\dfrac{\sqrt{1 + e^x} + 1}{\sqrt{1 + e^x} - 1} + C$

87. $\frac{1}{3}x\operatorname{sen}^3 x + \frac{1}{3}\cos x - \frac{1}{9}\cos^3 x + C$

89. $2\sqrt{1 + \operatorname{sen} x} + C$ **91.** $2\sqrt{2}$

93. $(3 - \sqrt{3})/2$ o $1 - \sqrt{1 - (\sqrt{3}/2)}$ **95.** $xe^{x^2} + C$

EJERCICIOS 7.6 ■ PÁGINA 527

1. $-\frac{5}{21}$ **3.** $\frac{1}{2}x^2 \operatorname{sen}^{-1}(x^2) + \frac{1}{2}\sqrt{1 - x^4} + C$

5. $\frac{1}{4}y^2\sqrt{4 + y^4} - \ln(y^2 + \sqrt{4 + y^4}) + C$

7. $\dfrac{\pi}{8}\arctan\dfrac{\pi}{4} - \frac{1}{4}\ln\left(1 + \frac{1}{16}\pi^2\right)$ **9.** $\frac{1}{6}\ln\left|\dfrac{\operatorname{sen} x - 3}{\operatorname{sen} x + 3}\right| + C$

11. $-\dfrac{\sqrt{9x^2 + 4}}{x} + 3\ln(3x + \sqrt{9x^2 + 4}) + C$

13. $5\pi/16$ **15.** $2\sqrt{x}\arctan\sqrt{x} - \ln(1 + x) + C$

17. $-\ln|\operatorname{senh}(1/y)| + C$

19. $\dfrac{2y - 1}{8}\sqrt{6 + 4y - 4y^2} + \dfrac{7}{8}\operatorname{sen}^{-1}\left(\dfrac{2y - 1}{\sqrt{7}}\right)$
$\qquad - \frac{1}{12}(6 + 4y - 4y^2)^{3/2} + C$

21. $\frac{1}{9}\operatorname{sen}^3 x\,[3\ln(\operatorname{sen} x) - 1] + C$

23. $-\ln\left(\cos^2\theta + \sqrt{\cos^4\theta + 4}\,\right) + C$

25. $\frac{1}{8}e^{2x}(4x^3 - 6x^2 + 6x - 3) + C$

27. $\frac{1}{15}\,\text{sen}\,y\left(3\cos^4 y + 4\cos^2 y + 8\right) + C$

29. $-\frac{1}{2}x^{-2}\cos^{-1}(x^{-2}) + \frac{1}{2}\sqrt{1 - x^{-4}} + C$

31. $\sqrt{e^{2x} - 1} - \cos^{-1}(e^{-x}) + C$

33. $\frac{1}{5}\ln\left|x^5 + \sqrt{x^{10} - 2}\,\right| + C$ **35.** $\frac{3}{8}\pi^2$

39. $\frac{1}{3}\tan x \sec^2 x + \frac{2}{3}\tan x + C$

41. $\frac{1}{4}x(x^2 + 2)\sqrt{x^2 + 4} - 2\ln\left(\sqrt{x^2 + 4} + x\right) + C$

43. $\frac{1}{4}\cos^3 x\,\text{sen}\,x + \frac{3}{8}x + \frac{3}{8}\,\text{sen}\,x\cos x + C$

45. $-\ln|\cos x| - \frac{1}{2}\tan^2 x + \frac{1}{4}\tan^4 x + C$

47. (a) $-\ln\left|\dfrac{1 + \sqrt{1 - x^2}}{x}\right| + C$;

ambos tienen el dominio $(-1, 0) \cup (0, 1)$

EJERCICIOS 7.7 ■ PÁGINA 539

1. (a) $L_2 = 6, R_2 = 12, M_2 \approx 9.6$
(b) L_2 es un subestimado, R_2 y M_2 son sobreestimados.
(c) $T_2 = 9 < I$ (d) $L_n < T_n < I < M_n < R_n$

3. (a) $T_4 \approx 0.895759$ (subestimado)
(b) $M_4 \approx 0.908907$ (sobreestimado);
$T_4 < I < M_4$

5. (a) $M_6 \approx 3.177769$, $E_M \approx -0.036176$
(b) $S_6 \approx 3.142949$, $E_S \approx -0.001356$

7. (a) 1.116993   (b) 1.108667   (c) 1.111363

9. (a) 1.777722   (b) 0.784958   (c) 0.780895

11. (a) 10.185560   (b) 10.208618   (c) 10.201790

13. (a) -2.364034 (b) -2.310690 (c) -2.346520

15. (a) 0.243747   (b) 0.243748   (c) 0.243751

17. (a) 8.814278   (b) 8.799212   (c) 8.804229

19. (a) $T_8 \approx 0.902333, M_8 \approx 0.905620$
(b) $|E_T| \le 0.0078, |E_M| \le 0.0039$
(c) $n = 71$ para $T_n, n = 50$ para M_n

21. (a) $T_{10} \approx 1.983524, E_T \approx 0.016476$;
$M_{10} \approx 2.008248, E_M \approx -0.008248$;
$S_{10} \approx 2.000110, E_S \approx -0.000110$
(b) $|E_T| \le 0.025839, |E_M| \le 0.012919, |E_S| \le 0.000170$
(c) $n = 509$ para $T_n, n = 360$ para $M_n, n = 22$ para S_n

23. (a) 2.8   (b) 7.954926518   (c) 0.2894
(d) 7.954926521   (e) El error real es mucho menor.
(f) 10.9   (g) 7.953789422   (h) 0.0593
(i) El error real es mucho menor.   (j) $n \ge 50$

25.

n	L_n	R_n	T_n	M_n
5	0.742943	1.286599	1.014771	0.992621
10	0.867782	1.139610	1.003696	0.998152
20	0.932967	1.068881	1.000924	0.999538

n	E_L	E_R	E_T	E_M
5	0.257057	-0.286599	-0.014771	0.007379
10	0.132218	-0.139610	-0.003696	0.001848
20	0.067033	-0.068881	-0.000924	0.000462

Las observaciones son las mismas que las que se presentan después del ejemplo 1.

27.

n	T_n	M_n	S_n
6	6.695473	6.252572	6.403292
12	6.474023	6.363008	6.400206

n	E_T	E_M	E_S
6	-0.295473	0.147428	-0.003292
12	-0.074023	0.036992	-0.000206

Las observaciones son las mismas que las que se presentan después del ejemplo 1.

29. (a) 19   (b) 18.6   (c) $18.\overline{6}$

31. (a) 14.4   (b) 0.5

33. 21.6 °C   **35.** 18.8 m/s

37. 10177 megawatts-horas

39. (a) 190   (b) 828

41. 28   **43.** 59.4

45.

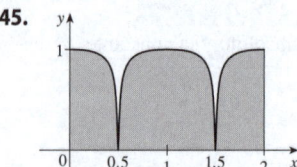

EJERCICIOS 7.8 ■ PÁGINA 549

Abreviaturas: C, convergente; D, divergente.

1. (a), (c) Discontinuidad infinita   (b), (d) Intervalo infinito

3. $\frac{1}{2} - 1/(2t^2)$; 0.495, 0.49995, 0.4999995; 0.5

5. 1   **7.** $\frac{1}{2}$ **9.** D   **11.** 2   **13.** $-\frac{1}{4}$ **15.** $\frac{11}{6}$

17. $\frac{1}{2}$ **19.** 0   **21.** D   **23.** D   **25.** $\ln 2$

27. $-\frac{1}{4}$ **29.** D   **31.** $-\pi/8$ **33.** 2

35. D   **37.** $\frac{32}{3}$ **39.** D   **41.** $\frac{9}{2}$ **43.** D   **45.** $-\frac{1}{4}$

47. $-2/e$

49. $1/e$ **51.** $\frac{1}{2}\ln 2$

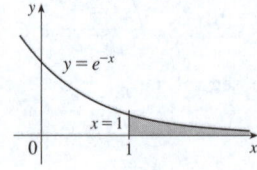

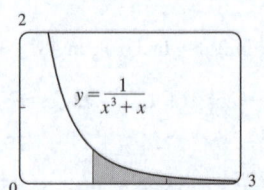

53. Área infinita

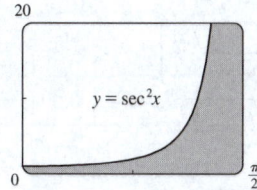

55. (a)

t	$\int_1^t [(\text{sen}^2 x)/x^2]\, dx$
2	0.447453
5	0.577101
10	0.621306
100	0.668479
1 000	0.672957
10 000	0.673407

Parece que la integral es convergente.

(c)

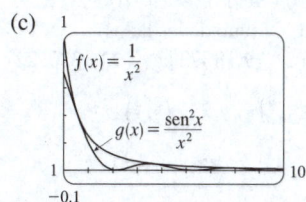

57. C   **59.** D   **61.** D   **63.** D   **65.** D   **67.** π

69. $p < 1,\ 1/(1-p)$ **71.** $p > -1,\ -1/(p+1)^2$

75. π **77.** $\sqrt{2GM/R}$

79. (a)

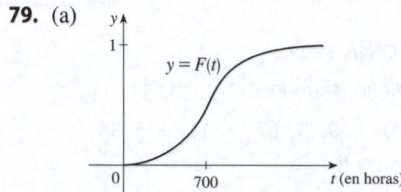

(b) La razón a la que la fracción $F(t)$ se incrementa a medida que t aumenta

(c) 1; todos los focos se queman con el tiempo

81. $\gamma = \dfrac{cN}{\lambda(k+\lambda)}$ **83.** 1000

85. (a) $F(s) = 1/s,\ s > 0$ (b) $F(s) = 1/(s-1),\ s > 1$
(c) $F(s) = 1/s^2,\ s > 0$

91. $C = 1;\ \ln 2$ **93.** No

CAPÍTULO 7 REPASO ■ PÁGINA 553

Preguntas de verdadero o falso

1. Verdadero   **3.** Falso   **5.** Falso   **7.** Falso

9. Falso   **11.** Verdadero   **13.** (a) Verdadero   (b) Falso

15. Falso   **17.** Falso

Ejercicios

1. $\frac{7}{2} + \ln 2$ **3.** $e^{\text{sen}\, x} + C$ **5.** $\ln|2t+1| - \ln|t+1| + C$

7. $\frac{2}{15}$ **9.** $-\cos(\ln t) + C$

11. $\frac{1}{4}x^2[2(\ln x)^2 - 2\ln x + 1] + C$ **13.** $\sqrt{3} - \frac{1}{3}\pi$

15. $3e^{\sqrt[3]{x}}(x^{2/3} - 2x^{1/3} + 2) + C$

17. $\frac{1}{6}[2x^3 \tan^{-1}x - x^2 + \ln(1+x^2)] + C$

19. $-\frac{1}{2}\ln|x| + \frac{3}{2}\ln|x+2| + C$

21. $x\,\text{senh}\,x - \cosh x + C$

23. $\ln|x - 2 + \sqrt{x^2 - 4x}| + C$

25. $\frac{1}{18}\ln(9x^2 + 6x + 5) + \frac{1}{9}\tan^{-1}[\frac{1}{2}(3x+1)] + C$

27. $\sqrt{2} + \ln(\sqrt{2}+1)$ **29.** $\ln\left|\dfrac{\sqrt{x^2+1}-1}{x}\right| + C$

31. $-\cos(\sqrt{1+x^2}) + C$

33. $\frac{3}{2}\ln(x^2+1) - 3\tan^{-1}x + \sqrt{2}\,\tan^{-1}(x/\sqrt{2}) + C$

35. $\frac{2}{5}$ **37.** 0   **39.** $6 - \frac{3}{2}\pi$

41. $\dfrac{x}{\sqrt{4-x^2}} - \text{sen}^{-1}\left(\dfrac{x}{2}\right) + C$

43. $4\sqrt{1+\sqrt{x}} + C$ **45.** $\frac{1}{2}\,\text{sen}\,2x - \frac{1}{8}\cos 4x + C$

47. $\frac{1}{8}e - \frac{1}{4}$ **49.** $\tan^{-1}(\frac{1}{2}\sqrt{e^x - 4}) + C$ **51.** $\frac{1}{36}$

53. D   **55.** $4\ln 4 - 8$ **57.** $-\frac{4}{3}$ **59.** $\pi/4$

61. $(x+1)\ln(x^2 + 2x + 2) + 2\arctan(x+1) - 2x + C$

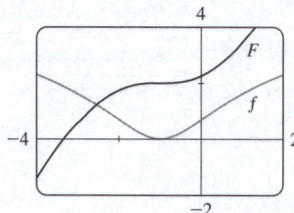

63. 0

65. $\frac{1}{4}(2x-1)\sqrt{4x^2 - 4x - 3}$
$\qquad\qquad - \ln|2x - 1 + \sqrt{4x^2 - 4x - 3}| + C$

67. $\frac{1}{2}\,\text{sen}\,x\sqrt{4 + \text{sen}^2 x} + 2\ln(\text{sen}\,x + \sqrt{4 + \text{sen}^2 x}) + C$

71. No

73. (a) 1.925444   (b) 1.920915   (c) 1.922470

75. (a) $0.01348,\ n \geqslant 368$ (b) $0.00674,\ n \geqslant 260$

77. 13.7 km

79. (a) 3.8   (b) 1.786721, 0.000646   (c) $n \geqslant 30$

81. (a) D   (b) C

83. 2   **85.** $\frac{3}{16}\pi^2$

PROBLEMAS ADICIONALES ■ PÁGINA 557

1. Alrededor de 4.7 centímetros del centro   **3.** 0

9. $f(\pi) = -\pi/2$ **13.** $(b^b a^{-a})^{1/(b-a)} e^{-1}$ **15.** $\frac{1}{8}\pi - \frac{1}{12}$

17. $2 - \text{sen}^{-1}(2/\sqrt{5})$

CAPÍTULO 8

EJERCICIOS 8.1 ▪ PÁGINA 565

1. $4\sqrt{5}$ **3.** $\int_0^2 \sqrt{1 + 9x^4}\, dx$ **5.** $\int_1^4 \sqrt{1 + \left(1 - \dfrac{1}{x}\right)^2}\, dx$

7. $\int_0^{\pi/2} \sqrt{1 + \cos^2 y}\, dy$ **9.** $2\sqrt{3} - \frac{2}{3}$ **11.** $\frac{5}{3}$ **13.** $\frac{59}{24}$

15. $\frac{1}{2}[\ln(1\sqrt{3}) - \ln(\sqrt{2} - 1)]$ **17.** $\ln(\sqrt{2} + 1)$

19. $\frac{32}{3}$ **21.** $\frac{3}{4} + \frac{1}{2}\ln 2$ **23.** $\ln 3 - \frac{1}{2}$

25. $\sqrt{2} + \ln(1 + \sqrt{2})$ **27.** 10.0556   **29.** 3.0609

31. 1.0054   **33.** 15.498085; 15.374568

35. (a), (b)

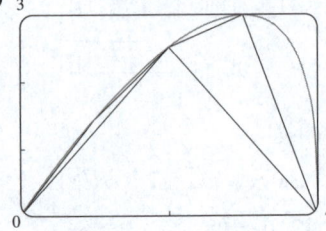

$L_1 = 4,\ L_2 \approx 6.43,\ L_4 \approx 7.50$

(c) $\int_0^4 \sqrt{1 + [4(3 - x)/(3(4 - x)^{2/3})]^2}\, dx$ (d) 7.7988

37. $\sqrt{1 + e^4} - \ln(1 + \sqrt{1 + e^4}) + 2 - \sqrt{2} + \ln(1 + \sqrt{2})$

39. 6   **41.** $s(x) = \frac{2}{27}[(1 + 9x)^{3/2} - 10\sqrt{10}]$

43. $s(x) = 2\sqrt{2}\,(\sqrt{1 + x} - 1)$ **45.** 209.1 m

47. 62.55 cm   **49.** $\approx$7.42 m sobre el suelo   **53.** 12.4

EJERCICIOS 8.2 ▪ PÁGINA 573

1. (a) $\int_1^8 2\pi \sqrt[3]{x}\sqrt{1 + \frac{1}{9}x^{-4/3}}\, dx$ (b) $\int_1^2 2\pi y \sqrt{1 + 9y^4}\, dy$

3. (a) $\int_0^{\ln 3} \pi(e^x - 1)\sqrt{1 + \frac{1}{4}e^{2x}}\, dx$

(b) $\int_0^1 2\pi y \sqrt{1 + \dfrac{4}{(2y + 1)^2}}\, dy$

5. (a) $\int_1^8 2\pi x \sqrt{1 + \dfrac{16}{x^4}}\, dx$ (b) $\int_{1/2}^4 \dfrac{8\pi}{y}\sqrt{1 + \dfrac{16}{y^4}}\, dy$

7. (a) $\int_0^{\pi/2} 2\pi x\sqrt{1 + \cos^2 x}\, dx$

(b) $\int_1^2 2\pi \operatorname{sen}^{-1}(y - 1)\sqrt{1 + \dfrac{1}{2y - y^2}}\, dy$

9. $\frac{1}{27}\pi(145\sqrt{145} - 1)$ **11.** $\frac{1}{6}\pi(17\sqrt{17} - 5\sqrt{5})$

13. $\pi\sqrt{5} + 4\pi \ln\left(\dfrac{1 + \sqrt{5}}{2}\right)$ **15.** $\frac{21}{2}\pi$ **17.** $\frac{3712}{15}\pi$

19. πa^2 **21.** $\int_{-1}^1 2\pi e^{-x^2}\sqrt{1 + 4x^2 e^{-2x^2}}\, dx$; 11.0753

23. $\int_0^1 2\pi(y + y^3)\sqrt{1 + (1 + 3y^2)^2}\, dy$; 13.5134

25. $\int_1^4 2\pi y\sqrt{1 + [2y + (1/y)]^2}\, dy$; 286.9239

27. $\frac{1}{4}\pi\left[4\ln(\sqrt{17} + 4) - 4\ln(\sqrt{2} + 1) - \sqrt{17} + 4\sqrt{2}\right]$

29. $\frac{1}{6}\pi\left[\ln(\sqrt{10} + 3) + 3\sqrt{10}\right]$ **31.** 1230507

35. (a) $\frac{1}{3}\pi a^2$ (b) $\frac{56}{45}\pi\sqrt{3}\,a^2$

37. (a) $2\pi\left[b^2 + \dfrac{a^2 b\,\operatorname{sen}^{-1}(\sqrt{a^2 - b^2}/a)}{\sqrt{a^2 - b^2}}\right]$

(b) $2\pi a^2 + \dfrac{2\pi a b^2}{\sqrt{a^2 - b^2}}\ln\dfrac{a + \sqrt{a^2 - b^2}}{b}$

39. (a) $\int_a^b 2\pi[c - f(x)]\sqrt{1 + [f'(x)]^2}\, dx$

(b) $\int_0^4 2\pi(4 - \sqrt{x})\sqrt{1 + 1/(4x)}\, dx \approx 80.6095$

41. $4\pi^2 r^2$ **45.** Ambos iguales $\pi\int_a^b (e^{x/2} + e^{-x/2})^2\, dx$.

EJERCICIOS 8.3 ▪ PÁGINA 584

1. (a) $915.5\ \text{kg/m}^2$ (b) 8340 N   (c) 2502 N

3. 31136 N   **5.** $\approx 2.36 \times 10^7$ N   **7.** 470400 N

9. 1793 kg   **11.** $\frac{2}{3}\delta a h^2$ **13.** $\approx$9450 N

15. (a) $\approx$314 N   (b) $\approx$353 N

17. (a) 4.9×10^4 N (extremo poco profundo), $\approx \ \times 10^5$ N (extremo profundo), y $\approx 4.2 \times 10^5$ N (uno de los lados).
(b) 3.9×10^6 N (fondo de la piscina).   **19.** 8372 kg   **21.** 330; 22

23. 23; -20; $(-1, 1.15)$ **25.** $\left(\frac{2}{3}, \frac{4}{3}\right)$ **27.** $\left(\frac{3}{2}, \frac{3}{5}\right)$

29. $\left(\frac{9}{20}, \frac{9}{20}\right)$ **31.** $\left(\pi - \frac{3}{2}\sqrt{3}, \frac{3}{8}\sqrt{3}\right)$ **33.** $\left(\frac{8}{5}, -\frac{1}{2}\right)$

35. $\left(\dfrac{28}{3(\pi + 2)}, \dfrac{10}{3(\pi + 2)}\right)$ **37.** $\left(-\frac{1}{5}, -\frac{12}{35}\right)$

41. $\left(0, \frac{1}{12}\right)$ **45.** $\frac{1}{3}\pi r^2 h$ **47.** $\left(\dfrac{8}{\pi}, \dfrac{8}{\pi}\right)$

49. $4\pi^2 r R$

EJERCICIOS 8.4 ▪ PÁGINA 590

1. \$21104   **3.** \$140000; \$60000   **5.** \$11332.78

7. $p = 25 - \frac{1}{30}x$; \$1500   **9.** \$6.67   **11.** \$55735

13. (a) 3800   (b) \$324900

15. $\frac{2}{3}(16\sqrt{2} - 8) \approx$ \$9.75 millones

17. \$65230.48   **19.** $\dfrac{(1 - k)(b^{2-k} - a^{2-k})}{(2 - k)(b^{1-k} - a^{1-k})}$

21. $\approx 1.19 \times 10^{-4}\ \text{cm}^3\text{/s}$ **23.** $\approx$6.59 L/min

25. 5.77 L/min

EJERCICIOS 8.5 ▪ PÁGINA 598

1. (a) La probabilidad de que un neumático elegido al azar tenga una vida útil de entre 50000 y 65000 kilómetros
(b) La probabilidad de que un neumático elegido al azar tenga una vida útil de al menos 40000 kilómetros

3. (a) $f(x) \geq 0$ para toda x y $\int_{-\infty}^{\infty} f(x)\, dx = 1$ (b) $\frac{17}{81}$

5. (a) $1/\pi$ (b) $\frac{1}{2}$

7. (a) $f(x) \geq 0$ para toda x y $\int_{-\infty}^{\infty} f(x)\, dx = 1$ (b) 5

11. (a) $\approx$0.465   (b) $\approx$0.153   (c) Aproximadamente 4.8 s

13. (a) $\frac{19}{32}$ (b) 40 min   **15.** $\approx$36%

17. (a) 0.0668   (b) $\approx$5.21%   **19.** $\approx$0.9545

21. (b) 0; a_0

(c)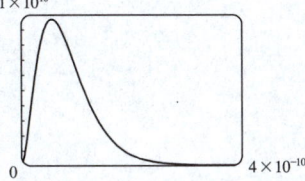

(d) $1 - 41e^{-8} \approx 0.986$ (e) $\frac{3}{2}a_0$

CAPÍTULO 8 REPASO ■ PÁGINA 600

Preguntas de verdadero o falso

1. Verdadero **3.** Falso **5.** Verdadero **7.** Verdadero

Ejercicios

1. $\frac{1}{54}(109\sqrt{109} - 1)$ **3.** $\frac{53}{6}$

5. (a) 3.5121   (b) 22.1391   (c) 29.8522

7. 3.8202   **9.** $\frac{124}{5}$ **11.** $6533\,\mathrm{N}$ **13.** $\left(\frac{4}{3}, \frac{4}{3}\right)$

15. $\left(\frac{8}{5}, 1\right)$ **17.** $2\pi^2$ **19.** \$7 166.67

21. (a) $f(x) \geq 0$ para toda x y $\int_{-\infty}^{\infty} f(x)\, dx = 1$
(b) ≈ 0.3455 (c) 5; sí

23. (a) $1 - e^{-3/8} \approx 0.313$ (b) $e^{-5/4} \approx 0.287$
(c) $8 \ln 2 \approx 5.55$ min

PROBLEMAS ADICIONALES ■ PÁGINA 602

1. $\frac{2}{3}\pi - \frac{1}{2}\sqrt{3}$

3. (a) $2\pi r(r \pm d)$ (b) $\approx 8.69 \times 10^6\,\mathrm{km}^2$
(c) $\approx 2.03 \times 10^8\,\mathrm{km}^2$

5. (a) $P(z) = P_0 + g \int_0^z \rho(x)\, dx$
(b) $(P_0 - \rho_0 gH)(\pi r^2) + \rho_0 gHe^{L/H} \int_{-r}^{r} e^{x/H} \cdot 2\sqrt{r^2 - x^2}\, dx$

7. Altura $\sqrt{2}\, b$, volumen $\left(\frac{28}{27}\sqrt{6} - 2\right)\pi b^3$ **9.** 0.14 m

11. $2/\pi$; $1/\pi$ **13.** $(0, -1)$

CAPÍTULO 9

EJERCICIOS 9.1 ■ PÁGINA 610

1. $dr/dt = k/r$ **3.** $dv/dt = k(M - v)$

5. $dy/dt = k(N - y)$ **7.** Sí   **9.** No   **11.** Sí

15. (a) $\frac{1}{2}, -1$ **17.** (d)

19. (a) Debe ser 0 o decreciente
(c) $y = 0$ (d) $y = 1/(x + 2)$

21. (a) $0 < P < 4200$ (b) $P > 4200$
(c) $P = 0, P = 4200$

25. (a) III   (b) I   (c) IV   (d) II

27. (a) Al principio; permanece positivo, pero disminuye

(c)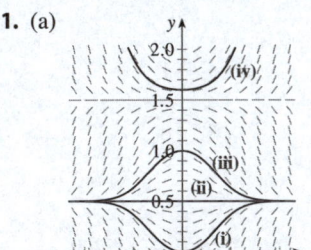

29. Se aproxima a 0 a medida que c se acerca a c_S.

EJERCICIOS 9.2 ■ PÁGINA 619

1. (a)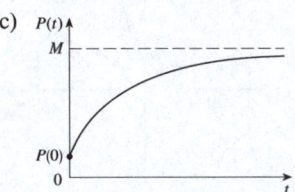

(b) $y = 0.5$; $y = 1.5$

3. III   **5.** IV

7.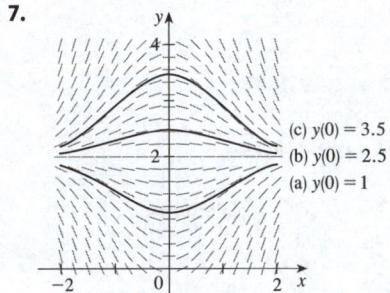

(c) $y(0) = 3.5$
(b) $y(0) = 2.5$
(a) $y(0) = 1$

9.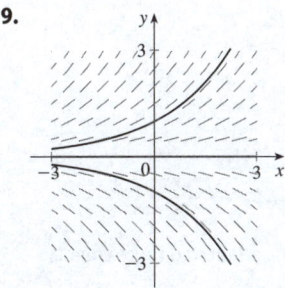

11. 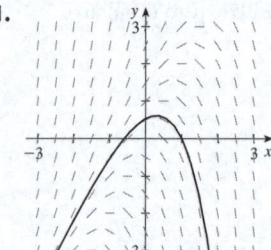 **13.**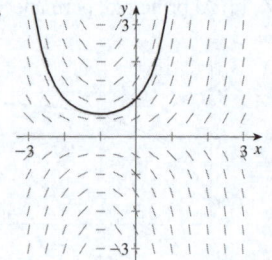

15.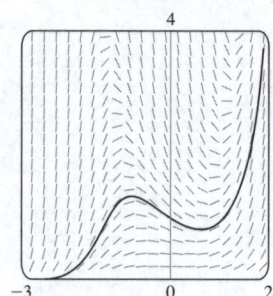

17. 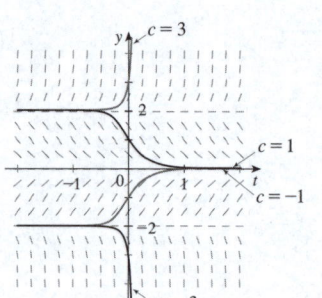 $-2 \le c \le 2; -2, 0, 2$

19. (a) (i) 1.4   (ii) 1.44   (iii) 1.4641

(b) 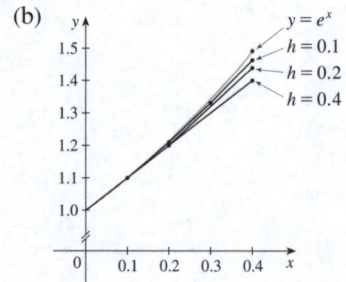   Subestimados

(c) (i) 0.0918 (ii) 0.0518 (iii) 0.0277

Parece que el error también se reduce a la mitad (aproximadamente).

21. $-1, -3, -6.5 -12.25$ **23.** 1.7616

25. (a) (i) 3   (ii) 2.3928   (iii) 2.3701   (iv) 2.3681
(c) (i) -0.6321 (ii) -0.0249 (iii) -0.0022 (iv) -0.0002

Parece que el error también se divide entre 10 (aproximadamente).

27. (a), (d)   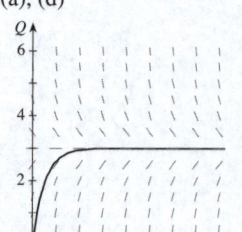   (b) 3
(c) Sí, $Q = 3$

(e) 2.77 C

EJERCICIOS 9.3 ■ PÁGINA 626

1. $y = -1/(x^3 + C), y = 0$ **3.** $y = \left(\frac{1}{4}x^2 + C\right)^2, y = 0$

5. $y = \pm\sqrt{x^2 + 2\ln|x| + C}$

7. $e^y - y = 2x + \text{sen } x + C$ **9.** $p = Ke^{(t^3/3)-t} - 1$

11. $\theta \text{ sen } \theta + \cos \theta = -\frac{1}{2}e^{-t^2} + C$

13. $y = -\ln\left(1 - \frac{1}{2}x^2\right)$ **15.** $A = b^3 e^{b \text{ sen} br}$

17. $u = -\sqrt{t^2 + \tan t + 25}$

19. $\frac{1}{2}y^2 + \frac{1}{3}(3 + y^2)^{3/2} = \frac{1}{2}x^2 \ln x - \frac{1}{4}x^2 + \frac{41}{12}$

21. $y = \sqrt{x^2 + 4}$ **23.** $y = Ke^x - x - 1$

25. (a) $\text{sen}^{-1}y = x^2 + C$

(b) $y = \text{sen}(x^2), -\sqrt{\pi/2} \le x \le \sqrt{\pi/2}$ (c) No

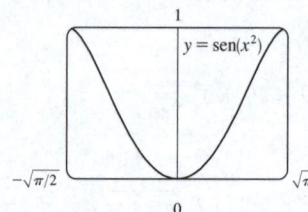

27. $\cos y = \cos x - 1$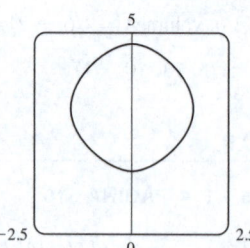

29. (a), (c)   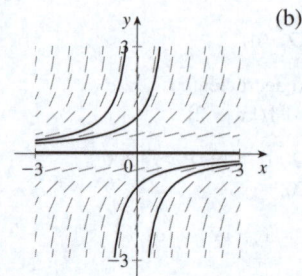   (b) $y = \dfrac{1}{K - x}$

31. $y = Cx^2$

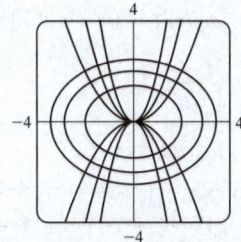

33. $x^2 - y^2 = C$

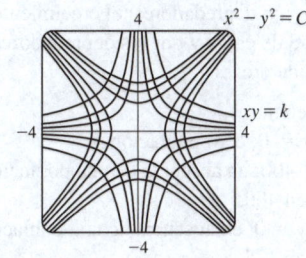

35. $y = 1 + e^{2-(x^2/2)}$ **37.** $y = \left(\frac{1}{2}x^2 + 2\right)^2$

39. $Q(t) = 3 - 3e^{-4t}$; 3   **41.** $P(t) = M - Me^{-kt}$; M

43. (a) $x = a - \dfrac{4}{\left(kt + 2/\sqrt{a}\right)^2}$

(b) $t = \dfrac{2}{k\sqrt{a-b}}\left(\tan^{-1}\sqrt{\dfrac{b}{a-b}} - \tan^{-1}\sqrt{\dfrac{b-x}{a-b}}\right)$

45. (a) $C(t) = (C_0 - r/k)e^{-kt} + r/k$ (b) r/k; la concentración se aproxima a r/k independientemente del valor de C_0.

47. (a) $15e^{-t/100}$ kg   (b) $15e^{-0.2} \approx 12.3$ kg

49. Alrededor de 4.9%   **51.** g/k

53. (a) $L_1 = KL_2^k$ (b) $B = KV^{0.0794}$

55. (a) $dA/dt = k\sqrt{A}\,(M - A)$

(b) $A(t) = M\left(\dfrac{Ce^{\sqrt{M}\,kt} - 1}{Ce^{\sqrt{M}\,kt} + 1}\right)^2$, donde $C = \dfrac{\sqrt{M} + \sqrt{A_0}}{\sqrt{M} - \sqrt{A_0}}$ y $A_0 = A(0)$

57. (b) $v_e = \sqrt{2gR}$ (c) $v_e \approx 11\,173$ m/s ≈ 11.2 km/s

EJERCICIOS 9.4 ▪ PÁGINA 638

1. (a) 1200; 0.04   (b) $P(t) = \dfrac{1200}{1 + 19e^{-0.04t}}$ (c) ≈ 87

3. (a) 100; 0.05   (b) Donde P está cerca de 0 o 100; en la recta $P = 50$; $0 < P_0 < 100$; $P_0 > 100$

(c)

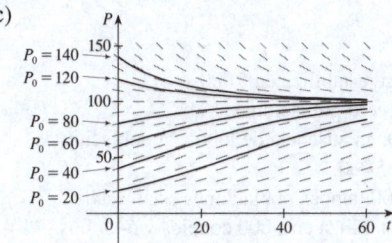

Las soluciones se aproximan a 100; algunas aumentan y otras disminuyen, algunas tienen un punto de inflexión pero otras no; las soluciones con $P_0 = 20$ y $P_0 = 40$ tienen puntos de inflexión en $P = 50$.

(d) $P = 0$, $P = 100$; otras soluciones se alejan de $P = 0$ y se acercan a $P = 100$.

5. (a) $\approx 3.23 \times 10^7$ kg   (b) ≈ 1.55 años   **7.** 9 000

9. (a) $\dfrac{dP}{dt} = \dfrac{1}{305}\,P\left(1 - \dfrac{P}{20}\right)$ (b) 6.24 mil millones

(c) 7.57 mil millones; 13.87 mil millones

11. (a) $\dfrac{dy}{dt} = ky(1 - y)$ (b) $y = \dfrac{y_0}{y_0 + (1 - y_0)e^{-kt}}$

(c) 3:36 p. m.

15. (a)

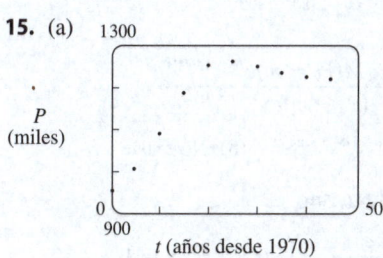

(b) $f(t) = \dfrac{345.5899}{1 + 7.9977e^{-0.2482t}}$

(c) $P(t) = 900 + \dfrac{345.5899}{1 + 7.9977e^{-0.2482t}}$

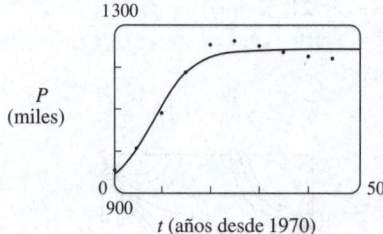

(d) La población se aproxima a 1246 millones

17. (a) $P(t) = \dfrac{m}{k} + \left(P_0 - \dfrac{m}{k}\right)e^{kt}$ (b) $m < kP_0$

(c) $m = kP_0$, $m > kP_0$ (d) Disminuye

19. (a) Los peces se capturan a un ritmo de 15 por semana.

(b) Vea el inciso (d).   (c) $P = 250$, $P = 750$

(d)

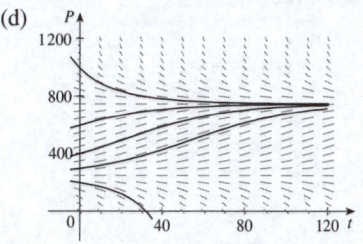

$0 < P_0 < 250$: $P \to 0$;
$P_0 = 250$: $P \to 250$;
$P_0 > 250$: $P \to 750$

(e) $P(t) = \dfrac{250 - 750ke^{t/25}}{1 - ke^{t/25}}$

donde $k = \frac{1}{11}, -\frac{1}{9}$

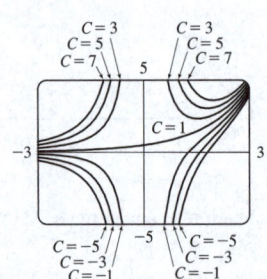

21. (b)

$0 < P_0 < 200: P \to 0;$
$P_0 = 200: P \to 200;$
$P_0 > 200: P \to 1000;$
$P = 200,$
$P = 1000$

(c) $P(t) = \dfrac{m(M - P_0) + M(P_0 - m)e^{(M-m)(k/M)t}}{M - P_0 + (P_0 - m)e^{(M-m)(k/M)t}}$

23. (a) $P(t) = P_0 e^{(k/r)[\text{sen}(rt - \phi) + \text{sen}\,\phi]}$ (b) No existe

EJERCICIOS 9.5 ■ PÁGINA 646

1. No   **3.** Sí; $\dfrac{du}{dt} - \dfrac{e^t}{\sqrt{t}}u = -\sqrt{t}$ **5.** $y = 1 + Ce^{-x}$

7. $y = x - 1 + Ce^{-x}$ **9.** $y = \frac{2}{3}\sqrt{x} + C/x$

11. $y = x^2(\ln x + C)$ **13.** $y = \frac{1}{3}t^{-3}(1 + t^2)^{3/2} + Ct^{-3}$

15. $y = e^{-\text{sen}\,x}\int xe^{\text{sen}\,x}\,dx + Ce^{-\text{sen}\,x}$ **17.** $y = x^2 + 3/x$

19. $y = \dfrac{1}{x}\ln x - \dfrac{1}{x} + \dfrac{3}{x^2}$ **21.** $u = -t^2 + t^3$

23. $y = -x \cos x - x$

25. $y = \dfrac{(x - 1)e^x + C}{x^2}$

29. $y = \pm\left(Cx^4 + \dfrac{2}{5x}\right)^{-1/2}$

31. (a) $I(t) = 4 - 4e^{-5t}$ (b) $4 - 4e^{-1/2} \approx 1.57$ A

33. $Q(t) = 3(1 - e^{-4t}), I(t) = 12e^{-4t}$

35. $P(t) = M + Ce^{-kt}$

37. $y = \frac{2}{5}(100 + 2t) - 40000(100 + 2t)^{-3/2}; 0.2275$ kg/L

39. (b) mg/c (c) $(mg/c)[t + (m/c)e^{-ct/m}] - m^2g/c^2$

41. (b) $P(t) = \dfrac{M}{1 + MCe^{-kt}}$

EJERCICIOS 9.6 ■ PÁGINA 653

1. (a) $x =$ depredadores, $y =$ presas; el crecimiento está restringido únicamente por los depredadores, que se alimentan solo de presas.
(b) $x =$ presas, $y =$ depredadores; el crecimiento está restringido por la capacidad de carga y por los depredadores, que se alimentan solo de presas.

3. (a) Competencia
(b) (i) $x = 0, y = 0$; cero poblaciones
(ii) $x = 0, y = 400$: en ausencia de una población x, la población y se estabiliza en 400.
(iii) $x = 125, y = 0$: en ausencia de una población y, la población x se estabiliza en 125.
(iv) $x = 50, y = 300$: ambas poblaciones están estables.

5. (a) La población de conejos empieza en unos 300, aumenta a 2400, luego disminuye a 300. La población de zorros empieza en 100, disminuye a unos 20, aumenta a unos 315, disminuye a 100, y el ciclo empieza de nuevo.

(b)

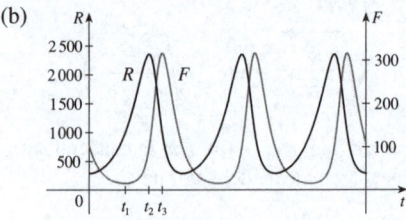

7.

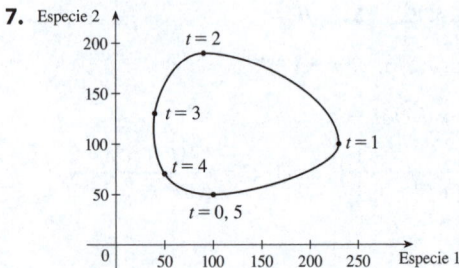

9. (b)

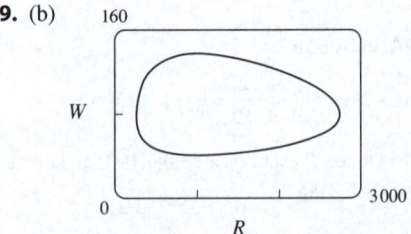

11. (a) La población se estabiliza en 5000.
(b) (i) $W = 0, R = 0$: cero poblaciones.
(ii) $W = 0, R = 5000$: en ausencia de lobos, la población de conejos siempre es de 5000.
(iii) $W = 64, R = 1000$: ambas poblaciones están estables.
(c) La población se estabiliza en 1000 conejos y 64 lobos.

(d)

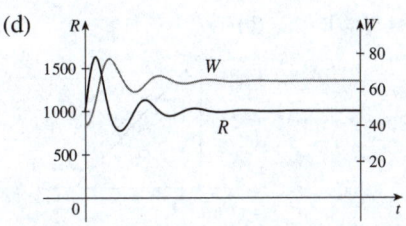

CAPÍTULO 9 REPASO ▪ PÁGINA 656

Preguntas de verdadero o falso

1. Verdadero **3.** Falso **5.** Verdadero **7.** Falso **9.** Verdadero

Ejercicios

1. (a)

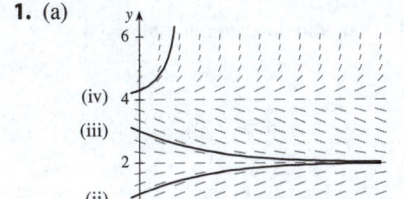

(b) $0 \leqslant c \leqslant 4$; $y = 0$, $y = 2$, $y = 4$

3. (a)

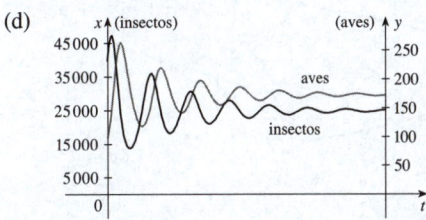

$y(0.3) \approx 0.8$

(b) 0.75676

(c) $y = x$ y $y = -x$; hay un máx loc o mín loc.

5. $y = \left(\frac{1}{2}x^2 + C\right)e^{-\operatorname{sen} x}$

7. $y = \pm\sqrt{\ln(x^2 + 2x^{3/2} + C)}$

9. $r(t) = 5e^{t - t^2}$ **11.** $y = \frac{1}{2}x(\ln x)^2 + 2x$

13. $x = C - \frac{1}{2}y^2$

15. (a) $P(t) = \dfrac{2000}{1 + 19e^{-0.1t}}$; ≈ 560

(b) $t = -10 \ln \frac{2}{57} \approx 33.5$

17. (a) $L(t) = L_\infty - [L_\infty - L(0)]e^{-kt}$
(b) $L(t) = 53 - 43e^{-0.2t}$

19. 15 días **21.** $k \ln h + h = (-R/V)t + C$

23. (a) Se estabiliza en 200 000.
(b) (i) $x = 0$, $y = 0$: cero poblaciones.
(ii) $x = 200\,000$, $y = 0$: en ausencia de aves, la población de insectos siempre es de 200 000.
(iii) $x = 25\,000$, $y = 175$: ambas poblaciones están estables.

(c) Las poblaciones se estabilizan en 25 000 insectos y 175 aves.

(d)

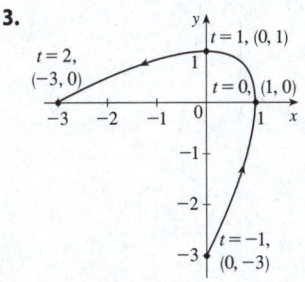

PROBLEMAS ADICIONALES ▪ PÁGINA 659

1. $f(x) = \pm 10e^x$ **5.** $y = x^{1/n}$ **7.** 20 °C

9. (b) $f(x) = \dfrac{x^2 - L^2}{4L} - \dfrac{L}{2}\ln\!\left(\dfrac{x}{L}\right)$ (c) No

11. (a) 9.5 h (b) $2700\,\pi \approx 8482$ m²; 471 m²/h (c) 5.5 h

13. $x^2 + (y - 6)^2 = 25$ **15.** $y = K/x$, $K \neq 0$

CAPÍTULO 10

EJERCICIOS 10.1 ▪ PÁGINA 668

1. $\left(2, \frac{1}{3}\right)$, $(0, 1)$, $(0, 3)$, $(2, 9)$, $(6, 27)$

3.

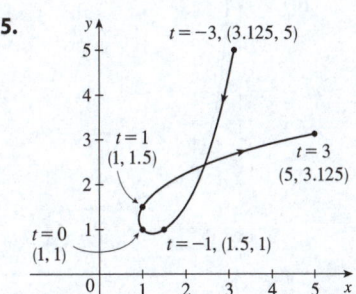

5.

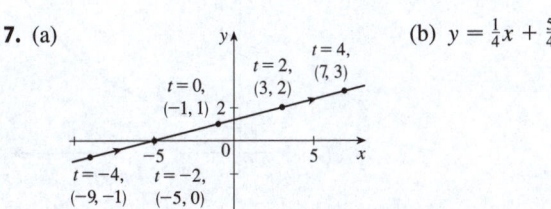

7. (a)

(b) $y = \frac{1}{4}x + \frac{5}{4}$

9. (a)

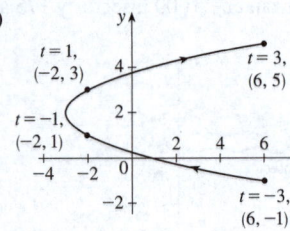

(b) $x = y^2 - 4y + 1$, $-1 \leq y \leq 5$

11. (a)

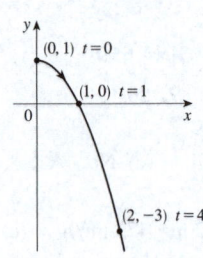

(b) $y = 1 - x^2$, $x \geq 0$

13. (a) $x^2 + y^2 = 9$, $y \geq 0$ (b)

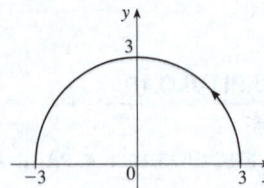

15. (a) $y = 1/x^2$, $0 < x \leq 1$ (b)

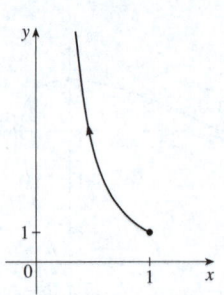

17. (a) $y = 1/x$, $x > 0$ (b)

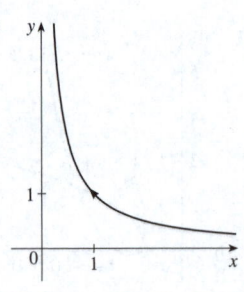

19. (a) $y = e^{x/2}$, $x \geq 0$ (b)

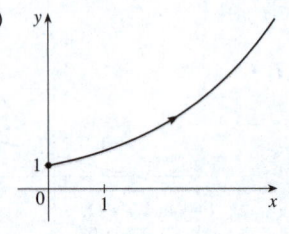

21. (a) $x + y = 1$, $0 \leq x \leq 1$ (b)

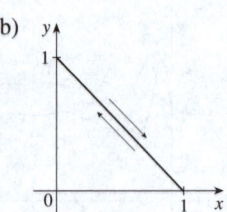

23. 2π segundos; en el sentido de las agujas del reloj

25. Se mueve en sentido contrario a las agujas del reloj a lo largo del círculo $(x - 5)^2 + (y - 3)^2 = 4$ desde $(3, 3)$ hasta $(7, 3)$

27. Se mueve 3 veces en el sentido de las agujas del reloj alrededor de la elipse $(x^2/25) + (y^2/4) = 1$, empezando y terminando en $(0, -2)$

29. Está contenida en el rectángulo descrito por $1 \leq x \leq 4$ y $2 \leq y \leq 3$

31.

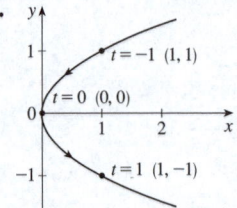

33.

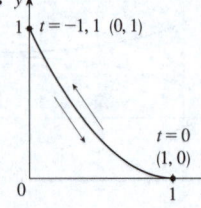

35.

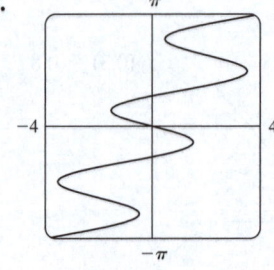

37. (b) $x = -2 + 5t$, $y = 7 - 8t$, $0 \leq t \leq 1$

39. Una opción: $x = 5 \operatorname{sen}(t/2)$, $y = 5 \cos(t/2)$, donde t es el tiempo en segundos

41. (a) $x = 2 \cos t$, $y = 1 - 2 \operatorname{sen} t$, $0 \leq t \leq 2\pi$
(b) $x = 2 \cos t$, $y = 1 + 2 \operatorname{sen} t$, $0 \leq t \leq 6\pi$
(c) $x = 2 \cos t$, $y = 1 + 2 \operatorname{sen} t$, $\pi/2 \leq t \leq 3\pi/2$

45. (b)

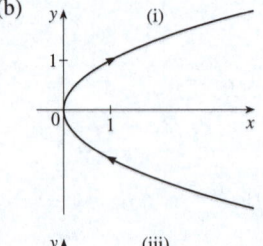

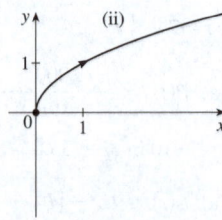

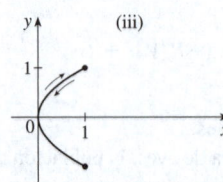

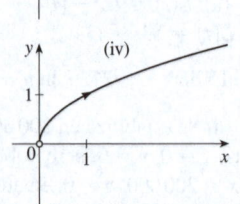

47. La curva $y = x^{2/3}$ se genera en el inciso (a). En el inciso (b), solo se genera la parte con $x \geqslant 0$, y en el inciso (c) se obtiene solo la parte con $x > 0$.

49.

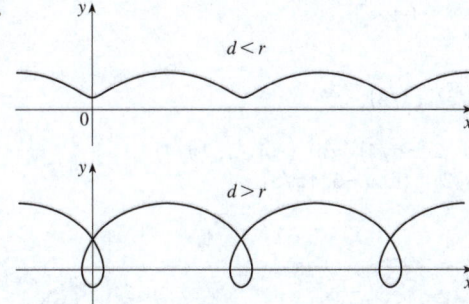

51. $x = a \cos \theta, y = b \operatorname{sen} \theta; (x^2/a^2) + (y^2/b^2) = 1$, elipse

53.

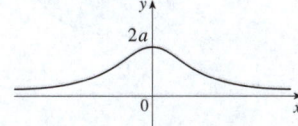

55. (a) No   (b) Sí; $(6, 11)$ cuando $t = 1$

57. (a) $(0, 0); t = 1, t = -1$

(b) $(-1, -1); t = \dfrac{1 + \sqrt{5}}{2}, t = \dfrac{1 - \sqrt{5}}{2}$

59. Para $c = 0$, hay una cúspide; para $c > 0$, hay un lazo cuyo tamaño se incrementa a medida que c aumenta.

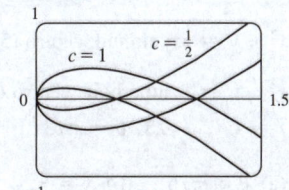

61. Las curvas siguen aproximadamente la recta $y = x$ y comienzan teniendo lazos cuando a está entre 1.4 y 1.6 (más precisamente, cuando $a > \sqrt{2}$); los lazos aumentan de tamaño a medida que a se incrementa.

63. Cuando n aumenta, el número de oscilaciones se incrementa; a y b determinan el ancho y la altura.

EJERCICIOS 10.2 ■ PÁGINA 679

1. $6t^2 + 3, 4 - 10t, \dfrac{4 - 10t}{6t^2 + 3}$

3. $e^t(t + 1), 1 + \cos t, \dfrac{1 + \cos t}{e^t(t + 1)}$ **5.** $\ln 2 - \frac{1}{4}$

7. $y = -x$ **9.** $y = \frac{1}{2}x + \frac{3}{2}$ **11.** $y = -x + \frac{5}{4}$

13. $y = 3x + 3$

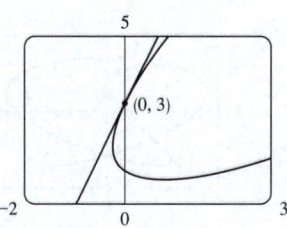

15. $\dfrac{2t + 1}{2t}, -\dfrac{1}{4t^3}, t < 0$

17. $e^{-2t}(1 - t), e^{-3t}(2t - 3), t > \frac{3}{2}$

19. $\dfrac{t + 1}{t - 1}, \dfrac{-2t}{(t - 1)^3}, 0 < t < 1$

21. Horizontal en $(0, -3)$, vertical en $(\pm 2, -2)$

23. Horizontal en $\left(\frac{1}{2}, -1\right)$ y $\left(-\frac{1}{2}, 1\right)$, no hay vertical

25. $(0.6, 2); \left(5 \cdot 6^{-6/5}, e^{6^{-1/5}}\right)$

27.

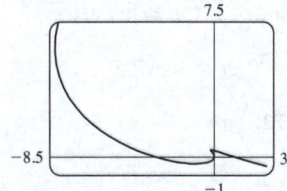

29. $y = x, y = -x$

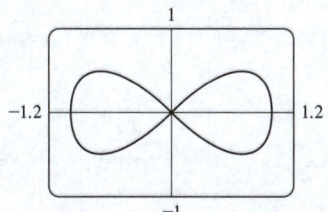

31. (a) $d \operatorname{sen} \theta/(r - d \cos \theta)$ **33.** $(4, 0)$ **35.** $\frac{24}{5}$

37. $\frac{4}{3}$ **39.** πab **41.** $2\pi r^2 + \pi d^2$

43. $\int_{-1}^{3} \sqrt{(6t - 3t^2)^2 + (2t - 2)^2}\, dt \approx 15.2092$

45. $\int_{0}^{4\pi} \sqrt{5 - 4 \cos t}\, dt \approx 26.7298$ **47.** $\frac{2}{3}\left(10\sqrt{10} - 1\right)$

49. $\frac{1}{2}\sqrt{2} + \frac{1}{2}\ln\left(1 + \sqrt{2}\right)$

51. $\sqrt{2}\,(e^\pi - 1)$

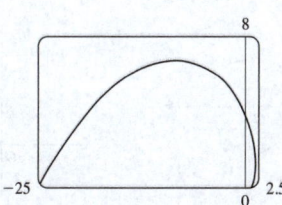

53. 16.7102

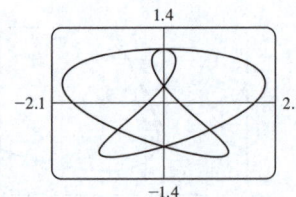

55. $6\sqrt{2}, \sqrt{2}$ **57.** $\sqrt{293} \approx 17.12$ m/s

59. $\sqrt{5}\, e \approx 6.08$ m/s   **61.** (a) v_0 m/s   (b) $v_0 \cos \alpha$ m/s

63. (a) $\qquad\qquad\qquad\qquad\qquad\qquad t \in [0, 4\pi]$

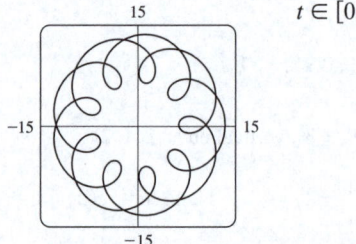

(b) 294

65. $\frac{3}{8}\pi a^2$ **67.** $\int_0^{\pi/2} 2\pi t \cos t \sqrt{t^2 + 1}\, dt \approx 4.7394$

69. $\int_0^1 2\pi e^{-t}\sqrt{1 + 2e^t + e^{2t} + e^{-2t}}\, dt \approx 10.6705$

71. $\frac{2}{1215}\pi\left(247\sqrt{13} + 64\right)$ **73.** $\frac{6}{5}\pi a^2$

75. $\frac{24}{5}\pi\left(949\sqrt{26} + 1\right)$ **81.** $\frac{1}{4}$

EJERCICIOS 10.3 ■ PÁGINA 692

1. (a)

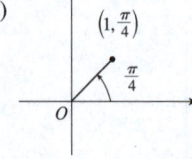

(b)

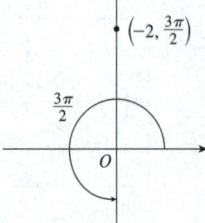

$(1, 9\pi/4), (-1, 5\pi/4)$ $(2, \pi/2), (-2, 7\pi/2)$

(c)

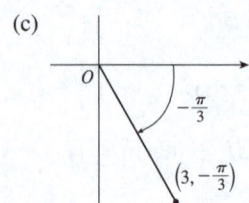

$(3, 5\pi/3), (-3, 2\pi/3)$

3. (a)

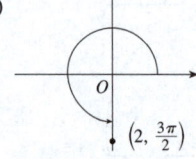

(b)

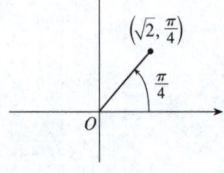

$(0, -2)$ $(1, 1)$

(c)

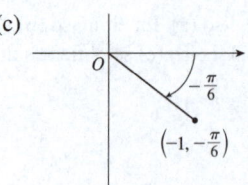

$(-\sqrt{3}/2, 1/2)$

5. (a) (i) $\left(4\sqrt{2}, 3\pi/4\right)$ (ii) $\left(-4\sqrt{2}, 7\pi/4\right)$
(b) (i) $(6, \pi/3)$ (ii) $(-6, 4\pi/3)$

7.

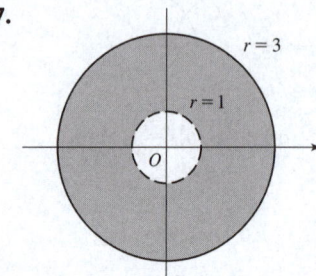

9.

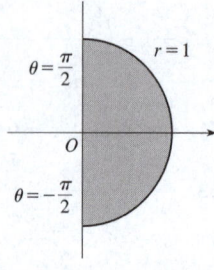

11.

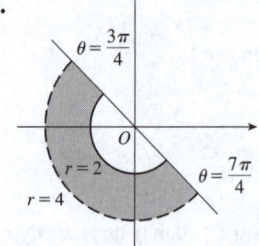

13. $2\sqrt{7}$ **15.** $x^2 + y^2 = 5$; círculo, centro O, radio $\sqrt{5}$

17. $x^2 + y^2 = 5x$; círculo, centro $(5/2, 0)$, radio $5/2$

19. $x^2 - y^2 = 1$; hipérbola, centro O, focos en el eje x

21. $r = \sqrt{7}$ **23.** $\theta = \pi/3$ **25.** $r = 4 \operatorname{sen} \theta$

27. (a) $\theta = \pi/6$ (b) $x = 3$

29.

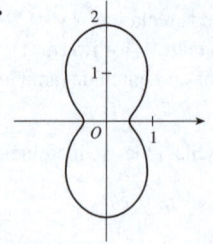

31.

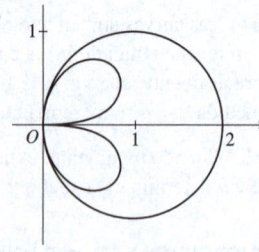

33.

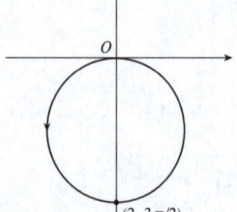

35.

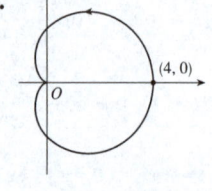

37.
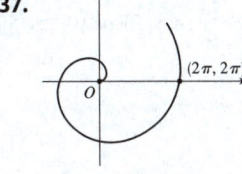
$(2\pi, 2\pi)$

39.
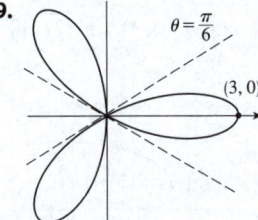
$\theta = \frac{\pi}{6}$
$(3, 0)$

41.
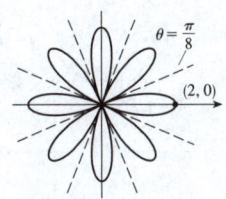
$\theta = \frac{\pi}{8}$
$(2, 0)$

43.
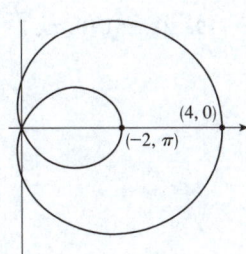
$(4, 0)$
$(-2, \pi)$

45.
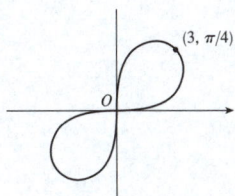
$(3, \pi/4)$

47.
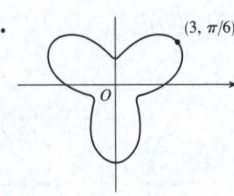
$(3, \pi/6)$

49.
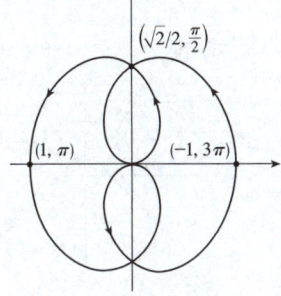
$\left(\sqrt{2}/2, \frac{\pi}{2}\right)$
$(1, \pi)$ $(-1, 3\pi)$

51.
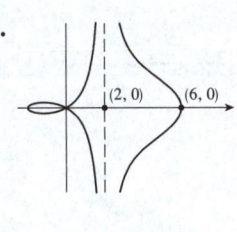
$(2, 0)$ $(6, 0)$

53.
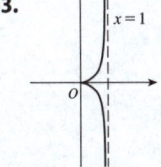
$x = 1$

55. (a) Para $c < -1$, el lazo interior empieza en $\theta = \operatorname{sen}^{-1}(-1/c)$ y termina en $\theta = \pi - \operatorname{sen}^{-1}(-1/c)$; para $c > 1$, comienza en $\theta = \pi + \operatorname{sen}^{-1}(1/c)$ y termina en $\theta = 2\pi - \operatorname{sen}^{-1}(1/c)$.

57. Centro $(b/2, a/2)$, radio $\sqrt{a^2 + b^2}/2$

59.
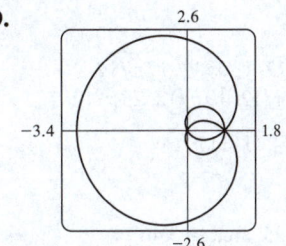
2.6
-3.4 1.8
-2.6

61.
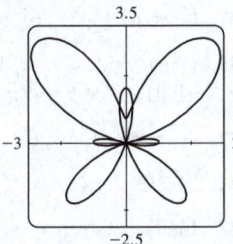
3.5
-3 3
-2.5

63.
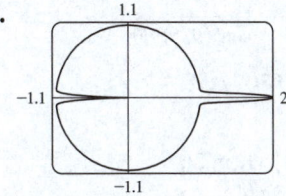
1.1
-1.1 2
-1.1

65. Por rotación en sentido contrario a las agujas del reloj a través del ángulo $\pi/6$, $\pi/3$, o α alrededor del origen.

67. Para $c = 0$, la curva es un círculo. Cuando c aumenta, el lado izquierdo se aplana y luego tiene una depresión para $0.5 < c < 1$, una cúspide para $c = 1$ y un lazo para $c > 1$.

EJERCICIOS 10.4 ■ PÁGINA 699

1. $\pi^2/8$ **3.** $\pi/2$ **5.** $\frac{1}{2}$ **7.** $\frac{41}{4}\pi$

9. 4π **11.** 11π

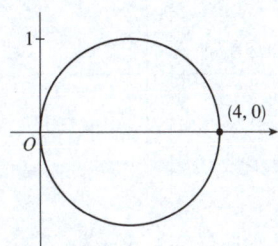
1
$(4, 0)$
O

$(1, \pi/2)$
$(3, \pi)$ $(3, 0)$
O
$(5, 3\pi/2)$

13. $\frac{9}{2}\pi$

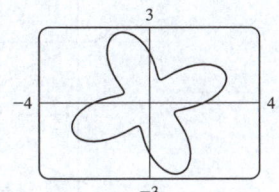
3
-4 4
-3

15. $\frac{3}{2}\pi$

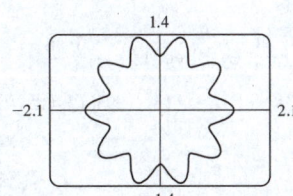
1.4
-2.1 2.1
-1.4

17. $\frac{4}{3}\pi$ **19.** $\frac{1}{16}\pi$ **21.** $\pi - \frac{3}{2}\sqrt{3}$ **23.** $\frac{4}{3}\pi + 2\sqrt{3}$

25. $4\sqrt{3} - \frac{4}{3}\pi$ **27.** π **29.** $\frac{9}{8}\pi - \frac{9}{4}$ **31.** $\frac{1}{2}\pi - 1$

33. $-\sqrt{3} + 2 + \frac{1}{3}\pi$ **35.** $\frac{1}{4}\left(\pi + 3\sqrt{3}\right)$

37. $\left(\frac{1}{2}, \pi/6\right), \left(\frac{1}{2}, 5\pi/6\right)$, y el polo

39. $(1, \theta)$ donde $\theta = \pi/12, 5\pi/12, 13\pi/12, 17\pi/12$
y $(-1, \theta)$ donde $\theta = 7\pi/12, 11\pi/12, 19\pi/12, 23\pi/12$

41. $(1, \pi/6), (1, 5\pi/6), (1, 7\pi/6), (1, 11\pi/6)$

43. $21\pi/2$ **45.** $\pi/8$

47. Intersección en $\theta \approx 0.89, 2.25$; área ≈ 3.46

49. 2π **51.** $\frac{8}{3}[(\pi^2 + 1)^{3/2} - 1]$ **53.** $6\sqrt{2} + 12$

55. $\frac{16}{3}$ **57.** $\int_\pi^{4\pi} \sqrt{\cos^2(\theta/5) + \frac{1}{25}\operatorname{sen}^2(\theta/5)}\, d\theta$

59. 2.4221   **61.** 8.0091   **63.** $1/\sqrt{3}$

65. $-\pi$ **67.** 1

69. Horizontal en $(0, 0)$ [el polo], $(1, \pi/2)$;
vertical en $(1/\sqrt{2}, \pi/4), (1/\sqrt{2}, 3\pi/4)$

71. Horizontal en $\left(\frac{3}{2}, \pi/3\right), (0, \pi)$ [el polo], y $\left(\frac{3}{2}, 5\pi/3\right)$;
vertical en $(2, 0), \left(\frac{1}{2}, 2\pi/3\right), \left(\frac{1}{2}, 4\pi/3\right)$

75. (b) $2\pi(2 - \sqrt{2})$

EJERCICIOS 10.5 ■ PÁGINA 708

1. $(0, 0), (0, 2), y = -2$ **3.** $(0, 0), \left(-\frac{5}{12}, 0\right), x = \frac{5}{12}$

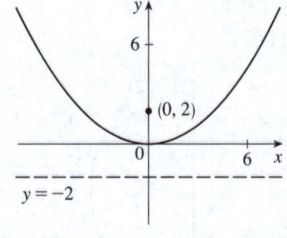
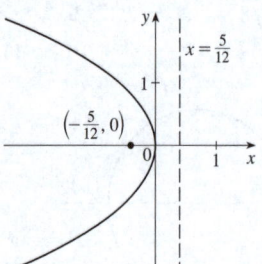

5. $(3, -1), (7, -1), x = -1$ **7.** $(4, -3), \left(\frac{7}{2}, -3\right), x = \frac{9}{2}$

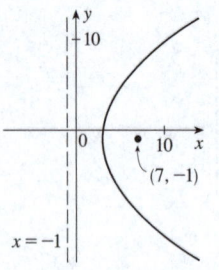
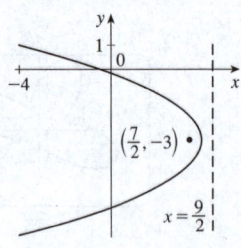

9. $x = -y^2$, foco $\left(-\frac{1}{4}, 0\right)$, directriz $x = \frac{1}{4}$

11. $(0, \pm5), (0, \pm3)$ **13.** $(\pm3, 0), \left(\pm\sqrt{6}, 0\right)$

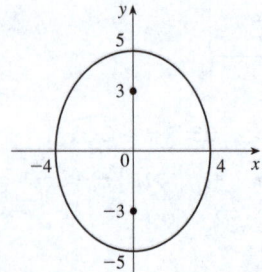
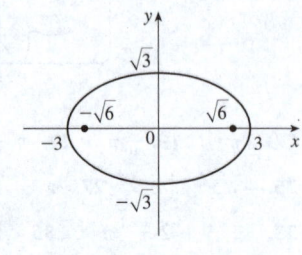

15. $(\pm5, 1), \left(\pm\sqrt{21}, 1\right)$ **17.** $\dfrac{x^2}{4} + \dfrac{y^2}{9} = 1$, focos $\left(0, \pm\sqrt{5}\right)$

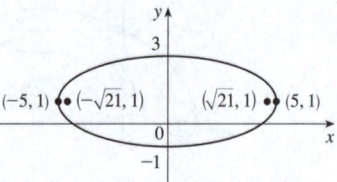

19. $(0, \pm5), \left(0, \pm\sqrt{34}\right), y = \pm\frac{5}{3}x$

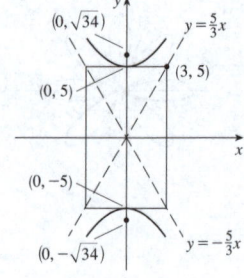

21. $(\pm10, 0), \left(\pm10\sqrt{2}, 0\right), y = \pm x$

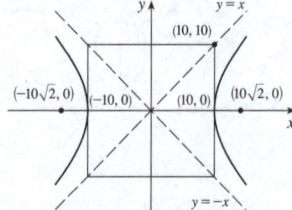

23. $(\pm1, 1), \left(\pm\sqrt{2}, 1\right), y - 1 = \pm x$

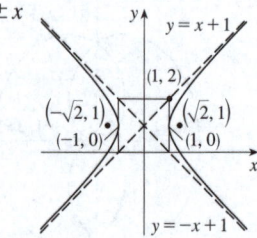

25. $\dfrac{x^2}{9} - \dfrac{y^2}{9} = 1; \left(\pm3\sqrt{2}, 0\right), y = \pm x$

27. Hipérbola, $(\pm1, 0), \left(\pm\sqrt{5}, 0\right)$

29. Elipse, $\left(\pm\sqrt{2}, 1\right), (\pm1, 1)$

31. Parábola, $(1, -2), \left(1, -\frac{11}{6}\right)$

33. $y^2 = 4x$ **35.** $y^2 = -12(x + 1)$

37. $(y + 1)^2 = -\frac{1}{2}(x - 3)$

39. $\dfrac{x^2}{25} + \dfrac{y^2}{21} = 1$ **41.** $\dfrac{x^2}{12} + \dfrac{(y - 4)^2}{16} = 1$

43. $\dfrac{(x + 1)^2}{12} + \dfrac{(y - 4)^2}{16} = 1$ **45.** $\dfrac{x^2}{9} - \dfrac{y^2}{16} = 1$

47. $\dfrac{(y - 1)^2}{25} - \dfrac{(x + 3)^2}{39} = 1$ **49.** $\dfrac{x^2}{9} - \dfrac{y^2}{36} = 1$

51. $\dfrac{x^2}{3763600} + \dfrac{y^2}{3753196} = 1$

53. (a) $\dfrac{1.30x^2}{10000} + \dfrac{5.83y^2}{100000} = 1$ (b) $\approx 399 \text{ km}$

57. (a) Elipse   (b) Hipérbola   (c) Ninguna curva

61. 15.9

63. $\dfrac{b^2c}{a} + ab \ln\!\left(\dfrac{a}{b+c}\right)$, donde $c^2 = a^2 + b^2$

65. $(0, 4/\pi)$ **69.** $\dfrac{x^2}{16} + \dfrac{y^2}{15} = 1$

EJERCICIOS 10.6 ■ PÁGINA 717

1. $r = \dfrac{2}{1 + \cos\theta}$ **3.** $r = \dfrac{8}{1 - 2\,\text{sen}\,\theta}$

5. $r = \dfrac{10}{3 - 2\cos\theta}$ **7.** $r = \dfrac{6}{1 + \text{sen}\,\theta}$

9. VI   **11.** II   **13.** IV

15. (a) $\tfrac{4}{5}$ (b) Elipse   (c) $y = -1$

(d)

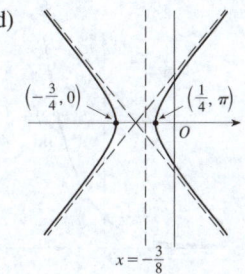

17. (a) 1   (b) Parábola   (c) $y = \tfrac{2}{3}$

(d)

19. (a) $\tfrac{1}{3}$ (b) Elipse   (c) $x = \tfrac{9}{2}$

(d)

21. (a) 2   (b) Hipérbola   (c) $x = -\tfrac{3}{8}$

(d)

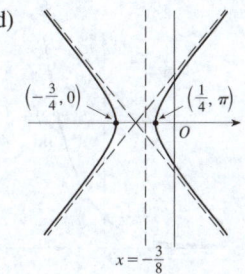

23. (a) $2,\ y = -\tfrac{1}{2}$

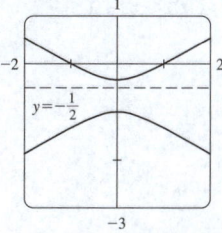

(b) $r = \dfrac{1}{1 - 2\,\text{sen}(\theta - 3\pi/4)}$

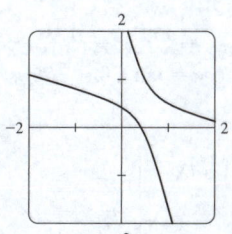

25. La elipse es casi circular cuando e está cerca de 0 y se alarga cuando $e \to 1^-$. En $e = 1$, la curva se convierte en una parábola.

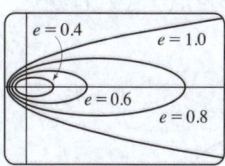

31. $r = \dfrac{2.26 \times 10^8}{1 + 0.093 \cos\theta}$ **33.** $r = \dfrac{1.07}{1 + 0.97 \cos\theta}$; 35.64 UA

35. $7.0 \times 10^7 \text{ km}$ **37.** $3.6 \times 10^8 \text{ km}$

CAPÍTULO 10 REPASO ■ PÁGINA 719

Preguntas de verdadero o falso

1. Falso   **3.** Falso   **5.** Falso   **7.** Verdadero   **9.** Verdadero

11. Verdadero

Ejercicios

1. $x = y^2 - 8y + 12, 1 \leq y \leq 6$ **3.** $y = e^{2x}$

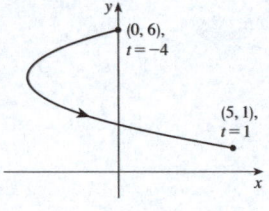

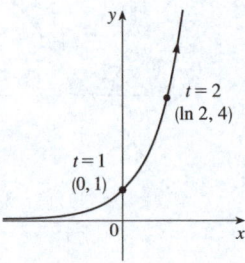

5. $y = 1/x, 0 < x \leq 1$

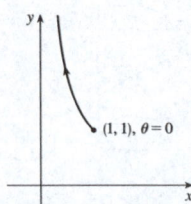

7. $x = t, y = \sqrt{t}; x = t^4, y = t^2;$
$x = \tan^2 t, y = \tan t, 0 \leq t < \pi/2$

9. (a) $\left(4, \frac{2\pi}{3}\right)$ $\left(-2, 2\sqrt{3}\right)$

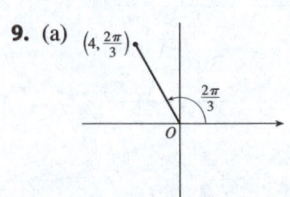

(b) $\left(3\sqrt{2}, 3\pi/4\right), \left(-3\sqrt{2}, 7\pi/4\right)$

11.

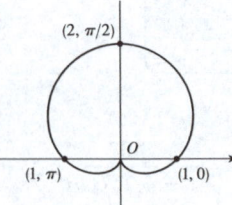

13.

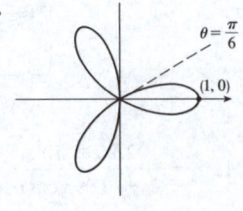

15.

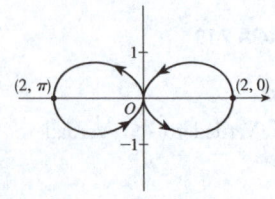

17.

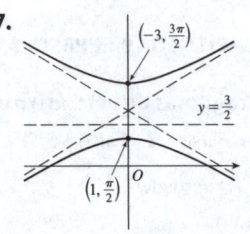

19. $r = \dfrac{2}{\cos\theta + \sin\theta}$ **21.**

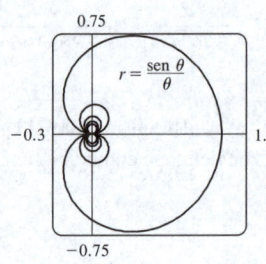

23. 2   **25.** -1 **27.** $\dfrac{1 + \sin t}{1 + \cos t}, \dfrac{1 + \cos t + \sin t}{(1 + \cos t)^3}$

29. $\left(\frac{11}{8}, \frac{3}{4}\right)$

31. Tangente vertical en
$\left(\frac{3}{2}a, \pm\frac{1}{2}\sqrt{3}\, a\right), (-3a, 0)$;
tangente horizontal en
$(a, 0), \left(-\frac{1}{2}a, \pm\frac{3}{2}\sqrt{3}\, a\right)$

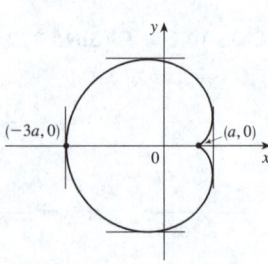

33. 18   **35.** $(2, \pm\pi/3)$ **37.** $\frac{1}{2}(\pi - 1)$

39. $2\left(5\sqrt{5} - 1\right)$

41. $\dfrac{2\sqrt{\pi^2 + 1} - \sqrt{4\pi^2 + 1}}{2\pi} + \ln\left(\dfrac{2\pi + \sqrt{4\pi^2 + 1}}{\pi + \sqrt{\pi^2 + 1}}\right)$

43. (a) $\sqrt{90} \approx 9.49$ m/s   (b) $\frac{1}{24}\left(65\sqrt{65} - 1\right) \approx 21.79$ m/s

45. $471\,295\pi/1\,024$

47. Todas las curvas tienen la asíntota vertical $x = 1$. Para $c < -1$, la curva se abulta a la derecha; en $c = -1$, la curva es la recta $x = 1$; y para $-1 < c < 0$, se abulta a la izquierda. En $c = 0$ hay una cúspide en $(0, 0)$ y para $c > 0$, hay un lazo.

49. $(\pm 1, 0), (\pm 3, 0)$ **51.** $\left(-\frac{25}{24}, 3\right), (-1, 3)$

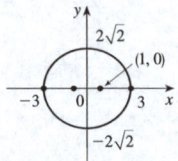

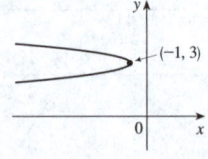

53. $\dfrac{x^2}{25} + \dfrac{y^2}{9} = 1$ **55.** $\dfrac{y^2}{72/5} - \dfrac{x^2}{8/5} = 1$

57. $\dfrac{x^2}{25} + \dfrac{(8y - 399)^2}{160\,801} = 1$ **59.** $r = \dfrac{4}{3 + \cos\theta}$

PROBLEMAS ADICIONALES ■ **PÁGINA 722**

1. $\frac{2}{3}\pi + 2 - 2\sqrt{3}$ **3.** $\left[-\frac{3}{4}\sqrt{3}, \frac{3}{4}\sqrt{3}\right] \times [-1, 2]$

CAPÍTULO 11

EJERCICIOS 11.1 ■ PÁGINA 735

Abreviaturas: C, convergente; D, divergente.

1. (a) Una sucesión es una lista ordenada de números. También puede definirse como una función cuyo dominio es el conjunto de enteros positivos.
(b) Los términos a_n se aproximan a 8 a medida que n crece.
(c) Los términos a_n crecen conforme n crece.

3. $0, 7, 26, 63, 124$ **5.** $6, 11, 20, 37, 70$ **7.** $1, -\frac{1}{4}, \frac{1}{9}, -\frac{1}{16}, \frac{1}{25}.$

9. $-1, 1, -1, 1, -1$ **11.** $-1, \frac{2}{3}, -\frac{1}{3}, \frac{2}{15}, -\frac{2}{45}$

13. $1, 3, 7, 15, 31$ **15.** $2, \frac{2}{3}, \frac{2}{5}, \frac{2}{7}, \frac{2}{9}$ **17.** $a_n = 1/(2n)$

19. $a_n = -3\left(-\frac{2}{3}\right)^{n-1}$ **21.** $a_n = (-1)^{n+1}\dfrac{n^2}{n+1}$

23. $0.4286, 0.4615, 0.4737, 0.4800, 0.4839, 0.4865, 0.4884, 0.4898, 0.4909, 0.4918$; sí; $\frac{1}{2}$

25. $0.5000, 1.2500, 0.8750, 1.0625, 0.9688, 1.0156, 0.9922, 1.0039, 0.9980, 1.0010$; sí; 1 **27.** 0 **29.** 2

31. D   **33.** 0 **35.** 1 **37.** 2 **39.** D

41. 0 **43.** 0 **45.** D   **47.** 0 **49.** 0

51. 1 **53.** e^2 **55.** $\ln 2$ **57.** $\pi/2$ **59.** D

61. D   **63.** D   **65.** $\pi/4$ **67.** D   **69.** 0

71. (a) $1060, 1123.60, 1191.02, 1262.48, 1338.23$ (b) D

73. (b) $5\,734$ **75.** $-1 < r < 1$

77. Convergente por el teorema de sucesión monótona; $5 \leqslant L < 8$

79. Decreciente; sí   **81.** No monótona; no

83. Creciente; sí

85. 2 **87.** $\frac{1}{2}\left(3 + \sqrt{5}\right)$ **89.** (b) $\frac{1}{2}\left(1 + \sqrt{5}\right)$

91. (a) 0 (b) $9, 11$

EJERCICIOS 11.2 ■ PÁGINA 747

1. (a) Una sucesión es una lista ordenada de números, mientras que una serie es la *suma* de una lista de números.
(b) Una serie es convergente si la sucesión de sumas parciales es una sucesión convergente. Una serie es divergente si no es convergente.

3. 2

5. $1, 1.125, 1.1620, 1.1777, 1.1857, 1.1903, 1.1932, 1.1952$; C

7. $0.8415, 1.7508, 1.8919, 1.1351, 0.1762, -0.1033, 0.5537, 1.5431$; D

9. $0.5, 0.55, 0.5611, 0.5648, 0.5663, 0.5671, 0.5675, 0.5677$; C

11. $-2, -1.33333, -1.55556, -1.48148, -1.50617, -1.49794, -1.50069, -1.49977, -1.50008, -1.49997$; convergente, suma $= -1.5$

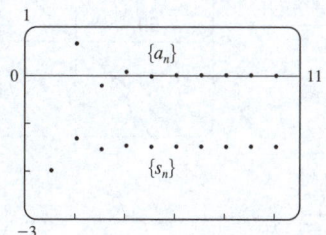

13. $0.44721, 1.15432, 1.98637, 2.88080, 3.80927, 4.75796, 5.71948, 6.68962, 7.66581, 8.64639$; divergente

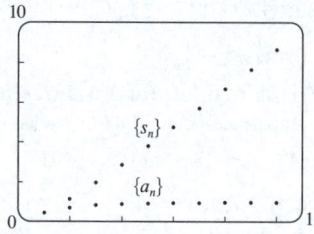

15. (a) Sí   (b) No   **17.** $-\frac{3}{2}$ **19.** $\frac{11}{6}$

21. $e - 1$ **23.** D   **25.** $\frac{25}{3}$ **27.** $\frac{400}{9}$ **29.** $\frac{1}{7}$

31. D   **33.** D   **35.** $\frac{2}{3}$ **37.** D   **39.** 9

41. D   **43.** $\dfrac{\operatorname{sen} 100}{1 - \operatorname{sen} 100} \approx -0.336$ **45.** D

47. D   **49.** $e/(e - 1)$

51. (b) 1 (c) 2 (d) Todos los números racionales con una representación decimal finita, excepto 0

53. $\frac{8}{9}$ **55.** $\frac{838}{333}$ **57.** $45\,679/37000$

59. $-\dfrac{1}{5} < x < \dfrac{1}{5}; \dfrac{-5x}{1 + 5x}$

61. $-1 < x < 5; \dfrac{3}{5 - x}$

63. $x > 2$ o $x < -2; \dfrac{x}{x - 2}$ **65.** $x < 0; \dfrac{1}{1 - e^x}$

67. 1 **69.** $a_1 = 0, a_n = \dfrac{2}{n(n + 1)}$ por $n > 1$, suma $= 1$

71. (a) 125 mg; 131.25 mg
(b) $Q_{n+1} = 100 + 0.25 Q_n$ (c) $133.\overline{3}$ mg

73. (a) 157.875 mg; $\frac{3000}{19}(1 - 0.05^n)$ (b) $\frac{3000}{19} \approx 157.895$ mg

75. (a) $S_n = \dfrac{D(1 - c^n)}{1 - c}$ (b) 5 **77.** $\frac{1}{2}\left(\sqrt{3} - 1\right)$

83. $\dfrac{1}{n(n + 1)}$ **85.** La serie es divergente.

91. $\{s_n\}$ si está acotado y es creciente.

93. (a) $0, \frac{1}{9}, \frac{2}{9}, \frac{1}{3}, \frac{2}{3}, \frac{7}{9}, \frac{8}{9}, 1$

95. (a) $\frac{1}{2}, \frac{5}{6}, \frac{23}{24}, \frac{119}{120}; \dfrac{(n + 1)! - 1}{(n + 1)!}$ (c) 1

EJERCICIOS 11.3 ■ PÁGINA 758

1. C

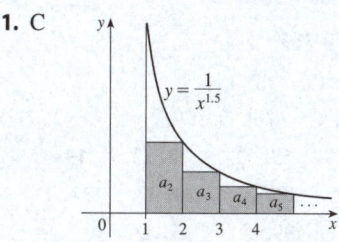

3. C   **5.** D   **7.** D   **9.** C   **11.** C   **13.** C

15. D   **17.** C   **19.** C   **21.** D   **23.** D   **25.** C

27. C   **29.** f no es positiva ni decreciente.

31. $p > 1$ **33.** $p < -1$ **35.** $(1, \infty)$

37. (a) $\frac{9}{10}\pi^4$ (b) $\frac{1}{90}\pi^4 - \frac{17}{16}$

39. (a) 1.54977, error $\leqslant 0.1$ (b) 1.64522, error $\leqslant 0.005$
(c) 1.64522 en comparación con 1.64493   (d) $n > 1000$

41. 0.00145   **47.** $b < 1/e$

EJERCICIOS 11.4 ■ PÁGINA 764

1. (a) Nada   (b) C   **5.** (c)   **7.** C   **9.** D

11. C   **13.** D   **15.** C   **17.** C   **19.** D

21. D   **23.** C   **25.** D   **27.** C   **29.** D

31. C   **33.** C   **35.** C   **37.** D   **39.** C

41. 0.1993, error $< 2.5 \times 10^{-5}$

43. 0.0739, error $< 6.4 \times 10^{-8}$

53. Sí   **55.** (a) Falso   (b) Falso   (c) Verdadero

EJERCICIOS 11.5 ■ PÁGINA 772

Abreviaturas: AC, absolutamente convergente; CC condicionalmente convergente.
1. (a) Una serie cuyos términos son alternadamente positivos y negativos   (b) $0 < b_{n+1} \leqslant b_n$ y $\lim_{n\to\infty} b_n = 0$, donde $b_n = |a_n|$ (c) $|R_n| \leqslant b_{n+1}$

3. D   **5.** C   **7.** D   **9.** C   **11.** C   **13.** D

15. C   **17.** C   **19.** C

21. (a) La serie $\Sigma\, a_n$ es absolutamente convergente si $\Sigma\,|a_n|$ converge. (b) La serie $\Sigma\, a_n$ es condicionalmente convergente si $\Sigma\, a_n$ converge, pero $\Sigma\,|a_n|$ diverge. (c) Converge absolutamente.

23. CC   **25.** CC   **27.** AC   **29.** AC   **31.** CC

33. CC   **35.** -0.5507 **37.** 5   **39.** 5

41. -0.4597 **43.** -0.1050

45. Una subestimación.   **47.** p no es un entero negativo.

49. $\{b_n\}$ no es decreciente.   **53.** (b) $\displaystyle\sum_{n=2}^{\infty} \frac{(-1)^n}{n \ln n}$; $\displaystyle\sum_{n=1}^{\infty} \frac{(-1)^{n-1}}{n}$

EJERCICIOS 11.6 ■ PÁGINA 778

1. (a) D   (b) C   (c) Puede converger o divergir

3. AC   **5.** D   **7.** AC   **9.** AC   **11.** D

13. AC   **15.** AC   **17.** AC   **19.** D   **21.** AC

23. AC   **25.** D   **27.** CC   **29.** AC   **31.** D

33. AC   **35.** D   **37.** AC   **39.** (a) y (d)

43. (a) $\frac{661}{960} \approx 0.68854$, error < 0.00521
(b) $n \geqslant 11$, 0.693109

EJERCICIOS 11.7 ■ PÁGINA 781

1. (a) C   (b) C   **3.** (a) C   (b) D

5. (a) D   (b) C   **7.** (a) C   (b) D

9. D   **11.** CC   **13.** D   **15.** D   **17.** C   **19.** C

21. C   **23.** C   **25.** C   **27.** C   **29.** D   **31.** D

33. D   **35.** C   **37.** C   **39.** C   **41.** D

43. C   **45.** D   **47.** C

EJERCICIOS 11.8 ■ PÁGINA 786

1. Una serie de la forma $\sum_{n=0}^{\infty} c_n(x - a)^n$, donde x es una variable y a y c_n son constantes

3. $1, [-1, 1)$ **5.** $1, (-1, 1)$ **7.** $5, (-5, 5)$

9. $3, [-3, 3)$ **11.** $1, [-1, 1)$ **13.** $\infty, (-\infty, \infty)$

15. $4, [-4, 4]$ **17.** $\frac{1}{4}, \left(-\frac{1}{4}, \frac{1}{4}\right]$ **19.** $2, [-2, 2)$

21. $1, [1, 3]$ **23.** $2, [-4, 0)$ **25.** $\infty, (-\infty, \infty)$

27. $1, [-1, 1)$ **29.** $b, (a - b, a + b)$ **31.** $0, \left\{\frac{1}{2}\right\}$

33. $\frac{1}{5}, \left[\frac{3}{5}, 1\right]$ **35.** $\infty, (-\infty, \infty)$ **37.** (a) Sí   (b) No

39. k^k **41.** No   **45.** 2

EJERCICIOS 11.9 ■ PÁGINA 793

1. 10   **3.** $\displaystyle\sum_{n=0}^{\infty} (-1)^n x^n, (-1, 1)$ **5.** $\displaystyle\sum_{n=0}^{\infty} x^{2n}, (-1, 1)$

7. $\displaystyle 2\sum_{n=0}^{\infty} \frac{1}{3^{n+1}} x^n, (-3, 3)$ **9.** $\displaystyle\sum_{n=0}^{\infty} \frac{(-1)^n x^{4n+2}}{2^{4n+4}}, (-2, 2)$

11. $\displaystyle -\frac{1}{2} - \sum_{n=1}^{\infty} \frac{(-1)^n 3x^n}{2^{n+1}}, (-2, 2)$

13. $\displaystyle\sum_{n=0}^{\infty} \left(-1 - \frac{1}{3^{n+1}}\right) x^n, (-1, 1)$

15. (a) $\displaystyle\sum_{n=0}^{\infty} (-1)^n (n + 1)x^n, R = 1$

(b) $\displaystyle\frac{1}{2} \sum_{n=0}^{\infty} (-1)^n (n + 2)(n + 1)x^n, R = 1$

(c) $\displaystyle\frac{1}{2} \sum_{n=2}^{\infty} (-1)^n n(n - 1)x^n, R = 1$

17. $\displaystyle\sum_{n=0}^{\infty} (-1)^n 4^n (n + 1)x^{n+1}, R = \frac{1}{4}$

19. $\displaystyle\sum_{n=0}^{\infty} (2n + 1)x^n, R = 1$ **21.** $\displaystyle \ln 5 - \sum_{n=1}^{\infty} \frac{x^n}{n5^n}, R = 5$

23. $\displaystyle\sum_{n=0}^{\infty} (-1)^n x^{2n+2}, R = 1$

25. $\displaystyle\sum_{n=0}^{\infty} \frac{2x^{2n+1}}{2n + 1}, R = 1$

27. $\displaystyle C + \sum_{n=0}^{\infty} \frac{t^{8n+2}}{8n + 2}, R = 1$

29. $C + \sum_{n=1}^{\infty} (-1)^{n-1} \dfrac{x^{n+3}}{n(n+3)}, R = 1$

31. 0.044522   **33.** 0.000395   **35.** 0.19740

39. (b) 0.920

41. (a) $(-\infty, \infty)$

(b), (c)

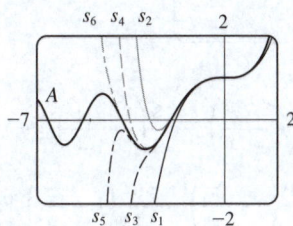

43. $(-1, 1), f(x) = (1 + 2x)/(1 - x^2)$

45. $[-1, 1], [-1, 1), (-1, 1)$ **47.** $\sum_{n=1}^{\infty} n^2 x^n, R = 1$

EJERCICIOS 11.10 ■ PÁGINA 808

1. $b_8 = f^{(8)}(5)/8!$ **3.** $\sum_{n=0}^{\infty} (n + 1)x^n, R = 1$

5. $x + x^2 + \frac{1}{2}x^3 + \frac{1}{6}x^4$

7. $2 + \frac{1}{12}(x - 8) - \frac{1}{288}(x - 8)^2 + \frac{5}{20736}(x - 8)^3$

9. $\dfrac{1}{2} + \dfrac{\sqrt{3}}{2}\left(x - \dfrac{\pi}{6}\right) - \dfrac{1}{4}\left(x - \dfrac{\pi}{6}\right)^2 - \dfrac{\sqrt{3}}{12}\left(x - \dfrac{\pi}{6}\right)^3$

11. $\sum_{n=0}^{\infty} (n + 1)x^n, R = 1$ **13.** $\sum_{n=0}^{\infty} (-1)^n \dfrac{x^{2n}}{(2n)!}, R = \infty$

15. $3 - 3x^2 + 2x^4, R = \infty$ **17.** $\sum_{n=0}^{\infty} \dfrac{(\ln 2)^n}{n!} x^n, R = \infty$

19. $\sum_{n=0}^{\infty} \dfrac{x^{2n+1}}{(2n+1)!}, R = \infty$

21. $50 + 105(x - 2) + 92(x - 2)^2 + 42(x - 2)^3 + 10(x - 2)^4$
$\qquad\qquad + (x - 2)^5, R = \infty$

23. $\ln 2 + \sum_{n=1}^{\infty} (-1)^{n+1} \dfrac{1}{n 2^n} (x - 2)^n, R = 2$

25. $\sum_{n=0}^{\infty} \dfrac{2^n e^6}{n!} (x - 3)^n, R = \infty$

27. $\sum_{n=0}^{\infty} \dfrac{(-1)^{n+1}}{(2n+1)!} (x - \pi)^{2n+1}, R = \infty$

29. $\sum_{n=0}^{\infty} (-1)^n \dfrac{2^{2n+1}}{(2n+1)!} (x - \pi)^{2n+1}, R = \infty$

35. $1 - \dfrac{1}{4}x - \sum_{n=2}^{\infty} \dfrac{3 \cdot 7 \cdot \cdots \cdot (4n - 5)}{4^n \cdot n!} x^n, R = 1$

37. $\sum_{n=0}^{\infty} (-1)^n \dfrac{(n + 1)(n + 2)}{2^{n+4}} x^n, R = 2$

39. $\sum_{n=0}^{\infty} (-1)^n \dfrac{1}{2n + 1} x^{4n+2}, R = 1$

41. $\sum_{n=0}^{\infty} (-1)^n \dfrac{2^{2n}}{(2n)!} x^{2n+1}, R = \infty$

43. $\sum_{n=0}^{\infty} (-1)^n \dfrac{1}{2^{2n}(2n)!} x^{4n+1}, R = \infty$

45. $\dfrac{1}{2}x + \sum_{n=1}^{\infty} (-1)^n \dfrac{1 \cdot 3 \cdot 5 \cdot \cdots \cdot (2n - 1)}{n! 2^{3n+1}} x^{2n+1}, R = 2$

47. $\sum_{n=1}^{\infty} (-1)^{n+1} \dfrac{2^{2n-1}}{(2n)!} x^{2n}, R = \infty$

51. $\sum_{n=0}^{\infty} (-1)^n \dfrac{1}{(2n)!} x^{4n}, R = \infty$

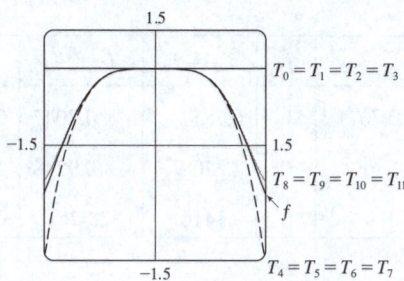

53. $\sum_{n=1}^{\infty} \dfrac{(-1)^{n-1}}{(n-1)!} x^n, R = \infty$

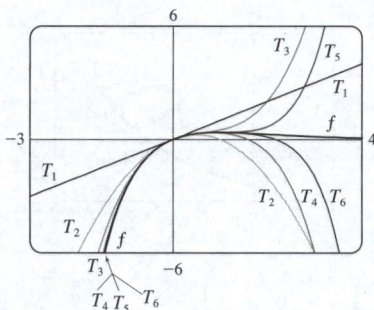

55. 0.99619

57. (a) $1 + \sum_{n=1}^{\infty} \dfrac{1 \cdot 3 \cdot 5 \cdot \cdots \cdot (2n - 1)}{2^n n!} x^{2n}$

(b) $x + \sum_{n=1}^{\infty} \dfrac{1 \cdot 3 \cdot 5 \cdot \cdots \cdot (2n - 1)}{(2n + 1)2^n n!} x^{2n+1}$

59. $C + \sum_{n=0}^{\infty} \binom{\frac{1}{2}}{n} \dfrac{x^{3n+1}}{3n + 1}, R = 1$

61. $C + \sum_{n=1}^{\infty} (-1)^n \dfrac{1}{2n(2n)!} x^{2n}, R = \infty$

63. 0.0059   **65.** 0.40102   **67.** $\frac{1}{2}$ **69.** $\frac{1}{120}$ **71.** $\frac{3}{5}$

73. $1 - \frac{3}{2}x^2 + \frac{25}{24}x^4$ **75.** $1 + \frac{1}{6}x^2 + \frac{7}{360}x^4$

77. $x - \frac{2}{3}x^4 + \frac{23}{45}x^6$ **79.** e^{-x^4} **81.** $\tan^{-1}(x/2)$

83. $1/e$ **85.** $\ln \frac{8}{5}$ **87.** $1/\sqrt{2}$ **89.** $e^3 - 1$

93. $\dfrac{203!}{101!}$

EJERCICIOS 11.11 ▪ PÁGINA 818

1. (a) $T_0(x) = 0$, $T_1(x) = T_2(x) = x$, $T_3(x) = T_4(x) = x - \frac{1}{6}x^3$,
$T_5(x) = x - \frac{1}{6}x^3 + \frac{1}{120}x^5$

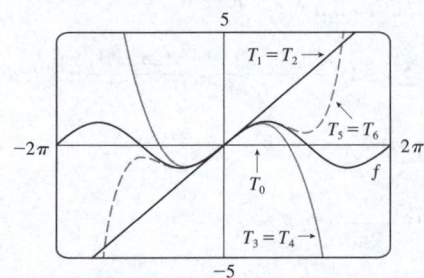

(b)

x	f	T_0	$T_1 = T_2$	$T_3 = T_4$	T_5
$\pi/4$	0.7071	0	0.7854	0.7047	0.7071
$\pi/2$	1	0	1.5708	0.9248	1.0045
π	0	0	3.1416	−2.0261	0.5240

(c) Cuando n aumenta, $T_n(x)$ es una buena aproximación de $f(x)$ en un intervalo cada vez más grande.

3. $e + e(x - 1) + \frac{1}{2}e(x - 1)^2 + \frac{1}{6}e(x - 1)^3$

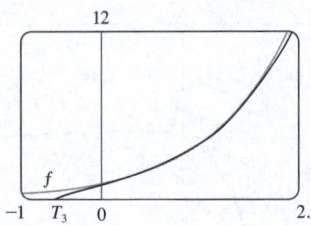

5. $-\left(x - \frac{\pi}{2}\right) + \frac{1}{6}\left(x - \frac{\pi}{2}\right)^3$

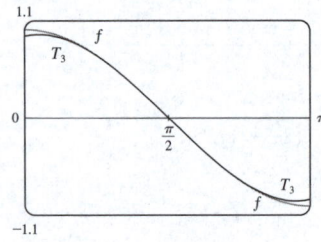

7. $(x - 1) - \frac{1}{2}(x - 1)^2 + \frac{1}{3}(x - 1)^3$

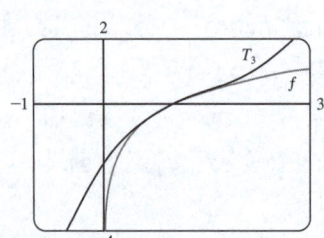

9. $x - 2x^2 + 2x^3$

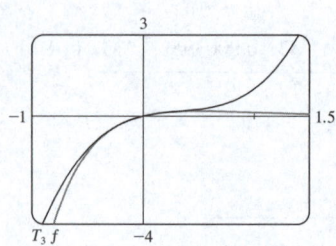

11. $T_5(x) = 1 - 2\left(x - \frac{\pi}{4}\right) + 2\left(x - \frac{\pi}{4}\right)^2 - \frac{8}{3}\left(x - \frac{\pi}{4}\right)^3$
$$+ \frac{10}{3}\left(x - \frac{\pi}{4}\right)^4 - \frac{64}{15}\left(x - \frac{\pi}{4}\right)^5$$

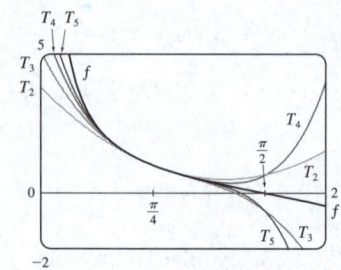

13. (a) $1 - (x - 1) + (x - 1)^2$ (b) 0.112 453

15. (a) $1 + \frac{2}{3}(x - 1) - \frac{1}{9}(x - 1)^2 + \frac{4}{81}(x - 1)^3$
(b) 0.000 097

17. (a) $1 + \frac{1}{2}x^2$ (b) 0.001 447

19. (a) $1 + x^2$ (b) 0.000 053

21. (a) $x^2 - \frac{1}{6}x^4$ (b) 0.041 667

23. 0.17365   **25.** Cuatro   **27.** $-1.037 < x < 1.037$

29. $-0.86 < x < 0.86$ **31.** 21 m, no

37. (c) Las correcciones difieren en alrededor de 8×10^{-9} km.

CAPÍTULO 11 REPASO ▪ PÁGINA 822

Preguntas de verdadero o falso

1. Falso   **3.** Verdadero   **5.** Falso   **7.** Falso   **9.** Falso
11. Verdadero   **13.** Verdadero   **15.** Falso   **17.** Verdadero
19. Verdadero   **21.** Verdadero

Ejercicios

1. $\frac{1}{2}$ **3.** D   **5.** 0   **7.** e^{12} **9.** 2   **11.** C
13. C   **15.** D   **17.** C   **19.** C   **21.** C   **23.** CC
25. AC   **27.** $\frac{1}{11}$ **29.** $\pi/4$ **31.** e^{-e} **35.** 0.9721
37. 0.189 762 24, error $< 6.4 \times 10^{-7}$
41. $4, [-6, 2)$ **43.** $0.5, [2.5, 3.5)$
45. $\frac{1}{2}\sum_{n=0}^{\infty}(-1)^n\left[\frac{1}{(2n)!}\left(x - \frac{\pi}{6}\right)^{2n} + \frac{\sqrt{3}}{(2n + 1)!}\left(x - \frac{\pi}{6}\right)^{2n+1}\right]$
47. $\sum_{n=0}^{\infty}(-1)^n x^{n+2}, R = 1$ **49.** $\ln 4 - \sum_{n=1}^{\infty}\frac{x^n}{n4^n}, R = 4$

51. $\displaystyle\sum_{n=0}^{\infty} (-1)^n \frac{x^{8n+4}}{(2n+1)!}, R = \infty$

53. $\displaystyle\frac{1}{2} + \sum_{n=1}^{\infty} \frac{1 \cdot 5 \cdot 9 \cdot \cdots \cdot (4n-3)}{n! \, 2^{6n+1}} x^n, R = 16$

55. $\displaystyle C + \ln|x| + \sum_{n=1}^{\infty} \frac{x^n}{n \cdot n!}$

57. (a) $1 + \frac{1}{2}(x-1) - \frac{1}{8}(x-1)^2 + \frac{1}{16}(x-1)^3$

(b) 1.5   (c) 0.000 006

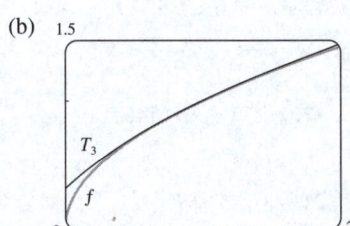

59. $-\frac{1}{6}$

PROBLEMAS ADICIONALES ■ PÁGINA 825

1. (b) 0 si $x = 0$, $(1/x) - \cot x$ si $x \neq k\pi$, k un entero

3. (a) $s_n = 3 \cdot 4^n, l_n = 1/3^n, p_n = 4^n/3^{n-1}$ (c) $\frac{2}{5}\sqrt{3}$

7. $\dfrac{3\pi}{4}$ **9.** $(-1, 1), \dfrac{x^3 + 4x^2 + x}{(1-x)^4}$ **11.** $\ln\frac{1}{2}$

15. (a) $\frac{250}{101}\pi(e^{-(n-1)\pi/5} - e^{-n\pi/5})$ (b) $\frac{250}{101}\pi$

17. $\dfrac{\pi}{2\sqrt{3}} - 1$

19. $-\left(\dfrac{\pi}{2} - \pi k\right)^2$, donde k es un entero positivo

CAPÍTULO 12

EJERCICIOS 12.1 ■ PÁGINA 835

1. $(4, 0, -3)$ **3.** $C; A$

5. Una recta paralela al eje y y 4 unidades a la derecha de este; un plano vertical paralelo al plano yz y 4 unidades frente a él.

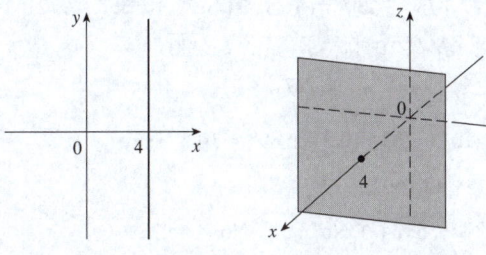

7. Un plano vertical que interseca el plano xy en la recta $y = 2 - x, z = 0$

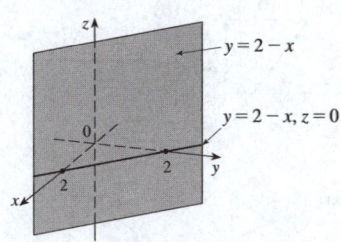

9. 6

11. $|PQ| = 6, |QR| = 2\sqrt{10}, |RP| = 6$; triángulo isósceles

13. (a) No   (b) Sí

15. $(x+3)^2 + (y-2)^2 + (z-5)^2 = 16$;
$(y-2)^2 + (z-5)^2 = 7, x = 0$ (un círculo)

17. $(x-3)^2 + (y-8)^2 + (z-1)^2 = 30$

19. $(-4, 0, 1), 5$ **21.** $\left(\frac{1}{2}, -1, 0\right), \sqrt{3}/2$

25. (a) $(x+1)^2 + (y-4)^2 + (z-5)^2 = 25$
(b) $(x+1)^2 + (y-4)^2 + (z-5)^2 = 1$
(c) $(x+1)^2 + (y-4)^2 + (z-5)^2 = 16$

27. Un plano horizontal 2 unidades por debajo del plano xy

29. Un semiespacio que consta de todos los puntos en o a la derecha del plano $y = 1$

31. Todos los puntos en o entre los planos verticales $x = -1$ y $x = 2$

33. Todos los puntos en un círculo con radio 2 y centro en el eje z que está contenido en el plano $z = -1$

35. Todos los puntos en o dentro de un cilindro circular de radio 5 que tienen como eje el eje x

37. Todos los puntos en una esfera con radio 2 y centro $(0, 0, 0)$

39. Todos los puntos en o entre esferas con radios 1 y $\sqrt{5}$ y centros $(0, 0, 0)$

41. Todos los puntos en o dentro de un cubo con bordes a lo largo de los ejes coordenados y vértices opuestos en el origen y $(3, 3, 3)$

43. $0 < x < 5$ **45.** $r^2 < x^2 + y^2 + z^2 < R^2$

47. (a) $(2, 1, 4)$ (b)

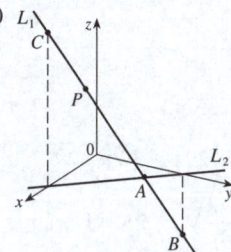

49. $14x - 6y - 10z = 9$; un plano perpendicular a AB

51. $2\sqrt{3} - 3$

EJERCICIOS 12.2 ■ PÁGINA 843

1. (a) Escalar (b) Vector (c) Vector (d) Escalar

3. $\overrightarrow{AB} = \overrightarrow{DC}, \overrightarrow{DA} = \overrightarrow{CB}, \overrightarrow{DE} = \overrightarrow{EB}, \overrightarrow{EA} = \overrightarrow{CE}$

5. (a) 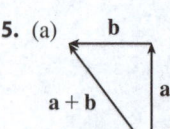 (b) 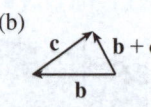 (c)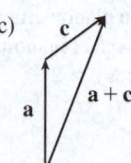

(d) 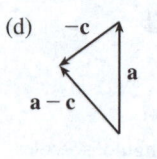 (e) 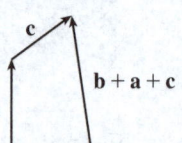 (f)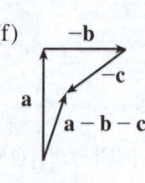

7. $\mathbf{c} = \frac{1}{2}\mathbf{a} + \frac{1}{2}\mathbf{b}, \mathbf{d} = \frac{1}{2}\mathbf{b} - \frac{1}{2}\mathbf{a}$

9. $\mathbf{a} = \langle 3, 1 \rangle$ **11.** $\mathbf{a} = \langle -1, 4 \rangle$

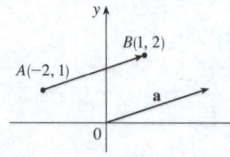

13. $\mathbf{a} = \langle -3, 5, -4 \rangle$

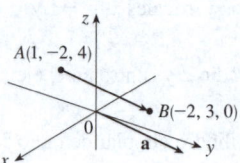

15. $\langle 5, 2 \rangle$ **17.** $\langle 3, 8, 1 \rangle$

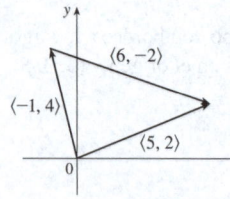 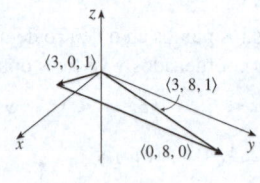

19. $\langle 6, 3 \rangle, \langle 6, 14 \rangle, 5, 13$

21. $6\mathbf{i} - 3\mathbf{j} - 2\mathbf{k}, 20\mathbf{i} - 12\mathbf{j}, \sqrt{29}, 7$

23. $\left\langle \dfrac{3}{\sqrt{10}}, -\dfrac{1}{\sqrt{10}} \right\rangle$ **25.** $\frac{8}{9}\mathbf{i} - \frac{1}{9}\mathbf{j} + \frac{4}{9}\mathbf{k}$ **27.** $60°$

29. $\langle -2\sqrt{3}, 2 \rangle$ **31.** ≈ 15.32 m/s, ≈ 12.86 m/s

33. $100\sqrt{7} \approx 264.6$ N, $\approx 139.1°$

35. $\approx -177.39\mathbf{i} + 211.41\mathbf{j}, \approx 177.39\mathbf{i} + 138.59\mathbf{j}$; ≈ 275.97 N, ≈ 225.11 N

37. ≈ 26.1 N **39.** $\approx$ N $41.6°$ W, ≈ 237.3 km/h

41. $\pm(\mathbf{i} + 4\mathbf{j})/\sqrt{17}$ **43.** $\mathbf{0}$

45. (a), (b) 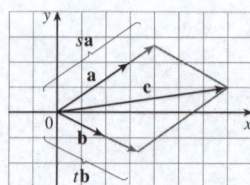 (d) $s = \frac{9}{7}, t = \frac{11}{7}$

47. Una esfera con radio 1, centrada en (x_0, y_0, z_0)

EJERCICIOS 12.3 ▪ PÁGINA 852

1. (b), (c), (d) son significativas **3.** -3.6 **5.** 19 **7.** 1

9. $14\sqrt{3}$ **11.** $\mathbf{u} \cdot \mathbf{v} = \frac{1}{2}, \mathbf{u} \cdot \mathbf{w} = -\frac{1}{2}$

15. $\cos^{-1}\left(\dfrac{17}{13\sqrt{2}}\right) \approx 22°$ **17.** $\cos^{-1}\left(-\frac{5}{6}\right) \approx 146°$

19. $\cos^{-1}\left(\dfrac{-2}{3\sqrt{70}}\right) \approx 95°$ **21.** $48°, 75°, 57°$

23. (a) Ortogonal (b) Ninguno de los dos (c) Paralelo (d) Ortogonal

25. Sí **27.** $(\mathbf{i} - \mathbf{j} - \mathbf{k})/\sqrt{3}$ $\left[o \, (-\mathbf{i} + \mathbf{j} + \mathbf{k})/\sqrt{3} \right]$

29. $\approx 36.9°$ **31.** $0°$ en $(0, 0)$, $\approx 8.1°$ en $(1, 1)$

33. $\frac{4}{9}, \frac{1}{9}, \frac{8}{9}; 63.6°, 83.6°, 27.3°$

35. $3/\sqrt{14}, -1/\sqrt{14}, -2/\sqrt{14}; 36.7°, 105.5°, 122.3°$

37. $1/\sqrt{3}, 1/\sqrt{3}, 1/\sqrt{3}; 54.7°, 54.7°, 54.7°$ **39.** $4, \left\langle -\frac{20}{13}, \frac{48}{13} \right\rangle$

41. $\frac{1}{9}, \left\langle \frac{4}{81}, \frac{7}{81}, -\frac{4}{81} \right\rangle$ **43.** $-7/\sqrt{19}, -\frac{21}{19}\mathbf{i} + \frac{21}{19}\mathbf{j} - \frac{7}{19}\mathbf{k}$

47. $\langle 0, 0, -2\sqrt{10} \rangle$ o cualquier vector de la forma, $\langle s, t, 3s - 2\sqrt{10} \rangle, s, t \in \mathbb{R}$

49. 144 J **51.** $2400 \cos(40°) \approx 1839$ J

53. $\frac{13}{5}$ **55.** $\approx 54.7°$

EJERCICIOS 12.4 ▪ PÁGINA 861

1. $15\mathbf{i} - 10\mathbf{j} - 3\mathbf{k}$ **3.** $14\mathbf{i} + 4\mathbf{j} + 2\mathbf{k}$

5. $-\frac{3}{2}\mathbf{i} + \frac{7}{4}\mathbf{j} + \frac{2}{3}\mathbf{k}$

7. $(3t^3 - 2t^2)\mathbf{i} + (t^2 - 3t^4)\mathbf{j} + (2t^4 - t^3)\mathbf{k}$

9. $\mathbf{0}$ **11.** $\mathbf{i} + \mathbf{j} + \mathbf{k}$

13. (a) Escalar (b) No es significativa (c) Vector (d) No es significativa (e) No es significativa (f) Escalar

15. 6; hacia dentro de la página **17.** $\langle -7, 10, 8 \rangle, \langle 7, -10, -8 \rangle$

19. $\left\langle -\dfrac{1}{3\sqrt{3}}, -\dfrac{1}{3\sqrt{3}}, \dfrac{5}{3\sqrt{3}} \right\rangle, \left\langle \dfrac{1}{3\sqrt{3}}, \dfrac{1}{3\sqrt{3}}, -\dfrac{5}{3\sqrt{3}} \right\rangle$

27. 20 **29.** (a) $\langle -10, 11, 3 \rangle$ (b) $\frac{1}{2}\sqrt{230}$

31. (a) $\langle 12, -1, 17 \rangle$ (b) $\frac{1}{2}\sqrt{434}$

33. 9 **35.** 16 **39.** $10.8 \text{ sen } 80° \approx 10.6$ N·m

41. ≈ 417 N **43.** $60°$

45. (b) $\sqrt{97}/3$ **53.** (a) No (b) No (c) Sí

EJERCICIOS 12.5 ■ PÁGINA 872

1. (a) Verdadero (b) Falso (c) Verdadero (d) Falso
(e) Falso (f) Verdadero (g) Falso (h) Verdadero (i) Verdadero
(j) Falso (k) Verdadero

3. $\mathbf{r} = (-\mathbf{i} + 8\,\mathbf{j} + 7\,\mathbf{k}) + t\left(\frac{1}{2}\mathbf{i} + \frac{1}{3}\mathbf{j} + \frac{1}{4}\mathbf{k}\right)$;
$x = -1 + \frac{1}{2}t,\ y = 8 + \frac{1}{3}t,\ z = 7 + \frac{1}{4}t$

5. $\mathbf{r} = (5\,\mathbf{i} + 7\,\mathbf{j} + \mathbf{k}) + t(3\,\mathbf{i} - 2\,\mathbf{j} + 2\,\mathbf{k})$;
$x = 5 + 3t,\ y = 7 - 2t,\ z = 1 + 2t$

7. $x = 8t,\ y = -t,\ z = 3t;\ x/8 = -y = z/3$

9. $x = 12 - 19t,\ y = 9,\ z = -13 + 24t$;
$(x - 12)/(-19) = (z + 13)/24,\ y = 9$

11. $x = -6 + 2t,\ y = 2 + 3t,\ z = 3 + t$;
$(x + 6)/2 = (y - 2)/3 = z - 3$

13. Sí

15. (a) $(x - 1)/(-1) = (y + 5)/2 = (z - 6)/(-3)$
(b) $(-1, -1, 0),\ \left(-\frac{3}{2}, 0, -\frac{3}{2}\right),\ (0, -3, 3)$

17. $\mathbf{r}(t) = (6\mathbf{i} - \mathbf{j} + 9\mathbf{k}) + t(\mathbf{i} + 7\mathbf{j} - 9\mathbf{k}),\ 0 \le t \le 1$

19. Sesgadas **21.** $(4, -1, -5)$ **23.** $5x + 4y + 6z = 29$

25. $-x + 2y + 3z = 3$

27. $4x - y + 5z = -4$

29. $2x - y + 3z = -0.2$ o $10x - 5y + 15z = -1$

31. $x + y + z = 2$ **33.** $5x - 3y - 8z = -9$

35. $8x + y - 2z = 31$ **37.** $x - 2y - z = -3$

39. $3x - 8y - z = -38$

41. **43.**

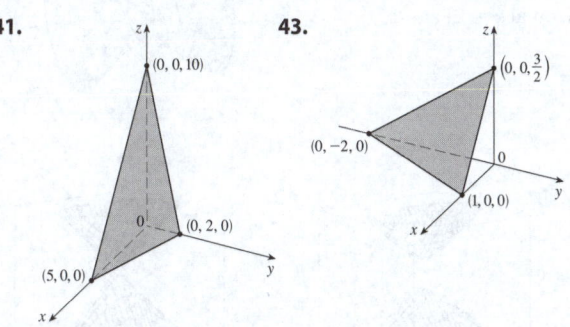

45. $(-2, 6, 3)$ **47.** $\left(\frac{2}{5}, 4, 0\right)$ **49.** $1, 0, -1$

51. Perpendicular **53.** Ninguno de los dos, $\cos^{-1}\left(-\dfrac{1}{\sqrt{6}}\right) \approx 114.1°$

55. Paralelos

57. (a) $x = 1,\ y = -t,\ z = t$ (b) $\cos^{-1}\left(\dfrac{5}{3\sqrt{3}}\right) \approx 15.8°$

59. $x = 1,\ y - 2 = -z$ **61.** $x + 2y + z = 5$

63. $(x/a) + (y/b) + (z/c) = 1$

65. $x = 3t,\ y = 1 - t,\ z = 2 - 2t$

67. P_2 y P_3 son paralelos, P_1 y P_4 son idénticos

69. $\sqrt{61/14}$ **71.** $\frac{18}{7}$ **73.** $5/(2\sqrt{14})$

77. $1/\sqrt{6}$ **79.** $13/\sqrt{69}$

81. (a) $x = 325 + 440t,\ y = 810 - 135t,\ z = 561 + 38t$,
$0 \le t \le 1$ (b) No

EJERCICIOS 12.6 ■ PÁGINA 881

1. (a) Parábola
(b) Cilindro parabólico con generatrices paralelas al eje z
(c) Cilindro parabólico con generatrices paralelas al eje x

3. Cilindro circular de radio 2 **5.** Cilindro parabólico

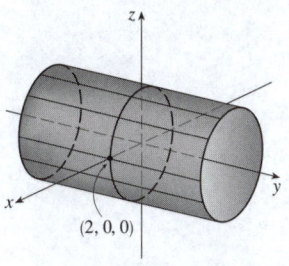 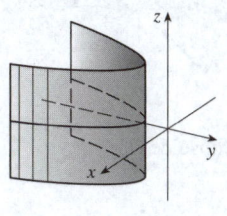

7. Cilindro hiperbólico

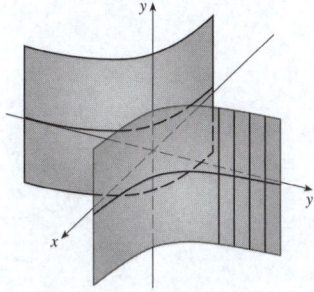

9. $z = \cos x$

11. (a) $x = k,\ y^2 - z^2 = 1 - k^2$, hipérbola $(k \ne \pm 1)$;
$y = k,\ x^2 - z^2 = 1 - k^2$, hipérbola $(k \ne \pm 1)$;
$z = k,\ x^2 + y^2 = 1 + k^2$, círculo
(b) El hiperboloide gira de tal forma que tiene como eje el eje y
(c) El hiperboloide se desplaza una unidad en la dirección negativa de y

13. Paraboloide elíptico con eje en el eje x

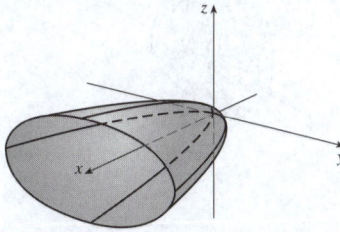

15. Cono elíptico con eje en el eje x

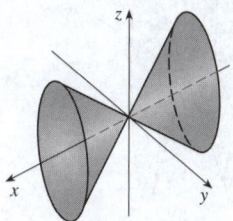

17. Hiperboloide de una hoja con eje en el eje x

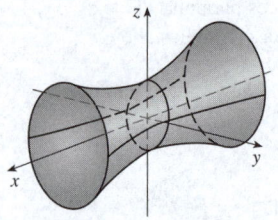

19. Elipsoide

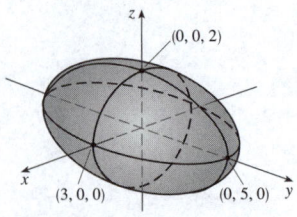

21. Paraboloide hiperbólico

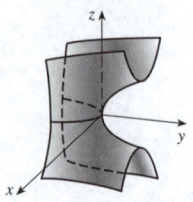

23. VII   **25.** II   **27.** VI   **29.** VIII

31. Paraboloide circular

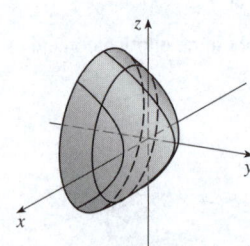

33. $y^2 = x^2 + \dfrac{z^2}{9}$

Cono elíptico con eje en el eje y

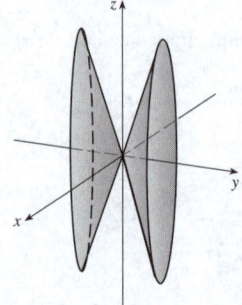

35. $y = z^2 - \dfrac{x^2}{2}$

Paraboloide hiperbólico

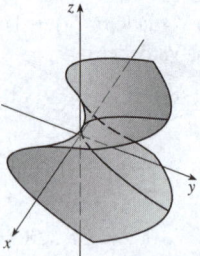

37. $z = (x - 1)^2 + (y - 3)^2$

Paraboloide circular con
vértice $(1, 3, 0)$ y eje en la
recta vertical $x = 1$, $y = 3$

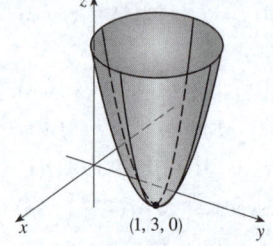

39. $\dfrac{(x - 2)^2}{5} - \dfrac{y^2}{5} + \dfrac{(z - 1)^2}{5} = 1$

Hiperboloide de una hoja con
centro $(2, 0, 1)$ y eje en la recta
horizontal $x = 2$, $z = 1$

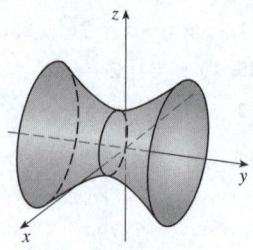

41.   **43.**

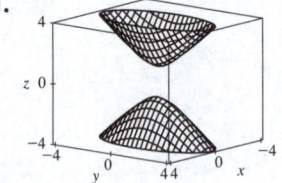   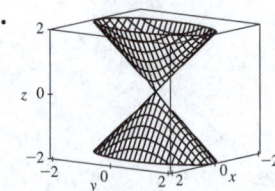

45.

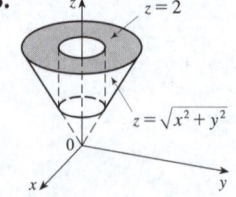

47. $x = y^2 + z^2$ **49.** $-4x = y^2 + z^2$, paraboloide

51. (a) $\dfrac{x^2}{(6378.137)^2} + \dfrac{y^2}{(6378.137)^2} + \dfrac{z^2}{(6356.523)^2} = 1$

(b) Círculo   (c) Elipse

55.

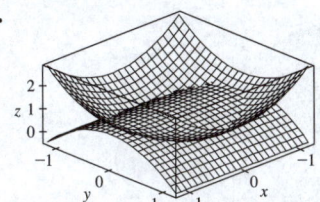

CAPÍTULO 12 REPASO ■ PÁGINA 884

Preguntas de verdadero o falso
1. Falso   **3.** Falso   **5.** Verdadero   **7.** Verdadero   **9.** Verdadero
11. Verdadero   **13.** Verdadero   **15.** Falso   **17.** Falso
19. Falso   **21.** Verdadero

Ejercicios

1. (a) $(x + 1)^2 + (y - 2)^2 + (z - 1)^2 = 69$
(b) $(y - 2)^2 + (z - 1)^2 = 68, x = 0$
(c) Centro $(4, -1, -3)$, radio 5

3. $\mathbf{u} \cdot \mathbf{v} = 3\sqrt{2}$; $|\mathbf{u} \times \mathbf{v}| = 3\sqrt{2}$; hacia fuera de la página
5. $-2, -4$ **7.** (a) 2   (b) -2 (c) -2 (d) 0
9. $\cos^{-1}\left(\frac{1}{3}\right) \approx 71°$ **11.** (a) $\langle 4, -3, 4 \rangle$ (b) $\sqrt{41}/2$
13. ≈ 166 N, ≈ 114 N
15. $x = 4 - 3t, y = -1 + 2t, z = 2 + 3t$
17. $x = -2 + 2t, y = 2 - t, z = 4 + 5t$
19. $-4x + 3y + z = -14$ **21.** $(1, 4, 4)$ **23.** Sesgadas
25. $x + y + z = 4$ **27.** $22/\sqrt{26}$

29. Plano   **31.** Cono

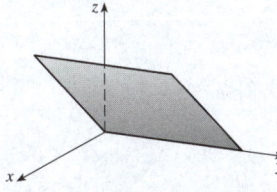   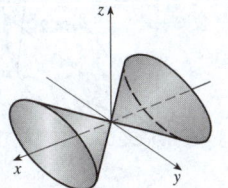

33. Hiperboloide de dos hojas   **35.** Elipsoide

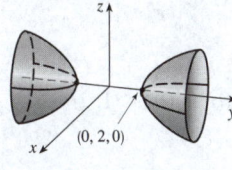   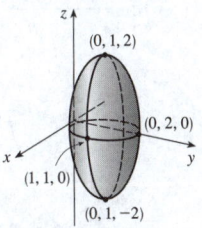

37. $4x^2 + y^2 + z^2 = 16$

PROBLEMAS ADICIONALES ■ PÁGINA 887

1. $\left(\sqrt{3} - \frac{3}{2}\right)$ m
3. (a) $(x + 1)/(-2c) = (y - c)/(c^2 - 1) = (z - c)/(c^2 + 1)$
(b) $x^2 + y^2 = t^2 + 1, z = t$ (c) $4\pi/3$
5. 20

CAPÍTULO 13

EJERCICIOS 13.1 ■ PÁGINA 895

1. $(-1, 3)$ **3.** $\mathbf{i} + \mathbf{j} + \mathbf{k}$ **5.** $\langle -1, \pi/2, 0 \rangle$

7.   **9.**

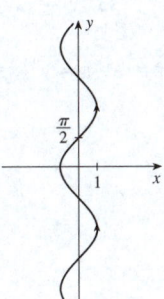   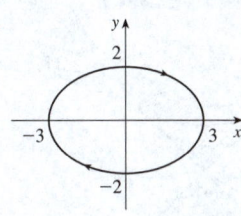

11.   **13.**

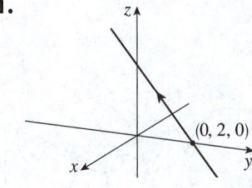   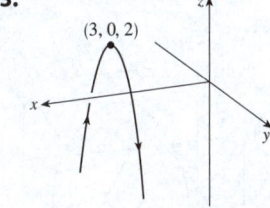

15.   **17.**

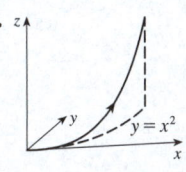   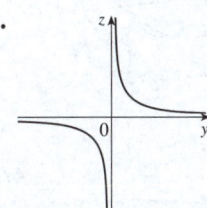

19.

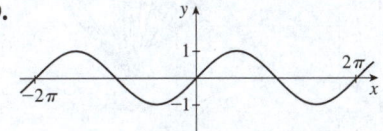

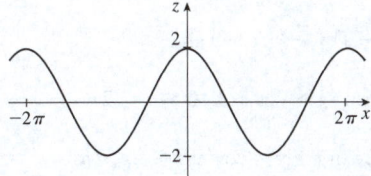

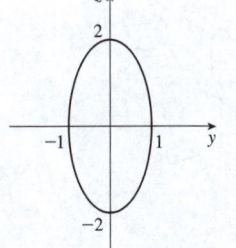   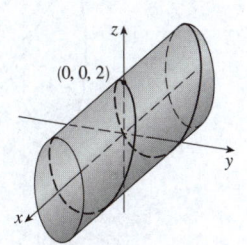

21. $\langle -2 + 7t, 1 + t, -3t \rangle, 0 \leq t \leq 1$;
$x = -2 + 7t, y = 1 + t, z = -3t, 0 \leq t \leq 1$

23. $\langle 3.5 - 1.7t, -1.4 + 1.7t, 2.1 \rangle, 0 \leq t \leq 1$;
$x = 3.5 - 1.7t, y = -1.4 + 1.7t, z = 2.1, 0 \leq t \leq 1$

25. II   **27.** V   **29.** IV   **31.** $y = 4$ **33.** $z = -y$

35. 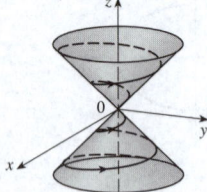   **37.** $y = e^{x/2}, z = e^x, z = y^2$

39. $(0, 0, 0), (1, 0, 1)$

41. 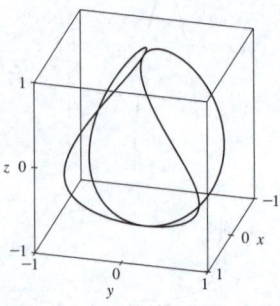   **43.**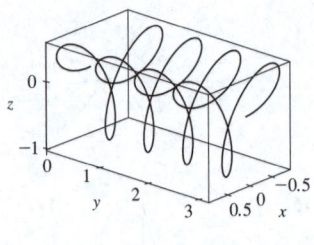

45. 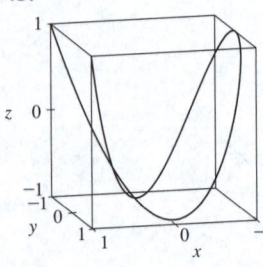   **47.**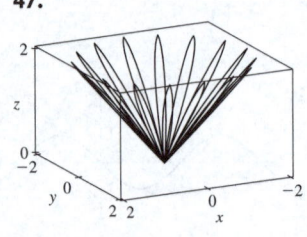

51. $\mathbf{r}(t) = t\,\mathbf{i} + \frac{1}{2}(t^2 - 1)\,\mathbf{j} + \frac{1}{2}(t^2 + 1)\,\mathbf{k}$

53. $\mathbf{r}(t) = \cos t\,\mathbf{i} + \sin t\,\mathbf{j} + \cos 2t\,\mathbf{k}, 0 \leq t \leq 2\pi$

55. $x = 2\cos t, y = 2\sin t, z = 4\cos^2 t, 0 \leq t \leq 2\pi$

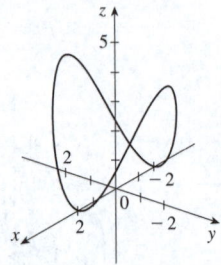

57. Sí

59. (a)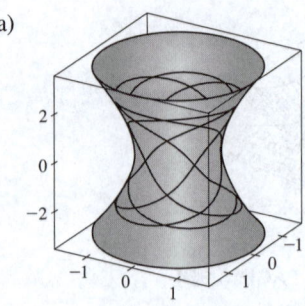

EJERCICIOS 13.2 ■ **PÁGINA 902**

1. (a)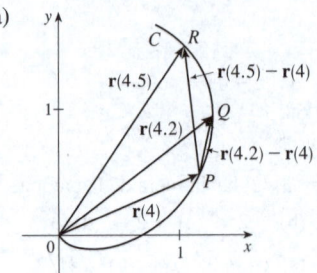

(b), (d)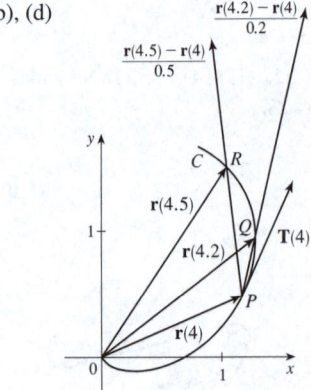

(c) $\mathbf{r}'(4) = \lim\limits_{h \to 0} \dfrac{\mathbf{r}(4 + h) - \mathbf{r}(4)}{h}$; $\mathbf{T}(4) = \dfrac{\mathbf{r}'(4)}{|\mathbf{r}'(4)|}$

3. (a), (c) 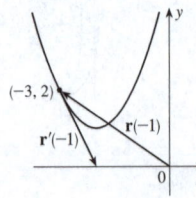   (b) $\mathbf{r}'(t) = \langle 1, 2t \rangle$

5. (a), (c) 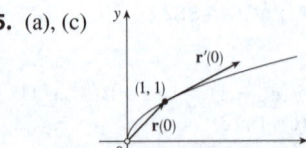   (b) $\mathbf{r}'(t) = 2e^{2t}\,\mathbf{i} + e^t\,\mathbf{j}$

7. (a), (c)

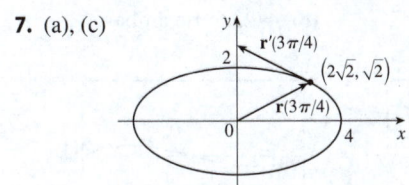

(b) $\mathbf{r}'(t) = 4\cos t\,\mathbf{i} + 2\,\text{sen}\,t\,\mathbf{j}$

9. $\mathbf{r}'(t) = \left\langle \dfrac{1}{2\sqrt{t-2}}, 0, -\dfrac{2}{t^3}\right\rangle$

11. $\mathbf{r}'(t) = 2t\,\mathbf{i} - 2t\,\text{sen}(t^2)\,\mathbf{j} + 2\,\text{sen}\,t\cos t\,\mathbf{k}$

13. $\mathbf{r}'(t) = (t\cos t + \text{sen}\,t)\,\mathbf{i} + e^t(\cos t - \text{sen}\,t)\,\mathbf{j}$
$\qquad\qquad\quad + (\cos^2 t - \text{sen}^2 t)\,\mathbf{k}$

15. $\mathbf{r}'(t) = \mathbf{b} + 2t\mathbf{c}$ **17.** $\left\langle \frac{2}{7}, \frac{3}{7}, \frac{6}{7}\right\rangle$ **19.** $\frac{3}{5}\mathbf{j} + \frac{4}{5}\mathbf{k}$

21. $\langle 3/\sqrt{34}, 3/\sqrt{34}, -4/\sqrt{34}\,\rangle$

23. $\langle 4t^3, 1, 2t\rangle, \langle 4/\sqrt{21}, 1/\sqrt{21}, 2/\sqrt{21}\,\rangle, \langle 12t^2, 0, 2\rangle,$
$\langle 2, 16t^3, -12t^2\rangle$

25. $x = 2 + 2t, y = 4 + 2t, z = 1 + t$

27. $x = 1 - t, y = t, z = 1 - t$

29. $\mathbf{r}(t) = (3 - 4t)\,\mathbf{i} + (4 + 3t)\,\mathbf{j} + (2 - 6t)\,\mathbf{k}$

31. $x = t, y = 1 - t, z = 2t$

33. $x = -\pi - t, y = \pi + t, z = -\pi t$

35. $66°$ **37.** $2\,\mathbf{i} - 4\,\mathbf{j} + 32\,\mathbf{k}$

39. $(\ln 2)\,\mathbf{i} + (\pi/4)\,\mathbf{j} + \frac{1}{2}\ln 2\,\mathbf{k}$

41. $\tan^{-1}t\,\mathbf{i} + \frac{1}{2}e^{t^2}\mathbf{j} + \frac{2}{3}t^{3/2}\,\mathbf{k} + \mathbf{C}$

43. $t^2\mathbf{i} + t^3\mathbf{j} + \left(\frac{2}{3}t^{3/2} - \frac{2}{3}\right)\mathbf{k}$

49. $2t\cos t + 2\,\text{sen}\,t - 2\cos t\,\text{sen}\,t$ **51.** 35

EJERCICIOS 13.3 ■ PÁGINA 913

1. (a) $2\sqrt{21}$ **3.** $10\sqrt{10}$ **5.** $e - e^{-1}$ **7.** $\frac{1}{27}(13^{3/2} - 8)$

9. 18.6833 **11.** 10.3311 **13.** 42

15. (a) $s(t) = \sqrt{26}\,(t - 1)$;

$\mathbf{r}(t(s)) = \left(4 - \dfrac{s}{\sqrt{26}}\right)\mathbf{i} + \left(\dfrac{4s}{\sqrt{26}} + 1\right)\mathbf{j} + \left(\dfrac{3s}{\sqrt{26}} + 3\right)\mathbf{k}$

(b) $\left(4 - \dfrac{4}{\sqrt{26}}, \dfrac{16}{\sqrt{26}} + 1, \dfrac{12}{\sqrt{26}} + 3\right)$

17. $(3\,\text{sen}\,1, 4, 3\cos 1)$

19. (a) $\dfrac{1}{\sqrt{5}}\langle 2, \text{sen}\,t, \cos t\rangle, \langle 0, \cos t, -\text{sen}\,t\rangle$ (b) $1/(5t)$

21. (a) $\dfrac{1}{\sqrt{1 + 4t^2}}\langle 1, 2t, 0\rangle, \dfrac{1}{\sqrt{1 + 4t^2}}\langle -2t, 1, 0\rangle$

(b) $2/(1 + 4t^2)^{3/2}$

23. (a) $\dfrac{1}{\sqrt{1 + 5t^2}}\langle 1, t, 2t\rangle, \dfrac{1}{\sqrt{5 + 25t^2}}\langle -5t, 1, 2\rangle$

(b) $\sqrt{5}/(1 + 5t^2)^{3/2}$

25. $6t^2/(9t^4 + 4t^2)^{3/2}$ **27.** $\dfrac{\sqrt{6}}{2(3t^2 + 1)^2}$

29. $\frac{1}{7}\sqrt{19/14}$ **31.** $12x^2/(1 + 16x^6)^{3/2}$

33. $e^x|x + 2|/[1 + (xe^x + e^x)^2]^{3/2}$

35. $\left(-\frac{1}{2}\ln 2, 1/\sqrt{2}\right)$; se aproxima a 0 **37.** (a) P (b) $1.3, 0.7$

39.

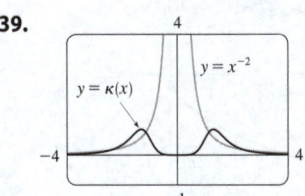

41.

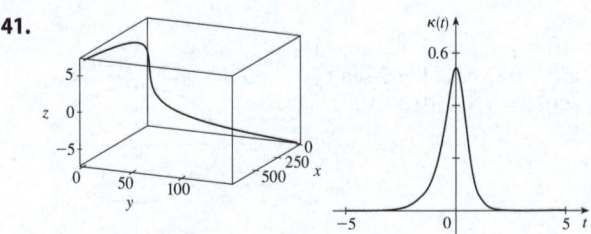

43. a es $y = f(x)$, b es $y = \kappa(x)$

45. $\kappa(t) = \dfrac{6\sqrt{4\cos^2 t - 12\cos t + 13}}{(17 - 12\cos t)^{3/2}}$

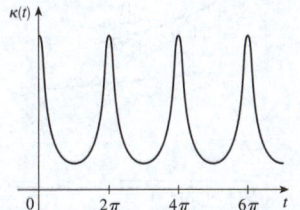

mayor con múltiplos enteros de 2π

47. $6t^2/(4t^2 + 9t^4)^{3/2}$

49. $1/(\sqrt{2}e^t)$ **51.** $\left\langle \frac{2}{3}, \frac{2}{3}, \frac{1}{3}\right\rangle, \left\langle -\frac{1}{3}, \frac{2}{3}, -\frac{2}{3}\right\rangle, \left\langle -\frac{2}{3}, \frac{1}{3}, \frac{2}{3}\right\rangle$

53. $x - 2z = -4\pi, 2x + z = 2\pi$

55. $\left(x + \frac{5}{2}\right)^2 + y^2 = \frac{81}{4}, x^2 + \left(y - \frac{5}{3}\right)^2 = \frac{16}{9}$

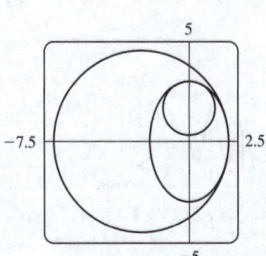

57. $(-1, -3, 1)$

59. $2x + y + 4z = 7, 6x - 8y - z = -3$ **67.** 0

69. $-2/(e^{2t} + e^{-2t} + 4), -\frac{1}{3}$

75. (b) $\mathbf{r}_e(t) = -\cos t\,\mathbf{i} - \text{sen}\,t\,\mathbf{j} + t\,\mathbf{k}$

(c) $\mathbf{r}_e(t) = -4t^3\,\mathbf{i} + \left(3t^2 + \frac{1}{2}\right)\mathbf{j}$ o $y_e = \frac{1}{2} + 3(x/4)^{2/3}$

77. $2.07 \times 10^{10}\,\text{Å} \approx 2\,\text{m}$

EJERCICIOS 13.4 ■ PÁGINA 923

1. (a) $1.8\mathbf{i} - 3.8\mathbf{j} - 0.7\mathbf{k}, 2.0\mathbf{i} - 2.4\mathbf{j} - 0.6\mathbf{k},$
$2.8\mathbf{i} + 1.8\mathbf{j} - 0.3\mathbf{k}, 2.8\mathbf{i} + 0.8\mathbf{j} - 0.4\mathbf{k}$
(b) $2.4\mathbf{i} - 0.8\mathbf{j} - 0.5\mathbf{k}, 2.58$

3. $\mathbf{v}(t) = \langle -t, 1 \rangle$
$\mathbf{a}(t) = \langle -1, 0 \rangle$
$|\mathbf{v}(t)| = \sqrt{t^2 + 1}$

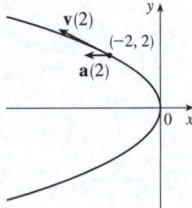

5. $\mathbf{v}(t) = -3 \operatorname{sen} t\,\mathbf{i} + 2 \cos t\,\mathbf{j}$
$\mathbf{a}(t) = -3 \cos t\,\mathbf{i} - 2 \operatorname{sen} t\,\mathbf{j}$
$|\mathbf{v}(t)| = \sqrt{5 \operatorname{sen}^2 t + 4}$

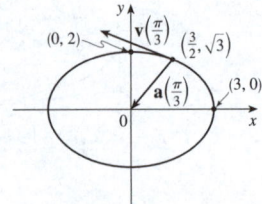

7. $\mathbf{v}(t) = \mathbf{i} + 2t\,\mathbf{j}$
$\mathbf{a}(t) = 2\,\mathbf{j}$
$|\mathbf{v}(t)| = \sqrt{1 + 4t^2}$

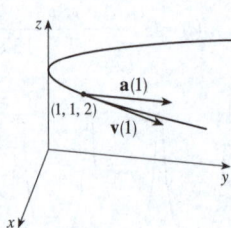

9. $\langle 2t + 1, 2t - 1, 3t^2 \rangle, \langle 2, 2, 6t \rangle, \sqrt{9t^4 + 8t^2 + 2}$

11. $\sqrt{2}\,\mathbf{i} + e^t\,\mathbf{j} - e^{-t}\,\mathbf{k}, e^t\,\mathbf{j} + e^{-t}\,\mathbf{k}, e^t + e^{-t}$

13. $e^t[(\cos t - \operatorname{sen} t)\mathbf{i} + (\operatorname{sen} t + \cos t)\mathbf{j} + (t + 1)\mathbf{k}],$
$e^t[-2 \operatorname{sen} t\,\mathbf{i} + 2 \cos t\,\mathbf{j} + (t + 2)\mathbf{k}], e^t\sqrt{t^2 + 2t + 3}$

15. $\mathbf{v}(t) = (2t + 3)\,\mathbf{i} - \mathbf{j} + t^2\,\mathbf{k},$
$\mathbf{r}(t) = (t^2 + 3t)\,\mathbf{i} + (1 - t)\,\mathbf{j} + \left(\tfrac{1}{3}t^3 + 1\right)\mathbf{k}$

17. (a) $\mathbf{r}(t) = \left(\tfrac{1}{3}t^3 + t\right)\mathbf{i} + (t - \operatorname{sen} t + 1)\,\mathbf{j} + \left(\tfrac{1}{4} - \tfrac{1}{4} \cos 2t\right)\mathbf{k}$

(b)

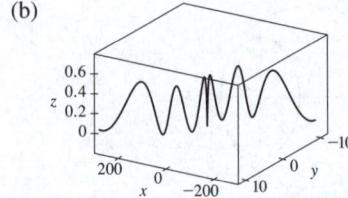

19. $t = 4$

21. $\mathbf{r}(t) = t\,\mathbf{i} - t\,\mathbf{j} + \tfrac{5}{2}t^2\,\mathbf{k}, |\mathbf{v}(t)| = \sqrt{25t^2 + 2}$

23. (a) ≈ 3535 m   (b) ≈ 1531 m   (c) 200 m/s

25. ≈ 30 m/s   **27.** ≈ 198 m/s

29. $13.0° < \theta < 36.0°, 55.4° < \theta < 85.5°$

31. $(250, -50, 0); 10\sqrt{93} \approx 96.4$ m/s

33. (a) 16 m   (b) $\approx 23.6°$ río arriba

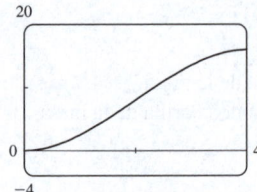
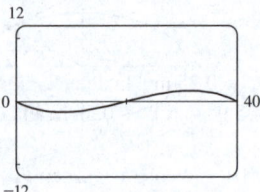

35. La trayectoria está contenida en un círculo que se sitúa en un plano perpendicular a **c** con centro en una recta que pasa por el origen en la dirección de **c**.

37. $\dfrac{4 + 18t^2}{\sqrt{4 + 9t^2}}, \dfrac{6t}{\sqrt{4 + 9t^2}}$ **39.** $0, 1$

41. $\dfrac{7}{\sqrt{30}}, \sqrt{\dfrac{131}{30}}$

43. 4.5 cm/s^2, 9.0 cm/s^2 **45.** $t = 1$

CAPÍTULO 13 REPASO ■ PÁGINA 927

Preguntas de verdadero o falso
1. Verdadero   **3.** Falso   **5.** Falso   **7.** Falso
9. Verdadero   **11.** Falso   **13.** Verdadero   **15.** Verdadero

Ejercicios

1. (a)

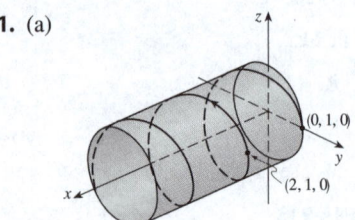

(b) $\mathbf{r}'(t) = \mathbf{i} - \pi \operatorname{sen} \pi t\,\mathbf{j} + \pi \cos \pi t\,\mathbf{k},$
$\mathbf{r}''(t) = -\pi^2 \cos \pi t\,\mathbf{j} - \pi^2 \operatorname{sen} \pi t\,\mathbf{k}$

3. $\mathbf{r}(t) = 4 \cos t\,\mathbf{i} + 4 \operatorname{sen} t\,\mathbf{j} + (5 - 4 \cos t)\mathbf{k}, 0 \le t \le 2\pi$

5. $\tfrac{1}{3}\mathbf{i} - (2/\pi^2)\mathbf{j} + (2/\pi)\mathbf{k}$ **7.** 86.631 **9.** $90°$

11. (a) $\dfrac{1}{\sqrt{13}}\langle 3 \operatorname{sen} t, -3 \cos t, 2 \rangle$ (b) $\langle \cos t, \operatorname{sen} t, 0 \rangle$

(c) $\dfrac{1}{\sqrt{13}}\langle -2 \operatorname{sen} t, 2 \cos t, 3 \rangle$

(d) $\dfrac{3}{13 \operatorname{sen} t \cos t}$ o $\dfrac{3}{13} \sec t \csc t$

(e) $\dfrac{2}{13 \operatorname{sen} t \cos t}$ o $\dfrac{2}{13} \sec t \csc t$

13. $12/17^{3/2}$ **15.** $x - 2y + 2\pi = 0$

17. $\mathbf{v}(t) = (1 + \ln t)\,\mathbf{i} + \mathbf{j} - e^{-t}\,\mathbf{k},$
$|\mathbf{v}(t)| = \sqrt{2 + 2 \ln t + (\ln t)^2 + e^{-2t}}, \mathbf{a}(t) = (1/t)\mathbf{i} + e^{-t}\,\mathbf{k}$

19. $\mathbf{r}(t) = (t^3 + t)\,\mathbf{i} + (t^4 - t)\,\mathbf{j} + (3t - t^3)\,\mathbf{k}$

21. $\approx 37.3°, \approx 157.4$ m

23. (c) $-2e^{-t}\,\mathbf{v}_d + e^{-t}\,\mathbf{R}$

PROBLEMAS ADICIONALES ■ PÁGINA 930

1. (a) $\mathbf{v} = \omega R(-\mathrm{sen}\ \omega t\ \mathbf{i} + \cos \omega t\ \mathbf{j})$ (c) $\mathbf{a} = -\omega^2 \mathbf{r}$

3. (a) $90°$, $v_0^2/(2g)$

5. (a) ≈ 0.25 m a la derecha de la orilla de la mesa, ≈ 4.9 m/s
(b) $\approx 5.9°$ (c) ≈ 0.56 m a la derecha de la orilla de la mesa

7. $56°$

9. $(a_2b_3 - a_3b_2)(x - c_1) + (a_3b_1 - a_1b_3)(y - c_2)$
$$+ (a_1b_2 - a_2b_1)(z - c_3) = 0$$

CAPÍTULO 14

EJERCICIOS 14.1 ■ PÁGINA 946

1. (a) $-\frac{3}{7}$ (b) $\frac{4}{5}$ (c) $\dfrac{(x + h)^2 y}{2(x + h) - y^2}$ (d) $\dfrac{x^2}{2 - x}$

3. (a) $9 \ln 4$ (b) $\{(x, y) \mid y > -x\}$

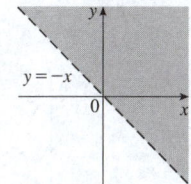

(c) $\mathbb{R}$

5. (a) 1   (b) $\{(x, y, z) \mid z \leq x/2, y \leq 0\}$, los puntos en o por debajo del plano $z = x/2$ que se encuentran a la derecha del plano xz

7. $\{(x, y) \mid x \geq 2, y \geq 1\}$

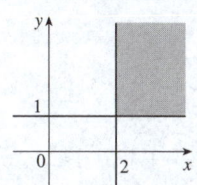

9. $\{(x, y) \mid x^2 + \frac{1}{4} y^2 \leq 1, x \geq 0\}$

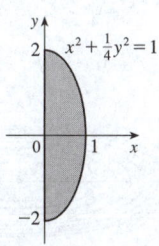

11. $\{(x, y) \mid y \neq -x\}$

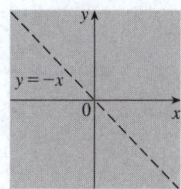

13. $\{(x, y) \mid xy \geq 0, x \neq -1\}$

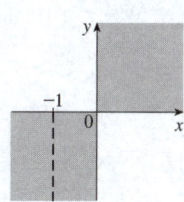

15. $\{(x, y, z) \mid -2 \leq x \leq 2, -3 \leq y \leq 3, -1 \leq z \leq 1\}$

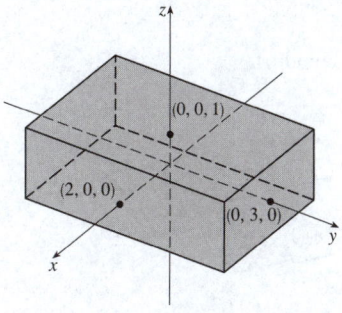

17. (a) ≈ 1.90 m²; el área superficial de una persona que mide 178 cm de altura y pesa 73 kg es de aproximadamente 1.90 metros cuadrados.

19. (a) -27; una temperatura de $-15\ °C$ con el viento soplando a 40 km/h se siente equivalente a alrededor de $-27\ °C$ sin viento.
(b) Cuando la temperatura es de $-20\ °C$, ¿qué rapidez del viento da una sensación térmica de $-30\ °C$?   20 km/h
(c) Con una rapidez de viento de 20 km/h, ¿qué temperatura da una sensación térmica de $-49\ °C$? $-35\ °C$
(d) Una función de rapidez de viento que da valores de viento-frío cuando la temperatura es de $-5\ °C$
(e) Una función de temperatura que da valores de viento-frío cuando la rapidez del viento es de 50 km/h

21. (a) 2.4; un viento que sopla a 40 km/h en mar abierto durante 15 h crea olas de aproximadamente 2.4 m de altura.
(b) $f(30, t)$ es una función de t que da la altura de las olas producidas por vientos que soplan a 30 km/h durante t horas.
(c) $f(v, 30)$ es una función de v que da la altura de las olas producida por vientos que soplan a una rapidez v durante 30 horas.

23. $z = y$, plano que pasa por el eje x

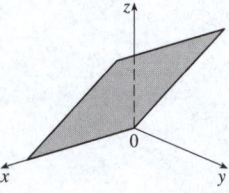

25. $4x + 5y + z = 10$, plano

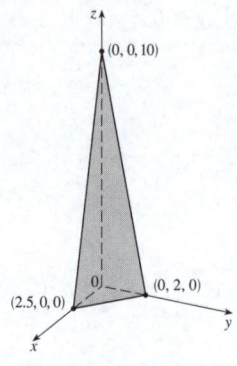

27. $z = \operatorname{sen} x$, cilindro

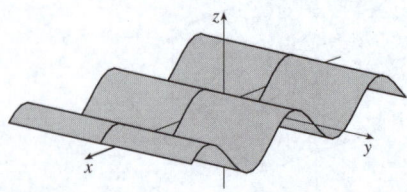

29. $z = x^2 + 4y^2 + 1$, paraboloide elíptico

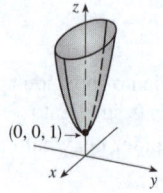

31. $z = \sqrt{4 - 4x^2 - y^2}$,
mitad superior del elipsoide

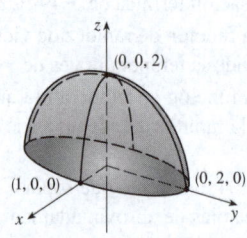

33. ≈ 56, ≈ 35 **35.** $11\ °C$, $19.5\ °C$
37. Escarpado; casi plano

39.

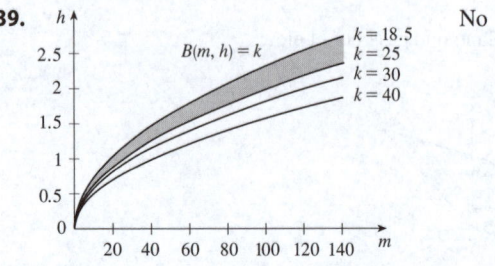

No

41.

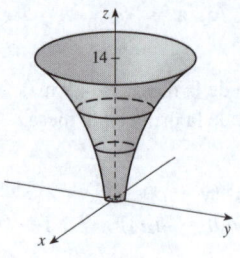

43.

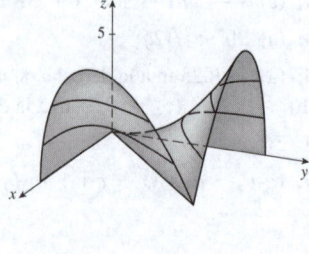

45. $x^2 - y^2 = k$

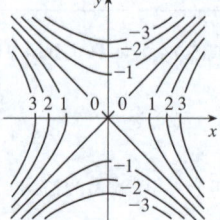

47. $y = -\sqrt{x} + k$

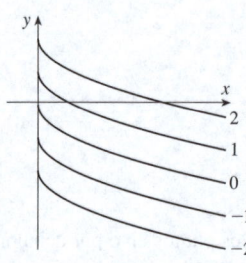

49. $y = ke^{-x}$

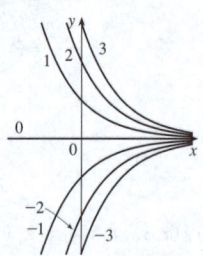

51. $x^2 + y^2 = k^3$ $(k \geqslant 0)$

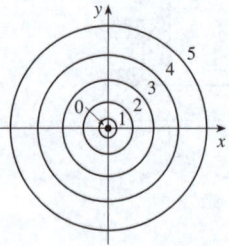

53. $x^2 + 9y^2 = k$

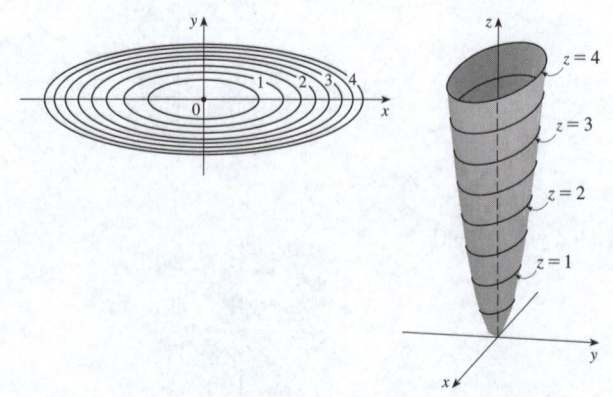

55.

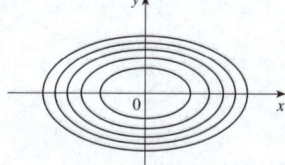

57.

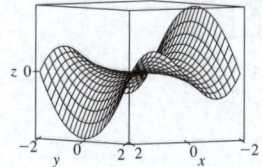

59.

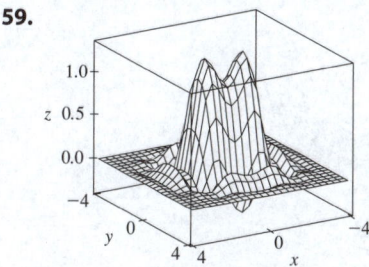

61. (a) C   (b) II   **63.** (a) F   (b) I

65. (a) B   (b) VI   **67.** Familia de planos paralelos

69. $k = 0$: cono con eje en el eje z;
$k > 0$: familia de hiperboloides de una hoja con eje en el eje z;
$k < 0$: familia de hiperboloides de dos hojas con eje en el eje z.

71. (a) Desplace la gráfica de f 2 unidades hacia arriba
(b) Prolongue verticalmente la gráfica de f por un factor de 2
(c) Refleje la gráfica de f en el plano xy
(d) Refleje la gráfica de f en el plano xy y después desplácela
2 unidades hacia arriba

73.

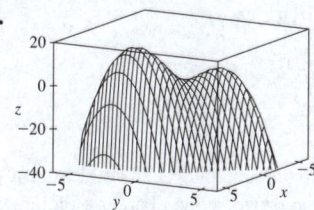

f parece tener un valor máximo de alrededor de 15. Hay dos
puntos máximos locales, pero ningún punto mínimo local.

75.

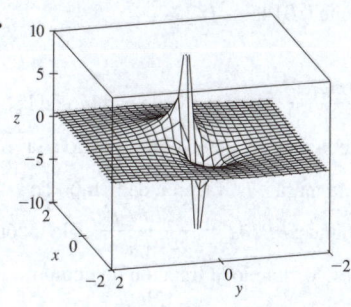

Los valores de la función se aproximan a 0 cuando x, y crecen;
cuando (x, y) se aproximan al origen, f se aproxima a $\pm\infty$ o 0,
dependiendo de la dirección de la aproximación.

77. Si $c = 0$, la gráfica es una superficie cilíndrica. Para $c > 0$,
las curvas de nivel son elipses. Las curvas de la gráfica se mueven
hacia arriba al alejarse del origen, y la inclinación se incrementa
cuando c aumenta. Para $c < 0$, las curvas de nivel son hipérbolas.
Las curvas de la gráfica están hacia arriba en la dirección de y y
hacia abajo, aproximándose al plano xy, en la dirección de x, lo
que da un aspecto parecido al de una silla de montar cerca de
$(0, 0, 1)$.

79. $c = -2, 0, 2$ **81.** (b) $y = 0.75x + 0.01$

EJERCICIOS 14.2 ■ PÁGINA 960

1. Nada; si f es continua, entonces $f(3, 1) = 6$ **3.** $-\frac{5}{2}$

5. 56   **7.** -6 **9.** $\pi/2$ **11.** $-\frac{1}{2}$ **19.** 125

21. 0   **23.** No existe   **25.** 2   **27.** -2

29. No existe   **31.** 0   **33.** 0

35. La gráfica muestra que la función se aproxima a números
diferentes a lo largo de rectas distintas.

37. $h(x, y) = (2x + 3y - 6)^2 + \sqrt{2x + 3y - 6}$;
$\{(x, y) \mid 2x + 3y \geq 6\}$

39. A lo largo de la recta $y = x$ **41.** $\mathbb{R}^2$

43. $\{(x, y) \mid x^2 + y^2 \neq 1\}$ **45.** $\{(x, y) \mid x^2 + y^2 \leq 1, x \geq 0\}$

47. $\{(x, y, z) \mid x^2 + y^2 + z^2 \leq 1\}$

49. $\{(x, y) \mid (x, y) \neq (0, 0)\}$ **51.** 0   **53.** -1

55.

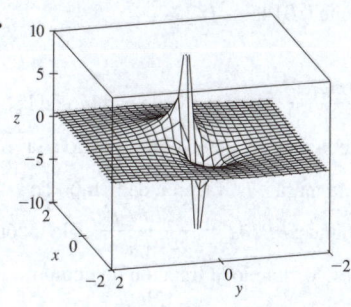

EJERCICIOS 14.3 ■ PÁGINA 969

1. $f_T(34, 75) \approx 2$ °C; para una temperatura de 34 °C y humedad
relativa de 60%, la temperatura aparente aumenta 2 °C por cada
grado que aumenta la temperatura real. $f_H(34, 75) \approx 0.3$ °C; para
una temperatura de 34 °C y humedad relativa de 60%, la
temperatura aparente se incrementa 0.3 °C por cada punto
porcentual que aumenta la humedad relativa.

3. (a) La razón de cambio de la temperatura cuando la longitud
varía, con latitud y tiempo fijos; la razón de cambio cuando solo
la latitud varía; la razón de cambio cuando solo el tiempo varía
(b) Positivo, negativo, positivo

5. (a) Negativo   (b) Negativo

7. $f_x(1, 2) = -8 = $ pendiente de C_1, $f_y(1, 2) = -4 = $ pendiente
de C_2

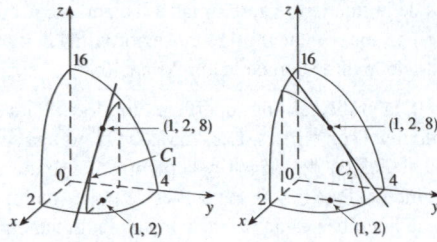

9. $f_x(x, y) = 4x^3 + 5y^3, f_y(x, y) = 15xy^2$

11. $g_x(x, y) = 3x^2 \operatorname{sen} y, g_y(x, y) = x^3 \cos y$

13. $\dfrac{\partial z}{\partial x} = \dfrac{1}{x + t^2}, \dfrac{\partial z}{\partial t} = \dfrac{2t}{x + t^2}$

15. $f_x(x, y) = y^2 e^{xy}, f_y(x, y) = e^{xy} + xy e^{xy}$

17. $g_x(x, y) = 5y(1 + 2xy)(x + x^2y)^4,$
$g_y(x, y) = 5x^2y(x + x^2y)^4 + (x + x^2y)^5$

19. $f_x(x, y) = \dfrac{(ad - bc)y}{(cx + dy)^2}, f_y(x, y) = \dfrac{(bc - ad)x}{(cx + dy)^2}$

21. $g_u(u, v) = 10uv(u^2v - v^3)^4,$
$g_v(u, v) = 5(u^2 - 3v^2)(u^2v - v^3)^4$

23. $R_p(p, q) = \dfrac{q^2}{1 + p^2q^4}, R_q(p, q) = \dfrac{2pq}{1 + p^2q^4}$

25. $F_x(x, y) = \cos(e^x), F_y(x, y) = -\cos(e^y)$

27. $f_x = 3x^2yz^2, f_y = x^3z^2 + 2z, f_z = 2x^3yz + 2y$

29. $\partial w/\partial x = 1/(x + 2y + 3z), \partial w/\partial y = 2/(x + 2y + 3z),$
$\partial w/\partial z = 3/(x + 2y + 3z)$

31. $\partial p/\partial t = 2t^3/\sqrt{t^4 + u^2 \cos v},$
$\partial p/\partial u = u \cos v/\sqrt{t^4 + u^2 \cos v},$
$\partial p/\partial v = -u^2 \operatorname{sen} v/\left(2\sqrt{t^4 + u^2 \cos v}\right)$

33. $h_x = 2xy \cos(z/t), h_y = x^2 \cos(z/t),$
$h_z = (-x^2y/t) \operatorname{sen}(z/t), h_t = (x^2yz/t^2) \operatorname{sen}(z/t)$

35. $\partial u/\partial x_i = x_i/\sqrt{x_1^2 + x_2^2 + \cdots + x_n^2}$

37. 1 **39.** $\frac{1}{6}$ **41.** $\dfrac{\partial z}{\partial x} = -\dfrac{x}{3z}, \dfrac{\partial z}{\partial y} = -\dfrac{2y}{3z}$

43. $\dfrac{\partial z}{\partial x} = \dfrac{yz}{e^z - xy}, \dfrac{\partial z}{\partial y} = \dfrac{xz}{e^z - xy}$

45. (a) $f'(x), g'(y)$ (b) $f'(x + y), f'(x + y)$

47. $f_{xx} = 12x^2y - 12xy^2, f_{xy} = 4x^3 - 12x^2y = f_{yx}, f_{yy} = -4x^3$

49. $z_{xx} = \dfrac{8y}{(2x + 3y)^3}, z_{xy} = \dfrac{6y - 4x}{(2x + 3y)^3} = z_{yx},$
$z_{yy} = -\dfrac{12x}{(2x + 3y)^3}$

51. $v_{ss} = 2 \cos(s^2 - t^2) - 4s^2 \operatorname{sen}(s^2 - t^2),$
$v_{st} = 4st \operatorname{sen}(s^2 - t^2) = v_{ts},$
$v_{tt} = -2 \cos(s^2 - t^2) - 4t^2 \operatorname{sen}(s^2 - t^2)$

57. $24xy^2 - 6y, 24x^2y - 6x$

59. $(2x^2y^2z^5 + 6xyz^3 + 2z)e^{xyz^2}$

61. $\frac{3}{4}v(u + v^2)^{-5/2}$ **63.** $4/(y + 2z)^3, 0$

65. $f_x(x, y) = y^2 - 3x^2y, f_y(x, y) = 2xy - x^3$

67. $6yz^2$ **69.** $c = f, b = f_x, a = f_y$

71.

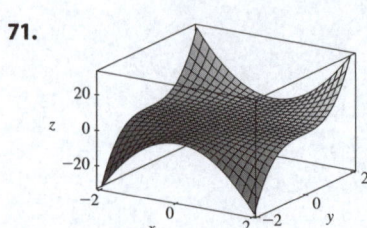

$f(x, y) = x^2y^3$

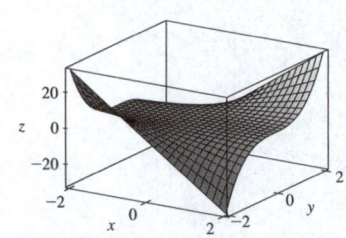

$f_x(x, y) = 2xy^3$

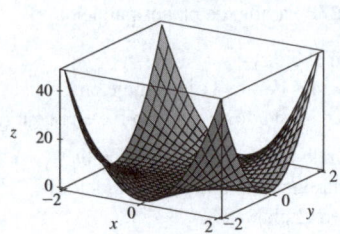

$f_y(x, y) = 3x^2y^2$

73. $\approx 12.2, \approx 16.8, \approx 23.25$ **83.** R^2/R_1^2

85. $\dfrac{\partial T}{\partial P} = \dfrac{V - nb}{nR}, \dfrac{\partial P}{\partial V} = \dfrac{2n^2a}{V^3} - \dfrac{nRT}{(V - nb)^2}$

87. (a) ≈ 0.0035; para una persona que mide 178 cm de altura y pesa 73 kg, un aumento de peso provoca que el área se incremente a razón de alrededor de 0.0035 m^2/kg. (b) ≈ 0.0145; para una persona que mide 178 cm de altura y pesa 73 kg, un aumento de estatura (sin cambio en el peso) provoca que el área se incremente a razón de aproximadamente 0.0145 m^2/kg.

89. $\partial P/\partial v = 3Av^2 - \dfrac{B(mg/x)^2}{v^2}$ es la razón de cambio de la potencia necesaria durante la fase de aleteo con respecto a la velocidad del ave cuando la masa y la fracción de tiempo de aleteo se mantienen constantes; $\partial P/\partial x = -\dfrac{2Bm^2g^2}{x^3v}$ es la razón a la que la potencia cambia solo cuando la fracción de tiempo dedicada al modo de aleteo varía; $\partial P/\partial m = \dfrac{2Bmg^2}{x^2v}$ es la razón de cambio de la potencia cuando solo la masa varía.

93. $x = 1 + t, y = 2, z = 2 - 2t$ **95.** No **99.** -2

101. (a)

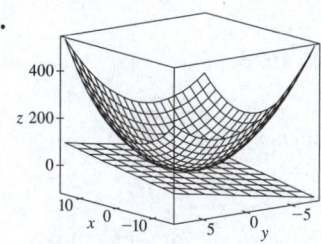

(b) $f_x(x, y) = \dfrac{x^4 y + 4x^2 y^3 - y^5}{(x^2 + y^2)^2}, f_y(x, y) = \dfrac{x^5 - 4x^3 y^2 - xy^4}{(x^2 + y^2)^2}$

(c) $0, 0$ (e) No, porque f_{xy} y f_{yx} no son continuas

EJERCICIOS 14.4 ■ PÁGINA 981

1. $z = -4x - 4y + 24$ **3.** $z = 4x - y - 6$
5. $z = x - y + 1$ **7.** $z = -2x - y - 3$
9. $x + y + z = 0$

11.

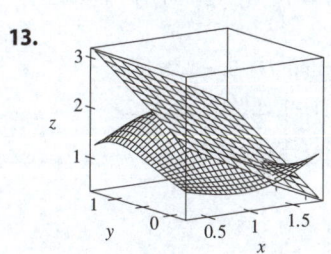

13.

15. $12x - 16y + 32$ **17.** $6x + 4y - 23$
19. $2x + y - 1$ **21.** $2x + 2y + \pi - 4$ **25.** 6.3
27. $\frac{3}{7}x + \frac{2}{7}y + \frac{6}{7}z$; 6.9914 **29.** $2T + 0.3H - 40.5$; 44.4 °C
31. $dm = 5p^4 q^3\, dp + 3p^5 q^2\, dq$
33. $dz = -2e^{-2x} \cos 2\pi t\, dx - 2\pi e^{-2x} \sen 2\pi t\, dt$
35. $dH = 2xy^4\, dx + (4x^2 y^3 + 3y^2 z^5)\, dy + 5y^3 z^4\, dz$
37. $dR = \beta^2 \cos \gamma\, d\alpha + 2\alpha\beta \cos \gamma\, d\beta - \alpha\beta^2 \sen \gamma\, d\gamma$
39. $\Delta z = 0.9225, dz = 0.9$ **41.** $5.4\ \text{cm}^2$ **43.** $16\ \text{cm}^3$
45. (a) $5.89\pi\varepsilon\ \text{m}^3$ (b) $\approx 0.0015\ \text{m} \approx 0.15\ \text{cm}$
47. $\approx -0.0165mg$; disminuye **49.** $\frac{1}{17} \approx 0.059\ \Omega$
51. (a) $0.8264m - 34.56h + 38.02$ (b) 18.801

EJERCICIOS 14.5 ■ PÁGINA 991

1. $36t^3 + 15t^4$ **3.** $2t(y^3 - 2xy + 3xy^2 - x^2)$

5. $\dfrac{1}{2\sqrt{t}} \cos x \cos y + \dfrac{1}{t^2} \sen x \sen y$

7. $e^{y/z}[2t - (x/z) - (2xy/z^2)]$

9. $\partial z/\partial s = 10s + 14t, \partial z/\partial t = 14s + 20t$

11. $\partial z/\partial s = 5(x - y)^4(2st - t^2), \partial z/\partial t = 5(x - y)^4(s^2 - 2st)$

13. $\dfrac{\partial z}{\partial s} = \dfrac{3 \sen t - 2t \sen s}{3x + 2y}, \dfrac{\partial z}{\partial t} = \dfrac{3s \cos t + 2 \cos s}{3x + 2y}$

15. $\dfrac{\partial z}{\partial s} = -\dfrac{t \sen \theta}{r^2} + \dfrac{2s \cos \theta}{r}, \dfrac{\partial z}{\partial t} = -\dfrac{s \sen \theta}{r^2} + \dfrac{2t \cos \theta}{r}$

17. 42 **19.** 7, 2

21. $\dfrac{\partial u}{\partial r} = \dfrac{\partial u}{\partial x}\dfrac{\partial x}{\partial r} + \dfrac{\partial u}{\partial y}\dfrac{\partial y}{\partial r}, \dfrac{\partial u}{\partial s} = \dfrac{\partial u}{\partial x}\dfrac{\partial x}{\partial s} + \dfrac{\partial u}{\partial y}\dfrac{\partial y}{\partial s},$
$\dfrac{\partial u}{\partial t} = \dfrac{\partial u}{\partial x}\dfrac{\partial x}{\partial t} + \dfrac{\partial u}{\partial y}\dfrac{\partial y}{\partial t}$

23. $\dfrac{\partial T}{\partial x} = \dfrac{\partial T}{\partial p}\dfrac{\partial p}{\partial x} + \dfrac{\partial T}{\partial q}\dfrac{\partial q}{\partial x} + \dfrac{\partial T}{\partial r}\dfrac{\partial r}{\partial x},$
$\dfrac{\partial T}{\partial y} = \dfrac{\partial T}{\partial p}\dfrac{\partial p}{\partial y} + \dfrac{\partial T}{\partial q}\dfrac{\partial q}{\partial y} + \dfrac{\partial T}{\partial r}\dfrac{\partial r}{\partial y},$
$\dfrac{\partial T}{\partial z} = \dfrac{\partial T}{\partial p}\dfrac{\partial p}{\partial z} + \dfrac{\partial T}{\partial q}\dfrac{\partial q}{\partial z} + \dfrac{\partial T}{\partial r}\dfrac{\partial r}{\partial z}$

25. $1582, 3164, -700$ **27.** $2\pi, -2\pi$

29. $\frac{5}{144}, -\frac{5}{96}, \frac{5}{144}$ **31.** $\dfrac{2x + y \sen x}{\cos x - 2y}$

33. $\dfrac{1 + x^4 y^2 + y^2 + x^4 y^4 - 2xy}{x^2 - 2xy - 2x^5 y^3}$

35. $-\dfrac{x}{3z}, -\dfrac{2y}{3z}$ **37.** $\dfrac{yz}{e^z - xy}, \dfrac{xz}{e^z - xy}$

39. $2\ °\text{C/s}$ **41.** $\approx -0.33\ \text{m/s}$ por minuto
43. (a) $6\ \text{m}^3/\text{s}$ (b) $10\ \text{m}^2/\text{s}$ (c) $0\ \text{m/s}$
45. $\approx -0.27\ \text{L/s}$ **47.** $-1/(12\sqrt{3})\ \text{rad/s}$
49. (a) $\partial z/\partial r = (\partial z/\partial x) \cos \theta + (\partial z/\partial y) \sen \theta,$
$\partial z/\partial \theta = -(\partial z/\partial x)\, r \sen \theta + (\partial z/\partial y)\, r \cos \theta$

53. $4rs\dfrac{\partial^2 z}{\partial x^2} + (4r^2 + 4s^2)\dfrac{\partial^2 z}{\partial x\, \partial y} + 4rs\dfrac{\partial^2 z}{\partial y^2} + 2\dfrac{\partial z}{\partial y}$

EJERCICIOS 14.6 ■ PÁGINA 1005

1. $\approx -0.08\ \text{mb/km}$ **3.** ≈ 0.778 **5.** $\sqrt{2}/2$
7. $5\sqrt{2}/74$ **9.** (a) $\nabla f(x, y) = (1/y)\mathbf{i} - (x/y^2)\mathbf{j}$
(b) $\mathbf{i} - 2\mathbf{j}$ (c) -1
11. (a) $\langle 2xyz - yz^3, x^2 z - xz^3, x^2 y - 3xyz^2 \rangle$
(b) $\langle -3, 2, 2 \rangle$ (c) $\frac{2}{5}$

13. $\dfrac{4 - 3\sqrt{3}}{10}$ **15.** $7/(2\sqrt{5})$ **17.** 1 **19.** $\frac{23}{42}$

21. $-\frac{56}{5}$ **23.** $\frac{2}{5}$ **25.** $-\frac{18}{7}$ **27.** $20\sqrt{10}, \langle 20, -60 \rangle$
29. $1, \langle 0, 1 \rangle$ **31.** $\frac{3}{4}, \langle 1, -2, -2 \rangle$
33. (b) $\langle -12, 92 \rangle, -4\sqrt{538}$
35. Todos los puntos en la recta $y = x + 1$ **37.** (a) $-40/(3\sqrt{3})$
39. (a) $32/\sqrt{3}$ (b) $\langle 38, 6, 12 \rangle$ (c) $2\sqrt{406}$
41. $\frac{327}{13}$ **45.** $\frac{774}{25}$

47. (a) $x + y + z = 11$ (b) $x - 3 = y - 3 = z - 5$

49. (a) $x + 2y + 6z = 12$ (b) $x - 2 = \dfrac{y - 2}{2} = \dfrac{z - 1}{6}$

51. (a) $x + y + z = 1$ (b) $x = y = z - 1$

53.

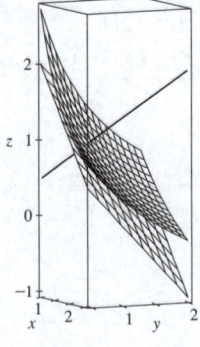

55. $\langle 2, 3 \rangle$, $2x + 3y = 12$

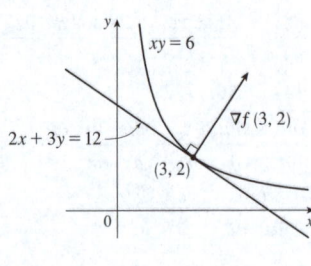

61. No   **65.** $\left(-\frac{5}{4}, -\frac{5}{4}, \frac{25}{8}\right)$

69. $x = -1 - 10t$, $y = 1 - 16t$, $z = 2 - 12t$

71. $(-1, 0, 1)$; $\approx 7.8°$

75. Si $\mathbf{u} = \langle a, b \rangle$ y $\mathbf{v} = \langle c, d \rangle$, entonces $af_x + bf_y$ y $cf_x + df_y$ son conocidas, por lo que hay que despejar f_x y f_y en las ecuaciones lineales.

EJERCICIOS 14.7 ■ PÁGINA 1016

1. (a) f tiene un mínimo local en $(1, 1)$.
(b) f tiene un punto silla en $(1, 1)$.

3. Mínimo local en $(1, 1)$, punto silla en $(0, 0)$

5. Mínimo $f\left(\frac{1}{3}, -\frac{2}{3}\right) = -\frac{1}{3}$

7. Mínimos $f(-2, -1) = -3$, $f(8, 4) = -128$,
punto silla en $(0, 0)$

9. Puntos silla en $(1, 1)$, $(-1, -1)$

11. Máximo $f(1, 4) = 14$

13. Máximo $f(-1, 0) = 2$, mínimo $f(1, 0) = -2$,
puntos silla en $(0, \pm 1)$

15. Máximo $f(0, -1) = 2$, mínimos $f(\pm 1, 1) = -3$,
puntos silla en $(0, 1)$, $(\pm 1, -1)$

17. Máximo $f\left(\frac{1}{3}, \frac{1}{3}\right) = \frac{1}{27}$, puntos silla en $(0, 0)$, $(1, 0)$, $(0, 1)$

19. Ninguno

21. Mínimos $f(0, 1) = f(\pi, -1) = f(2\pi, 1) = -1$,
puntos silla en $(\pi/2, 0)$, $(3\pi/2, 0)$

25. Mínimos $f(1, \pm 1) = f(-1, \pm 1) = 3$

27. Máximo $f(\pi/3, \pi/3) = 3\sqrt{3}/2$,
mínimo $f(5\pi/3, 5\pi/3) = -3\sqrt{3}/2$, punto silla en (π, π)

29. Mínimos $f(0, -0.794) \approx -1.191$,
$f(\pm 1.592, 1.267) \approx -1.310$, puntos silla $(\pm 0.720, 0.259)$,
puntos más bajos $(\pm 1.592, 1.267, -1.310)$

31. Máximo $f(0.170, -1.215) \approx 3.197$,
mínimos $f(-1.301, 0.549) \approx -3.145$, $f(1.131, 0.549) \approx -0.701$,
puntos silla $(-1.301, -1.215)$, $(0.170, 0.549)$, $(1.131, -1.215)$,
sin punto más alto o más bajo

33. Máximo $f(0, \pm 2) = 4$, mínimo $f(1, 0) = -1$

35. Máximo $f(\pm 1, 1) = 7$, mínimo $f(0, 0) = 4$

37. Máximo $f(0, 3) = f(2, 3) = 7$, mínimo $f(1, 1) = -2$

39. Máximo $f(1, 0) = 2$, mínimo $f(-1, 0) = -2$

41.

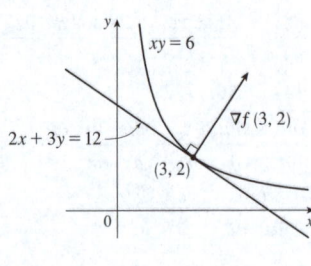

43. $2/\sqrt{3}$ **45.** $(2, 1, \sqrt{5})$, $(2, 1, -\sqrt{5})$ **47.** $\frac{100}{3}, \frac{100}{3}, \frac{100}{3}$

49. $8r^3/(3\sqrt{3})$ **51.** $\frac{4}{3}$ **53.** Cubo, longitud de arista $c/12$

55. Base cuadrada de 40 cm de lado, altura de 20 cm   **57.** $L^3/(3\sqrt{3})$

59. (a) $H = -p_1 \ln p_1 - p_2 \ln p_2$
$$- (1 - p_1 - p_2) \ln(1 - p_1 - p_2)$$
(b) $\{(p_1, p_2) \mid 0 < p_1 < 1, p_2 < 1 - p_1\}$
(c) $\ln 3$; $p_1 = p_2 = p_3 = \frac{1}{3}$

EJERCICIOS 14.8 ■ PÁGINA 1026

1. $\approx 59, 30$

3. Máximo $f(\pm 1, 0) = 1$, mínimo $f(0, \pm 1) = -1$

5. Máximo $f(1, 2) = f(-1, -2) = 2$,
mínimo $f(1, -2) = f(-1, 2) = -2$

7. Máximo $f(1/\sqrt{2}, \pm 1/\sqrt{2}) = f(-1/\sqrt{2}, \pm 1/\sqrt{2}) = 4$,
mínimo $f(\pm 1, 0) = 2$

9. Máximo $f(2, 2, 1) = 9$, mínimo $f(-2, -2, -1) = -9$

11. Máximo $f(1, \pm\sqrt{2}, 1) = f(-1, \pm\sqrt{2}, -1) = 2$,
mínimo $f(1, \pm\sqrt{2}, -1) = f(-1, \pm\sqrt{2}, 1) = -2$

13. Máximo $\sqrt{3}$, mínimo 1

15. Máximo $f\left(\frac{1}{2}, \frac{1}{2}, \frac{1}{2}, \frac{1}{2}\right) = 2$,
mínimo $f\left(-\frac{1}{2}, -\frac{1}{2}, -\frac{1}{2}, -\frac{1}{2}\right) = -2$

17. 10, 10

19. 25 m por 25 m

21. $\left(-\frac{6}{5}, \frac{3}{5}\right)$

23. Mínimo $f(1, 1) = f(-1, -1) = 2$

25. Máximo $f(2, 2) = e^4$

27. Máximo $f(3/\sqrt{2}, -3/\sqrt{2}) = 9 + 12\sqrt{2}$,
mínimo $f(-2, 2) = -8$

29. Máximo $f(\pm 1/\sqrt{2}, \mp 1/(2\sqrt{2})) = e^{1/4}$,
mínimo $f(\pm 1/\sqrt{2}, \pm 1/(2\sqrt{2})) = e^{-1/4}$

31. Máximo $f(0, 1, \sqrt{2}) = 1 + \sqrt{2}$,
mínimo $f(0, 1, -\sqrt{2}) = 1 - \sqrt{2}$

33. Máximo $\frac{3}{2}$, mínimo $\frac{1}{2}$

41–53. Vea los ejercicios 43–57 de la sección 14.7.

57. Más cercano $\left(\frac{1}{2}, \frac{1}{2}, \frac{1}{2}\right)$, más lejano $(-1, -1, 2)$

59. Máximo ≈ 9.7938, mínimo ≈ -5.3506

61. Máximo $f(\pm\sqrt{3}, 3) = 18$, mínimo $f(0, 0) = 0$

63. (a) c/n (b) Cuando $x_1 = x_2 = \cdots = x_n$

CAPÍTULO 14 REPASO ■ PÁGINA 1031

Preguntas de verdadero o falso
1. Verdadero   **3.** Falso   **5.** Falso   **7.** Verdadero   **9.** Falso
11. Verdadero

Ejercicios

1. $\{(x, y) \mid y > -x - 1\}$ **3.**

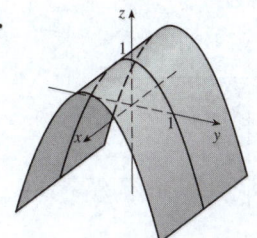

5. 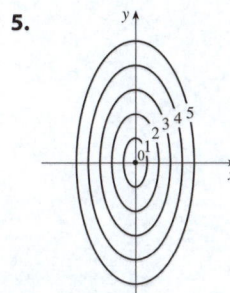   **7.**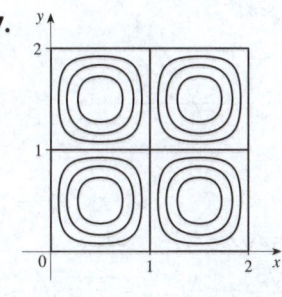

9. $\frac{2}{3}$

11. (a) $\approx 3.5\ °C/m,\ -3.0\ °C/m$
(b) $\approx 0.35\ °C/m$ por la ecuación 14.6.9 (la definición 14.6.2 da $\approx 1.1\ °C/m$).
(c) -0.25

13. $f_x = 32xy(5y^3 + 2x^2y)^7,\ f_y = (16x^2 + 120y^2)(5y^3 + 2x^2y)^7$

15. $F_\alpha = \dfrac{2\alpha^3}{\alpha^2 + \beta^2} + 2\alpha \ln(\alpha^2 + \beta^2),\ F_\beta = \dfrac{2\alpha^2\beta}{\alpha^2 + \beta^2}$

17. $S_u = \arctan(v\sqrt{w}),\ S_v = \dfrac{u\sqrt{w}}{1 + v^2w},\ S_w = \dfrac{uv}{2\sqrt{w}(1 + v^2w)}$

19. $f_{xx} = 24x,\ f_{xy} = -2y = f_{yx},\ f_{yy} = -2x$

21. $f_{xx} = k(k - 1)x^{k-2}y^l z^m,\ f_{xy} = klx^{k-1}y^{l-1}z^m = f_{yx},$
$f_{xz} = kmx^{k-1}y^l z^{m-1} = f_{zx},\ f_{yy} = l(l - 1)x^k y^{l-2}z^m,$
$f_{yz} = lmx^k y^{l-1}z^{m-1} = f_{zy},\ f_{zz} = m(m - 1)x^k y^l z^{m-2}$

25. (a) $z = 8x + 4y + 1$
(b) $x = 1 + 8t,\ y = -2 + 4t,\ z = 1 - t$

27. (a) $2x - 2y - 3z = 3$
(b) $x = 2 + 4t,\ y = -1 - 4t,\ z = 1 - 6t$

29. (a) $x + 2y + 5z = 0$
(b) $x = 2 + t,\ y = -1 + 2t,\ z = 5t$

31. $\left(2, \frac{1}{2}, -1\right), \left(-2, -\frac{1}{2}, 1\right)$

33. $60x + \frac{24}{5}y + \frac{32}{5}z - 120;\ 38.656$

35. $2xy^3(1 + 6p) + 3x^2y^2(pe^p + e^p) + 4z^3(p \cos p + \operatorname{sen} p)$

37. $-47, 108$

43. $\langle 2xe^{yz^2}, x^2z^2e^{yz^2}, 2x^2yze^{yz^2} \rangle$ **45.** $-\frac{4}{5}$

47. $\sqrt{145}/2,\ \left\langle 4, \frac{9}{2} \right\rangle$ **49.** ≈ 0.72 km/h
51. Mínimo $f(-4, 1) = -11$
53. Máximo $f(1, 1) = 1$; puntos silla $(0, 0), (0, 3), (3, 0)$
55. Máximo $f(1, 2) = 4$, mínimo $f(2, 4) = -64$
57. Máximo $f(-1, 0) = 2$, mínimo $f(1, \pm 1) = -3$,
puntos silla en $(-1, \pm 1), (1, 0)$
59. Máximo $f\left(\pm\sqrt{2/3}, 1/\sqrt{3}\right) = 2/(3\sqrt{3})$,
mínimo $f\left(\pm\sqrt{2/3}, -1/\sqrt{3}\right) = -2/(3\sqrt{3})$
61. Máximo 1, mínimo -1
63. $\left(\pm 3^{-1/4}, 3^{-1/4}\sqrt{2}, \pm 3^{1/4}\right), \left(\pm 3^{-1/4}, -3^{-1/4}\sqrt{2}, \pm 3^{1/4}\right)$
65. $P(2 - \sqrt{3}), P(3 - \sqrt{3})/6, P(2\sqrt{3} - 3)/3$

PROBLEMAS ADICIONALES ■ PÁGINA 1035

1. $L^2W^2, \frac{1}{4}L^2W^2$ **3.** (a) $x = w/3$, base $= w/3$ (b) Sí
7. $\sqrt{3/2}, 3/\sqrt{2}$

CAPÍTULO 15

EJERCICIOS 15.1 ■ PÁGINA 1049

1. (a) 288   (b) 144   **3.** (a) 0.990   (b) 1.151
5. $U < V < L$ **7.** (a) ≈ 248 (b) ≈ 15.5
9. $24\sqrt{2}$ **11.** 3   **13.** $2 + 8y^2, 3x + 27x^2$
15. 222   **17.** $\frac{5}{2} - e^{-1}$ **19.** 18
21. $\frac{15}{2}\ln 2 + \frac{3}{2}\ln 4$ o $\frac{21}{2}\ln 2$ **23.** 6
25. $\frac{31}{30}$ **27.** 2   **29.** $9 \ln 2$
31. $\frac{1}{2}(\sqrt{3} - 1) - \frac{1}{12}\pi$ **33.** $\frac{1}{2}e^{-6} + \frac{5}{2}$

35. 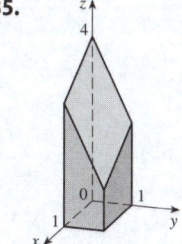   **37.**

39. (a) $\int_0^2 \int_0^2 xy\, dx\, dy$ (b) 4

41. (a) $\int_1^2 \int_0^1 (1 + ye^{xy})\, dx\, dy$ (b) $e^2 - e$

43. 51   **45.** $\frac{166}{27}$ **47.** $\frac{8}{3}$ **49.** $\frac{64}{3}$

51. $21e - 57$

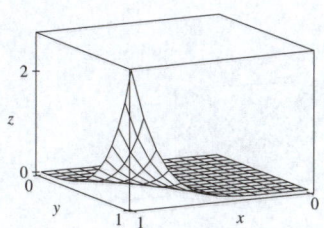

53. $\frac{5}{6}$ **55.** 0

57. El teorema de Fubini no aplica. El integrando tiene una discontinuidad infinita en el origen.

EJERCICIOS 15.2 ■ PÁGINA 1059

1. $\frac{868}{3}$ **3.** $\frac{1}{6}(e-1)$ **5.** $\frac{1}{3}\,\mathrm{sen}\,1$

7. (a) $\int_0^2 \int_x^{3x-x^2} 2y\,dy\,dx$ (b) $\frac{56}{15}$

9. (a) $\int_0^2 \int_{y^2}^{y+2} xy\,dx\,dy$ (b) 6

11. $\frac{1}{4}\ln 17$ **13.** $\frac{1}{2}(1-e^{-9})$

15. (a) (b)

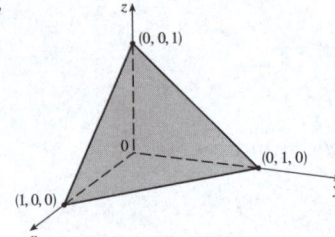

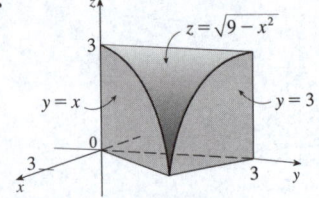

17. Tipo I: $D = \{(x,y) \mid 0 \le x \le 1, 0 \le y \le x\}$,
tipo II: $D = \{(x,y) \mid 0 \le y \le 1, y \le x \le 1\}$; $\frac{1}{3}$

19. $\int_0^1 \int_{-\sqrt{x}}^{\sqrt{x}} y\,dy\,dx + \int_1^4 \int_{x-2}^{\sqrt{x}} y\,dy\,dx = \int_{-1}^2 \int_{y^2}^{y+2} y\,dx\,dy = \frac{9}{4}$

21. $\int_0^1 \int_0^{\cos^{-1}y} \mathrm{sen}^2 x\,dx\,dy = \int_0^{\pi/2} \int_0^{\cos x} \mathrm{sen}^2 x\,dy\,dx = \frac{1}{3}$

23. $\frac{1}{2}(1-\cos 1)$ **25.** $\frac{11}{3}$ **27.** 0

29. (a) $\int_0^1 \int_0^y (1+xy)\,dx\,dy$ (b) $\frac{5}{8}$ **31.** $\frac{3}{4}$

33. $\frac{31}{8}$ **35.** $\frac{16}{3}$ **37.** $\frac{128}{15}$ **39.** $\frac{1}{3}$

41. 0, 1.213; 0.713   **43.** $\frac{64}{3}$

45. $\dfrac{10}{3\sqrt{2}}$ o $\dfrac{5\sqrt{2}}{3}$

47.

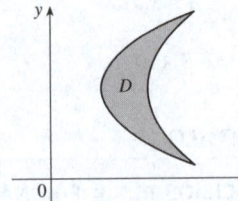

49.

51. $13\,984\,735\,616 / 14\,549\,535$ **53.** $\pi/2$

55.

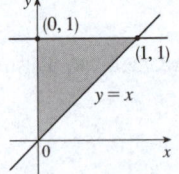

$\int_0^1 \int_x^1 f(x,y)\,dy\,dx$

57.

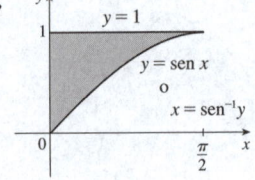

$\int_0^1 \int_0^{\mathrm{sen}^{-1}y} f(x,y)\,dx\,dy$

59.

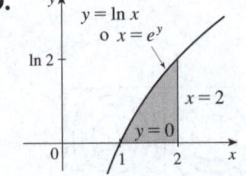

$\int_0^{\ln 2} \int_{e^y}^2 f(x,y)\,dx\,dy$

61. $\frac{1}{6}(e^9-1)$ **63.** $\frac{2}{9}(2\sqrt{2}-1)$

65. $\frac{1}{3}(2\sqrt{2}-1)$ **67.** 1

69. $\dfrac{\sqrt{3}}{2}\,\pi \le \iint_s \sqrt{4-x^2y^2}\,dA \le \pi$

71. $\frac{3}{4}$ **75.** 9π **77.** $a^2b + \frac{3}{2}ab^2$ **79.** $\pi a^2 b$

EJERCICIOS 15.3 ■ PÁGINA 1067

1. $\int_0^{3\pi/2} \int_0^4 f(r\cos\theta, r\,\mathrm{sen}\,\theta)\,r\,dr\,d\theta$

3. $\int_0^\pi \int_1^3 f(r\cos\theta, r\,\mathrm{sen}\,\theta)\,r\,dr\,d\theta$

5. $\int_0^1 \int_{2y-2}^{2-2y} f(x,y)\,dx\,dy$

7.

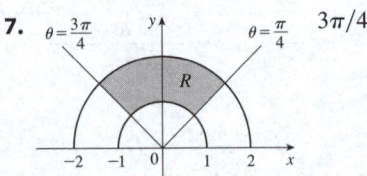

$3\pi/4$

9. $\frac{1250}{3}$ **11.** $(\pi/4)(\cos 1 - \cos 9)$

13. $(\pi/2)(1-e^{-4})$ **15.** $\frac{3}{64}\pi^2$

17. $\dfrac{3\pi}{2} - 4$ **19.** $\dfrac{3\pi}{8} + \dfrac{1}{4}$ **21.** $\pi/12$

23. (a) $\int_0^{\pi/2} \int_0^2 (r + r^3 \cos\theta\,\mathrm{sen}\,\theta)\,dr\,d\theta$ (b) $\pi + 2$

25. (a) $\int_0^{3\pi/2} \int_0^3 r^2\,\mathrm{sen}\,\theta\,dr\,d\theta$ (b) 9

27. (a) $\int_0^{\pi/2} \int_0^{\mathrm{sen}\,\theta} r^2\cos\theta\,dr\,d\theta$ (b) $\frac{1}{12}$

29. $\frac{625}{2}\pi$ **31.** 4π **33.** $\frac{4}{3}\pi a^3$

35. $(\pi/3)(2-\sqrt{2})$ **37.** $(8\pi/3)(64-24\sqrt{3})$

39. $(\pi/4)(1-e^{-4})$ **41.** $\frac{1}{120}$ **43.** 4.5951

45. $38\pi \, \text{m}^3$ **47.** $2/(a+b)$ **49.** $\frac{15}{16}$

51. (a) $\sqrt{\pi}/4$ (b) $\sqrt{\pi}/2$

EJERCICIOS 15.4 ■ PÁGINA 1078

1. 285 C   **3.** $\left(\frac{3}{4}, \frac{1}{2}\right)$ **5.** $42k, \left(2, \frac{85}{28}\right)$ **7.** $6, \left(\frac{3}{4}, \frac{3}{2}\right)$

9. $\frac{8}{15}k, \left(0, \frac{4}{7}\right)$ **11.** $\frac{1}{8}(1 - 3e^{-2}), \left(\dfrac{e^2 - 5}{e^2 - 3}, \dfrac{8(e^3 - 4)}{27(e^3 - 3e)}\right)$

13. $\left(\frac{3}{8}, 3\pi/16\right)$ **15.** $(0, 45/(14\pi))$

17. $(2a/5, 2a/5)$ si el vértice es $(0, 0)$ y los lados están a lo largo de los ejes positivos

19. $409.2k, 182k, 591.2k$

21. $7ka^6/180, 7ka^6/180, 7ka^6/90$ si el vértice es $(0, 0)$ y los lados están a lo largo de los ejes positivos

23. $\rho bh^3/3, \rho b^3h/3; b/\sqrt{3}, h/\sqrt{3}$

25. $\rho a^4\pi/16, \rho a^4\pi/16; a/2, a/2$

27. $m = 3\pi/64, (\bar{x}, \bar{y}) = \left(\dfrac{16\,384\sqrt{2}}{10\,395\pi}, 0\right),$

$I_x = \dfrac{5\pi}{384} - \dfrac{4}{105}, I_y = \dfrac{5\pi}{384} + \dfrac{4}{105}, I_0 = \dfrac{5\pi}{192}$

29. (a) $\frac{1}{2}$ (b) 0.375   (c) $\frac{5}{48} \approx 0.1042$

31. (b) (i) $e^{-0.2} \approx 0.8187$

(ii) $1 + e^{-1.8} - e^{-0.8} - e^{-1} \approx 0.3481$ (c) 2, 5

33. (a) ≈ 0.500 (b) ≈ 0.632

35. (a) $\iint_D k\left[1 - \frac{1}{20}\sqrt{(x - x_0)^2 + (y - y_0)^2}\right] dA$, donde D es el disco con radio de 10 km centrado en el centro de la ciudad

(b) $200\pi k/3 \approx 209k, 200\left(\pi/2 - \frac{8}{9}\right)k \approx 136k$; en la orilla

EJERCICIOS 15.5 ■ PÁGINA 1081

1. $\frac{13}{3}\sqrt{2}$ **3.** $12\sqrt{35}$ **5.** $3\sqrt{14}$

7. $(\pi/6)(13\sqrt{13} - 1)$ **9.** $(\pi/6)(17\sqrt{17} - 5\sqrt{5})$

11. $(2\pi/3)(2\sqrt{2} - 1)$ **13.** $a^2(\pi - 2)$ **15.** 3.6258

17. (a) ≈ 1.83 (b) ≈ 1.8616

19. $\frac{45}{8}\sqrt{14} + \frac{15}{16}\ln\left[(11\sqrt{5} + 3\sqrt{70})/(3\sqrt{5} + \sqrt{70})\right]$

21. 3.3213   **25.** $(\pi/6)(101\sqrt{101} - 1)$

EJERCICIOS 15.6 ■ PÁGINA 1092

1. $\frac{27}{4}$ **3.** $\frac{16}{15}$ **5.** $\frac{5}{3}$ **7.** $3\ln 3 + 3$

9. (a) $\int_{-1}^{1}\int_{0}^{1-x^2}\int_{0}^{2-z} x \, dy \, dz \, dx$ (b) 0

11. (a) $\int_{0}^{2}\int_{0}^{2-x}\int_{0}^{x^2} (x + y) \, dy \, dz \, dx$ (b) $\frac{8}{3}$

13. $\frac{27}{2}$ **15.** $\pi/8 - \frac{1}{3}$ **17.** $\frac{65}{28}$

19. $\frac{8}{15}$ **21.** $16\pi/3$ **23.** $\frac{16}{3}$ **25.** $\frac{8}{15}$

27. (a) $\int_{0}^{1}\int_{0}^{x}\int_{0}^{\sqrt{1-y^2}} dz \, dy \, dx$ (b) $\frac{1}{4}\pi - \frac{1}{3}$

29. ≈ 0.985 **31.**

33. $\int_{-2}^{2}\int_{0}^{4-x^2}\int_{-\sqrt{4-x^2-y}/2}^{\sqrt{4-x^2-y}/2} f(x, y, z) \, dz \, dy \, dx$

$= \int_{0}^{4}\int_{-\sqrt{4-y}}^{\sqrt{4-y}}\int_{-\sqrt{4-x^2-y}/2}^{\sqrt{4-x^2-y}/2} f(x, y, z) \, dz \, dx \, dy$

$= \int_{-1}^{1}\int_{0}^{4-4z^2}\int_{-\sqrt{4-y-4z^2}}^{\sqrt{4-y-4z^2}} f(x, y, z) \, dx \, dy \, dz$

$= \int_{0}^{4}\int_{-\sqrt{4-y}/2}^{\sqrt{4-y}/2}\int_{-\sqrt{4-y-4z^2}}^{\sqrt{4-y-4z^2}} f(x, y, z) \, dx \, dz \, dy$

$= \int_{-2}^{2}\int_{-\sqrt{4-x^2}/2}^{\sqrt{4-x^2}/2}\int_{0}^{4-x^2-4z^2} f(x, y, z) \, dy \, dz \, dx$

$= \int_{-1}^{1}\int_{-\sqrt{4-4z^2}}^{\sqrt{4-4z^2}}\int_{0}^{4-x^2-4z^2} f(x, y, z) \, dy \, dx \, dz$

35. $\int_{-2}^{2}\int_{x^2}^{4}\int_{0}^{2-y/2} f(x, y, z) \, dz \, dy \, dx$

$= \int_{0}^{4}\int_{-\sqrt{y}}^{\sqrt{y}}\int_{0}^{2-y/2} f(x, y, z) \, dz \, dx \, dy$

$= \int_{0}^{2}\int_{0}^{4-2z}\int_{-\sqrt{y}}^{\sqrt{y}} f(x, y, z) \, dx \, dy \, dz$

$= \int_{0}^{4}\int_{0}^{2-y/2}\int_{-\sqrt{y}}^{\sqrt{y}} f(x, y, z) \, dx \, dz \, dy$

$= \int_{-2}^{2}\int_{0}^{2-x^2/2}\int_{x^2}^{4-2z} f(x, y, z) \, dy \, dz \, dx$

$= \int_{0}^{2}\int_{-\sqrt{4-2z}}^{\sqrt{4-2z}}\int_{x^2}^{4-2z} f(x, y, z) \, dy \, dx \, dz$

37. $\int_{0}^{1}\int_{\sqrt{x}}^{1}\int_{0}^{1-y} f(x, y, z) \, dz \, dy \, dx = \int_{0}^{1}\int_{0}^{y^2}\int_{0}^{1-y} f(x, y, z) \, dz \, dx \, dy$

$= \int_{0}^{1}\int_{0}^{1-z}\int_{0}^{y^2} f(x, y, z) \, dx \, dy \, dz = \int_{0}^{1}\int_{0}^{1-y}\int_{0}^{y^2} f(x, y, z) \, dx \, dz \, dy$

$= \int_{0}^{1}\int_{0}^{1-\sqrt{x}}\int_{\sqrt{x}}^{1-z} f(x, y, z) \, dy \, dz \, dx = \int_{0}^{1}\int_{0}^{(1-z)^2}\int_{\sqrt{x}}^{1-z} f(x, y, z) \, dy \, dx \, dz$

39. $\int_{0}^{1}\int_{y}^{1}\int_{0}^{y} f(x, y, z) \, dz \, dx \, dy = \int_{0}^{1}\int_{0}^{x}\int_{0}^{y} f(x, y, z) \, dz \, dy \, dx$

$= \int_{0}^{1}\int_{z}^{1}\int_{y}^{1} f(x, y, z) \, dx \, dy \, dz = \int_{0}^{1}\int_{0}^{y}\int_{y}^{1} f(x, y, z) \, dx \, dz \, dy$

$= \int_{0}^{1}\int_{0}^{x}\int_{z}^{x} f(x, y, z) \, dy \, dz \, dx = \int_{0}^{1}\int_{z}^{1}\int_{z}^{x} f(x, y, z) \, dy \, dx \, dz$

41. 64π **43.** $\frac{3}{2}\pi, \left(0, 0, \frac{1}{3}\right)$

45. $a^5, (7a/12, 7a/12, 7a/12)$

47. $I_x = I_y = I_z = \frac{2}{3}kL^5$ **49.** $\frac{1}{2}\pi kha^4$

51. (a) $m = \int_{-1}^{1}\int_{x^2}^{1}\int_{0}^{1-y} \sqrt{x^2 + y^2} \, dz \, dy \, dx$

(b) $(\bar{x}, \bar{y}, \bar{z})$, donde

$\bar{x} = (1/m)\int_{-1}^{1}\int_{x^2}^{1}\int_{0}^{1-y} x\sqrt{x^2 + y^2} \, dz \, dy \, dx,$

$\bar{y} = (1/m)\int_{-1}^{1}\int_{x^2}^{1}\int_{0}^{1-y} y\sqrt{x^2 + y^2} \, dz \, dy \, dx,$

y $\bar{z} = (1/m)\int_{-1}^{1}\int_{x^2}^{1}\int_{0}^{1-y} z\sqrt{x^2 + y^2} \, dz \, dy \, dx$

(c) $\int_{-1}^{1}\int_{x^2}^{1}\int_{0}^{1-y} (x^2 + y^2)^{3/2} \, dz \, dy \, dx$

53. (a) $\frac{3}{32}\pi + \frac{11}{24}$

(b) $\left(\dfrac{28}{9\pi + 44}, \dfrac{30\pi + 128}{45\pi + 220}, \dfrac{45\pi + 208}{135\pi + 660}\right)$

(c) $\frac{1}{240}(68 + 15\pi)$

55. (a) $\frac{1}{8}$ (b) $\frac{1}{64}$ (c) $\frac{1}{5760}$ **57.** $L^3/8$

59. (a) La región acotada por el elipsoide $x^2 + 2y^2 + 3z^2 = 1$

(b) $4\sqrt{6}\pi/45$

EJERCICIOS 15.7 ■ PÁGINA 1100

1. (a)

$(0, 5, 2)$

(b)

$(3\sqrt{2}, -3\sqrt{2}, -3)$

3. (a) $\left(4\sqrt{2}, \pi/4, -3\right)$ (b) $\left(10, -\pi/6, \sqrt{3}\right)$

5. Cilindro circular con radio 2 y eje en el eje z

7. Esfera, radio 2, centrada en el origen

9. (a) $z^2 = 1 + r\cos\theta - r^2$ (b) $z = r^2 \cos 2\theta$

11.

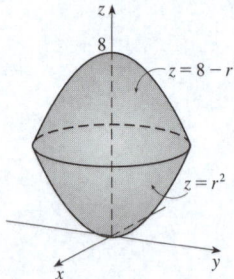

13. Coordenadas cilíndricas: $6 \leq r \leq 7, 0 \leq \theta \leq 2\pi, 0 \leq z \leq 20$

15. (a) $\int_0^\pi \int_0^1 \int_0^{2-r^2} r^3 \, dz \, dr \, d\theta$ (b) $\pi/3$

17.

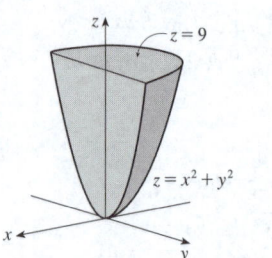

$\frac{81}{4}\pi$

19. 384π **21.** $\frac{8}{3}\pi + \frac{128}{15}$ **23.** $2\pi/5$ **25.** $\frac{4}{3}\pi\left(\sqrt{2} - 1\right)$

27. (a) $\frac{512}{3}\pi$ (b) $\left(0, 0, \frac{23}{2}\right)$

29. $\pi Ka^2/8, (0, 0, 2a/3)$ **31.** 0

33. (a) $\iiint_C h(P)g(P) \, dV$, donde C es el cono
(b) $\approx 4.4 \times 10^{18}$ J

EJERCICIOS 15.8 ■ PÁGINA 1106

1. (a)

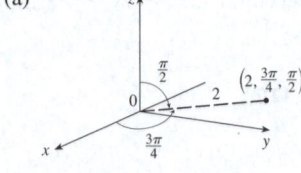

$\left(-\sqrt{2}, \sqrt{2}, 0\right)$

(b)

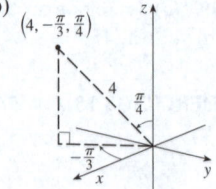

$\left(\sqrt{2}, -\sqrt{6}, 2\sqrt{2}\right)$

3. (a) $\left(3\sqrt{2}, \pi/4, \pi/2\right)$ (b) $(4, -\pi/3, \pi/6)$

5. Mitad inferior de un cono **7.** Plano horizontal

9. (a) $\rho = 3$ (b) $\rho^2(\text{sen}^2\phi \cos 2\theta - \cos^2\phi) = 1$

11.

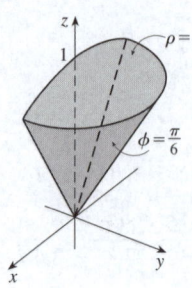

13.

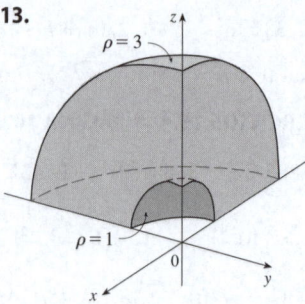

15. $\pi/4 \leq \phi \leq \pi/2, 0 \leq \rho \leq 4\cos\phi$

17.

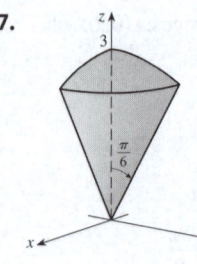

$(9\pi/4)\left(2 - \sqrt{3}\right)$

19. $\int_0^{\pi/2} \int_0^3 \int_0^2 f(r\cos\theta, r \, \text{sen}\, \theta, z) \, r \, dz \, dr \, d\theta$

21. (a) $\int_{\pi/2}^\pi \int_{\pi/2}^{3\pi/2} \int_2^3 \rho^3 \, \text{sen}\, \phi \, d\rho \, d\theta \, d\phi$ (b) $\frac{65}{4}\pi$

23. $312\,500\,\pi/7$ **25.** $1688\,\pi/15$ **27.** $\pi/8$

29. $\left(\sqrt{3} - 1\right)\pi a^3/3$ **31.** (a) 10π (b) $(0, 0, 2.1)$

33. (a) $\left(0, 0, \frac{7}{12}\right)$ (b) $11K\pi/960$

35. (a) $\left(0, 0, \frac{3}{8}a\right)$ (b) $4K\pi a^5/15$ (K es la densidad)

37. $\frac{1}{3}\pi\left(2 - \sqrt{2}\right), \left(0, 0, 3/\left[8\left(2 - \sqrt{2}\right)\right]\right)$

39. (a) $\pi Ka^4h/2$ (K es la densidad) (b) $\pi Ka^2h(3a^2 + 4h^2)/12$

41. $5\pi/6$ **43.** $\left(4\sqrt{2} - 5\right)/15$ **45.** $4096\,\pi/21$

47.

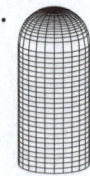

49. $136\pi/99$

EJERCICIOS 15.9 ■ PÁGINA 1116

1. (a) VI (b) I (c) IV (d) V (e) III (f) II

3. El paralelogramo con vértices $(0, 0), (6, 3), (12, 1), (6, -2)$

5. La región acotada por la recta $y = 1$, el eje y, y $y = \sqrt{x}$

7. $x = \frac{1}{3}(v - u), y = \frac{1}{3}(u + 2v)$ es una posible transformación, donde $S = \{(u, v) \mid -1 \leq u \leq 1, 1 \leq v \leq 3\}$

9. $x = u\cos v, y = u \, \text{sen}\, v$ es una posible transformación, donde $S = \{(u, v) \mid 1 \leq u \leq \sqrt{2}, 0 \leq v \leq \pi/2\}$

11. -6 **13.** s **15.** $2uvw$

17. -3 **19.** 6π **21.** $2\ln 3$

23. (a) $\frac{4}{3}\pi abc$ (b) $1.083 \times 10^{12}\ \text{km}^3$

(c) $\frac{4}{15}\pi(a^2 + b^2)abck$

25. $\frac{8}{5}\ln 8$ **27** $\frac{3}{2}\operatorname{sen} 1$ **29.** $e - e^{-1}$

CAPÍTULO 15 REPASO ▪ PÁGINA 1118

Preguntas de verdadero o falso

1. Verdadero   **3.** Verdadero   **5.** Verdadero
7. Verdadero   **9.** Falso

Ejercicios

1. ≈ 64.0 **3.** $4e^2 - 4e + 3$ **5.** $\frac{1}{2}\operatorname{sen} 1$ **7.** $\frac{2}{3}$

9. $\int_0^{\pi}\int_2^4 f(r\cos\theta, r\operatorname{sen}\theta)\, r\, dr\, d\theta$

11. $\left(\sqrt{3}, 3, 2\right), (4, \pi/3, \pi/3)$

13. $\left(2\sqrt{2}, 2\sqrt{2}, 4\sqrt{3}\right), \left(4, \pi/4, 4\sqrt{3}\right)$

15. (a) $r^2 + z^2 = 4, \rho = 2$ (b) $r = 2, \rho\operatorname{sen}\phi = 2$

17. La región dentro del lazo de la rosa de cuatro pétalos $r = \operatorname{sen} 2\theta$ en el primer cuadrante

19. $\frac{1}{2}\operatorname{sen} 1$ **21.** $\frac{1}{2}e^6 - \frac{7}{2}$ **23.** $\frac{1}{4}\ln 2$ **25.** 8

27. $81\pi/5$ **29.** $\frac{81}{2}$ **31.** $\pi/96$ **33.** $\frac{64}{15}$

35. 176 **37.** $\frac{2}{3}$ **39.** $2ma^3/9$

41. (a) $\frac{1}{4}$ (b) $\left(\frac{1}{3}, \frac{8}{15}\right)$
(c) $I_x = \frac{1}{12}, I_y = \frac{1}{24}; \bar{\bar{y}} = 1/\sqrt{3}, \bar{\bar{x}} = 1/\sqrt{6}$

43. (a) $(0, 0, h/4)$ (b) $\pi a^5 h/15$

45. $\ln\left(\sqrt{2} + \sqrt{3}\right) + \sqrt{2}/3$ **47.** $\frac{486}{5}$ **49.** 0.0512

51. (a) $\frac{1}{15}$ (b) $\frac{1}{3}$ (c) $\frac{1}{45}$

53. $\int_0^1\int_0^{1-z}\int_{-\sqrt{y}}^{\sqrt{y}} f(x, y, z)\, dx\, dy\, dz$ **55.** $-\ln 2$ **57.** 0

PROBLEMAS ADICIONALES ▪ PÁGINA 1121

1. 30 **3.** $\frac{1}{2}\operatorname{sen} 1$ **7.** (b) 0.90

13. $abc\pi\left(\dfrac{2}{3} - \dfrac{8}{9\sqrt{3}}\right)$

CAPÍTULO 16

EJERCICIOS 16.1 ▪ PÁGINA 1129

1.

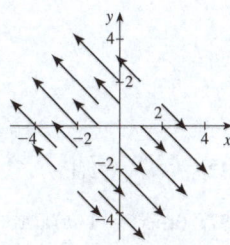

3.

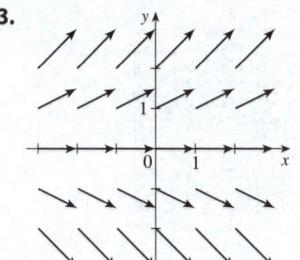

5.

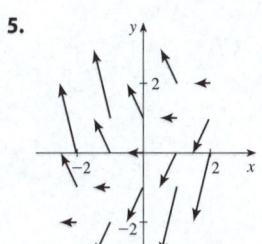

7.

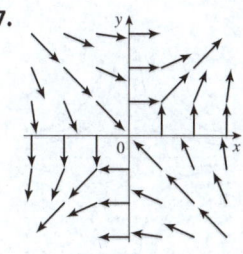

9.

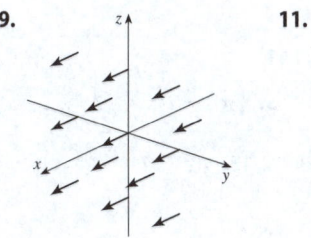

11.

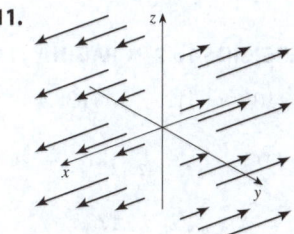

13. IV   **15.** I   **17.** III   **19.** IV   **21.** III

23.

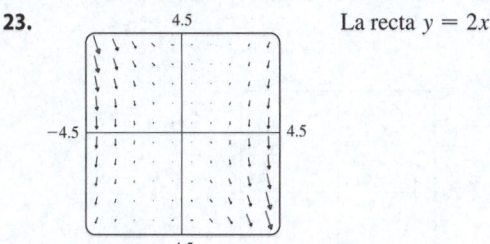

La recta $y = 2x$

25. $\nabla f(x, y) = y^2\cos(xy)\,\mathbf{i} + [xy\cos(xy) + \operatorname{sen}(xy)]\,\mathbf{j}$

27. $\nabla f(x, y, z) = \dfrac{x}{\sqrt{x^2 + y^2 + z^2}}\,\mathbf{i}$
$+ \dfrac{y}{\sqrt{x^2 + y^2 + z^2}}\,\mathbf{j} + \dfrac{z}{\sqrt{x^2 + y^2 + z^2}}\,\mathbf{k}$

29. $\nabla f(x, y) = (x - y)\,\mathbf{i} + (y - x)\,\mathbf{j}$

31. III   **33.** II   **35.**

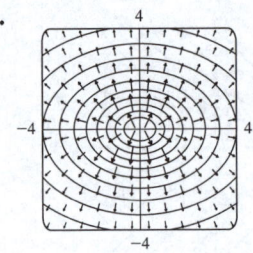

37. (2.04, 1.03)

39. (a) $y = C/x$

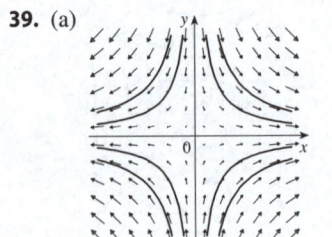

(b) $y = 1/x, x > 0$

EJERCICIOS 16.2 ■ PÁGINA 1141

1. $\frac{4}{3}(10^{3/2} - 1)$ **3.** 1638.4   **5.** $\frac{1}{3}\pi^6 + 2\pi$ **7.** $\frac{5}{2}$

9. $\sqrt{2}/3$ **11.** $\frac{1}{12}\sqrt{14}(e^6 - 1)$ **13.** $\frac{2}{5}(e - 1)$

15. $\pi/2 - \frac{1}{6}\sqrt{2}$ **17.** $\frac{35}{3}$

19. (a) Positivo   (b) Negativo   **21.** $\frac{1}{20}$

23. $\frac{6}{5} - \cos 1 - \sin 1$ **25.** 0.5424   **27.** 94.8231

29. $3\pi + \frac{2}{3}$

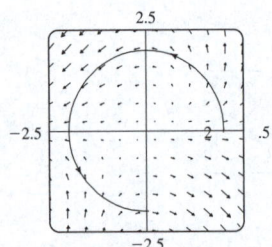

31. (a) $\frac{11}{8} - 1/e$ (b) 2.1

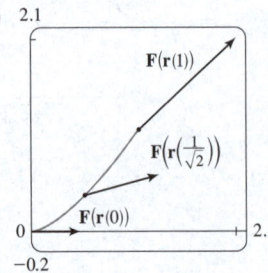

33. $\frac{172704}{5632705}\sqrt{2}(1 - e^{-14\pi})$ **35.** $2\pi k, (4/\pi, 0)$

37. (a) $\bar{x} = (1/m)\int_C x\rho(x, y, z)\, ds,$

$\bar{y} = (1/m)\int_C y\rho(x, y, z)\, ds,$

$\bar{z} = (1/m)\int_C z\rho(x, y, z)\, ds$, donde $m = \int_C \rho(x, y, z)\, ds$

(b) $(0, 0, 3\pi)$

39. $I_x = k(\frac{1}{2}\pi - \frac{4}{3}), I_y = k(\frac{1}{2}\pi - \frac{2}{3})$ **41.** $2\pi^2$ **43.** $\frac{7}{3}$

45. (a) $2ma\,\mathbf{i} + 6mbt\,\mathbf{j}, 0 \leq t \leq 1$ (b) $2ma^2 + \frac{9}{2}mb^2$

47. $\approx 2.26 \times 10^4\,\text{J}$ **49.** (b) Sí   **53.** $\approx 22\,\text{J}$

EJERCICIOS 16.3 ■ PÁGINA 1151

1. 40   **3.** No conservativo

5. $f(x, y) = ye^{xy} + K$ **7.** $f(x, y) = ye^x + x \sin y + K$

9. $f(x, y) = y^2 \sin x + x \cos y + K$

11. (b) 16   **13.** (a) 16   (b) $f(x, y) = x^3 + xy^2 + K$

15. (a) $f(x, y) = e^{xy} + K$ (b) $e^2 - 1$

17. (a) $f(x, y) = x^2 + 2y^2$ (b) -21

19. (a) $f(x, y) = \frac{1}{3}x^3y^3$ (b) -9

21. (a) $f(x, y, z) = x^2y + y^2z$ (b) 30

23. (a) $f(x, y, z) = ye^{xz}$ (b) 4   **25.** $4/e$

27. No importa qué curva se seleccione.

29. $\frac{31}{4}$ **31.** No   **33.** Conservativo

37. (a) Sí   (b) Sí   (c) Sí

39. (a) No   (b) Sí   (c) Sí

EJERCICIOS 16.4 ■ PÁGINA 1159

1. 120   **3.** $\frac{2}{3}$ **5.** $4(e^3 - 1)$ **7.** $-\frac{9}{5}$ **9.** $\frac{1}{3}$

11. -24π **13.** 14   **15.** $-\frac{16}{3}$ **17.** 4π

19. $\frac{1}{15}\pi^4 - \frac{4144}{1125}\pi^2 + \frac{7578368}{253125} \approx 0.0779$

21. $-\frac{1}{12}$ **23.** 3π **25.** (c) $\frac{9}{2}$

27. $(4a/3\pi, 4a/3\pi)$ si la región es la parte del disco $x^2 + y^2 = a^2$ en el primer cuadrante

31. 0

EJERCICIOS 16.5 ■ PÁGINA 1168

1. (a) **0**   (b) $y^2z^2 + x^2z^2 + x^2y^2$

3. (a) $ze^x\,\mathbf{i} + (xye^z - yze^x)\,\mathbf{j} - xe^z\,\mathbf{k}$ (b) $y(e^z + e^x)$

5. (a) $-\dfrac{\sqrt{z}}{(1 + y)^2}\,\mathbf{i} - \dfrac{\sqrt{x}}{(1 + z)^2}\,\mathbf{j} - \dfrac{\sqrt{y}}{(1 + x)^2}\,\mathbf{k}$

(b) $\dfrac{1}{2\sqrt{x}(1 + z)} + \dfrac{1}{2\sqrt{y}(1 + x)} + \dfrac{1}{2\sqrt{z}(1 + y)}$

7. (a) $\langle -e^y \cos z, -e^z \cos x, -e^x \cos y \rangle$

(b) $e^x \sin y + e^y \sin z + e^z \sin x$

9. (a) Negativo   (b) rot $\mathbf{F} = \mathbf{0}$

11. (a) Cero   (b) rot $\mathbf{F}$ punta en la dirección negativa z

15. $f(x, y, z) = x^2y^3z^2 + K$

17. $f(x, y, z) = x \ln y + y \ln z + K$

19. No conservativo   **21.** No

EJERCICIOS 16.6 ■ PÁGINA 1180

1. P: sí; Q: no

3. El plano que pasa por $(0, 3, 1)$ que contiene los vectores $\langle 1, 0, 4 \rangle, \langle 1, -1, 5 \rangle$

5. El cono circular con eje en el eje z

7.

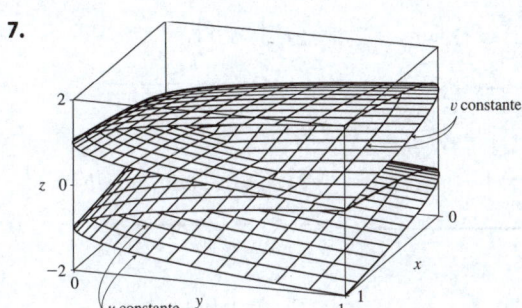

9.

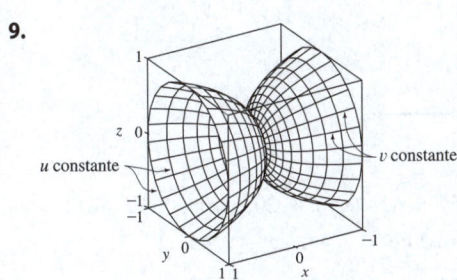

11.

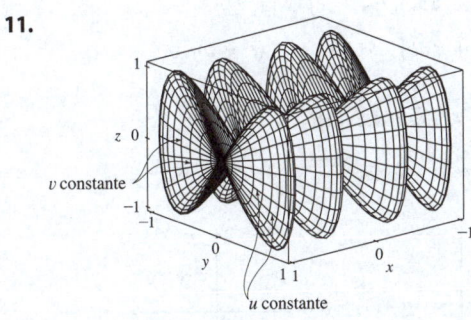

13. IV **15.** I **17.** III

19. $x = u, y = v - u, z = -v$

21. $y = y, z = z, x = \sqrt{1 + y^2 + \frac{1}{4}z^2}$

23. $x = 2 \operatorname{sen} \phi \cos \theta, y = 2 \operatorname{sen} \phi \operatorname{sen} \theta,$

$z = 2 \cos \phi, 0 \le \phi \le \pi/4, 0 \le \theta \le 2\pi$

$\left[\text{o } x = x, y = y, z = \sqrt{4 - x^2 - y^2}, x^2 + y^2 \le 2 \right]$

25. $x = 6 \operatorname{sen} \phi \cos \theta, y = 6 \operatorname{sen} \phi \operatorname{sen} \theta, z = 6 \cos \phi,$
$\pi/6 \le \phi \le \pi/2, 0 \le \theta \le 2\pi$

29. $x = x, y = \dfrac{1}{1 + x^2} \cos \theta, y = \dfrac{1}{1 + x^2} \operatorname{sen} \theta,$
$-2 \le x \le 2, 0 \le \theta \le 2\pi$

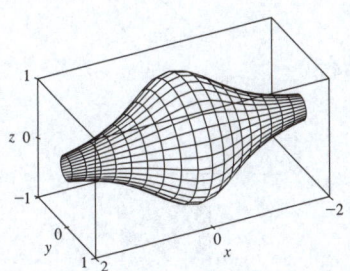

31. (a) La dirección se invierte (b) El número de espirales se duplica

33. $3x - y + 3z = 3$ **35.** $\dfrac{\sqrt{3}}{2}x - \dfrac{1}{2}y + z = \dfrac{\pi}{3}$

37. $-x + 2z = 1$ **39.** $3\sqrt{14}$ **41.** $\sqrt{14}\pi$

43. $\frac{4}{15}(3^{5/2} - 2^{7/2} + 1)$ **45.** $(2\pi/3)(2\sqrt{2} - 1)$

47. $(\pi/6)(65^{3/2} - 1)$ **49.** 4 **51.** $\pi R^2 \le A(S) \le \sqrt{3}\,\pi R^2$

53. 3.5618 **55.** (a) ≈ 24.2055 (b) 24.2476

57. $\frac{45}{8}\sqrt{14} + \frac{15}{16}\ln\left[(11\sqrt{5} + 3\sqrt{70})/(3\sqrt{5} + \sqrt{70})\right]$

59. (b)

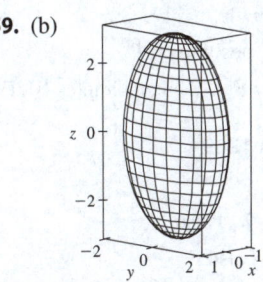

(c) $\int_0^{2\pi} \int_0^{\pi} \sqrt{36 \operatorname{sen}^4 u \cos^2 v + 9 \operatorname{sen}^4 u \operatorname{sen}^2 v + 4 \cos^2 u \operatorname{sen}^2 u}\ du\,dv$

61. 4π **63.** $2a^2(\pi - 2)$

EJERCICIOS 16.7 ■ PÁGINA 1192

1. ≈ -6.93 **3.** 900π **5.** $11\sqrt{14}$ **7.** $\frac{2}{3}(2\sqrt{2} - 1)$

9. $171\sqrt{14}$ **11.** $\sqrt{21}/3$ **13.** $(\pi/120)(25\sqrt{5} + 1)$

15. $\frac{7}{4}\sqrt{21} - \frac{17}{12}\sqrt{17}$ **17.** 16π **19.** 0 **21.** 4

23. $\frac{713}{180}$ **25.** $\frac{8}{3}\pi$ **27.** 0 **29.** 48 **31.** $2\pi + \frac{8}{3}$

33. 4.5822 **35.** 3.4895

37. $\iint_S \mathbf{F} \cdot d\mathbf{S} = \iint_D [P(\partial h/\partial x) - Q + R(\partial h/\partial z)]\,dA$, donde $D = $ proyección de S en el plano xz

39. $(0, 0, a/2)$

41. (a) $I_z = \iint_S (x^2 + y^2)\rho(x, y, z)\,dS$ (b) $4329\sqrt{2}\pi/5$

43. 0 kg/s **45.** $\frac{8}{3}\pi a^3 \varepsilon_0$ **47.** 1248π

EJERCICIOS 16.8 ■ PÁGINA 1199

3. 16π **5.** 0 **7.** -1 **9.** $-\frac{17}{20}$

11. 8π **13.** $\pi/2$

15. (a) $81\pi/2$ (b)

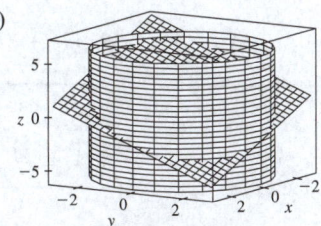

(c) $x = 3 \cos t$, $y = 3 \operatorname{sen} t$,
$z = 1 - 3(\cos t + \operatorname{sen} t)$,
$0 \leqslant t \leqslant 2\pi$

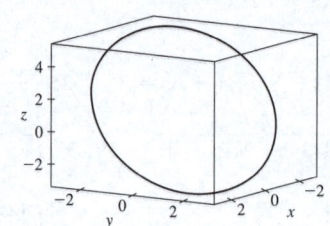

17. -32π **19.** $-\pi$ **21.** 3

EJERCICIOS 16.9 ▪ PÁGINA 1206

1. $\frac{9}{2}$ **3.** $256\pi/3$ **5.** $\frac{9}{2}$ **7.** $9\pi/2$ **9.** 0

11. π **13.** 16 **15.** $\frac{1}{24}abc(a + 4)$ **17.** 2π

19. $13\pi/20$ **21.** Negativo en P_1, positivo en P_2

23. div $\mathbf{F} > 0$ en cuadrantes I, II; div $\mathbf{F} < 0$ en cuadrantes III, IV

CAPÍTULO 16 REPASO ▪ PÁGINA 1209

Preguntas de verdadero o falso

1. Falso **3.** Verdadero **5.** Falso **7.** Falso

9. Verdadero **11.** Verdadero **13.** Falso

Ejercicios

1. (a) Negativo (b) Positivo **3.** $6\sqrt{10}$ **5.** $\frac{4}{15}$

7. $\frac{110}{3}$ **9.** $\frac{11}{12} - 4/e$ **11.** $f(x, y) = e^y + xe^{xy} + K$

13. 0 **15.** 0 **17.** -8π **25.** $\frac{1}{6}(27 - 5\sqrt{5})$

27. $(\pi/60)(391\sqrt{17} + 1)$ **29.** $-64\pi/3$ **31.** 0

33. $-\frac{1}{2}$ **35.** 4π **37.** -4 **39.** 21

PROBLEMAS ADICIONALES ▪ PÁGINA 1213

7. (d) $\dfrac{4\sqrt{2}\pi^2}{25}$ (e) $2\pi^2 r^2 R$

APÉNDICES

EJERCICIOS A ▪ PÁGINA A9

1. 18 **3.** π **5.** $5 - \sqrt{5}$ **7.** $2 - x$

9. $|x + 1| = \begin{cases} x + 1 & \text{para } x \geqslant -1 \\ -x - 1 & \text{para } x < -1 \end{cases}$ **11.** $x^2 + 1$

13. $(-2, \infty)$ **15.** $[-1, \infty)$

17. $(3, \infty)$ **19.** $(2, 6)$

21. $(0, 1]$ **23.** $\left[-1, \frac{1}{2}\right)$

25. $(-\infty, 1) \cup (2, \infty)$ **27.** $\left[-1, \frac{1}{2}\right]$

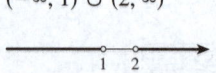

29. $(-\infty, \infty)$ **31.** $\left(-\sqrt{3}, \sqrt{3}\right)$

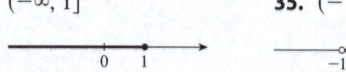

33. $(-\infty, 1]$ **35.** $(-1, 0) \cup (1, \infty)$

37. $(-\infty, 0) \cup \left(\frac{1}{4}, \infty\right)$

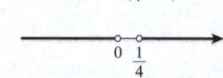

39. $10 \leqslant C \leqslant 35$ **41.** (a) $T = 20 - 10h, 0 \leqslant h \leqslant 12$

(b) $-30\,°\text{C} \leqslant T \leqslant 20\,°\text{C}$ **43.** $\pm\frac{3}{2}$ **45.** $2, -\frac{4}{3}$

47. $(-3, 3)$ **49.** $(3, 5)$ **51.** $(-\infty, -7] \cup [-3, \infty)$

53. $[1.3, 1.7]$ **55.** $[-4, -1] \cup [1, 4]$

57. $x \geqslant (a + b)c/(ab)$ **59.** $x > (c - b)/a$

EJERCICIOS B ▪ PÁGINA A15

1. 5 **3.** $\sqrt{74}$ **5.** $2\sqrt{37}$ **7.** 2 **9.** $-\frac{9}{2}$

17. **19.**

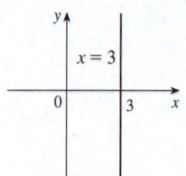

21. $y = 6x - 15$ **23.** $2x - 3y + 19 = 0$

25. $5x + y = 11$ **27.** $y = 3x - 2$ **29.** $y = 3x - 3$

31. $y = 5$ **33.** $x + 2y + 11 = 0$ **35.** $5x - 2y + 1 = 0$

37. $m = -\frac{1}{3}$, **39.** $m = 0$, **41.** $m = \frac{3}{4}$,

$b = 0$ $b = -2$ $b = -3$

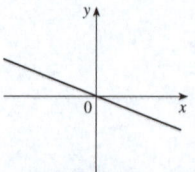 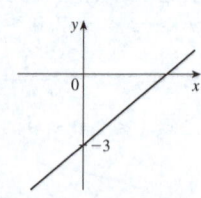

43. **45.**

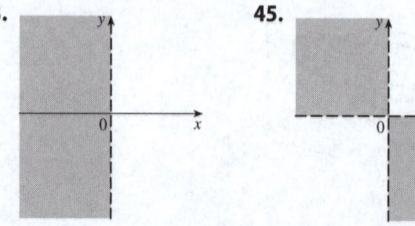

47.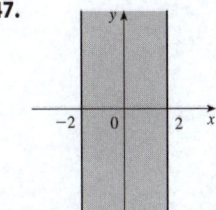

49.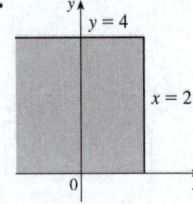

51.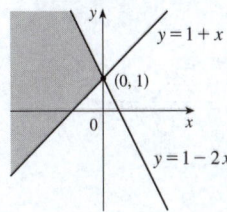

53. $(0, -4)$ **55.** (a) $(4, 9)$ (b) $(3.5, -3)$ **57.** $(1, -2)$

59. $y = x - 3$ **61.** (b) $4x - 3y - 24 = 0$

EJERCICIOS C ▪ PÁGINA A23

1. $(x - 3)^2 + (y + 1)^2 = 25$ **3.** $x^2 + y^2 = 65$

5. $(2, -5), 4$ **7.** $\left(-\frac{1}{2}, 0\right), \frac{1}{2}$ **9.** $\left(\frac{1}{4}, -\frac{1}{4}\right), \sqrt{10}/4$

11. Parábola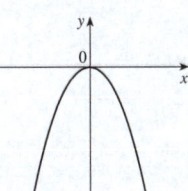

13. Elipse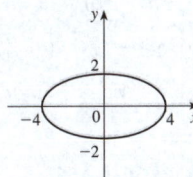

15. Hipérbola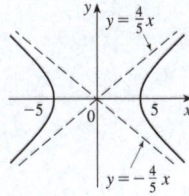

17. Elipse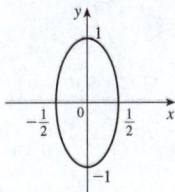

19. Parábola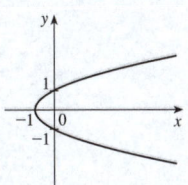

21. Hipérbola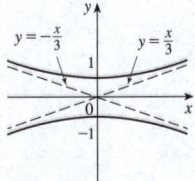

23. Hipérbola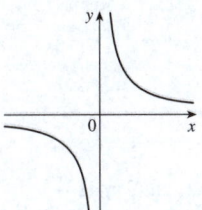

25. Elipse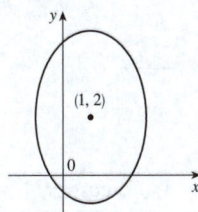

27. Parábola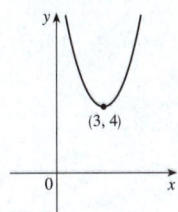

29. Parábola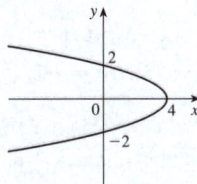

31. Elipse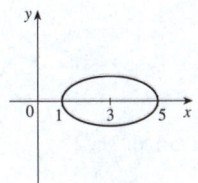

33.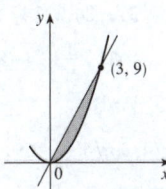

35. $y = x^2 - 2x$

37.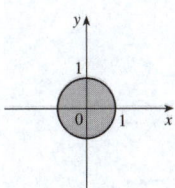

39.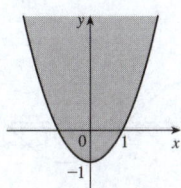

EJERCICIOS D ▪ PÁGINA A33

1. $7\pi/6$ **3.** $\pi/20$ **5.** 5π **7.** $720°$ **9.** $75°$

11. $-67.5°$ **13.** 3π cm   **15.** $\frac{2}{3}$ rad $= (120/\pi)°$

17.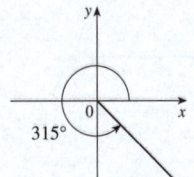

19.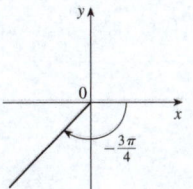

21.

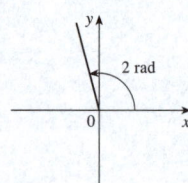

2 rad

23. $\text{sen}(3\pi/4) = 1/\sqrt{2}$, $\cos(3\pi/4) = -1/\sqrt{2}$, $\tan(3\pi/4) = -1$,
$\csc(3\pi/4) = \sqrt{2}$, $\sec(3\pi/4) = -\sqrt{2}$, $\cot(3\pi/4) = -1$

25. $\text{sen}(9\pi/2) = 1$, $\cos(9\pi/2) = 0$, $\csc(9\pi/2) = 1$,
$\cot(9\pi/2) = 0$, $\tan(9\pi/2)$ y $\sec(9\pi/2)$ indefinido

27. $\text{sen}(5\pi/6) = \frac{1}{2}$, $\cos(5\pi/6) = -\sqrt{3}/2$, $\tan(5\pi/6) = -1/\sqrt{3}$,
$\csc(5\pi/6) = 2$, $\sec(5\pi/6) = -2/\sqrt{3}$, $\cot(5\pi/6) = -\sqrt{3}$

29. $\cos\theta = \frac{4}{5}$, $\tan\theta = \frac{3}{4}$, $\csc\theta = \frac{5}{3}$, $\sec\theta = \frac{5}{4}$, $\cot\theta = \frac{4}{3}$

31. $\text{sen}\,\phi = \sqrt{5}/3$, $\cos\phi = -\frac{2}{3}$, $\tan\phi = -\sqrt{5}/2$,
$\csc\phi = 3/\sqrt{5}$, $\cot\phi = -2/\sqrt{5}$

33. $\text{sen}\,\beta = -1/\sqrt{10}$, $\cos\beta = -3/\sqrt{10}$, $\tan\beta = \frac{1}{3}$,
$\csc\beta = -\sqrt{10}$, $\sec\beta = -\sqrt{10}/3$

35. 5.73576 cm **37.** 24.62147 cm

59. $\frac{1}{15}(4 + 6\sqrt{2})$ **61.** $\frac{1}{15}(3 + 8\sqrt{2})$

63. $\frac{24}{25}$ **65.** $\pi/3, 5\pi/3$

67. $\pi/4, 3\pi/4, 5\pi/4, 7\pi/4$ **69.** $\pi/6, \pi/2, 5\pi/6, 3\pi/2$

71. $0, \pi, 2\pi$ **73.** $0 \le x \le \pi/6$ y $5\pi/6 \le x \le 2\pi$

75. $0 \le x < \pi/4, 3\pi/4 < x < 5\pi/4, 7\pi/4 < x \le 2\pi$

77. $\angle C = 62°$, $a \approx 199.55$, $b \approx 241.52$

79. ≈ 1355 m **81.** 14.34457 cm^2

83.

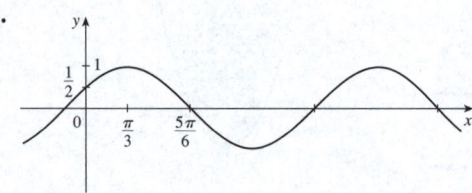

85.

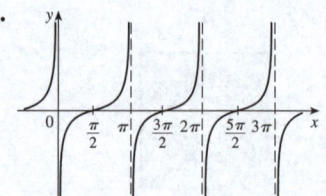

87.

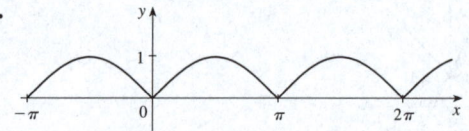

EJERCICIOS E ▪ PÁGINA A40

1. $\sqrt{1} + \sqrt{2} + \sqrt{3} + \sqrt{4} + \sqrt{5}$ **3.** $3^4 + 3^5 + 3^6$

5. $-1 + \frac{1}{3} + \frac{3}{5} + \frac{5}{7} + \frac{7}{9}$ **7.** $1^{10} + 2^{10} + 3^{10} + \cdots + n^{10}$

9. $1 - 1 + 1 - 1 + \cdots + (-1)^{n-1}$ **11.** $\sum_{i=1}^{10} i$

13. $\sum_{i=1}^{19} \frac{i}{i+1}$ **15.** $\sum_{i=1}^{n} 2i$ **17.** $\sum_{i=0}^{5} 2^i$ **19.** $\sum_{i=1}^{n} x^i$

21. 80 **23.** 3276 **25.** 0 **27.** 61 **29.** $n(n+1)$

31. $n(n^2 + 6n + 17)/3$ **33.** $n(n^2 + 6n + 11)/3$

35. $n(n^3 + 2n^2 - n - 10)/4$

41. (a) n^4 (b) $5^{100} - 1$ (c) $\frac{97}{300}$ (d) $a_n - a_0$

43. $\frac{1}{3}$ **45.** 14 **49.** $2^{n+1} + n^2 + n - 2$

EJERCICIOS G ▪ PÁGINA A59

1. (b) 0.405

Índice

El número de página seguido de una *n* indica que la entrada se encuentra en las notas; seguido de una *t* indica que está en una tabla; seguido de una *f* indica que está en una figura.

PR denota el número de las páginas de referencia que se encuentran al inicio y al final del libro.

FUNCIONES ESPECIALES

Funciones de potencia o potenciales $f(x) = x^a$

(i) $f(x) = x^n$, n un entero positivo

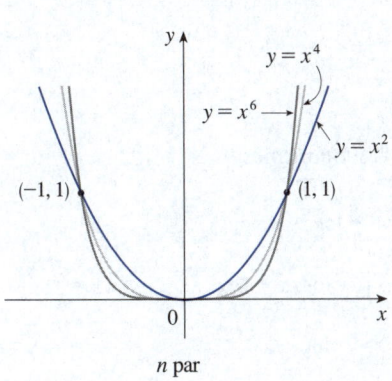

n par

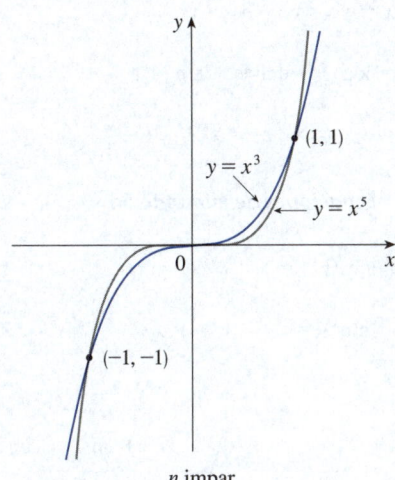

n impar

(ii) $f(x) = x^{1/n} = \sqrt[n]{x}$, n un entero positivo

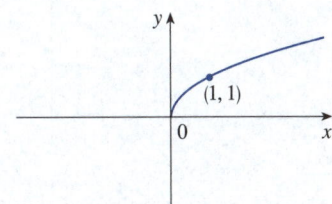

$f(x) = \sqrt{x}$

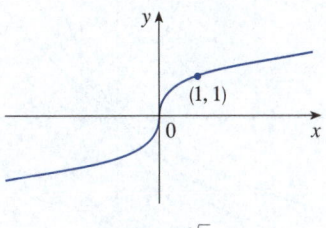

$f(x) = \sqrt[3]{x}$

(iii) $f(x) = x^{-1} = \dfrac{1}{x}$

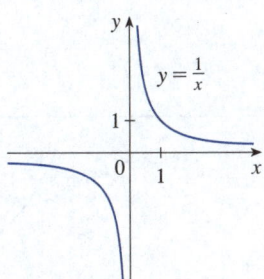

Funciones trigonométricas inversas

$\text{arcsen } x = \text{sen}^{-1}x = y \iff \text{sen } y = x \quad \text{y} \quad -\dfrac{\pi}{2} \le y \le \dfrac{\pi}{2}$

$\arccos x = \cos^{-1}x = y \iff \cos y = x \quad \text{y} \quad 0 \le y \le \pi$

$\arctan x = \tan^{-1}x = y \iff \tan y = x \quad \text{y} \quad -\dfrac{\pi}{2} < y < \dfrac{\pi}{2}$

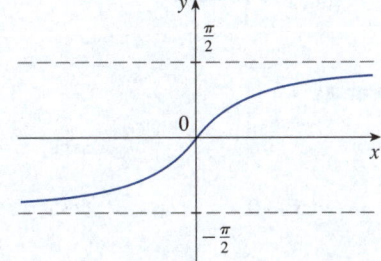

$y = \tan^{-1}x = \arctan x$

$\lim\limits_{x \to -\infty} \tan^{-1}x = -\dfrac{\pi}{2}$

$\lim\limits_{x \to \infty} \tan^{-1}x = \dfrac{\pi}{2}$

FUNCIONES ESPECIALES

Funciones exponenciales y logarítmicas

$$\log_b x = y \iff b^y = x$$

$$\ln x = \log_e x, \quad \text{donde} \quad \ln e = 1$$

$$\ln x = y \iff e^y = x$$

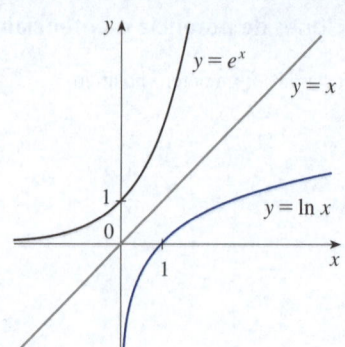

Ecuaciones de eliminación

$$\log_b(b^x) = x \qquad b^{\log_b x} = x$$

$$\ln(e^x) = x \qquad e^{\ln x} = x$$

Leyes de los logaritmos

1. $\log_b(xy) = \log_b x + \log_b y$

2. $\log_b\left(\dfrac{x}{y}\right) = \log_b x - \log_b y$

3. $\log_b(x^r) = r \log_b x$

$$\lim_{x \to -\infty} e^x = 0 \qquad \lim_{x \to \infty} e^x = \infty$$

$$\lim_{x \to 0^+} \ln x = -\infty \qquad \lim_{x \to \infty} \ln x = \infty$$

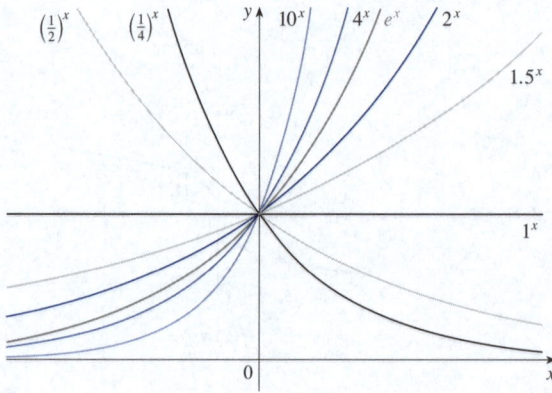

Funciones exponenciales

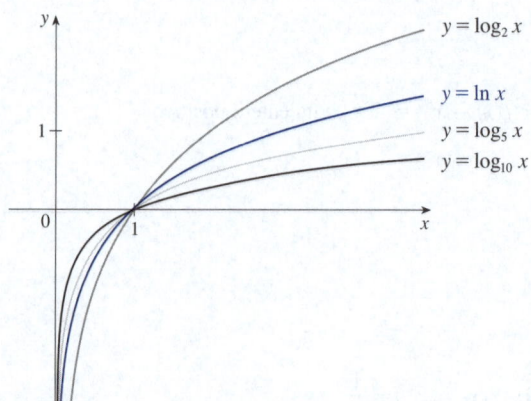

Funciones logarítmicas

Funciones hiperbólicas

$$\operatorname{senh} x = \frac{e^x - e^{-x}}{2} \qquad\qquad \operatorname{csch} x = \frac{1}{\operatorname{senh} x}$$

$$\cosh x = \frac{e^x + e^{-x}}{2} \qquad\qquad \operatorname{sech} x = \frac{1}{\cosh x}$$

$$\tanh x = \frac{\operatorname{senh} x}{\cosh x} \qquad\qquad \coth x = \frac{\cosh x}{\operatorname{senh} x}$$

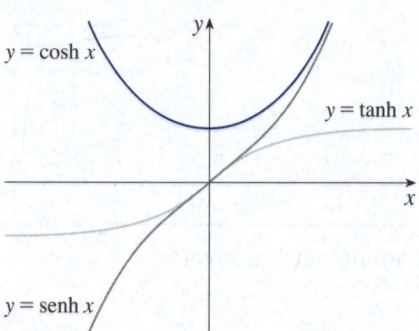

Funciones hiperbólicas inversas

$$y = \operatorname{senh}^{-1} x \iff \operatorname{senh} y = x$$

$$y = \cosh^{-1} x \iff \cosh y = x \quad \text{y} \quad y \geq 0$$

$$y = \tanh^{-1} x \iff \tanh y = x$$

$$\operatorname{senh}^{-1} x = \ln\!\left(x + \sqrt{x^2 + 1}\right)$$

$$\cosh^{-1} x = \ln\!\left(x + \sqrt{x^2 - 1}\right)$$

$$\tanh^{-1} x = \tfrac{1}{2} \ln\!\left(\frac{1 + x}{1 - x}\right)$$

REGLAS DE DERIVACIÓN

Fórmulas generales

1. $\dfrac{d}{dx}(c) = 0$

2. $\dfrac{d}{dx}[cf(x)] = cf'(x)$

3. $\dfrac{d}{dx}[f(x) + g(x)] = f'(x) + g'(x)$

4. $\dfrac{d}{dx}[f(x) - g(x)] = f'(x) - g'(x)$

5. $\dfrac{d}{dx}[f(x)g(x)] = f(x)g'(x) + g(x)f'(x)$ (regla del producto)

6. $\dfrac{d}{dx}\left[\dfrac{f(x)}{g(x)}\right] = \dfrac{g(x)f'(x) - f(x)g'(x)}{[g(x)]^2}$ (regla del cociente)

7. $\dfrac{d}{dx}f(g(x)) = f'(g(x))g'(x)$ (regla de la cadena)

8. $\dfrac{d}{dx}(x^n) = nx^{n-1}$ (regla de la potencia)

Funciones exponenciales y logarítmicas

9. $\dfrac{d}{dx}(e^x) = e^x$

10. $\dfrac{d}{dx}(b^x) = b^x \ln b$

11. $\dfrac{d}{dx}\ln|x| = \dfrac{1}{x}$

12. $\dfrac{d}{dx}(\log_b x) = \dfrac{1}{x \ln b}$

Funciones trigonométricas

13. $\dfrac{d}{dx}(\operatorname{sen} x) = \cos x$

14. $\dfrac{d}{dx}(\cos x) = -\operatorname{sen} x$

15. $\dfrac{d}{dx}(\tan x) = \sec^2 x$

16. $\dfrac{d}{dx}(\csc x) = -\csc x \cot x$

17. $\dfrac{d}{dx}(\sec x) = \sec x \tan x$

18. $\dfrac{d}{dx}(\cot x) = -\csc^2 x$

Funciones trigonométricas inversas

19. $\dfrac{d}{dx}(\operatorname{sen}^{-1}x) = \dfrac{1}{\sqrt{1 - x^2}}$

20. $\dfrac{d}{dx}(\cos^{-1}x) = -\dfrac{1}{\sqrt{1 - x^2}}$

21. $\dfrac{d}{dx}(\tan^{-1}x) = \dfrac{1}{1 + x^2}$

22. $\dfrac{d}{dx}(\csc^{-1}x) = -\dfrac{1}{x\sqrt{x^2 - 1}}$

23. $\dfrac{d}{dx}(\sec^{-1}x) = \dfrac{1}{x\sqrt{x^2 - 1}}$

24. $\dfrac{d}{dx}(\cot^{-1}x) = -\dfrac{1}{1 + x^2}$

Funciones hiperbólicas

25. $\dfrac{d}{dx}(\operatorname{senh} x) = \cosh x$

26. $\dfrac{d}{dx}(\cosh x) = \operatorname{senh} x$

27. $\dfrac{d}{dx}(\tanh x) = \operatorname{sech}^2 x$

28. $\dfrac{d}{dx}(\operatorname{csch} x) = -\operatorname{csch} x \coth x$

29. $\dfrac{d}{dx}(\operatorname{sech} x) = -\operatorname{sech} x \tanh x$

30. $\dfrac{d}{dx}(\coth x) = -\operatorname{csch}^2 x$

Funciones hiperbólicas inversas

31. $\dfrac{d}{dx}(\operatorname{senh}^{-1}x) = \dfrac{1}{\sqrt{1 + x^2}}$

32. $\dfrac{d}{dx}(\cosh^{-1}x) = \dfrac{1}{\sqrt{x^2 - 1}}$

33. $\dfrac{d}{dx}(\tanh^{-1}x) = \dfrac{1}{1 - x^2}$

34. $\dfrac{d}{dx}(\operatorname{csch}^{-1}x) = -\dfrac{1}{|x|\sqrt{x^2 + 1}}$

35. $\dfrac{d}{dx}(\operatorname{sech}^{-1}x) = -\dfrac{1}{x\sqrt{1 - x^2}}$

36. $\dfrac{d}{dx}(\coth^{-1}x) = \dfrac{1}{1 - x^2}$

TABLA DE INTEGRALES

Formas básicas

1. $\displaystyle\int u\,dv = uv - \int v\,du$

2. $\displaystyle\int u^n\,du = \frac{u^{n+1}}{n+1} + C, \quad n \neq -1$

3. $\displaystyle\int \frac{du}{u} = \ln|u| + C$

4. $\displaystyle\int e^u\,du = e^u + C$

5. $\displaystyle\int b^u\,du = \frac{b^u}{\ln b} + C$

6. $\displaystyle\int \operatorname{sen} u\,du = -\cos u + C$

7. $\displaystyle\int \cos u\,du = \operatorname{sen} u + C$

8. $\displaystyle\int \sec^2 u\,du = \tan u + C$

9. $\displaystyle\int \csc^2 u\,du = -\cot u + C$

10. $\displaystyle\int \sec u \tan u\,du = \sec u + C$

11. $\displaystyle\int \csc u \cot u\,du = -\csc u + C$

12. $\displaystyle\int \tan u\,du = \ln|\sec u| + C$

13. $\displaystyle\int \cot u\,du = \ln|\operatorname{sen} u| + C$

14. $\displaystyle\int \sec u\,du = \ln|\sec u + \tan u| + C$

15. $\displaystyle\int \csc u\,du = \ln|\csc u - \cot u| + C$

16. $\displaystyle\int \frac{du}{\sqrt{a^2 - u^2}} = \operatorname{sen}^{-1}\frac{u}{a} + C, \quad a > 0$

17. $\displaystyle\int \frac{du}{a^2 + u^2} = \frac{1}{a}\tan^{-1}\frac{u}{a} + C$

18. $\displaystyle\int \frac{du}{u\sqrt{u^2 - a^2}} = \frac{1}{a}\sec^{-1}\frac{u}{a} + C$

19. $\displaystyle\int \frac{du}{a^2 - u^2} = \frac{1}{2a}\ln\left|\frac{u+a}{u-a}\right| + C$

20. $\displaystyle\int \frac{du}{u^2 - a^2} = \frac{1}{2a}\ln\left|\frac{u-a}{u+a}\right| + C$

Formas que involucran $\sqrt{a^2 + u^2}$, $a > 0$

21. $\displaystyle\int \sqrt{a^2 + u^2}\,du = \frac{u}{2}\sqrt{a^2 + u^2} + \frac{a^2}{2}\ln\left(u + \sqrt{a^2 + u^2}\right) + C$

22. $\displaystyle\int u^2\sqrt{a^2 + u^2}\,du = \frac{u}{8}(a^2 + 2u^2)\sqrt{a^2 + u^2} - \frac{a^4}{8}\ln\left(u + \sqrt{a^2 + u^2}\right) + C$

23. $\displaystyle\int \frac{\sqrt{a^2 + u^2}}{u}\,du = \sqrt{a^2 + u^2} - a\ln\left|\frac{a + \sqrt{a^2 + u^2}}{u}\right| + C$

24. $\displaystyle\int \frac{\sqrt{a^2 + u^2}}{u^2}\,du = -\frac{\sqrt{a^2 + u^2}}{u} + \ln\left(u + \sqrt{a^2 + u^2}\right) + C$

25. $\displaystyle\int \frac{du}{\sqrt{a^2 + u^2}} = \ln\left(u + \sqrt{a^2 + u^2}\right) + C$

26. $\displaystyle\int \frac{u^2\,du}{\sqrt{a^2 + u^2}} = \frac{u}{2}\sqrt{a^2 + u^2} - \frac{a^2}{2}\ln\left(u + \sqrt{a^2 + u^2}\right) + C$

27. $\displaystyle\int \frac{du}{u\sqrt{a^2 + u^2}} = -\frac{1}{a}\ln\left|\frac{\sqrt{a^2 + u^2} + a}{u}\right| + C$

28. $\displaystyle\int \frac{du}{u^2\sqrt{a^2 + u^2}} = -\frac{\sqrt{a^2 + u^2}}{a^2 u} + C$

29. $\displaystyle\int \frac{du}{(a^2 + u^2)^{3/2}} = \frac{u}{a^2\sqrt{a^2 + u^2}} + C$

TABLA DE INTEGRALES

Formas que involucran $\sqrt{a^2 - u^2}$, $a > 0$

30. $\displaystyle \int \sqrt{a^2 - u^2}\, du = \frac{u}{2}\sqrt{a^2 - u^2} + \frac{a^2}{2}\operatorname{sen}^{-1}\frac{u}{a} + C$

31. $\displaystyle \int u^2\sqrt{a^2 - u^2}\, du = \frac{u}{8}(2u^2 - a^2)\sqrt{a^2 - u^2} + \frac{a^4}{8}\operatorname{sen}^{-1}\frac{u}{a} + C$

32. $\displaystyle \int \frac{\sqrt{a^2 - u^2}}{u}\, du = \sqrt{a^2 - u^2} - a\ln\left|\frac{a + \sqrt{a^2 - u^2}}{u}\right| + C$

33. $\displaystyle \int \frac{\sqrt{a^2 - u^2}}{u^2}\, du = -\frac{1}{u}\sqrt{a^2 - u^2} - \operatorname{sen}^{-1}\frac{u}{a} + C$

34. $\displaystyle \int \frac{u^2\, du}{\sqrt{a^2 - u^2}} = -\frac{u}{2}\sqrt{a^2 - u^2} + \frac{a^2}{2}\operatorname{sen}^{-1}\frac{u}{a} + C$

35. $\displaystyle \int \frac{du}{u\sqrt{a^2 - u^2}} = -\frac{1}{a}\ln\left|\frac{a + \sqrt{a^2 - u^2}}{u}\right| + C$

36. $\displaystyle \int \frac{du}{u^2\sqrt{a^2 - u^2}} = -\frac{1}{a^2 u}\sqrt{a^2 - u^2} + C$

37. $\displaystyle \int (a^2 - u^2)^{3/2}\, du = -\frac{u}{8}(2u^2 - 5a^2)\sqrt{a^2 - u^2} + \frac{3a^4}{8}\operatorname{sen}^{-1}\frac{u}{a} + C$

38. $\displaystyle \int \frac{du}{(a^2 - u^2)^{3/2}} = \frac{u}{a^2\sqrt{a^2 - u^2}} + C$

Formas que involucran $\sqrt{u^2 - a^2}$, $a > 0$

39. $\displaystyle \int \sqrt{u^2 - a^2}\, du = \frac{u}{2}\sqrt{u^2 - a^2} - \frac{a^2}{2}\ln\left|u + \sqrt{u^2 - a^2}\right| + C$

40. $\displaystyle \int u^2\sqrt{u^2 - a^2}\, du = \frac{u}{8}(2u^2 - a^2)\sqrt{u^2 - a^2} - \frac{a^4}{8}\ln\left|u + \sqrt{u^2 - a^2}\right| + C$

41. $\displaystyle \int \frac{\sqrt{u^2 - a^2}}{u}\, du = \sqrt{u^2 - a^2} - a\cos^{-1}\frac{a}{|u|} + C$

42. $\displaystyle \int \frac{\sqrt{u^2 - a^2}}{u^2}\, du = -\frac{\sqrt{u^2 - a^2}}{u} + \ln\left|u + \sqrt{u^2 - a^2}\right| + C$

43. $\displaystyle \int \frac{du}{\sqrt{u^2 - a^2}} = \ln\left|u + \sqrt{u^2 - a^2}\right| + C$

44. $\displaystyle \int \frac{u^2\, du}{\sqrt{u^2 - a^2}} = \frac{u}{2}\sqrt{u^2 - a^2} + \frac{a^2}{2}\ln\left|u + \sqrt{u^2 - a^2}\right| + C$

45. $\displaystyle \int \frac{du}{u^2\sqrt{u^2 - a^2}} = \frac{\sqrt{u^2 - a^2}}{a^2 u} + C$

46. $\displaystyle \int \frac{du}{(u^2 - a^2)^{3/2}} = -\frac{u}{a^2\sqrt{u^2 - a^2}} + C$

(continúa)

TABLA DE INTEGRALES

Formas que involucran $a + bu$

47. $\displaystyle\int \frac{u\, du}{a + bu} = \frac{1}{b^2}\left(a + bu - a\ln|a + bu|\right) + C$

48. $\displaystyle\int \frac{u^2\, du}{a + bu} = \frac{1}{2b^3}\left[(a + bu)^2 - 4a(a + bu) + 2a^2\ln|a + bu|\right] + C$

49. $\displaystyle\int \frac{du}{u(a + bu)} = \frac{1}{a}\ln\left|\frac{u}{a + bu}\right| + C$

50. $\displaystyle\int \frac{du}{u^2(a + bu)} = -\frac{1}{au} + \frac{b}{a^2}\ln\left|\frac{a + bu}{u}\right| + C$

51. $\displaystyle\int \frac{u\, du}{(a + bu)^2} = \frac{a}{b^2(a + bu)} + \frac{1}{b^2}\ln|a + bu| + C$

52. $\displaystyle\int \frac{du}{u(a + bu)^2} = \frac{1}{a(a + bu)} - \frac{1}{a^2}\ln\left|\frac{a + bu}{u}\right| + C$

53. $\displaystyle\int \frac{u^2\, du}{(a + bu)^2} = \frac{1}{b^3}\left(a + bu - \frac{a^2}{a + bu} - 2a\ln|a + bu|\right) + C$

54. $\displaystyle\int u\sqrt{a + bu}\, du = \frac{2}{15b^2}(3bu - 2a)(a + bu)^{3/2} + C$

55. $\displaystyle\int \frac{u\, du}{\sqrt{a + bu}} = \frac{2}{3b^2}(bu - 2a)\sqrt{a + bu} + C$

56. $\displaystyle\int \frac{u^2\, du}{\sqrt{a + bu}} = \frac{2}{15b^3}(8a^2 + 3b^2u^2 - 4abu)\sqrt{a + bu} + C$

57. $\displaystyle\int \frac{du}{u\sqrt{a + bu}} = \frac{1}{\sqrt{a}}\ln\left|\frac{\sqrt{a + bu} - \sqrt{a}}{\sqrt{a + bu} + \sqrt{a}}\right| + C, \quad \text{si } a > 0$

$\displaystyle\qquad\qquad = \frac{2}{\sqrt{-a}}\tan^{-1}\sqrt{\frac{a + bu}{-a}} + C, \quad \text{si } a < 0$

58. $\displaystyle\int \frac{\sqrt{a + bu}}{u}\, du = 2\sqrt{a + bu} + a\int \frac{du}{u\sqrt{a + bu}}$

59. $\displaystyle\int \frac{\sqrt{a + bu}}{u^2}\, du = -\frac{\sqrt{a + bu}}{u} + \frac{b}{2}\int \frac{du}{u\sqrt{a + bu}}$

60. $\displaystyle\int u^n\sqrt{a + bu}\, du = \frac{2}{b(2n + 3)}\left[u^n(a + bu)^{3/2} - na\int u^{n-1}\sqrt{a + bu}\, du\right]$

61. $\displaystyle\int \frac{u^n\, du}{\sqrt{a + bu}} = \frac{2u^n\sqrt{a + bu}}{b(2n + 1)} - \frac{2na}{b(2n + 1)}\int \frac{u^{n-1}\, du}{\sqrt{a + bu}}$

62. $\displaystyle\int \frac{du}{u^n\sqrt{a + bu}} = -\frac{\sqrt{a + bu}}{a(n - 1)u^{n-1}} - \frac{b(2n - 3)}{2a(n - 1)}\int \frac{du}{u^{n-1}\sqrt{a + bu}}$

TABLA DE INTEGRALES

Formas trigonométricas

63. $\displaystyle\int \operatorname{sen}^2 u \, du = \frac{1}{2}u - \frac{1}{4}\operatorname{sen} 2u + C$

64. $\displaystyle\int \cos^2 u \, du = \frac{1}{2}u + \frac{1}{4}\operatorname{sen} 2u + C$

65. $\displaystyle\int \tan^2 u \, du = \tan u - u + C$

66. $\displaystyle\int \cot^2 u \, du = -\cot u - u + C$

67. $\displaystyle\int \operatorname{sen}^3 u \, du = -\frac{1}{3}(2 + \operatorname{sen}^2 u)\cos u + C$

68. $\displaystyle\int \cos^3 u \, du = \frac{1}{3}(2 + \cos^2 u)\operatorname{sen} u + C$

69. $\displaystyle\int \tan^3 u \, du = \frac{1}{2}\tan^2 u + \ln|\cos u| + C$

70. $\displaystyle\int \cot^3 u \, du = -\frac{1}{2}\cot^2 u - \ln|\operatorname{sen} u| + C$

71. $\displaystyle\int \sec^3 u \, du = \frac{1}{2}\sec u \tan u + \frac{1}{2}\ln|\sec u + \tan u| + C$

72. $\displaystyle\int \csc^3 u \, du = -\frac{1}{2}\csc u \cot u + \frac{1}{2}\ln|\csc u - \cot u| + C$

73. $\displaystyle\int \operatorname{sen}^n u \, du = -\frac{1}{n}\operatorname{sen}^{n-1}u \cos u + \frac{n-1}{n}\int \operatorname{sen}^{n-2}u \, du$

74. $\displaystyle\int \cos^n u \, du = \frac{1}{n}\cos^{n-1}u \operatorname{sen} u + \frac{n-1}{n}\int \cos^{n-2}u \, du$

75. $\displaystyle\int \tan^n u \, du = \frac{1}{n-1}\tan^{n-1}u - \int \tan^{n-2}u \, du$

76. $\displaystyle\int \cot^n u \, du = \frac{-1}{n-1}\cot^{n-1}u - \int \cot^{n-2}u \, du$

77. $\displaystyle\int \sec^n u \, du = \frac{1}{n-1}\tan u \sec^{n-2}u + \frac{n-2}{n-1}\int \sec^{n-2}u \, du$

78. $\displaystyle\int \csc^n u \, du = \frac{-1}{n-1}\cot u \csc^{n-2}u + \frac{n-2}{n-1}\int \csc^{n-2}u \, du$

79. $\displaystyle\int \operatorname{sen} au \operatorname{sen} bu \, du = \frac{\operatorname{sen}(a-b)u}{2(a-b)} - \frac{\operatorname{sen}(a+b)u}{2(a+b)} + C$

80. $\displaystyle\int \cos au \cos bu \, du = \frac{\operatorname{sen}(a-b)u}{2(a-b)} + \frac{\operatorname{sen}(a+b)u}{2(a+b)} + C$

81. $\displaystyle\int \operatorname{sen} au \cos bu \, du = -\frac{\cos(a-b)u}{2(a-b)} - \frac{\cos(a+b)u}{2(a+b)} + C$

82. $\displaystyle\int u \operatorname{sen} u \, du = \operatorname{sen} u - u \cos u + C$

83. $\displaystyle\int u \cos u \, du = \cos u + u \operatorname{sen} u + C$

84. $\displaystyle\int u^n \operatorname{sen} u \, du = -u^n \cos u + n\int u^{n-1}\cos u \, du$

85. $\displaystyle\int u^n \cos u \, du = u^n \operatorname{sen} u - n\int u^{n-1}\operatorname{sen} u \, du$

86. $\displaystyle\int \operatorname{sen}^n u \cos^m u \, du = -\frac{\operatorname{sen}^{n-1}u \cos^{m+1}u}{n+m} + \frac{n-1}{n+m}\int \operatorname{sen}^{n-2}u \cos^m u \, du$

$\displaystyle = \frac{\operatorname{sen}^{n+1}u \cos^{m-1}u}{n+m} + \frac{m-1}{n+m}\int \operatorname{sen}^n u \cos^{m-2}u \, du$

Formas trigonométricas inversas

87. $\displaystyle\int \operatorname{sen}^{-1}u \, du = u \operatorname{sen}^{-1}u + \sqrt{1 - u^2} + C$

88. $\displaystyle\int \cos^{-1}u \, du = u \cos^{-1}u - \sqrt{1 - u^2} + C$

89. $\displaystyle\int \tan^{-1}u \, du = u \tan^{-1}u - \frac{1}{2}\ln(1 + u^2) + C$

90. $\displaystyle\int u \operatorname{sen}^{-1}u \, du = \frac{2u^2 - 1}{4}\operatorname{sen}^{-1}u + \frac{u\sqrt{1 - u^2}}{4} + C$

91. $\displaystyle\int u \cos^{-1}u \, du = \frac{2u^2 - 1}{4}\cos^{-1}u - \frac{u\sqrt{1 - u^2}}{4} + C$

92. $\displaystyle\int u \tan^{-1}u \, du = \frac{u^2 + 1}{2}\tan^{-1}u - \frac{u}{2} + C$

93. $\displaystyle\int u^n \operatorname{sen}^{-1}u \, du = \frac{1}{n+1}\left[u^{n+1}\operatorname{sen}^{-1}u - \int \frac{u^{n+1}\, du}{\sqrt{1 - u^2}}\right], \quad n \neq -1$

94. $\displaystyle\int u^n \cos^{-1}u \, du = \frac{1}{n+1}\left[u^{n+1}\cos^{-1}u + \int \frac{u^{n+1}\, du}{\sqrt{1 - u^2}}\right], \quad n \neq -1$

95. $\displaystyle\int u^n \tan^{-1}u \, du = \frac{1}{n+1}\left[u^{n+1}\tan^{-1}u - \int \frac{u^{n+1}\, du}{1 + u^2}\right], \quad n \neq -1$

(continúa)

TABLA DE INTEGRALES

Formas exponenciales y logarítmicas

96. $\displaystyle\int ue^{au}\,du = \frac{1}{a^2}(au-1)e^{au} + C$

97. $\displaystyle\int u^n e^{au}\,du = \frac{1}{a}u^n e^{au} - \frac{n}{a}\int u^{n-1}e^{au}\,du$

98. $\displaystyle\int e^{au}\operatorname{sen} bu\,du = \frac{e^{au}}{a^2+b^2}(a\operatorname{sen} bu - b\cos bu) + C$

99. $\displaystyle\int e^{au}\cos bu\,du = \frac{e^{au}}{a^2+b^2}(a\cos bu + b\operatorname{sen} bu) + C$

100. $\displaystyle\int \ln u\,du = u\ln u - u + C$

101. $\displaystyle\int u^n \ln u\,du = \frac{u^{n+1}}{(n+1)^2}[(n+1)\ln u - 1] + C$

102. $\displaystyle\int \frac{1}{u\ln u}\,du = \ln|\ln u| + C$

Formas hiperbólicas

103. $\displaystyle\int \operatorname{senh} u\,du = \cosh u + C$

104. $\displaystyle\int \cosh u\,du = \operatorname{senh} u + C$

105. $\displaystyle\int \tanh u\,du = \ln\cosh u + C$

106. $\displaystyle\int \coth u\,du = \ln|\operatorname{senh} u| + C$

107. $\displaystyle\int \operatorname{sech} u\,du = \tan^{-1}|\operatorname{senh} u| + C$

108. $\displaystyle\int \operatorname{csch} u\,du = \ln\left|\tanh\tfrac{1}{2}u\right| + C$

109. $\displaystyle\int \operatorname{sech}^2 u\,du = \tanh u + C$

110. $\displaystyle\int \operatorname{csch}^2 u\,du = -\coth u + C$

111. $\displaystyle\int \operatorname{sech} u\tanh u\,du = -\operatorname{sech} u + C$

112. $\displaystyle\int \operatorname{csch} u\coth u\,du = -\operatorname{csch} u + C$

Formas que involucran $\sqrt{2au - u^2}$, $a > 0$

113. $\displaystyle\int \sqrt{2au-u^2}\,du = \frac{u-a}{2}\sqrt{2au-u^2} + \frac{a^2}{2}\cos^{-1}\left(\frac{a-u}{a}\right) + C$

114. $\displaystyle\int u\sqrt{2au-u^2}\,du = \frac{2u^2-au-3a^2}{6}\sqrt{2au-u^2} + \frac{a^3}{2}\cos^{-1}\left(\frac{a-u}{a}\right) + C$

115. $\displaystyle\int \frac{\sqrt{2au-u^2}}{u}\,du = \sqrt{2au-u^2} + a\cos^{-1}\left(\frac{a-u}{a}\right) + C$

116. $\displaystyle\int \frac{\sqrt{2au-u^2}}{u^2}\,du = -\frac{2\sqrt{2au-u^2}}{u} - \cos^{-1}\left(\frac{a-u}{a}\right) + C$

117. $\displaystyle\int \frac{du}{\sqrt{2au-u^2}} = \cos^{-1}\left(\frac{a-u}{a}\right) + C$

118. $\displaystyle\int \frac{u\,du}{\sqrt{2au-u^2}} = -\sqrt{2au-u^2} + a\cos^{-1}\left(\frac{a-u}{a}\right) + C$

119. $\displaystyle\int \frac{u^2\,du}{\sqrt{2au-u^2}} = -\frac{(u+3a)}{2}\sqrt{2au-u^2} + \frac{3a^2}{2}\cos^{-1}\left(\frac{a-u}{a}\right) + C$

120. $\displaystyle\int \frac{du}{u\sqrt{2au-u^2}} = -\frac{\sqrt{2au-u^2}}{au} + C$